"十三五"国家重点出版物出版规划项目　　时代教育·国外高校优秀教材精选

名校名家基础学科系列
Textbooks of Base Disciplines from Top Universities and Experts

Principles of Physics

(Tenth Edition)

物理学原理

下卷

(翻译版　原书第10版)

[美]　吉尔·沃克(Jearl Walker)
大卫·哈里德(David Halliday)
罗伯特·瑞斯尼克(Robert Resnick)　著

复旦大学　潘笃武　马世红　译

机 械 工 业 出 版 社

这套书是沃克、哈里德和瑞斯尼克所著《物理学原理》(*Principles of Physics*) 第 10 版的中译本。它是一部不仅在美国高校中使用率高，而且在世界许多国家的大学中广泛使用的国际经典教材。

全套书的特点是：突出物理概念，物理原理和定理表述严谨、准确，内容广泛联系最新的科学研究、生产实际以及日常生活。书中除包含传统教科书中经典物理学的全部内容外，第 37 章到第 44 章还简要介绍了近代物理学的主要进展，包括相对论、量子物理学，最后一章还提到了夸克和大爆炸。关于引力的第 13 章，详细讨论了牛顿的引力理论，还简单介绍了等效原理和弯曲时空。书中有许多来自生活和新科技的生动有趣的例子，对提高学生学习物理学的兴趣、明确学习物理学的目的大有裨益。

全套书分上、下两卷，共 44 章，上卷从第 1 章到第 20 章；下卷从第 21 章到第 44 章。为了能更好地帮助学生理解和领会物理学的原理和概念，书中每章第一单元的开头都安排有“什么是物理学”的栏目，强调这一章中的主要物理内容。每章中的每单元均设有“学习目标”和“关键概念”的栏目，列出学生学完该单元后必须掌握的物理内容及物理概念。书中的例题分成若干小题，每一小题都详细地交代了解题的关键概念和解题步骤。每章都附有丰富的习题以供教师和学生选择。

本套书的插图内容丰富，表意清楚，制作精美，与正文配合密切。

本套书可用作高等学校基础物理课的教材或参考书，同时也是广大教师（包括中学教师）、物理科研人员和物理爱好者十分有价值的参考书。

图书在版编目（CIP）数据

物理学原理：翻译版：原书第 10 版. 下卷/(美）吉尔·沃克（Jearl Walker），（美）大卫·哈里德（David Halliday），（美）罗伯特·瑞斯尼克（Robert Resnick）著；潘笃武，马世红译. —北京：机械工业出版社，2019.10（2024.6 重印）

书名原文：Principles of Physics Tenth Edition

“十三五”国家重点出版物出版规划项目　名校名家基础学科系列　时代教育·国外高校优秀教材精选

ISBN 978-7-111-64625-9

Ⅰ.①物…　Ⅱ.①吉…②大…③罗…④潘…⑤马…　Ⅲ.①物理学-高等学校-教材　Ⅳ.①O4

中国版本图书馆 CIP 数据核字（2020）第 021181 号

机械工业出版社（北京市百万庄大街 22 号　邮政编码 100037）

策划编辑：李永联　责任编辑：李永联　陈崇昱　任正一

责任校对：樊钟英　封面设计：张　静

责任印制：张　博

北京建宏印刷有限公司印刷

2024 年 6 月第 1 版第 3 次印刷

210mm×285mm · 48 印张 · 3 插页 · 1511 千字

标准书号：ISBN 978-7-111-64625-9

定价：298.00 元

电话服务　　网络服务

客服电话：010-88361066　机　工　官　网：www.cmpbook.com

010-88379833　机　工　官　博：weibo.com/cmp1952

010-68326294　金　书　网：www.golden-book.com

封底无防伪标均为盗版　机工教育服务网：www.cmpedu.com

译者序

由美国的哈里德和瑞斯尼克所著的大学物理学基础教材是一部不仅在美国高校中使用率高，而且在世界许多国家的大学中广泛使用的国际经典教材。这套书从 1960 年出版第 1 版起到现在已经近 60 多年了，在这半个多世纪中，为了更好地适应学生情况和物理科学的发展，它被不断地修改、补充，每一版都有新的变化。

这套书的第一个中译本是由科学出版社 1979 年出版、复旦大学物理系的几位教师从原书第 3 版翻译的《物理学》（*Physics*）。第二个中译本由机械工业出版社于 2005 年出版，它是由清华大学张三慧教授和北京大学李椿教授主导、几位大学物理教师参加、共同翻译的原书第 6 版，书名为《物理学基础》（*Fundmentals of Physics*），在这一版的编著者中增加了沃克。

本套书是第三个中译本，书名为《物理学原理》（*Principles of Physics*），译自沃克、哈里德和瑞斯尼克所著的原书第 10 版。这一版比起 1979 年的中译本《物理学》，内容已经焕然一新了。即使和 2005 年的中译本《物理学基础》相比，也有很大的变化，比如《物理学基础》中章名分别为“质点系”和“碰撞”的第 9 章和第 10 章，在《物理学原理》中已被合并为一章，章名为“质心和线动量”，经过重编后，原来这两章中的有些内容被移到了别处；再比如，高斯定律和薛定谔方程以及其他一些部分在这一版中都经过了改写和增补。

与《物理学基础》相比，《物理学原理》每章第一节的开头都设有“什么是物理学”的栏目，用来说明这一章的主要内容，方便读者领会、掌握。同时，每章中的每节均设有“学习目标”和“关键概念”的栏目，“学习目标”列出了学完这一节后学生必须学会的内容，“关键概念”列出了这一节中学生必须掌握的基本物理概念。所有这些都是《物理学基础》中没有的。由此可见，比起《物理学基础》来，《物理学原理》为学生着想得更多，这加强了对学生学习的指导，帮助学生更好地理解物理学的本质。但是，《物理学基础》每一章后面都有的“思考题”，在《物理学原理》中都取消了。

与《物理学基础》相比，《物理学原理》课文的表述和附图都有一些增加或删减。有的附图中的小图增多了，图上附带的小字说明也更为详细。《物理学基础》中大多数例题都保留了下来，但是每个例题都改用了新的编排方式。《物理学基础》的例题中“关键点”的说明和讲解在《物理学原理》中经过适当修改后都归并到“关键概念”的小标题下独立成段。每个例题中的每一小题各有一段“关键概念”。一个例题往往有几个题为“关键概念”的小段。由此看来，这些改变的目的都是为了突出题目中的物理内容，帮助学生能更好地掌握解题的思路和方法。

《物理学原理》的习题和《物理学基础》的相比，改变很大。力学到电学各章的习题更换了大约一半以上。后面几章的习题更改得少一些。《物理学基础》的习题是在节的标题下按节编排的，而在《物理学原理》中，习题不再按节编排，而是混排的。这样，学生在做习题时就必须理解其意思，辨明所要用到的物理概念和公式。

译者在开始翻译《物理学原理》时，本想在《物理学基础》的基础上进行修订补充，但发现需要修改补充的内容非常之多，全部重新翻译反而节省时间和精力。当然，翻译过程中还是参考了《物理学基础》的一些内容。

译者经过翻译认为，《物理学原理》确实是一部非常优秀的大学物理教材，它的优点是，突出物理思想，特别注意启发学生思考，致力于培养学生解决实际问题的能力；书中定理和定律的叙述逻辑严密，表达清楚；特别重视物理概念，一个突出的例子是，第 33 章 33-1 节结合数学公式定性地讨论了在电磁波传播中是如何电场的变化感应产生磁场、磁场的变化感应产生电场的，这从原理上揭示了电场和磁场紧密关联、相互感应激发的内在本质。

为了使学生了解学习物理的用处，提高学生学习物理的兴趣，《物理学原理》针对青年学生的特点给出了许多有关体育、文娱和日常生活中常常遇到的事例，例如有些例题和习题来自当时流行的电影或电视节目。书中也有许多有关自然现象和生产实际的故事，还介绍了一些物理学应用的新发展。在译者看来，书中的事例都经过了精心挑选，并进行了条理清晰的讨论和解答，对学生有很大的帮助。书中的图片制作精美，照片色彩鲜艳，它们都主题鲜明，表意清楚，不仅能吸引学生的注意力，引起他们的兴趣，而且能让他们得到充分的美的享受。

《物理学原理》《物理学基础》中近代物理部分的内容都被大大增加了。这两版的第 37 章介绍了狭义相对论。第 38 ~44 章是初等量子物理学，可以看出，作者尽量少地用繁复的数学来阐明量子物理学的基本原理和概念，通过势垒和势阱来说明在束缚状态中系统能量的量子化，并介绍了氢原子结构和光谱的量子力学观点，避免了解复杂的微分方程。第 41 章是固体中电的传导，介绍了能带理论，重点讨论了半导体的原理和应用，这些都是很多学生在以后的工作中会用到的。最后几章还简单介绍了一些量子物理学的新进展和新实验，特别是第 44 章，介绍了粒子物理学的新发现，还提到了暗物质和宇宙大爆炸。《物理学原理》中的近代物理学部分将学生引导到物理学的前沿，增强学生进一步学习和研究物理学的兴趣。以引力为题的第 13 章除了详细讨论牛顿引力定律和应用以外，还简单介绍了爱因斯坦的引力理论。不过，近代物理学内容的增加也大大增加了全书的篇幅，教学的学时也随之要增加。因此，用它作为教科书的教师必须适当安排教学进度，选择好讲授内容。

《物理学原理》的一个重要特点是有大量的习题供教师选择，其中有些习题还是很有启发性的，而且题量也比较合适。

Wiley 出版社还编辑出版了《物理学原理》的电子版以及一套与其配套的互联网上的辅导材料，名为 WileyPLUS。这套网络辅导教材包括提供给教师用的各章的纲要、可以在课堂上演示用的图片、动画和所有习题的计算与答案，以及可供选择的测验题及答案。教师可以在网上给学生布置课外作业、进行小测验并实时获得学生情况的反馈。教师若有自己的心得、或提出自己的例题或习题，都可以上载到 WileyPLUS 中，补充、丰富 WileyPLUS 的内容。

WileyPLUS 也给学生提供了许多学习辅助材料，其中有利用动画和图解演示的物理概念，也有教材以外的例题、习题和解题的步骤与答案等。学生在做课外作业遇到困难时就可以立即上网查询。学生也可以利用 WileyPLUS 做课前预习，并利用它提供的有关材料来自己检验学习的效果。学生不仅可以通过 WileyPLUS 和教师在网上交流，也可以利用它自学。

可惜，译者没法看到过这套 WileyPLUS，无法判断它的适用性和可能的效果。

《物理学原理》还有一大特点是，作者在修订中加入了许多教师提供的有价值的建议和材料，书中致谢的对象就有一百多位学者和教师。美国一些比较好的教科书常常经过几代编著者不断修订，精益求精，以适合学科的发展和学生情况的变化。本次修订也有许多学校的教师参与了其中，这很值得我们国内编写教材的教师和有关出版社借鉴、学习。希望我国有更多不同风格、不同层次的优秀教材问世，供教师和学生选择、参考。

译者希望这套《物理学原理》能为当前我国大学物理基础课程教学的改革和教材建设提供参考、借鉴。

译　者

2020 年 11 月于复旦大学

PREFACE

前　言

我为什么要写这本书

面对巨大的挑战很有乐趣。这是我对学物理的看法。这想法来自那一天，我曾教的一位名叫莎伦的学生（现已毕业）突然问我："在我的生活中，这些东西有什么用呢?" 当然我立即回答说："莎伦，在你的生活中每件事都和这有关——这就是物理学。"

她要我举一个例子，我想来想去就是想不出一个合适的。那个晚上我就开始写《物理学的飞行马戏团》（John Wiley & Sons 公司，1975）。这本书是为莎伦而写，也是为我自己而写，因为我知道她的疑问也是我的疑问。我花了六年时间认真钻研了几十本物理学教科书，这些书都是根据最好的教学计划认真地编写出来的，但都缺少了某些东西。物理学是最有趣的学科之一，因为它是关于自然界是怎样运行的，但这些教科书完全没有谈到和真实自然界的任何关系，有趣的东西也都一点没有了。

我已经在《物理学原理》这本书中采纳了从新版的《物理学的飞行马戏团》中挑选出来的许多真实世界物理学的例子。许多材料来自我教的物理学导论课程。在这些课上，我可以从学生的面部表情和直率的评论判断哪些材料和展示有好的效果，而哪些却没有。我的成功和失败记录是形成这本书的基础。这里我要传达的信息和多年前遇到莎伦以来我给我遇到过的每一位学生传达的都同样是："你们从基本的物理概念终究可以推导出有关真实世界的合理的结论，这种对真实世界的认识就是乐趣之所在。"

我写这本书有好几个目标，但首要的目标是给教师提供一些工具，他们据此可以教学生如何有效地阅读科学资料，懂得基本概念，思考科学问题，并且能够定量地解题。无论对学生还是教师来说，这个过程并不容易。确实，使用这本书的课程或许是学生学过的所有课程中最具挑战性的一门课。然而，它也可能是最值得做的一件事，因为它揭示了所有科学和工程应用赖以实现的自然界的基本机理。

本书第 9 版的许多使用者（包括教师和学生）给我提出了改进本书的批评意见和建议。这些改进都体现在全书的叙述和习题中。出版商 John Wiley & Sons 公司和我把这本书看作不断发展的项目并鼓励使用者提出更多的意见。你们可以把建议、修改意见以及正面或负面的意见送交 John Wiley & Sons 或吉尔・沃克（通信地址：克利夫兰州立大学物理系，Cleveland，OH 44115 USA）；或博客地址：www. flying circus of physics. com）。我们可能无法对所有的建议都做出回应，但我们会尽量保留并研究每一条建议。

哪些是新的东西？

单元和学习目标 “我要从这一节学习到什么？”几十年来最好的学生和最差的学生都问过我这个问题。问题在于，即使是一个善于思考的学生在阅读一个小节时，对是否抓住了要点也可能会感到没有信心。回想起我在用第 1 版哈里德和瑞斯尼克合著的《物理学》教第一学年的物理学课程时也有同样的感受。

在这一版中为使这个问题缓解一些，我在原来题目的基础上把各章重组成概念的单元，并将各单元的学习目标列出作为每个单元的开始。这些列出的项目是对阅读这一单元应当学到的要点和技巧的简明表述。紧接着每一组列项是对应当学到的关键概念的简明小结。例如，看一看第 16 章第一单元，学生在这一单元中要面临一大堆的概念和名词。我现在提供了明晰的检索清单，学生可以靠自己的能力把这些概念收集和分类，它的作用就好像飞行员起飞前在跑道上滑行时要通盘核对一遍程序表格一样。

课外作业习题和学习目标之间的关系 在 WileyPLUS 中，每一章后面的每一个问题和习题都联系着学习目标，要回答（通常不用说出来）这样的问题：“我为什么要做这个习题？我应该从它学到什么？”通过明确一个习题的目的，我相信学生会用不同的语言但却相同的关键概念把学习目标更好地转移到其他的习题上。这种转移有助于克服常常遇到的困难，就是学生学会了解某一特殊的习题，但却不会把它的关键概念用于另一种条件下的问题。

重写某几章 我的学生对关键的几章和另外几章中的一些方面不断地提出建议，所以在这一版中我重写了许多内容。例如，我重新构思了关于高斯定律和电势这两章，因为原先的这两章被证明对我的学生来说太困难了。现在的表述更加流畅，并且关键的要点表述更加直截了当。在有关量子物理的几章里，我扩展了薛定谔方程的范围，包括物质波在阶跃势上的反射。遵照一些教师的要求，我将玻尔原子的讨论和氢原子的薛定谔解分开，这样就可以绕过对玻尔工作的历史说明。还有，现在有了关于普朗克的黑体辐射的单元。

新的例题 16 个新的例题已经被增加到各章中，这是为了突出我的学生们感到困难的一些领域。

可视图解 在 WileyPLUS 中可以得到这本教材的电子版，这是罗格斯大学（Rutgers University）的戴维 · 梅洛（David Maiullo）制作的教材中大约 30 幅照片和插图的视频。物理学中大部分是研究运动的事物，视频常常可以比静态的照片和图片提供更佳的描述。

在线辅助 WileyPLUS 不仅仅是在线评分的程序，实际上它还是生动的学习中心，配有许多不同的学习辅助材料，包括实时的解题指导、鼓励学生的嵌入式阅读测验、动画、几百道例题、大量的模拟和演示以及1500个以上的视频，内容从数学复习到与例题有关的微型课程。每学期都会增加更多的学习辅助材料。在《物理学原理》第10版中，一些运动的照片被转换成视频，这样可以将运动变慢以进行分析。

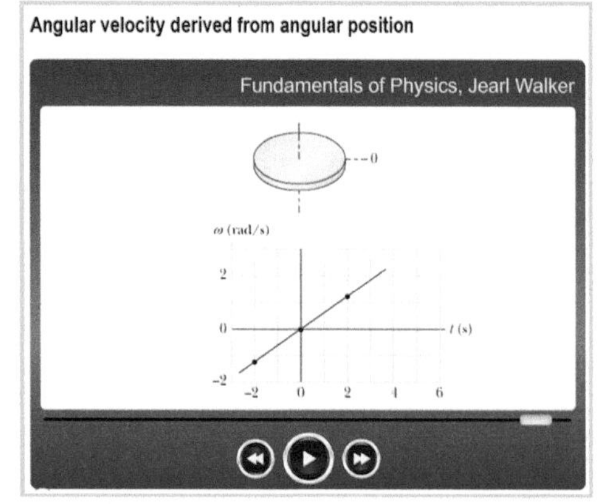

这几千个学习辅助材料可以全天候得到，并且可以随意重复使用。这样，如果一个学生，譬如说在半夜2点40分（这好像是做物理课外作业的最佳时间）被一个课外作业题难住，点击鼠标就可以得到合适的、对他有帮助的资料。

学习工具

当我用第1版哈里德和瑞斯尼克合著的《物理学》学习第一年物理学时，我通过反复阅读才得以理解每一章。现今，我们更好地了解到，学生有广泛多样的学习风格，所以我制作了多样的学习工具，这些都体现在了这一版的书和在线的WileyPLUS中。

动画 每一章都有一些关键的图用动画表现。在这本书中，这些图用旋涡符号来标记。在WileyPLUS的线上章节中，点击鼠标动画就开始了。我选择其中有丰富信息的一些图做成动画，故学生可以看到的不仅仅是那些印刷在书页上的插图，而是活生生的物理学，并且用几分钟时间就可以播放完。这不但使物理学鲜活起来，而且动画可以根据学生的需要多次重复播放。

视频 我已经制作了1500多个教学视频，每学期还要增加，学生可以听我在解释、指导、讲解例题或总结的时候在屏幕上看着我画图或打字，十分像他们在我的办公室里坐在我旁边看我在草稿本上推算某些东西时的经历一样。教师的讲课或个别指导总是最有价值的学习方式，而我们视频是全天候都可以得到的，并且可以无数次地重复使用。

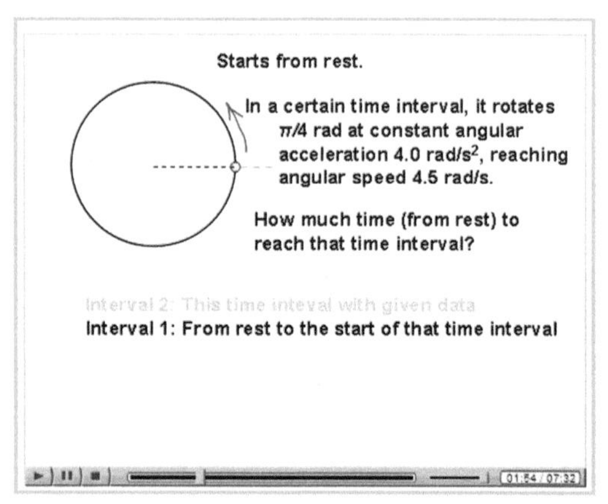

- **一些章节中某些主题的视频辅导。**我选择学生感到最困难、最伤脑筋的一些主题。
- **高中数学的视频复习**，像基本的代数运算、三角函数和联立方程。
- **数学的视频介绍**，像矢量运算，这对学生来说是新的知识。
- **教材各章中每个例题的视频图像描述。**我的意图是从关键概念出发学习物理学而不是只抓住公式。然而，我还是会演示怎样解读例题，就是说怎样读懂技术资料，学会解题的步骤，这些也可以用到其他类型的习题上。
- **每一章后面20%的习题的视频求解。**学生是不是能够看到这些解以及什么时候才能得到答案是由教师控制的。例如，可以在课外作业截止期限以后或者小测验以后得到。每一个解答不是简单的对号入座的处方。我建立了从基本概念和推理的第一步开始到最后的答案的解题方法。学生不仅仅是学习解答一道特定的习题，而是要学会处理任何问题，甚至要有处理这些问题所需要的物理学的勇气。
- **怎样从曲线图读出数据的视频例子**（并不是在没有理解物理意义的情况下就去简单地读取数字）。

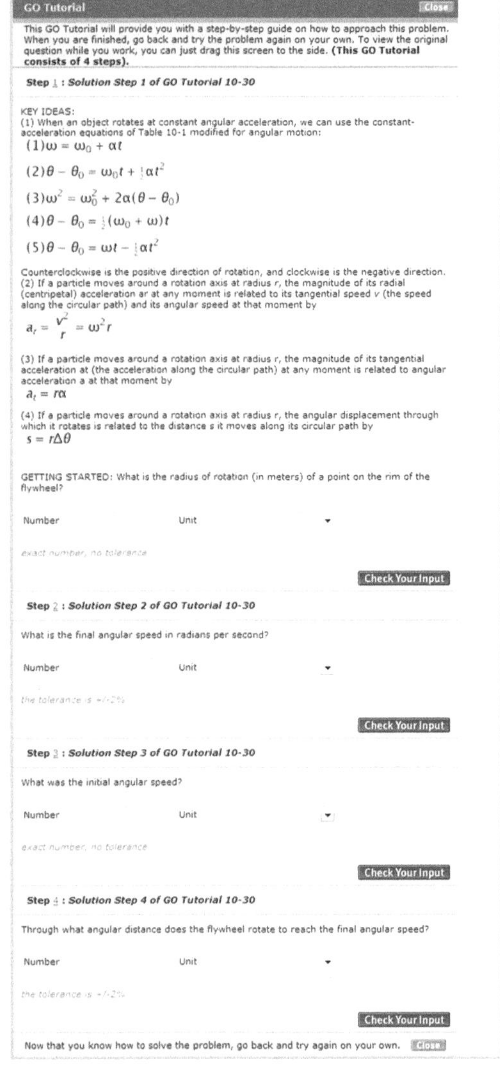

WILEY PLUS 解题助手　我已经为 WileyPLUS 编写了大量的资料，这些是为帮助学生提高解题能力而设计的。

- **本书中的每道例题的阅读及视频版本都可以在线上得到。**
- **几百道附加的例题。**这些都是独一无二的资料，但（可由教师自己选定）它们也连接着超出课外作业范围的例题。所以，如果一道课外作业题是处理，比如说是作用于斜面上的木块的力，那么这里也提供了有关例题的连接。不过，这种例题和课外作业并不完全一样，它并不提供一个只要复制而不用理解的解答。
- **每一章后面的课外作业中的15%都可在 GO Tutorials 栏目中找出求解步骤。**我引导学生做课外作业要经过多个步骤，从关键概念开始，有时给出错误的答案并做出提示。然而，我会故意把（得到最终答案的）最后一步留给学生。这样，他们最后要自己负责做完习题。某些在线教学系统有意给出错误答案让学生落入陷阱，这会使学生产生很大的困惑，而我的 GO Tutorials 并不是陷阱，学生在解题过程中的每一步都可以回到主要的问题上来。
- **每一章后面课外作业的每一道题的提示**都可以（在教师的指导下）得到。我编写的这些材料是关于主要概念和解题一般步骤的具体提示，而不是只提供答案而无须理解的诀窍。

WILEY PLUS 评价资料

- **在线上的每一节都可找到相应的阅读问题。**我编写这些材料并不是要让他们进行分析或深入的理解，只是为了测试一下学生是不是读过这一节。当学生打开某一节时，从题库中随机选择的阅读问题就会出现在该节最后的空白处。教师可以自行决定这个问题是作为打分数的根据呢，还是仅仅作为学生的练习。
- **在大多数小节中设置有检查点。**这些检查点要求用这一节中的物理原理做分析和判断。所有检查点的答案都在书的最后。

检查点 1

这里有三对沿 x 轴的起点和终点：(a) -3m，$+5$m；(b) -3m，-7m；(c) 7m，-3m，哪几对给出负位移？

- **本书中每一章后面的大多数习题**（和更多其他的习题）在 WileyPLUS 中都可以找到。教师可以在线上指定课外作业，并依据网上提交的答案打分。例如，教师规定交作业的截止日期和允许一个学生对一个答案可以尝试多少次。教师也可以控制每一道课外习题能得到哪些学习帮助（如果有的话）。这种连接包括提示、例题、章内的阅读材料、视频辅导、视频教学复习，甚至还包括视频解题（这可以在课外作业截止日期后给学生）。
- **符号标记的习题。**这种需要得到代数式答案的习题在每章中都有。

教师用的补充资料

教师用解题手册 由 Lawrence Livermore 国家实验室的 Sen-Ben Liao 编著。这本手册提供每章后面所有习题的解题步骤，它有 MS Word 和 PDF 两种格式。

教师伴侣网址 http://www.wiley.com/college/halliday

- **教师手册** 这份资料概括了每一章中最重要的论题的讲课要点、演示实验、实验室和计算机项目、电影和视频资料、所有习题的答案和检查点以及与以前版本中习题相关的指导，也包含了学生可以得到解答的所有习题的完整目录。
- **讲课用 Power Point 幻灯片**。这些 Power Point 幻灯片可用作对教师有帮助的起动包，它概括了这本教材中的关键概念和相关的图表及方程式。
- **Wiley 物理学模拟**，由 Boston University 的 Andrew Duffy 和 Vernier Software 的 John Gastineau 制作。这是 50 个相互作用的模拟（Java 应用程序），可以用作课堂演示。
- **Wiley 物理学演示** 由 Rutgers University 的 David Maiullo 制作。这是 80 个标准物理学演示的数字视频的集合。它们可以在课堂上演示或从 WileyPLUS 中得到。另有与选择题相配套的教师指导。
- **试题库** 第 10 版的试题库已被 Northern Illinois University 的 Suzanne Willis 全部检查过，试题库包含 2200 多道多项选择题。这些题目在计算机试题库中也可找到，这个计算机试题库提供了完整的编辑功能，可以帮助你按自己的要求选择测验题（IBM 和 Macintosh 版本都可以得到）。
- **教材中所有的图表** 适用于课堂投影或印刷。

线上课外作业和小测验 除了 WileyPLUS 和《物理学原理》第 10 版外，也支持 WebAssign PLUS 和 LON-CAPA，这些程序也提供教师在线上布置课外作业和小测验以及评分的功能。WebAssign PLUS 也给学生提供这本教材的线上版本。

学生用的补充资料

学生伴侣 网址 http://www.wiley.com/college/hallidy，这是专门为《物理学原理》第 10 版制作并为进一步帮助学生学习物理学而设计的，它包含每一章后面的部分习题的解答、模拟练习，以及怎样最好地应用可编程计算器的技巧。

互动学习软件 这个软件指导学生如何求解 200 道各章后面的习题。求解过程是互动的，有适当的反馈并可得到防止最常见错误的具体指导。

ACKNOWLEDGEMENTS

致　谢

许多人对这本书做出了贡献。Lawrence National Laboratory 的 Sen-Ben Liao，Southern Polytechnic State University 的 James Whitenton，和 Pasadena City College 的 Jerry Shi 等人完成了解答本书每一道课外作业题的艰巨任务。在 John Wiley 出版社，这本书出版计划的落实得到了 Stuart Johnson、Geraldine Osnato 和 Aly Rentrop 这三位编辑从头到尾的监督。我们感谢出版编辑 Elizabeth Swain，她在复杂的编辑过程中把所有各部分汇编起来。我们还要感谢 Maddy Lesure，她设计了这个版本；Lee Goldstein，她负责版式设计；Helen Walden，她担任文字编辑；Lilian Brady，她负责校对。Jennifer Atkins，她启发我去寻找稀有并且有趣的照片。John Wiley 公司和吉尔·沃克（Jearl Walker）都要感谢下列各位对这一版的评论和建议：

Jonathan Abramson, *Portland State University*; Omar Adawi, *Parkland College*; Edward Adelson, *The Ohio State University*; Steven R. Baker, *Naval Postgraduate School*; George Caplan, *Wellesley College*; Richard Kass, *The Ohio State University*; M. R. Khoshbin-e-Khoshnazar, *Research Institution for Curriculum Development & Educational Innovations (Tehran)*; Craig Kletzing, *University of Iowa*, Stuart Loucks, *American River College*; Laurence Lurio, *Northern Illinois University*; Ponn Maheswaranathan, *Winthrop University*; Joe McCullough, *Cabrillo College*; Carl E. Mungan, *U. S. Naval Academy*, Don N. Page, *University of Alberta*; Elie Riachi, *Fort Scott Community College*; Andrew G. Rinzler, *University of Florida*; Dubravka Rupnik, *Louisiana State University*; Robert Schabinger, *Rutgers University*; Ruth Schwartz, *Milwaukee School of Engineering*; Carol Strong, *University of Alabama at Huntsville*, Nora Thornber, *Raritan Valley Community College*; Frank Wang, *LaGuardia Community College*; Graham W. Wilson, *University of Kansas*; Roland Winkler, *Northern Illinois University*; William Zacharias, *Cleveland State University*; Ulrich Zurcher, *Cleveland State University*.

最后，我们的校外审阅者都是极其优秀的，在这里我们要感谢团队中每一位人士，他们是：

Maris A. Abolins, *Michigan State University*
Edward Adelson, *Ohio State University*
Nural Akchurin, *Texas Tech*
Yildirim Aktas, *University of North Carolina-Charlotte*
Barbara Andereck, *Ohio Wesleyan University*
Tetyana Antimirova, *Ryerson University*
Mark Arnett, *Kirkwood Community College*
Arun Bansil, *Northeastern University*
Richard Barber, *Santa Clara University*
Neil Basecu, *Westchester Community College*
Anand Batra, *Howard University*
Kenneth Bolland, *The Ohio State University*
Richard Bone, *Florida International University*
Michael E. Browne, *University of Idaho*
Timothy J. Burns, *Leeward Community College*
Joseph Buschi, *Manhattan College*
Philip A. Casabella, *Rensselaer Polytechnic Institute*
Randall Caton, *Christopher Newport College*
Roger Clapp, *University of South Florida*
W. R. Conkie, *Queen's University*
Renate Crawford, *University of Massachusetts-Dartmouth*
Mike Crivello, *San Diego State University*
Robert N. Davie, Jr., *St. Petersburg Junior College*
Cheryl K. Dellai, *Glendale Community College*
Eric R. Dietz, *California State University at Chico*
Arthur Z. Kovacs, *Rochester Institute of Technology*
Kenneth Krane, *Oregon State University*
Hadley Lawler, *Vanderbilt University*
Priscilla Laws, *Dickinson College*
Edbertho Leal, *Polytechnic University of Puerto Rico*
Vern Lindberg, *Rochester Institute of Technology*
Peter Loly, *University of Manitoba*
James MacLaren, *Tulane University*
Andreas Mandelis, *University of Toronto*
Robert R. Marchini, *Memphis State University*
Andrea Markelz, *University at Buffalo, SUNY*

Paul Marquard, *Caspar College*
David Marx, *Illinois State University*
Dan Mazilu, *Washington and Lee University*
James H. McGuire, *Tulane University*
David M. McKinstry, *Eastern Washington University*
Jordon Morelli, *Queen's University*
N. John DiNardo, *Drexel University*
Eugene Dunnam, *University of Florida*
Robert Endorf, *University of Cincinnati*
F. Paul Esposito, *University of Cincinnati*
Jerry Finkelstein, *San Jose State University*
Robert H. Good, *California State University-Hayward*
Michael Gorman, *University of Houston*
Benjamin Grinstein, *University of California, San Diego*
John B. Gruber, *San Jose State University*
Ann Hanks, *American River College*
Randy Harris, *University of California-Davis*
Samuel Harris, *Purdue University*
Harold B. Hart, *Western Illinois University*
Rebecca Hartzler, *Seattle Central Community College*
John Hubisz, *North Carolina State University*
Joey Huston, *Michigan State University*
David Ingram, *Ohio University*
Shawn Jackson, *University of Tulsa*
Hector Jimenez, *University of Puerto Rico*
Sudhakar B. Joshi, *York University*
Leonard M. Kahn, *University of Rhode Island*
Sudipa Kirtley, *Rose-Hulman Institute*
Leonard Kleinman, *University of Texas at Austin*
Craig Kletzing, *University of Iowa*
Peter F. Koehler, *University of Pittsburgh*
Eugene Mosca, *United States Naval Academy*
Eric R. Murray, *Georgia Institute of Technology, School of Physics*
James Napolitano, *Rensselaer Polytechnic Institute*
Blaine Norum, *University of Virginia*
Michael O'Shea, *Kansas State University*
Patrick Papin, *San Diego State University*
Kiumars Parvin, *San Jose State University*
Robert Pelcovits, *Brown University*
Oren P. Quist, *South Dakota State University*
Joe Redish, *University of Maryland*
Timothy M. Ritter, *University of North Carolina at Pembroke*
Dan Styer, *Oberlin College*
Frank Wang, *LaGuardia Community College*
Robert Webb, *Texas A&M University*
Suzanne Willis, *Northern Illinois University*
Shannon Willoughby, *Montana State University*

BRIEF CONTENTS

全套书简明目录

上 卷

第 1 章　测量
第 2 章　直线运动
第 3 章　矢量
第 4 章　二维和三维运动
第 5 章　力和运动Ⅰ
第 6 章　力和运动Ⅱ
第 7 章　动能和功
第 8 章　势能和能量守恒
第 9 章　质心和线动量
第 10 章　转动
第 11 章　滚动、转矩和角动量
第 12 章　平衡与弹性
第 13 章　引力
第 14 章　流体
第 15 章　振动
第 16 章　波Ⅰ
第 17 章　波Ⅱ
第 18 章　温度、热和热力学第一定律
第 19 章　气体动理论
第 20 章　熵和热力学第二定律
附录
检查点和奇数题号习题的答案

下 卷

第 21 章　库仑定律
第 22 章　电场
第 23 章　高斯定律
第 24 章　电势
第 25 章　电容
电 26 章　电流和电阻
第 27 章　电路
第 28 章　磁场
第 29 章　电流引起的磁场
第 30 章　电磁感应和电感
第 31 章　电磁振荡与交流电
第 32 章　麦克斯韦方程组　物质的磁性
第 33 章　电磁波
第 34 章　成像
第 35 章　光的干涉
第 36 章　光的衍射
第 37 章　相对论
第 38 章　光子和物质波
第 39 章　对物质波的进一步讨论
第 40 章　都与原子有关
第 41 章　固体中电的传导
第 42 章　核物理学
第 43 章　原子核产生的能量
第 44 章　夸克、轻子和大爆炸
附录
检查点和奇数题号习题的答案

CONTENTS

目　录

译者序
前言
致谢
全套书简明目录

第21章　库仑定律　1

21-1　库仑定律　1
21-2　电荷是量子化的　13
21-3　电荷是守恒的　14
复习和总结　16
习题　16

第22章　电场　20

22-1　电场　20
22-2　带电粒子产生的电场　23
22-3　偶极子产生的电场　25
22-4　带电线产生的电场　28
22-5　带电圆盘产生的电场　34
22-6　电场中的点电荷　35
22-7　电场中的偶极子　38
复习和总结　41
习题　42

第23章　高斯定律　48

23-1　电通量　48
23-2　高斯定律　53
23-3　带电绝缘导体　57
23-4　高斯定律的应用：柱面对称　60
23-5　高斯定律的应用：平面对称　62
23-6　高斯定律的应用：球对称　65
复习和总结　67
习题　67

第24章　电势　73

24-1　电势　73
24-2　等势面和电场　78
24-3　带电粒子产生的电势　82
24-4　电偶极子产生的电势　85
24-5　连续电荷分布产生的电势　86
24-6　由电势计算电场　88
24-7　带电粒子系统的电势能　90
24-8　带电绝缘导体的电势　93
复习和总结　95
习题　96

第25章　电容　102

25-1　电容　102
25-2　计算电容　104
25-3　并联和串联的电容器　108
25-4　储存在电场中的能量　113
25-5　有介电质的电容器　116
25-6　介电质和高斯定律　120
复习和总结　123
习题　123

第26章　电流和电阻　128

26-1　电流　128
26-2　电流密度　131
26-3　电阻和电阻率　135
26-4　欧姆定律　139
26-5　功率，半导体，超导体　142
复习和总结　146
习题　147

第27章　电路　151

27-1　单回路电路　151
27-2　多回路电路　161
27-3　安培计和伏特计　168
27-4　*RC* 电路　168
复习和总结　173

习题 173

第 28 章 磁场 181

28-1 磁场和 $\vec{B}$ 的定义 181
28-2 正交场：电子的发现 187
28-3 正交场：霍尔效应 189
28-4 做圆周运动的带电粒子 192
28-5 回旋加速器和同步加速器 196
28-6 作用于载流导线上的磁场力 199
28-7 作用于电流环路上的转距 201
28-8 磁偶极矩 203
复习和总结 206
习题 207

第 29 章 电流引起的磁场 213

29-1 电流的磁场 213
29-2 两平行电流之间的力 219
29-3 安培定律 221
29-4 螺线管和螺绕环 226
29-5 载流线圈作为磁偶极子 229
复习和总结 231
习题 232

第 30 章 电磁感应和电感 240

30-1 法拉第定律和楞次定律 240
30-2 电磁感应和能量转换 247
30-3 感生电场 250
30-4 电感器和电感 255
30-5 自感 257
30-6 *RL* 电路 258
30-7 磁场中储存的能量 263
30-8 磁场的能量密度 265
30-9 互感 266
复习和总结 269
习题 270

第 31 章 电磁振荡与交流电 278

31-1 *LC* 振荡 278
31-2 *RLC* 电路中的阻尼振荡 285
31-3 三种简单电路的受迫振荡 287
31-4 串联 *RLC* 电路 296
31-5 交流电路中的功率 302
31-6 变压器 305
复习和总结 310
习题 310

第 32 章 麦克斯韦方程组 物质的磁性 315

32-1 磁场的高斯定律 315
32-2 感生磁场 317
32-3 位移电流 321
32-4 磁体 324
32-5 磁性和电子 326
32-6 抗磁性 332
32-7 顺磁性 333
32-8 铁磁性 336
复习和总结 339
习题 340

第 33 章 电磁波 345

33-1 电磁波 345
33-2 能量输运和坡印亭矢量 353
33-3 辐射压 356
33-4 偏振 358
33-5 反射和折射 364
33-6 全内反射 370
33-7 反射引起的偏振 371
复习和总结 373
习题 373

第 34 章 成像 381

34-1 像和平面镜 381
34-2 球面镜 385
34-3 球形折射面 391
34-4 薄透镜 393
34-5 光学仪器 401
34-6 三个公式的证明 404
复习和总结 407
习题 407

第 35 章 光的干涉 412

35-1 光是波动 412
35-2 杨氏干涉实验 418
35-3 双缝干涉的光强 424
35-4 薄膜干涉 429
35-5 迈克耳孙干涉仪 436
复习和总结 438

习题 438

第 36 章 光的衍射 444

36-1 单缝衍射 444
36-2 单缝衍射的光强 449
36-3 圆孔衍射 454
36-4 双缝衍射 458
36-5 衍射光栅 462
36-6 光栅：色散和分辨本领 465
36-7 X 射线衍射 468
复习和总结 471
习题 471

第 37 章 相对论 477

37-1 同时性和时间延缓 477
37-2 长度的相对性 488
37-3 洛伦兹变换 492
37-4 速度的相对性 496
37-5 光的多普勒效应 497
37-6 动量和能量 501
复习和总结 507
习题 507

第 38 章 光子和物质波 512

38-1 光子和光的量子 512
38-2 光电效应 514
38-3 光子 动量 康普顿散射 光的干涉 518
38-4 量子物理学的诞生 524
38-5 电子和物质波 526
38-6 薛定谔方程 529
38-7 海森伯不确定原理 532
38-8 从势台阶上的反射 534
38-9 势垒的隧穿 536
复习和总结 539
习题 540

第 39 章 对物质波的进一步讨论 545

39-1 陷俘电子的能量 545
39-2 陷俘电子的波函数 551
39-3 有限势阱中的电子 555
39-4 二维和三维的电子陷阱 557
39-5 氢原子 562
复习和总结 573
习题 574

第 40 章 都与原子有关 578

40-1 原子的性质 578
40-2 施特恩-格拉赫实验 585
40-3 磁共振 588
40-4 不相容原理和陷阱中的多个电子 590
40-5 建立周期表 594
40-6 X 射线与元素的排序 596
40-7 激光 601
复习和总结 606
习题 607

第 41 章 固体中电的传导 611

41-1 金属的电性质 611
41-2 半导体和掺杂 620
41-3 p-n 结和晶体管 625
复习和总结 631
习题 632

第 42 章 核物理学 635

42-1 发现原子核 635
42-2 原子核的一些性质 638
42-3 放射性衰变 645
42-4 α 衰变 649
42-5 β 衰变 652
42-6 放射性鉴年法 655
42-7 测定辐射剂量 657
42-8 原子核模型 658
复习和总结 661
习题 662

第 43 章 原子核产生的能量 667

43-1 核裂变 667
43-2 核反应堆 674
43-3 自然界中的核反应堆 678
43-4 热核聚变：基本过程 680
43-5 太阳和其他恒星中的热核聚变 683
43-6 受控热核聚变 686
复习和总结 688
习题 689

第 44 章 夸克、轻子和大爆炸 692

44-1 基本粒子的一般性质 692
44-2 轻子、强子和奇异性 701
44-3 夸克和信使粒子 708
44-4 宇宙学 715
复习和总结 **722**
习题 **723**

附录 726

附录 A 国际单位制（SI） 726
附录 B 一些物理学基本常量 728
附录 C 一些天文数据 729
附录 D 换算因子 730
附录 E 数学公式 734
附录 F 元素的性质 737
附录 G 元素周期表 740

检查点和奇数题号习题的答案 741

CHAPTER 21

第 21 章　库仑定律

21-1　库仑定律

学习目标

学完这一单元后，你应当能够……

21.01　区别电中性的、带负电的和带正电的物体，并鉴别过剩电荷。

21.02　区别导体、非导体（绝缘体）、半导体和超导体。

21.03　描述原子内部粒子的电性质。

21.04　懂得什么是传导电子并说明它们在构成负电荷或正电荷的导电体中的作用。

21.05　懂得“电孤立”和“接地”的意义。

21.06　说明一个带电物体怎样在另一个物体中产生感应电荷。

21.07　懂得有相同符号的电荷相互排斥，带相反符号的电荷相互吸引。

21.08　对两个带电粒子中的各个粒子画出作用在它上面的静电力（库仑力）的受力图，把力矢量的尾端放在这个粒子上。

21.09　对两个带电粒子中的各个粒子，应用库仑定律把静电力的数值、粒子的电荷的数值和两个带电粒子间的距离联系起来。

21.10　明白库仑定律只能用于（点状的）粒子和可以当作质点的物体。

21.11　如果有不止一个力作用在粒子上，要把所有的力作为矢量相加，以求合力。不能作为标量相加。

21.12　懂得一个均匀带电的球壳对球壳外的带电粒子的吸引或排斥就和球壳上的所有电荷都集中在球壳中心的一个粒子上的作用一样。

21.13　懂得如果一个带电粒子在均匀带电的球壳内部，就不会存在球壳作用在粒子上的静电力。

21.14　懂得如果有过剩的电荷放在球形导体上，电荷就均匀地扩散到整个球的外表面。

21.15　懂得如果两个完全相同的球形导体相接触或用导线连接起来，任何过剩的电荷都会等量地分布在两个球上。

21.16　懂得非导体上可以有任何给定方式的电荷分布，包括物体内部各点上的电荷。

21.17　懂得电流是单位时间通过一点的电荷数。

21.18　对于通过一点的电流，应用电流、时间间隔和在这段时间间隔内通过这一点的电荷数量之间的关系。

关键概念

- 粒子和周围物体电相互作用的强度依赖于粒子的电荷（通常用 q 表示），电荷可以是正，也可以是负。带有相同符号电荷的粒子互相排斥，带有相反符号电荷的粒子相互吸引。
- 带有等量的异种电荷的物体是电中性的，而两种电荷不均衡的物体是带电体，它有过剩的电荷。
- 导体是其中有相当数量、可以自由运动的电子的材料、非导体（绝缘体）中的带电粒子不能自由运动。
- 电流 i 是单位时间内通过一点的电荷的数量 $\frac{dq}{dt}$:

$$i=\frac{dq}{dt}$$

- 库仑定律描写两个带电粒子之间的静电力（或电场力）。如两粒子带电荷量分别为 q_1 和 q_2，分开距离 r，且相对静止（或很慢地运动），则一者作用于另一者上的力的数值是

$$F=\frac{1}{4\pi\varepsilon_0}\frac{|q_1||q_2|}{r^2}\quad(\text{库仑定律})$$

其中，$\varepsilon_0=8.85\times10^{-12}\,C^2/(N\cdot m^2)$ 是真空电容率

常量⊖（真空介电常量）。比例 $1/(4\pi\varepsilon_0)$ 常用静电常量（或库仑常量）$k=8.99\times10^9\text{N}\cdot\text{m}^2/\text{C}^2$ 来代替。

- 由一个带电粒子作用于另一个带电粒子上的静电力矢量或者直接向着这个粒子（电荷符号相反）或直接背离这个粒子（电荷符号相同）。
- 如有多个静电力作用于一个粒子，则净力是各个力的矢量和（不是标量和）。
- 球壳定理1：对于电荷均匀分布在表面上的球壳外面的一个带电粒子，它受到的吸引或排斥力就好像受到球壳上的电荷全都集中在球心的一个粒子的作用一样。
- 球壳定理2：对于电荷均匀分布在表面上的球壳内部的带电粒子，球壳对它没有净作用力。
- 导电球壳上的电荷都均匀分布在（外）表面上。

什么是物理学?

我们周围到处都有根据电磁学的物理原理工作的各种设备，电磁学是电和磁的现象的结合体。这方面的物理学是计算机、电视、无线电、电信学、家庭照明，甚至是食品的包裹装箱技术的基本原理。电和磁的物理学也是自然界的基础，它不仅使世界上所有的原子和分子结合在一起，还可以产生闪电、极光和彩虹等自然现象。

电磁学的物理现象很早就受到古希腊哲学家的注意，他们发现，如果一块琥珀被摩擦后移近一小片麦杆，麦杆会跳到琥珀上。我们现在知道，琥珀和麦杆之间的吸引是来自电场力。古希腊哲学家还发现，某种石头（自然界中存在的磁体）靠近小铁块，铁块会跳到石头上。我们现在知道，磁体和铁之间的吸引是由于磁力。

从这些古希腊哲学家们的朴素的观察开始，电学和磁学各自独立地发展了几百年——事实上，直到1820年，汉斯·克里斯蒂安·奥斯特（Hans Christian Oersted）发现了它们之间的关系：导线中的电流能使罗盘磁针偏转。很有趣的是，奥斯特获得这个重大发现竟是他在给自己的学生准备物理课堂演示的时候。

电磁学作为一门新科学被许多国家的研究者进一步发展了。最优秀者之一是迈克尔·法拉第（Michael Faraday），一个有物理学直觉和形像化能力天赋的真正的天才实验家。他的天赋被人们所收集到的他的实验室笔记中没有一个方程式这个事实所证实。到19世纪中叶，詹姆斯·克拉克·麦克斯韦（James Clerk Maxwell）把法拉第的概念写成数学形式，并引进许多他自己的新概念，从而把电磁学建立在坚实的理论基础上。

我们的电磁学的讨论一直延伸到接下来的总共16章。我们从电的现象开始，第一步是讨论电荷和电力的性质。

电荷

这里有两个演示实验看上去像是魔术一般，但我们现在的任务是弄懂它们的意义。我们（在一个湿度低的日子里）把一根玻璃棒用丝绸摩擦过以后，用系在棒中央的线悬挂起来（见图21-1a）。然

⊖ 此处电容率常量为 permittivity constant 的直译，按照全国科学技术名词审定委员会公布的《物理学名词》第2版，称 ε_0 为真空电容率或真空介电常量。——编辑注

后我们用丝绸摩擦第二根玻璃棒后把它靠近悬挂着的玻璃棒。悬挂着的玻璃棒魔术般地被推开了，这是怎么回事呢？并没有物体接触那根棒，没有风推动它，也没有声波去扰动它。

在第二个演示中，我们把第二根玻璃棒用被毛皮摩擦过的塑料棒代替。这一次，悬挂着的玻璃棒会向着近旁的塑料棒运动（见图 21-1b）。和排斥力一样，这次吸引的发生也没有任何接触，或者说两根棒之间没有明显的交流。

在下一章里我们将讨论悬挂着的棒怎么会知道另一根棒的存在，但在这一章里我们只专注于所牵涉的力。在第一个演示中，作用于悬挂着的棒上的力是*排斥力*，在第二个演示中是*吸引力*。科学家们经过大量的研究后领会到这些演示中的力来自我们用丝绸或毛皮摩擦时出现在棒上的*电荷*。电荷是构成棒、丝绸和毛皮这些物体的基本粒子的内在性质。就是说，只要有这些粒子存在，电荷是自然而然地出现的性质。

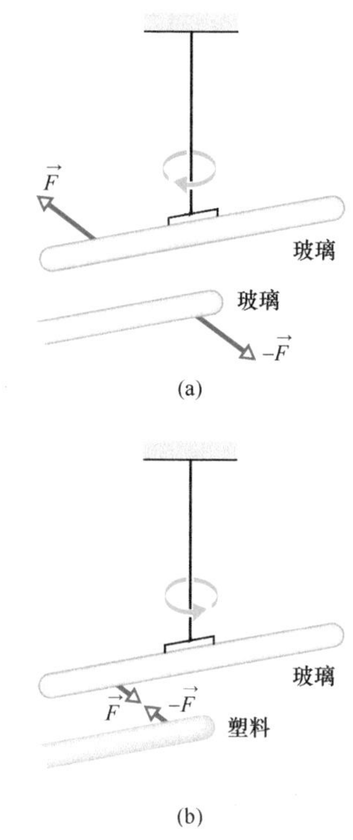

图 21-1 （a）两根玻璃棒都用丝绸摩擦过，其中一根棒用线悬挂起来。当两根棒互相靠近时，它们互相排斥。（b）塑料棒用毛皮摩擦过。当塑料棒靠近玻璃棒时，二者相互吸引。

两种类型。有两种类型的电荷，这两种电荷被美国科学家兼政治家本杰明·富兰克林（Benjamin Franklin）命名为正电荷和负电荷。他本来可以用任何名称来称呼它们（例如樱桃和胡桃，等等），但是用代数符号作为名称在我们把电荷相加求净电荷时是很方便的。我们日常见到的大多数物体，像杯子，都有相等数量的带负电的粒子和带正电的粒子，所以净电荷为零，我们说电荷是*平衡的*，并且说这个物体是*电中性的*（或简短地只说*中性的*）。

过剩电荷。正常情况下你的身体大体上是中性的。然而，如果你生活在湿度很低的地区，就会发现当你走过一块地毯时，你身体上的电荷就会稍有不平衡。或者你从地毯得到负电荷（通过你的鞋和地毯之间的接触）成为带负电的，或者你失去负电荷而成为带正电的。在任何一种情况中，这些额外的电荷都称为*过剩电荷*。你可能没有注意到它，直到你伸手拉门把手或接触另一个人。这时，如果你带的过剩电荷足够多，在你和另一个物体之间就会产生一个火花，这样就消除了你身上的过剩电荷。这种火花可能使人烦恼，甚至感到有点痛。这样的*充电*和*放电*在潮湿的环境中并不会出现，因为空气中的水分会在你得到过剩电荷时立即将它*中和*掉。

物理学中两大不可思议的事物是：（1）*为什么宇宙中会具有带电荷的粒子*（电荷实际上到底是什么？）（2）*为什么会有两种电荷*（不是一种也不是三种，等等）？我们一点也不知道。不过，科学家根据和我们的两个演示类似的大量实验发现：不久之后我们就要把这个法则用定量形式表示成带电粒子之间*静电力*（或*电场力*）的库仑定律。*静电*一词是用来强调电荷相互之间或者静止，或者只是非常缓慢地运动。

带有相同符号的电荷相互排斥，带有相反符号电荷的粒子相互吸引。

演示实验。现在让我们回到演示实验来解释棒的运动是由于某种自然原因而不是魔术。当我们用丝绸摩擦玻璃棒的时候，少

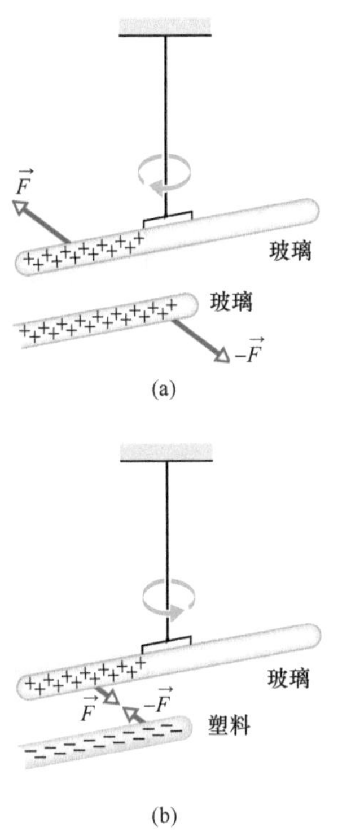

图21-2 (a)两根带同号电荷的棒互相排斥。(b)两根带相反符号电荷的棒相互吸引。正号表示正的净电荷，负号表示负的净电荷。

量负电荷从玻璃棒移动到丝绸上（就像在你和地毯间的转移），在玻璃棒上留下少量过剩的正电荷。（负电荷怎样运动不是显而易见的，需要大量的实验研究才知道。）我们把丝绸放在棒上摩擦增加了二者接触点的数目，从而增加了转移电荷的数量，虽然还是很少的。我们用线把玻璃棒悬挂起来就使它和周围环境电孤立（这样周围环境就不能通过给玻璃棒足够的负电荷来重新平衡它的电荷而使棒成为电中性）。当我们用丝绸摩擦第二根玻璃棒时，它也成为带正电荷的。所以当我们将它靠近第一根玻璃棒时，两根棒互相排斥（见图21-2a）。

下一步，当我们用毛皮摩擦塑料棒时，塑料棒从毛皮得到过剩的负电荷（转移的方向也是通过许多实验得知的）。当我们把塑料棒（带负电）靠近悬挂着的玻璃棒（带正电）时，两根棒互相吸引（见图21-2b）。所有这些都是细微的。你看不见电荷或它的转移，只能看到结果。

导体和绝缘体

通常我们可以把各种材料按照电荷通过它们运动的本领来分类。**导体**是电荷可以相当自由地通过它们运动的材料；包括金属（如常用的电灯导线中的铜），人体及自来水等。**非导体**——也称为**绝缘体**——是电荷不能在其中自由运动的材料；包括胶皮（譬如常用的电灯导线的绝缘胶皮）、塑料、玻璃以及化学纯水。**半导体**是介于导体和绝缘体之间的材料；包括计算机芯片中的硅和锗。**超导体**是完美的导体，它是可以让电荷没有任何障碍地在其中运动的材料。在这几章中我们只讨论导体和绝缘体。

传导路径。这里举一个传导过程是怎样消除物体上过剩电荷的例子。如果你用羊毛摩擦铜棒，电荷将会从羊毛转移到铜棒上。不过，如果你拿着铜棒的同时也碰到一个自来水龙头，那么无论怎样使电荷转移你都不能使铜棒带电。其原因是：你、铜棒和水龙头都是相互连接的导体，通过水管连接到地球表面，地球是一个非常大的导体。因为羊毛交给铜棒的过剩电荷要互相排斥，所以它们要互相远离。这些电荷首先通过铜棒，然后通过你的身体，再通过水龙头和水管到地球表面，到这里电荷就扩散开来。这个过程的结果是留下电中性的铜棒。

用这种方式在物体和地球表面之间建立一条导体的通路，我们就说这个物体接地，并使物体成为电中性（通过消除不平衡的正电荷或负电荷），我们说使物体放电。如果你不是把铜棒拿在你的手上，而是通过一个绝缘的手柄拿着它，这样你就切断了电荷到地球的通路，这样也就可以通过摩擦使铜棒带电（电荷停留在铜棒上），只要你不直接用手去接触铜棒就可以。

带电粒子。导体和绝缘体的性质决定于原子的结构和电性质。原子由带正电荷的质子、带负电荷的电子及电中性的中子构成。质子和中子在原子中心位置的原子核中紧紧地挤在一起。

一个电子的电荷和一个质子的电荷具有相同的数值但符号相反。所以，一个电中性的原子包含相等数目的电子和质子。电子被束缚在原子核附近，因为电子和原子核中的质子的电荷符号相反，从而被吸引到原子核的近旁。假如这些都不正确的话，就没有原子，也就不会有你。

当铜一类的导体的原子聚集在一起形成固体时，它们最外面的（也是束缚最弱的）一些电子可以自由地在固体内漫游，留下带正电的原子（正离子）。我们把这种流动的电子称为传导电子。在非导体中只有极少数的几个（如果有的话）自由电子。

感生电荷。图21-3中的实验演示了导体中电荷的流动性。一根带负电荷的塑料棒可以吸引被绝缘的中性铜棒的任何一端。发生的事情是铜棒靠近塑料棒一端的许多传导电子被塑料棒上的负电荷排斥。一些传导电子被排斥到铜棒的远端，铜棒近端的电子减少，留下不平衡的过多正电荷。这些正电荷受到塑料棒上负电荷的吸引。虽然整个铜棒仍旧是中性的，但我们称它产生感生电荷，这意味着由于附近电荷的存在，它的一些正电荷和负电荷被分开了。

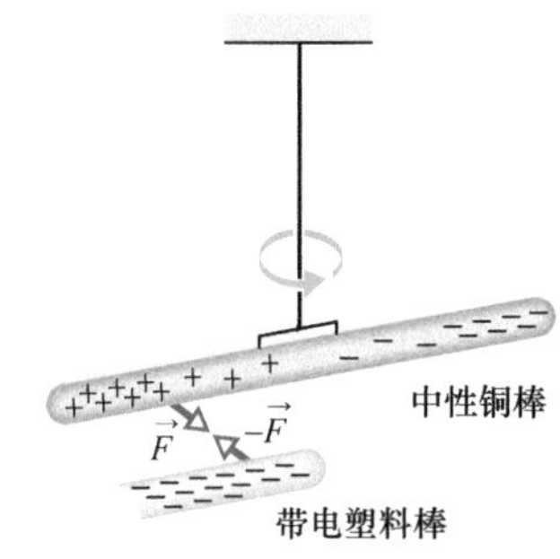

图21-3 把一根中性的铜棒用一根不导电的线悬挂起来以使它和周围环境电绝缘。铜棒的每一端都会受到带电棒的吸引。这里，铜棒中的传导电子被塑料棒上的负电荷排斥到铜棒的远端。然后负电荷吸引留在铜棒近端的正电荷，铜棒转动使铜棒近端更靠近塑料棒。

同理，如果有一带正电荷的玻璃棒靠近中性铜棒的一端，那么中性的铜棒中也会产生感生电荷，但现在靠近的一端得到传导电子，从而带负电，并被玻璃棒吸引，同时铜棒远端带正电荷。

注意，只有带负电荷的传导电子能够运动；正离子固定在原位。所以，要使物体带正电，只能通过移除负电荷做到。

冬青味“救生圈糖”[⊖]发出的蓝色闪光

相反符号的电荷相互吸引的间接证据可以用冬青味“救生圈糖”看到。如果你使自己的眼睛在黑暗中适应15min，然后叫你的朋友在黑暗中大口咀嚼一块糖，你会看到你的朋友每一次咀嚼时嘴巴里就会发出微弱的蓝色闪光。每当把一块糖晶体咬碎成几小块时，每一小块糖果可能带有不同数量的电子。假设一块晶体碎裂成A和B两块，A最后在它的表面带有比B更多的电子（见图21-4）。这意味着B的表面有正离子（原子的电子跑到A上）。因为A上的电子受到B上正离子强烈的吸引。其中的一些电子就要跳过两块糖之间的间隙。

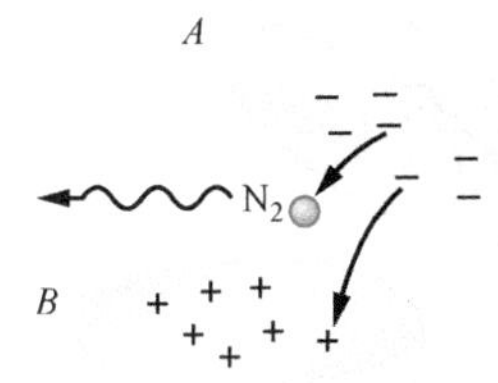

图21-4 互相分开的两块冬青味“救生圈糖”，从A小块的负表面跳到B小块的正表面上的电子与空气中的氮分子（N_2）碰撞。

当A和B互相分开的时候，空气（主要是氮气N_2）流进间隙，许多跳越间隙的电子和空气中的氮分子碰撞，致使分子发射紫外光。我们看不见这种光。不过，糖果碎块表面冬青油的分子会吸收这些紫外光然后发射蓝光，这是我们能够看见的——也就是从你的朋友嘴里发出的蓝光。

检查点1

图示五对平板，A、B和D是带电的塑料板，C是电中性的铜板。图中已画出三对平板之间的静电力。其余的两对平板之间是相互吸引还是排斥？

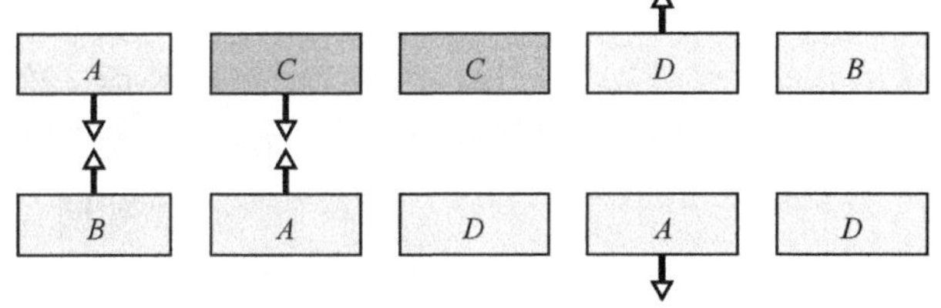

⊖ 冬青味“救生圈糖”（Wintergreen Lifesaver）是美国一种做成救生圈样子并含有冬青油的糖果商品的名称，有类似于薄荷的香味。——译者注

库仑定律

现在我们来讨论库仑定律的方程式，但是首先要提出一个警告，这个方程式只适用于带电的粒子（以及少数几种可以当作质点的物体）。对于电荷在不同的位置上的大的物体，我们需要更有效的技巧。所以这里我们只考虑带电粒子而不考虑大的物体，譬如说，两只带电的猫。

如果两个粒子相互靠近，它们相互之间有**静电力**作用。力矢量的方向取决于电荷的符号。如果两个粒子具有同号电荷，它们互相排斥。这意味着各个粒子受到的力矢量的指向直接背离另一个粒子（见图21-5a、b）。如果我们放开这两个粒子，它们将会加速互相离开。相反的情况，两个粒子带有相反符号的电荷，它们将相互吸引，这意味着各个粒子受到的力矢量直接指向另一个粒子（见图21-5c）。如果我们松开这两个粒子，它们将相向加速接近。

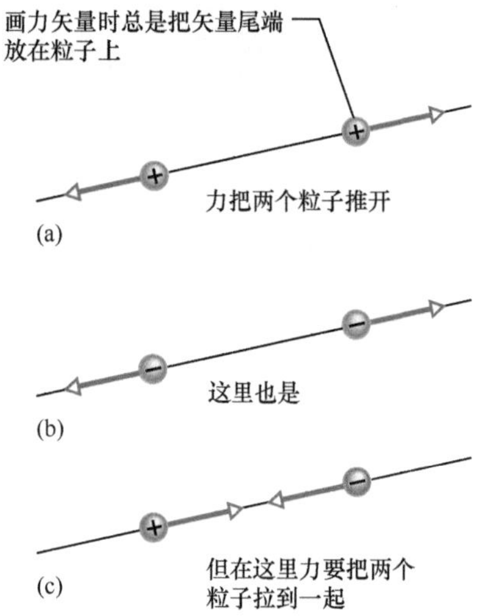

画力矢量时总是把矢量尾端放在粒子上

力把两个粒子推开

(a)

这里也是

(b)

但在这里力要把两个粒子拉到一起

(c)

图21-5　如果两个带电粒子有相同符号的电荷，它们相互排斥。(a) 两个都带正电荷，(b) 两个都是负的。(c) 如果它们带有相反符号的电荷，它们就会互相吸引。

作用于粒子上的静电力的方程式称为**库仑定律**，这个式子得益于查尔斯-奥古斯丁·德·库仑（Charles-Augustin de Coulomb），他从1785年的实验中得出这个公式。我们用矢量形式写出这个方程式，并用图21-6中的粒子来表示，图中粒子1带有电荷 q_1，粒子2带电荷 q_2。（这两个符号可以是正也可以是负。）我们还观察粒子1，并用单位矢量 $\hat{r}$ 来表示作用于它的力。单位矢量 $\hat{r}$ 沿连接两个质点的径向轴线，从粒子2径向指向外。（和其他单位矢量一样，$\hat{r}$ 的数值准确等于1，并且没有单位；它的意义是指明方向，就像在路牌上的方向箭头一样。）按照这些约定，我们把静电力写作：

$$\vec{F} = k\frac{q_1 q_2}{r^2}\hat{r}\quad（库仑定律）\tag{21-1}$$

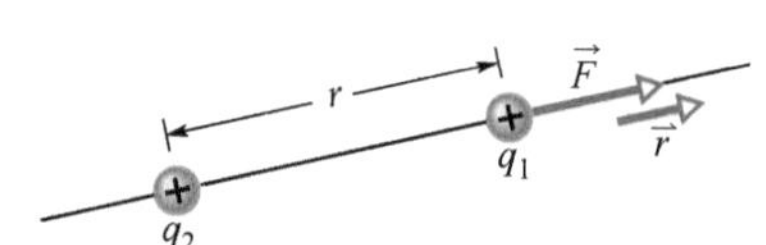

图21-6　作用在粒子1上的静电力可以用沿通过这两个粒子的轴线，从粒子2沿着径向向外的单位矢量 $\hat{r}$ 来表示。

式中，r 是两个粒子间的距离；k 是一个正的常量，称为静电常量或库仑常量。（我们下面将要讨论这个常量。）

我们首先核对一下式（21-1）给出的作用于粒子1上的力的方向。如果 q_1 和 q_2 有相同的符号，那么乘积 q_1q_2 得出正的结果。所以式（21-1）告诉我们作用于粒子1上的力沿 $\hat{r}$ 的方向。我们对此核对无误，因为粒子1被粒子2排斥。下一步，如果 q_1 和 q_2 符号相反，乘积 q_1q_2 得出负的结果。由此，现在式（21-1）告诉我们作用在粒子上的力是逆着 $\hat{r}$ 的方向。这也得到了证实，因为粒子1被吸引向着粒子2。

题外话。这里有一些难以理解的东西。式（21-1）和距离为 r 的两个质量分别为 m_1 和 m_2 的质点的牛顿引力方程［式（13-3）］在形式上相同：

$$\vec{F} = G\frac{m_1 m_2}{r^2}\hat{r}\quad（牛顿定律）\tag{21-2}$$

式中，G 是引力常量。虽然这两种类型的力完全不同，但两个方程都是平方反比定律（依赖于 $1/r^2$），还包含相互作用的两个质点的性质的乘积——一个是电荷，另一个是质量。不过，两个定律的不同在于引力永远是吸引力，而静电力可以是吸引力也可以是排斥力，取决于电荷的符号。这一差别来自只有一种类型的质量但有两种类型的电荷这一事实。

单位。电荷的国际单位制单位是**库仑**。出于和测量的准确度有关的实际理由，库仑的单位是从电流 i 的国际单位制单位安培导出的。我们将在第 26 章中详细讨论电流，我们在这里只要知道电流 i 是通过一点或一个面积的电荷关于时间的变化率$\frac{dq}{dt}$：

$$i=\frac{dq}{dt} \quad (\text{电流}) \qquad (21\text{-}3)$$

重新整理式（21-3）并将符号用它们的单位（库仑 C、安培 A 和秒 s）代替，我们得到：

$$1\mathrm{C}=(1\mathrm{A})(1\mathrm{s})$$

力的数值。由于历史的原因（也因为这样做可以简化其他许多公式），式（21-1）中的静电常量 k 常常写成 $1/(4\pi\varepsilon_0)$。于是，库仑定律中静电力的数值写成

$$F=\frac{1}{4\pi\varepsilon_0}\frac{|q_1||q_2|}{r^2} \quad (\text{库仑定律}) \qquad (21\text{-}4)$$

式（21-1）和式（21-4）中的常量的数值是

$$k=\frac{1}{4\pi\varepsilon_0}=8.99\times10^9\mathrm{N\cdot m^2/C^2} \qquad (21\text{-}5)$$

量 ε_0 称为**电容率常量**（或**真空介电常量**），有时单独出现在方程式中，

$$\varepsilon_0=8.85\times10^{-12}\mathrm{C^2/(N\cdot m^2)} \qquad (21\text{-}6)$$

求解习题。注意给我们力的数值的式（21-4）中出现的电荷的数值。在解这一章中的习题的时候，我们用式（21-4）求选定的粒子受到的来自第二个粒子的作用力的数值，并通过考虑这两个粒子的电荷的符号来独立地确定力的方向。

多个力。和这本书里所有的力一样，静电力也服从叠加原理。设一个称为粒子 1 的选定粒子附近有 n 个带电粒子；于是作用于粒子 1 上的合力由矢量和给出：

$$\vec{F}_{1,\mathrm{net}}=\vec{F}_{12}+\vec{F}_{13}+\vec{F}_{14}+\vec{F}_{15}+\cdots+\vec{F}_{1n} \qquad (21\text{-}7)$$

其中，例如 $\vec{F}_{14}$是由于粒子 4 的存在，它对粒子 1 作用的力。

这个方程式是许多课外作业的关键，所以让我们用语言来说明它。如果你要知道作用于被其他许多带电粒子包围的一个选定的粒子上的合力，首先要认定这个被选出的粒子，然后求其余每个粒子对它的作用力。在选定粒子的受力图上画出这些力矢量，矢量尾端都放在这个选定的粒子上。（这看上去很烦琐，但不这样做的话就容易出错。）然后按照第 3 章的法则求所有这些力的矢量和，而不是求标量和。（你们不能不管三七二十一就把它们的数值大小加起来。）结果就是作用于该粒子的净力（合力）。

虽然较之于我们简单地求标量，这种力的矢量性质使得课外习题要难得多，但还是要感谢式（21-1）有效成立。如果两个力矢量并不是简单地相加，而是由于某种原因使得力要相互加强，

这样的话世界就会变得非常难以理解和控制。

球壳理论。类似于引力的球壳理论（13-1单元），我们有两个静电的球壳定理：

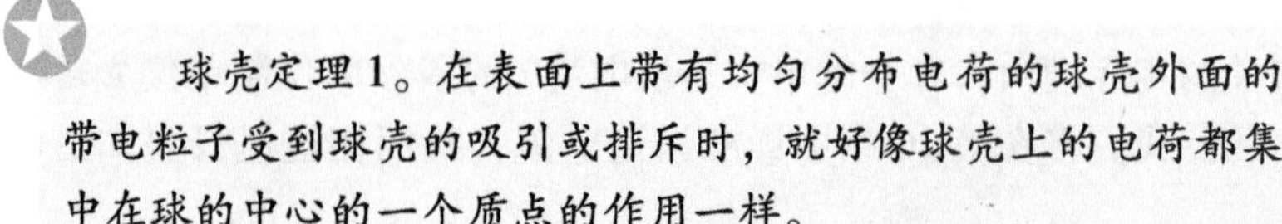

球壳定理1。在表面上带有均匀分布电荷的球壳外面的带电粒子受到球壳的吸引或排斥时，就好像球壳上的电荷都集中在球的中心的一个质点的作用一样。

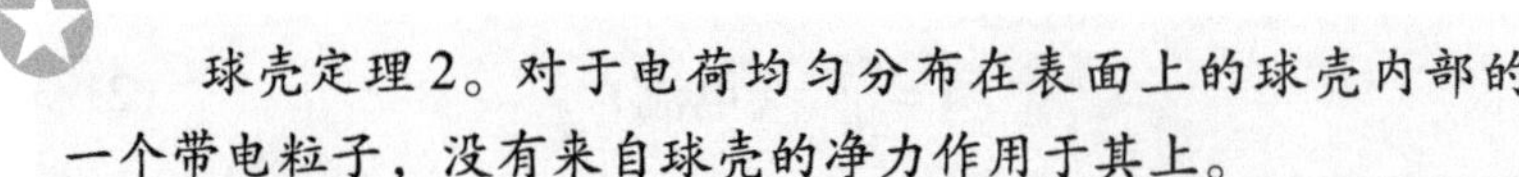

球壳定理2。对于电荷均匀分布在表面上的球壳内部的一个带电粒子，没有来自球壳的净力作用于其上。

（在第一条定理中，我们假设球壳上的电荷比粒子上的电荷大得多。因而粒子的存在对球壳上电荷分布的影响可以忽略不计。）

球形导体

如果把过剩的电荷放到由导电材料制成的球壳上，那么过剩电荷就会均匀地散布到（外）表面上。例如，如果我们把过剩的电子放到球形金属壳上，这些电子会互相排斥并尽量分开，并散布到可能到达的表面的所有部分，直到均匀分布在表面上。这种排列使所有过剩的电子两两之间的距离为最大。按照第一球壳定理，球壳吸引或排斥外部一个电荷，就好像球壳上所有过剩电荷都集中在它的中心一样。

如果我们从球形金属壳上移除负电荷，球壳上留下的正电荷也会在球壳表面上均匀分布。例如，如果我们移除了n个电子，这样就会留下n个正电荷的位置（失去电子的位置），正电荷位置就将均匀地散布到整个球壳上。按照第一球壳定理，球壳吸引或排斥外面的电荷就好像球壳上所有过剩电荷都集中在它的中心一样。

检查点2

图中轴上有两个质子（符号p）和一个电子（符号e）。对于中央的质子，(a) 受到电子对它的力，(b) 另一个质子对它的力以及 (c) 净力的方向各是什么？

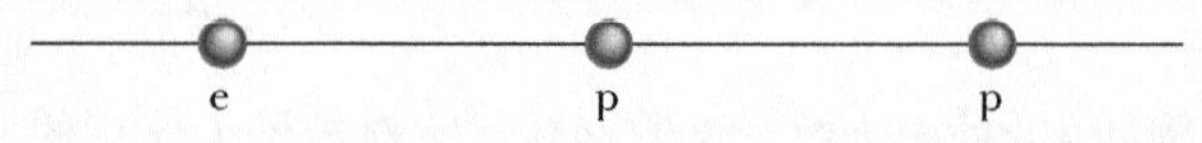

例题21.01　求来自另外两个粒子的合力

这个例题实际上包含3个例题，从基础部分到较难的部分构成。在每一部分中我们都有同一个带电粒子1。第一，有单个力作用于它（容易部分）。然后有两个力，但它们正好在相反的方向上（不太难）。最后还是两个力，但它们在完全不同的方向上（看来我们现在必须认真对待它们都是矢量这个事实）。所有三个例子的关键在于你拿出计算器以前正确地画出各个力，否则你可能会在计算器上计算出无意义的东西。（在WileyPLUS中可以得到图21-7中带有画外音的动画。）

(a) 图21-7a表示两个带正电荷的粒子固定在x轴的位置上。两个电荷分别是$q_1=1.60\times10^{-19}\mathrm{C}$及$q_2=3.20\times10^{-19}\mathrm{C}$，两粒子间的距离是$R=0.0200\mathrm{m}$。粒子2作用于粒子1上的静电力$\vec{F}_{12}$的大小和方向如何？

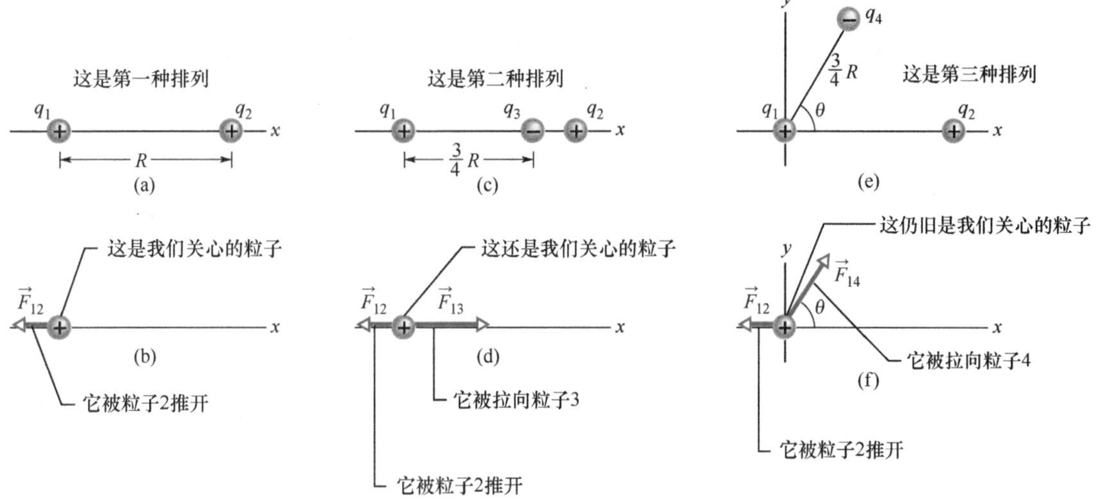

图 21-7 （a）两个带电荷 q_1 和 q_2 的粒子固定在 x 轴的位置上。（b）粒子 1 的受力图表示粒子 2 对它的静电力作用。（c）包含粒子 3。（d）粒子 1 的受力图。（e）包含粒子 4。（f）粒子 1 的受力图。

【关键概念】

因为两个粒子都带正电荷，粒子 1 被粒子 2 排斥，排斥力的大小由式（21-4）给出。因此，作用于粒子 1 的力 $\vec{F}_{12}$ 的方向是背离粒子 2，沿 x 轴的负方向，如图 21-7b 中受力图所指示的那样。

两个粒子的情况：由式（21-4），用距离 R 代替 r，我们可以写出这个力的数值 F_{12}：

$$F_{12}=\frac{1}{4\pi\varepsilon_0}\frac{|q_1||q_2|}{R^2}$$
$$=(8.99\times10^9\,\mathrm{N\cdot m^2/C^2})\times\frac{(1.60\times10^{-19}\,\mathrm{C})(3.20\times10^{-19}\,\mathrm{C})}{(0.0200\,\mathrm{m})^2}$$
$$=1.15\times10^{-24}\,\mathrm{N}$$

由此，力 $\vec{F}_{12}$ 有以下的数值和方向（相对于 x 轴的正方向）：

$$1.15\times10^{-24}\,\mathrm{N}\text{ 和 }180^\circ \qquad \text{（答案）}$$

我们也可以用单位矢量记号写出 $\vec{F}_{12}$：

$$\vec{F}_{12}=-(1.15\times10^{-24}\,\mathrm{N})\vec{i} \qquad \text{（答案）}$$

（b）图 21-7c 和图 21-7a 相同，只是在粒子 1 和 2 之间的 x 轴上多了粒子 3。粒子 3 的电荷 $q_3=-3.20\times10^{-19}\,\mathrm{C}$，在与粒子 1 相距 $\frac{3}{4}R$ 的位置。粒子 2 和粒子 3 作用于粒子 1 的净静电力 $\vec{F}_{1,\mathrm{net}}$ 是什么？

【关键概念】

粒子 3 的出现并不会改变粒子 1 所受到的粒子 2 对它的静电力。因此，力 $\vec{F}_{12}$ 仍旧作用在粒子 1 上。同理，粒子 3 作用在粒子 1 上的力也不会因为粒子 2 的存在而受到影响。因为粒子 1 和粒子 3 的电荷符号相反，粒子 1 被粒子 3 吸引。因此，力 $\vec{F}_{13}$ 指向粒子 3，如图 21-7d 的受力图所示。

三个粒子的情况：要求 $\vec{F}_{13}$ 的数值，我们可以把式（21-4）重新写成：

$$F_{13}=\frac{1}{4\pi\varepsilon_0}\frac{|q_1||q_3|}{\left(\frac{3}{4}R\right)^2}$$
$$=(8.99\times10^9\,\mathrm{N\cdot m^2/C^2})\times\frac{(1.60\times10^{-19}\,\mathrm{C})(3.20\times10^{-19}\,\mathrm{C})}{\left(\frac{3}{4}\right)^2(0.0200\,\mathrm{m})^2}$$
$$=2.05\times10^{-24}\,\mathrm{N}$$

我们也可以用单位矢量记号表示 $\vec{F}_{13}$：

$$\vec{F}_{13}=(2.05\times10^{-24}\,\mathrm{N})\vec{i}$$

作用在粒子 1 上的净力是 $\vec{F}_{12}$ 和 $\vec{F}_{13}$ 的矢量和；由式（21-7），我们可以用单位矢量记号写出作用于粒子 1 上的净力 $\vec{F}_{1,\mathrm{net}}$：

$$\vec{F}_{1,\text{net}}=\vec{F}_{12}+\vec{F}_{13}$$
$$=-(1.15\times10^{-24}\text{N})\vec{i}+(2.05\times10^{-24}\text{N})\vec{i}$$
$$=(9.00\times10^{-25}\text{N})\vec{i} \qquad \text{(答案)}$$

由此可知，$\vec{F}_{1,\text{net}}$有以下的数值和方向（相对于x轴正方向）：

$$9.00\times10^{-25}\text{N}\ 及\ 0° \qquad \text{(答案)}$$

（c）图21-7e和图21-7a相同，只是现在还包含粒子4。它的电荷$q_4=-3.20\times10^{-19}$C，与粒子1相距$\frac{3}{4}R$，在与x轴成$\theta=60°$的直线上。粒子2和粒子4作用在粒子1上的净静电力$\vec{F}_{1,\text{net}}$是什么？

【关键概念】

净力$\vec{F}_{1,\text{net}}$是$\vec{F}_{12}$与粒子4作用在粒子1上新的力$\vec{F}_{14}$的矢量和。因为粒子1和粒子4带有相反符号的电荷，粒子1被粒子4吸引。因此，作用在粒子1上的力$\vec{F}_{14}$指向粒子4，角度$\theta=60°$，如图21-7f的受力图所描绘的样子。

第四个粒子的情况：我们可以把式（21-4）写成

$$F_{14}=\frac{1}{4\pi\varepsilon_0}\frac{|q_1||q_4|}{\left(\frac{3}{4}R\right)^2}$$
$$=(8.99\times10^9\text{N}\cdot\text{m}^2/\text{C}^2)\times\frac{(1.60\times10^{-19}\text{C})(3.20\times10^{-19}\text{C})}{\left(\frac{3}{4}\right)^2(0.0200\text{m})^2}$$
$$=2.05\times10^{-24}\text{N}$$

根据式（21-7），我们可以写出作用于粒子1上的合力$\vec{F}_{1,\text{net}}$为

$$\vec{F}_{1,\text{net}}=\vec{F}_{12}+\vec{F}_{14}$$

因为$\vec{F}_{12}$和$\vec{F}_{14}$并不都沿着同一根轴，我们不能简单地把它们的数值加起来。我们必须用下列方法之一把它们作为矢量来求和。

方法1：在可做矢量运算的计算器上直接求和。对$\vec{F}_{12}$，我们输入数值1.15×10^{-24}和角度180°。对$\vec{F}_{14}$，我们输入数值2.05×10^{-24}和角度60°。然后我们将两个矢量相加。

方法2：用单位矢量记号求和。首先，我们重写$\vec{F}_{14}$为

$$\vec{F}_{14}=(F_{14}\cos\theta)\vec{i}+(F_{14}\sin\theta)\vec{j}$$

对F_{14}用2.05×10^{-24}N代入，对θ用60°代入，得到

$$\vec{F}_{14}=(1.025\times10^{-24}\text{N})\vec{i}+(1.775\times10^{-24}\text{N})\vec{j}$$

然后求和：

$$\vec{F}_{1,\text{net}}=\vec{F}_{12}+\vec{F}_{14}$$
$$=-(1.15\times10^{-24}\text{N})\vec{i}+(1.025\times10^{-24}\text{N})\vec{i}+(1.775\times10^{-24}\text{N})\vec{j}$$
$$\approx(-1.25\times10^{-25}\text{N})\vec{i}+(1.78\times10^{-24}\text{N})\vec{j} \qquad \text{(答案)}$$

方法3：将xy两个轴上的分量分别相加。x分量之和为

$$F_{1,\text{net},x}=F_{12,x}+F_{14,x}=F_{12}+F_{14}\cos60°$$
$$=-1.15\times10^{-24}\text{N}+(2.05\times10^{-24}\text{N})(\cos60°)$$
$$=-1.25\times10^{-25}\text{N}$$

y分量的和为

$$F_{1,\text{net},y}=F_{12,y}+F_{14,y}=0+F_{14}\sin60°$$
$$=(2.05\times10^{-24}\text{N})(\sin60°)$$
$$=1.78\times10^{-24}\text{N}$$

合力$\vec{F}_{1,\text{net}}$的数值为

$$F_{1,\text{net}}=\sqrt{F^2_{1,\text{net},x}+F^2_{1,\text{net},y}}=1.78\times10^{-24}\text{N} \qquad \text{(答案)}$$

为求$\vec{F}_{1,\text{net}}$的方向，我们取

$$\theta=\arctan\frac{F_{1,\text{net},y}}{F_{1,\text{net},x}}=-86.0°$$

不过，这是不合理的结果，因为$\vec{F}_{1,\text{net}}$的方向必定在$\vec{F}_{12}$和$\vec{F}_{14}$两个方向之间。为得到正确的θ，我们加上180°，得到

$$-86.0°+180°=94.0° \qquad \text{(答案)}$$

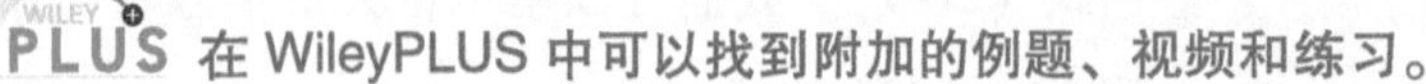

检查点 3

右图表示一个电子 e 和两个质子 p 的三种排列。(a) 按照质子作用于电子上的净静电力的大小顺序写出三种排列，最大的第一。(b) 在情况 c 中，作用在电子上的净力与标记 d 的直线间的角度是小于还是大于 45°？

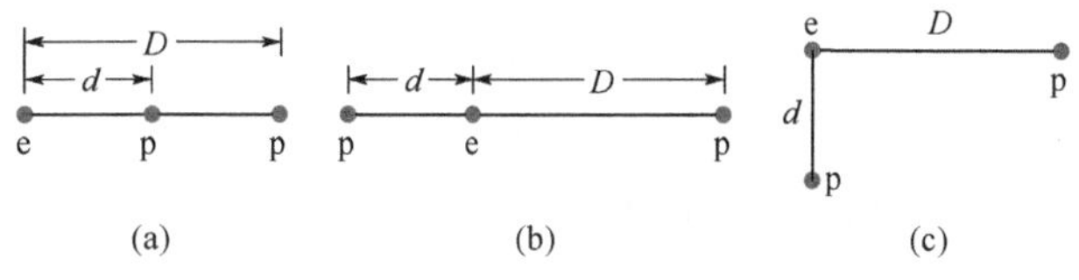

例题 21.02 作用在一个粒子上的两个力的平衡

图 21-8a 表示固定在位置上的两个粒子：带电荷 $q_1=+8q$ 的粒子在原点，带电荷 $q_2=-2q$ 的粒子在 $x=L$ 处。一个质子放在什么位置（除了无穷远）才可以使它处在平衡状态（作用于它的合力为零）？这个平衡状态是稳定的还是不稳定的？（就是说，如果质子稍微移开一些，作用于它的力是把它拉回平衡点还是把它推向更远处？）

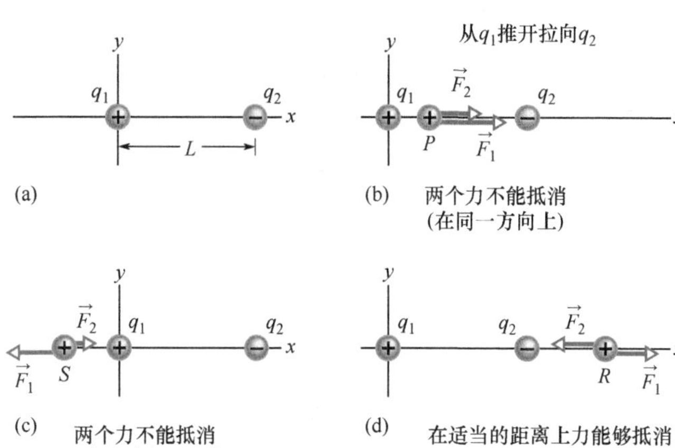

图 21-8 (a) 两个电荷分别为 q_1 和 q_2 的粒子在 x 轴的固定位置上，距离 L。(b) ~ (d) P、S 和 R 是质子的三种可能的位置。在每个位置上，$\vec{F}_1$ 是粒子 1 作用在质子上的力，$\vec{F}_2$ 是粒子 2 作用于质子上的力。

【关键概念】

设 $\vec{F}_1$ 是电荷 q_1 作用在质子上的力，$\vec{F}_2$ 是电荷 q_2 作用在质子上的力，在我们要找的点上 $\vec{F}_1+\vec{F}_2=\vec{0}$。于是

$$\vec{F}_1=-\vec{F}_2 \tag{21-8}$$

这个式子告诉我们，在我们要寻找的点上其他两个粒子作用于质子上的力的数值必定相等。

$$F_1=F_2 \tag{21-9}$$

两个力的方向必定相反。

推理： 因为质子带正电，质子和带电荷 q_1 的粒子的电荷同号，它作用在质子上的力 $\vec{F}_1$ 背离 q_1。质子和带电荷 q_2 的粒子的电荷反号，所以它作用在质子上的力 $\vec{F}_2$ 必定向着 q_2。只有当质子也在 x 轴上时才有可能使"背离 q_1"并"向着 q_2"的两个力在相反方向上。

如果质子在 q_1 和 q_2 之间的 x 轴上任何一点，譬如图 21-8b 中的 P 点，那么 $\vec{F}_1$ 和 $\vec{F}_2$ 有相同的方向，不符合所要求的相反方向。如果质子在 q_1 左边的 x 轴上任何一点，如图 21-8c 中的 S 点，这样 $\vec{F}_1$ 和 $\vec{F}_2$ 的方向就相反。然而，式 (21-4) 告诉我们，在这里 $\vec{F}_1$ 和 $\vec{F}_2$ 不可能有相等的数值：F_1 必定大于 F_2，因为 F_1 是由靠得较近（较小的 r）并且数值较大的电荷（$8q$ 对 $2q$）所产生的。

最后，如果质子在 q_2 右边的 x 轴上任何一点，譬如图 21-8d 中的 R 点，那么 $\vec{F}_1$ 和 $\vec{F}_2$ 方向也是相反。可是因为现在数值较大的电荷（q_1）到质子的距离比数值较小电荷到质子的距离更远，所以在某一点上可以达到 F_1 等于 F_2。令 x 是这一点的坐标，并令 q_p 是质子的电荷。

解： 由式 (21-4)，我们现在可以重写式 (21-9)

$$\frac{1}{4\pi\varepsilon_0}\frac{8qq_p}{x^2}=\frac{1}{4\pi\varepsilon_0}\frac{2qq_p}{(x-L)^2} \tag{21-10}$$

[注意，在式 (21-10) 中只出现电荷的数值。而我们在图 21-8d 中已经确定了力的方向，并且这

里也不需要写出正号或负号。］整理式（21-10），得到

$$\left(\frac{x-L}{x}\right)^2=\frac{1}{4}$$

两边取平方根后，我们求得

$$\frac{x-L}{x}=\frac{1}{2}$$

$$x=2L \qquad \text{（答案）}$$

在 $x=2L$ 处的平衡是不稳定的；就是说，如果质子离开 R 点向左移动，则 F_1 和 F_2 都将增大，但 F_2 增加较多（因为 q_2 比 q_1 更靠近质子），有一个净力会把质子拉向更左边。如果质子向右移动，F_1 和 F_2 都将减小，但 F_2 减小得更多，有一个净力把质子向右推得更远。在稳定平衡中，如果质子稍稍移动，它应该会回到平衡位置。

例题 21.03

两个相同导电球体的电荷分布如图 21-9a 所示，两个完全相同的电孤立的导电球体 A 和 B（中心到中心）距离为 a，a 比球的直径大得多。球 A 带正电荷 $+Q$，球 B 是电中性的。起初在两个球之间没有静电力。（很大的距离意味着没有感生电荷。）

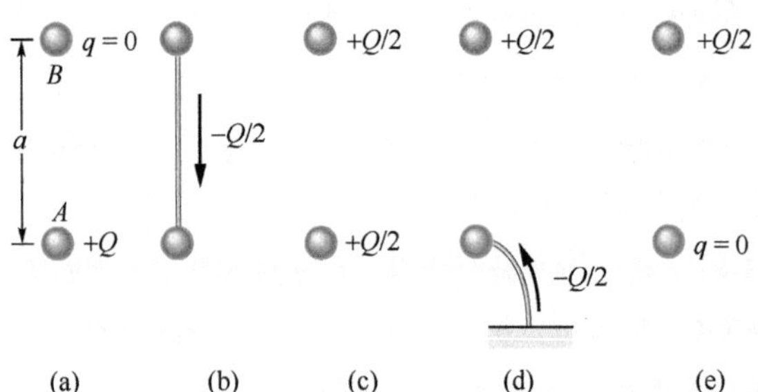

图 21-9　两个小的导体球 A 和 B。(a) 开始时小球 A 带正电荷。(b) 负电荷通过连接的导线从 B 转移到 A。(c) 两个小球都带正电荷。(d) 负电荷通过接地线转移到球 A。(e) 于是，小球 A 成为中性。

(a) 设两个球用导线连接片刻。导线足够细，所以留在它上面的任何净电荷都可忽略不计。导线撤除以后两个球之间的静电力多大？

【关键概念】

(1) 因为两个球是完全相同的，把它们连接起来就意味着它们最后有相同的电荷（同样的符号和同样的数量）。

(2) 开始时电荷的总量（包括电荷的符号）必定等于末了电荷总量。

推理： 当两个小球用导线连接起来时，B 球上相互排斥的（负的）传导电子有了一条可以互相分离的通路（沿导线运动到因带正电而吸引它们的 A 球——图 21-9b）。当 B 失去负电荷后就成为带正电荷的，A 获得负电荷后所带正电减少的，当 B 上的电荷增加到 $+Q/2$，而 A 上的电荷因 $-Q/2$ 的电荷从 B 转移到 A 而减少到 $+Q/2$ 后，电荷停止转移。

导线移除以后（见图 21-9c），我们假设每一个球上的电荷不会扰乱另一个球上电荷分布的均匀性，因为相对于两球间的距离它们都很小。因此，我们可以对每一个球应用第一球壳定理。在式（21-4）中，将 $q_1=q_2=Q/2$ 和 $r=a$ 代入，得

$$F=\frac{1}{4\pi\varepsilon_0}\frac{(Q/2)(Q/2)}{a^2}=\frac{1}{16\pi\varepsilon_0}\left(\frac{Q}{a}\right)^2 \qquad \text{（答案）}$$

两个球现在都带正电，互相排斥。

(b) 下一个问题，设 A 球短时间接地，然后移除接地线。现在两个球之间的静电力是多少？

推理： 当我们在带电物体和地球（这是一个巨大的导体）之间建立一条导电的通路时，我们使物体电性中和。假如 A 原来是带负电的，过剩电子之间的相互排斥会使它们从小球移动到地球上。然而，因为 A 是带正电的，电荷总量 $-Q/2$ 的电子从地球向上流入小球（见图 21-9d），使小球的电荷成为 0（见图 21-9e）。于是静电力又变成零。

WILEY PLUS 在 WileyPLUS 中可以找到附加的例题、视频和练习。

21-2 电荷是量子化的

学习目标

学完这一单元后，你应当能够……

21.19 识别元电荷。

21.20 懂得一个粒子或物体的电荷必定是元电荷的整数倍。

关键概念

- 电荷是量子化的（限定于某些确定的数值）。
- 一个粒子的电荷可以写作 ne，其中 n 是正或负的整数，e 是元电荷，它是电子和质子的电荷的数值（$\approx 1.602\times10^{-19}$C）。

电荷是量子化的

在本杰明·富兰克林所生活的时代，电被看作是连续的流体——一个在许多情况下都是有用的概念。然而，我们现在知道，流体本身，如空气和水，也都不是连续的，而是由原子和分子构成；物质是不连续的。实验表明，“电流”也是不连续的，是由大量的某种基元电荷组成的。可以检测到的任何正或负的电荷 q 都可以写成

$$q = ne, n = \pm1, \pm2, \pm3, \cdots \tag{21-11}$$

其中，**元电荷**（也称基元电荷）e 的近似值是

$$e = 1.602\times10^{-19}\text{C} \tag{21-12}$$

元电荷 e 是自然界的重要常量之一。电子和质子都带有数值为 e 的电荷（见表 21-1）。（组成质子和中子的粒子——夸克——具有电荷 $\pm e/3$ 或 $\pm 2e/3$，但它们明显地不能独立地被检测到。因为这个原因和历史上的原因，我们不能把它们的电荷当作元电荷。）

表 21-1 三种粒子的电荷

粒子	符号	电荷
电子	e 或 e^-	$-e$
质子	p	$+e$
中子	n	0

你们常常看到一些暗示电荷是物质的词语——像“球上的电荷”“被转移的电荷的数量”，以及“电子携带的电荷”，等等。（确实，这样的表述在这一章里已经出现过了。）但你们也应当记住这里面的意思：粒子是物质，电荷是它们的一种性质，就如同质量是一种性质一样。

当一个物理量，譬如电荷，只可以具有分立的数值而不可以有任意的数值时，我们说这个物理量是**量子化**的。例如，可能发现一个粒子完全没有电荷，或者有 $+10e$ 或 $-6e$ 的电荷，但不可能有带 $3.57e$ 电荷的粒子。

电荷的量子是很小的。例如在普通的 100W 灯泡里每秒钟大约有 10^{19} 个元电荷进入灯泡并有同样多的电荷离开。然而，在这样大尺度的现象中丝毫不会显示出电的粒子性（灯泡不随每个电子而闪烁）。

检查点 4

起初，球 A 带有电荷 $-50e$，球 B 带有电荷 $+20e$。两个球都用导电材料制成并且大小相同。如两个球接触，最终球 A 上有多少电荷？

例题 21.04 原子核中电的相互排斥

铁原子的原子核的半径大约为 4.0×10^{-15}m，包含26个质子。

(a) 这些质子中相距 4.0×10^{-15}m 的两个质子之间的静电斥力的数值是多少？

【关键概念】

质子可以当作带电粒子处理，所以一个质子作用于另一个质子上的静电力的数值可由库仑定律给出。

解：表21-1告诉我们质子的电荷是 $+e$。由式（21-1），有

$$F=\frac{1}{4\pi\varepsilon_0}\frac{e^2}{r^2}$$
$$=\frac{(8.99\times10^9\text{N}\cdot\text{m/C}^2)\ (1.602\times10^{-19}\text{C})^2}{(4.0\times10^{-15}\text{m})^2}$$
$$=14\text{N}$$ （答案）

没有破裂：这个力作用在一个宏观物体，例如一个棒球上是很小的力，但作用在质子上就是巨大的力。这样大的力会使除氢之外的任何元素的原子核破裂（氢的原子核中只有一个质子）。不过它们没有破裂，甚至有很多质子的原子核也没有。所以，一定存在某种巨大的吸引力抵消了这种巨大的静电斥力。

(b) 同样两个质子之间的引力大小是多少？

【关键概念】

因为质子是粒子，一个质子受另一个质子的引力作用的数值由牛顿引力方程［式（21-2）］给出。

解：用 m_p（$=1.67\times10^{-27}$kg）表示质子的质量。由式（21-2），得

$$F=G\frac{m_p^2}{r^2}$$
$$=\frac{(6.67\times10^{-11}\text{N}\cdot\text{m}^2/\text{kg}^2)(1.67\times10^{-27}\text{kg})^2}{(4.0\times10^{-15}\text{m})^2}$$
$$=1.2\times10^{-35}\text{N}$$ （答案）

弱对强：这个结果告诉我们，原子核中质子之间的引力（吸引）太弱，远远不能抵消静电斥力。相反，质子（恰当地）通过一种叫作强核力的巨大的力结合在一起。当质子和质子（包括和中子）靠得很近的时候，例如在原子核中，它们之间作用的正是这种力。

虽然引力比静电力弱了许多，但在巨大尺度的情况下它却是非常重要的，因为它永远是吸引的。这意味着它可以将许多小的物体聚集成质量巨大的庞大物体。譬如像行星和恒星，这些物体会产生巨大的引力作用。另一方面，同样符号的电荷之间的静电力是排斥力，所以不可能把正电荷或把负电荷聚集起来达到很大的浓度从而产生很强的静电作用力。

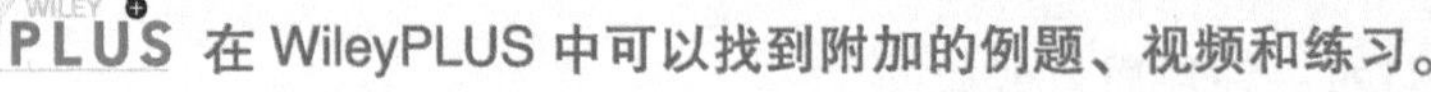

在 WileyPLUS 中可以找到附加的例题、视频和练习。

21-3 电荷是守恒的

学习目标

学完这一单元后，你应当能够……

21.21 懂得在任何孤立的物理过程中净电荷不会改变（净电荷始终守恒）。

21.22 懂得粒子的湮没过程和粒子对的产生。

21.23 懂得用质子、中子和电子的数目表示的质量数和原子序数。

关键概念

- 任何孤立系统的净电荷始终守恒。
- 如果有两个带电粒子经历湮没过程，则它们一定有相反的符号。
- 如果对产生过程的结果出现了两个带电粒子，它们一定是带有相反符号的电荷。

电荷是守恒的

假如你用丝绸摩擦玻璃棒，玻璃棒上就会出现正电荷，测量表明有相等数量的负电荷出现在丝绸上。这说明摩擦并不产生电荷，只是把电荷从一个物体转移到另一个物体。在这个过程中摩擦破坏了各个物体的电中性。这个由本杰明·富兰克林首先提出的**电荷守恒**的假设经过对大尺度的带电物体和对原子、原子核以及基本粒子的严格检验都得到了证实，还没有发现例外的情况。因此我们把电荷加到服从守恒定律的物理量表中——其中包括能量以及线动量和角动量。

电荷守恒的重要例子是原子核的*放射性衰变*，在这个过程中一种原子核转变为（变成）另一种原子核。例如，铀-238原子核（^{238}U）转变为钍-234原子核（^{234}Th）同时发射一个α粒子。因为这个粒子和氦-4原子核有同样的成分，它的符号是^{4}He。原子核名称后面的数字也就是原子核符号左上角的数字称为*质量数*，它是原子核中质子和中子的总数。例如，^{238}U中的质子和中子总数是238。原子核中质子的数目是*原子序数* Z，对所有元素的原子序数列表在附录F中。通过这个表，我们可以找到，在衰变

$$^{238}\mathrm{U}\rightarrow{}^{234}\mathrm{Th}+{}^{4}\mathrm{He} \qquad (21\text{-}13)$$

的*母核*^{238}U中包含92个质子（电荷$+92e$），*子核*^{234}Th中包含90个质子（电荷$+90e$），发射的α粒子^{4}He中有2个质子（电荷$+2e$）。我们看到衰变前后总电荷数是$+92e$；电荷守恒。（质子和中子的总数也守恒：衰变前是238，衰变后是$234+4=238$。）

另一个电荷守恒的例子是一个电子e^-（电荷$-e$）和它的反粒子*正电子*e^+（电荷$+e$）发生*湮没过程*，正负电子转变为两个γ光子（高能量的光）

$$e^- + e^+ \rightarrow \gamma + \gamma \quad （湮没） \qquad (21\text{-}14)$$

在应用电荷守恒原理时，我们必须考虑到电荷的符号并求电荷的代数和。在式（21-14）的湮没过程中，在事件前后系统的净电荷都是零。电荷是守恒的。

在*对产生*中，这是湮没的逆过程，电荷也守恒，在这个过程中，一个γ光子转变为电子和正电子：

$$\gamma \rightarrow e^- + e^+ \quad （对产生） \qquad (21\text{-}15)$$

图21-10表示在气泡室中发生的对产生的事件。（气泡室是这样的器件，其中的液体被突然加热到沸点以上，如果有一个带电粒子在其中通过，沿着粒子的路径形成许多蒸汽小泡。）一个γ光子从底部进入气泡室并在一点上转变为一个电子和一个正电子。因为这两个新粒子都带电并且运动着，每个粒子都会留下气泡的径迹。（径迹是弯曲的，这是因为在气泡室中建立了磁场。）γ光子是电中性的，所以没有留下痕迹，但你还是可以准确地说出在哪一点上发生了对产生——在弯曲的V字顶端，这一点是电子和正电子径迹的起点。

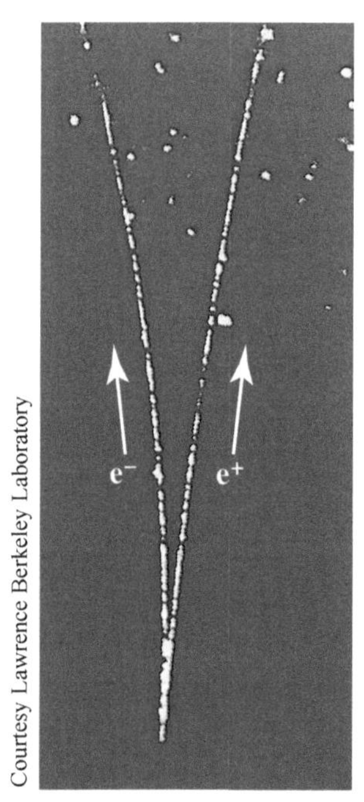

Courtesy Lawrence Berkeley Laboratory

图21-10 电子和正电子在气泡室中留下的气泡径迹。粒子对是由直接从气泡室底部入射的γ射线产生的。电中性的γ射线不像电子和正电子那样会在它的路径上产生能显示出的气泡径迹。

复习和总结

电荷 粒子和周围物体的电相互作用的强度依赖于它的**电荷**（通常用 q 表示），电荷可以是正也可以是负。带同号电荷的粒子相互排斥，带异号电荷的粒子相互吸引。带有等量的两种电荷的物体是电中性的，所带电荷不均衡的物体是带电体并有过剩电荷。

导体是其中有相当数量的电子可以自由运动的材料。**非导体（绝缘体）**中的带电粒子不能自由运动。

电流 i 是单位时间内通过一点的电荷 dq/dt：

$$i=\frac{dq}{dt}\ \text{（电流）} \tag{21-3}$$

库仑定律 库仑定律描述两个带电粒子之间的静电力（或电场力）。如果带有电荷 q_1 和 q_2 的两个粒子距离为 r，并且相对静止（或者只是缓慢地运动），则一个粒子作用于另一个粒子上的力的数值是

$$F=\frac{1}{4\pi\varepsilon_0}\frac{|q_1||q_2|}{r^2}\ \text{（库仑定律）} \tag{21-4}$$

式中，$\varepsilon_0=8.85\times10^{-12}\,C^2/(N\cdot m^2)$ 是电容率常量（介电常量）。比例 $\frac{1}{4\pi\varepsilon_0}$ 常用静电常量（或库仑常量）$k=8.99\times10^9\,N\cdot m^2/C^2$ 代替。

一个带电粒子受到第二个带电粒子作用的静电力矢量或者直接指向第二个粒子（反号电荷）或直接背离它（同号电荷）。和其他类型的力一样，如果有多个静电力作用于同一个粒子，净力是各个力的矢量和（不是标量和）。

静电的两个球壳定理。

球壳定理 1：电荷均匀分布在其表面的球壳外面的带电粒子受到球壳的吸引或排斥，就好像球壳的电荷都集中在它的中心的一个粒子上的作用一样。

球壳定理 2：对于电荷在其表面均匀分布的球壳内部的带电粒子，球壳对粒子没有净力作用。

导电的球壳上的电荷均匀地散布在球的（外）表面上。

元电荷 电荷是量子化的（限定于某些数值）。粒子的电荷可以写作 ne，n 是正或负的整数，e 是元电荷，这是电子和质子的电荷的数值（$\approx1.602\times10^{-19}$C）。

电荷守恒 任何孤立系统的净电荷始终守恒。

习题

1. 在以下核反应中鉴别 X 是什么：(a) $^1H+{}^{13}Al\to X+n$；(b) $^{29}Cu+{}^1H\to X$；(c) $^{15}N+{}^1H\to{}^4He+X$。附录 F 会有帮助。

2. 图 21-11 中，四个粒子为顶点形成正方形。它们的电荷是 $q_1=q_4=Q$，$q_2=q_3=q$。(a) 如果要使作用于粒子 2 和粒子 3 的净静电力为零，Q/q 是多少？(b) 有没有某一个 q 的数值使得四个粒子上的净静电力都是零？予以说明。

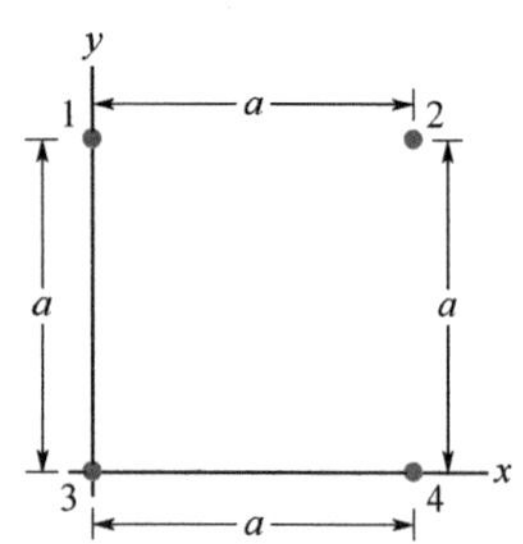

图 21-11 习题 2 和 3 图

3. 在图 21-11 中，粒子的电荷 $q_1=-q_2=300$nC，$q_3=-q_4=200$nC，距离 $a=5.0$cm。求作用于粒子 3 上净力的 (a) 大小和 (b) 角度（相对于 $+x$ 轴）。

4. (a) 在食盐晶体中，带一个电荷的钠离子（Na^+，电荷 $+e$）和相邻的带一个电荷的氯离子（Cl^-，电荷 $-e$）之间的静电力数值是多大？二者的距离是 2.82×10^{-10}m。(b) 如果辐射从钠离子中再移除另一个电子需用多大的力？

5. 在图 21-12 中，电荷为 $+6.0\mu C$ 的粒子 1 和电荷为 $-2.0\mu C$ 的粒子 2 固定在 x 轴上，距离 $L=10.0$cm。如果有一个未知电荷 q_3 的粒子 3 放在某个位置，要求粒子 1 和粒子 2 对它的合力为零。粒子 3 的 (a) x 和 (b) y 坐标应是多少？

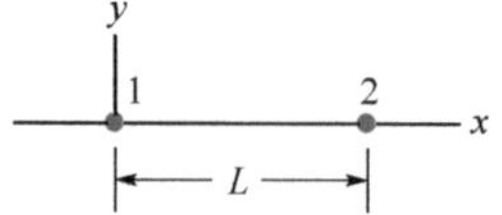

图 21-12 习题 5，7 和 8 图

6. 三个粒子固定在 x 轴上。粒子 1 的电荷为 q_1，在 $x_1=-a$ 位置。电荷为 q_2 的粒子 2 在 $x=+a$。如果它们对电荷为 $+Q$ 的粒子 3 的净静电力为零，当粒子 3 分别在 (a) $x=+0.750a$ 和 (b) $x=+1.50a$ 两个位置上时 q_1/q_2 各是多大？

7. 在图 21-12 中，电荷为 $+q$ 的粒子 1 和电荷为 $+9.00q$ 的粒子 2 在 x 轴上相距 $L=8.00$cm。如果电荷 q_3

的粒子 3 这样安放，使得三个粒子都放开时它们都保持在原位置。问粒子 3 的（a）x 和（b）y 坐标应是多少？（c）比值 q_3/q 是多大？

8. 在图 21-12 中，粒子 1 和粒子 2 都固定在 x 轴上，距离 $L=6.00\text{cm}$。它们的电荷 $q_1=+e$，$q_2=-27e$。带有电荷 $q_3=+4e$ 的粒子 3 放在粒子 1 和粒子 2 的连线中间某处，它们对粒子 3 作用的净力为 $\vec{F}_{3,\text{net}}$。（a）要使这个力的数值最小，粒子 3 的坐标是什么？（b）这个最小力的数值是什么？

9. 一只猫在地毯上摩擦它的背，它得到的电荷为 $+8.2\times10^{-7}\text{C}$。它落到地毯上多少电子？

10. 图 21-13 表示在 x 轴上的电子 1 和电子 2 以及在完全相同的角度 θ 的位置上带有相同电荷 $-q$ 的离子 3 和 4。电子 2 可以自由运动，另外三个粒子都固定在距电子 2 水平距离为 R 的位置上，并力图使电子 2 保持在该位置上。$q\leqslant5e$ 是物理上可能的数值。要使电子 2 保持在该位置上，θ 的（a）最大值，（b）第二最大值的数值及（c）第三最大值的数值各是多少？

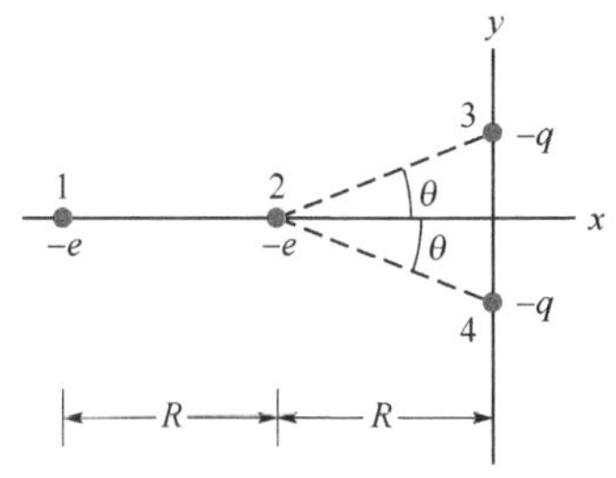

图 21-13　习题 10 图

11. 点电荷 $q_1=26.0\mu\text{C}$ 及 $q_2=47.0\mu\text{C}$ 之间静电力的大小最初是 5.70N。然后，它们的距离改变到力的大小是 0.570N。（a）新的距离和起初的距离之比是多少？（b）新的距离是多大？

12. 典型的闪电回击（return stroke of a lightning bolt）中的电流为 $2.8\times10^4\text{A}$，持续时间为 $20\mu\text{s}$。在这个事件中转移了多少电荷？

13. 一个不导电的空心球，内半径为 4.0cm，外半径为 5.0cm，在它的内表面到外表面上整个体积的电荷分布是不均匀的。体电荷密度 ρ 是单位体积中的电荷，单位是库仑每立方米。这个空心球的 $\rho=b/r$，其中 r 是到球心的距离，单位是 m。$b=3.0\mu\text{C/m}^2$。球上净电荷是多少？

14. 0.300A 的电流通过你的胸腔就会使你发生心脏纤维性颤动；破坏心脏搏动的正常节律并阻碍血液流入你的大脑（因而阻碍氧的供应）。如果这样的电流持续 1.50min，有多少传导电子通过了你的胸腔？

15. 在图 21-14a 中，粒子 1 和粒子 2 都各带有电荷 $20.0\mu\text{C}$，保持距离 $d=0.75\text{m}$。（a）粒子 1 受到粒子 2 作用的静电力的大小是多少？在图 21-14b 中，带电荷 $20.0\mu\text{C}$ 的粒子 3 在与另两个粒子成等边三角形的位置。（b）粒子 2 和粒子 3 作用于粒子 1 的净静电力是多少？

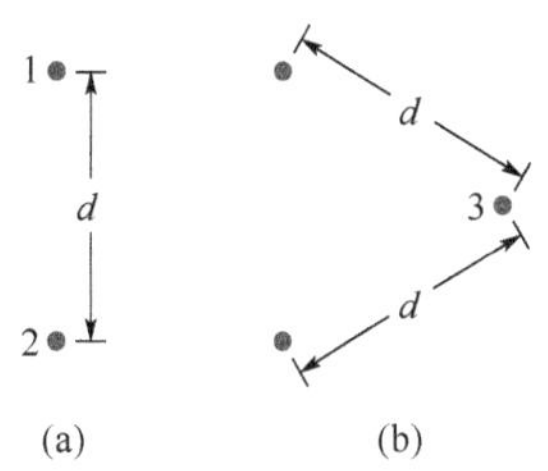

图 21-14　习题 15 图

16. 在图 21-15 中，三个相同的导体球起初带有以下电荷：球 A，$4Q$；球 B，$-12Q$；球 C，0。球 A 和球 B 固定在各自位置上，它们中心间的距离比球的尺寸大得多。做两个实验。实验 1，球 C 先接触球 A，然后（单独地）接触球 B，然后再（单独）接触球 A，最后把它拿开。在实验 2 中，从同样的初始状态开始，但改变一下步骤：球 C 先接触球 B，然后（单独）接触球 A，最后把它拿开。实验 2 结束时和实验 1 结束时 A 和 B 之间的静电力之比是多少？

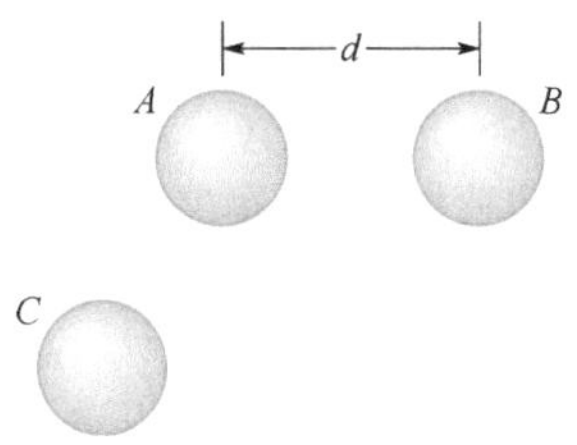

图 21-15　习题 16 图

17. 地球大气受来自空间某处的宇宙线质子持续不断的轰击。如果所有的质子都通过大气层，地球表面每平方米拦截质子的平均速率是每秒 1500 个。（a）地球整个表面拦截到的电流有多大？（b）每天能收集多少电荷？

18. 两滴球形小水珠带有相同的电荷 $-1.00\times10^{-16}\text{C}$，它们中心之间的距离是 1.20cm。（a）二者之间的静电作用力大小为多少？（b）要使水珠上产生这样的不平衡电荷，每个水珠上要有多少过剩电子？

19. 两个距离为 $10.0\times10^{-10}\text{m}$ 的相同离子之间的静电力的大小是 $9.25\times10^{-10}\text{N}$。（a）每个离子的电荷是多少？（b）每个离子失去了多少电子（因而使离子产生电荷的不平衡）？（c）如果距离减半，力的大小变成多少？

20. 图 21-16a 表示带电粒子 1 和 2 固定在 x 轴的位置上。粒子 1 带有数值 $|q_1|=8.00e$ 的电荷。电荷为 $q_3=+7.00e$ 的粒子 3 开始时在 x 轴上靠近粒子 2 的地方。然后粒子 3 逐渐向 x 轴的正方向移动。因此，粒子 1 和粒子 3 作用在粒子 2 上的净静电力的数值为 $F_{2,\text{net}}$ 在改变。图 21-16b 给出作为粒子 3 的位置的函数的净力 $F_{2,\text{net}}$ 的 x 分量，x 轴的标度由 $x_s=0.80\text{m}$ 标定。曲线在 $x\to\infty$ 时的渐近线是 $F_{2,\text{net}}=1.5\times10^{-25}\text{N}$。用包括符号在内的 e 的倍数表示的粒子 2 的电荷 q_2 是什么？

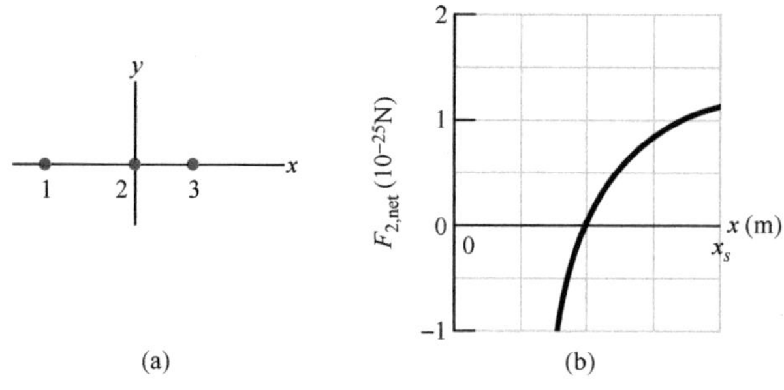

图21-16 习题20图

21. 两个相同的导电球体在各自位置上固定，当它们的中心间的距离是50.0cm时，以静电力0.180N相互吸引。然后用细导线将两个球连接起来。拿走导线后，两个球以静电力0.144N相互排斥。如果两个球上初始电荷相加的净电荷为正，(a) 它们中一个的负电荷及 (b) 另一个的正电荷分别是多少？

22. 两个带相等电荷的粒子分开距离 3.2×10^{-3}m，然后从静止释放，观察到第一个粒子起初的加速度是 6.0m/s^2，第二个粒子的加速度是 9.0m/s^2。如果第一个粒子的质量是 6.3×10^{-7}kg，(a) 第二个粒子的质量及 (b) 每个粒子的电荷大小各是多少？

23. 两个带电粒子固定在 xy 平面上，电荷和坐标分别是 $q_1=+3.0\mu\text{C}$，$x_1=3.5\text{cm}$，$y_1=0.50\text{cm}$，$q_2=-4.0\mu\text{C}$，$x_2=-2.0\text{cm}$，$y_2=1.5\text{cm}$。求粒子2作用在粒子1上的静电力的 (a) 大小和 (b) 方向。将 $q_3=+6.0\mu\text{C}$ 的第三个粒子放在 (c) x 和 (d) y 坐标是什么数值的位置上可以使粒子2和粒子3作用在粒子1上的净静电力为零？

24. 相同的孤立导体球1和2带有相同的电荷，分开的距离比它们的直径要大得多（见图21-17a）。球1作用于球2的静电力是 $\vec{F}$。设一个带有绝缘手柄的、起初是中性的、完全相同的球3和球1接触（见图21-17b），然后和球2接触，（见图21-17c），然后再和球1接触（没有画出），最后拿走（见图21-17d）。现在作用在球2上的静电力的大小是 F'，则比值 F'/F 为多少？

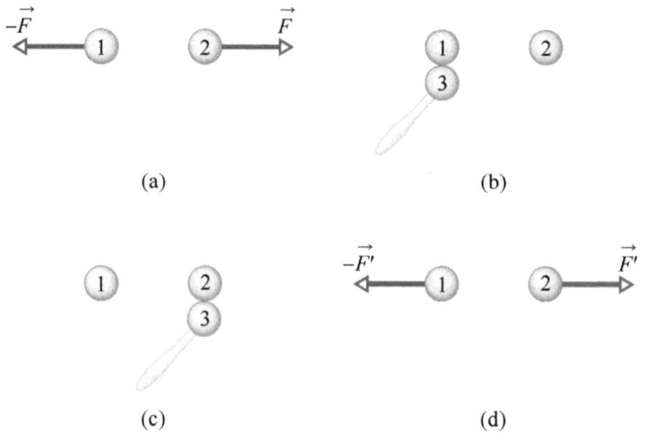

图21-17 习题24图

25. 在图21-18中，带电荷 $-e$ 的粒子2和粒子4固定在 y 轴上，$y_2=-10.0\text{cm}$ 及 $y_4=5.00\text{cm}$。带电荷 $-e$ 的粒子1和粒子3可以沿 x 轴运动。带电荷 $+e$ 的粒子5固定在原点。起初，粒子1在 $x_1=-10.0\text{cm}$ 处，粒子3在 $x_3=10.0\text{cm}$ 位置。(a) 粒子1要移动到 x 轴的什么位置上才能使作用在粒子5上的净电力 $\vec{F}_{net}$ 逆时针方向转过60°？(b) 把粒子1固定在它的新位置上，你要把粒子3移动到 x 轴的什么位置上才能使 $\vec{F}_{net}$ 转回原来的方向？

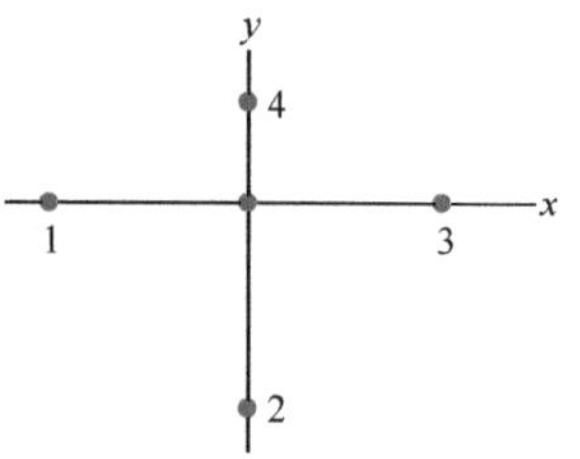

图21-18 习题25图

26. 在图21-19a中，三个带正电的粒子固定在 x 轴上。粒子 B 和粒子 C 相互靠得如此之近，所以可以认为它们到粒子 A 的距离相同。粒子 B 和粒子 C 作用于 A 的净力是 2.310×10^{-23}N，沿 x 轴的负方向。在图21-19b中，粒子 B 移到粒子 A 的另一边，但与它仍旧是相距同样的距离。作用于 A 的净力现在是 2.877×10^{-24}N，沿 x 轴的负方向。比值 q_C/q_B 是多少？

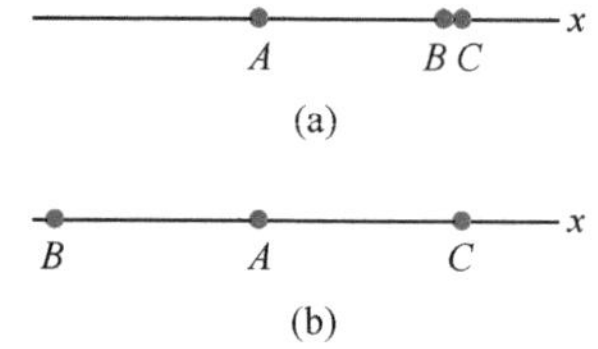

图21-19 习题26图

27. 在氯化铯盐的晶体中，铯离子 Cs^+ 占据立方体的8个角，氯离子 Cl^- 在立方体的中心（见图21-20）。立方体的边长是0.40nm。每一个铯离子 Cs^+ 都缺少一个电子（因而每个都带电荷 $+e$），氯离子 Cl^- 有一个多余的电子（因而带有电荷 $-e$）。(a) 在立方体角上的8个 Cs^+ 作用于 Cl^- 的净静电力的数值是多少？(b) 如果去掉一个铯离子 Cs^+，就说晶体有缺陷。剩下7个 Cs^+ 作用于 Cl^- 的净静电力的大小是多少？

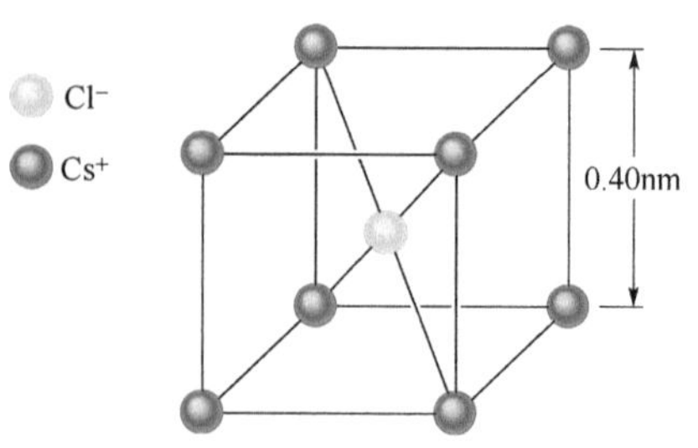

图21-20 习题27图

28. 两个粒子固定在 x 轴上。电荷 50μC 的粒子 1 位于 $x=-2.0\text{cm}$；电荷 Q 的粒子 2 位于 $x=3.0\text{cm}$。电荷数值 20μC 的粒子 3 在 y 轴上 $y=2.0\text{cm}$ 处由静止释放。如要粒子 3 的初始加速度在（a）x 轴以及（b）y 轴的正方向，Q 的数值应是多少？

29. 计算 500cm^3（中性的）水中正电荷的库仑数。（提示：氢原子有一个质子，氧原子有 8 个质子。）

30. 在称为 β 衰变的原子核衰变中，质子和中子之间的转换产生电子和正电子。（a）如果质子变换为中子，产生电子还是正电子？（b）如果中子转变为质子，产生电子还是正电子？

31. 在图 21-21 中，电荷 $q_1=q_2=+4e$ 的粒子 1 和 2 在 y 轴上，到原点的距离 $d=1.70\text{cm}$。电荷 $q_3=+8e$ 的粒子 3 沿着 x 轴从 $x=0$ 逐渐移动到 $x=+5.0\text{m}$。在 x 是什么数值时，另两个粒子作用在粒子 3 上的静电力的大小是（a）最小及（b）最大？（c）最小和（d）最大力的数值是多少？

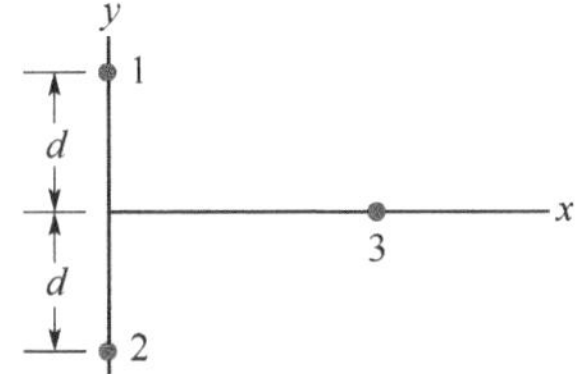

图 21-21　习题 31 图

32. 图 21-22a 中，粒子 1（电荷 q_1）和粒子 2（电荷 q_2）在 x 轴位置上固定，相距 8.00cm。粒子 3（电荷 $q_3=+6.00\times10^{-19}\text{C}$）放在粒子 1 和粒子 2 之间的直线上，它们对它作用净静电力 $\vec{F}_{3,\text{net}}$。图 21-22b 中给出力的 x 分量关于粒子 3 所在位置的 x 坐标曲线。x 坐标的尺度由 $x_s=8.0\text{cm}$ 标定。求（a）电荷 q_1 的符号，（b）比值 q_2/q_1。

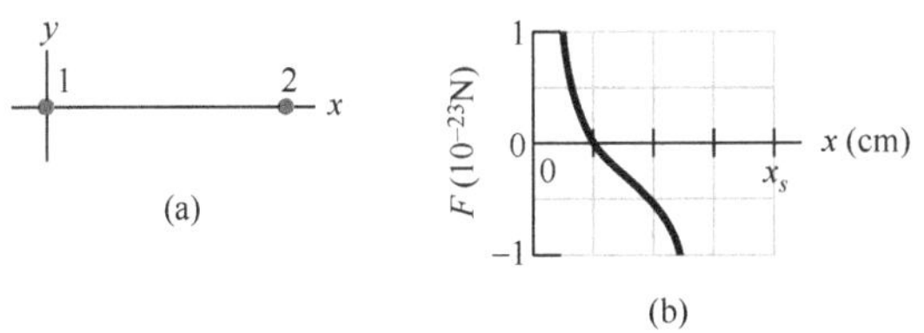

图 21-22　习题 32 图

33. 带电荷 3.00μC 的粒子离开带电荷 −1.50μC 的粒子 0.120m。（a）二者之间静电力的大小是多少？（b）它们的距离应是多少才可以使力减少一个数量级？

34. 图 21-23 表示四个粒子的排列，角度 $\theta=35.0°$，距离 $d=2.00\text{cm}$。粒子 2 带有电荷 $q_2=+8.00\times10^{-19}\text{C}$；粒子 3 和粒子 4 各带电荷 $q_3=q_4=-1.60\times10^{-19}\text{C}$。（a）如要求粒子 1 受到其他粒子的净静电力为零，则粒子 2 到原点的距离 D 应是多大？（b）如移动粒子 3 和粒子 4，使它们更靠近 x 轴但保持它们对轴的对称性，则 D 要比（a）小题中的数值更大、更小还是相同？

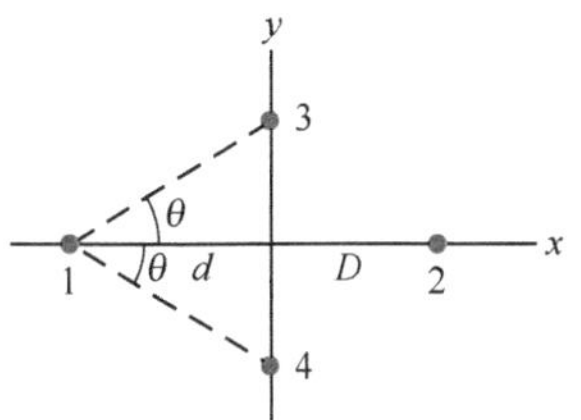

图 21-23　习题 34 图

35. 在图 21-24 中，x 轴上有三个带电粒子。粒子 1 和 2 固定在位置上。粒子 3 可以自由移动，但粒子 1 和粒子 2 作用于它的静电力正好为零，如果 $2.0L_{23}=L_{12}$，则 q_1/q_2 是多少？

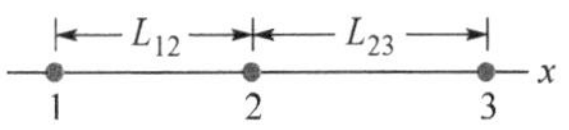

图 21-24　习题 35 图

36. 图 21-25a 表示三个带电粒子的排列，分开距离为 d。粒子 A 和粒子 C 固定在 x 轴上，但粒子 B 可以沿着以粒子 A 为中心的圆周运动。在运动中，A 和 B 之间的径向直线与 x 轴正方向成 θ 角（见图 21-25b）。图 21-25c 中的曲线对两种情况给出其他两个粒子对粒子 A 的净静电力的数值 F_{net}。这个净力作为角度 θ 的函数给出，并表示为一个基本量 F_0 的倍数。例如，在曲线 1 上，$\theta=180°$ 处我们看到 $F_{\text{net}}=2F_0$。（a）对曲线 1 的情况，粒子 C 的电荷对粒子 B 的电荷（包括符号）的比例是多少？（b）对应于曲线 2 的情况，这个比例又是多少？

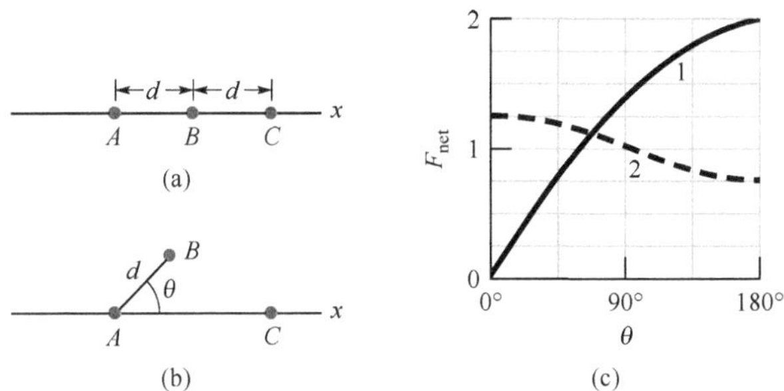

图 21-25　习题 36 图

37. 在一个小球上起初有电荷 Q，其中有一部分 q 转移到附近的第二个小球上。两个小球都可以被当作质点并且相距某一固定的距离。（a）两个球之间的静电力最大时，q/Q 的数值是多少？得到力的大小是这个最大值的 75% 时，q/Q 的（b）较小及（c）较大的数值各是多少？

CHAPTER 22

第 22 章　电场

22-1　电场

学习目标

学完这一单元后，你应当能够……

22.01　懂得一个带电粒子在它周围空间每一点都建立了电场 $\vec{E}$。电场是矢量，所以它既有大小也有方向。

22.02　懂得电场 $\vec{E}$ 可以用来说明一个带电粒子怎样对另一个带电粒子产生静电力 $\vec{F}$ 的作用，即使两个粒子互不接触。

22.03　说明一个微小的正检验电荷怎样被用来（原理上）测量任何给定点的电场。

22.04　说明电场线，它们的起点和终点以及它们的间隔各有什么意义。

关键概念

- 带电粒子在周围空间建立电场（矢量）。如果空间中有第二个带电粒子，则它所在位置的场的数值和方向决定了作用于其上的静电力。
- 任何一点的电场 $\vec{E}$ 由作用于放在该点的正检验电荷 q_0 上的静电力 $\vec{F}$ 来定义：

$$\vec{E}=\frac{\vec{F}}{q_0}$$

- 电场线能够帮助我们把电场的大小和方向形象化。任何一点的电场矢量与通过该点的场线相切。这一区域场线的密度正比于这个区域电场的数值大小。由此，分布密的电场线表示较强的场。
- 电场线从正电荷发出并终止于负电荷。所以，从正电荷延伸出来的一条场线必定终止于负电荷。

什么是物理学?

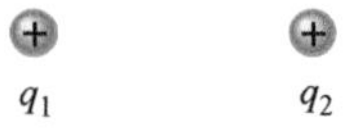

图 22-1 画的是两个带正电的粒子。从上一章我们知道由于粒子 2 的存在，有静电力作用在粒子 1 上。我们还知道力的方向，并且只要给出一些数据，我们就可以算出力的数值。不过，还有一个伤脑筋的问题，粒子 1 怎么会“知道”粒子 2 的存在？就是说，因为两个粒子不接触，粒子 2 如何会作用到粒子 1 上——这样的超距作用是怎样产生的呢？

图 22-1　两个粒子在没有接触的情况下，带电粒子 2 是怎样作用到带电粒子 1 的呢？

物理学的一个目的是记录我们对世界的观察。譬如说记录粒子 1 上受到的力的数值和方向之类。另一个目的是对所记录的事物给出解释。本章的目的是对超距的电场力作用这个伤脑筋的问题提供一种解释。

这里我们要考察的解释是：粒子 2 在周围空间所有各点建立起**电场**，即使空间是真空也一样可以。如果我们把粒子 1 放在空间任何一点，因为它受到粒子 2 在这一点上已经建立的电场的作用，所以粒子 1 知道粒子 2 的存在。因此，粒子 2 并不是通过接触而作用于粒子 1 的，就好像你通过接触来推动一只咖啡杯那样。粒子 2 是通过它已经建立的电场作用于粒子 1 的。

本章的目的是：（1）定义电场。（2）讨论如何计算以各种方式排列的带电的粒子和物体的电场。（3）讨论电场怎样影响带电粒子（譬如使它运动）。

电场

科学和工程学中会用到许多不同的场。例如，礼堂里的温度场是我们通过测量礼堂中各个位置的温度得到的温度分布。同样，我们可以定义游泳池里的压强场。这些场是标量场的例子，因为温度和压强都是只有数值大小而没有方向的标量。

与之相反，电场是矢量场，因为它要负责传达力的信息，而力包含数值大小和方向两方面。这种场由电场矢量 $\vec{E}$ 的分布构成，在带电物体周围空间的每一点都有一个 $\vec{E}$。原则上，我们可以在带电物体附近的某一点上，如在图 22-2a 中的 P 点，按照以下程序定义 $\vec{E}$：我们在 P 点放一个带很小正电荷 q_0 的粒子，因为我们用它检验电场，所以可称它为检验电荷。（我们要求这个电荷很小，所以它不会干扰物体的电荷分布。）然后我们测量作用于这个检验电荷上的静电力 $\vec{F}$。这一点的电场强度就是

$$\vec{E}=\frac{\vec{F}}{q_0}\quad（电场强度）\tag{22-1}$$

因为检验电荷是正的，式（22-1）中的两个矢量在相同的方向上，所以 $\vec{E}$ 的方向就是我们测量到的 $\vec{F}$ 的方向。P 点 $\vec{E}$ 的数值是 F/q_0。如图 22-2b 所示，我们总是用一条尾端在测量的那一点上的箭头来表示电场。[这听上去可能觉得不重要，但用其他任何方法画矢量常常会导致错误的结果。还有，另外的常见错误是混淆了力（force）和场（field）两个字，因为它们打头的字母都是 f。电场力是推力或拉力，而电场则是带电物体建立的抽象性质。] 从式（22-1），我们看到国际单位制（SI）中电场强度的单位是牛顿每库仑（N/C）。

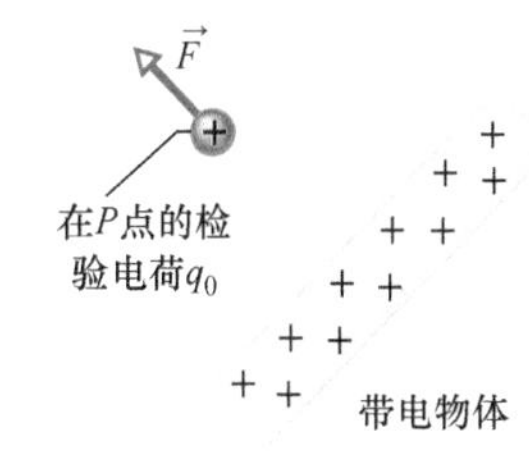

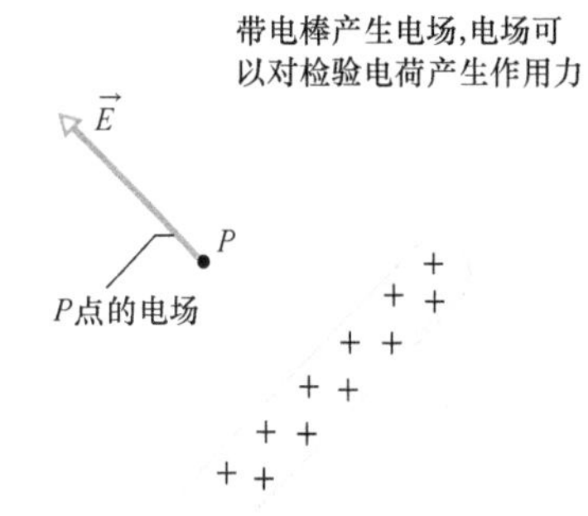

图 22-2 （a）放在靠近带电物体的 P 点的一个检验电荷 q_0。静电力 $\vec{F}$ 作用于检验电荷。（b）带电物体在 P 点产生的电场 $\vec{E}$。

我们可以把检验电荷移到其他各点来测量那里的电场，从而我们可以画出带电物体产生的电场的分布图。这个场不依赖于检验电荷而存在。电场是带电物体在周围空间中（甚至是真空）建立的某种东西，它不依赖于我们是否测量它。

我们在下面几个单元要确定带电粒子和几种带电物体周围的电场。不过首先我们来探索一种使电场形象化的方法。

电场线

看看房间里面你周围的空间。你能不能想象整个空间中存在着矢量场——许多不同大小和方向的矢量？看上去是不可能的，19

世纪引进电场的概念的迈克尔·法拉第找到了一种方法。他想象围绕着给定的带电的粒子或物体周围空间中有许多线，现在称为**电场线**。

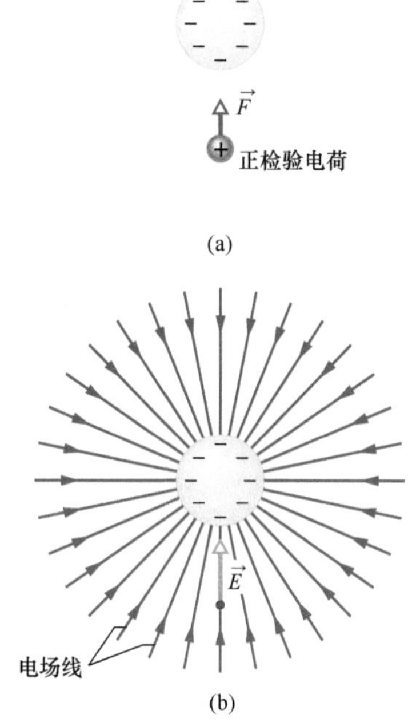

图22-3　(a) 在一个均匀带负电荷的球附近作用于正检验电荷上的静电力 $\vec{F}$。(b) 检验电荷位置的电场矢量 $\vec{E}$，及球附近空间的电场线。场线向着带负电的球延伸（它来自远距离的正电荷。）

图22-3给出一个例子，一个均匀覆盖着负电荷的球。如果我们在球的附近任何一点放一个正检验电荷（见图22-3a)，我们会发现有一个静电力把它拉向球的中心。因此在球周围的每一点都有一个电场矢量径向地向内指向球心。我们可以用电场线表示这个电场，如图22-3b所示。在任何一点，如图上画出的一点，通过该点的场线的方向和这一点的电矢量的方向一致。

画电场线的法则有以下几点：(1) 在任何一点，电场矢量必须和通过这一点的电场线相切并在同一方向上。(这在图22-3中很容易看出来，图上的电场线都是直线，但我们马上就会看到弯曲的电场线了。) (2) 在垂直于场线的平面上，线的相对密度表示该处场的相对数值大小，较大的密度对应于较大的电场强度。

如果图22-3中的球上均匀覆盖着正电荷，围绕它的每一点的电场矢量都是沿径向向外，因而电场线也是这样，所以我们有以下法则：

> 电场线从正电荷（它们的发源地）向外延伸，并向着负电荷（这是它们终止的地方）集中。

在图22-3b中，电场线来自远处没有画出的正电荷。

另一个例子，图22-4a表示一块无限大的不导电薄片（或平面）的一部分，它的一面带有均匀分布的正电荷。如果我们将一个正检验电荷放在靠近薄片（随便哪一边）的任何一点，我们会发现作用在检验电荷上的静电力向外并垂直于薄片。垂直的方向是合理的，因为任何力的分量，譬如说向上的分量，会被向下的、相等的分量平衡掉。只剩下向外的分量。因而电场矢量和电场线也必定向外并垂直于薄片，如图22-4b、c所示。

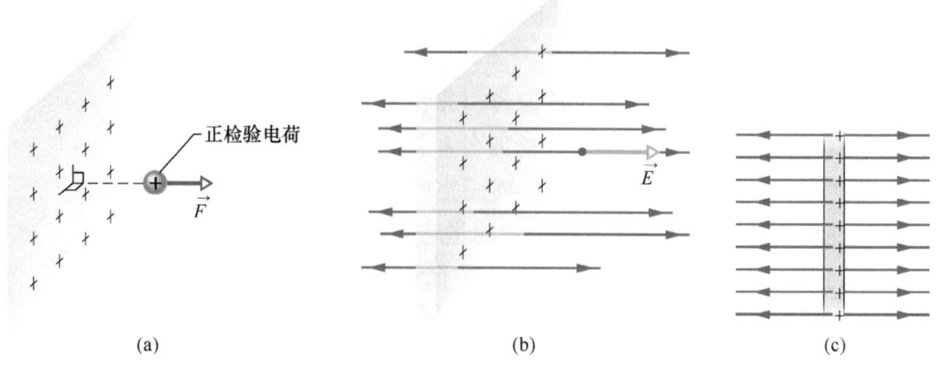

图22-4　(a) 在一片不导电的、一面均匀带正电的、非常大的薄片附近，作用于正检验电荷上的力。(b) 在检验电荷位置上电场强度矢量 $\vec{E}$ 及附近的从带电板向外延伸的电场线。(c) 侧视图。

因为薄片上的电荷是均匀的，所以场矢量和场线也是均匀的。这样的电场是匀强电场，这意味着电场中每一点的电场强度都有相同的数值和方向。（这比处理非均匀场容易得多，非均匀场中每一点的场都不同。）当然，并没有无限大薄片这样的东西。这只是我们在相对于薄片的大小来说很靠近薄片并且不在边缘附近的位置测量电场时的一种说法而已。

图 22-5 表示带相等正电荷的两个粒子的场线。现在场线是弯曲的，但上述法则仍旧成立：（1）任何给定点的电场矢量必定和该点的场线相切并在同样的方向上，如图中画出的一个矢量那样；（2）较近的间隔意味着较大的场强度数值。通过想象把图 22-5 中的图案绕对称轴（正是通过两质点的竖直线）旋转就可以构想出整个场线的三维图案。

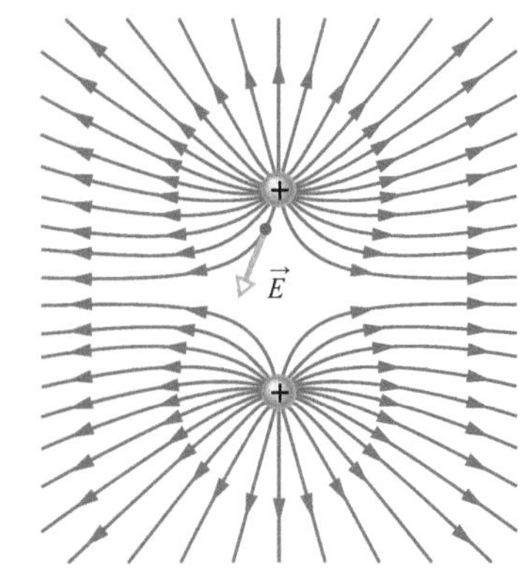

图 22-5 两个带相等正电荷粒子的场线。图案本身难道不是暗示这两个粒子互相排斥吗?

22-2 带电粒子产生的电场

学习目标

学完这一单元后，你应当能够……

22.05 画一张其中有一个带电粒子的简图，指出电荷的符号，在它附近找一点，然后画出该点的电场强度矢量 $\vec{E}$，它的尾端要放在这一点上。

22.06 对一个带电粒子的电场中的给定点，验明粒子带正电和它带负电两种情况下电场强度矢量 $\vec{E}$ 的方向。

22.07 对于一个带电粒子的电场中给定的点，应用电场强度的数值 E、电荷的数值 $|q|$ 及该点和粒子间距离 r 的关系。

22.08 懂得这里给出的电场强度数值的方程式只能用于粒子，而不能用于扩展的物体。

22.09 如果在一点的位置建立多于一个的电场，画出各个电场强度矢量，然后将各个电场作为矢量相加（不是标量）求净电场强度。

关键概念

- 带电荷 q 的粒子在距离粒子 r 处产生的电场强度 $\vec{E}$ 的数值是

$$\vec{E}=\frac{1}{4\pi\varepsilon_0}\frac{|q|}{r^2}$$

- 带正电荷的粒子产生的电场矢量在所有各点上都背离粒子，带负电的粒子建立的电场矢量在各点上都向着粒子。
- 如果有多于一个的粒子在同一点上建立电场，净电场是各个电场的矢量和——电场服从叠加原理。

点电荷产生的电场

为探测带电粒子（常称为点电荷）的电场，我们在靠近粒子的距离 r 的任何一点放一个正检验电荷。由库仑定律［式（21-4）］，带电荷 q 的粒子作用在检验电荷上的力是

$$\vec{F}=\frac{1}{4\pi\varepsilon_0}\frac{qq_0}{r^2}\vec{r}$$

和以前一样，如果 q 是正的，$\vec{F}$ 的方向直接背离这个粒子（因为 q_0 是正的），如果 q 是负的，则 $\vec{F}$ 的方向径直指向粒子。由式（22-1），我们现在可以写出粒子产生的电场（在检验电荷的位置）为

$$\vec{E}=\frac{\vec{F}}{q_0}=\frac{1}{4\pi\varepsilon_0}\frac{q}{r^2}\vec{r}\text{（带电粒子）}\tag{22-2}$$

让我们再仔细考虑一下方向。$\vec{E}$ 的方向和作用在正的检验电荷上的力的方向一致：如果 q 是正的，$\vec{E}$ 直接背向点电荷，如果 q 是负的，$\vec{E}$ 直接指向点电荷。

所以，如果给出另一个带电粒子，我们只要看看电荷 q 的符号就可以立即确定它附近电场矢量的方向。通过把式（22-2）转换成数值的形式，我们可以求出任何给定距离 r 处电场强度的数值：

$$E=\frac{1}{4\pi\varepsilon_0}\frac{|q|}{r^2}\text{（带电粒子）}\tag{22-3}$$

我们写 $|q|$ 是为了避免 q 是负的时候得到负 E 的危险，并且考虑到了负号和方向有某种关系。式（22-3）只给出 E 的数值。我们必须单独考虑方向。

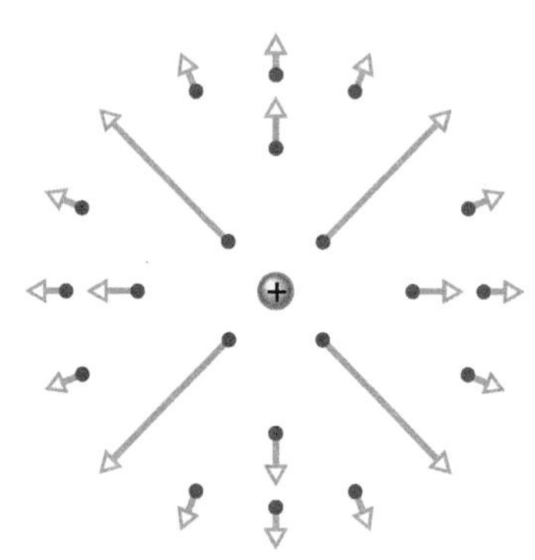

图22-6　正的点电荷周围一些点的电场矢量。

图22-6给出围绕着一个带正电的粒子的一些点的电场矢量。但要小心，每个矢量用箭头尾端所在的点的电场矢量表示。这里的矢量不是像位移矢量那样从“这一点”延伸到“那一点”的某种东西。

一般说来，如果有几个带电粒子在给定的一点同时产生几个电场，我们可以在这一点上放一个正检验电荷，然后分别记下每个粒子作用于它的力，譬如第一个粒子对它的作用力为 $\vec{F}_{01}$。力服从叠加原理，所以我们只要把这些力作为矢量相加：

$$\vec{F}_0=\vec{F}_{01}+\vec{F}_{02}+\cdots+\vec{F}_{0n}$$

要把它转换成电场，我们对每一个力重复应用式（22-1）：

$$\begin{aligned}\vec{E}&=\frac{\vec{F}_0}{q_0}=\frac{\vec{F}_{01}}{q_0}+\frac{\vec{F}_{02}}{q_0}+\cdots+\frac{\vec{F}_{0n}}{q_0}\\&=\vec{E}_1+\vec{E}_2+\cdots+\vec{E}_n\end{aligned}\tag{22-4}$$

这个式子告诉我们电场也服从叠加原理。如果你要求几个粒子在给定一点产生的净电场，先求出每一个粒子的电场（如粒子1的电场 $\vec{E}_1$），然后把电场作为矢量求和。（对于静电力，你不能不管对错就把它们的数值加起来。）这种场的相加是许多课外作业的重点。

检查点1

右图中的 x 轴上有一个质子p和一个电子e。电子在（a）点 S 和（b）点 R 产生的电场的方向各是什么？（c）点 R 和（d）点 S 的净电场的方向为何？

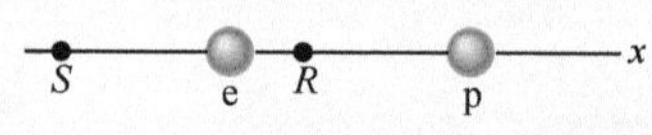

例题22.01　三个带电粒子产生的净电场

图22-7a表示三个粒子，所带电荷分别为 $q_1=+2Q$，$q_2=-2Q$，$q_3=-4Q$，每个粒子到原点的距离都是 d。它们在原点产生的净电场强度 $\vec{E}$ 是什么？

【关键概念】

电荷 q_1、q_2 和 q_3 分别在原点产生电场矢量 $\vec{E}_1$、$\vec{E}_2$ 和 $\vec{E}_3$，净电场是矢量和 $\vec{E}=\vec{E}_1+\vec{E}_2+\vec{E}_3$。

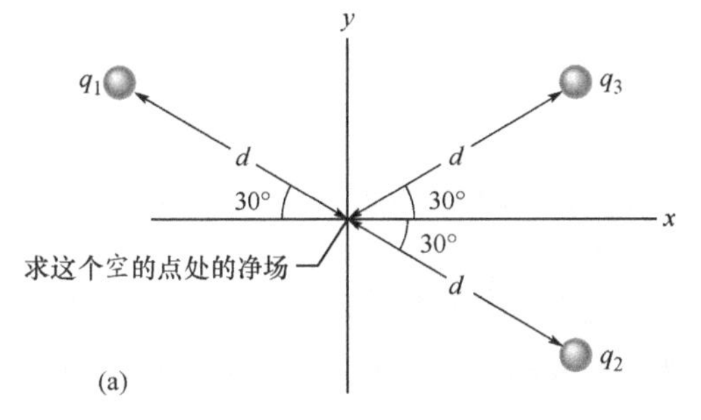

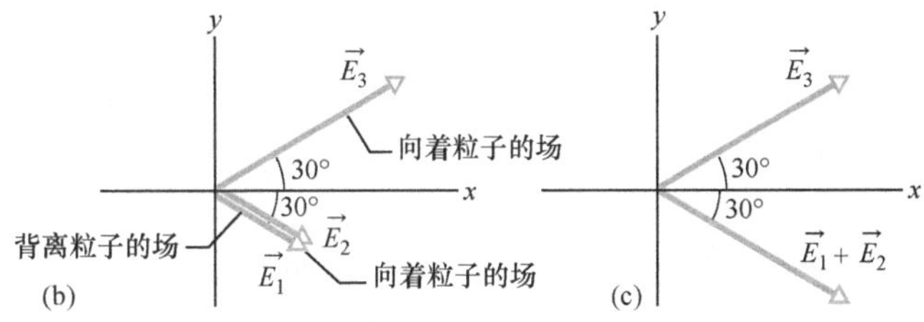

图 22-7 (a) 带电荷 q_1、q_2 和 q_3 的三个粒子在离原点同样距离 d 的位置。(b) 三个粒子在原点产生的电场矢量 $\vec{E}_1$、$\vec{E}_2$ 和 $\vec{E}_3$。(c) 原点的电场矢量 $\vec{E}_3$ 及矢量和 $\vec{E}_1+\vec{E}_2$。

为了求这个总和，我们必须先求这三个场矢量的数值和方向。

数值和方向：要求 q_1 产生的 $\vec{E}_1$ 的数值，我们用式 (22-3)，用 d 代入 r，$2Q$ 代 q，得到

$$E_1=\frac{1}{4\pi\varepsilon_0}\frac{2Q}{d^2}$$

同理，我们求出 $\vec{E}_2$ 和 $\vec{E}_3$ 的数值分别为

$$E_2=\frac{1}{4\pi\varepsilon_0}\frac{2Q}{d^2},\ E_3=\frac{1}{4\pi\varepsilon_0}\frac{4Q}{d^2}$$

我们接着来求在原点的三个电场矢量的方向。因为 q_1 是正电荷，它产生的场矢量方向直接背离它，因为 q_2 和 q_3 都是负电荷，它们产生的场矢量分别指向各个电荷。由此，三个带电粒子在原点产生的三个电场的方向如图 22-7b 所示。(小心：注意到我们已经把这些矢量的尾端放在要计算这一点的场的位置上了；这样做减少了犯错的可能。如果把场矢量的尾端放在产生这个场的粒子上，就容易产生错误。)

把场相加：我们现在可以将场矢量相加，就像我们在第 21 章中把力矢量相加一样。不过，我们这里可以应用对称性来简化计算。从图 22-7b 我们看到，电场 $\vec{E}_1$ 和 $\vec{E}_2$ 有相同的方向。因此它们的矢量和也在这个方向上，并且数值是

$$E_1+E_2=\frac{1}{4\pi\varepsilon_0}\frac{2Q}{d^2}+\frac{1}{4\pi\varepsilon_0}\frac{2Q}{d^2}=\frac{1}{4\pi\varepsilon_0}\frac{4Q}{d^2}$$

它正好等于 E_3 的数值。

我们现在要将 $\vec{E}_3$ 与矢量和 $\vec{E}_1+\vec{E}_2$ 加起来。它们的数值相同，它们对 x 轴对称地取向，如图 22-7c 所示。由图 22-7c 的对称性，我们看出两个矢量相等的 y 分量正好抵消（一个向上，另一个向下），相等的 x 分量相加（二者都向右）。于是，原点的净电场 $\vec{E}$ 沿 x 轴的正方向，它的数值是：

$$\begin{aligned}E&=2E_{3x}=2E_3\cos 30°\\&=(2)\frac{1}{4\pi\varepsilon_0}\frac{4Q}{d^2}(0.866)=\frac{6.93Q}{4\pi\varepsilon_0 d^2}\end{aligned}\qquad\text{(答案)}$$

WILEY PLUS 在 WileyPLUS 中可以找到附加的例题、视频和练习。

22-3 偶极子产生的电场

学习目标

学完这一单元后，你应当能够……

22.10 画一个电偶极子，辨明电荷（大小和符号）、偶极子轴及电偶极矩的方向。

22.11 确定沿偶极子轴上，包括两个电荷之间的任何给定点的电场方向。

22.12 略述怎样从组成偶极子的各个带电粒子的电场方程式中导出电偶极子的电场方程式。

22.13 对于单个带电粒子和一个电偶极子，比较电场的大小随距离增大而减小的比率，即鉴别哪一个减少得更快。

22.14 对一个电偶极子，应用偶极矩数值 p、两电荷间的距离 d 和每个电荷的数值 q 之间的关系。

22.15 对沿偶极子轴上远处的任意点，应用电场强度的数值 E、到偶极子中心的距离 z，以及偶极矩数值 p 或者电荷数值 q 与电荷距离 d 之间的关系。

关键概念

- 电偶极子由两个带有相等数值 q 但符号相反的、且分开很小距离 d 的粒子构成。
- 电偶极距 $\vec{p}$ 的数值为 qd，方向从负电荷指向正电荷。
- 电偶极子在电偶极子轴（通过两个粒子的直线）上远处的一点建立的电场的数值可以用乘积 qd 或偶极矩的数值表示为

$$E = \frac{1}{2\pi\varepsilon_0}\frac{qd}{z^3} = \frac{1}{2\pi\varepsilon_0}\frac{p}{z^3}$$

其中，z 是这一点到偶极子中心的距离。

- 因为依赖于 $1/z^3$，电偶极子的场的大小随距离的减小比之于组成这个偶极子的任何一个单独粒子的依赖于 $1/r^2$ 的场的大小的减少要快得多。

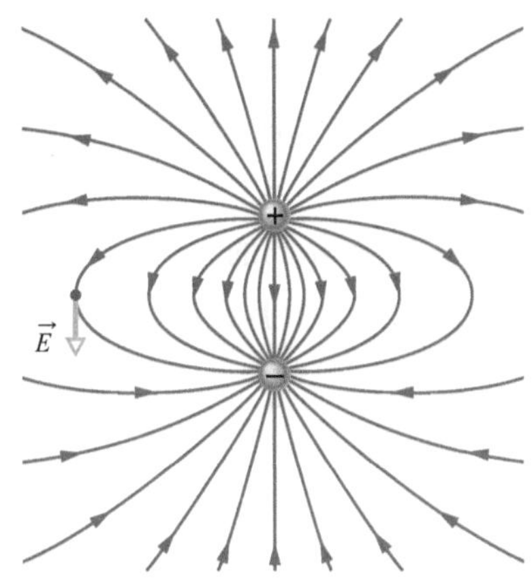

图 22-8　一个偶极子周围的电场线图案，图上画出任意一点上的电场强度矢量 $\vec{E}$（与通过该点的场线相切）。

电偶极子产生的电场

图 22-8 表示带有相同数值 q 但符号相反的两个粒子的电场线的图案，这样的两个粒子的组合称为**电偶极子**，这是一种非常普遍并且重要的排列。两个粒子沿着偶极子轴距离 d，这是一条对称轴，你可以想象绕这根轴转动图 22-8 中的电场图案。让我们把这根轴标记为 z 轴。这里我们的兴趣只限于沿着这条偶极子轴，距离偶极子中点为 z 的任意点 P 的电场 $\vec{E}$ 的数值和方向。

图 22-9a 表示各个粒子在 P 点的电场。较近的电荷 $+q$ 的粒子建立场 $E_{(+)}$ 沿 z 轴的正方向（直接背离这个粒子）。较远的 $-q$ 电荷产生较小的电场 $E_{(-)}$ 沿 z 轴负方向（直接向着粒子）。我们要求式（22-4）给出的 P 点的净电场。不过，因为场矢量沿着同一个轴，所以我们可以简单地用正负号来标出矢量的方向，就像我们对沿着同一个轴的力通常所做的那样。然后我们可以写出 P 点净场的数值为

$$\begin{aligned} E &= E_{(+)} - E_{(-)} \\ &= \frac{1}{4\pi\varepsilon_0}\frac{q}{r_{(+)}^2} - \frac{1}{4\pi\varepsilon_0}\frac{q}{r_{(-)}^2} \\ &= \frac{q}{4\pi\varepsilon_0\left(z-\frac{1}{2}d\right)^2} - \frac{q}{4\pi\varepsilon_0\left(z+\frac{1}{2}d\right)^2} \end{aligned} \tag{22-5}$$

经过简单的代数运算后，我们可以把这个方程式重写为

$$E = \frac{q}{4\pi\varepsilon_0 z^2}\left[\frac{1}{\left(1-\frac{d}{2z}\right)^2} - \frac{1}{\left(1+\frac{d}{2z}\right)^2}\right] \tag{22-6}$$

经过通分、相减，整理后我们得到：

$$E = \frac{q}{4\pi\varepsilon_0 z^2}\frac{2d/z}{\left[1-\left(\frac{d}{2z}\right)^2\right]^2} = \frac{q}{2\pi\varepsilon_0 z^3}\frac{d}{\left[1-\left(\frac{d}{2z}\right)^2\right]^2} \tag{22-7}$$

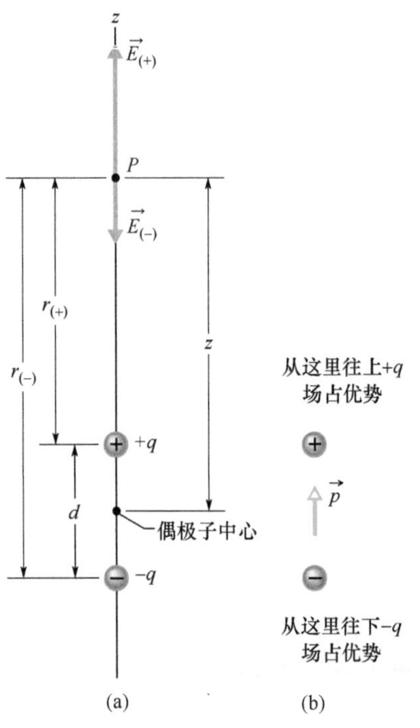

图 22-9　(a) 电偶极子。偶极子轴上 P 点的电场矢量 $\vec{E}_{(+)}$ 和 $\vec{E}_{(-)}$ 来自偶极子的两个电荷。点 P 到构成偶极子的各个电荷的距离分别为 $r_{(+)}$ 和 $r_{(-)}$。(b) 偶极子的偶极矩 $\vec{p}$ 从负电荷指向正电荷。

我们通常只对比偶极子的线度大得多的距离处偶极子的电效应有兴趣——即 $z \gg d$ 的距离。在这样大的距离上，我们在式（22-7）中有 $d/(2z) \ll 1$。于是，在我们的近似下，可以忽略分母中的 $d/(2z)$ 项，于是留给我们：

$$E = \frac{1}{2\pi\varepsilon_0}\frac{qd}{z^3} \tag{22-8}$$

包含偶极子的两个固有性质的 q 和 d 的乘积 qd 是称为偶极子的**电偶极距**的矢量 $\vec{p}$ 的数值 p。[$\vec{p}$ 的单位是库仑米（C·m）。] 因

此我们可以把式（22-8）写成：

$$E=\frac{1}{2\pi\varepsilon_0}\frac{p}{z^3}\quad（电偶极子）\tag{22-9}$$

$\vec{p}$ 的方向是从偶极子负的一端到正的一端，如图 22-9b 所示。我们可以用 $\vec{p}$ 的方向标明偶极子的指向。

式（22-9）表明，如果我们只在距离很远的一些点上测量偶极子的电场，就有可能无法分别得出 q 和 d。我们只能得到它们的乘积。譬如说，距离很远的点上的场在 q 加倍同时 d 减半的情况下是不变的。虽然式（22-9）只对沿偶极子轴上距离很远的点成立，但是我们发现对于偶极子的 E 随 $1/r^3$ 改变的规律却对所有远距离的点（无论这些点是否在偶极子轴上）都成立；这里的 r 是所考察的点到偶极子中心的距离。

对图 22-9 和图 22-8 中的场线的检查发现，在偶极子轴上远距离的点的 $\vec{E}$ 的方向都与偶极矩矢量 $\vec{p}$ 的方向一致。不论图 22-9a 中的 P 点在偶极子轴的上部还是在下部这都正确。

考察式（22-9）还可以发现，如果你把考察点到偶极子的距离加倍，那么这一点的电场就要减小到原来的 1/8。然而，如果你把考察点到单个点电荷的距离加倍［参见式（22-3）］，电场只减少到原来的 1/4。由此可见，偶极子的电场受距离的影响比单个电荷的电场受距离的影响要大得多。这种偶极子电场迅速变小的物理原因是从远处看偶极子就像两个几乎——但不完全——重合的粒子。由此可知，因为它们具有大小相等但符号相反的电荷，所以在远距离的点上它们的电场几乎——但不完全——相互抵消。

例题 22.02 电偶极子和大气中的“精灵”闪电（atmospheric sprites）

大气中的“精灵”闪电（见图 22-10a）是发生在巨大的雷暴雨以上远处的大片闪光。它们被晚间飞行的飞行员看见已经有几十年了，但它们是如此的短暂和微弱以致大多数飞行员认为这只是幻觉。到 20 世纪 90 年代，“精灵”闪电才在录像中被捕捉到。它们的形成虽然仍旧不能被完全理解，但是人们相信在地面和雷雨云之间产生特别强大的闪电时就会发生，特别是当闪电从地面转移巨大数量的负电荷 $-q$ 到云的底部的情况下（见图 22-10b）。

(a) 承蒙NASA惠允

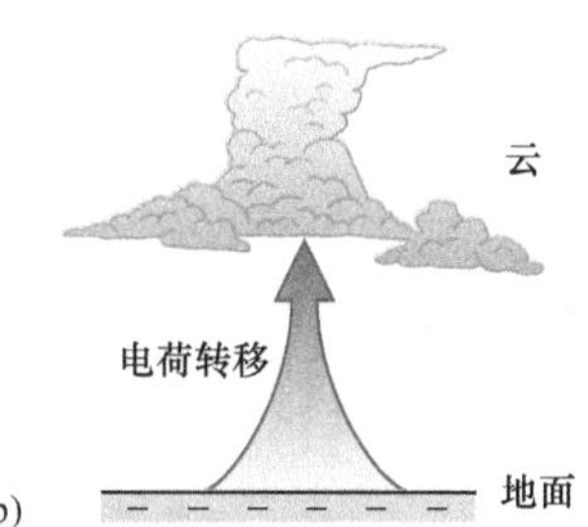

(b)

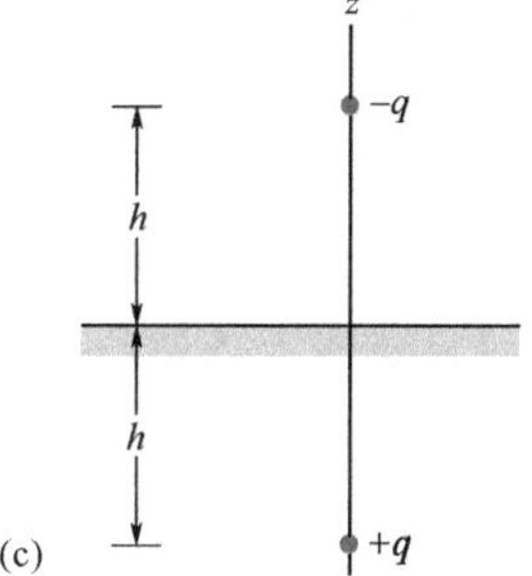

(c)

图 22-10 （a）“精灵”闪电的照片。（b）闪电中有大量的负电荷从地面转移到云层的底部。（c）用一个竖直放置的电偶极子作为云-地系统的模型。

在刚结束这种电荷转移时，地面上有复杂的正电荷分布。然而，我们可以建立一个云和大地中电荷共同产生的电场的模型，就是假设一个竖直放置的电偶极子，电荷 $-q$ 在高度为 h 的云层中，$+q$ 的电荷在地面以下深度 h 处（见图 22-10c）。如果 $q=200\text{C}$，$h=6.0\text{km}$，在云的上面 $z_1=30\text{km}$ 处以及平流层以上 $z_2=60\text{km}$ 处偶极子的电场数值是多少？

【关键概念】

我们可以用式（22-8）求偶极子轴上电偶极子的电场 E 的近似数值。

解：我们把这个方程式写成

$$E=\frac{1}{2\pi\varepsilon_0}\frac{q(2h)}{z^3}$$

其中，$2h$ 是图 22-10c 中 $-q$ 和 $+q$ 之间的距离。对 $z_1=30\text{km}$ 处的电场，我们求得

$$E=\frac{1}{2\pi\varepsilon_0}\frac{(200\text{C})(2)(6.0\times10^3\text{m})}{(30\times10^3\text{m})^3}$$

$$=1.6\times10^3\text{N/C}\qquad\text{（答案）}$$

同理，对 $z_2=60\text{km}$，我们求得

$$E=2.0\times10^2\text{N/C}\qquad\text{（答案）}$$

正如我们在 22-6 单元中将要讨论的那样，当电场强度超过某个临界值 E_c 后，电场要把电子从原子中拉出来（使原子电离），然后这些自由电子可能撞上另一些原子，致使这些原子发光。E_c 的数值依赖于电场所在处的空气密度。在高度 $z_2=60\text{km}$ 处，空气密度是如此之低，$E=2.0\times10^2\text{N/C}$ 已经超过了 E_c，因而空气中的原子就会发出光来。这种光就成了大气中的“精灵”闪电。而下面较低的地方，正好处在高于云层的 $z_1=30\text{km}$ 处，空气密度则要高得多，$E=1.6\times10^3\text{N/C}$ 没有超过 E_c，所以没有光发出来。因此，“精灵”闪电只出现在远远高于雷雨云以上的高空。

WILEY PLUS 在 WileyPLUS 中可以找到附加的例题、视频和练习。

22-4　带电线产生的电场

学习目标

学完这一单元后，你应当能够……

22.16　对均匀分布的电荷，求分布在导线上电荷的线电荷密度 λ，分布在表面上电荷的面电荷密度 σ，以及分布在体积中电荷的体电荷密度 ρ。

22.17　对于沿一条线均匀分布的电荷，为求线附近给定点的净电场，可以通过把分布在线上的电荷分解成电荷元 $\mathrm{d}q$，然后再把每一电荷元在这一点上产生的电场矢量 $\mathrm{d}\vec{E}$ 加起来（积分）。

22.18　说明对称性是怎样被用来简化电荷均匀分布的带电线附近点的电场的计算。

关键概念

- 粒子产生电场的方程式不能用于扩展的带电物体（就是说有连续的电荷分布的物体）。
- 为求扩展的带电体在某一点建立的电场，我们先考虑物体上一个电荷元 $\mathrm{d}q$ 产生的电场，这个电荷元要足够小，小到我们可以应用粒子的方程式。然后我们用积分的方法把扩展体的每一个电荷元在这一点产生的电场矢量 $\mathrm{d}\vec{E}$ 加起来。
- 因为各个电场 $\mathrm{d}\vec{E}$ 有不同的大小和不同的方向，我们先要看看是不是有某种对称性可以让我们用来使场的一些分量抵消，从而简化积分。

带电线产生的电场

迄今为止，我们只讨论过带电的粒子、单个粒子或粒子的简单集合。现在我们转向难度高得多的情况，其中一个情况是很细的物体（近似地是一维的），像细棒或环，由数不清的大量带电粒子组成。下一单元我们要考虑二维物体，例如表面铺满了电荷的盘。下一章我们将处理三维物体，像电荷分布在整个体积内的球体。

注意。由于种种原因，许多读者会认为这一单元是这本书里最难的部分。要采取许多步骤，要始终注意大量的矢量特征，最后我们还要建立并求出积分。不过，最难的部分是对于不同的电荷排列解题的方法和步骤有可能是不同的。我们在这里专注于一种特定的排列（带电环），一旦知道了一般的方法，你就可以在课外作业中应付其他的排列（譬如细杆和不完整的圆环）。

图 22-11 表示半径为 R 的细环，沿它的圆周均匀分布着正电荷。环用塑料制成，这意味着电荷固定在各自的位置上。环被电场线的图案围绕着，但这里我们只限于对中心轴上任意点 P 感兴趣。（中心轴通过环的中心并垂直于环所在的平面。）P 点在离中心的距离 z 的位置上。

广延物体的电荷常常用电荷密度而不是用总的电荷量来表示。对于电荷线，我们用线电荷密度 λ（单位长度的电荷）。它的国际单制的单位是库仑每米。表 22-1 表示其他几种电荷密度，这些我们将用于带电的表面和带电体。

表 22-1 **某些电荷的量度**

名称	符号	SI 单位
电荷	q	C
线电荷密度	λ	C/m
面电荷密度	σ	C/m^2
体电荷密度	ρ	C/m^3

第一个大问题。到现在为止，我们已经有了粒子的电场方程式。[我们可以把几个粒子的电场组合起来，就像我们对电偶极子所做的那样，并得到一个特殊的方程式，但我们基本上还是用式（22-3）。] 现在来看一看图 22-11 中的环。很显然这不是一个粒子，所以不能用式（22-3）。我们要怎样做呢？

答案是想象把环分成许多微分电荷元，这些电荷元是如此之小，以致我们可以把它们当作是粒子。于是我们就可以用式（22-3）了。

第二个大问题。我们现在知道将式（22-3）用于每一个电荷元 dq（q 前面的 d 强调这个电荷是非常小的）并且写出它对电场的贡献 $d\vec{E}$ 的表达式（$\vec{E}$ 前面的 d 强调此贡献是非常小的）。不过，每个电荷元在 P 点贡献的场矢量都有不同的方向。我们该怎样把它们加起来以求出 P 点的净场呢？

答案是把矢量分解成分量，然后分别对其中的一组分量求和，再对另一组求和。然而我们先要核对一下是不是有一组可以简单地完全相互抵消掉。（抵消分量可以节省大量工作。）

第三个大问题。环上有数量庞大的电荷元 dq，即使我们可以消去一组分量，还是会有庞大数量的 $d\vec{E}$ 分量要加起来。我们怎样才能把比我们数得出的还要多的分量相加呢？答案是用积分的方法求和。

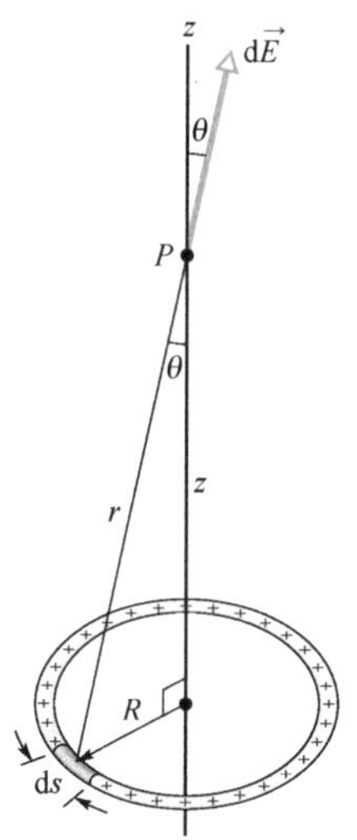

图 22-11 均匀带正电的环。一个微分电荷元的长度为 ds（为清楚起见它被大大地放大了）。这个电荷元在 P 点建立电场 $d\vec{E}$。

开始行动。让我们按所有这些步骤去做（再说一遍，要知道一般的步骤，而不仅仅是这些细节）。我们随意选取图22-11中所示的电荷元，令 ds 是这一段（或任何其他的）电荷元 dq 的弧长，然后应用线密度 λ（单位长度的电荷）来表示，我们有

$$\mathrm{d}q=\lambda\,\mathrm{d}s \tag{22-10}$$

一个电荷元的场。这个电荷元在与它相距 r 的 P 点建立微分电场 d$\vec{E}$，如图22-11所示。（是的，我们引进了一个在问题的陈述中并没有给出的新符号，但我们马上就要用"合法的符号"来代替它。）下一步我们用我们的新符号 dE 和 dq 重写粒子的场方程式［式（22-3）］，但随后我们要用式（22-10）代替 dq。电荷元产生的场的数值是

$$\mathrm{d}E=\frac{1}{4\pi\varepsilon_0}\frac{\mathrm{d}q}{r^2}=\frac{1}{4\pi\varepsilon_0}\frac{\lambda\,\mathrm{d}s}{r^2} \tag{22-11}$$

注意，不合法的符号 r 是图22-11中指明的直角三角形的斜边。于是，我们代换掉 r 后重写式（22-11）：

$$\mathrm{d}E=\frac{1}{4\pi\varepsilon_0}\frac{\lambda\,\mathrm{d}s}{(z^2+R^2)} \tag{22-12}$$

因为每个电荷元都有相同的电荷并且到 P 点都有相同的距离，式（22-12）给出了每个电荷元贡献的场的数值。图22-11还告诉我们，所贡献的每个 d$\vec{E}$ 对于中心轴（z 轴）都有相同的倾斜角 θ，因而都有垂直于 z 轴和平行于 z 轴的分量。

消去分量。现在到了关键部分，这里我们要消去这两种分量中的一种。在图22-11中，考虑在环的相对一边位置上的电荷元。它也贡献数值大小为 dE 的场，但场矢量是在第一个电荷元所产生的场矢量的相对方向上倾斜了 θ 角，如图22-12中的侧视图所画的那样。因此，两个垂直分量相互抵消。绕整个环的每一个电荷元与它在环的对面的*对称部分*所产生的场都像这样相互抵消了。所以我们可以忽略所有的垂直分量。

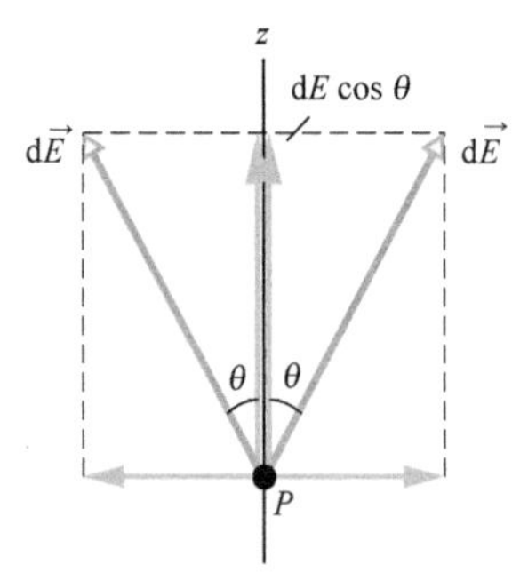

图22-12 电荷元和它的对称部分（在对面的环上）在 P 点产生的电场，其垂直于 z 的分量互相抵消，平行分量相加。

把分量相加。这里我们又有另一个巨大成就。所有余下的分量都沿着 z 轴的正方向，所以我们只要把它们当作标量加起来。现在我们已经可以指出 P 点的净电场矢量的方向：直接背向圆环。由图22-12我们看到每个平行分量的数值都是 d$E\cos\theta$，但 θ 是另一个不合法的符号。我们可以再次利用图22-11中的直角三角形，用合法的符号来代替 $\cos\theta$。

$$\cos\theta=\frac{z}{r}=\frac{z}{(z^2+R^2)^{1/2}} \tag{22-13}$$

将式（22-12）乘以式（22-13）后便得到每个电荷元产生的平行场分量：

$$\mathrm{d}E=\frac{1}{4\pi\varepsilon_0}\frac{z\lambda}{(z^2+R^2)^{3/2}}\mathrm{d}s \tag{22-14}$$

积分。因为我们必须将这种每个都很小的、数量庞大的分量相加，所以必须建立沿着圆环，从一个线元到另一个线元的积分，积分从起点（称它 $s=0$）遍及整个圆周（$s=2\pi R$）。当我们的积分遍历这些线元时，只有 s 是变量；式（22-14）中的另一些符号

都保持不变，所以我们把它们移到积分号外。我们求得：

$$E = \int \mathrm{d}E\cos\theta = \frac{z\lambda}{4\pi\varepsilon_0(z^2+R^2)^{3/2}}\int_0^{2\pi R}\mathrm{d}s$$
$$= \frac{z\lambda(2\pi R)}{4\pi\varepsilon_0(z^2+R^2)^{3/2}} \tag{22-15}$$

这是漂亮的答案，但我们还可以用 $\lambda = q/(2\pi R)$ 将这个式子中的 λ 变换成总电荷：

$$E = \frac{qz}{4\pi\varepsilon_0(z^2+R^2)^{3/2}} \quad (\text{带电环}) \tag{22-16}$$

如果环上的电荷是负的，而不是我们假设的正号，P 点处电场的数值仍旧可由式（22-16）给出。不过，这时电场矢量指向环而不是背离它。

我们来检验一下式（22-16），对于中心轴上距离很远的一点，即 $z \gg R$ 的情况，对这一点，式（22-16）中的因子 z^2+R^2 可以近似为 z^2，于是式（22-16）成为

$$E = \frac{1}{4\pi\varepsilon_0}\frac{q}{z^2} \quad (\text{带电环在距离很远处的场}) \tag{22-17}$$

这是合理的结果，因为从很远的距离来看，圆环“看上去像”一个点电荷。如果我们在式（22-17）中用 r 代替 z，我们确实会得到点电荷产生的电场的数值和式（22-3）给出的一样。

我们接着对环的中心点——就是 $z=0$ 的点——验证一下式（22-16）。在这一点上，式（22-16）告诉我们 $E=0$。这是合理的结果。因为假如我们在环的中心放一个检验电荷，将没有净静电力作用在它上面；环上任何一个电荷元对它的作用力都会被环上该电荷元对面的电荷元的作用所抵消。由式（22-1），如果环中心的力为零，那么该处的电场也必须是零。

例题 22.03 圆弧形带电棒的电场

图 22-13a 表示一根均匀的带电荷 $-Q$ 的塑料细棒。它被弯成半径为 r 的 120°圆弧，并且跨过 x 轴对称地放置，原点在棒的曲率中心 P 点。用 Q 和 r 表示，棒在 P 点产生的电场 $\vec{E}$ 是多少?

【关键概念】

因为棒上的电荷是连续分布的，我们要先求出棒的微分单元所产生的电场的表达式，然后再用微积分求这些场的总和。

一个单元：考虑一个弧长为 ds 的微分单元，它在 x 轴上方角度 θ 的位置（见图 22-13b、c）。令 λ 表示棒的线电荷密度，则单元 ds 的微分电荷的数值是

$$\mathrm{d}q = \lambda\,\mathrm{d}s \tag{22-18}$$

这个单元的场：我们的单元在 P 点产生微分电场 $\mathrm{d}\vec{E}$，P 点与单元的距离为 r。把单元当作点电荷，我们可以重写式（22-3），把 $\mathrm{d}\vec{E}$ 的数值表示为

$$\mathrm{d}E = \frac{1}{4\pi\varepsilon_0}\frac{\mathrm{d}q}{r^2} = \frac{1}{4\pi\varepsilon_0}\frac{\lambda\,\mathrm{d}s}{r^2} \tag{22-19}$$

$\mathrm{d}\vec{E}$ 的方向向着 ds，因为电荷 dq 是负的。

对称单元：在棒的下半部有一个和我们的单元位置对称的（镜像）单元 ds′。ds′在 P 点建立的电场 $\mathrm{d}\vec{E}'$也有式（22-19）给出的数值，但场矢量指向 ds′，如图 22-13d 所示。如果我们将 ds 和 ds′的电场矢量分解为 x 分量和 y 分量，如图 22-13e、f 所示，我们看出它们的 y 分量相互抵消（因为它们有相等的数值但方向相反）。我们还可以看出它们的 x 分量数值相等，方向也相同。

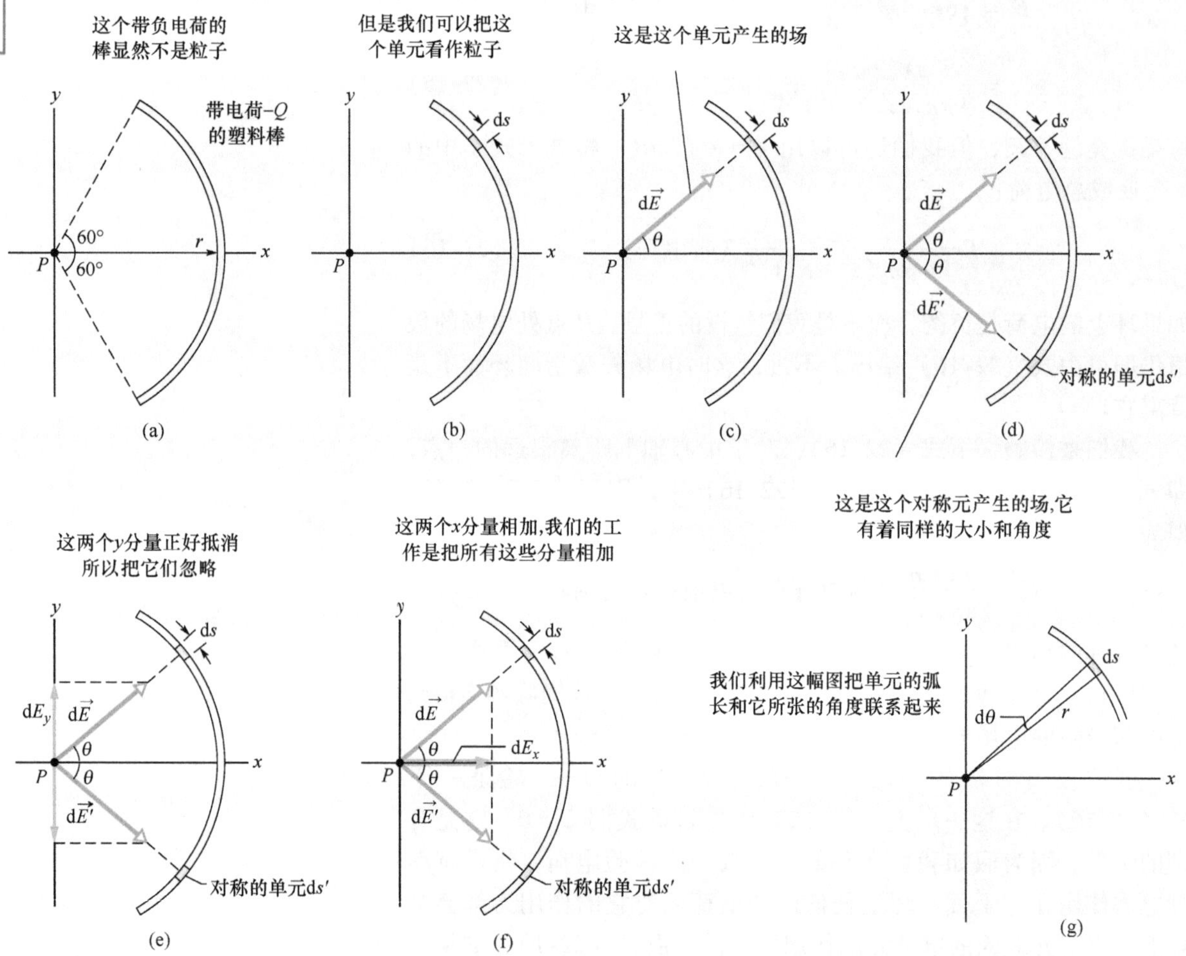

这个带负电荷的棒显然不是粒子

带电荷 $-Q$ 的塑料棒

但是我们可以把这个单元看作粒子

这是这个单元产生的场

对称的单元 $\mathrm{d}s'$

这是这个对称元产生的场，它有着同样的大小和角度

这两个 y 分量正好抵消所以把它们忽略

这两个 x 分量相加，我们的工作是把所有这些分量相加

我们利用这幅图把单元的弧长和它所张的角度联系起来

图 22-13　在 WileyPLUS 中可以找到本图带画外音的动画。(a) 将带电荷 $-Q$ 的塑料棒弯成半径为 r 中心角为 120° 的一段圆弧；P 点是棒的曲率中心。(b)、(c) 棒的上半部的一个微分单元，它与 x 轴成角度 θ，弧长为 $\mathrm{d}s$，在 P 点建立微分电场 $\mathrm{d}\vec{E}$。(d) 对于 x 轴和 $\mathrm{d}s$ 对称的单元 $\mathrm{d}s'$ 在 P 点建立同样大小的电场 $\mathrm{d}\vec{E}'$。(e)、(f) 场分量。(g) 对 P 点张角 $\mathrm{d}\theta$ 的弧长为 $\mathrm{d}s$。

求和：由此，要求棒产生的电场，我们只要把棒的所有微分单元产生的微分电场的 x 分量相加（积分）即可。由图 22-13f 和式（22-19），我们可以写出 $\mathrm{d}s$ 的分量

$$\mathrm{d}E_x = \mathrm{d}E\cos\theta = \frac{1}{4\pi\varepsilon_0}\frac{\lambda}{r^2}\cos\theta\mathrm{d}s \qquad (22\text{-}20)$$

式（22-20）中有两个变量，θ 和 s。在我们对这个式子积分之前必须消去一个变量。我们通过利用下述关系式代换掉 $\mathrm{d}s$ 来做到这一点

$$\mathrm{d}s = r\mathrm{d}\theta$$

其中，$\mathrm{d}\theta$ 是在 P 点观察弧长 $\mathrm{d}s$ 的张角（见图 22-13g）。经过这样的代换，我们就可以根据棒对 P 点的张角范围（即从 $\theta = -60°$ 到 $\theta = 60°$），求式（22-20）的积分，于是给出 P 点的场的数值为

$$\begin{aligned} E &= \int \mathrm{d}E_x = \int_{-60°}^{60°}\frac{1}{4\pi\varepsilon_0}\frac{\lambda}{r^2}\cos\theta r\mathrm{d}\theta \\ &= \frac{\lambda}{4\pi\varepsilon_0 r}\int_{-60°}^{60°}\cos\theta\mathrm{d}\theta = \frac{\lambda}{4\pi\varepsilon_0 r}[\sin\theta]_{-60°}^{60°} \\ &= \frac{\lambda}{4\pi\varepsilon_0 r}[\sin 60° - \sin(-60°)] \\ &= \frac{1.73\lambda}{4\pi\varepsilon_0 r} \end{aligned} \qquad (22\text{-}21)$$

（假如我们把积分上下限反转，我们会得到同样的结果，只是会产生一个负号。因为这个积分只给出 $\vec{E}$ 的数值，我们可以舍去这个负号。）

电荷密度：要计算 λ，我们注意到整个棒的张角是120°，也就是整个环的三分之一。这段弧长是 $2\pi r/3$，它的线密度一定是

$$\lambda = \frac{电荷}{长度} = \frac{Q}{2\pi r/3} = \frac{0.477Q}{r}$$

把上式代入式（22-21），简化后得到

$$E = \frac{(1.73)(0.477Q)}{4\pi\varepsilon_0 r^2} = \frac{0.83Q}{4\pi\varepsilon_0 r^2} \qquad （答案）$$

$\vec{E}$ 的方向沿电荷分布的对称轴指向棒。我们可以用单位矢量将其表示为

$$\vec{E} = \frac{0.83Q}{4\pi\varepsilon_0 r^2}\vec{i}$$

解题策略 求带电线的电场的方法

这里是关于求一条直的或圆弧形的均匀带电线在一点 P 产生的电场 $\vec{E}$ 的一般方法。一般的策略是分出一个电荷元 dq，求这个电荷元产生的 $d\vec{E}$，然后在整条带电线上对 $d\vec{E}$ 积分。

步骤1。如果带电线是圆弧形，令 ds 是电荷分布的单元的弧长。如果是一条直线，设 x 轴沿这条直线，令 dx 是单元的长度。在示意图上标出这个单元。

步骤2。把单元的电荷和单元的长度用公式 $dq=\lambda ds$ 或 $dq=\lambda dx$ 联系起来。即使电荷实际上是负的，也都把 dq 和 λ 视为正数。（电荷的符号会在下一步用到。）

步骤3。用式（22-3）表示 dq 在 P 点产生的电场 $d\vec{E}$，将这个方程中的 q 用 λds 或 λdx 代替。如果线上的电荷是正的，那么在 P 点所画矢量 $d\vec{E}$ 的方向直接背离 dq。如果电荷是负的，则画出直接指向 dq 的矢量。

步骤4。一定要找出这种情况下的对称性。如果 P 点在电荷分布的对称轴上，则把 dq 产生的场 $d\vec{E}$ 分解为垂直和平行于对称轴的分量。然后考虑在与 dq 关于对称轴对称位置上的第二个电荷元 dq'。在 P 点画对称单元产生的矢量 $d\vec{E}'$，并把它分解成分量。dq 产生的一个分量是*要抵消的分量*，它被 dq' 产生的相应的分量抵消，所以以后不需要再考虑了。dq 产生的另一个分量是*相加分量*；它和 dq' 产生的相应分量相加，把所有的单元的相加分量用积分法加起来。

步骤5。有四种普遍的电荷均匀分布的类型，它们都会用到步骤4中的积分策略。

圆环，P 点在对称（中心）轴上，如图22-11中所示的环。在 dE 的表达式中，用 z^2+R^2 代替 r^2，如式（22-12）中那样。用 θ 表示 $d\vec{E}$ 的相加分量。这要引进 $\cos\theta$，但 θ 对所有单元都是完全相同的，因而不是变量。按式（22-13）代入 $\cos\theta$。绕环的圆周对 s 积分。

圆弧，在曲率中心的 P 点，如图22-13所示。把 $d\vec{E}$ 的相加分量用 θ 表示。这就引入 $\sin\theta$ 或 $\cos\theta$。把得到的两个变量 s 和 θ 通过 $rd\theta$ 代替 ds 归并为一个 θ，从圆弧的一端到另一端对 θ 积分。

直线，P 点在直线的延长线上，如图22-14a所示。在 dE 的表达式中，用 x 代换 r。从带电直线的一端到另一端对 x 积分。

直线，P 点在离带电直线垂直距离 y 处，如图22-14b所示。在 dE 的表达式中，用包括 x 和 y 的表式代替 r。如果 P 在带电直线的垂直平分线上，求出 $d\vec{E}$ 的相加分量的表达式。这要引入 $\sin\theta$ 或 $\cos\theta$。通过用包含 x 和 y 的三角函数的公式（它的定义）来代替，将两个变量 x 和 θ 简化成一个变量 x。从带电直线一端到另一端对 x 积分。如果 P 不在对称线上，如图22-14c所示。导出求分量 dE_x 总和的积分式，并对 x 积分求出 E_x。还要导出对分量 dE_y 求和的积分式，再对 x 求积分得出 E_y。用通常的方法由分量 E_x 和 E_y 求出 $\vec{E}$ 的数值和方向。

步骤6。积分上下限的一种安排给出正的结果。上下限反转也会给出但是带有负号的同样结果。如结果是用分布的总电荷 Q 表示的，将 λ 用 Q/L 表示，L 是电荷分布的长度。

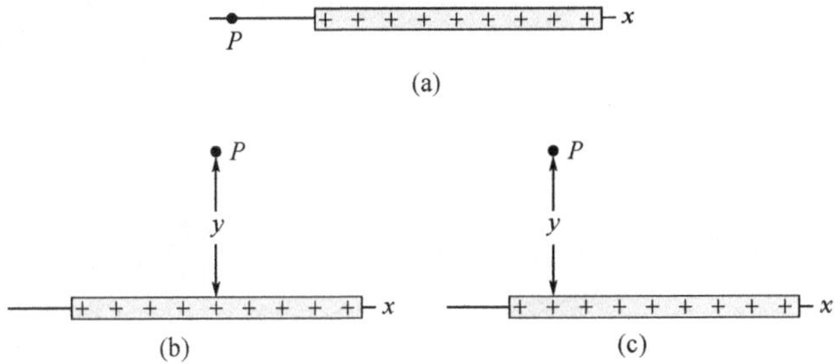

图22-14 （a）点 P 在带电直线的延长线上。（b）点 P 在带电直线的对称线上，到直线的垂直距离 y。（c）和（b）图的情况相同，只是点 P 不在对称线上。

检查点2

右图中有三根不导电的棒，一个半圆环和两根直线。每个棒的上半部均匀带有电荷的数量是 Q，各个棒的下半部也均匀带有数量为 Q 的电荷。对每一根棒，P 点净电场的方向如何？

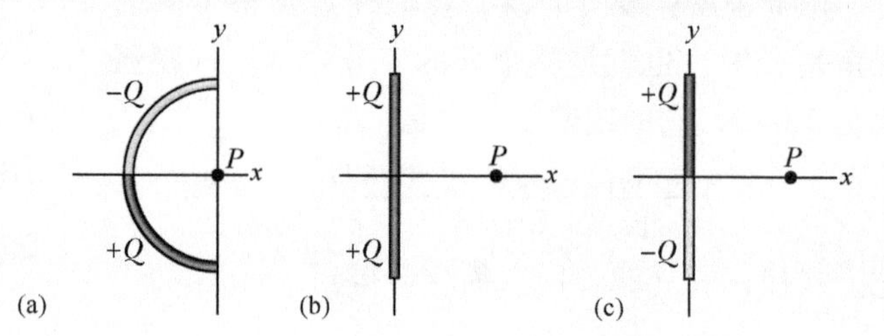

22-5　带电圆盘产生的电场

学习目标

学完这一单元后，你应当能够……

22.19　画一个均匀带电的圆盘并指出在电荷是正的及电荷是负的情况下在中心轴上一点电场的方向。

22.20　说明怎样可以用均匀带电的圆环中心轴上的电场方程式来推导均匀带电圆盘中心轴上电场的方程式。

22.21　对于均匀带电圆盘中心轴上的一点应用面电荷密度 σ，圆盘半径 R 和到这一点的距离 z 之间的关系。

关键概念

- 在均匀的带电圆盘中心轴上，

$$E=\frac{\sigma}{2\varepsilon_0}\left(1-\frac{z}{\sqrt{z^2+R^2}}\right)$$

给出电场的数值。式中，z 是从圆盘中心沿轴的距离；R 是圆盘半径；σ 是面电荷密度。

带电圆盘产生的电场

现在我们从讨论带电线转到带电面。我们考察半径为 R 并在它的上表面带有均匀面电荷密度 σ（单位面积的电荷，见表22-1）的塑料圆盘的电场。圆盘在它自己周围整个空间建立起电场线的图案。但是这里我们把注意力局限在中心轴上离圆盘中心距离为 z 的任意点 P 的电场，如图22-15所示。

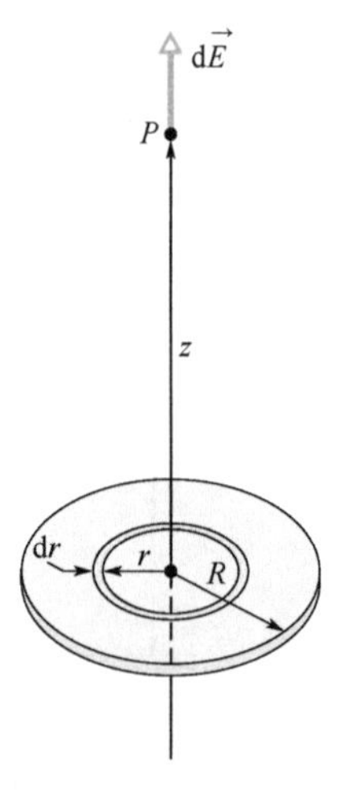

图22-15　一个半径为 R、均匀带正电的圆盘。图中所示的环半径为 r，径向宽度为 dr。它在中心轴上 P 点产生微分电场 $d\vec{E}$。

我们可以按照上一个单元中那样的步骤进行，只是要计算二维积分将上表面二维分布的电荷对场的所有贡献都包括进去。不过，我们可以利用以前关于细环中心轴上场的计算结果，走一条更为简捷的途径而省掉许多工作。

像在图22-15中那样，我们在圆盘上分出一个任意半径 $r\leqslant R$ 的环。环是如此细，以致我们可以把它上面的电荷视为电荷元 dq。要求它对 P 点电场的微小贡献 dE，我们用环的 dq 和半径 r 表示，重写式（22-16）：

$$dE=\frac{dq\,z}{4\pi\varepsilon_0(z^2+r^2)^{3/2}}\tag{22-22}$$

圆环的场指向 z 轴的正方向。

要求 P 点的总电场，我们要对式（22-22）积分，从盘的中心 $r=0$ 向外到边缘 $r=R$，这样把所有 dE 的贡献都加起来（通过把任意环扫过整个圆盘表面）。然而，这意味着我们要对环的可变半径

r 求积分。

我们将式（22-22）中的 $\mathrm{d}q$ 通过代换得到有 $\mathrm{d}r$ 的表达式。因为环很细，我们设它的宽度是 $\mathrm{d}r$。它的表面积 $\mathrm{d}A$ 是它的圆周长度和宽度 $\mathrm{d}r$ 的乘积。所以，用表面电荷密度 σ 来表示，我们有：

$$\mathrm{d}q=\sigma\mathrm{d}A=\sigma(2\pi r\mathrm{d}r) \tag{22-23}$$

把上式代入式（22-22）并稍做简化，我们可以把所有的 $\mathrm{d}E$ 贡献加起来：

$$E=\int\mathrm{d}E=\frac{\sigma z}{4\varepsilon_0}\int_0^R(z^2+r^2)^{-3/2}(2r)\mathrm{d}r \tag{22-24}$$

其中我们把一些常数（包括 z）都提到积分号外。为求这个积分，我们要把它写成 $\int X^m\mathrm{d}X$ 的形式，令 $X=(z^2+r^2)$，$m=-\frac{3}{2}$，$\mathrm{d}X=(2r\mathrm{d}r)$，重写这个积分，我们有

$$\int X^m\mathrm{d}X=\frac{X^{m+1}}{m+1}$$

于是式（22-24）变成

$$E=\frac{\sigma z}{4\varepsilon_0}\left[\frac{(z^2+r^2)^{-1/2}}{-\frac{1}{2}}\right]_0^R \tag{22-25}$$

将上下限代入式（22-25）并重新整理后，我们得到：

$$E=\frac{\sigma}{2\varepsilon_0}\left(1-\frac{z}{\sqrt{z^2+R^2}}\right)\quad（带电圆盘） \tag{22-26}$$

这是平面带电圆盘在它的中心轴上各点产生的电场强度的数值。（在计算这个积分时，我们设 $z\geqslant0$。）

如果我们令 $R\to\infty$，同时保持 z 有限，式（22-26）括弧中的第二项趋近于零，这个方程式简化为

$$E=\frac{\sigma}{2\varepsilon_0}\quad（无限的薄片） \tag{22-27}$$

这是像塑料之类的非导体在它的一面上均匀带电的无限大薄片产生的电场。这种情况下的电场线在图 22-4 中画出。

如果在式（22-26）中令 $z\to0$，同时保持 R 有限，我们也会得到式（22-27），这说明在非常靠近圆盘的点上，圆盘产生的电场和圆盘是无限大时的情况一样。

22-6 电场中的点电荷

学习目标

学完这一单元后，你应当能够……

22.22 对一个放在外电场（其他带电物体产生的电场）中的带电粒子，应用所在点的电场强度 $\vec{E}$、该粒子的电荷 q 及作用于该粒子的静电力 $\vec{F}$ 之间的关系，并辨明当粒子带正电和带负电时力和场的相对方向。

22.23 说明密立根测量元电荷的方法。

22.24 说明喷墨印刷的一般机理。

关键概念

- 如果有一个带电荷 q 的粒子放在外电场 $\vec{E}$ 中，就有一个静电力 $\vec{F}$ 作用于该粒子：

$$\vec{F}=q\vec{E}$$

- 如果 q 是正的，则力矢量和场矢量在同一方向上。如果电荷是负的，力矢量在相反方向上（方程式中的负号使力矢量和场矢量反向）。

电场中的点电荷

前面的四个单元我们完成了两个任务中的一个：由已知的电荷分布求出它在周围空间产生的电场。这里我们开始第二项任务：确定一个带电粒子在另外静止的或缓慢运动电荷所建立的电场中会发生什么。

所要发生的事是有静电力作用于这个粒子，静电力是

$$\vec{F}=q\vec{E} \tag{22-28}$$

式中，q 是这个粒子的电荷（包括符号）；$\vec{E}$ 是其他电荷在这个粒子所在位置建立的电场。（这个场不是粒子本身产生的场；为区别这两种场，式（22-28）中作用于粒子的场常被称为外源场或外场。带电粒子或物体不受它自己的电场影响。）式（22-28）告诉我们：

在外电场 $\vec{E}$ 中的带电粒子受到静电力 $\vec{F}$ 的作用，如果粒子的电荷 q 为正则 $\vec{F}$ 和 $\vec{E}$ 同方向，如果 q 为负则反方向。

测量元电荷

1910—1913 年，美国物理学家罗伯特·A. 密立根（Robert A. Millikan）测量元电荷 e 时，式（22-28）起到了重要作用。图 22-16 是他的仪器的示意图。微小的油滴喷入小室 A，在这个过程中其中有一些会带电，或者带正电，或者带负电。考虑一个油滴向下漂移，通过板 P_1 上的小孔落入小室 C。我们假设这一个油滴带负电荷 q。

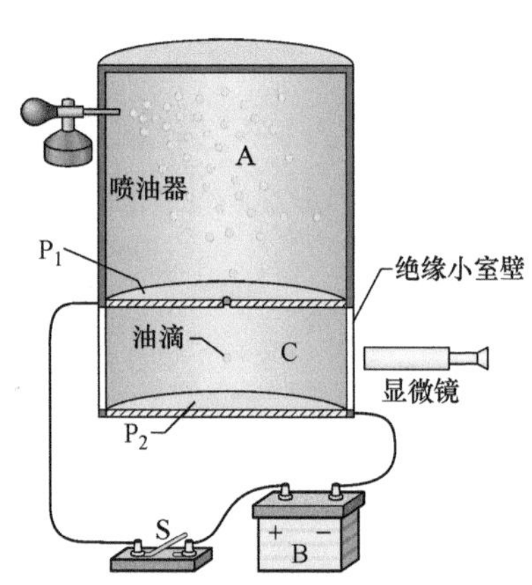

图 22-16 用于测量元电荷 e 的密立根油滴实验仪器。一滴带电油滴通过板 P_1 上的小孔漂移进入小室 C，我们可以通过将开关接通或断开从而在小室 C 中建立或取消电场，用这个方法控制油滴的运动。用显微镜来观察油滴，可以测定油滴运动的时间。

如果图 22-16 中的开关 S 如图上画的那样没有接通，则电池 B 对小室 C 没有电的效应。如果开关接通（小室 C 和电池的正极之间接通），电池在导电板 P_1 上引起过剩的正电荷，在导电板 P_2 上产生过剩的负电荷，两块带电的板在小室 C 中建立起方向向下的电场 $\vec{E}$。根据式（22-28），这个电场对正好在小室中的任何带电油滴作用一个静电力并影响它的运动。特别是我们的带负电的油滴就要向上移动。

通过将开关接通和断开测定油滴运动的时间，从而确定电荷 q 的效应。密立根发现，q 的数值总是等于

$$q=ne,\quad n=0,\pm1,\pm2,\pm3,\cdots \tag{22-29}$$

其中的 e 后来发现就是我们所说的元电荷，1.60×10^{-19}C 的基本常量。密立根的实验令人信服地证明了电荷是量子化的。由于这项工作，他荣获 1923 年的诺贝尔物理奖。元电荷的近代测量基于多种联锁实验，所有的这些实验都比密立根开创性的实验要精

密得多。

喷墨打印

高质量、高速度印刷的需求引起人们去寻求代替常用的打字机中那样的冲击式打印方法的替代物。通过将细微的墨水小滴喷洒在纸上写出字母就是这种选择之一。

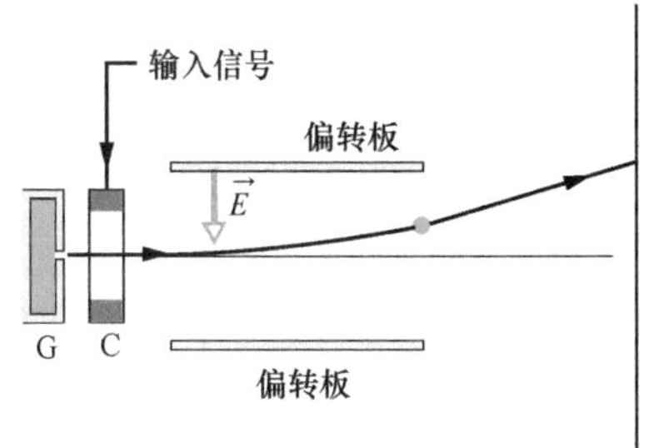

图 22-17 喷墨打印机。墨滴从发生器G射出，在充电器C中获得电荷。从计算机输入的信号控制电荷，从而电场 $\vec{E}$ 会影响墨滴落到纸上的位置。

图 22-17 表示在两片导电的偏转板之间运动的带负电的墨滴，两偏转板之间建立起方向向下的均匀电场 $\vec{E}$。墨滴按照式 (22-28) 向上偏转，然后打印到纸上，其位置由 $\vec{E}$ 的大小和墨滴的电荷 q 决定。

实际上，E 保持常量，墨滴的位置决定于在充电器中交给墨滴的电荷 q，墨滴在进入偏转系统前必须通过此充电器。充电器依次用电子信号激活，将用于打印的材料进行编码。

电击穿和发火花

如空气中电场的数值超过了一个临界值 E_c，空气就要发生电击穿，这是电场将空气中原子内部的电子拉出原子的过程。由于自由电子受到电场驱策而运动，空气开始传导电流。当电子运动的时候，它们一路和原子碰撞，引起这些原子发光。我们从这些发出的光可以看到通常称为火花的自由电子所经过的路径，图 22-18 表示带电金属线上发出的火花，在金属线顶端产生的电场引起空气的电击穿。

Adam Hart-Davis/Photo Researchers, Inc.

图 22-18 金属线充电到一定程度后，在周围空间产生的电场引起周围空气发生电击穿。

检查点 3

(a) 指出图中所示外电场作用于电子的静电力的方向。(b) 在电子遇到这外电场以前，它平行于 y 轴运动，指出电子的加速度的方向。(c) 如果电子原来向右运动，它的速率将增大、减小还是保持不变？

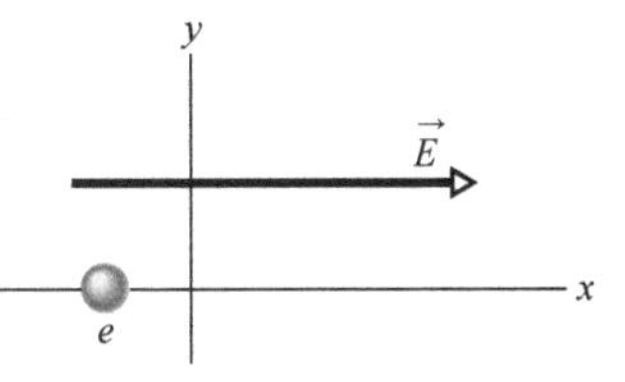

例题 22.04 带电粒子在电场中的运动

图 22-19 表示喷墨打印机的偏转板，图中还画了坐标轴。质量 1.3×10^{-10}kg 并带有数值为 $Q=1.5\times10^{-13}$C 的负电荷的墨滴进入这个两板之间的区域。墨滴起初沿 x 轴以速率 $v_x=18$m/s 运动。每块板的长度 L 是 1.6cm。偏转板带有电荷所以在它们中间各点都产生电场。设电场 $\vec{E}$ 方向向下并且是均匀的，它的大小是 1.4×10^6N/C。墨滴在板的远端竖直方向上的偏转有多少？(作用于墨滴的重力比作用于墨滴的静电力小得多，所以可以忽略不计。)

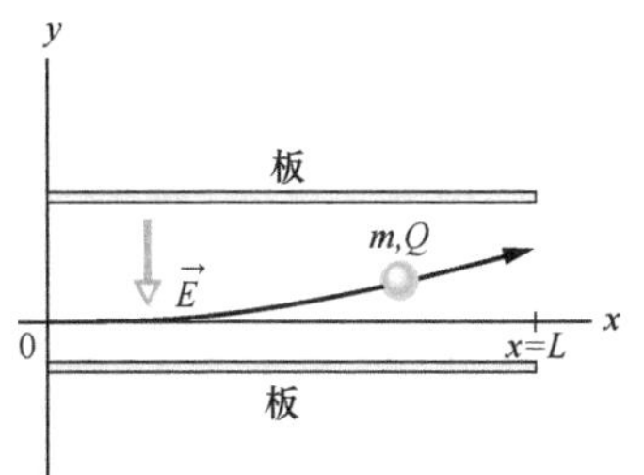

图 22-19 质量为 m、带电荷数值为 Q 的墨滴在喷墨打印机的电场中被偏转。

【关键概念】

墨滴带负电并且电场方向向下。由式（22-28），有大小为 QE 的恒定电场力向上作用在带电墨滴上。因此，当墨滴平行于 x 轴以恒定的速率 v_x 运动时，它以恒定的加速度 a_y 向上加速。

解：应用牛顿第二定律（$F=ma$）于沿 y 轴的分量，我们求得

$$a_y=\frac{F}{m}=\frac{QE}{m} \qquad (22\text{-}30)$$

令 t 表示墨滴通过两板间的区域所需的时间。在时间 t 内，墨滴竖直和水平的位移分别是

$$y=\frac{1}{2}a_yt^2 \text{ 及 } L=v_xt \qquad (22\text{-}31)$$

两个方程式中消去 t 并由式（22-30）代入 a_y，得到

$$y=\frac{QEL^2}{2mv_x^2}$$
$$=\frac{(1.5\times10^{-13}\text{C})(1.4\times10^{6}\text{N/C})(1.6\times10^{-2}\text{m})^2}{(2)(1.3\times10^{-10}\text{kg})(18\text{m/s})^2}$$
$$=6.4\times10^{-4}\text{m}=0.64\text{mm} \qquad \text{（答案）}$$

PLUS 在 WileyPLUS 中可以找到附加的例题、视频和练习。

22-7 电场中的偶极子

学习目标

学完这一单元后，你应当能够……

22.25 在外电场中一个电偶极子的略图中，指出场的方向、偶极矩的方向、作用于偶极子两端的静电力的方向以及这两个力所引起偶极子转动的方向，并确定作用于偶极子净力的数值。

22.26 用求偶极矩矢量和电场矢量的叉积计算外电场作用在电偶极子上的转矩，并用数值-角度记号及单位矢量记号表示。

22.27 对外电场中的电偶极子，把偶极子的势能和偶极子在电场中转动的转矩所做的功联系起来。

22.28 对在外场中的一个电偶极子，通过偶极矢量和电场矢量的点乘计算势能，并用数值-角度记号及单位矢量记号表示。

22.29 对于在外场中的电偶极子，认明最小和最大势能的角度以及最小和最大转矩数值的角度。

关键概念

- 偶极矩为 $\vec{p}$ 的电偶极子放在外电场 $\vec{E}$ 中，作用于它的转矩由叉积给出：

$$\vec{\tau}=\vec{p}\times\vec{E}$$

- 和场中的偶极矩的方向相关的势能 U 由点积给出：

$$U=-\vec{p}\cdot\vec{E}$$

- 如果偶极子的方向改变，则电场所做的功是

$$W=-\Delta U$$

如果方向的改变是来自外来力量，则外来力量做功是 $W_a=-W$。

电场中的偶极子

我们已经定义了电偶极子的电偶极矩 $\vec{p}$ 是从偶极子的负电荷指向正电荷的矢量。正如我们将要知道的，在均匀外电场 $\vec{E}$ 中，偶极子的行为完全可以用 $\vec{E}$ 和 $\vec{p}$ 两个矢量描述，而不需要知道有关偶极子结构的任何细节。

水分子（H_2O）是一个电偶极子：图22-20说明了为什么。图中黑点代表原子核，水分子中有一个氧原子核（有八个质子）和两个氢原子核（各有一个质子）。彩色的区域表示电子围绕原子核

所处的范围。

在水分子中，两个氢原子和一个氧原子并不在一条直线上，而是形成大约105°的角度，如图22-20所示。结果分子形成明确的“氧端”和“氢端”。此外，比起氢原子核来，分子的10个电子更加倾向于靠近氧原子核。这使得分子的氧的一边比氢的一边的负电荷更多一些，于是形成了沿分子对称轴指向的电偶极矩 $\vec{p}$，如图所示，如果把水分子放在外电场中，我们可以预期它的行为就会像图22-9中更加抽象的电偶极子那样。

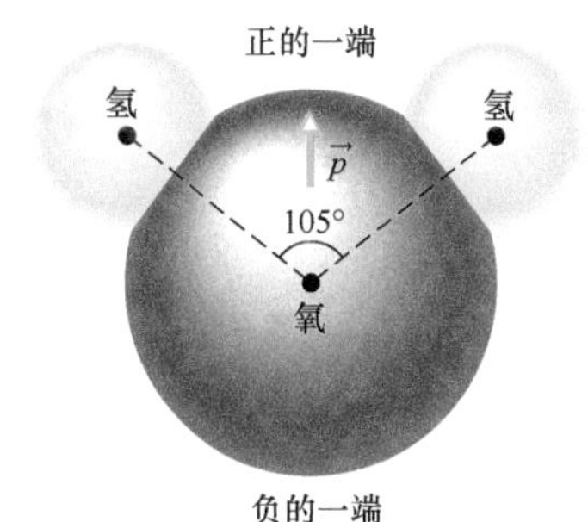

图22-20 H_2O分子，表示出三个原子核（用黑点代表）和电子可以存在的范围。电偶极矩从分子中（负的）氧的一边指向（正的）氢的一边。

为研究这个行为，我们现在考虑在均匀外电场 $\vec{E}$ 中的一个抽象的偶极子，如图22-21a所示。我们设偶极子是包括分开距离为 d、每个的数值都是 q 的两个异号电荷中心连接成的刚性结构。偶极矩 $\vec{p}$ 与场 $\vec{E}$ 成 θ 角。

静电力作用于偶极子的带电两端。因为电场是均匀的，这两个力作用的方向相反（如图22-21a所示），但是有相同的数值 $F=qE$。因此，由于场是均匀的，场作用于偶极子的净力为零，偶极子的质心不动。然而，作用于带电的两端的力在偶极子上产生相对于其质心的净转矩 $\vec{\tau}$。质心在连接带电的两端的直线上，到一端的距离为 x，则到另一端距离为 $d-x$。由式（10-39）（$\tau=rF\sin\phi$），我们可以写出净转矩 $\vec{\tau}$ 的数值为

$$\tau=Fx\sin\theta+F(d-x)\sin\theta=Fd\sin\theta \qquad (22\text{-}32)$$

我们也可以用电场的数值 E 和偶极矩数值 $p=qd$ 来表示 $\vec{\tau}$ 的数值。为此，我们在式（22-32）中用 qE 代替 F，p/q 代替 d，求出 $\vec{\tau}$ 的数值是

$$\tau=pE\sin\theta \qquad (22\text{-}33)$$

我们可以把这个方程式一般化，写成矢量式：

$$\vec{\tau}=\vec{p}\times\vec{E}\ \text{（作用于偶极子上的转矩）} \qquad (22\text{-}34)$$

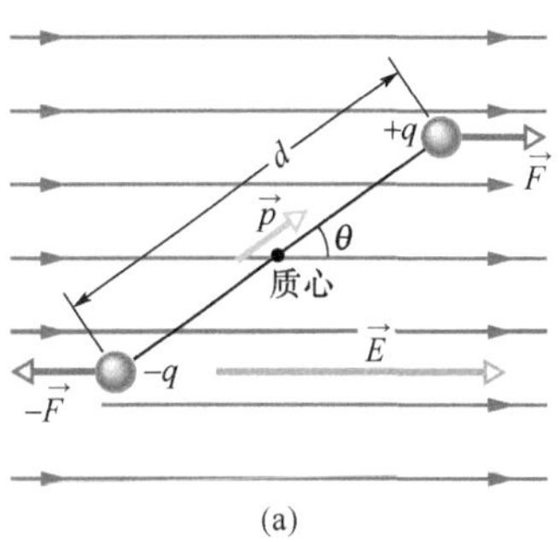

图22-21 (a) 均匀外电场 $\vec{E}$ 中的电偶极子。两个电荷量相等但符号相反的电荷中心分开距离 d。它们间的直线表示它们的刚性连接。(b) 场 $\vec{E}$ 在偶极子上引起的转矩为 $\vec{\tau}$。$\vec{\tau}$ 的方向垂直图面向内，如符号⊗所表示的。

矢量 $\vec{p}$ 和 $\vec{E}$ 表示在图22-21b中。作用于偶极子上的转矩要把 $\vec{p}$（也就是偶极子）转到场 $\vec{E}$ 的方向，从而使 θ 减小。在图22-21中，这个转动是沿顺时针方向。如我们在第10章中讨论过的，我们可以在转矩的数值前加一个负号来表示引起顺时针转动的转矩。根据这个记号法，图22-21中的转矩写成

$$\tau=-pE\sin\theta \qquad (22\text{-}35)$$

电偶极子的势能

势能和电偶极子在电场中的方向有关。偶极子的势能在它的平衡方向上时最小，这个方向是偶极矩 $\vec{p}$ 和电场 $\vec{E}$ 在同一条直线上。（这时 $\vec{\tau}=\vec{p}\times\vec{E}=\vec{0}$）。它在其他所有方向上的势能都比较大。因此，偶极子就像一个单摆，单摆在它的平衡位置时——在它的最低点——有最小的重力势能。要把偶极子或单摆转动到其他的方向就需要某个外来力量做功。

在有关势能的任何情况中，我们都可以任意的方式自由定

义势能组态的零点，因为只有势能的差才有物理意义。如我们选择图22-21中的角度 θ 为90°时势能为零，那么在外电场中的电偶极子的势能表达式就是最简单的。我们可以利用式（8-1）（$\Delta U=-W$），通过计算偶极子从90°转到某个 θ 值过程中场对它做的功 W 可以求出偶极子在任何 θ 值时的势能 U。在式（10-53）（$W=\int\tau\mathrm{d}\theta$）和式（22-35）的帮助下，我们求出在任意角度 θ 的势能：

$$U=-W=-\int_{90^\circ}^{\theta}\tau\mathrm{d}\theta=\int_{90^\circ}^{\theta}pE\sin\theta\mathrm{d}\theta \tag{22-36}$$

算出积分得到

$$U=-pE\cos\theta \tag{22-37}$$

我们可以把这个方程式普遍化为矢量形式：

$$U=-\vec{p}\cdot\vec{E}\ \text{（偶极子的势能）} \tag{22-38}$$

式（22-37）和式（22-38）给我们指出偶极子的势能在 $\theta=0$（$\vec{p}$ 和 $\vec{E}$ 同方向）时最小（$U=-pE$）；在 $\theta=180°$（$\vec{p}$ 和 $\vec{E}$ 反方向）时势能最大（$U=pE$）。

一个偶极子从初始方向 θ_i 转动到另一个方向 θ_f，电场对偶极子做功为

$$W=-\Delta U=-(U_f-U_i) \tag{22-39}$$

其中 U_f 和 U_i 由式（22-38）算出。如果方向的变化是来自外来的转矩（通常说是由于外部因素），那么外来转矩对偶极子做的功等于场对偶极子做功的负值，即

$$W_a=-W=(U_f-U_i) \tag{22-40}$$

微波烹调

如果食物中含有水分，这种食物就可以用微波炉加热和烹饪，这是因为水分子是电偶极子。当你接通微波炉电源时，微波源在炉子里，也就是在食物里面建立起快速振荡的电场 $\vec{E}$。由式（22-34），我们看到，任何电场 $\vec{E}$ 对电偶极矩 $\vec{p}$ 产生转矩使 $\vec{p}$ 和 $\vec{E}$ 排成一直线。因为炉子里的 $\vec{E}$ 在振荡，水分子趋向于和 $\vec{E}$ 排列成一直线，所以就会不停地翻转。

能量从电场转换为水（也就是食物的）的热运动，水里面总有三个水分子键联在一起组成原子团。分子的翻转拉断了这种键联。当分子重新恢复键联时，能量转换为原子团的随机运动并转移到周围的分子。水的热能很快就能够煮熟食物。

检查点4

图示外电场中有四个不同取向的电偶极子。按照（a）作用于偶极子上转矩的大小及（b）偶极子的势能多少排列这四个方向，最大的排第一。

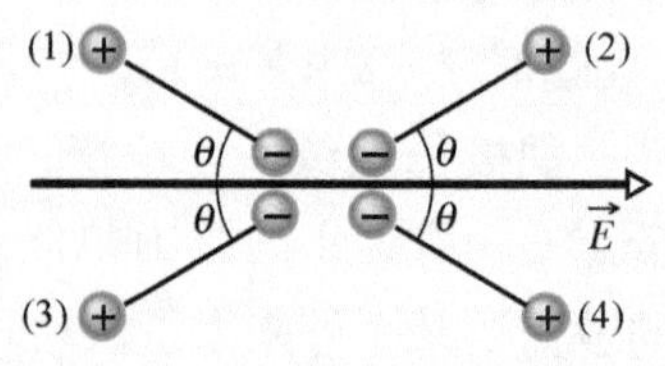

例题 22.05 电场中电偶极子的转矩和能量

蒸气状态下的中性水分子（H_2O）有数值为 $6.2\times10^{-30}\text{C}\cdot\text{m}$ 的电偶极矩。

（a）分子的正电荷中心和负电荷中心相距多远？

【关键概念】

分子的偶极矩取决于分子的正电荷或负电荷的数值 q 及电荷间的距离 d。

解：在中性水分子中有 10 个电子和 10 个质子，所以它的偶极矩是

$$p=qd=(10e)(d)$$

其中，d 是我们要求的距离；e 是元电荷。于是

$$\begin{aligned}d&=\frac{p}{10e}\\&=\frac{6.2\times10^{-30}\text{C}\cdot\text{m}}{(10)(1.60\times10^{-19}\text{C})}\\&=3.9\times10^{-12}\text{m}\\&=3.9\text{pm}\end{aligned}\qquad\text{（答案）}$$

这个距离不仅很小，实际上还小于氢原子半径。

（b）如果把分子放在 $1.5\times10^{4}\text{N/C}$ 的电场中，场作用于分子的最大转矩是多少？（这样强度的电场在实验室中很容易得到。）

【关键概念】

当 $\vec{p}$ 和 $\vec{E}$ 之间的角度 θ 是 90°时，作用于偶极子的转矩最大。

解：在式（22-33）中代入 $\theta=90°$，得到

$$\begin{aligned}\tau&=pE\sin\theta\\&=(6.2\times10^{-30}\text{C}\cdot\text{m})(1.5\times10^{4}\text{N/C})\sin90°\\&=9.3\times10^{-26}\text{N}\cdot\text{m}\end{aligned}\qquad\text{（答案）}$$

（c）从使这个分子和场完全排成一直线，即 $\theta=0°$的位置开始，外力要使这个分子转动 180°需做多少功？

【关键概念】

外力（通过作用于分子上的转矩）做的功等于因分子方向改变而引起的势能改变。

解：由式（22-40），我们求得：

$$\begin{aligned}W_a&=U_{180°}-U_0\\&=(-pE\cos180°)-(-pE\cos0)\\&=2pE\\&=(2)(6.2\times10^{-30}\text{C}\cdot\text{m})(1.5\times10^{4}\text{N/C})\\&=1.9\times10^{-25}\text{J}\end{aligned}\qquad\text{（答案）}$$

WILEY PLUS 在 WileyPLUS 中可以找到附加的例题、视频和练习。

复习和总结

电场 为解释两个电荷之间的静电力，我们假设每一个电荷在它周围空间建立电场。于是，作用于每个电荷上的力是来自另一个电荷在它所在的位置上建立的电场。

电场的定义 任何点的电场 $\vec{E}$ 用作用于放在该点的正检验电荷 q_0 上的静电力 $\vec{F}$ 来定义：

$$\vec{E}=\frac{\vec{F}}{q_0}\qquad(22\text{-}1)$$

电场线 电场线提供了将电场的方向和大小形象化的方法。任何一点的电场矢量和通过该点的场线相切。任何区域中场线的密度正比于这个区域中电场的数值。场线发源于正电荷，终止于负电荷。

点电荷的场 点电荷 q 在离开该电荷距离 r 处建立的电场 $\vec{E}$ 的数值是

$$E=\frac{1}{4\pi\varepsilon_0}\frac{|q|}{r^2}\qquad(22\text{-}3)$$

如果电荷是正的，$\vec{E}$ 的方向背离电荷；如果电荷为负，则 $\vec{E}$ 指向电荷。

电偶极子的场 电偶极子由带相等数量的电荷 q、但符号相反的两个粒子构成，它们之间分开小的距离 d。它们的**电偶极矩** $\vec{p}$ 的数值为 qd，从负电荷指向正电荷。偶极矩在偶极轴（通过两个电荷的直线）上远距离的点产生的电场的数值是

$$E=\frac{1}{2\pi\varepsilon_0}\frac{p}{z^3}\qquad(22\text{-}9)$$

其中，z 是该点到偶极子中心的距离。

连续电荷分布的场 通过把电荷元当作点电荷，然后把所有电荷元产生的电场矢量用积分法相加求出净矢量，这样就得到连续电荷分布产生的电场。

带电圆盘的电场 通过均匀带电圆盘的中心轴上某一

点的电场数值为

$$E=\frac{\sigma}{2\varepsilon_0}\left(1-\frac{z}{\sqrt{z^2+R^2}}\right) \qquad (22\text{-}26)$$

其中，z 是从圆盘中心算起沿中心轴的距离；R 是盘的半径；σ 是面电荷密度。

作用在电场中点电荷上的力 点电荷 q 放在外电场 $\vec{E}$ 中，作用于这个点电荷的静电力是

$$\vec{F}=q\vec{E} \qquad (22\text{-}28)$$

如果 q 是正的，则力 $\vec{F}$ 和 $\vec{E}$ 同方向，如果 q 是负的，则是反方向。

电场中的偶极子 偶极矩为 $\vec{p}$ 的电偶极子放在电场 $\vec{E}$ 中，场对偶极子作用的转矩为

$$\vec{\tau}=\vec{p}\times\vec{E} \qquad (22\text{-}34)$$

偶极子的势能 U 和它在场中的方向有关：

$$U=-\vec{p}\cdot\vec{E} \qquad (22\text{-}38)$$

定义 $\vec{p}$ 垂直于 $\vec{E}$ 时势能为零；当 $\vec{p}$ 和 $\vec{E}$ 方向相同时，势能最小（$U=-pE$）；当 $\vec{p}$ 和 $\vec{E}$ 方向相反时，势能最大（$U=pE$）。

习题

1. 两个带电粒子固定在 x 轴上；带电荷 $q_1=2.1\times10^{-8}$C 的粒子1在位置 $x=20$cm 处，带电荷 $q_2=-4.00q_1$ 的粒子2在 $x=70$cm 的位置。(a) 在 x 轴上什么坐标位置（除了无穷远），两个粒子产生的净电场等于零？(b) 如果把这两个粒子交换位置，零场的坐标又是什么？

2. 偶极子轴上电偶极子的电场近似地由式（22-8）和式（22-9）表示。如果将式（22-7）用二项式展开，沿偶极子轴上的偶极子电场的表达式中的下一项是什么？即下列表达式中的 E_{next} 是什么？

$$E=\frac{1}{2\pi\varepsilon_0}\frac{qd}{z^3}+E_{next}$$

3. 在半径为 0.600m 的均匀带电塑料圆盘的垂直中心轴上多少距离处的电场数值等于圆盘表面中心电场大小的25%？

4. 线电荷密度、面电荷密度、体电荷密度。(a) $-300e$ 的电荷均匀分布在半径为4.00cm、张角为40°的圆弧上。沿圆弧的线电荷密度为多大？(b) 电荷 $-300e$ 均匀分布在半径为2.00cm 的圆盘的一面。这个表面上的面电荷密度为多少？(c) 电荷 $-300e$ 均匀分布在半径为4.00cm 的球面上，这个面上的面电荷密度为多少？(d) $-300e$ 的电荷均匀分布在半径为2.00cm 的整个球体内，球的体电荷密度为多少？

5. 假设蜜蜂是一个直径为 1.000cm 的球体，带有电荷 +60.0pC 均匀地分布在表面上，还假设直径 40.0μm 的球形花粉粒子在静电作用下吸附在蜜蜂身体表面，因为蜜蜂的电荷使花粉在靠近的一边感应产生 -1.00pC 的电荷，而在远离蜜蜂一边有 +1.00pC 的电荷。(a) 蜜蜂作用于花粉的净静电力有多大？下一步，设蜜蜂从花的柱头尖端把花粉带到 1.000mm 距离外，并设柱头尖端是一个带电 -60.0pC 的粒子。(b) 柱头对花粉的净静电力数值有多大？(c) 花粉留在蜜蜂身上还是被吸回柱头上？

6. 将带有均匀分布的正电荷 Q 的不导电细杆弯曲成半径为 R 的正圆形的环（见图22-22）。通过环中心的垂直轴是 z 轴，原点在环的中心。棒在 (a) $z=0$ 和 (b) $z=\infty$ 处产生的电场的数值是多少？(c) 用 R 表示，z 处于什么位置是电场最大值处？(d) 如果 $R=2.00$cm 和 $Q=5.00\mu$C，电场强度的最大值是多少？

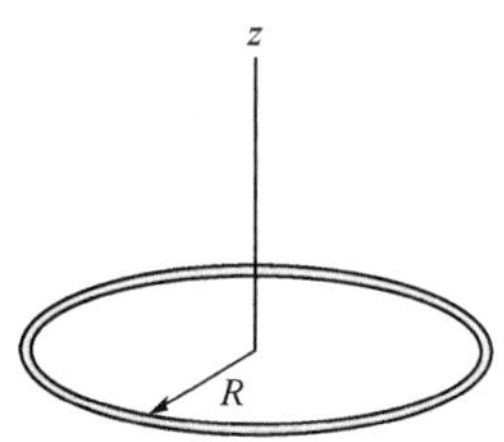

图22-22 习题6图

7. 两块很大的铜板相距 8.0cm 平行地放置，铜板间建立均匀的电场如图22-23所示。一个电子从负板释放，同时一个质子从正板释放。忽略粒子之间的作用力，求它们相遇的位置到正板的距离。（要解这个问题并不需要知道电场强度，你会觉得奇怪吗？）

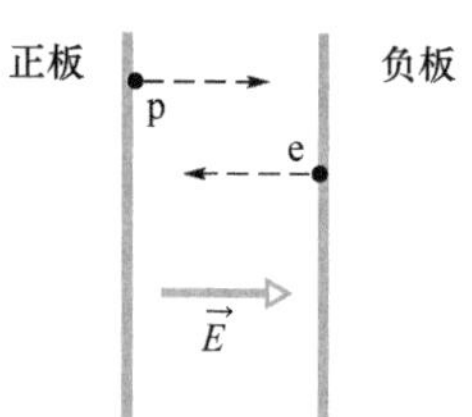

图22-23 习题7图

8. 图22-24中半径为 $r=2.50$cm 的圆弧上不均匀地放置着电子（e）和质子（p），图上的角度为 $\theta_1=30.0°$，$\theta_2=50.0°$，$\theta_3=30.0°$，$\theta_4=20.0°$。求它们在圆弧中心产生的净电场的：(a) 数值，(b)（相对于 x 轴正方向的）方向。

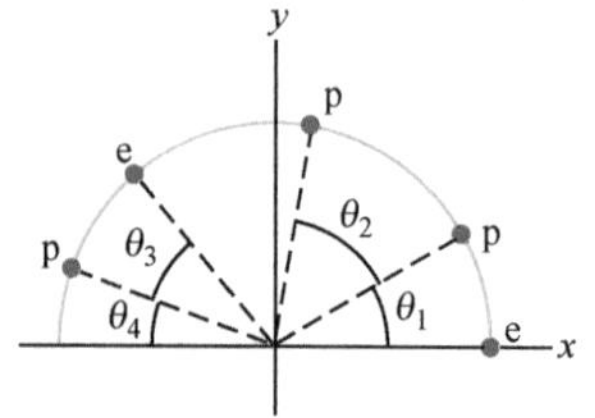

图22-24 习题8图

9. 图 22-25 表示两个平行放置的不导电圆环，它们的中心轴沿同一直线。环 1 均匀带电荷 q_1。半径为 R；环 2 均匀带电荷 q_2 并有同一半径 R。两环分开距离 $d = 4.00R$。在共同的中心线上与圆环 1 相距为 R 的 P 点上的净电场为零。比例 q_1/q_2 是多少？

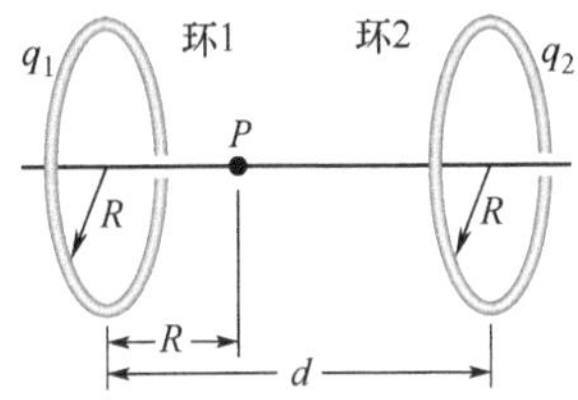

图 22-25 习题 9 图

10. 图 22-26 中，正电荷 $q = 9.25\text{pC}$ 均匀分布在长度 $L = 16.0\text{cm}$ 的不导电细杆上。求细杆在沿杆子的垂直平分线上距离棒 $R = 6.00\text{cm}$ 的点 P 产生的电场的（a）大小和（b）（相对于 x 轴正方向的）方向。

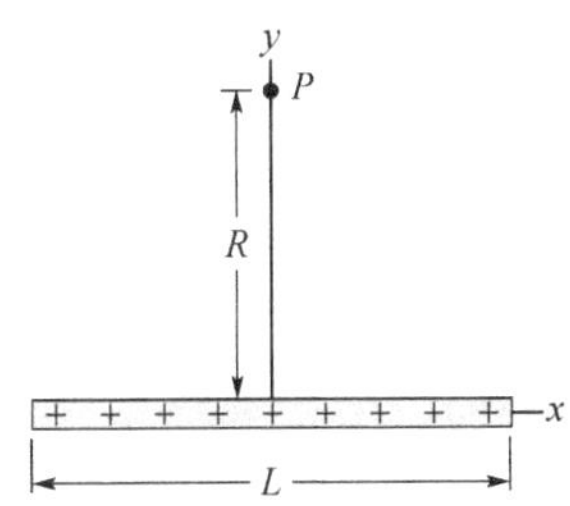

图 22-26 习题 10 图

11. 图 22-27 中，两段圆弧形的塑料棒，一段带电荷 $+q$，另一段带电荷 $-q$，它们组成 $x-y$ 平面上半径为 $R = 4.25\text{cm}$ 的一个圆环。x 轴通过两段环的两个连接点，每段棒上的电荷都是均匀分布的。如果 $q = 15.0\text{pC}$，圆环中心 P 点电场 $\vec{E}$ 的（a）数值和（b）（相对于 x 轴正方向的）方向是什么？

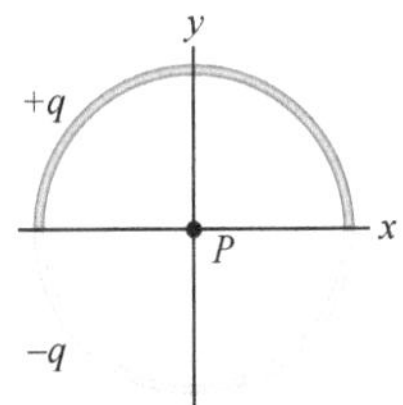

图 22-27 习题 11 图

12. 一个带电粒子在距离 0.800m 处产生大小为 300N/C 的电场。在这一点和在 0.400m 处一点的场的数值差是多少？

13. 图 22-28 中，长度 $L = 8.15\text{cm}$ 的不导电的细棒带有沿棒长均匀分布的电荷 $-q = -4.23\text{fC}$。（a）棒的线电荷密度有多大？在离开棒一端距离 $a = 6.00\text{cm}$ 的 P 点产生的电场的（b）数值是多少？（c）方向（相对于 x 轴的正方向）是什么？在距离 $a = 50\text{m}$ 处（d）棒和（e）用来代替棒的带有电荷 $-q = -4.23\text{fC}$ 的粒子产生的电场数值各是多大？（在这个距离上，这根棒"看上去"像一个粒子。）

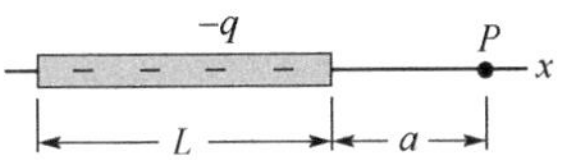

图 22-28 习题 13 图

14. 图 22-29 中，一根细玻璃棒做成 $r = 3.00\text{cm}$ 的半圆形。电荷沿棒均匀分布，上半段电荷 $+q = 4.50\text{pC}$，下半段 $-q = -4.50\text{pC}$。求半圆中心 P 点的电场 $\vec{E}$ 的（a）数值和（b）方向（相对于 x 轴正方向）。

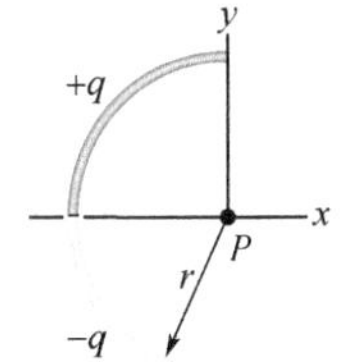

图 22-29 习题 14 图

15. **电四极子**。图 22-30 中表示一般的电四极子。它由两个偶极子组成，两个偶极矩数值相等但方向相反。证明：在电四极子轴上到偶极子中心的距离为 z（设 $z \gg d$）的一点 P 的电场 E 的数值由下式给出

$$E = \frac{3Q}{4\pi\varepsilon_0 z^4},$$

其中，Q（$= 2qd^2$）称为电荷分布的**电四极矩**。

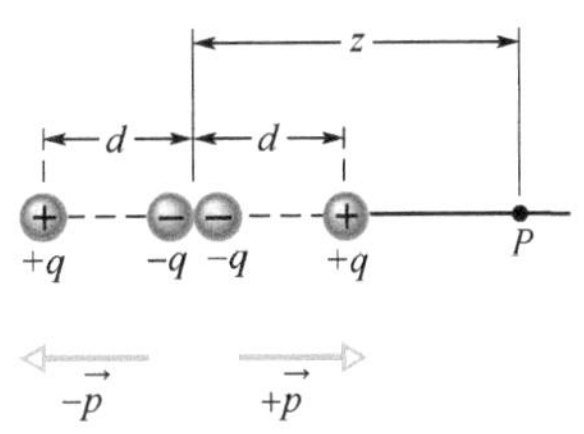

图 22-30 习题 15 图

16. 将两个带电粒子放在 x 轴上：电荷为 $-4.00 \times 10^{-7}\text{C}$ 的粒子 1 在位置 $x = -5.00\text{cm}$，电荷为 $+4.00 \times 10^{-7}\text{C}$ 的粒子 2 在 $x = 10.0\text{cm}$ 的位置。在它们的中点处，两个粒子的电场是什么？用单位矢量记号表示。

17. 假设你要设计一台仪器，其中用一个半径为 R 的均匀带电圆盘产生电场。沿垂直于圆盘的中心轴，到圆盘的距离为 $2.00R$ 的 P 点的场的大小是最重要的（见图 22-31a）。成本分析指出最好改成外半径 R 相同，内半径为 $R/4.00$ 的圆环（见图 22-31b）。设环和原来的圆盘有同样的表面电荷密度。如果你改用环，则 P 点电场数值减少的百分比将是多少？

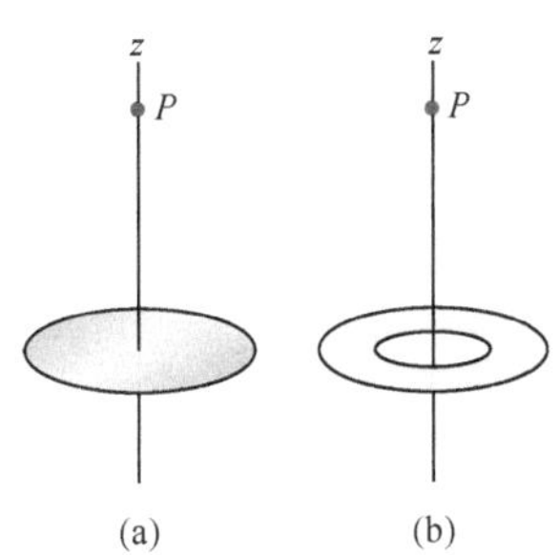

图 22-31 习题 17 图

18. 一个电偶极子放在数值为50N/C的均匀电场$\vec{E}$中。图22-32给出偶极子势能U关于电场$\vec{E}$和偶极矩$\vec{p}$之间的角度θ的曲线。纵轴由$U_s=100\times10^{-28}$J标定。$\vec{p}$的数值是多少？

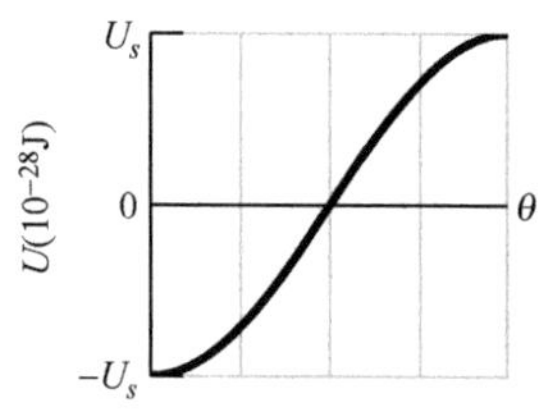

图22-32 习题18图

19. 图22-33中，以四个粒子为顶点形成边长$a=5.00$cm的正方形，电荷分别为$q_1=+30$nC，$q_2=-15$nC，$q_3=+15$nC，$q_4=-30$nC。用单位矢量记号表示，四个粒子在正方形中心产生的净电场。

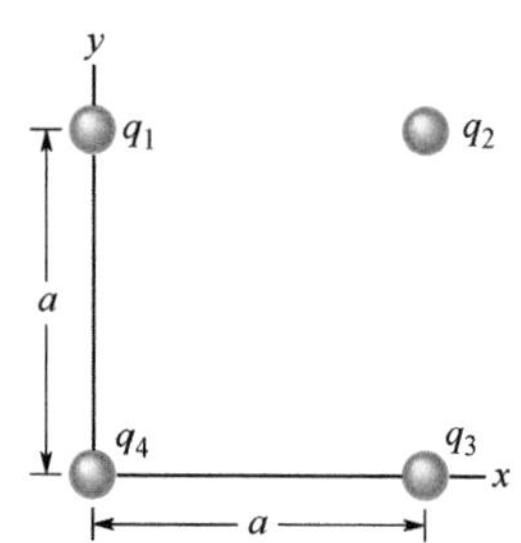

图22-33 习题19图

20. 一个电子以2.60×10^8cm/s的速率进入大小为1.00×10^3N/C的电场。沿着一条场线在使它减速的方向上运动。(a) 电子到暂时停止以前在电场中走了多远的距离？(b) 经过了多少时间？(c) 如果存在电场的区域的长度是8.00mm（对于要使电子在这段路上停止而言太短了），在此区域中电子的初始动能减少了多少比率？

21. 在电偶极子轴上离中心25nm处的一个电子从静止释放。若偶极矩是3.6×10^{-29}C·m，电子加速度的数值是多大？设25nm的距离比组成偶极矩的带电粒子间的距离大得多。

22. 在图22-34中，左边的电场线的间隔是右边电场线的间隔的两倍。(a) 如果A点的场强的数值是60N/C，A点处作用于一个质子上的力是多大？(b) B点的场强数值是多大？

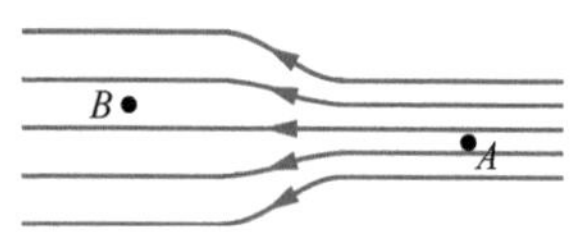

图22-34 习题22图

23. 将质量为10.0g且带电荷$+8.00\times10^{-5}$C的小块材料放在$\vec{E}=(3000\vec{i}-6000\vec{j})$ N/C的电场中。求作用在块料上的静电力的 (a) 数值和 (b) 方向（相对于x轴正方向）。如果材料在$t=0$时从原点释放，在$t=3.00$s时，它的 (c) x坐标和 (d) y坐标，以及 (e) 它的速率各是多少？

24. 图22-35表示半径$R=43.0$cm的塑料环。两个带电的小珠套在环上：小珠1带电荷$+2.00\mu$C，固定在左边位置；带电荷$+6.00\mu$C的小珠2可以在环上移动，两个小珠在环的中心产生数值为E的合电场。小珠2要放在角度θ等于 (a) 正的和 (b) 负的什么数值的位置上才能使$E=2.00\times10^5$N/C？

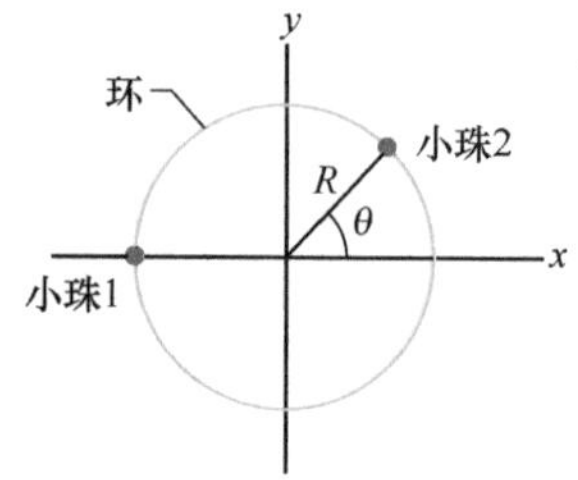

图22-35 习题24图

25. 金-197原子核包含79个质子。假设原子核是半径为6.98fm的球，质子的电荷均匀地分布在整个球内。求质子在原子核表面产生的电场的 (a) 大小和 (b) 方向（径向向内或向外）。

26. 图22-36表示放在同一平面上的两个同心圆环，它们的半径分别是R和$R'=4.00R$。P点在中心轴z上，它到环中心的距离$D=2.00R$。较小的环有均匀分布的电荷$+Q$。如果要使P点的净电场为零，用Q表示的大环上均匀分布的电荷应是多少？

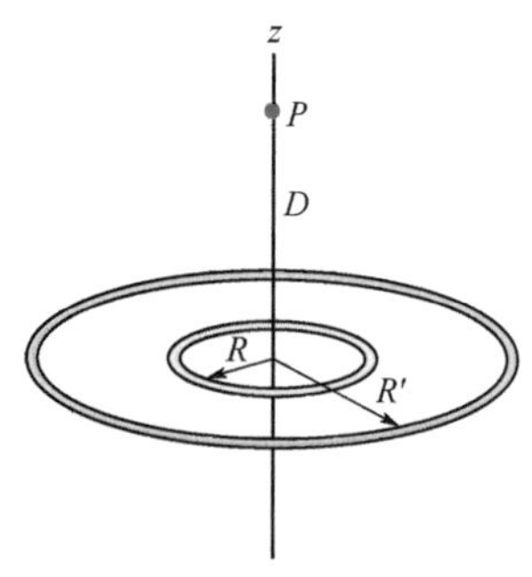

图22-36 习题26图

27. 可以用电场"枪"加速质子以产生高速质子束。(a) 如果枪的电场是2.00×10^4N/C，质子得到的加速度有多大？(b) 如果电场加速质子经过距离1.00cm，则质子速率增加多少？(c) 这需要多少时间？

28. 半径为$R=2.00$cm的塑料圆盘的一个面上均匀分布着电荷$Q=+(2.00\times10^6)e$。表面上有宽度40μm的同心圆环，环的宽度的中央半径$r=0.5$cm。在这环的宽度内包含多少库仑的电荷量？

29. 带电的云系在地球表面附近的空气中产生电场。一个带电荷-2.0×10^{-9}C的粒子放在这个电场中时受到

向下的大小为 6.0×10^{-6}N 的静电力作用。(a) 电场强度的数值是多大？放在这个场中的质子受到的静电力 $\vec{F}_{el}$ 的 (b) 数值和 (c) 方向是什么？(d) 作用于质子上的重力 $\vec{F}_g$ 的数值是多少？(e) 这个情况下 F_{el}/F_g 的比例有多大？(f) 如果质子被释放，它的加速度数值有多大？

30. 电荷均匀分布在半径 $R=4.60$cm 的圆环上，沿着环的中心轴（垂直于环的平面）测量圆环产生的电场的数值。在距环中心多少距离处测到的 E 为最大？

31. 图 22-37 中，固定在各自位置上的三个粒子带有的电荷分别为 $q_1=q_2=+5e$，$q_3=+2e$。距离 $a=3.00\mu$m。求这三个粒子在 P 点产生的合电场的 (a) 数值和 (b) 方向。

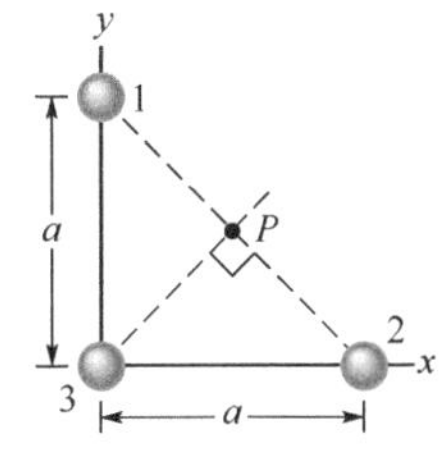

图 22-37　习题 31 图

32. 在图 22－38 中，固定的四个粒子分别带有电荷 $q_1=q_2=+5e$，$q_3=+3e$，$q_4=-12e$。距离 $d=8.0\mu$m。这四个粒子在 P 点产生的净电场数值为多少？

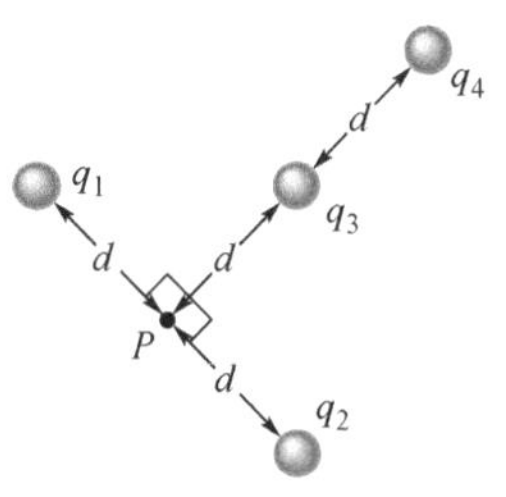

图 22-38　习题 32 图

33. 在密立根油滴实验中，半径为 1.64μm、密度为 0.851g/cm^3 的一滴油滴悬浮在小室 C 中（见图 22-16），这时有向下的电场 3.20×10^5N/C 作用着。(a) 求油滴上的电荷，用 e 表示。(b) 如果在这滴油滴上再多加一个电子，它要向上还是向下运动？

34. 图 22-39a 表示两个带电粒子固定在 x 轴上相距 L 的位置处。它们的电荷数值之比 q_1/q_2 是 4.00。图 22-39b 表示正好在粒子 2 的右边、沿 x 轴它们的净电场的 x 分量 $E_{net,x}$。x 轴的标度由 $x_s=15.0$cm 标定。(a) 在 $x>0$ 的什么数值的位置上 $E_{net,x}$ 最大？ (b) 如果粒子 2 的电荷 $-q_2=-3e$，这个最大值是多少？

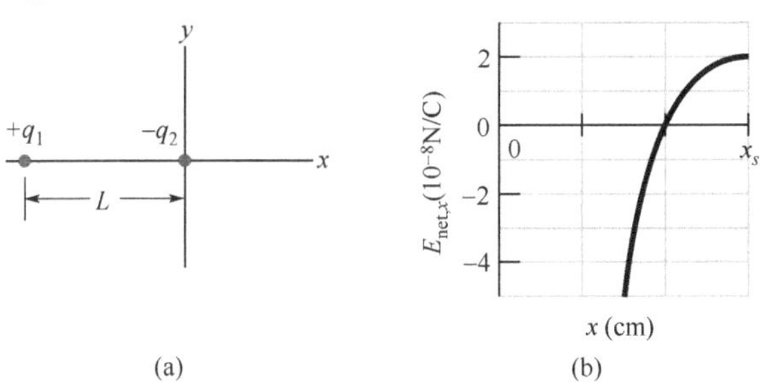

图 22-39　习题 34 图

35. 电荷数值 1.5nC、间隔距离 6.20μm 的电偶极子在强度大小为 300N/C 的电场中。求 (a) 电偶极矩的数值，(b) 偶极子的方向平行和垂直于 $\vec{E}$ 时的势能差。

36. 式 (22-8) 和式 (22-9) 是偶极子轴上各点电偶极子产生的电场强度的近似数值。考虑轴上到偶极子中心距离 $z=6.00d$ 的 P 点（d 是偶极子两个粒子间的距离）。令 E_{appr} 是根据取近似后的式 (22-8) 和式 (22-9) 得到的 P 点的电场强度。令 E_{act} 是精确的数值。二者之比 E_{appr}/E_{act} 是多大？

37. 电子在数值为 2.00×10^4N/C 的均匀电场中从静止释放。(a) 求电子的加速度（忽略重力）。(b) 要使电子达到光速的 1.00% 需要多少时间？

38. 电子以初速度 30km/s 沿与电场同一方向进入均匀的电场区域。电场大小是 $E=50$N/C。(a) 进入电场 1.5ns 后电子速率多大？ (b) 电子在 1.5ns 时间内走了多远？

39. 两块带有相反电荷的板之间产生均匀的电场。带负电荷板的表面有一个电子从静止释放，经过 1.5×10^{-8}s 后撞击距其 3.0cm 远的对面板的表面。电子刚撞上第二块板时，(a) 动量的数值和 (b) 动能各是多少？(c) 电场强度 $\vec{E}$ 的数值是多少？

40. 电偶极子由距离为 0.85nm 的电荷 $+2e$ 和 $-2e$ 组成。它在强度大小为 3.4×10^6N/C 的电场中。计算作用于偶极子上的转矩：当偶极矩 (a) 平行于、(b) 垂直于以及 (c) 反向平行于电场时的几种情况。

41. 要把大小为 $E=46.0$N/C 的均匀电场中的电偶极子转动 180°需要做多大的功？设偶极矩数值为 $p=3.02\times10^{-25}$C·m，初始角度为 23°。

42. 图 22-40 中，带电 $q_1=-4.00q$ 的粒子 1 和带电 $q_2=+2.00q$ 的粒子 2 固定在 x 轴上。(a) 用距离 L 的倍数表示的轴上什么坐标位置处两个粒子所产生的净电场为零？(b) 画出两粒子之间和它们周围的净电场线。

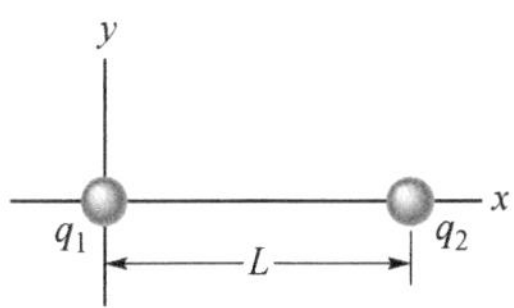

图 22-40　习题 42 图

43. 求在数值为 E 的均匀电场中，偶极矩为 $\vec{p}$、转动惯量为 I 的偶极子在平衡位置附近做小振幅振荡时振动频率的表达式。

44. 在某一时刻，在两块带电平行板之间运动的一个电子的速度分量分别是 $v_x=2.5\times10^5$m/s 和 $v_y=5.0\times10^3$m/s。设两板之间的电场是均匀的，电场强度 $\vec{E}=(120\text{N/C})\vec{j}$。用单位矢量记号法，求 (a) 电子在场中的加速度及 (b) 当电子的 x 坐标改变了 2.0cm 后它的速度。

45. 一个带电粒子在离它 50cm 处产生的电场大小

为2.0N/C。距离再增加25cm的位置上场的大小是多少？

46. 某个电偶极子放在数值为40N/C的均匀电场$\vec{E}$中。图22-41给出作用于偶极子上转矩τ的数值关于场$\vec{E}$和偶极矩$\vec{p}$之间角度θ的曲线图。纵轴标度$\tau_s = 80\times10^{-28}\,N\cdot m$，$\vec{p}$的数值是多少？

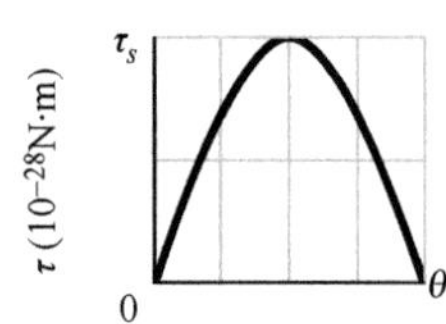

图22-41 习题46图

47. 图22-42中是一根"半无限长"的不导电棒（即只在一个方向上是无限长）。它带有均匀的线电荷密度λ。（a）证明P点的电场$\vec{E}_P$和棒成45°角，并且这个结果不依赖于R。（提示：分别求$\vec{E}_P$的平行于棒的分量和垂直于棒的分量。）（b）求线电荷密度$\lambda = 4.52nC/m$及$R = 3.80cm$情况下场的数值。

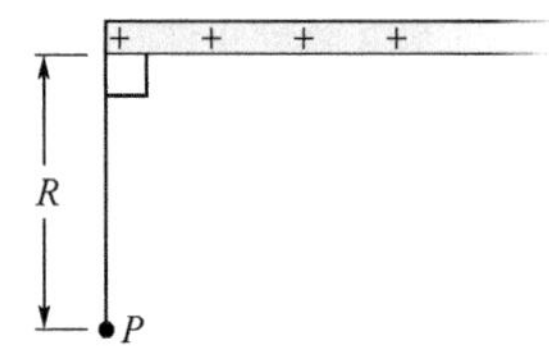

图22-42 习题47图

48. 半径为2.5cm的圆盘，在它的上表面分布着面电荷密度为$7.0\mu C/m^2$的电荷。在圆盘的中心轴上距离圆盘$z = 12cm$的一点上圆盘产生的电场强度的数值是多大？

49. 图22-43表示x轴上的两个带电粒子：$-q = -3.20\times10^{-19}C$位于$x = -3.00m$处，$q = 3.20\times10^{-19}C$位于$x = +3.00m$处。在$y = 4.00m$的$P$点产生的净电场的（a）数值和（b）方向（相对于$x$轴正方向）各是什么？（c）如果$y$加倍，净场的数值多大？

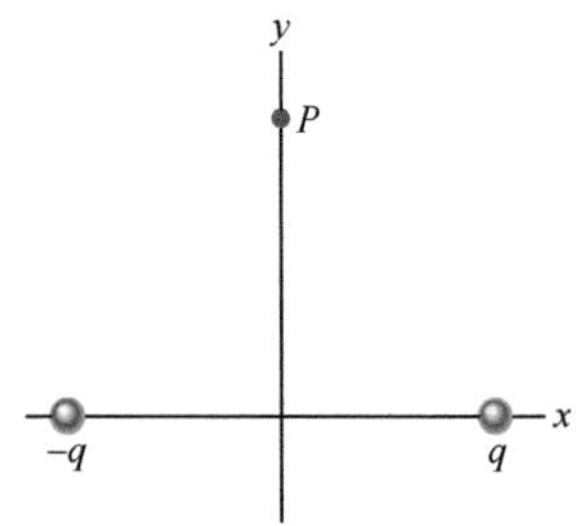

图22-43 习题49图

50. 图22-44中，一个电子以初速率$v_0 = 4.00\times10^6 m/s$沿着与x轴成角度$\theta_0 = 40.0°$方向射出。它在均匀电场$\vec{E} = (5.00N/C)\,\vec{j}$中运动。检测电子的屏平行于$y$轴放在距离$x = 3.00m$的位置。用单位矢量记号表示，电子撞击屏的时候它的速度是如何？

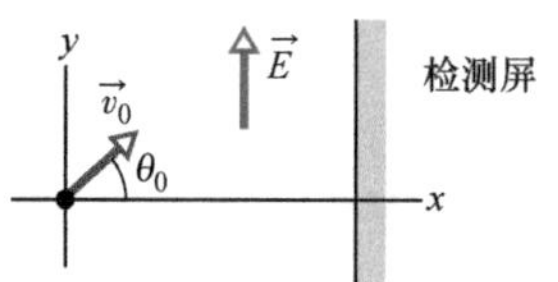

图22-44 习题50图

51. 两个同心导体球壳中较小的一个均匀带正电荷q_1，较大的球壳均匀带负电荷$-q_2$。画出两球壳之间和球壳外面的电场线并画出在下列情况中球外面场线的方向，是径向向内，径向向外，还是不存在：（a）$q_1 = q_2$，（b）$q_1 > q_2$及（c）$q_1 < q_2$。

52. 一个电子被电场以$3.40\times10^{10}m/s^2$的加速度向东加速。求这个场的（a）数值和（b）方向。

53. 两个带电小珠在图22-45a所示的塑料环上。没有画出来的珠2在半径为$R = 40.0cm$的环上位置固定。没有固定的珠1开始时在x轴上，角度$\theta = 0°$。然后它经过x-y坐标系的第一和第二象限运动到另一边，角度$\theta = 180°$的位置。图22-45b给出这两个珠子在原点产生的净电场作为θ的函数曲线，图22-45c给出这个净电场的y分量。纵轴标度由$E_{xs} = 5.0\times10^4 N/C$和$E_{ys} = -9.0\times10^4 N/C$标定。（a）珠2在什么$\theta$角位置？（b）珠1和（c）珠2的电荷各是多少？

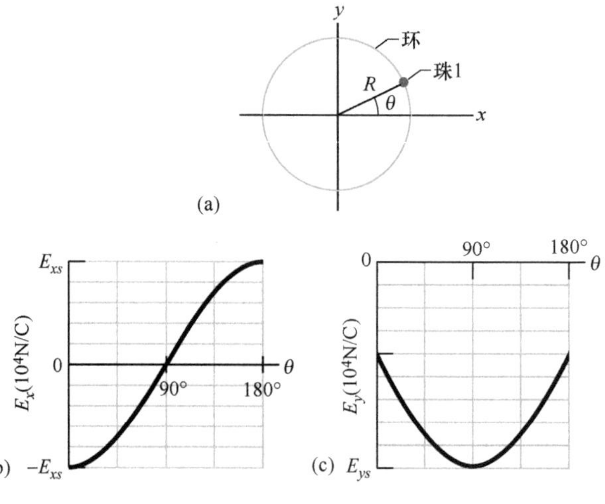

图22-45 习题53图

54. 图22-46a表示一个均匀带电的圆盘。通过圆盘中心的z轴垂直于盘面，原点在圆盘上。图22-46b给出用圆盘表面上的最大数值E_m表示的沿z轴电场的数值。z轴由$z_s = 16.0cm$标定。圆盘半径多大？

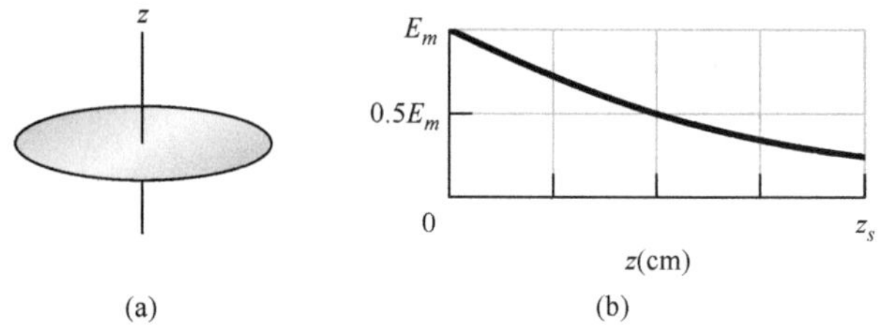

图22-46 习题54图

55. 图22-47表示一个电偶极子。求偶极子在距离 $r \gg d$ 的 P 点所产生的电场的（a）数值和（b）方向（相对于 x 轴正方向）。

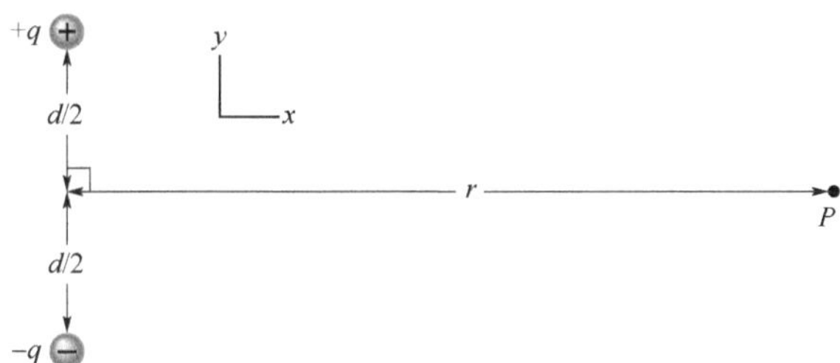

图22-47　习题55图

56. 潮湿的空气在电场强度达到 3.0×10^{6}N/C时会发生击穿（它的分子成为离子），在这样的电场中，作用在（a）电子上和（b）失去一个电子后的离子上的静电力是多大？（c）一个自由电子的加速度是多大？

57. 图22-48表示一个质子（p）在一个圆盘的中心轴上，圆盘由于有过剩的电子而均匀带电。图中描绘的是侧面观察圆盘的视图。图中画出了其中三个电子：电子 e_c 在圆盘中心，两个电子 e_s 在盘的两对面，各在离开中心的半径为 R 的位置上。质子起初在距离圆盘 $z=R=2.00$cm处。在这个位置上，（a）电子 e_c 产生的电场 $\vec{E}_c$ 及（b）两个 e_s 产生的净电场 $\vec{E}_{s,\text{net}}$ 的数值各是多少？然后质子被移动到 $z=R/20.0$ 的位置。质子所在位置的（c）$\vec{E}_c$ 和（d）$\vec{E}_{s,\text{net}}$ 又是多少？（e）从（a）和（c）我们看到质子移近圆盘，$\vec{E}_c$ 的数值如所预料的增大，但为什么两边的电子产生的 $\vec{E}_{s,\text{net}}$ 却如我们从（b）和（d）看到的那样减少了？

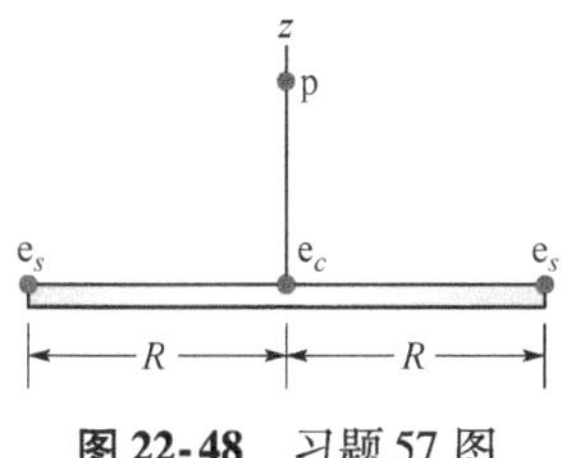

图22-48　习题57图

58. 在图22-49中，一个电子（e）在半径为 R 的均匀带电圆盘的中心轴上从静止被释放。圆盘的表面电荷密度是 $+5.00\mu\text{C/m}^2$，如果这个电子在以下距离处被释放，它的最初加速度是多大？离盘中心距离分别为：（a）R，（b）$R/100$，（c）$R/1000$。（d）为什么当释放位置移近圆盘时加速度的数值只有很少的增加？

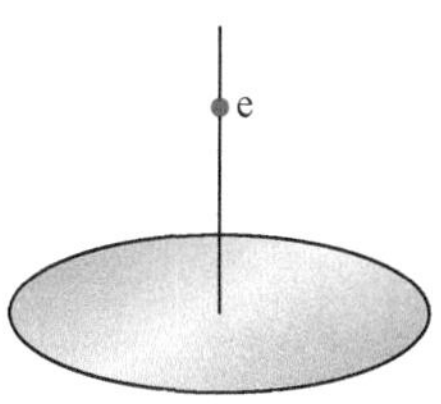

图22-49　习题58图

59. 图22-50表示三个中心在坐标系原点的圆弧。均匀分布在每个圆弧上的电荷用 $Q=4.00\mu$C表示出来。半径由 $R=5.00$cm给出。求这些圆弧在原点产生的净电场的（a）数值和（b）方向（相对于 x 轴正方向）。

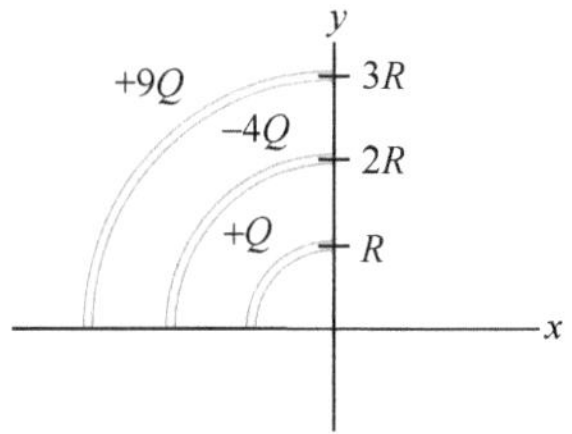

图22-50　习题59图

60. 一个α粒子（氦原子核）的质量为 6.64×10^{-27}kg电荷为 $+2e$。求使得作用在α粒子上的重力平衡所需的电场的（a）大小和（b）方向。（c）如果场的大小加倍，粒子的加速度数值是多少？

61. 图22-51a表示带有均匀分布电荷 $+Q$ 的不导电棒。棒被弯成半径为 R 的半圆，在曲率中心 P 点产生数值为 E_{arc} 的电场。如果圆弧坍缩成与 P 点相距为 R 的一点（见图22-51b），则 P 点的电场数值要乘上一个多大的因子？

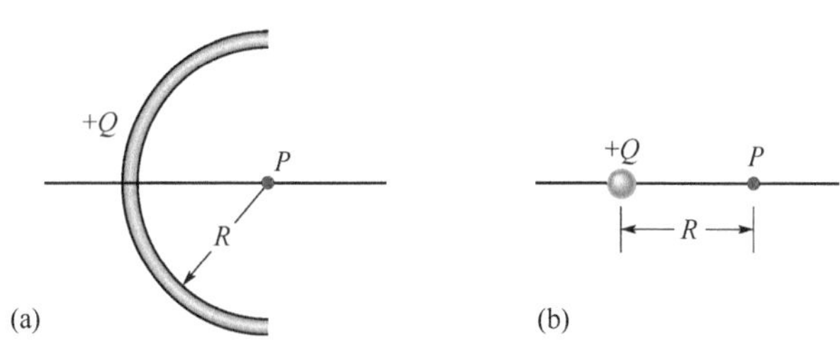

图22-51　习题61图

CHAPTER 23

第23章 高斯定律

23-1 电通量

学习目标

学完这一单元后，你应当能够……

23.01 懂得高斯定律说明一个闭合面（真实的或想象的，称为高斯面）上各点的电场和这个面所包围的净电荷的关系。

23.02 懂得穿过一个面的（不是沿着表面掠过）电场的总量是通过该面的电通量 Φ。

23.03 懂得一个平面的面积矢量是垂直于该平面、数值等于该面面积的矢量。

23.04 懂得任何表面都可以分成许多面积元（小片面积单元），这种面积元足够小并且足够平，从而可以给它指定一个面积矢量 $d\vec{A}$，矢量垂直于这个面积元，矢量的数值等于该面积元的面积。

23.05 为计算通过一个面的电通量 Φ，要把电场矢量 $\vec{E}$ 与（小片面积单元的）面积矢量 $d\vec{A}$ 点乘，然后在整个面上积分，用数值-角度记号或单位矢量记号都可。

23.06 对于闭合曲面，说明向内的通量与向外的通量相关的代数符号的意义。

23.07 要求通过闭合曲面的，包括代数符号在内的净电通量 Φ，可以通过将电场矢量 $\vec{E}$ 和面积矢量 $d\vec{A}$（小片面积元）点积，然后在整个闭合面上积分来计算。

23.08 确定是不是可以将闭合曲面分解成几个部分（譬如立方体的各个侧面）以简化对通过闭合面的净电通量积分的计算。

关键概念

- 通过一个面的电通量 Φ 是穿过这个面的电场的数量。
- 表面上一个面积元（一小片面积单元）的面积矢量 $d\vec{A}$ 是垂直于该面积单元、数值等于这个面积单元的面积 dA 的矢量。
- 通过面积矢量 $d\vec{A}$ 的一小片面积单元的电通量 $d\Phi$ 由点乘给出：

$$d\Phi = \vec{E} \cdot d\vec{A}$$

- 通过一个面积的总电通量由以下积分给出：

$$\Phi = \int \vec{E} \cdot d\vec{A} \quad \text{（总电通量）}$$

其中的积分遍及全部面积。

- 通过一闭合曲面（这在高斯定律中要用到）的净电通量是

$$\Phi = \oint \vec{E} \cdot d\vec{A} \quad \text{（净电通量）}$$

其中的积分遍及整个闭合曲面。

什么是物理学?

上一章我们求出譬如细棒那样扩展的带电物体附近的电场。我们的方法是费时费力的：我们把电荷分布分解为电荷元 dq，求出一个电荷元的电场 $d\vec{E}$，并把矢量分解成分量，然后我们确定所有单元的电场分量最后是相抵消还是相加。最后通过对所有单元积分，对相加的分量求和，在此过程中还要多次改变记号。

物理学的主要目的之一是寻找求解这种费力的问题的简单方法。达到这个目的的主要工具之一是利用对称性。在这一章里，我们讨论电荷和电场之间的一种美妙关系，它使我们在某些对称的情形中只用几行代数运算就可以求出扩展的带电物体的电场。这个关系称为**高斯定律**，这是德国数学家兼物理学家卡尔·弗里德里希·高斯（Carl Friedrich Gauss 1777—1855）提出的。

让我们先来快速地看看几个简单的例子，这些例子给出了高斯定律的精髓。图 23-1 表示一个带电荷 $+Q$ 的粒子被一个想象的同心球包围，在球面（称为高斯面）上各点的电场矢量具有中等的数值（由 $E=kQ/r^2$ 给出）并沿径向背离粒子（因为它带正电荷）。电场线也向外并有中等的密度（回忆一下，这与场的数值有关）。我们说场矢量和场线穿过这个面。

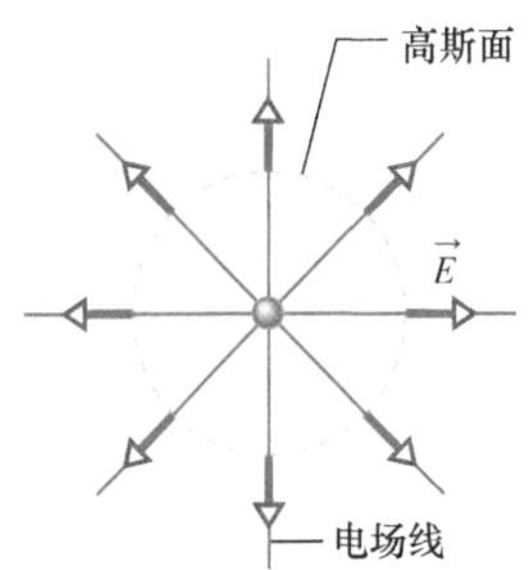

图 23-1 穿过包含带有电荷 $+Q$ 的粒子的假想球形高斯面的电场矢量和电场线。

图 23-2 是同样的情形，只是包含在里面的粒子带有电荷 $+2Q$。因为现在封闭在里面的粒子的电荷是原来的两倍，向外穿过这（同一）高斯面的场矢量的数值是图 23-1 中的两倍，因而电场线的密度也是两倍。概括地说，高斯定律是

高斯定律把（闭合的）高斯面上各点的电场和包含在这个高斯面内的净电荷联系起来。

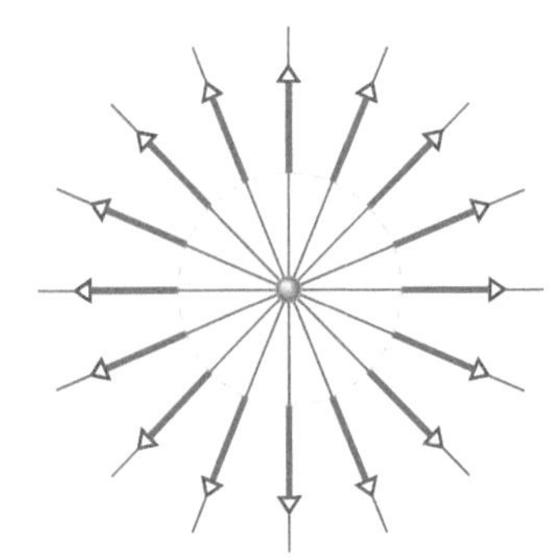

图 23-2 现在闭合面内粒子的电荷是 $+2Q$。

让我们用第三个例子来检验一下。如图 23-3 所示，一个粒子也被封闭在同样的球形高斯面（如果你喜欢可称为高斯球，或更容易记住的 G 球）中。这个封闭在里面的电荷的数量与符号是什么？好，从向内穿过高斯面的场线我们立即知道电荷肯定是负的。根据场线的密度是图 23-1 中的一半这个事实，我们还可以知道电荷肯定是 $0.5Q$。（利用高斯定律好像只要看看礼品盒的包装纸就可以知道盒子里装的是什么东西。）

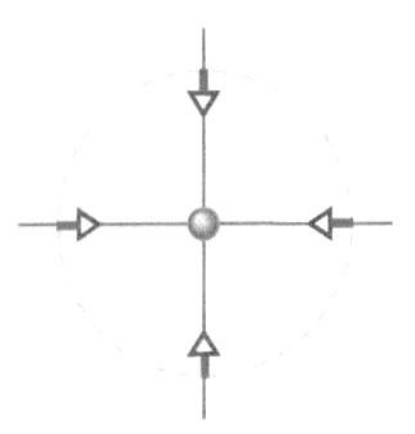

图 23-3 你能说出闭合面里的电荷是什么吗？

这一章的习题有两种类型。有时我们知道电荷并且用高斯定律求某一点的电场，有时我们知道高斯面上的场，然后用高斯定律求高斯面内包含的电荷。然而，我们不可能像刚才所做的那样只是通过简单地比较图中场线的密度来做到所有这些。我们需要确定有多少电场线穿过一个面的定量方法。这种量度称为电通量。

电通量

平面，均匀场。我们从均匀电场 $\vec{E}$ 中面积为 A 的平面开始。图 23-4a 画出电场矢量 $\vec{E}$ 中的一条穿过面积为 ΔA（这个 Δ 表示“小”）的一小片正方形面积。实际上只有 $\vec{E}$ 的 x 分量（见图 23-4b 中数值为 $E_x=E\cos\theta$ 的部分）穿过这一小片面积。y 分量只是掠过表面（没有穿过这一小面积），所以不参与高斯定律的作用。穿过这一小面积的电场的数量定义为穿过它的电通量 $\Delta\Phi$：

$$\Delta\Phi=(E\cos\theta)\Delta A$$

有另一种方法来表示这一表达式的右边部分，这样我们只有 $\vec{E}$ 的穿透的分量。我们定义面积矢量 $\Delta\vec{A}$ 垂直于小片面积，它的数值等于小片的面积大小 ΔA（见图 23-4c）。于是，我们可以写作：

$$\Delta\Phi=\vec{E}\cdot\Delta\vec{A}$$

点乘自动地给出平行于 $\Delta\vec{A}$，也就是穿过小片面积的 $\vec{E}$ 的分量。

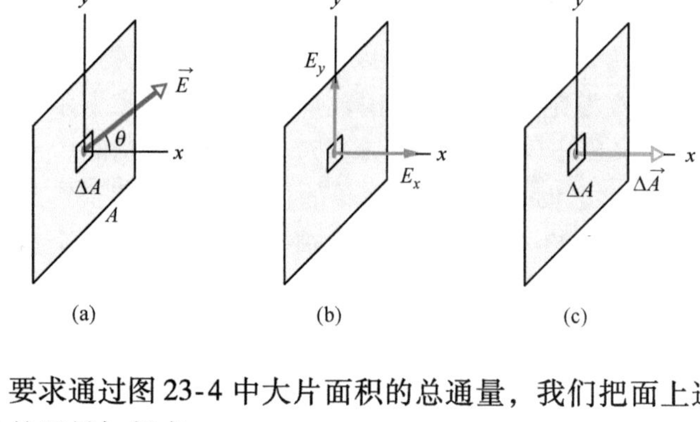

图23-4 (a) 电场矢量穿过平面上微小的一片正方形面积。(b) 只有 x 分量实际上穿过这一小片面积；y 分量擦过这小片面积。(c) 小片面积的面积矢量垂直于这小片面积，数值等于这小片的面积。

要求通过图23-4中大片面积的总通量，我们把面上通过每一小片的通量加起来：

$$\Phi = \sum \vec{E} \cdot \Delta\vec{A} \tag{23-1}$$

不过，我们不想做几百个（或者更多的）通量数值的加法，我们通过把小片面积 ΔA 从小的平方块缩小为*面积元*（或*小片元*）$\mathrm{d}A$。于是，总的通量就是

$$\Phi = \int \vec{E} \cdot \mathrm{d}\vec{A}\ (\text{总通量}) \tag{23-2}$$

现在我们可以把点积在整个面上积分，求出总的通量。

点积。我们可以用单位矢量记号写出两个矢量来计算积分号里的点积。例如图23-4中，$\mathrm{d}\vec{A} = \mathrm{d}A\vec{i}$，$\vec{E}$ 可能是 $(4\vec{i}+4\vec{j})$ N/C。我们也可以用数值-角度记号计算点积：$E\cos\theta\mathrm{d}A$。在电场是均匀的并且面是平的情况下，$E\cos\theta$ 是一个常量，可以提到积分号外面。剩下来的 $\int \mathrm{d}A$ 只是对所有的面积元求和以得到总面积的指令，但我们已经知道总面积是 A。所以在这个简单情况下总的通量是

$$\Phi = (E\cos\theta)A\ (\text{均匀场,平面}) \tag{23-3}$$

闭合面。要用高斯定律把通量和电荷联系起来，我们需要一个闭合曲面。我们用图23-5中的非均匀电场中的闭合曲面。（不必担心，习题中的曲面不会像这个那样复杂。）和以前一样，我们先来考虑通过小块正方形面积的通量。不过，现在我们不仅对场的穿透面积的分量感兴趣，还要知道场线是向内还是向外穿过的（就如同我们在图23-1到图23-3中所做的那样）。

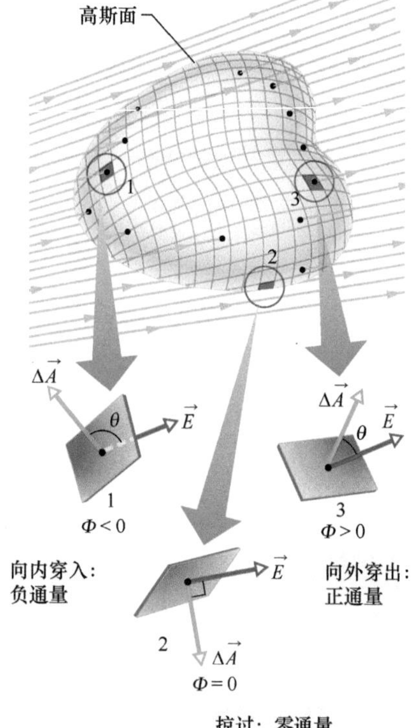

图23-5 浸没在电场中的任意形状的高斯面。高斯面被分成许多面积 ΔA 的小方块。对于三个标记1、2和3的代表性的小方块的电场矢量 $\vec{E}$ 和面积矢量 $\Delta\vec{A}$ 画在图上。

方向。要追踪穿过的方向，我们再次应用垂直于小片面积的面积矢量 $\Delta\vec{A}$，但现在把它们的方向都要画成从高斯面指向外面（*背离高斯面内部*）。于是，如果一条场矢量向外穿过高斯面，则它和面积矢量同方向，角度 $\theta=0$，$\cos\theta=1$。于是点积 $\vec{E}\cdot\Delta\vec{A}$ 是正的，所以通量也是正的。相反，如果场矢量向里面穿过，角度 $\theta=180°$，$\cos\theta=-1$。于是点积是负的，通量也是负的。如果场矢量掠过表面（不穿过），则点积是零（因为 $\cos 90°=0$），通量也是零。图23-5给出了几个一般的例子，总结如下：

向内穿过高斯面的场是负通量，向外穿过的场是正通量。掠过的场是零通量。

净通量。要求通过图23-5中的面上的**净通量**我们原则上可以求出通过每一小片面积的通量，然后把它们加起来（包括代数符

号）。然而，我们并不需要真的去做这么多工作，代之以把小方块面积缩小成面积矢量为 $d\vec{A}$ 的面积元，然后积分：

$$\Phi = \oint \vec{E} \cdot d\vec{A} \text{ （净通量）} \tag{23-4}$$

积分号上的圆圈表示我们要对整个闭合曲面积分求出通过曲面的净通量（如在图 23-5 中，通量可能从一边进入并从另一面穿出）。要牢记，我们要确定通过表面的净通量，因为这就是高斯定律与包含在这个曲面内的电荷的关系。（高斯定律接下来就要讲到。）注意，通量是标量（不错，我们讨论场矢量，但通量是穿过的场的数量，而不是场本身）。通量的国际单位制单位是牛・二次方米每库（$N \cdot m^2/C$）。

检查点 1

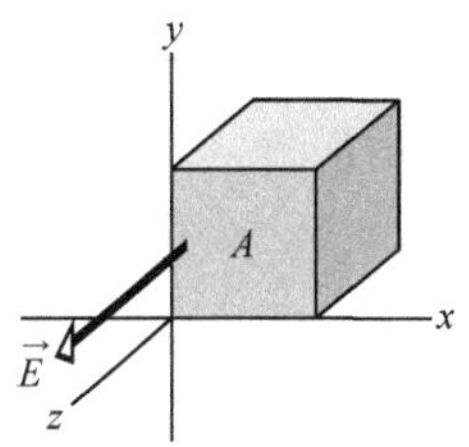

这里的图表示在沿 z 轴正方向的均匀电场 $\vec{E}$ 中的、每一面的面积都是 A 的六个面组成的立方形的高斯面。用 E 和 A 表示，求以下通量：（a）前面（在 x-y 平面上），（b）后面，（c）上面，（d）整个立方形。

例题 23.01 通过闭合圆柱面的通量，均匀场

图 23-6 表示半径为 R 的闭合的圆柱面形状的高斯面（高斯圆柱面或 G-圆柱面）。圆柱面在均匀的电场 $\vec{E}$ 中，圆柱的中心轴（沿圆柱的长）平行于场。通过这个圆柱面的电场净通量 Φ 是多少？

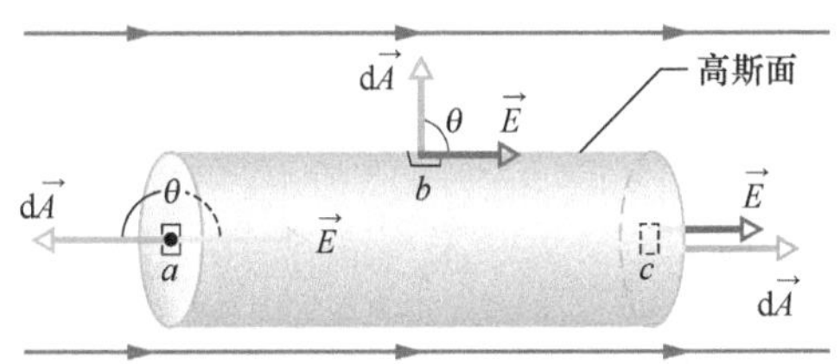

图 23-6 圆柱形高斯面，两端封闭，浸没在均匀电场中。圆柱的轴平行于电场方向。

【关键概念】

我们可以用式（23-4）通过将点积 $\vec{E} \cdot d\vec{A}$ 在整个圆柱面上积分求出净通量 Φ。不过，我们还写不出用它来做一次积分的函数。我们要聪明一些，用别的方法来代替：我们把表面分成几个区域，这样我们就可以实际上进行积分了。

解： 我们将式（23-4）中的积分分成三项：左边圆柱面的底面 a、弯曲的圆柱侧面 b 和右边的底面 c，分别对它们积分：

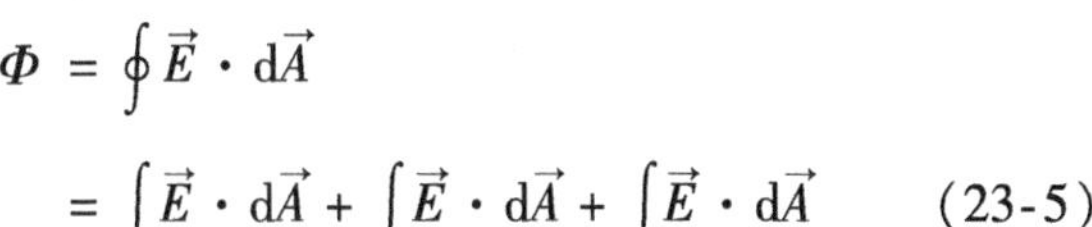

$$\Phi = \oint \vec{E} \cdot d\vec{A}$$
$$= \int_a \vec{E} \cdot d\vec{A} + \int_b \vec{E} \cdot d\vec{A} + \int_c \vec{E} \cdot d\vec{A} \tag{23-5}$$

左边底面上取一小片面积元。它的面积矢量 $d\vec{A}$ 必定垂直于小面积并从圆柱面内指向外。从图 23-6 看到，这意味着它和穿过这片面积的电场之间的角度是 180°。还注意到通过此底面的电场是均匀的，因而可以把 E 提到积分号外，所以我们可以写出通过左边底面的电通量是

$$\int_a \vec{E} \cdot d\vec{A} = \int E(\cos 180°)\, dA = -E \int dA = -EA$$

其中，$\int dA$ 为底面积 A（$=\pi R^2$）。同理，对右边的底面，这里所有点的 $\theta = 0$，

$$\int_c \vec{E} \cdot d\vec{A} = \int E(\cos 0)\, dA = EA$$

最后，对圆柱侧面，这里的 θ 对所有点都是 90°，

$$\int_b \vec{E} \cdot d\vec{A} = \int E(\cos 90°)\, dA = 0$$

把这些结果代入式（23-5），我们得到

$$\Phi = -EA + 0 + EA = 0 \quad \text{（答案）}$$

净电通量是零，这是因为所有描写电场的电场线全部都从左到右穿过高斯面。

PLUS 在 WileyPLUS 中可以找到附加的例题、视频和练习。

例题 23.02　通过闭合立方形面的通量，非均匀场。

在图 23-7a 中表示出由 $\vec{E}=3.0x\vec{i}+4.0\vec{j}$ 给出的非均匀电场穿过立方形高斯面。(E 的单位是牛顿每库仑，x 的单位是米。) 通过该立方形面的右面、左面和上面的通量各是多少？（在另一个例题中我们考虑另一些面。）

【关键概念】

我们可以对每一个面求关于标积 $\vec{E}\cdot d\vec{A}$ 的积分从而求出通过表面的通量。

右面： 面积矢量总是垂直于表面，并且从高斯面的里面指向外。所以，立方表面右面上的任何小片面积元（一小部分）的面积矢量必定指向 x 轴的正方向。这样的面积元的例子画在图 23-7b、c 中，对这个面上任何其他选择的小片面积单元都会有同样的矢量。表示这个矢量最方便的方式是用单位矢量记号：

$$d\vec{A}=dA\vec{i}$$

由式 (23-4)，通过右面的通量是

$$\begin{aligned}\Phi_r&=\int\vec{E}\cdot d\vec{A}=\int(3.0x\vec{i}+4.0\vec{j})\cdot dA\vec{i}\\&=\int[(3.0x)(dA)\vec{i}\cdot\vec{i}+(4.0)dA\vec{j}\cdot\vec{i}]\\&=\int(3.0x\,dA+0)=3.0\int x\,dA\end{aligned}$$

我们要对右面积分，但我们注意到在这个面上每

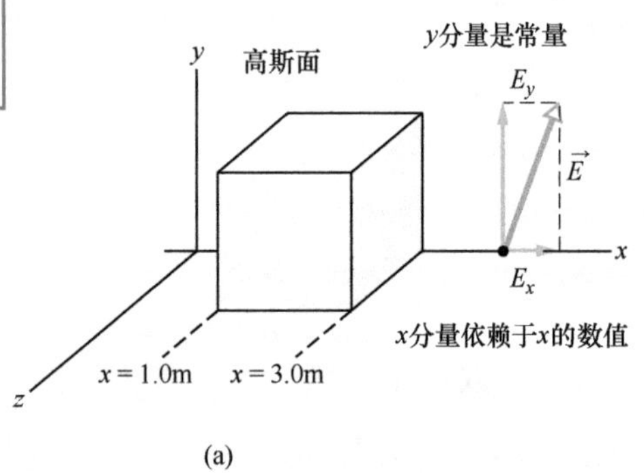

(a)

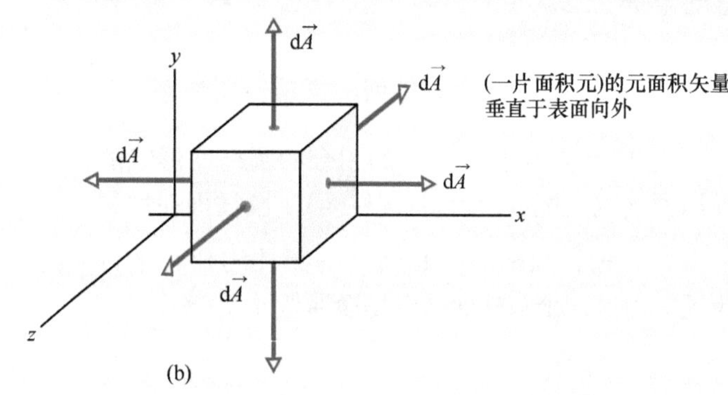

(b)

图 23-7　(a) 在电场依赖于 x 数值的非均匀电场中的立方形高斯面，它的一边在 x 轴上。(b) 每一小片面积元有垂直于面积向外的面积矢量。(c) 右面：场的 x 分量穿过这个面积产生正的（向外的）通量。y 分量不穿过该面积，因而不产生任何通量。(d) 左面：场的 x 分量产生负（向内）通量。(e) 上面：场的 y 分量产生正（向外）通量。

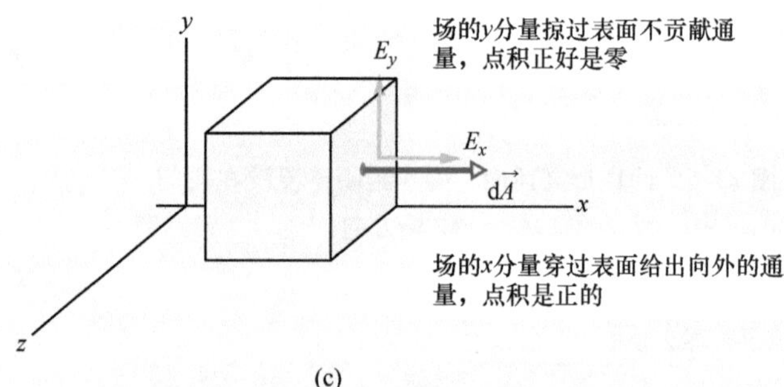

(c)

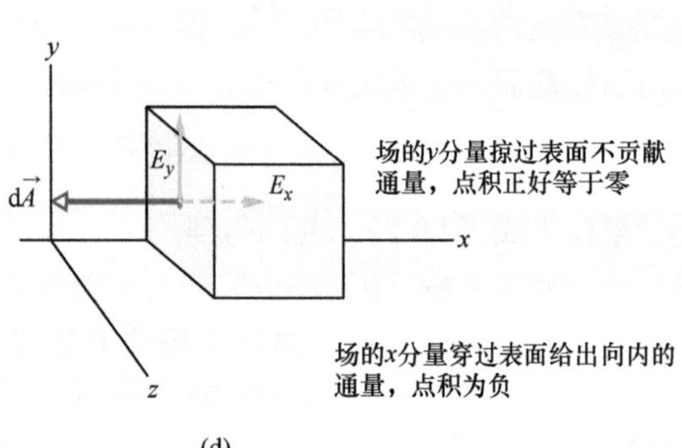

(d)

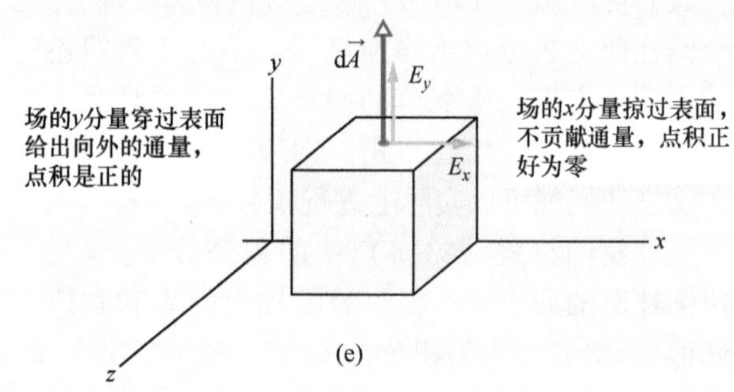

(e)

一点的 x 都有相同的值——即 $x=3.0\text{m}$。这意味着我们可以把这个常数代入 x。这里有可能会引起混淆。虽然当我们在图上从左到右移动时 x 肯定是一个变量，但因为右面垂直于 x 轴，所以面上的每一点都有同样的 x 坐标。(这个积分与 y 及 z 坐标没有关系。) 于是我们有：

$$\Phi_r=3.0\int(3.0)\,\mathrm{d}A=9.0\int\mathrm{d}A$$

积分 $\int\mathrm{d}A$ 正好给出右面的面积 $A=4.0\text{m}^2$，所以

$$\Phi_r=(9.0\text{N/C})(4.0\text{m}^2)=36\text{N}\cdot\text{m}^2/\text{C}$$

（答案）

左面：我们对左面重复以上步骤。不过要改变两个因子：（1）面积元矢量 $\mathrm{d}\vec{A}$ 指向 x 轴负方向，因此 $\mathrm{d}\vec{A}=-\mathrm{d}A\vec{i}$（见图23-7d）。(2) 左面的 $x=1.0\text{m}$。有了这些改变，我们求出通过左面的通量是

$$\Phi_l=-12\text{N}\cdot\text{m}^2/\text{C} \qquad \text{（答案）}$$

上面：现在 $\mathrm{d}\vec{A}$ 指向 y 轴正方向，因而 $\mathrm{d}\vec{A}=\mathrm{d}A\vec{j}$。(见图23-7e)。通量 Φ_t 是

$$\begin{aligned}\Phi_t&=\int(3.0x\vec{i}+4.0\vec{j})\cdot(\mathrm{d}A\vec{j})\\&=\int[(3.0x)(\mathrm{d}A)\vec{i}\cdot\vec{j}+(4.0)(\mathrm{d}A)\vec{j}\cdot\vec{j}]\\&=\int(0+4.0\mathrm{d}A)=4.0\int\mathrm{d}A\\&=16\text{N}\cdot\text{m}^2/\text{C}\end{aligned} \qquad \text{（答案）}$$

WILEY PLUS 在 WileyPLUS 中可以找到附加的例题、视频和练习。

23-2 高斯定律

学习目标

学完这一单元后，你应当能够……

23.09 应用高斯定律说明通过闭合曲面的净通量和被包含在曲面内的净电荷 q_{enc} 的关系。

23.10 辨明被包围的净电荷的代数符号对应于通过高斯面的净通量的方向（向内或向外）。

23.11 懂得高斯面外的电荷对通过闭合面的净通量没有贡献。

23.12 用高斯定律推出带电粒子的电场数值的表达式。

23.13 懂得对一个带电粒子或均匀带电的球，应用高斯定律时，可以构造一个同心球面作为高斯面。

关键概念

- 高斯定律把穿过闭合曲面的净通量和曲面内包含的净电荷 q_{enc} 联系起来：

$$\varepsilon_0\Phi=q_{enc}\text{（高斯定律）}$$

- 高斯定律也可以用穿过闭合高斯面的电场来表示：

$$\varepsilon_0\oint\vec{E}\cdot\mathrm{d}\vec{A}=q_{enc}\text{（高斯定律）}$$

高斯定律

高斯定律说明通过一个闭合曲面（高斯面）的电场净通量 Φ 和包含在这个曲面内的净电荷的关系。高斯定律告诉我们：

$$\varepsilon_0\Phi=q_{enc}\text{（高斯定律）} \qquad (23\text{-}6)$$

将通量的定义式（23-4）代入上式，我们也可以将高斯定律写成

$$\varepsilon_0\oint\vec{E}\cdot\mathrm{d}\vec{A}=q_{enc}\text{（高斯定律）} \qquad (23\text{-}7)$$

式（23-6）和式（23-7）只当净电荷在真空中或（对大多数实际的目的都一样）在空气中时才成立。在第25章中，我们将要修改

高斯定律，使其包括在像云母、油或玻璃等材料中的情况。

在式（23-6）和式（23-7）中，净电荷 q_{enc} 是所有包含在闭合面内的正电荷和负电荷的代数和，它可以是正的、负的，也可以是零。我们要考虑所包含的电荷的符号，而不只是考虑包含在闭合面内电荷的数值，因为符号告诉我们有关通过高斯面的净通量的一些信息：如果 q_{enc} 是正的，净通量向外；如果 q_{enc} 是负的，净通量向内。

对于高斯面外面的电荷，无论有多大，无论它可能靠得多近，都不包含在高斯定律的 q_{enc} 这一项中。高斯面内电荷的位置和严格的形状也都不必考虑；在式（23-6）和式（23-7）的右边唯一有关的信息是所包含的净电荷的数值和符号。然而，式（23-7）左边的量 $\vec{E}$ 是包括高斯面内部和高斯面外部*所有*的电荷产生的电场。这一表述看上去好像有矛盾，但是要记住：高斯面外面的电荷产生的电场对通过高斯面净通量的贡献为零，因为这些电荷产生的电场线有多少进入高斯面就有多少从高斯面内出来。

我们把这些概念用到图 23-8 上，图中表示两个所带电荷的数值相等但符号相反的粒子，以及描绘粒子在周围空间建立起的电场的场线。图上画出四个高斯面的截面。我们依次考虑这四个面。

高斯面 S_1。这个面上各点的电场都向外。因此通过这个面的电场的通量是正的，所以在这个闭合面内的净电荷也是正的，这正是高斯定律所要求的［即，在式（23-6）中，如果 Φ 是正的，则 q_{enc} 必定也是正的］。

高斯面 S_2。这个面上所有点的电场都向内，因此通过这个面的电场的通量是负的，所以包含的电荷也是负的，正如高斯定律所要求的。

高斯面 S_3。这个面内没有包含电荷，因而 $q_{enc}=0$。高斯定律［式（23-6）］要求通过这个闭合面的电场净通量是零。这是合理的，因为所有场线完全穿过这个面，从上面进入，从下面出去。

高斯面 S_4。这个面内没有净电荷，因为面内包含的正电荷和负电荷数值相等。高斯定律要求通过这个面的电场的净通量为零。这是合理的，因为有多少场线离开 S_4 面就有多少进入。

假如我们拿一个很大的电荷 Q 靠近图 23-8 中的闭合面 S_2，会发生什么呢？场线的图案肯定要改变，但四个高斯面中每一个的净通量却不会改变。因此，Q 的数值不会以任何方式进入高斯定律，因为 Q 在我们考虑的所有四个高斯面的外面。

图 23-8 两个数值相等但符号相反的电荷以及描写它们的净电场的场线。图上画出四个高斯面的截面。高斯面 S_1 包含正电荷，表面 S_2 包含负电荷，表面 S_3 不包含电荷，表面 S_4 包含两个电荷，因而没有净电荷。

检查点 2

图示电场中立方形高斯面的三种情形。箭头和数值表示场线的方向及通过各个立方体六个面的通量的数值（以 $N\cdot m^2/C$ 为单位）。（较淡的箭头是属于图中隐藏的面。）在哪种情况下立方体包含了（a）正的净电荷，（b）负的净电荷以及（c）零净电荷。

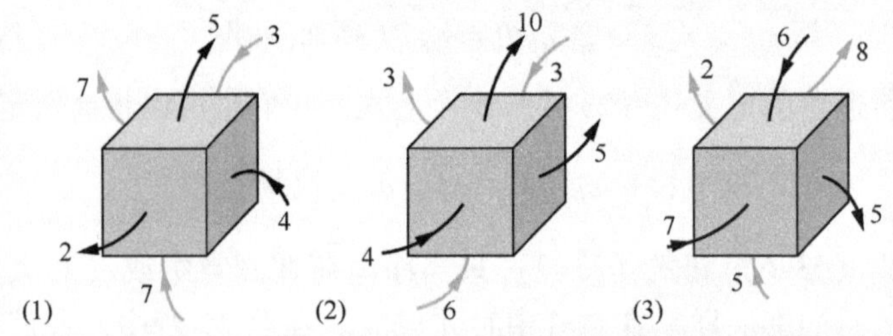

高斯定律和库仑定律

高斯定律的应用之一是求带电粒子的电场。带电粒子的场是球对称的（场依赖于离开粒子的距离 r 而不依赖于方向）。所以，利用这种对称性，我们把粒子放在这个高斯球面的中心。图 23-9 中是一个带正电荷 q 的粒子的情形。于是，在球面上任何一点的电场都有相同的数值 E（所有点都有相同的距离 r）。这个特点简化了积分。

这里的步骤和以前的一样。在高斯面上取一小片面积元，画出它的面积矢量 $d\vec{A}$ 使其垂直于这小片面积元并指向外。由对称性我们知道在这面积元上的电场 $\vec{E}$ 也径向向外，所以它和 $d\vec{A}$ 之间的角度 $\theta=0$。我们重写高斯定律为

$$\varepsilon_0\oint\vec{E}\cdot d\vec{A}=\varepsilon_0\oint E dA=q_{enc} \qquad (23\text{-}8)$$

这里 $q_{enc}=q$。因为场的数值 E 在每一面积元上都相同，所以 E 可以提到积分号外：

$$\varepsilon_0 E\oint dA=q \qquad (23\text{-}9)$$

剩下的积分正好是一个把球面上所有面积元的面积相加的练习，但我们已经知道总面积是 $4\pi r^2$，把它代入，我们有：

$$\varepsilon_0 E(4\pi r^2)=q$$

或

$$E=\frac{1}{4\pi\varepsilon_0}\frac{q}{r^2} \qquad (23\text{-}10)$$

这和式 (22-3) 完全相同，而式 (22-3) 是我们应用库仑定律得到的。

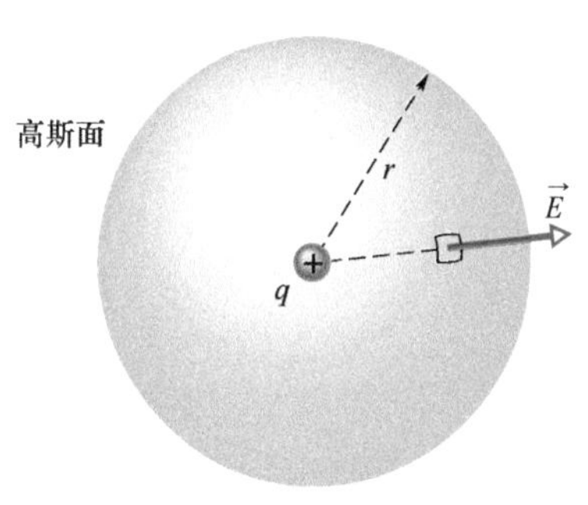

图 23-9 中心在带有电荷 q 的粒子上的球形高斯面。

检查点 3

通过半径为 r、包含一个孤立的带电粒子的高斯球面的净通量是 Φ_i。假定将这个闭合的高斯面改变成 (a) 更大的高斯球面，(b) 边长等于 r 的立方形高斯面，(c) 边长等于 $2r$ 的立方形高斯面。在每一种情况下，通过新的高斯面的净通量大于、小于还是等于 Φ_i?

例题 23.03 用高斯定律求电场

图 23-10a 画出半径 $R=10\text{cm}$ 的均匀带电荷 $Q=-16e$ 的塑料球壳的截面。带电荷 $q=+5e$ 的一个粒子位于球心。在 (a) 径向距离 $r_1=6.00\text{cm}$ 处的 P_1 点及 (b) 径向距离 $r_2=12.0\text{cm}$ 的 P_2 点的电场（数值和方向）各是什么?

【关键概念】

(1) 因为图 23-10a 中的情形是球对称的，如果我们构造一个和粒子及球壳同心的高斯球面，就可以用高斯定律［式 (23-7)］求一点的电场。

(2) 要求某一点的电场，我们把这一点放在高斯面上。（所以我们要求的 $\vec{E}$ 就是高斯定律的积分里的点积中的 $\vec{E}$）。

(3) 高斯定律联系着通过闭合面的净电通量和面内所包含的净电荷。任何外面的电荷都不包括在内。

解： 要求 P_1 点的场，我们构造一个 P_1 点在其上的高斯球面，所以高斯球面半径是 r_1。因为高斯球面内的电荷是正的，通过球面的电通量必

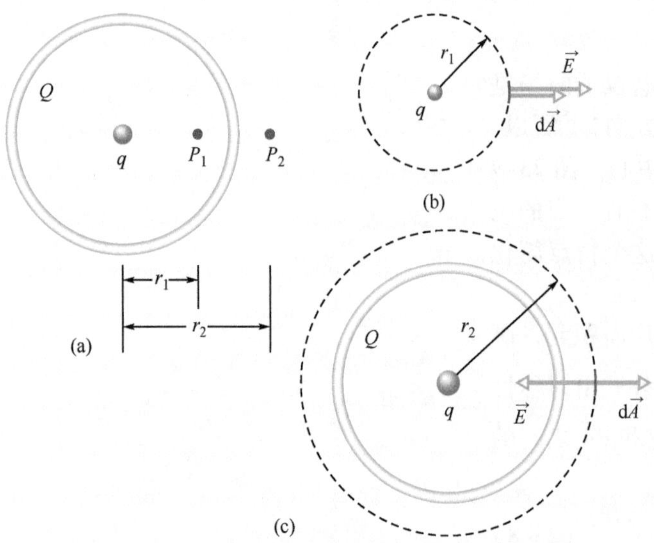

图 23-10　(a) 带电塑料球壳内包含一个带电粒子。(b) 求 P_1 点的电场，把这一点安排在一个高斯球面上。电场穿过高斯面向外，这一小片面积元的面积矢量向外。(c) P_2 点在高斯球面上，$\vec{E}$ 向内。$d\vec{A}$ 仍旧向外。

定也是正的，因而向外。所以电场穿过球面向外，并且由于球对称性，电场 $\vec{E}$ 一定是沿径向向外。如图 23-10b 所示。这幅图中没有画出塑料球壳，这是因为球壳不在高斯球面内。

考虑 P_1 处球面上一小片面积元。它的面积矢量 $d\vec{A}$ 沿半径向外（它必定总是背向高斯面向外的）。因而 $\vec{E}$ 和 $d\vec{A}$ 间的夹角 θ 是零。我们现在可以把式 (23-7)（高斯定律）的左边重写为

$$\varepsilon_0 \oint \vec{E} \cdot d\vec{A} = \varepsilon_0 \oint E\cos 0 dA = \varepsilon_0 \oint E dA = \varepsilon_0 E \oint dA$$

其中的最后一步我们把场的数值 E 提到积分号外。因为它在高斯球面上所有的点处都是相同的，因而是一个常量。余下的积分只是对我们计算球面上所有面积元的总和的练习，但我们已经知道球的表面积是 $4\pi r^2$。把这些结果代入式 (23-7) 的高斯定律，得到

$$\varepsilon_0 E 4\pi r^2 = q_{enc}$$

包含在通过 P_1 点的高斯面内唯一的电荷是粒子的电荷。解出 E，并代入 $q_{enc} = 5e$ 及 $r = r_1 = 6.00 \times 10^{-2}$m，我们求出 P_1 点处电场的数值：

$$E = \frac{q_{enc}}{4\pi\varepsilon_0 r^2} = \frac{5(1.60\times10^{-19}\text{C})}{4\pi[8.85\times10^{-12}\text{C}^2/(\text{N}\cdot\text{m}^2)](0.0600\text{m})^2} = 2.00\times10^{-6}\text{N/C} \quad \text{(答案)}$$

要求 P_2 处的电场，我们按同样的步骤，建立一个 P_2 在它表面上的高斯球面。不过这一次包含在球面内的净电荷是 $q_{enc} = q + Q = 5e + (-16e) = -11e$。因为净电荷是负的，球面上通过面积单元的电场矢量指向内（见图 23-10c），$\vec{E}$ 和 $d\vec{A}$ 间的角度 θ 是 180°，点积是 $E(\cos180°)dA = -EdA$。现在对 E 求解高斯定律并代入 $r = r_2 = 12.00 \times 10^{-2}$m 及新的 q_{enc}，我们求出：

$$E = \frac{-q_{enc}}{4\pi\varepsilon_0 r^2} = \frac{-[11(1.60\times10^{-19}\text{C})]}{4\pi[8.85\times10^{-12}\text{C}^2/(\text{N}\cdot\text{m}^2)](0.120\text{m})^2} = 1.10\times10^{-6}\text{N/C} \quad \text{(答案)}$$

注意，假如我们把 P_1 或 P_2 放在立方形高斯表面上进行计算来代替模拟球对称的高斯球会有什么不同？那样的话，角度 θ 和数值 E 在整个立方体表面上将有很大的变化，高斯定律中的积分的计算就将十分困难。

例题 23.04　应用高斯定律求所包围的电荷

例题 23.02 中的立方高斯面内包含着多少电荷？

【关键概念】

被一个（真实的或数学上的）闭合面包围的净电荷与通过这个闭合面的总的电通量的关系由式 (23-6) ($\varepsilon_0\Phi = q_{enc}$) 表示的高斯定律给出。

通量：为应用式 (23-6)，我们需要知道通过立方体的所有六个面的通量。我们已经知道的通量是通过右面的 ($\Phi_r = 36\text{N}\cdot\text{m}^2/\text{C}$)，左面的 ($\Phi_l = -12\text{N}\cdot\text{m}^2/\text{C}$) 和上面的 ($\Phi_t = 16\text{N}\cdot\text{m}^2/\text{C}$)。

对于底面，我们的计算过程和上面的完全一样，只是面积元矢量 $d\vec{A}$ 现在是沿 y 轴向下（回忆一下，它肯定是从高斯闭合面向外）。于是，我们有 $d\vec{A} = -dA\vec{j}$，我们得到

$$\Phi_b = -16\text{N}\cdot\text{m}^2/\text{C}$$

对于前面，我们有 $d\vec{A}=dA\vec{k}$；对后面，有 $d\vec{A}=-dA\vec{k}$。我们在计算给定的电场 $\vec{E}=3.0x\vec{i}+4.0\vec{j}$ 和这些 $d\vec{A}$ 表达式时任何一个的点积都得到0，因而没有通量通过这前、后两个面。我们现在可以求出通过这六个立方体侧面的总通量：

$$\Phi=(36-12+16-16+0+0)\text{N}\cdot\text{m}^2/\text{C}=24\text{N}\cdot\text{m}^2/\text{C}$$

包含的电荷：下一步，我们用高斯定律求包含在立方面中的电荷 q_{enc}

$$q_{enc}=\varepsilon_0\Phi=[18.85\times10^{-12}\text{C}^2/(\text{N}\cdot\text{m}^2)](24\text{N}\cdot\text{m}^2/\text{C})=2.1\times10^{-10}\text{C}\quad\text{（答案）}$$

由此可知，这个立方表面内包含净的正电荷。

WILEY PLUS 在 WileyPLUS 中可以找到附加的例题、视频和练习。

23-3 带电绝缘导体

学习目标

学完这一单元后，你应当能够……

23.14 应用表面电荷密度 σ 和电荷在其上均匀分布的面积之间的关系。

23.15 懂得如果将（正的或负的）过剩电荷放在一个绝缘的导体上，电荷都将移动到表面，没有电荷停留在内部。

23.16 判定绝缘导体内部电场的数值。

23.17 对一个有空洞的导体，空洞里面有带电的物体，确定空洞壁上和外表面上的电荷。

23.18 说明如何应用高斯定律求有均匀表面电荷密度 σ 的绝缘导电表面附近的电场 E 的数值。

23.19 对均匀带电的导电表面，应用电荷密度 σ 和导体附近的点的场强数值 E 之间的关系，并辨别场矢量的方向。

关键概念

- 绝缘导体上的过剩电荷全部都在导体的外表面上。
- 带电的绝缘导体的内电场是零。（靠近导体各点上的）外电场垂直于表面，电场大小取决于表面电荷密度 σ：

$$E=\frac{\sigma}{\varepsilon_0}$$

带电的绝缘导体

我们可以用高斯定律证明一条有关导体的重要定理：

> 如果有过剩的电荷放在绝缘的导体上，则这些电荷会全部移动到导体表面，而且在此导体内部找不到任何过剩电荷。

考虑到同号电荷互相排斥，这看上去可能是合理的。我们能想象到，在附加的电荷移动到表面的过程中，它们会尽可能地彼此相互远离。我们转而用高斯定律来证明这个推测。

图23-11a表示挂在绝缘的线上并带有过剩电荷 q 的孤立铜块的截面。我们画一个在导体里面紧贴导体真实表面的高斯面。

导体内部的电场必定是零。如果不是这样，电场就会有力作用在传导（自由）电子上，导体中总有传导电子，因而导体中总会有电流。（就是说，导体中电荷会到处流动。）当然，绝缘的导体中没有这种不断的电流，所以这种内部电场必定为零。

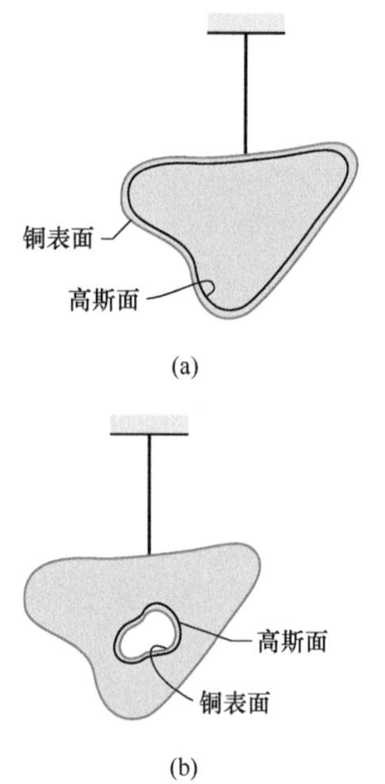

图23-11　(a) 带电荷 q 的铜块用绝缘线悬挂起来。高斯面画在金属内部，正好在真实的表面以内。(b) 在铜块中间挖出一个空洞。高斯面在金属里面，紧靠空洞表面。

(导体带电的时候确实会出现内部电场。不过，加入的电荷很快会以这种方式分布，使得净内电场——所有内部和外部的电荷产生的电场的矢量和——为零。于是电荷的运动停止，因为作用于每个电荷上的力是零；电荷达到静电平衡。)

如果在铜导体内部每个地方的 $\vec{E}$ 都是零，那么在高斯面上的所有点也都是零，因为高斯面虽然非常靠近导体的表面，但它完全是在导体内部。这意味着通过高斯面的通量必定是零。高斯定律告诉我们高斯面内的净电荷也必定是零。由于过剩电荷不在高斯面以内，所以它一定在高斯面外，这意味着它只能在导体的真实表面上。

有一个空腔的绝缘导体

图23-11b 表示同一个悬挂着的导体，但现在它有一个整个在导体内的空腔。或许可以合理地假设，当我们挖出一些电中性的材料形成空腔时，我们并没有改变图23-11a 中的电荷分布或电场图案。为了给出定量的证明，我们必须再次回到高斯定律。

我们围绕空腔画一个高斯面，该高斯面紧贴表面但在导体里面。因为在导体里面 $\vec{E}=0$，没有通过这个新的高斯面的通量。因此，根据高斯定律，这个面内没有包含净电荷。我们得出结论，空腔壁上没有净电荷；所有的过剩电荷都停留在导体的外表面，如图23-11a 所示。

导体被移走

假定借助某种魔术，过剩电荷可以被“冻结”在导体表面所在的位置上，或许它们被埋藏在表面上的塑料膜层中并假设以后导体可以被完全移走。这等价于放大图23-11b 中的空腔，直到它吞噬整个导体，只留下电荷。电场一点也不会改变；在电荷的薄层内电场保持为零，而在外面所有各点保持不变。这向我们证明了电场是由电荷而不是由导体所引起的。导体只为电荷占据它们的位置提供起始的路径。

外电场

我们已经知道，绝缘导体上的过剩电荷全部都要移动到导体表面。不过，除非这个导体是球形，否则电荷肯定不是均匀分布的。用另一种表述，在任何非球形导体表面上的面电荷密度 σ（单位面积的电荷）在不同位置上是不同的。一般说来，这种变化使得确定表面电荷产生的电场非常困难。

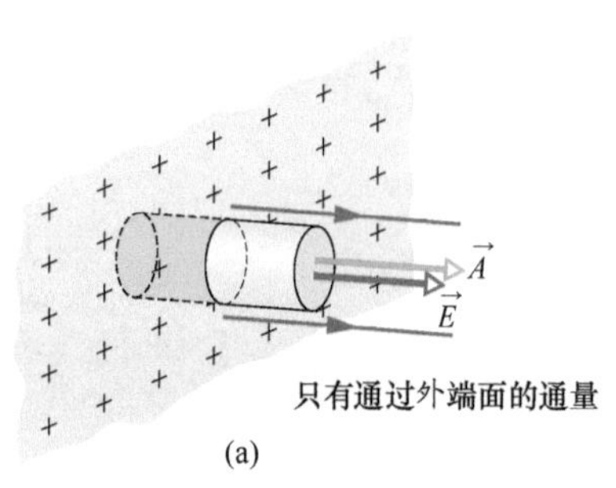

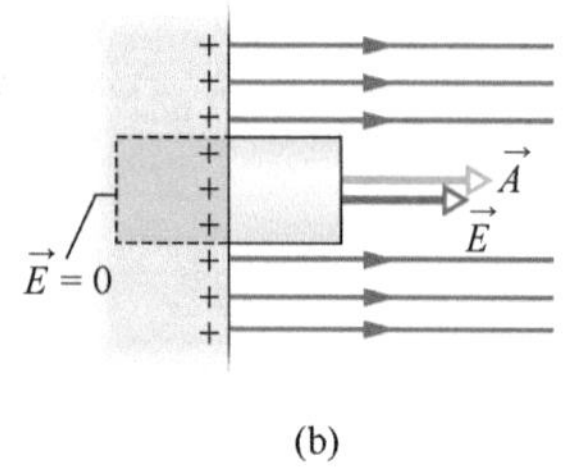

图23-12　表面上带有过剩正电荷的巨大、绝缘导体的一小部分的 (a) 透视图和 (b) 侧视图。一个（闭合的）圆柱形高斯面垂直地嵌在导体中，把一些电荷封闭在里面。电场线穿过圆柱面外端的底面，但内端底面没有场线穿过，外端底面面积为 A，面积矢量为 $\vec{A}$。

然而，在导体表面外，附近的电场还是很容易根据高斯定律确定的。为证明这一点，我们考虑表面上足够小的一部分，小到可以允许我们忽略任何曲率，因而可以把这一小部分看作平的。然后我们想象一个很小的圆柱形高斯面，它被部分嵌入这一部分的表面，如图23-12 所示。一端的底部完全在导体内部，另一端则全都在外面，圆柱垂直于导体表面。

紧靠导体表面外面的电场 $\vec{E}$ 必定垂直于表面。如果不是，那么就会有沿导体表面的分量，该分量对表面电荷有作用力，从而使电荷运动。不过，这样的运动破坏了我们隐含的假设，即我们处理的是静电平衡的问题。所以，$\vec{E}$ 一定垂直于导体表面。

我们现在把通过高斯面的通量加起来。不存在通过内部底面的通量，因为导体内部的电场是零。也不存在通过弯曲的圆柱形侧面的通量，因为内部（导体内部）没有电场并且外面的电场平行于高斯面的弯曲的侧面。通过高斯面的唯一通量是通过外底面的通量，这里的 $\vec{E}$ 垂直于底面。我们假设这个底面的面积 A 足够小，场的数值 E 在整个底面上是常量。于是通过这个底面的通量是 EA，这也是通过高斯面的净通量 Φ。

封闭在高斯面里边的电荷 q_{enc} 位于导体表面的面积 A 上。［把圆柱体想象成一个饼干模子（cookie cutter）］如果 σ 是单位面积的电荷，于是 q_{enc} 等于 σA。我们将 σA 代入 q_{enc}，将 EA 代入 Φ，高斯定律写成

$$\varepsilon_0 EA = \sigma A$$

从这个式子我们得到

$$E = \frac{\sigma}{\varepsilon_0} \text{（导体表面）} \qquad (23\text{-}11)$$

由此可知，紧靠导体的外面的电场数值正比于该处导体上的面电荷密度。电荷的符号给出场的方向。如果导体上的电荷是正的，电场背离导体，就像图 23-12 中那样。如果电荷是负的，电场指向导体。

图 23-12 中的场线必定终止于周围环境中某个地方的负电荷。如果我们把这些电荷靠近导体，导体表面上任何给定位置上的电荷密度就会改变，从而电场的大小也要改变。不过，σ 和 E 之间的关系仍旧由式（23-11）给出。

例题 23.05 金属球壳，电场和所包含的电荷

图 23-13a 表示一个内半径为 R 的金属球壳的截面。一个带电荷 $-5.0\mu C$ 的粒子放在离球壳中心 $R/2$ 的位置。如果球壳是电中性的，它的内表面和外表面的（感生）电荷是多少？这些电荷是不是均匀分布的？球壳内部和外部场的图案又如何？

【关键概念】

图 23-13b 表示金属球壳中球形高斯面的截面，高斯面紧靠在内球壁的外面。在金属中电场必定是零（因而在金属中的高斯面上电场也是零）。这意味着通过高斯面的电通量也一定是零，高斯定律告诉我们封闭在高斯面内的净电荷一定是零。

推理： 球壳内有一个带电荷 $-5.0\mu C$ 的粒子，为了使被封闭在高斯面内的净电荷为零，球壳内壁上必需有 $+5.0\mu C$ 的正电荷。假如粒子放在球心，正电荷就会均匀地分布在内壁上。然而，因为粒子是离心放置的，正电荷的分布是偏心的，如图 23-13b 所画的那样，正电荷倾向于聚集在离（负的）粒子尽可能近的一侧内壁区域。

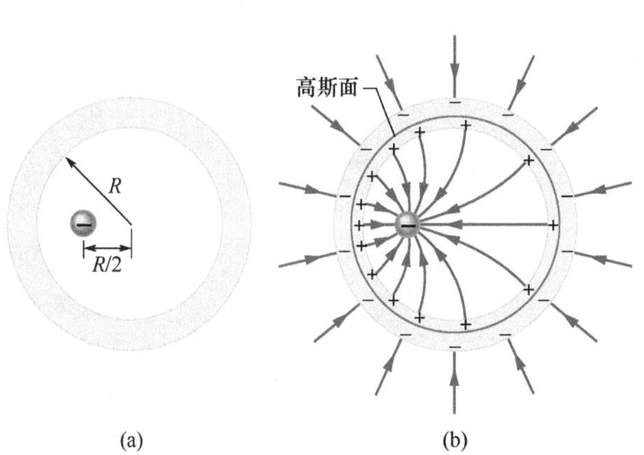

图 23-13 （a）一个带负电的粒子放在电中性的金属球壳里面。（b）结果是，正电荷不均匀地分布在球壳的内壁上，而等量的正电荷则均匀地分布在外壁上。

球壳是电中性的，之所以内壁会带有 +5.0μC 的电荷只可能是因为总电荷量是 -5.0μC 的许多电子离开了内壁并移动到球的外壁。它们均匀地分散开来，就像图23-13b中所画的那样。这个负电荷的分布是均匀的，因为壳是球形的，并且内壁上正电荷的偏心分布不会在球壳中产生电场去影响外壁上电荷的分布。此外，这些负电荷要互相排斥。

球壳内部和外部的场线近似地画在图23-13b中，所有场线都垂直地和壳及粒子相交。在球壳内部，由于正电荷分布的偏斜，场线的分布图案也是偏斜的。球壳外面的场线图案和粒子在球心并且球壳"不存在时的情况相同。事实上，无论粒子放在球壳内的什么地方这都成立。

在 WileyPLUS 中可以找到附加的例题、视频和练习。

23-4 高斯定律的应用：柱面对称

学习目标

学完这一单元后，你应当能够……

23.20 说明高斯定律怎样被用来推导有均匀线电荷密度 λ 的带电线或圆柱面（像塑料棒）外面电场的数值。

23.21 应用圆柱面上的线电荷密度 λ 与到中心轴的径向距离 r 处的电场数值 E 之间的关系。

23.22 说明高斯定律怎样被用于求带均匀体电荷密度 ρ 的不导电圆柱体（像塑料棒）内部电场的数值。

关键概念

- 在带有均匀线电荷密度 λ 的无限长带电直线（或带电棒）附近的电场垂直于该带电直线并具有数值

$$E=\frac{\lambda}{2\pi\varepsilon_0 r}\quad（带电直线）$$

其中，r 是直线到该点的垂直距离。

高斯定律的应用：柱面对称

图23-14表示一段带有均匀线电荷密度 λ 的、无限长圆柱形塑料棒。我们要求棒的外面、离棒的中心轴半径为 r 处的电场数值 E 的表达式。我们可以用第22章中的方法（取电荷元 dq，场矢量 $d\vec{E}$ 等）。然而，高斯定律给出了一种更快速并且更容易（也是更巧妙的）的方法。

电荷分布及场都具有柱面对称性。要求半径 r 处的场，我们用一个半径为 r、高度为 h 的同心高斯圆柱面把棒的一段封闭在内。（如果你要求某一点的场，则高斯面也要经过这一点。）我们现在可以用高斯定律把包含在圆柱面内的电荷与通过圆柱面的净通量联系起来。

首先要注意，由于对称性，任何点的电场必定是沿径向向外（电荷是正的）的。这意味着对于两个底面上的任何点，场只掠过表面而不穿过表面。所以通过上、下两底面的通量是零。

要求通过圆柱的弯曲侧面的通量，首先要注意侧面上的任何面积元的面积矢量 $d\vec{A}$ 沿径向向外（背离高斯面内部），因而和穿过该面积元的场同方向。于是高斯定律中的点积简化为 $EdA\cos 0=$

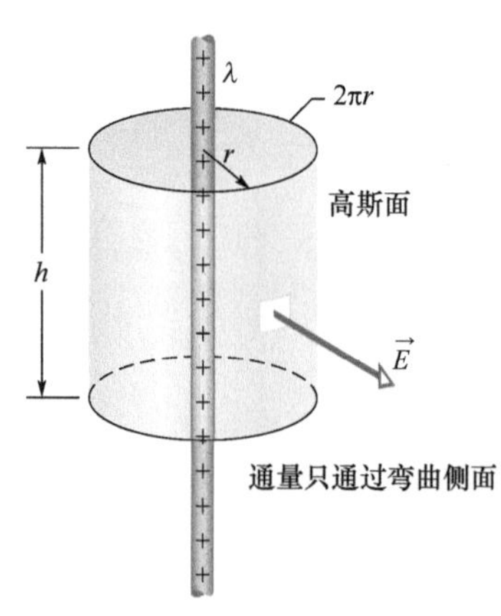

图23-14 闭合圆柱形的高斯面围绕着一段非常长的、均匀带电的圆柱形塑料棒。

EdA，我们可以将 E 提到积分号外。余下的积分只是对圆柱体的弯曲侧面上所有的面积元求和，但我们已经知道总面积是圆柱体的高度 h 与圆周长度 $2\pi r$ 的乘积。于是，通过圆柱面的净通量是

$$\Phi = EA\cos\theta = E(2\pi rh)\cos 0 = E(2\pi rh)$$

高斯定律公式的另一边是封闭在圆柱面内的电荷 q_{enc}。因为线电荷密度（单位长度的电荷）是均匀的，高斯面内包含的电荷是 λh。于是，高斯定律

$$\varepsilon_0 \Phi = q_{\text{enc}}$$

写成

$$\varepsilon_0 E(2\pi rh) = \lambda h$$

由此得到

$$E = \frac{\lambda}{2\pi\varepsilon_0 r} \text{（带电直线）} \tag{23-12}$$

这是无限长带电直线在离该直线径向距离 r 处的电场。如果电荷是正的，$\vec{E}$ 的方向是背离带电直线径向向外；如果电荷是负的，$\vec{E}$ 的方向就沿径向向内。式（23-12）也是对*有限长*带电直线附近与端点（与到直线的距离相比较）不远的位置处电场的近似表达式。

如果这根棒带有均匀的体电荷密度 ρ，我们可以用同样的方法求棒*内部*电场的数值。我们只要把图 23-14 中高斯圆柱面缩小到棒的内部。因为电荷密度是均匀的，封闭在圆柱面内的电荷 q_{enc} 正比于高斯圆柱面包含的棒的体积。

例题 23.06 高斯定律及雷暴中的上升电流

雷暴中的上升电子流。图 23-15 中的女士正站在红杉国家公园的高高的观景台上，这时一朵巨大的雷雨云掠过她的头顶。她身上的一些传导电子被带负电的云层底部驱动进入地下（见图 23-16a），使她成为带正电的物体。你可以看出她是高度带电的，因为她的头发互相排斥并且沿着她身上的电荷产生的电场线在她的头顶笔直向上竖起。

闪电并没有击中这位女士，但她却处在极度危险中，因为这样的电场强度处在引起周围空气发生电击穿的边缘。这种击穿会沿着一条从她开始的所谓的*上升电流*的通路发生。上升电流是很危险的，因为由此产生的空气分子的电离会从这些分子中突然释放出庞大数量的电子，假如图 23-15 中的这位女士身上产生了上升电流，空气中的自由电子就会移动过来中和她身上的正电荷（见图 23-16b），于是就会产生巨大的、可能是致命的电荷流通过她的身体。这种电荷流是非常危险的，因为这可能干扰甚至停止她的呼吸（这显然对供氧是必需的），并且会不断地冲击她的心脏（这对携带氧的血流显然是必需的）。这种电荷流也可能引起烧伤。

Courtesy NOAA

图 23-15 这位女士因头上面的暴雨云而成为带正电的物体。

我们把她的身体用一个高度为 1.8m、半径 R = 0.10m 竖直摆放的细圆柱体作为模型（见图 23-16c）。设电荷 Q 均匀分布在圆柱体中，并且如果沿她的身体的电场强度数值超过临界值 E_c = 2.4MN/C 就会发生电击穿。要使她周围的空气达到电击穿的临界点，Q 的数值应是多少？

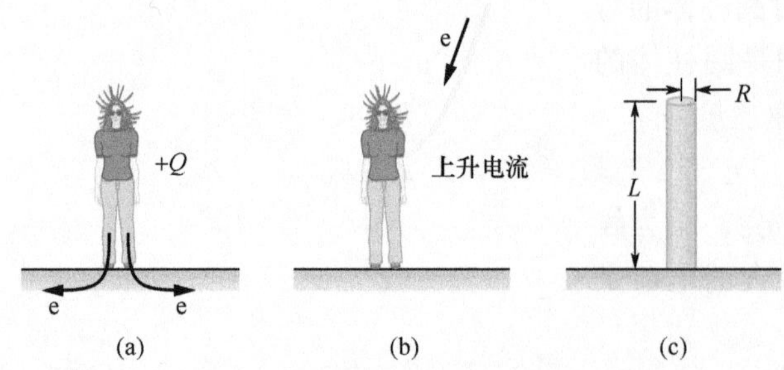

图 23-16　(a) 这位女士身上的一些传导电子被驱动进入地下，留下她带正电荷的身体。(b) 如果空气发生电击穿，就会产生上升电流，提供了从空气的分子中游离出来的电子向女士移动的通路。(c) 用一个圆柱体代表这位女士。

【关键概念】

因为 $R \ll L$，我们可以把电荷分布近似地看作沿一条长的带电直线。还有，因为我们假设电荷沿这条直线均匀分布。我们可以近似地用式 (23-12) $[E=\lambda/(2\pi\varepsilon_0 r)]$ 表示她的身体附近电场的数值。

解：将临界值 E_c 代入 E，将圆柱体半径 R 代入径向距离 r，比值 Q/L 是线电荷密度 λ，我们有

$$E_c=\frac{Q/L}{2\pi\varepsilon_0 R}$$

或

$$Q=2\pi\varepsilon_0 RLE_c$$

代入给定的数据，得到

$$Q=(2\pi)[8.85\times10^{-12}\mathrm{C^2/(N\cdot m^2)}](0.10\mathrm{m})\times(1.8\mathrm{m})(2.4\times10^6\mathrm{N/C})$$
$$=2.402\times10^{-5}\mathrm{C}\approx24\mu\mathrm{C}$$
(答案)

WILEY PLUS 在 WileyPLUS 中可以找到附加的例题、视频和练习。

23-5 高斯定律的应用：平面对称

学习目标

学完这一单元后，你应当能够……

23.23 应用高斯定律推导有均匀面电荷密度 σ 的巨大不导电平面附近电场的数值 E。

23.24 对一个有均匀电荷密度 σ 的巨大不导电平面附近的点，应用电荷密度与电场强度数值 E 之间的关系，并指明电场的方向。

23.25 对于两片带有均匀电荷密度 σ 的巨大平行导电平面附近的点应用电荷密度和电场数值 E 之间的关系，并指明电场的方向。

关键概念

- 带有均匀面电荷密度 σ 的无限大不导电薄板产生的电场垂直于薄板的平面并且电场数值为

$$E=\frac{\sigma}{2\varepsilon_0}\ (\text{不导电带电薄板})$$

- 靠近面电荷密度 σ 的绝缘带电导体表面外的电场强度垂直于表面并有数值

$$E=\frac{\sigma}{\varepsilon_0}\ (\text{外面，带电导体})$$

导体内部的电场为零。

高斯定律的应用：平面对称

不导电薄板

图 23-17 表示带有均匀（正的）面电荷密度 σ 的、无限大不导电薄板的一部分。一面均匀带电的塑料薄片可以作为简单的模型。我们要求薄片前面距离 r 处的电场强度 $\vec{E}$。

合适的高斯面是一个底面面积为 A 的闭合圆柱面，它垂直地穿过薄板放置，如图所示。由对称性，$\vec{E}$ 必定垂直于薄板，因而也垂直于圆柱形高斯面的底面。另外，因为电荷是正的，$\vec{E}$ 的指向背

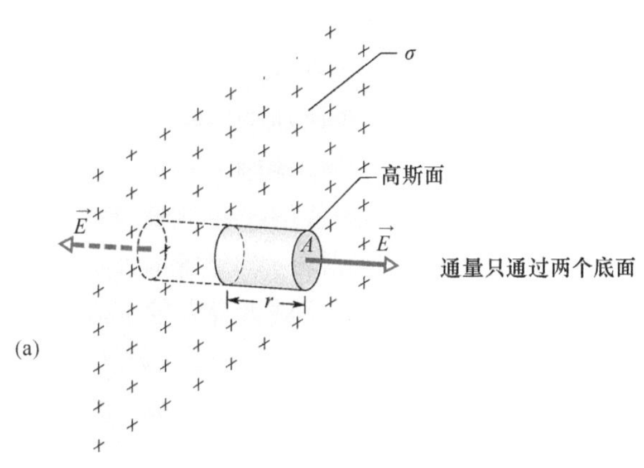

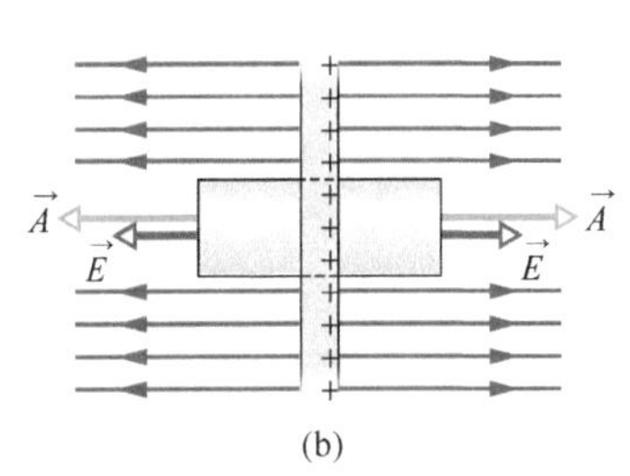

图 23-17　(a) 非常大的塑料薄板的一面均匀带电，面电荷密度为 σ，薄板一部分的 (a) 透视图，(b) 侧视图。闭合的圆柱形高斯面通过薄板并垂直于薄板。

离薄板，因而电场线穿过高斯面的前、后两个底面且方向向外。因为场线不穿过弯曲的侧面，没有通量通过高斯面的这一部分。于是 $\vec{E}\cdot d\vec{A}$ 简化为 EdA；高斯定律

$$\varepsilon_0 \oint \vec{E}\cdot d\vec{A} = q_{enc}$$

写成　　$\varepsilon_0 (EA+EA) = \sigma A$

其中，σA 是封闭在高斯面内的电荷。由此得到：

$$E=\frac{\sigma}{2\varepsilon_0}\text{（带电薄板）}\qquad (23\text{-}13)$$

因为我们考虑的是有均匀电荷密度的无限大薄片，这个结果对离薄片有限距离上的任何点都成立。式 (23-13) 和式 (22-27) 一致，后者是我们对电场分量积分得到的。

两片导电板

图 23-18a 表示一块带过剩正电荷的无限大薄导电板的截面。我们从 23-3 单元知道，过剩电荷都在板的表面上。因为板很薄并且很大，我们可以假设，所有的过剩电荷实际上都在板的巨大的两个面上。

如果没有外电场迫使正电荷采取某种特殊的分布，正电荷就会扩散到两个面上，形成数值为 σ_1 的均匀面电荷密度。由式 (23-11)，这些电荷只在板的外面建立数值为 $E=\sigma_1/\varepsilon_0$ 的电场。因为过剩电荷是正的，所以场的指向背离带电板。

图 23-18b 中是相同的一块板，带有同样数值面电荷密度为 σ_1 的过剩负电荷。与图 23-18a 的唯一的区别是电场指向带电板。

假设我们将图 23-18a、b 中的两块板平行地互相靠近 (见图 23-18c)。因为两块板都是导体，当我们把它们这样安放的时候，每一块板上的过剩电荷就会吸引另一块板上的过剩电荷，于是所有的过剩电荷都移动到两块板互相靠近的内表面，如图 23-18c 所示。现在，两块板互相靠拢的内表面都有两倍于原来的电荷，现在这两个面上新的面电荷密度 (称为 σ) 是 σ_1 的两倍。于是，两块板之间任何一点的电场的数值是

$$E=\frac{2\sigma_1}{\varepsilon_0}=\frac{\sigma}{\varepsilon_0}\qquad (23\text{-}14)$$

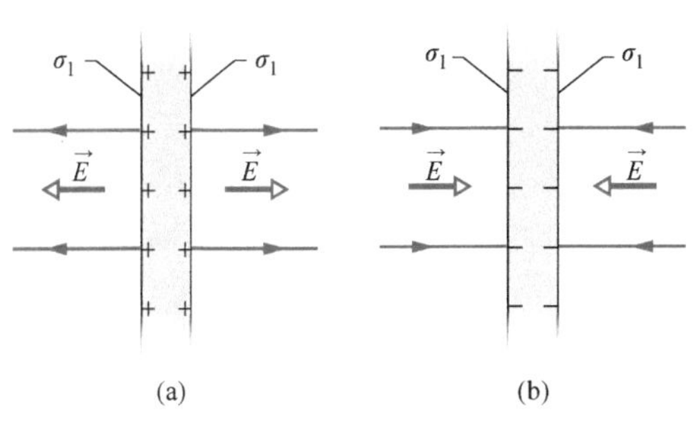

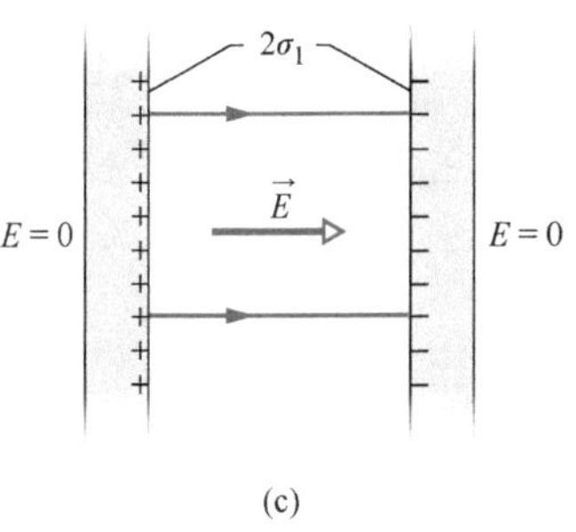

图 23-18　(a) 带有过剩正电荷的、很大的薄导电板。(b) 同样的板，带过剩的负电荷。(c) 平行并且靠近安放的两块板。

场的指向背离带正电荷的板，向着带负电荷的板。因为两板的外表面没有过剩电荷留下，板外左边和右边电场都是零。

因为当我们将两块板互相靠近时电荷移动了，所以两块板系统的电荷分布并不是各块板的电荷分布的简单相加。

我们讨论像无限大的带电薄板建立的电场这一类看上去是不现实的情况的一个理由是，对“无限大”情况的分析可以让我们得到许多真实世界中的问题的很好的近似。对于有限的不导电薄片，如果我们要讨论的是很靠近薄片并且不太靠近薄片边缘的点，式（23-13）很好地成立。而对于一对有限大小的导电板，只要我们考虑的点不太接近它们的边缘，式（23-14）也能很好地成立。这些边缘引起的麻烦是，在边缘附近我们不能再继续利用平面对称性来求场的表达式。事实上，这里的场线是弯曲的（我们说是边缘效应或边缘场），这种场很难用代数式表达。

例题 23.07 两片平行的不导电带电薄片附近的电场

图23-19a表示两片大的平行不导电薄片各自的一部分，两个薄片各在一个侧面上带有固定的均匀电荷。面电荷密度的数值对带正电荷薄片是 $\sigma_{(+)}=6.8\mu C/m^2$，带负电荷的薄片的面电荷密度是 $\sigma_{(-)}=4.3\mu C/m^2$。

求（a）薄片左边，（b）两薄片之间及（c）薄片右边的电场 $\vec{E}$。

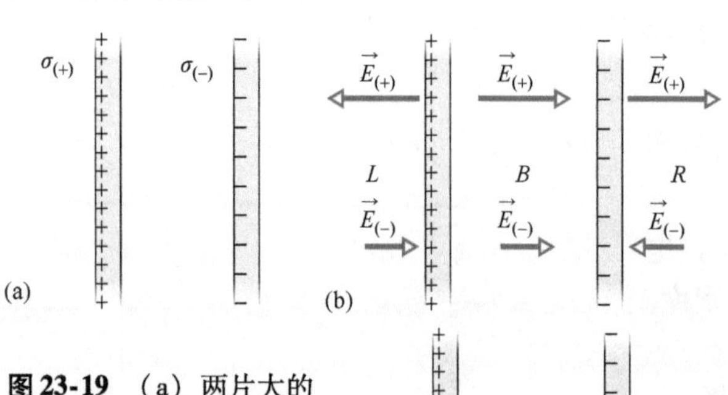

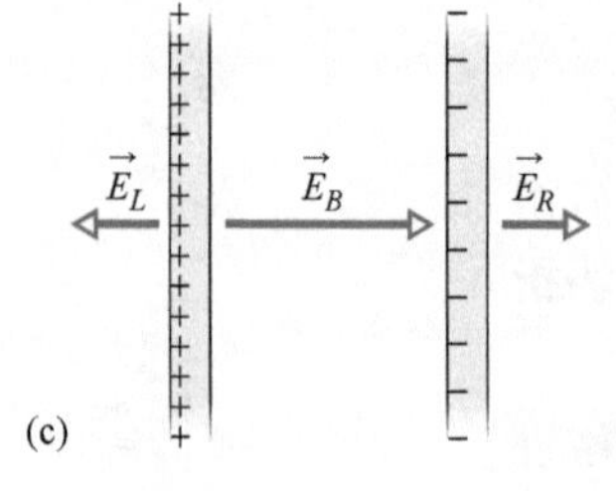

图23-19 （a）两片大的平行薄片，一面均匀带电。（b）两带电薄片各自产生的电场。（c）叠加得到的两片带电薄片共同产生的合电场。

【关键概念】

由于电荷是固定在位置上的（它们在非导体上），我们可以用以下方法求图23-19a中两片薄片的电场：

（1）把薄片看作绝缘的，求每一片的电场。

（2）根据叠加原理求绝缘薄片场的代数和。（我们可以计算场的代数和是因为它们互相平行。）

解： 带正电薄片的电场 $\vec{E}_{(+)}$ 中任何一点的方向是背离薄片，由式（23-13），它的数值是

$$E_{(+)}=\frac{\sigma_{(+)}}{2\varepsilon_0}=\frac{6.8\times10^{-6}C/m^2}{(2)[8.85\times10^{-12}C^2/(N\cdot m^2)]}$$

$$=3.84\times10^5 N/C \qquad \text{（图23-19b上方）}$$

同理，带负电的薄片的电场 $\vec{E}_{(-)}$ 在任何一点都向着薄片，它的数值是

$$E_{(-)}=\frac{\sigma_{(-)}}{2\varepsilon_0}=\frac{4.3\times10^{-6}C/m^2}{(2)[8.85\times10^{-12}C^2/(N\cdot m^2)]}$$

$$=2.43\times10^5 N/C \qquad \text{（图23-19b下方）}$$

图23-19c表示两片薄片在两薄片的左边（L）、两者之间（B）及它们的右边（R）建立的电场。

这三个区域的合成电场可按叠加原理求出。左边场的大小是

$$E_L=E_{(+)}-E_{(-)}=3.84\times10^5 N/C-2.43\times10^5 N/C$$

$$=1.4\times10^5 N/C \qquad \text{（答案）}$$

因为 $E_{(+)}$ 大于 $E_{(-)}$，所以这个区域内的净电场方向向左。两薄片的右边，净电场有同样的数值但指向右边。

在两薄片之间，两电场相加，我们有

$$E_B=E_{(+)}+E_{(-)}=3.84\times10^5 N/C+2.43\times10^5 N/C$$

$$=6.3\times10^5 N/C \qquad \text{（答案）}$$

电场 $\vec{E}_B$ 方向向右。

WILEY PLUS 在WileyPLUS中可以找到附加的例题、视频和练习。

23-6 高斯定律的应用：球对称

学习目标

学完这一单元后，你应当能够……

23.26 懂得一个均匀带电的球壳吸引或排斥球壳外面的带电粒子就好像球壳上的所有电荷都集中在球壳的中心一样。

23.27 懂得如果一个带电粒子被封闭在均匀带电的球壳内部，就没有从球壳来的静电力作用在这个粒子上。

23.28 对于均匀带电的球壳外面的点，应用电场强度的数值 E、球壳上的电荷 q 与从球壳中心算起的距离 r 之间的关系。

23.29 知道封闭在均匀带电的球壳内部各点的电场的数值。

23.30 对于均匀的球形电荷分布（均匀的带电球体），确定球内和球外各点电场的数值和方向。

关键概念

- 均匀带电荷 q 的球壳外面，球壳产生的电场沿着半径（向内或向外，取决于电荷的符号），其数值为

$$E=\frac{1}{4\pi\varepsilon_0}\frac{q}{r^2}\ （球壳外面）$$

其中，r 是从球壳中心到测量点的距离。这个场和所有电荷都集中在球壳中心的一个粒子上所产生的场一样。

- 在球壳内部，球壳产生的场是零。
- 具有均匀体电荷密度的球体内部，电场沿径向，电场数值为

$$E=\frac{1}{4\pi\varepsilon_0}\frac{q}{R^3}r\ （带电球内部）$$

其中，q 是总电荷；R 是球半径；r 是从球心到测量点的距离。

高斯定律的应用：球对称

这里我们用高斯定律证明两条在 21-1 单元中给出但没有证明的球壳定理：

一个均匀带电的球壳吸引或排斥球壳外面的带电粒子，其效果就好像球壳的所有电荷都集中在球壳的中心一样。

图 23-20 表示总电荷为 q、半径为 R 的带电球壳以及两个同心的球形高斯面 S_1 和 S_2。如果我们按照 23-2 单元的方法将高斯定律用于 $r\geqslant R$ 的高斯面 S_2，我们可以得到

$$E=\frac{1}{4\pi\varepsilon_0}\frac{q}{r^2}（球壳，r\geqslant R 处的场）\qquad (23\text{-}15)$$

这个场和球壳中心的一个带电荷 q 的粒子产生的场完全相同。因此，带电荷 q 的球壳对球壳外面的带电粒子作用的力和球壳的所有电荷都集中在球壳中心的粒子作用的力相同。这就证明了第一球壳定理。

将高斯定律用于 $r<R$ 的球面 S_1，直接得出：

$$E=0\ （球壳，r<R 处的场）\qquad (23\text{-}16)$$

因为这个高斯面内不包含电荷。于是，如果球壳里面有一个带电粒子，球壳对这个粒子没有净静电力作用。这就证明了第二条球壳定理。

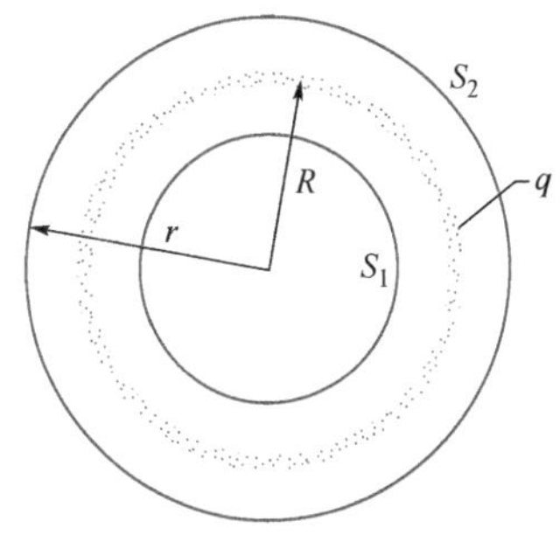

图 23-20 一个薄的均匀带电的球壳的截面，总电荷为 q。图上还画出两个高斯面 S_1 和 S_2 的截面。高斯面 S_2 包含球壳在内，高斯面 S_1 只包含壳内空的内部。

如果一个带电粒子处于均匀带电的球壳的内部，则球壳没有静电力作用于这个粒子。

任何像图 23-21 那样的球对称电荷分布都可以用一组套叠的同心球壳构建。为了达到应用这两个球壳定理的目的，每一个球壳的体电荷密度 ρ 应当有同一个数值，但壳层之间并不需要相同。所以，对整个球体的电荷分布而言，ρ 可以改变，但只能随到球心的径向距离 r 而改变。然后我们可以"一层一层地"考察各层球壳电荷分布的效应。

在图 23-21a 中，$r>R$，全部电荷都在高斯面内。电荷在高斯面上产生电场就好像位于球心并带有这些电荷的一个粒子所产生的电场一样。所以式（23-15）成立。

图 23-21b 表示 $r<R$ 的高斯面。为了求这个高斯面上各点的电场，我们分别考虑在这高斯面里面的电荷和在它外面的电荷。由式（23-16），外面的电荷在这个高斯面上不会产生电场。由式（23-15），里面电荷产生的场和这些电荷都集中在球心位置上时所产生的电场一样。令 q' 表示包含在高斯面里面的电荷，于是我们可以把式（23-15）重新写成

$$E=\frac{1}{4\pi\varepsilon_0}\frac{q'}{r^2}\text{（球对称分布，}r\leqslant R\text{ 处的场）}\qquad(23\text{-}17)$$

如果在半径为 R 的球内的所有电荷 q 都是均匀分布的，那么在图 23-21b 中半径为 r 的球内的电荷 q' 正比于 q：

$$\frac{\text{（半径为 }r\text{ 的球里面的电荷）}}{\text{（半径为 }r\text{ 的球的体积）}}=\frac{\text{全部电荷}}{\text{整个体积}}$$

或

$$\frac{q'}{\frac{4}{3}\pi r^3}=\frac{q}{\frac{4}{3}\pi R^3}\qquad(23\text{-}18)$$

由这个式子得到

$$q'=q\frac{r^3}{R^3}\qquad(23\text{-}19)$$

将上式代入式（23-17），得到

$$E=\left(\frac{q}{4\pi\varepsilon_0R^3}\right)r\text{（均匀电荷分布，在 }r\leqslant R\text{ 处的场）}\qquad(23\text{-}20)$$

(a)

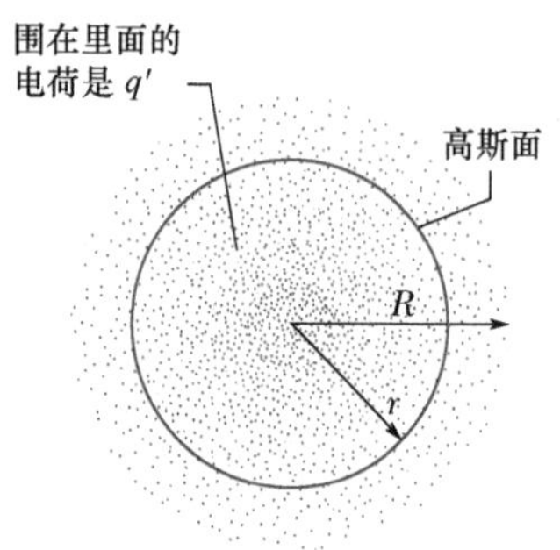

(b) 通过高斯面的通量只取决于围在高斯面里面的电荷

图 23-21 黑点表示在半径为 R 的球内电荷的球对称分布。体电荷密度 ρ 只是到球心距离的函数。带电物体不是导体，所以可以假设电荷位置固定。（a）中表示 $r>R$ 的同心高斯球面。同样同心的 $r<R$ 的高斯球面画在（b）中。

检查点 4

下图中有两块大的、平行不导电薄板，它们有完全相同的（正的）均匀面电荷密度，一个小球带有均匀的（正的）体电荷密度。按照各点位置上净电场的数值大小将图中这四个标有数字的点排序，最大的排第一。

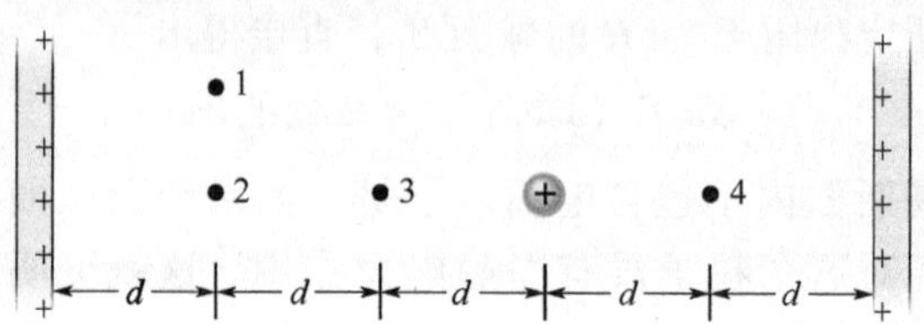

复习和总结

高斯定律　高斯定律和库仑定律是以不同方式描写静止的情况下电荷与电场之间的关系。高斯定律是

$$\varepsilon_0\Phi = q_{enc}\text{（高斯定律）} \qquad (23\text{-}6)$$

其中，q_{enc}是想象的闭合面（高斯面）里面的净电荷；Φ是通过这个高斯面的电场的净通量：

$$\Phi = \oint \vec{E}\cdot d\vec{A}\text{（通过高斯面的电通量）} \qquad (23\text{-}4)$$

库仑定律可以从高斯定律推导出来。

高斯定律的应用　应用高斯定律以及在某些情况下的对称性条件，我们可以导出几种在静电学中重要的结果。其中包括：

1. 绝缘导体上的过剩电荷全部都在导体的外表面上。

2. 带电导体表面附近外电场垂直于表面并且它的数值取决于面电荷密度σ。

$$E = \frac{\sigma}{\varepsilon_0}\text{（导体表面）} \qquad (23\text{-}11)$$

导体内部$E=0$。

3. 有均匀线电荷密度λ的无限长带电直线在任何一点产生的电场垂直于此带电直线并且其大小为

$$E = \frac{\lambda}{2\pi\varepsilon_0 r}\text{（带电直线）} \qquad (23\text{-}12)$$

其中，r是从该点到带电直线的垂直距离。

4. 有均匀面电荷密度σ的无限大的、导电薄板产生的电场垂直于薄板平面，其数值为

$$E = \frac{\sigma}{2\varepsilon_0}\text{（带电薄板）} \qquad (23\text{-}13)$$

5. 半径为R、总电荷为q的带电球壳外面的电场沿着半径方向，其数值为

$$E = \frac{1}{4\pi\varepsilon_0}\frac{q}{r^2}\text{（球壳，}r\geqslant R\text{）} \qquad (23\text{-}15)$$

其中，r是球壳中心到测量E的点的距离。（对于球壳外面的点，电荷的作用好像都集中在球壳中心的位置上。）在均匀带电球壳里面的场严格为零：

$$E = 0\text{（球壳，}r<R\text{）} \qquad (23\text{-}16)$$

6. 均匀带电球体内部的电场沿半径方向，数值是

$$E = \left(\frac{q}{4\pi\varepsilon_0 R^3}\right)r \qquad (23\text{-}20)$$

习题

1. 一根无限长带电直线在距离 9.0m 处产生数值为 1.7×10^4N/C 的电场。求距离 2.0m 处场的数值。

2. 在图 23-22 中，一个电子以速率 $v_s=1.6\times10^5$m/s 径直背向均匀带电塑料薄片射出。薄片是不导电的、很大的平面。图 23-22b 给出这个电子在回到它的发射点前，速度的竖直分量v对时间t的曲线。薄片的面电荷密度是多大?

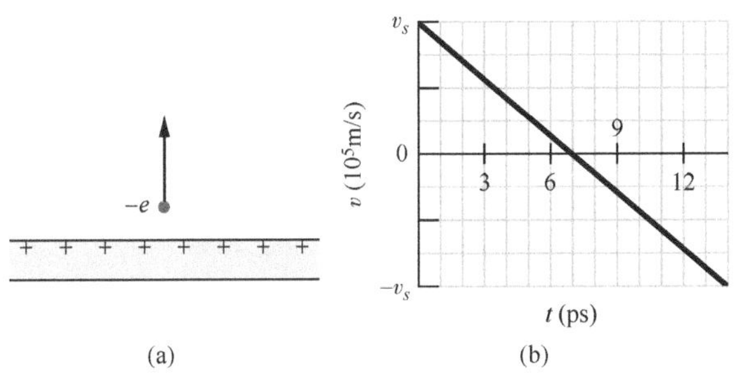

图 23-22　习题 2 图

3. 半径为 10cm 的导电实心球上有未知电荷。若离球心 30cm 处电场的大小为 3.0×10^3N/C，方向沿径向指向内，(a) 球上净电荷为多少?(b) 电荷密度多大?

4. 均匀线密度 1.5nC/m 的电荷沿一根长而细的不导电棒分布。棒和一个长的导电圆柱形壳（内半径 =5.0cm，外半径 =10cm）同轴。壳上的净电荷是零。(a) 距离圆柱形壳的轴 15cm 处电场的数值是多少?壳的 (b) 内表面和 (c) 外表面上的面电荷密度各是多少?

5. 绝缘导体带有静电荷 $+10\times10^{-6}$C，导体有一个空洞，里面有一个带电荷 $q=-4.0\times10^{-6}$C 的粒子。(a) 空洞壁和 (b) 外表面上的电荷各是多少?

6. 图 23-23 给出一个球体的内部和外部电场的数值，整个球的体积内有正电荷均匀分布。纵轴的标度由 $E_s=10\times10^7$N/C 标定。(a) 球上电荷为多少? (b) 在 $r=8.0$m 处的电场强度数值有多大?

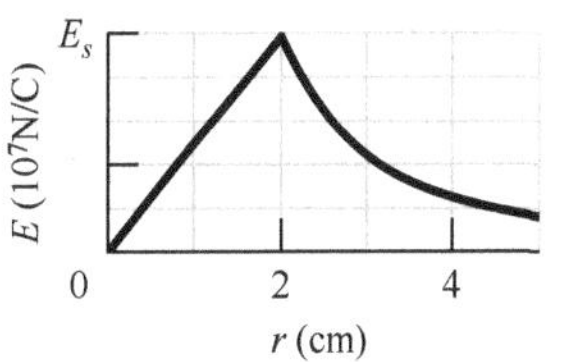

图 23-23　习题 6 图

7. 图 23-24 中，两块大而薄的金属板互相靠近平行地放置。两块板靠里边的面上有符号相反、数值为 2.31×10^{-22}C/m² 的过剩电荷面密度。用单位矢量记号，

两金属板的（a）左边，（b）右边以及（c）二者之间的各点的电场各是多少？

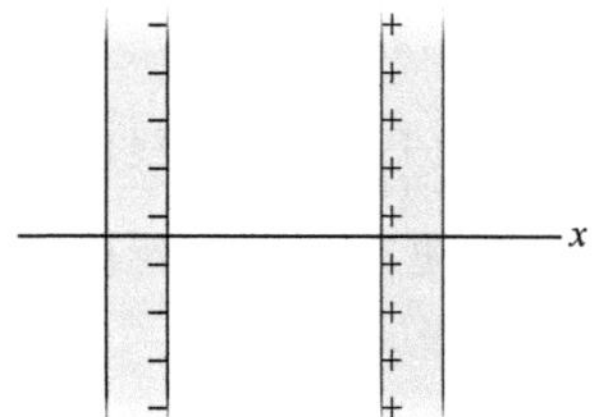

图23-24　习题7图

8. 图23-25中，在带有均匀电荷密度 $\sigma = 4.50\text{pC/m}^2$ 的无限大、不导电平面的中间开一个半径 $R = 1.30\text{cm}$ 的小圆孔。原点经过圆孔中心位置的 z 轴，该轴垂直于表面。用单位矢量表示，在 $z = 2.56\text{cm}$ 处的 P 点的电场强度是多少？［提示：参考式（22-26），并应用电场的叠加原理。］

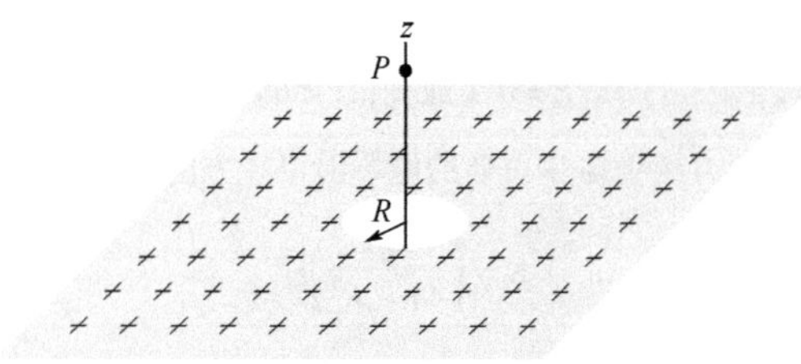

图23-25　习题8图

9. 图23-26中是一个不导电球壳，内半径 $a = 1.50\text{cm}$，外半径 $b = 2.40\text{cm}$，球壳（在它的厚度内）有正的体电荷密度 $\rho = A/r$，其中 A 是常量，r 是到球心的距离。此外，一个带电荷 $q = 75.0\text{fC}$ 的小球放在中心。如果要使壳内（$a \leqslant r \leqslant b$）电场是均匀的，$A$ 的值应是多少？

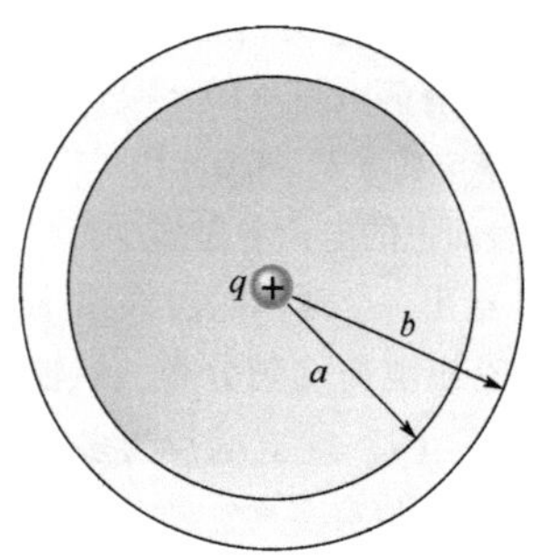

图23-26　习题9图

10. 图23-27表示带有均匀面电荷密度（$\sigma = -2.00\mu\text{C/m}^2$）的非常大的不导电薄板，图上还画有距薄板 d 的带电荷 $Q = 8.00\mu\text{C}$ 的粒子。二者都固定在各自的位置上。如果 $d = 0.200\text{m}$，在 x 轴的（a）正的和（b）负的什么坐标（除了无限大）处，薄片和粒子的净电场 $\vec{E}_{net}$ 是零？（c）如果 $d = 0.950\text{m}$，x 轴上什么坐标处 $\vec{E}_{net} = 0$？

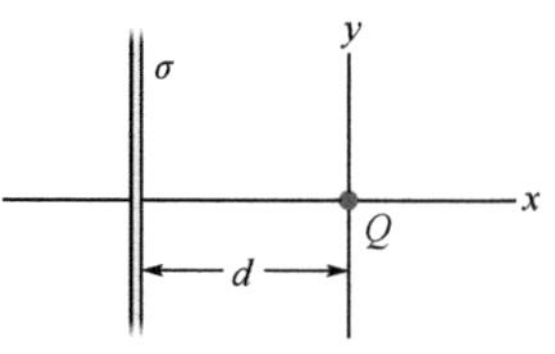

图23-27　习题10图

11. 半径 $R = 5.60\text{cm}$ 的不导电实心球的体电荷密度随径向距离 r 改变的函数由 $\rho = (35.4\text{pC/m}^3)\ r/R$ 给出。（a）该球的总电荷量是多少？在（b）$r = 0$，（c）$r = R/3.00$ 及（d）$r = R$ 处电场强度数值 E 各是多少？（e）画出 E 关于 r 的曲线图。

12. 图23-28表示半径 $R = 2.50\text{cm}$ 的长的薄壁金属管子的一段，它每单位长度的电荷是 $\lambda = 2.00 \times 10^{-8}\text{C/m}$。在径向距离（a）$r = R/2.00$ 及（b）$r = 2.00R$ 处电场强度 E 的数值是多少？（c）画出在 $r = 0$ 到 $2.00R$ 范围内 E 关于 r 的曲线图。

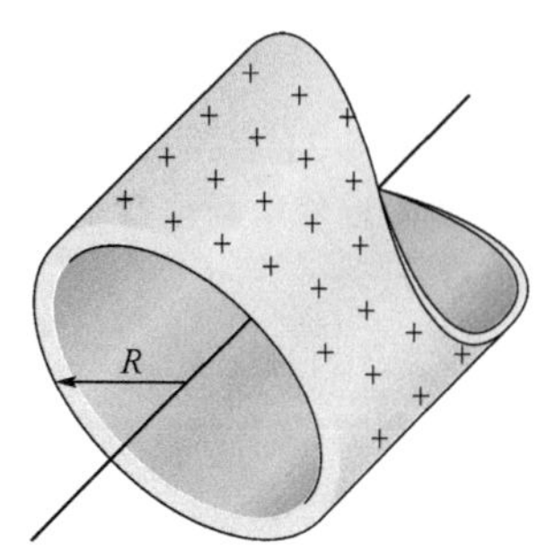

图23-28　习题12图

13. 图23-29中的立方体边长为1.40m，它被安放在均匀电场区域中，取向如图所示。如用牛顿每库仑为单位的电场强度是（a）$19.0\vec{i}$，（b）$-2.00\vec{j}$ 及（c）$-20.0\vec{i} + 4.00\vec{k}$，求通过右面的电通量。（d）对每种场，通过立方体各面的总通量是多少？（e）如果边长加倍，总通量又是多少？

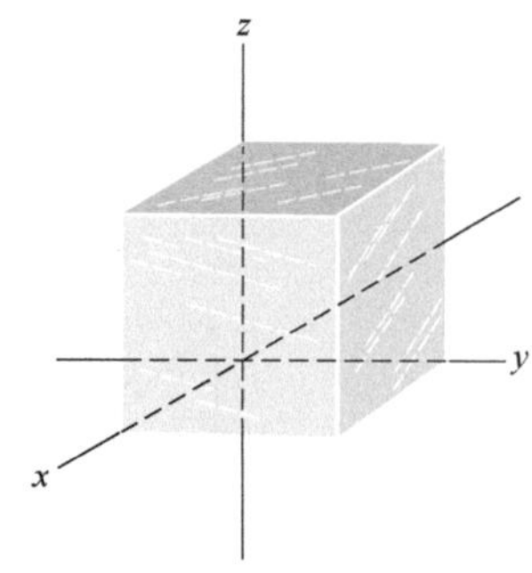

图23-29　习题13，14，15图

14. 在图23-29中所示的立方体的表面上每一点的电场都平行于 z 轴，立方体每一边的长度是4.0m。立方体上表面的电场强度是 $\vec{E} = -34\vec{k}\text{N/C}$，底面电场强度是 $\vec{E} = +20\vec{k}\text{N/C}$。求包含在此立方体内的净电荷。

15. 图23-29表示边长为5.60m的立方形高斯面。如果 $\vec{E} = (3.00y\vec{j})\text{N/C}$，$y$ 单位用米。求：（a）通过这个高斯面的净通量 Φ，（b）包围在面内的净电荷。如果 $\vec{E} =$

$[-17.0\vec{i}+(6.00+3.00y)\vec{j}]$ N/C，求：(c) Φ 和 (d) q_{enc}。

16. 面积为 $1.0m^2$ 的两块大金属板面对面地安放，分开距离 6.0cm，各带数值相等但符号相反的电荷 $|q|$。两板间场的大小 E 是（忽略边缘效应）72N/C。求 $|q|$。

17. 在图 23-30 中，一个质子在边长为 d 的正方形平面中心正上方距离 $d/2$ 处。通过正方形平面的电通量是多少？（提示：把正方形当作边长为 d 的立方体的一个面。）

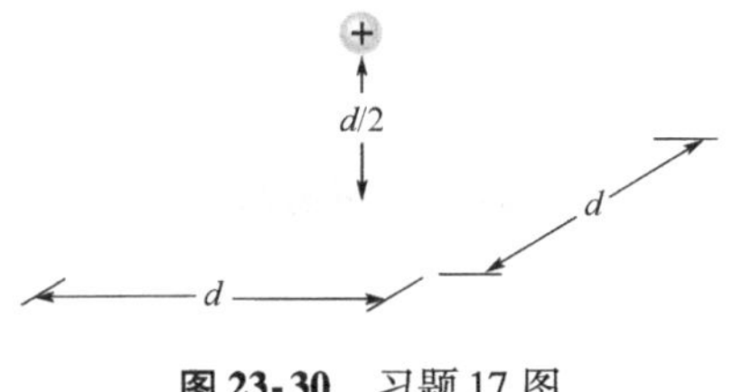

图 23-30　习题 17 图

18. 半径为 4.0cm 的不导电实心长圆柱体带有不均匀的体电荷密度 ρ，ρ 是到圆柱体轴的径向距离 r 的函数：$\rho = Ar^2$。当 $A = 6.3\mu C/m^5$ 时，在 (a) $r = 3.0$cm 及 (b) $r = 5.0$cm 处电场强度大小各为多少？

19. 一根长直金属线带有一定的负电荷，其线电荷密度的数值为 5.2nC/m。这根线被封闭在半径为 1.2cm 的同轴的薄壁、不导电圆柱形壳内。圆柱壳外表面已带有面电荷密度 σ 的正电荷，结果使得净内电场为零。求 σ。

20. 图 23-31 表示两片大的、平行放置的不导电薄板的截面。它们有相同的正电荷分布，面电荷密度 $\sigma = 2.31 \times 10^{-22} C/m^2$。用单位矢量符号表示，问 (a) 薄板以上各点，(b) 二者之间及 (c) 它们下面的电场 $\vec{E}$ 各是什么？

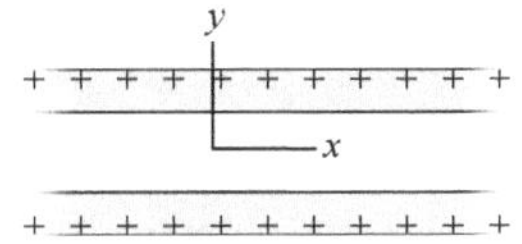

图 23-31　习题 20 图

21. 图 23-32 中，一个质量 $m = 7.3$mg 并带电荷 $q = 2.0 \times 10^{-8}$C 的不导电小球（电荷均匀分布在小球的整个体积中）用一根绝缘线悬挂起来，它与竖直放置的、均匀带电的不导电薄板（图上画出截面）成 $\theta = 30°$ 角。考虑到作用在小球上的重力并设带电薄板在竖直方向上延伸到很远的书页外面。求薄板的面电荷密度 σ。

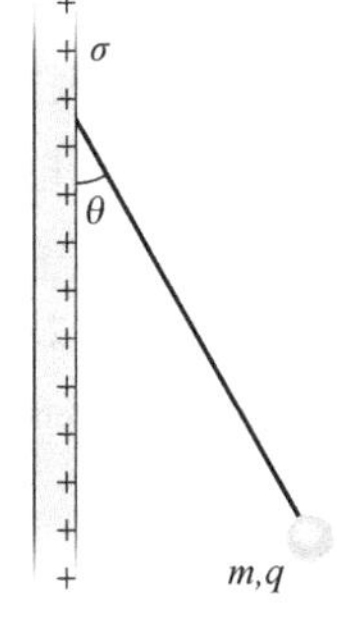

图 23-32　习题 21 图

22. 一个带电粒子固定在球壳中心。图 23-33 给出电场数值 E 对径向距离 r 的曲线，纵轴标度由 $E_s = 5.0 \times 10^7$N/C 标定，球壳上净电荷的近似值为多大？

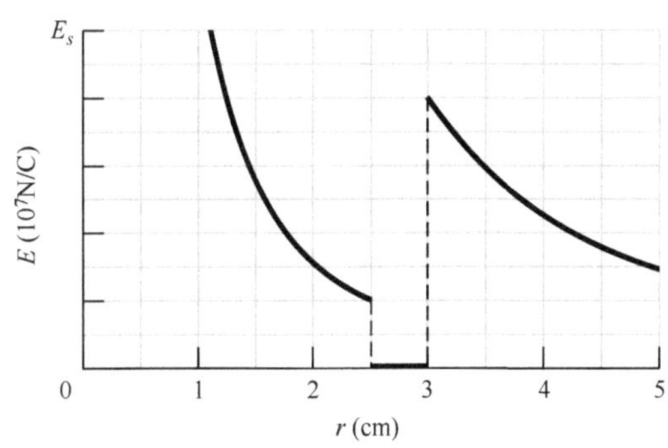

图 23-33　习题 22 图

23. 图 23-34 表示一个边长为 2.00m 的立方体高斯面，它的一个角的坐标为 $x_1 = 5.00$m，$y_1 = 4.00$m。立方体所在区域中的电场强度矢量是 $\vec{E} = +23.0\vec{i} - 2.00y^2\vec{j} - 16.0\vec{k}$N/C，$y$ 用米为单位。立方体中包含多少净电荷？

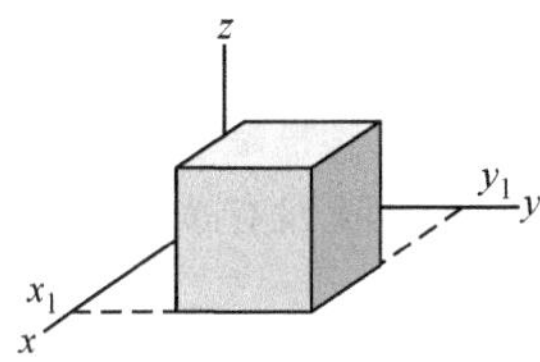

图 23-34　习题 23 图

24. 由 $\vec{E} = 5.0\vec{i} - 3.0(y^2 + 2.0)\vec{j}$ 给出的电场穿过边长为 2.0m 的立方体高斯面，高斯面的位置画在图 23-7 中。（E 的单位是牛顿每库仑，位置 x 的单位是米。）求通过 (a) 上表面，(b) 底面，(c) 左面，(d) 后面的电通量，以及 (e) 通过立方体的净电通量。

25. 两个带电同心球壳的半径分别是 10.0cm 和 15.0cm，内球壳上的电荷是 7.50×10^{-8}C，外壳上的电荷是 6.33×10^{-8}C。求：(a) $r = 12.0$cm 处，(b) $r = 20.0$cm 处的电场强度。

26. 一个电子从距离一根非常长并且均匀带电 $4.5\mu C/m$ 的不导电细棒 9.0cm 的位置释放，电子的初始加速度是多大？

27. 两个很长并且带电的同轴圆柱体薄壳的半径分别是 3.0cm 和 6.0cm，内壳每单位长度电荷是 -7.0×10^{-6}C/m，外壳是 $+5.0 \times 10^{-6}$C/m。求径向距离 $r = 4.0$cm 处的电场 (a) 数值 E 和 (b) 方向（径向向内还是向外）。在 $r = 8.0$cm 处的 (c) E 和 (d) 方向是什么？

28. 图 23-35 表示一个带有均匀体电荷密度 $\rho = 1.56nC/m^3$ 的球壳，它的内半径 $a = 10.0$cm，外半径 $b = 2.00a$。求以下位置的电场的数值：径向距离为 (a) $r = 0$；(b) $r = a/2.00$，(c) $r = a$，(d) $r = 1.50a$，(e) $r = b$，以及 (f) $r = 3.00b$。

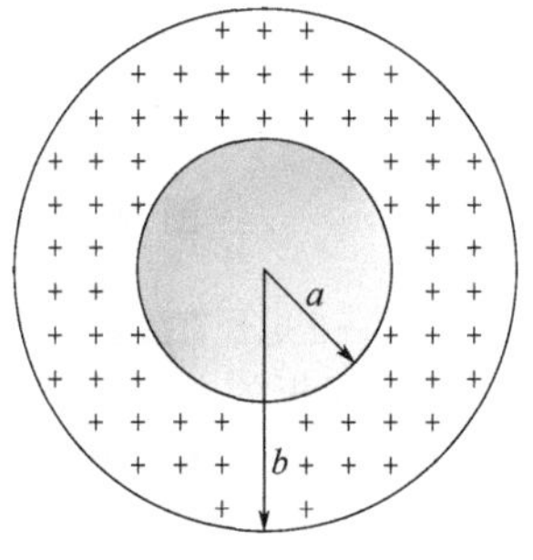

图 23-35　习题 28 图

29. 图23-36中，半径 $a=2.00\text{cm}$ 的实心球和内半径 $b=2.00a$、外半径 $c=2.40a$ 的导电球壳同心。实心球带均匀净电荷 $q_1=+2.00\text{fC}$；球壳带净电荷 $q_2=-q_1$。求在以下径向距离位置的电场数值：(a) $r=0$，(b) $r=a/2.00$，(c) $r=a$，(d) $r=1.50a$，(e) $r=2.30a$，以及 (f) $r=3.50a$。在球壳的 (g) 内表面及 (h) 外表面上的净电荷各是多少？

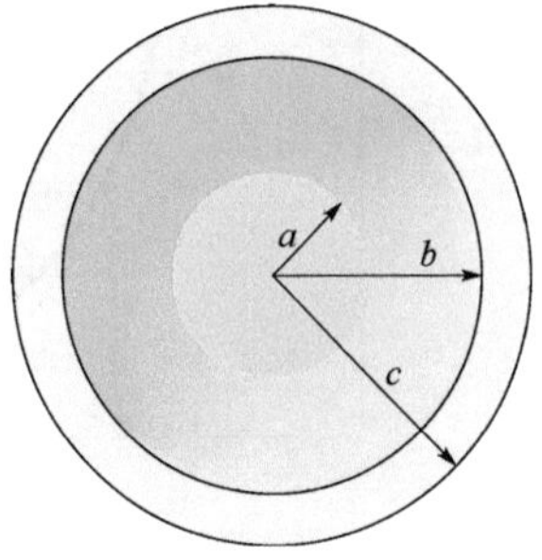

图23-36 习题29图

30. 图23-37中捕虫网在数值为 $E=4.5\text{mN/C}$ 的均匀电场中。边框是半径为 $a=11\text{cm}$ 的圆环，它的平面垂直于电场。网上没有净电荷。求通过网的电通量。

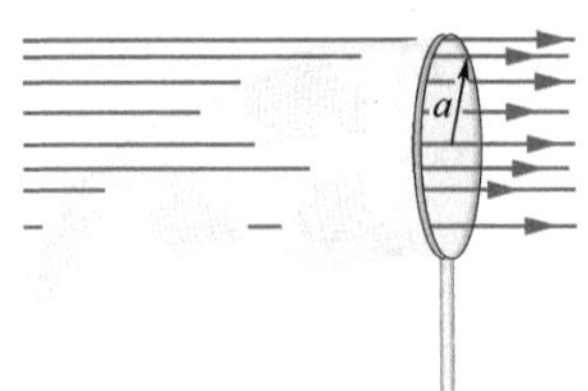

图23-37 习题30图

31. 球对称但不均匀的电荷分布沿径向产生数值 $E=kr^4$ 的电场，方向是从球心径向指向外，这里的 r 是从球心算起的径向距离，k 是常量。电荷分布的体密度是多少？

32. 图23-38a中有一个细的实心带电圆柱体，它和一个较大的带电圆柱壳同轴。二者都是不导电的，并且很细或很薄，它们的外表面都带有均匀的面电荷密度。图23-38b给出电场的径向分量 E 对从共同轴算起的径向距离 r 的曲线，其中 $E_s=6.0\times10^3\text{N/C}$。圆柱壳上的线电荷密度是多大？

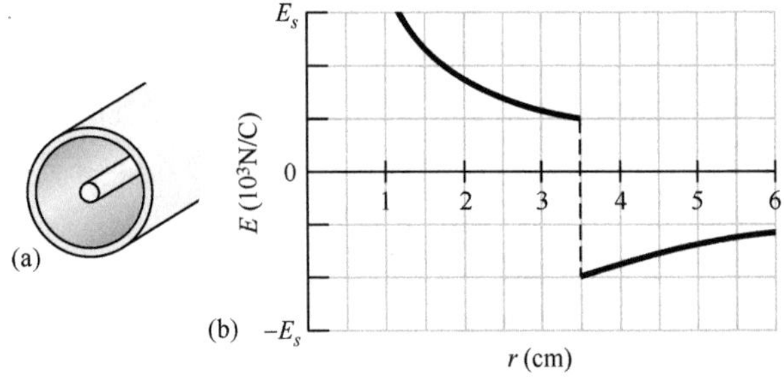

图23-38 习题32图

33. 一个电子直接射向面电荷密度为 $-1.50\times10^{-6}\text{C/m}^2$ 的巨大金属板的中心。假如电子的初始动能是 $3.93\times10^{-17}\text{J}$，并假设电子（因板对它的静电排斥力）在正好到达板上的时候停止。电子的发射点离开板多远的距离？

34. 图23-29中一个长方形盒子般的高斯面里面有净电荷 $+32\varepsilon_0\text{C}$，并且在电场中，电场强度 $\vec{E}=[(10.0+2.00x)\vec{i}-3.00\vec{j}+bz\vec{k}]\ \text{N/C}$，$x$ 和 z 用米作为单位，b 是常量。底面在 x-z 平面上；上面在通过 $y_2=1.00\text{m}$ 的水平面上。对 $x_1=1.00\text{m}$，$x_2=4.00\text{m}$，$z_1=1.00\text{m}$，$z_2=3.00\text{m}$，b 是多大？

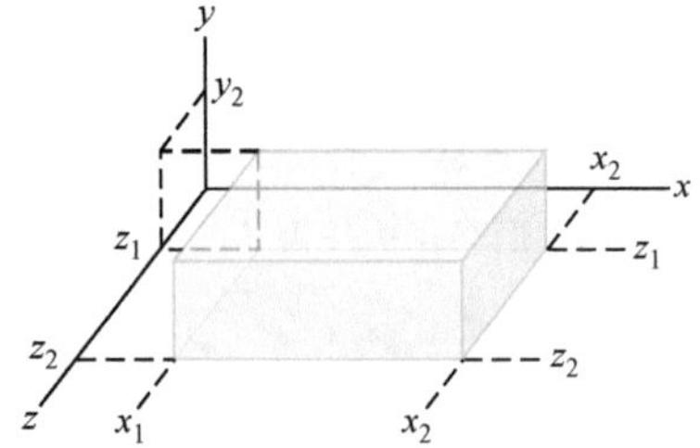

图23-39 习题34图

35. 地球大气中某个区域的电场方向竖直向下。在300m高度，场的数值是75.0N/C；在200m高度，场的数值是210N/C。求包含在边长100m，两个水平面高度分别在200m和300m的立方体内的净电荷的数量。

36. 图23-40中是两根非常长的平行带电线的一小段，它们固定在各自位置上、分开距离 $L=10.0\text{cm}$。线1的均匀线电荷密度是 $+6.0\mu\text{C/m}$，线2的线电荷密度是 $-2.0\mu\text{C/m}$。沿图中所示 x 轴的什么位置处，两条线共同产生的合电场强度是零？

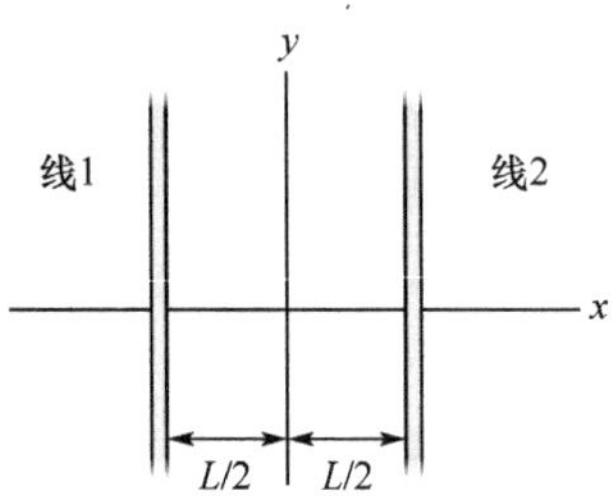

图23-40 习题36图

37. (a) 复印机鼓的长度是42cm，直径是12cm。靠近鼓的旁边的电场是 $1.1\times10^5\text{N/C}$。鼓上的总电荷有多少？(b) 制造商希望制造一种可放在桌子上的小型机器。这需要把鼓长减少到28cm，直径减到6.0cm，而鼓表面的电场不能改变。这种新的鼓上电荷必须是多少？

38. 图23-41画出被固定在 x 轴各自位置上的两个不导电球壳。球壳1的外表面带有均匀面电荷密度 $+5.0\mu\text{C/m}^2$，它的半径为0.50cm。球壳2的外表面带有均匀面电荷密度 $-2.0\mu\text{C/m}^2$，半径为2.0cm。它们的中心间的距离 $L=6.0\text{cm}$。除了 $x=\infty$，x 轴上合电场等于零的点在什么位置？

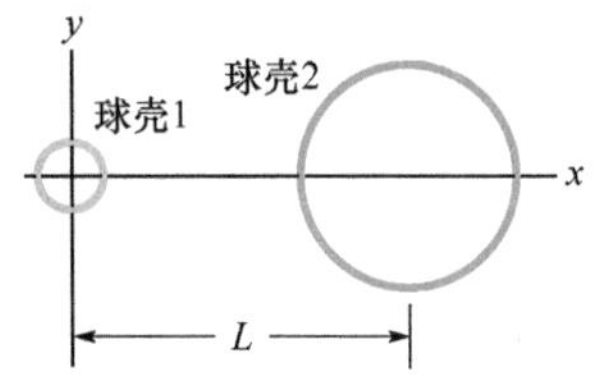

图23-41 习题38图

39. 直径为 0.60m 的均匀带电导电球的表面电荷密度是 $5.7\mu C/m^2$。求（a）球上的净电荷，（b）离开表面的总电通量。（c）通过半径为 2.0m 的同心高斯球面的净通量是多少？

40. 图 23-42 表示体积内有均匀分布电荷的两个实心球的截面。每个球的半径都是 R。点 P 在连接两球中心的直线上，点 P 到球 1 的中心的径向距离是 $R/4.00$。如要使 P 点的净电场是零，两球总电荷的比值 q_1/q_2 应是多少？

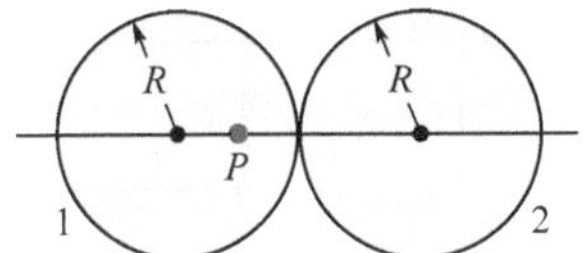

图 23-42　习题 40 图

41. 一个带电荷 $+q$ 的粒子放在立方形高斯面的一个角上。在（a）构成这个角的立方形的每一个面上以及（b）另外几个立方形面上每个面的通量是 q/ε_0 的多少倍？

42. 图 23-43 表示一个边长为 1.50m 的立方形闭合高斯面。它处于不均匀电场中，场强 $\vec{E}=(3.00x+4.00)\vec{i}+6.00\vec{j}+7.00\vec{k}$ N/C，x 单位是米。立方体内包含多少净电荷？

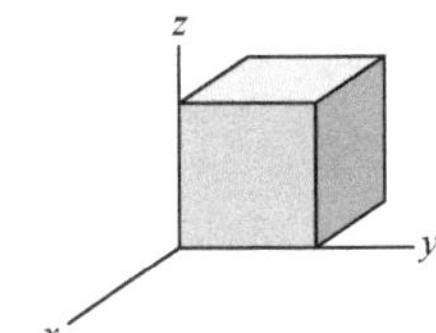

图 23-43　习题 42 图

43. 带电荷 $6.3\mu C$ 的粒子位于边长 92cm 的立方形高斯面的中心。（a）通过高斯面的净电通量为多少？（b）如果边长加倍，净通量又是多少？

44. 复印机的带电导电鼓表面近旁的电场 E 的数值是 1.9×10^5 N/C。鼓上的表面电荷密度是多少？

45. 图 23-44 中的正方形表面每边长 6.8mm。它处在大小 $E=1800$ N/C 的均匀电场中，场线和表面的法线成 $\theta=35°$角，如图所示，取法线“向外”（仿佛这个面）是立方形盒子上的一个面。（a）求通过这个面的电通量。（b）如果角度减少若干度，则通量增大、减小，还是保持不变？

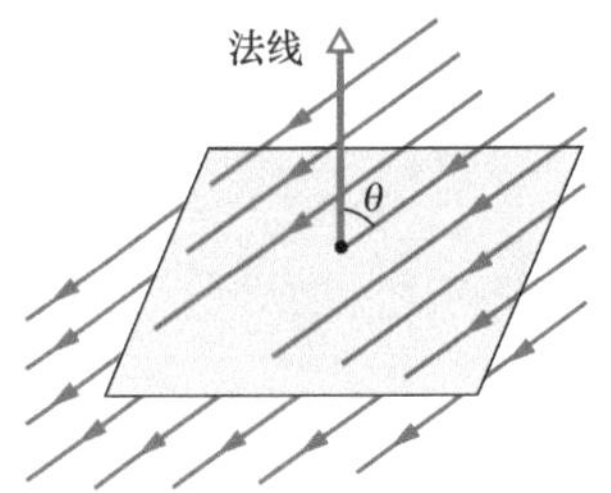

图 23-44　习题 45 图

46. 设一个球带有均匀分布体电荷密度的负电荷，球上开通一条沿径向并通过球中心的很细的隧道。隧道从一边的表面通到相对一边的表面。还假设我们可以把一个质子放在隧道中或者球外任何地方。令 F_R 是质子在球的表面，即半径 R 处作用在它上面的静电力的数值。如果我们将质子（a）从球面往远处移动及（b）移动到隧道里边。问，离开表面多少距离的位置上质子受到的力的数值是 $0.70F_R$？

47. 图 23-45 表示厚度为 $d=9.4$mm 的非常大的不导电平板的截面，它带有均匀体电荷密度 $\rho=1.89$fC/m^3。x 轴的原点在板的中心。在以下 x 坐标的位置处板的电场数值是多少？（a）0，（b）2.00mm，（c）4.70mm，以及（d）26.0mm。

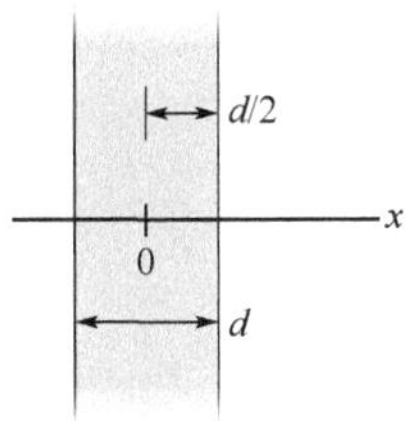

图 23-45　习题 47 图

48. 图 23-46 表示两个固定在各自位置上的不导电球壳。球壳 1 的外表面带有均匀面电荷密度 $+6.0\mu C/m^2$，其半径为 3.0cm；球壳 2 的外表面带有均匀面电荷密度 $+4.0\mu C/m^2$，半径为 2.0cm。两球中心相距 $L=12$cm。用单位矢量记号表示在 $x=2.0$cm 处的合电场。

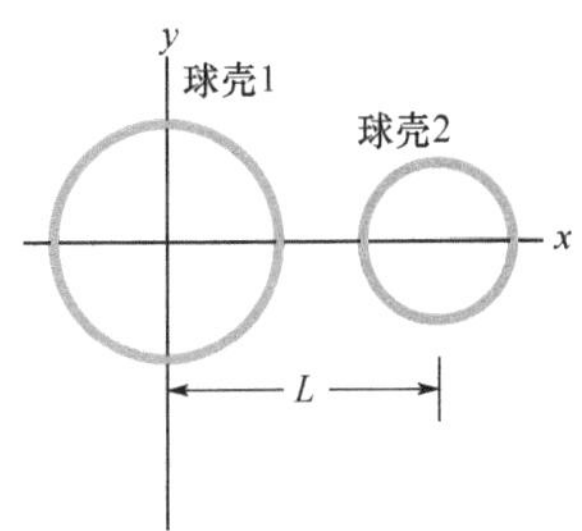

图 23-46　习题 48 图

49. 图 23-47a 表示三片很大的平行放置并均匀带电的塑料薄片。图 23-47b 是沿通过这三块薄片的 x 轴上的净电场分量 。纵轴坐标由 $E_s=3.0\times10^5$ N/C 标定。薄片 3 上面的电荷密度与薄片 2 上的电荷密度的比值是多少？

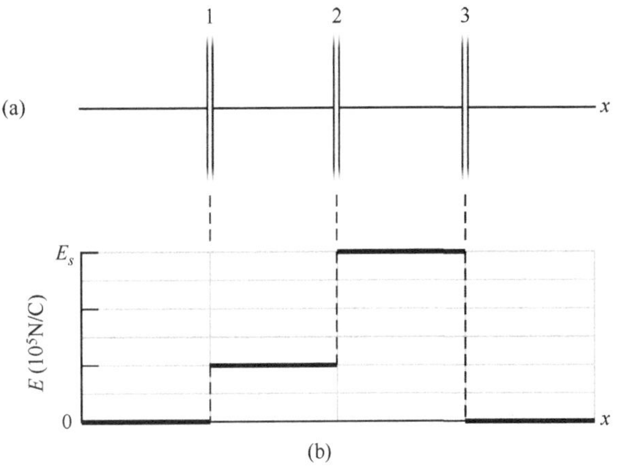

图 23-47　习题 49 图

50. 通量和导电球壳。一个带电粒子放在两个同心的导电球壳的中心位置。在图23-48a画出了该球壳的截面。图23-48b是通过中心在粒子上的高斯球面的净通量Φ作为高斯球面半径r的函数曲线。纵轴标度由$\Phi_s = 10 \times 10^5 \mathrm{N \cdot m^2/C}$标定。求（a）中心粒子的电荷以及（b）球壳$A$和（c）球壳$B$上的净电荷。

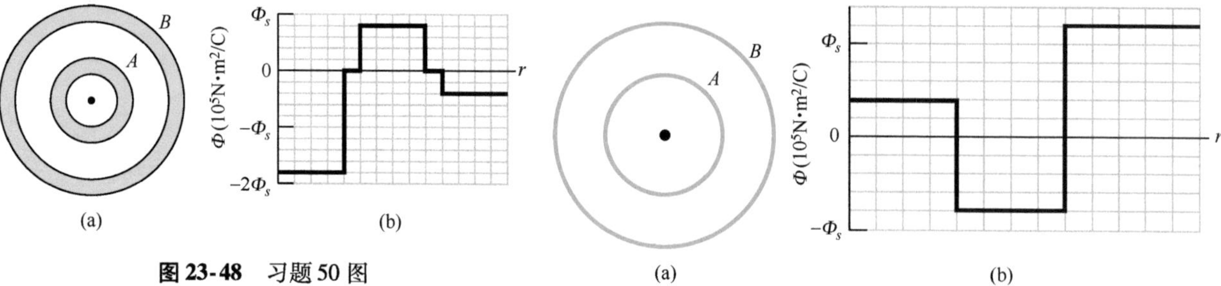

图23-48 习题50图

51. 航天器通过地球的辐射带时可能会截获相当数量的电子。电荷的集聚结果可能损坏电子元件并干扰操作。假设直径为1.3m的球形金属人造卫星在轨道上运行一圈收集电荷3.9μC。（a）求所形成的表面电荷密度。（b）计算由于表面电荷产生的人造卫星表面附近的电场数值。

52. 在封闭的浴室里打开淋浴器水龙头时，水溅落到裸露的水管上会使浴室的空气带上负离子，并在空气中产生大到1000N/C的电场。考虑一间大小是2.5m×3.0m×2.0m的浴室。把电场近似为方向分别垂直于顶棚、地板和四面墙壁的表面，并有均匀的大小为500N/C的电场。我们可以把这些面看作包围浴室空间的闭合高斯面。求浴室空气中的（a）体电荷密度ρ及（b）每立方米中过剩元电荷e的数目。

53. 边长为12cm、厚度可以忽略的正方形金属板带有总电荷2.0×10^{-6}C。（a）假设电荷均匀分布在板的两个面上，估计靠近板的中心上方（譬如说在距离中心0.50mm处）电场E的数值。（b）假设板是一个带电粒子，估计距离板30m的地方（比之于板的大小是很大的）E的数值。

54. 不导电球壳的通量。一个带电粒子悬浮在两个由不导电材料制成非常薄的并且同心放置的球壳中心。图23-49a表示它的截面，图23-49b给出通过中心在粒子上的高斯球面的净通量Φ作为高斯球面半径r的函数曲线，纵轴标度由$\Phi_s = 10 \times 10^5 \mathrm{N \cdot m^2/C}$标定。求（a）中心粒子所带电荷量。（b）球壳$A$和（b）球壳$B$所带净电荷大小。

图23-49 习题54图

55. 图23-50是半径$R_1 = 1.30$mm、长度$L = 11.00$m的导电棒的一段，棒同轴放置在半径为$R_2 = 10.0R_1$及（同样）长度为L的薄壁导电圆柱形壳中央。棒上的静电荷是$Q_1 = -5.22 \times 10^{-13}$ C，壳上的净电荷是$Q_2 = -2.00Q_1$。求径向距离$r = 2.00R_2$处电场（a）的数值E和（b）方向（径向向内或向外）。$r = 5.00R_1$处电场的（c）数值E和（d）方向，以及壳的（e）内部和（f）外部表面上的电荷各是多少？

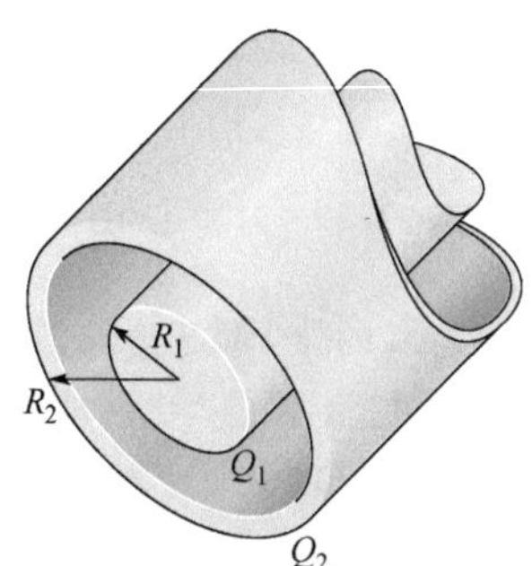

图23-50 习题55图

CHAPTER 24

第24章 电势

24-1 电势

学习目标

学完这一单元后，你应当能够……

24.01 懂得电场力是保守力，所以有相关的势能。

24.02 懂得在带电物体的电场中每一点，该物体都建立了电势 V。电势是标量，它可以是正，也可以是负，取决于物体电荷的符号。

24.03 对于放在某个物体的电场中一点的带电粒子，应用物体在这一点的电势 V，粒子的电荷 q 和粒子-物体系统的势能 U 之间的关系。

24.04 将能量在其焦耳单位与电子伏单位之间进行变换。

24.05 假如一个带电粒子在电场中从起点移动到终点，应用电势的变化 ΔV，粒子的电荷 q，势能的变化 ΔU，以及电力所做的功 W 之间的关系。

24.06 如果一个带电粒子在带电物体的电场中的两给定点之间运动，认明电场力所做的功不依赖于路径。

24.07 如果一个带电粒子移动通过电势改变 ΔV 并且没有外力作用于该粒子，说明 ΔV 和粒子动能的改变 ΔK 之间的关系。

24.08 如果有一带电粒子运动通过电势改变 ΔV，同时有外力作用于该粒子，说明 ΔV、粒子动能的改变 ΔK 以及外力做的功 W_{app} 之间的关系。

关键概念

- 在带电物体的电场中 P 点的电势 V 是

$$V=\frac{-W_{\infty}}{q_0}=\frac{U}{q_0}$$

其中，W_{∞} 是把正的检验电荷 q_0 从无穷远处移动到 P 点过程中电场力对检验电荷做的功；U 是储存在检验电荷-物体系统中的电势能。

- 如果一个带电荷 q 的粒子放在带电物体的电势为 V 的位置，则粒子-物体系统的电势能 U 是

$$U=qV$$

- 如果粒子移动经过势能差 ΔV，则电势能的改变是

$$\Delta U=q\Delta V=q(V_f-V_i)$$

- 如果粒子运动经过电势改变 ΔV，同时没有外力作用于粒子，应用机械能守恒得到动能的改变是

$$\Delta K=-q\Delta V$$

- 如有外力作用于粒子，且做功为 W_{app}，则动能改变是

$$\Delta K=-q\Delta V+W_{app}$$

- 在特殊情况中，$\Delta K=0$，外力所做的功只能使粒子移动通过一定电势差：

$$W_{app}=q\Delta V$$

什么是物理学?

物理学的目标之一是鉴别我们的世界上基本的力，譬如像我们在第21章中讨论的电场力就是一种基本的力。相关的一个目的是确定某个力是不是保守力——即是否有势能和它相联系。把势能和力联系起来的动机是因为这样我们就可以将机械能守恒定律

应用到包含这种力的封闭系统中。根据这一极其有力的原理，我们可以计算出那些仅仅借助于力来计算会非常困难的实验结果。物理学家和工程师在实验中发现电场力是保守力，因而存在相关的电势能。在这一章里，我们首先定义这种类型的势能，然后付诸应用。

图 24-1　粒子 1 放在粒子 2 的电场中的 P 点。

做一个快速测试，我们回到第 22 章中考虑过的情况：在图 24-1 中，带正电荷 q_1 的粒子 1 放在靠近带正电荷 q_2 的粒子 2 的 P 点。在第 22 章中，我们解释过为什么不需要接触就能够推动粒子 1。为了说明力 $\vec{F}$（是矢量），我们定义了电场 $\vec{E}$（也是矢量），电场是由粒子 2 在 P 点建立的。无论 P 点处有没有粒子 1，电场总是存在。如果我们将粒子 1 放在那里，那个位置上原来就已经存在着场 $\vec{E}$，因此会对电荷 q_1 产生作用力。

这里有一个相关的问题。如果我们将粒子 1 在 P 点释放，它就要开始运动并因而获得动能。能量不会像变魔术般地出现，那么它是从哪里来的呢？能量来自图 24-1 中安排的与两个粒子之间的力相关的电势能 U。为了说明势能 U（是标量），我们定义粒子 2 在 P 点建立的**电势** V（也是标量）。无论 P 点处是否有粒子 1，电势总是存在的。如果我们选择粒子 1 并把它放在那里，双粒子系统的势能来自电荷 q_1 和原来已经存在的电势 V 之间的作用。

我们这一章的目的是：（1）定义电势，（2）讨论对于各种带电的粒子和物体的分布情况，怎样计算电势。（3）讨论电势 V 如何联系到电势能 U。

电势及电势能

我们要根据电势能来定义电势（简称势），所以我们的第一件事是确定怎样测量势能。回到第 8 章，我们测量物体的重力势能 U 的方法是：（1）对一个参考组态（譬如物体在桌面上）设定 $U=0$，（2）计算该物体从这个水平向上或向下运动过程中重力所做的功 W。然后我们定义势能是

$$U=-W(\text{势能}) \tag{24-1}$$

按照同样的方式对我们的新的保守力，即电力，来定义势能。在图 24-2a 中，我们要计算放在带电棒的电场中 P 点的正检验电荷 q_0 的势能 U。首先，我们要设定 $U=0$ 的参考组态。合理的选择是检验电荷离开棒无穷远处，因为在这里它和棒没有相互作用。下一步，我们将检验电荷从无穷远移到 P 点形成图 24-2a 所示的组态。我们计算沿着这条路径，电场力对检验电荷做的功。最终组态的势能由式（24-1）给出，式中的 W 现在是电场力所做的功。我们用符号 W_∞ 强调表示检验电荷是从无穷远移来。因此，势能可以为正也可以为负，这取决于棒上的电荷的符号。

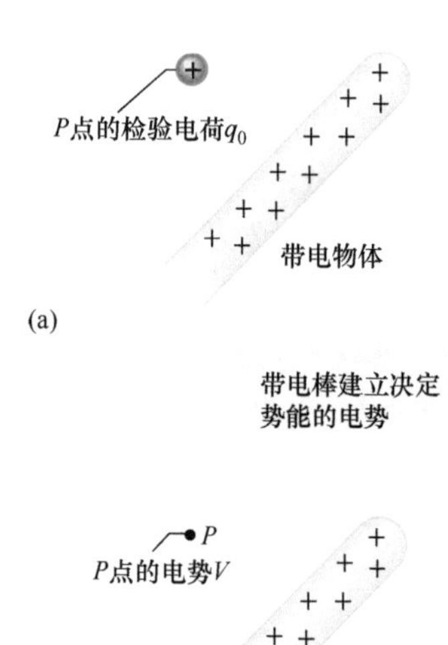

图 24-2　（a）一个检验电荷从无穷远移动到带电棒的电场中的 P 点。（b）我们在（a）中的组态势能的基础上定义电势 V。

下一步，我们根据电场力做的功和结果中的势能来定义 P 点的电势 V：

$$V=\frac{-W_\infty}{q_0}=\frac{U}{q_0}\ (\text{电势}) \tag{24-2}$$

这个式子表明，对于一个从无穷远移来的正检验电荷，电势是单位电荷上的电势能的数值。带电棒在 P 点建立电势 V，无论这个地方是否有检验电荷（或其他任何东西）（见图 24-2b）。由式（24-2）我们知道，V 是标量（因为没有和势能或电荷相联系的方向），但它可以是正的或负的（因为势能和电荷都有正负）。

重复这个过程，我们会发现在带电棒的电场中每一点上都建立了电势。事实上，每一带电体在它的整个电场中每一个点都建立了电势 V。如果我们把一个带有电荷 q 的粒子放在我们知道原来已有电势 V 的位置，我们就可以立即求出这个组态的势能：

$$(\text{电势能}) = (\text{粒子的电荷})\left(\frac{\text{电势能}}{\text{单位电荷}}\right)$$

或

$$U = qV \tag{24-3}$$

其中，q 可以为正，也可以为负。

两点注意事项。(1) 把 V 称为势（现在来看已经是很古老的了）是不恰当的，因为这个名词很容易和势能混淆。不错，这两个量是有关系的（这就是问题所在）。但它们是完全不同的并且是不能交换的。(2) 电势是标量，不是矢量。（当你做习题的时候，你会为此感到高兴。）

表述。势能是物体的系统（或组态）的性质，但有时我们可以把它简单地指派给单个物体。例如，所谓的被打到外场的棒球的重力势能实际上是棒球-地球系统的势能（因为它关系到棒球和地球之间的力）。然而，因为只有棒球的运动是明显看得见的（它的运动对地球的影响看不见），我们可以只把重力势能指派给棒球。同理，如果有一带电粒子放在电场中并且对场（或者对产生场的带电物体）没有明显的影响，我们也常常只把电势能指派给这个粒子。

单位。由式（24-2），国际单位制中势能的单位是焦耳每库仑。这个组合经常会出现，于是人们就提出了一个特定的单位，伏［特］（符号为 V）来代表它。因而

1 伏［特］= 1 焦耳每库仑

做两次单位变换，我们现在可以把电场的单位牛顿每库仑变换为更常用的单位：

$$\begin{aligned}1\text{N/C} &= \left(1\ \frac{\text{N}}{\text{C}}\right)\left(\frac{1\text{V}}{1\text{J/C}}\right)\left(\frac{1\text{J}}{1\text{N}\cdot\text{m}}\right)\\ &= 1\text{V/m}\end{aligned}$$

第二个括弧里面的变换因子来自上面给出的伏［特］的定义；第三个括弧的变换因子是从焦［耳］的定义推出的。从现在开始，我们要用伏特每米来表示电场的值而不是用牛顿每库仑。

在电场中的运动

在电场中的电荷。如果我们在带电物体的电场中从初始位置 i 运动到第二个位置 f，则电势改变了

$$\Delta V = V_f - V_i$$

如果我们将一个带电荷 q 的粒子从 i 移动到 f，那么，由式（24-3），系统势能的改变是

$$\Delta U = q\Delta V = q(V_f - V_i) \quad (24\text{-}4)$$

这个改变可以是正的，也可以是负的，它取决于 q 和 ΔV 的符号。如果从 i 到 f 没有势的变化（两点的势有相同的数值），它也可以是零。因为电场力是保守力，所以 i 和 f 之间的势能变化 ΔU 对这两点间所有的路径都相同（*与路径无关*）。

场做的功。我们可以利用对于保守力的普遍关系［式（8－1）］，将粒子从 i 移动到 f 的过程中电场力所做的功 W 和势能的改变 ΔU 联系起来：

$$W = -\Delta U \text{（功，保守力）} \quad (24\text{-}5)$$

下一步，我们代入式（24-4）得到功和势的改变之间的关系：

$$W = -\Delta U = -q\Delta V = -q(V_f - V_i) \quad (24\text{-}6)$$

到现在为止，我们总是把功归因于力的作用，但是在这里也可以说 W 是电场对粒子所做的功（当然是因为电场产生了力）。这个功可以是正的，可以是负的，或者是零。因为任何两点之间的 ΔU 与路径无关，场做的功 W 也与路径无关。（如果你需要对计算起来较为困难的路径求功，可改用一条较容易的路径——你会得到同样的结果。）

能量守恒。如果有一个带电粒子在电场中运动，除了电场产生的电场力外没有其他的力作用于它，这种情况下机械能守恒。我们假设可以给这个粒子单独指定一个电势能。于是我们可以写出这个粒子从 i 点移动到 f 点的机械能守恒：

$$U_i + K_i = U_f + K_f \quad (24\text{-}7)$$

或

$$\Delta K = -\Delta U \quad (24\text{-}8)$$

代入式(24-4)，我们得到粒子运动通过一定势差引起粒子动能改变的有用的方程式：

$$\Delta K = -q\Delta V = -q(V_f - V_i) \quad (24\text{-}9)$$

外力做功。如果除了电场力以外还有某个力也作用在这个粒子上，我们说这个另外的力是*外力*或*外加力*，这个力往往来自*外部的因素*。这种外力可以对粒子做功，但这个力可以不是保守力。因而，一般说来我们不能用一种势能和它联系起来。我们修改一下式（24-7）来表示这种功 W_{app}。

（初始能量）+（外力做的功）=（最终能量）

或

$$U_i + K_i + W_{app} = U_f + K_f \quad (24\text{-}10)$$

移项并代入式（24-4），我们也可以把这式子写成

$$\Delta K = -\Delta U + W_{app} = -q\Delta V + W_{app} \quad (24\text{-}11)$$

外力所做的功可以是正的、负的、或者是零，因而系统的能量可以增加、减少、或者保持不变。

粒子在运动前后都是静止的特殊情况下，式（24-10）和式（24-11）中的动能项都是零，我们有

$$W_{app} = q\Delta V \text{（对于 } K_i = K_f\text{）} \quad (24\text{-}12)$$

在这种特殊情况下，做功 W_{app} 的同时，粒子运动通过了势差 ΔV，而粒子的动能没有改变。比较式（24-6）和式（24-12），我们看到，在这种特殊情况下外力做的功是场做的功的负值：

$$W_{app} = -W(\text{对于 } K_i = K_f) \qquad (24\text{-}13)$$

电子伏［特］。在原子和亚原子物理学中，用国际单位制单位焦耳测量能量往往要用到麻烦的 10 的高次幂。一种更为方便的单位（但这是非国际单位制）是电子伏［特］（eV），它定义为移动一个元电荷（譬如一个电子或一个质子）恰好通过 1 伏特电势差 ΔV 所需做的功。由式（24-6），我们知道这个功的数值是 $q\Delta V$。于是

$$\begin{aligned}1\text{eV} &= e(1\text{V}) \\ &= (1.602\times10^{-19}\text{C})(1\text{J/C}) = 1.602\times10^{-19}\text{J} \qquad (24\text{-}14)\end{aligned}$$

检查点 1

图中我们把均匀电场中的一个质子从 i 点移动到 f 点。（a）电场和（b）我们的力所做的功是正的还是负的？（c）电势能是增大还是减小？（d）这个质子移动到了电势更高的位置还是电势更低的位置？

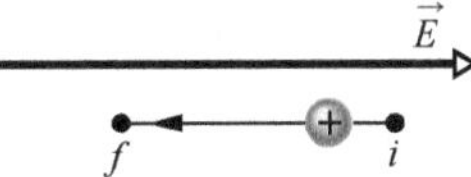

例题 24.01 功和电场中的势能

大气中空气分子的电子受到来自太空的宇宙射线中的粒子的不断轰击而游离出来。每个电子一旦被释放出来就会受到原来就在地球上的带电粒子在大气中产生的电场 $\vec{E}$ 对它的电场力 $\vec{F}$ 的作用。在靠近地球表面的地方电场的大小是 $E = 150\text{N/C}$，并且方向向下。电场力使一个释放出来的电子竖直向上移动距离 $d = 520\text{m}$，电势能的变化 ΔU 是多少（见图 24-3）？这个电子的电势改变了多少？

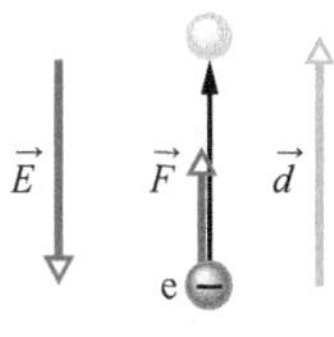

图 24-3 大气中的电子在电场 $\vec{E}$ 对它的电场力 $\vec{F}$ 的作用下向上移动了距离 $\vec{d}$。

【关键概念】

（1）电子电势能的改变 ΔU 与电场对电子所做的功 W 有关。式（24-5）（$W = -\Delta U$）给出了这个关系。

（2）恒定的力 $\vec{F}$ 作用于粒子产生位移 d，所做的功是

$$W = \vec{F}\cdot\vec{d}$$

（3）电场力和电场的关系用式 $\vec{F} = q\vec{E}$ 表示，其中 q 是电子的电荷（$= -1.6\times10^{-19}\text{C}$）。

解：将力的方程式代入功的方程式并取点积，得到

$$W = q\vec{E}\cdot\vec{d} = qEd\cos\theta$$

其中，θ 是 $\vec{E}$ 和 $\vec{d}$ 二者方向之间的夹角。电场 $\vec{E}$ 的方向向下，位移 $\vec{d}$ 的方向向上；所以 $\theta = 180°$。我们现在计算功：

$$\begin{aligned}W &= (-1.6\times10^{-19}\text{C})(150\text{N/C})(520\text{m})\cos180° \\ &= 1.2\times10^{-14}\text{J}\end{aligned}$$

由式（24-5）得到

$$\Delta U = -W = -1.2\times10^{-14}\text{J} \qquad \text{（答案）}$$

这个结果告诉我们，上升 520m 后，电子的电势能减少了 1.2×10^{-14}J。为求电势的改变，我们用式（24-4）：

$$\begin{aligned}\Delta V &= \frac{\Delta U}{-q} = \frac{-1.2\times10^{-14}\text{J}}{-1.6\times10^{-19}\text{C}} \\ &= 4.5\times10^{4}\text{V} = 45\text{kV} \qquad \text{（答案）}\end{aligned}$$

这告诉我们，电场力做功把电子移动到更高电势的地方。

24-2　等势面和电场

学习目标

学完这一单元后，你应当能够……

24.09　懂得什么是等势面并描述它和相关的电场方向如何联系起来。

24.10　给出作为位置函数的电场，选择从起点到终点间的一条路径，通过对电场 $\vec{E}$ 和沿路径的长度单元 $d\vec{s}$ 的点积求积分，计算电势的改变 ΔV。

24.11　对于均匀的电场，将场的数值 E 和距离 Δx 以及相邻等势线之间的电势差 ΔV 联系起来。

24.12　给出电场 E 对沿一坐标轴位置的曲线图，通过曲线图的积分计算起点到终点的电势改变 ΔV。

24.13　说明零电势位置的用法。

关键概念

- 等势面上各点的电势都相同。把一个检验电荷从一个等势面移动到另一个等势面所做的功不依赖于它在这些面上的起点和终点位置，以及连接这两个位置的路径。电场 $\vec{E}$ 的方向总是垂直于相应的等势面。
- 两点 i 和 f 之间的电势差是

$$V_f - V_i = -\int_i^f \vec{E} \cdot d\vec{s}$$

积分可以取连接这两点的任何路径。如果沿某特定路径的积分计算起来有困难，我们可以另选一条沿着它积分较容易的路径。

- 如果我们选择 $V_i = 0$，对特定点的势，我们有

$$V = -\int_i^f \vec{E} \cdot d\vec{s}$$

- 在数值为 E 的均匀场中，从较高的等势面到相距 Δx 的较低的等势面，电势的改变是

$$\Delta V = -E\Delta x$$

等势面

相同电势的邻接点形成**等势面**，它可以是想象的面，也可以是真实的物理面。带电粒子在同一等势面上的两点 i 和 f 之间移动的过程中电场对粒子做净功为零。这来自式（24-6），由这个公式，如果 $V_f = V_i$，则 W 必定是零。由于功不依赖于路径（因而势能和势也不依赖），对连接给定的同一等势面上两点 i 和 f 的任何路径，无论路径是否全部在这同一等势面上，$W = 0$。

图 24-4 表示由某种电荷分布相联系的电场的等势面族。带电粒子沿路径Ⅰ和Ⅱ从一端移动到另一端，电场对粒子做功为零，这是因为这两条路径的起点和终点都在同一等势面上，所以没有净电势的改变。带电粒子沿路径Ⅲ和Ⅳ从一端到另一端移动做功不为零，但这两条路径的功都有相同的值，因为这两条路径的初始和终了的势都完全相同；即路径Ⅲ和Ⅳ连接同样的两个等势面。

由对称性，带电粒子或球对称的电荷分布产生的等势面是一族同心球面。对均匀的电场，等势面是一族垂直于电场线的平面。事实上，等势面总是垂直于电场线，也就是垂直于 $\vec{E}$，因为 $\vec{E}$ 是电场线的切线。如果 $\vec{E}$ 不垂直于等势面，它就会有一个沿等势面的分量。当一个带电粒子沿等势面运动时，电场分量就要对粒子做功。然而，由式（24-6），如果这个面确实是等势面的话，就不可能做功；唯

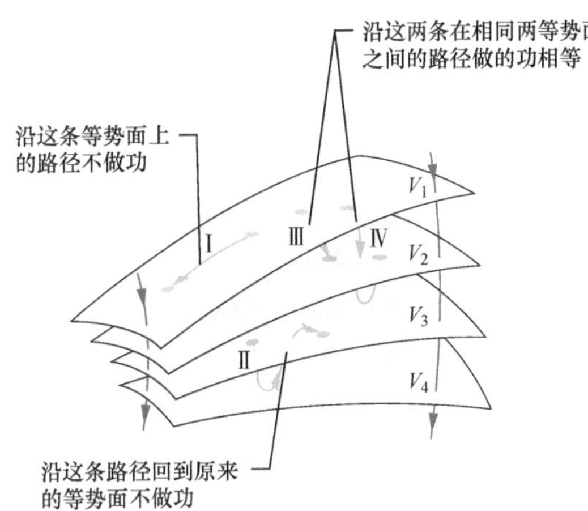

图 24-4 四个等势面的一部分，它们的电势分别为 $V_1=100\text{V}$，$V_2=80\text{V}$，$V_3=60\text{V}$，$V_4=40\text{V}$。图中画出检验电荷运动的四条路径，还画出两条电场线。

一可能的结论是，$\vec{E}$ 必须在每个地方都垂直于等势面。图 24-5a 表示均匀电场的电场线和等势面的截面，以及一个带电粒子的（见图 24-5b）和一个电偶极子的（见图 24-5c）等势面截面和电场线。

由电场计算电势

假如我们知道沿着连接电场中 i 和 f 两点间任何路径上的电场矢量 $\vec{E}$，我们就可以计算这两点间的电势差。为进行这个计算，我们求一个正检验电荷从 i 移动到 f 过程中场对它做的功，然后应用式（24-6）。

考虑任意电场，在图 24-6 中用场线表示这个电场。图上有一个正检验电荷 q_0 沿着所示路径从 i 点移动到 f 点。沿路径上的任何一个位置都有电力 $q_0\vec{E}$ 作用于电荷，作用期间粒子移动微分位移 $d\vec{s}$。由第 7 章，我们知道在位移 $d\vec{s}$ 中力 $\vec{F}$ 对粒子做微分功 dW 由力和位移的点积给出

$$dW=\vec{F}\cdot d\vec{s} \tag{24-15}$$

对于图 24-6 中的情形，$\vec{F}=q_0\vec{E}$，式（24-15）成为

$$dW=q_0\vec{E}\cdot d\vec{s} \tag{24-16}$$

要求粒子从 i 点移动到 f 点的过程中场对粒子所做的总功 W，我们对带电粒子沿着路径运动的所有位移 $d\vec{s}$ 过程中场对它做的微分功求和——积分：

$$W=q_0\int_i^f \vec{E}\cdot d\vec{s} \tag{24-17}$$

我们把式（24-17）的总功 W 代入式（24-6），得到

$$V_f-V_i=-\int_i^f \vec{E}\cdot d\vec{s} \tag{24-18}$$

由此，电场中任何两点 i 和 f 之间的电势差 V_f-V_i 等于 $\vec{E}\cdot d\vec{s}$ 从 i 到 f 的线积分（意思是沿特定的路径积分）的负值。然而，因为电场力是保守力，所有路径（无论计算起来难还是容易）都能得到同样的结果。

我们可以用式（24-18）计算场中任何两点间的势差。如果我们设 $V_i=0$，于是式（24-18）成为

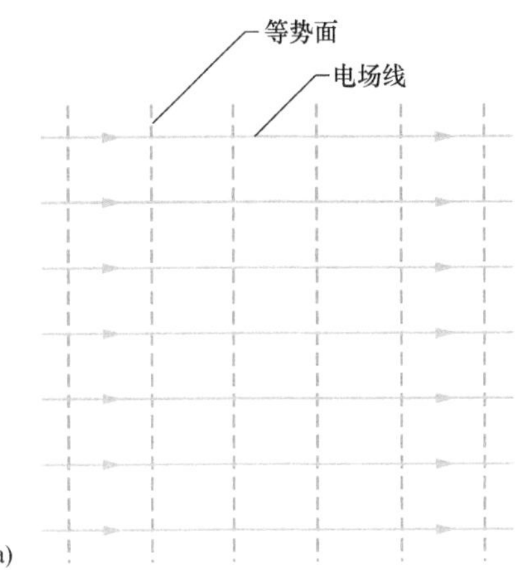

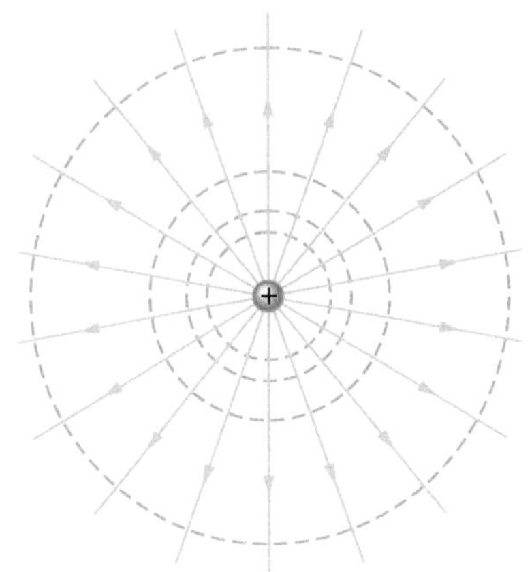

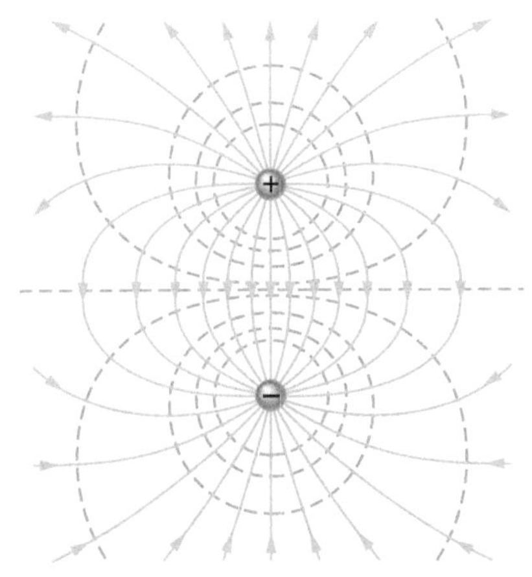

图 24-5 电场线（紫色实线）及等势面的截面（金色虚线）。（a）均匀电场，（b）带电粒子的电场，（c）电偶极子的电场。

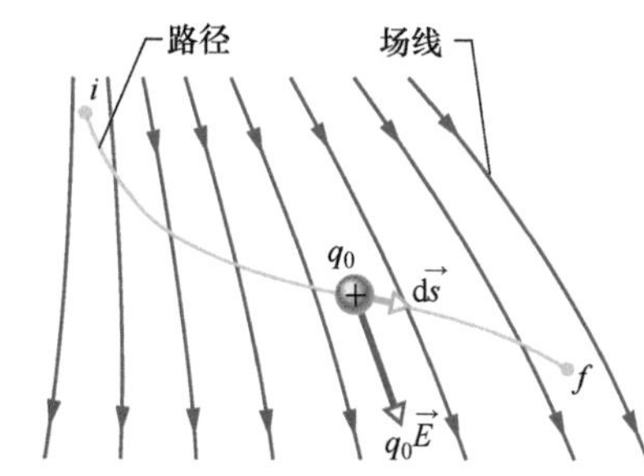

图 24-6 检验电荷 q_0 在非均匀电场中沿所示路径从 i 点到 f 点运动。位移 $d\vec{s}$ 中电场力 $q_0\vec{E}$ 作用于检验电荷。它的方向在检验电荷的位置上沿着场线的方向。

$$V = -\int_i^f \vec{E} \cdot d\vec{s} \tag{24-19}$$

其中，我们省略了 V_f 的下标 f。式（24-19）给出电场中任何一点 f 相对于零电势点 i 的电势 V。如果我们令 i 点在无限远，那么式（24-19）给出相对于无限远的零电势，即任意点 f 的电势 V。

均匀场。 我们对图 24-7 中所示的均匀场应用式（24-18）。我们从电势为 V_i 的等势线上的 i 点开始移动到较低电势 V_f 的等势线上的 f 点。两等势线相距 Δx。我们沿平行于电场 $\vec{E}$ 的路径运动（因而垂直于等势线）。式（24-18）中的 $\vec{E}$ 和 $d\vec{s}$ 之间的夹角是零，因而点积为

$$\vec{E} \cdot d\vec{s} = Eds\cos 0 = Eds$$

图 24-7 我们在均匀的电场 $\vec{E}$ 中沿着平行于场线的方向，在相邻的等势线上的两点 i 和 f 之间移动。

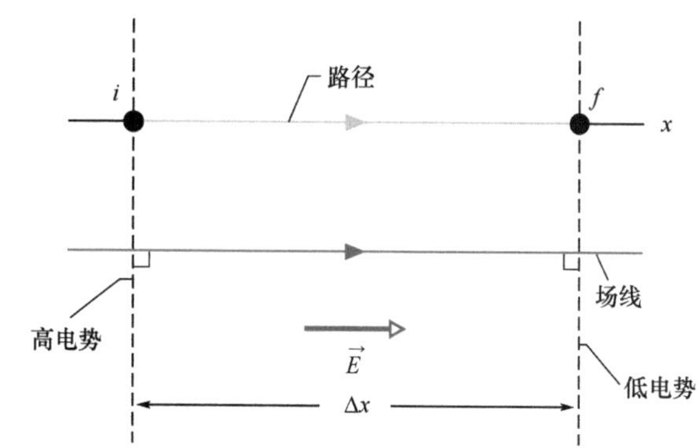

因为均匀场中 E 是常量，式（24-18）成为

$$V_f - V_i = -E\int_i^f ds \tag{24-20}$$

这个积分只是指示我们把从 i 到 f 的所有元位移 ds 加起来。但我们已经知道这个和是长度 Δx。从而我们可以写出在此均匀场中势能的改变是

$$\Delta V = -E\Delta x \text{（均匀电场）} \tag{24-21}$$

这是数值为 E 的均匀场中相距 Δx 的两条等势线间伏特数的改变（电压）。如果我们沿着电场的方向移动距离 Δx，则电势减小。沿相反方向，则势增大。

电场矢量从高电势指向低电势。

检查点 2

右图表示一族平行的等势面（截面）以及我们将电子从一个等势面移动到另一个等势面的 5 条路径。（a）和这些等势面相联系的电场方向为何？（b）我们在每一条路径中所做的功是正的、负的，还是零？（c）按我们所做功的大小排列各条路径，最大的排第一。

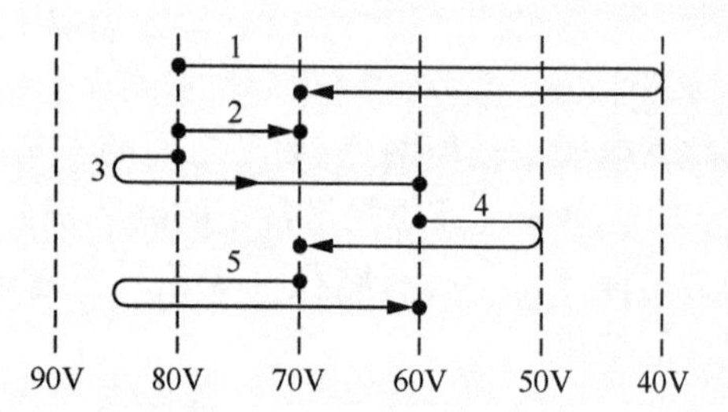

例题 24.02 **根据电场求电势的变化**

(a) 图24-8a 表示均匀电场 $\vec{E}$ 中的两点 i 和 f。这两个点在同一条电场线（没有画出）上，二者距离是 d。将正的检验电荷沿平行于场的方向的路径从 i 移动到 f，求电势差 $V_f - V_i$。

【关键概念】

要求电场中两点间的电势差，我们可以按照式（24-18）将 $\vec{E}\cdot d\vec{s}$ 沿着连接这两点的路径积分求得。

解： 事实上在我们推导式（24-21）时就已经对均匀场中沿电场线方向的路径做了这种计算。稍微改变一下记号，由式（24-21），得

$$V_f - V_i = -Ed \quad \text{（答案）}$$

(b) 现在将正检验电荷 q_0 从 i 开始沿图 24-8b 所示的路径 icf 移动到 f，求电势差 $V_f - V_i$。

解： (a) 小题中的概念在这里也可以应用，只是现在我们把检验电荷沿着由两段直线 ic 和 cf 组成的路径移动。在沿直线 ic 的所有点上，检验电荷的位移 $d\vec{s}$ 都垂直于 $\vec{E}$。因而 $\vec{E}$ 和 $d\vec{s}$ 间的夹角 θ 是 90°，点积 $\vec{E}\cdot d\vec{s}$ 等于零。式（24-18）告诉我们点 i 和点 c 的电势相同，$V_c - V_i = 0$。我们应该早就知道这个结果的。这两点在垂直于电场线的同一等势面上。

对于直线 cf，我们有 $\theta = 45°$，并由式（24-18），得

$$V_f - V_i = -\int_c^f \vec{E}\cdot d\vec{s} = -\int_c^f E(\cos 45°)\,ds$$

$$= -E(\cos 45°)\int_c^f ds$$

这个方程式中的积分正好是直线 cf 的长度：由图 24-8b，这个长度是 $d/\cos 45°$。于是

$$V_f - V_i = -E(\cos 45°)\frac{d}{\cos 45°} = -Ed \quad \text{（答案）}$$

这与我们在（a）小题中得到的结果相同，这也正是必然的；两点间的电势差不依赖于连接它们的路径。意义：当你通过在两点间移动一个检验电荷来求这两点的电势差时，应尽量选择可以使式（24-18）的计算简化的路径，这样你可以节省时间和工作量。

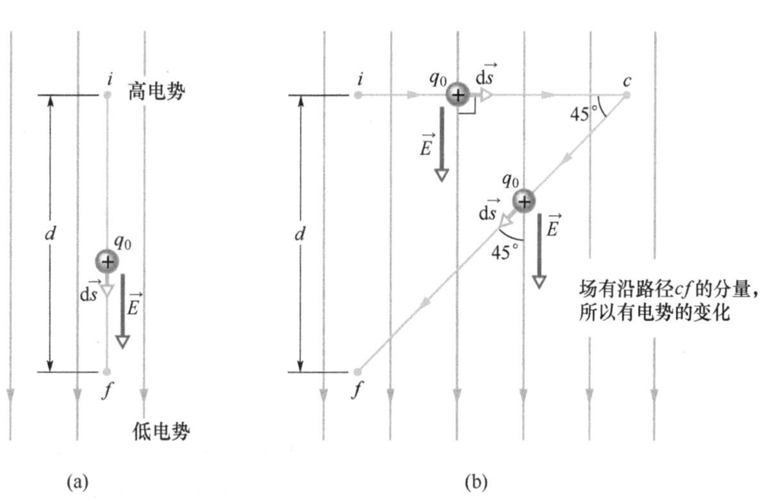

图 24-8 (a) 检验电荷 q_0 沿均匀外电场方向，依直线从点 i 移动到点 f。(b) 检验电荷在同一电场中沿路径 icf 移动。

WILEY PLUS 在 WileyPLUS 中可以找到附加的例题、视频和练习。

24-3　带电粒子产生的电势

学习目标

学完这一单元后，你应当能够……

24.14　对带电粒子的电场中一个给定的点，应用电势 V，粒子的电荷 q 及离开这个粒子的距离 r 之间的关系。

24.15　辨明粒子所建立的电势的代数符号与该粒子电荷之间的相关性。

24.16　对处于球对称电荷分布的表面上或外面的点，可以把所有电荷都当作集中在球心上的一个粒子来计算电势。

24.17　计算几个带电粒子在任何给定点产生的净电势，必须记住要用代数相加而不是矢量相加。

24.18　画出一个带电粒子的等势线。

关键概念

- 离单个带电粒子距离 r 处的电势是

$$V=\frac{1}{4\pi\varepsilon_0}\frac{q}{r}$$

其中，V 和 q 的符号相同。

- 带电粒子集合产生的电势是

$$V=\sum_{i=1}^{n}V_i=\frac{1}{4\pi\varepsilon_0}\sum_{i=1}^{n}\frac{q_i}{r_i}$$

由此，电势是个别粒子电势的代数和，不需要考虑方向。

带电粒子产生的电势

我们现在应用式（24-18）来推导带电粒子周围空间相对于无穷远的零电势而言的电势 V 的表达式。考虑离固定的、带正电荷 q 的粒子距离为 R 的 P 点（见图24-9）。为应用 式（24-18），我们想象将正检验电荷 q_0 从 P 点移动到无穷远处。因为与我们所取的路径没有关系，所以我们就选择最简单的一条路径——从固定的粒子开始沿径向通过 P 点并延伸到无穷远处的直线。

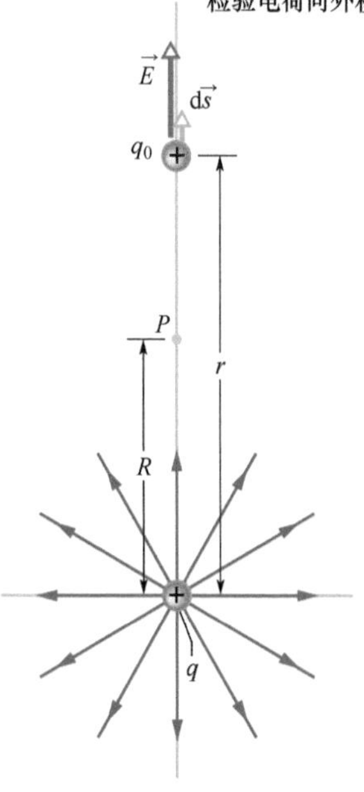

图24-9　带正电荷 q 的粒子在 P 点产生电场 $\vec{E}$ 和电势 V。我们把检验电荷 q_0 从 P 移到无穷远来求电势。检验电荷画在距粒子 r 的地方，经过微分位移 $d\vec{s}$。

为了应用式（24-18），我们必须计算点积

$$\vec{E}\cdot d\vec{s}=E\cos\theta ds \tag{24-22}$$

图24-9中的电场 $\vec{E}$ 从固定的粒子径向向外。因此，沿检验电荷路径的微分位移 $d\vec{s}$ 与 $\vec{E}$ 方向相同。这意味着在式（24-22）中的角度 $\theta=0$，因而 $\cos\theta=1$。因为路径沿着径向，我们把 ds 写作 dr。代入积分上、下限 R 和 ∞，我们可以把式（24-18）写成：

$$V_f-V_i=-\int_R^{\infty}E dr \tag{24-23}$$

下一步，令 $V_f=0$（在 ∞ 处）及 $V_i=V$（在 R 处）。然后，对于检验电荷所在位置的电场的数值，我们代入式（22-3）：

$$E=\frac{1}{4\pi\varepsilon_0}\frac{q}{r^2} \tag{24-24}$$

有了这些改变，式（24-23）变为

$$0-V=-\frac{q}{4\pi\varepsilon_0}\int_R^{\infty}\frac{1}{r^2}dr=\frac{q}{4\pi\varepsilon_0}\left(\frac{1}{r}\right)_R^{\infty}$$

$$=-\frac{1}{4\pi\varepsilon_0}\frac{q}{R} \tag{24-25}$$

解出 V，把 R 换成 r，我们有

$$V=\frac{1}{4\pi\varepsilon_0}\frac{q}{r} \tag{24-26}$$

这是带电粒子 q 在离这个粒子径向距离 r 处的任何位置上的电势 V。

虽然我们导出的式（24-26）是对带正电的粒子的情况，但这个推导对带负电的粒子也成立，在这种情形下 q 是负的量。注意 V 的符号和 q 的符号是相同的。

带正电荷的粒子产生正电势，带负电荷的粒子产生负电势。

图 24-10 表示对一个带正电荷的粒子，式（24-26）的计算机生成图，V 的数值竖直地表示。注意，当 $r\to 0$ 时，V 的数值无限增大。事实上，按照式（24-26），在 $r=0$ 处 V 是无穷大。不过，图 24-10 中这一点还是被画成平滑的有限值。

式（24-26）也给出球形对称电荷分布的外表面及以外的电势。我们可以利用 21-1 单元和 23-6 单元中的球壳定理，将实际的球形电荷分布用所有电荷都集中在中心的一个带电粒子的情况代替。然后按照得到式（24-26）的过程推导就可以了。只是这里我们并没有考虑到实际电荷分布的内部情形。

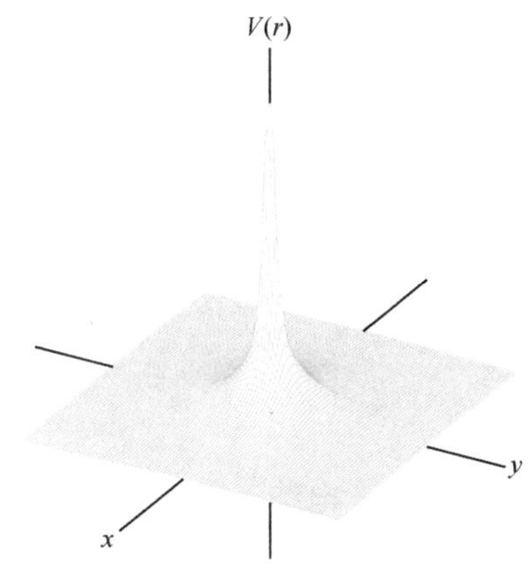

图 24-10 计算机生成的位于 x-y 平面原点的带正电荷粒子产生的电势 $V(r)$ 图在 x-y 平面上各点的势竖直作图表示。（加上曲线以帮助你想象图形。）式（24-26）预示的在 $r=0$ 处 V 是无限大并没有画出。

一组带电粒子产生的电势

我们可以根据叠加原理求一组带电粒子在某一点建立的净电势。我们利用式（24-26），考虑到所包含电荷的正或负的符号，分别计算每一电荷在这一点产生的电势，然后把这些电势叠加起来。对 n 个电荷，合成的净电势是

$$V=\sum_{i=1}^{n}V_i=\frac{1}{4\pi\varepsilon_0}\sum_{i=1}^{n}\frac{q_i}{r_i}\quad(n\text{ 个带电粒子}) \tag{24-27}$$

其中，q_i 是第 i 个电荷的数值；r_i 是从给定点到第 i 个电荷的径向距离。式（24-27）中的求和是代数和，不同于计算一组带电粒子产生的电场所用的矢量和。这里，比之于计算电场，计算电势有重要的计算上的便利：求几个标量的和比求几个必须考虑方向和分量的矢量的和要方便得多。

检查点 3

下图画出两个质子的三种排列，按两个质子在 P 点产生净电势的大小将三种排列依次排序，最大的排第一。

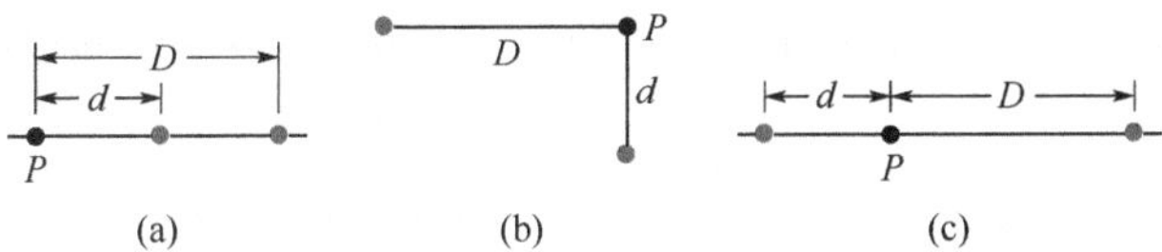

例题 24.03 多个带电粒子的合电势

图 24-11a 中由四个带电粒子作为顶点所组成的正方形中心 P 点的电势为多少？距离 $d=1.3\text{m}$，各个电荷分别为

$$q_1=+12\text{nC},\ q_3=+31\text{nC}$$
$$q_2=-24\text{nC},\ q_4=+17\text{nC}$$

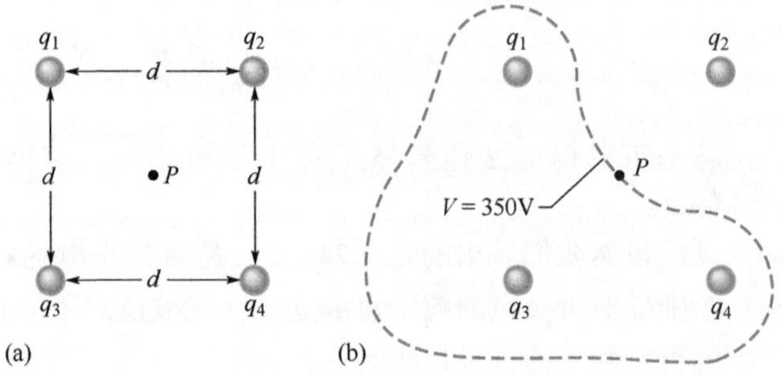

图 24-11 （a）四个带电粒子，（b）闭合的曲面是包含 P 点的等势面（粗略地画出的）截面。

【关键概念】

P 点的电势 V 是四个粒子贡献的电势的代数和。(因为电势是标量，与粒子所在方向无关。)

解： 由式（24-27），我们有

$$V=\sum_{i=1}^{4}V_i=\frac{1}{4\pi\varepsilon_0}\left(\frac{q_1}{r}+\frac{q_2}{r}+\frac{q_3}{r}+\frac{q_4}{r}\right)$$

距离 r 是 $d/\sqrt{2}$，等于 0.919m，电荷的代数和是

$$q_1+q_2+q_3+q_4=(12-24+31+17)\times10^{-9}\text{C}$$
$$=36\times10^{-9}\text{C}$$

于是

$$V=\frac{(8.99\times10^9\text{N}\cdot\text{m/C}^2)\ (36\times10^{-9}\text{C})}{0.919\text{m}}$$
$$\approx350\text{V} \qquad \text{（答案）}$$

靠近图 24-11a 中三个正电荷的任何一个，电势有非常大的正值。靠近单个的负电荷，电势有非常大的负值。因此，在正方形中一定有许多点，这些点有和 P 点相同的中间电势。图 24-11b 中的曲线表示图面和包含 P 点的等势面相交的截线。

例题 24.04 电势不是矢量，与方位无关

（a）在图 24-12a 中，有 12 个电子（带电荷 $-e$）等距离地分布在半径为 R 的整个圆周上。相对于无穷远处 $V=0$，这些电子在圆周中心 C 产生的电势和电场为何？

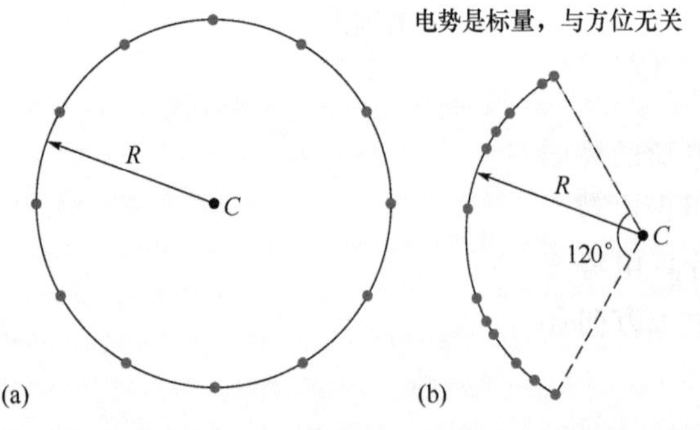

图 24-12 （a）12 个电子均匀地沿圆周分开放置。（b）这些电子在原来圆的一段圆弧上不均匀地分开放置。

【关键概念】

（1）C 点的电势是所有电子贡献的电势的代数和，因为电势是标量，与电子的方位无关。

（2）C 点的电场是矢量，因而电子的方位很重要。

解： 因为所有电子都有相同的负电荷 $-e$。并且到 C 点都有同样的距离 R。式（24-27）给出

$$V=-12\frac{1}{4\pi\varepsilon_0}\frac{e}{R} \qquad \text{（答案）（24-28）}$$

由于图 24-12a 中排列的对称性，任何一个电子在 C 点产生的电场矢量正好被沿直径对面的电子的电场矢量抵消。因此，在 C 点

$$\vec{E}=\vec{0} \qquad \text{（答案）}$$

（b）这些电子沿圆周移动，直到它们在 120° 的圆弧上不均匀地分开排列（见图 24-12b）。求 C 点的电势并描述该点上的电场。

推理： 电势仍旧由式（24-28）给出，因为 C 点和各个电子的距离没有改变，并且与方位无关。不过电场不再是零，因为排列不再是对称的。现在的净电场的方向向着电荷分布的一面。

24-4 电偶极子产生的电势

学习目标

学完这一单元后，你应当能够……

24.19 计算电偶极子在任何给定点的电势 V，用偶极矩的数值 P 或者用电荷间距离 d 与其中一个电荷的数值 q 的乘积表示。

24.20 对一个电偶极子，确认正电势、负电势及零电势的位置。

24.21 比较单个带电粒子和一个电偶极子的电势随距离增大而减少的规律。

关键概念

- 离偶极矩大小为 $p=qd$ 的电偶极子的距离为 r 处偶极子的电势是

$$V=\frac{1}{4\pi\varepsilon_0}\frac{p\cos\theta}{r^2}$$

对 $r>>d$；角度 θ 是偶极矩矢量和从偶极矩中心到测量点的连线之间的角度。

电偶极子产生的电势

现在我们将式（24-27）应用于电偶极子，求图24-13a 中的任意点 P 的电势。带正电的粒子在 P 点（距离 $r_{(+)}$）建立电势 $V_{(+)}$，负电荷在 P 点（距离 $r_{(-)}$）建立电势 $V_{(-)}$。式（24-27）给出的 P 点的净电势是：

$$V=\sum_{i=1}^{2}V_i=V_{(+)}+V_{(-)}=\frac{1}{4\pi\varepsilon_0}\left(\frac{q}{r_{(+)}}+\frac{-q}{r_{(-)}}\right)$$

$$=\frac{q}{4\pi\varepsilon_0}\frac{r_{(-)}-r_{(+)}}{r_{(-)}r_{(+)}} \tag{24-29}$$

自然界中出现的偶极子——譬如像许多分子具有偶极矩——都相当小；所以我们通常只研究离开偶极子相对很远的点，也就是 $r>>d$，其中 d 是两个电荷之间的距离，r 是从偶极子中点到 P 点的距离。在这种情况中，我们可以把到 P 点的两条直线近似为平行的，并且它们的长度差是斜边为 d 的直角三角形的直角边（见图 24-13b）。还有，这两条直线的差别是如此的小，以致这两个长度的乘积近似地是 r^2。于是

$$r_{(-)}-r_{(+)}\approx d\cos\theta,\ r_{(-)}r_{(+)}\approx r^2$$

我们把这些量代入式（24-29），我们可以得到 V 的近似值：

$$V=\frac{q}{4\pi\varepsilon_0}\frac{d\cos\theta}{r^2}$$

其中，θ 是以偶极轴为基线测量的，如图 24-13a 所示。我们现在可以把 V 写成：

$$V=\frac{1}{4\pi\varepsilon_0}\frac{p\cos\theta}{r^2}\text{（电偶极子）} \tag{24-30}$$

其中，p（$=qd$）是 23-3 单元中定义的电偶极矩 $\vec{p}$ 的数值。矢量 $\vec{p}$ 沿偶极子轴指向，从负电荷到正电荷。（θ 从 $\vec{p}$ 的方向测量。）我们就是利用这个矢量来表示电偶极子的方向的。

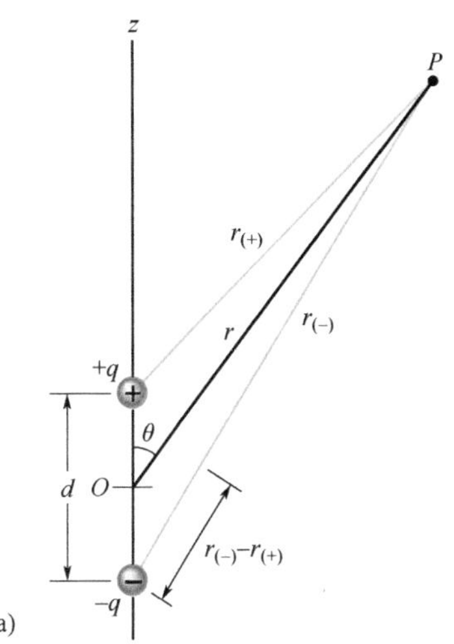

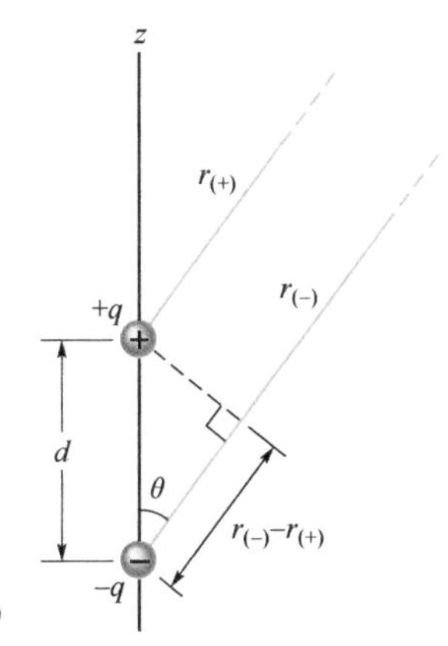

图 24-13 （a）点 P 到偶极子中点 O 的距离是 r。直线 OP 和偶极子轴成角度 θ。（b）如果 P 离开偶极子很远，长度为 $r_{(+)}$ 和 $r_{(-)}$ 的两条直线近似地平行于长度为 r 的直线，虚线近似地垂直于长度为 $r_{(-)}$ 的直线。

检查点 4

设图 24-13 中有到偶极子中心相等的、（远）距离都为 r 的三个点：点 a 在偶极子轴上正电荷上面，点 b 在这根轴上负电荷下面，点 c 在连接两个电荷直线的垂直平分线上。按照偶极子在这些点的位置上的电势大小排序，最大的（正数最大）的排第一。

感生偶极矩

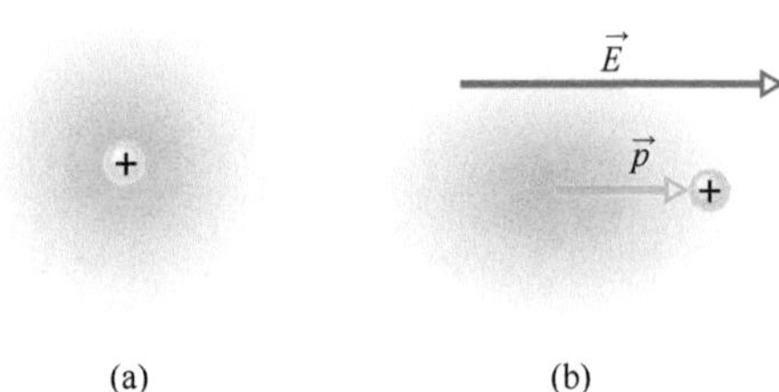

图 24-14 （a）一个原子，画出带正电的原子核（绿色）和带负电的电子（金色区域）。正、负电荷的中心重合。（b）如果原子被放到外电场 $\vec{E}$ 中，电子轨道扭曲变形，结果正、负电荷的中心不再重合，出现感生偶极矩 $\vec{p}$。这里的变形被大大地夸大了。

许多分子，譬如像水分子，有永电偶极矩。另一些分子（称为无极分子）以及每一个孤立的原子中，正负电荷的中心重合（见图 24-14a）。因而不存在偶极矩。可是，如果将原子或无极分子放在外电场中，电场会使电子的轨道扭曲变形并使正、负电荷的中心分开（见图 24-14b）。因为电子带负电，电子趋向于沿电场相反的方向移动。这种移动产生沿电场方向的偶极矩 $\vec{p}$。这种偶极矩被说成是电场感应产生的，于是我们说原子或分子被电场极化（即它有正的一端和负的一端）。场被去除后，感生偶极矩和极化将会消失。

24-5 连续电荷分布产生的电势

学习目标

学完这一单元后，你应当能够……

24.22 对于沿一直线或者在一表面上均匀分布的电荷，通过将电荷分布分解为电荷元并将每个电荷元产生的电势相加（积分）以求某给定点的净（合）电势。

关键概念

- 对（扩展的物体上的）连续电荷分布，通过以下方法计算电势：(1) 把电荷分布分解为可以当作粒子处理的电荷元 $\mathrm{d}q$。(2) 通过在整个分布上的积分对每个电荷元产生的势求和：

$$V=\frac{1}{4\pi\varepsilon_0}\int\frac{\mathrm{d}q}{r}$$

- 为了做积分，$\mathrm{d}q$ 可用线电荷密度 λ 和线元（如 $\mathrm{d}x$）的乘积，或面电荷密度 σ 和面积元（如 $\mathrm{d}x\mathrm{d}y$）的乘积代替。
- 在某些电荷对称分布的情况中，二维积分可以约简为一维积分。

连续电荷分布产生的电势

在电荷 q 是连续分布（如均匀带电的细棒或圆盘）的情况中，我们不能用式（24-27）的求和公式计算 P 点的电势 V。我们必须代之以选择电荷的微分单元 $\mathrm{d}q$，确定 $\mathrm{d}q$ 在 P 点的电势 $\mathrm{d}V$，然后对整个电荷分布积分。

我们仍旧取无穷远处的势为零。如我们把电荷元 $\mathrm{d}q$ 当作质点，我们就可以用式（24-26）表示 $\mathrm{d}q$ 在 P 点的电势 $\mathrm{d}V$：

$$\mathrm{d}V=\frac{1}{4\pi\varepsilon_0}\frac{\mathrm{d}q}{r}\text{（正或负的 d}q\text{）}\tag{24-31}$$

这里的 r 是 P 和 $\mathrm{d}q$ 间的距离。要求 P 的总电势 V，我们用积分把所有电荷元的电势加起来：

$$V=\int \mathrm{d}V=\frac{1}{4\pi\varepsilon_0}\int\frac{\mathrm{d}q}{r} \tag{24-32}$$

积分必须遍及整个电荷分布。注意，因为电势是标量，所以在式（24-32）中不需要考虑矢量分量。

我们现在考察两种连续电荷分布，直线与圆盘。

直线电荷

图 24-15a 中，一根长度为 L 的不导电细棒带有均匀线密度为 λ 的正电荷。我们求带电棒在到棒的左端垂直距离为 d 的 P 点所产生的电势 V。

我们考虑如图 24-15b 所示的棒上的微分单元 $\mathrm{d}x$。棒的这一微分单元（或任何其他的微分单元）带有微分电荷：

$$\mathrm{d}q=\lambda\,\mathrm{d}x \tag{24-33}$$

这个单元在 P 点产生电势 $\mathrm{d}V$，P 点到微分单元的距离为 $r=(x^2+d^2)^{1/2}$（见图 24-15c）。把这个单元当作点电荷，我们可以利用式（24-31）写出电势 $\mathrm{d}V$：

$$\mathrm{d}V=\frac{1}{4\pi\varepsilon_0}\frac{\mathrm{d}q}{r}=\frac{1}{4\pi\varepsilon_0}\frac{\lambda\,\mathrm{d}x}{(x^2+d^2)^{1/2}} \tag{24-34}$$

因为棒上的电荷是正的，并且我们取无穷远处 $V=0$，由 24-3 单元我们知道式（24-34）中的 $\mathrm{d}V$ 必定是正的。

我们将式（24-34）沿棒的长度，从 $x=0$ 到 $x=L$ 积分（见图 24-15d、e），并应用附录 E 中的积分 17，从而求出棒在 P 点产生的总电势。我们有

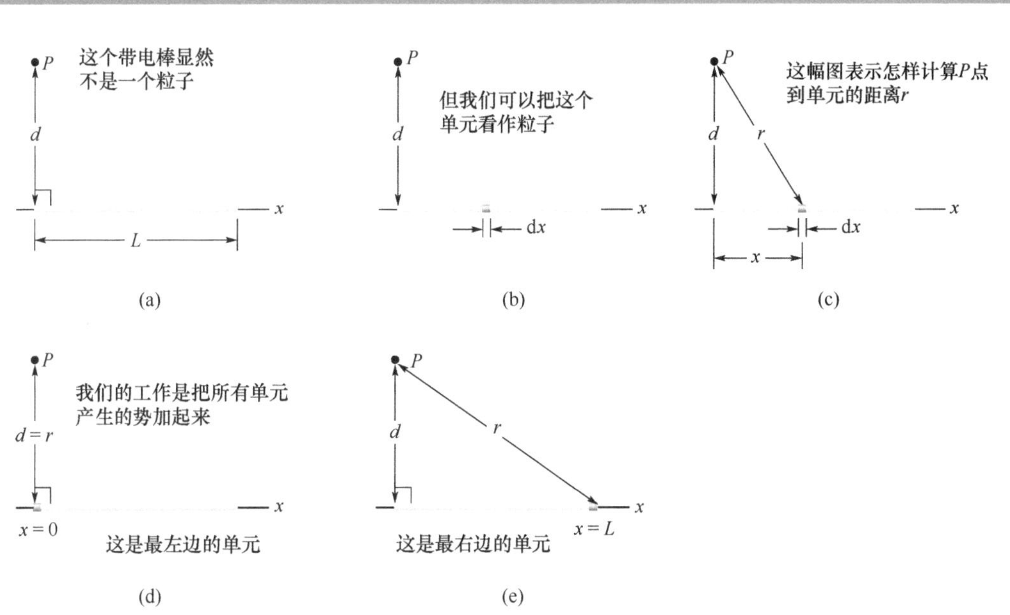

图 24-15 （a）一根均匀带电的细棒在 P 点产生电势 V。（b）一个单元可以当作一个粒子。（c）这个单元在 P 点的电势依赖于距离 r。我们要把所有单元产生的电势都加起来，从左端（d）到右端（e）。

$$V=\int \mathrm{d}V=\int_0^L \frac{1}{4\pi\varepsilon_0}\frac{\lambda}{(x^2+d^2)^{1/2}}\mathrm{d}x$$
$$=\frac{\lambda}{4\pi\varepsilon_0}\int_0^L \frac{\mathrm{d}x}{(x^2+d^2)^{1/2}}$$
$$=\frac{\lambda}{4\pi\varepsilon_0}\left[\ln(x+(x^2+d^2)^{1/2})\right]_0^L$$
$$=\frac{\lambda}{4\pi\varepsilon_0}\left[\ln(L+(L^2+d^2)^{1/2})-\ln d\right]$$

我们可以利用普遍的关系式 $\ln A-\ln B=\ln(A/B)$ 简化这个结果，于是我们得到：

$$V=\frac{\lambda}{4\pi\varepsilon_0}\ln\left[\frac{L+(L^2+d^2)^{1/2}}{d}\right] \tag{24-35}$$

因为 V 是所有正的 $\mathrm{d}V$ 值之和，所以它也是正数，这和自变量大于1的对数是正的一致。

带电圆盘

在22-5单元中，我们计算了一个表面上带有均匀电荷密度 σ 的、半径为 R 的塑料圆盘中心轴上各点的电场数值。这里我们要推导中心轴上任何点的电势表达式 $V(z)$。因为我们的盘上的电荷呈圆形分布，我们可以从张角 $\mathrm{d}\theta$ 和径向距离 $\mathrm{d}r$ 的微分单元开始。然后我们要建立二维积分。不过，我们要做更简单的事情。

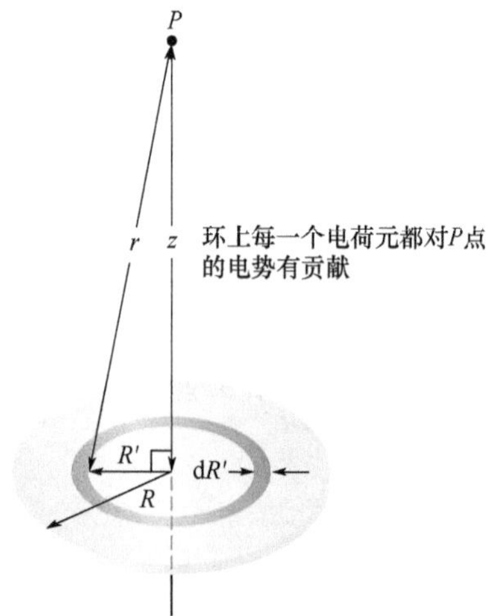

图24-16　半径为 R 的塑料圆盘的上表面带有均匀的面电荷密度 σ。我们要求圆盘中心轴上 P 点的电势。

在图24-16中，考虑半径为 R' 及径向宽度为 $\mathrm{d}R'$ 的平面环构成的微分单元，它所带电荷的数值是

$$\mathrm{d}q=\sigma(2\pi R')(\mathrm{d}R')$$

其中，$(2\pi R')(\mathrm{d}R')$ 是环的上表面的面积。这个带电单元的所有部分到圆盘的轴上的 P 点都有同样的距离 r。有了图24-16的帮助，我们可以利用式（24-31）写出这个环对 P 点电势的贡献为

$$\mathrm{d}V=\frac{1}{4\pi\varepsilon_0}\frac{\mathrm{d}q}{r}=\frac{1}{4\pi\varepsilon_0}\frac{\sigma(2\pi R')(\mathrm{d}R')}{\sqrt{z^2+R'^2}} \tag{24-36}$$

我们通过把从 $R'=0$ 到 $R'=R$ 的所有环的贡献相加（用积分）就可求得 P 点的净电势：

$$V=\int \mathrm{d}V=\frac{\sigma}{2\varepsilon_0}\int_0^R \frac{R'\mathrm{d}R'}{\sqrt{z^2+R'^2}}=\frac{\sigma}{2\varepsilon_0}\left(\sqrt{z^2+R^2}-z\right) \tag{24-37}$$

注意，式（24-37）中的第二个积分中的变量是 R'，而不是 z，在遍及圆盘表面进行积分时 z 是常量。（还要注意，在计算积分的时候，我们假设 $z\geqslant 0$。）

24-6　由电势计算电场

学习目标

学完这一单元后，你应当能够……

24.23　给出作为沿一根轴的位置函数的电势，求沿这根轴的电场。

24.24　给出电势对沿一根轴的位置的曲线图，确定沿这根轴上各点的电场。

24.25　对于均匀电场，说明场强的数值 E 与相邻等势线间的距离 Δx 及电势差 ΔV 之间的关系。

24.26　将电场的方向与电势减少和增加的方向联系起来。

关键概念

- $\vec{E}$ 在任何方向上的分量是这个方向上电势随距离的改变率的负值:

$$E_s = -\frac{\partial V}{\partial s}$$

- $\vec{E}$ 的 x、y 和 z 分量可从以下公式求出:

$$E_x = -\frac{\partial V}{\partial x},\ E_y = -\frac{\partial V}{\partial y},\ E_z = -\frac{\partial V}{\partial z}$$

如果 $\vec{E}$ 是均匀的,所有这些都简化为

$$E = -\frac{\Delta V}{\Delta s}$$

其中,s 垂直于等势面。

- 平行于等势面的电场强度是零。

由电势计算电场

在 24-2 单元中,我们已经学会从一个已知参考点开始到 f 点沿一条路径的电场如何求点 f 的电势。在这一单元中,我们要走相反的路——即我们由已知的电势求电场。如图 24-5 所示,用图来解决这个问题是容易的:如果我们知道电荷的集合附近所有位置的电势 V,我们就可以画出一族等势面。垂直于这些等势面画出电场线,就可以揭示出 $\vec{E}$ 的变化。我们要寻求的是这个图解过程的数学等价公式。

图 24-17 表示一族靠近的等势面的截面,相邻两等势面的电势差是 $\mathrm{d}V$。如图所示,任何一点 P 处的电场 $\vec{E}$ 垂直于经过 P 的等势面。

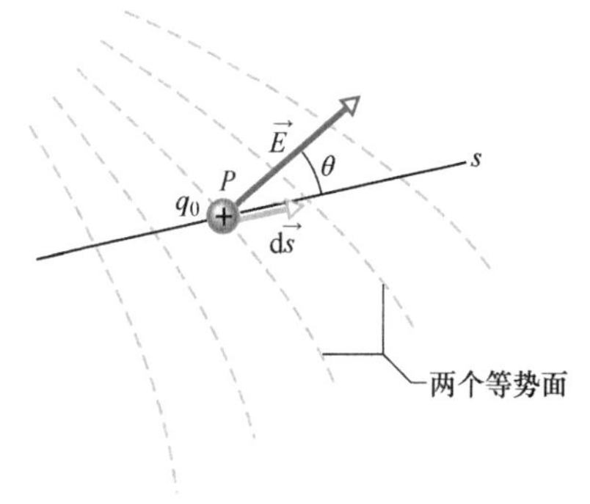

图 24-17 检验电荷 q_0 从一个等势面到另一个等势面移动距离 $\mathrm{d}\vec{s}$。(为清楚起见,这些面之间的距离都被放大了。)位移 $\mathrm{d}\vec{s}$ 与电场 $\vec{E}$ 的方向成 θ 角。

设正检验电荷 q_0 从一个等势面到下一个等势面位移 $\mathrm{d}\vec{s}$。由式(24-6),我们知道在移动过程中电场对检验电荷做功 $-q_0\mathrm{d}V$。由式(24-16)和图 24-17,我们知道电场做的功也可以写成标积 $(q_0\vec{E})\cdot\mathrm{d}\vec{s}$ 或 $q_0E(\cos\theta)\ \mathrm{d}s$。两个做功的表达式相等,得到

$$-q_0\mathrm{d}V = q_0E(\cos\theta)\mathrm{d}s \tag{24-38}$$

或

$$E\cos\theta = -\frac{\mathrm{d}V}{\mathrm{d}s} \tag{24-39}$$

因为 $E\cos\theta$ 是 $\vec{E}$ 在 $\mathrm{d}\vec{s}$ 方向的分量,式(24-39)变成

$$E_s = -\frac{\partial V}{\partial s} \tag{24-40}$$

我们给 E 加上下标并改成偏微商符号以强调式(24-40)只包含 V 沿特定轴(这里称为 s 轴)的变化并且只表示 E 沿这根轴的分量。用语言表达,式(24-40)[它本质上就是式(24-18)的逆向运算]表述为

$\vec{E}$ 在任何方向上的分量是电势在这个方向随距离的变化率的负值。

如果我们依次取 s 轴是 x、y 和 z 轴,我们得到任何一点 $\vec{E}$ 的 x、y 和 z 分量是

$$E_x = -\frac{\partial V}{\partial x},\ E_y = -\frac{\partial V}{\partial y},\ E_z = -\frac{\partial V}{\partial z} \tag{24-41}$$

由此,如果我们已知电荷分布周围区域内所有各点的 V——即我们

已知函数 $V_{(x,y,z)}$——我们就可以通过求任何点的偏微商得到 $\vec{E}$ 的分量，也就得到了 $\vec{E}$ 本身。

对于电场 $\vec{E}$ 是均匀的简单情况，式（24-40）写成

$$E=-\frac{\Delta V}{\Delta s} \tag{24-42}$$

其中，s 垂直于等势面。在平行于等势面的任何方向，电场分量都是零，因为电势沿等势面没有变化。

检查点 5

右图中有三对具有同样间距的平行板，图上标出每一块板的电势。每一对板之间的电场是均匀的并垂直于板。(a) 按照板间电场数值大小排列这三对板，最大的排第一。(b) 哪一对板之间的电场指向右方？(c) 如果在第三对板的中间释放一个电子，电子会停在原地、向右匀速运动、向左匀速运动、向右加速，还是向左加速？

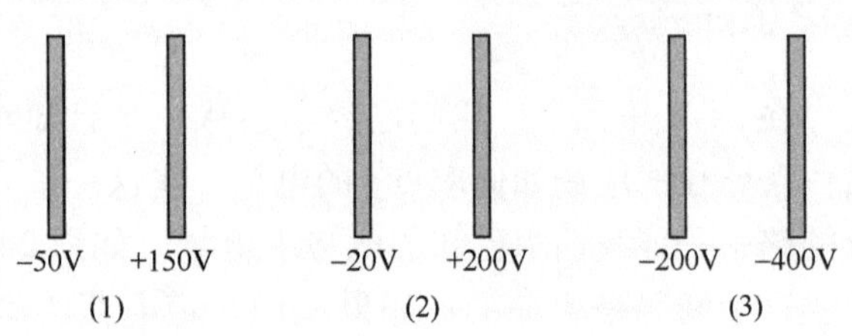

例题 24.05 由电势求电场

均匀带电圆盘中心轴上任何一点的电势由式（24-37）给出：

$$V=\frac{\sigma}{2\varepsilon_0}\left(\sqrt{z^2+R^2}-z\right)$$

从这个方程式出发推导圆盘轴上任何一点的电场表达式。

【关键概念】

我们要求的是作为沿圆盘轴线距离 z 的函数的电场强度 $\vec{E}$。对任何 z 值，$\vec{E}$ 的方向必定沿 z 轴，因为盘对这根轴是圆对称的。因此，我们要求的是 $\vec{E}$ 在 z 轴方向的分量 E_z。这个分量是电势随距离 z 的变化率的负值。

解： 由式（24-41）的最后一个式子，我们可以写出

$$E_z=-\frac{\partial V}{\partial z}=-\frac{\sigma}{2\varepsilon_0}\frac{\mathrm{d}}{\mathrm{d}z}\left(\sqrt{z^2+R^2}-z\right)$$

$$=\frac{\sigma}{2\varepsilon_0}\left(1-\frac{z}{\sqrt{z^2+R^2}}\right) \quad \text{（答案）}$$

这是22-5单元中，利用库仑定律积分导出的同样的方程式。

WILEY PLUS 在 WileyPLUS 中可以找到附加的例题、视频和练习。

24-7 带电粒子系统的电势能

学习目标

学完这一单元后，你应当能够……

24.27 懂得带电粒子系统的总势能等于把这些粒子从原来分开无穷远距离到集合起来组成系统时外力必须做的功。

24.28 计算一对带电粒子的势能。

24.29 懂得如果一个系统由多于两个带电粒子组成，系统的总势能就等于每对粒子的势能的总和。

24.30 对带电粒子系统应用机械能守恒原理。

24.31 计算一个带电粒子从带电粒子系统逃逸的逃逸速率（运动到离开系统无穷远距离外所需的最小初始速率）。

关键概念

- 带电粒子系统的电势能等于将互相分开无限大距离的原来静止的粒子集合成系统所必须做的功。对于距离 r 的两个粒子，有

$$U = W = \frac{1}{4\pi\varepsilon_0}\frac{q_1q_2}{r}$$

带电粒子系统的电势能

在这一单元里我们要计算两个带电粒子系统的势能，然后简要地讨论怎样把这个结果推广到多于两个粒子的系统。我们的出发点是考察在把起初分开无限远的两个带电粒子移动到互相靠近并最后静止的过程中我们（作为外来的力量）必须做的功。如果两个粒子带有相同符号的电荷，我们需要克服它们的相互排斥力，我们做的功就是正的，并且最后形成的双粒子系统有正的势能。相反，如果两个粒子有相反的电荷，我们的工作就很容易，这是因为两个粒子相互吸引。我们做的功是负的，结果得到有负的势能的系统。

我们按照这个步骤建立图 24-18 中的双粒子系统，其中粒子 1（带正电荷 q_1）和粒子 2（带正电荷 q_2）的距离是 r。虽然两个粒子都带正电荷，但我们得到的结果也适用于它们两个都带负电荷或者有不同符号的情况。

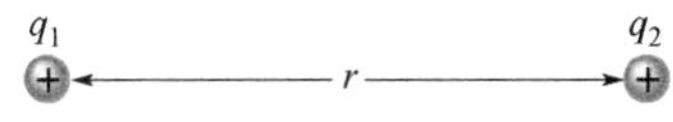

图 24-18 两个电荷间有固定的距离。

开始时粒子 2 固定在位置上，而粒子 1 在无穷远处，这个双粒子系统的初始势能为 U_i。下一步我们把粒子 1 移到最后的位置，于是系统的势能是 U_f。我们做功使系统的势能改变了 $\Delta U = U_f - U_i$。

利用式（24-4）$[\Delta U = q(V_f - V_i)]$，我们可以将 ΔU 和我们移动粒子 1 所引起的电势的改变联系起来：

$$U_f - U_i = q_1(V_f - V_i) \tag{24-43}$$

我们来计算这些项。初始势能 $U_i = 0$，因为这时粒子是在参考组态中（在 24-1 单元中讨论过的）。式（24-43）中的两个电势是粒子 2 产生的，并由式（24-26）给出：

$$V = \frac{1}{4\pi\varepsilon_0}\frac{q_2}{r} \tag{24-44}$$

这告诉我们，当粒子 1 起初在距离 $r = \infty$ 时，在这个位置上的势 $V_i = 0$。我们将它移动到最后的位置，即距离 r 处，在这个位置上的势能是

$$V = \frac{1}{4\pi\varepsilon_0}\frac{q_2}{r} \tag{24-45}$$

把这些结果代入式（24-43）并略去下标 f，我们得到最后组态具有势能

$$U = \frac{1}{4\pi\varepsilon_0}\frac{q_1q_2}{r} \quad \text{（双粒子系统）} \tag{24-46}$$

式（24-46）包含两个电荷的符号。如果两个电荷有相同的符号，则 U 是正的。如果它们的符号相反，则 U 是负数。

如果下一步我们加上带电荷 q_3 的第三个粒子，重复上面的计

算，从粒子3在无穷远距离开始，然后把它移动到最终的位置，它到粒子1距离为r_{31}，它到粒子2的距离为r_{32}。在最终的位置上，粒子3在这个位置上的电势V_f是对粒子1的电势V_1和对粒子2的电势V_2的代数和。我们进行代数运算后得到：

粒子系统的总势能是系统中各对粒子的势能的总和。

这个结论可用于有任何数量粒子的系统。

有了粒子系统势能的表达式，我们就可以像式（24-10）中表述的那样对系统应用能量守恒原理。例如，如果系统中包含许多粒子，我们可以考虑粒子中的一个在其余粒子作用下逃逸所需的动能（及相应的逃逸速率）。

例题24.06　三个带电粒子系统的势能

图24-19表示三个带电粒子被没有表示出来的力放在固定的位置上。这个电荷系统的电势能U是多少？设$d=12\text{cm}$，并且

$$q_1=+q,\ q_2=-4q,\ q_3=+2q$$

其中，$q=150\text{nC}$。

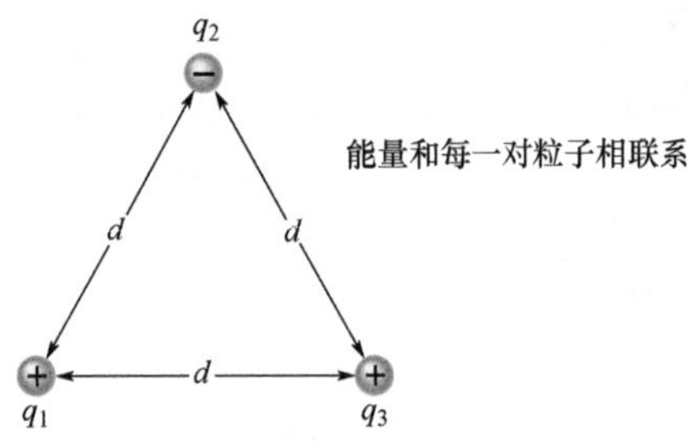

图24-19　三个电荷固定在等边三角形的顶端，这个系统的电势能为何？

【关键概念】

系统的势能U等于我们将每个电荷从无穷远移动到一起，从而集合成这个系统所必须做的功。

解：我们想象一下如何建立图24-19中的系统：我们从一个粒子开始，譬如说q_1固定在某位置上，其他两个粒子在无穷远。然后我们将另一个，譬如q_2从无穷远移过来放在它的位置上。由式（24-46），用d代替r，那么和q_1与q_2两个电荷相关的势能U_{12}是

$$U_{12}=\frac{1}{4\pi\varepsilon_0}\frac{q_1q_2}{d}$$

然后我们将最后一个粒子q_3从无穷远移过来并放在它的位置上。最后一步中我们需要做的功等于把q_3靠近q_1所必须做的功和靠近q_2所必须做的功的总和。由式（24-46），用d代替r，这个总和是：

$$W_{13}+W_{23}=U_{13}+U_{23}=\frac{1}{4\pi\varepsilon_0}\frac{q_1q_3}{d}+\frac{1}{4\pi\varepsilon_0}\frac{q_2q_3}{d}$$

三个电荷系统的总势能U是三对电荷相关的势能的总和。这个总和（实际上不依赖于把电荷放到一起的先后次序）是

$$U=U_{12}+U_{13}+U_{23}$$

$$=\frac{1}{4\pi\varepsilon_0}\left(\frac{(+q)(-4q)}{d}+\frac{(+q)(+2q)}{d}+\frac{(-4q)(+2q)}{d}\right)$$

$$=-\frac{10q^2}{4\pi\varepsilon_0 d}$$

$$=\frac{(8.99\times10^9\text{N}\cdot\text{m}^2/\text{C}^2)(10)(150\times10^{-9}\text{C})^2}{0.12\text{m}}$$

$$=-1.7\times10^{-2}\text{J}=-17\text{mJ}$$　（答案）

负的功意味着从三个分开无穷远的静止电荷开始，将它们集合在一起形成这个结构需要做负功。用另一种说法，外力必须做17mJ的正功才能完全拆解这个结构，最后将这三个粒子分开无穷远。

举例说明：如果给你一组带电粒子的组合，你可以通过计算每一可能的粒子对的势能然后求出它们的总和，从而求出这个组合的势能。

WILEY PLUS 在WileyPLUS中可以找到附加的例题、视频和练习。

例题 24.07 **包括电势能的机械能守恒**

一个α粒子（两个质子和两个中子）进入静止的金原子（79 个质子，118 个中子），通过像球壳般围绕着金原子核周围的电子区域并正对原子核运动（见图 24-20）。α粒子减速，直到它的中心到达离原子核中心径向距离 $r = 9.23\text{fm}$ 处暂时停止。然后它沿入射的路径返回。（因为金的原子核的质量比α粒子的质量大得多，我们可以认为金原子核不动。）问开始时α粒子在很远的地方（在金原子外面）的动能 K_i 是多少？设α粒子和金原子核之间的作用力只有（静电的）库仑力，并把它们都当作单个带电粒子。

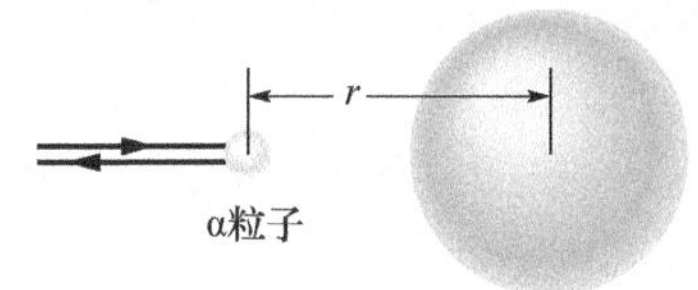

图 24-20 一个α粒子正对着金原子核的中心运动，到一个位置暂时停止（这时它的所有动能都转变成电势能），然后沿原路返回。

【关键概念】

在整个过程中，α粒子 + 金原子核系统的机械能守恒。

推理： 当α粒子在原子外面时，系统的初始电势能 U_i 是零，因为原子中有相等数目的电子和质子，所以原子产生的净电场是零。然而，一旦α粒子穿过围绕原子核的电子区域并靠近原子核时，电子的电场趋近于零。其理由是电子的作用像是一个均匀带负电的闭合球壳，就像在 23-6 单元中讨论过的那样，这种球壳在它内部空间的电场为零。这时α粒子仍旧要受到原子核中质子的电场的作用，这个电场对α粒子中的质子产生排斥力。

随着入射的α粒子受原子核的排斥力作用其速率变得缓慢，它的动能转换为系统的电势能。α粒子在暂时停止的瞬间完成了转换，动能 $K_f = 0$。

解： 机械能守恒原理告诉我们：

$$K_i + U_i = K_f + U_f \qquad (24\text{-}47)$$

我们已知两个数值：$U_i = 0$，$K_f = 0$。我们还知道在停止的位置上的势能由式（24-46）的右边给出，其中，$q_1 = 2e$，$q_2 = 79e$（其中 e 是元电荷，$1.60 \times 10^{-19}\text{C}$），并且 $r = 9.23\text{fm}$。于是我们可以将式（24-47）重写作

$$K_i = \frac{1}{4\pi\varepsilon_0}\frac{(2e)(79e)}{9.23\text{fm}}$$

$$= \frac{(8.99 \times 10^9 \text{N} \cdot \text{m}^2/\text{C}^2)(158)(1.60 \times 10^{-19}\text{C})^2}{9.23 \times 10^{-15}\text{m}}$$

$$= 3.94 \times 10^{-12}\text{J} = 24.6\text{MeV} \qquad \text{（答案）}$$

WILEY PLUS 在 WileyPLUS 中可以找到附加的例题、视频和练习。

24-8 带电绝缘导体的电势

学习目标

学完这一单元后，你应当能够……

24.32 懂得放在一个绝缘导体（或相互连接的一些绝缘导体）上的过剩电荷会自动分布到导体表面，所以导体上的所有点都能达到同一电势。

24.33 对于绝缘导电球壳，画出包括球壳内和球壳外的电势和电场数值对到球心距离的曲线图。

24.34 对绝缘导体球壳，明白壳内的电场是零并且内部的电势和表面的电势有相同的数值，球壳外部的电场和电势的数值像壳上所有电荷都集中在球心的一个质点时的情形一样。

24.35 对绝缘的导电圆柱形壳，懂得其内部电场是零，内部电势和表面的电势有同样的数值，外部的电场和电势和圆柱面上所有电荷都集中在中心轴上的直线电荷时的情况一样。

关键概念

- 放在导体上的过剩电荷在平衡状态下全部都在导体的外表面上。
- 整个导体，包括它的内部各点，都有同样的电势。
- 一个绝缘导体放在外电场中时，在导体内部每一点，传导电子产生的电场抵消了那里原来应该存在的外电场。
- 还有，表面上每一点的电场都垂直于该处的表面。

带电绝缘导体的电势

在23-3单元中，我们得到结论：绝缘导体内部所有的点 $\vec{E}=\vec{0}$。我们在那里用高斯定律证明了放在绝缘导体上的过剩电荷全部都在导体的表面上。（即使导体内部有空腔，这个结论也成立。）我们在这里利用上述事实的第一件来证明第二件事实的推广：

> 绝缘导体上的过剩电荷分布在这个导体的表面上，所以导体上所有的点——无论在表面上或在其内部——都能达到同样的电势。即使导体内部有空洞，甚至空洞里面包含净电荷，上述结论总是成立。

我们的证明直接从式（24-18）开始，这个公式是

$$V_f-V_i=-\int_i^f\vec{E}\cdot d\vec{s}$$

因为导体内所有点 $\vec{E}=\vec{0}$，由此直接得出结论：对导体中任意两点 i 和 f，$V_f=V_i$。

图24-21a是半径为1.0m的绝缘导体球壳的电势 V 对从中心算起的径向距离 r 的曲线图，球壳带电荷1.0μC。对球壳外的点，我们可以根据式（24-26）计算 $V(r)$，因为对这种外部的点而言，电荷 q 的行为就像它集中在球壳中心时一样。这个方程式在球壳以外都成立。现在我们把一个小的检验电荷穿过球壳——假设球壳上有一个小洞——并移动到球心。这样做不需额外做功，因为只要检验电荷一进到球壳以内就再也没有净电力作用于它。因此，球壳内所有位置的电势都和表面上的电势有相同的数值，如图24-21a所示。

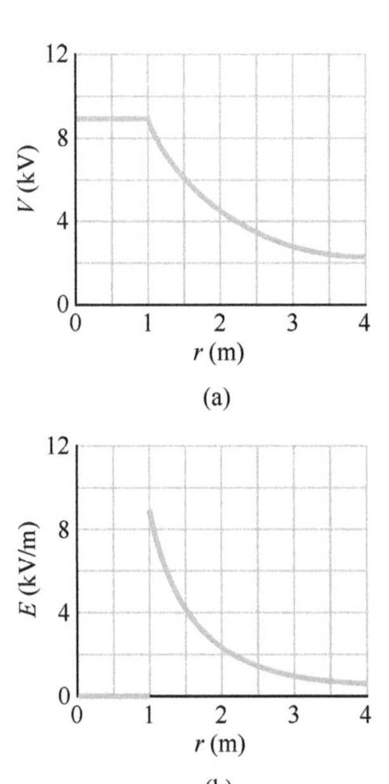

图24-21　(a) 半径为1.0m的带电球壳内部和外部的 $V(r)$ 曲线图。(b) 同一球壳的 $E(r)$ 曲线图。

图24-21b表示同一球壳中电场随径向距离的变化。注意，在球壳内 E 处处等于零。图24-21b中的曲线可以由图24-21a的曲线利用式（24-40）对 r 求微商导出（记住任何常量的导数都为零）。图24-21a的曲线可以由式（24-19）对 r 求积分从图24-21b的曲线导出。

带电导体的火花放电

在非球形的导体上，表面电荷不是均匀地分布在表面上的。在尖锐的凸出部和尖锐的边缘，表面电荷密度——从而正比于表面电荷密度的外电场——可能达到非常高的数值。这些尖端或边缘周围的空气可能被电离，当雷暴将要来临时，高尔夫球手和登山者可能会在灌木丛顶部，以及高尔夫球棍和岩石锤的尖端上看见电晕放电。这种电晕放电和头发竖立起来一样，常常预示雷击。

在这种情况下，最好把你自己封闭在导电壳内部的空穴中，这里面的电场保证是零。身处一辆汽车内是最理想的（见图 24-22）（除非它是敞篷车或者是塑料的外壳。）

Courtesy Westinghouse Electric Corporation

图 24-22 一个巨大的火花击中汽车的车身并通过绝缘的前轮胎通到地上（注意车胎旁的闪光）。身在汽车内的人则毫发无损。

外电场中的绝缘导体

如果绝缘导体放在外电场中，如图 24-23 所示，则导体的所有区域都将达到同一电势，无论导体是否有过剩电子。自由传导电子以使导体内部各点产生的电场抵消原先在那里的外电场的方式将自己分布在表面上。此外，电子的分布使得表面上所有位置的净电场都垂直于表面。假如图 24-23 中的导体可用某种方法取走，只留下表面电荷冻结在原有的位置上的话，则内部和外部电场都将保持绝对不变。

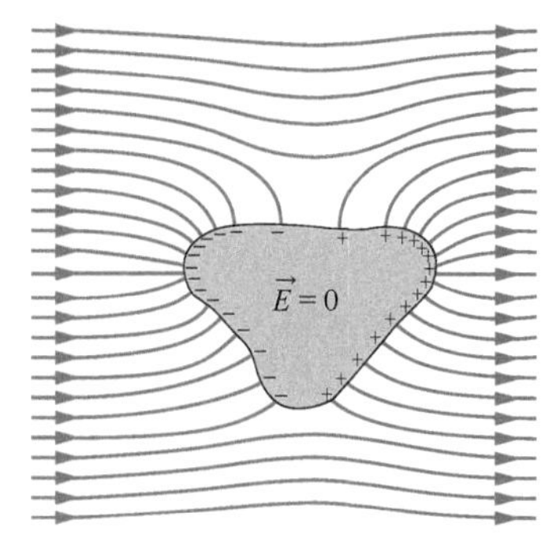

图 24-23 一个不带电的导体悬浮在外电场中。导体中的自由电子重新分布在表面上，如图所示，这样就使导体内部的净电场减少到零并且表面上的净电场垂直于表面。

复习和总结

电势 带电物体的电场中 P 点的电势 V 是

$$V=\frac{-W_{\infty}}{q_0}=\frac{U}{q_0} \tag{24-2}$$

其中，W_{∞} 是把一个正检验电荷 q_0 从无穷远的距离外移动到 P 点，电场力所做的功，U 是完成这个过程后储存在检验电荷-物体系统中的势能。

电势能 如果一个带电荷 q 的粒子放在带电物体产生的电势为 V 的位置，则粒子-物体系统的电势能 U 是

$$U=qV \tag{24-3}$$

如果粒子移动经过电势差 ΔV，则电势能的改变是

$$\Delta U=q\Delta V=q(V_f-V_i) \tag{24-4}$$

机械能 如果一个粒子移动通过电势差 ΔV，并且没有外力作用于它，应用机械能守恒原理，得到动能的改变为

$$\Delta K=-q\Delta V \tag{24-9}$$

如果有外力作用于粒子并做功 W_{app}，则动能的改变为

$$\Delta K=-q\Delta V+W_{app} \tag{24-11}$$

在特殊情况下，当 $\Delta K=0$ 时，外力做功只用于使粒子通过电势差的移动：

$$W_{app}=q\Delta V(\text{对于 } K_i=K_f) \tag{24-12}$$

等势面 等势面上所有的点都有相同的电势。将一个检验电荷从一个等势面移动到另一个等势面所做的功不依赖于初始和终了点在这两个面上的位置及连接这两个点的路径。电场 $\vec{E}$ 总是垂直于相应的等势面。

由 $\vec{E}$ 求 V 两点 i 和 f 间的电势差是

$$V_f-V_i=-\int_i^f \vec{E}\cdot d\vec{s} \tag{24-18}$$

这个积分沿连接这两个点的任何路径。如沿某一特定路径这个积分很难求，我们可以选择另一条沿着但比较容易积分的路径。如果我们选择 $V_i=0$，对特定点的势，就有

$$V=-\int_i^f \vec{E}\cdot d\vec{s} \tag{24-19}$$

在数值为 E 的均匀电场的特殊情况中，距离 Δx 的相邻两（平行的）等势线之间的电势差是

$$\Delta V = -E\Delta x \tag{24-21}$$

带电粒子产生的电势　单个带电粒子在离这个粒子距离 r 处产生的电势为

$$V = \frac{1}{4\pi\varepsilon_0}\frac{q}{r} \tag{24-26}$$

这里的 V 和 q 有相同的符号。多个带电粒子的电势为

$$V = \sum_{i=1}^{n} V_i = \frac{1}{4\pi\varepsilon_0}\sum_{i=1}^{n}\frac{q_i}{r_i} \tag{24-27}$$

电偶极子的电势　离偶极矩数值为 $p = qd$ 的电偶极子距离 r 处，偶极子的电势为

$$V = \frac{1}{4\pi\varepsilon_0}\frac{p\cos\theta}{r^2} \tag{24-30}$$

这里 $r >> d$；角度 θ 由图 24-13 定义。

连续电荷分布的电势　对于连续的电荷分布，式（24-27）成为

$$V = \frac{1}{4\pi\varepsilon_0}\int\frac{\mathrm{d}q}{r} \tag{24-32}$$

其中的积分遍及于整个分布。

由 V 计算 $\vec{E}$　$\vec{E}$ 在任何方向上的分量是电势在这个方向上随距离改变率的负值：

$$E_s = -\frac{\partial V}{\partial s} \tag{24-40}$$

$\vec{E}$ 的 x、y 和 z 分量可以从以下公式求出：

$$E_x = -\frac{\partial V}{\partial x};\ E_y = -\frac{\partial V}{\partial y};\ E_z = -\frac{\partial V}{\partial z} \tag{24-41}$$

当 $\vec{E}$ 是均匀的时，式（24-40）简化为

$$E = -\frac{\Delta V}{\Delta s} \tag{24-42}$$

其中，s 垂直于等势面。

带电粒子系统的电势能　带电粒子系统的电势能等于把原来相互间距离无穷远的静止粒子聚集成系统所需做的功。对于相距 r 的双粒子系统

$$U = W = \frac{1}{4\pi\varepsilon_0}\frac{q_1 q_2}{r} \tag{24-46}$$

带电导体的电势　导体上的过剩电荷在平衡态时全部都在导体的外表面上。电荷在导体上自行分布，从而达到以下效果：（1）整个导体，包括它内部各点都有相同的电势。（2）在内部每一点，电荷产生的电场抵消了原来这里的电场（导体不存在的情况下）。（3）表面上每一点的净电场都垂直于该处的表面。

习题

1. 半径为 5.5cm 的带电导电球在径向距离 2.2m 处建立 75V 的电势（设无穷远处 $V=0$）。（a）球的表面上的电势多大？（b）表面电荷密度是多少？

2. 图 24-24 表示放在 x 轴上长度为 $L=12.0$cm 的塑料细棒，它带有均匀分布的正电荷 $Q=47.9$fC。令无穷远处 $V=0$，求 x 轴上距离棒 $d=2.50$cm 的 P_1 点的电势。

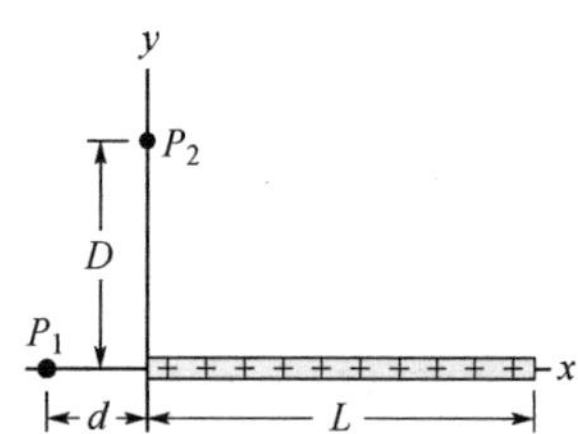

图 24-24　习题 2、3、4 和 6 图

3. 图 24-24 中的细塑料棒长度 $L=24.0$cm 并有不均匀的线电荷密度 $\lambda=cx$，其中 $c=28.9\mathrm{pC/m^2}$。令无穷远处 $V=0$，求 x 轴上距离棒的一端 $d=3.00$cm 的 P_1 点的电势。

4. 图 24-24 中的塑料细棒长 $L=13.5$cm 并均匀带电荷 43.6fC。（a）用距离 d 表示，求 P_1 点电势的表达式。（b）下一步用变量 x 代替 d，求 P_1 点电场分量的数值 E_x 的表达式。（c）相对于 x 轴的正方向，E_x 的方向是什么？（d）对 $x=d=6.60$cm 的 P_1 点的 E_x 值是多少？（e）由图 24-24 的对称性确定 P_1 点的 E_y。

5.（a）图 24-25a 表示长度 $L=6.00$cm 并有均匀线电荷密度 $\lambda=+7.07$pC/m 的一根不导电棒。定义无穷远处电势 $V=0$。棒的垂直平分线上距离 $d=8.00$cm 的 P 点的电势 V 有多大？（b）图 24-25b 中是一根同样的棒，只是棒的一半现在是带负电，两半的线电荷密度数值都是 3.68pC/m。设无穷远处 $V=0$，P 点的电势 V 是多大？如果将 P 点在图面上分别（c）向上，（d）向左移动距离 $L/4$，则 P 点的电势变成正的、负的还是零？

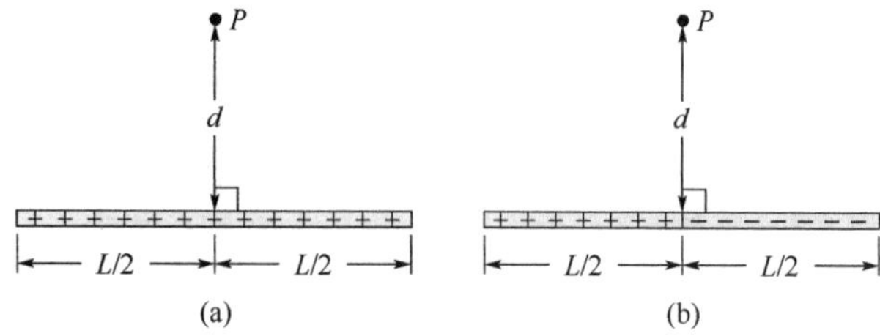

图 24-25　习题 5 图

6. 图 24-24 中长度 $L=12.0$cm 的塑料细棒带有不均匀的线电荷密度 $\lambda=cx$，其中 $c=49.9\mathrm{pC/m^2}$。（a）设无限远处 $V=0$，求 y 轴上位于 $y=D=3.56$cm 的 P_2 点的电势。（b）求 P_2 点的电场分量 E_y。（c）为什么不能利用（a）小题的结果求 P_2 点的电场分量 E_x？

7. 图 24-26 中，带电荷 $q_1=+15e$ 和 $q_2=-5e$ 的两个粒子分别固定在距离 $d=24.0$cm 的各自位置上。定义无穷

远处电势 $V=0$。在 x 轴上（a）正的和（b）负的有限值是多大的位置处净电势为零？

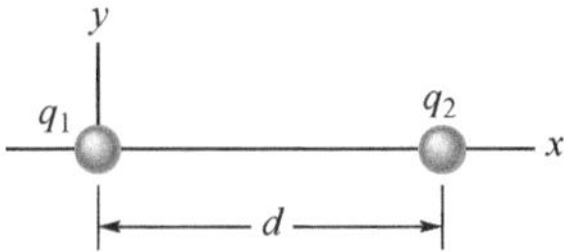

图 24-26　习题 7、8 图

8. 图 24-26 中，电荷为 q_1 和 q_2 的两个粒子分开距离 d。在 $x=d/4$ 处两个粒子产生的净电场为零。(a) 设无穷远处 $V=0$，确定 x 轴上（除无限远以外）两个粒子共同作用的电势为零的位置（用 d 表示）。(b) 如果在 $x=d/4$ 的位置上电势是 0，求（用 d 表示的）净电场为零的点的坐标（除无穷远以外的）。

9. 将一根塑料棒弯成半径 $R=8.20\text{cm}$ 的圆环。电荷 $Q_1=+7.07\text{pC}$ 均匀分布在圆环的四分之一上，圆环的其余部分有均匀分布的电荷 $Q_2=-6Q_1$（见图 24-27）。设无穷远处 $V=0$。求以下位置的电势：（a）圆环中心 C，（b）圆环中心轴上到中心距离 $D=2.05\text{cm}$ 的 P 点。

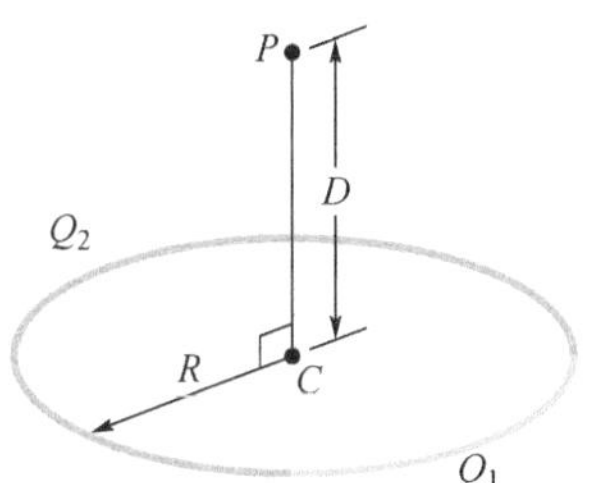

图 24-27　习题 9 图

10. 一个半径为 R 的导电球形薄壳装在绝缘支架上，使它带电至电势 -170V。一个电子从距离球壳中心 r 的 P 点对准球壳中心发射（$r>>R$）。电子要有多大的初速率 v_0 才可以在运动方向反转时正好达到球壳？

11. 电子放在电势依赖于 x 和 y 的 x-y 平面上。图 24-28 画出电势和 x 与 y 坐标的关系。（电势不依赖于 z）。图上纵轴的标度 $V_s=1000\text{V}$。用单位矢量符号表示，作用于电子的电场力有多大？

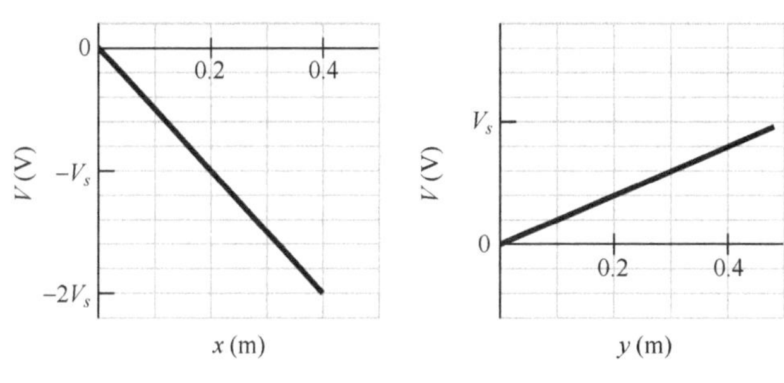

图 24-28　习题 11 图

12. 两平行平板 1 和 2 之间的空间中的电势 V 由公式 $V=1500x^2$（单位 V）描述，其中 x（m 为单位）是到板 1 的垂直距离。在 $x=1.8\text{cm}$ 处，（a）电场强度的数值是多少？（b）场的方向是向着还是背离板 1？

13. 一个带电荷 q 的粒子固定在 P 点，质量为 m 并带同样电荷 q 的第二个粒子起初在距离 P 点 r_1 的地方。然后释放第二个粒子，求它在到 P 点的距离为 r_2 时的动量数值，令 $q=3.1\mu\text{C}$，$m=20\text{mg}$，$r_1=0.90\text{mm}$ 及 $r_2=1.5\text{mm}$。

14. 不均匀的线性电荷分布是 $\lambda=bx$，其中 b 是常量。电荷分布在 $x=0$ 到 $x=0.20\text{m}$ 的一段 x 轴上。如果 $b=15\text{nC/m}^2$，且无穷远处 $V=0$。在（a）原点以及（b）y 轴上，$y=0.15\text{m}$ 的一点处的电势各是多少？

15. 假设有一次闪电持续时间为 1.4ms，闪电携带电流 $5.0\times10^4\text{A}$ 通过电势差 $2.4\times10^9\text{V}$，这次放电引起的电荷能量改变了多少？

16. 半径为 1.5m 的球形人造卫星在第一个轨道运行周期中，从地球的电离层的稀薄电离气体中截获电荷，使它的电势改变了 -3.50V。（a）卫星截获了多少电荷？（b）如果这些电荷全都是电子，卫星收集了多少电子？

17. 求坐标是 $(-1.00\vec{i}-2.00\vec{j}+4.00\vec{k})$ m 的一点的电场的大小，如这个区域中的电势由 $V=2.00xyz^2$ 给出。其中 V 的单位是 V；x、y 和 z 单位是 m。

18. 图 24-29 中，7 个带电粒子固定在各自的位置上形成一个正方形，其边长为 5.00cm。把一个原来在无穷远处静止的带电荷 $+6e$ 的粒子移到正方形中心，我们要做多少功？

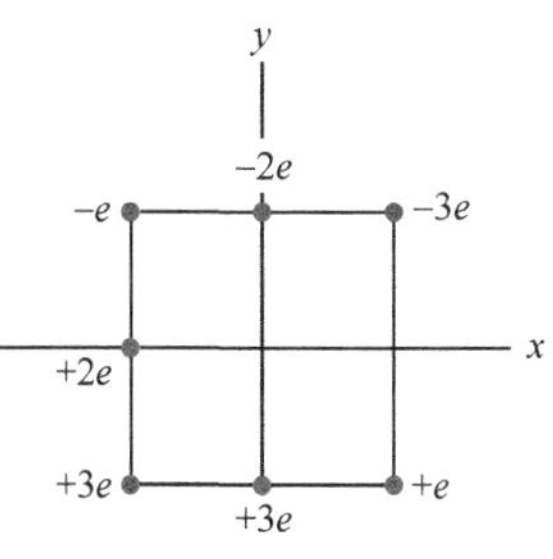

图 24-29　习题 18 图

19. 两个电子固定位置相距 4.0cm，另一个电子从无穷远处射来，静止于两个电子的中点。它的初速率多大？

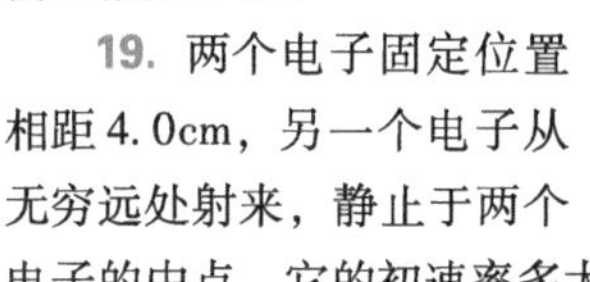

20. （a）距离 3.00nm 的两个电子的电势能多大？（b）如果它们的距离增加，势能是增大还是减小？

21. 在图 24-30 的矩形中，边长分别为 5.0cm 和 15cm，$q_1=-5.0\mu\text{C}$，$q_2=+2.0\mu\text{C}$，无穷远处 $V=0$。（a）A 点及（b）B 点处电势多大？（c）将电荷 $q_3=-2.0\mu\text{C}$ 从 B 点沿矩形对角线移动到 A 点需做多少功？（d）这些功是增加还是减少了这个三电荷系统的电势能？如果 q_3 所经过的路径在（e）矩形之内但不在对角线上，以及（f）在矩形外面，所做的功是更大，更小还是相同？

图 24-30　习题 21 图

22. 如果一个质子通过电势差 4.5kV，用电子伏特为单位表示的质子势能改变的数值是多少？

23. 相同的 50μC 的两个电荷固定在 x 轴上的 $x=\pm2.0\text{m}$ 的两点。一个电荷为 $q=-15\mu\text{C}$ 的粒子在 y 轴正向一点从静止释放。由于对称性，粒子沿 y 轴向坐标原点运动，在它通过 $x=0$，$y=4.0\text{m}$ 的位置时具有动能 1.2J。(a) 当粒子通过原点时动能是多少？(b) 这个粒子到达 y 轴负向哪点时才会瞬间停止？

24. 在图 24-31 中，带元电荷 $+e$ 的粒子起始在通过一个电偶极子的偶极轴（这里是 z 轴）上坐标为 $z=20\text{nm}$ 的位置，这个位置是在偶极子正的一边。（z 轴的原点在偶极子中心。）然后粒子沿绕偶极子中心的圆形路径运动直到它到达偶极轴负的一边坐标 $z=-20\text{nm}$ 的位置。图 24-31b 给出使粒子运动的力所做的功 W_a 与粒子相对于 z 轴正方向的角位置 θ 的关系曲线图。纵轴的标度由 $W_{as}=2.0\times10^{-30}\text{J}$ 标定。偶极矩的数值为何？

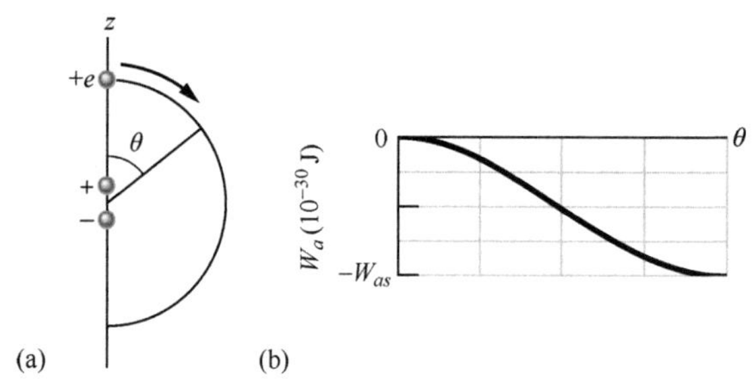

图 24-31 习题 24 图

25. 带电荷 +7.5μC 的粒子在 x 轴上 $x=60\text{cm}$ 的位置从静止释放。由于存在一个固定在原点的电荷 Q，粒子开始运动。如果 (a) $Q=+20\mu\text{C}$ 以及 (b) $Q=-20\mu\text{C}$，则在粒子移动了 50cm 的瞬间，它的动能分别是多少？

26. 图 24-32 中一个电子沿着电场线从 A 移动到 B，电场对它做功 $4.78\times10^{-19}\text{J}$。以下情况电势差各是多少？(a) V_B-V_A，(b) V_C-V_A，(c) V_C-V_B。

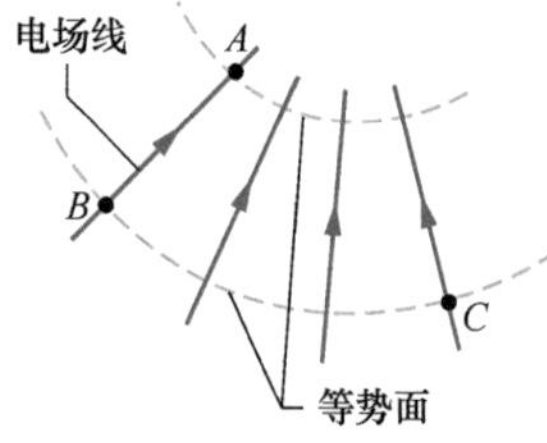

图 24-32 习题 26 图

27. 图 24-33 中，一个带电粒子（电子或者质子）在距离 $d=2.00\text{mm}$ 的两块平行带电板之间向右运动。板的电势分别是 $V_1=-80.0\text{V}$ 和 $V_2=-50.0\text{V}$。粒子在左边板上从初始速率200km/s 开始减慢。(a) 这个粒子是电子还是质子？(b) 它到达板 2 时的速率为多大？

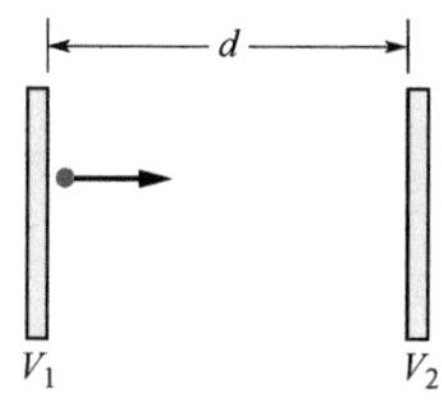

图 24-33 习题 27 图

28. 一个正电子（电荷 $+e$，质量等于电子的质量）以 $1.5\times10^7\text{m/s}$ 的速率沿 x 轴正方向运动。它到 $x=0$ 的位置时，进入沿 x 轴方向的电场，与该电场相关的电势 V 在图 24-34 中给出。纵轴标度由 $V_s=500.0\text{V}$ 标定。(a) 正电子是在 $x=0$ 处出现（意思说它的运动反转）。还是在 $x=0.50\text{m}$ 处出现（意思说它的运动不反转）？(b) 在它出现的时候速率有多大？

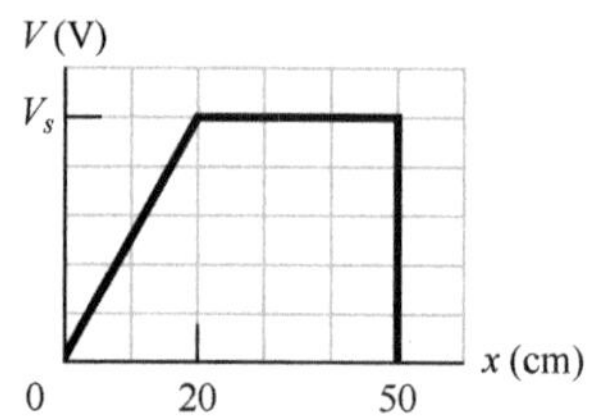

图 24-34 习题 28 图

29. 设有 N 个电子组成两种组态中的任何一种。在组态 1 中，它们都沿着半径为 R 的细环的圆周均匀地排列，因而相邻电子间的距离处处相同。在组态 2 中，$N-1$ 个电子均匀地分布在环上，一个电子放在环的中心。(a) 要使第二种组态的能量小于第一种，N 的最小数值是多少？(b) 对这个 N 值，考虑环上任一个电子——称它 e_0。环上还有多少电子比中心的电子更靠近 e_0？

30. 图 24-35 中的笑脸包含三个部分：

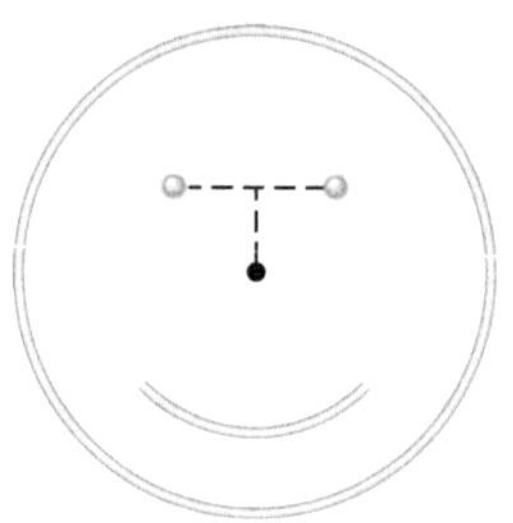

图 24-35 习题 30 图

(1) 带电荷 −3.0μC 的细棒做成完整的、半径为 6.0cm 圆环。

(2) 第二根带电荷 1.0μC 的细棒做成半径为 4.0cm 的圆弧，且对完整圆环的中心的张角为 90°。

(3) 一个电偶极子，它的偶极矩垂直于径向直线，数值为 $1.28\times10^{-21}\text{C}\cdot\text{m}$。

中心点的净电势有多大？

31. 图 24-36 中，四个带电粒子在 P 点产生的净电势有多大？设无穷远处 $V=0$，$q=7.50\text{fC}$，$d=1.60\text{cm}$。

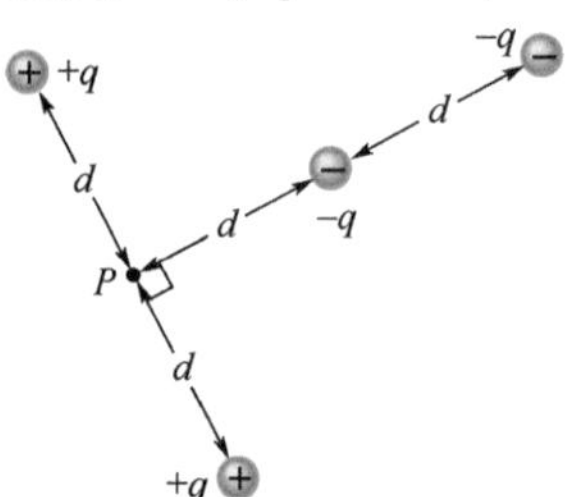

图 24-36 习题 31 图

32. 在图 24-37 中，要将一个带电荷 $Q=+12e$ 的、原来静止的粒子沿虚线从无穷远处移动到两个固定的带电荷 $q_1=+4e$ 和 $q_2=-q_1/2$ 的粒子附近（图中所示的位置），我们要做多少功？距离 $d=1.40\text{cm}$，$\theta_1=43°$，$\theta_2=60°$。

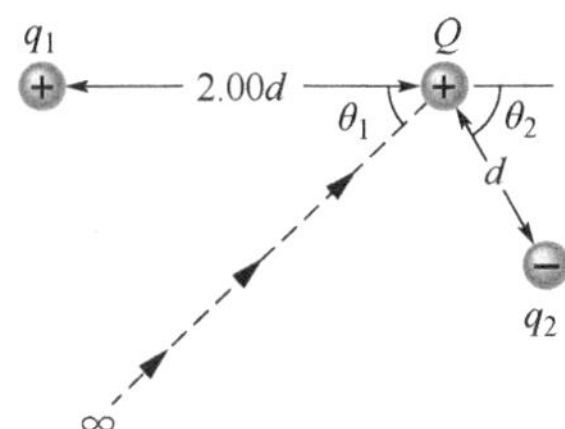

图 24-37　习题 32 图

33. 图 24-38 中的四个粒子每一个的电荷的数值都是 $q=5.00\text{pC}$。它们起初分开无穷远。要形成边长 $a=64.0\text{cm}$ 的正方形，(a) 外力必须做多少功？(b) 电场力需做多少功？(c) 系统的势能有多大？

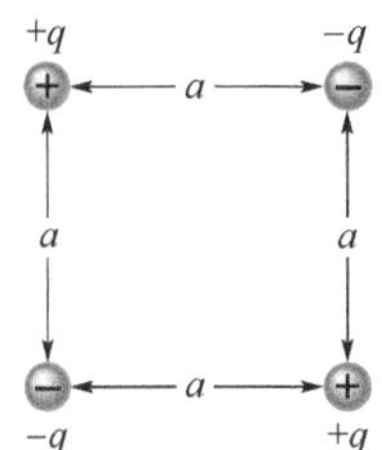

图 24-38　习题 33 图

34. 两个均匀带电的无限大不导电平板平行于 y-z 平面放置，分别在 $x=-50\text{cm}$ 和 $x=+50\text{cm}$ 处。板上的面电荷密度分别是 -50nC/m^2 和 $+25\text{nC/m}^2$。问原点和 x 轴上 $x=+100\text{cm}$ 的一点之间的电势差的数值是多少？（提示：用高斯定律。）

35. 在图 24-39 中，三条塑料细棒各弯成四分之一圆，它们共同的曲率中心在原点。三根棒上均匀分布的电荷分别是 $Q_1=+30\text{nC}$，$Q_2=+3.0Q_1$，$Q_3=-10Q_1$。这三根棒在原点产生的净电势有多大？

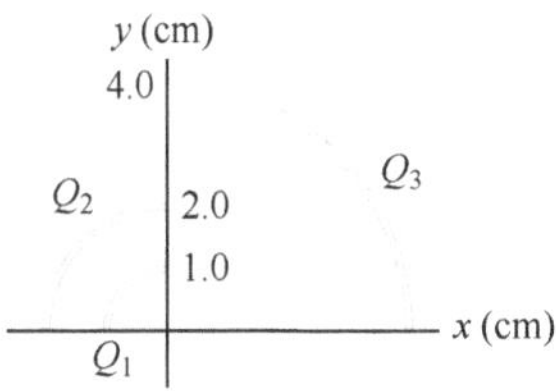

图 24-39　习题 35 图

36. 半径为 R_1 的球 1 带正电荷 q。半径为 $3.00R_1$ 的球 2 远离球 1 并且原来不带电。这两个分开的球用一根细金属线连接起来。线足够细所以它上面保留的电荷可以忽略不计。(a) 球 1 上的电势 V_1 比球 2 上的电势 V_2 更大，更小还是相等？最后 q 中有多少部分留在 (b) 球 1 上以及 (c) 球 2 上？(d) 两个球上的面电荷密度之比 σ_1/σ_2 是多少？

37. 两个小的金属球 A 和 B，质量分别为 $m_A=5.00\text{g}$ 和 $m_B=10.0\text{g}$，它们带有相同的正电荷 $q=5.00\mu\text{C}$。两个球用一根长度为 $d=3.00\text{m}$ 的、无质量并且不导电的细线连接，d 比球的半径大很多。(a) 系统的电势能多大？(b) 设现在剪断细线，在这一瞬间各个球的加速度多大？(c) 剪断线后经过一段时间后，每个球的速率各是多大？

38. 粒子 1（带电荷 $+5.0\mu\text{C}$）和粒子 2（带电荷 $+3.0\mu\text{C}$），固定在 x 轴上相距 $d=5.0\text{cm}$ 的位置，如图 24-40a 所示。粒子 3 在粒子 2 的右边可以沿 x 轴运动。图 24-40b 是三粒子系统的电势能 U 作为粒子 3 的坐标的函数曲线。纵轴标度由 $U_s=5.0\text{J}$ 标定。粒子 3 的电荷是多少？

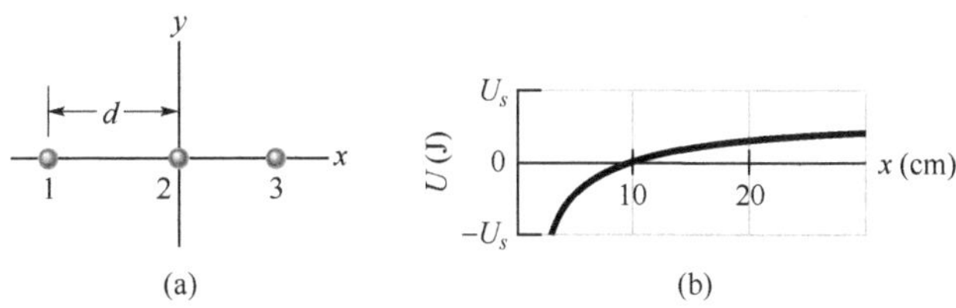

图 24-40　习题 38 图

39. (a) 原来静止在半径为 20cm 并带有均匀分布的电荷 $1.6\times10^{-15}\text{C}$ 的球面上的电子的*逃逸速率*有多大？就是说电子要到达离球无穷远的距离并且电子的动能为零，它的初速率必须为多大？(b) 如果它的初速率两倍于逃逸速率，则它到无穷远时的动能有多大？

40. *势阱里的质子*。图 24-41 表示沿 x 轴的电势 V。纵轴标度由 $V_s=10.0\text{V}$ 标定。一个初始动能为 5.00eV 的质子在 $x=3.5\text{cm}$ 处释放。(a) 如果起初它沿 x 轴的负方向运动，它是否会达到转折点？（如果是的话，这一点的坐标是什么？）或者它会从图上的区域逃逸吗？（如果是的话，它在 $x=0$ 位置的速率为多少？）(b) 如果质子原来沿 x 轴正方向运动，它是否会达到一个转折点？（如果是的话，转折点的 x 坐标是什么？）或者它是否会从图上的区域逃逸？（如果是的话，它在 $x=6.0\text{cm}$ 处的速率为多少？）如果质子正好运动到 $x=3.0\text{cm}$ 的左边，作用在质子上的电场力下的 (c) 数值和 (d) 方向（x 轴的正或负方向）各是什么？如果质子正好运动到 $x=5.0\text{cm}$ 的右边，则 (e) F 及其 (f) 方向为何？

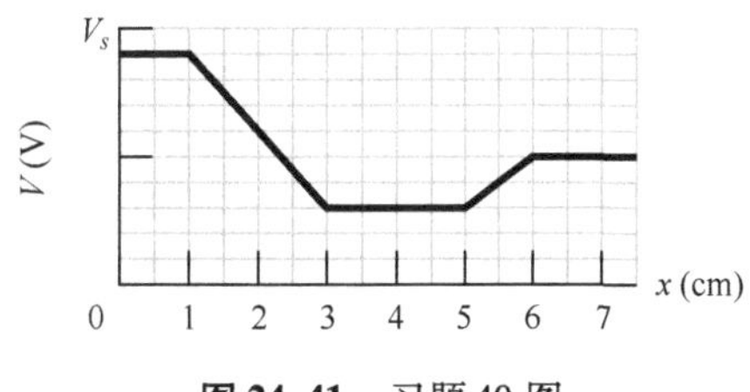

图 24-41　习题 40 图

41. 70A·h（安培·小时）的电荷通过电势差 25V。求 (a) 以库仑为单位表示的电荷，(b) 电荷势能的改变。

42. 图 24-42 中是固定在各自位置上的带电粒子排列成的矩形阵列。其中距离 $a=35.0\text{cm}$，电荷用 $q_1=3.40\text{pC}$

及 $q_2=6.00\text{pC}$ 的整数倍表示。无穷远处 $V=0$，位于矩形中心的净电势是多大？（提示：对这样的安排仔细考察一下可以减少计算。）

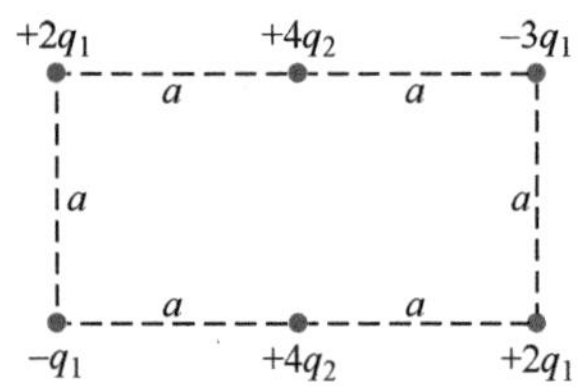

图24-42 习题42图

43. 一片带有均匀电荷密度的无限大的不导电薄片建立起平行的等势面。电势差为25.0V的任何一对等势面之间的距离是8.80mm。（a）面电荷密度的数值是多少？（b）如果有一电子在薄片附近释放，它将从较高的电势向较低的电势运动还是反方向运动？

44. 在图24-43a中，我们将一个电子从无穷远距离外移动到距离一个带电小球 $R=8.00\text{cm}$ 的位置。这一移动我们需要做功 $W=5.32\times10^{-13}\text{J}$。（a）小球上的电荷 Q 是多少？在图24-43b中，小球被分成12个小块，把带有等量电荷的每一小块放在半径 $R=8.00\text{cm}$ 的圆形表盘的标记12个钟点的位置上。现在将电子从无穷远移到圆的中心。（b）在这12个带电小块的系统中加上这个电子后，系统的电势能改变了多少？

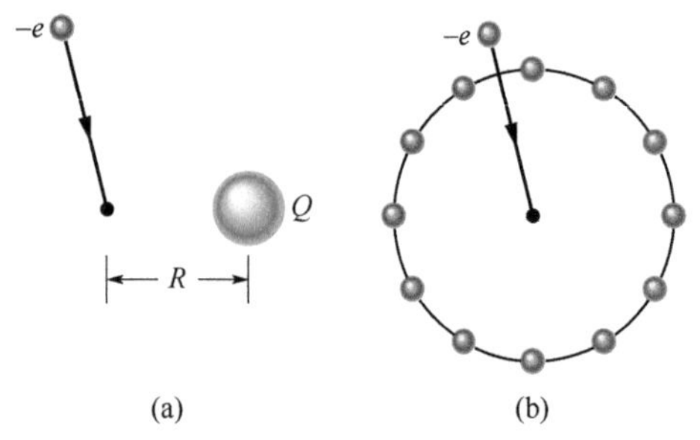

图24-43 习题44图

45. 半径为30cm的金属球带有净电荷 $3.0\times10^{-8}\text{C}$。（a）球表面的电场多大？（b）如果无穷远处 $V=0$，球表面的电势有多高？（c）离开球的表面多远的地方，电势减少到500V？

46. 空心金属球相对于地面（定义为 $V=0$）的电势为 $+300\text{V}$，球上带电荷 $5.0\times10^{-9}\text{C}$。求球中心的电势。

47. 电子以初速率 $1.6\times10^5\text{m/s}$ 直接射向固定在位置上的质子。如果电子起初在离开质子很远的距离以外，在离开质子多少距离时，电子的速率瞬时等于初始值的两倍？

48. 两个绝缘的同心导电球壳的半径分别是：$R_1=0.500\text{m}$ 和 $R_2=1.00\text{m}$，它们均匀带电 $q_1=+3.00\mu\text{C}$，$q_2=+1.00\mu\text{C}$，它们的厚度可以忽略不计。求以下径向距离处的电场 E 的数值：（a）$r=4.00\text{m}$，（b）$r=0.700\text{m}$，（c）$r=0.200\text{m}$。设无穷远处 $V=0$，求以下距离处的 V 值：（d）$r=4.00\text{m}$，（e）$r=1.00\text{m}$，（f）$r=0.700\text{m}$，（g）$r=0.500\text{m}$，（h）$r=0.200\text{m}$，以及（i）$r=0$。（j）画出 $E(r)$ 和 $V(r)$ 图。

49. 两个半径都是3.0cm的金属球，中心到中心的距离是2.0m。球1带电荷 $+1.0\times10^{-8}\text{C}$，球2带电荷 $-8.0\times10^{-8}\text{C}$。我们可以认为两个球之间的距离足够大，可以说每个球上的电荷都是均匀分布的（两个球互相不影响）。设无穷远处 $V=0$，求：（a）两球中心一半距离的点的电势及（b）球1和（c）球2表面上的电势。

50. 均匀分布着 -9.0nC 电荷的一个细塑料圆环放在 y-z 平面上，环中心在原点。带电荷 -3.0pC 的粒子在 x 轴上位置 $x=3.0\text{m}$ 处，如果环的半径为1.5m，外力将粒子移到原点要做多少功？

51. 氨分子（NH_3）有等于1.47D的永电偶极矩，其中 $1\text{D}=1$ 德拜单位 $=3.34\times10^{-30}\text{C}\cdot\text{m}$。求在氨分子的偶极子轴上距离偶极子103nm处的电势。（设无穷远处 $V=0$。）

52. 作为 x 的函数的电场 x 分量在一定空间范围内的曲线图画在图24-44中。纵轴标度由 $E_{xs}=10.0\text{N/C}$ 标定。在这个范围内电场的 y 和 z 分量是零。如果原点的电势是10V，（a）在 $x=2.0\text{m}$ 处的电势是多少？（b）在 x 轴的 $0\leqslant x\leqslant6.0\text{m}$ 范围内，电势正的最大值是多少？（c）电势为零时的 x 坐标数值是什么？

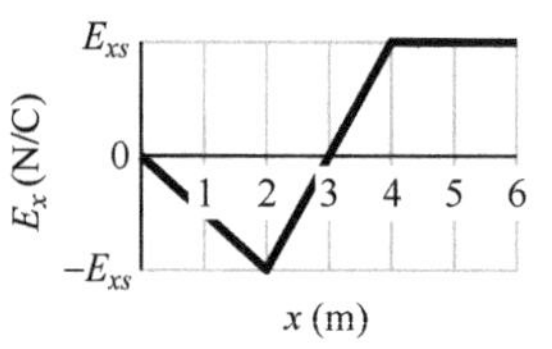

图24-44 习题52图

53. 带有电荷30pC的球形水滴的表面电势为500V，（无穷远处 $V=0$）。（a）水滴半径多大？（b）如果有带相同电荷并有相同半径的两滴水滴合并成一个球形水滴，则新水滴的表面电势是多少？（c）新水滴和原来的水滴的面电荷密度之比是多少？

54. 两块巨大的平行金属板之间的电场近似均匀，特别是在远离有边缘场效应的边缘的地方。设板间距离是8.00cm。设作用在均匀电场区域中一个电子上的电场力大小为 $7.9\times10^{-16}\text{N}$，（a）两板间的电势差是多少？（b）这个力的方向是向着较高电势的板还是向着较低电势的板？

55. 一个不导电的球的半径是 $R=2.31\text{cm}$，并且均匀分布着电荷 $q=+3.50\text{fC}$。取球心的电势 $V_0=0$。求径向距离为（a）$r=1.45\text{cm}$ 及（b）$r=R$ 处的电势（提示：参见23-6单元。）（c）如果设无穷远处电势 $V_0=0$ 以代替球心处的电势为零，在 $r=R$ 处的 V 是多大？

56. 图24-45中是一根有均匀线电荷密度 $1.00\mu\text{C/m}$ 的细棒。如果 $d=D=L/4.00$，求 P 点的电势。设无穷远处电势为零。

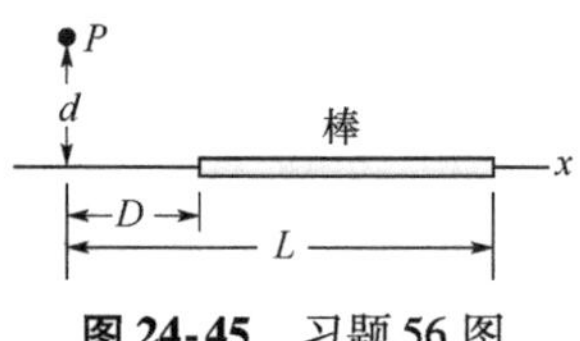

图24-45 习题56图

57. 求半径 $r = 0.35\text{m}$ 的导电球上的过剩电荷，设球的电势是 1500V，无穷远处 $V = 0$。

58. 两块巨大的平行金属板相距 1.5cm，在它们相对的表面上带有数值相等但符号相反的电荷。取负板的电势为零。如果两板之间中点的电势是 +10.0V，两板间电场为多大？

59. 空间某个区域中的电场分量是 $E_y = E_z = 0$，$E_x = (4.00\text{N/C})\ x^2$。$A$ 点在 y 轴上，$y = 3.00\text{m}$，B 点在 x 轴上 $x = 4.00\text{m}$。电势差 $V_B - V_A$ 等于多少？

60. 图 24-46 中，一根有均匀分布电荷 $Q = -28.9\text{pC}$ 的塑料棒被弯成半径 $R = 3.71\text{cm}$ 的圆弧，中心张角 $\phi = 120°$。无穷远处 $V = 0$，求棒的曲率中心 P 点的电势。

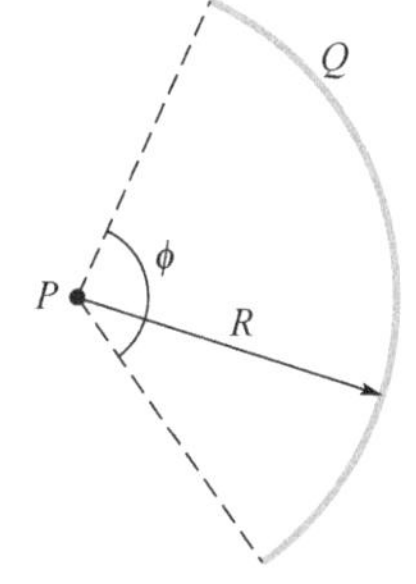

图 24-46　习题 60 图

61. (a) 图 24-47 中，带电荷 $Q_1 = +7.21\text{pC}$ 的圆弧以及两个带电荷分别为 $Q_2 = 4.00Q_1$ 和 $Q_3 = -2.00Q_1$ 的粒子在原点产生的净电势是多少？圆弧的曲率中心在原点，它的半径是 $R = 2.00\text{m}$；图上角度 $\theta = 35.0°$。(b) 如果 Q_1 和 R 都加倍，原点的净电势又是多少？

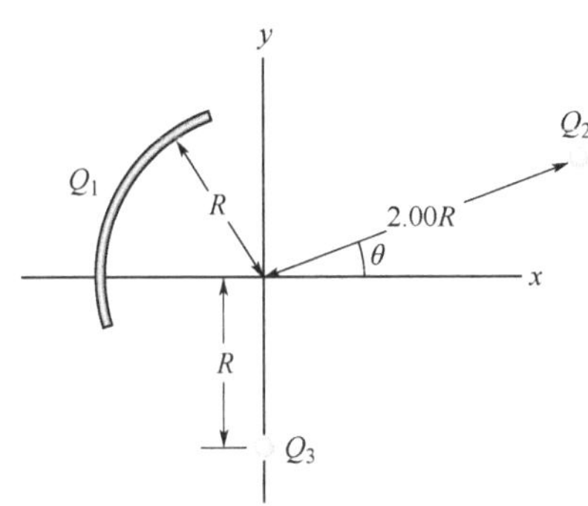

图 24-47　习题 61 图

62. 现有一个电荷为 $q = 3.0\text{nC}$ 的粒子，点 A 在离 q 距离 $d_1 = 2.0\text{m}$ 的位置，点 B 在距离 $d_2 = 1.0\text{m}$ 处。(a) 如果图 24-48a 中的 A 和 B 在相反的方向上，电势差 $V_A - V_B$ 等于多少？(b) 如果 A 和 B 在图 24-48b 中所示的位置，电势差又是多少？

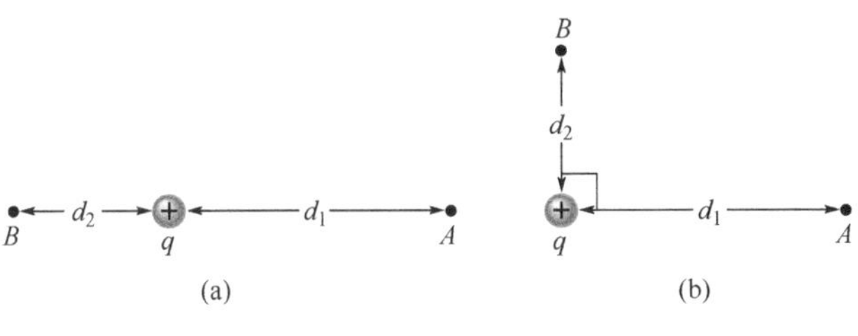

图 24-48　习题 62 图

63. x-y 平面上的电势由下式给出：$V = (2.00\text{V/m}^2)x^2 - (3.00\text{V/m}^2)y^2$。求位于坐标 (4.00m, 2.00m) 处的电场的 (a) 数值及 (b) 方向（相对于 $+x$）。

64. 在图 24-49a 中表示两个带电粒子。带电荷 q_1 的粒子 1 固定在距离原点 d 的位置上，带电荷 q_2 的粒子 2 可以沿 x 轴移动。图 24-49b 给出两个粒子在原点产生的净电势 V 作为粒子 2 的 x 坐标的函数。x 轴上的标度由 $x_s = 16.0\text{cm}$ 标定。曲线的渐近线是 $x \to \infty$，$V = 5.92 \times 10^{-7}\text{V}$。用 e 表示的 q_2 是多大？

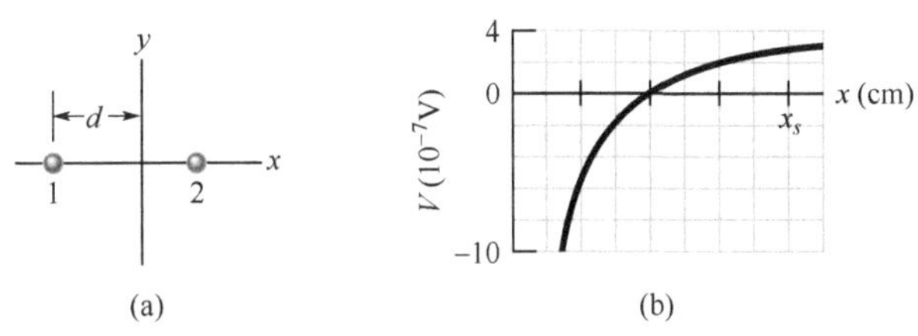

图 24-49　习题 64 图

65. 无限大的不导电薄片上的面电荷密度是 $\sigma = 5.80\text{pC/m}^2$。(a) 如果有一带电荷 $q = +1.60 \times 10^{-19}\text{C}$ 的粒子从薄片移动到距离薄片 $d = 6.15\text{cm}$ 的 P 点，薄片的电场做多少功？(b) 如果薄片上的电势 V 定义为 −5.00mV，点 P 的电势是多少？

66. 图 24-50a 表示一个电子沿偶极子轴向着电偶极子负的一边运动。偶极子固定在位置上。电子起初离开电偶极子非常远，并具有动能 300eV。图 24-50b 给出电子动能 K 对离偶极子中心的距离 r 的函数曲线，横轴标度由 $r_s = 0.20\text{m}$ 标定，电偶极矩的大小为多少？

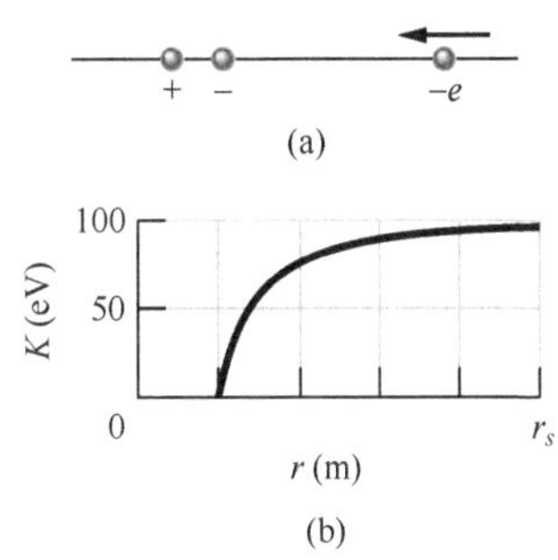

图 24-50　习题 66 图

67. 半径 $R = 64.0\text{cm}$ 的塑料圆盘一面带有均匀面电荷密度 $\sigma = 7.73\text{fC/m}^2$。圆盘的四分之三被切除，余下的四分之一画在图 24-51 中。设无穷远处 $V = 0$，求 P 点电势。P 点在原来的圆盘中心轴上，距离盘中心 $D = 45.0\text{cm}$ 的位置。

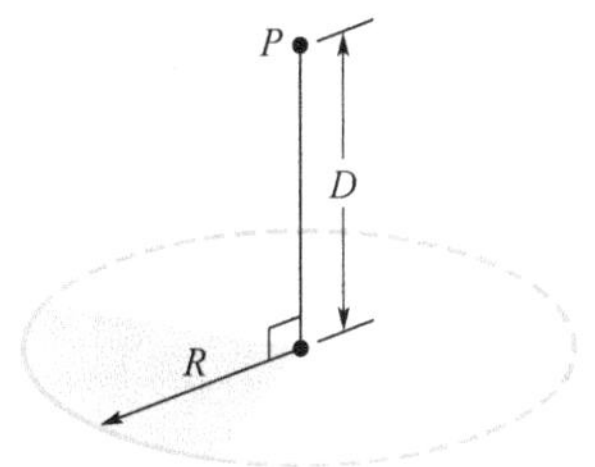

图 24-51　习题 67 图

CHAPTER 25

第25章 电容

25-1 电容

学习目标

学完这一单元后，你应当能够……

25.01 画出有平行板电容器、电池和断开或接通的开关的电路图。

25.02 对由电池、一个断开的开关和一个没有充电的电容器组成的电路，说明当开关接通时传导电子发生什么过程。

25.03 对一个电容器，应用每块板极上的电荷（“电容器上的电荷”）数值、两板极间的电势差 V（“电容器上的电势差”）以及电容器的电容 C 之间的关系。

关键概念

- 电容器由两个分别带电荷 $+q$ 和 $-q$ 的绝缘导体（板极）组成。电容器的电容定义为

$$q = CV,$$

其中，V 是两板极之间的电势差。

- 在有电池、断开的开关和未充电的电容器的电路中，将开关闭合以接通电路，传导电子就会移动，从而使电容器的两板极上带异号电荷。

什么是物理学?

物理学的目的之一是为工程师能够设计出实用的器件而提供科学的理论基础。这一章的中心是一个极其普通的例子——电容器，可以储存电能的器件。例如，照相机里的电池通过把电容器充电来储存闪光灯所需的能量。电池只能以较慢的速率供应能量，对于闪光灯发射一次闪光来说就显得太慢。然而，一旦电容器充了电，它在闪光灯被触发时，能以极快的速率供应能量——足以使闪光灯在短时间内发出很强的闪光的能量。

电容器的物理学可以推广到其他器件，以及涉及电场的许多情况。例如，地球大气的电场被气象学家用一个巨大的球形电容器作为模型，闪电会使它部分地放电。滑橇在雪上滑行时聚集电荷可以用电容器储存电荷来模拟。电容器中会不时地放电并发出火花，滑雪者晚上在干燥的雪地上滑雪时就可以看到雪撬上的这种火花。

我们关于电容器的讨论的第一步是确定可以储存多少电荷，这里的“多少”称为电容。

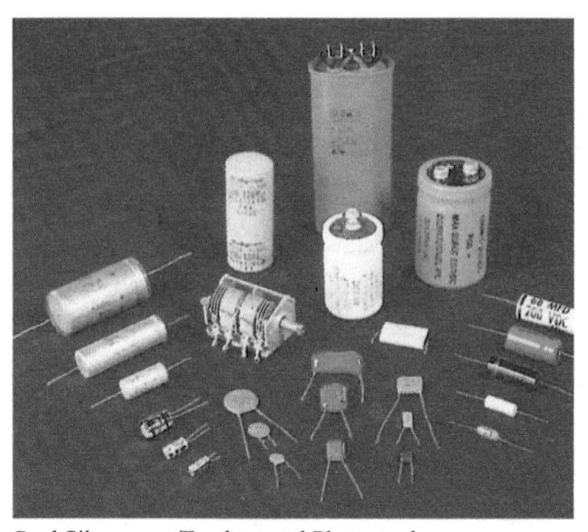

Paul Silvermann/Fundamental Photographs

图25-1 各种各样的电容器。

电容

图25-1是不同大小和形状的一些电容器。图25-2表示任何电容器的基本单元——两个任意形状的导体。无论它们是什么样的几何形状，平的或者不平的，我们把这两个导体称作极板。

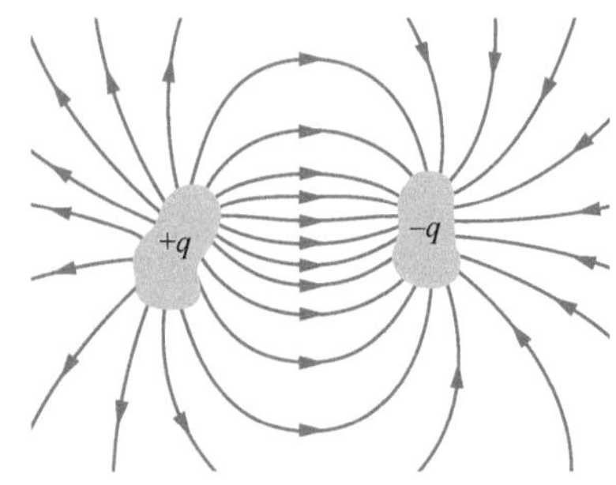

图 25-2 相互绝缘并且也和周围物体绝缘的两个导体组成一个电容器，当电容器充电时，导体，通常称作极板，它们带有相同数量 q 但符号相反的电荷。

图 25-3a 表示一种不很普遍的但更加传统的结构，称作平行板电容器。它由两块面积为 A 的，分开距离为 d 的平行导电板构成。我们用来代表电容器的符号（⊣⊢）就是基于平行板电容器的这种结构，它被用来代表各种几何结构的电容器。目前我们假设在两极板间的区域内不存在另外的介质材料（如玻璃或塑料）。在 25-5 单元中，我们将取消这一限制。

当电容器充电后，它的两极板上带有数值相等但符号相反的电荷：$+q$ 和 $-q$。不过，我们把电容器的电荷说成是 q，即两板上电荷的绝对值。（注意，q 不是电容器上的净电荷，净电荷是零。）

因为极板是导体，它们是等势面；所以每块板上所有的点都有相同的电势。但在两极板之间有电势差。由于历史的原因，我们把这电势差的绝对值用 V 表示，而不用之前的符号 ΔV。（电势差也称电压。——译者注）

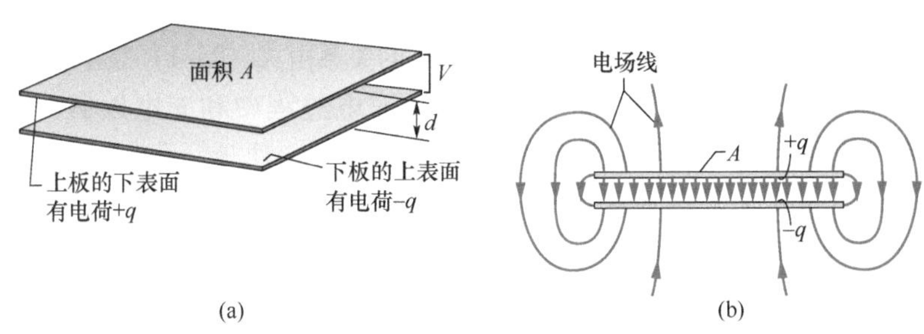

图 25-3 （a）由面积为 A、分开距离为 d 的两块极板组成的平行板电容器。两板面对面的表面上有同样大小但符号相反的电荷 q。（b）如图上电场线所示，带电极板产生的电场在两板之间的中央区域是均匀的。在板的边缘，电场是不均匀的。如图上这些边缘区域的场线的"边缘效应"所表现出来的那样。

电容器上的电荷 q 和电势差（电压）V 互成正比，即

$$q = CV \tag{25-1}$$

比例常量 C 称为电容器的**电容**。它的数值只取决于极板的几何形状，而不依赖于它们的电荷或电势差。电容是需要在极板上放多少电荷才能在两板间产生某一定的电势差的量度；电容越大，就需要更多的电荷。

电容的国际单位制单位可由式（25-1）得出，是库仑每伏，这个单位经常用到，所以给它一个专用的名称：法［拉］（F）：

$$1\text{法[拉]} = 1\text{F} = 1\text{库仑每伏} = 1\text{C/V} \tag{25-2}$$

正如我们将会知道的，法拉是非常大的单位。法拉的约数有微法［拉］（$1\mu\text{F} = 10^{-6}\text{F}$）和皮法［拉］（$1\text{pF} = 10^{-12}\text{F}$），这些在实际应用中更为方便。

电容器充电

电容器充电的一个方法是把它连接在有电池的电路中，电路是电荷能在其中流通的通路。电池是利用能产生电场力以移动内部电荷的内部电化学反应，并使它的两极（电荷可以进入或离开电池的两点）之间保持一定的电势差的器件。

在图 25-4a 中，电池 B、开关 S、没有充电的电容器 C 和接线共同组成一个电路。同一电路的线路图画在图 25-4b 中，图中用电池、开关和电容器的符号代表这些器件。电池的正负极之间保持电势差 V。较高电势的一端用"+"标记，常常称为正极；较低电势的一端用"−"标记，常常称为负极。

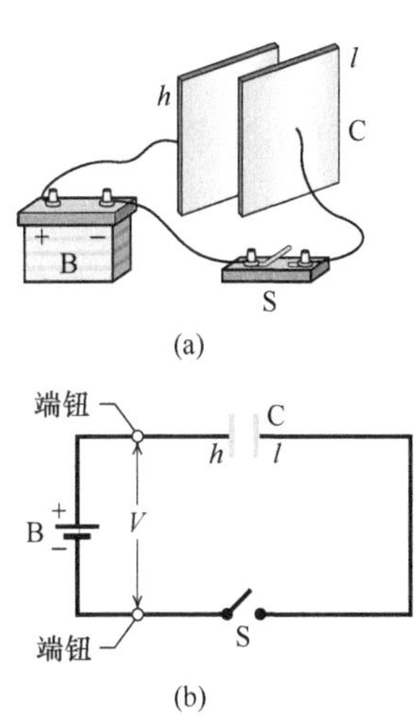

图 25-4 （a）电池 B、开关 S 和电容器 C 的极板 h 和 l 连接在电路中。（b）用符号表示电路单元的线路图。

图 25-4a、b 中的电路是不完整的，因为开关 S 是断开的；即

开关没有把连到它两端的电线连通导电。当开关闭合时，接到两端的电线接通导电，电路成为完整的，于是电荷可以通过开关和电线流动。如我们在第21章中讨论过的，可以通过像电线之类的导体流动的电荷是电子。当图25-4中的电路全部接通后，电子受到电池在导线中建立的电场驱动而流经导线，电场把电子从电容器极板 h 驱赶到电池的正极；于是极板 h 失去电子成为带正电的。电场又从电池的负极驱动同样数量的电子到电容器极板 l；于是极板 l 获得电子，成为带负电的。负电荷的数量和 h 板上因失去电子而带的正电荷的数量正好相同。

原来在两极板上没有带电时，两板间的电势差为零。而当两极板带有相反的电荷时，电势差便增加到等于电池正负极之间的电势差 V 为止。这时极板 h 和电池的正极的电势相同，二者之间导线中不再有电场存在，同理，板 l 和负极达到同一电势，它们之间的电线中也没有电场。于是，因为电场为零，电子不再受到驱动，这时可以说电容已被完全充电，它的电势差 V 和电荷 q 的关系由式（25-1）表示。

在本书中我们假定，在电容器的充电过程中和充电以后，电荷不会通过两极板的间隙从一块板移动到另一块板。我们还假设，电容器可以无限期地保持（或储存）电荷，直到它被连接到可以放电的电路里面。

检查点1

一个电容器的电容 C 在（a）它上面的电荷 q 加倍，以及（b）它上面的电势差 V 变为原来的三倍的情况下，是增大，减小还是不变？

25-2 计算电容

学习目标

学完这一单元后，你应当能够……

20.04 说明怎样用高斯定律求平行板电容器的电容。

20.05 对平行板电容器、圆柱形电容器、球形电容器以及绝缘球，分别计算它们的电容。

关键概念

- 我们确定特定电容器组态下的电容的一般步聚是：(1) 假设电荷 q 已经放在极板上。(2) 求这个电荷产生的电场 $\vec{E}$。(3) 计算两板间电势差 V。(4) 由公式 $q=CV$ 求 C。一些结果列在下面。
- 面积为 A、相距 d 的两块平行平板构成的平行板电容器的电容为

$$C=\frac{\varepsilon_0 A}{d}$$

- 长度为 L、半径分别为 a 和 b（两个长的同轴圆柱形）的圆柱形电容器的电容为

$$C=2\pi\varepsilon_0\frac{L}{\ln\frac{b}{a}}$$

- 半径为 a 和 b 的同心球壳构成的球形电容器的电容为

$$C=4\pi\varepsilon_0\frac{ab}{b-a}$$

- 半径为 R 的绝缘球的电容为

$$C=4\pi\varepsilon_0 R$$

计算电容

我们这里的目的是，一旦知道了一个电容器的几何结构，该如何计算这个电容器的电容。因为我们将考虑多种不同的几何结构，看来聪明的方法是开发出通用的方案以简化我们的工作。简言之，我们的方案如下：(1) 假设极板上有电荷 q；(2) 利用高斯定律求出用这个电荷表示的两板间的电场 $\vec{E}$；(3) 由已知的 $\vec{E}$，利用式（24-18）计算两板间的电势差；(4) 由式（25-1）计算 C。

在我们开始计算以前，我们可以做一些假设以简化电场和电势差的计算，下面我们依次来讨论。

计算电场

要说明电容器两极板之间的电场 $\vec{E}$ 和各个板上电荷 q 的关系，我们要利用高斯定律：

$$\varepsilon_0\oint\vec{E}\cdot d\vec{A}=q \tag{25-3}$$

式中，q 是高斯面包含的电荷；$\oint\vec{E}\cdot d\vec{A}$ 是通过这个高斯面的净电通量。在我们将要考虑的所有情况中，高斯面总是要满足这样的条件，即每当有电通量通过它时，高斯面上各处的 $\vec{E}$ 都有相同的数值 E，并且矢量 $\vec{E}$ 和矢量 $d\vec{A}$ 平行。于是式（25-3）简化为

$$q=\varepsilon_0EA \quad [\text{式（25-3）的特殊情况}] \tag{25-4}$$

其中，A 是有通量通过的这部分高斯面的面积。为方便起见，我们以后总是用这样的方法画高斯面以使它完全包含正的电荷；作为例子，可以参看图 25-5。

计算电势差

用第 24 章式（24-18）中的记号，电容器两板间电势差和电场 $\vec{E}$ 的关系是

$$V_f-V_i=-\int_i^f\vec{E}\cdot d\vec{s} \tag{25-5}$$

其中，积分沿着从一个板到另一板的任何路径计算。我们总喜欢选择一条沿电场线，从负板到正板的路径。沿着这条路径，矢量 $\vec{E}$ 和 $d\vec{s}$ 的方向相反；所以点乘 $\vec{E}\cdot d\vec{s}$ 等于 $-E ds$。于是式（25-5）的右边是正。令 V 代表电势差 V_f-V_i，我们可以将式（25-5）写成

$$V=\int_-^+E ds \quad [\text{式(25-5) 的特殊情况}] \tag{25-6}$$

其中的符号“－”和“＋”提示我们要记住，积分路径是从负板开始，终止在正板的。

我们现在已经准备好把式（25-4）和式（25-6）应用于一些特殊的情况。

平行板电容器

我们假设图 25-5 中的平行板电容器的两块极板是如此之大、靠得如此之近，因而我们可以忽略板的边缘附近的边缘电场效应，

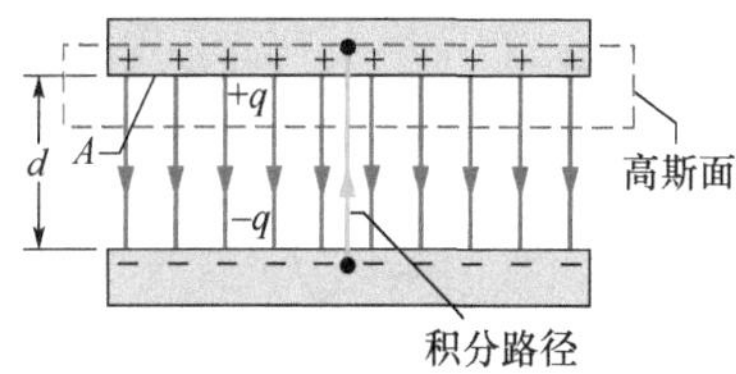

图 25-5 带电的平行板电容器。高斯面包含正极板上的电荷。式（25-6）的积分沿着从负板直接延伸到正板的路径。

取 $\vec{E}$ 在两板之间的整个区域内都是常量。

如图25-5所示，我们画一个只包含正极板上的电荷 q 的高斯面。由式（25-4），我们可以写出

$$q=\varepsilon_0 EA \tag{25-7}$$

其中，A 是板的面积。

由式（25-6），得

$$V=\int_{-}^{+} E\mathrm{d}s=E\int_0^d \mathrm{d}s=Ed \tag{25-8}$$

在式（25-8）中，E 可以提到积分号外，这是因为它是常量；第二个积分实际上就是两板间的距离 d。

我们现在将式（25-7）中的 q 和式（25-8）中的 V 代入关系式 $q=CV$［式（25-1）］，得到

$$C=\frac{\varepsilon_0 A}{d}\quad（平行板电容器） \tag{25-9}$$

由此看到，电容确实只依赖于几何因子——即板的面积 A 和板间距离 d。注意到如果我们增大面积 A 或减少板间距离 d，则 C 增大。

作为题外话，我们要指出式（25-9）暗示了我们把库仑定律中的静电常量写成 $1/(4\pi\varepsilon_0)$ 形式的一个理由。如果我们不是这样做的话，式（25-9）——在工程实践中这个公式比库仑定律更常用，——在形式上就会变得不这样简单了。我们还要注意到，式（25-9）使我们能在涉及电容器的问题中用更合适的单位来表达电容率常量 ε_0，即

$$\varepsilon_0=8.85\times10^{-12}\mathrm{F/m}=8.85\mathrm{pF/m} \tag{25-10}$$

我们以前把这个常量表示为

$$\varepsilon_0=8.85\times10^{-12}\mathrm{C^2/(N\cdot m^2)} \tag{25-11}$$

圆柱形电容器

图25-6表示两个半径分别为 a 和 b、长度为 L 的同轴圆筒构成的圆柱形电容器的截面。我们设 $L\gg b$，所以我们可以忽略圆柱两端电场的边缘效应。每一块极板带数值为 q 的电荷。

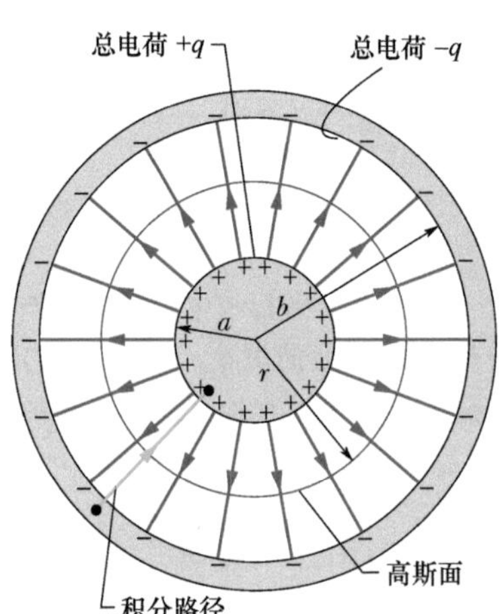

图25-6　长的圆柱形电容器的截面。图中画出半径为 r 的圆柱形高斯面（包含正板）以及式（25-6）的积分沿之进行的径向路径。这幅图也可用来表示球形电容器的通过球心的截面图。

作为高斯面，我们选择一个长度为 L、半径为 r 的圆柱面，它的上、下两底面封闭，放置在图25-6中所画的位置。高斯面和两个圆柱同轴，并包含中央的圆柱。所以也就包含这个圆柱板极上带有的电荷 q。式（25-4）把电荷与电场的数值 E 联系起来：

$$q=\varepsilon_0 EA=\varepsilon_0 E(2\pi rL)$$

其中，$2\pi rL$ 是高斯面的圆柱侧面的面积。没有电通量通过圆柱的上、下两底面。解出 E，得到

$$E=\frac{q}{2\pi\varepsilon_0 Lr} \tag{25-12}$$

把这个结果代入式（25-6），得到

$$V=\int_{-}^{+} E\mathrm{d}s=-\frac{q}{2\pi\varepsilon_0 L}\int_b^a\frac{\mathrm{d}r}{r}=\frac{q}{2\pi\varepsilon_0 L}\ln\left(\frac{b}{a}\right) \tag{25-13}$$

其中用到这里的具体情况 $\mathrm{d}s=-\mathrm{d}r$（我们沿径向向内积分）。由关

系式 $C=q/V$，我们有

$$C=2\pi\varepsilon_0\frac{L}{\ln(b/a)}\quad（圆柱形电容器）\tag{25-14}$$

我们看到，圆柱形电容器像平行板电容器一样，电容只依赖于几何因子，在这里是长度 L 及两个半径 b 和 a。

球形电容器

图 25-6 也可以用来表示由半径分别为 a 和 b 的两个同心球壳组成的电容器的中心截面。我们画一个半径为 r 的且和两个球壳同心的球面作为高斯面；于是式（25-4）写成

$$q=\varepsilon_0 EA=\varepsilon_0 E(4\pi r^2)$$

其中，$4\pi r^2$ 是球形高斯面的面积。我们对 E 解这个方程式，得到：

$$E=\frac{1}{4\pi\varepsilon_0}\frac{q}{r^2}\tag{25-15}$$

我们辨认出这就是均匀球形分布电荷的电场的表达式［式（23-15）］。

如果我们将这个表达式代入式（25-6），我们得到

$$V=\int_-^+ E\mathrm{d}s=-\frac{q}{4\pi\varepsilon_0}\int_b^a\frac{\mathrm{d}r}{r^2}=\frac{q}{4\pi\varepsilon_0}\left(\frac{1}{a}-\frac{1}{b}\right)=\frac{q}{4\pi\varepsilon_0}\frac{b-a}{ab}\tag{25-16}$$

其中我们又一次用 $-\mathrm{d}r$ 代替 $\mathrm{d}s$。现在我们将式（25-16）代入式（25-1）并解出 C，得到：

$$C=4\pi\varepsilon_0\frac{ab}{b-a}\quad（球形电容器）\tag{25-17}$$

绝缘球

我们可以假设一个无穷大半径的导电球壳是一块“失踪的极板”，从而认为半径为 R 的、单个绝缘的球形导体具有电容。离开带正电荷的绝缘导体表面的电场线必定要终止于某个地方；放置导体的房间的墙壁实际上就可以当作无限大半径的球壳来处理。

为求导体的电容，我们首先重写式（25-17）：

$$C=4\pi\varepsilon_0\frac{a}{1-a/b}$$

如果我们令 $b\to\infty$，并用 R 代替 a，我们得到：

$$C=4\pi\varepsilon_0 R\quad（绝缘球）\tag{25-18}$$

注意，这个公式和我们推导出的其他电容的公式［式（25-9），式（25-14）和式（25-17）］中都包含常量 ε_0 乘以具有长度量纲的量。

检查点 2

对于同一个电池充电的电容器，在以下几种情况中电容器储存的电荷增加，减少还是保持不变？(a) 平行板电容器的板间距离增大。(b) 圆柱形电容器的内圆柱半径增大。(c) 球形电容器的外球壳半径增大。

例题 25.01 平行板电容器极板的充电

在图25-7a中，开关S闭合后，将尚未充电的电容为 $C=0.25\mu F$ 的电容器和电势差为 $V=12V$ 的电池连接起来。电容器下面的极板的厚度 $L=0.50cm$，面积 $A=2.0\times10^{-4}m^2$。板是由铜制成的，其中的导电电子密度是 $n=8.49\times10^{28}$电子/m^3。电容器充电后板内多深的距离 d（见图25-7b）内的电子都将移动到板的表面上？

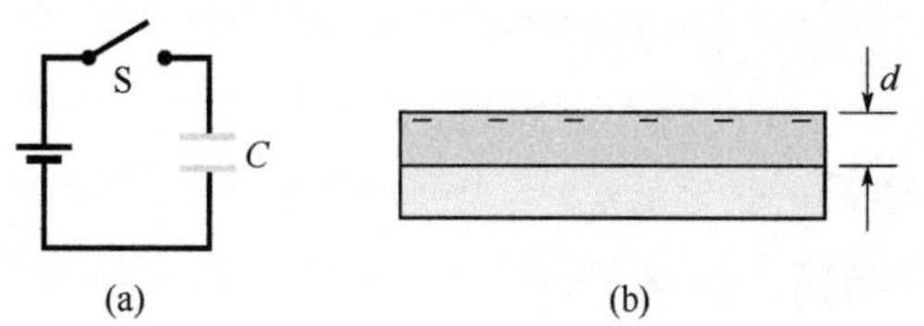

图25-7 （a）电池和电容器电路。（b）下面的电容器板。

【关键概念】

极板上聚集的电荷与电容以及电容器上的电势差可以通过式（25-1）（$q=CV$）相关联。

解：因为下面的极板连接到电池的负极，所以导电电子向上运动到板的表面。由式（25-1），板面上聚集的电荷总数是

$$q=CV=(0.25\times10^{-6}F)(12V)=3.0\times10^{-6}C$$

把这个结果除以 e 得到来到表面上的导电电子数

$$N=\frac{q}{e}=\frac{3.0\times10^{-6}C}{1.602\times10^{-19}C}=1.873\times10^{13}\text{电子}$$

这些电子来自面积 A 和我们要求的深度 d 相乘得到的体积中，由导电电子的密度（单位体积电子数）我们可以写出

$$n=\frac{N}{Ad}$$

或

$$d=\frac{N}{An}=\frac{1.873\times10^{13}\text{电子}}{(2.0\times10^{-4}m^2)(8.49\times10^{28}\text{电子}/m^3)}$$
$$=1.1\times10^{-12}m=1.1pm \quad \text{（答案）}$$

我们通常说电子从电池移动到负的一面，但实际上电池是在导线和极板中建立电场，从而使非常靠近极板表面的电子向上移动到负的表面上。

PLUS 在WileyPLUS中可以找到附加的例题、视频和练习。

25-3 并联和串联的电容器

学习目标

学完这一单元后，你应当能够……

25.06 画出一个电池和（a）三个并联的电容器及（b）三个串联的电容器的电路图。

25.07 明白并联电容器上的电势差相同，这个电势差和它们的等效电容器上的数值相同。

25.08 计算并联电容器的等效电容。

25.09 明白并联电容器上储存的电荷总数等于储存在各个电容器上的电荷的总和。

25.10 懂得每一个串联的电容器都有相同的电荷，这个电荷数值和它们的等效电容器的相同。

25.11 计算串联电容器的等效电容。

25.12 明白加在串联电容器上的电势差等于各个电容器上的电势差之和。

25.13 对于包含一个电池及一些并联电容器和一些串联电容器的电路，通过求等效电容分步骤把电路简化，直到最后的等效电容器上的电荷和电势差可以计算出来。然后步骤反转，求各个电容器上的电荷和电势差。

25.14 对于包含电池、断开的开关以及一个或更多的未充电的电容器的电路，求开关接通后通过电路中一点的电荷数量。

25.15 将一个已充电的电容器并联到一个或几个未充电的电容器上，求达到平衡时每个电容器上的电荷和电势差。

关键概念

- 多个电容器并联或串联组合的等效电容 C_{eq} 可以由下式算出：

$$C_{eq} = \sum_{j=1}^{n} C_j \quad (n\text{ 个电容器并联})$$

和

$$\frac{1}{C_{eq}} = \sum_{j=1}^{n} \frac{1}{C_j} \quad (n\text{ 个电容器串联})$$

等效电容可以用来计算更复杂的串联-并联组合的电容。

电容器的并联和串联

当电路中有几个电容器的组合时，我们有时可以用一个**等效电容**来代替这个组合——即与真实的电容器的组合有同样的电容的一个电容器。用了这样的替换，我们可以简化电路，较容易地解出电路中的未知量，我们这里讨论可以实现这样的代替的两种基本组合。

并联电容器

图25-8a 的电路中，三个电容器并排地连接到电池 B 上。这个描述与怎样画电容器极板没有多大关系。而"并联"的意思是这些电容器的一个极板直接用导线连接起来，另一个极板也直接用导线连接，并且同样的电势差 V 加在两组分别用导线连接的极板上。因此，每一个电容器都有相同的电势差 V，使电容器上产生电荷。(图 25-8a 中所加的电势差 V 由电池维持。）一般说来：

当电势差 V 加在几个并联的电容器上时，有电势差 V 加在每个电容器上。储存在这些电容器上的总电荷是储存在所有各个电容器上电荷的总和。

我们在分析并联电容器的电路时，可以用一个这种想象的电容来代替许多并联电容以简化电路。

并联的电容器可以用一个等效电容器来代替，等效电容器和真实的多个电容器具有同样的总电荷 q 与同样的电势差 V。

(我们可以借助无意义的词"par-V"记住这个结论，这个词近似于"party"，意思是"并联的电容器有相同的 V。)"图 25-8b 表示用一个等效电容器（有等效电容 C_{eq}）代替图 25-8a 中的三个电容器（具有真实的电容 C_1、C_2 和 C_3）。

为了推导图 25-8b 中的 C_{eq} 的表达式，我先用式（25-1）求每个真实电容器上的电荷：

$$q_1 = C_1V, \quad q_2 = C_2V \quad 及\ q_3 = C_3V$$

图 25-8a 的并联组合的总电荷就是：

$$q = q_1 + q_2 + q_3 = (C_1 + C_2 + C_3)V$$

有同样的总电荷及所加电势差 V 的等效电容是

$$C_{eq} = \frac{q}{V} = C_1 + C_2 + C_3$$

这个结果很容易推广到任何数目 n 个电容器：

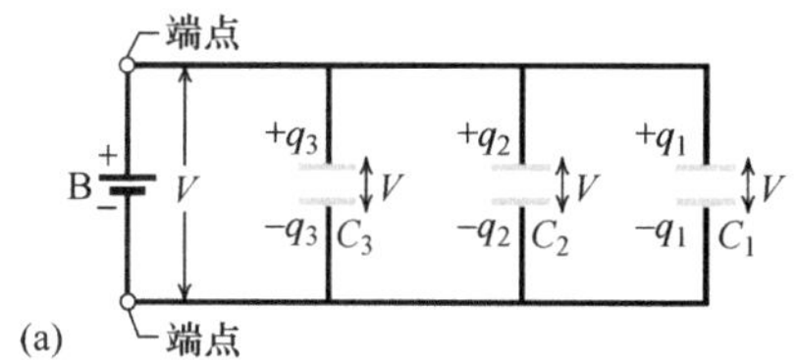

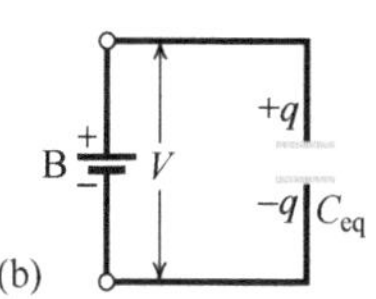

图 25-8 三个电容器并联到电池 B 上。电池的两端（正负极）维持电势差 V，因而每个电容器上的电势差也是 V。(b) 电容为 C_{eq} 的等效电容器，用它代替并联的电容器组合。

$$C_{eq} = \sum_{j=1}^{n} C_j \quad (n\text{个电容器并联}) \tag{25-19}$$

由此，为求并联组合的等效电容，我们只要把各个电容加起来。

串联电容器

图25-9a表示三个电容器串联到电池B上。这个描述和电容器怎样画没有多大关系。而“串联”的意思是把电容器头尾相连，一个接一个地用导线连接起来，并在这一连串电容器的两端加上电势差V。(在图25-9a中，电势差V用电池B维持。）这一连串的电容器两端的电势差在每个电容器上产生相同的电荷q。

> *如果有电势差V加在几个串联的电容器上，每个电容器上都有相同的电荷q。所有各个电容器上电势差的总和等于所加的电势差。*

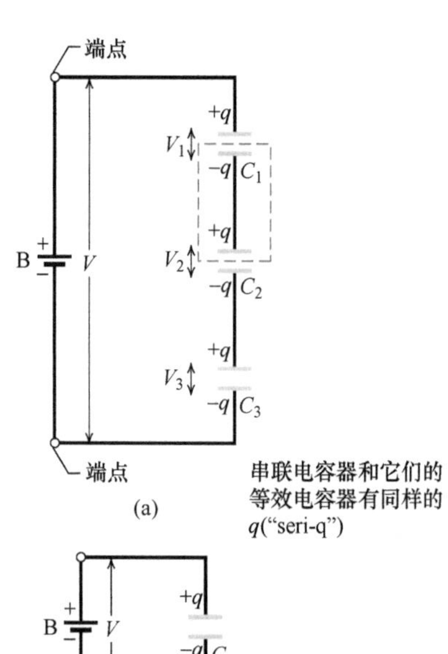

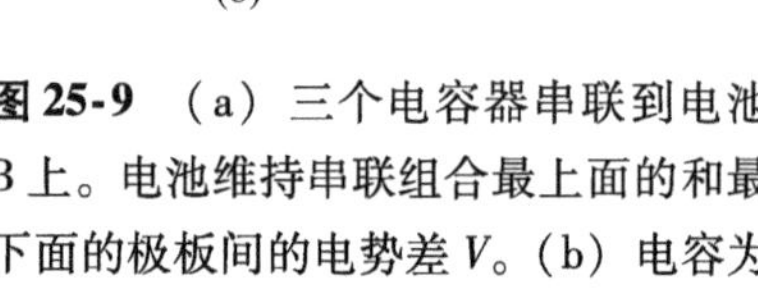

图25-9 (a) 三个电容器串联到电池B上。电池维持串联组合最上面的和最下面的极板间的电势差V。(b) 电容为C_{eq}的等效电容器代替串联电容器组合。

为了说明为什么各个电容器最终都有相同的电荷。我们可以用一些事件的链式反应来解释，在这些事件中每一个电容器的充电引起下一个电容器充电。我们从电容器3开始并一步一步往上推演直到电容器1。当电池刚连接到串联电容器上时，电池在电容器3下面的极板上生成电荷$-q$。这些电荷排斥电容器3上面极板上的负电荷（在板上留下电荷$+q$)。被排斥的负电荷运动到电容器2下面的极板上（给它电荷$-q$)。电容器2下面的极板上的电荷又将电容器2上面极板中的负电荷排斥到电容器1的下面的极板上。(电容器2的上极板留下正电荷$+q$，电容器1的下极板得到电荷$-q$)。最后，电容器1下极板上的电荷帮助把电容器1上极板中的负电荷推送到电池中，留下上板带$+q$电荷。

关于串联电容器有以下两个要点：

1. 在串联的电容器中，电荷只能通过一条路径从一个电容器移动到另一个电容器，譬如图25-9a中从电容器3到电容器2。如果还有另外的路径，这些电容器就不是串联的。

2. 电池只在它连接的两个极板上直接产生电荷（图25-9a中电容器3下面的极板和电容器1上面的极板。）在其他极板上产生的电荷只是已经在那里的电荷的移动。例如，图25-9a中用虚线围绕的一部分电路是和电路的其余部分电绝缘的。因而这里面的电荷只能重新分配。

我们在分析串联电容器的电路时，可以用这样的想象的电容器来替代：

> *串联的电容器可以用一个等效的电容器替代，这个等效电容器具有与真实的串联电容器同样的电荷q和同样的总电势差V。*

(我们可以借助意思是“串联的电容器有相同的q”的生造的词“seri-q”来记住这条规则。）图25-9b表示用等效电容器（有等效电容C_{eq}）代替图25-9a中的三个真实的电容器（真实的电容分别为C_1、C_2和C_3)。

为推导图 25-9b 中 C_{eq}的表达式，我们先用式（25-1）求每个真实电容器的电势差：

$$V_1=\frac{q}{C_1},\quad V_2=\frac{q}{C_2},\quad V_3=\frac{q}{C_3}$$

电池提供的总电势差 V 是这三者之和：

$$V=V_1+V_2+V_3=q\left(\frac{1}{C_1}+\frac{1}{C_2}+\frac{1}{C_3}\right)$$

于是，等效电容是

$$C_{eq}=\frac{q}{V}=\frac{1}{1/C_1+1/C_2+1/C_3}$$

或

$$\frac{1}{C_{eq}}=\frac{1}{C_1}+\frac{1}{C_2}+\frac{1}{C_3}$$

我们可以很容易地把这个公式推广到任何数目 n 的电容器：

$$\frac{1}{C_{eq}}=\sum_{j=1}^{n}\frac{1}{C_j}\quad（n\ 个电容器串联）\qquad(25\text{-}20)$$

你可以利用式（25-20）证明串联电容器的等效电容总是小于串联电容器中最小的电容。

检查点 3

电势差 V 的电池将电荷 q 储存在两个完全相同的电容器的组合中。在以下情况中每个电容器上的电势差和电荷是多少？（a）并联，（b）串联。

例题 25.02 并联和串联的电容器

（a）求图 25-10a 中的电容器组合的等效电容，上面加电势差 V。设

$C_1=12.0\mu\text{F},\quad C_2=5.30\mu\text{F},\quad C_3=4.50\mu\text{F}$

【关键概念】

任何数目的电容器串联都可用它们的等效电容器代替，任何数目的电容器并联也都可以用等效电容器代替。所以我们首先要检查一下图 25-10a 中的电容器是串联还是并联的。

求等效电容：电容器 1 和 3 是一个接着一个连接的，它们是串联的吗？不是。加在这两个电容器上的电势差 V 在电容器 3 下面的极板上产生电荷。这些电荷引起电容器 3 上面的极板中的电荷移动。不过要注意，这些移动的电荷可以移动到电容器 1 也可以移动到电容器 2 的下面极板上。因为移动的电荷有不止一条路，所以电容器 3 不和电容器 1（或电容器 2）串联。任何时候当你想你或许得到了两个串联的电容器时，就要用这个方法检验一下移动的电荷。

电容器 1 和电容器 2 是并联的吗？是的。它们上面的极板直接用导线连在一起，它们下面的极板也直接连接在一起，电势差作用在上面的两块和下面两块极板之间。因此，电容器 1 和电容器 2 并联，式（25-19）告诉我们，它们的等效电容 C_{12}是

$$C_{12}=C_1+C_2=12.0\mu\text{F}+5.30\mu\text{F}=17.3\mu\text{F}$$

在图 25-10b 中，我们将 1 和 2 两个电容器用它们的等效电容代替，称为电容器 C_{12}（读作“一二”而不是“十二”）（图 25-10a、b 中的连接点 A 和 B 完全相同）。

电容器 12 和电容器 3 串联吗？再一次用串联电容器的检验法，我们看到从电容器上面的极板中流出的电荷肯定完全流入电容器 12 下面的极板。因此，电容器 12 和电容器 3 是串联的，我们可以用它们的等效电容器 C_{123}（读作“一二三”）代替它们，如图 25-10c 所示。由式（25-20），

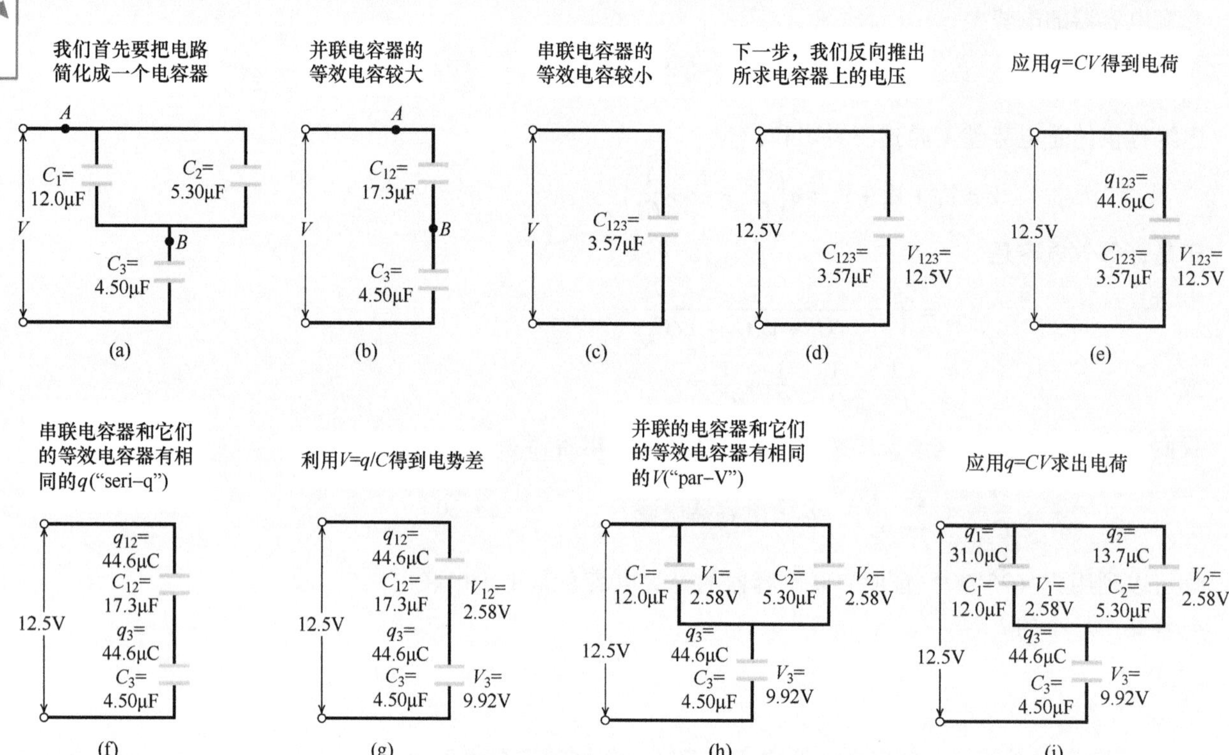

图25-10 (a)～(d) 三个电容器简化成一个等效电容器。(e)～(i) 反向计算求出电荷。

得到

$$\frac{1}{C_{123}}=\frac{1}{C_{12}}+\frac{1}{C_3}=\frac{1}{17.3\mu\text{F}}+\frac{1}{4.50\mu\text{F}}$$

$$=(0.280\mu\text{F})^{-1}$$

由这个公式得到

$$C_{123}=\frac{1}{(0.280\mu\text{F})^{-1}}=3.57\mu\text{F} \quad \text{（答案）}$$

(b) 加在图25-10a中输入端的电势差 $V=12.5\text{V}$。C_1 上电荷有多少？

【关键概念】

我们现在要从等效电容反过来求各个电容器上的电荷。这样的“反向的计算”有两个窍门：

(1) seri-q，串联电容器上的电荷和它们的等效电容器上有相同的电荷。

(2) par-V：并联电容器上的电势差和它们的等效电容器上的电势差相同。

反向计算：求电容器1上的电荷 q_1，我们回到这个电容器，从等效电容器123开始。因为给定的电压 V（$=12.5\text{V}$）是加在图25-10a中三个真实的电容器组合上，它也加在图25-10d、e中 C_{123} 的两端。于是，由式(25-1)($q=CV$)，得

$$q_{123}=C_{123}V=(3.57\mu\text{F})(12.5\text{V})=44.6\mu\text{C}$$

图25-10b中的串联的电容器12和3与它们的等效电容器123有同样的电荷（见图25-10f）。于是电容器12带有电荷 $q_{12}=q_{123}=44.6\mu\text{C}$。由式(25-1)和图25-10g，电容器12上的电压必定是

$$V_{12}=\frac{q_{12}}{C_{12}}=\frac{44.6\mu\text{C}}{17.3\mu\text{F}}=2.58\text{V}$$

并联电容器1和2都有和它们的等效电容器12相同的电势差（见图25-10h）。因此，电容器1的电势差 $V_1=V_{12}=2.58\text{V}$。由式(25-1)和图25-10i，电容器上的电荷必定是

$$q_1=C_1V_1=(12.0\mu\text{F})(2.58\text{V})$$

$$=31.0\mu\text{C} \quad \text{（答案）}$$

例题 25.03　一个电容器给另一个电容器充电

$C_1=3.55\mu F$ 的电容器 1 用 6.30V 的电池充电到电势差 $V_0=6.30V$。然后移除电池，将电容器按图 25-11 连接到 $C_2=8.95\mu F$ 的未充电的电容器 2 上。当开关 S 接通时，电荷在两个电容器之间流动。求达到平衡时各个电容器上的电荷。

【关键概念】

这里的情况与上一个例子不同，因为这里没有用电池或别的电源维持加在电容器组合上的电势差。在这里，开关刚接通后，唯一的电势差是由电容器 1 加在电容器 2 上的，并且这个电势差在减小。因此，图 25-11 中的电容器不是串联的；并且虽然它们被画成并联的样子，但在这个情况中它们也不是并联的。

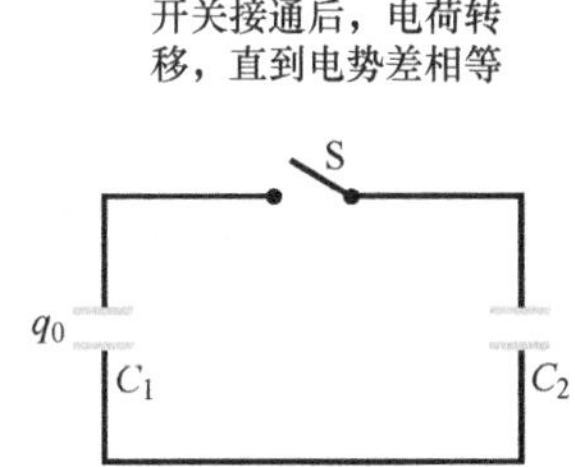

图 25-11　电势差 V_0 加到电容器 1 上，然后移除充电电池。接通开关 S，电容器 1 上的电荷和电容器 2 分享。

当电容器 1 上的电压减少时，电容器 2 上的电压却在增大。当二者的电压相等时达到平衡，因为，电容器上相连接的极板之间并没有电势差，在连接的导线中就没有电场使得传导电子运动。电容器 1 上原来的电荷就会在两个电容器间重新分配。

解：开始时，电容器 1 连接到电池，它获得电荷，由式（25-1），有

$$q_0=C_1V_0=(3.55\times10^{-6}F)(6.30V)=22.365\times10^{-6}C$$

当图 25-11 中的开关接通后，电容器 1 开始给电容器 2 充电，电容器 1 上的电压和电荷都将减少，在电容器 2 上电压和电荷都将增大，直到

$$V_1=V_2\quad（平衡）$$

由式（25-1），我们可以把这个式子重写成

$$\frac{q_1}{C_1}=\frac{q_2}{C_2}\quad（平衡）$$

因为总电荷不会魔术般地改变，所以交换后的总电荷必定是

$$q_1+q_2=q_0\quad（电荷守恒）$$

于是　$q_2=q_0-q_1$

我们现在可以将上面第二个平衡方程重写为

$$\frac{q_1}{C_1}=\frac{q_0-q_1}{C_2}$$

解出 q_1 并代入给出的数据，我们得到

$$q_1=6.35\mu C\qquad（答案）$$

原来电荷（$q_0=22.365\mu C$）中其余的部分必定在电容器 2 上：

$$q_2=16.0\mu C\qquad（答案）$$

WILEY PLUS 在 WileyPLUS 中可以找到附加的例题、视频和练习。

25-4　储存在电场中的能量

学习目标

学完这一单元后，你应当能够……

25.16　说明给电容器充电时为什么需要做功？而结果则是转变为电容器的电势能。

25.17　对于电容器，应用电势能 U、电容 C 和电势差 V 的关系。

25.18　对于电容器，应用势能、内部体积及内部能量密度之间的关系。

25.19　对任何电场，应用场的势能密度 u 和场的数值 E 之间的关系。

25.20　说明空气尘埃中产生火花的危险性。

关键概念

- 充电电容器的电势能 U 为

$$U=\frac{q^2}{2C}=\frac{1}{2}CV^2$$

等于使电容器充电所需的功。这个能量可以和电容器的电场 $\vec{E}$ 联系起来。

- 电容器中的或者任何其他场源发出的任何电场

中都储存着相关的能量。真空中，数值为 E 的电场的能量密度 u（单位体积的势能）是

$$u=\frac{1}{2}\varepsilon_0E^2$$

储存在电场中的能量

给电容器充电时必须有外力做功。我们可以想象我们自己做功，把电子一个个地从一个极板移到另一极板。随着电荷的积累，板间的电场也逐步建立，而板间电场要反抗电荷的进一步转移。所以就需要做更多的功。实际上电池用它储存的化学能替我们做了所有这些事。我们可以想象，功以电势能的形式储存在极板间的电场中。

设在某一给定瞬间，电荷 q' 已经从电容器的一个极板移到了另一个极板上。这一时刻两板间的电势差 V' 是 q'/C。如果再转移一些电荷 $\mathrm{d}q'$，那么就需要再做一些功，由式（24-6），有

$$\mathrm{d}W=V'\mathrm{d}q'=\frac{q'}{C}\mathrm{d}q'$$

将电容器充电到最终电荷 q 值所需的功为

$$W=\int\mathrm{d}W=\frac{1}{C}\int_0^q q'\mathrm{d}q'=\frac{q^2}{2C}$$

这些功以电势能 U 的形式储存在电容器中，所以我们得到

$$U=\frac{q^2}{2C}\quad（电势能）\qquad(25\text{-}21)$$

由式（25-1），我们也可以把这个式子写成

$$U=\frac{1}{2}CV^2\quad（电势能）\qquad(25\text{-}22)$$

无论电容器的几何形状是怎样的，式（25-21）和式（25-22）都成立。

为得到一些能量储存的物理概念。考虑两个平行板电容器，除了电容器 1 的两板间的距离是电容器 2 的两倍以外，其余条件都完全相同。因此，电容器 1 的两极板之间就有两倍的体积，由式（25-9），电容器 1 只有电容器 2 一半的电容。式（25-4）告诉我们，如果两个电容器有相同的电荷 q，则它们两板间的电场相同，并且式（25-21）还告诉我们，电容器 1 储存了两倍于电容器 2 的电势能。由此，除了两极板间体积一个是另一个的两倍外，其余条件都相同的两个电容器如果有相同的电荷和相同的电场，则板间体积是两倍的电容器储存两倍的电势能。像这样的论证可以证明我们以前的假设：

充电的电容器的势能可以看作储存在它的极板间的电场中。

空气中尘埃的爆炸

我们在 24-8 单元中曾讨论过，和某些材料接触，像衣服、地毯，甚至游乐场的滑梯，都可能使你带上很高的电势。你在和接地的物体（如自来水龙头）之间因为迸发电火花而感到刺痛时，你就会觉察到这种高电势。在许多生产和运送粉末的工厂，如化妆品和食品工厂中，这种火花可能是灾难性的。虽然这种粉末结

成大块后是根本不会燃烧的，但当分散的粉末颗粒飘浮在空气中因而被氧包围时，它们会猛烈地燃烧，因此这种颗粒形成的云雾会像炸药那样爆炸。安全工程师不可能完全消除火药工厂中所有可能的火花来源。他们代之以尽量使可用来产生火花的能量保持在点燃空气中的颗粒所需的典型能量阈值 U_t（≈150mJ）以下。

假设一个人在充满粉尘的空气中行走时因为接触了各种各样的表面而带电。我们可以用一个半径 $R=1.8\text{m}$ 的球作为这个人的粗糙模型。由式（25-18）（$C=4\pi\varepsilon_0 R$）和式（25-22）$\left(U=\frac{1}{2}CV^2\right)$，我们知道这个电容器的能量是

$$U=\frac{1}{2}(4\pi\varepsilon_0 R)V^2$$

从这个式子我们知道，阈值能量相当于电势

$$V=\sqrt{\frac{2U_t}{4\pi\varepsilon_0 R}}=\sqrt{\frac{2(150\times10^{-3}\text{J})}{4\pi[8.85\times10^{-12}\text{C}^2/(\text{N}\cdot\text{m}^2)](1.8\text{m})}}$$
$$=3.9\times10^4\text{V}$$

安全工程师利用导电的地板来“放出”电荷以保持人体的电势低于这个水平。

能量密度

在平行板电容器中，忽略边缘效应，在两板间所有的位置上电场都有相同的数值。因此，**能量密度** u——就是两极板间单位体积中的电势能——也应当是均匀的。我们通过将总电势能除以两板间的体积 Ad 求出 u。利用式（25-22），我们得到

$$u=\frac{U}{Ad}=\frac{CV^2}{2Ad} \tag{25-23}$$

代入式（25-9）（$C=\varepsilon_0 A/d$），这个公式成为

$$u=\frac{1}{2}\varepsilon_0\left(\frac{V}{d}\right)^2 \tag{25-24}$$

然而，由式（24-42）（$E=-\Delta V/\Delta S$），V/d 等于电场的数值 E；所以

$$u=\frac{1}{2}\varepsilon_0 E^2 \quad（能量密度） \tag{25-25}$$

虽然我们是从平行板电容器的电场这一特殊情况推导出这个结果，但它对任何电场都成立。如果电场 $\vec{E}$ 存在于空间中每一点，因而各处都有由式（25-25）给出的电势能密度（单位体积的电势能）。

例题 25.04 电势能和电场的能量密度

一个半径 $R=6.85\text{cm}$ 的绝缘导体球带电荷 $q=1.25\text{nC}$。

（a）这个带电导体的电场中储存了多少势能？

【关键概念】

（1）绝缘的球体的电容由式（25-18）给出 $C=4\pi\varepsilon_0 R$。

（2）按照式（25-21）$[U=q^2/(2C)]$，储存在电容器中的能量取决于电荷 q 和电容 C。

解：将 $C=4\pi\varepsilon_0 R$ 代入式（25-21），得到

$$U=\frac{q^2}{2C}=\frac{q^2}{8\pi\varepsilon_0 R}=\frac{(1.25\times10^{-9}\text{C})^2}{(8\pi)(8.85\times10^{-12}\text{F/m})(0.0685\text{m})}$$
$$=1.03\times10^{-7}\text{J}=103\text{nJ} \quad（答案）$$

（b）球表面附近的能量密度是多少？

【关键概念】

根据式（25-25）$\left(u=\frac{1}{2}\varepsilon_0E^2\right)$，储存在电场中的能量密度 u 取决于电场的数值 E。

解：我们首先要求球表面附近的 E。由式（23-15），有

$$E=\frac{1}{4\pi\varepsilon_0}\frac{q}{R^2}$$

于是，能量密度

$$u=\frac{1}{2}\varepsilon_0E^2=\frac{q^2}{32\pi^2\varepsilon_0R^4}$$

$$=\frac{(1.25\times10^{-9}\mathrm{C})^2}{(32\pi^2)[8.85\times10^{-12}\mathrm{C^2/(N\cdot m^2)}](0.0685\mathrm{m})^4}$$

$$=2.54\times10^{-5}\mathrm{J/m^3}=25.4\mu\mathrm{J/m^3}$$ （答案）

WILEY PLUS 在 WileyPLUS 中可以找到附加的例题、视频和练习。

25-5 有介电质的电容器

学习目标

学完这一单元后，你应当能够……

25.21 知道如果电容器极板间的空间充满了介电质，电容就要增大。

25.22 求有介电质和没有介电质时电容器的电容。

25.23 对于充满了介电常量 κ 的介电质的区域，确认所有包含电容率常量 ε_0 的静电方程时都要把这个常量乘以介电常量写成 $\kappa\varepsilon_0$。

25.24 知道常见的介电质的名称。

25.25 在一个带电的电容器中加入介电质，区别（a）连接到电池和（b）没有连接到电池时两种情况下的结果。

25.26 区别极性介电质和非极性介电质。

25.27 在已充电的电容器中加入介电质，用介电质中原子所发生的过程来解释两极板间电场的变化。

关键概念

- 如果电容器的两极板间的空间中完全充满了介电质材料、要把真空中（实际上是在空气中）的电容 C 乘以材料的介电常量 κ，它是一个大于 1 的数。
- 在完全充满介电质的区域内，所有包含电容率常量 ε_0 的静电方程式都要用 $\kappa\varepsilon_0$ 代替 ε_0 予以修正。
- 当介电质材料放在外电场中时，它将产生与外电场方向相反的内电场，从而使材料内部电场的数值减小。
- 当介电质材料放在极板上有固定数量电荷的电容器中时，两极板间的净电场减小。

有介电质的电容器

如果你把电容器板极之间的空间用介电质填满，电容器会受到什么影响呢？介电质是绝缘的材料，像矿物油或塑料之类。迈克尔·法拉第——电容的整个概念大部分应归功于他，国际单位制的电容单位也是以他命名的——在 1837 年首先观察到这种现象。他利用很像图 25-12 中的简单设备，发现电容增加了一个数值因子 κ，他把这个因子称为绝缘材料的**介电常量**㊀。表 25-1 列出了一些介电质材料和它们的介电常量。按意义，真空的介电常量是 1。因为空气大部分是空的空间。测出的介电常量比 1 略微大一点点。即

㊀ 按我国国家标准称为相对介电常数（或相对电容率），但符号用 ε_r。——编辑注

使普通的纸张也可以大大增加电容器的电容，有些材料，像钛酸锶，可以增大电容两个数量级以上。

The Royal Institute, England/Bridgeman Art Library/NY

图 25-12 法拉第用的简单的静电仪器。装配起来组成的球形电容器（左起第二个）由中央的黄铜球和同心的黄铜球壳组成。法拉第将介电质材料放在球和球壳之间的间隙中。

引进介电质的另一个效应是把加在两个极板上的电势差限制在称为*击穿电势*的某个数值 V_{max} 以下。如果这个值实际上被超过，介电质材料就要击穿并在极板间形成导电通路。每一种介电质都有各自特定的*介电强度*，这是可以承受而不击穿的电场强度最大值。表 25-1 中列出了几个这种数值。

表 25-1 **某些介电质的性质**①

材料	介电常量 κ	介电强度（kV/mm）
空气（1atm）	1.00054	3
聚苯乙烯	2.6	24
纸	3.5	16
变压器油	4.5	
派热克斯玻璃	4.7	14
红宝石云母	5.4	
瓷	6.5	
硅	12	
锗	16	
乙醚	25	
水（20℃）	80.4	
水（25℃）	78.5	
二氧化钛陶瓷	130	
钛酸锶	310	8

真空中 $\kappa = 1$

① 除水以外都在室温下测量。

正如我们在式（25-18）后面讨论的，任何电容器的电容都可写成以下形式

$$C = \varepsilon_0 \mathscr{L} \tag{25-26}$$

其中，$\mathscr{L}$ 有长度的量纲。例如，对平行板电容器 $\mathscr{L} = A/d$。法拉第的发现是，在介电质完全充满两极板间的空间的情况下，式（25-26）成为

$$C = \kappa \varepsilon_0 \mathscr{L} = \kappa C_{air} \tag{25-27}$$

其中，C_{air} 是两极板间只有空气时的电容数值。例如，我们在电容器中充以介电常量为 310 的钛酸锶，我们就要把电容乘以 310。

图 25-13 说明法拉第实验的一些深入理解。图 25-13a 中的电池保证两极板间的电势差 V 保持为常量。将一片介电质插入两板之间，极板上的电荷 q 增加一个因子 κ；增加的电荷由电池提供给电容器极板。在图 25-13b 中没有电池，所以插入介电质薄片时电

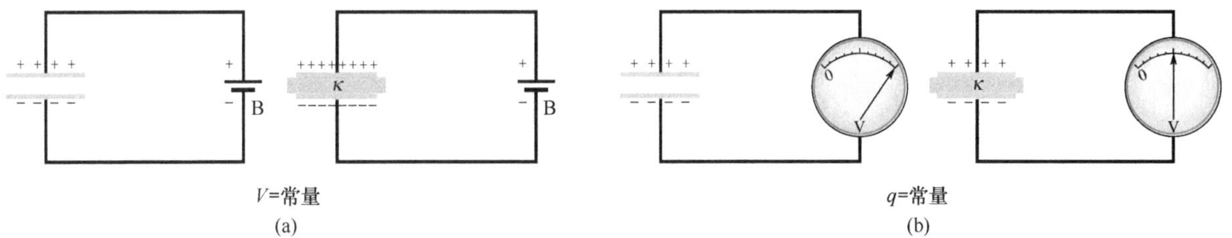

图 25-13 （a）如果极板间的电压保持不变。例如，用电池 B。介电质的效应是使极板上的电荷增加。（b）如果电容器极板上的电荷保持不变，就像图中这种情况。介电质的效应是使两板间的电势差减少。图上所示的电表是*电势差计*。用于测量电势差（这里是两极板间的）。电容器不能用电势差计充电。

荷必定保持为常量；于是两极板由电势差 V 减少一个因子 κ。两次观察都和介电质引起电容增大是一致的（由关系式 $q=CV$）。

比较式（25-26）和式（25-27），可以将介电质的效应用更为一般的方式总结出来。

在用介电常量 κ 的介电质材料充满的区域中，所有包含电容率常量 ε_0 的静电方程式都要将 ε_0 改成 $\kappa\varepsilon_0$。

由此，在介电质里面的点电荷产生的电场的数值由式（23-15）的修正形式给出：

$$E=\frac{1}{4\pi\kappa\varepsilon_0}\frac{q}{r^2} \tag{25-28}$$

还有，紧靠浸没在介电质中的绝缘导体外面的地方电场的表达式［参见式（23-11）］变为

$$E=\frac{\sigma}{\kappa\varepsilon_0} \tag{25-29}$$

因为 κ 总是大于 1，所以这两个方程式都表示：对于固定的电荷分布，介电质的效应是使电场变得比介电质不存在情况下的电场更弱。

例题 25.05　介电质插入电容器过程中的功和能量

电容 $C=13.5\text{pF}$ 的平行板电容器用电池充电到它的板极间电压 $V=12.5\text{V}$。将充电的电池断开，并将一片瓷片（$\kappa=6.50$）插入两板间。

（a）插入瓷片前电容器的电势能是多少？

【关键概念】

我们把电容器的势能 U_i 和电容 C，以及电压 V［用式（25-22）］或电荷 q［用式（25-21）］联系起来：

$$U_i=\frac{1}{2}CV^2=\frac{q^2}{2C}$$

解：因为题目已给出初始电压 $V(=12.5\text{V})$。我们用式（25-22）求起初储存的能量

$$\begin{aligned}U_i&=\frac{1}{2}CV^2=\frac{1}{2}(13.5\times10^{-12}\text{F})(12.5\text{V})^2\\&=1.055\times10^{-9}\text{J}=1055\text{pJ}\approx1100\text{pJ}\end{aligned}$$

（答案）

（b）瓷片插入后，电容器-瓷片器件的电势能是多大？

【关键概念】

因为电池已经断开，所以在瓷片插入的时候电容器上的电荷数量不会改变，然而电压改变了。

解：现在我们用式（25-21）写出最后的势能 U_f，但现在瓷片插在电容器中，电容是 κC。我们有

$$\begin{aligned}U_f&=\frac{q^2}{2\kappa C}=\frac{U_i}{\kappa}=\frac{1055\text{pJ}}{6.50}\\&=162\text{pJ}\approx160\text{pJ}\end{aligned}$$

（答案）

当瓷片插入的时候，势能减少了因子 κ。

这些“失去的”能量，对插入瓷片的人来说还是很明显的。电容器对瓷片作用一个很小的牵引力并对它做功，功的数量为

$$W=U_i-U_f=(1055-162)\text{pJ}=893\text{pJ}$$

如果允许瓷片可以在板极之间没有阻碍地滑动并且假如没有摩擦力，瓷片就会以（恒定的）机械能 893pJ 在两板间前后振荡，这个系统的能量在运动的瓷片动能和储存在电场中的电势能之间来回转换。

WILEY PLUS 在 WileyPLUS 中可以找到附加的例题、视频和练习。

介电质：原子的观点

当我们把介电质放到电场中时，在原子和分子中又发生了什么？有两种可能，它取决于分子的类型。

1. 极性介电体。某些介电质，譬如水，它们的分子本身就有永久的电偶极矩。在这种材料（称为极性介电质）中，电偶极矩要沿外电场排列整齐，如图25-14中那样。由于随机的热运动，分子不断地相互撞击，所以这种排列是不完整的，但随着外电场的增大，排列会变得更加整齐（或者随着温度的降低，从而撞击减弱）。电偶极子的规则排列能够产生和外加电场方向相反、但数值较小的电场。

2. 非极性介电体。无论分子有没有永久的电偶极矩，当分子放在外电场中时，由于感生作用，分子产生电偶极矩，在24-4单元中（参见图24-14），我们看到由于外电场要“拉伸”分子，因而使负电荷与正电荷的中心稍稍分开。

图25-15a表示非极性介电质薄片在没有外电场时的情况。在图25-15b中，通过电容器加上电场 $\vec{E}_0$，电容器极板上带有电荷如图所示。造成的结果是，薄片中正电荷和负电荷的中心稍稍分离，在薄片一面产生正电荷（来自这里偶极子的正端）和相对的面上的负电荷（来这里偶极子的负端）。薄片整体保持电中性，并且——在薄片内部——任何体积元中都没有过剩电荷。

图25-15c表示薄片表面上感生的表面电荷产生了和外加电场 $\vec{E}_0$ 方向相反的电场 $\vec{E}'$。介电质内的合成电场 $\vec{E}$（$\vec{E}_0$ 和 $\vec{E}'$ 的矢量和）与 $\vec{E}_0$ 同方向，但数值较小。

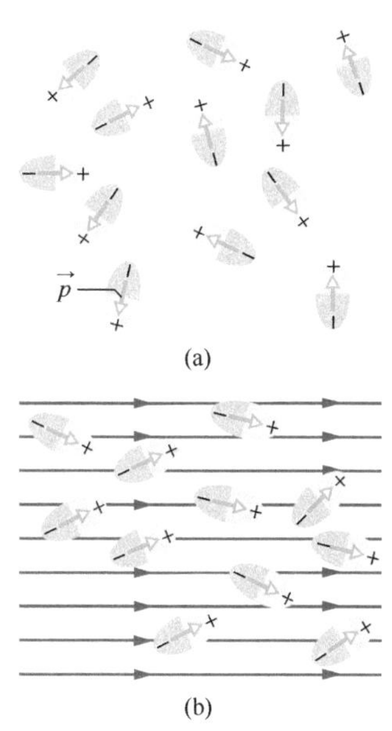

图25-14 （a）有永久电偶极矩的分子在没有外电场时取向完全是随机的。（b）加上电场，偶极子部分地排列整齐、热运动阻碍了分子完全整齐地沿电场的排列。

在这片非极性介电体内原来的电场为零

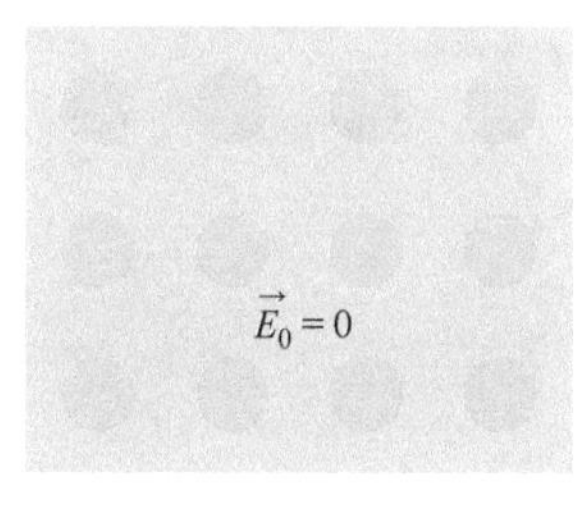

(a)

外场使原子的电偶极矩排列成行

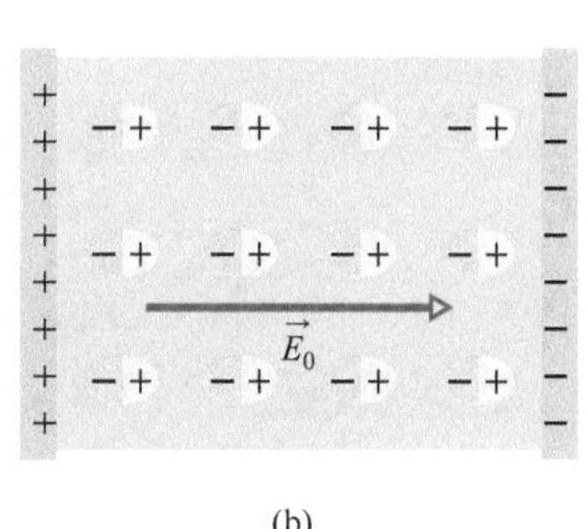

(b)

排列成行的原子的电场和外场方向相反

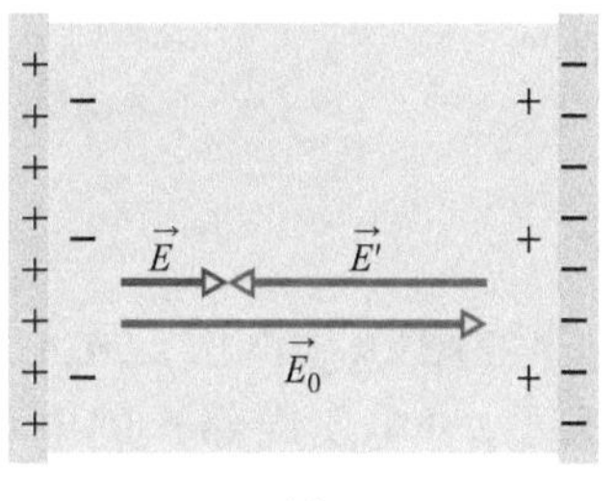

(c)

图25-15 （a）非极性介电质薄片。圆盘代表薄片中电中性的原子。（b）通过充电给电容器极板加上电场；场把原子稍稍拉伸，使负电荷中心和正电荷中心分开。（c）正负电荷的分开在薄片上产生表面电荷。这种电荷建立电场 $\vec{E}'$，它和外场 $\vec{E}_0$ 方向相反。介电质内合成的电场 $\vec{E}$（$\vec{E}_0$ 和 $\vec{E}'$的矢量和）和 $\vec{E}_0$ 方向相同，但数值较小。

图 25-15c 中表面电荷产生的电场 $\vec{E}'$ 和图 25-14 中永电偶极子产生的电场都以同样的方式作用——它们和外场 $\vec{E}$ 相反。因此，极性和非极性介电质二者的效应都是使介电质中任何外来电场减弱，像电容器板极板之间的电场那样。

25-6 介电质和高斯定律

学习目标

学完这一单元后，你应当能够……

25.28 在有介电质的电容器中，区别自由电荷与感生电荷。

25.29 当介电质部分或完全充满电容器的空间时，求自由电荷、感生电荷、极板间电场（如果其中有空隙，就有不止一个电场值），以及极板间的电势。

关键概念

- 在电容器中插入介电质，就会在介电质表面引起感生电荷的出现并减弱极板间的电场。
- 感生电荷少于极板上的自由电荷。
- 存在介电质时，高斯定律可以推广成为

$$\varepsilon_0\oint\kappa\vec{E}\cdot d\vec{A}=q$$

其中，q 是自由电荷。任何感生的表面电荷都可用已包含在积分里的介电常量 κ 来解释。

介电质和高斯定律

我们在第 23 章高斯定律的讨论中，假设电荷是在真空中。这里我们要看看如果有像表 25-1 中列出的介电质材料存在，如何修正并推广这个定律。图 25-16 表示极板面积为 A 的平行板电容器，一个有介电质而另一个没有。我们设在两种情况下极板上的电荷 q 相同。注意，两极板间的电场在介电质表面按照 25-5 单元中的两种方法之一感应产生电荷。

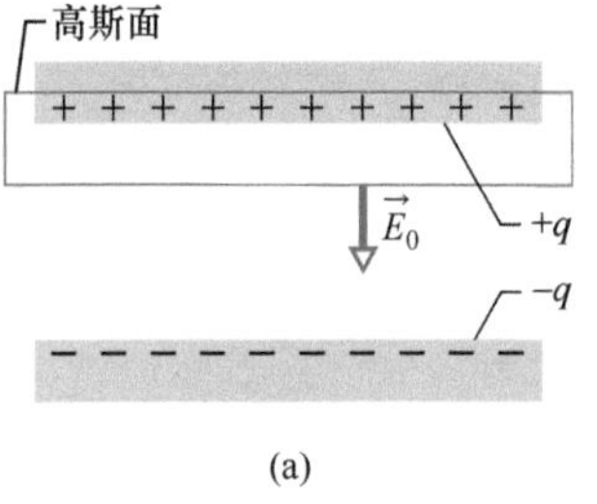

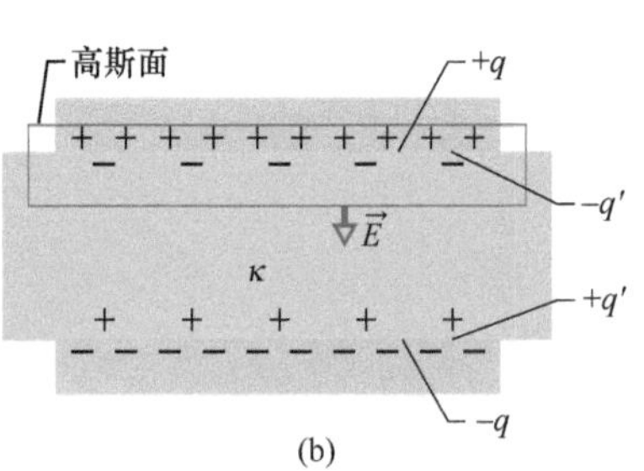

图 25-16 平行板电容器（a）没有介电质和（b）有插入的介电质，假设在两种情况下极板上的电荷都相同。

对图 25-16a 的情况，没有介电质，我们像在图 25-5 中画的那样求两极板间的电场 $\vec{E}_0$：我们把上面的板上的电荷 $+q$ 用一个高斯面封闭起来，然后应用高斯定律。令 E_0 代表场的数值，我们有：

$$\varepsilon_0\oint\vec{E}_0\cdot d\vec{A}=\varepsilon_0 E_0 A=q \qquad (25\text{-}30)$$

或

$$E_0=\frac{q}{\varepsilon_0 A} \qquad (25\text{-}31)$$

在图 25-16b 中，放入介电质，我们可以用同样的高斯面求极板间（介电质内部）的电场。不过，现在高斯面包含两种类型的电荷：它仍旧包含上面的板极上的电荷 $+q$，但现在还有介电质上

表面的感应电荷 $-q'$。导电板上的电荷是自由电荷，因为如果我们改变极板上的电压它就要移动；介电质表面上的感应电荷不是自由电荷，因为它不会从这个表面上移走。

图 25-16b 中的高斯面所包围的净电荷是 $q-q'$，所以，现在由高斯定律，得

$$\varepsilon_0\oint\vec{E}\cdot d\vec{A}=\varepsilon_0 EA=q-q' \tag{25-32}$$

或

$$E=\frac{q-q'}{\varepsilon_0 A} \tag{25-33}$$

介电质的效应是使原来的电场 E_0 减弱一个因子 κ；所以我们可以写成

$$E=\frac{E_0}{\kappa}=\frac{q}{\kappa\varepsilon_0 A} \tag{25-34}$$

比较式（25-33）和式（25-34），得到

$$q-q'=\frac{q}{\kappa} \tag{25-35}$$

式（25-35）正确地表明表面感应电荷的数值 q' 小于自由电荷的数值 q，并且如果不存在介电质的话就是零［因为这时在式（25-35）中 $\kappa=1$］。

将式（25-35）中的 $q-q'$ 代入式（25-32），我们可以把高斯定律写成以下形式：

$$\varepsilon_0\oint\kappa\vec{E}\cdot d\vec{A}=q \quad \text{（有介电质的高斯定律）} \tag{25-36}$$

这个方程式虽然是从平行板电容器导出的，但一般情况下都成立，并且是高斯定律可以写成的最普遍形式。注意：

1. 通量的积分现在包含 $\kappa\vec{E}$，而不仅仅是 $\vec{E}$。（矢量 $\varepsilon_0\kappa\vec{E}$ 有时称为电位移 $\vec{D}$，所以式（25-36）可以写成 $\oint\vec{D}\cdot d\vec{A}=q$ 的形式。）

2. 包含在高斯面内的电荷 q 现在只取自由电荷。在式（25-36）的右边有意忽略感应产生的表面电荷，通过引进方程式左边的介电常量 κ 已经完全把感应电荷计算进去了。

3. 式（25-36）与我们原来的高斯定律表述式（23-7）不同之处只在于后一个方程式中的 ε_0 被 $\kappa\varepsilon_0$ 代替。我们把 κ 留在式（25-36）的积分号里面，对于 κ 在整个高斯面上不是常量的情况也可以应用。

例题 25.06 用介电质填充电容器中间隙的一部分

图 25-17 中是一个极板面积为 A、板间距离为 d 的平行板电容器。把极板连接到电池两极，有电势差 V_0 作用在极板上。然后断开电池，将厚度 b 和介电常量为 κ 的介电质薄片插入到两极板之间，如图所示。设 $A=115\text{cm}^2$，$d=1.24\text{cm}$，$V_0=85.5\text{V}$，$b=0.780\text{cm}$，以及 $\kappa=2.61$。

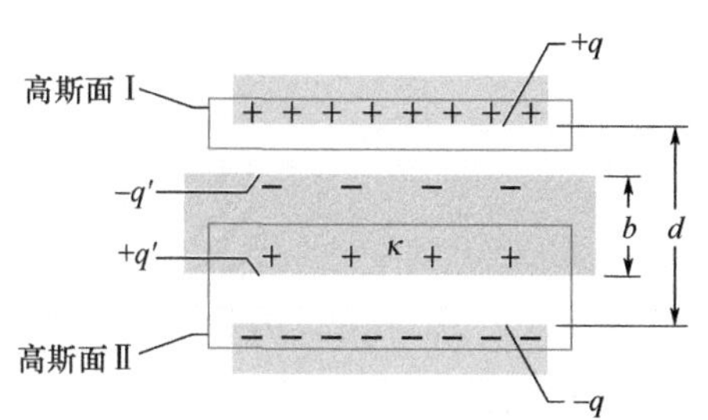

图 25-17 两极板间空间只是部份填充介电质薄片的平行板电容器。

（a）在介电质薄片插入以前，电容 C_0 是多少？

解：由式（25-9）我们有

$$C_0 = \frac{\varepsilon_0 A}{d} = \frac{(8.85\times10^{-12}\mathrm{F/m})(115\times10^{-4}\mathrm{m}^2)}{1.24\times10^{-2}\mathrm{m}} = 8.21\times10^{-12}\mathrm{F} = 8.21\mathrm{pF} \qquad \text{（答案）}$$

（b）极板上出现的自由电荷是多少？

解：由式（25-1），有

$$q = C_0V_0 = (8.21\times10^{-12}\mathrm{F})(85.5\mathrm{V}) = 7.02\times10^{-10}\mathrm{C} = 702\mathrm{pC} \qquad \text{（答案）}$$

因为在插入介电质薄片前电池已被断开，所以自由电荷不会改变。

（c）极板和介电质薄片之间的空隙中的电场 E_0 是多少？

【关键概念】

我们要将形式为式（25-36）的高斯定律用到图25-17中的高斯面Ⅰ上。

解：这个高斯面通过空隙，所以它只包含电容器上面的极板中的自由电荷，只有高斯面的底面有电场通过。因为在这个面上的面积矢量 $d\vec{A}$ 和电场 $\vec{E}_0$ 都指向下，式（25-36）中的点乘写成：

$$\vec{E}_0 \cdot d\vec{A} = E_0 dA\cos0° = E_0 dA$$

于是式（25-36）变为

$$\varepsilon_0\kappa E_0\oint dA = q$$

在这个积分中已知极板面积 A，于是我们得到

$$\varepsilon_0\kappa E_0 A = q$$

或

$$E_0 = \frac{q}{\varepsilon_0\kappa A}$$

我们必须令这里的 $\kappa=1$，因为高斯面没有经过介电质，于是我们有：

$$E_0 = \frac{q}{\varepsilon_0\kappa A} = \frac{7.02\times10^{-10}\mathrm{C}}{(8.85\times10^{-12}\mathrm{F/m})(1)(115\times10^{-4}\mathrm{m}^2)} = 6900\mathrm{V/m} = 6.90\mathrm{kV/m} \qquad \text{（答案）}$$

注意当薄片插入后 E_0 不变，因为图25-17中的高斯面Ⅰ包含的电荷数量没有改变。

（d）介电质薄片中的电场 E_1 是多少？

【关键概念】

现在我们把形式为式（25-36）的高斯定律用到图25-17中的高斯面Ⅱ。

解：式（25-36）中只有自由电荷 $-q$，所以

$$\varepsilon_0\oint\kappa\vec{E}_1\cdot d\vec{A} = -\varepsilon_0\kappa E_1 A = -q \qquad (25\text{-}37)$$

这个方程式中的第一个负号来自高斯面上表面的点乘 $\vec{E}_1\cdot d\vec{A}$，因为现在电场矢量 $\vec{E}_1$ 的方向向下，而面积矢量 $d\vec{A}$（它在闭合的高斯面上总是由内向外）指向上方。两矢量间的角度是180°，点乘是负的。现在 $\kappa=2.61$。于是由式（25-37），得

$$E_1 = \frac{q}{\varepsilon_0\kappa A} = \frac{E_0}{\kappa} = \frac{6.90\mathrm{kV/m}}{2.61} = 2.64\mathrm{kV/m} \qquad \text{（答案）}$$

（e）插入介电质薄片后两极板间的电势差 V 是多大？

【关键概念】

我们从下面的极板到上面的极板沿直线积分以求 V。

解：在介电质内部的路径长度是 b，电场是 E_1。在介电质上面和下面的两个间隙中，总的路径长度是 $d-b$，电场是 E_0。由式（25-6），得

$$V = \int_-^+ E ds = E_0(d-b) + E_1 b = (6900\mathrm{V/m})(0.0124\mathrm{m}-0.00780\mathrm{m}) + (2640\mathrm{V/m})(0.00780\mathrm{m}) = 52.3\mathrm{V} \qquad \text{（答案）}$$

这小于原来的电势差85.5V。

（f）放进介电质薄片后的电容变为多少？

【关键概念】

式25-1表示电容 C 与 q 及 V 的关系

解：由（b）小题的 q 和（e）小题的 V，我们有

$$C = \frac{q}{V} = \frac{7.02\times10^{-10}\mathrm{C}}{52.3\mathrm{V}} = 1.34\times10^{-11}\mathrm{F} = 13.4\mathrm{pF} \qquad \text{（答案）}$$

这大于原来的电容8.21pF。

复习和总结

电容器；电容　一个**电容器**由相互绝缘的、分别带电荷 $+q$ 和 $-q$ 的两个导体（极板）组成。它的**电容** C 由下式定义：

$$q = CV \qquad (25\text{-}1)$$

其中，V 是两板极间电势差。

确定电容　我们通常用以下步骤来确定特定结构的电容器的电容：（1）假设电荷 q 已被放在极板上，（2）求这些电荷的电场 $\vec{E}$，（3）计算电势差 V，（4）由式（25-1）计算 C。下面是一些特殊的结果：

由面积为 A、间距为 d 的两块平行平板组成的平行板电容器的电容为

$$C = \frac{\varepsilon_0 A}{d} \qquad (25\text{-}9)$$

长度为 L、半径分别为 a 和 b 的（两个同轴长圆柱面组成）圆柱形电容器的电容为

$$C = 2\pi\varepsilon_0 \frac{L}{\ln(b/a)} \qquad (25\text{-}14)$$

由半径分别为 a 和 b 的同心球壳组成的球形电容器的电容为

$$C = 4\pi\varepsilon_0 \frac{ab}{b-a} \qquad (25\text{-}17)$$

半径为 R 的孤立球的电容为

$$C = 4\pi\varepsilon_0 R \qquad (25\text{-}18)$$

电容器的并联和串联　几个电容器并联和串联组合的**等效电容** C_{eq} 分别由以下两式求出：

$$C_{eq} = \sum_{j=1}^{n} C_j \quad (n\text{ 个电容器并联}) \qquad (25\text{-}19)$$

$$\frac{1}{C_{eq}} = \sum_{j=1}^{n} \frac{1}{C_j} \quad (n\text{ 个电容器串联}) \qquad (25\text{-}20)$$

等效电容可以用于计算更加复杂的串联-并联组合的电容。

电势能和能量密度　充电电容器的**电势能** U 为

$$U = \frac{q^2}{2C} = \frac{1}{2}CV^2 \qquad (25\text{-}21,\ 25\text{-}22)$$

它等于将电容器充电所需的功。这个能量可以和电容器的电场 $\vec{E}$ 相联系。经过推广，我们可以把储存的能量和任何电场联系起来。真空中，数值为 E 的电场的**能量密度** u，或单位体积的电势能由下式给出

$$u = \frac{1}{2}\varepsilon_0 E^2 \qquad (25\text{-}25)$$

有介电质的电容　如果电容器的极板间充满了介电质材料，电容 C 增大一个因子 κ，称为**介电常量**。它是材料的特性，在完全被介电质充满的区域，所有包含 ε_0 的静电方程式中必须用 $\kappa\varepsilon_0$ 来代替 ε_0。

加上介电质的效应物理上可以用电场对介电质薄片中的永久或感生电偶极子的作用来解释。其结果是在介电质表面形成感生电荷。这种电荷减弱了极板上给定数量的自由电荷在介电质中的电场。

有介电质的高斯定律　有介电质存在时，高斯定律可推广为

$$\varepsilon_0 \oint \kappa \vec{E} \cdot d\vec{A} = q \qquad (25\text{-}36)$$

这里的 q 是自由电荷；任何感应产生的表面电荷都可用包含在积分号内的介电常量 κ 中来解释。

习题

1. 图 25-18 中，$C_1 = 10.0\mu F$，$C_2 = 5.0\mu F$，$C_3 = 4.0\mu F$。如果（a）交换电容器 1 和 2，或者（b）交换 1 和 3，它们的等效电容将怎样改变？

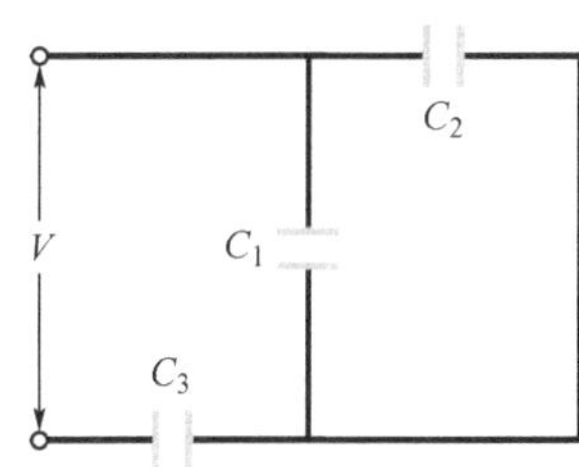

图 25-18　习题 1，2，3 图

2. 图 25-18 中，电压 $V = 75.0V$ 作用在电容器组合上，各个电容分别是 $C_1 = 10.0\mu F$，$C_2 = 5.00\mu F$ 及 $C_3 = 15.0\mu F$。求（a）电荷 q_3；（b）电压 V_3；（c）电容器 3 中储存的能量 U_3；电容器 1 的（d）q_1，（e）V_1，（f）U_1；电容器 2 的（g）q_2，（h）V_2，（i）U_2。

3. 在图 25-18 中，电压 $V = 65.0V$ 加在电容器的组合上，各个电容分别是 $C_1 = 10.0\mu F$，$C_2 = 5.00\mu F$，$C_3 = 4.00\mu F$。如果电容器 3 发生电击穿，则它等效于导线。那么在电容器 1 中，（a）电荷，（b）电压和（c）储存的能量各增加多少？

4. 图 25-19 中，求电容器组合的等效电容。设 $C_1 = 10.0\mu F$，$C_2 = 8.00\mu F$，$C_3 = 4.00\mu F$。

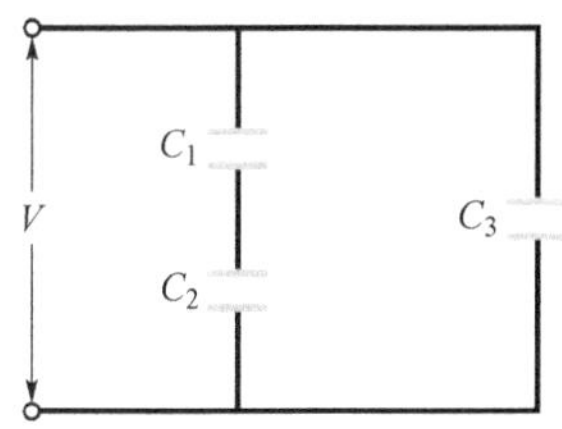

图 25-19　习题 4，6 图

5. 要在电势差1700V下储存10kW能量需要多大的电容？

6. 图25-19中，电压$V=100$V加在电容器组合上。各个电容分别是$C_1=10.0\mu F$，$C_2=5.00\mu F$，$C_3=2.00\mu F$。电容器3上的（a）电荷q_3，（b）电压V_3，及（c）储存的能量U_3各是多少？电容器1上的（d）q_1，（e）V_1，（f）U_1；电容器2上的（g）q_2，（h）V_2及（i）U_2又各是多少？

7. 平行板电容器的极板面积是$0.080m^2$，板间距离是1.2cm。电容器用电池充电至电压120V，然后断开。将一块厚度为4.0mm、介电常量为4.8的介电质薄板对称地放置在两板之间。（a）介电质薄片放入之前电容是多大？（b）放进薄片后电容是多大？放进薄片（c）之前及（d）之后，自由电荷各为多少？电场的数值在（e）极板和介电质薄片之间的空间以及（f）介电质的内部各是多少？（g）放入薄片后，极板间的电势差为多大？（h）插入介电质薄片要做多少外功？

8. 图25-20展示一个16.0V的电池和三个未充电的电容器：$C_1=4.00\mu F$，$C_2=6.00\mu F$及$C_3=3.00\mu F$。开关S掷向左边直到电容器1完全充电，然后电容器掷向右边。最后，（a）电容器1，（b）电容器2及（c）电容器3上的电荷各是多少？

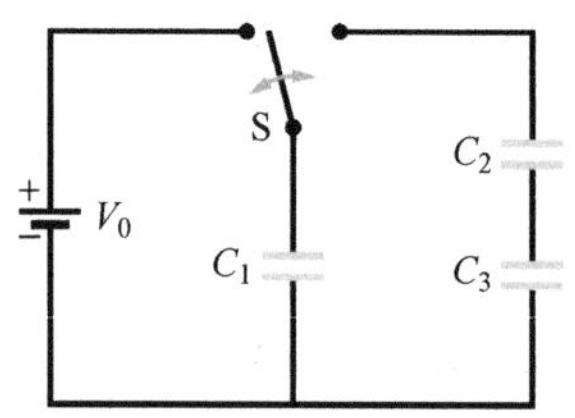

图25-20　习题8图

9. 图25-21中，电池的电势差$V=14.0$V，$C_2=3.0\mu F$，$C_4=4.0\mu F$。所有电容器开始时都未充电。开关S接通，总电荷$12\mu C$通过a点，并有总电荷$8.0\mu C$通过b点。问（a）C_1和（b）C_3是多少？

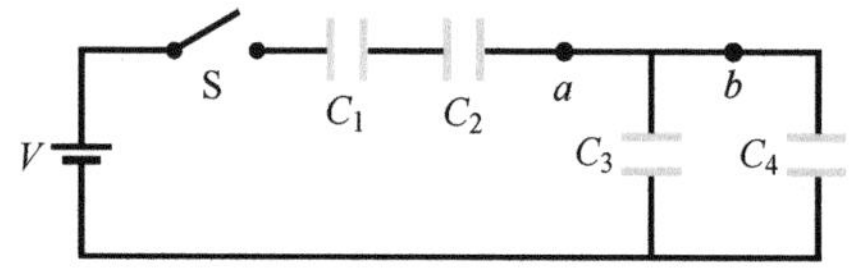

图25-21　习题9图

10. 空气平行板电容器的面积为$40cm^2$、极板间距离为1.0mm，将它充电到电压500V。求（a）电容，（b）每个板上电荷的数值，（c）储存的能量，（d）板间电场。（e）两板间的能量密度。

11. 在一个电容器的空间中填充介电质材料。起初，极板间只有空气时电容为8.0pF。填入介电质材料后，电容器在最大电势差350.8V下储存能量$3.2\mu J$。（a）需要介电常量多大？（b）应当用表25-1中的哪种材料？

12. 一个充满空气的平行板电容器有2.1pF的电容。板间距离加倍，并在其间充入蜡，新的电容是2.6pF。求蜡的介电常量。

13. 一个$2.0\mu F$的电容器和一个$4.0\mu F$的电容器并联在300V电势差上。（a）它们储存的总能量多少？（b）然后将它们串联在这个电势差上。它们并联和串联时储存的总能量之比是多少？

14. 图25-22中，有多少电荷储存在接在10.0V电池上的平行板电容器上？一个电容器充满空气，另一个填充$\kappa=3.00$的介电质；两个电容器的板面积都是$5.00\times10^{-3}m^2$，板间距离都是2.00mm。

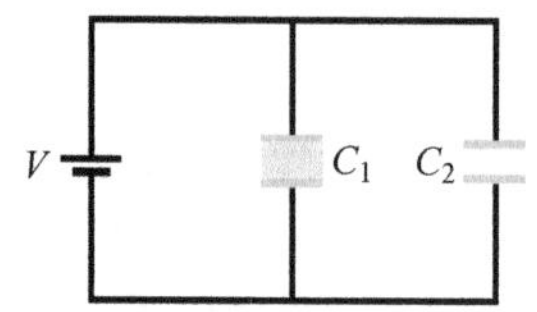

图25-22　习题14图

15. 设静止的电子是一个点电荷。求以下径向距离处它的电场的能量密度u：（a）$r=1.00$mm，（b）$r=1.00\mu m$，（c）$r=1.00$nm，（d）$r=1.00$pm，以及（e）$r=1.00$fm？（f）$r\to0$时n的极限是多少？

16. 你被要求制作一只电容器，其电容近似于1nF，击穿电压超过10000V。你打算用高玻璃杯壁上的派热克斯玻璃作为介电质。在它弯曲表面的内部和外部贴上铝箔作为板极。玻璃高10cm，内半径为3.6cm，外半径为3.8cm。这个电容器的（a）电容和（b）击穿电压各是多少？

17. 电容器中的两块平行板面积各为$8.50cm^2$，两板间空气的距离为8.00mm。用16.0V的电池充电后将电容器和电池断开。然后把两板的距离推近（没有放电）到3.00mm。忽略边缘效应。求（a）两板间的电势差，（b）起初储存的能量，（c）最后储存的能量，（d）推近两块板所做的（负）功。

18. 图25-23表示极板面积$A=5.56cm^2$、板间距离$d=5.56$mm的平行板电容器。左半空隙中充满介电常量$\kappa_1=7.00$的材料；右半空隙中充满介电常量$\kappa_2=10.0$的材料。电容是多大？

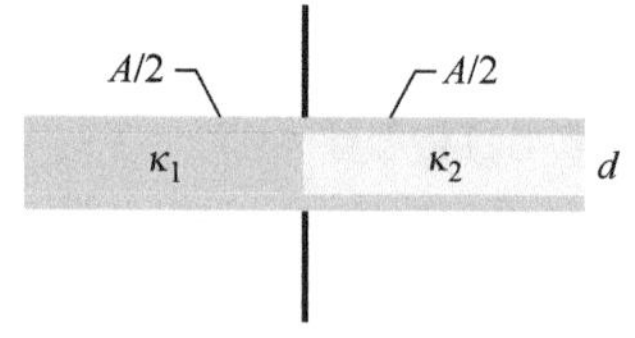

图25-23　习题18图

19. 图25-24中，$C_1=10.0\mu F$，$C_2=20.0\mu F$，$C_3=5.00\mu F$。如果没有一个电容器能承受100V以上的电压而不损坏，（a）A和B两点间可以加上的最大电势差的数值是多少？（b）可以储存在三个电容器的组合装置中的最大能量是多少？

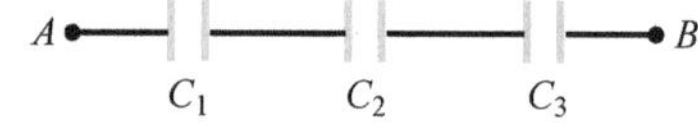

图25-24　习题19图

20. 作为安全工程师，你必须估计在不导电的容器中储存易燃导电液体的实际问题。公司将供应的某种液体储存在一个低矮的塑料容器中，容器半径 $r=0.20\text{m}$，并装到液面高度 $h=10\text{cm}$，这个高度不是容器内部的整个高度（见图25-25）。你的调查发现，公司在处理过程中，容器的外表面通常会带上数值为 $2.0\mu\text{C/m}^2$ 的负电荷密度（近似均匀）。因为液体是导电材料，容器上的电荷使液体中的电荷受到感应而分离。（a）液体体内中央部分感应产生多少负电荷？（b）设液体的中央部分相对于地面的电容是 50pF，在这个等效电容器中与负电荷相关的电势能有多大？（c）如果地面和液体的中央部分之间产生火花（通过出口），这些电势能可以提供给火花。使液体点燃的最小火花能量是 10mJ。在这种情况下，火花能点燃此液体吗？

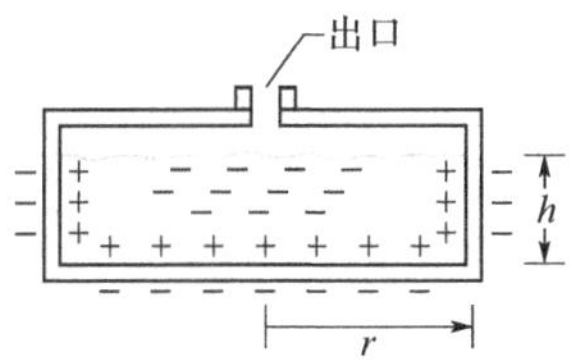

图25-25　习题20图

21. 用于传输线中的同轴线的内半径是 0.10mm，外半径是 0.40mm。求每一米这种同轴线的电容。设导体之间的空间填满环氧树脂，其介电常量是 3.6。

22. 图25-26表示一个极板面积 $A=12.5\text{cm}^2$、板间距离 $2d=7.12\text{mm}$ 的平行板电容器。左半间隙内充满了介电常量 $\kappa_1=21.0$ 的材料；右半上部充满介电常量 $\kappa_2=42.0$ 的材料；右半下部充满介电常量 $\kappa_3=58.0$ 的材料。电容是多大？

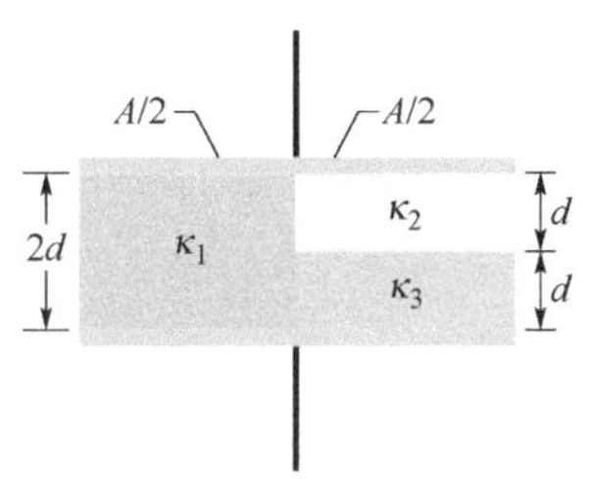

图25-26　习题22图

23. 平行板电容器的正方形极板的边长是 8.20cm，间距为 1.30mm。（a）求电容。（b）求电压 120V 下的电荷？

24. 图25-27中，电池电压 $V=12.0\text{V}$，五个电容器中每个的电容都是 $10.0\mu\text{F}$。（a）电容器1和（b）电容器2上的电荷各有多少？

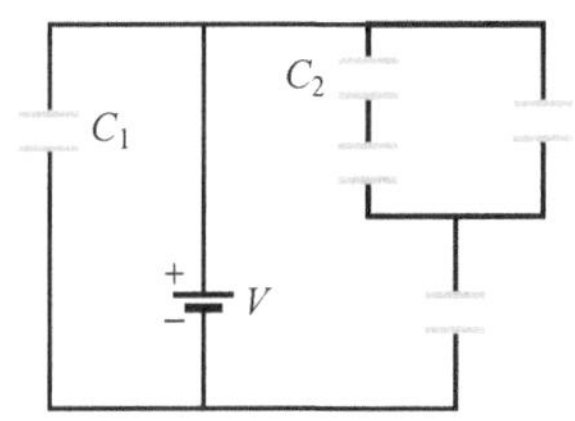

图25-27　习题24图

25. 某个平行板电容器填充 $\kappa=2.4$ 的介电质，每个极板的面积都是 0.017m^2，板间距离 2.0mm。如果板间电场强度超过 200N/C，电容器就会失效（短路并烧毁）。这个电容器可以储存的最大能量是多少？

26. 在"晴好天气"下的电场强度数值为 120V/m 的 1.00m^3 的空间中储存了多少能量？

27. 平行板电容器有 100pF 的电容，极板面积为 80cm^2，云母电介质（$\kappa=5.4$）充满极板间空隙。在 85V 电压下，求（a）云母中的电场强度数值 E。（b）板极上自由电荷的数值，（c）云母上感应产生的表面电荷的数值。

28. 平行板空气电容器的电容是 50pF。（a）如果每一极板的面积是 0.30m^2，它们之间的距离是多大？（b）如果极板之间充满 $\kappa=5.6$ 的介电质，电容又是多大？

29. 图25-28中，每个未充电的电容器的电容均为 $2.50\mu\text{F}$。开关接通时加上电势差 $V=750\text{V}$。接通开关后有多少库仑电荷通过表A？

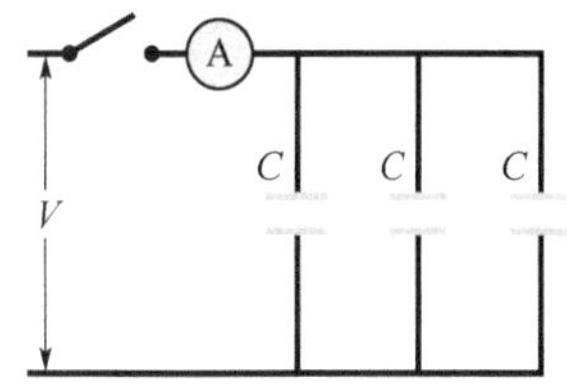

图25-28　习题29图

30. 图25-29表示一个可变"空气间隙"电容器，它可以用于调节。交替的极板分别连接起来，一组极板固定，另一组可以转动。考虑交替极板的 $n=8$ 片极板，每一片板的面积是 $A=1.50\text{cm}^2$，和相邻板的距离是 $d=3.40\text{mm}$。这个器件的最大电容是多少？

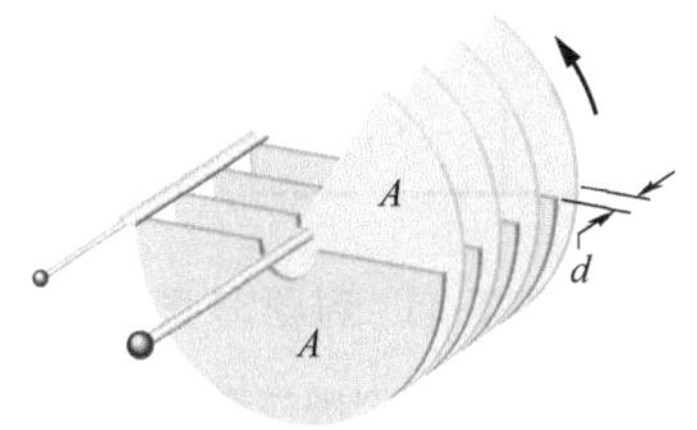

图25-29　习题30图

31. 图25-30是平行板电容器，极板面积 $A=7.89\text{cm}^2$，板间距离 $d=4.62\text{mm}$。空隙的上半部分充满介电常量 $\kappa_1=11.0$ 的材料，下半部分填充介电常量 $\kappa_2=4.0$ 的材料。电容多大？

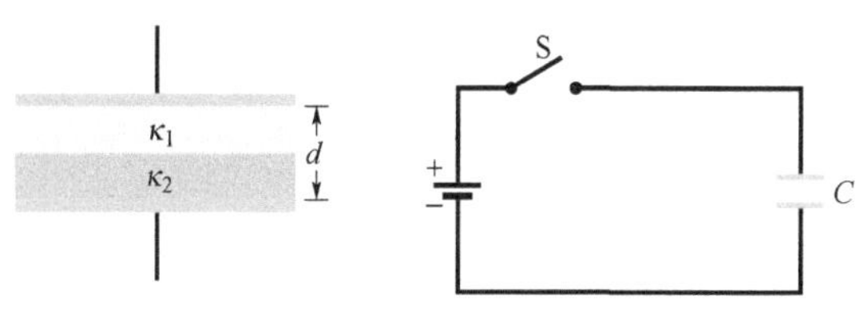

图25-30　习题31图　　**图25-31**　习题32图

32. 图25-31中的电容器有 $30\mu\text{F}$ 的电容，开始没有充电。电池提供 120V 的电压。开关S接通后、有多少电荷通过它？

33. 如果有一个未充电的平行板电容器（电容 C）连接到电池上，电子移动到一块极板上（面积 A）使它带负电。图25-32中，电子进入某一特定电容器的极板的深度 d 对一定数值范围内电池电势差 V 的曲线图。铜板中导电电子密度是 8.49×10^{28} 个电子/m^3，纵轴标度是 $d_s=2.00pm$，横轴标度由 $V_s=20.0V$ 标定。比值 C/A 是多少？

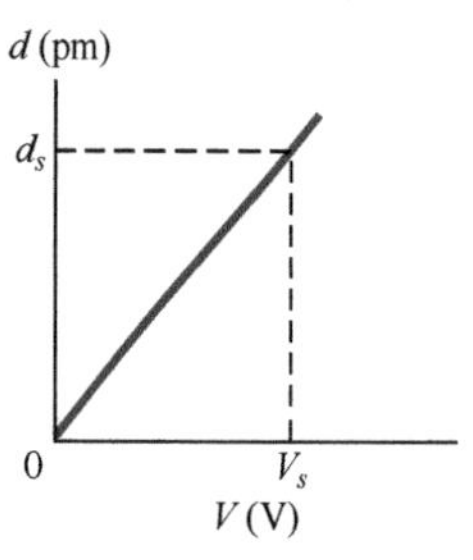

图25-32 习题33图

34. 将两个电容都是 $8.0\mu F$ 的平行板电容器并联到10V的电池上。其中一个电容器压缩到它两极板间的距离是原来的50%。由于这一压缩，（a）有多少附加的电荷从电池转移到电容器上？（b）储存在电容器中的总电荷增加了多少？

35. 图25-33中，将20.0V的电池连接到几个电容器上，它们的电容是：$C_1=C_6=6.00\mu F$，$C_3=C_5=2.00C_2=2.00C_4=4.00\mu F$。求（a）这些电容器的等效电容 C_{eq}。（b）储存在 C_{eq} 中的电荷。电容器 C_1 的（c）V 和（d）q_1 是多少？电容器 C_2 的（e）V_2 和（f）q_2 为何？电容器 C_3 的（g）V_3 和（h）q_3 又是多少？

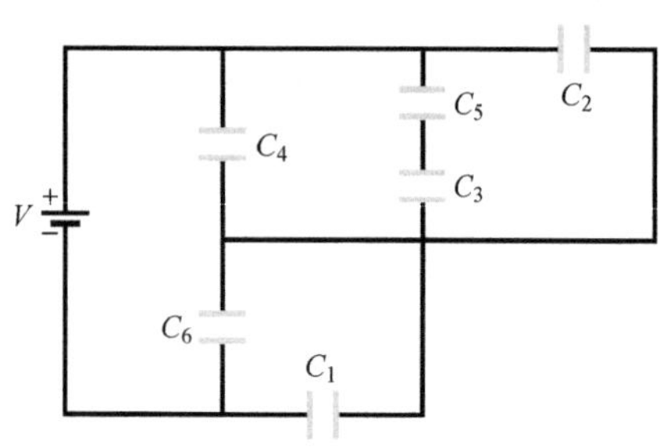

图25-33 习题35图

36. 图25-34表示将两个圆柱形空气电容器串联到电压 $V=10V$ 的电池上。电容器1的内极板的半径是3.00mm，外极板的半径是1.5cm，长度是5.0cm。电容器2的内极板半径为2.5mm，外极板半径为1.0cm，长度为9.0cm。电容器2的外极板是导电的有机薄膜，可以拉伸，这个电容器可以充气膨胀以增加极板间的距离。如果外板半径因膨胀增加到2.5cm，（a）有多少电子通过 P 点，（b）它们流向还是离开电池？

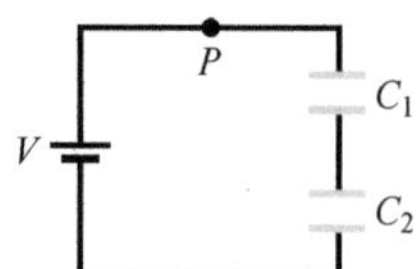

图25-34 习题36图

37. 某种材料的介电常量为5.6，介电强度为18MV/m。如果它被用作平行板电容器的介电质材料，电容器极板的最小面积应该有多大才可以得到电容 $3.9\times10^{-2}\mu F$，并且还要保证电容器能承受电压4.0kV？

38. 对图25-17的安排，假设在介电薄片放入的过程中电池保持连接，求放进薄片后（a）电容，（b）电容器极板上的电荷，（c）空隙中的电场，以及（d）薄片中的电场。

39. 图25-35中，电容 $C_1=1.0\mu F$，$C_2=3.0\mu F$，两个电容器都充电到电势差 $V=200V$，但极性相反，如图所示。开关 S_1 和 S_2 现在接通。（a）a 和 b 两点间现在的电势差是多少？电容器（b）C_1 和（c）C_2 上的电荷现在是多少？

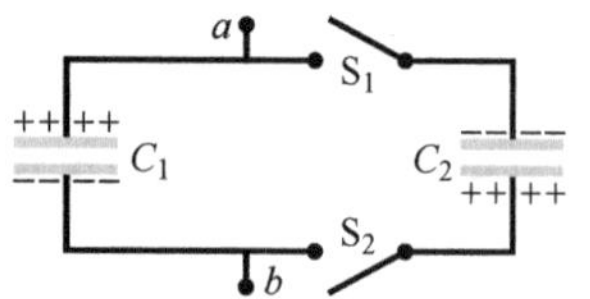

图25-35 习题39图

40. 图25-36a中的电容器3是可变电容器（它的电容 C_3 可以改变）。图25-36b给出电容器 C_1 上的电势差 V_1 对 C_3 的曲线横轴标度 $C_{3s}=12.0\mu F$。当 $C_3\to\infty$ 时，电势差趋近于渐近线8.0V。求（a）电池上的电压 V，（b）C_1 和（c）C_2。

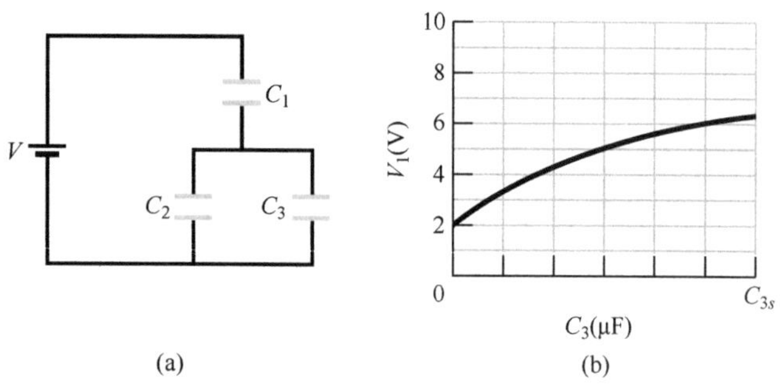

图25-36 习题40图

41. 图25-37中的电容器起初都没有充电，各个电容是 $C_1=4.0\mu F$，$C_2=8.0\mu F$，$C_3=12\mu F$，电池的电势差 $V=6.0V$。当开关S接通时，有多少电子通过（a）a 点，（b）b 点，（c）c 点和（d）d 点？在图上，电子运动向上还是向下通过（e）b 点，（f）c 点？

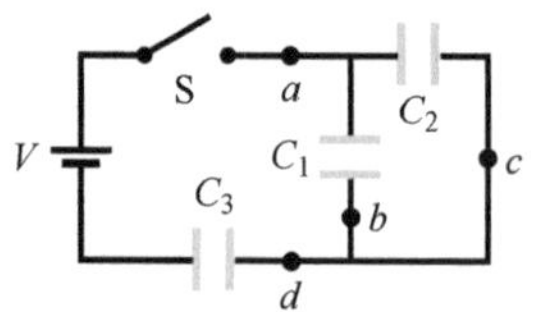

图25-37 习题41图

42. 图25-38是连接到更大的电路中的一段有四个空气电容器的电路。这段电路图下面的曲线图是电压 $V(x)$ 作为沿电路下面的一段，即经过电容器4的一段电路的位置 x 的函数曲线。类似地，电路图上面的曲线图是沿上半部分电路，即经过电容器1、2和3的一段电路中的电势差 $V(x)$ 关于位置 x 的曲线图。电容器3的电容是 $1.6\mu F$。（a）电容器1和（b）电容器2的电容各是多少？

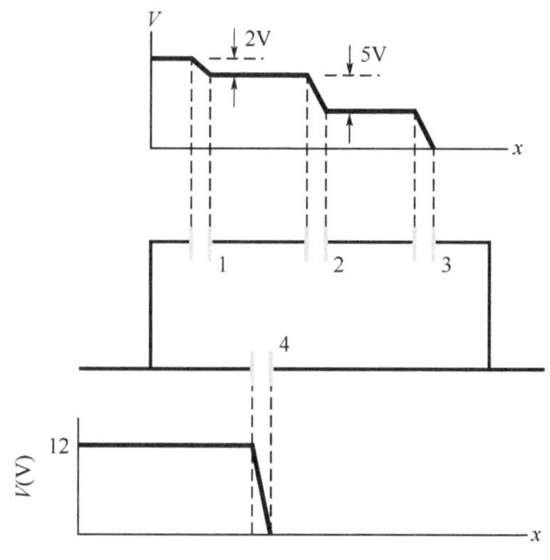

图 25-38 习题 42 图

43. 直径为 15cm 的绝缘金属带电球相对于无穷远 $V=0$ 的电势是 6500V。(a) 计算球表面附近电场的能量密度。(b) 如果直径减小，表面附近的能量密度是增大，减小，还是保持不变?

44. 两块面积均为 $100\mathrm{cm}^2$ 的平行板带有相等数值 8.4×10^{-7}C 但符号相反的电荷。充满两板之间的介电质材料中的电场强度为 1.4×10^6V/m。(a) 求材料的介电常量。(b) 确定介电质每个表面上感应电荷的数值。

45. 当半径都是 $R=3.00$mm 的两个水银小球合成一个时，它的电容是多少?

46. 图 25-39a 中的曲线 1 是储存在电容器 1 上的电荷 q 对它上面的电压 V 的函数曲线。纵轴由 $q_s=16.0\mu$C 标定，横轴由 $V_s=2.0$V 标定。曲线 2 和 3 分别是电容器 2 和 3 的同样的曲线。图 25-39b 所示为这三个电容器和 10.0V 电池的电路。此电路中的电容器 2 上面储存的电荷是多少?

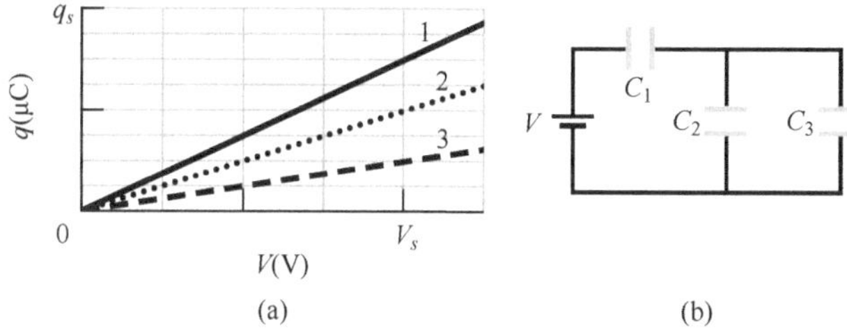

图 25-39 习题 46 图

47. 图 25-40 所示为一个 24.0V 的电池和四个未充电的电容器，$C_1=1.00\mu$F，$C_2=2.00\mu$F，$C_3=3.00\mu$F，$C_4=4.00\mu$F。如果只有开关 S_1 接通，(a) 电容器 1，(b) 电容器 2，(c) 电容器 3，(d) 电容器 4 上的电荷各是多少? 如果两个开关都闭合，(e) 电容器 1，(f) 电容器 2，(g) 电容器 3，以及 (h) 电容器 4 上的电荷各是多少?

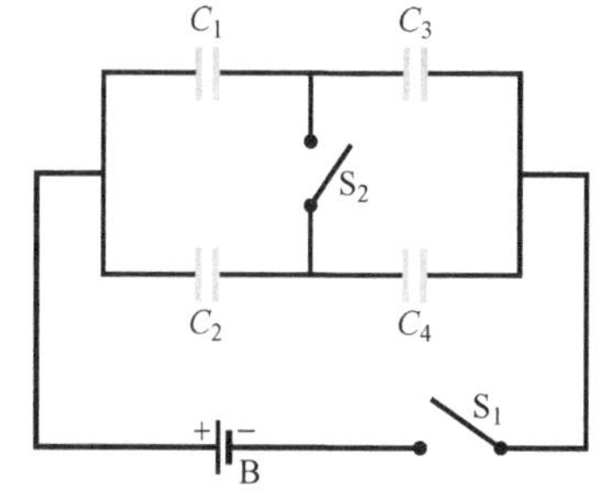

图 25-40 习题 47 图

48. 要有多少个 12.5μF 的电容器并联才可以在 110V 的电压下储存 33.0mC 的电荷?

49. 半径分别是 $b=1.70$cm 和 $a=1.20$cm 的同心导电球壳间充满介电常量 $\kappa=6.91$ 的材料。电势差 $V=73.0$V 加在内、外两球壳上。求 (a) 该元件的电容，(b) 内球壳上的自由电荷 q，(c) 内球壳旁的介电质表面的感应电荷。

50. 你有两块面积都是 $1.00\mathrm{m}^2$ 的金属平板，用它们组成平行板电容器。(a) 如做成的器件的电容是 2.00F，两板之间的距离应该是多少? (b) 这样的电容器实际上能否做成?

51. 图 25-41 中有两个金属物体，它们之间的电势差 35V 引起它们带电荷 +70pC 和 −70pC。(a) 这个系统的电容是多少? (b) 如果电荷变到 +200pC 和 −200pC，电容变成多少? (c) 电势差变成多大?

图 25-41 习题 51 图

52. 图 25-42 中，$V=12$V，$C_1=10\mu$F，$C_2=C_3=20\mu$F。开关先掷向左边，直到电容器 1 达到平衡。然后开关掷向右边。重新达到平衡时，电容器 1 上还留下多少电荷?

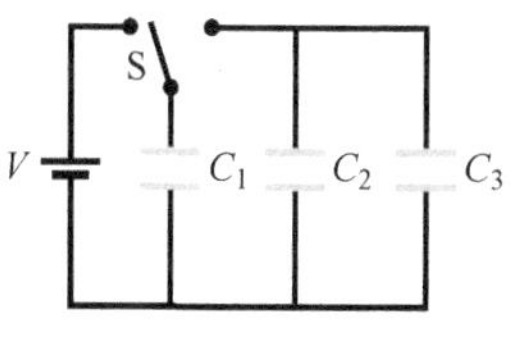

图 25-42 习题 52 图

53. 100pF 的电容器充电到电势差 80.0V，然后将充电的电池断开。接着把电容器并联到第二个（原来未充电的）电容器上。如果第一个电容器上的电势差下降到 35.0V，那么第二个电容器的电容是多大?

54. 球形电容器极板的半径是 37.0mm 及 40.0mm。(a) 求电容。(b) 具有同样的极板距离和电容的平行板电容器的极板面积应该有多大?

55. 图 25-43 中，两个平行板电容器（极板间是空气）连接到电池上。电容器 1 的极板面积是 $1.5\mathrm{cm}^2$，并且产生有效值为 3500V/m 的电场（两极板之间）。电容器 2 的极板面积为 $0.70\mathrm{cm}^2$ 及大小为 1500V/m 的电场。(a) 两个电容器上的总电荷是多少? (b) 如果第一个的极板面积减少一半，总电荷是增加，减少，还是保持不变?

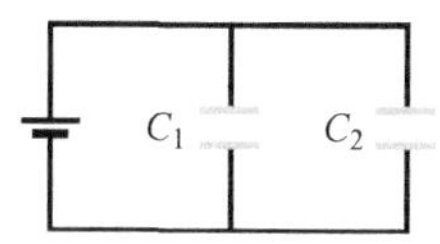

图 25-43 习题 55 图

CHAPTER 26

第 26 章 电流和电阻

26-1 电流

学习目标

学完这一单元后，你应当能够……

26.01 应用单位时间内通过一点的电荷数量的电流定义，包括用于求出在给定的时间间隔内通过该点的电荷数量。

26.02 懂得在正常情况下，电流是导电电子在电场（例如电池在导线中建立的电场）的驱动下运动所形成的。

26.03 辨别电路中的结点，并应用（由于电荷守恒）流入结点的总电流必定等于流出这个结点的总电流这个事实。

26.04 说明怎样在电路图中画电流箭头，并明白这种箭头不是矢量。

关键概念

- 导体中电流 i 定义为

$$i=\frac{\mathrm{d}q}{\mathrm{d}t}$$

其中，$\mathrm{d}q$ 是在时间 $\mathrm{d}t$ 内通过正电荷的数量。

- 按照惯例，电流的方向取假设的正电荷载流子运动的方向，虽然（通常情况下）只有导电电子能够运动。

什么是物理学?

在前面的 5 章里我们讨论了静电学——静止电荷的物理学。这一章和下一章我们要讨论**电流**——即运动的电荷——的物理学。

电流的例子很多并涉及许多职业。气象学家关心闪电以及很不明显的大气中电荷的缓慢流动。生物学家、生理学家和医学技术领域中工作的工程师则关心控制肌肉的神经电流，特别是在脊髓受伤以后怎样才能重建这种电流。电气工程师关心无数的电气系统，譬如电力系统、闪电保护系统、信息储存系统，以及音乐系统。航天工程师监测并研究从太阳传来的带电粒子流，因为这种粒子流可能摧毁轨道上的远距离通信系统，甚至是地面上的电力传输系统。除了这些学术研究工作外，几乎现代日常生活的每一方面都依赖于电流携带的信息，从股票交易到自动提款机，从影视娱乐到社交网络。

在这一章中，我们讨论电流的基本物理学以及为什么它们可以在某些材料中建立起来而在另一些材料中则不能。我们先从电流的意义开始。

电流

虽然电流是一连续不断的运动电荷的流，但不是所有运动的电荷都能构成电流。如果有电流通过一给定的表面，必定有净电荷流通过这个表面，我们用以下两个例子阐明电流的意义。

1. 在绝缘的铜制长导线中的自由电子（传导电子）以数量级为 10^6m/s 的速率做随机运动。如果你想象一个横截这根导线的平面，传导电子将以每秒几十亿个的速率从两个方向穿过它——但没有净电荷输运，因而没有电流通过导线。然而，如果你把导线的两端连接到电池上，你就会使电子的流动向一个方向稍微偏置一些，结果现在有电荷的净输运，这样就有电流通过导线了。

2. 通过花园浇水软管的水流代表正电荷（水分子中的质子）有方向性的流动，它的流速可能达到几百万库仑每秒。然而，还是没有净电荷迁移，因为有平行的负电荷流（水分子中的电子）。即有和正电荷的数量严格相等并且在完全相同的方向上运动的负电荷。

在这一章中，我们的研究对象仅限于经典物理学的框架内——主要局限于对通过像铜线一类的金属导体运动的传导电子的稳定流动。

图 26-1a 给我们提醒任一孤立的导电回路——无论它是不是有过剩的电荷——整个都在相同的电势中。在它的内部或者它的表面上不可能存在电场。虽然存在可用的传导电子，但没有净电力作用于它们，所以没有电流。

如果像在图 26-1b 中那样，我们在回路中接入电池，导电的回路不再处在同一电势中。电场作用在构成回路的材料内部，传导电子受到电场力作用，造成电子运动从而建立电流。经过短暂的时间，电子流达到一个恒定的数值，电流就达到恒稳态（它不再随时间变化）。

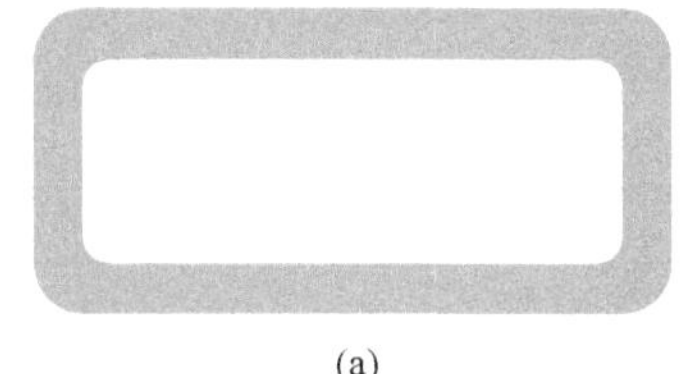

(a)

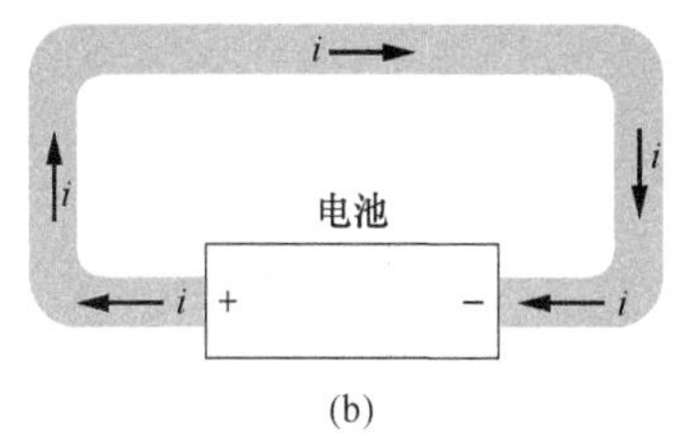

(b)

图 26-1 （a）静电平衡中铜的回路。整个回路都有同一电势，在铜的内部的所有位置电场都是零。（b）加上电池，在连接到电池两极上的回路两端之间建立电势差。电池在回路内的一端到另一端建立电场，电场使电荷绕回路运动，这种电荷的运动就是电流。

图 26-2 表示一个导体的一段，这是电流在其中流动的导电回路的一部分。如果有电荷 dq 在时间 dt 内通过一个假想的平面（譬如说 aa'），那么，通过这个面的电流定义为

$$i=\frac{\mathrm{d}q}{\mathrm{d}t} \text{（电流的定义）} \tag{26-1}$$

我们可以通过积分求在 0 到 t 的时间间隔内通过这个平面的电荷：

$$q=\int \mathrm{d}q=\int_0^t i\mathrm{d}t \tag{26-2}$$

其中，电流 i 可以随时间变化。

在恒稳态条件下，对平面 aa'、bb'和 cc'而言电流都是相同的。这对于所有的完全横截导体的截面，无论它们的位置在哪里，方向是什么都正确。在这里假定的恒稳态条件下，对每一个通过 cc'平面的电子也必定通过平面 aa'。同样的方式，如果我们有通过花园浇水用软管的恒稳水流，从管口每流出一滴水必定从管子的另一端中流入一滴水。管子中水的总量是一个守恒量。

在任何截面上电流都相同

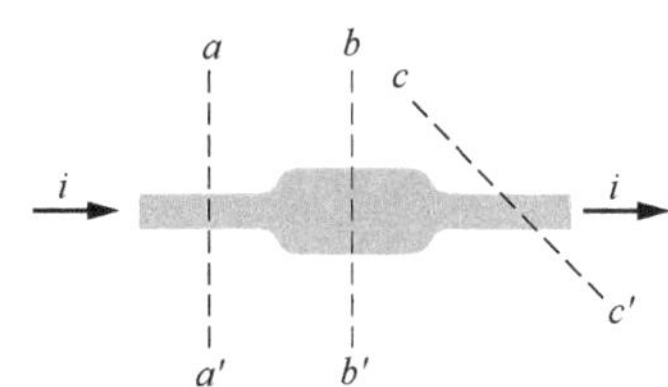

图 26-2 通过导体的电流 i 在平面 aa'、bb'和 cc'内都有相同的数值。

国际单位制中的电流单位是库仑每秒或者安［培］（A）。它是国际单位制的一个基本单位。

1 安［培］= 1 库仑每秒 = 1C/s

安培的正式定义将在 29 章中讨论。

式（26-1）定义的电流是标量，因为在该式中电荷和时间都是标量。还有，像在图 26-1b 中那样，我们常常用指出电荷在运动的箭头来表示电流。然而，这种箭头不是矢量，它们不能用矢量加法。图 26-3a 表示通有电流 i_0 并在一个结点处分为两支的导体。

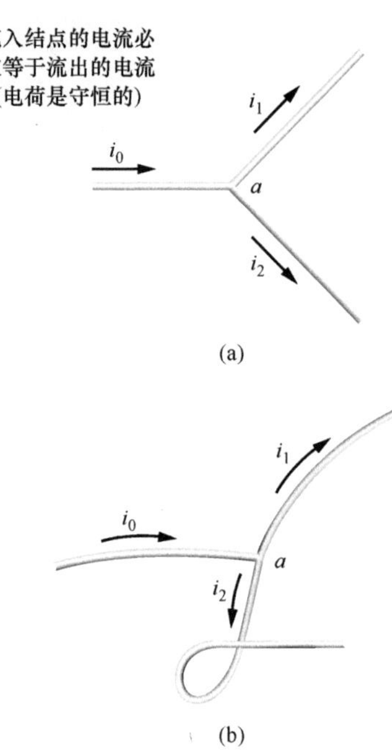

图 26-3 无论三根电线在空间的取向如何，在结点 a 处关系式 $i_0=i_1+i_2$ 总是正确的。电流是标量，而不是矢量。

因为电荷是守恒的，分支中的电流数值相加必定得到原来导体中的电流的数值，所以

$$i_0=i_1+i_2 \tag{26-3}$$

图 26-3b 表明，导线的弯曲或在空间改变方向都不会改变式（26-3）的有效性。电流箭头只表示沿导体流动的方向（或流向），而不是在空间的方向。

电流的方向

在图 26-1b 中，我们沿着假想的带正电的粒子受到的电场力的作用方向在导电回路中画出了电流的方向。这种假设的正电荷载流子，正是我们常用的名称，它会离开电池的正极并向负极运动。图 26-1b 中的铜的回路实际上的载流子是电子，它是带负电荷的。电场力推动它们沿电流箭头的反方向运动，从电池负极到正极。然而，由于历史的原因，我们遵照下面的惯例：

电流箭头总是沿正载流子运动方向画出，虽然真实的载流子是负的并且沿相反方向运动。

我们之所以可以坚持应用这个惯例，是因为在大多数情况中假设正电荷载流子沿一个方向运动和负载流子在相反方向上的真实运动效果完全相同（当遇到效应不相同的情况时，我们就要抛弃这一习俗，描述真实的运动。）

检查点 1

右图是线路的一部分。在右下角的导线中电流 i 的数值和方向如何？

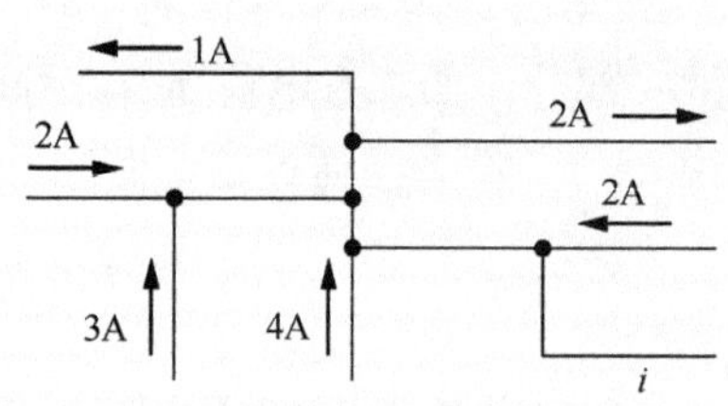

例题 26.01 电流是通过一点的电荷的速率

花园浇水管中水流以体积速率 $\frac{dV}{dt}=450\text{cm}^3/\text{s}$ 流过。负电荷电流是多大？

【关键概念】

负电荷电流 i 来自流过水管的水分子中的电子。电流是单位时间穿过整个管子横截面的负电荷的数值。

解： 我们可以用一秒钟内通过这个截面的水分子数目来描述电流：

$$i=\left(\begin{array}{c}\text{每个电子}\\\text{的电荷}\end{array}\right)\left(\begin{array}{c}\text{每个分子}\\\text{的电子}\end{array}\right)\left(\begin{array}{c}\text{每秒}\\\text{分子数}\end{array}\right)$$

或

$$i=e(10)\frac{dN}{dt}$$

我们代入每个分子 10 个电子，因为一个水分子（H_2O）包含一个氧原子中带有的 8 个电子及两个氢原子中各自带有的一个电子。

我们可以用水流的体积速率 dV/dt 来表示 dN/dt，首先写出：

$$\left(\begin{array}{c}\text{每秒}\\\text{分子数}\end{array}\right)=\left(\begin{array}{c}\text{每摩尔}\\\text{分子数}\end{array}\right)\left(\begin{array}{c}\text{单位质量}\\\text{摩尔数}\end{array}\right)^{\ominus}\times\left(\begin{array}{c}\text{单位体积}\\\text{质量数}\end{array}\right)\left(\begin{array}{c}\text{每秒流过}\\\text{的体积}\end{array}\right)$$

其中，“每摩尔分子数”就是阿伏伽德罗常量 N_A；

⊖ 按国际单位制规定，此量应称为物质的量。全书以后同此。——编辑注

“单位质量摩尔数”是每摩尔质量的倒数，这里是水的摩尔质量 M；“单位体积质量数”是水的（质量）密度 ρ_{mass}；每秒流过的体积就是体积速率 dV/dt。于是我们得到

$$\frac{dN}{dt}=N_A\left(\frac{1}{M}\right)\rho_{\text{mass}}\left(\frac{dV}{dt}\right)=\frac{N_A\rho_{\text{mass}}}{M}\frac{dV}{dt}$$

把这个式子代入 i 的方程式，我们得到

$$i=10e\,N_AM^{-1}\rho_{\text{mass}}\frac{dV}{dt}$$

我们知道阿伏伽德罗常量 N_A 是 6.02×10^{23} 分子/mol，或 $6.02\times10^{23}\text{mol}^{-1}$。由表 15-1，我们知道在标准条件下，水的密度 ρ_{mass} 是 1000kg/m^3。我们可以从附录 F 中列出的摩尔质量（以 g/mol 为单位）得出水的摩尔质量：我们把氧的摩尔质量（16g/mol）加上氢的摩尔质量（1g/mol）的两倍，得到 18g/mol = 0.018kg/mol。所以，水中的电子产生的负电荷流是

$$\begin{aligned}i&=(10)(1.6\times10^{-19}\text{C})(6.02\times10^{23}\text{mol}^{-1})\times\\&\quad(0.018\text{kg/mol})^{-1}(1000\text{kg/m}^3)(450\times10^{-6}\text{m}^3/\text{s})\\&=2.41\times10^{7}\text{C/s}=2.41\times10^{7}\text{A}\\&=24.1\text{MA}\end{aligned}$$

（答案）

这个负电荷电流被构成水分子的三个原子的原子核的正电荷电流严格地完全抵消，因而没有净电荷流通过水管。

26-2 电流密度

学习目标

学完这一单元后，你应当能够……

26.05 懂得电流密度和电流密度矢量。

26.06 对于通过导体（例如导线）的截面上一个面积元的电流，确定面积元矢量 $d\vec{A}$。

26.07 通过对电流密度矢量 $\vec{J}$ 和面积元矢量 $d\vec{A}$ 的点积在导体整个截面上的积分求通过该导体截面的电流。

26.08 对于电流均匀分布在导体截面上的情形，应用电流 i、电流密度的数值 J 和面积 A 之间的关系。

26.09 辨识流线。

26.10 用传导电子的漂移速率说明它们的运动。

26.11 区别传导电子的漂移速率和它们的随机运动速率，包括相对的数值大小。

26.12 懂得载流子密度。

26.13 应用电流密度 J、载流子密度 n 和载流子漂移速率 v_d 之间的关系。

关键概念

- 电流 i（标量）和电流密度 $\vec{J}$（矢量）之间的关系是

$$i=\int\vec{J}\cdot d\vec{A}$$

其中，$d\vec{A}$ 是垂直于大小为 dA 的面积元的矢量，积分遍及导体的任一截面。如果运动的电荷是正的，电流密度 $\vec{J}$ 和运动的电荷的速度有同样的方向，如果运动电荷是负的，则方向相反。

- 当导体中建立起电场 $\vec{E}$ 时，载流子（假设是正的）获得在 $\vec{E}$ 的方向上的漂移速率 v_d。
- 漂移速率 v_d 与电流密度的关系是

$$\vec{J}=(ne)\vec{v}_d$$

其中，ne 是载流子电荷密度。

电流密度

有时我们对特定的导体中的电流 i 感兴趣。在另一些时候，我们要从局部的观点来研究通过导体截面上的某一特定位置电荷的流动。要描写这种流动，我们可以用**电流密度 $\vec{J}$**。如果运动的电荷

是正的，电流密度的方向和运动电荷的速度方向相同；如果运动的电荷是负的，则电流密度 $\vec{J}$ 的方向和电荷速度方向相反。对于截面的每一个单元，J 的数值等于通过这个单元的单位面积的电流。我们可以把通过这个面积元的电流的总量写成 $\vec{J}\cdot d\vec{A}$，这里的 $d\vec{A}$ 是面积元的面积矢量，它垂直于面积元。于是，通过截面的总电流是

$$i = \int \vec{J}\cdot d\vec{A} \tag{26-4}$$

如果电流在整个截面上是均匀的并且平行于 $d\vec{A}$，则 $\vec{J}$ 也是均匀的并且平行于 $d\vec{A}$。于是式（26-4）写成：

$$i = \int J dA = J\int dA = JA$$

所以

$$J = \frac{i}{A} \tag{26-5}$$

其中，A 是截面的总面积。由式（26-4）或式（26-5），我们看出电流密度的国际单位制单位是安培每平方米（A/m^2）。

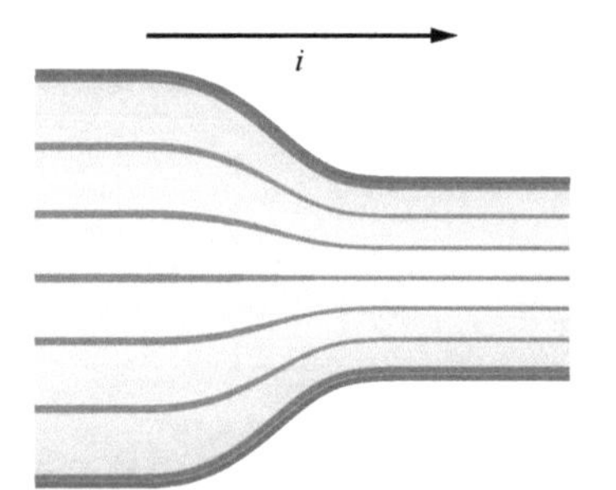

图 26-4 描写通过逐渐收缩的导体中电荷流的电流密度的流线。

在第 22 章中，我们知道可以用电场线来描述电场。图 26-4 表示电流密度也可以用类似的一组线来描述，我们把这种线称为流线。图 26-4 中电流向右方流动，从左边较粗的导体流入右边较细的导体，中间经过一个变换。因为在变换过程中电荷是守恒的，所以电荷总数，即电流总数不会改变。然而，电流密度却改变了——它在较细的导体中较大。流线的间距描绘了电流密度的增大；互相靠得较近的流线表示较大的电流密度。

漂移速率

当导体中没有电流通过的时候，它的传导电子随机地运动，没有在任何一个方向上的净运动。当导体中有电流通过的时候，这些电子实际上仍旧在做随机运动，但现在它们要以**漂移速率** v_d 沿着与引起电流的外电场相反的方向漂移。与随机运动的速率相比，漂移速率是很小的。例如，在家庭线路的铜导线中，电子的漂移速率大约是 10^{-5}m/s 或 10^{-4}m/s，而随机运动速率大约为 10^6m/s。

我们可以利用图 26-5 把通过导线的电流中的传导电子的漂移速率 v_d 和导线中电流密度的数值 J 联系起来。为方便起见，图 26-5表示沿外电场 $\vec{E}$ 的方向运动的正电荷载流子的等效漂移。我们假设，所有这些载流子都以相同的漂移速率 v_d 运动，并且在导线的整个截面积 A 上电流密度 J 是均匀的。在长度为 L 的一段导线中的载流子的数目是 nAL，n 是单位体积中载流子的数目。在长度 L 中，每个电荷都为 e 的载流子的总电荷数是

我们说电流是由于正电荷受到电场驱动而引起的

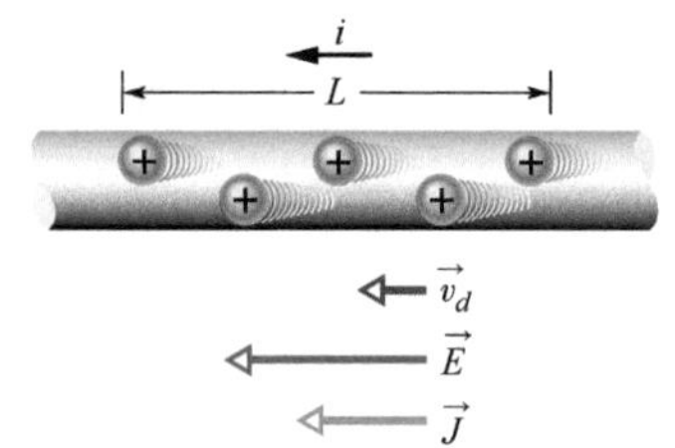

图 26-5 正电荷载流子以速率 v_d 沿外电场方向漂移，按照惯例，电流密度 J 的方向和电流指向的箭头都应该在这同一方向上。

$$q = (nAL)e$$

因为载流子都沿导线以速率 v_d 运动，这些总电荷数都在时间间隔

$$t = \frac{L}{v_d}$$

内通过导线的任一截面。式（26-1）告诉我们，电流 i 是单位时间内通过一个截面所转移的电荷，所以我们这里有

$$i = \frac{q}{t} = \frac{nALe}{L/v_d} = nAev_d \tag{26-6}$$

解出 v_d 并回忆式（26-5）（$J=i/A$），我们得到

$$v_d=\frac{i}{nAe}=\frac{J}{ne}$$

或者推广为矢量形式，有

$$\vec{J}=(ne)\vec{v}_d \qquad (26\text{-}7)$$

其中，乘积 ne 是载流子电荷密度，它的国际单位制单位是库仑每立方米（C/m^3）。对于正载流子，ne 是正数，式（26-7）预言 $\vec{J}$ 和 $\vec{v}_d$ 有相同的方向。对于负载流子，ne 是负数，$\vec{J}$ 和 $\vec{v}_d$ 方向相反。

检查点 2

图示导线中的传导电子向左运动。以下几个物理量是向左还是向右？(a) 电流 i，(b) 电流密度 $\vec{J}$，(c) 导线中的电场 $\vec{E}$。

例题 26.02 电流密度（均匀和不均匀）

(a) 在半径为 $R=2.0\text{mm}$ 的圆柱形导线中，整个横截面上的电流密度是均匀的，电流密度数值 $J=2.0\times10^5\text{A/m}^2$。通过导线径向距离 $R/2$ 到 R 之间的外半部分的电流是多少（见图 26-6a）？

【关键概念】

因为电流密度在整个横截面上是均匀的，所以电流密度 J、电流 i 和横截面面积 A 的关系可以用式（26-5）（$J=i/A$）表示。

解： 我们要求的只是通过导线的一部分横截面面积 A'（不是整个横截面）的电流，这部分的面积是

$$A'=\pi R^2-\pi\left(\frac{R}{2}\right)^2=\pi\frac{3R^2}{4}$$
$$=\frac{3}{4}\pi\ (0.0020\text{m})^2$$
$$=9.424\times10^{-6}\text{m}^2$$

所以，我们可以把式（26-5）重写成

$$i=JA'$$

并代入这些数据

$$i=(2.0\times10^5\text{A/m}^2)(9.424\times10^{-6}\text{m}^2)$$
$$=1.9\text{A} \qquad \text{（答案）}$$

(b) 假设另一种情况，电流密度在整个横截面上随径向距离 r 按 $J=ar^2$ 的规律变化，其中 $a=3.0\times10^{11}\text{A/m}^4$，$r$ 的单位为米。现在通过同样的导线外面部分的电流是多大？

【关键概念】

因为电流密度在整个导线的横截面上是不均匀的，我们必须用式（26-4）（$i=\int\vec{J}\cdot d\vec{A}$）并在 $r=R/2$ 到 $r=R$ 这部分导线面积上对电流密度积分。

解： 电流密度矢量 $\vec{J}$（沿导线的长度）和微分面积矢量 $d\vec{A}$（垂直于导线的横截面）有同样的方向。于是

$$\vec{J}\cdot d\vec{A}=JdA\cos0=JdA$$

我们要用可以在两个积分限 $r=R/2$ 和 $r=R$ 之间实际进行积分的某个量来代替微分面积元 dA。最简单的替换（因为 J 是 r 的函数）是周长为 $2\pi r$ 及宽度为 dr 的狭环的面积 $2\pi r dr$（见图 26-6b）。然后我们可以把 r 作为积分变量进行积分。由式（26-4），得

$$i=\int\vec{J}\cdot d\vec{A}=\int JdA$$
$$=\int_{R/2}^{R}ar^2 2\pi r dr=2\pi a\int_{R/2}^{R}r^3 dr$$
$$=2\pi a\left[\frac{r^4}{4}\right]_{R/2}^{R}=\frac{\pi a}{2}\left[R^4-\frac{R^4}{16}\right]=\frac{15}{32}\pi aR^4$$
$$=\frac{15}{32}\pi(3.0\times10^{11}\text{A/m}^4)(0.0020\text{m})^4$$
$$=7.1\text{A} \qquad \text{（答案）}$$

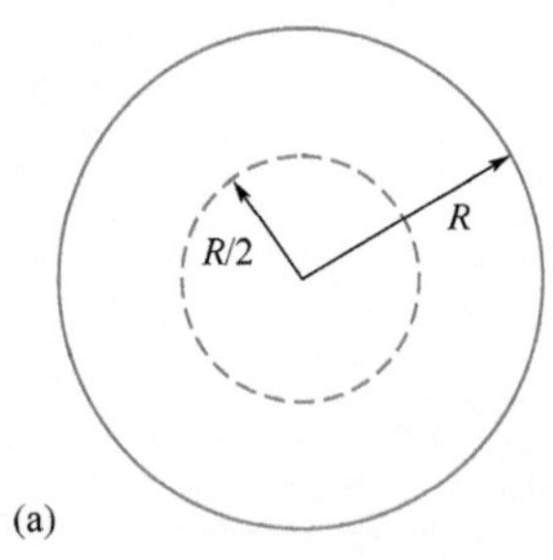

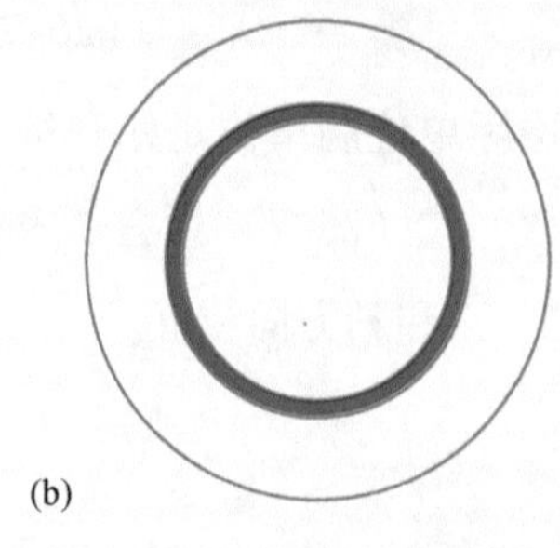

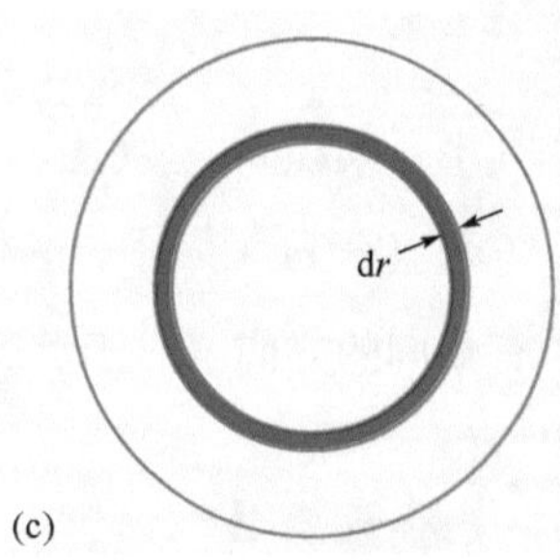

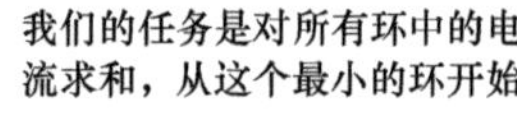

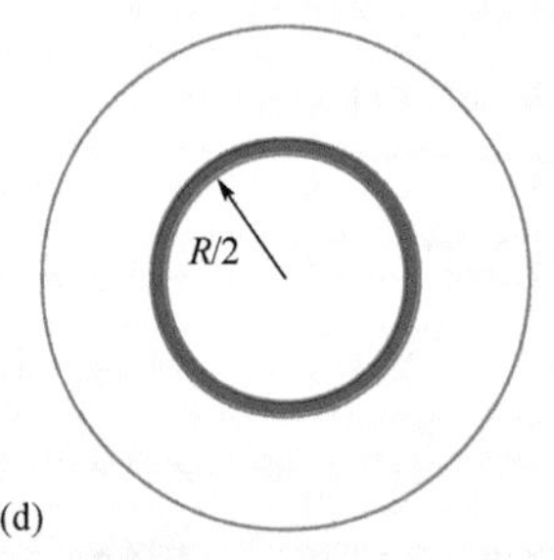

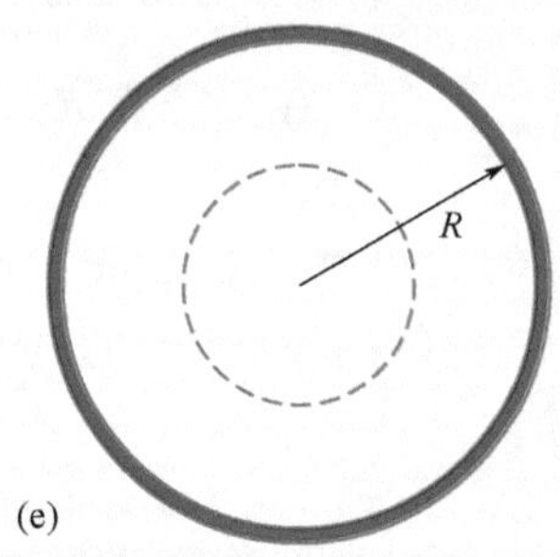

图 26-6 （a）半径为 R 的导线的横截面。如果电流密度是均匀的，则电流是电流密度和面积的乘积。（b）~（e）如果电流是不均匀的，我们首先要求出通过一个狭环的电流，然后对给定面积中所有这种环中的电流求和（利用积分）。

例题 26.03 在电流中，传导电子运动得非常慢

半径为 $r=900\mu\text{m}$ 的铜导线中有恒定电流 $i=17\text{mA}$ 流动时，传导电子的漂移速率多大？设每一个铜原子贡献一个传导电子给电流，并且在整个导线的横截面上电流密度是均匀的。

【关键概念】

1. 根据式（26-7），漂移速率 v_d 与电流密度 $\vec{J}$ 及单位体积的传导电子数 n 有关，我们可以把这个关系写作 $J=nev_d$。

2. 因为电流密度是均匀的，它的数值 J 与给定的电流 i 及导线的粗细的关系可用式（26-5）表示（$J=i/A$，其中 A 是导线的横截面面积）。

3. 因为我们假设每个原子贡献一个传导电子，所以单位体积传导电子的数目 n 和单位体积中原子的数目相同。

解： 我们从第三个概念开始，可以写出

$$n=(\text{单位体积原子数})$$
$$=\left(\begin{matrix}\text{每摩尔}\\\text{原子数}\end{matrix}\right)\left(\begin{matrix}\text{单位质量}\\\text{摩尔数}\end{matrix}\right)\left(\begin{matrix}\text{单位体积}\\\text{质量}\end{matrix}\right)$$

其中，每摩尔原子数就是阿伏伽德罗常量 N_A（$=6.0\times10^{23}\text{mol}^{-1}$）；单位质量摩尔数是每摩尔质量的倒数，这里是铜的摩尔质量；单位体积质量就是铜的（质量）密度 ρ_{mass}。于是

$$n=N_A\left(\frac{1}{M}\right)\rho_{\text{mass}}=\frac{N_A\rho_{\text{mass}}}{M}$$

从附录 F 得到铜的摩尔质量 M 和密度 ρ_{mass}，于是我们得到（经过一些单位变换后）：

$$n=\frac{(6.02\times10^{23}\text{mol}^{-1})(8.96\times10^{3}\text{kg/m}^3)}{63.54\times10^{-3}\text{kg/mol}}$$

$$=8.49\times10^{28}\text{个电子/m}^3$$

或 $$n=8.49\times10^{28}\text{m}^{-3}$$

下一步，我们结合第一和第二个关键概念，写出

$$\frac{i}{A}=nev_d$$

将 πr^2（$=2.54\times10^{-6}\text{m}^2$）代入 A 并解出 v_d，于是得到

$$v_d=\frac{i}{ne(\pi r^2)}$$

$$=\frac{17\times10^{-3}\text{A}}{(8.49\times10^{28}\text{m}^{-3})(1.6\times10^{-19}\text{C})(2.54\times10^{-6}\text{m}^2)}$$

$$=4.9\times10^{-7}\text{m/s} \quad \text{（答案）}$$

这只有 1.8mm/h，比慢吞吞的蜗牛还要慢。

光是最快的：我们一定会问："如果电子漂移得这样慢，为什么我一按开关房间里的灯马上就亮了？"这个问题上的混淆是由于没有区别电子的漂移速率和沿导线传播的电场组态的改变速率这二者的结果，后者的速率近于光速；导线中每个地方的电子几乎立刻就开始漂移，包括灯泡里面的电子。同理，当你打开已经充满水的花园浇水管的阀门时，压力波沿水管以水中声速传播。而水本身经过水管时的运动速率——可以用染料做标记来测量——则要慢得多。

WileyPLUS 在 WileyPLUS 中可以找到附加的例题、视频和练习。

26-3 电阻和电阻率

学习目标

学完这一单元后，你应当能够……

26.14 应用加在物体两端的电势差 V、两端之间物体的电阻和由此产生的通过物体的电流 i 之间的关系。

26.15 识别电阻器。

26.16 应用在给定材料中的一点建立的电场数值 E 与材料的电阻率 ρ 以及在这一点得到的电流密度数值 J 之间的关系。

26.17 对于导线中建立的均匀电场，应用电场数值 E，两端的电势差 V 以及导线长度 L 之间的关系。

26.18 应用电阻率 ρ 和电导率 σ 之间的关系。

26.19 应用物体的电阻 R，它的材料的电阻率 ρ，它的长度 L 和它的横截面面积 A 之间的关系。

26.20 应用近似地给出导体电阻率 ρ 作为温度 T 的函数的方程式。

26.21 画出金属的电阻率对温度 T 的曲线图。

关键概念

- 导体的电阻 R 定义为

$$R=\frac{V}{i}$$

其中，V 是加在导体两端的电势差；i 是电流。

- 材料的电阻率 ρ 和电导率 σ 的关系是

$$\rho=\frac{1}{\sigma}=\frac{E}{J}$$

其中，E 是外加电场的数值；J 是电流密度的数值。

- 电场和电流密度及电阻率的关系是

$$\vec{E}=\rho\vec{J}$$

- 长度 L 及均匀截面的导线的电阻是

$$R=\rho\frac{L}{A}$$

其中，A 是横截面面积。

- 大多数材料的电阻率随温度改变而改变。对许多材料（包括金属），ρ 和温度 T 之间的关系可近似地用下列方程式表示：

$$\rho-\rho_0=\rho_0\alpha(T-T_0)$$

其中，T_0 是参考温度；ρ_0 是温度 T_0 下的电阻率；α 是该材料电阻率的温度系数。

电阻和电阻率

如果我们在几何形状完全相同的铜棒和玻璃棒两端加上完全相同的电压，结果在两根棒中产生的电流会完全不同。这里引入的导体的特性就是它的**电阻**：我们要确定导体中任何两点间的电阻，就在这两点间加上电势差 V 并测量得到的电流 i。于是电阻 R 就是

$$R=\frac{V}{i}\quad（R\text{ 的意义}）\tag{26-8}$$

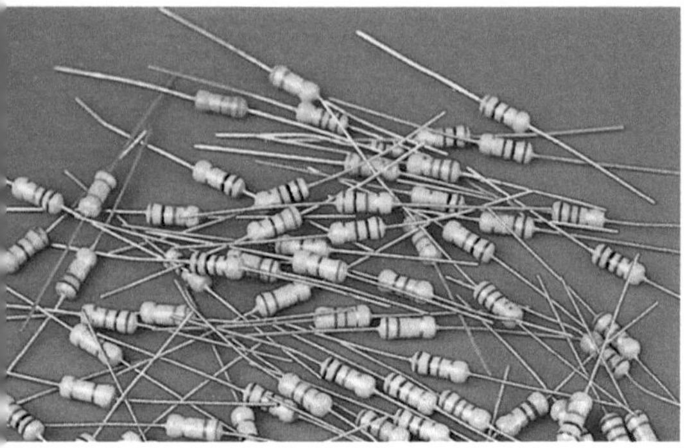

由式（26-8），电阻的国际单位制单位是伏特每安培。这个组合是如此经常地用到，于是我们给它一个特定的名称，**欧［姆］**（符号 Ω）；就是

$$\begin{aligned}1\text{ 欧[姆]}&=1\Omega=1\text{ 伏特每安培}\\&=1\text{V/A}\end{aligned}\tag{26-9}$$

The Image Works

图 26-7　各式各样的电阻器。电阻器上的环形色带是彩色编码标志，用来识别电阻的数值。

在电路中提供特定数量的电阻的导体称作**电阻器**（或简称电阻）（见图 26-7）。在电路图中，我们用符号“-\/\/\/-”代表电阻器或电阻。如果我们把式（26-8）写成

$$i=\frac{V}{R}$$

我们看到，对给定的 V，电阻大则电流小。

导体的电阻依赖于电势差加在其上的方式。例如在图 26-8 中，表示给定的电势差以两种不同的方式加在同样的导体上。如电流密度流线所表示的，两种情况中的电流——因而测得的电阻——是不同的。以后除非另外加以说明，我们都假设，任何给定的电势差都是用图 26-8b 中那样的方式加上去的。

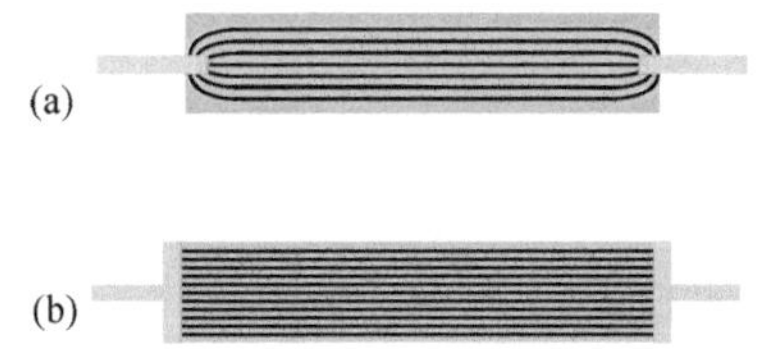

图 26-8　电势差加在导体棒上的两种方式。设灰色导体的电阻可以忽略。当它们像（a）中那样安排时，电压加在导体棒每一端上的很小区域，测得的电阻大于像（b）中那样覆盖棒的整个端面的安排。

正像我们在其他问题中多次做过的那样，我们常常希望进行普遍的考察，不仅仅是处理特定的物体，而是要考察材料的性质。我们这里要做的不是集中注意于特定电阻器上的电势差 V，而是电阻材料中某一点的电场 $\vec{E}$。代替处理通过电阻器的电流 i，我们处理所观察的点的电流密度 $\vec{J}$。代替物体的电阻 R，我们处理材料的**电阻率** ρ：

$$\rho=\frac{E}{J}\quad（\rho\text{ 的意义}）\tag{26-10}$$

［比较这个方程式和式（26-8）。］

如果我们把 E 和 J 的国际单位制单位按式（26-10）组合起来，我们就得到 ρ 的单位是欧姆米（Ω · m）：

$$\frac{(E)\text{ 的单位}}{(J)\text{ 的单位}}=\frac{\text{V/m}}{\text{A/m}^2}=\frac{\text{V}}{\text{A}}\text{m}=\Omega\cdot\text{m}$$

［不要把英文中电阻率的单位 ohm- meter（欧姆米）和 ohmmeter（欧姆计）混淆，欧姆计是测量电阻的仪器。］表 26-1 中列出了一些材料的电阻率。

我们可以用矢量形式把式（26-10）写作：

$$\vec{E}=\rho\vec{J}\tag{26-11}$$

式（26-10）和式（26-11）只对各向同性的材料成立。

这种材料的电学性质在所有方向上都是相同的。

我们常说材料的**电导率** σ，它只不过是电阻率的倒数，所以

$$\sigma = \frac{1}{\rho}(\sigma \text{ 的定义}) \quad (26\text{-}12)$$

国际单位制的电导率单位是欧姆米的倒数，$(\Omega \cdot m)^{-1}$。单位名称欧姆每米（mhos per meter）有时也会用到（mho 是 ohm 的次序颠倒的拼写）。由 σ 的定义，我们可以把式（26-11）写成另一种形式：

$$\vec{J} = \sigma \vec{E} \quad (26\text{-}13)$$

由电阻率求电阻

我们刚才已经给出了一个重要的区分：

电阻是物体的性质。电阻率是材料的性质。

如果我们知道了某种物质（例如铜）的电阻率，我们就可以计算由这种物质制成的一根导线的电阻。令 A 是这根导线的横截面面积，L 是它的长度，在导线两端加上电势差 V（见图 26-9）。如果描写电流密度的流线在整条导线中都是均匀的，在导线内各点的电场和电流密度就是一个常量。由式（24-42）和式（26-5）可得到以下数值：

$$E = V/L \text{ 和 } J = i/A \quad (26\text{-}14)$$

我们把式（26-10）和式（26-14）联立，写出

$$\rho = \frac{E}{J} = \frac{V/L}{i/A} \quad (26\text{-}15)$$

但是 V/i 就是电阻 R，我们可以将式（26-15）重写为

$$R = \rho \frac{L}{A} \quad (26\text{-}16)$$

然而式（26-16）只适用于有均匀截面积的以及均匀各向同性的导体，电势差是用像图 26-8b 那样的方式加上去的。

当我们对特定的导体进行电学测量的时候，宏观量 V、i 和 R 是我们最关注的。它们是我们在电表上可以直接读到的量。当我们对材料的基本电学性质感兴趣的时候，我们就该转向微观量 E、J 和 ρ。

表 26-1 室温（20℃）下某些材料的电阻率。

材料	电阻率 $\rho(\Omega \cdot m)$	电阻率的温度系数 α (K^{-1})
	代表性的金属	
银	1.62×10^{-8}	4.1×10^{-3}
铜	1.69×10^{-8}	4.3×10^{-3}
金	2.35×10^{-8}	4.0×10^{-3}
铝	2.75×10^{-8}	4.4×10^{-3}
锰铜①	4.82×10^{-8}	0.002×10^{-3}
钨	5.25×10^{-8}	4.5×10^{-3}
铁	9.68×10^{-8}	6.5×10^{-3}
铂	10.6×10^{-8}	3.9×10^{-3}
	代表性的半导体	
硅（纯）	2.5×10^{3}	-70×10^{-3}
硅（n 型②）	8.7×10^{-4}	
硅（p 型③）	2.8×10^{-3}	
	代表性的绝缘体	
玻璃	$10^{10} \sim 10^{14}$	
熔石英	$\sim 10^{16}$	

① 为有很小的 α 值而专门设计的合金。

② 纯硅掺以杂质磷，载流子密度达 $10^{23} m^{-3}$。

③ 纯硅掺以杂质铝，载流子密度达 $10^{23} m^{-3}$。

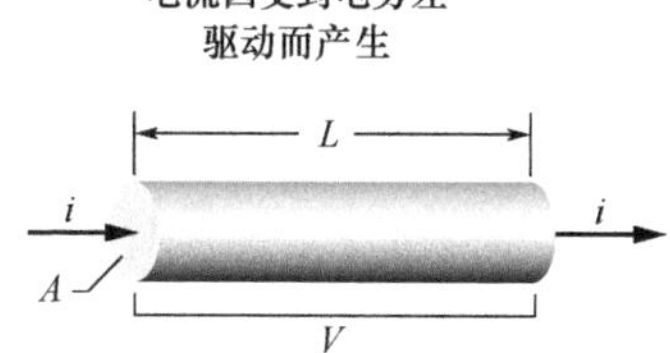

图 26-9 电势差 V 作用在长度为 L、横截面面积为 A 的导线两端，产生电流 i。

检查点 3

下图画出三个圆柱形铜导体，图上标明它们的底面积和长度，沿它们的长度加上相同的电压 V 后有不同的电流流过它们，按电流大小排序，最大的排第一。

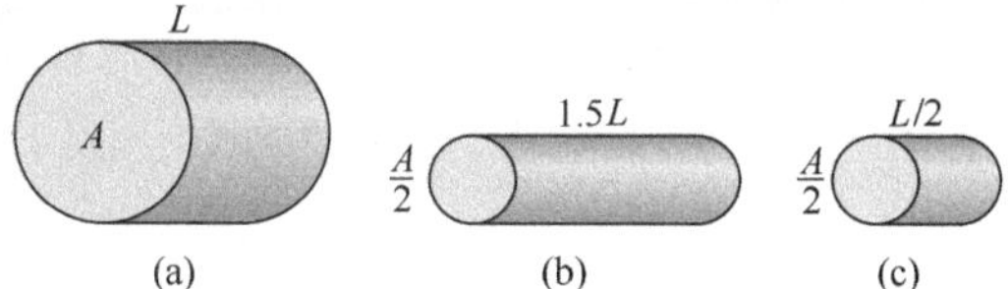

随温度的变化

大多数物理性质的数值要随温度变化而变化，电阻率也不例

外。例如图 26-10 表示铜的这一性质在大的温度范围内的变化。铜的电阻率和温度之间的关系——一般说来对于其他金属也同样——在相当宽的温度范围内差不多是线性的。对于这种线性关系，我们可以写出对大多数工程实际来说足够好的经验近似公式：

$$\rho-\rho_0=\rho_0\alpha(T-T_0) \tag{26-17}$$

其中，T_0 是选定的参考温度；ρ_0 是这个温度下的电阻率。通常 $T_0=293\text{K}$（室温），这个温度下铜的 $\rho_0=1.69\times10^{-8}\Omega\cdot\text{m}$。

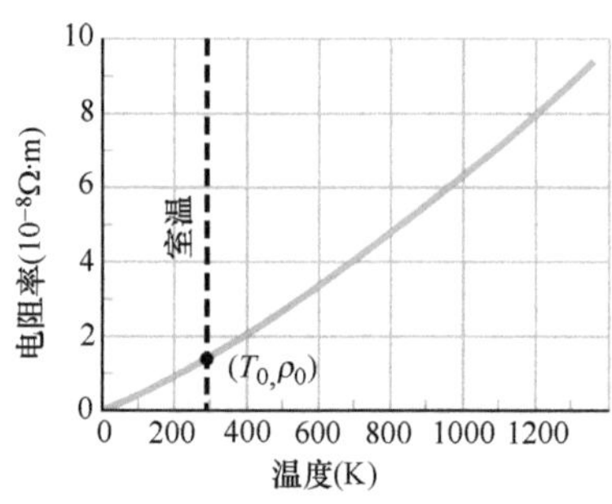

图 26-10 铜的电阻率关于温度的函数。由曲线上的黑点很容易得到温度为 $T_0=293\text{K}$ 和电阻率为 $\rho_0=1.69\times10^{-8}\Omega\cdot\text{m}$ 的参考点。

因为温度在式（26-17）中只是温度差，我们在这个方程式中用摄氏温标还是热力学温标都没有关系，因为度的大小在这两种温标中都是完全相同的。式（26-17）中的 α 称为电阻率的温度系数，适当选择 α 可以使所选定的温度范围内的方程式很好地和实验符合。一些金属的 α 值列在表 26-1 中。

例题 26.04 材料有电阻率，物体有电阻

矩形铁块的尺寸是 1.2cm × 1.2cm × 15cm。电势差加在铁块两边的平行面之间，要求这两个平行面都是以等势面的方式加上电压（如图 26-8b 中那样）。如果两个平行面是（1）正方形的端面（尺寸为 1.2cm × 1.2cm）以及（2）矩形的端面（尺寸为 1.2cm × 15cm），铁块的电阻分别有多大？

【关键概念】

物体的电阻 R 依赖于电势差加在该物体上的方式。特别是，按照式（26-16）（$R=\rho L/A$），它依赖于比值 L/A，A 是电势差所加的表面的面积，L 是这两个表面间的距离。

解：对第 1 种安排，我们有 $L=15\text{cm}=0.15\text{m}$，及

$$A=(1.2\text{cm})^2=1.44\times10^{-4}\text{m}^2$$

代入式（26-16），电阻率 ρ 由表 26-1 查得，我们可以对第一种安排求出：

$$R=\frac{\rho L}{A}=\frac{(9.68\times10^{-8}\Omega\cdot\text{m})\ (0.15\text{m})}{1.44\times10^{-4}\text{m}^2}$$

$$=1.0\times10^{-4}\Omega=100\mu\Omega \qquad \text{（答案）}$$

同理，对第二种安排，距离 $L=1.2\text{cm}$，面积 $A=(1.2\text{cm})(15\text{cm})$，我们得到

$$R=\frac{\rho L}{A}=\frac{(9.68\times10^{-8}\Omega\cdot\text{m})(1.2\times10^{-2}\text{m})}{1.80\times10^{-3}\text{m}^2}$$

$$=6.5\times10^{-7}\Omega=0.65\mu\Omega \qquad \text{（答案）}$$

WILEY PLUS 在 WileyPLUS 中可以找到附加的例题、视频和练习。

26-4 欧姆定律

学习目标

学完这一单元后，你应当能够……

26.22 区分服从欧姆定律和不服从欧姆定律的物体。

26.23 区分服从和不服从欧姆定律的材料。

26.24 描述电流中传导电子的一般运动。

26.25 对导体中的传导电子，说明平均自由时 τ、有效速率和（随机）热运动之间的关系。

26.26 应用电导率 ρ、传导电子数密度 n 和电子的平均自由时 τ 之间的关系。

关键概念

- 若已知器件（导体、电阻器或任何其他电器件）的电阻 $R(=V/i)$ 不依赖于施加的电势差 V，则这个器件服从欧姆定律。
- 若已知的材料的电阻率 $\rho(=E/J)$ 不依赖于所施加的电场 $\vec{E}$ 的数值和方向，则该材料服从欧姆定律。
- 金属中的导电电子像气体中的分子一样自由运动的假设可导出金属的电阻率表达式

$$\rho=\frac{m}{e^2n\tau}$$

其中，n 是单位体积中自由电子的数目；τ 是电子和金属中原子连续两次碰撞间的平均时间。

- 金属之所以服从欧姆定律是因为平均自由时 τ 近似地不依赖于施加在金属上的任何电场 E 的数值。

欧姆定律

正如我们刚才讨论过的，电阻器是有特定电阻的导体。不论外加电势差的数值和方向（极性）如何，它都有同样的电阻。不过，另外有些导电器件的电阻可能会随外加电势差的改变而改变。

图 26-11a 表示怎样区分这些器件。电势差 V 施加在被测试的器件两端，测量随着 V 的数值和正负极性的变化所引起的通过器件的电流 i。V 的正负极性的选择是任意的，我们把器件左端电势比右端电势高时选为正。产生电流的方向（从左到右）也就随意地规定为正。V 的极性反向（右端的电势较高）就是负的；它产生的电流也规定为负号。

图 26-11b 是某个器件的 i 关于 V 的曲线图。图中的曲线是通过原点的直线，所以比值 i/V（直线的斜率）对所有 V 值都相同。这意味着器件的电阻 $R=V/i$ 不依赖于施加的电势差 V 的大小和正负极性。

图 26-11c 是另一种导电器件的 i-V 曲线图。在这种器件中，只当 V 的正负极性是正的并且所施加的电势差都大于 1.5V 时才有电流流过。在有电流时，i 和 V 的关系也不是线性的，它依赖于外加电势差 V 的数值。

我们说一种器件遵守欧姆定律而另一种则不，借此来区分这两种类型的器件。

> **欧姆定律**断言，通过一个器件的电流总是正比于施加在器件上的电势差。

（这个断言只在某些情况下是正确的；但由于历史原因，仍旧用

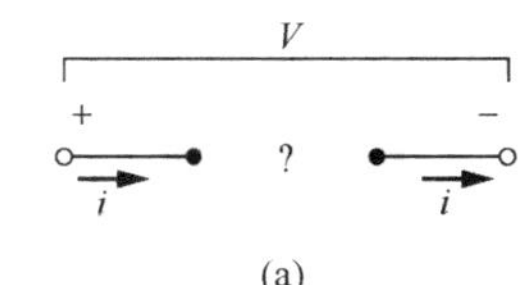

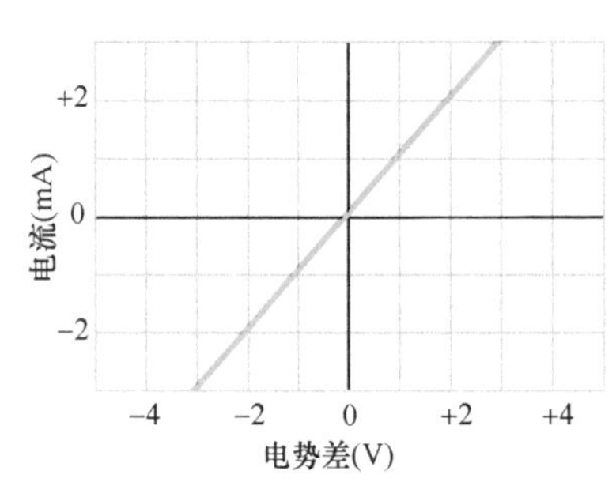

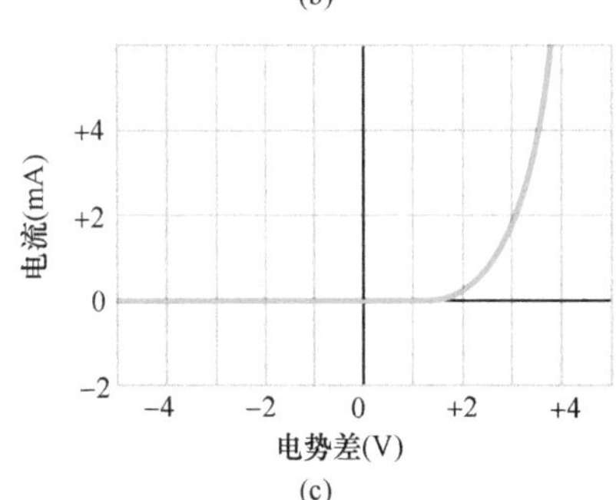

图 26-11 （a）电势差 V 施加在器件两端，建立电流 i。（b）器件是 1000Ω 的电阻器，电流 i 关于外加电势差 V 的曲线。（c）器件是半导体 pn 结二极管的 i-V 曲线。

“定律”一词。）图 26-11b 所画的器件——发现这是 1000Ω 的电阻器——满足欧姆定律。图 26-11c 表示的器件——叫作 pn 结二极管——则不。

当导电器件的电阻不依赖于外加电势差的数值和正负极方向时，器件遵守欧姆定律。

常常有人争辩说，$V=iR$ 是欧姆定律的表述。这是不对的！这个方程式是电阻的定义式，它应用于所有导电器件，无论这个器件是不是遵守欧姆定律。如果我们测量任一器件两端的电势差 V 和通过它的电流 i，甚至这可以是 pn 结二极管，我们总可以求出这个 V 值下的电阻 $R=V/i$。然而，欧姆定律的实质是 i 关于 V 的曲线是直线；即 R 不依赖于 V。我们可以利用式（26-11）（$\vec{E}=\rho\vec{J}$）把欧姆定律推广到各种导电材料：

当导电材料的电阻率不依赖于外加电场的数值和方向时，这种导电材料遵守欧姆定律。

所有均匀的材料，无论它们是像铜那样的导体或者是像纯硅或包含特定杂质的硅，都在某些电场数值的范围内遵守欧姆定律。但如果电场太强，则在所有情况中都和欧姆定律相背离。

检查点 4

右表给出对不同的电位差数值 V（单位：伏）和通过两个器件的电流 i（单位：安）。根据这些数据确定哪个器件不遵守欧姆定律。

器件 1		器件 2	
V	i	V	i
2.00	4.50	2.00	1.50
3.00	6.75	3.00	2.20
4.00	9.00	4.00	2.80

欧姆定律的微观图景

为了揭示为什么一些特定的材料遵守欧姆定律，我们必须考查在原子水平上导电过程的细节。我们这里只考虑像铜一类金属中的传导。我们把自由电子模型作为我们分析的基础。在这个模型中，我们假设金属中的传导电子可以在整个样品的体积内自由运动，就好像封闭容器中的气体分子那样。我们还假设电子互相之间没有碰撞，只和金属原子碰撞。

按照经典物理学，电子应当有像气体中的分子那样的麦克斯韦速率分布（19-6 单元），因而电子的平均速率应当依赖于温度。然而，电子的运动是不受经典物理学定律支配的，而是受到量子物理学的定律支配。正如人们所发现的，和量子现实更接近的假设是，金属中的传导电子都以单一的有效速率 v_{eff} 运动，这个速率基本上不依赖于温度。对铜而言，$v_{eff}=1.6\times10^6\text{m/s}$。

当我们在金属样品上加上电场时，电子稍微修正它们的随机运动并且非常缓慢地——沿着和场相反的方向——以平均速率 v_d

漂移。在典型的金属导体中，平均漂移速率大约是 5×10^{-7} m/s，小于有效速率（1.6×10^{6} m/s）好几个数量级。图 26-12 表示出这两种速率之间的关系。灰色线表示没有外电场时电子可能的一条随机路径，电子从 A 移动到 B，一路上遭遇六次碰撞，绿色线表示，在加上了外电场 $\vec{E}$ 后，同样的事件可能以怎样的方式发生。我们看到电子稳定地向右漂移，终止在 B' 而不是 B。图 26-12 画出 $v_d\approx0.02v_{\text{eff}}$ 的假想情况。不过，因为真实的数值更接近于 $v_d\approx(10^{-13})v_{\text{eff}}$，所以图上表示的漂移是被大大地夸张了的。

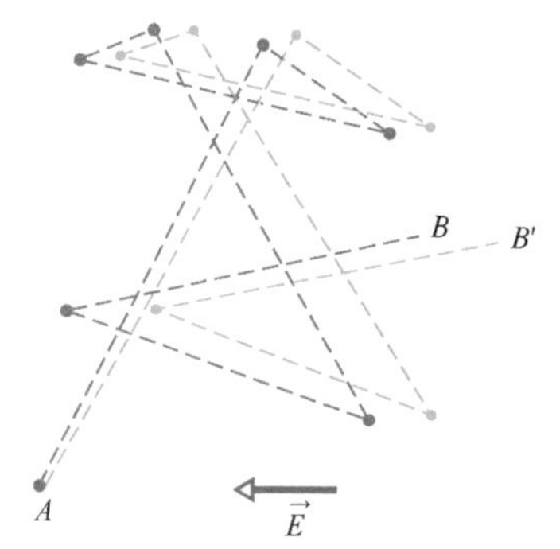

图 26-12 图中灰色线表示电子从 A 移动到 B，路上遭遇六次碰撞。绿色线表示存在外电场 $\vec{E}$ 时电子可能经过的路径。注意沿 $-\vec{E}$ 方向稳定的漂移。（实际上，绿色线应当稍稍弯曲，代表电子在两次碰撞间，在电场影响下所走的抛物线路径。）

由此可知，导电电子在电场 $\vec{E}$ 中的运动是伴随着不断随机碰撞的热运动和由于电场 $\vec{E}$ 作用所引起的运动的结合。当我们考虑所有自由电子时，它们的随机运动平均为零，对漂移速率没有贡献。所以，漂移速率只是由于电场对电子作用的效应。

如果有一质量为 m 的电子放在数值为 E 的电场中，电子要受到牛顿第二定律给出的加速度：

$$a=\frac{F}{m}=\frac{eE}{m} \tag{26-18}$$

经过一次典型的碰撞后，每个电子都要——可以说——完全失去以前的漂移速率的记忆，重新开始随机地向某个方向离开。在连续两次碰撞之间的平均时间 τ 内，电子平均得到漂移速率 $v_d=a\tau$。还有，如果我们在任一时刻测量所有电子的漂移速率，我们会发现它们的平均漂移速率也是 $a\tau$。因而，在任何时刻，电子平均漂移速率是 $v_d=a\tau$。于是，由式（26-18），得

$$v_d=a\tau=\frac{eE\tau}{m} \tag{26-19}$$

把这个结果和式（26-7）（$\vec{J}=ne\vec{v}_d$）联立起来，以数值的形式表示，得到

$$v_d=\frac{J}{ne}=\frac{eE\tau}{m} \tag{26-20}$$

我们可以把这个式子写成

$$E=\left(\frac{m}{e^2n\tau}\right)J \tag{26-21}$$

把这个式子与式（26-11）（$\vec{E}=\rho\vec{J}$）比较，可以得到数值公式

$$\rho=\frac{m}{e^2n\tau} \tag{26-22}$$

如果我们可以证明，金属的电阻率 ρ 是不依赖于外加电场强度 $\vec{E}$ 的常量，则式（26-21）就可以作为金属遵守欧姆定律的证明。我们来考虑式（26-22）中的各个物理量。我们可以合理地假设，单位体积内传导电子的数目不依赖于电场，m 和 e 也都是常量。因此，我们只需要确认连续两次碰撞间的平均时间（或平均自由时）τ 是不依赖于外加电场强度的常量。确实，τ 可以看作常量，因为电场引起的漂移速率 v_d 比有效速率 v_{eff} 小得多，以致电子的速率——因而 τ——几乎不受电场的影响。因为式（26-22）的右边不依赖于场的大小，所以，金属遵守欧姆定律。

例题 26.05　平均自由时和平均自由程

(a) 铜中的传导电子连续两次碰撞间的平均自由时 τ 是多少?

【关键概念】

铜的平均自由时 τ 近似地是常量，特别是不依赖于可能加在铜的样品上的任何电场。因此，我们不需要考虑任何外加电场的特定数值。然而，因为在电场中的铜表现出来的电阻率 ρ 依赖于 τ，我们可以由式 (26-22) [$\rho = m/(e^2 n\tau)$] 求出平均自由时 τ。

解：由那个方程式我们得

$$\tau = \frac{m}{ne^2\rho} \tag{26-23}$$

铜的单位体积中传导电子数是 $8.49 \times 10^{28} \text{m}^{-3}$。我们从表 26-1 中得到 ρ 的数值。于是分母是

$$(8.49 \times 10^{28} \text{m}^{-3})(1.6 \times 10^{-19} \text{C})^2 (1.69 \times 10^{-8} \Omega \cdot \text{m})$$
$$= 3.67 \times 10^{-17} \text{C}^2 \cdot \Omega/\text{m}^2 = 3.67 \times 10^{-17} \text{kg/s}$$

其中我们做了单位变换

$$\frac{\text{C}^2\Omega}{\text{m}^2} = \frac{\text{C}^2\text{V}}{\text{m}^2\text{A}} = \frac{\text{C}^2 \cdot \text{J/C}}{\text{m}^2 \cdot \text{C/s}} = \frac{\text{kg} \cdot \text{m}^2/\text{s}^2}{\text{m}^2/\text{s}} = \frac{\text{kg}}{\text{s}}$$

用这个结果并代入电子质量 m，于是我们有：

$$\tau = \frac{9.1 \times 10^{-31} \text{kg}}{3.67 \times 10^{-17} \text{kg/s}} = 2.5 \times 10^{-14} \text{s} \quad \text{(答案)}$$

(b) 金属中传导电子的平均自由程 λ 是电子在相继两次碰撞之间所经过的平均距离。(这个定义和 19-5 单元中气体中分子的平均自由程相同。) 求铜的传导电子的平均自由程 λ，设它们的有效速率 v_{eff} 是 $1.6 \times 10^6 \text{m/s}$。

【关键概念】

任何以恒定速度运动的粒子在一定的时间 t 内移动的距离为 $d = vt$。

解：对于铜中的电子，这个式子给出

$$\lambda = v_{eff}\tau \tag{26-24}$$
$$= (1.6 \times 10^6 \text{m/s})(2.5 \times 10^{-14} \text{s})$$
$$= 4.0 \times 10^{-8} \text{m} = 40 \text{nm} \quad \text{(答案)}$$

这大约是铜的晶格中靠得最近的原子之间距离的 150 倍。因此，平均每个传导电子在最终撞上一个原子之前要经过许多铜原子的旁边。

WILEY PLUS 在 WileyPLUS 中可以找到附加的例题、视频和练习。

26-5　功率，半导体，超导体

学习目标

学完这一单元后，你应当能够……

26.27　说明电路中的传导电子如何在电阻器件中损失能量。

26.28　懂得功率是单位时间内从一种形式转换为另一种形式的能量。

26.29　对电阻器件，应用功率 P、电流 i、电压 V 和电阻 R 之间的关系。

26.30　对于电池，应用功率 P、电流 i 和电势差 V 之间的关系。

26.31　能量守恒用于有电池和电阻器件的电路中，将电路中的能量转换联系起来。

26.32　区分导体、半导体和超导体。

关键概念

- 其上有电势差 V 的电学器件中单位时间内的能量转换，或功率，是

$$P = iV$$

- 如果器件是电阻器，功率也可以写作

$$P = i^2 R = \frac{V^2}{R}$$

- 在电阻器中，通过载流子和原子的碰撞，电势能被转化成内部的热能。
- 半导体是原来只有很少传导电子的材料，但是它们可以用能贡献载流子的其他材料掺杂，使之变成导体。
- 超导体是没有任何电阻的材料。这样材料大多数需要非常低的温度，只有某些材料可以在高到室温的温度下成为超导材料。

电路中的功率

在图26-13表示的电路中，将一个电池B用假设电阻可以忽略不计的导线连接到一个未指明的导电器件。这个器件可能是一个电阻器，一个蓄电池（可以重复充电的电池），一个电动机，或某个其他电器件。电池在它自己的两个电极间保持数值为 V 的电势差，从而（通过导线）在未指明的器件两端也建立起电势差 V，器件的 a 端的电势高于 b 端。

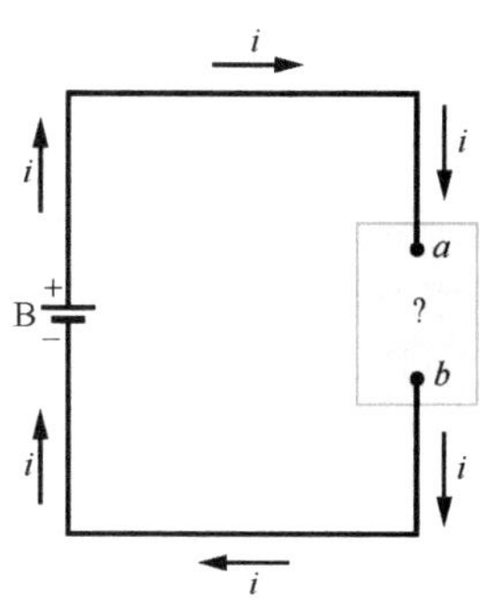

图26-13 电池B在包含一个没有指明的导电器件的电路中建立电流 i。

因为在电池的正负极之间还有外部导电通路，而且电路中还始终维持着由电池建立的电势差，所以在电路中会产生稳定的从 a 端流向B端的电流 i。在时间间隔 dt 内，通过这两端的电荷总量 dq 等于 idt。这个 dq 通过数值为 V 的电势降落，因而它的电势能的数值减少的数量为

$$dU = dqV = idtV \tag{26-25}$$

能量守恒原理告诉我们，从 a 到 b 电势能的减少一定伴随着能量转化为另外某种形式。和这种转化相关的功率 P 就是能量转化的速率 dU/dt，这可以由式（26-25）给出：

$$P = iV(\text{电能转化的速率}) \tag{26-26}$$

另外，这个功率 P 也是从电池输送到未指明的器件的能量的速率。如果这个器件是连接到有机械载荷的电动机，则这些能量转化为作用在载荷上的功。如果这个器件是一个正在被充电的蓄电池，能量就转化为蓄电池中储存的化学能。如果这个器件是电阻器，能量就转化为内部的热能，就会使电阻器的温度升高。

由式（26-26），功率的单位是伏［特］安［培］（V·A）。我们可以把它写作

$$1\text{V}\cdot\text{A} = \left(1\ \frac{\text{J}}{\text{C}}\right)\left(1\ \frac{\text{C}}{\text{s}}\right) = 1\ \frac{\text{J}}{\text{s}} = 1\text{W}$$

作为一个以恒定漂移速率通过电阻器运动的电子，它的平均动能保持为常量，它失去的电势能转化为电阻器和周围环境的热能。在微观尺度上，这种能量转化是由于电子和电阻器的分子之间的碰撞，这导致电阻器晶格温度增加。机械能转化为热能是耗散的（损耗），因为这种转化不能逆转。

对一个电阻器或某个其他的电阻为 R 的器件，我们可以把式（26-8）（$R = V/i$）和式（26-26）联立起来得到电能在电阻上损耗的速率，它可以写成

$$P = i^2R(\text{电阻性损耗}) \tag{26-27}$$

或者

$$P = \frac{V^2}{R}(\text{电阻性损耗}) \tag{26-28}$$

注意，我们必须小心地把这两个方程式和式（26-26）区别开来：$P = iV$ 应用于所有类型的电能转换；而 $P = i^2R$ 和 $P = V^2/R$ 则只适用于在有电阻的器件中电势能转化为热能。

检查点5

电势差 V 加在一个电阻为 R 的器件的两端，引起电流 i 通过器件。按照电阻引起的电能转化为热能的速率的变化将以下各种情况排列起来，最大变化排第一：（a）V 加倍，R 不变；（b）i 加倍，R 不变；（c）R 加倍，V 不变；（d）R 加倍，i 不变。

例题26.06 能量在通电导线中损耗的速率

给你一条称为镍铬合金的、由镍-铬-铁的合金制成的均匀的电热丝；它的电阻 $R=72\Omega$。在以下各种情况中能量损耗的速率是多少？（1）电势差120V加在整条电热丝上。（2）电热丝被截成两半，120V的电势差加在每一半导线上。

【关键概念】

电流在电阻性材料中会引起电能转化为热能；转化（耗散）速率由式（26-26）~式（26-28）给出。

解： 因为我们知道电压 V 和电阻 R，所以由式（26-28），对第1种情况得到

$$P=\frac{V^2}{R}=\frac{(120\mathrm{V})^2}{72\Omega}=200\mathrm{W} \qquad \text{（答案）}$$

在第2种情况中，每半段电阻丝的电阻是 $72\Omega/2$，或 36Ω。于是，能量在每半段导线上的损耗速率是

$$P'=\frac{(120\mathrm{V})^2}{36\Omega}=400\mathrm{W}$$

这两个半段电热丝的损耗速率是

$$P=2P'=800\mathrm{W} \qquad \text{（答案）}$$

这是整条长度的导线的损耗速率的四倍。因此，我们或许会得出结论，可以买一盘电热丝，将它截成两半，重新并联起来以获得四倍的热功率输出。为什么这是不明智的？（电热丝中的电流会怎样变化？）

在 WileyPLUS 中可以找到附加的例题、视频和练习。

半导体

半导体器件处在开创信息时代的微电子革命的核心地位。表26-2比较硅（典型的半导体）和铜（典型的金属导体）的几种性质。我们看到硅只有很少的载流子，但有高得多的电阻率，并且电阻率的温度系数不仅很高，而且还是负的。由此可以看出，铜的电阻率随着温度增加而增加，而纯硅的电阻率则随温度的增加而减小。

表26-2 铜和硅的一些电性质。

性质	铜	硅
材料类型	金属	半导体
载流子密度（m^{-3}）	8.49×10^{28}	1×10^{16}
电阻率（$\Omega\cdot\mathrm{m}$）	1.69×10^{-8}	2.5×10^{3}
电阻率的温度系数（K^{-1}）	$+4.3\times10^{-3}$	-70×10^{-3}

纯硅有如此高的电阻率，它在效果上相当于绝缘体，在微电子电路中没有太大的直接用处。然而，它的电阻率可以通过可控制的方法大大地减小，方法是通过所谓的掺杂的过程，加入少量特殊的“杂质”原子。表26-2给出用两种不同的杂质掺杂前后，

硅的典型电阻率的数值。

我们可以用电子的能量来粗略地解释半导体、绝缘体和金属导体的电阻率（或者是电导率）的差别。（要想更加详细地解释需要用到量子物理学）。在像铜线这一类的金属导体中，大多数电子都牢固地固定在原子中各自的位置上；需要很大的能量才能把它们解脱出来并使它们能够移动并参与到电流中。不过，也有一些电子，粗略地说，只是松散地停留在位置上，只需要很少的能量就能使它们解脱出来。热运动就足以提供这些能量，而作用在导体上的电场也可以。电场不仅给这些结合松散的电子自由，并且还推动它们沿导线运动；这样，电场驱动电流沿导体流动。

在绝缘体中，需要更大得多的能量才能使电子得到自由，从而可以在材料中运动。热运动不能提供足够的能量，加在绝缘体上的任何普通的电场也不能。因而没有电子可以在绝缘体内自由运动，所以即使加上电场也不会产生电流。

半导体有些像绝缘体，只是要使一些电子解脱出来能自由运动所需的能量不是十分大。更重要的是，掺杂能够提供电子或正载流子，这些载流子在材料中非常松散地停留着，因而很容易被驱动。还有，通过控制半导体的掺杂，我们可以控制那些能够形成电流的载流子密度，从而控制某些半导体的电性质。在大多数半导体器件，像晶体管和结型二极管，是通过对硅的不同区域用不同种类的杂质原子选择性地掺杂制成的。

我们现在再来看一看导体电阻率的公式（26-22）：

$$\rho = \frac{m}{e^2 n\tau} \tag{26-29}$$

其中，n 是单位体积内的载流子数目；τ 是载流子的相继两次碰撞间的平均时间。这个方程式也可以应用于半导体，我们来考虑一下 n 和 τ 在温度升高时是怎样变化的。

在导体中，n 很大。但对于温度的任何变化，它都非常近似于一个常量。金属的电阻率随温度升高而增大（见图 26-10），这是由于单位时间内载流子碰撞次数的增加而造成的。在式（26-29）中表现为 τ 减小，即相继的两次碰撞之间的平均时间间隔减小。

在半导体中 n 虽然很小，但它会随着温度的升高很快增大，因为激烈的热运动会释放出更多可用的载流子。这就会造成电阻率随温度升高而减小，正如表 26-2 中硅的电阻率的负温度系数所揭示的。我们注意到的金属中单位时间内碰撞次数的增加在半导体中也同样发生了，但这个效应被快速增加的载流子数所掩盖。

超导体

1911 年，荷兰物理学家卡末林·昂内斯（Kamerlingh Onnes）发现，汞的电阻率在低于大约 4K 温度时就会完全消失（见图 26-14）。这种**超导电性**的现象在技术上有极大的潜在重要性，因为这意味着电荷可以在它的能量不转化为热能而损耗的情况下流过超导导体。例如，在超导体环中产生电流可以持续数年而没有损耗；开始的时

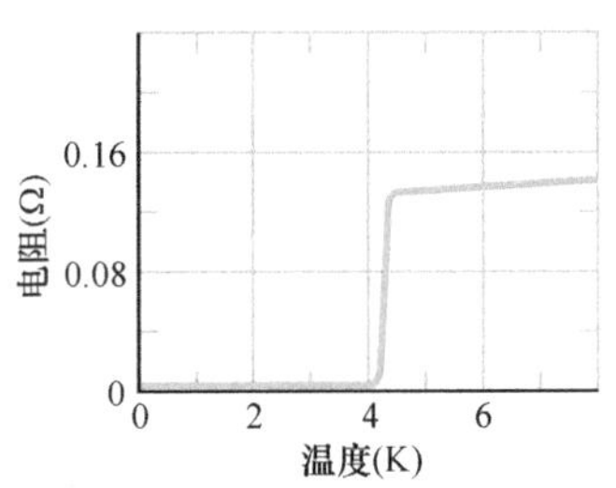

图 26-14 汞的电阻在温度降到大约 4K 时减少到零。

Courtesy Shoji Tonaka/International Superconductivity Technology Center, Tokyo, Japan

圆盘形磁铁悬浮在由液氮冷却的超导材料的上方。金鱼在鱼缸中自由地游动。

候需要力和能源使形成电流的电子起动，但以后就不再需要了。

在 1986 年以前，超导电性的技术发展受到了为产生这种效应所需的极低温度的经费的制约。然而，到了 1986 年，人们发现新的陶瓷材料可以在高得多的温度下成为超导体（因而生产变得更便宜）。室温下超导器件的实际应用可能最终会成为很普通的事。

超导性是完全不同的传导的现象，事实上，最好的正规导体，如银和铜，在任何温度下都不会变成超导体。而新的陶瓷超导体，当它们不是处在足够低的温度下的超导状态中时，实际上是很好的绝缘体。

超导的一种解释是构成电流的电子是以协同对的形式运动的。当对中的一个电子经过超导材料的分子附近时，会使分子的电结构扭曲，并在附近引起正电荷的短暂集中，而电子对中的另一个电子会被吸引向这个正电荷。按照这个理论，这种电子间的协同作用会阻止它们和材料分子间的碰撞，因而消除了电阻。这个理论在 1986 年之前用来解释低温超导是相当成功的，但对于新的高温超导来说，还需要新的理论。

复习和总结

电流　导体中的**电流** i 定义为

$$i=\frac{\mathrm{d}q}{\mathrm{d}t} \tag{26-1}$$

其中，$\mathrm{d}q$ 是在 $\mathrm{d}t$ 时间内通过假想的横截导体的一个平面的（正）电荷总量。按照习惯，电流的方向取正电荷载流子运动的方向。电流的 SI 单位是**安［培］**（A）：1A = 1C/s。

电流密度　电流（标量）和**电流密度** $\vec{J}$（矢量）的关系是

$$i=\int\vec{J}\cdot\mathrm{d}\vec{A} \tag{26-4}$$

其中，$\mathrm{d}\vec{A}$ 是垂直于面积 $\mathrm{d}A$ 的面积元的矢量，积分遍及导体的整个截面。如果运动的电荷是正的，$\vec{J}$ 和运动电荷的速度同方向；如果运动的电荷是负的，则方向相反。

载流子的漂移速率　当在导体中建立起电场 $\vec{E}$ 时，载流子（假设是正的）获得沿 $\vec{E}$ 的方向的**漂移速率** v_d；速度 $\vec{v}_d$ 与电流密度的关系是

$$\vec{J}=(ne)\vec{v}_d \tag{26-7}$$

其中，ne 是载流子电荷密度。

导体的电阻　导体的**电阻** R 定义为

$$R=\frac{V}{i}\quad(R\text{ 的定义}) \tag{26-8}$$

其中，V 是导体两端电势差；i 是电流。电阻的 SI 单位是**欧［姆］**（Ω）：1Ω = 1V/A。类似的方程式可以定义材料的**电阻率** ρ 和**电导率** σ：

$$\rho=\frac{1}{\sigma}=\frac{E}{J}\quad(\rho\text{ 和 }\sigma\text{ 的定义}) \tag{26-12, 26-10}$$

其中，E 是外加电场的数值。电阻率的 SI 单位是欧姆米（Ω·m）。式（26-10）对应于矢量方程式

$$\vec{E}=\rho\vec{J} \tag{26-11}$$

长度为 L 并有均匀横截面的导线的电阻 R 是

$$R=\rho\frac{L}{A} \tag{26-16}$$

其中，A 是横截面面积。

ρ 随温度的变化　大多数材料的电阻率 ρ 随温度而变化。对包括金属在内的许多材料，ρ 和温度 T 的关系可以近似地用下式表示：

$$\rho-\rho_0=\rho_0\alpha(T-T_0) \tag{26-17}$$

其中，T_0 是某一参考温度；ρ_0 是在 T_0 时的电阻率；α 是这种材料的电阻率的温度系数。

欧姆定律　如果一个给定的器件（导体、电阻器、或其他任何电器件）的、由式（26-8）定义为 V/i 的电阻不依赖于所加电势差 V，我们说这个器件服从**欧姆定律**。如果给定材料的、由式（26-10）定义的电阻率不依赖于外加电场 $\vec{E}$ 的数值和方向，则称这种材料服从欧姆定律。

金属的电阻率　假设金属中的传导电子像气体中的分子一样自由运动，可由此推导出金属的电阻率的表达式：

$$\rho=\frac{m}{e^2n\tau} \tag{26-22}$$

其中，n 是单位体积中的自由电子数；τ 是一个电子连续两次和金属原子碰撞之间的平均时间。我们只要指出 τ 实质上不依赖于任何作用在金属上的电场的数值 E，这样就可以解释金属为什么服从欧姆定律。

功率　其上保持外加电势差 V 的电器件的功率 P 或能

量转化的速率是

$$P=iV(\text{电能转化的速率}) \qquad (26\text{-}26)$$

电阻性损耗　如果器件是电阻器，我们可以把式（26-26）写成

$$P=i^2R=\frac{V^2}{R} \quad (\text{电阻性损耗}) \qquad (26\text{-}27,\ 26\text{-}28)$$

在电阻器中，电势能通过载流子和原子间的碰撞转化为内部的热能。

半导体　半导体是只有很少的传导电子的材料，但当它们用可以提供载流子的其他原子掺杂后可以变成导体。

超导体　超导体是在低温下所有电阻都消失的材料。某些材料在出乎意料的高温下也能成为超导体。

习题

1. 某一圆柱形导线中电流密度的数值是 $J(r)$，它是从导线横截面中心算起的径向距离 r 的函数，$J(r)=Br$。其中，r 的单位是米，J 的单位是安培每平方米；$B=2.00\times10^5\,\text{A/m}^3$。这个函数适用于从中心向外到半径 2.00mm。如果有一个和导线同心的圆环，环的径向宽度为 10.0μm，环的半径为 0.750mm，则通过这个狭环内的电流是多大?

2. 一根长 8.00m、直径 6.00mm 的导线的电阻是 30.0mΩ。现有 23.0V 的电势差加在导线两端。(a) 导线中电流是多少? (b) 电流密度数值多大? (c) 计算该导线材料的电阻率。(d) 利用表 26-1 判断这是什么材料。

3. 一根电缆包含 63 股，每股都是电阻为 2.65μΩ 的细电线。同样的电压加在所有各股电线的两端，结果得到总电流 0.750A。(a) 每一股电线中的电流是多少? (b) 加上的电压是多少? (c) 电缆的电阻是多大?

4. 将图 26-15a 中 9.00V 的电池连接到狭长的电阻条上，电阻条由截面相同但电导率不同的三段组成。图 26-15b 给出电势 $V(x)$ 关于沿电阻条的位置 x 的曲线。水平标度 $x_s=8.00\text{mm}$。第三段的电导率是 $4.00\times10^7\,(\Omega\cdot\text{m})^{-1}$。(a) 第一段和 (b) 第二段的电导率各是多少?

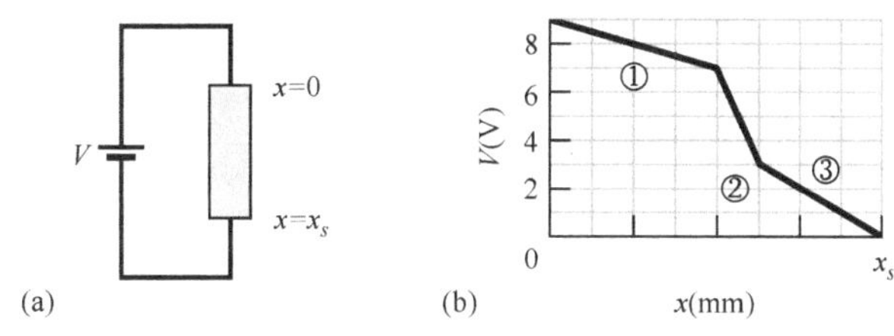

图 26-15　习题 4 图

5. 图 26-16 中，电流通过一个截去尖端的正圆锥体，它的电阻率是 731Ω·m，左端面半径 $a=1.70\text{mm}$，右端面半径 $b=2.30\text{mm}$，长度 $L=3.50\text{cm}$。设在垂直于长度的任何一个横截面上的电流密度都是均匀的。这一段圆锥的电阻是多大?

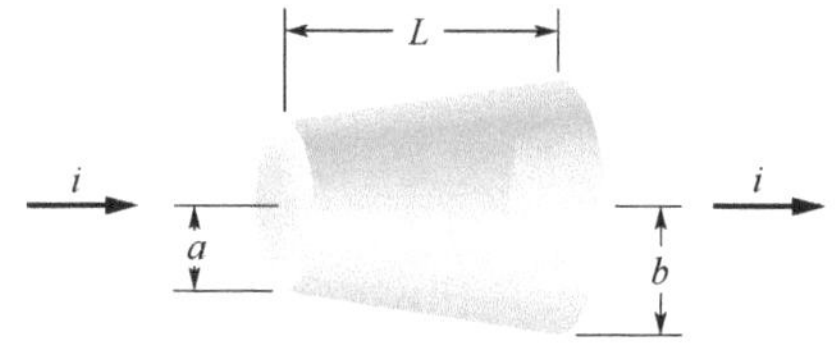

图 26-16　习题 5 图

6. 暴风雨中放风筝。本杰明·富兰克林（Benjamin Franklin）在暴风雨来临的时候放风筝的事情只是一个传说而已——他既不蠢也不想自杀。假设半径为 2.00mm 的一根风筝线直接向上升到高度 1.80km 处，它被厚 0.500mm 的一层水包裹。水的电阻率是 150Ω·m。如果线两端的电势差是 213MV，通过包裹着线的水层的电流是多大? 危险不在于这些电流，而是风筝线会引起雷击的机会，电流可以大到 500 000A。(超过致命的程度)。

7. 根据金属中导电的自由电子模型和经典物理学证明：金属的电阻率应当正比于 $\sqrt{T}$，其中，T 是热力学温度。[参见式（19-31）]

8. 地球的低层大气中包含土壤中的放射性元素以及由宇宙空间中的宇宙射线产生的正离子和负离子。在某些地区，大气的电场强度为 120V/m，并且电场方向竖直向下。这个场引起密度为 640 个/cm³ 的、带有一个正电荷的离子向下漂移，密度为 550 个/cm³ 的、带一个负电荷的离子向上漂移（见图 26-17）。测得这个地区的空气电导率是 $2.70\times10^{-14}\,(\Omega\cdot\text{m})^{-1}$。求 (a) 电流密度的数值及 (b) 离子的漂移速率，设正离子和负离子的漂移速率相同。

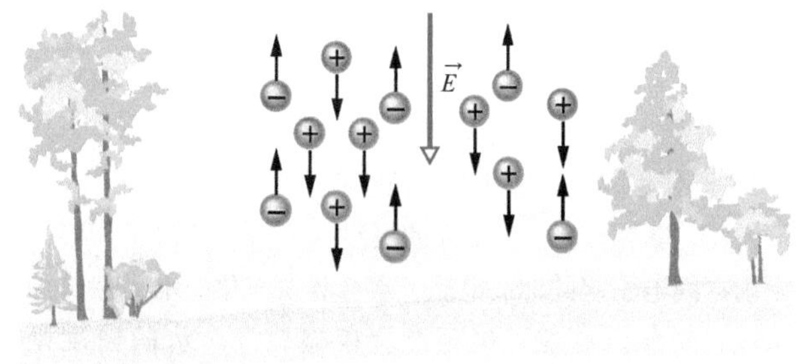

图 26-17　习题 8 图

9. 在半径为 2.00mm、长 1.50cm 的铜导线两端建立 6.00nV 的电压。在 4.70ms 时间内有少电荷漂移通过导线的一个横截面?

10. 图 26-18 中第 1 段导线直径 $D_1=4.00R$，第 2 段导线直径 $D_2=1.75R$，两段中间用逐渐变细的一段导线连接起来。导线是铜制的，有电流通过。设在导线任一横截面上电流都是均匀的。在第 2 段导线上一段长度 $L=$

2.00m 的电势变化 V 是 10.0μV。单位体积内载流子数是 8.49×10^{28} 个/m^3。在第 1 段中传导电子的漂移速率是多大?

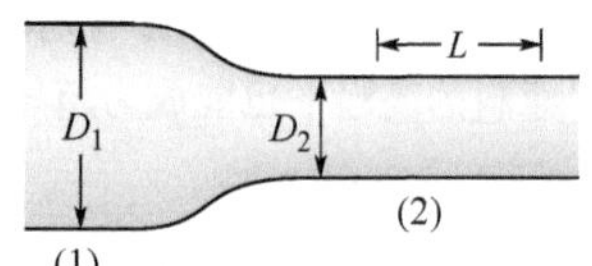

图 26-18 习题 10 图

11. 230V 电压加在长为 14.1m、半径为 0.30mm 的一段导线上，电流密度的数值是 $1.98\times10^8 A/m^2$。求导线的电阻率。

12. 图 26-19a 中，将 15Ω 的电阻器连接到电池上。图 26-19b 为电阻器中热能的增加量 E_{th} 作为时间 t 的函数。纵坐标由 $E_{th,s}=2.50mJ$ 标定，横坐标 $t_s=4.0s$。电池的电势是多大?

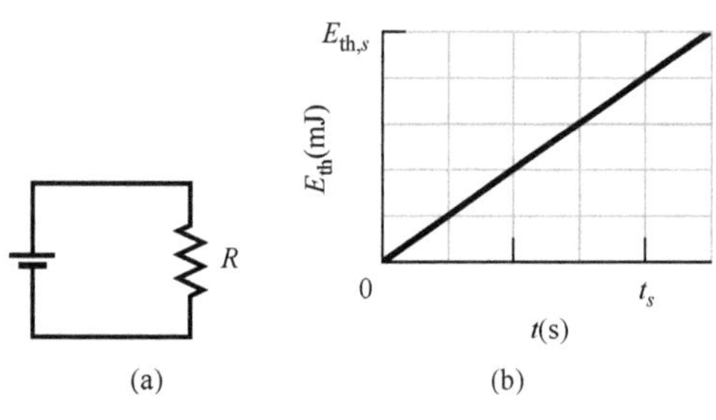

图 26-19 习题 12 图

13. 镍铬合金导线是镍-铬-铁的合金，通常用作炉子的加热元件。在电导率是 $2.0\times10^6\ (\Omega\cdot m)^{-1}$、横截面面积为 $2.3mm^2$ 的镍铬合金导线的两端加上 1.4V 电压时通过电流 5.5A，导线长度为多少?

14. 电阻器通过 3.00A 电流时产生热能的功率是 90W。电阻是多大?

15. 由长度为 5.85m 的镍铬合金导线（电阻率 $5.0\times10^{-7}\Omega\cdot m$）制成的电热器，两端电压为 112V，耗散功率为 4000W。(a) 导线的横截面面积多大? (b) 如果要用 100V 得到相同的耗散功率，长度应是多少?

16. *爆炸的鞋*。一个人的浸泡过了雨水的鞋子如果遇到附近闪电引起的地面电流，水会蒸发汽化。水突然转为水蒸气要急剧膨胀，这可能会撕裂鞋子。水的密度是 $1000kg/m^3$，汽化热是 2256kJ/kg。如果水平电流延续 2.00ms，通过电阻率为 150Ω·m、长度为 12.0cm、竖直方向横截面面积为 $5.0\times10^{-5}m^2$ 的水。需要多大的平均电流才能使这些水汽化?

17. 将未知电阻器连接到 3.00V 的电池两端。电阻器中能量损耗功率是 0.707W。然后将同一电阻器连接到 12.0V 的电池两端。能量损耗功率多大?

18. 图 26-20 中，将电势差 $V=12V$ 的电池连接到电阻 $R=4.0\Omega$ 的带状电阻上。一个电子通过条带从一端运动到另一端时，(a) 电子在图上沿什么方向运动? (b) 条带中电场对这个电子做了多少功? (c) 这个电子把多少能量转化成为热能?

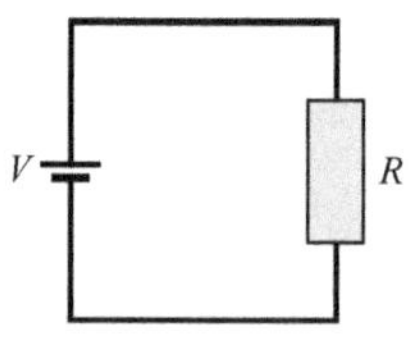

图 26-20 习题 18 图

19. 将 60W 的白炽灯插在 120V 的标准插座上。(a) 让灯连续开着 31 天的月份，一个月要花费多少钱? 设电价是 0.06 美元/(kW·h)。(b) 灯泡的电阻是多少? (c) 流过灯泡的电流多大?

20. 图 26-21 给出沿着通过均匀电流的铜导线上的电势 $V(x)$，从有较高电势 $V_s=12.0\mu V$ 的 $x=0$ 的位置到零电势的点 $x_s=3.00m$，导线半径为 2.20mm。导线中电流是多少?

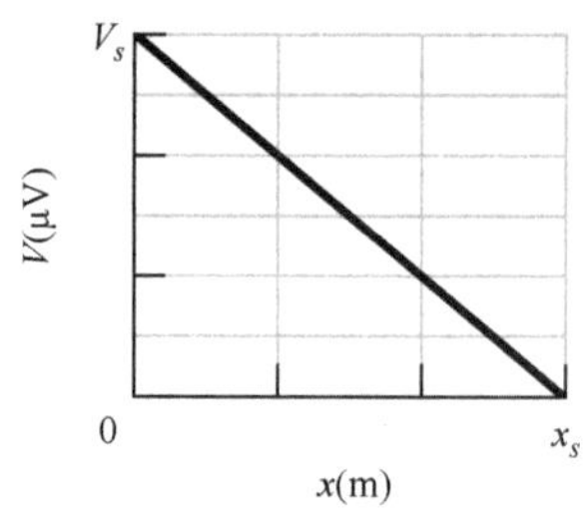

图 26-21 习题 20 图

21. 120V 电压加在空间加热器上，它的电阻在热的时候是 12Ω。(a) 单位时间内有多少电能转换成了热能? (b) 电费 0.07 美元/(kW·h)。5 个小时花费多少?

22. 如果导线的标号增加 6，则半径减半；如果标号增加 1，则直径减少因子 $2^{1/6}$（见习题 44 中的表）。知道了这些，还要知道标号为 10、长为 1000ft 的铜线的电阻近似为 1.00Ω。试估计标号为 22、长为 13ft 的铜线的电阻。

23. 将 890W 的辐射加热器用于 115V 电压。(a) 当加热器工作时电流是多少? (b) 热的电热丝的电阻有多大? (c) 在 5.00h 内产生的热能是多少?

24. *暴风雨中的游泳者*。图 26-22 表示一位游泳的人在距离击中水面的闪电 $D=38m$ 的地方游泳，闪电电流 $I=78kA$。水的电阻率是 30Ω·m，游泳者沿着以闪电击中水面的位置为中心的径向直线上的身体宽度是 0.70m，沿这个宽度他的电阻是 4.00kΩ。设电流以闪电击中水面的点为中心，以半球的形式在水中扩散。通过游泳者的电流有多大?

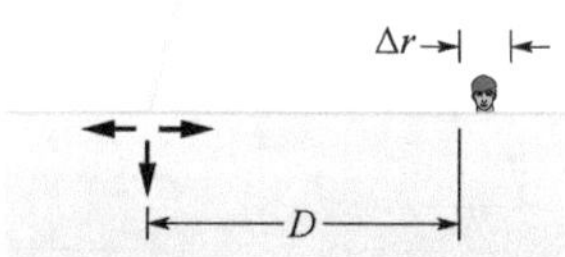

图 26-22 习题 24 图

25. 导线 C 和导线 D 用不同的材料制成，长度 $L_C=L_D=1.0\text{m}$。导线 C 的电阻率和半径分别是 $2.0\times10^{-6}\Omega\cdot\text{m}$ 和 1.00mm。导线 D 的电阻率和半径分别是 $1.0\times10^{-6}\Omega\cdot\text{m}$ 和 0.50mm。两根导线连接如图 26-23 所示。导线中通以电流 2.0A。求电势差：(a) 1 和 2 两点间，(b) 2 和 3 两点间。求耗散能量的速率：(c) 1 和 2 两点之间，(d) 2 和 3 两点间。

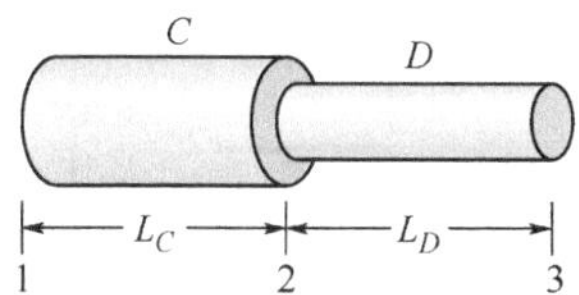

图 26-23 习题 25 图

26. 非常小但还是可测量的电流 $1.2\times10^{-10}\text{A}$ 存在于半径为 3.0mm 的铜导线中。单位体积的载流子数是 8.49×10^{28}个电子/m^3。设电流是均匀的，求 (a) 电流密度，(b) 电子的漂移速率。

27. 矩形的实心固体块，从前到后的长度为 11.7cm，垂直于它的长边的横截面的面积为 2.70cm^2，电阻为 935Ω。这块材料中的传导电子密度是 5.33×10^{23}个/m^3。有电势差 35.8V 加在前后两面。(a) 固体块中的电流有多大？(b) 如电流密度是均匀的，它的数值是多少？(c) 传导电子的漂移速率是多少？(d) 固体块中的电场有多大？

28. 图 26-24a 中通过电池及电阻 1 和 2 的电流都是 1.50A。在两个电阻中能量从电流转化为热能 E_{th}。图 26-24b 中分别给出电阻 1 和电阻 2 发出的热能 E_{th} 作为时间 t 的函数。纵坐标由 $E_{\text{th},s}=40.0\text{mJ}$ 标定，横坐标由 $t_s=5.00\text{s}$ 标定。电池功率多大？

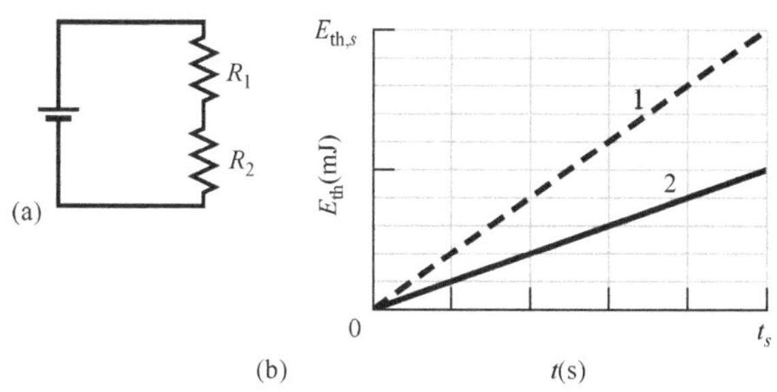

图 26-24 习题 28 图

29. 某种牌子的热狗烧烤炉通过将电势差 120V 加在热狗两端，利用产生的热能来烧烤热狗。电流是 5.30A，烹调一只热狗需要能量 60.0kJ。如果单位时间内供应能量的数值不变，同时制作三个热狗需要多长时间？

30. 横截面面积为 $2.40\times10^{-6}\text{m}^2$、长度为 4.00m 的铜导线通有均匀分布在横截面上的电流 2.00A。(a) 沿导线方向电场的数值是多少？(b) 在 30min 内有多少电能转化为热能？

31. 导线中流过电流，在 28.0 天内总共有 1.36×10^{26} 个电子、以稳定的流速通过导线的任一横截面。此电流有多大？

32. 在一圆导线中的电流密度数值是 $J=(2.75\times10^{10}\text{A/m}^4)r^2$，其中，$r$ 是导线中心到导线半径 3.00mm 处的径向距离，作用于导线（两端）的电势差是 80.0V。在 1.00h 内有多少能量转化为热能？

33. 宽度为 50cm 的带电传送带以 30m/s 的速率在电荷（电子）源和球之间传动。传送带以相当于 76μA 的速率将电荷送到球上。(a) 求传送带上的表面电荷密度，(b) 传送带上的电子数密度（单位面积的电子数）是多大？

34. 一位学生把他的 9.0V、8.0W 的收音机的声音调到最大，从晚上 9:00 到第 2 天的早上 2:00，有多少电荷通过收音机？

35. 一根原长为 L_0 的导线的电阻是 5.00Ω，通过把导线拉长使电阻增加到 45.0Ω。设材料的电阻率和密度都不受拉伸的影响。求新的长度和 L_0 之比。

36. 如果通过人的心脏附近的电流超过 50mA，人就要触电而死。一位电工沾满汗水的双手和他紧握的两个导体间有良好的接触，每只手各握住一个导体。假如他的电阻是 2100Ω，致命的电压是多大？

37. 120V 电压加在取暖器上，它在工作时消耗 1500W。(a) 工作时它的电阻是多少？(b) 每秒内有多少电子流经取暖器的电阻丝的任一个横截面。

38. 一根导线的电阻为 R。另一根用同样材料制成的两倍长的并且直径也是其两倍的导线的电阻是多少？

39. 用 2000 圈 16 号绝缘铜导线（直径 1.3mm）绕成半径为 12cm 的圆柱形单层线圈。线圈的电阻是多大？忽略绝缘层的厚度。(利用表 26-1)

40. 图 26-25a 是一根由电阻材料制成的棒。单位长度棒的电阻沿 x 轴正方向增加。棒上任何 x 的位置处宽度为 dx 一小段（微分）的电阻 dR 由 $\text{d}R=5.00x\text{d}x$ 给出，其中 dR 的单位是欧姆，dx 的单位是米。图 26-25b 表示这样的一小段。切下棒的从 $x=0$ 到某个位置 $x=L$ 的一长条，然后把这一长条棒连接到电势差 $V=8.0\text{V}$ 的电池上（见图 26-25c）。要想棒的这一长条中的电流以 180W 的速率把电能转换为热能，要在什么位置的 $x=L$ 处从棒上切下一条来？

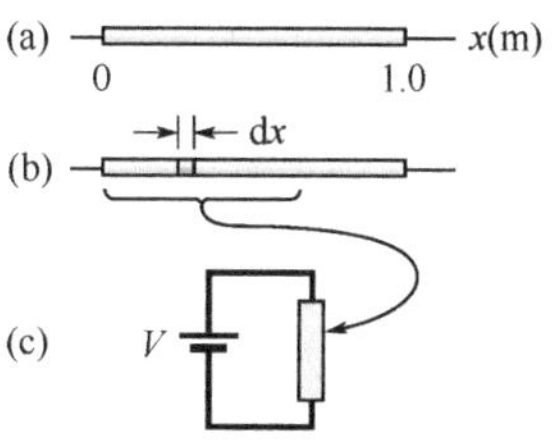

图 26-25 习题 40 图

41. 电路中的熔丝是设计可以熔断的一段导线，如果电路中的电流超过预先设定的数值熔丝就要熔断，从而切断电路。设制成熔丝的材料在电流密度增大到 440A/cm^2 时就要熔断，要制作一根限制电流在 6.0A 以下的熔丝，应当用半径为多少的圆柱形材料来制作熔丝？

42. 铜和铝被考虑用作能够输送 50.0A 电流的高压传输线材料。单位长度电阻是 0.150Ω/km。铜和铝的密度分别是 $8960kg/m^3$ 和 $2600kg/m^3$。求铜电缆的（a）电流密度 J 的数值和（b）单位长度质量 λ，并求铝电缆的（c）J 和（d）λ。

43. 电子从汽车的蓄电池到起动发动机需要走多长时间？设电流是 285A，电子通过的截面面积为 $0.17cm^2$，长度为 0.43m。单位体积的载流子数是 8.49×10^{28} 个电子/m^3。

44. 下表部分给出了美国规定的各种直径的绝缘铜导线的最大安全电流的国家电气规范的标号。（a）画出安全电流密度作为直径函数曲线，哪一种标号的导线的安全电流密度最大？（"标号"是确认导线直径的方法，1mil = 10^{-3}in。）（b）8 号电线中通过 35A 电流的电流密度（假设是均匀的）是多少？

标号	4	6	8	10	12	14	16	18
直径（mil）	204	162	129	102	81	64	51	40
安全电流（A）	70	50	35	25	20	15	6	3

45. 求半径 $R=2.67$mm 的导线中的电流，假设电流密度的数值是：（a）$J_a=J_0r/R$ 及（b）$J_b=J_0(1-r/R)$，其中 r 是径向距离，$J_0=5.50\times10^4A/m^2$。（c）哪个函数在靠近导线表面处的电流密度最大？

46. 某一圆柱形导线中通以电流，图 26-26a 中，我们绕它的中心轴画一个半径为 r 的圆，求圆里面的电流 i。图 26-26b 表示电流 i 作为 r^2 的函数。纵坐标由 $i_s=4.0$mA 标定，横坐标由 $r_s^2=8.0mm^2$ 标定。（a）电流密度均匀吗？（b）如果均匀的话，它的数值是多少？（c）从 $r=0$ 到 $r=2.0$mm 之间的电流是多少？

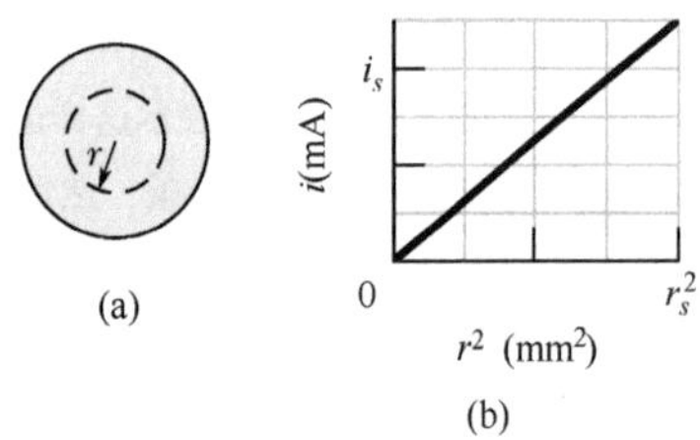

图 26-26 习题 46 图

47. 半径为 0.500mm 及长度为 4.3m 的导线，用电阻率为 $2.0\times10^{-8}\Omega\cdot m$ 的材料制成。它的电阻是多大？

48. 图 26-27a 给出电池在长度为 9.00mm 的电阻棒（见图 26-27b）中建立的电场数值 $E(x)$。纵坐标由 $E_s=8.00\times10^3V/m$ 标定。棒由同样材料但不同半径的三段组成。（图 26-27b 的简图中没有画出不同的半径。）第三段的半径是 1.70mm。（a）第一段及（b）第二段的半径各是多少？

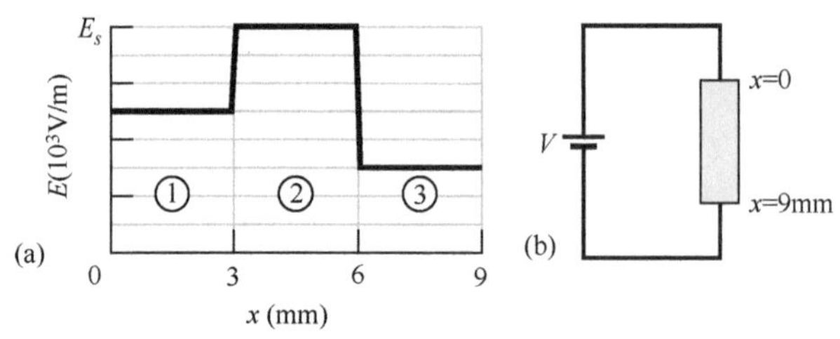

图 26-27 习题 48 图

49. 两个导体由同样的材料制成并有相同的长度。导体 A 是半径为 1.0mm 的实心导线。导体 B 是外半径为 2.2mm、内半径为 1.0mm 的空心管子。从它们两端测量，电阻之比 R_A/R_B 是多少？

50. 地球附近，太阳风（从太阳来的粒子流）中的质子密度是 4.63 个/cm^3，它们的速率是 391km/s。（a）求这些质子的电流密度。（b）假如地球磁场未能使这些质子偏转，地球接受的总电流是多大？

51. 普通闪光灯的额定电流和电压分别为 0.20A 和 3.2V（工作条件下的电流和电压数值）。假定灯泡的钨丝在室温下（20℃）是 1.1Ω。当灯泡点亮时灯丝的温度是多少？

52. 绝缘的导电球有 20cm 的半径。一根导线给它引入 1.000 002 0A 的电流。另一根导线从它引出电流 1.000 000 0A。这个球的电势提高 1000V 需多长时间。

53. 离子束由密度为 4.5×10^8 个/cm^3 的、带两个负电荷的离子组成，这些离子都以速率 300m/s 向北方运动。电流密度 $\vec{J}$ 的（a）数值及（b）方向为何？（c）如果粒子均匀分布在面积为 $2.5\mu m^2$ 的横截面上电流有多大？

54. 实验室导线的圆形截面的半径 $R=2.50$mm，导线中电流密度的数值 J 由公式 $J=(3.00\times10^8)r^2$ 给出。其中，J 的单位是安培每平方米；径向距离 r 的单位是米。通过 $r=0.900R$ 到 $r=R$ 的外层导线中的电流有多大？

CHAPTER 27

第 27 章　电路

27-1　单回路电路

学习目标

学完这一单元后，你应当能够……

27.01　懂得用它所做的功来说明电动势（emf）源的作用。

27.02　对于理想电池，应用电动势、电流和功率（能量转换的速率）之间的关系。

27.03　画出包含一个电池和三个电阻的单回路电路的线路图。

27.04　应用回路定则写出一个（完整）回路中的各电路元件的电势差关系的回路方程式。

27.05　应用横跨电阻器的电阻定则。

27.06　应用横跨电动势的电动势定则。

27.07　懂得串联的电阻器中的电流都相同，而且它们的等效电阻中的电流有相同的数值。

27.08　计算串联电阻的等效电阻。

27.09　懂得作用于串联电阻器整个线路上的电压等于各个电阻器上电压之和。

27.10　计算电路中任何两点间的电势差。

27.11　区别真实电池和理想电池，在电路图中将真实电池用理想电池和明显表示的电阻代替。

27.12　电路中有真实电池情况下，计算电池正负极之间在电动势方向电流的电势差及在相反方向电流的电势差。

27.13　懂得电路接地的意义，画出有这种连接的线路图。

27.14　懂得电路接地不影响电路中的电流。

27.15　计算电池中能量耗散的功率。

27.16　计算电流沿电动势方向及沿相反方向时真实电池中能量转化的净功率。

关键概念

- 电动势器件对电荷做功以保持其正负极之间的电势差。如果 dW 是器件迫使正电荷 dq 从负极到正极做的功，则该器件的电动势（对单位电荷所做的功）是：

$$\mathscr{E}=\frac{dW}{dq}\ (\mathscr{E}\text{的定义})$$

- 理想的电动势器件是没有任何内部电阻的器件，它的正负极之间的电势差等于此电动势。
- 真实的电动势器件有内阻。正负极间电势差只有在没有电流通过器件的时候才等于电动势。
- 沿电流的方向穿过电阻 R 的电势改变是 $-iR$；在相反方向上的是 $+iR$（电阻定则）。
- 沿电动势箭头方向穿越理想电动势器件的电势改变是 $+\mathscr{E}$；沿相反方向的是 $-\mathscr{E}$（电动势定则）。
- 能量守恒定律推出回路定则：

  回路定则。通过任何电路的整个回路中所遇到的电势改变的代数和必定是零。

  电荷守恒推出结点定则（第 26 章）：

  结点定则：进入任何结点的电流之和必定等于离开该结点的电流之和。
- 当一个有电动势 $\mathscr{E}$ 和内阻 r 的真实电池对通过电池的电流 i 中的载流子做功时，能量转换到载流子上的功率 P 是

$$P=iV$$

  其中，V 是电池正负极间电势差。
- 电池内部能量消耗转变成热能的功率 P_r 是

$$P_r=i^2r$$

- 电池中化学能改变的功率 P_{emf} 是

$$P_{emf}=i\mathscr{E}$$

- 串联的电阻有相同的电流流过。可以代替串联电阻组合的等效电阻是

$$R_{eq}=\sum_{j=1}^{n}R_j\ (n\text{ 个电阻串联})$$

什么是物理学?

我们都被各种各样的电路围绕着。你可能为自己所拥有的电器的数目而自豪，甚至心中还可能有一份你希望拥有的电器的清单。这些电器的每一种，包括为你家庭供电的电网都依赖于近代电气工程。我们很难估计电气工程和它的产品目前的经济价值，但我们可以肯定，随着越来越多的工作要用电气化的手段处理，它的经济价值会逐年增加。现在无线电用电调谐而不用手工调谐。现在用电子邮件传送消息以代替邮政系统。研究性杂志现在也已经可以在计算机上读到，代替了图书馆大楼，研究论文现在用电子版复制并存档，代替了照相复制，然后成卷地放在文件柜中。的确，你还可以读到这本书的电子版，这是真实的事情。

电气工程的基础科学是物理学。在这一章里我们讨论电路的物理学。这些电路是电阻器和电池的组合（以及 27-4 单元中的电容器）。我们的讨论限于通过其中的电荷沿一个方向流动的电路，这种电路称为*直流电路*或 *DC 电路*，我们从下面这个问题开始：怎样才能使电荷流动?

“抽运”电荷

Courtesy Southern California Edison Company

图中的电池储能电站（1996 年被拆除）由 8000 块巨大的铅-酸电池组成。它们被分成 8 串，每串电压 1000V，达到 10MW 功率用 4 个小时的容量。晚上充电，电力系统在需要高峰功率时将电池投入应用。

如果要使载流子流过电阻器，必须在器件两端建立电势差。建立电势差的一个方法是把电阻器的每一端各自连接到一个充电的电容器的一块极板上。这种做法的问题在于，电荷流动的作用是使电容器放电，很快就使电容器两极板达到同一电势。从此以后，电阻器中再也没有电场，因而电荷流动也就停止。

要想产生稳定的电荷流，就需要一个“电荷泵”，这是——通过对载流子做功——使两极间保持电势差的器件。我们把这种器件称作**电动势器件**，我们说它提供**电动势**（emf）$\mathscr{E}$，这意味着它对载流子做功。电动势器件有时也称为*电动势源*。电动势（emf）一词来自已经过时的*电动力*（electromotive force）这个词，它是科学家在明确懂得电动势器件的功能以前所采用的词。

在第 26 章中，我们根据电路中建立的电场讨论载流子通过电路的运动——电场产生推动载流子的力。在这一章中，我们选择一条不同的途径：我们根据所需的能量来讨论载流子的运动——电动势器件通过做功提供载流子运动的能量。

常用的电动势器件是*电池*，它被作为从腕表到潜水艇的多种多样的机器的动力。不过，对我们的日常生活影响最大的电动势器件是*发电机*。利用电连接（导线），发电厂在我们的家里和工作场所创建一个电势差。称为*太阳能电池*的电动势器件，就是我们老早就已熟悉的在宇宙飞船上像翅膀那样张开的板，现在也被用于家庭，并分布在乡村。电动势器件是为航天飞机提供动力的*燃料电池*和某些航天飞机及南极洲和其他地方的远程考察站提供移动随载电力的*热电堆*。很少有人知道，电动势器件不一定是一台仪器，有生命的系统，包括从电鳗、植物到人类，都是带有生理上的电动势的器件。

我们上面列出的各种器件虽然工作模式有很大的差别，但它们都执行同样的基本功能——它们都对载流子做功使它们两极间保持一定的电势差。

功、能量和电动势

图 27-1 表示一个电动势器件（考虑它是一个电池），它是包含单个电阻 R（电阻的符号，电阻器的符号是“-\/\/\/-”）的简单电路的一部分。电动势器件使它两端中的一端（称为正极，常用“+”号标记）保持高于另一端（称为负极，同“-”号标记）的电势。我们可以用从负极指向正极的箭头来表示这个器件的电动势，如图 27-1 所示。电动势箭头尾端的小圆圈使它有别于表示电流方向的箭头。

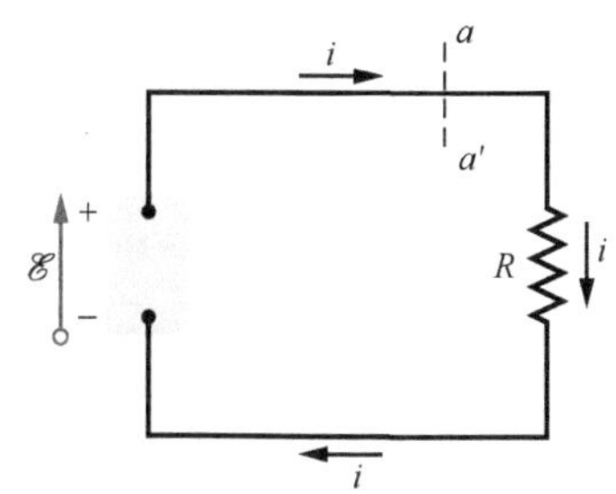

图 27-1 简单的电路，其中电动势器件 $\mathscr{E}$ 对载流子做功，并在电阻为 R 的电阻器中维持稳定的电流 i。

当电动势器件没有连接在电路中时，器件内部的化学物质不会引起其中任何载流子的净流动。然而，像图 21-1 中那样将它连接到电路中时，它内部的化学变化会引起正载流子沿图中电动势箭头所指的方向从负极流向正极的净流动。这种流动是电路中沿同样方向（图 27-1 中的顺时针方向）建立起的电流的一部分。

在电动势器件内部，正载流子从低电势也就是低电势能区域（在负极附近）运动到更高的电势或更高的电势能区域（在正极附近）。这种运动正好和电极间电场（从正极指向负极）会引起载流子运动的方向相反。

因此，器件中必定有某种能量来源，使器件能够对电荷做功，迫使电荷像它们所做的那样运动。这种能源可能是电池或燃料电池中的化学能，它也可能来自机械力，像发电机；温度差也可能提供这种能量，像在温差电堆中；太阳能也可以提供这种能量，像在太阳能电池中。

我们现在从功和能量转化的观点来分析图 27-1 中的线路。在任意时间间隔 dt 内，有电荷 dq 通过线路的任一截面，譬如 aa'。这时必定有同样数量的电荷进入电动势器件的低电势一端，并有同样数量的电荷离开高电势一端。器件必须对电荷 dq 做一定数量的功 dW，迫使它沿着这条路径运动。我们用这个功来定义电动势器件的电动势：

$$\mathscr{E}=\frac{dW}{dq}\quad（\mathscr{E}\text{的定义}）\tag{27-1}$$

用文字表述，电动势器件的电动势是器件内部使电荷从器件的低电位端运动到高电位端，对每单位电荷所做的功。电动势的国际单位制单位是焦耳每库仑；在第 24 章中，我们把这个单位定义为伏［特］。

理想的电动势器件是对电荷从一极到另一极的内部运动没有任何内阻的器件。理想的电动势器件的两极间的电势差等于器件的电动势。例如，电动势为 12.0V 的理想电池在两极间总是有 12.0V 的电势差。

真实的电动势器件，例如在任何真实的电池中，对电荷的内部运动都有内阻。当一个真实的电动势器件没有连接到电路中时，

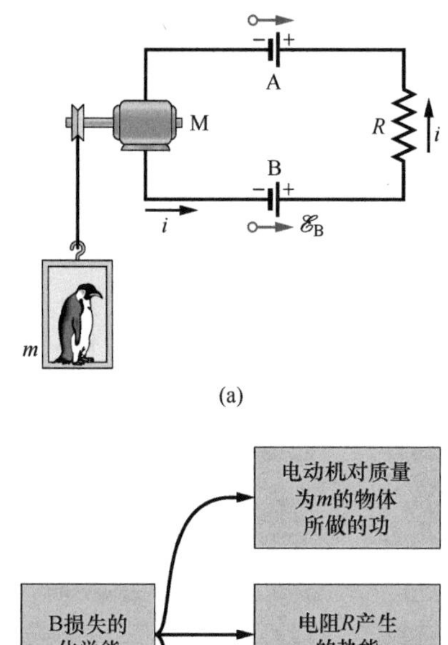

(a)

B损失的化学能

电动机对质量为m的物体所做的功

电阻R产生的热能

储存在A中的化学能

(b)

图 27-2　(a) 电路中 $\mathscr{E}_B > \mathscr{E}_A$；所以电池 B 决定电流的方向。(b) 电路中的能量转化。

因而没有电流通过它，两极间的电势差等于它的电动势。然而，当有电流通过器件时，两极间的电势差与它的电动势就不相等了。我们将在这一单元快要结束时再来讨论这种真实的电池。

当电动势器件连接到电路中时，器件将能量转交给通过器件的载流子。这些能量然后从这些载流子转交到电路的其他器件中，例如，用来点亮一个灯泡。图 27-2a 表示包含两个可以反复充电的（蓄）电池 A 和 B，一个电阻 R 和一个电动机 M。这个电动机可以利用从电路中的载流子获得的能量举起一个物体。注意，这两个电池是这样连接在电路中的：它们各自要使电荷在电路中沿相反方向运行。电路中电流实际的方向决定于有较大电动势的电池，这正好是电池 B，所以电池 B 中的化学能因转化为通过它的载流子的能量而减少。然而，电池 A 中的化学能增加，因为它里面的电流从正极流到负极。于是，电池 B 给电池 A 充电。电池 B 还给电动机 M 提供能量，以及提供在电阻 R 中耗散的能量。图 27-2b 表示电池 B 提供的能量的三种转化方向；每一种都使电池 B 的化学能减少。

计算单回路电路中的电流

我们这里讨论计算图 27-3 中简单的单回路电路中的电流的两种等价方法；一种方法是基于能量守恒的考虑，另一种方法则是建立在电势概念的基础上。电路中包含电动势为 $\mathscr{E}$ 的理想电池 B，电阻为 R 的电阻器，以及两段连接导线。除非另外指出，我们假设电路中的导线的电阻都可忽略不计。它们的作用只是提供载流子运动的通路。

电池驱动电流通过电阻器，从高电势流到低电势

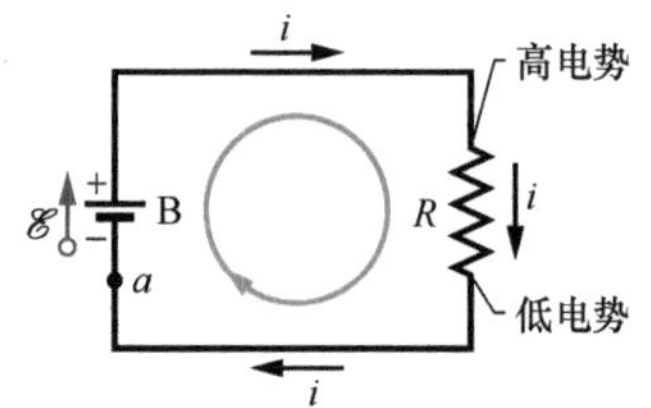

图 27-3　单回路电路，其中电阻 R 连接到电动势 $\mathscr{E}$ 的理想电池 B 的两端，产生的电流 i 在整个回路中都相同。

能量方法

式（26-27）（$P = i^2R$）告诉我们，在时间间隔 dt 内，i^2Rdt 给出的能量数值会以热能的形式出现在图 27-3 的电阻器中。正如 26-5 单元中指出的那样，这些能量是耗散的。因为我们假设导线的电阻忽略不计，它们不会释放出热能。在同一时间间隔内，电荷 $dq = idt$ 通过电池 B，根据式（27-1），电池对这些电荷做了功

$$dW = \mathscr{E}dq = \mathscr{E}idt$$

由能量守恒原理，（理想的）电池做的功必定等于电阻器中放出的热能：

$$\mathscr{E}idt = i^2Rdt$$

由上式得

$$\mathscr{E} = iR$$

电动势 $\mathscr{E}$ 是电池转化给单位运动电荷的能量，数量 iR 是电阻器中单位运动电荷转化为热能的能量。因此，这个方程式意味着，转化为运动电荷的每单位电荷的能量等于从这些运动电荷的单位电荷转移出的能量。解出 i，我们得到

$$i = \frac{\mathscr{E}}{R} \tag{27-2}$$

电势方法

假设我们从图 27-3 的电路中的任何一点开始，并想象沿着电

路的任一方向进行，求出我们遇到的电势差的代数和。然后，当我们再次回到起点时，也一定回到了起始电势。在实际进行之前，我们要把这个想法写成正式的表述，它不仅仅适用于像图 27-3 中那样的单回路电路，也适用于像我们将要在 27-2 单元中讨论的多回路电路中的完全回路。

回路定则：沿电路的任何一个回路绕行一周所遇到的电势改变的代数和必定是零。

这常常被称为基尔霍夫回路定则（或基尔霍夫的电压定律，它是以德国物理学家古斯塔夫·罗伯特·基尔霍夫（Gustav Robert Kirchhoff）命名的。这个定则相当于说，山上每一点只有一个海拔。如果你从山上任何一点出发绕山走一圈再回到出发点，那么你所经历的高度变化的代数和必定是零。

在图 27-3 中，我们从 a 点开始，该点的电势是 V_a，想象绕着电路顺时针进行，直到我们回到 a 点，在我们运动的时候一路记下电势的变化。我们的起点是在电池的低电势端。因为电池是理想的，所以它两极间的电势差等于 $\mathscr{E}$。当我们通过电池到达高电势端时，电势的改变是 $+\mathscr{E}$。

当我们沿上部的导线走到电阻器的一端时，没有电势的变化，因为导线的电阻忽略不计；这一段导线和电池的高电势端有同样的电势。所以电阻器的上端也是高电势端。然而在我们通过电阻器时，电势按照式（26-8）（我们可以把这个式子重写成 $V=iR$）变化。并且，电势必定降低，因为我们是从电阻器的电势较高的一边进入电阻器的，因而电势的改变是 $-iR$。

我们沿着下面的一段导线回到 a 点、因为这段导线的电阻也可忽略不计，我们再次发现这一段没有电势差。回到了 a 点，电势又是 V_a。因为我们经过了一个完整的回路，虽然初始的电势在一路上由于电势变化而不断被修改，但最后必定等于我们最初的电势；即

$$V_a+\mathscr{E}-iR=V_a$$

方程式中消去 V_a 的值，变成

$$\mathscr{E}-iR=0$$

对 i 解这个方程式，给出我们用能量方法得到的同样的结果 $i=\mathscr{E}/R$［式（27-2）］。

如果我们将这个回路定则应用到逆时针绕电路运行一周，则由这个定则我们得到

$$-\mathscr{E}+iR=0$$

这样我们又得到 $i=\mathscr{E}/R$。因此，你可以想象随便沿哪个方向绕回路一周都符合回路定则。

为了给处理比图 27-3 中更加复杂的电路做准备，我们写下在我们绕回路运动时求电势差的两条定则：

电阻定则：对于沿电流方向通过电阻的运动，电势的改变是 $-iR$；在相反方向上是 $+iR$。

电动势定则：对于沿电动势方向通过理想电动势器件的运动，电势的改变是 $+\mathscr{E}$；在相反的方向上则是 $-\mathscr{E}$。

检查点 1

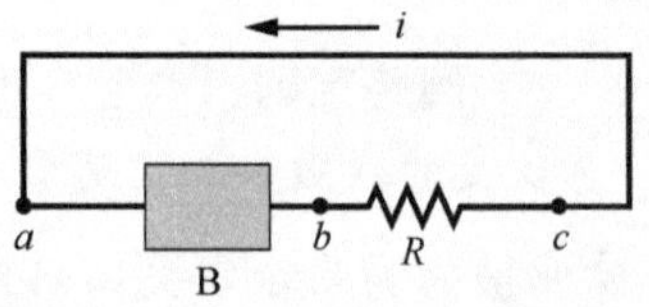

图示一个由电池 B 和电阻器 R（以及电阻可以忽略的导线）组成的单回路电路中通过电流 i。（a）B 的电动势箭头应该指向右还是指向左？在 a、b 和 c 各点按（b）电流大小，（c）电势高低，（d）载流子的电势能大小顺序排列，最大的第一。

其他单回路电路

下面我们按两种情形来推广图 27-3 中的简单电路。

内阻

图 27-4a 表示将一个内阻为 r 的真实电池用导线连接到外部电阻 R。电池的内阻是电池内部导电材料的电阻，因而它是电池的不能消除的特征。然而，在图 27-4a 中，电池被画成可以分离的两部分，一部分是具有电动势 $\mathscr{E}$ 的理想电池，另一部分则是电阻为 r 的电阻器。这两个分离部分的符号与画出它们的次序没有关系。

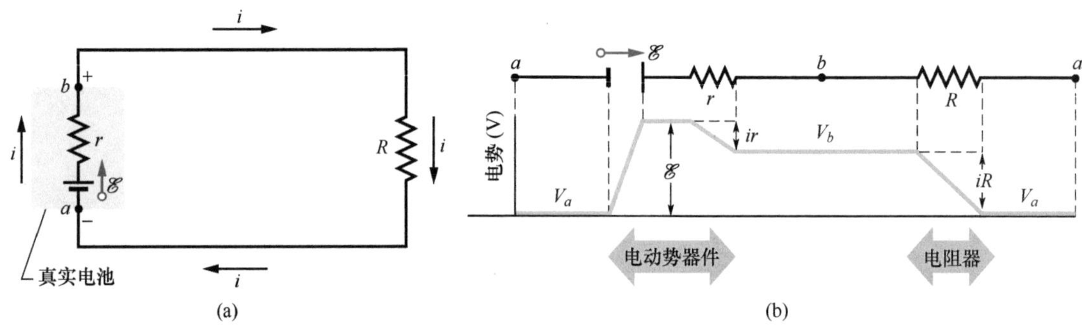

图 27-4 （a）包含有内阻 r 和电动势 $\mathscr{E}$ 的真实电池的单回路电路。（b）同一电路，现在拉成一直线。从 a 点出发沿电路顺时针行进时遇到的电势。电势 V_a 被任意地定为零值，电路中的其他电势都相对于 V_a 画出。

如果我们应用回路定则，从 a 点开始顺时针进行，给出电位差的变化为

$$\mathscr{E} - ir - iR = 0 \tag{27-3}$$

解出电流，我们得到

$$i = \frac{\mathscr{E}}{R + r} \tag{27-4}$$

注意，如果电池是理想的——即，如果 $r = 0$——这个方程式简化为式（27-2）。

图 27-4b 是绕电路的电势变化的曲线图。（如果想要更好地把图 27-4b 和图 27-4a 中的闭合电路相联系，想象把这张图卷成一个圆柱体，使其左边的 a 点和右边的 a 点重叠。）注意，绕电路一圈

就像是绕（势）山走一圈又回到起点——你又回到起始高度。

在本书中，如果没有明确指出电池是真实的，或者没有标出内阻，一般说来你可以假设它是理想的——但是，在现实世界里电池总是真实的并具有内阻。

串联电阻

图 27-5a 表示将三个电阻**串联**到具有电动势 $\mathscr{E}$ 的理想电池上。这个描述与电阻怎样画没有关系。更确切地说，“串联”的意思是一个电阻和另一个电阻首尾相连，电势差 V 作用在整个这串电阻的两端。在图 27-5a 中，这三个电阻在 a 和 b 之间一个接一个地首尾相连，电势差用电池维持在 a 和 b 之间。加在整个串联电阻上的电势差在各电阻中产生完全相同的电流 i。一般说来

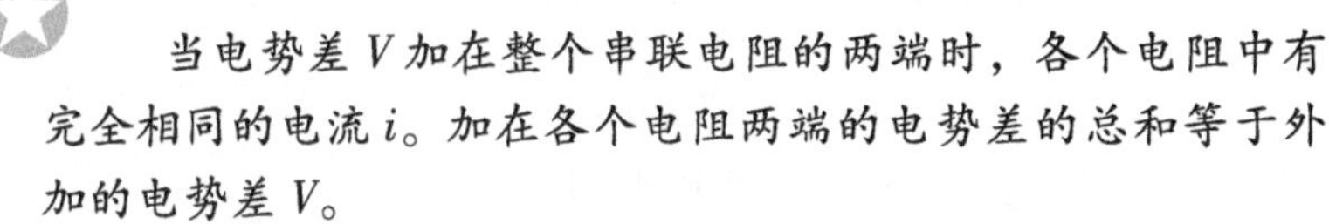

当电势差 V 加在整个串联电阻的两端时，各个电阻中有完全相同的电流 i。加在各个电阻两端的电势差的总和等于外加的电势差 V。

注意，通过串联电阻的电荷只有一条路可走。如果还有另外一条路，那么在不同的电阻中的电流就不相同。这些电阻也就不是串联的。

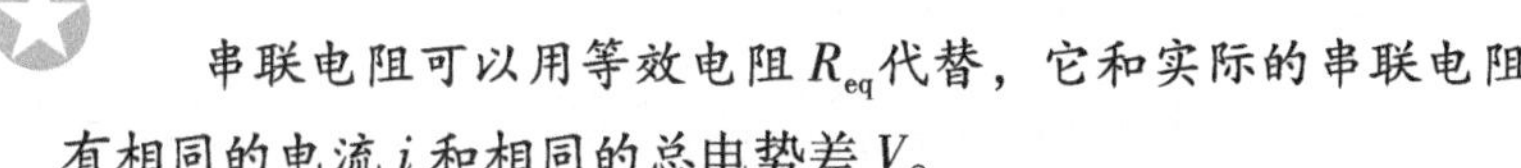

串联电阻可以用等效电阻 R_{eq} 代替，它和实际的串联电阻有相同的电流 i 和相同的总电势差 V。

我们可能还记得，R_{eq} 和所有实际的串联电阻有相同的电流 i，可以用没有意义的词“ser-i”来表示。图 27-5b 表示用来代替图 27-5a 中的三个串联电阻的等效电阻 R_{eq}。

为导出图 27-5b 中 R_{eq} 的表达式，我们对两种电路都应用回路定则。对于图 27-5a，从 a 点开始顺时针沿电路走一圈，我们得到

$$\mathscr{E} - iR_1 - iR_2 - iR_3 = 0$$

或

$$i = \frac{\mathscr{E}}{R_1 + R_2 + R_3} \tag{27-5}$$

对于图 27-5b，其中三个电阻用一个等效电阻代替，我们得到

$$\mathscr{E} - iR_{eq} = 0$$

或

$$i = \frac{\mathscr{E}}{R_{eq}} \tag{27-6}$$

比较式（27-5）和式（27-6），可以看出

$$R_{eq} = R_1 + R_2 + R_3$$

n 个电阻的推广是直接而简便的：

$$R_{eq} = \sum_{j=1}^{n} R_j \quad (n\text{ 个电阻串联}) \tag{27-7}$$

注意，当电阻串联时，等效电阻必定大于其中任意一个电阻。

检查点 2

在图 27-5a 中，如果 $R_1 > R_2 > R_3$，按照（a）通过它们的电流和（b）电势差对这三个电阻分别排序，最大的排第一。

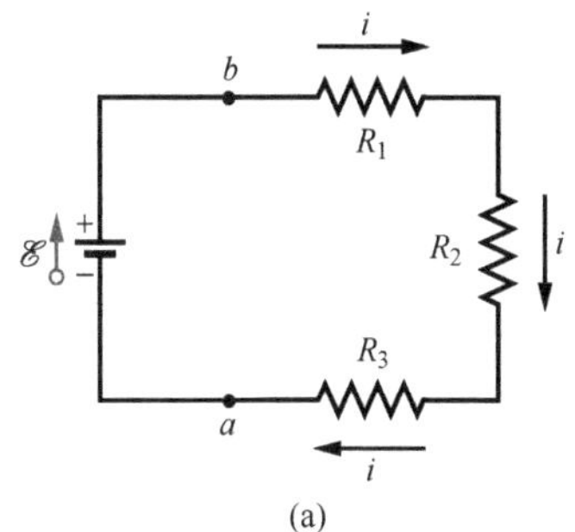

串联电阻器和它们的等效电阻有同样的电流（“ser-i”）

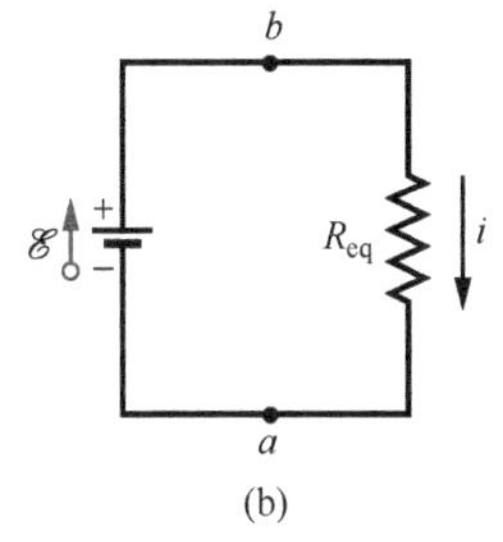

图 27-5 （a）三个电阻器在 a 点和 b 点之间串联。（b）等效电路，三个电阻器被它们的等效电阻 R_{eq} 代替。

两点间的电势差

我们常常要求电路中两点间的电势差。例如在图27-6中，a点和b点间的电势差$V_b - V_a$是多少？为求这个电势差，我们从a点（电势V_a）开始，经过电池，到达b点（电势V_b）。一路上记下我们遇到的电势改变。当我们通过电池的电动势时，电势增高$\mathscr{E}$。当我们通过电池的内阻r时，我们是沿电流的方向运动，因而电势减少ir，然后我们到达电势为V_b的b点：

$$V_a + \mathscr{E} - ir = V_b$$

或

$$V_b - V_a = \mathscr{E} - ir \tag{27-8}$$

要利用这个公式进行计算，我们还需要电流i。注意到这个电路和图27-4a中的相同，在那种情况下，由式（27-4）得到电流

$$i = \frac{\mathscr{E}}{R + r} \tag{27-9}$$

把这个式子代入式（27-8），我们得到

$$V_b - V_a = \mathscr{E} - \frac{\mathscr{E}}{R + r} r$$

$$= \frac{\mathscr{E}}{R + r} R \tag{27-10}$$

现在代入图27-6中给出的数据，我们有

$$V_b - V_a = \frac{12\text{V}}{4.0\Omega + 2.0\Omega} 4.0\Omega = 8.0\text{V} \tag{27-11}$$

内阻减少了两极间的电势差

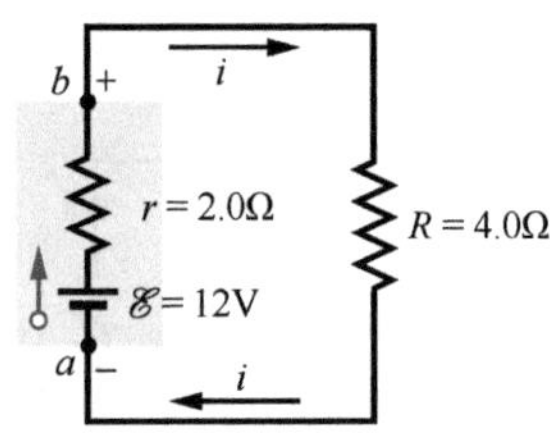

图27-6 真实电池的正负极a点和b点的电势不同。

假设，沿着另一条路，我们逆时针方向从a到b运动。经过R而不是经过电池，因为我们逆着电流方向运动，电势增加了iR。于是

$$V_a + iR = V_b$$

或

$$V_b - V_a = iR \tag{27-12}$$

由式（27-9）代入i，我们又得到式（27-10）。因此，代入图27-6中的数据得到同样的结果，$V_b - V_a = 8.0\text{V}$。一般说来

> 为求电路中任意两点间的电势差，从一点出发沿电路按照任一条路径到另一点，求出你经历到的电势改变的代数和。

真实电池的电势差

在图27-6中，a点和b点分别在电池的两极。所以，电势差V就是电池两极间的电势差$V_b - V_a$。由式（27-8），我们看出

$$V = \mathscr{E} - ir \tag{27-13}$$

假如图27-6中电池的内阻r是零，式（27-13）告诉我们，V等于电池的电动势$\mathscr{E}$——即12V。然而，因为$r = 2.0\Omega$，式（27-13）告诉我们，V小于$\mathscr{E}$。由式（27-11），我们知道V只有8.0V。要注意，这个结果依赖于通过电池的电流的数值。如果同一个电池接在不同的电路中，并且因此有不同的电流通过它，则V就有另一个数值。

电路接地

图27-7a表示和图27-6中同样的电路，只是这张图中的a点直接接地，图中用通用的符号“⏚”将其表示出来。将电路接地

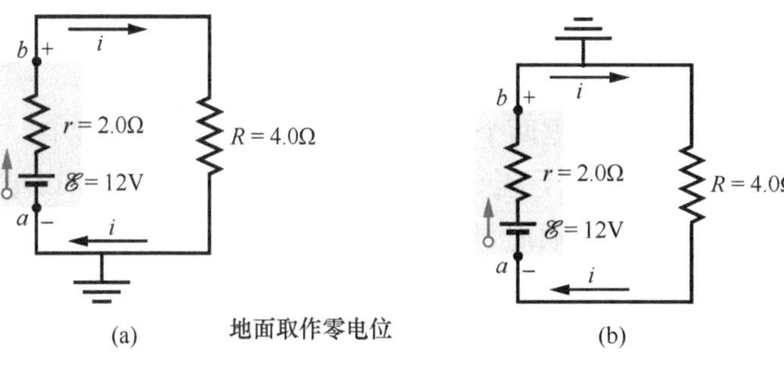

图 27-7 （a）a 点直接接地。（b）b 点直接接地。

通常意味着把电路经过一条导电通路连接到地球表面（实际上是连接到地面以下导电的潮湿泥土和岩石）。这种连接在这里的意思只是把电路中接地点的电势定义为零。因此，在图 27-7a 中，a 点的电势定义为 $V_a=0$。式（27-11）告诉我们，b 点的电势 $V_b=8.0\text{V}$。

图 27-7b 是同样的电路，只是现在是 b 点直接接地。于是，这里的电势定义为 $V_b=0$。

式（27-11）现在告诉我们，a 点的电势 $V_a=-8.0\text{V}$。

功率、电势和电动势

当电池或某种其他类型的电动势器件对载流子做功而建立起电流 i 时，这个器件从它的能量源（电池中这种能源就是化学能）把能量转化给载流子。因为真实的电动势器件有内阻 r，它也把能量通过电阻损耗转化为内部热能（见 26-5 单元）。我们来讨论这种转化。

式（26-26）给出的从电动势器件到载流子的净能量转化功率 P 是

$$P=iV \tag{27-14}$$

其中，V 是电动势器件两端的电压。由式（27-13），我们可以将 $V=\mathscr{E}-ir$ 代入式（27-14），求出

$$P=i(\mathscr{E}-ir)=i\mathscr{E}-i^2r \tag{27-15}$$

由式（26-27），我们认出式（27-15）中的 i^2r 项就是电动势器件内部能量转化为热能时的功率 P_r：

$$P_r=i^2r\text{（内部消耗功率）} \tag{27-16}$$

式（27-15）中的 $i\mathscr{E}$ 项必定是电动势器件的能量转化为载流子能量和内部热能这两者的功率 P_{emf}。
于是

$$P_{\text{emf}}=i\mathscr{E}\text{（电动势器件功率）} \tag{27-17}$$

如果对电池再充电，电流将以“错误的方式”通过它，这时能量从载流子转换给电池——转化为电池的化学能以及消耗在内阻 r 上的能量。化学能改变的功率由式（27-17）给出，能量损耗的功率由式（27-16）给出，而载流子供应能量的功率则由式（27-14）给出

检查点 3

一个电池的电动势是 12V，内阻是 2Ω。在以下情况下正负极间电压大于、小于还是等于 12V？如果电池中的电流（a）从负极到正极，（b）从正极到负极，（c）为零？

例题 27.01　包含两个真实电池的单回路电路

图 27-8a 的电路中的电动势和电阻有以下值：

$$\mathscr{E}_1=4.4\text{V},\ \mathscr{E}_2=2.1\text{V}$$

$$r_1=2.3\Omega,\ r_2=1.8\Omega,\ R=5.5\Omega$$

（a）电路中的电流是多少？

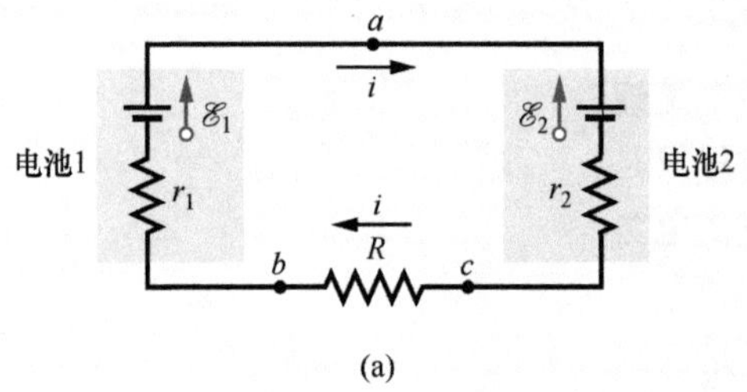

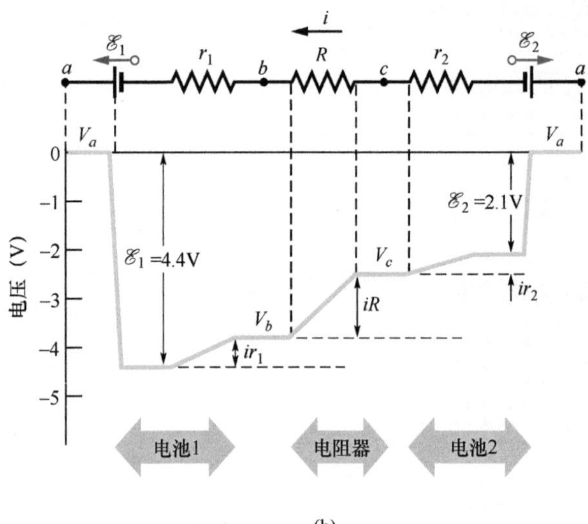

图 27-8　（a）包含两个真实电池和一个电阻器的单回路电路。两个电池连接方向相反，即它们各自都要使电流以相反的方向通过电阻点。（b）从 a 点开始逆时针进行的电势图，a 点电势随意取作零。（要更好地把电路图和曲线图联系起来，想象把电路在 a 点切断，然后将电路左边向左拉开，右边向右拉开，就得到图 b。）

【关键概念】

我们可以应用回路定则将整个回路的电势改变相加，从而得到这个单回路电路中电流的表达式。

解： 虽然不需要知道电流 i 的方向，但我们可以根据两个电池的电动势很容易地确定它。因为 $\mathscr{E}_1$ 大于 $\mathscr{E}_2$，电池 1 决定电流的方向，所以电流方向是顺时针的。然后我们逆时针方向用回路定则——和电流方向相反——从 a 点出发（这种关于从哪里出发和沿什么方向的决定都是随意的，但一经决定，正负号就必须和这个决定始终一致）。我们求得

$$-\mathscr{E}_1+ir_1+iR+ir_2+\mathscr{E}_2=0$$

核对一下这个方程式，如果我们沿着顺时针方向用回路定律，或从 a 点以外的某一点开始，也应得到这个结果。还有，花点时间把这个方程式和图 27-8b 逐项地进行比较，图 27-8b 中用曲线表示了电压的变化（a 点的电势随意地取作零）。

解上面的环路方程式，求出电流 i，得到

$$i=\frac{\mathscr{E}_1-\mathscr{E}_2}{R+r_1+r_2}=\frac{4.4\text{V}-2.1\text{V}}{5.5\Omega+2.3\Omega+1.8\Omega}$$

$$=0.2396\text{A}\approx240\text{mA}\qquad\text{（答案）}$$

（b）图 27-8a 中电池 1 正负极之间电势差是多少？

【关键概念】

我们要把 a 点和 b 点间的电势差加起来。

解： 我们从 b 点（实际上就是电池 1 的负极）开始并顺时针经过电池 1 到 a 点（实际上是电池 1 的正极），记录电势的变化。我们得到

$$V_b-ir_1+\mathscr{E}_1=V_a$$

由上式得到

$$\begin{aligned}V_a-V_b&=-ir_1+\mathscr{E}\\&=-(0.2396\text{A})(2.3\Omega)+4.4\text{V}\\&=+3.84\text{V}\approx3.8\text{V}\qquad\text{（答案）}\end{aligned}$$

这小于该电池的电动势。也可以从图 27-8a 中的 b 点出发，逆时针沿电路进行到 a 点，从而证明这个结果。这里我们学到了两点。（1）两点间的电势差不依赖于我们所选择的从一点到另一点的路径。（2）当电池中的电流沿“正确的”方向流动时，两极间的电势差较低，即低于印在电池包装上的电池电动势。

在 WileyPLUS 中可以找到附加的例题、视频和练习。

27-2 多回路电路

学习目标

学完这一单元后，你应当能够……

27.17 应用结点定则。

27.18 画出一个电池和三个并联电阻器的线路图，并把它与一个电池和三个串联电阻器的线路图区别开。

27.19 懂得并联电阻器各有相同的电势差，这个电势差和它们的等效电阻器上的电势差数值相同。

27.20 计算多个电阻器并联的等效电阻器的电阻。

27.21 明白通过并联电阻器的总电流等于通过各个电阻器的电流的总和。

27.22 对于包含一个电池及几个并联电阻器及几个串联电阻器的电路，通过找出等效电阻器，逐步简化电路，直到可以确定通过电池的电流，然后将步骤反转，求各个电阻器的电流和电压。

27.23 如果一个电路不能用等效电阻器简化，则应认清电路中的几个回路，选定各个分支中电流的名称和流向，对各个回路建立回路方程式，对未知电流解这些联立方程。

27.24 在由多个相同的真实电池串联的电路中，用一个理想电池和一个电阻器代替它们。

27.25 在由多个相同的真实电池并联的电路中，用一个理想电池和一个电阻器代替它们。

关键概念

- 电阻并联的时候，它们有同样的电势差，可以代替并联电阻组合的等效电阻由下式给出：

$$\frac{1}{R_{\mathrm{eq}}}=\sum_{j=1}^{n}\frac{1}{R_j}\quad(n\text{ 个并联电阻})$$

多回路电路

图 27-9 表示包含多于一个回路的电路。为简单起见，我们假设电池是理想的。电路中有两个结点。(b 点和 d 点)，有三条连接这两个结点的支路，这三条支路是左支路（bad），右支路（bcd）及中央支路（bd）。这三条支路中的电流各是多少？

我们随意地用不同的下标标记这些支路中的电流。在支路 bad 中，各处电流 i_1 都有相同的数值；在支路 bcd 中，各处电流 i_2 也都有相同的数值；i_3 是通过支路 bd 的电流。电流方向的假定也是随意的。

考虑一下结点 d：电荷通过电流 i_1 和 i_3 输入该结点并由向外的电流 i_2 离开该结点。因为结点上的电荷没有变化，总输入电流必定等于总输出电流：

$$i_1+i_3=i_2 \tag{27-18}$$

我们可以很容易地把这个条件应用于结点 b，并得到完全相同的方程式来验证。从式（27-18）可提出一个一般的原理。

结点定则：流入任何结点的电流的总和必定等于流出该结点的电流的总和。

这条定则常被称为基尔霍夫结点定则（或基尔霍夫电流定律）。它只是对稳定电荷流的电荷守恒的表述——电荷在结点处既没有积

流入结点的电流必定等于流出的电流(电荷是守恒的)

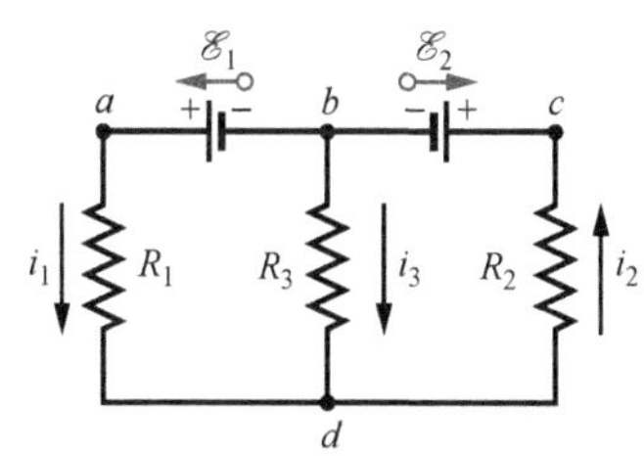

图 27-9 包含三条支路的多回路电路：左手支路 bad，右手支路 bcd，中央支路 bd。这个电路也包含三个回路：左手回路 $badb$，右手回路 $bcdb$，以及大回路 $badcb$。

累也不会消失。总之，我们解复杂电路的基本工具就是回路定则（基于能量守恒）和结点定则（基于电荷守恒）。

式（27-18）是包含三个未知数的一个方程式。要完全地求解电路（即求出所有三个电流），我们还需要两个包含这几个同样的未知数的方程式。我们可以通过两次应用回路定则得到它们。在图 27-9 的电路中，我们有三个回路可供选择：左手回路（$badb$），右手回路（$bcdb$），以及大回路（$badcb$）。选择哪两个回路都可以——我们选择左手回路和右手回路。

如果我们绕左手回路从 b 点出发沿逆时针方向进行，由回路定则得到

$$\mathscr{E}_1 - i_1R_1 + i_3R_3 = 0 \tag{27-19}$$

如果我们绕右手回路从 b 点出发沿逆时针方向进行，由回路定则得到

$$-i_3R_3 - i_2R_2 - \mathscr{E}_2 = 0 \tag{27-20}$$

我们现在有了包含三个未知电流的三个方程式［式（27-18）~式（27-20）］，它们可以用多种方法求解。

如果我们把回路定则用于大回路，我们会得到（从 b 开始沿逆时针方向运动）方程式：

$$\mathscr{E}_1 - i_1R_1 - i_2R_2 - \mathscr{E}_2 = 0$$

不过，这个方程只是式（27-19）和式（27-20）之和。

并联电阻

图 27-10a 表示将三个电阻并联到一个电动势为 $\mathscr{E}$ 的理想电池上。“并联”一词的意思是几个电阻的一端直接连接在一起，另一端也直接连在一起，电势差 V 加在这两端的连接点上。因此，所有三个电阻都有同样的电压加在它们各自两端，产生电流分别通过各个电阻器。总之，

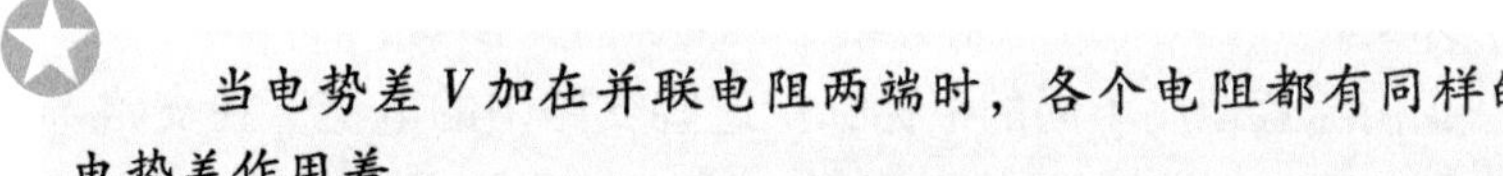

在图 27-10a 中，电势差 V 用电池维持。在图 27-10b 中，三个并联电阻用一个等效电阻 R_{eq} 代替。

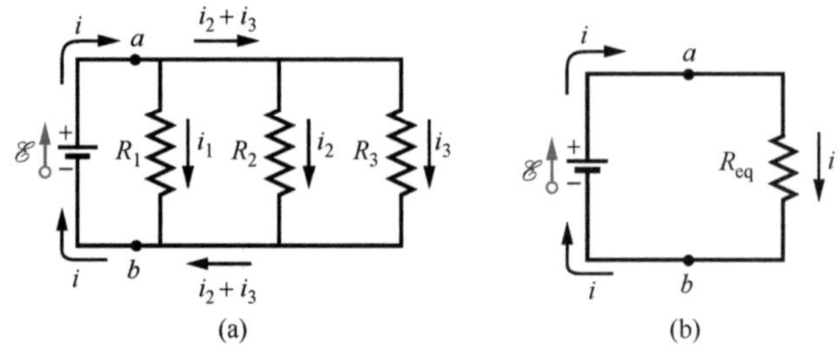

图 27-10　（a）三个电阻器在 a、b 两点间并联。（b）等效电路，三个电阻器用它们的等效电阻 R_{eq} 代替。

并联电阻可以用一个等效电阻 R_{eq}代替，它和真实的电阻有同样的电势差 V 和总电流 i。

我们可以借助没有意义的词“par-V”记住 R_{eq}和所有真实的并联电阻有同样的电势差 V。

为导出图 27-10b 中的 R_{eq}的表达式，我们要先写出图 27-10a 中各个真实电阻中的电流：

$$i_1 = \frac{V}{R_1},\ i_2 = \frac{V}{R_2},\ i_3 = \frac{V}{R_3}$$

其中，V 是 a 和 b 两点间的电势差。如果我们对图 27-10a 中的 a 点应用结点定则，并代入以上这几个数值；得到

$$i = i_1 + i_2 + i_3 = V\left(\frac{1}{R_1} + \frac{1}{R_2} + \frac{1}{R_3}\right) \tag{27-21}$$

如果我们用等效电阻 R_{eq}代替并联组合（见图 27-10b），我们有：

$$i = \frac{V}{R_{eq}} \tag{27-22}$$

比较式（27-21）和式（27-22），得到

$$\frac{1}{R_{eq}} = \frac{1}{R_1} + \frac{1}{R_2} + \frac{1}{R_3} \tag{27-23}$$

把这个结果推广到 n 个电阻的情况，我们有：

$$\frac{1}{R_{eq}} = \sum_{j=1}^{n} \frac{1}{R_j} (n\text{ 个电阻并联}) \tag{27-24}$$

对于两个电阻的情形，等效电阻是它们的乘积除以它们的和；即

$$R_{eq} = \frac{R_1 R_2}{R_1 + R_2} \tag{27-25}$$

注意，当两个或更多的电阻并联时，等效电阻必小于组成电阻中的任何一个。表 27-1 总结了串联和并联的电阻器和电容器的等效关系。

表 27-1 电阻器和电容器的串联与并联

串联	并联	串联	并联
电阻器		电容器	
$R_{eq} = \sum_{j=1}^{n} R_j$ 式(27-7)	$\frac{1}{R_{eq}} = \sum_{j=1}^{n} \frac{1}{R_j}$ 式(27-24)	$\frac{1}{C_{eq}} = \sum_{j=1}^{n} \frac{1}{C_j}$ 式(25-20)	$C_{eq} = \sum_{j=1}^{n} C_j$ 式(25-19)
相同的电流通过所有电阻器	所有电阻器上有相同的电势差	所有电容器上有相同的电荷	所有电容器上有相同的电势差

检查点 4

将一个正负极间电势差为 V 的电池连接到两个相同的电阻器的组合上，通过它的电流为 i。如果这两个电阻器是（a）串联；（b）并联，则每个电阻器两端的电压和通过每个电阻器上的电流各是多大？

例题 27.02 并联和串联电阻器

图27-11a表示的是一个多回路电路，它由一个理想电池和四个电阻器组成，它们的数值如下：

$$R_1=20\Omega,\ R_2=20\Omega,\ \mathscr{E}=12\text{V}$$

$$R_3=30\Omega,\ R_4=8.0\Omega$$

（a）通过电池的电流是多少？

【关键概念】

注意到通过电池的电流必定也是通过 R_1 的电流，我们看到，可以将回路定则应用到包含 R_1 的回路以求出电流，因为电流与 R_1 两端的电势差有关。

不正确的方法：左手回路或大回路应当都可以用。注意到电池的电动势箭头指向上，所以电池提供的电流沿顺时针方向，我们可以应用回路定则于左手回路，从 a 点开始顺时针方向进行。i 是通过电池的电流，我们会得到

$$+\mathscr{E}-iR_1-iR_2-iR_4=0\ (\text{不正确})$$

可是，这个方程式是不正确的，因为它假设了 R_1、R_2 和 R_4 都有同样的电流 i。电阻 R_1 和 R_4 的确有相同的电流，因为通过 R_4 的电流必定通过电池，因而也通过 R_1，数值没有变化。然而，电流在结点 b 分流——只有一部分电流通过 R_2，其余通过 R_3。

走不通的方法：为区别电路中的几种电流，我们必须分别给它们标记，像在图27-11b中那样。然后，从 a 点出发做顺时针环绕，我们可以写出左手回路的回路定则

$$+\mathscr{E}-i_1R_1-i_2R_2-i_1R_4=0$$

不幸的是，这个方程式包含两个未知数 i_1 和 i_2；我们至少还需要一个方程式才能求出它们。

成功的方法：一个更容易的选择是通过求等效电阻来简化图27-11b中的电路。特别要注意，R_1 和 R_2 不是串联，因而不能用等效电阻代替。不过，R_2 和 R_3 是并联的，所以我们可以用式（27-24）或式（27-25）求它们的等效电阻 R_{23}。由后一个公式，得

$$R_{23}=\frac{R_2R_3}{R_2+R_3}=\frac{(20\Omega)(30\Omega)}{50\Omega}=12\Omega$$

我们现在把电路重新画在图27-11c中；注意，通过 R_{23} 的电流一定也是 i_1，因为通过 R_1 和 R_4 的电荷也一定通过 R_{23}。对这个简单的单回路电路，由回路定则（图27-11d中从 a 点出发顺时针绕行）可以得到

$$+\mathscr{E}-i_1R_1-i_1R_{23}-i_1R_4=0$$

代入给定的数据，我们得到

$$12\text{V}-i_1(20\Omega)-i_1(12\Omega)-i_1(8.0\Omega)=0$$

由此给出

$$i_1=\frac{12\text{V}}{40\Omega}=0.30\text{A}\qquad(\text{答案})$$

（b）通过 R_2 的电流 i_2 是多少？

【关键概念】

（1）我们现在必须从图27-11d的等效电路往回推算，该图中用 R_{23} 代替了 R_2 和 R_3。（2）因为 R_2 和 R_3 并联，它们和 R_{23} 两端都有同样的电势差。

往回推算：我们知道，通过 R_{23} 的电流 $i_1=0.30\text{A}$。从而我们可以用式（26-8）（$R=V/i$）以及图27-11e求 R_{23} 上的电压 V_{23}。代入（a）小问中得到的 $R_{23}=12\Omega$，我们把式（26-8）写成

$$V_{23}=i_1R_{23}=(0.30\text{A})(12\Omega)=3.6\text{V}$$

R_2 两端的电势差也是3.6V（见图27-11f）。所以，由式（26-8）和图27-11g，R_2 中的电流必定是

$$i_2=\frac{V_2}{R_2}=\frac{3.6\text{V}}{20\Omega}=0.18\text{A}\qquad(\text{答案})$$

（c）通过 R_3 的电流 i_3 是多少？

【关键概念】

我们可以用以下两种方法中的任一种求出解答：（1）应用式（26-8），像我们刚才做的那样。（2）应用结点定则，它告诉我们在图27-11b中的 b 点，输入电流 i_1 与输出电流 i_2 和 i_3 的关系是

$$i_1=i_2+i_3$$

解：把这个结点定则的结果重新整理，得到图27-11g中展示的结果

$$i_3=i_1-i_2=0.30\text{A}-0.18\text{A}=0.12\text{A}\ (\text{答案})$$

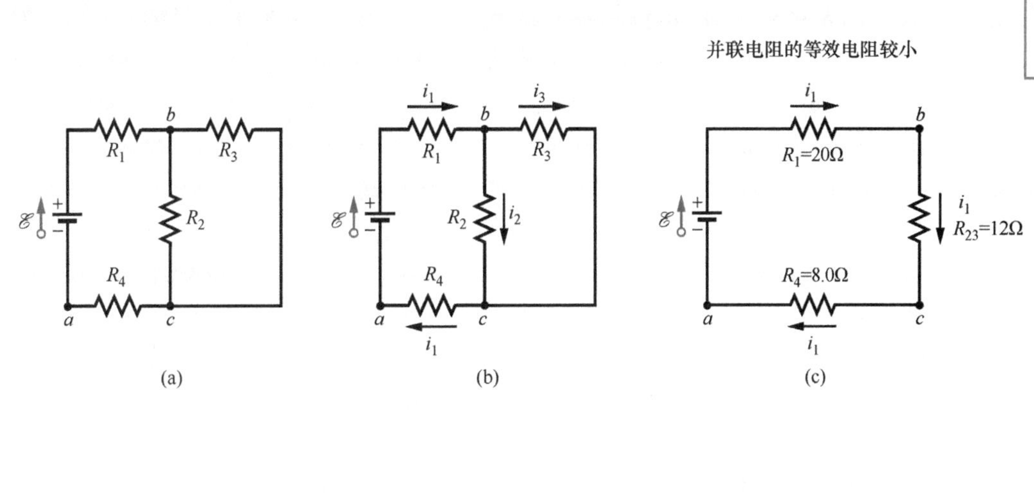

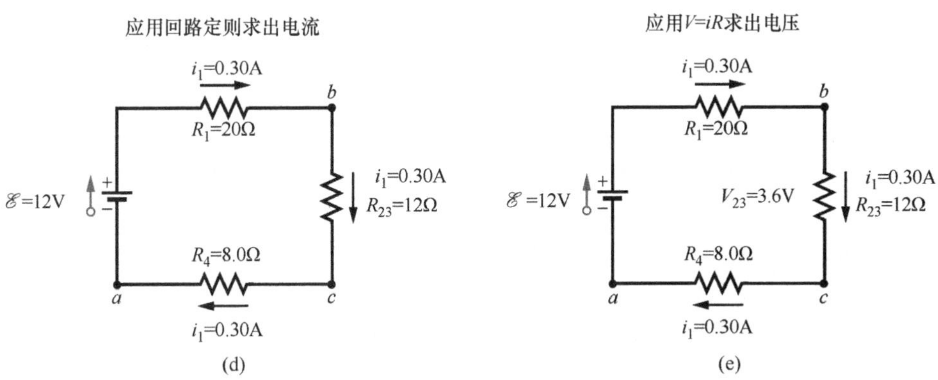

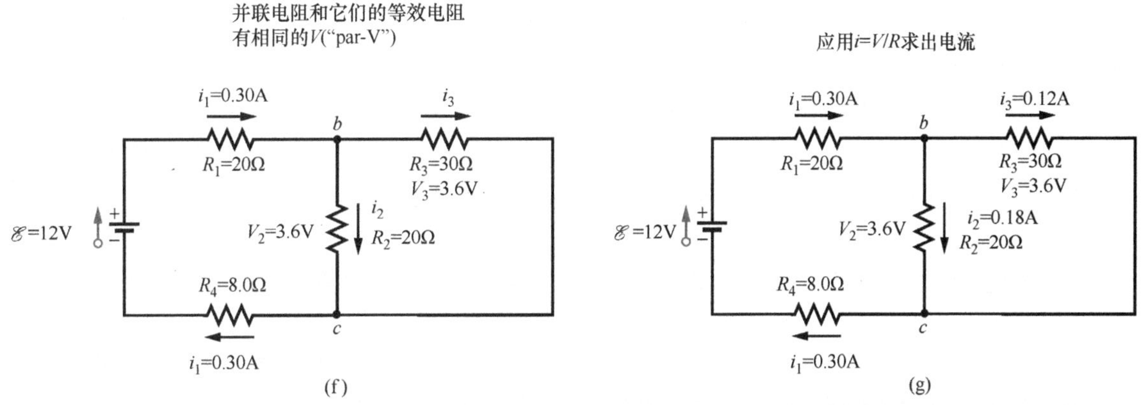

图 27-11 (a) 包含理想电池的电路。(b) 标出电流。(c) 并联电阻用它们的等效电阻代替。(d) ~ (g) 往回求出并联电阻器中的电流。

例题 27.03 一条电鱼有许多个并联和串联的真实电池

电鱼可以用称为电板（electroplaques）的生物电池产生电流。一条南美洲鳗身体中的电板排成 140 行，每一行包含 5000 个电池并且顺着身体水平地延伸，如图 27-12a 所示。每一个电板产生电动势 $\mathscr{E}=0.15\text{V}$ 并有内阻 $r=0.25\Omega$。通过围绕电鳗周围的水完成电板阵列两端的通路。一端在鱼的头顶，另一端靠近尾巴。

（a）如果周围水的电阻是 $R_w=800\Omega$，则电鳗在水中能产生多大的电流？

【关键概念】

我们可以将图 27-12a 中的电路简化，用等效电动势和等效电阻代替电动势和内阻的组合。

解： 我们首先考虑其中一行，5000 个电板串联成的一行的总电动势 $\mathscr{E}_{\text{row}}$ 是各个电动势之和：

$$\mathscr{E}_{\text{row}}=5000\mathscr{E}=(5000)(0.15\text{V})=750\text{V}$$

一行中的总电阻 R_{row} 是 5000 个电板内阻之和：

$$R_{\text{row}}=5000r=(5000)(0.25\Omega)=1250\Omega$$

我们现在可以用一个电动势 $\mathscr{E}_{\text{row}}$ 和一个电阻 R_{row} 来表示完全相同的 140 行中的每一行（见图 27-12b）。

在图 27-12b 中，任何一行 a 点和 b 点之间的电动势都是 $\mathscr{E}_{\text{row}}=750\text{V}$。因为各行都是相同的，还因为在图 27-12b 中它们的左端都连接在一起，图上所有 b 点都有相同的电势。所以我们可以认为它们都连接到同一个点 b。a 点和这个连接点 b 之间的电动势 $\mathscr{E}_{\text{row}}=750\text{V}$。所以我们可以把电路画作图 27-12c 中所画的样子。

在图 27-12c 中，b 点和 c 点之间有 140 个并联的电阻 $R_{\text{row}}=1250\Omega$。这个组合的等效电阻 R_{eq} 由式（27-24）给出

$$\frac{1}{R_{\text{eq}}}=\sum_{j=1}^{140}\frac{1}{R_j}=140\frac{1}{R_{\text{row}}}$$

或

$$R_{\text{eq}}=\frac{R_{\text{row}}}{140}=\frac{1250\Omega}{140}=8.93\Omega$$

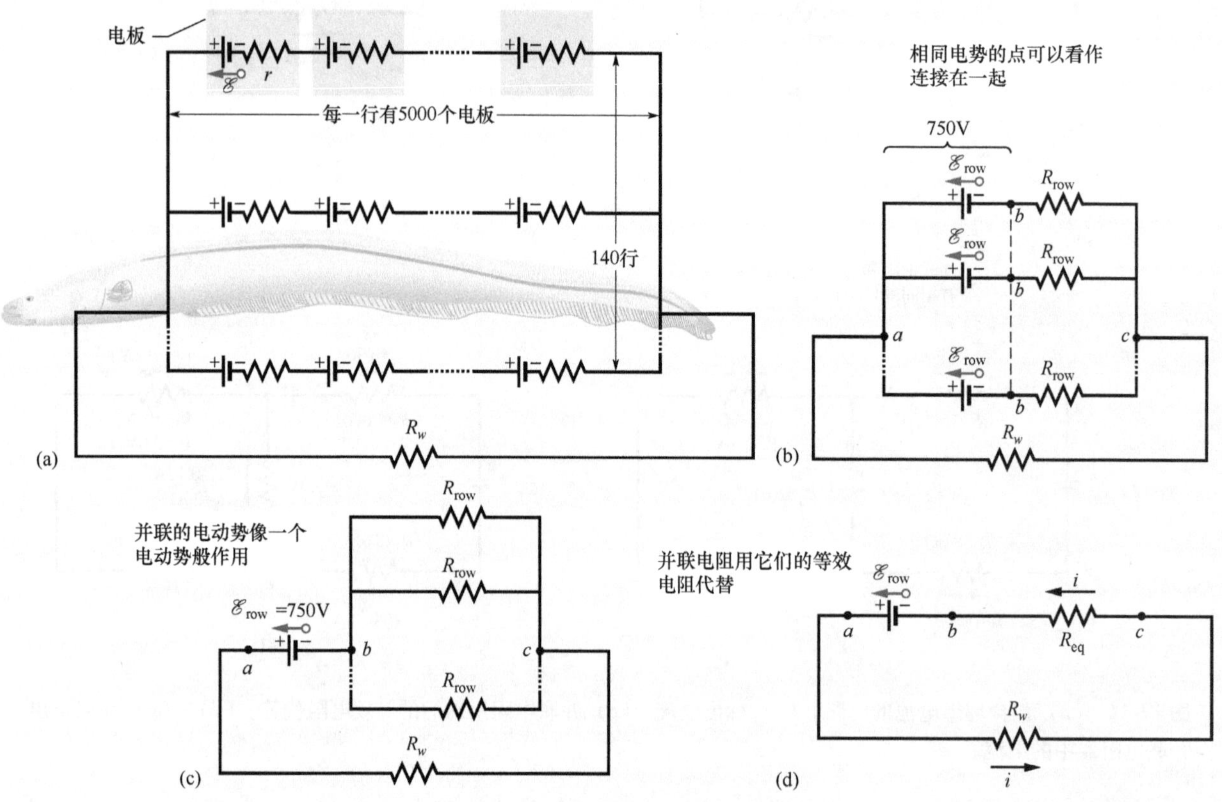

图 27-12 （a）水中电鳗的电路模型。一条电鳗有 140 行电板，每行从电鳗的头部到尾部共 5000 个电板。周围水的电阻为 R_w。（b）每一行的电动势 $\mathscr{E}_{\text{row}}$ 和电阻 R_{row}。（c）a 和 b 两点间的电动势是 $\mathscr{E}_{\text{row}}$。b 和 c 两点间有 140 个并联电阻 R_{row}。（d）简化后的电路。

用 R_{eq} 代替电阻的并联组合，我们得到图 27-12d 中的简化电路。对这个电路应用回路定则，从 b 点出发逆时针绕行，我们有

$$\mathscr{E}_{row} - iR_w - iR_{eq} = 0$$

解出 i 并代入已知数据，我们得到

$$i = \frac{\mathscr{E}_{row}}{R_w + R_{eq}} = \frac{750\text{V}}{800\Omega + 8.93\Omega}$$

$$= 0.927\text{A} \approx 0.93\text{A} \qquad \text{（答案）}$$

如果电鳗的头部或尾部接近一条鱼，这些电流中有些可能会沿很细的通路通过这条鱼，从而击昏或杀死这条鱼。

（b）图 27-12a 中通过每一行的电流是多少？

【关键概念】

因为各行完全相同，所以流入和流出电鳗的电流平均分配在每一行中。

解：于是，我们写出

$$i_{row} = \frac{i}{140} = \frac{0.927\text{A}}{140}$$

$$= 6.6 \times 10^{-3}\text{A} \qquad \text{（答案）}$$

因此，通过每一行电板的电流很小，所以当电鳗击昏或杀死一条鱼的时候不会电昏或杀死自己。

例题 27.04 多回路电路和联立回路方程式

图 27-13 表示的电路中的各个元件有以下数值：$\mathscr{E}_1 = 3.0\text{V}$，$\mathscr{E}_2 = 6.0\text{V}$，$R_1 = 2.0\Omega$，$R_2 = 4.0\Omega$。三个电池都是理想电池。求三条支路中电流的数值和方向。

【关键概念】

试图简化这个电路是不值得的，因为没有两个电阻器是并联的，并且串联的电阻（在右边支路中或者左边支路中的电阻）也没有什么问题。所以我们的策略是应用结点定则和回路定则。

结点定则：按照图 27-13 中所示，随意选择电流的方向。我们对 a 点应用结点定则，写出

$$i_3 = i_1 + i_2 \qquad (27\text{-}26)$$

对结点 b 应用结点定则只能得到同样的方程式，所以我们下面把回路定则用于电路的三个回路中的两个回路。

左手回路：我们首先随意地选择左手回路，随意地从 b 点开始，随意地沿顺时针方向绕回路走一圈，得到

$$-i_1R_1 + \mathscr{E}_1 - i_1R_1 - (i_1 + i_2)R_2 - \mathscr{E}_2 = 0$$

其中，我们在中间支路用 $(i_1 + i_2)$ 代替 i_3。代入已知的数据并予以简化，得到

$$i_1(8.0\Omega) + i_2(4.0\Omega) = -3.0\text{V} \qquad (27\text{-}27)$$

右手回路：在我们的回路定则的第二个应用中，我们随意选择从 b 点出发沿逆时针方向绕行右手回路，求得

$$-i_2R_1 + \mathscr{E}_2 - i_2R_1 - (i_1 + i_2)R_2 - \mathscr{E}_2 = 0$$

代入已知的数据，简化后得到

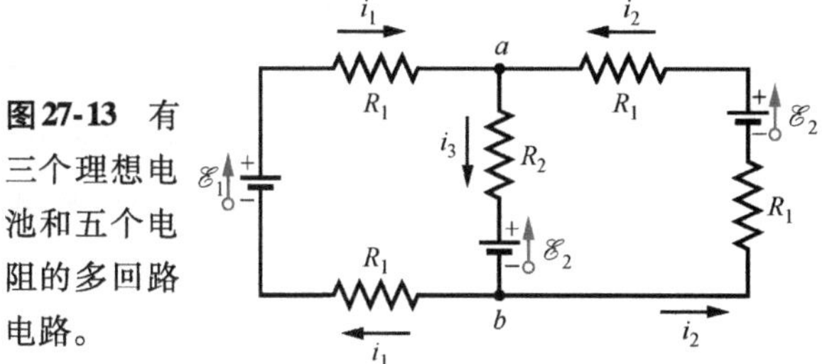

图 27-13 有三个理想电池和五个电阻的多回路电路。

$$i_1(4.0\Omega) + i_2(8.0\Omega) = 0 \qquad (27\text{-}28)$$

联立方程式：我们现在有一个包含两个方程的方程组［式（27-27）和式（27-28）］，其中包含两个未知数（i_1 和 i_2）。可以"自己动手"去求解（这里的问题是很容易的），或者用"数学工具"（一种解题方法是利用附录 E 中的克拉默法则），我们求得

$$i_1 = -0.50\text{A} \qquad (27\text{-}29)$$

（负号表示我们在图 27-13 中随意选择的 i_1 的方向是错的，但我们只能等一会儿再去改正它。）将 $i_1 = -0.50\text{A}$ 代入式（27-28），解出 i_2，我们得到

$$i_2 = 0.25\text{A} \qquad \text{（答案）}$$

由式（27-26），我们求出

$$i_3 = i_1 + i_2 = -0.50\text{A} + 0.25\text{A} = -0.25\text{A}$$

对 i_2 我们得到了正的答案，说明我们对这个电流方向的选择是正确的。然而，i_1 和 i_3 的负的答案表明我们开始时对这两个电流的方向选择错了。于是，这最后一步是，通过改变图 27-13 中 i_1 和 i_3 的箭头来改正答案，然后写出

$$i_1 = 0.50\text{A} \quad \text{及} \quad i_3 = 0.25\text{A} \qquad \text{（答案）}$$

警告：一定要在最后一步，而不是在算出所有这些电流之前做这种改正。

27-3 安培计和伏特计

学习目标

学完这一单元后，你应当能够……

27.26 说明安培计和伏特计的用法，包括为了不影响被测定的物理量，各种电表所需的电阻。

关键概念

- 三种测量仪器常用在电路参数的测量中：安培计测量电流，伏特计测量电压（电势差）。多用电表可用于测量电流、电压或电阻。

安培计和伏特计

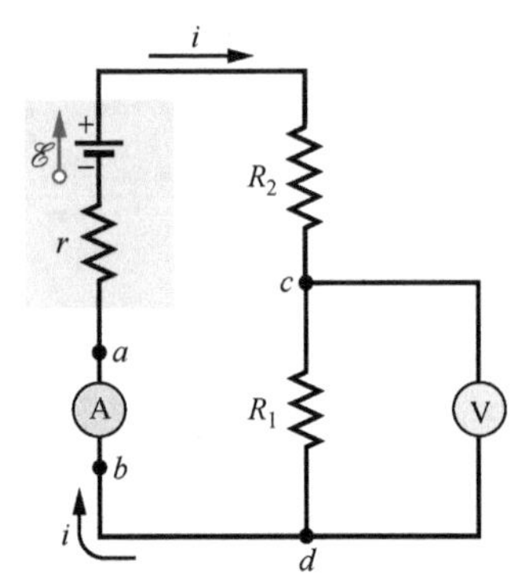

图27-14 单回路电路。表示以怎样的方式来连接安培计（A）和伏特计（V）。

用来测量电流的仪器称为安培计。为了测量电路中的电流，我们通常要断开或切断线路，接入安培计，使待测电流通过安培计。（图27-14中接入安培计A以测量电流i。）重要的是安培计的电阻R_A比电路中的其他电阻小很多。否则，电表的存在会改变要测量的电流。

用于测量电势差的电表称为伏特计，要测量电路中任何两点间的电势差，将伏特计两端连接到这两点之间而不切断电路。在图27-14中，伏特计V被用来测量R_1两端的电压。重要的是，伏特计的电阻R_V要比连接到它两端的电路元件的电阻大很多。否则，电表会改变要测量的电势差。

常常制成一个包含多种功能的电表，通过开关换档，可以把它用作安培计或伏特计——通常也可用作欧姆计，用来测量连接到它两端的任何元件的电阻。这种多用途的仪表称为多用电表（俗称万用表）。

27-4 *RC* 电路

学习目标

学完这一单元后，你应当能够……

27.27 画出RC电路充电和放电的曲线图。

27.28 写出充电的RC电路的回路方程式（微分方程）。

27.29 写出放电的RC电路的回路方程式（微分方程）。

27.30 对充电或放电的RC电路，应用作为时间的函数的电荷关系式。

27.31 由充电或放电的RC电路中的电荷的时间函数求电容器的电势差的时间函数。

27.32 在充电或放电的RC电路中，求电阻中的电流和电阻上的电势差的时间函数。

27.33 计算电容时间常量τ。

27.34 对充电的RC电路和放电的RC电路，确定过程开始时及很长时间以后电容上的电荷和电势差。

关键概念

- 将电动势$\mathscr{E}$加到串联的电阻R和电容C上，电容器上的电荷按下面公式增加

$$q = C\mathscr{E}(1 - e^{-t/(RC)})\text{（电容器充电）}$$

其中，$C\mathscr{E}=q_0$ 平衡时（末了）的电荷。$RC=\tau$ 是电路的电容时间常量。

- 充电过程中，电流是

$$i = \frac{dq}{dt} = \left(\frac{\mathscr{E}}{R}\right)e^{-t/(RC)}\text{（电容器充电）}$$

- 当电容器通过电阻 R 放电时，电容器上的电荷按以下公式衰减：

$$q = q_0 e^{-t/(RC)}\text{（电容器放电）}$$

- 放电过程中，电流变化是

$$i = \frac{dq}{dt} = -\left(\frac{q_0}{RC}\right)e^{-t/(RC)}\text{（电容器放电）}$$

RC 电路

在前面几个单元里我们只处理其中的电流不随时间改变的电路。这里我们开始讨论随时间改变的电流。

电容器充电

图 27-15 中的电容为 C 的电容器开始时没有充电。为了给它充电，我们将开关 S 通向 a 点。这就使电容器、电动势为 $\mathscr{E}$ 的理想电池以及电阻 R 形成完整的 RC 串联电路。

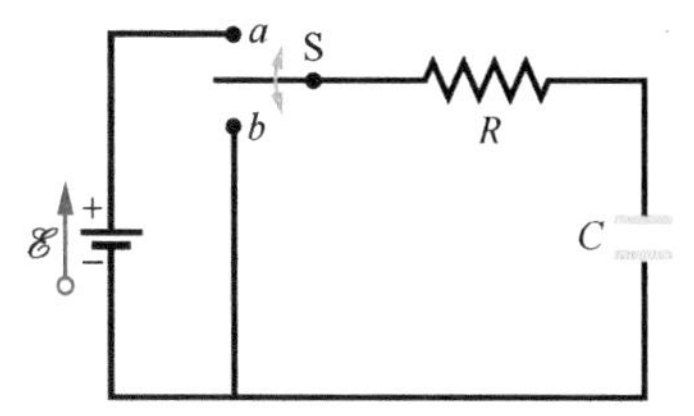

图 27-15 当开关 S 连接到 a 时，电容器通过电阻充电。然后开关改接到 b，电容器通过电阻放电。

由 25-1 单元我们已经知道，一旦电路接通，电荷便开始在电容器极板和分别连接在电容器两极板上的电池正负极间流动（产生电流）。电流使极板上的电荷 q 和电容器两极板间的电势差 V_C（$=q/C$）都增大。当这个电势差等于电池正负极间的电势差（这里等于电动势 $\mathscr{E}$）时，电流变成零。由式（25-1）（$q=CV$）可知，此时充满电荷的电容器在平衡（最终）状态下的电荷等于 $C\mathscr{E}$。

现在我们要研究充电过程。特别是，我们要知道电容器极板上的电荷 $q(t)$，电容器两极板间的电势差 $V_C(t)$，以及电路中的电流 $i(t)$ 在充电过程中随时间的改变。我们从把回路定则应用到电路来开始讨论。从电池的负极出发顺时针进行。我们求得

$$\mathscr{E} - iR - \frac{q}{C} = 0 \tag{27-30}$$

左边最后一项表示电容器两极板的电势差。这一项是负的，因为连接到电池正极的上面的电容器极板处在比下面的极板更高的电势中。所以当我们向下进行通过电容器时有一个电势降落。

我们不能立即解出式（27-30），因为它包含两个未知数 i 和 q。然而这两个变量并不相互独立，而有以下关系：

$$i = \frac{dq}{dt} \tag{27-31}$$

把这个式子代入式（27-30）中的 i，重新整理后，我们得到：

$$R\frac{dq}{dt} + \frac{q}{C} = \mathscr{E}\text{（充电方程）} \tag{27-32}$$

这个微分方程描写图 27-15 中电容器上的电荷 q 随时间的变化。要解这个方程，我们需要求出满足这个方程并且也满足电容器最初不带电的条件的函数 $q(t)$，即 $t=0$ 时，$q=0$。

我们将很快就将证明式（27-32）的解是

$$q = C\mathscr{E}(1 - e^{-t/(RC)})\text{（电容器充电）} \tag{27-33}$$

（这里e是自然对数的底2.718…，而不是元电荷。）注意，式（27-33）确实满足我们的初始条件的要求，因为在$t=0$时，$e^{-t/(RC)}$项是1；所以这个方程给出$q=0$。还要注意，t趋近于无限大（即很长时间以后），$e^{-t/(RC)}$趋近于零；所以方程式给出了电容器充满电荷（平衡）的正确数值——即$q=C\mathscr{E}$。充电过程如图27-16a所示。

$q(t)$的微商是电容器充电的电流：

$$i=\frac{dq}{dt}=\left(\frac{\mathscr{E}}{R}\right)e^{-t/(RC)}\text{（电容器充电）}\qquad(27\text{-}34)$$

充电过程的$i(t)$曲线画在图27-16b中，注意电流有初始值$\mathscr{E}/R$，并且它会随着电容器逐渐充满而降低到零。

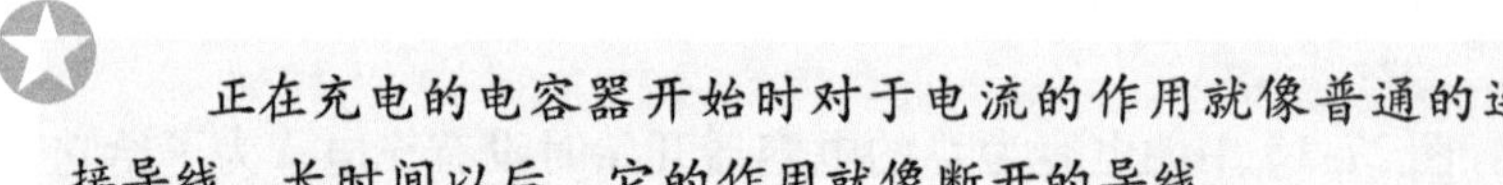
正在充电的电容器开始时对于电流的作用就像普通的连接导线。长时间以后，它的作用就像断开的导线。

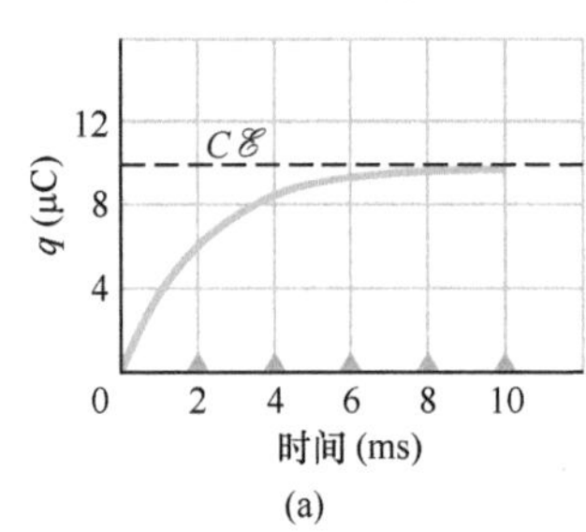

(a)

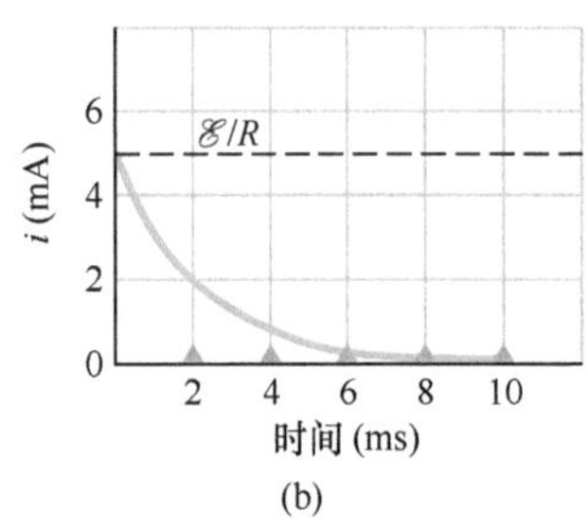

(b)

图27-16 式（27-33）的曲线图，图上表示出图27-15中的电容器上的电荷的逐渐增加。（b）式（27-34）的曲线图，表示图27-15的电路中充电电流逐渐消减。曲线图中的$R=2000\Omega$，$C=1\mu F$，$\mathscr{E}=10V$；小三角形表示一个时间常量τ的相继间隔。

通过将式（25-1）（$q=CV$）和式（27-33）联立起来，我们求出充电过程中电容器上的电势差$V_C(t)$是

$$V_C=\frac{q}{C}=\mathscr{E}(1-e^{-t/(RC)})\text{（电容器充电）}\qquad(27\text{-}35)$$

这告诉我们，当$t=0$时，$V_C=0$；当$t\to\infty$时，电容器完全充满电，此时$V_C=\mathscr{E}$。

时间常量

在式（27-33）~式（27-35）中出现的乘积RC具有时间的量纲（因为指数上的自变量必须是无量纲的，并且事实上$1.0\Omega\times1.0F=1.0s$）。乘积RC称为电路的**电容时间常量**，并用符号τ表示：

$$\tau=RC\text{（时间常量）}\qquad(27\text{-}36)$$

由式（27-33），我们现在可以知道，在时刻$t=\tau$（$=RC$），图27-15中起初未充电的电容器上的电荷从零增加到

$$q=C\mathscr{E}(1-e^{-1})=0.63C\mathscr{E}\qquad(27\text{-}37)$$

用文字表述，在第一个时间常量τ的时间里，电荷从零增大到最终值$C\mathscr{E}$的63%。在图27-16中，时间轴上的小三角形标出电容器充电过程中一个时间常量的相继间隔。RC电路的充电时间常常用τ来表示。例如，$\tau=1\mu s$的电路充电很快，而$\tau=100s$的电路充电则要慢得多。

电容器放电

现在假设图27-15中的电容器完全充电到等于电池电动势$\mathscr{E}$的电压V_0。在新的时间$t=0$，开关S从a转向b，电容器就要通过电阻R放电。现在电容器上的电荷$q(t)$以及通过电容器和电阻组成的放电回路中的电流$i(t)$随时间的变化又是怎样的呢？

描写$q(t)$的微分方程和式（27-32）一样，只是现在放电回路中没有电池，$\mathscr{E}=0$。于是

$$R\frac{dq}{dt}+\frac{q}{C}=0\text{（放电方程）}\qquad(27\text{-}38)$$

这个微分方程的解是

$$q=q_0\mathrm{e}^{-t/(RC)}\ （电容器放电） \tag{27-39}$$

其中，q_0（$=CV_0$）是电容器上的初始电荷。我们可以把式（27-39）代入微分方程以证明它确实是式（27-38）的一个解。

式（27-39）告诉我们 q 以电容时间常量 $\tau=RC$ 决定的速率随时间指数式地减小。在 $t=\tau$ 时刻，电容器的电荷减小到初始值的 $q_0\mathrm{e}^{-1}$，或大约 37%。注意，较大的 τ 意味着较长的放电时间。

对式（27-39）微分，得到电流 $i(t)$ 为

$$i=\frac{\mathrm{d}q}{\mathrm{d}t}=-\left(\frac{q_0}{RC}\right)\mathrm{e}^{-t/(RC)}\ （电容器放电） \tag{27-40}$$

这告诉我们，电流也以 τ 决定的速率随时间指数式地减小。初始电流 i_0 等于 q_0/RC。注意，我们可以简单地将回路定则应用于 $t=0$ 时的电流以求 i_0；这时电容器的初始电压 V_0 加在电阻 R 的两端，所以电流一定是 $i_0=V_0/R=(q_0/C)/R=q_0/(RC)$。式（27-40）中的负号可以忽略；它只表示电容器的电荷 q 在减少。

式（27-33）的推导

为解式（27-32），我们把它重新写为

$$\frac{\mathrm{d}q}{\mathrm{d}t}+\frac{q}{RC}=\frac{\mathscr{E}}{R} \tag{27-41}$$

这个微分方程的一般解是

$$q=q_\mathrm{p}+K\mathrm{e}^{-at} \tag{27-42}$$

其中，q_p 是微分方程的特解；K 是要从初始条件计算的常量；$a=1/(RC)$ 是式（27-41）中 q 的系数。要求 q_p，我们令式（27-41）中的 $\mathrm{d}q/\mathrm{d}t=0$。（相当于不再进一步充电的最后条件），令 $q=q_\mathrm{p}$，解出

$$q_\mathrm{p}=C\mathscr{E} \tag{27-43}$$

要求 K，我们首先把上式代入式（27-42），得到

$$q=C\mathscr{E}+K\mathrm{e}^{-at}$$

然后代入初始条件 $t=0$ 时，$q=0$，得到

$$0=C\mathscr{E}+K$$

或 $K=-C\mathscr{E}$。最后，将 q_p、a 和 K 的各值代入，式（27-42）成为

$$q=C\mathscr{E}-C\mathscr{E}\mathrm{e}^{-t/(RC)}$$

对这个公式稍加改动就能得到式（27-33）。

检查点 5

下表给出图 27-15 中电路元件的四组数值。按照（a）初始电流（当开关接通到 a 时）及（b）电流减小到其初始值的一半所需的时间，将各组按顺序排列，最大的排第一。

	1	2	3	4
$\mathscr{E}$（V）	12	12	10	10
R（Ω）	2	3	10	5
C（μF）	3	2	0.5	2

例题 27.05　使 RC 电路放电以避免赛车停车加油时着火

一辆汽车在路面上前进时，许多电子从路面先移动进入车胎，然后再进入车体。汽车储存了这种过剩电荷以及与此相联系的电势能，就好像车体是电容器的一个极板，而地面则是另一个极板（见图 27-17a）。当汽车停止时，它通过轮胎放出过剩电荷及能量，就好像电容器通过电阻放电一样。如果有一导电物体在汽车放电以前来到距车几厘米的地方，剩下的能量可能突然转变为汽车和物体间的火花。假设这个导电物体是一台加油机，如果火花能量小于临界值 $U_{fire}=50\text{mJ}$，这个火花不会点燃汽油并引起火灾。

当图 27-17a 中的汽车在 $t=0$ 时刻停止时，汽车-地面的电势差 $V_0=30\text{kV}$。汽车-地面的电容是 $C=500\text{pF}$，每个车胎的电阻 $R_{tire}=100\text{G}\Omega$。需要经过多长时间汽车才可以通过车胎放电使电势能下降到临界值 U_{fire} 以下？

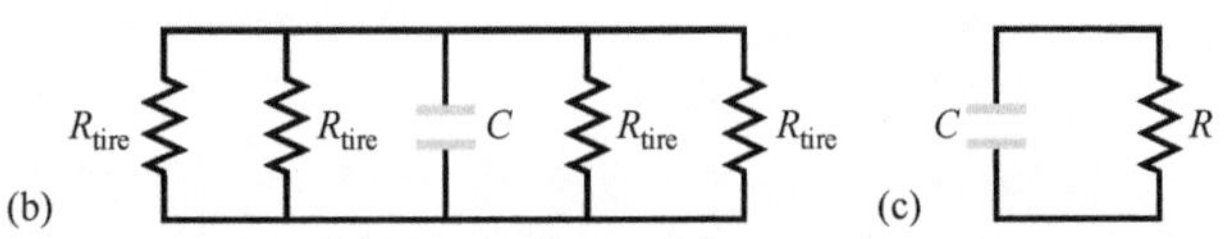

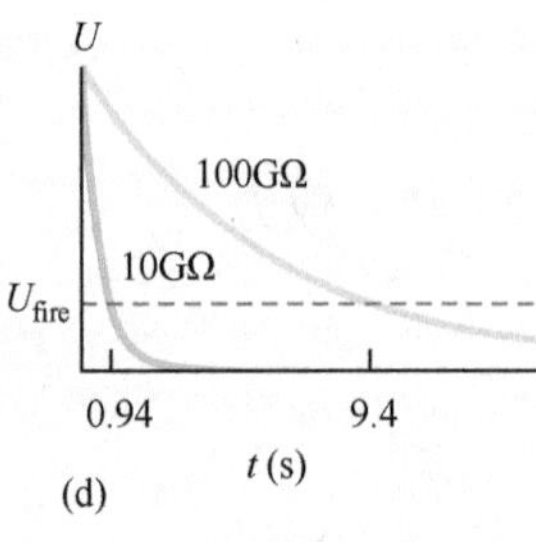

图 27-17　(a) 带电的汽车和地面道路之间好像一个电容器。可以通过汽车轮胎放电。(b) 汽车-地面电容器的有效电路，电阻都是 R_{tire} 的四个轮胎并联。(c) 四个轮胎的等效电阻 R。(d) 汽车-地面电容器的电势能 U 在放电过程中减小。

【关键概念】

(1) 在任何时刻 t，电容器储存的电势能 U 与它储存的电荷 q 的关系都可以由式 (25-21) $[U=q^2/(2C)]$ 表示。

(2) 电容器放电时，电荷按式 (27-39) $[q=q_0e^{-t/(RC)}]$ 随时间减少。

解： 我们可以把车胎当作电阻器，它们的上端通过车身相互连接在一起，它们的底部连接在地面上。图 27-17b 表示四个电阻器并联连接到汽车的电容器两端。图 27-17c 表示等效电阻 R。由式 (27-24)，R 由下式给出：

$$\frac{1}{R}=\frac{1}{R_{tire}}+\frac{1}{R_{tire}}+\frac{1}{R_{tire}}+\frac{1}{R_{tire}}$$

或

$$R=\frac{R_{tire}}{4}=\frac{100\times10^9\Omega}{4}=25\times10^9\Omega \tag{27-44}$$

当汽车停止时，它通过 R 放出过剩电荷和能量，现在我们应用上面两个关键概念，来分析这种放电过程，将式 (27-39) 代入式 (25-21)，给出

$$U=\frac{q^2}{2C}=\frac{[q_0e^{-t/(RC)}]^2}{2C}=\frac{q_0^2}{2C}e^{-2t/(RC)} \tag{27-45}$$

由式 (25-1) ($q=CV$)，我们可以将汽车上的初始电荷 q_0 与给定的初始电势差 V_0 联系起来：$q_0=CV_0$。把这个方程式代入式 (27-45)，得到

$$U=\frac{(CV_0)^2}{2C}e^{-2t/(RC)}=\frac{CV_0^2}{2}e^{-2t/(RC)}$$

或

$$e^{-2t/(RC)}=\frac{2U}{CV_0^2} \tag{27-46}$$

等式两边取自然对数，得到

$$-\frac{2t}{RC}=\ln\left(\frac{2U}{CV_0^2}\right)$$

或

$$t=-\frac{RC}{2}\ln\left(\frac{2U}{CV_0^2}\right) \tag{27-47}$$

代入已知的数据，我们求得汽车经过放电降到能量水平 $U_{fire}=50\text{mJ}$ 所需的时间是

$$t=-\frac{(25\times10^9\Omega)(500\times10^{-12}\text{F})}{2}\times \ln\left[\frac{2(50\times10^{-3}\text{J})}{(500\times10^{-12}\text{F})(30\times10^3\text{V})^2}\right]$$

$$=9.4\text{s} \qquad \text{（答案）}$$

着火还是不着火： 在燃油可以安全地靠近汽车以前需要至少 9.4s。加油站的工作人员不能等待这么长的时间。所以车胎中要含某种导电材料（如碳黑）以降低电阻，从而提高放电速率。图 27-17d 表示在车胎电阻分别为 $R=100\text{G}\Omega$（我们的数据）和 $R=10\text{G}\Omega$ 的两种情况下储存的能量 U 关于时间 t 的曲线。注意，具有较低 R 值车胎的汽车通过放电降到 U_{fire} 水平快了许多。

WILEY PLUS 在 WileyPLUS 中可以找到附加的例题、视频和练习。

复习和总结

电动势（emf）　电动势器件对电荷做功以保持它的两输出端之间的电势差。如果 dW 是电动势器件迫使正电荷 dq 从负极移动到正极所做的功，则器件的**电动势**（对单位电荷做的功）是

$$\mathscr{E}=\frac{dW}{dq}\ (\mathscr{E}\text{的定义}) \tag{27-1}$$

伏［特］是电动势及电势差的国际单位制单位。**理想电动势器件**是没有任何内阻的器件。它的正负极间的电势差等于电动势。**真实的电动势器件**有内阻。只有在没有电流通过器件的情况下，其正负极间的电势差才等于电动势。

电路分析　沿电流的方向通过电阻 R 时电势的改变是 $-iR$；沿相反方向则是 $+iR$（电阻定则）。沿电动势箭头方向通过理想电动势器件的电势改变是 $+\mathscr{E}$；沿相反方向则是 $-\mathscr{E}$（电动势定则）。能量守恒导出回路定则：

回路定则　沿电路的任何一个回路绕行一周所遇到的电势改变的代数和必定是零。

结点定则　流入任何结点的电流的总和必定等于流出该结点的电流总和。

单回路电路　由一个电阻 R 和一个电动势为 $\mathscr{E}$ 以及内阻为 r 的电动势器件组成的单回路电路中的电流为

$$i=\frac{\mathscr{E}}{R+r} \tag{27-4}$$

对 $r=0$ 的理想电动势器件，这个式子化简为 $i=\mathscr{E}/R$。

功率　一个电动势为 $\mathscr{E}$、内阻为 r 的真实电池对通过电池的电流 i 中的载流子做功，转移给载流子的功率 P 是

$$P=iV \tag{27-14}$$

其中，V 是电池正负极间的电压。电池中作为热能损耗的功率 P_r 是

$$P_r=i^2r \tag{27-16}$$

电池中化学能的改变的功率 P_{emf} 是

$$P_{emf}=i\mathscr{E} \tag{27-17}$$

串联电阻　串联的电阻中有相同的电流。可以用来代替电阻的串联组合的等效电阻是

$$R_{eq}=\sum_{j=1}^{n}R_j\quad (n\text{ 个电阻串联}) \tag{27-7}$$

并联电阻　并联的电阻有相同的电势差。可以用来代替电阻并联组合的等效电阻由下式给出：

$$\frac{1}{R_{eq}}=\sum_{j=1}^{n}\frac{1}{R_j}\quad (n\text{ 个电阻并联}) \tag{27-24}$$

***RC* 电路**　图 27-15 中的开关接通 a，当电动势 $\mathscr{E}$ 作用在电阻 R 和电容 C 的串联电路上时，电容器上的电荷按下式增大：

$$q=C\mathscr{E}(1-e^{-t/(RC)})\quad (\text{电容器充电}) \tag{27-33}$$

其中，$C\mathscr{E}=q_0$ 是平衡时（终了时）的电荷；$RC=\tau$ 是电路的**电容时间常量**。在充电过程中的电流是

$$i=\frac{dq}{dt}=\left(\frac{\mathscr{E}}{R}\right)e^{-t/(RC)}\quad (\text{电容器充电}) \tag{27-34}$$

当电容器通过电阻 R 放电时，电容器上的电荷按下式衰减：

$$q=q_0e^{-t/(RC)}\quad (\text{电容器放电}) \tag{27-39}$$

放电过程中的电流是

$$i=\frac{dq}{dt}=-\left(\frac{q_0}{RC}\right)e^{-t/(RC)}\quad (\text{电容器放电}) \tag{27-40}$$

习题

1. 孤立的、已充电的电容器会因电荷从一个极板通过两极板间的材料泄漏到另一极板而逐渐放电，就好像通过外部电阻器放电一样。(a) 如果一个 2.00μF 的电容器的电势差从初始值 50.0V 在 2.40 天内减少到原来的 60.0%，这样的外部电阻器的电阻有多大？(b) 在这段时间间隔内电势能的相应损失是多少？(c) 到这段时间末了，电容器电势能损失的速率有多大？

2. 图 27-18 中，理想电池的电动势 $\mathscr{E}_1=12.0\text{V}$，$\mathscr{E}_2=0.500\mathscr{E}_1$，每个电阻都是 4.00Ω。(a) 电阻 2 和 (b) 电阻 3 中的电流各是多少？

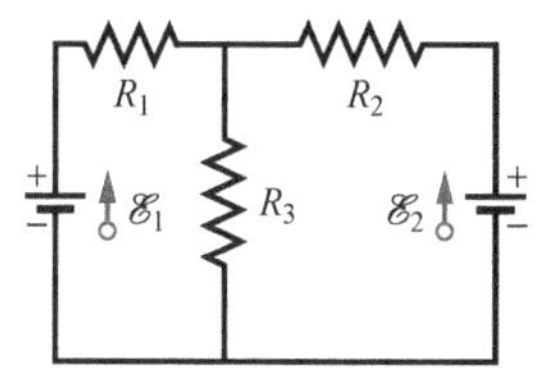

图 27-18　习题 2、3 图

3. 图 27-18 中，$\mathscr{E}_1=1.00\text{V}$，$\mathscr{E}_2=3.00\text{V}$，$R_1=4.00\Omega$，$R_2=2.00\Omega$，$R_3=5.00\Omega$，两个电池都是理想的。在电阻 (a) R_1，(b) R_2 和 (c) R_3 中能量损耗的速率各为多少？(d) 电池 1 和 (e) 电池 2 的功率各为多少？(f) 电池 1 和 (g) 电池 2 分别是提供能量还是吸收能量？

4. 图 27-19a 中的两个电池都是理想的。电池 1 的电动势 $\mathscr{E}_1$ 有固定的值，但电池 2 的电动势 $\mathscr{E}_2$ 可以在 1.0V

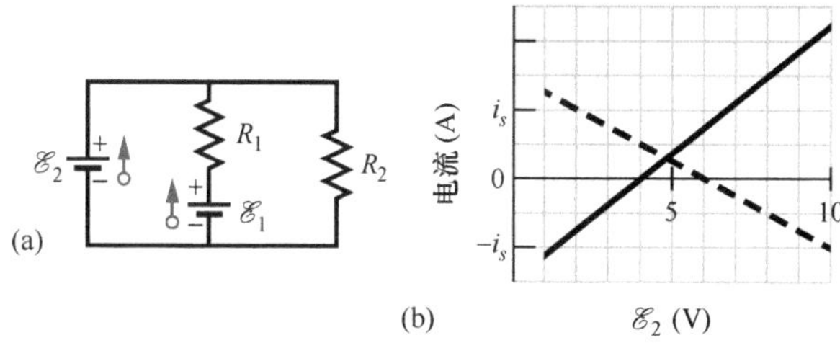

图 27-19　习题 4 图

到 10V 之间变化。图 27-19b 中的两条曲线给出通过两个电池的电流作为 $\mathscr{E}_2$ 的函数。纵轴由 $i_s=0.40\text{A}$ 标定。请你确定哪一条曲线对应于哪一个电池。对于两条曲线，当通过电池的电流和该电池的电动势方向相反时形成负电流，求（a）电动势 $\mathscr{E}_1$，（b）电阻 R_1 和（c）电阻 R_2。

5. 图 27-20 中，将电动势为 $\mathscr{E}=12.0\text{V}$、内阻为 $r=0.500\Omega$ 的两个电池并联到电阻 R 上。（a）R 是什么值的时候在电阻器上损耗速率最大？（b）这个最大损耗速率是多少？（c）在两个电池中，总的损耗速率有多大？用 r 表示，（d）求双电池系统的有效（内）电阻，（e）求使损耗速率最大时所需的电阻 R。这是一个普遍的结果。

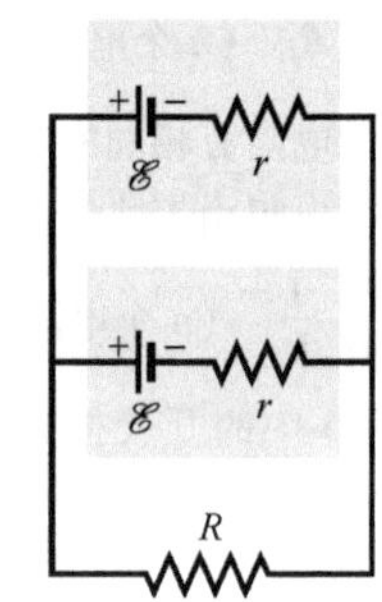

图 27-20 习题 5、6 图

6. 将两个完全相同的电池（电动势为 $\mathscr{E}=10.0\text{V}$，内阻为 $r=0.200\Omega$）并联（见图 27-20）或串联（见图 27-21）到外电阻 R 上。如果 $R=2.00r$，外电阻中的电流 i 在（a）并联和（b）串联两种连接方式下各是多大？（c）哪一种连接方式电流较大？如果 $R=r/2.00$，外电阻中的电流 i 在（d）并联和（e）串联两种连接方式下各是多少？（f）现在哪一种连接方式的 i 较大？

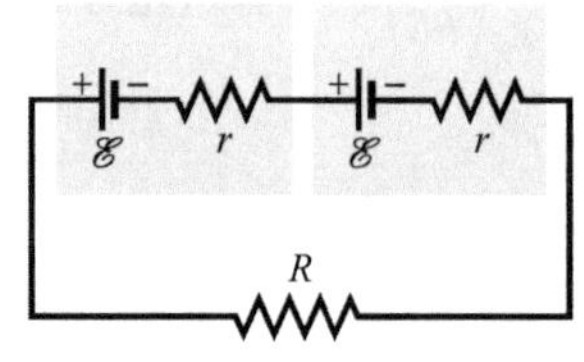

图 27-21 习题 6 图

7. 图 27-22 中，电阻 $R_V=300\Omega$ 的伏特计和电阻 $R_A=3.00\Omega$ 的安培计用于测量电阻 R 的电路中，电路中还有电阻 $R_0=100\Omega$、电动势 $\mathscr{E}=18.0\text{V}$ 的理想电池。电阻 R 由公式 $R=V/i$ 给出，其中 V 是 R 两端的电压；i 是安培计读数；V'是伏特计读数，它是 V 加上安培计两端的电压。因此，两只表的读数之比不是 R，而只是*表观电阻* $R'=V'/i$。如果 $R=85.0\Omega$，（a）安培计读数，（b）伏特计读数及（c）R'各是多少？（d）如果 R_A 减小，R'和 R 之间的差别是增大、减小还是相同？

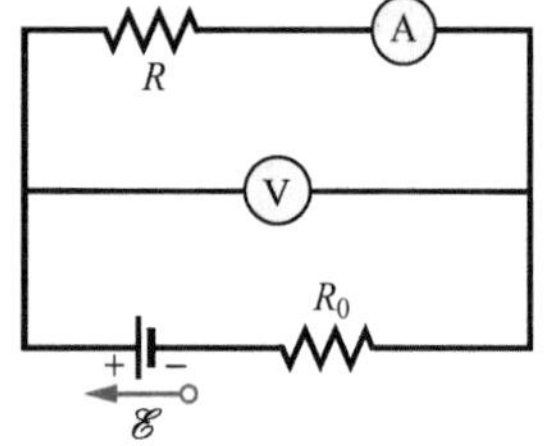

图 27-22 习题 7 图

8. 图 27-23 中，$R_1=100\Omega$，$R_2=R_3=50.0\Omega$，$R_4=75.0\Omega$，理想电池的电动势 $\mathscr{E}=12.0\text{V}$。（a）等效电阻是多少？（b）电阻 1，（c）电阻 2，（d）电阻 3 及（e）电阻 4 中的电流 i 各是多少？

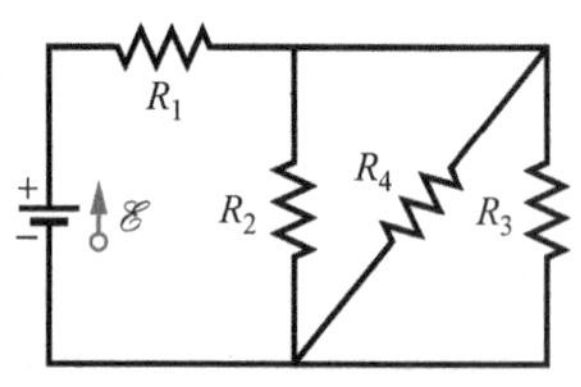

图 27-23 习题 8、10 图

9. 图 27-24 中，$R_1=10.0\text{k}\Omega$，$R_2=15.0\text{k}\Omega$，$C=0.400\mu\text{F}$，理想电池的电动势 $\mathscr{E}=20.0\text{V}$。首先，开关接通很长时间后达到了稳定状态。然后开关在 $t=0$ 时刻断开，对于电阻器 2，在 $t=4.00\text{ms}$ 时刻，（a）电流，（b）电流的改变率，以及（c）损耗速率的改变率各是多少？

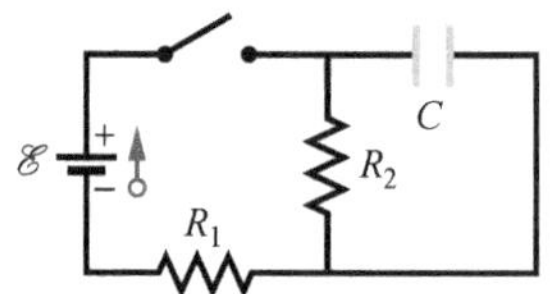

图 27-24 习题 9 图

10. 图 27-23 中几个电阻器的数值分别是：$R_1=7.00\Omega$，$R_2=12.0\Omega$，$R_3=4.00\Omega$，理想电池的电动势 $\mathscr{E}=22.0\text{V}$。当 R_4 的数值为多少时电池能量转换到电阻器的功率等于（a）60.0W，（b）最大功率 P_{max} 以及（c）最小功率 P_{min}？（d）P_{max} 和（e）P_{min} 各是多少？

11. 图 27-25 中，理想电池的电动势分别为 $\mathscr{E}_1=5.0\text{V}$ 及 $\mathscr{E}_2=19\text{V}$，各个电阻都是 2.0Ω，电路接地点的电势定义为零。图中指明的（a）V_1 和（b）V_2 的电势各多大？（c）电池的功率多大？

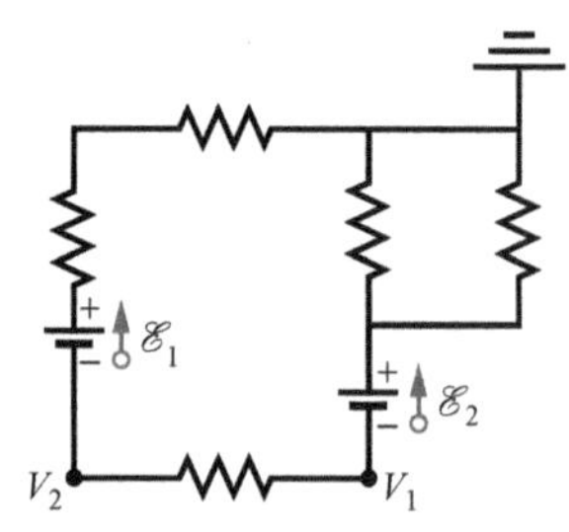

图 27-25 习题 11 图

12. 图 27-26 表示连接到均匀的电阻器 R_0 上的一个电池。滑动触点可以沿电阻器从左边 $x=0$ 的位置移动到右边 $x=10\text{cm}$ 的位置。移动触点可以改变左边和右边电阻的数值。求在电阻器 R 上能量的损耗功率作为 x 的函数。对于 $\mathscr{E}=50\text{V}$，$R=2000\Omega$ 及 $R_0=100\Omega$，画出这个函数的曲线。

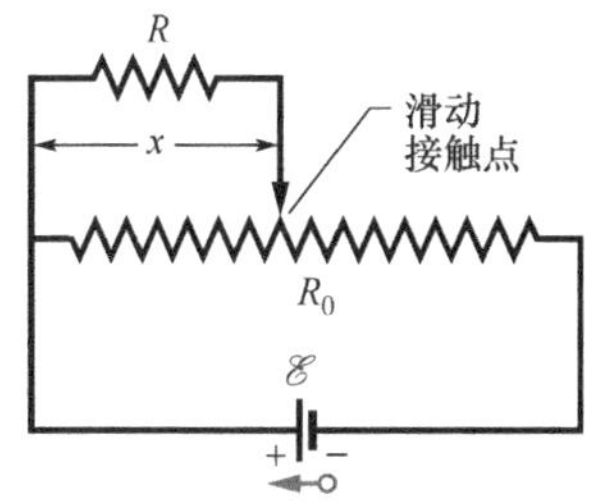

图 27-26　习题 12 图

13. 在图 27-14 中，设 $\mathscr{E}=13.2\mathrm{V}$，$r=100\Omega$，$R_1=250\Omega$，$R_2=300\Omega$。如果伏特计的电阻 R_V 是 $5.0\mathrm{k}\Omega$，测量 R_1 两端电势差时所引入的百分误差是多大？忽略安培计的存在。

14. 图 27-27a、b 中的电阻都是 4.0Ω，电池是理想的 12V 电池。(a) 当图 27-27a 中的开关 S 接通时，电阻器 1 上的电压 V_1 改变多少，还是说 V_1 保持不变？(b) 当图 27-27b 中的开关 S 接通时，电阻器 1 上的电压 V_1 改变多少？还是说 V_1 保持不变？

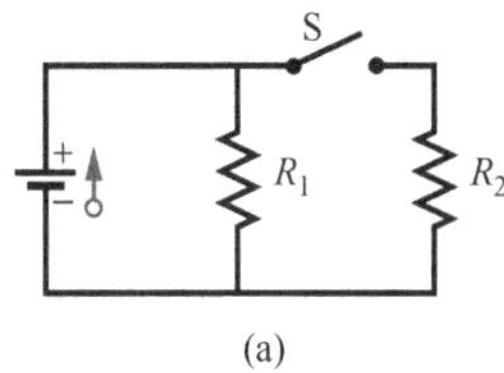

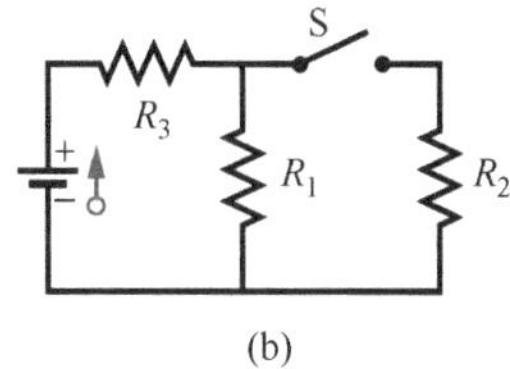

图 27-27　习题 14 图

15. 在 RC 串联电路中，起初未充电的电容器被充电到它最终电荷的 89.0% 所需的时间是该电路的时间常量 τ 的多少倍？

16. 图 27-28 中，n 个并联电阻器阵列和一个电阻器及一个电池串联。所有电阻器都有相同的电阻。如果加上一个完全相同的电阻器并联到平行电阻器阵列中，通过电池的电流改变 0.833%，则 n 值是多少？

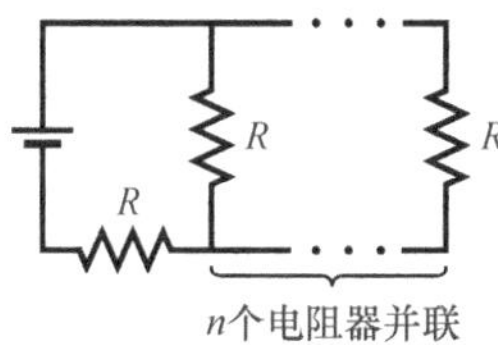

图 27-28　习题 16 图

17. 图 27-29 中，电阻 $R_1=3.00\Omega$，$R_2=7.00\Omega$，电池是理想的。要使电阻 R_3 上消耗的功率最大，R_3 的数值应是多少？

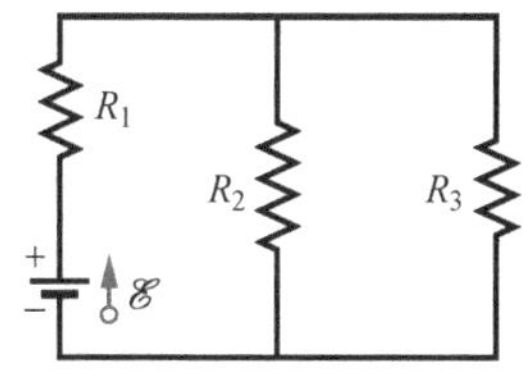

图 27-29　习题 17 图

18. 在 $t=0$ 时，初始电势差为 80.0V 的电容器和电阻器间的开关接通而开始通过电阻器放电。在 $t=10.0\mathrm{s}$ 时刻，电容器上的电势差是 1.00V。(a) 电路的时间常量为多大？(b) 在 $t=17.0\mathrm{s}$ 时，电容器上的电势差多少？

19. 图 27-30 中，电阻 R_6 中的电流是 $i_6=2.80\mathrm{A}$，这几个电阻的数值分别是 $R_1=R_2=R_3=2.00\Omega$，$R_4=16.0\Omega$，$R_5=8.00\Omega$，$R_6=4.00\Omega$。理想电池的电动势多大？

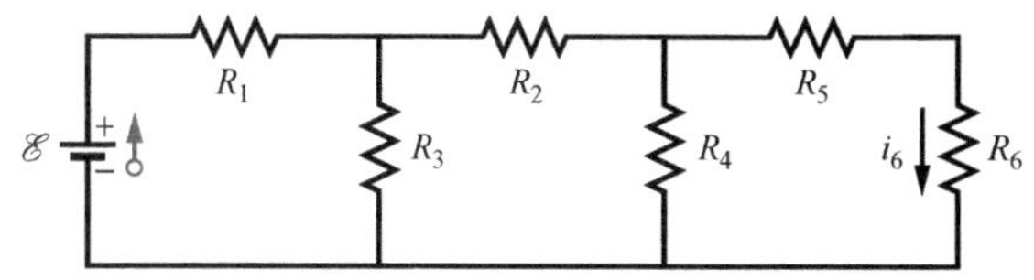

图 27-30　习题 19 图

20. 图 27-31 中，$\mathscr{E}_1=8.00\mathrm{V}$，$\mathscr{E}_2=12.0\mathrm{V}$，$R_1=100\Omega$，$R_2=200\Omega$，$R_3=300\Omega$。线路中有一点接地（$V=0$）。求通过电阻 R_1 的电流的 (a) 大小和 (b) 方向（向上或向下），通过电阻 R_2 的电流的 (c) 大小和 (d) 方向（向左或向右），通过电阻 R_3 的电流的 (e) 大小和 (f) 方向。(g) A 点的电势的大小。

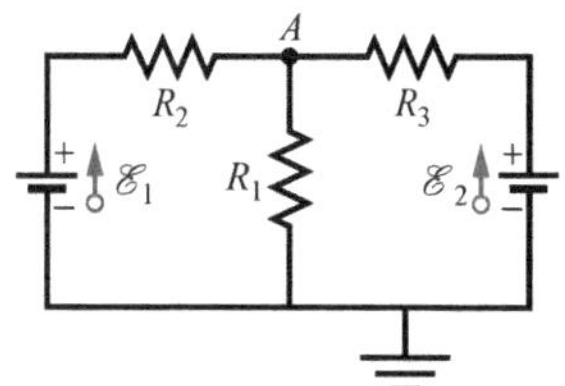

图 27-31　习题 20 图

21. 图 27-32 中，在 $t=0$ 时刻开关 S 接通，原来未充电的 $C=49.0\mu\mathrm{F}$ 的电容器通过电阻 $R=32.0\Omega$ 的电阻器开始充电。在什么时刻电容器上的电压等于电阻器上的电压？

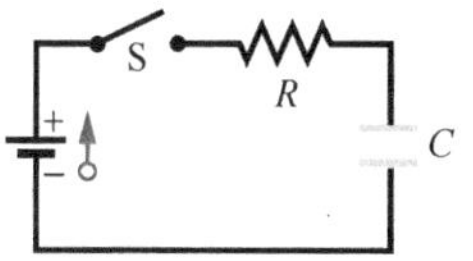

图 27-32　习题 21 图

22. 简单的欧姆计是由 9.00V 的手电筒电池和电阻 R 以及读数从 0 到 1.00mA 的安培计串联而成，如图 27-33 所示。调节电阻 R，使得导线前端的两个夹子相互短路时，安培计偏转到满度值 1.00mA。当安培计偏转为满格的 (a) 10.0%，(b) 50.0%，(c) 90.0% 时，两夹子间夹住的电阻分别是多少？(d) 如果安培计的电阻是 20.0Ω，并且电池的内阻可以忽略，R 的值应是多少？

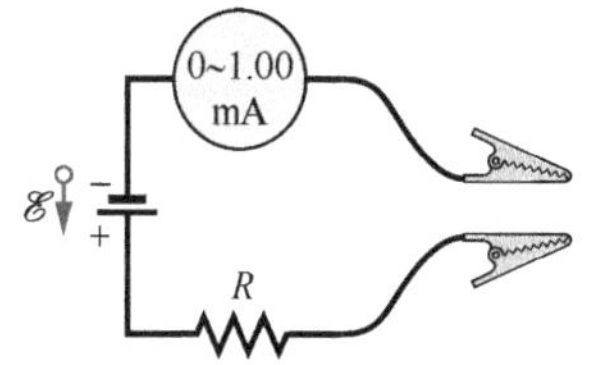

图 27-33　习题 22 图

23. 给你一些阻值为10Ω的电阻器，每个电阻器都可以承受1.0W的电能耗散而不被破坏。你要将这些电阻串联或并联成10Ω的电阻，它能承受至少12W的耗散功率，需要这种电阻的最少数目是多少？

24. 当汽车的车灯打开时，和车灯串联的安培计的读数是10.0A，跨接在它们两端的伏特计的读数是12.0V（见图27-34）。当起动电动机开动后，安培计读数降到8.50A，灯光变暗一些。如果电池的内阻是0.0500Ω，安培计的电阻可以忽略不计。求（a）电池的电动势，（b）当车灯打开时，通过起动电动机的电流。

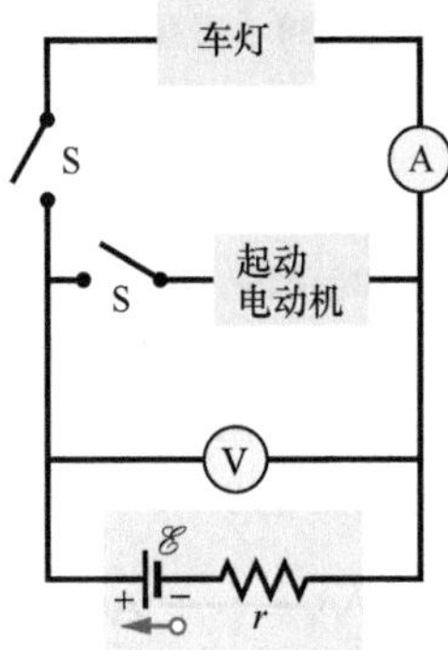

图27-34 习题24图

25. 图27-35中，$\mathscr{E}=24.0V$，$R_1=2000\Omega$，$R_2=3000\Omega$，$R_3=4000\Omega$。求以下电势差：（a）V_A-V_B，（b）V_B-V_C，（c）V_C-V_D，（d）V_A-V_C。

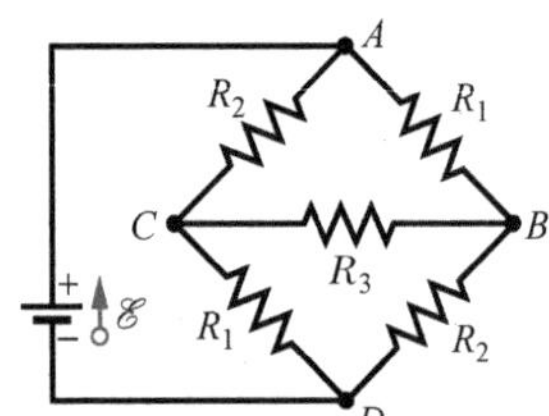

图27-35 习题25图

26. 15.0kΩ的电阻器和电容器串联，31.0V的电势差突然加在它们两端。电容器上的电势差在1.30μs内增加到7.00V。（a）求电路的时间常量，（b）求电容器的电容。

27. 在图27-36中，电池1的电动势$\mathscr{E}_1=12.0V$，内阻$r_1=0.025\Omega$。电池2的电动势$\mathscr{E}_2=12.0V$，内阻$r_2=0.012\Omega$。电池和外电阻R都串联。（a）多大的R值会使两个电池之一的正负极间电势差为零？（b）它是哪一个电池？

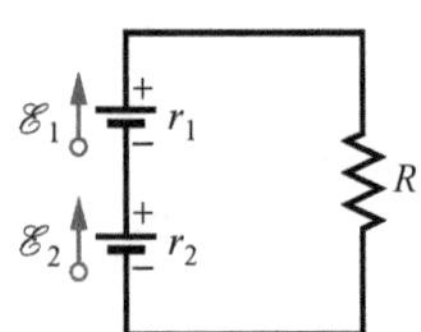

图27-36 习题27图

28. 太阳电池在有500Ω的电阻器接在它两端时产生电势差0.10V，代之以1200Ω电阻器时，电势差为0.15V。太阳电池的（a）内阻和（b）电动势各是多少？（c）电池面积是5.0cm^2，单位面积接收到的光功率是2.0mW/cm^2。在1200Ω的外电阻中光能转换为热能的效率是多少？

29. 图27-37中，R_s可以通过移动滑动触点以调节数值，直到a和b两点间电势相同。（一个检测这个条件的方法是在a和b之间暂时接入一个灵敏的安培计；如果这两点在同一电势上，则安培计不发生偏转。）证明：当这个调节完成时，以下关系式成立：$R_x=R_sR_2/R_1$。可以利用这种仪器加上标准电阻（R_s），测量未知电阻（R_x）。这种电路称作惠斯通电桥。

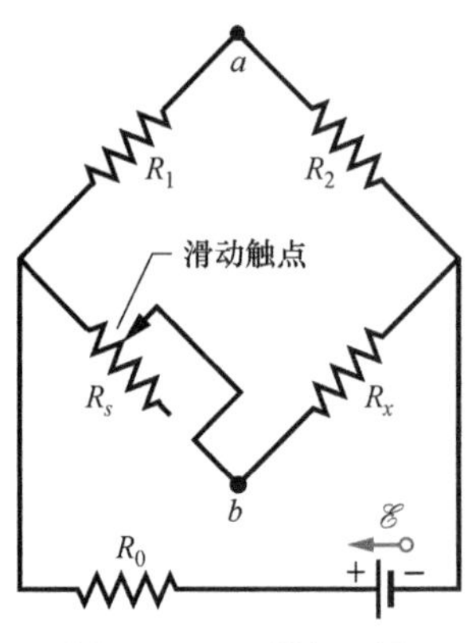

图27-37 习题29图

30. 有初始电荷q_0的电容器通过电阻器放电。电容器失去（a）它的电荷的第一个25%以及（b）它的电荷的50%所需的时间分别是时间常量τ的多少倍？

31. 将电阻为5.0Ω的导线连接到电动势$\mathscr{E}=12V$、内阻为0.7Ω的电池上。50min内，求：（a）由电池的化学能转化的电能；（b）导线上耗散的热能；（c）电池中耗散的热能。

32. 图27-38中有两个带有已充电的电容器的电路，当开关接通时电容器通过电阻放电。在图27-38a中，$R_1=20.0\Omega$，$C_1=5.00\mu F$。图27-38b中，$R_2=10.0\Omega$，$C_2=8.00\mu F$。两个电容器上初始电荷之比是$q_{02}/q_{01}=1.75$。在$t=0$时刻，两个开关都接通。在什么时刻两个电容器都有相同的电荷？

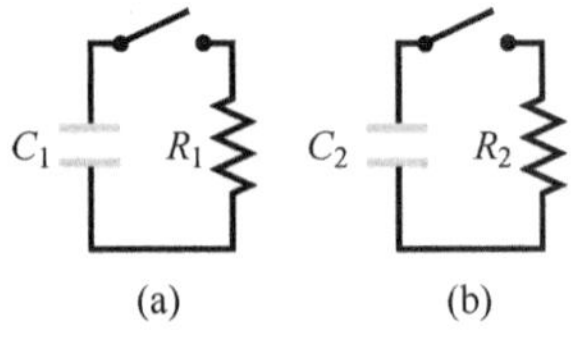

图27-38 习题32图

33. 在图27-39中，当$i=2.0A$的电流沿图示方向通过一段电路AB时，AB以50W的功率吸收能量。设电阻$R=2.0\Omega$。（a）A、B两点间的电压多大？设电动势器件X没有内阻。（b）它的电动势多大？（c）和B点连接

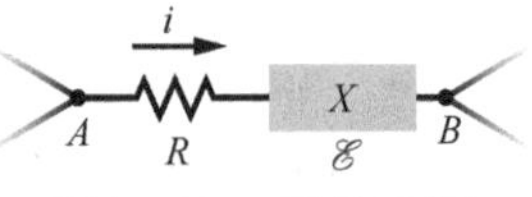

图27-39 习题33图

的是 X 的正极还是负极？

34. 图 27-40a 中，两个电池的电动势都是 $\mathscr{E}=1.20\text{V}$，外电阻 R 是可变电阻。图 27-40b 给出每个电池正负极间电压 V 作为 R 的函数：曲线 1 对应于电池 1，曲线 2 对应于电池 2。横坐标由 $R_s=0.40\Omega$ 标定。(a) 电池 1 和 (b) 电池 2 的内阻各是多少？

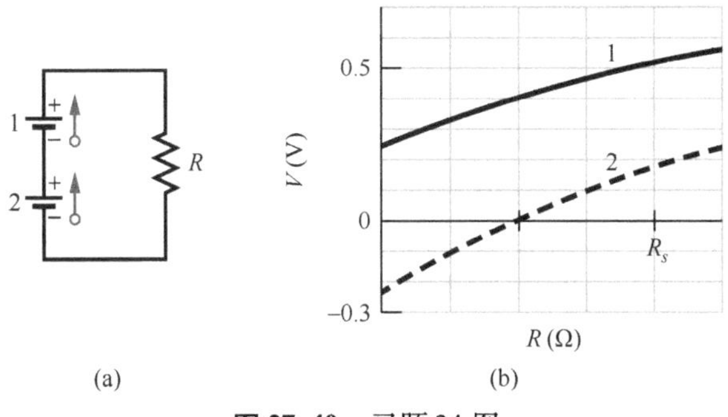

图 27-40　习题 34 图

35. 将 16 条长度为 l、直径为 d 的铜导线并联成一股电阻为 R 的复合导线。单根长度为 l 的铜线要有多大的直径 D 才可以和上述复合导线拥有相同的电阻值？

36. 标准手电筒所用的电池在用完以前可以释放出大约 2.0W·h 的能量。(a) 如果一节电池价格 0.85 美元，用电池点亮 100W 的电灯 8.0h 总共费用是多少？(b) 如果能量是以每千瓦时 0.06 美元的价格提供，费用又是多少？

37. 图 27-41 中，电阻 $R_1=1.0\Omega$，$R_2=2.0\Omega$，理想电池的电动势 $\mathscr{E}_1=2.0\text{V}$，$\mathscr{E}_2=\mathscr{E}_3=4.0\text{V}$。求电池 1 中的电流的 (a) 大小和 (b) 方向（向上或向下），电池 2 中电流的 (c) 大小和 (d) 方向。(e) 电池 1 提供还是吸收能量？(f) 电池 1 的功率是多少？(g) 电势差 V_a-V_b 是多大？

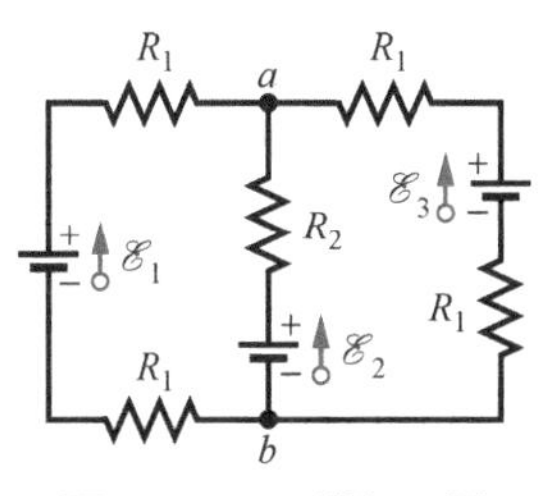

图 27-41　习题 37 图

38. 图 27-42 中，用电阻为 $R_V=300\Omega$ 的伏特计和电阻 $R_A=3.00\Omega$ 的安培计的组合测量电路中的电阻 R，电路中还有电阻 $R_0=100\Omega$、电动势 $\mathscr{E}=28.5\text{V}$ 的理想电池。

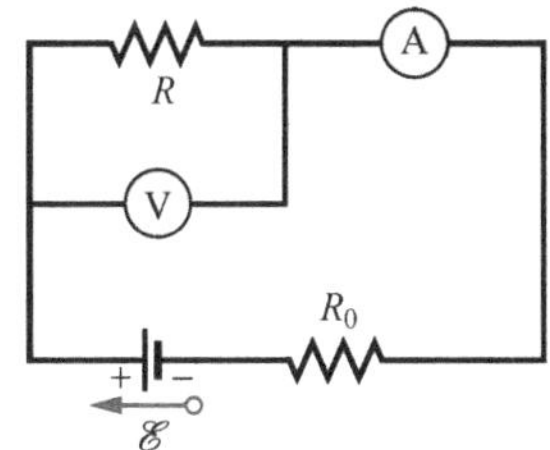

图 27-42　习题 38 图

电阻 R 由 $R=V/i$ 给出，其中 V 是伏特计读数；i 是电阻 R 中的电流。不过，安培计的读数不是 i 而是 i'，i' 是 i 加上通过伏特计的电流。于是，两只电表读数之比不是 R，而是表观电阻 $R'=V/i'$。如果 $R=85.0\Omega$，求 (a) 安培计读数；(b) 伏特计读数，(c) R'。(d) 如果 R_V 增大，则 R' 和 R 之间的差别是增大，减小还是不变？

39. $3.00\text{M}\Omega$ 的电阻器和 $1.00\mu\text{F}$ 的电容器串联，再连接到电动势为 $\mathscr{E}=4.00\text{V}$ 的理想电池上。连接 6.00s 后，求 (a) 电容器上电荷增加的速率，(b) 储存到电容器中能量的速率，(c) 电阻器上发出热能的速率，(d) 电池释放能量的速率。

40. 在 RC 串联电路中，电动势 $\mathscr{E}=12.0\text{V}$，电阻 $R=1.40\text{M}\Omega$，电容 $C=2.70\mu\text{F}$。(a) 计算时间常量。(b) 求充电过程中在电容器上出现的最大电荷数值。(c) 电荷达到 $16.0\mu\text{C}$ 要用多长时间？

41. 半径 $a=0.250\text{mm}$ 的铜线裹有外半径为 $b=0.450\text{mm}$ 的铝制包壳。在复合导线中通有 $i=2.00\text{A}$ 的电流。利用表 26-1，计算：(a) 铜和 (b) 铝中的电流。(c) 如果有电压 $V=12.0\text{V}$ 加在线的两端以维持电流，则复合线的长度是多少？

42. 图 27-43 中，理想电池的电动势 $\mathscr{E}_1=200\text{V}$，$\mathscr{E}_2=50\text{V}$，电阻 $R_1=3.0\Omega$，$R_2=2.0\Omega$。如果 P 点电势是 100V，则 Q 点的电势是多少？

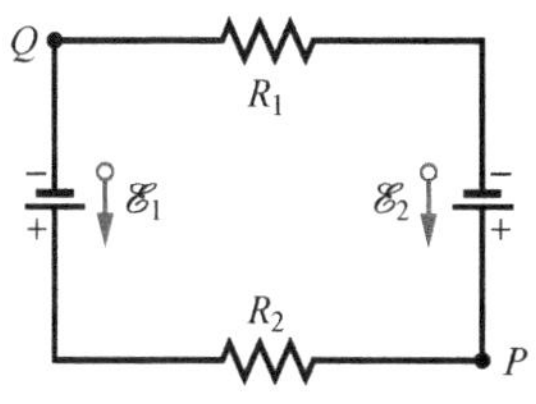

图 27-43　习题 42 图

43. 图 27-44 表示像在公路上施工位置旁边悬挂的警示用闪光灯的电路图。荧光灯 L（电容可以忽略不计）和 RC 电路中的电容器并联。只有当荧光灯两端的电势差达到击穿电压 V_L 时才会有电流通过荧光灯，然后电容器通过荧光灯完全放电，荧光灯短暂发光。将一盏击穿电压 $V_L=75.0\text{V}$ 的荧光灯连接到 95.0V 的理想电池和 $0.150\mu\text{F}$ 的电容器上，要使其产生每秒两次闪光，需要多大的电阻 R？

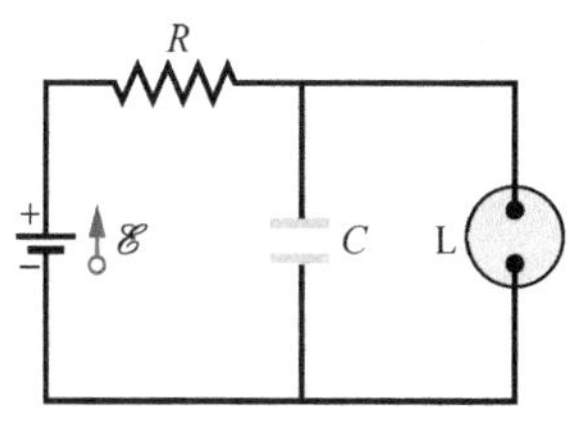

图 27-44　习题 43 图

44. 图 27-45 是电路中的一段，电阻是 $R_1=2.0\Omega$，$R_2=4.0\Omega$，$R_3=6.0\Omega$，图上标出的电流 $i=9.0\text{A}$。把这一段电路连接到整个电路其余部分的 A 和 B 两点间的电势差

为 $V_A - V_B = 78\text{V}$。(a) 用"Box"表示的器件给电路吸收能量还是提供能量?(b) 吸收或提供的功率多大?

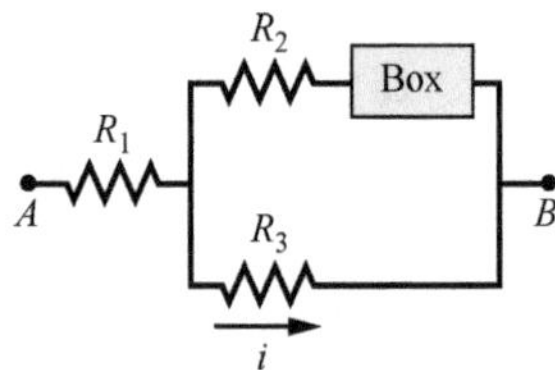

图27-45 习题44图

45. 把6个18.0Ω的电阻器并联到12.0V的理想电池两端,通过电池的电流多大?

46. 图27-9中,如果 $\mathscr{E}_1 = 4.0\text{V}$,$\mathscr{E}_2 = 1.0\text{V}$,$R_1 = R_2 = 10\Omega$,$R_3 = 8.0\Omega$,且电池是理想的,则 d 和 c 两点间的电势差 $V_d - V_c$ 是多少?

47. 在图27-46的电路中,$\mathscr{E} = 1.2\text{kV}$,$C = 6.5\mu\text{F}$,$R_1 = R_2 = R_3 = 0.73\text{M}\Omega$。$C$ 完全没有充电,开关突然接通(在 $t=0$)。在 $t=0$ 时刻,(a) 电阻器1中的电流 i_1,(b) 电阻器 R_2 中的电流 i_2,(c) 电阻器 R_3 中的电流 i_3 各是多少?在 $t=\infty$ 时(即在许多个时间常量以后),(d) i_1,(e) i_2 及 (f) i_3 各是多少?在 (g) $t=0$ 和 (h) $t=\infty$ 时,电阻器 R_2 两端的电势差 V_2 是多少?(i) 画出这两个极端时间之间的 V_2 关于 t 的曲线图。

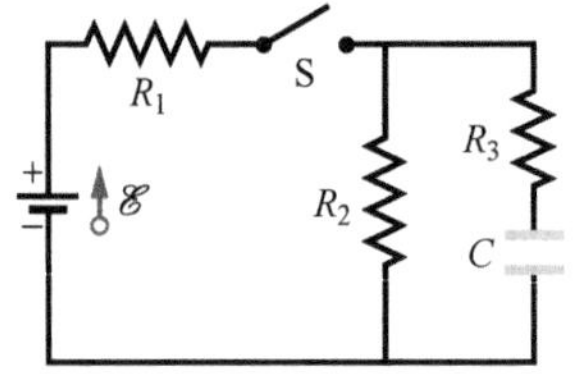

图27-46 习题47图

48. 图27-47a中,电阻器3是可变电阻器,理想电池的电动势 $\mathscr{E} = 18\text{V}$。图27-47b给出通过电池的电流 i 作为 R_3 的函数。横坐标由 $R_{3s} = 20\Omega$ 标定。曲线在 $R_3 \to \infty$ 时有渐近线2.0mA。求 (a) 电阻 R_1 和 (b) 电阻 R_2。

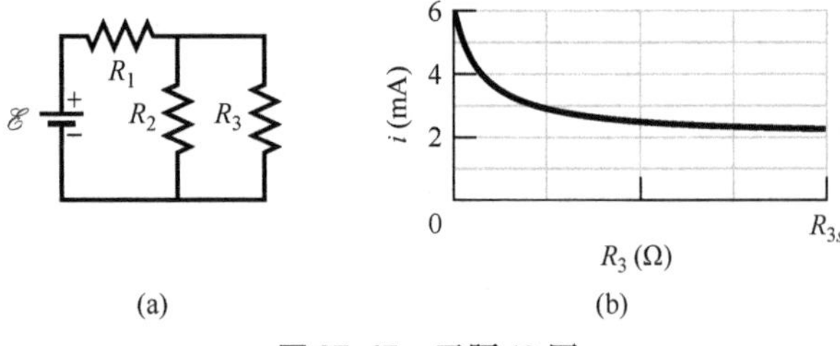

图27-47 习题48图

49. 侧闪电。图27-48说明在雷电暴雨时人们不应该站在大树下的一个理由。如果闪电电流沿大树一边往下传,一部分闪电可能跳到人身上,特别是通过树皮的电流在遇到一块干燥树皮的时候,闪电电流要绕道空气以到达地面。图上,一部分闪电在空气中跃过距离 d,然后通过人体(他的电阻相对于空气可以忽略不计,这是因为体内有高度导电的含盐流质),其余的电流则沿着紧靠大树旁的空气经过距离 h 流入地下。如 $d/h = 0.380$,总电流是 $I = 4000\text{A}$,通过人体的电流有多大?

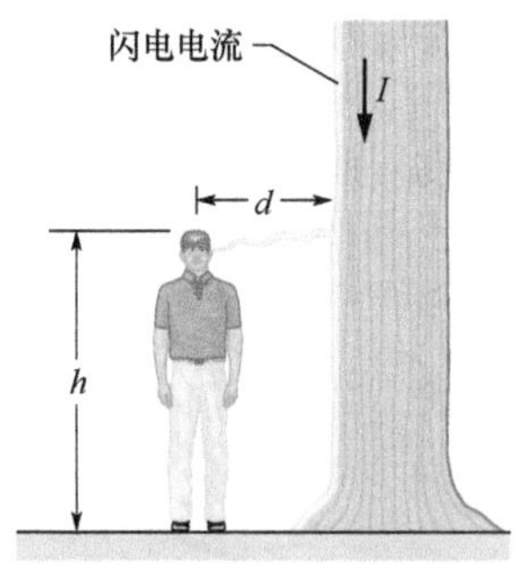

图27-48 习题49图

50. 电阻器1和2串联,等效电阻是20.0Ω。它们并联的等效电阻是3.75Ω。这两个电阻中 (a) 较小的电阻和 (b) 较大的电阻各是多少?

51. 图27-49中,$R_1 = 6.00\Omega$,$R_2 = 24.0\Omega$,理想电池 $\mathscr{E} = 12.0\text{V}$。求电流 i_1 的 (a) 大小和 (b) 方向(向左还是向右)。(c) 在1.00min内所有四个电阻器损耗能量多少?

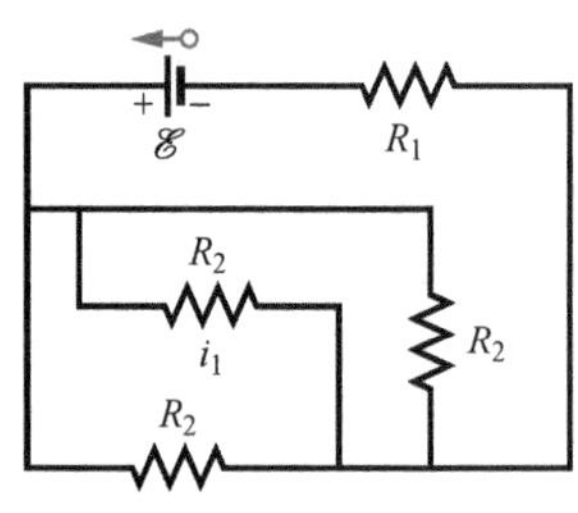

图27-49 习题51图

52. (a) 图27-50中,如电路中的电流是1.5mA,R 的数值应是多少?取 $\mathscr{E}_1 = 2.0\text{V}$,$\mathscr{E}_2 = 3.0\text{V}$,$r_1 = r_2 = 3.0\Omega$。(b) R 上放出热能的功率有多大?

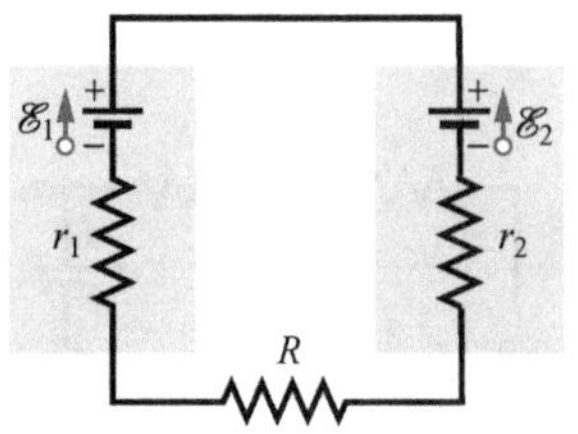

图27-50 习题52图

53. 汽车电池有电动势12V,内阻0.030Ω。用40A电流给它充电。求 (a) 正负极间的电势差,(b) 在电池中损耗的功率 P_r。(c) 能量转化为化学能的功率 P_{emf},此电池用来给起动电动机提供电流40A时,(d) V 和 (e) P_r 各是多少?

54. 图27-51中,$R_1 = R_2 = 4.00\Omega$,$R_3 = 1.50\Omega$。求 D 和 E 两点间的等效电阻。(提示:想象一个电池的正负极连接在这两点上。)

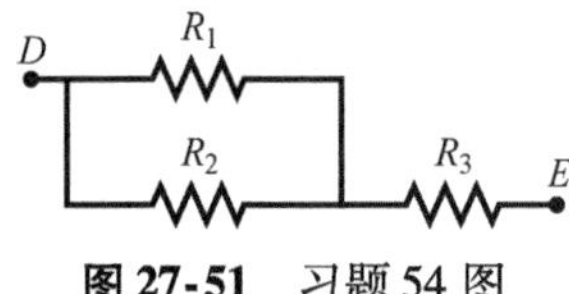

图27-51 习题54图

55. 5.0km 长的地下电缆从东边延伸到西边，由两根并联的、每根电阻都是 13Ω/km 的导线组成。在距离西端 x 处发生短路，有电阻为 R 的通路使两条导线间通电（见图 27-52）。从东端测量，导线和短路的电阻是 100Ω，从西端测量电阻则是 200Ω。(a) x 和 (b) R 各是多少？

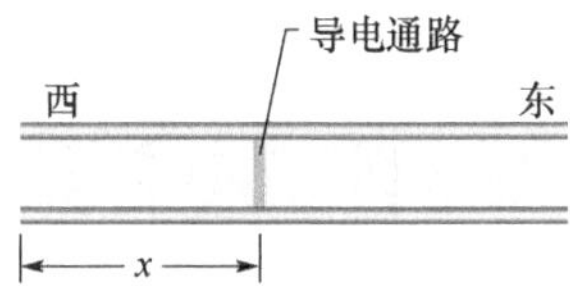

图 27-52　习题 55 图

56. 图 27-53a 中理想电池电动势 $\mathscr{E}=10.0\text{V}$。图 27-53b 中的曲线 1 是当电阻器 1 上加可变电压独立测试时，电阻器 1 两端的电势差 V 对电阻器中电流 i 的曲线。V 轴标度由 $V_s=18.0\text{V}$ 标定，i 轴由 $i_s=3.00\text{mA}$ 标定。曲线 2 和 3 分别表示它们独立测试时加上可变电压的情形。在图 27-53a 中电阻器 2 中的电流多大？

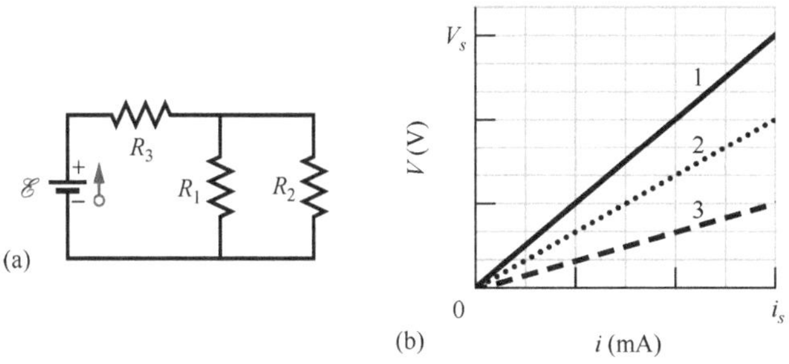

图 27-53　习题 56 图

57. (a) 图 27-54 中，如果 $\mathscr{E}=5.0\text{V}$（理想电池），$R_1=2.0\Omega$，$R_2=9.0\Omega$，$R_3=6.0\Omega$。安培计读出的电流是多少？(b) 将安培计和电池的位置交换，证明安培计读数不变。

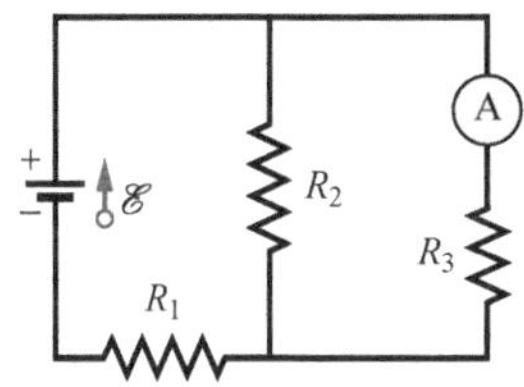

图 27-54　习题 57 图

58. 图 27-55 表示连接在更大的电路中的、包含四个电阻器的一段电路。电路图下面的曲线图表示电路下面一支的电阻器 4 上的电压 $V(x)$ 作为位置 x 的函数曲线，电压 V_A 是 15.0V。电路上面的曲线表示电压 $V(x)$ 对经过有电阻器 1、2 和 3 的、沿上面一支电路的位置 x 的函数曲线；电压 $\Delta V_B=2.00\text{V}$，$\Delta V_C=5.00\text{V}$。电阻器 3 的电阻为 200Ω。(a) 电阻器 1 和 (b) 电阻器 2 的电阻各是多少？

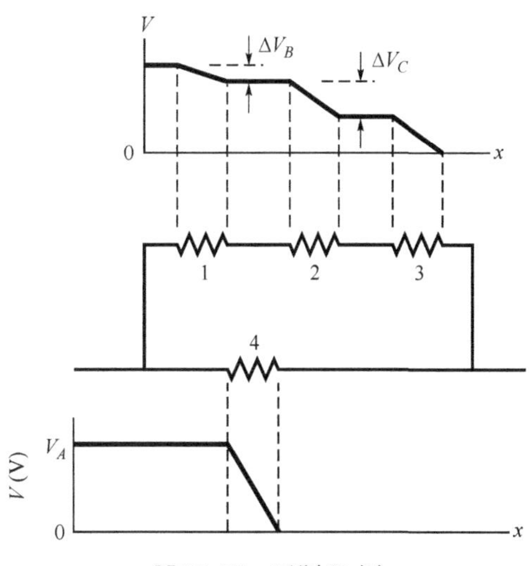

图 27-55　习题 58 图

59. (a) 用电子伏特表示，电动势 20.0V 的理想电池对一个从电池负极到正极的电子做了多少功？(b) 如果每秒通过 5.17×10^{18} 个电子，用瓦［特］表示的电池功率有多大？

60. 图 27-56 表示五个 8.00Ω 的电阻器。求等效电阻：(a) F 和 H 两点间，(b) F 和 G 之间。（提示：对每一对点，想象有电池接在这两点。）

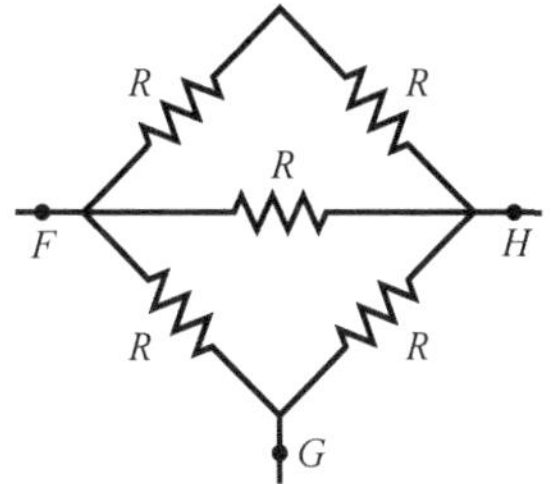

图 27-56　习题 60 图

61. 图 27-57 中，理想电池的电动势 $\mathscr{E}_1=12\text{V}$，$\mathscr{E}_2=4.0\text{V}$。求 (a) 电流，(b) 电阻器 1 (4.0Ω) 和 (c) 电阻器 2 (8.0Ω) 上的耗损功率。并求 (d) 电池 1 和 (e) 电池 2 的能量转换功率。(f) 电池 1 和 (g) 电池 2 是供应能量还是吸收能量？

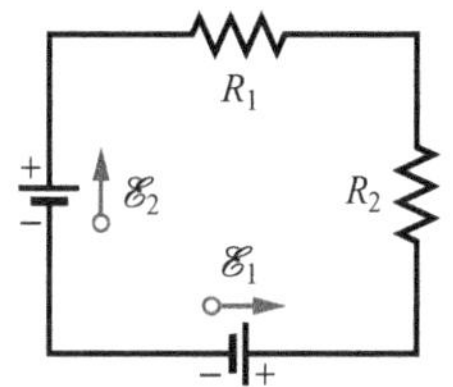

图 27-57　习题 61 图

62. 1.0μF 的电容器起初储存能量 0.60J，通过 1.0MΩ 的电阻器放电。(a) 电容器上初始电荷是多少？(b) 放电开始时通过电阻器的电流是多少？求作为时间 t 的函数的表达式：(c) 电容器上的电势差 V_C，(d) 电阻器两端的电势差 V_R，(e) 电阻器上产生热能的功率。

63. 在一个电阻为 R 的单回路电路中，电流是 5.0A，再插入一个和 R 串联的电阻 2.0Ω，电流降落到 3.0A。R 是多少？

64. 某一汽车电池的电动势为 12.0V，开始时已充电，可用 120A·h。假设直到电池完全放完电前它的正负极间电压都保持常量。它以 75.0W 功率释放电能，可用多少小时？

65. 5.00Ω 的总电阻可以用一个未知电阻和一个 15.0Ω 的电阻连接得到。(a) 未知电阻的数值应是多少？(b) 应该串联还是并联？(c) 如果未知电阻以另一种串并联方式连接，总电阻多大？

66. 图 27-58 中，$R_1 = 4.00R$，安培计电阻是零，电池是理想的。安培计中的电流是 $\mathscr{E}/R$ 的多少倍？

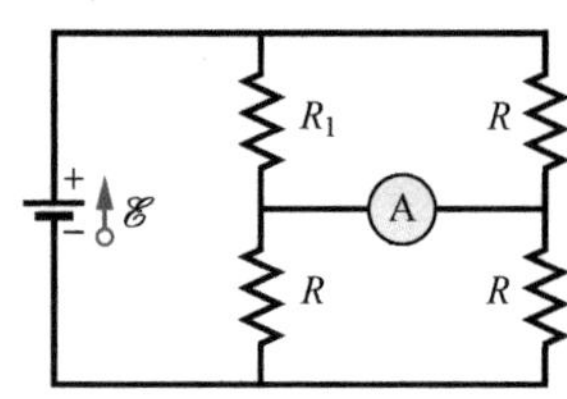

图 27-58　习题 66 图

67. 在有电动势 6.0V 的蓄电池的电路中有 5.7A 的电流通电 15.0min。电池中的化学能减少了多少？

68. 图 27-59 表示电阻 $R = 6.00\Omega$ 的电阻器用两根铜导线连接到电动势 $\mathscr{E} = 12.0\text{V}$ 的理想电池上。每根铜导线长 22.0cm，半径 1.00mm。在本章中处理这种电路时，我们通常忽略沿导线的电势差及导线中转化为热的能量。对图 27-59 的电路核实这种忽略的合理性：(a) 电阻和 (b) 两段导线的每一段两端的电势差。在 (c) 电阻中及 (d) 每一段导线中以多大的功率损耗为热能？

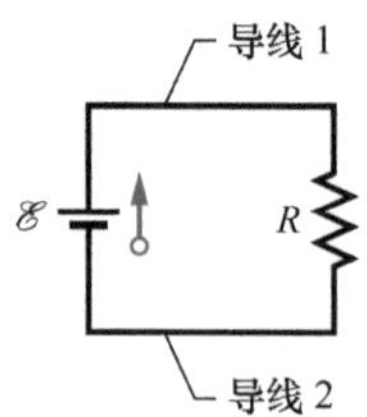

图 27-59　习题 68 图

69. 图 27-60 中，$R_1 = 100\Omega$，$R_2 = 50\Omega$，理想电池 $\mathscr{E}_1 = 6.0\text{V}$，$\mathscr{E}_2 = 10\text{V}$，$\mathscr{E}_3 = 4.0\text{V}$。求 (a) 电阻器 1 中的电流，(b) 电阻器 2 中的电流，(c) a 点和 b 点间的电压。

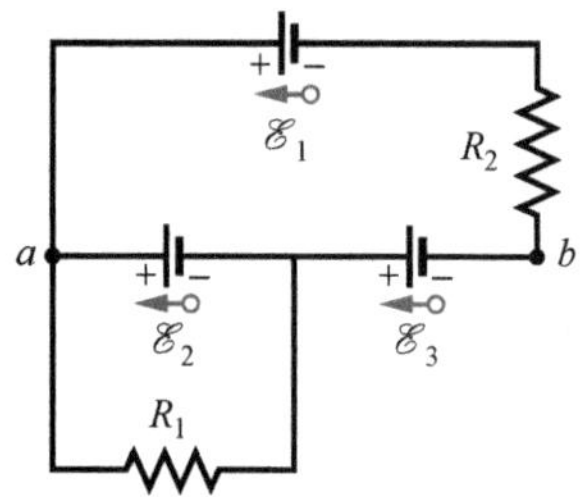

图 27-60　习题 69 图

CHAPTER 28

第 28 章　磁场

28-1　磁场和 $\vec{B}$ 的定义

学习目标

学完这一单元后，你应当能够……

28.01　区别电磁体与永磁体。

28.02　明白磁感应强度是矢量，因而有数值和方向。

28.03　说明磁感应强度怎样用带电粒子在场中运动所受到的力来定义。

28.04　对一个在均匀磁场中运动的带电粒子，应用力的数值 F_B，电荷 q，速率 v，磁感应强度的数值 B 以及速度矢量 $\vec{v}$ 的方向与磁感应强度矢量 $\vec{B}$ 之间角度 ϕ 的关系。

28.05　对经过均匀磁场的带电粒子，通过 (1) 应用右手定则求出叉积 $\vec{v}\times\vec{B}$ 的方向，(2) 确定电荷 q 对方向的影响，从而求磁场力 $\vec{F}_B$ 的方向。

28.06　通过用单位矢量记号或数值-角度记号表示的叉积 $q(\vec{v}\times\vec{B})$ 运算求作用在运动的带电粒子上的磁场力 $\vec{F}_B$。

28.07　明白磁场力矢量 $\vec{F}_B$ 必定垂直于速度矢量 $\vec{v}$ 和磁感应强度矢量 $\vec{B}$。

28.08　辨明磁场力对粒子速率和动能的效应。

28.09　明白磁体就是一个磁偶极子。

28.10　懂得相反的磁极相互吸引，相同的磁极相互排斥。

28.11　说明磁感应线，包括它们从哪里发出，终止于什么地方，以及它们的间距表示什么。

关键概念

- 当一个带电粒子通过磁感应强度为 $\vec{B}$ 的磁场运动时，作用在粒子上的磁场力是

$$\vec{F}_B=q(\vec{v}\times\vec{B})$$

其中，q 是粒子的电荷（包括符号）；$\vec{v}$ 是粒子的的速度。

- 右手定则给出叉积 $\vec{v}\times\vec{B}$ 的方向。q 的符号决定 $\vec{F}_B$ 是和 $\vec{v}\times\vec{B}$ 同一方向还是在相反的方向上。

- $\vec{F}_B$ 的数值是

$$\vec{F}_B=|q|vB\sin\phi$$

其中，ϕ 是 $\vec{v}$ 和 $\vec{B}$ 之间的角度。

什么是物理学?

正如我们已经讨论过的，物理学的一个重要目标是研究电场如何在带电粒子上产生电场力。一个密切相关的目标是研究磁场如何能在（运动的）带电粒子或磁铁一类的磁性物体上产生磁场力。你或许已经有了一些什么是磁场的提示，如果你曾经用一块小磁铁在冰箱门上贴过便条，或者偶然把信用卡靠近磁铁而消去信用卡信息。磁铁是通过它的磁场对门或信用卡产生作用的。

磁场和磁场力的应用是无数的，并且每年都在迅速地变化。

这里只举出几个例子。几十年来，娱乐业就依赖于在录音磁带和录像带上记录音乐和图像。虽然数字技术已经大部分取代了磁记录，但工业上仍然依赖于控制 CD 播放机、DVD 播放机和计算机硬件中的磁体；磁铁还推动耳机、电视、计算机和电话中的扬声器纸盒。近代汽车装备了几十种磁铁，因为它们在发动机的点火装置，自动窗玻璃的控制，天窗控制，风窗玻璃的雨刷控制等地方都要用到。大多数安全警报系统，门铃，自动门栓也都要用到磁铁。简言之，我们都被磁铁围绕着。

磁场的科学就是物理学；磁场的应用是工程学。科学和应用都是从这个问题开始："什么原因产生磁场?"

磁场是如何产生的?

因为电场 $\vec{E}$ 是电荷产生的，我们可以合理地推论磁场 $\vec{B}$ 也应是磁荷产生的。虽然独立的磁荷（称为*磁单极子*）曾被一些理论预言，但它们的存在还是没有得到证实。那么，磁场是怎样产生的呢？有两种方法

一种方法是利用运动的带电粒子，譬如像导线中的电流，做成**电磁体**。例如，电流产生的磁场可以用来控制计算机硬盘驱动器，或者拣选废金属（见图 28-1），在第 29 章中我们要讨论电流引起的磁场。

Digital Vision/Getty Images, Inc.

图 28-1 在钢铁厂中用电磁铁收集和运输废金属。

产生磁场的另一种方法是利用电子等基本粒子，因为这种粒子有*内禀*磁场围绕着它们。也就是说，磁场是各种粒子的基本性质，就像质量和电荷（或没有电荷）是基本性质一样。正如我们在第 32 章中要讨论的，某些物质中电子的磁场叠加起来形成该物质周围的净磁场。这种叠加是为什么用来贴牢冰箱便条的永磁体具有永磁场的原因。在另一些物质中，电子的磁场互相抵消，物质周围不存在净磁场。这种抵消是你的身体周围没有永磁场的原因。这太好了，不然的话每当你靠近一台电冰箱的时候，你就会砰地一声撞上去。

这一章中，我们的第一件事是定义磁感应强度为 $\vec{B}$ 的磁场。我们利用带电粒子在磁场中运动时有磁场力 $\vec{F}_B$ 作用在粒子上这一实验事实来做这件事。

$\vec{B}$ 的定义

我们通过把一个带电荷 q 的检验粒子静止地放在要确定电场的位置，并测量作用在该粒子上的电场力 $\vec{F}_E$。我们定义电场强度 $\vec{E}$ 为：

$$\vec{E}=\frac{\vec{F}_E}{q} \tag{28-1}$$

假如我们真的可以得到磁单极子，我们就有可能用同样的方式来定义 $\vec{B}$，因这种粒子还没有被发现，所以我们只能用另一种方式定义 $\vec{B}$，用作用于运动的带电检验粒子上的磁场力 $\vec{F}_B$ 来定义。

运动的带电粒子。原则上，为定义磁场，我们发射出一个带电粒子，使它以不同方向和不同速率通过要对它定义 $\vec{B}$ 的点，测定在这一点的位置上作用于这个粒子的力 $\vec{F}_B$。这样测试多次以后，我们发现，当粒子的速度 $\vec{v}$ 沿着某一特定轴线通过这一点的时候，力 $\vec{F}_B$ 是零。对 $\vec{v}$ 的所有其他方向，$\vec{F}_B$ 的数值总是正比于 $v\sin\phi$，这里的 ϕ 是力为零的轴和 $\vec{v}$ 的方向之间的夹角。另外，$\vec{F}_B$ 的方向总是垂直于 $\vec{v}$ 的方向。（这个结果暗示其中有叉乘。）

场。我们可以把**磁感应强度** $\vec{B}$ 定义为方向沿着受力为零的轴的矢量。接着我们测量 $\vec{v}$ 的方向垂直于这个零力轴时力 $\vec{F}_B$ 的数值，然后用这个力的数值来定义 $\vec{B}$ 的数值：

$$B=\frac{F_B}{|q|v}$$

其中，q 是粒子携带的电荷。

我们可以用下面的矢量方程式归纳所有这些结果：

$$\vec{F}_B=q\,\vec{v}\times\vec{B} \tag{28-2}$$

就是说，作用在粒子上的力 $\vec{F}_B$ 等于电荷 q 乘以它的速度 $\vec{v}$ 和场的磁感应强度 $\vec{B}$ 的叉积。（所有的测量都在同一参考系中进行）。利用式（3-24）的叉积公式，我们可以写出 $\vec{F}_B$ 的数值是

$$F_B=|q|\,vB\sin\phi \tag{28-3}$$

其中，ϕ 是速度 $\vec{v}$ 的方向和磁感应强度 $\vec{B}$ 之间的夹角。

求作用在粒子上的磁场力

式(28-3)告诉我们，作用于磁场中粒子上的力 $\vec{F}_B$ 的数值正比于电荷 q 和粒子的速率 v。因此，如果电荷是零，或者粒子是静止的，那么力等于零。式(28-3)还告诉我们，如果 $\vec{v}$ 和 $\vec{B}$ 相互平行($\phi=0$)或者反向平行($\phi=180°$)，力的数值也是零。而当 $\vec{v}$ 和 $\vec{B}$ 互相垂直时力是最大值。

方向。式(28-3)告诉我们以上所有这些还要加上 $\vec{F}_B$ 的方向。由3-3单元我们知道，式(28-2)中的叉积 $\vec{v}\times\vec{B}$ 是垂直于两个矢量 $\vec{v}$ 和 $\vec{B}$ 的另一矢量。右手定则(见图28-2a～c)告诉我们，当右手四个手指从 $\vec{v}$ 扫到 $\vec{B}$ 时，竖起的大拇指指向 $\vec{v}\times\vec{B}$ 的方向。如果 q 是正的，那么由式(28-2)，力 $\vec{F}_B$ 和 $\vec{v}\times\vec{B}$ 有同样的符号，从而必定在同样的方向上。即对于正的 q，$\vec{F}_B$ 沿大拇指方向(见图28-2d)。如果 q 是负的，力 $\vec{F}_B$ 和叉积 $\vec{v}\times\vec{B}$ 有相反的符号，因而二者必定在相反的方向上。对于负的 q，$\vec{F}_B$ 指向拇指相反的方向(见图28-2e)。小心：在考试中忽略掉负 q 的效果是十分常见的错误。

$\vec{v}$转到$\vec{B}$，得到新的矢量$\vec{v}\times\vec{B}$

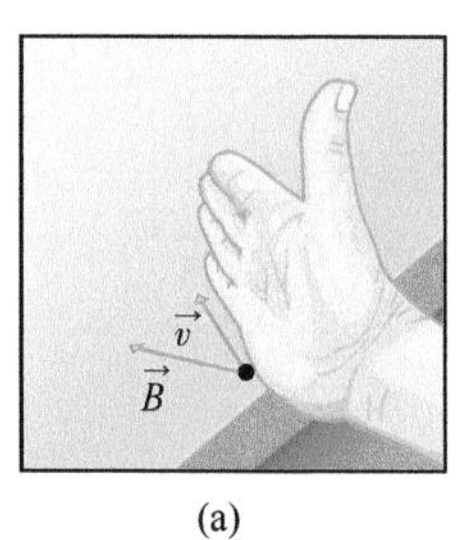

(a)

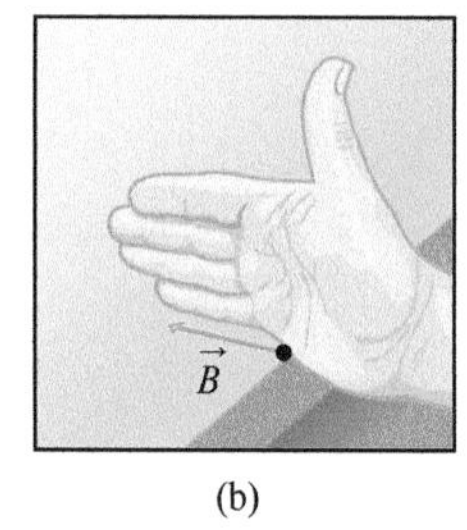

(b)

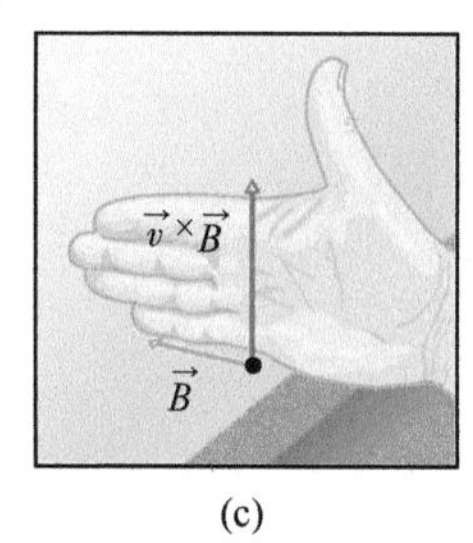

(c)

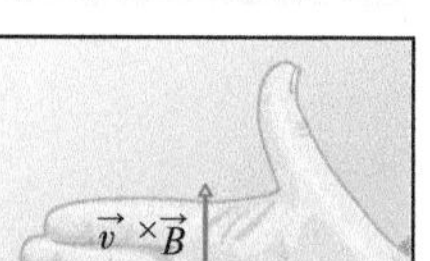

(d)

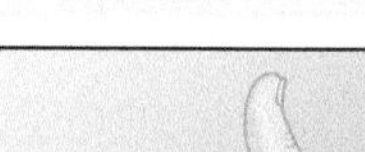

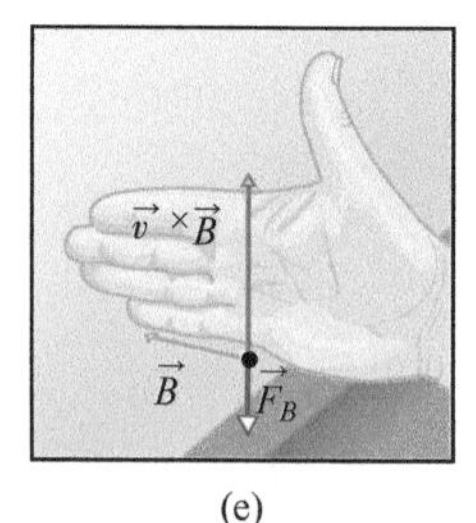

(e)

图 28-2 (a)~(c) 右手定则（$\vec{v}$ 经过二者间较小的角度 ϕ 扫向 $\vec{B}$）给出 $\vec{v}\times\vec{B}$ 的方向，也就是大拇指的方向。(d) 如果 q 是正的，则 $\vec{F}_B=q(\vec{v}\times\vec{B})$ 在 $\vec{v}\times\vec{B}$ 的方向上。(e) 如果 q 是负的，则 $\vec{F}_B$ 的方向和 $\vec{v}\times\vec{B}$ 相反。

然而，无论电荷的符号是什么

作用于以速度 $\vec{v}$ 在磁场 $\vec{B}$ 中运动的带电粒子上的力 $\vec{F}_B$ 总是垂直于 $\vec{v}$ 和 $\vec{B}$。

因此，$\vec{F}_B$ 永远不会有平行于 $\vec{v}$ 的分量。这意味着 $\vec{F}_B$ 不会改变粒子的速率 v。（因而也不会改变粒子的动能。）这个力只能改变 $\vec{v}$ 的方向（从而改变运动的方向）；只是在这个意义上 $\vec{F}_B$ 可以加速粒子。

为了给你一些关于式（28-2）的感性认识，请看图 28-3，图中表示高速运动的带电粒子通过气泡室留下的一些径迹。气泡室充满液氢，放在方向垂直于图面指向外的均匀强磁场中，一个入射的 γ 射线粒子——因为它不带电所以没有留下痕迹——转变为一个电子（标记 e^- 的螺旋径迹）和一个正电子（标记 e^+ 的径迹），同时它从氢原子中撞击出一个电子（标记 e^- 的长径迹）。比较一下式（28-2）和图 28-2，这两个负粒子和一个正粒子造成的三条径迹各自向特定的方向弯曲。

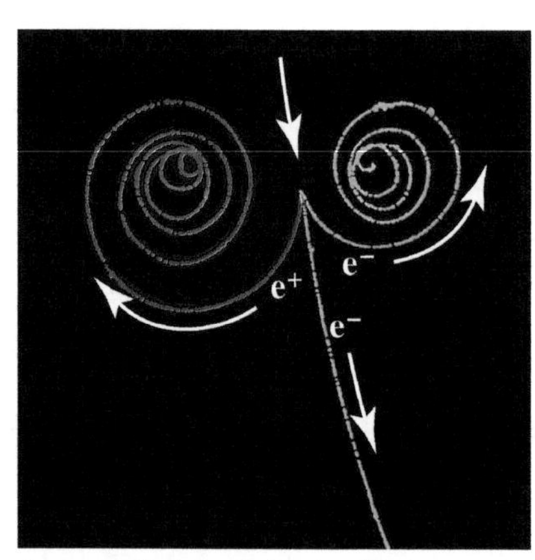

Lawrence Berkeley Laboratory/Photo Researchers, Inc.

图 28-3 两个电子（e^-）和一个正电子（e^+）在气泡室中的径迹，气泡室在均匀的磁场中，磁场垂直图面向外。

单位。由式（28-2）和式（28-3）这两个式子，磁感应强度 $\vec{B}$ 的国际单位制单位是牛［顿］每库［仑］-米每秒。为方便起见，这个单位称为**特［斯拉］**（T）：

$$1\text{ 特}=1\text{T}=1\frac{\text{牛}}{(\text{库})(\text{米/秒})}$$

回忆起库仑每秒就是安［培］，我们有

$$1\text{T}=1\frac{\text{牛}}{(\text{库/秒})(\text{米})}=1\frac{\text{N}}{\text{A}\cdot\text{m}} \qquad (28\text{-}4)$$

早期的 $\vec{B}$ 的单位（非国际单位制），仍旧普遍使用的是高斯（G）：

$$1\text{ 特}=10^4\text{ 高斯} \qquad (28\text{-}5)$$

表 28-1 列出一些情况中的磁场。注意，在地球表面附近地球磁场大约是 10^{-4}T（=100μT 或 1G）。

表 28-1 一些磁场的近似值

中子星表面	10^8T
巨型磁铁附近	1.5T
小磁棒附近	10^{-2}T
地球表面	10^{-4}T
星际空间	10^{-10}T
磁屏蔽室中的最小值	10^{-14}T

检查点 1

图示一个带电粒子以速度 $\vec{v}$ 通过均匀磁场的三种情况。每种情况中，作用于粒子的磁力 $\vec{F}_B$ 方向如何？

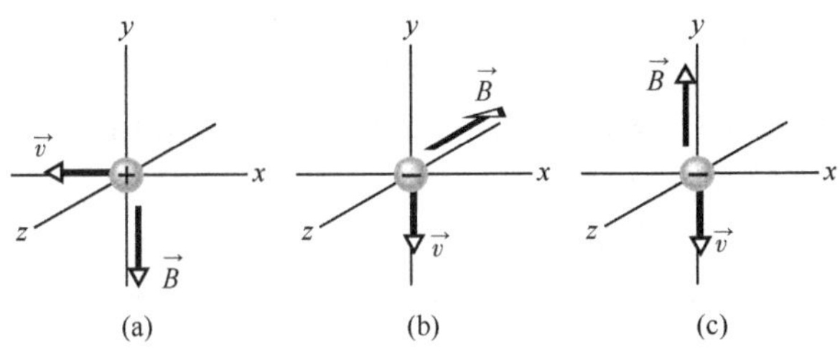

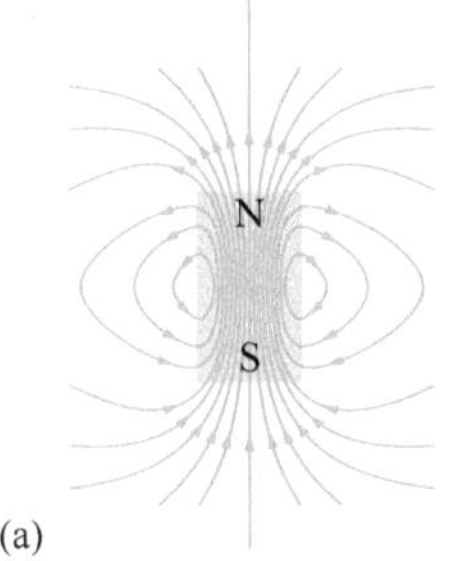

(b)

Courtesy Dr. Richard Cannon, Southeast Missouri State University, Cape Girardeau

图 28-4 （a）条形磁铁的磁场线。(b)“牛胃磁铁”——一种有意地滑入奶牛的瘤胃中的条形磁铁，它可以阻止偶然咽下的铁屑进入奶牛的肠道。它的两端的铁屑揭示出磁场线。

磁场线（磁感应线）

我们可以用场线来描写磁场，就像我们曾经对电场所做的那样。应用同样的规则：（1）任何一点磁感应线的切线方向给出该点 $\vec{B}$ 的方向，（2）场线间的距离表示 $\vec{B}$ 的数值——磁场较强的地方场线相互靠得较近，场较弱的地方则反之。

图 28-4a 表示*条形磁铁*（一条棒形的永磁体）附近的磁场怎样用磁场线描述。所有线都通过磁铁，磁场线都形成闭合的环路。(包括图中没有表示出的闭合磁场线)。靠近条形磁铁两端的外部磁效应最强，这里的场线靠得最近。所以，图 28-4b 中的条形磁铁的磁场把大多数铁屑聚集在磁铁的两端。

两种磁极。闭合的磁感应线从磁体的一端进入磁体，从另一端伸出。磁场线伸出磁体的一端称为磁体的*北极*，磁场线进入磁体的另一端称作*南极*。因为一个磁体有两个极，它被称作**磁偶极子**。我们用来固定冰箱上的便条的磁体是很短的棒形磁体。图 28-5 画出另外两种常见磁铁的形状：*马蹄形磁铁*和 C 形磁铁（被弯成字母 C 的形状、因而造成*南北两极的端面相对*)。(两极端面间的磁场近似于均匀的。）无论磁体是什么形状，如果我们将它们靠近，我们会发现：

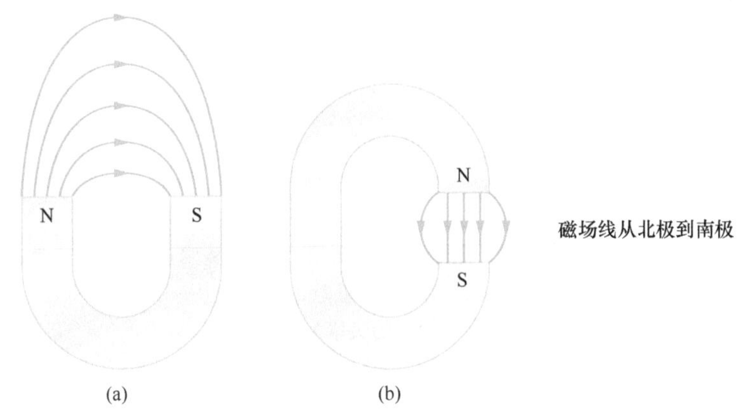

图 28-5 （a）马蹄形磁铁和（b）C 形磁铁。(只画出几条外部磁场线。)

相反的磁极相互吸引，相同的磁极相互排斥。

当你手持两个磁铁将它们靠近时，这种吸引或排斥看上去几乎像魔术一般，因为看不出二者之间有可以说明这种吸引或排斥的联系。像我们对两个带电粒子之间的静电力所做的那样，我们把这种无接触的力用看不见的场来解释，这里的场就是磁场。

地球具有磁场，这是地核中尚不知道的机理所产生的。在地球表面，我们能够用指南针探测到这种磁场，指南针是放在摩擦力很小的枢轴上的一根纤细的磁铁条。这个条形磁铁，或磁针，因为它的北极端受到地球北极区的吸引而转向北极。因此，地球磁场的*南极*必定位于地球的北极。逻辑上，我们应当把那里称为南极。然而，因为我们把这个方向称为北方，所以我们不得不给出这样的表述，即地球在那个方向有一个*地磁北极*。

随着测量的更加精密，我们会发现在北半球，地球的磁场线向下进入地球并指向北极。而在南半球，磁场线一般指向地球上方，离开南极——即离开地球的*地磁南极*。

例题 28.01 运动带电粒子上的磁场力

数值为 1.2mT 的均匀磁场 $\vec{B}$ 在实验室小室的整个空间中竖直向上。一个动能为 5.3MeV 的质子进入小室，从南向北水平地运动。质子进入小室后，作用于它的磁偏转力有多大？质子的质量是 1.67×10^{-27}kg。(忽略地球的磁场。)

【关键概念】

因为质子是带电的并且在磁场中运动，所以有磁场力 $\vec{F}_B$ 作用于它。因为质子速度的初始方向不是沿着磁场线，所以 $\vec{F}_B$ 不等于零。

数值：要求 $\vec{F}_B$ 的数值，我们要应用式 (28-3) ($F_B=|q|vB\sin\phi$)，先求出质子的速率 v。因为 $K=\frac{1}{2}mv^2$，我们可以从给出的动能求 v。解出 v，我们得到：

$$v=\sqrt{\frac{2K}{m}}=\sqrt{\frac{(2)(5.3\text{MeV})(1.60\times10^{-13}\text{J/MeV})}{1.67\times10^{-27}\text{kg}}}$$

$$=3.2\times10^7\text{m/s}$$

由式 (28-3)，得到

$$F_B=|q|vB\sin\phi$$
$$=(1.60\times10^{-19}\text{C})(3.2\times10^7\text{m/s})\times(1.2\times10^{-3}\text{T})(\sin90°)$$
$$=6.1\times10^{-15}\text{N}$$

(答案)

这好像是一个很小的力，但它作用于一个质量很小的粒子上，却能产生很大的加速度，即

$$a=\frac{F_B}{m}=\frac{6.1\times10^{-15}\text{N}}{1.67\times10^{-27}\text{kg}}=3.7\times10^{12}\text{m/s}$$

方向：要求 $\vec{F}_B$ 的方向，我们利用这个事实，即 $\vec{F}_B$ 就是叉积 $\vec{v}\times\vec{B}$ 的方向，因为电荷是正的，$\vec{F}_B$ 一定和 $\vec{v}\times\vec{B}$ 有相同的方向，可以用叉积的右手定则 (见图 28-2d) 来确定。我们已知 $\vec{v}$ 是从南向北沿水平方向，$\vec{B}$ 竖直向上。右手定则给我们演示出偏转力 $\vec{F}_B$ 一定水平地由西指向东，如图 28-6 所示。(图上点的阵列表示磁场指向图面外。如果用×符号阵列，则表示磁场垂直指向纸面。)

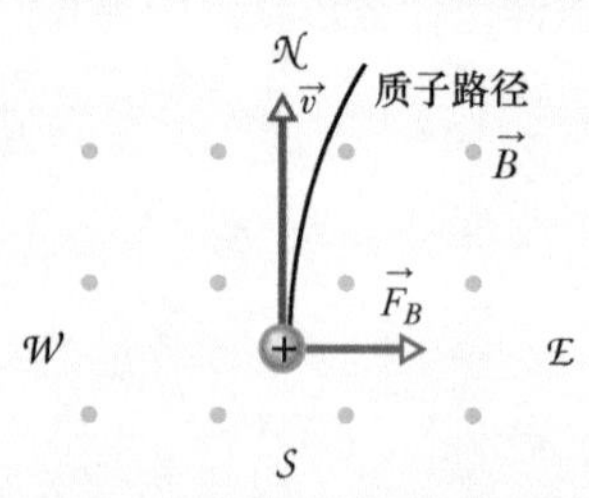

图 28-6 质子以速度 $\vec{v}$ 在小室内从南向北运动的俯视图。小室中的磁场垂直纸面向外，用一系列点阵表示。(这些点代表箭头的尖端)。质子向东偏转。

如果粒子的电荷是负的，磁偏转力就指向相反的方向——水平地从东向西。这由式 (28-2) 可以自然地预料到，如果我们代入 q 的负值就可得到。

28-2 正交场：电子的发现

学习目标

学完这一单元后，你应该能够……

28.12 描述 J. J. 汤姆孙的实验。

28.13 对于通过磁场和电场运动的带电粒子，用数值-角度记号法和单位矢量记号法确定作用于粒子的净力。

28.14 在作用于粒子上的磁场力和电场力在相反的方向的情况中，确定两个力相互抵消时粒子的速率，磁场力占优势及电场力占优势时的速率。

关键概念

- 如果带电粒子经过既有磁场又有电场的区域运动，它将会受到电场力和磁场力二者的影响。
- 如果两种场互相垂直，它们被称作正交场。
- 如果这两个力是在相反的方向上，结果会得到一个粒子不偏转的特定速率。

正交场：电子的发现

电场和磁场对带电粒子都会有作用力。当两种场互相垂直时，它们被称为正交场。在这里我们要考察带电粒子——就是电子——在正交场中运动时会发生什么情况。我们把1897年引导剑桥大学的 J. J. 汤姆孙（J. J. Thomson）发现电子的实验作为例子。

两种力。图28-7表示汤姆孙的仪器的近代简化形式——阴极射线管（它类似于老式电视机上的显像管）。带电粒子（我们现在知道就是电子）从被抽成真空的管子后部的热灯丝发射出来并被外加电势差 V 加速。它们通过屏 C 上的狭缝后形成很细的一束。它们然后通过正交的 $\vec{E}$ 和 $\vec{B}$ 场的区域射向荧光屏 S，在屏 S 上产生一个光点（在电视屏上，这个点是图像的一部分）。在正交场区域中，作用在带电粒子上的力可以使粒子偏离荧光屏的中心。通过控制场的大小和方向，汤姆孙就能够控制光点出现在屏上的位置。记住，电场对带负电荷的粒子的作用力方向和电场相反。于是，对图28-7中的装置，电子受到电场作用的沿图面向上的力，也受到磁场所施加的沿图面向下的力；即，两个力是在相反的方向上。汤姆孙的实验程序相当于以下一系列步骤：

1. 使 $E=0$，$B=0$，并记下屏 S 上未被偏转的电子束产生的光点的位置。

2. 接通 $\vec{E}$，测量电子束的偏转。

3. 保持 $\vec{E}$ 不变，现在打开 $\vec{B}$ 并调节它的数值直到电子束回到未被偏转时的位置。（两种力方向相反，它们可以相互抵消。）

我们讨论例题22.04中的带电粒子通过两极板之间电场 $\vec{E}$ 运动的偏转。（上面的步骤2）。我们曾求出粒子在极板远端的偏离距离是

$$y=\frac{|q|EL^2}{2mv^2} \tag{28-6}$$

其中，v 是粒子的速率；m 是它的质量；q 是它的电荷；L 是极板的长度。我们可以把此式用于图 28-7 中的电子束。我们可以通过测量电子束在屏 S 上的偏离，然后往回推算在极板终端的偏离距离 y。在需要的时候，我们可以用这样的方法计算偏转。（因为偏转的方向取决于粒子带电的符号，汤姆孙就能够证明使它的荧光屏发光的粒子是带负电的。）

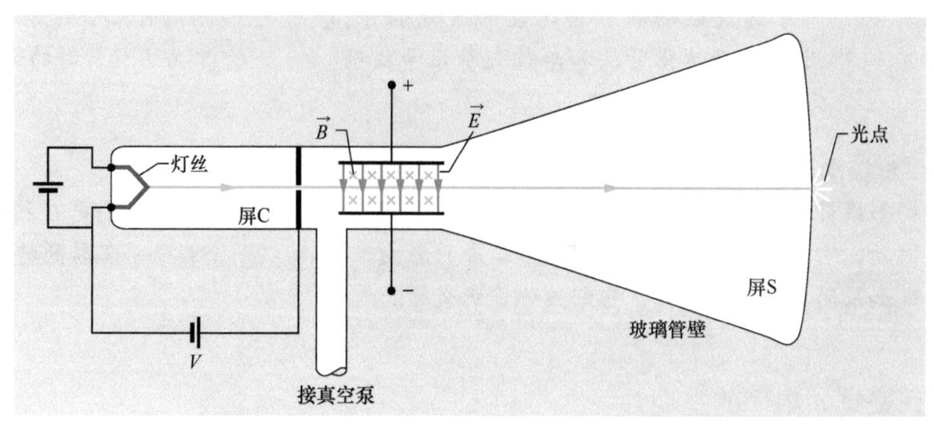

图 28-7 J. J. 汤姆孙测量荷质比装置的现代形式。电场用连接在电池上的两片偏转板产生。磁场用通电流的线圈（图中未画出）产生。图上画出的磁场垂直纸面向内，用 × 的阵列表示（它表示箭的羽毛尾部）。

使两种力抵消。当我们把图 28-7 中的两种场调节到使两种偏转力正好相互抵消（步骤 3）时，由式（28-1）和式（28-3）两式，我们有

$$|q|E = |q|vB\sin 90° = |q|vB$$

或

$$v = \frac{E}{B} \quad （相反的力抵消） \tag{28-7}$$

由此，正交场使我们可以测量通过它们的带电粒子的速率。将式（28-7）中的 v 代入式（28-6）中，整理后得到：

$$\frac{m}{|q|} = \frac{B^2L^2}{2yE} \tag{28-8}$$

这个式子右边所有的量都可以测量。因此，正交场使我们可以测出通过汤姆孙装置的粒子的比值 $m/|q|$。[小心：式（28-7）只能用于电场力和磁场力方向相反的情况。在习题中你会遇到其他情况。]

汤姆孙断言，这种粒子在所有物质中都能找得到。他还声称，它们比已知的最轻的原子（氢）还轻了 1000 倍以上（后来证明准确的比例是 1836.15）。他对 $m/|q|$ 的测量，加上他的两个大胆的断言，被认为是“电子的发现”。

检查点 2

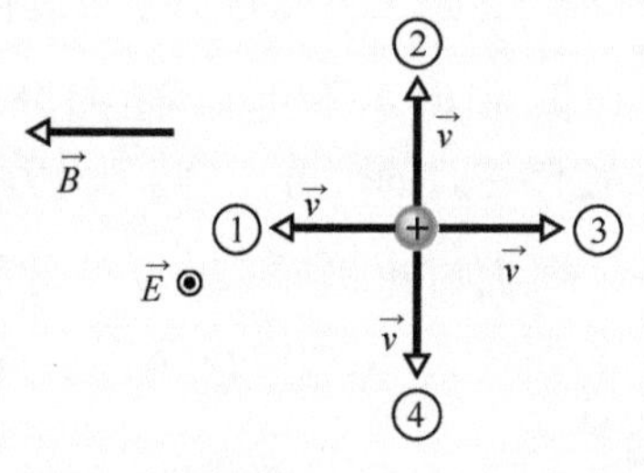

右图为在均匀电场 $\vec{E}$（指向页面外并用一个圆圈当中一点表示）和均匀磁场 $\vec{B}$ 中运动的带正电的粒子的速度 $\vec{v}$ 的四个方向。(a) 按照作用在粒子上的净力的数值排列方向 1、2 和 3，最大的排第一。(b) 所有四个方向中，哪个方向上净力的结果为零？

28-3 正交场：霍尔效应

学习目标

学完这一单元后，你应当能够……

28.15 描述携带电流的金属条的霍尔效应，说明电场是如何建立的以及什么因素限制了它的数值。

28.16 对于在霍尔效应情形中的导电条，画出磁场和电场矢量。对传导电子，画出速度、磁场力和电场力矢量。

28.17 应用霍尔电势差 V、电场强度 E 及导电条的宽度 d 之间的关系。

28.18 应用载流子数密度 n、磁感应强度数值 B、电流 i 及霍尔效应电势差 V 之间的关系。

28.19 应用霍尔效应结果于均匀磁场中运动的导电物体，认明霍尔效应电势差 V 所跨的宽度并计算 V。

关键概念

- 当均匀磁场加在携带电流 i 的导电条上时，磁场垂直于电流方向，跨导电条两边建立起霍尔电势差。
- 加在载流子上的电场力 $\vec{F}_E$ 会被作用在载流子上的磁场力 $\vec{F}_B$ 平衡。
- 载流子数密度 n 可由下式确定：

$$n=\frac{Bi}{Vle}$$

其中，l 是导电条的厚度（平行于 $\vec{B}$）。

- 当导电体以速率 v 通过均匀磁场运动时，跨物体两边的霍尔效应电势差 V 是

$$V=vBd$$

其中，d 是垂直于速度 $\vec{v}$ 和磁场 $\vec{B}$ 的宽度。

正交场：霍尔效应

正如我们刚才讨论的，真空中的电子束可能被磁场偏转。那么铜导线里面的漂移着的传导电子也会被磁场偏转吗？1879 年，当时还在约翰·霍普金斯大学就读的 24 岁的研究生埃德温·H. 霍尔（Edwin H. Hall）证明了它们可以，这个**霍尔效应**使我们可以确定导体中的载流子是带正电荷还是带负电荷的。此外，我们可以测量出单位体积导体中这种载流子的数目。

图 28-8a 表示宽度为 d 的铜条，携带电流 i，电流的习惯方向是图中的从上到下。载流子是电子，我们都知道它们漂移（漂移速率 v_d）的方向与此相反，从下往上。在图 28-8a 所示的瞬间，指向图面内的外磁场正好打开。由式（28-2），我们知道有磁偏转力 $\vec{F}_B$ 作用在每个漂移的电子上，并把它推向铜条的右侧边缘。

随着时间的推移，电子向右方运动，大多数聚集在铜条的右侧边缘，留下未被抵消的正电荷在左边固定的位置上，正电荷在左侧边缘和负电荷在右侧边缘的分离在铜条内产生了电场。图 28-8b 中，电场从左指向右。这个场施加电场力 $\vec{F}_E$ 于每个电子，倾向于把它推向左方。于是，这种与作用于电子上的磁场力方向相反的电场力开始建立起来。

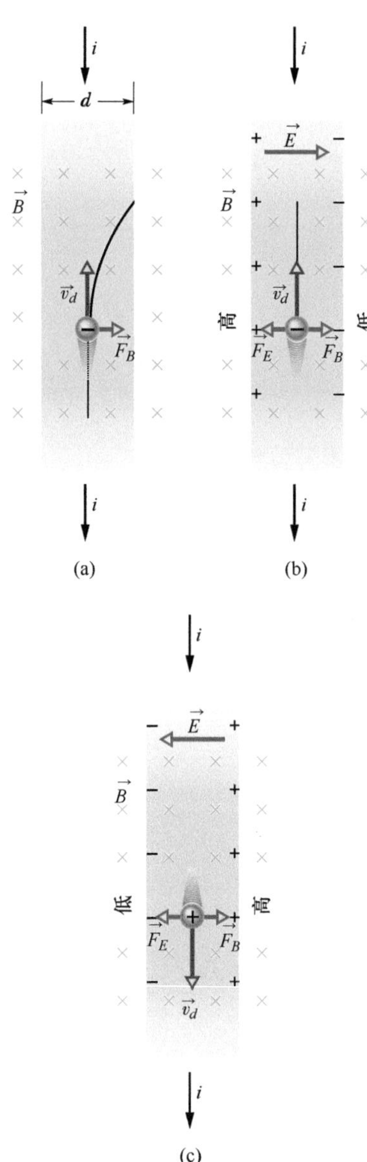

图28-8　载有电流 i 的铜条浸没在磁场 $\vec{B}$ 中。(a) 刚加上磁场后的情形，图中画出了一个电子将要走的弯曲路径。(b) 接着很快达到的平衡情况。注意，负电荷聚积在铜条的右侧，留下未被抵消的正电荷在左侧。因此，左侧的电势高于右边。(c) 如果载流子带正电荷，则电流方向相同的条件下，它们会聚积在右侧，右侧就处在较高的电势。

平衡。平衡很快达到，这时每个电子受到的电场力增大到足以和磁场力相抗衡，当这个条件达到时，如图28-8b所示，$\vec{B}$ 产生的力和 $\vec{E}$ 产生的力平衡，于是漂移的电子沿着铜条向着书页上方，以速度 $\vec{v}_d$ 运动，在铜条的右侧边缘不再有更多的电子积累，因而电场 $\vec{E}$ 也不再增大。

伴随着电场会产生一跨越铜条宽度 d 的霍尔电势差 V。由式（24-21），这个电势差的数值是

$$V = Ed \tag{28-9}$$

用跨接在宽度两侧的伏特计，我们可以测量铜条两边缘之间的电势差。并且，伏特计可以告诉我们哪一边的电势较高。对于图28-8b中的情形，我们会发现左边的电势较高，这和我们载流子是带负电的假设一致。

让我们暂时做相反的假设，假如电流 i 中的载流子是带正电的（见图28-8c）。你就要确定，这种载流子在铜条中从上往下运动，它们被 $\vec{F}_B$ 推向右边。因此右边的电势应该较高。但因为这后一表述与我们的伏特计的读数相矛盾，所以载流子肯定带负电。

载流子数密度。现在做定量的讨论。当电场力和磁场力平衡时（见图28-8b），式（28-1）和式（28-3）告诉我们

$$eE = ev_d B \tag{28-10}$$

由式（26-7），漂移速率 v_d 是

$$v_d = \frac{J}{ne} = \frac{i}{neA} \tag{28-11}$$

其中，$J(=i/A)$ 是铜条中的电流密度；A 是铜条的横截面面积；n 是载流子数密度（单位体积的数目）。

在式（28-10）中，将式（28-9）中的 E 代入，将式（28-11）中的 v_d 代入，我们得到

$$n = \frac{Bi}{Vle} \tag{28-12}$$

其中，$l(=A/d)$ 是铜条的厚度，我们可以利用这个方程式由可测量的几个量求出 n。

漂移速率。也可以利用霍尔效应直接测量载流子的漂移速率 v_d，你可能还记得它的数量级是每小时几厘米。在这个巧妙的实验中，金属条用机械方法沿着与载流子漂移速率相反的方向在磁场中运动：将运动的金属条的速率调节到刚好使霍尔电势差消失。在这样的条件下，没有霍尔效应，载流子的速度相对于实验室参考系必定为零，所以金属条的速度的数值必定等于负载流子的速度数值，但方向相反。

运动的导体。当一个导体开始以速率 v 在磁场中运动时，它的传导电子也在磁场中运动。它们就像图28-8a、b的电流中运动的传导电子，很快就建立起电场 $\vec{E}$ 和电势差 V。就像电流的情形一样，电场力和磁场力达到平衡，但我们现在用导体的速率 v 代替式（28-10）的电流中载流子的漂移速率 v_d，得到：

$$eE = evB$$

代入由式（28-9）求出的 E，我们得到电势差

$$V = vBd \tag{28-13}$$

这种运动引起的电路中的电势差在某些情况下可能产生严重的问题，例如穿过地球磁场在轨道上运行的人造卫星中的导体。然而，如果将一根导线（称为*电力系绳* electrodynamic tether）悬挂在人造卫星上，那么沿导线的电势差就可以用来控制人造卫星。

例题 28.02 运动导体两端的电势差

图 28-9a 表示边长 $d=1.5\text{cm}$，沿正 y 方向以数值为 4.0m/s 的恒定速度 $\vec{v}$ 运动的一个立方形实心金属块，立方块通过数值为 0.050T 并指向正 z 方向的均匀磁场 $\vec{B}$ 运动。

（a）由于通过磁场的运动，立方体的哪一个面处于较低的电势，哪一个面处于较高的电势？

【关键概念】

因为立方体是通过磁场运动，所以磁场力 $\vec{F}_B$ 作用于其中包括传导电子在内的带电粒子上。

推理： 当立方体在磁场中开始运动时，其中的电子也开始运动。因为每个电子都带有电荷 q 并以速度 $\vec{v}$ 在磁场中运动，就会产生式（28-2）给出的磁场力 $\vec{F}_B$ 作用于电子。因为 q 是负的，所以 $\vec{F}_B$ 的方向与沿 x 轴正方向的叉积 $\vec{v}\times\vec{B}$ 的方向（见图 28-9b）相反。因此，$\vec{F}_B$ 指向 x 轴的负方向，向着立方体的左表面（见图 28-9c）。

大多数电子都固定在立方体原子中的一定位置上。然而，因为立方体是金属制成的，它含有可以自由运动的传导电子。传导电子中有一些被 $\vec{F}_B$ 偏转到立方体的左表面，使这个面带负电并在右表面留下正电荷（见图 28-9d）。这样的电荷分离产生从带正电的右面指向带负电的左面的电场（见图 28-9e）。因此，左表面处在较低的电势，右表面处在较高的电势。

（b）较高和较低电势的两面间的电势差是多少？

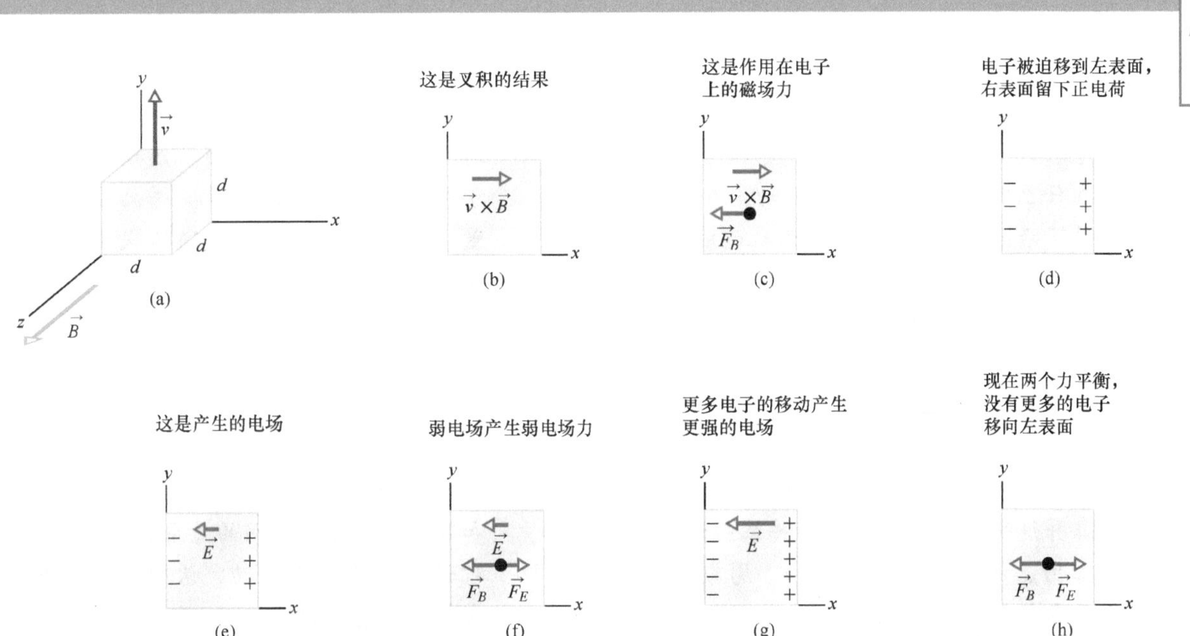

图 28-9 （a）立方形实心金属块以恒定的速率在均匀磁场中运动。（b）~（d），在这些前视图中，作用于电子的磁场力迫使电子移动到左表面，使左表面带负电并在相对的表面上留下正电荷。（e）、（f）结果的弱电场产生弱电力作用在其余的电子上，但这些电子也被迫移动到左表面。现在（g）电场力增强了。（h）电场力和磁场力相等。

【关键概念】

1. 电荷分离所引起的电场 $\vec{E}$ 对每个电子产生电场力 $\vec{F}_E = q\vec{E}$（见图 28-9f）。由于 q 是负的，这个力的方向和电场 $\vec{E}$ 相反——即向右。于是作用于电子上的力，$\vec{F}_E$ 向右而 $\vec{F}_B$ 向左。

2. 当立方体刚开始通过磁场运动并且电荷的分离也刚开始时，$\vec{E}$ 的数值从零开始增大。因此，$\vec{F}_E$ 的数值也从零开始增大，开始时小于 $\vec{F}_B$ 的数值，经过这个初期阶段，作用在电子上的净力是 $\vec{F}_B$ 占优势，它继续推动更多的电子移向立方体的左表面，使立方体左面和右面之间的电荷分离不断增加（见图 28-9g）。

3. 然而，随着电荷分离增加，F_E 的数值终于和 F_B 的数值相等（见图 28-9h）。因为这两个力在相反的方向上，作用于任何一个电子上的净力是零，不会再有更多的电子运动到立方体的左面。于是，$\vec{F}_E$ 的数值不再进一步增大，这些电子处于平衡状态。

解：我们求达到平衡以后（这很快就会达到）立方体左表面和右表面之间的电势差是 V。假如我们首先求出平衡时电场的数值为 E，利用式（28-9）。我们就可以得到 $V(V = Ed)$。我们可以利用力的平衡方程式（$F_E = F_B$）来做到这一点。

对于 F_E，我们代入 $|q|E$。对于 F_B，我们从式（28-3）代入 $|q|vB\sin\phi$。由图 28-9a，我们看到速度 $\vec{v}$ 和磁感应强度矢量 $\vec{B}$ 之间的角度是 90°；因此 $\sin\phi = 1$。由 $F_E = F_B$ 得到

$$|q|E = |q|vB\sin 90° = |q|vB$$

由此，$E = vB$；所以 $V = Ed$ 变为

$$V = vBd$$

代入已知的数值，我们得到立方体左表面和右表面的电势差

$$V = (4.0\text{m/s})(0.050\text{T})(0.015\text{m}) = 0.0030\text{V} = 3.0\text{mV}$$　（答案）

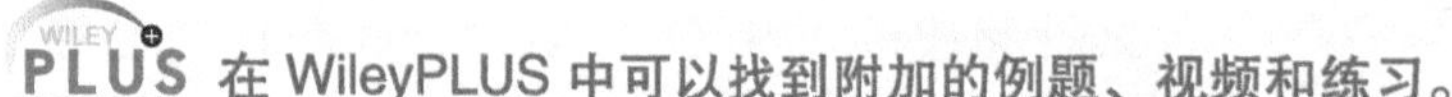
在 WileyPLUS 中可以找到附加的例题、视频和练习。

28-4　做圆周运动的带电粒子

学习目标

学完这一单元后，你应当能够……

28.20　对于在均匀磁场中运动的带电粒子，辨明在什么条件下它沿直线运动，在什么条件下沿圆形轨道和沿螺旋形轨道运动。

28.21　对于因磁场作用引起的做匀速圆周运动的带电粒子，从牛顿第二定律出发，推导用磁场数值 B 及粒子质量 m、电荷数值 q 与速率 v 表示的轨道半轨 r 的表达式。

28.22　对于均匀磁场中沿圆周轨道运行的粒子，计算并说明以下物理量间的关系：速率、向心力、向心加速度、半径、周期、频率和角频率，并指明这些量中哪些不依赖于速率。

28.23　对于均匀磁场中沿圆形轨道运动的正粒子和负粒子，画出轨道，并画出磁场矢量、速度矢量、速度和磁场矢量叉积的结果以及磁场力矢量。

28.24　对于在磁场中沿螺旋形轨道运动的带电粒子。画出轨道并指明磁场、螺距、曲率半径、平行于磁场的速度分量和垂直于磁场的速度分量。

28.25　对于磁场中的螺旋运动，应用曲率半径和某个速度分量之间的关系。

28.26　对磁场中的螺旋运动，认明螺距 p 和与它相关的速度分量。

关键概念

- 质量为 m、电荷数值为 $|q|$，并以速度 $\vec{v}$ 垂直于均匀磁场 $\vec{B}$ 运动的带电粒子会沿圆形轨道运动。
- 将牛顿第二定律用于这种圆周运动，得到

$$|q|vB=\frac{mv^2}{r}$$

我们由此求出圆的半径 r 是

$$r=\frac{mv}{|q|B}$$

- 绕转频率 f、角频率 ω 和运动的周期由下式给出：

$$f=\frac{\omega}{2\pi}=\frac{1}{T}=\frac{|q|B}{2\pi m}$$

- 如果粒子的速度有平行于磁场的分量，则粒子绕磁场矢量 $\vec{B}$ 沿螺旋形轨道运动。

做圆周运动的带电粒子

如果一个粒子以恒定的速率做圆周运动，我们可以确定作用于粒子上的净力数值是常量并且指向圆心，这个力总是垂直于粒子的速度。想想系在一根绳上的小石块在光滑的水平面上沿圆周旋转，或者人造卫星在圆轨道上绕地球运行。在第一种情况中，绳上的张力提供了必要的向心力和向心加速度。在第二种情况中，地球的引力提供向心力和向心加速度。

图 28-10 表示另一个例子，用电子枪 G 将电子束射入一个小室。电子在页面上以速率 v 进入，然后在垂直指向页面外的均匀磁场 $\vec{B}$ 的区域内运动。结果，磁场力 $\vec{F}_B=q\vec{v}\times\vec{B}$ 不断地使电子偏转，因为 $\vec{v}$ 和 $\vec{B}$ 总是相互垂直，这样的偏转使电子沿圆周轨道运动。在照片中这条轨道是看得见的，因为一些在圆轨道上绕环的电子和小室中的气体原子相碰撞而使气体原子发光。

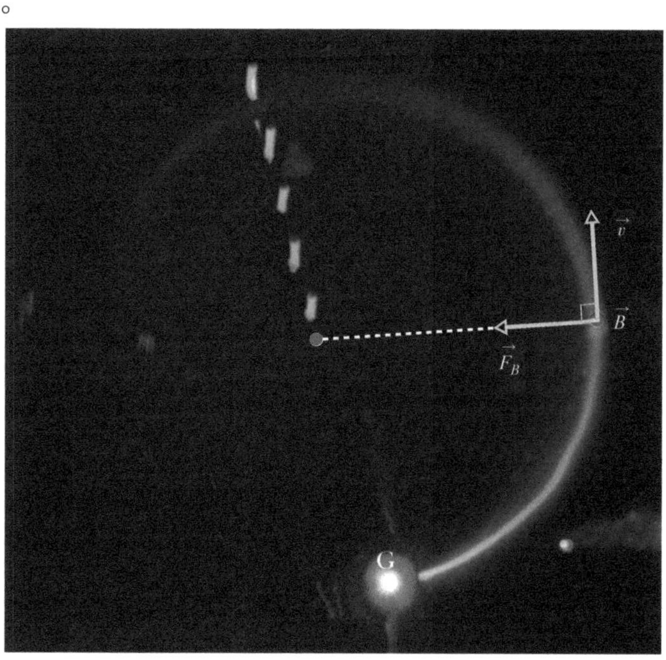

Courtesy Jearl Walker

图 28-10 电子在低压气体的小室中做圆周运动（它们的轨迹是发光的圆弧）。垂直于页面向外的均匀磁场 $\vec{B}$ 充满小室。注意磁场力 $\vec{F}_B$ 沿径向；要做圆周运动，$\vec{F}_B$ 必须指向圆心。利用叉积的右手定则确定 $\vec{F}_B=q\vec{v}\times\vec{B}$ 给出的 $\vec{F}_B$ 特定的方向。（不要忘记 q 的符号。）

我们想要确定描写这些电子，或者任何带电荷数值为$|q|$和质量为m并以速率v垂直于均匀磁场$\vec{B}$运动的任何粒子做圆周运动的特性参量。由式（28-3），作用于粒子上的力的大小是$|q|vB$。将牛顿第二定律（$\vec{F}=m\vec{a}$）用于匀速圆周运动［式（6-18）］：

$$F=m\frac{v^2}{r} \tag{28-14}$$

我们有

$$|q|vB=\frac{mv^2}{r} \tag{28-15}$$

解出r，我们得到圆周轨道的半径为

$$r=\frac{mv}{|q|B} \quad（半径） \tag{28-16}$$

周期T（转一整圈的时间）等于圆周长度除以速率，即

$$T=\frac{2\pi r}{v}=\frac{2\pi}{v}\frac{mv}{|q|B}=\frac{2\pi m}{|q|B} \quad（周期） \tag{28-17}$$

绕转频率f（单位时间绕圈次数）是

$$f=\frac{1}{T}=\frac{|q|B}{2\pi m} \quad（频率） \tag{28-18}$$

运动的角频率是

$$\omega=2\pi f=\frac{|q|B}{m} \quad（角频率） \tag{28-19}$$

物理量T、f和ω不依赖于粒子的速率（假定速率比光速小得多）。快速的粒子在大的圆周上运动，慢的粒子在小的圆周上运动，但有相同荷质比$|q|/m$的粒子都以相同的时间T（周期）完成一整圈运动。利用式（28-2），你可以证明，如你顺着$\vec{B}$的方向看去，正电荷转动的方向总是逆时针，负电荷总是顺时针。

螺旋线轨道

如果带电粒子的速度有平行于（均匀）磁场的分量，粒子就要绕以磁场矢量的方向为轴的螺旋形轨道运动。例如，图28-11a表示这种粒子的速度矢量$\vec{v}$可分解为平行于$\vec{B}$和垂直于$\vec{B}$的两个分量：

$$v_{\parallel}=v\cos\phi，\ v_{\perp}=v\sin\phi \tag{28-20}$$

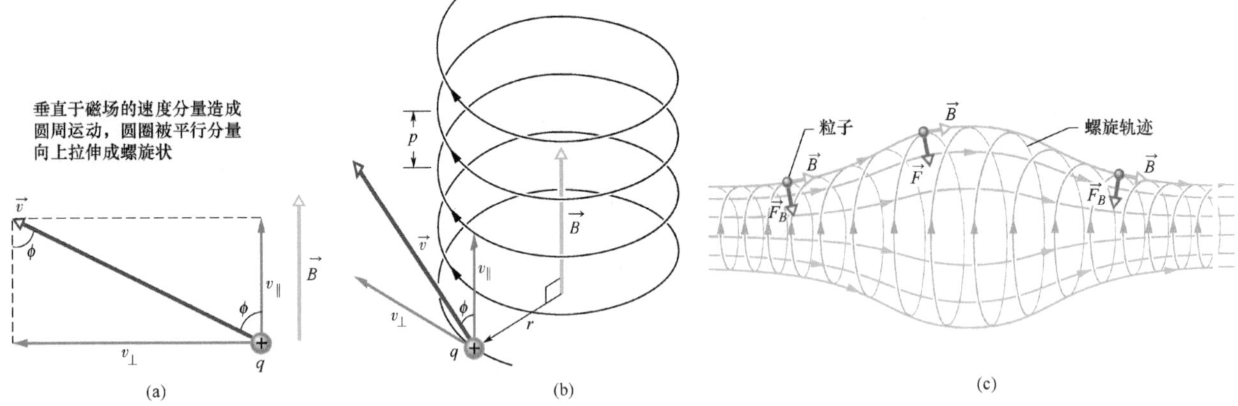

图28-11 （a）一个带电粒子在均匀的磁场$\vec{B}$中运动。粒子的速度$\vec{v}$和磁场方向成角度ϕ。（b）粒子沿半径为r，螺距为p的螺旋线轨道运动。（c）带电粒子在非均匀的磁场中做螺旋运动。（粒子可能在两端的强磁场区域之间做来回螺旋式的运动，就是说被束缚在磁瓶中。）注意，左边和右边的磁场力矢量有指向图中心的分量。

平行分量决定螺旋线的螺距 p——就是相邻的两圈间的距离（见图 28-11b）。垂直分量决定螺旋半径，也就是式（28-16）中要代入的 v 的数值。

图 28-11c 表示带电粒子在非均匀的磁场中做螺旋运动。图上左边和右边距离靠得较近的磁场线表明这些地方磁场较强。在一端的磁场足够强的情况下，粒子会从这一端被“反射”。

检查点 3

右图表示两个粒子以相同的速率在垂直页面向内的均匀磁场 $\vec{B}$ 中运动的圆轨道。一个粒子是质子，另一个是电子（质量较小）(a) 哪一个粒子走较小的圆，(b) 这个粒子是顺时针还是逆时针运动？

例题 28.03 带电粒子在磁场中的螺旋运动

动能为 22.5eV 的电子进入数值为 4.55×10^{-4}T 的均匀磁场 $\vec{B}$ 的区域。$\vec{B}$ 的方向和电子的速度 $\vec{v}$ 之间的角度是 65.5°。电子所走的螺旋轨道的螺距有多大？

【关键概念】

(1) 螺距是电子在一个旋转周期 T 内平行于磁场 $\vec{B}$ 的方向移动的距离。(2) 对于任何 $\vec{v}$ 和 $\vec{B}$ 之间角度不为零的情况，周期由式（28-17）给出。

解： 利用式（28-20）和式（28-17），我们求得：

$$p = v_{\parallel} T = (v\cos\phi)\frac{2\pi m}{|q|B} \qquad (28\text{-}21)$$

根据电子的动能求出它的速率 v，得到 $v = 2.81\times10^6$m/s，所以由式（28-21），得

$$p = (2.81\times10^6\,\text{m/s})(\cos 65.5°)\times\frac{2\pi(9.11\times10^{-31}\,\text{kg})}{(1.60\times10^{-19}\,\text{C})(4.55\times10^{-4}\,\text{T})} = 9.16\,\text{cm} \qquad \text{（答案）}$$

例题 28.04 带电粒子在磁场中的匀速圆周运动

图 28-12 表示质谱仪的原理。质谱仪可以用来测量离子的质量。质量为 m（待测）和电荷为 q 的离子在离子源 S 中产生。原来静止的离子被电势差 V 产生的电场加速，离子离开 S 并进入分离器室，分离器小室中的均匀磁场 $\vec{B}$ 垂直于离子的路径。很宽的探测器阵列排列在小室底部的壁上，磁场 $\vec{B}$ 导致离子沿半圆形轨道运动并撞击探测器，设 B = 80.000mT，V = 1000.0V，离子电荷 q = +1.6022 × 10^{-19}C，撞击处于 x = 1.6254m 位置上的探测器，用原子质量单位表示的一个离子的质量 m 是多少？[由式（1-7）：1u = 1.6605×10^{-27}kg]

【关键概念】

(1) 因为（均匀的）磁场造成（带电的）离子沿圆形轨道运动，所以我们可以把离子的质量 m 和轨道半径 r 用式（28-16）[$r = mv/(|q|B)$] 联系起来。由图 28-12 我们知道 $r = x/2$（半径是直径的一半）。根据问题的表述，我们已知磁感应强度的数值 B。不过，我们还缺少离子被电势差 V 加速后进入磁场时的速率 v。

(2) 要将 v 和 V 联系起来，我们利用加速过程中机械能（$E_{mec} = K + U$）守恒这一事实。

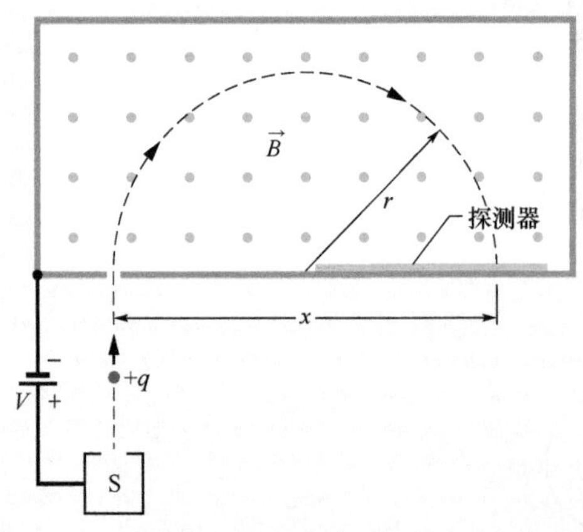

图 28-12　从离子源 S 发射的正离子受到电势差 V 的加速后进入均匀磁场 $\vec{B}$ 的小室，沿半径为 r 的半圆轨道运行，并击中距离 x 处的探测器。

求速率：当离子从离子源出射的时候，它的动能近似为零。加速末了，它的动能是$\frac{1}{2}mv^2$。还有，在加速过程中正离子通过电势的变化为 $-V$。因为离子带正电荷 q，它的势能改变为 $-qV$。如果我们现在写出机械能守恒。

$$\Delta K+\Delta U=0$$

我们得到

$$\frac{1}{2}mv^2-qV=0$$

或

$$v=\sqrt{\frac{2qV}{m}} \tag{28-22}$$

求质量：将 v 代入式（28-16），得到

$$r=\frac{mv}{qB}=\frac{m}{qB}\sqrt{\frac{2qV}{m}}=\frac{1}{B}\sqrt{\frac{2mV}{q}}$$

于是

$$x=2r=\frac{2}{B}\sqrt{\frac{2mV}{q}}$$

对 m 解这个方程式并代入已知的数据，得到

$$\begin{aligned} m&=\frac{B^2qx^2}{8V}\\ &=\frac{(0.080000\mathrm{T})^2(1.6022\times10^{-19}\mathrm{C})(1.6254\mathrm{m})^2}{8(1000.0\mathrm{V})}\\ &=3.3863\times10^{-25}\mathrm{kg}=203.93\mathrm{u} \end{aligned}$$

（答案）

WileyPLUS 在 WileyPLUS 中可以找到附加的例题、视频和练习。

28-5　回旋加速器和同步加速器

学习目标

学完这一单元后，你应当能够……

28.27　描述回旋加速器如何工作，用草图描绘出粒子的轨道以及动能增加的区域。

28.28　懂得共振条件。

28.29　对回旋加速器，应用粒子的质量与电荷，磁感应强度以及回旋频率之间的关系。

28.30　区别回旋加速器与同步加速器。

关键概念

- 在回旋加速器中，带电粒子在磁场中回旋的过程中被电场力加速。
- 要将粒子加速到接近光速就需要用同步加速器。

回旋加速器和同步加速器

像高能电子束和高能质子束一类的高能粒子束在探测原子和原子核、揭露物质的基本结构方面有着极其重要的用途。这样的射束对于发现原子核由质子和中子组成以及发现质子和中子由夸克和胶子组成是很有帮助的。因为电子和质子是带电的，只要使它们通过很大的电势差就可以被加速到所要求的高能量。对电子（质量小）来说，所需的加速距离是易于达到的。但对质子（质量

较大）就很困难了。

这个问题的一个聪明的解决方法是，首先使质子和其他重粒子通过不是很大的电势差（这样它们就可以获得一定数量的能量），然后利用磁场使它们转回来并再次通过不是很大的电势差。如果这样重复几千次，粒子最终能达到非常高的能量。

我们在这里讨论两种利用磁场将粒子反复地带回加速区的*加速器*，粒子在加速区里获得越来越多的能量，最后成为高能粒子束射出。

回旋加速器

图 28-13 是*回旋加速器*构造的俯视图，粒子（譬如质子）在其中回转。两个中空的 D 形盒（每个盒子的直侧面是开口的）是由铜片制成。这两个所谓的 *D 形电极*，是在这两极间的空隙两端施加交变电势差的电振荡器的一部分。D 形电极极性的正负是交替变换的，所以两极间隙中的电场的方向也交替改变，首先向着一个 D 形电极，然后改向另一个电极，来回振荡。两个 D 形电极放在指向页面外的巨大磁场中。磁感应强度的大小 B 通过控制产生磁场的电磁铁来调节。

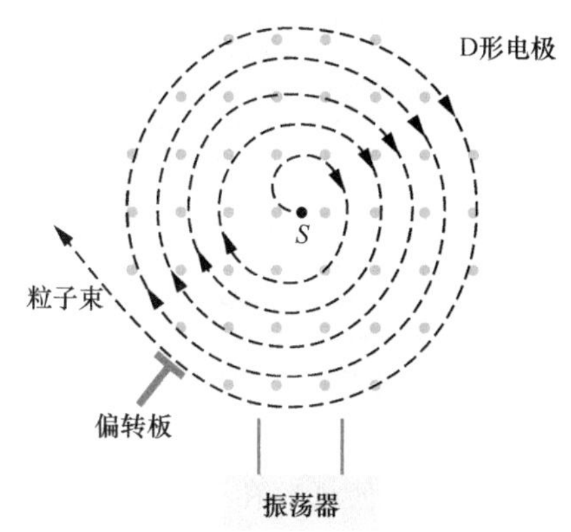

图 28-13 回旋加速器的基本结构，表示出粒子源 S 和 D 形电极。均匀磁场垂直页面向外，绕圈运动的质子在中空的 D 形电极中沿螺线轨迹向外旋转。每次穿过 D 形电极之间的间隙时就会获得能量。

假设一个质子从图 28-13 所示的回旋加速器中心的质子源注入。起初向着带负电的 D 形电极运动，它向着这个电极加速并进入这个电极。一经进入，它便被 D 形电极的铜制内壁屏蔽，不受电场的作用；即电场不能进入 D 形电极。然而磁场却不会被铜制 D 形电极（非磁性的）屏蔽，所以质子沿圆形轨道运动，依赖于质子速率的轨道半径由式（28-16）$[r=mv/(|q|B)]$ 给出。

我们假定，质子转了半圈再从第一个 D 形电极出射，进入电极间隙的一刹那，两 D 形电极间的电势差反向。于是，质子*又*面对负的 D 形电极而*再次*被加速，这个过程继续下去，回旋的质子总是和 D 形电极的电势振荡同步，直到质子沿螺线向外转动到 D 形电极系统的外缘。那里有一个偏转板使它通过一个出口射击。

频率。回旋加速器工作的关键在于质子在磁场中回旋的频率 f（不依赖于质子的速率）必须等于电振荡器固定的频率 f_{osc}，或

$$f=f_{osc} \quad (共振条件) \tag{28-23}$$

这个*共振条件*说的是：如果回旋的质子的能量要增加，能量一定要以质子在磁场中回旋的自然频率 f 的振荡频率 f_{osc} 赋给质子。

将式（28-18）$[f=|q|B/(2\pi m)]$ 和式（28-23）联立起来，我们就可以写出共振条件为

$$|q|B=2\pi m f_{osc} \tag{28-24}$$

（我们假设）振荡器设计成只在一个固定频率 f_{osc} 下工作。我们就要通过改变 B 来"调谐"回旋加速器直到满足式（28-24），使许多质子在磁场中回旋，成为质子束出射。

质子同步加速器

如果要使质子能量大于 50MeV，常规的回旋加速器便会开始失效，这是由于其设计中的一个假设——在磁场中回旋的带电粒

子的回旋频率不依赖于粒子的速率——这只在速率比光速小很多的情况下才正确。在质子速率较大时（大约光速的10%），我们必须用相对论处理问题。按照相对论，当回旋的质子的速率接近光的速率时，质子的回旋频率稳定地减小。于是，质子和回旋加速器的振荡器不再同步——振荡器的频率固定在f_{osc}——最后，还在回旋的质子的能量停止增加。

还有另外一个问题。500GeV的质子在1.5T的磁场中时轨道的半径长达1.1km。与之相匹配的传统回旋加速器的磁铁也将是难以想象地昂贵，它的两个极的面积大约各为$4\times10^6 m^2$。

*质子同步加速器*是设计用来克服这两个困难的，磁场B和振荡器频率f_{osc}，不再像常规回旋加速器那样具有固定的数值，改为在加速循环过程中随时间变化。当这些被严格做到时，(1)回旋的质子在所有时间内都保持和振荡器同步，(2)质子绕圆形轨道——不是螺线——运行。因此，磁铁只要沿圆轨道安放，而不必是$4\times10^6 m^2$的范围。不过，如果要达到很高的能量，圆形轨道还必须是很大的。

例题28.05 在回旋加速器中加速带电粒子

设一台回旋加速器在振荡器频率12MHz下运行，它的D形电极半径$R=53cm$。

(a) 要使氘核在这台回旋加速器中加速，需要多大的磁场？氘核的质量是$m=3.34\times10^{-27}kg$（两倍于质子的质量）。

【关键概念】

对于给定的振荡器频率f_{osc}，用来加速回旋加速器中任何粒子所需的磁感应强度的数值B依赖于粒子的质量和电荷之比$m/|q|$，按照式(28-24)（$|q|B=2\pi mf_{osc}$）。

解：对于氘核和振荡器频率$f_{osc}=12MHz$，我们得到

$$B=\frac{2\pi mf_{osc}}{|q|}=\frac{(2\pi)(3.34\times10^{-27}kg)(12\times10^6 s^{-1})}{1.60\times10^{-19}C}=1.57T\approx1.6T$$

（答案）

注意，如果要加速质子，设振荡器频率仍固定在12MHz，则B要变为原来的一半。

(b) 氘核最终的动能有多大？

【关键概念】

(1) 从回旋加速器出射的氘核的动能$\left(\frac{1}{2}mv^2\right)$等于它刚出射前的动能，这时它正在半径近似等于回旋加速器D形电极的半径的圆轨道上运行。

(2) 我们可以用式(28-16)[$r=mv/(|q|B)$]求氘核在这个圆轨道上运动时的速率v。

解：对v解出这个方程式，用R代入r，并代入已知的数据，我们得到：

$$v=\frac{R|q|B}{m}=\frac{(0.53m)(1.60\times10^{-19}C)(1.57T)}{3.34\times10^{-27}kg}=3.99\times10^7 m/s$$

这个速率对应于动能

$$K=\frac{1}{2}mv^2=\frac{1}{2}(3.34\times10^{-27}kg)(3.99\times10^7 m/s)^2=2.7\times10^{-12}J$$

（答案）

或大约17MeV。

WILEY PLUS 在WileyPLUS中可以找到附加的例题、视频和练习。

28-6 作用于载流导线上的磁场力

学习目标

学完这一单元后，你应当能够……

28.31 在电流垂直于磁场的情形中，画出电流、磁场方向和作用于电流（或通电流的导线）上磁场力的方向。

28.32 对磁场中的电流，应用磁场力的数值 F_B、电流 i、导线长度 L 以及长度矢量 $\vec{L}$ 与磁场矢量 $\vec{B}$ 所成角度 ϕ 之间的关系。

28.33 应用叉积的右手定则求作用在磁场中电流上的磁场力的方向。

28.34 对磁场中的电流，用长度矢量 $\vec{L}$ 和磁场矢量 $\vec{B}$ 的叉积计算磁场力 $\vec{F}_B$，用数值-角度记号和单位矢量记号。

28.35 在导线不是直的，或在磁场是不均匀的情况下，描述计算作用于磁场中载流导线上力的步骤。

关键概念

- 在均匀磁场中载有电流 i 的直导线受到侧向的力

$$\vec{F}_B = i\vec{L} \times \vec{B}$$

- 作用于磁场中的电流元 $i\mathrm{d}\vec{L}$ 上的力是

$$\mathrm{d}\vec{F}_B = i\mathrm{d}\vec{L} \times \vec{B}$$

- 长度矢量 $\vec{L}$ 或 $\mathrm{d}\vec{L}$ 的方向是电流 i 的方向。

作用于载流导线上的磁场力

我们已经知道（讨论霍尔效应时）磁场对导线中运动的电子产生一个侧向的作用力。然后这个力必定要传递给导线本身，因为传导电子不可能从导线侧面逃逸出去。

在图 28-14a 中，一根没有通电流并在两端固定的竖直导线通过磁铁的两竖直安放的磁极面之间的间隙。两磁极面之间的磁场指向页面外。在图 28-14b 中，电流向上通过导线；导线向右弯曲，在图 28-14c 中，我们使电流反向流动，导线向左弯曲。

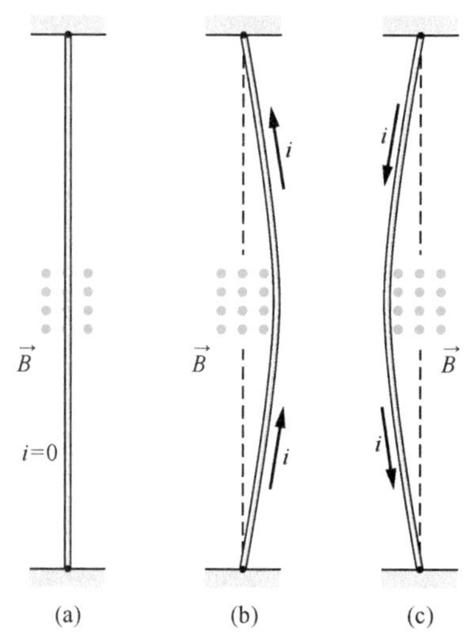

图 28-14 一根易弯曲的导线通过磁铁的两个极面之间（只画出较远的一个磁极面）。(a) 导线中没有电流，导线是直的。(b) 导线中有向上的电流，导线向右弯曲。(c) 电流向下，导线向左弯曲。将电流从一端引入导线，从另一端引出导线的连线没有画出。

图 28-15 表示，图 28-14b 中导线内部发生的过程。我们看到一个传导电子以假设的漂移速率 v_d 向下漂移。式（28-3）（我们设其中的 $\phi = 90°$）告诉我们，一定有数值为 ev_dB 的力 $\vec{F}_B$ 作用于每个传导电子上。由式（28-2），我们知道这个力必定指向右方。我们预料整个导线会受到向右的力，与图 28-14b 一致。

在图 28-15 中，如果我们将磁场或电流反向，作用于导线上的力也要反向，现在力指向左方。还要注意，无论我们认为导线中是向下漂移的负电荷（真实情形）还是向上漂移的正电荷都没有关系。作用在导线上使之弯曲的力的方向都一样。因此，像我们以前在处理电路问题中通常所做的那样，我们当作正电荷产生的电流来处理是不会有问题的。

求力。考虑图 28-15 中的一段导线的长度为 L。这段导线中的所有传导电子在时间 $t = L/v_d$ 内都漂移通过图 28-15 中的 xx 平面，因此在这段时间内通过这个平面的电荷由下式给出：

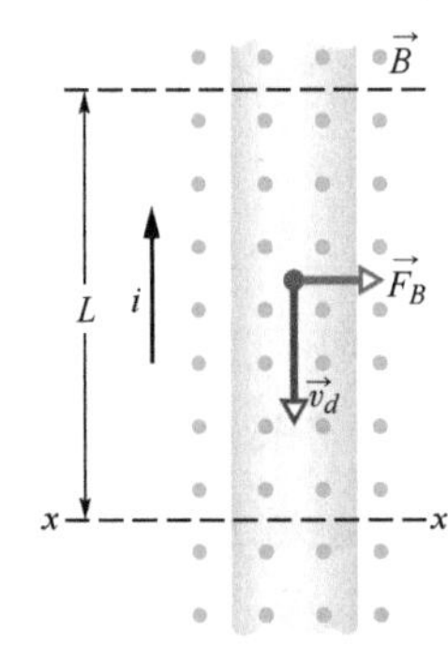

图 28-15　图 28-14b 中一段导线的特写镜头。电流方向向上意味着电子向下漂移。从页面指向外的磁场使电子和导线向右弯曲。

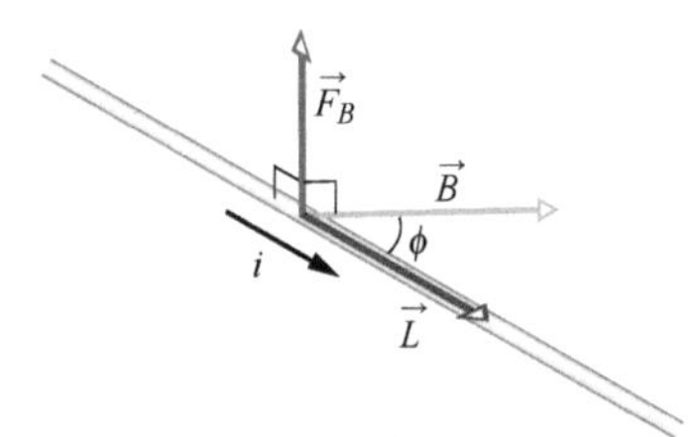

图 28-16　载有电流 i 的导线和磁场 $\vec{B}$ 成角度 ϕ。磁场中的导线长度为 L，长度矢量为 $\vec{L}$（沿电流方向）。磁场力 $\vec{F}_B=i\vec{L}\times\vec{B}$ 作用于导线。

$$q=it=i\frac{L}{v_d}$$

将这个式子代入式（28-3）得到

$$F_B=qv_dB\sin\phi=\frac{iL}{v_d}v_dB\sin 90°$$

或

$$F_B=iLB \qquad (28\text{-}25)$$

注意，这个方程式给出作用于长度 L、载有电流 i 并浸没于和导线垂直的均匀磁场 $\vec{B}$ 中的直导线上的磁场力。

如果磁场不垂直于导线，如图 28-16 中那样，磁场力由式（28-25）的普遍化的公式给出：

$$\vec{F}_B=i\vec{L}\times\vec{B}\quad\text{（作用于电流上的力）} \qquad (28\text{-}26)$$

其中，$\vec{L}$ 是长度矢量，它的数值是 L，方向沿这段导线中的（习惯的）电流方向。这个力的数值是

$$F_B=iLB\sin\phi \qquad (28\text{-}27)$$

其中，ϕ 是 $\vec{L}$ 和 $\vec{B}$ 方向之间的角度。$\vec{F}_B$ 的方向就是叉积 $\vec{L}\times\vec{B}$ 的方向，因为我们取电流 i 是一个正的量。式（28-26）告诉我们，$\vec{F}_B$ 总是垂直于矢量 $\vec{L}$ 和 $\vec{B}$ 确定的平面，如图 28-16 所示。

式（28-26）和式（28-2）作为定义 $\vec{B}$ 的方程式，二者是等效的。实际上我们是用式（28-26）定义 B，因为测量作用于导线上的磁场力比测量作用于单个运动电荷上的力要容易得多。

弯曲的导线。如果导线不是直的，或者磁场是不均匀的，我们可以设想把导线分成小的直线段并将式（28-26）应用到每一小段上、作用在整条导线上的力就是作用在组成整条导线的所有各小段上的力的矢量和。在微分极限下，我们可以写成：

$$d\vec{F}_B=i\,d\vec{L}\times\vec{B} \qquad (28\text{-}28)$$

我们可以对任何给定的电流构形通过式（28-28）在整个构形上积分求出合力。

在应用式（28-28）的时候要牢记，实际上并没有一段长度为 dL 的孤立通电导线这样的东西。一定要有一种方法从一端把电流引进这段导线再从另一端流出这段导线。

检查点 4

图示均匀磁场 $\vec{B}$ 中载有电流 i 的导线以及作用在导线上的磁场力 $\vec{F}_B$。磁场的方向是使力达到最大值的方向。

指出磁场的方向

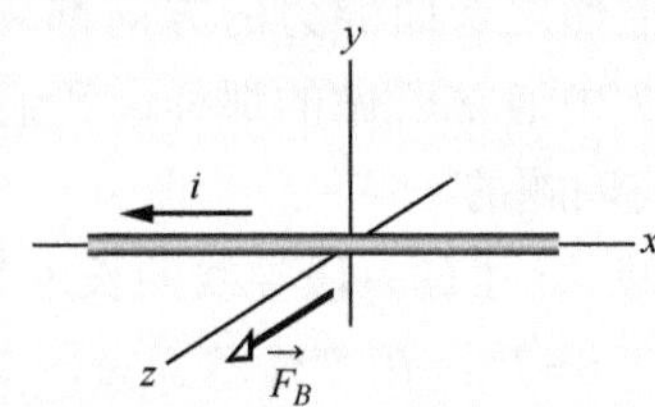

例题 28.06 作用在载流导线上的磁场力

一条直的水平放置的铜导线中有电流 $i=28\text{A}$ 通过。要使导线悬浮起来——就是要和作用于它的重力平衡——需要磁场 $\vec{B}$ 最小的数值及方向为何？导线的线密度（单位长度质量）是 46.6g/m。

【关键概念】

（1）因为导线载有电流，所以只要放在磁场 $\vec{B}$ 中就有磁场力 $\vec{F}_B$ 作用于它。要平衡作用于导线的向下的重力 $\vec{F}_g$，我们要使 $\vec{F}_B$ 指向上方（见图 28-17）。

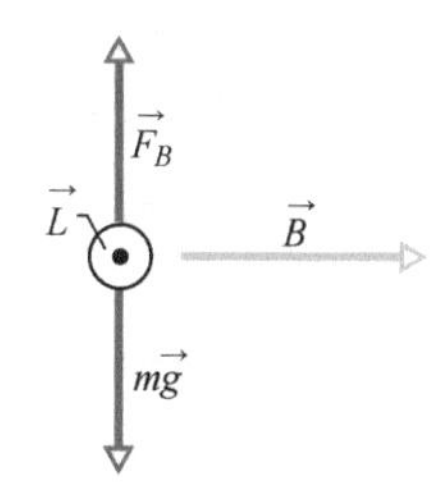

图 28-17 导线（画出截面）携带的电流从页面向外流。

（2）$\vec{F}_B$ 的方向与 $\vec{B}$ 以及导线的长度矢量 $\vec{L}$ 的关系由式（28-26）（$\vec{F}_B=i\vec{L}\times\vec{B}$）联系起来。

解： 因为 $\vec{L}$ 水平放置（把电流取作正），式（28-26）和叉积的右手定则告诉我们 $\vec{B}$ 必定水平向右（见图 28-17）才能给出所需的向上的力 $\vec{F}_B$。

$\vec{F}_B$ 的数值是 $F_B=iLB\sin\phi$［式（28-27）］。因为我们要使 $\vec{F}_B$ 和 $\vec{F}_g$ 平衡，我们就要做到

$$iLB\sin\phi=mg \tag{28-29}$$

其中，mg 是 $\vec{F}_g$ 的数值，m 是导线的质量。我们还要求产生能平衡 $\vec{F}_g$ 的 $\vec{F}_B$ 所需的最小磁场数值 B。因此，我们要使式（28-29）中的 $\sin\phi$ 最大。为此，令 $\phi=90°$，就是 $\vec{B}$ 要垂直于导线。于是我们有 $\sin\phi=1$，所以由式（28-29）得到：

$$B=\frac{mg}{iL\sin\phi}=\frac{(m/L)g}{i} \tag{28-30}$$

我们用这种方式写出结果是因为我们已经知道导线的线密度为 m/L。代入已知数据，得到

$$B=\frac{(46.6\times10^{-3}\text{kg/m})(9.8\text{m/s}^2)}{28\text{A}}$$
$$=1.6\times10^{-2}\text{T}$$

（答案）

这个数值大约是地球磁场的强度的 160 倍。

WILEY PLUS 在 WileyPLUS 中可以找到附加的例题、视频和练习。

28-7 作用于电流环路上的转距

学习目标

学完这一单元后，你应当能够……

28.36 画出磁场中的矩形电流环路，指出四条边受到的磁场力、电流方向、法向矢量 $\vec{n}$，以及这些力构成的要使环路转动的转矩的方向。

28.37 对磁场中的载流线圈，应用转矩的数值 τ、匝数 N、每一圈的面积 A、电流 i、磁感应强度的数值 B 以及法向矢量 $\vec{n}$ 与磁感应强度矢量 $\vec{B}$ 之间的关系。

关键概念

- 作用于均匀外磁场中的载流线圈各个部分的磁场力不相同，但净力为零。
- 作用于线圈上的净转矩的数值由下式给出：

$$\tau=NiAB\sin\theta$$

其中，N 是线圈的匝数；A 是每一圈的面积；i 是电流；B 是磁感应强度的数值；θ 是磁场 $\vec{B}$ 与线圈的法向矢量 $\vec{n}$ 之间的角度。

作用于电流环路上的转矩

世界上有许多工作是由电动机完成的，这些工作幕后的力就是我们在上一单元研究的磁场力——就是磁场作用于载流导线的力。

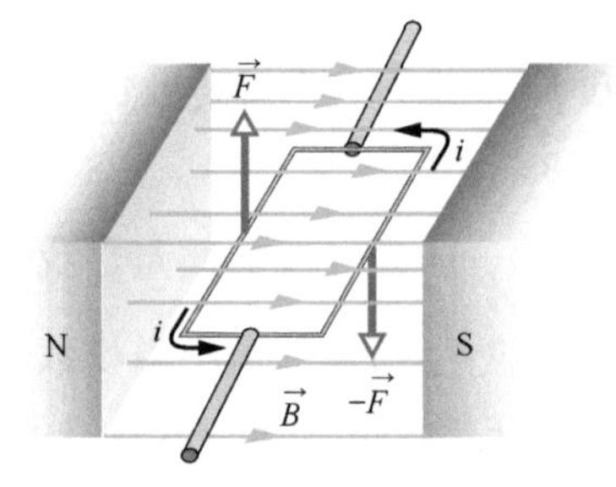

图 28-18 电动机的组成单元。载有电流并能绕固定轴转动的矩形导线框放在磁场中。作用于导线上的磁场力产生转矩使导线框转动。换向器（未画出）每半圈使电流反向，可使转矩始终都作用在同一方向上。

图 28-18 表示简单的电动机，它由放置在磁场 $\vec{B}$ 中的单圈载流导线框组成。两个磁场力 $\vec{F}$ 和 $-\vec{F}$ 在环上产生转矩，使它绕中心轴转动。虽然许多重要的细节都被省略了，但这张图还是表示出了磁场对载流环产生转动的作用。让我们来分析这个作用。

图 28-19a 表示边长为 a 和 b 的矩形导线框载有电流 i，并在均匀的磁场 $\vec{B}$ 中运动。我们把框这样安放在磁场中：使它的标记为 1 和 3 的长边垂直于磁场方向（磁场垂直进入页面），但标记 2 和 4 的矩形两短边则不一定。将电流引进和引出导线框是必不可少的。但为简单起见，这里并没有画出来。

要定义导线框在磁场中的方向，我们需要用到垂直于导线框所在平面的法向矢量 $\vec{n}$。图 28-19b 表示确定 $\vec{n}$ 的方向的右手定则。将你的右手四指指向导线框上任何一点的电流方向或将四指沿电流方向弯曲，竖起的大拇指指向法向矢量 $\vec{n}$ 的方向。

图 28-19c 中，导线框的法向矢量画在与磁场 $\vec{B}$ 成任意角度 θ 的方向。我们要求作用在这个方位的导线框上的净力和净转矩。

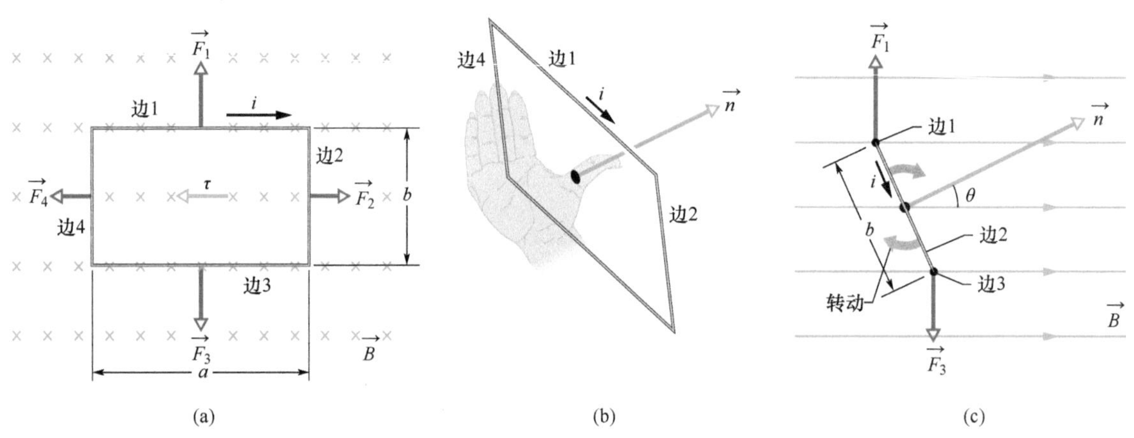

图 28-19 长度为 a、宽度为 b 并载有电流 i 的矩形导线框放在均匀的磁场中。转矩 τ 的作用是使法向矢量 $\vec{n}$ 和磁场方向沿同一直线。(a) 顺着磁场方向观察到的导线框。(b) 导线框透视图，表示如何利用右手定则给出垂直于导线框平面的 $\vec{n}$ 的方向。(c) 从边 2 一方观看导线框的侧视图。导线框按所示的方向转动。

净转矩。作用在导线框上的净力是作用在矩形的四条边上的力的矢量和。对于边 2，式（28-26）中的矢量 $\vec{L}$ 指向电流的方向，它的数值为 b。边 2 的 $\vec{L}$ 和 $\vec{B}$ 之间的角度（见图 28-19c）是 $90° - \theta$。于是作用于这条边上的力的数值是

$$F_2 = ibB\sin(90° - \theta) = ibB\cos\theta \tag{28-31}$$

我们可以证明作用于边 4 上的力 $\vec{F}_4$ 和 $\vec{F}_2$ 有相同的数值，但方向相

反。因而 $\vec{F}_2$ 和 $\vec{F}_4$ 正好相互抵消。它们的合力是零，由于它们的共同作用线都通过导线框的中心，所以它们的净转矩也是零。

这种情况不同于边 1 和边 3。对这两条边，$\vec{L}$ 垂直于 $\vec{B}$，所以力 $\vec{F}_1$ 和 $\vec{F}_3$ 有共同的数值 iaB。因为这两个力的方向相反，所以它们不会使导线框向上或向下移动。然而，如图 28-19c 所描绘的，这两个力没有共用同一条作用线，所以它们确实产生了净转矩。这个转矩要使导线框转到它的法线矢量 $\vec{n}$ 和磁场 $\vec{B}$ 的方向沿同一直线。这个转矩对于矩形框的中心轴的矩臂是（$b/2$）$\sin\theta$。$\vec{F}_1$ 和 $\vec{F}_3$ 产生的转矩的数值 τ' 是（见图 28-19c）：

$$\tau' = \left(iaB\frac{b}{2}\sin\theta\right) + \left(iaB\frac{b}{2}\sin\theta\right) = iabB\sin\theta \qquad (28\text{-}32)$$

线圈。如果我们把单圈的电流导线用 N 圈或 N 匝的线圈代替。另外，假设这种许多匝的线圈绕得足够紧密，因而它们可以近似地看作所有各圈导线都有同样的线度并在同一平面上。这样的多匝线圈形成一个平面线圈。式（28-32）给出数值为 τ' 的转矩作用在每一匝线圈上，于是作用在线圈上的总转矩的数值为

$$\tau = N\tau' = NiabB\sin\theta = (NiA)B\sin\theta \qquad (28\text{-}33)$$

式中，$A(=ab)$ 是线圈包围的面积；括弧里的量（NiA）放在一起是因为这些全都是线圈的性质：线圈的匝数、它的面积及通过线圈的电流。式（28-33）对所有的平面线圈都成立，无论线圈的形状如何，只要磁场是均匀的就可以。例如，对一个普通的半径为 r 的圆形线圈，我们有

$$\tau = (Ni\pi r^2)B\sin\theta \qquad (28\text{-}34)$$

法向矢量。追踪垂直于线圈平面的矢量 $\vec{n}$ 而不是关注于线圈的运动会更简单些。式（28-33）告诉我们，载流平面线圈放在磁场中会转到使 $\vec{n}$ 和磁场的方向相同。在电动机中，当 $\vec{n}$ 开始正要和磁场方向成一直线时，线圈中的电流反向，这样一来产生转矩使线圈继续转动。这种使电流自动换向的操作是通过整流器来完成的。整流器的原理是，转动的线圈两端的电接触器和从电源引进电流的固定接触器随着线圈的转动而不断变换接触端，从而使进入线圈的电流随转动而改变方向。

28-8 磁偶极矩

学习目标

学完这一单元后，你应当能够……

28.38 懂得载流线圈是带有磁偶极矩 $\vec{\mu}$ 的磁偶极子，磁偶极矩的方向就是用右手定则给出的法向矢量 $\vec{n}$ 的方向。

28.39 对载流线圈，应用磁偶极矩 μ 的数值、匝数 N、每一匝的面积 A，以及电流 i 之间的关系。

28.40 在载流线圈的草图上画出电流的方向，然后用右手定则确定磁偶极矩矢量 $\vec{\mu}$ 的方向。

28.41 对外磁场中的磁偶极子，应用转矩数值 τ、磁偶极矩数值 μ、磁场的数值 B，以及磁偶极矩矢量 $\vec{\mu}$ 与磁场矢量 $\vec{B}$ 所成角度 θ 之间的关系。

28.42 懂得按照转动方向规定转矩的正号或负号的规则。

28.43 用数值-角度记号和单位矢量记号，通过求磁偶极矩矢量$\vec{\mu}$和外磁场矢量$\vec{B}$的叉积来计算作用在磁偶极子上的转矩。

28.44 对外磁场中的磁偶极子，认明转矩数值最大和最小值时磁偶极矩的指向。

28.45 对外磁场中的磁偶极子，应用取向能量U、磁偶极矩数值μ、外磁场数值B，以及磁偶极矩矢量$\vec{\mu}$与磁场矢量$\vec{B}$所夹的角度θ之间的关系。

26.46 用数值-角度记号和单位矢量记号，通过求磁偶极矩矢量$\vec{\mu}$和外磁场矢量$\vec{B}$的点积计算取向能量U。

28.47 认明在外磁场中有最小和最大的取向能量时磁偶极子的取向。

28.48 对磁场中的磁偶极子，把取向能量U和使磁偶极子在磁场中转动的外转矩所做的功W_a联系起来。

关键概念

- 均匀磁场中的线圈（面积A、N匝、电流i）受到下式给出的转矩：

$$\vec{\tau}=\vec{\mu}\times\vec{B}$$

其中，$\vec{\mu}$是线圈的磁偶极矩，它的数值$\mu=NiA$，它的方向由右手定则确定。

- 磁偶极子在磁场中的取向能是

$$U(\theta)=-\vec{\mu}\cdot\vec{B}$$

- 如果有外界因素使磁偶极子从初始方向θ_i转动到另一个方向θ_f，且在开始和末了偶极子都是静止的，则外界因素对偶极子做功W_a是

$$W_a=\Delta U=U_f-U_i$$

磁偶极矩

正如我们刚才讨论过的，转矩作用使磁场中的载流线圈转动。从这个意义上说，线圈的行为就像磁场中的条形磁铁一样。因此，像条形磁铁一样，我们说载流线圈就是一个磁偶极子。进而言之，为了解释磁场对线圈产生的转矩，我们给线圈规定一个**磁偶极矩**$\vec{\mu}$。$\vec{\mu}$的方向就是线圈平面的法向矢量$\vec{n}$的方向，因而由图28-19中同样的右手定则决定。也就是说，用你的右手的四个手指顺着电流i的方向握住线圈；伸出的大拇指给出$\vec{\mu}$的方向。$\vec{\mu}$的数值由下式给出：

$$\mu=NiA \quad (磁矩) \tag{28-35}$$

其中，N是线圈匝数；i是通过线圈的电流；A是每一匝线圈包围的面积。这个方程式中，i的单位是安［培］，A的单位是平方米，我们看出$\vec{\mu}$的单位是安［培］平方米（$A\cdot m^2$）。

转矩。我们可以利用$\vec{\mu}$把磁场作用于载流线圈上的转矩公式（28-33）重新写成

$$\tau=\mu B\sin\theta \tag{28-36}$$

其中，θ是$\vec{\mu}$和$\vec{B}$两个矢量间的夹角。

我们可以把这个公式推广为矢量关系式：

$$\vec{\tau}=\vec{\mu}\times\vec{B} \tag{28-37}$$

这个公式立刻使我们想到相对应的电场作用于电偶极子的转矩方程式，即式（22-34）：

$$\vec{\tau}=\vec{p}\times\vec{E}$$

在两种情况中，场——电场或磁场——产生的转矩等于相应的偶极矩和场矢量的叉积。

能量。外磁场中的磁偶极子具有依赖于偶极子在外场中取向的能量。对于电偶极子，我们已经证明过［式（22-38）］：

$$U(\theta) = -\vec{p} \cdot \vec{E}$$

与这完全相似，我们对磁场的情形可以写出：

$$U(\theta) = -\vec{\mu} \cdot \vec{B} \qquad (28\text{-}38)$$

在两种情况中场引起的能量都等于相应的偶极矩与场矢量的标识的负值。

当磁偶极子的磁偶极矩 $\vec{\mu}$ 和磁场方向相同时，它有最低的能量（$= -\mu B\cos 0 = -\mu B$）（见图 28-20）。当 $\vec{\mu}$ 的方向和场的方向相反时，它有最高的能量（$= -\mu B\cos 180° = +\mu B$）。由式（28-38），$U$ 的单位是焦［耳］，$\vec{B}$ 的单位是特［斯拉］，我们得到 $\vec{\mu}$ 的单位也可以是焦耳每特斯拉，这代替了式（28-35）要求的安培平方米。

功。如果有外来的转矩（来自“外界的力量”）使磁偶极子从初始方向 θ_i 转到另一方向 θ_f，那么外转矩对磁偶极子做了功 W_a。如果在方向改变前后磁偶极子都是静止的，那么功 W_a 是

$$W_a = U_f - U_i \qquad (28\text{-}39)$$

其中，U_f 和 U_i 用式（28-38）计算。

到现在为止，我们只知道载流线圈和像条形磁铁那样的永磁体是磁偶极子。然而，旋转的带电球也是磁偶极子，譬如说地球本身也（近似地）是磁偶极子。最后，大多数亚原子粒子，包括电子、质子和中子都有磁偶极矩。我们到第 32 章中将会知道，所有这些量都可以看作电流环路。为了比较，表 28-2 中列出一些磁偶极矩的近似值。

表述。有些教师会把式（28-38）中的 U 解释为势能，并把它和磁偶极子的方向改变时磁场做的功相联系。这里我们避免争论，并且说 U 是和磁偶极子取向相关的能量。

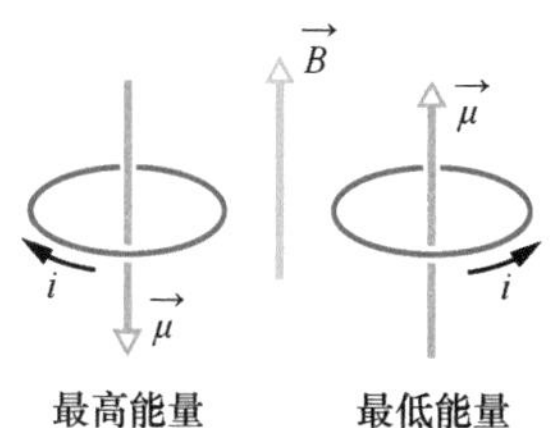

图 28-20 外磁场 $\vec{B}$ 中的磁偶极子（这里是载流线圈）的最高和最低能量的取向。用图 28-19b 中表示的用于 $\vec{n}$ 的右手定则，根据电流 i 的方向确定磁偶极矩的方向。

表 28-2 **一些磁偶极矩**

小条形磁铁	5 J/T
地球	8.0×10^{22} J/T
质子	1.4×10^{-26} J/T
电子	9.3×10^{-24} J/T

检查点 5

图示磁偶极矩 $\vec{\mu}$ 在磁场中的四种取向，角度大小都是 θ。按照（a）作用于磁偶极子上的转矩的数值和（b）磁偶极子的取向能，排列这四种取向，最大的排第一。

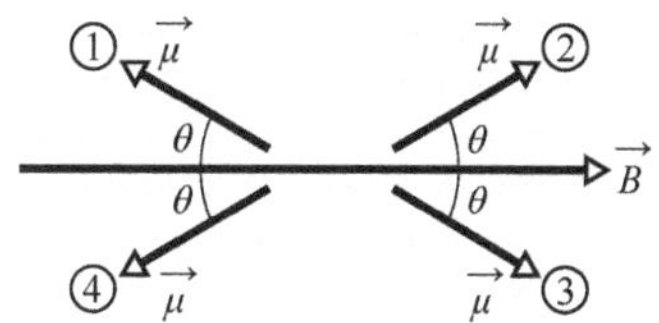

例题 28.07 在磁场中转动一个磁偶极子

图28-21表示一个有250匝的圆形线圈，面积$A=2.52\times10^{-4}\text{m}^2$，电流为$100\mu\text{A}$。线圈静止在大小为$B=0.85\text{T}$的均匀磁场中，起初磁偶极矩$\vec{\mu}$和$\vec{B}$同方向。

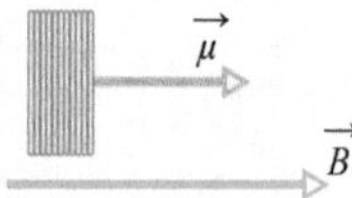

图28-21 圆形载流线圈的侧视图，线圈的取向（即它的磁偶极矩）和磁场$\vec{B}$同方向。

(a) 在图28-21中，线圈中电流的方向是什么？

右手定则：想象用你的右手四指环绕着线圈，右手拇指向上沿$\vec{\mu}$的方向竖起。你环绕线圈的四指指向线圈中电流的方向。由此，离线圈近的一边的导线——就是我们在图28-21中看得见的导线——中的电流是从上往下。

(b) 外力使线圈从初始方向转动90°，结果$\vec{\mu}$垂直于$\vec{B}$，并且线圈再次静止不动，外界因素施加的转矩做功多少？

【关键概念】

外转矩所做的功等于因线圈的取向改变所引起的取向能改变。

解：由式（28-39）（$W_a=U_f-U_i$），我们求出

$$W_a=U(90°)-U(0°)$$
$$=-\mu B\cos90°-(-\mu B\cos0°)=0+\mu B$$
$$=\mu B$$

将式（28-35）中的μ（$\mu=NiA$）代入，我们得到

$$W_a=(NiA)B$$
$$=(250)(100\times10^{-6}\text{A})(2.52\times10^{-4}\text{m}^2)(0.85\text{T})$$
$$=5.355\times10^{-6}\text{J}\approx5.4\mu\text{J}\qquad\text{（答案）}$$

同理，我们可以证明，使线圈取向再改变90°，这样磁偶极矩和场方向相反，还需要增加5.4μJ。

PLUS 在WileyPLUS中可以找到附加的例题、视频和练习。

复习和总结

磁感应强度$\vec{B}$ 磁感应强度$\vec{B}$用作用于带电荷q、以速度$\vec{v}$在磁场中运动的检验粒子上的力$\vec{F}_B$来定义：

$$\vec{F}_B=q\vec{v}\times\vec{B}\qquad(28\text{-}2)$$

国际单位制中$\vec{B}$的单位是**特[斯拉]**（T）：$1\text{T}=1\text{N}/(\text{A}\cdot\text{m})=10^4$高斯。

霍尔效应 将载有电流i的导电条放在均匀磁场$\vec{B}$中，一些载流子（带电荷e）在导体的一侧聚积、跨导电条两侧面间建立起电势差，两侧的极性揭示载流子的符号。

在磁场中做圆周运动的带电粒子 质量m、带电荷数值$|q|$并以速度$\vec{v}$垂直于均匀磁场$\vec{B}$运动的带电粒子的运行轨迹是圆形。应用牛顿第二定律于这个圆周运动，得到

$$|q|vB=\frac{mv^2}{r}\qquad(28\text{-}15)$$

由此求出圆的轨道半径是

$$r=\frac{mv}{|q|B}\qquad(28\text{-}16)$$

绕转频率f，角频率ω以及运动周期T由下式给出：

$$f=\frac{\omega}{2\pi}=\frac{1}{T}=\frac{|q|B}{2\pi m}$$

(28-19, 28-18, 28-17)

作用在载流导线上的磁场力 载有电流i的直导线在均匀的磁场中受到侧向力为

$$\vec{F}_B=i\vec{L}\times\vec{B}\qquad(28\text{-}26)$$

作用于磁场中的电流元$i\text{d}\vec{L}$上的力是

$$\text{d}\vec{F}_B=i\text{d}\vec{L}\times\vec{B}\qquad(28\text{-}28)$$

长度矢量$\vec{L}$或$\text{d}\vec{L}$的方向是电流i的方向。

作用在载流线圈上的转矩 均匀磁场$\vec{B}$中的线圈（面积A、N匝、载有电流i）受到下式给出的转矩作用

$$\vec{\tau}=\vec{\mu}\times\vec{B}\qquad(28\text{-}37)$$

其中，$\vec{\mu}$是线圈的**磁偶极矩**，它的数值$\mu=NiA$，方向由右手定则确定。

磁偶极子的取向能 磁场中的磁偶极子的取向能是

$$U(\theta)=-\vec{\mu}\cdot\vec{B}\qquad(28\text{-}38)$$

如果外界因素使磁偶极子从初始取向 θ_i 转到另一个取向 θ_f，并且在最初和终了时磁偶极子都静止，则外界因素对偶极子做的功 W_a 是

$$W_a = \Delta U = U_f - U_i \tag{28-39}$$

习题

1. 导电的实心长方体，边长分别为 $d_x = 5.00\text{m}$，$d_y = 3.00\text{m}$，$d_z = 2.00\text{m}$，以恒定速度 $\vec{v} = (20.0\text{m/s})\vec{i}$ 在 $\vec{B} = (40.0\text{mT})\vec{j}$ 的均匀磁场中运动（见图 28-22）。(a) 长方体内部产生的电场为多大？用单位矢量记号法。(b) 跨长方体两面的电势差为多少？(c) 哪一面带负电？

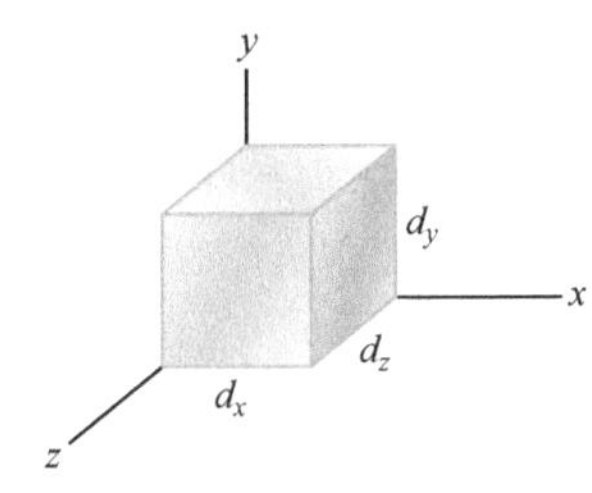

图 28-22　习题 1、2 图

2. 图 28-22 表示几个面分别平行于坐标轴的金属块。金属块在数值为 0.020T 的均匀磁场中。金属块有一条边长是 32cm；图中的金属块没有按正确的比例画出。金属块以 3.5m/s 的速率依次先后平行于各坐标轴运动，运动引起的两端面间出现的电势差 V 被测量出来。平行于 y 轴运动时 $V = 12\text{mV}$；平行于 z 轴运动时 $V = 18\text{mV}$；平行于 x 轴运动时 $V = 0$。金属块的长度 (a) d_x，(b) d_y 和 (c) d_z 各是多少？

3. 一个特殊类型的基本粒子衰变成一个电子，e^- 和一个正电子 e^+。设衰变的粒子静止在数值为 9.57mT 的均匀磁场 $\vec{B}$ 中，e^- 和 e^+ 沿垂直于 $\vec{B}$ 的平面上的路径离开衰变点。衰变后经过多长时间 e^- 和 e^+ 碰撞？

4. 电子在 $\vec{B} = (20\vec{i} - 50\vec{j} - 30\vec{k})\text{mT}$ 的均匀磁场中沿螺旋形轨道运动。在 $t = 0$ 时刻，电子的速度是 $\vec{v} = (40\vec{i} - 30\vec{j} + 50\vec{k})\text{m/s}$。(a) $\vec{v}$ 和 $\vec{B}$ 之间的角度 ϕ 是多大？电子的速度随时间变化。(b) 它的速率和 (c) 角度 ϕ 随时间变化吗？(d) 螺旋线轨道的半径是多少？

5. 66.0cm 长的导线通以电流 0.750A，并沿 x 轴正方向经过磁场 $\vec{B} = (3.00\text{mT})\ \vec{j} + (14.0\text{mT})\ \vec{k}$。用单位矢量记号表示作用于导线的磁场力。

6. 2.30m 长的导线通有电流 13.0A，和数值 $B = 1.50\text{T}$ 的均匀磁场成 35.0°角。求作用于导线的磁场力。

7. 图 28-23 表示质量 $m = 0.150\text{kg}$ 及长度 $L = 0.100\text{m}$ 的木质圆柱体，沿它的长度方向绕着 $N = 13.0$ 匝的导线。线圈平面中包含圆柱体的中心长轴，圆柱体放在和水平面成 θ 角的斜面上并且线圈平面平行于斜面。斜面在数值为 0.92T 的竖直均匀磁场内。圆柱体被释放后要使它不从斜面滚下，线圈中的电流至少是多少？

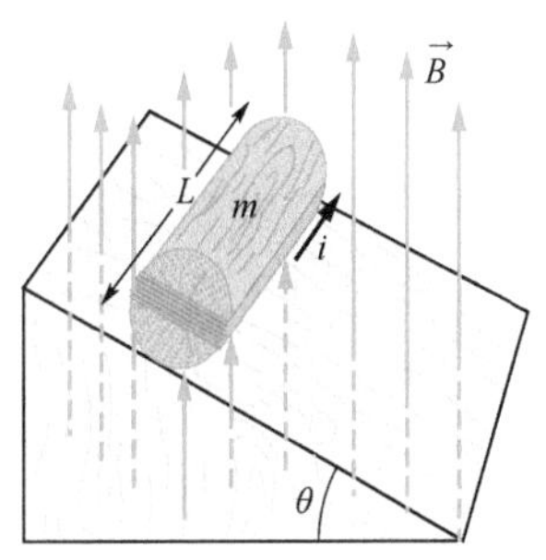

图 28-23　习题 7 图

8. 图 28-24 中，一个带电粒子进入均匀磁场 $\vec{B}$ 的区域，经过半个圆周后从这个区域射出，这个粒子是电子也可能是质子（你要确定是哪一种）。该粒子在这个区域内待了 160ns。(a) $\vec{B}$ 的大小为多少？(b) 如果使这个粒子（沿同一初始路径）重新回到这磁场中，但它的动能是以前的 2.00 倍，则它在磁场中的运动经历了多长时间？

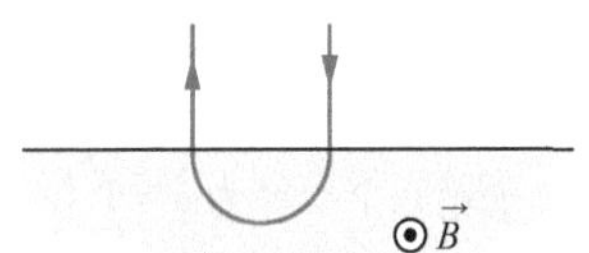

图 28-24　习题 8 图

9. 证明关系式 $\tau = NiAB\sin\theta$ 不仅对图 28-19 中的矩形载流线框成立，并且对任何形状的封闭电流环路也都成立。（提示：将任意形状的电流环用许多相邻的长而细的近似矩形载流线框的组合代替，从电流分布的关系考虑这些近似的矩形载流线框大体上等价于任意形状的电流环。）

10. 将图 28-25 中的折线放在均匀磁场中。每一段直的部分长 2.0m，并与 x 轴成 $\theta = 60°$，导线通以电流 3.5A。用单位矢量记号表示的作用于导线上的净磁场力。如果磁场是 (a) $4.0\vec{k}\text{T}$ 及 (b) $4.0\vec{i}\text{T}$。

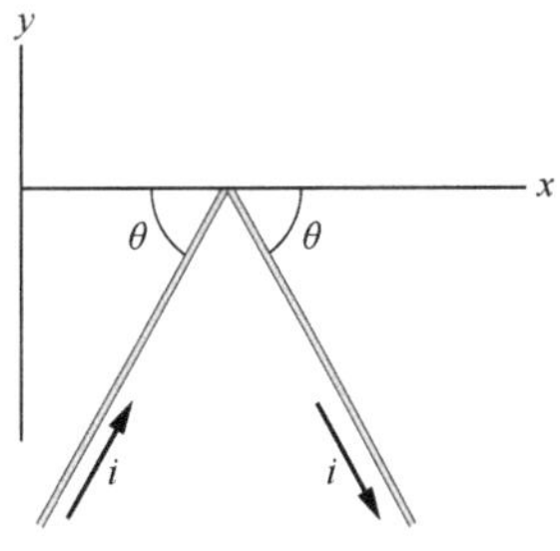

图 28-25　习题 10 图

11. 两个同心圆的圆形导线环，半径分别为 $r_1 = 20.0\mathrm{cm}$，$r_2 = 40.0\mathrm{cm}$，放在 x-y 平面上。各带顺时针方向电流 11.0A（见图28-26）。(a) 求系统的净磁偶极矩数值。(b) 若内环电流反向，重复上面计算。

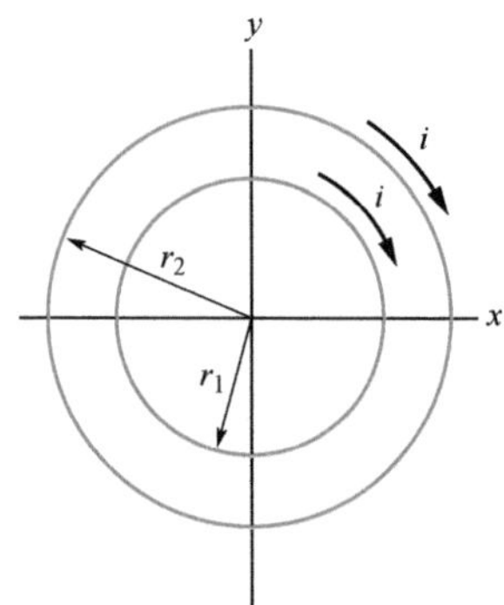

图28-26 习题11图

12. 电子源向数值为 $B = 1.0\times10^{-3}\mathrm{T}$ 的均匀磁场射入速率 $v = 1.2\times10^{7}\mathrm{m/s}$ 的电子。电子速度和磁场方向成 $\theta = 10°$ 角。求电子下一次穿过通过射入点的这条磁场线的位置到射入点的距离 d。

13. 一根 0.85kg 的铜棒静止地跨放在两根距离 1.0m 的水平轨道上，从一根轨道输入 65A 电流到另一轨道输出。铜棒和轨道间的静摩擦系数是 0.50。使铜棒在要开始滑动的临界状态所需的最小磁感应强度的 (a) 数值与 (b) 角度（相对于竖直方向）各是多少？

14. 图28-27 表示一个半径为 $a = 1.8\mathrm{cm}$ 的导线圆环，线圈平面垂直于径向对称的发散磁场总的方向。圆环上各处的磁场都有同一数值 $B = 3.4\mathrm{mT}$，环上每一处的磁场都和圆环平面法线成 $\theta = 15°$ 角。缠在一起的引入导线在本题中没有影响，如果环中通以电流 $i = 4.6\mathrm{mA}$，求磁场作用于圆环的力的数值。

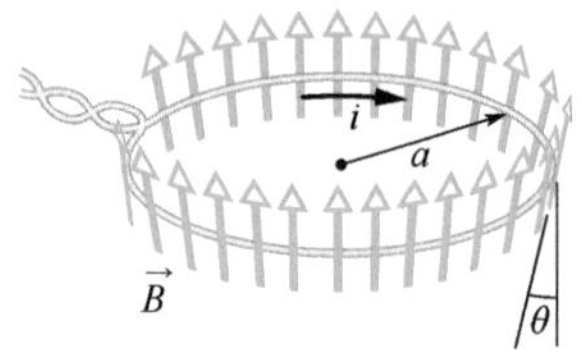

图28-27 习题14图

15. (a) 求能量为 189eV 的电子在数值为 70.0μT 的均匀磁场中的绕转频率。(b) 如果电子的速度垂直于磁场，求它的轨道半径。

16. 图28-28 给出磁偶极子在外磁场 $\vec{B}$ 中的取向能 U 作为 $\vec{B}$ 的方向和磁偶极矩方向之间角度 ϕ 的函数。纵轴标度由 $U_s = 2.0\times10^{-4}\mathrm{J}$ 标定。磁偶极子可以无摩擦地绕一根轴转动以改变 ϕ。从 $\phi = 0$ 开始逆时针转动得到 ϕ 的正值，顺时针转动得到负值。磁偶极子在角度 $\phi = 0$ 处释放，这时它的转动动能为 $9.0\times10^{-4}\mathrm{J}$，它开始逆时针转动。它将转到 ϕ 的最大值是多少？（用8-3单元的说法，在图28-28中势阱转折点的 ϕ 值是多少？）

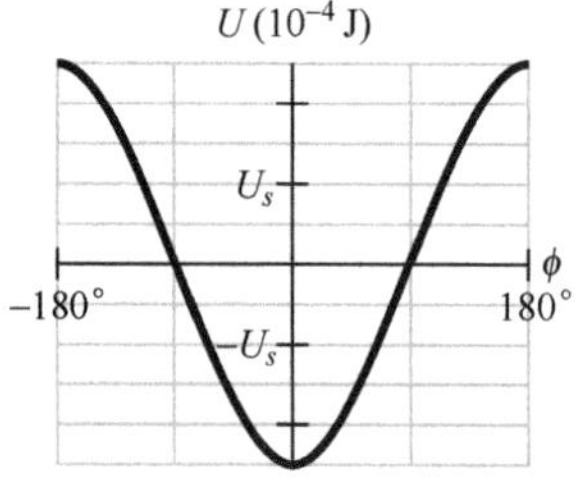

图28-28 习题16图

17. 载有 7.5A 电流的载流线框是直角三角形，边长分别为 30cm、40cm 和 50cm。载流线框在数值为 120mT 的均匀磁场中，该磁场的方向平行于边长为 50cm 的那条边。求 (a) 载流线框的磁偶极矩的数值，(b) 作用于载流线框上的转矩的数值。

18. 电子从静止开始被 380V 电势差加速，然后它进入数值为 200mT 的均匀磁场，电子速度垂直于磁场。求 (a) 电子速率及 (b) 在磁场中的轨道半径。

19. 图28-29 表示一个 28 匝的矩形线圈，它的尺寸是 $10\mathrm{cm}\times5.0\mathrm{cm}$。它载有电流 0.80A，并沿一条长边绞合固定。它在 x-y 平面上，与大小为 0.50T 的均匀磁场成 $\theta = 25°$ 的角度。用单位矢量记号，线圈绕绞合线的转矩有多大？

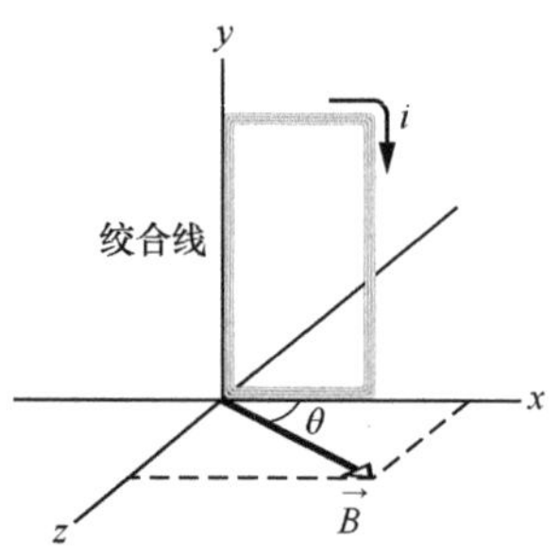

图28-29 习题19图

20. 半径为 15.0cm 的圆形线圈通以电流 3.20A。它被这样放置：它的平面的法线和数值为 12.0T 的均匀磁场成 41.0°角。(a) 求线圈的磁偶极矩。(b) 作用于线圈上的转矩是多大？

21. 长 $L = 15.0\mathrm{cm}$ 的 6.75g 导线用两根可伸缩的引线悬挂在数值为 0.440T 的均匀磁场中（见图28-30）。消除支持引线中的张力所需要的电流的 (a) 大小和 (b) 方向（向左或向右）各为多少？

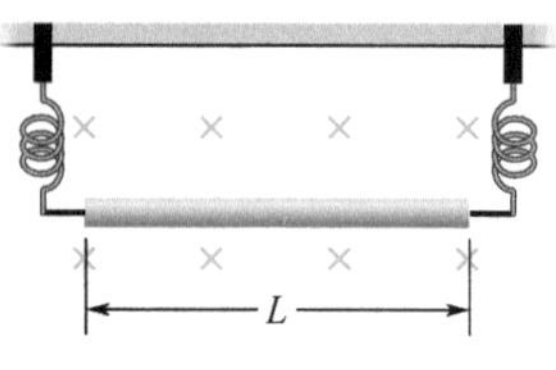

图28-30 习题21图

22. 6.50cm 长、0.850cm 宽、0.760mm 厚的金属条以恒定的速度 $\vec{v}$ 通过 $B=1.20\text{mT}$ 的均匀磁场，并沿垂直于金属条宽度的方向运动，如图 28-31 所示。测得宽度两边 x 点和 y 点间的电势差为 3.30μV。计算速率 v。

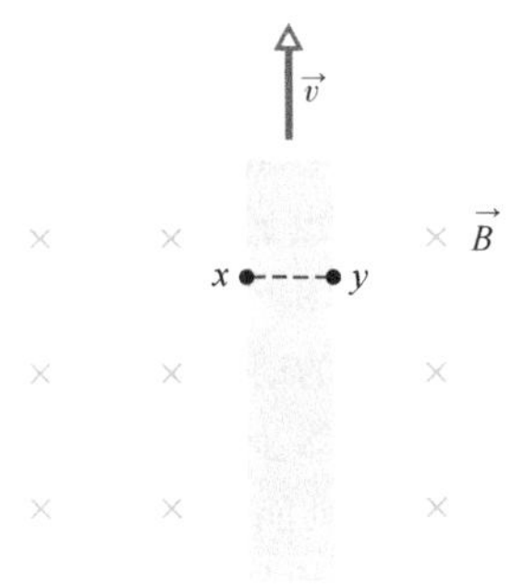

图 28-31　习题 22 图

23. 将长 12.5cm、通有电流 2.33mA 的导线做成圆形线圈并放在数值为 5.71mT 的均匀磁场 $\vec{B}$ 中。如果磁场作用在线圈上的转矩是最大值，（a）$\vec{B}$ 和线圈的磁偶极矩之间的角度和（b）线圈的匝数各是多少？（c）最大转矩的数值是多少？

24. 电子以 $4.12\times10^6\text{m/s}$ 的速率在半径 $r=5.29\times10^{-11}\text{m}$ 的圆周上运动。把此圆周轨迹当作通过等于电子电荷数值与绕转周期之比的恒定电流的电流环。如果这个圆轨道处在数值为 $B=7.10\text{mT}$ 的均匀磁场中，则磁场作用在电流环上的转矩的最大可能数值是多少？

25. 质子位于回旋加速器的中心，从近乎于静止的状态开始回旋，每次通过 D 形电极间隙时，两电极间的电势差是 350V。（a）质子每次通过间隙，动能就要增加多少？（b）它完成通过间隙 100 次后的动能是多大？令 r_{100} 是质子完成这 100 次通过间隙后并进入 D 形电极中时的轨道半径，令 r_{101} 是它下一次通过空隙再次进入 D 形电极的下一个半径。（c）当它从 r_{100} 改变到 r_{101} 时；半径增大的百分比是多少？即

$$\text{增加百分比}=\frac{r_{101}-r_{100}}{r_{100}}100\%$$

26. 在图 28-32 中，一个矩形载流线框放置在数值为 0.050T 的均匀磁场平面中，线框由单圈柔韧的导线绕在柔韧的架子上做成，因而它的矩形尺寸可以改变（导线的总长度不变。）当它的一边长度 x 从近似于零改变到近似于 4.0cm 的最大值时，作用于线圈的转矩的数值 τ 改变。τ 的最大值是 $4.80\times10^{-8}\text{N}\cdot\text{m}$。线圈中的电流多大？

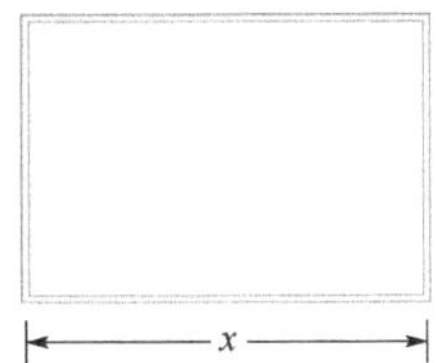

图 28-32　习题 26 图

27. 动能 950eV 的正电子射入数值为 0.732T 的均匀磁场 $\vec{B}$ 中，它的速度矢量和 $\vec{B}$ 成 89.0°角。求它的螺旋轨道的（a）周期，（b）螺距以及（c）半径。

28. 图 28-33 表示载有电流 $i=3.00\text{A}$ 的电流环路 *ABCDEFA*。环路的几条边平行于坐标轴如图所示，$AB=20.0\text{cm}$，$BC=30.0\text{cm}$，$FA=10.0\text{cm}$。用单位矢量记号，这个电流环的磁偶极矩是多少？（提示：想象在线段 *AD* 中有大小相等而方向相反的电流 i；然后计算两个矩形电流环 *ABCDA* 和 *ADEFA*。）

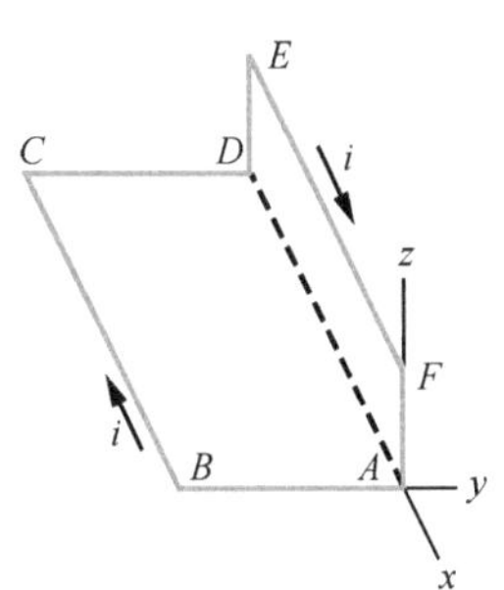

图 28-33　习题 28 图

29. 匝数为 500 匝的圆形线圈的半径为 1.90cm。（a）计算产生数值为 $1.90\text{A}\cdot\text{m}^2$ 的磁偶极矩的电流。（b）求载有这些电流的线圈在 35.0mT 的均匀磁场中可能受到的转矩的最大值。

30. 长的刚性导体沿 x 轴放置，载有 7.0A 的电流沿 x 轴负方向流动。有 $\vec{B}=3.0\vec{i}+8.0x^2\vec{j}$ 给出的磁场 $\vec{B}$，其中 x 以米为单位，$\vec{B}$ 以毫特［斯拉］为单位。用单位矢量记号法，求导体的 $x=1.0\text{m}$ 到 $x=3.0\text{m}$ 之间的长度为 2.0m 的一段上所受到的力。

31. 在图 28-34 中，电子从静止开始经电势差 $V_1=2.50\text{kV}$ 加速后进入分开距离 $d=16.0\text{mm}$、电势差 $V_2=100\text{V}$ 的两平行板间的空隙。下面一块板处在低电势。忽略边缘效应并设电子的速度矢量垂直于两板间的电场矢量。（a）用单位矢量记号法，多大的均匀磁场可以使电子在两板间沿直线运动？（b）如果电势差略微增大，电子偏离直线转向什么方向？

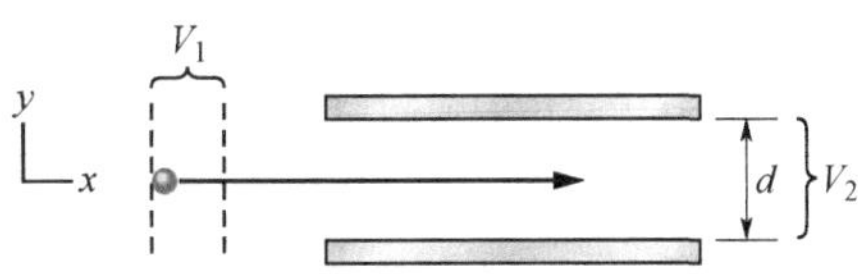

图 28-34　习题 31 图

32. 图 28-35 中，一根质量 $m=24.1\text{mg}$ 的金属导线可以忽略摩擦力地跨在距离 $d=2.56\text{cm}$ 的两根平行水平轨道上滑动。轨道放在数值为 73.5mT 的竖直均匀磁场中。在时刻 $t=0$，将器件 G 连接到轨道上，在导线和轨道上产生恒定电流 $i=9.13\text{mA}$（即使在导线运动时也是）。在 $t=61.1\text{ms}$，导线的（a）速率及（b）运动方向（向左或向

右）如何？

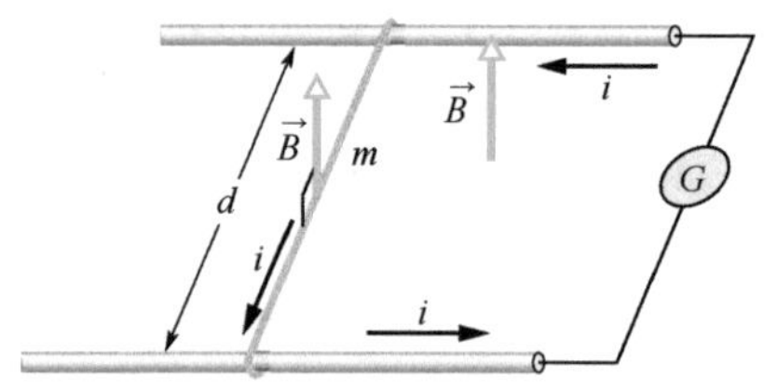

图28-35 习题32图

33. 水平的输电线携带电流7000A从南流向北。地球磁场（60.0μT）指向北并向下和水平成70.0°角。求地球磁场对100m长的输电线产生的磁场力的（a）数值及（b）方向。

34. 在时刻t_1，电子沿正x轴射出，同时通过电场$\vec{E}$和磁场$\vec{B}$，$\vec{E}$平行于y轴。图28-36给出两种场作用于电子的合力的y分量$F_{net,y}$作为电子在t_1时刻速率v的函数。速度轴的标度由$v_s=200.0\text{m/s}$标定。在t_1时刻合力的x和z分量是零。设$B_x=0$，求（a）E的数值和（b）用单位矢量记号表示的$\vec{B}$。

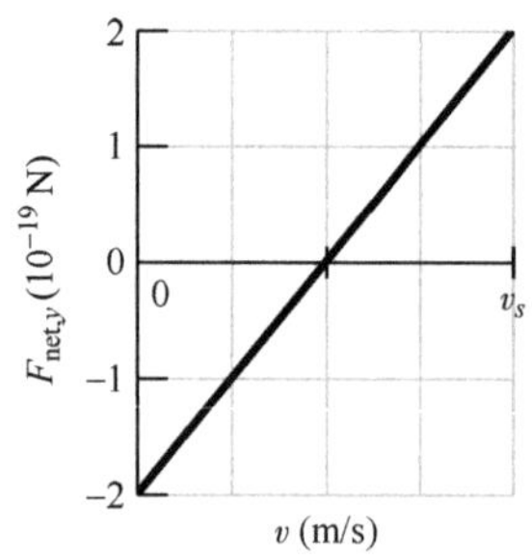

图28-36 习题34图

35. 半径为8.0cm的圆形线圈载有电流0.20A。平行于线圈的磁偶极矩$\vec{\mu}$的单位长度矢量用$0.60\vec{i}-0.80\vec{j}$表示。（单位矢量给出了磁偶极矩矢量的方向。）如果将线圈放在$\vec{B}=(0.50\text{T})\vec{i}+(0.20\text{T})\vec{k}$的均匀磁场中。求（a）作用于线圈的转矩（用单位矢量记号法）；（b）线圈的取向能。

36. 电子从静止开始经电势差V加速，然后进入均匀磁场区域，并在其中经历匀速圆周运动。图28-37给出运动半径r关于$V^{1/2}$的曲线。纵坐标由$r_s=9.0\text{mm}$标定，横坐标由$V_s^{1/2}=40.0\text{V}^{1/2}$标定。磁感应强度的数值是多少？

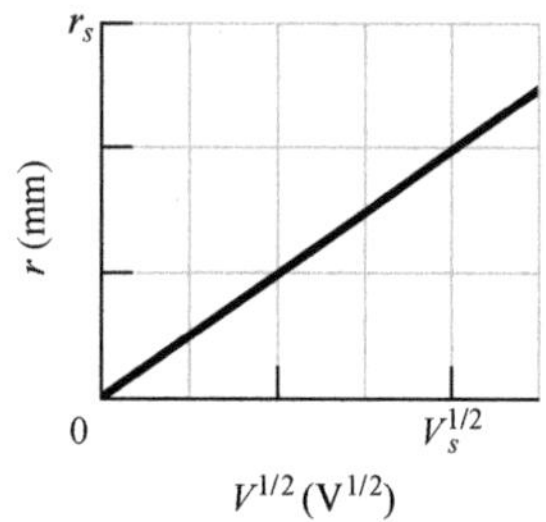

图28-37 习题36图

37. 电子在由$\vec{B}=B_x\vec{i}+(-3.0B_x)\vec{j}$产生的均匀磁场中运动。在某一特定时刻，电子的速度是$\vec{v}=(2.0\vec{i}+4.0\vec{j})\text{m/s}$，作用于它的磁场力是$(6.4\times10^{-19}\text{N})\vec{k}$。求$B_x$。

38. D形电极半径为47.0cm的回旋加速器在频率为12.0MHz的振荡器下工作以加速质子。（a）需要多大的磁场数值B才可以达到共振？（b）用这样数值的磁场，质子从回旋加速器出射时的动能有多大？假设$B=1.57\text{T}$。（c）需要振荡器的频率为多少才可以达到共振？（d）在这个频率下，出射质子的动能是多大？

39. （a）要有多大的均匀磁场垂直地作用在速率为$1.30\times10^6\text{m/s}$的电子束上，才能使电子沿半径为0.500m的圆弧运动？（b）运动周期是多少？

40. 地球的磁偶极矩的数值是$8.00\times10^{22}\text{J/T}$。假设这是由位于地球的熔融外核中流动的电子所产生的。如果它们的圆形轨道的半径是3700km，求它们产生的电流。

41. 电子在数值为1.30T的均匀磁场中沿螺旋形轨道运动，轨道的螺距是6.00μm，作用于电子的磁场力的数值是$2.00\times10^{-14}\text{N}$。电子速率多大？

42. 质量为12g、电荷量为80μC的粒子在均匀磁场中运动。这个区域内的自由落体加速度是$-9.8\vec{j}\text{m/s}^2$。粒子的速度是常量$20\vec{i}\text{km/s}$，且速度方向垂直于磁场。磁场的磁感应强度是多少？

43. 电子在有均匀电场和磁场的区域内运动，初速度为$(12.0\vec{j}-15.0\vec{k})\text{km/s}$，并有恒定加速度$(2.00\times10^{12}\text{m/s}^2)\vec{i}$。如果$\vec{B}=(300\mu\text{T})\vec{i}$，求电场强度$\vec{E}$。

44. 粒子在均匀磁场中做半径为28.7μm的匀速圆周运动。作用于粒子的磁场力的数值是$1.60\times10^{-17}\text{N}$。粒子动能多大？

45. 将一个粒子送入均匀磁场中，粒子的速度矢量垂直于磁场方向。图28-38给出粒子运动的周期T对磁场数值B的倒数的函数曲线。纵轴坐标由$T_s=80.0\text{ns}$标定，横轴坐标由$B_s^{-1}=10.0\text{T}^{-1}$标定。粒子的质量和电荷数值之比$m/q$是多少？

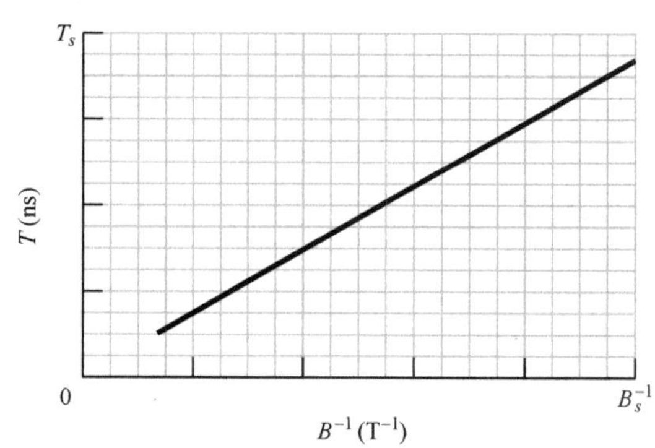

图28-38 习题45图

46. 磁偶极矩数值为 0.020J/T 的磁偶极子在数值为 46mT 的均匀磁场中从静止释放。作用于磁偶极子的磁场力产生的转动不受阻碍，当磁偶极子转到使磁偶极矩和磁场在同一直线上时，它的动能是 0.80mJ。(a) 磁偶极矩和磁场之间的初始角度是多少？(b) 当磁偶极子下一次（暂时）静止时的角度是多少？

47. 将 75.0μm 厚、4.5mm 宽的铜带放在数值为 0.65T 的均匀磁场 $\vec{B}$ 中，$\vec{B}$ 垂直于铜带。令 $i=57$A 的电流流过铜带。霍尔电势差 V 出现在跨铜带宽度的两面。求 V。（铜的单位体积载流子数是 8.47×10^{28} 个电子/m^3。）

48. α 粒子以大小为 620m/s 的速度 $\vec{v}$ 通过数值为 0.045T 的均匀磁场 $\vec{B}$。（α 粒子的电荷量为 $+3.2\times10^{-19}$C，质量为 6.6×10^{-27}kg。）$\vec{v}$ 和 $\vec{B}$ 之间的角度是 52°。求 (a) 磁场作用于 α 粒子的力 $\vec{F}_B$ 的数值，(b) 力 $\vec{F}_B$ 引起的粒子加速度，(c) α 粒子的速率是增加、减少还是不变？

49. 图 28-39 中的线圈上载有电流 $i=4.60$A，电流方向如图所示，线圈平面平行于 x-z 平面放置。线圈面积 $4.00\times10^{-3}m^2$，共有 3.00 匝。线圈在 $\vec{B}=(3.00\vec{i}-3.00\vec{j}-4.00\vec{k})$ mT 的均匀磁场中。求 (a) 线圈在磁场中的取向能，(b) 磁场作用于线圈的转矩（用单位矢量记号）。

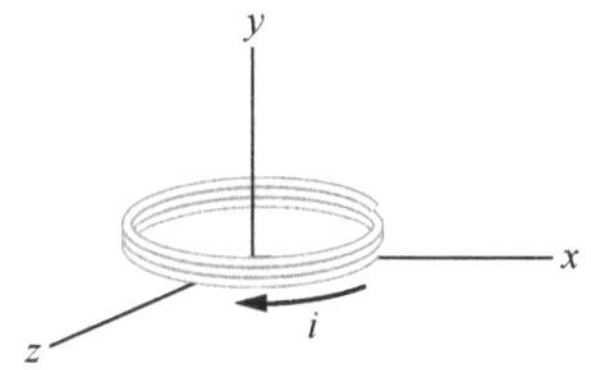

图 28-39 习题 49 图

50. 质子通过均匀磁场和电场。磁感应强度是 $\vec{B}=-3.25\vec{i}$mT。某一时刻质子的速度是 $\vec{v}=2000\vec{j}$m/s。求这一时刻作用在质子上的净力：如果电场是 (a) $4.00\vec{k}$V/m，(b) $-4.00\vec{k}$V/m，(c) $4.00\vec{i}$V/m。用单位矢量记号。

51. 质子相对于磁感应强度数值为 2.60mT 的磁场方向成 42.0°角运动，受到大小为 1.17×10^{-17}N 的磁场力。求 (a) 质子的速率，(b) 它的用电子伏特表示的动能，(c) 动量。

52. 图 28-40 中，一个粒子在数值为 $B=5.00$mT 的均匀磁场区域中做圆周运动。这个粒子可能是质子也可能是电子（你要决定它是哪一种）。粒子受到大小为 3.20×10^{-15}N 的磁场力。求 (a) 粒子的速率，(b) 圆周半径，(c) 运动周期。

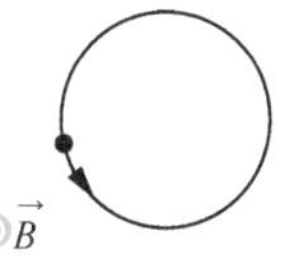

图 28-40 习题 52 图

53. 动能为 600eV 的电子在垂直于均匀磁场的平面内做圆周运动。轨道半径为 12.5cm。求 (a) 电子的速率，(b) 磁感应强度的数值，(c) 圆周运动的绕行频率，(d) 运动周期。(e) 这个电子要通过多大的电势差才能从静止加速到这个动能。

54. 在一台回旋加速器中，质子做半径为 0.500m 的圆周运动。磁场的数值是 1.00T。(a) 振荡器的频率是多少？(b) 以电子伏特为单位表示的质子动能有多大？

55. 估计在一台半径为 53cm、工作频率为 12MHz 的回旋加速器中，氘核在（整个）加速过程中走过的总路程长度。设 D 形电极间的加速电压是 120kV。

56. 质子在 $\vec{B}=(10\vec{i}-20\vec{j}+25\vec{k})$ mT 的均匀磁场中运动。在 t_1 时刻，质子具有速度 $\vec{v}=v_x\vec{i}+v_y\vec{j}+(2.0\text{m/s})\vec{k}$，作用于质子的磁场力是 $\vec{F}_B=(4.0\times10^{-17}\text{N})\vec{i}+(2.0\times10^{-17}\text{N})\vec{j}$。在这一时刻，(a) v_x 和 (b) v_y 各是多大？

57. 载有电流 8.00A 的单匝电流环路的形状是直角三角形，边长分别为 50.0cm、120cm 及 130cm。电流环路在数值为 75.0mT 的均匀磁场中。磁场方向平行于环路上长度为 130cm 的边。(a) 130cm 边，(b) 50.0cm 边及 (c) 120cm 边受到的磁场力各是多大？(d) 作用在电流环上的净磁场力数值多大？

58. 图 28-41a 中有两个在同一平面上的同心圆形线圈，它们的电流沿相反的方向。较大的线圈 1 中的电流是固定不变的，线圈 2 中的电流 i_2 可以改变。图 28-41b 给出了这个双线圈系统的合磁矩关于 i_2 的函数，纵轴坐标由 $\mu_{net,s}=2.0\times10^{-5}$A·$m^2$ 标定，横轴坐标由 $i_{2s}=20.0$mA 标定。如果线圈 2 中的电流反向，当 $i_2=7.0$mA 时，双线圈系统的合成磁矩的数值是多大？

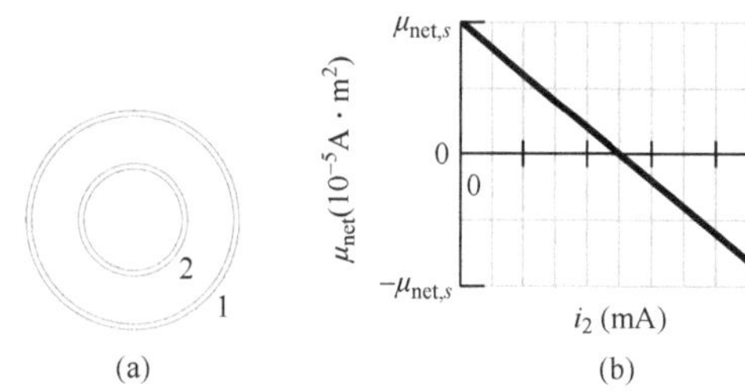

图 28-41 习题 58 图

59. 质谱仪（见图 28-12）是用来将质量为 3.92×10^{-25}kg、电荷量为 3.20×10^{-19}C 的铀和相关的核素分离。离子经 180kV 的电势差被加速，然后进入均匀的磁场，在磁场中离子的轨道弯曲成半径为 1.00m 的圆。运动方向转过 180°以后，离子通过一个宽 1.00mm、高 1.00cm 的狭缝，然后收集在一个小杯中。(a) 在分离器中（垂直的）磁场数值有多大？如果这台仪器被用来每小时分离出 100mg 材料，计算 (b) 仪器中要有多大的离子电流，(c) 在 1.00h 内杯中产生的热能有多大？

60. 1.50kV 的电场和 0.350T 的垂直磁场作用于运动着的电子，结果没有净力。电子速率多大？

61. 离子源产生电荷 $+e$ 和质量为 9.99×10^{-27}kg

的^{6}Li离子。离子受到25kV的电势差加速后水平地进入数值为$B=1.2T$的均匀竖直磁场区域。要使^{6}Li离子没有偏转地通过，需要在此同一区域内建立的电场强度的大小是多少？

62. 在原子核实验中，动能为1.2MeV的质子在均匀磁场中的圆轨道上运动。如果（a）α粒子（$q=+2e$，$m=4.0u$）和（b）氘核（$q=+e$，$m=2.0u$）在相同的圆轨道上运动，它们的能量各是多大？

63. 电子以瞬时速度

$$\vec{v}=(-5.0\times10^{6}\mathrm{m/s})\vec{i}+(3.0\times10^{6}\mathrm{m/s})\vec{j}$$

在$\vec{B}=(0.030\mathrm{T})\vec{i}-(0.15\mathrm{T})\vec{j}$的均匀磁场中运动。（a）求磁场作用于电子的力。（b）对同样速度的质子，重复你的计算。

64. 在图28-42中，初始动能为5.0 keV的电子在$t=0$时刻进入区域1。这个区域内有数值为0.010T的均匀磁场指向页面内。电子走过半圆后，从区域1出射，通过25.0cm的间隙后进入区域2。跨间隙有$\Delta V=2000V$的电势差，间隙两端正负极的安排是使电子通过时速率均匀增加。区域2中有数值为0.020T的均匀磁场指向页面外。电子走过半个圆后离开区域2。它是在什么时刻t离开的？

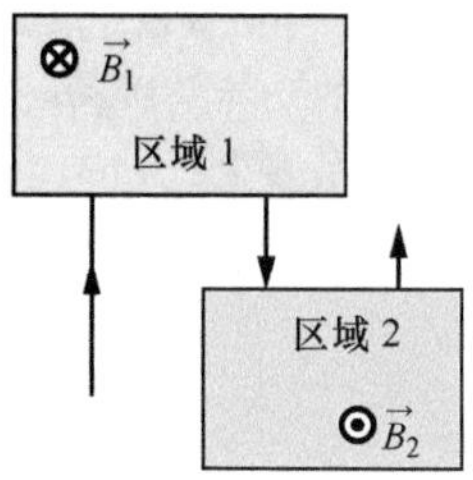

图28-42 习题64图

65. 由两个质子和两个中子组成的α粒子在原子核的一次放射性衰变中产生。α粒子的电荷量是$q=+2e$，质量是$m=4.00u$，这里的u是原子质量单位，$1u=1.661\times10^{-27}kg$。设α粒子在$B=1.20T$的均匀磁场中沿半径为4.50cm的圆轨道运行。计算（a）它的速率，（b）它的绕转周期，（c）动能，（d）要使α粒子加速到这样的动能需要通过的电势差，（e）如果将磁场数值加倍，新的动能数值和原来的数值之比是多少？

CHAPTER 29

第 29 章 电流引起的磁场

29-1 电流的磁场

学习目标

学完这一单元后，你应当能够……

29.01 画出导线中的电流长度元并指出它在导线附近给定点建立的磁场的方向。

29.02 对导线和导线上已知的电流长度元附近给定的点，确定该电流元产生的磁感应强度的数值和方向。

29.03 认明电流长度元在某一点产生的和电流长度元的方向一致的磁场的大小。

29.04 对于长直载流导线一边的点，应用磁感应强度的数值、电流和到该点的距离之间的关系。

29.05 对于长直载流导线一边的点，应用右手定则确定场矢量的方向。

29.06 明白围绕着长直载流导线的磁感应线的形状是许多圆。

29.07 对半无限长载流导线端点一边的一点，应用磁感应强度数值、电流及到该点距离之间的关系。

29.08 对圆弧形载流导线的曲率中心，应用磁感应强度数值、电流、曲率半径及圆弧所张的角度（以弧度为单位）之间的关系。

29.09 对短直载流导线一边的点，将毕奥-萨伐尔定律积分求电流在该点建立的磁场。

关键概念

- 可以由毕奥-萨伐尔定律求载流导体产生的磁场。这个定律断言：电流长度元 $i\mathrm{d}\vec{s}$ 在距离电流元 r 位置的 P 点对磁场贡献的磁感应强度 $\mathrm{d}\vec{B}$ 是

$$\mathrm{d}\vec{B}=\frac{\mu_0}{4\pi}\frac{i\mathrm{d}\vec{s}\times\hat{r}}{r^2}\text{（毕奥-萨伐尔定律）}$$

这里的 $\hat{r}$ 是电流元指向 P 点的单位矢量。量 μ_0 称为磁导率常量，它的数值是

$$4\pi\times10^{-7}\mathrm{T\cdot m/A}\approx1.26\times10^{-6}\mathrm{T\cdot m/A}$$

- 对载有电流 i 的长直导线。在离导线垂直距离 R 的点，由毕奥-萨伐尔定律给出的磁感应强度的数值是

$$B=\frac{\mu_0 i}{2\pi R}\text{（长直导线）}$$

- 载有电流 i、半径为 R、中心角为 ϕ（弧度）的一段圆弧形导线中心的磁感应强度的数值是

$$B=\frac{\mu_0 i\phi}{4\pi R}\text{（圆弧中心）}$$

什么是物理学?

物理学的一个基本观察对象是运动的带电粒子在它周围产生的磁场。因此，运动的带电粒子形成的电流在电流周围也会产生磁场。这个将电效应和磁效应综合研究的电磁学的特点对于发现这种效应的人来说是非常诧异的。无论是不是感到诧异，这种特点在日常生活中有极其巨大的重要意义，因为它是无数电磁器件的基础。例如，磁悬浮列车中的磁场和其他用来提升很重的负荷的机器。

我们在这一章里的第一步是求载流导线中非常小的一段导线中的电流所产生的磁场。然后我们要求几种不同形状的导线整体产生的磁场。

计算电流产生的磁场

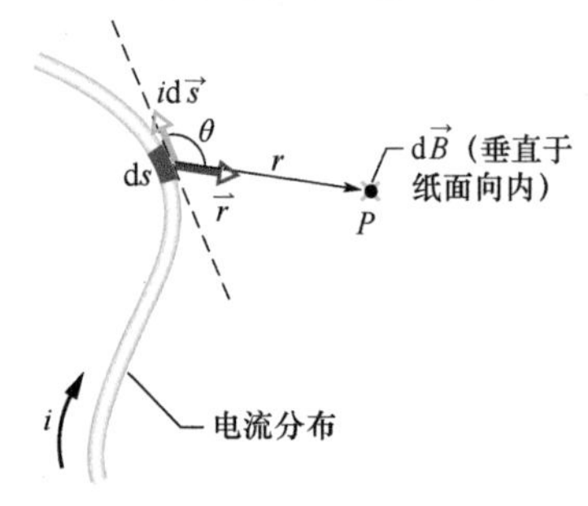

图29-1 电流长度元 $i\mathrm{d}\vec{s}$ 在 P 点产生微分磁场 $\mathrm{d}\vec{B}$，在代表 P 的黑点上的绿色的"×"（箭的尾端）表示 $\mathrm{d}\vec{B}$ 指向页面内。

图29-1表示一条任意形状的载有电流 i 的导线，我们要求附近一点 P 的磁场 $\vec{B}$。我们首先想象把导线分成微分单元 $\mathrm{d}s$，并定义每个单元的长度矢量 $\mathrm{d}\vec{s}$，长度矢量的长度为 $\mathrm{d}s$，它的方向是 $\mathrm{d}s$ 中电流的方向。然后我们就可以定义微分*电流长度元*是 $i\mathrm{d}\vec{s}$；我们要求一段典型的电流长度元在 P 点产生的磁场 $\mathrm{d}\vec{B}$。由实验可知，磁场和电场一样可以通过叠加求出合成的净场。于是，我们可以把所有电流长度元贡献的 $\mathrm{d}\vec{B}$ 通过积分求和计算 P 点的净磁场 $\vec{B}$。然而，因为磁场的复杂性，对磁场的求和要比对与电场相关的求和过程更具挑战性。产生电场的电荷元 $\mathrm{d}q$ 是标量，而产生磁场的电流长度元 $i\mathrm{d}\vec{s}$ 却是矢量，它是一个矢量和一个标量的乘积。

数值。电流长度元 $i\mathrm{d}\vec{s}$ 在距离 r 的 P 点产生的磁感应强度 $\mathrm{d}\vec{B}$ 的数值是

$$\mathrm{d}B=\frac{\mu_0}{4\pi}\frac{i\mathrm{d}s\sin\theta}{r^2} \qquad (29\text{-}1)。$$

其中，θ 是 $\mathrm{d}\vec{s}$ 和由 $\mathrm{d}s$ 指向 P 点的单位矢量 $\hat{r}$ 之间的夹角。符号 μ_0 是称作*磁导率*的一个常量，它的数值的严格定义是

$$\mu_0=4\pi\times10^{-7}\mathrm{T\cdot m/A}\approx1.26\times10^{-6}\mathrm{T\cdot m/A} \qquad (29\text{-}2)$$

方向。如图29-1表示，$\mathrm{d}\vec{B}$ 的方向是叉积 $\mathrm{d}\vec{s}\times\hat{r}$ 的方向，在图29-1中画出进入页面。因此我们可以把式（29-1）写成矢量式：

$$\mathrm{d}\vec{B}=\frac{\mu_0}{4\pi}\frac{i\mathrm{d}\vec{s}\times\hat{r}}{r^2} \quad （毕奥-萨伐尔定律） \qquad (29\text{-}3)$$

这个矢量方程式和它的标量形式［式（29-1）］称为**毕奥-萨伐尔定律**（和"Leo"及"Bazaar"同韵）。这个从实验推断出来的定律是平方反比定律。我们要用这个定律来计算各种电流分布在一点产生的净磁感应强度 $\vec{B}$。

这里有一个简单的分布：假如导线中的电流直接向着或直接背离测量的 P 点，你是不是能从式（29-1）中看出电流在 P 点产生的磁场是零呢？（角度 θ 在向着 P 点的情况下是0°，在背离 P 点的情况下是180°，二者都得到 $\sin\theta=0$）

长直导线中电流产生的磁场

我们马上就要利用毕奥-萨伐尔定律证明在离载有电流 i 的（无限）长直导线垂直距离 R 处的磁感应强度的数值是

$$B=\frac{\mu_0 i}{2\pi R} \quad （长直导线） \qquad (29\text{-}4)$$

式（29-4）中磁场的数值 B 只依赖于电流 i 和这一点到导线的

垂直距离 R。在我们的推导中还要证明 $\vec{B}$ 的场线是围绕导线的同心圆。就像图 29-2 中画出的以及如图 29-3 中的铁屑显示的那样。图 29-2 中磁感应线之间的间隔随离开导线的距离增加而增大表示式（29-4）预言的 $\vec{B}$ 的数值与 $1/R$ 成比例地减小。图中两个 $\vec{B}$ 矢量的不同长度也表示以 $1/R$ 的比例减小。

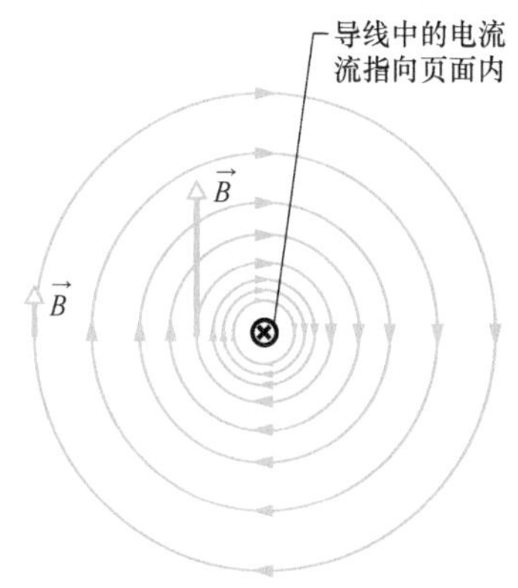

图 29-2 长直导线中电流产生的磁感应线是围绕导线的许多同心圆，电流进入页面，以“×”号表示。

方向。将数据代入式（29-4）中求给定半径处的磁感应强度数值 B 是很容易的。对许多学生来说困难在于如何求给定点磁感应强度矢量 $\vec{B}$ 的方向。磁感应线绕长直导线形成圆，圆周上任何一点的磁感应强度矢量必定是圆的切线。这意味着它必定垂直于从导线到该点的径向直线，但这样的垂直矢量可以有两个方向，如图 29-4 所示。一个对于流进图面的电流是正确的，另一个对流出图面的电流是正确的。你怎么知道究竟哪一个是正确的呢？这里有一个简单的右手定则可以告诉你哪一个矢量是正确的。

Courtesy Education Development Center

图 29-3 电流通过中央的导线时，洒在纸板上的铁屑聚积成同心圆。沿磁感应线的排列是电流产生的磁场所引起的。

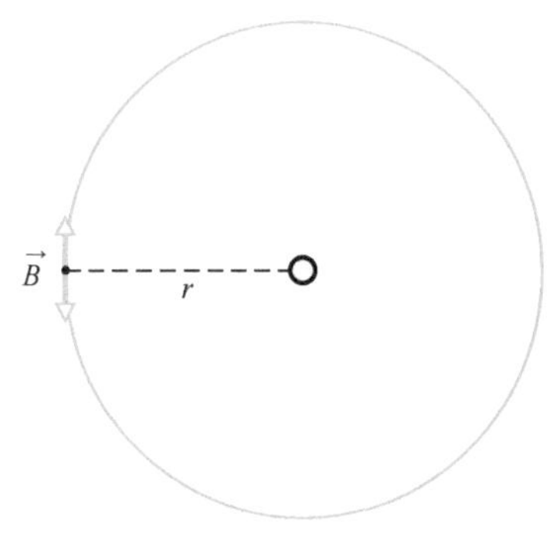

图 29-4 磁感应强度矢量 $\vec{B}$ 垂直于从长直载流导线径向延伸的直线，但它是图中两个垂直矢量中的哪一个呢？

弯曲-伸直右手定则：用你的右手握住电流元，你伸出的拇指指向电流方向。你的四指自然地弯曲所指示的方向就是这个电流元产生的磁感应线的方向。

把这个右手定则应用到图 29-2 的长直导线中的电流，其结果表示在图 29-5a 的侧视图中。要确定该电流在任何特定点建立的磁感应强度 $\vec{B}$ 的方向，想象把你的右手四指环绕导线，大拇指竖起沿电流方向。你的四个指尖通过这些特定点，四个指尖所指的方向就是该点磁场的方向。由图 29-2 可以看出，任何一点的 $\vec{B}$ 和磁感应线相切，从图 29-5 可以看出，它垂直于用虚线画出的连接该点和导线的径向直线。

式（29-4）的证明

图 29-6 和图 29-1 基本上相同，只是现在的导线是直的并且无限长，这就是我们当前要讨论的问题。我们要求到导线的垂直距离是 R 的 P 点的磁感应强度 $\vec{B}$。位于到 P 点距离 r 的电流长度元

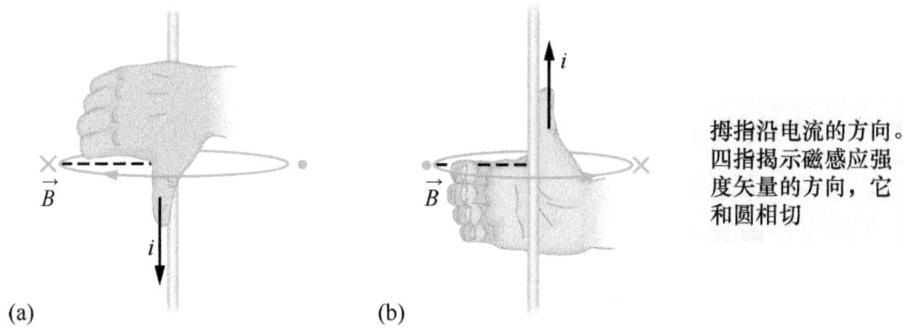

图 29-5 右手定则给出导线中电流产生的磁感应强度的方向。(a) 图 29-2 中的情形的侧视图。导线左边任何一点的磁感应强度 $\vec{B}$ 垂直于画成虚线的径向直线，方向指向页内沿着四个指头，用“×”号表示。(b) 如果电流反向，导线左边任何一点的 $\vec{B}$ 仍旧垂直于径向的虚线，但现在指向页面外，用“·”表示。

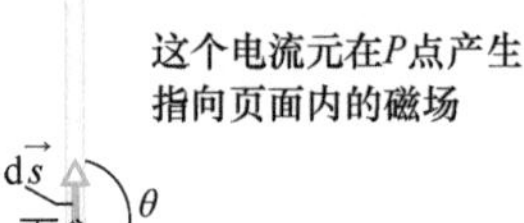

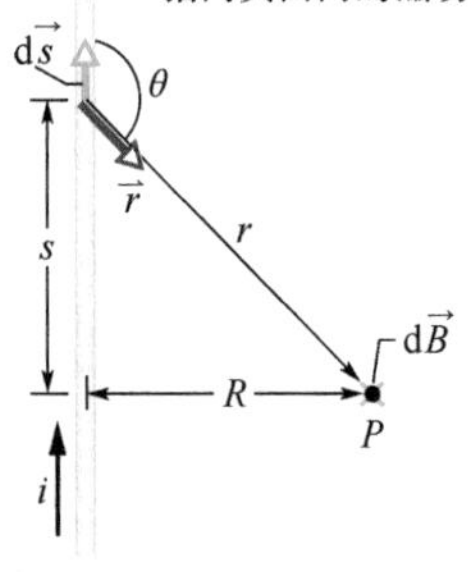

图 29-6 计算长直导线中电流 i 产生的磁场，电流长度元 $id\vec{s}$ 在 P 点产生的磁场 $d\vec{B}$ 指向页面内，如图所示。

$id\vec{s}$ 在 P 点产生的微分磁感应强度的数值是

$$dB=\frac{\mu_0}{4\pi}\frac{ids\sin\theta}{r^2}$$

图 29-6 中 $d\vec{B}$ 的方向是矢量 $d\vec{s}\times\vec{r}$ 的方向——即，指向页面内。

注意，导线可以分成的所有电流长度元在 P 点产生的 $d\vec{B}$ 都有相同的方向。于是，我们可以通过对式 (29-1) 中的 dB 从 0 到∞积分求出无限长直导线上半部分的电流长度元在 P 点产生的磁感应强度的数值。

现在考虑下半段导线上的一段电流长度元，一段像在 P 点以上的 $d\vec{s}$那样的在 P 点以下低得多的位置处的电流元。由式 (29-3)，这段电流长度元在 P 点产生的磁场和图 29-6 中的电流元 $id\vec{s}$产生的磁场具有同样的数值和方向。进一步，导线下面一半产生的磁场和上面一半产生的磁场严格相等：要求 P 点总磁感应强数 $\vec{B}$ 的数值，只要把上面积分的结果乘以 2，就可以得到

$$B=2\int_0^\infty dB=\frac{\mu_0 i}{2\pi}\int_0^\infty\frac{\sin\theta ds}{r^2} \tag{29-5}$$

这个方程式中的变量 θ、s 和 r 不是相互独立的；图 29-6 表示它们的关系是

$$r=\sqrt{s^2+R^2}$$

和

$$\sin\theta=\sin(\pi-\theta)=\frac{R}{\sqrt{s^2+R^2}}$$

把这些关系代入式 (29-5) 并利用附录 E 中的积分式 19，得到

$$B=\frac{\mu_0 i}{2\pi}\int_0^\infty\frac{Rds}{(s^2+R^2)^{3/2}}$$

$$=\frac{\mu_0 i}{2\pi R}\left[\frac{s}{(s^2+R^2)^{1/2}}\right]_0^\infty=\frac{\mu_0 i}{2\pi R} \tag{29-6}$$

这就是我们所要求的。注意，由图 29-6 中无限长导线的下面一半或者上面一半在 P 点产生的磁感应强度是这个值的一半，即

$$B=\frac{\mu_0 i}{4\pi R}\quad（半无限长直导线） \tag{29-7}$$

导线的圆弧中的电流产生的磁场

要求弯曲的导线中的电流在一点产生的磁场，我们要利用式（29-1）写出单个电流长度元所产生的磁场数值，还要用积分来求出所有电流长度元产生的净磁场。这个积分可能是很难的，这取决于导线的形状；不过，如果导线是一段圆弧并且求的是曲率中心一点，这种情况却很容易。

图 29-7a 表示这种圆弧形导线，它的中心角为 ϕ，半径为 R，中心为 C 点，载有电流 i。导线的每个电流长度元 $i\mathrm{d}\vec{s}$在 C 点产生式（29-1）给出的，数值为 $\mathrm{d}B$ 的磁感应强度。还有，如图 29-7b 所示，无论电流元在导线上的什么位置，矢量 $\mathrm{d}\vec{s}$和 $\vec{r}$ 间的角度 θ 都是90°；并且 $r=R$。于是，在式（29-1）中用 R 代替 r，90°代替 θ，我们得到：

$$\mathrm{d}B=\frac{\mu_0}{4\pi}\frac{i\mathrm{d}s\sin 90^\circ}{R^2}=\frac{\mu_0}{4\pi}\frac{i\mathrm{d}s}{R^2} \qquad (29\text{-}8)$$

圆弧上每个电流长度元在 C 点产生的磁场都是这个数值。

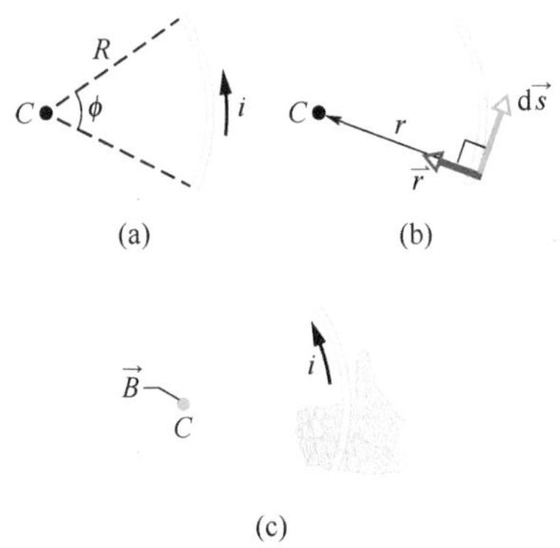

右手定则揭示圆弧中心场的方向

图 29-7 （a）载有电流 i 的圆弧形导线，中心在 C 点。（b）导线的沿圆弧的任意单元，$\mathrm{d}\vec{s}$ 的方向和 $\vec{r}$ 的夹角是 90°。（c）确定导线中的电流在中心 C 产生的磁场的方向。场指向页面外，沿四个指尖的方向。用图上 C 点处的圆点表示。

方向。电流元建立的微分场 $\mathrm{d}\vec{B}$的方向如何呢？从上面我们知道，这个矢量必定垂直于从电流元延伸到 C 点的径向直线，不是进入图 29-7a 所示的图面，就是从该图面向外。要知道哪个方向是正确的，我们要对每一个电流元应用右手定则，如图 29-7c 所示。大拇指伸向电流方向，四指握住导线并伸到 C 附近的区域，我们看到任何微分电流元产生的矢量 $\mathrm{d}\vec{B}$ 都从图面向外，而不是进入图面。

总磁场。要求圆弧导线上所有电流元在 C 点产生的总磁场，我们必须将所有的微分场矢量 $\mathrm{d}\vec{B}$ 相加。然而，因为这些矢量都在同一方向上，我们没必要求各个分量，我们只要对式（29-8）给出的数值 $\mathrm{d}B$ 求和。因为有极大数量的这样的数值，所以我们要用积分来求和。我们要得到的结果是能表示出总磁场如何依赖于圆弧的角度 ϕ（而不是弧长）。所以我们应用恒等式 $\mathrm{d}s=R\mathrm{d}\phi$，把式（29-8）中的 $\mathrm{d}s$ 转换成 $\mathrm{d}\phi$。通过积分后得到：

$$B=\int \mathrm{d}B=\int_0^{\phi}\frac{\mu_0}{4\pi}\frac{iR\mathrm{d}\phi}{R^2}=\frac{\mu_0 i}{4\pi R}\int_0^{\phi}\mathrm{d}\phi$$

积分求出：

$$B=\frac{\mu_0 i\phi}{4\pi R} \quad \text{（圆弧中心）} \qquad (29\text{-}9)$$

注意，这个方程式只是给出了载流圆弧导线的曲率中心的磁场。当你将数据代入方程式时，必须留心 ϕ 要用弧度来表示而不能用度。例如，在求完整的圆形电流的中心的磁感应强度的数值时，可以将式（29-9）中的 ϕ 取为 2π rad，求得

$$B=\frac{\mu_0 i(2\pi)}{4\pi R}=\frac{\mu_0 i}{2R} \quad \text{（完整圆的中心）} \qquad (29\text{-}10)$$

例题 29.01　电流圆弧中心的磁场

图 29-8a 中的导线载有电流 i，导线包含半径为 R，中心角为 $\pi/2$ rad 的一段圆弧和两段直线，两段直线的延长线在圆弧中心的 C 点相交。求电流在 C 点产生的磁感应强度 $\vec{B}$（数值和方向）。

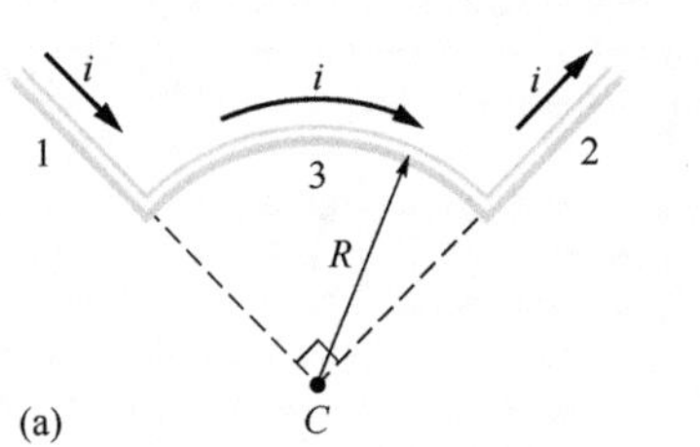

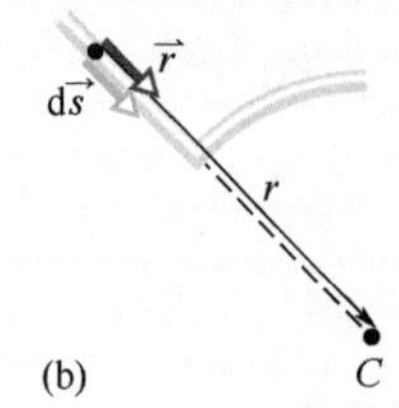

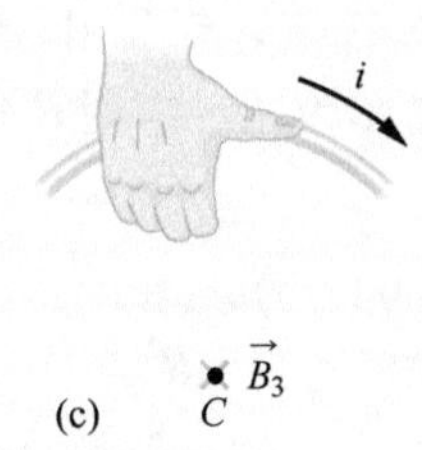

图 29-8　(a) 两个直线段（1 和 2）和一个圆弧（3）组成的导线。载有电流 i。(b) 对线段 1 中的电流长度元，$d\vec{s}$ 和 $\vec{r}$ 之间的角度是零。(c) 确定圆弧中电流在 C 点产生的磁场 $\vec{B}_3$ 的方向；那里的磁场进入页面内。

【关键概念】

我们可以将式（29-3）中的毕奥-萨伐尔定律应用于导线，沿整条导线长度一点一点地计算，求出 C 点的磁感应强度 $\vec{B}$。然而，应用式（29-3），对导线三段不同的部分分别求出 $\vec{B}$ 就可以简化计算——即分成，(1) 左边的直线段，(2) 右边的直线段，(3) 中间圆弧段。

直线段： 对直线段 1 中的任何电流长度元，$d\vec{s}$ 和 $\vec{r}$ 之间的角度是零（见图 29-8b）；所以由式（29-1），得

$$dB_1 = \frac{\mu_0}{4\pi}\frac{i ds \sin\theta}{r^2} = \frac{\mu_0}{4\pi}\frac{i ds \sin 0}{r^2} = 0$$

由此，沿直线段 1 的整个长度的电流对 C 点的磁场没有贡献，即

$$B_1 = 0$$

在直线段 2 中也是同样的情况，这一段中任何电流长度元的 $d\vec{s}$ 和 $\vec{r}$ 之间的角度 θ 都是 180°。于是，

$$B_2 = 0$$

圆弧： 利用毕奥-萨伐尔定律计算圆弧中心的磁场导出式（29-9）［$B = \mu_0 i\phi/(4\pi R)$］。这里的圆弧中心角 ϕ 是 $\pi/2$ rad。由式（29-9），圆弧中心 C 点的磁感应强度 $\vec{B}_3$ 的数值是

$$B_3 = \frac{\mu_0 i(\pi/2)}{4\pi R} = \frac{\mu_0 i}{8R}$$

为求 $\vec{B}_3$ 的方向，我们应用图 29-5 中的右手定则，想象如图 29-8c 所示那样用你的右手握住圆弧，大拇指向着电流的方向伸出。你绕导线弯曲的四指指示绕导线的磁感应线的方向。磁感应线组成环绕导线的圆，在圆弧导线上方从页面伸出，在圆弧导线下方则进入页面。在 C 点附近的区域（在圆弧里面），你的四个指尖指向书页所在平面的内部。因此，在圆弧中心 C 点的磁感应强度 $\vec{B}_3$ 指向页面以内。

净场： 总之，我们把多个磁场作为矢量组合起来。不过，这里只有圆弧在 C 点产生磁场。因此，我们可以写出净磁场 $\vec{B}$ 的数值。

$$B = B_1 + B_2 + B_3 = 0 + 0 + \frac{\mu_0 i}{8R} = \frac{\mu_0 i}{8R} \quad \text{（答案）}$$

$\vec{B}$ 的方向就是 $\vec{B}_3$ 的方向——即进入图 29-8 的页面。

例题 29.02　两条长直电流一边的磁场

图 29-9a 表示两条载有相反方向电流 i_1 和 i_2 的平行长导线。P 点净磁场的数值和方向是什么？设 $i_1 = 15\text{A}$，$i_2 = 32\text{A}$，$d = 5.3\text{cm}$。

【关键概念】

(1) P 点的净磁场 $\vec{B}$ 是由两条导线中的电流

所产生的磁场的矢量和。(2) 我们可以将毕奥-萨伐尔定律用于电流以求任何电流的磁场。对于靠近长直导线中电流的点，由毕奥-萨伐尔定律导出式（29-4）。

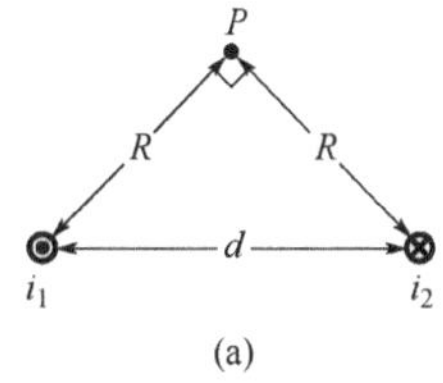

两电流各自建立磁场，二者的磁场必须作为矢量相加以得到净磁场。

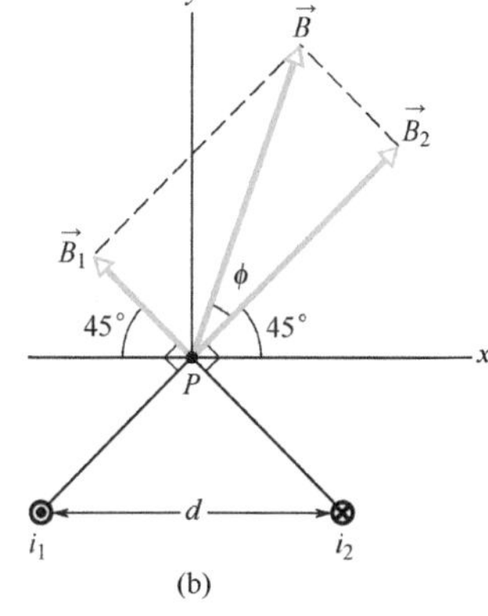

图 29-9 (a) 两条载有相反方向的电流 i_1 和 i_2 的导线，(一条电流向页面外，一条进入页面)。注意 P 点处的直角。(b) 两分开的磁感应强度 $\vec{B}_1$ 和 $\vec{B}_2$ 的矢量相加得到合磁感应强度 $\vec{B}$。

求矢量： 在图 29-9a 中，点 P 到电流 i_1 和 i_2 的距离都是 R。由此，式（29-4）告诉我们这些电流在 P 点产生的磁感应强度 $\vec{B}_1$ 和 $\vec{B}_2$ 的数值分别是

$$B_1=\frac{\mu_0 i_1}{2\pi R},\quad B_2=\frac{\mu_0 i_2}{2\pi R}$$

在图 29-9a 的直角三角形中，两个底角（R 和 d 之间的夹角）都是 45°。我们可以由此写出 $\cos 45°=R/d$，并将上两式中的 R 用 $d\cos 45°$ 代替。于是磁场的数值 B_1 和 B_2 分别为

$$B_1=\frac{\mu_0 i_1}{2\pi d\cos 45°},\quad B_2=\frac{\mu_0 i_2}{2\pi d\cos 45°}$$

我们要把 $\vec{B}_1$ 和 $\vec{B}_2$ 组合起来求它们的矢量和，也就是 P 点的合成磁场 $\vec{B}$。我们对图 29-9a 中的每一电流分别应用图 29-5 中的右手定则以确定 $\vec{B}_1$ 和 $\vec{B}_2$ 的方向。对导线 1，电流从页面流出，我们想象用右手握住导线，大拇指指向页面外。弯曲的四指表示场线是逆时针方向的圆圈。特别是在 P 点区域内，它们指向左上方。回忆长直载流导线附近一点的磁场的方向必定垂直于该点和电流之间的径向直线。因此，$\vec{B}$ 必定指向左上方，如图 29-9b 所示。(留心注意矢量 $\vec{B}_1$ 和连接 P 点与导线 1 的直线的垂直记号。)

对电流 2 重复这样的分析，我们得到 $\vec{B}_2$ 指向右上方，如图 29-9b 所示。

把矢量相加： 我们现在可以通过求 $\vec{B}_1$ 和 $\vec{B}_2$ 的矢量和计算出 P 点的净磁场 $\vec{B}$。我们利用可以计算矢量的计算器或者通过把矢量分解为分量然后组合成 $\vec{B}$ 的分量这两种方法中的任一种来做，不过在图 29-9b 中还有第三种方法：因为 $\vec{B}_1$ 和 $\vec{B}_2$ 互相垂直，它们形成直角三角形的两条直角边，$\vec{B}$ 是斜边，所以

$$\begin{aligned}B&=\sqrt{B_1^2+B_2^2}=\frac{\mu_0}{2\pi d\cos 45°}\sqrt{i_1^2+i_2^2}\\&=\frac{(4\pi\times10^{-7}\,\mathrm{T\cdot m/A})\sqrt{(15\,\mathrm{A})^2+(32\,\mathrm{A})^2}}{(2\pi)(5.3\times10^{-2}\,\mathrm{m})(\cos 45°)}\\&=1.89\times10^{-4}\,\mathrm{T}\approx190\,\mu\mathrm{T}\end{aligned}\qquad\text{(答案)}$$

由图 29-9b，$\vec{B}_1$ 和 $\vec{B}_2$ 的方向间的夹角 ϕ 是

$$\phi=\arctan\frac{B_1}{B_2}$$

代入上面给出的 B_1 和 B_2，得到

$$\phi=\arctan\frac{i_1}{i_2}=\arctan\frac{15\,\mathrm{A}}{32\,\mathrm{A}}=25°$$

图 29-9b 中的 $\vec{B}$ 和 x 轴之间的夹角是

$$\phi+45°=25°+45°=70°\qquad\text{(答案)}$$

29-2 两平行电流之间的力

学习目标

学完这一单元后，你应当能够……

29.10 给出两平行或反向平行的电流，求第一条电流在第二条电流位置的磁场并求作用于第二条电流上的力。

29.11 懂得平行电流相互吸引，反向平行电流相互排斥。

29.12 描写电磁轨道炮是怎样工作的。

关键概念

- 载有相同方向电流的平行导线相互吸引，而载有相反方向电流的平行导线则相互排斥。两条导线上，长度为 L 的一段导线受到的作用力的数值是

$$F_{ba}=i_bLB_a\sin 90°=\frac{\mu_0 L i_a i_b}{2\pi d}$$

其中，d 是导线的间距；i_a 和 i_b 是导线中的电流。

两平行电流之间的力

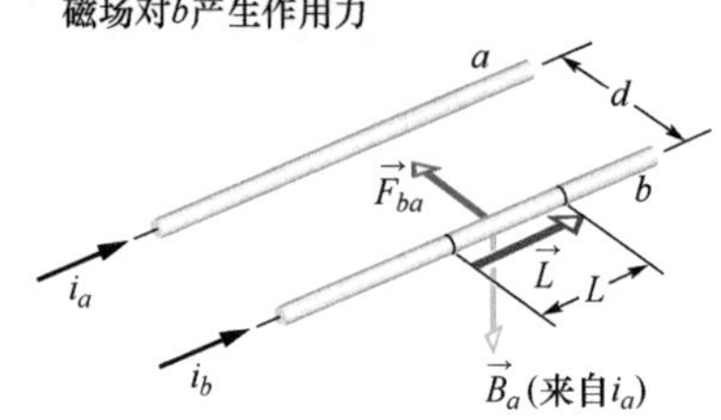

图 29-10 两条载有相同方向电流的平行导线相互吸引。$\vec{B}_a$ 是导线 a 中的电流在导线 b 的位置产生的磁场。$\vec{F}_{ba}$是在磁场 $\vec{B}_a$ 中的导线 b 因载有电流而受到的作用力。

两条平行的载流长导线相互间有力作用着。图 29-10 表示两条这样的导线，它们分开距离 d 并各载有电流 i_a 和 i_b。我们来分析这两条导线上相互作用的力。

首先，来探求图 29-10 中导线 a 中的电流引起的作用于导线 b 上的力。此电流产生磁场 $\vec{B}_a$，实际上就是这个磁场产生了我们要探求的力。为了求这个力，我们需要求出在导线 b 的位置的场 $\vec{B}_a$ 的数值和方向。在导线 b 的每一点处 $\vec{B}_a$ 的数值可由式（29-4）求出：

$$B_a=\frac{\mu_0 i_a}{2\pi d} \tag{29-11}$$

右手定则告诉我们，在导线 b 的位置 $\vec{B}_a$ 的方向向下，如图 29-10 所示。我们现在可以求出磁场作用在导线 b 上的力。式（28-26）告诉我们，由外来磁场 $\vec{B}_a$ 产生的作用在导线 b 上的长度为 L 的一段上的力 $\vec{F}_{ba}$是

$$\vec{F}_{ba}=i_b\vec{L}\times\vec{B}_a \tag{29-12}$$

其中，$\vec{L}$ 是这条导线的长度矢量。在图 29-10 中，$\vec{L}$ 和 $\vec{B}_a$ 互相垂直。所以由式（29-11）我们可以写出

$$F_{ba}=i_bLB_a\sin 90°=\frac{\mu_0 L i_a i_b}{2\pi d} \tag{29-13}$$

$\vec{F}_{ba}$的方向是叉积 $\vec{L}\times\vec{B}_a$ 的方向，将叉积的右手定则应用于图 29-10 中的 $\vec{L}$ 和 $\vec{B}_a$，我们看到 $\vec{F}_{ba}$指向导线 a，如图所示。

求作用于载流导线上的力的一般步骤是：

要求作用于载流导上的力，这个力是由第二条载流导线所产生的。首先求出第二条导线在第一条导线的位置上产生的磁场。然后求这个场作用于第一条导线上的力。

我们现在可以依据这个步骤计算导线 b 中的电流产生的作用于导线 a 上的力。我们会发现这个力径直向着导线 b；因此，这两根载有平行的电流的导线相互吸引。同理，如果两电流反向平行，我们可以证明这两条导线相互排斥。由此：

平行电流相互吸引，反向平行电流相互排斥。

作用在平行导线中电流之间的力是定义安培的基础，安培是七个国际单位制的基本单位之一。1946 年采用的安培的定义是：将两根圆形截面面积可以忽略不计的无限长平行直导线放在真空中相距 1m，两导线中保持恒定等量的电流，当两导线相互之间产生数值为每米导线 2×10^{-7}N 的力时，每根导线中的电流都是 1A㊀。

电磁轨道炮

电磁轨道炮的基本结构画在图 29-11a 中。大电流进入两根平行的导电轨道中的一根，然后通过两根轨道间的一根导电的熔断片(譬如一片薄铜片)，再沿第二根轨道回到电源。待发射的抛射体放在熔断片前面，宽松地嵌在轨道之间。在接通电流后的瞬时，熔断片迅速溶解并蒸发，在熔断片原来所在处，轨道之间产生导电气体。

图 29-5 中的弯曲-伸直右手定则揭示，图 29-11a 中的电流在两轨道之间产生方向向下的磁场。由于电流 i 通过气体，净磁场 $\vec{B}$ 对气体产生作用力 $\vec{F}$（见图 29-11b）。由式（29-12）和叉乘的右手定则，我们发现 $\vec{F}$ 沿轨道指向外。当气体沿轨道被推向外时，它推动抛射体，使它的加速度大到 $5\times10^6 g$，然后以 10km/s 的速率发射，所有这些都发生在 1ms 内。某一天，电磁轨道炮可以用来将月球或小行星上开采出来的矿物原料发射到空间中去。

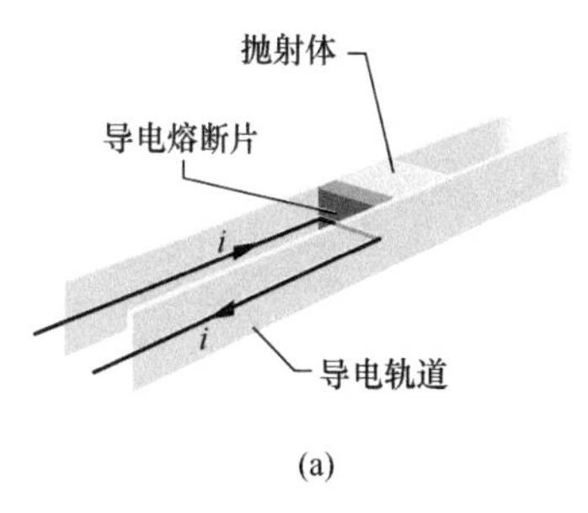

(a)

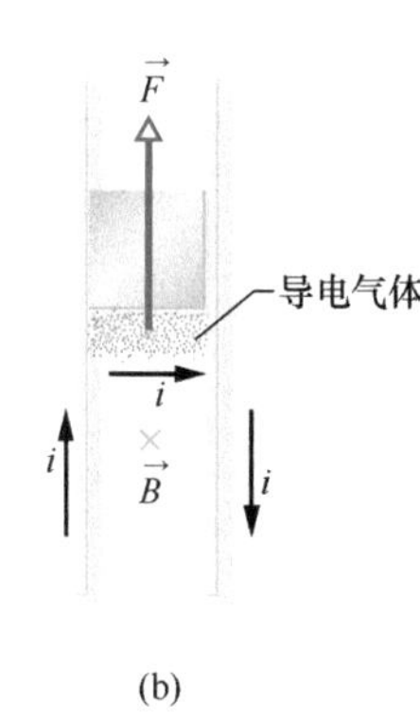

(b)

图 29-11 (a) 电磁轨道炮，电流 i 开始输入的时候电流使导电熔断片迅速蒸发。(b) 电流在轨道间产生磁场 $\vec{B}$，磁场对作为电流通路的一部分的导电气体产生作用力 $\vec{F}$。气体将抛射体沿轨道推出，从而将它发射出去。

检查点 1

这里的图表示三根平行、等间距的长直导线。它们载有完全相同的电流，这些电流有的进入、有的流出页面。按每根导线受到其他两根导线的电流作用力的大小排序，最大的排第一。

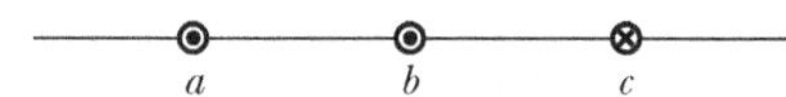

29-3 安培定律

学习目标

学完这一单元后，你应当能够……

29.13 应用安培定律于闭合的电流回路。

29.14 根据安培定律，利用右手定则确定闭合电流的代数符号。

29.15 对安培环路中多于一条电流的情形，确定用于安培定律中的净电流。

29.16 将安培定律用于长直载流导线求导线内部和外部磁场的数值，明确只有被安培环路包围的电流才起作用。

关键概念

- 安培定律表述的是

$$\oint \vec{B}\cdot d\vec{s} = \mu_0 i_{enc} \quad (安培定律)$$

方程式中的线积分沿称为安培环路的闭合环路计算。右边的电流 i 是环路包围的净电流。

㊀ 根据 2018 年 11 月 16 日第 26 届国际计量大会通过、2019 年 5 月 20 日开始执行的国际单位制的新定义，电流单位安培定义为：1 秒钟通过 1/1.602176634 × 10^{-19} 个基本电荷 e 所构成的电流为 1 安培。——译者注

安培定律

我们如果想求任意电荷分布的净电场，可以先写出电荷元产生的微分电场 $d\vec{E}$，然后对所有电荷元贡献的 $d\vec{E}$ 求和。然而，如果电荷分布很复杂，我们就不得不用计算机。可是我们也会想到，如果电荷分布具有平面、圆柱形或球形对称性，利用高斯定律，就可以很方便地求出净电场。

我们也可以用同样的方法求任何电流分布的磁场，先写出电流长度元产生的微分磁场 $d\vec{B}$ [式 (29-3)]，然后对所有电流元贡献的磁场 $d\vec{B}$ 求和。对于复杂的分布，我们还是要用到计算机。不过，如果电流分布具有某种对称性，我们利用**安培定律**就可以方便地求出磁感应强度。这个定律可以从毕奥-萨伐尔定律推导出来，但传统上把功劳归于安培（André-Marie Ampère，1775—1836），国际单位制的电流单位就是以他的名字命名的。不过，这个定律实际上被英国物理学家麦克斯韦又进一步发展了。安培定律是

$$\oint \vec{B} \cdot d\vec{s} = \mu_0 i_{enc} \quad \text{（安培定律）} \tag{29-14}$$

积分号上的圆圈的意思是标（点）积 $\vec{B} \cdot d\vec{s}$ 要沿称作*安培环路*的闭合环路积分。电流 i_{enc} 是这个闭合环路包围的净电流。

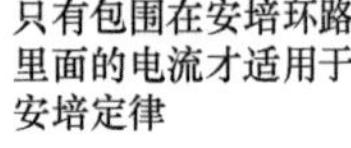

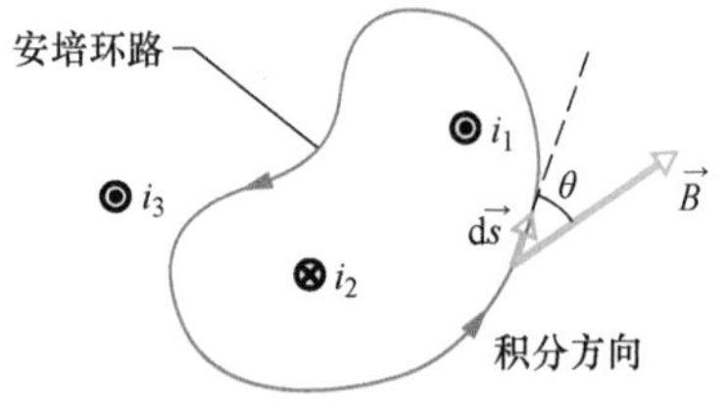

图 29-12　安培定律应用于任意形状的安培环路，这里它包围两条长直导线，而排除第三条导线。

为说明标积 $\vec{B} \cdot d\vec{s}$ 和它的积分的意义，我们首先将安培定律应用于图 29-12 中的一般情况。图上画出三条载有电流 i_1、i_2 和 i_3 的长直导线的截面。它们的方向有的进入页面，有的向外。页面中有一个任意形状的安培环路，它包围了两条电流，但第三条不在内。环路上标出的逆时针方向指明了任意选择的式（29-14）中积分的方向。

要应用安培定律，我们想象把环路分解成许多微分矢量元 $d\vec{s}$，它们在每一处都沿环路的切线指向积分的方向，假设图 29-12 中的矢量元 $d\vec{s}$ 的位置上三条电流共同产生的净磁场是 $\vec{B}$，由于导线垂直于页面，我们知道每个电流在 $d\vec{s}$ 处产生的磁场都在图 29-12 的图面上；因此它们在 $d\vec{s}$ 处合成的磁场 $\vec{B}$ 也必定在这个平面上。然而我们并不知道 $\vec{B}$ 在这个平面上的方向。在图 29-12 中，$\vec{B}$ 被随意画成和 $d\vec{s}$ 的方向成 θ 角。式（29-14）左边的标积 $\vec{B} \cdot d\vec{s}$ 等于 $B\cos\theta ds$。于是，安培定律可以写成

$$\oint \vec{B} \cdot d\vec{s} = \oint B\cos\theta ds = \mu_0 i_{enc} \tag{29-15}$$

我们现在可以把标积 $\vec{B} \cdot d\vec{s}$ 解释为安培环路的一段 ds 和该处环路相切的场分量 $B\cos\theta$ 的乘积。把积分解释为绕整个环路上所有这种乘积的和。

符号。当我们可以实际上算出这个积分的时候，在积分号前我们不需要知道 $\vec{B}$ 的方向。通常，我们可以随意地假设 $\vec{B}$ 是沿着积分的方向（如图 29-12 中那样）。然后我们利用下面的弯曲-伸直

右手定则给被包围的组合成净电流 i_{enc} 中的每一个电流规定正号或负号：

沿安培环路弯曲你的右手，四指指向积分方向。沿你伸出的大拇指方向穿过环路的电流取正号，沿相反方向穿过环路的取负号。

最后，我们对 $\vec{B}$ 的数值解式（29-15）。如果发现 B 是正的，那么我们假设 $\vec{B}$ 的方向正确。如果发现它是负的，我们略去负号并将 $\vec{B}$ 重新画在相反的方向上。

净电流。在图 29-13 中，我们对图 29-12 中情形下的安培定律应用弯曲-伸直右手定则。对于所指出的逆时针积分方向，环路包围的净电流是

$$i_{enc}=i_1-i_2$$

（电流 i_3 不被环路包围。）我们重写式（29-15）为

$$\oint B\cos\theta \mathrm{d}s=\mu_0(i_1-i_2) \tag{29-16}$$

有人会觉得奇怪，电流 i_3 对式（29-16）左边的磁场数值 B 也有贡献，为什么在右边不需要它？答案是，因为式（29-16）中的积分是绕整个环路一圈来做的，而电流 i_3 对磁场的贡献抵消了。相反，被包围的电流对磁场则不会抵消。

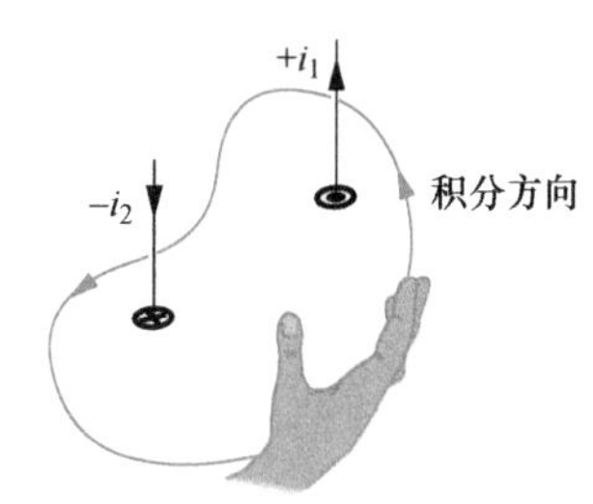

图 29-13 安培定律的右手定则，确定被安培环路包围的电流的正负号。这是图 29-12 中的情形。

我们不可能通过解式（29-16）来得到磁感应强度的数值 B，这是因为对于图 29-12 中的情形，我们没有足够的信息可以简化并计算这个积分。不过，我们确实知道积分的结果；它一定等于 $\mu_0(i_1-i_2)$，这个数值是由穿过这个环路的净电流所决定的。

我们现在要将安培定律用于两种情况，其中的对称性使我们能够简化并计算积分，从而求出磁感应强度。

载流长直导线外面的磁场

图 29-14 表示载有流向页面外电流 i 的一条长直导线。式（29-4）告诉我们，这一电流产生的磁感应强度 $\vec{B}$ 在离导线同样距离 r 的所有点上都有相同的数值，即磁场 $\vec{B}$ 对于导线有柱面对称性。我们可以利用这个对称性简化安培定律的积分［式（29-14）和式（29-15）］，我们可以先画一个半径为 r 的同心圆安培环路包围导线，如图 29-14 所示。在环路上每一点的磁场都有相同的数值 B。我们沿逆时针方向求积分，所以 $\mathrm{d}\vec{s}$ 有图 29-14 中所示的方向。

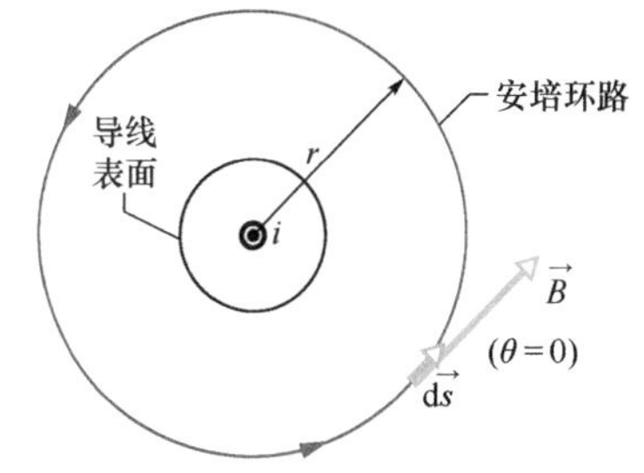

图 29-14 用安培定律求电流 i 在圆形截面的长直导线外面产生的磁场，安培环路是在导线外的同心圆。

我们注意到沿环路上的每一点处的 $\vec{B}$ 都和环路相切，就和 $\mathrm{d}\vec{s}$ 一样。因此，我们可以进一步简化式（29-15）中的 $B\cos\theta$。由此，$\vec{B}$ 和 $\mathrm{d}\vec{s}$ 在环路的每一点上或者平行或者反向平行，我们就假设是前一种情况。于是，在每一点上 $\mathrm{d}\vec{s}$ 和 $\vec{B}$ 之间的角度都是 0，所以 $\cos\theta=\cos 0=1$。式（29-15）中的积分成为

$$\oint \vec{B}\cdot \mathrm{d}\vec{s}=\oint B\cos\theta \mathrm{d}s=B\oint \mathrm{d}s=B(2\pi r)$$

注意，$\oint \mathrm{d}s$ 是绕圆形环路上的所有线段长度 $\mathrm{d}s$ 的和，也就是环路的

圆周长度 $2\pi r$。

对图 29-14 中的电流，根据右手定则我们对其取正号。安培定律的右边成为 $+\mu_0 i$，我们就有

$$B(2\pi r)=\mu_0 i$$

或

$$B=\frac{\mu_0 i}{2\pi r}\quad（长直导线外面）\tag{29-17}$$

稍微改变一下符号，这就是我们以前用毕奥-萨伐尔定律导出的式（29-4）——花了比较大的力气。此外，因为发现 B 的数值是正的，我们就知道 $\vec{B}$ 的正确方向肯定是图 29-14 中所画的方向。

载流长直导线内的磁场

图 29-15 表示半径为 R 的长直导线的截面，它载有流向页面外且均匀分布的电流 i。因为电流在导线的整个截面上都是均匀分布的，电流产生的磁场 $\vec{B}$ 肯定是柱面对称的。因此，要求导线内部点的磁场我们要再次利用半径为 r 的圆形安培环路，如图 29-15 所示，现在 $r<R$。对称性还暗示，如图中那样，$\vec{B}$ 和环路相切；所以安培定律的公式的左边又得到

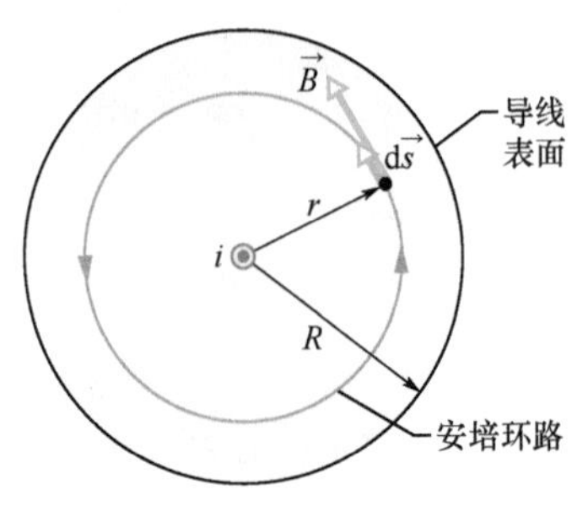

图 29-15　用安培定律求电流 i 在圆形截面的长直导线内部产生的磁场。电流均匀分布在导线截面上并从页面流出。安培环路画在导线里面。

$$\oint \vec{B}\cdot d\vec{s}=B\oint ds=B(2\pi r)\tag{29-18}$$

因为电流是均匀分布的，所以环路包围的电流 i_{enc} 正比于环路包围的面积，即

$$i_{enc}=i\,\frac{\pi r^2}{\pi R^2}\tag{29-19}$$

由右手定则可知，i_{enc} 取正号。安培定律给出：

$$B(2\pi r)=\mu_0 i\,\frac{\pi r^2}{\pi R^2}$$

或

$$B=\left(\frac{\mu_0 i}{2\pi R^2}\right)r\quad（长直导线内部）\tag{29-20}$$

由此，导线内部磁感应强度的数值 B 正比于 r。在中心处是零，在 $r=R$ 处（表面上）最大。注意，式（29-17）和式（29-20）给出导线表面上具有同样的 B 值。

检查点 2

下图画出三个相等的电流（两个平行，一个反向平行）和四个安培环路，按各个环路的 $\oint \vec{B}\cdot d\vec{s}$ 的大小排列这些环路，最大的第一。

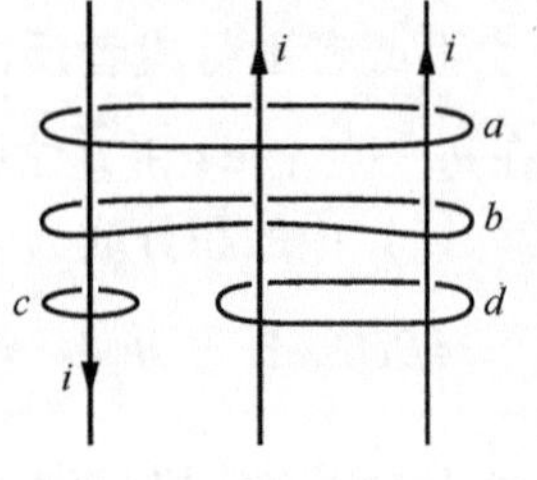

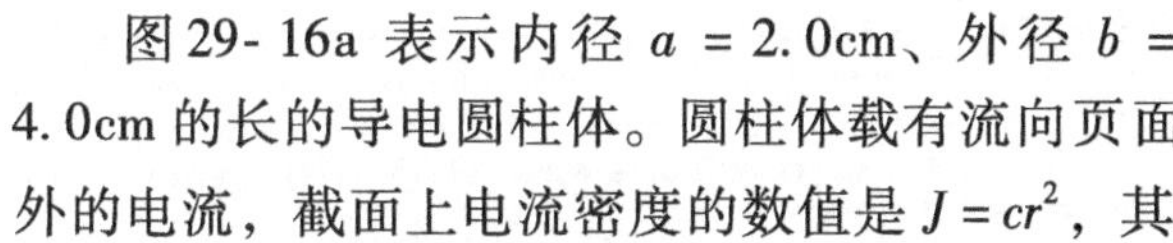

例题 29.03 用安培定律求长圆柱体内电流的磁场

图29-16a 表示内径 $a = 2.0\text{cm}$、外径 $b = 4.0\text{cm}$ 的长的导电圆柱体。圆柱体载有流向页面外的电流，截面上电流密度的数值是 $J = cr^2$，其中，$c = 3.0 \times 10^6\ \text{A/m}^4$，$r$ 以米作为单位。求图29-16a中在距圆柱体中心轴距离 $r = 3.0\text{cm}$ 处的一点的磁感应强度 $\vec{B}$ 的大小及方向。

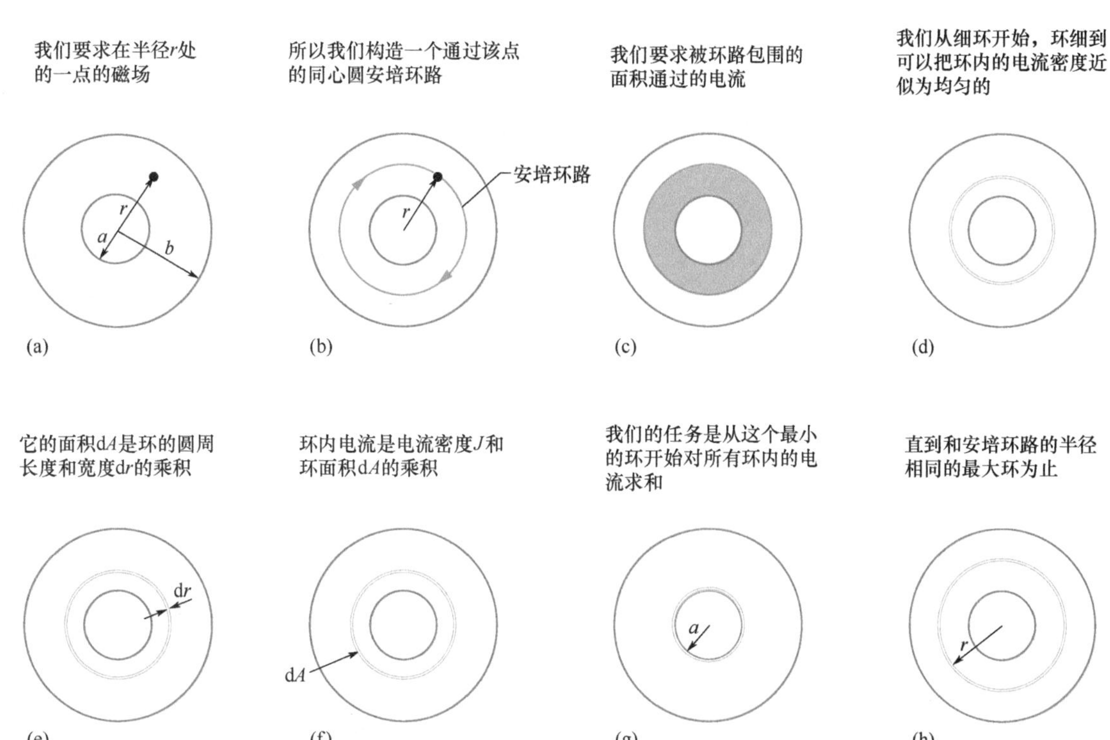

图29-16 (a)、(b) 为求导电圆柱体内部一点的磁场，我们构造通过这一点的同心圆安培环路，然后求环路包围的电流。(c)~(h) 因为电流密度是不均匀的，我们从细环开始，然后对环路包围的面积中的所有这种细环中的电流求和（用积分）。

【关键概念】

我们要计算 $\vec{B}$ 的这一点是在导电圆柱体材料内部，在圆柱体内半径和外半径之间。我们注意到电流分布有柱面对称性（电流在任何给定半径的一圈横截面上处处相同）。于是，对称性允许我们利用安培定律求该点的 $\vec{B}$。我们首先画出图29-16b 中表示的安培环路。环路是圆柱的同心圆，半径为 $r = 3.0\text{cm}$，取这个半径的安培环路是因为我们要求的是离开圆柱中心轴这个距离的一点的 $\vec{B}$。

下一步我们要计算包围在安培环路中的电流 i_{enc}。不过，我们不能像式（29-19）中那样建立正比关系，因为这里的电流不是均匀分布的。我们必须用积分，按照图29-16c~h 所示的步骤，对电流密度数值从圆柱体的内径 a 到环路半径 r 积分。

解： 我们写出积分

$$
\begin{aligned}
i_{\text{enc}} &= \int J\text{d}A = \int_a^r cr^2(2\pi r\text{d}r) \\
&= 2\pi c\int_a^r r^3\text{d}r = 2\pi c\left[\frac{r^4}{4}\right]_a^r \\
&= \frac{\pi c(r^4 - a^4)}{2}
\end{aligned}
$$

注意，在这些步骤中我们取的微分面积 dA 是图 29-16d ~ f 中的细环的面积，然后用和它等价的环的圆周长度 $2\pi r$ 与宽度 dr 的乘积代入。

对于安培环路，将图 29-16b 中标出的积分方向（任意地）定为顺时针。将安培定律的右手定则用于这个环路，我们求出的 i_{enc} 应当是负数，因为电流方向流出页面而我们的拇指指向页面以内。

接着我们计算安培定律的左边，就像我们在图 29-15 中所做的那样，并且我们又得到式（29-18）。于是，由安培定律，有

$$\oint \vec{B} \cdot d\vec{s} = \mu_0 i_{enc}$$

由此得

$$B(2\pi r) = -\frac{\mu_0 \pi c}{2}(r^4 - a^4)$$

解出 B 并代入已知数据，得到

$$B = -\frac{\mu_0 c}{4r}(r^4 - a^4)$$

$$= -\frac{(4\pi \times 10^{-7}\mathrm{T \cdot m/A})(3.0 \times 10^6\ \mathrm{A/m^4})}{4(0.030\mathrm{m})} \times [(0.030\mathrm{m})^4 - (0.020\mathrm{m})^4]$$

$$= -2.0 \times 10^{-5}\mathrm{T}$$

由此，位于距中心轴 3.0cm 处一点的磁感应强度 $\vec{B}$ 的数值是

$$B = 2.0 \times 10^{-5}\mathrm{T} \quad \text{（答案）}$$

形成的磁感应线的方向和我们积分的方向相反，因此在图 29-16b 中应是逆时针方向。

29-4 螺线管和螺绕环

学习目标

学完这一单元后，你应当能够……

29.17 描述螺线管和螺绕环，并画出它们的磁感应线。

29.18 说明怎样用安培定律求螺线管内的磁感应强度。

29.19 应用螺线管内磁感应强度数值 B、电流 i 和螺线管的单位长度匝数 n 之间的关系。

29.20 说明安培定律是怎样用来求螺绕环内部的磁场的。

29.21 应用螺绕环内部的磁感应强度数值 B、电流 i、半径 r 和总匝数 N 之间的关系。

关键概念

- 在载有电流 i 的长螺线管内部，在不靠近两端的地方，磁感应强度的数值 B 是

$$B = \mu_0 in \quad \text{（理想螺线管）}$$

其中，n 是单位长度的匝数。

- 在螺绕环内部一点，磁感应强度 B 的数值是

$$B = \frac{\mu_0 iN}{2\pi}\frac{1}{r} \quad \text{（螺绕环）}$$

其中，r 是螺绕环的中心到该点的距离。

螺线管和螺绕环

螺线管的磁场

我们现在把注意力转到另外的情况，在这种情况中安培定律被证明是有用的。这涉及长的、密绕的螺旋形线圈中的电流产生的磁场。这种线圈称为**螺线管**（见图 29-17）。我们假设螺线管的长度远大于它的直径。

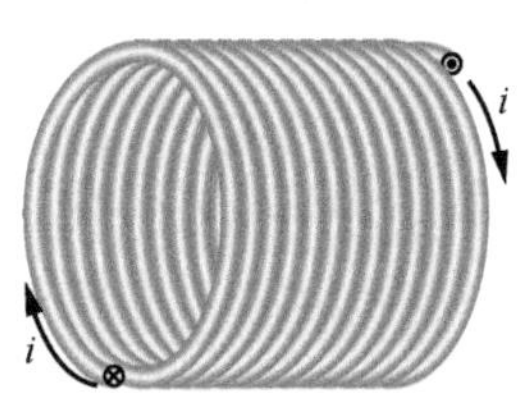

图 29-17 载有电流 i 的螺线管。

图 29-18 表示，“拉开的”一段螺线管的纵截面。螺线管内的磁场是构成螺线管的各匝导线（绕组）所产生的磁场的矢量和。对非常靠近某一匝导线的点，这根导线的磁效应就像一根长直导

线，$\vec{B}$ 的场线在那里几乎是同心圆。图 29-18 暗示相邻两匝导线之间会相互抵消。图上也暗示在螺线管内部并离开导线适当远的位置上的 $\vec{B}$ 近似平行于螺线管的（中心）轴。在理想螺线管的极限情况下，线圈内部的场是均匀的并平行于螺线管的轴。所谓理想螺线管是无限长并由紧贴缠绕（密绕）的许多匝的正方形截面的导线组成。

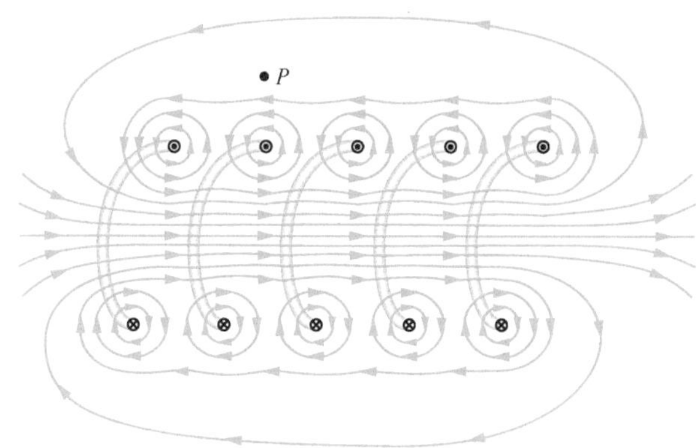

图 29-18 “拉开的”一段螺线管的通过中心轴的纵截面。图中画出了 5 匝线圈的周围部分。并画出通过螺线管电流产生的磁感应线。每一匝在靠近它自己的周围产生圆形的磁场线。在靠近螺线管轴的地方，场线集结为沿轴方向的合成磁场。场线密集，表示磁场很强。在螺线管外面，场线稀疏，表示该处磁场很弱。

在螺线管的上面，譬如像图 29-18 中的 P 点，螺线管上半部分线圈（上半部分线圈用“⊙”标记）建立的磁场方向向左（像 P 点近旁画的场线那样），并且要抵消下半部分线圈（下半部分线圈用“⊗”标记）在 P 点产生的、方向向右的（没有画出）磁场。在理想螺线管的极限情况下，螺线管外面的磁场为零。取外面的磁场为零对真实的螺线管来说是一个非常好的假设，只要它的长度远远大于它的直径，并且我们考虑的像 P 点那样外面的点并不靠近螺线管的任何一端。沿螺线管轴的磁场方向由弯曲-伸直右手定则给出：用你的右手握住螺线管，你的四指向着绕组中电流的方向；你伸出的拇指就指向沿轴的磁场的方向。

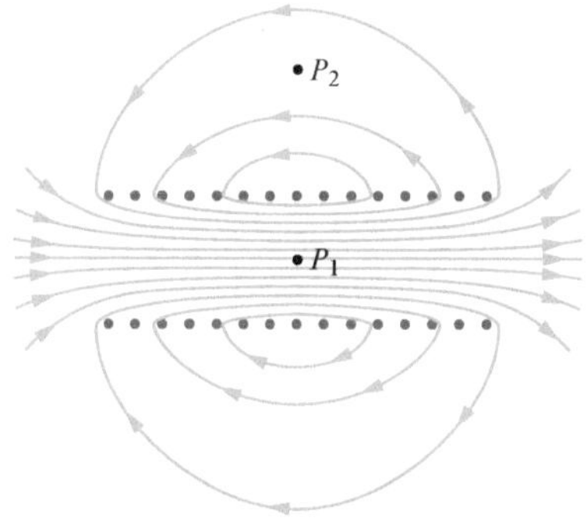

图 29-19 有限长度的真实螺线管的磁感应线。在螺线管里面的点（譬如 P_1 点）磁场强而均匀。在外面的点（譬如 P_2）磁场比较弱。

图 29-19 表示真实的螺线管的磁场线。在中心部分这些线的间距表示线圈中的磁场十分强并且在线圈的整个截面上是均匀分布的。不过，线圈外面的场则相对很弱。

安培定律。我们现在把安培定律

$$\oint \vec{B} \cdot d\vec{s} = \mu_0 i_{enc} \tag{29-21}$$

应用到图 29-20 中的理想螺线管上。这里的 $\vec{B}$ 在螺线管内是均匀的，并且在螺线管外面是零。我们用一个矩形安培环路 $abcda$ 把 $\oint \vec{B} \cdot d\vec{s}$ 写成四个积分之和，每个积分对应于环路的每一段：

$$\oint \vec{B} \cdot d\vec{s} = \int_a^b \vec{B} \cdot d\vec{s} + \int_b^c \vec{B} \cdot d\vec{s} + \int_c^d \vec{B} \cdot d\vec{s} + \int_d^a \vec{B} \cdot d\vec{s} \tag{29-22}$$

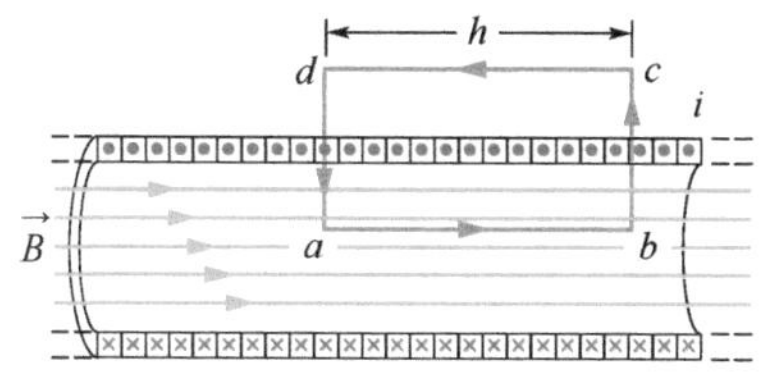

图 29-20 安培定律用于一段载有电流 i 的很长的理想螺线管。安培环路是矩形 $abcda$。

式（29-22）中的第一个积分是Bh，这里的B是螺线管内部均匀磁场的磁感应强度$\vec{B}$的数值，h是a到b一段的（任意）长度。第二和第四个积分是零，因为在这两段上的每一线元$\mathrm{d}\vec{s}$的位置，$\vec{B}$不是垂直于$\mathrm{d}\vec{s}$就是零，所以点积$\vec{B}\cdot\mathrm{d}\vec{s}$是零。沿螺线管外面的线段的第三个积分也是零，因为在外面的各点$B=0$。于是，整个矩形环路上$\oint\vec{B}\cdot\mathrm{d}\vec{s}$的数值是$Bh$。

净电流。图29-20中的矩形安培环路包围的净电流i_{enc}和螺线管绕组的一根导线中的电流i是不同的，因为绕组的导线穿过环路不止一次，令n是螺线管单位长度上导线的匝数；因此，环路中包围了nh匝，由此

$$i_{\text{enc}}=i(nh)$$

于是，由安培定律，得

$$Bh=\mu_0 inh$$

或

$$B=\mu_0 in \quad（理想螺线管） \tag{29-23}$$

虽然我们是对无限长理想螺线管导出式（29-23），但对于螺线管内部充分远离其两端的各点，它也可以很好地适用于真实的螺线管。式（29-23）和实验结果一致，螺线管内部的磁感应强度数值B不依赖于螺线管的直径或长度，并且B在整个螺线管的截面上都是均匀的。因此，螺线管为在实验中建立已知均匀磁场提供了一种实用的方法，就好像平行板电容器提供建立已知均匀电场的实用方法一样。

螺绕环的磁场

图29-21a表示一个**螺绕环**，我们可以把它描述为一个（空心的）螺线管被弯曲成与它的两端相接，形成空心手镯的样子。在螺绕环内部（手镯空洞里面）建立的磁场$\vec{B}$是怎样的呢？我们可以利用安培定律和手镯的对称性来计算。

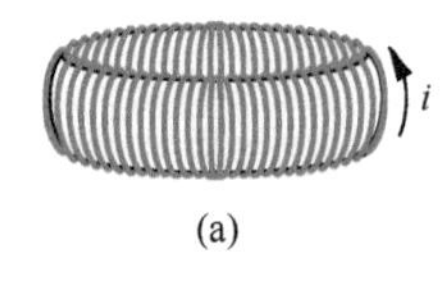

(a)

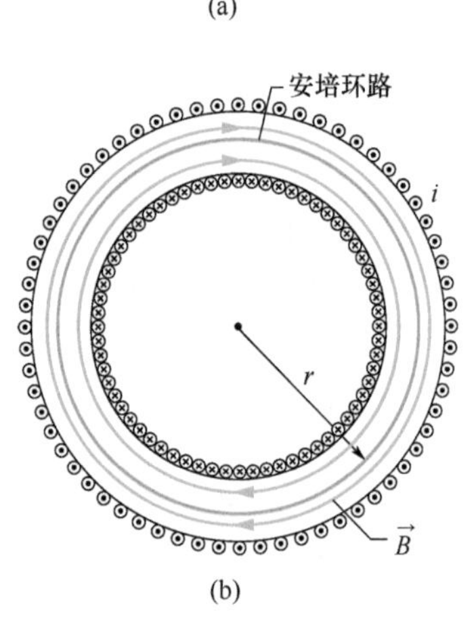

(b)

图29-21 （a）载有电流i的螺绕环。（b）螺绕环的水平截面。内部的磁场（在像手镯形状的管子内部）可以应用安培定律，作图上所示的安培环路求出。

由对称性我们知道，$\vec{B}$的场线在螺绕环内形成同心圆，方向如图29-21b所示。我们选择同心圆中的一个半径为r的圆作为安培环路并沿顺时针方向积分，由安培定律［式（29-14）］得到

$$(B)(2\pi r)=\mu_0 iN$$

其中，i是螺绕环绕组中的电流（这些安培环路包围的绕组中的电流是正的）；N是总匝数。由此给出

$$B=\frac{\mu_0 iN}{2\pi}\frac{1}{r} \quad（螺绕环） \tag{29-24}$$

和螺线管的情况不同，在螺绕环的整个截面上B不是常量。

用安培定律很容易证明，在理想的螺绕环外面，$B=0$（把螺绕环看作是理想的螺线管做成的）。螺绕环内部的磁场方向遵循我们的弯曲-伸直右手定则：用你右手四指顺着绕组中电流的方向弯曲抓住螺绕环；你竖起的右拇指指向磁场方向。

例题 29.04 **螺线管（长的载流线圈）内部的场**

长度 $L=1.23\text{m}$，内直径 $d=3.55\text{cm}$ 的螺线管载有电流 $i=5.57\text{A}$。它由五层紧密绕组构成，每层沿长度 L 有 850 匝，它中心的磁感应强度数值 B 多大？

【关键概念】

沿螺线管的中心轴上的磁感应强度的数值 B 通过式（29-23）（$B=\mu_0 in$）和螺线管电流 i、单位长度的匝数 n 联系起来。

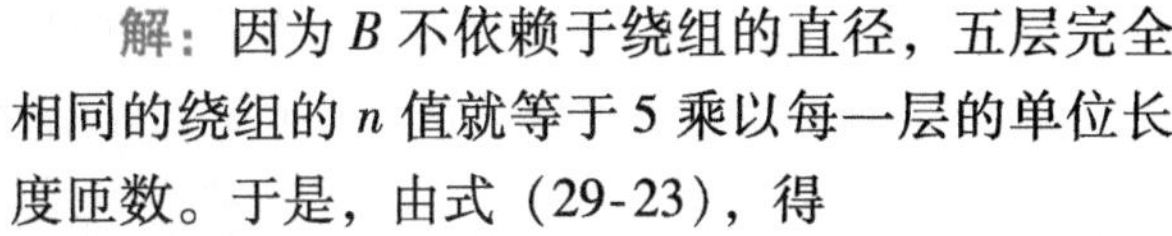

解：因为 B 不依赖于绕组的直径，五层完全相同的绕组的 n 值就等于 5 乘以每一层的单位长度匝数。于是，由式（29-23），得

$$B=\mu_0 in=(4\pi\times10^{-7}\text{T}\cdot\text{m/A})(5.57\text{A})\frac{5\times850\text{ 匝}}{1.23\text{m}}$$

$$=2.42\times10^{-2}\text{T}=24.2\text{mT} \qquad \text{（答案）}$$

作为一个很好的近似，这是大多数螺线管中场大小的数值。

PLUS 在 WileyPLUS 中可以找到附加的例题、视频和练习。

29-5 载流线圈作为磁偶极子

学习目标

学完这一单元后，你应当能够……

29.22 画出载流平面线圈的磁感应线。

29.23 对于载流线圈，应用磁偶极矩数值 μ、线圈的电流 i、匝数 N 和每匝的面积 A 之间的关系。

29.24 对中心轴上一点，应用磁感应强度数值 B、磁矩 μ 和到线圈中心的距离 z 之间的关系。

关键概念

- 将载流线圈作为磁偶极子处理，则它对与线圈的垂直中心轴距离为 z 的一点 P 产生的磁感应强度平行于该轴并由下式给出：

$$\vec{B}(z)=\frac{\mu_0}{2\pi}\frac{\vec{\mu}}{z^3}$$

其中，$\vec{\mu}$ 是线圈的磁偶极矩。这个方程式只能用于 z 比线圈的线度大得多的情形。

载流线圈作为磁偶极子

到现在为止，我们考察了长直导线、螺线管和螺绕环中电流产生的磁场。现在我们转而关注载流线圈产生的磁场。我们在 28-8 单元中看到，这样的线圈的行为像磁偶极子，如果我们把它放在外磁场 $\vec{B}$ 里面，有一个由下式给出的转矩 $\vec{\tau}$ 作用于它：

$$\vec{\tau}=\vec{\mu}\times\vec{B} \qquad (29\text{-}25)$$

其中，$\vec{\mu}$ 是线圈的磁偶极矩，它的数值是 NiA，N 是线圈匝数，i 是每一匝的电流，A 是每一匝包围的面积。（小心：不要将磁偶极矩 $\vec{\mu}$ 和磁导率常量 μ_0 混淆。）

回忆一下，$\vec{\mu}$ 的方向由弯曲-伸直右手定则确定：握住线圈使你的右手四指顺着电流的方向弯曲，你伸出的拇指指向偶极矩 $\vec{\mu}$ 的方向。

线圈的磁场

我们现在转到作为磁偶极子的载流线圈的另一方面。载流线圈会在周围空间产生怎样的磁场呢？这个问题中没有足够的对称性使我们可以用安培定律；所以我们必须转到毕奥-萨伐尔定律，为简单起见，我们先考虑只有一匝电流回路的线圈并且只考虑它的垂直中心轴上的点，我们把这个轴取作 z 轴。我们要证明这些点上磁感应强度的数值是

$$B(z)=\frac{\mu_0 iR^2}{2(R^2+z^2)^{3/2}} \tag{29-26}$$

其中，R 是圆形电流回路的半径；z 是所讨论的点到回路中心的距离。还有，磁感应强度 $\vec{B}$ 的方向和回路的磁偶极矩 $\vec{\mu}$ 的方向相同。

大的 z。对轴上远离回路的点，在式（29-26）中，我们有 $z \gg R$。基于这个近似，方程式简约为

$$B(z)\approx\frac{\mu_0 iR^2}{2z^3}$$

想到 πR^2 是回路的面积，并把我们的结果推广到包含 N 匝的线圈，我们可以把这个方程式写成

$$B(z)=\frac{\mu_0}{2\pi}\frac{NiA}{z^3}$$

此外，因为 $\vec{B}$ 和 $\vec{\mu}$ 有相同的方向，所以我们可以把这个方程式写成矢量形式，并代入恒等式 $\mu=NiA$：

$$\vec{B}(z)=\frac{\mu_0}{2\pi}\frac{\vec{\mu}}{z^3}\quad（载流线圈） \tag{29-27}$$

于是，我们有了把载流线圈看作磁偶极子的两种方法：（1）我们把它放在外磁场中，它就受到转矩作用；（2）它对轴上远距离的点产生它自己的由式（29-27）给出的内禀磁场。图29-22表示电流回路的磁场；回路的一边的作用像N极（在 $\vec{\mu}$ 的方向上），另一边像S极。就像图上淡淡描出的磁铁。如果我们将载流线圈放在外磁场中，它就会转动，就像磁棒那样。

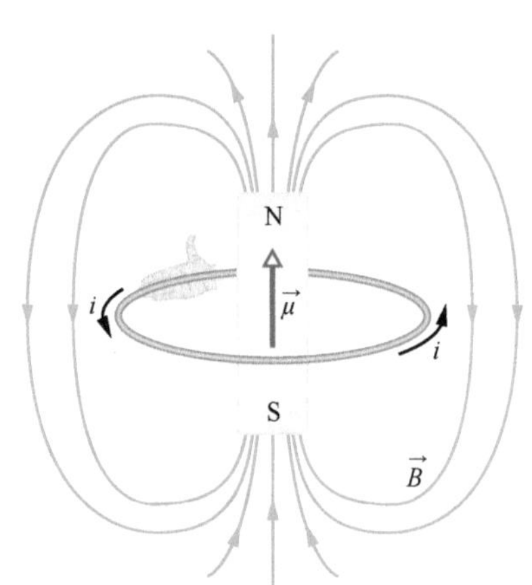

图29-22　电流回路和条形磁铁产生同样的磁场，因而有相应的N极和S极。回路的磁偶极矩 $\vec{\mu}$ 的方向由弯曲-伸直右手定则确定为在回路内部从S极指向N极，并沿着磁场 $\vec{B}$ 的方向。

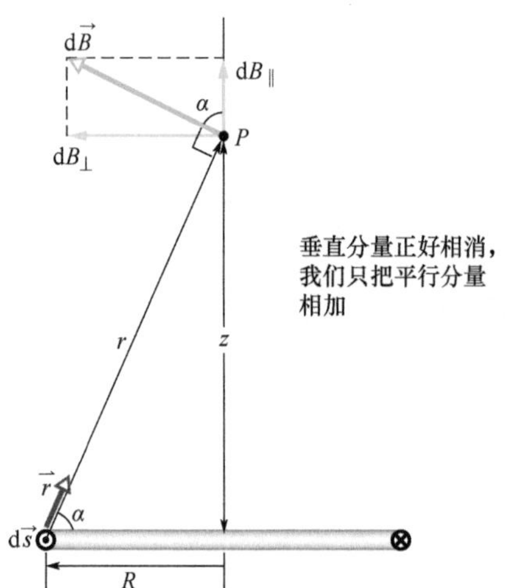

图29-23　半径为 R 的电流回路的截面。回路的平面垂直于页面，这里只表示出回路的后面的半段，我们用毕奥-萨伐尔定律求回路的中心垂直轴上 P 点的磁场。

检查点3

下图表示半径为 r 或 $2r$、中心在竖直的轴（垂直于回路）上，并载有沿图中所示方向的、相同电流的电流回路的四种组合。按照图上画出的中心轴上电流回路中间的一点处的净磁场数值排列四种组合，最大的排第一。

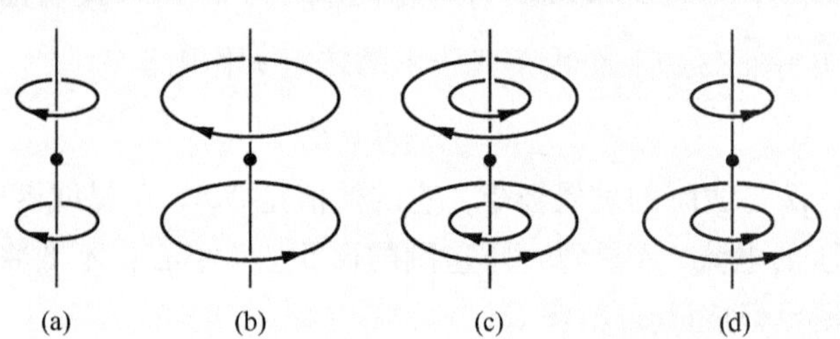

式（29-26）的证明

图29-23表示载有电流 i 的、半径为 R 的圆形回路的后面半圆。考虑回路的中心轴上到回路平面距离为 z 的一点 P。我们将毕奥-萨伐尔定律用于位于电流回路左侧的微分元 ds，这个微分元的

长度矢量 $\mathrm{d}\vec{s}$ 垂直于页面指向外。$\mathrm{d}\vec{s}$ 和图 29-23 中的 $\vec{r}$ 之间的角度 θ 是 90°，这两个矢量组成的平面垂直于页面并包含 $\vec{r}$ 和 $\mathrm{d}\vec{s}$ 二者在内。由毕奥-萨伐尔定律（和右手定则），这个长度元中的电流在 P 点产生的微分场 $\mathrm{d}\vec{B}$ 垂直于这个由 $\vec{r}$ 和 $\mathrm{d}\vec{s}$ 构成的平面，于是 $\mathrm{d}\vec{B}$ 在图面中的方向垂直于 $\vec{r}$，如图 29-23 所示。

我们把 $\mathrm{d}\vec{B}$ 分解成两个分量：平行于电流回路的轴的 $\mathrm{d}B_{\parallel}$ 和垂直于这根轴的 $\mathrm{d}B_{\perp}$。由对称性，回路的所有电流元 $\mathrm{d}s$ 产生的所有垂直分量 $\mathrm{d}B_{\perp}$ 的矢量和等于零。这样只留下轴向（平行）分量 $\mathrm{d}B_{\parallel}$，我们有

$$B = \int \mathrm{d}B_{\parallel}$$

对图 29-23 中的长度矢量元 $\mathrm{d}\vec{s}$，由毕奥-萨伐尔定律［式(29-1)］可知，距离 r 处的磁场是

$$\mathrm{d}B = \frac{\mu_0}{4\pi}\frac{i\mathrm{d}s\sin 90°}{r^2}$$

我们还有

$$\mathrm{d}B_{\parallel} = \mathrm{d}B\cos\alpha$$

把这两个公式组合起来，我们得到

$$\mathrm{d}B_{\parallel} = \frac{\mu_0 i\cos\alpha\mathrm{d}s}{4\pi r^2} \tag{29-28}$$

图 29-23 表示 r 和 α 的相互联系。我们把这两个量都用 P 点到电流回路中心的距离 z 来表示。关系式是

$$r = \sqrt{R^2 + z^2} \tag{29-29}$$

及

$$\cos\alpha = \frac{R}{r} = \frac{R}{\sqrt{R^2 + z^2}} \tag{29-30}$$

将式（29-29）和式（29-30）代入式（29-28），我们求得

$$\mathrm{d}B_{\parallel} = \frac{\mu_0 iR}{4\pi(R^2 + z^2)^{3/2}}\mathrm{d}s$$

注意，i、R 和 z 对整个电流回路上的所有单元 $\mathrm{d}s$ 都有相同的数值；所以当我们对这个方程式积分的时候，我们有

$$B = \int \mathrm{d}B_{\parallel} = \frac{\mu_0 iR}{4\pi(R^2 + z^2)^{3/2}}\int \mathrm{d}s$$

因为 $\int \mathrm{d}s$ 就是电流回路的周长 $2\pi R$，所以

$$B(z) = \frac{\mu_0 iR^2}{2(R^2 + z^2)^{3/2}}$$

这就是我们要证明的关系式（29-26）。

复习和总结

毕奥-萨伐尔定律 载流导体产生的磁场可以用**毕奥-萨伐尔定律**求得。这个定律断言，电流长度元 $i\mathrm{d}\vec{s}$ 对位于距离电流元 r 处 P 点磁场的贡献 $\mathrm{d}\vec{B}$ 是

$$d\vec{B}=\frac{\mu_0}{4\pi}\frac{i d\vec{s}\times\vec{r}}{r^2} \quad （毕奥-萨伐尔定律） \quad (29\text{-}3)$$

这里的 $\vec{r}$ 是从电流元指向 P 点的单位矢量。μ_0 称为磁导率常量，它的数值是

$$4\pi\times10^{-7}\text{T}\cdot\text{m/A}\approx1.26\times10^{-6}\text{T}\cdot\text{m/A}$$

长直导线的磁场 对一根载有电流 i 的长直导线，由毕奥-萨伐尔定律求得离导线垂直距离 R 处的磁感应强度数值为

$$B=\frac{\mu_0 i}{2\pi R} \quad （长直导线） \quad (29\text{-}4)$$

圆弧电流的磁场 半径为 R、张角为 ϕ，载有电流 i 的圆弧形导线中心的磁感应强度数值为

$$B=\frac{\mu_0 i\phi}{4\pi R} \quad （圆弧中心） \quad (29\text{-}9)$$

平行电流之间的力 载有相同方向电流的平行导线互相吸引，载有相反方向电流的平行导线互相排斥。一根导线对另一根长度为 L 的导线的作用力的数值是

$$F_{ba}=i_bLB_a\sin90^\circ=\frac{\mu_0 Li_ai_b}{2\pi d} \quad (29\text{-}13)$$

其中，d 是导线的间距；i_a 和 i_b 是导线中的电流。

安培定律 安培定律是

$$\oint\vec{B}\cdot d\vec{s}=\mu_0 i_{enc} \quad （安培定律） \quad (29\text{-}14)$$

这个方程式中的线积分是沿着一条称为安培环路的闭合曲线计算的，右边的电流 i 是被环路包围的净电流。对某些电流分布，用式（29-14）计算电流的磁场比用式（29-3）更简便。

螺线管和螺绕环的磁场 在载有电流 i 的长直螺线管内部，在不靠近它两端的位置上，磁感应强度 B 的数值是

$$B=\mu_0 in \quad （理想螺线管） \quad (29\text{-}23)$$

其中，n 是单位长度的匝数。理想螺线管的内部磁场是均匀的，外部磁场近似为零。

在螺绕环内部，磁感应强度数值 B 是

$$B=\frac{\mu_0 iN}{2\pi}\frac{1}{r} \quad （螺绕环） \quad (29\text{-}24)$$

其中，r 是从螺绕环中心到该点的距离。

磁偶极子的磁场 载流线圈是一个磁偶极子，在线圈的垂直中心轴上距离中心 z 处的一点 P 产生的磁感应强度平行于中心轴并由下式给出

$$\vec{B}(z)=\frac{\mu_0}{2\pi}\frac{\vec{\mu}}{z^3} \quad （载流线圈） \quad (29\text{-}27)$$

其中，$\vec{\mu}$ 是线圈的磁偶极矩，这个方程式只适用于 z 比线圈的线度大得多的情形。

习题

1. 图 29-24 中，P_1 点在载有电流 $i=58.2$mA、长度 $L=18.0$cm 的直导线的垂直平分线上，距离导线 $R=24.0$cm。（注意导线不是很长的。）求 i 在 P_1 点产生的磁场的（a）数值和（b）方向。（c）如果 R 增大，场会怎样变化？

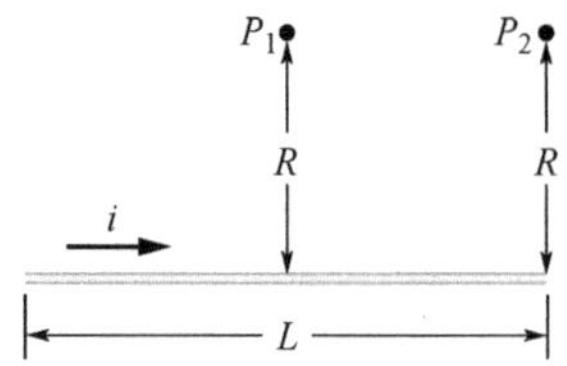

图 29-24 习题 1、3 图

2. 图 29-25a 表示长度一定且载有电流 i 的导线被弯成只有一匝的圆形线圈。图 29-25b 是同样长度的导线弯成两匝的圆线圈，每一匝的半径是原来的一半。（a）如果 B_a 和 B_b 分别是两个线圈中心的磁感应强度的数值，则比例 B_b/B_a 是多少？两个线圈的磁偶极矩的数值之比 μ_b/μ_a 是多少？

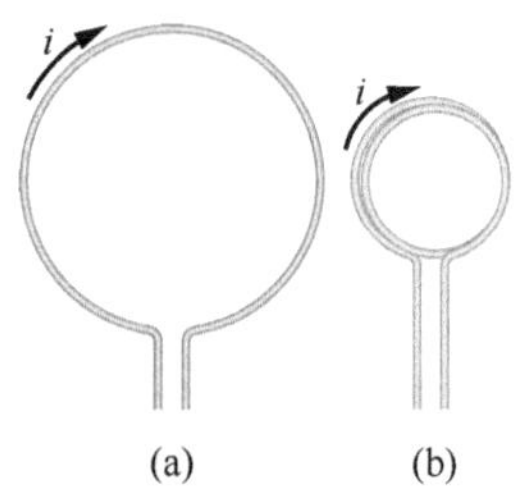

图 29-25 习题 2 图

3. 图 29-24 中，P_2 点到载有电流 $i=0.500$A、长度 $L=13.6$cm 的直导线一端的垂直距离为 $R=25.1$cm。（注意，导线不是很长的。）（a）P_2 点的磁感应强度的数值多大？（b）如果测量的点从 P_2 移到 P_1，那么场的大小是增大、减小还是保持不变？

4. 式（29-4）给出无限长直导线中的电流在离导线垂直距离 R 的 P 点产生的磁感应强度的数值 B。假设 P 点实际上是在离有限长度为 L 的直导线的中点垂直距离 R 处。因此，用式（29-4）计算，结果就会产生一定的百分误差。如要使误差小于 3.0%，比值 L/R 必须大于多少？也就是说，什么样的 L/R 值满足：

$$\frac{[式(29-4)中给出的B]-(实际的B)}{(实际的B)}(100\%)=3.00\%$$

5. 图 29-26 中，四条长直导线都垂直于页面，它们的截面形成边长 $a=40$cm 的正方形。导线 1 和 4 中的电流流出页面，导线 2 和 3 中的电流流进页面，每条导线载有

电流 12A。用单位矢量记号，求在正方形中心的净磁场。

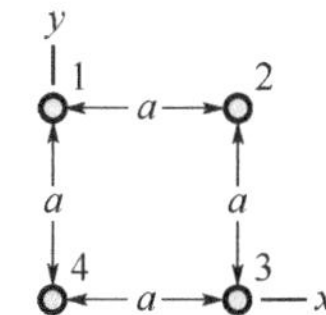

图 29-26 习题 5、7 和 8 图

6. 图 29-27 中，载有电流 $i=5.78\text{mA}$ 的长绝缘导线的一部分被弯成 $R=1.54\text{cm}$ 的圆。用单位矢量记号，求圆导线曲率中心 C 处的磁场，(a) 如图的部分在图示的页面上，(b) 在图示的方向上沿逆时针转动 90°后使圆垂直于页面。

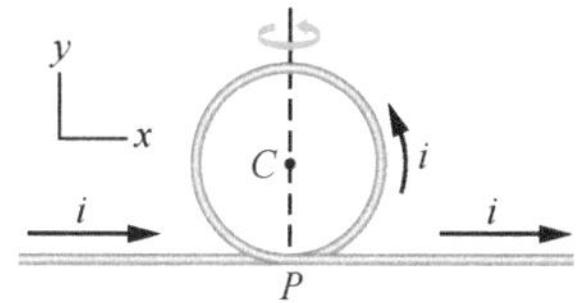

图 29-27 习题 6 图

7. 图 29-26 中，四条长直导线都垂直于页面，它们的截面形成边长 $a=13.5\text{cm}$ 的正方形，每条导线载有电流 7.50A，在导线 1、3 和 4 中电流流出页面，在导线 2 中电流进入页面。用单位矢量记号，导线 4 每米受到的净磁力有多大？

8. 图 29-26 中的四条长直导线都垂直于图面，它们的截面形成边长 $a=7.00\text{cm}$ 的正方形，每一条导线通过 15.0A 电流，所有电流都流出页面。用单位矢量记号，导线 1 每米上受到的净磁力是多少？

9. 在图 29-28 中，长度 $a=2.3\text{cm}$（短），电流 $i=18\text{A}$。求 P 点磁场的 (a) 数值和 (b) 方向（向页面内或外）。

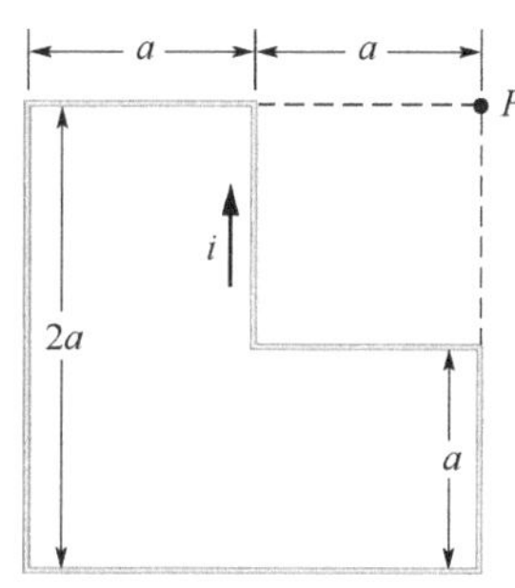

图 29-28 习题 9 图

10. 图 29-29 中 x-y 平面上有 5 条间距为 $d=8.00\text{cm}$、长为 20.0m，且都载有垂直于页面向外的相同电流 3.00A 的平行长导线。每条导线都受到其他导线中电流的磁场力作用。用单位矢量记号，求作用于 (a) 导线 1，(b) 导线 2，(c) 导线 3，(d) 导线 4 和 (e) 导线 5 各条导线上的磁场力。

11. 图 29-29 中，x-y 平面上五条长的平行导线距离

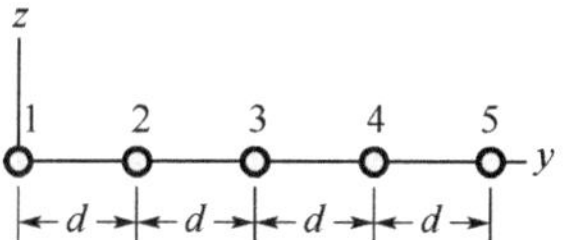

图 29-29 习题 10、11 图

$d=50.0\text{cm}$。进入页面的电流是 $i_1=2.00\text{A}$，$i_3=0.250\text{A}$，$i_4=6.00\text{A}$，$i_5=2.00\text{A}$；流出页面的电流 $i_2=4.00\text{A}$。单位长度导线 3 受到其他导线作用的净力为多少？

12. 图 29-30a 表示两根平行载流长导线的截面，它们的间距是 L，它们的电流之比 i_1/i_2 是 4.00；电流的方向没有指明。图 29-30b 表示在导线 2 的右方 x 轴上它们的净磁场的 y 分量。纵坐标 $B_{ys}=4.0\text{nT}$，横坐标 $x_s=40.0\text{cm}$。(a) 在 $x>0$ 的什么数值处 B_y 最大？(b) 如果 $i_2=3\text{mA}$，最大值是多少？(c) i_1 和 (d) i_2 的方向为何（流入还是流出页面）？

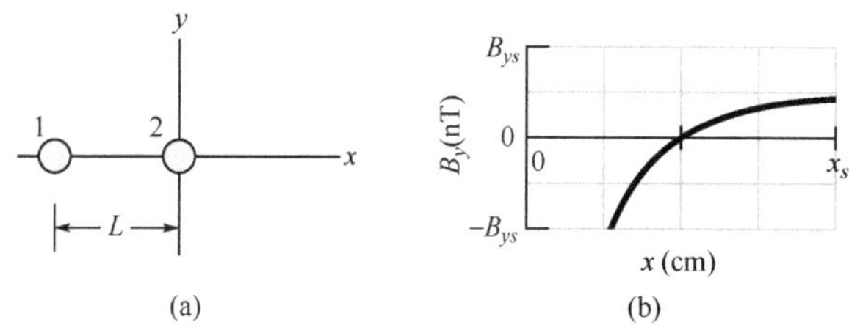

图 29-30 习题 12 图

13. 图 29-31 中，一条载有电流 2.0A 的导线沿着边长 10cm 的立方体的 12 条边中的 8 条安放构成闭合路径 *abcdefgha*。(a) 把这条路径分解为三个正方形电流环的组合（*bcfgb*，*abgha* 和 *cdefc*）。求用单位矢量记号表示的整个闭合路径的净磁矩。(b) 求在 xyz 坐标 (0, 5.0m, 0) 处的净磁场数值。

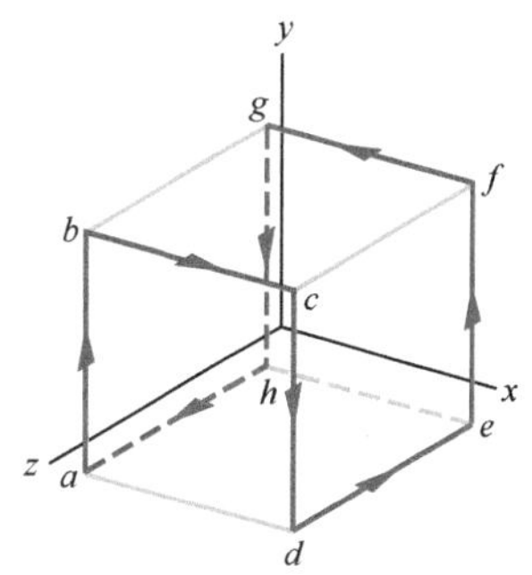

图 29-31 习题 13 图

14. 图 29-32 表示两条闭合的环路围绕着两个载有电流 $i_1=6.0\text{A}$ 和 $i_2=3.0\text{A}$ 的导电回路。(a) 环路 1 和 (b) 环路 2 的 $\oint \vec{B}\cdot d\vec{s}$ 的数值各为多少？

15. 图 29-33 表示导线 1 的截面；这是一根载有 2.50mA 并流出页面电流的长直导线，它离一个表面的距

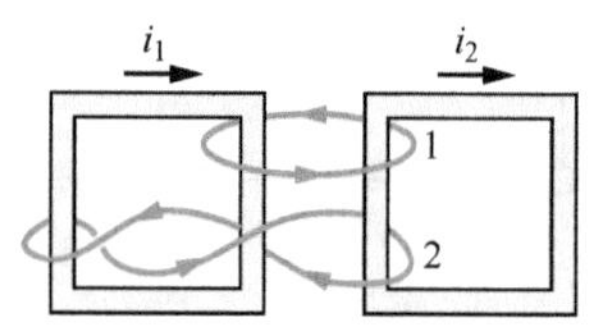

图 29-32　习题 14 图

离 $d_1=4.00\text{cm}$。导线 2 平行于导线 1，也是很长的，离导线 1 的水平距离 $d_2=5.00\text{cm}$，载有电流 6.80mA 进入页面。导线 1 作用于单位长度的导线 2 上的磁场力的 x 分量为多少？

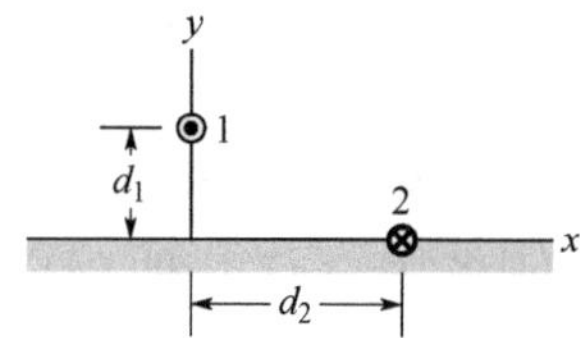

图 29-33　习题 15 图

16. 电子射入螺线管的一端，它进入螺线管内的均匀磁场时的速率是 500m/s，它的速度矢量和螺线管的中心轴成 30°角。螺线管通以电流 4.0A，沿它的长度共有 8000 匝。电子从螺线管的另一端出射时，它在螺线管内沿螺旋形轨道运动一共转了多少圈？（在真实的螺线管中，两端的场是不均匀的，转的圈数要比这个答案略小一些。）

17. 一个螺绕环的截面是边长为 5.00cm 的正方形，环的内半径为 19.0cm，共有 460 匝并通以电流 0.400A。（它是由正方形螺线管——不是图 29-17 中圆形的截面——弯成面包圈的样子。）螺绕环内部磁场在（a）内半径处和（b）外半径处各是多少？

18. 图 29-34 表示称作亥姆霍兹线圈的装置。它由两个圆形同轴线圈组成，每个线圈 200 匝，半径 $R=20.0\text{cm}$，间距 $s=R$。两个线圈通以大小相等、方向相同的电流 $i=20.2\text{mA}$。求两线圈中间 P 点的净磁感应强度数值。

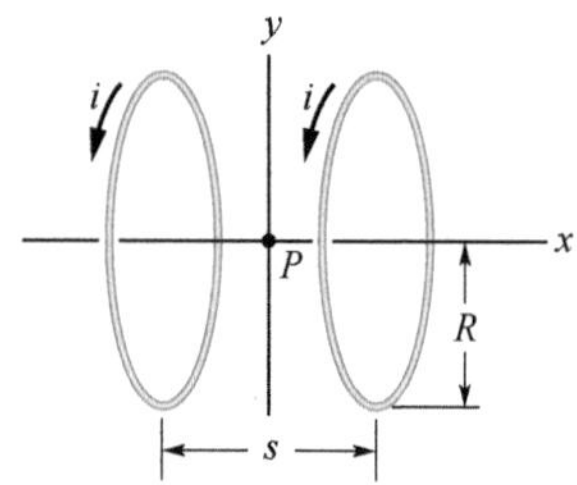

图 29-34　习题 18 图

19. 图 29-35 表示宽度 $w=6.20\text{cm}$ 的长而薄的导电薄片，它携带均匀分布的总电流 $i=4.61\mu\text{A}$ 进入页面。用单位矢量记号，在薄片的平面内，距离它的边缘 $d=1.61\text{cm}$ 的 P 点的磁感应强度 $\vec{B}$ 为多少？（提示：想象薄片由许多长而细的平行导线组成。）

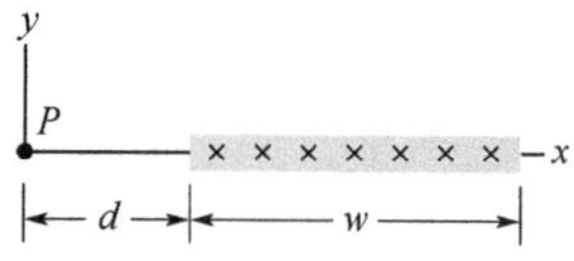

图 29-35　习题 19 图

20. 长 1.30m、直径为 2.60cm 的螺线管通以 22.0A 电流。螺线管内磁场为 23.0mT，求绕成这螺线管导线的长度。

21. 图 29-36 中有一根载有电流 $i_1=30.0\text{A}$ 的长直导线和一个载有电流 $i_2=20.0\text{A}$ 的矩形回路。其尺寸分别为 $a=1.00\text{cm}$，$b=8.00\text{cm}$，$L=20.0\text{cm}$。用单位矢量记号，电流 i_1 作用在回路上的净力有多大？

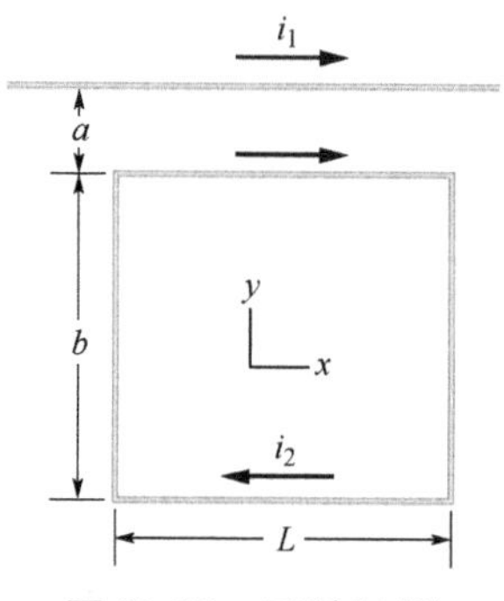

图 29-36　习题 21 图

22. 图 29-37a 表示三条互相平行的长直载流导线的截面。导线 1 和 2 固定在 x 轴位置上，距离为 d。导线 1 有电流 0.750A，但方向未知。导线 3 载有向页面外的电流 0.250A，它可以沿 x 轴在导线 2 的右边移动。当导线 3 移动时，导线 1 和 3 中的电流作用于导线 2 的净磁场力 $\vec{F}_2$ 的数值在变化。这个力的 x 分量是 F_{2x}，导线 2 单位长度受到的力的数值是 F_{2x}/L_2。图 29-37b 给出 F_{2x}/L_2 对导线 3 位置的 x 坐标的关系曲线，曲线有渐近线：$x\to\infty$，$F_{2x}/L_2=-0.627\mu\text{N/m}$，横轴坐标由 $x_s=24.0\text{cm}$ 标定。求导线 2 中电流的（a）大小和（b）方向（流出还是流入页面）。

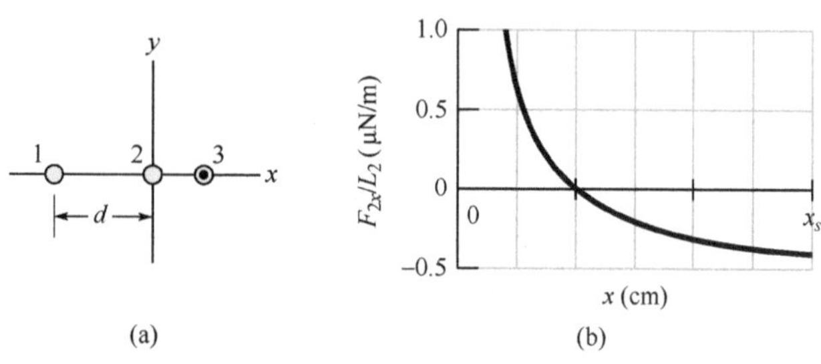

图 29-37　习题 22 图

23. 图 29-38 表示载有电流 170A、半径 $a=2.00\text{cm}$ 的长圆柱形导体包含直径的截面。求在径向距离（a）0，（b）6.00mm，（c）2.00cm（导线表面），以及（d）5.90cm

各处电流磁场的数值。

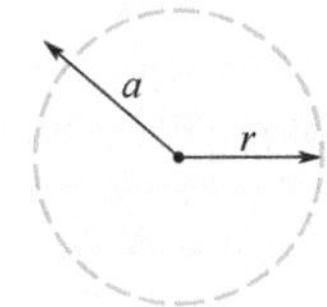

图 29-38 习题 23 图

24. 8 根导线在图 29-39 所示的点的位置垂直地和页面相交。整数 $k(k=1, 2, \cdots, 8)$ 标记的导线载有电流 ki，其中 $i=6.00\text{mA}$。k 为奇数的导线中，电流从页面流出；k 为偶数的导线中，电流流入页面。沿图上画出的闭合路径按指示的方向求 $\oint \vec{B} \cdot d\vec{s}$。

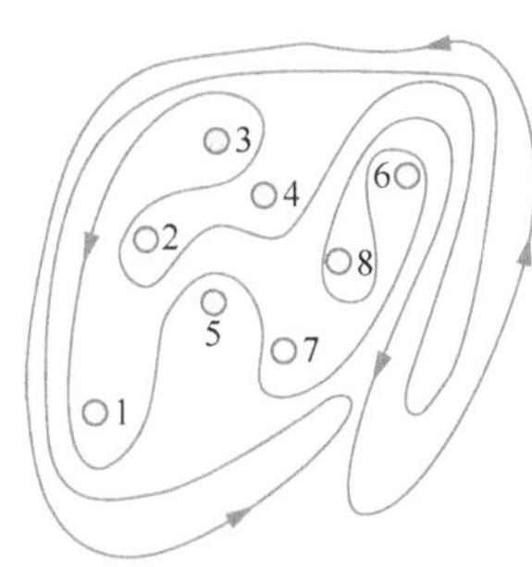

图 29-39 习题 24 图

25. 图 29-40 中的 8 根导线都载有电流 5.0A 流入或流出页面。沿画出的两条路径计算线积分 $\oint \vec{B} \cdot d\vec{s}$。(a) 路径 1 和 (b) 路径 2 的积分值各为多少？

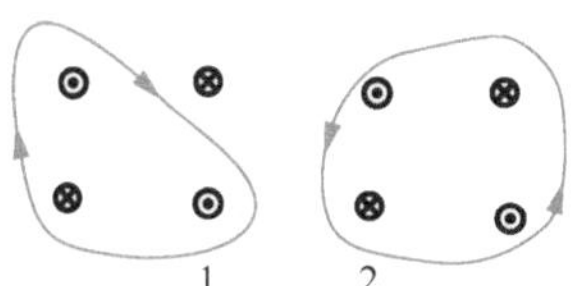

图 29-40 习题 25 图

26. 图 29-41 中，外半径 $R=2.6\text{cm}$ 的长的圆形管道载有（均匀分布的）电流 $i=2.12\text{mA}$ 进入页面。在离管中心距离 $3.00R$ 处有一根平行于管道的导线。要使 P 点的净磁场和管道中心的净磁场有相同的数值但方向相反，求导线中电流的 (a) 数值和 (b) 方向（流出或流进页面）。

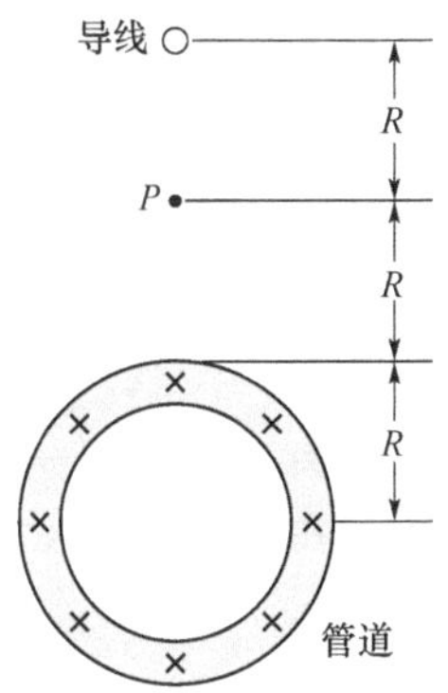

图 29-41 习题 26 图

27. 半径 7.00cm 及 10.0 匝/cm 的长直螺线管载有电流 35.0mA。沿螺线管中心轴放置一根直导线，其中通有电流 5.00A。(a) 在离轴线径向距离多远的位置上合成磁场和轴的方向成 45°角？(b) 这里磁场数值是多少？

28. 图 29-42 中，两条半径分别为 $R_2=7.80\text{cm}$ 和 $R_1=2.86\text{cm}$ 的半圆弧形导线载有电流 $i=0.281\text{A}$，它们有同一曲率中心 C。求 C 点净磁场的 (a) 数值和 (b) 方向（指向页面内还是页面外）。

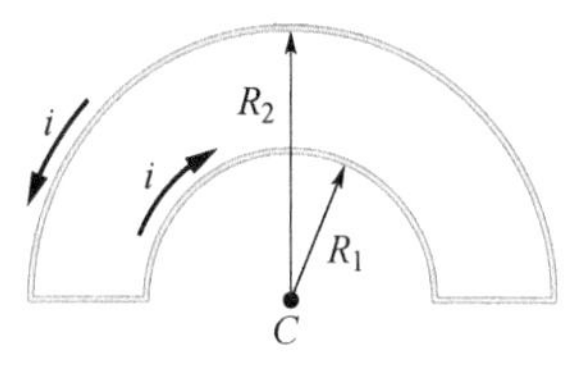

图 29-42 习题 28 图

29. 470 匝的螺线管长度为 25cm，直径为 10cm 并通有电流 0.29A。求螺线管内磁感应强度 $\vec{B}$ 的数值。

30. 95.0cm 长的螺线管的半径是 2.00cm 并有 1500 匝的绕组，它通以电流 3.60A。求螺线管内磁感应强度的数值。

31. 图 29-43 表示各带电流 4.00A 向着页面外的两条非常长的直导线（截面）。距离 $d_1=6.00\text{m}$，距离 $d_2=8.00\text{m}$。P 点净磁感应强度的数值是多大？P 点在两导线连线的垂直平分线上。

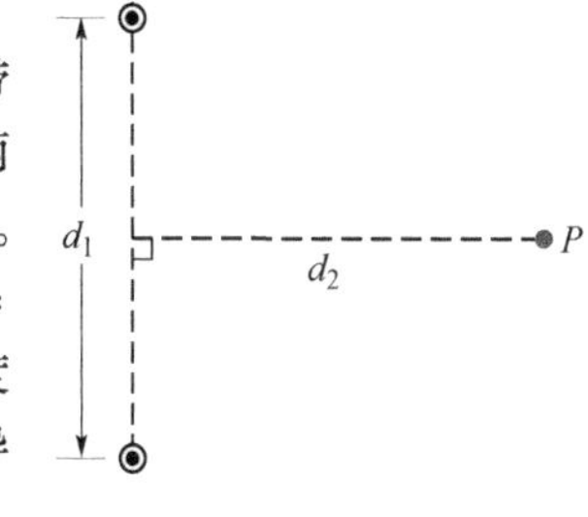

图 29-43 习题 31 图

32. 图 29-44a 表示非常长的载流直导线上一段线元 $ds=1.00\mu\text{m}$。线元中的电流在周围空间各点建立微分磁场 $d\vec{B}$。图 29-44b 给出距离线元 3.5cm 的点的场的数值 dB 作为导线和线元到该点的直线间的夹角 θ 的函数。纵轴坐标 $dB_s=120\text{pT}$。整条导线在离开导线垂直距离 3.5cm 的位置建立磁场的数值是多少？

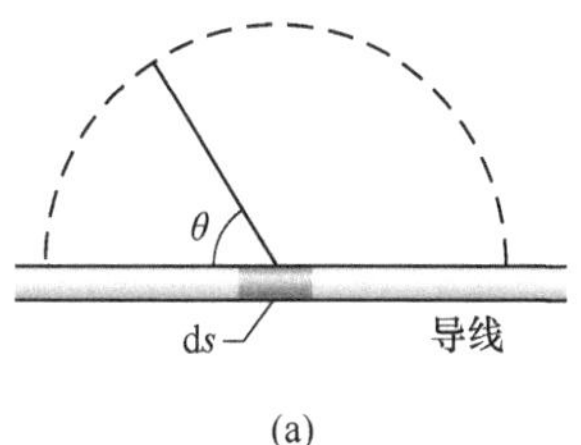

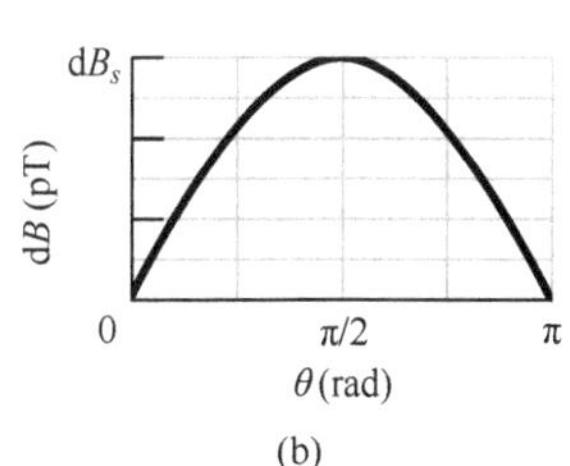

图 29-44 习题 32 图

33. 长直螺线管有 123 匝/cm 并通过电流 i。一个电子在螺线管内沿半径为 2.30cm 且垂直于螺线管的圆周运动。电子速率为 0.0187c（c 为光速）。求螺线管中的电流。

34. 图 29-45 中，两条相距 $d=30.0\text{cm}$ 的长直导线分别载有电流 $i_1=3.61\text{mA}$ 和 $i_2=4.00i_1$ 流向页面外。（a）x 轴上哪一点的净磁场等于零？（b）如果两电流都加倍，零磁场的点是向导线 1 移动还是向导线 2 移动，还是不动？

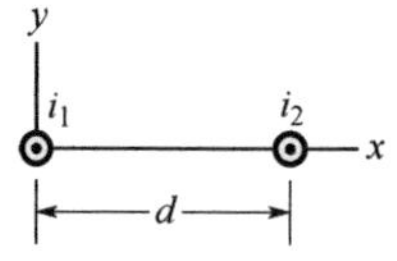

图 29-45 习题 34 图

35. 半径为 $a=4.5\text{mm}$ 的、长的实心圆柱形长导线中的电流密度 $\vec{J}$ 沿着中心轴的方向，电流密度的数值随着离中心轴的径向距离 r 按 $J=J_0r/a$ 线性地变化。其中，$J_0=420\text{A/m}^2$。求（a）$r=0$，（b）$r=a/2$，（c）$r=a$ 各处磁场的数值。

36. 图 29-46 中，P 点在离非常长的载流直导线垂直距离 $R=1.50\text{cm}$ 处。P 点的磁场 $\vec{B}$ 来自导线上所有相同的电流长度元 $i\text{d}\vec{s}$ 的贡献。（a）对磁场 $\vec{B}$ 有最大贡献的电流元以及（b）有最大贡献的 10% 的电流元的距离 s 各是多大？

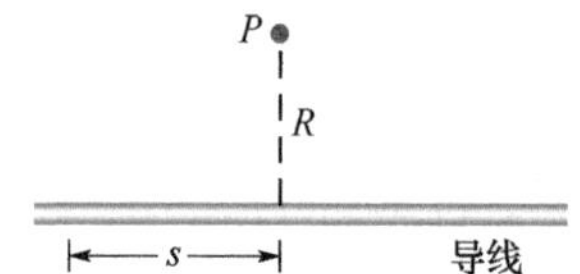

图 29-46 习题 36 图

37. 习题 29 中描述的螺线管的磁偶极矩 $\vec{\mu}$ 的数值是多少？

38. 在特定区域中有沿正 z 方向的均匀电流密度 18A/m^2。要求 $\oint\vec{B}\cdot\text{d}\vec{s}$ 的数值，其中的线积分沿着三个直线段组成的闭合路径计算。三条直线端点的 xyz 坐标是：从 $(4d, 0, 0)$ 到 $(4d, 3d, 0)$，再到 $(0, 0, 0)$ 最后回到 $(4d, 0, 0)$，其中，$d=20\text{cm}$。

39. 半径 12cm 的圆形回路通有电流 7.2A。半径为 0.82cm、50 匝载有电流 1.3A 的平面线圈和圆形回路同心并垂直于回路平面。设回路的磁场在整个线圈中是均匀的。（a）电流回路在它的中心产生的磁感应强度是多大？（b）回路作用在线圈上的转矩多大？

40. 图 29-47a 中的载流导线回路整个在同一平面上。回路由一个半径为 25.0cm 的半圆、一个同心的较小半圆，以及两段径向的导线组成。将较小的半圆转动 θ 角离开原来的平面，直到垂直于平面的位置（见图 29-47b）为止。图 29-47c 给出曲率中心的净磁场数值 B 对角度 θ 的曲线。纵坐标 $B_a=10.0\mu\text{T}$，$B_b=12.0\mu\text{T}$。较小的半圆的半径有多大？

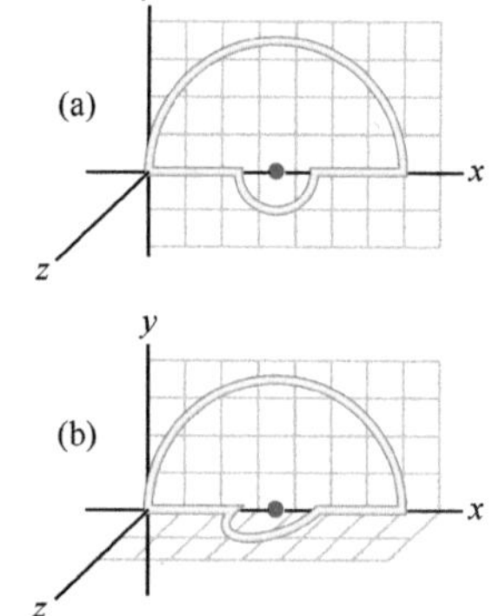

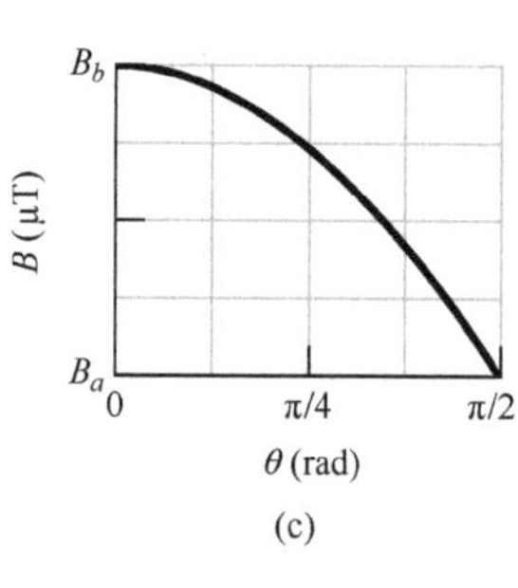

图 29-47 习题 40 图

41. 一位勘测员用磁性指南针在通过稳定电流 200A 的输电线下方 12.2m 处测量。（a）输电线在磁针的位置所产生的磁场是多少？（b）这个磁场会不会严重干扰磁针的读数？假设在这个位置地磁场的水平分量是 20μT。

42. 图 29-48a 中的两个圆形回路中有不同的电流，但有相同的半径 2.0cm，它们的中心都在 y 轴上。它们最初分开距离 $L=6.0\text{cm}$。回路 2 放在轴的原点。两个回路的电流在原点产生 y 分量为 B_y 的合磁场。这个分量在回路 2 逐渐向 y 轴正方向移动的过程中不断地被测量。图 29-48b 给出 B_y 作为回路 2 的位置 y 的函数曲线。曲线在 $y\to\infty$ 时趋近于渐近线 $B_y=7.20\mu\text{T}$。横轴坐标是，$y_s=10.0\text{cm}$。（a）回路 1 的电流 i_1 和（b）回路 2 的电流 i_2 各是多少？

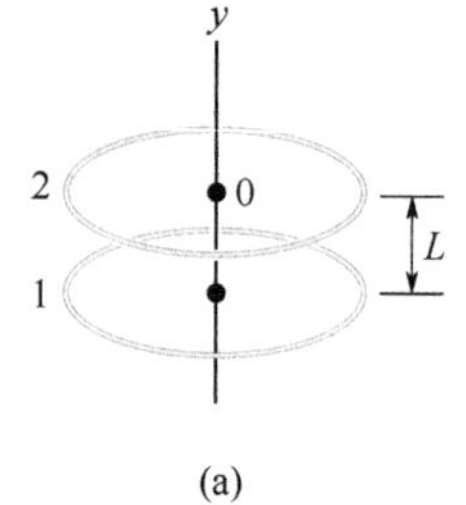

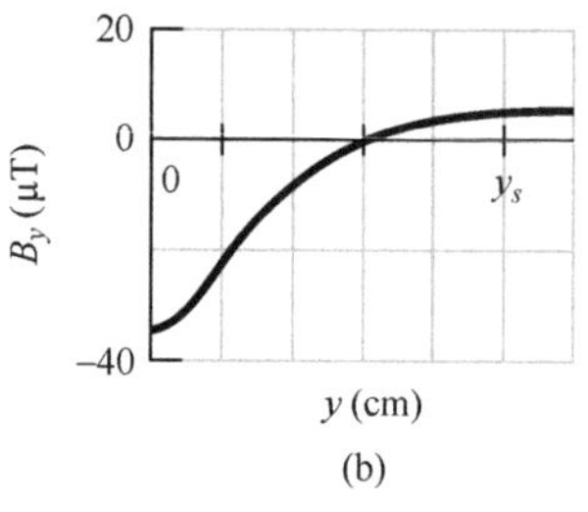

图 29-48 习题 42 图

43. 一位学生在半径 $d=5.0\text{cm}$ 的木制圆柱体上绕 280 匝导线制作一个短的电磁体。线圈连接到电池上，在导线中产生 3.8A 的电流。（a）这个器件的磁偶极矩的数值是多少？（b）在沿轴多大距离 $z\gg d$ 处的磁场数值是 5.0μT（近似于地球磁场的十分之一）？

44. 图 29-49 表示靠在半径 15.0cm 的塑料圆柱体上的两条长直导线的截面。导线 1 载有流出页面的电流 $i_1=60.0\text{mA}$，并放在圆柱体的左边。导线 2 载有 $i_2=40.0\text{mA}$ 的电流流出页面，导线 2 可以绕着圆柱移动。导线 2 应该放在什么（正的）角度 θ_2，才能使两个电流在原点的合磁场的数值是 80.0nT？

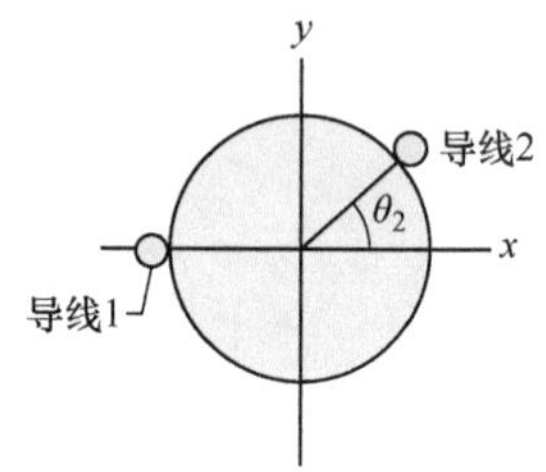

图 29-49 习题 44 图

45. 图 29-50 中的两根长直导线垂直于页面，间距 $d_1=0.75\text{cm}$。导线 1 载有电流 6.5A 进入页面。如果要使两根导线在位于距离导线 $2d_2=2.50\text{cm}$ 处的 P 点的合磁场为零，导线 2 中电流的（a）数值是多少？（b）方向（进入或流出页面）为何？如果导线 2 中的电流反向，则 P 点合磁场的（c）大小是多少？（d）方向为何？

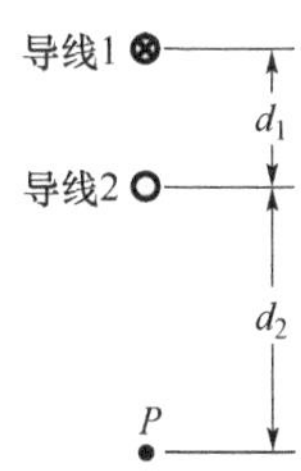

图 29-50　习题 45 图

46. 图 29-51a 中，导线 1 由圆弧和沿径向的直线段组成，它载有沿图示方向的电流 $i_1=0.20\text{A}$。图中画出截面的导线 2 是垂直于图面的长直导线，它到圆弧中心的距离等于圆弧的半径 R，它载有可以改变的电流 i_2。两条电流在圆弧中心建立合磁场 $\vec{B}$。图 29-51b 给出场的数值的二次方 B^2 对电流二次方 i_2^2 的曲线图。纵轴由 $B_s^2=10.0\times10^{-10}\text{T}^2$ 标定。圆弧张角多大？

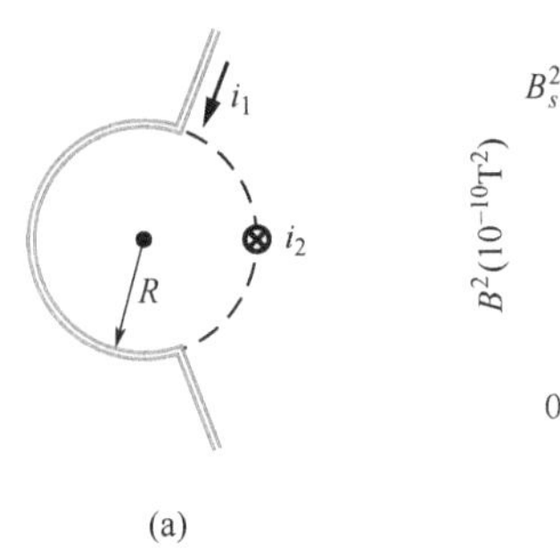

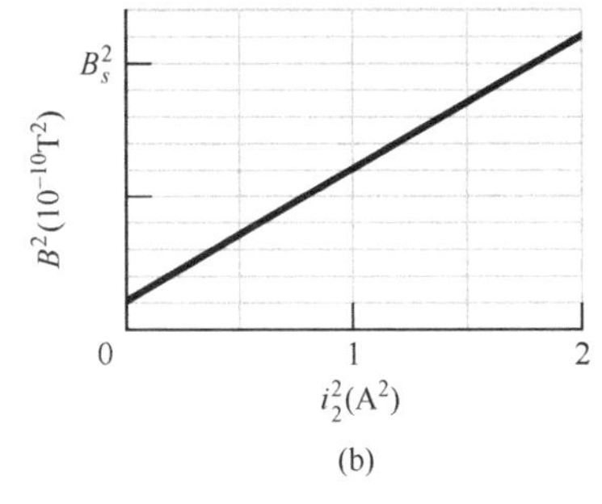

图 29-51　习题 46 图

47. 图 29-52 中，一根导线被弯曲成一个半径为 $R=8.5\text{mm}$ 的半圆，做成 U 字形，其中电流 $i=2.2\text{A}$。点 b 在两直线段的中点，并且每一直线段远离半圆弧的一端都可近似为无限长的导线。a 点 $\vec{B}$ 的（a）数值和（b）方向（指向页面内还是向外），b 点的 $\vec{B}$ 的（c）数值和（d）方向各是什么？

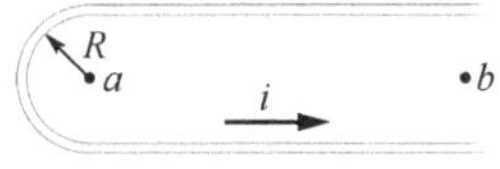

图 29-52　习题 47 图

48. 在由半径为 4.50cm 的半圆和一个更小的同心半圆，以及两条沿径向的直导线组成的导线回路中通以电流，整个回路都在同一平面上。图 29-53a 表示这样的导线回路，但没有按比例画出。曲率中心处的磁场数值是 47.25μT。将较小的半圆翻转（转动），直到整个回路又都在同一平面内（见图 29-53b）。回路在（同一）曲率中心产生的磁场数值现在是 15.75μT，它的方向与原来的方向相反，较小半圆的半径是多少？

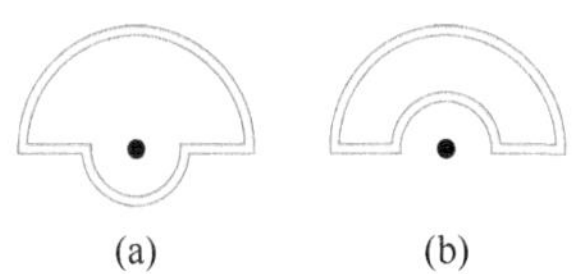

图 29-53　习题 48 图

49. 图 29-54 表示两段电流。下面的一段有电流 $i_1=0.40\text{A}$，它由直径 5.0cm 和角度 180°的半圆弧构成，它的中心在 P 点。上面一段通过电流 $i_2=3i_1$，其中，包括半径 4.0cm 和角度 120°、中心也在 P 点的圆弧。对于图中标出的电流方向，求 P 点的合磁场 $\vec{B}$ 的（a）数值和方向。如果 i_1 反向，求 $\vec{B}$ 的（c）数值和（d）方向。

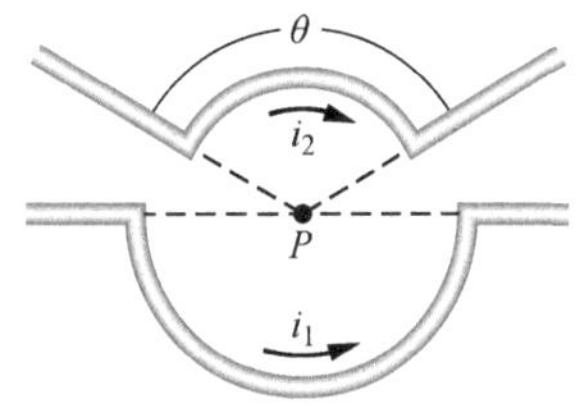

图 29-54　习题 49 图

50. 图 29-55a 表示两根载有电流的导线。导线 1 由半径为 R 的圆弧和两条沿径向的直导线组成，载有图上标出方向的电流 $i_1=1.5\text{A}$。导线 2 是长直导线，其中电流 i_2 可以改变。它离开圆弧中心距离 $R/2$。在圆弧曲率中心测量两条电流产生的合磁感应强度 $\vec{B}$。图 29-56b 是 $\vec{B}$ 的垂直于图面方向上的分量对电流 i_2 数值的函数曲线。横轴标度由 $i_{2s}=1.00\text{A}$ 标定。圆弧的张角是多少？

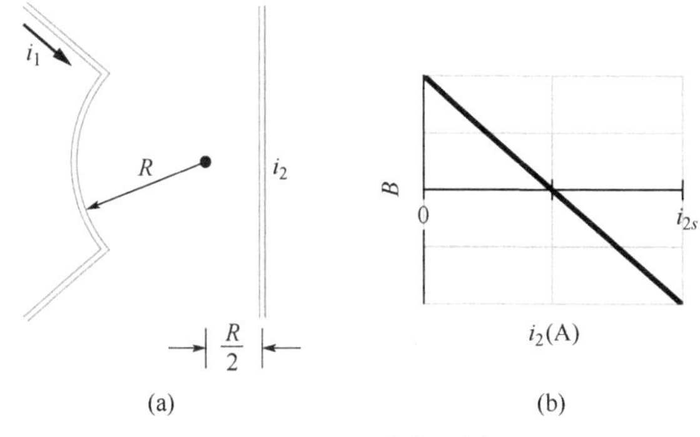

图 29-55　习图 50 图

51. 图 29-56 中，两根长直导线（只画出截面）分别载有电流 $i_1=30.0\text{mA}$ 和 $i_2=50.0\text{mA}$，方向流出图面外。它们离开原点的距离相等，它们在原点建立磁场 $\vec{B}$。为了使 $\vec{B}$ 顺时针转向 25°，i_1 的电流必须改变多少数值？

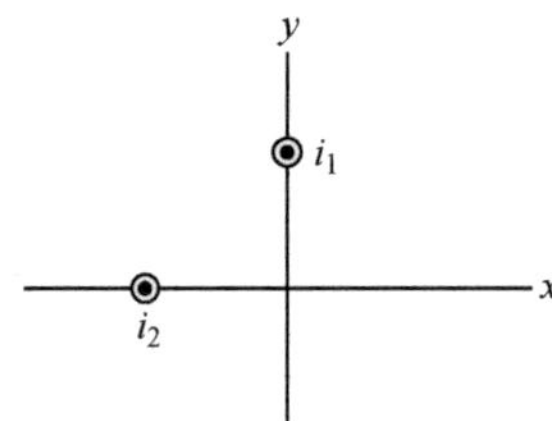

图 29-56　习题 51 图

52. 图 29-57 中，一根导线形成半径 $R=9.26\text{cm}$ 的半圆和两段（径向）直线，每段直线长 $L=13.1\text{cm}$。导线通以电流 $i=32.3\text{mA}$。求半圆曲率中心 C 处净磁场的(a) 数值和（b）方向（进入或向页面外）。

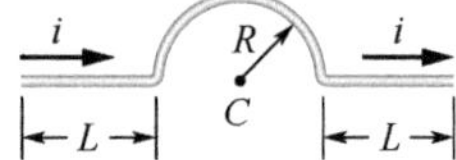

图 29-57　习题 52 图

53. 图 29-58 表示一个质子以速度 $\vec{v}=(-380\text{m/s})\vec{j}$，向着载有电流 $i=470\text{mA}$ 的长直导线运动的快照。在图示的瞬间，质子离开导线的距离是 $d=2.89\text{cm}$。用单位矢量记号，电流作用于质子的磁场力是多少？

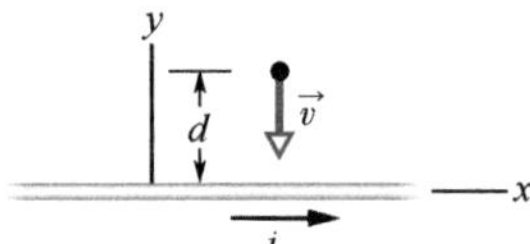

图 29-58　习题 53 图

54. 通电 $i=15\text{A}$ 的直导线分裂成完全相同的两个半圆弧，如图 29-59 所示。在形成的圆形回路中心 C 的磁场是多少？

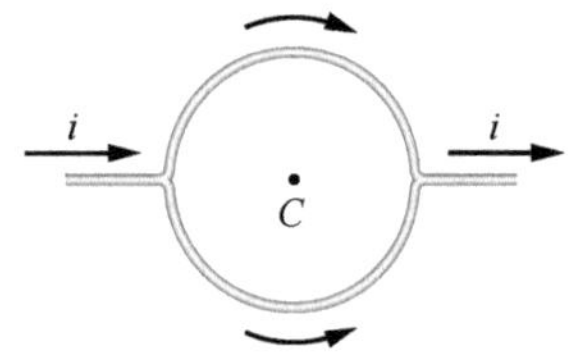

图 29-59　习题 54 图

55. 沿 x 轴放置的长直导线中有向着正 x 方向的电流 60A。第二根垂直于 x-y 平面的长导线通过坐标（0，4.0m，0）的一点并携带沿正 z 轴方向的电流 40A。在（a）点（0，2.0m，0）和（b）点（2.0m，4.0m，0）处的合磁场的大小和方向是什么？

56. 图 29-60 中，两个同心圆形导线回路都在同一平面上并载有相同方向的电流。回路 1 的半径是 1.50cm，电流 4.00mA。回路 2 的半径是 2.50cm，电流 6.00mA。在测量两个回路在它们的共同中心建立的净磁场 $\vec{B}$ 时将回路 2 绕它的一个直径转动。（a）要使中心的净磁场是 200nT 回路 2 要转过多少角度？（b）净磁场最小的可能数值是多少？

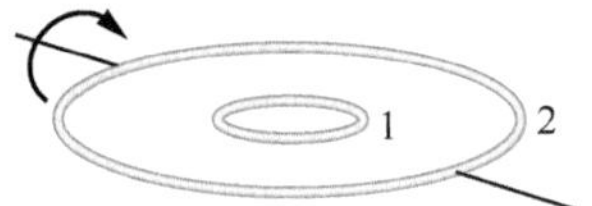

图 29-60　习题 56 图

57. 图 29-61 中，两段圆弧形导线的半径分别为 $a=18.9\text{cm}$，$b=10.7\text{cm}$，张角 $\theta=74.0°$，载有电流 $i=0.411\text{A}$ 并共用同一曲率中心 P。求 P 点的净磁场的（a）数值和（b）方向（指向页内还是页外）。

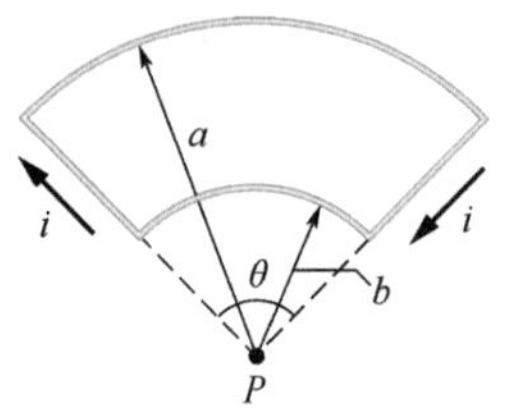

图 29-61　习题 57 图

58. 图 29-62 中，$i=56.2\text{mA}$ 的电流通过由两段径向直导线以及半径分别是 $a=5.72\text{cm}$ 和 $b=8.57\text{cm}$ 并且有共同中心 P 的半圆形导线组成的回路。求 P 点磁感应强度的（a）数值和（b）方向（向页内或向外），以及回路的磁偶极矩的（c）数值和（d）方向。

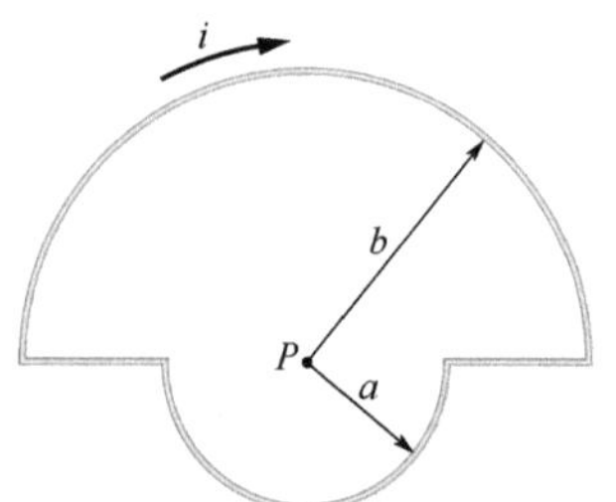

图 29-62　习题 58 图

59. 一条通有电流 $i=9.50\text{A}$ 的导线画在图 29-63 中。两段半无限长的导线都和同一个圆相切，它们用一根中心角为 θ 并沿圆周安放的圆弧形导线连接起来。圆弧和两段直线导线都在同一平面上。如果圆心处的磁场 $B=0$，则 θ 是多少？

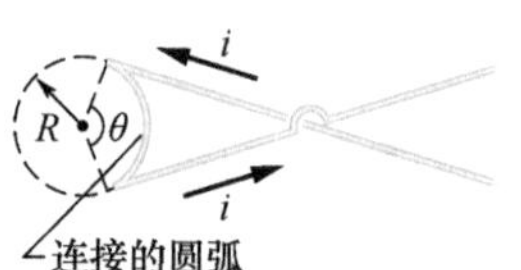

图 29-63　习题 59 图

60. 两根长直载流细导线紧靠着同样长的塑料圆柱

体，圆柱体的半径 $R=20.0\text{cm}$。图 29-64a 表示圆柱体和导线 1 的截面，但没有画出导线 2。导线 2 固定不动，导线 1 绕圆柱在 x-y 坐标平面第一和第二象限内从 $\theta_1=0°$ 移动到 $\theta_1=180°$。测量圆柱体中心处的净磁场 $\vec{B}$ 作为 θ_1 的函数。图 29-64b 给出磁场的 x 分量 B_x 作为 θ_1 的函数（纵轴坐标 $B_{xs}=6.0\mu\text{T}$），图 29-64c 是 y 分量 B_y 的函数曲线（纵轴坐标 $B_{ys}=4.0\mu\text{T}$）。(a) 导线 2 所在位置的角度 θ_2 是多少？导线 1 中电流的 (b) 大小和 (c) 方向（流入或流出页面）为何？导线 2 中电流的 (d) 大小和 (e) 方向为何？

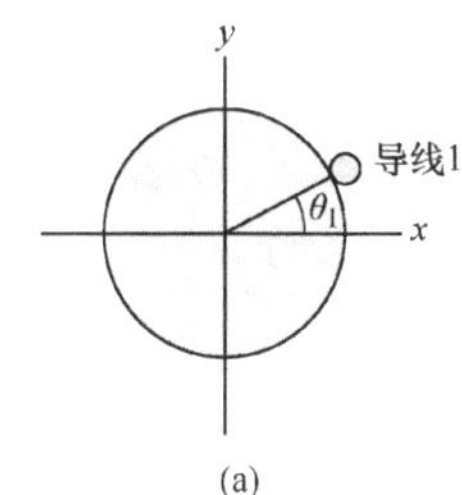

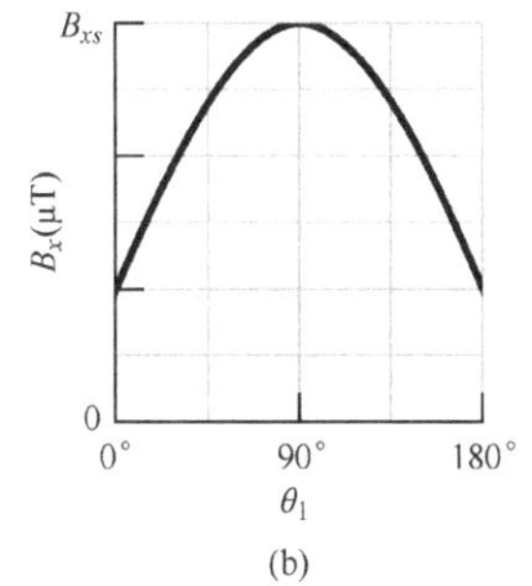

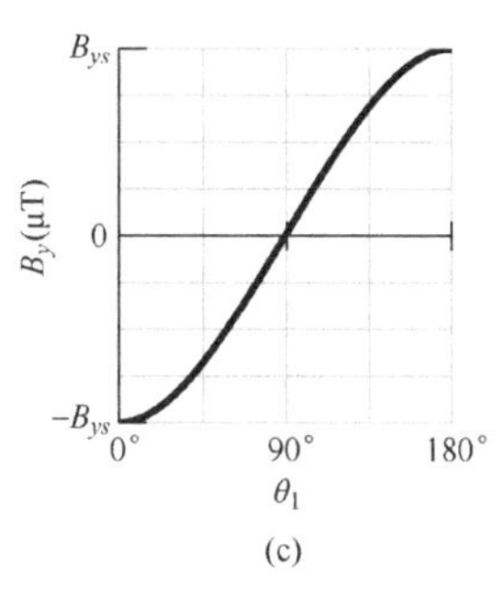

图 29-64 习题 60 图

61. 两根长直导线相距 16cm 平行放置，它们通以相等的电流使得二者之间中点的磁场数值是 $450\mu\text{T}$。(a) 两导线中的电流方向是相同还是相反？(b) 需要多大的电流？

62. 图 29-65 表示四条非常长的直而细的平行导线的截面。它们载有相等的电流，方向如图所示。四条导线距离坐标系原点起初都是 $d=15.0\text{cm}$，它们在原点产生净磁场 $\vec{B}$。(a) 为了使 $\vec{B}$ 逆时针转动 50°，你必须将导线 1 沿 x 轴移动多少距离？(b) 将导线 1 固定在新的位置，你要使 $\vec{B}$ 向初始方向转回 30°，需要将导线 3 沿 x 轴移动多少距离？

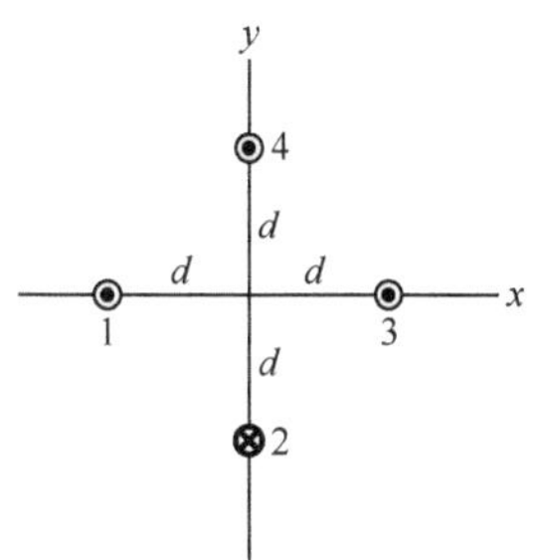

图 29-65 习题 62 图

63. 在菲律宾某地，$39\mu\text{T}$ 的地球磁场水平并指向正北方。设载有恒定电流的水平直导线上方的 2.0cm 位置处的净磁场严格为零。求电流的 (a) 数值和 (b) 方向。

CHAPTER 30

第30章 电磁感应和电感

30-1 法拉第定律和楞次定律

学习目标

学完这一单元后，你应当能够……

30.01 懂得穿过一个表面的磁场（不是沿表面掠过）的数量可以用通过这个表面的磁通量 Φ_B 描述。

30.02 懂得一个平面的面积矢量是垂直于该表面并且数值等于该表面面积的矢量。

30.03 懂得任何表面都可以分解成许多面积元（小片面积单元），面积元要足够小且足够平，从而可以为它指定一个面积矢量 $d\vec{A}$，该矢量垂直于面积元，数值等于面积元的面积。

30.04 通过对磁感应强度矢量 $\vec{B}$ 和面积矢量 $d\vec{A}$（小片面积单元）的点积在整个表面上积分来计算通过这个表面的磁通量 Φ_B，用数值-角度记号法和单位矢量记号法。

30.05 懂得当一个导电回路包围的磁感应线的数目发生变化时，回路中会感应产生电流。

30.06 懂得导电回路中的感生电流是被感生电动势驱动产生的。

30.07 应用法拉第定律，这个定律是关于导电回路中的感生电动势与通过回路的磁通量变化速率之间的关系的定律。

30.08 将法拉第定律从回路推广到多回路的线圈。

30.09 辨明通过线圈的磁通量改变的三种普遍的方法。

30.10 将右手定则用于楞次定律以确定导电线圈中感生电动势和感生电流的方向。

30.11 明白当穿过回路的磁通量发生变化时，回路中的感生电流会建立起反抗这种变化的磁场。

30.12 如果在包含电池的导电回路中产生感生电动势，确定净电动势并计算回路中相应的电流。

关键概念

- 穿过磁场 $\vec{B}$ 中的面积 A 的磁通量 Φ_B 定义为

$$\Phi_B = \int \vec{B} \cdot d\vec{A}$$

其中，积分遍及整个面积。磁通量的国际单位制单位是韦伯。$1\mathrm{Wb} = 1\mathrm{T}\cdot\mathrm{m}^2$。

- 如果 $\vec{B}$ 垂直于面积并且在整个面积上是均匀的，磁通量就是

$$\Phi_B = BA \quad (\vec{B} \perp A,\ \vec{B}\text{ 均匀})$$

- 如果穿过闭合导电回路作为边界的一块面积的磁通量 Φ_B 随时间变化，回路中就会产生电动势和电流；这种过程称为电磁感应。感生电动势是

$$\mathscr{E} = -\frac{d\Phi_B}{dt} \quad \text{(法拉第定律)}$$

- 如果回路用密绕的 N 匝线圈代替，则感生电动势是

$$\mathscr{E} = -N\frac{d\Phi_B}{dt}$$

- 感生电流的方向是这个电流产生的磁场要反抗引起感生电流的磁通量的变化，感生电动势和感生电流的方向相同。

什么是物理学？

我们在第29章中讨论了电流产生磁场这个事实。这个事实令

发现这种效应的科学家感到惊奇。或许更惊奇的是相反的效应的发现：磁场可以产生能驱动电流的电场。磁场和它（感应）产生的电场之间的联系现在称为*法拉第电磁感应定律*。

发现这个定律的迈克尔·法拉第和别的科学家的观察原来只是基础科学。不过，今天这个基础科学的应用几乎遍及每一个领域。例如，电磁感应是制作电吉他的基础，电吉他彻底改变了早期的摇滚乐，时至今日仍旧在推动重金属音乐和朋克音乐。它也是为城市和运输线供应电力的发电机以及需要迅速熔化大量金属的铸造厂中常见的电磁感应炉的基础。

在讨论像电吉他这样的应用之前，我们必须先研究两个有关法拉第电磁感应定律的实验。

两个实验

下面考察两个简单的实验以便为我们讨论法拉第电磁感应定律做准备。

第一个实验。图 30-1 表示连接到一个灵敏电流计的导电回路。因为没有电池或其他的电动势源，所以电路中没有电流。然而，如果我们将一根磁铁棒向着回路运动，电路中就会突然出现电流。磁铁停止，电流消失。如果我们将磁铁棒移开，电流又会突然产生，但现在的电流方向相反。如果我们反复实验多次就会发现下述规律：

1. 电流只出现在回路和磁铁间有相对运动的时候，（一者必须相对于另一者运动）；当二者间的相对运动停止时，电流就会消失。

2. 较快的运动产生较大的电流。

3. 如果磁铁的 N 极向着回路运动则会引起顺时针方向的电流，当 N 极离去时，则会产生逆时针方向的电流。S 极向着或离开回路时也会引起电流，但是电流方向相反。

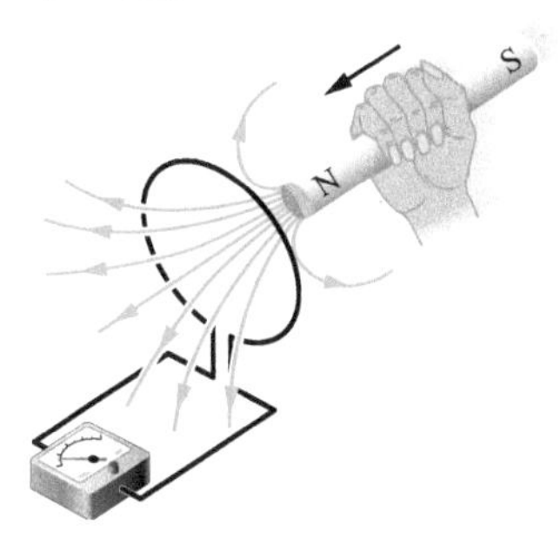

图 30-1 磁铁相对于回路运动的时候，电流计记录下导线回路中有电流通过。

线圈回路中产生的电流称为**感生电流**；对产生此电流的每单位电荷做的功（使形成电流的传导电子运动）称为**感生电动势**；产生电流和电动势的过程称为**电磁感应**。

第二个实验。这个实验我们用图 30-2 中的装置，两个导电回路互相靠近但不接触。如果我们合上开关 S，使右边的回路中通电，电流计突然并短暂地记录有电流——感生电流——通过左边的回路。如果我们断开开关，左边回路中又会出现一次突然并短暂的电流，但方向相反。只有当右手边的回路中的电流发生变化的时候，（接通或断开），而不是在它的电流恒定不变（即使电流很大）的时候我们才能得到感生电流（也就是得到感生电动势）。

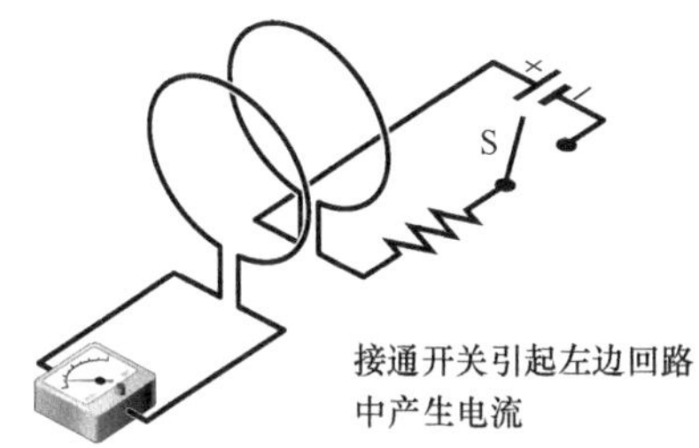

图 30-2 只在开关 S 接通（开通右边回路中的电流）或断开（停止右边回路中的电流）的时候电流计才记录下左边导线回路中有电流流过。两个线圈都不动。

这两个实验中的感生电动势和感生电流显然是因某种东西改变所引起的，但是这里所说的“某种东西”究竟是什么？看来只有法拉第知道。

法拉第电磁感应定律

法拉第领悟到，回路中的电动势和电流可以通过改变穿过回路的*磁场数量*感应产生，就像我们的两个实验中那样。他进一步领悟到“磁场数量”可以用穿过回路的磁感应线来形象化。用我们的实验来表述**法拉第电磁感应**定律是：

在图 30-1 和图 30-2 的左边的回路中，当穿过回路的磁感应线的数量变化时，感应产生电动势。

穿过回路的磁感应线的真实数目是无关紧要的；感生电动势和感生电流的数值取决于这个数值变化的*速率*。

在我们的第一个实验（见图 30-1）中，磁感应线从磁铁 N 极散开，因此，当我们把 N 极靠近线圈回路时，穿过回路的磁感应线数目增加。这种增加显然会引起回路中的传导电子的运动（感生电流）并为它们的运动提供能量（感生电动势）。当磁铁停止运动时，穿过线圈回路的磁感应线数目不再改变，感生电流和感生电动势消失。

在我们的第二个实验（见图 30-2）中，开关断开的时候没有磁感应线。但当我们接通右边的线圈中的电流时，增加的电流会在左边的回路周围建立磁场，建立磁场的同时穿过回路的磁感应线的数目也会增加。和第一个实验中一样，穿过回路的磁感应线的增加显然引起了感生电流和感生电动势。当右边回路中的电流到达最后稳定的数值后，穿过左边回路的磁感应线不再改变，感生电流和感生电动势消失。

定量处理

要将法拉第定律付诸应用，我们需要有一种计算穿过回路的磁场数量的方法。在第 23 章中也有同样的情况，我们要计算穿过一个表面的电场的数量。在那里我们定义了电通量 $\Phi_E = \int \vec{E} \cdot d\vec{A}$。这里我们要定义*磁通量*：设包围面积 A 的回路放在磁感应强度 $\vec{B}$ 的磁场中。穿过这个回路的*磁通量*是

$$\Phi_B = \int \vec{B} \cdot d\vec{A} \quad \text{（穿过面积 } A \text{ 的磁通量）} \tag{30-1}$$

和第 23 章中一样，$d\vec{A}$ 是垂直于微分面积 dA、数值为 dA 的矢量。和电通量一样，我们要求的是穿过（不是掠过）面积的场的分量。场和面积矢量的点积自动给我们穿过的分量。

特殊情况。作为式（30-1）的一种特殊情况，假定线圈回路在一个平面上，磁场垂直于线圈平面。于是我们可以把式（30-1）中的点积写成：$B dA \cos 0° = B dA$。如果磁场也是均匀的，那么可以将 B 拿到积分号前面。余下的 $\int dA$ 正是回路的面积 A。于是式（30-1）简化为

$$\Phi_B = BA \quad (\vec{B} \perp \text{平面 } A, \vec{B} \text{ 均匀}) \tag{30-2}$$

单位。由式（30-1）和式（30-2），我们可以看出国际单位制中磁通量的单位是特斯拉·平方米，它被称作*韦伯*（简写 Wb）：

$$1 \text{ 韦伯} = 1\text{Wb} = 1\text{T} \cdot \text{m}^2 \tag{30-3}$$

法拉第定律。有了磁通量的概念，我们可以用更加定量和有效的方式来表述法拉第定律：

在导电回路中感应产生的电动势 $\mathscr{E}$ 的数值等于穿过回路的磁通量 Φ_B 随时间变化的速率。

下面你将看到，感生电动势 $\mathscr{E}$ 倾向于反抗磁通量的变化，所以法拉第定律正式的写法是：

$$\mathscr{E} = -\frac{\mathrm{d}\Phi_B}{\mathrm{d}t} \quad \text{（法拉第定律）} \tag{30-4}$$

负号表示反抗。我们常常略去式（30-4）中的负号只求感生电动势的数值。

如果我们改变通过 N 匝线圈的磁通量，线圈每一匝中都将出现感生电动势，线圈中的总感生电动势是每一匝中各个感生电动势之和。如果线圈绕得很紧密（密绕），则每一匝中都有同样数量的磁通量 Φ_B 穿过，线圈的总感生电动势是

$$\mathscr{E} = -N\frac{\mathrm{d}\Phi_B}{\mathrm{d}t} \quad \text{（}N\text{ 匝线圈）} \tag{30-5}$$

以下是我们改变穿过线圈的磁通量的普通方法：

1. 改变线圈中的磁感应强度数值 B。

2. 改变磁场中线圈的总面积或部分区域的面积（例如，扩大线圈或使线圈进入或移出磁场）。

3. 改变线圈平面和磁场 $\vec{B}$ 的方向之间的角度。（例如，通过转动线圈使磁场 $\vec{B}$ 先垂直于线圈平面，然后变成沿着线圈平面。）

检查点 1

图上给出遍及整个导电回路的均匀磁场的数值 $B(t)$，磁场的方向垂直于回路平面。按回路中感生电动势的数值将图上五个区域排序，最大的排第一。

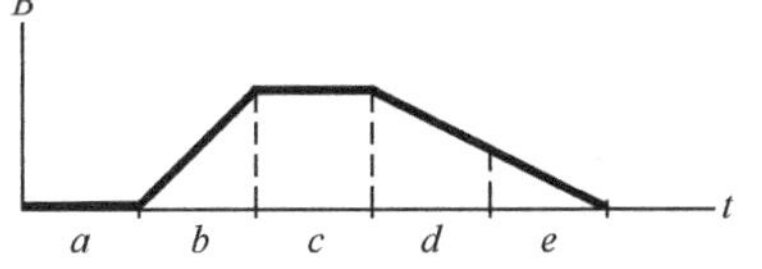

例题 30.01 螺线管磁场在线圈中产生的感生电动势

画在图 30-3 中的长螺线管 S 为 220 匝/cm，且载有电流 $i = 1.5\mathrm{A}$；它的直径 D 是 3.2cm。我们在其中心放一个 130 匝、直径 $d = 2.1\mathrm{cm}$ 的密绕线圈。螺线管中的电流以稳定的速率在 25ms 内降到零。螺线管中电流改变时，线圈 C 中感应产生的电动势的数值是多少？

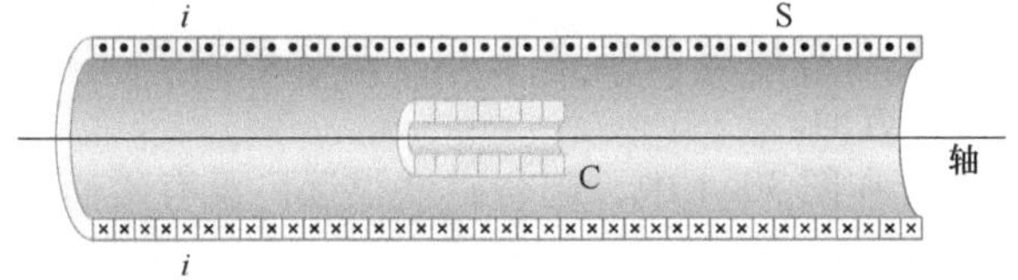

图 30-3 线圈 C 放在通有电流 i 的螺线管内。

【关键概念】

1. 因为线圈 C 放在螺线管内部、位于螺线管中的电流 i 所产生的磁场中；因而有磁通量 Φ_B 通过线圈 C。

2. 因为电流 i 在减少，所以磁通量 Φ_B 也在减少。

3. 当 Φ_B 减少时，线圈 C 中感应产生电动势 $\mathscr{E}$。

4. 通过线圈 C 的每一匝的通量依赖于在螺线管的磁场 $\vec{B}$ 中的这一匝线圈的面积 A 和方向，因

为 $\vec{B}$ 是均匀的，其方向垂直于面积，所以通量由式（30-2）（$\Phi_B = BA$）给出。

5. 螺线管内部磁场的数值 B 按照式（29-23）（$B=\mu_0 in$），依赖于螺线管的电流 i 和它单位长度的匝数 n。

解：因为线圈 C 多于 1 匝，所以我们应用式（30-5）（$\mathscr{E} = -N\mathrm{d}\Phi_B/\mathrm{d}t$）形式的法拉第定律。其中，匝数 N 是 130，$\mathrm{d}\Phi_B/\mathrm{d}t$ 是磁通量变化的速率。

因为螺线管中的电流以稳定的速率减少，磁通量 Φ_B 也以稳定的速率减少，所以我们可以把 $\mathrm{d}\Phi_B/\mathrm{d}t$ 写成 $\Delta\Phi_B/\Delta t$。要计算 $\Delta\Phi_B$，我们需要知道最终和起初的通量数值。最终的通量 $\Phi_{B,f}$ 是零，这是因为螺线管中最后电流为零。要求初始通量 $\Phi_{B,i}$，我们注意到面积 A 是 $\frac{1}{4}\pi d^2$（$=3.464\times10^{-4}\mathrm{m}^2$），匝数 n 是 220 匝/cm 或 22000 匝/m。将式（29-23）代入式（30-2），得到

$$\begin{aligned}\Phi_{B,i} &= BA = (\mu_0 in)A \\ &= (4\pi\times10^{-7}\mathrm{T\cdot m/A})(1.5\mathrm{A})(22000\text{ 匝/m})(3.464\times10^{-4}\mathrm{m}^2) \\ &= 1.44\times10^{-5}\mathrm{Wb}\end{aligned}$$

现在我们可以写出

$$\begin{aligned}\frac{\mathrm{d}\Phi_B}{\mathrm{d}t} = \frac{\Delta\Phi_B}{\Delta t} &= \frac{\Phi_{B,f}-\Phi_{B,i}}{\Delta t} \\ &= \frac{(0-1.44\times10^{-5}\mathrm{Wb})}{25\times10^{-3}\mathrm{s}} \\ &= -5.76\times10^{-4}\mathrm{Wb/s} \\ &= -5.76\times10^{-4}\mathrm{V}\end{aligned}$$

我们只对数值感兴趣，所以在这里可以略去式（30-5）中的负号，写出

$$\begin{aligned}\mathscr{E} &= N\frac{\mathrm{d}\Phi_B}{\mathrm{d}t} = (130\text{ 匝})(5.76\times10^{-4}\mathrm{V}) \\ &= 7.5\times10^{-2}\mathrm{V} \\ &= 75\mathrm{mV}\end{aligned}$$

（答案）

楞次定律

法拉第提出电磁感应定律后不久，海因里希·弗里德里希·楞次（Heinrich Friedrich Lenz）提出了确定回路中感生电流的定则：

感生电流的方向总是使它自己产生的磁场去反抗产生它的磁通量的改变。

再进一步，感生电动势的方向就是感生电流的方向。楞次定律的关键词是“反抗”。我们把这个定律应用于图 30-4 中的磁铁 N 极向着导电回路的运动。

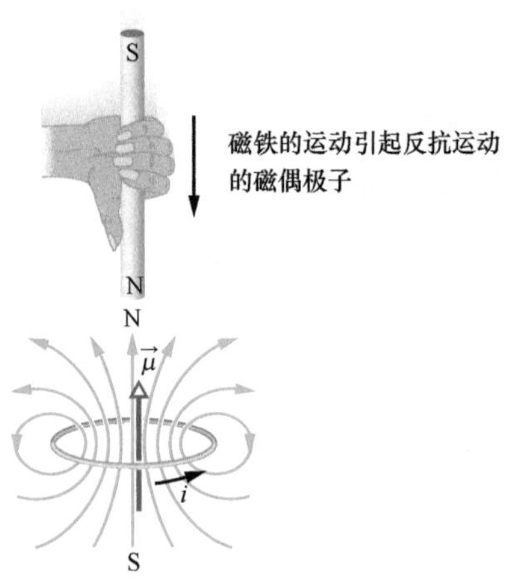

图 30-4 楞次定律的意义。磁铁向着回路运动，回路中感应产生电流。此电流又产生自己的磁场，回路本身的磁偶极矩 $\vec{\mu}$ 的方向反抗磁铁的运动。所以感生电流必定沿逆时针方向，如图所示。

1. **反抗磁极运动**。图 30-4 中，随着磁铁 N 极的靠近，使穿过回路的磁通量增加，从而在回路中感应产生电流。由图 29-22 我们知道，载流回路的作用像磁偶极子，它有 S 极和 N 极，它的磁偶极矩 $\vec{\mu}$ 从 S 极指向 N 极。要反抗因磁铁接近而引起的磁通量增加，回路的 N 极（以及 $\vec{\mu}$）必定正对着靠近的磁铁 N 极而排斥它（见图 30-4）。于是 $\vec{\mu}$ 的弯曲-伸直右手定则（见图 29-22）告诉我们，图 30-4 中的回路中感生的电流必定是逆时针方向。

如果我们接着把磁铁从回路拉开，回路中又会产生感生电流。不过现在回路的 S 极要面对后退的磁铁 N 极，反抗磁铁的后退。于是感生电流是顺时针方向。

2. **反抗通量改变**。在图 30-4 中，起初磁铁很远，没有磁通量穿过回路。当磁铁接近回路时，它的磁场 $\vec{B}$ 的方向向下，穿过回路的通量增加。要反抗这个通量的增加，感生电流 i 必须在回路中建立起自己方向上的磁场 $\vec{B}_{\mathrm{ind}}$，如图 30-5a 所示；于是磁场 $\vec{B}_{\mathrm{ind}}$ 的

向上的通量会反抗磁场 $\vec{B}$ 的向下通量的增加。图 29-22 中的弯曲-伸直右手定则告诉我们，i 必定是如图 30-5a 所示逆时针。

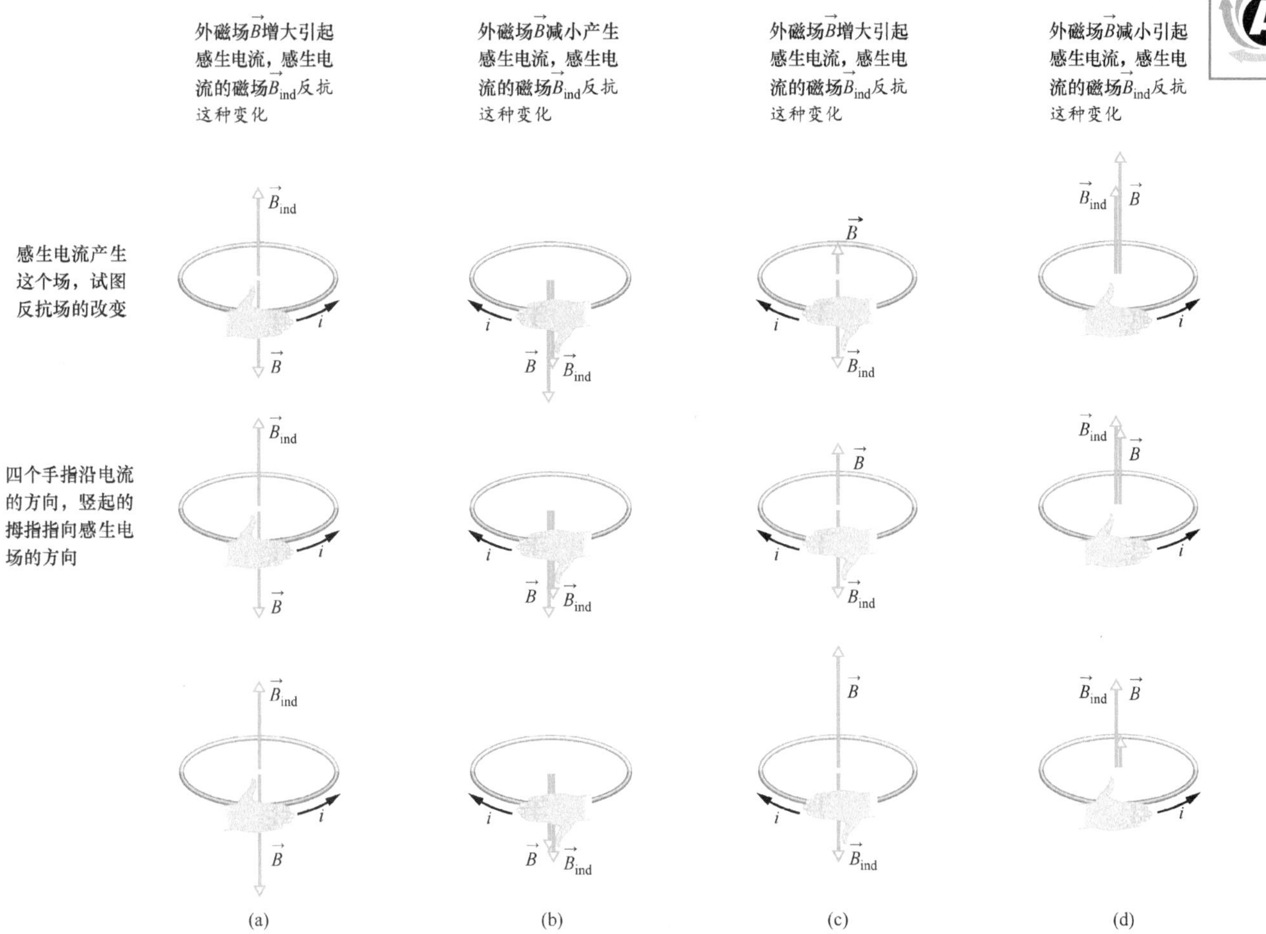

图 30-5 回路中感生电流 i 的方向要使它产生的磁场 $\vec{B}_{ind}$反抗引起该感生电流 i 的磁场 $\vec{B}$ 的变化。磁场 $\vec{B}_{ind}$的方向总是和增大的磁场 $\vec{B}$（见图 a、c）方向相反，和减小的磁场 $\vec{B}$（见图 b、d）方向相同。弯曲-伸直右手定则给出与感生电场相对应的感生电流的方向。

警告。$\vec{B}_{ind}$的通量虽然总是和 $\vec{B}$ 的通量的改变相对抗，但 $\vec{B}_{ind}$ 的方向却并不总是和 $\vec{B}$ 相反。例如，在图 30-4 中我们把磁铁从回路附近拉开，磁通量的通量仍旧向下穿过回路，但现在它在减少。回路内的 $\vec{B}_{ind}$的通量现在也必定要向下以反抗减少（见图 30-5b）。于是 $\vec{B}_{ind}$现在和 $\vec{B}$ 同方向。在图 30-5c、d 中，磁铁的 S 极接近和远离回路时，仍旧总是和改变的方向相反。

检查点 2

图示均匀磁场中有相同的圆形导电回路的三种情形。磁场数值以相同的速率增大（Inc）或减小（Dec）。每个回路图中虚线对应于直径。按照回路中感生的电流大小将三种情况排序，最大的排第一。

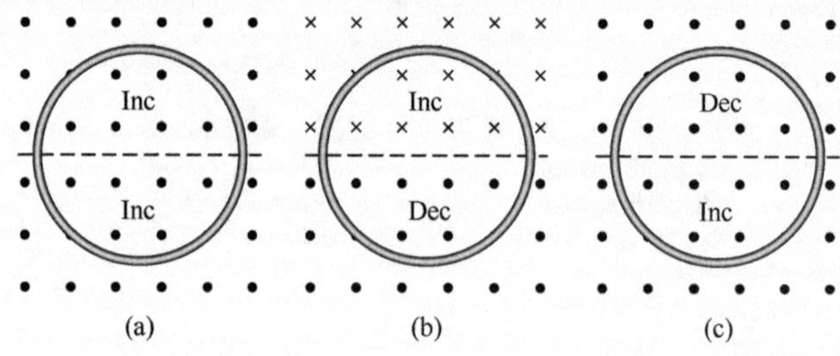

例题 30.02 变化的均匀磁场 B 感应产生的电动势和电流

图 30-6 表示一个包含半径 $r=0.20\text{m}$ 的半圆和三段直线构成的导电回路。半圆部分在指向页面外的均匀磁场 $\vec{B}$ 中；场的数值 $B=4.0t^2+2.0t+3.0$，B 的单位是特斯拉，t 的单位是秒。电动势 $\mathscr{E}_{\text{bat}}=2.0\text{V}$ 的理想电池连接在回路中，回路的电阻是 2.0Ω。

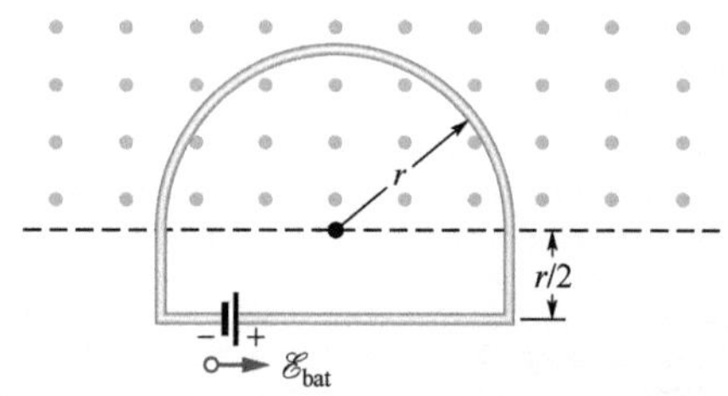

图 30-6 电池连接到一个导电回路，回路包含在均匀磁场中的半径为 r 的半圆。磁场方向指向页面外，它的数值在变化。

（a）$t=10\text{s}$ 时磁场 $\vec{B}$ 在回路中产生的感生电动势 $\mathscr{E}_{\text{ind}}$ 的数值和方向如何？

【关键概念】

1. 根据法拉第定律，$\mathscr{E}_{\text{ind}}$ 的数值等于穿过回路的磁通量变化的速率 $\mathrm{d}\Phi_B/\mathrm{d}t$。

2. 穿过回路的通量依赖于有多少回路面积在有磁通量穿过的区域，以及磁场 $\vec{B}$ 中的面积取向如何。

3. 因为 $\vec{B}$ 是均匀的并垂直于回路平面，所以通量可以由式（30-2）（$\Phi_B=BA$）得到。（我们不需要在整个面积上对 B 积分以求通量。）

4. 感生磁场 B_{ind}（感生电流产生的）必定总是反抗磁通量的变化。

数值： 利用式（30-2）并认清只有场的数值 B 会随时间在变化（而不是面积 A），我们把法拉第定律［式（30-4）］重写为

$$\mathscr{E}_{\text{ind}}=\frac{\mathrm{d}\Phi_B}{\mathrm{d}t}=\frac{\mathrm{d}(BA)}{\mathrm{d}t}=A\frac{\mathrm{d}B}{\mathrm{d}t}$$

因为磁通量只穿过回路半圆部分，所以这个方程式中的面积 A 是 $\frac{1}{2}\pi r^2$。把这和已给出的 B 的表达式代入，得到

$$\mathscr{E}_{\text{ind}}=A\frac{\mathrm{d}B}{\mathrm{d}t}=\frac{\pi r^2}{2}\frac{\mathrm{d}}{\mathrm{d}t}(4.0t^2+2.0t+3.0)$$

$$=\frac{\pi r^2}{2}(8.0t+2.0)$$

在 $t=10\text{s}$ 时，

$$\mathscr{E}_{\text{ind}}=\frac{\pi(0.20\text{m})^2}{2}[8.0(10)+2.0]$$

$$=5.152\text{V}\approx 5.2\text{V} \qquad \text{(答案)}$$

方向： 要求 $\mathscr{E}_{\text{ind}}$ 的方向，我们首先注意到在图 30-6 中通过回路的通量指向页面外并且在增加。因为感生磁场 B_{ind}（感生电流产生的磁场）必定会反抗通量的增加，所以它的方向必定指向页面*以内*。应用弯曲-伸直右手定则（见图 30-5c），我们发现感生电流是顺时针绕回路流动的，而感生电动势 $\mathscr{E}_{\text{ind}}$ 也是如此。

（b）在 $t=10\text{s}$ 时回路中的电流多大？

【关键概念】

这里的问题是有*两个*电动势试图推动电荷绕回路运动。

解： 感生电动势 $\mathscr{E}_{\text{ind}}$ 要驱动电流顺时针绕回路流动；而电池的电动势 $\mathscr{E}_{\text{bat}}$ 则要驱动电流逆时针流动。因为 $\mathscr{E}_{\text{ind}}$ 大于 $\mathscr{E}_{\text{bat}}$，所以净电动势 $\mathscr{E}_{\text{net}}$ 是顺时针方向的，所以电流也是顺时针流动。求 $t=10\text{s}$ 时的电流，我们应用式（27-2）（$i=\mathscr{E}/R$），得

$$i=\frac{\mathscr{E}_{net}}{R}=\frac{\mathscr{E}_{ind}-\mathscr{E}_{bat}}{R}$$

$$=\frac{5.152V-2.0V}{2.0\Omega}=1.58A\approx1.6A$$

（答案）

例题 30.03 变化着的不均匀磁场 *B* 引起的感生电动势

图 30-7 表示矩形导线的回路放在不均匀的并且变化着的磁场 $\vec{B}$ 中，磁场垂直进入页面。场的数值为 $B=4t^2x^2$，B 用特斯拉为单位，t 用秒，x 用米。（注意，这个函数依赖于时间和位置二者。）回路宽 $W=3.0$m，高 $H=2.0$m。求 $t=0.10$s 时回路中的感生电动势 $\mathscr{E}$ 的数值和方向。

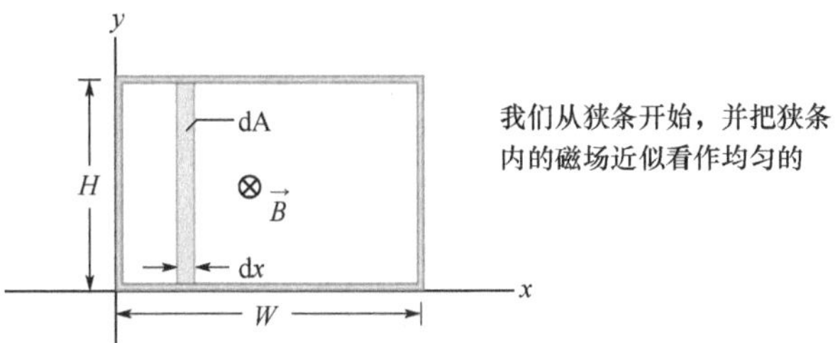

图 30-7 一个闭合的导电回路，宽度为 W，高度为 H，放在方向指向页面内的、不均匀的并且变化着的磁场中。应用法拉第定律，我们利用高度 H、宽度 dx 和面积 dA 的竖直狭条。

【关键概念】

1. 因为磁感应强度 $\vec{B}$ 的数值随时间改变，所以穿过回路的磁通量 Φ_B 也在改变。

2. 变化的通量在回路中感应产生电动势 $\mathscr{E}$，按照法拉第定律，我们可以把电动势写成 $\mathscr{E}=d\Phi_B/dt$。

3. 为了利用法拉第定律，我们需要任意时刻 t 的磁通量 Φ_B 的表达式。然而，因为 B 在回路包围的整个面积中是不均匀的，所以我们不能用式（30-2）（$\Phi_B=BA$）来推导表达式，我们必须代之以式（30-1）（$\Phi_B=\int\vec{B}\cdot d\vec{A}$）。

解：在图 30-7 中，$\vec{B}$ 垂直于回路平面（因而平行于微分面积矢量 $d\vec{A}$）；所以式（30-1）中的点积为 BdA。因为磁场随坐标 x 改变但不随 y 改变，我们可以把微分面积元取作高 H、宽 dx 的竖直狭条的面积（见图 30-7）。于是 $dA=Hdx$，穿过回路的磁通量是

$$\Phi_B=\int\vec{B}\cdot d\vec{A}=\int BdA=\int BHdx=\int 4t^2x^2Hdx$$

在这个积分中 t 作为常量，加上积分限 $x=0$ 和 $x=3.0$m，我们得到

$$\Phi_B=4t^2H\int_0^{3.0}x^2dx=4t^2H\left[\frac{x^3}{3}\right]_0^{3.0}=72t^2$$

其中，我们代入了 $H=2.0$m；Φ_B 的单位用韦伯。现在我们可以用法拉第定律求时刻 t 的 $\mathscr{E}$ 的数值为

$$\mathscr{E}=\frac{d\Phi_B}{dt}=\frac{d(72t^2)}{dt}=144t$$

其中，$\mathscr{E}$ 的单位是伏［特］。$t=0.10$s 时，

$$\mathscr{E}=(144V/s)(0.10s)\approx14V$$ （答案）

穿过回路的 $\vec{B}$ 的通量在图 30-7 中是进入页面并且数值在增大，这是因为 B 的数值随时间增大。根据楞次定律，感生电流的磁场 B_{ind} 要反抗这种增加，所以它的方向是从页面向外。图 30-5a 中的弯曲-伸直定则告诉我们，感生电流是绕回路逆时针流动，感生电动势 $\mathscr{E}$ 也是如此。

WILEY PLUS 在 WileyPLUS 中可以找到附加的例题、视频和练习。

30-2 电磁感应和能量转换

学习目标

学完这一单元后，你应当能够……

30.13 对一个被推进或拉出磁场的导电回路，计算其能量转换成热能的速率。

30.14 应用感生电流和产生热能速率之间的关系。

30.15 描述涡电流。

关键概念

- 用改变磁通量的方法产生感生电流意味着能量被转换为电流。这种能量还可以转换为其他形式，譬如热能。

电磁感应和能量转换

根据楞次定律，在图 30-1 中，无论你把磁铁向着回路运动还是使它离开回路，总会有磁场力阻碍这种运动，需要你用力做正功。与此同时，因为构成回路的材料也会对因运动而感生的电流产生电阻，所以回路中会产生热能。通过你的作用力转换为回路-磁铁系统的能量最终成为热能。（当前我们忽略了在感应过程中回路辐射的电磁波能量。）你使磁铁运动得越快，你用力做功就越快，你的能量转换为回路中的热能的速率也更大，即转换的功率也就更大。

无论回路中电流是怎样感应产生的，在这个过程中能量最后总是转换为热量，这是由于回路中有电阻（除非回路是超导体）。例如，图 30-2 中的开关 S 接通并且在左边回路中瞬时感应产生电流，能量从电池中的化学能转换成回路中的热能。

图 30-8 表示包含感生电流的另一种情况。宽度为 L 的矩形导线回路一边在均匀的外磁场内，磁场方向垂直于回路平面。这种磁场可以用巨型电磁铁产生。图 30-8 中的虚线表示假定的磁场范围；在它的边上，场的边缘效应忽略不计。你把这个回路以恒定的速度 $\vec{v}$ 向右拉。

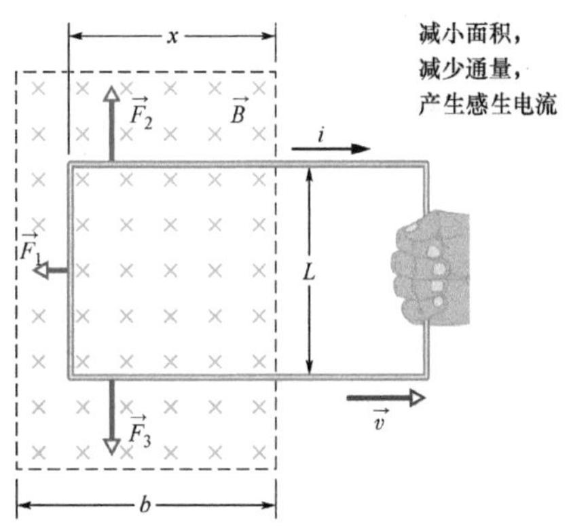

图 30-8 你将闭合的导电回路以恒定的速度 $\vec{v}$ 拉出磁场。回路运动的时候，在回路中感应产生顺时针的电流。还在磁场内的部分回路受到力 $\vec{F}_1$、$\vec{F}_2$ 和 $\vec{F}_3$。

通量改变。图 30-8 中的情形本质上和图 30-1 中的情况没有什么区别。在两种情形中，磁场和导电回路都在做相对运动；在每一种情形中穿过回路的磁场的通量也都随时间在改变。在图 30-1 中，因为 $\vec{B}$ 在改变，所以磁通量事实上确实在变化；而在图 30-8 中，磁通量的改变是因为仍旧留在磁场中的回路面积在改变，但这点差别是不重要的。两种装置的主要差别是，图 30-8 中的装置使计算更容易。让我们现在来计算当你稳定地拉动图 30-8 中的导线回路时做机械功的速率。

功的速率。正如你将会看到的，要以恒定的速度 $\vec{v}$ 拉动回路，你必须对回路施加恒定的力 $\vec{F}$，这是因为有数值相等、方向相反的磁场力作用于回路来抵抗你的力。由式（7-48），你做功的速率——就是功率——是

$$P = Fv \tag{30-6}$$

其中，F 是你施加的力的大小。我们希望找出用磁场的数值 B 和回路的特性——即它对电流的电阻 R 以及它的线度 L——所表示的 P 的表达式。

当你将回路向图 30-8 中的右方移动时，它在磁场部分中的面积在减小。于是穿过回路的通量也减少，按照法拉第定律，回路中产生电流。就是这个电流的存在引起反抗你的拉力的力。

感生电动势。要求电流，我们首先要应用法拉第定律。当仍旧在磁场中的线圈长度是 x 时，还在磁场中的线圈的面积是 Lx。

于是由式（30-2）可知，通过回路的通量数值是

$$\Phi_B = BA = BLx \tag{30-7}$$

随着 x 减小通量也在减少。法拉第定律告诉我们，由于这个通量的减少，回路中会感应产生电动势。略去式（30-4）中的负号并利用式（30-7），我们可以把这个感生电动势写作

$$\mathscr{E} = \frac{d\Phi_B}{dt} = \frac{d}{dt}BLx = BL\frac{dx}{dt} = BLv \tag{30-8}$$

其中，我们用 v 代替 dx/dt，它是回路运动的速率。

图 30-9 表示作为电路的回路：感生电动势 $\mathscr{E}$ 表示在左边。回路的全部电阻 R 画在右边。感生电流 i 的方向是根据图 30-5b 中的右手定则对于减少的通量得出的，应用这个定则，我们知道电流必定沿顺时针方向，并且 $\mathscr{E}$ 必定有同样的方向。

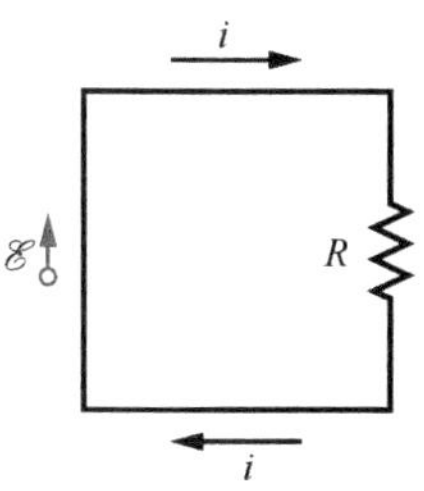

图 30-9 图 30-8 中的回路运动时的电路图。

感生电流。要求感生电流的数值，我们不能在电路中应用电势差的环路定则。因为，正如我们将在 30-3 单元中看到的，我们不能对感生电动势定义电势差。不过，我们可以应用方程式 $i = \mathscr{E}/R$。由式（30-8），这个公式成为

$$i = \frac{BLv}{R} \tag{30-9}$$

因为图 30-8 中载有这些电流的回路中有三段导线经过磁场，所以有向旁边偏转的力作用在这三段导线上。由式（28-26）我们知道，常用符号表示的这种偏转力是

$$\vec{F}_d = i\vec{L} \times \vec{B} \tag{30-10}$$

在图 30-8 中，作用于回路中三段导线上的偏转力分别用 $\vec{F}_1$、$\vec{F}_2$ 和 $\vec{F}_3$ 标记。不过要注意，由对称性可知 $\vec{F}_2$ 和 $\vec{F}_3$ 数值相等因而抵消。只留下和力 $\vec{F}$ 相反方向的力 $\vec{F}_1$ 作用在导线上，就是这个力和你对抗，所以 $\vec{F} = -\vec{F}_1$。

利用式（30-10）可求得 $\vec{F}_1$ 的数值，并且注意到 $\vec{B}$ 和左边一段导线的长度矢量 $\vec{L}$ 之间的角度是 90°，我们写出：

$$F = F_1 = iLB\sin 90° = iLB \tag{30-11}$$

将式（30-9）中的 i 代入式（30-11），得到

$$F = \frac{B^2L^2v}{R} \tag{30-12}$$

因为 B、L 和 R 都是常量，如果你作用在导线回路上的力的数值是常量，则你移动回路的速率 v 也是常量。

做功的功率。通过将式（30-12）代入式（30-6），我们求得你把回路在磁场中拉动时做功的功率为

$$P = Fv = \frac{B^2L^2v^2}{R} \quad \text{（做功的功率）} \tag{30-13}$$

热能。为完成分析，我们来求你以恒定的速率拉动导线时回路中放出热能的速率。我们的计算从式（26-27）开始：

$$P = i^2R \tag{30-14}$$

将式（30-9）中的 i 代入，我们求得

$$P = \left(\frac{BLv}{R}\right)^2 R = \frac{B^2L^2v^2}{R} \quad \text{（放热能的速率）} \tag{30-15}$$

这准确地等于你对回路做功的功率［式（30-13）］。由此可知，你拉动导线通过磁场所做的功全部转化为回路中的热能。

涡电流

假如我们用一块实心导电板代替图30-8中的导线回路。然后我们像对导线回路所做的那样将这块板移出磁场（见图30-10a），场和导体的相对运动也会在导体中感应产生电流。因此，由于感生电流的出现，我们再次遇到反抗的力并且需要做功。不过，用了这块板，构成感应电流的传导电子并不是像它们在导线回路中那样沿着一条路径运动。相反，这些电子在导电板中旋转就好像它们落入水的涡流（旋涡）中。这种电流称为涡电流，并可以描绘为它好像是沿着单一的路径流动，如图30-10a所示。

就像图30-8中的导电回路，板中感生电流的产生会导致机械能转化为热能而耗散。在图30-10b的装置中这种耗散更为明显。可以绕枢轴自由转动的导电板被释放后像单摆一样向下摆动并通过磁场。每当这块板进入和离开磁场时，它的一部分机械能转变为热能，几次摆荡以后，再也没有机械能留下，变热的板仍旧是挂在枢轴上。

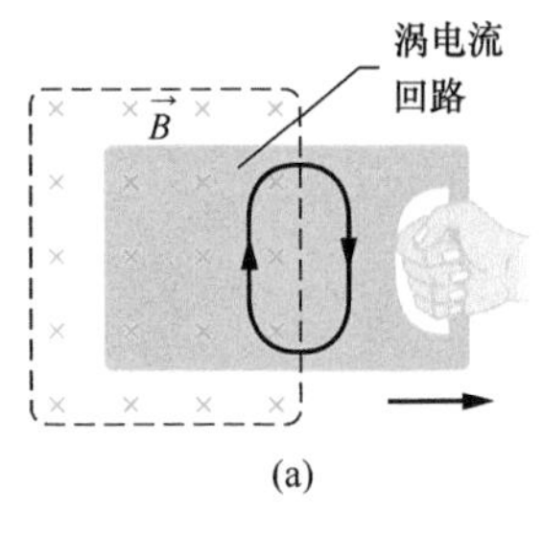

(a)

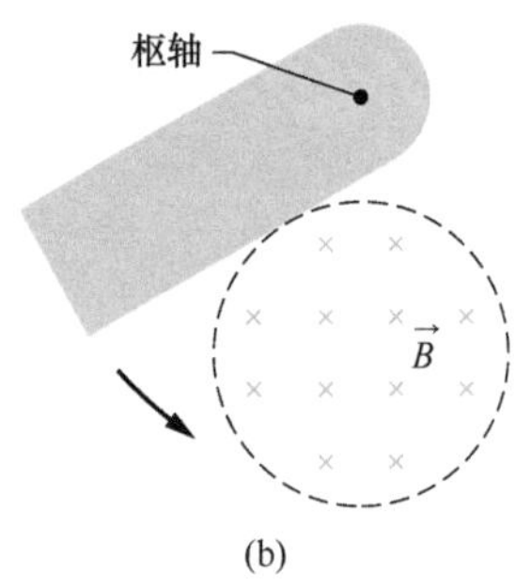

(b)

图30-10　(a) 当你把一块实心导电板拉出磁场时，板中感应产生涡电流。图中画出一个典型的涡电流回路。(b) 一块导电板像单摆一样绕枢轴摆荡，并经过磁场区域。当它进入和离开磁场时，板中感应产生涡电流。

检查点3

图示四个导线回路，边长为 L 或 $2L$。所有四个回路都以相同的恒定速度通过均匀磁场 $\vec{B}$ 的区域（$\vec{B}$ 指向页面外）。按照它们通过磁场时感生电动势的最大值排列四个回路。最大的排第一。

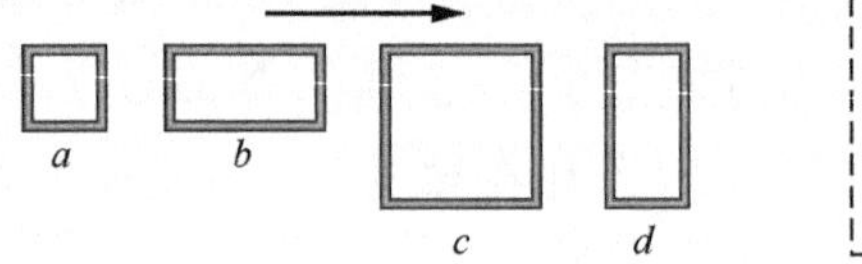

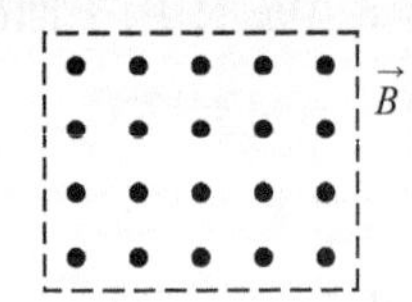

30-3　感生电场

学习目标

学完这一单元后，你应当能够……

30.16　懂得不论是否存在回路，变化着的磁场都能感应产生电场。

30.17　应用法拉第定律把沿一个闭合路径感应产生的电场 $\vec{E}$（无论是否存在导电材料）与这条路径包围的磁通量改变的速率 $d\Phi/dt$ 联系起来。

30.18　懂得感生电场没有相应的电势。

关键概念

- 变化着的磁通量感应产生电动势，即使其中的磁通量变化的回路不是物理的导体，只是想象出来的曲线。改变着的磁场在这样的回路上的每一点都会感应产生电场 $\vec{E}$；感生电动势与 $\vec{E}$ 的关系是

$$\mathscr{E}=\oint \vec{E}\cdot d\vec{s}$$

- 利用感生电场，我们可以把法拉第定律的最一般形式写作

$$\oint \vec{E}\cdot d\vec{s}=-\frac{d\Phi_B}{dt}\quad（法拉第定律）$$

变化着的磁场感应产生电场 $\vec{E}$。

感生电场

我们把一个半径为 r 的铜环放在均匀的外磁场中，如图 30-11a 所示。磁场——忽略边缘效应——充满了半径为 R 的圆柱形体积。设我们以稳定的速率增加磁场中的磁感应强度，或许可以——以适当的方式——通过增加产生该磁场的电磁铁绕组中的电流来做到。穿过铜环的磁通量以稳定的速率改变，并且——根据法拉第定律——感生电动势以及感生电流也会出现在铜环中。由楞次定律我们可以推断出图 30-11a 中的感生电流是沿逆时针方向。

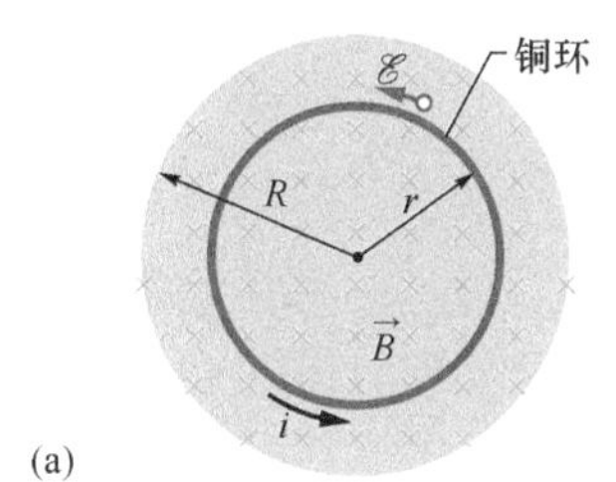

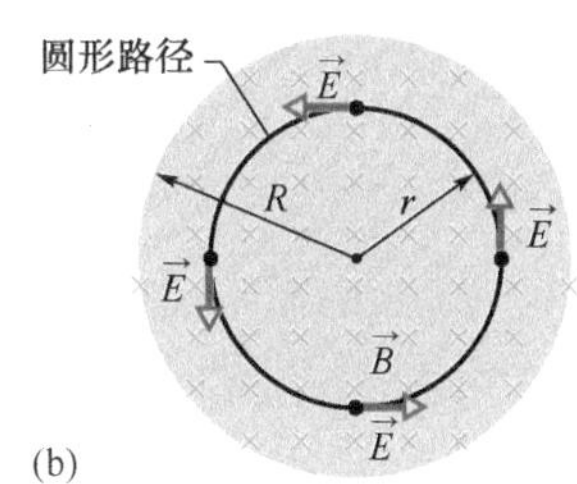

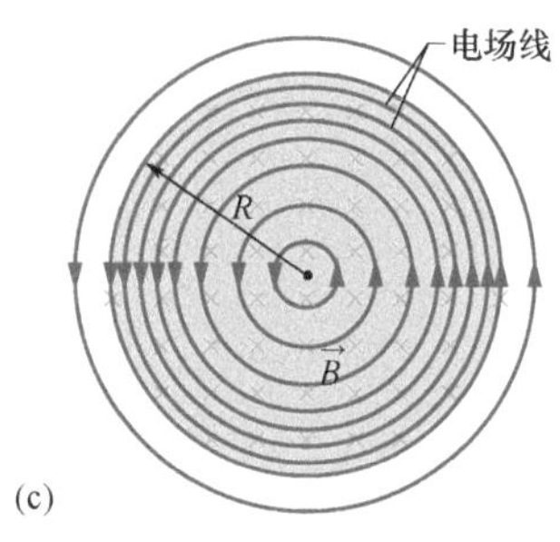

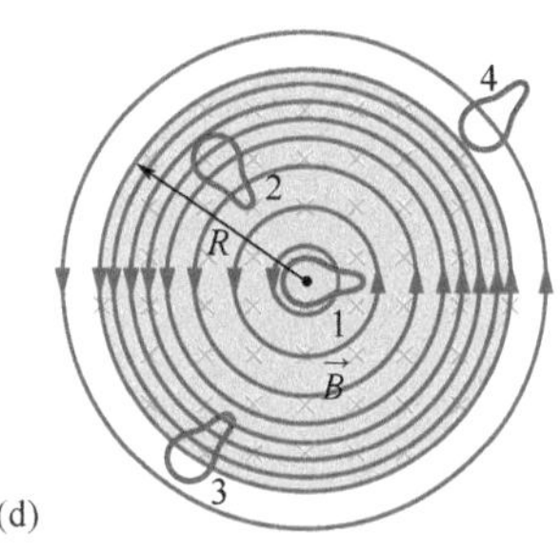

图 30-11 （a）如果磁场以恒定的速率增强，则恒定的感生电流将会出现在半径为 r 的铜环中，如图所示。（b）即使环被撤去，感生电场仍然存在；图上画出了四个点上的电场。（c）感生电场的完整图像，以电场线的形式展示出来。（d）四个有相同面积的同样的闭合路径。绕路径 1 和 2 感应产生相等的电动势，这两条路径整个都在变化着的磁场区域中。路径 3 只是部分处在变化的磁场区域内，它的感生电动势较小。绕路径 4 没有感生电动势，它完全在磁场以外。

如果铜环中有电流，那么沿铜环必定出现了电场，这是因为需要电场做功才能使传导电子运动。进一步，此电场肯定是由于磁通量的改变而产生的。这种**感生电场** $\vec{E}$ 就像静止电荷产生的电场一样真实，两种场都对带电荷 q_0 的粒子产生作用力 $q_0\vec{E}$。

照此推论，我们导出一个有用而深刻的法拉第定律的新表述：

变化着的磁场产生电场。

这个表述的惊人之处在于，即使不存在铜环，仍旧会感应产生电场。因此，即使变化的磁场是在真空中电场也会出现。

为搞清楚这个概念，考虑图 30-11b，这幅图和图 30-11a 相同，只是铜环被半径为 r 的假想的圆形路径代替了。我们像以前一样假设，磁场 $\vec{B}$ 的数值以恒定的速率 dB/dt 增大。绕这个圆形路径上各点的感生电场必定——由对称性得知——和圆相切，如图 30-11b 中所示[⊖]。因此圆形路径就是电场线。半径为 r 的圆并没有什么特殊的地方，所以变化着的磁场产生的电场线必定是如图 30-11c 中所示的一组同心圆。

只要磁场随时间不断*增强*，图 30-11c 中由圆形电场线所描述的电场就会出现。如果磁场随时间保持*恒定*，就没有感生电场，也就没有电场线。如果磁场随时间*减弱*（以恒定的速率），电场线仍旧是图 30-11c 中的同心圆，但现在它们的方向相反。所有这些在我们说“改变着的磁场产生电场”时都必须牢记心中。

重新用公式表示法拉第定律

考虑一个带电荷 q_0 的粒子沿图 30-11b 中的圆形路径运动。在一圈中感生电场对它所做的功 W 是 $W=\mathscr{E}q_0$，其中，$\mathscr{E}$ 是感生电动势——绕路径一圈移动检验电荷，对每单位电荷所做的功。从另一个观点来看，这个功是

$$W=\int\vec{F}\cdot d\vec{s}=(q_0E)(2\pi r) \qquad (30\text{-}16)$$

其中，q_0E 是作用于检验电荷上力的数值；$2\pi r$ 是力作用的距离。令这两个 W 的表达式相等并消去 q_0，我们得到

$$\mathscr{E}=2\pi rE \qquad (30\text{-}17)$$

下一步我们重写式（30-16），给出作用于沿任何闭合路径运动的带电荷 q_0 的粒子上的功的普遍表达式：

$$W=\oint\vec{F}\cdot d\vec{s}=q_0\oint\vec{E}\cdot d\vec{s} \qquad (30\text{-}18)$$

（每个积分号上的圆圈表示积分沿着闭合路径。）用 $\mathscr{E}q_0$ 代 W，我们求得

$$\mathscr{E}=\oint\vec{E}\cdot d\vec{s} \qquad (30\text{-}19)$$

如果我们对图 30-11b 中的特殊情况计算这个积分，它立即简化为式（30-17）。

电动势的意义。根据式（30-19），我们可以扩充感生电动势的意义。直到现在，感生电动势的意思是为维持变化着的磁通量所引起的电流单位电荷所做的功，或者是对变化的磁场中沿闭合路径运动的带电粒子的单位电荷所做的功。然而，由图 30-11b 和式（30-19）可知，感生电动势的存在并不需要电流或粒子：感生电动势是量 $\vec{E}\cdot d\vec{s}$ 沿闭合路径的总和——通过积分，其中 $\vec{E}$ 是变化的磁通量感生的电场，$d\vec{s}$ 是沿着路径的微分长度矢量。

如果我们把式（30-19）和式（30-4）（$\mathscr{E}=-d\Phi_B/dt$）中的法拉第定律结合起来，重写法拉第定律：

$$\oint\vec{E}\cdot d\vec{s}=-\frac{d\Phi_B}{dt}\quad\text{（法拉第定律）} \qquad (30\text{-}20)$$

⊖ 对称性的讨论也许会允许沿圆形回路的 $\vec{E}$ 的电场线方向是径向而不是切向的。然而，这种径向的电场表示存在关于对称轴对称分布的自由电荷，电场线从这些自由电荷出发或终结。但实际上不存在这种自由电荷。

这个方程式简明地说明变化着的磁场感应产生电场。变化的磁场出现在这个方程式的右边，电场出现在左边。

式（30-20）形式的法拉第定律可以应用于画在变化的磁场中的任何闭合路径。例如图 30-11d 表示四条这种路径，它们都有相同的形状和面积，但在变化磁场中的不同位置。路径 1 和 2 的感生电动势 $\mathscr{E}(=\oint\vec{E}\cdot d\vec{s})$ 相等，因为这两条路径整个都在磁场内，因而有相同的 $d\Phi_B/dt$ 值。即使沿这两条路径上各点的电场矢量是不同的，如图上电场线的图案所指示的；这个结论还是正确的。路径 3 的感生电动势较小，因为它包含的通量 Φ_B（因而 $d\Phi_B/dt$）较小。路径 4 的感生电动势是零，即使沿路径任何点的电场不是零。

对电势的新看法

感生电场不是由静电荷产生而是由变化着的磁通量产生。随便哪一种方法产生的电场都可以对带电粒子施加作用力，但它们之间有重要的差别。这种差别最简单的证据是，感生电场的场线是闭合曲线，如图 30-11c 所示。而静止电荷产生的场线却从来不是这样，必须从正电荷出发并终止于负电荷。

从更加正规的意义上讲，我们可以将感应产生的电场和静电荷产生的电场之间的区别用以下的语言表述：

电势只对于静止电荷产生的电场有意义，对于电磁感应产生的电场没有意义。

我们可以考虑一个带电粒子绕图 30-11b 中的圆形路径完成一次旅行就会定性地理解这个表述。这个带电粒子从某一点出发，当它回到这同一点时经历的电动势 $\mathscr{E}$，我们说是 5V；即电场对粒子做功 5J/C，因而粒子应该在电势高于 5V 的位置上。然而，这是不可能的，因为粒子回到了同一位置，这一位置不可能有两个不同数值的电势。因此对于改变着的磁场产生的电场来说，电势是没有意义的。

我们可以通过回忆式（24-18）来更加严格地看看。这个公式定义电场 $\vec{E}$ 中 i 和 f 两点间的电势差，电势差是用这两点间的积分来定义的：

$$V_f - V_i = -\int_i^f \vec{E}\cdot d\vec{s} \tag{30-21}$$

在学习第 24 章时，我们还没有接触到法拉第电磁感应定律，所以在式（24-18）的推导中所包含的电场只是静止电荷产生的电场。如果式（30-21）中的 i 和 f 是同一点，则连接它们的是闭合回路，即 V_i 和 V_f 相同。则式（30-21）简化为

$$\oint \vec{E}\cdot d\vec{s} = 0 \tag{30-22}$$

然而，当磁通量出现变化时，这个积分不是零，而是 $-d\Phi_B/dt$，如式（30-20）所表明的。因此，给感生电场以电势会将我们引向矛盾的境地。我们必须得出结论，对于电磁感应相关的电场，电势没有意义。

检查点4

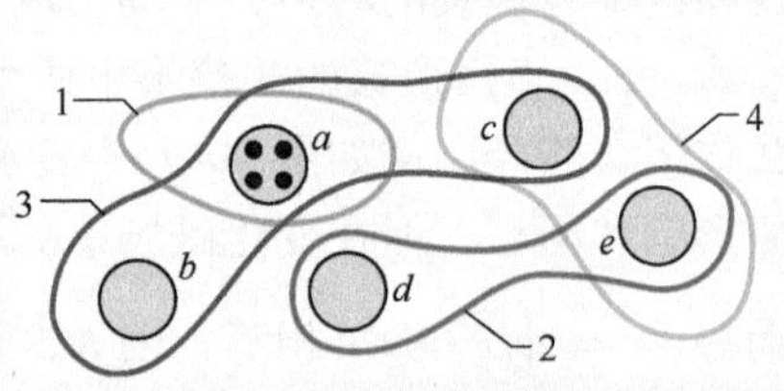

图上有5个用字母标记的区域，每个区域内都有均匀的磁场，其方向或者指向页面外或者指向页面内，但只有区域 a 中的方向已被标出。在5个区域中，场的数值以同样的稳定速率增加；5个区域的面积都相同。图上还画出四条用数字标记的路径，沿每一条回路的 $\oint \vec{E}\cdot d\vec{s}$ 的数值在下面用量"mag"表示。确定 $b\sim e$ 这四个区域中的磁场是指向页面外还是页面内。

路径	1	2	3	4
$\oint \vec{E}\cdot d\vec{s}$	mag	2 (mag)	3 (mag)	0

例题30.04 变化的磁场 B 产生的感生电场，磁场向内和向外

图30-11b中，取 $R=8.5\text{cm}$，$dB/dt=0.13\text{T/s}$。

(a) 求磁场内，与磁场中心的距离为 r 的各点的感生电场强度的数值 E 的表达式。对 $r=5.2\text{cm}$ 用这个表达式计算 E。

【关键概念】

根据法拉第定律，电场是由变化着的磁场感应产生。

解： 要求电场强度的数值 E，我们利用式 (30-20) 形式的法拉第定律。因为要求的是磁场内的点的 E，所以用一个半径 $r\leqslant R$ 的圆形积分环路。由对称性，我们设图30-11b中圆形环路上每一点的 $\vec{E}$ 都和圆形环路相切。路径矢量 $d\vec{s}$ 也总是和圆形环路相切；所以式 (30-20) 中的点积 $\vec{E}\cdot d\vec{s}$ 在每一点上的数值必定是 Eds。我们还可以由对称性做出假设：E 在圆形环路上的每一点都有相同的数值。于是式 (30-20) 的左边变成

$$\oint \vec{E}\cdot d\vec{s}=\oint E ds=E\oint ds=E(2\pi r) \tag{30-23}$$

(积分 $\oint ds$ 是圆形环路的周长。)

下一步我们要计算式 (30-20) 的右边。因为在积分环路所包围的整个面积 A 中，$\vec{B}$ 是均匀的并且方向垂直于这个面积，所以磁通量可以由式 (30-2) 给出：

$$\Phi_B=BA=B(\pi r^2) \tag{30-24}$$

把这个式子和式 (30-23) 代入式 (30-20) 并略去负号，我们得到

$$E(2\pi r)=(\pi r^2)\frac{dB}{dt}$$

或

$$E=\frac{r}{2}\frac{dB}{dt} \quad \text{(答案)} \tag{30-25}$$

式 (30-25) 给出在 $r\leqslant R$ 处（在磁场以内）的任何一点的电场数值。代入给定的数值后得到 $r=5.2\text{cm}$ 处 $\vec{E}$ 的数值为

$$E=\frac{(5.2\times10^{-2}\text{m})}{2}(0.13\text{T/s})$$

$$=0.0034\text{V/m}=3.4\text{mV/m} \quad \text{(答案)}$$

(b) 求从磁场外面到磁场中心距离 r 的各点的感生电场的数值 E 的表达式。对 $r=12.5\text{cm}$ 用这个表达式计算电场。

【关键概念】

这里也是变化的磁场感应产生电场。按照法拉第定律，只是现在要求的是磁场外的位置上的 E，所以现在我们用的圆形积分环路的半径 $r\geqslant R$。做法和 (a) 小题中一样，我们再次得出式 (30-23)。不过，之后我们不会再得出式 (30-24)，因为新的积分环路在磁场以外，所以新的积分环路包围的磁通量只有在面积 πR^2 以内的磁场区域。

解：我们现在可以写出

$$\Phi_B = BA = B(\pi R^2) \qquad (30\text{-}26)$$

把这个式子和式（30-23）代入式（30-20）（不写负号）并解出 E，得到

$$E = \frac{R^2}{2r}\frac{\mathrm{d}B}{\mathrm{d}t} \quad （答案）(30\text{-}27)$$

因为这里 E 不是零，我们知道，即使在变化的磁场外面的点上也有感生电场，这是一个非常重要的结论。(如你将会在31-6单元中看到)，它使变压器成为可能。

代入已知的数据，由式（30-27）得到 r = 12.5cm 处 $\vec{E}$ 的数值为

$$E = \frac{(8.5\times10^{-2}\mathrm{m})^2}{(2)(12.5\times10^{-2}\mathrm{m})}(0.13\mathrm{T/s})$$

$$= 3.8\times10^{-3}\mathrm{V/m} = 3.8\mathrm{mV/m} \quad （答案）$$

式（30-25）和式（30-27）给出在 $r = R$ 位置上同样的结果，图 13-12 表示 $E(r)$ 的曲线。注意，内部和外部在 $r = R$ 处相接。

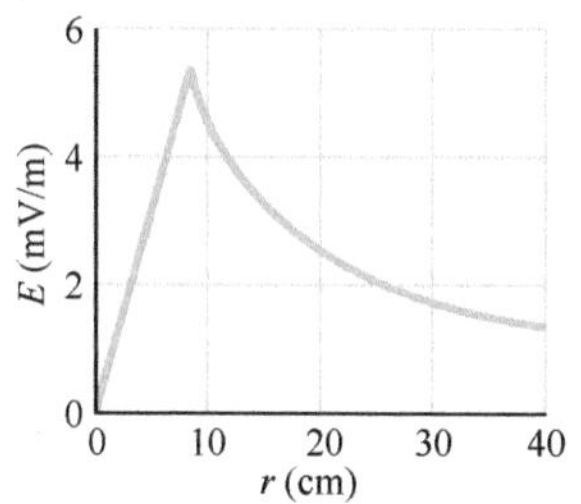

图 30-12 感生电场 $E(r)$ 的曲线图。

WILEY PLUS 在 WileyPLUS 中可以找到附加的例题、视频和练习。

30-4 电感器和电感

学习目标

学完这一单元后，你应当能够……

30.19 认识电感器。

30.20 对一个电感器，应用电感 L、总磁通量 $N\Phi$ 和电流之间的关系。

30.21 对螺线管，应用单位长度的电感 L/l、每一匝的面积 A 和单位长度的匝数 n 之间的关系。

关键概念

- 电感器是可以用来在特定的区域内产生磁场的器件。如果有电流 i 通过电感器的 N 匝绕组的每一匝，则绕组中产生磁通量 Φ_B。电感器的电感（自感）L 是

$$L = \frac{N\Phi_B}{i} \quad （电感的定义）$$

- 国际单位制中电感的单位是亨［利］(H)，其中，1 亨利 = 1H = 1T · m²/A。
- 横截面面积为 A、单位长度 n 匝的长直螺线管中央附近单位长度的电感是

$$\frac{L}{l} = \mu_0 n^2 A \quad （螺线管）$$

电感器和电感

我们在第 25 章中讨论过，电容器可以被用来产生所需要的电场。我们把平行板结构作为电容器的基本形式。同样地，**电感器**（符号 ‿‿‿‿）可以用来产生所需的磁场。我们来考虑一个长直螺线管（更明确地说，在长直螺线管中段附近的一小段，避免任何边缘效应）作为我们的电感器的基本类型。

如果我们在作为电感器的螺线管的绕组（许多匝线圈）中通以电流 i，电流会产生通过电感器中心区域的磁通量 Φ_B。电感器的**电感**（自感）用这个磁通量定义为

$$L=\frac{N\Phi_B}{i}\quad（电感的定义）\tag{30-28}$$

其中，N 是匝数。我们说电感器绕组中的各个线圈被共有的磁通量连接起来，乘积 $N\Phi_B$ 称作*磁链*。电感（自感）L 是由电感器每单位电流所产生的磁链的量度。

因为国际单位制中磁通量的单位是特·米^2。自感的国际单位制单位是特·米^2/安（$T\cdot m^2/A$）。我们把这个单位称为**亨［利］**（H），以纪念美国物理学家约瑟夫·亨利，他是与法拉第同时代的人，也是电磁感应定律的共同发现者。由此：

$$1\ 亨利=1H=1T\cdot m^2/A\tag{30-29}$$

在这一章的其余部分，我们都假设所有的电感器，无论它们有怎样的几何排列，它们附近都没有像铁一类的磁性材料，因为这种材料会扭曲电感器的磁场。

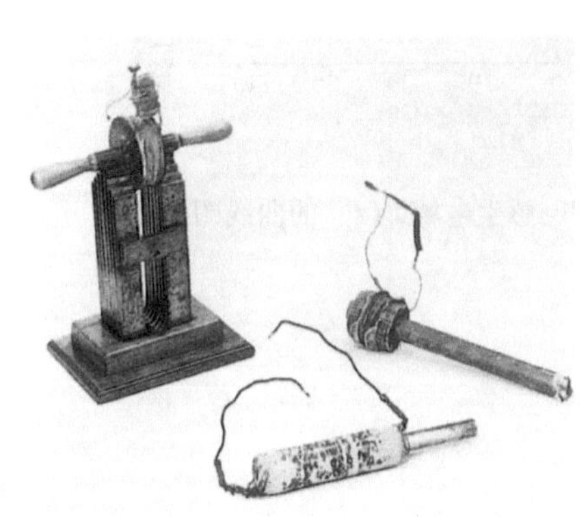

The Royal Institution/Bridgeman Art Library/NY

迈克尔·法拉第用来发现电磁感应的简陋电感器。在当时的条件下，绝缘导线还不是可以买到的商品。据说法拉第用从他太太的一条裙子上剪下的布条缠绕在导线上使导线绝缘。

螺线管的电感

考虑一个横截面面积为 A 的长直螺线管，在它中段附近每单位长度的电感是多少？利用电感的定义式［式（30-28）］，我们需要计算螺线管绕组中通以给定的电流时建立的磁链。考虑螺线管中段附近长度为 l 的部分。这一段的磁链是

$$N\Phi_B=(nl)(BA)$$

其中，n 是单位长度上长直螺线管的匝数；B 是螺线管内磁感应强度的数值。

数值 B 由式（29-23）给出：

$$B=\mu_0 in$$

所以，由式（30-28），得

$$L=\frac{N\Phi_B}{i}=\frac{(nl)(BA)}{i}=\frac{(nl)(\mu_0 in)(A)}{i}$$

$$=\mu_0 n^2 lA\tag{30-30}$$

于是，长直螺线管中段单位长度的电感（自感）是

$$\frac{L}{l}=\mu_0 n^2 A\quad（螺线管）\tag{30-31}$$

电感——就像电容——只依赖于器件的几何形状。而它对单位长度匝数的二次方的依赖正是我们所预期的。假如你把 n 乘以 3，你不仅把匝数（N）乘以 3，也把通过每一匝的通量（$\Phi_B=BA=\mu_0 inA$）乘以 3，二者相乘得到磁链 $N\Phi_B$，因而电感 L 要乘以因子 9。

如果螺线管的长度与它的半径相比非常长，那么式（30-30）给出的电感就是很好的近似。这个近似忽略了螺线管两端附近的磁感应线的扩散，正如平行板电容器公式（$C=\varepsilon_0 A/d$）忽略了电容器极板边缘附近的电场线的边缘效应一样。

由式（30-30），并回忆一下 n 是单位长度上的匝数，我们可以知道，电感可以写成磁导率常量 μ_0 和一个有长度量纲的量的乘积。这意味着 μ_0 可以用亨［利］每米的单位来表示：

$$\mu_0=4\pi\times10^{-7}T\cdot m/A$$

$$=4\pi\times10^{-7}H/m\tag{30-32}$$

后者是磁导率更为常用的单位。

30-5 自感

学习目标

学完这一单元后，你应当能够……

30.22 懂得当一个线圈中通过的电流发生变化时这个线圈中会出现感生电动势。

30.23 应用线圈中的感生电动势、线圈的自感 L 和电流变化的速率 $\mathrm{d}i/\mathrm{d}t$ 之间的关系。

30.24 当线圈由于电流的改变而感应产生电动势时，通过用楞次定律确定电动势的方向来证明电动势总是反抗电流的变化，力图维持原来的电流。

关键概念

- 如果线圈中的电流 i 随时间改变，线圈中就会感应产生电动势。这个自感电动势是

$$\mathscr{E}_L = -L\frac{\mathrm{d}i}{\mathrm{d}t}$$

- $\mathscr{E}_L$ 的方向由楞次定律确定：自感电动势的作用是反抗引起它的变化。

自感

如果有两个线圈——我们现在可以把它们称为电感器——互相靠近，一个线圈中的电流 i 所产生的磁通量 Φ_B 会穿过另一个线圈。我们已经知道，如果我们改变电流以改变穿过第二个线圈的磁通量，那么按照法拉第定律，第二个线圈中就会出现感生电动势。第一个线圈中也要出现感生电动势。

任何线圈中的电流变化都会在这个线圈本身中产生感生电动势。

这个过程（见图 30-13）称为**自感应**，出现的电动势称为**自感电动势**。它就像其他感生电动势一样服从法拉第电磁感应定律。

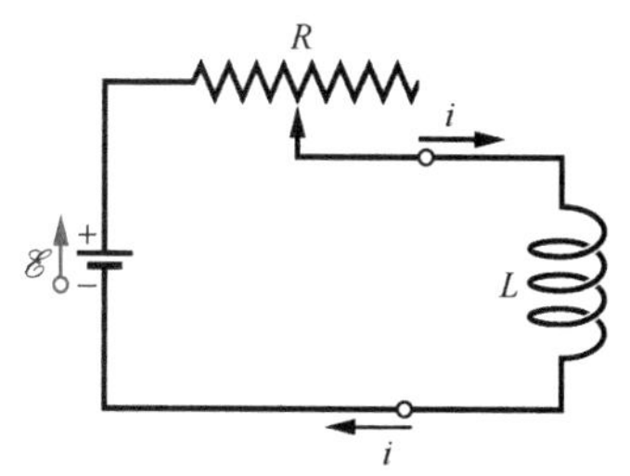

图 30-13 可以通过改变可变电阻上触点的位置来改变线圈中的电流，在电流改变的同时，线圈中也会出现自感电动势。

对任何电感器，式（30-28）告诉我们：

$$N\Phi_B = Li \tag{30-33}$$

法拉第定律告诉我们：

$$\mathscr{E}_L = -\frac{\mathrm{d}(N\Phi_B)}{\mathrm{d}t} \tag{30-34}$$

将式（30-33）和式（30-34）组合起来，我们可以写出：

$$\mathscr{E}_L = -L\frac{\mathrm{d}i}{\mathrm{d}t} \quad （自感电动势） \tag{30-35}$$

由此，在任何电感器（譬如像线圈、螺线管或螺绕环）中，每当其中的电流随时间变化时就会出现自感电动势。电流的大小不影响自感电动势的数值；只有电流数值变化的速率会影响感生电动势的数值。

方向。你可以根据楞次定律来确定自感电动势的方向。式（30-35）中的负号指出——就像定律表述的——自感电动势 $\mathscr{E}_L$ 的方向是要反抗电流 i 的改变 。当我们只需要求 $\mathscr{E}_L$ 的数值时，就

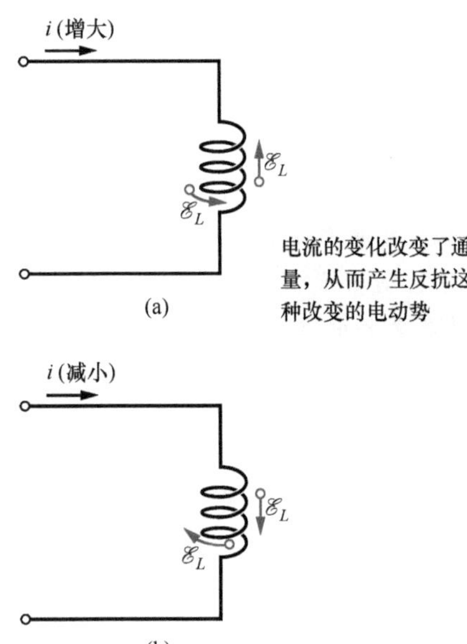

图30-14 (a) 电流 i 增大，线圈中出现沿反抗电流增大的方向的自感电动势 $\mathscr{E}_L$，表示 $\mathscr{E}_L$ 的箭头可以沿线圈的每一匝导线画，也可以沿整个线圈画出。二者都在图上表示出来。(b) 电流 i 减小。自感电动势的方向反抗电流的减小。

可以略去负号。

设你在线圈中建立电流 i 并使电流以速率 $\mathrm{d}i/\mathrm{d}t$ 随时间增大。用楞次定律的语言来描述，这个线圈中电流的增加就是自感必须反抗的“变化”。因此，必定会有反抗电流增加的自感电动势出现在线圈中，电动势试图（但是无效）保持原来的状况，这表示在图30-14a中。如果与此相反，电流随时间减小，则自感电动势的方向要反抗电流的减小（见图30-14b），试图维持原来的状况。

电势。在30-3单元中，我们已经知道不能对变化的磁通量所感应产生的电场（因而也是对电动势）定义电势。这意味着，当图30-13中的电感器中产生自感电动势时，我们无法定义通量在其自身中变化的电感器中的电势。然而，我们仍旧可以定义电路中不在电感器内部位置的电势——这些点上的电场是由电荷的分布及相关的电势所产生的。

此外，我们可以定义跨电感器两端的自感电势差 V_L（在电感器的两端，我们可以设这两端在变化的通量范围之外）。对理想的电感器（它的导线的电阻可忽略不计），V_L 的数值等于自感电动势 $\mathscr{E}_L$ 的数值。

如果电感器的导线中有电阻 r，我们想象把电感器分解成一个电阻 r（我们把它放在变化着的磁通量区域外面）和一个自感电动势为 $\mathscr{E}_L$ 的理想电感器。就好像一个具有电动势 $\mathscr{E}_L$ 和内阻 r 的真实电池的情况，真实的电感器两端的电势差就不再是它的感生电动势。除非要另外说明，我们假设这是理想的电感器。

检查点5

右图表示线圈中感应产生的自感电动势 $\mathscr{E}_L$。下面哪种表述可以描述通过线圈的电流：(a) 常量并向右，(b) 常量并向左，(c) 增大并向右，(d) 减小并向右，(e) 增大并向左，(f) 减小并向左。

30-6 *RL* 电路

学习目标

学完这一单元后，你应当能够……

30.25 画出其中的电流在增加的 RL 电路简图。

30.26 写出其中的电流正在增加的 RL 电路的回路方程（微分方程）。

30.27 把作为时间的函数的电流的方程式 $i(t)$ 应用于其中电流正在增加的 RL 电路。

30.28 对其中电流在增加的 RL 电路，求以下时间函数的方程式：电阻器两端的电势差 V，电流变化的速率 $\mathrm{d}i/\mathrm{d}t$，电感器的电动势。

30.29 计算电磁感应时间常量 τ_L。

30.30 画出其中的电流正在衰减的 RL 电路略图。

30.31 写出其中的电流正在衰减的 RL 电路的回路方程（微分方程）。

30.32 将作为时间函数的电流方程 $i(t)$ 应用于

其中的电流正在衰减的 *RL* 电路。

30.33 由 *RL* 电路中正在衰减的电流的方程式，求以下时间函数的方程式：跨电阻器两端的电势差 V，电流改变的速率 $\mathrm{d}i/\mathrm{d}t$，电感器的电动势。

30.34 对 *RL* 电路，认清当电路中电流开始改变时通过电感器的电流和它两端的电动势（初始条件）以及长时间以后达到平衡时电感器中的电流和它两端的电动势（终了条件）。

关键概念

- 如果有恒定电动势 $\mathscr{E}$ 加在由电阻 R 和电感 L 组成的单回路电路上，则电流依下式增加到平衡值 $\mathscr{E}/R$：

$$i=\frac{\mathscr{E}}{R}(1-\mathrm{e}^{-t/\tau_L})\quad（电流增大）$$

其中，$\tau_L(=L/R)$ 控制电流增加的速率，称为电路的电感时间常量。

- 当恒定的电动势源被去除后，电流从数值 i_0 开始按下式衰减：

$$i=i_0\mathrm{e}^{-t/\tau_L}\quad（电流衰减）$$

RL 电路

在 27-4 单元中我们看到，在由电阻 R 和电容 C 组成的单回路电路中突然加上电动势 $\mathscr{E}$，电容器上的电荷不会立即达到终了的平衡值 $C\mathscr{E}$，而是指数式地逐渐达到这个数值：

$$q=C\mathscr{E}(1-\mathrm{e}^{-t/\tau_C})\tag{30-36}$$

电荷聚集的速率取决于式（27-36）中定义的电容时间常量 τ_C：

$$\tau_C=RC\tag{30-37}$$

如果我们突然撤去这同一电路中的电动势，电荷不会立即降到零，而是以指数形式逐渐趋近于零：

$$q=q_0\mathrm{e}^{-t/\tau_C}\tag{30-38}$$

时间常量描述电荷的减少就和描述电荷的增加一样。

如果我们在电阻器 R 和电感器 L 组成的单回路电路中加上电动势 $\mathscr{E}$（或撤除电动势），回路中的电流升高（或降低）也会出现类似的减慢效应。例如，当图 30-15 中开关 S 掷向 a，电阻器中的电流开始增大，如果没有电感器，电流会迅速升高到稳定值 $\mathscr{E}/R$。然而，由于电感器的存在，电路中会出现自感电动势 $\mathscr{E}_L$；由楞次定律，这个电动势反抗电流的增加，这也意味着它和电池电动势 $\mathscr{E}$ 的正负极性相反。因此，电阻器中的电流响应两个电动势的差，即电池的电动势 $\mathscr{E}$ 和变化的自感电动势 $\mathscr{E}_L(=-L\mathrm{d}i/\mathrm{d}t)$。只要这个 $\mathscr{E}_L$ 存在，电流就小于 $\mathscr{E}/R$。

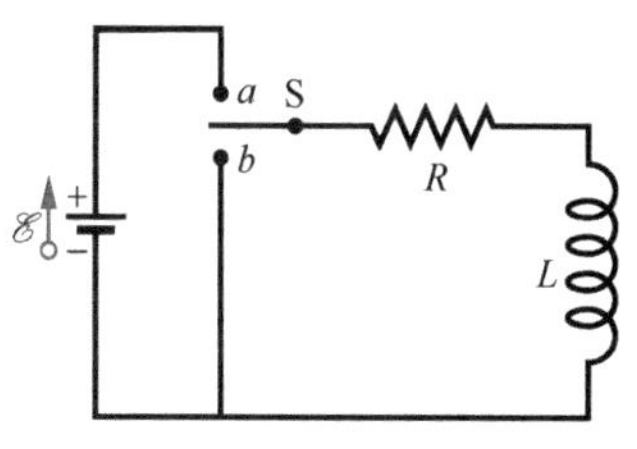

图 30-15 *RL* 电路。开关 S 连接 a，电流增大，逐渐趋近于极限值 $\mathscr{E}/R$。

随着时间的流逝，电流增加的速率变慢，正比于 $\mathrm{d}i/\mathrm{d}t$ 的自感电动势的数值变小。于是，电路中的电流渐近地达到 $\mathscr{E}/R$。

我们可以把这个结果概括为

起初，电感器的作用是反抗通过它的电流的改变。长时间以后，它的作用就像普通的导线一样。

现在，让我们来定量地分析这个情况。随着图 30-15 中的开关 S 掷向 a，这个电路等价于图 30-16 中的电路。我们应用回路定则，从图中的 x 点出发，和电流 i 一起绕回路沿顺时针运动。

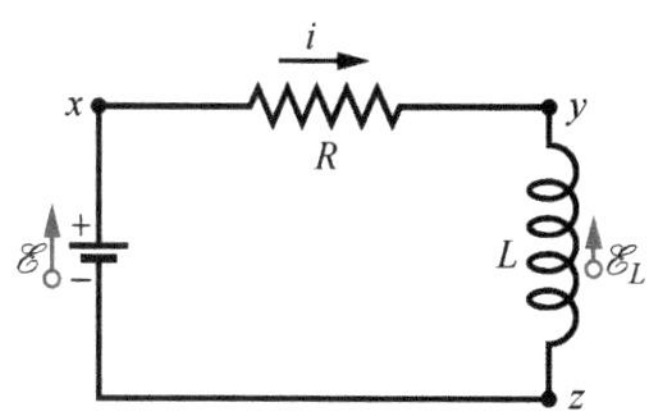

图 30-16 图 30-15 的电路中的开关接通 a，我们从 x 开始顺时针应用回路定则。

1. 电阻器。因为我们沿电流 i 的方向通过电阻器时，电势降落了 iR。于是，当我们从点 x 移动到点 y 时，经历的电势改变是 $-iR$。

2. 电感器。因为电流是在变化着的，所以电感器中会产生自感电动势 $\mathscr{E}_L$。$\mathscr{E}_L$ 的数值由式（30-35）给出为 $L\mathrm{d}i/\mathrm{d}t$。$\mathscr{E}_L$ 的方向在图 30-16 中是向上，因为电流 i 是向下通过电感器并且在增大的。于是，当我们从 y 移动到 z 时，和 $\mathscr{E}_L$ 的方向相反。我们遇到的电势变化是 $-L\mathrm{d}i/\mathrm{d}t$。

3. 电池。当我们从 z 返回到出发点 x 时，我们经历 $+\mathscr{E}$ 的电池电动势变化。

于是，由回路定则，得

$$-iR-L\frac{\mathrm{d}i}{\mathrm{d}t}+\mathscr{E}=0$$

或

$$L\frac{\mathrm{d}i}{\mathrm{d}t}+Ri=\mathscr{E}\quad（RL\text{ 电路}）\tag{30-39}$$

式（30-39）是包含变量 i 和它的一阶微商 $\mathrm{d}i/\mathrm{d}t$ 的微分方程。为求它的解，我们要寻找这样的函数 $i(t)$，将它和它的一阶微商代入式（30-39）中时，这个方程式被满足，并且初始条件 $i(0)=0$ 也要满足。

式（30-39）及它的初始条件和 RC 电路中的式（27-32）的形式完全一样，只是 i 代替了 q，L 代替 R，R 代替 $1/C$。式（30-39）的解必定和经过同样的代换后的式（27-33）的解有同样的形式。这个解是

$$i=\frac{\mathscr{E}}{R}(1-\mathrm{e}^{-Rt/L})\tag{30-40}$$

我们可以把它重写成

$$i=\frac{\mathscr{E}}{R}(1-\mathrm{e}^{-t/\tau_L})\quad（\text{电流升高}）\tag{30-41}$$

其中，τ_L 是**电感时间常量**，由下式给出：

$$\tau_L=\frac{L}{R}\quad（\text{时间常量}）\tag{30-42}$$

我们来考察一下式（30-41）对于开关刚接通（在 $t=0$ 时刻）后的情形以及接通开关以后很长的时间后（$t\to\infty$）的情形。如果我们把 $t=0$ 代入式（30-41），则指数项成为 $\mathrm{e}^{-0}=1$。由此可知，式（30-41）告诉我们，电流最初是 $i=0$，正如我们所料的那样。接着，我们令 t 趋近于 ∞，于是指数 $\mathrm{e}^{-\infty}=0$。由此，式（30-41）告诉我们，电流趋近于平衡值 $\mathscr{E}/R$。

我们还要考察电路中的电势差。例如，图 30-17 表示电阻器两端电势差 $V_R(=iR)$ 以及电感器两端电势差 $V_L(=L\mathrm{d}i/\mathrm{d}t)$ 在 $\mathscr{E}$、L 和 R 取特定值的条件下如何随时间变化。把这两幅图和相应的 RC 电路图（见图 27-16）仔细比较一下。

为证明量 $\tau_L(=L/R)$ 有时间的量纲［它必须如此，因为式（30-41）中的指数函数的自变量必须是无量纲的］，我们把亨利每欧姆转换如下：

$$1\,\frac{\mathrm{H}}{\Omega}=1\,\frac{\mathrm{H}}{\Omega}\left(\frac{1\mathrm{V}\cdot\mathrm{S}}{1\mathrm{H}\cdot\mathrm{A}}\right)\left(\frac{1\Omega\cdot\mathrm{A}}{1\mathrm{V}}\right)=1\mathrm{s}$$

电阻器的电势差逐渐增大，
电感器的电势差逐渐减小

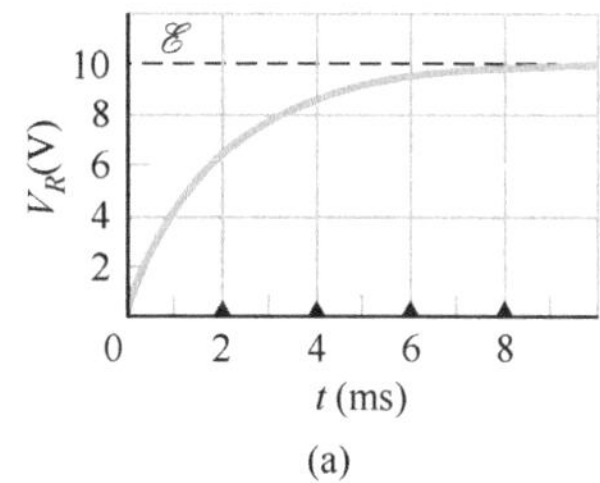

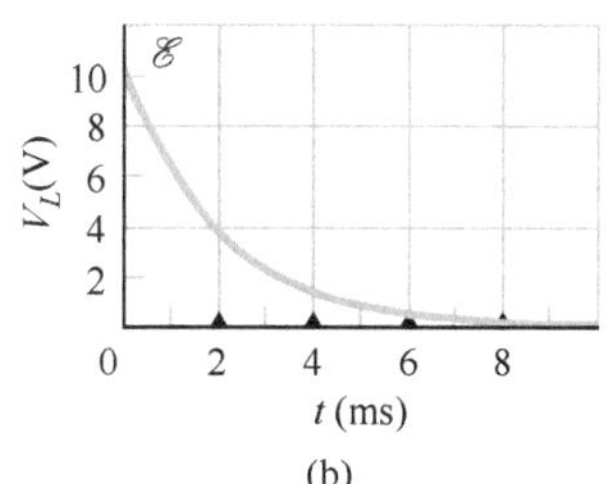

图 30-17 随时间的变化（a）V_R，图 30-16 的电路中电阻器两端的电势差。（b）V_L，在那个电路中电感器两端的电势差。小三角形代表一个电感时间常量 $\tau_L = L/R$ 的相继间隔。这幅图上与曲线对应的特定的参量是：$R = 2000\Omega$，$L = 4.0\text{H}$，$\mathscr{E} = 10\text{V}$。

第一个括弧中的量是基于式（30-35）的转换因子，第二个括弧是基于 $V = iR$ 的转换因子。

时间常量。时间常量的物理意义可从式（30-41）看出。如果我们令 $t = \tau_L = L/R$，这个方程式简化为

$$i = \frac{\mathscr{E}}{R}(1 - e^{-1}) = 0.63\frac{\mathscr{E}}{R} \tag{30-43}$$

由此，时间常量 τ_L 是电路中的电流达到最终平衡值 $\mathscr{E}/R$ 时间的大约 63%。因为电阻器两端的电势差 V_R 正比于电流 i。增加的电流对时间的曲线和图 30-17a 中 V_R 对时间的曲线有相同的形状。

电流衰减。如果图 30-15 中的开关 S 接通 a 后经过足够长的时间，电路中的电流达到平衡值 $\mathscr{E}/R$，然后将开关掷向 b，其效果是从电路中取消电池。（到 b 的连接实际上必须是在 a 的连接断开前的瞬间。这样功能的开关叫作*先通后断开关*。）撤去电池以后，通过电阻器的电流就要减小。然而，它不会立即减到零，必须随时间逐渐减到零。决定这个衰减的微分方程可以令式（30-39）中的 $\mathscr{E} = 0$ 得到：

$$L\frac{di}{dt} + iR = 0 \tag{30-44}$$

与式（27-38）及式（27-39）类似，这个微分方程满足初始条件 $i(0) = i_0 = \mathscr{E}/R$ 的解是

$$i = \frac{\mathscr{E}}{R}e^{-t/\tau_L} = i_0 e^{-t/\tau_L} \quad (\text{电流衰减}) \tag{30-45}$$

我们看到，*RL* 电路中电流的增加［式（30-41）］和电流的衰减［式（30-45）］都受同一电感时间常量 τ_L 的支配。

我们用式（30-45）中的 i_0 表示 $t = 0$ 时刻的电流。在我们的情况中，它正巧是 $\mathscr{E}/R$，但它也可以是其他任何初始值。

检查点 6

图中是三条有相同的电池、电感器和电阻器的电路。把这三条电路按照通过电池的电流大小排序，最大的排第一：（a）开关刚接通后，（b）长时间以后。（如果你觉得不清楚，

先看完下面的例题，再来考虑。）

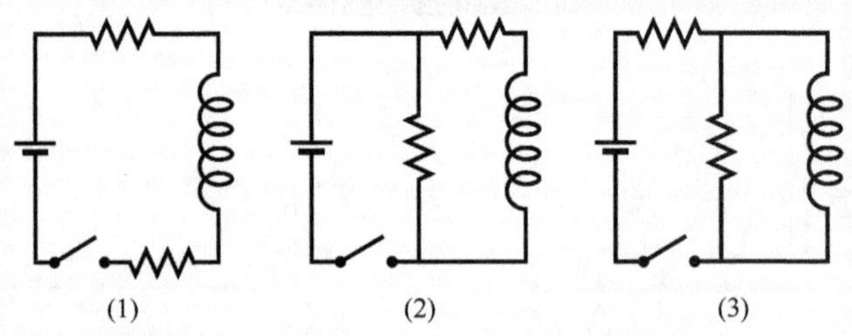

例题 30.05 *RL* 电路，开关刚接通后及长时间以后

图 30-18a 表示由三个电阻都为 $R=9.0\Omega$ 的相同电阻器、两个电感都为 $L=2.0\text{mH}$ 的电感器和一个电动势为 $\mathscr{E}=18\text{V}$ 的理想电池组成的电路。

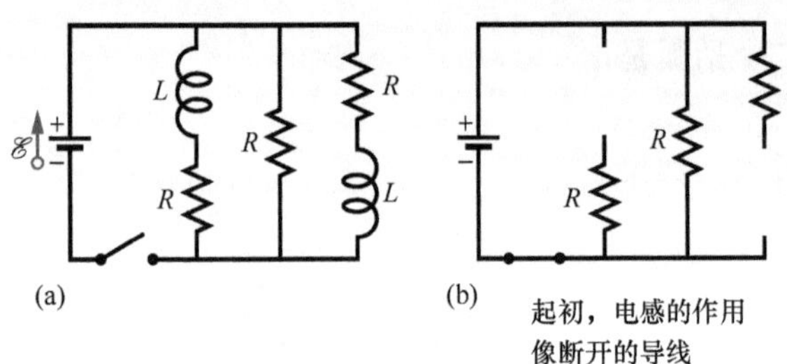

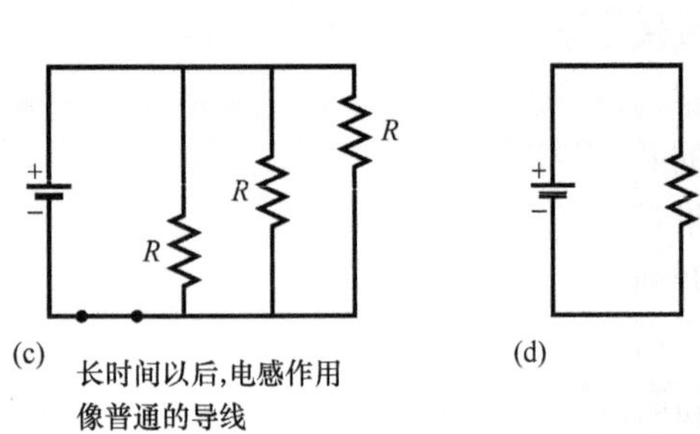

图 30-18 （a）开关断开的多回路 *RL* 电路。（b）开关刚接通后的等效电路。（c）开关长时间接通后的等效电路。（d）等效于（c）的单回路电路。

（a）开关刚接通后电池中的电流是多少？

【关键概念】

刚接通开关后，电感器的作用是反抗通过它的电流改变。

解： 因为在开关接通前通过每个电感器的电流都是零，所以刚接通后也应该是零。于是，开关接通后的瞬间，电感器的作用就像断开的导线，如图 30-18b 所示。于是我们得到一个单回路电路，由回路定则，得

$$\mathscr{E}-iR=0$$

代入已知的数据，我们求出

$$i=\frac{\mathscr{E}}{R}=\frac{18.0\text{V}}{9.0\Omega}=2.0\text{A} \qquad \text{（答案）}$$

（b）开关接通长时间以后通过电池的电流 i 是多少？

【关键概念】

开关接通长时间后，电路中的电流达到平衡值，此时电感的作用就像直通的导线。如图 30-18c 所示。

解： 我们现在有三个电阻器并联的电路；由式（27-23），等效电阻是 $R_{eq}=R/3=(9.0\Omega)/3=3.0\Omega$。其等效电路画在图 30-18d 中，由此得出回路方程式 $\mathscr{E}-iR_{eq}=0$，或

$$i=\frac{\mathscr{E}}{R_{eq}}=\frac{18.0\text{V}}{3.0\Omega}=6.0\text{A} \qquad \text{（答案）}$$

例题 30.06 *RL* 电路，过渡期内的电流

一个螺线管有电感 53mH 和电阻 0.37Ω。如果将这个螺线管连接到电池上，经过多长时间后电流达到最终平衡值的一半？（这是一个*真实的螺线管*，因为我们考虑到了它具有数值很小但不为零的内阻。）

【关键概念】

我们可以想象把这个螺线管分解成和电池串联的电阻和电感，如图 30-16 所示。然后用回路定则得出式（30-39），这个公式对于电路中电流 i

具有式（30-41）形式的解。

解： 按照这个解，电流 i 指数式地从零增加到它的最终平衡值 $\mathscr{E}/R$。令 t_0 是电流 i 到达平衡值一半所用的时间。于是由式（30-41），得

$$\frac{1}{2}\frac{\mathscr{E}}{R}=\frac{\mathscr{E}}{R}(1-e^{-t_0/\tau_L})$$

我们消去 $\mathscr{E}/R$，分离出指数项并取等号两边的自然对数，解出 t_0，我们得到

$$t_0=\tau_L\ln 2=\frac{L}{R}\ln 2=\frac{53\times10^{-3}\mathrm{H}}{0.37\Omega}\ln 2=0.10\mathrm{s}$$

（答案）

PLUS 在 WileyPLUS 中可以找到附加的例题、视频和练习。

30-7 磁场中储存的能量

学习目标

学完这一单元后，你应当能够……

30.35 描述有恒定电动势源的 RL 电路中电感器的磁场能量方程式的推导过程。

30.36 对 RL 电路中的电感器，应用磁场能量 U、电感 L 和电流之间的关系。

关键概念

- 如果有一电感器 L 载有电流 i，电感器的磁场中所储存的能量由下式给出：

$$U_B=\frac{1}{2}Li^2 \quad（磁场能量）$$

储存在磁场中的能量

当我们把带相反符号电荷的粒子拉开相互间的距离时，我们说结果有电势能储存在两个粒子的电场中。让这两个粒子重新互相靠近，我们又可以从电场取回能量。以同样的方式，我们说能量储存在磁场中，不过我们现在处理的是电流而不是电荷。

为了导出储存的能量的定量表达式，我们再次考虑图 30-16，图上显示了连接到电阻器 R 和电感器 L 的电动势源 $\mathscr{E}$。为方便起见，我们把式（30-39）重写在这里：

$$\mathscr{E}=L\frac{\mathrm{d}i}{\mathrm{d}t}+iR \tag{30-46}$$

这是描写电路中电流增长的微分方程。回想到这个方程式直接来自回路定则，而从另外一个角度看，回路定则是单回路电路的能量守恒原理的表述，如果在式（30-46）的两边各乘上 i，我们得到

$$\mathscr{E}i=Li\frac{\mathrm{d}i}{\mathrm{d}t}+i^2R \tag{30-47}$$

我们用电池做功以及由此导致的能量转换来对这个公式做以下的物理解释：

1. 如有微分量电荷 $\mathrm{d}q$ 在时间 $\mathrm{d}t$ 内通过图 30-16 中电动势为 $\mathscr{E}$ 的电池，电池对微分电荷做功 $\mathscr{E}\mathrm{d}q$，单位时间内电池做的功是 $(\mathscr{E}\mathrm{d}q)/\mathrm{d}t$ 或 $\mathscr{E}i$。于是，式（30-47）左边表示电动势器件释放到电路的其余部分能量的速率。

2. 式（30-47）最右边一项表示电阻器中单位时间内产生的热能。

3. 根据能量守恒的假设，释放到电路中但还没有变成热能的

能量必定储存在电感器的磁场中。因为式（30-47）表示 RL 电路的能量守恒原理，中间的项必定表示储存到磁场中磁势能 U_B 的速率 $\mathrm{d}U_B/\mathrm{d}t$。

于是

$$\frac{\mathrm{d}U_B}{\mathrm{d}t}=Li\frac{\mathrm{d}i}{\mathrm{d}t} \tag{30-48}$$

我们可以把这个式子写作

$$\mathrm{d}U_B=Li\mathrm{d}i$$

积分得到

$$\int_0^{U_B}\mathrm{d}U_B=\int_0^i Li\mathrm{d}i$$

或

$$U_B=\frac{1}{2}Li^2 \quad（磁场能量） \tag{30-49}$$

这个式子表示载有电流 i 的电感器 L 中储存的总能量。注意，储存在磁场中能量的表达式和储存在电容 C 并带电荷 q 的电容器的电场中能量表达式的相似性；电容器电场能量为

$$U_E=\frac{q^2}{2C} \tag{30-50}$$

（变量 i^2 对应于 q^2，自感 L 对应于 $1/C$。）

例题 30.07 储存在磁场中的能量

一个线圈具有自感53mH和电阻0.35Ω。

（a）如果在线圈两端加上12V电动势，电流达到平衡值以后磁场中储存的能量是多少？

【关键概念】

根据式（30-49）$\left(U_B=\frac{1}{2}Li^2\right)$，任何时刻储存在线圈的磁场中的能量依赖于这个时刻通过线圈的电流。

解：因此，要求平衡时储存的能量 $U_{B\infty}$，我们首先要求出平衡时的电流。由式（30-41），平衡电流是

$$i_\infty=\frac{\mathscr{E}}{R}=\frac{12\mathrm{V}}{0.35\Omega}=34.3\mathrm{A} \tag{30-51}$$

将它代入式（30-49），得到

$$U_{B\infty}=\frac{1}{2}Li_\infty^2=\frac{1}{2}(53\times10^{-3}\mathrm{H})(34.3\mathrm{A})^2$$

$$=31\mathrm{J}$$ （答案）

（b）经过多少个时间常量后，磁场中储存了平衡状态能量的一半？

解：现在我们要问，什么时刻 t，以下关系式

$$U_B=\frac{1}{2}U_{B\infty}$$

被满足？利用式（30-49）两次，我们把该能量条件重写成

$$\frac{1}{2}Li^2=\left(\frac{1}{2}\right)\frac{1}{2}Li_\infty^2$$

或

$$i=\left(\frac{1}{\sqrt{2}}\right)i_\infty \tag{30-52}$$

这个方程式告诉我们，在电流从它的初始值0增加到终了值 i_∞ 的过程中，当电流增加到这个数值时，磁场能量等于最终储存能量的一半。一般说来，i 由式（30-41）给出，这里的 i_∞［见式（30-51）］是 $\mathscr{E}/R$；所以式（30-52）变成

$$\frac{\mathscr{E}}{R}(1-\mathrm{e}^{-t/\tau_L})=\frac{\mathscr{E}}{\sqrt{2}R}$$

消去 $\mathscr{E}/R$ 并重新整理后，我们可以把这个式子写成

$$\mathrm{e}^{-t/\tau_L}=1-\frac{1}{\sqrt{2}}=0.293$$

由此得到

$$\frac{t}{\tau_L}=-\ln0.293=1.23$$

或

$$t\approx1.2\tau_L$$ （答案）

由此，加上电动势后，经过1.2个时间常量的时间，线圈中的电流产生的磁场中储存的能量达到了平衡时数值的一半。

30-8 磁场的能量密度

学习目标

学完这一单元后，你应当能够……

30.37 懂得任何磁场都有与之相联系的能量。

30.38 应用磁场的能量密度 u_B 和磁感应强度的数值 B 之间的关系。

关键概念

- 如果 B 是任何一点磁感应强度的数值（在电感器中或别的任何地方），则这一点的磁场能量密度是

$$u_B=\frac{B^2}{2\mu_0}\quad（磁场能量密度）$$

磁场的能量密度

考虑横截面面积为 A、载有电流 i 的长直螺线管中间长度为 l 的一段；这一段的体积为 Al。储存在螺线管中长度为 l 的一段内的能量 U_B 一定全部都在该体积内，这是因为螺线管外面的磁场近似为零。另外，储存的能量必定均匀分布在螺线管内，因为在内部各处磁场是（近似地）均匀分布的。

因此，磁场的单位体积中储存的能量是

$$u_B=\frac{U_B}{Al}$$

因为

$$U_B=\frac{1}{2}Li^2$$

因此有

$$u_B=\frac{Li^2}{2Al}=\frac{L}{l}\frac{i^2}{2A}\tag{30-53}$$

其中，L 是螺线管中长度为 l 的一段的自感。

代入式（30-31）中的 L/l，我们求出

$$u_B=\frac{1}{2}\mu_0n^2i^2\tag{30-54}$$

其中，n 是单位长度的匝数。由式（29-23）（$B=\mu_0in$），我们可以把这个能量密度公式写成

$$u_B=\frac{B^2}{2\mu_0}\quad（磁场能量密度）\tag{30-55}$$

这个方程式给出在磁感应强度数值是 B 的任何一点储存的磁场能量的密度。虽然我们是考虑螺线管的特殊情况而推导出这个公式的，但式（30-55）无论对于用什么方法产生出来的磁场都成立。把这个方程式和式（25-25）：

$$u_E=\frac{1}{2}\varepsilon_0E^2\tag{30-56}$$

比较一下，这是电场中任何一点的能量密度（真空中）。注意，u_B 和 u_E 都正比于相应的场的数值（B 和 E）的二次方。

检查点 7

下表列出三个螺线管的单位长度的匝数，电流和横截面面积。按照它们内部的磁场能量密度排列这三个螺线管，最大的排第一。

螺线管	单位长度的匝数	电流	面积
a	$2n_1$	i_1	$2A_1$
b	n_1	$2i_1$	A_1
c	n_1	i_1	$6A_1$

30-9 互感

学习目标

学完这一单元后，你应当能够……

30.39 描述两个线圈的互感并画出装置的略图。

30.40 计算一个线圈相对于第二个线圈（或第二个线圈中的变化着的电流）的互感。

30.41 根据互感和第二个线圈中电流的变化计算第二个线圈在第一个线圈中感应产生的电动势。

关键概念

- 如果线圈 1 和线圈 2 互相靠近，任一个线圈中的电流变化都会在另一个线圈中感应产生电动势。互感可以用下面的公式描述：

$$\mathscr{E}_2 = -M\frac{\mathrm{d}i_1}{\mathrm{d}t}$$

和

$$\mathscr{E}_1 = -M\frac{\mathrm{d}i_2}{\mathrm{d}t}$$

其中，M（用亨利为单位）是互感。

互感

这一单元我们再回到 30-1 单元中最早讨论的两个相互作用的线圈的情况，我们要以更加正规一些的方式来处理这个问题。我们以前看到，在图 30-2 中的两个线圈互相靠近，一个线圈中稳定的电流 i 会建立起通过另一个线圈的磁通量 Φ（连通到另一个线圈中）。如果我们使 i 随时间变化，则法拉第定律给出的电动势 $\mathscr{E}$ 就会出现在第二个线圈中；我们称这个过程为感应。我们把这称作**互感**其实更好，可以表示两个线圈的相互作用并区别于自感，自感的情况中只有一个线圈。

我们稍微定量一些来看看互感。图 30-19a 表示两个圆形密绕的线圈，它们互相靠近并共有中心轴。线圈 1 连接着一个调节到特定电阻 R 的可变电阻器，电池在线圈 1 中产生稳定电流 i。这些电流产生图中 $\vec{B}_1$ 的电磁感应线描绘的磁场。线圈 2 连接到一个灵敏电流计，但不连接电池；磁通量 Φ_{21}（这是线圈 1 中的电流产生并穿过线圈 2 中的磁通量）穿过线圈 2 的 N 匝导线环链。

我们定义线圈 2 对于线圈 1 中的互感 M_{21} 为

$$M_{21} = \frac{N_2\Phi_{21}}{i_1} \tag{30-57}$$

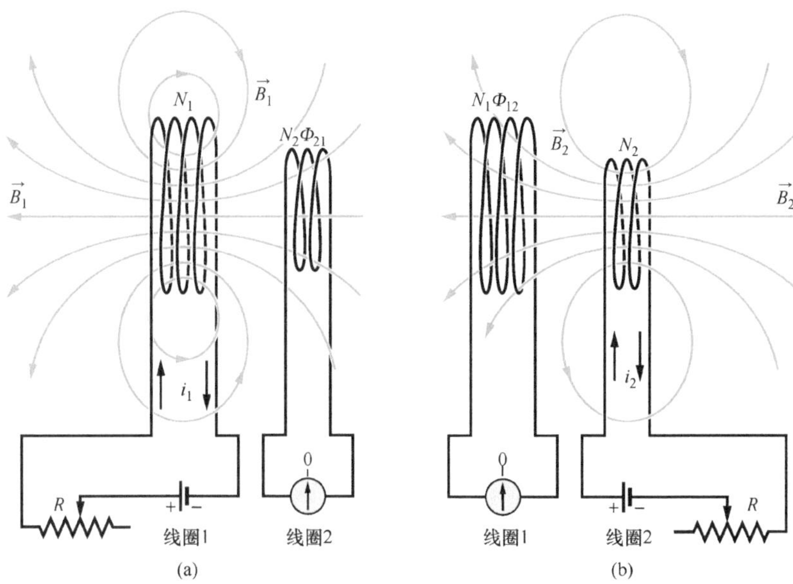

图 30-19 互感。(a) 线圈 1 中的电流 i_1 产生的磁场 $\vec{B}_1$ 延伸通过线圈 2。如果 i_1 改变(通过改变电阻 R),线圈 2 中就会感应产生电动势,连接在线圈 2 的电流计记录有电流通过。(b) 两个线圈的角色对调。

它和自感的定义式(30-28)具有同样的形式:

$$L = N\Phi/i \tag{30-58}$$

我们可以把式(30-57)重写为

$$M_{21}i_1 = N_2\Phi_{21} \tag{30-59}$$

如果我们通过改变 R_1 来使 i_1 随时间改变,我们就有

$$M_{21}\frac{\mathrm{d}i_1}{\mathrm{d}t} = N_2\frac{\mathrm{d}\Phi_{21}}{\mathrm{d}t} \tag{30-60}$$

按照法拉第定律,这个方程式的右边正好是因为线圈 1 中电流的改变引起线圈 2 中出现的电动势 $\mathscr{E}_2$ 的数值。由此,加上表示方向的负号,有

$$\mathscr{E}_2 = -M_{21}\frac{\mathrm{d}i_1}{\mathrm{d}t} \tag{30-61}$$

我们最好把这个公式和自感的公式(30-35)$\left(\mathscr{E} = -L\frac{\mathrm{d}i}{\mathrm{d}t}\right)$比较一下。

互换。我们现在将线圈 1 和线圈 2 的角色对换一下,如图 30-19b 所示;就是说,我们用电池在线圈 2 中建立电流 i_2,于是产生穿过线圈 1 的磁通量 Φ_{12}。如果我们通过改变 R 来使 i_2 随时间变化,经过和上面的同样的论证,我们就有

$$\mathscr{E}_1 = -M_{12}\frac{\mathrm{d}i_2}{\mathrm{d}t} \tag{30-62}$$

于是,我们知道了任何一个线圈中感应产生的电动势正比于另一个线圈中电流变化的速率。比例常量 M_{21} 和 M_{12} 看上去好像是不同的。不过,它们被发现是相同的,虽然我们现在还不能证明这个事实。但是我们有

$$M_{21}=M_{12}=M \tag{30-63}$$

我们可以重写式（30-61）和式（30-62）分别为

$$\mathscr{E}_2=-M\frac{\mathrm{d}i_1}{\mathrm{d}t} \tag{30-64}$$

和

$$\mathscr{E}_1=-M\frac{\mathrm{d}i_2}{\mathrm{d}t} \tag{30-65}$$

例题 30.08　两个平行线圈的互感

图30-20表示两个密绕的圆形线圈，较小的线圈（半径 R_2，N_2 匝）和较大的线圈（半径 R_1，N_1 匝）同轴并在同一平面上。

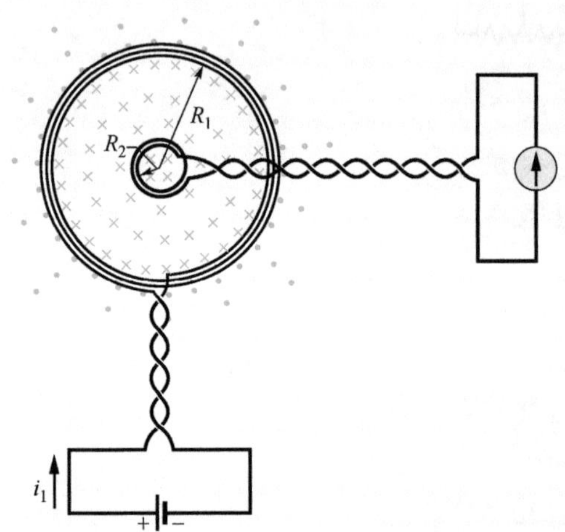

图30-20　一个小线圈放在一个大线圈的中央。两个线圈的互感可以通过大线圈中的电流 i_1 来确定。

（a）对这个含有两个线圈的装置推导互感 M 的表达式，设 $R_1\gg R_2$。

【关键概念】

这两个线圈的互感 M 是穿过一个线圈的磁链（$N\Phi$）与产生该磁链的另一个线圈中的电流 i 的比值。因此，我们要假设这两个线圈中存在的电流，然后再计算穿过两个线圈中一个的磁链。

解：较小的线圈产生的穿过较大的线圈的磁场的数值和方向都是不均匀的，所以较小的线圈产生的穿过较大线圈的磁通量也是不均匀的，因而难以计算。然而，对我们来说较小的线圈是足够小，小到我们可以认为较大的线圈产生的穿过它的磁场是近似均匀的。因此，较大的线圈产生的通过小线圈的磁通量也近似是均匀的。由此，为了求 M，我们假设较大线圈中的电流为 i_1，并求较小线圈中的磁链 $N_2\Phi_{21}$：

$$M=\frac{N_2\Phi_{21}}{i_1} \tag{30-66}$$

由式（30-2），通过小线圈每一匝的通量是

$$\Phi_{21}=B_1A_2$$

其中，B_1 是大线圈在小线圈中各点产生的磁感应强度的数值，A_2 是一匝小线圈包围的面积（$=\pi R_2^2$）。从而较小的线圈（它有 N_2 匝）中的磁链是

$$N_2\Phi_{21}=N_2B_1A_2 \tag{30-67}$$

我们用式（29-26）求小线圈中各点的 B_1，有

$$B(z)=\frac{\mu_0iR^2}{2(R^2+z^2)^{3/2}}$$

其中，z 为0，因为小线圈在大线圈的平面中。这个方程式告诉我们，大线圈的每一匝都会在小线圈中的各点产生数值为 $\mu_0i_1/2R_1$ 的磁场。大线圈（N_1 匝）在小线圈内产生的总磁感应强度的数值是

$$B_1=N_1\frac{\mu_0i_1}{2R_1} \tag{30-68}$$

将式（30-68）中的 B_1 和 $A_2=\pi R_2^2$ 代入式（30-67）中，得到

$$N_2\Phi_{21}=\frac{\pi\mu_0N_1N_2R_2^2i_1}{2R_1}$$

把这个结果代入式（30-66），我们求得

$$M=\frac{N_2\Phi_{21}}{i_1}=\frac{\pi\mu_0N_1N_2R_2^2}{2R_1}$$

（答案）（30-69）

（b）如果 $N_1=N_2=1200$ 匝，$R_2=1.1\mathrm{cm}$，$R_1=15\mathrm{cm}$，则 M 的数值是多少？

解：将已知数据代入式（30-69）得到

$$M=\frac{(\pi)(4\pi\times10^{-7}\text{H/m})(1200)(1200)(0.011\text{m})^2}{(2)(0.15\text{m})}$$

$=2.29\times10^{-3}\text{H}\approx2.3\text{mH}$ （答案）

考虑这种情况，我们把两个线圈的角色调换一下——即我们在较小的线圈中通以电流 i_2 并试着从式（30-57）计算 M，则它的形式是

$$M=\frac{N_1\Phi_{12}}{i_2}$$

Φ_{12}（由较大线圈所包围的小线圈产生的磁场的不均匀磁通量）的计算是不简单的。如果用计算机来进行数值计算，我们会得到和上面一样的结果 $M=2.3\text{mH}$！这里我们是为了强调指出式（60-63）（$M_{21}=M_{12}=M$）不是显而易见的。

PLUS 在 WileyPLUS 中可以找到附加的例题、视频和练习。

复习和总结

磁通量 在磁感应强度为 $\vec{B}$ 的磁场中，通过面积 A 的磁通量 Φ_B 的定义为

$$\Phi_B=\int\vec{B}\cdot d\vec{A} \qquad (30\text{-}1)$$

其中的积分遍及整个面积。磁通量的国际单位制单位是韦伯，$1\text{Wb}=1\text{T}\cdot\text{m}^2$。如果 $\vec{B}$ 垂直于面积并且在整个面积上是均匀的，式（30-1）变成

$$\Phi_B=BA(\vec{B}\perp A,\ \vec{B}\text{ 均匀}) \qquad (30\text{-}2)$$

法拉第电磁感应定律 如果通过被闭合的导电回路包围的面积中的磁通量 Φ_B 随时间变化，回路中就会感应产生电流和电动势；这个过程称为*电磁感应*。感生电动势是

$$\mathscr{E}=-\frac{d\Phi_B}{dt}\quad\text{（法拉第定律）} \qquad (30\text{-}4)$$

如果回路用 N 匝的密绕线圈代替，感生电动势是

$$\mathscr{E}=-N\frac{d\Phi_B}{dt} \qquad (30\text{-}5)$$

楞次定律 感应电流的方向总是使它产生的磁场反抗引起电流的磁通量的变化。感生电动势和感生电流有相同的方向。

电动势和感生电场 即使变化的磁通量所穿过的回路不是物理的导体而是想象的曲线，变化着的磁通量仍旧会感应产生电动势。变化着的磁场在这样的回路上的每一点都能感应产生电场 $\vec{E}$；感生电动势和 $\vec{E}$ 由下式联系起来：

$$\mathscr{E}=\oint\vec{E}\cdot d\vec{s} \qquad (30\text{-}19)$$

其中的积分环绕整个回路。由式（30-19），我们可以写出法拉第定律最一般的形式：

$$\oint\vec{E}\cdot d\vec{s}=-\frac{d\Phi_B}{dt}\quad\text{（法拉第定律）} \qquad (30\text{-}20)$$

变化着的磁场感应产生电场 $\vec{E}$。

电感器 电感器是能够用来在一定区域内产生磁场的器件。如果有电流 i 通过电感器的 N 匝绕组（每一匝的磁通量为 Φ_B），则电感器的**自感** L 为

$$L=\frac{N\Phi_B}{i}\quad\text{（自感的定义）} \qquad (30\text{-}28)$$

国际单位制中自感的单位是**亨［利］**（H），这里 1 亨［利］$=1\text{H}=1\text{T}\cdot\text{m}^2/\text{A}$。在横截面面积为 A 且每单位长度 n 匝的长直螺线管中段附近，每单位长度的自感是

$$\frac{L}{l}=\mu_0n^2A\quad\text{（螺线管）} \qquad (30\text{-}31)$$

自感 如果线圈中的电流 i 随时间变化，线圈中感应产生电动势，则自感电动势是

$$\mathscr{E}_L=-L\frac{di}{dt} \qquad (30\text{-}35)$$

$\mathscr{E}_L$ 的方向由楞次定律确定：自感电动势的作用是反抗引起它的变化。

串联 *RL* 电路 如果在包含电阻 R 和电感 L 的单回路电路中加上恒定的电动势 $\mathscr{E}$，则电流按下式

$$i=\frac{\mathscr{E}}{R}(1-e^{-t/\tau_L})\quad\text{（电流的增加）} \qquad (30\text{-}41)$$

逐渐增长到平衡值 $\mathscr{E}/R$。其中，$\tau_L(=L/R)$ 是**感应时间常量**。恒定的电动势源被撤除后，电流按照以下规律从 i_0 起衰减：

$$i=i_0e^{-t/\tau_L}\quad\text{（电流的衰减）} \qquad (30\text{-}45)$$

磁场能量 电感器 L 载有电流 i，电感器的磁场储存的能量由下式给出：

$$U_B=\frac{1}{2}Li^2\quad\text{（磁场能量）} \qquad (30\text{-}49)$$

如果 B 是任何一点磁感应强度的数值（在电感器内部或任何其他地方），这一点上储存的磁场能量密度是

$$u_B=\frac{B^2}{2\mu_0}\quad\text{（磁场能量密度）} \qquad (30\text{-}55)$$

互感 如果线圈 1 和线圈 2 互相靠近，任一个线圈中的电流变化都会在另一个线圈中感应产生电动势。这种互感用下式描述：

$$\mathscr{E}_2=-M\frac{di_1}{dt} \qquad (30\text{-}64)$$

和

$$\mathscr{E}_1=-M\frac{di_2}{dt} \qquad (30\text{-}65)$$

其中 M（用亨利作为单位）是互感。

习题

1. 图30-21中，一根金属棒受力以恒定速度 $\vec{v}$ 跨在两条平行金属轨道上运动，两条轨道一端用金属条连接。数值为 $B=0.125\text{T}$ 的磁场指向页面外。(a) 如果轨道间距离 $L=25.0\text{cm}$，棒的速率是 38.0cm/s，产生的电动势多大？(b) 如果金属棒的电阻是 18.0Ω，且轨道和连接用的金属条的电阻都可忽略不计，则棒中电流多大？(c) 能量转化为热能的速率是多少？(d) 使棒运动的向左的作用力的数值是多少？

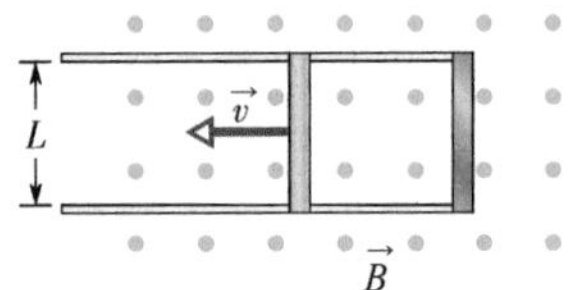

图30-21 习题1、3图

2. 线圈1有 $L_1=35\text{mH}$ 和 $N_1=100$ 匝。线圈2有 $L_2=40\text{mH}$ 和 $N_2=200$ 匝。两线圈都固定在各自的位置上；它们的互感 M 是 9.0mH。线圈1中 6.0mA 的电流以 4.0A/s 的速率变化。(a) 线圈1中的磁通量 Φ_{12} 是多少？(b) 这个线圈中出现的自感电动势多大？(c) 通过线圈2中的磁通量 Φ_{21} 是多少？(d) 在这个线圈中出现的互感电动势是多少？

3. 图30-21中的导电金属棒的长度为 L，被拉着沿水平无摩擦的导电轨道以恒定速度 $\vec{v}$ 运动。轨道的一端用金属条连接。指向页面外的均匀磁场 $\vec{B}$ 充满金属棒移动的范围。设 $L=10\text{cm}$，$v=5.0\text{m/s}$，$B=2.4\text{T}$。求金属棒中感生电动势的 (a) 数值和 (b) 方向（页面中向上或向下）。导电回路中电流的 (c) 大小和 (d) 方向。设沿棒的电阻是 0.40Ω，轨道和金属条的电阻小到可以忽略。(e) 棒以什么速率产生热能？(f) 要维持 $\vec{v}$ 不变，需要多大的外力作用于棒？(g) 这个力对棒做功的功率多大？(h) 作用于棒的磁场力数值多大？

4. N 匝的线圈C套在半径为 R、单位长度 n 匝的长直螺线管S的外面，如图30-22所示。(a) 证明线圈-螺线管组合的互感是 $M=\mu_0\pi R^2 nN$。(b) 解释为什么 M 不依赖于形状、大小，以及紧密缠绕的线圈可能造成的通量的泄漏。

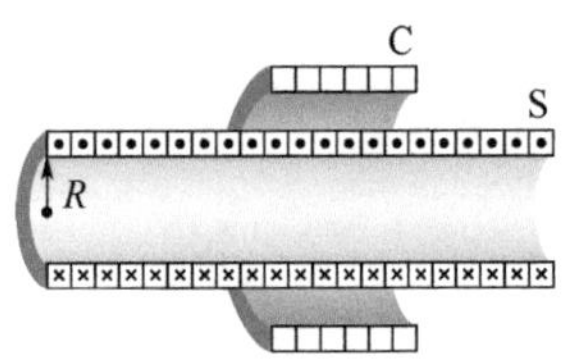

图30-22 习题4图

5. 如果将50cm长的铜导线（直径为3.00mm）做成圆形回路，垂直地放在均匀磁场中，磁场以恒定速率 30.0mT/s 增加，则回路中产生热能的速率是多少？

6. 图30-23表示一宽度 $W=20.0\text{cm}$ 的铜带，它的中部被弯曲成一个半径 $R=1.8\text{cm}$ 的管子形状，铜带其余部分平行地延伸出去，$i=35\text{mA}$ 的电流沿宽度均匀分布，管子等效于一匝的螺线管。设管子外面的磁场可以忽略不计，并且管子内部的磁场是均匀的。求 (a) 管子内部磁感应强度的数值，(b) 管子的自感（不算平面延伸部分）。

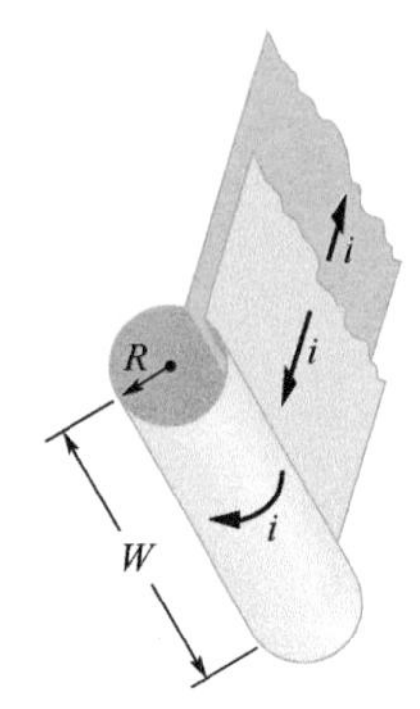

图30-23 习题6图

7. 图30-24表示两个有共同轴线的平行导线回路。较小的回路（半径为 r）在较大的回路（半径为 R）上方距离 $x\gg R$ 处。因而，较大的回路中逆时针电流 i 产生的磁场在整个小回路的范围内是近似均匀的。设 x 以恒定的速率 $\mathrm{d}x/\mathrm{d}t=v$ 增加。(a) 求穿过小回路整个面积的磁通量作为 x 的函数的表达式。[提示：参见式(29-27)。] 在较小的回路中，求：(b) 感生电动势的表达式，(c) 感生电流的方向。

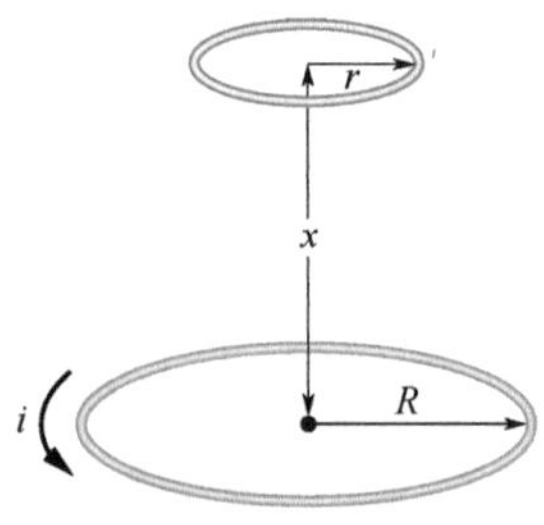

图30-24 习题7图

8. 假设图30-16中表示的电路中电池的电动势随时间 t 变化，从而电流由 $i(t)=3.0+5.0t$ 给出，i 用安[培]为单位，t 用秒。取 $R=8.0\Omega$，$L=6.0\text{H}$。求作为 t 的函数的电池电动势的表达式。（提示：应用回路定律。）

9. 极面直径为3.3cm的圆柱形磁铁产生的磁感应强度可以在29.6～31.2T的范围内以频率15Hz正弦式地变化。（绕在永久磁铁外面的导线中的电流变化引起了净磁场的变化。）这种变化在径向距离1.6cm处的感生电场的数值是多少？

10. 在 $t=0$ 时刻将一个电池连接到电阻器和电感器

的串联回路中，经过多少个感应时间常量的时间，储存在电感器中的磁场能量是它稳定状态值的0.250？

11. 串联电感器。两个电感器 L_1 和 L_2 串联，并且分开很大的距离使得其中一个的磁场不会影响到另一个。(a) 证明等效电感是

$$L_{eq}=L_1+L_2$$

（提示：复习一下串联的电阻和串联的电容的推导。哪一个和这里的情况相似？）(b) 将 (a) 推广到 N 个电感器串联其等效电感又该如何表示？

12. 12H 的电感器载有 5.0A 的电流，电流要以怎样的速率变化才可以在电感器中产生 60V 的电动势？

13. N 匝密绕矩形回路靠近一条长直导线，如图30-25所示。如果 $N=150$，$a=1.0\text{cm}$，$b=9.5\text{cm}$，$l=30\text{cm}$，回路-导线组合的互感 M 是多少？

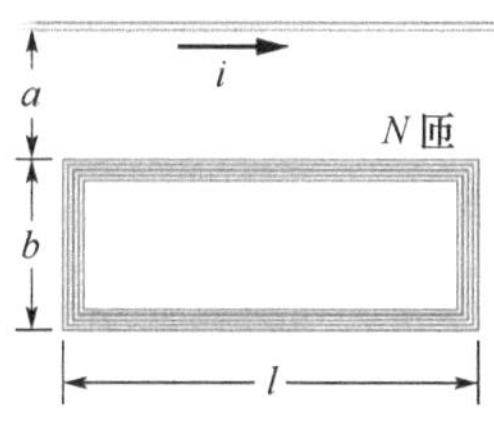

图 30-25　习题 13 图

14. 图30-26中，$\mathscr{E}=100\text{V}$，$R_1=10.0\Omega$，$R_2=20.0\Omega$，$R_3=30.0\Omega$，$L=3.50\text{H}$。开关S刚接通后的时刻 (a) i_1 和 (b) i_2 是多少？（令沿图上标出方向的电流为正，和它相反方向的电流为负值。）长时间以后，(c) i_1 和 (d) i_2 是多少？然后开关重新断开。这时 (e) i_1 和 (f) i_2 各是多少？长时间以后 (g) i_1 和 (h) i_2 又如何？

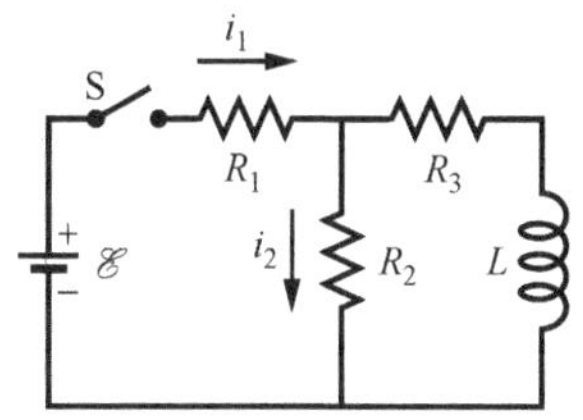

图 30-26　习题 14 图

15. 将一个线圈串联到 23.0kΩ 的电阻器上。理想电池加在这两个串联器件的两端，5.00ms 后电流达到 2.00mA。(a) 求线圈的自感。(b) 在这同一时刻，线圈中储存的能量多少？

16. 通过 4.6H 的电感器中电流随时间的变化曲线画在图 30-27 中，其中纵坐标由 $i_s=16\text{A}$ 标定，横坐标由 $t_s=6.0\text{ms}$ 标定。电感器的电阻是 12Ω。求以下时间间隔中的感生电动势 $\mathscr{E}$ 的数值：(a) 0～2ms，(b) 2～5ms，(c) 5～6ms。（忽略这些间隔终点的行为。）

17. 两个线圈固定在位置上。当线圈1中没有电流而线圈2中的电流以 21.0A/s 的速率增大时，线圈1中有感生电动势 25.0mV。(a) 它们的互感是多少？(b) 当线圈2中没有电流而线圈1中有电流 1.35A 时，线圈2中的磁链是多少？

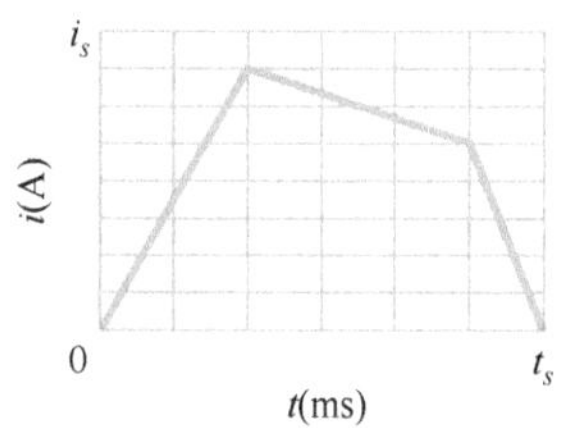

图 30-27　习题 16 图

18. 图30-15中的开关在 $t=0$ 时刻接通 a。在 (a) 刚过 $t=0$ 时刻以及 (b) $t=3.50\tau_L$ 时刻电感器的自感电动势和电池电动势之比 $\mathscr{E}_L/\mathscr{E}$ 是多少？(c) 在 τ_L 取什么倍数的时刻 $\mathscr{E}_L/\mathscr{E}=0.250$？

19. 两根半径都为 $a=0.530\text{mm}$ 的完全相同的平行长导线载有方向相反但数值相同的电流，两根导线中心到中心的距离是 $d=20.0\text{cm}$。忽略导线内部的磁通量，但要考虑两导线间区域的磁通量。单位长度导线的电感是多少？

20. 图30-28中的电感器有20匝，理想电池的电动势是16V。图30-29给出通过每一匝的磁通量 Φ 对通过电感器的电流 i 的曲线图。纵轴坐标 $\Phi_s=4.0\times10^{-4}\text{T}\cdot\text{m}^2$，横坐标 $i_s=2.00\text{A}$。如果开关在 $t=0$ 时刻接通，则在 $t=1.5\tau_L$ 时刻电流以什么速率 $\text{d}i/\text{d}t$ 变化？

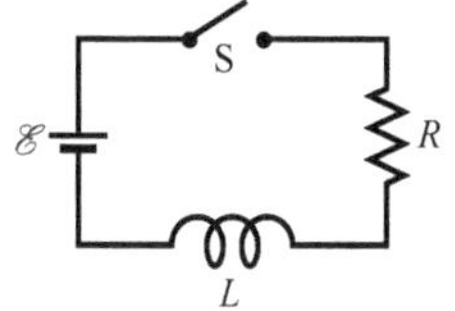

图 30-28　习题 20 图 (1)

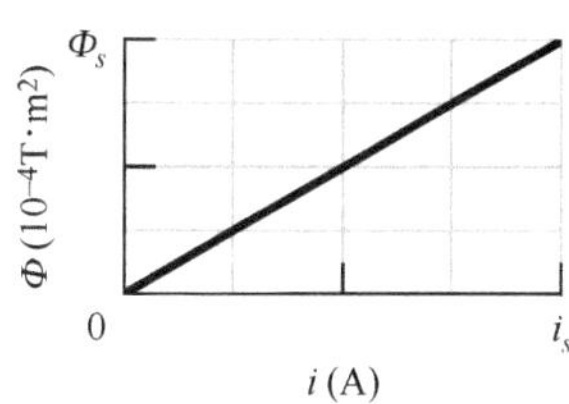

图 30-29　习题 20 图 (2)

21. 在图30-30中，一根导线被弯曲成半径 $R=0.32\text{m}$、电阻为 0.056Ω 的闭合圆形回路。圆的中心在一根长直导线上；在 $t=0$ 时刻，长直导线中的电流是向右 5.0A。此后，电流按下式变化：$i=5.0\text{A}-(2.0\text{A/s}^2)t^2$。（直导线是绝缘的，所以它和回路的导线之间没有电接触。）在 $t>0$ 时，回路中感应产生的电流多大？

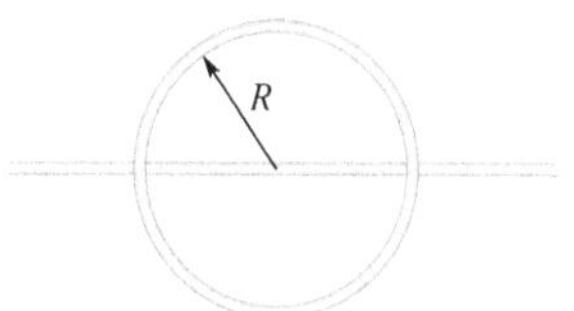

图 30-30　习题 21 图

22. 由半径为 50mm 的导线做成的圆形回路载有电流 80A。在回路中心的（a）磁感应强度和（b）能量密度各是多少？

23. 在 RL 电路中，随着从电路中撤去电池，电流在 0.025s 内从 2.30A 降到 3.40mA。如果 $L=10\mathrm{H}$，求电路中的电阻。

24. 将自感为 2.0H 的线圈和阻值为 12Ω 的电阻突然连接到 $\mathscr{E}=100\mathrm{V}$ 的理想电池上。在连接完成 0.10s 后，（a）储存到磁场中能量的速率，（b）电阻中转变成热能的速率，（c）电池释放能量的速率各是多少？

25. 铜导线载有均匀分布在它的截面上大小为 3.5A 的电流。求导线表面的（a）磁场和（b）电场的能量密度。已知导线的直径为 2.5mm，单位长度上的电阻是 3.3Ω/km。

26. 在图 30-31 中，两根直的导电轨道形成直角。放在轨道上的一根导电棒在 $t=0$ 时从顶点开始以 8.90m/s 的恒定速率沿轨道运动。磁场大小 $B=0.350\mathrm{T}$，方向指向页面外。求（a）在 $t=3.00\mathrm{s}$ 时穿过轨道和棒形成的三角形回路的磁通量，（b）这个时刻绕三角形回路的电动势。（c）如果这个电动势是 $\mathscr{E}=at^n$，其中 a 和 n 都是常量，n 的数值是多少？

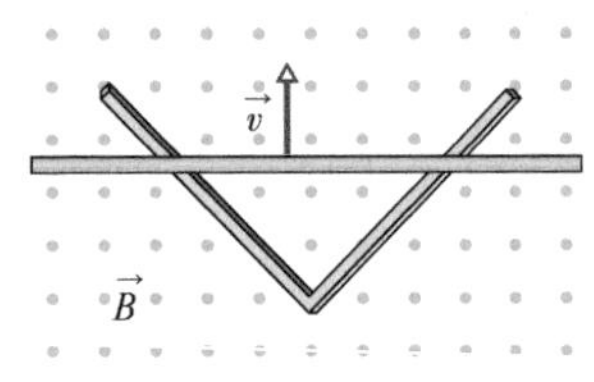

图 30-31　习题 26 图

27. 自感为 9.70μH 的螺线管和阻值为 1.20kΩ 的电阻器串联，（a）如果有一 14.0V 的电池跨接在这两个器件两端，通过电阻器的电流达到最终数值的 40.0% 要经过多长时间？（b）在 $t=0.50\tau_L$ 时通过电阻器的电流有多大？

28. 在图 30-32 中，将长 $L=50.0\mathrm{cm}$、宽 $W=20.0\mathrm{cm}$ 的导线回路放在磁场 $\vec{B}$ 中。如果 $\vec{B}=(4.00\times10^{-2}\mathrm{T/m})y\vec{k}$，求回路中感生电动势 $\mathscr{E}$ 的（a）数值和（b）的方向（顺时针或逆时针——或者如果 $\mathscr{E}=0$ 就是“没有”）。如果 $\vec{B}=(6.00\times10^{-2}\mathrm{T/s})t\vec{k}$，（c）$\mathscr{E}$ 和（d）它的方向为何？如果 $\vec{B}=[8.00\times10^{-2}\mathrm{T/(m\cdot s)}]yt\vec{k}$，（e）$\mathscr{E}$ 和（f）方向为何？如果 $\vec{B}=[3.00\times10^{-2}\mathrm{T/(m\cdot s)}]xt\vec{j}$，（g）$\mathscr{E}$ 和（h）方向为何？如果 $\vec{B}=[5.00\times10^{-2}\mathrm{T/(m\cdot s)}]yt\vec{i}$，（i）$\mathscr{E}$ 和（j）的方向为何？

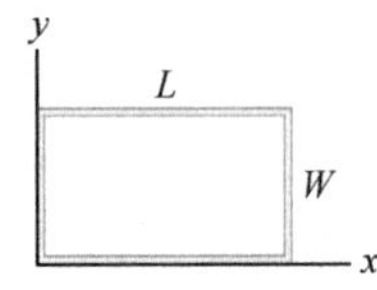

图 30-32　习题 28 图

29. 85.0cm 长的螺线管的横截面面积是 17.0cm²。它有导线 1210 匝，载有电流 6.60A。（a）计算螺线管内部磁场的能量密度。（b）求储存在磁场中的总能量（忽略两端的效应）。

30. 图 30-33a 表示包含一个电动势为 $\mathscr{E}=6.00\mu\mathrm{V}$ 的理想电池、一个电阻 R 和面积为 5.0cm² 的小的导线回路。在时间间隔 $t=10\mathrm{s}$ 到 $t=20\mathrm{s}$ 内，在整个回路建立外磁场。磁场是均匀的，它的方向指向图 30-33a 中的页面以内，磁感应强度的数值 $B=at$，B 的单位是特［斯拉］，a 是常量，t 的单位用秒。图 30-33b 给出加上外磁场以前、期间和以后电路中的电流 i。纵坐标由 $i_s=4.0\mathrm{mA}$ 标定。对这个场的数值求方程式中的常量 a。

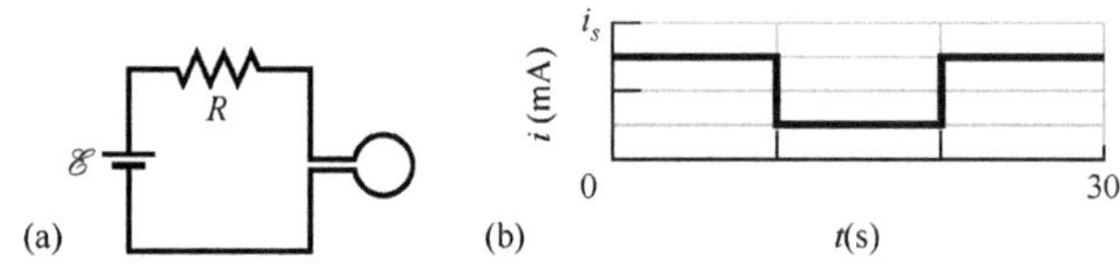

图 30-33　习题 30 图

31. 长度为 a、宽度为 b 的 N 匝矩形线圈以频率 f 在均匀的磁场 $\vec{B}$ 中转动，如图 30-34 所示。线圈连接到两个和它一同转动的圆柱体上，金属电刷在圆柱上滑动形成接触。（a）证明线圈中的感生电动势（作为时间 t 的函数）由下式给出：

$$\mathscr{E}=2\pi fNabB\sin(2\pi ft)=\mathscr{E}_0\sin(2\pi ft)$$

这是发电厂的交流发电机的原理。（b）当回路在均匀磁场 0.400T 中以转速 600r/s 转动时，Nab 为什么数值时才能得到 $\mathscr{E}_0=220\mathrm{V}$？

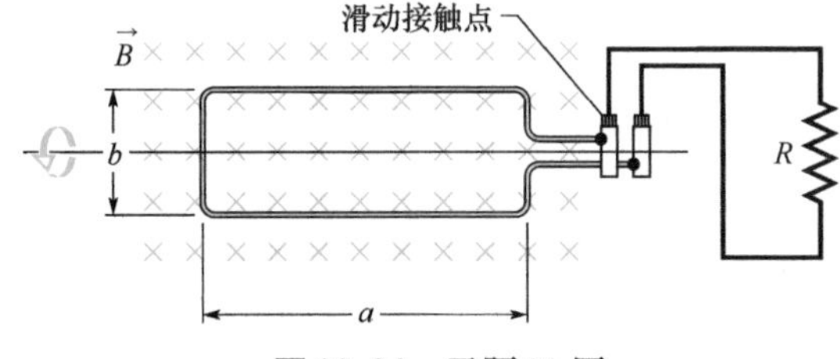

图 30-34　习题 31 图

32. 矩形线圈（面积 0.15m²）在均匀磁场 $B=0.20\mathrm{T}$ 中转动。当磁场和回路平面的法线之间的角度是 π/2 rad 并以 0.90rad/s 的速率增加时，回路中的感生电动势是多大？

33. 对于图 30-16 中的电路，设 $\mathscr{E}=10.0\mathrm{V}$，$R=112\Omega$，$L=5.50\mathrm{H}$。将理想电池在 $t=0$ 时刻连接到电路中。（a）经过第一个 2.00s，电池释放多少能量？（b）这些能量中有多少储存在电感器的磁场中？（c）这些能量中有多少消耗在电阻器产生的热能中？

34. 图 30-35a 画出两根非常长而直的平行导线的截面。导线 1 中的电流和导线 2 中的电流的比值 i_1/i_2 是 0.25。导线 1 固定在位置上，导线 2 可以沿 x 轴正的一边移动。从而改变两根导线在原点建立的磁场能量密度 u_B。

图 30-35b 给出 u_B 作为导线 2 的位置 x 的函数。在 $x\to\infty$ 时，曲线有渐近线 $u_B = 1.96\text{nJ/m}^3$，横轴坐标由 $x_s = 30.0\text{cm}$ 标定。(a) i_1 和 (b) i_2 的数值各是多少？

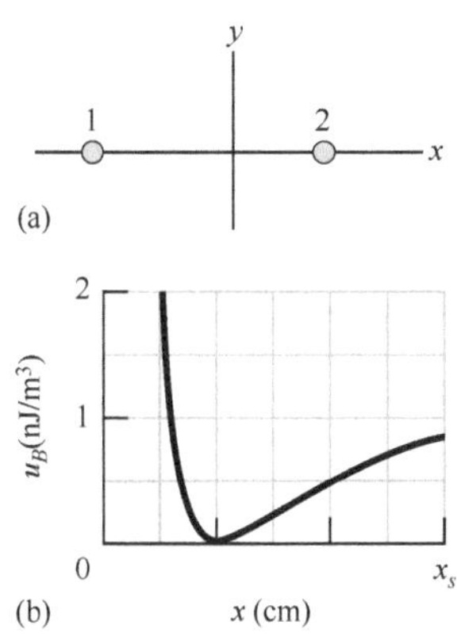

图 30-35　习题 34 图

35. 在图 30-36 中，开关 S 在 $t=0$ 时刻接通，电源的电动势可以自动调节以保持通过 S 的电流恒定。(a) 求作为时间函数的通过电感器的电流。(b) 在什么时候通过电阻器的电流等于通过电感器电流的两倍？

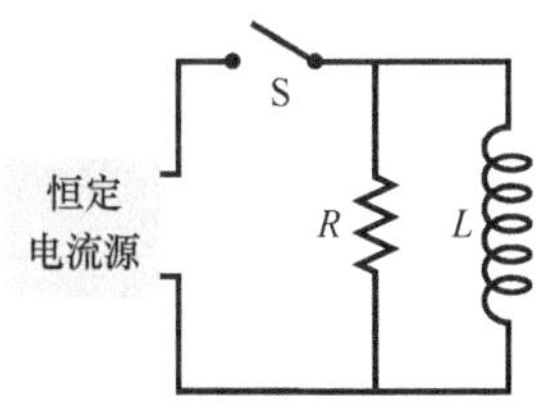

图 30-36　习题 35 图

36. 螺绕环电感器的电感是 110mH，它所包含的体积是 0.0200m^3。如果螺绕环中的平均能量密度是 70.0J/m^3，则通过此电感器的电流有多大？

37. 在 $t=0$ 时，电池被连接到电阻器和电感器的串联装置中。如果感应时间常量是 60.0ms，在什么时候电阻器上耗散能量的速率等于电感器的磁场中储存能量的速率？

38. 两个螺线管是汽车火花线圈的组成部分。一个螺线管中的电流在 2.5ms 的时间内从 6.0A 降到零，另一个螺线管中感应产生电动势 26kV。两螺线管的互感 M 是多少？

39. 面积为 2.00cm^2 的小圆形回路同心地放在半径为 1.00m 的大圆形回路的平面中。大回路中的电流从 $t=0$ 开始，在 1.00s 时间内以恒定速率从 50.0A 改变到 -50.0A（方向改变）。在 (a) $t=0$，(b) $t=0.500\text{s}$，(c) $t=1.00\text{s}$ 的各个时刻，大回路中的电流在小回路中心所产生的磁感应强度 $\vec{B}$ 的数值各是多少？(d) 从 $t=0$ 到 $t=1.00\text{s}$ 时间间隔中，$\vec{B}$ 有没有反向？因为里面的回路很小，设 $\vec{B}$ 在它的整个面积上是均匀的。(e) 在 $t=0.500\text{s}$ 时，小回路中的感生电动势多大？

40. 图 30-37 中，将长度为 $a=2.2\text{cm}$、宽度为 $b=0.80\text{cm}$、电阻 $R=0.40\text{m}\Omega$ 的导线做成矩形回路放在靠近载有电流 $i=6.9\text{A}$ 的无限长直导线附近。然后回路以恒定速率 $v=3.2\text{mm/s}$ 从导线处移开。当回路中心在距离 $r=1.5b$ 位置时，(a) 通过回路的磁通量的数值及 (b) 回路中的感生电流各是多少？

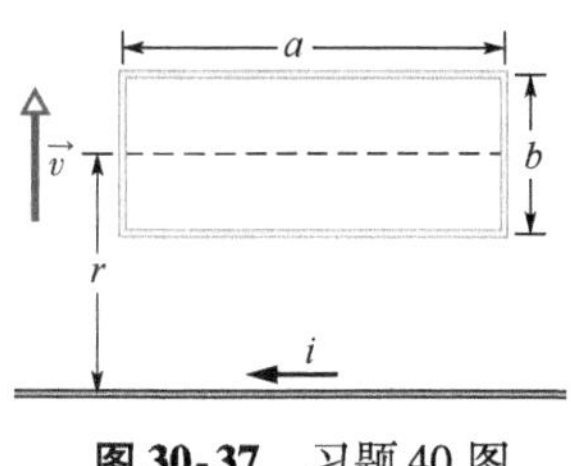

图 30-37　习题 40 图

41. 图 30-38 中，弯曲成半径 $a=1.4\text{cm}$ 的半圆形的刚性导线以恒定的角速率 30rev/s 在 20mT 的均匀磁场中转动。求回路中的感生电动势的 (a) 频率和 (b) 振幅。

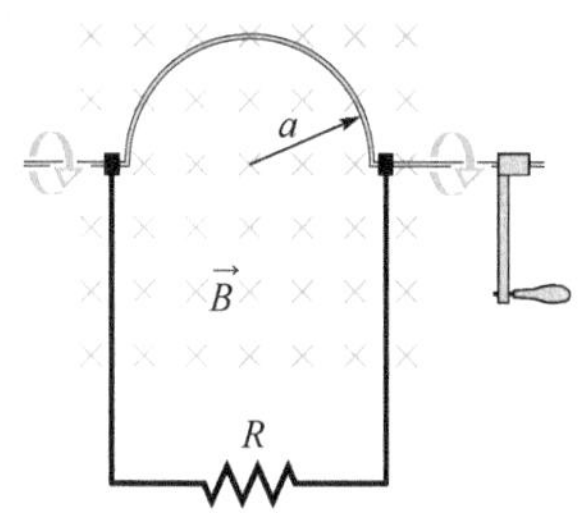

图 30-38　习题 41 图

42. 在 RL 电路中，在 3.00s 内电流达到它的稳定值的三分之一。求感应时间常量。

43. 从图 30-39 中可以看到，正方形导线回路的边长为 3.0cm。磁场指向页面外，它的数值是 $B=5.0t^2y$，其中，B 的单位是特［斯拉］，t 的单位是秒，y 的单位是米。求在 $t=2.5\text{s}$ 时，回路中感生电动势的 (a) 数值和 (b) 方向。

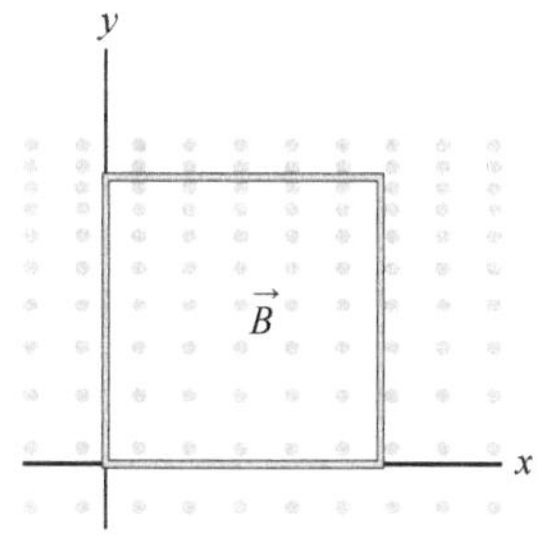

图 30-39　习题 43 图

44. 图 30-40a 表示做成矩形的导线（$W=20\text{cm}$，$H=40\text{cm}$），它的电阻是 $5.0\text{m}\Omega$。它的内部被分成磁场分别是 $\vec{B}_1$、$\vec{B}_2$ 和 $\vec{B}_3$ 的三个面积相等的区域，在每个区域内磁场是均匀的，方向有的向外有的向内，如图上所示。图 30-40b 给出三个场的 z 分量 B_z 随时间的变化，纵轴标度 $B_s=4.0\mu\text{T}$，$B_b=-2.5B_s$，横轴标度 $t_s=2.0\text{s}$。求导线中感应产生的电流的 (a) 数值和 (b) 方向。

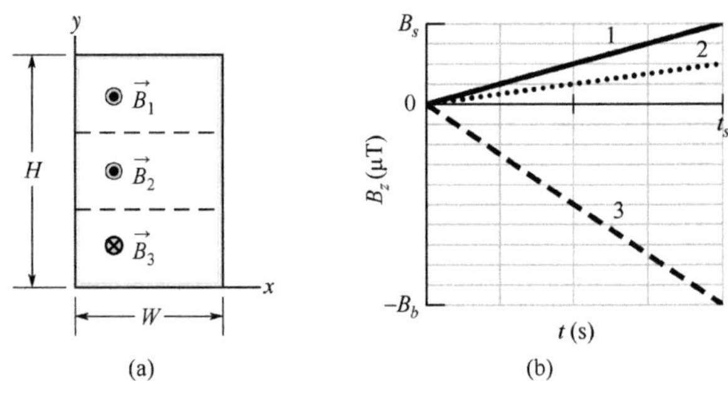

图 30-40 习题 44 图

45. 和 20mT 的磁场具有同样能量密度的均匀电场的数值是多少?

46. 将半径为 25cm、电阻为 8.5Ω 的导线回路放在均匀的磁场 $\vec{B}$ 中。B 的数值变化画在图 30-41 中。纵轴坐标由 $B_s = 0.80\text{T}$ 标定，横轴标度 $t_s = 6.00\text{s}$。回路平面垂直于 $\vec{B}$。在 (a) 0 到 2.0s，(b) 2.0s 到 4.0s，(c) 4.0s 到 6.0s 的各时间间隔内回路中感生电动势各是多大?

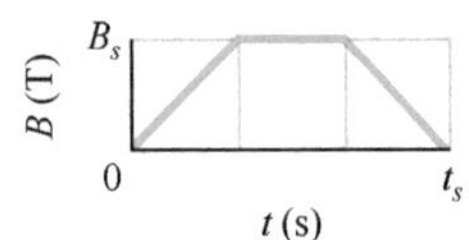

图 30-41 习题 46 图

47. 长直螺线管的直径是 12.0cm。当它的绕组中有电流 i 时，在它的内部产生均匀磁场的数值是 $B = 30.0\text{mT}$。随着 i 的减小，引起磁场以速率 6.50mT/s 减小。计算距离螺线管的轴线 (a) 4.20cm 和 (b) 10.3cm 处的感生电场的数值。

48. 图 30-42 表示一个闭合的导线回路，回路由两个半径都是 3.7cm 的相同的半圆组成，两个半圆在相互垂直的平面上。回路是将平面圆形回路沿一条直径弯折直到两半圆互相垂直而成。数值为 61mT 的均匀磁场 $\vec{B}$ 垂直于弯折的直径并和两半圆的平面各成相等的角度 (45°)。磁场在 7.9ms 时间内以均匀的速率减小到零。求在这段时间内，回路中的感生电动势的 (a) 数值和 (b) 方向 (沿着 $\vec{B}$ 的方向观察，是顺时针还是逆时针)。

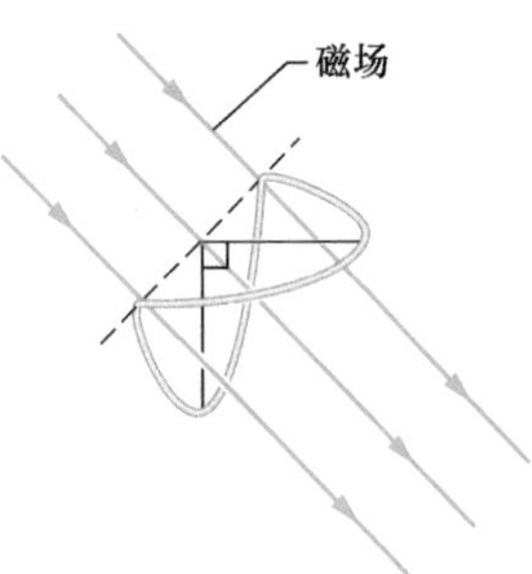

图 30-42 习题 48 图

49. 两个线圈按如图 30-43 所示方式连接，各个线圈的自感分别为 L_1 和 L_2。它们的互感是 M。(a) 证明这个组合可以用单个线圈代替，它的等效自感是

$$L_{eq} = L_1 + L_2 + 2M$$

(b) 图 30-43 中的两个线圈怎样重新连接才可以得到以下的等效自感:

$$L_{eq} = L_1 + L_2 - 2M$$

(这个习题是习题 11 的引伸，但要将两个线圈分开很远的条件取消。)

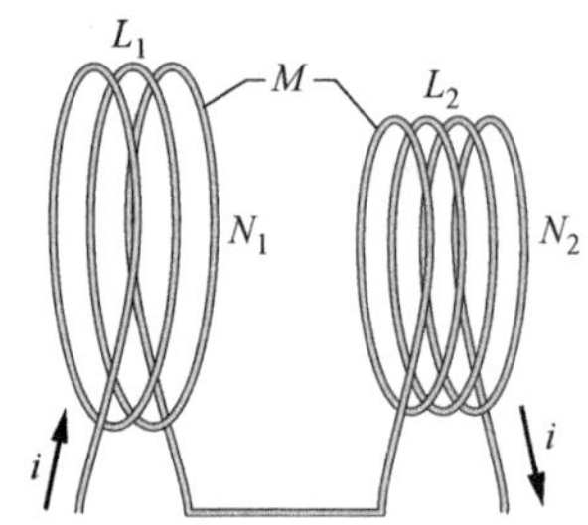

图 30-43 习题 49 图

50. *并联电感器*。两个电感器 L_1 和 L_2 并联，并且分开很大的距离使一个电感器的磁场不影响另一个。(a) 证明等效自感是

$$\frac{1}{L_{eq}} = \frac{1}{L_1} + \frac{1}{L_2}$$

(提示：复习一下并联电阻器和并联电容器有关的推导。哪一个和这里的情况相似呢?) (b) 将 (a) 的结果推广到 N 个电感器并联得到什么结果呢?

51. 一个面积为 3.1mm^2 的小回路放在 672 匝/cm 的长直螺线管内部，螺线管载有振幅 1.28A 和角频率 212rad/s 的正弦式变化的电流。回路和螺线管的中心轴重合。回路中的感生电动势是多大?

52. 地球上某个地方的地磁场的数值是 $B = 0.590$ 高斯并且偏斜向下和水平面成 70.0°角。一个水平放置的圆形导线平面线圈的半径是 10.0cm，共有 2500 匝，总电阻 85.0Ω。将它串联到电阻为 140Ω 的电流计上，线圈绕直径翻转半圈后又成为水平。在此翻转过程中有多少电荷流过电流计?

53. 边长 2.00m 的正方形导线回路垂直于均匀磁场放置，回路的一半面积在磁场中，如图 30-44 所示。回路中有电动势 $\mathscr{E} = 12.0\text{V}$ 的理想电池。如果磁场的数值随时间变化的规律是 $B = 0.603 - 1.25t$，B 的单位是特斯拉，t 的单位是秒。求 (a) 电路中的净感生电动势和 (b) (净) 电流绕回路的方向。

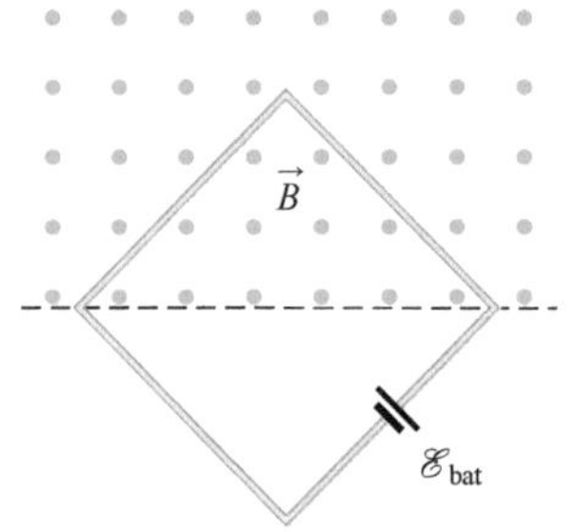

图 30-44 习题 53 图

54. 图 30-45a 中一个圆形导线回路和一个螺线管同心并在垂直于螺线管中心轴的平面上。回路半径为 6.00cm，螺线管的半径是 2.00cm，有 5000 匝/m，通以图 30-45b 中给出的随时间变化的电流 i_{sol}。图上纵坐标由 $i_s = 1.00\text{A}$ 标定，横坐标由 $t_s = 2.0\text{s}$ 标定。图 30-45c 表示回路中转化为热能 E_{th} 的时间函数曲线；纵坐标由 $E_s = 100.0\text{mJ}$ 标定。回路的电阻是多少？

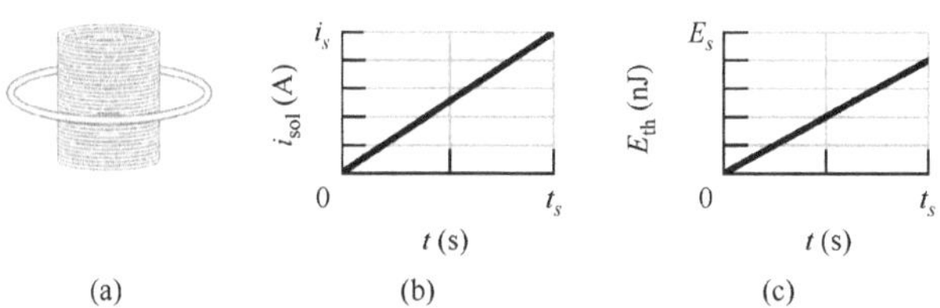

图 30-45　习题 54 图

55. 图 30-46 表示一根长度 $L = 12.0\text{cm}$ 的棒受到力的作用以恒定的速率 $v = 5.00\text{m/s}$ 在水平的轨道上运动。棒、轨道和右边的连接条构成导电回路。棒的电阻是 0.400Ω，回路其余部分的电阻都可忽略不计。一根距离回路 $a = 5.00\text{mm}$ 的长直导线中的电流 $i = 100\text{A}$ 建立起穿过回路的（不均匀）磁场。求：回路中的（a）感生电动势和（b）感生电流。（c）棒中产生热能的速率。（d）要使棒以恒定的速率移动，必须作用于棒的力的大小。（e）这个力对棒做功的功率。

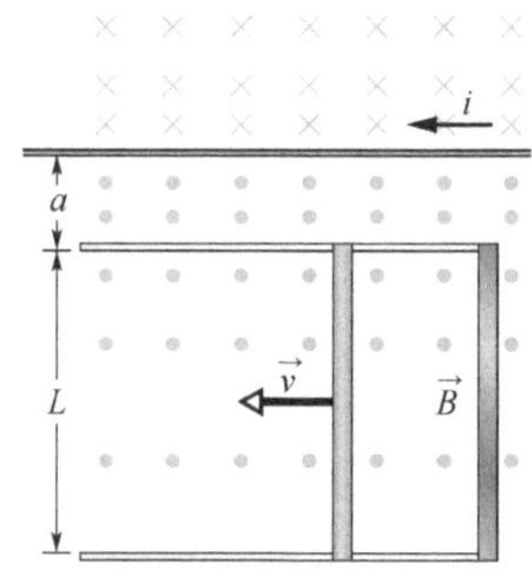

图 30-46　习题 55 图

56. 横截面是正方形的木制芯子的螺绕环的内半径是 10cm，外半径是 12cm。其上绕了一层导线（直径 1.0mm，单位长度上的电阻为 $0.025\Omega/\text{m}$）。求（a）自感，（b）绕成的螺绕环的感应时间常量，忽略导线上绝缘包皮的厚度。

57. 在给定时刻，电感器中的电流和自感电动势的方向如图 30-47 所示。（a）电流是在增加还是在减少？（b）自感电动势是 23V，电流变化的速率是 18kA/s；求自感。

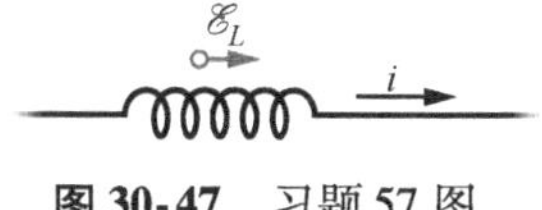

图 30-47　习题 57 图

58. 图 30-48 中的导线安排是 $a = 12.0\text{cm}$，$b = 16.0\text{cm}$。长直导线中的电流是 $i = 6.50t^2 - 10.0t$，其中 i 的单位用安［培］，t 的单位用秒。（a）求 $t = 3.00\text{s}$ 时正方形回路中的电动势。（b）求回路中感生电流的方向。

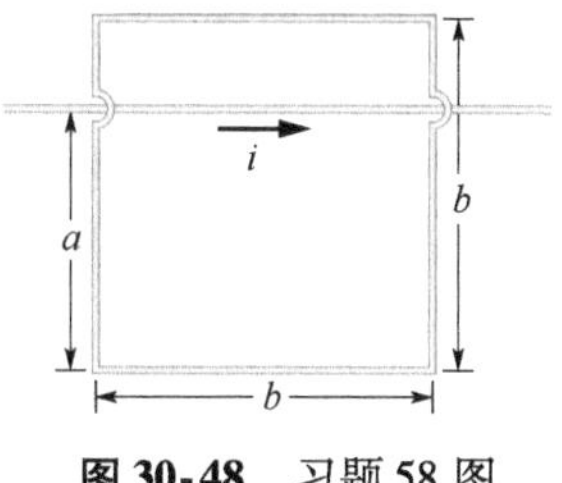

图 30-48　习题 58 图

59. 在 $t = 0$ 时将电池连接到 RL 串联电路中。经过多少个 τ_L 时间后电流小于平衡值的 1.00%？

60. x-y 平面上一个圆形的区域中有沿正 z 方向的均匀磁场穿过。场的数值 B（特斯拉）随时间 t（秒）按公式 $B = at$ 增加，其中 a 是常量。增强的磁场所感生的电场的数值 E 关于径向距离 r 的曲线如图30-49所示。纵坐标由 $E_s = 600\mu\text{N/C}$ 标定，横坐标由 $r_s = 4.00\text{cm}$ 标定。求常量 a。

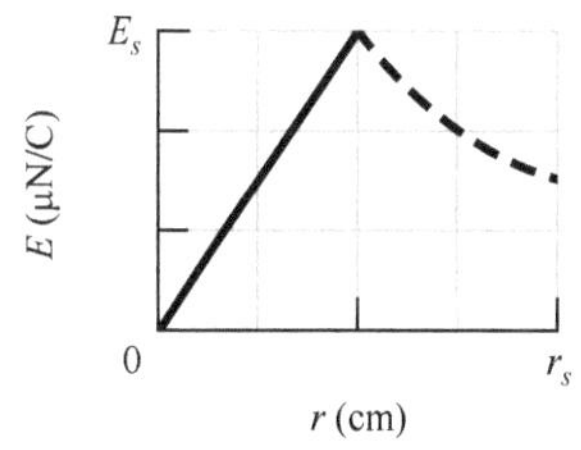

图 30-49　习题 60 图

61. 圆形线圈的半径是 15.0cm，它由 30.0 匝密绕的导线制成。外部产生的数值为 2.60mT 的磁场垂直穿过线圈。（a）如果线圈中没有电流，则它有多少匝磁链？（b）当线圈中某个方向有电流 2.80A 通过时，通过线圈的净通量消失为零。线圈的自感是多少？

62. 将一种有弹性的导电材料拉成 10.0cm 半径的圆形回路。将它的平面垂直于均匀磁场 0.800T 放置。放手后，回路开始以瞬时速率 75.0cm/s 收缩。在这一瞬间回路中的感生电动势是多大？

63. 图 30-50 中的四个电感器的电感分别是 $L_1 = 50.0\text{mH}$，$L_2 = 80.0\text{mH}$，$L_3 = 20.0\text{mH}$，$L_4 = 15.0\text{mH}$，它们被连接到变化的电流源上。这个排列的等效电感是多少？（先看看习题 11 和习题 50。）

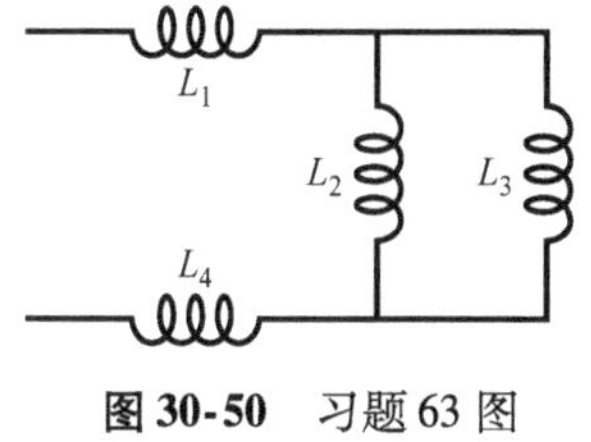

图 30-50　习题 63 图

64. 均匀磁场 $\vec{B}$ 垂直于直径为 12cm 的圆形回路的平

面，回路由直径 2.5mm、电阻率 $1.69\times10^{-8}\Omega\cdot m$ 的导线绕成。要在回路中感应产生 10A 的电流，$\vec{B}$ 的数值必须以多大的速率变化？

65. 向两根直径 4.0mm 的很长的平行铜导线通以相反方向的电流 7.0A。(a) 设它们的中心轴相距 20mm，计算这两根导线的中心轴之间每米导线在空间中的磁通量。(b) 这些通量中有多少百分比在导线里面？(c) 对于平行的电流，重复 (a) 的计算。

66. 图 30-51a 中，均匀磁场 $\vec{B}$ 的数值随时间按照图 30-51b 中的曲线增加。图中纵坐标由 $B_s=9.0$mT 标定，横坐标由 $t_s=3.0$s 标定。一个面积为 $8.0\times10^{-4}m^2$ 的圆形导电回路放在磁场中。回路平放在页面上。通过回路中 A 点的电荷量作为 t 的函数曲线在画在图 30-51c 中。图中纵坐标由 $q_s=12$mC 标定，横坐标由 $t_s=1.5$s 标定。回路的电阻多大？

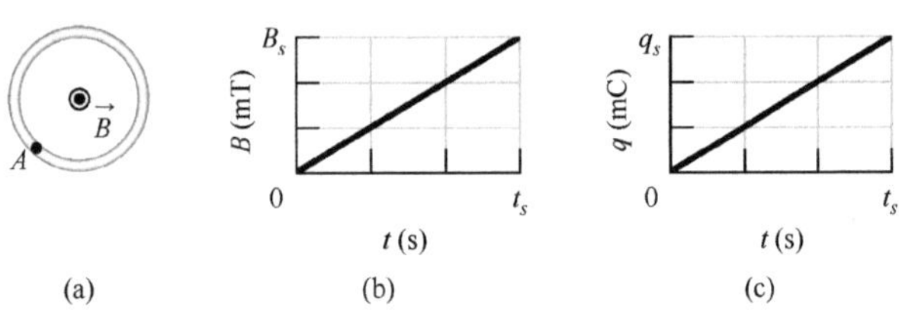

图 30-51 习题 66 图

67. 图30-52 中，半径 1.8cm、电阻 5.3Ω 的 120 匝线圈与直径 3.2cm、220 匝/cm 的螺线管同轴。螺线管中的电流在时间间隔 $\Delta t=0.67$s 内从 0.42A 降到零。在 Δt 时间内线圈中感应产生的电流多大？

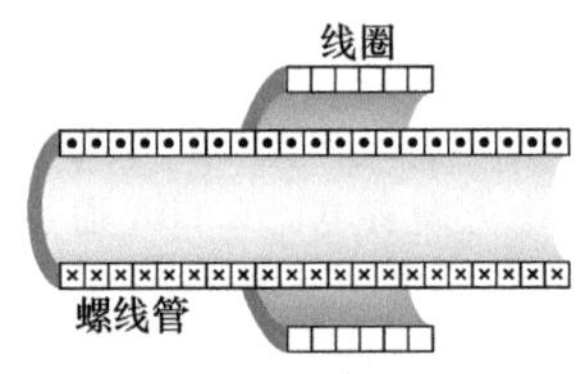

图 30-52 习题 67 图

68. 面积 2.00cm² 和电阻 5.21μΩ 的回路天线垂直于数值为 21.0μT 的均匀磁场，在 2.96ms 内，场的数值降到零。由于场的变化回路中将产生多少热能？

69. 发电机的线圈由 100 匝导线绕成，每一匝做成 50.0cm × 30.0cm 的矩形回路。线圈整个放在数值 $B=4.30$T 的均匀磁场中，$\vec{B}$ 起初垂直于线圈平面。当线圈以 1278r/min 的转速绕垂直于 $\vec{B}$ 的轴自转时，感生电动势的最大值是多少？

70. 图 30-53 中有两个半径分别为 $r_1=20.0$cm 和 $r_2=30.0$cm 的圆形区域 R_1 和 R_2。在 R_1 中，数值为 $B_1=60.0$mT 的均匀磁场指向页面内。在 R_2 中，数值为 $B_2=75.0$mT 的均匀磁场指向页面外（忽略边缘效应）。两个磁场都以 8.50mT/s 的速率减小。求 (a) 路径 1、(b) 路径 2 和 (c) 路径 3 的 $\oint\vec{E}\cdot d\vec{s}$。

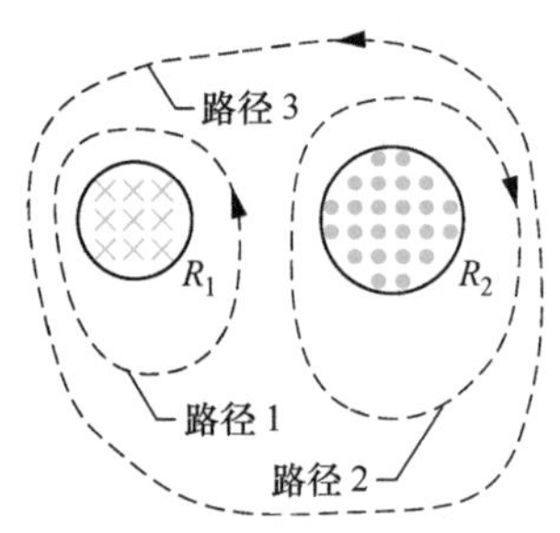

图 30-53 习题 70 图

71. 图 30-54 中，将直径为 10cm 的圆形导线回路（从侧面看）放在它的法线 $\vec{N}$ 和数值为 1.5T 的均匀磁场 $\vec{B}$ 的方向成 $\theta=20°$ 的位置，然后将回路按这样的方式转动：即 $\vec{N}$ 绕场的方向以 100r/min 的转速沿一个圆锥转动；角度 θ 在转动过程中保持不变。回路中感应产生的电动势有多大？

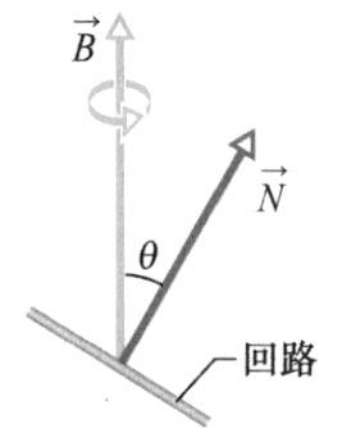

图 30-54 习题 71 图

72. 400 匝的密绕线圈的自感是 8.0mH。求有电流 12.0mA 通过线圈时的磁通量。

73. 将 100 匝（绝缘的）铜导线绕在截面面积为 $1.90\times10^{-3}m^2$ 的木制圆柱形芯子上。导线两端连接到一个电阻器上。电路中的总电阻是 9.50Ω。如果有外来的均匀纵向磁场加在芯子上，从一个方向上的 1.60T 改变到相反方向上的 1.60T，在这个变化过程中有多少电荷通过电路中的一点？

74. 将一根导线弯曲成三段圆弧，每一段的半径都是 $r=10$cm，如图 30-55 所示。每一段是一个圆形象限，ab 在 x-y 平面内，bc 在 y-z 平面内，ca 在 z-x 平面内。(a) 如果有一指向正 x 方向的均匀磁场 $\vec{B}$，当 B 以 9.0mT/s 的速率增加时，导线中的感生电动势多大？(b) bc 段中电流的方向如何？

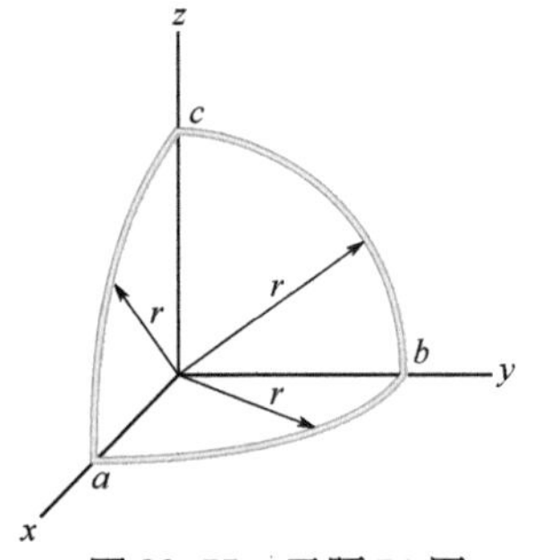

图 30-55 习题 74 图

75. 图 30-56 中，$R=15\Omega$，$L=15\text{H}$。理想电池的电动势 $\mathscr{E}=10\text{V}$，上面支路中的熔丝是理想的 3.0A 熔丝。只要通过熔丝的电流保持小于 3.0A，它的电阻总是零。如果电流达到 3.0A，熔丝就会“烧断”，从此以后电阻变成无限大。开关 S 在 $t=0$ 时刻接通。(a) 熔丝什么时候烧断？[提示：不能应用式(30-41)，重新考虑式（30-39）。] (b) 画出通过电感器的电流作为时间函数的曲线图。标出熔丝烧断的时刻。

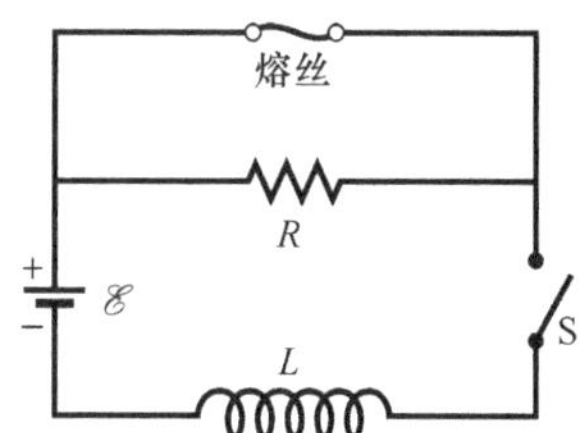

图 30-56　习题 75 图

76. 图 30-57 中，宽度为 L、电阻为 R、质量为 m 的矩形导电回路悬挂在水平、均匀并指向页面内的均匀磁场 $\vec{B}$ 中，磁场只存在于直线 aa 以上区域。然后回路落下；在下落过程中，它开始做加速运动直到它达到一个极限速率 v_t。忽略空气的阻力，求 v_t 的表达式。

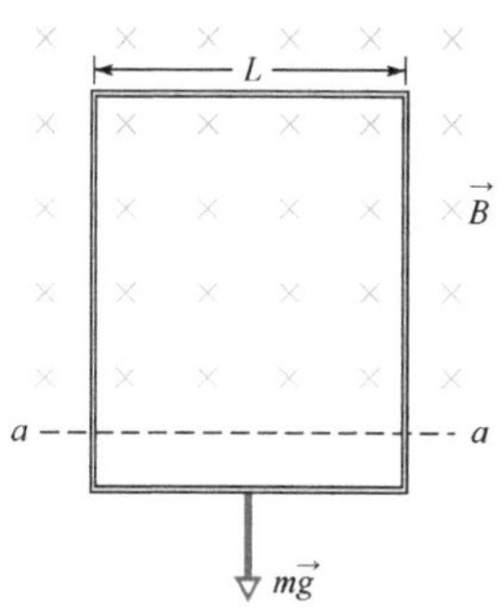

图 30-57　习题 76 图

77. 图 30-58 中，穿过回路的磁通量按照以下关系式增加：$\Phi_B=3.0t^2+7.0t$，其中 Φ_B 的单位是毫韦伯，t 的单位是秒。(a) 在 $t=1.5\text{s}$ 时感生电动势的数值是多少？(b) 通过 R 的电流的方向是向右还是向左？

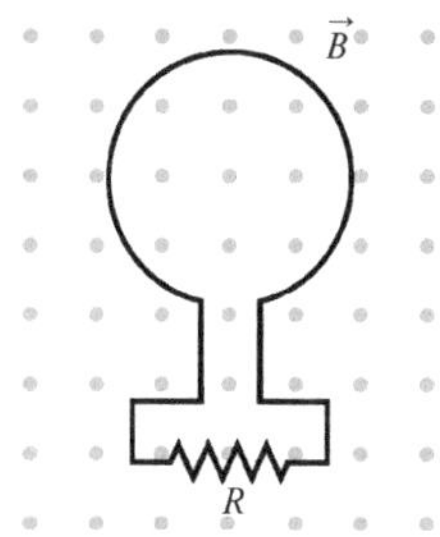

图 30-58　习题 77 图

CHAPTER 31

第31章 电磁振荡与交流电

31-1 *LC* 振荡

学习目标

学完这一单元后，你应当能够……

31.01 画出 LC 振荡器简图并说明哪些物理量在振荡及什么物理量决定振荡的周期。

31.02 对 LC 振荡器，分别画出跨电容器两板间的电势差和通过电感器的电流作为时间函数的曲线图，并标出每一曲线图上的周期 T。

31.03 说明木块-弹簧振荡器和 LC 振荡器的相似性。

31.04 对 LC 振荡器，应用角频率 ω（及相关的频率 f 与周期 T）和电感及电容的数值之间的关系。

31.05 从木块-弹簧系统的能量开始，说明 LC 振荡器中的电荷 q 的微分方程的导出，然后确认 $q(t)$ 的解。

31.06 对 LC 振荡器，计算电容器上任何给定时刻的电荷 q 并确认电荷振荡的振幅 Q。

31.07 从给出的 LC 振荡器中电容器上电荷 $q(t)$ 的方程式出发，求电感器中作为时间函数的电流 $i(t)$。

31.08 对 LC 振荡器，计算任何时刻电感器中的电流 i 并确认电流振荡的振幅 I。

31.09 对 LC 振荡器，应用电荷振幅 Q、电流振幅 I 及角频率 ω 之间的关系。

31.10 从 LC 振荡器中电荷 q 与电流 i 的表达式求磁场能量 $U_B(t)$ 和电场能量 $U_E(t)$ 以及总能量。

31.11 对 LC 振荡器，分别画出磁场能量 $U_B(t)$、电场能量 $U_E(t)$ 和总能量的时间函数曲线图。

31.12 计算磁场能量 U_B 和电场能量 U_E 的最大值，并且求出总能量。

关键概念

- 在振荡着的 LC 电路中，能量在电容器形成的电场和电感器形成的磁场之间周期性地来回变换，两种形式能量的瞬时值分别是

$$U_E=\frac{q^2}{2C}\text{和 } U_B=\frac{Li^2}{2}$$

其中，q 是电容器上电荷的瞬时值；i 是通过电感器中的瞬时电流。

- 总能量 $U(=U_E+U_B)$ 保持为常量。
- 由能量守恒原理得出

$$L\frac{\mathrm{d}^2q}{\mathrm{d}t^2}+\frac{1}{C}q=0 \quad (LC\text{ 振荡})$$

是 LC 振荡的微分方程（没有电阻）。

- 这个微分方程的解是

$$q=Q\cos(\omega t+\phi) \quad (\text{电荷})$$

其中，Q 是电荷振幅（电容器上电荷的最大值），振荡的角频率 ω 是

$$\omega=\frac{1}{\sqrt{LC}}$$

- 相位常量 ϕ 由系统的（$t=0$ 时刻的）初始条件决定。
- 任何时刻 t，系统中的电流 i 是

$$i=-\omega Q\sin(\omega t+\phi) \quad (\text{电流})$$

其中，ωQ 是电流振幅 I。

什么是物理学?

我们已经探究过了电场和磁场的基础物理学以及能量怎样储存在电容器和电感器中。下面我们要转向有关的应用物理学，其中储存在一个地方的能量可以转移到另一个地方，这样它就可以拿来应用。例如，发电厂产生的电能可以输送到你家里来驱动计算机。这个应用物理学的全部价值是如此之高，高到几乎无法估量。确实，没有这种应用物理学，现代文明是不可能存在的。

在世界的大部分地区，电能不是作为直流电传送的，而是作为正弦式振荡的电流（交流电或 ac）传输的。对物理学家，同时也是对工程师的挑战是，设计出有效地传输能量和建立使用这种能量的交流电系统。我们这里的第一步是研究包含电感 L 和电容 C 的电路中的振荡。

LC 振荡：定性讨论

关于三种电路元件，电阻 R、电容 C 和电感 L，到现在为止，我们已经讨论过 RC（27-4 单元）和 RL（30-6 单元）中的串联组合。在这两类电路中，我们发现电荷、电流和电势差都是指数式地增加或减少的，增长或衰减的时间尺度由时间常量 τ 给出，不论电容的或电感的电路都是如此。

现在考察余下的二元电路组合 LC。我们将会看到，在这种情况下电荷、电流和电势差不随时间指数式地衰减而是正弦式地变化（变化周期为 T，角频率为 ω）。电容器的电场和电感器的磁场之间发生的振荡被称作**电磁振荡**。我们说这样的电路在振荡。

图 31-1a ~ h 表示在简单的 LC 电路中振荡的相继各阶段。由式(25-21)，任何时刻储存在电容器的电场中的能量是

$$U_E=\frac{q^2}{2C} \tag{31-1}$$

其中，q 是当时在电容器上的电荷。由式（30-49），任何时刻储存在电感器的磁场中的能量是

$$U_B=\frac{Li^2}{2} \tag{31-2}$$

其中，i 是当时通过电感器的电流。

我们现在按习惯采用小写字母来描写正弦式振荡电路中的电学量的瞬时值，例如，q。用大写字母，例如 Q，表示这些量的振幅。记住了这个习惯，我们假设，起初图 31-1 中电容器上的电荷 q 是它的最大值 Q，而通过电感器的电流 i 是零。这个电路的初始状态画在图 31-1a 中。图上能量用方块图表示，在这个时刻，通过电感器的电流是零，电容器上有最大值的电荷，所以磁场的能量 U_B 是零，电场的能量 U_E 是最大值。当电路振荡时，储存的能量从一种形式到另一种形式来回变化，但总量保持不变。

现在电容器开始通过电感器放电，正电荷载流子沿逆时针方向运动，如图31-1b所示。这意味着由 dq/dt 给出的、在电感器中方向向下的电流 i 建立起来了。随着电容器上的电荷减少，储存在电容器的电场中的能量也随之减少。能量转化到电感器周围出现的磁场中，因为在电感器中建立起了电流 i。于是，随着电场的减弱和磁场的建立，能量从电场转移到了磁场。

终于电容器失去了所有的电荷（见图31-1c），从而它的电场及储存在电场中的能量也都消失。能量已经全部被转移到电感器的磁场中。于是磁场达到它的最大数值，通过电感器的电流也达到最大值 I。

虽然电容器上的电荷现在是零，但逆时针的电流必定还在继续流动，因为电感器不允许它突然变到零。电流继续将电容器上面极板中的正电荷通过电路转移到下面的极板（见图31-1d）。随着电容器中的电场的重新建立，现在能量从电感器流回电容器，在这个能量转移过程中电流逐渐减小，直到能量完全转移回到电容器中（见图31-1e），电流降到零（瞬时地）。图31-1e中的情况很像初始的状况，只是现在电容器反方向充电。

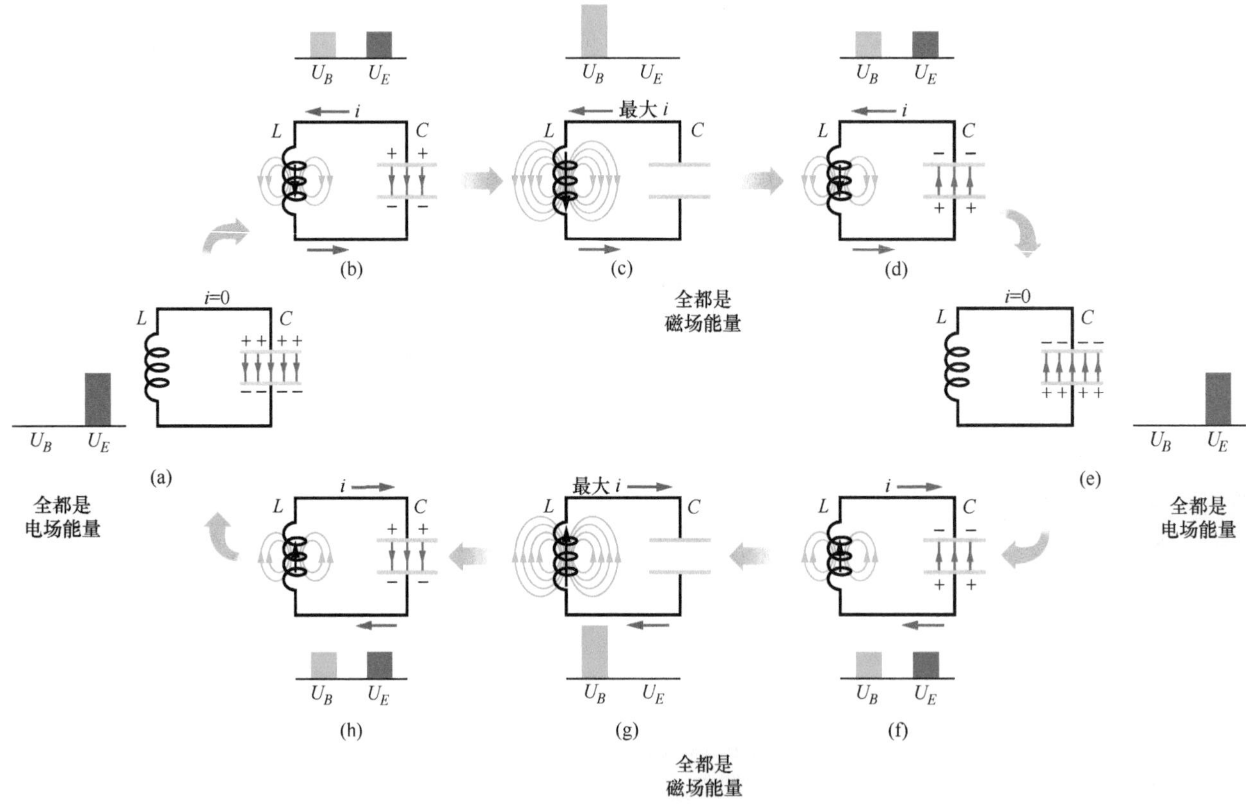

图31-1　无电阻 LC 电路振荡的一个周期中的8个阶段。每幅小图中的条形图表示储存的电场和磁场的能量。图中画出了电感器的磁场线和电容器的电场线。(a) 电容器有最大电荷，没有电流。(b) 电容器放电，电流增大。(c) 电容器完全放电完毕，电流最大。(d) 电容器充电，但正负极和 (a) 中的相反。电流减小。(e) 电容器有和 (a) 中极性相反的最大电荷，没有电流。(f) 电容器放电，电流增大，方向和 (b) 中的相反。(g) 电容器完全放电，电流最大。(h) 电容器充电，电流减小。

于是电容器又开始放电，但现在的电流是顺时针方向（见图31-1f）。和前面的讨论一样，我们看到，顺时针电流达到最大（见图31-1g），然后减小（见图31-1h），直到电路完全回到它的初始状态（见图31-1a）。然后，这样的过程以某个频率f，也就是以某个角频率$\omega=2\pi f$不断地重复。在没有电阻的理想LC电路中，能量除了在电容器的电场和电感器的磁场之间转移以外，没有能量转化为其他形式的能量。由于能量的守恒，这种振荡会不停地继续下去。振荡不需要从所有能量都在电场中的情况开始，初始状态可以是振荡的其他任何阶段。

为了确定电容器上作为时间函数的电荷q，我们可以用伏特计测量随时间变化的电容器C两板间的电势差（或电压）v_C。由式(25-1)，我们可以写出：

$$v_C=\left(\frac{1}{C}\right)q$$

我们可以用这个公式求q。要测量电流，我们可以把一个很小的电阻R和电容器及电感器串联并测量电阻器两端随时间变化的电势差v_R；v_R按以下公式正比于i：

$$v_R=iR$$

我们假设R是如此之小，以至于它对电路行为的影响可以忽略。v_C和v_R（也就是q和i）随时间的变化画在图31-2中。所有这四个物理量都是正弦式变化的。

在真实的LC电路中，振荡不会无止境地继续下去，这是因为总是存在一些电阻，它们会将电场和磁场的能量作为热能而耗散（电路会变得较热一些）。振荡一旦发生，就会像图31-3中描绘的那样逐渐消逝。比较这幅图和图15-17，后者描绘的是木块-弹簧系统中摩擦阻尼引起的机械振动的衰减。

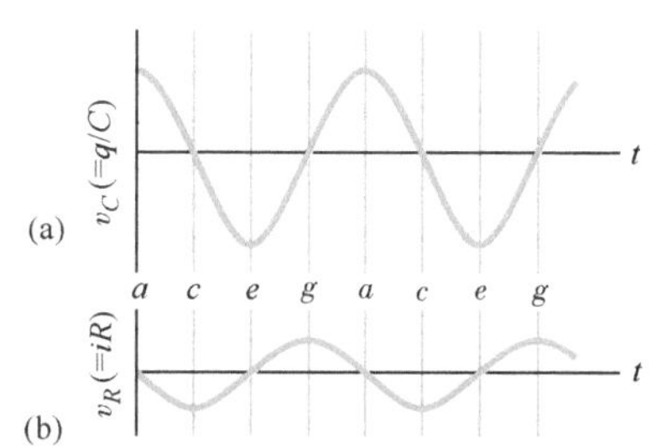

图31-2 （a）跨接在图31-1电路中的电容器两端的电势差作为时间的函数。这个电势差正比于电容器上的电荷。（b）与图31-1电路中的电流成正比的电势差。图上的字母对应于图31-1中标出的各振荡阶段。

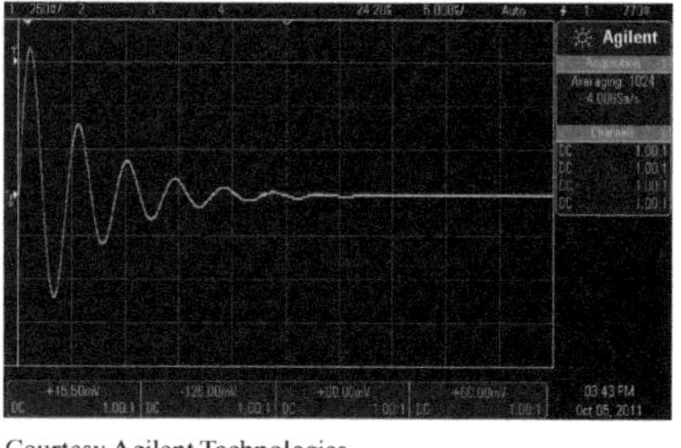

Courtesy Agilent Technologies

图31-3 示波器踪迹，表示RLC电路中由于能量在电阻器中变成热能耗散而逐渐消逝的真实振荡。

检查点1

在$t=0$时刻，将已充电的电容器和电感器串联。用产生振荡的周期T来表示，经过多少时间后以下物理量达到各自的最大值：（a）电容器上的电荷；（b）电容器上电压恢复到原来的正负极性；（c）储存在电场中的能量；（d）电流。

电学和力学的相似性

让我们略微仔细地看一看图 31-1 中的 LC 振荡系统和振动的木块-弹簧系统之间的相似性。在木块-弹簧系统中有两种能量。一种是压缩和拉伸弹簧的势能；另一种是运动的木块的动能。这两种能量可以由表 31-1 中左侧能量一列中的公式给出。

表 31-1　**两种振荡系统能量的比较**

木块-弹簧系统		LC 振荡	
组件	能量	组件	能量
弹簧	势能，$\frac{1}{2}kx^2$	电容器	电场的，$\frac{1}{2}(1/C)q^2$
木块	动能，$\frac{1}{2}mv^2$	电感器	磁场的，$\frac{1}{2}Li^2$
	$v=\frac{dx}{dt}$		$i=\frac{dq}{dt}$

这张表的右侧能量一列中也列出了 LC 振荡所包含的两种能量。研究一下这张表，我们可以看出两对能量形式——木块-弹簧系统的机械能和 LC 振荡器的电磁能量——之间的相似性。表格最末一行中 v 和 i 的方程式可以帮助我们看出相似性的细节。它们告诉我们，q 对应于 x，i 对应于 v（在两个方程式中都是对前面一个量微分得到后面的量）。这种对应暗示，在能量表达式中 $1/C$ 对应于 k，L 对应于 m。于是，

q 对应于 x，$1/C$ 对应于 k，

i 对应于 v，L 对应于 m。

这些对应意味着，LC 振荡器中的电容器从数学的角度来看就像木块-弹簧系统中的弹簧，而电感器则好像木块。

在 15-1 单元中，我们知道木块-弹簧系统（没有摩擦）的振动角频率是

$$\omega=\sqrt{\frac{k}{m}}\quad\text{（木块-弹簧系统）}\qquad(31\text{-}3)$$

上面列出的相似性意味着要知道理想的 LC 电路（没有电阻）振荡的角频率，只要将上式中的 k 用 $1/C$ 代替，m 用 L 代替就能得到

$$\omega=\frac{1}{\sqrt{LC}}\quad\text{（}LC\text{ 电路）}\qquad(31\text{-}4)$$

LC 振荡：定量讨论

这里我们要详细地证明 LC 振动的角频率公式（31-4）是正确的。同时我们还要更深入地考察 LC 振荡和木块-弹簧振动之间的相似性。首先从我们以前对机械的木块-弹簧振子的处理稍做推广开始。

木块-弹簧振子

我们从能量转换的角度来分析第 15 章中的木块-弹簧振动，而不是——在早期阶段——推导支配这些振动的基本微分方程。我们现在就按照这样的方式来做。

对于任何时刻的木块-弹簧振子的总能量 U，我们可以写出：

$$U = U_b + U_s = \frac{1}{2}mv^2 + \frac{1}{2}kx^2 \tag{31-5}$$

其中，U_b 和 U_s 分别是运动的木块的动能和拉伸或压缩弹簧的势能。如果没有摩擦——这是我们假设的——则总能量 U 始终保持为常量，即使 v 和 x 在不断变化。用更加正式的语言表述，$\mathrm{d}U/\mathrm{d}t = 0$。这导致

$$\frac{\mathrm{d}U}{\mathrm{d}t} = \frac{\mathrm{d}}{\mathrm{d}t}\left(\frac{1}{2}mv^2 + \frac{1}{2}kx^2\right) = mv\frac{\mathrm{d}v}{\mathrm{d}t} + kx\frac{\mathrm{d}x}{\mathrm{d}t} = 0 \tag{31-6}$$

代入 $v = \mathrm{d}x/\mathrm{d}t$ 和 $\mathrm{d}v/\mathrm{d}t = \mathrm{d}^2x/\mathrm{d}t^2$，我们得到：

$$m\frac{\mathrm{d}^2x}{\mathrm{d}t^2} + kx = 0 \quad \text{（木块-弹簧振动）} \tag{31-7}$$

式（31-7）是支配无摩擦的木块-弹簧振动的基本*微分方程*。

式（31-7）的一般解是［我们在式（15-3）中见过］

$$x = X(\omega t + \phi) \quad \text{（位移）} \tag{31-8}$$

其中，X 是机械振动的振幅（第 15 章中的 x_m）；ω 是振动的角频率；ϕ 是相位常量。

LC 振荡器

现在我们完全按照刚才对木块-弹簧振子所用的方法来分析无电阻的 *LC* 电路的振荡。在振荡着的 *LC* 电路中任何时刻的总能量由下式给出：

$$U = U_B + U_E = \frac{Li^2}{2} + \frac{q^2}{2C} \tag{31-9}$$

其中，U_B 是储存在电感器磁场中的能量；U_E 是储存在电容器的电场中的能量。因为我们已经假设电路的电阻是零，没有能量转化成热能，所以 U 不会随时间改变。用更为正规的语言，$\mathrm{d}U/\mathrm{d}t$ 必定为零。由此得出：

$$\frac{\mathrm{d}U}{\mathrm{d}t} = \frac{\mathrm{d}}{\mathrm{d}t}\left(\frac{Li^2}{2} + \frac{q^2}{2C}\right) = Li\frac{\mathrm{d}i}{\mathrm{d}t} + \frac{q}{C}\frac{\mathrm{d}q}{\mathrm{d}t} = 0 \tag{31-10}$$

可是，$i = \mathrm{d}q/\mathrm{d}t$，$\frac{\mathrm{d}i}{\mathrm{d}t} = \frac{\mathrm{d}^2q}{\mathrm{d}t^2}$。将这些代入式（31-10），得到

$$L\frac{\mathrm{d}^2q}{\mathrm{d}t^2} + \frac{1}{C}q = 0 \quad \text{（}LC\text{ 振荡）} \tag{31-11}$$

这就是描述无电阻的 *LC* 电路的振荡的*微分方程*。式（31-11）和式（31-7）的数学形式完全相同。

电荷和电流振荡

因为这两个微分方程在数学形式上完全相同，所以它们的解也一定是完全相同的。因为 q 对应于 x，我们可以写出和式（31-8）相似的式（31-11）的一般解如下：

$$q = Q\cos(\omega t + \phi) \quad \text{（电荷）} \tag{31-12}$$

其中，Q 是电荷变量的振幅；ω 是电磁振荡的角频率；ϕ 是相位常量。取式（31-12）对时间的一次微商得出电流：

$$i = \frac{\mathrm{d}q}{\mathrm{d}t} = -\omega Q\sin(\omega t + \phi) \quad \text{（电流）} \tag{31-13}$$

正弦式变化电流的振幅 I 是

$$I=\omega Q \tag{31-14}$$

所以我们可以把式（31-13）写成：

$$i=-I\sin(\omega t+\phi) \tag{31-15}$$

角频率

我们可以把式（31-12）和它对时间的二阶微商代入式（31-11）中以检验式（31-12）是否是式（31-11）的解。式（31-12）的一阶微商是式（31-13）。由此，它的二阶微商是

$$\frac{d^2q}{dt^2}=-\omega^2Q\cos(\omega t+\phi)$$

把 q 和 $\frac{d^2q}{dt^2}$ 代入式（31-11），我们得到

$$-L\omega^2Q\cos(\omega t+\phi)+\frac{1}{C}Q\cos(\omega t+\phi)=0$$

消去 $Q\cos(\omega t+\phi)$，重新整理后得到

$$\omega=\frac{1}{\sqrt{LC}}$$

由此，只要 ω 具有常量值 $1/\sqrt{LC}$，式（31-12）就肯定是式（31-11）的解。注意，ω 的这个表达式和式（31-4）给出的完全相同。

式（31-12）中的相位常量 ϕ 取决于在任何一定的时刻——譬如说 $t=0$——的条件。如果由这些条件得到 $t=0$ 时 $\phi=0$，则式（31-12）要求 $q=Q$，式（31-13）则要求 $i=0$；这些是图 31-1a 中描绘的初始条件。

电和磁的能量振荡

由式（31-1）和式（31-12），在 t 时刻储存在 LC 电路中的电能是

$$U_E=\frac{q^2}{2C}=\frac{Q^2}{2C}\cos^2(\omega t+\phi) \tag{31-16}$$

由式（31-2）和式（31-13），磁能是

$$U_B=\frac{1}{2}Li^2=\frac{1}{2}L\omega^2Q^2\sin^2(\omega t+\phi)$$

由式（31-4），代入 ω，得到

$$U_B=\frac{Q^2}{2C}\sin^2(\omega t+\phi) \tag{31-17}$$

图 31-4 是在 $\phi=0$ 的情况下，$U_E(t)$ 和 $U_B(t)$ 的曲线图。注意到

1. U_E 和 U_B 的最大值都是 $Q^2/(2C)$。
2. 任何时刻 U_E 和 U_B 之和总是等于 $Q^2/(2C)$，它是一个常量。
3. U_E 最大时 U_B 是零,反之亦然。

电和磁的能量都在变化
但总能量是常量

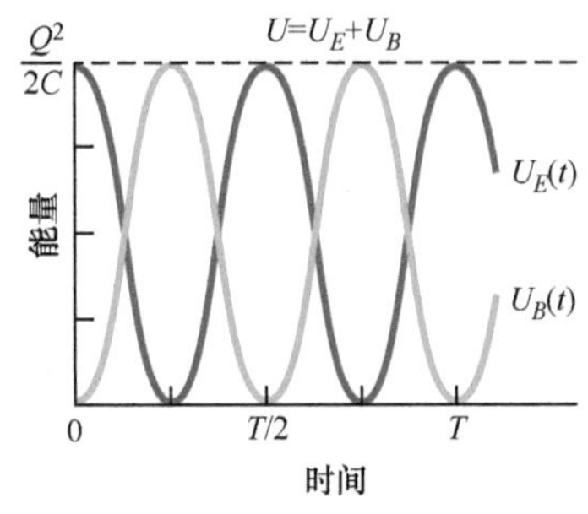

图 31-4　图 31-1 的电路中储存的磁能和电能作为时间的函数。注意二者的总和保持常量。T 是振荡周期。

检查点 2

LC 振荡器中的电容器有最大电势差 17V 及最大能量 160μJ。当电容器的电势差是 5V，能量为 10μJ 时，（a）电感器上的电动势和（b）储存在磁场中的能量各是多少？

例题 31.01 *LC* 振荡器：电势变化，电流变化的速率

1.5μF 的电容器用电池充电到 57V，然后将电池移除。在时刻 $t=0$，12mH 的线圈串联到电容器上组成 *LC* 振荡器（见图 31-1）。

(a) 写出电感器两端的、作为时间函数的电势差 $v_L(t)$ 的表达式。

【关键概念】

(1) 电路中的电流和电势差（电容器上的电势差和线圈上的电势差）都经历正弦式振荡。

(2) 我们仍旧可以像第 27 章中的非振荡电路一样对这些振荡电势差应用回路定则。

解：在振荡过程中的任何时刻，由回路定则和图 31-1，得到

$$v_L(t)=v_C(t) \tag{31-18}$$

就是说跨接在电感器两端的电势差必定总是等于跨接在电容器两端的电势差 v_C，所以绕整个回路的净电势差为零。于是，如果求出了 $v_C(t)$ 也就求出了 $v_L(t)$，我们可以从 $q(t)$ 和式（25-1）（$q=CV$）求 $v_C(t)$。

因为在 $t=0$ 时刻，振荡开始时的电势差 $v_C(t)$ 是最大值，此时电容器上的电荷必定也是最大值。因此，相位常量 ϕ 必定是零；所以由式（31-12），得

$$q=Q\cos\omega t \tag{31-19}$$

[注意，这个余弦函数确实在 $t=0$ 时得到最大值 $q(=Q)$。] 为求电势差 $v_C(t)$，我们用 C 除式（31-19）两边并写出

$$\frac{q}{C}=\frac{Q}{C}\cos\omega t$$

然后利用式（25-1）得到

$$v_C=V_C\cos\omega t \tag{31-20}$$

这里的 V_C 是电容器两端电势差 v_C 振荡的振幅。

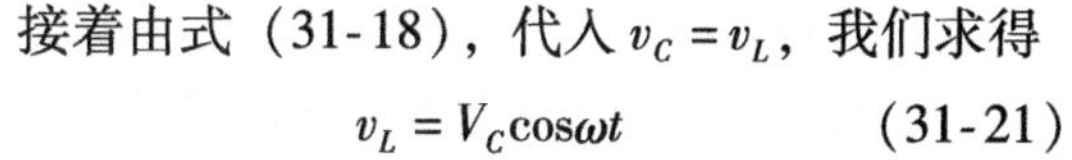

接着由式（31-18），代入 $v_C=v_L$，我们求得

$$v_L=V_C\cos\omega t \tag{31-21}$$

我们首先注意到了振幅 V_C 等于跨接在电容器两端的初始（最大）电势差 57V，这样就可以计算这个方程式的右边部分。然后我们用式（31-4）求 ω：

$$\omega=\frac{1}{\sqrt{LC}}=\frac{1}{[(0.012\mathrm{H})(1.5\times10^{-6}\mathrm{F})]^{0.5}}$$

$$=7454\mathrm{rad/s}\approx7500\mathrm{rad/s}$$

由此，式（31-21）成为

$$v_L=(57\mathrm{V})\cos(7500\mathrm{rad/s})t \quad \text{（答案）}$$

(b) 电路中电流 i 变化的最大速率 $(\mathrm{d}i/\mathrm{d}t)_{\max}$ 是多少？

【关键概念】

电容器上的电荷按式（31-12）振荡，电流就有式（31-13）的形式。因为 $\phi=0$，这个方程式告诉我们

$$i=-\omega Q\sin\omega t$$

解：取这个式子的微商，我们有

$$\frac{\mathrm{d}i}{\mathrm{d}t}=\frac{\mathrm{d}}{\mathrm{d}t}(-\omega Q\sin\omega t)=-\omega^2Q\cos\omega t$$

我们可以用 CV_C 代替 Q 来简化这个方程式（因为我们已知 C 和 V_C，但不知道 Q），并根据式（31-4）用 $1/\sqrt{LC}$ 来代替 ω。我们得到

$$\frac{\mathrm{d}i}{\mathrm{d}t}=-\frac{1}{LC}CV_C\cos\omega t=-\frac{V_C}{L}\cos\omega t$$

这个式子告诉我们，电流变化的速率也在改变，它的最大改变速率是

$$\frac{V_C}{L}=\frac{57\mathrm{V}}{0.012\mathrm{H}}=4750\mathrm{A/s}\approx4800\mathrm{A/s} \quad \text{（答案）}$$

31-2 *RLC* 电路中的阻尼振荡

学习目标

学完这一单元后，你应当能够……

31.13 画出阻尼 *RLC* 电路的简图，并说明振荡为什么是阻尼的。

31.14 从场的能量和阻尼 *RLC* 电路中能量损耗的速率表达式出发，写出电容器上电荷 q 的微分方程。

31.15　对阻尼 RLC 电路，应用电荷 $q(t)$ 的表达式。

31.16　懂得在阻尼 RLC 电路中，电荷振幅和电场能量振幅都按指数式随时间减少。

31.17　应用给出的阻尼 RLC 振子的角频率 ω' 和除去 R 的电路的角频率 ω 之间的关系。

31.18　对阻尼 RLC 电路，应用作为时间函数的电场能量 U_E 的表达式。

关键概念

- 在 LC 电路中还有耗散元件 R 时，电路中的振荡是阻尼的，于是

$$L\frac{\mathrm{d}^2q}{\mathrm{d}t^2}+R\frac{\mathrm{d}q}{\mathrm{d}t}+\frac{1}{C}q=0\quad(RLC\ 电路)$$

- 这个微分方程的解是

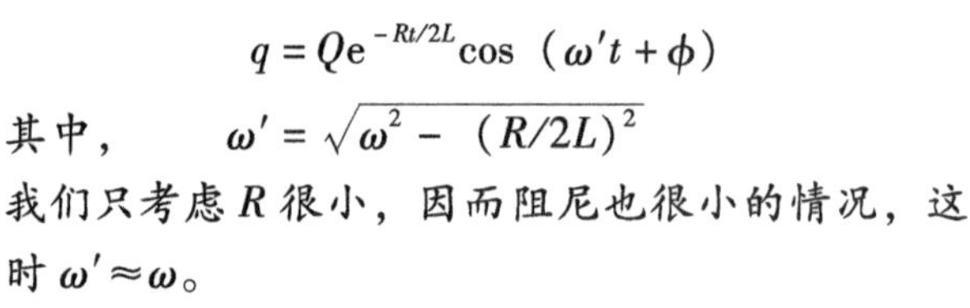

$$q=Qe^{-Rt/2L}\cos(\omega't+\phi)$$

其中，　$\omega'=\sqrt{\omega^2-(R/2L)^2}$

我们只考虑 R 很小，因而阻尼也很小的情况，这时 $\omega'\approx\omega$。

RLC 电路中的阻尼振荡

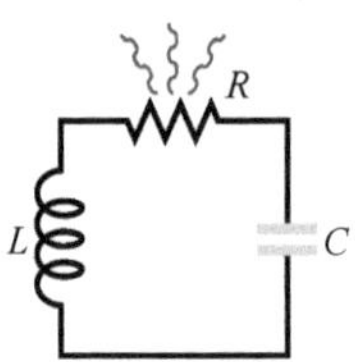

图 31-5　串联 RLC 电路。当电路中的电荷通过电阻来回振荡时，电磁能因转化为热能而耗散，从而使振荡衰减（减小振荡的振幅）。

包含电阻、电感和电容的电路称为 RLC 电路。我们这里只讨论图 31-5 中的串联 RLC 电路。电阻 R 的存在使电路中的总电磁能 U（电能和磁能的总和）不再保持常量；电磁能由于在电阻中转化为热能而减少。由于这种能量的减少，电荷、电流和电势差振荡的振幅就要不断减小，这种振荡称为有阻尼的，和 15-5 单元中介绍的阻尼木块-弹簧振子一样。

为了分析这种电路中的振荡，我们写出任一时刻电路中总电磁能 U 的方程式。因为电阻不储存电磁能，所以我们可以利用式（31-9）：

$$U=U_B+U_E=\frac{Li^2}{2}+\frac{q^2}{2C}\tag{31-22}$$

不过，现在这个总能量会随着能量转化为热能而减少。由式（26-27），这种转化的速率是

$$\frac{\mathrm{d}U}{\mathrm{d}t}=-i^2R\tag{31-23}$$

其中，负号表示 U 在减小。将式（31-22）对时间求微商，然后代入式（31-23）的结果中，我们得到

$$\frac{\mathrm{d}U}{\mathrm{d}t}=Li\frac{\mathrm{d}i}{\mathrm{d}t}+\frac{q}{C}\frac{\mathrm{d}q}{\mathrm{d}t}=-i^2R$$

上式中的 i 用 $\mathrm{d}q/\mathrm{d}t$ 代替，$\mathrm{d}i/\mathrm{d}t$ 用 $\mathrm{d}^2q/\mathrm{d}t^2$ 代替，我们得到

$$L\frac{\mathrm{d}^2q}{\mathrm{d}t^2}+R\frac{\mathrm{d}q}{\mathrm{d}t}+\frac{1}{C}q=0\quad(RLC\ 电路)\tag{31-24}$$

这就是 RLC 电路阻尼振荡的微分方程。

电荷衰减。式（31-24）的解是

$$q=Qe^{-Rt/(2L)}\cos(\omega't+\phi)\tag{31-25}$$

其中

$$\omega'=\sqrt{\omega^2-[R/(2L)]^2}\tag{31-26}$$

其中的 $\omega=1/\sqrt{LC}$，就是无阻尼的振荡器的频率。式（31-25）告诉我们，在阻尼 RLC 电路中电容器上的电荷是怎样振荡的；这个方程式是式（15-42）的电磁对应式，式（15-42）给出阻尼木块-

弹簧振子的位移。

式（31-25）是有指数式衰减振幅 $Qe^{-Rt/(2L)}$（余弦函数前的因子）的正弦式振荡（余弦函数）。阻尼振荡的角频率 ω'总是小于无阻尼振荡的频率 ω；不过，我们这里只考虑 R 足够小，小到我们可以用 ω 代替 ω'的情况。

能量衰减。下一步我们求作为时间函数的电路总电磁能 U 的表达式。推导这个式子的一种方法是观察电容器中电场的能量，此能量由式（31-1）［$U_E=q^2/(2C)$］给出。将式（31-25）代入式（31-1），我们得到

$$U_E=\frac{q^2}{2C}=\frac{[Qe^{-Rt/(2L)}\cos(\omega't+\phi)]^2}{2C}=\frac{Q^2}{2C}e^{-Rt/L}\cos^2(\omega't+\phi) \tag{31-27}$$

由此，电场能量按余弦平方项振荡，振荡的振幅指数式地随时间减小。

例题 31.02 阻尼 *RLC* 电路：电荷振幅

串联 RLC 电路中的电感 $L=12\text{mH}$，电容 $C=1.6\mu\text{F}$，电阻 $R=1.5\Omega$，在 $t=0$ 时开始振荡。

（a）在什么时刻，电路中电荷振荡的振幅是它的初始值的 50%？（注意，我们并不知道初始值。）

【关键概念】

电荷振荡的振幅随时间 t 指数式减小：根据式（31-25），任何时刻 t 的电荷振幅是 $Qe^{-Rt/(2L)}$，其中 Q 是 $t=0$ 时的振幅。

解：我们要求的是电荷振幅减小到 $0.50Q$ 的时间——就是

$$Qe^{-Rt/(2L)}=0.50Q$$

我们现在可以消去 Q（这也意味着我们在不知道初始电荷的振幅的情况下也可以解答这个问题）。上式两边取自然对数（以便消去指数函数），我们有

$$-\frac{Rt}{2L}=\ln 0.50$$

解出 t，然后代入已知数据，得到

$$t=-\frac{2L}{R}\ln 0.50=-\frac{(2)(12\times10^{-3}\text{H})(\ln 0.50)}{1.5\Omega}$$

$$=0.0111\text{s}\approx 11\text{ms} \quad \text{（答案）}$$

（b）在这段时间内完成了多少次振荡？

【关键概念】

一次完全振荡的时间是周期 $T=2\pi/\omega$，其中 LC 振荡的角频率由式（31-4）（$\omega=1/\sqrt{LC}$）给出。

解：在时间间隔 $\Delta t=0.0111\text{s}$ 内，完全振动的次数是

$$\frac{\Delta t}{T}=\frac{\Delta t}{2\pi\sqrt{LC}}$$

$$=\frac{0.0111\text{s}}{2\pi[(12\times10^{-3}\text{H})(1.6\times10^{-6}\text{F})]^{1/2}}\approx 13 \quad \text{（答案）}$$

由此，振幅衰减 50% 大约经历 13 次完全振荡。这个阻尼比图 31-3 中所表示的要弱得多，图 31-3 中在一次振荡中振幅衰减得比 50% 更多一些。

WILEY PLUS 在 WileyPLUS 中可以找到附加的例题、视频和练习。

31-3 三种简单电路的受迫振荡

学习目标

学完这一单元后，你应当能够……

31.19 区别交流电和直流电。

31.20 对于交流发电机，写出作为时间函数的电动势，确定电动势振幅和驱动角频率。

31.21 对于交流发电机，写出作为时间函数的电流，确定它的振幅和相对于电动势的相位常量。

31.22 画出发电机驱动的 *RLC*（串联）电路的简图。

31.23 将驱动角频率 ω_d 和固有角频率区别开。

31.24 在受驱（串联）*RLC* 电路中，认清楚共振条件及对电路振幅共振的效应。

31.25 对三种基本电路（纯电阻负载，纯电容负载，纯电感负载），画出电路图，并画出电压 $v(t)$ 和电流 $i(t)$ 的曲线图及相矢量图。

31.26 对这三种基本电路，应用电压 $v(t)$ 和电流 $i(t)$ 的方程式。

31.27 对每一种基本电路的相矢量图，确定角速率、振幅、纵坐标上的投影及旋转角。

31.28 对每一种基本电路，确定相位常量，并用电流的相矢量和电压的相矢量的相对取向予以说明，并说明其超前还是落后。

31.29 应用帮助记忆的口诀“*ELI* positively is the *ICE* man”。

31.30 对每一种基本电路，应用电压振幅 V 和电流振幅 I 之间的关系。

31.31 计算容抗 X_C 和感抗 X_L。

关键概念

- 串联 *RLC* 电路在驱动角频率为 ω_d 的外来交变电动势的驱动下做受迫振荡，外来电动势 $\mathscr{E}$ 为

$$\mathscr{E}=\mathscr{E}_m\sin\omega_d t$$

- 电路受驱动产生电流

$$i=I\sin(\omega_d t-\phi)$$

其中，ϕ 是电流的相位常量。

- 跨接在电阻器两端的交变电势差的振幅是 $V_R=IR$；电流和电势差同相。
- 对电容器，$V_C=IX_C$，其中 $X_C=1/\omega_d C$ 是容抗；其中的电流超前电势差 $90°(\phi=-90°=-\pi/2\text{rad})$。
- 对电感器，$V_L=IX_L$，其中 $X_L=\omega_d L$ 是感抗；电流落后于电势差 $90°(\phi=+90°=+\pi/2\text{rad})$。

交变电流（交流）

如果有外来电动势器件给 *RLC* 电路提供足够的能量以补偿电阻 R 中能量转变为热能的损耗，*RLC* 电路的振荡就不会衰减。家庭、办公室和工厂中使用的电路都包含无数 *RLC* 电路。这些能量来自当地的发电厂。在大多数国家，能量是借助振荡的电动势和电流提供的——这种电流被称作**交变电流**，或简称**交流电**（**ac**）。（由电池产生的不振荡的电流称为**直流电**或 **dc**）。这种振荡的电动势和电流会随时间正弦式变化，每秒钟反转方向 120 次（在北美洲），因而具有频率 $f=60\text{Hz}$。

电子振荡。乍一看，这可能看上去是很奇怪的安排。我们已经知道，家用电路中传导电子的漂移速率典型的数值是 $4\times10^{-5}\text{m/s}$。假如我们现在将它们的运动方向每隔 $\frac{1}{120}\text{s}$ 反转一次，则这种电子在半个周期内只能移动 $3\times10^{-7}\text{m}$。按照这个速率，一个典型的传导电子在运动方向反转以前在导线中最多漂移通过大约 10 个原子。你可能会觉得奇怪，电子怎么能到处跑动呢？

虽然这个问题很伤脑筋，但不必担忧。传导电子并不需要“到处跑动”。当我们说导线中的电流是 1A 时，我们是说通过导线的任一横截面的电荷速率是 1C/s。载流子通过该横截面时的速率与此并没有直接的关系。1A 可能相当于许多载流子很慢地通过，或者是少数载流子飞快地通过。还有，给电子方向反转的信

号——这来自发电厂的发电机提供的交变电动势——是以接近于光的速率沿导体传播的。所有的电子，无论它们在什么位置，都会几乎在同一瞬时得到令它们反转的指令。最后，我们注意到，对于许多电器（像灯泡、烤面包机）而言，电子的运动方向是无关紧要的，只要电子确实在运动，并通过和电器中原子的碰撞把能量转交给电器就足够了。

为什么要用交流电？交流电的基本优点在于：*当电流改变时，导体周围的磁场也改变*。这使得法拉第电磁感应定律的利用成为可能。除了其他因素以外，我们可以利用下面要讨论的称为变压器的器件随意升高（增加）或降低（减小）交流电势差的数值。还有，比之于直流电流（非交变的），交变电流更适合于转动的机械，如发电机和电动机。

电动势和电流。图 31-6 表示交流发电机的简单模型。当导电回路在外力作用下在外磁场 $\vec{B}$ 中旋转时，回路中感应产生正弦形振荡的电动势 $\mathscr{E}$：

$$\mathscr{E}=\mathscr{E}_m\sin\omega_d t \tag{31-28}$$

电动势的*角频率* ω_d 等于回路在磁场中转动的角速率，电动势的相位是 $\omega_d t$，电动势的振幅是 $\mathscr{E}_m$（这里的下标 m 代表最大值）。当转动的回路是闭合的导电回路的一部分时，这个电动势在电路中产生（驱动）同样角频率 ω_d 的正弦式（交流）电流。这个角频率 ω_d 称作**驱动角频率**。我们可以把电流写作

$$i=I\sin(\omega_d t-\phi) \tag{31-29}$$

其中，I 是受驱电流的振幅。（习惯上将电流的相位 $\omega_d t-\phi$ 写成负号的形式而不是 $\omega_d t+\phi$ 的形式。）我们在式（31-29）中加上相位常量 ϕ 是因为电流 i 可能和电动势 $\mathscr{E}$ 的相位不同。（我们将会看到，这个相位常量依赖于与发电机连接的电路。）我们还可以在式（31-29）中用 $2\pi f_d$ 代替 ω_d，即用电动势的**驱动频率** f_d 来表示电流 i。

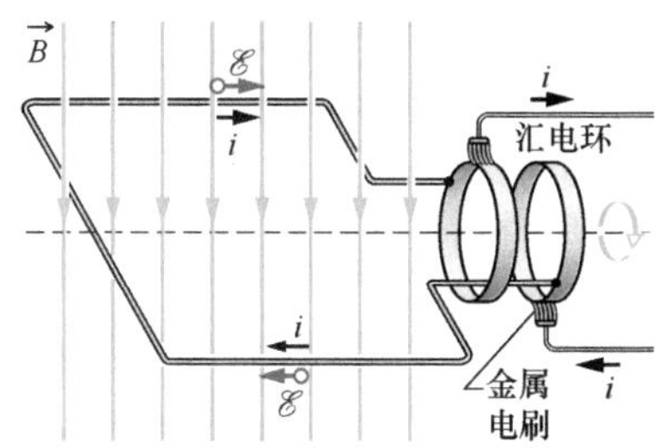

图 31-6 交流发电机的基本结构是在外磁场中旋转的导电回路。实际的发电机中，利用连接到转动回路的汇电环将许多匝导线绕成的线圈中感应产生的交变电动势引出来。每一个环连接到导线回路的一端并且通过导电金属电刷连接到发电机电路的其余部分，在回路旋转时，电刷紧贴和回路一同转动的汇电环。

受迫振荡

我们已经知道，振荡一经开始，无阻尼的 LC 电路和阻尼的 RLC 电路（R 足够小）中的电荷、电势差和电流都以角频率 $\omega=1/\sqrt{LC}$ 振荡。这种振荡被说成是*自由振荡*（没有任何外来电动势），角频率 ω 则称作电路的**固有角频率**。

当由式（31-28）表示的外加交变电动势连接到 RLC 电路上时，我们说电荷、电势差和电流的振荡是*受驱振荡*或*受迫振荡*。这种振荡总是以驱动频率 ω_d 进行。

无论电路的固有角频率 ω 是什么，电路中的电荷、电流和电势差的受迫振荡的频率总是等于驱动角频率 ω_d。

然而，正如我们将在 31-4 单元中看到的那样，振荡的振幅在很大的程度上依赖于 ω_d 与 ω 有多接近。当这两个频率匹配时——称为**共振**的条件——电路中电流的振幅 I 是最大值。

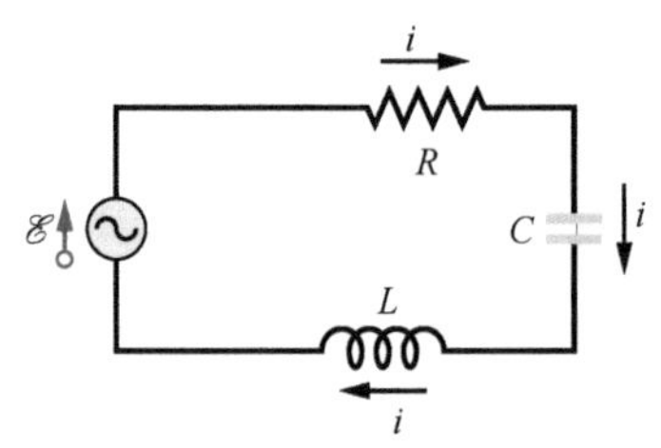

图31-7 包括一个电阻、一个电容器和一个电感器的单回路电路。用圆圈中正弦波代表的发电机产生交变电动势并建立交变电流；表示在图上的只是某一时刻的电动势和电流。

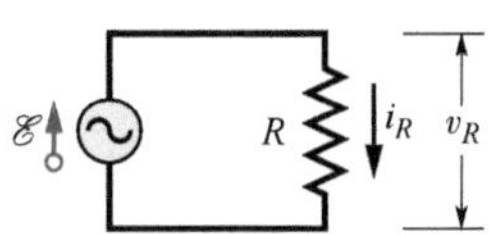

图31-8 将一个电阻器连接在交流发电机两端。

三种简单电路

在这一章的后面部分，我们要将外来交变电动势器件连接到图31-7中的串联RLC电路中，然后我们求用外加电动势的振幅$\mathscr{E}_m$和角频率ω_d表示的正弦式振荡电流的振幅I和相位常量ϕ的表达式。首先，我们考虑三种简单电路，其中每一种只有一个外加电动势，并且只有一个电路元件（R、L或C中的一个）。我们从电阻元件（纯电阻负载）开始。

电阻负载

图31-8表示包含数值为R的电阻元件和产生式（31-28）表示的交变电动势的交流发电机。根据回路定则，我们有

$$\mathscr{E}-v_R=0$$

由式（31-28），得

$$v_R=\mathscr{E}_m\sin\omega_d t$$

因为跨接在电阻两端的交变电势差（电压）的振幅V_R等于交变电动势的振幅$\mathscr{E}_m$，我们可以把上式改写成

$$v_R=V_R\sin\omega_d t \tag{31-30}$$

由电阻的定义（$R=V/i$），我们现在可以写出电阻中的电流i_R为

$$i_R=\frac{v_R}{R}=\frac{V_R}{R}\sin\omega_d t \tag{31-31}$$

由式（31-29），我们也可以把该电流写成

$$i_R=I_R\sin(\omega_d t-\phi) \tag{31-32}$$

其中，I_R是电阻中电流i_R的振幅。比较式（31-31）和式（31-32），我们看到，对纯电阻负载相位常量$\phi=0°$。我们还可以看出，电压振幅和电流振幅的关系是

$$V_R=I_R R \quad（电阻器） \tag{31-33}$$

虽然我们是从图31-8中的电路求出这个关系的，但它适用于任何交流电路中的任何电阻。

比较式（31-30）和式（31-31），我们看到，随时间变化的量v_R和i_R都是$\phi=0°$时的$\sin\omega_d t$的函数。所以这两个量是同相，就是说它们在同一时刻达到各自的最大值（和最小值）。画出$v_R(t)$和$i_R(t)$曲线的图31-9a描绘了这个事实。注意这里的v_R和i_R不会衰减，因为发电机给电路提供能量以补偿R中能量的损耗。

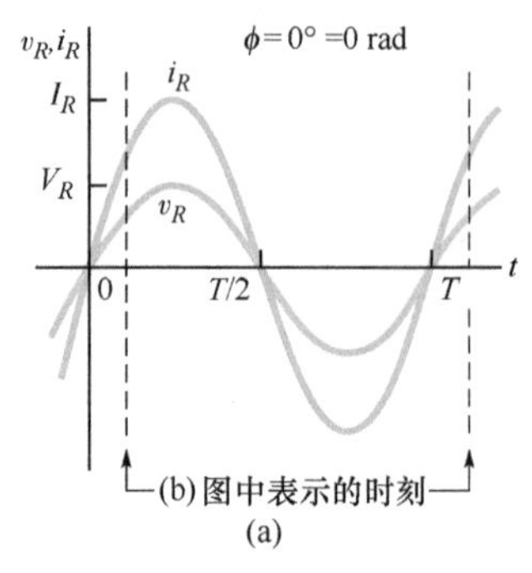

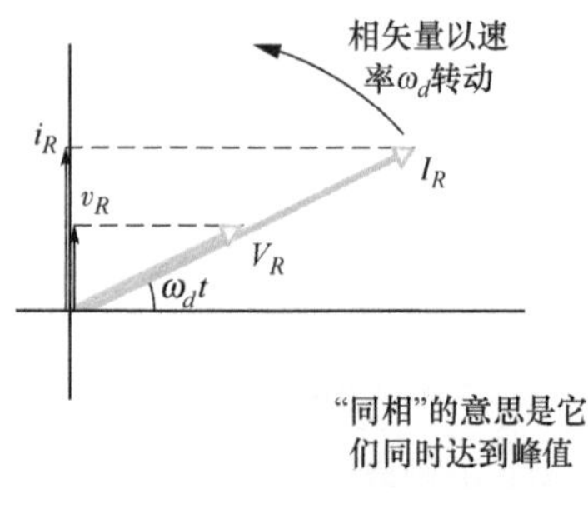

图31-9 （a）电流i_R和跨接在电阻两端的电势差v_R画在同一张图上，二者都是时间的函数，它们同相，并且都在一个周期T内完成一次循环。（b）描述和（a）图中同样的电流和电压的相矢量图。

随时间变化的量 v_R 和 i_R 也可以通过相矢量用几何方法描述。回忆 16-6 单元，相矢量是绕原点旋转的矢量，描写任一时刻图 31-8的电阻器两端的电压和其中电流的相矢量画在图 31-9b 中。这种相矢量有以下性质。

角速率：两个相矢量都以等于 v_R 和 i_R 的角频率 ω_d 的角速率绕原点逆时针旋转。

长度：每个相矢量长度代表交变量的振幅：V_R 是电压的振幅，I_R 是电流的振幅。

投影：各个相矢量在纵坐标上的投影表示在时刻 t 交变量的数值：电压对应于 v_R，电流是 i_R。

旋转角：各个相矢量的旋转角等于交变量在时刻 t 的相位。在图 31-9b 中，电压和电流同相；所以它的相矢量总是有相同的相位 $\omega_d t$ 及相同的旋转角，因而它们一同旋转。

想象跟随着相矢量转动。我们能不能看出，当相矢量转到 $\omega_d t = 90°$（它们竖直向上）时，这时它们是否正好显示出 $v_R = V_R$ 和 $i_R = I_R$？式（31-30）和式（31-32）也给出了同一结果。

检查点 3

如果我们提高纯电阻负载电路中的驱动频率，（a）振幅 V_R 和（b）振幅 I_R 是增大、减小还是保持不变？

例题 31.03 纯电阻负载：电势差和电流

图 31-8 中，电阻 R 是 200Ω，正弦交变电动势器件在振幅 $\mathscr{E}_m = 36.0\text{V}$ 和频率 $f_d = 60.0\text{Hz}$ 下工作。

（a）跨接在电阻两端作为时间函数的电势差 $v_R(t)$ 是什么？$v_R(t)$ 的振幅是什么？

【关键概念】

在纯电阻负载电路中，跨接在电阻两端的电势差 $v_R(t)$ 总是等于电动势器件两端的电势差 $\mathscr{E}(t)$。

解：对于我们的情形，$v_R(t) = \mathscr{E}(t)$ 及 $V_R = \mathscr{E}_m$，因为 $\mathscr{E}_m$ 已给出，我们可以写出

$$V_R = \mathscr{E}_m = 36.0\text{V} \quad \text{（答案）}$$

要求 $v_R(t)$，我们利用式（31-28）写出

$$v_R(t) = \mathscr{E}(t) = \mathscr{E}_m \sin\omega_d t \qquad (31\text{-}34)$$

然后代入 $\mathscr{E}_m = 36.0\text{V}$ 及

$$\omega_d = 2\pi f_d = 2\pi(60\text{Hz}) = 120\pi$$

得到

$$v_R = (36.0\text{V})\sin(120\pi t) \quad \text{（答案）}$$

为方便起见，我们可以把正弦函数的这个辐角的形式留下不改动，或者我们也可以把它写成（377rad/s）t 或（377s^{-1}）t 的形式。

（b）通过电阻的电流 $i_R(t)$ 以及 $i_R(t)$ 的振幅 I_R 各是什么？

【关键概念】

在纯电阻负载的交流电路中，交变电流 $i_R(t)$ 和电阻两端的交变电势差 $v_R(t)$ 同相；即电流的相位常量 ϕ 是零。

解：这里我们可以把式（31-29）写成

$$i_R = I_R \sin(\omega_d t - \phi) = I_R \sin\omega_d t \qquad (31\text{-}35)$$

由式（31-33），振幅 I_R 是

$$I_R = \frac{V_R}{R} = \frac{36.0\text{V}}{200\Omega} = 0.180\text{A} \quad \text{（答案）}$$

将这个数值和 $\omega_d = 2\pi f_d = 120\pi$ 代入式（31-35），得到

$$i_R = (0.180\text{A})\sin(120\pi t) \quad \text{（答案）}$$

PLUS 在 WileyPLUS 中可以找到附加的例题、视频和练习。

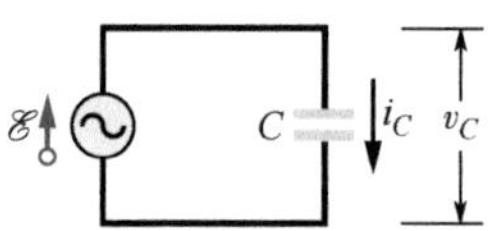

图 31-10　电容器连接到交流发电机。

电容负载

图 31-10 表示由电容器和具有式（31-28）形式交流电动势的发电机组成的电路。应用回路定则并按我们求出式（31-30）的方法进行，求出跨接在电容器两端的电势差

$$v_C = V_C \sin\omega_d t \tag{31-36}$$

其中，V_C 是电容器两端交变电压的振幅。由电容的定义，我们还可以写出

$$q_C = Cv_C = CV_C \sin\omega_d t \tag{31-37}$$

不过，我们关心的是电流而不是电荷。于是，我们求式（31-37）的微商，得到

$$i_C = \frac{\mathrm{d}q_C}{\mathrm{d}t} = \omega_d CV_C \cos\omega_d t \tag{31-38}$$

我们现在用两种方式修改式（31-38）。第一，为了记号上的对称，我们引进称为电容器的**容抗**的物理量 X_C，它的定义为

$$X_C = \frac{1}{\omega_d C} \quad （容抗） \tag{31-39}$$

它的数值不仅依赖于电容，也依赖于驱动角频率 ω_d，我们由电容时间常量（$\tau = RC$）可知，C 的国际单位制单位可以用 s/Ω 表示。把这应用到式（31-39），证明了 X_C 的国际单位制单位是欧［姆］，而这也正是电阻 R 的单位。

第二，我们把式（31-38）中的 $\cos\omega_d t$ 用有相移的正弦函数表示：

$$\cos\omega_d t = \sin(\omega_d t + 90°)$$

我们可以将正弦曲线沿负的方向移动 90°来证明这个恒等式。

经过这两方面的修改以后，式（31-38）成为

$$i_C = \left(\frac{V_C}{X_C}\right)\sin(\omega_d t + 90°) \tag{31-40}$$

由式（31-29），我们还可以把图 31-10 的电容器中的电流写成：

$$i_C = I_C \sin(\omega_d t - \phi) \tag{31-41}$$

其中，I_C 是 i_C 的振幅。比较式（31-40）和式（31-41），我们看到，对纯电容负载，电流的相位常量是 −90°。我们还可以看出，电压振幅和电流振幅的关系是

$$V_C = I_C X_C \quad （电容器） \tag{31-42}$$

虽然我们是通过图 31-10 中的电路发现这个关系的，但它适用于任何交流电路的任何电容。

比较式（31-36）和式（31-40），或观察一下图 31-11a，图上表明两个量 v_C 和 i_C 的相位相差 90°、π/2rad 或四分之一周。还有，我们看到 i_C *超前于* v_C，这意味着，如果你观察图 31-10 的电路中的电流 i_C 和电势差 v_C，你就会发现 i_C 先于 v_C 四分之一周达到它的最大值。

i_C 和 v_C 之间的关系用相矢量图表示在图 31-11b 中。当代表这两个量的相矢量一同逆时针旋转时，标记为 I_C 的相矢量实际上超前标记为 V_C 的相矢量 90°角；即相矢量 I_C 和纵轴重合先于相矢量

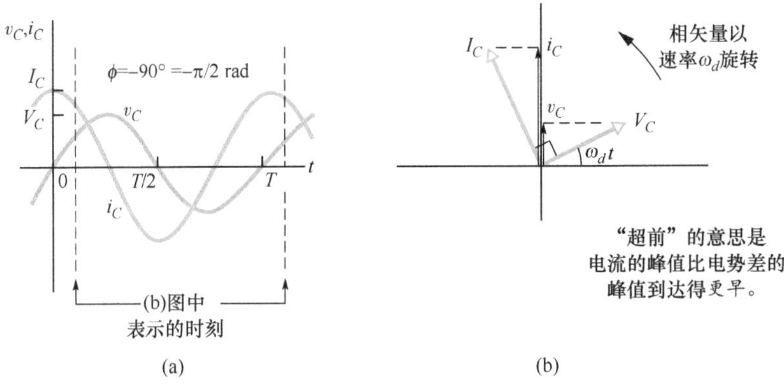

图 31-11 (a) 电容器中电流超前于电压 90°(= π/2rad)。(b) 表示同一现象的相矢量图。

V_C 与纵轴重合四分之一周。我们自己要确认图 31-11b 中的相矢量图和式 (31-36) 及式 (31-40) 是一致的。

检查点 4

图 (a) 表示一条正弦曲线 $S(t)=\sin(\omega_d t)$ 和另外三条正弦曲线 $A(t)$、$B(t)$ 和 $C(t)$，其中每一条都是 $\sin(\omega_d t-\phi)$ 的形式。(a) 把另外三条曲线按照 ϕ 值排序，最大正值的排第一，最大负值的排最末。(b) 图中的哪一条曲线与 (b) 图中的相矢量相互对应？(c) 哪一条曲线领先于另一些？

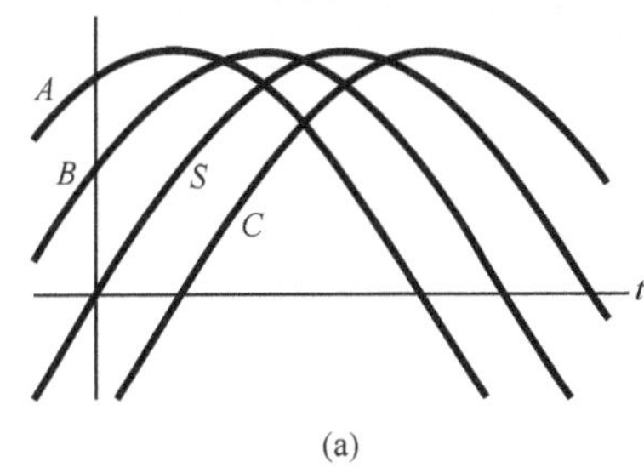

(a)

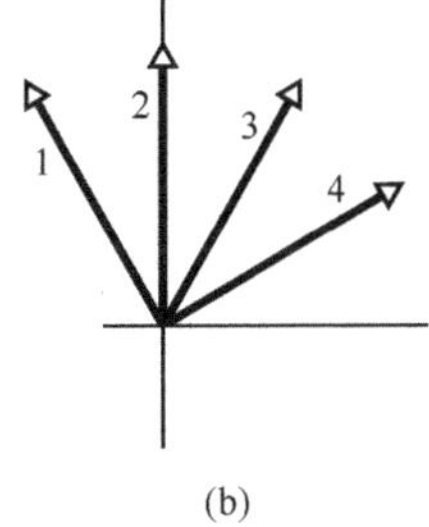

(b)

例题 31.04 纯电容负载：电势差和电流

在图 31-10 中，电容 $C=15.0\mu F$，正弦式交变电动势器件具有振幅 $\mathscr{E}_m=36.0V$ 并以频率 $f_d=60.0Hz$ 运行。

(a) 跨接在电容器两端的电势差 $v_C(t)$ 以及 $v_C(t)$ 的振幅 V_C 是什么？

【关键概念】

在纯电容负载的电路中，跨接在电容两端的电势差 $v_C(t)$ 总是等于跨接在电动势器件两端的电势差 $\mathscr{E}(t)$。

解： 这里我们有 $v_C(t)=\mathscr{E}(t)$ 及 $V_C=\mathscr{E}_m$。因为 $\mathscr{E}_m$ 已经给出，我们就有

$$V_C=\mathscr{E}_m=36.0V \qquad \text{(答案)}$$

要求 $v_C(t)$，我们利用式 (31-28) 写出

$$v_C(t)=\mathscr{E}(t)=\mathscr{E}_m\sin\omega_d t \qquad (31\text{-}43)$$

然后，将 $\mathscr{E}_m=36.0V$，$\omega_d=2\pi f_d=120\pi$ 代入式 (31-43)，我们有

$$v_C=(36.0V)\sin(120\pi t) \qquad \text{(答案)}$$

（b）电路中作为时间的函数的电流 $i_C(t)$ 及 $i_C(t)$ 的振幅 I_C 是什么？

【关键概念】

在纯电容负载的交流电路中，电容中的交变电流 $i_C(t)$ 比交变电势差 $v_C(t)$ 超前90°；即电流的相位常量 ϕ 是 −90°，或 −π/2 rad。

解： 于是，我们可以把式（31-29）写成

$$i_C = I_C\sin(\omega_d t - \phi) = I_C\sin(\omega_d t + \pi/2) \tag{31-44}$$

如果先求出容抗 X_C，我们就可以由式（31-42）（$V_C = I_C X_C$）求出振幅 I_C。由式（31-39）[$X_C = 1/(\omega_d C)$]，其中 $\omega_d = 2\pi f_d$，我们可以写出

$$X_C = \frac{1}{2\pi f_d C} = \frac{1}{(2\pi)(60.0\mathrm{Hz})(15.0\times10^{-6}\mathrm{F})} = 177\Omega$$

于是，式（31-42）告诉我们电流振幅是

$$I_C = \frac{V_C}{X_C} = \frac{36.0\mathrm{V}}{177\Omega} = 0.203\mathrm{A} \qquad \text{（答案）}$$

把这个数据和 $\omega_d = 2\pi f_d = 120\pi$ 代入式（31-44），我们有

$$i_C = (0.203\mathrm{A})\sin(120\pi t + \pi/2) \qquad \text{（答案）}$$

电感负载

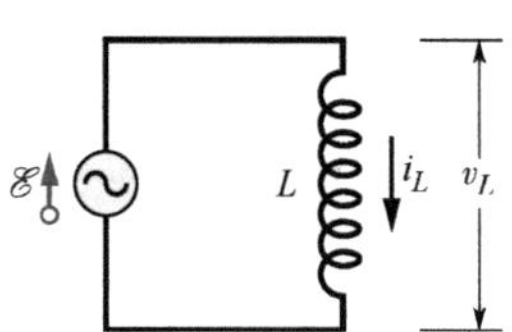

图 31-12　电感器连接到交变电流发电机。

图 31-12 表示由电感器和具有式（31-28）形式的交变电动势的发电机组成的电路。利用回路定则并按我们得到式（31-30）的方法，求出跨接在电感器两端的电势差是

$$v_L = V_L\sin\omega_d t \tag{31-45}$$

其中，V_L 是 v_L 的振幅，由式（30-35）（$\mathscr{E}_L = -L\mathrm{d}i/\mathrm{d}t$），我们可以写出跨接在电感 L 两端的电势差，其中的电流以速率 $\mathrm{d}i_L/\mathrm{d}t$ 在变化：

$$v_L = L\frac{\mathrm{d}i_L}{\mathrm{d}t} \tag{31-46}$$

把式（31-45）和式（31-46）组合起来，我们有

$$\frac{\mathrm{d}i_L}{\mathrm{d}t} = \frac{V_L}{L}\sin\omega_d t \tag{31-47}$$

不过，我们关心的是电流，所以我们要求积分：

$$i_L = \int \mathrm{d}i_L = \frac{V_L}{L}\int\sin\omega_d t\,\mathrm{d}t = -\left(\frac{V_L}{\omega_d L}\right)\cos\omega_d t \tag{31-48}$$

我们现在从两方面来修改这个方程式。首先，为了符号的对称，我们引由一个物理量 X_L，称为电感器的**感抗**，它的定义为

$$X_L = \omega_d L \quad \text{（感抗）} \tag{31-49}$$

感抗的数值依赖于驱动角频率 ω_d。电感时间常量 τ_L 表明 X_L 的国际单位制单位是欧［姆］，和 X_C 及 R 的单位一样。

其次，我们将式（31-48）中的 $-\cos\omega_d t$ 用相移的正弦函数表示：

$$-\cos\omega_d t = \sin(\omega_d t - 90°)$$

我们也可以将正弦曲线沿正的方向移动90°来证明这个恒等式。

有了这两点改变，式（31-48）变为

$$i_L = \left(\frac{V_L}{X_L}\right)\sin(\omega_d t - 90°) \tag{31-50}$$

由式（31-29），我们也可以把电感中的电流写成：

$$i_L = I_L \sin(\omega_d t - \phi) \tag{31-51}$$

其中，I_L 是电流 i_L 的振幅。比较式（31-50）和式（31-51），我们看到，对纯电感负载，电流的相位常量 ϕ 是 +90°。我们还知道，电压振幅和电流振幅有以下关系：

$$V_L = I_L X_L \quad （电感器） \tag{31-52}$$

虽然我们是从图 31-12 的电路导出这个关系式，但它适用于任何电路中的任何电感。

比较式（31-45）和式（31-50）或观察图 31-13a，看到 i_L 和 v_L 两个量的相位相差 90°。然而在这种情况中，i_L 落后于 v_L；即，观察图 31-12 中电路的电流 i_L 和电势差 v_L 表明，i_L 在 v_L 之后达到最大值，相差四分之一周期。图 31-13b 的相矢量图也包含这种信息。图中相矢量逆时针旋转，标记为 I_L 的相矢量确实落后于标记为 V_L 的相矢量 90°角。我们可以自己证实，图 31-13b 描绘了式（31-45）和式（31-50）。

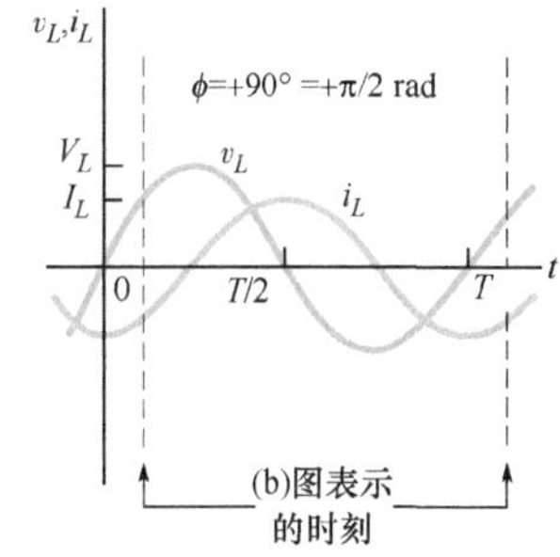

(a)

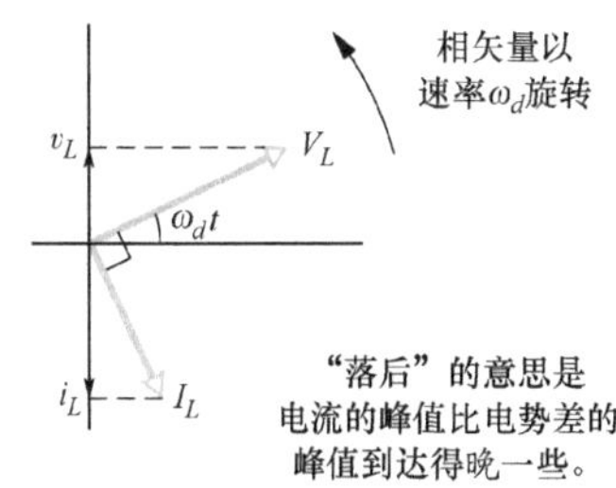

(b)

图 31-13 （a）电感器中的电流落后于电压 90°（= π/2 rad）。（b）表示同一现象的相矢量图。

检查点 5

如果我们增大纯电容负载电路的驱动频率，（a）振幅 V_C 和（b）振幅 I_C 是增大，减小还是不变？如果是一个纯电感负载电路，（c）振幅 V_L 和（d）振幅 I_L 是增大，减小还是不变？

解题技巧

交流电路中的超前与滞后：表 31-2 总结了我们讨论过的三种电路元件每一种中的电流 i 和电压 v 之间的关系。对这些元件加上交变电压就会产生交变电流，电流在电阻器中总是和电阻上的电压同相，电流总是超前于跨接在电容器两端的电压，电流总是滞后于跨接在电感器两端的电压。

许多学生用一个口诀“*ELI* the *ICE* man”来记住这些结果。“*ELI*”中包含在字母 *E*（电动势或电压）的后面出现的字母 *L*（电感器）和字母 *I*（电流）。由此，在电感器中，电流滞后于（在后面）电压。同理，“*ICE*”（其中包含表示电容器的字母 *C*）的意思是电流超前于（在前面）电压。我们也可以用修改后的口诀“*ELI* positively is the *ICE* man”来记住电感器中相位常量 ϕ 是正的（positive）。

如果你觉得记住 X_C 究竟是等于 $\omega_d C$（错误）还是等于 $1/(\omega_d C)$（正确）有困难，可以试试看记住 *C* 出现在“cellar”（地下室）中——也就是在分母上。

表 31-2 **交流电流、电压的相位和振幅的关系**

电路元件	符号	电阻或阻抗	电流的相位	相位常量（或角度）ϕ	振幅关系
电阻器	R	R	和 v_R 同相	0°（= 0 rad）	$V_R = I_R R$
电容器	C	$X_C = 1/(\omega_d C)$	比 v_C 超前 90°（= π/2 rad）	−90°（= −π/2 rad）	$V_C = I_C X_C$
电感器	L	$X_L = \omega_d L$	比 v_L 滞后 90°（= π/2 rad）	+90°（= +π/2 rad）	$V_L = I_L X_L$

例题 31.05 **纯电感负载：电势差和电流**

在图 31-12 中，电感 L 是 230mH，正弦式交变电动势器件以振幅 $\mathscr{E}_m = 36.0\text{V}$、频率 $f_d = 60.0\text{Hz}$

运行。

(a) 跨接在电感器两端的电势差 $v_L(t)$ 及 $v_L(t)$ 的振幅 V_L 各是多少？

【关键概念】

在纯电感负载的电路中，跨接在电感器两端的电势差 $v_L(t)$ 总是等于电动势器件两端的电势差 $\mathscr{E}(t)$。

解：这里我们有 $v_L(t)=\mathscr{E}(t)$ 和 $V_L=\mathscr{E}_m$。因为 $\mathscr{E}_m$ 已经给出，所以我们有

$$V_L=\mathscr{E}_m=36.0\text{V} \quad \text{(答案)}$$

要求 $v_L(t)$，我们利用式（31-28）写出

$$v_L(t)=\mathscr{E}(t)=\mathscr{E}_m\sin\omega_d t \quad (31\text{-}53)$$

然后将 $\mathscr{E}_m=36.0\text{V}$ 和 $\omega_d=2\pi f_d=120\pi$ 代入式（31-53），我们有

$$v_L=(36.0\text{V})\sin(120\pi t) \quad \text{(答案)}$$

(b) 电路中作为时间函数的电流 $i_L(t)$ 和 $i_L(t)$ 的振幅各是多少？

【关键概念】

在纯电感负载的交流电路中，电感中的交变电流 $i_L(t)$ 比交变电动势 $v_L(t)$ 滞后 90°。（在解题技巧的记忆法中，电流的口诀是"positively an *ELI* circuit"，这告诉我们电动势 E 超前电流 I 并且 ϕ 是正的。）

解：因为电流的相位常量 ϕ 是 +90°，或 $+\pi/2$ rad，所以我们可以把式（31-29）写成

$$i_L=I_L\sin(\omega_d t-\phi)$$
$$=I_L\sin(\omega_d t-\pi/2) \quad (31\text{-}54)$$

如果我们先求出感抗 X_L，就可以由式（31-52）（$V_L=I_LX_L$）求出振幅 I_L。由式（31-49）（$X_L=\omega_d L$）和 $\omega_d=2\pi f_d$，我们可以写出

$$X_L=2\pi f_d L=(2\pi)(60.0\text{Hz})(230\times10^{-3}\text{H})$$
$$=86.7\Omega$$

式（31-52）告诉我们，电流振幅是

$$I_L=\frac{V_L}{X_L}=\frac{36.0\text{V}}{86.7\Omega}$$
$$=0.415\text{A} \quad \text{(答案)}$$

把这和 $\omega_d=2\pi f_d=120\pi$ 代入式（31-54），我们有

$$i_L=(0.415\text{A})\sin(120\pi t-\pi/2) \quad \text{(答案)}$$

WILEY PLUS 在 WileyPLUS 中可以找到附加的例题、视频和练习。

31-4 串联 *RLC* 电路

学习目标

学完这一单元后，你应当能够……

31.32 画出 *RLC* 串联电路的线路图。

31.33 认明主要是电感的电路、主要是电容的电路与共振电路的条件。

31.34 对主要是电感的电路、主要是电容的电路以及共振电路，画出电压 $v(t)$ 和电流 $i(t)$ 的曲线图，并画出相矢量图，指明超前、落后或共振。

31.35 计算阻抗 Z。

31.36 应用电流振幅 I、阻抗 Z 和电动势振幅 $\mathscr{E}_m$ 之间的关系。

31.37 应用相位常量 ϕ 与电压振幅 V_L 和 V_C 之间的关系，以及相位常量 ϕ、电阻 R 与电抗 X_L 和 X_C 之间的关系。

31.38 认明对应于主要是电感的电路、主要是电容的电路以及共振电路的相位常量的数值。

31.39 对于共振，应用驱动角频率 ω_d、固有角频率 ω、电感 L 和电容 C 之间的关系。

31.40 画出电流振幅关于比值 ω_d/ω 的曲线图，辨明曲线上对应于主要是电感的电路，主要是电容的电路及共振电路的各部分，并指出电阻增大曲线会发生什么变化。

关键概念

● 对于串联 *RLC* 电路，外来电动势为

$$\mathscr{E}=\mathscr{E}_m\sin\omega_d t$$

电流为

$$i = I\sin(\omega_d t - \phi)$$

电流振幅由下式给出

$$I = \frac{\mathscr{E}_m}{\sqrt{R^2 + (X_L - X_C)^2}} = \frac{\mathscr{E}_m}{\sqrt{R^2 + [\omega_d L - 1/(\omega_d C)]^2}} \quad (电流振幅)$$

- 相位常量是

$$\tan\phi = \frac{X_L - X_C}{R} \quad (相位常量)$$

- 电路的阻抗是

$$Z = \sqrt{R^2 + (X_L - X_C)^2} \quad (阻抗)$$

- 我们把电流振幅和阻抗用下式联系起来：

$$I = \mathscr{E}_m / Z$$

- 当驱动角频率 ω_d 等于电路的固有角频率 ω 时，电流振幅 I 最大（$I = \mathscr{E}_m/R$），这是称为共振的条件。这时 $X_C = X_L$，$\phi = 0$，电流和电动势同相。

串联 *RLC* 电路

我们现在就将式（31-28）中的交变电动势

$$\mathscr{E} = \mathscr{E}_m \sin\omega_d t \quad (要施加的电动势) \qquad (31\text{-}55)$$

连接到图 31-7 的整个 *RLC* 电路中。因为 *R*、*L* 和 *C* 是串联的，所以在这三个元件中流动着同样的电流：

$$i = I\sin(\omega_d t - \phi) \qquad (31\text{-}56)$$

我们打算求电流振幅 I 和相位常量 ϕ，并研究这两个量如何依赖于驱动角频率 ω_d。利用 31-3 单元中介绍的三种基本电路（电容负载、电感负载和电阻负载）的相矢量图求解就可以使问题简化。特别是，我们要对每一种基本电路应用电压相矢量和电流相矢量的关系。我们会发现，串联 *RLC* 电路可以分成三种类型：主要是电容的电路，主要是电感的电路以及共振电路。

电流振幅

我们从图 31-14a 开始，图上画出在任意的时刻 t，式（31-56）表示的电流的相矢量。相矢量的长度等于电流的振幅 I，相矢量在纵轴上的投影是 t 时刻的电流 i，相矢量转过的角度是 t 时刻电流的相位（$\omega_d t - \phi$）。

图 31-14b 表示同一时刻 t 的跨接在 *R*、*L* 和 *C* 两端的电压的相矢量，每个相矢量的方向都是基于表 31-2 中的信息相对于图 31-14a 中的电流相矢量 I 所转过的角度而取定的。

电阻器：这里的电流和电压同相位；所以电压相矢量 V_R 转动的角度和相矢量 I 的角度相同。

电容器：这里电流超前电压 90°；所以电压相矢量 V_C 转过的角度比相矢量 I 转过的角度小 90°。

电感器：这里的电流滞后于电压 90°；所以电压相矢量 V_L 转过的角度比相矢量 I 转过的角度大 90°。

图 31-14b 也表示出 t 时刻跨接在 *R*、*C* 和 *L* 两端的瞬时电压 v_R、v_C 和 v_L；这些电压是相应的相矢量 t 时刻在图中的纵轴上的投影。

图 31-14c 表示式（31-55）的外加电动势的相矢量。相矢量的长度是电动势的振幅 $\mathscr{E}_m$，相矢量在纵轴上的投影是 t 时刻的电动势 $\mathscr{E}$，t 时刻相矢量转过的角度是电动势的相位 $\omega_d t$。

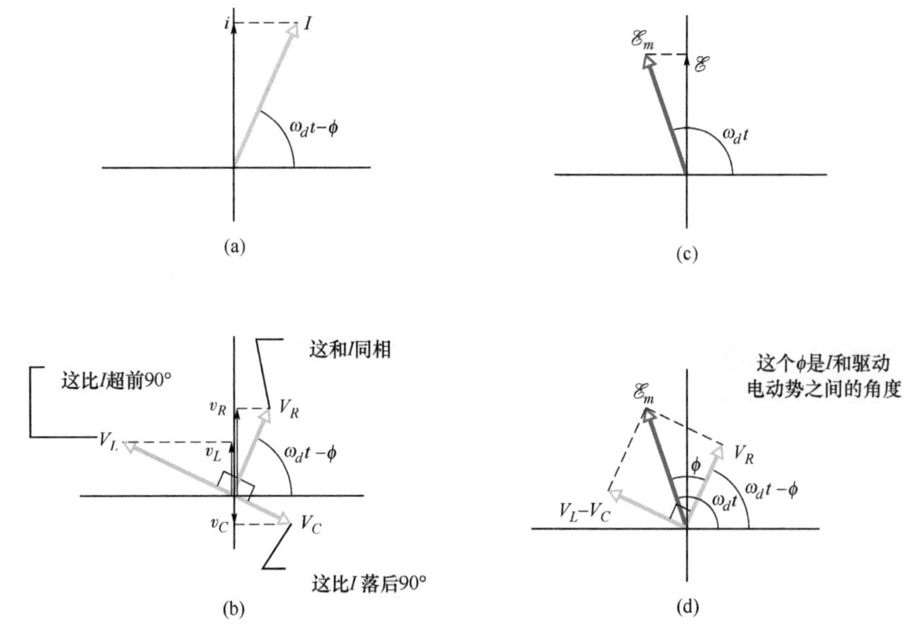

图 31-14 (a) 表示图 31-7 中的受驱 *RLC* 电路在 t 时刻的交变电流的相矢量。图上画出振幅 I、瞬时值 i 及相位 $(\omega_d t-\phi)$。(b) 表示跨接在电感器、电阻器和电容器两端的电压相矢量，矢量的取向都是相对于 (a) 图中的电流相矢量。(c) 表示驱动 (a) 图中电流的交变电动势的相矢量。(d) 这张图中已将电压相矢量 V_L 和 V_C 矢量相加；得到它们的合相矢量 (V_L-V_C)。

由回路定则可知。在任何时刻电压 v_R、v_C 和 v_L 的总和等于外加电动势 $\mathscr{E}$:

$$\mathscr{E}=v_R+v_C+v_L \tag{31-57}$$

因此，在时刻 t，图 31-14c 中 $\mathscr{E}$ 的投影等于图 31-14b 中的 v_R、v_C 和 v_L 的投影的代数和。事实上，在这些相矢量一同旋转时，这个等式总是成立的。这意味着图 31-14c 中的相矢量 $\mathscr{E}_m$ 必定等于图 31-14b 中的三个电压相矢量 V_R、V_C 和 V_L 的矢量和。

这个结论可以在图 31-14d 中表示出来，其中相矢量 $\mathscr{E}_m$ 画成相矢量 V_R、V_C 和 V_L 的矢量和。因为图中的相矢量 V_L 和 V_C 的方向相反，所以我们简化了矢量和，先把 V_L 和 V_C 组合起来成为一个相矢量 V_L-V_C。然后把这个相矢量和 V_R 组合起来求出合成相矢量。合成相矢量必定和相矢量 $\mathscr{E}_m$ 相一致，如图所示。

图 31-14d 中的两个三角形都是直角三角形。对每一个三角形应用勾股定理，得到

$$\mathscr{E}_m^2=V_R^2+(V_L-V_C)^2 \tag{31-58}$$

由表 31-2 最右面的纵列中列出的电压振幅的关系，我们可以重写这个式子:

$$\mathscr{E}_m^2=(IR)^2+(IX_L-IX_C)^2 \tag{31-59}$$

重新整理后写成以下形式

$$I=\frac{\mathscr{E}_m}{\sqrt{R^2+(X_L-X_C)^2}} \tag{31-60}$$

式 (31-60) 中的分母称为电路对驱动角频率 ω_d 的**阻抗** Z:

$$Z=\sqrt{R^2+(X_L-X_C)^2}\quad（阻抗的定义）\tag{31-61}$$

然后我们可以把式（31-60）写成

$$I=\frac{\mathscr{E}_m}{Z}\tag{31-62}$$

如果我们由式（31-39）和式（31-49）分别代入 X_C 和 X_L，我们可以把式（31-60）写得更明确一些。

$$I=\frac{\mathscr{E}_m}{\sqrt{R^2+[\omega_d L-1/(\omega_d C)]^2}}\quad（电流振幅）\tag{31-63}$$

我们现在已经完成了目标的一半：我们已经得到了用正弦式驱动电动势和 *RLC* 串联电路中电路元件表示的电流振幅 I 的表达式。

I 的数值依赖于式（31-63）中的 $\omega_d L$ 和 $1/(\omega_d C)$ 之差，或等效于式（31-60）中的 X_L 和 X_C 之差。在两个方程式中都不会介意这两个量哪个更大，因为它们的差值总是要取平方的。

在这一单元中我们描述的电流是在加上交变电动势并经过一定时间以后电路中的*恒稳态电流*。当这个电动势刚刚加到电路上时，会产生短时间的*暂态电流*。暂态电流经历的时间（在稳定下来成为恒稳态电流之前）取决于“接通”电感元件和电容元件的时间常量 $\tau_L=L/R$ 和 $\tau_C=RC$。如果在设计电动机电路时没有适当地考虑到这种暂态电流，那么在起动时可能会损坏电动机。

相位常量

由图 31-14d 右边的相矢量三角形并由表 31-2，我们可以写出

$$\tan\phi=\frac{V_L-V_C}{V_R}=\frac{IX_L-IX_C}{IR}\tag{31-64}$$

从这个式子我们得到

$$\tan\phi=\frac{X_L-X_C}{R}\quad（相位常量）\tag{31-65}$$

这是我们目标的另一半：导出图 31-7 中受正弦式电动势驱动串联 *RLC* 电路中的相位常量方程式。本质上，它给我们依赖于电抗 X_L 和 X_C 的相对数值的相位常量三种不同结果：

$\boldsymbol{X_L>X_C}$：这种电路被说成是*电感性大于电容性*。式（31-65）告诉我们，对这种电路 ϕ 是正的，这意味着相矢量 I 跟在相矢量 $\mathscr{E}_m$ 后面旋转（见图 31-15a）。$\mathscr{E}$ 和 i 对时间的曲线图就像图 31-15b 中画的那样。（图 31-14c、d 就是假设 $X_L>X_C$ 画的。）

$\boldsymbol{X_C>X_L}$：这种电路被说成是*电容性大于电感性*。式（31-65）告诉我们，对这种电路 ϕ 是负的，这意味着相矢量 I 转动时超前于相矢量 $\mathscr{E}_m$（见图 31-15c）。$\mathscr{E}$ 和 i 对时间的曲线图就像图 31-15d 中的那样。

$\boldsymbol{X_C=X_L}$：我们说此电路在*共振*中，这种状态将在下面讨论。式（31-65）告诉我们，在这样的电路中 $\phi=0°$，这意味着相矢量 $\mathscr{E}_m$ 和 I 一起旋转（见图 31-15e），$\mathscr{E}$ 和 i 对时间的曲线图就像图 31-15f 中画的那样。

作为说明，我们再来考虑一下两种极端的电路：在图31-12的纯电感电路中，X_L 不是零，而 $X_C=R=0$，式（31-65）告诉我们，电路的相位常量 $\phi=+90°$（ϕ 的最大值），这和图31-13b一致。在图31-10的纯电容电路中，X_C 不等于零，但 $X_L=R=0$。式（31-65）告诉我们，电路的相位常量 $\phi=-90°$（ϕ 的最小数值），这与图31-11b一致。

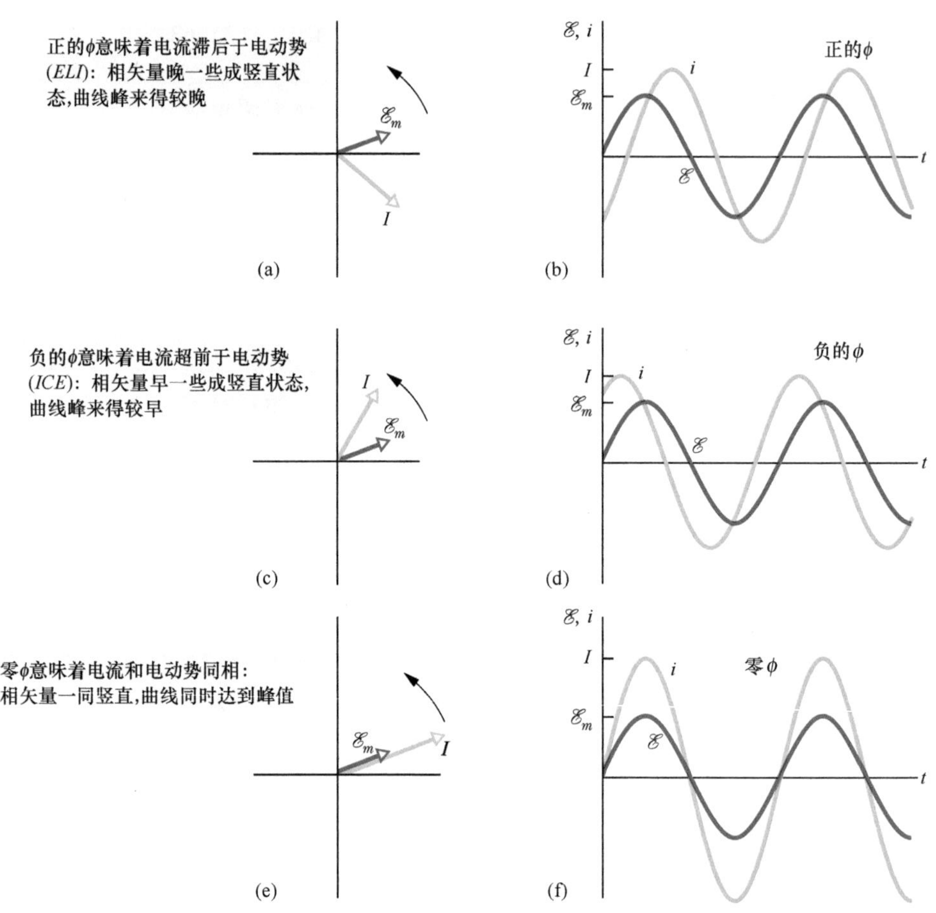

图31-15 描述图31-7中的受驱 *RLC* 电路的相矢量图与交变电动势 $\mathscr{E}$ 及电流 i 的曲线图。在（a）的相矢量图和（b）的曲线图中，电流 i 落后于驱动电动势 $\mathscr{E}$，电流的相位常量 ϕ 是正的。在（c）和（d）中，电流 i 超前于驱动电动势 $\mathscr{E}$，它的相位常量 ϕ 是正的。在（e）和（f）中，电流 i 和驱动电动势 $\mathscr{E}$ 同相，它的相位常量 ϕ 是零。

共振

式（31-63）给出了 *RLC* 电路中的电流振幅 I 作为外加交变电动势的驱动频率 ω_d 的函数。对于给定的电阻 R，当分母上的量 $\omega_d L-1/(\omega_d C)$ 为零时振幅 I 最大——即，当

$$\omega_d L=\frac{1}{\omega_d C}$$

或

$$\omega_d=\frac{1}{\sqrt{LC}} \quad (\text{最大 } I) \tag{31-66}$$

时，振幅为最大。因为 *RLC* 电路的固有频率 ω 也等于 $1/\sqrt{LC}$，所以 I 的最大值产生在驱动角频率等于固有频率时——即在共振时。由此，在 *RLC* 电路中，共振和最大电流振幅 I 产生的条件是

$$\omega_d = \omega = \frac{1}{\sqrt{LC}} \quad (\text{共振}) \tag{31-67}$$

共振曲线。图 31-16 表示三条 R 不相同的串联 *RLC* 电路的正弦式驱动振荡的*共振曲线*。每一条曲线的电流振幅 I 都在比值 $\omega_d/\omega = 1.00$ 处达到最大峰值，但 I 的最大值随 R 增大而减小。（最大值 I 总是等于 $\mathscr{E}_m/R$；要问这是为什么，把式（31-61）和式（31-62）结合起来就知道了。）此外，这些曲线的宽度（在图 31-16 中从 I 的最大值一半处来量度）随 R 增大而增大。

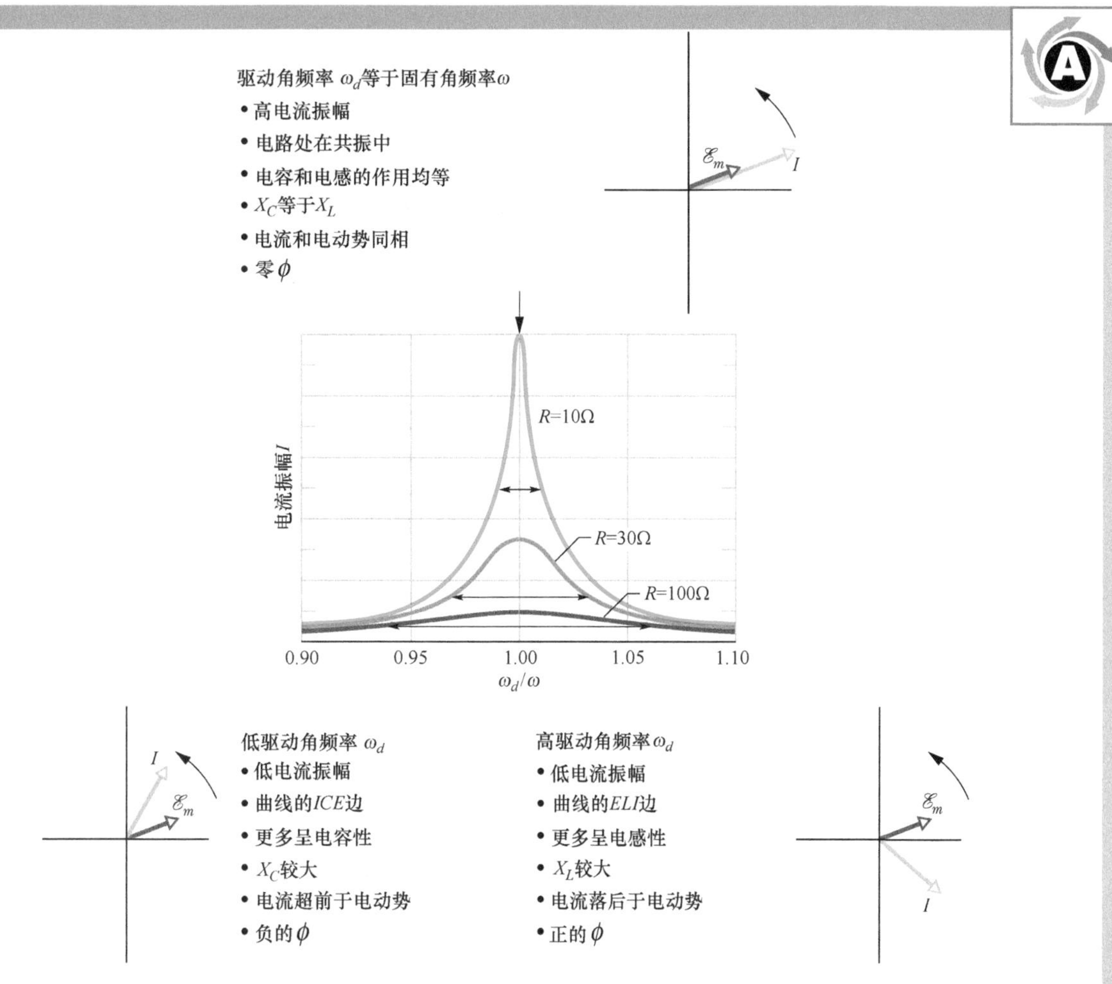

图 31-16 图 31-7 中受驱 *RLC* 电路的共振曲线，$L = 100\mu H$，$C = 100pF$，以及 R 的三个不同数值。交变电流的振幅 I 取决于驱动角频率 ω_d 与固有角频率 ω 有多接近。每条曲线上的水平箭头用来量度曲线的*半宽度*，这是最大值一半处的宽度，同时也是共振曲线尖锐程度的量度。在 $\omega_d/\omega = 1.00$ 左边的曲线部分主要是电容性的，此时 $X_C > X_L$。而在右边的曲线部分则主要是电感性的，$X_L > X_C$。

为了说明图 31-16 的物理意义，考虑驱动角频率 ω_d 在从比固有频率小得多的数值开始增大的过程中，电抗 X_L 和 X_C 是如何改变的。对于小的 ω_d，感抗 $X_L(=\omega_d L)$ 很小而容抗 $X_C[=1/(\omega_d C)]$ 很大。因此，电路主要是电容性的，阻抗由很大的 X_C 支配，这使得电流也很小。

当我们增加 ω_d 时，虽然电抗 X_C 仍占据优势地位，但它的作用正在逐渐减小，同时 X_L 则正在增大。X_C 的减小使阻抗随之减小，因而电流增大，如我们在图 31-16 中的任何一条共振曲线左边看到的情形。当增大的 X_L 和减少的 X_C 达到相等的数值时，电流最大。电路处在共振状态中，此时 $\omega_d=\omega$。

当我们使 ω_d 继续增大，增大的感抗 X_L 逐渐超过容抗 X_C 的作用而占据支配地位。由于 X_L 增加而阻抗也增大，因而电流减小，如图 31-16 中任一条共振曲线的右半部分所显示的。总之，在共振曲线的低角频率一边，电容器的容抗处于支配地位，而在高角频率一边则是电感器的感抗占据优势地位，而共振发生在中间位置。

检查点 6

对三种受到正弦式电动势驱动的串联 *RLC* 电路，它们的容抗和感抗分别是：（1）50Ω，100Ω；（2）100Ω；50Ω；（3）50Ω，50Ω。（a）对每一种电路，电流超前还是滞后于外加电动势或二者同相？（b）哪一条电路是在共振中？

例题 31.06　电流振幅，阻抗和相位常量。

在图 31-7 中，令 $R=200\Omega$，$C=15.0\mu F$，$L=230mH$，$f_d=60.0Hz$，$\mathscr{E}_m=36.0V$。（这些参数都在上一个例题中用过。）

（a）电流振幅 I 是多大？

【关键概念】

根据式（31-62）（$I=\mathscr{E}_m/Z$）电流的振幅 I 依赖于驱动电动势的振幅 $\mathscr{E}_m$ 和电路的阻抗 Z。

解：所以我们首先要求出电阻 R、容抗 X_C 和感抗 X_L。电路的电阻就是给出的电阻 R，而电路的容抗是由电容产生的，由上一个例题知道是 $X_C=177\Omega$。它的感抗是由电感产生的，从另一个例题得知 $X_L=86.7\Omega$。于是，电路的阻抗是

$$Z=\sqrt{R^2+(X_L-X_C)^2}$$
$$=\sqrt{(200\Omega)^2+(86.7\Omega-177\Omega)^2}$$
$$=219\Omega$$

于是我们求出

$$I=\frac{\mathscr{E}_m}{Z}=\frac{36.0V}{219\Omega}=0.164A \qquad \text{（答案）}$$

（b）电路中电流相对于驱动电动势的相位常量 ϕ 是多少？

【关键概念】

按式（31-65），相位常量依赖于电路中的感抗、容抗和电阻。

解：由式（31-65）求 ϕ，得到

$$\phi=\arctan\frac{X_L-X_C}{R}=\arctan\frac{86.7\Omega-177\Omega}{200\Omega}$$
$$=-24.3°=-0.424rad \qquad \text{（答案）}$$

负的相位常量和负载主要是电容性的事实相一致；即 $X_C>X_L$。在受驱串联 *RLC* 电路中，这个电路是 *ICE* 电路——电流超前于驱动电动势。

WILEY PLUS 在 WileyPLUS 中可以找到附加的例题、视频和练习。

31-5　交流电路中的功率

学习目标

学完这一单元后，你应当能够……

31.41　对交流电路中的电流、电压和电动势，应用方均根值和振幅之间的关系。

31.42　对于跨接在电容器、电感器和电阻器两端的交变电动势，画出电流和电压的正弦式变化的曲线图，并指出峰值和方均根值。

31.43　应用平均功率 P_{avg}、方均根电流 I_{rms} 和电阻 R 之间的关系。

31.44 在受驱 RLC 电路中，计算每一个元件的功率。

31.45 对稳恒态中的受驱 RLC 电路，说明(a)平均储存的能量数值随时间发生什么变化，(b)发电机输入电路的能量有什么情况。

31.46 应用功率因数 $\cos\phi$、电阻 R 和阻抗 Z 之间的关系。

31.47 应用平均功率 P_{avg}、方均根电动势 $\mathscr{E}_{rms}$、方均根电流 I_{rms} 和功率因数 $\cos\phi$ 之间的关系。

31.48 明确为了使供应给电阻负载的能量效率达到最大，需要什么样的功率因数。

关键概念

- 在串联 RLC 电路中，发电机的平均功率 P_{avg} 等于电阻中热能产生的速率：

$$P_{avg}=I_{rms}^2R=\mathscr{E}_{rms}I_{rms}\cos\phi$$

- 缩写 rms 代表方均根；rms 数值和最大值的关系是 $I_{rms}=I/\sqrt{2}$，$V_{rms}=V/\sqrt{2}$，$\mathscr{E}_{rms}=\mathscr{E}_m/\sqrt{2}$。$\cos\phi$ 称作电路的功率因数。

交流电路中的功率

在图 31-7 的 RLC 电路中，能源是交流发电机，它提供的能量中有一些储存在电容器的电场中，有一些能量储存在电感器的磁场中，还有一些在电阻器中因转化成热能而耗散。在恒稳态工作条件下，平均储存的能量保持为常量，因而净能量的转化是从发电机到电阻器，在这个过程中能量在电阻器中耗散掉。

由式（26-27）和式（31-29）可知，电阻器中能量耗散的瞬时功率可以写成

$$P=i^2R=[I\sin(\omega_d t-\phi)]^2R=I^2R\sin^2(\omega_d t-\phi) \quad (31\text{-}68)$$

不过，电阻中能量耗散的平均功率是式（31-68）对时间的平均值。在一个完全周期内，$\sin\theta$（θ 是任意的变量）的平均值为零（见图 31-17a），但 $\sin^2\theta$ 的平均值是 1/2（见图 31-17b）。（注意在图 31-17b 中，在曲线以下及在标记为 1/2 的水平线以上的阴影面积正好可以填补标记为 1/2 的水平线以下且没有阴影的空白面积。）由式（31-68），我们可以写出

$$P_{avg}=\frac{I^2R}{2}=\left(\frac{I}{\sqrt{2}}\right)^2R \quad (31\text{-}69)$$

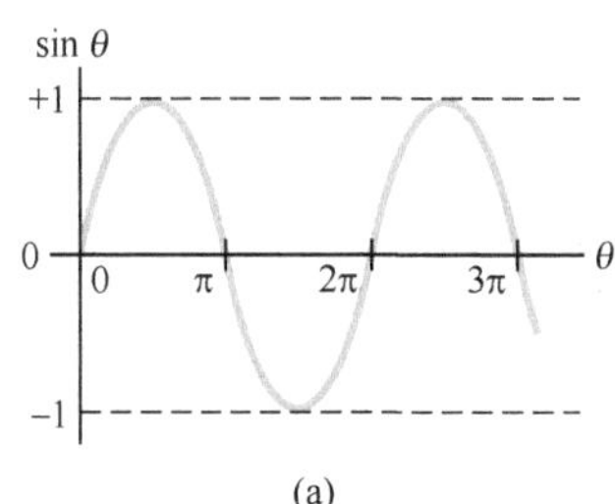

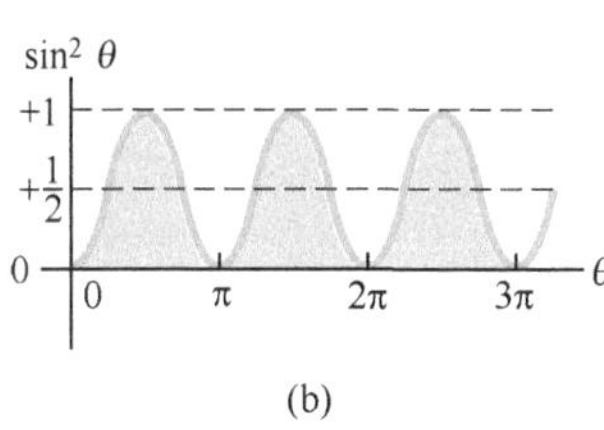

图 31-17 (a) $\sin\theta$ 关于 θ 的曲线图。一个周期内的平均值为零，(b) $\sin^2\theta$ 关于 θ 的曲线图，一个周期内的平均值是 $\frac{1}{2}$。

量 $I/\sqrt{2}$ 称为电流 i 的**方均根**（或 **rms**）值：

$$I_{rms}=\frac{I}{\sqrt{2}} \quad \text{（方均根电流）} \quad (31\text{-}70)$$

我们现在可以重写式（31-69）：

$$P_{avg}=I_{rms}^2R \quad \text{（平均功率）} \quad (31\text{-}71)$$

式（31-71）和式（26-27）（$P=i^2R$）有同样的数学形式；意思是，如果我们用方均根电流的形式表示，就可以用它来计算交流电路中能量消耗的平均功率，而这就和直流电路中的情形完全一样。

我们也可以对交流电路分别定义电压和电动势的方均根数值：

$$V_{rms}=\frac{V}{\sqrt{2}} \text{和} \ \mathscr{E}_{rms}=\frac{\mathscr{E}_m}{\sqrt{2}} \quad \text{（方均根电压，方均根电动势）} \quad (31\text{-}72)$$

通常，交流电仪器（像安培计和伏特计）上标出的读数都是 I_{rms}、

V_{rms}和$\mathscr{E}_{rms}$。因此，如果你在家用电源插座上插入交流伏特计，它的读数是120V，这就是方均根电压的数值。插座输出的电势差的最大值是$\sqrt{2}\times(120\text{V})$或170V。通常，科学家和工程师报告的都是方均根数值而不是最大值。

因为式（31-70）和式（31-72）中所有三个变量的比例因子$1/\sqrt{2}$都相同，所以我们可以把式（31-62）和式（31-60）写成

$$I_{rms}=\frac{\mathscr{E}_{rms}}{Z}=\frac{\mathscr{E}_{rms}}{\sqrt{R^2+(X_L-X_C)^2}} \tag{31-73}$$

这确实是最常用的形式。

我们可以利用关系式$I_{rms}=\dfrac{\mathscr{E}_{rms}}{Z}$把式（31-71）以常用的等效形式重写。我们写出

$$P_{avg}=\frac{\mathscr{E}_{rms}}{Z}I_{rms}R=\mathscr{E}_{rms}I_{rms}\frac{R}{Z} \tag{31-74}$$

不过，由图31-14a、表31-2和式（31-62），我们知道R/Z正好是相位常量ϕ的余弦：

$$\cos\phi=\frac{V_R}{\mathscr{E}_m}=\frac{IR}{IZ}=\frac{R}{Z} \tag{31-75}$$

这样，式（31-74）就变成

$$P_{avg}=\mathscr{E}_{rms}I_{rms}\cos\phi \quad \text{（平均功率）} \tag{31-76}$$

其中，$\cos\phi$称作**功率因数**。因为$\cos\phi=\cos(-\phi)$，所以式（31-76）不依赖于相位常量ϕ的符号。

要使提供给RLC电路中的电阻负载的能量的比率最大，我们应当使功率因数$\cos\phi$尽可能接近于1。这等价于使式（31-29）中的相位常量ϕ尽可能接近于零。例如，对高电感性的电路，可以在电路中串联上更多的电容器使相位常量更小。（回忆一下在串联的电容器电路中，再串联上更多的电容器会减少等效电容C_{eq}。）由此，减少电路中的等效电容C_{eq}的结果是减小相位常量并增大式（31-76）中的功率因数。电力公司在它们的整个输电系统中串联一些电容器来达到这个效果。

检查点7

（a）如果在正弦式受驱串联RLC电路中的电流超前于电动势，要增加供应给电阻的能量的比例，我们应当增加还是减少电容？（b）这一改变使电路的共振角频率更接近于电动势的频率还是使它离得更远？

例题31.07　受驱RLC电路：功率因数和平均功率

以频率$f_d=60.0\text{Hz}$、电动势$\mathscr{E}_{rms}=120\text{V}$驱动的串联$RLC$电路由电阻$R=200\Omega$、感抗为$X_L=80.0\Omega$的电感和容抗为$X_C=150\Omega$的电容组成。

（a）电路的功率因数$\cos\phi$和相位常量ϕ如何？

【关键概念】

功率因数$\cos\phi$可以用式（31-75）（$\cos\phi=R/Z$）由R和阻抗Z求出。

解：我们利用式（31-61）求 Z。

$$Z=\sqrt{R^2+(X_L-X_C)^2}$$
$$=\sqrt{(200\Omega)^2+(80.0\Omega-150\Omega)^2}$$
$$=211.90\Omega$$

由式（31-75），得

$$\cos\phi=\frac{R}{Z}=\frac{200\Omega}{211.90\Omega}$$
$$=0.9438\approx0.944 \qquad \text{（答案）}$$

取反余弦函数得出

$$\phi=\arccos 0.944=\pm19.3°$$

计算器上的反余弦函数只会给出上面正的答案，但是 $+19.3°$ 和 $-19.3°$ 的余弦都是 0.944。要确定哪一个符号是正确的，我们必须考虑电流是超前还是落后于（驱动）电动势。因为 $X_C>X_L$，所以这个电路主要是电容性的，电流超前于电动势。因此 ϕ 必定是负的

$$\phi=-19.3° \qquad \text{（答案）}$$

我们也可以用式（31-65）求 ϕ。用这个公式，计算器就会给出带负号的答案。

（b）电阻中能量消耗的平均功率是多大？

【关键概念】

有两种方法和两个概念都可以用：（1）因为假设电路是恒稳态运行，所以在电阻中耗散能量的功率等于式（31-76）（$P_{avg}=\mathscr{E}_{rms}I_{rms}\cos\phi$）给出的提供给电路的功率。（2）在电阻 R 中耗散能量的功率按照式（31-71）（$P_{avg}=I^2_{rms}R$）依赖于通过电阻的方均根电流 I_{rms} 的平方。

第一种方法：我们已经知道方均根驱动电动势 $\mathscr{E}_{rms}$，并且我们已经从（a）小题得到 $\cos\phi$。方均根电流 I_{rms} 按照式（31-73）取决于驱动电动势的方均根值和电路的阻抗 Z（我们已经知道的）：

$$I_{rms}=\frac{\mathscr{E}_{rms}}{Z}$$

把这个式子代入式（31-76）后得到

$$P_{avg}=\mathscr{E}_{rms}I_{rms}\cos\phi=\frac{\mathscr{E}^2_{rms}}{Z}\cos\phi$$
$$=\frac{(120\text{V})^2}{211.90\Omega}(0.9438)=64.1\text{W}$$

（答案）

第二种方法：不用上面的方法，我们也可以写出

$$P_{avg}=I^2_{rms}R=\frac{\mathscr{E}^2_{rms}}{Z^2}R$$
$$=\frac{(120\text{V})^2}{(211.9\Omega)^2}(200\Omega)=64.1\text{W} \qquad \text{（答案）}$$

（c）电路的其他参数都不改变，需要加上多大的新电容 C_{new} 才能使 P_{avg} 最大？

【关键概念】

（1）如果电路和驱动电动势达到共振，则提供和耗散的平均功率是最大。（2）共振在满足 $X_C=X_L$ 的条件下才会发生。

解：由已知的数据，我们知道 $X_C>X_L$。因此，我们必须减小 X_C 才能达到共振条件。由式（31-39）[$X_C=1/(\omega_dC)$] 可知，我们需要将 C 增大到新的值 C_{new}。

利用式（31-39），我们可以把共振条件 $X_C=X_L$ 写成：

$$\frac{1}{\omega_dC_{new}}=X_L$$

用 $2\pi f_d$ 代替 ω_d（因为我们已知的是 f_d 而不是 ω_d），然后解出 C_{new}，我们得到

$$C_{new}=\frac{1}{2\pi f_dX_L}=\frac{1}{(2\pi)(60\text{Hz})(80.0\Omega)}$$
$$=3.32\times10^{-5}\text{F}=33.2\mu\text{F} \qquad \text{（答案）}$$

按照（b）小题中的步骤，我们可以用 C_{new} 来证明能量耗散的平均功率 P_{avg} 达到最大值

$$P_{avg,max}=72.0\text{W}$$

WILEY PLUS 在 WileyPLUS 中可以找到附加的例题、视频和练习。

31-6 变压器

学习目标

学完这一单元后，你应当能够……

31.49 懂得为什么电能在输电线中要在低电流、

高电压下输送。

31.50 懂得变压器在输电线两端所起的作用。

31.51 计算输电线中的能量损耗。

31.52 辨别变压器的一次绕组和二次绕组。

31.53 应用电压和变压器两边绕组的匝数之间的关系。

31.54 区别降压变压器和升压变压器。

31.55 应用电流和变压器两边的绕组匝数之间的关系。

31.56 应用理想变压器的输入功率和输出功率之间的关系。

31.57 懂得从变压器的一次绕组一边看的等效电阻。

31.58 应用等效电阻和真实电阻之间的关系。

31.59 说明变压器在阻抗匹配中所起到的作用。

关键概念

- 变压器（假设是理想的）是由上面绕着匝数为 N_p 的一次绕组和匝数为 N_s 的二次绕组的铁心构成。如果一次绕组连接到交变电流发电机上，则一次绕组和二次绕组的电压关系是

$$V_s = V_p\frac{N_s}{N_p}\ （电压的变换）$$

- 通过两个绕组上的电流的关系是

$$I_s = I_p\frac{N_p}{N_s}\ （电流的变换）$$

- 从发电机一边看，二次绕组电路的等效电阻是

$$R_{\text{eq}} = \left(\frac{N_p}{N_s}\right)^2 R$$

其中，R 是二次绕组电路中的电阻负载；比例 N_p/N_s 称为变压器的匝数比。

变压器

能量传输的要求

当交流电路只有电阻负载时，式（31-76）中的功率因数是 $\cos 0° = 1$，并且外加的方均根电动势 $\mathscr{E}_{\text{rms}}$ 等于负载两端的方均根电压 V_{rms}。由此，当负载中通有方均根电流 I_{rms} 时，供应和消耗能量的平均速率是

$$P_{\text{avg}} = \mathscr{E}I = IV \qquad (31\text{-}77)$$

[在式（31-77）和这一单元的其余部分，我们按照惯例省去表示方均根的下标 rms。工程师和科学家对所有随时间变化的电流和电压都采用方均根数值的叫法；这也是电表上的读数。] 式（31-77）告诉我们，要满足一定的功率需要，只要乘积 IV 满足要求，对 I 和 V 都可以有一定的选择范围。

在配电系统中，出于安全方面的原因，以及为了设计出更为高效的设备，要求在发电的一端（发电厂）和接收的一端（家庭或工厂）用相对低的电压。譬如说，没有人愿意他的电烤箱在10kV 的高电压下工作。然而，在电能从发电厂传输到用户的过程中，我们希望实际电流最小（因而实际电压最高）以减少传输线中 I^2R 的损耗（常称为欧姆损耗）。

作为一个例子，考虑用735kV 的输电线将位于魁北克省的拉格朗德二级水电站的电能输送到1000km 外的蒙特利尔。假设电流是500A，并且功率因数约等于1。由式（31-77），能量供应的平均功率是

$$P_{\text{avg}} = \mathscr{E}I = (7.35\times10^5\text{V})(500\text{A}) = 368\text{MW}$$

输电线的电阻大约是0.220Ω/km；由此，1000km 长的输电线的总电阻是220Ω。这个电阻产生的能量损耗的功率大约是

$$P_{avg}=I^2R=(500\text{A})^2(220\Omega)=55.0\text{MW}$$

这约等于供应的功率的15%。

想象如果我们将电流加倍并将电压减半会发生什么情况。发电厂输出的能量和以前一样，平均功率还是368MW，但现在能量损耗的功率是：

$$P_{avg}=I^2R=(1000\text{A})^2(220\Omega)=220\text{MW}$$

这几乎是输出功率的60%。因此就有了通用的能量传输原则：以最高可能的电压和最低可能的电流输送。

理想变压器

传输原则导致有效的高电压传输与安全的低电压发电和用电需求之间的基本矛盾，我们需要一种装置，用它可以升高（为了输送）和降低（为了使用）电路中的交流电压，而在这个过程中又基本上保持乘积（电流×电压）不变。**变压器**就是这样的装置。它没有运动的部分，按法拉第电磁感应定律运作，并且也没有简单的、与之对应的直流设备。

图31-18中的理想变压器由两个不同匝数的绕组组成，绕组绕在一个铁心上。（绕组和铁心绝缘。）使用的时候，匝数为N_p的一次绕组连接到交流发电机，发电机在任何时刻的电动势$\mathscr{E}$是

$$\mathscr{E}=\mathscr{E}_m\sin\omega t \tag{31-78}$$

匝数为N_s的二次绕组连接到负载电阻R上，但只要开关没有接通（现在我们做这个假设），这个电路就是断开的。所以在二次绕组中没有电流通过。我们还假设，在这个理想变压器中，一次绕组和二次绕组的电阻都可忽略不计。在一些经过精心设计且容量很高的变压器中，能量的损耗可以低到1%；所以我们的假设是合理的。

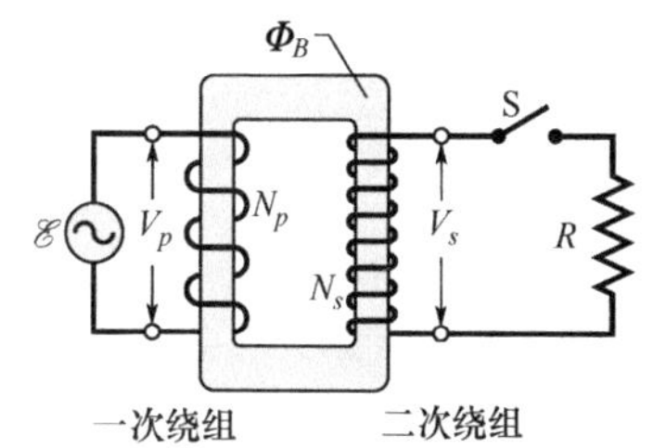

图31-18 基本变压器电路中的理想变压器（绕在铁芯上的两个绕组）。交流发电机在左边的绕组（一次绕组）中产生电流。右边的绕组（二次绕组）在开关S接通时连接到电阻负载R。

在这样的假设条件下，一次绕组是纯电感，一次绕组的电路和图31-12中一样。因此，一次绕组中的这个（很小的）电流也称为*起磁电流*I_{mag}，该电流比一次电压V_p滞后90°；一次绕组所在电路的功率因数［$=\cos\phi$，式（31-76）］是零；所以没有功率从发电机转移到变压器。

然而，很小的正弦式变化的一次电流会在铁心中产生正弦式变化的磁通量Φ_B。铁心的作用是加强磁通量并带它通过二次绕组。因为Φ_B在变化，所以它在二次绕组的每一匝中感应产生电动势$\mathscr{E}_{turn}(=\mathrm{d}\Phi_B/\mathrm{d}t)$。事实上，每匝的电动势$\mathscr{E}_{turn}$在一次绕组和二次绕组中都是相同的。跨接在一次绕组两端的电压V_p是$\mathscr{E}_{turn}$和匝数N_p的乘积；即$V_p=\mathscr{E}_{turn}N_p$。同理，跨接在二次绕组两端的电压是$V_s=\mathscr{E}_{turn}N_s$。于是，我们可以写出

$$\mathscr{E}_{turn}=\frac{V_p}{N_p}=\frac{V_s}{N_s}$$

或

$$V_s=V_p\frac{N_s}{N_p}\quad（电压的变换）\tag{31-79}$$

如果$N_s>N_p$，这个装置是*升压变压器*，因为它将一次电压V_p提升

到更高的电压 V_s。同理，如果 $N_s < N_p$，则它是降压变压器。

在开关S断开时，没有能量从发电机转移到电路的其余部分；但当我们将S接通，将二次绕组连接到电阻负载 R 时，就会发生能量的转移。（一般说来，负载也包括电感和电容元件，但我们这里只考虑电阻 R。）以下是整个过程：

1. 有交流电流出现在二次绕组所在的电路中，由此在电阻负载上会有相应的能量损耗，功率为 $I_s^2R(=V_s^2/R)$。

2. 这个电流在铁心中产生它自己的交变磁通量，这个磁通量在二次绕组中感应产生对抗的电动势。

3. 然而，一次绕组中的电压 V_p 不可能因响应这个对抗的电动势而改变，因为它必须一直和发电机提供的电动势 $\mathscr{E}$ 相等；接通开关S也不可能改变这个事实。

4. 为保持 V_p 不变，现在发电机在一次绕组中产生（除了起磁电流 I_{mag} 之外）交流电 I_p；I_p 的数值和相位常量要满足 I_p 在一次绕组中感应产生的电动势正好抵消受 I_s 感应所产生的电动势的需要。因为 I_p 的相位常量与 I_{mag} 的不一样，不是90°，所以这个电流可以将能量转移到一次绕组中。

能量传递。我们要把 I_s 和 I_p 联系起来。不过，这里我们不去详细分析上述复杂的过程，只要应用能量守恒原理。发电机转移能量给一次绕组的功率等于 I_pV_p。一次绕组传递给二次绕组能量（通过联系两个绕组的交变磁场）的功率是 I_sV_s。因为我们假设在整个过程中没有能量的损失，能量守恒要求

$$I_pV_p = I_sV_s$$

所以由式（31-79）代入 V_s，我们求出

$$I_s = I_p\frac{N_p}{N_s} \quad \text{（电流的变换）} \tag{31-80}$$

这个方程式告诉我们，二次绕组中的电流 I_s 与一次绕组中的电流 I_p 的差别取决于匝数比 N_p/N_s。

由于二次绕组所在电路中的电阻负载为 R，一次绕组所在电路中出现的电流为 I_p，为求 I_p，我们将 $I_s = V_s/R$ 代入式（31-80），然后由式（31-79）代入 V_s，我们得到

$$I_p = \frac{1}{R}\left(\frac{N_s}{N_p}\right)^2 V_p \tag{31-81}$$

这个方程式具有 $I_p = V_p/R_{eq}$ 的形式，这里的等效电阻 R_{eq} 是

$$R_{eq} = \left(\frac{N_p}{N_s}\right)^2 R \tag{31-82}$$

其中，R_{eq} 是从发电机角度“看到”的负载电阻的数值；好像发电机被连接到电阻 R_{eq} 上，因而发电机产生电流 I_p 和电压 V_p。

阻抗匹配

式（31-82）暗示变压器还有另外一个功能。为了从电动势设备到电阻负载有最大的能量转移，电动势设备的电阻必须等于负载的电阻。这种同一关系对交流电路也成立，只是在这种情况下发电机的阻抗（不仅仅是电阻）必须等于负载的阻抗。这个条件常常不能满足。例如，在放送音乐的系统中，放大器有高的阻抗，

而扬声器装置阻抗低。我们可以用一个匝数比 N_p/N_s 适当的变压器把这两个装置耦合起来从而使阻抗能够匹配。

检查点 8

在某个电路中，交流电动势装置的电阻比电路中的电阻负载更小；要增大电动势装置到负载的能量转移，二者间要用一个变压器连接。(a) N_s 应该大于还是小于 N_p？(b) 这需要升压变压器还是降压变压器？

例题 31.08 变压器：匝数比，平均功率，方均根电流

电线杆上一次绕组工作电压为 $V_p = 8.5\text{kV}$ 的一台变压器为附近许多家庭供应电压为 $V_s = 120\text{V}$ 的电能，这两个量都是方均根值。假设这台变压器是纯电阻负载的理想降压变压器，功率因数为 1。

(a) 这台变压器的匝数比 N_p/N_s 是多少？

【关键概念】

匝数比 N_p/N_s 与（给定的）一次绕组和二次绕组方均根电压的关系可由式（31-79）（$V_s = V_p N_s/N_p$）给出。

解： 我们可以把式（31-79）写作

$$\frac{V_s}{V_p} = \frac{N_s}{N_p} \tag{31-83}$$

（注意，这个式子右边是匝数比的倒数。）将式（31-83）两边颠倒过来，有

$$\frac{N_p}{N_s} = \frac{V_p}{V_s} = \frac{8.5\times10^3\text{V}}{120\text{V}}$$

$$= 70.83 \approx 71 \qquad \text{（答案）}$$

(b) 在这台变压器供应的家庭中，能量消耗（耗散）的平均功率是 78kW。变压器一次绕组和二次绕组中的方均根电流各是多少？

【关键概念】

对纯电阻负载，功率因数 $\cos\phi$ 是 1；因此，供应和消耗能量的平均功率由式（31-77）（$P_{\text{avg}} = \mathscr{E}I = IV$）给出。

解： 在 $V_p = 8.5\text{kV}$ 的一次绕组中，由式（31-77）得到

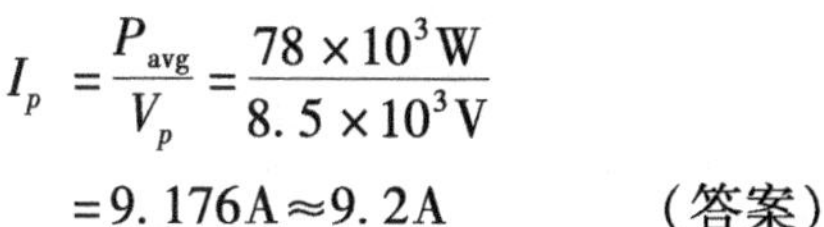

$$I_p = \frac{P_{\text{avg}}}{V_p} = \frac{78\times10^3\text{W}}{8.5\times10^3\text{V}}$$

$$= 9.176\text{A} \approx 9.2\text{A} \qquad \text{（答案）}$$

同理，在二次绕组所在的电路中，

$$I_s = \frac{P_{\text{avg}}}{V_s} = \frac{78\times10^3\text{W}}{120\text{V}} = 650\text{A} \qquad \text{（答案）}$$

我们可以用式（31-80）核对一下 $I_s = I_p(N_p/N_s)$。正如所要求的。

(c) 在二次绕组所在的电路中电阻负载 R_s 是多大？在一次绕组所在的电路中相应的电阻负载是多大？

第一种方法： 我们可以用 $V = IR$ 把电阻负载与方均根电压以及电流联系起来。对于二次绕组所在的电路，我们得出

$$R_s = \frac{V_s}{I_s} = \frac{120\text{V}}{650\text{A}} = 0.1846\Omega \approx 0.18\Omega \qquad \text{（答案）}$$

同理，对于一次绕组所在的电路我们有

$$R_p = \frac{V_p}{I_p} = \frac{8.5\times10^3\text{V}}{9.176\text{A}}$$

$$= 926\Omega \approx 930\Omega \qquad \text{（答案）}$$

第二种方法： 我们利用 R_p 等于从变压器一次绕组一边"看到"的等效电阻负载这个事实，这是用匝数比修正过的电阻并由式（31-82）（$R_{\text{eq}} = (N_p/N_s)^2 R$）给出。如果我们将 R_p 代替 R_{eq}，用 R_s 代替 R，则这个方程式可以写成

$$R_p = \left(\frac{N_p}{N_s}\right)^2 R_s = (70.83)^2(0.1846\Omega)$$

$$= 926\Omega \approx 930\Omega \qquad \text{（答案）}$$

复习和总结

LC 能量转换　在振荡的 LC 电路中，能量在电容器的电场和电感器的磁场之间周期性地来回转换，两种形式能量的瞬时值分别是

$$U_E=\frac{q^2}{2C}\text{及 }U_B=\frac{Li^2}{2} \qquad (31\text{-}1, 31\text{-}2)$$

其中，q 是电容器上的瞬时电荷；i 是电感器中的瞬时电流。总能量 $U(=U_E+U_B)$ 保持不变。

LC 电荷和电流振荡　由能量守恒原理导出

$$L\frac{\mathrm{d}^2q}{\mathrm{d}t^2}+\frac{1}{C}q=0 \quad (LC\text{ 振荡}) \qquad (31\text{-}11)$$

这是 LC 振荡（没有电阻）的微分方程。式（31-11）的解是

$$q=Q\cos(\omega t+\phi) \quad (\text{电荷}) \qquad (31\text{-}12)$$

其中，Q 是电荷振幅（电容器上电荷的最大值），振荡的角频率 ω 是

$$\omega=\frac{1}{\sqrt{LC}} \qquad (31\text{-}4)$$

式（31-12）中的相位常量 ϕ 取决于系统的初始条件（在 $t=0$ 时）。

任何时刻 t，系统中的电流 i 是

$$i=-\omega Q\sin(\omega t+\phi) \quad (\text{电流}) \qquad (31\text{-}13)$$

其中，ωQ 是电流振幅 I。

阻尼振荡　当电路中还存在耗散电阻 R 时，LC 电路做阻尼振荡。于是，

$$L\frac{\mathrm{d}^2q}{\mathrm{d}t^2}+R\frac{\mathrm{d}q}{\mathrm{d}t}+\frac{1}{C}q=0 \quad (RLC\text{ 电路}) \qquad (31\text{-}24)$$

这个微分方程的解是

$$q=Q\mathrm{e}^{-Rt/(2L)}\cos(\omega' t+\phi) \qquad (31\text{-}25)$$

其中，

$$\omega'=\sqrt{\omega^2-[R/(2L)]^2} \qquad (31\text{-}26)$$

我们只考虑 R 很小的情况，因而阻尼很小；这时 $\omega'\approx\omega$。

交流，受迫振荡　串联 RLC 电路在外来交变电动势

$$\mathscr{E}=\mathscr{E}_m\sin\omega_d t \qquad (31\text{-}28)$$

的作用下被迫以驱动角频率 ω_d 做受迫振荡。电路中受驱动产生的电流是

$$i=I\sin(\omega_d t-\phi) \qquad (31\text{-}29)$$

其中，ϕ 是电流的相位常量。

共振　受到正弦式外来电动势驱动的串联 RLC 电路中的电流振幅 I 在驱动角频率 ω_d 等于电路的固有角频率 ω 时达到最大值（即，发生共振）。这时 $X_C=X_L$，$\phi=0$，电流和电动势同相。

单一电流元件　跨接在电阻器两端的交流电势差具有振幅 $V_R=IR$，电流和电势差同相。

对电容器，$V_C=IX_C$，其中 $X_C=1/(\omega_d C)$ 是**容抗**；电流超前电势差 $90°(\phi=-90°=-\pi/2\text{ rad})$。对于电感器，$V_L=IX_L$，其中 $X_L=\omega_d L$ 是**感抗**；这里的电流滞后于电势差 $90°(\phi=+90°=+\pi/2\text{ rad})$。

串联 RLC 电路　将由式（31-28）得到的外来交变电动势加在串联 RLC 电路上，结果得到式（31-29）给出的交变电流

$$I=\frac{\mathscr{E}_m}{\sqrt{R^2+(X_L-X_C)^2}}=\frac{\mathscr{E}_m}{\sqrt{R^2+[\omega_d L-1/(\omega_d C)]^2}} \quad (\text{电流振幅}) \qquad (31\text{-}60, 31\text{-}63)$$

以及

$$\tan\phi=\frac{X_L-X_C}{R} (\text{相位常量}) \qquad (31\text{-}65)$$

定义电路的阻抗 Z 为

$$Z=\sqrt{R^2+(X_L-X_C)^2} (\text{阻抗的定义}) \qquad (31\text{-}61)$$

这样我们就可以把式（31-60）写成 $I=\mathscr{E}_m/Z$。

功率　在串联 RLC 电路中，发电机的**平均功率** P_{avg} 等于电阻器中产生热能的功率：

$$P_{avg}=I_{rms}^2R=\mathscr{E}_{rms}I_{rms}\cos\phi \qquad (31\text{-}71, 31\text{-}76)$$

这里的下标 rms 代表**方均根**；方均根值和最大值的数量关系是 $I_{rms}=I/\sqrt{2}$，$V_{rms}=V/\sqrt{2}$，$\mathscr{E}_{rms}=\mathscr{E}_m/\sqrt{2}$。$\cos\phi$ 称为电路的**功率因数**。

变压器　变压器（假设是理想的）是一个绕以匝数为 N_p 的一次绕组和匝数为 N_s 的二次绕组的铁心。如果一次绕组被连接到交流发电机，一次绕组的电压和二次绕组的电压间的关系是

$$V_s=V_p\frac{N_s}{N_p} \quad (\text{电压的变换}) \qquad (31\text{-}79)$$

通过这两个绕组的电流的关系是

$$I_s=I_p\frac{N_p}{N_s} \quad (\text{电流的变换}) \qquad (31\text{-}80)$$

从发电机一边看，二次绕组所在电路的等效电阻是

$$R_{eq}=\left(\frac{N_p}{N_s}\right)^2R \qquad (31\text{-}82)$$

其中，R 是二次绕组所在电路中的电阻负载；比例 N_p/N_s 称为变压器的匝数比。

习题

1. 在一振荡的 LC 电路中，$L=79\text{mH}$，$C=4.0\mu\text{F}$，电流起初是最大。电容器在（a）第一次和（b）第二次充

满电荷之间要经过多长时间？

2. 交流发电机的电动势为 $\mathscr{E}=\mathscr{E}_m\sin\omega_d t$，其中 $\mathscr{E}_m=18.0\text{V}$，$\omega_d=377\text{rad/s}$。它被连接到 4.15μF 的电容器上。（a）电流的最大值是多少？（b）当电流最大时，发电机的电动势是多少？（c）当发电机的电动势是 -12.5V 并且数值在增大时，电流是多少？

3. 图 31-19 中，振荡频率可以调节的发电机被连接到电阻 $R=100\Omega$、电感 $L_1=9.70\text{mH}$ 和 $L_2=2.30\text{mH}$，以及由电容 $C_1=8.40\mu\text{F}$、$C_2=2.50\mu\text{F}$、$C_3=3.50\mu\text{F}$ 组成的电路上。（a）电路的共振频率是多少？（提示：参见第 30 章的习题 11。）如果（b）R 增大，（c）L_1 增大，（d）将 C_3 从电路中撤去，（e）撤去 L_2。以上情况中，共振频率会有什么变化？

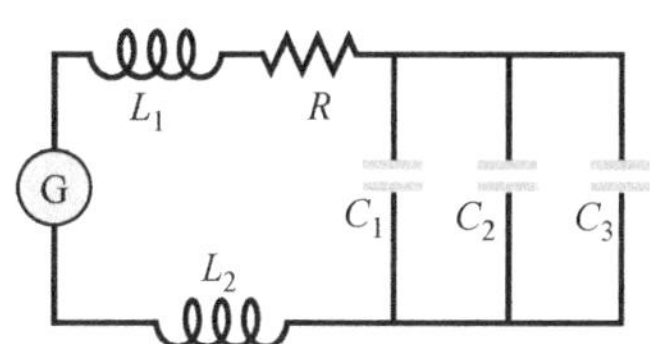

图 31-19 习题 3 图

4. 将阻值为 80.0Ω 的电阻器按图 31-8 连接到 $\mathscr{E}_m=30.0\text{V}$ 的发电机上。如果电动势的频率是（a）1.00kHz 和（b）8.00kHz，结果产生交流电的振幅各是多少？

5. 在图 31-7 中，设 $R=400\Omega$，$C=70.0\mu\text{F}$，$L=920\text{mH}$，$f_d=30.0\text{Hz}$，$\mathscr{E}_m=72.0\text{V}$。求（a）$Z$，（b）$\phi$，（c）$I$。（d）画出相矢量图。

6. 在振荡的串联 RLC 电路中，求在一次振荡中从电容器中有最大能量降落到它的初始值的 25% 所需的时间。设 $t=0$ 时，$q=Q$。

7. 如图 31-7 所示的 RLC 电路具有 $R=5.00\Omega$，$C=20.0\mu\text{F}$，$L=2.00\text{H}$，$\mathscr{E}_m=30.0\text{V}$。（a）在什么角频率 ω_d 下，电流振幅会像图 31-16 中所示的共振曲线那样具有最大值？（b）这个最大值是多少？电流振幅是最大值的一半时的（c）较低的角频率 ω_{d1} 和（d）较高的角频率 ω_{d2} 各是多少？（e）对这个电路的共振曲线，相对半宽度 $(\omega_{d1}-\omega_{d2})/\omega$ 是多少？

8. 将一台可变频率的交流电源、一只电容为 C 的电容器，以及一个电阻为 R 的电阻器串联。图 31-20 给出电路的阻抗 Z 对驱动角频率 ω_d 的曲线。曲线趋向于 500Ω 的渐近线，横轴标度由 $\omega_{ds}=600\text{rad/s}$ 标定。图上还给出电容的容抗 X_C 对 ω_d 的曲线。（a）R 和（b）C 数值多大？

9. （a）在 RLC 电路中，跨接在电感器两端的电压的振幅是不是有可能比发电机的电动势还大？（b）考虑一个电动势振幅 $\mathscr{E}_m=10\text{V}$、电阻 $R=5.0\Omega$、电感 $L=1.0\text{H}$ 以及电容 $C=1.0\mu\text{F}$ 的 RLC 电路。求共振时跨接在电感器两端的电压的振幅。

10. 对图 31-21 中的电路，证明：当 R 等于交流发电机的内阻 r 时，消耗在电阻 R 中能量的功率最大。（在正文的讨论中我们心照不宣地假设 $r=0$。）

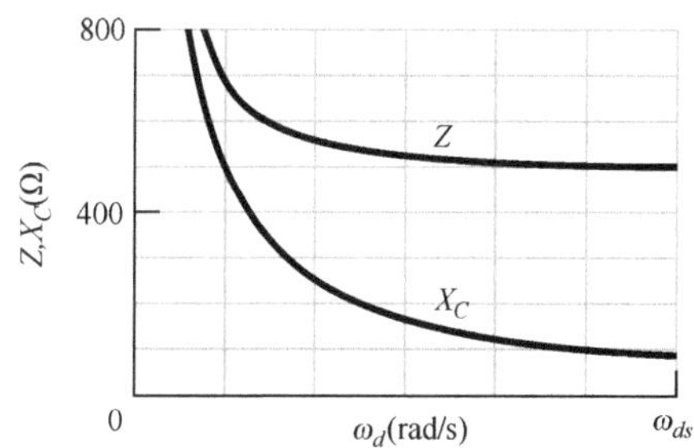

图 31-20 习题 8 图

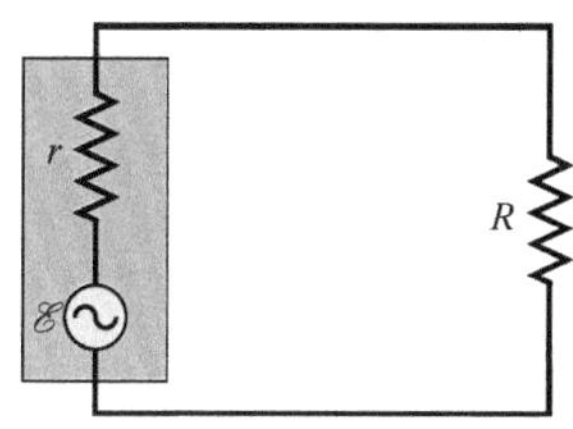

图 31-21 习题 10 图

11. 连接在 125V 方均根交流线路中的空调机等效于阻值分别为 9.20Ω 的电阻和 4.70Ω 的感抗串联。求（a）空调机的阻抗和（b）供应给这个装置能量的平均功率。

12. 将频率 f_d 可变的交流电动势源串联到 80.0Ω 的电阻器和 25.0mH 的电感器上。电动势的方均根振幅是 6.00V。（a）画出相矢量 V_R（跨接在电阻器两端的电压）和相矢量 V_L（跨接在电感器的电压）的相矢量图。（b）在多大的驱动频率 f_d 下，这两个相矢量有相同的长度？在这个驱动频率下，求（c）以度表示的相位角，（d）相矢量转动的角速率和（e）电流振幅。

13. 将图 31-7 电路中的电容器撤去，并设 $R=400\Omega$，$L=230\text{mH}$，$f_d=120\text{Hz}$，$\mathscr{E}_m=72.0\text{V}$。求（a）$Z$，（b）$\phi$，（c）$I$。（d）画出相矢量图。

14. 电动势振幅为 10.0V、相位角为 +30.0°的交流电源驱动串联 RLC 电路。当电容器上电势差达到它的最大正值 +5.00V 时，电感器上的电势差为多少（包含正负号）？

15. 有一电感为 62mH 但其电阻未知的线圈及 0.94μF 的电容器和频率为 930Hz 的交变电动势一同串联。如果外加电压和电流之间的相位常量是 82°，线圈的电阻是多少？

16. 在串联振荡 RLC 电路中，已知 $R=12.0\Omega$，$C=31.2\mu\text{F}$，$L=9.20\text{mH}$、且 $\mathscr{E}=\mathscr{E}_m\sin\omega_d t$，其中 $\mathscr{E}_m=45.0\text{V}$，$\omega_d=3000\text{rad/s}$。在 $t=0.442\text{ms}$ 时，求（a）发电机供应能量的功率 P_g；（b）电容器中能量变化的速率 P_C；（c）电感器中能量变化的速率 P_L。（d）能量在电阻器中损耗的速率。（e）P_C、P_L 和 P_R 之和是大于、小于还是等于 P_g？

17. 交流发电机的电动势 $\mathscr{E}=\mathscr{E}_m\sin(\omega_d t-\pi/4)$，其中 $\mathscr{E}_m=25.0\text{V}$，$\omega_d=270\text{rad/s}$。在与其连接的电路中产生

电流 $i(t)=I\sin(\omega_d t-3\pi/4)$，其中 $I=620\text{mA}$。在 $t=0$ 以后的什么时刻，(a) 发电机的电动势第一次达到最大以及 (b) 电流第一次达到最大？(c) 假设电路中除发电机外还有一个元件，那么这个元件会是电容器、电感器还是电阻器？证明你的答案。(d) 这个可能的元件的电容、电感或电阻数值是多少？

18. 发电机给匝数为 100 的变压器一次绕组提供 100V。如二次绕组的匝数是 500 匝，则二次电压是多大？

19. 在特定电阻中，和交流电流的最大值 7.82A 产生同样数量的热能的直流电流有多大？

20. 交流发电机的电动势振幅为 $\mathscr{E}_m=180\text{V}$，运行的频率为 400Hz，在串联 *RLC* 电路中引起振荡，电路中 $R=220\Omega$，$L=150\text{mH}$，$C=24.0\mu\text{F}$。求 (a) 容抗 X_C，(b) 阻抗 Z 以及 (c) 电流振幅 I。加上同样电容的第二个电容器和其他元件串联。确定 (d) X_C、(e) Z 及 (f) I 各个数值是增大、减小还是不变。

21. 交流发电机通过两根电力线给远距离的工厂中的电阻负载提供电动势。工厂中的降压变压器把电压从它的（方均根）传输数值 V_t 降到低得多的，在工厂中便于应用的安全数值。每根电力线的电阻是 0.30Ω，发电机的功率是 300kW。如果 $V_t=80\text{kV}$，则 (a) 电力线上的电压降低 ΔV 是多少？(b) 在电力线上能量转变为热能的损耗功率 P_d 多大？如果 $V_t=8.0\text{kV}$，则 (c) ΔV 和 (d) P_d 各是多少？如果 $\Delta V_t=0.80\text{kV}$，则 (e) ΔV 和 (f) P_d 又是多少？

22. 由电感器 (L_1，L_2，…)，电容器 (C_1，C_2，…) 和电阻器 (R_1，R_2，…) 串联组成的单回路电路在图 31-22a 中表示出来。证明，无论这些回路中的电路元件的次序如何，这个电路的行为都和图 31-22b 中所画的电路的行为完全相同。（提示：考虑回路定则以及第 30 章中的习题 11。）

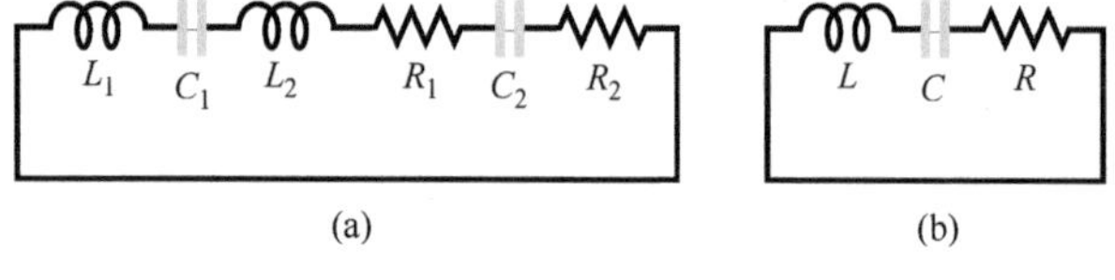

图 31-22　习题 22 图

23. 图 31-23 表示一台交流发电机通过两个端口连接到一个"黑箱"。黑箱里面包含 *RLC* 电路，甚至也可能是多回路电路，其中的元件和连接方式我们都不知道。从外面测量黑箱发现

$$\mathscr{E}(t)=(61.4\text{V})\sin\omega_d t$$

和
$$i(t)=(0.930\text{A})\sin(\omega_d t+42.0°)$$

(a) 功率因数是多少？(b) 电流超前还是落后于电动势？(c) 黑箱中的电路主要是电感性的还是电容性的？(d) 黑箱中的电流是不是共振状态？(e) 箱子里面是不是一定要有电容？(f) 有电感？(g) 有电阻？(h) 发电机给黑箱提供能量的平均功率是多大？(i) 要回答所有这些问题为什么不需要知道角频率 ω_d？

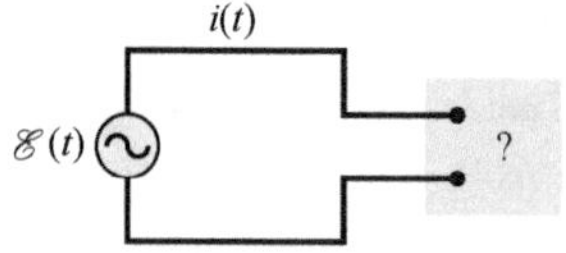

图 31-23　习题 23 图

24. 如果振荡 *LC* 电路中，电容器上的最大电荷为 2.40μC 并且总能量是 140μJ，则电容是多少？

25. 从图 31-7 的电路中撤去电感器，设 $R=400\Omega$，$C=15.0\mu\text{F}$，$f_d=30.0\text{Hz}$，$\mathscr{E}_m=72.0\text{V}$。求 (a) Z，(b) ϕ 以及 (c) I。(d) 画出相矢量图。

26. 图 31-24 表示包含两个完全相同的电容器和两个开关的受驱 *RLC* 电路。电动势振幅是 12.0V，驱动频率为 60.0Hz。两个开关都断开时，电流超前电动势 25.0°。开关 S_1 接通，开关 S_2 仍旧断开，电动势超前电流 20.0°。两个开关都接通后，电流振幅是 447mA。求 (a) R，(b) C 和 (c) L。

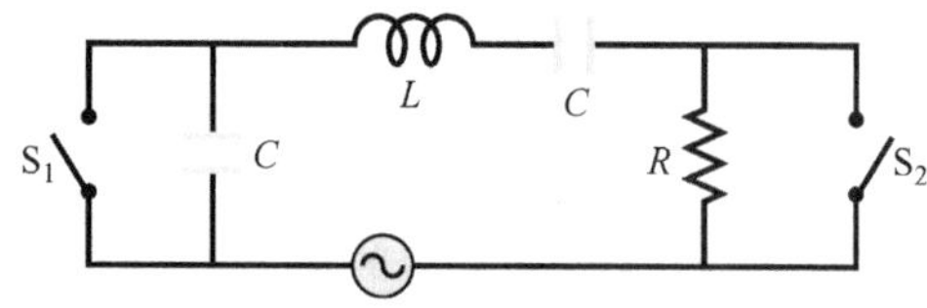

图 31-24　习题 26 图

27. 在振荡 *LC* 电路中，$L=5.97\text{mH}$，$C=4.00\mu\text{F}$。电容器上的最大电荷是 3.00μC。求 (a) 最大电流，(b) 振荡周期。

28. 为了构建一个振荡 *LC* 系统，你可以从 10mH 的电感器、8.0μF 的电容器和 4.0μF 的电容器中选择。把这几个元件进行不同的组合，可以得到的振荡频率的 (a) 最小，(b) 次最小，(c) 次最大，(d) 最大各是多少？

29. 在图 31-7 的 *RLC* 电路中，设 $R=12.0\Omega$，$L=60.0\text{mH}$，$f_d=60.0\text{Hz}$，$\mathscr{E}_m=30.0\text{V}$。对于电容的什么数值，在电阻中损耗能量的平均功率是：(a) 最大，(b) 最小？(c) 最大损耗功率及相应的 (d) 相位角和 (e) 功率因数各是什么？(f) 最小损耗功率及相应的 (g) 相位角和 (h) 功率因数是什么？

30. 将可变频率为 f_d 的交流电动势源连接到 50.0Ω 的电阻器及 28.0μF 的电容器串联电路上。电动势振幅是 12.0V。(a) 画出相矢量 V_R（电阻器两端的电势差）和相矢量 V_C（跨接在电容器两端的电势差）的相矢量图。(b) 在什么驱动频率 f_d 下这两个相矢量有相同的长度？在此驱动频率下，(c) 用度表示的相角，(d) 相矢量旋转的角速率以及 (e) 电流振幅各是多少？

31. 在振荡的串联 *RLC* 电路中，证明每一振荡周期中的损耗率 $\Delta U/U$ 可由式 $2\pi R/(\omega L)$ 给出很好的近似值，量 $\omega L/R$ 常称为电路的 Q 因数（表示品质的单词 quality）。

高 Q 因数有低的电阻和低的每周能量损耗率（$=2\pi/Q$）。

32. 有一 $C=6.00\mu F$ 的振荡 LC 电路，在振荡过程中跨接在电容器两端的最大电势差是 1.50V。通过电感器的最大电流是 50.0mA。求（a）电感 L 和（b）振荡频率。（c）电容器上的电荷从零增加到最大值需要多少时间？

33. 将 85.0mH 的电感器按图 31-12 连接到 $\mathscr{E}_m=30.0V$ 的交流发电机上。如果电动势的频率是（a）1.00kHz 和（b）5.00kHz，产生的交流电流的振幅各是多大？

34. 电感器与一个可用旋钮调节其电容的电容器连接。我们希望使 LC 电路的振荡频率随旋钮转动的角度线性地变化。旋钮旋转 180°，频率范围从 2×10^5Hz 到 4×10^5Hz。如果 $L=2.0$mH，画出作为旋钮旋转角度函数的电容 C 的曲线图。

35. 变压器一次绕组的匝数为 400 匝，二次绕组的匝数为 10 匝。（a）如果 V_p 是 120V（rms），电路断开的情况下 V_s 是多大？如果二次绕组有 27Ω 的电阻负载，（b）一次绕组及（c）二次绕组中的电流各是多大？

36. 剧院中用的调节舞台灯光的典型调光器由一个可变电感器 L（它的电感可以在零到 L_{max} 之间调节）和一个灯泡 B 串联构成，如图 31-25 所示。电力供应的参数是 60.0Hz，120V（rms）；灯泡功率在 120V 时是 1200W。（a）如果要使灯泡消耗能量的功率从最高极限 1200W 以 4 的倍数变化，L_{max} 需要多大？设灯泡的电阻不依赖于它的温度。（b）是不是可以用一个可变电阻器可以在零和 R_{max} 之间调节）来代替电感器？（c）如果可以的话，R_{max} 要有多大？（d）为什么不能这样做？

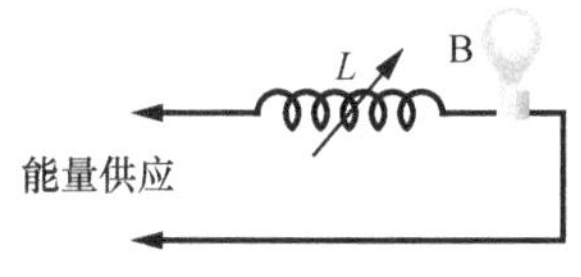

图 31-25 习题 36 图

37. 在某一振荡 LC 电路中，在 2.5μs 时间内，全部能量从电容器中的电能转为到电感器中的磁场能。求（a）振荡周期，（b）振荡频率。（c）磁能从当前最大值到下一个最大值用多长时间？（d）在一整个周期中电能几次达到最大值？

38. 将阻抗很大的交流伏特计分别连接到有交流电动势 125V（rms）的串联电路中的电感器、电容器和电阻器两端；在每一种情况中伏特计都给出相同的读数。它的读数是多少？

39. 在图 31-7 中，$R=25.0\Omega$，$C=4.70\mu F$，$L=25.0$mH。发电机提供方均根电压为 75.0V、频率为 550Hz 的电动势。（a）方均根电流是多少？（b）跨接在 R 两端，（c）跨接在 C 两端，（d）跨接在 L 两端，（e）同时跨接在 C 和 L 两端，以及（f）同时跨接在 R、C 和 L 两端的方均根电压各是多少？在（g）R，（h）C 和（i）L 上能量消耗的功率各是多大？

40. 串联电路由电感 L_1 和电容 C_1 组成，振荡角频率为 ω。第二个串联电路中包含电感 L_2 和电容 C_2，振荡频率相同。用 ω 表示，由所有这四个元件组成的串联电路的振荡角频率是多少？忽略电阻。（提示：利用等效电容和等效电感的公式，参见 25-3 单元和第 30 章的习题 11。）

41. 范围在 10～410pF 的可变电容器和线圈组合成可变频率的 LC 电路，用来调谐收音机。（a）用这样的电容器可以得到的最高频率和最低频率的比值是多少？如果这个电路是要获得 0.54MHz～1.60MHz 的频率，（a）小题中得到的频率比就会太大。加上和可变电容器并联的一个电容器后就可以调节这个范围，为得到所需的频率范围，（b）应当加上多大的电容？（c）线圈的电感应为多大？

42. 方均根电压为 220V 的交流电压的最大值是多少？

43. 在振荡 LC 电路中，$L=25.0$mH，$C=2.89\mu F$。$t=0$ 时，电流为 9.20mA，电容器上的电荷是 3.80μC，并且电容器正在充电。求（a）电路中的总能量，（b）电容器上的最大电荷，以及（c）最大电流。（d）如果电容器上的电荷是 $q=Q\cos(\omega t+\phi)$，相角 ϕ 是多大？（e）假设除了 $t=0$ 时刻电容器正在放电外其余各个数据都相同，ϕ 是多少？

44. 交流发电机的电动势是 $\mathscr{E}=\mathscr{E}_m\sin\omega_d t$，$\mathscr{E}_m=30.0V$，$\omega_d=377$rad/s。它被连接到 12.7H 的电感器上。（a）电流的最大值多少？（b）电流最大的时候发电机的电动势多大？（c）当发电机的电动势是 −15.0V 并且数值在增加时，电流多大？

45. 电动机在负载下工作时的有效电阻是 61.0Ω，感抗是 52.0Ω。交变电源的方均根电压是 420V。计算方均根电流。

46. 一个与弹簧相连接的 0.25kg 的物体在水平面上做简谐运动，当离开平衡位置 2.0mm 时它受到 8.0N 的恢复力。求（a）振动的角频率，（b）振动周期，（c）要使 L 是 5.0H 的 LC 电路和它有相同的周期，电容 C 应该多大？

47. 图 31-16 中的一条共振曲线的相对半宽度 $\Delta\omega_d$ 是 I 最大值一半处的曲线宽度。（a）证明 $\Delta\omega_d/\omega=R(3C/L)^{1/2}$，其中 ω 是共振角频率。（b）R 增加，比例 $\Delta\omega_d/\omega$ 会怎样变化？

48. LC 振荡器已被用在连接到扬声器的电路中，用来发出电子音乐的声音。要用多大的电感串联 3.4μF 的电容，才可以产生 10kHz 的频率？这个频率接近于频率的可闻声范围的中间。

49. 图 31-26 中，$R=14.0\Omega$，$C=31.2\mu F$，$L=54.0$mH，理想电池的电动势 $\mathscr{E}=34.0V$。开关连接 a 点很长时间后掷向 b 点位置。求由此产生的振荡的（a）频率和（b）电流振幅。

50. 图 31-27 表示一台"自耦变压器"。它由单个绕组（绕在铁心上）构成。有三个接头 T_i，接头 T_1 和 T_2 之间有 50 匝，接头 T_2 和 T_3 之间有 800 匝。任何两个接头

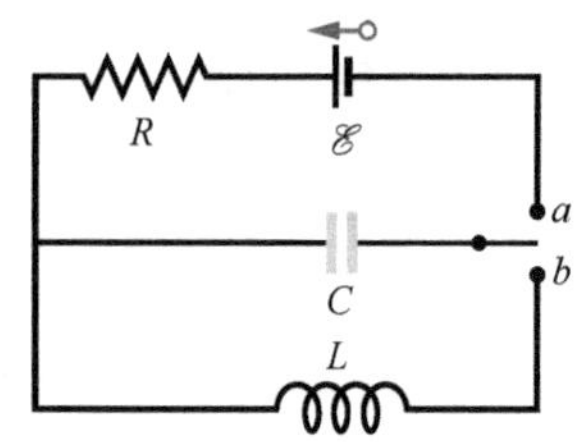

图31-26　习题49图

都可用作一次绕组，任何两个接头都可用作二次绕组。要用作升压变压器，比值V_s/V_p的（a）最小值，（b）次最小值和（c）最大值分别是多少？要用作降压变压器，比值V_s/V_p的（d）最小值，（e）次最小值和（f）最大值分别是多少？

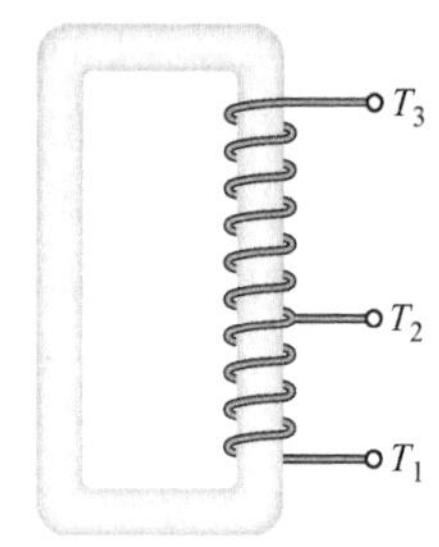

图31-27　习题50图

51. 在振荡LC电路中，$L=3.00\text{mH}$，$C=3.90\mu\text{F}$。在$t=0$时，电容器上的电荷是零而电流是1.75A。（a）在电容器上将会出现的电荷最大值是多少？（b）最早在$t>0$的什么时刻，在电容器中储存能量的速率最大？（c）这个最大速率是多少？

52. 1.50μF的电容器像在图31-10中那样连接到$\mathscr{E}_m=24.0\text{V}$的交流发电机。如果电动势的频率是（a）1.00kHz和（b）8.00kHz，产生的交流电流的振幅分别是多大？

53. 振荡LC电路由75.0mH的电感器和3.60μF的电容器组成。如果电容器上的最大电荷是5.00μC，求（a）电路中的总能量，（b）最大电流，（c）振荡周期。

54. 单回路电路由7.20Ω的电阻、12.0H的电感和5.60μF的电容组成。起初，电容器上的电荷为6.20μC。而电流为零。计算N个完全周期后电容器上的电荷：（a）$N=5$，（b）$N=10$，（c）$N=100$。

55. 振荡LC电路中，$C=64.0\mu\text{F}$，电流是$i=(1.60)\sin(4100t+0.680)$，其中$t$的单位是秒，$i$的单位用安［培］，相位常量的单位是弧度。（a）$t=0$以后经过多长时间电流达到最大值？（b）电感$L$和（c）总能量各是多大？

56. 振荡LC电流中，电流振幅是7.50mA，电压振幅是280mV，并有电容220nF。求（a）振荡周期，（b）储存在电容器中的最大能量，（c）储存在电感器中的最大能量，（d）电流改变的最大速率，（e）电感器获得能量的最大速率。

57. 振荡LC电路由1.0nF的电容器和9.0mH的线圈构成，加上最大电压3.0V。求（a）电容器上的最大电荷，（b）通过电路的最大电流，（c）储存在线圈磁场中的最大能量。

58. 受驱RLC电路的电流振幅I对驱动角频率ω_d的曲线在图31-28中给出，图中纵坐标由$I_s=4.00\text{A}$标定。电感是450μH，电动势振幅是6.0V。（a）C和（b）R是多少？

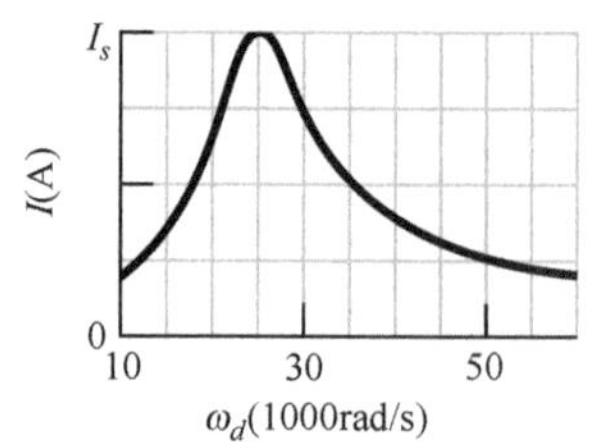

图31-28　习题58图

59. 包含一个2.50H的电感器的振荡LC电路中的能量是5.70μJ。电容器上的最大电荷是175μC。对一个有同样周期的物体-弹簧力学系统，求（a）质量，（b）弹簧常量，（c）最大位移，（d）最大速率。

60. 一个频率可变的交流电源，一个电感为L的电感器和一个电阻为R的电阻器串联。图31-29给出电路的阻抗Z对驱动频率ω_d的曲线。横坐标由$\omega_{ds}=3200\text{rad/s}$标定。图上也给出电感器的感抗$X_L$对$\omega_d$的曲线。（a）$R$和（b）$L$各是多大？

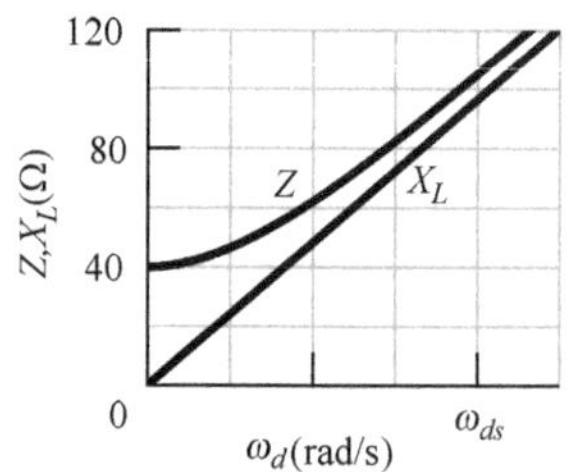

图31-29　习题60图

61. 要在电感$L=490\text{mH}$和电容$C=19.0\mu\text{F}$组成的串联电路上再串联多大的电阻R才可以使电容器上最大的电荷经过50周振荡后衰减到初始值的85.0%？（设$\omega'\approx\omega$。）

62. 在振荡LC电路中有总能量的30%储存在电感器的磁场中，（a）电容器上的电荷数是最大电荷数的多少倍？（b）电感器中的电流是最大电流的多少倍？

63. 利用回路定则推导LC电路的微分方程［式（31-11）］。

64. 某LC电路的振荡频率是220kHz。在$t=0$时刻，电容器的极板A上有最大正电荷。最早在$t>0$的什么时刻（a）极板A上又会出现最大的正电荷，（b）电容器的另一极板上会出现最大正电荷，（c）电感器中出现最大的磁场？

65. （a）在什么频率下，12mH的电感器和10μF的电容器有相同的电抗？（b）这个电抗的数值是多少？（c）证明这个频率就是包含同样的L和C的振荡电路的固有频率。

CHAPTER 32

第32章 麦克斯韦方程组 物质的磁性

32-1 磁场的高斯定律

学习目标

学完这一单元后，你应当能够……

32.01 懂得最简单的磁结构是磁偶极子。

32.02 利用磁感应强度矢量 $\vec{B}$ 和（小片面积元的）面积矢量 $d\vec{A}$ 的点积在一个表面上积分来计算通过该表面的磁通量 Φ。

32.03 懂得通过高斯面（这是一个闭合曲面）的净磁通量是零。

关键概念

- 最简单的磁结构是磁偶极子，磁单极子是不存在的（迄今我们所知）。磁场的高斯定律

$$\Phi_B = \oint \vec{B} \cdot d\vec{A} = 0$$

说明通过任一（闭合的）高斯面的净磁通量是零。这暗示磁单极子是不存在的。

什么是物理学?

这一章展现了物理学在某些领域的广度，因为包含了从电场和磁场的基础科学到磁性材料的应用科学和工程学等内容。首先，我们要总结关于电场和磁场的基础的讨论，发现前面11章中的大多数物理学原理都可以归结为称作麦克斯韦方程组的四个方程式。

其次，我们研究磁性材料的科学和工程学，许多科学家和工程师专门从事于研究为什么某些材料有磁性而其他的没有，以及研究怎样改进已有的磁性材料。这些研究者对地球为什么会有磁场而感到惊奇。他们发现廉价的磁性材料的无数应用：汽车、厨房、办公室和医院中，也发现磁性材料常常出现在意想不到的地方。例如，如果你身上有文身（见图32-1）并接受MRI（磁共振成像）扫描，用于扫描的巨大磁场会明显地拖动你有文身的皮肤，因为某些文身颜料包含磁性粒子。另一个例子中，有些早餐谷物食品的广告宣称是“加铁的”，因为其中包含少量铁质以帮助你的消化吸收。因为这少量的铁是有磁性的，所以你可以用一块磁铁放在水和谷物混合的溶液中把这些铁质收集起来。

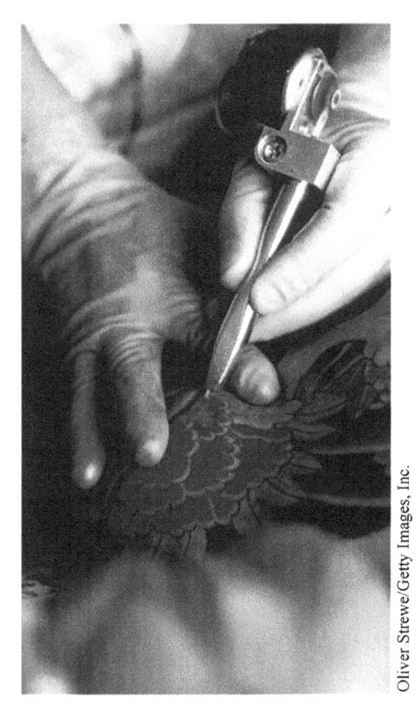

图32-1 某些用于文身的颜料中包含磁性粒子

我们这里的第一步是回到高斯定律，但这一次是用于磁场。

磁场的高斯定律

图32-2表示洒在覆盖于条形磁铁上面的透明片上的铁粉。铁粉粒子沿磁铁的磁场排列，形成的图案揭示磁场的存在。磁铁的一端是磁场的源头（场线从这里发出），另一端是磁场的汇聚处（场线汇聚到这里）。按照习惯，我们把源头称作磁铁的N极，而场线汇聚的一端称为S极。我们还说，有N和S两极的磁铁是**磁偶极子**的一个例子。

假设我们把一根磁棒折断成几段，就像我们将一支粉笔折断成几小段一样（见图32-3）。想象中我们可以把称为*磁单极子*的单个磁极分离出来。然而，我们做不到——甚至我们无法将磁铁分成独立的磁原子，然后分解出它的电子和原子核。每一小段都有自己的N极和S极。由此：

可以存在的最简单的磁结构是磁偶极子。磁单极子是不存在的（迄今为止我们所知道的）。

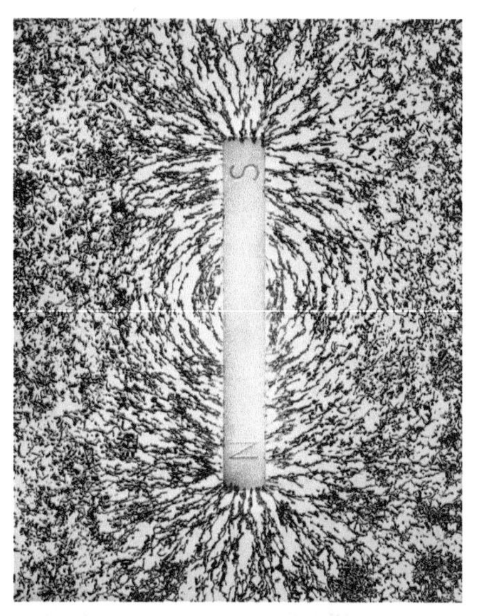

Richard Megna/Fundamental Photographs

图32-2 条形磁铁是一个磁偶极子。铁粉显示出磁感应线。（背景用彩色光照亮。）

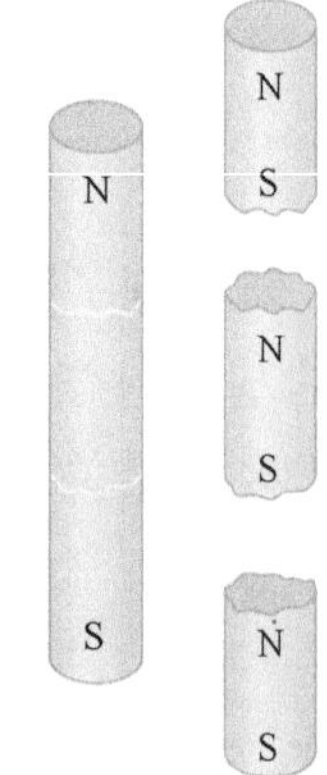

图32-3 如果你把一根磁棒折断成几段，每一段都会成为独立的磁棒，并有各自的N极和S极。

磁场的高斯定律是表明磁单极子不存在的正规方式。高斯定律断言，穿过闭合的高斯面的净磁通量 Φ_B 为零：

$$\Phi_B = \oint \vec{B} \cdot \mathrm{d}\vec{A} = 0 \quad \text{（磁场的高斯定律）} \tag{32-1}$$

这和电场的高斯定律不同，电场中

$$\Phi_E = \oint \vec{E} \cdot \mathrm{d}\vec{A} = \frac{q_{\mathrm{enc}}}{\varepsilon_0} \quad \text{（电场的高斯定律）}$$

在以上两个方程式中，积分遍及整个闭合的高斯面。电场的高斯定律说明，这个积分（穿过高斯面的净电通量）正比于高斯面内所包围的净电荷 q_{enc}。而磁场的高斯定律则说明，不会有净磁通量穿过高斯面，因为没有净的“磁荷”（孤立的磁极）被高斯面包围。可以存在并可以用高斯面包围的最简单的磁结构是偶极子，它由磁感应线的源头端和汇聚端组成。因此，总是有多少磁通量进入高斯面就一定有多少磁通量从高斯面出来，净磁通量必定总是零。

对于比磁偶极子的结构还要复杂的磁场，高斯定律也成立，即使在高斯面不包围整个结构的情况下也成立。图 32-4 中靠近磁棒的高斯面Ⅱ没有包围磁极，我们很容易看出穿过它的净磁通量是零。而高斯曲面Ⅰ就比较难看清楚了。看上去它只包含磁铁的 N 极，因为它把符号 N 包围进来而没有包围 S。然而，S 极一定和高斯面下面的边界有关，因为磁感应线要从下面进入高斯面。（封闭在高斯面内的部分磁铁就像图 32-3 中切断下来的一段磁铁。）因此，高斯面Ⅰ包围了一个磁偶极子，通过高斯面的净通量为零。

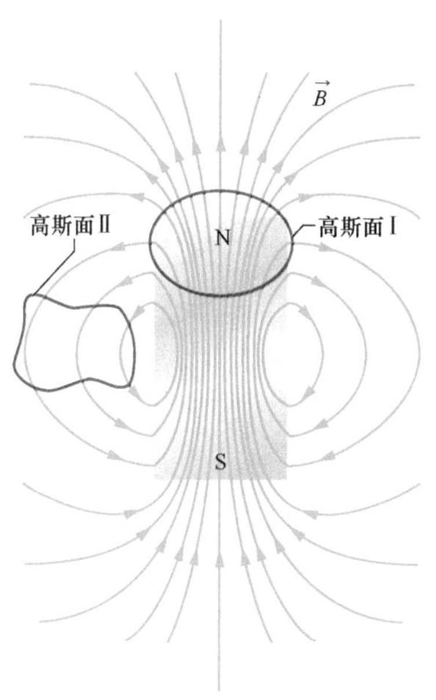

图 32-4 短磁棒的磁场 $\vec{B}$ 的磁感应线。红色曲线表示三维高斯面的闭合截面。

检查点 1

这里的图表示四个闭合的曲面，它们都有平的上底和下底以及弯曲的侧面。下表给出上、下底面的面积 A 及通过这些面的均匀垂直的磁场的数值 B；A 和 B 的单位是任意的，但是对四个面都一样。按照通过它们弯曲的侧面的磁通量的数值排列这几个曲面，最大的排第一。

曲面	A_{top}	B_{top}	A_{bot}	B_{bot}
a	2	6，向外	4	3，向内
b	2	1，向内	4	2，向内
c	2	6，向内	2	8，向外
d	2	3，向外	3	2，向外

32-2 感生磁场

学习目标

学完这一单元后，你应当能够……

32.04 懂得变化的电通量感应产生磁场。

32.05 应用麦克斯韦电磁感应定律把绕闭合回路的感应产生的磁场与被该回路围绕的电通量变化的速率联系起来。

32.06 画出正在充电的由平行的圆形极板的电容器内部感应产生的磁场的磁感应线，并指出电场矢量和磁场矢量的方向。

32.07 对于可以感应产生磁场的一般情况，应用安培-麦克斯韦（组合的）定律。

关键概念

- 变化着的电通量感应产生磁感应强度矢量 $\vec{B}$ 的磁场。麦克斯韦定律

$\oint \vec{B} \cdot d\vec{s} = \mu_0 \varepsilon_0 \frac{d\Phi_E}{dt}$　（麦克斯韦电磁感应定律）

把沿闭合环路感应产生的磁场和穿过环路的变化着的电通量 Φ_E 联系起来。

- 安培定律 $\oint \vec{B} \cdot d\vec{s} = \mu_0 i_{enc}$ 给出被闭合环路围绕的电流 i_{enc} 所产生的磁场。麦克斯韦定律和安培定律可以写成一个方程式

$$\oint \vec{B} \cdot d\vec{s} = \mu_0 \varepsilon_0 \frac{d\Phi_E}{dt} + \mu_0 i_{enc}$$

（安培 - 麦克斯韦定律）

感生磁场

在第 30 章中我们已经知道了变化着的磁通量能够感应产生电场，并以下面形式的法拉第电磁感应定律结束

$$\oint \vec{E} \cdot d\vec{s} = -\frac{d\Phi_B}{dt} \quad \text{（法拉第电磁感应定律）} \qquad (32\text{-}2)$$

其中，$\vec{E}$ 是在闭合环路围绕的区域内变化的磁通量 Φ_B 沿该闭合环路感应产生的电场。因为物理学中的对称性常常是如此强而有力，所以我们自然地会受到启发并提出问题，电磁感应是否会以相反的方向发生：也就是说变化着的电通量是否会感应产生磁场？

答案是肯定的；进一步，决定磁场感应的方程式几乎和式（32-2）完全对称。我们常常用克拉克 · 麦克斯韦的名字将它命名为麦克斯韦电磁感应定律，并把它写成

$$\oint \vec{B} \cdot d\vec{s} = \mu_0 \varepsilon_0 \frac{d\Phi_E}{dt} \quad \text{（麦克斯韦电磁感应定律）} \qquad (32\text{-}3)$$

这里的 $\vec{B}$ 是在闭合回路围绕的区域内变化的电通量沿该闭合回路感应产生的磁感应强度。

电容器充电。作为这种电磁感应的一个例子，我们考虑含有圆形极板的平行板电容器的充电过程。（虽然我们现在关注于这个装置，但一般说来，只要有电通量在改变就总是会感应产生磁场。）我们假设，（见图 32-5a）电容器上的电荷以稳定的速率增加，这是由于与电容器连接的导线中有恒定的电流 i 。于是，两极板间的电场数值也以稳定的速率增大。

图 32-5b 是从电容器两极板之间观察右边极板的视图。电场指向页面以内。我们考虑通过图 32-5a、b 中标记为 1 的点的圆形环路，这个环路和电容器的圆形极板同轴，并且半径小于圆形极板的半径。因为穿过环路的电场正在变化，所以穿过环路的电通量也在变化。按照式（32-3），这个变化的电通量感应产生绕环路的磁场。

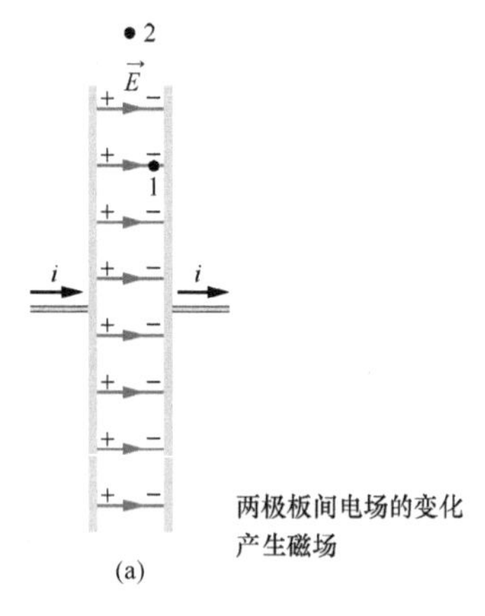

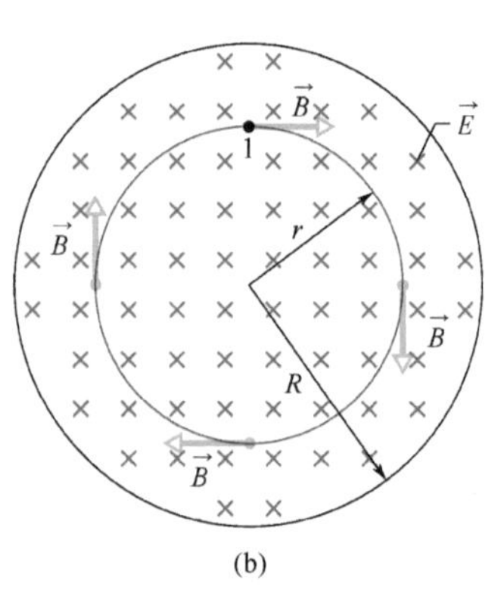

图 32-5（a）圆形平行板电容器的侧视图，电容器正在被恒定电流充电。（b）在电容器内部向图（a）中右方的极板观察，均匀的电场 $\vec{E}$ 指向页面内（向着极板），电场的大小随电容器上电荷的增加而增大。图上画出小于极板半径 R 的、半径为 r 的圆圈上四个点的位置，以及由变化的电场感应产生的磁场 $\vec{B}$。

实验证明，沿着环路确实能感应产生磁感应强度 $\vec{B}$，方向如图所示。绕环路上的每一点，磁场都有同样的数值，因而电容器极板的中心轴具有圆对称性（中心轴从一块板的中心延伸到另一块板的中心）。

如果我们考虑一个更大的环路——譬如说，通过图 32-5a、b 中极板外面的点 2——我们发现沿着环路也同样能感应产生磁场。因此，当电场在变化时，在极板间，包括极板间隙的内部和外部，都能感应产生磁场。当电场停止变化时，这种感生磁场就会消失。

虽然式（32-3）和式（32-2）相似，但这两个方程式还是有两点不同。第一，式（32-3）中多出了两个符号 μ_0 和 ε_0，但它们的出现只是因为我们用的是国际单位制单位。其次，式（32-3）缺少式（32-2）中的负号，这意味着，它们在其他情况都相同的条件下产生时，感生电场 $\vec{E}$ 和感生磁场 $\vec{B}$ 的方向相反。为了看出这个相反的方向，考察一下图 32-6，图中指向页面内的、增大的磁场 $\vec{B}$ 感应产生电场 $\vec{E}$。感生电场在逆时针方向上，和图 32-5b 中的感生磁场 $\vec{B}$ 的方向相反。

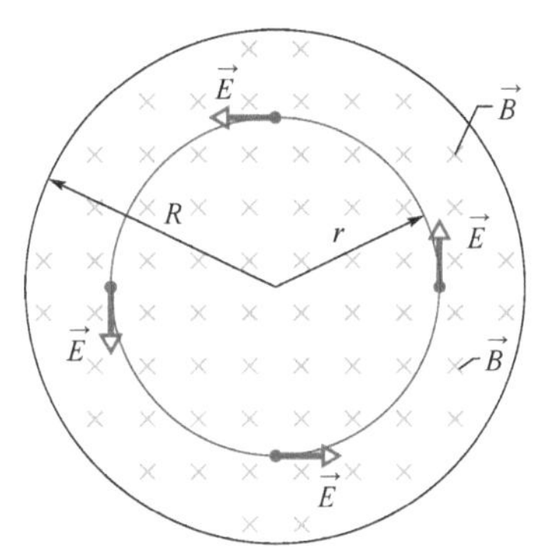

图 32-6 在圆形区域中的均匀磁场 $\vec{B}$。指向页面内的磁场的数值在增大。变化的磁场感应产生的电场 $\vec{E}$ 被画在与圆形区域同轴的圆圈的四个位置上。比较这幅图和图 32-5b 中的情况。

安培-麦克斯韦定律

现在回忆一下，在式（32-3）的左边，点积 $\vec{B}\cdot d\vec{s}$ 沿闭合环路的积分也出现在另一个方程式中——就是安培定律：

$$\oint \vec{B}\cdot d\vec{s} = \mu_0 i_{enc} \quad \text{（安培定律）} \tag{32-4}$$

其中，i_{enc}是包围在闭合环路中的电流。由此，这两个用来说明如何通过磁性物质以外的方法（即通过利用电流和利用变化的电场）来产生磁场 $\vec{B}$ 的方程式给出了形式上完全相同的磁场。我们可以把这两个方程式结合到一个方程式中：

$$\oint \vec{B}\cdot d\vec{s} = \mu_0\varepsilon_0 \frac{d\Phi_E}{dt} + \mu_0 i_{enc} \quad \text{（安培 - 麦克斯韦定律）} \tag{32-5}$$

在有电流但没有电通量的变化的情况下（像载有恒定电流的导线），式（32-5）右边第一项为零。于是式（32-5）简约成式（32-4）的安培定律。在有电通量的变化但没有电流的情况下（如正在充电的电容器间隙的内部和外部），式（32-5）右边的第二项为零，式（32-5）简约为式（32-3）的麦克斯韦电磁感应定律。

检查点 2

图示四个均匀电场的电场数值 E 对时间 t 的曲线图，四个电场都在和图 32-5b 中相同的圆形区域内。按照这些电场在区域边缘感应产生的磁场的数值大小排序，最大的排第一。

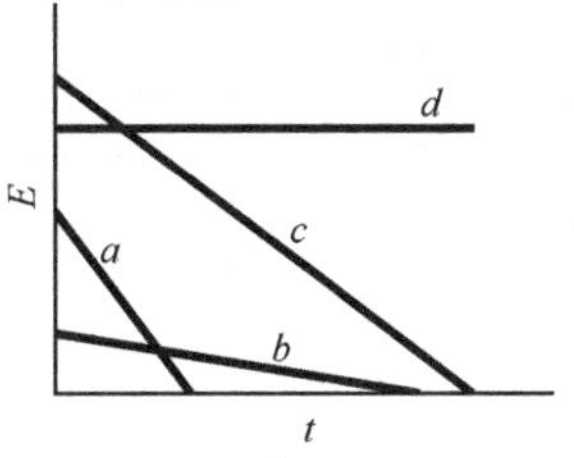

例题 32.01 变化的电场感应产生的磁场

有半径为 R 的圆形平行板电容器正在充电，如图 32-5a 所示。

（a）推导在半径 $r(r\leqslant R)$ 处的磁场的表达式。

【关键概念】

磁场可以由电流或者通过变化的电通量感应产生；两种效应都包含在式（32-5）中。图 32-5 中的电容器极板之间没有电流，但那里的电通量却在变化。因此，式（32-5）简化为

$$\oint \vec{B}\cdot d\vec{s}=\mu_0\varepsilon_0\frac{d\Phi_E}{dt} \qquad (32\text{-}6)$$

我们分别计算这个方程式的左边和右边。

式（32-6）的左边：我们选择一个 $r\leqslant R$ 的圆形安培环路，如图 32-5b 所示，这是因为我们要计算 $r\leqslant R$——即在电容器内部的磁场。沿环路，所有点的磁感应强度 $\vec{B}$ 都和环路相切，和路径元 $d\vec{s}$ 一样。于是，在环路的每一点上 $\vec{B}$ 和 $d\vec{s}$ 或者平行，或者反向平行。为简单起见，假设它们是平行的（这个选择不会影响我们的结果）。于是

$$\oint \vec{B}\cdot d\vec{s}=\oint B ds\cos 0^{\circ}=\oint B ds$$

考虑极板的圆对称性，我们还可以假设，$\vec{B}$ 在环路上的每一点都有相同的数值。于是，上式右边的积分中的 B 可以提到积分号外。积分项只剩下 $\oint ds$，这其实就是环路的周长 $2\pi r$。于是，式（32-6）的左边就是 $(B)(2\pi r)$。

式（32-6）的右边：我们假设电容器两极板间的电场是均匀的，并且方向垂直于极板。于是通过安培环路的电通量 Φ_E 是 EA，其中 A 是电场中环路包围的面积。于是，式（32-6）的右边是 $\mu_0\varepsilon_0 d(EA)/dt$。

把结果组合起来：把我们得到的结果分别代入式（32-6）的左边和右边，得到

$$(B)(2\pi r)=\mu_0\varepsilon_0\frac{d(EA)}{dt}$$

因为 A 是常量，我们将 $d(EA)$ 写成 AdE；所以我们有

$$(B)(2\pi r)=\mu_0\varepsilon_0 A\frac{dE}{dt} \qquad (32\text{-}7)$$

其中，面积 A 是电场中的安培环路所包围的整个面积 πr^2，因为环路的半径 r 小于（或等于）极板的半径 R。将 $A=\pi r^2$ 代入式（32-7）中，对于 $r\leqslant R$，得到

$$B=\frac{\mu_0\varepsilon_0 r}{2}\frac{dE}{dt} \qquad \text{（答案）} \quad (32\text{-}8)$$

这个方程式告诉我们，在电容器内部，B 随着径向距离 r 从中心轴位置的 O 点到极板半径 R 处的最大值处线性地增大。

（b）已知 $r=R/5=11.0\text{mm}$ 及 $dE/dt=1.50\times10^{12}\text{V/m}\cdot\text{s}$，计算磁感应强度的数值 B。

解：根据（a）小题的答案，我们有

$$\begin{aligned}B&=\frac{1}{2}\mu_0\varepsilon_0 r\frac{dE}{dt}\\&=\frac{1}{2}(4\pi\times10^{-7}\text{T}\cdot\text{m/A})[8.85\times10^{-12}\text{C}^2/(\text{N}\cdot\text{m}^2)]\times\\&\quad(11.0\times10^{-3}\text{m})[1.50\times10^{12}\text{V}/(\text{m}\cdot\text{s})]\\&=9.18\times10^{-8}\text{T}\end{aligned} \qquad \text{（答案）}$$

（c）对 $r\geqslant R$ 的情形，推导感生磁场的表达式。

解：这里的步骤和（a）小题中一样，只是我们现在要用半径 r 大于极板半径 R 的安培环路来计算电容器外面的 B。计算式（32-6）的左边和右边再次导出式（32-7）。不过我们还需要指明一个细节：电场只存在于两极板之间，在这之外没有电场。所以，安培环路包围的电场的面积不是整个环路的面积 πr^2。A 只是极板的面积 πR^2。

将 $A=\pi R^2$ 代入式（32-7）中，解出 B，对于 $r\geqslant R$，我们有

$$B=\frac{\mu_0\varepsilon_0 R^2}{2r}\frac{dE}{dt} \qquad \text{（答案）} \quad (32\text{-}9)$$

式（32-9）告诉我们，在电容器外面，B 随径向距离 r 的增大，从极板边缘（$r=R$ 处）的最大值开始逐渐减小。将 $r=R$ 代入式（32-8）和式（32-9），我们可以证明这两式是一致的；即它们给出在极板边缘 B 的同样的最大值。

（b）小题中算出的感生磁场 B 的数值是如此的小，以致用简单的仪器都很难测出。这和很容易测出的感生电场的数值（法拉第定律）截然相反。存在这种实验上的差别，一定程度上是由于感生电动势很容易用多匝线圈倍增。但却没有相应的简单技术可以用来倍增感生磁场。无论如何，这个例题所建议的实验已经做成了，感生磁场的存在已被定量证明。

WILEY PLUS 在 WileyPLUS 中可以找到附加的例题、视频和练习。

32-3 位移电流

学习目标

学完这一单元后，你应当能够……

32.08 懂得在安培-麦克斯韦定律中，变化的电通量对感生磁场的贡献可以看作是虚构的电流（“位移电流”）的作用，这样可以简化表述。

32.09 懂得正在充电或放电的电容器中，我们说有位移电流均匀地分布在极板表面，从一块极板流向另一块极板。

32.10 应用电通量变化的速率和相应的位移电流之间的关系。

32.11 对于充电或放电的电容器，把位移电流的数量和真实电流的数量联系起来，并明白只有当电容器中的电场发生变化的时候位移电流才会存在。

32.12 仿照有真实电流通过的导线内部和外部磁场的方程式写出（并应用）有位移电流的区域内部和外部磁场的方程式。

32.13 应用安培-麦克斯韦定律计算真实电流和位移电流的磁场。

32.14 对圆形的平行板电容器的充电和放电，画出位移电流产生的磁感应线。

32.15 列出麦克斯韦方程组和每个方程的意义。

关键概念

- 我们定义变化着的电场产生的虚构的位移电流为

$$i_d=\varepsilon_0\frac{\mathrm{d}\Phi_E}{\mathrm{d}t}$$

- 于是，安培-麦克斯韦定理写成

$$\oint\vec{B}\cdot\mathrm{d}\vec{s}=\mu_0 i_{d,\mathrm{enc}}+\mu_0 i_{\mathrm{enc}}\quad（安培-麦克斯韦定律），$$

其中，$i_{d,\mathrm{enc}}$是积分环路包围的位移电流。

- 位移电流的概念使我们可以保留通过电容器时电流的连续性概念。然而，位移电流并不是电荷的转移。
- 表 32-1 中的麦克斯韦方程组是电磁学的总结并且是电磁学，包括光学的基础。

位移电流

比较一下式（32-5）右边的两项，你就会看出乘积 $\varepsilon_0(\mathrm{d}\Phi_E/\mathrm{d}t)$ 一定具有电流的量纲。事实上，这个乘积已经被当作是一种虚构的电流，称为**位移电流** i_d：

$$i_d=\varepsilon_0\frac{\mathrm{d}\Phi_E}{\mathrm{d}t}\quad（位移电流）\tag{32-10}$$

选用“位移”一词其实很不恰当，因为这里并没有移动的东西，但我们还是坚持用这个词。不过，我们现在可以将式（32-11）重写为

$$\oint\vec{B}\cdot\mathrm{d}\vec{s}=\mu_0 i_{d,\mathrm{enc}}+\mu_0 i_{\mathrm{enc}}\quad（安培-麦克斯韦定律）\tag{32-11}$$

其中，$i_{d,\mathrm{enc}}$是积分环路包围的位移电流。

我们再来讨论图 32-7a 中所示的正在充电的圆形平行板电容器。给极板充电的真实电流 i 改变极板间电场 $\vec{E}$。极板间虚构的位移电流 i_d 和变化的电场 $\vec{E}$ 有关。让我们把这两种电流联系起来。

任何时刻极板上的电荷 q 与该时刻极板间电场的数值 E 及极板面积 A 的关系都可以由式（25-4）表示：

$$q=\varepsilon_0 AE\tag{32-12}$$

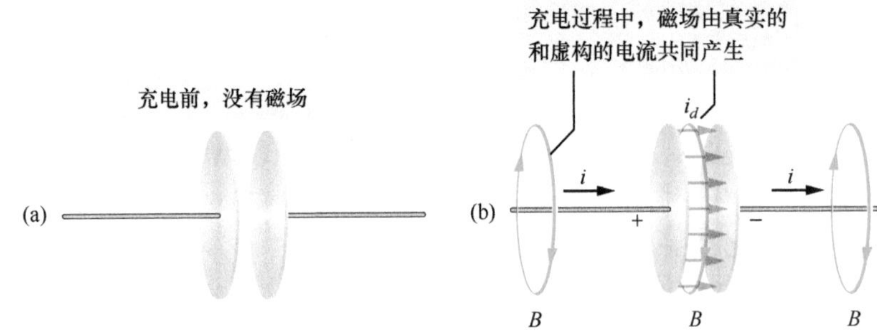

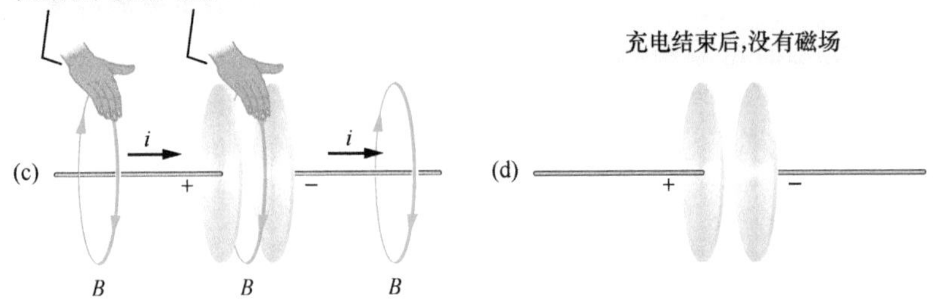

图 32-7 极板（a）充电之前和（b）充电之后都没有磁场。在充电过程中，真实电流和（虚构的）位移电流共同产生磁场。（c）同样的右手定则对确定由这两种电流产生的磁场的方向都有效。

要求出真实的电流 i，我们将式（32-12）对时间求微商，得到

$$\frac{\mathrm{d}q}{\mathrm{d}t}=i=\varepsilon_0 A\frac{\mathrm{d}E}{\mathrm{d}t} \tag{32-13}$$

要求位移电流 i_d，我们可以利用式（32-10）。设两极板间的电场是均匀的（我们忽略任何边缘效应），在那个方程式中我们用 EA 代替电通量 Φ_E。于是式（32-10）变为

$$i_d=\varepsilon_0\frac{\mathrm{d}\Phi_E}{\mathrm{d}t}=\varepsilon_0\frac{\mathrm{d}(EA)}{\mathrm{d}t}=\varepsilon_0 A\frac{\mathrm{d}E}{\mathrm{d}t} \tag{32-14}$$

同样的数值。比较式（32-13）和式（32-14），我们看到，给电容器充电的真实电流 i 与两极板间虚构的位移电流 i_d 有同样的数值：

$$i_d=i \quad （电容器中的位移电流） \tag{32-15}$$

于是，我们可以认为虚构的位移电流 i_d 只是把真实的电流从一块极板，越过间隙，连续地到达另一块极板。因为电场均匀分布在两极板之间，所以虚构的位移电流 i_d 也是这种情形，图 32-7b 中的电流箭头的分布就暗示了这种情形。虽然实际上并没有电荷穿过两板间的空隙，但虚构的电流 i_d 的概念还是可以帮助我们很快地找出感生磁场的方向和数值。下面就来讨论这个问题。

求感生磁场

在第29章中我们用图29-5的右手定则来确定真实电流产生的磁场的方向。我们也可以用同样的定则来确定虚构的位移电流 i_d 产生的感生磁场的方向，如图 32-7c 的中央电容器的图所示表示的那样。

我们也可以利用 i_d 求正在充电的、半径为 R 的圆形平行板电容器感应产生的磁场数值。只要把两极板之间的空间当作想象的、半径为 R 的圆形导线，同时它还载有想象的电流 i_d。然后，由式(29-30)，在电容器内部距离中心 r 的一点处磁感应强度的数值是

$$B=\left(\frac{\mu_0 i_d}{2\pi R^2}\right)r \quad \text{（在圆形电容器内部）} \tag{32-16}$$

同理，由式（29-17），在电容器外面半径 r 处一点的磁感应强度的数值是

$$B=\frac{\mu_0 i_d}{2\pi r} \quad \text{（圆形电容器外部）} \tag{32-17}$$

检查点 3

右图表示从电容器内观察平行板电容器的一个极板。虚线表示四条积分路径（路径 b 沿极板的边缘）。按照电容器放电过程中路径积分 $\oint \vec{B}\cdot d\vec{s}$ 的数值排列四条路径，最大的排第一。

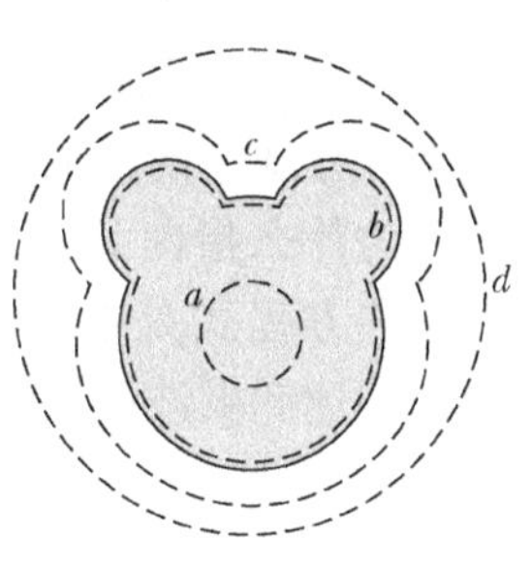

例题 32.02 **把变化着的电场当作位移电流**

半径为 R 的圆形平行板电容器通以电流 i 充电。

（a）在两极板间，在距离两板中心 $r=R/5$ 的位置，用 μ_0 和 i 表示的 $\oint \vec{B}\cdot d\vec{s}$ 的数值是多少？

【关键概念】

磁场可以由电流建立，也可以由变化的电通量来产生［式（32-5）］。图 32-5 中的两极板间的电流为零，但我们可以把变化着的电通量当作虚构的位移电流 i_d 来处理。于是积分 $\oint \vec{B}\cdot d\vec{s}$ 由式（32-11）给出，但因为电容器两板间没有真实的电流 i，方程式简化为

$$\oint \vec{B}\cdot d\vec{s}=\mu_0 i_{d,\text{enc}} \tag{32-18}$$

解：因为我们要求在半径 $r=R/5$ 的位置（电容器内部）的 $\oint \vec{B}\cdot d\vec{s}$，所以积分环路只包围整个位移电流 i_d 的一部分 $i_{d,\text{enc}}$。我们设 i_d 均匀分布在整个极板面积上。因此环路包围的部分位移电流正比于环路包围的面积

$$\frac{\text{（包围的位移电流 } i_{d,\text{enc}}\text{）}}{\text{（总位移电流 } i_d\text{）}}=\frac{\text{包围的面积 } \pi r^2}{\text{整个极板的面积 } \pi R^2}$$

由上式得出

$$i_{d,\text{enc}}=i_d\frac{\pi r^2}{\pi R^2}$$

把这个式子代入式（32-18），得到

$$\oint \vec{B}\cdot d\vec{s}=\mu_0 i_d\frac{\pi r^2}{\pi R^2} \tag{32-19}$$

现在将 $i_d=i$［由式（32-15）］及 $r=R/5$ 代入式(32-19)，得出

$$\oint \vec{B}\cdot d\vec{s}=\mu_0 i\frac{(R/5)^2}{R^2}=\frac{\mu_0 i}{25} \quad \text{（答案）}$$

（b）用最大感生磁场表示在电容器内部 $r=R/5$ 处的感生磁场的数值。

【关键概念】

因为电容器由圆形的平行板组成，我们可以把两极板间的空间当作半径为 R，载有虚构的电流 i_d 的想象中的导线。然后我们可以应用式（32-16）求电容器内部任何一点的感生磁场的数值 B。

解：在 $r=R/5$ 的位置，由式（32-16）得到

$$B=\left(\frac{\mu_0 i_d}{2\pi R^2}\right)r=\frac{\mu_0 i_d\ (R/5)}{2\pi R^2}=\frac{\mu_0 i_d}{10\pi R} \tag{32-20}$$

由式（32-16），电容器内部的最大磁感应强度数值B_{max}出现在$r=R$处，其数值是

$$B_{max}=\left(\frac{\mu_0 i_d}{2\pi R^2}\right)R=\frac{\mu_0 i_d}{2\pi R} \qquad (32\text{-}21)$$

用式（32-21）除式（32-20），将结果重新整理后，我们求出在$r=R/5$的位置处磁感应强度的数值为

$$B=\frac{1}{5}B_{max} \qquad \text{（答案）}$$

我们可以用简单推理和更少的计算得到这个结果，式（32-16）告诉我们，在电容器内部，B随r线性增大。因此，在极板的整个半径R(B_{max}的位置）的⅕距离处的磁感应强度的数值应该是$\frac{1}{5}B_{max}$。

WILEY PLUS 在 WileyPLUS 中可以找到附加的例题、视频和练习。

麦克斯韦方程组

式（32-5）是列在表32-1中的称为麦克斯韦方程组的电磁学四个基本方程式中的最后一个。这四个方程式说明了广泛的现象，从指南针为什么指向北极到为什么当你转动点火开关时汽车就会起动。这些方程式是电动机、电视广播发射机和接收器、电话、扫描仪、雷达和微波炉等电磁设备运行的基础。

表32-1 麦克斯韦方程组①

名称	方程式	
电场的高斯定律	$\oint\vec{E}\cdot d\vec{A}=q_{enc}/\varepsilon_0$	说明净电通量和包围的净电荷之间的关系
磁场的高斯定律	$\oint\vec{B}\cdot d\vec{A}=0$	说明净磁通量和包围的净磁荷间的关系
法拉第定律	$\oint\vec{E}\cdot d\vec{s}=-\frac{d\Phi_B}{dt}$	说明感生电场和变化的磁通量间的关系
安培-麦克斯韦定律	$\oint\vec{B}\cdot d\vec{s}=\mu_0\varepsilon_0\frac{d\Phi_E}{dt}+\mu_0 i_{enc}$	说明感生磁场和变化的电通量及电流间的关系

① 基于不存在介电质和磁性材料的假设。

麦克斯韦方程组是基础，在此基础上，你看到的第21章以后的许多方程式都可以推导出来。它们也是你将学习到的第33到36章光学的许多方程式的基础。

32-4 磁体

学习目标

学完这一单元后，你应当能够……

32.16 认识磁石。

32.17 对地球的磁场，确定这个地磁场近似地是磁偶极子的场，并且还要认清楚地磁北极是在哪半球。

32.18 懂得磁偏角和磁倾角。

关键概念

- 地球近似地是一个磁偶极子，偶极轴稍稍偏离地球的自转轴，并且它的南极在北半球。

- 各地区局部的地磁场方向由磁偏角（离开地理北极偏左或偏右的角度）以及磁倾角（离开水平面偏向上或偏向下的角度）给出。

磁体

最早知道的磁体是*磁石*，它是天然地已被磁化（获得磁性）了的石头。当古代希腊和古代中国的人们发现这种罕见的石头时，他们对这种石块像魔法一般具有吸引近距离的金属的本领感到很有趣。直到晚得多的年代，人们才知道用磁石（以及人工磁化的铁片）制成指南针来指引方向。

今天，磁体和磁性物质无处不在，它们的磁性质的来源可以追溯到它们的原子和电子。事实上，你可以用便宜的磁体在冰箱门上贴住便条就是磁体中的原子和亚原子物质粒子的量子力学作用的直接结果。在我们探讨这些物理学的某些方面之前，应该简单地讨论一下我们经常用到的最大的磁体——地球本身。

地球的磁性

地球是一个巨大的磁体；靠近地球表面的各个位置的磁场可以近似为一个巨大的磁棒——一个磁偶极子——产生的磁场，这个磁偶极子跨过地球中心。图 32-8 是理想的偶极子的磁场图，其中没有从太阳发射来的带电粒子引起的畸变。

既然地球的磁场就是磁偶极子的磁场，有磁偶极矩 $\vec{\mu}$ 和这个磁场相联系。对于图 32-8 中的理想磁场，$\vec{\mu}$ 的数值是 8.0×10^{22} J/T，$\vec{\mu}$ 的方向和地球的自转轴（RR）成 11.5°角。偶极子轴（见图 32-8 中的 MM）沿着 $\vec{\mu}$ 分别在格陵兰西北海岸以外的*地磁北极*以及在南极洲的*地磁南极*两个点上与地球表面相交，磁场 $\vec{B}$ 的磁感应线从南半球发出并在北半球重新进入地球。因此，称为"北磁极"的地球北半球的磁极*实际上是*地球磁偶极子的 S 极。

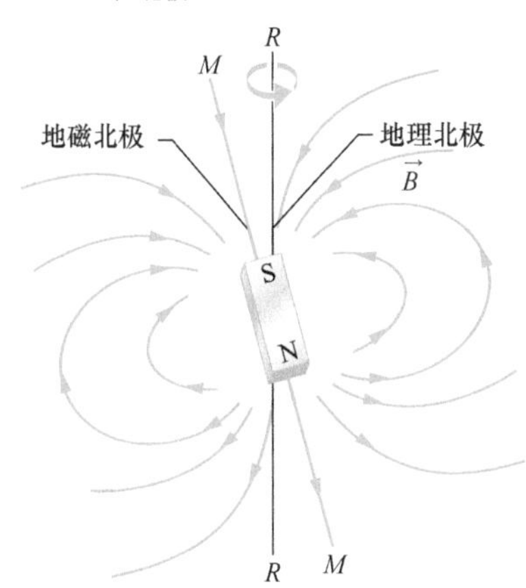

图 32-8 地球的磁场好像一个磁偶极子的磁场，偶极子轴 MM 与地球的自转轴 RR 成 11.5°角。磁偶极子的 S 极在北半球。

地球表面各个地方的磁场方向一般用两个角度来表征。**磁偏角**是指向地理北极（指向纬度 90°）和当地磁场的水平分量之间的角度。**磁倾角**是水平面和地磁场方向之间的角度（向上或向下）。

测量。地磁仪可以非常精确地测量这两个角度并确定磁场。不过，你只要一根*指南针*和*倾角仪*就可以相当好地进行测量。指南针只是一根针状磁铁，把它适当安装，使它可以在竖直轴上自由转动。把它放在水平面上，磁针的 N 极端大体上指向地磁北极（记住，这实际上是磁体的南极）。磁针和地理北极间的角度是磁偏角。倾角仪是一个同样的磁针，它可以绕水平轴自由转动。当它转动的竖直面和指南针方向重合一致时，倾角仪上的指针和水平面之间的角度就是磁倾角。

在地球表面上各点测量，测得的地磁场的数值和方向和图 32-8 中的理想磁偶极子的磁场明显地不同。事实上，磁场真正垂直于地球表面并指向地球中心的地方并不在我们预期的格陵兰外面的地磁北极，而这个所谓的*磁倾北极*（dip north pole）在远离格陵兰的加拿大北部的伊丽莎白女王群岛。

此外，在地球表面任何地方观察到的地磁场随时间而改变，从几年的时间间隔内可以测量出的数值来看，或者从很长时间（例如100年）测量的结果看来，都显示出地磁场随时间的变化。例如，在1580年到1820年间，伦敦的指南针的方向改变了35°。

除了这种局部的变化外，在这样相对短的时间间隔内，磁偶极子的磁场的平均变化还是很小的。在更长的时间内的变化可以通过测量大西洋中脊两边的大洋底部（见图32-9）的微弱磁性来研究。这里的洋底是熔融的岩浆从地球内部通过山脊涌出、固化而形成的。山脊两边的海底（因构造板块的漂移）以每年数厘米的速率被推离山脊。当岩浆固化时，它被弱磁化了。它的磁场方向沿着它固化的时候地球磁场的方向。研究这些大洋底部固化的岩浆，揭示出地球的磁场大约每一百万年改变极性（北极和南极的方向）一次。人们对这个发现的理论解释仍旧处在初级阶段。事实上，人们对产生地球磁场的机理的理解还是十分模糊的。

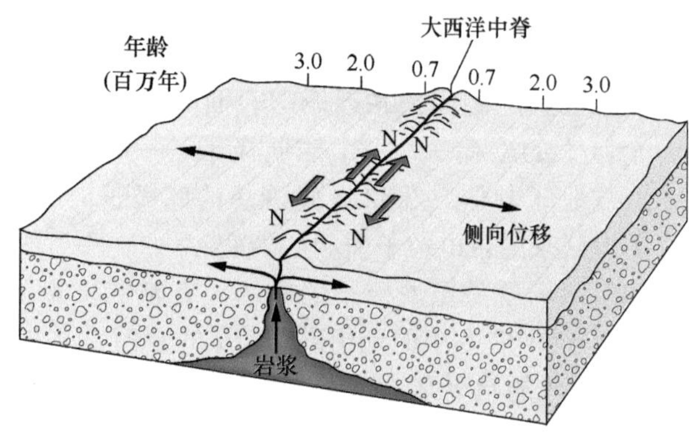

图32-9　位于大西洋中脊两边海底的磁剖面图。从山岭挤压出来并向外扩散成为板块构造漂移系统的一部分的海底显露出过去地核磁性质历史的记录。地核产生的磁场的方向大约每一百万年改变一次。

32-5　磁性和电子

学习目标

学完这一单元后，你应当能够……

32.19　懂得自旋角动量 $\vec{S}$（通常简称为自旋）和自旋磁偶极矩 $\vec{\mu}_s$ 是电子的内禀性质（也是质子和中子的内禀性质）。

32.20　应用自旋矢量 $\vec{S}$ 和自旋磁偶极矩矢量 $\vec{\mu}_s$ 之间的关系。

32.21　明白 $\vec{S}$ 和 $\vec{\mu}_s$ 不可能被观察到（测量）；只有它们在测量的轴（通常称为 z 轴）上的分量可以被观察到。

32.22　懂得被观察到的分量 S_z 和 $\mu_{s,z}$ 是量子化的，并说明它的意义。

32.23　应用分量 S_z 和自旋磁量子数 m_s 之间的关系，说明 m_s 的允许值。

32.24　区别电子自旋的取向是向上还是向下。

32.25　确定自旋磁偶极矩的 z 分量 $\mu_{s,z}$，把它作为一个数值以及用玻尔磁子 μ_B 表示。

32.26　如果电子在外磁场中，试确定它的自旋磁偶极矩 $\vec{\mu}_s$ 的取向能 U。

32.27　懂得原子中的电子具有轨道角动量 $\vec{L}_{orb}$ 和轨道磁偶极矩 $\vec{\mu}_{orb}$。

32.28　应用轨道角动量 $\vec{L}_{orb}$ 和轨道磁偶极矩 $\vec{\mu}_{orb}$ 之间的关系。

32.29 懂得$\vec{L}_{\text{orb}}$和$\vec{\mu}_{\text{orb}}$不能被观察到，但它们在z轴上的分量$L_{\text{orb},z}$和$\mu_{\text{orb},z}$却可以（测量）。

32.30 应用轨道角动量的分量$L_{\text{orb},z}$和轨道磁量子数m_l之间的关系，指明允许的m_l的数值。

32.31 确定轨道磁偶极矩的z分量$\mu_{\text{orb},z}$，用一个数值或用玻尔磁子μ_B表示。

32.32 如果原子在外磁场中，确定轨道磁偶极矩$\vec{\mu}_{\text{orb}}$的取向能U。

32.33 计算在圆轨道上运动的带电粒子或像旋转木马那样以恒定的角速率绕中心轴旋转的均匀电荷组成的环的磁矩数值 。

32.34 说明在轨道上绕行的电子的经典回路模型以及这种回路在不均匀磁场中受到的力。

32.35 区别抗磁性、顺磁性和铁磁性。

关键概念

- 电子具有称为自旋角动量（或自旋）$\vec{S}$的内禀角动量。并有内禀自旋磁偶极矩$\vec{\mu}_s$和它联系在一起。

$$\vec{\mu}_s=-\frac{e}{m}\vec{S}$$

- 对于沿z轴的测量，分量S_z只可能具有下式给出的数值：

$$S_z=m_s\frac{h}{2\pi},\quad m_s=\pm\frac{1}{2}$$

其中，h（$=6.63\times10^{-34}\text{J}\cdot\text{S}$）是普朗克常量。

- 同理，

$$\mu_{s,z}=\pm\frac{eh}{4\pi m}=\pm\mu_B$$

其中，μ_B是玻尔磁子：

$$\mu_B=\frac{eh}{4\pi m}=9.27\times10^{-24}\text{J/T}$$

- 和自旋磁偶极矩在外磁场$\vec{B}_{\text{ext}}$中取向相联系的能量U是

$$U=-\vec{\mu}_s\cdot\vec{B}_{\text{ext}}=-\mu_{s,z}B_{\text{ext}}$$

- 原子中的电子有额外的角动量，称为轨道角动量$\vec{L}_{\text{orb}}$，有轨道磁偶极矩$\vec{\mu}_{\text{orb}}$和它相联系：

$$\vec{\mu}_{\text{orb}}=-\frac{e}{2m}\vec{L}_{\text{orb}}$$

- 轨道角动量是量子化的，它只可能具有下面给出的测量值：

$$L_{\text{orb},z}=m_l\frac{h}{2\pi},\quad m_l=0,\ \pm1,\ \pm2,\ \cdots,\ \pm（极限值）$$

- 和它相联系的磁偶极矩由下式给出

$$\mu_{\text{orb},z}=-m_l\frac{eh}{4\pi m}=-m_l\mu_B$$

- 和轨道磁偶极矩在外磁场$\vec{B}_{\text{ext}}$中的取向有关的能量U是

$$U=-\vec{\mu}_{\text{orb}}\cdot\vec{B}_{\text{ext}}=-\mu_{\text{orb},z}B_{\text{ext}}$$

磁性和电子

磁性材料，从磁石到文身颜料，都有磁性，这是因为它们里面的电子。我们已经知道可以用电子产生磁场的一种方法：使电子通过导线形成电流，电子的运动在导线周围产生磁场。另外还有两种方法，每一种方法都包含能在周围空间产生磁场的磁偶极矩：然而，它们的解释需要用到量子物理学，而量子物理学又超出了这本书讲解的物理学的范围，所以我们在这里只是大致介绍一些结论。

自旋磁偶极矩

电子具有内禀角动量，它被称为**自旋角动量**（或者就称作**自旋**）$\vec{S}$；这个自旋联系着内禀**自旋磁偶极矩**$\vec{\mu}_s$。（所谓内禀的意思是，$\vec{S}$和$\vec{\mu}_s$都是电子的基本性质，就像它的质量和电荷那样。）矢量$\vec{S}$和$\vec{\mu}_s$的关系是

$$\vec{\mu}_s=-\frac{e}{m}\vec{S}\qquad(32\text{-}22)$$

其中，e 是电子电荷（1.60×10^{-19} C）；m 是电子质量（9.11×10^{-31} kg）。负号的意思是 $\vec{\mu}_s$ 和 $\vec{S}$ 的方向相反。

自旋 $\vec{S}$ 在两个方面区别于第11章中介绍的角动量：

1. 自旋 $\vec{S}$ 本身不能测量。不过，它沿任何坐标轴的分量却可以测量。

2. 测量到的 $\vec{S}$ 的分量是*量子化的*，用一般的词语来说就是它只能取某几个数值。测量 $\vec{S}$ 的分量结果只可能得到两个数值之一，二者的区别只在它们的正负号。

我们假设自旋 $\vec{S}$ 的分量是沿坐标系的 z 轴测量的。测得的分量 S_z 只可能取以下两个值：

$$S_z=m_s\frac{h}{2\pi},\quad m_s=\pm\frac{1}{2} \tag{32-23}$$

其中，m_s 称为*自旋磁量子数*；h（$=6.63\times10^{-34}$ J·S）是普朗克常量，这是量子物理学中无所不在的一个常量。式（32-23）中的符号与 S_z 沿 z 轴的方向有关。当 S_z 平行于向上的 z 轴时，m_s 是 $+\frac{1}{2}$，就是说这个电子是*自旋向上*。当 S_z 反平行于 z 轴时，m_s 是 $-\frac{1}{2}$，就是说电子是*自旋向下*。

电子的自旋磁偶极矩 $\vec{\mu}_s$ 也不能测量；只有它的沿任何一坐标轴的分量才可以测量，这个分量也是量子化的，有两个同样数量但不同符号的可能值 。我们用 z 轴上分量的形式重写式（32-22），把沿 z 轴测得的分量 $\mu_{s,z}$ 和 S_z 联系起来，

$$\mu_{s,z}=-\frac{e}{m}S_z$$

将式（32-23）中的 S_z 代入，得到

$$\mu_{s,z}=\pm\frac{eh}{4\pi m} \tag{32-24}$$

其中的正号和负号分别对应于平行和反向平行于 z 轴。等号右边的量就是*玻尔磁子* μ_B：

$$\mu_B=\frac{eh}{4\pi m}=9.27\times10^{-24}\text{ J/T}\quad（玻尔磁子） \tag{32-25}$$

电子和其他的基本粒子的自旋磁偶极矩都可以用 μ_B 来表示。对于电子，测得 $\vec{\mu}_s$ 的 z 分量的数值是

$$|\mu_{s,z}|=1\mu_B \tag{32-26}$$

（称为*量子电动力学*或 QED 的电子的量子物理学揭示，$\mu_{s,z}$ 实际上稍稍大于 $1\mu_B$，但我们忽略这个事实。）

能量。电子放在外磁场 $\vec{B}_{\text{ext}}$ 中，就有和电子自旋磁偶极矩 $\vec{\mu}_s$ 取向有关的能量 U，就好像放在 $\vec{B}_{\text{ext}}$ 中电流回路有和磁偶极矩 $\vec{\mu}$ 的取向有关的能量一样。由式（28-38），电子的取向能是

$$U=-\vec{\mu}_s\cdot\vec{B}_{\text{ext}}=-\mu_{s,z}B_{\text{ext}} \tag{32-27}$$

这里取 z 轴沿 $\vec{B}_{\text{ext}}$ 的方向。

假如我们设想电子是一个微观的球体（实际上不是），我们可以用图32-10表示自旋$\vec{S}$、自旋磁偶极矩$\vec{\mu}_s$和相关的磁偶极子的磁场。虽然我们这里用“自旋”一词，其实电子并不像陀螺一样自转。那么，为什么某个东西没有真正在旋转但却又有角动量呢？我们还是需要用量子物理学给出答案。

质子和中子也具有称为自旋的内禀角动量和相关的内禀自旋磁偶极矩。对于质子，这两个矢量的方向相同。对于中子，它们的方向相反。我们不讨论这些偶极矩对原子磁场的贡献，因为它们大约是电子的贡献的千分之几。

对于电子，自旋和磁偶极矩方向相反

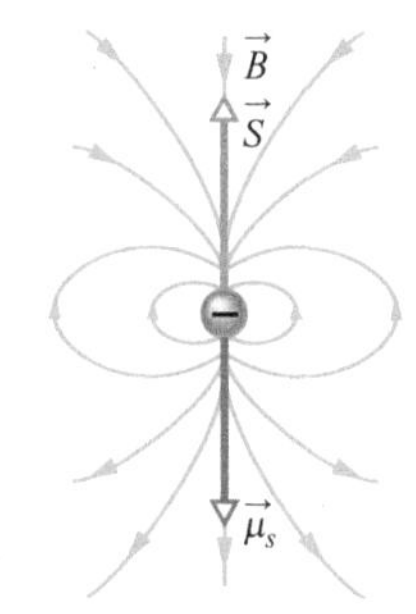

图32-10 用微观小球表示的电子的自旋$\vec{S}$，自旋磁偶极矩$\vec{\mu}_s$和磁偶极子的磁场$\vec{B}$。

检查点4

这里的图表示在外磁场$\vec{B}_{ext}$中的两个粒子自旋的方向。（a）如果粒子是电子，那么哪一个自旋方向的能量较低？（b）如果这个粒子是质子，那么哪个自旋方向的能量低？

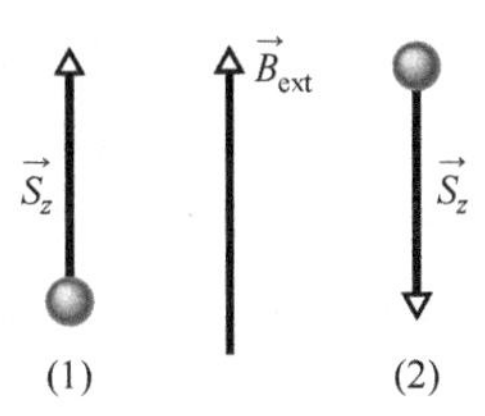

轨道磁偶极矩

当电子在原子中时，它有额外的角动量，称为**轨道角动量**$\vec{L}_{orb}$。和$\vec{L}_{orb}$相联系的是**轨道磁偶极矩**$\vec{\mu}_{orb}$；二者的关系是

$$\vec{\mu}_{orb} = -\frac{e}{2m}\vec{L}_{orb} \tag{32-28}$$

其中，负号表示$\vec{\mu}_{orb}$和$\vec{L}_{orb}$方向相反。

轨道角动量不能测量；只有它沿任何轴的分量才可以测量，并且这个分量是量子化的。沿着譬如说z轴的分量只可能具有下式给出的数值：

$$L_{orb,z} = m_l\frac{h}{2\pi},\quad m_l = 0,\ \pm1,\ \pm2,\ \cdots,\ \pm\ （极限值） \tag{32-29}$$

其中，m_l称作轨道磁量子数，“极限值”是指所允许的m_l的最大整数值 。式（32-29）中的符号与$L_{orb,z}$沿z轴的方向有关。

电子的轨道磁偶极矩$\vec{\mu}_{orb}$本身也不能测量；只有它沿一个轴的分量可以测量，并且这个分量是量子化的。像上面一样对沿同一z轴的分量可重写式（32-28），并将式（32-29）中的$L_{orb,z}$代入，我们就可以写出轨道磁偶极矩的z分量为

$$\mu_{orb,z} = -m_l\frac{eh}{4\pi m} \tag{32-30}$$

上式用玻尔磁子可表示为

$$\mu_{orb,z} = -m_l\mu_B \tag{32-31}$$

原子放在外磁场$\vec{B}_{ext}$中时，和原子中每个电子的轨道磁偶极矩取向相关的能量U的数值是

$$U = -\vec{\mu}_{orb}\cdot\vec{B}_{ext} = -\mu_{orb,z}B_{ext} \tag{32-32}$$

其中，z 轴取在 $\vec{B}_{ext}$ 的方向。

虽然我们这里用了词语“轨道”和“轨道的”，但是电子并不像行星绕太阳在轨道上运动那样绕原子核并在其轨道上运动。既然电子不是在通常意义上的轨道上运动，那么它又怎么会有轨道角动量呢？这里要再一次说明，这只能在量子物理学中予以解释。

电子轨道的环路模型

我们可以用非量子物理学的方法推导出式（32-28），这里我们假设电子在半径比原子半径大得多的圆形轨道上运动（因此给它取名为“环路模型”）。然而，这个推导不能用于原子内部的电子（对这种电子，我们必须用量子物理学）。

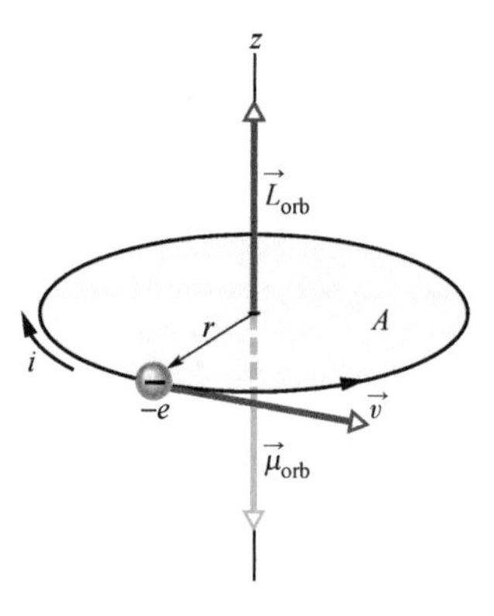

图 32-11 一个电子以恒定速率 v 在半径为 r 的圆形轨道上运动，轨道包围面积 A，电子具有轨道角动量 $\vec{L}_{orb}$ 和相应的轨道磁偶极矩 $\vec{\mu}_{orb}$。顺时针的电流（正电荷的）等价于反时针绕行的带负电荷的电子。

我们想象一个电子以恒定的速率 v 在半径为 r 的圆形轨道上沿逆时针方向运动，如图 32-11 所示。带负电荷电子的运动相当于顺时针的（正电荷的）常规电流 i，如图 32-11 所示。这个*电流环路*的轨道磁偶极矩的数值可通过令式（28-35）中的 $N=1$ 求得：

$$\mu_{orb}=iA \tag{32-33}$$

其中，A 是环路包围的面积。这个磁偶极矩的方向从图 29-21 的右手定则得知，在图 32-11 中的方向是向下。

要计算式（32-33），我们需要知道电流 i。一般说来，电流是每秒内通过电路上某一点的电荷的数量。这里，数值为 e 的电荷从任何一点环绕一周又回到这一点所用的时间为 $T=2\pi r/v$。所以

$$i=\frac{电荷数量}{时间}=\frac{e}{2\pi r/v} \tag{32-34}$$

把这个式子和环路面积 $A=\pi r^2$ 代入式（32-33）后给出

$$\mu_{orb}=\frac{e}{2\pi r/v}\pi r^2=\frac{evr}{2} \tag{32-35}$$

要求电子的轨道角动量 $\vec{L}_{orb}$，我们利用式（11-18）：$\vec{l}=m(\vec{r}\times\vec{v})$。因为 $\vec{r}$ 和 $\vec{v}$ 互相垂直，所以 $\vec{L}_{orb}$ 的数值是

$$L_{orb}=mrv\sin 90°=mrv \tag{32-36}$$

在图 32-11 中，矢量 $\vec{L}_{orb}$ 的方向向上（见图 11-12）。将式（32-35）和式（32-36）联立起来，推广到矢量公式，并用负号指示矢量的相反的方向，得到

$$\vec{\mu}_{orb}=-\frac{e}{2m}\vec{L}_{orb}$$

这就是式（32-28）。于是，用“经典物理学的”（非量子的）分析，我们得到了和量子物理学给出的同样的结果，包括数值和方向。有人可能会觉得奇怪，看上去这个推导好像对于原子中的一个电子能够给出正确的结果，但为什么这个推导对那种情况又是无效的呢？答案是，由这个推理思路得到的其他结论和实验结果是矛盾的。

非均匀场中的环路模型

我们继续考虑电子像电流环一样在轨道上运行，就像我们在图 32-11 中所描绘的那样。不过，我们现在把环路放在如图 32-12a

所示的非均匀磁场 $\vec{B}_{ext}$ 中。（这个场可能是图 32-4 中的磁体北极的发散场。）我们做这样的改变是为以后几个单元做准备，以后几个单元中我们都将要讨论磁性材料放在非均匀磁场中时受到的作用力。在讨论这些力时，我们假设这些磁性材料中的电子轨道是像图 32-12a 中那样的微小电流环路。

这里我们假设所有沿电子的圆形轨道的磁场矢量都有相同的数值并和轨道平面的垂直方向成相同的角度，如图 32-12b、d 中那样。我们还假设原子中的所有电子不是逆时针（见图 32-12b）就是顺时针（见图 32-12d）旋转。对每一种绕行方向的相应绕电流环路的常规电流 i，以及由 i 产生的轨道磁偶极矩 $\vec{\mu}_{orb}$ 也画在图上。

图 32-12c、e 表示在轨道平面上观察，两个图上的长度元 $d\vec{L}$ 有完全相反的方向，长度元 $d\vec{L}$ 和电流方向相同。图上还画出磁感应强度 $\vec{B}_{ext}$ 和它在 $d\vec{L}$ 上产生的磁场力 $d\vec{F}$。回忆式（28-28）中给出的磁场 $\vec{B}_{ext}$ 中的长度元 $d\vec{L}$ 上的电流受到的磁场力 $d\vec{F}$：

$$d\vec{F} = i d\vec{L} \times \vec{B}_{ext} \tag{32-37}$$

在图 32-12c 的左边，式（32-37）告诉我们，力 $d\vec{F}$ 的方向向上并偏向右。右边的力 $d\vec{F}$ 大小相同，方向向上并偏向左。因为它们的角度都相同，所以这两个力的水平分量相互抵消而竖直分量相加。这在环路上其他任何两个对称点上都是同样的情况。因此，作用于图 32-12b 中的电流环路上的合力必定竖直向上。由同样的推理得到，有竖直向下的合力作用于图 32-12d 中的环路。在我们研究非均匀磁场中的磁性材料时，很快就会用到这两个结果。

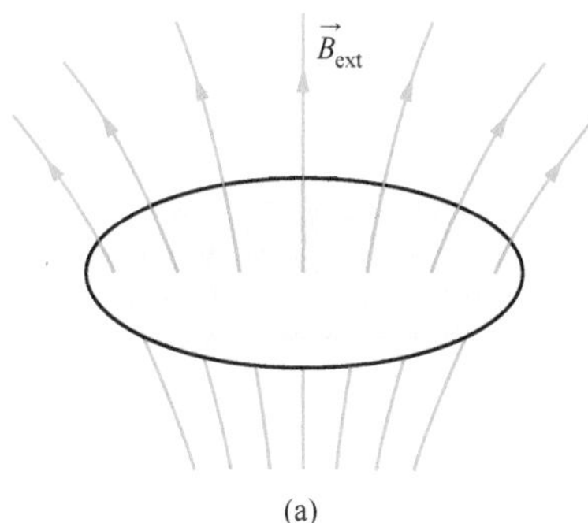

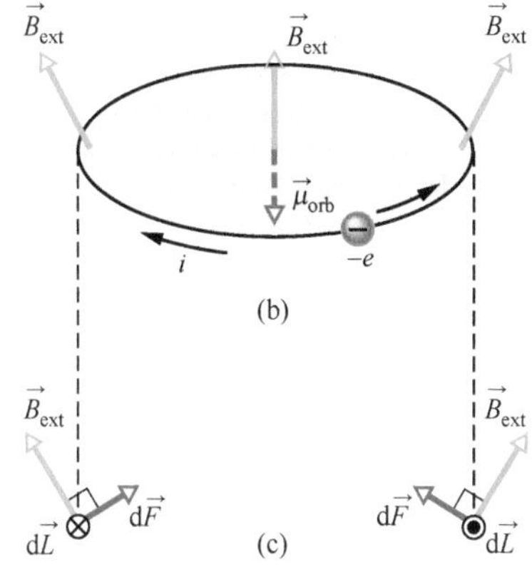

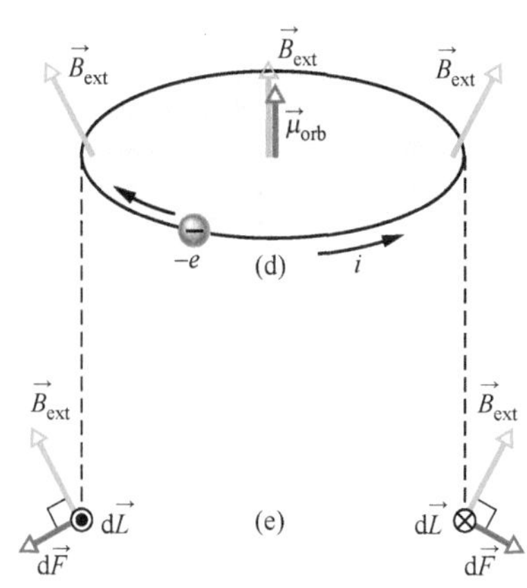

图 32-12 （a）电子在非均匀磁场 $\vec{B}_{ext}$ 中的原子内部的轨道上绕行的环路模型。（b）电荷 $-e$ 沿逆时针方向绕行，相应的通常意义上的电流沿顺时针方向。（c）在环路平面上观察，作用在环的左边和右边的磁场力为 $d\vec{F}$。作用于环路的合力向上。（d）电荷 $-e$ 现在顺时针绕行。（e）现在作用在环上的合力向下。

磁性材料

原子中的每个电子都有轨道磁偶极矩和自旋磁偶极矩，二者要用矢量加法组合起来。这两个矢量的合矢量再和这个原子中其他电子类似的合矢量进行矢量相加。每个原子的这种合矢量又和材料样品中所有其他原子的合矢量组合。如果所有这些磁偶极矩的组合产生磁场，那么这个材料就是有磁性的。有三种普通磁性类型：抗磁性、顺磁性和铁磁性。

1. **抗磁性**是所有普通材料都显示的性质，但它是如此的弱，以致如果这材料也有其他两种性质的一种它就会被掩盖掉。对于抗磁性材料，当材料放在外磁场 $\vec{B}_{ext}$ 中时，在材料的原子中会产生弱磁偶极矩；所有这些感生偶极矩使整个材料只有很弱的合磁场。当 $\vec{B}_{ext}$ 被撤去后，偶极矩和它们产生的合磁场就会消失。抗磁性材料通常是指只显示抗磁性的材料。

2. **顺磁性**出现在包含过渡元素、稀土元素和锕系元素（见附录 G）的材料中。这种材料的原子中有永久的合磁偶极矩，但这些磁偶极矩在材料中随机取向，材料整体不显现出净磁场。不过，外磁场 $\vec{B}_{ext}$ 可以将原子磁偶极矩部分地排列整齐，使材料显示净磁场。当外磁场被撤去后，磁偶极矩的整齐排列便消失，从而磁场也消失。顺磁材料一词通常是指主要显示顺磁性的材料。

3. **铁磁性**是铁、镍和其他某些元素（以及这些元素的化合物和合金）的性质。这些材料中的一些电子的磁偶极矩已经排列整齐，在材料中形成强的磁偶极矩的区域。外磁场 $\vec{B}_{ext}$ 可以使这些区域的磁偶极矩排列整齐，材料的样品会产生很强的磁场。当 $\vec{B}_{ext}$ 被撤去之后，磁场仍旧部分地存在。我们通常用铁磁材料和磁性材料这两个名词表示主要显示铁磁性的材料。

接下来的三个单元我们将分别考察这三种类型的磁性。

32-6　抗磁性

学习目标

学完这一单元后，你应当能够…

32.36　对于放在外磁场中的抗磁性的样品，懂得磁场在样品中产生磁偶极矩，并认明磁偶极矩和磁场的相对取向。

32.37　对于不均匀磁场中的抗磁样品，描述作用在样品上的力和所引起的运动。

关键概念

- 抗磁材料只有当被放在外磁场中时才显示出磁性；它们在磁场中形成方向和外磁场相反的磁偶极子。
- 在非均匀磁场中，抗磁材料从较强的磁场区域中被排斥出去。

抗磁性

我们还不能讨论抗磁性的量子物理学解释，但我们可以用图 32-11 和图 32-12 中的环路模型给出经典物理学的解释。一开始，我们假设在抗磁材料的原子中每个电子只能像图 32-12d 中那样顺时针方向在轨道上运动，或者像图 32-12b 中那样逆时针绕行。要说明外磁场 $\vec{B}_{ext}$ 不存在时没有磁性，我们假设原子没有净磁偶极矩。这暗示在 $\vec{B}_{ext}$ 作用之前在一个方向上绕行的电子数和在相反方向上绕行的电子数相同。结果原子中净向上的磁偶极矩等于净向下的磁偶极矩。

现在我们加上如图 32-12a 所示的非均匀磁场 $\vec{B}_{ext}$，图中 $\vec{B}_{ext}$ 的方向向上但是发散的（磁感应线发散）。我们可以通过增大通过电磁铁线圈的电流或移动条形磁铁，将它的 N 极从下面靠近轨道来实现。在 $\vec{B}_{ext}$ 的数值从零开始增大到最后的最大稳定状态的数值过程中，按照法拉第定律和楞次定律沿电子轨道环路感应产生顺时针方向的电场。我们来看看这个感生电场怎样影响图 32-12b、d 中在轨道上运行的电子。

在图 32-12b 中，逆时针方向绕行的电子被顺时针方向的电场加速。因此，随着磁场 $\vec{B}_{ext}$ 增加到它的最大值，电子的速率也增加到最大值。这意味着相应的常规电流 i 及其产生的向下磁偶极矩 $\vec{\mu}$ 也在增大。

在图 32-12d 中，顺时针绕行的电子被顺时针方向的电场减速。因此，这里的电子速率，相应的电流 i 及 i 产生的向上的磁偶极矩都在减小。通过加上磁场 $\vec{B}_{ext}$，我们给原子一个向下的净磁偶极矩。如果磁场是均匀的，也是这样的情况。

力。磁场 $\vec{B}_{ext}$ 的非均匀性也会影响到原子。因为图 32-12b 中的电流 i 增大，图 32-12c 中的向上的磁场力 $d\vec{F}$ 也增大，因而作用在电流环路上的净向上力增大。因为图 32-12d 中的电流 i 减小，图 32-12e 中向下的磁场力 $d\vec{F}$ 也减小，因而作用在电流环路上的净向下力相应减小。因此，通过加上非均匀磁场 $\vec{B}_{ext}$，我们在原子上产生一个净力；还有，这个力的指向是离开磁场较强的区域。

虽然我们曾经讨论过虚构的电子轨道（电流环路），但我们还是以抗磁材料准确地会发生什么情况为结束：如果加上图 32-12 中的磁场，材料会产生向下的磁偶极矩并受到向上的力。当磁场被撤去后，磁偶极矩和力都将消失。外磁场不需要一定像图 32-12 中所示的位置那样，它对 $\vec{B}_{ext}$ 其他的取向也可以得出同样的推论。一般说来：

放在外磁场 $\vec{B}_{ext}$ 中的抗磁材料会产生方向和 $\vec{B}_{ext}$ 相反的磁偶极矩。如果场是不均匀的，抗磁材料就会从磁场较强的区域被排斥到磁场较弱的区域。

图 32-13 中的青蛙是抗磁体（其他任何动物也是）。当青蛙放在竖直的通电螺线管顶端附近的发散磁场中时，青蛙身上的每一个原子都会被排斥向上，离开螺线管顶端磁场较强的区域。青蛙向上运动到磁场越来越弱的区域直到向上的磁场力和作用于它的重力平衡，它就悬浮在空中。这只青蛙不会感到不舒服，因为每个原子都受到相同的力，因而在青蛙身体的各个部分并没有受到不同的力。它的感觉和浮在水中的"失重"的情况一样，这是青蛙非常喜欢的事情。如果我们愿意出钱造一个大得多的螺线管，我们同样可以利用人体的抗磁性使一个人漂浮在空中。

Courtesy A.K.Geim,University of Manchester,UK

图 32-13 在青蛙下面的竖直螺线管中电流产生的磁场中漂浮的青蛙的俯视图。

检查点 5

图示两个抗磁性小球放在磁棒 S 极附近。(a) 作用在两个小球上的磁场力和 (b) 小球的磁偶极矩的方向是向着还是背离磁棒？(c) 小球 1 受到的磁场力是大于、小于还是等于小球 2 受到的磁场力？

1　2　S　N

32-7 顺磁性

学习目标

学完这一单元后，你应当能够……

32.38 对于放在外磁场中的顺磁性样品，认明磁场和样品的磁偶极矩的相对取向。

32.39 对于非均匀磁场中的顺磁性样品，描述作用于样品上的力和所引起的运动。

32.40 应用样品的磁化强度 M，它被测得的磁矩和它的体积之间的关系。

32.41 应用居里定律把样品的磁化强度 M 和温度 T，它的居里常量 C 及外磁场的数值 B 联系起来。

32.42 已知顺磁性样品的磁化强度曲线，将给定磁场的磁化强度的程度和温度联系起来。

32.43 对于给定温度和给定磁场中的顺磁性样品，比较和磁偶极矩取向相关的能量和热运动的能量。

关键概念

- 顺磁材料的原子有永久的磁偶极矩，但这些磁偶极矩是随机取向的，所以没有净磁偶极矩，除非材料在外磁场 $\vec{B}_{ext}$ 中，偶极矩在外磁场中要沿磁场方向排列。
- 在体积 V 中偶极矩沿着磁场排列整齐的程度用磁化强度 M 量度，M 由下式给出：

$$M=\frac{\text{测得的磁矩}}{V}$$

- 体积 V 中所有 N 个磁偶极子全部都整齐地排列（饱和）给出最大数值 $M_{max}=N\mu/V$。
- 在比例 B_{ext}/T 数值低的情况中，

$$M=C\frac{B_{ext}}{T}\quad\text{（居里定律）}$$

其中，T 是热力学温度；C 是材料的居里常量。

- 在非均匀的外磁场中，顺磁材料被吸引到较强磁场的区域。

顺磁性

在顺磁性材料中，每一个原子中电子的自旋和轨道的磁偶极矩不互相抵消而是矢量相加，结果原子有一个净（并且永久的）磁偶极矩 $\vec{\mu}$。在设有外磁场的时候，这些原子的磁偶极矩随机取向，因而材料的净磁偶极矩为零。然而，如果材料的样品放在外磁场 $\vec{B}_{ext}$ 中，磁偶极矩就要顺着磁场排列，这使样品有一个净磁偶极矩。这种顺着外磁场的排列和我们知道的抗磁材料的情况相反。

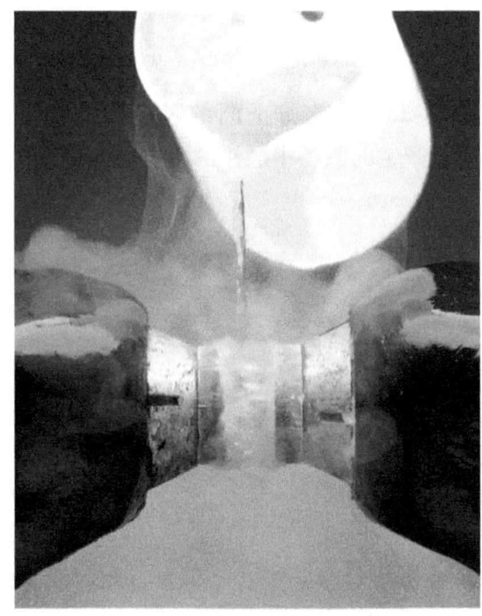

Richard Megna/Fundamental Photographs

液态氧悬浮在磁铁的两个磁极之间，因为液氧是顺磁性的，受到磁铁的磁场力吸引。

顺磁材料放在外磁场 $\vec{B}_{ext}$ 中会产生沿 $\vec{B}_{ext}$ 方向的磁偶极矩。如果场是非均匀的，顺磁材料受到吸引，向着磁场较强的区域，离开磁场较弱的区域。

如果有 N 个原子的顺磁材料的磁偶极矩完全整齐排列，样品就有数值为 $N\mu$ 的磁偶极矩。然而，由于原子的热扰动引起的原子间的随机碰撞，产生原子间的能量转移，破坏了它们的整齐排列，从而减小了样品的磁偶极矩。

热扰动。热扰动的重要性可以通过比较两种能量来量度。一是式（19-24）给出的，温度 T 下的原子平均平移动能 $K\left(=\frac{3}{2}kT\right)$，其中 k 是玻尔兹曼常量（1.38×10^{-23} J/K），T 是热力学温度（不是摄氏温度）。另一个是由式（28-38）导出的，原子的磁偶极矩和外磁场相互间的平行排列与反向平行排列的能量差 $\Delta U_B(=2\mu B_{ext})$。（较低的能量状态是 $-\mu B_{ext}$，较高的能量状态是 $+\mu B_{ext}$。）正如我们下面将要证明的，即使在通常的温度和磁场数值的条件下，$K\gg\Delta U_B$。因此，原子间的碰撞引起的能量转移会大大地破坏原子磁偶极矩的排列，使样品的磁偶极矩比 $N\mu$ 小得多。

磁化强度。我们可以通过求出给定的顺磁性样品的磁偶极矩和它的体积 V 的比值来表示这种顺磁性样品磁化的程度。单位体积的磁偶极矩矢量就是样品的磁化强度 $\vec{M}$，它的数值是

$$M=\frac{\text{测得的磁偶极矩}}{V} \tag{32-38}$$

$\vec{M}$ 的单位是安培每米（A/m）。原子磁偶极矩全部沿一个方向排列称为样品的*饱和*，对应于最大值 $M_{max}=N\mu/V$。

1895 年，皮埃尔·居里（Pierre Curie）通过实验发现，顺磁样品的磁化强度正比于外磁场 $\vec{B}_{ext}$ 的数值并反比于热力学温度 T：

$$M=C\frac{B_{ext}}{T} \tag{32-39}$$

式（32-39）称为*居里定律*，C 称为*居里常量*。居里定律之所以合理，是因为：增强 B_{ext} 会使样品中的原子磁偶极矩排列整齐，从而使 M 增大，而 T 的升高会因热扰动而破坏磁偶极矩的整齐排列，从而减小 M。然而，这个定律实际上是一个近似定律，只在比值 B_{ext}/T 不太大的条件下成立。

图 32-14 是硫酸铬钾盐样品的比值 M/M_{max} 作为 B_{ext}/T 的函数曲线，这里面的铬离子是顺磁性物质。该曲线称为磁化曲线。居里定律的直线部分满足实验数据，在图的左边，B_{ext}/T 大约低于 0.5T/K。符合所有数据的点的曲线是量子物理学的推论。右边靠近饱和区域的数据很难获得，这是因为即使在非常低的温度下也需要非常强的磁场（大约 100000 倍于地球磁场）。

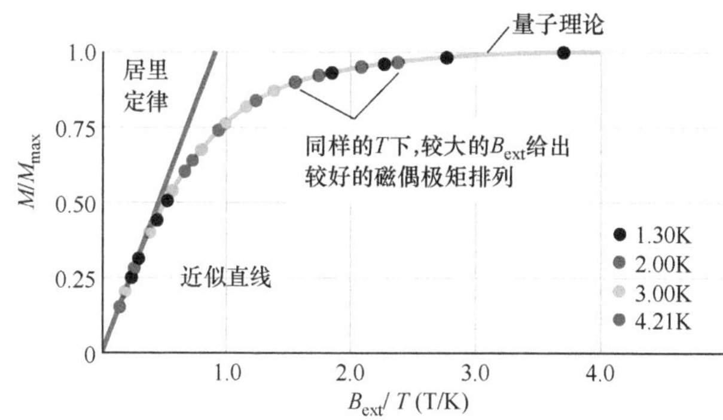

图 32-14 硫酸铬钾（一种顺磁性盐）的磁化曲线。这种盐的磁化强度与最大可能的磁化强度的比值对外加磁场数值 B_{ext} 与温度 T 的比值曲线图。居里定律符合左边的数据，量子理论符合所有的数据。以上基于 W. E. Herry 的测定。

检查点 6

图上表示两个顺磁性小球放在磁棒的 S 极附近。

（a）作用在两个小球上的磁场力和（b）小球的磁偶极矩是指向还是背离磁棒？（c）作用在小球 1 上的磁场力是大于、小于还是等于作用在小球 2 上的磁场力？

例题 32.03 **磁场中顺磁性气体的取向能**

室温（$T=300\text{K}$）下的顺磁性气体置于数值为 $B=1.5\text{T}$ 的均匀外磁场中；气体原子的磁偶极矩是 $\mu=1.0\mu_B$。求气体原子的平均平移动能 K，以及原子的磁偶极矩和外磁场平行排列与反向平行排列时的能量差 ΔU_B。

【关键概念】

（1）气体中原子的平均平移动能 K 依赖于气体的温度。

（2）外磁场 $\vec{B}$ 中磁偶极矩 $\vec{\mu}$ 的能量 U_B 依赖于 $\vec{\mu}$ 的方向和 $\vec{B}$ 的方向之间的角度 θ。

解：由式（19-24），我们有

$$K=\frac{3}{2}kT=\frac{3}{2}(1.38\times10^{-23}\text{J/K})(300\text{K})$$
$$=6.2\times10^{-21}\text{J}=0.039\text{eV} \quad \text{（答案）}$$

由式（28-38）（$U_B=-\vec{\mu}\cdot\vec{B}$），我们可以写出平行排列（$\theta=0°$）和反向平行排列（$\theta=180°$）时的能量差 ΔU_B，为

$$\Delta U_B=-\mu B\cos180°-(-\mu B\cos0°)=2\mu B$$
$$=2\mu_B B=2(9.27\times10^{-24}\text{J/T})(1.5\text{T})$$
$$=2.8\times10^{-23}\text{J}=0.00017\text{eV} \quad \text{（答案）}$$

这里 K 大约是 U_B 的 230 倍；所以在原子相互碰撞过程中发生的原子间的能量交换很容易使任何沿外磁场排列的磁偶极矩改变方向。就是说，在低能量状态中的一个磁偶极矩刚刚和外磁场取向一致时，有很大的机会受到附近原子的撞击，从而转移足够的能量给这个磁偶极子使它变成高能量状态。于是，顺磁性气体显示出来的磁偶极矩必定来自原子磁偶极矩短暂的部分有序排列。

PLUS 在 WileyPLUS 中可以找到附加的例题、视频和练习。

32-8 铁磁性

学习目标

学完这一单元后，你应当能够……

32.44 知道铁磁性来自称作交换耦合的量子力学相互作用。

32.45 说明为什么温度超过材料的居里温度后铁磁性就会消失。

32.46 应用铁磁样品的磁化强度和它的原子的磁矩之间的关系。

32.47 对于一定的磁场中以及一定的温度下的铁磁样品，比较与偶极矩取向和热运动相关的能量。

32.48 描述并画出螺绕环。

32.49 认识磁畴。

32.50 对放在外磁场中的铁磁性样品，认明磁场和磁偶极矩的相对取向。

32.51 认识铁磁性样品在非均匀磁场中的运动。

32.52 对一个放在均匀磁场中的铁磁性物体，计算转矩和取向能。

32.53 解释磁滞和磁滞回线。

32.54 懂得磁石的起源。

关键概念

- 铁磁材料中的磁偶极子可以在外磁场作用下排列整齐并在外磁场撤去后在一些区域（磁畴）内部分地保留有序的排列。
- 当温度高于材料的居里温度时，磁偶极矩的有序排列会消失。
- 在非均匀外磁场中，铁磁性材料被吸引到磁场较强的区域。

铁磁性

每当我们在日常谈话中讲到磁性的时候，我们脑海中几乎总

是会出现磁铁棒或小磁盘（可能是粘在冰箱门上的那种）的图像。就是说我们想象中的都是有强的永久磁性的铁磁性材料，而不是只有微弱的短时间内呈现磁性的抗磁性或顺磁性材料。

铁、钴、镍、钆、镝以及由这些元素组成的合金会显示出铁磁性，这是因为一种叫作*交换耦合*的量子物理学效应，它是由一个原子中的电子自旋和邻近原子的电子自旋相互作用形成的。尽管由于热扰动而产生的原子碰撞会引起随机化的趋势，但结果还是使原子的磁偶极矩沿同一方向排列。而这种持续的整齐排列导致了铁磁材料的永久磁性。

热扰动。如果铁磁材料的温度升高到大于称为*居里温度*的某个临界值，交换耦合不再有效，大多数这种材料就会变成顺磁性的；就是磁偶极子在外磁场中仍旧会倾向于沿同一方向排列，但是弱得多，并且热扰动很容易破坏这种有序排列。铁的居里温度是 1043K（=770℃）。

测量。像铁一类的铁磁性材料可以利用称为螺绕环（也称 Roland ring 罗兰环）的装置（见图 32-15）来研究。材料被做成有圆形截面的细螺绕环的环芯。单位长度 n 匝的一次绕组绕在整个芯子上，通以电流 i_P。（绕组实质上是弯曲成圆环的长螺线管。）如果没有铁心，线圈中磁感应强度的数值可由式（29-23）得到

$$B_0 = \mu_0 i_P n \tag{32-40}$$

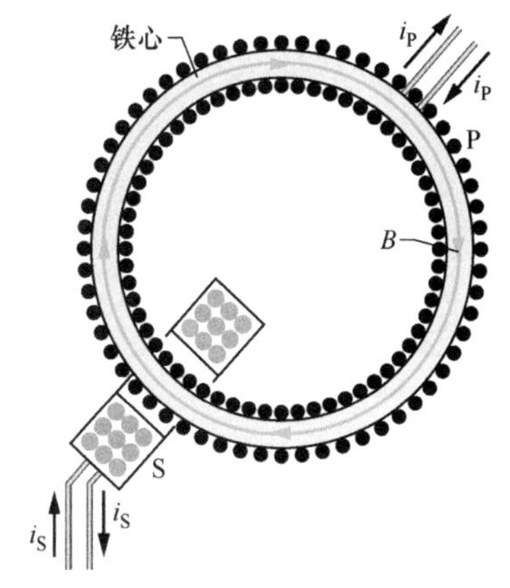

图 32-15 螺绕环。一次绕组 P 的环芯是由要研究的铁磁性材料（这里是铁）制成。环芯被通过绕组 P 的电流 i_P 磁化。（各匝线圈用黑点表示。）环芯被磁化的程度取决于绕组 P 中总的磁感应强度 $\vec{B}$，磁感应强度 $\vec{B}$ 可以用二次绕组 S 测量。

然而，有了铁心，线圈内的磁感应强度 $\vec{B}$ 将大于 $\vec{B}_0$，通常大了许多。我们可以把这个磁场写作

$$B = B_0 + B_M \tag{32-41}$$

其中，B_M 是铁心贡献的磁感应强度的数值。这个贡献来自交换耦合和外加磁场 B_0 引起的铁心内部的原子磁偶极子取向排列的结果，并且正比于铁心的磁化强度 M，即贡献 B_M 正比于铁心单位体积的磁偶极矩。要确定 B_M，我们利用二次绕组 S 测量 B，用式（32-40）计算 B_0，并代入式（32-41）中将它减去。

图 32-16 表示螺绕环中铁磁材料的磁化曲线：比值 $B_M/B_{M,\max}$ 对 B_0 的曲线图，其中 $B_{M,\max}$ 是 B_M 可能的最大值，对应于饱和磁化。这条曲线有些像图 32-14 中顺磁性物质的磁化曲线：两条曲线都表示外加磁场使材料原子的磁偶极矩排列整齐的程度。

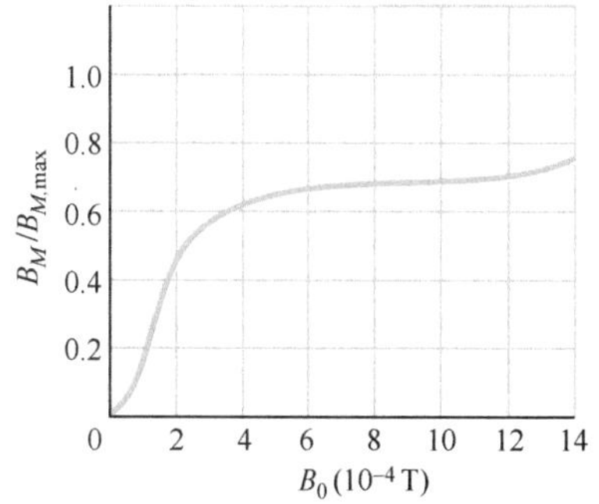

图 32-16 图 32-15 中的螺绕环中铁磁心材料的磁化曲线。纵轴上 1.0 对应于材料中原子磁偶极子完全排列整齐（饱和）。

对于产生图 32-16 的曲线的铁磁心，在 $B_0 \approx 1\times10^{-3}\mathrm{T}$ 的条件下，大约有 70% 的磁偶极矩排列整齐。如果 B_0 增强到 1T，几乎完全排列整齐（但 B_0 = 1T，这时几乎完全饱和，是很难达到的）。

磁畴

铁磁性材料在温度低于居里温度以下时，交换耦合效应使相邻原子的偶极子强烈地排列整齐。这种材料为什么在没有外磁场 B_0 时不会自然地达到饱和磁化？为什么每一块铁不会天然地成为强磁体呢？

要懂得这一点，考虑单晶形式的像铁那样的铁磁材料样品；组成它的原子（即晶格）在整个样品体积中完美地按一定的规律排列着。这样的晶体在正常状态下由许多*磁畴*组成。晶体被分成许多这样的小区域，在每个小区域中，原子偶极子的排列基本上

是完美的。不过，磁畴并不都是排列整齐的。从晶体的整体来看，这些磁畴的取向使它们外部的效应大部分相互抵消了。

图32-17是镍单晶中这种磁畴集合的放大照片。它是将悬浮着氧化铁细粉的胶体悬浮液撒在晶体表面形成的。图上的细线是磁畴边界，边界一边的磁畴中的基本磁偶极子排列沿同一个方向，边界另一边的另一个磁畴的偶极子却有不同的方向，两磁畴间的边界的位置处有强的、位置清楚的不均匀磁场。在胶体中悬浮的粒子被吸附在这些边界上并表现为白线（图32-17中并没有把所有磁畴的边界都显示出来）。虽然在每一个磁畴中的原子磁偶极子都是整齐地排列好的。如图上箭头所示，但晶体作为一个整体可能只有非常弱的合成磁矩。

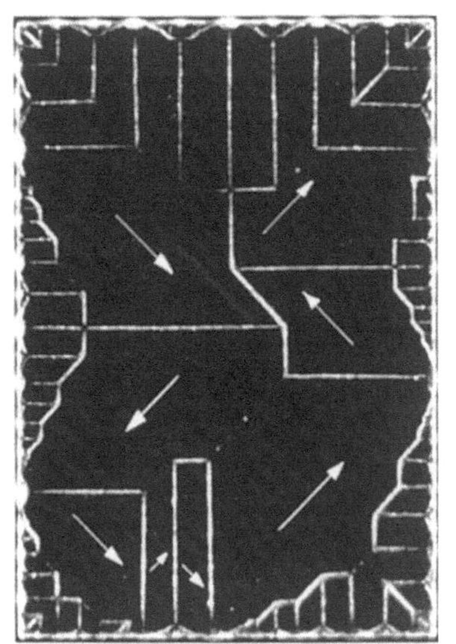

Courtesy Ralph W.DeBlois

图32-17 镍的单晶中磁畴图案的照片；白线揭示磁畴的边界。照片上的白色箭头表示磁畴中磁偶极子的取向，也就是磁畴的净磁偶极子的方向。如果磁场（所有磁畴的矢量和）为零，则晶体作为一个整体是非磁化的。

实际上我们通常得到的铁块并不是单晶体，而是许多随机排列的微小晶体的集合；我们把这称为*多晶体*。然而，每一个微小的晶体都有它自己的不同取向的磁畴陈列。就像图32-17中显示的那样。如果我们把这个样品放在逐渐增强的外磁场中磁化，就会产生两种效应，二者共同产生图32-16所示形状的磁化曲线。一种效应是使取向与外磁场一致的磁畴的体积逐渐增大，其他取向的磁畴体积减小。第二种效应是作为整个单元的磁畴的内部的磁偶极子取向改变，变为顺着磁场方向。

交换耦合及磁畴转向给我们以下结果。

在外磁场 $\vec{B}_{ext}$ 中的铁磁材料沿 $\vec{B}_{ext}$ 的方向发展出很强的磁偶极矩。如果磁场是不均匀的，铁磁材料要离开磁场较弱的区域，并被吸引向着磁场较强的区域。

磁滞

在我们增大外磁场 B_0 然后再将它减小的过程中，铁磁材料的磁化曲线不会沿原路返回。图32-18是对螺绕环进行以下操作步骤过程中 B_M 对 B_0 的曲线图：(1) 从未被磁化的铁开始（a 点），增大螺绕环中的电流直到 $B_0(=\mu_0 in)$ 达到相应于 b 点的数值；(2) 将螺绕环绕组中的电流减小（B_0 也相应降低）到零（c 点）；(3) 将螺绕环中电流反向增加，其数值达到对应于 d 点的数值 B_0；(4) 把电流再减小到零（e 点）；(5) 再次将电流反向直至重又回到 b 点。

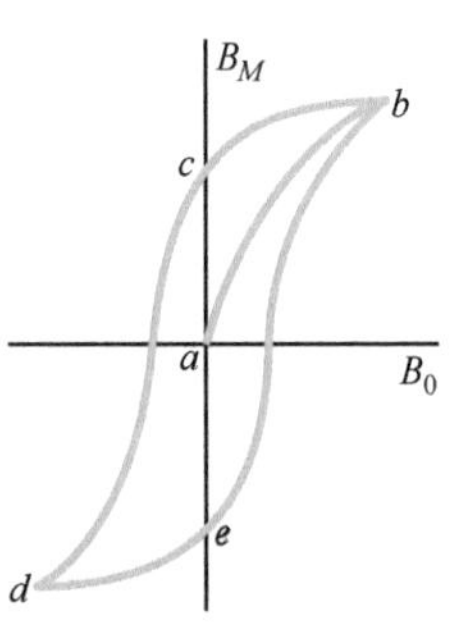

图32-18 铁磁样品的磁化曲线（ab）和相应的磁滞回线（$bcdeb$）。

图32-18中的曲线不会沿原路返回原点的性质称为**磁滞**，曲线 $bcdeb$ 称为*磁滞回线*。注意，在 c 和 e 两点的铁心是磁化的，而在这两点的位置上螺绕环绕组中没有电流；这就是我们所熟知的永磁性的现象。

磁滞可以用磁畴的概念来说明。显然磁畴边界的运动和磁畴的重新取向并不是完全可逆的。当外加磁场 B_0 增大，然后减小回到它的初始值时，磁畴并不完全回到它们原来的组态而留下了它们先前增强的有序排列的“记忆”。这种磁性材料的记忆能力是信息的磁性存储器的原理。

磁畴有序排列的记忆也可能在自然界发生。当闪电产生的电流沿弯弯曲曲的路径通过地面时，电流会产生很强的磁场，它可以使附近岩石中的铁磁材料突然磁化。由于磁滞，这种岩石在闪电过后（电流消失以后）还会保留一定的磁化强度。岩石的碎片——后来曝露出来，碎裂，并被风化而松脱——就成为磁石。

例题 32.04 磁针的磁偶极矩

纯铁（密度 7900kg/m^3）制成的指南针的长度 L 为 3.0cm，宽度是 1.0mm，厚度是 0.50mm。铁原子的磁偶极矩数值是 $\mu_{\text{Fe}}=2.1\times10^{-23}\text{J/T}$。如果磁针的磁化程度相当于磁针中原子的 10% 排列整齐，磁针的磁偶极矩 $\vec{\mu}$ 多大?

【关键概念】

(1) 磁针中所有 N 个原子都排列整齐就会得到磁针磁偶极矩 $\vec{\mu}$ 的数值 $N\mu_{\text{Fe}}$。然而，磁针中只有 10% 的原子排列整齐（其余原子随机取向，对 $\vec{\mu}$ 没有任何贡献）。因此

$$\mu=0.10N\mu_{\text{Fe}} \tag{32-42}$$

(2) 我们可以根据磁针的质量求磁针中原子的数目 N：

$$N=\frac{\text{磁针的质量}}{\text{铁的原子质量}} \tag{32-43}$$

求 N：铁的原子质量在附录 F 中没有列出，但是有摩尔质量 M。于是我们可以写出

$$\text{铁的原子质量}=\frac{\text{铁的摩尔质量 } M}{\text{阿伏伽德罗常量 } N_A} \tag{32-44}$$

下一步，我们重写式（32-43），用磁针质量 m、摩尔质量 M 和阿伏伽德罗常量 N_A 来表示：

$$N=\frac{mN_A}{M} \tag{32-45}$$

磁针的质量 m 是它的密度和体积的乘积。算出磁针体积是 $1.5\times10^{-8}\text{m}^3$；所以

$$\begin{aligned}\text{磁针的质量}&=(\text{磁针的密度})(\text{磁针的体积})\\&=(7900\text{kg/m}^3)(1.5\times10^{-8}\text{m}^3)\\&=1.185\times10^{-4}\text{kg}\end{aligned}$$

将这个数值代入式（32-45）中的 m，用 55.847g/mol（=0.055847kg/mol）代替 M，6.02×10^{23} 代替 N_A，我们求得

$$\begin{aligned}N&=\frac{(1.185\times10^{-4}\text{kg})(6.02\times10^{23})}{0.055847\text{kg/mol}}\\&=1.2774\times10^{21}\end{aligned}$$

求 μ：将 N 值和 μ_{Fe} 的数值代入式（32-42），得到

$$\begin{aligned}\mu&=(0.10)(1.2774\times10^{21})(2.1\times10^{-23}\text{J/T})\\&=2.682\times10^{-3}\text{J/T}\approx2.7\times10^{-3}\text{J/T}\end{aligned}\quad\text{（答案）}$$

PLUS 在 WileyPLUS 中可以找到附加的例题、视频和练习。

复习和总结

磁场的高斯定律 最简单的磁结构是磁偶极子。磁单极子不存在（迄今我们所知）。磁场的**高斯定律**

$$\Phi_B=\oint\vec{B}\cdot d\vec{A}=0 \tag{32-1}$$

说明通过任何（闭合的）高斯面的净磁通量是零。它暗示磁单极子不存在。

安培定律的麦克斯韦延拓 变化着的电通量感应产生磁感应强度 $\vec{B}$。麦克斯韦定律

$$\oint\vec{B}\cdot d\vec{s}=\mu_0\varepsilon_0\frac{d\Phi_E}{dt}\quad\text{（麦克斯韦电磁感应定律）} \tag{32-3}$$

把沿闭合环路感应产生的磁场和穿过这个环路变化的电通量 Φ_E 联系起来。安培定律 $\oint\vec{B}\cdot d\vec{s}=\mu_0 i_{\text{enc}}$［式（32-4）］给出闭合回路包围的电流 i_{enc} 产生的磁场。麦克斯韦定律和安培定律可以写成一个方程式

$$\oint\vec{B}\cdot d\vec{s}=\mu_0\varepsilon_0\frac{d\Phi_E}{dt}+\mu_0 i_{\text{enc}}\quad\text{（安培-麦克斯韦定律）} \tag{32-5}$$

位移电流 我们定义变化着的电场产生的虚构的位移电流为

$$i_d=\varepsilon_0\frac{d\Phi_E}{dt} \tag{32-10}$$

于是式（32-5）成为

$$\oint \vec{B} \cdot d\vec{s} = \mu_0 i_{d,enc} + \mu_0 i_{enc} \quad \text{（安培-麦克斯韦定律）} \tag{32-11}$$

其中，$i_{d,enc}$是积分环路围绕的位移电流。位移电流的概念使得通过电容器电流连续性的概念得以保留下来。不过，位移电流不是电荷的移动。

麦克斯韦方程组 在表32-1中列出的麦克斯韦方程组是总结了包括光学在内的电磁学并且是电磁学的基础。

地球的磁场 地球的磁场可以近似地看作是一个磁偶极子的磁场，磁偶极矩和地球的自转轴成11.5°角，这个偶极子的南极在北半球。地球表面上任何一个地方局部的磁场方向由*磁偏角*（偏离地理北极向左或向右的角度）及*磁倾角*（偏离水平面向上或向下的角度）给出。

自旋磁偶极矩 电子具有称为*自旋角动量*（或*自旋*）$\vec{S}$的内禀角动量，还有相应的内禀*自旋磁偶极矩*$\vec{\mu}_s$：

$$\vec{\mu}_s = -\frac{e}{m}\vec{S} \tag{32-22}$$

沿z轴测量，分量S_z只可能有下式给出的值：

$$S_z = m_s \frac{h}{2\pi}, \quad m_s = \pm\frac{1}{2} \tag{32-23}$$

其中，$h(=6.63\times10^{-34}\text{J}\cdot\text{s})$是普朗克常量。同理，

$$\mu_{s,z} = \pm\frac{eh}{4\pi m} = \pm\mu_B \tag{32-24, 32-26}$$

其中μ_B是*玻尔磁子*

$$\mu_B = \frac{eh}{4\pi m} = 9.27\times10^{-24}\text{J/T} \tag{32-25}$$

在外磁场$\vec{B}_{ext}$中和自旋磁偶极矩取向相关的能量是

$$U = -\vec{\mu}_s \cdot \vec{B}_{ext} = -\mu_{s,z}B_{ext} \tag{32-27}$$

轨道磁偶极矩 原子中的电子具有称为*轨道角动量*$\vec{L}_{orb}$的额外角动量，与之相对应的有*轨道磁偶极矩*$\vec{\mu}_{orb}$：

$$\vec{\mu}_{orb} = -\frac{e}{2m}\vec{L}_{orb} \tag{32-28}$$

轨道角动量是量子化的，并且只有以下测量值

$$L_{orb,z} = m_l \frac{h}{2\pi}, \quad m_l = 0, \ \pm1, \ \pm2, \ \cdots, \ \pm\text{（极限值）} \tag{32-29}$$

相应的磁偶极矩是

$$\mu_{orb,z} = -m_l\frac{eh}{4\pi m} = -m_l\mu_B \tag{32-30, 32-31}$$

和外磁场$\vec{B}_{ext}$中轨道磁偶极矩取向相关的能量U是

$$U = -\vec{\mu}_{orb} \cdot \vec{B}_{ext} = -\mu_{orb,z}B_{ext} \tag{32-32}$$

抗磁性 *抗磁性材料*只有被放在外磁场中时才会显示出磁性；它们在磁场中形成和外磁场方向相反的磁偶极子。在非均匀磁场中，它们被排斥离开磁场较强的区域。

顺磁性 *顺磁性材料*的原子具有永久的磁偶极矩。但是，除非材料放在外磁场$\vec{B}_{ext}$中，否则它的磁偶极矩就随机取向。在外磁场中，磁偶极矩就要顺着外磁场排列。在体积V内磁偶极矩排列整齐的程度用*磁化强度*M量度。M由下式给出：

$$M = \frac{\text{测得的磁偶极矩}}{V} \tag{32-38}$$

体积中所有N个偶极子完全排列整齐（*饱和*）给出磁化强度最大值$M_{max} = N\mu/V$。当比值B_{ext}/T的数值低时，有

$$M = C\frac{B_{ext}}{T} \quad \text{（居里定律）} \tag{32-39}$$

其中，T是（热力学）温度；C是材料的*居里常量*。

在不均匀的外磁场中，顺磁性材料要被吸引到较强磁场的区域。

铁磁性 *铁磁材料*中的磁偶极矩在外磁场作用下会排列整齐，外磁场撤去后仍旧在小区域（磁畴）内部分保持有序排列。在温度高于材料的*居里温度*的条件下，不再保持有序排列。在不均匀的外磁场中，铁磁材料会被吸引到磁场较强的区域。

习题

1. *均匀的电通量*。图32-19表示一个半径$R=4.00\text{cm}$的圆形区域，其中有均匀的电通量指向页面以外。穿过这个区域的总电通量是$\Phi_E=(3.00\text{mV}\cdot\text{m/s})t$，其中$t$的单位是秒。在径向距离（a）2.00cm和（b）5.00cm处感应产生的磁场数值为多少？（c）在径向距离是多大的地方磁场的数值最大？

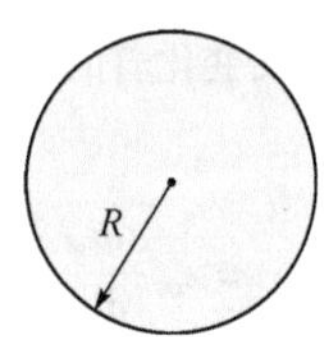

图32-19 习题1~8图

2. *不均匀的电通量*。图32-19表示半径$R=2.00\text{cm}$的圆形区域，其中电通量指向页面外，半径r的同心圆中包围的电通量是$\Phi_{E,enc}=(0.600\text{V}\cdot\text{m/s})(r/R)t$，其中$r\leqslant R$，$t$的单位用秒。在径向距离（a）2.00cm和（b）5.00cm处感生磁场的数值各是多少？

3. *均匀电场*。在图32-19中，在半径$R=4.00\text{cm}$的圆形区域内有均匀的电场指向页面外。电场的数值由$E=[4.50\times10^{-3}\text{V/(m}\cdot\text{s)}]t$给出，其中$t$的单位用秒。在径向距离（a）2.00cm和（b）5.00cm的位置处感生磁场的数值多大？（c）在径向距离是多大的位置上磁场的数值最大？

4. *不均匀电场*。在图32-19中，在半径$R=4.00\text{cm}$的圆形区域内有电场指向页面外，电场的数值是$E=$

$[0.500\mathrm{V/(m\cdot s)}](1-r/R)t$，其中 t 的单位用秒，r 是径向距离（$r\leqslant R$）。在径向距离（a）2.00cm 和（b）5.00cm 处感生磁场的数值多大？（c）在多少径向距离处磁场的数值最大？

5. 均匀的位移电流密度。图 32-19 表示半径 $R=4.00\mathrm{cm}$ 的圆形区域，其中位移电流指向页面外。位移电流有数值为 $J_d=6.00\mathrm{A/m^2}$ 的均匀密度。在径向距离（a）2.00cm和（b）5.00cm 的位置处位移电流产生的磁场有多大？

6. **均匀位移电流**。图 32-19 表示 $R=3.00\mathrm{cm}$ 的圆形区域，其中有均匀位移电流 $i_d=0.300\mathrm{A}$ 流出页面。在径向距离（a）2.00cm 和（b）5.00cm 处位移电流产生的磁场数值各是多少？

7. **非均匀位移电流密度**。图 32-19 表示 $R=4.00\mathrm{cm}$ 的圆形区域，其中位移电流指向页面外。位移电流的密度是 $J_d=(4.00\mathrm{A/m^2})(1-r/R)$，其中 r 是径向距离（$r\leqslant R$）。在（a）$r=2.00\mathrm{cm}$ 和（b）$r=5.00\mathrm{cm}$ 处位移电流产生的磁场为多大？（c）在什么径向距离上磁场的数值最大？

8. **非均匀位移电流**。图 32-19 表示 $R=3.00\mathrm{cm}$ 的圆形区域，其中有位移电流 i_d 流出页面外。位移电流的数值是 $i_d=(3.00\mathrm{A})(r/R)$，其中 r 是从中心算起的径向距离（$r\leqslant R$）。在距离（a）2.00cm 和（b）6.00cm 处 i_d 产生的磁场数值为多少？

9. 在某个地区，1912 年地球磁场的平均水平分量是 $14\mu\mathrm{T}$。平均磁倾角或“俯角”是 70°。地球磁场相应的数值有多大？

10. 半径为 $R=1.20\mathrm{cm}$ 的平行圆板电容器放电电流 12.0A。考虑一个半径为 $R/3$ 的环路，它的中心在两板间的中心轴上。（a）环路包围了多少位移电流？最大的感生磁场的数值是 12.0mT。在电容器间隙（b）内部和（c）外部多少半径处感生磁场的数值是 6.00mT？

11. 利用一种顺磁性盐的样品的图 32-14 所示的磁化曲线来检验它是否服从居里定律。样品被放在 0.60T 的均匀磁场中，在整个实验过程中磁场保持不变。在 10 ~ 300K 的温度范围内测量磁化强度 M。居里定律在这样的条件下是否还会有效？

12. 在美国某处 $2000\mathrm{km^2}$ 的整个地区内，地球磁场的竖直分量的平均值是 $43\mu\mathrm{T}$（向下）。通过地球表面其余部分（亚利桑那州以外的全部面积）的净磁通量的（a）数值多大？（b）方向（向内或向外）为何？

13. 形状为圆柱形棒的磁体长度为 5.00mm，直径为 6.00mm。它有均匀磁化强度 $5.30\times10^3\mathrm{A/m}$。它的磁偶极矩是多大？

14. 在图 32-20 中，平行圆板之间的电场数值是 $E=4.0\times10^5-(6.0\times10^4)t$，$E$ 的单位是伏特每米，t 的单位是秒。$t=0$ 时，$\vec{E}$ 向上。圆板面积是 $6.00\times10^{-2}\mathrm{m^2}$。对 $t\geqslant0$，求两板间位移电流的（a）数值和（b）方向（向上或向下）。（c）图中的感生磁场的方向是顺时针还是逆时针？

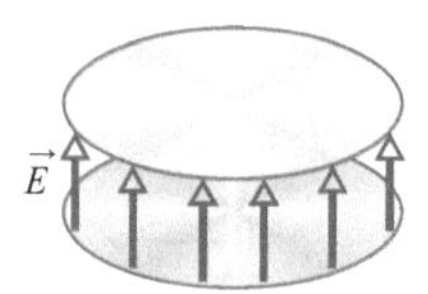

图 32-20 习题 14 图

15. 地球磁偶极矩的数值是 $8.0\times10^{22}\mathrm{J/T}$。（a）如果磁性的来源是地球中心一个磁化的铁球，则它的半径有多大？（b）地球体积中有多大的比例被这个铁球占据？设磁偶极子全部定向排列，地球内核的密度是 $14\mathrm{g/cm^3}$。一个铁原子的磁偶极矩是 $2.1\times10^{-23}\mathrm{J/T}$。（注意，地球内核事实上被认为是液态和固态两种状态并且一部分是铁，但从多方面考虑，地球的磁性来自永久磁铁的观点已被排除。理由之一是地核温度肯定在居里温度以上。）

16. 方向平行于 z 轴、数值为 0.40T 的磁场中，电子的自旋磁偶极矩的 z 分量平行和反向平行的能量差是多少？

17. 如果原子中一个电子有 $m=0$ 的轨道角动量分量，（a）$L_{\mathrm{orb},z}$ 和（b）$\mu_{\mathrm{orb},z}$ 各是多少？如果原子在沿 z 轴方向、数值为 52mT 的外磁场中，和（c）$\vec{\mu}_{\mathrm{orb}}$ 相关的能量 U_{orb} 及（d）和 $\vec{\mu}_s$ 相关的能量 U_{spin} 各是多大？如果改成电子的 $m=-3$，（e）$L_{\mathrm{orb},z}$，（f）$\mu_{\mathrm{orb},z}$（g）U_{orb} 及（h）U_{spin} 各是多少？

18. 长度 6.00cm、半径 3.00mm、带有（均匀的）磁化强度 $2.70\times10^3\mathrm{A/m}$ 的磁棒可以像指南针那样绕自己的中心转动。它被放在数值为 50.0mT 的均匀磁场 $\vec{B}$ 中，它的偶极矩的方向和 $\vec{B}$ 成 68.0°角。（a）$\vec{B}$ 作用在棒上的转矩数值多大？（b）如果角度变成 34.0°，棒的取向能改变了多少？

19. 图 32-21 表示抗磁材料的环路模型（环路 L）。（a）画出磁棒在材料内部和周围产生的磁场线。指出（b）环路的净磁偶极矩 $\vec{\mu}$ 的方向，（c）环路中的常规电流 i 的方向（图中顺时针还是逆时针），以及（d）作用在环路上的磁场力的方向。

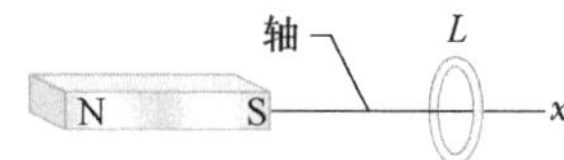

图 32-21 习题 19 图

20. 图 32-22a 表示在电阻率为 $1.62\times10^{-8}\Omega\cdot\mathrm{m}$ 的导线上产生的电流 i。电流的数值对时间 t 的曲线画在图 32-22b 中。纵轴坐标用 $i_s=10.0\mathrm{A}$ 标出，横轴坐标由 $t_s=50.0\mathrm{ms}$ 标定。P 点离导线中心径向距离 6.00mm。求（a）$t=20\mathrm{ms}$，（b）$t=40\mathrm{ms}$ 和（c）$t=60\mathrm{ms}$ 时，导线中真实电流在 P 点产生的磁感应强度 $\vec{B}_i$ 的数值。下一步，设驱动电流的电场被限制在导线中。求在（d）$t=20\mathrm{ms}$，（e）$t=40\mathrm{ms}$，（f）$t=60\mathrm{ms}$ 各时刻，导线中位移电流 i_d 在 P 点产生的磁场 $\vec{B}_{id}$ 的数值。以及 $t=20\mathrm{s}$ 时，P 点的

(g) $\vec{B}_i$ 数值和 (h) $\vec{B}_{id}$ 的方向（指向页面内还是指向页面外）。

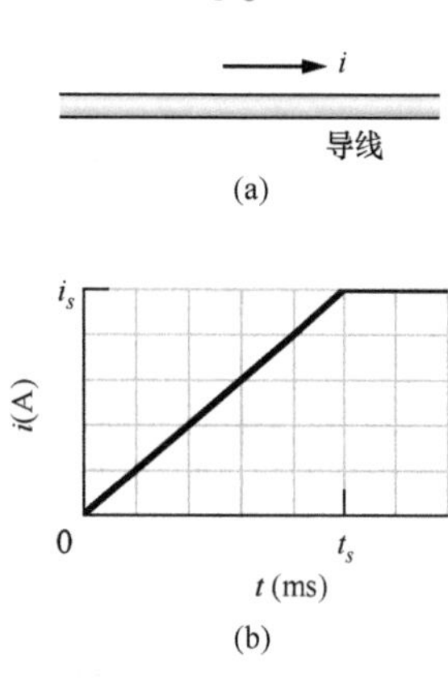

图 32-22　习题 20 图

21. 证明电容为 C 的平行板电容器中的位移电流可以写成 $i_d = C(\mathrm{d}V/\mathrm{d}t)$，其中 V 是两板间电势差。

22. 图 32-23 给出一种顺磁材料的磁化强度曲线，纵轴坐标由 $a=0.15$ 标定，横轴坐标由 $b=0.2\mathrm{T/K}$ 标定。令 μ_{sam} 是测得的材料样品的净磁矩，μ_{max} 是这个样品的最大可能的净磁矩。按照居里定律，把此样品放在数值为 0.800T、温度为 3.80K 的均匀磁场中，它的 μ_{sam}/μ_{max} 的比值是多大？

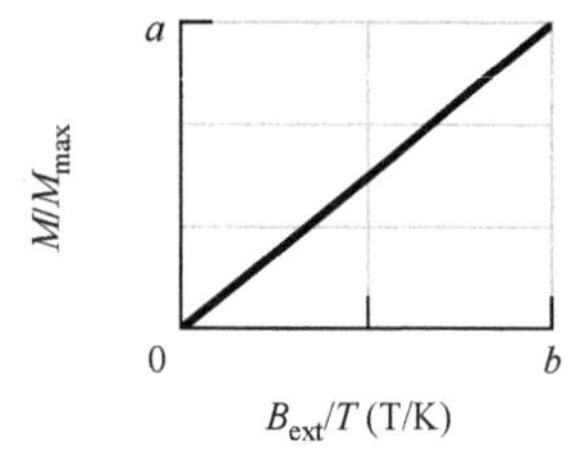

图 32-23　习题 22 图

23. 图 32-24 中表示均匀电场 $\vec{E}$ 在减弱。纵轴坐标由 $E_s = 6.0\times10^5\mathrm{N/C}$ 标定，横轴坐标由 $t_s = 24.0\mu\mathrm{s}$ 标定。求图中标出的 a、b 和 c 三个时间段内垂直于面积为 $1.6\mathrm{m}^2$ 的电场的位移电流的数值。（不考虑这三段时间始末两端的效应。）

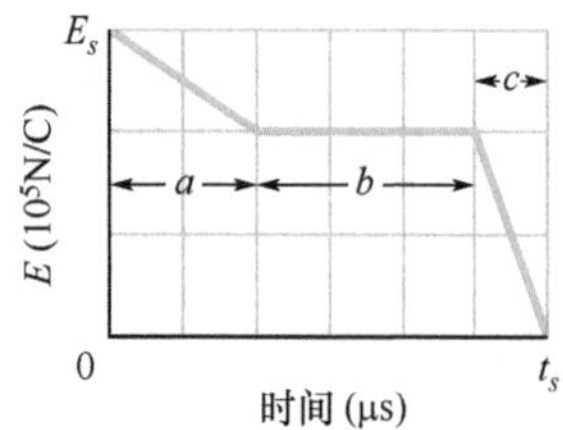

图 32-24　习题 23 图

24. 平行于 z 轴放置的两条导线相距 $4r$，载有方向相反、数值相等的电流，如图 32-25 所示。一个半径为 r、长度为 L 的圆柱体的轴就位于 z 轴上，两根导线的中点。(a) 用磁场的高斯定律推导通过 x 轴以上的圆柱体上半表面的净向外磁通量的表达式。（提示：求出通过圆柱体内 x-z 平面部分的通量。）(b) 计算电流 $i=2.40\mathrm{A}$、长度 $L=3.40\mathrm{cm}$ 时的通量。

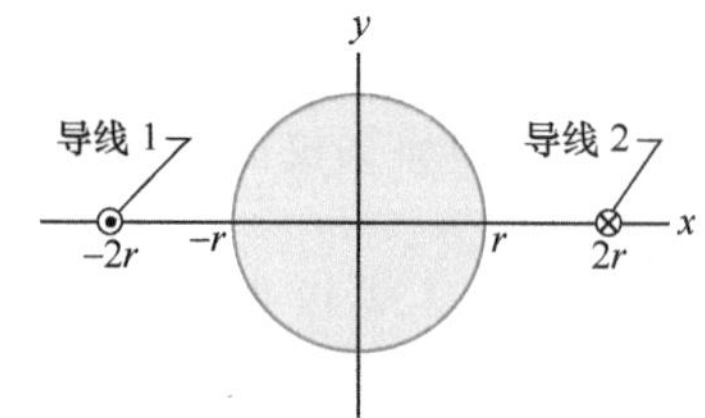

图 32-25　习题 24 图

25. 对于 (a) $m_l=1$ 和 (b) $m_l=-3$，测得的电子轨道磁偶极矩的分量各是多少？

26. 图 32-26 中的电路由开关 S、12.0V 理想电池、20.0MΩ 的电阻器和一个充有空气的电容器组成。电容器由半径为 6.00cm 的平行圆板构成，板间距为 3.00mm。在 $t=0$ 时刻，开关 S 接通，开始给电容器充电。电容器板间电场是均匀的。在 $t=250\mu\mathrm{s}$ 时刻，在电容器内部径向距离 3.00cm 处磁场数值是多少？

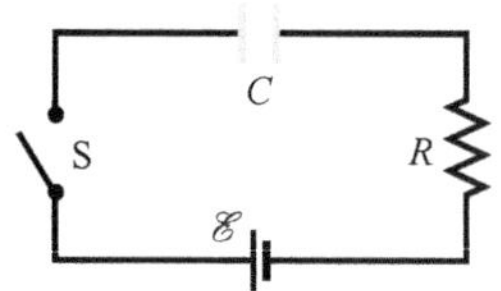

图 32-26　习题 26 图

27. 螺绕环绕在铁磁材料上。它的截面是圆形，环的内半径为 5.0cm，外半径为 6.0cm，共绕 600 匝导线。(a) 在绕组中要通过多大的电流才可以得到螺线环中数值为 $B_0=0.12\mathrm{mT}$ 的磁场？(b) 假设有匝数为 50、阻值为 8.0 Ω 的二次绕组绕在这个螺绕环上。如果对于这个 B_0 值，我们有 $B_M=800B_0$，当螺绕环绕组中的电流接通时，有多少电荷通过二次绕组？

28. 和铁棒中的铁原子相联系的磁偶极矩的数值是 $2.1\times10^{-23}\mathrm{J/T}$。设这根长 8.0cm、横截面面积为 $1.0\mathrm{cm}^2$ 的铁棒中所有原子的磁偶极矩都整齐排列。(a) 铁棒的磁偶极矩多大？(b) 使这根磁棒垂直于 1.5T 的外磁场，需要施加多大的转矩？（铁的密度是 $7.9\mathrm{g/cm}^3$。）

29. 离圆形平行板电容器中心轴径向距离 6.0mm 的感生磁场是 $1.2\times10^{-7}\mathrm{T}$。圆板半径是 4.0mm。板间电场变化率 $\mathrm{d}\vec{E}/\mathrm{d}t$ 是多大？

30. 一个电子放在沿 z 轴方向的磁场 $\vec{B}$ 中。电子的自旋磁偶极矩的 z 分量在 $\vec{B}$ 的方向平行和反向平行时的能量差是 $4.00\times10^{-25}\mathrm{J}$。$\vec{B}$ 的数值为多少？

31. 动能为 K_e 的电子在垂直于均匀磁场的圆形轨道上

运动，磁场沿 z 轴正方向，电子的运动只受到磁场力的作用。（a）证明电子轨道上运动时产生的磁偶极矩的数值是 $\mu = K_e/B$，并且它的方向和 $\vec{B}$ 的方向相反。在同样的情况下动能为 K_i 的正离子的磁偶极矩的（b）数值有多大和（c）方向是什么？（d）离子气体包含 3.1×10^{21} 个电子/m^3 和同样密度的离子。取平均电子动能 6.2×10^{-20}J 和平均离子动能 7.6×10^{-21}J。计算气体在 1.2T 的磁场中的磁化强度。

32. 半径为 R 的圆形平行板电容器正在充电。证明：对于 $r \leqslant R$ 的情况，位移电流的电流密度数值是 $J_d = \varepsilon_0 \dfrac{\mathrm{d}E}{\mathrm{d}t}$。

33. 正圆柱形高斯面的两端面的半径是 5.60cm，长度为 80.0cm。在其一个端面上有垂直于表面向内的磁通量 25.0μWb。另一端面上有均匀的磁场 1.60mT 垂直于表面向外。求通过弯曲的侧面的净磁通量的（a）数值和（b）方向（向里或向外）。

34. 半径 0.10m 的圆形平行板电容器正在放电。半径为 0.20m 的圆形环路和电容器同轴，并位于两板中间的地方。通过环路的位移电流是 3.0A。两极板间电场变化的速率有多大？

35. 铁磁性金属镍的饱和磁化强度 M_{max} 是 4.70×10^5A/m。求一个镍原子的磁偶极矩。（镍的密度是 8.90g/cm^3，它的摩尔质量是 58.71g/mol。）

36. 假设质量为 m、电荷量为 e 的电子在半径为 r 的圆形轨道上绕原子核运动。垂直于轨道平面加一均匀磁场 $\vec{B}$，还假设轨道半径不改变并且因磁场 $\vec{B}$ 引起的电子速率的改变很小，求磁场引起的电子轨道磁偶极矩改变的表达式。

37. 考虑单位体积有 N 个原子的固体，每个原子有磁偶极矩 $\vec{\mu}$。设 $\vec{\mu}$ 的方向只能平行和反向平行于外加磁场 $\vec{B}$（如果 $\vec{\mu}$ 是通过电子的自旋产生也是这种情形）。按照统计力学，原子处在能量是 U 的状态的概率是 $e^{-U/(kT)}$，其中 T 是热力学温度；k 是玻尔兹曼常量。因为 U 是 $-\vec{\mu}\cdot\vec{B}$，所以偶极矩平行于 $\vec{B}$ 的原子的数正比于 $e^{\mu B/(kT)}$，偶极矩反向平行于 $\vec{B}$ 的原子数正比于 $e^{-\mu B/(kT)}$。（a）证明这种固体磁化强度的数值是 $M = N\mu\tanh(\mu B/kT)$。其中，tanh 是双曲正切函数：$\tanh(x) = (e^x - e^{-x})/(e^x + e^{-x})$。（b）证明（a）小题中的结果在 $\mu B << kT$ 时简化成 $M = N\mu^2 B/(kT)$。（c）证明（a）小题中的结果在 $\mu B >> kT$ 时简化为 $M = N\mu$。（d）证明（b）和（c）小题定量地和式（32-14）一致。

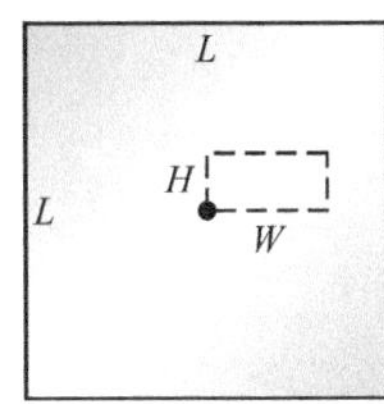

图 32-27　习题 38 图

38. 边长为 L 的正方形极板的电容器正以电流 0.75A 放电。图 32-27 是从电容内部观察一块极板的正视图。图上用虚线画出矩形路径。如果 $L=10$cm，$W=4.0$cm，$H=2.0$cm。沿虚线路径的 $\oint \vec{B}\cdot \mathrm{d}\vec{s}$ 的数值是多少？

39. 32-8 单元中讨论的交换耦合效应是产生铁磁性的原因，但不是两个磁偶极子基元间的磁相互作用。要证明这一点，计算（a）距离磁偶极矩为 1.5×10^{-23} J/T 的（钴）原子外 10nm 处，沿着偶极子轴的磁场的大小；（b）在这个场中使另一个完全相同的偶极子翻转过来所需的最小能量；（c）把后者和平均平移动能 0.040eV 比较，你会得到怎样的结论？

40. 将一个磁针放在水平面上，让磁针静止下来，然后轻轻推动磁针使它在平衡位置附近振动，振动频率是 0.312Hz。在磁针的位置处地球磁场的水平分量是 18.0μT。磁针的磁矩是 0.760mJ/T。磁针绕它的（竖直）转动轴的转动惯量有多大？

41. 圆形极板直径为 20cm 的圆形平行板电容器正在充电，两极板间区域的位移电流的电流密度是均匀的，其数值为 15A/m^2。（a）求距离这个区域的对称轴 $r=50$mm 处磁感应强度的数值 B。（b）求这个区域中的 $\mathrm{d}E/\mathrm{d}t$。

42. 图 32-28 表示一个闭合曲面。它的圆形平顶面半径为 2.0cm，垂直于该平顶面且方向向外的磁场 $\vec{B}$ 的数值为 0.50T。在平的底面，有方向向内且数值为 0.70mWb 的磁通量通过。求通过弯曲的侧面的磁通量的（a）数值和（b）方向（向里还是向外）。

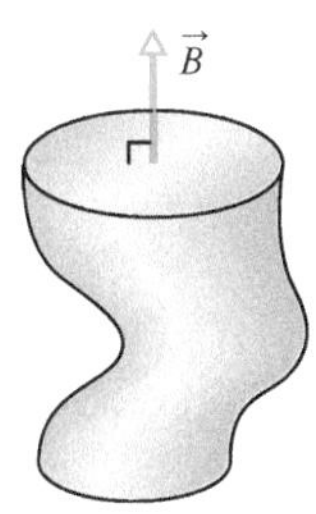

图 32-28　习题 42 图

43. 电容为 5.0μF 的平行板电容器两极板间电势差必须以多大的速率变化才能产生 0.75A 的位移电流？

44. 图 32-29a 是单坐标轴图，图上画出沿这个轴的两个允许的原子能量的数值（能级）。当原子放在 0.800T 的磁场中时，由于和 $\vec{\mu}_{orb}\cdot\vec{B}$ 相关的能量，图 32-29a 就变成图 32-29b 的样子。（我们忽略 $\vec{\mu}_s$。）能级 E_1 不变，但能级 E_2 分裂成（间隔很小的）三重能级。（a）和能级 E_1 及（b）和能级 E_2 相联系的 m_l 的允许值各是什么？（c）用焦耳为单位，三重能级之间的间距表示的能量数值是多大？

45. 一根银质导线的电阻率是 $\rho = 1.62\times10^{-8}\,\Omega\cdot$m，它的横截面面积是 5.00mm^2。导线中电流是均匀分布的，并以速率 2000A/s 变化，这时的电流是 54.0A。（a）当导

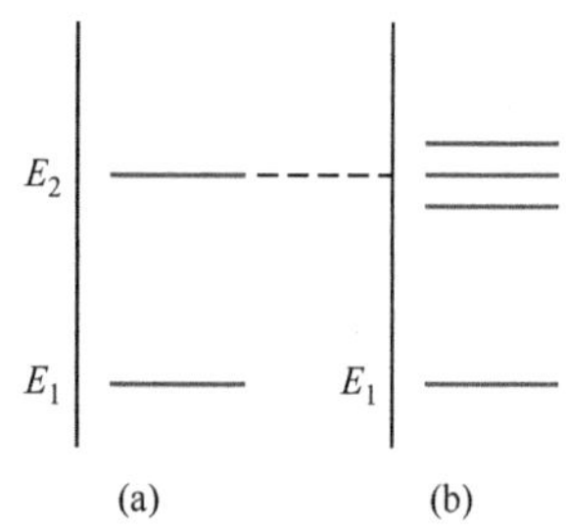

图 32-29 习题44图

线中的电流是100A的时候，导线中（均匀）电场的数值是多大？（b）在这个时候，导线中的位移电流是多大？（c）在离导线距离r处，位移电流产生的磁场数值和电流产生的磁场数值的比是多少？

46. 0.25T的磁场作用于顺磁性气体，气体原子的内禀磁偶极矩是1.0×10^{-23}J/T。在这样的磁场中，要在多高的温度下，原子的平均平移动能等于使这样的偶极子翻转过来所需的能量？

47. 设平行板电容器的圆形极板半径$R=30$mm，极板间距离为7.5mm。还假设最大值为150V及频率为60Hz的正弦形电势差施加在极板两端：

$$V=(130\text{V})\sin[2\pi(60\text{Hz})t]$$

（a）求在$r=R$处感生磁场的最大值。（b）画出$0<r<10$cm的$B_{max}(r)$曲线图。

48. 矿井和钻井中的测量表明地球内部的温度随着深度增加以30℃/km的平均速率升高。设地球表面温度为10℃，到多少深度铁不再有铁磁性？（铁的居里温度随压强改变很小。）

49. 图32-30中，将半径为$R=18.0$cm的圆形极板电容器连接到电动势为$\mathscr{E}=\mathscr{E}_m\sin\omega t$的电源上，其中$\mathscr{E}_m=220$V，$\omega=130$rad/s。位移电流最大值为$i_d=3.80\mu$A。忽略极板边缘电场的边缘效应。（a）电路中电流$i$的最大值是多少？（b）$d\Phi_E/dt$的最大值是多少？$\Phi_E$是通过两极板间区域的电通量。（c）两极板间距$d$是多大？（d）在距中心$r=11.0$cm处，两极板之间$\vec{B}$的数值的最大值是多少？

50. 将符合图32-14中的磁化强度曲线的一种顺磁性盐样品放在室温（300K）下。在多大的外磁场作用下，样品的磁性饱和度是（a）65%，（b）90%？（c）在实验室中能否得到这样的磁场？

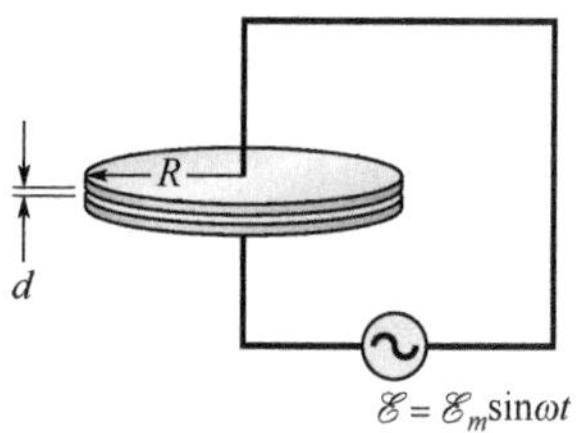

图 32-30 习题49图

51. 通过一个骰子的五个面的每一面的磁通量是$\Phi_B=\pm2N$Wb，其中$N(=1, 2, \cdots, 5)$是该面上的点数。N是偶数则通量为正（向外），N是奇数时通量为负（向里）。通过骰子第六个面的通量是多少？

52. 圆形极板的半径是40mm的平行板电容器正在通过6.0A的电流放电。电容器间隙的（a）内部半径和（b）外部半径多大的位置上感生磁场的数值等于最大值的60%？（c）最大值是多少？

53. 图32-31中，平行板电容器有边长为$L=1.0$m的正方形极板。3.0A的电流给电容器充电，在两极板间产生均匀电场$\vec{E}$，$\vec{E}$垂直于两极板。（a）通过两极板间区域的位移电流i_d是多少？（b）在这个区域中dE/dt是多少？（c）被边长$d=0.50$m的正方形虚线环路包围的区域中的位移电流是多少？（d）绕这个正方形虚线环路的$\oint\vec{B}\cdot d\vec{s}$的值是多少？

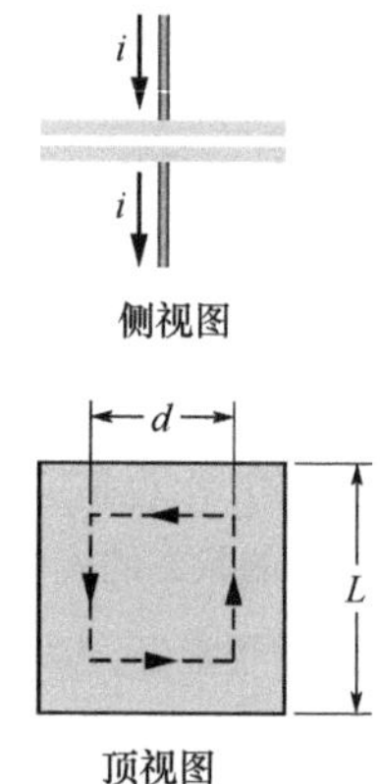

图 32-31 习题53图

CHAPTER 32

第 33 章　电磁波

33-1　电磁波

学习目标

学完这一单元后，你应当能够……

33.01 在电磁波谱中辨明调幅无线电、调频无线电、电视、红外线、可见光、紫外线、X 射线和 γ 射线的波长。

33.02 描述用 LC 振荡器和天线如何发送电磁波。

33.03 对用 LC 振荡器的发射机，应用振荡器的电感 L、电容 C 和角频率 ω、发射波的频率 f 及波长 λ 之间的关系。

33.04 知道电磁波在真空中（以及近似地在空气中）的速率。

33.05 懂得电磁波不需要介质，可以通过真空传播。

33.06 应用电磁波的速率、波传播的直线距离和传播所需的时间之间的关系。

33.07 应用电磁波的频率 f、波长 λ、周期 T、角频率 ω 和速率 c 之间的关系。

33.08 懂得电磁波由电分量和磁分量组成，它们（a）都垂直于传播方向，（b）互相垂直，（c）它们的正弦波有相同的频率和相位。

33.09 应用写成位置和时间函数的、电磁波的电分量和磁分量的正弦函数方程式。

33.10 应用光速 c、电容率 ε_0 和磁导率 μ_0 之间的关系。

33.11 对任何时刻和任何位置，应用电场强度数值 E、磁感应强度数值 B 和光速 c 之间的关系。

33.12 描述光速 c 和电场振幅 E_m 对磁场振幅 B_m 的比值之间关系的推导。

关键概念

- 电磁波由振荡的电场和磁场组成。
- 电磁波的各种可能的频率组成电磁波谱，其中很小的一部分是可见光。
- 沿 x 轴传播的电磁波包含电场 $\vec{E}$ 和磁场 $\vec{B}$，它们的数值依赖于 x 和 t：

$$E = E_m \sin(kx - \omega t)$$

及

$$B = B_m \sin(kx - \omega t)$$

其中，E_m 和 B_m 分别是 $\vec{E}$ 和 $\vec{B}$ 的振幅。电场感应产生磁场，反之亦然。

- 电磁波在真空中的传播速率为 c，它可以写成

$$c = \frac{E}{B} = \frac{1}{\sqrt{\mu_0 \varepsilon_0}}$$

其中，E 和 B 的场的数值是同步的。

什么是物理学?

我们所生活的信息时代几乎完全建立在电磁波物理学的基础之上。无论你是喜欢还是不喜欢，现在全世界都被电视、电话和网络连接了起来。实际上，我们一直沉浸在电视、无线电和电话等发射机产生的信号之中。

信息处理器的全球互联在 40 年以前即便是最有想象力的工程师都无法想象。今天的工程师面临的挑战是试图设想今后 40 年全

球互联将会是什么样子。迎接这个挑战的起点是理解电磁波的基本物理学。电磁波显示出如此多的不同类型，用富有诗意的话说，形成*麦克斯韦彩虹*。

麦克斯韦彩虹

詹姆斯·克拉克·麦克斯韦登峰造极的成就（参见第32章）是证明了光是电场和磁场的行波——**电磁波**——因而作为研究可见光的学科的光学成为电磁学的一个分支。在这一章里，我们从一个学科跨入另一个学科：我们结束了对纯粹电和磁现象的讨论并进而建立光学的基础。

在麦克斯韦的时代（19世纪中期），光的可见、红外和紫外等几种形式是当时人们唯一已知的电磁波。然而，在麦克斯韦的研究工作的激励下，海恩里希·赫兹（Heinrich Hertz）发现了我们现在所谓的无线电波，并证明了它们以与可见光相同的速率在实验室中传播，从而表明这种波和可见光的基本性质相同。

图33-1表示我们现在已知的宽泛的电磁波*波谱*（或范围）：麦克斯韦彩虹。想一想电磁波的整个波谱中有哪一些弥漫在我们周围，太阳是占支配地位的波源，它的辐射决定了作为生物物种的我们在其中进化和适应的环境。我们周围充满了来回传播的无线和电视信号。雷达系统和电话中继站发射的微波可以传递给我们。还有从电灯泡、热的汽车发动机、从X光机、从闪电以及从埋在地下的放射性物质发射出的电磁波。此外，还有来自恒星和我们的银河系中的其他物体以及来自其他星系的辐射都来到我们身边，也有在相反方向传播的电磁波，大约从1950年起，从地球发射的电视信号携带着有关我们自己的信息（还带着《我爱露西》[⊖]的插曲，虽然非常弱），发给围绕着离我们最近的400个运行的恒星，这些星体上都很有可能存在技术上高度发达的生命。

图33-1中的波长标尺上（同样对应的频率标尺上），每一个尺度标记表示波长（和相应的频率）改变10的因子。标尺的两端都是开放的；电磁波的波长没有内在的上限或下限。

图33-1中电磁波谱的某些区域用大家熟悉的名称标出，像*X射线*、*无线电波*。这些名称表示一些粗略定义的电磁波段，在这些波段中各有常用的特定电磁波源和探测器。图33-1中其他的区域，像标记电视频道和调幅无线电的区域，表示按照法律规定分配给商业或其他用途的特定波段。在电磁波谱中没有空隙——所有电磁波，无论它们在波谱中什么位置，都以相同的速率c在*自由空间*（真空）中传播。

电磁波谱中的可见光波段对我们来说当然特别感兴趣。图33-2表示人眼对不同波长光的相对灵敏度。可见光波段的中心在大约555nm处，它引起我们称为黄-绿色光的感觉。

⊖《我爱露西》（*I love Lucy*）是美国20世纪50年代电视上连续播出的情景喜剧，颇受观众欢迎，曾被译为数十种语言。——译者注

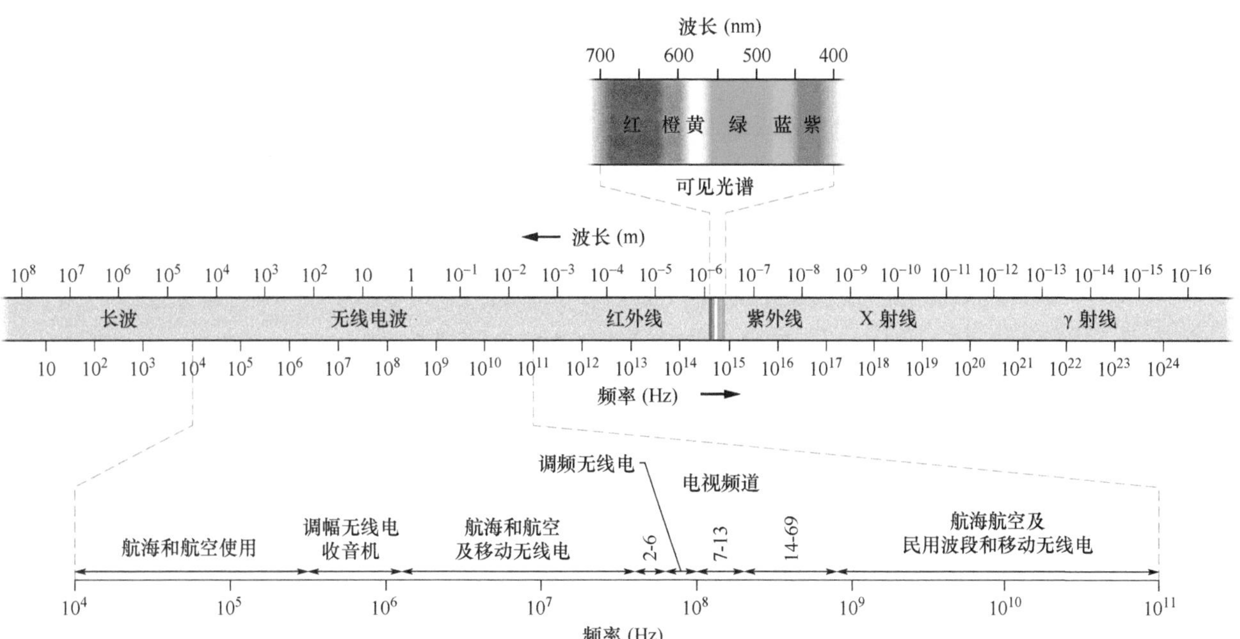

图 33-1 电磁波谱。

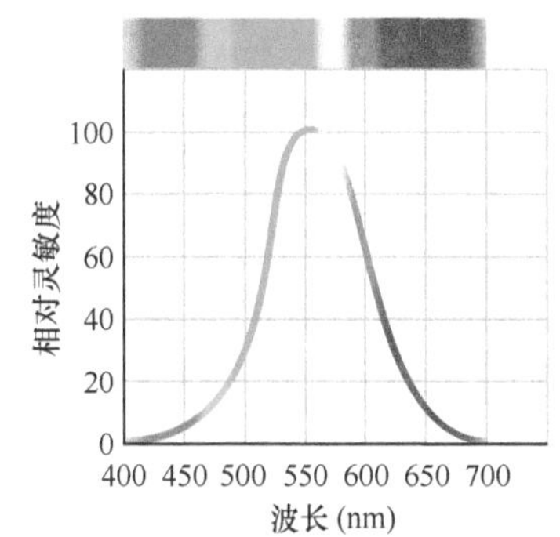

图 33-2 人眼对不同波长电磁波的平均相对灵敏度。眼睛对之灵敏的这部分电磁波谱称为可见光。

可见光谱的极限很难明确定义，因为眼睛的灵敏度曲线在长波和短波方面都渐近地趋近于零灵敏度线。如果我们随意地取眼睛的灵敏度下降到最大值的 1% 作为极限。极限大约是 430nm 和 690nm；然而，如果电磁波足够强，对于在此极限值以外的波长，眼睛还是能感觉出一些的。

电磁行波：定性分析

包括 X 射线、γ 射线和可见光在内的一些电磁波是从原子或原子核尺寸的波源辐射（发射）出来的，这个尺度是受量子力学规律支配的。这里我们讨论其他的电磁波是怎样产生的。为了使问题简化，我们局限于讨论辐射（发射的电磁波）源是宏观的并且可操纵的尺度的波谱范围（波长 $\lambda \approx 1\text{m}$）。

图 33-3 表示这种产生电磁波的概括性简略图。它的核心部分是 LC 振荡器，它有固定的角频率 ω（$=1/\sqrt{LC}$）。这个电路中的电荷和电流以这个频率正弦式地变化，如图 31-1 中画的样子。必须有外部能源——可能是一台交流发电机——供应能量以补偿电路

中的热损耗以及辐射电磁波所带走的能量。

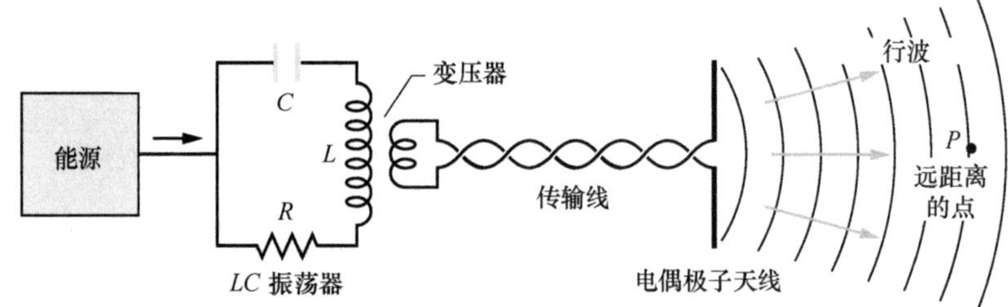

图 33-3　产生电磁波谱中短波无线电波段电磁行波的装置：LC 振荡器在发射电磁波的天线中产生正弦型电流。P 是远距离的一点，这里可以通过探测器观测到通过它的电磁波。

图 33-3 中的 LC 振荡器通过变压器和传输线耦合到天线，天线本质上是由两根细的固体导体棒构成。通过这样的耦合，振荡器中正弦式变化的电流引起电荷沿天线的两根导电棒正弦式地以 LC 振荡器的角频率 ω 振荡，天线棒中和这种电荷相联系的电流的数值和方向也都以角频率 ω 正弦式地变化。天线起到电偶极子的作用，它的电偶极矩的数值和方向沿天线正弦式地变化。

由于偶极矩的数值和方向在变化，偶极子产生的电场强度的数值及方向也会随之变化。还有，因为电流在变化，所以由电流产生的磁感应强度的数值和方向也在变化。然而，电场和磁场的变化并不在各地同时发生；这种变化从天线发出，并以光速 c 向外传播。伴随着变化着的场所形成的电磁波从天线发出并以光速 c 向外传播。波的角频率是和 LC 振荡器相同的角频率 ω。

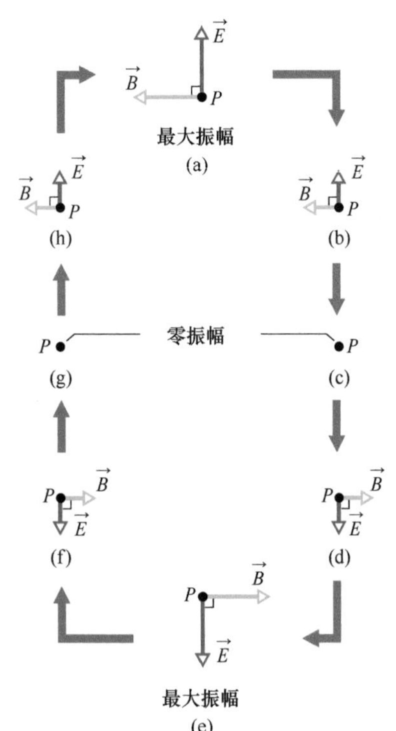

图 33-4　(a)～(h) 是在图 33-3 中远距离的点 P 处检测到的通过该点的电磁行波一个波长中电场 $\vec{E}$ 和磁场 $\vec{B}$ 的变化。在这幅透视图中，电磁波传播方向指向页面外，两种场的数值和方向正弦式变化。注意，它们总是互相垂直并且垂直于波的传播方向。

电磁波。图 33-4 表示电磁波在扫过图 33-3 中的远距离处 P 点过程中一个波长的电场强度 $\vec{E}$ 和磁感应强度 $\vec{B}$ 如何随时间变化；图 33-4 中的每一部分，电磁波都向页面外传播。（我们选择远距离的点，所以图 33-3 中画出的波前的曲率足够小，可以忽略不计。在这样的点上，可以认为波是*平面波*，这样对波的讨论就会简单得多。）注意图 33-4 中几个关键的特征；无论波是怎样产生的，电磁波都有这些特征：

1. 电场 $\vec{E}$ 和磁场 $\vec{B}$ 总是垂直于波的传播方向。因此，电磁波是第 16 章中讨论的横波。

2. 电场总是垂直于磁场。

3. 叉积 $\vec{E}\times\vec{B}$ 给出电磁波的传播方向。

4. 场总是正弦式地变化，就像第 16 章中讨论的横波那样。另外，电场和磁场以相同的频率变化，并且同相位。

为了和这些特征相一致，我们可以假设，电磁波沿 x 轴的正方向朝着 P 点传播，图 33-4 中的电场沿 y 轴振荡，磁场沿 z 轴振荡（当然用的是右手坐标系）。于是，我们可以把电场强度和磁感应强度写成位置 x（沿波的传播路径）和时间 t 的正弦函数：

$$E = E_m\sin(kx-\omega t) \tag{33-1}$$

$$B = B_m \sin(kx - \omega t) \tag{33-2}$$

其中，E_m 和 B_m 是场的振幅，这和第 16 章中一样，ω 和 k 分别是波的角频率和角波数。我们从这两个方程式注意到，不仅是这两种场共同形成电磁波，而且每种场也各自形成自己的波。式（33-1）给出电磁波的电波分量，式（33-2）给出磁波分量。正如我们下面将要讨论的，这两个波分量不可能独立存在。

波速。由式（16-13）我们知道，波的速率是 ω/k。不过，这里讲的是电磁波，它的速率（在真空中）是用符号 c 而不是 v。到下一单元我们将会看到 c 的数值是

$$c = \frac{1}{\sqrt{\mu_0 \varepsilon_0}} \quad (\text{波速}) \tag{33-3}$$

它大约是 3.0×10^8 m/s。换言之

所有电磁波（包括可见光）在真空中的速率都是 c。

我们还将看到，波速 c 和电场的振幅 E_m 及磁场的振幅 B_m 由以下公式联系起来：

$$\frac{E_m}{B_m} = c \quad (\text{振幅比}) \tag{33-4}$$

如果我们将式（33-1）除以式（33-2），然后代入式（33-4），就会得到每一时刻每一点的电场强度和磁感应强度的数值可由下式联系起来：

$$\frac{E}{B} = c \quad (\text{数值比}) \tag{33-5}$$

波线和波面。我们可以像图 33-5a 中那样描述电磁波，用一条波线（表示波的传播方向的指向线）或波面（波在其上有相同的电场数值的想象的表面）；或同时用二者。图 33-5a 上画出的两个波面相距一个波长 λ（$=2\pi/k$）的距离。（以近似于相同的方向传播的波形成光束，譬如像激光束，它也可以用光线表示。）

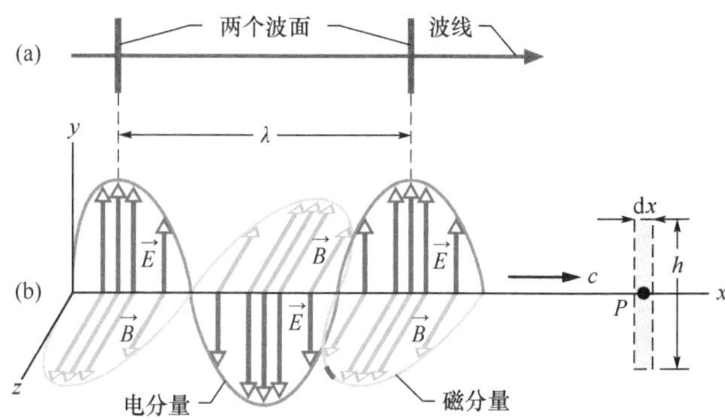

图 33-5 （a）用波线和两个波面表示的电磁波；两个波面相距一个波长 λ。（b）同一列波用沿 x 轴上各点的电场 $\vec{E}$ 和磁场 $\vec{B}$ 的“快照”来表示，波沿 x 轴以速率 c 传播。当波通过 P 点时，该点的场按如图 33-4 所示的样式变化。波的电分量只包含电场；磁分量只包含磁场。点 P 的虚线矩形要在图 33-6 中用到。

画出电磁波。我们也可以像图33-5b那样描述电磁波，图上表示出在某一瞬间电磁波的“快照”中的电场矢量和磁场矢量。这些矢量的尖端连成的曲线表示式（33-1）和式（33-2）给出的正弦振荡；波的 $\vec{E}$ 和 $\vec{B}$ 的分量同相位，互相垂直，并垂直于波的传播方向。

解释图33-5b时需要注意某些事情。在第16章中我们讨论绷紧的绳子上的横波时画的同样的图表示在波通过绳子时，绳子上各小段的上下位移（*有某个东西实际上在运动*）。图33-5b更加抽象。在所画的时刻，电场和磁场在 x 轴上每一点各有一定的数值和方向（方向总是垂直于 x 轴）。我们用这些矢量来表示电磁波，每一点上有两个箭头，我们必须在不同的点上画出不同长度的箭头，所有箭头的方向都背离 x 轴，就像玫瑰花茎上的刺。然而，箭头只是代表 x 轴上各点的场的数值，无论是箭头还是正弦曲线都不能表示有任何东西向一旁运动，箭头也不会把 x 轴上的点和轴外的点联系起来。

反馈。画出像图33-5那样的图能够帮助我们想象实际上这是怎样的一种复杂的情况。首先，考虑磁场。因为它正弦式地变化，所以它会感应产生（通过法拉第电磁感应定律）也是正弦式变化的、与它垂直的电场。不过，因为这个电场也是正弦式变化的，所以它感应产生（通过麦克斯韦电磁感应定律）的也是正弦式变化的垂直磁场，等等。电场和磁场通过电磁感应不断地互相产生，结果场的正弦式变化以波动的形式向前传播——电磁波。如果没有这种令人惊异的结果，我们就看不见东西；确实，因为我们需要从太阳来的电磁波以维持地球的温度，没有这个效应，我们甚至不能生存。

最难理解的波

我们在第16章和第17章中讨论的波都需要介质（某种物质），波通过这种物质或者沿着这种物质传播。我们已经介绍过沿着绳子传播的波，以及通过地球和空气传播的波。然而，电磁波（我们用光波或光代表电磁波）却是不可思议地不同，它的传播不需要介质。的确，它可以通过像空气或玻璃这样的介质传播。但它也可以通过星系和我们之间的宇宙空间（真空）传播。

1905年爱因斯坦发表狭义相对论后经过很长时间，人们一旦接受这个理论就领会到光波的速率的特殊性。一个理由是，不论从哪个参考系中测量，光的速率都是相同的。如果你沿坐标轴发出一束光，并且要求几位观察者测量它的速率，当时这些观察者各以不同的速率沿这个坐标轴，和光同方向或逆着光传播的方向运动，但他们都会测量出*相同的光速*。这一结果是非常惊人的，并且完全不同于如果这几位观察者测量其他任何类型的波的速率所得到的结果；对于其他的波，观察者相对于波的运动会影响他们测量的结果。

根据米的定义[⊖]，光（及任何电磁波）在真空中的速率具有了精确的数值：

⊖　参见本书上卷第1章1-1单元。

$$c = 299792458\,\text{m/s}$$

这个值已被作为标准而被普遍使用。事实上，如果你现在测量光脉冲从一点到另一点的传播时间，你实际上测量的不是光的速率，而是这两点间的距离。

电磁行波：定量分析

我们现在要推导式（33-3）和式（33-4），更重要的是考察给组成光的电场和磁场的双重感应。

式（33-4）和感生电场

图 33-6 中用虚线画出的边长为 dx 和 h 的矩形被固定在 x 轴上的 P 点，并且在 $x-y$ 平面中（它在图 33-5b 的右边画出）。当电磁波向右传播通过矩形时，穿过矩形的磁通量 Φ_B 改变，因而——按照法拉第电磁感应定律——在整个矩形的区域内感应产生电场。我们取 $\vec{E}$ 和 $\vec{E}+\mathrm{d}\vec{E}$ 为沿矩形两条长边感应产生的电场。这些电场事实上是电磁波的电分量。

注意图 33-5b 中远离 y 轴的磁场分量曲线上的一小段红色部分，我们考虑这一时刻的感生电场，即当磁场的这段红色部分通过矩形的时候的感生电场。就在这个时刻，通过矩形各点的磁场指向正 z 方向并且数值正在减小（在这段红色区域到束前的一刻磁场数值较大）。因为磁场在减小，所以穿过矩形的磁通量 Φ_B 也在减小。按照法拉第定律，这个磁通量的改变受到感生电场的反抗，感生电场要产生沿正 z 方向的磁场 $\vec{B}$。

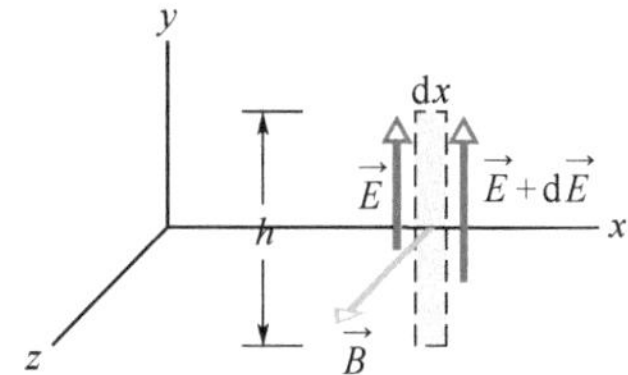

图 33-6 图 33-5b 中向右传播的电磁波通过 P 点，通过中心在 P 点的矩形的正弦式变化的磁场 $\vec{B}$ 感应产生沿矩形的电场。在图上画出的时刻。$\vec{B}$ 的数值正在减小；因而右边的感生电场数值大于右边的电场数值。

按照楞次定律，这反过来意味着，如果我们想象矩形的边界是导电回路，那么回路中会出现逆时针方向的感生电流。当然，这里并没有导电回路；但这个分析表明，感生电场矢量 $\vec{E}$ 和 $\vec{E}+\mathrm{d}\vec{E}$ 确实沿图 33-6 中所指的方向，而 $\vec{E}+\mathrm{d}\vec{E}$ 的数值也大于 $\vec{E}$ 的数值。否则，净感生电场不会逆时针方向绕矩形作用。

法拉第定律。我们现在应用法拉第电磁感应定律

$$\oint \vec{E}\cdot \mathrm{d}\vec{s} = -\frac{\mathrm{d}\Phi_B}{\mathrm{d}t} \tag{33-6}$$

逆时针方向绕图 33-6 中矩形环路积分。因为 $\vec{E}$ 和 d$\vec{s}$ 互相垂直，所以沿矩形的顶部和底部两条边的积分没有贡献，于是积分具有以下数值：

$$\oint \vec{E}\cdot \mathrm{d}\vec{s} = (E+\mathrm{d}E)h - Eh = h\mathrm{d}E \tag{33-7}$$

穿过这个矩形的磁通量是

$$\Phi_B = (B)(h\mathrm{d}x) \tag{33-8}$$

其中，$\vec{B}$ 是矩形内部 $\vec{B}$ 的数值的平均值；hdx 是矩形面积。将式（33-8）对时间 t 求微商，得到

$$\frac{\mathrm{d}\Phi_B}{\mathrm{d}t} = h\mathrm{d}x\,\frac{\mathrm{d}B}{\mathrm{d}t} \tag{33-9}$$

如果我们将式（33-7）和式（33-9）代入式（33-6），则有

$$h\mathrm{d}E = -h\mathrm{d}x\,\frac{\mathrm{d}B}{\mathrm{d}t}$$

或
$$\frac{\mathrm{d}E}{\mathrm{d}x}=-\frac{\mathrm{d}B}{\mathrm{d}t} \tag{33-10}$$

实际上，正如式（33-1）和式（33-2）所表示的那样，B 和 E 都是关于坐标 x 和时间 t 这两个变量的函数。不过，在计算$\frac{\mathrm{d}E}{\mathrm{d}x}$时我们必须假设 t 是常量，因为图 33-6 是“瞬时快照”。还有，在计算 $\mathrm{d}B/\mathrm{d}t$ 时我们必须假设 x 是常量（一个特定值），因为我们处理的是在特定位置上 B 随时间的变化率，这个特定位置就是图 33-5b 中的 P 点。在这样的条件下的微商就是*偏微商*，并且式（33-10）必须写成

$$\frac{\partial E}{\partial x}=-\frac{\partial B}{\partial t} \tag{33-11}$$

这个方程式中的负号不仅合适并且必要，虽然 E 的数值在图 33-6 中的矩形的位置随 x 增大，而 B 的数值随 t 在减小。

由式（33-1），我们有

$$\frac{\partial E}{\partial x}=kE_m\cos(kx-\omega t)$$

由式（33-2），有

$$\frac{\partial B}{\partial t}=-\omega B_m\cos(kx-\omega t)$$

于是，式（33-11）简化为

$$kE_m\cos(kx-\omega t)=\omega B_m\cos(kx-\omega t) \tag{33-12}$$

对于行波，比值 ω/k 就是它的速率。我们把它称作 c。式（33-12）变成

$$\frac{E_m}{B_m}=c \quad (\text{振幅比}) \tag{33-13}$$

这就是式（33-4）。

式（33-3）和感生磁场

图 33-7 表示在图 33-5b 中的 P 点处另一个由虚线画出的矩形；这个矩形在 $x-z$ 平面上。当电磁波向右传播通过这个新的矩形时，通过矩形的电通量 Φ_E 在变化——按照麦克斯韦电磁感应定律——在整个矩形区域内将会出现感生磁场。事实上，这个感生磁场就是电磁波的磁分量。

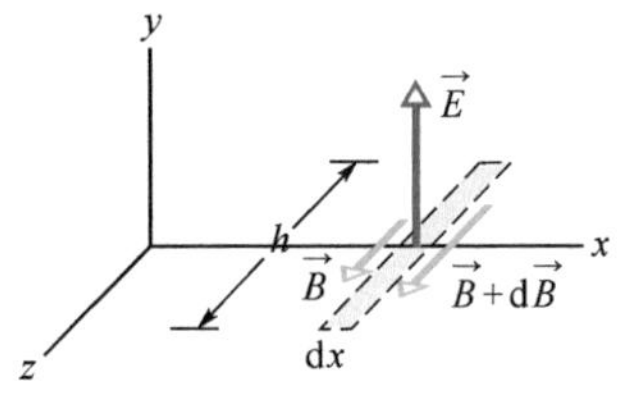

图 33-7 通过图 33-5b 中位于 P 点的矩形（没有画出）中正弦式变化的电场感应产生的沿矩形的磁场。在图 33-6 中所画出的瞬间：$\vec{E}$ 的数值在减小，矩形右边的感生磁场的数值比左边的磁场数值大。

我们从图 33-5b 看出，图 33-6 中描绘的我们所选时刻的磁场，就是图上磁分量曲线的一小段红色标记的部分，通过图 33-7 中矩形电场的方向就是图上所示的方向。记得在所选定的时刻，图 33-6 中的磁场正在减小。因这两种场的相位相同，所以图 33-7 中的电场必定也正在减小，通过矩形的电通量 Φ_E 也必定在减小。利用对图 33-6 所用的同样的推理，我们得知通量 Φ_E 的变化会感应产生如图 33-7 所示取向的磁场 $\vec{B}$ 和 $\vec{B}+\mathrm{d}\vec{B}$，这里的磁场 $\vec{B}+\mathrm{d}\vec{B}$ 大于 $\vec{B}$。

麦克斯韦定律。让我们把麦克斯韦电磁感应定律

$$\oint\vec{B}\cdot\mathrm{d}\vec{s}=\mu_0\varepsilon_0\frac{\mathrm{d}\Phi_E}{\mathrm{d}t} \tag{33-14}$$

用于逆时针绕图 33-7 中的虚线矩形。只有矩形的长边对积分有贡献，这是因为沿两条短边的点积为零。于是，我们可以写出

$$\oint \vec{B} \cdot d\vec{s} = -(B+dB)h + Bh = -h dB \tag{33-15}$$

通过矩形的通量 Φ_E 是：

$$\Phi_E = (E)(h dx) \tag{33-16}$$

其中，E 是矩形里面 $\vec{E}$ 的平均值。将式（33-16）对 t 求微商，给出

$$\frac{d\Phi_E}{dt} = h dx \frac{dE}{dt}$$

我们把这个公式和式（33-15）代入式（33-14），得到

$$-h dB = \mu_0 \varepsilon_0 \left(h dx \frac{dE}{dt} \right)$$

或者，像我们对式（33-11）所做的那样改写成偏微商形式：

$$-\frac{\partial B}{\partial x} = \mu_0 \varepsilon_0 \frac{\partial E}{\partial t} \tag{33-17}$$

式中的负号也是必要的，这是因为在图 33-7 的矩形中，P 点的 B 会随 x 的增加而增大，而 E 却随 t 的增加而减小。

将式（33-1）和式（33-2）代入式（33-17），求得

$$-kB_m \cos(kx - \omega t) = -\mu_0 \varepsilon_0 \omega E_m \cos(kx - \omega t)$$

我们可以把它写成

$$\frac{E_m}{B_m} = \frac{1}{\mu_0 \varepsilon_0 \ (\omega/k)} = \frac{1}{\mu_0 \varepsilon_0 c}$$

把这个式子和式（33-13）结合起来，立刻得到

$$c = \frac{1}{\sqrt{\mu_0 \varepsilon_0}} \quad \text{（波速）} \tag{33-18}$$

它正好就是式（33-3）。

检查点 1

通过图 33-6 中的矩形的另一个时刻的磁场 $\vec{B}$ 画在这里的图的第一部分；$\vec{B}$ 在 x-z 平面上，平行于 z 轴，它的数值正在增大。(a) 完成第一部分的图：画出感生电场并标出方向和相对数值（如图 33-6 中那样）。(b) 对同一时刻，完成图的第二部分：画出电磁波的电场。还要画出感生磁场，标出方向和相对数值（如图 33-7 中那样）。

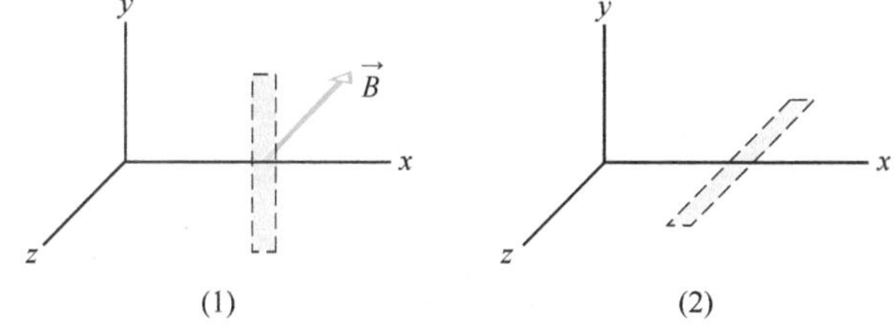

33-2 能量输运和坡印亭矢量

学习目标

学完这一单元后，你应当能够……

33.13 懂得电磁波输运能量。

33.14 对一个靶，懂得电磁波通过靶上单位面积输运能量的速率由坡印亭矢量 $\vec{S}$ 给出，

坡印亭矢量 $\vec{S}$ 是电场 $\vec{E}$ 和磁场 $\vec{B}$ 的叉积。

33.15 利用对应坡印亭矢量的叉积来确定电磁波的传播方向（即能量输运的方向）。

33.16 计算用瞬时电场强度数值 E 表示的电磁波能流的瞬时的速率 S。

33.17 对电磁波的电场分量，将其方均根值 E_{rms} 和振幅 E_m 联系起来。

33.18 懂得用能量输运表示的电磁波的强度 I。

33.19 应用电磁波的强度 I 和电场的方均根值 E_{rms} 以及振幅之间的关系。

33.20 应用平均功率 P_{avg}、能量传递 ΔE 和传递所用的时间 Δt 之间的关系，并应用瞬时功率 P 和能量传递的速率 dE/dt 之间的关系。

33.21 辨认各向同性的点光源。

33.22 对各向同性的点光源，应用发射功率 P、到测量位置的距离 r 以及这一位置上的光强之间的关系。

33.23 用能量守恒说明从各向同性点光源发射的光的强度按 $1/r^2$ 的规律减少。

关键概念

- 电磁波通过单位面积输运能量的速率由坡印亭矢量 $\vec{S}$ 给出：

$$\vec{S}=\frac{1}{\mu_0}\vec{E}\times\vec{B}$$

$\vec{S}$ 的方向（即波的传播方向和能量输运的方向）垂直于 $\vec{E}$ 也垂直于 $\vec{B}$。

- 通过单位面积输运能量的时间平均值是 S_{avg}，也称作波的强度：

$$I=\frac{1}{c\mu_0}E_{rms}^2$$

其中，$E_{rms}=E_m/\sqrt{2}$。

- 电磁波的点波源各向同性地发射波——即在各个方向上都有相等的强度。离开功率为 P_s 的点波源距离 r 处波的强度是

$$I=\frac{P_s}{4\pi r^2}$$

能量输运和坡印亭矢量

所有体验过日光浴的人都知道，电磁波能够输运能量并把它的能量传递给电磁波照射到的人的身体。电磁波通过单位面积输运能量的速率用称作**坡印亭矢量**的矢量 $\vec{S}$ 来表示。这个名称来自首先讨论这个矢量性质的物理学家约翰·亨利·坡印亭（John Henry Poynting，1852—1914）。这个矢量定义为

$$\vec{S}=\frac{1}{\mu_0}\vec{E}\times\vec{B} \quad \text{（坡印亭矢量）} \tag{33-19}$$

它的数值 S 是关于波在何一时刻（inst）通过单位面积输运能量的速率：

$$S=\left(\frac{\text{能量/时间}}{\text{面积}}\right)_{inst}=\left(\frac{\text{功率}}{\text{面积}}\right)_{inst} \tag{33-20}$$

由此，我们得知 $\vec{S}$ 的国际单位制单位是瓦特每平方米（W/m^2）。

> 在任何一点，电磁波的坡印亭矢量 $\vec{S}$ 的方向给出波传播的方向和这一点上能量输运的方向。

因为电磁波中 $\vec{E}$ 和 $\vec{B}$ 相互垂直，$\vec{E}\times\vec{B}$ 的数值就是 EB，于是，$\vec{S}$ 的数值是

$$S=\frac{1}{\mu_0}EB \tag{33-21}$$

其中，S、E 和 B 都是瞬时值。E 和 B 的数值总是如此紧密地相互

关联，我们只要处理其中的一个就可以了；我们选择 E，主要是因为大多数探测电磁波的仪器是测量波的电分量而不是磁分量。由式（33-5），得 $B=E/c$，因此我们可以只用电分量重写式（33-21）：

$$S=\frac{1}{c\mu_0}E^2 \quad \text{（瞬时能流速率）} \tag{33-22}$$

强度。将 $E=E_m\sin(kx-\omega t)$ 代入式（33-22），我们得到作为时间函数的能量输运速率的公式。不过，实践中更有用的公式是输运能量的时间平均值；为此，我们要求 S 的时间平均值写成 S_{avg}，它也称为波的**强度** I。于是，由式（33-20），强度 I 是：

$$I=S_{avg}=\left(\frac{\text{能量/时间}}{\text{面积}}\right)_{avg}=\left(\frac{\text{功率}}{\text{面积}}\right)_{avg} \tag{33-23}$$

由式（33-22），我们求得

$$I=S_{avg}=\frac{1}{c\mu_0}[E^2]_{avg}=\frac{1}{c\mu_0}[E_m^2\sin^2(kx-\omega t)]_{avg} \tag{33-24}$$

在一整个周期内，对任何角度度量 θ，$\sin^2\theta$ 的平均值是 $\frac{1}{2}$（参见图 31-17）。此外，我们定义一个新的量：电场强度的方均根值 E_{rms} 为

$$E_{rms}=\frac{E_m}{\sqrt{2}} \tag{33-25}$$

我们可以重写式（33-24），有

$$I=\frac{1}{c\mu_0}E_{rms}^2 \tag{33-26}$$

因为 $E=cB$，而 c 又是一个如此大的量，所以你可能会得出结论，和电场相关的能量要比与磁场相联系的能量大很多。这个结论是不对的；这两种能量完全相等。要证明这一点，我们可以从式（25-25）开始。这个公式给出了电场中的能量密度 $u\left(=\frac{1}{2}\varepsilon_0E^2\right)$，将 cB 代替 E，我们可以写出

$$u_E=\frac{1}{2}\varepsilon_0E^2=\frac{1}{2}\varepsilon_0(cB)^2$$

如果我们用式（33-3）的结果代替 c，便会得到

$$u_E=\frac{1}{2}\varepsilon_0\frac{1}{\mu_0\varepsilon_0}B^2=\frac{B^2}{2\mu_0}$$

然而，式（30-35）告诉我们，$B^2/(2\mu_0)$ 是磁场 $\vec{B}$ 的能量密度 u_B；所以我们看到在电磁波的每一个地方都有 $u_E=u_B$。

强度随距离的变化

一台真实的电磁辐射源所发射的电磁波的强度将如何随距离变化常常是很复杂的——特别是向特定方向辐射的波源（像电影首映式上的探照灯）。然而，在某些情况下，我们可以设波源是*点源*，它各向同性地发射光波——就是它在所有方向上的强度都相等。在一个特定时刻，从这样的一个各向同性的点光源 S 发射的向外扩散的球形波面画在图 33-8 中。

我们假设电磁波在从这个波源扩散的过程中波的能量是守恒的，我们还假设把一个点波源放在半径为 r 的想象的球面的球心，如图 33-8 所示。波源发射的所有能量都必定通过这个球面。因此，单

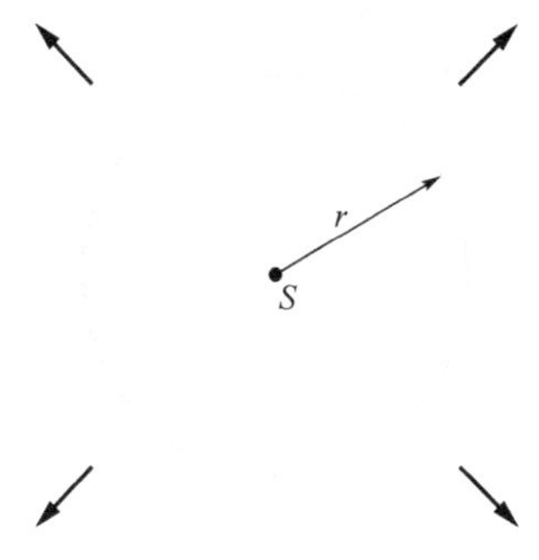

图 33-8 点光源 S 在所有方向上均匀地发射电磁波。球形波面通过想象的、中心在 S、半径为 r 的球面。

位时间内通过这个球面的辐射能量必定等于单位时间内波源发射的能量——这就是波源的功率 P_s。由式(33-23),球面上测得的强度 I(单位面积的功率)必定等于

$$I=\frac{功率}{面积}=\frac{P_s}{4\pi r^2} \tag{33-27}$$

其中,$4\pi r^2$ 是球面的面积。式(33-27)告诉我们,各向同性点波源发射的电磁辐射的强度与离开波源的距离 r 的平方成反比。

检查点2

这里的图给出某一时刻某一点上电磁波的电场强度。波沿 z 轴负方向输运能量。在这一时刻,这一点上的磁感应强度方向如何?

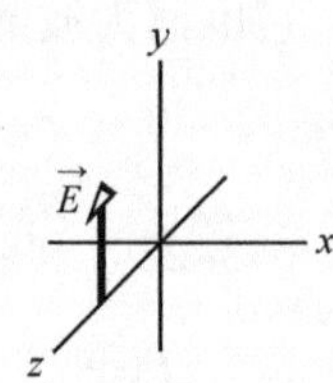

例题33.01 光波:电场和磁场的方均根值

当你仰望北极星时,你截取了431ly(光年)距离外的星体发来的光,它以 2.2×10^3 倍于我们的太阳的功率($P_{sun}=3.90\times10^{26}$W)发射能量。忽略大气的任何吸收。求到达你的星光的电场强度和磁感应强度的方均根值。

【关键概念】

1. 星光的电场的方均根值 E_{rms} 和光强 I 可由式(33-26)[$I=E_{rms}^2/(c\mu_0)$]联系起来。

2. 因为光源如此之远并且在所有方向上都以相等的强度发射,所以离光源任何距离 r 处的光强 I 与光源的功率 P_s 的关系都可以由式(33-27)[$I=P_s/(4\pi r^2)$]表示。

3. 在任何时刻,电磁波的任何位置的电场和磁场的数值按照式(33-5)($E/B=c$)与光速相联系。因此,这些场的数值的方均根值也按照式(33-5)相联系。

电场:把关键概念1和2一同考虑,得到

$$I=\frac{P_s}{4\pi r^2}=\frac{E_{rms}^2}{c\mu_0}$$

和

$$E_{rms}=\sqrt{\frac{P_s c\mu_0}{4\pi r^2}}$$

代入 $P_s=(2.2\times10^3)(3.90\times10^{26}\text{W})$,$r=431\text{ly}=4.08\times10^{18}\text{m}$ 以及各个常量数值,我们得到

$$E_{rms}=1.24\times10^{-3}\text{V/m}\approx1.2\text{mV/m} \quad (答案)$$

磁场:由式(33-5),我们写出

$$B_{rms}=\frac{E_{rms}}{c}=\frac{1.24\times10^{-3}\text{V/m}}{3.00\times10^8\text{m/s}}$$

$$=4.1\times10^{-12}\text{T}\approx4.1\text{pT}$$

不能把这两个场相比较:注意,E_{rms}($=1.2$mV/m)用普通实验室的标准判断是很小的,而 B_{rms}($=4.1$pT)则更加小。这个差别有助于解释为什么大多数用于电磁波的检测和测量的仪器都设计成响应电分量。不过,如果说电磁波的电分量比磁分量"更强"就是不对的。你不能比较以不同单位量度的量。然而,这些电和磁的分量是在相等的基础上,因为可以比较的它们的平均能量是相等的。

WILEY PLUS 在WileyPLUS中可以找到附加的例题、视频和练习。

33-3 辐射压

学习目标

学完这一单元后,你应当能够……

33.24 区别力和压强。

33.25 懂得电磁波输运动量并且有力和压强作用于靶上。

33.26 对垂直于靶面积的均匀电磁波束，应用面积、波的强度和作用于靶上的力的关系于全吸收与全部向后反射两种情况。

33.27 对垂直于靶面积的均匀电磁波束以及全吸收和全部向后反射的情况，应用波的强度及作用于靶上压强之间的关系。

关键概念

- 对拦截电磁辐射的表面，有力和压强作用于其上。
- 如果辐射全部被表面吸收，力的数值是

$$F=\frac{IA}{c}\quad(\text{全吸收})$$

其中，I 是辐射强度；A 是垂直于辐射路径的表面的面积。

- 如果辐射全部沿原来的路程被反射回去，力的数值是

$$F=\frac{2IA}{c}\quad(\text{全部沿原来路径返回})$$

- 辐射压 p_r 是单位面积所受到的力

$$p_r=\frac{I}{c}\quad(\text{全吸收})$$

及 $$p_r=\frac{2I}{c}\quad(\text{全部沿原来的路径返回})$$

辐射压

电磁波具有线动量，因而当电磁波照射到物体上时，就有压强作用在该物体上。然而，这个压强肯定非常小，例如在照相机的闪光灯闪光时，你感觉不到冲击力。

为求出这种压强的表达式，我们在时间间隔 Δt 内将一束电磁辐射——例如光——照射到一个物体上，我们进一步假设，这个物体可以自由运动并且辐射完全被物体**吸收**。这意味着在这段时间 Δt 内，物体从辐射获得能量 ΔU。麦克斯韦证明了物体也获得线动量。物体动量改变的数值 Δp 和能量改变的关系为

$$\Delta p=\frac{\Delta U}{c}\quad(\text{完全吸收})\tag{33-28}$$

其中，c 是光速。物体动量改变的方向是该物体所吸收的入射光束的方向。

辐射除了被吸收之外，还可能被物体**反射**；也就是说辐射会以相反的方向被送出，就好像从物体上弹开。如果辐射完全被反射并沿原路返回，那么物体动量改变的数值是上式给出的数值的两倍：

$$\Delta p=\frac{2\Delta U}{c}\quad(\text{完全反射,沿原路返回})\tag{33-29}$$

这和下面的情况是类似的：一个完全弹性的网球被一个物体反弹前后该物体的动量改变是物体被一个同样质量和速度的完全非弹性球（譬如说是一团湿的油布球）撞击后该物体动量改变的两倍。如果入射辐射部分被吸收、部分被反射，则物体的动量改变在 $\Delta U/c$ 和 $2\Delta U/c$ 之间。

力。由牛顿第二定律的线动量形式（9-3 单元），我们知道动量的改变和力的关系是

$$F=\frac{\Delta p}{\Delta t}\tag{33-30}$$

要求出用强度 I 表示的辐射的作用力的表达式，我们首先注意到强度是

$$I=\frac{\text{功率}}{\text{面积}}=\frac{\text{能量/时间}}{\text{面积}}$$

下一步假设一个垂直于辐射传播路径的、面积为 A 的平面拦截了辐射。在时间间隔 Δt 内，面积 A 拦截的能量是

$$\Delta U=IA\Delta t \tag{33-31}$$

如果能量全部被吸收，那么式（33-28）告诉我们 $\Delta P=IA\Delta t/c$，并且由式（33-30），作用于面积 A 上的力的大小是

$$F=\frac{IA}{c} \quad \text{（完全吸收）} \tag{33-32}$$

同理，如果辐射全部被反射并沿原路返回，那么式（33-29）告诉我们 $\Delta P=2IA\Delta t/c$，由式（33-30），得

$$F=\frac{2IA}{c} \quad \text{（全部反射并沿原路返回）} \tag{33-33}$$

如果辐射是部分被吸收、部分被反射，那么作用于面积 A 上力的数值介于 IA/c 和 $2IA/c$ 之间。

压强。辐射作用于物体单位面积上的力是辐射压 p_r。我们可以将式（33-32）和式（33-33）的两边都除以 A 求出压强，我们得到

$$p_r=\frac{I}{c} \quad \text{（完全吸收）} \tag{33-34}$$

及

$$p_r=\frac{2I}{c} \quad \text{（完全反射，沿回原路返回）} \tag{33-35}$$

要小心，不要把辐射压的符号 p_r 和动量的符号混淆。正像第14章中的流体压强一样，辐射压的国际单位制单位是牛顿每平方米（N/m^2），也称为帕［斯卡］（Pa）。

激光技术的发展使科研人员可以得到比照相机闪光灯还要强得多的辐射压。这样强的辐射压之所以能够实现是因为激光束——不像从小的电灯泡灯丝发射出来的光束——可以聚焦成很小的一个光斑，这就可能将巨大的能量传送给放在光斑位置的微小物体。

检查点3

强度均匀的光垂直地照射到完全吸收的表面上，并且照亮整个表面。如果将表面积减小，则作用在表面上的（a）辐射压及（b）辐射力是增强、减弱还是不变？

33-4 偏振

学习目标

学完这一单元后，你应当能够……

33.28 区别偏振光和非偏振光。

33.29 对着向你迎面射来的光束，画出偏振光和非偏振光的表示。

33.30 当一束光通过偏振片时，用起偏方向（或轴）以及被吸收的电场分量和透射的电场分量说明偏振片的作用。

33.31 对从偏振片出射的光，确认出射光相对

于偏振片的起偏方向的偏振。

33.32 对垂直于偏振片入射的光束，应用减半定则和余弦平方定则，区别它们的用途。

33.33 区分起偏器和检偏器。

33.34 说明如果两片偏振片交叉是什么意思。

33.35 当光束通过多个偏振片组成的系统时，依次对每一偏振片进行讨论，求出透射光强和偏振性质。

关键概念

- 如果电磁波的电场矢量都在称为振荡平面的一个平面上，那么这个电磁波就是偏振的。从一般的光源发出的光波不是偏振的；就是说它们是非偏振光，或无规偏振光。
- 在光路上放一片偏振片时，只有光的电场分量平行于偏振片的起偏方向的光波才能通过该偏振片；电场分量垂直于起偏方向的光被吸收。从偏振片出射的光是偏振平行于偏振片起偏方向的偏振光。
- 如果光波原来是非偏振的，则透射光的强度 I 是入射光强度 I_0 的一半：

$$I=\frac{1}{2}I_0$$

- 如果入射光原来是偏振光，那么透射光的强度取决于入射光的偏振方向和偏振片的起偏方向之间的夹角 θ：

$$I=I_0\cos^2\theta$$

偏振

英国的甚高频（Very High Frequency，VHF）电视天线是竖直安装的，而北美的则是水平的。这种差别是由于携带电视信号的电磁波的振荡方向不同。在英国，发送设备被设计成产生竖直**偏振**的波；即它的电场竖直地振荡。这样，入射的电视波的电场沿天线驱动电流（为电视设备提供信号），天线必须竖直安放。而在北美，电视波是水平偏振的。

图 33-9a 表示电场平行于竖直的 y 轴振荡的电磁波。包含 $\vec{E}$ 矢量的平面称为波的**振动面**，因此，我们说这个波是沿 y 方向平面偏振的，我们可以像图 33-9b 中那样，通过观察迎面射来的光的振动面上电场振动的方向来表示波的偏振（产生偏振的状态）。图中竖直的双箭头表示，当波经过我们传播时，它的电场竖直地振荡——它在沿 y 轴的方向向上和向下之间连续地变化。

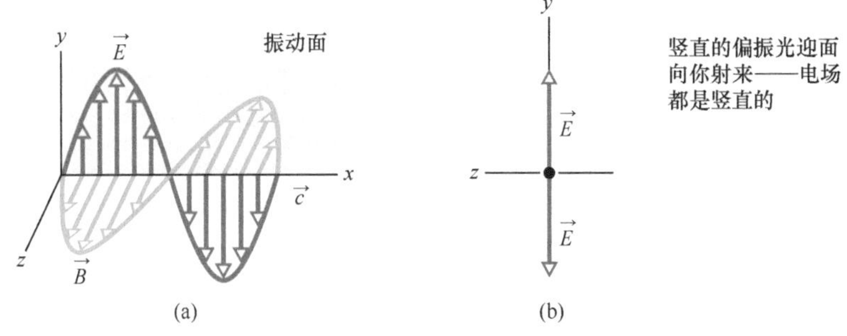

图 33-9 （a）偏振电磁波的振动面。（b）为描述偏振，我们迎着光射来的方向观察振动面，并用双头箭标出振荡电场的方向。

偏振光

电视台发射的电磁波都有相同的偏振，但是任何常见的光源（譬如太阳和白炽灯）都是无规地偏振的，或非偏振的（这两个词指同一事物）。即任何给定点上的电场总是垂直于波的传播方向，

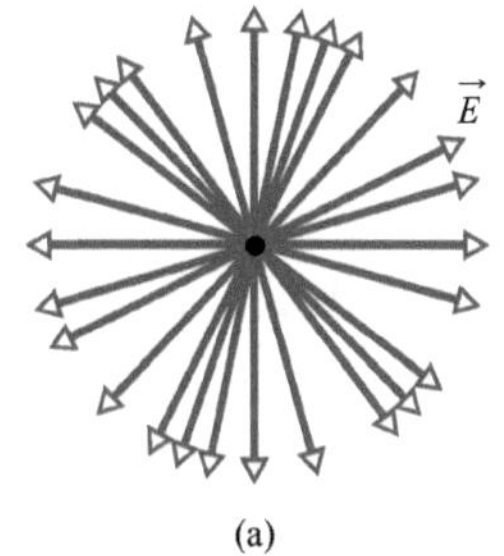

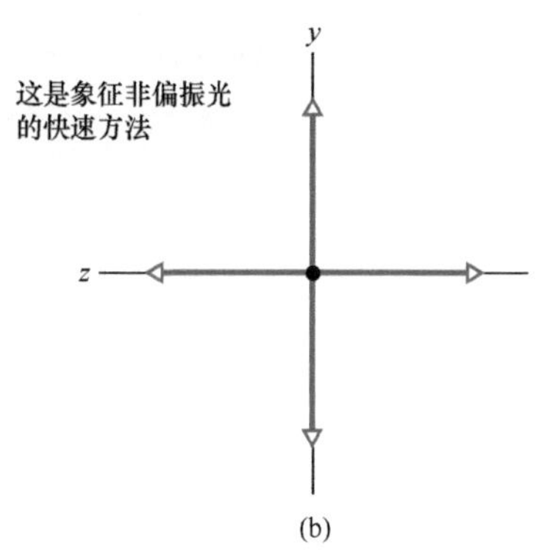

图 33-10 (a) 非偏振光由电场无规则地指向的电磁波构成，图上的波都沿指向页面外的同一坐标轴传播，并且都有相同的振幅。(b) 描述非偏振光的第二种方法——光是两束偏振光波的叠加，它们的振动面互相垂直。

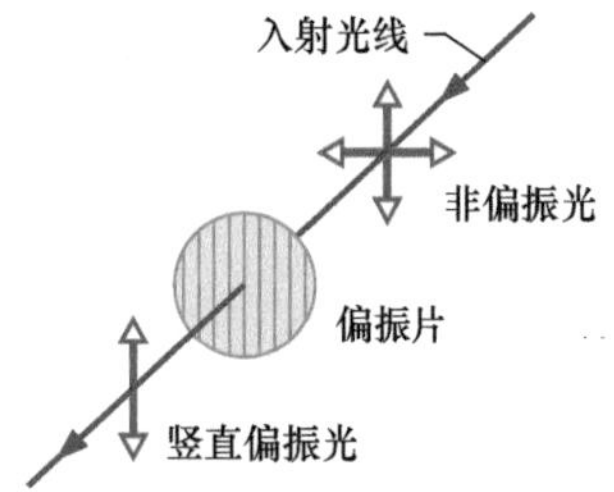

图 33-11 非偏振光通过偏振片后成为偏振光。出射光的偏振方向平行于偏振片的起偏方向，图上的起偏方向用偏振片上画出的竖直线表示。

但电场方向是无规则地变化的。因此，如果我们试图在某个时间间隔内描述振荡的迎面图，就不能再像图 33-9b 中那样用简单的双箭头图形来表示；而是要像图 33-10a 中那样用许多方向杂乱的双箭头来表示。

原则上，我们可以通过把图 33-10a 中的每一个电场分解为 y 分量和 z 分量来使这种乱象简化。当波经过我们传播的时候，合成的 y 分量平行于 y 轴振荡，合成的 z 分量平行于 z 轴振荡。于是我们可以用图 33-10b 中所示的两个双箭头来描述非偏振光。沿 y 轴的双头箭描述电场 y 分量的合振荡。沿 z 轴的双箭头描述电场的 z 分量的合振荡。在做所有这些事情的时候，我们把非偏振光合理地改变成两列偏振光的叠加，两列波的偏振面互相垂直——一个平面包含 y 轴，另一平面包含 z 轴。做这样改变的理由之一是，画图 33-10b 比画图 33-10a 要容易得多。

我们可以画类似的图来描绘**部分偏振**光。(它的电场振荡并不像图 33-10a 那样完全无规则。也不像图 33-9b 中那样平行于某一单轴。) 对于这种情况，我们将互相垂直的两根双箭头画成一根较长、一根较短。

偏振方向。我们可以使非偏振可见光通过一片*偏振片*，从而将它转变为偏振光，如图 33-11 所示。这样的偏振片产品称为偏振片或偏振滤光片，这是由当时还是研究生的埃德温·兰德（Edwin Land）在 1932 年发明的。偏振片是由嵌在塑料中的某种长分子构成。在制造偏振片的过程中，塑料被拉伸使分子排列成平行的直行，好像犁过的田地。当光通过偏振片时，沿一个方向的电场分量通过偏振片，同时垂直于这个方向的分量则被分子吸收而消失。

我们不打算详细研究这种分子，但我们要给偏振片定义一个*起偏方向*，沿这个方向的电场分量能够通过偏振片。

电场分量平行于起偏方向的光波能够通过（透射）偏振片；垂直于这个方向的电场分量则被它吸收。

从偏振片出射的光的电场只有平行于偏振片起偏方向的电场；因此，光是在这个方向上偏振的。在图 33-11 中，竖直的电场分量从偏振片透射；水平的电场分量被吸收。因此，透射波是竖直偏振的。

透射偏振光的强度

我们现在讨论透过偏振片的光的强度。我们从非偏振光开始。我们可以像图 33-10b 中表示的那样，把非偏振光的电场振荡分解成 y 分量和 z 分量。进一步，我们规定 y 分量平行于偏振片的起偏方向。于是只有光波电场的 y 分量可以通过偏振片；而 z 分量则被吸收。正如图 33-10b 所表示的，如果原来的光波是无规则取向的，合成的 y 分量与合成的 z 分量相等。z 分量被吸收后，原来的光的强度 I_0 减少了一半，出射的偏振光的强度 I 是

$$I=\frac{1}{2}I_0 \quad \text{（减半定则）} \tag{33-36}$$

我们把这个结论称为*减半定则*；只有在入射到偏振片的光是非偏

振光的情况下，我们才能应用这个定则。

现在假设，到达偏振片的光已经是偏振光了。图 33-12 表示在页面上的一片偏振片以及向偏振片传播的偏振光波（在发生任何吸收之前）的电场 $\vec{E}$。我们将 $\vec{E}$ 相对于偏振片的起偏方向分解成两个分量：平行分量 E_y 透过偏振片，垂直分量 E_z 被吸收。因为 θ 是 $\vec{E}$ 和偏振片起偏方向间的夹角，所以透射光分量是

$$E_y = E\cos\theta \qquad (33\text{-}37)$$

回顾电磁波的强度（譬如像我们的光波）正比于电场强度数值的平方［式（33-26）$I = E_{\mathrm{rms}}^2/(c\mu_0)$］。在我们现在的情况中，出射光波的强度 I 正比于 E_y^2，入射光波的强度 I_0 正比于 E^2。因此，由式（33-37），我们可以写出 $I/I_0 = \cos^2\theta$，或

$$I = I_0\cos^2\theta \quad \text{（余弦平方定则）} \qquad (33\text{-}38)$$

我们把这个公式称为*余弦平方定则*：*只有在入射到偏振片的光已经是偏振光的情况下我们才可以用这个定则。*在入射波平行于偏振片的起偏方向偏振的情况下，［即当式（33-38）中的 θ 是 0°或 180°时］透射光强 I 最大，并且等于入射光强 I_0。当入射光波垂直于偏振片的起偏方向（这时 θ 是 90°）偏振时，透射光强是零。

两块偏振片。在图 33-13 表示的偏振片装置中，起初是非偏振的光通过两个偏振片 P_1 和 P_2。（第一个偏振片常称为*起偏器*，第二个称为*检偏器*。）因为 P_1 的起偏方向是竖直的，透过 P_1 到达 P_2 的光波是竖直偏振光。如果 P_2 的起偏方向也是竖直的，那么透过 P_1 的所有光波都会通过 P_2。如 P_2 的起振方向是水平的，则从 P_1 透射过来的光不能通过 P_2。我们只要考虑两块偏振片的*相对*取向就会得出同样的结论：如果它们的起偏方向相互平行，则通过第一块偏振片的所有光都将通过第二块偏振片（见图 33-14a），如果它们的起偏方向相互垂直，我们说这两块偏振片*正交*，则没有光通过第二块偏振片（见图 33-14b）。最后，如果图 33-13 中的两偏振片的起偏方向在 0°和 90°之间，通过 P_1 的一部分光能透过 P_2，光的强度由式 33-38 决定。

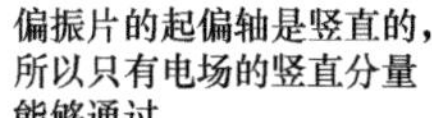

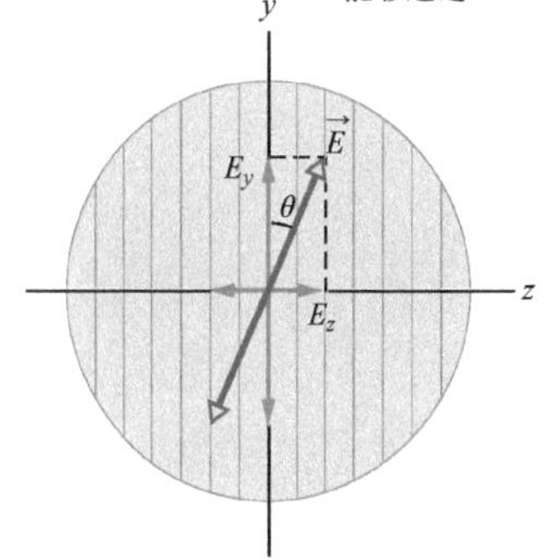

图 33-12 偏振光到达偏振片。光波的电场 $\vec{E}$ 可以分解成两个分量 E_y（平行于偏振片的起偏方向）和 E_z（垂直于起振方向）。分量 E_y 透过偏振片，分量 E_z 被吸收。

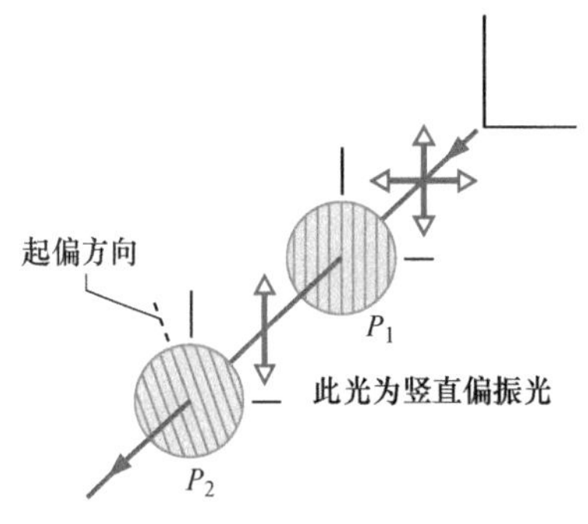

图 33-13 透过偏振片 P_1 的光是竖直偏振的，如图上竖直的双箭头表示的那样。然后透过偏振片 P_2 的光的数量取决于光的偏振方向和 P_2 的起偏方向（分别用偏振片上方画的实线和虚线表示）之间的夹角。

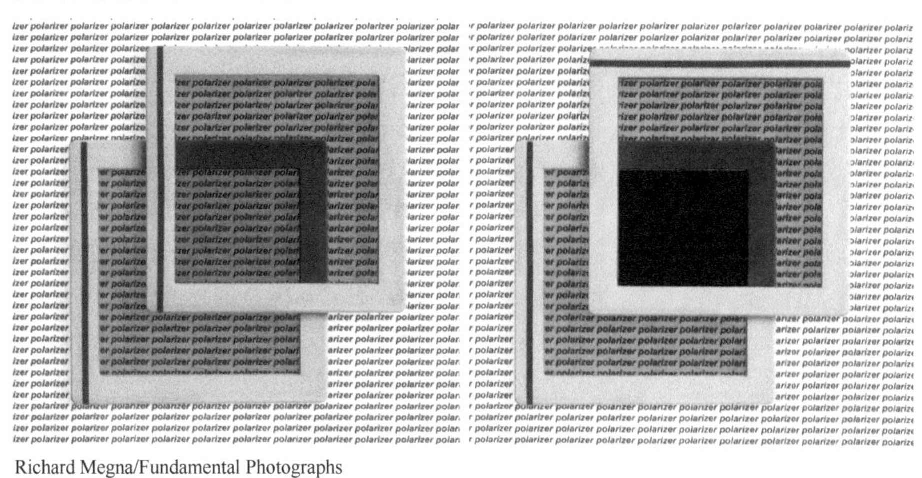

Richard Megna/Fundamental Photographs

(a) (b)

图 33-14 （a）重叠的偏振片的起偏方向相同时，光波能顺利透过。但是（b）当它们正交时，大多数光会被遮挡。

其他的方法。除了偏振片以外，还可以用其他的方法使光成为偏振光，譬如通过反射（在 33-7 单元中讨论）以及通过在原子或分子上散射等。在散射过程中，被分子一类的物体拦截的光被随机地反射到各个可能的方向。一个例子是太阳光被大气中的分子散射，使整个天空呈现蔚蓝色。

虽然直射的太阳光是非偏振的，但大部分天空散射的光至少是部分偏振的。蜜蜂利用天空的散射光的偏振导航，飞离和飞向蜂巢。同理，维京人在通过北海[⊖]航行时也曾利用这种现象在白昼的太阳低于水平线时（由于北海的高纬度）导航。这些古代的航海者已经发现某种晶体（现在称为堇青石）在偏振光中转动时会改变颜色。通过这种晶体观望天空，把它绕视线转动，可以确定隐藏在水平线下太阳的位置，从而确定哪个方向是南方。

检查点 4

图上是四对偏振片的正视图。每一对放在原来是非偏振光的路径上。每一片偏振片的起偏方向（用虚线表示）相对于水平的 x 轴或竖直的 y 轴测定。按照从它们透射的光和原来光强的比值的大小来排列这几对偏振片，最大的排第一。

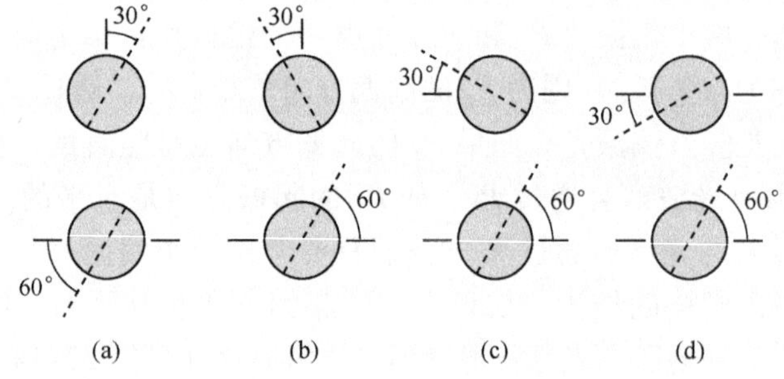

例题 33.02 三片偏振片的偏振和光强

用透视画法画出的图 33-15a 表示起初是非偏振光的光路中三片偏振片的系统。第一片偏振片的起偏方向平行于 y 轴，第二片的起偏方向是从 y 轴逆时针旋转 60°角，第三片的起偏方向平行于 x 轴。从三片偏振片系统出射的光强占初始入射光强 I_0 的比例是多少？出射光的偏振方向为何？

【关键概念】

1. 我们从光遇到的第一片偏振片到最后一片，逐个讨论系统各部分的作用。

2. 要求透过任何一片偏振片的光强，我们利用减半定则或者用余弦平方定则，视入射到该偏振片的光是非偏振光还是偏振光而定。

3. 从一片偏振片透射出来的光的偏振方向总是平行于这一片偏振片的起偏方向。

第一片偏振片：用图 33-10b 中所画的迎着光束射来的方向观察到的双箭头来表示的初始入射的非偏振光画在图 33-15b 中。因为光束原来是非偏振光，所以透过第一片偏振片的光强 I_1 由减半定则［式（33-36）］给出：

$$I_1 = \frac{1}{2}I_0$$

⊖ 大西洋东北部的边缘海，位于高纬度。——编辑注

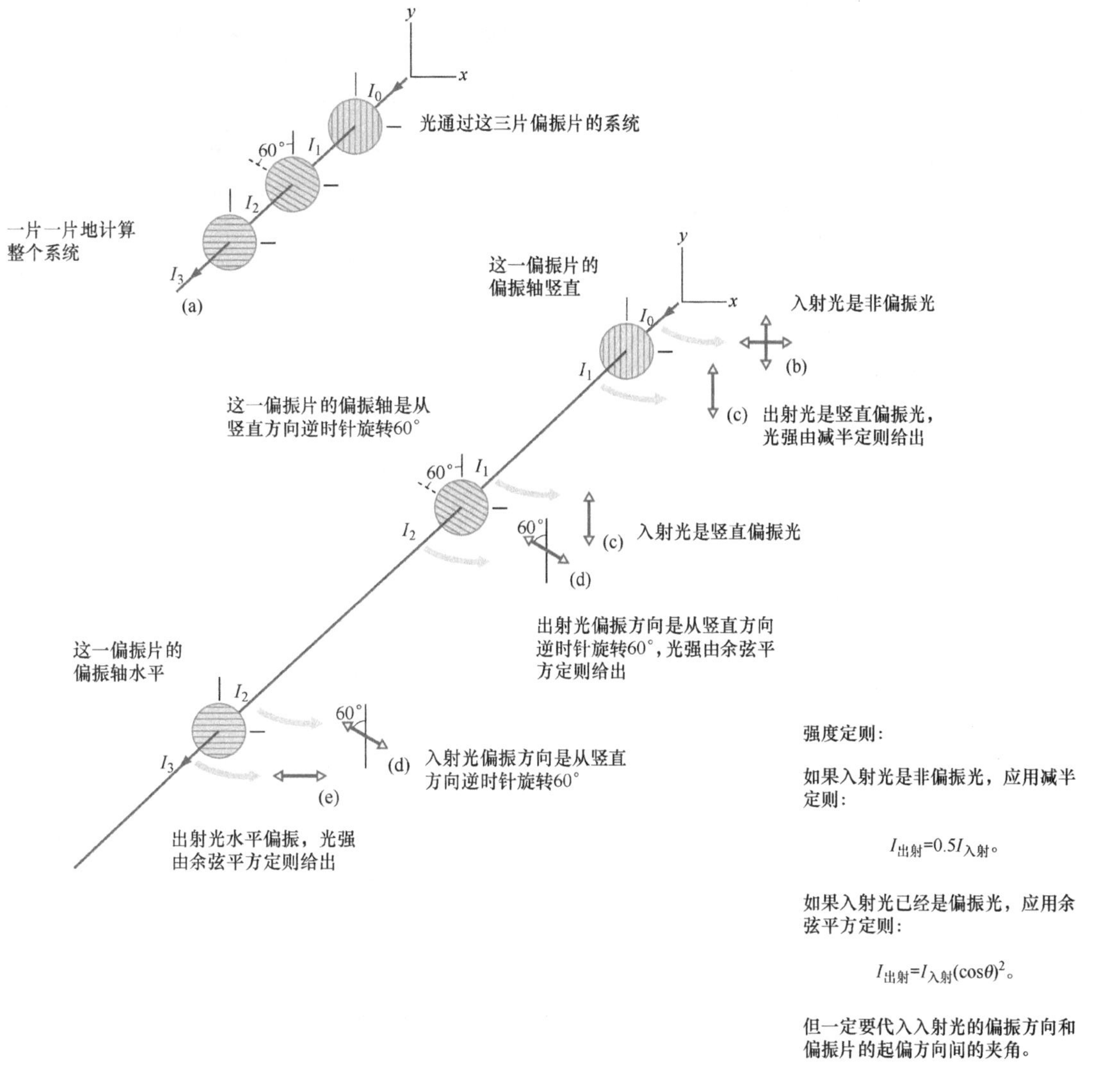

光通过这三片偏振片的系统

一片一片地计算整个系统

(a)

这一偏振片的偏振轴竖直

入射光是非偏振光

(b)

(c) 出射光是竖直偏振光，光强由减半定则给出

这一偏振片的偏振轴是从竖直方向逆时针旋转60°

(c) 入射光是竖直偏振光

(d)

出射光偏振方向是从竖直方向逆时针旋转60°，光强由余弦平方定则给出

这一偏振片的偏振轴水平

(d) 入射光偏振方向是从竖直方向逆时针旋转60°

(e)

出射光水平偏振，光强由余弦平方定则给出

强度定则：

如果入射光是非偏振光，应用减半定则：

$I_{出射}=0.5I_{入射}$。

如果入射光已经是偏振光，应用余弦平方定则：

$I_{出射}=I_{入射}(\cos\theta)^2$。

但一定要代入入射光的偏振方向和偏振片的起偏方向间的夹角。

图 33-15 （a）起初光强为 I_0 的非偏振光射入由三片偏振片组成的系统。图上标出了从各偏振片透射的光强 I_1、I_2 和 I_3。图上还画出了正迎着光束观察的偏振状态。（b）初始入射光的偏振状态。从（c）第一片偏振片，（d）第二片和（e）第三片偏振片透射的光的偏振状态。

因为第一片偏振片的起偏方向平行于 y 轴，所以从它透射的光的偏振方向也平行于 y 轴，就像图 33-15c 中的迎面观察图所画的那样。

第二片偏振片： 因为到达第二片偏振片的光是偏振光，所以透过这片偏振片的光的强度 I_2 由余弦平方定则［式（33-38）］给出。定则中的角度 θ 是入射光的偏振方向（平行于 y 轴）和第二片偏振片的起偏方向（从 y 轴逆时针旋转 60°）之间的夹角，所以 θ 是 60°。（两个方向间较大的角度，即 120°，也可以用°）于是，我们有

$$I_2 = I_1\cos^2 60°$$

这束透射光的偏振方向平行于它所透过的偏振片的起偏方向——即从 y 轴逆时针旋转 60°，如图 33-15d 的迎面观察图所示。

第三片偏振片： 因为到达第三片偏振片的光是偏振光，所以从这片偏振片透射出来的光的强度 I_3 由余弦平方定则给出。现在的角度 θ 是入射光的偏振方向（见图 33-15d）和第三片偏振片的

起偏方向（平行于 x 轴）的夹角，所以 $\theta=30°$。于是

$$I_3=I_2\cos^2 30°$$

最后透射的光是平行于 x 轴的偏振光（见图33-15e），我们先把 I_2 代入上面这个方程式，然后再将 I_1 代入，得

$$I_3=I_2\cos^2 30°=(I_1\cos^2 60°)\cos^2 30°$$

$$=\frac{1}{2}I_0\cos^2 60°\cos^2 30°=0.094I_0$$

由此，
$$\frac{I_3}{I_0}=0.094 \quad \text{（答案）}$$

就是说，初始光强的9.4%从三片偏振片系统出射。（如果我们现在撤去第二片偏振片，从系统出射的光强占初始光强的比例是多少？）

PLUS 在WileyPLUS中可以找到附加的例题、视频和练习。

33-5 反射和折射

学习目标

学完这一单元后，你应当能够……

33.36 画一幅略图表示光线从界面上的反射，并认识入射线、反射线、法线、入射角和反射角。

33.37 对于反射，把入射角和反射角联系起来。

33.38 画一幅略图表示光线在界面上的折射，并认明入射线、折射线、界面每一边的法线，以及入射角和折射角。

33.39 对于光的折射，应用折射定律将界面一边的折射率和光线角度与界面另一边的折射率和光线角度联系起来。

33.40 在略图中利用一条沿未被反射的光线方向的直线分别表示光线从一种材料到另一种有更大的折射率的、有较小的折射率的和相同折射率的材料的折射，对每一种情况，分别用向法线弯折的、离开法线弯折的及一点也不弯折的光线描述折射。

33.41 明白折射只发生在界面上，在材料内部不会发生折射。

33.42 懂得色散。

33.43 对于在界面上发生折射的红色和蓝色（或其他颜色）的光束，认明哪种颜色的光束弯折较大，哪一种有较大的折射角，分别考虑它们进入比原来入射一边的材料的折射率更小和更大的材料时的情形。

33.44 描述虹和霓如何形成并说明它们为什么会呈圆弧状。

关键概念

- 几何光学是光的近似处理方法，其中光波用光线表示。
- 当光线遇到两种透明介质的边界时，会出现反射光线和折射光线。这两条光线都在入射面中。反射角等于入射角，折射角和入射角的关系服从折射定律。

$$n_2\sin\theta_2=n_1\sin\theta_1\text{（折射）}$$

其中，n_1 和 n_2 分别是入射光和折射光在各自介质中传播时的折射率。

反射和折射

虽然光波从光源发出后会向四周扩展，但我们通常只考察其中一个方向，把光近似看作沿一条直线传播；在图33-5a中，我们对光波就是这样处理的。在这样的近似下对光学性质的研究称为几何光学。这一章的其余部分和整个第34章，我们要讨论可见光的几何光学。

图33-16a中的照片是一个光波近似沿直线传播的例子。一束

细的光束（入射光束）、从左边斜向下通过空气遇到水平的水面。一部分光被表面**反射**，形成方向向右上方的光束，好像原来的入射光束从表面弹开。其余的光穿过表面进入水中，形成向右下方传播的光束。因为光可以通过水传播，我们说水是透明的；就是说我们可以通过它看见东西。（在这一章中我们只考虑透明的材料，而不考虑光不能在其中传播的不透明材料。）

(a)

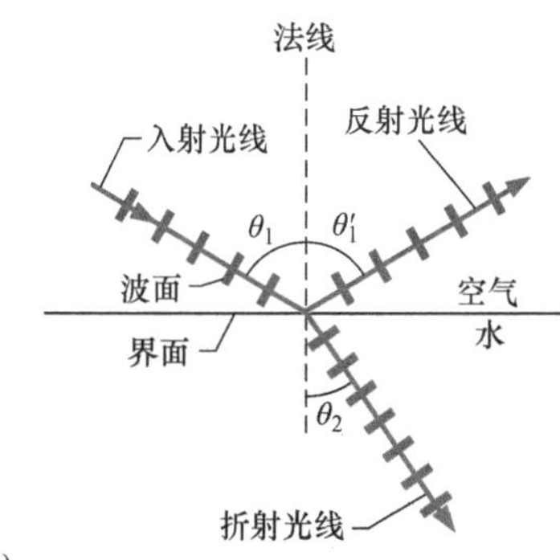

(b)

图 33-16 （a）表示入射光束在水平的水面上反射和折射的照片。（b）表示（a）小图中的光线。图上标出了入射角（θ_1）反射角（θ_1'）和折射角（θ_2）。

光透过分开两种介质的表面（或界面）传播称为**折射**，透过的光称为折射光。除非光束垂直于表面入射，否则，折射会改变光的传播方向。由于这个原因，光束被说成是因折射而“弯折”。注意在图 33-16a 中，弯折只发生在两种不同介质的邻接表面处，在水中，光仍旧沿直线传播。

图 33-16b 将 a 小图照片中的光束用入射光线、反射光线和折射光线（以及波面）表示。每一条光线的取向角都是相对于称为法线的直线而定。法线通过产生反射和折射的位置并垂直于表面。在图 33-16b 中，**入射角**是 θ_1，**反射角**是 θ_1'，**折射角**是 θ_2，这些角度都是相对于法线测定的。包含入射线和法线的平面是入射面，在图 33-16b 中它是在页面上方。

实验表明，反射和折射服从两条定律。

反射定律：反射线在入射面中，反射角等于入射角（二者都相对于法线测定）。这条定律意味着对于图 33-16b 中的角度，有

$$\theta_1' = \theta_1 \quad (反射) \tag{33-39}$$

（我们现在常常略去反射角上的撇号。）

折射定律：折射线在入射面内，折射角 θ_2 和入射角 θ_1 的关系是

$$n_2 \sin\theta_2 = n_1 \sin\theta_1 \quad (折射) \tag{33-40}$$

其中，n_1 和 n_2 两个参数都是无量纲的常量，称为**折射率**，它们和参与折射的介质有关。我们将在第 35 章中推导这个又称作**斯涅耳定律**的方程式。我们在那里还将讨论介质的折射率等于 c/v，其中 v 是光在介质中的速率，c 是光在真空中的速率。

表33-1给出了真空和一些常见的物质的折射率。对于真空，n定义为严格等于1；对于空气，n十分接近于1.0（下面会经常用到这个近似）。没有任何物质的折射率小于1。

表33-1　**一些折射率**[①]

介质	折射率	介质	折射率
真空	严格1	典型冕牌玻璃	1.52
空气（STP）[②]	1.00029	氯化钠	1.54
水（20℃）	1.33	聚苯乙烯	1.55
丙酮	1.36	二氧化硫	1.63
乙醇	1.36	重火石玻璃	1.65
糖溶液（30%）	1.38	蓝宝石	1.77
熔石英	1.46	最重的火石玻璃	1.89
糖溶液（80%）	1.49	金刚石	2.42

① 对波长589nm（钠黄光）的折射率。
② STP意为“标准温度（0℃）和压强（1大气压）。”

我们可以将式（33-40）重写成

$$\sin\theta_2 = \frac{n_1}{n_2}\sin\theta_1 \tag{33-41}$$

以比较折射角θ_2和入射角θ_1。由此我们可以看出θ_2的相对数值取决于n_2和n_1的相对数值：

1. 如果n_2等于n_1，则θ_2等于θ_1，折射不会使光线弯折，光线将继续沿原来未偏折的方向传播，如图33-17a所示。

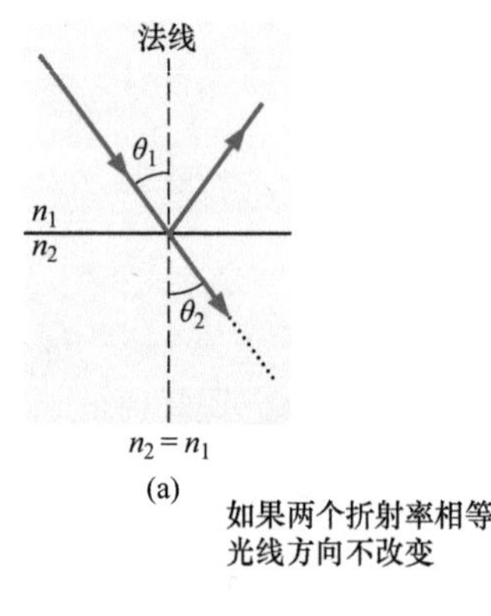

(a)
如果两个折射率相等，光线方向不改变

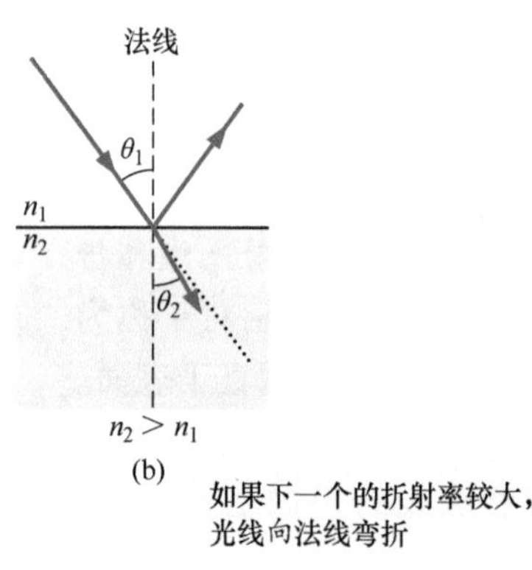

(b)
如果下一个的折射率较大，光线向法线弯折

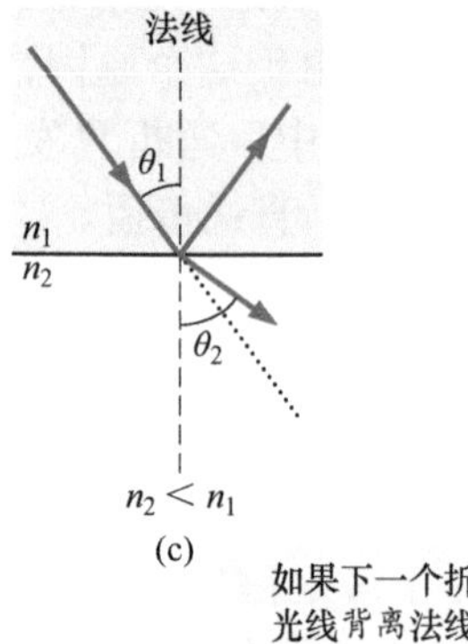

(c)
如果下一个折射率较小，光线背离法线弯折

图33-17　光从折射率为n_1的介质进入折射率为n_2的介质发生折射。（a）当$n_2=n_1$时，光束不弯折；折射光仍沿未弯折的方向（点线）传播，这个方向和入射光束的方向相同。（b）当$n_2>n_1$时，光束向法线弯折。（c）当$n_2<n_1$时，折射光束背离法线。

2. 如果n_2大于n_1，那么θ_2小于θ_1。在这种情况下，折射使光束偏离原来的未偏折方向转而偏向法线，如图33-17b所示。

3. 如果n_2小于n_1，则θ_2大于θ_1。在这种情况下，折射使光束偏离未偏折的方向并背离法线，如图33-17c所示。

折射不可能将光束弯折到使折射光线和入射光线在法线的同一边。

色散

除了在真空中，光在任何介质中的折射率都依赖于光的波长。折射率n对波长的依赖意味着在光束中包含不同波长光波的情况下，光束通过不同介质的界面时会以不同的角度折射；也就是说光束会因折射而散开。这种光的散开被称作**色散**。这里的“色”是指对应于各个不同波长的颜色，“散”是指光按照波长或颜色的不同而散开。图 33-16 和图 33-17 的折射中并没有表示出色散，因为所用的光束是单色光（单个波长或颜色）。

一般说来，给定介质的折射率对短波长（对应于蓝光）比长波长（对应于红光）更大。作为一个例子，图 33-18 表示熔石英的折射率如何依赖于光的波长。这种依赖性质意味着，当蓝光和红光组成的光束通过界面发生折射时（譬如从空气进入石英或反之），蓝色成分（对应于蓝色光波的光线）弯折得比红色成分更显著。

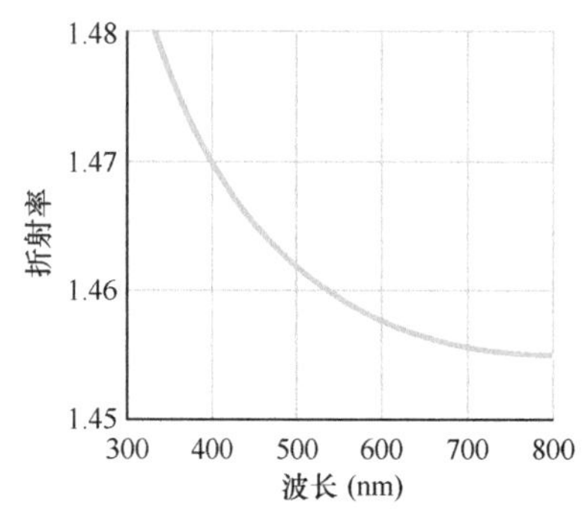

图 33-18 熔石英的折射率作为波长的函数。曲线表明，短波长的光束，其折射率比较高，在进入或离开石英时的弯折比长波长光束的弯折更大。

白色光束包含可见光谱中强度近似均匀的所有（或近于所有）颜色的成分，当你观察这样的光束时，你会感觉到白色而不是各种颜色。在图 33-19a 中，空气中的一束白光入射到玻璃表面。（因为书页是白色的，这里用灰线代表白色光束。还有，单色光束通常用红线代表。）对于图 33-19a 中的折射光，这里只画出了红色和蓝色成分。因为蓝色成分比红色成分弯折更多，所以蓝色成分的折射角 θ_{2b} 小于红色成分的折射角 θ_{2r}。（记住，角度是相对于法线测量的。）在图 33-19b 中，玻璃中的白色光线入射到玻璃-空气界面。蓝色成分还是弯折比红色成分更大，现在是 θ_{2b} 大于 θ_{2r}。

要使各种颜色的光分得更远，我们可以利用具有三角形截面的固体玻璃三棱镜，如图 33-20a 所示。第一个表面上的色散（见图 33-20a、b）被第二个表面上的色散加大。

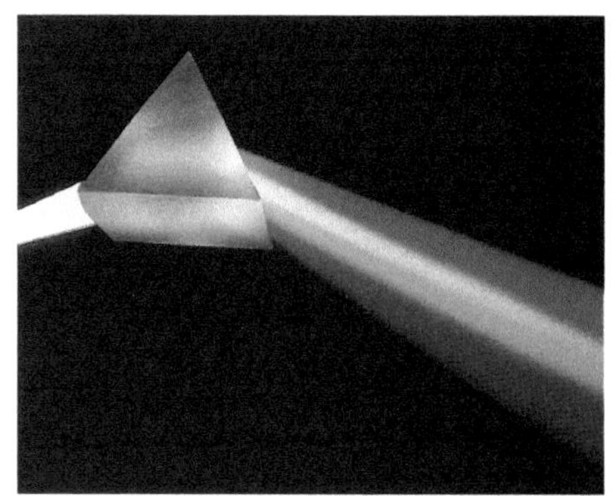

Courtesy Bausch & Lomb

(a)

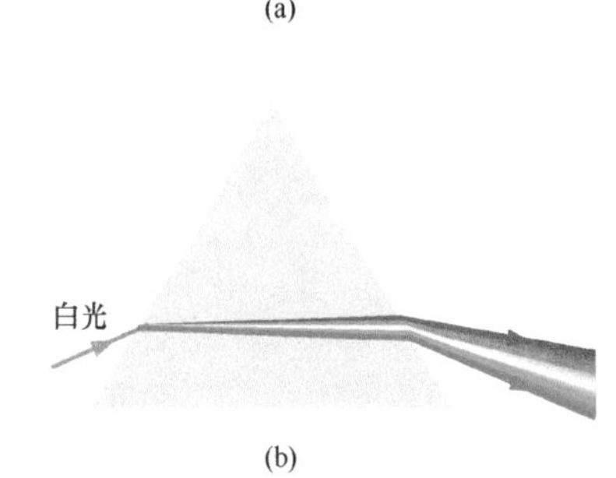

(b)

图 33-20 （a）三棱镜将白光分解成它包含各种颜色的成分。（b）在第一个表面发生色散，并且这种色散在第二个表面上增强了。

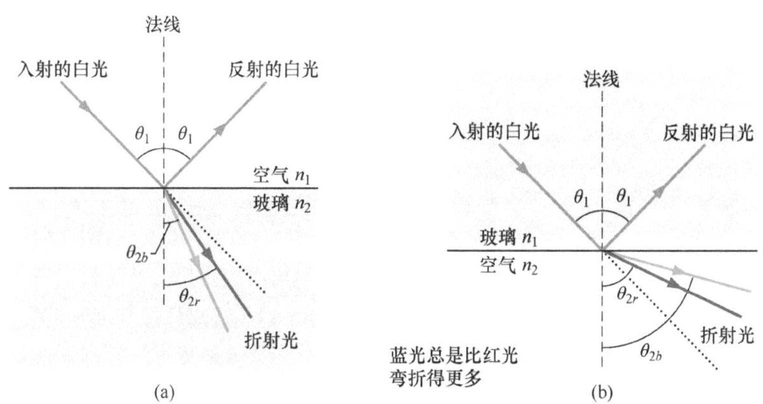

图 33-19 白光的色散。蓝色成分弯折比红色成分更多。（a）从空气到玻璃，蓝色成分的折射角较小。（b）从玻璃到空气，蓝色成分的折射角较大。点线表示如果没有折射所产生的弯折，光线的方向就会一直向前。

虹

最引人入胜的色散的例子是彩虹。当太阳光（它包含了所有可见的颜色）照射到下落的雨滴时，有一些光经过折射进入雨滴，从雨滴的内表面经过一次反射后又经折射离开雨滴。图 33-21a 画出了太阳在左边水平面上（所以太阳光是沿水平方向射来）的情形。第一次折射把太阳光分解成它所包含的各种颜色成分，第二次折射又将各种颜色的光分得更开。（图上只画出红色光和蓝色光。）如果有许多下落的雨滴被照亮，你的视线背向太阳，顺着背日点 A 的方向观察，水滴在 42°角方位上，你可以看见被雨滴分散的颜色。

为确定雨滴的位置，你背向太阳站立。沿太阳光射来的光路向着你头部阴影的方向举起你的双臂。然后向上、向右、或沿中间的位置运动你的右臂，直到你两臂间的角度等于 42°。如果被太阳照亮的雨滴正好在你右臂所指的方向上，你就可以在这个方向看见彩虹。

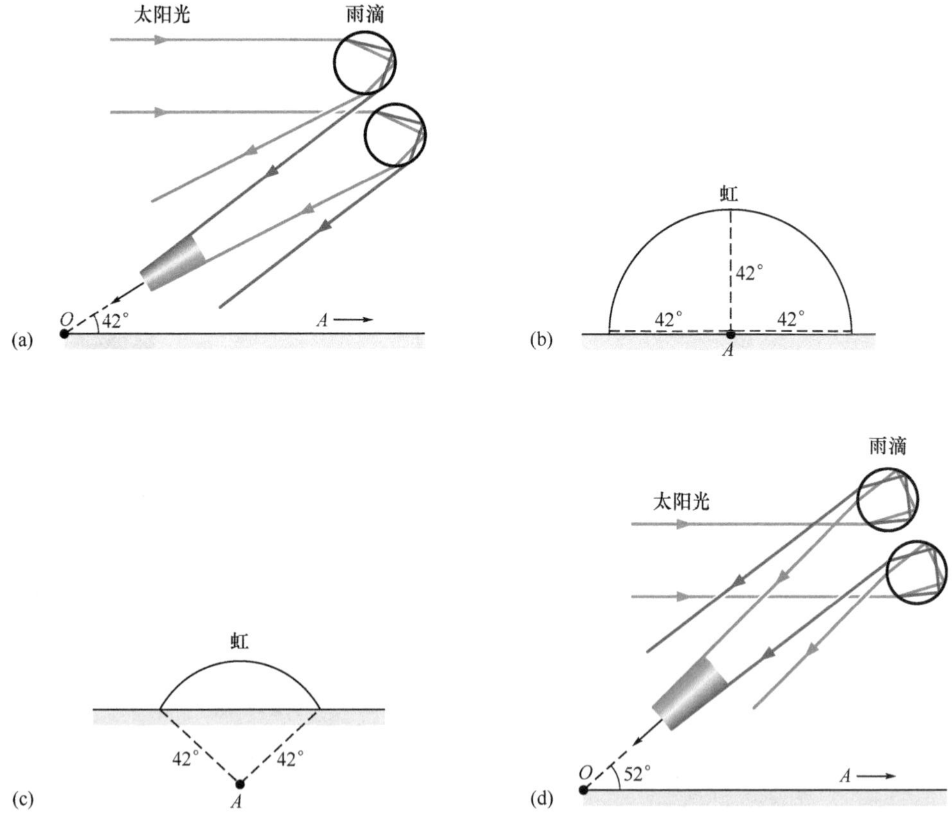

图 33-21 （a）颜色的分散。当太阳光射入下落的雨滴并返回射出时因折射会产生虹。背日点 A 在右边的水平面上。虹的彩色出现在 A 的方向上方 42°角。（b）A 点任何方位的 42°角方向上的雨滴都对虹的颜色有贡献。（c）太阳在更高的位置（因而 A 点更低）情况下的虹弧。（d）色散形成宽（副虹）的条件。

因为从 A 点测量 42°角的所有方向上的雨滴都对彩虹有贡献，所以虹总是一个围绕 A 点的 42°角方向上的圆弧（见图 33-21b），虹的最高点从来不会在水平线以上高于 42°。当太阳高于地平面时，A 的位置低于地平面，只可能出现较短并且较低的虹弧（见

图 33-21c)。

因为这种方式形成的虹是光在每一滴雨水中一次反射产生，它们被称为虹。霓（也叫副虹）是光在雨滴中两次反射形成，如图 33-21d 所示。霓的彩色出现在从 A 的方向的 52°角，霓比虹更宽也更暗一些，因而较难见到。还有，霓的颜色次序比之于虹的颜色次序是颠倒的，比较图 33-21 中的 a 和 d 你就可以看出来。

我们不可能对着耀眼的阳光在天空的某个位置看到出现在太阳方向的三次或四次反射的虹。但用特殊的技术可以通过照片得到。

检查点 5

这里的三幅图中哪一张在物理上是可能的（如果存在的话）？

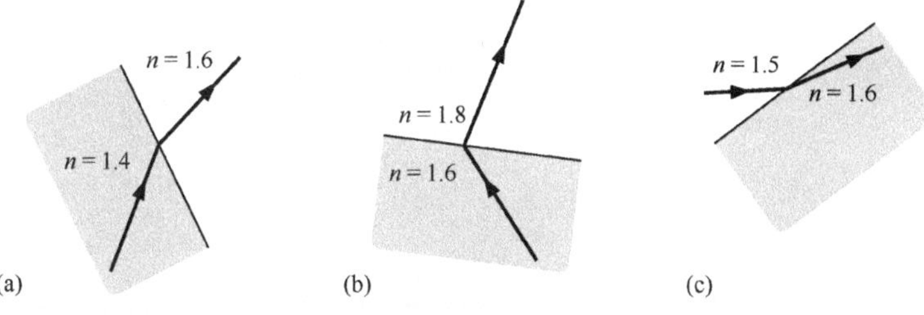

例题 33.03 单色光束的反射和折射

（a）在图 33-22a 中，一单色光束在折射率 $n_1=1.33$ 的材料 1 和折射率 $n_2=1.77$ 的材料 2 之间界面上的 A 点发生反射和折射。入射光束和界面成 50°角。在 A 点的反射角是多少？这一点上折射角是多大？

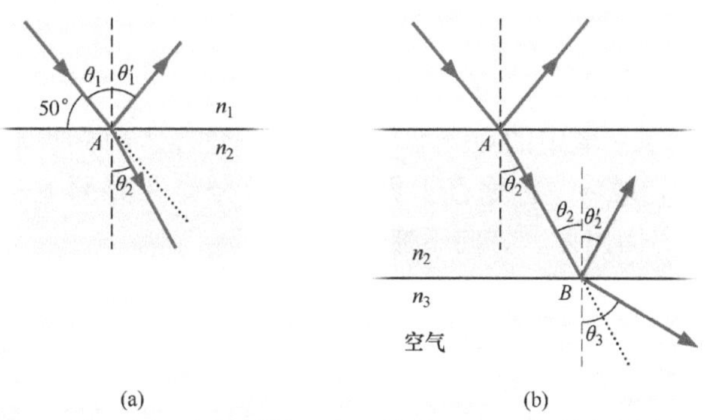

图 33-22 （a）光在材料 1 和 2 的界面上 A 点的反射和折射。（b）光通过材料 2，在材料 2 和 3（空气）的界面上的 B 点反射和折射。虚线表示法线。点线表示入射光的传播方向。

【关键概念】

（1）反射角等于入射角，两个角都是相对于反射点表面的法线测量的。（2）当光到达两种具有不同折射率（称它们为 n_1 和 n_2）的材料间的界面时，部分光通过界面折射，按照折射定律［式（33-40）］，有

$$n_2\sin\theta_2=n_1\sin\theta_1 \qquad (33\text{-}42)$$

其中，两个角度都是相对于折射点的法线测量的。

解： 图 33-22a 中，A 点的法线用通过这一点的虚线画出。注意，入射角 θ_1 并不是题目所给出的 50°，而是 $90°-50°=40°$。于是反射角是

$$\theta_1'=\theta_1=40° \qquad \text{（答案）}$$

通过材料 1 进入材料 2 的光束在两种材料之间界面上的 A 点经历折射。我们还是测量光线和过折射点的法线之间的角度。在图 33-22a 中，折射角是标记为 θ_2 的角。由式（33-42）解出 θ_2，得到

$$\theta_2=\arcsin\left(\frac{n_1}{n_2}\sin\theta_1\right)=\arcsin\left(\frac{1.33}{1.77}\sin40°\right)$$

$$=28.88°\approx29° \qquad \text{（答案）}$$

这一结果表明光束向法线偏折（原来的光束和法线间的角度是 40°而现在是 29°）。原因是，当光通过界面后进入了较大折射率的材料。小心，要注意光束不会弯折并越过法线从而出现在图 33-22a 中法线的左侧。

（b）从 A 点进入材料 2 的光束到达材料 2 和材料 3（这是空气）之间界面上的 B 点，如图 33-22b 所示。通过 B 点的界面平行于通过 A 点的界面。在 B 点，有一些光被反射，其余的进入空气。反射角是多少？进入空气的折射角是多大？

解：我们先要将 B 点的两个角度中的一个和已知的 A 点的角度联系起来。因为通过 B 点的界面平行于通过 A 点的界面，所以入射到 B 点的光束的入射角必定等于折射角 θ_2，如图 33-22b 所示。然后，我们再一次将反射定律应用于反射。于是，B 点的反射角是

$$\theta_2' = \theta_2 = 28.88° \approx 29° \qquad \text{（答案）}$$

下一步，通过材料 2 的光束在 B 点经过折射，以折射角 θ_3 进入空气。我们再次应用折射定律，但这一次我们把式（33-40）写成

$$n_3 \sin\theta_3 = n_2 \sin\theta_2 \qquad (33\text{-}43)$$

解出 θ_3，得到

$$\theta_3 = \arcsin\left(\frac{n_2}{n_3}\sin\theta_2\right) = \arcsin\left(\frac{1.77}{1.00}\sin 28.88°\right)$$

$$= 58.75° \approx 59° \qquad \text{（答案）}$$

由此，光束背离法线（入射时和法线成 29° 角，出射时变成 59°），这是因为光线进入了折射率较低的材料的缘故。

在 WileyPLUS 中可以找到附加的例题、视频和练习。

33-6　全内反射

学习目标

学完这一单元后，你应当能够……

33.45　用简图说明全内反射，图中包含入射角、临界角以及界面两侧材料折射率的相对数值。

33.46　认明以临界角入射时的折射角。

33.47　对于给定的两个折射率，计算临界角。

关键概念

- 一束光波遇到穿过它后折射率减小的边界时，如果入射角大于临界角 θ_c 就会发生全内反射。其中，临界角是

$$\theta_c = \arcsin\frac{n_2}{n_1} \quad \text{（临界角）}$$

全内反射

图 33-23a 表示从玻璃中的点光源 S 发射的单色光入射到玻璃和空气的界面，对光线 a，它垂直于界面，一部分光在界面上反射，其余的光通过界面出射、方向不变。

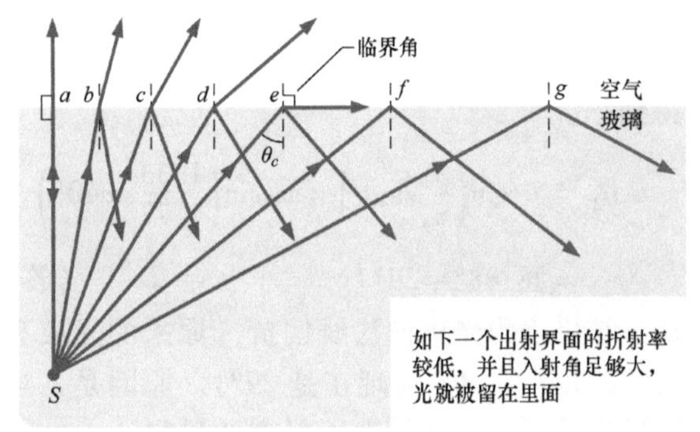

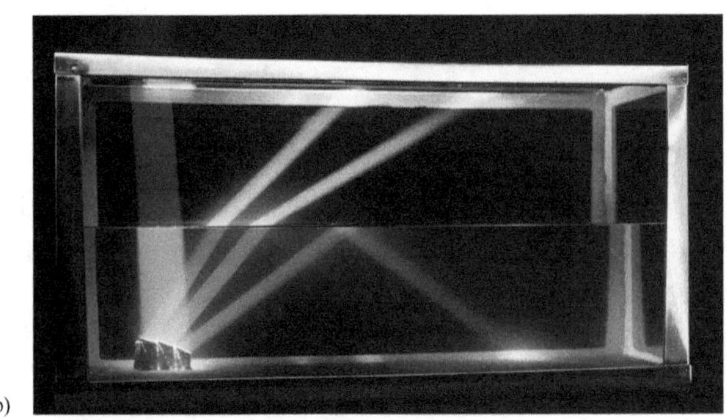

Ken Kay/Fundamental Photographs

图 33-23　（a）从玻璃中的点光源发射的光在入射角大于临界角 θ_c 的所有角度都会发生全内反射。在临界角，折射光线方向沿空气-玻璃界面传播。（b）水槽中的光源。

光线 b 到 e，界面上的入射角逐渐增大，在界面上都各有反射和折射光线两条，随着入射角的增大，折射角也在增大；光线 e 的折射角是90°，就是说折射光线方向沿着界面行进。这种情况下的入射角称为**临界角** θ_c。入射角大于 θ_c 的光线，图中的 f 和 g，没有折射光线，所有的光都被反射；这个效应称为**全内反射**，因为所有的光都留在了玻璃内。

为求 θ_c，我们利用式（33-40）。我们随意地用下标1表示玻璃，下标2表示空气。然后我们用 θ_c 代替 θ_1，90°代替 θ_2。由此得出

$$n_1 \sin\theta_c = n_2 \sin 90° \tag{33-44}$$

由此得到

$$\theta_c = \arcsin\frac{n_2}{n_1} \quad (临界角) \tag{33-45}$$

因为角度的正弦不会超过1，所以上式中的 n_2 不能超过 n_1。这个限制告诉我们，当入射光从折射率较小的介质中射出时不会发生全内反射。如果图33-23a中的光源 S 在空气中，它的入射到空气-玻璃界面上的每一条光线（包括 f 和 g）在此界面上各自既有反射也有折射。

全内反射在医学技术中有许多应用。例如，医生可以将很细的两股光导纤维通过胸腔壁进入动脉观察病人的动脉内部（见图33-24）。

光从一股光导纤维的外端引入，在光导纤维内经过许多次全内反射，虽然这股光导纤维是弯曲的，但大多数光最后都会从另一端射出，从而照亮动脉血管内部。从动脉血管内部反射的一部分光进入第二股光导纤维并以同样的方式沿光导纤维返回，转换成图像放映在显示屏上供医生观察检测，然后医生可以进行外科手术，例如置入支架之类。

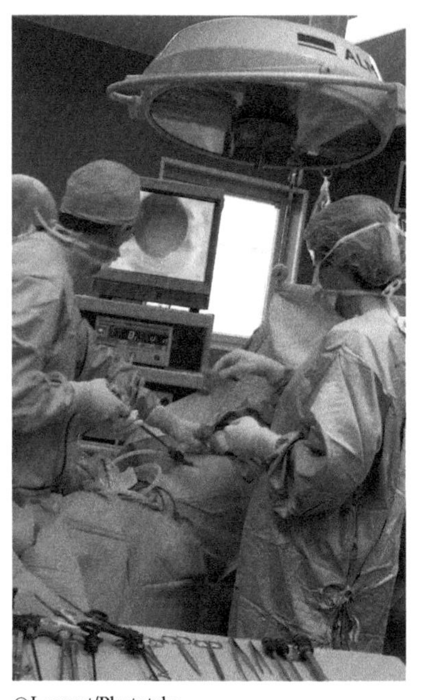

图33-24 用来观察动脉的内窥镜。

33-7 反射引起的偏振

学习目标

学完这一单元后，你应当能够……

33.48 用简图说明非偏振光从界面上反射后怎样能够转变成偏振光。

33.49 认明布儒斯特角。

33.50 应用布儒斯特角和界面两侧折射率之间的关系。

33.51 解释偏振太阳眼镜的作用。

关键概念

- 如光波以布儒斯特角 θ_B 入射到边界上，反射波是矢量 $\vec{E}$ 垂直于入射面的完全偏振波，其中

$$\theta_B = \arctan\frac{n_2}{n_1} \quad (布儒斯特角)$$

反射引起的偏振

你如果要减弱从例如水面反射的炫目太阳光可以通过偏振片（像偏振太阳眼镜）观察，并将偏振片以你的视线为轴旋转。可以

这样做的原理是因为从表面反射的光线因反射而成为完全或部分的偏振光。

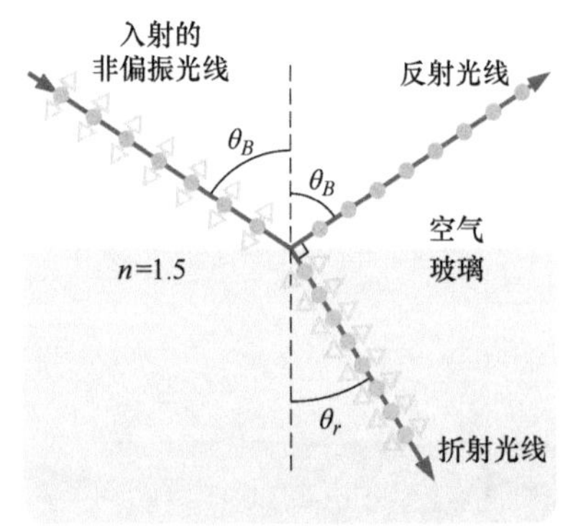

图 33-25 空气中非偏振光以布儒斯特角 θ_B 入射到玻璃表面。光的电场被分解成垂直于页面（就是入射光、反射光和折射光所在的平面）和平行于页面的分量。反射光中只有垂直于页面的分量，因而是这个方向偏振的光；折射光包括原来的平行于页面的分量以及较弱的垂直于页面的分量，折射光是部分偏振光。

图 33-25 表示非偏振光束入射到玻璃表面，我们把光的电场矢量分解为两个分量：垂直于入射面，也就是垂直于图 33-25 的图面的垂直分量；图上这种分量用点表示（好像我们看到矢量的尖端）。平行于入射面，也就是和页面平行的分量，这些用双头箭表示。因为入射光是非偏振的，所以这两个分量的大小相等。

一般说来，反射光也有两种分量，但它们的数值并不相等。这意味着反射光是部分偏振光——沿一个方向振荡的电场振幅大于沿另一个方向振荡的振幅。然而，当光以某一特定的入射角（称为布儒斯特角）θ_B 入射时，反射光中只有垂直分量，如图 33-25 所示。于是反射光是完全垂直于入射面的偏振光。入射光的平行分量并不会消失，而是（和垂直分量一起）折射进入玻璃。

偏振太阳眼镜。在 25-5 单元中讨论的玻璃、水和其他电介质材料上的反射可以使光变成部分或完全偏振光。当你观察从这种材料表面反射的太阳光时，会看到发生反射的表面位置有一个亮点（炫目光）。如果这个表面是像图 33-25 中的那样水平安放的，反射光是部分或完全水平偏振的。要消除这种水平表面上反射的炫目光，偏振太阳眼镜的镜片要将它们的偏振轴竖直安放。

布儒斯特定律

我们通过实验发现，以布儒斯特角 θ_B 入射的光线的反射光线和折射光线互相垂直。在图 33-25 中表示出反射光线以角度 θ_B 反射，折射光线以折射角 θ_r 折射，我们有

$$\theta_B + \theta_r = 90° \tag{33-46}$$

这两个角可以用式（33-40）联系起来。我们随意规定式（33-40）中入射光和反射光所在的介质材料用下标 1 表示。由这个方程式，我们有

$$n_1 \sin\theta_B = n_2 \sin\theta_r \tag{33-47}$$

把以上两个式子组合起来，得到

$$n_1 \sin\theta_B = n_2 \sin(90° - \theta_B) = n_2 \cos\theta_B \tag{33-48}$$

由此得到

$$\theta_B = \arctan\frac{n_2}{n_1} \quad (\text{布儒斯特角}) \tag{33-49}$$

[要小心，式（33-49）的下标不能任意调换，因为我们已经规定了它们的意义。] 如果入射光和反射光是在空气中，我们可以近似取 n_1 等于 1，用 n 代替 n_2，就可以把式（33-49）写成

$$\theta_B = \arctan n \quad (\text{布儒斯特定律}) \tag{33-50}$$

式（33-49）的这个简化形式是熟知的**布儒斯特定律**。和 θ_B 一样，它们的名称来自 1812 年实验发现这二者的戴维 · 布儒斯特爵士（Sir David Brewster）。

复习和总结

电磁波　电磁波由振荡的电场和磁场组成。电磁波的各种可能的频率形成波谱，其中很小的一部分是可见光。沿 x 轴传播的电磁波的电场强度 $\vec{E}$ 和磁感应强度 $\vec{B}$ 的数值分别依赖于 x 和 t：

$$E = E_m\sin(kx - \omega t)$$

和

$$B = B_m\sin(kx - \omega t) \qquad (33\text{-}1,\ 33\text{-}2)$$

其中，E_m 和 B_m 分别是 $\vec{E}$ 和 $\vec{B}$ 的振幅。振荡的电场感应产生磁场，振荡的磁场感应产生电场。任何电磁波在真空中的速率都是 c，它可以写成

$$c = \frac{E}{B} = \frac{1}{\sqrt{\mu_0\varepsilon_0}} \qquad (33\text{-}5,\ 33\text{-}3)$$

其中，E 和 B 分别是电场和磁场的瞬时值（非零的）。

能流　电磁波能量通过单位面积输运的速率由坡印亭矢量 $\vec{S}$ 给出：

$$\vec{S} = \frac{1}{\mu_0}\vec{E}\times\vec{B} \qquad (33\text{-}19)$$

$\vec{S}$ 的方向（就是波传播的方向和能量输运的方向）垂直于 $\vec{E}$ 的方向也垂直于 $\vec{B}$ 的方向。通过单位面积输运能量的时间平均值是 S_{avg}，它称作波的强度 I：

$$I = \frac{1}{c\mu_0}E_{rms}^2 \qquad (33\text{-}26)$$

其中，$E_{rms} = E_m/\sqrt{2}$。电磁波的点波源各向同性地——即所有方向上强度相等——发射电磁波。离开功率为 P_s 的点波源距离 r 处波的强度是

$$I = \frac{P_s}{4\pi r^2} \qquad (33\text{-}27)$$

辐射压　当一个表面拦截电磁辐射时，有力和压强作用在表面上。如果辐射全部被表面吸收，力的数值是

$$F = \frac{IA}{c} \quad (\text{完全吸收}) \qquad (33\text{-}32)$$

其中，I 是辐射的强度；A 是垂直于辐射传播路径的表面的面积。如果辐射全部被反射并沿原来的入射路径返回，力是

$$F = \frac{2IA}{c} \quad (\text{全部反射,沿入射路径返回}) \qquad (33\text{-}33)$$

辐射压 p_r 是单位面积上的力：

$$p_r = \frac{I}{c} \quad (\text{完全吸收}) \qquad (33\text{-}34)$$

和

$$p_r = \frac{2I}{c} \quad (\text{全部沿入射路径反射回去}) \qquad (33\text{-}35)$$

偏振　如果电磁波的电场矢量都在称为*振动面*的同一平面上，则称电磁波是**偏振**的。从迎着电磁波射来的方向观察，电场矢量平行于和波传播路径垂直的一个坐标轴振荡。从普通光源发出的光波不是偏振的；即它们是**非偏振光或无规偏振的**。从迎着光射来的方向观察，电场矢量平行于和波的传播路径垂直的每一可能的轴振荡。

偏振片　将偏振片放在光路上，只有光的电场分量平行于偏振片的**起偏方向**的光能够透过偏振片；电场垂直于起偏方向的光分量则被吸收。从偏振片出射的光是平行于起偏方向的偏振光。

如果原来的入射光是非偏振的，则透射光的强度 I 是原来光强 I_0 的一半：

$$I = \frac{1}{2}I_0 \qquad (33\text{-}36)$$

如果原来的入射光是偏振光，则透射的光强依赖于入射光原来的偏振方向（电场沿着它振荡的轴）和偏振片的起偏方向间的夹角 θ：

$$I = I_0\cos^2\theta \qquad (33\text{-}38)$$

几何光学　几何光学是用光线表示光波的光的近似处理。

反射和折射　当光线遇到两种透明介质的边界时，通常会出现**反射**光线和**折射**光线。这两条光线都在入射面内。**反射角**等于入射角，**折射角**通过折射定律和入射角相联系，即

$$n_2\sin\theta_2 = n_1\sin\theta_1 \quad (\text{折射}) \qquad (33\text{-}40)$$

其中，n_1 和 n_2 分别是入射光线和折射光线所在介质的折射率。

全内反射　光波遇到穿过它后折射率减小的边界时，如果入射角超过某个**临界角**

$$\theta_c = \arcsin\frac{n_2}{n_1} \quad (\text{临界角}) \qquad (33\text{-}45)$$

就会发生全内反射。

反射产生的偏振　如果非偏振入射波以**布儒斯特角** θ_B 入射到界面，这里的 θ_B 是

$$\theta_B = \arctan\frac{n_2}{n_1} \quad (\text{布儒斯特角}) \qquad (33\text{-}49)$$

则反射光是 $\vec{E}$ 矢量垂直于入射面的完全**偏振光**。

习题

1. 一束偏振光射入含有两个偏振片的系统。相对于入射光的偏振方向，第一块偏振片的起偏方向的角度是 θ，第二块是 90°。(a) 如果有 0.20 的入射光强通过两块偏振片透射，θ 是多少？(b) 如果第一块偏振片的角度是 0°，透射光是入射光的百分之多少？

2. 图 33-26 中，起初是非偏振的光射入包含三块偏振片的系统，它们的起振方向相对于 y 轴方向成 $\theta_1 = \theta_2 = \theta_3 = 40°$角。(a) 系统初始光强的百分之几能透过系统？

（提示：仔细计算角度。）（b）出射光偏振方向相对于 y 轴的角度是多少？（除了给出角度外还要指出顺时针还是逆时针旋转。）

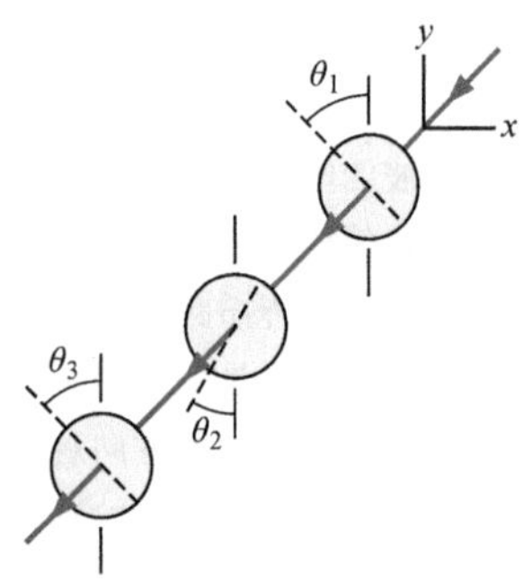

图 33-26　习题 2、3 图

3. 图 33-26 中，初始是非偏振的光射入包含三块偏振片的系统，它们的起偏方向相对于 y 轴方向是 $\theta_1=40°$，$\theta_2=10°$，$\theta_3=40°$。（a）初始光强的百分之几透过系统？（提示：小心计算角度。）（b）出射光的偏振方向和 y 轴成多少度角？（给出角度并指出顺时针转动还是逆时针转动。）

4. 图 33-27 中，强度为 43W/m^2 的非偏振光束射入起偏方向相对于 y 轴为 $\theta_1=60°$ 和 $\theta_2=90°$ 的两块偏振片组成的系统。从系统透射的光的强度为多少？

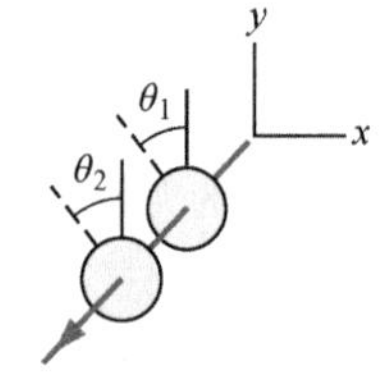

图 33-27　习题 4、5、6 图

5. 图 33-27 中，强度为 43W/m^2 并且平行于 y 轴偏振的光束射入相对于 y 轴的起偏方向为 $\theta_1=70°$、$\theta_2=90°$ 的两块偏振片组成的系统。（a）两偏振片系统透射的光强为多少？（b）如果起初入射光的偏振方向平行于 x 轴，透射光强又为多少？

6. 图 33-27 中，非偏振光射入由两块偏振片组成的系统。偏振片的起偏方向 θ_1 和 θ_2 从 y 轴正方向沿逆时针测量（它们在图中并没有按比例绘出）。角度 θ_1 固定不变，角度 θ_2 可以改变。图 33-28 给出从偏振片 2 出射的光的强度作为 θ_2 的函数。（强度坐标的标度并没有标出。）当 $\theta_2=110°$时，从两块偏振片组成的系统透射的光的强度是初始入射光强度的百分之几？

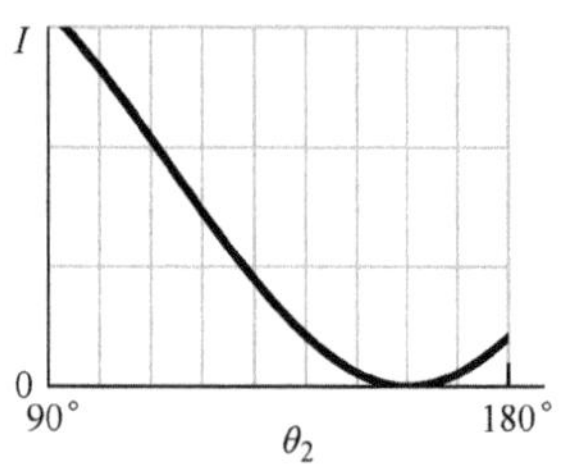

图 33-28　习题 6 图

7. 图 33-29 中，光在 P 点以入射角 θ 射入顶角为 90° 角的三棱镜，一部分光在棱镜中折射到 Q 点，从棱镜出射的折射角是 90°。（a）用 θ 表示的棱镜材料的折射率有多大？（b）折射率可以具有的最大数值是多少？如果 P 点的入射角是（c）略微增大或（d）略微减小时，光是否会在 Q 点出射？（e）如果折射率是 1.30，入射角是多大？

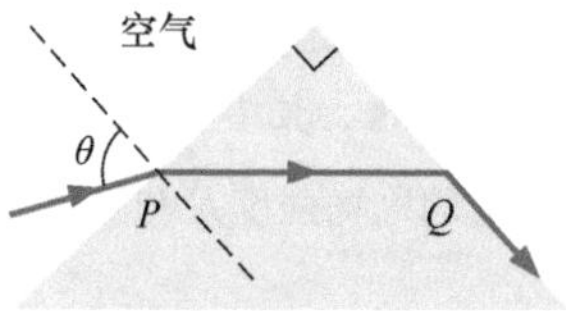

图 33-29　习题 7 图

8. 图 33-30 中，非偏振光入射到由三块偏振片组成的系统。透射方向的角度 θ_1、θ_2 和 θ_3 从 y 轴正方向沿逆时针测量（角度没有按比例画出）。角度 θ_1 和 θ_3 固定不变，但 θ_2 可以改变。图 33-31 给出从偏振片 3 出射的光的强度作为 θ_2 的函数。（强度轴的标度没有给出。）当 $\theta_2=35°$时，系统透射的光强是原来入射光强的百分之多少？

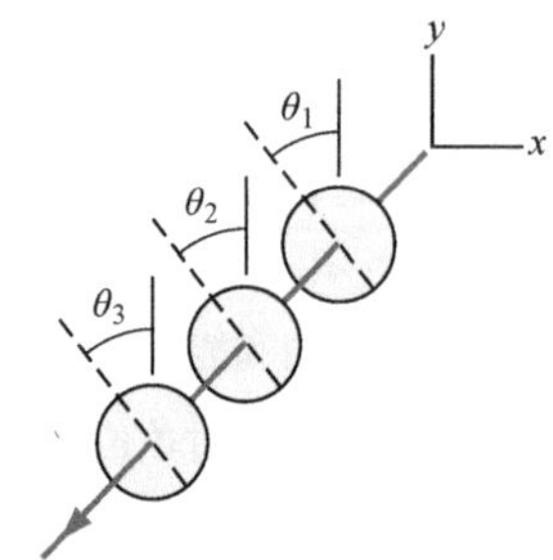

图 33-30　习题 8、10、12 图

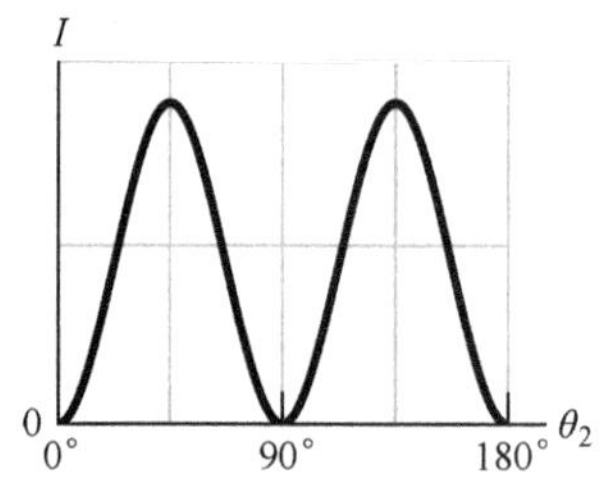

图 33-31　习题 8 图

9. 图 33-32 中的矩形金属水槽中充满了直到顶部的未知液体，O 点处观察者的眼睛和水槽顶部在同一水平面上，他正好看见 E 点。图上画出在液体上表面折射向着 O 点传播的一条光线。如果 $D=85.0\text{cm}$，$L=0.680\text{m}$，液体的折射率是多少？

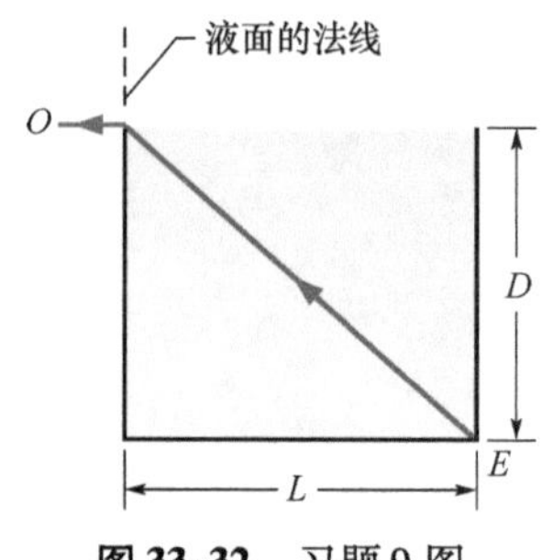

图 33-32　习题 9 图

10. 图 33-30 中，非偏振光射入由三块偏振片组成的

系统。起偏方向的角度是 θ_1、θ_2 和 θ_3 是相对于 y 轴正方向逆时针测量的（它们都没有按比例画出）。角度 θ_1 和 θ_3 固定不变，但 θ_2 可以改变。图 33-33 给出从偏振片 3 出射的光强作为 θ_2 的函数。（强度轴的标度没有标出。）当 $\theta_2 = 110°$时，初始入射光强的百分之多少可以透过三块偏振片组成的系统出射？

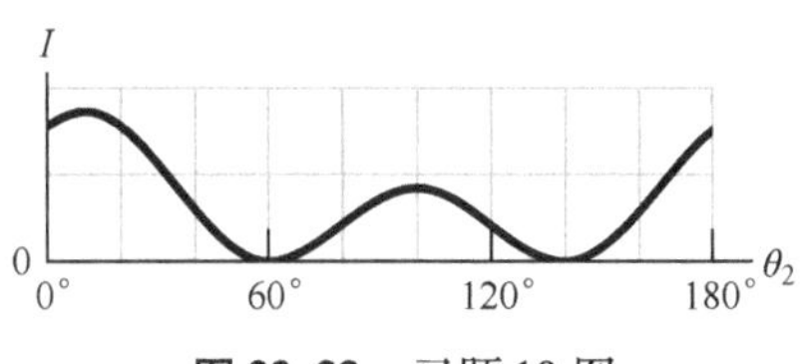

图 33-33 习题 10 图

11. 当一束偏振光通过一块或几块偏振片后，我们可以使它的偏振方向转过 90°。(a) 所需偏振片最小的数目是几块？(b) 如果要使透射的光强大于原来光强的 65%，至少要用几块偏振片？

12. 图 33-30 中，非偏振光射入由三块偏振片组成的系统，透过的光强是原来光强的 0.0450。第一块和第三块偏振片的起偏方向的角度分别为 $\theta_1 = 0°$，$\theta_3 = 90°$。求偏振片 2 的起偏方向的角度 θ_2（$< 90°$）的 (a) 较小和 (b) 较大的数值。

13. 图 33-34 中，光线从空气入射到玻璃三棱镜的一个面上。入射角 θ 这样选择：即能够使出射光线和它的另一个面的法线成同样的角度 θ。证明玻璃棱镜的折射率 n 是

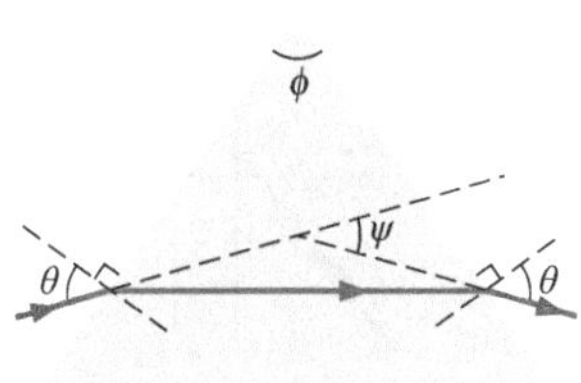

图 33-34 习题 13、14 图

$$n = \frac{\sin \frac{1}{2}(\Psi + \phi)}{\sin \frac{1}{2}\phi}$$

其中，ϕ 是棱镜的顶角。Ψ 是*偏向角*，就是光线通过棱镜后转向的总角度。（在这样的条件下，Ψ 有称为*最小偏向角*的最小可能值。）

14. 设图 33-34 中的三棱镜的顶角 $\phi = 60.0°$；折射率 $n = 1.56$。(a) 要使光线能够从棱镜的左面进入并从右面出射的入射角 θ 最小是多少？(b) 入射角 θ 是多少时才能使光线像图 33-34 中那样以同样的角度 θ 折射出棱镜？

15. 当彗星在靠近太阳附近绕行返回的时候，彗星表面的冰会蒸发，并释放出俘获的尘埃粒子和离子。因为离子是带电的粒子，所以它们会受到带电荷的*太阳风*的作用力的推动形成沿径向背离太阳方向的直线形的*离子彗尾*（见图 33-35）。（电中性的）尘埃粒子受到太阳光辐射力的作用，从太阳沿径向被推向外。假设尘埃粒子是球形的，密度为 $3.0 \times 10^3 kg/m^3$，并且是完全吸收体。(a) 为了能像图中的路径 2 那样沿一直线运动，粒子的半径必须多大？(b) 如果它的半径更大，则它的路径弯曲是离开太阳（路径 1）还是朝向着太阳（路径 3）？

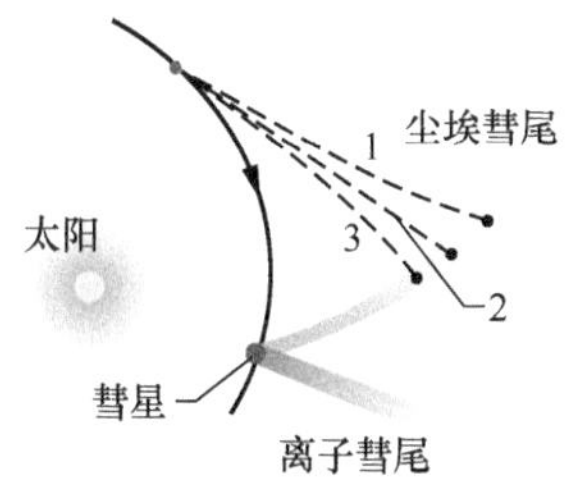

图 33-35 习题 15 图

16. 沙滩上，沙和水反射的光通常是部分偏振光。在某个沙滩上，某一天的日落时分，电场矢量的水平分量是竖直分量的 2.0 倍。一位站立着的日光浴者戴着偏振太阳眼镜；眼镜消除了水平的电场分量。(a) 日光浴者在戴上太阳镜前接收到的光强中有多少比例的光强现在进入了他的眼睛？(b) 日光浴者戴着眼镜侧身躺下。未戴太阳镜前的光强中现在又有多少比例的光强进入他的眼睛？

17. 部分偏振光束可以看作偏振光和非偏振光的混合物。假定我们把这样的一束光通过偏振滤波器，然后保持滤波器垂直于光束转动 360°。如果在转动过程中透射光强以 4.0 的倍数变化，则原来光束中有多少比例的光强是偏振光？

18. *方形雨滴产生的彩虹*。假如在某个超现实世界中，雨滴都有正方形截面，并且落下时总是有一个面处于水平位置。图 33-36 就表示这样的一滴下落的雨滴。一束白光在 P 点以 $\theta = 65.0°$ 的入射角射入。进入雨滴的那部分光到达 A 点，在这一点上有一些光折射进入空气，其余的反射，然后反射光到达 B 点，这里又有一些光折射进入空气，其余的反射。(a) 在 A 点和 (b) 在 B 点出射的红光（$n = 1.331$）和蓝光（$n = 1.343$）的角度差各是多少？（譬如说在 A 点出射的两束光的角度差就是虹的角宽度。）

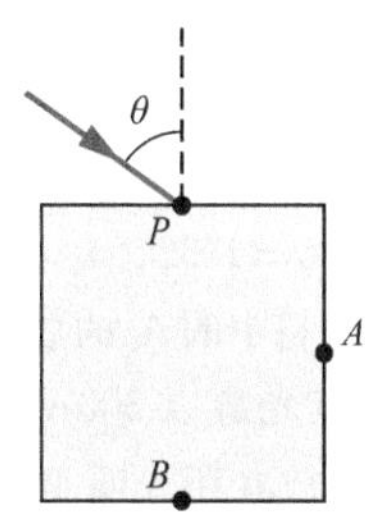

图 33-36 习题 18 图

19. 在图 33-37 中，一根 2.50m 长的杆子竖直放置在游泳池底，它在水面以上的长度是 50.0cm。太阳光以角度 $\theta = 55.0°$ 入射，杆子在游泳池底的影子长度是多少？

20. 在图 33-38a 中，材料 1 中有一束光以入射角$\theta_1 =$

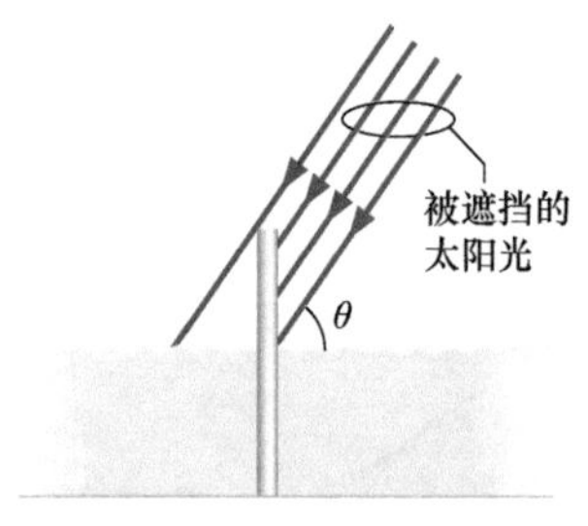

图 33-37 习题19图

40°入射到边界。一部分光通过材料2，以后又有一部分光进入材料3。三种材料之间的两个边界是平行的。最后的光束方向部分依赖于第三种材料的折射率 n_3。图33-38b给出在第三种材料折射率 n_3 可能的数值范围内，n_3 对折射角 θ_3 的曲线图。纵轴坐标 $\theta_{3a}=30.0°$，$\theta_{3b}=50.0°$。(a) 材料1的折射率是多少？或者说如果没有更多的信息是不可能求出它的折射率的。(b) 材料2的折射率是多少？或者说如果没有更多的信息是不可能求出它的折射率的？(c) 如果 θ_1 改变到75°，材料3的折射率是2.4，则 θ_3 是多大？

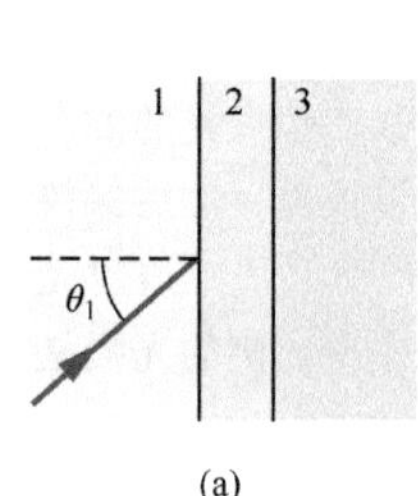

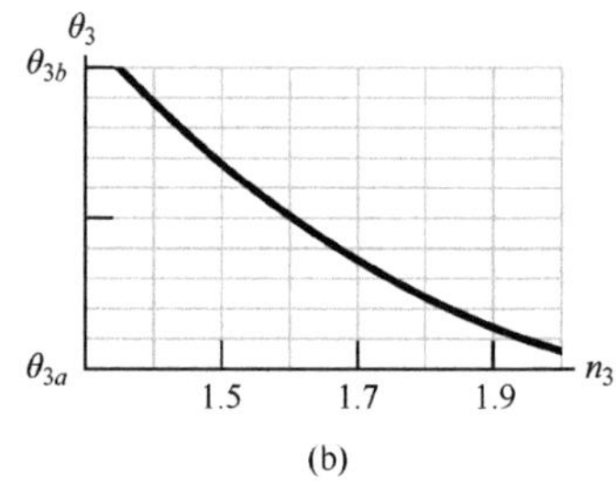

图 33-38 习题20图

21. 光从真空入射到玻璃板表面。光束在真空中和表面的法线成32.0°角，光束进入玻璃后与法线成16.0°角，玻璃的折射率是多大？

22. 某种型号的玻璃对红色光的折射率是1.62。(a) 光（在空气中）以什么角度在玻璃上反射会成为完全偏振光？(b) 与红色光相比，蓝色光完全偏振的反射角更大还是更小？

23. 图33-39中，光线以入射角 $\theta_1=40.1°$ 入射到两种透明材料的分界面。一部分光透过下面三层透明材料向下传播。另一部分光向上反射并逸出材料进入空气。如果 $n_1=1.30$，$n_2=1.40$，$n_3=1.32$，$n_4=1.75$。(a) 空气中的 θ_5 和 (b) 最下层材料中的 θ_4 的数值各是多少？

24. 各向同性的点光源以300W的功率发射波长为500nm的光。光探测器放在距光源400m外。在探测器的位置上，光的磁分量变化的最大速率 $\frac{\partial B}{\partial t}$ 是多少？

25. 图33-40中，光线从垂直于玻璃棱镜（$n=1.81$）的 ab 面射入。要使光线在 ac 面上发生全反射，ϕ 角的最大值应是多少？如果棱镜分别浸没在 (a) 空气中，(b) 水中，情况又如何？

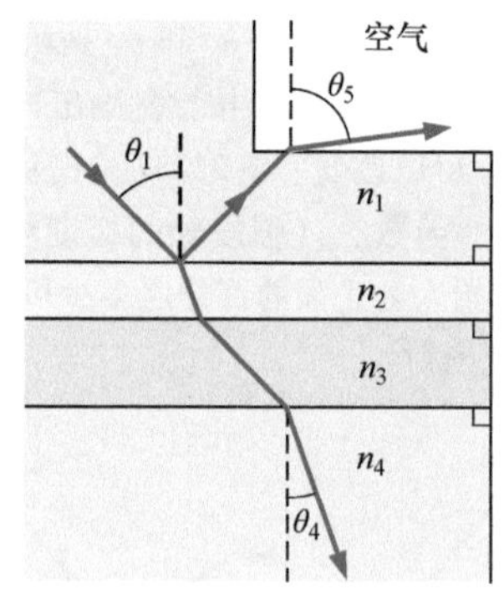

图 33-39 习题23图

图 33-40 习题25图

26. **窗玻璃中的色散**。图33-41中，一束白光以入射角 $\theta=40°$ 入射到普通的窗玻璃（图中为它的截面）。窗玻璃材料的折射率在可见光范围内从光谱蓝色端的1.524到红色端的1.509。窗玻璃的两面是平行的。问在白光光束中这两种颜色分散的角度各是多大：(a) 光进入窗玻璃后，(b) 从玻璃另一边出射时。（提示：当你透过窗玻璃观察物体时，从该物体射来的光的颜色是不是会像图33-20中那样发生色散？）

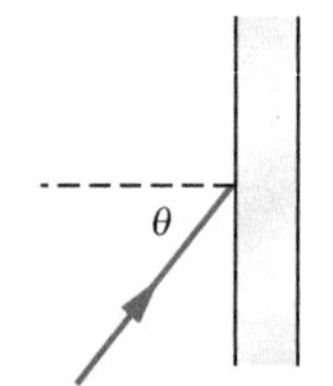

图 33-41 习题26图

27. 距离各向同性的点光源27m处的电场强度的最大值是17V/m。求 (a) 磁感应强度的最大值，(b) 这个位置的平均光强及 (c) 光源的功率。

28. 从太阳传来的辐射到达地球（大气层外）时的强度是1.4kW/m²。(a) 假设地球（和它的大气层）像一个垂直于太阳光的平的盘子并且吸收所有入射能量，求辐射压作用在地球上的力。(b) 作为比较，计算这个力与太阳的引力的比例。

29. 图33-42表示光在两个相互垂直的反射面 A 和 B 上的反射。求入射光线 i 和出射光线 r' 之间的角度。

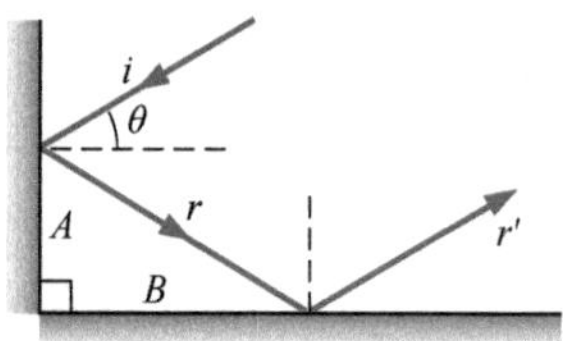

图 33-42 习题29图

30. 图 33-43a 中，材料 1 中有一束光以入射角 $\theta_1 = 30°$ 入射到边界上。光进入材料 2 时，折射角的大小部分依赖于材料 2 的折射率 n_2。图 33-43b 给出在 n_2 数值的可能范围内折射角 θ_2 对 n_2 的曲线。纵轴坐标 $\theta_{2a} = 20.0°$，$\theta_{2b} = 40.0°$。(a) 材料 1 的折射率是多大？(b) 如果入射角变成 65°，材料 2 的折射率是 $n_2 = 2.4$，则角度 θ_2 为多大？

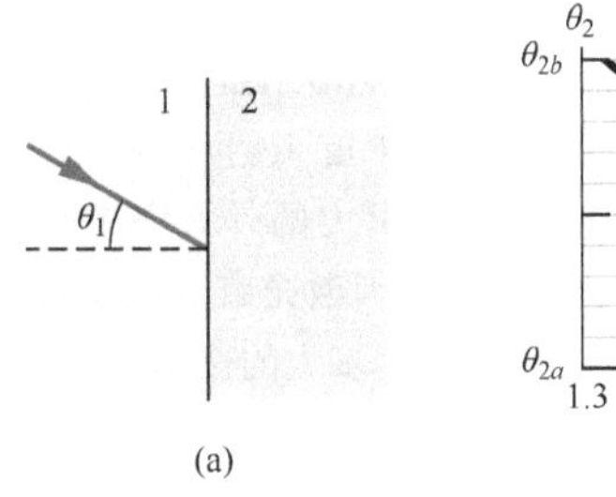

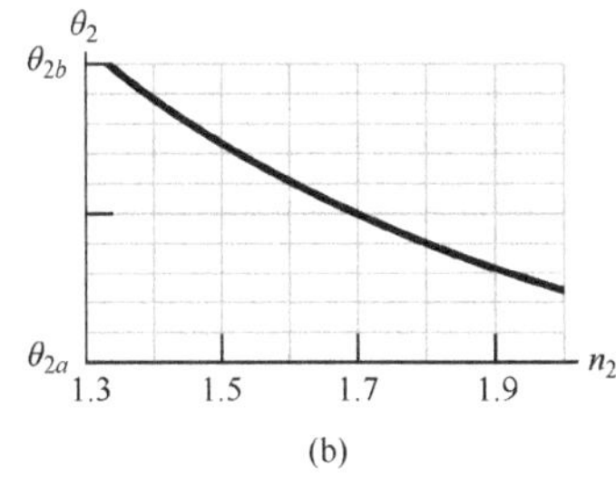

图 33-43 习题 30 图

31. 图 33-44 中，原来在材料 1 中的一束光折射进入材料 2，在穿过材料 2 后又以临界角入射到材料 2 和材料 3 的界面。三种材料的折射率分别是 $n_1 = 1.80$，$n_2 = 1.40$，$n_3 = 1.20$。(a) θ 角多大？(b) 如果 θ 增大，有没有光折射进入材料 3？

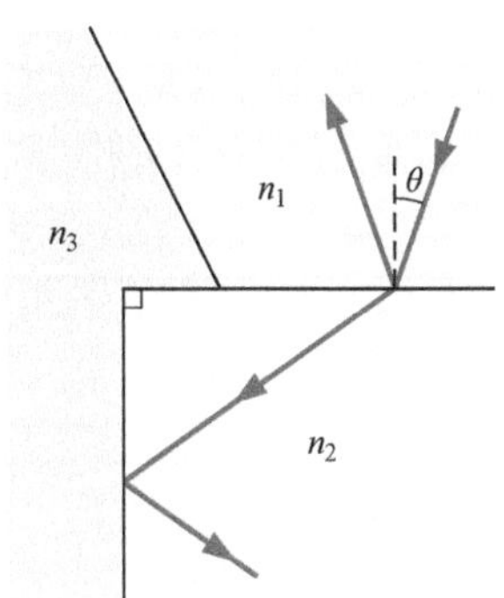

图 33-44 习题 31 图

32. 平面无线电波的电场分量的最大值是 8.00V/m。计算 (a) 磁场分量的最大值，(b) 波的强度。

33. 水面以下 1.20m 处有一点光源。求从水面出射的光在水面上投影的圆的直径。

34. 要使你的两只手相距 2.0 光纳秒（光在 2.0ns 时间内通过的距离），这相当于多长的距离？

35. 波长为 5.0m 的平面电磁波在真空中沿 x 轴正方向传播。振幅为 215V/m 的电场平行于 y 轴振荡。波的 (a) 频率、(b) 角频率和 (c) 角波数各是多少？(d) 磁场分量的振幅多大？(e) 磁场平行于哪条轴振荡？(f) 这列波的以瓦特每平方米为单位的能流的时间平均值是多少？波均匀照明 $2.0m^2$ 的面积。如果表面对波完全吸收，求 (g) 单位时间内传递给表面的功率和 (h) 对表面的辐射压。

36. 面积为 $A = 2.0cm^2$ 的一张完全吸收黑色的卡片遮挡了从照相机闪光灯发出的强度为 $20W/m^2$ 的光。光对卡片产生的辐射压多大？

37. 如果平面电磁行波的 B_m 是 $3.0 \times 10^{-4}T$，则波的强度多大？

38. 苯的折射率是 1.8。对于一束从苯中射向其上方的平面水层的光线，其临界角是多少？

39. 图 33-45 画出了极度简化的光导纤维：塑料芯 ($n_1 = 1.58$) 被塑料外皮 ($n_2 = 1.46$) 包裹。光束以入射角 θ 射入纤维的一端。光束在 A 点的塑料芯与外皮边界上发生全内反射，（因此光在边界上没有损耗。）允许在 A 点发生全内反射的 θ 角的最大值是多少？

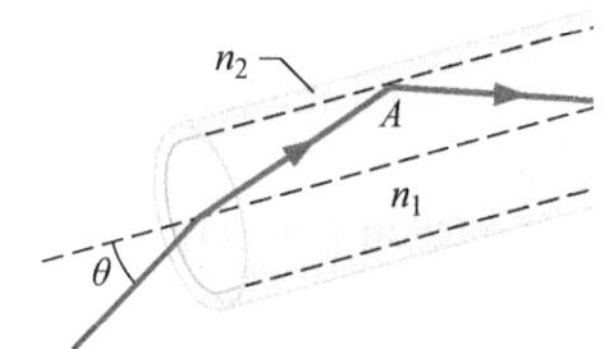

图 33-45 习题 39 图

40. 平静湖面下的 1.50m 处有一条猫鱼。(a) 猫鱼通过水面上一个圆形范围的湖面观察水面以外的世界，这个圆的直径多大？(b) 如果猫鱼下沉，那么这个圆的直径增大、减小还是不变？

41. 证明：平面电磁波垂直地入射到平的表面上，则作用在表面上的辐射压等于入射波束的能量密度。（这个压强和能量密度的关系无论入射能量中有多少比例被反射都成立。）

42. 搜寻地外文明计划（Search for Extra-Terrestrial Intelligence，SETI）的研究者弗兰克·德雷克（Frank D. Drake）曾称，位于波多黎各的巨大的阿雷西博（Arecibo）射电望远镜（见图 33-46）“可以探测出到达整个地球表面、功率只有 1pW（皮瓦）的信号。”(a) 阿雷西博望远镜天线的直径是 300m，对这样的信号，这个天线接收到的功率有多大？(b) 9000 光年外的各向同性光源要有多大的功率才可以提供这样的信号？光年（ly）是光在一年中传播的距离。

Courtesy SRI International, USRA, UMET

图 33-46 习题 42 图
阿雷西博射电望远镜

43. 从图33-2中看出标准观察者的眼睛具有最大灵敏度一半的（a）较短的波长和（b）较长的波长的近似值各是多少？眼睛最大灵敏度处光的（c）波长、（d）频率和（e）周期各是多少？

44. 发射波长为633nm的光束的小型激光器的功率为5.00mW。它能将激光束聚焦（变细）直到光束直径等于光路上一个小球的直径1206nm。小球密度为$5.00\times10^3kg/m^3$，并能完全吸收光。求（a）小球位置的光束强度，（b）作用于小球上的辐射压，（c）相应力的数值，（d）这个唯一作用在小球上的力的加速度的数值。

45. 紧靠地球大气外部的太阳光的强度是$1.40kW/m^2$。求那里太阳光的（a）E_m，（b）B_m，（c）E_{rms}，（d）B_{rms}，设到达那里的太阳光是平面波。

46. 有人提出，可以用金属薄片做成巨大的帆，再利用辐射压推动太阳系中的宇宙飞船。如果要求辐射压力与太阳的引力作用相等，帆的面积需要多大？设宇宙飞船加上帆的总质量是1800kg，帆完全反射光，并且帆的取向垂直于太阳光。所需的参数可参考附录C。（如果用较大的帆，宇宙飞船就会被不停地驱离太阳。）

47. 在水（折射率1.33）中传播的光束入射到一块玻璃板（折射率1.71）。以怎样的入射角入射，反射光会是完全偏振的？

48. 设（不现实地）电视发射台是一个点波源，并各向同性地以功率3.0MW发射广播。它发射的信号到达离我们的太阳系最近的恒星，也就是距离为4.3ly的比邻星（Proxima Centauri）时的强度有多大？（在这个距离上的外星文明可能正在观看《X档案》）（《X档案》是幻想外星文明的一部电视剧。译者注。）光年（ly）是光在一年时间里传播的距离。

49. 图33-47的光路图中，角度没有按比例画出，光线以临界角入射到介质2和介质3的界面。角度$\phi=71.0°$，两个介质的折射率分别是$n_1=1.70$，$n_2=1.60$。求（a）折射率n_3，（b）角度θ。（c）如果θ减小，光线是否会折射进入介质3？

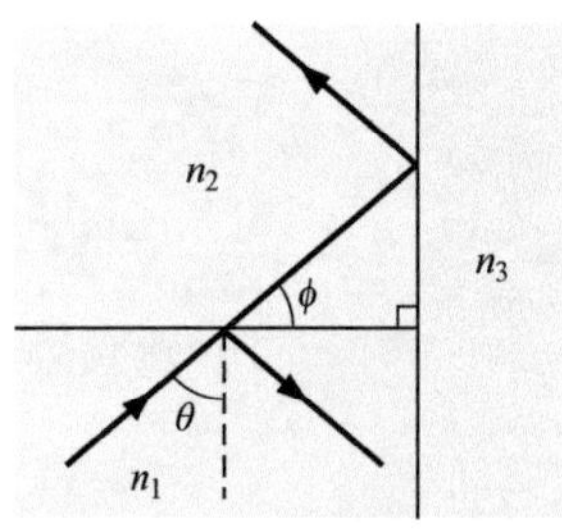

图33-47 习题49图

50. 平面电磁波的电场最大数值是$1.80\times10^{-4}V/m$。求磁场振幅。

51. 利用大功率激光的辐射压可以压缩等离子体（带电粒子的气体）。辐射脉冲峰值功率为4.5×10^3MW的激光束聚焦在面积为$0.80mm^2$的高电子密度等离子体上。如果等离子体把所有光束沿原路直接反射回去。求作用于等离子体上的压强。

52. “海员项目”（Project Seafarer）是一个雄心勃勃的计划，这项计划的主要任务是建立一个埋没在海底地基上的、面积大约为$10000km^2$的庞大天线。它的目的是给潜入深海的潜水艇传送信号。如果它的有效波长是地球半径的2.0×10^4倍，它发射的辐射的（a）频率和（b）周期各是多少？通常，电磁辐射不能透入像海水这样的导体很深的距离，因而，常规的信号不能到达潜水艇。

53. 质量只有1.5×10^3kg的小型宇宙飞船（乘坐一位宇航员）在可以忽略作用在其上的引力的外太空中漂浮。如果宇航员打开25kW的激光束，因激光束带走了动量，在45.0天的时间中宇宙飞船会得到多大的速率？

54. 在图33-48中，光线从空气中以入射角θ_1入射到折射率为1.56的透明塑料块中。图上所示的尺寸：$H=2.00cm$，$W=3.00cm$。光线通过塑料块射到它的一边，光在这一面上反射（在塑料块里面）也可能有折射（进入空气）。这是*第一次反射*的位置。然后反射光到达塑料块的另一面——*第二反射点*。如果$\theta_1=40°$，（a）第一反射点和第二反射点各在哪一面上？如果在（c）第一反射点和（d）第二反射点上发生折射，分别给出折射角；如果没有折射，就回答“没有”。如果$\theta_1=75°$，（e）第一反射点和（f）第二反射点各在哪个面上？如果在（g）第一反射点和（h）第二反射点处有折射，给出折射角。如果没有折射，就回答“没有”。

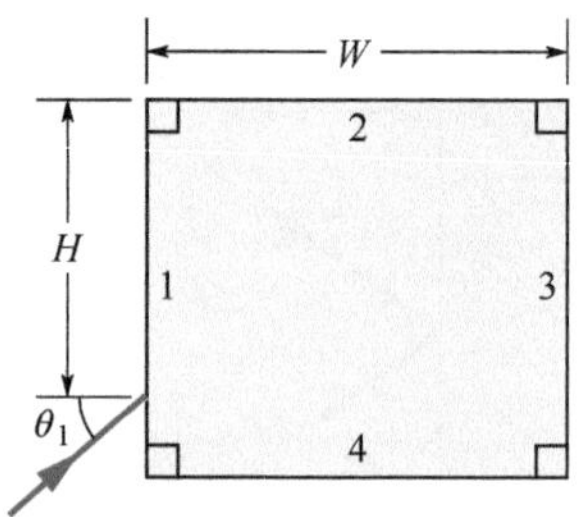

图33-48 习题54图

55. 在能够产生410nm（即可见光）的电磁波的振荡器中，必须将多大的电感连接在25pF的电容器上？对你的答案做出评论。

56. 在图33-49中，光线A从材料1（$n_1=1.50$）折射进入薄层材料2（$n_2=1.80$），穿过这薄层后以临界角射到材料2和材料3的界面（$n_3=1.30$）。（a）入射角θ_A的数值是多少？（b）如果θ_A减小，是不是会有一部分光折射进入材料3？

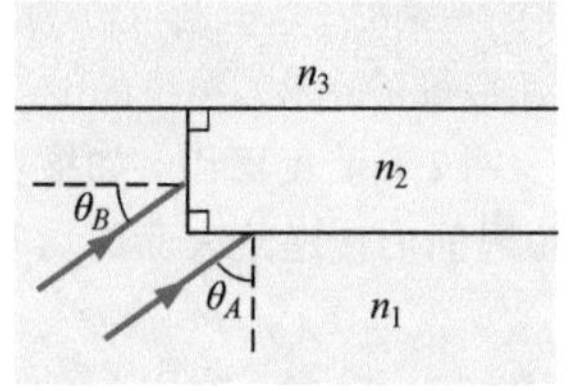

图33-49 习题56图

光线 B 从材料 1 折射进入薄层，穿过薄层后以临界角入射到材料 2 和材料 3 之间的界面上。(c) 入射角 θ_B 的数值为何？(d) 如果 θ_B 减小，是否会有部分光折射进入材料 3？

57. 距离 315W 的灯泡 2.7m 处的辐射压是多大？设压强作用的表面正对灯泡并且完全吸收，且灯泡的辐射在所有方向上是一致的。

58. 从各向同性点光源发射的光的强度 I 是到光源距离 r 的函数。图 33-50 给出光强 I 对距离的反平方 r^{-2} 的函数曲线。纵轴坐标由 $I_s = 400\text{W/m}^2$ 标定，横轴坐标由 $r_s^{-2} = 8.0\text{m}^{-2}$标定。光源功率多大？

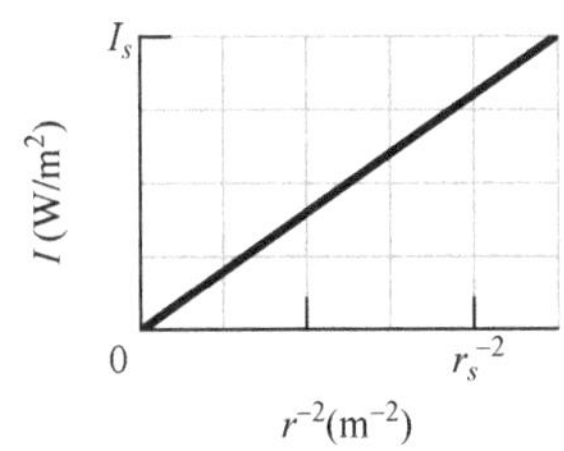

图 33-50　习题 58 图

59. 在距离无线电发射台 10km 处飞行的飞机接收到信号的强度是 $28\mu\text{W/m}^2$。在飞机的位置上该信号的 (a) 电分量和 (b) 磁分量的振幅各是多少？(c) 如果发射台在半球范围内的辐射是均匀的，则它的发送功率多大？

60. 图 33-51a 中，水中的光线以入射角 θ_1 入射到下方材料的边界上，一些光折射进入下方的材料中。下方的这种材料可以有两种选择。每一种材料的折射角 θ_2 对入射角 θ_1 的关系曲线在图 33-51b 中画出。纵轴坐标由 θ_{2s} = 80°标定。不通过计算，确定 (a) 材料 1 和 (b) 材料 2 的折射率是大于还是小于水的折射率 ($n = 1.33$)。(c) 材料 1 和 (d) 材料 2 的折射率各是多少？

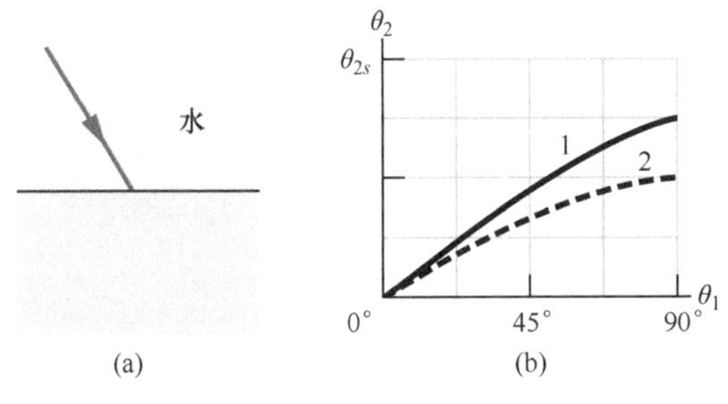

图 33-51　习题 60 图

61. 某一台氦-氖激光器能够发射出中心波长是 632.8nm，"波长宽度"（如图 33-1 上的尺度）是 5.00pm 的窄带红色光。相应的"频率宽度"是多少？

62. 图 33-52 中，空气中的光线入射到折射率为 n_2 = 1.7 的材料 2 的平板上。材料 2 的下方是折射率为 n_3 的材料 3。光线在空气-材料 2 的界面上是以该界面的布儒斯特角入射。光线折射后进入材料 3，正好是以材料 2-材料 3 界面的布儒斯特角入射。n_3 的数值是多大？

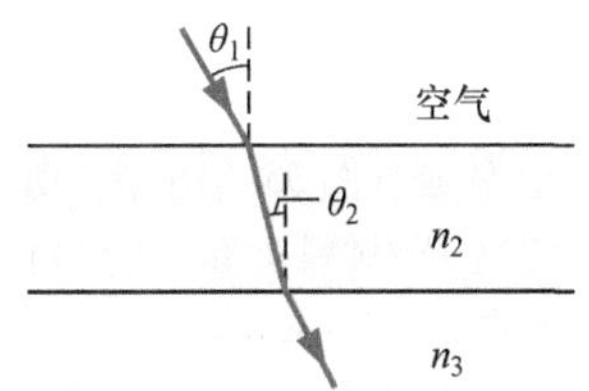

图 33-52　习题 62 图

63. 某人想使一个完全吸收的小球漂浮在各向同性点光源上方 0.200m 处，这时光的向上的辐射压力和作用于小球的向下的重力平衡。小球的密度是 19.0g/cm^3，它的半径是 0.500mm。(a) 光源需要有多大的功率？(b) 即使这样的光源被制造出来了，为什么对小球的支持依然是不稳定的？

64. 垂直照射到地球大气外表面的太阳辐射的平均强度是 1.4kW/m^2。(a) 假设完全吸收的条件下，作用在这个表面的辐射压 p_r 多大？(b) 作为比较，求 p_r 对地球海平面上大气压强的比例，取海平面上大气压强是 $1.0\times10^5\text{Pa}$。

65. 在真空中沿 x 轴正方向传播的平面电磁波的电分量 $E_x = E_y = 0$，$E_z = (4.0\text{V/m})\cos\left[(\pi\times10^{15}\text{s}^{-1})\left(t-\frac{x}{c}\right)\right]$。(a) 磁分量的振幅为多少？(b) 磁场平行于哪一个轴振荡？(c) 在某一点 P 处，当电场分量沿 z 轴正方向时，这时这一点的磁场分量沿什么方向？(d) 波沿什么方向传播？

66. 图 33-3 中的振子-天线系统发射的电磁波的波长是多少？如果 $L = 0.253\mu\text{H}$，$C = 30.0\text{pF}$。

67. 强度为 6.5mW/m^2 的非偏振光射入图 33-11 中的偏振片。求 (a) 透射光电场分量的振幅和 (b) 因偏振片吸收了一部分光而受到的辐射压。

68. 图 33-53 中，功率为 4.60W、直径为 D = 3.00mm 的激光束向上射到完全反射的圆柱体的圆形底面（直径d < 2.60mm）上。由于向上的辐射压力与向下的重力平衡，于是圆柱体漂浮在空中。如果圆柱体的密度是 1.20g/cm^3。高度 H 是多少？

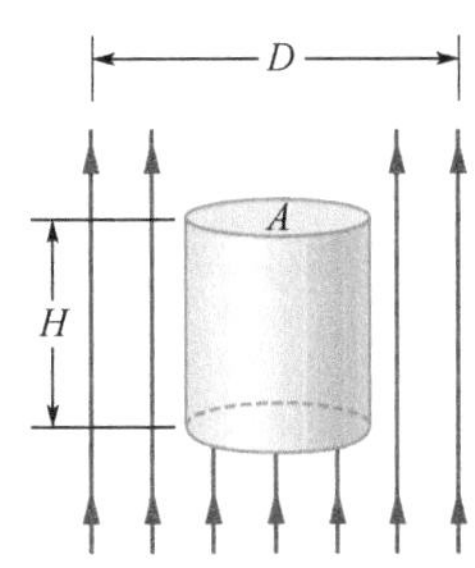

图 33-53　习题 68 图

69. 某台钕玻璃激光器可以在 2.2ns 内发射波长为 0.26μm 的脉冲。脉冲功率为 100TW。单个脉冲中的能量多大？

70. 图 33-54a 中，水下方的材料中的一束光以入射

角 θ_1 入射到水和材料的界面，有一些光折射进入水中。下方的材料有两种选择。其中每一种材料的折射角 θ_2 对入射角 θ_1 的函数曲线画在图 33-54b 中。横坐标 $\theta_{1s}=80°$。不通过计算，确定（a）材料 1 和（b）材料 2 的折射率大于还是小于水的折射率（$n=1.33$）。（c）材料 1 和（d）材料 2 的折射率各是多少？

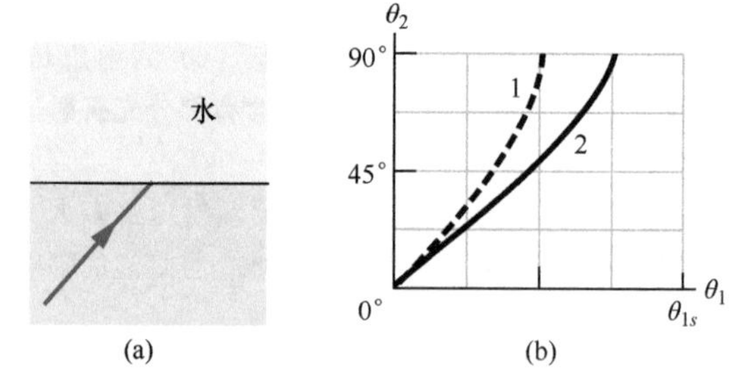

图 33-54　习题 70 图

CHAPTER 34

第34章 成像

34-1 像和平面镜

学习目标

学完这一单元后，你应当能够……

34.01 区别虚像和实像。

34.02 解释普通的路面上出现的蜃景。

34.03 画出点光源在平面镜上反射的光路图，标出物距和像距。

34.04 用适当的代数符号将物距 p 和像距 i 联系起来。

34.05 给出一个基于等边三角形的平面镜迷宫中你可能看见表观长廊的例子。

关键概念

- 像是物体通过光的再现。如果像形成在一个表面上，这就是实像并且即使没有观察者它也存在。如果像需要通过观察者的视觉系统观察才知道它的存在，这是虚像。
- 平面（平的）镜可以通过改变从光源发射的光线的方向形成光源（称为物）的虚像。在反射光线向后延长线的相交的位置上可以看见虚像。从反射镜到物的距离 p 和（看到的）镜到像的距离 i 的关系是

$$i=-p \text{（平面镜）}$$

物距 p 是正的量，虚像的像距是负的量。

什么是物理学?

物理学的一个目标是探索发现适用于光的基本定律，像反射定律之类。更广泛的目的是把这些定律付诸应用，最重要的应用或许就是产生像。世界上的第一张照片是1824年做成的，这在当时还是十分新奇的事物，但是我们现代的世界到处都是图像。庞大的工业是建立在电视、计算机和电影屏幕等设备上产生的图像的基础之上的。人造卫星发来的图像在发生军事冲突的时候可以指导战略家，在农作物发生枯萎病的时候可以指导环境专家。摄像监控能使地下铁路更加安全，但也会侵犯不知情的公民的隐私。生理学家和医学工程师仍旧被人眼和大脑视皮层如何产生图像所困惑，但是他们已经通过对大脑视皮层进行电刺激成功地在某些盲人大脑中建立心理图像。

我们在这一章中的第一步是对各种像进行定义和分类。然后我们会讨论产生这些像的几种基本方式。

两种类型的像

在观察一只企鹅的时候，你的眼睛一定要截取从企鹅散射出来的一些光线，然后使这些光线改变方向进入眼睛背面的视网膜。

你的视觉系统，从视网膜开始并最终到达你大脑后部的视皮层，自动地并且是下意识地处理光所提供的信息，这个系统能够分辨出边缘、线条方向、纹理、形状和颜色，然后能够迅速在你的意识中产生企鹅的（通过光再生的）**像**；你察觉并辨认出沿光线射来的方向并且在一定距离上的企鹅。

即使光线并不直接来自企鹅，而是通过一面镜子反射，或者经过双目望远镜的透镜折射后进入你的眼睛，你的视觉系统也能完成这些处理并辨认出对象。然而，现在你看到的企鹅是在光线经过反射或折射后的方向上，你觉察到的距离可能和企鹅的真实距离完全不同。

例如，如果光线是从一面标准的平面镜反射到你的眼中，企鹅看起来就像出现在镜子后面。这是因为你拦截到的光线是来自这个方向的。当然，企鹅并不在镜子后面的地方。这种类型的像，称为**虚像**，实际上它只存在于大脑中，但是无论如何还是可以说有虚像存在于你所觉察到的位置。

实像的不同在于它可以形成在一个表面上，譬如在卡片或电影屏幕上。你可以看见真实的像（不然的话就没有人去看电影了）。实像的存在不取决于你是不是在看它，即使你没有看，实像还是存在的。在我们详细讨论实像和虚像之前，我们来考察一下自然界中的虚像。

常见的蜃景

虚像的一个常见的例子是在有强烈太阳光照射的日子，你对着马路望去，在一定距离以外的路面上会出现一个水潭。这个水潭就是蜃景或称海市蜃楼（一种幻觉），这是由从你前面位置很低的天空射来的光线所形成的（见图34-1a）。当光线射向路面时，它会经过越来越热的空气层。最靠近路面的空气是被太阳光烤热的路面加热的。空气的密度——因而空气的折射率——随空气温度升高而略微减小。于是，随着光线往下照射到路面附近时，进入折射射率越来越小的空气层，光线会不断向水平线方向弯曲（见图34-1b）。

一旦光线在马路的表面上方略高一些的位置变成沿水平方向时，它仍旧是弯曲的。因为和光线相对应的各波前的下面部分是在更暖一些的空气中，因而比波前的上部运动得更快一些（见图34-1c）。波前的不均匀运动使光线向上弯曲。随着光线向上传播，它通过折射率越来越大的空气层继续向上弯曲（见图34-1d）。

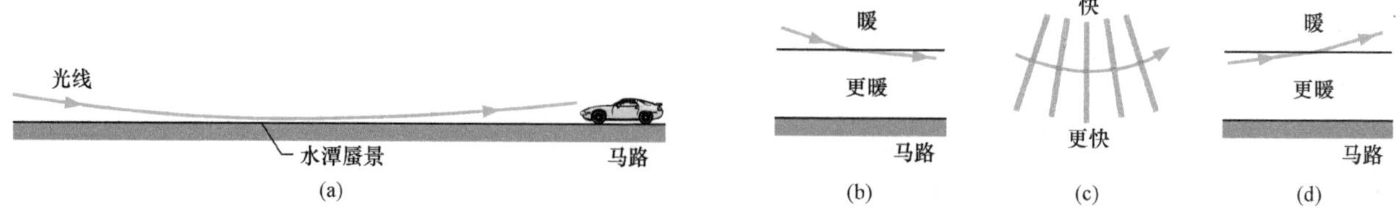

图34-1 (a) 从很低位置的天空射来的光线通过被路面加热的空气折射（光并没有到达路面）。看到这束光的观察者感觉到光来自路上的水潭。(b) 向下通过暖空气到更暖的空气的想象边界的光线的弯曲（夸大的）。(c) 和光线的弯曲相对应的波前的移动，之所以出现这种现象是由于波前的下端在更暖的空气中运动得更快。(d) 穿过从更暖的空气到暖空气的想象边界的上升光线的弯曲。

当你看到这些光时，你的视觉系统会自动地推断，光是来自你看到的光线向后延长线上的某处。为了解释光线的意义，你自动假设光来自路面上。如果光恰巧带有天空的蓝色，蜃景也会显蓝色，好像水的样子。因为空气可能因受热而扰动，所以蜃景看上去就好像水波一样颤动。蔚蓝的颜色和颤动加强了水潭的幻觉，但是你看见的实际上是天空下面部分的虚像。当你走向虚幻的水潭时，你不会再看到浅表空气折射时所掠过的光线，幻像也会随之消失。

平面镜

反射镜是可以将光束沿一个方向反射的表面，它不是将光束向四面八方散射或者将光吸收掉。抛光的金属表面像一面反射镜；而水泥墙壁则不是。在这一单元中，我们讨论**平面镜**（平的反射面）成像。

图 34-2 表示平面镜前垂直距离 p 处一个我们称之为物的点光源 O。入射到平面镜上的光用从 O 点引伸出来的光线表示。光的反射用从镜面上引伸出来的反射光线表示。如果我们把反射光线向后（在镜子后面）延长，就会发现延长线相交在一点，而这一点在反射镜后面垂直距离为 i 的位置。

在平面镜中、光看上去好像是来自另一边的物体

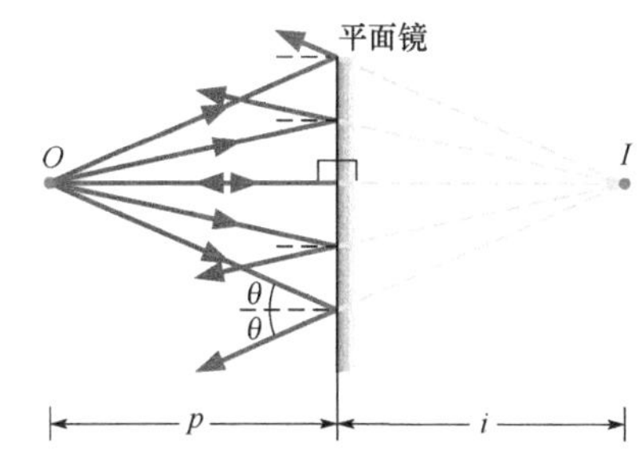

图 34-2 称为物的点光源 O 在平面镜前的垂直距离为 p。从 O 点发出到达平面镜的光线又从镜面上反射。如果你的眼睛看到一些反射光线，你会觉得在镜子后面垂直距离 i 处有一个点光源 I。这个被你感觉到的光源 I 是物 O 的虚像。

如果你向着图 34-2 中的镜子里面望去，你的眼睛会拦截到一部分反射光。作为你对自己所看到的东西的理解，你会觉得在延长线相交的位置上有一个点光源。这个点光源是物 O 的像 I。它被称为点像，因为这是一点，因为光线实际上并没有通过这一点，所以这是虚像。（你将会看到，光线实际上确实通过实像上光线的交点。）

光线追踪。图 34-3 表示从图 34-2 中的许多光线中选出来的两条光线。一条光线在 b 点垂直地照射到镜面。另一条光线照射到镜面上任意一点 a，入射角是 θ。图上还画出这两条光线经镜面反射后的延长线。直角三角形 $aOba$ 和 $aIba$ 有公用的一条边和三个相等的角，所以是全等三角形（大小、形状相等）；所以它们的水平边有相同的长度。即

$$Ib = Ob \tag{34-1}$$

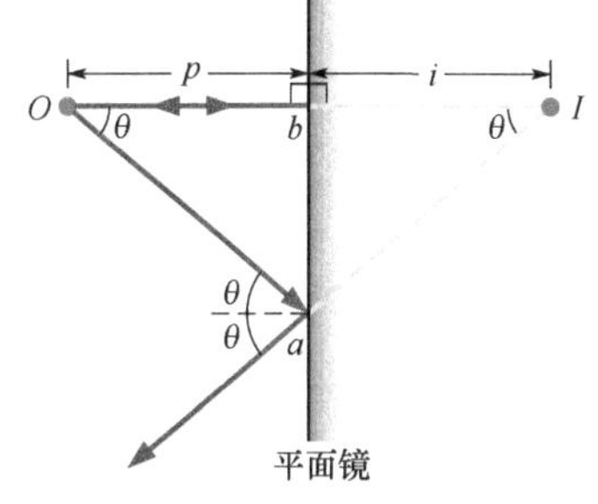

图 34-3 图 34-2 中的两条光线。光线 Oa 和镜面法线成任意角度。光线 Ob 垂直于镜面。

其中，Ib 和 Ob 分别是镜面到像和镜面到物的距离。式（34-1）告诉我们，像离反射镜后面多远和物在反射镜前多远是一样的。按照规定，（即让我们的方程式便于使用），物距 p 取正数，像距 i 对于虚像（就像这里的情形）取负数。于是式（34-1）可以写成 $|i| = p$，或者

$$i = -p \text{（平面镜）} \tag{34-2}$$

反射镜上反射的光线中只有靠得很近的一束细光才能进入我们的眼睛。对于图 34-4 中所示的眼睛的位置，反射镜上只有靠近 a 的很小一部分（比眼睛瞳孔还小的一部分）区域对成像有用。要找到这一部分区域，闭上一点眼睛，用另一只眼睛观看镜中像铅笔尖那样细小物体的像。然后将你的手指尖在镜面上移动，直到你看不见像为止。只有在你的手指尖下面的这一小部分反射镜面产生了像。

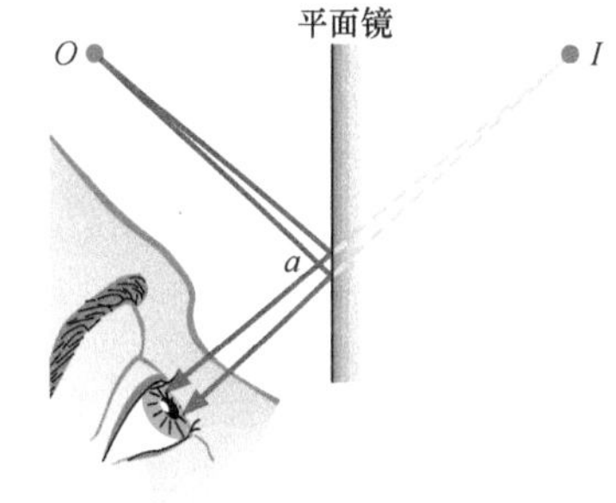

图 34-4 “光线锥”从 O 点发出经过平面镜反射后进入人眼。镜面上只有 a 附近的一小部分区域参与反射。光看上去是从镜子后面的 I 点发出。

扩展的物

图 34-5 中，在平面镜前垂直距离 p 处有一个用向上的箭头代表的扩展的物 O。物体上面对反射镜的每一细小区域的作用都像图

34-2和图34-3上的点光源O。如果你拦截从镜面反射的光，你会觉察到虚像I，这是由物体上所有细小部分所成的虚像构成的。这个虚像看上去是在反射镜后面（负的）距离i的位置，i和p的关系由式（34-2）给出。

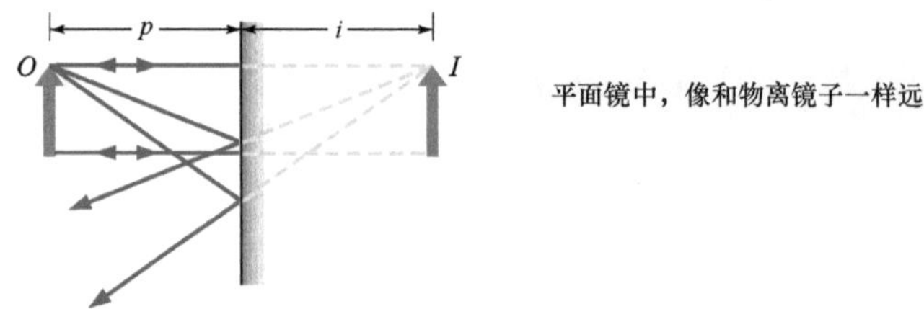

图34-5　一个扩展物O和它在平面镜中的虚像I。

我们也可以像图34-2中处理点状物体那样确定扩展物的像的位置：我们画出从物的顶端发射并到达镜面的几条光线，画出相应的反射光线，然后将这些反射光线向反射镜后面延长，直到它们相交形成物体顶端的像。我们对物体底端发射出的光线使用同样的操作。如图34-5所示，我们求得和物体O同样取向和高度（平行于镜面测量）的虚像I。

镜迷宫

在镜迷宫（见图34-6）中，每一面墙从地板到顶棚都用一面平面反射镜覆盖。走进这样的迷宫，在大多数方向上你所看见的是反射形成的令人困惑的合成画面。不过，在某些方向上你会看到一条走廊，它看上去是一条穿过迷宫的通道。可是，你沿这条走廊走过去，撞上一面又一面的镜子以后，你会醒悟到这条走廊根本就是你的错觉。

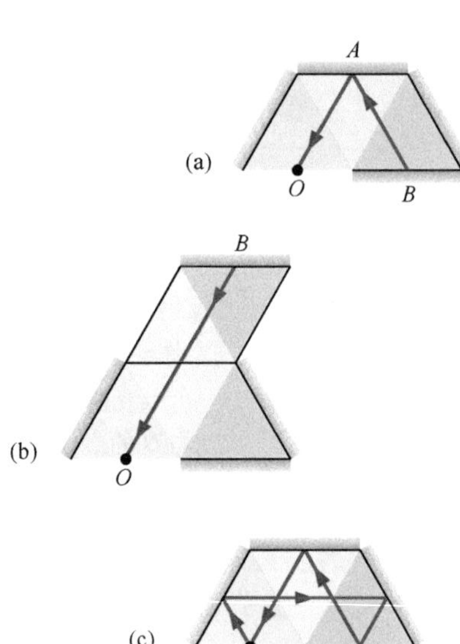

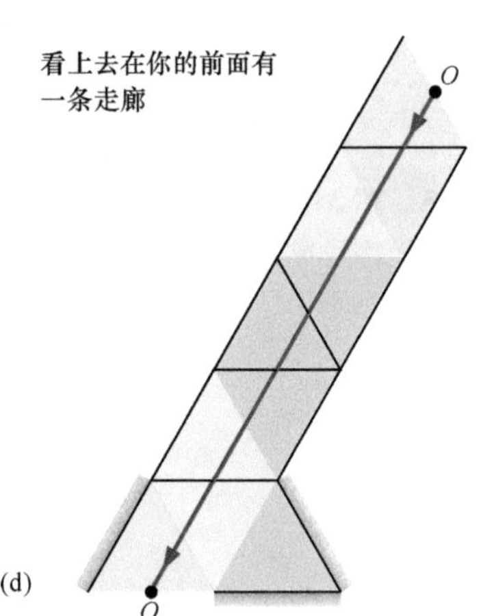

图34-7　(a) 镜迷宫的俯视图。一条光线从反射镜B发出。通过反射镜A反射后到达在O点的你的眼中。(b) 反射镜B出现在反射镜A的后面。(c) 照射到你的光线是来自于你自己。(d) 你在表观走廊的另一端看到你自己的虚像。（你能不能找到第二条表观的走廊使它也从O点延伸出去？）

Courtesy Adrian Fisher,www.mazemaker.com

图34-6　镜迷宫。

图34-7a是简单的镜迷宫的俯视图，其中涂成不同颜色的地板都是等边三角形（60°角）、墙壁都被竖直安放的反射镜覆盖。你站在迷宫入口处中间的点O处向迷宫里面望去。在大多数方向上，你会看到乱七八糟的像。然而，沿着图34-7a中画出的方向看去，你会看到某种古怪的东西。从反射镜B的中点出射的光线通过反射镜A的中点反射到你的眼中。（反射服从反射定律，入射角和反

射角都等于30°。）

为了理解到达你的光线的来源，你的大脑会自动把光线向后延长。它看上去是从反射镜A后面的一点发出的。也就是说，你觉察到的是A后面B的虚像。虚像到A的距离等于A和B之间的真实距离（见图34-7b）。因此，当你沿这个方向向迷宫里面看去时，你看见B在沿着包含四个三角形地板的区域的看上去是笔直的走廊底部。

然而，这还没有完，因为到达你眼中的光线并不源自反射镜B——光线只是在反射镜B上反射。要找到光的来源，我们在回溯的过程中还要不断应用反射定律，在平面镜上一次又一次反射（见图34-7c）。我们最后找到了光线的发源地：就是你自己！当你沿着这条表观上的走廊望去时，你看见的是自己的虚像，它在离你9个三角形地板区域的距离外（见图34-7d）。

检查点1

图中你在相距为d的两面竖直放置的平行平面镜A和B系统的中间。一个龇牙咧嘴的面貌古怪的雕像放在距离A镜$0.2d$的位置。每一面反射镜产生雕像的一次像（深度最小的）。每一面反射镜又把对面的反射镜产生的一次像作为物产生二次像。然后每面镜子又产生对面镜子中以二次像作为物的三次像，如此继续下去——你可以看到几百个龇牙咧嘴的古怪头像。镜A后面的第一、第二和第三个像的深度各是多少？

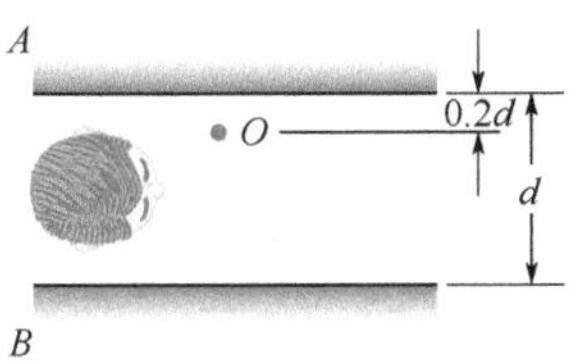

34-2 球面镜

学习目标

学完这一单元后，你应当能够……

34.06 区别凹球面镜和凸球面镜。

34.07 对凹面镜和凸面镜，画出原来平行于中心轴的入射光线反射的光路图，指出这些光线如何形成焦点，并分清哪一种是实焦点，哪一种是虚焦点。

34.08 区别实焦点和虚焦点，认明哪一种焦点对应于哪种类型的球面镜，知道和每一种焦距相联系的代数符号。

34.09 说明球面镜焦距和半径的关系。

34.10 懂得在“焦点以内”和“在焦点以外”两种表述的意义。

34.11 对于在凹面镜焦点（a）以内和（b）以外的物，画出至少两条光线的反射来求像，并认明像的取向和类型。

34.12 对于凹面镜，区别实像和虚像的位置以及取向。

34.13 对于凸面镜前的物体，画出至少两条光线的反射来求像，并认明像的类型和取向。

34.14 知道哪一种反射镜既可以产生实像也可以产生虚像，哪种反射镜只能产生虚像。

34.15 分清实像和虚像的像距i的代数符号。

34.16 对于凸面镜、凹面镜和平面镜，应用焦距f、物距p和像距i之间的关系。

34.17 应用横向放大率m、像高h'、物高h、像距i和物距p之间的关系。

关键概念

- 球面镜好像球面上切下的一薄片，可以是凹面（曲率半径r是正数）、凸面（曲率半径r是负数)，或平面（平的，曲率半径 r 是无穷大)。

- 如果有平行于中心轴的平行光线入射到凹（球面）镜，反射光线全都通过距离镜面 f（正数）的一个共同点（实焦点 F)。如果平行于中心轴的平行光线入射到凸（球面）镜，反射光线的反向延长线将会通过距离镜面 f（负数）的一个共同点（虚焦点 F)。
- 凹面镜可以成实像（如果物在焦点以外)，也可以成虚像（如果物在焦点以内)。
- 凸面镜只能成虚像。
- 反射镜方程式把物距 p，反射镜的焦距 f 和曲率半径 r，以及像距 i 联系了起来：

$$\frac{1}{p}+\frac{1}{i}=\frac{1}{f}=\frac{2}{r}$$

- 物的横向放大率的数值 m 是像高 h' 和物高 h 的比值：

$$|m|=\frac{h'}{h}$$

它和物距 p 以及像距 i 的关系是

$$m=-\frac{i}{p}$$

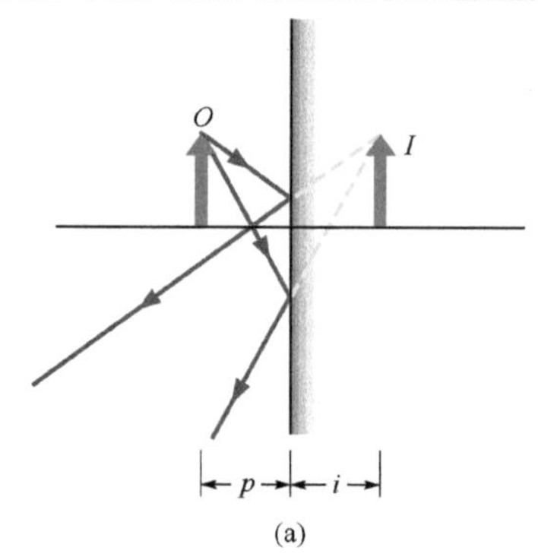

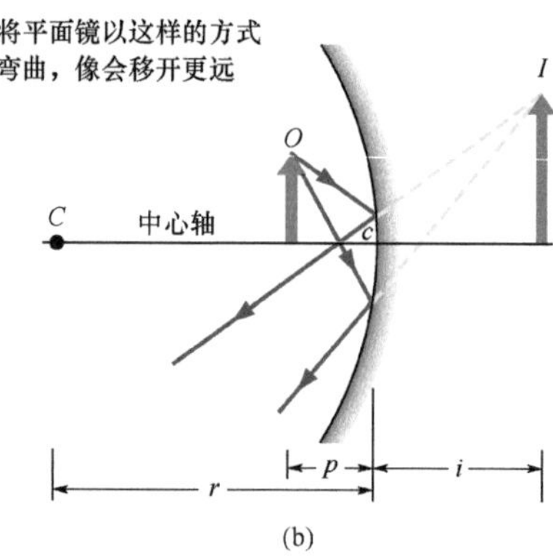

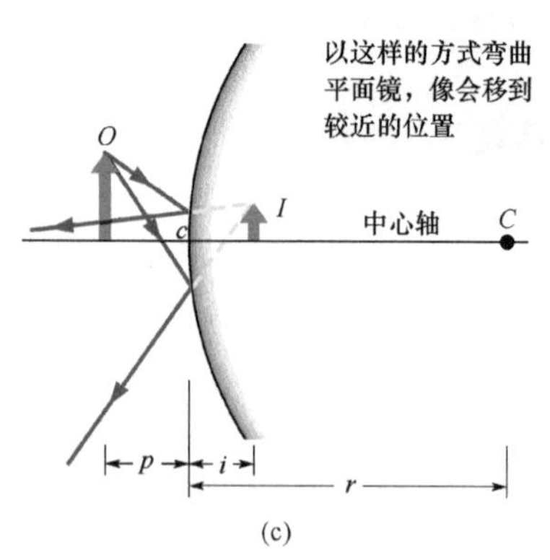

图 34-8 (a) 物 O 在平面镜中成虚像 I。(b) 如果平面镜像这样弯曲，它便成为凹面镜，像会移得更远并且变得更大。(c) 如果平面镜这样弯曲，它将成为凸面镜。像会移到较近的位置并且变得更小。

球面镜

我们现在从平面镜成像转到弯曲表面的反射镜成像。具体地说，我们要讨论球面镜，就是形状是球面的一小部分的反射镜。平面镜实际上是曲率半径无穷大的球面镜，因而近似地是一个平面。

球面镜的制造

我们从图 34-8a 的平面镜开始讨论，它的反射面朝左，向着图上画出的物 O 和没有画出的观察者。我们通过弯曲平面镜的表面，使其成为凹面（“凹进去”)，从而制成**凹面镜**，如图 34-8b 所示。用这样的方法使表面变弯曲改变了反射镜的几种特性及物体通过它所成的像。

1. 原来离开平面镜无穷远的曲率中心 C（即球面的中心，凹面镜的表面只是球面的一部分）现在离得较近了，但是还在凹面镜的前方。

2. 视场——反射到观察者眼中的场景的范围——原来很宽，现在变小了。

3. 物在平面镜前面时，像在镜子后面远处；现在像在凹面镜后面更远的地方；即 $|i|$ 更大了。

4. 平面镜中像的高度等于物的高度，而现在在凹面镜中像的高度更大了。这个特点说明了为什么许多化妆和剃须用的镜子要做成凹面镜—这种镜子能生成脸庞的较大的像。

我们使平面镜弯曲，使它的表面凸出来（向外弯曲)，如图 34-8c所示。表面这样弯曲后，(1) 把曲率中心 C 移到反射镜后面，(2) 增大视场，并且 (3) 将物体的像移近反射镜，(4) 使像缩小。商店的监视镜通常用凸面镜，取其增大视场的优点——用一面反射镜就可以看到商店中更大的范围。

球面镜的焦点

对于平面镜，像距 i 的数值总是等于物距 p。在确定球面镜的这两个距离之间有怎样的关系之前，我们必须先考虑从位于反射镜前，且在反射镜的中心轴上，实际上可以看作无穷远的物体 O 所发射的光线在镜上的反射。中心轴是通过曲率中心 C 和反射镜的中心 c 的直线。由于物和反射镜之间的距离很大，所以从物发射的光波沿中心轴传播到反射镜时已经是平面波。这意味着到达反射镜前时，代表光波的光线都平行于中心轴。

形成焦点。当这些平行光线到达图 34-9a 中那样的凹面镜时，这些靠近中心轴的光线在反射后将通过一个共同点 F；图上画出了两条这种光线。如果我们放一张（很小的）卡片在 F 点处，无穷远物体 O 的点像就会映在卡片上。（对任何无穷远的物都会发生这种情况。）点 F 称为凹面镜的**焦点**。从反射镜中心 c 到焦点 F 的距离称为凹面镜的**焦距** f。

如果现在用凸面镜代替凹面镜，我们会发现平行光被反射后不再通过一个共同点，它们会像图 34-9b 中所画的那样发散。然而，如果你的眼睛截取到一些反射光，你会感觉到光好像是从凸面镜后面的一个点光源发出的。这个你感觉到的光源位于反射光线的延长线相交的一个共同点（图 34-9b 中的 F 点）。这一点是凸面镜的焦点 F，它到反射镜表面的距离是凸面镜的焦距 f。假如我们在这个焦点处放一张卡片，卡片上并不会出现物体 O 的像；所以这个焦点和凹面镜的焦点并不相同。

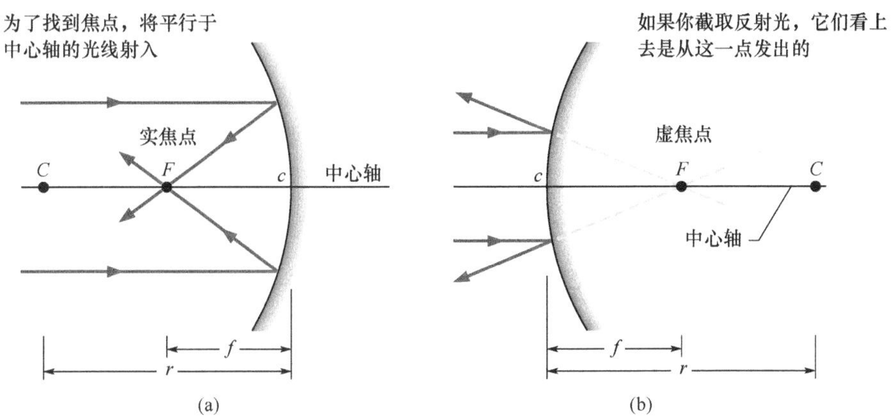

图 34-9 （a）在凹面镜中，入射的平行光会聚到实焦点 F，F 和入射光都在反射镜的同一侧。（b）在凸面镜中，入射的平行光看上去好像都是从反射镜另一侧的虚焦点发散出来的。

两种类型。我们要区分凹面镜真实的焦点和凸面镜的察觉到的焦点，前者称为*实焦点*，后者叫作*虚焦点*。还有，凹面镜的焦距取正数，而凸面镜的焦距取负数。对于两种类型的反射镜，焦距 f 和反射镜的曲率半径 r 的关系是

$$f=\frac{1}{2}r\text{（球面镜）}\qquad(34\text{-}3)$$

其中，r 对凹面镜是正；对凸面镜是负。

球面镜成像

焦点以内。球面镜的焦点确定以后，我们可以求凹的和凸的球面镜的像距 i 和物距 p 之间的关系。开始我们把物 O 放在凹面镜的*焦点里面*——就是在镜面和焦点 F 之间（见图 34-10a）。观察者可以在镜中看见 O 的虚像：像出现在反射镜的后面，它和物有相同的取向。

如果我们现在移动物体，使它远离反射镜。直到物在焦点上，

像就要向后退去，并且越退越远，直到物在焦点上时，像在无穷远处（见图34-10b），这时像会变得模糊不清甚至看不见了，因为无论是反射镜反射的光线还是光线在反射镜后面的延长线都不会相交形成像。

焦点以外。下一步我们将物移动到*焦点以外*，——就是比焦点离反射镜更远——光线经凹面镜反射后在镜前会聚形成物 O 的倒像（见图34-10c）。当我们把焦点 F 外的物向远处移动时，像从无穷远向近处移动。如果你在像的位置上放一张卡片，像会在卡片上映出——我们说像被反射镜*聚焦*在卡片上。因为这个像实际上可以显示在一个表面上，所以它是实像——实际上无论是否有观察者，光线都会相交形成像。实像的像距 i 与虚像相反，是正数。我们现在可以写出球面镜成像位置的普遍规律。

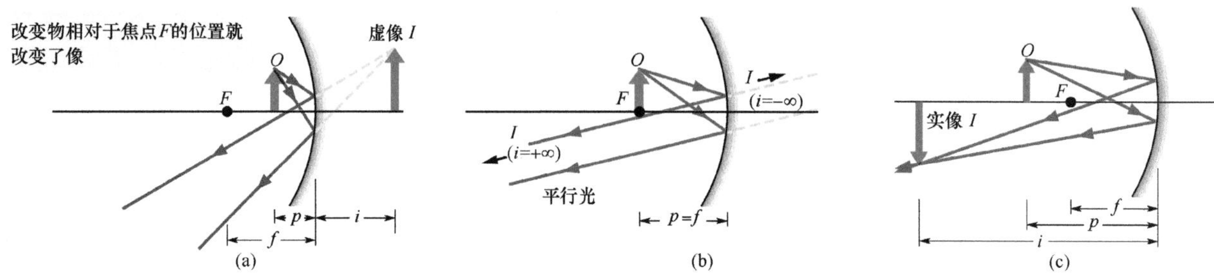

图34-10　（a）凹面镜焦点内侧的物 O 和它的虚像 I。（b）在焦点 F 上的物。（c）焦点外的物和它的实像 I。

实像和物位于反射镜的同一侧，虚像和物分在反射镜两侧。

主要的方程式。我们在34-6单元中将要证明，只在物发出的光线与球面镜的中心轴所成的角度很小的情况下，一个简单的方程式把物距 p、像距 i 和焦距 f 联系了起来：

$$\frac{1}{p}+\frac{1}{i}=\frac{1}{f}\text{（球面镜）}\tag{34-4}$$

我们假设图34-10中所画的这些角度应该都是很小的，但是为了清楚起见图上的这些角度都被夸张地画出。在这样的假设条件下，式（34-4）适用于凹面镜、凸面镜或平面镜。对于凸面镜或平面镜，无论物在中心线的什么位置，只会形成虚像。在图34-8c所示的凸面镜的例子中，像总是在与物相对的镜子的另一侧，并且和物的取向相同。

放大率。垂直于球面镜的中心线测量的物或像的尺寸称为物或像的*高度*。令 h 表示物的高度，h' 表示像的高度。比值 h'/h 称为反射镜产生的**横向放大率** m。然而，按照约定，当像的取向与物的取向相同时，横向放大率总是取正号，当像的取向和物的取向相反时，就取负号。由于这个原因，我们把 m 的公式写成：

$$|m|=\frac{h'}{h}\text{（横向放大率）}\tag{34-5}$$

我们马上就要证明，横向放大率也可以写作

$$m=-\frac{i}{p}\text{（横向放大率）}\tag{34-6}$$

对于平面镜，$i=-p$，我们有 $m=+1$。放大率为 1 表示像和物的尺寸相同，正号的意思是像和物有同样的取向。对于图 34-10c 中的凹面镜，$m=-1.5$。

综合总结成表格。方程式（34-3）~式（34-6）对所有平面镜、凹面镜和凸面镜都成立。除这些方程式外，我们还会被要求理解许多有关这些反射镜的知识，你应当自己把这些知识综合一下并填入表 34-1 中。在像的位置一栏中，记录下像和物是在反射镜的同一侧还是在反射镜的另一侧。在像的类型一栏，写下像是虚像还是实像。在像的取向栏中，记录像和物是相同的取向还是颠倒的。在符号一栏中，写出该量的正负号，如果符号是两种都可能，就填上“±”。你要把这项总结当作课外练习或作为测验。

表 34-1 **反射镜综合表**

反射镜类型	物的位置	像			符号			
		位置	类型	取向	f	r	i	m
平面镜	任意							
凹面镜	焦点以内							
	焦点以外							
凸面镜	任意							

作图法求像的位置

图 34-11a、b 表示在凹面镜前的一个物 O。我们可以用作图法确定物体轴外任何一点的像，方法是利用画出通过这一点的四条特殊光线中的任何两条光线的光路图：

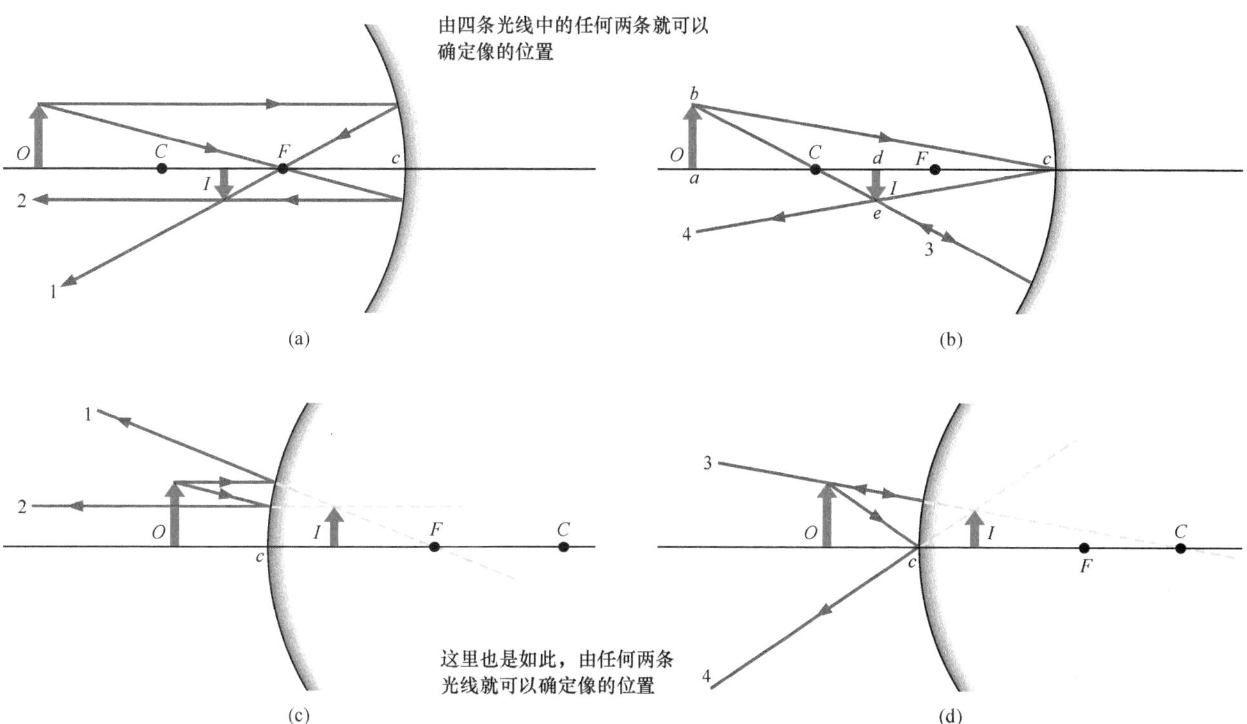

图 34-11 （a）、（b）四条光线可以用来求凹面镜所成的像。对图上所画的物的位置，像是倒立的实像，并且小于物。（c）、（d）对于凸面镜的情形，同样的四条光线。凸面镜所成的像总是虚像，取向和物相同，并且小于物。[在（c）小图中，光线 2 原来向着焦点 F。在（d）小图中，光线 3 原来向着曲率中心 C。]

1. 原来平行于中心轴的光线，反射后通过焦点 F（图 34-11a 中的光线 1）。

2. 经过焦点的光线在反射镜上反射后平行于光轴出射（见图 34-11a中的光线 2）。

3. 通过曲率中心 C 的光线在反射镜上反射后沿它本身的来路返回（图 34-11b 中的光线 3）。

4. 在反射镜的中心点 C 反射的光线对称于中心轴反射（图 34-11b中光线 4）。

这一点的像在你选择的两条特殊光线的交点上。这个物的像可以通过两个或更多的轴外点（例如离开轴最远的点）的像的位置确定，然后画出像的其余部分。你只要将上面对光线的描述稍加修改就可以应用于凸面镜，如图 34-11c、d 所示。

式（34-6）的证明

我们现在可以推导反射镜上反射的物的横向放大率的公式（34-6）（$m=-i/p$）了。考虑图 34-11b 中的光线 4。这是在 c 点反射的光线，在这一点上入射光线和反射光线各自都和反射镜的轴成相等的角度。

图中的直角三角形 bac 和直角三角形 edc 相似（有同样的三个内角）；所以我们可以写出

$$\frac{de}{ab}=\frac{cd}{ca}$$

等号左边的量（除符号的问题外）就是反射镜的横向放大率。因为我们指明倒立的像是负放大率。我们将这用符号表示为 $-m$。因为 $cd=i$，$ca=p$；所以我们有

$$m=-\frac{i}{p}\text{（放大率）} \tag{34-7}$$

这就是我们要证明的关系式。

检查点 2

球面镜的放大率是 $m=-4$，一只中美洲吸血蝙蝠正在该球面镜的中心轴上打瞌睡。它的像是（a）实像还是虚像，（b）像和蝙蝠的取向相同还是倒立的，（c）像和蝙蝠在反射镜同一侧还是在另一侧？

例题 34.01　球面镜成像

一只高度为 h 的狼蛛。一动也不动地坐在焦距绝对值 $|f|=40\text{cm}$ 的球面镜前。狼蛛在镜中成的像和狼蛛的取向相同并且高度为 $h'=0.20h$。

（a）这个像是实像还是虚像？像和狼蛛在反射镜的同一侧还是在镜的相对两侧？

推理： 因为像和狼蛛（物）的取向相同，所以这个像一定是虚像并且在反射镜的相对两侧。（如果你已经填写了表 34-1，会很容易得出这个结果。）

（b）这面反射镜是凹面镜还是凸面镜？包含符号在内的焦距是什么？

【关键概念】

我们不能根据像的类型说出反射镜的类型，因为两种类型的反射镜都可能产生虚像。同理，我们也不能从式（34-3）或式（34-4）得到的焦距的符号说出反射镜的类型，因为我们要用的这

两个公式中的随便哪一个都缺少足够的条件。然而，我们可以利用放大率的条件。

解：由所给出的条件，我们知道像高 h' 和物高 h 之比是0.20。于是，由式（34-5），我们有

$$|m| = \frac{h'}{h} = 0.20$$

因为物和像有相同的取向，所以 m 一定是正数：$m = +0.20$。把这代入式（34-6）并解出。譬如说 i，我们有

$$i = -0.20p$$

这看起来对于求 f 没有什么帮助。不过，如果我们把这个式子代入式（34-4）就有用了。这个方程式给出

$$\frac{1}{f} = \frac{1}{i} + \frac{1}{p} = \frac{1}{-0.20p} + \frac{1}{p} = \frac{1}{p}\ (-5+1)$$

由此得到

$$f = -p/4$$

现在我们可以得到结果：因为 p 是正的，f 一定是负数，这意味着反射镜是凸面镜，它的焦距

$$f = -40\text{cm} \qquad \text{（答案）}$$

PLUS 在 WileyPLUS 中可以找到附加的例题、视频和练习。

34-3 球形折射面

学习目标

学完这一单元后，你应当能够……

34.18 懂得光线经球形表面折射后可以得到物的实像也可以得到虚像，这依赖于球面两侧的折射率、球面的曲率半径 r，以及物体面对的是凹面还是凸面。

34.19 对球形折射面的中心轴上的点状物体，画出光线在六种一般的安排中光线折射的简图，并辨明像是实像还是虚像。

34.20 对于球形折射面，知道哪一种类型的像出现在物的同一侧，哪一种类型的像出现在物的另一侧。

34.21 对于球形折射面，应用两个折射率、物距 p、像距 i 以及曲率半径之间的关系。

34.22 分清物体面对凹折射面和凸折射面两种情况下半径 r 的代数符号。

关键概念

- 折射光的单个球面可以成像。
- 物距 p、像距 i 和折射面的曲率半径 r 由下式联系起来

$$\frac{n_1}{p} + \frac{n_2}{i} = \frac{n_2 - n_1}{r}$$

其中，n_1 是物体所在介质的折射率；n_2 是折射面另一侧介质的折射率。

- 如果物面对的表面是凸面，r 是正的；如果面对的是凹面，则 r 为负。
- 在折射面物的一侧的像是虚像，在物相对的另一侧的像是实像。

球形折射面

我们现在从反射成像转到通过玻璃之类的透明材料的表面折射成像的讨论。我们只考虑球形表面，它的曲率半径为 r，曲率中心是 C。光从折射率为 n_1 的介质中的物点 O 发射，然后通过球形界面折射进入折射率为 n_2 的介质。

我们关心的是在界面上折射后的光线是成实像（不需要有观察者）或虚像（假设有观察者接收到光线）。答案依赖于 n_1 和 n_2 的相对值以及这种情形下的几何关系。

图 34-12 中画出六种可能的结果，在该图的每一部分中，有较

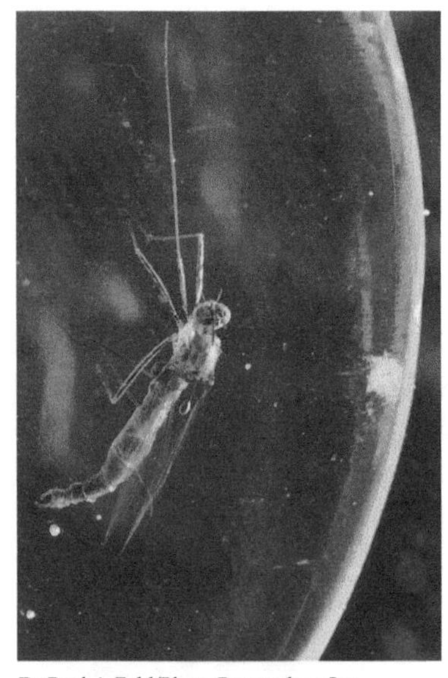

Dr.Paul A.Zahl/Photo Researchers,Inc.

这只昆虫被埋葬在琥珀里面大约已经有2.45亿年了，因为我们是通过弯曲的折射面观察这只昆虫，我们看到的像的位置和虫的真实位置不一致（参看图34-12d）。

大折射率的介质上都画上了阴影，物体 O 总是在折射面左侧的折射率为 n_1 的介质中。图的每一部分中，都会画出一条代表性的光线通过表面折射（这条光线和沿中心轴传播的光线联合就足以确定每一种情况下像的位置。）

在每一条光线的折射点上，折射面的法线是通过曲率中心 C 的、沿径向的直线。由于折射，如果光线进入折射率更大的介质，光线就向着法线弯折，如果光线进入折射率更小的介质，光线就会背离法线弯折。如果弯折使光线射向中心轴，这条光线和其他的光线（未画出）在轴上成实像。如果弯折使光线背离中心轴，光线就不能形成实像：可是，把它和其他折射光线向后延长，可以形成虚像，假如这些光线中有一些进入观察者的眼睛，（就像反射镜的情形一样），观察者就可看见虚像。

图34-12a、b两部分中都成实像（像距 i），在这两部分小图中，折射使光线方向折向中心轴。在图34-12c、d所示的两部分中成虚像，其中折射使光线方向背离中心轴。注意，在这四种情况中，当物离开折射面相对较远时成实像，当物比较靠近折射面时成虚像。在最后两种情形中（见图34-12e、f），无论物距是什么，折射总要使光线的方向背离中心轴，所以总是成虚像。

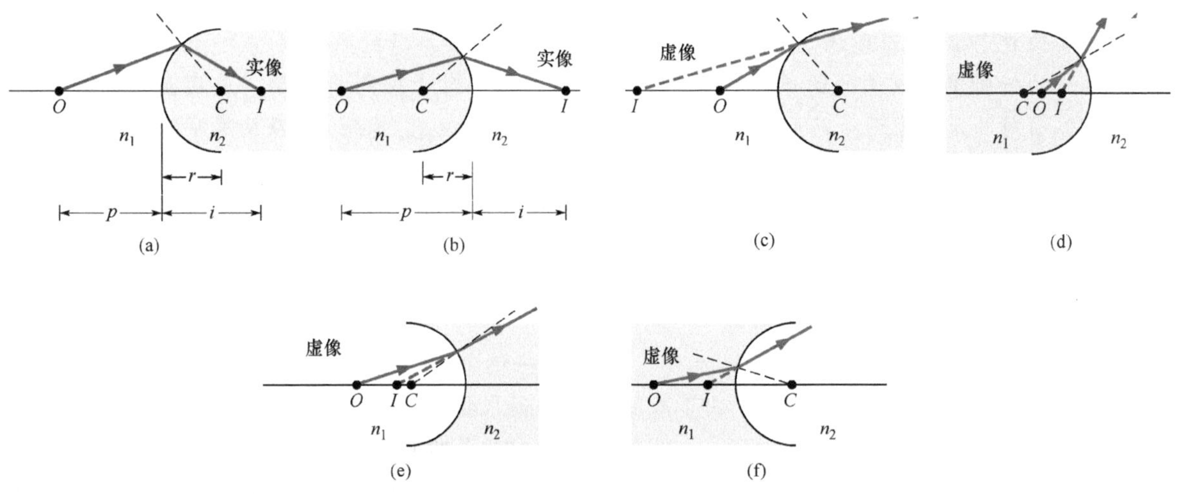

图34-12　通过曲率中心在 C 点并且半径为 r 的球面折射成像的六种可能方式。球面将折射率为 n_1 的介质和折射率为 n_2 的介质分开。点物体 O 总是在折射面左侧的折射率为 n_1 的介质中，折射率较小的材料是没有阴影的部分（想象这是空气，另一种材料是玻璃。）（a）小图和（b）小图中所成的是实像，另外四种情况下都是虚像。

注意和反射成像的情况比较有以下的主要差别：

实像形成在和物相对的折射面的另一侧，虚像形成在物的同一侧。

在34-6单元中我们将要证明（对于光线和中心轴所成的角度很小的情形）以下公式

$$\frac{n_1}{p}+\frac{n_2}{i}=\frac{n_2-n_1}{r} \qquad (34\text{-}8)$$

和反射镜的情形一样，物距 p 是正的，实像的像距是正的，虚像的像距是负的。不过，要保证式（34-8）中的所有符号都正确，我们必须应用以下曲率半径 r 的符号定则：

当物体面对凸的折射面时，曲率半径 r 是正的。当物体面对凹的折射面时，曲率半径 r 是负数。

要小心：这和我们对于反射镜的符号约定正好相反。这可能是在考试最紧张的时候特别要小心的地方。

检查点 3

一只蜜蜂在一座玻璃雕塑的凹球形折射面前面盘旋。（a）图34-12 中的哪一分图与这种情况类似？（b）表面产生的像是实像还是虚像？（c）像在蜜蜂的同一侧还是在相对的一侧？

例题 34.02 折射面产生的像

一只侏罗纪的蚊子被发现埋葬在一块琥珀中，琥珀的折射率是 1.6。琥珀的一个面是凸球面，曲率半径为 3.0mm（见图 34-13）。蚊子的头部恰巧在折射面的中心轴上。沿中心轴观察时，看上去蚊子的头埋在琥珀里面 5.0mm 处。它的真实深度是多少？

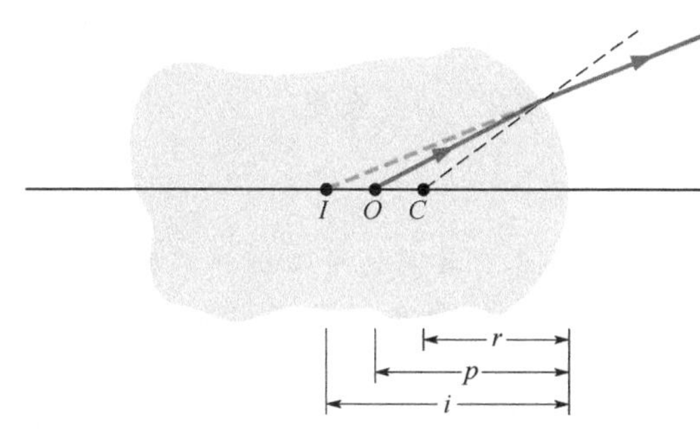

图 34-13 琥珀里面有一只侏罗纪时期的蚊子。蚊子的头在 O 点，曲率中心在 C 点的右端球形折射面为截获 O 点发射出的光线的观察者提供像 I。

【关键概念】

看上去蚊子的头部出现在琥珀内部 5.0mm

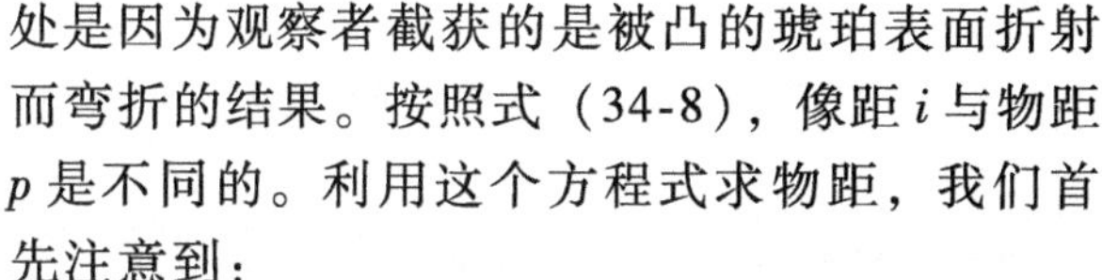

处是因为观察者截获的是被凸的琥珀表面折射而弯折的结果。按照式（34-8），像距 i 与物距 p 是不同的。利用这个方程式求物距，我们首先注意到：

1. 因为物（蚊子头部）和像在折射面的同一侧，像必定是虚像，所以 $i=-5.0\text{mm}$。

2. 因为物总是取在折射率为 n_1 的介质中，所以我们有 $n_1=1.6$ 和 $n_2=1.0$。

3. 因为物面向的是凹折射面，曲率半径 r 是负数，所以 $r=-3.0\text{mm}$。

解： 把这些数值代入式（34-8），

$$\frac{n_1}{p}+\frac{n_2}{i}=\frac{n_2-n_1}{r}$$

得到

$$\frac{1.6}{p}+\frac{1.0}{-5.0\text{mm}}=\frac{1.0-1.6}{-3.0\text{mm}}$$

$$p=4.0\text{mm} \qquad \text{（答案）}$$

WileyPLUS 在 WileyPLUS 中可以找到附加的例题、视频和练习。

34-4 薄透镜

学习目标

学完这一单元后，你应当能够……

34.23 区别会聚透镜和发散透镜。

34.24 对于会聚透镜和发散透镜，画出平行于中心轴入射的光线的光路图，指出光线怎样会聚形成焦点，并认清哪里是实焦点，哪里是虚焦点。

34.25 区别实焦点和虚焦点，分清哪一种透镜以及在什么条件下对应于哪一种焦点，认明和每一种焦距相关的代数符号。

34.26 对于会聚透镜的（a）焦点以内和（b）焦点以外的物，画出至少两条光线来求像，并认明像的类型和取向。

34.27 对于会聚透镜，区别实像和虚像的位置和取向。

34.28 对于发散透镜前的物体，画出至少两条光线来求像，并认明像的类型和取向。

34.29 明白哪一种透镜既可能产生实像也可能产生虚像，哪一种透镜只能产生虚像。

34.30 分清实像和虚像的像距 i 的代数符号。

34.31 对于会聚透镜和发散透镜，应用焦距 f、物距 p 和像距 i 之间的关系。

34.32 应用横向放大率 m、像高 h'、物高 h、像距 i 和物距 p 之间的关系。

34.33 应用透镜制造者方程式把焦距和透镜的折射率（假设是在空气中）以及透镜两面的曲率半径联系起来。

34.34 对于多透镜系统，物放在透镜1的前面，求出透镜1所成的像，然后把这个像当作透镜2的物，如此继续下去。

34.35 对于多透镜系统，由每个透镜的放大率确定总的放大率（对最后像的放大率）。

关键概念

- 这一单元主要考虑具有对称的球形表面的薄透镜。
- 如果平行光线平行于中心轴通过会聚透镜，则折射光线通过离透镜距离为焦距 f（正的量）的一个共同点（实焦点 F）。如果平行光经过发散透镜，则折射光线的向后延长线通过离透镜距离为焦距 f（负数）的一个共同点 F（虚焦点 F）。
- 会聚透镜可以成实像（如果物在焦点以外）也可以成虚像（物在焦点以内）。
- 发散透镜只可能成虚像。
- 对于透镜前的物，物距 p 和像距 i 与透镜的焦距 f、折射率 n、曲率半径 r_1 和 r_2 的关系为

$$\frac{1}{p}+\frac{1}{i}=\frac{1}{f}=(n-1)\left(\frac{1}{r_1}-\frac{1}{r_2}\right)$$

- 物的横向放大率的数值 m 是像高 h' 与物高 h 的比值。

$$m=\frac{h'}{h}$$

它与物距 p 和像距 i 的关系是

$$m=-\frac{i}{p}$$

- 对于由多个具有共同的中心轴的透镜组成的系统，第一个透镜所成的像用作第二个透镜的物，依此类推，总的放大率是各个透镜各自的放大率的乘积。

薄透镜

透镜是由中心轴重合的两个折射面构成的透明物体。这个共同的中心轴就是透镜的中心轴。透镜在空气中时，光线从空气折射进入透镜，穿过透镜，然后重新折射回空气中。每一次折射都会改变光线传播的方向。

使原来平行于中心轴的光线会聚的透镜被（合理地）称作**会聚透镜**。如果相反，使平行于中心轴的光线发散的透镜称为**发散透镜**。当物放在任一种透镜的前面时，从物发出的光线折射进入并折射出透镜后会产生该物的像。

透镜方程式。我们只考虑**薄透镜**的特殊情况——所谓的薄透镜是指它的最厚的部分比之于物距 p、像距 i 和透镜两面的曲率半径 r_1 及 r_2 都非常小。我们还是只考虑光线和中心轴所成的角度很小（在这里的图中它们都被夸大了）。在34-6单元中，我们将证明，

对这样的光线，薄透镜有焦距f。另外，i 和 p 相互之间由下面的公式相联系：

$$\frac{1}{f}=\frac{1}{p}+\frac{1}{i} \text{（薄透镜）} \tag{34-9}$$

这和反射镜的公式相同。我们还将证明，在空气中的折射率为 n 的薄透镜的焦距由下式给出：

$$\frac{1}{f}=(n-1)\left(\frac{1}{r_1}-\frac{1}{r_2}\right) \text{（空气中的薄透镜）} \tag{34-10}$$

这常常称作透镜制造者方程式。其中，r_1 是靠近物一边的透镜表面的曲率半径；r_2 是另一面的曲率半径。这些半径的符号是 34-3 单元中对球形折射表面的定则规定的。如果透镜被空气以外的某种折射率为 n_{medium} 的介质（例如玉米油）包围，我们要用 n/n_{medium} 代替式（34-10）中的 n。要记住式（34-9）和式（34-10）的基础：

> 透镜可以产生物体的像仅仅是因为透镜可以使光弯曲，但它只在透镜的折射率与周围介质的折射率不同时才有可能发生。

Courtesy Matthew G.Wheeler

利用清澈的冰做成的会聚透镜将太阳光聚焦到报纸上，点燃报纸。这个透镜是将一片两面平的冰放在浅盘（它的底是曲面）中，并使冰的两侧面融化成凸面形状而成。

形成焦点。图 34-14a 表示由两个凸的折射面或侧面组成的薄透镜。当平行于透镜中心轴的光线通过透镜时，它们经过两次折射，如图 34-14b 中的放大图中描绘的那样。这两次折射使光线会聚并通过距离透镜中心f的一个共同点 F_2。所以，这个透镜是会聚透镜；并且在 F_2 有一个实焦点（因为光线实际上确实通过这一点），相应的焦距是f。当平行于中心轴从相反方向通过透镜时，我们发现另一个实焦点在透镜另一侧的 F_1 点。薄透镜的这两个焦点到透镜的距离是相等的。

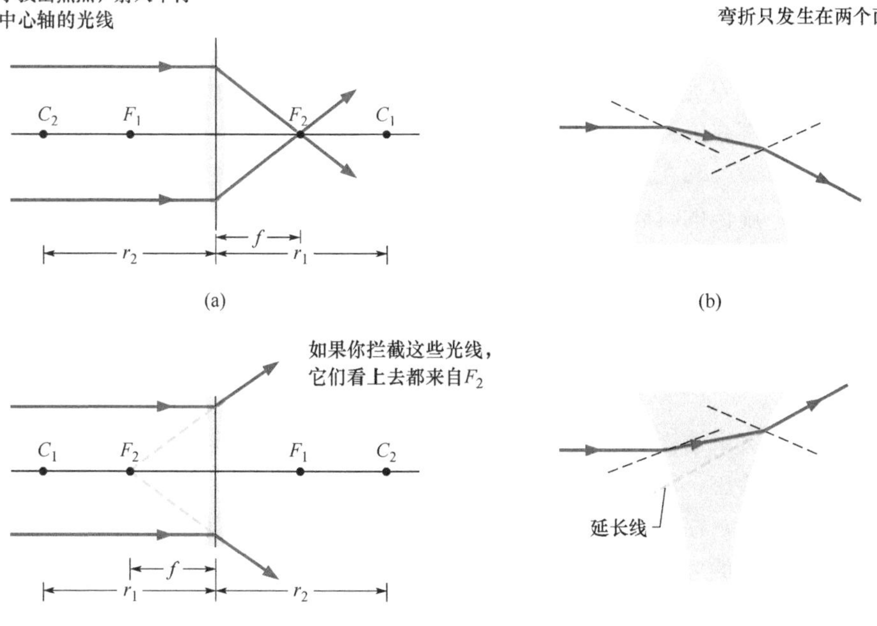

图 34-14 （a）原来平行于会聚透镜的中心轴的光线被透镜会聚到实焦点 F_2，透镜比图上所画的还要薄，其厚度和通过它的竖直线差不多。（b）（a）小图中透镜顶部的放大图；表面的法线用虚线画出。注意，两次折射都把光线向下，即向中心轴弯折。（c）同样的平行光线被发散透镜发散。发散光线的延长线通过虚焦点 F_2。（d）、（c）小图中透镜顶部的放大图。注意，两次折射都使光线向上弯折，远离中心轴。

符号，符号，符号。因为会聚透镜的焦点是实焦点，所以我们取相应的焦距f为正数，就像对凹面反射镜的实焦点所做的那样。不过，光学中的符号可能是复杂的；所以我们最好用式（34-10）检验一下。如果f是正的，方程式的左边就是正的；但是方程式右边又会是怎样的呢？我们一项一项地来考察，因为玻璃或其他材料的折射率n都大于1，所以（$n-1$）一定是正的。因为光源（这是物）在左边，并且面对透镜凸出的左侧面，按照折射面的符号定则，这一侧面的曲率半径r_1为正。同理，因为物面对的是透镜凹的右侧面，按照符号定则，这一侧面的曲率半径r_2是负的。于是，（$1/r_1-1/r_2$）这一项是正的，式（34-10）右边全都是正数，等号两边所有的符号都一致。

图34-14c表示有两个凹的侧面的薄透镜。当平行于透镜中心轴的光线通过透镜时，它们折射两次，如图34-14d中的放大图所示；这些光线发散，永远也不会通过任何一个共同点，所以这种透镜是发散透镜。然而，这些光线的延长线确实通过到透镜中心的距离为f的一个共同点F_2。因此，透镜有虚焦点F_2。（如果你的眼睛拦截到一些发散光线，你会感觉到F_2处有一个亮点，好像这个点就是光源。）另一个虚焦点在透镜的另一侧，位于F_1点，如果透镜是薄的，则两个焦点关于透镜是对称安置的。因为发散透镜的焦点是虚的，所以我们取的焦距是负的。

薄透镜成像

我们现在讨论会聚透镜和发散透镜所成像的类型。图34-15a表示在会聚透镜焦点F_1外面的物O。图上画的两条光线表示透镜在和物相对的另一侧所成的物的倒立实像I。

当物体放在焦点F_1里面时，如图34-15b所示，透镜在物的同一侧形成和物的取向相同的虚像I。由此可知，会聚透镜可以成实像，也可以成虚像，取决于物在焦点里面还是在焦点外面。

图34-15c表示在发散透镜前的物O。无论物距是多少（无论物O是在虚焦点以内还是以外），透镜总是成虚像，这个虚像和物都在透镜的同一侧并且有相同的取向。

和在反射镜中的情况一样，当像是实像的时候像距i是正的，虚像的时候像距i为负。不过，实像和虚像离开透镜的位置和反射镜中的情况相反。

实像在和物相对的透镜的另一侧，虚像和物在透镜的同一侧。

会聚透镜和发散透镜的横向放大率m由式（34-5）和式（34-6）给出，和反射镜的相同。

在这一单元中你已经学到许多知识，你应当自己把这些关于薄的对称透镜（两面都是凸的或都是凹的）的结论总结下来填入表34-2中。在像的位置栏里填入像和物是否在透镜的同一侧还是在相对的另一侧。在像的类型栏里填写像是虚像还是实像。在像的取向栏里填写像和物有相同的取向还是相反。

会聚透镜可以给出两种类型的像

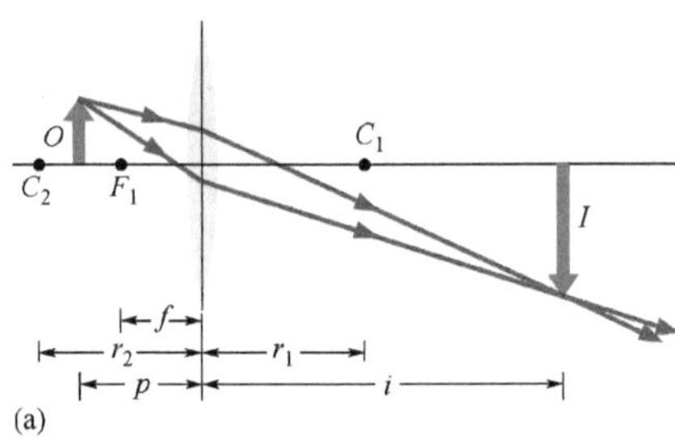

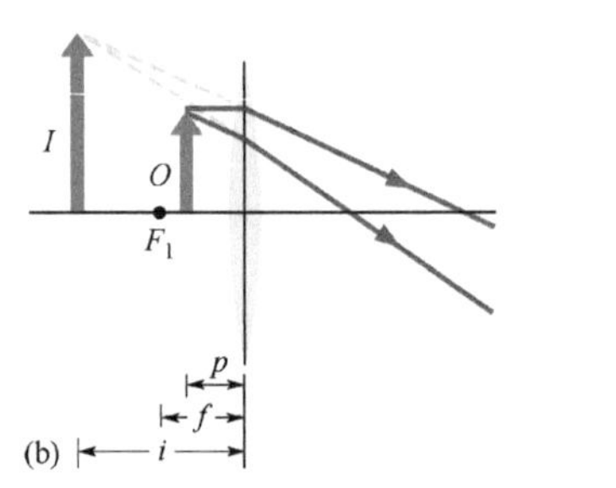

发散透镜只会给出虚像

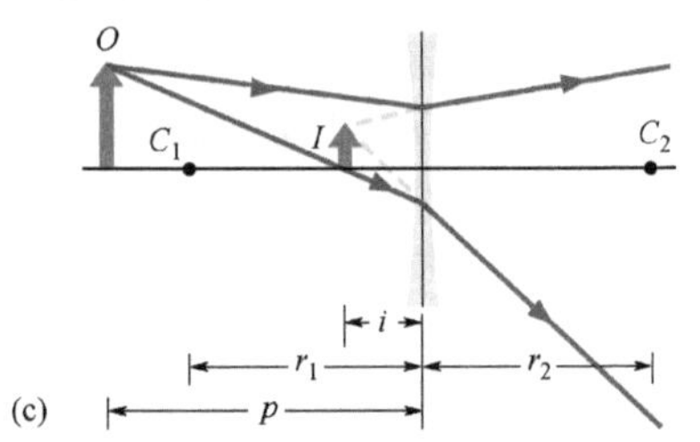

图34-15 （a）物O在焦点F_1以外时，会聚透镜给出倒立实像I。（b）O在焦点以内时，像I是与O的取向相同的虚像。（c）无论O是在透镜的焦点以内还是以外，发散透镜总是成和物O取向相同的虚像I。

表 34-2 **关于薄透镜的总结表格**

透镜类型	物的位置	像			符号		
		位置	类型	取向	f	i	m
会聚	F 点以内						
	F 点以外						
发散	任意						

用作图法确定扩展物体的像的位置

图 34-16a 表示会聚透镜焦点 F_1 外侧的一个物 O。我们可以用作图法，求出这样的物体在轴外任意一点（如图 34-16a 中箭头的顶点）的像。方法是画出通过这一点的三条特殊光线中的任意两条光线的光路图。从通过透镜成像的所有光线中选出的三条特殊光线是：

1. 起初平行于中心轴的入射光线经过透镜折射后通过焦点 F_2（图 34-16a 中的光线 1）。

2. 起初经过焦点 F_1 的入射光线从透镜出射后平行于中心轴（图 34-16a 中光线 2）。

3. 原来方向指向透镜中心的光线通过透镜后其出射的方向不变（图 34-16a 中的光线 3），这是因为光线遇到的透镜前后两侧面几乎平行。

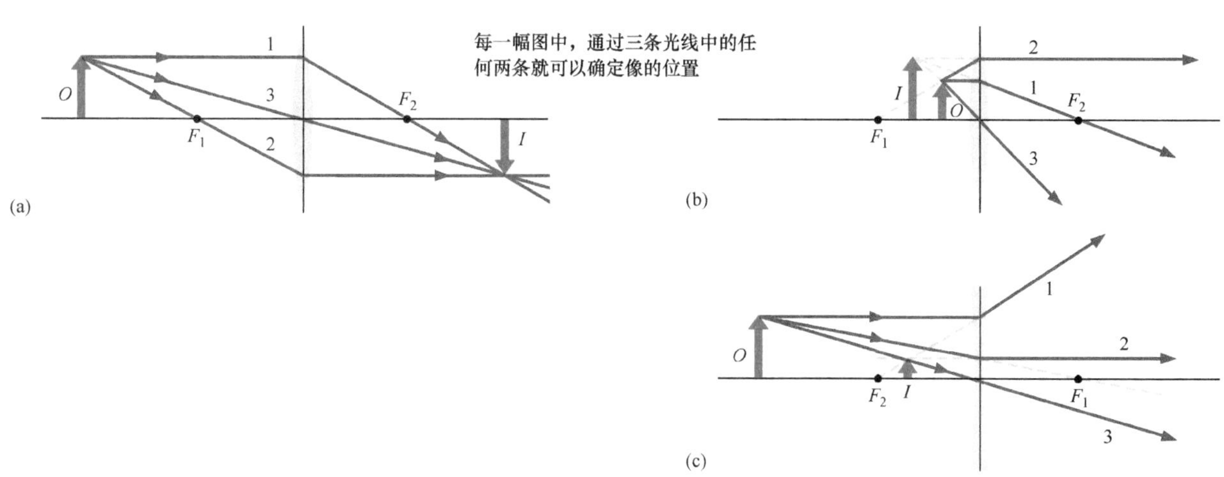

图 34-16 三条特殊的光线使我们可以确定薄透镜成像的位置，三幅小图中的物 O 分别是在会聚透镜的焦点（a）以外，（b）以内，（c）发散透镜前任何位置。

这一点的像位于透镜另一侧，在这些光线相交的位置，整个物体的像可以通过确定物上面的两点或更多的点的像的位置得到。

图 34-16b 表示怎样利用这三条特殊光线的延长线来确定放在会聚透镜焦点 F_1 以内物体的像。注意，对光线 2 的描述需要做一些修改（它现在是向后延长线通过焦点 F_1 的光线）。

我们需要修改对光线 1 和光线 2 的表述，就可以用它们来确定发散透镜前（任何地方）像的位置。例如，在图 34-16c 中，光线 3 和光线 1 及光线 2 的向后延长线相交。

双透镜系统

我们现在讨论在中心轴重合的两个透镜组成的系统前面的物体成像。一些可能的双透镜系统画在图 34-17 中，但是这些图并没有按比例画出。在每一幅分图中，物总是放在透镜 1 的左边，但可以在透镜的焦点内或在焦点外。虽然，跟踪通过任何这种双透镜系统的光路可能具有挑战性，但我们也可以利用下面简单的两步解法：

步骤 1。先忽略透镜 2，利用式（34-9）确定透镜 1 产生的像 I_1。确定像是在透镜左侧还是右侧，是实像还是虚像，它和物的取向是否相同。粗略地画出 I_1。图 34-17a 的上面部分给出一个例子。

步骤 2。忽略透镜 1，把 I_1 看作透镜 2 的物。应用式（34-9）确定透镜 2 产生的像 I_2 的位置。这就是系统最后所成的像。确定像是在透镜的左侧还是在右侧，是实像还是虚像，和透镜 2 的物的取向是否相同。大致画出 I_2。图 34-17a 的下半部分给出了一个例子。

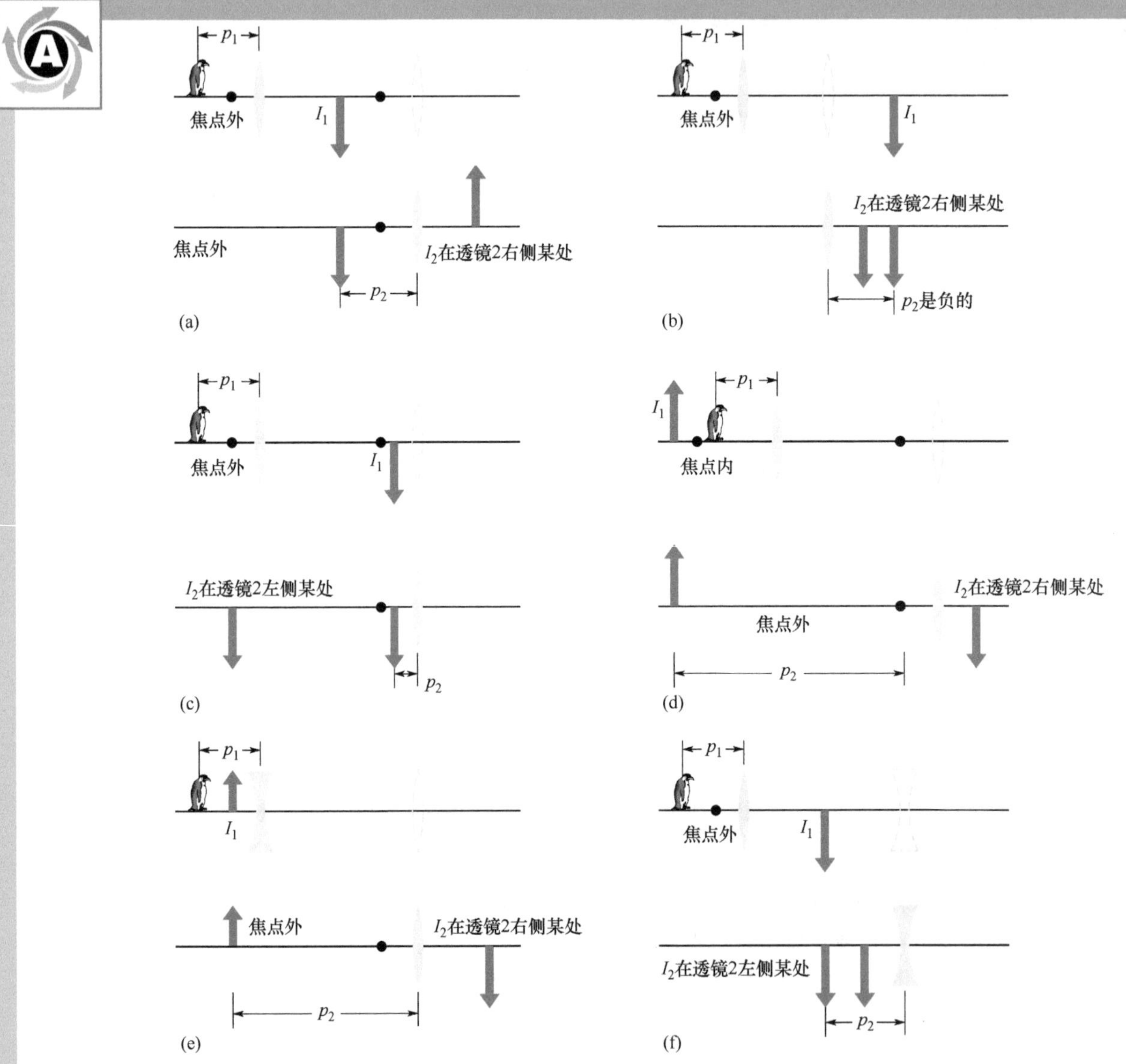

图 34-17 双透镜系统的几幅简图（不按比例），其中物在透镜 1 的左侧。在求解的步骤 1 中，我们只考虑透镜 1 而忽略透镜 2（用虚线画出）。在步骤 2 中，我们只考虑透镜 2 而忽略透镜 1（不再画出）。我们要求最后的像，就是透镜 2 所成的像。

这样，我们用两个单透镜的计算来处理双透镜系统，利用一个透镜的标准方法和定则。这个步骤中唯一的例外是，如果 I_1 在透镜 2 的右侧（通过了透镜 2），我们仍旧把它作为透镜 2 的物，但当我们用式（34-9）求 I_2 时，我们取物距 p_2 是一个负数。于是，就像在我们其他的例子中那样，如果像距 i 是正数，则这个像是实像并且在透镜的右侧。一个例子画在图 34-17b 中。

同样的逐步分析法可以用在任意数目的透镜组成的系统上。如果用反射镜代替透镜 2，也可以应用。透镜系统（或透镜和反射镜系统）总的（或净）横向放大率 M 是式（34-7）（$m=-i/p$）给出的各个元件的横向放大率的乘积。由此，对双透镜系统，我们有

$$M=m_1m_2 \tag{34-11}$$

如果 M 是正的，最后得到的像和物（在透镜 1 前的）有相同的取向。如 M 是负的，最后得到的像是物的倒像。在 p_2 是负的情况中，就像图 34-17b 中，确定最终的像的取向最容易的方法或许是通过考察 M 的符号来决定。

检查点 4

对称的薄透镜以放大率 +0.2 提供指纹的像。这时指纹在透镜的焦点以外 1.0cm 处。问像的（a）类型和（b）取向各是什么？（c）透镜是会聚的还是发散的？

例题 34.03 对称薄透镜产生的像

一只螳螂在对称的薄透镜中心轴上距透镜 20cm 处准备捕食。透镜对螳螂的横向放大率是 $m=-0.25$，透镜折射率是 1.65。

（a）确定透镜所成像的类型，透镜的类型，物（螳螂）在焦点内还是在焦点外，像出现在透镜的哪一侧，像是不是倒像？

推理： 我们从给定的 m 值可以得到很多有关透镜和像的情况。由这些和式（34-6）（$m=-i/p$），我们知道

$$i=-mp=0.25p$$

即使不算出这个公式，我们也可以回答这些问题，因为 p 是正数，所以这里的 i 必定也是正的，这意味着我们得到实像，这意味着我们有一个会聚透镜（只有会聚透镜能产生实像）。物必定在焦点外（产生实像的唯一方式）。还有，像是倒立的，并且在和物相对的透镜一侧。（这是会聚透镜成实像的方式。）

（b）透镜的两个曲率半径各是多少？

【关键概念】

1. 因为透镜是对称的，所以 r_1（靠近物一侧的表面的曲率半径）和 r_2 有相同的数值。

2. 因为透镜是会聚透镜，物面所对的较靠近的表面是凸面，所以 $r_1=+r$。同理，物面所对的较远一侧的表面是凹面；所以 $r_2=-r$。

3. 我们可以将这两个曲率半径和焦距 f 用透镜制造者方程式（34-10）联系起来（这是唯一的包含透镜曲率半径的方程式）。

4. 我们可以将 f 和物距 p 及像距 i 用式（34-9）联系起来。

解： 我们已知 p，但不知道 i。因此，我们的第一步是算出（a）小问中的像距 i；我们得到

$$i=(0.25)(20\text{cm})=5.0\text{cm}$$

现在，由式（34-9）得

$$\frac{1}{f}=\frac{1}{p}+\frac{1}{i}=\frac{1}{20\text{cm}}+\frac{1}{5.0\text{cm}}$$

由这个方程式求得 $f=4.0\text{cm}$。

于是由式（34-10），得

$$\frac{1}{f}=(n-1)\left(\frac{1}{r_1}-\frac{1}{r_2}\right)=(n-1)\left(\frac{1}{+r}-\frac{1}{-r}\right)$$

或，代入已知的数据

$$\frac{1}{4.0\text{cm}}=(1.65-1)\frac{2}{r}$$

由此得到

$$r=(0.65)(2)(4.0\text{cm})=5.2\text{cm} \quad（答案）$$

PLUS 在 WileyPLUS 中可以找到附加的例题、视频和练习。

例题 34.04 两个薄透镜系统成像

图34-18a表示一颗墨西哥辣椒种子放在两片对称的同轴薄透镜1和2的前面，两个透镜的焦距分别是$f_1=+24\text{cm}$，$f_2=+9.0\text{cm}$，两透镜相距$L=10\text{cm}$。种子到透镜1的距离$p_1=6.0\text{cm}$。双透镜系统产生的种子的像的位置在哪里？

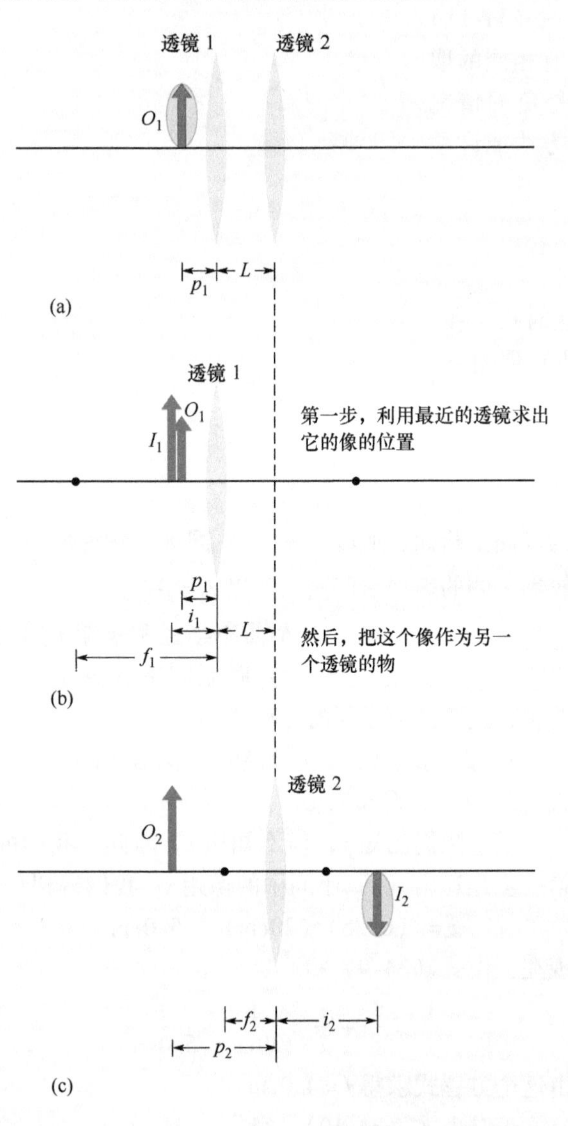

图34-18 (a) 种子O_1到双透镜系统的距离为p_1，两个透镜的间距是L。我们用一个箭头表示种子的取向。(b) 单独一个透镜1产生的像I_1。将 (a) 小图中的像I_1作为单独一个透镜2的物O_2，透镜2对O_2产生像I_2。

【关键概念】

我们可以通过跟踪从种子上发射并经过两个透镜的光线来确定透镜系统生成的像的位置。然而，我们也可以分步骤地按各个透镜的先后次序计算整个系统成像的位置。我们从最靠近种子的透镜1开始。而要求的像是最后的一个透镜——也就是透镜2——的像I_2。

透镜1：暂且不管透镜2，我们把式（34-9）用于单独的透镜1，确定透镜1所生成的像I_1的位置

$$\frac{1}{p_1}+\frac{1}{i_1}=\frac{1}{f_1}$$

透镜1左侧的物O_1是种子，它到透镜的距离为6.0cm，我们代入$p_1=+6.0\text{cm}$，还代入给出的焦距f_1，于是我们有

$$\frac{1}{+6.0\text{cm}}+\frac{1}{i_1}=\frac{1}{+24\text{cm}}$$

由此得到$i_1=-8.0\text{cm}$。

这告诉我们像I_1离开透镜1距离8.0cm并且是虚像。（我们只要注意到种子在透镜1的焦点以内，也就是在透镜和它的焦点之间，就可以猜到这是虚像。）因为I_1是虚像，它和物O_1在透镜的同一侧，因而和种子有相同的取向，如图34-18b所示。

透镜2：求解的第二步，我们把像I_1当作第二个透镜的物O_2，并且现在忽略透镜1。我们首先注意到物O_2在透镜2的焦点外面。所以透镜2产生的像一定是倒立的实像，并且在与透镜2的物O_2相对的另一侧。我们来看一看。

由图34-18c，物O_2和透镜2的距离p_2是

$$p_2=L+|i_1|=10\text{cm}+8.0\text{cm}=18\text{cm}$$

于是现在将式（34-9）用于透镜2，得到

$$\frac{1}{+18\text{cm}}+\frac{1}{i_2}=\frac{1}{9.0\text{cm}}$$

因此，$$i_2=+18\text{cm}$$ （答案）

这个正号证实了我们的猜测：透镜2生成的像I_2是倒立的实像，且在透镜2的和O_2相对的另一侧，如图34-18c所示。由此，放在这个位置的卡片上会出现种子的像。

 在WileyPLUS中可以找到附加的例题、视频和练习。

34-5 光学仪器

学习目标

学完这一单元后，你应当能够……

34.36 懂得视觉的近点。

34.37 用图说明单个放大透镜的作用。

34.38 懂得角放大率。

34.39 确定对放在单个放大透镜焦点近旁的物的角放大率。

34.40 用图说明复显微镜。

34.41 懂得复显微镜的总放大率是由物镜的横向放大率和目镜的角放大率共同产生的。

34.42 计算复显微镜的总放大率。

34.43 用图说明折射望远镜。

34.44 计算折射望远镜的角放大率。

关键概念

- 单个放大透镜的角放大率是

$$m_\theta = \frac{25\text{cm}}{f}$$

其中，f 是透镜的焦距；25cm 是近点数值的参考值。

- 复显微镜的总放大率是

$$M = mm_\theta = -\frac{s}{f_{ob}}\frac{25\text{cm}}{f_{ey}}$$

其中，m 是物镜的横向放大率；m_θ 是目镜的角放大率；s 是筒长；f_{ob} 是物镜焦距；f_{ey} 是目镜焦距。

- 折射望远镜的角放大率是

$$m_\theta = -\frac{f_{ob}}{f_{ey}}$$

光学仪器

人眼是个有非常奇特功效的器官，但它的有效范围还可以用像眼镜、显微镜和望远镜等光学仪器以多种方式扩展。许多这样的仪器扩展了我们的视界，超出了可见的范围。卫星携带的红外照相机和 X 射线显微镜只是两个例子。

反射镜和薄透镜公式只能近似地用于最精密的光学仪器。典型的实验室显微镜中的透镜根本不是“薄的”。大多数光学仪器中的透镜都是复合透镜；即它们是由多个元件组成，这些透镜界面也很少是严格的球面。现在我们讨论三种光学仪器，为简单起见假设薄透镜公式仍旧可以应用。

简单放大镜

正常的人眼可以在视网膜（在眼睛的后部）上聚焦成清晰的像，只要物体位于无穷远到称为近点 P_n 之间的某一点。如果你将物体向着眼睛移动到比近点更近的位置，视网膜上感觉到的图像就会变得模糊不清。正常情况下，近点的位置会随年龄而改变，通常是从人眼往远处移动。下面的方法可以帮你找出自己的近点，如果你戴眼镜或隐形眼镜，摘掉眼镜，闭上一只眼睛，把这一页书逐渐靠近你的睁开着的眼睛，直到变得模糊。下面我们取近点离开眼睛 25cm，这比 20 岁的青年人的典型值略大。

图 34-19a 表示物体 O 放在眼睛的近点 P_n 处。该物在视网膜上所成的像的大小取决于眼睛的视场中物体的张角 θ。移动物体使其靠近眼睛，如图 34-19b 中那样，你可以增大这个张角，因而增加了辨别物体细节的可能性。然而，当物体放得比近点离眼睛还近时，

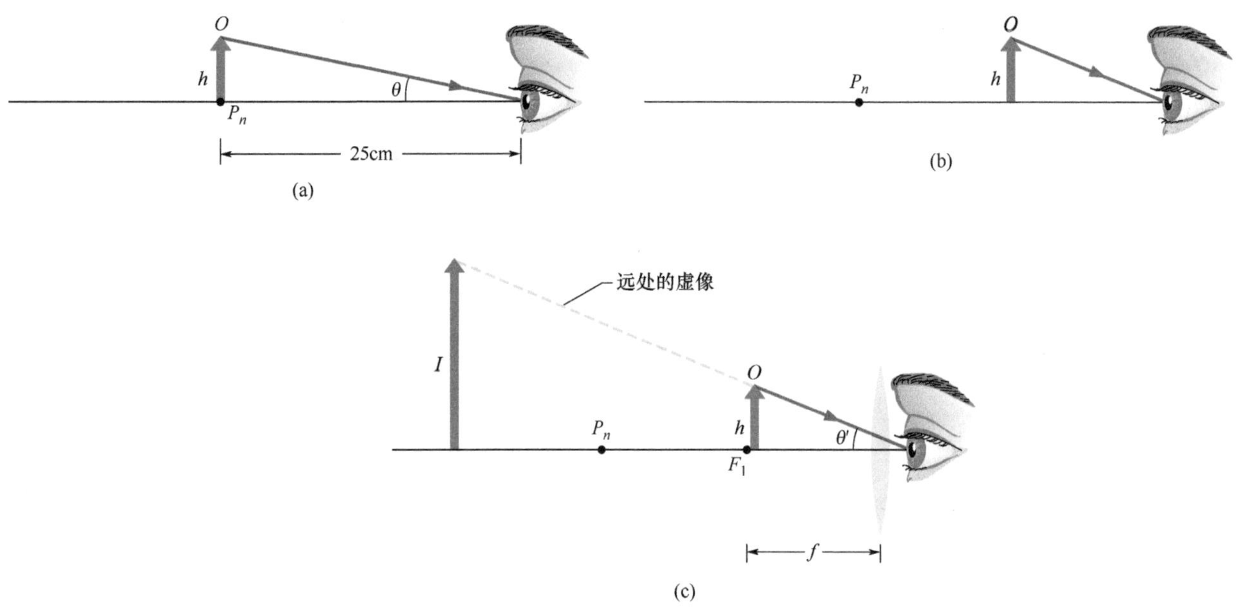

图 34-19　(a) 高度为 h 的物 O 放在人眼的近点，且在眼睛视场中的张角为 θ。(b) 将物移近，增大张角，但现在观察者无法使物会聚在视网膜上成像。(c) 将一个会聚透镜放在物和眼睛之间，物正好在透镜焦点 F_1 的内侧。透镜所成的像足够远，可以被眼睛聚焦，并且所成的像比 (a) 小图中的物 O 有更大的张角。

它就无法再调焦，就是说像再也不会清晰。

你可以通过一个会聚透镜的观察来恢复清晰度，把物体 O 刚好放在焦距为 f 的焦点 F_1 的里面（见图 34-19c）。你看到的是透镜产生的 O 的虚像。这个像远离近点；因而眼睛可以看清它。

还有，虚像的张角 θ' 大于只有物而不用透镜但仍旧看得清楚时物体所张的最大角度 θ。看到物体的角放大率 m_θ（不要将它和横向放大率 m 混淆）是

$$m_\theta = \theta'/\theta$$

就是说，单个放大透镜的角放大率是透镜所成的像的张角与将物放在视场的近点时物对眼睛所张的角度之比。

由图 34-19，假设 O 在透镜的焦点上。对于很小的角度，$\tan\theta$ 近似为 θ，$\tan\theta'$ 近似为 θ'。我们有

$$\theta \approx h/25\text{cm}, \quad \theta' \approx h/f$$

于是我们得到

$$m_\theta = \frac{25\text{cm}}{f} \quad \text{(角放大率)} \tag{34-12}$$

复显微镜

图 34-20 表示一台薄透镜组成的复显微镜。这台显微镜由焦距为 f_{ob} 的物镜（前面的透镜）和焦距为 f_{ey} 的目镜（靠近眼睛的透镜）组成。它用来观察非常靠近物镜的微小物体。

被观察的物 O 正好放在物镜的第一个焦点 F_1 的外侧，十分靠近 F_1，所以我们可以把它到透镜的距离 p 近似于焦距 f_{ob}。两个透镜之间的间距可以调节，使得物镜所成的倒立、放大的实像正好位于目镜的第一焦点 F_1' 的内侧。图 34-20 中表示的筒长 s 相对于 f_{ob} 实际上是很大的，因此我们可以把物镜和像 I 之间的距离 i 近似为长度 s。

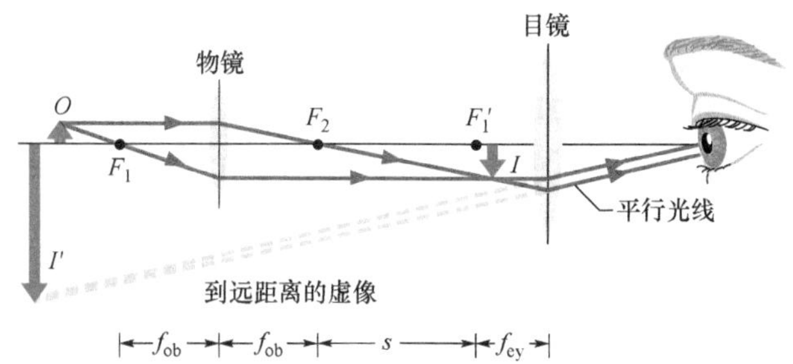

图 34-20 用薄透镜表示的复显微镜（没有按比例画出）。物镜所成的物 O 的实像 I 在目镜的焦点 F'_1 稍里边一点。然后像 I 成为目镜的物，目镜产生观察者看到的虚像 I'。物镜焦距为 f_{ob}，目镜焦距为 f_{ey}，s 是镜筒长度。

由图 34-6，并利用对 p 和 i 的近似，我们可以写出物镜的横向放大率为

$$m = -\frac{i}{p} = -\frac{s}{f_{ob}} \tag{34-13}$$

因为像 I 正好在目镜焦点 $F_1{}'$ 的内侧，所以目镜的作用相当于单个放大透镜，观察者通过它看到最后的（倒立的虚）像 I'。仪器的总放大率是式（34-13）给出的物镜的横向放大率 m 和式（34-12）给出的目镜的角放大率 m_θ 的乘积；就是：

$$M = mm_\theta = -\frac{s}{f_{ob}}\frac{25\text{cm}}{f_{ey}} \quad \text{（显微镜）} \tag{34-14}$$

折射望远镜

望远镜有多种形式。这里我们描述的一种是由物镜和目镜组成的简单折射望远镜；在图 34-21 中，目镜和物镜都用单透镜表示。虽然和大多数显微镜的实际情况一样，每个透镜事实上都是复合的透镜系统。

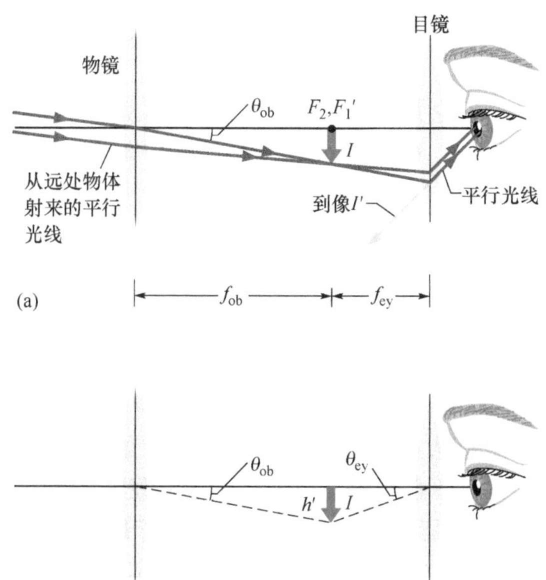

图 34-21 （a）用薄透镜表示的折射望远镜。当近似平行的光线通过物镜时，物镜生成远距离外光源（物）的实像 I。（物的一端被假设在中心轴上。）在共同的焦点 F_2 和 F'_1 位置上成的像 I 成为目镜的物，在目镜中形成离观察者很远的距离上的最后的虚像 I'。物镜的焦距为 f_{ob}，目镜的焦距为 f_{ey}。（b）从物镜一方测量高度 h' 的像的张角是 θ_{ob}，从目镜测量 h' 的张角为 θ_{ey}。

望远镜的透镜设置和显微镜的很像，但望远镜是设计来观察像星云、恒星和行星之类远距离外很大的物体，而显微镜的目标则正好相反。这一差别要求图 34-21 的望远镜中物镜的第二焦点 F_2 和目镜的第一焦点 F_1'重合，而在图 34-20 的显微镜中这两个焦点相距筒长 s。

在图 34-21 中，从远距离物体射来的平行光进入物镜，平行光束和望远镜轴成角度 θ_{ob}，并在共同的焦点 F_2 和 F_1'位置上成倒立的实像 I。这个像就是目镜的物，观察者通过目镜看到远距离处的（仍旧是倒立的）虚像 I'。成像的光线与望远镜转成角度 θ_{ey}。

望远镜的角放大率 m_θ 是 θ_{ey}/θ_{ob}。从图 34-21b 可以看出，对于靠近中心轴的光线，我们可以写下 $\theta_{ob}=h'/f_{ob}$，$\theta_{ey}=h'/f_{ey}$，由此得到：

$$m_\theta=-\frac{f_{ob}}{f_{ey}}\ （望远镜） \tag{34-15}$$

这里的负号表明 I'是倒立的像。用文字表达，望远镜的角放大率是望远镜所成像的张角与不用望远镜观察时远距离物体的张角的比值。

放大率只是天文望远镜设计的因素之一，并且确实很容易实现。好的望远镜还要考虑*聚光本领*，它决定像有多亮。在观察光线微弱的天体，像远距离的星云时这是非常重要的，这可以把物镜的直径做得尽可能大来实现。望远镜还需要有好的*分辨率*，这是分辨两个角距离很小的两个远处天体（譬如说恒星）的本领。*视场*是另一个重要的设计参数。设计用来观察星系（它只占很小的视场）的望远镜和设计用来跟踪流星（它在很大的视场范围内运动）的望远镜有很大的不同。

望远镜设计者还必须考虑到真实的透镜和我们讨论的理想薄透镜之间的区别。实际的球面透镜并不能形成清晰的像，它存在着称作*球面像差*的缺陷。还有，实际的透镜的两个表面产生的折射与波长有关，真实的透镜不能将不同波长的光聚焦在同一点上，这个缺点称为*色差*。

这个简单的讨论并没有涵盖天文望远镜所有的设计参量——还有其他一些参量。对于任何其他高性能的光学仪器，我们可以列出类似的清单。

34-6 三个公式的证明

球面反射镜公式［式（34-4）］

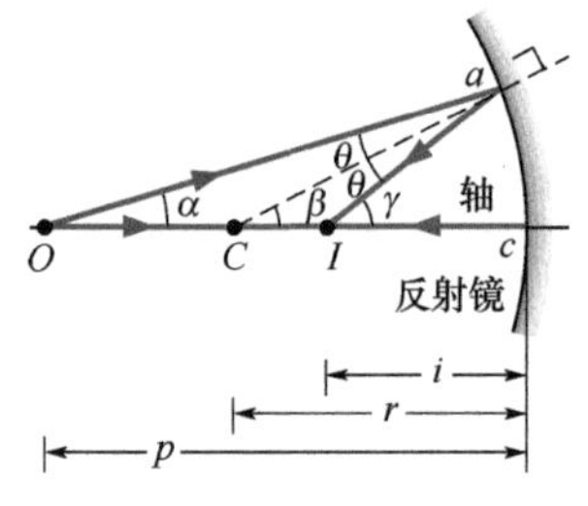

图 34-22 凹球面镜反射从点物 O 射来的光线成实像 I。

图 34-22 表示将一个点状物体 O 放在凹球面镜的中心轴上、曲率中心 C 的外面。从 O 发出的和中心轴成 α 角的一条光线在反射镜上 a 点反射后与中心轴相交于 I 点。从 O 发出沿轴行进的光线，它在 c 点反射并沿原路返回，也通过 I 点。于是，由于两条光线都经过这共同的点，I 就是 O 的像；因为光线实际上通过了这一点，所以这是实像。让我们来求像距 i。

在这里将要用到一条三角学定理，即三角形的一个外角等于两个不相邻的内角之和。把这条定理用到图 34-22 中的三角形 OaC

和三角形 OaI，得到

$$\beta=\alpha+\theta,\ \gamma=\alpha+2\theta$$

我们在这两个方程式中消去 θ，得到

$$\alpha+\gamma=2\beta \tag{34-16}$$

我们可以写出用弧度表示的 α、β 和 γ：

$$\alpha\approx\frac{\widehat{ac}}{cO}=\frac{\widehat{ac}}{p},\ \beta=\frac{\widehat{ac}}{cC}=\frac{\widehat{ac}}{r}$$

及

$$\gamma\approx\frac{\widehat{ac}}{cI}=\frac{\widehat{ac}}{i} \tag{34-17}$$

其中，字母上面的弧形符号的意思是“弧”。只有 β 的方程式是精确的，因为弧 $\widehat{ac}$ 的曲率中心在 C 点。然而，如果这些角度足够小（即光线很靠近中心轴），α 和 γ 的方程式也近似正确。将式（34-17）中的几个方程式代入式（34-16）。利用式（34-3），用 $2f$ 代替 r，并且消去 $\widehat{ac}$，最后正好得到我们要证明的式（34-4）。

折射表面公式［式（34-8）］

从图 34-23 中点状物 O 发射的光线入射到球形折射面的 a 点，在这一点按照式（33-40）描述的折射定律有：

$$n_1\sin\theta_1=n_2\sin\theta_2$$

如果 α 很小，则 θ_1 和 θ_2 也很小，我们可以将这两个角度的正弦用这两个角度本身来代替。于是，上面的方程式变成：

$$n_1\theta_1\approx n_2\theta_2 \tag{34-18}$$

我们再次利用三角形的一个外角等于不相邻的两内角之和这一定律。把它用到三角形 COa 和三角形 ICa，得到

$$\theta_1=\alpha+\beta,\ \beta=\theta_2+\gamma \tag{34-19}$$

我们利用式（34-19）消去式（34-18）中的 θ_1 和 θ_2，得到

$$n_1\alpha+n_2\gamma=(n_2-n_1)\beta \tag{34-20}$$

用弧度来量度角度 α、β 和 γ，有

$$\alpha\approx\frac{\widehat{ac}}{p};\ \beta=\frac{\widehat{ac}}{r};\ \gamma\approx\frac{\widehat{ac}}{i} \tag{34-21}$$

这三个方程式中只有第二个是精确的。其他两个是近似的，因为 I 和 O 都不在 $\widehat{ac}$ 是其一部分的圆弧的中心。然而，对于足够小的 α（光线靠近中心轴），式（34-21）的误差很小。将式（34-21）代入式（34-20），就可以直接得到式（34-8），这是我们要证明的。

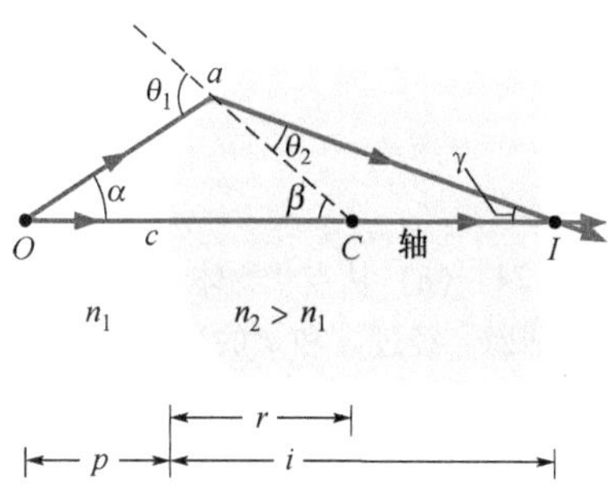

图 34-23 通过两种介质间的球形凸面的折射，点物 O 成的实的点像 I。

薄透镜公式［式（34-9）和式（34-10）］

我们的方案是把透镜的每一个表面作为独立的折射面，并将第一个表面所成的像作为第二个表面的物。

我们从图 34-24a 中长度为 L 的厚玻璃“透镜”开始，将“透镜”的左边和右边的折射面分别磨成半径为 r' 和 r'' 的球面。点物体 O' 放在左边的球面附近，如图所示。O' 发出的沿中心轴传播的光线在进入和离开透镜时都不会发生偏折。

从 O' 射出的和中心轴成 α 角的第二条光线在 a' 点和左侧折射面相交并被折射，然后和第二个（右侧的）折射面相交在 a'' 点。光线再次折射并在 I'' 穿过中心轴。作为从 O' 发射的两条光线的交点，I'' 是从 O' 点产生的光线经过两个折射面折射后所成的像。

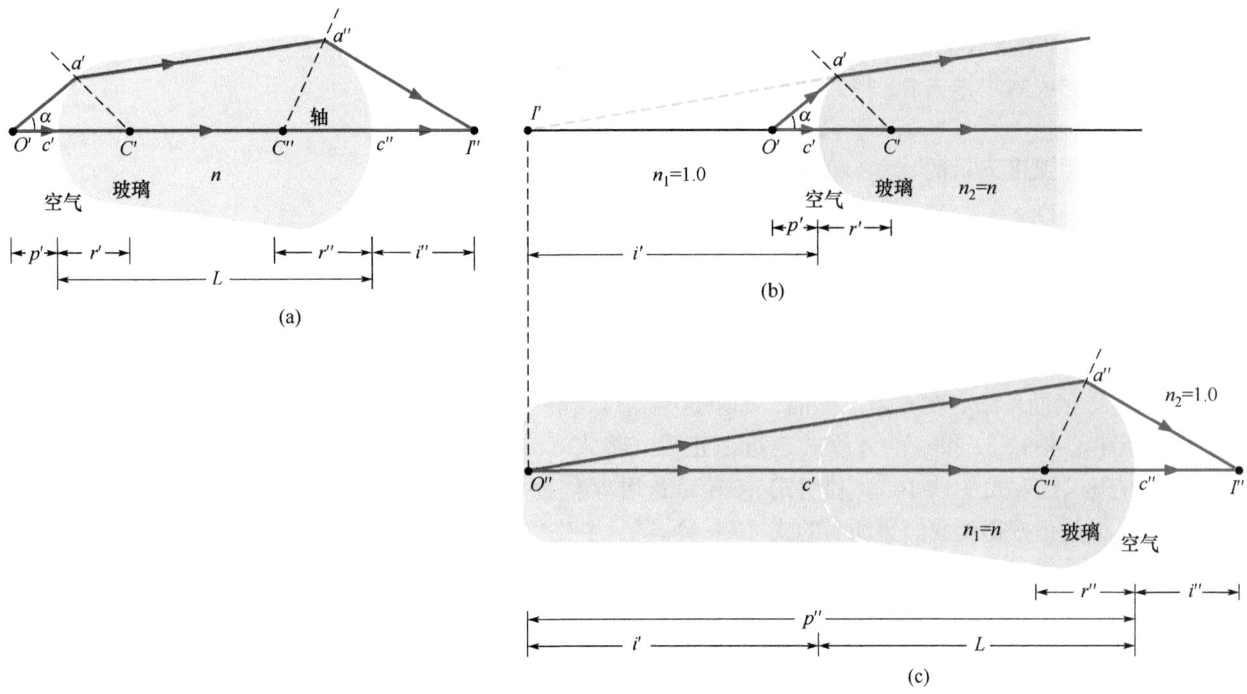

图34-24 （a）从点状物体 O'发射的两条光线经透镜的两个球面折射后成实像 I''。物面对的是透镜左侧的凸面和透镜右侧的凹面。经过 a'和 a''的光线实际上很靠近通过两透镜的中心轴。（a）小图中透镜的（b）左侧和（c）右侧分别画出。

图34-24b表示第一个（左侧的）折射面在 I'也形成 O'的虚像，我们用式（34-8）确定 I'的位置：

$$\frac{n_1}{p}+\frac{n_2}{i}=\frac{n_2-n_1}{r}$$

令空气的折射率 $n_1=1$，透镜玻璃的折射率 $n_2=n$，并且记住（虚像）像距是负数（即图34-24b中 $i=-i'$），我们得到

$$\frac{1}{p'}-\frac{n}{i'}=\frac{n-1}{r'} \tag{34-22}$$

（因为负号是显示的，所以 i'是正数。）

图34-24c重新画出第二个折射面，除非在 a''点的观察者知道有第一个折射面存在，否则观察者会认为到达 a''点的光线是来自图34-24b中的 I'点，并且这个表面左侧的区域都充满了玻璃，如图中所示那样。因此，第一个折射面所成的（虚）像 I'就当作第二个折射面实物 O''。这个物和第二个折射面的距离是

$$p''=i'+L \tag{34-23}$$

对第二个折射面应用式（34-8），我们必须代入 $n_1=n$，$n_2=1$，因为现在物看上去是被埋在玻璃里面。我们将式（34-23）代入式（34-8）就得到

$$\frac{n}{i'+L}+\frac{1}{i''}=\frac{1-n}{r''} \tag{34-24}$$

我们现在假设，图34-24a中“透镜”的厚度 L 是如此之小，以致和其他的线量（如 p'、i'、p''、i''、r'和 r''）相比可以忽略不计。在以下所有讨论中，我们都做这样的薄透镜近似。令式（34-24）中 $L=0$并把它的右面重新整理，得到

$$\frac{n}{i'}+\frac{1}{i''}=-\frac{n-1}{r''} \qquad (34\text{-}25)$$

把式（34-22）和式（34-25）相加，得到

$$\frac{1}{p'}+\frac{1}{i''}=(n-1)\left(\frac{1}{r'}-\frac{1}{r''}\right)$$

最后，由于原始的物距就是 p，最终的像距是 i，所以得到

$$\frac{1}{p}+\frac{1}{i}=(n-1)\left(\frac{1}{r'}-\frac{1}{r''}\right) \qquad (34\text{-}26)$$

稍微改变一下符号，这就是式（34-9）和式（34-10）这两个式子。

复习和总结

实像和虚像 像是物体通过光的一种再现。如果像可以呈现在表面上，就是实像，即使没有观察者在观察，它也客观存在着。如果像的存在需要观察者的视觉系统来感受才知道，那么这就是虚像。

像的形成 球面镜、球形折射面以及薄透镜都可以使光源——物——所发射的光线的方向改变而成该物的像。像出现在方向被改变了的光线相交的位置（成实像）或者这些方向改变的光线的向后延长线相交的位置（成虚像）。如果光线足够靠近所通过的球面镜、折射面或薄透镜的中心轴，我们就有以下物距 p（这是正数）和像距 i（对实像是正数，对虚像则是负数）之间的关系式

1. 球面镜：

$$\frac{1}{p}+\frac{1}{i}=\frac{1}{f}=\frac{2}{r} \qquad (34\text{-}4,\ 34\text{-}3)$$

其中，f 是反射镜的焦距；r 是曲率半径。平面镜是 $r\to\infty$ 时的特殊情况，所以这种情况下有 $p=-i$。实像和物都在反射镜同一侧，虚像在反射镜的另一侧。

2. 球形折射面：

$$\frac{n_1}{p}+\frac{n_2}{i}=\frac{n_2-n_1}{r}\ （单个折射面） \qquad (34\text{-}8)$$

其中，n_1 是物所在介质材料的折射率；n_2 是折射面另一侧介质材料的折射率；r 是折射面的曲率半径。如果物所面对的是凸折射面，则半径 r 是正数。如果物所面对的是凹面，则 r 是负数。实像形成在和物相对的折射面另一侧，虚像成在和物相同的一侧。

3. 薄透镜

$$\frac{1}{p}+\frac{1}{i}=\frac{1}{f}=(n-1)\left(\frac{1}{r_1}-\frac{1}{r_2}\right) \qquad (34\text{-}9,\ 34\text{-}10)$$

其中，f 是透镜的焦距；n 是透镜材料的折射率；r_1 和 r_2 分别是透镜的两侧的折射球面的曲率半径。凸透镜的面向物的表面有正的曲率半径；凹透镜面对物的折射面的曲率半径是负数。实像形成在与物相对的透镜另一侧，虚像形成在与物相同的一侧。

横向放大率 球面反射镜或薄透镜的横向放大率 m 是

$$m=-\frac{i}{p} \qquad (34\text{-}6)$$

m 的数值由下式给出

$$|m|=\frac{h'}{h} \qquad (34\text{-}5)$$

其中，h 和 h' 分别是物和像的高度（垂直于中心轴测量）。

光学仪器 扩展人类视觉的三种常用光学仪器。

1. 单个放大透镜，用它得到下式给出的角放大率 m_θ：

$$m_\theta=\frac{25\text{cm}}{f} \qquad (34\text{-}12)$$

其中，f 是放大透镜的焦距；距离 25cm 是传统选择的数值，它比 20 岁的青年人的近点略大。

2. 复显微镜，它的总放大率 M 是

$$M=mm_\theta=-\frac{s}{f_{ob}}\frac{25\text{cm}}{f_{ey}} \qquad (34\text{-}14)$$

其中，m 是物镜的横向放大率；m_θ 是目镜的角放大率；s 是筒长；f_{ob} 和 f_{ey} 分别是物镜和目镜的焦距。

3. 折射望远镜，它的角放大率 m_θ 由下式给出：

$$m_\theta=-\frac{f_{ob}}{f_{ey}} \qquad (34\text{-}15)$$

习题

1～8 球面反射镜。物 O 在球面反射镜的中心轴上。在这种情况下，表 34-3 中的每一个问题给出物距 p_s（单位厘米），反射镜的类型以焦点到镜面的距离（厘米，没有规定符号）。求（a）曲率半径（包括符号），（b）像距 i，（c）横向放大率 m。还要确定像是（d）实像（R）还是虚像（V）？（e）对于物是倒立（I）还是正立（NI）？（f）和 O 都在反射镜的同一侧还是在反射镜的另一侧？

表34-3 习题1~8：各种球面反射镜（参看这些问题的说明）。

	p	反射镜	(a) r	(b) i	(c) m	(d) R/V	(e) I/NI	(f) 同侧或异侧
1	+12	凹面镜，18						
2	+19	凸面镜，14						
3	+8.0	凸面镜，10						
4	+22	凸面镜，35						
5	+10	凸面镜，8.0						
6	+16	凹面镜，10						
7	+18	凹面镜，12						
8	+20	凹面镜，36						

9. 透镜是用折射率为1.5的玻璃制成。透镜的一面是平的，另一面是曲率半径为20cm的凸球面。求透镜的焦距。(b) 如果物放在透镜前80cm处，则像成在什么位置？

10. 图34-25中，用一个特定的透镜（没有画出）成物O的倒立实像I。沿透镜中心轴测量的物与像之间的距离是$d=50.0$cm。像正好是物的一半大小。(a) 一定要用什么类型的透镜才能产生这样的像？(b) 透镜一定要放在距离物多远的位置？(c) 透镜的焦距是多少？

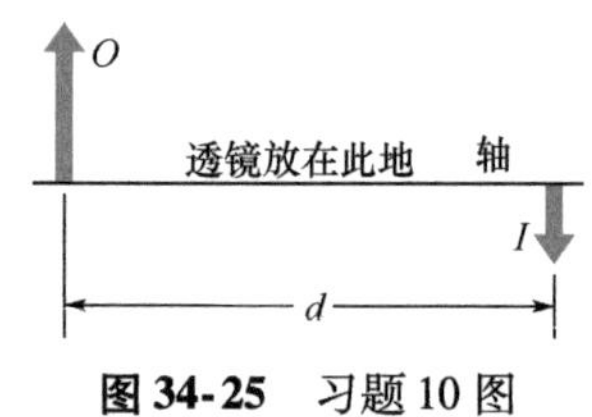

图34-25 习题10图

11. 你用焦距45.0cm的薄透镜在屏幕上成太阳的像，像的直径多大？（有关太阳的数据可参见附录C。）

12. 物沿球面反射镜的中心轴移动，同时测量它的横向放大率m。图34-26给出物距范围$p_a=2.0$cm到$p_b=8.0$cm内横向放大率m对物距p的曲线。在$p=20.0$cm处的m为多大？

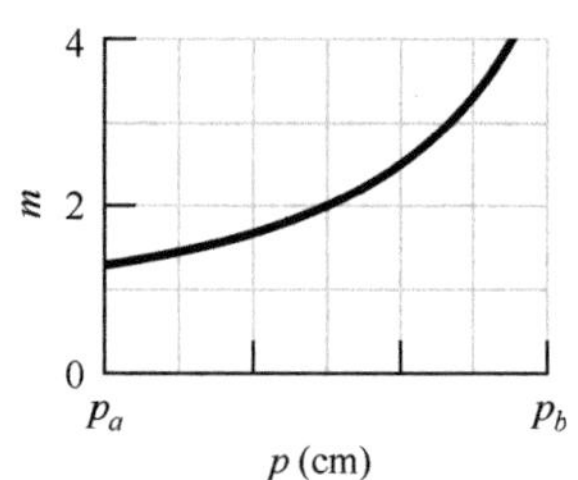

图34-26 习题12图

13~25. *另外的反射镜。* 物O在球面或平面反射镜的中心轴上。在这种情况下，表34-4中的每一个问题都涉及 (a) 反射镜的类型，(b) 焦距f，(c) 曲率半径r，(d) 物距p，(e) 像距i，以及 (f) 横向放大率m。（所有距离都用厘米为单位。）它还涉及 (g) 像是实像（R）还是虚像（V），(h) 比之于O，像是倒立（I）的还是正立（NI）的。(i) 像和物O在反射镜的同一侧还是在相对的另一侧。填入缺失的信息。在只缺少符号的地方填上符号。

表34-4 习题13~25：各种反射镜（参看这些问题的说明）。

	(a) 类型	(b) f	(c) r	(d) p	(e) i	(f) m	(g) R/V	(h) I/NI	(i) 同侧或异侧
13		+20		+30					
14		20		+60					同侧
15		30				+0.20			
16				+20		0.50		I	
17			-40		-10				
18				+30		-0.70			
19	凸镜		40		4.0				
20		20				+0.10			
21		-30			-15				
22				+12		+1.0			
23	凹镜	20		+10					
24				+50		-0.50			
25				+30		0.40		I	

26. 物沿薄透镜的中心轴移动的同时测量横向放大率m。图34-27给出横向放大率m对物距p的曲线，直到$p_s=16.0$cm。当物距离透镜14.0cm时，对物的放大率是多少？

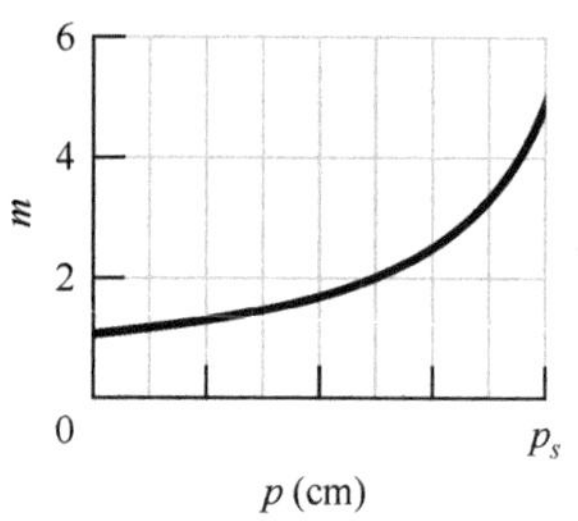

图34-27 习题26图

27. 近点P_n是25cm的人用焦距为15cm的单个放大透镜靠近眼睛的前面来观察一个顶针。如果将顶针放在某个位置，使它的像出现在 (a) P_n位置，(b) 无穷远，则顶针的角放大率各是多少？

28. 物与一台复显微镜的物镜相距12.0mm。物镜和目镜相距300mm，中间的像距离目镜50.0mm。显微镜的总放大率为多少？

29. 在图34-20所示的显微镜中，物镜焦距为3.00cm，目镜焦距为8.00cm。两透镜间的距离为25.0cm。(a) 筒长s是多少？(b) 如果图34-20中的像I正好在焦点F'_1内侧，物应该放在离物镜多远的位置？求 (c) 物镜的横向放大率m，(d) 目镜的角放大率m_θ，及 (e) 显微镜的总放大率。

30. 玻璃球的半径$R=5.0$cm，折射率为1.6。沿距离球心2.0cm的平面切下一块高度$h=3.0$cm的玻璃做镇纸。镇纸放在桌子上，观察者从离开桌面$d=10.0$cm的正上方观察（见图34-28）。通过镇纸观察时，桌面看上去在距离观察者多远的位置？

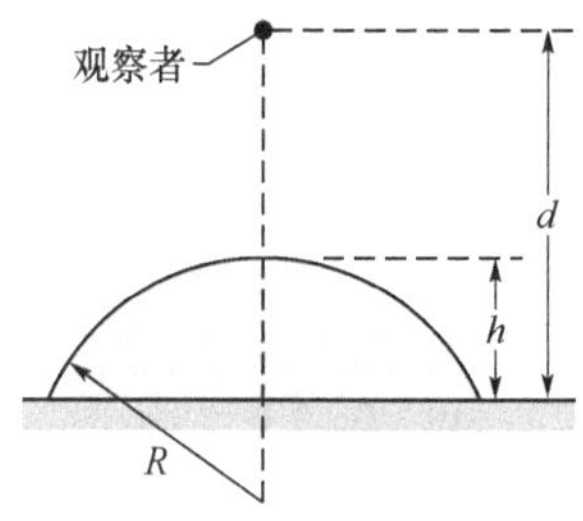

图 34-28 习题 30 图

31. 一个双凸透镜是用折射率为 1.5 的玻璃制成的。一个表面的曲率半径是另一个面的 1.5 倍。透镜焦距是 60mm。透镜表面（a）较小的和（b）较大的半径各是多少？

32. 图 34-29 给出物的横向放大率 m 对到透镜的物距 p 的曲线，物沿透镜中心轴在物距 p 最远到 p_s = 20.0cm 的范围内移动。当物离开透镜 38cm 时，物的放大率是多少？

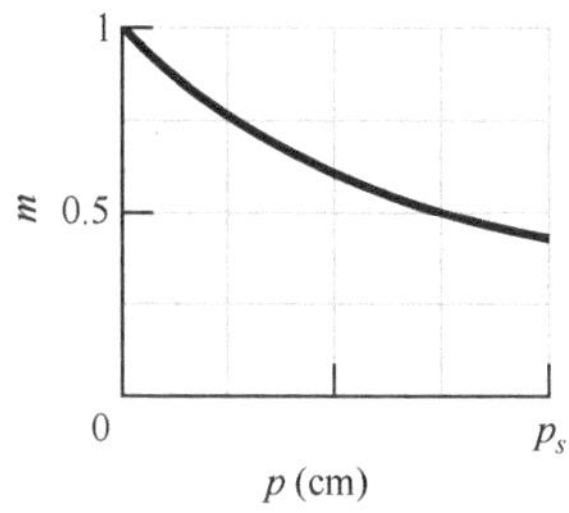

图 34-29 习题 32 图

33～43. 物 O 放在对称薄透镜的中心轴上。对这种情形，表 34-5 中的每一个问题涉及（a）透镜的类型，会聚（C）或者发散（D），（b）焦距 f，（c）物距 p，（d）像距 i，（e）横向放大率 m。（所有的距离都用厘米为单位。）它还涉及（f）像是实像（R）还是虚像（V），（g）像对 O 是倒立的（I）还是正立的（NI），（h）像和 O 在透镜的同一侧还是在相对的另一侧。补充表中的空格，包括在只写出不等式的地方填入 m 的数值，在只缺少符号的地方写上符号。

表 34-5 习题 33～43：更多的透镜（参看这些习题的说明）。

	(a) 类型	(b) f	(c) p	(d) i	(e) m	(f) R/V	(g) I/NI	(h) 同侧或异侧
33		10	+5.0		<1.0			同侧
34		10	+6.0		>1.0			
35		20	+8.0		>1.0			
36	C	10	+15					
37			+16		+1.25			
38		20	+10		<1.0		NI	
39			+10		-0.50			
40			+10		0.50		NI	
41			+16		+0.25			
42			+16		-0.25			
43		+10	+5.0					

44. 图 34-30 给出物的横向放大率 m 对离开球面反射镜的物距 p 的曲线，物沿着反射镜的中心轴在物距 p 的一定数值范围内移动。横轴坐标 p_s = 10.0cm。当物离开反射镜 24cm 的位置时，物的放大率多大？

45. 图 34-31 中，各向同性的点光源 S 放在离观察屏 A 距离 d 处，测量 P 点（和 S 在同一水平线上）的光强 I_P，然后在 S 后面距离 P 点 $2d$ 处放一块平面反射镜 M。放上反射镜后 P 点的光强会增加为几倍？

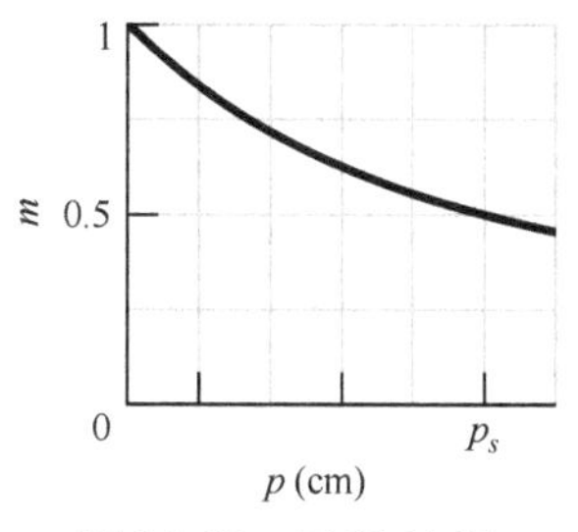

图 34-30 习题 44 图

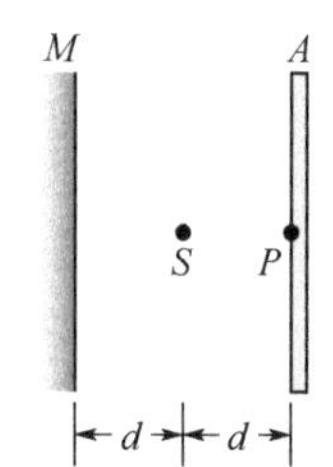

图 34-31 习题 45 图

46. 图 34-32a 表示老式胶片照相机的基本构造。透镜可以前后移动使像成在照相机背后的胶片上。对于某台照相机，当透镜和胶片间的距离 i 为焦距 f = 5.0cm 时，从远方的物 O 射来的平行光束会聚在胶片上，如图所示。现在把物体拉近，将它放在物距 p = 120cm 的位置，调节透镜与胶片间的距离，使其在胶片上成实像（见图 34-32b）。（a）现在透镜与胶片间的距离 i 为多大？（b）距离 i 要改变多少？

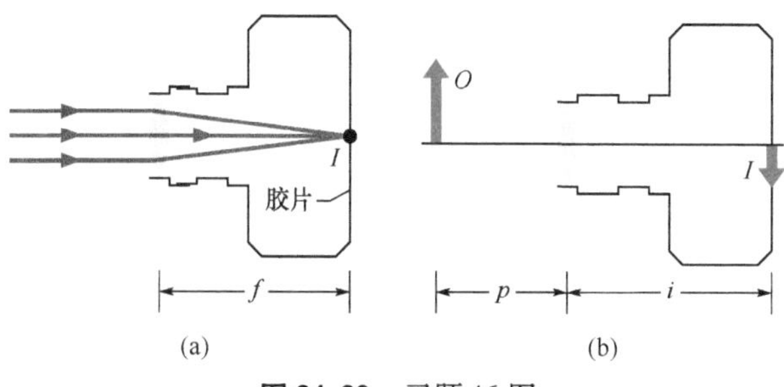

图 34-32 习题 46 图

47. 图 34-33 中，一束平行激光光束入射到折射率为 n 的透明实心球上。（a）如果在球的背面生成点像，球的折射率是多少？（b）如果所成的点像在球的中心，如果可能的话，折射率应是多少？

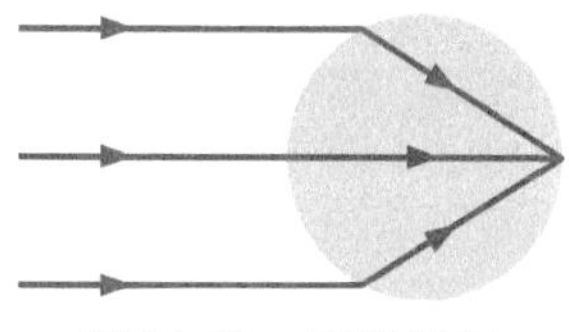
图 34-33 习题 47 图

48. 如果天文望远镜的角放大率是 40，物镜的直径是 75mm，要使目镜收集到在望远镜轴上远处的点光源发射并进入物镜的所有光，则目镜的最小直径应为多大？

49. 装有焦距为 75mm 的（单）透镜的电影摄像机正在拍摄站在 15m 外的人像。人的高度为 180cm，胶片上像的高度是多少？

50～56. 球形折射面。物体 O 放在球形折射面的中心轴上。对这种情形，表34-6中的每一个问题都与物所在处的折射率 n_1 有关。另外，这些问题还涉及（a）折射面另一侧的折射率 n_2，（b）物距 p，（c）折射面的曲率半径 r，（d）像距 i。（所有距离单位都是米。）补充缺失的信息，包括像是（e）实像（R）还是虚像（V），（f）像和物 O 在折射面的同一侧还是在相对的另一侧。

表34-6　**习题50~56：球形折射面（参见这些问题的说明）。**

	n_1	(a) n_2	(b) p	(c) r	(d) i	(e) R/V	(f) 同侧或异侧
50	1.0	1.5		+30	+600		
51	1.5	1.0	+10		-6.0		
52	1.5	1.0		-30	-7.5		
53	1.5	1.0	+70	+30			
54	1.5		+110	-30	+600		
55	1.0	1.5	+10		-13		
56	1.0	1.5	+12	+30			

57. 图34-34中有一只小灯泡悬挂在水深为 d_2 = 200cm 的游泳池水面以上距离 d_1 = 300cm 的位置。游泳池底部有一面巨大的镜子。镜子里灯泡的像低于镜面多远？（提示：设光线都靠近竖直轴线经过灯泡入射，并利用小角近似：$\sin\theta \approx \tan\theta \approx \theta$。）

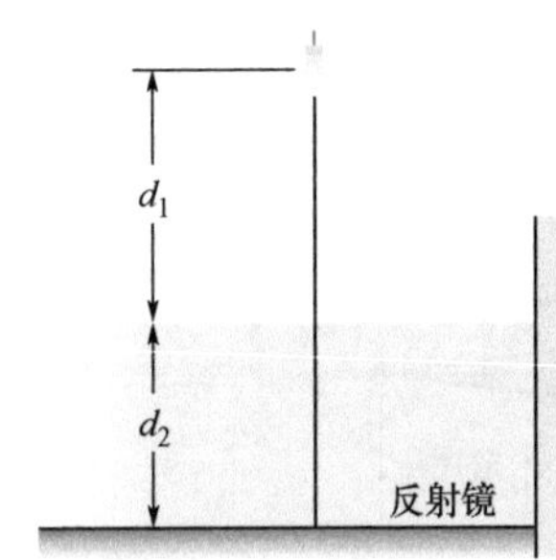

图34-34　习题57图

58~65. *双透镜系统*。图34-35中一个线条画的人 O（物）站在两个对称薄透镜的公共轴上，两个透镜安装在图上方框的范围内。透镜1装在靠近 O 的方框中，它的物距为 p_1。透镜2放在较远的方框中，两透镜间的距离为 d。表34-7中每个问题都涉及透镜的不同组合与不同的距离数值，距离用厘米为单位。透镜的类型用C表示会聚透镜，D表示发散透镜。C或D后面的数字是透镜和它的其中一个焦点之间的距离（焦距的符号没有写出）。

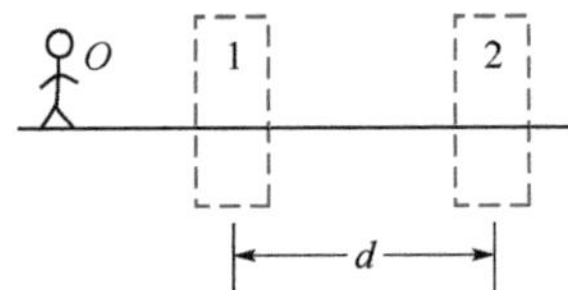

图34-35　习题58~65图

求（a）透镜2所成像的像距 i_2（这是整个系统所成的最后的像），（b）系统的总横向放大率 M，包括符号。还要确定最后的像是（c）实像（R）还是虚像（V），（d）对于物 O，像是倒像（I）还是正像（NI），（e）像和物 O 在透镜2的同一侧还是另一侧。

表34-7　**习题58~65：双透镜系统（参见这几个问题的说明）。**

	p_1	透镜1	d	透镜2	(a) i_2	(b) M	(c) R/V	(d) I/NI	(e) 同侧或异侧
58	+10	C，8.0	30	D，8.0					
59	+20	D，12	10	D，8.0					
60	+18	C，12	67	C，10					
61	+12	C，8.0	32	C，6.0					
62	+12	C，15	10	C，8.0					
63	+20	C，9.0	8.0	C，5.0					
64	+10	D，6.0	12	C，6.0					
65	+4.0	C，6.0	8.0	C，6.0					

66. 物紧靠着球面反射镜的中心放置，然后从该位置沿中心轴移动60cm，同时测量像距。图34-36给出 i 对物距 p 的曲线，物距从0到 p_s = 40cm 的位置。p = 60cm 时 i 是多少？

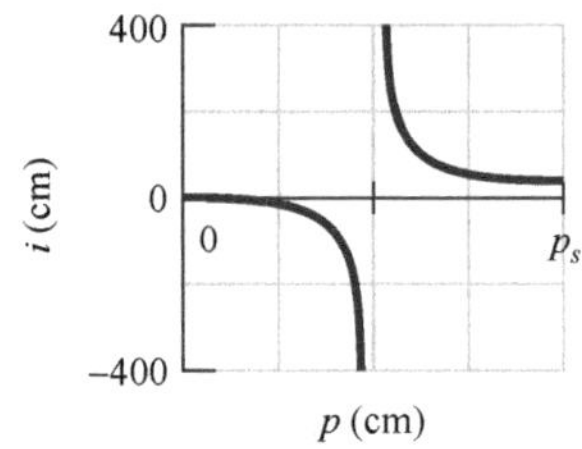

图34-36　习题66图

67. 图34-37a表示人眼的基本构造。光线通过角膜折射进入眼球，进而被形状（就是使光聚焦的本领）由肌肉控制的晶体改变方向。我们可以把角膜和晶体等效于一个薄透镜（见图34-37b）。“正常的”眼睛可以把从远处物体 O 射来的平行光线聚焦到眼睛后面的视网膜上一点，视觉信息的处理是从视网膜开始的。把物移近眼睛，肌肉需要改变晶体的形状使光线在视网膜上成倒立的实像（见图34-37c）。（a）假设对于图34-37a、b中的平行光线，眼睛的等效薄透镜焦距是2.50cm。对于物距 p = 60.0cm 的物，要想清楚地看见物，等效透镜的焦距 f' 要多大？（b）要得到焦距 f'，肌肉是要增大还是减小晶体的曲率半径？

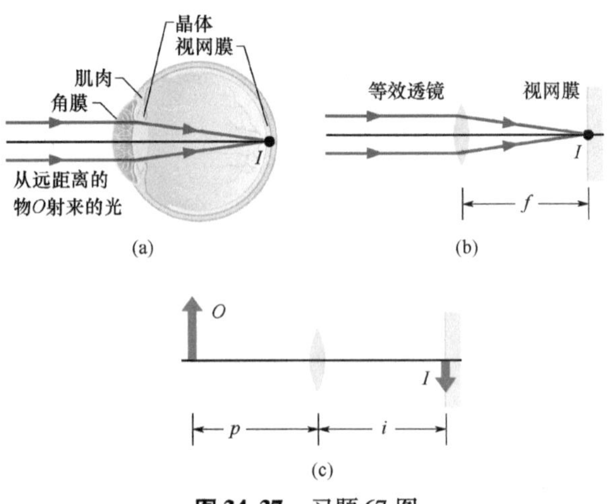

图34-37　习题67图

68. 和眼睛大致同样水平高度有一只飞蛾在平面镜

前20cm处，你在飞蛾后面距离平面镜30cm。你的眼睛和在镜子里看见的飞蛾的像的位置之间的距离是多少？

69. (a) 一个发光点以速率 v_O 沿着曲率半径为 r 的球面反射镜的中心轴向着球面镜运动。证明这个点的像的运动速率是

$$v_I = -\left(\frac{r}{2p-r}\right)^2 v_O$$

其中，p 是任一给定时刻反射镜到发光点的距离。现在假设，反射镜是凹面镜，半径 $r=15\text{cm}$，速率 $v_O=5.0\text{cm/s}$。分别求：当 (b) $p=40\text{cm}$（焦点外很远的地方），(c) $p=7.8\text{cm}$（正好在焦点外），(d) $p=10\text{mm}$（非常靠近镜子）时的 v_I。

70～79. *给定半径的透镜*。物 O 在薄透镜前的中心轴上，对这种情况，表34-8中的每一个问题都给出了物距 p、透镜折射率 n、靠近物的透镜表面的半径 r_1、较远的透镜表面半径 r_2。（所有距离都用厘米为单位。）求 (a) 像距 i、(b) 物的横向放大率 m，包括符号。还要确定 (c) 实像 (R) 或虚像 (V)，(d) 物的像是倒像 (N) 还是正像 (NI)，(e) 像和物都在透镜的同一侧还是在相对的另一侧。

表34-8　**习题70～79：给定半径的透镜（参见这些问题的说明）。**

	p	n	r_1	r_2	(a) i	(b) m	(c) R/V	(d) I/NI	(e) 同侧或异侧
70	+32	1.65	+35	∞					
71	+75	1.55	+30	−42					
72	+9.0	1.70	+10	−12					
73	+24	1.50	−15	−25					
74	+12	1.50	+30	−30					
75	+35	1.70	+42	+33					
76	+8.0	1.50	−30	−60					
77	+10	1.50	−30	+30					
78	+22	1.60	−27	+24					
79	+60	1.50	+35	−35					

80～87. *薄透镜*。物 O 在对称的薄透镜中心轴上，对于这种情形，表34-9中的每个问题都给出了物距 p（厘米）、透镜类型（C是会聚透镜，D是发散透镜）、后面的数字代表焦点和透镜的距离（厘米，没有标出符号）。求 (a) 像距 i，(b) 物的横向放大率 m，包括符号。还要确定像是 (c) 实像 (R) 还是虚像 (V)，(d) 对物 O 是倒立 (I) 的还是正立 (NI) 的，(e) 像和物 O 都在透镜的同一侧还是在相对的另一侧。

表34-9　**习题80～87：薄透镜（参见这些问题的说明）。**

	p	透镜	(a) i	(b) m	(c) R/V	(d) I/NI	(e) 同侧或异侧
80	+12	D, 31					
81	+45	C, 15					
82	+20	D, 6.0					
83	+8.0	D, 12					
84	+15	C, 35					
85	+22	D, 14					
86	+16	C, 4.0					
87	+12	C, 16					

88. 图34-38表示一条走廊的附视图，在走廊一端装有平面镜 M。一个窃贼 B 沿着走廊直接向着镜子的中心偷偷摸摸地走去。如果 $d=3.5\text{m}$，当保安 S 最先在镜子中看见窃贼的时候，窃贼离镜子多远？

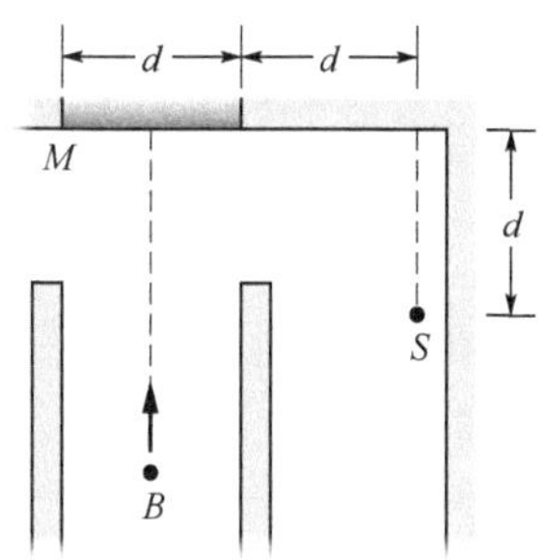

图34-38　习题88图

89. 被照亮的幻灯片与屏幕相距68cm。要使幻灯片成像在屏幕上，焦距为11cm的镜头要放在（幻灯片和屏幕之间）离幻灯片多远的地方？

90. 物放在薄透镜中心，然后开始沿中心轴向外移动，同时测量像距 i。图34-39给出 i 对物距 p 的曲线，最远到 $p_s=60\text{cm}$。当 $p=120\text{cm}$ 时，像距是多少？

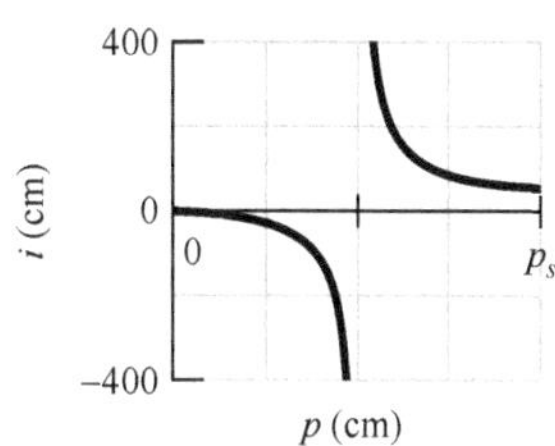

图34-39　习题90图

91. 你用照相机观察平面镜中的一只蜂鸟的像。照相机在平面镜前4.30m的位置。蜂鸟和照相机在同一水平上，在你右方8.00m和平面镜前3.30m的地方，照相机和你看到的蜂鸟在镜子里的像的位置之间的距离是多少？

92. 物放在薄透镜中心，然后从这里开始沿中心轴移动60cm，同时测定像距。图34-40给出 i 对物距 p 的曲线，直到 $p_s=40\text{cm}$。当 $p=60\text{cm}$ 时的像距多大？

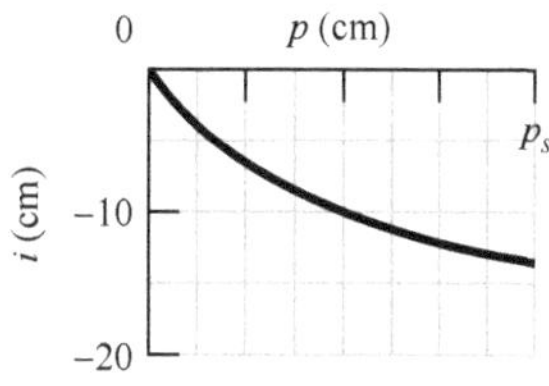

图34-40　习题92图

93. 凹面剃须镜的曲率半径是35.0cm。镜子要放在离人脸多远的地方，才能使人脸的（向上的）像是脸的实际大小的1.70倍？

CHAPTER 35

第 35 章　光的干涉

35-1　光是波动

学习目标

学完这一单元后，你应当能够……

35.01　利用简图来说明惠更斯原理。

35.02　通过几张简图用与界面法线成一定角度的波前经过界面过程中波前速率的逐渐变化来说明折射。

35.03　应用真空中光速 c、介质中光速 v 和介质折射率 n 之间的关系。

35.04　应用介质中的距离 L、介质中的光速、和光脉冲通过距离 L 所需时间之间的关系。

35.05　应用折射（斯涅耳）定律。

35.06　明白光通过界面发生折射时，光的频率不变，但波长和有效速率都要改变。

35.07　应用光在真空中的波长 λ、介质中的波长 λ_n（介质的内波长）和介质折射率 n 之间的关系。

35.08　对于在一定长度的介质内传播的光，计算相当于这个长度的内波长的数目。

35.09　如有两列光波通过具有不同折射率的两种介质传播，然后到达一共同点，确定它们的相位差并用最大亮度、中等亮度和黑暗来说明结果的干涉情况。

35.10　应用 17-3 单元的学习目的（那一单元是声波，这里是光波），求经过不同长度的路程后到达同一点的两列波的相位差和干涉。

35.11　给定同样波长的两列波的初始相位差，确定它们通过不同折射率的介质和程长后的相位差。

35.12　懂得虹是光学干涉的一个例子。

关键概念

- 三维空间中传播的波，包括光波，都服从惠更斯原理的预言。惠更斯原理指出，波前上的每一点都可以作为次级球面子波的点波源。根据惠更斯原理，时间 t 后新的波前的位置是和这些次级子波相切的包络面。
- 折射定律可以从惠更斯原理导出，我们只要假设任何介质的折射率 $n=c/v$，其中，v 是介质中光速，c 是真空中光速。
- 介质中的波长 λ_n 取决于介质的折射率 n：

$$\lambda_n=\frac{\lambda}{n}$$

其中 λ 是真空中的波长。

- 因为存在这个依赖关系，所以当两列波在通过不同折射率的不同介质后，它们的相位差会改变。

什么是物理学？

物理学的主要目标之一是认识光的性质。由于光是很复杂的，这个目标一直很难实现（现在还没有完全实现）。然而，这种复杂性也意味着光提供了许多应用的机遇，最多彩的机遇中有一些就涉及光波的干涉——**光学干涉**。

自然界早已利用光学干涉产生颜色。例如，大闪蝶（Morpho butterfly）的翅膀从翅膀的下表面看是灰暗的棕褐色，但是由于上表面反射的光的干涉，棕褐色被鲜明的蓝色所掩盖（见图 35-1）。

Philippe Colombi/PhotoDisc/Getty Images,Inc.

图 35-1 大闪蝶翅膀上表面的蓝色来自光学干涉，并且当你改变观察方向时颜色也会随之改变。

还有，这上表面会发生色移，如果你改变观察方向，或者翅膀扇动，则翅膀的色彩也会跟着改变。同样的色移也被用在许多种纸币的墨水中以防伪造，印制假钞的机器只能复制从一个方向看到的颜色，但却不能复制出因视角改变而产生的颜色移动。

要理解光学干涉的基本物理学原理，我们必须完全放弃几何光学的简单性（其中用光线描述光）并回到光的波动性质上去。

光是波动

第一个令人信服的光的波动理论是在 1678 年由荷兰物理学家克里斯琴·惠更斯（Christian Huygens）提出的。他的理论在数学上比麦克斯韦的电磁理论要简单，它能很好地从波动的观点说明反射和折射，并给出折射率的物理解释。

惠更斯波动理论的基础是一种几何作图法。只要我们知道给定的波前当前的位置，就可以依据这种作图法说出在未来的任何时刻波前将推进到什么位置。**惠更斯原理**是：

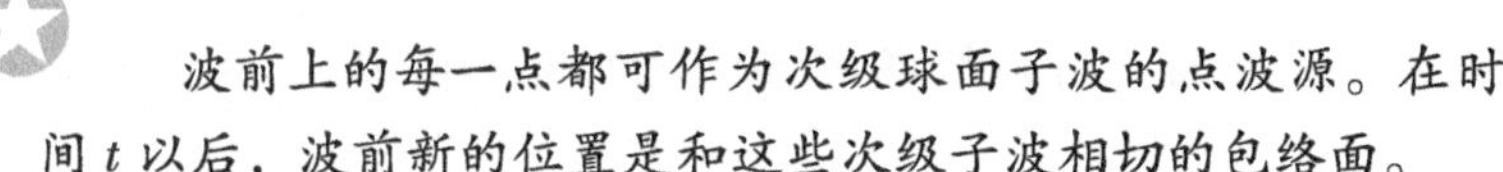
波前上的每一点都可作为次级球面子波的点波源。在时间 t 以后，波前新的位置是和这些次级子波相切的包络面。

这里有一个简单的例子。在图 35-2 的左边，在真空中向右传播的平面波的波前现在的位置用垂直于页面的平面 ab 表示。经过时间 Δt 以后波前将会移动到什么位置呢？我们把 ab 平面上的几个点（图上的黑点）作为次级球面子波源，这些次级波源在 $t=0$ 时刻发射球面波。到 Δt 时刻，这些球面子波的半径增大到 $c\Delta t$，其中，c 是真空中的光速。我们画出 Δt 时刻和这些子波相切的平面 de，这个平面描写时刻 Δt 的平面波的波前；它平行于平面 ab，离平面 ab 的垂直距离为 $c\Delta t$。

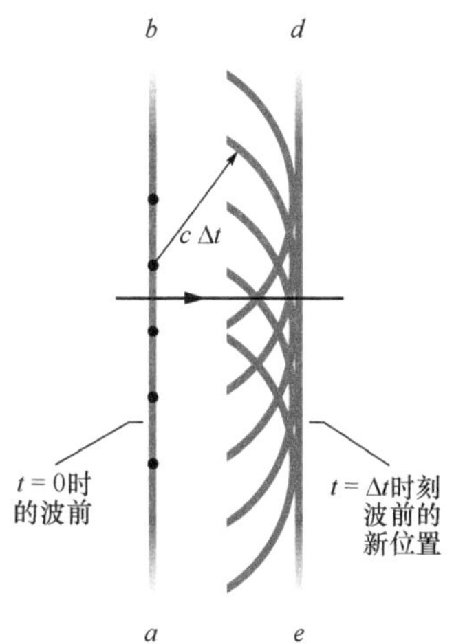

图 35-2 惠更斯原理所描绘的真空中平面波的传播。

折射定律

我们现在应用惠更斯原理推导折射定律，即式（33-40）（斯涅耳定律）。图 35-3 表示几列波前在空气（介质 1）和玻璃（介质

2）之间的平面界面上折射的三个阶段。我们随意地选择入射光束中相互距离为介质 1 中波长 λ_1 的几个波前。令光在空气中的速率是 v_1，在玻璃中的速率是 v_2。我们假设 $v_2 < v_1$，实际情况也正是如此。

图 35-3a 中波前和界面间的角度是 θ_1；这也是波前的法线（即入射光线）和界面法线之间的角度。θ_1 就是入射角。

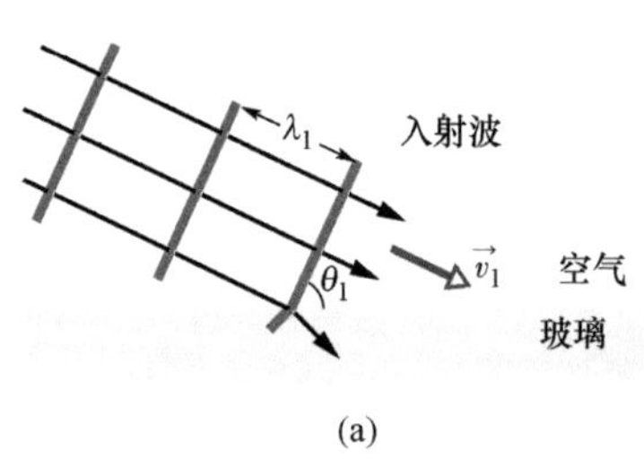

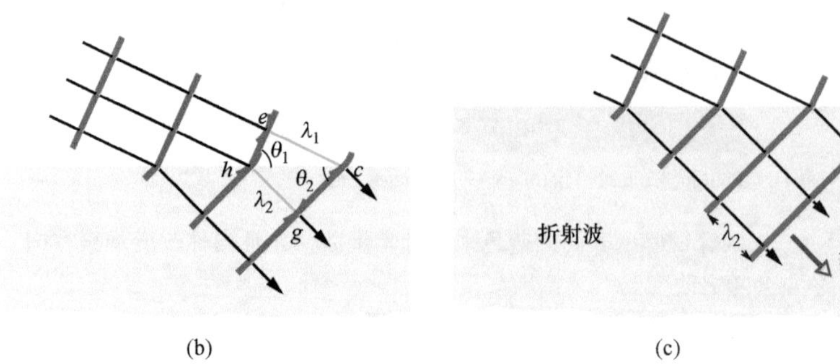

(a) (b) (c)

图 35-3 平面波在空气-玻璃界面上折射，如惠更斯原理所描述的那样。玻璃中的波长小于空气中的波长。为简明起见，没有画出反射波。(a)~(c) 三幅小图描绘折射的三个相继阶段。

在波进入玻璃的过程中，图 35-3b 中的 e 点发射的惠更斯子波扩展到达距离 e 点 λ_1 的 c 点。波的这个扩展所需的时间是这段距离除以子波的速率，即 λ_1/v_1。现在要注意，在同一段时间间隔内，h 点发出的惠更斯子波以较小的速率 v_2 和较小的波长 λ_2 扩展到了 g 点，这段时间间隔也必定等于 λ_2/v_2。这两段传播时间相等，我们得到关系式

$$\frac{\lambda_1}{\lambda_2}=\frac{v_1}{v_2} \tag{35-1}$$

这个式子表明，在两种介质内光的波长正比于光在这两种介质内的速率。

按照惠更斯原理，折射波前必定和中心在 h、半径为 λ_2 的圆弧相切，也就是在 g 点相切。折射波前也必须和中心在 e 点，半径为 λ_1 的圆弧相切，即在 c 点相切。折射波前的方向必定是图上所画的样子。注意，折射波前和界面之间的角度 θ_2 实际上就是折射角。

由图 35-3b 中的直角三角形 hec 和直角三角形 hgc，我们可以写出

$$\sin\theta_1=\frac{\lambda_1}{hc} \quad (\text{三角形 } hec)$$

及

$$\sin\theta_2=\frac{\lambda_2}{hc} \quad (\text{三角形 } hgc)$$

把这两个方程式中的第一个除以第二个，并利用式（35-1），我们得到

$$\frac{\sin\theta_1}{\sin\theta_2}=\frac{\lambda_1}{\lambda_2}=\frac{v_1}{v_2} \tag{35-2}$$

我们可以定义各个介质的**折射率** n 为光在真空中的速率和光在介质中的速率之比为

$$n=\frac{c}{v}\ (\text{折射率}) \tag{35-3}$$

特别是对这里的两种介质，有

$$n_1=\frac{c}{v_1},\ n_2=\frac{c}{v_2}$$

我们现在重写式（35-2）为

$$\frac{\sin\theta_1}{\sin\theta_2}=\frac{c/n_1}{c/n_2}=\frac{n_2}{n_1}$$

或

$$n_1\sin\theta_1=n_2\sin\theta_2\ (\text{折射定律}) \tag{35-4}$$

和第33章中引进的一样。

检查点1

图上表示单色光线穿过多个平行界面传播，从原先的材料 a 开始，通过 b 和 c 两层不同材料后又回到材料 a。按照光在其中的速率排列三种材料，最大的排第一。

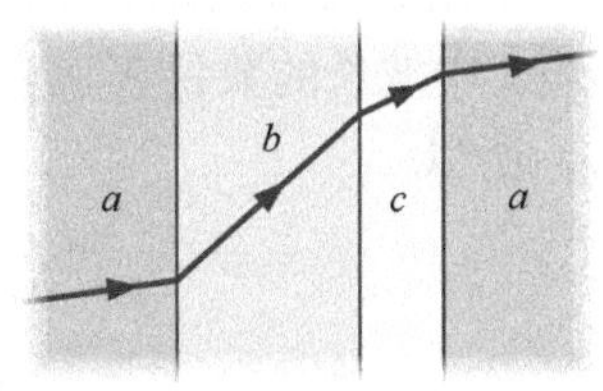

波长和折射率

现在我们已经知道，当光穿过界面从一种介质进入到另一种介质中的时候，光的波长会随着光的速率的改变而改变。还有，根据式（35-3），任何介质中光的速率取决于介质的折射率。因此，任何介质中光的波长都依赖于该介质的折射率。设有某种单色光在真空中的速率为 c、波长为 λ，在折射率为 n 的介质中的波长为 λ_n、速率为 v。现在我们可以重写式（35-1）为

$$\lambda_n=\lambda\frac{v}{c} \tag{35-5}$$

利用式（35-3），用 $1/n$ 代 v/c，得到

$$\lambda_n=\frac{\lambda}{n} \tag{35-6}$$

这个方程式将光在任何一种介质中的波长和光在真空中的波长联系了起来：较大的折射率意味着较短的波长。

下一步，令 f_n 是光在折射率为 n 的介质中的频率。根据普遍的关系式（16-13）（$v=\lambda f$），我们可以写出

$$f_n=\frac{v}{\lambda_n}$$

代入式（35-3）和式（35-6），得到

$$f_n=\frac{c/n}{\lambda/n}=\frac{c}{\lambda}=f$$

其中，f 是光在真空中的频率。由此可知，虽然光在介质中的速率和波长都与其在真空中的不同，但光在介质中的频率与其在真空中的相同。

相位差。光的波长通过式（35-6）依赖于折射率这个事实在

折射率的不同引起两条光线之间的相位移动

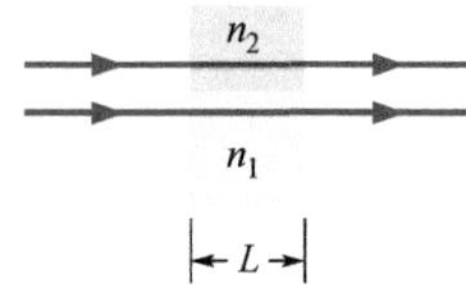

图 35-4 两条光线通过两种折射率不同的介质。

包括光波的干涉在内的许多情况中都是十分重要的。例如在图 35-4中，两条光线波（用光线代表的波）在空气中（$n \approx 1$）有相同的波长，并且初始的相位相同。其中一列波通过折射率为 n_1、长度为 L 的介质 1。另一列波通过折射率为 n_2 并且长度同样为 L 的介质 2。当光波离开两介质时，它们又有相同的波长——在空气中的波长 λ。不过，因为它们的波长在两种介质中是不相同的，所以这两列波不再同相。

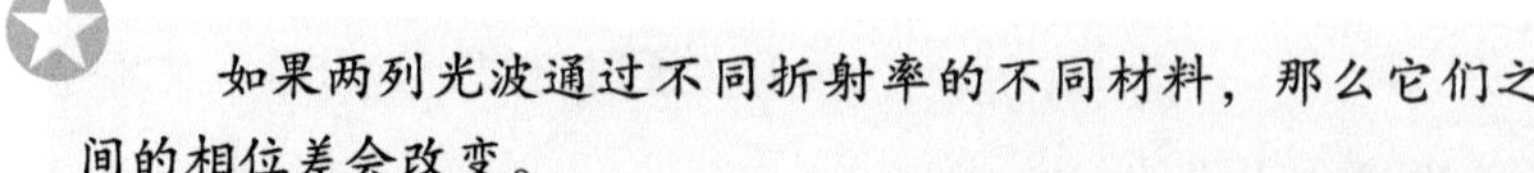

如果两列光波通过不同折射率的不同材料，那么它们之间的相位差会改变。

我们马上就要讨论，相差的改变决定了光波到达同一点时它们会发生怎样的干涉。

要求用波长来表示它们新的相位差，我们先要计算在长度为 L 的介质 1 中波长的数目 N_1。由式（35-6），介质 1 中的波长是 $\lambda_{n1} = \lambda / n_1$，所以

$$N_1 = \frac{L}{\lambda_{n1}} = \frac{Ln_1}{\lambda} \tag{35-7}$$

同理，我们计算在长度为 L 的介质 2 中波长的数目 N_2，这里的波长是 $\lambda_{n2} = \lambda / n_2$：

$$N_2 = \frac{L}{\lambda_{n2}} = \frac{Ln_2}{\lambda} \tag{35-8}$$

要求两列波之间新的相位差，我们将 N_1 和 N_2 中较大的减去较小的。假设 $n_2 > n_1$，我们得到：

$$N_2 - N_1 = \frac{Ln_2}{\lambda} - \frac{Ln_1}{\lambda} = \frac{L}{\lambda}(n_2 - n_1) \tag{35-9}$$

假设式（35-9）告诉我们这两列波现在有相位差 45.6 个波长。这等效于两列原来同相的波中的一列移过了 45.6 个波长。然而，移动整数的波长（像 45 个波长）会使两列波又重新回到同相状态；所以只有小数点后的分数部分（这里是 0.6）才是重要的，45.6 个波长的相差等于 0.6 个波长的*有效相位差*。

0.5 个波长的相位差使两列波严格异相。如果两列波有相同的振幅并且到达同一点，它们会发生完全相消干涉，这一点就成为暗的。如果两列波的相位差是 0.0 或 1.0 个波长，它们产生完全相长干涉，这个共同点就是亮的。我们这里的相位相差 0.6 个波长属于中间情形，但接近于完全相消干涉，两列波的干涉结果使这一点相当暗。

正如我们已经做过的那样，可以用弧度或度来表示相位差。一个波长的相位差等于 2π rad 或 360°的相位差。

程长差。和我们在 17-3 单元中讨论过的声波一样，开始时有某个初相位差的两列波如果在它们重新汇合以前通过了不同长度的路程，最后就会有不同的相位差。对于波来说（无论是哪种类型的波），关键在于程长差 ΔL，说得更确切些，ΔL 和波长 λ 的比。由式（17-23）和式（17-24），我们知道光波的完全相长干涉（极大亮度）发生在

$$\frac{\Delta L}{\lambda}=0,\ 1,\ 2,\ \cdots\text{（完全相长干涉）}\qquad(35\text{-}10)$$

完全相消干涉（黑暗）发生在

$$\frac{\Delta L}{\lambda}=0.5,\ 1.5,\ 2.5,\ \cdots\text{（完全相消干涉）}\qquad(35\text{-}11)$$

中间的数值对应于中等的干涉，所以也是中等亮度。

虹和光学干涉

在33-5单元中我们讨论过当太阳光通过下落的雨滴时，太阳光的各种颜色是怎样被分解成彩虹的。我们处理的是简化了的情况，其中的一条白色光线进入一滴雨滴。实际上，光波是通过面对太阳的整个面进入雨滴的。我们不在这里讨论这些光波怎样通过雨滴然后出射的细节，但我们可以看出入射光波的不同部分在雨滴中会经过不同的路程。这意味着光波将以不同的相位从雨滴出射。因此，我们可以发现，在某些角度上出射光同相，因而给出相长干涉。彩虹正是这种相长干涉的结果。例如，彩虹中的红色之所以会出现是因为沿着你观察虹的方向上，红色光波都以相同的相位从每一滴雨滴出射。每一滴雨滴中，从其他方向出射的光波具有不同的相位差范围，因为它们通过每一雨滴时走过不同的路程。这些光既不明亮也看不清颜色，所以你不会注意到它。

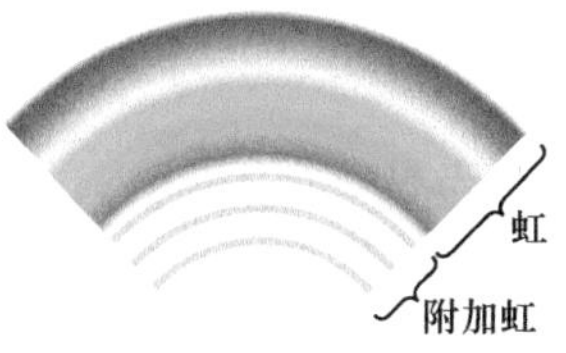

图35-5 虹和它下面由于光学干涉产生的暗淡的附加虹。

如果你是幸运的，并且很仔细地观察，你会看到虹的下面有较暗淡的彩色弧，这就是所谓的*附加虹*（见图35-5）。和虹的主要弧一样，附加虹是由于从每一雨滴出射的光波相互间近似地同相因而发生相长干涉所产生的。如果你运气好并且非常仔细地观察。霓（副虹）的上面，你可能会看到更多的（但也更淡的）附加虹。记住，两种类型的虹和两组附加虹都是自然界中出现光学干涉的例子，也是自然界中存在的光是波动的证据。

检查点2

图35-4中的光线所代表的两列光波具有相同的波长和振幅，并且起初相位相同。（a）如果上半部分介质的长度相当于7.60个波长，下半部分介质的长度相当于5.50个波长，哪一种介质的折射率较大？（b）如果两条光线的角度有少许改变，它们在远距离的屏幕上的同一点相遇，则这一点上干涉的结果是最亮的，中等高度的，比较的暗，还是全暗的？

例题35.01 不同的折射率引起的两列波的相位差

在图35-4中，用光线代表的两列光波在进入介质1和介质2之前的波长都是550.0nm，它们的振幅相等并且同相位。介质1仅仅是空气。介质2是折射率为1.600、厚度为2.600μm的透明塑料膜。

（a）出射的两列波的相位差，用波长、弧度和度表示各是什么？它们的等效相位差（用波长表示）是什么？

【关键概念】

如果两列光波通过两种折射率不同的介质，它们的相位差就要改变。这是因为它们的波长在不同的介质中是不同的。我们可以通过数出每一种介质里面的波长数目，然后把这两个数相减来计算相位差。

解：当两种介质中的波走过的程长相同时，式（35-9）给出相减的结果。我们这里已知 $n_1 = 1.000$（空气），$n_2 = 1.600$，$L = 2.600\mu m$，$\lambda = 550.0nm$。于是，由式（35-9），得

$$N_2 - N_1 = \frac{L}{\lambda}(n_2 - n_1) = \frac{2.600\times10^{-6}m}{5.500\times10^{-7}m}(1.600-1.000) = 2.84 \quad \text{（答案）}$$

由此，出射波的相位差是 2.84 个波长。因为 1.0 个波长等价于 2π rad 和 360°，所以我们可以证明这个相位差等价于

$$\text{相位差} = 17.8\text{rad} \approx 1020° \quad \text{（答案）}$$

有效相位差是用波长表示的实际相位差的小数部分。于是，我们有

$$\text{有效相位差} = 0.84 \text{ 个波长} \quad \text{（答案）}$$

我们可以证明这等价于 5.3rad 和大约 300°。注意：我们不能通过取用弧度或度表示的实际相位差的小数部分来求有效相位差。例如，我们不能从实际相位差 17.8rad 中取 0.8rad 作为有效相位差。

（b）如果波到达远距离处屏上同一点，它们会产生什么类型的干涉？

推理：我们要把波的有效相位差和得出极端的干涉类型的相位差做比较。这里的有效相位差 0.84 个波长是在 0.5 个波长（完全相消干涉，或可能的最暗的结果）与 1.0 个波长（完全相长干涉，或可能的最亮结果）的中间，但更靠近 1.0 个波长。因此，这两列波会产生接近于完全相长干涉的中等干涉——两列波干涉得到相对较亮的光点。

WILEY PLUS 在 WileyPLUS 中可以找到附加的例题、视频和练习。

35-2 杨氏干涉实验

学习目标

学完这一单元后，你应当能够……

35.13 描述光通过狭缝的衍射及使狭缝变得更窄的效应。

35.14 用简图描绘单色光的双缝干涉实验中干涉图样的产生。

35.15 懂得如果两列波沿不同长度的路程传播，则这两列波之间的相位差就要改变，就像在杨氏实验的情况中那样。

35.16 在双缝实验中，应用程长差 ΔL 与波长 λ 的关系，然后用干涉解释这个结果（最大亮度、中等亮度及黑暗）。

35.17 对双缝干涉图样中给定的点，用双缝的间距 d 和缝到该点的角度 θ 来表示这两条光线到达这一点的程长差 ΔL。

35.18 在杨氏实验中，应用双缝间距 d、光的波长 λ 以及到干涉图样中极小值（暗条纹）和极大值（亮条纹）的角度 θ 之间的关系。

35.19 画出双缝衍射图样，确认在中央的是什么，各条亮条纹和暗条纹的名称（如“第一侧极大”和“第三级”）。

35.20 应用双缝屏和观察屏之间的距离 D，到干涉图样上一点的角度 θ，以及从干涉图样中心到这一点的距离 y 之间的关系。

35.21 对于双缝干涉图样，认明改变 d 或 λ 的效应，还要知道什么因素决定图样的角度极限。

35.22 对于杨氏实验中放在一条缝前的透明材料，确定要使给定的某一条干涉条纹移动到干涉图样的中心所需的材料厚度或折射率。

关键概念

- 在杨氏干涉实验中，通过单缝的光落到屏上的两条狭缝。从这两条狭缝出射的光扩散开来（通过衍射），并在屏后面的空间区域中发生干涉。在观察屏上形成干涉产生的条纹图样。
- 强度极大和极小的条件是

$$d\sin\theta = m\lambda, \quad m = 0, 1, 2, \cdots$$

（极大——亮条纹）

$$d\sin\theta = \left(m + \frac{1}{2}\right)\lambda,\ m = 0,\ 1,\ 2,\ \cdots$$

（极小——暗条纹）

其中，θ 是光路和中心轴所成的角度；d 是双缝的间距。

衍射

在这一单元中，我们要讨论第一个证明光是波动的实验。为准备这方面的讨论，我们必须引进波的**衍射**的概念。对这个现象我们在第 36 章中要更全面地加以讨论。衍射的本质是：如果波遇到一个障碍物，它有一个大小和波长差不多的小孔，那么通过小孔的那一部分波会扩展（散开）——衍射——到障碍物后面广大的区域。波的扩展和图 35-2 中的惠更斯作图法中的子波的扩展是一致的。不仅是光波，所有各种波都会发生衍射，图 35-6 表示在浅水槽中的水面上传播的水波的衍射。同理，海浪通过屏障开口处的衍射实际上也会造成被屏障保护的海滩的腐蚀。

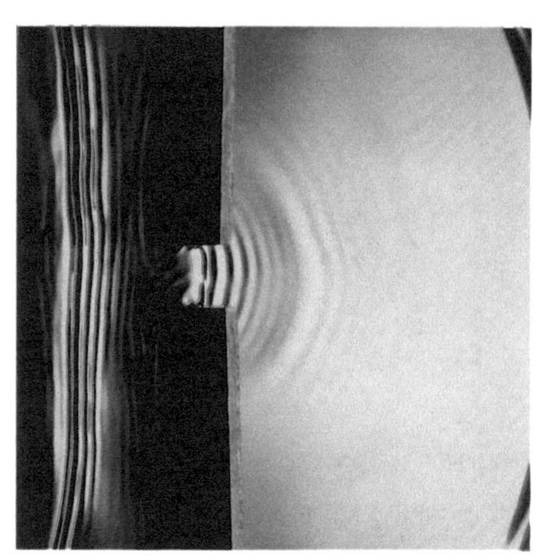

George Resch/Fundamental Photographs

图 35-6 图左边振荡的桨叶产生的水波通过放在水面上的障碍物的开口扩展开来。

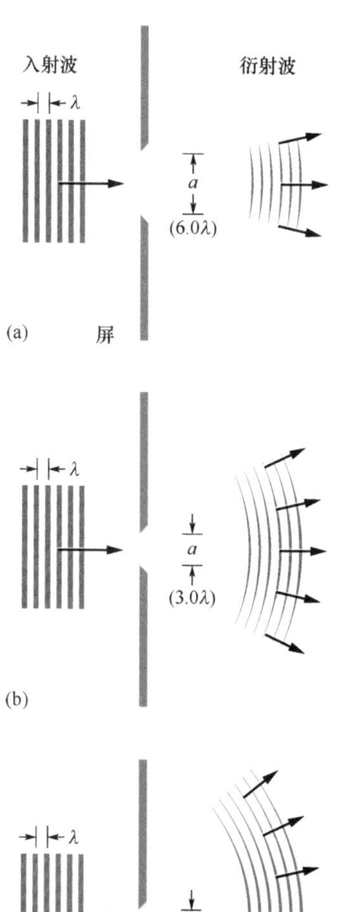

图 35-7 用图描述衍射。对于给定的波长 λ，狭缝宽度 a 越小衍射越显著。图示三种情况，（a）缝宽 $a = 6.0\lambda$，（b）缝宽 $a = 3.0\lambda$，（c）缝宽 $a = 1.5\lambda$。在所有三种情况中，屏和狭缝垂直于页面向内和向外延伸一定的距离。

图 35-7a 用图解说明了这种情况，波长 λ 的入射平面波遭遇宽度为 $a = 6.0\lambda$ 并且向页面里面和外面延伸的狭缝。通过狭缝的那部分波向远方扩展。图 35-7b（$a = 3.0\lambda$）和图 35-7c（$a = 1.5\lambda$）描绘衍射的主要特点：狭缝越窄，衍射就越明显。

衍射限制了用光线描述电磁波的几何光学。如果我们试图使光通过狭缝或者通过一系列狭缝以形成光线，衍射总是要挫败我们的努力，因为衍射一定会引起光的扩散。确实，我们（为了得到更细的光束）把光缝弄得越细、光的扩展就越明显。因此，只有当放在光路上的狭缝或其他孔径不再具有和波长可以相比或小于波长的线度时，几何光学才适用。

杨氏干涉实验

1801 年，托马斯·杨（Thomas Young）用实验证明光是波动，这和当时其他大多数科学家的观点相反。他通过演示光能够像水波、声波及所有其他类型的波一样会发生干涉来证明光是波动。此外，他还能测量出太阳光的平均波长，他所得到的数值570nm竟然惊人地接近现代公认的数值550nm，我们这里把杨氏实验作为光波干涉的例子加以考察。

图35-8给出杨氏实验的基本装置。远处的单色光源照亮屏A上的狭缝S_0。从S_0出射的光因衍射而扩展并照亮屏B上的两个狭缝S_1和S_2。通过这两个狭缝的光的衍射又会产生屏B后面空间区域中交叠的圆形波，从一条光缝出射的波在这个区域内和另一条光缝出射的波干涉。

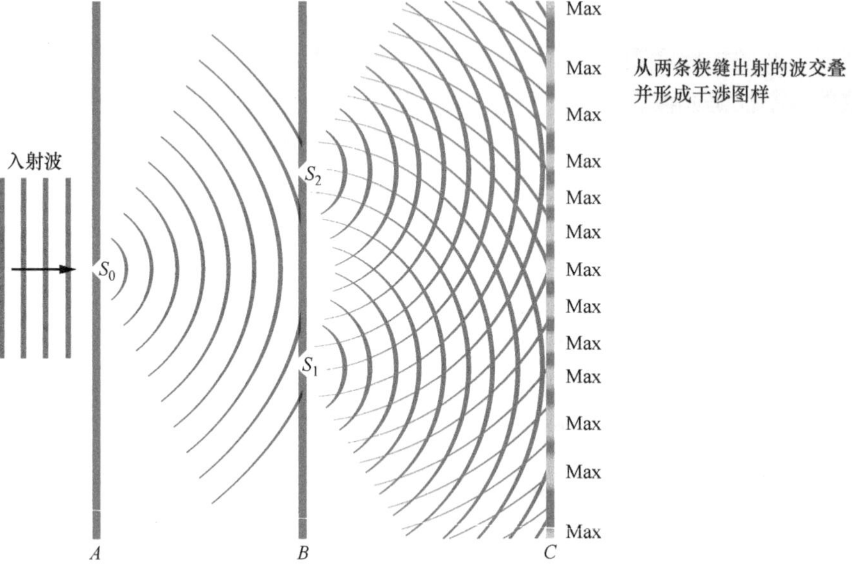

图35-8 杨氏干涉实验，入射的单色光被狭缝S_0衍射，S_0的作用像一个点光源，它能够发射半圆形的波前。到达屏幕B的光波又被狭缝S_1和S_2衍射，S_1和S_2的作用好像两个点光源。通过狭缝S_1和S_2的光波交叠并发生干涉，在观察屏C上形成光强极大和极小的干涉图样。这幅图是截面图，屏幕、狭缝和干涉条纹都延伸到页面里面和外面。屏幕B和C之间，中心在S_2的半圆形波前描绘了在只有狭缝S_2打开时这个区域中的波。同理，中心在S_1的半圆则描绘了只有在S_1狭缝打开时这个区域中的波。

图35-8的“快照”描绘了交叠波的干涉。然而除非有一个观察屏C截住了光，否则我们是看不到干涉的迹象的。屏上显示出，干涉极大值的许多点形成一行行可见的条纹——称为亮带或亮条纹，或（笼统地说）是极大值——这些条纹布满了整个观察屏（在图35-8中延伸到页面里面和外面）。暗的区域——称为暗带或暗条纹或（笼统地说）极小值——完全相消干涉的结果，在相邻两条亮条纹之间可以看见暗条纹。（极大值和极小值更适合于这种条纹的中心。）屏上由亮条纹和暗条纹组成的图样称为**干涉图样**。图35-9是站在图35-8中的观察屏C的左边的观察者所看到的部分干涉图样的照片。

Courtesy Jearl Walker

图35-9 图35-8的实验中得到的干涉图样的照片，但用的是短光缝。（照片是从前面观看屏C的一部分的图。）交替的极大和极小称为干涉条纹。（它们好像经常用在衣服或地毯上的装饰条纹。）

确定条纹的位置

在所谓的杨氏双缝干涉实验中，光波产生干涉条纹，但怎样才能准确地确定这些条纹的位置呢？要回答这个问题，我们要用图35-10a中的装置。其中单色平面波入射到屏B上的两条狭缝S_1和S_2；光通过狭缝衍射并在屏C上产生干涉条纹。我们从两条狭缝的中间一点画一条中心轴到屏C作为参考线。我们在屏C上任意选取一点P来讨论，P点对于中心轴在角度θ的位置。这一点拦截到从下面狭缝发射来的光线r_1的波和上面狭缝发射来的光线r_2的波。

程长差。这两列波在通过两条狭缝时相位相同，因为它们是

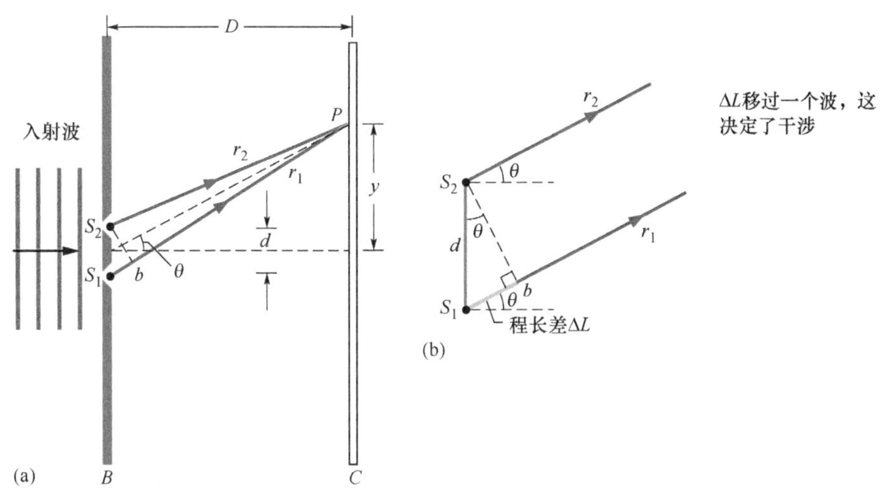

图 35-10 （a）从 S_1 和 S_2 出射的波（它扩展到页面里面和外面）在 P 点组合起来，P 点是屏 C 上到中心轴距离为 y 的任意一点。角度 θ 用来方便地指出 P 点的坐标。（b）对于 $D \gg d$ 的情况，我们可以近似地把 r_1 和 r_2 当作平行，这样它们和中心轴的角度都是 θ。

同一入射波的同一波前的两个部分。然而，这两列波通过狭缝后，必须经过不同的距离后到达 P 点。我们发现这种情况与 17-3 单元中声波的情况相同，并且可以得出结论：

如果两列波通过不同长度的路程，则两列波之间的相位差就会改变。

相位差的改变是由于波经过路程的*程长差* ΔL 的改变所造成的。考虑沿着程长差 ΔL 的两条路程传播的两列起初完全同相的波，它们通过一个共同点。当 ΔL 是零或波长的整数倍时，到达该共同点的波严格同相位，因而发生完全相长干涉。如果这对于图 35-10 中光线 r_1 和 r_2 的波满足的话，那么 P 点就是亮条纹的一部分。如果不是这样，ΔL 是半波长的奇数倍，则到达共同点的两列波严格异相位，它们在这一点上发生完全相消干涉。如果这对于光线 r_1 和 r_2 的波成立，那么 P 点是暗条纹的一部分。（当然，我们也可能会遇到干涉的中间情况，因而 P 点有中等的亮度。）于是

在杨氏双缝干涉实验中，观察屏的每一点上出现的情况取决于到达这一点的光线的程长差 ΔL。

角度。我们可以通过给定中心轴到干涉条纹的角度 θ 来详细说明每条亮条纹和每条暗条纹在屏上所处的位置。为了求出 θ，我们必须将它和 ΔL 联系起来。我们在图 35-10a 中先找出光线 r_1 上的一点 b，使 b 点沿着光线 r_1 到 P 点的程长等于从 S_2 到 P 点的程长。因此，两条光线的程长差就是 S_1 到 b 点的距离。

S_1 到 b 点的距离和 θ 的关系是复杂的，如果我们设置狭缝到观察屏的距离 D 比两条狭缝的间距 d 大许多，那么就可以将这个关系大大地简化。这样我们可以把 r_1 和 r_2 近似为相互平行，它们各自和中心轴的角度都是 θ（见图 35-10b）。我们还可以把由 S_1、S_2 和 b 形成的三角形近似为直角三角形，并把在 S_2 位置上的三角形

内角近似为 θ。对于这个三角形，$\sin\theta=\Delta L/d$，于是

$$\Delta L=d\sin\theta \text{（程长差）} \tag{35-12}$$

对于亮条纹，我们看出 ΔL 必定等于零或者等于波长的整数倍。利用式（35-12），我们可以将这个要求表示成

$$\Delta L=d\sin\theta=\text{（整数）}(\lambda) \tag{35-13}$$

或

$$d\sin\theta=m\lambda \quad m=0,1,2,\cdots \text{（极大——亮条纹）} \tag{35-14}$$

对于暗条纹，ΔL 必定等于半波长的奇数倍。再次应用式（35-12），我们可以将这个要求写作

$$\Delta L=d\sin\theta=\text{（奇数）}\left(\frac{1}{2}\lambda\right) \tag{35-15}$$

或者写作

$$d\sin\theta=\left(m+\frac{1}{2}\right)\lambda \quad m=0,1,2,\cdots \text{（极小——暗条纹）} \tag{35-16}$$

有了式（35-14）和式（35-16），我们可以求出任一条纹的角度 θ 从而确定条纹的位置，我们还可以利用 m 的数值来标记条纹。对于记作 $m=0$ 的数值，式（35-14）告诉我们，在 $\theta=0$ 处有一条亮条纹，它就在中心轴上。*中央极大*是指从两条狭缝到达这一位置的波的程长差 $\Delta L=0$，因而相位差为零。

譬如说对于 $m=2$，式（35-14）告诉我们，亮条纹在中心轴以上和以下角度为

$$\theta=\arcsin\left(\frac{2\lambda}{d}\right)$$

的位置上。从两个狭缝射来的光波到达这两条条纹时的 $\Delta L=2\lambda$，它们有两个波长的相位差。这些条纹被称为*二级亮条纹*（意思是 $m=2$）或*第二侧极大*（中央极大旁边第二个极大），或者表示它们是从中央极大两边的第二个亮条纹。

对于式（35-16）中的 $m=1$，这个公式告诉我们暗条纹在中心轴上面和下面角度为

$$\theta=\arcsin\left(\frac{1.5\lambda}{d}\right)$$

的位置上。从两条狭缝射来的这两条暗条纹的程长差为 $\Delta L=1.5\lambda$ 或它们有 1.5 个波长的相位差。这两条条纹被称为*二级暗条纹*或*第二极小*，因为它们是中心轴两边的第二个暗条纹。[第一暗条纹或第一极小位于式（35-16）中 $m=0$ 的位置。]

靠近的屏。我们对 $D>>d$ 的情形导出了式(35-14)和式（35-16）。然而，如果我们在双缝和观察屏之间放一个会聚透镜，然后将观察屏移近狭缝，直到透镜焦点的位置。(也称屏在透镜的*焦面*上；焦面就是在焦点位置上垂直于中心轴的平面。）这两个公式也同样适用。会聚透镜的一个性质是，它能把互相平行的光线聚焦于焦面上的同一点。因此，现在到达观察屏（*在焦面上*）的任何一点的光线在离开狭缝时都是严格平行的（*不是近似的*）。它们就像图 34-14a 中起初平行的光线被透镜聚焦到一点（*焦点*）上。

检查点 3

在图 35-10a 中，如 P 点是（a）第三侧极大，（b）第三极小，则两条光线的 ΔL（作为波长的倍数）和相位差（用波长表示）各是多少？

例题 35.02 双缝干涉图样

在图 35-10a 中的观察屏 C 上，靠近干涉图样中心的相邻极大值之间的距离是多少？光的波长 λ 是 546nm，狭缝间距 d 是 0.12mm，狭缝与观察屏间的距离 D 是 55cm。假定图 35-10a 中的 θ 足够小，可以用近似公式 $\sin\theta \approx \tan\theta \approx \theta$，$\theta$ 用弧度量度。

【关键概念】

（1）首先，我们选择 m 数值低的极大以保证它靠近图样的中心。然后，由图 35-10a 的几何关系得知，极大值到图样中心的垂直距离 y_m 和离中心轴的角度 θ 的关系是

$$\tan\theta \approx \theta = \frac{y_m}{D}$$

（2）由式（35-14），第 m 级极大的角度由下式给出：

$$\sin\theta \approx \theta = \frac{m\lambda}{d}$$

解： 我们把上两个有关 θ 的表达式用等号相连，然后解出 y_m，我们得到

$$y_m = \frac{m\lambda D}{d} \tag{35-17}$$

对下一个极大，我们从图样中心向外移动，有

$$y_{m+1} = \frac{(m+1)\lambda D}{d} \tag{35-18}$$

我们用式（35-18）减去式（35-17）求出这两个相邻极大之间的距离：

$$\Delta y = y_{m+1} - y_m = \frac{\lambda D}{d}$$

$$= \frac{(546\times10^{-9}\,\text{m})(55\times10^{-2}\,\text{m})}{0.12\times10^{-3}\,\text{m}}$$

$$= 2.50\times10^{-3}\,\text{m} \approx 2.5\,\text{mm} \quad \text{（答案）}$$

只要图 35-10a 中的 d 和 θ 很小，干涉条纹的间距就不依赖于 m；即条纹是均匀分布的。

例题 35.03 在一条缝前放塑料片的双缝干涉图样

像图 35-10 中那样的双缝干涉图样显示在观察屏上；入射光是波长为 600nm 的单色光。一片折射率为 $n = 1.50$ 的透明塑料片放在一条狭缝的前面。它的存在改变了从两条狭缝出射的光波的干涉，造成原来的干涉图样在观察屏上发生移动。图 35-11a 表示中央亮条纹（$m=0$）和中央亮条纹上面和下面的第一亮条纹（$m=1$）原来的位置。放上塑料片的目的是使干涉图样向上移动，使原来位于下面的 $m=1$ 亮条纹移动到图样的中央。应该将塑料片放在上面的狭缝后面（像图 35-11b中随意画出的那样）还是下面的狭缝后面，塑料片的厚度 L 应该是多少？

【关键概念】

观察屏上一点的干涉取决于从两条狭缝发来的光波的相位差。位于狭缝处的光波同相，因为它们都从同一波前引出，但在它们到达观察屏的路径上相位可能会发生相对移动。这是由于（1）它们走过路程的长度不同，（2）它们通过的材料中的内部波长 λ_n 的数目不同。第一个条件适用于偏离中心的点，第二个条件适用于被塑料片遮盖了一条狭缝的情况。

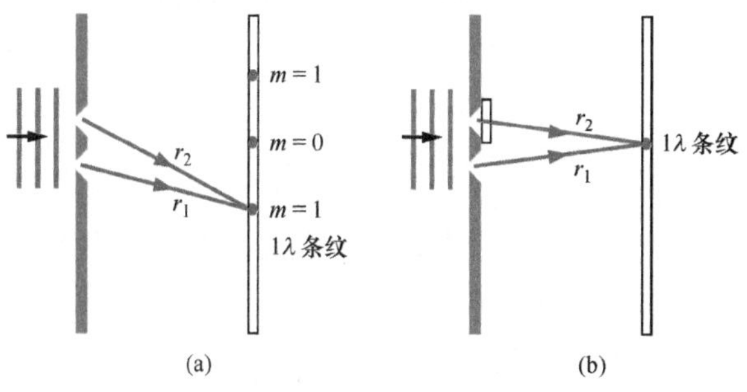

图 35-11 （a）双缝干涉的装置（没有按比例画出）中三条亮条纹（或极大）的位置。（b）用塑料片盖住上面的狭缝，我们要使 1λ 条纹移到图样的中心位置。

程长差：图35-11a表示从两条狭缝发出的光波沿光线 r_1 和 r_2 传播到下面的 $m=1$ 亮条纹。这两列波从狭缝出射时的相位是相同的，但到达条纹的位置时相位差正好是一个波长。为了让我们记住这条干涉条纹的这一主要特性，我们把它称作 1λ 条纹。一个波长的相位差来自到达此条纹的两条光线之间有一个波长的程长差，也就是说，光线 r_2 比光线 r_1 正好多了一个波长。

图35-11b表示塑料片放在上面的狭缝后面（我们还不知道塑料片应当放在上面的狭缝后还是下面的狭缝后），使得 1λ 条纹向上移动到图样的中心。图上也画出了到这条移动到中心的条纹的光线 r_1 和 r_2 新的方向。沿 r_2 仍旧必须比沿 r_1 多一个波长（因为它们仍旧是产生 1λ 条纹），但现在这两条光线的程长差是零，这一点我们可以从图35-11b中的几何关系看出。但是现在 r_2 通过了塑料片。

内波长：光在折射率为 n 的介质中的波长 λ_n 小于光在真空中的波长，如式（35-6）（$\lambda_n=\lambda/n$）所给出的。在这里，这意味着塑料片中的波长比空气中的波长小。由此，通过塑料片的光线比通过空气的光线有更多的波长——所以我们把塑料片放在上面狭缝后面确实得到了沿光线 r_2 所需的额外波长，如图35-11b所示。

厚度：要确定塑料片所需的厚度 L，我们首先注意到，原来相位相同的两列波分别通过不同材料（塑料和空气）中相等的距离 L。利用式（35-9），我们知道相位差和所需长度 L 的关系是

$$N_2-N_1=\frac{L}{\lambda}(n_2-n_1) \qquad (35\text{-}19)$$

我们知道对于一个波长的相位差，N_2-N_1 是1，上面的狭缝前的塑料的折射率 n_2 是1.50，下面狭缝前是空气，其折射率 n_1 是1.00，波长 λ 是 600×10^{-9} m。于是式（35-19）告诉我们，要使下面 $m=1$ 的亮条纹向上移动到干涉图样的中心，塑料片的厚度必须是

$$L=\frac{\lambda(N_2-N_1)}{n_2-n_1}=\frac{(600\times10^{-9}\text{m})(1)}{1.50-1.00}=1.2\times10^{-6}\text{m} \qquad \text{（答案）}$$

35-3 双缝干涉的光强

学习目标

学完这一单元后，你应当能够……

35.23 区别相干光和非相干光。

35.24 对于到达一共同点的两列光波，写出它们的作为时间和相位常量的函数的电场分量表达式。

35.25 懂得两列波的相位差决定它们的干涉。

35.26 对于双缝干涉图样上一点，计算到达的两列波的用相位差表示的光强，并把相位差和确定这一点在干涉图样中位置的角度 θ 联系起来。

35.27 用相矢量图求到达同一点的两列或更多的光波的合成波（振幅和相位常量），并利用这个结果确定光强。

35.28 应用光波的角频率 ω 和表示这列波的相矢量的角速率 ω 之间的关系。

关键概念

- 如果有两列光波在同一点相遇，产生看得见的干涉，则两列波之间的相位差必须不随时间改变，即两列波必须是相干的。两列相干波相遇时，合成的光强可以用相矢量求出。
- 杨氏干涉实验中，光强都是 I_0 的两列光波在观察屏上产生光强为 I 的合成波，

$$I=4I_0\cos^2\frac{1}{2}\phi，\text{其中 }\phi=\frac{2\pi d}{\lambda}\sin\theta$$

相干性

要想在图35-8中的观察屏 C 上看到干涉图像，到达屏上任何一点的两列光波的相位差必须不随时间变化。图35-8是满足这个条件的，因为通过狭缝 S_1 和 S_2 的光波是同一波前的不同部分。因为相位差始终保持不变，所以我们说从狭缝 S_1 和 S_2 发出的光是完全**相干的**。

太阳光和手指甲。直射的太阳光是部分相干光；就是说在两个点上截取的太阳光波只在这两个点非常靠近时才有恒定的相位差。如果你在明亮的太阳光下靠近观察你的手指甲，你会看见称为散斑的微弱的干涉图样，这使得指甲看上去好像布满了斑点。你能看到这种效应是因为从指甲上非常靠近的点上散射的光波有足够的相干性，可以在你的眼中相互干涉。然而，双缝实验中的两条光缝靠得还不够近，在直射的太阳光中两条缝上的光是**非相干的**。要得到相干光，我们一定要使太阳光通过一条单缝，像图35-8中那样；因为单狭缝很窄，所以通过它的光成为相干光。此外，因为缝很窄，使得相干光因衍射而扩展，照向双缝实验中的两条狭缝。

非相干光源。如果我们用两个相同但是各自独立的单色光源代替双缝，譬如用两根细的白炽灯丝。两个光源发射的光波之间的相位差会迅速并随机地改变。（之所以发生这种情况是因为光是灯丝中大量的原子在极其短暂的时间内——纳秒的数量级——随机并且独立地作用所发射的。）结果，在观察屏上任何给定点上，两个光源发射的波之间的干涉迅速且随机地在完全相长干涉和完全相消干涉之间变化。由于眼睛（最普通的光学探测器）无法跟踪这种变化，所以不能看见干涉图样。干涉条纹消失，看上去观察屏像是被均匀地照亮一般。

相干光源。激光与普通光源的区别在于它的原子以协同的方式发光，由此产生的光是相干光。还有，激光是近乎单色的，并发射成扩散很小的一细束，而且还能聚焦到几乎和波长相等的宽度范围内。

双缝干涉的强度

式（35-14）和式（35-16）告诉我们如何用图示的角 θ 的函数来确定图35-10中观察屏 C 上双缝干涉图样的极大和极小的位置。我们在这里要推导干涉条纹光的强度 I 作为 θ 的函数的表达式。

离开两条狭缝时光波是同相位的。不过我们要假定来自两条狭缝的两列光波到达 P 点时的相位是不相同的。到达 P 点的这两列波的电场分量相位不同并且电场随时间变化，它们分别是

$$E_1 = E_0 \sin \omega t \tag{35-20}$$

和

$$E_2 = E_0 \sin (\omega t + \phi) \tag{35-21}$$

其中，ω 是光波的角频率；ϕ 是波 E_2 的相位常量。注意这两列光波有相同的振幅 E_0，它们的相位差是 ϕ。因为这个相位差不变，

所以这两列波是相干的。我们要证明，这两列波在 P 点组合起来产生下式给出的光强：

$$I=4I_0\cos^2\frac{1}{2}\phi \tag{35-22}$$

以及

$$\phi=\frac{2\pi d}{\lambda}\sin\theta \tag{35-23}$$

在式（35-22）中，I_0 是从一条狭缝照射到观察屏上的光强，这时另一条狭缝暂时被遮挡。我们假设，与波长相比狭缝是如此的窄，以至于在我们要考察干涉条纹的整个观察屏的范围内单条狭缝产生的光强基本上是均匀的。

式（35-22）和式（35-23）合在一起告诉我们，条纹图样的强度 I 如何随图 35-10 中的 θ 改变，这两个公式必定包含了有关极大和极小位置的信息。我们来看一看，是否可以从这两个方程式中提取出这些极大和极小位置的信息。

极大。对式（35-22）的考察证明了光强的极大值出现在

$$\frac{1}{2}\phi=m\pi,\ m=0,\ 1,\ 2,\ \cdots \tag{35-24}$$

如果我们将这个结果代入式（35-23），就会得到

$$2m\pi=\frac{2\pi d}{\lambda}\sin\theta,\ m=0,\ 1,\ 2,\ \cdots$$

或

$$d\sin\theta=m\lambda,\ m=0,\ 1,\ 2,\ \cdots\ (\text{极大}) \tag{35-25}$$

这正好就是式（35-14），它是我们之前推导出的极大的位置的表达式。

极小。干涉条纹图样的极小值出现在

$$\frac{1}{2}\phi=\left(m+\frac{1}{2}\right)\pi,\ m=0,\ 1,\ 2,\ \cdots \tag{35-26}$$

如果我们把这个关系式和式（35-23）结合起来，我们立刻得到

$$d\sin\theta=\left(m+\frac{1}{2}\right)\lambda,\ m=0,\ 1,\ 2,\ \cdots\ (\text{极小}) \tag{35-27}$$

这个式子正好就是式（35-16），它是我们之前推导出的干涉条纹极小的位置的表达式。

图 35-12 是式（35-22）的曲线图，表示双缝干涉图样的光强作为到达观察屏上的两列波之间的相位差 ϕ 的函数，水平实线是 I_0，这是任一条狭缝被遮挡时观察屏上的（均匀）光强。注意在式（35-22）和图 35-12 中，光强 I 在条纹极小处的零和条纹极大处的 $4I_0$ 之间变化。

如果从两个光源（狭缝）发射的光是非相干的，则两列波之间不存在持久的相位关系，也就不会产生干涉图样，观察屏上所有的点的光强都有相同的数值 $2I_0$；图 35-12 中的水平虚线表示这个均匀的光强数值。

干涉不会产生或消灭能量，只是将能量在观察屏上重新分布。因此，无论光源是否相干，观察屏上的平均光强必定是同样的 $2I_0$。如果我们将余弦平方函数的平均值 $\frac{1}{2}$ 代入，由式（35-22）立刻可

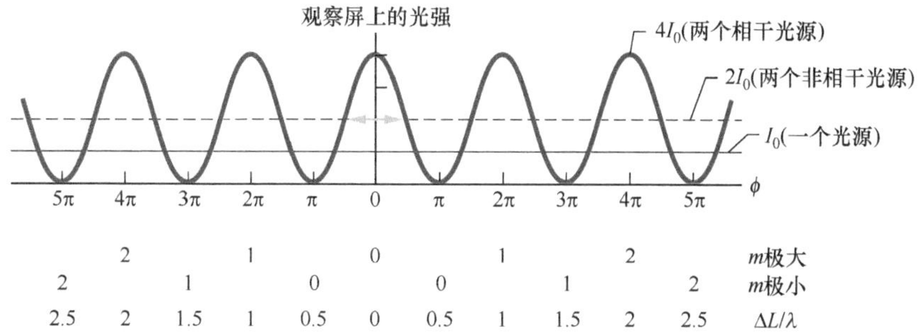

图 35-12 式（35-22）的曲线图，作为从两条狭缝发出到达观察屏的两列波之间相位差的函数的双缝干涉图样的光强。I_0 是一条缝被遮盖情况下观察屏上的（均匀）光强。干涉条纹图像的平均光强是 $2I_0$，（相干光源）极大光强是 $4I_0$。

以得到上述结论，这个方程式简约成 $I_{avg}=2I_0$。

式（35-22）和式（35-23）的证明

我们要把分别由式（35-20）和式（35-21）给出的电场分量。用 16-6 单元中讨论过的相矢量方法组合起来。在图 35-13a 中，电场分量 E_1 和 E_2 的波用数值为 E_0、绕原点以角速率 ω 旋转的相矢量表示。任何时刻 E_1 和 E_2 的数值都是相应的相矢量在纵轴上的投影。图 35-13a 表示相矢量和它们在任一时刻 t 的投影。和式（35-20）及式（35-21）相一致，E_1 的相矢量转动的角度是 ωt，E_2 的相矢量转动的角度是 $\omega t+\phi$（这是超前于 E_1 的相位移动）。当相矢量旋转时，它在纵轴上的投影随时间的变化的方式和式（35-20）及式（35-21）的正弦函数随时间的变化完全一致。

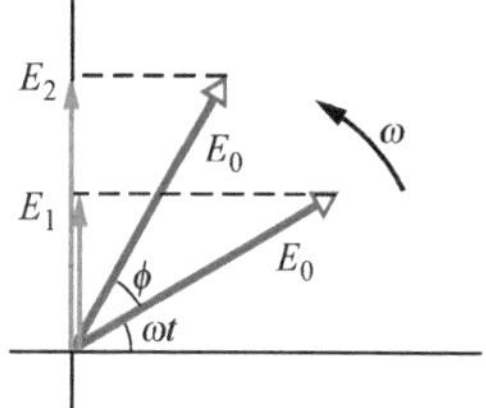

(a) 将表示两列波的两个相矢量相加求出合矢量

要把图 35-10 中任何一点的电场分量 E_1 和 E_2 组合起来，我们把它们的相矢量用矢量法相加，如图 35-13b 所示。这个矢量和的数值就是 P 点的合成波的振幅 E，这个波有确定的相位常量 β。要求图 35-13b 中的振幅 E，我们首先注意到两个标记为 β 的角度是相等的，因为它们都对着同一个三角形的两条长度相等的边。由（三角形的）定理：三角形一个外角（图 35-13b 中的 ϕ）等于不相邻两内角之和（这里是 $\beta+\beta$），我们看出，$\beta=\frac{1}{2}\phi$。于是得到

$$E=2(E_0\cos\beta)$$

$$=2E_0\cos\frac{1}{2}\phi \tag{35-28}$$

我们把这个关系式两边平方，得到

$$E^2=4E_0^2\cos^2\frac{1}{2}\phi \tag{35-29}$$

光强。由式（33-24）我们知道，电磁波的强度正比于它的振幅平方。由于图 35-13b 中被我们用来组合的每一列波的振幅是 E_0，所以它们的强度 I_0 都正比于 E_0^2。而振幅为 E 的合成波的强度是 I，I 正比于 E^2。于是

$$\frac{I}{I_0}=\frac{E^2}{E_0^2}$$

将式（35-29）代入上式，整理后得到

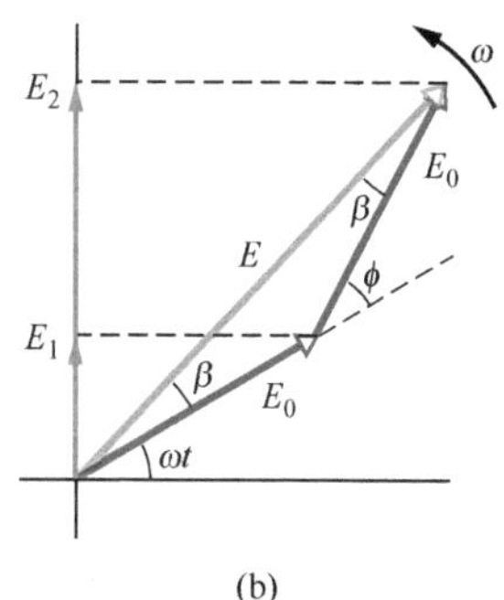

(b)

图 35-13 （a）式（35-20）和式（35-21）给出的表示 t 时刻的电场分量的相矢量。两个相矢量的大小都是 E_0 并且都以角速率 ω 旋转。它们的相位差是 ϕ。（b）两个相矢量的矢量和得到振幅为 E、相位常量为 β 的合成波的相矢量。

$$I = 4I_0\cos^2\frac{1}{2}\phi$$

这就是式（35-22），也就是我们要证明的。

我们还要证明式（35-23），这个公式把到达图 35-10 中的观察屏上任何一点 P 的两列波之间的相位差 ϕ 和用来确定 P 点位置的角度 θ 联系了起来。

式（35-21）中的相位差 ϕ 和图 35-10b 中的程长差 S_1b 有关。如果 S_1b 是 $\frac{1}{2}\lambda$，那么 ϕ 就是 π；如果 S_1b 是 λ，ϕ 就是 2π，以此类推。这意味着

$$(\text{相位差}) = \frac{2\pi}{\lambda}(\text{程长差}) \tag{35-30}$$

图 35-10b 中的程长差 S_1b 是 $d\sin\theta$（直角三角形的一条直角边）；所以式（35-30）表示的到达观察屏上 P 点的两列波之间的相位差还可以写成

$$\phi = \frac{2\pi d}{\lambda}\sin\theta$$

这就是式（35-23），也就是我们要证明的 ϕ 和用来确定 P 点位置的角度 θ 之间关系的方程式。

多于两列波的合成

在更为一般的情况中，我们可能要求一点上多于两列正弦形变化的波的合成。无论有多少波，我们的一般步骤是：

1. 建立表示要合成的各列波的相矢量。在保持两相接的相矢量之间特定的相位关系的前提下，将各相矢量头尾相接。

2. 求出这个阵列的矢量和。合矢量的长度给出合相矢量的振幅。合矢量和第一个相矢量之间的角度是合矢量相对于第一个相矢量的相位。这个矢量合成得到的相矢量在纵轴上的投影给出合成波的时间变化。

检查点 4

四组光波成对到达观察屏上某一点。这些波都有同样的波长。在所到达的点上，这四组波的振幅和相差分别是：（a）$2E_0$、$6E_0$ 和 π rad。（b）$3E_0$、$5E_0$ 和 π rad；（c）$9E_0$、$7E_0$ 和 $3\ \pi$ rad；（d）$2E_0$、$2E_0$ 和 0 rad。按照它们到达点的光强排列这四组光波，最大强度的排第一。（提示：画出相矢量。）

例题 35.04　利用相矢量合成三列光波

三列光波在某一点上合成，它们在这一点上的电场分量分别是

$$E_1 = E_0\sin\omega t$$
$$E_2 = E_0\sin(\omega t + 60°)$$
$$E_3 = E_0\sin(\omega t - 30°)$$

求它们在这一点的合成电场分量 $E(t)$。

【关键概念】

合成波是

$$E(t) = E_1(t) + E_2(t) + E_3(t)$$

我们可以用相矢量的方法求和，同时还可以画出任一时刻 t 的相矢量。

解：为简化求解过程，我们选择 $t=0$，对这种情形，表示三列波的相矢量画在图 35-14 中。我们可以直接用带有矢量计算功能的计算器或用分量的方法把这三个矢量加起来。用分量的方法，我们先写出它们的水平分量的和为

$$\sum E_h = E_0\cos 0 + E_0\cos 60° + E_0\cos(-30°) = 2.37E_0$$

而它们的竖直分量之和，即在 $t=0$ 时刻 E 的数值是

$$\sum E_v = E_0\sin 0 + E_0\sin 60° + E_0\sin(-30°) = 0.366E_0$$

于是，合成波 $E(t)$ 的振幅 E_R 是

$$E_R = \sqrt{(2.37E_0)^2 + (0.366E_0)^2} = 2.4E_0$$

相对于表示 E_1 的相矢量的相角 β 是

$$\beta = \arctan\left(\frac{0.366E_0}{2.37E_0}\right) = 8.8°$$

我们可以写出合成波 $E(t)$ 为

$$E = E_R\sin(\omega t+\beta) = 2.4E_0\sin(\omega t + 8.8°)$$

（答案）

要正确说明图 35-14 中的角度 β，必须要注意：当四个相矢量作为一个整体绕原点旋转时，β 是 E_R 和表示 E_1 的相矢量之间恒定的角度。但在图 35-14 中，E_R 和水平轴之间的角度并不是始终都等于 β。

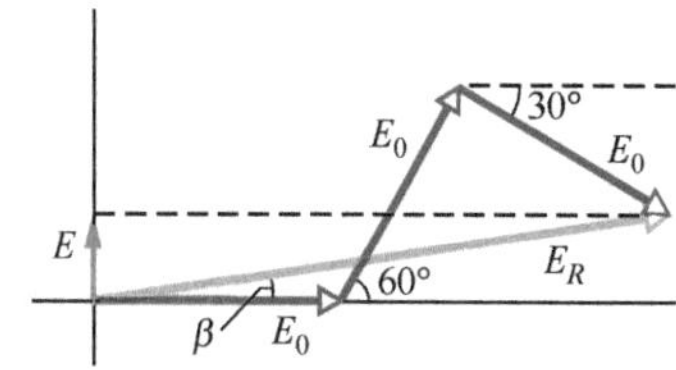

图 35-14 $t=0$ 时刻的三个相矢量，它们代表振幅 E_0 都相等，相位常量分别是 0°、60°和 −30°的三列波。三条相矢量合成后得到振幅为 E_R、角度为 β 的合成相矢量。

35-4 薄膜干涉

学习目标

学完这一单元后，你应当能够……

35.29 画出薄膜干涉的装置，表示出入射光线和反射光线（垂直于薄膜，但为清楚起见画得稍微倾斜一点），辨明薄膜厚度和三个折射率。

35.30 懂得反射会产生相移的条件并给出相移的数值。

35.31 知道影响反射波干涉的三个因素：反射相移、程长差和内波长（薄膜的折射率决定）。

35.32 对于薄膜，利用反射相移和所要求的结果（反射波同相或异相、透射波同相或异相）来确定将厚度 L、波长 λ（空气中测量）和薄膜的折射率 n 联系起来所需要的方程式，并且应用这个方程式。

35.33 对于空气中非常薄的薄膜（它的厚度比可见光的波长小得多），说明薄膜为什么总是黑的。

35.34 在劈尖薄膜的两端，确定并应用联系厚度 L、波长 λ（空气中测量）和薄膜的折射率 n 之间关系所需的方程式，然后计算沿薄膜的亮带和暗带的数目。

关键概念

- 光入射到透明薄膜上，从前表面和后表面反射的光波会发生干涉。对于近乎正入射的光，从空气中薄膜反射的光强极大和极小的波长条件分别是

$$2L = \left(m+\frac{1}{2}\right)\frac{\lambda}{n_2},\quad m=0,1,2,\cdots$$

（极大——空气中明亮的薄膜）

$$2L = m\frac{\lambda}{n_2},\quad m=0,1,2,\cdots$$

（极小——空气中黑暗的薄膜）

其中，n_2 是薄膜的折射率；L 是薄膜的厚度；λ 是空气中光的波长。

- 如果薄膜夹在不是空气的两种介质之间，亮的薄膜和暗的薄膜的方程式可能要交换，这取决

于相对折射率。

- 如果入射到折射率不同的两种介质的界面上的光是从折射率较低的介质入射的，反射要引起反射波中 πrad 或半个波长的相移。否则，就不会因为反射而产生相移。折射不会引起相移。

薄膜干涉

太阳光照亮的肥皂泡或油膜的颜色是来自透明薄膜的前后两个表面所反射的光波发生干涉的结果。肥皂泡或油膜的厚度通常与所涉及的（可见）光波长的数量级相同。（更大的厚度要破坏干涉产生颜色所需的光的相干性。）

图 35-15 表示均匀厚度为 L、折射率为 n_2 的透明薄膜被远处的波长为 λ 的明亮点光源照射。现在我们假设薄膜两边都是空气，因而图 35-15 中 $n_1=n_3$。为简单起见，我们还假设光线几乎垂直于薄膜（$\theta\approx 0$）入射。我们感兴趣的是，在几乎垂直的方向上观看的观察者眼中，薄膜是亮的还是暗的。（既然薄膜被光照亮，那么它又怎么可能会是暗的呢？下面你们将会知道其中的原因。）

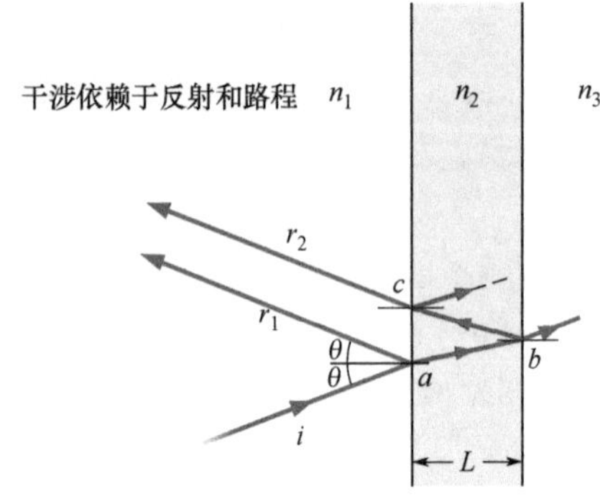

图 35-15　用光线 i 表示的光波入射到厚度为 L 和折射率 n_2 的薄膜。光线 r_1 和 r_2 分别代表从薄膜的前表面和后表面反射的光波。（所有三条光线实际上都近乎垂直于薄膜）r_1 和 r_2 波的相互干涉取决于它们的相位差。左边介质的折射率 n，可以不同于右边界质的折射率 n_3，但现在我们假设两个介质都是空气，$n_1=n_3=1.0$，它小于 n_2。

用光线 i 表示的入射光和薄膜的前（左边）表面相交于 a 点，在这一点上发生反射和折射。反射光线 r_1 进入观察者的眼睛，折射光线穿过薄膜到达后表面上的 b 点，它在这里发生反射和折射。从 b 点反射的光折回后又穿过薄膜到达 c 点，在这一点又会发生反射和折射。从 c 点折射的光线用光线 r_2 表示，它也进入观察者的眼睛。

如果光线 r_1 和 r_2 的光波在人眼中严格同相，它们就会产生干涉极大，薄膜上 ac 区域在观察者看来就是明亮的。如果它们正好异相，则产生干涉极小，在观察者看来 ac 区域是黑暗的，即使这个区域是被照亮的。如果是中间的相位差，就有中间的干涉和亮度。

关键。观察者看到薄膜的明暗的关键是光线 r_1 和 r_2 的光波的相位差。两条光线都是从同一条光线 i 分出来的，但 r_2 所走过的路程中包括两次穿过薄膜（从 a 到 b 然后从 b 到 c）的路程，而光线 r_1 通过的路程中没有在薄膜中的那一段。因为 θ 近似于零，所以我们可以把 r_1 和 r_2 的程长差近似为 $2L$。然而，要求出两列波之间的相位差，我们不能只考虑与程长差 $2L$ 相对应的波长 λ 的数目。这个简单的方法之所以不可能是由于两个理由：（1）程长差是发生在介质中的，而不是在空气中。（2）其中有反射，反射要改变相位。

如果两列波中的一列或两列都被反射，则这两列波的相位差可能改变。

接下来我们讨论反射引起的相位的改变。

反射相移

在界面上的折射永远不会发生相移——但反射却可能，这取决于界面两边的折射率。图 35-16 表示当反射引起相移时的情况，用一段线密度较大的绳子（在这段绳子上脉冲传播相对较慢）和一段线密度较小的绳子（沿这段绳子上脉冲传播相对较快）上传播的脉冲作为例子。

在图 35-16a 中，当传播相对较慢的脉冲到达线密度较大的绳子和线密度较小的绳子的交界处时，脉冲部分透射、部分反射，振动的取向不变。对光波来说，这种情况相当于入射波在折射率 n 较大的介质中（回忆一下较大的折射率 n 意味着较慢的速率）。在这种情况下，在界面上反射的波并不会发生相位的改变；也就是说它的反射相移为零。

在图 35-16b 中，传播较快的脉冲沿线密度较小的绳子到达它和线密度较大的绳子的交界面时，脉冲也是部分透射、部分反射。透射波和入射波的取向仍旧相同，但现在反射波的振动取向颠倒了。对于正弦波，这样的颠倒是 π rad 或半个波长的相位改变。对于光来说，这种情况相当于入射波在折射率较小的介质中传播（有较大的速率）。在这种情况下，在界面上反射的波会发生 π rad 或半个波长的相位移动。

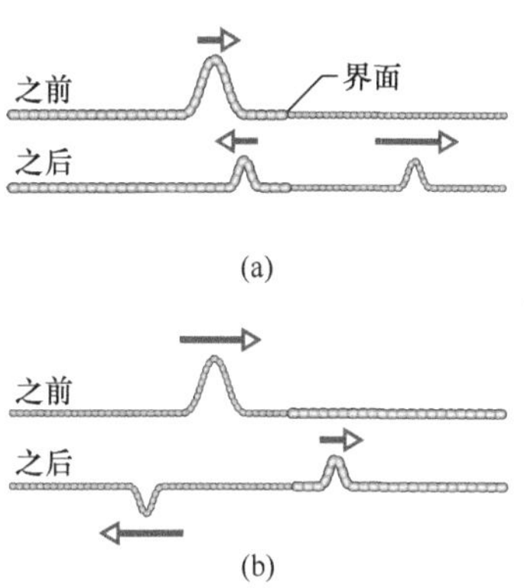

图 35-16 当脉冲在拉紧的两条有不同线密度的绳子的界面上反射时相位的改变。在较轻的绳子上波速较大。（a）入射脉冲在线密度较大的绳子上。（b）入射脉冲在线密度较小的绳子上。只在交接处有相位的改变，并且相位的改变只出现在反射波中。

对于光波，我们用光波从其上反射（背离它）的介质的折射率表示的结果总结如下。

反射	反射相移
背离折射率较低的介质	0
背离折射率较高的介质	0.5 个波长

这可以记作“遇高加半”。

薄膜干涉方程式

在这一章里我们现在已经知道有三种方法可以改变两列波的相位差。

1. 通过反射。
2. 使波沿不同长度的路程传播。
3. 使波通过不同折射率的介质传播。

在光从薄膜上反射的情况中，产生图 35-15 中光线 r_1 和 r_2 的波，包含了这里面介绍的所有三种方法。让我们逐一进行讨论。

反射相移。我们重新考察一下图 35-15 中的两次反射。在前界面上的 a 点，入射波（在空气中）从两个折射率中折射率较高的介质面上反射：所以反射光 r_1 的波有 0.5 个波长的相移。在后界面上的 b 点，入射波从两个折射率中折射率较低的介质（空气）面上反射；所以这里的反射波没有因反射而产生的相移，并且这列反射波的一部分在返回来之后又从薄膜中出射，它在成为光线 r_2 的折射过程中也没有产生额外的相移。我们把这些信息综合在表 35-1的第一行中。这张表是关于图 35-17 中的空气中薄膜干涉的简化图解。到现在为止，作为反射相移的结果，r_1 和 r_2 两列波之间有 0.5 个波长的相移，因为它们严格异相。

程长差。现在我们考虑由光线 r_2 表示的波两次穿过薄膜发生的

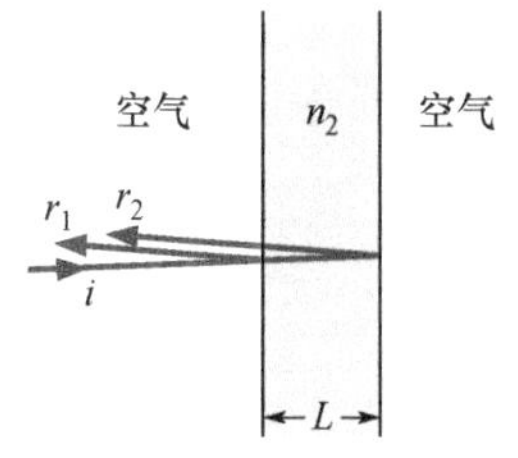

图 35-17 空气中的薄膜上的反射。

表 35-1 空气中的薄膜干涉（图 35-17）的综合表

	r_1	r_2
反射相移	0.5 个波长	0
程长差	$2L$	
程长差产生在其中的介质的折射率	n_2	
同相①：	$2L=\frac{\text{奇数}}{2}\times\frac{\lambda}{n_2}$	
异相①：	$2L=\text{整数}\times\frac{\lambda}{n_2}$	

① 对 $n_2>n_1$ 和 $n_2>n_3$ 有效。

程长差 $2L$。(程长差 $2L$ 写在表 35-1 的第二行。) 只有使 r_1 和 r_2 两列波严格同相，它们才会产生完全相长干涉。这时，程长差 $2L$ 必定要产生 0.5 个，1.5 个，2.5 个，…波长的附加的相位差。只有这样，总的相位差才是波长的整数倍。由此，对于明亮的薄膜，必定有

$$2L=\frac{\text{奇数}}{2}\times\text{波长(同相波)} \tag{35-31}$$

这里的波长是光在介质中经过路程 $2L$ 的波长 λ_{n_2}——就是在折射率为 n_2 的介质中的波长。于是我们可以将式 (35-31) 重写成

$$2L=\frac{\text{奇数}}{2}\times\lambda_{n_2}\text{(同相波)} \tag{35-32}$$

如果情况相反，波严格异相，这样就成为完全相消干涉。程长差 $2L$ 不会产生额外的相位差，或者产生 1 个，2 个，3 个，…波长的相位差。只有在这种情况下，总的相位差是半波长的奇数倍。因此，对于暗的薄膜，我们必定有

$$2L=\text{整数}\times\text{波长(异相波)} \tag{35-33}$$

这里的波长是光在 $2L$ 路程的介质中经过的波长 λ_{n_2}。因此，这一次我们有

$$2L=\text{整数}\times\lambda_{n_2}\text{(异相波)} \tag{35-34}$$

现在我们可以利用式 (35-6) ($\lambda_n=\lambda/n$) 写出光线 r_2 在薄膜中的波长为

$$\lambda_{n_2}=\frac{\lambda}{n_2} \tag{35-35}$$

其中，λ 是入射光在真空中 (近似地也在空气中) 的波长。将式 (35-35) 代入式 (35-32) 中并把“奇数/2”用 $\left(m+\frac{1}{2}\right)$ 代替，得到

$$2L=\left(m+\frac{1}{2}\right)\frac{\lambda}{n_2},\ m=0,\ 1,\ 2,\ \cdots$$

$$\text{(极大——空气中的明亮薄膜)} \tag{35-36}$$

同理，用 m 代替式 (35-34) 中的“整数”得到

$$2L=m\frac{\lambda}{n_2},\ m=0,\ 1,\ 2,\ \cdots\ \text{(极小——空气中的黑暗薄膜)} \tag{35-37}$$

对于给定的薄膜厚度 L，式 (35-36) 和式 (35-37) 告诉我们薄膜分别呈现明亮或黑暗所满足的光的波长，每个 m 值对应于一个波长，中间的波长给出中等的亮度。对于给定的波长 λ，式 (35-36) 和式 (35-37) 告诉我们，薄膜在光照下分别呈现明亮和黑暗的厚度，每一个 m 值对应于一个厚度，中间的厚度给出中等的亮度。

注意：(1) 对于空气中的薄膜，式 (35-36) 对应于亮反射，式 (35-37) 对应于没有反射。对于透射的情形，这两个方程式的作用正好相反 (可以想象，如果反射光很明亮，肯定没有透射光，反之亦然)。(2) 如果有一组折射率不同的数值，则方程式的作用可能变为相反。对任何给定的一组折射率，我们必须全面考虑表 35-1后面的思考过程，特别是确定反射相移，看看哪一个方程式更适用于明亮反射，哪一个更适用于没有反射。(3) 这些方程

式中的折射率都是薄膜的折射率，程长差是在薄膜中产生的。

薄膜厚度比波长小很多

一种特殊情况出现在薄膜非常薄的条件下，薄膜的厚度 L 小于 λ，譬如说 $L<0.1\lambda$。于是程长差 $2L$ 可以忽略不计。r_1 和 r_2 之间的相位差只来自反射相差。如图 35-17 所示，薄膜上的反射产生 0.5 个波长的相位差，厚度 $L<0.1\lambda$，于是 r_1 和 r_2 严格异相，因此，无论光的波长和强度是多少，薄膜总是暗的。这种特殊情况相当于式（35-37）中的 $m=0$。我们要计算满足 $L<0.1\lambda$ 的任意厚度，并将其作为由式（35-37）得出的使图 35-17 中的薄膜全暗的最小厚度。（每个这种厚度都对应于 $m=0$。）下一个使薄膜变成黑暗的较大的厚度对应于 $m=1$。

在图 35-18 中，用明亮的白光照射竖直放置的肥皂膜，它的厚度从上到下逐渐增厚，不过由于最上面部分的薄膜是如此之薄，以致它看上去是暗的。在（较厚一些的）中间部分，我们可以看见条纹或色带，条纹的颜色主要取决于在特定厚度位置反射光发生完全相长干涉的波长。向肥皂膜（最厚的）底部看去，条纹逐渐变细，颜色开始重叠，最终消失。

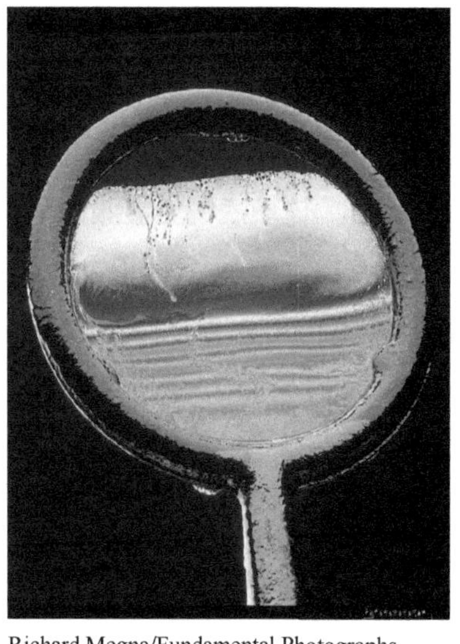

Richard Megna/Fundamental Photographs

图 35-18 张在竖直的圆环中的肥皂水薄膜对光的反射。上面部分是如此之薄（因重力使水下降），以致在这部分反射的光发生相消干涉，使这部分成为暗的。彩色的干涉条纹或色带装饰肥皂膜的其余部分。但是由于液体逐渐被重力往下拉，薄膜终究还是会被其中水的回流所破坏。

检查点 5

图上的四种情形中，光垂直地从厚度为 L 的薄膜上反射，折射率在图上给出。（a）哪一种情形下在薄膜的两个介面上反射的两条反射光线间会产生零相位差？（b）如果程长差 $2L$ 产生 0.5 个波长的相位差，在哪种情形中薄膜是暗的？

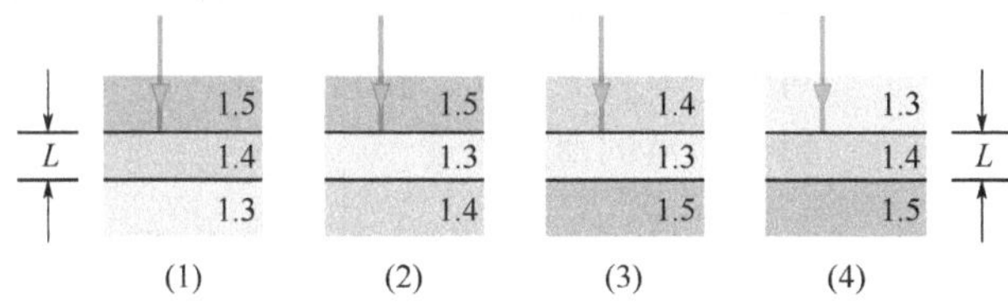

例题 35.05 空气中水膜的薄膜干涉

由可见光区波长为 400 ~ 690nm 的均匀强度的光组成的白光垂直地入射到悬浮在空气中的折射率为 $n_2=1.33$、厚度为 $L=320\text{nm}$ 的水膜上。薄膜反射到观察者眼睛中最亮的波长 λ 是多少？

【关键概念】

如果波长为 λ 的光在薄膜上反射最亮，这要求薄膜前后两面反射的光有相同的相位。把波长 λ 和给定的薄膜厚度 L 及薄膜的折射率 n_2 联系起来的方程式，是由式（35-36）还是由式（35-37）给出，主要取决于薄膜的反射相移。

解：要确定用哪个方程式，我们要填写像表 35-1那样的综合表格。不过，因为在水膜的两边都是空气，所以这里的情形和图 35-17 中的完全一样，因而这个表格也和表 35-1 完全相同。于是，由表 35-1 我们知道，反射光线的同相（因而薄膜最亮）是发生在

$$2L=\frac{\text{奇数}}{2}\times\frac{\lambda}{n_2}$$

的时候，由这个公式推导出式（35-36）：

$$2L=\left(m+\frac{1}{2}\right)\frac{\lambda}{n_2}$$

解出 λ，并代入 L 和 n_2，我们得到

$$\lambda=\frac{2n_2L}{m+\frac{1}{2}}=\frac{(2)(1.33)(320\text{ nm})}{m+\frac{1}{2}}=\frac{851\text{nm}}{m+\frac{1}{2}}$$

对于 $m=0$，得到 $\lambda=1700\text{nm}$，这是在红外光区域，对于 $m=1$，我们得到 $\lambda=567\text{nm}$，这是接近可见光谱中间的黄绿光。对于 $m=2$，$\lambda=340\text{nm}$，这是紫外光。于是，观察者看见最亮的光的波长是

$$\lambda=567\text{nm} \quad \text{（答案）}$$

例题 35.06 玻璃透镜上镀膜的薄膜干涉

图 35-19 中，玻璃透镜的一个表面上镀有一层氟化镁（MgF_2）薄膜以减少透镜表面的反射。氟化镁的折射率是 1.38，玻璃的折射率是 1.50。要消除（通过干涉）可见光谱中段（$\lambda=550\text{nm}$）的反射，膜的最小厚度应该是多少？设光垂直于透镜表面入射。

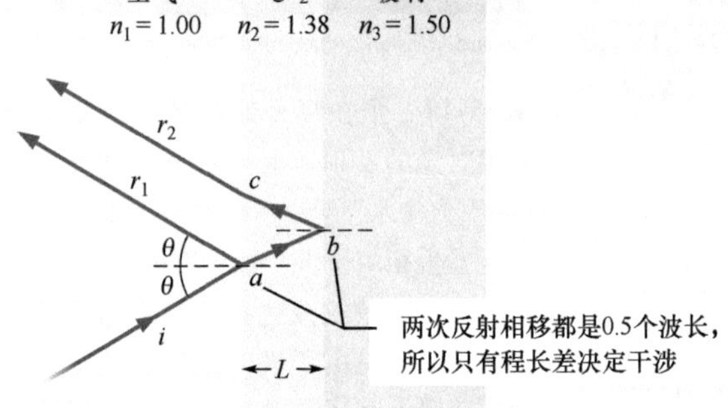

图 35-19 通过在玻璃表面上镀上一层适当厚度的透明氟化镁薄膜，可以消除从玻璃上反射的（选定波长的）不需要的光。

【关键概念】

如果薄膜的厚度 L 满足从薄膜的前后两个界面反射的光波正好异相，则反射光就会被消除。薄膜的厚度 L 和给定的波长 λ 及薄膜的折射率 n_2 都可以用依赖于干涉的反射相移的式（35-36）或者式（35-37）联系起来。

解： 要确定用哪一个方程式，我们填写一个像表 35-1 那样的综合表格。在第一个界面上，入射光在空气中，空气折射率比 MgF_2（薄膜）的折射率小。于是，我们在综合表中 r_1 的下面填上 0.5 个波长（这就是说光线 r_1 的波在第一个界面上相移 0.5λ）。在第二个界面上，入射波是在 MgF_2（薄膜）中，它的折射率比界面另一边的玻璃的折射率小，于是，在我们的综合表的 r_2 的下面也填入 0.5 个波长。

因为两次反射都引起相同的相移，所以它们使 r_1 和 r_2 的波同相。又因为我们希望这两列波异相，所以这两条光线的程长差 $2L$ 必定要等于奇数个半波长，即

$$2L=\frac{\text{奇数}}{2}\times\frac{\lambda}{n_2}$$

这个式子就是式（35-36）（本来是夹在空气中的明亮薄膜，但在这里的设置中却是暗的薄膜）。对这个方程式解 L，就可以得到消除镀膜透镜反射光所需的薄膜厚度

$$L=\left(m+\frac{1}{2}\right)\frac{\lambda}{2n_2},\quad m_0=0,1,2,\cdots \quad (35\text{-}38)$$

我们要求镀膜层的最小厚度——即 L 的最小值。因此我们选择 $m=0$，这是 m 的可能最小数值，把它和已知的数据代入式（35-38），我们得到

$$L=\frac{\lambda}{4n_2}=\frac{550\text{nm}}{(4)(1.38)}=99.6\text{nm} \quad \text{（答案）}$$

例题 35.07 透明劈尖薄膜的薄膜干涉

图 35-20a 表示在右边有一薄的空气劈尖的透明塑料块。（图上劈尖的厚度是被夸大了。）波长 $\lambda=632.8\text{nm}$ 的宽束红光向下从塑料块上部（入射角为 0°）射入。进入塑料块的一些光从空气劈尖的上表面和下表面反射，空气劈尖就像厚度从左端的 L_L 到右端的 L_R 均匀地变化的（空气）薄膜。（空气劈尖上面和下面的塑料太厚因而没有薄膜的作用。）观察者从上面向下观察塑料块，看见沿劈尖有 6 条暗条纹和 5 条红色亮条纹组成的干涉图样。沿劈尖的厚度变化 ΔL（$=L_R-L_L$）是多少？

【关键概念】

（1）沿空气劈尖左右长度上的每一点的亮度取决于在劈尖的上、下两界面反射的光波的干涉。

（2）干涉图样中亮条纹和暗条纹的亮度变化

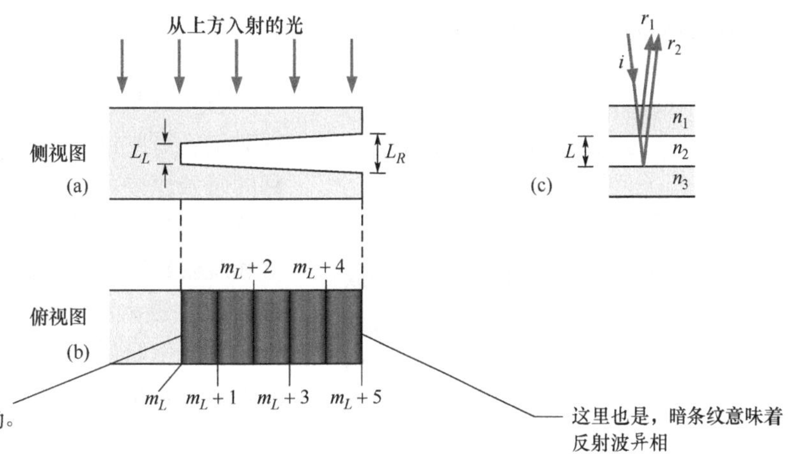

暗条纹是由于完全相消干涉而产生的。所以反射光线必定异相

这里也是，暗条纹意味着反射波异相

r_1 r_2 i

n_1 塑料(较高的折射率)

反射相移

0

L_L n_2 空气(低折射率)

0.5 λ

n_3 塑料

(d)

程长差(向下并返回向上)是$2L$

r_1 r_2 i L_R

这里的程长差也是$2L$，但L较大

(f)

总的反射相移为0.5个波长，所以反射使两列波成为异相

(e) 综合表

	r_1	r_2
反射相移	0	0.5个波长
程长差	$2L$	

这里的情况也是一样的，由于反射相移所以两列波已经异相了，所以程长差必定是$2L$=(整数)λ/n_2，但有较大的L

我们需要两列反射波异相，因为反射相移已经使它们异相了，所以我们不用再求程长差来改变相位，于是$2L$=(整数)λ/n_2

图 35-20 （a）红光入射到透明塑料块中很薄的空气劈尖。劈尖的厚度在左边是L_L，在右边是L_R。（b）从塑料块的上面观察：在劈尖的区域内的干涉条纹包括6条暗条纹和5条红色亮条纹。（c）表示入射光线i，反射光线r_1和r_2，以及沿劈尖的长度在任何位置上劈尖的厚度L的示意图。劈尖的（d）左端和（f）右端的反射光线。（e）它们的综合表。

是由于劈尖的厚度变化所造成的。在某些区域内，厚度导致反射波同相，因而产生明亮的反射（红色亮条纹）。在另一些区域内，厚度导致反射波异相，因而不会发生反射（暗条纹）。

光反射的综合表：观察者看见的暗条纹比亮条纹多，我们可以假设在劈尖的左端和右端都是暗条纹，所以干涉图样就像图 35-20b 中所示的样子。

我们可以用图 35-20c 来描述沿劈尖的长度上任何一点劈尖的上下两表面的光反射，图中 L 是这一点处劈尖的厚度。我们把这幅图用在劈尖的左端，这里的反射给出暗条纹。

我们知道，对于暗条纹，图 30-20d 中的光线 r_1 和 r_2 的波一定是异相的。我们还知道，联系薄膜厚度 L 与光的波长 λ 以及薄膜的折射率 n_2 的方程式，视相移的不同可由式（35-36）或式（35-37）表示。为了确定由哪一个方程式给出劈尖的左端的暗条纹，我们要填写像表 35-1 那样的综合表格，也就是图 35-20e 中的表格。

在空气劈尖的上表面，入射光在塑料中，塑料的折射率 n 比该表面下方的空气的折射率大。所以在我们的综合表中 r_1 的下面填上 0。在空气劈尖的下表面，入射光在空气中，它的折射率 n 比这个表面下方的塑料的折射率小。所以我们在 r_2 的下面写上 0.5 个波长。所以反射相移引起的相位差是 0.5 个波长。由此，仅仅因为反射就要使 r_1 和 r_2 的波成为异相。

在左端的反射（见图 35-20d）：因为我们在空气劈尖的左端看见的是暗条纹，只要有反射相移就能产生这个现象，所以我们不用再通过程长差来改变这个条件，所以得到左端的程长差 $2L$ 必定为

$$2L = 整数 \times \frac{\lambda}{n_2}$$

由这个式子导出式（35-37）：

$$2L = m\frac{\lambda}{n_2},\ m = 0,\ 1,\ 2,\ \cdots \qquad (35\text{-}39)$$

右端的反射（见图 35-20f）：式（35-39）不仅对空气劈尖的左端成立，并且对沿劈尖所观察到的暗条纹中的任何一条也成立，包括右端的暗条纹。只是每一条纹有不同的整数 m。m 的最小值和观察到暗条纹位置的劈尖的最小厚度相联系。逐渐增大的 m 和观察到暗条纹处逐渐增大的空气劈尖厚度相联系，令 m_L 是左端的数值，那么右端的数值一定是 $m+5$，因为从图 35-20b 可以看出，最右端位于从左端数起第五条暗条纹处。

厚度差：要求 ΔL，我们先要两次解式（35-39），一次是对左端的厚度 L_L，另一次是对右端的厚度 L_R：

$$L_L = (m_L)\frac{\lambda}{2n_2},\ L_R = (m_L + 5)\frac{\lambda}{2n_2} \qquad (35\text{-}40)$$

我们现在用 L_R 减去 L_L 并代入空气的折射率 $n_2 = 1.00$ 和 $\lambda = 632.8\times10^{-9}\mathrm{m}$：

$$\Delta L = L_R - L_L = \frac{(m_L+5)\lambda}{2n_2} - \frac{m_L\lambda}{2n_2} = \frac{5}{2}\frac{\lambda}{n_2}$$
$$= 1.58\times10^{-6}\mathrm{m}$$

（答案）

PLUS 在 WileyPLUS 中可以找到附加的例题、视频和练习。

35-5 迈克耳孙干涉仪

学习目标

学完这一单元后，你应当能够……

35.35 用简图说明干涉仪的工作原理。

35.36 将一片透明材料插入干涉仪的一条光路中，应用光的相位改变（用波长表示）和材料的厚度及折射率之间的关系。

35.37 对一台干涉仪，应用一面反射镜移动的距离及干涉图样中产生的条纹移动之间的关系。

关键概念

- 在迈克耳孙干涉仪中，一束光波被分解为两束，各自通过不同路径后又重新汇合。

- 产生的干涉图样依赖于两束光通过路程长度的差和光所通过的路程中介质的折射率。
- 如果一条光路上有折射率为 n、厚度为 L 的透明材料。则重新汇合后的两束光波的相位差（用波长表示）等于

$$相位差=\frac{2L}{\lambda}(n-1)$$

其中，λ 是光的波长。

迈克耳孙干涉仪

干涉仪是利用干涉条纹以极高的精度测量长度或长度变化的仪器。我们描述1881年迈克耳孙（A. A. Michelson）最初设计并制造的干涉仪形式。

考虑图35-21中一条光线离开扩展光源上的 P 点后到达分束器 M。分束器是让入射光的一半透过并反射另一半的镜子。在图上，为方便起见，我们假设分束器 M 的厚度可以忽略不计。光束在分束器 M 上被分解成两列波。一列波透过 M 射向位于干涉仪的一条臂的端点上的反射镜 M_1，另一束被 M 反射的光波射向位于干涉仪另一条臂的端点上的反射镜 M_2。这两列波在两面反射镜上完全反射后沿入射方向原路返回。这两列波最终进入望远镜 T。观察者看到的是弯曲的或近似直线的干涉条纹图样；在近似直线的情况下，干涉条纹有点像斑马身上的条纹。

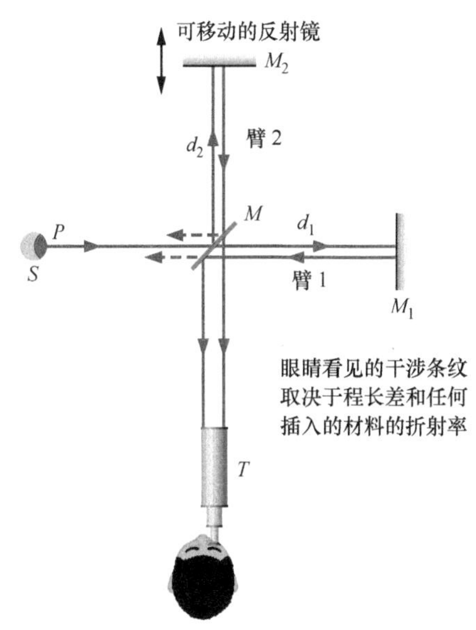

图35-21 迈克耳孙干涉仪，图示从扩展光源 S 上 P 点发射的光所走的路程，分束器 M 把入射光分成两束，两束光分别从反射镜 M_1 和 M_2 反射后回到 M，然后进入望远镜 T。观察者在望远镜中观看干涉条纹图样。

反射镜的移动。两列波在望远镜中汇合时的程长差是 $2d_2-2d_1$，改变这个程长差的任何因素都会引起眼睛看见的这两列波的相位差改变。作为一个例子，如果反射镜 M_2 移动距离 $\frac{1}{2}\lambda$，程长差就要改变 λ，干涉图样就要移过一个条纹（好像斑马身上一条黑带移动到原来相邻的黑带的位置上）。同理，M_2 移动 $\frac{1}{4}\lambda$ 要引起半个条纹的移动（斑马身上的每一条黑带移动到相邻的原来是白色带的位置上）。

插入。条纹图样的位移也可以通过在两面反射镜的一面——譬如 M_1——的光路中插入一薄片透明材料来产生。如果插入的材料厚度为 L、折射率为 n，那么，光往返路程中都通过这种材料，在材料中来回的波长数目由式（35-7）得到

$$N_m=\frac{2L}{\lambda_n}=\frac{2Ln}{\lambda} \tag{35-41}$$

在插入这种透明材料以前，在同样厚度 $2L$ 的空气中的波长数目为

$$N_a=\frac{2L}{\lambda} \tag{35-42}$$

插入材料后，从 M_1 返回的光波的相位改变了（用波长表示）：

$$N_m-N_a=\frac{2Ln}{\lambda}-\frac{2L}{\lambda}=\frac{2L}{\lambda}\ (n-1) \tag{35-43}$$

每发生一个波长的相位改变，条纹图样就会移过一个条纹。由此，计算插入材料引起的图样移动的条纹数目，把这个数目代入式（35-43）中的 N_m-N_a，你就可以测定用 λ 表示的材料厚度 L。

长度标准。利用这样的技术测量的物体长度可以用波长来表示。在迈克耳孙的时代，长度的标准——米——是保存在巴黎近

郊塞弗尔（国际计量局）的一根金属棒上两条精细刻痕之间的距离。迈克耳孙利用他的干涉仪证明了，这个标准米相当于含镉的光源发射的某一单色红光的 1553163.5 个波长。因为这个精细的测定，迈克耳孙荣获 1907 年的诺贝尔物理学奖。他的成果为人们最终放弃将米棒作为长度标准（1961 年），并用光的波长来重新定义米打下基础。到 1983 年，即使这个用波长定义的标准，它的精确度也无法满足日益发展的科学和技术的要求了，不久它就被基于光速的数值而定义的新标准所取代。

复习和总结

惠更斯原理 包括光波在内的各种波动在三维空间中的传播常常可以用*惠更斯原理*来预言。惠更斯原理指出，波前上的每一点都可看作次级球面子波的点波源。经过时间 t 后，波前的新位置是和这些次级子波相切的包络面。

折射定律可以通过假设任何介质的折射率是 $n = c/v$ 从惠更斯原理推导出来，这里 v 是光在介质中的速率，c 是光在真空中的速率。

波长和折射率 光在介质中的波长 λ_n 依赖于介质的折射率 n

$$\lambda_n = \frac{\lambda}{n} \qquad (35\text{-}6)$$

其中，λ 是真空中的波长。由于这个依赖关系，当两列波通过有不同折射率的不同材料时，两列波之间的相位差要改变。

杨氏实验 在**杨氏干涉实验**中，通过单狭缝的光照射到有两条狭缝的屏上。从这两条狭缝出射的光向外扩展（由于衍射），在屏后面的空间区域中发生干涉。在观察屏上形成**干涉产生的条纹图样**。

观察屏上任何一点的光强依赖于从两条狭缝到该点的程长差。如果这个差数是波长的整数倍，两列波相长干涉，结果产生光强的极大值。如果程长差是半波长的奇数倍，就发生相消干涉，得到光强极小值。极大和极小强度的条件分别是

$$d\sin\theta = m\lambda,\ m = 0,\ 1,\ 2,\ \cdots \text{（极大——亮条纹）} \qquad (35\text{-}14)$$

$$d\sin\theta = \left(m + \frac{1}{2}\right)\lambda,\ m = 0,\ 1,\ 2,\ \cdots \text{（极小——暗条纹）} \qquad (35\text{-}16)$$

其中，θ 是光路和中心轴之间的角度；d 是两狭缝间的距离。

相干性 如果在一点相遇的两列光波发生可觉察到的干涉现象，两列波之间的相位差必须随时间保持为常量；就是说两列波必须是**相干的**。两列相干波相遇时，产生的强度可以利用相矢量方法求出。

双缝干涉的强度 在杨氏干涉实验中，每一列光强都是 I_0 的两列波在观察屏上产生光强为 I 的干涉图样。

$$I = 4I_0\cos^2\frac{1}{2}\phi$$

其中

$$\phi = \frac{2\pi d}{\lambda}\sin\theta \qquad (35\text{-}22,\ 35\text{-}23)$$

确定干涉条纹的极大和极小的位置的式（35-14）和式（35-16）也要包含在这两个关系式中。

薄膜干涉 当光入射到透明薄膜上时，从薄膜的前后两表面反射的光波相互干涉。对于近乎垂直入射的光，空气中薄膜上反射光的极大和极小光强的波长条件分别是

$$2L = \left(m + \frac{1}{2}\right)\frac{\lambda}{n_2},\ m = 0,\ 1,\ 2,\ \cdots$$

（极大——空气中亮膜） (35-36)

$$2L = m\frac{\lambda}{n_2},\ m = 0,\ 1,\ 2,\ \cdots \text{（极小——空气中暗膜）} \qquad (35\text{-}37)$$

其中，n_2 是薄膜的折射率；L 是薄膜的厚度；λ 是空气中光的波长。

如果入射到具有不同折射率的两种介质的界面的入射光波是在折射率较小的介质中，在反射波中会因反射引起 π rad 或半个波长的相位移动。如果光从折射率较大的介质中入射就不会因反射产生相位的改变，折射不会引起相移。

迈克耳孙干涉仪 在*迈克耳孙干涉仪*中，一束光波被分解成两束，两束光波传播经过不同长度的路程后重新汇合而发生干涉，形成干涉条纹图样。一条光束的程长的改变可以通过计算因程长改变而引起的干涉图样上移过的条纹数目，精确地用光的波长表示出来。

习题

1～12. *薄膜反射*。在图 35-22 中，光垂直地入射到材料 2 构成的薄膜上，它夹在（较厚的）材料 1 和 3 之间。（光线画得稍微倾斜只是为了容易看清楚。）光线 r_1 和 r_2 的波发生干涉，我们在这里考虑干涉的类型是极大（max）或极小（min）。对这种情况，表 35-2 中的每一个问题都涉及折射率 n_1、n_2 和 n_3，干涉的类型，用纳米为

单位的薄膜厚度L，以及空气中测量的以纳米为单位的光的波长λ。在表中λ的数值缺失的位置上要补充可见光区的波长。在L的数值缺失的地方，按照所提示的给出第二最小厚度或第三最小厚度。

表 35-2 习题 1～12：薄膜反射（参看这些问题的说明）。

	n_1	n_2	n_3	类型	L	λ
1	1.40	1.46	1.60	min	210	
2	1.40	1.46	1.85	min	第二最小	482
3	1.50	1.34	1.76	min	380	
4	1.56	1.34	1.42	max	第二最小	587
5	1.32	1.75	1.55	max	第三最小	382
6	1.29	1.75	1.39	max	325	
7	1.60	1.40	1.53	min	200	
8	1.60	1.45	1.80	max	第二最小	632
9	1.55	1.60	1.44	max	第三最小	612
10	1.55	1.62	1.33	max	285	
11	1.68	1.59	1.41	min	第二最小	342
12	1.74	1.59	1.50	min	415	

13～24. 通过薄膜透射。在图35-23中，光垂直入射到材料2构成的薄膜，它夹在（较厚的）材料1和3之间。（为清楚起见，这里把光线画得略微倾斜。）一部分光，像r_3（这束光没有被反射回材料2中）和r_4（光在材料2中反射两次）最后都进入材料3中。r_3和r_4的光波相互干涉，这里我们考虑干涉的类型是极大（max）或极小（min）。对这种情况，表35-3中的每一个问题都涉及折射率n_1、n_2和n_3，干涉类型，以纳米为单位的薄膜厚度L，以纳米为单位的光在空气中测量的波长λ。表上λ缺失的空格中填上可见光区的波长。L的数值缺失的空格中按提示的要求填入第二最小厚度和第三最小厚度。

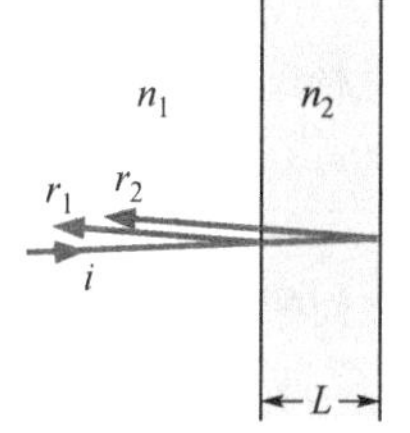

图 35-22 习题 1～12 图

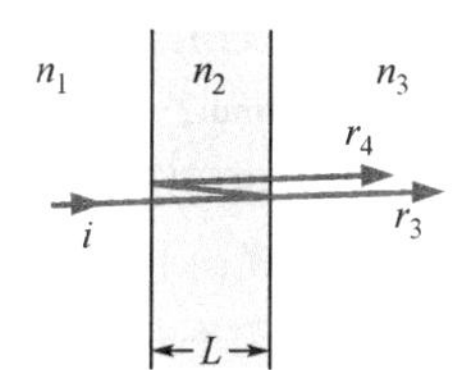

图 35-23 习题 13～24 图

表 35-3 习题 13～24：透过薄膜（参看习题的说明）。

	n_1	n_2	n_3	类型	L	λ
13	1.50	1.34	1.70	min	第二最小	587
14	1.33	1.46	1.75	max	210	
15	1.32	1.75	1.33	min	325	
16	1.60	1.44	1.80	max	200	
17	1.68	1.59	1.43	max	415	
18	1.55	1.63	1.33	min	第三最小	612
19	1.60	1.40	1.57	min	第二最小	632
20	1.32	1.78	1.39	min	第三最小	382
21	1.40	1.46	1.61	max	第二最小	482
22	1.50	1.29	1.42	max	380	
23	1.55	1.60	1.40	min	285	
24	1.73	1.59	1.50	max	第二最小	342

25. 图35-24a表示一个曲率半径为R的透镜的凸面放在平玻璃板上，波长为λ的光从上面照射。图35-24b（从透镜上方拍摄的照片）表示透镜和玻璃板之间出现的和空气薄膜的厚度d的变化相联系的圆形干涉条纹（称为牛顿环）。求干涉极大值的半径r，设$r/R \ll 1$。

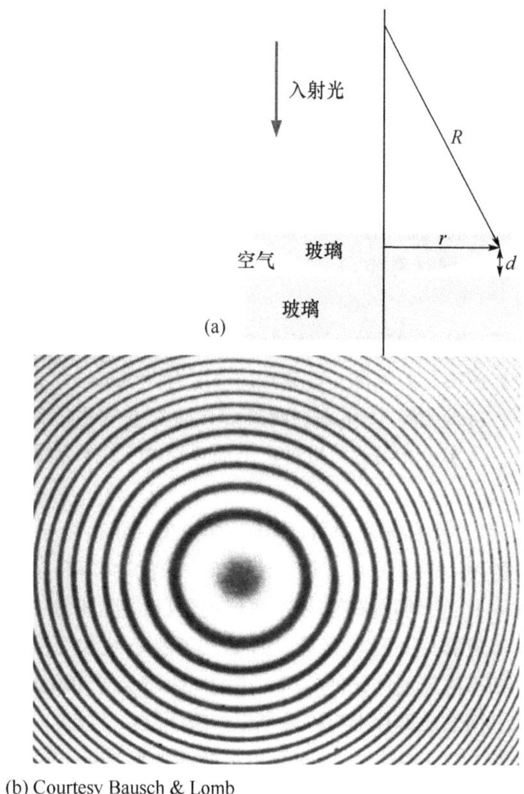

(b) Courtesy Bausch & Lomb

图 35-24 习题 25～27 图

26. 牛顿环实验（参见习题25）中透镜的直径是18mm，曲率半径$R=5.0\text{m}$。对空气中波长$\lambda=589\text{nm}$的光，在以下两种情况中这个装置会产生多少亮条纹：（a）在空气中，（b）浸没在水中（$n=1.33$）？

27. 利用牛顿环装置来确定透镜的曲率半径（参见图35-24和习题25）。发现在波长为420nm光的照射下第n条亮条纹和第（$n+20$）亮条纹的半径分别是0.162cm和0.368cm，求透镜下表面的曲率半径。

28. 图35-25中，波长630nm的宽光束向下射入两片左边紧密接触的玻璃板的上面一块板。两片玻璃板之间的空气的作用像薄膜，从板的上方可见看到干涉图样。起初，左端是暗条纹，右端是亮条纹，这两端的条纹之间有9条暗条纹。然后，以恒定的速率慢慢压挤两片玻璃板以减小两板间的角度。结果，右边的条纹从亮到暗每15.0s改变一次。（a）右端两板的间距以怎样的速率变化？（b）到左端和右端都是暗条纹，并且它们之间有5条暗条纹，则这个间距改变了多少？

29. 在图35-25中两片显微镜载玻片一端接触，另一端分开。波长为420nm的光垂直向下照射到载玻片上。从上往下看的观察者看到载玻片上的干涉图样中暗条纹间距为1.9mm。两载玻片间的角度为何？

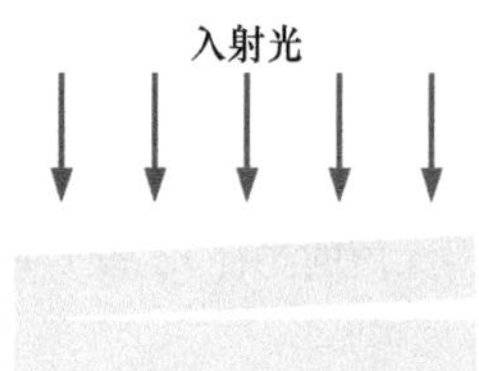

图 35-25　习题 28 ~ 32 图

30. 图 35-25 中，宽束单色光垂直通过一边夹紧因而其间形成空气劈尖的两片玻璃。观察者截取了从这个起薄膜作用的空气劈尖上反射的光，沿劈尖的长度有 4001 条暗条纹。将两板间的空气抽空后只看见 4000 条暗纹。根据这些数据计算空气的折射率，结果保留到 6 位有效数字。

31. 图 35-25 中，波长为 683nm 的宽束光径直向下照射两片玻璃片的上部。玻璃片的长度为 240mm，左端相互接触，右端相距 51.4μm。两玻璃片间的空气作用像一片薄膜，有多少亮条纹可以被从上面玻片向下观看的观察者看到？

32. 两片矩形玻璃片（$n = 1.60$）的一条边相互接触，相对的另一条边分开（见图 35-25）。波长为 700nm 的光垂直入射到上面的玻璃片。两玻璃片间的空气像一片薄膜。从玻璃片上面观察可以看到 9 条暗条纹和 8 条亮条纹。如果两玻璃片分开的那一边的间距增大了 700nm，这时在上面的玻璃片上可以看见多少暗条纹？

33. 空气中波长 $\lambda = 600.0$nm 的两束光波起初同相位。两束光通过图 35-26 中所示的塑料层，$L_1 = 4.00\mu$m，$L_2 = 3.50\mu$m，$n_1 = 1.42$，$n_2 = 1.60$。（a）两列光波从塑料层出射后，它们的相位差是多少个波长 λ？（b）如果这两列波后来都到达同一点，并有相同的振幅，它们的干涉是完全相长，完全相消，中间但近于完全相长，还是中间但近于完全相消？

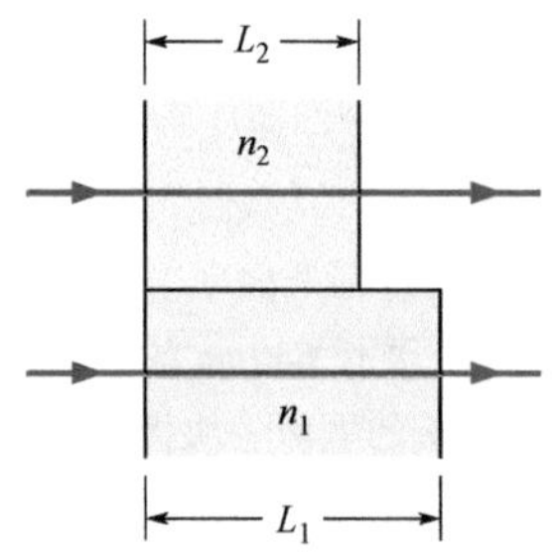

图 35-26　习题 33 图

34. 钠黄光在空气中的波长是 589nm。（a）它的频率是多少？（b）在折射率为 1.92 的玻璃中波长是多少？（c）从（a）和（b）的结果求光在这种玻璃中的速率。

35. 两列相同频率的波的振幅分别是 1.60 和 2.20。它们在某一点上干涉，这一点上它们的相位差是 60.0°，合成振幅多大？

36. 一个水平的圆环撑起一张液体薄膜，薄膜两边都是空气。波长 620nm 的光束垂直射到薄膜上，反射光的强度 I 被监测。图 35-27 给出强度 I 作为时间 t 的函数曲线；水平标度由 $t_s = 20.0$s 标定，由于薄膜两面的蒸发作用，光强在变化。设薄膜是平面，并有平行的两面，其半径是 1.2cm，折射率为 1.33。还假设薄膜的体积以恒定的速率减小。求其减小的速率。

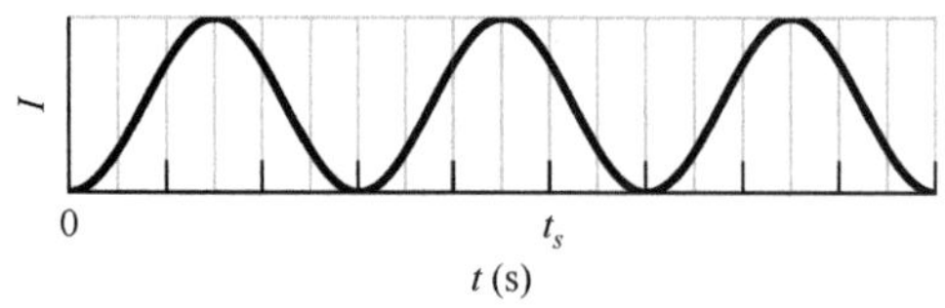

图 35-27　习题 36 图

37. 双缝装置对钠光（$\lambda = 589$nm）产生干涉条纹，条纹的角距离是 3.50×10^{-3}rad。对什么样的波长角距离增大 6.0%？

38. 图 35-28a 中，介质 1 中的光束以入射角 30°入射到介质 2 界面上。由于折射，光被弯折的程度部分地依赖于介质 2 的折射率 n_2。图 35-28b 给出折射率 n_2 从 $n_a = 1.40$ 到 $n_b = 2.00$ 的可能范围内的折射角对 n_2 的曲线，光在介质 1 中的速率是多少？

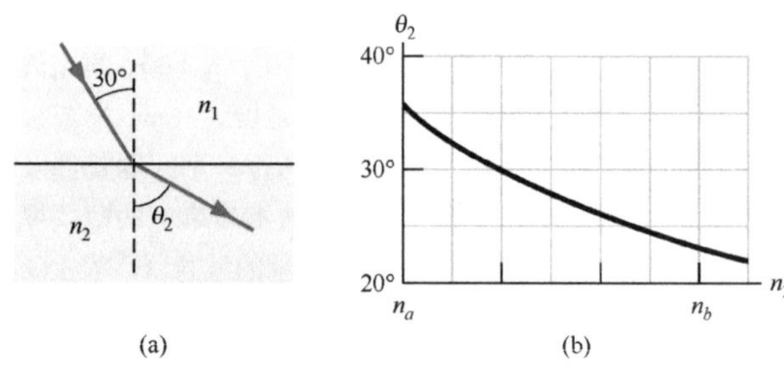

图 35-28　习题 38 图

39. 假设用波长 410nm 的蓝绿光做杨氏干涉实验。狭缝距离 1.20mm，观察屏距离狭缝 5.40m。靠近干涉图样中心的亮条纹间距多少？

40. 白光向下射入夹在两种材料之间的水平薄膜。上面材料的折射率是 1.80，薄膜的折射率是 1.65，下面材料的折射率是 1.50，薄膜厚度 5.00×10^{-7}m。从薄膜上方的观察者来看，发生完全相长干涉的可见波长（400 ~ 700nm）中的（a）较长的波长和（b）较短的波长各是多少？将材料和薄膜加热，因而薄膜厚度增加。（c）产生完全相长干涉的光向波长更长的方向还是向波长更短的方向移动？

41. 在双缝干涉实验中，双缝间的距离是 5.0mm，双缝到观察屏的距离是 1.8m。屏上可以看到两组干涉图样，一组是由波长为 480nm 的光产生的，另一组是由波长为 600nm 的光所产生的。两组干涉条纹的第三级（$m = 3$）亮条纹在观察屏上相距多远？

42. 图 35-29 中，光线以入射角 $\theta = 55°$入射到界面平行的一系列五层透明材料。第 1 和第 3 层的厚度及折射率分别为 $L_1 = 20\mu$m，$L_3 = 25\mu$m，$n_1 = 1.6$，$n_3 = 1.45$。（a）光线从右边回到空气中时以什么角度出射？（b）光线通过第3层要用多少时间？

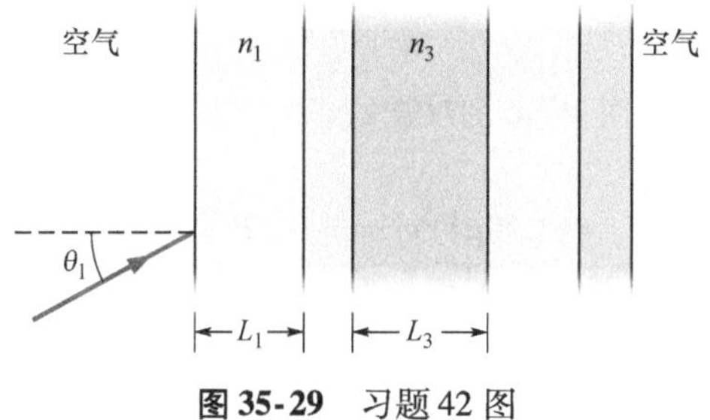

图35-29　习题42图

43. 在图35-4中，假设空气中波长为585nm的两列光波最初同相位。一束光通过折射率为 $n_1=1.60$、厚度为 L 的一层玻璃。另一束光通过相同厚度、折射率为 $n_2=1.50$ 的一层塑料。（a）如果两列波最后的相位差是5.65rad，L 的最小值应该是多少？（b）如果两列波以相同的振幅到达同一点，那么它们的干涉是完全相长，完全相消，中等但接近完全相长，还是中等但接近完全相消？

44. 在图35-10所示的双缝实验中，令角度 θ 是30.0°，双缝的间距是4.24μm，波长 $\lambda=500\text{nm}$。（a）光线 r_1 和 r_2 到达远距离的观察屏上 P 点时，两光束之间的相位差是 λ 的多少倍？（b）这个相位差用弧度表示是多少？（c）通过给出 P 点在极大或在极小的位置，或者在极大和极小之间的位置来确定 P 点在干涉图样中的位置。

45. 服装首饰中的人造钻石是折射率为1.50的玻璃。为了使它们有更高的反射率，常常在它上面镀一层折射率为2.00的一氧化硅。要保证波长为500nm的垂直入射光从镀层的两个表面上反射时发生完全相长干涉，最小的镀层厚度是多少？

46. 用白光束照射两边都是空气的厚度为281.6nm的薄膜。光束垂直于薄膜，并且包含可见光谱的全部波长范围。在薄膜反射的光中，波长600.0nm的光发生完全相长干涉。什么波长的反射光会发生完全相消干涉？（提示：你必须对折射率做一个合理的假设。）

47. 一艘损坏的运油船装载的煤油（$n=1.20$）漏入波斯湾，在水（$n=1.30$）面上形成大面积的油膜。（a）如果正当太阳在头顶上时你从飞机上往下看，在厚度为380nm的油膜区域内，可见光中哪一个波长的光会因相长干涉反射最亮？（b）如果你是潜水员，在同一油膜区域的正下方潜水，可见光中的哪一个波长的透射强度最强？

48. 折射率 $n=1.44$ 的薄膜垂直于光路放在迈克耳孙干涉仪的一条光臂中。如果这造成波长589nm的光产生的干涉图样移过7.0条亮条纹。膜的厚度是多少？

49.（从钠灯发射的）黄光在某种液体中传播的速率被测出为 $1.81\times10^8\text{m/s}$。这种液体对光的折射率是多少？

50. 钠元素能发出两种波长的光：$\lambda_1=588.9950\text{nm}$，$\lambda_2=589.5924\text{nm}$。钠灯发出的光被用在迈克耳孙干涉仪中（见图35-21）。反射镜 M_2 必须移动多少距离才能使其中一种波长的光产生的干涉图样的条纹比另一种波长的光多移动2.00个条纹？

51. 用相矢量方法把 $y_1=8.0\sin\omega t$、$y_2=12\sin(\omega t+30°)$ 和 $y_3=7.0\sin(\omega t-45°)$ 加起来。

52. 薄膜（$n=1.35$）镀在厚玻璃片（$n=1.50$）上。白光垂直入射到薄膜上。反射光中，完全相消干涉发生在600nm，完全相长干涉发生在700nm。求薄膜的厚度。

53. 图35-30中，沿光线 r_1 的光波在镜子上反射一次，沿光线 r_2 的光波在同一面镜子上反射两次并在与较大的镜子相距 L 的小镜子上反射一次。（忽略光线微小的倾斜。）两列光波的波长均为350nm并且起初同相。（a）要使最后的光波严格异相，L 最小的数值应该多少？（b）如小镜子原来在 L 的这个数值的位置上，要把小镜子离开较大的反射镜移动多远的距离就能够再一次使两列波严格异相。

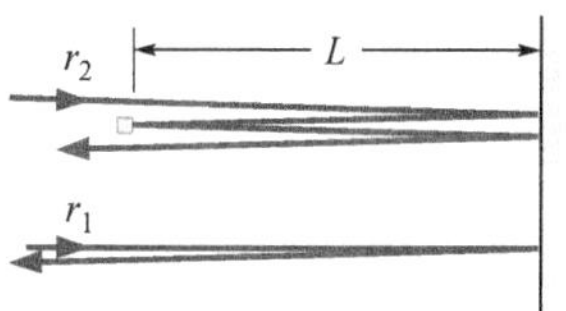

图35-30　习题53、54图

54. 图35-30中，沿光线 r_1 的光波在反射镜上反射一次，沿光线 r_2 的光波在这同一面镜子上反射两次，并在与较大的镜子距离 L 处的一面小镜子上反射一次。（忽略光线微小的倾斜。）光波的波长为 λ 并且最初严格异相。要使最后的光波严格同相，L/λ 的数值的（a）最小值，（b）第二最小，（c）第四最小各是多少？

55. 图35-31中，长度 $d=5.0\text{cm}$ 的不漏气的小室放在迈克耳孙干涉仪的一条光臂中。（小室两端的玻璃窗的厚度可以忽略不计。）用波长 $\lambda=500\text{nm}$ 的光照射。抽空小室内的空气引起了60条亮条纹的移动。根据这些数据求大气压下空气的折射率，结果保留到6位有效数字。

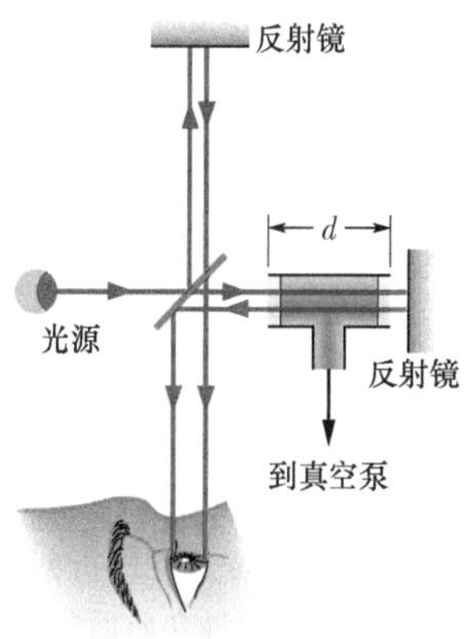

图35-31　习题55图

56. 在图35-10所示的双缝实验中，观察屏放在距离 $D=4.00\text{m}$ 处，P 点在距干涉图样中心 $y=20.5\text{cm}$ 的位置上，双缝间距 d 是4.50μm，波长 λ 是650nm。（a）通过给出 P 点是在干涉图样上的极大或极小，或者在极大和极小之间来确定它的位置。（b）P 点的光强 I_P 和图样中心

的光强 I_{cen} 的比值是多少？

57. 图35-32中，波长为420nm的宽光束以90°入射到劈尖薄膜上。薄膜折射率为1.70。透射光沿薄膜长度给出10条亮条纹和9条暗条纹。薄膜厚度从左到右变化了多少？

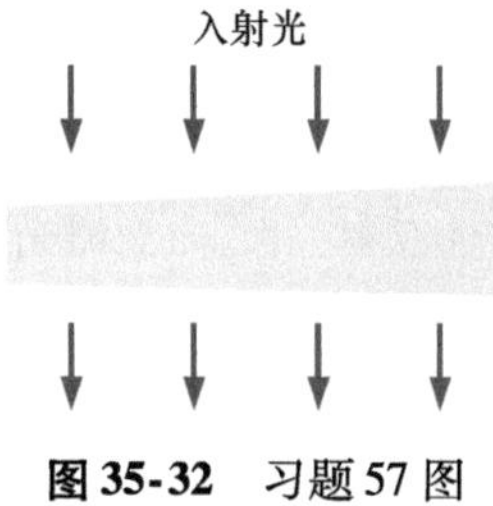

图35-32 习题57图

58. 图35-33中，表示两条光线被多个平面镜反射并经过了不同的路程。两束光波的波长都是411.0nm，并且起初同相位。如果要使两束光波从这个区域出射时正好异相，距离 L 的（a）最小值和（b）次最小值各为多少？

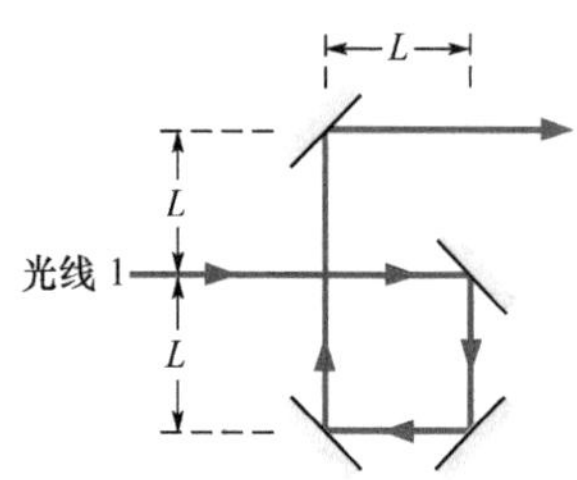

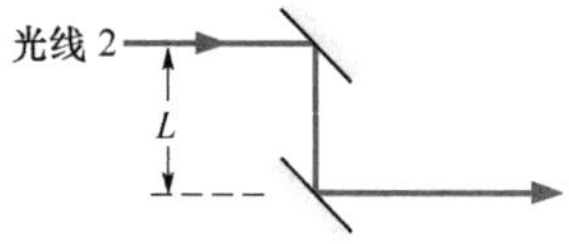

图35-33 习题58图

59. 我们要在平玻璃（$n=1.50$）上用透明材料（$n=1.45$）镀一层膜，使波长为500nm的光波的反射光因干涉而消去。要达到这个要求这层镀膜的最小厚度应是多少？

60. 单色平面光波垂直入射到玻璃板上覆盖的一层均匀的油膜上。光源的波长连续可调。观察到反射光的完全相消干涉的波长是500nm和700nm，并且其间没有其他波长是相消干涉。如果油的折射率是1.26，玻璃的折射率是1.50。求油膜的厚度。

61. 图35-4中，空气中波长为515nm的两列光波起初异相，相位差为π rad。两介质的折射率分别是 $n_1=1.45$，$n_2=1.75$。要使通过两种介质后的两列光波严格同相，L 的（a）最小值和（b）第二最小值各为多少？

62. 在双缝实验中，波长为425nm的光的第四级极大在 $\theta=90°$ 角度上。（a）可见光区（400～700nm）中在第三级极大中出现的波长范围是多少？要消除第四级极大中的所有可见光，（b）两条缝的间距应该增大还是减小？（c）最小的改变量必须是多少？

63. 波长424nm的光垂直入射到悬在空气中的肥皂膜（$n=1.33$）上。要使从肥皂膜上反射的光发生完全相长干涉，膜的（a）最小厚度和（b）第二最小厚度各是多少？

64. 在图35-10的双缝实验中，到达 P 点的波的电场强度分别是

$$E_1=(3.50\mu V/m)\sin[(1.26\times10^{15})t]$$

$$E_2=(350\mu V/m)\sin[(1.26\times10^{15})t+21.5rad]$$

其中的 t 用秒为单位。（a）P 点的合成电场强度的振幅是多大？（b）P 点的光强 I_P 和干涉图样中心的光强的比值是多少？（c）通过给出 P 点在干涉图样的极大或极小的位置或者给出 P 点在极大和极小之间来表示 P 点在干涉图样中的位置。在电场的相矢量图中，（d）相矢量以多大的角速率绕原点旋转？（e）相矢量之间的角度多大？

65. 三列电磁波通过 x 轴上一点 P，它们的偏振方向平行于 y 轴，它们的振荡按下面的式子变化：

$$E_1=(8.00\mu V/m)\sin[(2.0\times10^{14}rad/s)t]$$

$$E_2=(5.00\mu V/m)\sin[(2.0\times10^{14}rad/s)t+55.0°]$$

$$E_3=(5.00\mu V/m)\sin[(2.0\times10^{14}rad/s)t-55.0°]$$

求它们在 P 点的合成电场。

66. 图35-34中，两束光脉冲通过厚度为 L 或 $2L$ 的塑料层，如图所示。折射率分别为 $n_1=1.55$，$n_2=1.70$，$n_3=1.60$，$n_4=1.45$，$n_5=1.59$，$n_6=1.65$，$n_7=1.54$。（a）哪一束脉冲通过塑料层所用的时间较短？（b）用 L/C 表示，两脉冲传播的时间差是多少？

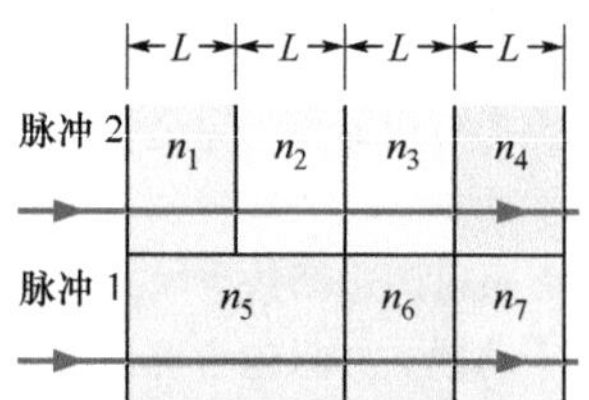

图35-34 习题66图

67. 图35-35中，电磁波源 A 和 B 发射波长为400m的长程无线电波。A 发射的电波的相位超前 B 的相位90.0°。从 A 到探测器 D 的距离 r_A 比 B 到 D 的相应距离 r_B 大了150m。两列波在 D 点的相位差是多少？

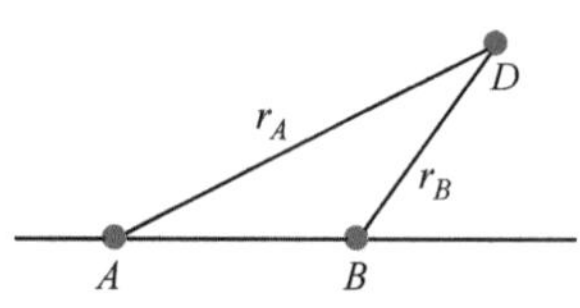

图35-35 习题67图

68. 在图35-36中，两个各向同性的光源 S_1 和 S_2 发射波长为 λ 的同相位且等振幅的光。光源分开距离 $2d=6.00\lambda$。两个光源都在平行于 x 轴的轴上，该轴放置在距离观察屏 $D=20.0\lambda$ 的位置。x 轴的原点在两光源的垂直平分线上。图示两条光线到达观察屏上位于 x_P 的 P 点。（a）在 x_P 的什么数值处两条光线有可能的最小相位差？（b）这个最小相位差是波长 λ 的多少倍？（c）在 x_P 的什么数值的位

置处两光线有可能的最大相位差？当（d）最大相位差以及（e）$x_P=6.50\lambda$ 时，相位差各是 λ 的多少倍？（f）在 $x_P=6.50\lambda$ 处，P 点的总光强是极大、极小、接近极大的中间值，还是接近极小的中间值的光强？

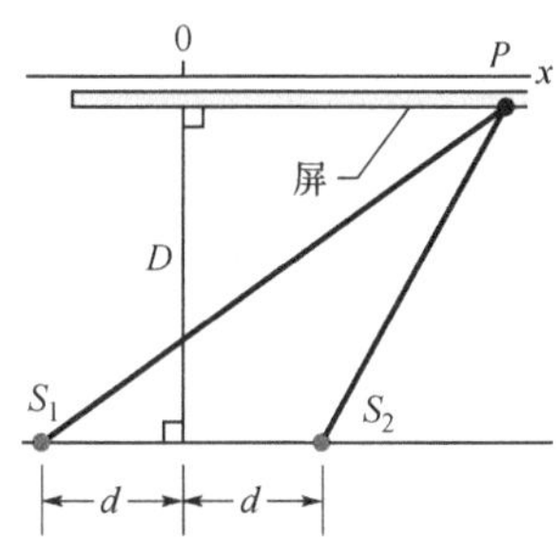

图 35-36 习题 68 图

69. 如果迈克耳孙干涉仪（见图 35-21）中的反射镜 M_2 移动 0.233mm，导致 1110 条亮条纹发生移动。产生这个干涉条纹图样的波长是多少？

70. 求以下数量的总和 y：

$$y_1=12\sin\omega t,\ y_2=8.0\sin(\omega t+30°)$$

71. 设图 35-4 中的两束光波在空气中的波长是 $\lambda=610\text{nm}$。如果（a）$n_1=1.50$，$n_2=1.60$，$L=7.00\mu\text{m}$；（b）$n_1=1.62$，$n_2=1.72$，$L=7.00\mu\text{m}$；（c）$n_1=1.83$，$n_2=1.59$，$L=2.16\mu\text{m}$，两束光出射时它们的相位差各是 λ 的多少倍？（d）假设在以上三种情形中，两光波出射后到达一共同点（有相同的振幅）。按照两列波在此共同点产生的光强顺序排列这三种情况。

72. 用波长为 550nm 的单色绿光照射两条相距 5.60μm 的平行狭缝。求第三级（$m=3$）亮条纹的偏向角（见图 35-10 中的 θ），（a）用弧度表示，（b）用度表示。

73. 用一片云母（$n=1.58$）薄片遮盖双缝干涉装置中的一条狭缝。观察屏上的中心点现在被第五级亮条纹（$m=5$）占据。如果 $\lambda=550\text{nm}$，则云母片厚度是多少？

74. 双缝装置中，两条缝分开的距离等于通过双缝的光的波长的 100 倍。（a）中央极大和相邻的极大之间用弧度表示的角距离是多少？（b）在离开双缝 90.0cm 的屏上这两个极大间的距离是多少？

75. 垂直入射的白光在空气中的肥皂膜上反射，产生波长为 478.8nm 的干涉极大和波长为 598.5nm 的干涉极小，其间没有别的极小。如果薄膜的折射率 $n=1.33$，膜的厚度多少？假设薄膜是均匀的。

76. 空气中 500nm 厚的肥皂膜（$n=1.40$）用垂直于膜的白光照射。在波长范围是 300～650nm 的反射光中有多少不同的波长是（a）完全相长干涉，（b）完全相消干涉？

77. 光在水中的传播速率比在金刚石中的传播速率快多少？用米每秒为单位。参看表 33-1。

78. 钠光（$\lambda=589\text{nm}$）通过双缝装置产生干涉条纹，条纹间的角距离是 0.25°。如果将此装置浸没在水（$n=1.33$）中，角距离是多大？

79. 图 35-37 中，两个各向同性的点光源（S_1 和 S_2）沿 y 轴放置，分开距离 2.70μm，发射波长为 900nm 的同相位并且等振幅的光波。光探测器放在 x 轴上坐标为 x_P 的 P 点。探测到光因相消干涉产生极小值的 x_P（a）最大数值和（b）第二最大数值各是多少？

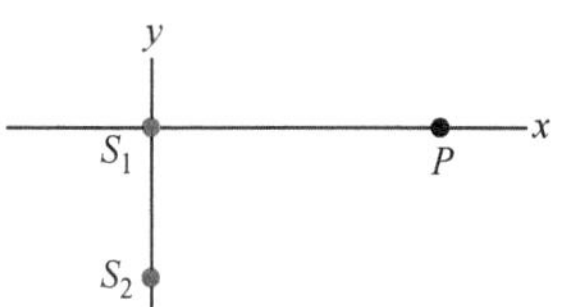

图 35-37 习题 79、80 图

80. 图 35-37 表示两个各向同性的点光源（S_1 和 S_2）发射同相位并且等振幅的波长为 500nm 的光波。图上的探测点在经光源 S_1 延伸的 x 轴上。随着 P 点从 $x=0$ 沿 x 轴移动到 $x=+\infty$ 的同时，测量从两个光源到达 P 点的两束光波间的相位差 ϕ。图 35-38 中画出从 0 到 $x_S=10\times10^{-7}\text{m}$ 的测量结果。在直到 $x=+\infty$ 的一路上，从 S_1 到 P 的光波和从 S_2 到 P 的光波严格异相时 x 的最大值是多少？

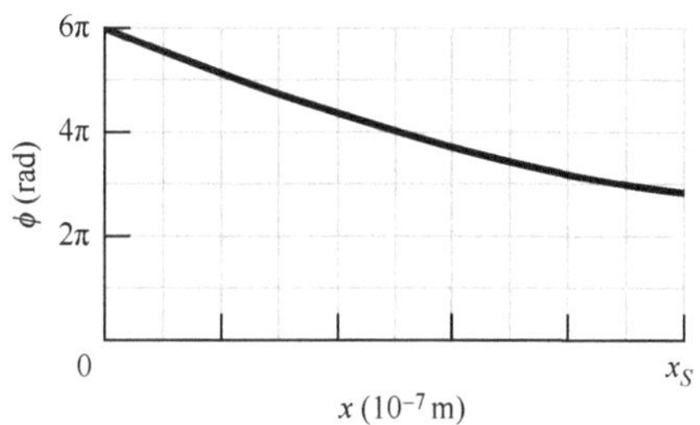

图 35-38 习题 80 图

81. 在图 35-39 中，两个分开距离 $d=1.8\text{m}$ 的无线电频率点波源 S_1 和 S_2 发射同相位的波长为 $\lambda=0.50\text{m}$ 的电磁波。一个探测器在包含两个波源的平面上绕这两个波源在一个大的圆周上移动。可以探测到多少（a）极大和（b）极小？

82. 图 35-39 中，两个各向同性的点光源 S_1 和 S_2 发射波长为 λ 的完全相同的同相位光波。两光源在 x 轴上分开距离为 d，一个光探测器在绕两个光源中点的半径很大的圆周上移动。它探测到 26 个零光强的点，包括 x 轴上的两个点，一个在光源左边，另一个在光源右边，d/λ 的值是多少？

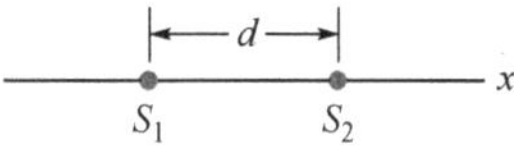

图 35-39 习题 81、82 图

CHAPTER 36

第 36 章 光的衍射

36-1 单缝衍射

学习目标

学完这一单元后，你应当能够……

36.01 描写光波通过小孔和掠过边缘的衍射，并且还能描绘产生的干涉图样。

36.02 描述演示菲涅耳亮斑的实验。

36.03 用简图描绘单缝衍射的实验装置。

36.04 利用简图说明怎样把一条狭缝的宽度分成相等的许多狭带，由此导出衍射图样中极小的角位置的方程式。

36.05 应用矩形狭缝或细小物体的宽度 a、波长 λ、衍射图样中任何一个极小的角度 θ、到观察屏的距离，以及极小到图样中心的距离之间的关系。

36.06 画出单色光的衍射图样，认明位于中心的是什么，以及各亮的和暗的条纹的名称（譬如像"第一极小"）。

36.07 认明光的波长改变，或者衍射孔径或物体的宽度改变会对衍射图样产生什么样的影响。

关键概念

- 当波遭遇大小可以和这些波的波长相匹配的边缘、障碍物或小孔时，这些波的传播就要扩展开来，结果就发生干涉。这种类型的干涉称为衍射。
- 波通过宽度 a 的长而窄的狭缝后在观察屏上生成包含一个中央极大（亮条纹）和其他多个极大的单缝衍射图样。这些极大被极小分开，这些极小位于相对于中心轴的角度 θ 处：

$$a\sin\theta = m\lambda,\quad m = 1,\ 2,\ 3,\ \cdots\ \text{（极小）}$$

- 极大近似地在这些极小之间一半路程的位置。

什么是物理学?

研究光的物理学的焦点之一是理解并应用光通过狭缝（如我们将要讨论的）或通过细小的障碍物或边缘的衍射。我们在第 35 章中考察杨氏实验中光是怎样通过狭缝扩散——衍射——的时候就遇到过这种现象。不过，通过一个狭缝的衍射比简单的扩展复杂得多，因为光也要和自身发生干涉并形成干涉图样。正是因为这种复杂性，光才有了丰富多样的应用机会。虽然光穿过狭缝或经过障碍物的衍射看上去是纯粹学术性的，但无数的工程师和科学家正是依靠这方面的物理学知识来谋生的，全世界范围内衍射应用的全部价值或许是无法估量的。

我们在讨论这些应用之前必须先讨论为什么衍射来自光的波动性。

衍射和光的波动理论

在第 35 章中我们不很严格地定义衍射是光从狭缝出射时扩

散的现象。然而，光不仅仅是会扩散，而且还会产生称为**衍射图样**的干涉图样。例如，远距离的单色光源（或激光）通过一个狭缝然后被观察屏拦截，光在屏上产生图36-1中那种样子的衍射图样。这个图样由宽而强（非常亮）的中央极大加上两边的一些较窄的并且不很亮的极大（称为**次**极大或**侧**极大）组成。极大之间是极小，光虽然也扩散到这些暗区，但光波互相抵消了。

这样的图样在几何光学中是完全料想不到的：如果光作为光线沿直线行进，那么狭缝会让一些光线通过，在观察屏上形成狭缝清晰的投影而不是像我们在图36-1中看到的那种由亮带和暗带组成的图样。和第35章中一样，我们必须得出几何光学只是近似的结论。

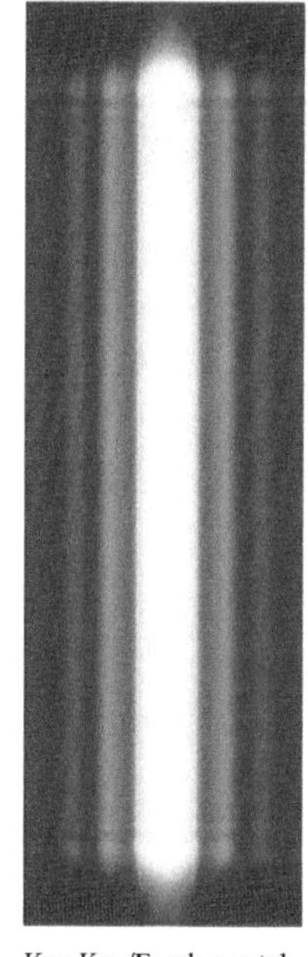

Ken Kay/Fundamental Photographs

图36-1 光通过竖直狭缝后到达屏上，观察屏上呈现这样的衍射图样。衍射导致光垂直于狭缝长的边散开。光的散开产生的干涉图样包括宽的中央极大加上强度较弱并且较窄的次（或侧）极大。它们之间有衍射极小。

边缘。衍射并不局限于光通过细小的孔（像狭缝或针孔）的情况，它也发生在光掠过边缘，譬如剃刀片的边缘的时候。刀片边缘的衍射图样表示在图36-2中。注意在刀片的内缘和外缘都有的近似平行于边缘的极大和极小的线条。譬如说，当光通过左边的竖直边缘时，光波会向左和向右扩展并发生干涉，产生沿左方边缘的衍射图样。这个左边缘的衍射图样中的最右边的一部分实际上已经位于刀片的后面，也就是按几何光学产生的刀片阴影的里面。

飞蚊症。当你眺望蔚蓝的天空的时候，会看见小的斑点和头发般的结构漂浮在你的视场中，这表明你遇到了衍射的一个常见的例子。这种所谓的飞蚊症是光在通过叫作玻璃体的充满大部分眼球的透明物质中微小的沉积物的边缘时所产生的。你所看到的视场中的漂浮物（"飞蚊"）是这种沉积物在你的视网膜上的一个衍射图样。如果你通过一张卡片上的针孔观察，这样会使进入到你的眼睛中的光波近似于平面波，你就可以区别出图样上各个极大和极小。

啦啦队长。衍射是波的一种效应，之所以发生衍射是因为光是波动。其他类型的波也有衍射。例如，你们可能已经见识过衍射在足球赛场上的作用。当啦啦队长在赛场旁边对着几千个嘈杂的球迷高声叫喊时，叫喊声很难被听见，因为声波通过啦啦队长嘴巴这个狭小的开口后就会发生衍射。声波的扩散使得只有很少一部分声波直接向着在啦啦队长前方的球迷传播。为补偿衍射，啦啦队长可以通过扩音器叫喊。这样一来，声波从扩音器一端大得多的开口送出去。于是，声音的扩散减小了，就会有更多的声音送到啦啦队长前方的球迷耳中。

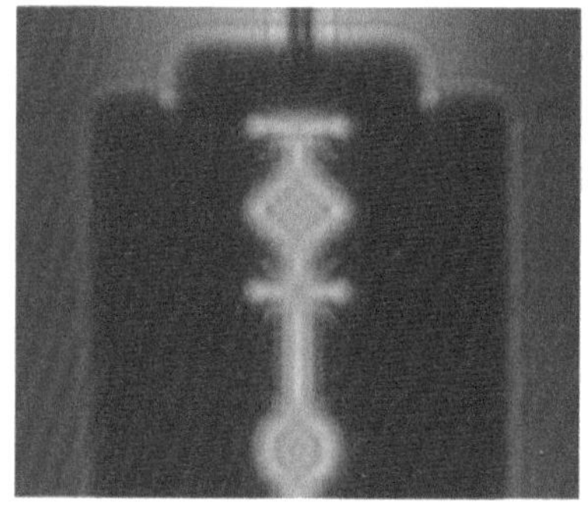

Ken Kay/Fundamental Photographs

图36-2 单色光中剃刀片产生的衍射图样。注意，交替的光强极大和极小的线条。

菲涅耳亮斑

衍射在光的波动理论中找到了现成的解释。然而，这个在17世纪末期最初由惠更斯提出，并且在123年后又被托马斯·杨用来说明双缝干涉的理论，它被接纳的过程是非常缓慢的过程。这主要是因为它和牛顿的光是粒子流的理论相冲突。

当奥古斯丁·菲涅耳（Augustin Fresnel）还是年轻的军事工程师的时候，牛顿的观点在19世纪早期的法国科学界中仍是主流的

Courtesy Jearl Walker

图 36-3 一个圆盘的衍射图样的照片。注意同心的衍射环和图样中央的菲涅耳亮斑。这个实验和检验菲涅耳理论的评委会的装置本质上相同，因为他们用的球和这里用的圆盘都有圆形边缘的截面。

观点。支持光的波动理论的菲涅耳向法国科学院提交了一篇论文，描述他的光学实验和他对实验的波动理论解释。

1819 年，由牛顿理论的支持者占主导的科学院打算挑战波动理论的观点组织了一次以衍射为主题的有奖论文。结果菲涅耳获胜。不过，牛顿学说的拥护者并未动摇。他们中的一位，泊松（S. D. Poisson）指出一个“不可思议的结果”，如果菲涅耳的理论是正确的，光掠过一个球的边缘后，光波应当扩散到球的阴影区域以内，并在球的阴影中心产生一个亮斑。评委会安排了一个检验泊松的预言的实验，并且发现了泊松所预言的，今天被称作菲涅耳亮斑的光斑确实存在（见图 36-3）。没有事情能使人们对一种理论建立起如此坚定的信念：实验证实了大家没有预料到并且与直觉相反的预言。

单缝衍射：极小值位置的确定

我们现在考察波长为 λ 的平面光波通过不透明屏 B 上的一条宽度为 a 的细长狭缝时的衍射图样。这个实验装置的截面图表示在图 36-4 上。（在这张图中，狭缝的长度延伸到书页的里面和外面，入射光的波前平行于屏 B。）当衍射光到达观察屏 C 时，从狭缝上不同点发来的光会发生干涉并在观察屏上产生由亮暗条纹（干涉极大和极小）组成的衍射图样。为了确定条纹的位置，我们要应用给双缝干涉图样中的干涉条纹确定位置时的类似方法。不过，衍射问题在数学上更加困难，这里我们只能够导出暗条纹的方程式。

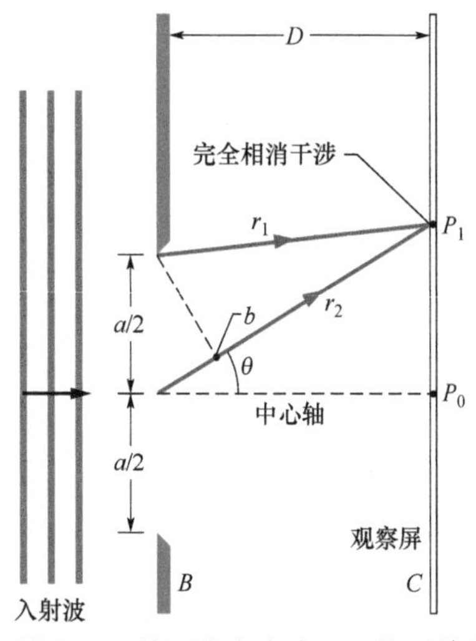

图 36-4 从两个宽度为 $a/2$ 的区域顶点发出的光波在观察屏 C 上的 P_1 点发生完全相消干涉。

不过，在这样做之前，我们可以证明图 36-1 上看见的中央亮条纹出现的原因。我们注意到从狭缝上所有点发出的惠更斯子波通过大致相同的路程到达图样的中心，因而在这一点的波都是同相位的。至于其他的亮条纹，我们只能说，它们近似地在相邻两条暗条纹中间。

配对。为了找出暗条纹，我们要用一个巧妙（并且简单化）的方法，把所有通过狭缝过来的光线配对，然后找出使每一对光线的子波相互抵消的条件。我们在图 36-4 中应用这种方法确定第一暗条纹 P_1 点的位置。首先，我们想象把狭缝分为宽度都是 $a/2$ 的两个区域，然后我们从上面的区域顶点引一条光线 r_1 到 P_1 点，再从下面半条缝的区域的顶点引一条光线 r_2 到 P_1 点，我们希望沿这两条光线的子波到达 P_1 点时相互抵消。这样从这两个区域发出的任何类似的配对光线都会相消。从两狭缝的中央到屏 C 画一条中心轴，P_1 位于狭缝中心到 P_1 连线和中心轴成角度 θ 的位置。

程长差。这一对光线 r_1 和 r_2 的子波在狭缝处是同相位的，因为它们都来自沿着狭缝宽度的同一个波前。然而，要产生第一暗条纹，它们到达 P_1 点时必须有 $\lambda/2$ 的相位差，这个相位差来自它们的程长差，r_2 的子波到达 P_1 点传播的路程比 r_1 的子波传播的路程更长一些。要表示出这段程长差，我们找到 r_2 上的一点 b，b 点到 P_1 点的程长和光线 r_1 的程长相同。两条光线之间的程长差就是

狭缝中心到 b 点的距离。

如果观察屏很靠近屏 B，如图 36-4 中那样，观察屏上的衍射图样很难用数学来表示。然而我们可以大大简化数学，只要我们安排观察屏的距离 D 比光缝宽度 a 大得多就可以了。于是，如图 36-5中那样，我们可以近似认为 r_1 和 r_2 平行，和中心轴的角度都是 θ。我们也可以把 b 点和缝的顶点及缝的中点形成的三角形近似认为是直角三角形，位于 r_1 上的一个锐角是 θ。r_1 和 r_2 间的程长差（它仍旧是从狭缝中心到 b 点的距离）就等于 $(a/2)\sin\theta$。

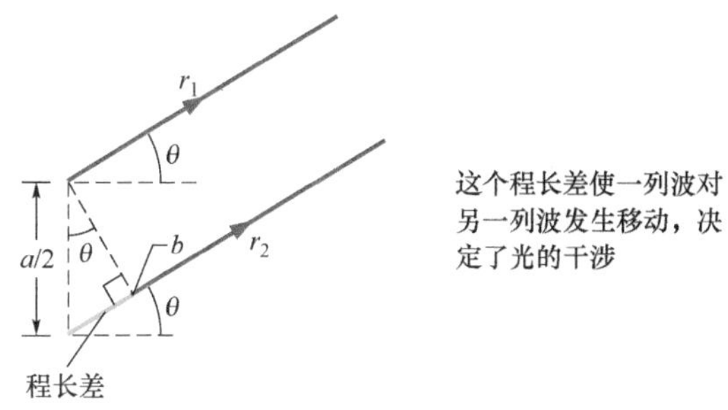

图 36-5 对 $D \gg a$ 的情形，我们可以近似地把 r_1 和 r_2 看作平行，都和中心轴成 θ 角。

第一极小。对于从两个区域中其他任何两个对应的点，（譬如说两区域各自的中点）发出并延伸到 P_1 点的光线重复同样的分析。每一对这样的光线都有程长差 $(a/2)\sin\theta$。令这个共同的程长差等于 $\lambda/2$（第一暗条纹的条件），我们有

$$\frac{a}{2}\sin\theta = \frac{\lambda}{2}$$

这个式子给出

$$a\sin\theta = \lambda \quad (\text{第一极小}) \qquad (36\text{-}1)$$

已知狭缝宽度 a 和波长 λ，式（36-1）就告诉我们中心轴的上面和下面（对称的）第一暗条纹的角度 θ。

使狭缝更窄。注意，如果我们从 $a > \lambda$ 开始，把狭缝弄得更窄但保持波长不变，我们就要增大第一暗条纹出现的角度；就是说，对于更窄的缝衍射（波的扩展的程度和干涉图样的宽度）更大。当我们把缝宽减少到波长大小（即 $a = \lambda$）时，第一暗条纹的角度是 90°。因为上下两条第一暗条纹标记中央亮条纹的上下边界，这时中央亮条纹必定覆盖了整个观察屏。

第二最小。求中心轴上下两边的第二暗条纹的过程和求第一暗条纹的过程一样，只是现在我们把狭缝分成相等宽度 $a/4$ 的四个区域，如图 36-6a 中那样。然后我们从四个区域的顶点引出光线 r_1、r_2、r_3 和 r_4 到中心轴以上第二暗条纹的位置 P_2。要得到这个暗条纹，r_1 和 r_2 之间，r_2 和 r_3 之间，以及 r_3 和 r_4 之间的程长差必须都等于 $\lambda/2$。

对于 $D \gg a$，我们可以把这四条光线近似为和中心轴成 θ 角的平行光线。要显示它们的程长差，我们从每一条光线的起点作相邻光线的垂直线，如图 36-6b 所示。这样就形成了一系列的直角三

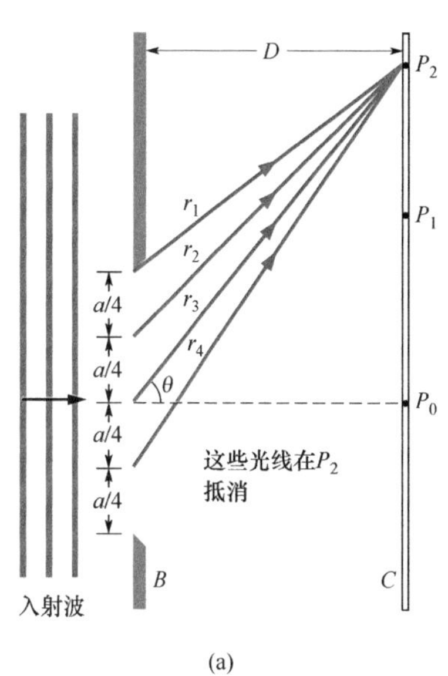

(a)

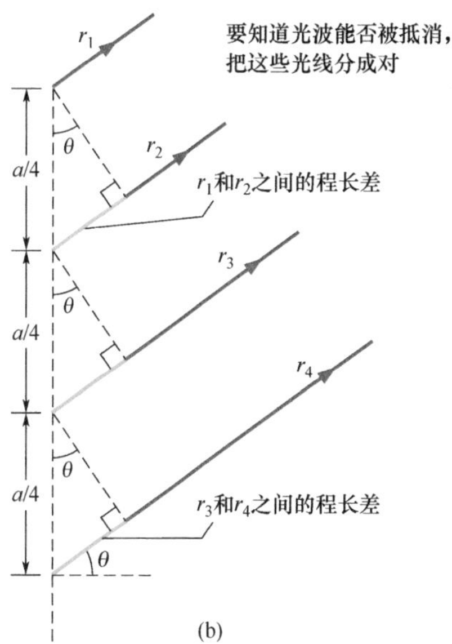

(b)

图 36-6 （a）从宽度为 $a/4$ 的四个区域顶端的点发出的波在 P_2 点发生完全相消干涉。（b）对 $D \gg a$，我们可以把光线 r_1、r_2、r_3 和 r_4 近似为平行光，它们和中心轴成 θ 角。

角形，每一个三角形的一条直角边就是程长差。我们可以从最上面的三角形看出，r_1 和 r_2 之间的程长差是（$a/4$）$\sin\theta$。同理，从最下面的三角形中看出 r_3 和 r_4 之间的程长差也是（$a/4$）$\sin\theta$。事实上，从两个相邻区域中任意相对应的两点发出的两条光线的程长差都是（$a/4$）$\sin\theta$。既然在这每一种情况中程长差都等于 $\lambda/2$，我们有

$$\frac{a}{4}\sin\theta=\frac{\lambda}{2}$$

由此给出

$$a\sin\theta=2\lambda \quad （第二极小） \qquad (36\text{-}2)$$

所有的极小。我们可以通过把狭缝分成更多的等宽度的区域继续对衍射图样中的暗条纹定位。我们一定要把狭缝分成偶数个小区域，这样才可以把这些区域（以及从这里发出的光波）配成对，就像我们上面所做的那样。我们会发现中心轴上面和下面的暗条纹的位置可用下面的方程式确定

$$a\sin\theta=m\lambda，\ m=1，2，3，\cdots（极小——暗条纹） \qquad (36\text{-}3)$$

可以用下面的方法记住这个结果。画一个像图 36-5 中那样的三角形，但要用整个狭缝宽度 a，并且注意到顶端和底端的光线之间的程长差等于 $a\sin\theta$。由此，式（36-3）表明：

在单缝衍射实验中，暗条纹出现在狭缝顶端和底端发出的光线间的程长差（$a\sin\theta$）等于 λ，2λ，3λ，…的位置上。

乍一看这好像错了，当两条特殊光线的波的程长差是波长的整数倍时两列波应该严格同相才是。不过，它们的每一条也各自都是成对的、相互严格异相的两列波中的一列；因此每一列波都会被另外的某一列波抵消，结果成为暗条纹。（两列严格异相的光波总是相互抵消，给出合成波为零。即使它们恰巧和另外的光波严格同相。）

利用透镜。式（36-1）~式（36-3）都是针对 $D\gg a$ 的情形导出的。然而，如果我们在狭缝和观察屏之间放一个会聚透镜，并把屏移到透镜的焦平面上，这几个方程式也适用。透镜保证了到达观察屏上每一点的光线从狭缝出射时都是*严格平行的*（而不是近似的）。这些光线就像图 34-14a 中原来平行的光线被会聚透镜引向焦点一样。

检查点 1

我们用蓝光照射细长的狭缝，在观察屏上产生的衍射图样时。如果我们（a）改成黄光，（b）减小狭缝的宽度，那么图样将从中央向外扩展（极大和极小背离中心向外移动）还是向中心收缩？

例题 36.01 白光的单缝衍射图样

宽度为 a 的狭缝用白光照明。

(a) 当 a 的数值是多大时，波长 $\lambda=650\text{nm}$ 的红光的第一极小会出现在 $\theta=15°$ 的位置？

【关键概念】

对于通过狭缝的白光波长范围内的各个波长而言，都会各自发生衍射，每个波长的极小的位置都由式（36-3）（$a\sin\theta=m\lambda$）给出。

解：我们令 $m=1$（第一极小），并代入给定的 θ 和 λ 的数值，由式（36-3），得

$$a=\frac{m\lambda}{\sin\theta}=\frac{(1)(650\text{nm})}{\sin15°}$$

$$=2511\text{nm}\approx2.5\mu\text{m}$$ （答案）

为了使入射光能扩展到如此大的角度（第一极小在 ±15°），缝确实应当非常窄——在这个例子中，狭缝宽度只有波长的四倍。作为比较，注意到人的细头发丝直径大约为 100μm。

(b) 衍射的第一侧极大在 15°处的光的波长 λ'是多少？这个波长的极大位置和红光的第一极小位置一致。

【关键概念】

任一波长的第一侧极大在这个波长的第一极小和第二极小大致中间的地方。

解：第一和第二极小的位置可以由式（36-3），分别令 $m=1$ 和 $m=2$ 确定。因此，第一侧极大位置可以近似通过设 $m=1.5$ 来确定。于是式（36-3）写成

$$a\sin\theta=1.5\lambda'$$

解出 λ'并代入已知数据，得到

$$\lambda'=\frac{a\sin\theta}{1.5}=\frac{(2511\text{nm})(\sin15°)}{1.5}$$

$$=430\text{nm}$$ （答案）

这个波长的光是紫色（远蓝色，近于人的可见光谱范围的极限）。由我们用的这两个方程式可以知道，无论狭缝宽度多大，波长为 430nm 的光的第一侧极大的位置总是和波长为 650nm 的光的第一极小的位置重合。但是，这种重叠发生的角度 θ 是依赖于缝宽的。如果狭缝相对较窄，角度就相对较大，反之亦然。

WILEY PLUS 在 WileyPLUS 中可以找到附加的例题、视频和练习。

36-2 单缝衍射的光强

学习目标

学完这一单元后，你应当能够……

36.08 把一条狭缝分成许多等宽度的狭带，并写出用从狭带到观察屏上一点的角度 θ 表示的相邻狭带发出的子波相位差的表达式。

36.09 对于单缝衍射，画出中央极大以及旁边的几个极小和极大的相矢量图，指出相邻相矢量间的相位差，说明怎样计算合成电场，并认明衍射图样上的对应部分。

36.10 用衍射图样上一点的合电矢量来描述衍射图样。

36.11 计算 α，这是一种把角度 θ 和衍射图样上一点及该点的光强联系起来的便利方法。

36.12 对给定角度上给定点的衍射图样，计算用图样中心的光强表示的光强 I。

关键概念

- 在任何给定角度 θ 位置上，衍射图样的光强是

$$I(\theta)=I_m\left(\frac{\sin\alpha}{\alpha}\right)^2$$

其中，I_m 是衍射图样中央极大处的光强，并且

$$\alpha=\frac{\pi a}{\lambda}\sin\theta$$

单缝衍射的光强：定性讨论

在 36-1 单元中我们知道了如何找到单缝衍射图样中极小和极大的位置。现在我们转到更为普遍的问题：求衍射图样中作为观察屏上一点的角位置 θ 的函数的光强 I 的表达式。

为此，我们把图 36-4 中的狭缝分成相等宽度 Δx 的 N 个狭带。Δx 足够小，小到我们可以认为每一狭带都起惠更斯子波源的作用。我们要把到达观察屏上和中心轴成角度 θ 的任意一点 P 的所有子波叠加起来，这样我们就可以求出 P 点合成波的电分量的振幅 E_θ。P 点光的强度正比于这个振幅的平方。

要求 E_θ，我们需要知道到达 P 点的子波间的相位关系。问题的关键是，一般说来它们的相位是不同的，这是因为它们经过不同的距离后到达 P 点。相邻狭带发出的子波的相位差由下式给出：

$$(\text{相位差})=\left(\frac{2\pi}{\lambda}\right)(\text{程长差})$$

对于角位置为 θ 的 P 点，相邻狭带间的程长差是 $\Delta x\sin\theta$。由此我们可以写出相邻狭带发出的子波的相位差

$$\Delta\phi=\left(\frac{2\pi}{\lambda}\right)(\Delta x\sin\theta) \tag{36-4}$$

我们假设到达 P 点的子波都有相同的振幅 ΔE。要求 P 点合成波的振幅 E_θ，我们利用相矢量将振幅 ΔE 相加。为此，我们画出 N 个相矢量的图，每一个相矢量对应于狭缝上每一狭带发出的子波。

中央极大。对于图 36-4 中的中心轴上 $\theta=0$ 的 P_0 点，式 (36-4) 告诉我们，子波之间的相位差 $\Delta\phi$ 是零；即子波都以同样的相位到达这一点。图 36-7a 是相应的相矢量图；相邻的相矢量表示从相邻的狭带来的子波，它们首尾相连。因为子波间的相位差为零，所以每两个相邻相矢量的角度为零。P_0 点合成波的振幅 E_θ 是这些相矢量的矢量和。我们发现，相矢量这样排列的方式就是给出最大数值振幅 E_θ 的排列方式。我们把这个数值称作 E_m；即 E_m 是 $\theta=0$ 时的 E_0 值。

接着我们考虑与中心轴成很小的角度 θ 的位置上的 P 点。式 (36-4) 现在告诉我们，从相邻狭带来的子波间的相位差 $\Delta\phi$ 不再是零。图 36-7b 画出了相应的相矢量图；和前面一样，相矢量排列首尾相接，但现在相邻相矢量间有一个角度 $\Delta\phi$。新的一点的振幅 E_θ 仍旧是这些相矢量的矢量和，但它小于图 36-7a 中的振幅，这意味着这个新的点 P 的光强小于 P_0 点的光强。

第一极小。如果我们继续增大 θ，相邻相矢量间的角度 $\Delta\phi$ 也会增大。由相矢量连接成的链条最终会弯曲成一个完整的圆。这样，最后一个相矢量的头部正好连接到第一个相矢量的尾部（见图 36-7c）。振幅 E_θ 现在是零，这意味着光的强度也是零。我们已经到达衍射图样中的第一个极小值，或暗条纹。第一个和最后一个相矢量有 2π rad 的相位差，这意味着通过狭缝顶端的光线和通过狭缝底端的光线之间的程长差等于一个波长。回忆起这就是我们确定第一个衍射极小的条件。

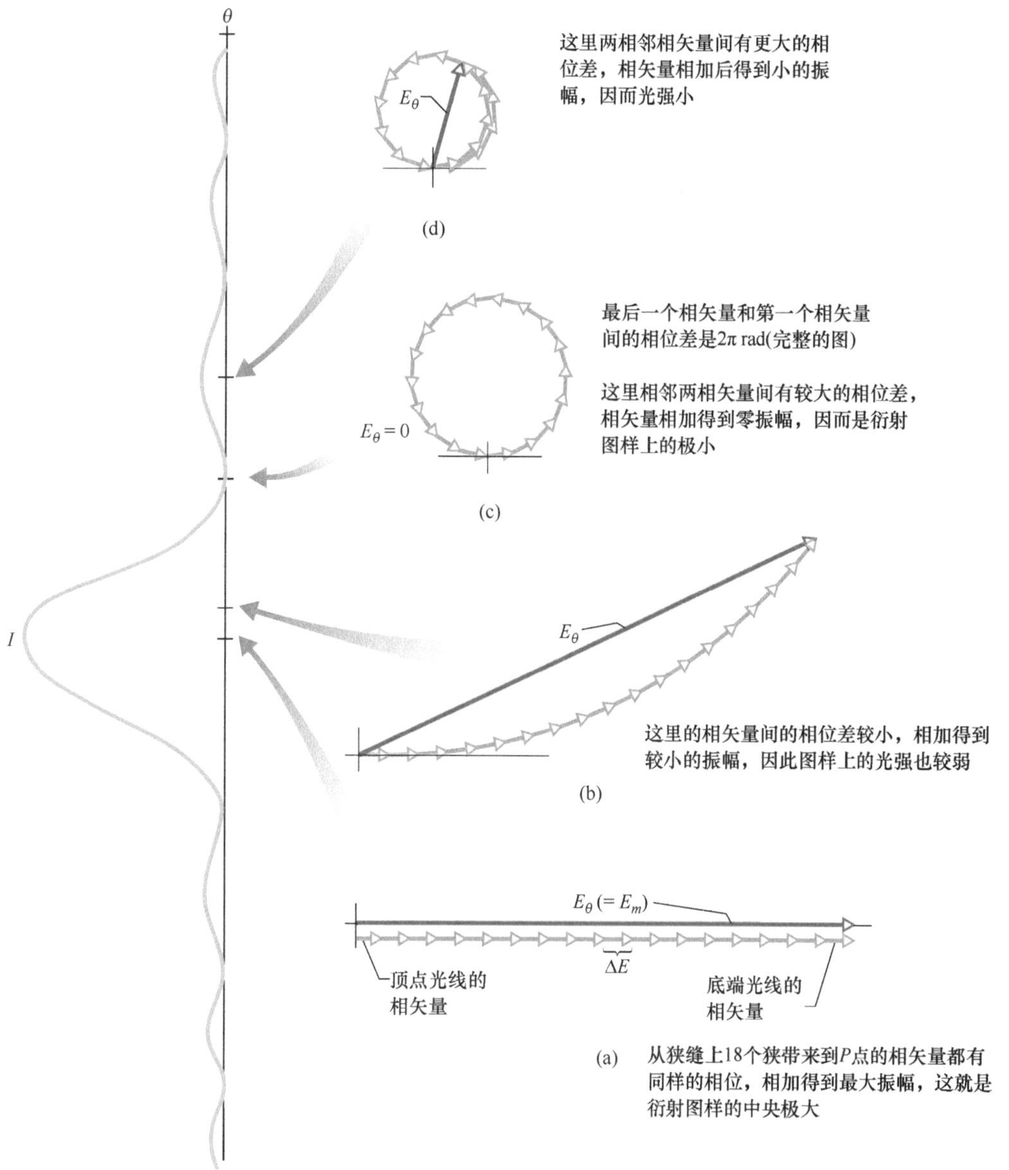

图 36-7 $N=18$ 时相矢量的相矢量图。相当于把单缝分成 18 个狭带，图上表示合振幅 E_θ。(a) 在 $\theta=0$ 位置的中央极大。(b) 观察屏上和中心轴成很小的角度 θ 的点。(c) 第一极小。(d) 第一侧极大。

第一侧极大。我们继续增大 θ，相邻相矢量间的角度 $\Delta\phi$ 也继续增大，相矢量形成的链条继续沿着圆圈绕回去，结果卷成的圆圈开始缩小。现在振幅 E_θ 增大到图 36-7d 所示排列的极大值。这样的排列对应于衍射图样中的第一侧极大。

第二极小。如果我们把 θ 再增大一点，由此得到的圆圈会缩小从而使 E_θ 进一步减小，这意味着光强也在减小。当 θ 增加到足够大时，最后一个相矢量的前端又连接上第一个相矢量的末端。于是我们达到第二个极小。

我们可以继续应用这个确定衍射图样的极大和极小的定性方法。但是，我们现在要转向定量的方法了。

检查点 2

下图是以比图 36-7 更光滑的形式（用更多的相矢量）表示的衍射图样中某个衍射极大两侧相对的两个点上的相矢量图。（a）这是哪一个极大？（b）对应于这个极大的 m［式（36-3）中的］的近似值是什么？

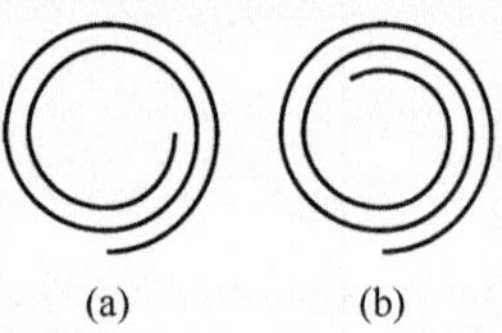

单缝衍射的光强：定量讨论

式（36-3）告诉我们如何用图 36-4 中角度 θ 的函数来确定图中观察屏 C 上单缝衍射图样的极小的位置。这里我们要推导干涉图样上作为 θ 的函数的光强 $I(\theta)$ 的表达式。我们指出（下面就要证明）光强由下式给出：

$$I(\theta)=I_m\left(\frac{\sin\alpha}{\alpha}\right)^2 \tag{36-5}$$

其中，

$$\alpha=\frac{1}{2}\phi=\frac{\pi a}{\lambda}\sin\theta \tag{36-6}$$

符号 α 只是为了把确定观察屏上一点位置的角度 θ 和这一点的光强 $I(\theta)$之间方便地联系起来的符号。光强 I_m 是干涉图样上光强 $I(\theta)$ 的最大值，这就是中央极大（在 $\theta=0$ 的位置），ϕ 是宽度为 a 的狭缝顶端和底端发出的两条光线之间（以孤度表示）的相位差。

研究一下式（36-5）可以看出，光强极小出现在

$$\alpha=m\pi,\ m=1,\ 2,\ 3,\ \cdots \tag{36-7}$$

如果我们把这个结果代入式（36-6），就会得到

$$m\pi=\frac{\pi a}{\lambda}\sin\theta,\ m=1,\ 2,\ 3,\ \cdots$$

或

$$a\sin\theta=m\lambda,\ m=1,\ 2,\ 3,\ \cdots\ （极小——暗条纹） \tag{36-8}$$

这就是式（36-3），这是我们以前推导出的用来确定极小值位置的表达式。

曲线图。图 36-8 表示对三种狭缝宽度：$a=\lambda$，$a=5\lambda$ 及 $a=10\lambda$，用式（36-5）和式（36-6）计算得到的单缝衍射图样的光强曲线图。注意，随着狭缝宽度的增大（相对于波长而言），中央衍射极大（曲线的中央像山峰般突出的区域）的宽度会减小，就是说因狭缝引起的光波扩展会减小，第二极大的宽度也会减小（并且变得更弱）。在缝宽 a 比波长 λ 大得多的极限情况下，狭缝产生的二级极大消失；再也不会出现单缝衍射图样（但是宽缝的边缘所产生的衍射仍旧存在，就像图 36-2 中剃刀片的边缘产生的衍射

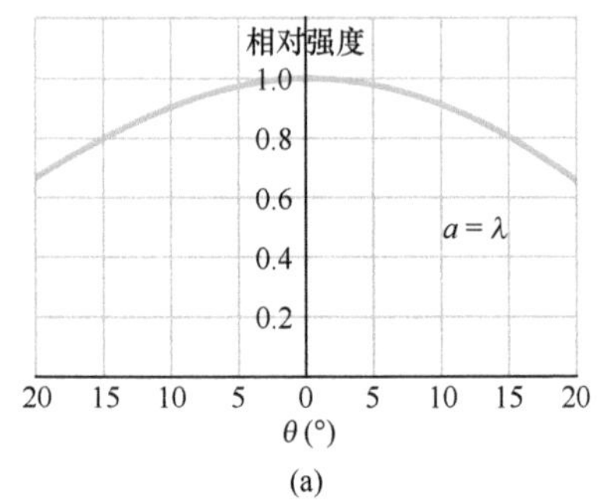

(a)

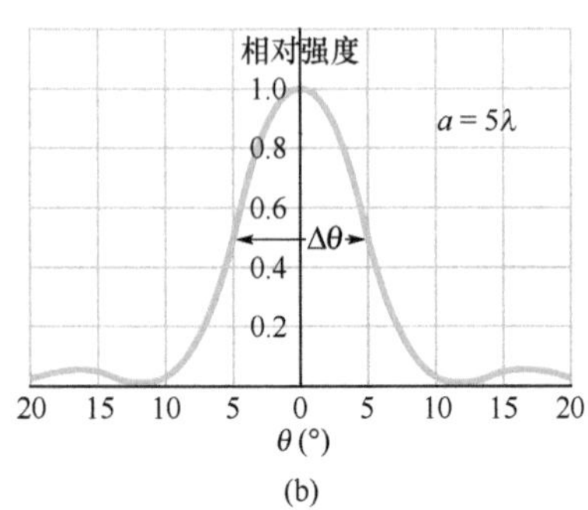

(b)

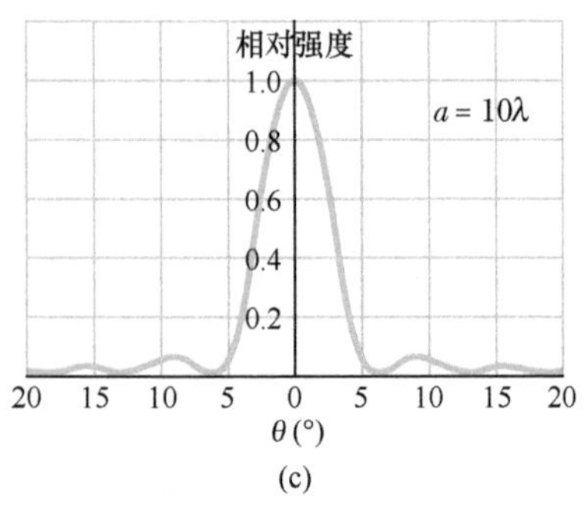

(c)

图 36-8 三种比值 a/λ 情况下的单缝衍射的相对强度。狭缝越宽则中央衍射极大越窄。

图样)。

式(36-5)和式(36-6)的证明

为了求衍射图样中一点的光强表达式，我们把狭缝分成许多狭带，然后把与这些狭带相对应的相矢量相加，就像我们在图 36-7中所做的那样。图 36-9 中的相矢量弧代表到达图 36-4 的观察屏上对应于特定的小角度 θ 的任意点 P 的许多子波。P 点的合成波的振幅 E_θ 是这些相矢量的矢量和。如果我们将图 36-4上的狭缝分成宽度为 Δx 的无限小狭带，则图 36-9 中的相矢量弧趋近于圆弧；把它的半径称作 R，如图上所标示的。圆弧的长度是衍射图样中心的振幅 E_m。因为，如果把圆弧拉直，我们就能得到图 36-7a 那样的相矢量排列（在图 36-9 中用较浅的相矢量画出）。

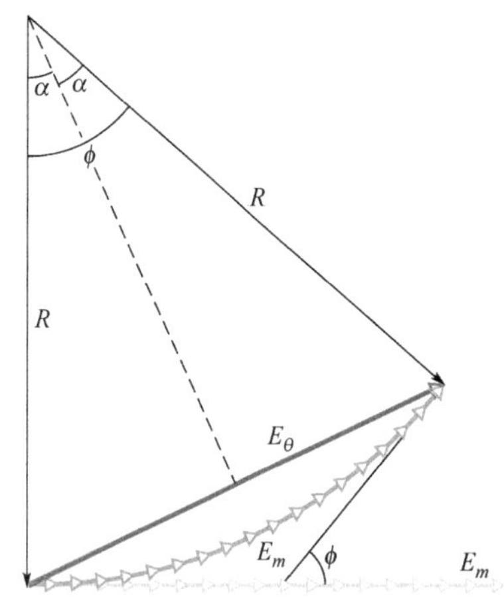

图 36-9 计算单缝衍射光强的作图法。图上所画的情况对应于图 36-7b 的情形。

图 36-9 下面部分的角度 ϕ 是圆弧 E_m 左端的无限小矢量和右端的无限小矢量间的相位差。从几何关系看，ϕ 也是图 36-9 中两条标记 R 的半径之间的角度。图上的虚线是 ϕ 的二等分线，这样就形成两个全等三角形。从这两个三角形的任意一个我们都可以写出

$$\sin\frac{1}{2}\phi=\frac{E_\theta}{2R} \tag{36-9}$$

用弧度来量度 ϕ（把 E_m 当作圆弧）

$$\phi=\frac{E_m}{R}$$

对这个方程式解 R，并代入到式（36-9），得到

$$E_\theta=\frac{E_m}{\frac{1}{2}\phi}\sin\frac{1}{2}\phi \tag{36-10}$$

光强。在 33-2 单元中我们已经知道电磁波的强度正比于它的电场振幅的平方。在这里就意味着极大光强 I_m（位于衍射图样中央）正比于 E_m^2，并且在 θ 角位置的光强 $I(\theta)$ 正比于 E_θ^2，于是

$$\frac{I(\theta)}{I_m}=\frac{E_\theta^2}{E_m^2} \tag{36-11}$$

将式（36-10）中的 E_θ 代入，然后代入 $\alpha=\frac{1}{2}\phi$，我们得到作为 θ 的函数的光强：

$$I(\theta)=I_m\left(\frac{\sin\alpha}{\alpha}\right)^2$$

我们要证明的第二个方程式是 α 和 θ 的关系式，整个狭缝顶端和底端发出的光线之间的相位差可以利用式（36-4）和程长差联系起来，由式（36-4）

$$\phi=\left(\frac{2\pi}{\lambda}\right)(a\sin\theta)$$

其中，a 是无限细狭带宽度 Δx 的总和，而 $\phi=2\alpha$，所以这个方程式简化为式（36-6）。

检查点3

将两个波长分别为650nm和430nm的光用在单缝衍射实验中。图示为两个衍射图样上光强I对角度θ的曲线。如果同时用两个波长做实验，在合成的衍射图样中：（a）角度A和（b）角度B的位置上将会看见什么颜色？

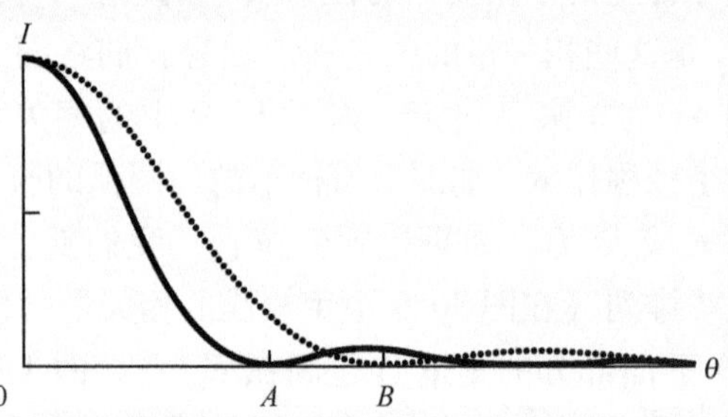

例题36.02　单缝衍射图样中极大处的光强

求图36-1的单缝衍射图样中，用中央极大的百分比来测定的前三个次极大（侧极大）的光的强度。

【关键概念】

每个次极大近似位于两个极小值中间，极小的角位置由式（36-7）（$\alpha=m\pi$）给出。次极大的位置（近似地）由下式给出：

$$\alpha=\left(m+\frac{1}{2}\right)\pi,\ m=1,\ 2,\ 3,\ \cdots$$

其中，α用弧度测量。我们可以把衍射图样中任一点的光强I和中央极大强度I_m用式（36-5）联系起来。

解：对次极大，将α的近似值代入式（36-5），就可以得到这些极大的相对强度，我们得到

$$\frac{I}{I_m}=\left(\frac{\sin\alpha}{\alpha}\right)^2=\left[\frac{\sin\left(m+\frac{1}{2}\right)\pi}{\left(m+\frac{1}{2}\right)\pi}\right]^2,\ m=1,\ 2,\ 3,\ \cdots$$

第一个次极大在$m=1$，它的相对强度是

$$\frac{I}{I_m}=\left[\frac{\sin\left(1+\frac{1}{2}\right)\pi}{\left(1+\frac{1}{2}\right)\pi}\right]^2=\left(\frac{\sin1.5\pi}{1.5\pi}\right)^2$$

$$=4.50\times10^{-2}\approx4.5\%\qquad\text{（答案）}$$

对于$m=2$和$m=3$，我们分别求出

$$\frac{I_2}{I_m}=1.6\%,\ \frac{I_3}{I_m}=0.83\%\qquad\text{（答案）}$$

你可以从这些结果看出，相继的次极大的强度迅速减小。在图36-1中，为了能显示这些次极大有意做了过度曝光。

WileyPLUS 在WileyPLUS中可以找到附加的例题、视频和练习。

36-3　圆孔衍射

学习目标

学完这一单元后，你应当能够……

36.13　描述并画出很小的圆孔或圆形障碍物的衍射图样。

36.14　对很小的圆孔或圆形障碍物的衍射，应用第一极小的角度θ、光的波长λ、孔径的直径d、到观察屏的距离D，以及极小到衍射图样中心的距离y之间的关系。

36.15　通过讨论两个点状物体产生的衍射图样来说明衍射如何限制物体的视见分辨率。

36.16　懂得如何通过可分辨性的瑞利判据得到两个点状物体正好可以分辨的（近似）角度。

36.17 应用瑞利判据的角度 θ_R、光的波长 λ、孔径的直径 d（例如眼睛瞳孔的直径）、两个远距离物体的张角 θ，以及到这两个物体的距离 L 之间的关系。

关键概念

- 直径为 d 的圆孔或透镜的衍射产生一个中央极大以及一系列极大和极小的同心圆。第一极小的角度 θ 由下式给出

$$\sin\theta = 1.22\frac{\lambda}{d}\quad（第一极小——圆孔）$$

- 瑞利判据指出，刚好可以分辨两个物体的条件是，一个物体的衍射图样的中央极大正好落在另一物体的衍射图样的第一极小上，并且它们的角距离不能小于

$$\theta_R = 1.22\frac{\lambda}{d}\quad（瑞利判据）$$

其中，d 是光所通过的孔径的直径。

圆孔衍射

我们这里考虑圆形孔径——光可以通过的圆形的孔洞，譬如像圆形的透镜——的衍射。图 36-10 表示激光器发射的激光射向直径非常小的圆孔时所成的像。这个像并不像几何光学所预料的那样是一个点，而是一个被几个越来越暗淡的次级圆环围绕的圆盘。和图 36-1 比较，我们就不会怀疑自己见到的是衍射现象了。不过这里的孔径是直径为 d 的圆，而不是矩形的缝。

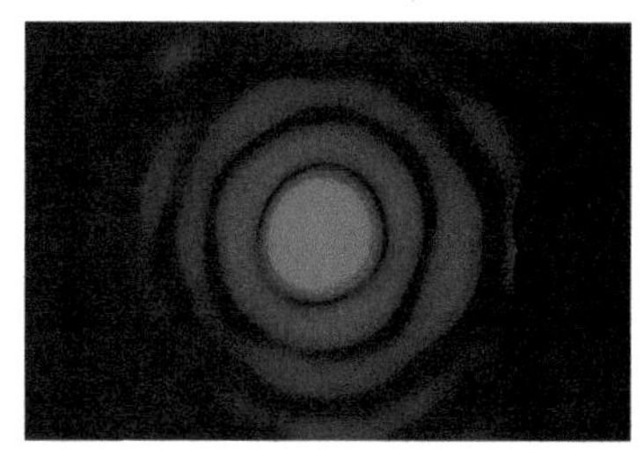

Courtesy Jearl Walker

图 36-10 圆形孔径的衍射图样。注意中央极大和圆环形的次极大。为了显示出次极大，这张照片经过了过度曝光的处理。实际上，次极大比中央极大弱得多。

这种衍射图样的（详细）分析表明，直径为 d 的圆形孔径的衍射图样的第一极小位于

$$\sin\theta = 1.22\frac{\lambda}{d}\quad（第一极小——圆形孔径）\tag{36-12}$$

角度 θ 是从中心轴到这个（圆形）极小上的任意一点的角度。把这个式子和式（36-1）：

$$\sin\theta = \frac{\lambda}{a}\quad（第一极小——单缝）\tag{36-13}$$

比较，这里是宽度为 a 的长狭缝第一极小的位置。主要的差别是因子 1.22，这个数字的出现是因为孔径是圆形的缘故。

可分辨性

当我们要分辨（区别）远距离上的两个角距离很小的点物体时，透镜所成的像是衍射图样这个事实十分重要。图 36-11 是在三种不同的情况下，我们看见的角距离很小的两个远方的点物体（譬如说星体）所成的像的样子和相应的光强分布立体图。在图 36-11a 中，由于衍射，两个物体不能被分辨出来；即它们的衍射图样（主要是它们的中央极大）的交叠是如此之多，以致无法把它和一个点物体相区别。在图 36-11b 中，两个物体勉强能够分辨。而在图 36-11c 中，它们能被完全分辨出来。

在图 36-11b 中，两个点光源的角距离是这种情形，即一个光源的衍射图样的中央极大刚好落在另一个点光源衍射条纹的第一极小的位置上。这个条件称为可分辨性的**瑞利判据**。按照这个判据，勉强能够分辨的两个物体必须有角距离 θ_R，由式（36-12）可知这个 θ_R 是

$$\theta_R = \arcsin\frac{1.22\lambda}{d}$$

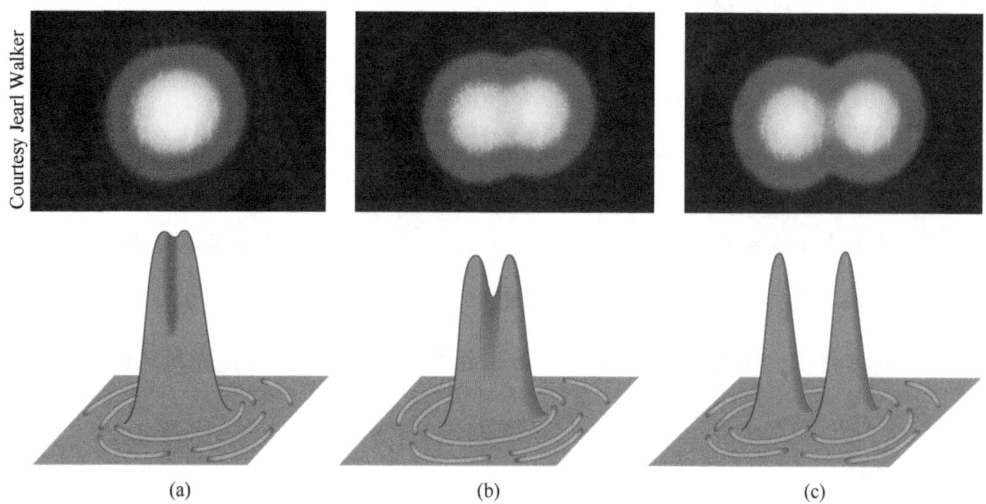

图 36-11 上半部分的图表示会聚透镜所成的两个点光源（星体）的像。下半部分的图表示像的光强。(a) 两个光源的角距离太小，不能把它们分辨开。(b) 图中两个光源勉强可以分辨开。在 (c) 图中，它们清楚地分辨开。在 (b) 中满足瑞利判据，一个衍射图样的中央极大落在另一个图样的第一极小的位置上。

因为角度很小，我们可以用弧度表示的 θ_R 代替 $\sin\theta_R$，即

$$\theta_R = 1.22\,\frac{\lambda}{d} \quad \text{（瑞利判据）} \tag{36-14}$$

人类视觉。瑞利判据应用于人类视觉的可分辨性只是一个近似。因为视觉可分辨性依赖于多个因素，譬如光源和它们的周围环境的相对亮度，光源和观察者之间大气的扰动，观察者的视觉系统的动能。实验结果表明人眼可以分辨的最小角距离一般略大于式 (36-14) 所给出的数值。然而，作为这里的计算标准，我们取式 (36-14) 为精确的判据：如果两光源间的角距离大于 θ_R，我们的视觉可以分辨出两个光源；如果小于 θ_R，我们就不能分辨。

点彩法。瑞利判据可以说明被称为点彩法（见图 36-12）的绘画风格中有趣的颜色错觉。在这种画法中，绘画不是用通常意义下的笔触而是画成无数微小的色点。点彩法的一个迷人之处是，当你改变你到绘画的距离时，颜色会以微妙的并且几乎是下意识的方式变化。颜色的变化和你是否能分辨出这些色点有关。如果你站得和画足够近，相邻点的角距离 θ 大于 θ_R，因而可以看出各个分立的点。它们的颜色是所用颜料真正的颜色。然而，如果你站得离开画足够远，角距离 θ 小于 θ_R，这些点就不能各自独立地被看见。结果任何一组色点混合的颜色进入你的眼睛，引起你的大脑“虚构”出这一组色点的颜色——可能是这一组色点中实际上不存在的颜色。就这样，点彩画派画家利用你的视觉系统创造出艺术的颜色。

当我们想要用透镜代替我们的视觉系统来分辨很小角距离的物体时，希望使衍射斑尽可能地小，按照式 (36-14)，这可以通过增大透镜的直径或者用更短波长的光来做到 。由于这个理由，紫外光常常用于显微镜，因为紫外光的波长短于可见光波长。

Maximilien Luce,*The Seine at Herblay*,1890.Musée d'Orsay,Paris,France.Photo by Erich Lessing/Art Resource

图 36-12 点彩画派的绘画，如 Maximilien Luce 画的《赫布莱的塞纳河》（*The Seine at Herblay*）由成千上万个彩色点组成，观察者非常靠近画布时，可以看见许多点和它们的真实颜色，在正常的观赏距离上，这些点不能分辨因而混成一体。

检查点 4

假设由于你眼睛瞳孔的衍射，你勉强能分辨两个红色斑点。如果我们增强你周围环境的总体照明，那么你的瞳孔直径就要减小，这样点的分辨率是会提高还是会减小？只考虑衍射的效果。（你可以做实验来检验你的答案。）

例题 36.03 点彩法的绘画利用了你的眼睛的衍射

图 36-13a 是点彩法的绘画作品上所表现出的彩色点。设相邻点之间中心到中心的平均距离是 $D=2.0\text{mm}$。还假设你的眼睛的瞳孔的直径是 $d=1.5\text{mm}$，并且你可以分辨出的两点间的最小角距离是由瑞利判据决定的角距离。如果你站在已经不能区分出画面上的任何点的位置，那么你离画面的最小距离是多少？

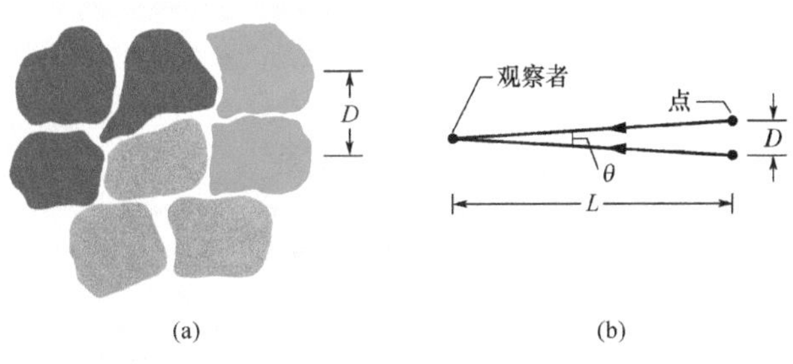

图 36-13 (a) 点彩法的绘画作品上所表现的一些点。图上画出中心到中心的平均距离 D。(b) 两个点之间距离 D 的安排，它们的角距离为 θ，观察距离为 L。

【关键概念】

考虑你在靠近画面的时候可以分辨的任何两个相邻的点。在你不断退后远离的过程中，起初你仍旧可以分辨出这两点，直到（在你眼中）它们的角距离 θ 减小到瑞利判据给出的角度：

$$\theta_{\mathrm{R}}=1.22\frac{\lambda}{d} \tag{36-15}$$

解： 图 36-13b 表示，从侧面看，两点间的角距离为 θ，两点中心到中心的距离为 D，你到这两点的距离为 L。因为 D/L 很小，所以角度 θ 也很小。我们可以取近似

$$\theta=\frac{D}{L} \tag{36-16}$$

令式（36-16）中的 θ 等于式（36-15）中的 θ_{R}，解出 L，我们有

$$L=\frac{Dd}{1.22\lambda} \tag{36-17}$$

式（36-17）告诉我们，λ 越小 L 就越大。因此，当你离开画面向后退时，相邻的红色点（长波长）在相邻的蓝色点之前就已不能分辨，要求出任何一种颜色的点都不能够被分辨的最小距离，我们在式（36-17）中代入 $\lambda=400\text{nm}$（蓝光或紫光）：

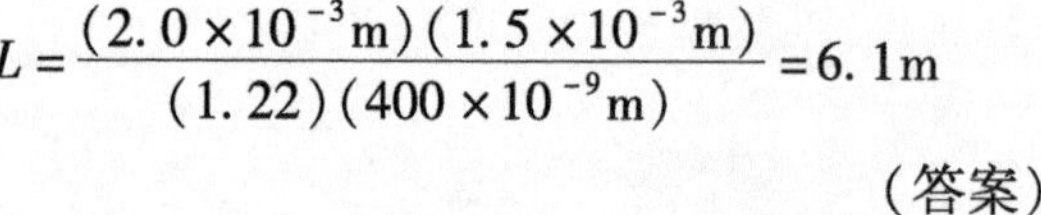

$$L=\frac{(2.0\times10^{-3}\text{m})(1.5\times10^{-3}\text{m})}{(1.22)(400\times10^{-9}\text{m})}=6.1\text{m}$$

（答案）

在这个或更远的距离上，你所感受到的画面上的任何色点给出的颜色都是混合的颜色，而这些颜色有可能不是画面上实际存在的颜色。

例题 36.04　分辨远距离的两个物体的瑞利判据

直径 $d=32\text{mm}$ 及焦距 $f=24\text{cm}$ 的圆形会聚透镜对远距离的点物体成像在透镜的焦平面上。光的波长 $\lambda=550\text{nm}$。

（a）考虑透镜的衍射，两个远距离的点物体必须有多大的角距离才能够满足瑞利判据？

【关键概念】

图 36-14 表示两个远距离的点物 P_1 和 P_2、透镜和在透镜焦平面位置上的观察屏。图上右边还表示出透镜在观察屏上所成像的中央极大的光强 I 对位置的曲线图。注意，两个点物体的角距离 θ_o 等于它们的像的角距离 θ_i。因此，只要像满足瑞利判据，这两个角距离就必定可以由式（36-14）（小角度的情况）给出。

解：由式（36-14），我们得到：

$$\theta_o=\theta_i=\theta_R=1.22\frac{\lambda}{d}$$

$$=\frac{(1.22)(550\times10^{-9}\text{m})}{32\times10^{-3}\text{m}}=2.1\times10^{-5}\text{rad}$$

（答案）

图 36-14 中两强度曲线的每一个中央极大的中心各自落在另一条曲线的第一极小处。

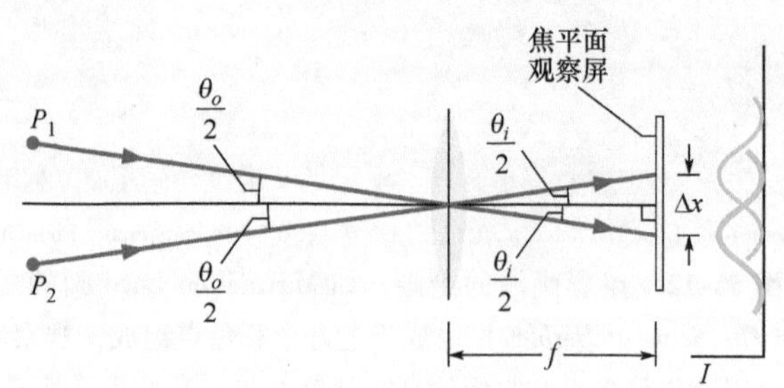

图 36-14　从远距离的两个点物体 P_1 和 P_2 发来的光通过会聚透镜在透镜焦平面上的观察屏上成像。从每一个物体只画出一条代表性的光线，两个物的像都不是点，而是衍射图样，强度分布近似地画在图的右边。

（b）焦平面上两个像的中心距离 Δx 是多少？（即，两条光强对位置曲线的中央峰的距离是多少？）

解：从图 36-14 中的透镜和屏之间的任一个三角形都可以看出 $\tan\theta_i/2=\Delta x/(2f)$。整理这个方程式并取近似 $\tan\theta\approx\theta$，我们得到

$$\Delta x=f\theta_i \tag{36-18}$$

其中，θ_i 用弧度表示。于是，我们得到

$$\Delta x=(0.24\text{m})(2.1\times10^{-5}\text{rad})=5.0\mu\text{m}$$

（答案）

WileyPLUS 在 WileyPLUS 中可以找到附加的例题、视频和练习。

36-4　双缝衍射

学习目标

学完这一单元后，你们应当能够……

36.18　在双缝实验的简图中，说明通过每一个狭缝的衍射是如何调制双缝干涉图样的，并辨明衍射包络线，包络的中央峰及侧极大。

36.19　对双缝衍射图样上的给定点，计算用图样的中央极大光强 I_m 表示的光强 I。

36.20　在双缝衍射图样的光强方程式中，认明哪一部分对应于两条狭缝间的干涉，哪一部分对应于每一条狭缝的衍射。

36.21　对双缝衍射，应用比例 d/a 和单缝衍射图样中的衍射极小的位置之间的关系，

然后计算包含在衍射包络的中央峰和各个侧峰中的双缝干涉极大的数目。

关键概念

- 光波通过两条狭缝后产生双缝干涉和每一条狭缝衍射的组合图样。
- 对于宽度为 a、中心到中心的距离是 d 的两条完全相同的狭缝，衍射图样的光强随离中心轴的角度 θ 的改变而改变：

$$I(\theta)=I_m(\cos^2\beta)\left(\frac{\sin\alpha}{\alpha}\right)^2 \text{（双缝）}$$

其中，I_m 是图样中心的光强；

$$\beta=\left(\frac{\pi d}{\lambda}\right)\sin\theta$$

及

$$\alpha=\left(\frac{\pi a}{\lambda}\right)\sin\theta$$

双缝衍射

在第35章的双缝实验中我们不言明地假设了光缝宽度比照射光的波长小得多；即 $a\ll\lambda$。对于这样窄的狭缝，每一条狭缝衍射图样的中央极大覆盖了整个观察屏。还有，从两条狭缝发出的光的干涉会产生具有近似相同光强的亮条纹（见图35-12）。

然而，在用可见光所做的实际实验中 $a\ll\lambda$ 的条件往往不被满足。对于相对宽的狭缝，从两条狭缝出射的光的干涉所产生的亮条纹并不都有相同的强度。就是说双缝干涉产生的条纹的光强（如35章中讨论的）被通过每一条狭缝的光的衍射所调制（如这一章中讨论的那样）。

曲线图。作为一个例子，图36-15a中的光强曲线表示当狭缝无限窄（因而 $a\ll\lambda$）时所产生的双缝干涉图样；所有干涉亮条纹都有相同的强度。图36-15b中的光强曲线是真实的单缝的衍射图样；衍射图样有很宽的中央极大以及在 ±17°处有较弱的次极大。图36-15c中的曲线表示两条真实的狭缝的干涉图样。这条曲线是将图36-15b中的曲线作为图36-15a中光强曲线的包络构成。条纹的位置不变，只有强度受到影响。

照片。图36-16a表示明显包含双缝干涉和衍射的真实图样。如果一条缝被遮挡，结果就会得到图36-16b所示的单缝衍射图样。注意图36-16a和图35-15c这两幅图之间的对应关系以及图36-16b和图36-15b之间的对应关系。在比较这些图的时候要记住，图36-16中的照片有意过度曝光以显示暗淡的次极大，所以，图上会出现几个（而不只是一个）次极大。

光强。考虑到衍射效应，双缝干涉图样的光强分布由下式给出

$$I(\theta)=I_m(\cos^2\beta)\left(\frac{\sin\alpha}{\alpha}\right)^2 \text{（双缝）} \tag{36-19}$$

其中

$$\beta=\frac{\pi d}{\lambda}\sin\theta \tag{36-20}$$

及

$$\alpha=\frac{\pi a}{\lambda}\sin\theta \tag{36-21}$$

这里的 d 是两条狭缝中心的距离；a 是缝宽。要特别留心，式(36-19)的右边是 I_m 和另外两个因子的乘积。(1) 缝距为 d 的两条狭缝之间干涉产生的干涉因子为 $\cos^2\beta$ [由式（35-22）和式

(35-23) 给出]。(2) 宽度为 a 的单缝衍射产生的衍射因子为 $[(\sin\alpha)/\alpha]^2$ [由式 (36-5) 和式 (36-6) 给出]。

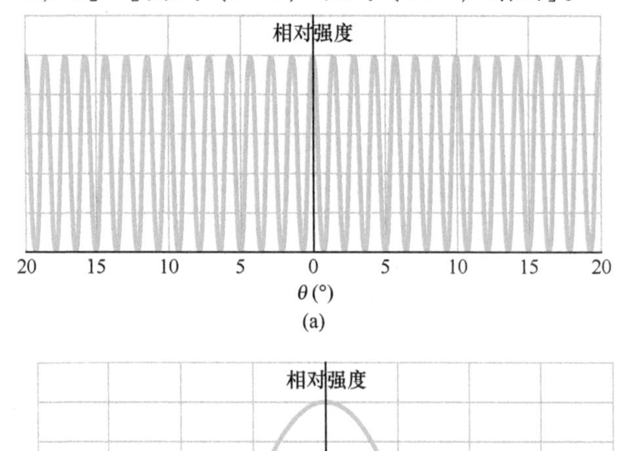

相对强度

20 15 10 5 0 5 10 15 20

θ (°)

(b)

这个衍射极小压制了一些双缝干涉亮条纹

相对强度

20 15 10 5 0 5 10 15 20

θ (°)

(c)

图 36-15 (a) 用窄到近于零的狭缝的双缝干涉实验中预期的光强曲线。(b) 宽度为 a (不是近于零地窄细) 的典型狭缝的衍射光强曲线。(c) 两条宽度都是 a 的狭缝预期的光强曲线。(b) 小图中的曲线作为包络线限制了 (a) 小图中双缝条纹的光强。注意(b) 小图中第一个衍射图样的极小压制了双缝干涉条纹。在 (c) 小图中, 这发生在 12°附近。

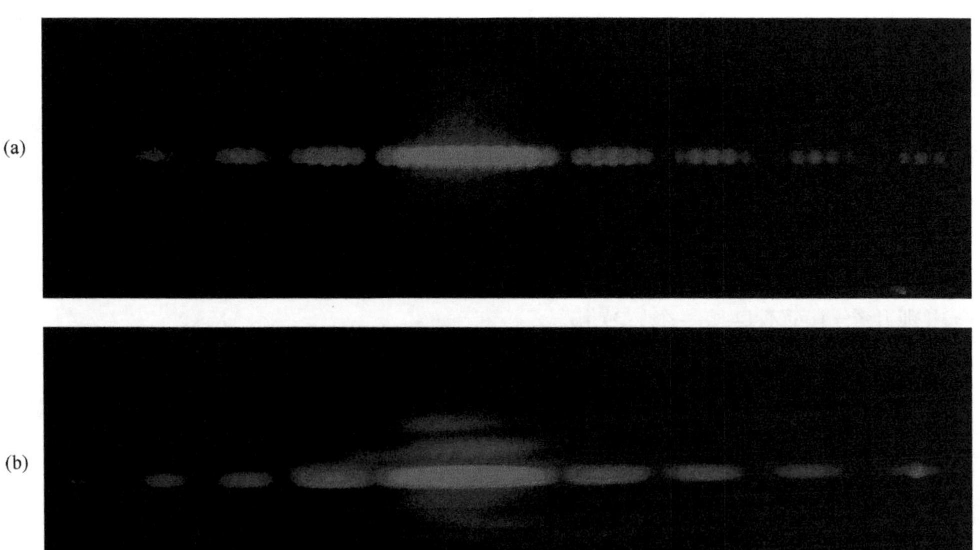

Courtesy Jearl Walker

图 36-16 (a) 真实的双缝系统的干涉条纹; 比较图 36-15c。(b) 单缝衍射图样, 比较图 36-15b。

让我们来验证一下这些因子。例如，如果我们令式（36-21）中的 $a \to 0$，那么 $\alpha \to 0$ 并且 $(\sin\alpha)/\alpha \to 1$。于是式（36-19）简化成描述间距为 d 的两条无限窄的狭缝的干涉图样的方程式。同理，令式（36-20）中的 $d=0$，这在物理上相当于使两条狭缝合并成一条宽度为 a 的单狭缝。于是式（36-20）中的 $\beta=0$，并且 $\cos^2\beta=1$。在这种情况下，式（36-19）简化为描述宽度为 a 的单缝衍射的方程式。

语言。式（36-19）描述的和图 36-16a 中显示的双缝衍射图样是干涉和衍射以密不可分的方式组合起来的。干涉和衍射都是叠加的效应，它们都是在给定点上有不同相位的波的合成的结果。如果合成的波来自少数几个基本的相干光源——如在 $a \ll \lambda$ 的双缝衍射中——我们把这种过程称为*干涉*，如果合成的波源自单个波前——如在单缝实验中——我们称之为*衍射*。这样把干涉和衍射区分开来（这有些任意性并不要过于执着）是一种方便的方法，但我们不应该忘记，二者都是叠加效应，并且通常都是同时出现（见图 36-16a）的。

例题 36.05　包含每个狭缝衍射的双缝干涉实验

在双缝干涉实验中，光源的波长 λ 是 405nm，双缝间距 d 是 19.44μm，缝宽 a 是 4.050μm。考虑从两条狭缝出射的光的干涉，并且也考虑通过每一条缝的光的衍射。

（a）在衍射包络的中央峰里面有多少干涉亮条纹？

【关键概念】

我们先来分析实验中产生光学图样的两个基本机理：

1. *单缝衍射*：中央峰的范围是在各个狭缝独自产生的衍射图样中的左右两个第一极小的位置以内（见图 36-15）。这两个极小的角位置由式（36-3）（$a\sin\theta=m\lambda$）给出。这里我们把这个方程式重写成 $a\sin\theta=m_1\lambda$，下标 1 表示单缝衍射。对衍射图样的第一极小，我们代入 $m_1=1$，得到

$$a\sin\theta=\lambda \tag{36-22}$$

2. *双缝干涉*：双缝干涉图样的亮条纹的角位置由式（35-14）给出，我们可以将它写成

$$d\sin\theta=m_2\lambda,\ m_2=0,\ 1,\ 2,\ \cdots \tag{36-23}$$

这里的下标 2 指的是双缝干涉。

解：我们通过用式（36-22）去除式（36-23），然后解出 m_2 来确定双缝干涉条纹图样中第一衍射极小的位置。这样做了以后再代入已知的数据，我们得到

$$m_2=\frac{d}{a}=\frac{19.44\mu\text{m}}{4.050\mu\text{m}}=4.8$$

这个结果告诉我们 $m_2=4$ 的干涉亮条纹正好在单缝衍射图样的中央峰以内，但 $m_2=5$ 的条纹则不在中央峰内。在这个衍射的中央峰以内，有中央亮条纹（$m_2=0$），而且在它的两侧各有四条亮条纹（直到 $m_2=4$）。由此，双缝干涉图样中总共有 9 条亮条纹在衍射包络的中央峰以内。中央亮条纹一侧的亮条纹表示在图 36-17 中。

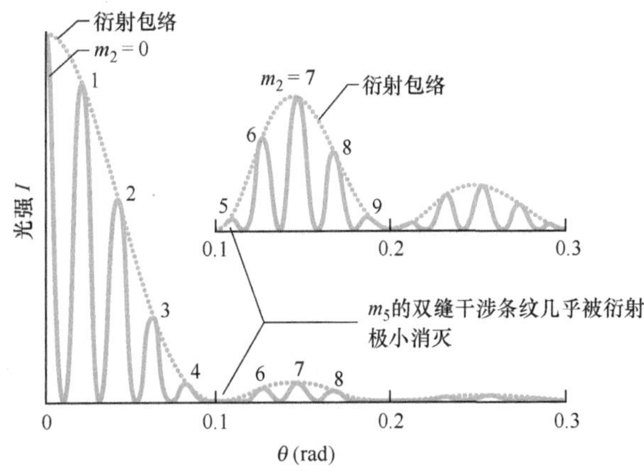

图 36-17　双缝干涉实验的光强分布曲线图的一侧。插入的小图表示（竖直放大了的）衍射包络的第一和第二侧峰里面的曲线图。

（b）在衍射包络左右两边的第一侧峰的每一个侧峰里面有几条亮条纹？

【关键概念】

第一个衍射侧峰外侧的极限是第二衍射极小。每一个第二衍射极小的位置在 $a\sin\theta = m_1\lambda$ 中 $m_1 = 2$时得到的角度 θ 的位置上，即

$$a\sin\theta = 2\lambda \qquad (36\text{-}24)$$

解： 将式（36-24）用式（36-22）除，我们得到

$$m_2 = \frac{2d}{a} = \frac{(2)(19.44\mu\text{m})}{4.050\mu\text{m}} = 9.6$$

这告诉我们，第二衍射极小正好出现在式（36-23）中 $m_2 = 10$ 的干涉亮条纹的前面。在每一个第一衍射侧峰中我们有从 $m_2 = 5$ 到 $m_2 = 9$ 的亮条纹，总共有5条双缝干涉图样的亮条纹（用图36-17中插入的小图表示）。然而，如果考虑几乎被第一衍射极小全部压制的 $m_2 = 5$ 的亮条纹太暗而不将其计入，那么在第一衍射侧峰里面只有4条亮条纹。

在 WileyPLUS 中可以找到附加的例题、视频和练习。

36-5　衍射光栅

学习目标

学完这一单元后，你应当能够……

36.22　描述衍射光栅并简略地画出它对单色光产生的干涉图样。

36.23　区别衍射光栅和双缝装置的干涉图样。

36.24　认明谱线和级数。

36.25　对于衍射光栅，把级数 m 和给出亮条纹的程长差联系起来。

36.26　对于衍射光栅，把缝距 d、衍射图样上亮条纹的角度 θ、条纹的级数 m，以及光的波长 λ 联系起来。

36.27　懂得为什么对一给定的光栅会有最大的级数。

36.28　说明衍射光栅的图样中谱线半宽度的方程式的推导。

36.29　计算在衍射光栅图样中在给定角度上的谱线的半宽度。

36.30　说明在衍射光栅中增加狭缝数目的作用。

36.31　说明光栅分光镜的工作原理。

关键概念

- 衍射光栅是一系列的“狭缝”，用来把入射光波分解为各个波长的成分，把各种波长的光分解并展示它们的衍射极大。通过 N 条（多重的）狭缝的衍射得到 θ 角度上的极大（谱线）满足

$$d\sin\theta = m\lambda, \quad m = 0, 1, 2, \cdots \text{（极大）}$$

- 谱线的半宽度是从谱线中心到它消失于暗区的一点的角度，由下式给出

$$\Delta\theta_{\text{hw}} = \frac{\lambda}{Nd\cos\theta} \text{（半宽度）}$$

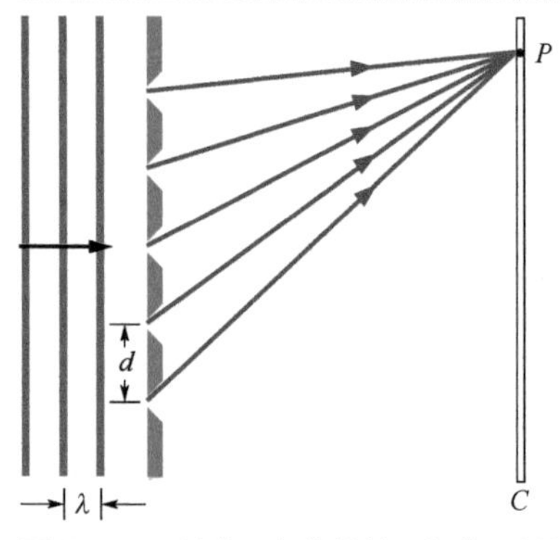

图36-18　只有5条狭缝的理想化了的衍射光栅在远距离的观察屏 C 上产生干涉图样。

衍射光栅

在研究光以及发射和吸收光的物体的过程中最有用的工具之一是**衍射光栅**。这种器件有点像图35-10中的双缝装置，但它有数目更多的 N 条狭缝，这些狭缝常称为划线。这种划线的数目可能多到每毫米几千条。只有5条狭缝的理想化了的光栅表示在图36-18中。当单色光通过狭缝后会形成窄细的干涉条纹，我们可以分析这些条纹以确定光的波长。（衍射光栅也可以是不透明的表面，上面有像图36-18上的光缝那样的很细的平行刻槽，光从这些刻槽散射返回并形成干涉条纹，而不是通过开口的狭缝透射。）

图样。如果我们逐步增加光缝的数目，从两条到很大的数目N，单色光入射到这个衍射光栅后得到的衍射光强分布曲线图就会从典型的图36-15c中的双缝衍射曲线变为复杂得多的光强分布曲线，但最终又会变成像图36-19a中那样简单的图样。用譬如说从氦-氖激光器发射的单色红光，你就会在观察屏上看到图36-19b所示的图样。这些极大值现在非常细（所以称为*谱线*）；它们被相对宽的暗区分开。

方程式。我们用熟悉的方法来求观察屏上亮线的位置。我们先要假设观察屏离开光栅足够远，所以到达屏上特定的点P的光线在离开光栅时是近似平行的（见图36-20）。然后对每一对相邻刻线应用我们对双缝干涉所用的同样的推理。刻线的间距d称为*栅线间距*（也称*光栅常量*——译者注）。（如果整个的宽度为w的光栅有N条刻线，那么$d=w/N$。）相邻两光线间的程长差还是$d\sin\theta$（见图36-20），其中θ是光栅的中心轴和光栅的狭缝到衍射图样上P点光线之间的角度。如果相邻光线间的程长差是波长的整数倍，则在P点位置就有一条光谱线：

$$d\sin\theta=m\lambda,\ m=0,\ 1,\ 2,\ \cdots\ （极大——谱线）\qquad(36\text{-}25)$$

其中，λ是光的波长。每一个整数对应于不同的谱线；因此，这些整数可以像图36-19中那样用来标记谱线。这些整数称为*级数*，各条谱线就分别称为零级谱线（中央谱线，$m=0$），一级谱线（$m=1$），二级谱线（$m=2$），依此类推。

确定波长。如果将式（36-25）重写成$\theta=\arcsin(m\lambda/d)$，我们将看到，对于给定的衍射光栅，从中心轴到任何一条谱线（例如第三级谱线）的角度取决于所用光的波长。因此，当未知波长的光通过衍射光栅后，通过测量较高级次谱线的角度就可以用式（36-25）来求波长。即使有几种不同的未知波长的光也可以用这种方法区别和辨认，我们用35-2单元中的双缝装置做不到这一点，虽然那里用到的也是同样的波长关系的方程式。这是因为在双缝干涉实验中，不同波长的亮条纹重叠太多因而难以区分。

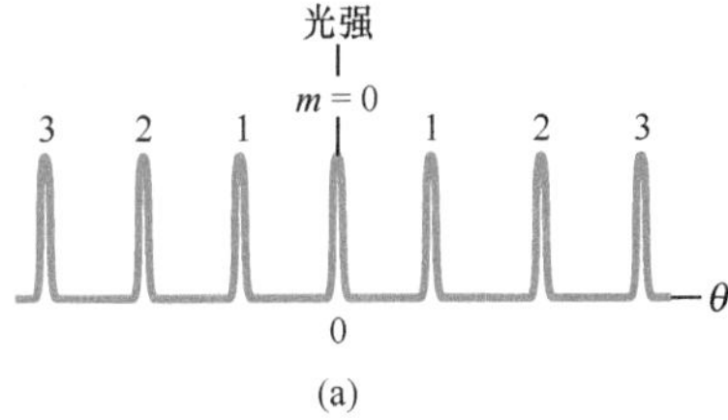

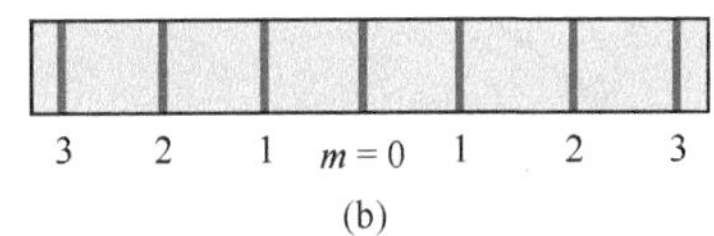

图36-19 （a）有非常多的刻线的衍射光栅产生的光强分布曲线，该曲线由许多很细的峰组成，图上标出了它们的级数m。（b）在屏上看到的相应亮条纹称为谱线。这里也用级数m标记。

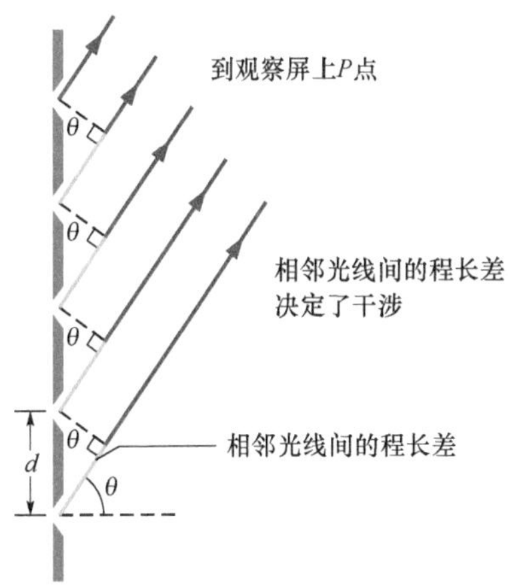

图36-20 从衍射光栅的刻线到远距离的P点的光线近似平行。每两条相邻光线的程长差是$d\sin\theta$，θ是图上表示的角度。（刻线向页内和页外延伸）

谱线宽度

光栅分辨（分开）不同波长的谱线的本领取决于谱线的宽度。我们这里要推导中央谱线（$m=0$的谱线）的*半宽度*的表达式并给出一个表示高级次谱线的半宽度的表达式。我们定义中央谱线的**半宽度**是从谱线中心$\theta=0$向外到这条谱线实际上结束，也就是第一极小的暗区实际上开始的位置的角度$\Delta\theta_{hw}$（见图36-21）。在这个极小的地方，从光栅的N条狭缝射来的N条光线相互抵消（当然，中心谱线实际上的宽度是$2(\Delta\theta_{hw})$，但谱线宽度通常用半宽度来比较。）

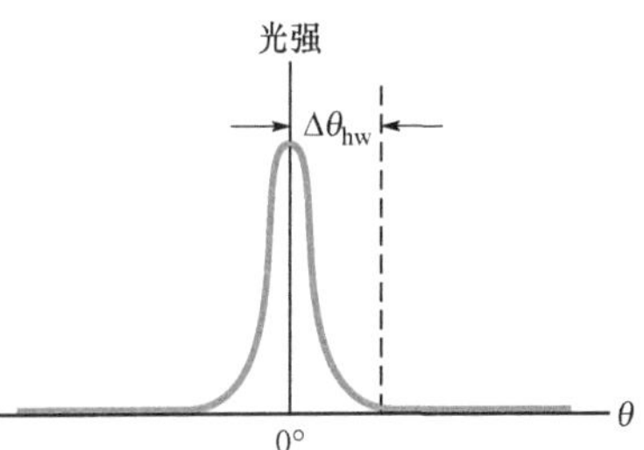

图36-21 中央谱线的半宽度$\Delta\theta_{hw}$是以从谱线中心到图36-19a上那样的I对θ曲线上的邻近极小的距离量度。

在36-1单元中，我们也曾考虑过大量光线的相消，那里是通过单缝的衍射，那里我们得到式（36-3），由于两种情况相似，我们在这里也可以用同样的方法来求第一极小。它告诉我们，第一极小出现在顶端和底端的光线间的程长差等于λ的地方。对于单缝衍射，这个程长差是$a\sin\theta$。对于N条刻线的光栅，每条刻线和下一条刻线的间距是d，顶端和底端刻线的距离是Nd（见

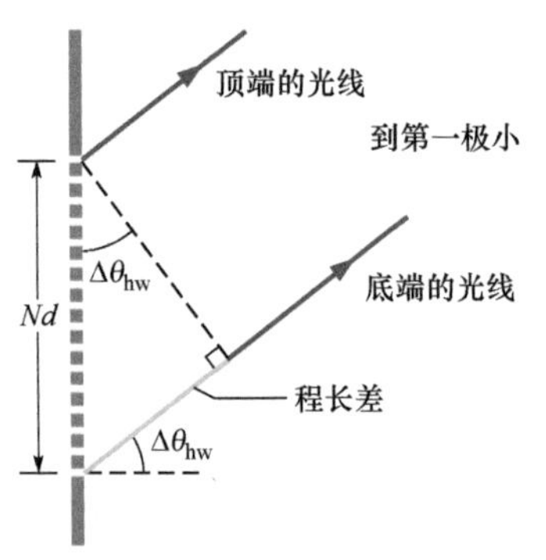

图 36-22　N 条刻线的衍射光栅顶端和底端的刻线之间的距离是 Nd。通过这些刻线的顶端和底端光线之间的程长差是 $Nd\sin\theta_{hw}$，这里的 $\Delta\theta_{hw}$ 是到第一极小的角度。（为清楚起见，这里的角度被大大地夸大了。）

图 36-22），所以这里的顶端和底端光线的程长差是 $Nd\sin\Delta\theta_{hw}$。于是，第一极小出现的位置是

$$Nd\sin\Delta\theta_{hw}=\lambda \tag{36-26}$$

因为 $\Delta\theta_{hw}$ 很小，所以 $\sin\Delta\theta_{hw}=\Delta\theta_{hw}$（用弧度为单位）。把这个结果代入式（36-26），得到中央谱线的半宽度为

$$\Delta\theta_{hw}=\frac{\lambda}{Nd}\text{（中央谱线的半宽度）} \tag{36-27}$$

我们只指出但不予证明，任何其他谱线的半宽度都依赖于相对于中心轴的位置 θ：

$$\Delta\theta_{hw}=\frac{\lambda}{Nd\cos\theta}\text{（在 }\theta\text{ 位置的谱线半宽度）} \tag{36-28}$$

注意，对给定波长为 λ 的光及给定的刻线间距 d，谱线的宽度随刻线数目 N 的增大而减小。因此，N 数目较大的光栅分开不同波长的能力较强，因为它的衍射谱线更细，所以有较少的重叠。

光栅分光镜

衍射光栅广泛用于确定从灯到星体等各种光源发射的光的波长。图 36-23 表示一台简单的*光栅分光镜*，其中的光栅就是用于这个目的。从光源 S 发出的光被透镜 L_1 会聚在竖直狭缝 S_1 上，S_1 又在透镜 L_2 的焦平面上。从管筒 C（称为*准直管*）出射的光波是平面光，它垂直入射到光栅 G。光通过光栅衍射形成衍射图样，$m=0$ 级衍射沿光栅的中心轴出射。

如果要观察出现在任何角度 θ 的观察屏上的衍射图样，我们只要把图 36-23 中的望远镜 T 对准这个角度即可。望远镜的物镜 L_3 将 θ 角的（和比 θ 略微小一些的及略微大一些的角度上的）衍射光聚焦到望远镜中的焦平面 FF' 上。当我们通过目镜 E 观察时，可以看到这个被聚焦的衍射图样的放大像。

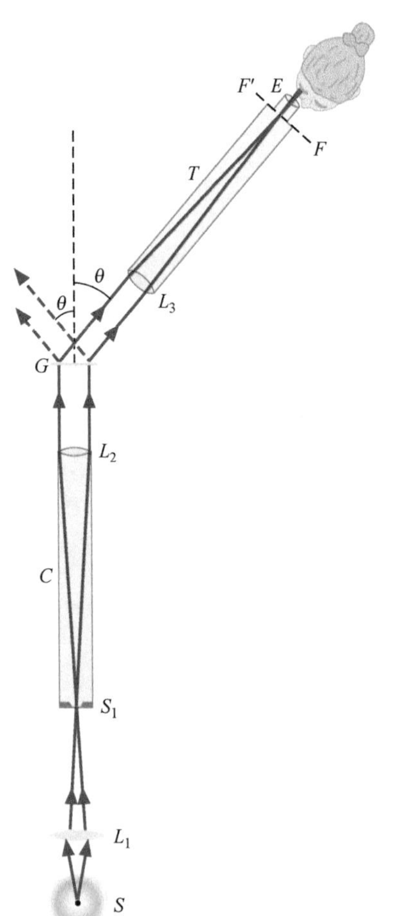

图 36-23　简单的光栅分光镜，用来分析从光源 S 发射的光的波长。

改变望远镜的角度 θ，我们可以观察不同角度上的衍射图样。对于 $m=0$ 以外的其他任何级数，原来的入射光按照它们的波长（或颜色）散开，所以我们可以利用式（36-25）来确定光源发射的是包含哪些波长的光，如果光源发射的是分立的波长的光，当我们水平地转动望远镜到相应级数 m 的角度时会看到各个波长的竖直彩色谱线，较短波长谱线的角度 θ 比较长谱线的角度小。

氢。例如，含氢的氢灯发射的光在可见光区内有四个分立的波长，如果我们用眼睛直接观察氢灯的光，它就会呈现为白色。如果我们通过光栅分光镜观察，在不同的级次上我们都可以区分出对应于这些可见光波长的四种颜色的光谱线。（这种光谱线称为*发射谱线*。）图 36-24 中显示了四个级次的光谱线。中央级（$m=0$）的谱线包括所有四条光谱线都重叠在一起，给出一条在 $\theta=0$ 处的白线。在较高的级次中各种颜色都被分开。

为清楚起见，图 36-24 中并没有表示出第三级光谱。实际上这个第三级光谱和第二级与第四级光谱重叠。第四级红色谱线在图上没有出现，这是因为在这里所用的光栅并没有形成这条谱线。也就是说，对这个红色波长在 $m=4$ 的条件下解式（36-25）求 θ 时，我们发现 $\sin\theta$ 大于 1，而这是不可能的。我们说这个光栅的第

四级是不完全的；对于有较大的间距 d 的光栅，这一级光谱可能不是不完全的，它把光谱线分开的角度比图 32-24 中更小一些，图 36-25 是镉发射的可见线光谱的照片。

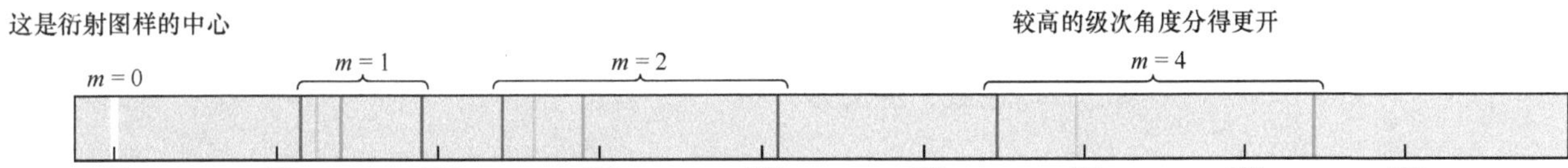

图 36-24 氢原子在可见光区发射的零级、一级、二级和四级谱线，注意较大的角度处光谱线分开得更远。（这些谱线也较暗并且更宽，不过这在图中并没有表现出来。）

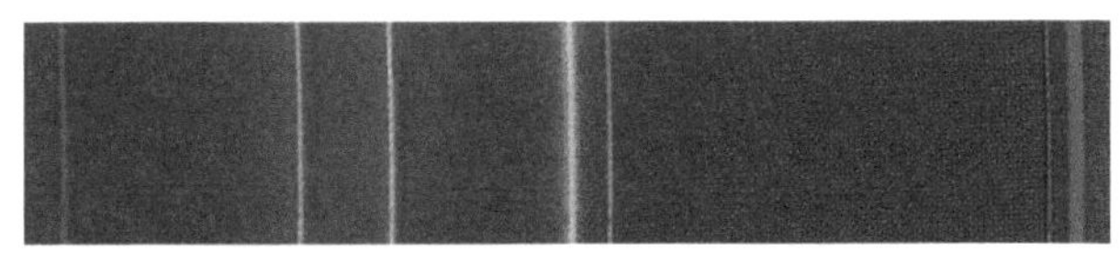

Department of Physics,Imperial College/Science Photo Library/Photo Researchers,Inc.

图 36-25 从光栅分光镜中看到的镉发射的可见光谱线。

检查点 5

图示为单色红光通过衍射光栅所产生的不同级次的光谱线。(a) 衍射图样的中心在图的左边还是在右边？(b) 对单色绿光，同一级次上谱线的半宽度是大于，小于还是等于图上的谱线的半宽度？

36-6 光栅：色散和分辨本领

学习目标

学完这一单元后，你应当能够……

36.32 懂得色散是衍射谱线按波长不同的展开。

36.33 应用色散 D、波长差 $\Delta\lambda$、角距离 $\Delta\theta$、缝距 d、级数 m，以及对应于这个级数的角度 θ 之间的关系。

36.34 明白缝距改变对光栅的色散的影响。

36.35 懂得我们要分辨出不同的光谱线，衍射光栅必须使它们可以分辨出来。

36.36 应用分辨本领 R、波长差 $\Delta\lambda$、平均波长 λ_{avg}、刻线数 N，以及级数之间的关系。

36.37 懂得狭缝数 N 的增加对分辨本领 R 的影响。

关键概念

- 衍射光栅的色散 D 是波长差为 $\Delta\lambda$ 的两条谱线的间角距离 $\Delta\theta$ 的量度。对级数 m，角度 θ 位置处的色散由下式给出

$$D=\frac{\Delta\theta}{\Delta\lambda}=\frac{m}{d\cos\theta}\ (\text{色散})$$

- 衍射光栅的分辨本领 R 是使波长接近的两条发射光谱线可以区分的本领的量度。对波长差为 $\Delta\lambda$ 以及平均波长为 λ_{avg} 的两个波长，分辨本领由下式给出

$$R=\frac{\lambda_{avg}}{\Delta\lambda}=Nm\ (\text{分辨本领})$$

Kristen Brochmann/Fundamental Photographs

光盘上精密的刻线每条宽 0.5μm，它有像衍射光栅一般的作用。用小的白色光源照明光盘，衍射光形成彩色的“光道”，这是由刻线产生的衍射图样所组成的。

光栅：色散和分辨本领

色散

要区别出互相接近的波长（譬如在光栅分光镜中），光栅必须能够将不同波长的衍射谱线分开。这种不同波长谱线的分离称为色散，定义为

$$D=\frac{\Delta\theta}{\Delta\lambda}\ \text{（色散定义）}\qquad(36\text{-}29)$$

这里的 $\Delta\theta$ 是波长差为 $\Delta\lambda$ 的两条谱线间的角距离，D 越大，波长差为 $\Delta\lambda$ 的两条发射光谱线之间的距离就越远。我们下面要证明在角度 θ 上光栅的色散由下式给出：

$$D=\frac{m}{d\cos\theta}\ \text{（光栅的色散）}\qquad(36\text{-}30)$$

因此，为达到较高的色散，我们必须用较小的栅线间距 d 以及较高的级次 m。注意，色散不依赖于光栅的刻线数 N。D 的国际单位制单位是度每米或弧度每米。

分辨本领

要分辨出波长非常接近的谱线（就是要使两条谱线能够区别开），谱线就要尽可能窄。用另一种说法，光栅要有高的**分辨本领**，分辨本领的定义如下：

$$R=\frac{\lambda_{\text{avg}}}{\Delta\lambda}\ \text{（分辨本领的定义）}\qquad(36\text{-}31)$$

其中，λ_{avg}是勉强能认出两条分开的发射光谱线的平均波长；$\Delta\lambda$ 是这两条谱线的波长差。R 越大，仍旧可以分辨的两条发射光谱线就会靠得越近。我们下面要证明光栅的分辨本领由下面的简单公式给出

$$R=Nm\ \text{（光栅的分辨本领）}\qquad(36\text{-}32)$$

为得到高的分辨本领，我们必须用很多的（大的 N）刻线。

式（36-30）的证明

我们从光栅衍射图样中谱线位置的公式，即式（36-25）开始：

$$d\sin\theta=m\lambda$$

我们把 θ 和 λ 作为变量并求这个方程式的微分，我们得到

$$d(\cos\theta)\,\mathrm{d}\theta=m\,\mathrm{d}\lambda$$

对足够小的角度，我们可以把这两个微分写成微小的差的形式，于是得到

$$d(\cos\theta)\,\Delta\theta=m\Delta\lambda\qquad(36\text{-}33)$$

或

$$\frac{\Delta\theta}{\Delta\lambda}=\frac{m}{d\cos\theta}$$

等号左边的比例就是 D［参见式（36-29）］，因而我们确实导出了式（36-30）。

式（36-32）的证明

我们从式（36-33）开始，这个公式是利用光栅产生的衍射图样中的谱线位置的表达式，即式（36-25）导出的。其中，$\Delta\lambda$ 是

被光栅衍射的两列波间微小的波长差；$\Delta\theta$ 是这两种波长的波在衍射图样中的谱线的角距离。如果 $\Delta\theta$ 是两条谱线可以分辨的最小角度，它必须（按照瑞利判据）等于每条谱线的半宽度，这由式（36-28）得到：

$$\Delta\theta_{hw}=\frac{\lambda}{Nd\cos\theta}$$

如果我们把这个 $\Delta\theta_{hw}$代入式（36-33）中的 $\Delta\theta$，我们就可以得到

$$\frac{\lambda}{N}=m\Delta\lambda$$

由这个公式立即可以得到

$$R=\frac{\lambda}{\Delta\lambda}=Nm$$

这就是式（36-32），它是我们要证明的公式。

色散和分辨本领的比较

千万不要把光栅的分辨本领和它的色散混淆。表 36-1 列出了三个光栅的特点，这三个光栅都用波长为 $\lambda=589\text{nm}$ 的光照明，考察的衍射光都是第一级［式（36-25）中 $m=1$］。你们可以自己验证，表中 D 和 R 的数值可以分别由式（36-30）和式（36-32）计算出来。（在计算 D 的时候，你需要把弧度每米变换成度每微米。）

表 36-1 三个光栅①

光栅	N	d（nm）	θ	D[(°)/μm]	R
A	10000	2540	13.4°	23.2	10000
B	20000	2540	13.4°	23.2	20000
C	10000	1360	25.5°	46.3	10000

① 对 $\lambda=589\text{nm}$，$m=1$ 得到的数据。

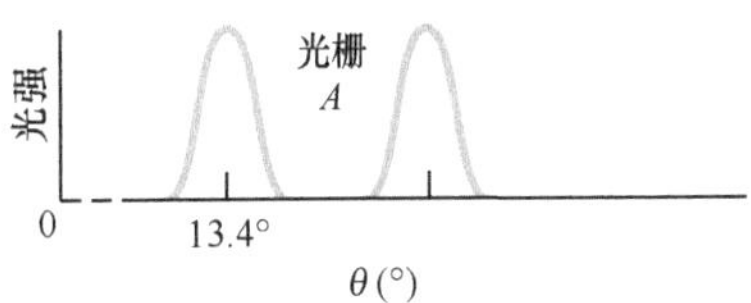

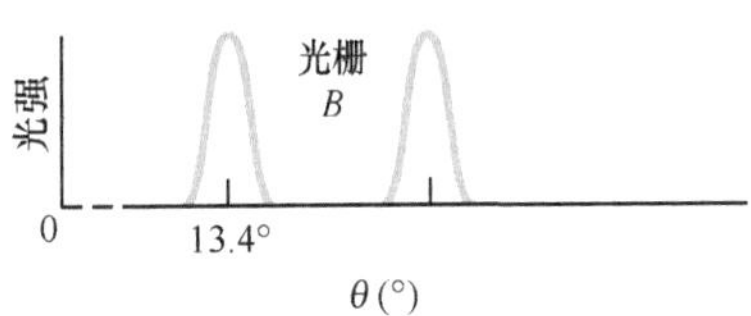

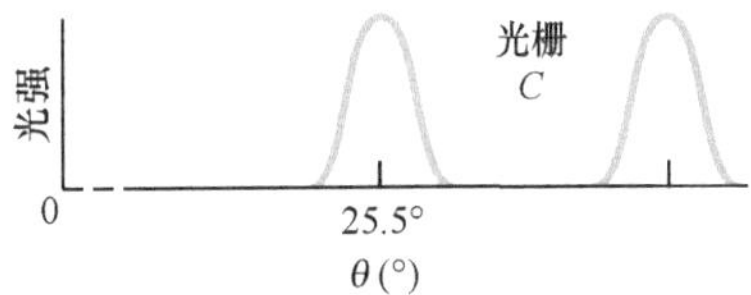

图 36-26 通过表 36-1 列出的三个光栅的两个波长的光强图样，光栅 B 有最高的分辨本领，光栅 C 的色散最大。

对于表 36-1 所注明的条件，光栅 A 和 B 有相同的色散 D，光栅 A 和 C 有相同的分辨本领 R。

图 36-26 表示用这些光栅对 $\lambda=589\text{nm}$ 附近的两条不同波长 λ_1 和 λ_2 的光谱线产生的光强图样（也称为谱线形状）。有较高分辨率的光栅 B 产生较窄的光谱线，因而可以比图中的其他光栅分出波长更靠近的谱线。具有较高的色散的光栅 C 产生的谱线间有较大的角距离。

例题 36.06 衍射光栅的色散和分辨本领

宽度为 $w=25.4\text{mm}$ 的衍射光栅上均匀分布着 1.26×10^4 条刻线。光栅被钠蒸气灯发射的黄光垂直地照亮。黄光中包含波长为 589.0nm 和 589.59nm 的两条非常接近的发射光谱线（称为钠黄双线）。

（a）波长为 589.00nm 的光谱线的第一极大出现在什么角度上（位于衍射图样中央极大两侧）？

【关键概念】

衍射光栅产生的极大位置可以由式（36-25）（$d\sin\theta=m\lambda$）确定。

解： 光栅的栅线间距 d 是

$$d=\frac{w}{N}=\frac{25.4\times10^{-3}\text{m}}{1.26\times10^4}$$
$$=2.016\times10^{-6}\text{m}=2016\text{nm}$$

一级极大对应于 $m=1$。把 d 和 m 的数值代入式（36-25），得出

$$\theta=\arcsin\frac{m\lambda}{d}=\arcsin\frac{(1)(589.00\text{nm})}{2016\text{nm}}$$

$$=16.99°\approx17.0°\qquad\text{（答案）}$$

（b）利用光栅的色散，计算这两条光谱线的第一级条纹的角距离。

【关键概念】

（1）第一级两条光谱线间的角距离 $\Delta\theta$，按照式（36-29）（$D=\Delta\theta/\Delta\lambda$）计算。依赖于它们的波长差 $\Delta\lambda$ 和光栅的色散 D。（2）色散 D 依赖于所求色散的位置 θ。

解： 我们假设，在第一级光谱中，在我们要计算的 D 所在的角位置就是在本题（a）小题中求出的其中一条谱线的角位置 $\theta=16.99°$ 处，在这里两条钠双线互相靠得足够近。于是由式（36-30）得到色散

$$D=\frac{m}{d\cos\theta}=\frac{1}{(2016\text{nm})(\cos16.99°)}$$

$$=5.187\times10^{-4}\text{rad/nm}$$

由式（36-29）和用纳米为单位的 $\Delta\lambda$，于是我们有

$$\Delta\theta=D\Delta\lambda$$

$$=(5.187\times10^{-4}\text{rad/nm})(589.59\text{nm}-589.00\text{nm})$$

$$=3.06\times10^{-4}\text{rad}=0.0175°\qquad\text{（答案）}$$

我们可以证明这个结果依赖于光栅的栅线间距 d，但不依赖于光栅上的刻线数。

（c）在第一级光谱中能够分辨钠的黄双线所需光栅刻线的最小数目是多少？

【关键概念】

（1）在第 m 级上，光栅的分辨本领根据式（36-32）（$R=Nm$）在物理上取决于刻线的总数 N。（2）可以分辨的最小波长差 $\Delta\lambda$ 根据式（36-31）（$R=\lambda_{avg}/\Delta\lambda$），依赖于所涉及的光的平均波长和光栅的分辨本领 R。

解： 如果要刚好能够分辨钠的黄双线，$\Delta\lambda$ 必须等于这两条谱线的波长差 0.59nm，λ_{avg} 是它们的平均波长 589.30nm。于是，我们求出可以分辨钠的黄双线的光栅的最小刻线数目是

$$N=\frac{R}{m}=\frac{\lambda_{avg}}{m\Delta\lambda}$$

$$=\frac{589.30\text{nm}}{(1)(0.59\text{nm})}=999\text{ 条刻线}\qquad\text{（答案）}$$

WILEY PLUS 在 WileyPLUS 中可以找到附加的例题、视频和练习。

36-7　X 射线衍射

学习目标

学完这一单元后，你应当能够……

36.38　知道 X 射线在电磁波谱中近似地在什么位置。

36.39　定义单胞。

36.40　定义反射面（或晶面）及晶面间距。

36.41　画出从相邻平面散射的两条光线，并标出用于计算的角度。

36.42　对于在晶体上散射的 X 射线强度极大，应用晶面间距 d、散射角 θ、级数 m，以及 X 射线波长 λ 之间的关系。

36.43　给定一个单胞的图，演示如何确定晶面间距。

关键概念

- 如果 X 射线射向晶体结构，X 射线会发生布拉格散射，如果把晶体中的原子看作排列成许多平行平面就最容易把布拉格散射形象化。
- 对于从间距为 d 的晶面上散射的波长为 λ 的 X 射线，散射强度极大的角度由下式给出：

$$2d\sin\theta=m\lambda,\quad m=1,2,3,\cdots\quad\text{（布拉格定律）}$$

X 射线衍射

X 射线是一种电磁辐射，它的波长是 1Å（$=10^{-10}$m）的量级。可以把这和可见光谱中心的波长 550nm（$=5.5\times10^{-7}$m）比较一下。图 36-27 表示产生 X 光的设备，电子从热灯丝 F 逃逸出来后被电势差 V 加速并轰击金属靶 T。

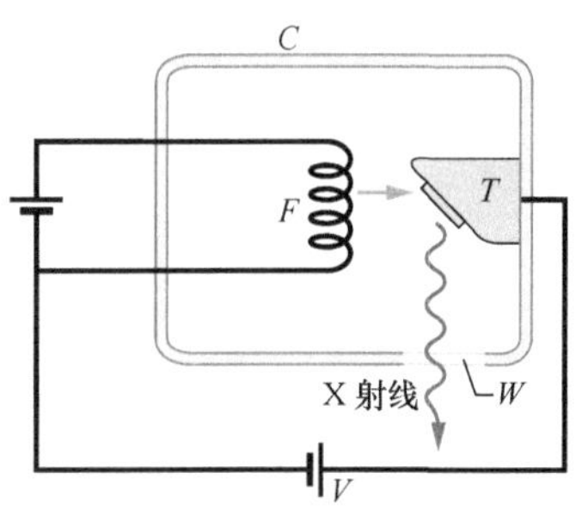

图 36-27 离开热灯丝 F 的电子通过电势差 V 加速后轰击金属靶 T 时产生 X 射线。抽空的小室 C 上的"窗"W 对 X 射线是透明的。

标准的光学衍射光栅不能用来区分 X 射线波段的不同波长。例如，对 $\lambda=1$Å（$=0.1$nm）和 $d=3000$nm，式（36-25）表明第一级衍射极大在

$$\theta=\arcsin\frac{m\lambda}{d}=\arcsin\frac{(1)(0.1\text{nm})}{3000\text{nm}}=0.0019°$$

它离中央极大太近，因而无法处理。需要用 $d\approx\lambda$ 的光栅，但是由于 X 射线的波长大约等于原子直径，所以这种光栅不能用机械方法制造出来。

1912 年，德国物理学家马克斯·冯·劳厄（Max von Lane）想到了由规则的原子阵列组成的晶体可能形成天然的三维 X 射线"衍射光栅"。这个思想是，在像氯化钠（NaCl）那样的晶体中有原子组成的基本单位（称为单胞）沿着整个阵列重复它们自己。图 36-28a 表示 NaCl 晶体中的一段，并表示出这种基本单位。单胞是每边长度为 a_0 的立方体。

当 X 射线束进入像 NaCl 之类的晶体时，X 射线被晶体结构散射——就是改变方向——向各个方向。在某些方向上，散射波发生相消干涉，结果得到强度极小；在另一些方向上干涉是相长的，结

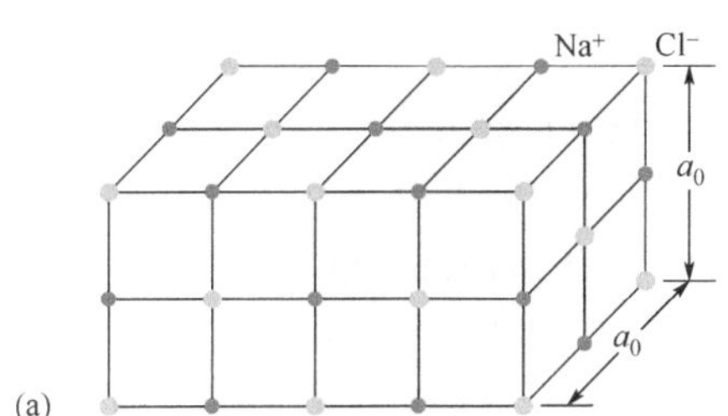

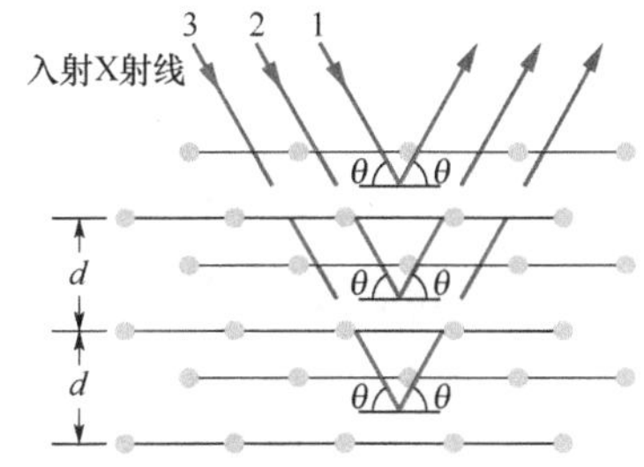

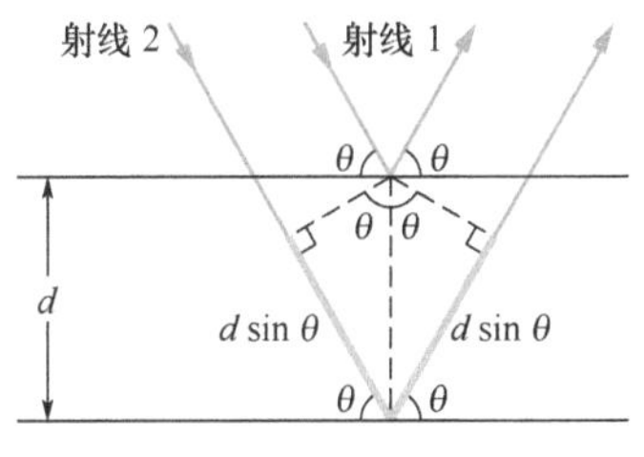

(d)

图 36-28 （a）NaCl 的立方结构，显示钠和氯的离子及单胞（阴影区）。（b）入射 X 射线在（a）小图所示的结构上衍射。X 射线衍射好像相对于许多平面以一定的角度（不是像光学中那样相对于法线）在这族平行的平面族上反射。（c）在两相邻平面上有效反射的两列波之间的程长差是 $2d\sin\theta$。（d）入射 X 射线相对于晶体结构的不同方向，现在是另一族平行平面有效反射 X 射线。

果得到强度极大。这种散射和干涉的过程是衍射的一种形式。

虚构的平面。虽然X射线在晶体上衍射的过程是很复杂的，但是我们会发现衍射极大的方向其实就是X射线在一族平行的*反射平面*（或晶面）上反射的方向，这些反射平面沿晶体中的原子展开，由有规则排列的原子阵列形成。（X射线实际上并不是被反射；我们利用这种虚构的平面只是为了简化对真实的衍射过程的分析。）

图36-28b表示*晶面间距*为d的三个反射面（一族包含许多平行的平面的一部分），我们说图上入射X射线从这三个面反射。射线1、2和3分别从第一、第二和第三个平面上反射。每一次反射的入射角和反射角都用θ表示。和光学中的习惯不同，这些角度是相对于反射*表面*定义的，而不是针对表面的法线规定的。对图36-28b中的情况，晶面间距恰巧等于晶胞的边长a_0。

图36-28c表示从相邻两平面反射的侧视图。射线1和2的波同相位到达晶体，它们被反射后必定还是同相位的，因为反射和反射面的定义只是为了说明X射线在晶体上衍射强度的极大值。和光波不同，X射线并不折射进入晶体，并且在这种情况中我们并不定义折射率。于是，射线1和2之间的相对相位在它们离开晶体的时候只取决于它们的程长差。对这些同相位的射线，程长差必定等于一个整数乘以X射线的波长λ。

衍射方程。图36-28c中，通过画出垂直的虚线，我们求出程长差是$2d\sin\theta$。事实上，这个结论对图36-28b中表示的平面族中任何两相邻平面都是正确的。于是，我们得到X射线衍射强度极大的条件：

$$2d\sin\theta = m\lambda,\ m=1,\ 2,\ 3,\ \cdots\ \text{（布拉格定律）} \tag{36-34}$$

其中，m是强度极大的级数。式（36-34）称为*布拉格定律*，名称来自首先导出这个方程式的英国物理学家布拉格（W. L. Bragg）。（他和他的父亲因为利用X射线研究晶体结构而荣获1915年的诺贝尔物理学奖）。式（36-34）中的入射角和反射角称为*布拉格角*。

无论X射线以什么角度入射到晶体，总是有这样的平面族，我们可以说X射线在这些平面上的反射得到极大，所以可以应用布拉格定律。在图36-28d中，注意到晶体结构的取向和图36-28a中的相同，但X射线束进入结构的角度和图36-28b中不同。对这个新的角度为了用布拉格定律解释X射线衍射，需要一族新的反射面，它有不同的晶面间距d和不同的布拉格角θ。

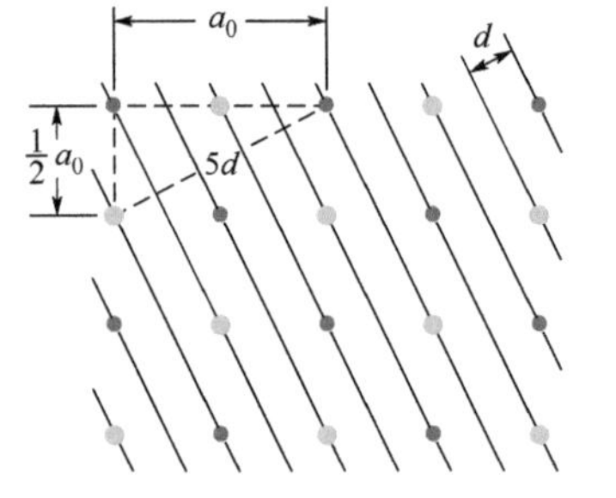

图36-29 图36-28a中的结构的一个平面族及将单胞的边长a_0和晶面间距d联系的一种方式。

确定单胞。图36-29表示晶面间距d和单胞的边长a_0的关系。对于这个特殊的平面族，由勾股定理，得

$$5d = \sqrt{\frac{5}{4}a_0^2}$$

或

$$d = \frac{a_0}{\sqrt{20}} = 0.2236a_0 \tag{36-35}$$

图36-29暗示，一旦晶面间距用X射线衍射的方法测定，怎样求出单胞的线度。

X射线衍射对研究X射线光谱和晶体中原子的排列来说都是有力的工具。要研究光谱，就要选出已知晶面间距d的特定一族晶面。

这些晶面在不同的角度上有效地反射不同的波长。能够区别不同角度的探测器可以用来确定到达它的辐射的波长。用单色 X 射线束研究晶体本身，不仅可以确定各晶面的间距，还可以确定单胞的结构。

复习和总结

衍射　波绕过物体边缘或者遇到大小可以和波的波长相比较的、障碍物或孔洞时，波的传播方向会扩展开来，结果会发生干涉，这称为**衍射**。

单缝衍射　波通过宽度为 a 的长狭缝后在观察屏上形成**单缝衍射图样**，图样是由中央极大和其他极大组成的，极大光强之间被相对中央极大角度为 θ 的极小分开，θ 满足

$$a\sin\theta = m\lambda,\ m=1,\ 2,\ 3,\ \cdots\ （极小）\qquad (36\text{-}3)$$

在任何给定角度 θ 上衍射图样的光强是

$$I(\theta)=I_m\left(\frac{\sin\alpha}{\alpha}\right)^2,其中\ \alpha=\frac{\pi a}{\lambda}\sin\theta \qquad (36\text{-}5,\ 36\text{-}6)$$

I_m 是衍射图样中央的光强。

圆孔衍射　通过直径为 d 的圆孔或透镜的衍射产生中央极大以及极大和极小的同心圆，第一极小的角位置 θ 是

$$\sin\theta = 1.22\frac{\lambda}{d}\ （第一极小——圆形孔径）\qquad (36\text{-}12)$$

瑞利判据　瑞利判据提出两个物体正好可以分辨的条件是一个物体衍射图样的中央极大落在另一个物体的衍射图样的第一极小上。它们的角距离不能小于

$$\theta_R = 1.22\frac{\lambda}{d}\ （瑞利判据）\qquad (36\text{-}14)$$

其中，d 是通光孔径的直径。

双缝衍射　通过宽度都是 a，它们的中心相距为 d 的两条狭缝的光波所显示的衍射图样中，角度 θ 位置的光强 I 是

$$I(\theta)=I_m(\cos^2\beta)\left(\frac{\sin\alpha}{\alpha}\right)^2\ （双缝）\qquad (36\text{-}19)$$

其中，$\beta=(\pi d/\lambda)\sin\theta$；$\alpha$ 就是单缝衍射中的参数。

衍射光栅　衍射光栅是一组狭缝，用来将入射光波分解为各个不同波长的成分，将不同波长的光波分开并显示它们的衍射极大。N（很大的数）条狭缝的衍射在 θ 角的位置上得到极大（光谱线）：

$$d\sin\theta = m\lambda,\ m=0,\ 1,\ 2,\ \cdots\ （极大）\qquad (36\text{-}25)$$

谱线的**半宽度**是

$$\Delta\theta_{hw}=\frac{\lambda}{Nd\cos\theta}\ （半宽度）\qquad (36\text{-}28)$$

色散 D 和分辨本领 R 由下式给出

$$D=\frac{\Delta\theta}{\Delta\lambda}=\frac{m}{d\cos\theta}\qquad (36\text{-}29,\ 36\text{-}30)$$

$$R=\frac{\lambda_{avg}}{\Delta\lambda}=Nm\qquad (36\text{-}31,\ 36\text{-}32)$$

X 射线衍射　晶体中原子有规则的阵列可以用作像 X 射线那样的短波长的波的三维衍射光栅。出于分析的目的，可以把原子想象为排列成具有特征晶面距离 d 的平行平面。如果从这些平面测量的波的入射方向，并且辐射的波长 λ 满足**布拉格定律**，就得到衍射极大（由于相长干涉）：

$$2d\sin\theta = m\lambda,\ m=1,\ 2,\ 3,\ \cdots\ （布拉格定律）\qquad (36\text{-}34)$$

习题

1. 图 36-30 中波长为 0.122nm 的 X 射线束以角度 $\theta=45.0°$ 入射到 NaCl 晶体的顶层晶面和一族反射面。设反射晶面间距 $d=0.252$nm，晶体绕垂直于页面的轴旋转角度 ϕ 直到这些反射面给出衍射极大。如果晶体顺时针旋转，ϕ 的（a）较小的和（b）较大的数值各是多少？如果晶体逆时针旋转，ϕ 的（c）较小值和（d）较大值各是多少？

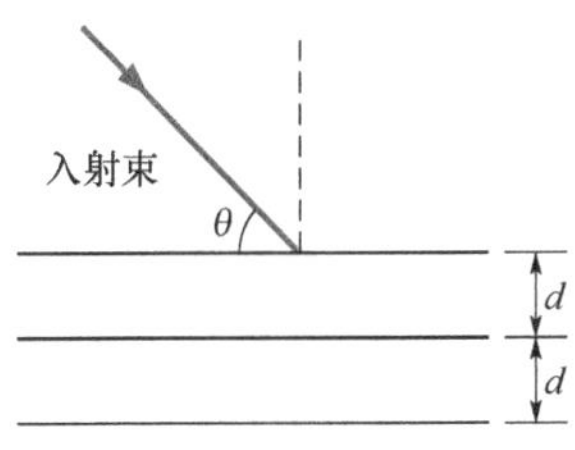

图 36-30　习题 1、2 图

2. 在图 36-30 中，波长从 80.0pm 到 140pm 的 X 射线束以 $\theta=45°$ 角入射到一族间距 $d=300$pm 的反射面上。这束 X 射线衍射的强度极大的（a）最长的波长 λ 和（b）相应的级数 m，以及（c）最短的波长 λ 和相应的 m 各是多少？

3. 包含氢原子和氘原子的混合物的光源发射两个波长的红光，它们的平均值是 656.3nm，它们的间距是 0.180nm。求可以在第二级光谱中分辨这两条谱线的衍射光栅所需要的最少刻线数是多少？

4. 衍射光栅由宽度为 300nm、距离为 900nm 的狭缝组成。光栅用波长 $\lambda=656$nm 的单色光沿垂直入射方向照射。（a）在整个衍射图样中有多少个极大值？（b）如果光栅有 1000 条狭缝，观察到的第一级光谱线的角宽度是多少？

5. 设双缝衍射图样的中央衍射包络内包含了 13 条亮条纹，并且第一衍射极小消除（正好重合）一条亮纹。衍射包络的第二和第三极小之间有几条亮纹？

6. （a）在双缝实验中，d 和 a 最大要有怎样的比例，

衍射才可以消除侧面的第五级亮条纹？(b) 其他也被消除的亮条纹还有哪些？(c) 另外 d 和 a 还有什么比值可以使衍射消除（准确地）这一亮条纹？

7. 我们把可见光谱的范围随意选择为430～680nm。求可以将一级光谱展开在12.0°的角度范围内的光栅的每毫米刻线数。

8. 在某个双缝干涉图样中，在衍射包络的第二侧峰中有8条亮纹，衍射极小正好和双缝干涉极大重合。(a) 狭缝的间距和狭缝宽度的比例是多少？在第一侧峰中有多少条亮纹？

9. 衍射光栅的宽度为2.0cm，整个宽度中有800线/cm的刻线。对于波长为600nm的入射波长，在第二级光谱中，光栅能分辨的最小波长差是多少？

10. 包含波长460.0～640.0nm的光束垂直于150线/mm的衍射光栅入射。(a) 被另一级谱线重叠的最低级是什么级？(b) 光束中整个波长范围都出现的最高级次是多少？在此最高组中 (c) 460.0nm及 (d) 640.0nm的波长各在什么角度上出现？(e) 波长460.0nm出现的最大角度是多少？

11. 一块光栅的刻线数是350线/mm。在衍射实验中，除了 $m=0$ 的级次外，整个可见光谱（400～700nm）可以出现到第几级？

12. (a) 宽度为4.25cm的衍射光栅必须有多少刻线才能在第二级中分辨出波长为415.496nm和415.487nm的光谱线？(b) 在什么角度上可以找到这第二级极大？

13. 估计地球上的观察者在理想条件下正好可以分辨火星上两个物体的直线距离。(a) 利用肉眼。(b) 利用帕洛玛山天文台的200in（=5.1m）望远镜。用到以下数据：到火星的距离为 8.0×10^7km，瞳孔直径为5.0mm，光的波长为550nm。

14. 圆形的障碍物能够产生和同样直径的圆孔相同的衍射图样（除了 $\theta=0$ 附近）。空中的水滴是这种障碍物的一个例子。譬如当你通过雾中的悬浮水滴观察月亮时，你会看到许多水滴产生的衍射图样的叠加。这些水滴产生的衍射中央极大复合形成的围绕月亮的白色区域可能遮挡了月亮。图36-31是月亮被遮挡的照片。围绕月亮有两个微弱的彩色环（较大的一个环可能太弱所以在复印的照片中看不清），较小的环在水滴产生的中央极大外缘；稍大一些的环在水滴衍射的二级极大最小的外缘（见图36-10）。因为这些环是在衍射图样的极小（暗环）旁边，所以可以看见颜色。（在图样的其他部分因重叠太多而看不到颜色。）

(a) 位于衍射极大的外缘的环是什么颜色的？(b) 绕图36-31中的中央极大的彩色环的角直径是月亮角直径的1.50倍，月亮角直径是0.50°。设所有水滴都有大致相同的直径，该直径近似地是多少？

15. 用特定的光栅，可以在与法线成19.0°角的第三级光谱上看到正好能够分辨的钠黄双线（589.00nm和589.59nm）。求 (a) 光栅的刻线间距和 (b) 刻线区域的总宽度。

Pekka Parvianen/Photo Researchers,Inc.

图36-31 习题14图。围绕月亮的月华是由天空中悬浮的水滴的衍射图样混合而成的

16. 可见光垂直入射到325线/mm的光栅。在第五级衍射图样中可以看见的最长波长是多大？

17. 波长620nm的光波通过双缝，在产生的衍射图样中，光强 I 对角位置 θ 的曲线图表示在图36-32中。求 (a) 缝宽，(b) 狭缝间距。(c) 验证所显示的 $m=1$ 和 $m=2$的干涉条纹的强度。

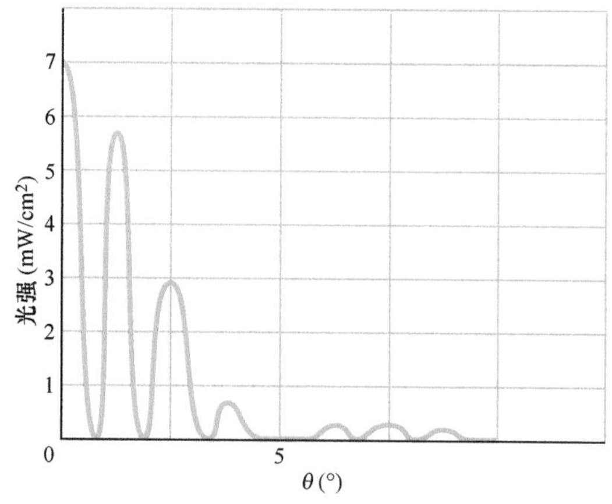

图36-32 习题17图

18. 一块光栅有600线/mm和6.0mm宽。(a) 对 $\lambda=500$nm的第三级而言，能分辨的最小波长间隔是多少？(b) 还可以看见多少更高级次的极大？

19. 波长420nm的光正垂直入射到衍射光栅，两相邻极大出现在 $\sin\theta=0.2$ 和 $\sin\theta=0.3$ 给出的角度上。第四级极大缺失。(a) 相邻狭缝间距是多少？(b) 这块光栅最小可能的缝宽是多少？对于这个缝宽，光栅所产生的极大的级数 m 的 (c) 最大值，(d) 次最大值和 (e) 第三最大值各是多少？

20. 衍射光栅用垂直于光栅入射的单色光照射，在角度 θ 处得到一条谱线。(a) 谱线的半宽度和光栅的分辨本领的乘积是多大？(b) 在波长为 600.0nm 的光的照射下，缝距为 850.0nm 的光栅的第一级上，这个乘积是多大？

21. 24.0mm 宽的光栅有 5000 条刻线。波长为 589nm 的光垂直入射到光栅上。在远距离的观察屏上，出现极大的角度 θ 的 (a) 最大，(b) 次最大和 (c) 第三最大的数值各是多少？

22. 在用波长为 610nm 的光照射的单缝衍射实验中，α 对角度 θ 的正弦值的曲线画在图 36-33 中。纵轴坐标 $\alpha_s = 24\text{rad}$。求 (a) 缝宽，(b) 在衍射图样中衍射极小的总数（计算衍射图样中央极大的两侧）。(c) 极小的最小角度，(d) 极小的最大角度。

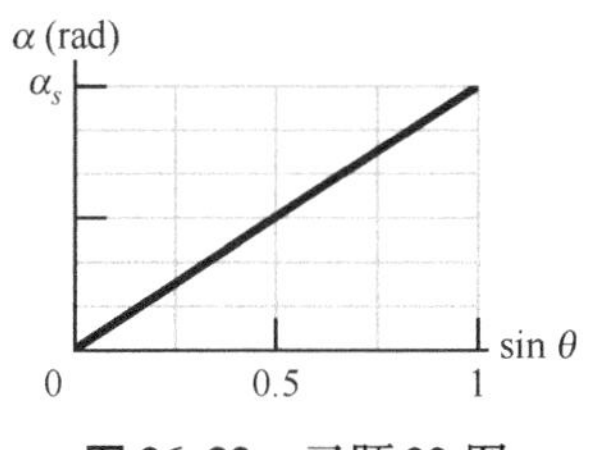

图 36-33 习题 22 图

23. 在双缝实验中，缝间距 d 是缝宽 w 的 5.00 倍。在中央衍射包络中有多少干涉亮条纹？

24. 波长为 52pm 的 X 射线在间距为 0.30nm 的方解石晶体的反射面上反射的最小布拉格角是多少？

25. 图 36-34 是 X 射线束在晶体上衍射的强度对角位置 θ 的曲线图。横坐标 $\theta_s = 4.00°$。X 射线束包含两个波长，反射面间距离是 0.94nm。X 射线束中 (a) 较短的和 (b) 较长的波长各是多少？

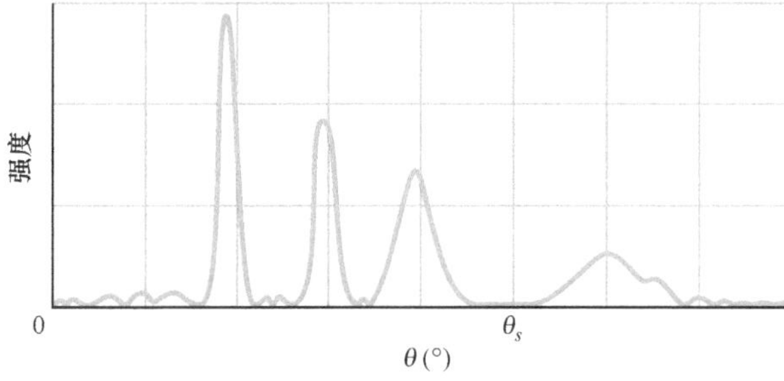

图 36-34 习题 25 图

26. 频率为 2500Hz、速率为 343m/s 的声波通过扬声器箱子上的矩形开口衍射后进入长度 $d = 100\text{m}$ 的礼堂。水平宽度为 30.0cm 的开口正对着 100m 外的墙壁（见图 36-35）。靠近这堵墙壁，离开中心轴多少距离处的一位听众正好在第一衍射极小的位置因而几乎听不见声音？（忽略反射。）

27. 在图 35-10 的双缝干涉实验中，每个光缝的宽度是 12.0μm，它们的间距是 24.0μm，波长是 600nm，观察屏距离 4.00m。令 I_P 表示屏上 P 点的光强。P 点位于高度 $y = 35.0\text{cm}$ 处。(a) I_P 和图样中心光强 I_m 的比例是多少？

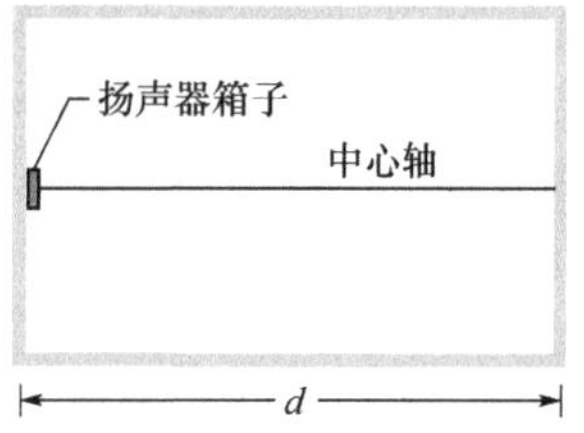

图 36-35 习题 26 图

(b) 确定 P 点是在双缝干涉图样中的极大还是极小的位置，或者在极大和极小之间。(c) 以同样的方式，对于出现的衍射图样而言，指出 P 点在衍射图样中的位置。

28. 一定波长的 X 射线束以 30.0°角入射到 NaCl 晶体中间距为 37.6pm 的一族反射面上。如果这些面上的反射是第一级，则 X 射线的波长是多少？

29. (a) 在双缝衍射图样中，第一衍射所包络的两极小之间的中央极大两侧共有多少亮条纹出现？设 $\lambda = 550\text{nm}$，$d = 0.180\text{mm}$，$a = 30.0\mu\text{m}$。(b) 第三亮条纹的强度和中央亮条纹的强度的比是多少？

30. 钠光谱的 D 线是波长为 589.0nm 和 589.6nm 的双线。如果在第三级光谱中能够分辨出这两条线，则光栅所需要的最小刻线数是多少？

31. 如果超人真的拥有波长为 0.10nm 的 X 射线视力，并且瞳孔的直径是 4.0mm。那么他可以区分恶棍和英雄的最大高度是多少？假定他需要分辨相距 15cm 的两点就可以做到这件事。

32. 气体放电管发射的光垂直入射到缝距为 1.87μm 的光栅上，实验发现清晰的绿光谱线出现在角度 $\theta = \pm 17.6°$，37.3°，$-37.1°$，65.2°和 $-65.0°$的位置上。计算满足这些条件的绿光波长。

33. 用波长分别为 λ_a 和 λ_b 的光照亮单缝。使 λ_a 分量的第一衍射极小和 λ_b 分量的第二极小重合。(a) 如果 $\lambda_b = 420\text{nm}$，则 λ_a 为多少？在什么样的级数 m_b（如果有的话）下，λ_b 分量的极小将会与级数为 (b) $m_a = 2$ 以及 (c) $m_a = 3\lambda_a$ 分量的极小重合？

34. *巴比涅原理*。单色平行光束入射到直径 $x \gg \lambda$ 的“准直”圆孔。点 P 在远距离的屏上的几何阴影中（见图 36-36a）。图 36-36b 中所示的两个衍射物体先后放在准直孔中，物体 A 是中间有孔的不透明圆盘，B 是 A 的“照相负片”。利用叠加的概念证明：P 点的光强对于两种衍射物 A 和 B 都相同。

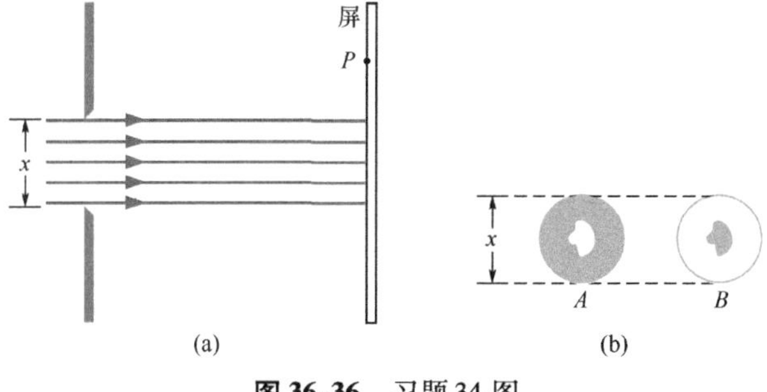

图 36-36 习题 34 图

35. 求用帕洛玛山天文台的 200in（=5.1m）望远镜能够正好分辨出的月球表面上两点间的距离。设这个距离取决于衍射效应。地球到月球的距离是 3.8×10^5km。设光的波长是 550nm。

36. 推导三缝“光栅”的光强图样的公式：

$$I=\frac{1}{9}I_m(1+4\cos\phi+4\cos^2\phi)$$

其中，$\phi=(2\pi d\sin\theta)/\lambda, a\ll\lambda$。

37. 宽度为 1.00mm 的光缝用波长为 650nm 的光照射，我们在 3.00m 外的屏上观察衍射图样。中央衍射极大的同一侧的第一和第三衍射极小之间的距离是多少？

38. 或许是为了迷惑捕食者，某些热带甲虫身体的颜色是通过光学干涉产生的，它身上的鳞片排列成衍射光栅（这种光栅可以散射光而不能透射）。当入射光垂直入射到光栅时，对于波长为 550nm 的光，第一级极大（在零级极大的两侧）之间的角度大约是 24°，甲虫的光栅的间距是多大？

39. （a）你要刚好分辨出沙滩上的红色沙粒，你必须站在离红色沙粒多远的位置？设你的瞳孔直径是 1.8mm，沙粒是半径为 50μm 的小球，沙粒反射光的波长是 650nm。（b）如果沙粒是蓝色的，从它反射的波长是 400nm，这个答案比（a）小题的结果更大还是更小？

40. 在图 36-37 中，如果波长为 0.260nm 的 X 射线束在图示的反射面上的一级反射出现在和图中晶体顶部的平面成 $\theta=70.4°$处，单胞的尺寸 a_0 是多少？

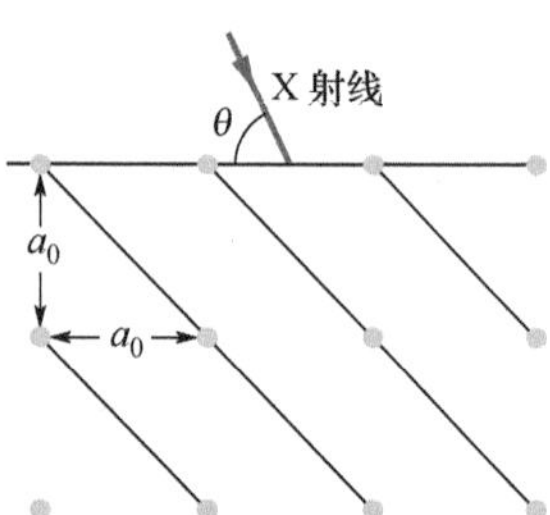

图 36-37　习题 40 图

41. 驶近的汽车的两盏前灯相距 1.4m。人眼能分辨这两盏灯的（a）角距离和（b）最大距离是多少？设瞳孔直径为 4.5mm，所用光的波长是 550nm，还假设只有衍射效应会限制分辨本领，所以瑞利判据仍然可以应用。

42. 单缝衍射的第一极小在 $\theta=30°$，缝宽和波长之比应该是多少？

43. 钠灯发射的波长为 589nm 的黄光垂直入射到宽度为 96mm，刻有 40000 条刻线的光栅上。第一级谱线的（a）色散 D，（b）分辨本领 R，第二级谱线的（c）色散 D 和（d）分辨本领 R，第三级谱线的（e）色散 D 和（f）分辨本领 R 各是多少？

44. *飞蚊症*。当你望着亮而无特征的空白背景时，看见的像飞舞的蚊子般的漂浮物实际上是你眼睛里面充满大部分眼球的玻璃体中的缺陷产生的衍射图样。通过一个小孔望出去，使衍射图样变尖锐。如果你同时看着一个小圆点，你可以大致估计这些缺陷的大小。设这种缺陷像圆形孔径一样引起光的衍射。调节圆点到你眼睛（或眼球的晶体）的距离 L，直到点和衍射图样中第一极小的圆环看上去在你的视野中有同样的大小。就是说如图 36-38a 中表示的那样，使它们在视网膜上有同样的直径 D'。视网膜距离眼睛前面的晶体 $L'=2.0$cm。图上眼球晶体两侧的角度是相等的。设可见光的波长 $\lambda=550$nm。如果圆点的直径 $D=2.0$mm，到眼睛的距离 $L=40.0$cm，缺陷在视网膜前 $x=6.0$mm 处（见图 36-38b）的直径是多大？

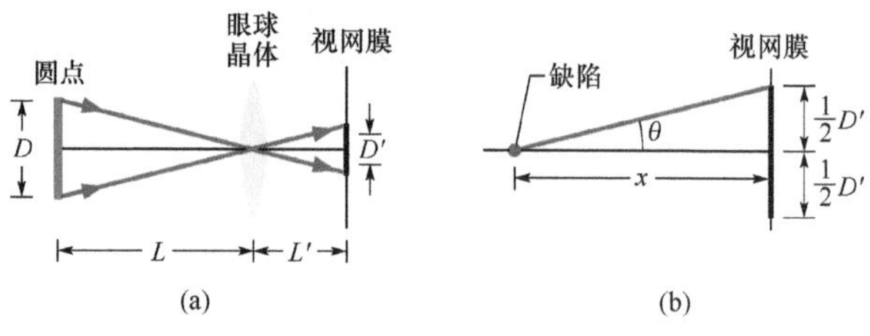

图 36-38　习题 44 图

45. 一条 0.20mm 宽的狭缝用波长为 420nm 的光照射。考虑在用来观察这条狭缝的衍射图样的观察屏上的一点 P；这一点在离狭缝中心轴 30°的角位置上。求从狭缝顶端和狭缝中间发出的惠更斯子波到达 P 点时的相位差。[提示：参见式(36-4)。]

46. 如晶体中一级反射出现在布拉格角 5.2°，同一族反射面的三级反射出现在什么布拉格角度上？

47. 180 线/mm 的衍射光栅用只包含两个波长 $\lambda_1=400$nm 和 $\lambda_2=600$nm 的光信号照射。光信号垂直入射到光栅。（a）这两个波长的第二级极大之间的角距离是多少？（b）这两个波长的极大重叠的最小角度是多少？（c）两个波长的极大都出现在衍射图样中的最高级次是多少？

48. 虎甲虫翅膀上的颜色来自很薄的膜层发生的干涉（见图 36-39）。此外，这些薄膜是由 60μm 宽的鳞片形式排列的，并且会产生不同的颜色。你看到的是薄膜干涉色的点彩混合而成的颜色，这种颜色会随观察方向而改变。大概在多远的距离上观察，正好是位于分辨不同颜色鳞片的瑞利判据的极限位置？假设光的波长为 550nm，你的瞳孔直径为 4.50mm。

49. 中央衍射极大的半峰全宽（Full Width at Half-Maximam，FWHM）定义为衍射图样中强度是衍射中心的一半处的两点之间的角度（见图 36-8b）。（a）证明：当 $\sin^2\alpha=\alpha^2/2$ 时，强度减少到极大值的一半。（b）证明：$\alpha=1.39$rad（大约 80°）是（a）的超越方程的解。（c）证明半峰全宽是 $\Delta\theta=2\arcsin(0.443\lambda/a)$，其中 a 是缝宽。计算缝宽为（d）2.00λ，（e）7.00λ，（f）12.0λ 的中央极大的半峰全宽。

50. 在图 36-40 给出的用波长为 440nm 的光所做的双缝干涉实验中，式（36-20）中的参量 β 对角度 θ 的正弦的曲线图。纵轴坐标由 $\beta_s=80.0$rad 标定。求（a）缝距，（b）干涉极大总数（衍射中心两侧的数目），（c）极大的

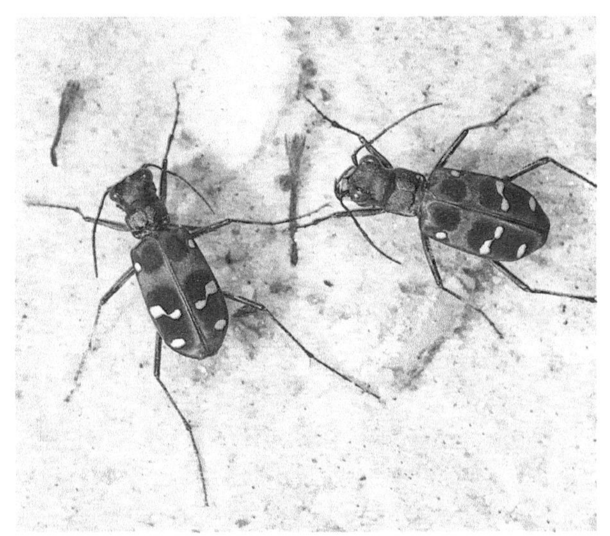
Kjell B.Sandved/Bruce Coleman,Inc./Photoshot Holdings Ltd.

图 36-39 虎甲虫的彩色是通过薄膜干涉色的点彩混合而成

最小角度，（d）极小的最大角度。设没有干涉极大被衍射极小消除。

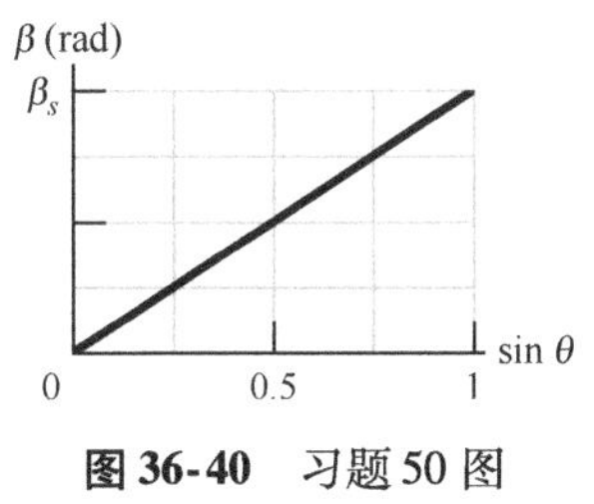

图 36-40 习题 50 图

51. 单缝衍射图样中第一和第五极小间的距离是 0.50mm，观察屏离开缝 40cm，所用光的波长是 420nm。（a）求缝宽，（b）计算第一衍射极小的角度 θ。

52. 一间大的房间的墙壁上贴满了吸音板，板上钻有小孔，各个小孔中心之间的距离为 6.0mm。人站在离开吸音板多远的距离上还能分辨出每一个小孔？假设条件是理想的，观察者眼睛瞳孔直径是 4.0mm，室内灯光的波长是 550nm。

53. （a）两颗星体正好能被位于匹兹堡的 Allegheny 天文台的 Thaw 折射望远镜分辨出来，两颗星体的角距离是多大？望远镜物镜的直径为 76cm，焦距为 14m。设 $\lambda = 550\text{nm}$。（b）如果这两颗仅能分辨的星体距离地球都是 18ly，它们之间的距离是多大？（c）从放在望远镜物镜焦平面上的相片上测量。对于望远镜中的一颗星的像，衍射图样中第一暗环的直径是多大？设像的结构完全决定于物镜孔径的衍射，与透镜的“缺陷”无关。

54. 在常规的电视中，信号从发射塔发送到家庭接收器。即使由于小山或建筑物的遮挡，使得接收器不在发射塔的直接视野内，但只要信号有足够的衍射，就可以绕过障碍物到障碍物的“阴影区域”，接收器仍旧能接收到信号。以前，电视信号的波长大约是 50cm，但从发射塔发射的数字电视信号的波长大约 10mm。（a）这样的波长改变是增加还是减少了信号衍射到障碍物的阴影区域？假设信号可以通过两相邻建筑之间 6.0m 的空隙。波长是（b）50cm 和（c）10mm 的中央衍射极大（到第一极小的范围）的扩散角有多大？

55. 毫米波雷达能够产生比常规的微波雷达更窄的波束，这使它比常规的雷达更不易受到反雷达导弹的袭击。（a）计算由 68.0cm 的圆形天线发射的 220GHz 的雷达波束的中央极大（从第一极小到第一极小）的角宽度 2θ。（所选择的频率要和低吸收大气“窗口”相一致。）（b）对于更为常规的、直径为 2.0m 的圆形天线，发射波长为 1.6cm 的雷达波时，2θ 是多少？

56. 眼内的晕。一个人在黑暗的环境中望着一盏明亮的灯，灯显示出被明暗相间的环围绕着（因此叫作晕圈），这实际上是像图 36-10 中那样的圆孔衍射图样，它的中央极大和灯直接发出的光重叠。这种衍射是由眼睛的角膜或晶体内部结构的衍射所产生的（因而称为眼内的）。如果灯发出波长 550nm 的单色光，并且第一级暗环直径在观察者的视野中的张角为 2.0°，产生衍射的结构的（线）直径是多少？

57. 波长为 0.10nm 的 X 射线在氟化锂晶体上的二级反射发生在 23°的布拉格角上。晶体中反射面的晶面间距是多少？

58. 单波长的光束垂直入射到图 35-10 所示的双缝装置上。两条缝的宽度都是 50μm，缝的间距是 0.30mm。衍射图样的两个第一级极小之间会出现多少完整的亮条纹？

59. 考虑一个二维正方晶体结构，它就像图 36-28a 中所示的结构的一个面。反射面的最大晶面间距是单胞的大小 a_0。计算：（a）第二最大，（b）第三最大，（c）第四最大，（d）第五最大和（e）第六最大的晶面间距并作图。证明你算出的（a）~（e）的结果和一般的公式

$$d = \frac{a_0}{\sqrt{h^2 + k^2}}$$

一致，其中 h 和 k 是互素的整数（它们除 1 以外没有其他的公因数）。

60. 巡洋舰的雷达系统从直径 2.3m 的圆形天线上发射波长为 1.6cm 的电磁波。在 5.6km 的范围内，此雷达系统仍旧可以分辨出作为两个物体的两艘快艇相距的最小距离是多少？

61. 350 线/mm 的光栅被垂直入射的白光照射，并在离光栅 30.0cm 的屏上形成光谱。如果在屏上挖出一个 15.0mm 的方孔，孔的内缘离中央极大 45.0mm 并且和中央极大的谱线平行。通过这个方孔的光的（a）最短和（b）最长波长各是多少？

62. 在图 36-4 所示的单缝衍射实验中，光的波长是 500nm，缝宽是 6.00μm，缝与观察屏相距 $D = 4.00\text{m}$。令 y 轴沿观察屏向上，原点在衍射图样中心。还令 I_P 表示在 $y = 15.0\text{cm}$ 的 P 点处衍射光的强度。（a）I_P 和衍射中心的光强 I_m 的比值为何？（b）确定 P 点是在衍射图样中的极

大和极小之间，还是在两个极小之间。

63. 波长420nm的平面波入射到宽度 $a=0.60\text{mm}$ 的狭缝上。焦距为+70cm的薄会聚透镜放在狭缝和观察屏之间，并把光聚焦在屏上。(a) 屏离开透镜多远？(b) 屏上衍射图样的中心到第一极小的距离是多少？

64. 假设瑞利判据给出宇航员从典型的航天飞机的高度（420km）向下用眼睛观察地球表面的分辨极限。(a) 在此理想的假设下，估计宇航员可以分辨的地球表面的最小线宽是多少？取宇航员瞳孔直径为5mm，可见光波长为550nm。(b) 宇航员能不能分辨出中国的长城（见图36-41）？长城的长度大于3000km，它的底部有5～10m厚，顶部宽4m，高8m。(c) 宇航员是否能准确无误地分辨出地球表面上智慧生命的任何迹象。

©AP/Wide World Photos

图36-41 习题64图，中国的长城

65. 核能抽运X射线激光被看作是可以在1500km范围内破坏洲际助推火箭的武器，这种武器的一个缺陷是衍射产生的光束扩散，这会使射束的强度减弱。考虑在1.40nm波长下工作的这种激光。发射光的元件是直径为0.400mm的导线终端。(a) 求距离光源2000km的靶上中心光束的直径。(b) 靶上光束强度和导线发射端光束强度之比是多大？（激光是在太空中发射的，所以可以忽略任何大气吸收。）

66. 电线（以及其他尺寸小的物体）制造商有时会用激光连续监视产品的粗细。电线挡住激光束，从而产生衍射图样，产生这个衍射的单缝的宽度恰好等于电线的直径（见图36-42），设用波长为632.8nm的氦-氖激光照向一根电线，在与电线相距 $L=2.60\text{m}$ 的屏上出现衍射图样。如果要求电线直径为1.56mm。观察到两个第十级极小（各在中央极大的每一侧）之间的距离是多大？

67. (a) 证明，将式（36-5）对 α 求微商并令结果等于零，就可以准确地求出单缝衍射在产生强度极大的条件下的 α 值。其中用到条件 $\tan\alpha=\alpha$。要求满足这个条件的 α 值，画出曲线 $y=\tan\alpha$ 和直线 $y=\alpha$，然后找出它们的交点或用计算器通过反复试验找出 α 的适当数值。下一步，由 $\alpha=\left(m+\frac{1}{2}\right)$ 可确定和单缝衍射图样中极大相关的

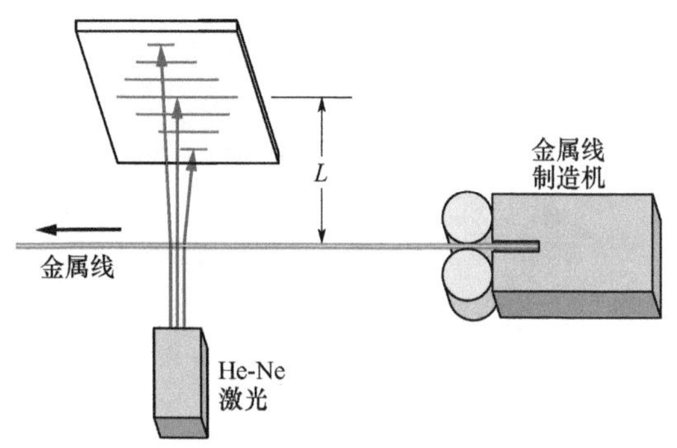

图36-42 习题66图

m 的数值。（这些 m 不是整数，因为二次极大并不正好在极小之间一半的位置。）求：(b) 最小的 α 及 (c) 相应的 m，(d) 第二最小的 α 及 (e) 相应的 m，(f) 第三最小的 α 及 (g) 相应的 m。

68. 某些商业侦察卫星上的望远镜能辨别出地面上小到85cm宽的物体（见Google Earth），军事侦察卫星则能辨别出小到10cm宽的物体。首先假设物体的分辨本领完全取决于瑞利判据，并且不会因大气湍流而下降，还要假设人造卫星的典型高度是420km，可见光波长是550nm。要想达到 (a) 85cm的分辨本领，(b) 10cm的分辨本领，所需望远镜孔径的直径各是多大？现在考虑大气湍流肯定要使分辨本领降低，哈勃空间望远镜孔径的直径是2.4m，对 (b) 小题的答案你将做何解释，谈一谈怎样实现军事侦察的分辨本领？

69. 波长420nm的光入射到狭缝上。中央衍射极大一侧的第一衍射极小和另一侧的第一极小间的角度是2.00°。狭缝宽度是多少？

70. (a) 直径为50cm的圆形膜片以25kHz的频率振荡，把它用作探测潜水艇的水下声源。在远离声源的地方，声音的强度分布就像直径等于膜片直径的圆孔衍射图样一般。取水中声速是1450m/s。求膜片的法线和从膜片到第一极小的直线之间的角度。(b) 这个方向上是不是会有频率为1.0kHz（可闻声）的声源产生的衍射极小？

71. 波长为 A 的X射线束以23°入射角入射到晶面上产生一级反射（布拉格定律衍射）。当波长为61pm的X射线束以相对于这个晶面60°的角度入射时会产生三级反射。假设这两束X射线是从同一族反射面反射的。求 (a) 晶面间距和 (b) 波长 A。

72. 波长为441nm的单色光入射到单狭缝。在2.00m远的屏上二级衍射极小和中央极大之间的距离是1.80cm。(a) 求二级极小的衍射角 θ，(b) 求缝宽。

73. 波长为420nm的单色光入射到宽度为0.050mm的狭缝上。狭缝到屏的距离是3.5m。考虑屏上离中央极大2.2cm的一点。计算 (a) 该点的 θ，(b) α，(c) 该点光强和中央极大光强的比值。

CHAPTER 37

第 37 章 相对论

37-1 同时性和时间延缓

学习目标

学完这一单元后，你应当能够……

37.01 懂得（狭义）相对论的两个假设以及它们所用的参考系的类型。

37.02 知道光速是速度的极限速率，并给出它的近似值。

37.03 说明事件的空间和时间坐标怎样用三维阵列的钟和尺测量，以及怎样消除信号到观察者所需的传播时间。

37.04 懂得时间和空间的相对性与做相对运动的两个惯性参考系之间测量的变换有关，但在同一参考系内仍旧应用经典动力学和牛顿力学。

37.05 懂得对于做相对运动的两个参考系而言，在一个参考系内同时的事件在另一参考系中观察时一般说来是不同时的。

37.06 说明两个事件的时间间隔和空间距离纠缠的意义。

37.07 懂得两个事件的时间间隔是固有时的条件。

37.08 懂得如果在同一个参考系内测量的两个事件的时间间隔是固有时，则在另一参考系内测量到的这个时间间隔会比较大（延缓的）。

37.09 应用固有时 Δt_0、延缓的时间 Δt 和两个参考系间的相对速率之间的关系。

37.10 应用相对速率 v、速率参量 β 和洛伦兹因子 γ 之间的关系。

关键概念

- 爱因斯坦的狭义相对论基于两个假设：(1) 物理定律对所有惯性参考系中的观察者来说都是相同的。(2) 光在真空中的速率在所有的方向上以及在所有惯性参考系中都有相同的数值 c。
- 三个空间坐标和一个时间坐标充分指明了一个事件。狭义相对论的一项任务是把两个相对做匀速运动的观察者各自规定的这几个坐标联系起来。
- 如果两个观察者做相对运动，一般说来他们对两个事件是否同时的看法并不一致。
- 如果在一个惯性参考系中同一地点发生前后相继的两个事件，那么一个时钟在它们发生的地方测量的二者间的时间间隔 Δt_0 是二者间的固有时。相对于这个参考系运动的另一个参考系中的观察者测量这同一时间间隔总是会得到更大的数值 Δt，这个效应称作时间延缓。
- 如果两个参考系的相对速率是 v，则

$$\Delta t = \frac{\Delta t_0}{\sqrt{1-\frac{v^2}{c^2}}} = \frac{\Delta t_0}{\sqrt{1-\beta^2}} = \gamma \Delta t_0$$

其中，$\beta = v/c$ 是速率参量；$\gamma = 1/\sqrt{1-\beta^2}$ 是洛伦兹因子。

什么是物理学？

物理学最重要的主题之一是**相对论**，它是测量事件（发生的事情）的研究领域：事件发生在什么时间和什么地点，以及两个事件在空间和时间中相隔多远？此外，相对论研究这种测量（还

包括能量和动量的测量）在做相对运动的参考系之间如何变换。（因此有相对论的名字。）

在 1905 年，物理学家已经非常熟悉像我们在 4-6 和 4-7 单元中讨论过的运动的参考系及它们之间的变换，因为他们在工作中会经常接触这些问题，当时爱因斯坦（见图 37-1）发表了**狭义相对论**。这里的形容词“狭义”的意思是这个理论只涉及**惯性参考系**，这是牛顿定律在其中有效的参考系。（爱因斯坦的广义相对论处理更具挑战性的情况，其中的参考系可以经受引力加速度；在这一章里，相对性一词只限于惯性参考系。）

© Corbis-Bettmann

图 37-1　声名鹊起的爱因斯坦在当时拍摄的一张摆拍照。

从两个看上去很简单的假设出发，爱因斯坦使科学界大吃一惊，他证明关于相对性的旧观念错了，虽然每个人都习惯了这些观念并且它们看上去是毫无问题的常识。不过，这种大家都相信的常识只是来自事物都运动得非常慢的经验。爱因斯坦的相对论被证明为对所有物理上可能的速率都正确，相对论预言了许多乍一看是稀奇古怪的效应，因为还没有人曾经历过这些现象。

纠缠的。特别是爱因斯坦指出时间和空间是纠缠在一起的；就是说，两个事件之间相差的时间依赖于它们发生在离开多远的距离上，反之亦然。还有，对相对运动的观察者而言，这种纠缠是不同的。一个结论是，时间并不是控制宇宙的老爷钟按机械规律嘀嗒嘀嗒地以固定的速率流逝。时间的速率是可调的：相对运动会改变时间流逝的速率。1905 年以前，除了做白日梦的人之外，没有人会想到过这样的事。现在，工程师和科学家认为这是理所当然的，因为他们有关狭义相对论的经验重新塑造了他们的常识。例如，参与导航卫星定时和测距（NAVigation System Timing And Ranging，NAVSTAR）的全球定位系统的工程师们必须将应用相对论（狭义相对论和广义相对论都有）来确定人造卫星上时间流逝的速率作为常规，因为这个速率和地面上的速率是不同的。如果工程师们没有考虑到相对论，全球定位系统在不到一天的时间内就会变得毫无用处了。

人们都认为狭义相对论很难懂，但它并不是难在数学上，至少这里不是。它是难在我们要十分小心地搞清楚，谁在测量事件的什么参数，以及怎样进行测量——这些确实是很难的，难在它和我们习惯了的经验相矛盾。

两个假设

我们现在讨论相对论的两个假设，爱因斯坦的理论就是建立在这两个假设的基础上：

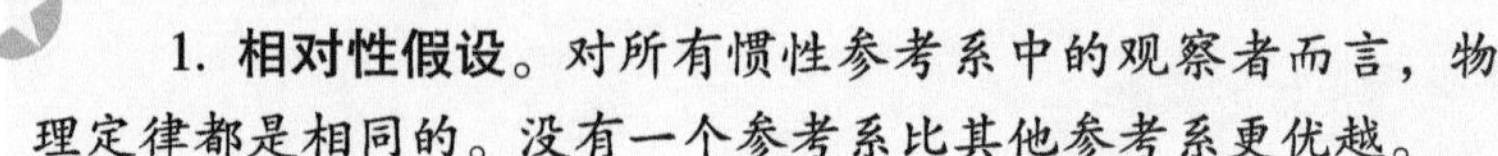

1. **相对性假设**。对所有惯性参考系中的观察者而言，物理定律都是相同的。没有一个参考系比其他参考系更优越。

伽利略假设力学定律在所有惯性系中都相同。爱因斯坦延伸了这个概念，使其包含了所有的物理定律，特别是电磁学和光学的定律。这个假设不是说测量到的所有物理量的数值对所有惯性系中的观察者而言都是相同的；它们大多数是不同的，相同的则是表示这些测量得到的量之间的关系的物理定律。

2. **光速的假设**。真空中光的速率 c 在所有方向上以及所有惯性参考系中都是相同的。

我们也可以把这个假设表述为：自然界有一个在所有方向上和所有惯性参考系中都同样的极限速率 c。光就以这个极限速率在真空中传播的。实际上，没有一个携带能量或信息的实体能超过这个极限。还有，没有一个具有质量的粒子实际上可以达到速率 c，无论这个粒子有多大的加速度或者被加速了多长时间。［很遗憾，在许多科幻故事中使用的可以超光速的所谓“warp drive”（非常规驱动点）[⊖]是不可能实现的。］

这两个假设都已被穷尽一切可能的方法检验过了，还没有发现例外。

极限速率

被加速的电子的速率极限的存在被1964年伯托齐（W · Bertozzi）做的实证所证实。他把电子加速到各种速率并——用独立的方法——测量它们的动能。他发现随着作用在非常快的电子上的力的增大，测得的电子动能会增加到非常大的数值，但电子的速率却没有显著的增加（见图37-2）。电子在实验室中被加速到至少是光速的99.999999995%——虽然非常靠近——但速率仍旧小于极限速率 c。

这个极限速率被定义为准确的

$$c = 299792458\text{m/s} \tag{37-1}$$

小心：在本书中，到现在为止我们把 c（恰当地）近似为 $3.0\times10^8\text{m/s}$，但在这一章里我们常常用准确的数值。你可以把这个准确数值存储在计算器里（如果那里面还没有），用到的时候再找出来。

光速假设的检验

如果光速在所有的惯性参考系中都是相同的，那么，相对于譬如说实验室运动的光源发射的光的速率应当和在实验室中静止的光源发射的光的速率相等。这个假设在高精度的实验中已经被证实。“光源”是中性 π 介子（符号 π^0），它是粒子加速器中通过碰撞产生的短寿命的不稳定粒子。它通过以下过程衰变（转变）成两个 γ 光子：

$$\pi^0 \rightarrow \gamma + \gamma \tag{37-2}$$

γ 光子是电磁波谱的一部分（有非常高的频率）所以像可见光一样服从光速的假设。（在这一章里，我们用光这个词表示任何类型的电磁波，无论可见或不可见的。）

1964年，位于日内瓦近郊的欧洲粒子物理实验室（CERN）的物理学家产生了一束相对于实验室以速率0.99975c运动的 π 介子。

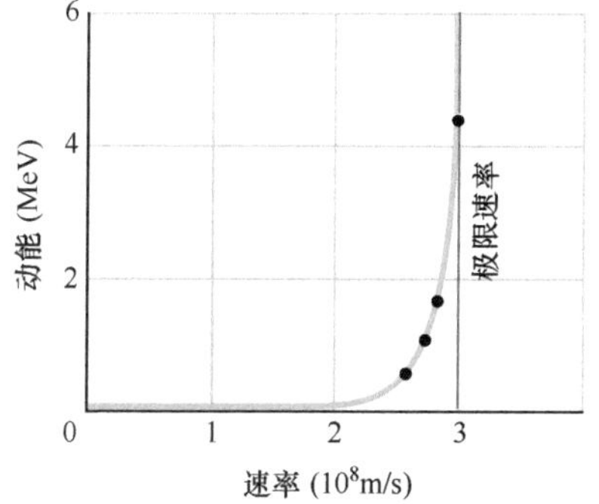

图37-2 图中的黑点表示与电子速率的测量值相对应的电子动能的测量值。无论给电子多少能量（或给任何其他有质量的粒子），它的速率永远不会等于或超过极限速率 c。（通过黑点的曲线表示爱因斯坦狭义相对论的预言。）

⊖ 科幻故事中利用正物质和反物质反应产生能量的发动机。——译者注实验人员测量了从这些运动得非常快的辐射源发射的 γ 射线的速率。他们发现这些 π 介子发射的光的速率和如果 π 介子静止在实验室中发射的光的速率完全相同，都是 c。

事件的测量

事件是发生的某件事件，每一事件都可以被赋予三维空间坐标和一维时间坐标。许多可能的事件中包括（1）小电灯泡的开和关，（2）两个粒子的碰撞，（3）光脉冲通过一特定的点，（4）一次爆炸，（5）钟上的指针扫过钟面边缘上的一个刻度。在某个惯性参考系中，静止的某个观察者可以给例如一个事件 A 指定表 37-1中列出的坐标，因为在相对论中时间和空间是相互纠缠在一起的，我们可以把这些坐标统称为时空坐标。坐标系本身就是观察者的坐标系的一部分。

表 37-1　**事件 A 的记录**

坐标	数值
x	3.58m
y	1.29m
z	0m
t	34.5s

一个给定的事件可以被各自在不同的惯性参考系中的任何数目的观察者记录下来。一般说来，不同的观察者会给同一事件指定不同的时空坐标。注意，一个事件不“属于”任一特定的惯性参考系。一个事件只是发生的某个事情，任何参考系中的任何一个人都可以探测这一事件并给它指定时空坐标。

传播时间。在具体问题中确定这样的时空坐标可能是很复杂的。例如，假设一只气球在你右边 1km 处爆裂，同时一个鞭炮在你左边 2km 处爆炸，都是在上午 9：00。然而，你并不是准确地在上午 9：00 探测到这两个事件的，因为在这个时刻从两个事件发出的光还没有到达你所在的位置。因为鞭炮爆炸产生的光所经过的路比较长，所以它到达你的眼睛的时间要比气球爆裂的光来得晚，因而看上去好像鞭炮爆炸比气球爆裂发生得晚一些。要确定真实的时间，并且指明两个事件发生的时间是在上午 9：00，你必须算出光的传播时间，然后从到达的时刻中减去传播时间。

在某些更复杂的情况中，这个过程可能会非常麻烦，我们需要较为简便的过程，它可以自动地消除与从事件到观察者的传播时间有关的麻烦。要建立这样的方法，我们要建立遍及观察者所在的惯性系的尺和钟的假想阵列（这个阵列与观察者固定在一起运动）。这个构造看上去显得过于人为，但它使我们免除许多混淆和计算，这样一来我们就可以按下面的步骤来确定坐标。

1. **空间坐标**。我们想象观察者所在的坐标系用紧密排列的尺的三维阵列组合起来，每一组尺平行于三个坐标中的一个坐标。这些尺提供了沿坐标轴确定坐标的方法。于是，如果事件是，譬如说，点亮一只小灯泡，观察者为了确定事件的位置，只需要读出灯泡位置的三个空间坐标。

2. **时间坐标**。至于时间坐标，我们想象在量尺阵列的每一个交叉点上放一只小钟，当事件发出的光照亮小钟时，观察者就可以读出小钟指示的时间。图 37-3 表示我们上面描述的钟和尺的“方格框架”的一个平面。

我们利用这个阵列来确定时空坐标

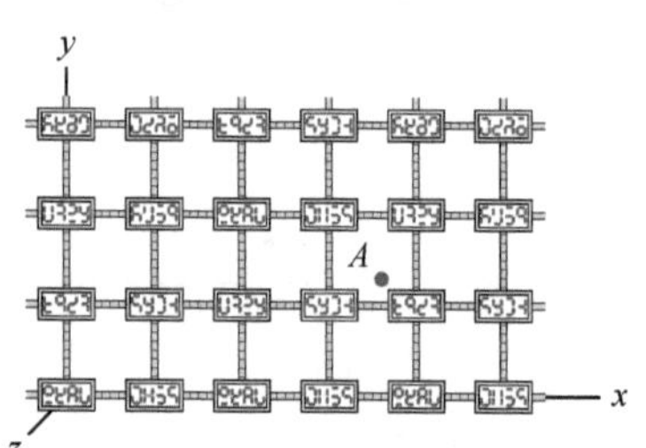

图 37-3　一个三维的钟和尺的阵列的一个截面。通过这个阵列，观察者可以对一个事件，例如发生在 A 点的闪光，指定其时空坐标。这个事件的空间坐标近似于 $x=3.6$ 尺，$y=1.3$ 尺，$z=0$。时间坐标是离 A 最近的钟在闪光发生时刻钟上所显示的读数。

钟的阵列必须严格同步。我们不仅是要装配一组完全相同的钟并把它们都调整到相同的时刻，而且还要把它们移到各自指定的位置。例如，我们还是不知道移动这些钟会不会改变它们的速率。(事实上是会的) 我们必须先把这些钟放在各自的位置上然后使它们同步。

如果我们有一种能够以无限大的速率传递信号的方法，使钟同步就是很容易的事情。但是，我们目前还不知道哪种信号会具有这种性质。因此，我们选择光（或电磁波磁中任何一部分）来传递同步信号，这是因为在真空中光是以可能的最大速率（即极限速率）c 传播。

以下是观察者利用光信号使钟的阵列达到同步的许多可用的方法之一：观察者征募了大量临时助手来帮忙，每一个助手负责一只钟。观察者站在选作原点的位置，当位于原点的钟的读数 $t=0$ 时，发出光脉冲。当光脉冲到达某一位助手的位置时，助手会把他的钟拨到 $t=r/c$，其中 r 是助手到原点的距离。这样一来，所有的钟都可以同步。

3. **时空坐标**。观察者现在只要记下最靠近事件的钟上的时间和最近的尺上的标度就可以确定事件的时空坐标。如果发生两个事件，观察者可以算出离两个事件最近的钟上指示的时间差，这样就得到事件的时间间隔；通过两事件旁的坐标的标度的差就可以计算两事件的空间距离。这样我们避免了计算从事件到观察者的信号传播时间的实际问题。

同时的相对性

假设一个观察者（山姆）注意到两个独立的事件（“红”事件和“蓝”事件）同时发生。还假设另一位观察者（萨莉），她以恒定的速度 $\vec{v}$ 相对于山姆运动，也在记录同样的这两个事件。萨莉也会发现这两个事件同时发生吗？

答案是，一般说来她不会。

如果有两个互做相对运动的观察者，一般说来，他们对两个事件是否同时发生的看法是不一致的。如果其中一个观察者认为二者是同时发生的，那么另一个通常会认为二者不是同时的。

我们不能说一个观察者是对的而另一个是错的，他们的观察同样有效，没有理由赞成这一个而反对另一个。

相同的自然事件竟然会得到两种互相矛盾但是又都正确的表述，我们不得不说这也许就是爱因斯坦理论的一个不可思议的结果。然而在第 17 章里，我们也曾见到运动虽然会影响测量结果，但却不妨碍我们承认得出的相互矛盾的结果的另一种方式：在多普勒效应中，观察者测得的声波的频率依赖于观察者和声源的相对运动。因此，两个互做相对运动的观察者可以对同一声波测出不同的频率，而二者的测量都是正确的。

我们得出以下结论：

同时性不是一个绝对的概念而是一个相对的概念，它取决于观察者的运动。

如果观察者的相对速率比起光速来是非常小，那么，同时性测量的差别是如此之小，以致它们不会被注意到。这是我们所有人日常生活中的经验；也是我们不了解同时性的相对性的原因。

细察同时性

我们用一个基于相对性假设的例子来进一步说明同时性的相对性，这里面不直接涉及钟和尺。图 37-4 表示两艘很长的宇宙飞船（*SS* 萨莉和 *SS* 山姆），两艘飞船分别是观察者萨莉和山姆所在的惯性参考系，两个观察者静止在各自的飞船中。两艘飞船沿共同的 x 轴分开一定距离，萨莉对于山姆的相对速度是 $\vec{v}$。图 37-4a 表示带着两个观察者的两艘飞船暂时并排地停在一起。

两颗巨大的陨石击中飞船，一个发出红色闪光（“红”事件），另一个发出蓝色闪光（“蓝”事件），这不一定是同时的。每一个事件在每一艘飞船上留下了永久的印记，位置在 RR' 和 BB'。

我们假设两个事件发射的光波正好在同一时刻到达山姆的位置，如图 37-4b 所示。我们进一步假设，这一事件后，山姆通过测量他所在飞船上的标记发现，在两个事件发生的时刻他确实正站在飞船上的 B 和 R 两个标记之间的中央位置。他会这样说。

山姆：从“红”事件发出的光和从“蓝”事件发出的光在同一时刻到达我这里。我通过飞船上的标记发现，自己正好站在两个光源的中间，因此“红”事件和“蓝”事件是同时发生的。

对图 37-4 的研究表明，萨莉和“红”事件发射并扩展的波前相向而行，而她和“蓝”事件发射的波前同方向行进。因此，“红”事件发射的波前先于“蓝”事件的波前到达萨莉。萨莉会这样说。

萨莉：“红”事件发射的光先于“蓝”事件发射的光到达我这里。我通过飞船上的标记发现，自己也正好站在两个光源中央的位置。因此，两个事件不是同时发生的；“红”事件先发生，“蓝”事件随后发生。

这两个报告不一致。不过两个观察者的说法都是对的。

特别要注意，从每一个事件发生的位置上各自只发出一个波前，如果严格按照光速假设的要求，那么波前会以同样的速率 c 在两个参考系中传播。

也可能是另外一种情况，陨石以某种方式撞击飞船，而在萨莉看来这两次撞击是同时的。如果是这种情况的话，山姆就会宣称这两个事件不是同时的。

$\vec{v}$ B′ 萨莉 R′ B 山姆 R

“蓝”事件 “红”事件

(a)

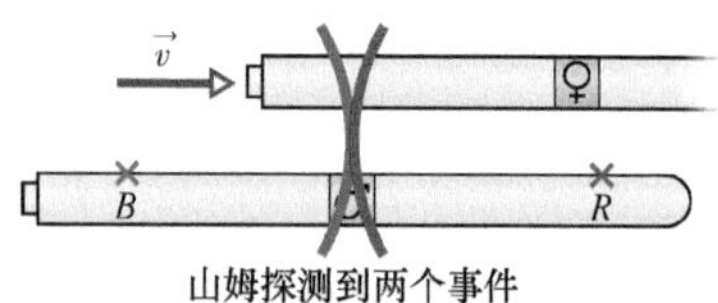

(b) 从两个事件发生的波同时到达山姆，但是……

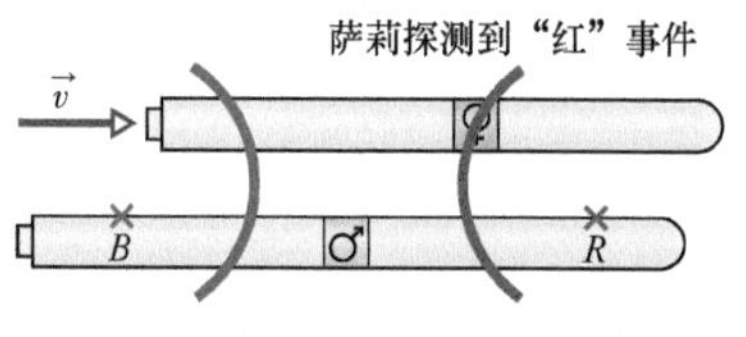

(c) 因为萨莉首先接收到“红”事件发来的波

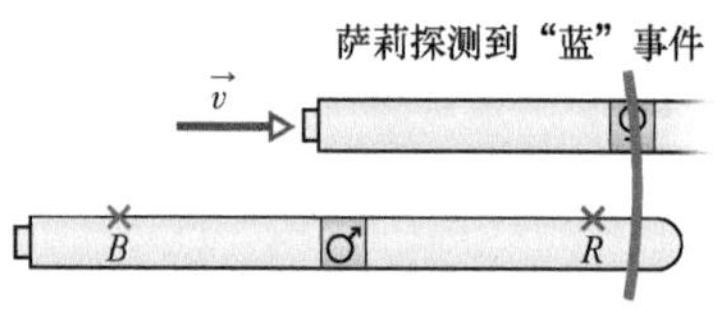

(d)

图 37-4 山姆和萨莉的宇宙飞船以及从山姆的观点看两个事件的发生。萨莉的飞船向右以速度 $\vec{v}$ 飞行。(a)“红”事件发生在 RR' 位置，“蓝”事件发生在 BB' 位置。每个事件中都各自发出光波。(b) 山姆同时探测到从“红”事件和“蓝”事件发出的光波。(c) 萨莉探测到“红”事件的光波。(d) 萨莉探测到“蓝”事件的光波。

时间的相对性

如果两个做相对运动的观察者测量两个事件的时间间隔（或时间距离），他们一般会得到不同的结果。为什么？因为事件之间的空间距离可能影响观察者测得的时间间隔。

两个事件的时间间隔依赖于它们在时间和空间中分开多远；就是说它们的空间距离和时间距离是纠缠在一起的。

在这一单元中，我们用一个例子来讨论这种纠缠；然而，这个例子受到严格的限制：对于两个观察者之一而言，这两个事件发生在同一地点。直到37-3单元之前我们不会再提出更为一般的例子。

图37-5a表示萨莉所做实验的基本原理。萨莉和她的设备——光源、一面反射镜和一只钟——装在列车上以恒定的速度 $\vec{v}$ 相对于车站运动。一个光脉冲从光源 B 发出（事件1），竖直向上传播，被反射镜竖直向下反射，然后回到光源位置被探测器探测到（事件2）。萨莉测量了两次事件之间的时间间隔 Δt_0，这个时间间隔和光源到反射镜的距离 D 的关系是

$$\Delta t_0 = \frac{2D}{c} \quad (\text{萨莉}) \tag{37-3}$$

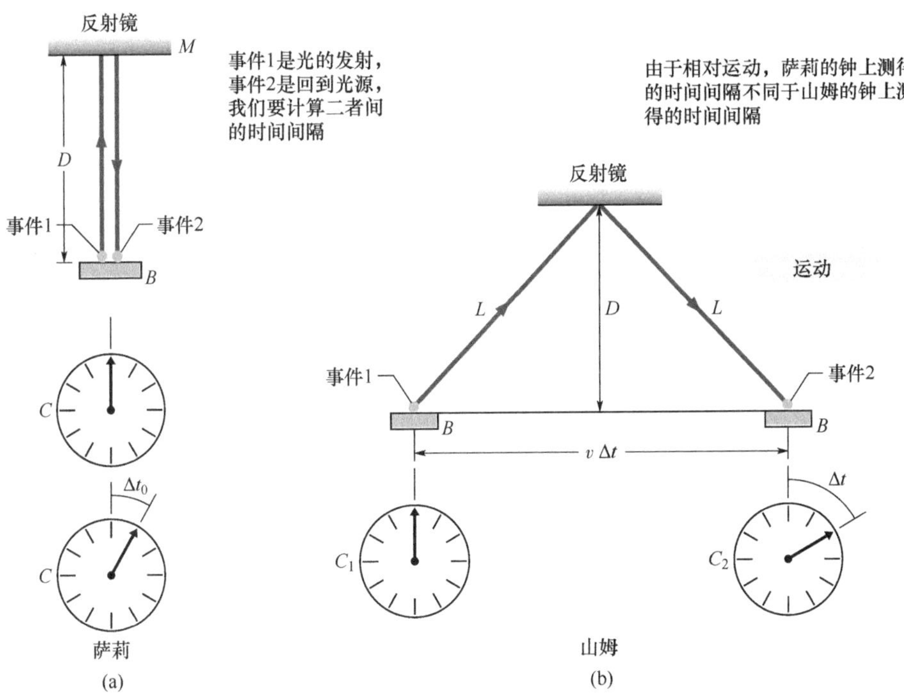

图37-5 （a）萨莉（在列车上）用列车上的一只钟 C 测量事件1和2之间的时间间隔得到 Δt_0。这只钟被画了两次，第一次是事件1，第二次是事件2。（b）山姆（事件发生时他正在站台上观看）需要两只同步的钟，C_1 在事件1，C_2 在事件2。用这两只钟测量两个事件的时间间隔；他测得的时间间隔是 Δt。

在萨莉所在的参考系中，这两个事件发生在同一位置，她只需要在这个位置上放一只钟 C 来测量时间间隔。钟 C 在图37-5a中被画了两次，一次是在开始时刻，另一次是在时间间隔的结束时刻。

现在考虑站在站台上的山姆在列车经过时对这两个同样的事件会测量出什么样的结果。山姆看到的光的路径画在图37-5b中。因为整套设备在光来回传播的过程中随着列车一起运动，所以对他来说，在他的参考系中两个事件发生在不同的位置，所以他测量的是在不同的位置上的两个事件之间的时间间隔。山姆一定要

用两只同步的钟 C_1 和 C_2，对每一个事件各用一只钟。按照爱因斯坦的光速假设，对山姆和对萨莉来说，光都以同样的速率 c 传播。不过，现在在两个事件 1 和 2 之间光传播距离 $2L$。山姆测量到的两个事件之间的时间间隔是

$$\Delta t = \frac{2L}{c} \text{（山姆）} \tag{37-4}$$

其中，

$$L = \sqrt{\left(\frac{1}{2}v\Delta t\right)^2 + D^2} \tag{37-5}$$

由式（37-3），我们可以把上式写成

$$L = \sqrt{\left(\frac{1}{2}v\Delta t\right)^2 + \left(\frac{1}{2}c\Delta t_0\right)^2} \tag{37-6}$$

我们用式（37-4）和式（37-6）消去 L 并解出 Δt，得到

$$\Delta t = \frac{\Delta t_0}{\sqrt{1-(v/c)^2}} \tag{37-7}$$

式（37-7）告诉我们，山姆测量的两事件的时间间隔 Δt 和萨莉测量的时间间隔 Δt_0 的比较。因为 v 一定小于 c，式（37-7）中的分母必定小于 1。因此，Δt 必定大于 Δt_0：山姆测量到的两事件之间的时间间隔比萨莉测量到的*更大*。山姆和萨莉测量的是*相同*的两个事件发生的时间间隔，但是山姆和萨莉之间的相对运动造成了他们测量结果上的*不同*。我们得出结论，相对运动会改变两个事件之间时间流逝的*速率*；这个效应的关键在于，对两个观察者来说光的速率是相同的这个事实。

我们用下面的方法来区别山姆和萨莉之间的测量：

当两个事件发生在一个惯性参考系中的同一位置时，在这个参考系中测量的两事件间的时间间隔称为**固有时间间隔**或**固有时**。从其他任何惯性系测量同样两事件的时间间隔总是比固有时大。

由此，萨莉测量的是固有时间间隔，而山姆测量的是较大的时间间隔。[⊖]测量到的时间间隔的数值大于相应的固有时间间隔称为**时间延缓**。（延缓是膨胀或延长；这里的时间间隔是膨胀或延长了。）

式（37-7）中的无量纲的比值 v/c 常常用 β 代替，称为**速率参量**，式（37-7）中的无量纲的平方根的倒数常用 γ 代替，称为**洛伦兹因子**：

$$\gamma = \frac{1}{\sqrt{1-\beta^2}} = \frac{1}{\sqrt{1-(v/c)^2}} \tag{37-8}$$

经过这些代换以后，我们可以重写式（37-7）为

$$\Delta t = \gamma \Delta t_0 \text{（时间延缓）} \tag{37-9}$$

⊖ 原文中这里有一个括号，其中讲到英文的固有时（proper time）一词中用 proper 是不合适的，因为 proper 一词原来是正当的或正确的意思，这就意味着其他任何测量都是不适当或不真实的了。作者指出，不能这样理解。但因为中文把它译成“固有时”，就不会出现这个问题。所以译文中略去了括号。——译者注

速率参量总是小于1，只要v不是零，γ总是小于1。不过，除非$v>0.1c$，否则γ和1的差别也不是很重要的。因此，一般说来，“老的相对性原理”对$v<0.1c$是足够好的，但是对于v的更大的数值，我们必须用狭义相对论。如图37-6所示，当β的数值近于1时（v趋近于c），γ增大很快。因此，萨莉和山姆的相对速率越大，山姆测得的时间间隔就越大，直到一个足够大的数值，时间的间隔成为“永恒”。

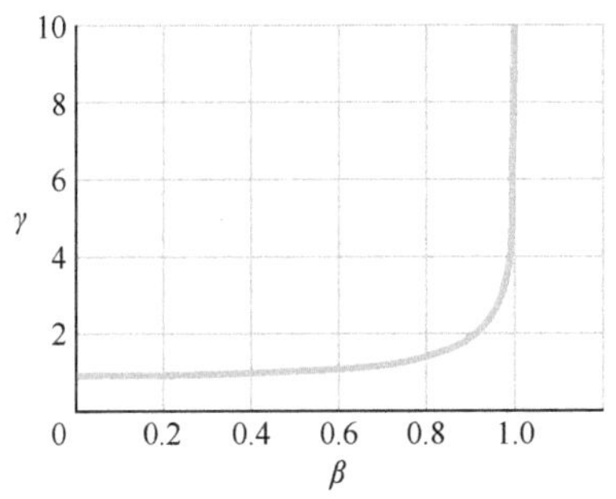

图37-6 作为速率参量β（$=v/c$）的函数的洛伦兹因子γ的曲线图。

你可能会感到疑惑，萨莉对山姆测量到的时间间隔比她测得的时间间隔更大会说些什么。山姆的测量结果对她来说并不奇怪，因为在她看来，无论山姆花了多大力气，都不能使他的两只钟C_1和C_2同步。回想到做相对运动的观察者对同时性的看法一般也都不一致。在这里，山姆坚持认为他的两只钟在事件1发生时同时读出相同的时间。不过，在萨莉看来，山姆的钟C_2在同步过程中被调节得过分超前，于是，当山姆用C_2核对事件2发生的时刻的时候，在萨莉看来山姆读出的时刻太大了，这就是山姆测量的两事件间隔大于萨莉测量的结果的原因。

时间延缓的两个实验

1. **微观时钟**。称为μ子的亚原子粒子是不稳定的；就是说从μ子产生到它衰变（变成其他粒子）只有很短的时间。μ子的寿命是从它产生（事件1）到它衰变（事件2）之间的时间隔。当μ子静止，并且它们的寿命是用静止的钟测量的时候（我们说在实验室中），它们的平均寿命是2.200μs。这是固有时间隔，因为对每一个μ子来说，事件1和事件2发生在μ子所在参考系中的同一地点——即在μ子本身所在的位置。我们可以用Δt_0表示这个固有时间隔；还有，我们可以把测量μ子寿命所在的参考系称为μ子的静止参考系。

如果不是这样，μ子就在运动，譬如说在实验室中运动，用实验室的钟进行它们的寿命测量应当得到较大的平均寿命（延缓的平均寿命）。为检验这个结论，我们对相对于实验室以0.9994c的速率运动的μ子进行寿命测量。由式（37-8），$\beta=0.9994$，这个速率的洛伦兹因子是

$$\gamma=\frac{1}{\sqrt{1-\beta^2}}=\frac{1}{\sqrt{1-(0.9994)^2}}=28.87$$

式（37-9）给出延迟了的平均寿命

$$\Delta t=\gamma\Delta t_0=(28.87)(2.200\mu s)=63.51\mu s$$

实际测得的数值在实验误差范围内和这个数值一致。

2. **宏观时钟**。1971年10月，约瑟夫·哈菲尔（Joseph Hafele）和理查德·基廷（Richard Keating）做了一个肯定是非常费力并且紧张的实验。他们利用商业航线，将四台便携式原子钟绕地球飞行两次，两次飞行方向相反。他们的目的是“用宏观的时钟检验爱因斯坦的相对论”。正如我们刚才看到的那样，爱因斯坦理论预言的时间延缓已经在微观尺度上被证实，但是如果能看到用真实的钟来证实爱因斯坦理论肯定会令人心服口服。这种宏观测量之所以成为可能只是因为近代原子钟的非常高的精度。哈菲尔和基

廷证实这个理论到 10% 以内的精确度。(在这个实验中，爱因斯坦广义相对论所预言的时钟的时间流逝速率会受到作用在钟上的引力的影响在这个实验中也起了一定作用。)

几年以后，马里兰大学的物理学家将一台原子钟在切萨皮克湾（Chesapeake Bay）上空一圈又一圈地飞行了 15h，成功地证实了所预言的时间延缓精确到 1% 以下。今天，出于校准或其他目的而要把原子钟从一个地方搬运到另一个地方时，它们的运动所造成的时间延缓总是要被考虑到。

检查点 1

站在铁路旁边，我们突然被一节驶过的相对论性的棚车吓了一跳，如右图所示，车厢内一位装备齐全的流动工人正站在车厢前端向后面发射一个激光脉冲，(a) 我们测量到的脉冲的速率是大于，小于还是等于车上工人测得的速率？(b) 工人测得的脉冲的飞行时间是不是固有时？(c) 工人对飞行时间的测量和我们对飞行时间的测量是不是可以用式 (37-9) 联系起来？

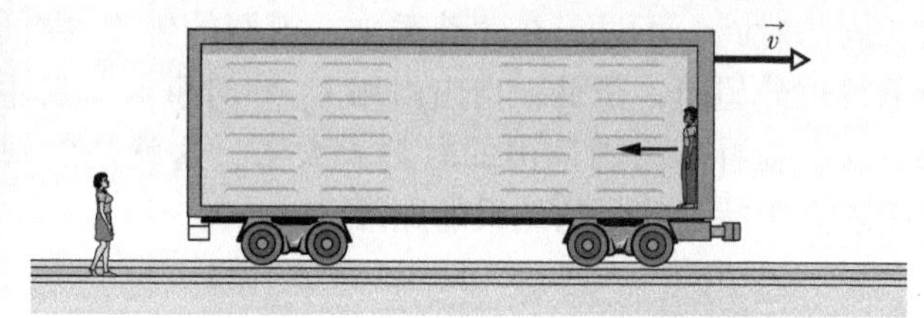

例题 37.01　回到地球的空间旅行者的时间延缓

你的宇宙飞船以相对速率 0.9990*c* 飞过地球。经过 10.0y（年）（你的时间）飞行，你在瞭望台 LP13 处停留并返回，然后又以同样的相对速率飞回地球。回程又经过 10.0y（你的时间）。地球上测量出的来回旅程花了多长的时间？（忽略包括飞船停留、掉头并重新得到速度在内的所有加速效应。）

【关键概念】

我们从分析向外的旅程开始：

1. 这个问题包含两个（惯性）参考系中的测量，一个参考系在地球上，另一个（你的参考系）在你的飞船上。

2. 向外的旅程包含两个事件：从地球开始旅行，在 LP13 的位置停留。

3. 你测得的向外旅行的 10.0y 年是这两个事件之间的固有时 Δt_0，因为在你的参考系中这两个事件发生在同一位置——即在你的飞船上。

4. 按照时间延缓的式 (37-9) ($\Delta t = \gamma \Delta t_0$)，地球参考系上测量的向外旅行的时间间隔 Δt 必定大于 Δt_0。

解： 利用式 (37-8) 将 γ 代入式 (37-9)，我们求得

$$\Delta t = \frac{\Delta t_0}{\sqrt{1-(v/c)^2}} = \frac{10.0\text{y}}{\sqrt{1-(0.9990c/c)^2}} = (22.37)(10.0\text{y}) = 224\text{y}$$

在返程中，我们有相同的情形和相同的数据。于是，你的整个来回旅行的时间是 20y，但是

$$\Delta t_{\text{total}} = (2)(224\text{y}) = 448\text{y} \qquad \text{(答案)}$$

是在地球上测出的时间。换言之，你的年龄增加了 20 岁，与此同时，在地球上你却增长了 448 岁。虽然你不能回到过去（迄今我们所知），但是通过高速相对运动来调节你的时间流逝过程，你可以旅行到将来的地球上。

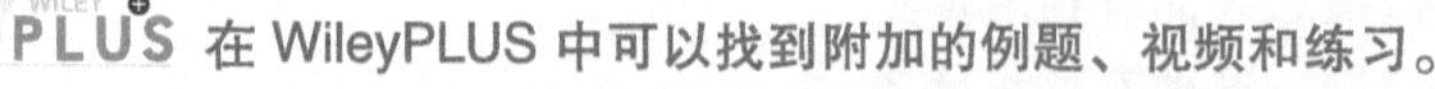

在 WileyPLUS 中可以找到附加的例题、视频和练习。

例题 37.02 相对论粒子的时间延缓和经过的距离

称作正K介子（K^+）的基本粒子是不稳定的粒子，它要衰变（变换）成其他粒子。虽然衰变是随机发生的，但我们发现，在静止的情况下正K介子的平均寿命是0.1237μs——就是说寿命是在K介子静止的参考系中测量的。如果K介子产生时，正K介子相对于实验室参考系的速率是0.990c，那么按照经典物理学（这是速率比c小得多条件下的合理近似），它在实验室参考系中在其完整的一个生命周期内可以走多远？按照狭义相对论（对所有物理上可能的速率都适用）又能走多远？

【关键概念】

1. 我们有两个（惯性）参考系，一个在K介子上，另一个在实验室里。

2. 这个问题中也包含两个事件；K介子开始运动（K介子产生时），它的运动结束（K介子寿命终结）。

3. 在这两个事件之间，K介子运动的距离和它的速率v，以及这段运动过程始末的时间间隔由以下关系式联系起来：

$$v=\frac{\text{距离}}{\text{时间间隔}} \tag{37-10}$$

记住了这些概念，我们首先用经典物理学概念求距离，然后按狭义相对论求距离。

经典物理学：在经典物理学中，无论是在K介子的参考系还是在实验室参考系，我们在式（37-10）中都可以用同样的距离和时间间隔。因此，我们用不着关心在哪个参考系中进行测量。按照经典物理学，要求K介子走过的距离d_{cp}，我们先要把式（37-10）写成

$$d_{cp}=v\Delta t \tag{37-11}$$

其中，Δt是在任意一个参考系中测量的两事件的时间间隔。然后在式（37-11）中，用0.990c代替v，用0.1237μs代替Δt，我们得到

$$\begin{aligned}d_{cp}&=(0.990c)\Delta t\\&=(0.990)(299792458\text{m/s})(0.1237\times10^{-6}\text{s})\\&=36.7\text{m}\end{aligned} \quad \text{（答案）}$$

如果经典物理学在速率近于c时仍旧正确的话，这个答案就是K介子所能经过的距离。

狭义相对论：在狭义相对论中，我们必须特别小心，式（37-10）中的距离和时间间隔都要在同一个参考系中测量——特别是速率近于c时，就像在这里的情形。因此，要求出在*实验室参考系中测量*的K介子走过的实际距离d_{sr}。按照狭义相对论，我们重写式（37-10）如下

$$d_{sr}=v\Delta t \tag{37-12}$$

其中，Δt是*实验室参考系中测量*的两事件间的时间间隔。

在我们计算式（37-12）中的d_{sr}之前，我们必须先求Δt。0.1237μs是固有时，因为在K介子参考系中——K介子本身——两个事件发生在同一地点。因此，令Δt_0表示固有时间隔。然后我们利用时间延缓的公式，即（37-9）（$\Delta t=\gamma\Delta t_0$）求实验室参考系测量的时间间隔。将式（37-8）中的γ代入式（37-9）中，得到

$$\begin{aligned}\Delta t&=\frac{\Delta t_0}{\sqrt{1-(v/c)^2}}=\frac{0.1237\times10^{-6}\text{s}}{\sqrt{1-(0.990c/c)^2}}\\&=8.769\times10^{-7}\text{s}\end{aligned}$$

大约是K介子的固有时的7倍。就是说，实验室参考系中的K介子的寿命大约是K介子自身的参考系中的寿命的7倍——K介子的寿命延长了。我们现在用式（37-12）计算实验室参考系中所经过的距离d_{sr}：

$$\begin{aligned}d_{sr}&=v\Delta t=(0.990c)\Delta t\\&=(0.990)(299792458\text{m/s})(8.769\times10^{-7}\text{s})\\&=260\text{m}\end{aligned} \quad \text{（答案）}$$

这大约是d_{cp}的7倍，像这里所概述的证实狭义相对论的实验在几十年前的物理实验室中已经是极为平常的事情。我们在设计和建造任何与高速粒子有关的科学和医学设备时都必须考虑到相对论。

WILEY PLUS 在WileyPLUS中可以找到附加的例题、视频和练习。

37-2 长度的相对性

学习目标

学完这一单元后，你应当能够……

37.11 懂得由于空间和时间的分离是纠缠着的，所以在两个做相对运动的参考系中测量出的物体的长度可能是不相同的。

37.12 懂得测量的长度是固有长度的条件。

37.13 懂得在一个参考系中测得的长度是固有长度，在另一个平行于该长度做相对运动的参考系中测得的长度较小（收缩）。

37.14 应用收缩的长度 L、固有长度 L_0 和两个参考系的相对速率之间的关系。

关键概念

- 在一个物体是静止的惯性参考系中，观察者测得的该物体的长度 L_0 称为固有长度。在相对于这个参考系以平行于所测长度的方向运动的另一参考系中，观察者所测量到的同一长度结果总是更短，这个效应称为长度收缩。
- 如果两参考系之间的相对速率是 v，则收缩的长度 L 和固有长度 L_0 之间由下式联系起来：

$$L = L_0\sqrt{1-\beta^2} = \frac{L_0}{\gamma}$$

其中，$\beta = v/c$ 是速率常量，$\gamma = 1/\sqrt{1-\beta^2}$ 是洛伦兹因子。

长度的相对性

如果你要测量相对于你是静止的一根杆子的长度，你可以从容不迫地读出它的两端在一支很长的静止刻度尺上的位置，然后从一个读数减去另一个读数。然而，如果杆子在运动，你必须（在你的参考系中）同时记下两端的位置，不然你的测量就不能称为长度。图 37-7 说明试图通过在不同时刻确定一只企鹅前面和后面的位置来测量运动着的企鹅的长度所遇到的问题。因为同时性是相对的，并且它涉及长度的测量，所以长度也是相对的。确实如此。

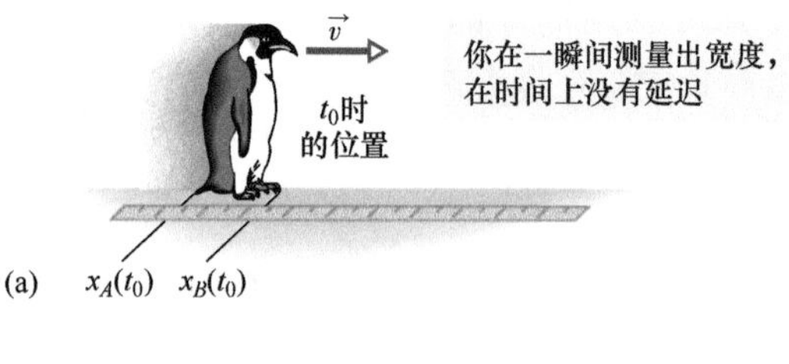

图 37-7 如果在企鹅运动的时候你测量它前后的长度，你必须同时标记它的前面和后面的位置（在你的参考系内）如（a）小图所示。不能在不同时刻标记它前后的位置，如（b）小图所示。

令 L_0 是杆子静止的时候你测得的长度（意思是说你和杆子都在同一个参考系中，也就是杆子是静止的参考系）。如果不是这样，杆子相对于你以速率 v 沿着杆子的长度做相对运动，那么，你同时进行测量所得到的杆长 L 由下式给出：

$$L = L_0\sqrt{1-\beta^2} = \frac{L_0}{\gamma}\text{（长度收缩）} \tag{37-13}$$

因为，如果有相对运动，则洛伦兹因子总是大于 1，所以 L 总是小于 L_0。相对运动引起长度收缩，L 称为收缩长度。较大的速率引起较大的收缩。

在物体静止的参考系中测量的该物体长度 L_0 是它的**固有长度**或**静止长度**。而从平行于长度方向做相对运动的参考系测量的长度总是小于固有长度。

必须小心：长度收缩只发生在沿相对运动的方向上。还有，要测量的长度并不一定是像杆子或者圆圈那样的客观物体，它也可以是在同一静止参考系中的两个物体之间的距离——例如太阳和附近的恒星间的距离（至少它们是近似地相对静止的）。

运动的物体真的是缩短了吗？真实性基于观察和测量；如果结果总是一致的并且没有发现错误，那么所观察到的和测量得到的都是真实的。在这种意义上，物体确实缩短了。然而，更为精确的表述是，物体实际上被测量出缩短了——运动影响了测量，也影响了实际。

在你测量出一根杆子的长度收缩的情况中，和杆子一同运动的观察者对你的测量会说些什么呢？从这个观察者看来，你没有同时确定杆子两端的位置。（回忆一下做相对运动的观察者对同时性的不一致。）从这个观察者看来，你是先确定杆子前端的位置，然后，在稍微晚一些的时候确定杆子后端的位置，这就是你测得的长度小于固有长度的原因。

式（37-13）的证明

长度收缩是时间延缓的直接结果。再来考察我们的两个观察者。这一次坐在列车上经过车站的萨莉和仍旧站在站台上的山姆都要测量站台的长度。山姆是用一根卷尺测量的，他测得的长度为 L_0，这是固有长度，因为站台相对于他是静止的。山姆也注意到在列车上的萨莉在时间 $\Delta t = L_0/v$ 内经过了这个长度，其中 v 是列车的速率；即

$$L_0 = v\Delta t\text{（山姆）} \tag{37-14}$$

这个时间间隔 Δt 不是固有时间隔，因为定义的两个事件（萨莉通过站台的后端和站台的前端）不在同一地点发生，因此山姆必须用两只同步的钟来测量时间间隔 Δt。

然而，在萨莉看来，站台运动着经过她旁边，她发现山姆测量的两个事件在她的参考系中发生在同一地点。她可以用一只静止的钟测量时间，所以她测得的时间 Δt_0 是固有时间隔。在她看来，站台的长度 L 由下式给出

$$L = v\Delta t_0 \text{（萨莉）} \tag{37-15}$$

我们将式（37-15）用式（37-14）除，并利用时间延缓方程式（37-9），我们有

$$\frac{L}{L_0} = \frac{v\Delta t_0}{v\Delta t} = \frac{1}{\gamma}$$

或

$$L = \frac{L_0}{\gamma} \tag{37-16}$$

这就是式（37-13），长度收缩方程式。

例题 37.03 从不同参考系看时间延缓和长度收缩

在图37-8中，萨莉（在A点）和山姆的宇宙飞船（固有长度$L_0=230\text{m}$）以恒定的速率互相经过。萨莉测量出飞船经过她的时间间隔是3.57μs（从图37-8a中的B点经过她到图37-8b中的C点经过她的时间间隔）。用c表示的萨莉和飞船间的相对速度v是多少?

【关键概念】

我们假设速率v接近于c，于是：

1. 这个问题中包含来自两个（惯性）参考系的测量，一个参考系和萨莉在一起，另一个和山姆与他的飞船在一起。

2. 这个问题中也包含两个事件：第一个事件是B点经过萨莉（见图37-8a），第二个事件是C点经过她（见图37-8b）。

3. 从每一个参考系看，另一个参考系以速率v经过，在两个事件之间的时间间隔内通过某个距离：

$$v = \frac{\text{距离}}{\text{时间间隔}} \tag{37-17}$$

因为假设速率v接近于光速，所以我们必须记住，式（37-17）中的距离和时间间隔都必须是在同一参考系中测量的。

解：我们随意选取一个参考系进行测量。因为我们已知在萨莉的参考系中测得的两事件间的时间间隔Δt是3.57μs，我们也用在她的参考系中测量的两事件间的距离L。式（35-17）成为

$$v = \frac{L}{\Delta t} \tag{37-18}$$

我们不知道L，但可以把它和给出的L_0联系起来。两个事件的距离在山姆的参考系中测量就是飞船的固有长度L_0。因此，在萨莉的参考系中测量的距离L必定小于L_0，这由长度收缩的公式（37-13）（$L=L_0/\gamma$）给出。在式（37-18）中用L_0/γ代入L，然后代入式（37-8）的γ，我们得到

$$v = \frac{L_0/\gamma}{\Delta t} = \frac{L_0\sqrt{1-(v/c)^2}}{\Delta t}$$

从上式中解出v（注意，v不仅仅是在等号左边，也包含在洛伦兹因子里面）。我们求出

$$\begin{aligned} v &= \frac{L_0 c}{\sqrt{(c\Delta t)^2 + L_0^2}} \\ &= \frac{(230\text{m})c}{\sqrt{(299792458\text{m/s})^2(3.57\times10^{-6}\text{s})^2+(230\text{m})^2}} \\ &= 0.210c \end{aligned} \quad \text{（答案）}$$

注意，这里只与萨莉和山姆的相对运动有关系；譬如说相对于某个空间站，谁是静止的毫无关系，在图37-8a、b中我们是把萨莉看作静止的，但我们也可以设飞船是静止的，而萨莉向左运动经过飞船。事件1还是萨莉和B点并排的时候（见图37-8c），事件2还是萨莉和C点并排的时候（见图37-8d）。然而，我们现在要用山姆的测量。所以，在他的参考系中测量的两事件的距离是飞船的固有长度L_0，两事件的时间间隔不是萨莉测到的Δt，而是延缓的时间间隔$\gamma\Delta t$。

将山姆的测量代入式（37-17），我们有

$$v = \frac{L_0}{\gamma\Delta t}$$

这和我们上面得到的萨莉的测量公式完全相同，因此用任何一组测量我们都会得到同一结果$v=0.210c$。但是我们必须小心，不要把从两个参考系测量混淆。

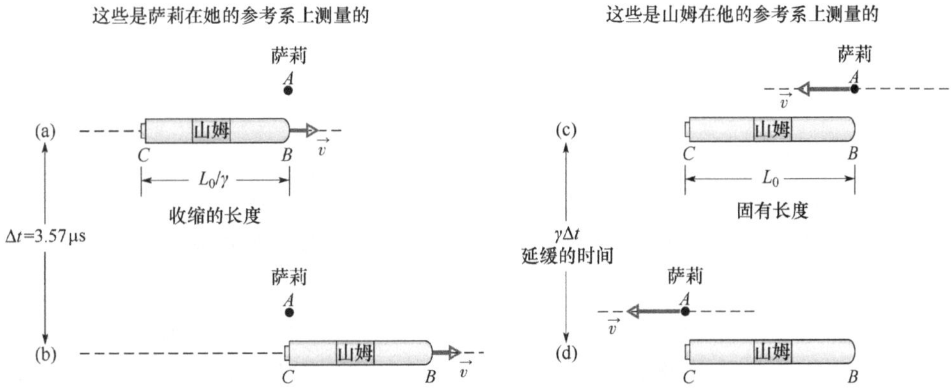

这些是萨莉在她的参考系上测量的

萨莉 A

(a) 山姆 C B $\vec{v}$ L_0/γ 收缩的长度

$\Delta t=3.57\mu s$

萨莉 A

(b) 山姆 C B $\vec{v}$

这些是山姆在他的参考系上测量的

萨莉 A $\vec{v}$

(c) 山姆 C B L_0 固有长度

$\gamma\Delta t$ 延缓的时间

萨莉 A $\vec{v}$

(d) 山姆 C B

图 37-8 (a)、(b) B 点经过萨莉（在 A 点）时发生的事件 1，C 点经过她时发生事件 2。(c)、(d) 当萨莉经过 B 点时发生事件 1，她经过 C 点时发生事件 2。

例题 37.04 逃离超新星的时间延缓和长度收缩

你惊讶地发现正在靠近一颗超新星，你坐在你的飞船里尽快逃离这颗爆炸的星，同时逃离向你喷射过来的高速物质。你相对于当地恒星惯性系的洛伦兹因子 γ 是 22.4。

(a) 你算出必须远离这颗超新星 9.00×10^{16}m（在惯性系中测量到的）才能到达安全距离。从这恒星参考系测量这次飞行需要多长时间？

【关键概念】

由第 2 章，对于恒定速率有

$$\text{速率}=\frac{\text{距离}}{\text{时间间隔}} \tag{37-19}$$

我们知道因为你的洛伦兹因子 γ 相对于恒星是 22.4（很大）。由图 37-6，你的相对速率几乎就是 c——如此接近所以我们可以把它近似为 c。于是，对于 $v\approx c$ 的速率，我们需要小心，式（37-19）中的距离和时间间隔都要在同一参考系中测量。

解： 给出的距离（9.00×10^{16}m）是恒星参考系中测量的你所经过路程的长度，所求的时间间隔 Δt 也必须是在同一个参考系中测量的。由此，我们写出

$$(\text{相对于恒星的时间间隔})=\frac{\text{相对于恒星的距离}}{c}$$

代入给出的数据，我们求出

$$(\text{相对于恒星的时间间隔})=\frac{9.00\times10^{16}\text{m}}{299792458\text{m/s}}$$

$$=300\times10^{8}\text{s}=9.51\text{y}$$

（答案）

(b) 在你看来这段行程用了多少时间（在你的参考系中）？

【关键概念】

1. 我们现在要求在另一个参考系中测量的时间间隔——就是你自己的参考系。因此，我们要把恒星参考系中的数据变换到你的参考系中。

2. 给出的恒星参考系中测量的路程长度 9.00×10^{16}m 是固有长度 L_0，因为路程两端在此参考系中是静止的。而从你的参考系中观察，恒星参考系和该路程的两端以相对速率 $v\approx c$ 经过你的旁边。

3. 你测得的不是固有长度 L_0 而是收缩了的长度 L_0/γ。

解： 我们现在将式（37-19）重写为

$$(\text{相对于你的时间间隔})=\frac{\text{相对于你的距离}}{c}=\frac{L_0/\gamma}{c}$$

代入已知的数据，我们得到

$$(\text{相对于你的时间间隔})=\frac{(9.00\times10^{16}\text{m})/(22.4)}{299792458\text{m/s}}$$

$$=1.340\times10^{7}\text{s}=0.425\text{y}$$

（答案）

在（a）小题中我们求得在恒星参考系中这次飞行要用 9.51y 时间。然而，我们这里求出在你的参考系中只要 0.425y。这是因为相对运动以及由此产生的路程长度的收缩。

WILEY PLUS 在 WileyPLUS 中可以找到附加的例题、视频和练习。

37-3　洛伦兹变换

学习目标

学完这一单元后，你应当能够……

37.15　对于相对运动的参考系，应用伽利略变换将一个事件的位置从一个坐标系变换到另一个坐标系。

37.16　懂得伽利略变换对慢的相对运动速率近似正确，而洛伦兹变换对物理上任何可能的速率都是正确的变换。

37.17　将洛伦兹变换应用于以相对速率 v 运动的两个参考系中测量的两个事件的空间和时间分离。

37.18　从洛伦兹变换推导时间延缓和长度收缩的方程式。

37.19　从洛伦兹变换证明，如果在一个参考系中有两个同时且空间上是分离的事件，但在另一个做相对运动的参考系上观察这两个事件就不可能是同时的。

关键概念

● 洛伦兹变换方程式将两个惯性参考系 S 和 S' 中的两个观察者看到的同一事件的时空坐标联系起来，其中 S' 相对于 S 以速率 v 沿 x 和 x' 坐标的正方向运动。这四个坐标的关系是：

$$x' = \gamma(x - vt)$$
$$y' = y$$
$$z' = z$$
$$t' = \gamma(t - vx/c^2)$$

洛伦兹变换

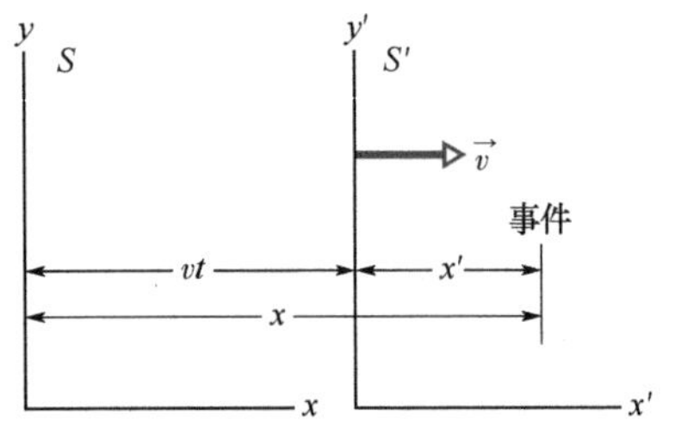

图37-9　两个惯性参考系：惯性系 S' 以速率 $\vec{v}$ 相对于 S 运动。

图37-9表示惯性参考系 S' 以速率 v 相对于惯性参考系 S 沿它们的有共同正方向的横轴（用 x 和 x' 标记）运动。S 中的观察者报告一个事件的时空坐标 x，y，z，t，S' 中的观察者对这同一事件报告 x'，y'，z'，t'。这两组数字间有什么样的关系呢？我们立刻可以断定（虽然还需要证明），垂直于运动方向的 y 和 z 坐标应该不受运动的影响，即 $y = y'$，$z = z'$。我们的兴趣集中到 x 和 x' 以及 t 和 t' 之间的关系。

伽利略变换方程式

在爱因斯坦发表他的狭义相对论之前，人们认为这四个感兴趣的坐标是由**伽利略变换方程式**联系起来的：

$$x' = x - vt$$
$$t' = t$$
（伽利略变换方程式；低速情况下近似有效）　(37-20)

（这两个方程式是按照 S 和 S' 原点重合时 $t = t' = 0$ 的假设写出的。）我们可以用图37-9来证明第一个方程式。第二个方程式实际上是断言对两个参考系中的观察者来说时间都以相同的速率流逝。对于爱因斯坦以前的科学家来说，它的正确性是如此明显，以至于不用任何证明。当速率 v 比 c 小得多时，式（37-20）通常十分有效。

洛伦兹变换方程式

当速率 v 比 c 小很多时，式（37-20）十分成功。但对任何速率而言，它们实际上是不正确的，当 v 大于大约 $0.10c$ 时误差很大。对任何物理上都有可能的速率都正确的方程式称为**洛伦兹变换方程式**㊀（或简称洛伦兹变换）。我们可以从相对论的公设推导这些方程式，但我们这里不这样做，我们先对它们做一些考察，然后通过证明它们和我们关于同时性、时间延缓及长度收缩的结果一致来证明它们是正确的。设图 37-9 中 S 和 S'的原点重合时 $t=t'=0$（事件 1），于是其他任何事件的空间和时间坐标由以下方程式给出：

$$\begin{aligned} x' &= \gamma(x - vt) \\ y' &= y \\ z' &= z \\ t' &= \gamma(t - vx/c^2) \end{aligned} \quad \text{（洛伦兹变换方程式；对所有物理上可能的速率有效）} \quad (37\text{-}21)$$

注意，在第一个和最后一个方程式中空间坐标的数值 x 和时间值 t 捆绑在一起。空间和时间的纠缠是爱因斯坦理论的首要的启示。而这个启示却在很长的时期内被许多他的同时代人所拒绝。

形式上，如果令 c 趋近于无穷大，相对论的方程式应当简化为熟知的经典方程式。就是说，如果光的速率是无穷大，所有有限的速率都“很低”，因而经典的方程式就永不失效。如果令式（37-21）中的 $c\to\infty$，则 $\gamma\to 1$，于是这些方程式简化为——如我们所料——伽利略方程式［式（37-20）］。我们可以自己验算。

按式（37-21）所写的形式，如果给出 x 和 t，要计算 x'和 t'是很方便的。不过我们也可能要反过来求 x 和 t，在这种情况中，我们只要从式（37-21）解出 x 和 t，得到

$$x = \gamma(x' + vt') \quad 及 \quad t = \gamma(t' + vx'/c^2) \qquad (37\text{-}22)$$

比较一下可以看到，无论从式（37-21）还是从式（37-22）出发，只要把带撇的量和不带撇的量交换一下，并改变相对速率 v 的正负号，就能得到另一组方程式。（例如，如果像图 37-9 中那样 S'参考系相对于 S 参考系中的观察者有正的速度，那么 S 参考系相对于 S'参考系中的观察者的速度就是负的。）

式（37-21）把在 $t=t'=0$ 时刻 S 和 S'的原点正好相互重合作为第一个事件并把它和另一个作为第二个事件的坐标联系了起来。然而，一般说来我们不需要把第一个事件限定为这种重合。所以，我们可以重写两个空间和时间都分离的事件 1 和 2 的洛伦兹变换如下：

$$\Delta x = x_2 - x_1 \quad 及 \quad \Delta t = t_2 - t_1$$

这是 S 系中的观察者测量到的，而 S'参考系中观察者测量到的是

$$\Delta x' = x'_2 - x'_1 \quad 及 \quad \Delta t' = t'_2 - t'_1$$

表 37-2 中列出了不同形式的洛伦兹方程，适用于分析两个事件。只要将四个变量的差（譬如像 Δx 和 $\Delta x'$等）简单地代入式(37-21)和

㊀ 你可能会觉得奇怪为什么我们不该把它称为爱因斯坦变换方程式（以及为什么不该把 γ 称为爱因斯坦因子）。事实上洛伦兹（H. A. Lorentz）早在爱因斯坦之前就已导出了这几个方程式，但这位杰出的荷兰物理学家到此却步了，他没有进一步大胆地把这些方程式解释为正确描述时间和空间的性质。恰恰就是这个首先由爱因斯坦给出的解释处于相对论的核心。

式（37-22）就很容易推导出表中的方程式。

要小心，代入这些差的数值的时候，你必须前后一致，不要把第一个事件的数值和第二个事件的数值搞混 。还有，如果 Δx 是负的量，你在代入的时候绝对不能忘记负号。

表 37-2 两个事件的洛伦兹变换方程式

1. $\Delta x=\gamma\ (\Delta x'+v\Delta t')$	1′. $\Delta x'=\gamma\ (\Delta x-v\Delta t)$
2. $\Delta t=\gamma\ (\Delta t'+v\Delta x'/c^2)$	2′. $\Delta t'=\gamma\ (\Delta t-v\Delta x/c^2)$

$$\gamma=\frac{1}{\sqrt{1-(v/c)^2}}=\frac{1}{\sqrt{1-\beta^2}}$$

S'参考系以速率 v 相对于 S 参考系运动。

检查点 2

图 37-9 中，参考系 S'以 0.90c 的速度相对于参考系 S 运动。参考系 S'中的观察者测量发生在下述时空坐标下的两个事件：“黄”事件在（5.0m，20ns），“绿”事件在（-2.0m，45ns）。参考系 S 中的观察者要计算两个事件间的时间差 $\Delta t_{GY}=t_G-t_Y$。(a) 应当用表 37-2 中的哪一个方程式？(b) 应该在方程式右边的括弧中和洛伦兹因子 γ 中代入 +0.90c 还是 -0.90c？括弧中的 (c) 第一项和 (d) 第二项中应该分别代入什么数值？

洛伦兹方程的一些推论

我们这里要利用表 37-2 中的方程式来证实之前直接基于假设通过推理得到的一些结论。

同时性

考虑表 37-2 中的式（2）

$$\Delta t=\gamma\left(\Delta t'+\frac{v\Delta x'}{c^2}\right) \tag{37-23}$$

如果两个事件发生在图 37-9 中参考系 S'中的不同位置，那么这个方程式中的 $\Delta x'$不是零。由此得知即使这两个事件在 S'中是同时的（因此 $\Delta t'=0$），在参考系 S 中观察它们也不是同时的。（这是根据我们在 37-1 单元中的结论得到的。）在 S 参考系中观察这两个事件的时间间隔是

$$\Delta t=\gamma\frac{v\Delta x'}{c^2}\ （S'中的同时事件）$$

因此，空间上的分离保证了时间上的分离。

时间延缓

现在设两个事件发生在 S'中同一地点（因而 $\Delta x'=0$）但在不同时刻（因而 $\Delta t'\neq0$）。于是式（37-23）简化为

$$\Delta t=\gamma\Delta t'\ （S'中同一地点的事件） \tag{37-24}$$

这证实了 S 和 S'之间的时间延缓。另外，因为这两个事件发生在 S'中的同一地点，所以它们之间的时间间隔 $\Delta t'$可以用放在这个位置的同一只钟测量。在这样的条件下，测得的时间间隔是固有时

间隔，像以前标记固有时一样，我们可以把它记作 Δt_0。于是，用它表示的式（37-24）成为

$$\Delta t=\gamma\Delta t_0 \text{（时间延缓）}$$

这正是式（37-9），即时间延缓的方程式。由此，时间延缓只是更为普遍的洛伦兹方程式的一种特殊情形。

长度收缩

考虑表 37-2 中的式（1′）：

$$\Delta x'=\gamma(\Delta x-v\Delta t) \tag{37-25}$$

如果图 37-9 中的杆平行于 x 和 x'，并且静止在参考系 S'中，则 S'中的观察者可以轻而易举地测量它的长度。测量的一种方法是将杆的两个端点的坐标相减，测得的数值 $\Delta x'$是杆的固有长度 L_0，这是因为测量是在杆子静止的参考系中进行的。

假设杆子在 S 参考系中运动。这意味着只在 S 坐标系中杆子两端的坐标同时测定的条件下——即 $\Delta t=0$——S 坐标系中测得的 Δx 才可以认为是杆的长度 L。在式（37-25）中，我们令 $\Delta x'=L_0$，$\Delta x=L$，$\Delta t=0$，得到：

$$L=\frac{L_0}{\gamma} \text{（长度收缩）} \tag{37-26}$$

这完全就是式（37-13），即长度收缩的方程式。由此，长度收缩是更为一般的洛伦兹方程式的一种特殊情况。

例题 37.05 洛伦兹变换与事件先后次序的反转

一艘地球星际飞船被派往检查行星 P1407 上的地球哨所，这个行星的卫星上住着常常怀有敌意的“爬行人”（Reptulian）。飞船沿笔直的航线经过行星，然后经过卫星，飞船上探测到 Reptulian 所在卫星的基地上突然射出的高能量微波来，1.10s 后，地球哨所发生爆炸。在飞船参考系上测量，从 Reptulian 的基地到地球哨所的距离是 4.00×10^8m。显然是 Reptulian 攻击了地球的哨所，所以星际飞船上的人开始准备和他们开战。

(a) 飞船相对于行星和它的卫星的速率是 $0.980c$，在行星-卫星参考系上测量（也就是居住在哨所中的人的测量），发射微波和爆炸之间的距离和时间间隔各是多少？

【关键概念】

1. 这个问题包含从两个参考系（行星-卫星和星际飞船）上所做的测量。

2. 我们有两个事件，微波发射和爆炸。

3. 我们要把已知的在飞船参考系上测量的数据转换成在行星-卫星参考系上测量的相应的数据。

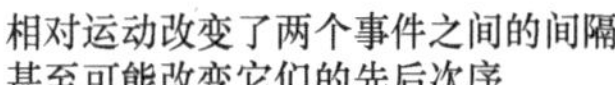

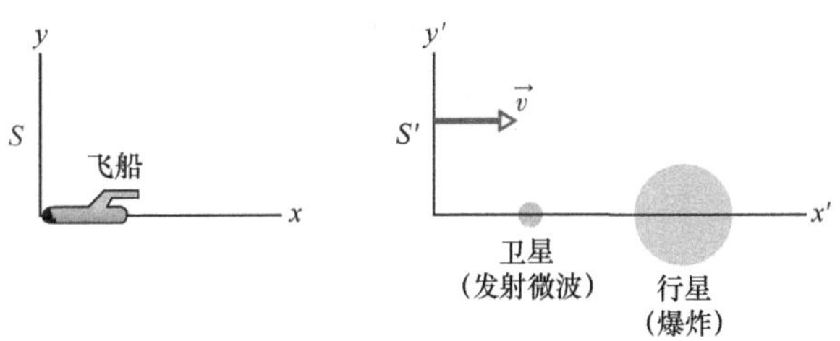

图 37-10 以速率 v 相对于参考系 S 中的飞船向右运动的一颗行星和它的卫星参考系 S'。

星际飞船参考系：在开始转换以前，我们必须小心选择符号。我们从图 37-10 表示的这个过程的简图开始。这里我们选择飞船参考系 S 是静止的，行星-卫星参考系 S'以正的速度（向右）运动。（这种选择是随意的；我们也可以选择行星-卫星参考系是静止的。这样我们就要重画图 37-10中的 v，把它附在 S 参考系上并且指向左方，v 就成为负数。但结果完全一样。）我们用下标 e 和 b 分别来表示爆炸和发射微波。于是给出的数据都是不带撇的（飞船）参考系上的量：

$$\Delta x = x_e - x_b = +4.00 \times 10^8 \mathrm{m}$$

及
$$\Delta t = t_e - t_b = +1.10\mathrm{s}$$

其中，Δx 是正数，因为在图 37-10 中，爆炸地点的坐标 x_e 大于发射地点的坐标 x_b；Δt 也是正的量，因为爆炸的时刻 t_e 大于（晚于）发射微波的时刻 t_b。

行星-卫星参考系：我们要求 $\Delta x'$ 和 $\Delta t'$，为此我们要把给出的 S 参考系的数据变换到行星-卫星参考系 S'。因为我们考虑的是两个事件，所以可以从表 37-2 中选择变换方程式，即选择式（1′）和式（2′）

$$\Delta x' = \gamma(\Delta x - v\Delta t) \qquad (37\text{-}27)$$

和

$$\Delta t' = \gamma\left(\Delta t - \frac{v\Delta x}{c^2}\right) \qquad (37\text{-}28)$$

这里 $v = +0.980c$，洛伦兹因子是

$$\gamma = \frac{1}{\sqrt{1-(v/c)^2}} = \frac{1}{\sqrt{1-(+0.980c/c)^2}} = 5.0252$$

式（37-27）成为

$$\Delta x' = (5.0252)[4.00 \times 10^8 \mathrm{m} - (+0.980c)(1.10\mathrm{s})]$$
$$= 3.86 \times 10^8 \mathrm{m} \qquad \text{（答案）}$$

式（37-28）成为

$$\Delta t' = (5.0252)\left[(1.10\mathrm{s}) - \frac{(+0.980c)(4.00 \times 10^8 \mathrm{m})}{c^2}\right]$$
$$= -1.04\mathrm{s} \qquad \text{（答案）}$$

（b）$\Delta t'$的数值前的负号是什么意思？

推理：我们必须与（a）小题中规定的符号保持一致。回忆一下我们原来是怎样定义发射微波和爆炸之间的时间间隔的：$\Delta t = t_e - t_b = +1.10\mathrm{s}$，要和这样选择的符号保持一致，我们定义的 $\Delta t'$必须是 $t'_e - t'_b$；由此我们得到

$$\Delta t' = t'_e - t'_b = -1.04\mathrm{s}$$

这里的负号告诉我们 $t'_b > t'_e$；就是说，在行星-卫星参考系中，微波发射发生在爆炸以后 1.04s，而不是像在飞船参考系上探测到的在发生爆炸的 1.10s 以前。

（c）是不是微波的发射导致了爆炸或反之？

【关键概念】

在行星-卫星参考系上测到的两个事件的先后次序和在飞船参考系上测到的次序相反。在任何一种情况中，如果两个事件之间有因果关系的话，信号必定会从一个事件的位置传播到另一事件的位置以引起事件发生。

核对一下速率：我们来核对一下信号所需的速率。在飞船参考系中，这个速率是：

$$v_{\text{info}} = \frac{\Delta x}{\Delta t} = \frac{4.00 \times 10^8 \mathrm{m}}{1.10\mathrm{s}} = 3.64 \times 10^8 \mathrm{m/s}$$

这个速率是不可能的，因为它超过了光速。而在行星-卫星参考系中，算出的速率是 $3.70 \times 10^8 \mathrm{m/s}$，也是不可能的。因此，没有一起事件可能引起另一起事件；也就是说二者是无关的事件。因此，飞船可以继续行驶，用不着和 Reptulian 作战。

WILEY PLUS 在 WileyPLUS 中可以找到附加的例题、视频和练习。

37-4 速度的相对性

学习目标

学完这一单元后，你应当能够……

37.20 用简图说明，如何在两个互做相对运动的参考系中测量同一个粒子的速率的差别。

37.21 在两个做相对运动的参考系之间应用相对**速度变换的关系**。

关键概念

● 一个粒子在惯性参考系 S' 中以速率 u' 沿 x' 轴正方向运动，而惯性系 S' 则以速率 v 沿第二个惯性系 S 中与 x 轴平行的方向运动。在 S 中测量该粒子的速率 u 是

$$u = \frac{u' + v}{1 + u'v/c^2} \quad \text{（相对速度）}$$

速度的相对性

我们现在要利用洛伦兹变换方程式比较在不同的惯性系 S 和 S'中的两个观察者对同一个运动的粒子测得的速率。令 S'以速率 v 相对于 S 运动。

图 37-11 中，粒子以恒定的速度平行于 x 和 x'轴运动，在它运动的时候发出两个信号。每个观察者各自测量这两个事件的空间间隔和时间间隔。这四项测量可用表 37-2 中的式（1）和式（2）联系起来，即测

$$\Delta x = \gamma(\Delta x' + v\Delta t')$$

和

$$\Delta t = \gamma\left(\Delta t' + \frac{v\Delta x'}{c^2}\right)$$

我们用第一个式子除以第二个式子，得到

$$\frac{\Delta x}{\Delta t} = \frac{\Delta x' + v\Delta t'}{\Delta t' + v\Delta x'/c^2}$$

上式右边的分子和分母都用 $\Delta t'$除，我们得到

$$\frac{\Delta x}{\Delta t} = \frac{\Delta x'/\Delta t' + v}{1 + v(\Delta x'/\Delta t')/c^2}$$

然而，式中的 $\Delta x/\Delta t$ 的微商极限是 u，它正是在 S 中测量的粒子速率。$\Delta x'/\Delta t'$则是在 S'中测量的粒子速率 u'。我们最后得到

$$u = \frac{u' + v}{1 + u'v/c^2} \quad （相对论速度变换） \qquad (37\text{-}29)$$

这是相对论速度变换方程式。（注意，要小心地代入速度的正确符号。）我们应用 $c \to \infty$ 的形式来验算，式（37-29）就简化为经典的或伽利略的速度变换方程式

$$u = u' + v \quad （经典速度变换） \qquad (37\text{-}30)$$

换句话说，式（37-29）对所有物理上可能的速率都正确，而式（37-30）只对比 c 小得多的速率近似地正确。

运动的粒子的速率依赖于参考系

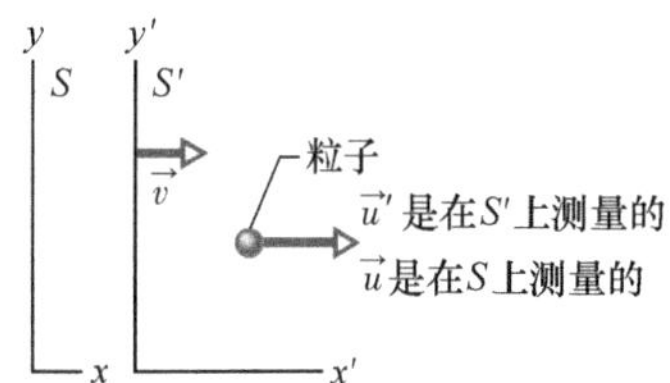

图 37-11 参考系 S'以速度 $\vec{v}$ 相对于参考系 S 运动。粒子相对于参考系 S'的速度是 $\vec{u}'$相对于参考系 S 的速度是 $\vec{u}$。

37-5 光的多普勒效应

学习目标

学完这一单元后，你应当能够……

37.22 懂得在和光源附在一起的参考系（静止参考系）上测量的光的频率是固有频率。

37.23 对于光源-探测器的分开距离正在增加和正在减少的情况，搞清楚探测到的频率是从固有频率向高频方向移动还是向低频方向移动，明白这种移动会随相对速率增加而增大，应用蓝移和红移这两个术语。

37.24 搞懂径向速率。

37.25 对于光源-探测器分开距离正在增大和正在减少的情况，应用固有频率 f_0、探测到的频率 f 和径向速率 v 之间的关系。

37.26 在频移方程式和波长移动方程式之间进行变换。

37.27 在径向速率比光速小得多的情况下，应用波长移动 $\Delta\lambda$、固有波长 λ_0 和径向速率之间的近似关系。

37.28 要懂得对于光（不是声波），即使光源的速度垂直于光源和探测器的连线，频率也会有移动，光的频移是时间延缓的效应。

37.29 应用联系探测到的频率 f、固有频率 f_0 和相对速率 v 的横向多普勒效应的关系式。

关键概念

- 当光源和光探测器相互做相对运动的时候，在光源静止的参考系中测量到的光的波长是固有波长 λ_0。探测到的波长 λ 可能更长（红移）也可能更短（蓝移），这依赖于光源-探测器的距离是正在增大或者还是正在减小。
- 当二者分开的距离正在增大时，波长以下式相联系

$$\lambda = \lambda_0 \sqrt{\frac{1+\beta}{1-\beta}} \quad (\text{光源和探测器正在远离})$$

其中，$\beta = v/c$，v 是相对径向速率（沿光源和探测器的连线）。如果距离正在减小，β 前的符号要反号。

- 对于比 c 小得多的速率，多普勒波长移动的数值 $\Delta\lambda = \lambda - \lambda_0$ 近似地和 v 由下式联系起来：

$$v = \frac{|\Delta\lambda|}{\lambda_0} c \quad (v \ll c)$$

- 如果光源的相对运动垂直于光源和探测器的连线，则探测到的频率 f 和固有频率 f_0 之间的关系是

$$f = f_0 \sqrt{1-\beta^2}$$

这是横向多普勒效应，由时间延缓引起。

光的多普勒效应

我们在 7-17 单元中讨论了声波的多普勒效应（探测到的频率移动），并发现这个效应依赖于声源和探测器相对于空气的速度，这和光波的情况不同，因为光波不需要介质（光波甚至可以在真空中传播）。光的多普勒效应只依赖于光源或探测器的相对速度 $\vec{v}$。这个相对速度无论是从光源还是从探测器的参考系上测量都是相同的。令 f_0 表示光源的固有频率——即观察者在光源静止的参考系中测量的频率。令 f 表示以速度 $\vec{v}$ 相对于光源静止的参考系运动的观察者探测到的频率。于是，当 $\vec{v}$ 的方向直接背离光源时，有

$$f = f_0 \sqrt{\frac{1-\beta}{1+\beta}} \quad (\text{光源和探测器分离}) \qquad (37\text{-}31)$$

其中，$\beta = v/c$。

因为光的测量常常是测量波长而不是测量频率，所以我们将 f 用 c/λ 代替，f_0 用 c/λ_0 代替，这里的 λ 是测量到的波长，λ_0 是**固有波长**（和 f_0 相关的波长）。从等式两边消去 c 以后，我们有

$$\lambda = \lambda_0 \sqrt{\frac{1+\beta}{1-\beta}} \quad (\text{光源和探测器分离}) \qquad (37\text{-}32)$$

当 $\vec{v}$ 的方向正对着光源（互相接近）时，我们要改变式（37-31）和式（37-32）中 β 前面的正负号。

对于距离增大的情况，从式（37-32）（分子上是加号，分母上是减号）我们看出，测量到的波长大于固有波长。这样的多普勒移动用红移来表述，这里的“红”并不意味着测量到的波长是红光，甚至不一定是可见光。这个词语只是用作记忆的工具，因为红色是在可见光谱的长波长的一端。由此，λ 大于 λ_0。同理，对于距离在减少的情况，λ 小于 λ_0，这样的多普勒移动就用蓝移来表述。

低速多普勒效应

对于低的速率（$\beta \ll 1$），式（37-31）可以展开成 β 的级数并且近似地写成

$$f=f_0\left(1-\beta+\frac{1}{2}\beta^2\right)\quad（光源和探测器分离，\beta \ll 1）\qquad (37\text{-}33)$$

对于声波（或除光波以外的任何波动）的多普勒效应的低速方程式有与上式相同的前两项，但第三项的系数不同。由此，低速的光源和探测器的相对论效应只到 β^2 项。

警用的雷达装置利用微波的多普勒效应来测量汽车的速率 v。雷达装置中的波源发射一定（固有）频率 f_0 的沿着道路传播的微波束。向着雷达装置运动的汽车截获并反射微波，由于汽车向着雷达装置运动，因此产生多普勒效应，反射波的频率会向更高的频率移动。汽车将微波束反射回雷达装置。如果装有雷达的警车也向着汽车运动，则雷达装置上的探测器截获的微波束的频率会进一步提高。雷达装置把接收到的频率和 f_0 进行比较，这样就可以计算出汽车的速率。

天文学上的多普勒效应

在对恒星、星系和其他光源的天文学观察中，我们可以通过测量接收到的光的*多普勒频移*来确定这些光源离开我们或向着我们的运动有多快。如果某一颗星体相对于我们是静止的，我们测得从它发射的光就会是某个固有频率 f_0。然而，如果这颗星体是背离我们或者向着我们运动的，我们探测到的光的频率 f 会由于多普勒效应而偏离 f_0。多普勒频移只是来自星体的径向运动（正对着我们或背离我们运动），我们通过测量多普勒频移能够确定的只是星体的*径向速率* v——即星体相对于我们的速度的径向分量。

假设一个星体（或任何光源）以径向速率 v 背离我们运动。如果速率 v 对我们来说足够小（β 足够小），以致可以忽略式（37-33）中的 β^2 项。于是，我们有

$$f=f_0(1-\beta)\qquad (37\text{-}34)$$

因为天文学的测量通常是测量光的波长而不是频率，所以我们把式（37-34）重写成

$$\frac{c}{\lambda}=\frac{c}{\lambda_0}(1-\beta)$$

或

$$\lambda=\lambda_0(1-\beta)^{-1}$$

因为我们假设 β 很小，所以可以将 $(1-\beta)^{-1}$ 展开成级数，展开后只保留 β 的一次幂，得到

$$\lambda=\lambda_0(1+\beta)$$

$$\beta=\frac{\lambda-\lambda_0}{\lambda_0}\qquad (37\text{-}35)$$

将 β 用 v/c 代替，$\lambda-\lambda_0$ 用 $\Delta\lambda$ 代替，得到

$$v=\frac{|\Delta\lambda|}{\lambda_0}c\quad（光源的径向速率，v \ll c）\qquad (37\text{-}36)$$

波长差 $\Delta\lambda$ 是光源的*多普勒波长移动*，我们把它放在绝对值符号的里面，所以我们总是表示移动的数值。式（37-36）是近似的，它可以用于光源向着我们或背离我们运动，并且只在 $v \ll c$ 的条件下成立。

检查点 3

右图中发射固有频率 f_0 的光源正以 S 参考系上测得的速率 $c/4$ 向右方运动。图上还画出了一个光探测器，探测器测得发射光的频率为 $f>f_0$。（a）探测器向左还是向右运动？（b）从参考系 S 测量探测器的速率是大于 $c/4$、小于 $c/4$，还是等于 $c/4$？

横向多普勒效应

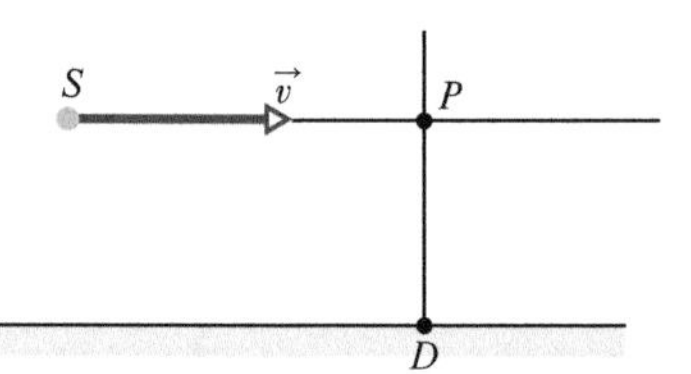

图 37-12 光源 S 以速度 $\vec{v}$ 经过位于 D 点的探测器，狭义相对论预言在光源经过 P 点时会发生横向多普勒效应。光源在 P 点的运动方向垂直于 P 到 D 的连线，经典理论则预言不会发生多普勒效应。

到现在为止，我们在这里和第 17 章中讨论的多普勒效应都是波源和探测器之间相向运动或互相背离的情况。图 37-12 表示另一种不同的安排，其中波源 S 经过探测器 D。当 S 到达 P 点时，S 的速度垂直于 P 和 D 的连线。在这一时刻，S 既不是向着也不是背离 D 运动。如果波源发射频率为 f_0 的声波，那么当 D 接收到 S 在 P 点发出的波的时候，它所探测到的频率就是 f_0（没有发生多普勒效应）。然而，如果波源发射的是光波，则仍旧会有多普勒效应，称为**横向多普勒效应**，在这种情况中，探测到光源在 P 点时发射的光的频率是

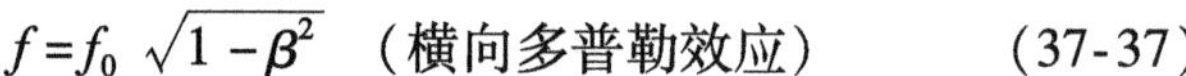

$$f=f_0\sqrt{1-\beta^2}\quad（横向多普勒效应）\qquad(37\text{-}37)$$

对于很低的速率（$\beta\ll1$），式（37-37）可以展开成关于 β 的幂级数，近似为

$$f=f_0\left(1-\frac{1}{2}\beta^2\right)\quad（低的速率）\qquad(37\text{-}38)$$

其中的第一项是我们预期的声波的情况，低速的光源和探测器的相对论效应出现在 β^2 这一项中。

原则上，警车上的雷达装置即使在雷达波束的路径垂直于汽车的路径的情形中（横向）也可以测出汽车的速率。然而，式（37-38）告诉我们，即使是开得非常快的汽车，它的 β 也是非常小的，横向多普勒效应中的相对论项 $\beta^2/2$ 是极其微小的。因而 $f\approx f_0$，雷达装置算出的速率为零。

横向多普勒效应实际上是时间延缓的另一种验证。如果我们用发射的光波的振荡周期 T 来代替频率重写式（37-37），由 $T=1/f$，我们有

$$T=\frac{T_0}{\sqrt{1-\beta^2}}=\gamma T_0\qquad(37\text{-}39)$$

其中，$T_0(=1/f_0)$ 是光源的**固有周期**。比较一下式（37-9）就能证明式（37-39）就是时间延缓公式。

37-6 动量和能量

学习目标

学完这一单元后，你应当能够……

37.30 懂得经典的动量和动能的表达式对于缓慢的速率是近似正确的，而相对论表达式对所有物理上可能的速率都正确。

37.31 应用动量、质量和相对速率之间的关系。

37.32 懂得物体具有和它的质量相联系的质能（或静能）。

37.33 应用总能量、静能、动能、动量、质量、速率、速率参量和洛伦兹因子之间的关系。

37.34 对经典的和相对论的动能表述，画出动能对比值 v/c（速率和光速之比）的曲线图。

37.35 应用功-动能定理把外力做的功和由此产生的动能改变联系起来。

37.36 对于一个反应，应用 Q 值和质能的改变之间的关系。

37.37 对于一个反应，懂得 Q 的代数符号和反应中能量被释放还是被吸收之间的关联。

关键概念

- 对于质量为 m 的粒子，以下线动量 $\vec{p}$、动能 K 和总能量 E 的定义对任何物理上可能的速率都成立：

$$\vec{p}=\gamma m\vec{v}\quad（动量）$$

$$E=mc^2+K=\gamma mc^2\quad（总能量）$$

$$K=mc^2\ (\gamma-1)\quad（动能）$$

其中，γ 是粒子运动的洛伦兹因子；mc^2 是和粒子质量相联系的质能或静能。

- 这些方程式推导出以下关系式，

$$(pc)^2=K^2+2Kmc^2$$

和

$$E^2=(pc)^2+(mc^2)^2$$

- 当粒子系统发生化学或原子核反应时，反应的 Q 值在系统的总质能的改变中是负的：

$$Q=M_ic^2-M_fc^2=-\Delta Mc^2$$

其中，M_i 是系统反应前的总质量；M_f 是反应后的总质量。

动量的新观点

假设在不同的参考系中的几个观察者观察两个粒子间的一次孤立的碰撞。在经典力学中，我们已经知道——即使这些观察者对这两个粒子测出不同的速度——他们都可以发现动量守恒定律成立。就是说，他们发现，碰撞以后粒子系统的总动量和碰撞以前的是相同的。

相对论是如何影响这种情况的呢？我们发现，如果仍旧把粒子的动量 $\vec{p}$ 定义为 $m\vec{v}$，就是粒子的质量和它的速度的乘积，对于不同惯性参考系中的观察者来说总动量不守恒。所以，为了挽救动量守恒定律，我们需要重新定义动量。

考虑一个粒子以恒定的速率 v 沿 x 轴的正方向运动。经典力学中它的动量具有数值

$$p=mv=m\frac{\Delta x}{\Delta t}\quad（经典动量）\tag{37-40}$$

其中，Δx 是它在时间 Δt 内运动的距离。要求出动量的相对论表述，我们从下面的新定义开始

$$p=m\frac{\Delta x}{\Delta t_0}$$

和以前一样，Δx 是一个观察这个粒子运动的观察者测量到的运动粒子所走过的距离。然而，Δt_0 是走过这段距离所用的时间，它不是观察运动的粒子的观察者所测量的时间，而是和粒子一起运动

的观察者测量的时间。相对于第二个观察者，粒子是静止的，因此，这个测得的时间是固有时。

利用时间延缓公式，$\Delta t=\gamma\Delta t_0$ ［式（37-9）］，于是我们可以写出

$$p=m\frac{\Delta x}{\Delta t_0}=m\frac{\Delta x}{\Delta t}\frac{\Delta t}{\Delta t_0}=m\frac{\Delta x}{\Delta t}\gamma$$

由于 $\Delta x/\Delta t$ 就是粒子的速率 v，所以我们有

$$p=\gamma mv \text{（动量）} \tag{37-41}$$

注意，这个定义和式（37-40）中的经典定义的不同只在于多了一个洛伦兹因子 γ。然而这个不同是非常重要的：与经典的动量不同，相对论的动量在 v 趋近于 c 时趋近于无穷大。

我们把式（37-41）的定义推广到矢量形式

$$\vec{p}=\gamma m\vec{v} \text{（动量）} \tag{37-42}$$

这个方程式给出了对所有物理上可能的速率都正确的动量定义。对于比 c 小得多的速率，它简化为经典的动量定义（$\vec{p}=m\vec{v}$）。

能量的新观点

质能

化学作为一门科学，它的早期发展是和化学反应中能量和质量的分别守恒联系在一起的。1905 年，爱因斯坦证明，作为他的狭相对论的一个结论，质量可以看作是能量的另一种形式。由此，能量守恒定律实际上就是质量-能量守恒定律。

在化学反应（原子或分子相互作用的过程）中，转换为其他形式能量（或相反的过程）的质量的数量比起所包含的总质量是如此小的部分。哪怕用最精密的实验室天平来测量这微小的质量的变化也是没有希望的。质量和能量确实看上去是各自守恒的。然而，在核反应中（其中原子核或基本粒子之间相互作用）释放的能量往往比化学反应的能量大了百万倍，这种情况下，质量的改变很容易被测量出来。

物体的质量 m 和等价的能量 E_0 由下式联系起来

$$E_0=mc^2 \tag{37-43}$$

去掉下标 0 后，这个方程式就是长期以来人们最熟悉的一个科学公式。这个和物体的质量联系在一起的能量称为**质能**或**静能**。第二个名称意味着 E_0 是即使物体静止时也具有的能量，而这仅仅是因为它具有质量。（如果你在学完这本书以后继续从事物理学研究，你就会知道质量和能量关系的更深入的讨论。你甚至可能会遇到不同意这个关系式和它的意义的观点。）

表 37-3 中列出了几种物体（近似的）质能或静能。譬如说美国的分币的质能是很大的；与之数量相当的电能价值几百万美元。另一方面，整个美国一年生产的电能却只相当于几百千克物质（石头、煎饼或任何其他东西）。

实际上，国际单位制中的质量单位很少会被用在式（37-43）中，因为它们都太大，很不方便。质量常用原子质量单位（u）量度，即

$$1\mathrm{u}=1.66053886\times10^{-27}\mathrm{kg} \tag{37-44}$$

能量通常用电子伏特（eV）或它的倍数来量度，即

$$1\mathrm{eV}=1.602176462\times10^{-19}\mathrm{J} \tag{37-45}$$

在式（37-44）和式（37-45）的单位中，相差的常量 c^2 有以下的数值

$$\begin{aligned} c^2 &= 9.31494013\times10^8\mathrm{eV/u}=9.31494013\times10^5\mathrm{keV/u} \\ &= 931.494013\mathrm{MeV/u} \end{aligned} \tag{37-46}$$

表 37-3 **几种物体的能量当量**

物体	质量（kg）	能量当量	
电子	$\approx9.11\times10^{-31}$	$\approx8.19\times10^{-14}\mathrm{J}$	（$\approx$511keV）
质子	$\approx1.67\times10^{-27}$	$\approx1.50\times10^{-10}\mathrm{J}$	（$\approx$938MeV）
铀原子	$\approx3.95\times10^{-25}$	$\approx3.55\times10^{-8}\mathrm{J}$	（$\approx$225GeV）
灰尘颗粒	$\approx1\times10^{-13}$	$\approx1\times10^{4}\mathrm{J}$	（$\approx$2kcal）
美国分币	$\approx3.1\times10^{-3}$	$\approx2.8\times10^{14}\mathrm{J}$	（$\approx$78GW·h）

总能量

式（37-43）给出了和静止的或者正在运动的任何物体的质量相联系的能量 E_0。如果物体在运动，它就有动能 K 的形式的额外能量。如我们假设物体的势能是零，总能量就是它的质能与它的动能之和：

$$E=E_0+K=mc^2+K \tag{37-47}$$

虽然我们不去证明，但总能量也可以写成

$$E=\gamma mc^2 \tag{37-48}$$

其中，γ 是物体运动的洛伦兹因子。

从第 7 章到现在，我们已经讨论过包括粒子或粒子系统的总能量变化的许多例子。然而，在这些讨论中我们还没有涉及质能，因为其中质能的改变不是零就是小到可以忽略不计。当质能的变化不能忽略时，总能量守恒定律仍旧可以应用。因此，无论质能发生什么变化，8-5 单元中的以下表述仍旧是正确的：

孤立系统的总能量 E 不会改变。

例如，如果孤立系统中两个相互作用的粒子的总质能减少，因为总能量不变，所以系统中其他形式的能量必定增加。

***Q* 值**。在一个经历化学或原子核反应的系统中，由于反应而产生的系统总质能的变化常用 Q 值来表征。反应的 Q 值可从以下关系式求出：

（系统初始总质能）=（系统终了总质能）+ Q

或

$$E_{0i}=E_{0f}+Q \tag{37-49}$$

利用式（37-43）（$E_0=mc^2$），我们可以把这个公式用初始总质量 M_i 和终了总质量 M_f 重写如下：

$$M_ic^2=M_fc^2+Q$$

或

$$Q=M_ic^2-M_fc^2=-\Delta Mc^2 \tag{37-50}$$

其中反应所产生的质量改变 $\Delta M=M_f-M_i$。

如果反应结果是质能转变为（譬如说）反应产物的动能，则

系统总质能 E_0（和总质量 M）减少，Q 是正的。如果相反，反应将能量转换为质能，则系统的总质能 E_0（以及它的总质量）增大，则 Q 是负的。

例如，假设两个氢原子核发生聚变，在这个反应中，两个原子核结合在一起形成一个原子核并释放两个粒子：

$$^{1}\mathrm{H} + {}^{1}\mathrm{H} \to {}^{2}\mathrm{H} + \mathrm{e}^{+} + \nu$$

其中，^{2}H 是另一种氢原子核（一个中子加上一个质子），e^+ 是正电子，ν 是中微子，结果得到的一个原子核和两个释放的粒子的总的质能（以及总质量）小于原来的两个氢核的总质能（总质量）。由此这个聚变反应的 Q 值是正的，我们说通过反应能量被释放出来了（从质能变换成其他形式）。对你来说，这种能量的释放是非常重要的，因为太阳中氢原子核的这种聚变正是照耀地球使地球上的生命成为可能的太阳辐射的产生过程的一部分。

动能

在第7章中，我们定义质量为 m、以比 c 小得多的速率 v 运动的物体的动能 K 是

$$K = \frac{1}{2}mv^2 \tag{37-51}$$

然而，这个经典的公式只是近似的公式，只在速率比光速低得多的情况下才足够好。

我们现在要求对所有物理上可能的速率，包括速率接近 c 的情况，都正确的动能公式，由式（37-47）解出 K，然后将式（37-48）中的 E 代入，得到

$$K = E - mc^2 = \gamma mc^2 - mc^2$$
$$= mc^2(\gamma - 1) \quad (动能) \tag{37-52}$$

其中，$\gamma\ (=1/\sqrt{1-(v/c)^2})$ 是物体运动的洛伦兹因子。

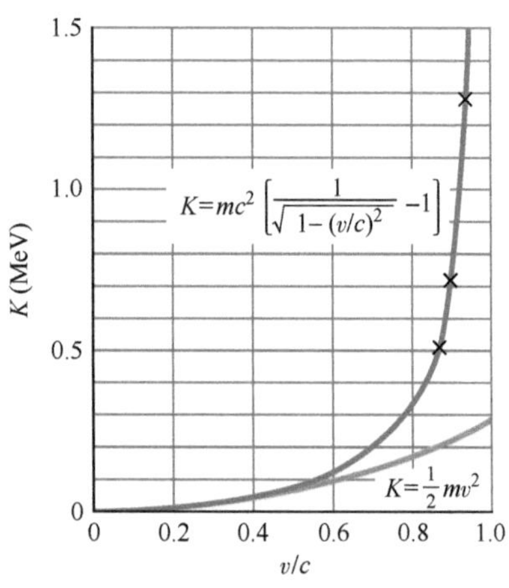

图37-13 电子动能的相对论表达式［式（37-52）］和经典表达式［式（37-51）］作为 v/c 的函数曲线图。v 是电子速率，c 是光速。注意两条曲线在低速时合在一起，而在高速时分开很远。实验数据（用"×"表示）表明高速时相对论曲线和实验一致，而经典曲线则不一致。

图37-13表示由正确的定义［式（37-52）］和经典的近似公式［式（37-51）］算出的电子动能作为 v/c 的函数曲线图。注意在图的左边，两条曲线符合一致；对于图中的这部分曲线——低速率的区域——我们在这本书里到现在为止所计算的动能都在这个范围内。这部分曲线图告诉我们，用经典表达式（37-51）计算的动能是合适的。然而，在图的右边部分——速率接近于 c——两条曲线明显不同。在 v/c 近于1时，动能的经典定义曲线只是稍有增加，而正确的动能的定义曲线则迅速增大，在 v/c 接近于1.0时动能趋近于无穷大。因此，当物体的速率 v 接近 c 时我们必须用式（37-52）计算它的动能。

功。图37-13还告诉我们关于要使一个物体速率增加，譬如说1%，我们必须对它做的功的一些事情。需要做的功 W 等于所造成的这个物体动能的改变 ΔK。如果这种改变发生在图37-13的左边低速部分，所需的功可能是不多的。然而，如果这种变化发生在图37-13的右边高速的区域，所需的功可能非常大，因为在那个区域内动能随速率 v 的增加而增加得非常快。为了将一个物体的速率增大到 c，原则上需要无穷大的能量，所以这是不可能的。

电子、质子和其他粒子的动能常常以电子伏特为单位，有时

也把电子伏特的某个倍数作为形容词写在前面。例如，具有20MeV 动能的一个电子可以表述为一个 20MeV 电子。

动量和动能

在经典力学中，质点的动量是 $p = mv$，它的动能是 $K = \frac{1}{2}mv^2$。如果我们在这两个公式中消去 v，我们得到动量和动能之间直接的关系：

$$p^2 = 2Km \text{（经典）} \tag{37-53}$$

我们可以通过在相对论的动量定义［式（37-41）］和相对论的动能定义［式（37-52）］之间消去 v 求出同样的关系。再经过一些代数运算得到

$$(pc)^2 = K^2 + 2Kmc^2 \tag{37-54}$$

借助于式（37-47），我们可以把式（37-54）变换为粒子的动量 p 和总能量 E 之间的关系：

$$E^2 = (pc)^2 + (mc^2)^2 \tag{37-55}$$

图 37-14 中的直角三角形可以帮助你记住这个有用的关系式。你还可以证明，在这个三角形中

$$\sin\theta = \beta \text{ 和 } \cos\theta = 1/\gamma \tag{37-56}$$

由式（37-55）我们可以看出，乘积 pc 一定和能量 E 有相同的单位；我们可以将动量的单位用能量单位除 c 来表示，在基本粒子物理学中，常用的有 MeV/c 或 GeV/c。

这可以帮助你记住这个关系式

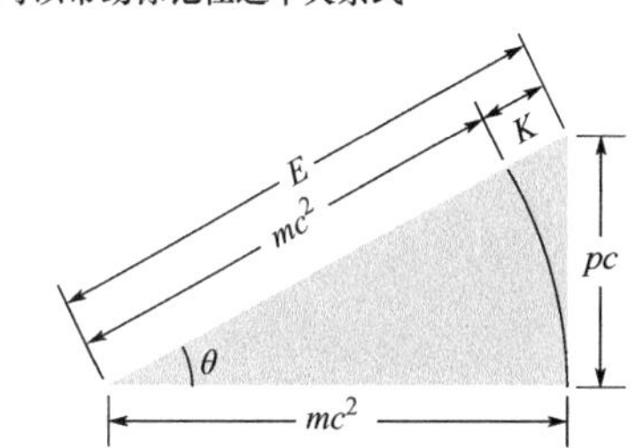

图 37-14 记忆相对论关系的有用图解。表示总能量 E、静能或质能 mc^2、动能 K 以及动量数值 p 之间的关系。

检查点 4

1GeV 电子的（a）动能和（b）总能量是大于、小于还是等于 1GeV 质子的这两个量？

例题 37.06 相对论性电子的能量和动量

（a）2.53MeV 电子的总能量是多少？

【关键概念】

由式（37-47），电子的总能量 E 是它的质能（静能）和它的动能之和：

$$E = mc^2 + K \tag{37-57}$$

解： 这个问题中的形容词"2.53MeV"表示电子的动能是 2.53MeV。要计算电子的质能 mc^2，我们从附录 B 查到电子的质量 m 代入，得到

$$mc^2 = (9.109\times10^{-31}\text{kg})(299792458\text{m/s})^2 = 8.187\times10^{-14}\text{J}$$

将这个结果除以 1.602×10^{-13}J/MeV 得到 0.511MeV。这就是电子的质能（证实了表 37-3 中的数值）。代入式（37-57）得到

$$E = 0.511\text{MeV} + 2.53\text{MeV} = 3.04\text{MeV} \quad \text{（答案）}$$

（b）这个电子的动量数值 p 是多少？用 MeV/c 为单位。（注意，c 是光速的符号，它本身并不是单位。）

【关键概念】

我们利用总能量 E 和质能 mc^2 由式（37-55）求 p：

$$E^2 = (pc)^2 + (mc^2)^2$$

解： 解出 pc，得到

$$pc = \sqrt{E^2 - (mc^2)^2} = \sqrt{(3.04\text{MeV})^2 - (0.511\text{MeV})^2} = 3.00\text{MeV}$$

最后，两边除以 c，我们得到

$$p = 3.00\text{MeV}/c \quad \text{（答案）}$$

WILEY PLUS 在 WileyPLUS 中可以找到附加的例题、视频和练习。

例题 37.07　能量和传播时间的惊人的不一致

至今为止，我们在从太空来到地球的宇宙线中探测到的能量最高的质子竟然具有令人吃惊的动能 3.0×10^{20} eV（足以使一茶匙水温度升高几度）。

(a) 这种质子的洛伦兹因子 γ 和速率各是多少？(都相对于地面的探测器。)

【关键概念】

(1) 质子的洛伦兹因子 γ 和它的总能量 E 及质能 mc^2 的关系由式 (37-48)（$E=\gamma mc^2$）联系起来。(2) 质子的总能量是质能 mc^2 与它的（给定的）动能 K 之和。

解：把这些概念放到一起，我们有

$$\gamma=\frac{E}{mc^2}=\frac{mc^2+K}{mc^2}=1+\frac{K}{mc^2}\qquad(37\text{-}58)$$

由表37-3，质子的质能 mc^2 是938MeV。把它和给定的动能代入式 (37-58)，我们得到

$$\gamma=1+\frac{3.0\times10^{20}\,\text{eV}}{938\times10^{6}\,\text{eV}}$$

$$=3.198\times10^{11}\approx3.2\times10^{11}\qquad\text{(答案)}$$

这个算出来的 γ 数值是如此的大，所以我们不能用 γ 的定义［式 (37-8)］来求速率 v。试试看：你的计算器会告诉你 β 实际上等于1，因而 v 实际上等于 c。事实上 v 确实几乎就是 c，但是我们要一个更精确的答案，我们可以先由式 (37-8) 解出 $1-\beta$。开始我们写出

$$\gamma=\frac{1}{\sqrt{1-\beta^2}}=\frac{1}{\sqrt{(1-\beta)(1+\beta)}}\approx\frac{1}{\sqrt{2(1-\beta)}}$$

这里我们用到 β 非常近于1这个事实，所以 $1+\beta$ 非常接近于2。(我们可以舍入两个非常接近的数之和，但不能舍入它们的差数。) 我们要求的速率就包含在 $1-\beta$ 这一项里面。解出 $1-\beta$ 得到

$$1-\beta=\frac{1}{2\gamma^2}=\frac{1}{(2)(3.198\times10^{11})^2}$$

$$=4.9\times10^{-24}\approx5\times10^{-24}$$

由此 $\beta=1-5\times10^{-24}$，
并且因为 $v=\beta c$，所以有

$$v=0.999\,999\,999\,999\,999\,999\,999\,995c。$$

(答案)

(b) 假设这个质子沿着银河系的直径 (9.8×10^4ly) 运动。从地球和银河系的共同参考系测量，质子通过这个直径近似地要用多长时间？

推理：我们刚才看到这个极端的相对论性质子以只比 c 小了非常少的一点点的速率运动。按照光年的定义，光要用一年时间走过一光年的路程，所以光要用 9.8×10^4y 的时间通过 9.8×10^4ly 的路程，这个质子也要花差不多同样的时间走这一段路程。于是，在我们的地球-银河参考系看来，质子的旅行时间是

$$\Delta t=9.8\times10^4\,\text{y}\qquad\text{(答案)}$$

(c) 在质子参考系中测量，这段旅程花了多少时间？

【关键概念】

1. 这个问题包含从两个（惯性）参考系中的测量：一是地球-银河参考系，另一是附在质子上的参考系。

2. 这个问题也包含两个事件：第一个事件是质子通过银河系直径的一端，第二个事件是它到达直径的另一端。

3. 这两个事件的时间间隔在质子的参考系上测量的是固有时间间隔 Δt_0，因为在这个参考系中，两个事件发生在同一位置——即在质子本身上面。

4. 我们可以利用时间延缓的公式 (37-9)（$\Delta t=\gamma\Delta t_0$）从地球-银河参考系测得的时间间隔 Δt 求出固有时间间隔 Δt_0。(注意，我们之所以可以用这个方程式是因为其中一个测量的时间是固有时。不过，我们用洛伦兹变换也能得到同一关系式。)

解：对 Δt_0 解式 (37-9) 并由 (a) 小问代入 γ 以及从 (b) 小问代入 Δt，我们求出

$$\Delta t_0=\frac{\Delta t}{\gamma}=\frac{9.8\times10^4\,\text{y}}{3.198\times10^{11}}$$

$$=3.06\times10^{-7}\,\text{y}=9.7\,\text{s}\qquad\text{(答案)}$$

在我们的参考系中，这段旅程要用98000y，而在质子的参考系中却只要9.7s！正如我们在这一章开始时所说的，相对运动会改变时间流逝的快慢，在这里我们就看到了一个极端的例子。

复习和总结

两个假设　爱因斯坦的**狭义相对论**主要基于两个假设：

1. 物理学定律对于所有惯性参考系中的观察者而言都是相同的。

2. 真空中光速在所有方向上及所有惯性参考系中都有同样的数值 c。

真空中光速 c 是不能被任何携带能量和信息的实体的速率超过的极限速率。

事件的坐标　三个空间坐标和一个时间坐标确定了一个**事件**。狭义相对论的任务之一是把相对做匀速直线运动的两个观察者各自测得的坐标联系起来。

同时的事件　两个做相对运动的观察者对两个事件是否同时一般说来是不一致的。

时间延缓　两个事件在一个惯性参考系中同一地点相继先后发生，在它们发生地点的一只钟测得的二者间的时间间隔 Δt_0 是两事件间的**固有时**。在相对于这个参考系运动的参考系中，观察者对这个时间间隔会测量到更大的数值。对于以相对速率 v 运动的观察者而言，他测量到的时间间隔

$$\Delta t=\frac{\Delta t_0}{\sqrt{1-(v/c)^2}}=\frac{\Delta t_0}{\sqrt{1-\beta^2}}=\gamma\Delta t_0\quad\text{（时间延缓）}\qquad(37\text{-}7\sim37\text{-}9)$$

其中，$\beta=v/c$ 是**速率参量**，$\gamma=1/\sqrt{1-\beta^2}$ 是**洛伦兹因子**。时间延缓的一个重要结果是从静止的观察者看来运动的钟走得慢了。

长度收缩　在物体是静止的惯性参考系中，观察者测得的物体长度 L_0 称为**固有长度**。而在相对于物体静止的参考系运动，并且速度平行于长度方向的参考系中，观察者测量出的长度较短。对于以相对速率 v 运动的观察者而言，测得的长度是

$$L=L_0\sqrt{1-\beta^2}=\frac{L_0}{\gamma}\quad\text{（长度收缩）}\qquad(37\text{-}13)$$

洛伦兹变换　洛伦兹变换联系了两个惯性参考系 S 和 S' 中的观察者测量同一事件的两组时空坐标，这里的 S' 相对于 S 以速率 v 沿 x 和 x' 轴的正方向运动。四个坐标由以下公式联系起来：

$$\begin{aligned}x'&=\gamma(x-vt)\\y'&=y\\z'&=z\\t'&=\gamma(t-vx/c^2)\end{aligned}\qquad(37\text{-}21)$$

速度的相对性　一个粒子在惯性参考系 S' 中以速率 u' 沿正 x' 方向运动，S' 本身相对于第二个惯性参考系 S 以速率 v 沿着平行于 x 的方向运动。在 S 中测量该粒子的速率 u 是

$$u=\frac{u'+v}{1+u'v/c^2}\quad\text{（相对论速度变换）}\qquad(37\text{-}29)$$

相对论多普勒效应　当光源和光探测器沿同一直线相对运动时，在光源静止的参考系中测量到的光源的波长是固有波长 λ_0。探测到的波长 λ 是更长一些（红移）还是更短一些（蓝移），这取决于光源-探测器的距离正在增大还是正在减小。当距离增大时，波长的关系是

$$\lambda=\lambda_0\sqrt{\frac{1+\beta}{1-\beta}}\quad\text{（光源和探测器互相远离）}\qquad(37\text{-}32)$$

其中，$\beta=v/c$，v 是相对径向速率（沿着连接光源和探测器的直线）。如果距离减小，则 β 符号前的正负号反转。对于速率比 c 小得多的情况，多普勒波长移动（$\Delta\lambda=\lambda-\lambda_0$）和 v 的近似关系是

$$v=\frac{|\Delta\lambda|}{\lambda_0}c\quad(v\ll c)\qquad(37\text{-}36)$$

横向多普勒效应　如果光源的相对运动垂直于光源和探测器的连线，则探测到的频率 f 与固有频率 f_0 的关系是

$$f=f_0\sqrt{1-\beta^2}\qquad(37\text{-}37)$$

动量和能量　以下对质量为 m 的粒子所做的线动量 $\vec{p}$、动能 K 和总能量 E 的定义，对于任何物理学上可能的速率都有效：

$$\vec{p}=\gamma m\vec{v}\quad\text{（动量）}\qquad(37\text{-}42)$$

$$E=mc^2+K=\gamma mc^2\quad\text{（总能量）}\qquad(37\text{-}47,\ 37\text{-}48)$$

$$K=mc^2(\gamma-1)\quad\text{（动能）}\qquad(37\text{-}52)$$

其中，γ 是粒子运动的洛伦兹因子，mc^2 是和粒子质量相联系的质能或静能。由这些方程式可导出关系式

$$(pc)^2=K^2+2Kmc^2\qquad(37\text{-}54)$$

和

$$E^2=(pc)^2+(mc^2)^2\qquad(37\text{-}55)$$

当粒子系统发生化学反应或原子核反应时，反应的 Q 值是系统总质能改变的负值：

$$Q=M_ic^2-M_fc^2=-\Delta Mc^2\qquad(37\text{-}50)$$

其中，M_i 是反应前系统的总质量；M_f 是反应后系统的总质量。

习题

1. 事件的相对论性颠倒。图 37-15a、b 表示（通常）的情况，其中带撇的参考系以大小为 v 的恒定速率沿共同的 x 和 x' 轴正方向相对于不带撇的参考系运动。我们静止在不带撇的参考系中。一位学相对论的机灵的学生波波鹿

(Bull winkle)，虽然他是卡通片中的人物，但我们可以不用考虑他的卡通人物的身份，让它静止在带撇的参考系中。图上也标明了下面列出的在不带撇的参考系中测量的和波波鹿所在的带撇的参考系中测量的两个事件A和B发生的坐标

事件	不带撇的坐标	带撇的坐标
A	(x_A, t_A)	(x'_A, t'_A)
B	(x_B, t_B)	(x'_B, t'_B)

在我们的参考系中，事件A发生在事件B之前，时间的间隔是$\Delta t = t_B - t_A = 1.00\mu s$。空间距离是$\Delta x = x_B - x_A = 400m$。令$\Delta t'$是波波鹿测得的两事件的时间差。

(a) 求用速率参量$\beta(=v/c)$和给出的数据表示的$\Delta t'$的表达式。对以下两种β范围画出$\Delta t'$对β的曲线图。

(b) 0到0.01（v很低，从0到$0.01c$）；

(c) 0.1到1（v很高，从$0.1c$到极限c）。

(d) 在β取什么值时$\Delta t'=0$？在β的什么范围内，波波鹿观察到的事件A和事件B的次序(e)和我们的相同，(f)和我们的相反？(g)事件A能不能引起事件B或反之？说明理由。

2. 对于图37-15中两个相对运动的参考系，事件A和B发生的时空坐标在不带撇的参考系上测量分别是(x_A, t_A)和(x_B, t_B)，在带撇的坐标系上测量分别是(x'_A, t'_A)和(x'_B, t'_B)。在不带撇的参考系中，$\Delta t = t_B - t_A = 1.00\mu s$，$\Delta x = x_B - x_A = 400m$。(a)求用速率参量$\beta$和给定的数据表示的$\Delta x'$的表达式：在以下两个$\beta$范围内；(b) 0到0.01和(c) 0.1到1，分别画出$\Delta x'$对β的曲线图。(d)在β取什么值时$\Delta x'$最小，(e)这个最小值是多少？

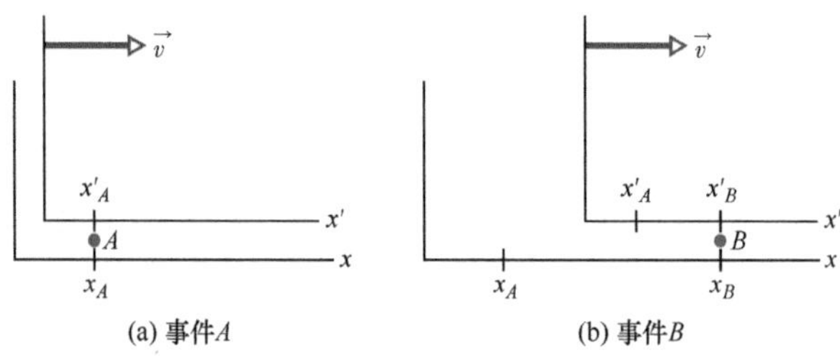

图37-15 习题1、2图

3. 在图37-9中，观察者S测量到两个闪光。一个大的闪光发生在$x_1=1200m$处，$5.00\mu s$以后一个小的闪光发生在$x_2=700m$处。从观察者S'的测量结果来看，这两个闪光发生在同一坐标x'。(a) S'的速率参量是什么？(b) S'沿x轴的正方向运动还是沿x轴的负方向运动？对于S'来说，(c)哪一个闪光在先？(d)这两个闪光的时间间隔是多少？

4. 把二项式定理（见附录E）应用于关于粒子动能的式(37-52)的最后一部分。(a)保留展开式的前两项，证明动能是以下形式

$$K=(\text{第一项})+(\text{第二项})$$

其中，第一项是动能的经典表示形式；第二项是对经典表示形式的一级修正。设粒子是电子。如果它的速率是$c/20$，则(b)经典表达式的数值及(c)一级修正的数值各是多少？如果电子速率是$0.85c$，则(d)经典表达式的数值和(e)一级修正的数值各是多少？(f)在什么速率参量β下，一级修正是经典表达式的10%或更大？

5. 一个电子的速率(a)从$0.18c$增加到$0.20c$，(b)从$0.97c$增加到$0.99c$，两种情况中需要做多大的功？注意在这两种情况中电子速率都增加$0.02c$。

6. (a)如果m是粒子的质量，p是它的动量数值，K是它的动能。证明：

$$m=\frac{(pc)^2-K^2}{2Kc^2}$$

(b)对于低的粒子速率，证明方程式右边约化为m。(c)如果粒子的$K=55.0MeV$，$p=140MeV/c$，它的质量和电子质量之比m/m_e是多少？

7. (a)设式(37-36)成立，你要对着红光跑得多快才能使红光看上去是绿色的？取红光波长为620nm，绿光波长为540nm。(b)如果你跑的速率是这个速率的两倍，那么此发射波的波长是多少？

8. 钠光源以$0.200c$的恒定速率在水平的圆圈上运动，同时发射固有波长为$\lambda_0=589.00nm$的光。固定在圆圈中心的探测器测量此光的波长是λ。波长移动$\lambda-\lambda_0$是多少？

9. 电子的质量是$9.109\,381\,88\times10^{-31}kg$。保留到6位有效数字，求动能$K=300.000MeV$的电子的(a) γ和(b) β。

10. 图37-16是从NGC7319星系到地球的光强对波长的曲线图，这个星系离地球大约3×10^8ly。最强的光谱线是NGC7319上的氧发射的。在实验室中这个发射波的波长是$\lambda=513nm$，但在从NGC7319发射来的光谱中波长已经因多普勒效应而移动到525nm。（所有从NGC7319发射到地球的光谱都有移动。）(a) NGC7319相对于地球的径向速率是多少？(b)这个相对运动是向着地球还是背离地球？(c)这种波长的移动是红移还是蓝移？

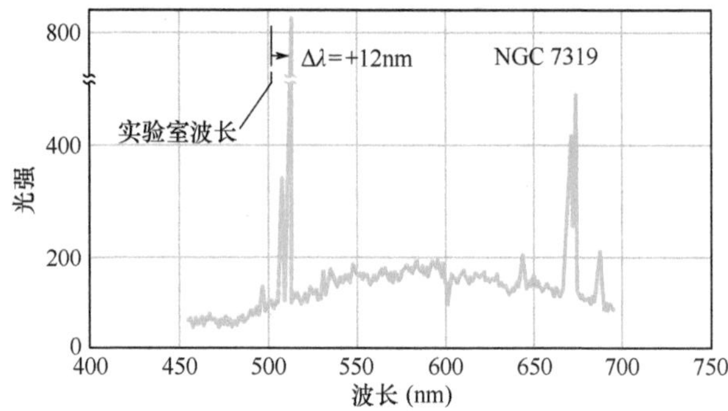

图37-16 习题10图

11. 太空船的静止长度是280m，相对于某个参考系的速率是$0.94c$。在这个参考系中有一颗速率也是$0.94c$的微陨星沿反向平行的轨道经过这艘太空船。在飞船上测

量，这颗微陨星经过飞船要多少时间？

12. 将一个^{12}C原子核（质量11.99671u）分解成三个^{4}He（每个质量为4.00151u）至少需要多少能量？

13. 宇宙飞船组成的舰队长达1.00ly（从静止参考系测量），它以速率$0.850c$相对于参考系S中的地面站运动。从舰队最后面出发的、相对于参考系S速率为$0.950c$的一位信使旅行到舰队前端，以下情况中，信使的旅行各需要多长时间？（a）在信使静止的参考系内测量，（b）在舰队静止的参考系内测量，（c）在地球上的观察者测量。

14. 电子质量是$9.109\ 381\ 88\times10^{-31}$kg。将结果保留到8位有效数字，求下面给出的电子动能的γ和β值。对$K=2.000\ 000\ 0$keV的（a）γ和（b）β；对$K=2.000\ 000\ 0$MeV的（c）γ和（d）β；对$K=2.000\ 000\ 0$GeV的（e）γ和（f）β。

15. 宇宙飞船以速率$0.333c$离开地球。从飞船的后面发射一束光波，位于飞船上的一个人测得的这束光波的波长为450nm。在地球上观察飞船的人测得的（a）波长是多少？（b）看到的颜色（蓝、绿、黄或红）是什么？

16. 星系Q_1以速率$0.700c$离开我们。星系Q_2在空间同一方向上，但离我们较近。它离开我们的速率是$0.400c$。在Q_1的参考系中的观察者测量，Q_2的速率用c的倍数表示是多少？

17. 在你读到书上某一页的时候（在纸质书上或者在显示屏上），一个宇宙线质子正以相对速率v和总能量23.16nJ沿页面从左至右（宽度）经过。根据你的测量，页面的左右宽度是21.0cm。（a）从质子参考系测量，页面的宽度是多少？从（b）你的参考系以及（c）质子的参考系测量，质子经过页面需多长时间？

18. μ子的质量是电子质量的207倍；静止时μ子的平均寿命是2.20μs。在某个实验中，通过实验室运动的μ子被测出平均寿命为7.20μs。对这个运动的μ子，求（a）β、（b）K和（c）p（MeV/c）。

19. 有报道称星系A正在以$0.45c$的速率离我们远去。在正好相反方向上的星系B也以同样的速率离开我们向后退行。位于星系A上的观察者发现（a）我们所在的星系及（b）星系B的退行速率各是多大？以c的倍数表示。

20. 要将一个电子从静止加速到速率为（a）$0.500c$，（b）$0.990c$和（c）$0.99990c$各需要多少功？

21. 在28-4单元中，我们讨论了电荷为q、质量为m的粒子在垂直于均匀磁场$\vec{B}$的圆周上运动。当电荷的速度是$\vec{v}$时，圆的半径是$r=mv/(|q|B)$。我们还求出圆周运动的周期T不依赖于速率v。如果$v\ll c$，这两个结论近似正确。对于相对论速率，我们必须应用正确的半径公式：

$$r=\frac{p}{|q|B}=\frac{\gamma mv}{|q|B}$$

（a）利用这个公式和周期的定义（$T=2\pi r/v$），求周期的正确表达式。（b）T是否依赖于v？如果有一20.0MeV电子在数值为2.20T的均匀磁场的圆形轨道上运动，求：（c）第28章中定义的半径，（d）正确的半径，（e）第28章中定义的周期，（f）正确的周期。

22. 观察者S报告，一个事件发生在他所在参考系的x坐标上的$x=3.00\times10^{8}$m处，$t=1.50$s时刻。观察者S'和她的参考系以速率$0.400c$沿正x方向运动，并且$t=t'=0$时刻$x=x'=0$。这个事件对于观察者S'的（a）空间坐标和（b）时间坐标分别是什么？如果观察者S'是沿x轴的负方向运动。按照S'，这个事件的（c）空间和（d）时间坐标又是什么？

23. 一位实验员安排同时点亮两盏闪光灯，一盏大的闪光灯位于他所在参考系的原点，另一盏小的闪光灯位于$x=30.0$km处。另一位以速率$0.450c$沿正x轴方向运动的观察者也看到了这两次闪光。（a）另一位观察者观察到的两次闪光之间的时间间隔是多少？（b）另一位观察者认为哪一次闪光先发生？

24. 回到未来。假设父亲比女儿年长25岁。他要离开地球旅行，向外飞行2.000y后再花2.000y的时间回到地球（这两段时间都是他自己测量的），结果他比女儿还要年轻25岁。这需要怎样的恒定速率参量β（相对于地球）？

25. 一只速率为$0.700c$沿x轴运动的钟在经过原点的时候读数为零。（a）求钟的洛伦兹因子。（b）当钟经过$x=180$m处的时候钟上读数是多少？

26. 计算到4位有效数字。求粒子动能是12.00MeV时，电子（$E_0=0.510998$MeV）的（a）γ和（b）β，质子（$E_0=938.272$MeV）的（c）γ和（d）β，α粒子（$E_0=3727.40$MeV）的（e）γ和（f）β。

27. 《人猿星球》（*Planet of the Apes*）这部作品的前提是冬眠的宇航员旅行到了地球遥远的将来，也就是人类文明已经被人猿文明取代的时代。只考虑狭义相对论，如果这些宇航员冬眠120.0y，他们相对于地球以速率$0.99990c$，先是离开地球向外飞行，然后再飞回地球，他们会到达地球上多远的将来？

28. 在反应$p+{}^{19}F\rightarrow\alpha+{}^{16}O$中，质量分别是

m(p)=1.007825u，m(α)=4.002603u

m(F)=18.998405u，m(O)=15.994915u

根据这些数据求反应的Q值。

29. 平行于参考系S中的x轴放置的一根棒以$0.892c$的速率沿x轴运动，它的静止长度是1.70m。在S参考系中测得它的长度是多少？

30. 在图37-11中，坐标系S'相对于S以速度$0.620c\vec{i}$运动，同时有一个粒子平行于共同的x和x'轴运动。在S'参考系中，观察者测得粒子的速度是$0.420c\vec{i}$。用c表示的S参考系中观察者测量到的粒子速度是多少？用（a）相对论的及（b）经典的速度变换。如果S'参考系中

测得的粒子速度是 $-0.420c\vec{i}$。按照（c）相对论及（d）经典的速度变换，在 S 参考系中观察者测得的速度是多少？

31. 我们大约离银河系的中心 23000ly。（a）将结果保留到8位有效数字，你需要怎样的恒定速率参量 β 才能在精确的 40y（在你的参考系中测量）内走过准确的 23000ly（在银河系参考系中测量）的路程？（b）在你的参考系中测量并用光年为单位表示，你在银河系的旅程中走过了多长的距离。

32. 电子以 $\beta=0.999987$ 的速率沿真空管的轴运动，在相对于真空管静止的实验室中，观察者测量出真空管的长度是 5.00m。然而，相对于电子是静止的观察者 S' 却看到这个真空管以速率 v（$=\beta c$）运动。观察者 S' 测量出的真空管长度是多少？

33. 你要从地球出发乘坐空间船做一次来回旅行，以恒定的速率沿一直线飞行整6个月（你测量的时间间隔），然后以同样的恒定速率飞回地球。你希望在回到地球时，发现地球上已是将来的2000年以后。（a）将结果保留到8位有效数字，你飞行的速率参量需要多大？（b）你的行程与是否沿一直线飞行有关吗？

34. （a）1.00mol 的 TNT 炸药爆炸时释放出 3.40MJ 的能量。TNT 炸药的摩尔质量是 0.227kg/mol。爆炸放出 2.50×10^{14}J 的能量需要多少重量的 TNT 炸药？（b）你能不能把如此重量的 TNT 炸药放在背包里携带，还是要用货车或是一列火车？（c）设裂变原子弹的爆炸中有裂变质量的 0.080% 转化为能量释放出来。爆炸释放 2.50×10^{14}J 的能量需要多少重量的裂变材料？（d）你是否能把这些材料放在背包里携带，还是要用货车或火车？

35. 一片 7.00 格令（grain）的阿司匹林的质量为 448mg。和这些质量相当的能量可以推动一辆汽车行驶多少千米？设汽车所用汽油的燃烧热量 3.65×10^{7}J/L，每升汽油可使汽车行驶 12.75km。

36. 当一个粒子的（a）$K\approx3.00E_0$ 及（b）$E=3.00E_0$ 时，它的 β 分别是多少？

37. 类星体被认为是活动的星系形成的早期阶段的核心。设类星体以 2.00×10^{41}W 的速率辐射能量。为了提供这些能量，类星体的质量要以多大的速率减少？把你的答案用每年的太阳质量单位表示，太阳质量单位（solar mass unit，smu）就是一个太阳的质量（$1\text{smu}=2.0\times10^{30}$kg）。

38. 一根杆子以恒定的速率 v 沿参考系 S 的 x 轴运动，杆子长度平行于该坐标轴。S 参考系中的观察者测量出杆子的长度是 L，图 37-17 给出在一定范围内 L 对速率参量 β 的曲线图。纵轴标度 $L_a=1.00$m。如果 $v=0.90c$，则 L 是多少？

39. 一艘静止长度为 270m 的太空船以速率 $0.600c$ 飞过校时站。（a）校时站上测量太空船的长度是多少？（b）校时站上的钟记录的飞船前后两端经过的时间间隔是多少？

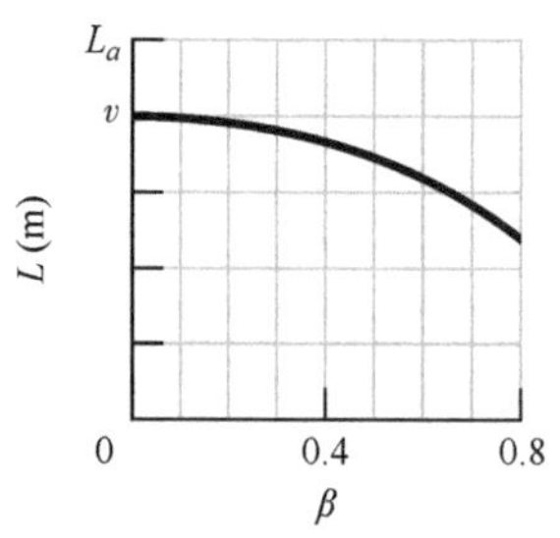

图 37-17 习题 38 图

40. 室女座中一个星系发射的某个波长的光波观察到比地球上的光源发射的相应的光的波长长了 0.6%。（a）这个星系相对于地球的径向速率是多大？（b）这个星系向着地球运动还是后退？

41. 质量为 m 的粒子的动量要有多大才能使粒子的总能量是它的静能的 4.00 倍？

42. 如果洛伦兹因子 γ 是（a）1.2000000，（b）12.000000，（c）120.00000，（d）1200.0000，速率参量 β 分别是多少？请将结果保留到8位有效数字。

43. 一位太空旅行者从地球起飞，以 $0.9950c$ 的速率向着织女星飞去。织女星距离地球 26.00ly。地球上的时钟经过多长时间后：（a）旅行者到达织女星，（b）地球上的观察者接收到旅行者发出她已到达的信号？（c）根据地球上的观察者的计算，旅行者（从她自己的参考系中测量）到达织女星的时候比她从地球出发时老了多少岁？

44. 位于参考系 S' 中的波波鹿（Bullwinkle）沿着共同的 x 和 x' 坐标轴运动，并经过了处在参考系 S 中的你，如图 37-9 所示。他携带三根米尺：米尺1平行于 x' 轴，米尺2平行于 y' 轴，米尺3平行于 z' 轴。在波波鹿的腕表上所显示的计数是 10.0s，而你的记录却是 30.0s。在这段时间内发生了两个事件。两个事件都发生在波波鹿经过的时候。根据你的观察，事件1发生在 $x_1=33.0$m 和 $t_1=22.0$ns，事件2发生在 $x_2=53.0$m 和 $t_2=62.0$ns。根据你的测量，（a）米尺1，（b）米尺2和（c）米尺3的长度各是多少？根据波波鹿的测量，事件1和事件2的（d）空间距离和（e）时间间隔各是多少？（f）哪一个事件先发生？

45. 动能为 7.70MeV 的 α 粒子和静止的 ^{14}N 原子核碰撞，这两个粒子转变成 ^{17}O 和一个质子。质子以与入射的 α 粒子成 90°方向出射并带有动能 4.44MeV。各个粒子的质量是：α 粒子，4.00260u；^{14}N，14.00307u；质子，1.007825u；^{17}O，16.99914u。用 MeV 为单位，（a）氧原子核的动能是多大？（b）反应的 Q 是多少？（提示：粒子速率比 c 小得多。）

46. 参考系 S' 以速率 v 沿共同的 x' 和 x 轴经过参考系 S，如图 37-9 所示。位于 S' 参考系上的观察者用他的手表测定某一时间间隔。相应的时间间隔 Δt 也被参考系 S 中的观察者测量到。图 37-18 给出时间 Δt 对某一范围内的

速率参量 β 的曲线。纵轴坐标 $\Delta t_a = 14.0\text{s}$。如果 $v = 0.96c$，则时间间隔 Δt 是多少？

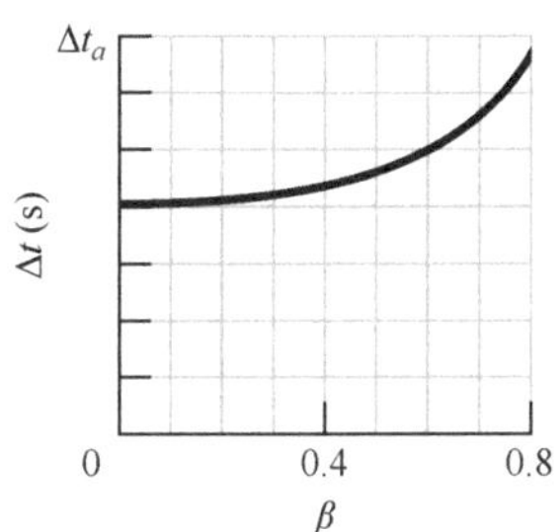

图 37-18　习题 46 图

47. 在图 37-9 中，两个坐标系的原点在 $t = t' = 0$ 时重合，相对速率是 $0.980c$。两颗微陨石在 S 坐标系中观察者测得的 $x = 100\text{km}$ 处和 $t = 200\mu\text{s}$ 时刻相互撞击。根据参考系 S' 中观察者的测量，这次碰撞的（a）空间和（b）时间坐标分别是什么？

48. 在图 37-9 中，观察者 S 探测到两次闪光。一次强的闪光发生在 $x_1 = 1000\text{m}$ 处，稍晚一些，一次弱的闪光发生在 $x_2 = 480\text{m}$ 处。两次闪光的时间间隔是 $\Delta t = t_2 - t_1$。观察者 S' 探测到这两个事件发生在同一 x' 坐标上的 Δt 的最小值是多少？

49. 某个质量为 m 的粒子具有大小为 $2.00mc$ 的动量。求（a）β，（b）γ，（c）比值 K/E_0。

50. 图 37-9 中，参考系 S' 以恒定的速度经过参考系 S。根据参考系 S' 中的观察者的测量，事件 1 和 2 有确定的时间间隔 $\Delta t'$。然而，按照这位观察者的说法，它们的空间距离 $\Delta x'$ 还没有确定。图 37-19 给出参考系中的观察者 S 测定的时间间隔 Δt 作为一定 $\Delta x'$ 范围内的 $\Delta x'$ 的函数曲线。纵轴坐标 $\Delta t_a = 12.0\mu\text{s}$。求 $\Delta t'$。

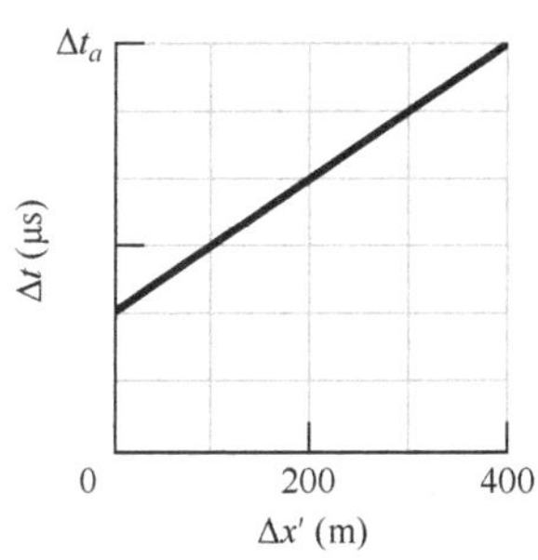

图 37-19　习题 50 图

51. 测得静止的 μ 子的平均寿命是 $2.2000\mu\text{s}$。从地球上观察宇宙射线中爆发的高速 μ 子的平均寿命是 $20.000\mu\text{s}$。将结果保留到 5 位有效数字，这些宇宙射线中的 μ 子相对于地球的速率参量是多少？

52. 测得宇宙飞船的长度是它静止时长度的 25%。（a）将结果保留到 3 位有效数字，相对于观察者的参考系，宇宙飞船的速率参量 β 是多少？（b）相对于观察者的参考系，宇宙飞船上的钟变慢的比例是多少？

53. 在宇宙线粒子和位于海平面以上 120km 附近地球大气最上层的一个粒子相互间发生高能碰撞的过程中产生了一个 π 介子。π 介子的总能量 E 是 $4.00 \times 10^5\text{MeV}$，并且竖直向下运动。在 π 介子静止的参考系中，π 介子在产生 35.0ns 后衰变。从地球参考系测量，这个 π 介子在海平面以上多少高度发生衰变？π 介子的静能是 139.6MeV。

54. S' 参考系中的米尺和 x' 轴成 30° 角。如果这个参考系沿着平行于 S 参考系的 x 轴并以 $0.95c$ 的速率相对于 S 运动。从 S 中测量到的米尺长度是多少？

55. 宇宙飞船以 $0.850c$ 的速率离开地球，然后以频率（在宇宙飞船上测量）100MHz 发回报告。地球上的收信人要调谐到什么频率才能接收到这份报告？

56. 惯性系 S' 以速率 $0.65c$ 相对于惯性系 S 运动（见图 37-9）。另外，在 $t = t' = 0$ 时 $x = x' = 0$。发生了两个事件：在惯性系 S 中的观察者看来，在 $t = 0$ 时事件 1 发生在原点处，在 $t = 4.0\mu\text{s}$ 时事件 2 发生在 x 轴上的 $x = 3.0\text{km}$ 处。在惯性系 S' 中的观察者看来，（a）事件 1 和（b）事件 2 各发生在什么时刻？（c）这两个观察者看到的事件的先后次序是相同的还是相反的？

57. 一个粒子以 $0.50c$ 的速率沿 S' 参考系的 x' 轴运动。参考系 S' 又以 $0.80c$ 的速率相对于参考系 S 运动。粒子相对于参考系 S 的速率是多大？

58. 在图 37-20a 中，粒子 P 相对于参考系 S 以一定的速度，并且平行于参考系 S 和 S' 的 x 和 x' 轴运动。参考系 S' 沿着平行于参考系 S 的 x 轴并以速率 v 运动。图 37-20b 给出某个范围内 v 的数值对粒子相对于参考系 S' 的速率 u' 的曲线。纵轴标度 $u'_a = 0.800c$。如果（a）$v = 0.95c$ 以及（b）$v \to c$，则 u' 的数值各是多少？

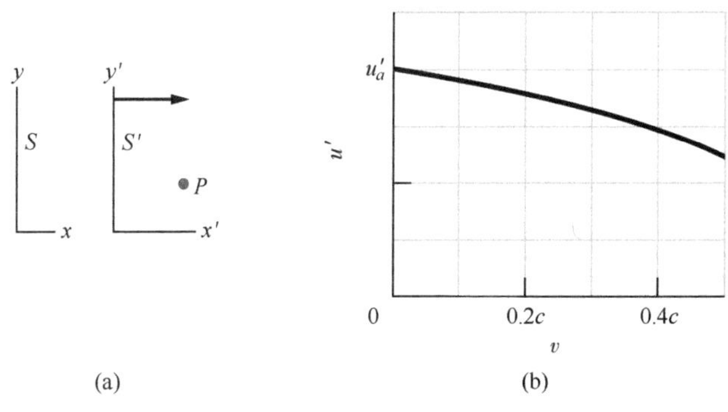

图 37-20　习题 58 图

59. 一个不稳定的高能粒子进入一个探测器，在它衰变前留下 0.856mm 长的径迹。它相对于探测器的速率是 $0.992c$。它的固有寿命是多少？就是说，如果粒子相对于探测器静止，则在它衰变之前还能持续多长时间？

CHAPTER 38

第38章 光子和物质波

38-1 光子和光的量子

学习目标

学完这一单元后，你应当能够……

38.01 用量子化的能量和光子解释光的吸收和发射。

38.02 对于光子的吸收和发射，应用能量、功率、光强、光子发射速率、普朗克常量，相应的频率及相应的波长之间的关系。

关键概念

- 电磁波（光）是量子化的（只能以一定的数量作用），这种量子称作光子。
- 对于频率为f和波长为λ的光，光子能量是

$$E = hf$$

其中，h是普朗克常量。

什么是物理学?

物理学的主要研究焦点之一是爱因斯坦的相对论，相对论带领我们进入远离日常生活经验的世界——物体以近于光的速度运动的世界。在许多令人惊奇的事物中包括爱因斯坦关于时钟走动的速率依赖于钟相对于观察者的运动有多快的理论预言，运动越快，钟走得越慢。相对论的这一预言和其他一些理论预言都经受住了迄今为止设计的每一个实验的检验，相对论还使我们对时间和空间的性质有了更深刻并且更令人满意的观点。

现在我们就要探索第二个日常经验以外的世界——亚原子世界。我们将会遇到一系列新的惊奇的事物，虽然有时候它们看上去是异乎寻常的，但它们一步一步将物理学家引向对于实在的更深刻的见解。

量子物理学，这是我们新的主题的名称，它回答这样一些问题：像星体为什么会发光？各种元素为什么会呈现出周期表中如此明显的秩序？晶体管和其他微电子器件如何工作？为什么铜能导电而玻璃不导电？事实上，科学家和工程师们在日常生活的几乎每一个方面，从医疗器械到运输系统，再到娱乐产业，都已经应用了量子物理学。确实，因为量子物理学解释了整个化学，包括生物化学，所以如果我们想要理解生命本身，也必须懂得量子物理学。

量子物理学的某些预言，甚至对于研究量子物理学基础的物理学家和哲学家而言都觉得不可思议。一次又一次的实验都证明了这个理论的正确性，甚至有些实验还揭示了量子理论更加奇怪

的面貌。量子世界是充满了奇妙事物的游乐场，它保证会动摇你从孩提时代的常识发展起来的世界观，让我们从光子来开始量子游乐场的探险。

光子，光的量子

量子物理学（也就是我们所说的*量子力学和量子论*）主要是研究微观世界。我们发现在微观世界里许多物理量只以某个最小的（基本的）数量或这些基本数量的整数倍为单元，发生作用；因此，我们说这些量是*量子化的*。和这种量相关的基本数量称为该量的**量子**（英文中 quantum 是量子一词的单数形式，而其复数形式是 quanta）。

从不严格的意义上说，美国的货币是量子化的，因为最小面值的硬币是美分或 0.01 美元的硬币。所有其他的硬币和纸币都被规定为这个最小值的整数倍，换言之，货币的量子是 0.01 美元，所有面值更大的货币都是 $n\times$(0.01 美元）的形式，其中的 n 总是一个正整数。例如，你不可能给某人 0.755 美元 $=75.5\times$(0.01 美元)。

1905 年，爱因斯坦提出，电磁辐射（简单地说就是光）是量子化的并且以我们现在称为**光子**的基本数量（量子）存在。这个假设在你看来一定会觉得很奇怪，因为我们在前面刚刚花了好几章的篇幅讨论了光是正弦波的经典概念，而且这种波的波长 λ、频率 f 和速率 c 的关系是

$$f=\frac{c}{\lambda} \tag{38-1}$$

还有，在第 33 章中我们讨论了经典的光波就是都以频率 f 振荡的、相互关联的电场和磁场的组合。这种振荡着的电磁场的波怎么能和某种东西的基本数量——光量子协调一致呢？什么是光子？

人们后来揭示出光量子或光子的概念比爱因斯坦想象的更加精妙、更加神秘。确实，我们至今对它的理解还是很少。在本书中，我们只讨论光子概念的一些基本面貌，大体上还是沿着爱因斯坦假设的思路。根据他的假设，频率为 f 的光波的量子具有能量

$$E=hf \quad \text{（光子能量）} \tag{38-2}$$

这里的 h 是**普朗克常量**，在式（32-23）中我们第一次遇到这个常量，它的数值是

$$h=6.63\times10^{-34}\,\mathrm{J\cdot s}=4.14\times10^{-15}\,\mathrm{eV\cdot s} \tag{38-3}$$

频率为 f 的光波可以具有的能量最小的数量，即单个光子的能量是 hf。如果波有更多的能量，它的总能量必定是 hf 的整数倍。光不可能有，譬如说，$0.6hf$ 或 $75.5hf$ 的能量。

爱因斯坦进一步提出，当光被物体（物质）吸收或发射时，吸收或发射的事件发生在物体的原子中。当频率为 f 的光被原子吸收时，一个光子的能量 hf 从光转交给原子。在这个*吸收事件*中，光子消失，我们说原子吸收了这个光子。当原子发射频率为 f 的光时，数量为 hf 的能量从原子中转换成光。在这个*发射事件*中，突

然出现了光子，我们说原子发射这个光子。这样一来，我们就有了物体的原子的光子吸收和光子发射。

对于包含许多原子的物体，可以有许多光子吸收（像被太阳眼镜吸收）或发射（譬如灯的发光）。然而，每次吸收或发射事件仍旧等于某一数量的单个光子的能量转换。

我们在前面几章里讨论光的吸收和发射时，所举的例子中光的能量如此之多，所以我们不需要量子物理学，只要用经典物理学就够了。然而，到20世纪末，技术已经有了长足的进步，单个光子的实验已经可以实现并且有了实际的应用。从此以后，量子物理学成为标准的工程实践的一部分，特别是在光学工程中。

检查点1

根据它们相关的光子能量排列以下几种辐射，能量最大的排第一：(a) 钠光灯发射的黄光。(b) 放射性原子核发射的γ射线。(c) 商用无线电台的天线发射的无线电波。(d) 机场交通指挥雷达发射的微波束。

例题38.01　考虑到光子的光的发射和吸收

一盏钠光灯放在一个能吸收到达它上面的所有光的大球的中心。钠光灯发射能量的功率是100W；设发射的全都是波长为590nm的光。球在单位时间内吸收的光子是多少?

【关键概念】

光以光子的形式发射和吸收，我们假设钠光灯发射的所有的光都到达了球的内表面（因而都被球吸收），所以，单位时间内光子被球吸收的数目R等于钠光灯发射光子的速率R_{emit}。

解：其速率是

$$R_{emit}=\frac{\text{能量发射的功率}}{\text{每个发射的光子的能量}}=\frac{P_{emit}}{E}$$

下一步，我们可以把式（38-2）（$E=hf$）表示的爱因斯坦假设的每个光量子（在现代语言中我们称为光子）的能量E代入这个式子。我们可以写出吸收光子的速率

$$R=R_{emit}=\frac{P_{emit}}{hf}$$

利用式（38-1）（$f=c/\lambda$）代入f并代入已知数据，我们得到

$$R=\frac{P_{emit}\lambda}{hc}$$

$$=\frac{(100\text{W})(590\times10^{-9}\text{m})}{(6.63\times10^{-34}\text{J}\cdot\text{s})(2.998\times10^{8}\text{m/s})}$$

$$=2.97\times10^{20}\text{光子/s}$$　（答案）

PLUS 在WileyPLUS中可以找到附加的例题、视频和练习。

38-2　光电效应

学习目标

学完这一单元后，你应当能够……

38.03　画一张光电效应实验的简略而基本的示意图表示入射光、金属板、发射的电子（光电子）和集电极。

38.04　说明爱因斯坦之前的物理学家遇到的光电效应中的问题以及爱因斯坦对光电效应解释的历史意义。

38.05　懂得遏止电势V_{stop}并把它和逃逸光电子的最大动能K_{max}联系起来。

38.06　对于光电效应，应用入射光的频率和波

长、光电子最大动能 K_{max}、逸出功 Φ 和遏止电势 V_{stop} 之间的关系。

38.07 对于光电效应，画出遏止电势 V_{stop} 对光的频率的曲线图，认明截止频率 f_0，并将斜率与普朗克常量 h 和元电荷联系起来。

关键概念

- 当足够高频率的光照射金属表面时，金属中的电子可以在吸收照明光中的光子后获得足够的能量进而从金属中逃逸出来，这就是所谓的光电效应。
- 在这种吸收和逃逸过程中的能量守恒写成

$$hf = K_{max} + \Phi$$

其中，hf 是被吸收的光子的能量，K_{max} 是逃逸电子中最高能量电子的动能；Φ（称为逸出功）是电子克服将电子约束在金属中的电场力而逸出金属所需的最小能量。

- 如果 $hf = \Phi$，则电子正好逸出但已经没有动能，这个频率称为截止频率 f_0。
- 如果 $hf < \Phi$，则电子不能逸出金属。

光电效应

如果你将一束波长足够短的光射向清洁的金属表面，光会使金属中的电子离开表面（光使电子从表面射出）。**光电效应**用于许多器件中，包括摄像机。爱因斯坦提出的光子概念可以解释这种现象。

让我们来分析两个基本的光电效应实验，每一个实验都用到了图 38-1 中的装置。图中频率为 f 的光被照射到靶 T 上，电子从靶上射出。靶 T 和集电极 C 之间维持电势差 V，这些电子（就是所谓的光电子）都被收集起来。收集的电子形成**光电流** i，用电流计测量。

第一个光电效应实验

我们通过移动图 38-1 中的滑动触头来调节电势差 V，使集电极 C 的电势略微低于靶 T。这种电势差的作用是使出射电子的速度减慢。我们改变 V，直到它到达某一个值，称为**遏止电势** V_{stop}，在这一点上电流计 A 的读数刚好降到零。当 $V = V_{stop}$ 时，发射的能量最大的电子在正好要到达集电极前转了回去。由此，这些能量最大的电子的动能 K_{max} 是

$$K_{max} = eV_{stop} \tag{38-4}$$

其中，e 是元电荷。

测量表明，对于给定频率的光，K_{max} 不依赖于光源的强度。无论光源亮到炫目，还是暗到使你几乎看不见（或者有某个中等的亮度），发射电子的最大动能总是同样的数值。

对于经典物理学来说，这个实验结果是一个谜。按照经典物理学的观点，入射光是正弦式振荡的电磁波。在电磁波电场产生的振荡电场力作用下，靶中的电子也应当做正弦式的振动。如果振动的振幅足够大，电子应当冲出靶金属的表面——即从靶上射出。因此，如果我们增大波和它的振荡电场的振幅，电子就应当获得更多能量的“冲力”而射出金属表面。不过，这并不是实际发生的过程，对于某个一定的频率，强光束和弱光束都能给出完全相同的最大冲力使电子发射出去。

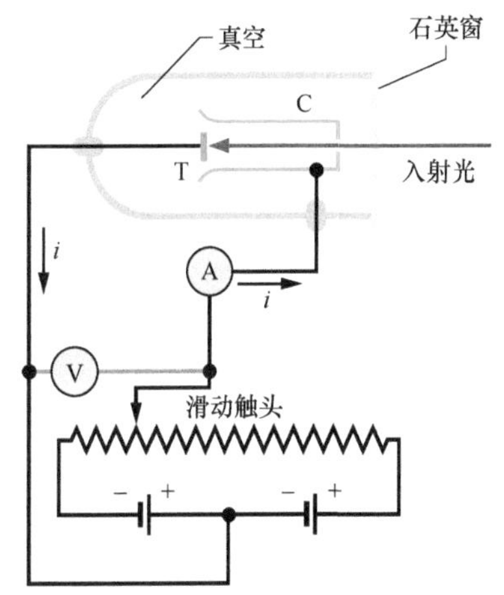

图 38-1 用来研究光电效应的装置。入射光照射到靶 T，发射的电子被集电极 C 收集。电子在电路中沿着与常规的电流箭头相反的方向运动。电池和可变电阻器用来产生和调节 T 与 C 之间的电势差。

假如我们从光子的观念来思考，很自然地会得出正确的结论。现在，入射光传递给靶上一个电子的能量是一个光子的能量。增加光的强度，就是增加光束中光子的数目，但式（38-2）（$E=hf$）给出的光子能量是不变的，因为光的频率并没有改变。因此，传递给一个电子的动能也没有改变。

第二个光电效应的实验

现在我们改变入射光的频率 f 并测量相关的遏止电势 V_{stop}。图38-2是 V_{stop} 对 f 的曲线图。注意，如果频率低于某个**截止频率** f_0，或者等价地，波长大于相应的**截止波长** $\lambda_0=c/f_0$，光电效应就不会发生。这与入射光的强度有多强没有关系。

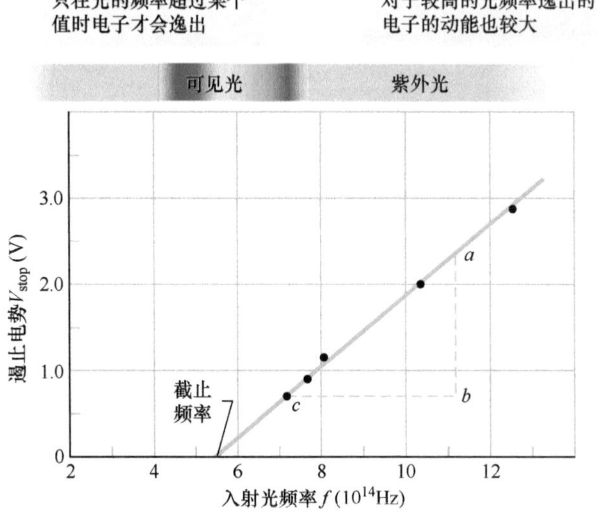

图38-2 对于图38-1的装置中钠靶T，作为入射光频率 f 的函数的遏止电势 V_{stop}（密立根在1916年报告的数据）。

这是经典物理学的另一个难题。如果你把光看作电磁波，你一定会预期，无论频率有多低，只要你给电子提供足够的能量——就是说你用一个足够亮的光源——电子总是会发射出来。但这种情况不会出现。对于低于截止频率 f_0 的光，无论光源有多强，光电效应都不会发生。

然而，如果能量是以光子的形式转移的，截止频率的存在正是我们应当预期的。靶中的电子被电场力束缚着。（如果不是受到电场力的束缚，它们就会因重力的作用而从靶金属中掉出来）。要从靶金属中正好逃逸出来，电子必须取得某一定数值的最小能量 Φ，Φ 是靶材料的性质、称作**逸出功**（也称功函数）。如果光子转移给电子的能量 hf 超过材料的逸出功（$hf>\Phi$），电子就可以从靶中逃逸。如果这个转移的能量不超过逸出功（即 $hf<\Phi$），电子就不能逃逸。这就是图38-2所表示的。

光电效应方程式

爱因斯坦把这些光电效应实验的结果总结为下面的方程式：

$$hf=K_{max}+\Phi \quad （光电效应方程式） \tag{38-5}$$

这是单个光子被逸出功为 Φ 的靶吸收的能量守恒表述。一个光子的能量 hf 转移给靶材料中的一个电子。如果电子从靶逸出，它至少需要取得等于 Φ 的能量。电子从光子得到的能量用于克服逸出功以后余下的能量（$hf-\Phi$）就成为电子的动能 K。在最有利的情况下，电子在通过表面逃逸的过程中动能没有损失。这时出现在靶材料外面的电子有最大可能的动能 K_{max}。

我们用式（38-4）（$K_{max}=eV_{stop}$）代替 K_{max}，重写式（38-5）。经过少许运算后我们得到

$$V_{stop}=\left(\frac{h}{e}\right)f-\frac{\Phi}{e} \tag{38-6}$$

比值 h/e 和 Φ/e 都是常量，所以我们可以预料，测得的遏止电势 V_{stop} 对光的频率 f 的图像是一条直线，这正是图 38-2 中的直线。再者，直线的斜率应当是 h/e，作为验算，我们测量图 38-2 中的 ab 和 bc，并写出

$$\frac{h}{e}=\frac{ab}{bc}=\frac{2.35\text{V}-0.72\text{V}}{(11.2\times10^{14}-7.2\times10^{14})\text{Hz}}$$
$$=4.1\times10^{-13}\text{V}\cdot\text{s}$$

把这个结果乘以元电荷 e，我们求得

$$h=(4.1\times10^{-15}\text{V}\cdot\text{s})(1.6\times10^{-19}\text{C})=6.6\times10^{-34}\text{J}\cdot\text{s}$$

这和其他许多方法测得的数值一致。

题外话：光电效应的解释肯定要用到量子物理学。在许多年里，爱因斯坦的解释也是关于光子存在的有力的论据。然而，到 1969 年，应用量子物理学但不需要光子的概念的另一种解释光电效应的理论出现了。正如其他无数的实验所证实的，光实际上确实是量子化为光子，但爱因斯坦对光电效应的解释不是光子存在的最好的论据。

检查点 2

右图是类似图 38-2 的一些数据，对于以下几种靶金属：铯、钾、钠和锂，各条直线是平行的。（a）按各种靶的逸出功依次排列，最大的排第一。（b）按照从这些曲线的数据求出的 h 的数值排列各曲线，最大的排第一。

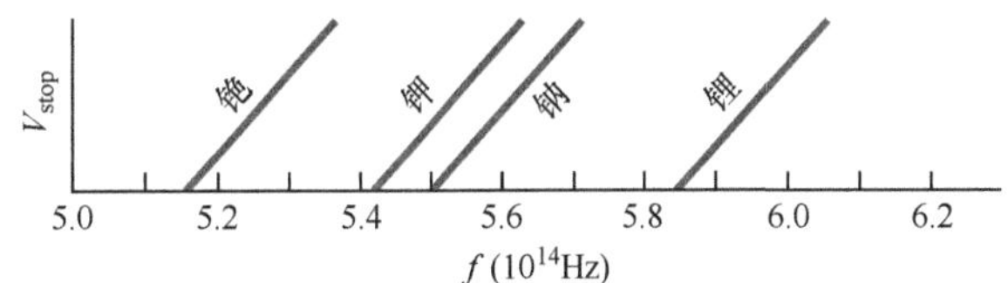

例题 38.02 光电效应和逸出功

由图 38-2 求钠的逸出功 Φ。

【关键概念】

我们可以从截止频率 f_0 求逸出功 Φ（f_0 可以从图上测得）。这样做的理由是：在截止频率处，式（38-5）中的动能 K_{max} 是零。这时，光子转移给电子的所有能量 hf 都用于使电子逃逸，这需要能量 Φ。

解： 从上面最后一个概念，对 $f=f_0$，由式（38-5），得

$$hf_0=0+\Phi=\Phi$$

在图 38-2 中，截止频率 f_0 是图上直线和横轴交点的频率，大约 5.5×10^{14}Hz。于是我们有

$$\Phi=hf_0=(6.63\times10^{-34}\text{J}\cdot\text{s})(5.5\times10^{14}\text{Hz})$$
$$=3.6\times10^{-19}\text{J}=2.3\text{eV} \quad \text{（答案）}$$

WILEY PLUS 在 WileyPLUS 中可以找到附加的例题、视频和练习。

38-3 光子 动量 康普顿散射 光的干涉

学习目标

学完这一单元后，你应当能够……

38.08 对于光子，应用动量、能量、频率和波长之间的关系。

38.09 画出描述康普顿散射实验基本装置的示意图。

38.10 懂得康普顿散射实验的历史意义。

38.11 对于康普顿散射角 ϕ 增大的情况，辨明散射的 X 射线的以下这几个量是增大还是减小：动能、动量和波长。

38.12 对于康普顿散射，说明怎样由动量守恒和动能守恒导出波长移动 $\Delta\lambda$ 的方程式。

38.13 对康普顿散射，应用入射和散射的 X 射线的波长、波长移动 $\Delta\lambda$、光子散射的角度 ϕ，以及电子的最终能量和动量（数值和角度）之间的关系。

38.14 用光子概念说明双缝衍射实验的标准型，单光子型、以及单光子广角型。

关键概念

- 光子虽然没有质量但是有动量，动量与能量 E、频率 f 及波长的关系是
$$p=\frac{hf}{c}=\frac{h}{\lambda}$$
- 在康普顿散射中，X 射线像粒子（就是光子）一样从靶中弱束缚电子上散射。
- 在这种散射中，X 射线光子的部分能量和动量转移给靶中的电子。
- 结果造成光子波长的增大（康普顿移动）是
$$\Delta\lambda=\frac{h}{mc}(1-\cos\phi)$$
其中，m 是靶电子的质量；ϕ 是光子散射的方向和原来入射方向间的角度。
- 光子：光和物质相互作用的时候，这种相互作用像粒子间的相互作用一样，发生在一点并且交换能量和动量。
- 波：一个光子从光源发射出来的时候，我们把光子的传播解释为概率波。
- 波：许多光子从物质发射或被物质吸收时，我们把由光子组合成的光解释为经典电磁波。

光子具有动量

1916 年，爱因斯坦通过提出光的量子具有线动量从而发展了他的光量子（光子）的概念。对于能量为 hf 的光子，动量的数值是

$$p=\frac{hf}{c}=\frac{h}{\lambda}\quad（光子动量）\tag{38-7}$$

其中，我们用式（38-1）（$f=c/\lambda$）代替了 f。由此，当光子和物质相互作用的时候，能量和动量都会转移，就像光子和物质粒子之间发生经典意义上的碰撞一样（如第 9 章中那样）。

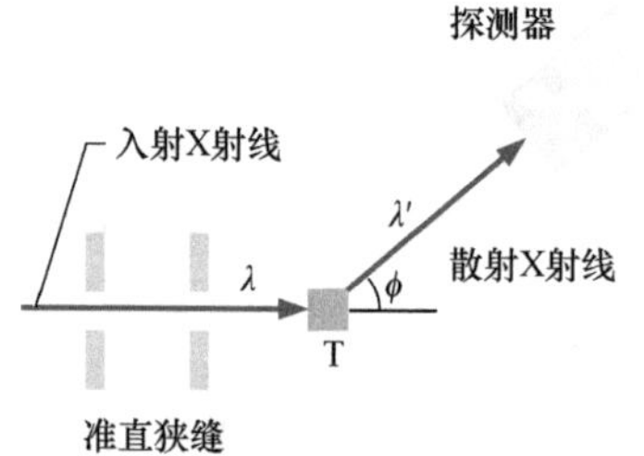

图 38-3 康普顿散射实验的仪器。波长 $\lambda=71.1\text{pm}$ 的 X 射线束射到碳靶 T 上。通过相对于入射束的不同角度 ϕ 观察从靶上散射的 X 射线。探测器既测量散射 X 射线的强度也测量它的波长。

1923 年，圣路易斯华盛顿大学的亚瑟·康普顿（Arthur Compton）证明了能量和动量都可以通过光子发生交换，他把一束波长为 λ 的 X 射线射向碳制的靶上，如图 38-3 所示。X 射线是电磁辐射的一种形式，它的频率很高，所以波长很短，康普顿测量了从碳靶散射到各个不同方向的 X 射线的波长和强度。

图 38-4 表示他的结果。虽然入射 X 射线束中只有单一波长（$\lambda=71.1\text{pm}$），但我们看到散射的 X 射线还是包含了一定的波长范围，其中有两个突出的强度峰、一个峰的中心是入射的波长 λ，

另一个峰的大致波长为 λ'，λ' 比 λ 大了一个数值 $\Delta\lambda$，我们把 $\Delta\lambda$ 称作**康普顿移动**：康普顿移动的数值随散射 X 射线的被探测的角度而变化，角度愈大，康普顿移动也愈大。

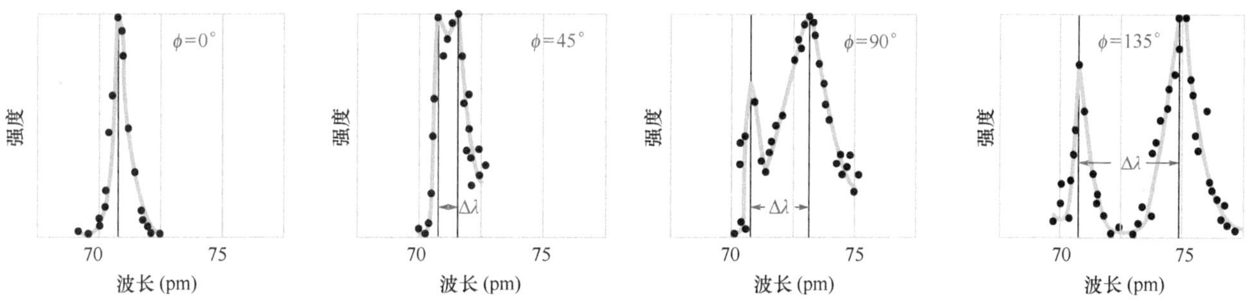

图 38-4 康普顿对散射角的四个数值所测到的结果，注意，康普顿移动 $\Delta\lambda$ 随散射角增加而增加。

图 38-4 在经典物理学看来仍旧是难以理解的事。按照经典物理学，入射 X 射线束是正弦振荡的电磁波。碳靶中的电子在电磁波电场的振荡着的电场力的作用下也应当做正弦式的振动。还有，电子应该以和电磁波同样的频率振荡并且应当发出和它同样频率的波，就像小型的发射天线一般。因此，被电子散射的 X 射线应当和入射束中的 X 射线有相同的频率和波长——可是事实却不是。

康普顿用光子能量和动量的转移来解释 X 射线从碳上的散射。入射的 X 射线束中的光子和碳靶中弱束缚的电子之间发生能量和动量的转移。我们来看一看，这个量子物理学的解释是怎样说明康普顿实验的结果的。

设入射 X 射线束中一个光子（能量 $E=hf$）和静止电子之间发生相互作用。一般说来，X 射线的传播方向会改变（X 射线被散射），并且电子要反冲，这意味着电子会得到一些动能。在这种孤立的相互作用中能量是守恒的。因此，散射光子的能量（$E'=hf'$）必定小于入射光子的能量。散射的 X 射线必定比入射的 X 射线有较低的频率 f' 和较长的波长 λ'，这正是图 38-4 中表示的康普顿实验的结果。

我们来做定量的分析，首先应用能量守恒定律。图 38-5 表示 X 射线和靶中原来静止的自由电子之间的“碰撞”。碰撞结果是，波长为 λ' 的 X 射线以角度 ϕ 离开，电子以角度 θ 离开，如图所示。由能量守恒可知

$$hf=hf'+K$$

其中，hf 是入射 X 射线光子的能量；hf' 是散射的 X 射线光子的能量；K 是反冲电子的动能。因为电子以可以和光速相比较的速率反冲，所以我们必须用相对论公式（37-52）来表示电子的动能

$$K=mc^2(\gamma-1)$$

其中，m 是电子的质量；γ 是洛伦兹因子：

$$\gamma=\frac{1}{\sqrt{1-(v/c)^2}}$$

在能量守恒方程式中代入 K，得到

$$hf=hf'+mc^2(\gamma-1)$$

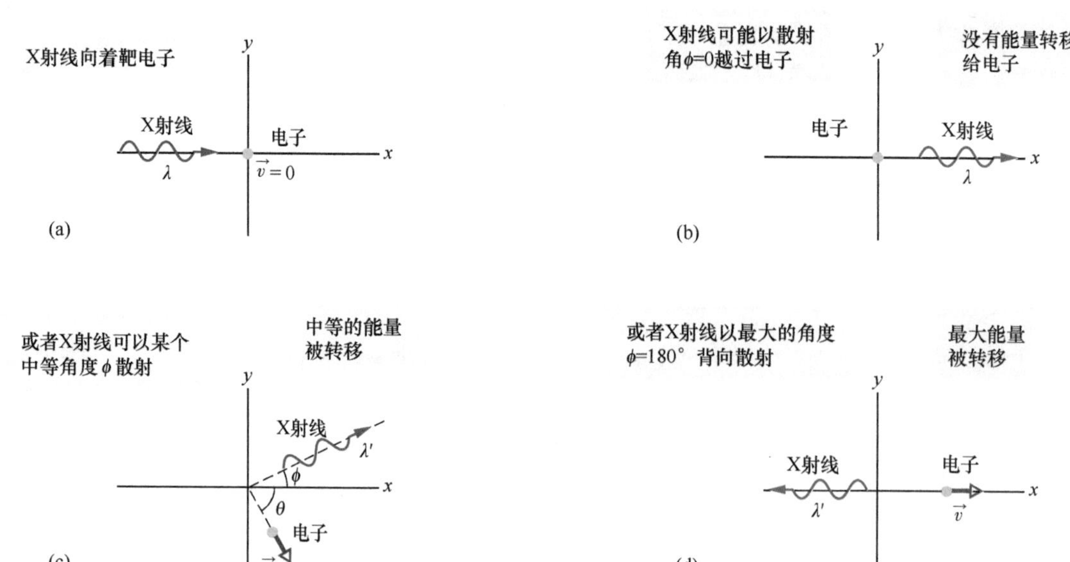

图 38-5 （a）X 射线遇到静止的电子。X 射线可以（b）越过电子（前向散射），没有能量或动量的转移，（c）以某个中等的角度散射，产生中等的能量和动量转移。（d）背向散射有最大的能量动量转移。

用 c/λ 代替 f，用 c/λ' 代 f'，得到新的能量守恒方程式

$$\frac{h}{\lambda}=\frac{h}{\lambda'}+mc(\gamma-1) \tag{38-8}$$

下一步我们把动量守恒定律用于图 38-5 的 X 射线-电子碰撞。由式（38-7）（$p=h/\lambda$），入射光子的动量是 h/λ，散射光子的动量是 h/λ'。由式（37-41），反冲电子动量的数值是 $p=\gamma mv$。因为这里是二维的情形，所以我们分别写出沿 x 轴和沿 y 轴的动量守恒方程式，得到

$$\frac{h}{\lambda}=\frac{h}{\lambda'}\cos\phi+\gamma mv\cos\theta \quad (x\text{ 轴}) \tag{38-9}$$

和

$$0=\frac{h}{\lambda'}\sin\phi-\gamma mv\sin\theta \quad (y\text{ 轴}) \tag{38-10}$$

我们要求 X 射线散射的康普顿移动 $\Delta\lambda$（$=\lambda'-\lambda'$）。对于式（38-8）~式（38-10）中出现的 5 个碰撞变量（λ、λ'、v、ϕ 和 θ），我们选择消去只与反冲电子有关的变量 v 和 θ。经过代数运算（有点复杂）后得到

$$\Delta\lambda=\frac{h}{mc}(1-\cos\phi) \quad (\text{康普顿移动}) \tag{38-11}$$

式（38-11）和康普顿的实验结果完全符合。

式（38-11）中的量 $h/(mc)$ 是一个常量，称为**康普顿波长**。它的数值取决于散射 X 射线的粒子的质量。这里的粒子是弱束缚的电子，所以我们代入电子质量 m 来计算在电子上发生康普顿散射的康普顿波长。

还没有结束

还需要说明一下图 38-4 中入射波长 λ（=71.1pm）的峰，这

个峰并不是来自 X 射线和靶上非常弱的束缚电子间的相互作用，而是来自 X 射线和紧紧束缚在构成靶的碳原子上的电子间的相互作用。后一种碰撞的实际效果等于发生在入射的 X 射线和整个碳原子之间。如果我们在式（38-11）中用碳原子质量代替 m（大约是电子质量的 22000 倍），就会看到由此产生的 $\Delta\lambda$ 只有对电子的康普顿移动的 1/22000。——因太小而无法被检测出来。所以，这种碰撞的 X 射线散射的波长和入射 X 射线波长相同，说明图 38-4 中没有移动的峰。

检查点 3

比较特定角度上 X 射线（$\lambda \approx 20\text{pm}$）和可见光（$\lambda \approx 500\text{nm}$）的康普顿散射。哪一个有较大的（a）康普顿移动，（b）相对波长移动，（c）相对能量损失，（d）转移给电子的能量？

例题 38.03 光在电子上的康普顿散射

波长 $\lambda = 22\text{pm}$ 的 X 射线（光子能量 $= 56\text{keV}$）从碳靶上散射，在对于入射束成 85°角的位置探测散射 X 射线。

（a）散射 X 射线的康普顿移动是多大？

【关键概念】

康普顿移动是从靶中弱束缚的电子上散射的 X 射线的波长变化。另外，根据式（38-11），这个移动取决于散射的 X 射线被探测的角度。在角度 $\phi = 0°$的前向散射中这个移动为零，而在 $\phi = 180°$的背向散射中这个移动最大。我们这里是中间情况，角度 $\phi = 85°$。

解： 在式（38-11）中代入角度 85°及电子质量 $9.11\times10^{-31}\text{kg}$（因为是从电子上散射），我们得到

$$\begin{aligned}\Delta\lambda &= \frac{h}{mc}(1-\cos\phi)\\ &= \frac{(6.63\times10^{-34}\text{J}\cdot\text{s})(1-\cos85°)}{(9.11\times10^{-31}\text{kg})(3.00\times10^{8}\text{m/s})}\\ &= 2.21\times10^{-12}\text{m} \approx 2.2\text{pm}\end{aligned}$$

（答案）

（b）在这样的散射中有多少百分比的原始 X 射线光子能量转移给了电子？

【关键概念】

我们要求在电子上散射的光子的相对能量损失（我们把它记作 *frac*）：

$$frac = \frac{\text{能量损失}}{\text{最初能量}} = \frac{E-E'}{E}$$

解： 由式（38-2）（$E = hf$），我们代入用频率表示的 X 射线的最初能量 E 和探测到的能量 E'。然后，由式（38-1）（$f = c/\lambda$），我们用波长代替这两个频率，得到

$$\begin{aligned}frac &= \frac{hf-hf'}{hf} = \frac{c/\lambda - c/\lambda'}{c/\lambda} = \frac{\lambda'-\lambda}{\lambda'}\\ &= \frac{\Delta\lambda}{\lambda+\Delta\lambda}\end{aligned}$$

代入数据，得到

$$frac = \frac{2.21\text{pm}}{22\text{pm}+2.21\text{pm}} = 0.091 \text{ 或 } 9.1\%$$

（答案）

虽然康普顿移动 $\Delta\lambda$ 不依赖于入射 X 射线的波长 λ［见式（38-11）］，但是这里的结果却告诉我们，X 射线的相对光子能量损失还是依赖于 λ，随入射辐射的波长减小而增加。

光是概率波

物理学中一个基本的难题是，为什么在经典物理学中光是波动（在一定空间范围内散布），但在量子物理学中却作为光子发射和吸收（在一些点上出现和消失）。35-2 单元的双缝干涉实验是这个难题的核心，让我们来讨论三种版本的干涉实验。

标准版本

图 38-6 是托马斯·杨在 1801 年所做的原始实验（也可参见图 35-8）。光照亮上有两条狭缝的屏 B，从两条狭缝出射的光波因衍射而扩散，并在屏 C 上交叠产生干涉，在屏上形成光强从最大到最小交替变化的图样，在 35-2 单元中，我们把这种干涉条纹的存在看作是光的波动性质的有说服力的证据。

我们在屏 C 所在平面上的某一点放置一个微小的光子探测器 D。这个探测器是一个光电器件，当它吸收一个光子就会咔嗒发声。我们发现探测器会发出一系列时间上随机分布的咔嗒声，每一次咔嗒发声标志着到达屏上的光波中有一个光子因被吸收而发生能量转换，如果我们慢慢地把探测器上下移动，像图 38-6 中黑色箭头指示的那样，我们会发现咔嗒声的速率会增加或减少，极大到极小交替变换，同时也与干涉条纹的极大和极小完全符合。

这个理想实验的关键在于，我们无法预言在屏 C 上任何一个特定点什么时候会探测到一个光子；在各个点上探测到光子的时间是随机的。不过，我们可以预测相对概率，即在一特定点上，在一段时间间隔内探测到一个光子的概率正比于该点光的强度。

我们由 33-2 单元中的式（33-26）$[I = E_{rms}^2/(c\mu_0)]$ 可知，任何一点光的强度 I 正比于 E_m 的二次方，E_m 是这一点上光波的振荡电场矢量的振幅。由此，

> 光波中以给定一点为中心的任何微小体积内（单位时间间隔内）探测到光子的概率正比于该点处波的电场矢量的振幅的二次方。

我们现在有了光波的概率表述，由此有了另一种关于光的观念。它不仅是电磁波，也是**概率波**。就是说，对光波中的每一点，我们都可以给出（每单位时间间隔内）以该点为中心的任何微小体积内所能探测到光子的概率的一个数值。

单光子干涉实验

双缝实验的单光子干涉实验是 1909 年泰勒（G. I. Taylor）首先实现的，此后又被重复多次。它和标准双缝实验的区别在于，泰勒实验中的光源如此之弱，以至于它按随机的时间间隔每一次只发射一个光子。令人惊奇的是，如果实验能延续足够长的时间（泰勒早期的实验持续了几个月），屏 C 上仍旧会出现干涉条纹。

我们对单光子双缝实验的结果可以给出怎样的解释呢？在考虑这个结果之前，我们不得不提出像这样的一些问题：如果每次只有一个光子通过仪器装置，那么一个给定的光子通过的是屏 B

上两条狭缝中的哪一条呢？一个给定的光子怎么会“知道”还有另外一条狭缝存在从而发生概率波的干涉？单个光子是不是以某种方式通过了两条狭缝并和它自己发生干涉？

要牢牢记住，关于光子我们知道的唯一事情是，光和物质相互作用的时候——如果没有和物质（探测器或屏）的相互作用，我们是无法探知光子的。因此，在图 38-6 所示的实验中，所有我们知道的是，光子从光源发出然后在屏上消失。在光源和屏之间，我们不可能知道光子是什么或者光子在做什么。然而，因为屏上最终出现了干涉条纹，所以我们可以推测，每一个光子以波的形式从光源传播到屏，这种波充满了光源和屏之间的空间，然后光子在屏上某一点被吸收而消失，能量和动量都转移到屏上这一点。

我们无法预料，从光源发出的任何一个给定的光子在什么地方会发生这种能量和动量的转移（光子在这个位置上被探测到）。然而，我们可以预测屏上任何一点会发生这种转移的概率。这种转移倾向于在屏上产生干涉图样的亮条纹区域发生（因而光子被吸收）。这种转移不会在产生的干涉图样的暗条纹区域发生（因此光子不会被吸收）。于是，我们可以说，从光源到屏传播的波是一种概率波，它在屏上产生“概率条纹”的图样。

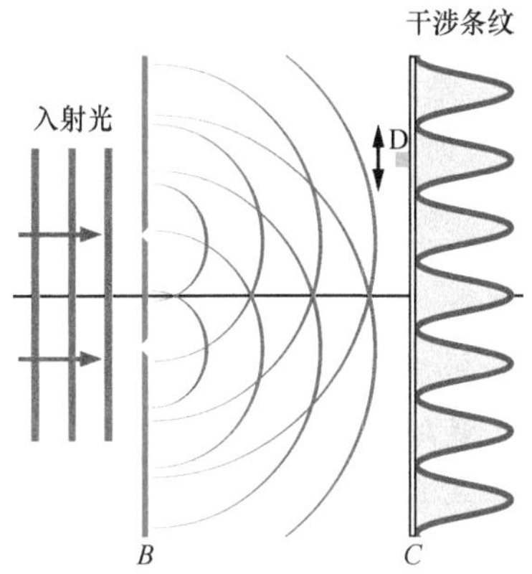

图 38-6 光入射到有两个平行夹缝的屏 B，光从这两条狭缝出射，因衍射而散布开来。两衍射波在屏 C 上重叠形成干涉条纹图样。位于屏 C 所在平面上的一个微小光子探测器 D 每吸收一个光子就会发出一声尖锐的咔嗒声。

单光子、广角度干涉实验

过去，物理学家们试图用各自独立地传播到双缝的经典光波的小波包来解释单光子双缝实验。他们把这些小波包定义为光子。然而，近代的实验却否定了这种光波小波包的解释和定义。这些实验中的一个是由新墨西哥大学的 Ming Lai 和 Jean-Clande Diels 在 1992 年报告的。他们的实验表示在图 38-7 上。光源 S 中的分子要经过相当长的时间才会发射一个光子。反射镜 M_1 和 M_2 放在适当的位置，反射光源发射出沿两条不同的路径 1 和 2 传播的光，两条路径间的夹角 θ 接近 180°。这样的安排与标准的双缝实验有很大的不同，在双缝实验中到达两条狭缝光线的路径之间的夹角很小。

光波在反射镜 M_1 和 M_2 上反射后分别沿路径 1 和 2 传播，并在分束器 B 上相遇，分束器 B 透射入射光的一半，反射另一半。在图 38-7 中分束器 B 的右边，沿路径 2 传播的光波被 B 反射后和沿路径 1 传播并从 B 透射的光波组合起来。这两束光波在探测器 D（可以探测个别光子的光电信增管）上相互干涉。

探测器的输出是分立的随机电子脉冲序列，每个脉冲表示探测到一个光子。在实验中，分束器沿水平方向缓慢移动（在所报告的实验中，移动的最大距离大约只有 50μm），探测器的输出用图表记录器记录。移动分束器就改变了路径 1 和 2 的长度，在到达探测器 D 的两束光波之间就会产生相位移动。探测器的输出信号中就会出现干涉的极大和极小。

用传统的观念是很难理解这个实验的。例如，光源中一个分子发射一个光子，这个光子是沿图 38-7 中的路径 1 还是沿路径 2 传播（或者沿任何其他路径）？或者它可以同时沿两条路径传播？要回答这些问题，我们假设，当一个分子发射一个光子时，概率波从分子向所有方向辐射。实验在两个方向上采样，选择了近于

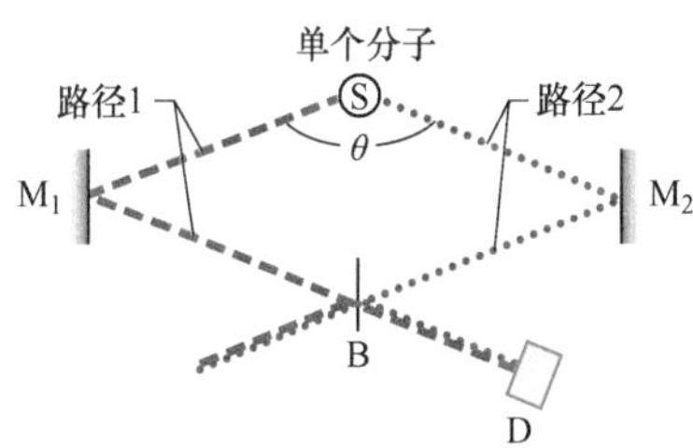

图 38-7 从发射单个光子的光源 S 发出的光通过分开很远的两条路径，并在被分束器 B 重新组合后在探测器 D 中和自身发生干涉（基于 Ming Lai and Jean-Claude Diels. Journal of Optical Society of America B, 9, 2290 – 2294, December 1992。）

相反的两个方向。

如果我们假设，(1) 光源中的光以光子的形式产生；(2) 光作为光子在探测器中被吸收；(3) 光在光源和探测器之间以概率波的形式传播。这样我们就可以完整解释三个版本的双缝实验了。

38-4 量子物理学的诞生

学习目标

学完这一单元后，你应当能够……

38.15 懂得什么是理想的黑体辐射体和它的光谱辐射亮度 $S(\lambda)$。

38.16 懂得普朗克的工作之前，黑体辐射在物理学家中引发的问题，说明普朗克和爱因斯坦是怎样解决这个问题的。

38.17 应用给定波长和温度的普朗克辐射定律。

38.18 对很窄的波长范围及给定的波长和温度，求黑体辐射的强度。

38.19 应用光强、功率和面积之间的关系。

38.20 应用维恩定律把理想的黑体辐射体的表面温度与光谱辐射亮度最大值的波长联系起来。

关键概念

- 作为对理想黑体辐射体所发射的热辐射的量度，我们定义光谱辐射亮度为在给定波长 λ 的单位波长间隔内发射的光强

$$S(\lambda)=\frac{\text{光强}}{(\text{单位波长})}$$

- 普朗克辐射定律，原子振子所产生的热辐射的光谱辐射亮度是

$$S(\lambda)=\frac{2\pi c^2 h}{\lambda^5}=\frac{1}{e^{hc/\lambda kT}-1}$$

其中，h 是普朗克常量；k 是玻尔兹曼常量；T 是辐射表面的热力学温度（开尔文）。

- 普朗克定律是产生辐射的原子振子的能量量子化的第一个假设。
- 维恩定律把黑体辐射体的温度 T 与光谱辐射亮度最大值的波长 λ_{max} 联系起来

$$\lambda_{max}T=2898\mu\text{m}\cdot\text{K}$$

量子物理学的诞生

现在，我们已经知道了光电效应和康普顿散射怎样推动物理学家进入量子物理学的研究领域。让我们退回到最初的时代，那时量子化的能量的概念逐渐从实验数据中浮现出来。故事在现在看来可能是很普通的，但对于 20 世纪初的物理学家来说却是最受关注的焦点。主题是理想黑体辐射体所发射的热辐射——这种辐射体发射的辐射只依赖于温度而不依赖于制成该物体的材料和它的表面性质以及温度以外的其他任何东西。概括地说，这里遇到了麻烦：实验结果与理论预言间存在着很大的差别，没有人能找到能说明它的一点线索。

实验装置。我们可以制造一个理想的辐射体，在一个物体中挖一个空腔，将空腔壁保持在均匀恒定的温度下。这个物体内壁上的原子发生振动（它们有热能），振动使它们发射电磁波，即热辐射。要想对内部的辐射采样，我们必须在空腔壁上钻一个小孔，这样有一些辐射就可以从小孔逃逸出来并被测量到（小孔不足以改变空腔内部的辐射）。我们感兴趣的是辐射的强度将以怎样的方

式依赖于波长。

这个强度分布要通过定义发射给定波长 λ 的辐射的**光谱辐射亮度** $S(\lambda)$ 来表示

$$S(\lambda)=\frac{\text{光强}}{(\text{单位波长})}=\frac{\text{功率}}{(\text{发射的单位面积})(\text{单位波长})} \tag{38-12}$$

如果将 $S(\lambda)$ 乘以狭窄的波长范围 $d\lambda$，我们得到在波长 λ 到 $\lambda+d\lambda$ 范围内发射的光强（即，腔壁上的小孔每单位面积发射的功率）。

图 38-8 中的实线曲线表示空腔壁温度为 2000K 时在一定波长范围内的实验曲线。虽然这样的辐射体在暗的房间里能够发出很亮的光，但我们从图上可以看出，实际上它的辐射能量中只有很小一部分是在可见光区内（图上靠左侧用颜色表示的部分）。在这个温度下，大多数辐射能量都在波长较长的红外区。

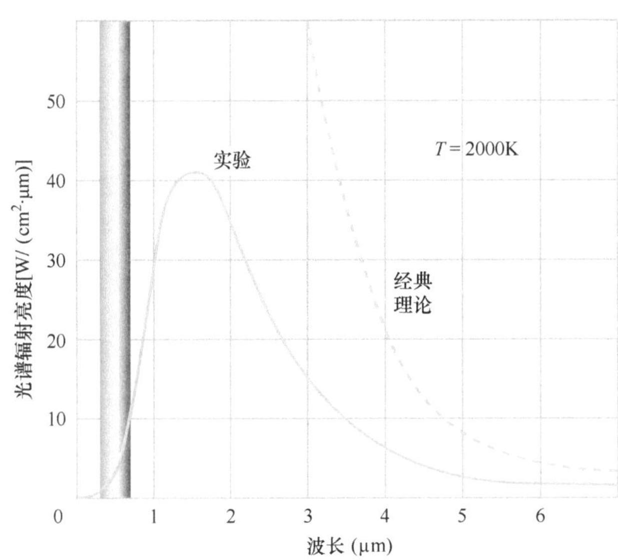

图 38-8 实线是实验测量的温度为 2000K 时空腔的光谱辐射亮度。注意，用虚线表示的经典理论的失败。图上标出可见光区的波长。

理论。经典物理学预言，在给定热力学温度 T 的情况下，光谱的辐射亮度是

$$S(\lambda)=\frac{2\pi ckT}{\lambda^4}\quad(\text{经典的辐射定律}) \tag{38-13}$$

其中，k 是玻尔兹曼常量［式（19-7）］，其数值是

$$k=1.38\times10^{-23}\,\text{J/K}=8.62\times10^{-5}\,\text{eV/K}$$

对 $T=2000\text{K}$ 的经典理论，结果画在图 38-8 中。虽然理论值和实验结果在长波长区域符合得很好（图右边的外面），但它们在短波长区域内却一点也不接近。确实，理论曲线甚至不像实验曲线那样有一个极大值，而是“迅速上升”直到无穷大。这使物理学家们感到极大的不安，甚至感到非常困惑。

普朗克的方案。1900 年，普朗克提出一个 $S(\lambda)$ 的公式，这个公式与所有波长和所有温度下的实验结果都完全一致。

$$S(\lambda)=\frac{2\pi c^2h}{\lambda^5}\frac{1}{e^{hc/\lambda kT}-1}\text{（普朗克的辐射定律）}\tag{38-14}$$

这个方程式中的关键元素在于指数上的变量：hc/λ，我们可以把它写成更有启发性的形式 hf，式（38-14）是符号 h 的第一次应用，hf 的出现意味着空腔壁上原子振子的能量是量子化的。然而，在经典物理学中成长起来的普朗克本人却不顾他的方程式符合所有实验数据的直接证据，依然不相信这个结果。

爱因斯坦的方案。在式（38-14）被提出的 17 年里，并没多少人理解，然而爱因斯坦却用一个非常简单的模型说明了它，其中有两个关键的概念：（1）发射辐射的腔壁原子的能量确实是量子化的。（2）空腔中辐射的能量也是以量子的形式（现在称为光子）量子化的，每个量子的能量为 $E=hf$。爱因斯坦用自己的模型说明了原子发射和吸收的过程以及原子怎样在发射和吸收光的过程中达到平衡。

最大值。$S(\lambda)$ 最大值（对于给定的温度 T）的波长 λ_{max} 可以用以下方法求出：将式（38-14）对 λ 求一次微商，令此微商等于零，然后解出波长，其结果就是我们所知道的维恩定律：

$$\lambda_{max}T=2898\mu m\cdot K\text{（最大辐射亮度）}\tag{38-15}$$

例如，在图 38-8 中，$T=2000K$，$\lambda_{max}=1.5\mu m$，这个波长大于可见光谱中长波端的波长，它在红外光区，如图 38-8 所示。如果我们提高温度，λ_{max} 就要减小，图 38-8 中曲线的形状要改变，峰值向可见光区移动。

辐射功率。如果将式（38-14）对所有波长积分（对于给定的温度），我们就得到热辐射体的每单位面积的功率。如果我们将它乘以总面积 A，就可以求出总辐射功率 P。我们在式（18-38）中已经知道这个结果（记号有些改变）

$$P=\sigma\varepsilon AT^4\tag{38-16}$$

其中，$\sigma[=5.6704\times10^{-8}W/(m^2\cdot K^4)]$ 是斯特藩-玻尔兹曼常量；ε 是辐射表面的发射率（理想黑体辐射体的 $\varepsilon=1$）。实际上，式（38-14）对所有波长积分是不容易的。然而，对一定的温度 T，波长 λ 和相对于 λ 很小的波长范围 $\Delta\lambda$，我们可以把这个范围内的功率近似为简单地求 $S(\lambda)A\Delta\lambda$。

38-5 电子和物质波

学习目标

学完这一单元后，你应当能够……

38.21 懂得电子（和质子以及其他所有基本粒子）是物质波。

38.22 对相对论性的和非相对论性的粒子，应用德布罗意波长、动量、速率和动能之间的关系。

38.23 描述电子之类粒子的双缝干涉图样。

38.24 把光学双缝方程式（35-2 单元）和衍射方程式（36-1 单元）应用于物质波。

关键概念

- 运动着的粒子，譬如说电子，可以用物质波描述。

- 和物质波相关联的波长是粒子的德布罗意波长 $\lambda = h/p$，其中 p 是粒子的动量。
- 粒子：当电子和物质相互作用时，作用是粒子式的，发生在一点上，并且有动量和能量的转移。
- 波：当电子在运动过程中，我们把它理解为概率波。

电子和物质波

1924 年，法国物理学家德布罗意（Louis de Broglie）提出以下对称性呼吁：光束是波动，但光只在一些点上以光子的形式转移能量和动量。为什么粒子束不能有同样的性质呢？就是说，我们为什么不能想象运动着的电子——或任何其他粒子——是**物质波**，它在一些点上将能量和动量传递给其他物质？

特别是，德布罗意提出，式（38-7）（$p = h/\lambda$）不仅可以应用于光子，也可以应用于电子。我们在 38-3 单元中利用这个方程式赋予波长为 λ 的光的光子以动量 p，我们现在应用它的形式

$$\lambda = \frac{h}{p} \quad （德布罗意波长） \tag{38-17}$$

赋予动量数值为 p 的粒子以波长 λ。通过式（38-17）算出的波长称为运动粒子的**德布罗意波长**。德布罗意的物质波存在的预言到 1927 年才被贝尔电话实验室的戴维孙（C. J. Davisson）和革末（L. H. Germer）以及苏格兰阿伯丁（Aberdeen）大学的乔治·汤姆孙（George P. Thomson）实验证实了。

图 38-9 表示证明物质波的一个现代实验的照片。实验中，电子一个一个地通过双缝装置产生了干涉图样。这个装置和我们以前用来演示光学干涉的装置相似，只是观察屏类似于老式的电视屏幕。当电子轰击屏幕时会引起闪光，从而记录下电子的位置。

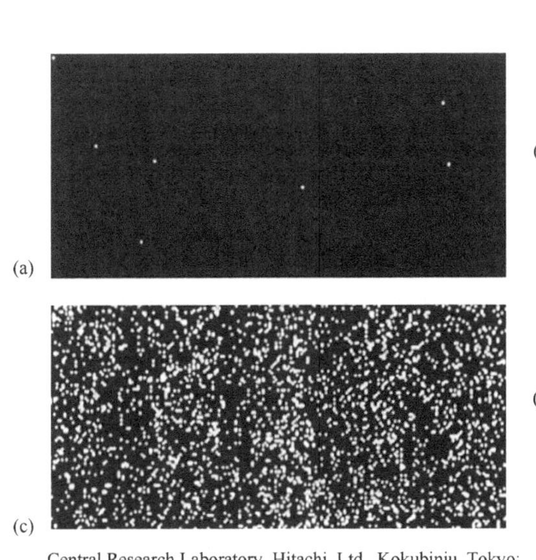

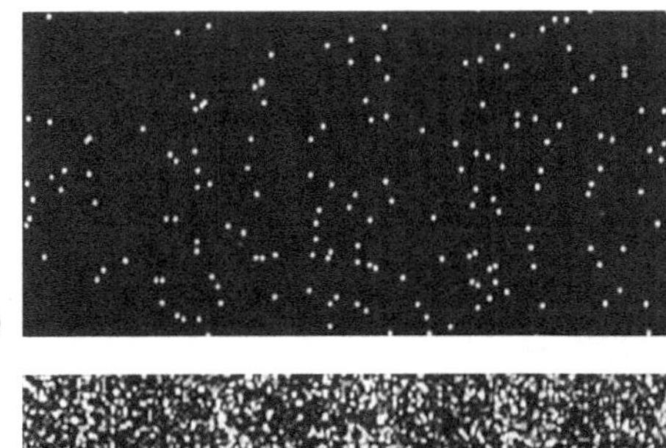

Central Research Laboratory, Hitachi, Ltd., Kokubinju, Tokyo; H. Ezawa, Department of Physics, Gakushuin University, Mejiro, Tokyo

图 38-9 照片表示类似于图 38-6 中的双缝干涉实验中的电子束所产生的干涉图样。物质波像光波一样都是概率波。图中近似的电子数：（a）7，（b）100，（c）3000，（d）20000，（e）70000。

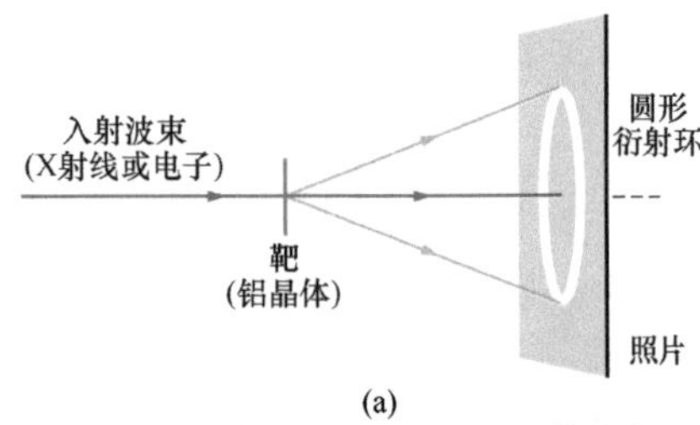

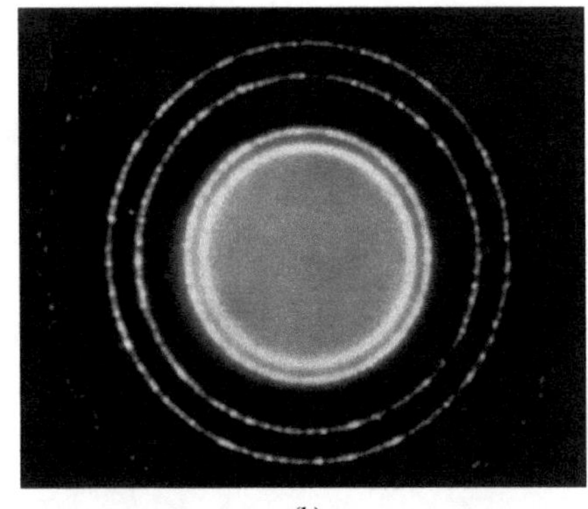
(b)

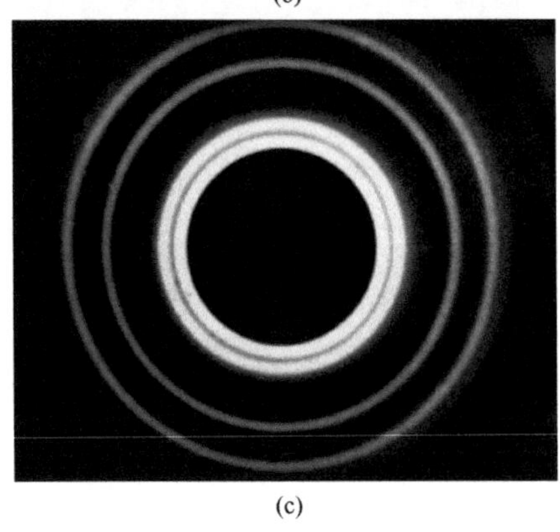
(c)

Parts (b) and (c) form PSSC film"Matter Waves,"courtesy Education Development Center,Newton, Massachusetts

图 38-10 (a) 利用衍射技术演示入射束的波动性的实验装置。入射束是 (b) X射线束 (光波) 和 (c) 电子束 (物质波) 时的衍射图样照片。注意，这两张图样的几何形状是相同的。

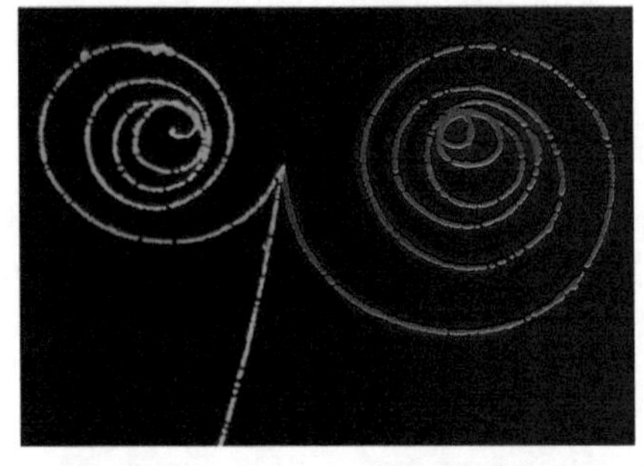

Lawrence Berkeley Laboratory/Science Photo Library/ Photo Researchers, Inc.

图 38-11 γ射线进入气泡室后产生粒子的图像。图中显示了两个电子 (径迹用绿色表示) 和一个正电子 (径迹用红色表示)。

最初的几个电子（最上面的一张照片）一点也没有揭示出令人感兴趣的东西，看上去是少量的电子在随机的位置上轰击屏幕。然而，上千个电子通过仪器后，屏幕上开始呈现出图样，显现出许多电子轰击屏幕所形成的条纹以及只有很少几个电子轰击屏幕位置所形成的条纹。这个图样正是我们预期的波的干涉。因此，每一个电子作为物质波通过仪器装置——一部分通过一条狭缝的物质波与通过另一条狭缝的物质波的另一部分相互干涉。这样的干涉决定了电子屏上某一点电子物质化的概率，电子就在这一点轰击屏幕。许多电子在对应于光学干涉亮条纹的区域物质化，只有少数几个电子在相应的暗条纹的区域物质化。

后来人们又演示了用质子、中子和多种原子所做的类似的干涉实验。1994年，演示了碘分子 I_2 的干涉，碘分子不仅质量是电子的500000倍而且远远复杂得多。1999年，人们演示了更复杂的富勒烯［fullerenes，或巴基球（buckyball）］C_{60}和C_{70}。（富勒烯是碳原子排列成类似于足球结构的分子，C_{60}中有60个碳原子，C_{70}中有70个碳原子。）显然，像电子、质子、原子和分子等微小的物体的运动都可以看作物质波的传播。然而，当我们考虑更大和更复杂的物体时，必定会有一个分界点，超过这一点再考虑物体的波动性就不再是合适的了。超过这一点，我们就又回到了熟悉的非量子世界，也就是这一本书前几章的物理学所适用的世界。简言之，电子是物质波，可以和它自己发生干涉，但是猫不是物质波，和它自己不会发生干涉（这对猫说来一定深感宽慰）。

粒子和原子的波动性在许多科学和工程领域中现在都已被视为理所当然的。例如，电子衍射和中子衍射可以用于研究固体和液体的原子结构，而电子衍射则可以被用来研究固体表面的原子特征。

图38-10a表示可以用来演示X射线或电子在晶体上散射的装置。X射线或电子束射到由细微铝晶体的薄片制成的靶上。X射线有一定的波长λ。电子被给予足够的能量，所以它们的德布罗意波有相同的波长λ。X射线或电子在晶体上散射，从而在照片上产生圆形的干涉图样。图38-10b表示X射线散射的图样，图38-10c是电子散射的图样。两图样是相同的——X射线和电子都是波。

波动性和粒子性

图38-9和图38-10是物质的*波动*性的令人信服的证据，但我们也有无数的暗示物质的*粒子*性的实验。例如，图38-11表示气泡室中揭示的粒子（不是波）的径迹。当带电粒子通过充满气泡室的液态氢的时候，粒子引起沿粒子路径的液态氢蒸发。产生一连串标志粒子的路径的气泡。因为有垂直于气泡室的磁场，所以径迹通常是弯曲的。

在图38-11中，从图上部进入的γ射线没有留下径迹，因为γ射线是电中性的所以在它通过液态氢的时候并没有产生气泡。然而，它和一个氢原子发生碰撞，从氢原子中撞出一个电子；这个电子向照片底部运动所经过的曲线路径用绿色标记。在碰撞的同时，γ射线在一次对产生事件中又转变为一个电子和一个正电子

[参见式（21-15）]。这两个粒子沿密绕的螺旋线（电子的径迹用绿色标记，正电子的用红色）运动，它们在和氢原子的不断碰撞过程中逐渐丧失能量。这些径迹肯定是电子和正电子粒子性的证据，但是在图 38-11 中有没有波动的证据呢？

为了简化这个情况，我们撤去磁场，这样一来这些气泡形成的径迹就变成直的了。我们可以把每一个气泡当作探测电子的点。两个探测点，像图 38-12 中的 I 和 F 之间传播的物质波可以经过所有可能的路径，图中只画出其中少数几条。

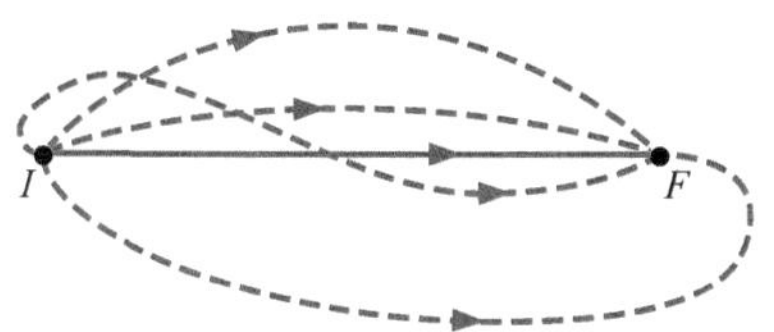

图 38-12 连接两个粒子探测点 I 和 F 的许多路径中的几条。只有沿着靠近连接这两点的直线传播的物质波之间才会发生相长干涉，对所有其他路径，沿任何一对相邻路径传播的波会发生相消干涉。

一般说来，对于连接 I 和 F 的每一路径（除了直线路径以外）都有相邻的另一条路径，沿着这两条路径传播的物质波因相互干涉而抵消。对于连接 I 和 F 的直线路径，沿所有邻近的路径传播的物质波都加强了沿直线传播的波。你们可以想象形成路径的气泡是一系列探测点，在这些点上物质波会发生相长干涉。

检查点 4

电子和质子有同样的（a）动能，（b）动量或（c）速率。在以上几种情况下，哪一个粒子有较短的德布罗意波长？

例题 38.04 电子的德布罗意波长

动能为 120eV 的电子的德布罗意波长是多少？

【关键概念】

（1）如果我们光求出电子的动量数值 p，就可以利用式（38-17）（$\lambda = h/p$）求出电子的德布罗意波长 λ。

（2）我们从已知的电子动能求 p。动能比电子的静能（由表 37-3，0.511MeV）小得多。因此，我们可以用经典近似求出动量 $p(=mv)$ 和动能 $K\left(=\frac{1}{2}mv^2\right)$。

解：我们已经有了动能的数值。所以，为了应用德布罗意公式，我们光通过动能解出 v，然后代入动量方程式

$$\begin{aligned} p &= \sqrt{2mK} \\ &= \sqrt{(2)(9.11\times10^{-31}\text{kg})(120\text{eV})(1.60\times10^{-19}\text{J/eV})} \\ &= 5.91\times10^{-24}\text{kg}\cdot\text{m/s} \end{aligned}$$

由式（38-17），有

$$\begin{aligned} \lambda &= \frac{h}{p} \\ &= \frac{6.63\times10^{-34}\text{J}\cdot\text{s}}{5.91\times10^{-24}\text{kg}\cdot\text{m/s}} \\ &= 1.12\times10^{-10}\text{m} = 112\text{pm} \end{aligned}$$ （答案）

这个和电子相关的波长大约是典型的原子的尺寸。如果我们使电子的动能增大，波长会变得更小。

WILEY PLUS 在 WileyPLUS 中可以找到附加的例题、视频和练习。

38-6 薛定谔方程

学习目标

学完这一单元后，你应当能够……

38.25 懂得可以用薛定谔方程描述物质波。

38.26 对沿 x 轴运动的非相对论性粒子，写出薛定谔方程和波函数空间部分的一般解。

38.27 对非相对论性粒子，应用角波数、能量、势能、动能、动量和德布罗意波长之间的关系。

38.28 根据薛定谔方程的空间解，写出依赖于时间的全部解。

38.29 根据一个复数，求它的复共轭。

38.30 根据波函数，计算概率密度。

关键概念

- 物质波（譬如电子的物质波）用波函数 $\psi(x, y, z, t)$ 描述，这个波函数可以分成依赖于空间部分 $\psi(x, y, z)$ 和依赖于时间部分 $e^{-i\omega t}$，其中 ω 是波的角频率。
- 对于质量为 m、沿 x 轴运动、能量为 E、势能为 U 的非相对论性粒子，依赖于空间部分的波函数可以通过解以下薛定谔方程求出：

$$\frac{d^2\psi}{dx^2}+k^2\psi=0$$

其中，k 是角波数，它和德布罗意波长 λ、动量 p 及动能 $E-U$ 由以下关系式联系起来：

$$k=\frac{2\pi}{\lambda}=\frac{2\pi p}{h}=\frac{2\pi\sqrt{2m(E-U)}}{h}$$

- 一个粒子没有明确的位置，直到粒子的位置实际上被测量为止。
- 在以给定点为中心的小体积内探测到粒子的概率正比于物质波在该点的概率密度 $|\psi|^2$。

薛定谔方程

任何一种简单的行波，无论它是弦上的波、声波还是光波，都要用按照波的形式变化的某个量来描述。例如，对于光波，这个量是波的电场分量 $\vec{E}(x, y, z, t)$。它是任何一点可观察的数值，它依赖于该点的位置和观察的时间。

我们应当用什么变量来描述物质波呢？我们应当期望这个被称作**波函数** $\Psi(x, y, z, t)$ 的量比光波的相应量更为复杂，因为除了能量和动量以外，物质波还会运送质量和（常常还有）电荷。我们还发现这个表示波函数的希腊字母的大写形式 Ψ（读作 psi）常常用来表示数学上的复函数；就是说我们总是可以把它的数值用 $a+ib$ 的形式表示，其中 a 和 b 是实数，而 $i^2=-1$。

在我们将要遇到的所有情况中，空间变量和时间变量可以分别组合，Ψ 可以写成以下的形式：

$$\Psi(x, y, z, t)=\psi(x, y, z)e^{-i\omega t} \tag{38-18}$$

其中，$\omega(=2\pi f)$ 是物质波的角频率。注意，小写的希腊字母 ψ 表示依赖于时间和空间的整个波函数 Ψ 中只依赖于空间坐标的那部分。我们把注意力集中于 ψ。有两个问题：波函数的意义是什么？我们怎样来求它？

波函数的意义是什么？这和物质波像光波一样是概率波这个事实有关。设物质波到达一个很小的粒子探测器；在一定的时间间隔内粒子被探测到的概率正比于 $|\psi|^2$，其中 $|\psi|$ 是在探测器的位置波函数的绝对值。虽然 ψ 通常是复数，但 $|\psi|^2$ 总是实数并且是正的。因此，有物理意义的是我们称作**概率密度**的 $|\psi|^2$，而不是 ψ。大致来说，它的意义是

> 物质波中在一给定点为中心的小体积内探测到粒子的概率正比于该点 $|\psi|^2$ 的数值。
>
> 因为 ψ 通常是复数，我们用 ψ 乘以 ψ^* 来求它的绝对值的平方，ψ^* 是 ψ 的共轭复数。（要从 ψ 求 ψ^*，我们只要把 ψ 中出现的虚数 i 用 −i 代替即可。）

我们该怎样求波函数？声波和弦上的波都可以用牛顿力学的方程式描述。光波用麦克斯韦方程式描述，非相对论性的物质波则可以用 1926 年奥地利物理学家欧文 · 薛定谔（Erwin Schrödinger）提出的薛定谔方程描述。

在我们将要讨论的许多情况中，包括了粒子沿 x 轴运动，并通过一个有力作用于其上因而使粒子具有势能 $U(x)$ 的区域。在这种特殊情况中，薛定谔方程化简为

$$\frac{d^2\psi}{dx^2}+\frac{8\pi^2 m}{h^2}\left[E-U(x)\right]\psi=0 \text{（薛定谔方程，一维运动）} \quad (38\text{-}19)$$

其中，E 是运动粒子的总机械能（在这个非相对论的方程式中我们不考虑质能）。我们不能从更基本的原理推导出薛定谔方程；因为它本身就是基本原理。

我们可以通过重写第二项来简化薛定谔方程的表述。第一，注意到 $E-U(x)$ 是粒子的动能。我们假设势能是均匀的并且是常量（它甚至可以是零）。因为粒子是非相对论性的，所以我们可以用速率 v 和动量 p 根据经典物理的公式写出动能，然后再利用德布罗意波长引入量子理论：

$$E-U=\frac{1}{2}mv^2=\frac{p^2}{2m}=\frac{1}{2m}\left(\frac{h}{\lambda}\right)^2 \quad (38\text{-}20)$$

将平方项里的分子和分母同时乘以 2π，我们可以利用角波数 $k=2\pi/\lambda$ 把动能重新表示为

$$E-U=\frac{1}{2m}\left(\frac{kh}{2\pi}\right)^2 \quad (38\text{-}21)$$

把上式代入式（38-19），导出

$$\frac{d^2\psi}{dx^2}+k^2\psi=0 \text{（薛定谔方程，均匀的 } U\text{）} \quad (38\text{-}22)$$

由式（38-21），角波数是

$$k=\frac{2\pi\sqrt{2m(E-U)}}{h} \text{（角波数）} \quad (38\text{-}23)$$

式（38-22）的一般解是

$$\psi(x)=Ae^{ikx}+Be^{-ikx} \quad (38\text{-}24)$$

其中，A 和 B 是常量，你可以证明这个式子确实是式（38-22）的解：只要把这个式子和它的二阶微商代入式（38-22）中，结果会得到一个恒等式。

式（38-24）是不含时间的薛定谔方程。我们可以假定它是在某个初始时刻 $t=0$ 的波函数的空间部分。给定 E 和 U 的值，我们可以确定系数 A 和 B，这样就知道波函数在 $t=0$ 时刻是什么样子的。然后，如果我们想知道波函数如何随时间变化，可以根据式（38-18），在式（38-24）的右边乘以与时间有关的项 $e^{-i\omega t}$：

$$\begin{aligned}\Psi(x,t)&=\psi(x)e^{-i\omega t}=(Ae^{ikx}+Be^{-ikx})e^{-i\omega t}\\&=Ae^{i(kx-\omega t)}+Be^{-i(kx+\omega t)}\end{aligned} \quad (38\text{-}25)$$

到此我们不再往下做了。

求概率密度 $|\psi|^2$

在 16-1 单元中我们已经知道任何 $F(kx \pm \omega t)$ 形式的函数 F 都可以表示行波，在第 16 章中，这个函数是正弦式的（正弦或余弦）；而在这里它们是指数形式的。如果需要，我们总可以利用欧拉公式在两种形式之间变换：对于一般的辐角 θ，有

$$e^{i\theta} = \cos\theta + i\sin\theta \quad 及 \quad e^{-i\theta} = \cos\theta - i\sin\theta \qquad (38\text{-}26)$$

式（38-25）中的第一项表示沿正 x 方向传播的波，第二项表示沿负 x 方向传播的波。我们来计算只沿正 x 方向运动的粒子的概率密度。我们令 B 等于零以消去负方向的运动，于是 $t=0$ 的解成为

$$\psi(x) = Ae^{ikx} \qquad (38\text{-}27)$$

要计算概率密度，我们取它的绝对值平方：

$$|\psi|^2 = |Ae^{ikx}|^2 = A^2|e^{ikx}|^2$$

因为

$$|e^{ikx}|^2 = (e^{ikx})(e^{ikx})^* = e^{ikx}e^{-ikx} = e^{ikx-ikx} = e^0 = 1$$

我们得到

$$|\psi|^2 = A^2(1)^2 = A^2$$

现在关键在于：对我们所规定的条件（均匀的势能 U，包括对自由粒子的 $U=0$），在沿 x 轴上的任意一点处概率密度是常量（都是同样的数值 A^2），如图 38-13 中的曲线所示。这意味着，如果我们进行测量来确定粒子的位置，会发现粒子可以在 x 的任何数值的地方。因此，我们不能说粒子像一辆汽车沿马路行驶一样以经典的方式沿 x 轴运动。事实上，直到我们测量它以前，这个粒子没有位置。

38-7 海森伯不确定原理

学习目标

学完这一单元后，你应当能够……

38.31 将海森伯不确定原理应用于，譬如说，沿 x 轴运动的电子并说明其意义。

关键概念

- 量子物理学的概率性质对测定粒子的位置和动量给出了一个重要的限制。即不可能以无限的精确度同时测定粒子的位置 $\vec{r}$ 和动量 $\vec{p}$。这些量的各个分量的不确定度由下式给出：

$$\Delta x \cdot \Delta p_x \geqslant \hbar$$
$$\Delta y \cdot \Delta p_y \geqslant \hbar$$
$$\Delta z \cdot \Delta p_z \geqslant \hbar$$

海森伯不确定原理

我们不可能预料具有均匀的电势能的粒子的位置，如图 38-13 所示那样，这是我们举的第一个**海森伯不确定原理**的例子。这个原理是 1927 年由德国物理学家海森伯（Werner Heisenberg）提出的。这个原理指出，不可能同时得到粒子的位置 $\vec{r}$ 和动量 $\vec{p}$ 无限精确的测量值。

用 $\hbar = h/(2\pi)$（读作"h 棒"）表示，这个原理告诉我们：

$$\Delta x \cdot \Delta p_x \geqslant \hbar$$
$$\Delta y \cdot \Delta p_y \geqslant \hbar \quad \text{（海森伯不确定原理）} \qquad (38\text{-}28)$$
$$\Delta z \cdot \Delta p_z \geqslant \hbar$$

这里的 Δx 和 Δp_x 表示测量 $\vec{r}$ 和 $\vec{p}$ 的 x 分量的内在不确定性，对 y 和 z 分量也是同样的意义。即使用最好的测量仪器，每次测量的位置不确定度和动量不确定度的乘积，按式（38-28）都必定大于 $\hbar$，绝不会小于 $\hbar$。

这里我们不去推导这个不确定关系，只是应用它们。它们来自这个事实：电子和其他粒子是物质波，对它们的位置和动量的重复测量涉及概率的问题，是不确定的。在这种测量的统计中，我们可以把，譬如说，Δx 和 Δp_x 的测量结果看作是分散的（实际上是标准偏差）。

我们也可以用物理的（虽然是高度简化的）论据来证明它们是合理的：在前面几章中，我们认为我们探测和测量位置及运动的能力是与生俱来的，像汽车在马路上行驶或台球在桌上滚动，我们都可以通过观察来确定运动物体的位置——即通过截获物体散射的光。这种光的散射不会改变物体的运动。然而，在量子物理学中，探测行为本身就会改变物体的位置和运动。我们希望确定，譬如说沿 x 轴运动的电子的位置更加精确（用光或用其他方法），我们就会引起电子动量更大的改变因而动量就会变得更加不确定。也就是说，要减少 Δx 就不得不增大 Δp_x。反之亦然，如果我们要非常精确地确定动量（较小的 Δp_x），电子所在的位置就会变得更加不确定（我们增大了 Δx）。

后一种情况就是我们在图 38-13 中看到的情形。我们有一个有确定数值 k 的电子，根据德布罗意关系，这意味着有确定的 p_x。由此，$\Delta p_x = 0$。由式（38-28），这就意味着 $\Delta x = \infty$。如果我们做一个实验来探测电子，它可能会出现在 $x = -\infty$ 到 $x = +\infty$ 之间的任何地方。

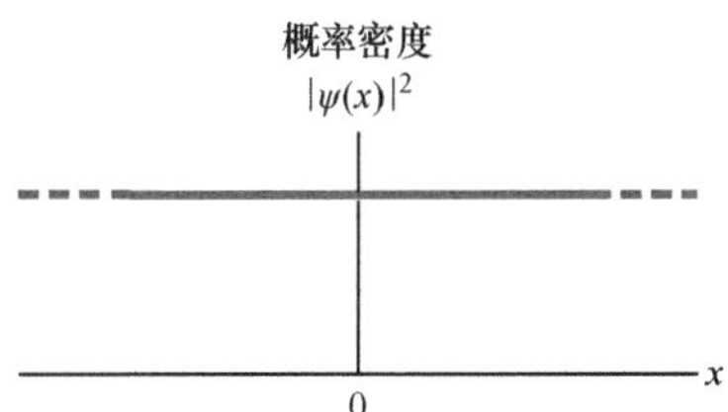

图 38-13 有均匀势能的沿正 x 方向运动的粒子的概率密度 $|\psi|^2$。因为 $|\psi|^2$ 在所有 x 值的位置上都是同样的常量值，所以沿粒子路径的所有点上探测到它的概率都是相同的。

你可能回过来从另一个角度考虑这个论证：我们能不能先非常精确地测量 p_x，然后在电子碰巧出现的位置上非常精确地测量 x？这不就是意味着我们同时测量了 p_x 和 x，并且非常精确？非也，漏洞在于虽然第一次测量可以给我们提供 p_x 的精确值，但第二次测量必定改变了这个数值。确实，如果第二次测量真的给我们 x 的精确值，我们在第二次测量中就再也没有 p_x 值是多少的概念了。

例题 38.05 不确定原理：位置和动量

假设一个电子沿 x 轴运动，你测量到它的速率是 2.05×10^6 m/s，可以知道测量精确度是 0.50%。你可以同时测定电子在 x 轴上的位置的最小不确定度（量子理论中不确定原理所允许的值）是多少？

【关键概念】

量子理论允许的最小不确定度由海森伯不确定原理，即式（38-28）给出。我们只要考虑 x 轴分量，因为我们只有沿这个轴运动，并且要求测量沿这个轴的位置的不确定度 Δx。因为我们要求所允许的最小不确定度，所以我们只要用式（38-28）中的关于 x 轴的公式中的等式而不用不等式，即写出 $\Delta x \cdot \Delta p_x = \hbar$。

解： 要计算动量的不确定度 Δp_x，我们要先计算动量分量 p_x。因为电子速率 v_x 比光速 c 小得多，我们可以用经典的动量表达式来计算 p_x 而不需要用相对论表达式，我们求出：

$$p_x = mv_x = (9.11\times10^{-31}\text{kg})(2.05\times10^{6}\text{m/s}) = 1.87\times10^{-24}\text{kg}\cdot\text{m/s}$$

已知速率的不确定度是测得速度的 0.50%。因为 p_x 直接取决于速率，所以动量的不确定度 Δp_x 必定也是动量的 0.50%：

$$\Delta p_x = (0.0050)p_x = (0.0050)(1.87\times10^{-24}\text{kg}\cdot\text{m/s}) = 9.35\times10^{-27}\text{kg}\cdot\text{m/s}$$

由不确定原理，得

$$\Delta x = \frac{\hbar}{\Delta p_x} = \frac{(6.63\times10^{-34}\text{J}\cdot\text{s})/(2\pi)}{9.35\times10^{-27}\text{kg}\cdot\text{m/s}} = 1.13\times10^{-8}\text{m}\approx 11\text{nm} \qquad \text{（答案）}$$

大约是 100 个原子的直径。

WileyPLUS 在 WileyPLUS 中可以找到附加的例题、视频和练习。

38-8　从势台阶上的反射

学习目标

学完这一单元后，你应当能够……

38.32　写出在恒定（包括零）势能的区域内电子的薛定谔方程的一般波函数。

38.33　用简图表示电子的势台阶，并指出其高度：U_b。

38.34　对于两个相邻区域内的电子波函数，通过令边界上波函数的数值和斜率相等，由此确定波函数的反射和透射系数（概率振幅）。

38.35　求入射到势台阶（或势能台阶）的电子的反射和透射系数。在台阶处，每个入射电子都有零势能 $U=0$ 及大于台阶高度 U_b 的机械能 E。

38.36　懂得因为电子是物质波，即使它们有足够的能量可以通过台阶，也会从势台阶上反射。

38.37　用电子在边界上反射或通过边界的概率来说明反射系数或透射系数，并且用入射到势垒上的电子总数中反射和透射的电子的平均数来说明这两个系数。

关键概念

- 粒子可能会从势能改变的边界反射，虽然从经典力学看来这种反射是不会发生的。
- 反射系数 R 给出个别粒子在边界上反射的概率。
- 对于大量粒子组成的粒子束，R 给出被反射的粒子比例的平均数。
- 透射系数 T 给出通过边界透射的概率：

$$T = 1 - R$$

势台阶上的反射

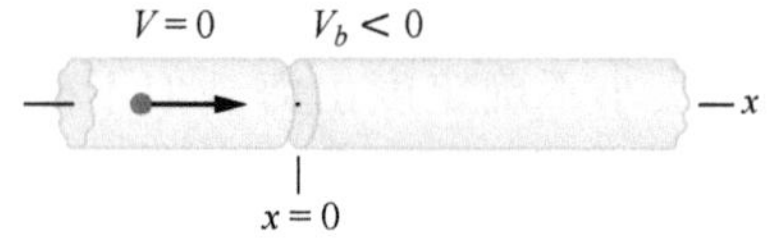

图 38-14　管子的一个单元，其中一个电子（红点）到达负电势为 V_b 的区域。

这里是你在更高级的量子物理学中会见到的小测验。在图 38-14中，我们使大量非相对论性的电子组成的电子束沿 x 轴通过一根细管，每个电子的总能量都是 E。起初，它们在势能 $U=0$ 的区域 1 中。在 $x=0$ 的位置，它们进入负电势 V_b 的区域。这个电势的转变称为势台阶或势能台阶。这个台阶的高度是 U_b，这是电子通过 $x=0$ 位置的边界后的势能。图 38-15 中画出了作为位置 x 的函数的势能。（回忆一下 $U=qv$，这里的电势 V_b 是负的，电子电

荷 q 也是负的，所以势能 U_b 为正。）

我们来考虑 $E>U_b$ 的情况。按照经典力学，电子应该全部都通过边界——肯定有足够的能量。的确，我们在第22章到第24章中全面地讨论了这种运动，那里的电子进入电场，势能和动能都会发生变化。我们只要简单地考虑机械能守恒，并注意到如果势能增大，动能就要减少同样的数量，从而速率也会相应减小。那里我们认为是理所当然的事，因为电子能量 E 大于势能 U_b，所以所有的电子都能通过此边界。然而，如果应用薛定谔方程，我们就会发现一个极其惊人的结果——因为电子是物质波，而不是微小的固态（经典的）粒子，所以它们中有一些实际上要从边界上反射回去。我们来计算入射粒子中有多大的比例 R 会被反射。

按经典力学，电子有足够的能量，不会从势台阶上反射

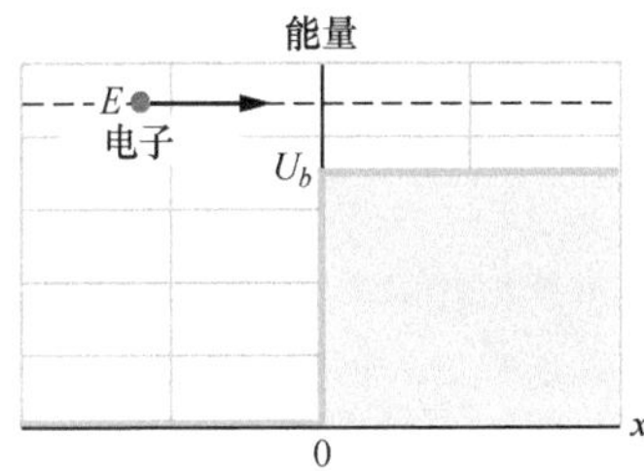

图 38-15 图 38-14 中具有不同能量的两个区域的能级图：（1）画出了电子的机械能 E。（2）电子的电势能 U 作为电子位置 x 的函数。图上非零部分势能曲线（势台阶）的高度为 U_b。

在区域1中，这里 U 是零，式（38-23）告诉我们角波数是

$$k=\frac{2\pi\sqrt{2mE}}{h} \tag{38-29}$$

并且式（38-24）告诉我们，薛定谔方程的依赖于空间的一般解是

$$\psi_1(x)=A\mathrm{e}^{\mathrm{i}kx}+B\mathrm{e}^{-\mathrm{i}kx}\text{（区域 1）} \tag{38-30}$$

在区域2中，势能是 U_b，角波数是

$$k_b=\frac{2\pi\sqrt{2m(E-U_b)}}{h} \tag{38-31}$$

有这个角波数的波函数的一般解是

$$\psi_2(x)=C\mathrm{e}^{\mathrm{i}k_bx}+D\mathrm{e}^{-\mathrm{i}k_bx}\text{（区域 2）} \tag{38-32}$$

在这里我们把系数写作 C 和 D，因为它们和区域1中的系数不同。

指数的辐角是正的项表示粒子沿 $+x$ 方向运动；负的辐角代表沿 $-x$ 方向运动的粒子。然而，因为在图38-14和图38-15中的右边没有电子源，所以区域2中没有向左运动的粒子。所以我们令 $D=0$，于是区域2中的解简化为

$$\psi_2(x)=C\mathrm{e}^{\mathrm{i}k_bx}\text{（区域 2）} \tag{38-33}$$

下一步，我们要确定这个解在边界上是“表现良好”的。就是说它们必须在 $x=0$ 处相互间协调一致，数值和斜率都相等。这个条件称为**边界条件**。我们首先在波函数的方程，即式（38-30）和式（38-33）中代入 $x=0$，然后令这两个式子相等，由此我们得到第一个边界条件

$$A+B=C\text{（数值相等）} \tag{38-34}$$

如果两个波函数的系数满足这个关系式，在 $x=0$ 的位置这两个波函数就有相同的数值。

下一步，我们取式（38-30）对 x 的微商，代入 $x=0$。再求式（38-33）对 x 的微商，代入 $x=0$。然后我们令这两个结果相等（一条曲线斜率等于另一条曲线的斜率），得到

$$Ak-Bk=Ck_b\text{（斜率相等）} \tag{38-35}$$

$x=0$ 处斜率相等提供了系数和角频率共同满足的关系式。

我们要求电子从势台阶反射的概率，我们回想起概率密度正比于 $|\psi|^2$。通过定义**反射系数 R** 把反射的概率密度（正比于 $|B|^2$）和入射束的概率密度（正比于 $|A|^2$）联系起来：

$$R=\frac{|B|^2}{|A|^2} \tag{38-36}$$

这个 R 是反射的概率，因而也是入射的电子中被反射的比例数。**透射系数**（透射的概率）是

$$T=1-R \tag{38-37}$$

例如，设 $R=0.010$。就是说，如果我们向势台阶送入 10000 个电子，我们发现大约会有 100 个电子被反射。然而，我们永远不可能猜到究竟是哪 100 个电子会被反射，我们只知道反射的概率。我们只能说随便哪一个电子都有 1.0% 的机会被反射，而透射的机会是 99%。电子的波动性质不允许我们比这知道得更精确。

要对任何给定值 E 和 U_b 计算 R，我们要先从式（38-34）和式（38-35）中消去 C，解出用 A 表示的 B，然后将结果代入式（38-36）。最后利用式（38-29）和式（38-31），代入 k 和 k_b。令人惊奇的是，R 并不是简单地等于零（T 也不是 1）；这和之前几章中经典物理学的观念完全不同。

38-9 势垒的隧穿

学习目标

学完这一单元后，你应当能够……

38.38 用简图表示电子的势垒，标明势垒高度 U_b 和厚度 L。

38.39 懂得如果粒子要通过一个势垒，根据经典力学的能量观点计算所需要的粒子能量。

38.40 认明隧穿的透射系数。

38.41 对于隧穿，计算用粒子的能量 E 和质量 m 以及势垒的高度 U_b 和厚度 L 表示的透射系数 T。

38.42 用一个粒子隧穿势垒的概率，并且也用许多粒子隧穿势垒的平均比例来说明透射系数。

38.43 在隧穿装置中，描述在势垒前、势垒内部以及势垒后面的概率密度。

38.44 描述扫描隧穿显微镜是怎样工作的。

关键概念

- 势垒是运动的粒子的势能 U_b 增高的区域。
- 如果粒子的总能量 $E>U_b$，则它能通过势垒。
- 经典物理学中，如果 $E<U_b$，则粒子不能通过势垒，但在量子物理学中它却能够通过，这个效应称为隧穿。
- 对于质量为 m 的粒子和厚度为 L 的势垒，透射系数是

$$T\approx e^{-2bL}$$

其中，

$$b=\sqrt{\frac{8\pi^2 m(U_b-E)}{h^2}}$$

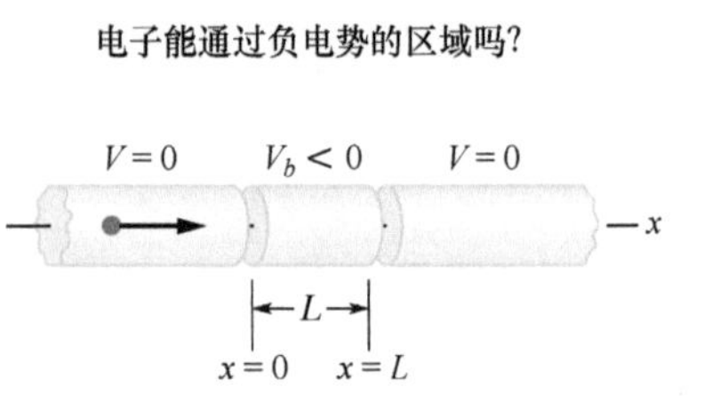

图 38-16 细管的几个部分，管中一个电子（红点）来到 $x=0$ 到 $x=L$ 之间的负电势 V_b 的区域。

势垒的隧穿

我们用**势垒**来代替图 38-14 中的势台阶，势垒是一个厚度为 L（势垒厚度或长度）的区域，这个区域内的电势是 $V_b(<0)$，势垒高度是 $U_b(=qV)$，如图 38-16 所示。势垒的右边是 $V=0$ 的区域 3，和前面一样，我们向势垒送去一束非相对论性电子束，每个电子都有能量 E。如果我们考虑 $E>U_b$ 的情况，我们将会遇到比前面势台阶更复杂的情形，因为现在电子可能从 $x=0$ 和 $x=L$ 的两个边界

上反射。

我们不讨论这种情况，只考虑 $E < U_b$ 的情形——即机械能小于势能，这时就要问区域 2 中有没有电子。如果区域 2 中有电子，那么这里的电子的动能（$=E-U_b$）就是负的。而这显然是不合理的，因为动能应该总是正的$\left(\text{动能表达式}\frac{1}{2}mv^2\text{ 中没有一个因子可以是负的}\right)$，所以，按照经典物理学，区域 2 不可能有 $E < U_b$ 的电子。

隧穿。然而，因为电子是物质波，实际上它具有漏过（或更好的说法是隧穿）势垒并在另一边现形的概率，一旦通过了势垒，电子又恢复了所有的机械能，就好像在 $0 \leqslant x \leqslant L$ 区域内什么事（稀奇古怪的或其他的事）都没有发生过一样。图 38-17 表示势垒和能量小于势垒高度的一个入射电子。我们感兴趣的是电子出现在势垒另一侧的概率。因此，我们要计算透射系数 T。

要求 T 的表达式，我们原则上按照求势台阶的 R 的步骤。先解出图 38-16 中的三个区域的每一个区域中的薛定谔方程的一般解。我们舍弃区域 3 中在 $-x$ 方向传播的物质波的解（在右边没有电子源）。然后我们应用边界条件——就是在两个边界上波函数的数值和斜率相等——可以确定用入射电子波函数的系数 A 所表示的透射系数。最后，我们求用入射波概率密度表示的区域 3 中的相对概率密度。然而，因为所有这些步骤都需要大量的数学运算，所以我们这里只讨论一般的结果。

图 38-18 表示三个区域的概率密度曲线图。势垒左边（$x<0$）的振荡曲线是入射物质波和反射物质波（它的振幅比入射波的振幅小）的组合。出现振荡是因为这两列沿相反方向传播的波相互干涉而产生的驻波图样。

在势垒内部（$0<x<L$），概率密度随 x 指数式减小。然而，如果 L 很小，则在 $x=L$ 处概率密度就不会完全等于零。

在势垒右边（$x>L$），概率密度曲线描述透射（通过势垒）波，它有很小的但却是恒定的振幅。因此，可以在这个区域内探测到电子，但是概率相对很小。（比较图的这一部分和图 38-13。）

像对势台阶所做的那样，我们可以给入射物质波和势垒一个透射系数 T。这个系数给出入射电子透过势垒的概率——即发生隧穿的概率。作为例子，如果 $T=0.020$，则射向势垒的每 1000 个电子中就会有 20 个（平均）电子隧穿势垒，980 个电子被反射。透射系数 T 近似为

$$T \approx e^{-2bL} \tag{38-38}$$

其中，

$$b=\sqrt{\frac{8\pi^2 m(U_b-E)}{h^2}} \tag{38-39}$$

e^{-2bL}是底数为 e 的指数函数。因为式（38-38）是指数形式，因此 T 的数值对于三个它所依赖的变量非常敏感：粒子的质量 m、势垒厚度 L 和能量差 U_b-E。（因为我们这里没有考虑相对论效应，所以 E 不包含质能）。

势垒隧穿在技术上有许多的应用，包括隧道二极管，其中隧

按经典力学，电子不具有通过势垒的足够能量

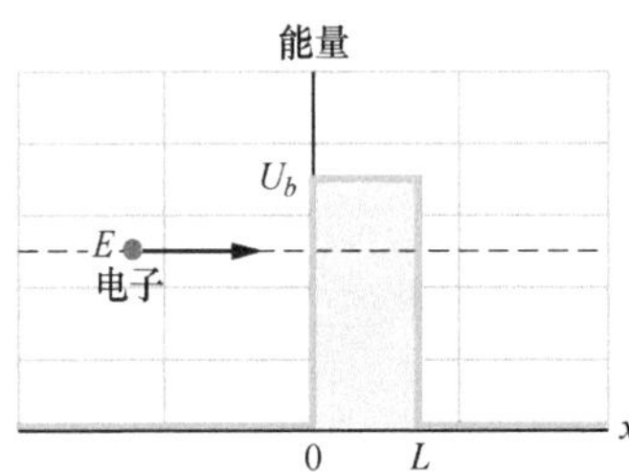

图 38-17 图 38-16 中所示情况的两条能量曲线：(1) 电子在坐标 $x<0$ 的任何位置的机械能 E。(2) 电子的电势能 U 作为电子位置 x 的函数曲线。假设电子可以到达 x 为任何数值的位置。曲线的非零部分（势垒）高度为 U_b、厚度为 L。

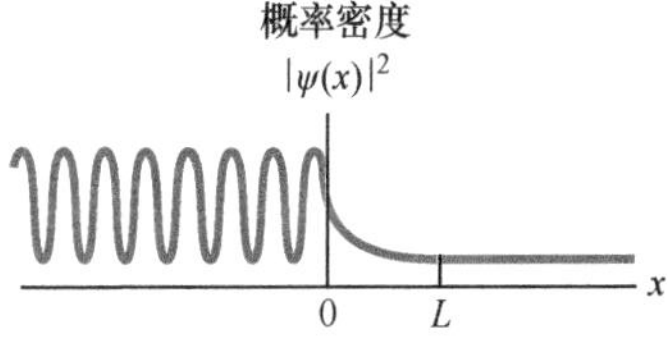

图 38-18 图 38-17 的情形中的电子物质波的概率密度 $|\psi|^2$ 曲线图。在势垒右边 $|\psi|^2$ 的数值不是零。

穿的电子流可以用电控制势垒高度来快速地开通和切断。1973年的物理学诺贝尔奖被三位“控制隧道的人”，分享，他们分别是江崎玲于奈（Leo Esaki，半导体中的隧穿），贾埃弗（Ivar Giaever，在超导体中隧穿）和约瑟夫森（Brian Josephson，基于隧穿效应的高速量子开关器件）。1986年的诺贝尔物理学奖授予 Gerd Binnig 和 Heinrich Rohrer，因他们发展了扫描隧穿显微镜。⊖

检查点5

图38-18中的透射波的波长是大于、小于还是等于入射波的波长？

扫描隧穿显微镜

光学显微镜所能看清的物体的大小和细节受到显微镜所用的光的波长的限制（对紫外光大约是300nm）。原子尺度上细节的尺度更小，因而要得到这些细节的像就需要更短的波长。我们可以利用电子的物质波，但这种波不会像光学显微镜中的光波那样从被考察的表面上散射。相反，我们看到的像是*扫描隧穿显微镜*（Scanning Tunneling Microscope，STM）的针尖上的电子通过势垒隧穿所产生的。

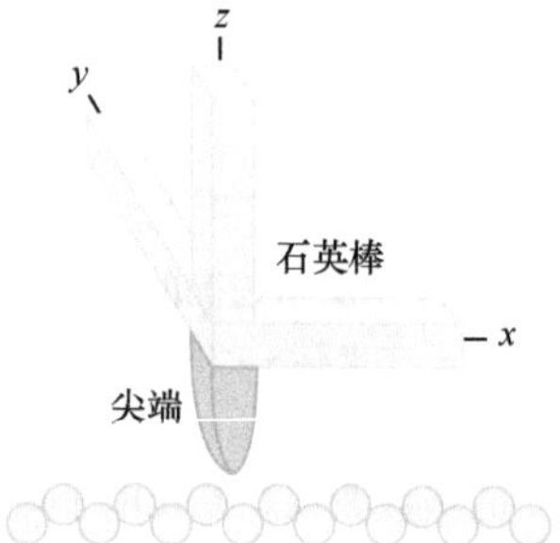

图38-19表示扫描电子显微镜的核心部分。一个精细的金属针尖装在三根相互垂直的石英棒的交叉点上，针的尖端靠近要考察的表面 。可能只有10mV的很小的电势差加在尖端和表面之间。

图38-19 扫描隧穿显微镜（STM）的关键部分。三根石英棒用来使精确指向的导电尖端沿研究的表面扫描，并使尖端和表面间保持恒定的距离。尖端可上下移动和表面的轮廓配合。它的运动的记录为计算机提供信息，从而产生表面的图像。

晶体石英具有一种称为*压电现象*的有趣的性质。当电势差作用在晶体石英的样品上时，样品的线度会发生微小的变化，这个性质可以被用来平稳地、渐渐地改变图38-19中的三条石英棒中每一条棒的长度，这样针尖就可以在表面上来回扫描（x 和 y 方向），也可以相对于表面降低或升高（在 z 方向）。

表面和针尖之间的空间形成势垒，就像图38-17中所画的势垒曲线。如果针尖离表面足够近，样品中的电子就会从表面穿透势垒到达针尖，形成隧穿电流。

在工作时，用电子反馈装置调节针尖的竖直位置以使针尖沿表面扫描的过程中保持隧穿电流为常量。这也意味着针尖-表面的距离在扫描过程中保持恒定。器件输出的是变化的针尖的竖直位置的图像显示，也就是作为针尖在 xy 平面上的函数的表面轮廓。

扫描隧穿显微镜不仅可以得到静态表面的图像，还可以用来操纵表面上的原子和分子，可以做出像下一章中图39-12所表示的*量子围栏*。在所谓的横向操纵的过程中，扫描隧穿显微镜的探针开始时向下移动接近一个分子，靠得足够近时，分子会被吸引到探针上，但实际上探针并没有接触到分子。然后探针拖着分子沿背景表面（例如铜）移动，直到把分子拖到所需要的位置。最后

⊖ 实际上，1986年的诺贝尔物理学奖的一半授予 Ernst Ruska，表彰他在电子光学方面奠基性的工作并设计了第一台电子显微镜，另一半则授予 Gerd Binnig 和Heinrich Rohrer。——译者注

探针向上后退离开分子，同时逐渐减弱以致最后消除对分子的吸引力。这项工作虽然需要非常精细的操作，但终于还是实现了一项计划。图 39-12 中，一个扫描隧穿显微镜的探针被用来将 48 个铁原子沿铜表面移动，最后形成直径为 14nm 的围栏，而且可以把电子封闭在这个围栏中。

例题 38.06 物质波的势垒隧穿

设图 38-17 中总能量为 5.1eV 的电子射向高度 $U_b=6.8\text{eV}$、厚度 $L=750\text{pm}$ 的势垒。

(a) 电子透过势垒出现在势垒的另一侧（并被探测到）的近似概率是多大？

【关键概念】

我们要求的概率就是式（38-38）（$T\approx e^{-2bL}$）给出的透射系数 T，其中

$$b=\sqrt{\frac{8\pi^2 m(U_b-E)}{h^2}}$$

解： 在平方根符号下面，分数的分子是

$$(8\pi^2)(9.11\times10^{-31}\text{kg})(6.8\text{eV}-5.1\text{eV})\times(1.60\times10^{-19}\text{J/eV})$$
$$=1.956\times10^{-47}\text{J}\cdot\text{kg}$$

于是 $$b=\sqrt{\frac{1.956\times10^{-47}\text{J}\cdot\text{kg}}{(6.63\times10^{-34}\text{J}\cdot\text{s})}}=6.67\times10^{9}\text{m}^{-1}$$

于是，（无量纲的）量 $2bL$ 是

$$2bL=(2)(6.67\times10^{9}\text{m}^{-1})(750\times10^{-12}\text{m})=10.0$$

由式（38-38），透射系数是

$$T=e^{-2bL}=e^{-10.0}=45\times10^{-6} \qquad \text{（答案）}$$

由此可知，轰击势垒的每一百万个电子中大约有 45 个电子会隧穿势垒并出现在另一侧，每个电子都具有原有的总能量 5.1eV（透过势垒不会改变电子的能量或其他任何性质）。

(b) 有相同总能量 5.1eV 的质子透过势垒出现在势垒另一侧（并被检测到）的近似概率是多少？

推理： 透射系数 T（也就是透射概率）依赖于粒子的质量。事实上，质量 m 确实是 T 的关系式中 e 的指数上的一个因子，透射概率对粒子的质量非常敏感。这一次是质子的质量（1.67×10^{-27}kg），它比（a）小题中的电子质量大了许多。将（a）小题中的质量用质子质量代替并进行同样的计算，我们得到 $T\approx10^{-186}$。由此，质子透射的概率并不严格等于零，但只比零多了一点点。对于具有相同总能量 5.1eV 的、质量更大的粒子，透射概率指数式地减小。

复习和总结

光量子——光子 电磁波（光）是量子化的，它的量子称为光子。对于频率为 f、波长为 λ 的光波，光子的能量 E 和动量 p 的关系为

$$E=hf \text{（光子能量）} \qquad (38\text{-}2)$$

和 $$p=\frac{hf}{c}=\frac{h}{\lambda} \text{（光子动量）} \qquad (38\text{-}7)$$

光电效应 当频率足够高的光照射到清洁的金属表面上时，由于金属内部电子-光子的相互作用，就会有电子从金属表面发射出来。支配这个过程的关系是

$$hf=K_{\max}+\Phi \qquad (38\text{-}5)$$

其中，hf 是光子的能量，$K_{\max}$ 是发射的电子中能量最大的电子的动能；Φ 是靶金属的**逸出功**——即电子从靶的表面逸出所需的最小能量。如果 hf 小于 Φ，则电子不会发射出来。

康普顿移动 当 X 射线被靶中弱束缚的电子散射时，一些散射的 X 射线的波长会比入射 X 射线的波长更长。这个（用波长表示的）**康普顿移动**是

$$\Delta\lambda=\frac{h}{mc}(1-\cos\phi) \qquad (38\text{-}11)$$

其中，ϕ 是 X 射线散射的角度。

光波和光子 光和物质相互作用时，能量和动量以光子的形式转移。然而，光在传播过程中，我们把光波解释为**概率波**，光子被探测到的概率（每单位时间）正比于 E_m^2，E_m 是探测器所在的位置上光波的振荡电场的振幅。

理想黑体辐射 作为理想黑体辐射体的热辐射的发射的量度，我们用在给定波长 λ 上的每单位波长间隔的发射强度来定义光谱的辐射亮度 $S(\lambda)$。对普朗克辐射定律，其中原子振子产生热辐射，我们有

$$S(\lambda)=\frac{2\pi c^2 h}{\lambda^5}\frac{1}{e^{hc/\lambda kT}-1} \qquad (38\text{-}14)$$

其中，h 是普朗克常量；k 是玻尔兹曼常量；T 是辐射表面的热力学温度。维恩定律将黑体辐射体的温度 T 和光谱的辐射亮度最大的波长 λ_{max} 联系了起来，

$$\lambda_{max}T=2898\mu m\cdot K \qquad (38\text{-}15)$$

物质波 运动的粒子，像电子或质子，可以用**物质波**来描述，它的波长（称为**德布罗意波长**）由 $\lambda=h/p$ 给出，其中 p 为粒子动量的数值。

波函数 物质波用**波函数** $\Psi(x,y,z,t)$ 描述，它可以分解为依赖于空间部分的 $\psi(x,y,z)$ 和依赖于时间部分的 $e^{-i\omega t}$。对一个质量为 m 的粒子，它以恒定的总能量 E 沿 x 轴在势能为 $U(x)$ 的区域内运动，$\psi(x)$ 可以通过解简化的**薛定谔方程**

$$\frac{d^2\psi}{dx^2}+\frac{8\pi^2 m}{h^2}[E-U(x)]\psi=0 \qquad (38\text{-}19)$$

求得。物质波像光波一样是概率波，它的意义是，如果一个粒子探测器放在波通过的地方，则探测器在任何特定的时间间隔内记录到粒子的概率正比于 $|\psi|^2$，这个量称为**概率密度**。

一个沿 x 方向运动的自由粒子——就是粒子的 $U(x)=0$——对 x 轴上所有位置的 $|\psi|^2$ 是一个常量。

海森伯不确定原理 量子物理学的概率性质给探测粒子的位置和动量设置了一个重要的限制。也就是说，不可能以无限的精确度同时测定粒子的位置 $\vec{r}$ 和动量 $\vec{p}$。这些量的分量的不确定度由下式给出

$$\Delta x\cdot\Delta p_x\geqslant\hbar$$
$$\Delta y\cdot\Delta p_y\geqslant\hbar \qquad (38\text{-}28)$$
$$\Delta z\cdot\Delta p_z\geqslant\hbar$$

势台阶 势台阶这个术语定义了一个区域，在这个区域中的粒子势能的增加以牺牲其动能为代价。按照经典物理学，如果粒子的初始动能超过了势能，粒子不可能在这个区域的边界上反射。然而，按照量子力学，存在一个用反射系数 R 表示的某个反射概率。透射的概率是 $T=1-R$。

势垒隧穿 按照经典物理学，入射粒子要从高度大于它的动能的势能壁垒上反射。不过，按照量子物理学，这个粒子有一定的隧穿概率，粒子可能穿过这样的势垒出现在势垒的另一侧，并且毫无改变。质量为 m、能量为 E 的给定粒子隧穿高度为 U_b、宽度为 L 的势垒的概率由透射系数 T 给出：

$$T\approx e^{-2bL} \qquad (38\text{-}38)$$

其中，

$$b=\sqrt{\frac{8\pi^2 m\ (U_b-E)}{h^2}} \qquad (38\text{-}39)$$

习题

1. 一盏 100W 的钠光灯（$\lambda=589$nm）均匀地向所有方向辐射能量。(a)钠光灯以什么速率发射光子？(b) 一个完全吸收的屏幕要放在距钠光灯什么距离上才会以 1.00 光子/cm^2·s 的速率吸收光子？(c) 距灯 2.00m 的小屏幕上光子流通量（每单位面积和单位时间内的光子数）是多少？

2. 波长 8.50pm 的 X 射线沿 x 轴正方向射到包含弱束缚电子的靶上。对于从这种弱束缚电子上发生的康普顿散射，在 180°的角度上，求 (a) 康普顿移动，(b) 相应的光子能量的改变，(c) 反冲电子的动能，(d) x 轴正方向和反冲电子的运动方向间的角度。

3. 老式的电视机中，电子通过电势差 25.0kV 加速。这种电子的德布罗意波长是多少？(不考虑相对论)

4. 证明能量为 E 的光子在静止的自由电子上散射时反冲电子的最大动能是

$$K_{max}=\frac{E^2}{E+mc^2/2}$$

5. 显微镜可以达到的最高分辨本领只受所用波长的限制；即所能分辨的最小对象的线度大约等于波长。假设我们想“看到”原子的内部。设原子的直径是 100pm，这意味着能够分辨的宽度要达到大约 10pm。(a) 如果用电子显微镜，需要的电子的最小能量是多少？(b) 如果用光学显微镜，需要的光子的最小能量是多少？(c) 哪一种显微镜看来更加可行？为什么？

6. 求从某种材料逸出的电子的最大动能，设材料的逸出功是 2.3eV，入射辐射的频率是 2.5×10^{15}Hz。

7. 每个电子的速率都是 900m/s 的电子束形成电流 5.00mA。沿电子路径上某一点，电子束遇到高度为 -1.25μV的势台阶。在势台阶边界的另一侧的电流为多大？

8. 求德布罗意波长：(a) 2.00keV 的电子，(b)2.00keV 的质子，(c) 2.00keV 的中子。

9. 3.0MeV 的质子入射到厚度为 10fm、高度为 10MeV 的势垒。求 (a) 透射系数 T，(b) 质子隧穿势垒后到达势垒另一侧时的动能 K_t，(c) 从势垒反射的质子的动能 K_r。对于一个 3.0MeV 的氘核（和质子的电荷相同但质量是质子的两倍），(d) T，(e) K_t 和 (f) K_f 分别是多大？

10. 原子核的存在是 1911 年恩斯特·卢瑟福（Ernest Rutherford）发现的。他恰当地解释了 α 射线束从金属箔（金箔）上散射的实验，从而确定了原子核的存在。(a) 如果 α 粒子的动能是 7.5MeV，它们的德布罗意波长是多少？(b) 说明在这些实验中入射的 α 粒子的波动性质在解释这些实验时是否应当被考虑到。α 粒子的质量是 4.00u（统一原子质量单位）。在这些实验中，α 粒子所能达到的离原子核中心最近的距离大约是 30fm（物质的波

动性直到这些最早的关键性的实验完成以后十余年才被人们提出来）。

11. 图38-13表示一种情况，其中一个粒子的动量分量p_x固定，所以$\Delta p_x=0$；根据海森伯不确定原理［式（38-28）］，粒子的位置x完全不知道。根据这一原理得到的相反情况也是正确的，即如果粒子的位置严格地确定（$\Delta x=0$），则它的动量的不确定性是无限大。

考虑一个中间情况，对其中一个粒子的位置的测量不是无限精确的，只到$\lambda/(2\pi)$的距离范围，λ是粒子的德布罗意波长。证明动量分量（同时测量的）的不确定度就等于分量本身；即$\Delta p_x=p$。在这样的情况下，测量出动量是零会不会令你感到惊讶呢？测量出动量是$0.5p$、$2p$、$12p$又会怎样呢？

12. 证明式（38-24）确实是式（38-22）的解。将$\psi(x)$和它的二阶微商代入式（38-22），得到的结果应该是一个恒等式。

13. 沿x轴运动的电子的位置的不确定度是50pm，这大约等于氢原子半径。同时测量这个电子的动量分量p_x的最小不确定度是多少？

14. 设铯表面（逸出功1.80eV）的效率比（fractional efficiency）是1.0×10^{-16}，即平均每10^{16}个光子到达表面时会有一个电子从表面发射出来。如果用3.00mW的激光发射的波长为600nm的激光照射表面并且所有发射的电子都参与形成电流，则从表面上发射的电子的电流是多大？

15. 图38-14和图38-15的装置中，区域1中的入射电子束的每一个电子的能量$E=800\text{eV}$，势台阶的高度为$U_1=600\text{eV}$。在（a）区域1和（b）区域2中的角波数各是多大？（c）反射系数为多少？（d）如果入射电子束中有5.00×10^5个电子射向势台阶，近似地会有多少电子被反射？

16. 一个电子和一个光子的波长都是0.25nm。（a）电子和（b）光子的动量各是多大（用kg·m/s为单位）？（c）电子和（d）光子的能量（用eV为单位）各是多少？

17. 式（38-27）表示的波函数$\psi(x)$可以描述自由粒子，在薛定谔方程［式（38-19）］中，这个粒子的势能是$U(x)=0$。现在设这个方程式中$U(x)=U_0=$常量。证明式（38-27）是薛定谔方程的解，其中的角波数k是

$$k=\frac{2\pi}{h}\sqrt{2m(E-U_0)}$$

18. 证明质量为m的非相对论性自由粒子的角波数k是

$$k=\frac{2\pi\sqrt{2mK}}{h}$$

其中，K是粒子的动能。

19. 总能量为$E=5.1\text{eV}$的电子来到高度为$U_b=6.8\text{eV}$、宽度为$L=750\text{pm}$的势垒。如果以下参数改变1%：（a）势垒高度，（b）势垒宽度，（c）入射电子的动能，则透射系数T变化的百分比各是多少？

20. 在第39章中你将会知道原子中的电子不可能像太阳系中的行星那样在确定的轨道上运行。要知道为什么，我们试试用光学显微镜"观察"在这样的轨道上运行的一个电子，以10pm的精确度来测定这个电子在假定轨道上的位置（典型的原子的半径大约是100pm）。因此显微镜中用的光的波长必须是10pm左右。（a）这种光的光子能量是多少？（b）在对头碰撞中光子有多少能量转移给电子？（c）这个结果告诉你"看到"原子中的电子出现在它的假想轨道上的两点或更多点上的概率是多少？（提示：原子中的外层电子被束缚在原子中的能量大约是几个电子伏特。）

21. 紫外光灯以功率400W发射波长为400nm的紫外光。红外灯也以400W的功率发射波长为700nm的红外光。（a）哪一盏灯以较大的速率发射光子？（b）这个较大的发射光子的速率是多少？

22. 太阳近似地是一个表面温度为5800K的理想黑体辐射体。（a）求它的光谱辐射亮度最大值的波长，（b）辨明相当于这个波长的电磁波类型（见图33-1）。（c）如我们将在第44章中所讨论的那样，宇宙可以近似地看作充满原子刚刚形成时的辐射的理想黑体辐射体。今天，这种辐射的光谱辐射亮度的峰出现在波长为1.06nm处（微波区域）。相应的宇宙温度是多少？

23. 初始能量为50.0keV的X射线光子和一个静止的电子碰撞。光子向后散射，电子则被撞击前冲。（a）向后散射的光子的能量是多少？（b）电子的动能是多少？

24. 电子显微镜可以分辨的最小线度（分辨本领）等于电子的德布罗意波长。需要用多大的电势差给电子加速才能使电子得到和120keV的γ射线所具有的同样分辨本领？

25. 钠的黄色发射光谱线的波长是590nm。电子要有多大的动能，才能使它的德布罗意波长等于这个波长数值。

26. 考虑图38-17中的势垒，它的高度$U_b=4.0\text{eV}$，宽度$L=0.70\text{nm}$。入射电子的能量为多大时可以得到透射率0.0010？

27. 一个非相对论性的粒子正以三倍于电子的速率运动着。这时，这个粒子的德布罗意波长与电子的德布罗意波长之比为1.813×10^{-4}。通过计算这个粒子的质量来确定它是什么粒子。

28. （a）4.5eV的质子束以相当于1000A电流的速率撞击高6.0eV、宽0.70nm的势垒。要等多长时间——平均——才会等到一个质子透过势垒？（b）如果射束是电子而不是质子，你必须等多长时间？

29. 爆炸刚发生后，核爆炸的火球近似地是一个理想的黑体辐射体，表面温度大约是$1.0\times10^7\text{K}$。（a）求热辐射最大值的波长。（b）辨明对应于这个波长的电磁波的

类型（见图 33-1）。这些辐射几乎立即被周围的空气分子吸收，这样就又形成了另一个理想的黑体辐射体，此时的表面温度大约是 1.0×10^5K。(c) 求热辐射最大值时的波长。(d) 辨明这个波长对应的电磁波类型。

30. 设式 (38-24) 中 $A=0$，把 B 重新用 ψ_0 表示。(a) 这样描述的波函数是怎样的？(b) 如果需要的话，对图 38-13 要做怎样的改动？

31. 计算光子在图 38-5 中那样对于 $\phi=90°$ 的碰撞过程中能量变化的百分比：(a) $\lambda=3.0$cm 的微波，(b) $\lambda=500$nm的可见光，(c) $\lambda=25$pm 的 X 射线，(d) 光子能量为 1.0MeV 的 γ 射线，(e) 对于在这些电磁波谱的各个区域内检测到康普顿移动的可行性，你能得出什么结论。只要依据一次光子-电子冲撞的能量损失作为标准来判断。

32. 在轨道上运行的人造卫星可能因太阳光照射所发生光电效应使电子从它的外表面逃逸而带电。人造卫星必须设计成使这种带电效应减到最小，因为这会毁坏灵敏的微电子设备。在人造卫星表面上镀有一层铂，铂的逸出功非常大 ($\Phi=5.32$eV)。求可以使电子从铂中逸出的入射太阳光的最长波长。

33. 钨的逸出功是 4.50eV，用能量为 5.80eV 的光子照射钨的表面，从表面逸出的最快电子的速率是多少？

34. 氦-氖激光器以 5.0mW 的功率发射 $\lambda=633$nm 的直径为 3.0mm 的光束。位于光束路径上的一台探测器能完全吸收光束。探测器在单位时间内单位面积上吸收的光子数目是多少？

35. 在康普顿散射的角度和入射束方向成 90°的情形下，(a) 康普顿移动 $\Delta\lambda$，(b) 康普顿移动与波长之比 $\Delta\lambda/\lambda$，以及 (c) 波长为 $\lambda=590$nm 的光子从原来静止的自由电子上散射后光子能量的改变 ΔE 是多少？对于能量为 50.0keV（X 射线）、90° 散射的光子，(d) $\Delta\lambda$，(e) $\Delta\lambda/\lambda$和 (f) ΔE 各是多少？

36. 被加速到 60GeV 的电子的德布罗意波长 λ 足够小，通过它从靶核上的散射可以探测出靶核的原子结构。设能量已经大到要应用极端的相对论的动量数值 p 和能量 E 的关系式 $p=E/c$（在这样的极端情况下，电子的动能比它的静能大得多）。(a) λ 是多少？(b) 如果靶核的半径 $R=5.0$fm，则比值 R/λ 是多少？

37. 光探测器（你的眼睛）的面积是 $2.00\times10^{-6}\mathrm{m}^2$，它可以吸收 80% 的波长为 500nm 的入射光。探测器面向 3.00m 外的各向同性光源。如果探测器以精确的速率 $4.000\mathrm{s}^{-1}$吸收光子，则光源发射光的功率是多大？

38. 每个电子的速率都是 1.200×10^3m/s 的电子束所形成的电流是 9.000mA。在电子束的路径上某一点遇到高度为 -4.719μV、厚度为 200.0nm 的势垒。透射电流多大？

39. 如果质子的德布罗意波长是 100fm，(a) 质子速率是多少？(b) 质子要经过多大的电势差才可以加速获得这个速率？

40. 对于光子和自由质子间的康普顿碰撞，最大的波长移动是多少？

41. (a) 能量 1.00eV 的光子，(b) 能量 1.00eV 的电子，(c) 能量 1.00GeV 的光子和 (d) 能量 1.00GeV 的电子的波长是多少？

42. 和银的截止频率相关的波长是 325nm。求波长 275nm 的紫外光照射银表面时逸出电子的最大动能。

43. 太阳以多大的速率发射光子？为简单起见，假设太阳以 3.9×10^{26}W 的功率发射都是单一波长为 550nm 的光子。

44. 光探测器的吸收面积是 $3.00\times10^{-6}\mathrm{m}^2$，它可以吸收 50% 波长为 600nm 的入射光。探测器面对各向同性的光源，离光源 12.0m。光源发射的能量 E 对时间 t 的函数曲线在图 38-20 中画出 ($E_s=7.2$nJ，$t_s=2.0$s)，探测器以多大的速率吸收光子？

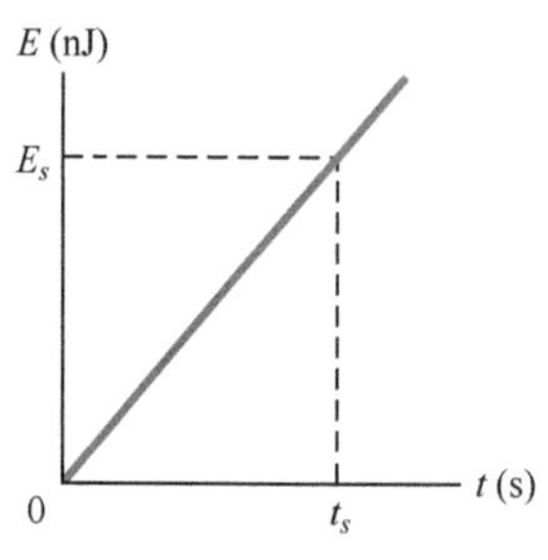

图 38-20 习题 44 图

45. 波长为 35.0pm 的 X 射线的 (a) 频率，(b) 光子能量，(c) 光子动量数值（以 keV/c 为单位）各是多少？

46. 每个质子的速率都是 0.9900c 的质子流射入双缝干涉实验装置。双缝距离是 5.00×10^{-9}m，在观察屏上形成双缝干涉图样。图样中心和第二极小（在中心的两侧）之间的角度是多大？

47. 波长为 2.40pm 的光射向含有自由电子的靶。(a) 求散射到与入射方向成 30° 角的散射光的波长。(b) 与入射方向成 120°角的散射光的波长是多少？

48. 从 1.5W 的氩激光器 ($\lambda=515$nm) 射出的光束直径 d 是 3.5mm。光束用有效焦距 f_L 为 2.5mm 的透镜系统聚焦，聚焦的光束射到完全吸收的屏上，在屏上形成中央盘半径 R 由 $1.22f_1\lambda/d$ 给出的圆形衍射图样。可以证明入射能量的 84% 都集中在这个中央盘内。屏上衍射图样的中央圆盘在单位时间内吸收光子的数目是多少？

49. 计算康普顿波长：(a) 电子和 (b) 质子。波长等于 (c) 电子和 (d) 质子的康普顿波长的电磁波光子的能量各是多大？

50. 总能量 500eV 的电子通过均匀电势差 −200V 的区域。求它的 (a) 动能（单位为 eV），(b) 动量，(c) 速率，(d) 德布罗意波长和 (e) 角波数。

51. (a) 某种金属的逸出功是 1.8eV。当波长为

400nm 的光照射到这种金属上时从金属逸出的电子的遏止电势是多大？（b）逸出电子的最大速率是多少？

52. 电子必须运动多快它的动能才会等于波长为 588nm 的钠光的光子能量？

53. 特种灯泡能够发射波长为 630nm 的单色光。以 60W 的功率给灯泡供应电能，灯泡将电能转换为光能的效率是 93%，灯泡在 730h 的寿命周期内发射了多少光子？

54. 光子与静止的自由电子发生康普顿散射。光子散射到与它的初始方向成 90.0°角的方向上；它原来的波长是 4.00×10^{-12}m。反冲电子的动能有多大？

55. 从波长 491nm 的光照射的表面上发射电子的遏止电位是 0.710V。入射波长改变为另一新的数值，遏止电位变成 1.43V。（a）新的波长是多少？（b）这个表面的逸出功是多少？

56. 波长 589nm 的公路照明钠光灯的黄光的光子能量有多大？

57. （a）将式（38-27）中表示的波函数 $\psi(x)$ 写成 $\psi(x)=a+ib$ 的形式，其中 a 和 b 是实数（设 ψ_0 是实数）。（b）将对应于 $\Psi(x)$ 的含时波函数 $\Psi(x, t)$ 也写成这种形式。

58. 你想找出适合于可见光工作的光电效应的光电池的元素。以下几种元素（逸出功写在括弧中）哪一种适合？钽（4.2eV），钨（4.5eV），铝（4.2eV），钡（2.5eV），锂（2.3eV）。

59. （a）设 $n=a+ib$ 是一个复数，a 和 b 是（正或负的）实数。证明乘积 nn^* 总是正的实数。（b）令 $m=c+id$ 是另一个复数。证明 $|nm|=|n|\,|m|$。

60. 18.3keV 的 X 射线束射到铜箔上产生康普顿散射，撞击出的电子最大动能是多少？设逸出功可以忽略不计。

61. 光入射到钠表面引起光电发射，逸出电子的遏止电势是 5.0V，钠的逸出功是 2.2eV。入射光的波长是多少？

62. （a）求能量等于电子静能的光子的动量数值，用 MeV/c 表示。相应辐射的（b）波长和（c）频率是多少？

63. 200keV 的光子在自由电子上散射到什么角度光子能量会损失 10%？

64. 在钠的表面所做的光电效应实验中，你发现波长为 300nm 光的遏止电势是 1.85V，波长为 400nm 光的遏止电势是 0.820V。根据这些数据求（a）普朗克常量的数值，（b）钠的逸出功 Φ，（c）钠的截止波长 λ_0。

65. 设你身体的表面温度是 98.6℉，并假设你是一个理想的黑体辐射体（你很接近），求（a）你的光谱辐射亮度最大值的波长。（b）从你身上 4.00cm 的表面，在这个波长的 1.00nm 波长范围内发射的热辐射的功率。（c）从此面积上单位时间内发射的相应光子数目。用波长 500nm（可见光区），（d）再计算功率及（e）单位时间内发射的光子数（你应该已经注意到，在黑暗中你不会发出可见光）。

66. 光子能量为 0.511MeV 的 γ 射线射向铝靶后，被弱束缚的电子散射到多个方向上。（a）入射 γ 射线的波长是多少？（b）散射到与入射方向成 60°角的 γ 射线的波长是多少？（c）散射到这个方向的 γ 射线的光子能量是多少？

67. 带一个单电荷的钠离子被 300V 的电势差加速。（a）离子获得多少动量？（b）它的德布罗意波长多大？

68. 在图 38-14 和图 38-15 的装置中，区域 1 的入射束中的电子速率是 1.60×10^7m/s，区域 2 中的电势 $V_2=-500$V。（a）区域 1 和（b）区域 2 中的角波数各是多少？（c）反射系数多大？（d）如果入射束向势台阶射入 3.00×10^9 个电子，近似地会有多少电子被反射？

69. 在光子-自由电子碰撞中，波长增加多少的百分比会使光子能量损失 75%？

70. 人造卫星在绕地球轨道运行时始终保持面积为 2.9m^2 的太阳能电池板正面垂直于太阳光的照射方向。电池表面上接受到的光强为 1.39kW/m^2。（a）到达电池表面上的太阳光功率是多大？（b）电池表面吸收太阳光子的速率是多大？设太阳辐射的是单色光，波长为 550nm，并且假设撞击电池板表面的太阳辐射全部被吸收。（c）表面吸收“1mol”的光子要用多长时间？

71. 单色光（就是单一波长的光）被照相底片吸收而记录在底片上。如果光子能量等于或超过离解底片上一个 AgBr 分子所需的最小能量数值 0.6eV 就会发生光子的吸收。（a）底片可以记录的光的最大波长是多少？（b）这个波长在电磁波谱的什么波段？

72. 在理想条件下，当人眼的视网膜达到每秒吸收 110 个波长为 550nm 的光子的速率时，人的视觉系统就会产生视觉，相应的视网膜吸收能量的功率是多大？

73. 波长 200nm 的光照在铝表面上；要使电子逸出需要 4.20eV 能量。（a）最快的和（b）最慢的逸出电子的动能各是多少？（c）在这种情形中，遏止电位为何？（d）铝的截止波长是多少？

74. 对于表面温度为 2000K 的理想黑体辐射体的热辐射，令 I_c 代表按经典光谱辐射亮度表述的单位波长的光强，I_p 是按普朗克表述的相应单位波长的光强。求以下波长的比值 I_c/I_p：（a）400nm（可见光谱的蓝色端），（b）200μm（远红处）。（c）经典表述和普朗克表述在短波长区域还是在长波长区域一致？

75. 米曾经被定义为含氪-86 原子的光源发射的橙色光波长的 1650763.73 倍，这种光的光子能量是多少？

76. 将式（38-25）中的两项都保留，令 $A=B=\psi_0$。这样，这个方程式描述了两列沿相反方向传播的等振幅的物质波的叠加（回忆一下，这就是驻波的条件）。（a）证明 $|\Psi(x,t)|^2$ 由下式给出：

$$|\Psi(x,t)|^2=2\psi_0^2\,[1+\cos 2kx]$$

(b) 对这个式子作图，描绘出它表示的物质波驻波振幅的平方。(c) 证明这个驻波的波节的位置在

$$x=(2n+1)\left(\frac{1}{4}\lambda\right),\ n=0,\ 1,\ 2,\ 3,\ \cdots$$

λ 是粒子的德布罗意波长。(d) 写出粒子最可能存在的位置同样的表达式。

77. 波长为 71pm 的 X 射线射到金箔上使金原子中紧紧束缚的电子逸出，逸出的电子在均匀的磁感应强度 $\vec{B}$ 的区域中沿半径为 r 的圆周运动。对于逸出的最快的电子，乘积 Br 等于 $1.88\times10^{-4}\mathrm{T\cdot m}$。求 (a) 这些电子的最大动能。(b) 把这些电子从金原子中取出所做的功。

78. 求 (a) 相应于波长 1.00nm 的光子能量。(b) 德布罗意波长为 1.00nm 的电子动能，(c) 相应于波长 1.00fm 的光子能量，(d) 德布罗意波长 1.00fm 的电子的动能。

CHAPTER 39

第39章 对物质波的进一步讨论

39-1 陷俘电子的能量

学习目标

读完这一单元后，你应当能够……

39.01 懂得约束原理：波（包括物质波）的约束导致波长和能量数值的量子化。

39.02 画出一维无限深势阱，指出势阱的长度（或宽度）和墙的势能。

39.03 对于电子，应用德布罗意波长 λ 和动能之间的关系。

39.04 对一维无限深势阱中的电子，应用德布罗意波长 λ、势阱长度和量子数 n 之间的关系。

39.05 对一维无限深势阱中的电子，应用允许的能量 E_n、势阱长度 L 和量子数之间的关系。

39.06 画出在一维无限深势阱中电子的能级图，指出基态和几个激发态。

39.07 懂得陷俘电子趋向于停留在它的基态，它也会被激发到较高的能量状态，但不能存在于所允许的状态之间。

39.08 计算电子在两个状态之间运动所需的能量变化：能级图中向上或向下的量子跃迁。

39.09 如果量子跃迁涉及光，要明白向上跃迁会吸收光子（增加电子的能量），而向下跃迁会发射光子（减少电子能量）。

39.10 如果量子跃迁涉及光，应用能量的改变以及相关光子的频率和波长之间的关系。

39.11 辨别一维无限深势阱中电子的发射光谱和吸收光谱。

关键概念

- 波的约束（弦波、物质波——任何类型的波）导致量子化——有确定能量的离散态。换句话说，中间的能量状态是不允许的。
- 因为电子是物质波，所以约束在无限深势阱中的电子只可能存在于某些离散的状态中。如果势阱是一维的，且长度为 L，则与这些量子态相联系的能量是

$$E_n=\left(\frac{h^2}{8mL^2}\right)n^2,\quad n=1,2,3,\cdots$$

其中，m 是电子质量；n 是量子数。

- 最低的能量不是零，由 $n=1$ 给出。
- 只有当电子的能量改变满足

$$\Delta E=E_{\text{high}}-E_{\text{low}}$$

时，电子才能从一个量子态改变（跃迁）到另一量子态。其中，E_{high} 是较高的能量；E_{low} 是较低的能量。

- 如果能量的变化是由于光子的吸收或发射而所引起的，则光子的能量必定等于电子能量的改变：

$$hf=\frac{hc}{\lambda}=\Delta E=E_{\text{high}}-E_{\text{low}}$$

其中，f 是光子的频率；λ 是光子的波长。

什么是物理学？

自古以来物理学的目标之一是要理解原子的性质。20世纪初，没有人知道原子中的电子是怎样排列的，它们是怎样运动的，原子如何发射和吸收光，甚至原子为什么是稳定的。没有这些知识

就不可能理解原子怎样组合成分子或堆积形成固体。其结果是，人们认为化学——包括作为生命的基础的生物化学——的基础或多或少是很神秘的。

到 1926 年，所有这些以及其他的许多问题都随着量子物理学的发展而有了解答。它的基本前提是，最好把运动着的电子、质子和任何粒子都看作物质波，它们的运动都服从薛定谔方程。虽然量子理论也适用于像棒球和行星这类大的物体，并且能够得出与牛顿物理学相同的结果，但是牛顿物理学用起来更方便也更为直观。

在把量子物理学应用到原子结构问题之前，我们需要对几种简单的情形应用量子的概念做深入的探讨。这些情况中有一些看起来可能觉得过分简单化而且不真实，但我们可以借助这些例子来讨论原子的量子物理学的基本原理而不需要处理原子的极端复杂性。此外，随着纳米技术的发展，以前只在书本上读到的情形现在已经在实验室中实现并且在近代电子学和材料科学中得到应用。我们正处在能够应用称为*量子围栏*和*量子点*的纳米结构的入口处，我们可以创造出“设计师的原子”，这种原子的性质可以在实验室中控制。对于天然的原子和这种人造的原子，我们讨论的起点是电子的波动性。

弦波和物质波

在第 16 章中我们看到在紧绷的弦上可以建立起两种类型的波。如果弦如此长，以致我们可以把它看作无限长，原则上可以在该弦上建立任意频率的*行波*。然而，如果紧绷的弦的长度是有限的，或许因为它的两端被紧紧夹住，我们在这样的弦上只能建立*驻波*，并且这种驻波只有离散的频率。换言之，把波约束在有限的空间区域内会导致*运动量子化*——导致波的*离散状态*的存在，每个状态都有确定的频率。

这个观察结论可以应用到所有种类的波，包括物质波。不过，对于物质波，更方便的做法是处理相关粒子的能量 E，而不是波的频率 f。下面我们将着重讨论和电子相关的物质波，但结果也都适用于任何受约束的物质波。

考虑和沿正 x 方向运动并且不受净力作用的电子——所谓的*自由粒子*的物质波。这样的电子的能量可以具有任何合理的数值，就好像沿无限长的紧绷弦上传播的行波可以具有任何合理的频率一样。

下面考虑和原子中的电子——可能是价电子（束缚最弱的电子）——相联系的物质波。这种电子被它和带正电的原子核之间的库仑引力束缚在原子中，它不是自由粒子。它只可能存在于一组离散的状态中，每个状态各有分立的能量 E。这听起来很像有限长度的紧绷弦上得到的离散的状态和量子化的频率。对于物质波，所有其他种类的波也一样，我们可以提出一个**约束原理**：

波的约束导致量子化——即有分立能量的分立状态的存在。

陷俘电子的能量

一维陷阱

我们这里考察被约束在有限的空间区域内的非相对论性电子相关联的物质波。我们把它类比为沿 x 轴并约束在两个固定的支点之间的、有限长的紧绷弦上的驻波。因为两个支点是固定的，所以弦的两端是波节，或者说在这两点上的弦总是静止的。弦上还可能有其他节点，但这两个节点必定总是存在，如图 16-21 所示。

弦振荡的状态，或分立的驻波图样，是弦的长度 L 等于半波长的整数倍时的状态，即弦只能处在满足以下条件的状态中

$$L=\frac{n\lambda}{2},\quad n=1,2,3,\cdots \tag{39-1}$$

每一个正整数 n 值规定了振荡弦的一个状态；用量子物理学的语言，我们可以把整数 n 称为**量子数**。

对于式（39-1）允许的每一种弦的状态，在弦上任何位置 x 处弦的横向位移由下式给出：

$$y_n(x)=A\sin\left(\frac{n\pi}{L}x\right),\quad n=1,2,3,\cdots \tag{39-2}$$

其中，量子数 n 决定振动的图样；A 依赖于你观察弦的时间［式（39-2）是式（16-60）的简化形式］。我们看出，对于所有的 n 和所有时刻，在 $x=0$ 和 $x=L$ 两点的位移总是零（波节），这正是必然的。图 16-20 表示对于 $n=2$、3 和 4，这种紧绷弦振动的长时间曝光。

现在我们把注意力转向物质波，我们遇到的第一个问题是用物理方法约束一个沿 x 轴运动的电子，使它保持在 x 轴上有限的一段范围内。图 39-1 表示可以想象的一维*电子陷阱*，它由两段半无限长的圆柱体构成，每一段圆柱体的电势都达到 $-\infty$；二者之间是一个长度为 L 的中空圆柱体，它的电势是零。我们把一个电子放在这个中央圆柱体内，使电子陷俘在其中。

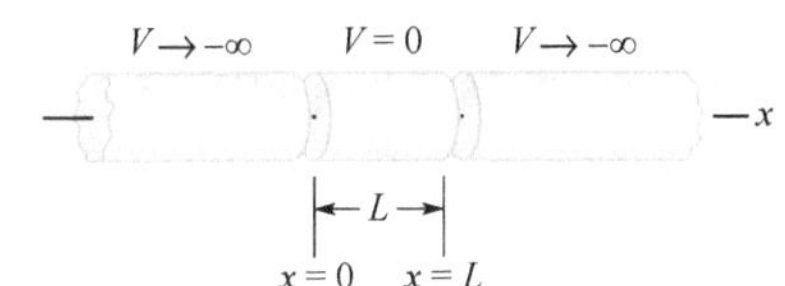

图 39-1 设计用来把电子约束在中央的圆柱体内的理想“陷阱”的各个单元。我们使两端的半无限长的圆柱体处在无限大的负电势，而中央的圆柱体是零电势。

图 39-1 中的陷阱很容易分析，但非常不实际。不过，单个电子在实验室中可以用陷阱俘获，这种陷阱的设计十分复杂，但是概念上和这仍旧是相同的。例如，在华盛顿大学，科研人员们将一个电子保持在陷阱中几个月，可以让科学家们对电子的性质进行极其精密的测量研究。

求量子化的能量

图 39-2 表示电子的势能作为沿图 39-1 中理想陷阱的 x 轴上对应位置的函数。电子在中央圆柱体中时，势能 $U(=-eV)$ 是零，因为这里的 V 是零。如果电子有可能走出这个区域，则它的势能是正的并且数值是无穷大，因为在这些区域 $V\rightarrow-\infty$。我们将图 39-2 中的势能曲线图称为**无限深势阱**或者简称*无限势阱*。之所以称它为“阱”是因为放在图 39-1 的中央圆柱体里面的电子不可能从这里面逃逸出去。当电子走到圆柱体的随便哪一端时，有一个数值基本上是无限大的力，使电子的运动反转回去。因为电子只能沿一条坐标轴运动，所以这种阱称为*一维无限势阱*。

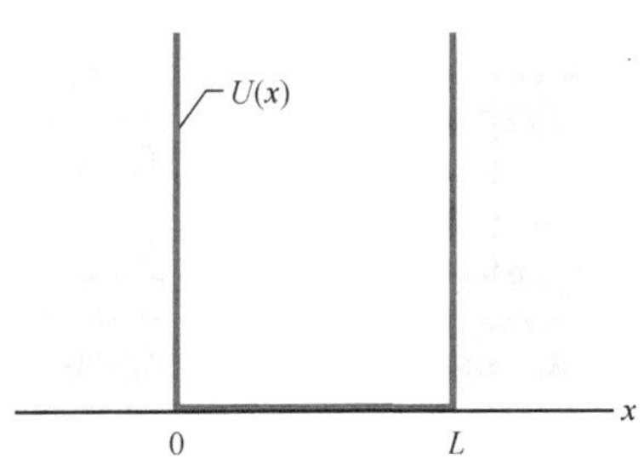

图 39-2 约束在图 39-1 的理想陷阱的中央圆柱体内电子的电势能 $U(x)$。我们看到在 $0<x<L$ 区域内 $U=0$。而在 $x<0$ 和 $x>L$ 区域内，$U\rightarrow\infty$。

就像一根绷紧的弦上的驻波，描写被约束的电子的物质波在 $x=0$ 和 $x=L$ 处也必定是波节。还有，如果我们把式（39-1）中的 λ 解释为和运动电子相联系的德布罗意波长，就可以把这个方程式用于这样的物质波。

式（38-17）中定义德布罗意波长为 $\lambda=h/p$，其中，p 是电子动量的数值。因为电子是非相对论性的，故动量 p 和动能 K 的关系是 $p=\sqrt{2mK}$，其中，m 是电子质量。对于在图39-1的中央圆柱体中运动的电子，$U=0$，总能量（机械能）E 等于动能。因此，我们可以把电子的德布罗意波长写成：

$$\lambda=\frac{h}{p}=\frac{h}{\sqrt{2mE}} \tag{39-3}$$

把式（39-3）代入式（39-1）并解出能量 E，我们发现 E 依赖于 n，依赖关系是

$$E_n=\left(\frac{h^2}{8mL^2}\right)n^2,\quad n=1,2,3,\cdots \tag{39-4}$$

这里的正整数 n 是陷阱中电子的量子态的量子数。

式（39-4）告诉我们一些重要的结论：因为电子被约束在陷阱中，所以它只可能具有这个式子给出的能量。它不可能有，譬如说 $n=1$ 和 $n=2$ 中间一半的数值的能量。为什么会有这样的限制呢？因为电子是物质波。相反，如果它只是经典物理学中的质点，当它被约束在陷阱中时，它可以具有任意数值的能量。

图39-3表示在 $L=100\text{pm}$（大约典型的原子尺寸）的无限深势阱中电子的最低的5个允许能量数值。这些数值称为能级，在图39-3中它们被画成像水平线，或者像梯子的台阶那样的能级图。能量沿图的纵轴往上，水平方向不表示什么。

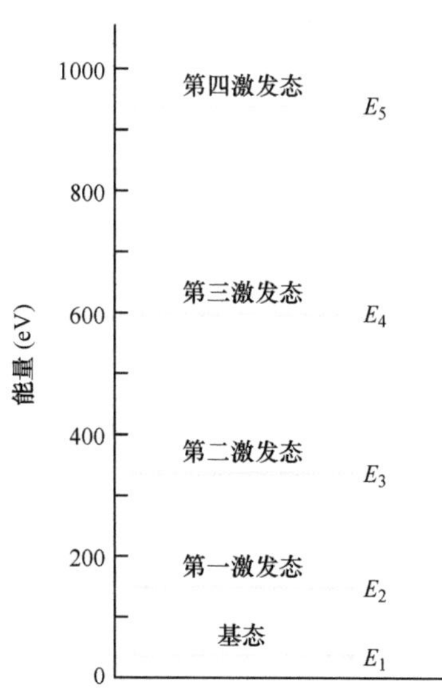

图39-3　约束在图39-2中宽度为 $L=100\text{pm}$ 的无限深势阱中的几个允许的电子能量。

式（39-4）所允许的、具有 $n=1$ 的量子数的最低可能能级 E_1 的量子状态称为电子的基态。电子倾向于留在这个最低能量的状态。有较大能量的所有量子态（对应于量子数 $n=2$ 或更大的数）称为电子的激发态。$n=2$ 的能级 E_2 的状态称为第一激发态，因为它是我们在能级图中从基态向上移动时遇到的第一个激发态。另一些激发态各有相应的名称。

能量变化

被陷俘的电子趋向于有允许的最低能量，也就是要处在它的基态。只有在外部能源提供能使它改变到某个激发态（有较高的能量）所需的额外能量的条件下，它才可能改变到某个激发态。令 E_{low} 是电子的初始能量，E_{high} 是电子能级图上较高的状态下的较大能量。于是，使电子状态改变所需的能量数值是

$$\Delta E=E_{high}-E_{low} \tag{39-5}$$

得到这些能量的电子会发生所谓的量子跃迁（量子跳变），从较低能量的状态激发到较高能量的状态。图39-4a表示从基态（能级 E_1）到第三激发态（能级 E_4）的量子跃迁。如图上显示的那样，跃迁必须从一个能级到另一能级，它可以越过一个或几个中间能级。

光子。电子获得能量产生到较高能级的量子跃迁的一种方式

是吸收光子。然而，这种吸收和量子跃迁只在以下条件满足时才可能发生：

如果约束的电子吸收一个光子，光子的能量 hf 必须等于电子的初始能级和较高能级间的能量差 ΔE。

由此，通过光吸收引起激发，要求

$$hf=\frac{hc}{\lambda}=\Delta E=E_{\text{high}}-E_{\text{low}} \tag{39-6}$$

电子在到达激发态后，不会长时间停留，它要很快减少自身的能量而退激发。图 39-4b ~ d 表示从第三激发态能级向下的几种可能的量子跃迁。电子可以通过一次量子跃迁直接到达基态能级（见图 39-4b）或通过中间能级进行几次较短的跃迁到达基态（见图 39-4c、d）。

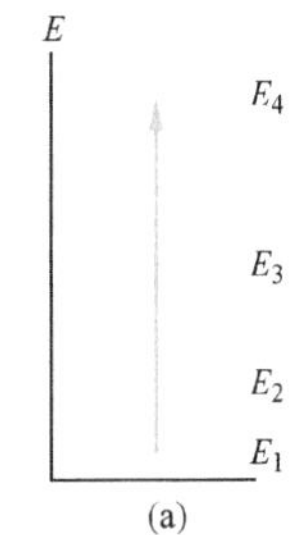

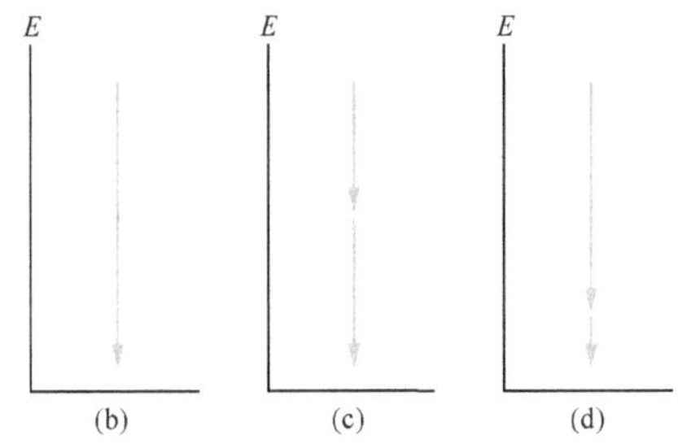

图 39-4 (a) 陷俘电子的激发，从它的基态能级激发到它的第三激发态。(b) ~ (d) 电子退激发回到基态能级的四种可能方式中的三种。(哪一种没有画出?)

电子可以通过发射光子以减少能量，但只能通过以下方式：

如果约束的电子发射一个光子，则这个光子的能量 hf 必定等于电子的初始能级和一个较低能级之间的能量差 ΔE。

因此，式 (39-6) 既可用于约束电子对光的吸收也可用于光的发射。就是说，只能吸收或发射具有一定数值 hf 的光，因此只吸收或发射一定频率 f 和波长 λ 的光。

题外话：虽然式 (39-6) 和我们所讨论的关于光子的吸收和发射都可以应用于物理的（真实的）电子陷阱，但它们实际上不能应用于一维（不真实的）电子陷阱。理由是光子的吸收和发射过程都必须满足角动量守恒。但在本书中，我们忽略这个要求并把式 (39-6) 用于一维势阱。

检查点 1

将下列约束在无限势阱中的电子的各对量子态按照它们的两个状态间的能量差排序，最大的排第一：(a) $n=3$ 和 $n=1$，(b) $n=5$ 和 $n=4$，(c) $n=4$ 和 $n=3$。

例题 39.01 一维无限深势阱中的能级

电子被约束在宽度 $L=100\text{pm}$ 的一维无限深势阱中。(a) 电子可以具有的最小能量是多少？(被约束的电子不可能有零能量。)

【关键概念】

电子（物质波）被约束在势阱中导致它的能量量子化。因为阱是无限深的，所允许的能量由式 (39-4) $[E_n=h^2/(8mL^2)n^2]$ 给出，其中量子数 n 是正整数。

最低能级：这里先把式 (39-4) 中 n^2 项前面常数项的组合算出来：

$$\frac{h^2}{8mL^2}=\frac{(6.63\times10^{-34}\,\text{J}\cdot\text{s})^2}{(8)(9.11\times10^{-31}\,\text{kg})(100\times10^{-12}\,\text{m})^2}=6.031\times10^{-18}\,\text{J} \tag{39-7}$$

电子能量的最小数值对应于最小的量子数，就是 $n=1$ 的电子基态。于是，由式 (39-4) 和式 (39-7) 可得

$$E_1 = \left(\frac{h^2}{8mL^2}\right)n^2 = (6.031 \times 10^{-18}\text{J})(1)^2$$

$$\approx 6.03 \times 10^{-18}\text{J} = 37.7\text{eV} \quad \text{(答案)}$$

（b）如果要使电子从基态量子跃迁到第二激发态，需要转移给电子多少能量？

【关键概念】

首先要给你一个警告：注意，从图39-3中看出，第二激发态对应于量子数 $n=3$ 的第三能级。由式（39-5），电子从 $n=1$ 的能级跃迁到 $n=3$ 的能级，它的能量的改变是

$$\Delta E_{31} = E_3 - E_1 \quad (39\text{-}8)$$

向上跃迁：按照式（39-4），E_3 和 E_1 的能量依赖于量子数 n。因此，可以利用式（39-7）得到的结果将能量 E_3 和 E_1 代入式（39-8），得到

$$\Delta E_{31} = \left(\frac{h^2}{8mL^2}\right)(3)^2 - \left(\frac{h^2}{8mL^2}\right)(1)^2$$

$$= \frac{h^2}{8mL^2}(3^2 - 1^2)$$

$$= (6.031 \times 10^{-18}\text{J})(8)$$

$$= 4.83 \times 10^{-17}\text{J} = 301\text{eV} \quad \text{(答案)}$$

（c）如果电子通过吸收光获得从能级 E_1 到能级 E_3 跃迁的能量，则所需要光的波长是多少？

【关键概念】

（1）如果光的能量转移给电子，则这种能量转换必定是通过吸收光子的方式实现的。（2）按式（39-6），光子的能量必须等于电子初始能级和较高能级间的能量差（$hf=\Delta E$）。否则光子不可能被吸收。

波长：用 c/λ 代替 f，我们可以将式（39-6）重写为

$$\lambda = \frac{hc}{\Delta E} \quad (39\text{-}9)$$

能量差 ΔE_{31} 我们已经在（b）小题中求出，由上式可得

$$\lambda = \frac{hc}{\Delta E_{31}}$$

$$= \frac{(6.63 \times 10^{-34}\text{J}\cdot\text{s})(2.998 \times 10^8\text{m/s})}{4.83 \times 10^{-17}\text{J}}$$

$$= 4.12 \times 10^{-9}\text{m} \quad \text{(答案)}$$

（d）电子一旦被激发到第二激发态，它通过退激发可以发射什么波长的光？

【关键概念】

1. 电子倾向于退激发直到回到基态（$n=1$）为止，它不会长时间停留在激发态。

2. 如果电子发生退激发，它必定会失去适当数量的能量从而跃迁到较低的能级。

3. 如果电子通过发射光而失去能量，则能量的损失必定通过发射光子的方式实现。

向下跃迁：从第二激发能级（$n=3$ 的能级）开始，电子可以直接跃迁到基态能级（$n=1$）（见图39-5a）或者分两次跃迁，先到 $n=2$ 的能级，然后再跃迁到基态（$n=1$）（见图39-5b、c）。

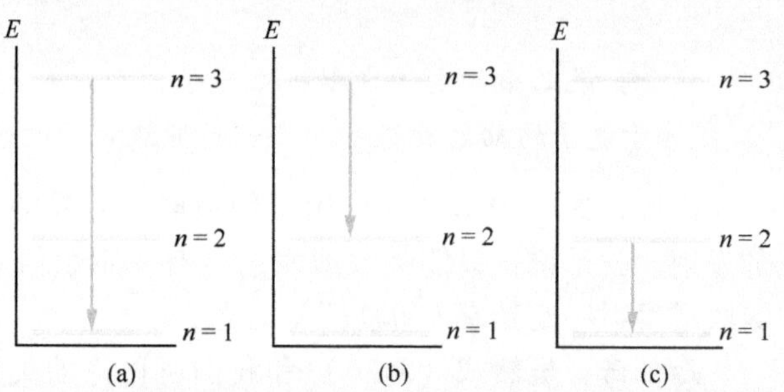

图39-5　从第二激发态到基态的退激发可以通过两种途径实现。（a）直接跃迁到基态。（b）、（c）分两次，先跃迁到第一激发态。

直接跃迁相关的能量差和（c）小题中的相同。因此，波长和（c）小题中求出的相同——只是现在是发射光的波长而不是吸收光的波长。于是，电子通过发射波长

$$\lambda = 4.12 \times 10^{-9}\text{m} \quad \text{(答案)}$$

的光跃迁到基态。

按照（b）小题的步骤，我们可以证明图39-5b、c中的跃迁的能量差分别是

$$\Delta E_{32} = 3.016 \times 10^{-17}\text{J} \text{ 和 } \Delta E_{21} = 1.809 \times 10^{-17}\text{J}$$

由式（39-9），我们可以求出两次跃迁的第一次跃迁（从 $n=3$ 到 $n=2$）发射光的波长是

$$\lambda = 6.60 \times 10^{-9}\text{m} \quad \text{(答案)}$$

第二次跃迁（从 $n=2$ 到 $n=1$）发射光的波长是

$$\lambda = 1.10 \times 10^{-8}\text{m} \quad \text{(答案)}$$

39-2 陷俘电子的波函数

学习目标

学完这一单元后，你应当能够……

39.12 对于陷俘在一维无限深势阱中的电子，用它在势阱中的坐标和量子数 n 来表示它的波函数。

39.13 懂得概率密度。

39.14 对于陷俘在一维无限深势阱中给定状态的电子，写出作为势阱内位置函数的概率密度，懂得它在势阱外的概率密度是零，计算在势阱内两给定坐标之间探测到电子的概率。

39.15 懂得对应原理。

39.16 将一个给定的波函数归一化并明白归一化波函数与探测到电子的概率的关系。

39.17 懂得陷俘电子的最低允许能量（零点能）不是零。

关键概念

- 在长度为 L 的一维无限深势阱中，沿 x 轴运动的电子的波函数由下式给出：

$$\psi_n(x)=\sqrt{\frac{2}{L}}\sin\left(\frac{n\pi}{L}x\right),\quad n=1,2,3,\cdots$$

其中，n 是量子数。

- 乘积 $\psi^2(x)\ \mathrm{d}x$ 是电子在坐标 x 和 $x+\mathrm{d}x$ 之间被检测到的概率。
- 如果将一个电子的概率密度在整个 x 轴上积分，则总概率密度必定是 1：

$$\int_{-\infty}^{+\infty}\psi^2(x)\,\mathrm{d}x=1$$

陷俘电子的波函数

假如我们对陷俘在宽度为 L 的一维无限深势阱中的电子解薛定谔方程，并加上在无限高的边界上这个解为零的边界条件，我们就可以求出电子在 $0\leqslant x\leqslant L$ 范围内的波函数是

$$\psi_n(x)=A\sin\left(\frac{n\pi}{L}x\right),\quad n=1,2,3,\cdots \tag{39-10}$$

（在 $0\leqslant x\leqslant L$ 范围以外波函数为零）。我们很快就会计算这个方程式的振幅常量 A。

注意：波函数 $\psi_n(x)$ 和在固定支点之间紧绷的弦上驻波的位移函数 $y_n(x)$ ［见式（39-2）］有相同的形式。我们可以把陷俘在两个无限高的势壁之间的一维势阱中的电子描述成物质驻波。

探测的概率

波函数 $\psi_n(x)$ 无法以任何方法被探测到或直接测量到——我们不可能像看到浴缸中的水波那样，轻而易举地就能观察到阱里面电子的概率波。我们所能做的就是插入某种探针，试着检测电子。在探测的瞬间，电子会在势阱中沿 x 的某一位置上物质化。

如果在整个阱内的不同位置上重复这个探测过程，我们就会发现探测到电子的概率与探针在阱中的位置有关。事实上，它们和概率密度 $\psi_n^2(x)$ 有关。回忆一下 38-6 单元，一般说来，在以特定点为中心的某个无限小的体积内检测到粒子的概率正比于 $|\psi_n|^2$。这里的电子是被陷俘在一维势阱中，我们关心的只是沿 x 轴的某个位置探测到电子的概率。因此，这里的概率密度 $\psi_n^2(x)$ 是沿 x 轴每单位长度的概率。［我们这里可以省略绝对值的符号，

因为式（39-10）中的 $\psi_n(x)$ 是实数，而不是复数]。在势阱内位置 x 处探测到电子的概率 $p(x)$ 是

$$\begin{pmatrix}\text{在以 } x \text{ 位置为中心}\\ \text{的宽度 d}x\text{ 内探测}\\ \text{到电子的概率 } p(x)\end{pmatrix}=(\text{位置 } x \text{ 的概率密度 } \psi^2(x))(\text{宽度 d}x)$$

或

$$p(x)=\psi_n^2(x)\,\mathrm{d}x \tag{39-11}$$

由式（39-10），我们知道概率密度 $\psi_n^2(x)$ 是

$$\psi_n^2(x)=A^2\sin^2\left(\frac{n\pi}{L}x\right),\quad n=1,2,3,\cdots \tag{39-12}$$

在 $0\leqslant x\leqslant L$ 范围内（在此范围以外概率密度是零）。图 39-6 表示在宽度 L 为 100pm 的无限深势阱中的电子，对 $n=1$，2，3 和 15 的 $\psi_n^2(x)$。

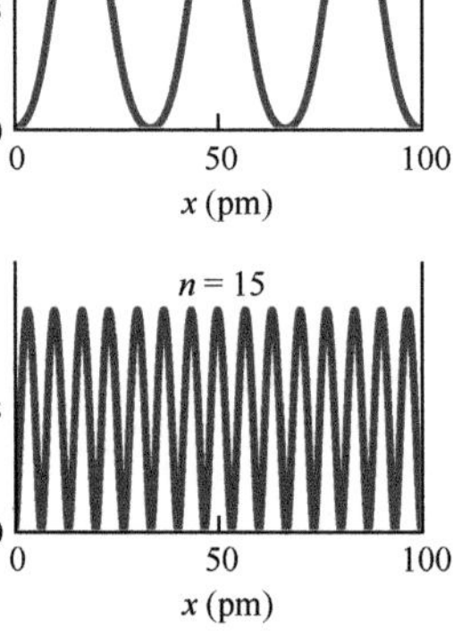

图 39-6　陷俘在一维无限深势阱中电子的四个状态下的概率密度 $\psi_n^2(x)$；它们的量子数是 $n=1$，2，3 和 15。电子最可能在 $\psi_n^2(x)$ 最大的地方找到，最不可能在 $\psi_n^2(x)$ 最小的地方找到。

要求势阱的有限的线段——譬如说在 x_1 点和 x_2 点之间——中探测到电子的概率，我们要将 $p(x)$ 在这两点之间积分。于是，由式（39-11）和式（39-12），得

$$(x_1\text{ 和 }x_2\text{ 之间探测到的概率})=\int_{x_1}^{x_2}p(x)$$

$$=\int_{x_1}^{x_2}A^2\sin^2\left(\frac{n\pi}{L}x\right)\mathrm{d}x \tag{39-13}$$

如果我们所探寻的电子区域 Δx 比势阱长度 L 小得多，就可以把式（39-13）中的积分近似等于乘积 $p(x)\Delta x$，其中 $p(x)$ 是 Δx 中心处的数值。

如果经典物理学适用，我们可以期望陷俘电子在势阱内所有位置上被探测到的概率都相等。从图 39-6 中我们看到的并不是这种情形。例如，检查一下这幅图和式（39-12）可以看出，对于 $n=2$ 的状态，电子最可能在 $x=25$pm 和 $x=75$pm 附近被探测到，在 $x=0$、$x=50$pm 和 $x=100$pm 附近被探测到的概率接近于零。

图 39-6 中 $n=15$ 的情况暗示，随着 n 增大，探测到电子的概率在整个阱内会变得越来越均匀，这个结果就是所谓的**对应原理**的普遍原则的一个例子。

当量子数足够大时，量子物理学的预言和经典物理学的预言自然地符合一致。

这个由丹麦物理学家尼尔斯·玻尔（Niels Bohr）最先提出的原理对所有量子预言都成立。

检查点 2

下图所示三个无限深势阱，宽度分别为 L、$2L$ 和 $3L$；每个势阱中都有一个 $n=10$ 的状态的电子。按照（a）电子的概率密度的最大值的数目以及（b）电子的能量依次排列三个阱，最大的排第一。

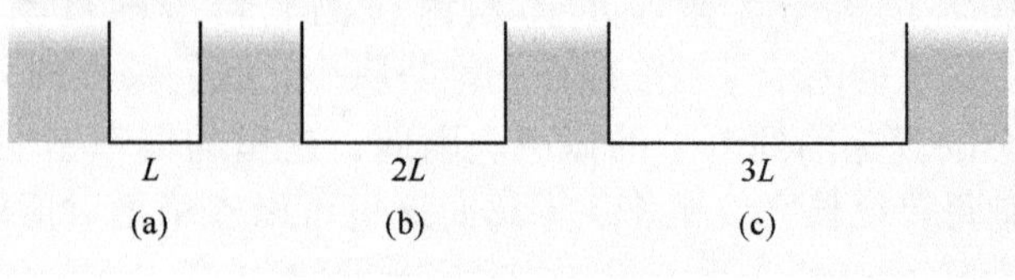

归一化

乘积 $\psi_n^2(x)\mathrm{d}x$ 给出无限深势阱中电子沿 x 轴上的位置在 x 到 $x+\mathrm{d}x$ 的区间内被探测到的概率。我们知道电子一定在无限深势阱中的某个地方所以下式

$$\int_{-\infty}^{+\infty}\psi_n^2(x)\mathrm{d}x = 1 \quad (\text{归一化方程}) \tag{39-14}$$

必定成立，因为概率 1 对应于确定性。虽然积分遍及整个 x 轴，但只有从 $x=0$ 到 $x=L$ 这一段对概率有贡献。式（39-14）的积分在图上就是图 39-6 中曲线下方的面积。如果我们将式（39-12）中的 $\psi_n^2(x)$ 代入式（39-14），我们求出 $A=\sqrt{2/L}$。这个利用式（39-14）计算波函数的振幅的过程称为将波函数**归一化**。这个过程对所有一维波函数都适用。

零点能

在式（39-4）中代入 $n=1$ 来定义无限深势阱中电子的最低能量状态，即基态。这是约束电子所占据的状态，也可以给电子提供能量使它上升到某一激发态。

问题发生了：为什么在式（39-4）中列出的 n 的各种可能性中没有把 $n=0$ 包括进去？在这个式子中令 $n=0$ 确实会得到能量为零的基态。然而，在式（39-12）中令 $n=0$ 对所有 x 也都会得到 $\psi_n^2(x)=0$，对此我们只能解释为势阱中没有电子。可我们知道势阱里面是有电子的，所以 $n=0$ 不是一个可能的量子数。

量子物理学的一个重要的结论是，约束系统不可能存在零能量的状态，它们必须有某个称为**零点能**的最小能量。

我们想要零点能有多小就可以有多小，只要将无限深势阱增宽——即在式（39-4）中对 $n=1$ 增加 L。在 $L\to\infty$ 时取极限，零点能 $E_1\to 0$。这个电子就成为自由粒子，沿 x 方向再也不会受任何约束。另外，自由粒子的能量不是量子化的，能量可以有任意的数值，包括零。只有受约束的粒子才必定具有一定的零点能并且永远不会静止。

检查点 3

以下 4 种粒子分别被约束在无限深的势阱中，并且所有阱都有相同的宽度：(a) 电子，(b) 质子，(c) 氘核，(d) α 粒子。将它们的零点能按大小排序，最大的排第一。上面这些粒子是按质量增大的次序排列的。

例题 39.02 一维无限深势阱中的探测概率

处在基态的电子被陷俘在图 39-2 中宽度为 $L=100\text{pm}$ 的一维无限深势阱中。

(a) 在阱的左边三分之一（$x_1=0$ 到 $x_2=L/3$）范围内探测到电子的概率是多少？

【关键概念】

(1) 如果我们探测势阱左边三分之一的区域，这并不能保证我们就一定能探测到电子。然

而，我们可以用式（39-13）的积分来计算探测到电子的概率。(2) 概率大大依赖于电子所处的状态——即量子数 n。

解： 因为这里电子是在基态，我们设式（39-13）中的 $n=1$。我们还假设定积分限分别是位置 $x_1=0$ 和 $x_2=L/3$，振幅常量 A 为 $\sqrt{2/L}$（这样波函数就归一化了）。然后我们知道

$$\begin{pmatrix}\text{在左边三分之一}\\ \text{探测到的概率}\end{pmatrix}=\int_0^{L/3}\frac{2}{L}\sin^2\left(\frac{1\pi}{L}x\right)\mathrm{d}x$$

我们可以代入 $L=100\times10^{-12}\mathrm{m}$ 并用带有绘图功能的计算器或计算机中的数学软件包计算这个积分。不过，我们这里要"手工"计算这个积分。首先，我们改写成新的积分变量 y：

$$y=\frac{\pi}{L}x \text{ 和 } \mathrm{d}x=\frac{L}{\pi}\mathrm{d}y$$

由上面两个式子中的第一个，我们求出新的积分下限要从 $x_1=0$ 变为 $y_1=0$，上限要从 $x=L/3$ 改成 $y_2=\pi/3$。然后我们计算

$$\text{概率}=\left(\frac{2}{L}\right)\left(\frac{L}{\pi}\right)\int_0^{\pi/3}(\sin^2 y)\,\mathrm{d}y$$

利用附录 E 中的积分公式 11，我们求得

$$\text{概率}=\frac{2}{\pi}\left(\frac{y}{2}-\frac{\sin 2y}{4}\right)_0^{\pi/3}=0.20$$

于是我们有

（在左边三分之一探测到的概率）=0.20 （答案）

即，如果我们重复探测势阱的左边三分之一区域，平均有探测次数的 20% 会测得电子。

(b) 在势阱中间三分之一的区域探测到电子的概率又是多少?

推理： 我们现在已经知道在势阱的左边三分之一区域探测到电子的概率是 0.20。由对称性，在势阱的右边三分之一探测到电子的概率也是 0.20。因为电子肯定在势阱中，所以在整个势阱中探测到电子的概率是 1。因此，在势阱的中间三分之一探测到电子的概率是

（在中间三分之一探测到电子的概率）

=1-0.20-0.20=0.60 （答案）

例题 39.03 一维无限势阱中的归一化波函数

对于从 $x=0$ 延伸到 $x=L$ 的无限深势阱，求式（39-10）中的振幅常量。

【关键概念】

式（39-10）中的波函数必须满足式（39-14）的归一化条件，归一化条件是在 x 轴上某个地方探测到电子的概率是 1。

解： 将式（39-10）代入式（39-14）中，并把常量 A 提到积分号外，得到

$$A^2\int_0^L\sin^2\left(\frac{n\pi}{L}x\right)\mathrm{d}x=1 \qquad (39\text{-}15)$$

这里我们已经把积分上下限从 $-\infty$ 到 $+\infty$ 改成了 0 到 L，因为在这个范围"外面"波函数是零。

我们把积分变量 x 改成无量纲的变量 y 就可以简化这个积分。其中

$$y=\frac{n\pi}{L}x \qquad (39\text{-}16)$$

因而

$$\mathrm{d}x=\frac{L}{n\pi}\mathrm{d}y$$

我们在改变积分变量的时候也必须（再一次）改变积分上下限。式（39-16）告诉我们，$x=0$ 时 $y=0$，$x=L$ 时 $y=n\pi$；因此，新的积分限是 0 和 $n\pi$。把所有这些都代入后，式（39-15）成为

$$A^2\frac{L}{n\pi}\int_0^{n\pi}(\sin^2 y)\,\mathrm{d}y=1$$

我们可以利用附录 E 中的积分公式 11 来计算这个积分，最后得到方程式

$$\frac{A^2L}{n\pi}\left[\frac{y}{2}-\frac{\sin 2y}{4}\right]_0^{n\pi}=1$$

代入上下限，求出

$$\frac{A^2L}{n\pi}\frac{n\pi}{2}=1$$

于是

$$A=\sqrt{\frac{2}{L}} \qquad \text{（答案）}(39\text{-}17)$$

这个结果告诉我们，A^2 的量纲，并由此得到 $\psi_n^2(x)$ 的量纲是长度的倒数。这是十分恰当的，因为式（39-12）的概率密度是每单位长度的概率。

39-3 有限势阱中的电子

学习目标

学完这一单元后，你应当能够……

39.18 画出一维有限势阱的略图，并指明其长度和高度。

39.19 对陷俘在有限势阱内具有给定能级的电子，画出能级图，指出非量子化的区域，把它的能量以及德布罗意波长和同样长度的无限深势阱的这些量相比较。

39.20 对于陷俘在有限势阱中的电子，说明（原则上）怎样确定允许状态的波函数。

39.21 对于陷俘在有限势阱中给定量子数的电子，画出作为势阱内和势壁里面的位置函数的概率密度。

39.22 懂得陷俘电子只可能存在于允许的状态中，并把状态的能量和电子的动能联系起来。

39.23 计算电子在允许的状态之间跃迁或在允许的状态和任何数值的非量子化区域之间跃迁必须吸收或发射的能量。

39.24 如果量子跃迁与光有关，应用能量的改变与光子的频率和波长之间的关系。

39.25 对于有限势阱中给定的允许状态，计算这个状态的电子逃逸出势阱所需的最小能量，如果所提供的能量大于这个最小能量，求逃逸电子的动能。

39.26 画出一维有限势阱中电子的发射和吸收光谱，包括从势阱逃逸及落入势阱的情况。

关键概念

- 有限一维势阱中电子的波函数延伸到势壁内，壁内的波函数随阱深指数式减小。
- 比之于同样大小的无限深势阱，有限深势阱的状态数有限，德布罗意波长较长，能量较低。

有限势阱中的电子

无限深的势阱是一种理想化的模型。图 39-7 表示一种可实现的势能阱——这种势阱中的电子的势能在阱的外面不是无限大而是有限的正数 U_0，称为**阱深**。对于有限深度的势阱，我们不能再利用紧绷弦上的波和物质波之间的相似性，因为我们再也不能确定位置 $x=0$ 和 $x=L$ 处是否仍旧是波节（我们将会知道，这里不是波节）。

要求图 39-7 描述的有限势阱中电子的量子态的波函数，我们必须求助于量子物理学的基本方程式——薛定谔方程。回到 38-6 单元，对于一维空间中运动的电子，我们应用式（38-19）形式的薛定谔方程：

$$\frac{d^2\psi}{dx^2}+\frac{8\pi^2 m}{h^2}[E-U(x)]\psi=0 \tag{39-18}$$

我们不打算去解这个有限势阱的方程式，只是简单地说明对 U_0 和 L 的特定数值得到的结果。图 39-8 用曲线图表示对于 $U_0=450\text{eV}$、$L=100\text{pm}$ 的势阱，概率密度 $\psi_n^2(x)$ 的三个结果。

图 39-8 中每幅图的概率密度 $\psi_n^2(x)$ 曲线都满足归一化方程，即式（39-14），所以我们知道所有三条概率密度曲线下面积的数值都等于 1。

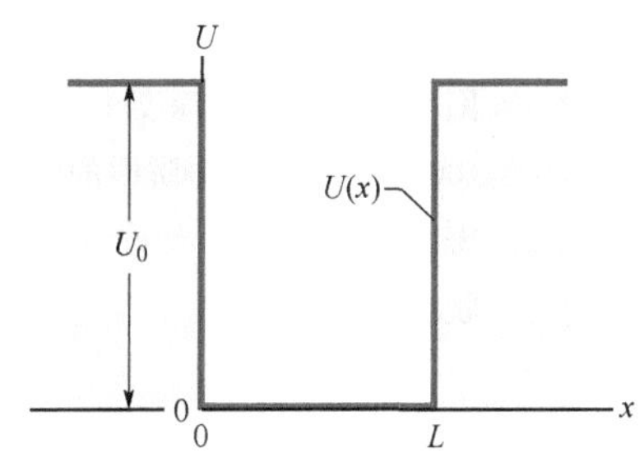

图 39-7 有限势阱。势阱的深度是 U_0，宽度是 L。就像图 39-2 中的无限势阱那样，陷俘电子的运动也被约束在 x 方向。

如果把有限势阱的图39-8和无限势阱的图39-6比较一下，我们会看到一个惊人的差别：对于有限势阱，电子物质波透入势阱的势壁——进入牛顿力学所认为的电子不可能存在的区域。我们不应该对这种穿透现象觉得奇怪，因为在38-9单元中介绍过电子可以隧穿势垒。“渗透”进有限势阱的势壁中是同样的现象。由图39-8中的ψ^2曲线我们看到，对于较大数值的量子数n，渗透比较大。

因为物质波确实渗透进入有限势阱的势壁里面，陷俘在有限势阱中的电子在给定量子态下的波长λ大于陷俘在同样长度L的无限深势阱中同一量子态下电子的波长。式（39-3）（$\lambda = h/\sqrt{2mE}$）告诉我们，对于任何给定量子态的电子能量E，在有限势阱中的要比无限深势阱中的更小。

这个事实允许我们可以近似画出陷俘在有限势阱中电子的能级图。作为一个例子，我们可以画出图39-8中的宽度$L=100\text{pm}$、深度$U_0=450\text{eV}$的有限深势阱中电子的近似能级图。与这个宽度对应的无限深势阱的能级图表示在图39-3中。首先我们取消图39-3中高于E_4的部分，然后我们将剩下的四个能级向下移动，$n=4$的能级移动最多，因为对于$n=4$，渗透进势壁的物质波最多。这样就得到了有限深势阱的近似能级图，实际的能级图表示在图39-9中。

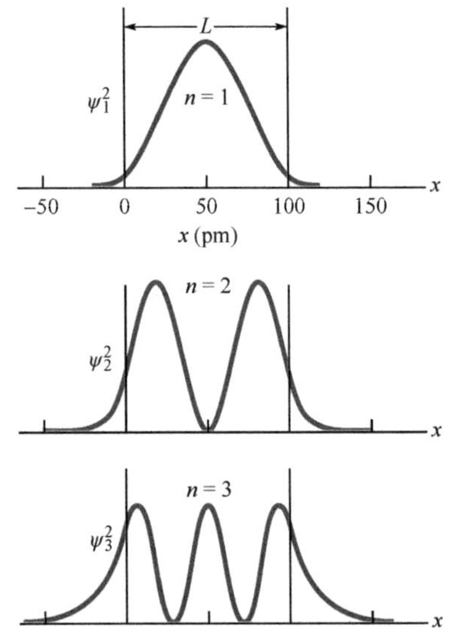

图39-8　约束在深度$U_0=450\text{eV}$、宽度$L=100\text{pm}$的有限深势阱中的电子的前三个概率密度$\psi_n^2(x)$。只允许$n=1$，2，3和4的状态。

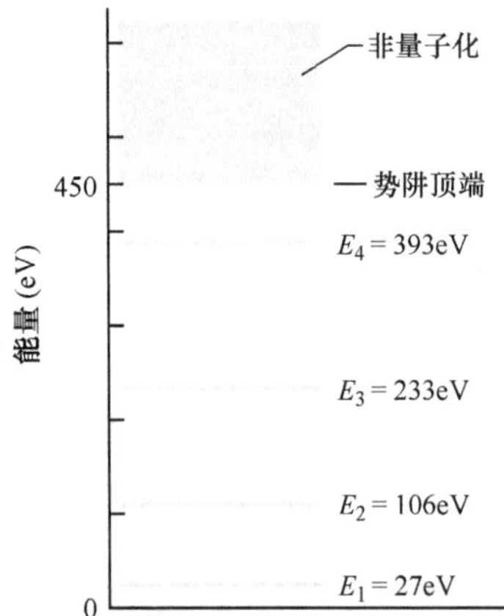

图39-9　能级图，与图39-8的概率密度对应。如果电子陷俘在有限的势阱中，它只可能有与$n=1$，2，3和4对应的能量。如果电子能量等于450eV或更大，它就不会被陷俘并且能量也是非量子化的。

在这幅图中，能量大于U_0（$=450\text{eV}$）的电子因能量太大而不能陷俘在有限的势阱中。所以这种电子是不受约束的，并且它的能量也没有量子化，即它的能量不限于某些一定的数值。要到达能级图上这一非量子化的区域而成为自由电子，被陷俘的电子必须以某种方式获得足够的能量，使其机械能达到450eV或更多。

例题 39.04 从有限势阱中逃逸的电子

设一个有限势阱，$U_0 = 450\text{eV}$，$L = 100\text{pm}$，一个电子被约束在阱中的基态。

(a) 如果由于吸收一个光子而使电子刚好成为自由电子，则需要光的波长是多少？

【关键概念】

这个电子要逃逸必须获得足够的能量跃迁到图 39-9 中的非量子化能量区域，这时它至少有 $U_0(=450\text{eV})$ 的能量。

正好逃逸：最初电子在基态，能量是 $E_1 = 27\text{eV}$。所以，要刚好成为自由电子必须获得能量

$$U_0 - E_1 = 450\text{eV} - 27\text{eV} = 423\text{eV}$$

所以光子必须有这些能量。由式 (39-6) ($hf = E_{\text{high}} - E_{\text{low}}$)，用 c/λ 代替 f，我们写出

$$\frac{hc}{\lambda} = U_0 - E_1$$

由此得到

$$\lambda = \frac{hc}{U_0 - E}$$

$$= \frac{(6.63 \times 10^{-34}\text{J} \cdot \text{s})(3.00 \times 10^8\text{m/s})}{(423\text{eV})(1.60 \times 10^{-19}\text{J/eV})}$$

$$= 2.94 \times 10^{-9}\text{m} = 2.94\text{nm}$$ （答案）

由此，如果光的波长 $\lambda = 2.94\text{nm}$，则电子正好逃逸。

(b) 基态电子能不能吸收 $\lambda = 2.00\text{nm}$ 的光？如果可以的话，电子能量有多大？

【关键概念】

1. 在 (a) 小题中我们知道，波长 2.94nm 的光正好能使电子离开势阱获得自由。

2. 我们现在考虑更短波长的 2.00nm 的光，因此每个光子有较大的能量 ($hf = hc/\lambda$)。

3. 所以电子可以吸收这种光子。能量的转换不仅使电子成为自由电子，而且还给电子提供了更多的动能。还有，因为电子不再被陷俘，所以它的能量是非量子化的。

多于逃逸能量：转移给电子的能量是一个光子的能量：

$$hf = h\frac{c}{\lambda} = \frac{(6.63 \times 10^{-34}\text{J} \cdot \text{s})(3.00 \times 10^8\text{m/s})}{2.00 \times 10^{-9}\text{m}}$$

$$= 9.95 \times 10^{-17}\text{J} = 622\text{eV}$$

由 (a) 小题，刚好使电子离开势阱获得自由所需的能量是 $U_0 - E_1(=423\text{eV})$。622eV 能量中余下的成为动能。因此，自由电子的动能是

$$K = hf - (U_0 - E_1)$$

$$= 622\text{eV} - 423\text{eV} = 199\text{eV}$$

（答案）

39-4 二维和三维的电子陷阱

学习目标

学完这一单元后，你应当能够……

39.27 讨论作为电子陷阱的纳米微晶，并说明它们的阈值波长是如何决定它们的颜色。

39.28 懂得量子点和量子围栏。

39.29 对二维或三维无限深势阱中给定的电子状态，写出波函数和概率密度的方程式，然后计算势阱中给定范围内探测到电子的概率。

39.30 对二维或三维无限深势阱中给定的电子状态，计算允许的能量并画出能级图，并标记出量子数、基态和激发态。

39.31 懂得什么是简并态。

39.32 计算电子在二维或三维陷阱中允许的量子态之间跃迁时需要吸收或发射的能量。

39.33 如果量子跃迁与光有关，应用能量的改变与光子的频率及波长之间的关系。

关键概念

- 陷俘在由二维无限深势阱形成的矩形围栏中的电子的量子化能量是

$$E_{nx,ny}=\frac{h^2}{8m}\left(\frac{n_x^2}{L_x^2}+\frac{n_y^2}{L_y^2}\right)$$

其中，n_x 是对应于势阱宽度 L_x 的量子数；n_y 是对应于势阱宽度 L_y 的量子数。

● 二维势阱中电子的波函数是

$$\psi_{nx,ny}=\sqrt{\frac{2}{L_x}}\sin\left(\frac{n_x\pi}{L_x}x\right)\sqrt{\frac{2}{L_y}}\sin\left(\frac{n_y\pi}{L_y}y\right)$$

更多的电子陷阱

这里我们讨论三种类型的人造电子陷阱。

纳米微晶

在实验室中建造势阱最直接的方法或许是制备粉状半导体材料样品，这些样品的颗粒非常小——纳米量级——并且大小均匀。每个这样的颗粒——每个**微晶**——的作用相当于将电子陷俘在其中的势阱。

式（39-4）［$E=h^2/(8mL^2)n^2$］表明，我们可以通过减小势阱的宽度 L 来增大陷俘在无限深势阱中电子的能级的能量数值。这也会使势阱所能吸收的光子的能量移动到更高的数值，从而使相应的波长向更短的数值移动。

这些普遍的结论对于纳米微晶形成的势阱也完全正确。给定的纳米微晶可以吸收能量高于某一阈值能量 $E_t(=hf_t)$ 的光子，也就是相应光子波长小于相应的阈值波长

$$\lambda_t=\frac{c}{f_t}=\frac{ch}{E_t}$$

任何波长比 λ_t 更长的光都会被纳米微晶散射而不会被吸收，纳米微晶的颜色取决于我们看到的组成散射光的波长成分。

如果我们减小纳米微晶的尺寸，E_t 的数值增加，λ_t 的数值减小，散射到我们眼中的光的波长成分改变。从而我们感受到的微晶的颜色也会改变。作为一个例子，图 39-10 表示两种半导体硒化镉样品，每一种都包含均匀大小的纳米微晶粉末。下半部分的样品散射的光在光谱红色端。上半部分的样品与下半部分的样品的区别只在于上半部分的样品是由较小的纳米微晶组成。由于这个原因，上半部分的微晶的阈值能量 E_t 较大，它的阈值波长 λ_t 较短，位于可见光的绿色区域。因此，样品散射红色和黄色两种光。因为黄色成分显得更亮，现在样品的颜色是黄色占优势。两种样品间的鲜明颜色反差是陷俘电子能量量子化以及这些能量依赖于电子陷阱的尺寸的确凿证据。

图 39-10 两种硒化镉半导体粉末样品，二者的区别只在它们的颗粒的大小，每一颗微晶都是电子陷阱。下半部分的样品颗粒较大。相应的能级间距离较小，吸收的光子能量阈值较低。没有被吸收的光被散射，样品散射较长波长的光因而显现为红色，上半部分样品由于它的颗粒较小因而有相应的较大能级间距和较大的吸收能量阈值，所以呈现黄色。

量子点

用于制造计算机芯片的高度发展的技术也可以用来一个原子一个原子地构建成独立的势阱，它的行为在许多方面都像人造原子。这些通常被称为**量子点**，它们在电子光学和计算机技术中的应用前景十分广阔。

有一种这类装置被做成“三明治”样式的多层器件。当中有一薄层半导体材料，在图 39-11a 中，这层材料画成紫色。这层半导体积淀在两绝缘层之间，绝缘层中的一层比另一层薄很多。带有导线的金属端帽加在两边。材料的选择要求是要保证中央层中

电子的势能小于它在两边的绝缘层中的势能，这就使中央层的作用相当于一个势阱。图 39-11b 是一个实际的量子点的照片。可以陷俘个别电子的势阱就是图上的紫色区域。

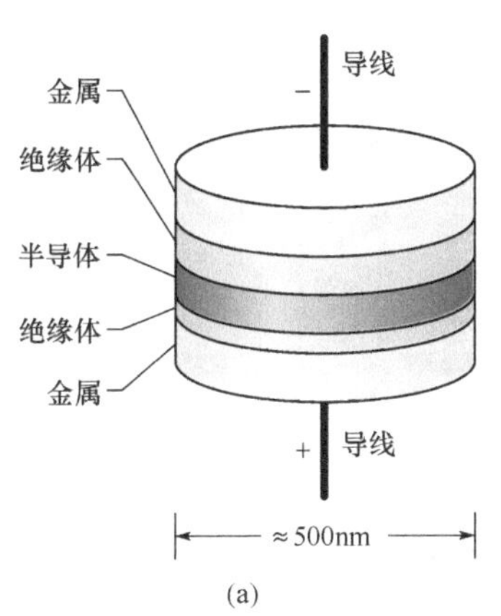

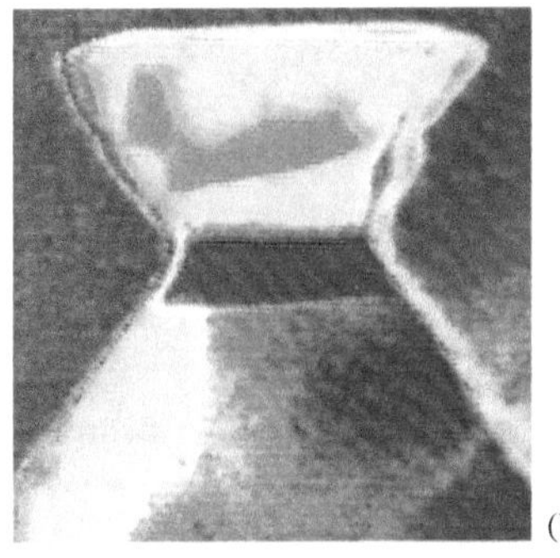

From *Scientific American*, September 1995, page 67. Image reproduced with permission of H. Temkin, Texas Tech University

图 39-11 量子点，或“人造原子”。(a) 中央半导体层形成势阱，电子被陷俘其中。下面的绝缘层足够薄，如果在两根导线间加上适当的电压，电子可以隧穿势垒进入中央层或从中央层除去。(b) 真实的量子点照片，中央紫色带是约束电子的区域。

图 39-11a 中下面的（不是上面的）绝缘层足够薄，如果在两端导线间加上适当的电势差，电子就可以隧穿并通过它。用这样的方法可以控制被约束在势阱中电子的数目。这样的器件的行为确实像人造的原子，具有它所包含的电子数目可以控制的性质。量子点可以做成二维阵列，作为高速和大存储容量计算系统的基础。

量子围栏

当一台扫描隧穿显微镜（存 38-9 单元中描述过）工作时，它的针尖对于放在平滑的表面上的孤立原子作用一个微小的力。小心地操纵针尖的位置，这个孤立的原子可以被“拖曳着”沿表面移动并安放在另一个地点。美国 IBM 公司的阿尔马登研究中心（IBM's Almaden Research Center）的科学家们利用这项技术在精心制备的铜表面上移动铁原子，把原子排成一个圆圈（见图 39-12），他们把它称为**量子围栏**。圆圈上的每一个铁原子若隐若现地安放在铜表面上的凹陷处，与最靠近的三个铜原子等距离。围栏在低温（约 4K）下建造，使得因原子的热运动所引起的铁原子在表面上随机运动的倾向降低到最小。

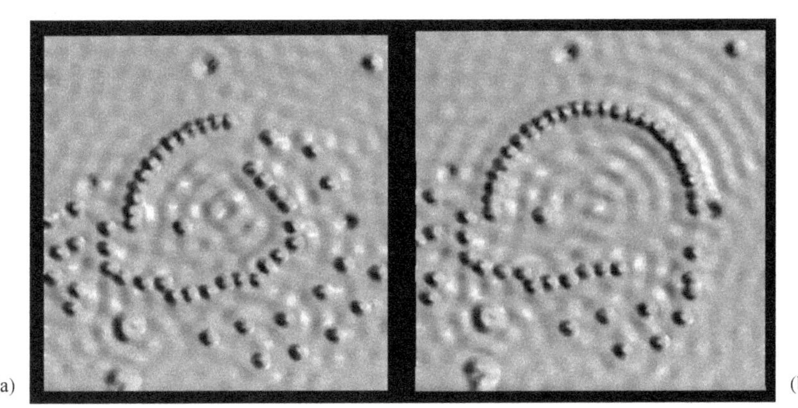

图 39-12 建造量子围栏过程中的四个阶段。注意在围栏快要完成时陷俘在围栏中的电子所产生的波纹的外观。

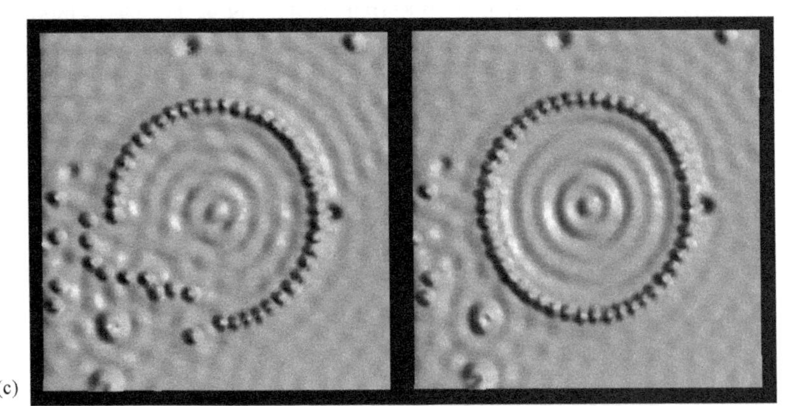

From M.F. Crommie, C.P.Lutz, D.M.Eigler, *Science*, 262: 218, 1993. Reprinted with permission from AAAS.

图 39-12 建造量子围栏过程中的四个阶段。注意在围栏快要完成时陷俘在围栏中的电子所产生的波纹的外观。（续）

围栏内的波纹就是和电子相联系的物质波，物质波在铜表面上运动，但基本上是关在围栏的势阱里面，这些波纹的线度和量子理论的预言极好地符合。

二维和三维的电子陷阱

下一单元我们将要讨论作为三维有限势阱的氢原子。作为讨论氢原子的铺垫，我们把关于无限深势阱的讨论推广到二维和三维。

矩形围栏

图 39-13 画出一个矩形面积，电子可以被约束在图 39-2 所示的无限势阱的二维形式——宽度为 L_x 和 L_y 的矩形围栏形成的二维无限势阱——中。围栏要做在物体表面并且用某种方法阻止电子因平行于 z 轴运动而离开表面，你要想象沿围栏的每一边都有将电子保持在围栏中的无限大的势能函数［像图 39-2 中的 $U(x)$］。

图 39-13 的矩形围栏的薛定谔方程的解表明，被陷俘的电子的物质波必须分别适合两个宽度，就像陷俘电子的物质波必须适合一维无限势阱一样。这意味着波沿宽度 L_x 和宽度 L_y 分别量子化。令 n_x 是物质波适合宽度 L_x 的量子数，n_y 是物质波适合宽度 L_y 的量子数。和一维势阱一样，这两个量子数都是正整数，我们可以把式（39-10）和式（39-17）推广，写出归一化波函数

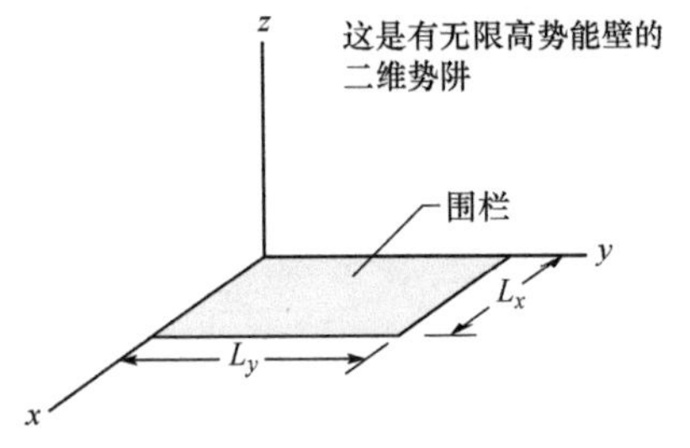

图 39-13 矩形围栏——图 39-2 的无限势阱的二维形式——宽度为 L_x 和 L_y。

$$\psi_{nx,ny}=\sqrt{\frac{2}{L_x}}\sin\left(\frac{n_x\pi}{L_x}x\right)\sqrt{\frac{2}{L_y}}\sin\left(\frac{n_y\pi}{L_y}y\right) \tag{39-19}$$

电子的能量依赖于两个量子数，并且是电子只被限制在 x 轴所具有的能量以及只被限制在 y 轴所具有的能量之和。由式（39-4），我们可以把这个和写作

$$E_{nx,ny}=\left(\frac{h^2}{8mL_x^2}\right)n_x^2+\left(\frac{h^2}{8mL_y^2}\right)n_y^2=\frac{h^2}{8m}\left(\frac{n_x^2}{L_x^2}+\frac{n_y^2}{L_y^2}\right) \tag{39-20}$$

电子对通过吸收光子的激发和发射光子的退激发与一维陷俘有同样的要求。不过现在包含两个量子数（n_x 和 n_y）。因此，不

同的状态可能有相同的能量；这种状态和它们的能级都被称为简并。

矩形盒

电子也可以被陷俘在三维无限势阱——盒子——中。如果盒子是像图 39-14 中的矩形盒，那么，由薛定谔方程可以证明，电子能量可写成

$$E_{nx,ny,nz}=\frac{h^2}{8m}\left(\frac{n_x^2}{L_x^2}+\frac{n_y^2}{L_y^2}+\frac{n_z^2}{L_z^2}\right) \tag{39-21}$$

其中，n_z 是适合宽度 L_z 的物质波的第三个量子数。

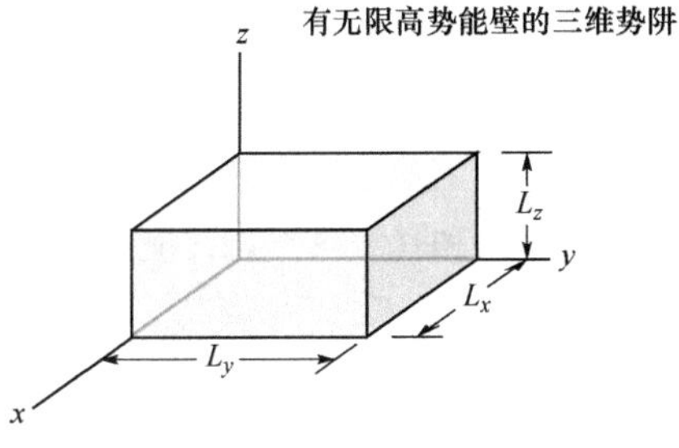

图 39-14 矩形盒——图 39-2 的无限势阱的三维形式——宽度为 L_x、L_y 和 L_z。

检查点 4

式（39-20）的符号：在 $E_{0,0}$，$E_{1,0}$，$E_{0,1}$ 或 $E_{1,1}$ 中，哪一个表示（二维）矩形围栏中电子的基态？

例题 39.05 二维无限深势阱中的能级

电子被陷俘在正方形围栏中，这是一个二维无限深势阱（见图 39-13），宽度 $L_x=L_y$。

（a）对这个陷俘的电子求 5 个可能的最低能级的能量，并画出相应的能级图。

【关键概念】

因为电子是陷俘在矩形的二维势阱中，按照式（39-20），电子的能量依赖于两个量子数 n_x 和 n_y。

能级：因为这个势阱是正方形的，我们可以令宽度是 $L_x=L_y=L$。于是式（39-20）简化为

$$E_{nx,ny}=\frac{h^2}{8mL^2}(n_x^2+n_y^2) \tag{39-22}$$

最低的能量状态对应于低的量子数 n_x 和 n_y，这些都是正整数 1，2，…，$+\infty$。把这些整数代入式（39-22）中的 n_x 和 n_y，从最低的数 1 开始，我们得到表 39-1 中列出的能量数值。我们在表中可以看到，有几对量子数（n_x，n_y）给出相同的能量。例如，（1，2）和（2，1）两个状态都有 $5[h^2/(8mL^2)]$的能量。这样的每一对都是简并的能级。还注意到，或许你会感到惊讶，（4，1）和（1，4）两个状态的能量竟然小于（3，3）状态的能量。

从表 39-1（始终留意简并能级），我们可以画出图 39-15 的能级图。

表 39-1 能级

n_x	n_y	能量①	n_x	n_y	能量①
1	3	10	2	4	20
3	1	10	4	2	20
2	2	8	3	3	18
1	2	5	1	4	17
2	1	5	4	1	17
1	1	2	2	3	13
			3	2	13

① 要乘以 $h^2/(8mL^2)$。

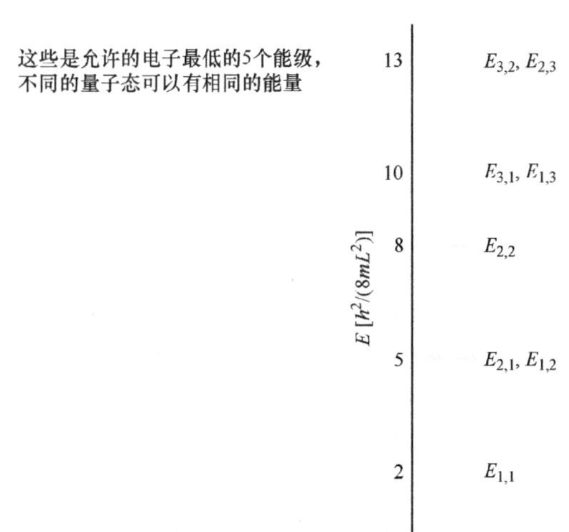

图 39-15 陷俘在正方形围栏中的电子的能级图。

（b）作为 $h^2/(8mL^2)$ 的乘积，基态和第三激发态的能量差是多少？

能量差：由图39-15，我们看到基态是（1，1）状态，能量是$2[h^2/(8mL^2)]$。我们还看到第三激发态（能级图上基态从下往上数第三个状态）是简并的（1，3）和（3，1）态，能量是$10[h^2/(8mL^2)]$。因此，这两个能级间的能量差是

$$\Delta E=10\left(\frac{h^2}{8mL^2}\right)-2\left(\frac{h^2}{8mL^2}\right)=8\left(\frac{h^2}{8mL^2}\right)$$

（答案）

PLUS 在 WileyPLUS 中可以找到附加的例题、视频和练习。

39-5　氢原子

学习目标

学完这一单元后，你应当能够……

39.34　懂得氢原子的玻尔模型并说明如何由它导出量子化的半径和能量。

39.35　在玻尔模型中，对给定的量子数n，计算电子的轨道半径、动能、势能、总能量、轨道周期、轨道频率、动量和角动量。

39.36　区别氢原子的玻尔描述和薛定谔描述，包括允许的角动量数值的差异。

39.37　对氢原子，应用量子化的能量E_n和量子数n之间的关系。

39.38　对氢原子中量子化的状态之间或量子化的状态与非量子化的状态之间的给定跃迁，计算能量的变化。如果其中包含光子，计算相关光子的能量、频率、波长和动量。

39.39　画出氢原子能级图，认明基态、几个激发态、非量子化的区域，帕邢系、巴尔末系、莱曼系（包含线系极限）。

39.40　对每一跃迁系列，指出向下跃迁产生的最长波长和最短波长，线系极限以及电离。

39.41　列出原子的几种量子数并指出允许的数值。

39.42　给出一个状态的归一化波函数，求径向概率密度$P(r)$以及在给定的半径范围内探测到电子的概率。

39.43　对于氢原子基态，画出径向概率密度对径向距离的略图，并确定一个玻尔半径a的位置。

39.44　对给定的氢原子归一化波函数，证明它满足薛定谔方程。

39.45　区别壳层和支壳层。

39.46　说明概率密度的点阵图。

关键概念

- 玻尔的氢原子模型成功地推导出了原子的能级，解释了原子的发射和吸收光谱，但它在其他的每一方面几乎都不正确。
- 玻尔模型是一个行星模型，其中具有角动量L的电子在绕质子为中心的轨道上运动，角动量被限制为下式给出的数值：

$$L=n\hbar,\quad n=1,2,3,\cdots$$

其中，n是量子数。$L=0$的数值被错误地禁阻。

- 应用薛定谔方程给出正确的L数值和量子化的能量：

$$E_n=-\frac{me^4}{8\varepsilon_0^2h^2}\frac{1}{n^2}=-\frac{13.60\text{eV}}{n^2},\quad n=1,2,3,\cdots$$

- 原子（或原子中的电子）只可以通过这些允许的能量之间的跃迁来改变能量。
- 如果跃迁伴随着吸收光子（原子能量增加）或发射光子（原子能量减小），那么这种能量改变的限制导致光的波长满足公式：

$$\frac{1}{\lambda}=R\left(\frac{1}{n_{\text{low}}^2}-\frac{1}{n_{\text{high}}^2}\right)$$

其中，R是里德伯常量。

$$R=\frac{me^4}{8\varepsilon_0^2h^3c}=1.097373\times10^7\text{m}^{-1}$$

- 氢原子状态的径向概率密度$P(r)$的定义为，$P(r)\text{d}r$是中心在原子核上的、半径为r和$r+\text{d}r$的两个球壳之间的空间中某个地方探测到电子的概率。
- 归一化要求

$$\int_0^{+\infty} P(r)\,\mathrm{d}r = 1$$

● 电子在任何两个半径为 r_1 和 r_2 的球壳之间被检测到的概率是

$$(\text{在 } r_1 \text{ 和 } r_2 \text{ 之间探测到电子的概率}) = \int_{r_1}^{r_2} P(r)\,\mathrm{d}r$$

氢原子是电子的势阱

我们现在从人造的或虚构的电子陷阱转变到天然的陷阱——原子。在这一章里着重讨论一个最简单的例子，氢原子。氢原子中一个电子被构成原子核的质子作用于它的库仑力所陷俘。因为质子的质量比电子的质量大得多，我们可以假设质子在它的位置上固定不动。所以我们想象原子是固定的势阱，而电子在势阱中运动。

现在我们已经详细讨论了如果电子受到约束就意味着电子的能量 E 是量子化的，因而电子能量的变化也是量子化的。在这一单元中，我们要计算约束在氢原子中的电子的量子化能量。我们将要（至少在原则上）把薛定谔方程应用到这个陷阱，求这些能量和相关的波函数。然而，我们离开正题讲一点有关的历史，考察一下原子的量子化是怎样开始出现的，回到那个量子化还是革命性概念的时代。

氢原子的玻尔模型：柳暗花明

在 20 世纪初期，科学家已经认识到物质是由称为原子的微粒组成，并且氢原子由处于原子中心的正电荷 $+e$ 和在中心外面的负电荷 $-e$（电子）构成。可是，没有一个人理解为什么电子和正电荷间的电吸引力不能使二者撞在一起而坍缩。

可见光波长。一条线索隐藏在实验事实中：就是氢原子只能发射和吸收可见光谱中的四个波长的光谱线（656nm，486nm，434nm 和 410nm）。那么它为什么不会像热的黑体辐射体那样发射所有的波长呢？1913 年，尼尔斯·玻尔提出了一个惊人的思想，不仅同时解释了这四个可见波长，还说明了原子为什么不会坍缩。然而，他的理论的成功仅仅是在这两个方面有效，后来人们发现几乎在原子的其他每一个方面他的理论都完全是错误的，在解释比氢更复杂的原子时得到的成功非常少。不过，玻尔模型在历史上是非常重要的，因为它开创了原子的量子物理学。

假设。为了建立他的模型，玻尔做出两点大胆的（完全未被证明的）假设：（1）氢原子中电子沿圆周轨道绕原子核运动，好像地球绕太阳在轨道上运动一样（见图 39-16a）。（2）电子在轨道上运动的角动量 $\vec{L}$ 的数值被限制（量子化）在以下数值：

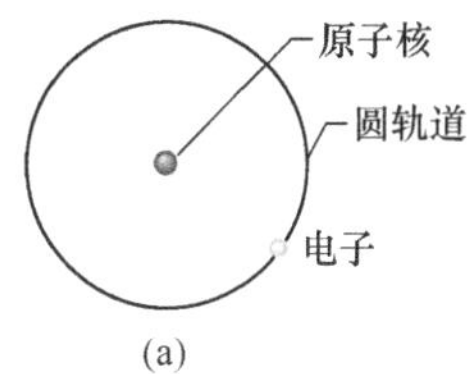

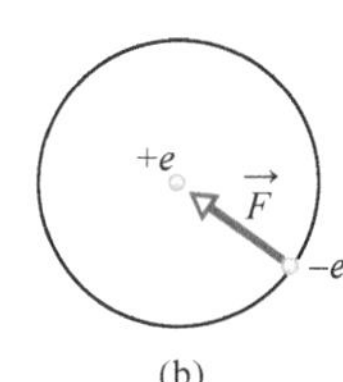

玻尔氢原子模型，类似于行星绕恒星轨道运动的模型

图 39-16 （a）玻尔氢原子模型中电子的圆轨道。（b）作用在电子上的库仑力 $\vec{F}$ 的方向沿半径向内，向着原子核。

$$L=n\hbar,\quad n=1,2,3,\cdots \tag{39-23}$$

其中，$\hbar$（读作 h 棒）是 $h/(2\pi)$；n 是正整数（量子数）。我们要按照玻尔的相对简单的论证得出氢原子的量子化能量方程式，但是这里我们要声明：电子并非简单意义上在行星轨道上运动的粒子，式（39-23）也没有正确地给出角动量的数值（例如，缺失的 $L=0$）。

牛顿第二定律。在图 39-16a 的轨道图像中，电子做匀速圆周运动，它受到向心力的作用（见图 39-16b）。向心力引起向心加速度。向心力来自电子（电荷 $-e$）和质子（电荷 $+e$）之间的库仑力，二者的距离等于轨道半径 r。向心加速度的数值是 $a=v^2/r$［式（4-34）］，其中 v 是电子的速率。所以，我们可以写出沿径向轴的牛顿第二定律

$$F=ma$$

$$-\frac{1}{4\pi\varepsilon_0}\frac{|-e||e|}{r^2}=m\left(-\frac{v^2}{r}\right) \tag{39-24}$$

其中，m 是电子质量。

下一步，我们利用式（39-23）表述的玻尔假设引进量子化的概念。由式（11-19），质量为 m 并以速率 v 在半径 r 的圆轨道上运动的粒子的角动量数值是 $l=rmv\sin\phi$，这里的 ϕ（$\vec{r}$ 和 $\vec{v}$ 之间的夹角）是 90°。在式（39-23）中，用 $rmv\sin 90°$ 代替 L，得到

$$rmv=n\hbar$$

或
$$v=\frac{n\hbar}{rm} \tag{39-25}$$

把这个方程式代入式（39-24），用 $h/(2\pi)$ 代替 $\hbar$，经过整理后，我们得到

$$r=\frac{h^2\varepsilon_0}{\pi me^2}n^2,\quad n=1,2,3,\cdots \tag{39-26}$$

我们把这个式子重写为

$$r=an^2,\quad n=1,2,3,\cdots \tag{39-27}$$

其中
$$a=\frac{h^2\varepsilon_0}{\pi me^2}=5.291772\times10^{-11}\,\text{m}\approx52.92\,\text{pm} \tag{39-28}$$

这后面三个公式告诉我们，在氢原子的玻尔模型中，电子的轨道半径 r 是量子化的，可能的最小轨道半径（$n=1$）是 a，这称为玻尔半径。按照玻尔模型，电子不能走到比轨道半径 a 更靠近原子核的地方，这就是为什么电子和原子核之间的吸引力不会简单地使它们坍缩合并在一起。

轨道能量是量子化的

下一步我们根据玻尔模型求氢原子的能量。电子的动能是 $K=\frac{1}{2}mv^2$，电子-原子核系统的电势能为 $U=q_1q_2/(4\pi\varepsilon_0 r)$［式（24-46）］。另外，令 q_1 是电子的电荷 $-e$，q_2 是原子核的电荷 $+e$。系统的机械能是

$$\begin{aligned}E&=K+U\\&=\frac{1}{2}mv^2+\left(-\frac{1}{4\pi\varepsilon_0}\frac{e^2}{r}\right)\end{aligned} \tag{39-29}$$

由式（39-24）解出 mv^2，将结果代入式（39-29），得到

$$E = -\frac{1}{8\pi\varepsilon_0}\frac{e^2}{r} \tag{39-30}$$

下一步，将式（39-26）中的 r 代入，我们有

$$E_n = -\frac{me^4}{8\varepsilon_0^2 h^2}\frac{1}{n^2}, \quad n = 1, 2, 3, \cdots \tag{39-31}$$

其中，E 的下标 n 表示我们现在已经把能量量子化了。

玻尔从这个方程式计算出了氢发射和吸收的可见光波长。但是在讨论怎样从能量方程式得到光的波长之前，我们先要讨论氢原子的正确模型。

薛定谔方程和氢原子

在氢原子的薛定谔模型中，电子（电荷 $-e$）因受到原子中心的质子（电荷 $+e$）的电吸引力而处在势能陷阱中。由式（24-46），我们把势能函数写成

$$U(r) = -\frac{e^2}{4\pi\varepsilon_0 r} \tag{39-32}$$

因为这个势阱是三维的，所以它比我们以前讨论的一维和二维的势阱复杂得多。因为这个势阱是有限的，所以它比图 39-14 中的三维势阱要更复杂。还有，它没有明确定义的壁。相反，它的势壁的深度随径向距离 r 而变。图 39-17 可能是我们努力画出的最好的氢原子势阱，但即使是这样的图。我们还要花很大的力气去解释它。

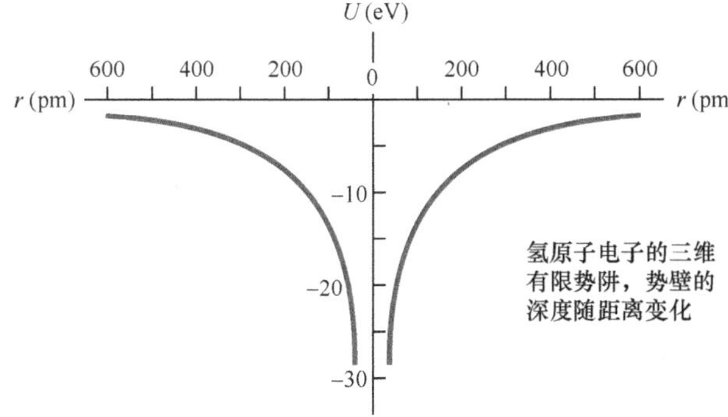

图 39-17 作为电子和中心质子间距离 r 的函数的氢原子势能 U。曲线被画了两次（左边和右边）暗示电子被约束在其中的三维球对称陷阱。

要求陷俘在式（39-32）给出的势阱中电子允许的能量和波函数，我们必须用薛定谔方程。我们发现，经过一些运算处理可以把这个方程分解成三个各自独立的微分方程，两个微分方程依赖于角度，一个依赖于径向距离 r。这后一个方程的解需要量子数 n 并可求出电子的能量 E_n：

$$E_n = -\frac{me^4}{8\varepsilon_0^2 h^2}\frac{1}{n^2}, \quad n = 1, 2, 3, \cdots \tag{39-33}$$

（这个方程式正好就是玻尔用错误的原子的行星模型求出的方程式）算出式（39-33）中的常量，我们得到

$$E_n = -\frac{2.180\times10^{-18}\,\mathrm{J}}{n^2} = -\frac{13.61\,\mathrm{eV}}{n^2}, \quad n = 1, 2, 3, \cdots \tag{39-34}$$

这个方程式告诉我们氢原子的能量 E_n 是量子化的；即 E_n 受到它所依赖的量子数 n 的限制。因为假设原子核固定在它的位置上不动，只有电子在运动，我们可以认为式（39-34）的能量归整个原子所有，也可以认为这是电子独自的能量。

能量变化

当原子发射或吸收光时，氢原子（或等价地，原子中的电子）的能量会发生改变。从式（39-6）以后我们已经多次看到，发射和吸收都涉及满足下式的光量子

$$hf = \Delta E = E_{\text{high}} - E_{\text{low}} \tag{39-35}$$

我们在式（39-35）中做三个改变。在等号左边我们用 c/λ 代替 f。在等号右边，我们两次用式（39-33）代入能量项。然后，经过简单的运算，我们得到

$$\frac{1}{\lambda} = -\frac{me^4}{8\varepsilon_0^2h^3c}\left(\frac{1}{n_{\text{high}}^2} - \frac{1}{n_{\text{low}}^2}\right) \tag{39-36}$$

我们可以把这个式子重写成

$$\frac{1}{\lambda} = R\left(\frac{1}{n_{\text{low}}^2} - \frac{1}{n_{\text{high}}^2}\right) \tag{39-37}$$

其中，R 是里德伯常量：

$$R = \frac{me^4}{8\varepsilon_0^2h^3c} = 1.097373 \times 10^7\text{m}^{-1} \tag{39-38}$$

例如，如果我们在式（39-36）中将 2 代入 n_{low}，然后将 n_{high} 限制为 3、4、5、6，我们就得到氢原子可能发射或吸收的光谱线的四个可见光的波长：656nm，486nm，434nm 和 410nm。

氢光谱

图 39-18a 表示对应于式（39-34）中几个不同 n 值的能级。$n=1$ 的最低的能级是氢原子基态。较高的几个能级对应于激发态，这和我们前面看到过的更简单的势阱的能级差不多。不过有几点不同：（1）现在的能级都是负数，不像以前，在图 39-3 和图 39-9 中那样取正数。（2）现在，随着向更高的能级移动，能级之间的距离逐渐靠近。（3）n 的最大值——即 $n=\infty$——现在是 $E_\infty=0$。对于任何大于 $E_\infty=0$ 的能量，电子和质子不会束缚在一起（不再存在氢原子），图 39-18a 中 $E>0$ 的区域就和图 39-9 中有限势阱的非量子化区域一样。

氢原子可以通过发射或吸收式（39-36）所给出的波长的光在量子化的能级之间跃迁。这种波长常常称作*光谱线*，因为这是从分光镜中看到的样式；于是氢原子有*吸收线*和*发射线*。这种谱线的集合，就像在可见光区看到的这些光谱线的集合，称为氢原子的**光谱**。

光谱线系。氢原子的光谱可以根据从某一能级开始向上跃迁或向下跃迁落到这一能级所产生的谱线进行分组，组成所谓的*光谱线系*。例如，从 $n=1$ 能级所有可能的向上跃迁产生的吸收谱线，或从更高的能级落到 $n=1$ 能级产生的所有可能的发射谱线组成所谓的*莱曼系*（见图 39-18b），名称来自首先研究这些谱线的人名。

我们也可以说，莱曼系的本底能级是 $n=1$。同理，巴尔末系的本底能级是 $n=2$（见图 39-18c），帕邢系的本底能级是 $n=3$（见图 39-18d）。

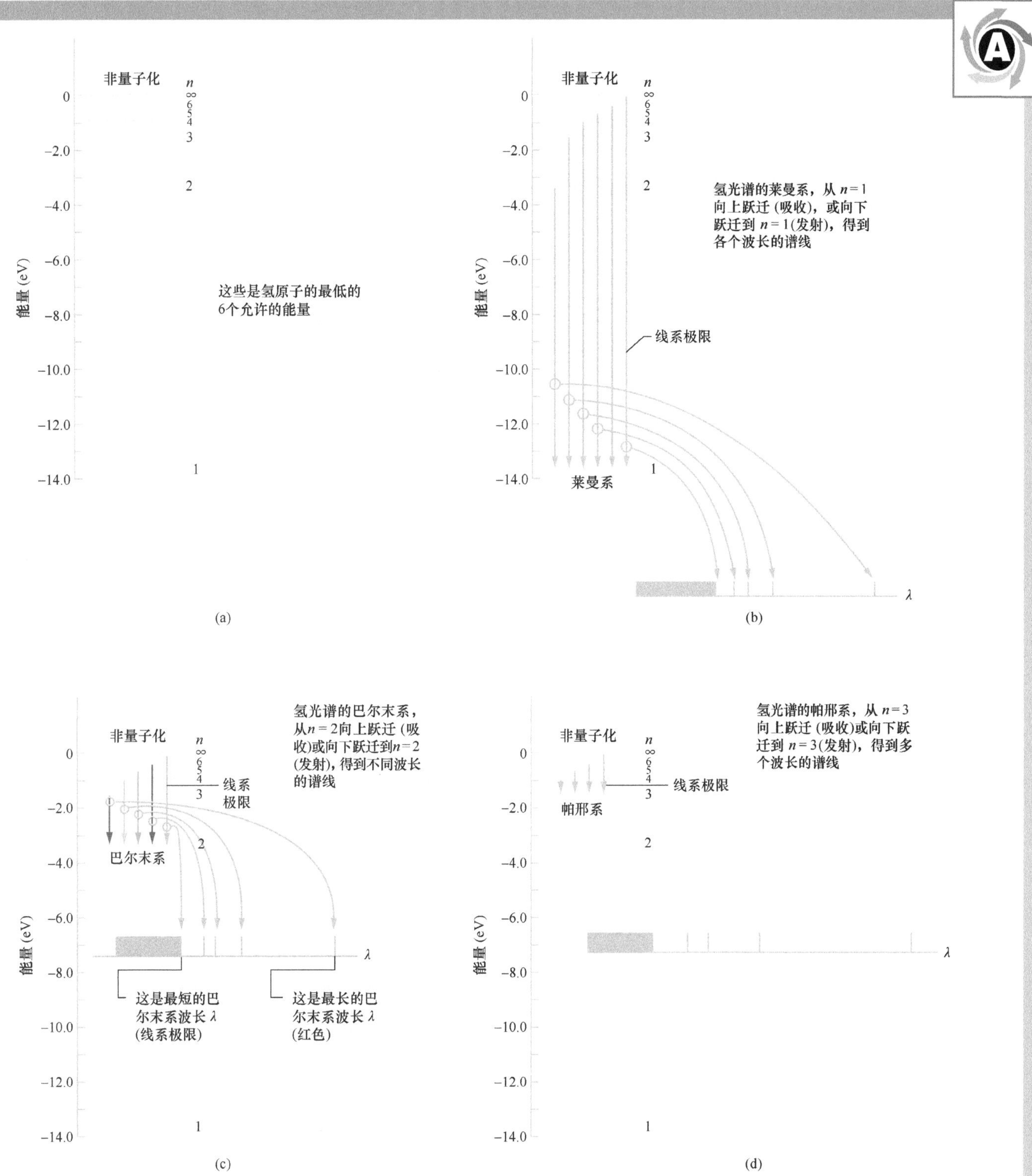

图 39-18 （a）氢原子的能级图。几个光谱线系的跃迁：（b）莱曼系，（c）巴尔末系，（d）帕邢系。对每一线系，在波长轴上画出波长最长的四条谱线和线系极限。短于线系极限波长的任何波长都是允许的。

这三个光谱线系的一些向下跃迁画在图39-18中。巴尔末系的四条光谱线是在可见光区，在图39-18c中用和它们的颜色相对应的箭头表示出来。这些箭头中最短的表示谱线系中最短的跃迁，即从$n=3$能级跃迁到$n=2$能级。所以，这个跃迁是这个谱线系中电子能量变化最小的一条谱线，也是线系中发射的光子能量数值最小的光谱线。发射的光是红色。这个线系中下一个跃迁，从$n=4$到$n=2$，所画箭头较长，光子能量较大，发射光的波长较短，光是绿色。第三、第四和第五个箭头表示更长的能量距离的跃迁，它们有更短的波长。对第五个跃迁，发射的光在紫外区，所以看不见。

光谱线系的*线系极限*是在本底能级和最高能级间的跃迁中产生的。最高能级是量子数$n=\infty$时的极限能级。因此，线系极限对应于这个光谱线系中最短的波长。

如果向上跃迁到图39-18中的非量子化区，电子的能量就不再由式（39-34）给出，因为电子不再被陷俘在原子中。就是说氢原子*电离*，这意味着电子被移到如此远的距离，原子核对它的库仑力可以忽略不计。只要原子吸收了短于这个线系极限的任何波长的光子它就会电离。自由电子只有动能$K\left(=\frac{1}{2}mv^2\right.$，在非相对论情况下$\left.\right)$。

氢原子的量子数

虽然氢原子各个状态的能量可以用一个量子数n来描述，但描述这些状态的波函数却需要三个量子数，对应于电子在三维空间中的运动。这三个量子数和它们的名称以及它们可以有的数值都列在表39-2中。

表39-2　**氢原子的量子数**

符号	名称	允许值
n	主量子数	1，2，3，…
l	轨道量子数	0，1，2，…，$n-1$
m_ℓ	轨道磁量子数	$-\ell$，$-(\ell-1)$，…，$+(\ell-1)$，$+\ell$

每一组量子数（n、ℓ、m_ℓ）标记特定量子状态的波函数。量子数n称为**主量子数**，出现在状态的能量公式（39-34）中。**轨道量子数**ℓ是和这个量子态相关的角动量的数值的量度。**轨道磁量子数**m_ℓ与角动量矢量在空间的取向有关。表39-2中列出的氢原子量子数的数值限制不是随意规定的，而是来自薛定谔方程的解。注意，对于基态（$n=1$），这种限制规定$\ell=0$和$m_\ell=0$。即处于基态的氢原子的角动量是零，这在玻尔模型的式（39-23）中没有被预料到。

检查点5

（a）氢原子有$n=5$的一组量子态。这一组状态中可能的ℓ值有多少？（b）$n=5$的一组氢原子态中的$\ell=3$亚组中有多少可能的m_ℓ值的状态？

氢原子基态的波函数

解三维薛定谔方程并将结果归一化后得到的氢原子基态的波函数是

$$\psi(r)=\frac{1}{\sqrt{\pi}a^{3/2}}\mathrm{e}^{-r/a}(\text{基态}) \tag{39-39}$$

其中，$a(=5.291772\times10^{-11}\,\mathrm{m})$ 是玻尔半径。这个半径可以近似地看作氢原子的有效半径，并且还发现这是涉及原子线度的其他情况中便于使用的长度单位。

和其他的波函数一样，式（39-39）中的 $\psi(r)$ 也没有物理意义，可是 $\psi^2(r)$ 有物理意义，它是探测到电子的概率密度——单位体积的概率。明确地说，$\psi^2(r)\mathrm{d}V$ 是在位于从原子中心算起半径 r 处的任何给定（无限小）体积元 $\mathrm{d}V$ 中探测到电子的概率：

$$\begin{pmatrix}\text{在半径 } r \text{ 处的体}\\ \text{积元 } \mathrm{d}V \text{ 中探测}\\ \text{到电子的概率}\end{pmatrix}=\begin{pmatrix}\text{在半径 } r \text{ 处的}\\ \text{体积概率}\\ \text{密度 } \psi^2(r)\end{pmatrix}(\text{体积 } \mathrm{d}V) \tag{39-40}$$

因为这里 $\psi^2(r)$ 依赖于 r，所以选取半径为 r 和 $r+\mathrm{d}r$ 的两个球壳之间的体积为体积元 $\mathrm{d}V$ 是合适的。就是说，我们选取体积元 $\mathrm{d}V$ 为

$$\mathrm{d}V=(4\pi r^2)\mathrm{d}r \tag{39-41}$$

其中，$4\pi r^2$ 是内球壳的面积；$\mathrm{d}r$ 是两个球壳间的径向距离。把式（39-39）~式（39-41）这三个式子联立起来，得到

$$\begin{pmatrix}\text{在半径 } r \text{ 处的体}\\ \text{积元 } \mathrm{d}V \text{ 中探测}\\ \text{到电子的概率}\end{pmatrix}=\psi^2(r)\mathrm{d}V=\frac{4}{a^3}\mathrm{e}^{-2r/a}r^2\mathrm{d}r \tag{39-42}$$

如果我们用**径向概率密度** $P(r)$ 代替体积概率密度 $\psi^2(r)$ 来描述探测到电子的概率会更为容易。$P(r)$ 是线性的概率密度

$$\begin{pmatrix}\text{半径 } r \text{ 处的}\\ \text{径向概率}\\ \text{密度 } P(r)\end{pmatrix}(\text{径向宽度 } \mathrm{d}r)=\begin{pmatrix}\text{半径 } r \text{ 处的}\\ \text{体积概率}\\ \text{密度 } \psi^2(r)\end{pmatrix}(\text{体积 } \mathrm{d}V)$$

或

$$P(r)\mathrm{d}r=\psi^2(r)\mathrm{d}V \tag{39-43}$$

从式（39-42）代入 $\psi^2(r)\mathrm{d}V$，我们得到

$$P(r)=\frac{4}{a^3}r^2\mathrm{e}^{-2r/a}\quad(\text{径向概率密度,氢原子基态}) \tag{39-44}$$

要求在任意两个半径 r_1 和 r_2 之间探测到基态电子（即在半径为 r_1 的球壳和另一个半径为 r_2 的球壳之间）的概率。我们将式（39-44）在这两个半径之间积分：

$$\begin{pmatrix}\text{在 } r_1 \text{ 和 } r_2 \text{ 之间}\\ \text{探测到电子的概率}\end{pmatrix}=\int_{r_1}^{r_2}P(r)\mathrm{d}r \tag{39-45}$$

如果我们要寻找电子的半径范围 $\Delta r(=r_2-r_1)$ 足够小，在这个范围内 $P(r)$ 就不会有很大的变化，我们通常可以把积分式（39-45）近似等于乘积 $P(r)\Delta r$，其中的 $P(r)$ 用位于 Δr 中心的数值进行计算。

图 39-19 是式（39-44）的曲线图，曲线下面的面积是 1，即

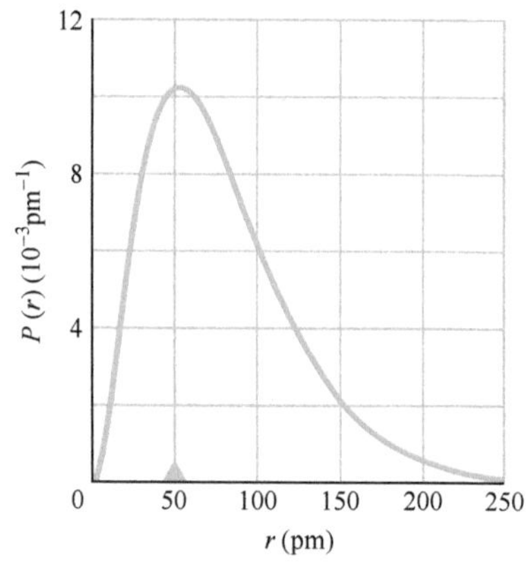

图 39-19　氢原子基态的径向概率密度 $P(r)$ 曲线。三角形记号是从原点算起的一个玻尔半径的位置。原点是原子的中心。

$$\int_{0}^{+\infty} P(r)\,\mathrm{d}r = 1 \tag{39-46}$$

这个方程式表示，在氢原子中电子必定会出现在围绕原子核周围空间的某个地方。

图 39-19 中横轴上的三角形记号位于从原点算起一个玻尔半径的位置。曲线图告诉我们，位于氢原子基态的电子最有可能在从原子中心算起到这个距离的位置附近被找到。

图 39-19 和认为电子在原了中像行星绕太阳运动一样是沿着明确的轨道运动这种流行的观念完全相悖。这个流行的观念虽然大家都很熟悉但却是不正确的。图 39-19 给我们显示的就是迄今为止我们能够知道的有关氢原子基态中电子位置的所有知识。正确的问题不是“电子什么时候将会到达某一点?”而应该是“电子将在以某一点为中心的微小体积内被探测到的可能性是多大?”我们把图 39-20 称为点阵图，它可以表示出波函数的概率性质：点的密度表示氢原子在基态中时探测到电子的概率密度。想象在这种状态中的原子像一个模糊的球体，没有清楚的边界，也没有一点轨道的痕迹。

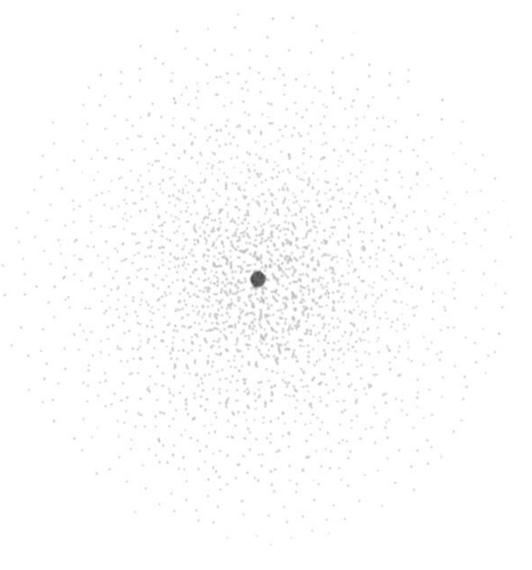

图 39-20　“点阵图”表示氢原子基态的体积概率密度 $\psi^2(r)$——不是径向概率密度 $P(r)$。点的密度从红点表示的原子核开始随距离增加而指数式减小。

对于初学者来说，以这种概率的方式想象亚原子粒子是不容易的。困难在于我们的本能反应是把电子看作某种像糖豆般的东西，某一时刻它会在某个确定的位置并沿着明确的路径运行。事实上电子和其他亚原子粒子的行为完全不是这个样子的。

在式（39-34）中代入 $n=1$ 求出氢原子基态能量是 $E_1=-13.60\mathrm{eV}$。你如果解这个能量值的薛定谔方程，结果将得到式（39-39）的波函数。其实，你可以求出任何能量值的薛定谔方程的解——譬如说 $E=-11.6\mathrm{eV}$ 或 $E=-14.3\mathrm{eV}$。这可能暗示氢原子的能量不是量子化的——但我们知道它是量子化的。

这样的困惑最终被消除了，因为物理学家意识到，当 $r\to\infty$ 时薛定谔方程的解会变得越来越大，而这在物理上是不可取的。这些“波函数”告诉我们，电子更可能会在离原子核非常远的地方被找到而不是在原子核附近，而这是没有意义的。我们丢弃这样的解，只保留满足边界条件 $r\to\infty$ 时 $\psi(r)\to 0$ 的解；即我们只处理被约束的电子。有了这些限制，薛定谔方程的解是一组分立的、由式（39-34）给出的量子化能量的波函数。

$n=2$ 的氢原子状态

按照表 39-2 的要求，$n=2$ 的氢原子有 4 个状态；它们的量子数列在表 39-3 中。首先考虑 $n=2$，$\ell=m_\ell=0$ 的状态。它的概率密度用图 39-21 中的点阵图描述。注意，这幅图和图 39-20 中的基态的图一样也是球对称的。就是说，在图 39-22 所定义的球坐标系统中，概率密度只是径向坐标 r 的函数，而与角坐标 θ 和 ϕ 无关。

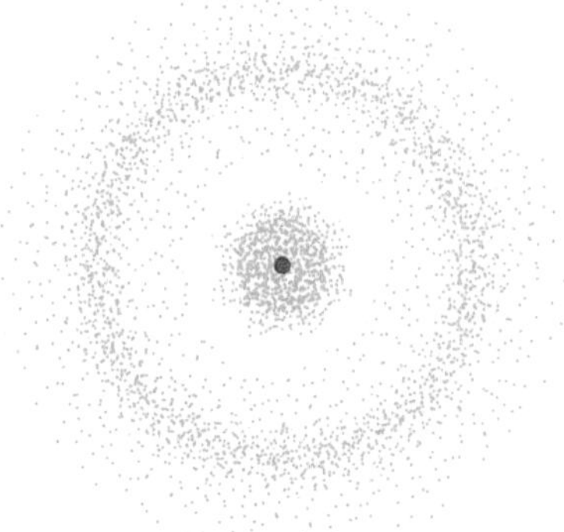

图 39-21　量子数 $n=2$，$\ell=0$，$m_\ell=0$ 的氢原子量子态的体积概率密度 $\psi^2(r)$ 的点阵图。这个图关于中心原子核球对称。点阵密度图样中的空白区域标记 $\psi^2(r)=0$ 的球面。

表 39-3　$n=2$ 的氢原子状态的量子数

n	ℓ	m_ℓ
2	0	0
2	1	+1
2	1	0
2	1	−1

我们发现所有 $\ell=0$ 的量子态都有球对称的波函数。这是合理的，因为量子数 ℓ 决定给定状态的角动量。如果 $\ell=0$，角动量也应当等于零，这要求描述状态的概率密度没有优先的对称轴。

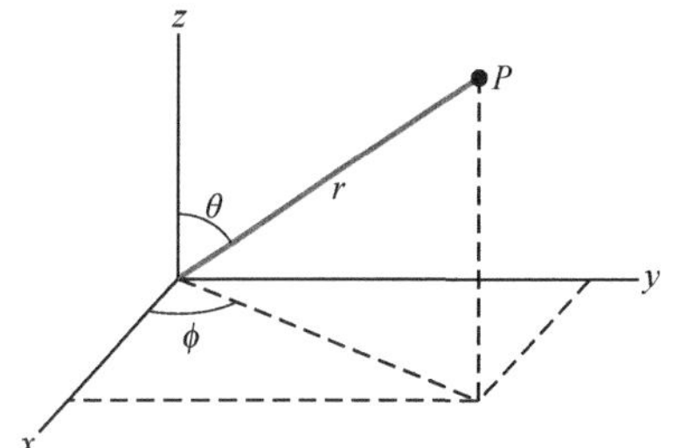

图 39-22 直角坐标系的坐标 x、y、z 和球坐标系的坐标 r、θ 和 ϕ 之间的关系，后一种坐标系更适合于分析像氢原子这样具有球对称性的情况。

$n=2$ 和 $\ell=1$ 的三个状态的 ψ^2 的点阵图画在图 39-23 中，$m_\ell=+1$和 $m_\ell=-1$ 的状态的概率密度完全相同。虽然这些图关于 z 轴对称，但它们不是球对称的，即这三个状态的概率密度是关于 r 和角坐标 θ 这二者的函数。

这里发生一个问题：什么原因造成了氢原子具有图 39-23 中那样明显的对称轴？答案是：绝对没有。

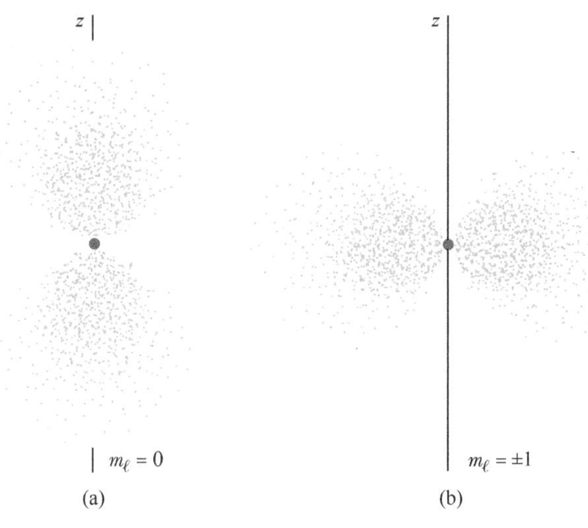

图 39-23 在 $n=2$ 和 $\ell=1$ 的状态中氢原子的体积概率密度 $\psi^2(r,\ \theta)$ 的点阵图。(a) $m_\ell=0$ 的图。(b) $m_\ell=+1$ 和 $m_\ell=-1$ 的图。两幅图都显示出概率密度关于 z 轴的对称性。

如果我们领悟到图 39-23 中所示的所有三种状态都有相同的能量，这个问题就可以解决了。回忆一下式（39-33）给出的状态的能量只依赖于主量子数 n 而不依赖于 ℓ 和 m_ℓ。事实上，对于一个孤立的氢原子，没有办法用实验区别图 39-23 中的三种状态。

如果我们把 $n=2$ 和 $\ell=1$ 的三种状态的体积概率密度相加就会发现组合的概密度是球对称的，没有独特的对称轴。由此，人们可以想象电子在图 39-23 的三种状态的每一种状态中各停留了三分之一的时间，人们还可以想象三种独立的波函数的加权和决定了用量子数 $n=2$，$\ell=1$ 标记的球对称的**支壳层**。只有当我们把氢原子放在外电场或外磁场中时，各个状态才会显示出它们的独立存在。这种情况下，$n=2$，$\ell=1$ 支壳层的三种状态具有不同的能量，场的方向就成为所需的对称轴。

$n=2$，$\ell=0$ 的状态下的体积概率密度由图 39-21 表示，它也具有图 39-23 所示三个态中的每一个所具有的能量。我们可以把量子数在表 39-3 中列出的所有四个状态看作组成一个量子数 n 标记的球对称的**壳层**，并将它的量子数标记为 n。壳层和支壳

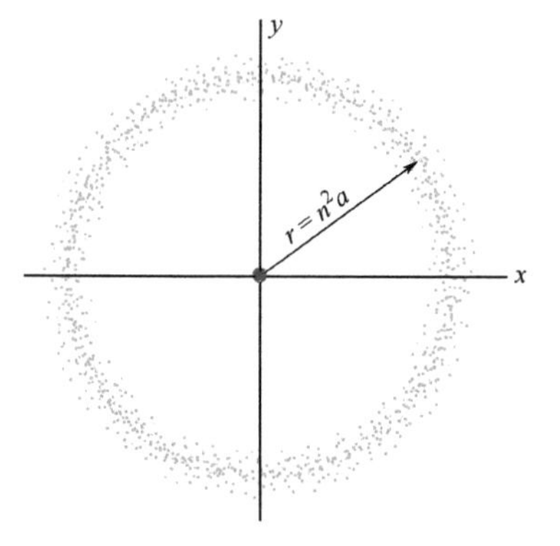

图 39-24 在相对大的主量子数——即 $n=45$——及角量子数 $\ell=n-1=44$ 的量子态中的氢原子的径向概率密度 $P(r)$ 的点阵图。这些点都靠近 xy 平面，由许多点形成的环暗示经典的电子轨道。

层的重要性在讨论多于一个电子的原子的第 40 章中将会显现出来。

要使我们的氢原子图像描绘得更全面，我们在图 39-24 中画出相对高的主量子数（$n=45$）和表 39-2 中的限制所允许的最高轨道量子数（$\ell=n-1=44$）的氢原子状态的径向概率密度点阵图。概率密度形成关于 z 轴对称并且十分靠近 xy 平面的环形。环的平均半径是 n^2a，a 是玻尔半径。这个平均半径比氢原子在基态的有效半径大了 2000 倍以上。

图 39-24 显示了经典物理学的电子轨道——它很像行星绕恒星运行的圆轨道。由此，我们有了玻尔的对应原理——即量子力学的预言在大的量子数时自然地和经典物理学的预言一致——的另一个例证。想象一下这对于 n 和 ℓ 的确是很大的数值——譬如说，$n=1000$ 和 $\ell=999$——图 39-24 中那种样子的点阵图看上去会是什么样子的?

例题 39.06 氢原子中电子的径向概率密度

证明氢原子基态的径向概率密度在 $r=a$ 处有极大值。

【关键概念】

(1) 氢原子基态的径向概率密度由式 (39-44) 给出:

$$P(r)=\frac{4}{a^3}r^2\mathrm{e}^{-2r/a}$$

(2) 要求任何函数的极大（或极小），我们只要求该函数的微商并令结果等于零。

解： 如果我们将 $P(r)$ 对 r 求微商，利用附录 E 中的微商公式 7 和乘积微分的链式法则，我们得到

$$\frac{\mathrm{d}P}{\mathrm{d}r}=\frac{4}{a^3}r^2\left(\frac{-2}{a}\right)\mathrm{e}^{-2r/a}+\frac{4}{a^3}2r\mathrm{e}^{-2r/a}$$
$$=\frac{8r}{a^3}\mathrm{e}^{-2r/a}-\frac{8r^2}{a^4}\mathrm{e}^{-2r/a}$$
$$=\frac{8}{a^4}r(a-r)\mathrm{e}^{-2r/a}$$

如果我们令等号右边等于零就得到一个方程式。如 $r=a$，则方程式中间的（$a-r$）一项等于零，这个方程式就等于零。换句话说，当 $r=a$ 时，$\frac{\mathrm{d}P}{\mathrm{d}r}$ 等于零。（注意，在 $r=0$ 和 $r=\infty$ 处 $\frac{\mathrm{d}P}{\mathrm{d}r}=0$ 也成立。不过，这两个条件对应于 $P(r)$ 的最小值，你可以在图 39-19 中看出来。）

例题 39.07 氢原子中探测到电子的概率

可以证明氢原子基态中电子在半径为 r 的球内被探测到的概率 $P(r)$ 由下式给出:

$$P(r)=1-\mathrm{e}^{-2x}(1+2x+2x^2)$$

其中，无量纲的量 x 等于 r/a。求使 $P(r)=0.90$ 的 r 值。

【关键概念】

不能保证在离氢原子中心任何特定径向距离 r 处一定可以探测到电子。但利用所给的函数，我们可以算出在半径为 r 的球内某个地方探测到电子的概率。

解： 我们要找出 $P(r)=0.90$ 时球的半径。把这个数值代入 $P(r)$ 的表达式，我们有

$$0.90=1-\mathrm{e}^{-2x}(1+2x+2x^2)$$

或

$$10\mathrm{e}^{-2x}(1+2x+2x^2)=1$$

我们要求满足这个等式的 x，不可能直接解出 x，但用计算器的解方程功能可以解出 $x=2.66$。这个意思是电子在其中被探测到的机会是 90% 的球半径是 $2.66a$。在图 39-19 的横轴上标记出这个位置。从 $r=0$ 到 $r=2.66a$ 的曲线下面的面积给出在这个区间内探测到电子的概率，这部分的面积是曲线下方总面积的 90%。

例题 39.08 氢原子发射的光

(a) 在氢原子光谱的莱曼系中，发射最小能量的光子的光对应的波长是多少?

【关键概念】

(1) 对于任何光谱线系，产生最小能量光子的跃迁是定义线系的本底能级和它上面最近的能级之间的跃迁。(2) 莱曼系的本底能级是 $n=1$ (见图 39-18b)。因此，产生最小能量光子的跃迁是从 $n=2$ 能级到 $n=1$ 能级的跃迁。

解：由式 (39-34)，能量差是

$$\Delta E = E_2 - E_1 = -(13.60\text{eV})\left(\frac{1}{2^2}-\frac{1}{1^2}\right) = 10.20\text{eV}$$

然后，由式 (39-6) ($\Delta E = hf$)，用 c/λ 代替 f，有

$$\lambda = \frac{hc}{\Delta E} = \frac{(6.63\times10^{-34}\text{J}\cdot\text{s})(3.00\times10^{8}\text{m/s})}{(10.20\text{eV})(1.60\times10^{-19}\text{J/eV})}$$

$$= 1.22\times10^{-7}\text{m} = 122\text{nm} \qquad \text{(答案)}$$

这个波长的光是在紫外区。

(b) 莱曼系的线系极限所对应的波长是多少?

【关键概念】

线系极限对应于本底能级 (莱曼系是 $n=1$ 的能级) 和 $n=\infty$ 的极限能级之间的跃迁。

解：我们现在已经确定了跃迁的 n 值，现在就可以按照 (a) 小题中的步骤求相应的波长。不过我们可以用更直接的方法，由式 (39-37) 得到

$$\frac{1}{\lambda} = R\left(\frac{1}{n_{\text{low}}^2}-\frac{1}{n_{\text{high}}^2}\right)$$

$$= 1.097373\times10^{7}\text{m}^{-1}\left(\frac{1}{1^2}-\frac{1}{\infty^2}\right)$$

我们得到

$$\lambda = 9.11\times10^{-8}\text{m} = 91.1\text{nm} \qquad \text{(答案)}$$

这个波长的光也是在紫外光区。

WILEY PLUS 在 WileyPLUS 中可以找到附加的例题、视频和练习。

复习和总结

约束 波 (弦波、物质波——任何类型波) 的约束导致量子化——就是有某一定能量的分立的状态。中间的能量的状态是被禁阻的。

无限深势阱中的电子 因为电子是一种物质波，约束在无限深势阱中的电子只可能存在于某些分立的状态中。如果势阱是长度为 L 的一维势阱，和这些量子态相关的能量是

$$E_n = \left(\frac{h^2}{8mL^2}\right)n^2, \quad n=1,2,3,\cdots \qquad (39\text{-}4)$$

其中，m 是电子的质量；n 是量子数。称为零点能的最低能量不等于零，而是 $n=1$ 给出的能量。电子在从一个状态改变 (跃迁) 到另一个状态的过程中能量的变化必须满足：

$$\Delta E = E_{\text{high}} - E_{\text{low}} \qquad (39\text{-}5)$$

其中，E_{high} 是较高的能量；E_{low} 是较低的能量。如果能量的变化是由光子的吸收或发射所造成的，则光子的能量必须等于电子能量的改变：

$$hf = \frac{hc}{\lambda} = \Delta E = E_{\text{high}} - E_{\text{low}} \qquad (39\text{-}6)$$

其中，频率 f 和波长 λ 是相关光子的频率和波长。

在沿 x 轴长度为 L 的一维无限深势阱中，电子的波函数是

$$\psi_n(x) = \sqrt{\frac{2}{L}}\sin\left(\frac{n\pi}{L}x\right), \quad n=1,2,3,\cdots \qquad (39\text{-}10)$$

其中，n 是量子数，因子 $\sqrt{\frac{2}{L}}$ 来自波函数的归一化。波函数 $\psi_n(x)$ 没有物理意义，而概率密度 $\psi_n^2(x)$ 有物理意义。乘积 $\psi_n^2(x)\,dx$ 是电子在 x 和 $x+dx$ 区间内被探测到的概率。将电子的概率密度在整个 x 轴上积分，总概率必定是1，这意味着电子一定会在 x 轴上的某个地方被探测到：

$$\int_{-\infty}^{+\infty}\psi_n^2(x)\,dx = 1 \qquad (39\text{-}14)$$

有限势阱中的电子 在有限的一维势阱中电子的波函数伸展到势壁内部。与同样宽度的无限势阱比较，有限势阱中状态的数目是有限的，并且有较长的德布罗意波长和较低的能量。

二维电子陷阱 陷俘在形成矩形围栏的二维无限深势阱中的电子的量子化能量是

$$E_{nx,ny} = \frac{h^2}{8m}\left(\frac{n_x^2}{L_x^2}+\frac{n_y^2}{L_y^2}\right) \qquad (39\text{-}20)$$

其中，n_x 是适合势阱宽度 L_x 的电子物质波的量子数；n_y

是适合势阱宽度 L_y 的电子物质波的量子数。在二维势阱中，电子的波函数是

$$\psi_{nx,ny}=\sqrt{\frac{2}{L_x}}\sin\left(\frac{n_x\pi}{L_x}x\right)\sqrt{\frac{2}{L_y}}\sin\left(\frac{n_y\pi}{L_y}y\right) \quad (39\text{-}19)$$

氢原子 氢原子的玻尔模型成功地推导出原子的能级，解释了原子的发射和吸收光谱，但它在其他的几乎每一个方面都不正确，这是一种行星模型，其中电子绕中心质子在轨道上运行，轨道运动的角动量 L 限于下式给出的数值；

$$L=n\hbar,\quad n=1,2,3,\cdots \quad (39\text{-}23)$$

其中，n 是量子数。然而这个方程式是不正确的。薛定谔方程的应用给出正确的 L 数值和量子化的能量：

$$E_n=-\frac{me^4}{8\varepsilon_0^2h^2}\frac{1}{n^2}=-\frac{13.60\text{eV}}{n^2},\quad n=1,2,3,\cdots \quad (39\text{-}34)$$

原子（或原子中的电子）只有在这些允许的能量之间跃迁时才会发生能量的改变。如果跃迁伴随着光子的吸收（原子的能量增加）或光子的发射（原子的能量减少），这种能量变化的限制会导致光的波长满足

$$\frac{1}{\lambda}=R\left(\frac{1}{n_{\text{low}}^2}-\frac{1}{n_{\text{high}}^2}\right) \quad (39\text{-}37)$$

其中 R 是里德伯常量，

$$R=\frac{me^4}{8\varepsilon_0^2h^3c}=1.097373\times10^7\text{m}^{-1} \quad (39\text{-}38)$$

氢原子状态的径向概率密度 $P(r)$ 的定义为，电子在以原子核为中心的、半径为 r 和 $r+\mathrm{d}r$ 的两个球壳之间的空间中某处被探测到的概率。电子在任意两个给定半径 r_1 和 r_2 的球壳间被探测到的概率是

$$(\text{探测到电子的概率})=\int_{r_1}^{r_2}P(r)\,\mathrm{d}r \quad (39\text{-}45)$$

习题

1. 一个电子被封闭在图 39-14 所示的长方形盒子中，盒子宽度 $L_x=800\text{pm}$，$L_y=1600\text{pm}$，$L_z=390\text{pm}$。电子的基态能量是多少？

2. 图 39-25a 表示一根细管，在其中建立起有限的势阱，其中 $V_2=0$。图上表示向着右方运动进入势阱的一个电子。它在电压 $V_1=-9.00\text{V}$ 的区域中的动能为 2.00eV。电子进入陷阱的范围后，它由于发射了一个光子而减少了足够的能量，于是它就要被陷俘在阱中。电子在陷阱中的能级是 $E_1=1.0\text{eV}$，$E_2=2.0\text{eV}$，$E_3=4.0\text{eV}$。非量子化区从 $E_4=9.0\text{eV}$ 开始。图 39-25b 画出了电子的能级图。发射的光子可以有的最小能量（eV）是多少？

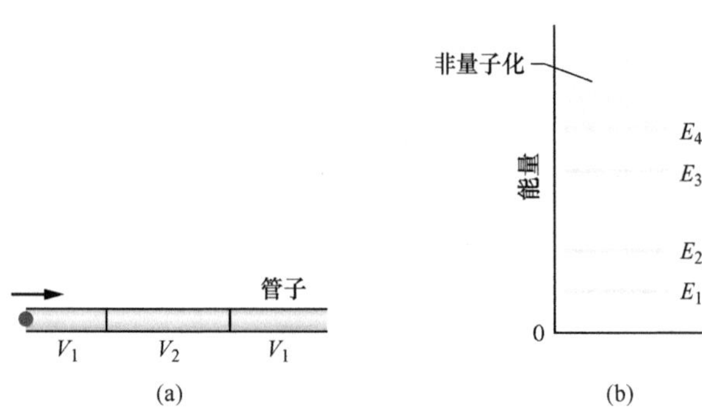

图 39-25 习题 2 图

3. 长度为 200pm 的一维无限势阱中有一个在第三激发态的电子。我们放入一个宽度为 2.00pm 的电子探测器，它的探针中心在最大概率密度的位置上。(a) 探针探测到电子的概率为多少？(b) 如果我们把探针像上面所说的方式插入 1000 次，我们预料有多少次电子会在探针端点物质化（即被探测到）？

4. 一个原子（不是氢原子）吸收波长为 400nm 的光子，然后立即放射波长为 580nm 的光子。在这个过程中原子吸收的净能量多少？

5. 图 39-26 中的二维无限深围栏是边长 $L=150\text{pm}$ 的正方形。一个正方形的探针中心放在 xy 坐标是（$0.200L$，$0.800L$）的位置，探针的 x 宽度为 5.00pm，y 宽度为 5.00pm。如果电子处在 $E_{1,3}$ 能量状态中，探测到电子的概率为多少？

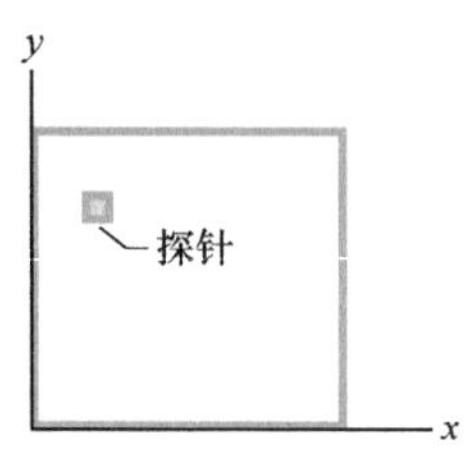

图 39-26 习题 5 图

6. 计算氢原子在基态中以下几个位置的径向概率密度：(a) $r=0$，(b) $r=a$，(c) $r=2a$。其中，a 是玻尔半径。

7. 巴尔末系的最短波长和莱曼系的最短波长的比例是多大？

8. 图 39-9 给出陷俘在 450eV 深的有限势阱中电子的能级。如果电子在 $n=3$ 的状态，它的动能有多大？

9. 动能为 6.0eV 的中子和处在基态的静止氢原子碰撞。说明这样的碰撞为什么必定是弹性碰撞——即动能为什么必定守恒。（提示，证明氢原子不可能作为碰撞的结果而被激发。）

10. 宽度 $L_x=L$，$L_y=2L$ 的矩形围栏陷俘了一个电子。取 $h^2/(8mL^2)$（m 是电子质量）的什么倍数能够得出 (a) 电子基态能量，(b) 它的第一激发态能量，(c) 它的最低简并态能量，(d) 它的第二和第三激发态之间能量差？

11. (a) 证明：在图 39-7 所示的一维有限势阱的 $x>$

L 区域内，$\psi(x)=De^{2kx}$ 是一维形式的薛定谔方程的解。其中，D 是常量，k 是正数。(b) 我们有什么理由可以认为这个数学上可接受的解在物理上都是不可接受的。

12. 一个原子（不是氢原子）吸收一个频率是 5.6×10^{14}Hz 的光子。原子能量增加多少？

13. 氢原子基态中的电子被发现在半径 r 和 $r+\Delta r$ 的两个球壳之间的概率是多少？(a) 如果 $r=0.500a$，$\Delta r=0.010a$；(b) $r=1.00a$，$\Delta r=0.01a$。其中 a 是玻尔半径。（提示：Δr 足够小，可以把 r 和 $r+\Delta r$ 之间的径向概率密度看作常量。）

14. 氢原子发射波长为 121.6nm 的光。求因跃迁发射这个光子的两能级的 (a) 较高能级的量子数，(b) 较低能级的量子数。(c) 包含这个跃迁的线系的名称是什么？

15. 氢原子基态电子的总能量是 -13.6eV。如果电子离中心原子核一个玻尔半径的距离，(a) 它的动能和 (b) 它的势能各是多少？

16. 最初在 $n=3$ 的量子态的静止氢原子经历发射一个光子的过程并跃迁到基态。反冲氢原子的速率是多大？（提示：这和第 9 章的爆炸过程类似。）

17. 把组成氢原子的电子和质子相互拉开需做多大的功？如果原子起初在 (a) 基态，(b) $n=2$ 的状态。

18. 在宽度从 $x=0$ 到 $x=L=180$pm 的一维无限势阱中，电子处在某个能量状态。电子在 $x=0.300L$ 和 $x=0.400L$ 位置处的概率密度是零；在 x 的中间值处它的概率密度不是零。电子通过发光跃迁到较低的邻近能级。电子能量变化了多少？

19. 图 39-23 中用点阵图表示的量子数 $n=2$，$\ell=1$ 和 $m_\ell=0$，$+1$ 和 -1 的三种状态的波函数是

$$\psi_{210}(r,\theta)=(1/4\sqrt{2\pi})(a^{-3/2})(r/a)e^{-r/2a}\cos\theta$$

$$\psi_{21+1}(r,\theta)=(1/8\sqrt{\pi})(a^{-3/2})(r/a)e^{-r/2a}(\sin\theta)e^{+i\phi}$$

$$\psi_{21-1}(r,\theta)=(1/8\sqrt{\pi})(a^{-3/2})(r/a)e^{-r/2a}(\sin\theta)e^{-i\phi}$$

其中，$\psi(r,\theta)$ 的下标给出量子数 n、ℓ、m_ℓ，角度 θ 和 ϕ 的定义见图 39-22。注意，第一个波函数是实数，而另外两个包含虚数 i 的波函数是复数。求 (a) ψ_{210} 和 (b) ψ_{21+1}（和 ψ_{21-1} 相同）的径向概率密度 $P(r)$。(c) 证明每个 $P(r)$ 都和图 39-23 中相应的点阵图一致。(d) 将 ψ_{210}、ψ_{21+1} 和 ψ_{21-1} 的径向概率密度相加，然后证明这个和是球对称的，只依赖于 r。

20. 宽度 $L_x=L_y=L_z=L$ 的立方形盒子中有一个质量为 m 的电子。(a) 电子的基态能量，(b) 它的第二激发态的能量，(c) 第二和第三激发态之间的能量差各是 $h^2/(8mL^2)$ 的多少倍？(d) 第一激发态和 (e) 第五激发态的能量有多少简并态？

21. 陷俘在一维无限深势阱中的电子基态的能量是 2.6eV。如果势阱的宽度加倍，这个能量变成多少？

22. 电子在边长为 L 的二维无限深方势阱中处于基态。我们希望在以 $x=L/8$，$y=L/8$ 为中心的 400pm^2 的正方形面积内探测到电子。我们发现探测到电子的概率是 4.2×10^{-2}，则势阱的长度 L 为多少？

23. 轨道量子数 ℓ 是零的氢原子状态的薛定谔方程是

$$\frac{1}{r^2}\frac{d}{dr}\left(r^2\frac{d\psi}{dr}\right)+\frac{8\pi^2m}{h^2}[E-U(r)]\psi=0$$

证明：描述氢原子基态的式 (39-39) 是上式的解。

24. 粒子被约束在图 39-2 所示的一维无限深势阱中。如果粒子处于基态，在 (a) $x=0$ 和 $x=0.25L$ 之间，(b) 在 $x=0.75L$ 和 $x=L$ 之间，(c) 在 $x=0.25L$ 和 $x=0.75L$ 之间粒子被探测到的概率各是多少？

25. 对于基态的氢原子，求 (a) 概率密度 $\psi^2(r)$，(b) $r=a$ 处的径向概率密度 $P(r)$。其中，a 是玻尔半径。

26. 波长 102.6nm 的光是从氢原子发射的。求跃迁发射这个波长的两个能级中：(a) 较高能级的量子数和 (b) 较低能级的量子数。(c) 包含这一跃迁的光谱线系的名称是什么？

27. 当氢原子从状态 $n=3$ 跃迁到 $n=1$ 的状态时所发射的光子的 (a) 能量、(b) 动量的数值和 (c) 波长各是多少？

28. 莱曼系的 (a) 波长范围和 (b) 频率范围各是多少？巴尔末系的 (c) 波长范围和 (d) 频率范围各是多少？

29. 假设陷俘在宽度为 250pm 的一维无限深势阱中的电子从它的第一激发态被激发到第三激发态。(a) 为实现这一量子跃迁要转移给电子多少能量？然后电子通过发射光而退激发回到它的基态。在电子完成这个过程的几种可能的方式中，发射光的波长 (b) 最短的，(c) 次短的，(d) 最长的和 (e) 第二长的波长各是多少？(f) 在能级图上画出各种可能的发射方式。如果恰好发射了波长为 29.4nm 的光，以后它有可能再发射的光的 (g) 最长和 (h) 最短的波长各是多少？

30. 计算氢原子基态中的电子在半径为 a 和 $2a$ 的两个球壳之间被发现的概率。a 是玻尔半径。

31. 电子被陷俘在一维无限深势阱中。与 $n=5$ 能级的能量相等的能量差所对应的 (a) 高能级的量子数和 (b) 低能级的量子数各是多少？(c) 证明没有一对相邻能级的能量差等于 $n=6$ 能级的能量。

32. 氢原子量子态的波函数用图 39-21 所示的点阵图描述，$n=2$ 和 $\ell=m_\ell=0$ 的波函数是

$$\psi_{200}(r)=\frac{1}{4\sqrt{2\pi}}a^{-3/2}\left(2-\frac{r}{a}\right)e^{-r/2a}$$

其中，a 是玻尔半径；$\psi(r)$ 的下标给出量子数 n、ℓ、m_ℓ 的数值。(a) 画出 $\psi_{200}^2(r)$ 的点阵图，并证明你的图和图 39-21 中的点阵图是一致的。(b) 用解析的方法证明 $\psi_{200}^2(r)$ 在 $r=4a$ 处有最大值。(c) 求这个状态的径向概率密度 $P_{200}(r)$。(d) 证明

$$\int_0^{+\infty}P_{200}(r)\,dr=1$$

而这也说明上面的波函数 $\psi_{200}(r)$ 的表达式已经是归一化的了。

33. 证明氢原子基态的径向概率密度［式（39-44）］是归一化的。即证明下式成立：

$$\int_0^{+\infty} P(r)\mathrm{d}r = 1$$

34. 在某一状态中的氢原子的结合能（取走电子所需的能量）是0.85eV，从这个状态跃迁到激发能量（这个状态和基态之间的能量差）为10.2eV的另一状态。(a) 这一跃迁发射光子的能量是多少？跃迁发射这个光子的（b）高能级量子数和（c）低能级量子数各是多少？

35. 基态的氢原子中，在大于玻尔半径的地方发现电子的概率是多大？

36. 质子被约束在宽120pm的一维无限深势阱中，它的基态能量是多少？

37. 氢原子基态的径向概率密度在 $r=a$ 处是极大，其中 a 是玻尔半径。证明由下式定义的 r 的平均值

$$r_{\mathrm{avg}} = \int P(r) r\mathrm{d}r$$

具有数值 $1.5a$。在这个 r_{avg} 的表达式中，$P(r)$ 的每一个值用所在点处的 r 值加权。注意，r 的平均值大于使 $P(r)$ 取得极大值的 r。

38. 一个电子被陷俘在无限深势阱中。什么样的（a）较高的量子数和（b）较低的量子数所对应的能级间的能量差等于能级 $n=4$ 和 $n=3$ 之间的能量差 ΔE_{43}？（c）证明没有一对相邻能级具有等于 $2\Delta E_{43}$ 的能量差。

39. 当氢原子的主量子数 n 是什么值时，它的概率密度点阵图上表示出来的有效半径等于1.0mm？设 ℓ 的最大值为 $n-1$。（提示：参见图39-24。）

40. 氢原子从基态激发到 $n=4$ 状态。(a) 原子要吸收多少能量？考虑原子以几种不同的可能方式退激发到基态所发射的光子的能量。(b) 可能有多少种不同的能量？(c) 最高的，(d) 次最高的，(e) 第三最高的，(f) 最低的，(g) 次最低的，(h) 第三最低的能量各是多大？

41. 图39-7的有限势阱中 $n=2$ 状态的电子从外界能源吸收400eV能量。利用图39-9的能级图，确定电子吸收这些能量后的动能。设电子移动到 $x>L$ 的位置。

42. 电子被约束在图39-13所示的宽度 $L_x=800\mathrm{pm}$、$L_y=1200\mathrm{pm}$ 的矩形围栏中。电子的基态能量是多少？

43. 陷俘在宽100pm的一维无限深势阱中的电子处在它的基态。你在宽度为 $\Delta x=5.0\mathrm{pm}$ 的区间内探测到电子的概率是多大？假设区间 Δx 的中心在（a）$x=25\mathrm{pm}$，(b) $x=50\mathrm{pm}$，以及（c）$x=90\mathrm{pm}$ 处。（提示：区间 Δx 是如此的窄，你可以把其中的概率密度取作常量。）

44. 电子被陷俘在一维无限深势阱中并且处在它的第一激发态。图39-27标出了电子通过吸收一个光子从这个初始状态跃迁到高能态的光的5个最长的波长：

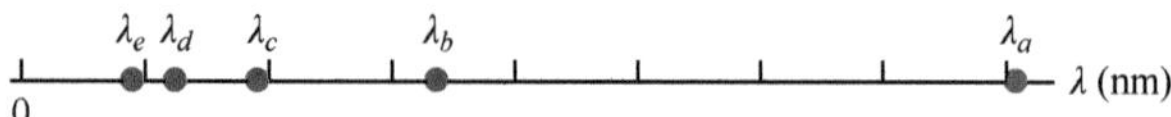

图39-27　习题44图

$\lambda_a=80.78\mathrm{nm}$，$\lambda_b=33.66\mathrm{nm}$，$\lambda_c=19.23\mathrm{nm}$，$\lambda_d=12.62\mathrm{nm}$，$\lambda_e=8.98\mathrm{nm}$。势阱宽度是多少？

45. 长度 L 的一维无限深势阱中电子的基态能量为 E_1。若长度改变为 L_1'，则新的基态能量成为 $E_1'=0.500E_1$。L'/L 为多少？

46. 图39-28表示 xy 平面上包含一个电子的二维无限深势阱。我们沿二等分 L_x 的直线探测电子，发现有3个点的概率是极大值。这些点之间的距离是2.00nm，然后我们沿二等分 L_y 的线探测，发现在5个点上探测到的概率是极大。这些点之间的距离是3.00nm。电子的能量是多少？

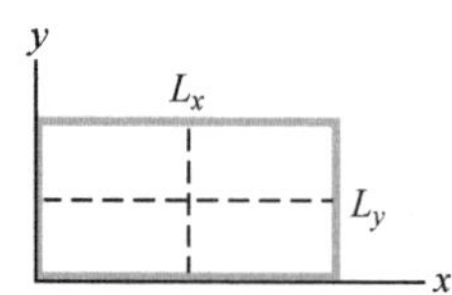

图39-28　习题46图

47. 把原子核看作一个宽度相当于典型的原子核直径 $L=1.4\times10^{-14}\mathrm{m}$ 的一维无限深势阱。假如有一个电子陷俘在这样的势阱中，它的基态能量可能是多大？（注意：原子核中没有电子。）

48. 陷俘在宽为250pm的一维无限深势阱中的电子处于它的基态。如果要使它跃迁到 $n=5$ 的状态必须吸收多少能量？

49. 电子（质量 m）被包围在宽度 $L_x=L_y=L_z$ 的立方形盒子中。(a) 如果电子要在最低的5个能级中任意两个能级之间跃迁，电子吸收或发射的不同光的频率各是多少？分别乘以多少倍的 $h/(8mL^2)$ 才能得到（b）最低的频率，(c) 次最低的频率，(d) 第三低的频率，(e) 最高的频率，(f) 次最高的频率，(g) 第三最高的频率？

50. (a) 图39-21的点阵图描述的概率密度代表的氢原子电子的能量 E 是多少？(b) 把这个电子从原子中取出最少需要多少能量？

51. 图39-29a表示有限的一维势阱能级图，其中有一个电子。非量子化区域从 $E_4=450.0\mathrm{eV}$ 开始。图39-29b表示处于基态的电子的吸收光谱，它可以吸收图上表示的波长：$\lambda_a=14.588\mathrm{nm}$，$\lambda_b=4.8437\mathrm{nm}$，以及任何小于 $\lambda_c=2.9108\mathrm{nm}$ 的波长。第一激发态的能量是多大？

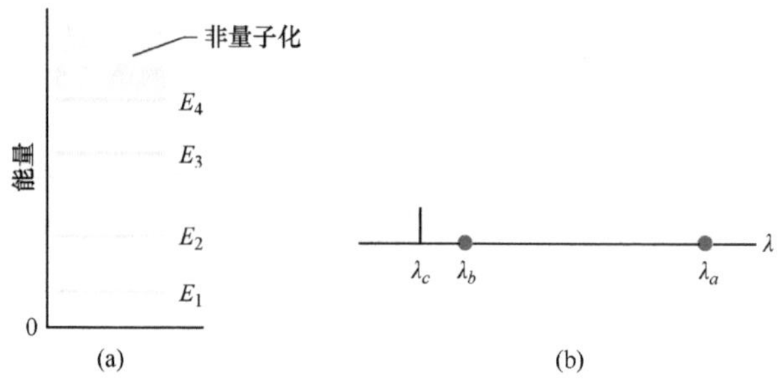

图39-29　习题51图

52. 陷俘在宽为 300pm 的一维无限深势阱中的(a)电子和(b)质子的基态能量各是多少?

53. 如果一个陷俘在一维无限深势阱中的电子在 $n=3$ 状态下的能量是 4.7eV,势阱的宽度应该是多少?

54. 陷俘在宽度为 200pm 的无限深势阱中的电子处在基态。通过吸收一个光子使电子从基态激发,光的(a)最长的波长,(b)次最长的波长,(c)第三最长的波长各是多少?

55. 电子(质量 m)被包围在宽度 $L_x=L$,$L_y=2L$ 的矩形围栏中。(a)电子在最低的5个能级中的任意两个能级之间跃迁可以吸收或发射多少种不同频率的光?分别乘以多少倍的 $h/(8mL^2)$ 才能得到(b)最低的频率,(c)次最低的频率,(d)第三最低的频率,(e)最高的频率,(f)次最高的频率,以及(g)第三最高的频率?

CHAPTER 40

第 40 章　都与原子有关

40-1　原子的性质

学习目标

读完这一单元后，你应当能够……

40.01　说明电离能对原子序数 Z 的曲线图中所看到的图样。

40.02　知道原子具有角动量和磁性。

40.03　说明爱因斯坦-德哈斯实验。

40.04　认明原子中电子的五个量子数和每个量子数允许的数值。

40.05　确定给定的壳层和支壳层中允许的电子状态的数目。

40.06　懂得原子中的电子具有轨道角动量 $\vec{L}$ 和轨道磁偶极矩 $\vec{\mu}_{orb}$。

40.07　计算用轨道量子数表示的轨道角动量 $\vec{L}$ 和轨道磁偶极矩 $\vec{\mu}_{orb}$ 的数值。

40.08　应用轨道角动量 $\vec{L}$ 和轨道磁偶极矩 $\vec{\mu}_{orb}$ 之间的关系。

40.09　懂得 $\vec{L}$ 和 $\vec{\mu}_{orb}$ 不能被观察（测量）到，只有在测量轴（通称为 z 轴）上的分量可以被测量到。

40.10　利用轨道磁量子数 m_ℓ 计算轨道角动量 $\vec{L}$ 的 z 分量 L_z。

40.11　利用轨道磁量子数 m_ℓ 和玻尔磁子 μ_B 计算轨道磁偶极矩 $\vec{\mu}_{orb}$ 的 z 分量 $\mu_{orb,z}$。

40.12　对给定的轨道状态或自旋状态，计算半经典的角度 θ。

40.13　懂得自旋角动量 $\vec{S}$（通常简称为自旋）和自旋磁偶极矩 $\vec{\mu}_s$ 是电子的内禀性质（也是质子和中子的内禀性质）。

40.14　计算用自旋量子数 S 表示的自旋角动量 $\vec{S}$ 和自旋磁偶极矩 $\vec{\mu}_s$ 的数值。

40.15　应用自旋角动量 $\vec{S}$ 和自旋磁偶极矩 $\vec{\mu}_s$ 之间的关系。

40.16　懂得 $\vec{S}$ 和 $\vec{\mu}_s$ 不能被观察（测量）到，只有测量轴上的分量可以观察到。

40.17　利用自旋磁量子数 m_s 计算自旋角动量 $\vec{S}$ 的 z 分量 S_z。

40.18　利用自旋磁量子数 m_s 和玻尔磁子 μ_B 计算自旋磁偶极矩 $\vec{\mu}_s$ 的 z 分量 $\mu_{s,z}$。

40.19　认明原子的等效磁偶极矩。

关键概念

- 原子具有量子化的能量并且在这些量子化能量间可以发生量子跃迁。如果较高能量和较低能量间的跃迁伴随着光子的发射或吸收，则光的频率由下式给出：

$$hf = E_{high} - E_{low}$$

- 有相同量子数 n 的数值的状态组成壳层。
- 有相同量子数 n 和 ℓ 的数值的状态组成支壳层。
- 陷俘在原子中的电子的轨道角动量具有下式给出的量子化数值：

$$L = \sqrt{\ell(\ell+1)}\hbar, \quad \ell = 0, 1, 2, \cdots, (n-1)$$

其中，$\hbar$是 $h/(2\pi)$；ℓ 是轨道角量子数；n 是电子的主量子数。

- 轨道角动量在 z 轴上的分量 L_z 是量子化的，由下式给出：

$$L_z = m_\ell\hbar, \quad m_\ell = 0, \pm1, \pm2, \cdots, \pm\ell$$

其中，m_ℓ 是轨道磁量子数。

- 电子的轨道磁矩的数值 μ_{orb} 是量子化的，它的数值为

$$\mu_{orb} = \frac{e}{m}\sqrt{\ell(\ell+1)}\hbar$$

其中，m 是电子质量。

- 轨道磁矩在 z 轴上的分量 μ_{orb} 也是量子化的，量

子化公式是

$$\mu_{\text{orb},z}=-\frac{e}{2m}m_\ell\hbar=-m_\ell\mu_B$$

其中，μ_B 是玻尔磁子：

$$\mu_B=\frac{eh}{4\pi m}=\frac{e\hbar}{2m}=9.274\times10^{-24}\text{J/T}$$

- 每一个电子，无论是被陷俘的还是自由的，都有内禀自旋角动量 $\vec{S}$，它的数值是量子化的：

$$S=\sqrt{s(s+1)}\hbar,\quad s=\frac{1}{2}$$

其中，s 是自旋量子数。我们说电子是自旋$\frac{1}{2}$粒子。

- 自旋角动量在 z 轴上的分量 S_z 也是量子化的：

$$S_z=m_s\hbar,\quad m_s=\pm s=\pm\frac{1}{2}$$

其中，m_s 是自旋磁量子数。

- 无论是陷俘的还是自由的，每一个电子都有内禀自旋磁偶极矩 $\vec{\mu}_s$，它的数值是量子化的：

$$\mu_s=\frac{e}{m}\sqrt{s(s+1)}\hbar,\quad s=\frac{1}{2}$$

- z 轴上的分量 $\mu_{s,z}$ 也是量子化的：

$$\mu_{s,z}=-2m_s\mu_B,\quad m_s=\pm\frac{1}{2}$$

什么是物理学?

这一章里我们继续追踪物理学最初的目标——发现并认识原子的性质。大约 100 年前，研究人员为寻找证实原子存在的实验证据而努力。现在我们把原子的存在视为理所当然的，甚至已经有了原子的照片（扫描隧穿显微镜图像）。我们可以把原子在表面上拖着移动，就像图 39-12 的照片中所显示的建造量子围栏那样。我们甚至可以把个别原子无限期地保持在陷阱中（见图 40-1），这样就可以使一个原子从其他原子中完全孤立出来，从而研究它的性质。

Courtesy Warren Nagourney

图 40-1 图上的蓝色斑点是长时间保持在陷阱中的一个钡离子发射的光的照片，这个实验是在华盛顿大学做的。特殊的技术使离子在同一对能级间一次又一次地重复跃迁发光。这一亮点累积了发射的许多光子。

原子的一些性质

有人可能会认为原子物理学的细节和我们的日常生活离得很远。可是，想一想以下原子的性质——这些性质是如此的基本，所以我们很少想到它们——是如何影响我们在世界中生活的方式。

原子是稳定的 形成我们的现实世界的所有原子实际上已经一成不变地存在了几十亿年。假如原子不断地变化成其他的形式，或许每隔几个星期，或每隔几年就要改变，那么这个世界会是什么样子的呢?

原子会互相结合 它们组合起来形成稳定的分子，它们还会堆积起来形成固体。原子中绝大部分是虚空的空间，但是你可以站在地板——由原子组成——上而不会穿过地板掉下去。

原子的这些基本性质可以用量子物理学来解释，像以下三个不很明显的性质都可以用量子物理学予以说明。

原子是有规律地组合起来的

图 40-2 是元素周期性重复的性质作为它们在周期表（附录 G）中位置的函数的一个例子。图上画的是元素的**电离能**曲线；从中性原子中取出结合最弱的电子所需的能量作为该原子所属的元素在周期表中位置的函数。周期表的每一纵列（族）中元素的化学和物理性质的显著相似性是原子按照一定的规则构成的充分证据。

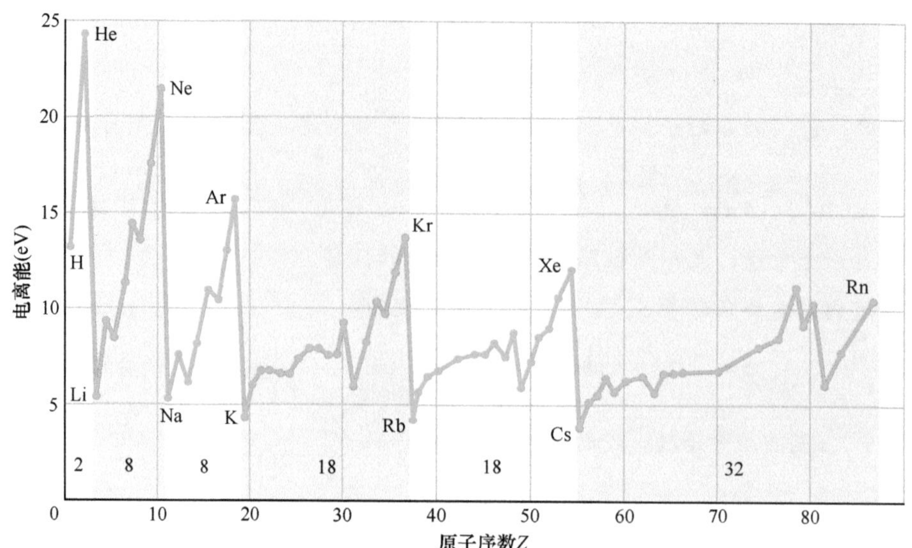

图 40-2　元素的电离能作为原子序数的函数的曲线图。图上显示周期表上 6 个整周期中性质的周期性重复。图上标出了每一个周期中元素的数目。

周期表中的元素被排列成 6 个完整的、水平排列的**周期**（和第七个不完整的周期）：除第一个周期外，每一个周期左边都从极其活泼的碱金属（锂、钠、钾等）开始，右边都以化学上惰性气体（氖、氩、氪等）为结束。量子物理学解释了这些元素的化学性质。这 6 个周期的元素数目分别是

2,8,8,18,18 和 32

量子物理学预言了这些数字。

原子发射和吸收光

我们已经知道原子只能存在于离散的量子态中，每一个状态有确定的能量。原子可以通过发射光从一个状态跃迁到另一个状态（跃迁到更低的能级 E_{low}），或吸收光（跃迁到更高的能级 E_{high}）。正如我们最早在 39-1 单元中讨论过的，作为光子发射或吸收的光的能量是

$$hf = E_{high} - E_{low} \tag{40-1}$$

因此，求原子发射或吸收光的频率也就是求这个原子的量子态的能量问题。量子物理学允许我们可以——至少在原则上——计算这些能量。

原子具有角动量和磁性

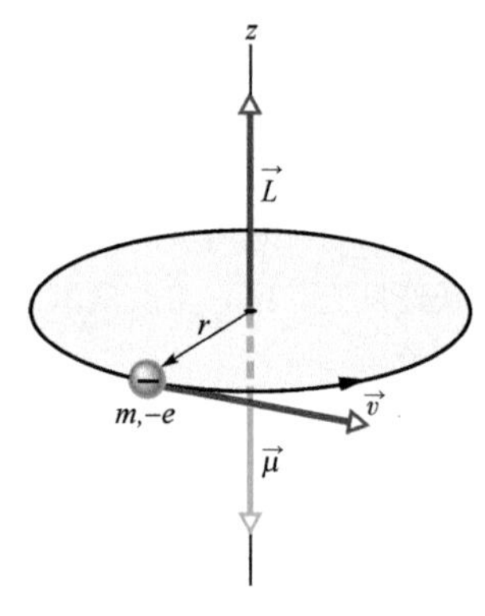

图 40-3　表示质量为 m、电荷为 $-e$ 的粒子以速率 v 在半径为 r 的圆轨道上运动的经典模型。运动粒子的角动量 $\vec{L}$ 由 $\vec{r}\times\vec{p}$ 得到，$\vec{p}$ 是粒子的线动量 $m\vec{v}$。粒子的运动等价于一个电流回路，它产生的磁矩 $\vec{\mu}$ 和 $\vec{L}$ 的方向相反。

图 40-3 表示一个负的带电粒子在圆周轨道上绕固定中心的运动。我们在 32-5 单元中讨论过，在轨道上绕行的粒子有角动量 $\vec{L}$ 并且（因为它的绕行路径等效于小的电流回路）也有磁偶极矩 $\vec{\mu}$。如图 40-3 所示，矢量 $\vec{L}$ 和 $\vec{\mu}$ 都垂直于轨道平面，但因为电荷是负的，所以这两个矢量的指向相反。

图 40-3 的模型是严格的经典模型，它并不能准确地描述原子中的电子。在量子物理学中，刚性的轨道模型被概率密度模型所取代，最好是用点阵图来形象地描绘。然而在量子物理学中，一

般说来仍旧是正确的是：原子中每一个电子的量子态都包含角动量$\vec{L}$和磁偶极矩$\vec{\mu}$，它们的方向相反（这两个矢量被说成是耦合的）。

爱因斯坦-德哈斯实验

1915年，先于量子物理学上的发现，阿尔伯特·爱因斯坦和荷兰物理学家德哈斯（W. J. de Haas）完成了一个巧妙的实验，证明了个别原子的角动量和磁矩是耦合的。

爱因斯坦和德哈斯将一个铁制圆柱体用一根细线悬挂起来，如图40-4所示。一根螺线管套在圆柱体外面，但不接触它。起初，圆柱体中的原子的磁偶极矩$\vec{\mu}$随机指向，所以它们对外的磁场效应相互抵消（见图40-4a）。然而，当螺线管中通以电流（见图40-4b）时，建立起平行于圆柱体长轴的磁场$\vec{B}$，圆柱体中原子的磁偶极矩会重新取向并沿磁场排列。如果每个原子的角动量$\vec{L}$是和它的磁偶极矩$\vec{\mu}$耦合在一起的，那么原子磁矩的这种排列整齐必定会导致原子的角动量和磁场方向相反地排列整齐。

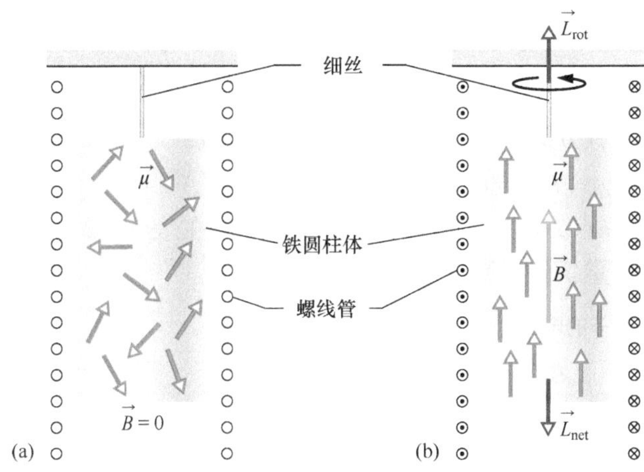

图40-4 爱因斯坦-德哈斯实验装置。（a）起初铁圆柱体中的磁场为零，铁原子的磁偶极矩矢量$\vec{\mu}$随机取向。（b）当加上沿圆柱体轴线方向的磁场$\vec{B}$后，磁偶极矩矢量转向平行于$\vec{B}$排列整齐，于是圆柱体开始旋转。

起初没有外转矩作用在圆柱体上：因而它的角动量必定始终保持在最初的零值。然而，当$\vec{B}$被加上时，原子的角动量取向转到反向平行于$\vec{B}$排列整齐，它们要给整个圆柱体一个净角动量$\vec{L}_{net}$（图40-4b中方向向下）。为保持零角动量，圆柱体开始绕它的中心轴转动，并产生相反方向上（图40-4b中向上）的角动量$\vec{L}_{rot}$。

悬挂细丝的扭转很快就产生了一个转矩，使圆柱体的转动暂时停止，然后，细丝的扭转力又使圆柱体向相反的方向转动。就这样，可以使圆柱体绕原来的轴线做简谐角振荡，不断扭转和还原。

观察到圆柱体的转动证实了原子的角动量和磁偶极矩以相反的

方向耦合。还有，这令人信服地演示了和原子的量子态相联系的角动量可以产生日常接触到的大小尺寸的物体可以看得见的转动。

角动量和磁偶极矩

原子中电子的每一量子态都有相关的轨道角动量和轨道磁偶极矩。每一个电子，无论是陷俘在原子中或是自由的电子，都有自旋角动量和自旋磁偶极矩，这和它的质量和电荷一样都是内禀的性质。下面我们要讨论这几种物理量。

轨道角动量

按经典力学，运动的粒子相对于任意给定的参考点具有角动量 $\vec{L}$。在第 11 章中，我们把角动量写成叉乘 $\vec{L}=\vec{r}\times\vec{p}$，其中 $\vec{r}$ 是从参考点到粒子的位置矢量，$\vec{p}$ 是粒子的线动量（$m\vec{v}$）。虽然原子中的电子不是经典的运动粒子，但它也有 $\vec{L}=\vec{r}\times\vec{p}$ 给出的角动量，原子核是参考点。然而，和经典粒子不同，电子的**轨道角动量** $\vec{L}$ 是量子化的。对于氢原子中的电子，我们可以通过解薛定谔方程求出量子化的（允许的）数值。对这种和另外任何情况。我们也可以通过适当的数学运算对量子态中的叉积求出量子化的数值。（这种数学运算是线性代数，你可以在你的选课表中找到这门课程。）每一种方法都可以得到 $\vec{L}$ 的允许数值是

$$L=\sqrt{\ell(\ell+1)}\hbar,\ell=0,1,2,\cdots,(n-1) \qquad (40\text{-}2)$$

其中，$\hbar=h/(2\pi)$；ℓ 是轨道量子数（曾在表 39-2 中介绍，在表 40-1 中重新列出）；n 是电子的主量子数。

表 40-1 原子的电子态

量子数	符号	允许值	相关
主	n	1, 2, 3, …	到原子核的距离
轨道	ℓ	0, 1, 2, …, $(n-1)$	轨道角动量
轨道磁	m_ℓ	0, ±1, ±2, …, $\pm\ell$	轨道角动量（z 分量）
自旋	s	$\frac{1}{2}$	自旋角动量
自旋磁	m_s	$\pm\frac{1}{2}$	自旋角动量（z 分量）

电子可以具有式（40-2）允许的状态中的一个给出 L 的确定数值，但它不能给出矢量 $\vec{L}$ 的明确方向。可是，我们可以测量出（探测到）L 沿选定的测量轴（通常选作 z 轴）的分量 L_z 的确定数值为

$$L_z=m_\ell\hbar, \quad m_\ell=0,\pm1,\pm2,\cdots,\pm\ell \qquad (40\text{-}3)$$

其中，m_ℓ 是轨道磁量子数（见表 40-1）。可是，如果电子具有确定的 L_z 数值，它就不会有确定的 L_x 和 L_y 的数值。我们无法避开这个不确定性，譬如说先测量 L_z（得到一个确定的数值），然后再测量 L_x（得到一个确定的数值），因为第二次测量就会改变 L_z，因而我们不再有它原来的确定数值。还有，我们永远不可能发现 $\vec{L}$ 沿着某一个轴，因为这样的话，它就有明确的方向和沿其他轴的确定分量（即，分量为零）。

描绘 L_z 的允许值的常用方法画在图 40-5 中，图中画出 $\ell=2$ 的情形。但是，不要把这幅图看得太真实，因为它（不正确地）暗示 $\vec{L}$ 有图上画出的矢量那样的明确方向。不过，这幅图仍旧可以让我们把五个可能的 z 分量和整个矢量（它的数值是 $\hbar\sqrt{6}$）联系起来并定义半经典的角度 θ

$$\cos\theta=\frac{L_z}{L} \tag{40-4}$$

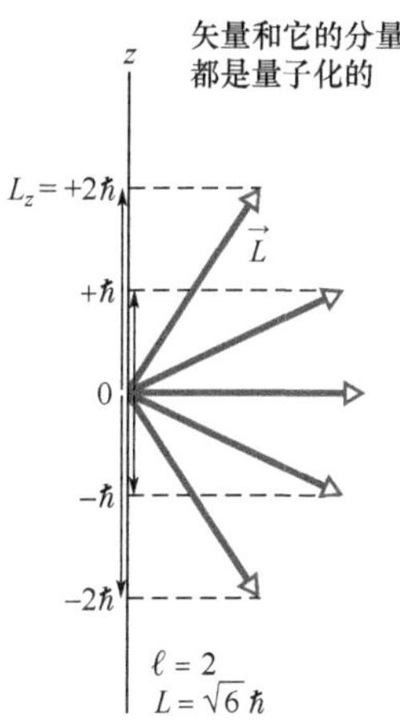

图 40-5 在 $\ell=2$ 的量子态中，电子的允许 L_z 数值。对图中每一个轨道角动量矢量 $\vec{L}$，都有一个指向与 $\vec{L}$ 相反的，表示轨道磁偶极矩 $\vec{\mu}_{orb}$ 的数值和方向的矢量。

轨道磁偶极矩

在经典物理学中，如我们在 32-5 单元中讨论的那样，沿圆轨道运动的带电粒子会建立磁偶极子的磁场。由式（32-38），和经典粒子的角动量相联系的偶极矩有以下关系

$$\vec{\mu}_{orb}=-\frac{e}{2m}\vec{L} \tag{40-5}$$

其中，m 是粒子的质量（这里是电子）；负号表示式（40-5）中的两个矢量的方向相反，这是由于电子带负电荷造成的。

原子中的电子也有轨道磁偶极矩，也由式（40-5）给出，但是 $\vec{\mu}_{orb}$ 是量子化的。我们将式（40-2）代入，得到所允许的数值：

$$\mu_{orb}=\frac{e}{2m}\sqrt{\ell(\ell+1)}\hbar \tag{40-6}$$

和角动量一样，$\vec{\mu}_{orb}$ 有确定的数值但没有确定的方向。在最好的情形中我们可以实现的是测量它在 z 轴上的分量，这个分量可以具有下式给出的确定数值：

$$\mu_{orb,z}=-m_\ell\frac{e\hbar}{2m}=-m_\ell\mu_B \tag{40-7}$$

μ_B 是玻尔磁子。

$$\mu_B=\frac{eh}{4\pi m}=\frac{e\hbar}{2m}=9.274\times10^{-24}\,\text{J/T} \tag{40-8}$$

如果这个电子有确定的 $\mu_{orb,z}$ 值，它就不能有 $\mu_{orb,x}$ 和 $\mu_{orb,y}$ 的确定值。

自旋角动量

每一个电子，不论它是在原子里面还是自由的，都有内禀角动量，可是却没有与经典物理相对应的概念（不是 $\vec{r}\times\vec{p}$ 的形式），我们称它为自旋角动量 $\vec{S}$（或简称自旋），可是这个名字会引起误解，因为电子并不在自转。电子里面确实根本就没有任何旋转的东西，可是电子却有角动量。$\vec{S}$ 的数值是量子化的，它的数值局限于

$$S=\sqrt{s(s+1)}\hbar,\quad s=\frac{1}{2} \tag{40-9}$$

其中，s 是自旋量子数。每个电子都是 $s=\frac{1}{2}$，电子称为自旋 $\frac{1}{2}$ 粒子。（质子和中子也是自旋 $\frac{1}{2}$ 粒子。）这里的符号可能会引起混淆，因为 $\vec{S}$ 和 s 常常指的都是自旋。

和角动量与运动的关系一样，这个内禀角动量有确定的数值但没有确定的方向。我们能做到的最好情况是测量它在 z 轴上的分

量，并且分量只可能具有下式给出的确定数值：

$$S_z = m_s\hbar, \quad m_s = \pm s = \pm\frac{1}{2} \tag{40-10}$$

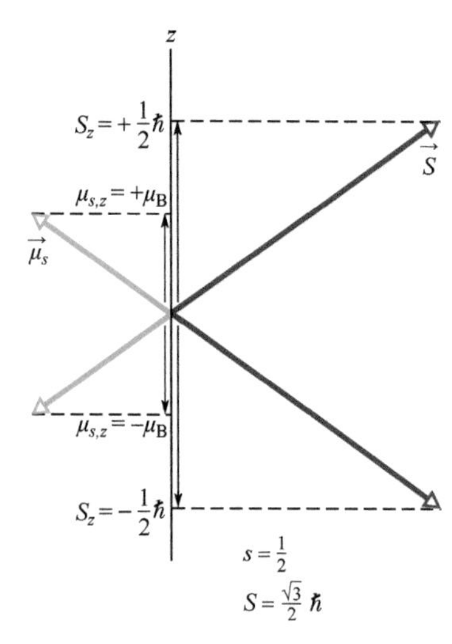

图 40-6 电子的 S_z 和 μ_z 的允许值。

其中，m_s 是*自旋磁量子数*，它只有两个数值 $m_s = +s = +\frac{1}{2}$（我们称电子*自旋向上*）和 $m_s = -s = -\frac{1}{2}$（称电子*自旋向下*）。还有，如果 S_z 有确定的数值，那么 S_x 和 S_y 就没有。图 40-6 是另一幅图，没有必要把它看作完全真实的情况，但用它来表示 S_z 的可能值还是很好的。

电子自旋的存在是荷兰的两位研究生乌伦贝克（George Uhlenbeck）和古斯米特（Samuel Goudsmit）通过他们对原子光谱的研究，在实验证据的基础上提出的。自旋的理论基础是在几年之后由英国物理学家狄拉克（P. A. M. Dirac）提出的，狄拉克发展了电子的相对论量子力学。

我们现在已经知道了表 40-1 中列出的电子的全部量子数。如果电子是自由的，它只有内禀量子数 s 和 m_s。如果电子被陷俘在原子内，它还有量子数 n、ℓ 和 m_ℓ。

自旋磁偶极矩

和轨道角动量一样，有磁偶极矩和自旋角动量相联系着：

$$\vec{\mu}_s = -\frac{e}{m}\vec{S} \tag{40-11}$$

其中，负号表示两个矢量方向相反，这是因为电子带负电荷这个事实。$\vec{\mu}_s$ 是电子的内禀性质。矢量 $\vec{\mu}_s$ 没有确定的方向，但它有下式给出的确定的数值：

$$\mu_s = \frac{e}{m}\sqrt{s(s+1)}\hbar \tag{40-12}$$

这个矢量也可以有 z 轴上确定的分量：

$$\mu_{s,z} = -2m_s\mu_B \tag{40-13}$$

但这意味着没有确定的 $\mu_{s,x}$ 和 $\mu_{s,y}$ 的值。图 40-6 中画出了可能的 $\mu_{s,z}$值。下一单元我们要讨论式（40-13）中量子化性质的早期实验证据。

壳层和支壳层

我们在 39-5 单元中曾经讨论过，同样 n 的所有状态组成*壳层*，同样 n 和 ℓ 数值的所有状态形成*支壳层*。如表 40-1 中列出的，对于给定的 ℓ，有 $2\ell+1$ 个可能的量子数 m_ℓ 的数值，对每个 m_ℓ 还有两个可能的量子数 m_s 的数值（自旋向上和自旋向下）。因此，在一个支壳层中有 $2\ell(\ell+1)$ 个状态。如果我们计算给定量子数 n 的壳层中的全部状态数，我们会得到这个壳层中总的状态数是 $2n^2$。

轨道和自旋角动量的组合

对于多于一个电子组成的原子，我们定义总角动量 $\vec{J}$，它是各个电子的角动量的矢量和——包括它们的轨道角动量和自旋角动量。周期表中的每一个元素是用该元素原子的原子核中质子的数目来定义的。质子的数目定义为元素的*原子序数*（或*电荷数*）Z。

因为一个电中性的原子包含相等数目的质子和电子，所以 Z 也是中性原子中电子的数目，我们利用这个事实得到中心原子的 $\vec{J}$ 的数值是

$$\vec{J}=(\vec{L}_1+\vec{L}_2+\vec{L}_3+\cdots+\vec{L}_Z)+(\vec{S}_1+\vec{S}_2+\vec{S}_3+\cdots+\vec{S}_Z) \tag{40-14}$$

同理，多电子原子的总磁偶极矩是它的各个电子的磁偶极矩（包括轨道磁偶极矩和自旋磁偶极矩）的矢量和。然而，由于式(40-13)中的因子2，原子组合成总磁偶极矩和矢量 $-\vec{J}$ 的方向并不相同，而且它和这个矢量成一定的角度。原子的**有效磁偶极矩** $\vec{\mu}_{\text{eff}}$是各个磁偶极矩的矢量和在 $-\vec{J}$ 方向上的分量（见图40-7）。在典型的原子中，大多数电子的轨道角动量和自旋角动量的矢量和是零。这种原子的 $\vec{J}$ 和 $\vec{\mu}_{\text{eff}}$是由相对少的几个电子决定的，通常只由一个价电子决定。

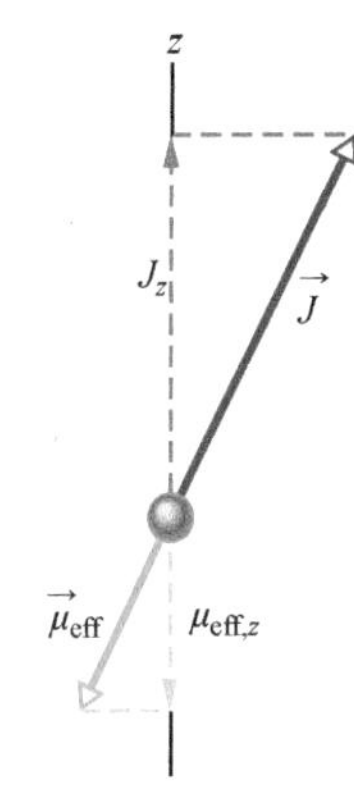

图 40-7 表示总角动量矢量 $\vec{J}$ 和有效磁矩矢量 μ_{eff}的经典模型。

检查点 1

一个电子处在轨道角动量 $\vec{L}$ 的数值是 $2\sqrt{3}\hbar$的量子状态中。允许的电子轨道磁偶极矩在 z 轴上的投影有多少？

40-2 施特恩-格拉赫实验

学习目标

学完这一单元后，你应当能够……

40.20 画出施特恩-格拉赫实验的略图，说明所需的原子的类型，预期的结果，实际的结果，以及实验的重要性。

40.21 应用施特恩-格拉赫实验中的磁场梯度和作用在原子上力的关系。

关键概念

- 施特恩-格拉赫实验演示银原子磁矩是量子化的，实验证明了原子能级上的磁矩是量子化的。
- 有磁偶极矩的原子在非均匀磁场中受到力的作用。如果场沿 z 轴以变化率 dB/dz 变化，则力沿着 z 轴，它的数值与磁偶极矩的分量 μ_z 的关系是

$$F_z=\mu_z\frac{dB}{dz}$$

施特恩-格拉赫实验

1922 年，德国汉堡大学的施特恩（Otto Stern）和格拉赫（Walther Gerlach）通过实验证明了银原子的磁矩是量子化的。如现在所知道的，在施特恩-格拉赫的实验中，银在炉子中被汽化，银蒸气中有一些原子通过炉壁上的一条狭缝逃逸出去并通过一条真空管。逃逸出来的原子中有一些又通过第二条狭缝，形成一束很窄的原子射线（见图40-8）。（我们说原子被准直了——形成一束——而第二条狭缝称为准直器。）原子束通过电磁铁的两磁极中间并落到一片玻璃探测板，银原子就积淀在板上。

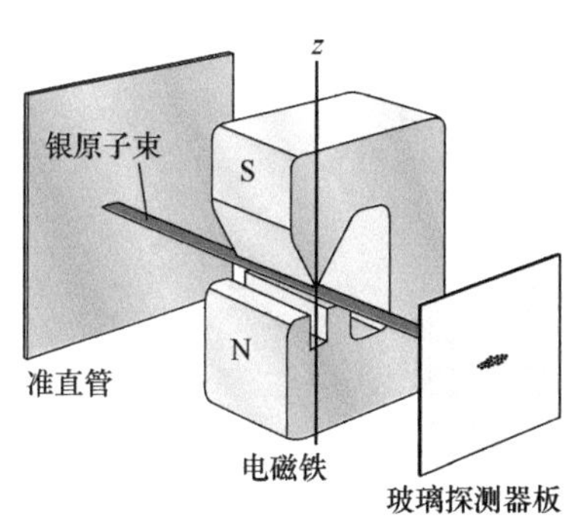

图 40-8 施特恩-格拉赫的实验装置。

当电磁铁被关掉时，银原子积淀成一窄条斑纹。然而，当电

磁铁的线圈通上电流时，银的积淀条纹会沿竖直方向分裂。原因是银原子是磁偶极子，所以当银原子通过电磁铁产生的竖直方向的磁场时会有竖直方向的磁场力作用于其上；这种力使银原子稍稍向上或向下偏离。因此，通过分析积淀在板上的银原子我们可以确定原子在磁场中发生了怎样的偏离。当施特恩和格拉赫在分析探测板上银的图样时，他们发现一个惊奇的现象。不过，在讨论这一惊奇的现象和它的量子解释之前，我们先讨论作用在银原子上的磁场偏转力。

作用在银原子上的磁场偏转力

我们以前还没有讨论过施特恩-格拉赫实验中的这种使银原子发生偏转的磁场力的类型。它并不是作用于运动的带电粒子上的磁场偏转力，就是说，不是式（28-2）（$\vec{F}=q\vec{v}\times\vec{B}$）给出的力。理由很简单：银原子是电中性的（它的净电荷 q 是零），因而按式（28-2）计算，这种类型的磁场力也是零。

我们要寻找的磁场力类型是来自电磁铁的磁场 $\vec{B}$ 和各个银原子的磁偶极矩之间的相互作用。我们可以从磁场中偶极子的能量 U 出发来推导这种相互作用中力的表达式。由式（28-38），得

$$U=-\vec{\mu}\cdot\vec{B} \tag{40-15}$$

其中，$\vec{\mu}$ 是银原子的磁偶极矩。在图 40-8 中，z 轴正方向和 $\vec{B}$ 的方向都是竖直向上的。因此，我们可以用原子磁偶极矩沿 $\vec{B}$ 方向的分量 μ_z 来写式（40-15）：

$$U=-\mu_z B \tag{40-16}$$

然后，对图 40-8 中的 z 轴应用式（8-22）（$F=-\mathrm{d}U/\mathrm{d}x$），我们得到

$$F_z=-\frac{\mathrm{d}U}{\mathrm{d}z}=\mu_z\frac{\mathrm{d}B}{\mathrm{d}z} \tag{40-17}$$

这就是我们要寻找的公式——当银原子经过磁场时使银原子发生偏转的磁场力方程式。

式（40-17）中$\dfrac{\mathrm{d}B}{\mathrm{d}z}$这一项是磁场沿 z 轴的梯度。如果处在沿 z 轴不改变（像在均匀的磁场中，或者没有磁场），则 $\mathrm{d}B/\mathrm{d}z=0$，银原子在经过两磁极之间时不会发生偏转。在施特恩-格拉赫实验中，磁极被设计成梯度 $\mathrm{d}B/\mathrm{d}z$ 尽可能最大，可以使得通过两磁极之间的银原子有尽可能大的竖直偏转，所以它们的偏转就出现在玻璃板上的积淀图样中。

按照经典物理学，通过图 40-8 中磁场的银原子磁偶极矩的分量 μ_z 应该分布在从 $-\mu$（偶极矩 $\vec{\mu}$ 的方向沿 z 轴向下）到 $+\mu$（$\vec{\mu}$ 沿 z 轴向上）的整个范围内。因此，由式（40-17），作用在原子上的力应当有一个范围，因而原子的偏转也应当有一个范围，从向下偏转最大逐渐改变到向上偏转最大。这意味着我们应当预期原子落在玻璃板上沿一竖直线分布，但它们不是。

实验的惊异

施特恩和格拉赫的发现是，银原子在玻璃板上形成两个分开

的点，一个点在假如没有偏转时落点的上方，另一个点则在假如没有偏转的落点下方的同样距离的位置。这两个点起初很淡而且看不见，但是当施特恩碰巧在吸过廉价的雪茄烟后对着玻璃板呼气时，这些点就变得可以看见了。原因是他呼气里面的硫（来自雪茄烟）和银结合产生了容易看见的黑色硫化银。

在图 40-9 的曲线中可以看出这两个点的效果，这幅图是现代版本施特恩-格拉赫实验的结果。在这个版本中，铯原子（和原来的施特恩-格拉赫实验中的银原子相似的磁偶极子）束通过有很大的竖直梯度 dB/dz 的磁场。磁场可以加上或关闭，探测器可以通过射束上下移动。

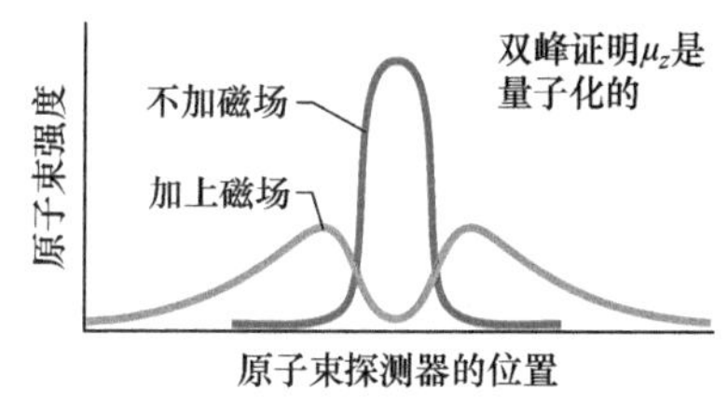

图 40-9 现代重做施特恩-格拉赫实验的结果。把电磁铁关掉，只有一束原子。电磁铁接通电流，原来的一束分裂成两束。两束原子分别对应于铯原子的磁矩平行和反平行于外磁场。

当磁场关闭时，原子束当然没有偏转，探测器记录下图 40-9 中所示的中央极大。加上磁场后，原来的原子束被磁场沿竖直方向分裂成较弱的两束，一束高于原来的没有偏转的原子束，另一束则在原来原子束的下面。探测器竖直上下移动，经过这两束较弱的原子束，并记录下图 40-9 中的两个峰的图样。

实验结果的意义

在施特恩-格拉赫原来的实验中，玻璃板上会形成两个银的斑点，而不是形成一条竖直的银线。这意味着不像经典物理学所预料的那样，沿着 $\vec{B}$（也就是沿着 z 轴）的分量 μ_z 可以有在 $-\mu$ 和 $+\mu$ 之间的任何值。和经典物理学不同，μ_z 只有两个数值，玻璃板上每一个斑点对应于一个数值。由此，原来的施特恩-格拉赫实验证明了 μ_z 是量子化的，（正确地）暗示 $\vec{\mu}$ 也是量子化的。此外，因为原子的角动量 $\vec{L}$ 和 $\vec{\mu}$ 相联系着，所以角动量和它的分量 L_z 也是量子化的。

有了近代量子理论，我们可以对施特恩-格拉赫实验中两个斑点的结果做更进一步的解释。我们现在知道，银原子包含许多电子，每一个电子都各有自旋磁矩和轨道磁矩。我们还知道，除了一个电子以外，所有这些磁矩都矢量相消。并且这个电子的轨道磁偶极矩是零。因此，银原子的总的磁偶极矩 $\vec{\mu}$ 只是一个电子的自旋磁偶极矩。按照式（40-13），这意味着图 40-8 中 μ_z 只有两个沿 z 轴的分量，一个分量的量子数是 $m_s=+\frac{1}{2}$（这个电子的自旋向上），另一个分量对应于量子数 $m_s=-\frac{1}{2}$（这个电子的自旋向下），代入式（40-13），给出

$$\mu_{s,z}=-2\left(+\frac{1}{2}\right)\mu_B=-\mu_B \text{ 及 } \mu_{s,z}=-2\left(-\frac{1}{2}\right)\mu_B=+\mu_B \tag{40-18}$$

然后将这两个 μ_z 的公式代入式（40-17），我们发现在银原子经过磁场的时候所受到的偏转力的分量 F_z 只可能有两个数值：

$$F_z=-\mu_B\left(\frac{dB}{dz}\right) \text{和 } F_z=+\mu_B\left(\frac{dB}{dz}\right) \tag{40-19}$$

结果在玻璃玻上形成两个斑点。虽然当时没有人知道自旋，但施特恩-格拉赫的结果实际上却是电子自旋的第一个实验证据。

例题 40.01　施特恩-格拉赫实验中原子束的分离

在图 40-8 的施特恩-格拉赫实验中，银原子束通过沿 z 轴的、梯度$\frac{dB}{dz}$数值为 1.4T/mm 的磁场。这个区域沿原来射束的方向的长度 w 是 3.5cm。原子的速率是 750m/s。当原子离开磁场梯度区域时，原子被偏转了多大距离 d？银原子的质量 M 是 1.8×10^{-25}kg。

【关键概念】

（1）银原子射束中原子的偏转是由于原子的磁偶极矩和梯度为 dB/dz 的不均匀磁场的相互作用。偏转力沿磁场梯度的方向（沿 z 轴）和它的大小由式（40-19）中的两个方程式给出。这里只考虑沿正 z 方向的偏转；所以我们用式（40-19）中的 $F_z=\mu_B(dB/dz)$ 这个公式。

（2）我们假设在银原子经过的整个磁场区域内磁场梯度$\frac{dB}{dz}$都有同样的数值。因此，在这个区域内力的分量 F_z 是常量，由牛顿第二定律，F_z 产生的原子沿 z 轴的加速度 a_z 也是常量。

解： 把这些概念结合在一起，我们写出加速度

$$a_z=\frac{F_z}{M}=\frac{\mu_B(dB/dz)}{M}$$

因为加速度是常量，所以我们可以应用式（2-15）（从表2-1 中得到）写出平行于 z 轴的偏移 d 为

$$d=v_{0z}t+\frac{1}{2}a_zt^2=0t+\frac{1}{2}\left(\frac{\mu_B(dB/dz)}{M}\right)t^2 \tag{40-20}$$

因为作用在原子上的偏转力垂直于原子原来的运动方向，所以原子沿原来的运动方向的速度分量 v 不会因力的作用而改变。由此，原子在原来运动方向上经过长度 w 所需的时间 $t=w/v$。将 w/v 代入式（40-20）中的 t，我们得到

$$d=\frac{1}{2}\left(\frac{\mu_B(dB/dz)}{M}\right)\left(\frac{w}{v}\right)^2=\frac{\mu_B(dB/dz)w^2}{2Mv^2}$$

$$=(9.27\times10^{-24}\text{J/T})(1.4\times10^{3}\text{T/m})\times\frac{(3.5\times10^{-2}\text{m})^2}{(2)(1.8\times10^{-25}\text{kg})(750\text{m/s})^2}$$

$$=7.85\times10^{-5}\text{m}\approx0.08\text{mm}$$　（答案）

两束原子射束分开的距离是这个数值的两倍，即 0.16mm。这个距离虽然不大，但很容易测量出来。

WILEY PLUS 在 WileyPLUS 中可以找到附加的例题、视频和练习。

40-3　磁共振

学习目标

学完这一单元后，你应当能够……

40.22　对磁场中的质子，画出场矢量和较低能态及较高能态的质子磁矩矢量并包含自旋向上和自旋向下的标记。

40.23　对于磁场中的质子，计算两个自旋态之间的能量差，并求这两个态之间跃迁所需光子的频率和波长。

40.24　说明产生核磁共振谱的过程。

关键概念

- 质子具有内禀自旋角动量 $\vec{S}$ 和内禀磁偶极矩 $\vec{\mu}$，而且它们在同一方向上（因为质子带正电荷）。
- 质子的磁偶极矩 $\vec{\mu}$ 在磁场 $\vec{B}$ 中有两个沿磁场轴的量子化分量：自旋向上（μ_z 在 $\vec{B}$ 的方向）和自旋向下（μ_z 在相反的方向）。
- 和电子的情况相反，自旋向上是较低能量的取向，这两种取向状态间的能量差是 $2\mu_zB$。
- 使质子在两个取向间自旋反转的光子所需的能量是
$$hf=2\mu_zB$$
- 磁场是装置产生的外磁场及围绕质子的原子和原子核产生的内磁场的矢量和。
- 自旋反转的探测可以产生核磁共振谱，可以利用它来辨别特定的物质。

磁共振

我们已经在32-5单元中简略地讨论过，质子具有和它的内禀自旋角动量相联系的自旋磁偶极矩 $\vec{\mu}$。这两个矢量是耦合在一起的，并且因为质子带的是正电荷，所以它们在同一个方向上。设质子放在沿 z 轴正方向的磁场 $\vec{B}$ 中。那么 $\vec{\mu}$ 就有沿 z 轴的两个可能的量子化分量：如果矢量是在 $\vec{B}$ 的方向，则分量是 $+\mu_z$（见图40-10a），如果它和 $\vec{B}$ 的方向相反，则分量是 $-\mu_z$（见图40-10b）。

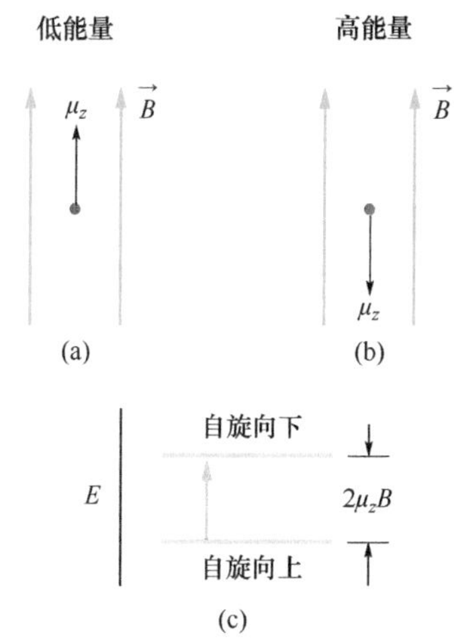

图40-10 质子 $\vec{\mu}$ 和 z 分量，(a) 较低的能量（自旋向上）。(b) 较高的能量（自旋向下）。(c) 状态的能级图，表示质子自旋从上往下反转引起向上的量子跃迁。

由式（28-38）$[U(\theta) = -\vec{\mu}\cdot\vec{B}]$，我们回忆起放置在外磁场 $\vec{B}$ 中的磁偶极矩 $\vec{\mu}$ 的取向和它的能量有关。由此，能量和图40-10a、b的两种取向有关。图40-10a中的取向是较低能量状态（$-\mu_z B$），称为*自旋向上*状态，因为质子的自旋分量 S_z（没有画出）和 $\vec{B}$ 同方向。图40-10b中的取向（*自旋向下状态*）是较高的能量状态（$\mu_z B$）。因此，这两个状态的能量差是

$$\Delta E = \mu_z B - (-\mu_z B) = 2\mu_z B \tag{40-21}$$

如果我们把水的样品放在磁场 $\vec{B}$ 中，每个水分子中的氢原子中的质子会倾向于较低的能量状态。（我们不考虑氧的成分。）任何一个氢原子中的质子都可能通过吸收能量 hf 等于 ΔE 的光子而跃迁到较高的能量状态。就是说，质子可以吸收能量为

$$hf = 2\mu_z B \tag{40-22}$$

的光子而发生跃迁。这种吸收称作**磁共振**，或原先的称呼是**核磁共振**（Nuclear Magnetic Resonance，NMR），所发生的 S_z 的反转称为*自旋反转*。

实际上，磁共振所需的光子的频率在射频（Radio-Frequency，RF）范围，可以用一个绕在发生共振的样品上的小线圈来提供这种光子。称为射频波源的电磁振荡器驱动着线圈中频率为 f 的正弦电流。线圈中建立起这种频率的电磁（Electromagnetic，EM）场，样品也以频率 f 振荡。如果 f 满足式（40-22）的需求，则振荡的电磁场可以通过光子的吸收将能量量子转换给样品中的质子，从而使质子自旋反转。

出现在式（40-22）中的磁场数值 B 实际上就是给定的质子发生自旋反转的位置的净磁场 $\vec{B}$ 的数值。这个净磁场是磁共振装置（主要是一台巨大的磁铁）建立起的外磁场 $\vec{B}_{ext}$ 和给定质子附近的原子核和原子的磁偶极矩产生的内磁场 $\vec{B}_{int}$ 的矢量和。出于实际的考虑，我们这里不做具体的讨论。检测磁共振的方法通常是使 B_{ext} 在一定的数值范围内变化，同时射频源的频率 f 保持一个预先设定的数值并监视射频源的能量。射频源的能量损失对 B_{ext} 的曲线图显示，当 B_{ext} 扫过发生自旋反转的数值时会出现*共振峰*。这种曲线图称为*核磁共振谱*或*NMR谱*。

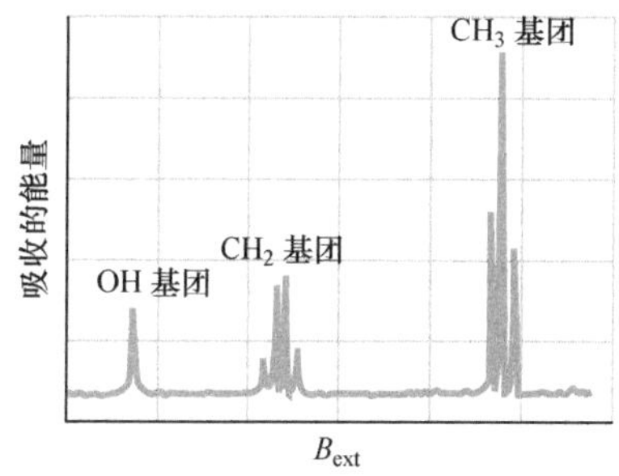

图40-11 乙醇 CH_3CH_2OH 的核磁共振谱。谱线表示和质子自旋反转相关的能量吸收。如图上标出了对应于乙醇分子中OH基团、CH_2 基团和 CH_3 基团中的质子的三组谱线。注意，CH_2 基团中的两个质子占据了四个不同的局域环境，整个水平轴覆盖小于 10^{-4}T 的范围。

图40-11是乙醇的NMR谱，乙醇分子包含三个原子基团：CH_3，CH_2 和OH。每一个基团中的质子都会发生磁共振，但每个基团各有它自己独特的 B_{ext} 的磁共振值，这是因为，各个基团处于

CH_3CH_2OH 分子中的不同位置，因而有不同的内部磁场 $\vec{B}_{int}$ 的缘故。因此，图 40-11 中谱的共振峰可以形成用作识别乙醇的独特 NMR 信号。

40-4 不相容原理和陷阱中的多个电子

学习目标

学完这一单元后，你应当能够……

40.25 懂得泡利不相容原理。

40.26 说明将多个电子放进一维、二维和三维陷阱中的步骤，包括必须服从不相容原理以及允许有简并态，并说明空的、部分占据和占满等名词的意义。

40.27 对一维、二维和三维陷阱中的多电子系统，画出能级图。

关键概念

- 原子和其他陷阱中的电子服从泡利不相容原理，原理要求在陷阱中没有两个电子可以有相同的一组量子数。

泡利不相容原理

在第 39 章中我们讨论了各种电子陷阱，从虚构的一维陷阱到真实的氢原子的三维陷阱。在所有这些例子中，我们都只陷俘一个电子。然而，在讨论包含两个或更多的电子的陷阱时（这是我们下面将要做的），我们必须考虑一个原理，这个原理支配自旋量子数 s 不是零或整数的任何粒子。这个原理不仅应用于电子，也适用于质子和中子，它们都是 $s=\frac{1}{2}$。这个原理称为**泡利不相容原理**，这个名称来自沃尔夫冈·泡利（Wolfgang Pauli），他于 1925 年系统地阐述了这个原理。对于电子，它表述为

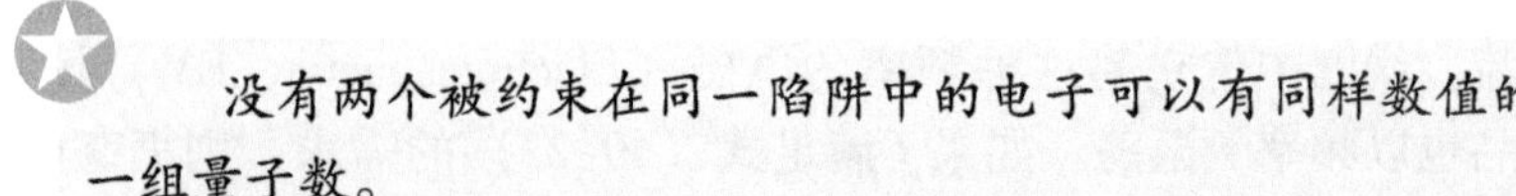

没有两个被约束在同一陷阱中的电子可以有同样数值的一组量子数。

如我们将要在 40-5 单元中讨论的那样，这个原理意味着原子中没有两个电子可以拥有相同数值的四个量子数 n、ℓ、m_ℓ 和 m_s。所有的电子都有相同的量子数 $s=\frac{1}{2}$。因此，同一个原子中的两个电子的其他量子数中至少有一个必须不相同。如果这条原理不正确，原子就要坍缩，从而你和整个世界都不会存在。

矩形陷阱中的多个电子

作为对原子中多个电子的讨论的准备，我们先讨论约束在第 39 章中的矩形陷阱中的两个电子。不过，这里我们还要把自旋角动量包括进去。为此，我们假设陷阱是在均匀磁场中。按照式（40-10）（$S_z=m_s\hbar$），电子可以自旋向上，$m_s=\frac{1}{2}$，或自旋向下，$m_s=-\frac{1}{2}$。（我们假设磁场非常弱，所以相关的能量可以忽略

不计。）

当我们把两个电子约束在这样的一个陷阱中时，必须牢记泡利不相容原理；即任何两个电子的量子数不能有相同的一组数值。

1. *一维陷阱*。在图 39-2 所示的一维陷阱中，要使电子波适合陷阱的宽度 L 就需要一个量子数 n。因此，任何约束在陷阱中的电子必定有确定的量子数 n，它的量子数 m_s 可以是 $+\frac{1}{2}$，也可以是 $-\frac{1}{2}$。这两个电子可以有不同的 n 值。或者两个电子虽然有相同的 n 值，但其中一个电子自旋向上，另一个自旋向下。

2. *矩形围栏*。在图 39-13 所示的矩形围栏中，要使电子波适合围栏的宽度 L_x 和 L_y 就需要两个量子数 n_x 和 n_y。因此，约束在陷阱中的任何电子必定有这两个量子数的确定数值，量子数 m_s 可以是 $+\frac{1}{2}$，也可以是 $-\frac{1}{2}$；所以现在有了三个量子数。根据泡利不相容原理，约束在这个陷阱中的两个电子的三个量子数中至少要有一个值不相同。

3. *矩形盒*。在图 39-14 所示的矩形盒子中，适合盒子宽度 L_x、L_y 和 L_z 的电子波需要三个量子数 n_x、n_y 和 n_z。因此，约束在这种陷阱中的电子必须有确定的三个量子数的数值，并且它的量子数 m_s 可以是 $+\frac{1}{2}$或是 $-\frac{1}{2}$，所以现在有了四个量子数。按照泡利不相容原理，约束在陷阱中的两个电子的四个量子数中至少要有一个不相同。

假如我们在前面列出的矩形陷阱中加进比两个更多的电子，并且是一个一个地放入。最早放进去的电子自然而然地会落到可能的最低能级——我们说这个电子*占据*了那个能级。至此，泡利不相容原理不允许其他电子再去占据这最低的能级，再放进去的电子只能占据稍高一些的能级。当一个能级由于泡利不相容原理而不能再有更多的电子占领时，我们说这个能级**满了**，或**占满了**。相反，一个没有被任何电子占据的能级是**空的**，或**未占的**。对于中间的情况，则称能级是**部分被占的**。由被陷俘的电子构成的系统的*电子组态*是电子占据的能级或电子的一组量子数的列表或图示。

求总能量

要求约束在陷阱中的两个或更多的电子的系统的能量，我们假设电子相互间没有电的相互作用；即，我们忽略各对电子间的电势能。然后我们可以通过计算每个电子的能量（如第 39 章中那样），并将这些能量加起来计算系统的总能量。

讨论给定的电子系统的能量值的一个好方法是利用*这个系统*的能级图，就像我们在第 39 章中对陷阱中的单个电子所做的那样。能量为 E_{gr} 的最低的能级对应于系统的基态。较高的下一个能级的能量 E_{fe} 对应于系统的第一激发态。下一个能量 E_{se} 的能级对应于系统的第二激发态，依此类推。

例题 40.02　二维无限深势阱中多电子的能级

7 个电子被约束在宽度为 $L_x = L_y = L$ 的正方形围栏中（二维无限深势阱）（见图 39-13）。设电子相互间没有电相互作用。

（a）这 7 个电子组成的系统的基态的电子组态是什么样的？

一个电子的能级图：我们可以通过把 7 个电子一个一个地放进去来逐步建立系统，用这种方法确定电子系统的组态。因为我们假设电子之间没有电相互作用，所以可以利用一个电子的能级图，跟踪观察怎样在围栏中依次放入这 7 个电子的过程。一个电子能级图已经在图 39-15 中给出，我们部分地重画在图 40-12a 中。回想起能级是用它们相关的能量 $E_{nx,ny}$ 来标记的。例如，最低能级的能量是 $E_{1,1}$，其中，量子数 n_x 是 1，量子数 n_y 是 1。

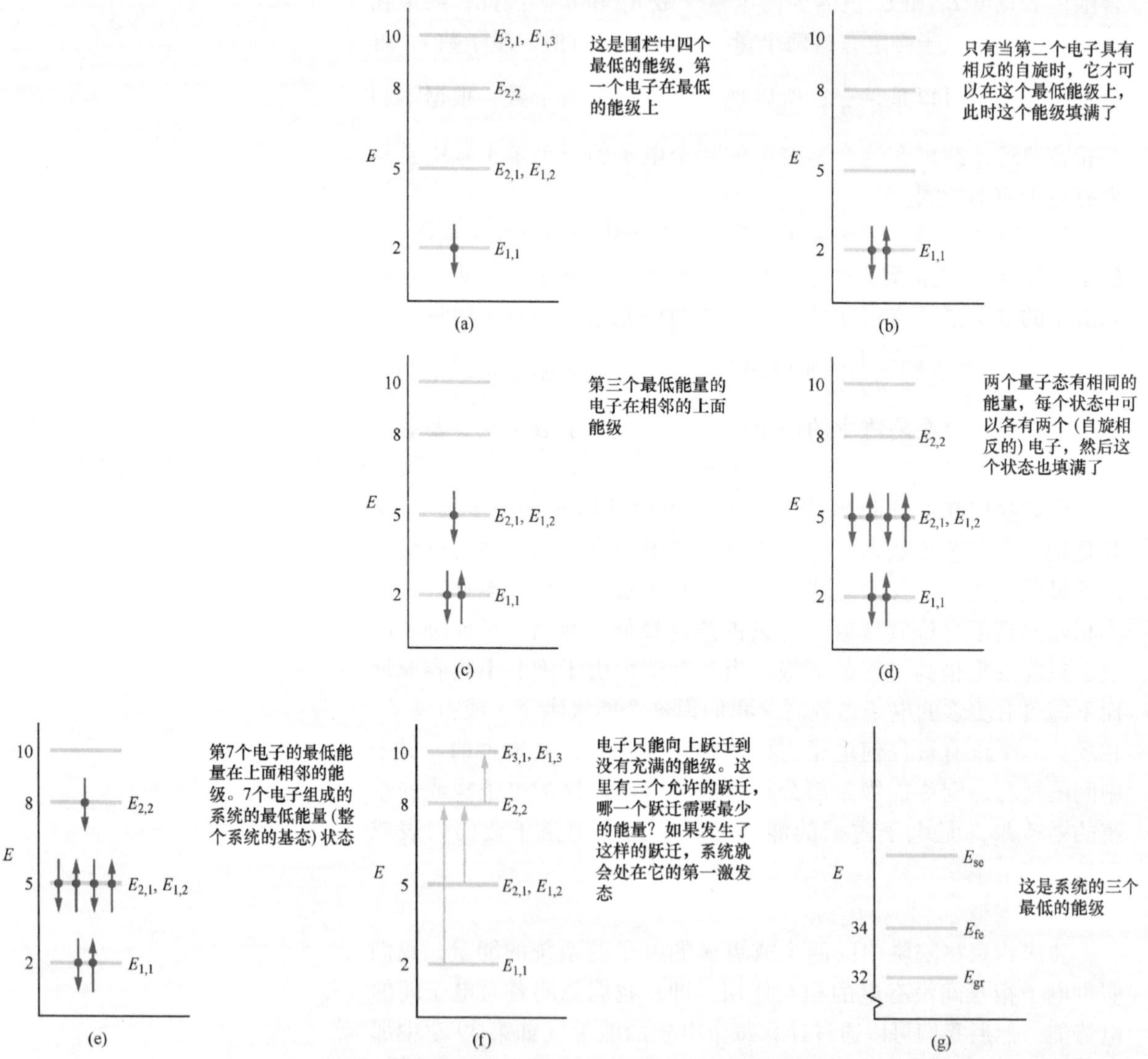

图 40-12　（a）正方形围栏中一个电子的能级图。［能量 E 是 $h^2/(8mL^2)$ 的倍数。］一个自旋向下的电子占据了最低的能级。（b）两个电子（一个自旋向下，另一个自旋向上）占据了一个电子能级图的最低能级。（c）第三个电子占据了相邻的能级。（d）第二个能级可以放四个电子。（e）系统基态的组态。（f）要找出第一激发态，考虑三种可以选择的跃迁。（g）系统的三个最低的总能量。

泡利原理：被陷俘的电子必须服从泡利不相容原理；即，没有两个电子的量子数 n_x、n_y 和 m_s 可以有同样的一组数值。第一个电子进入能级 $E_{1,1}$，它可以有 $m_s=\frac{1}{2}$或 $m_s=-\frac{1}{2}$。我们随意选择了后者并在图 40-12a 的 $E_{1,1}$能级上画了一个向下的箭头（表示自旋向下）。第二个电子也可以放入 $E_{1,1}$能级，但必须是 $m_s=+\frac{1}{2}$，这样它就有一个量子数和第一个电子不同了。我们在图 40-12b 中的 $E_{1,1}$能级上用一个向上的箭头（自旋向上）来表示这第二个电子。

一个一个地加入电子：能级 $E_{1,1}$完全被占满后，第三个电子不能再进入这个能级了。因此第三个电子被放入下一个更高的能级，这个能级具有相同能量 $E_{2,1}$和 $E_{1,2}$的能级（这是简并能级）。第三个电子的量子数 n_x 和 n_y 分别是 1 和 2 或者是 2 和 1，它也可以具有量子数 $m_s=+\frac{1}{2}$或 $-\frac{1}{2}$。我们随意给它量子数 $n_x=2$，$n_y=1$，以及 $m_s=-\frac{1}{2}$。然后在图 40-12c 中的 $E_{2,1}$和 $E_{1,2}$能级上用一个向下的箭头表示。

我们可以证明，下面接着放进去的三个电子也都可以进入能量 $E_{2,1}$和 $E_{1,2}$的能级，它们都满足没有一组三个量子数都完全相同的条件。这个能级上可以有四个电子（见图 40-12d），量子数（n_x，n_y，m_s）分别是

$$\left(2,\ 1,\ -\frac{1}{2}\right),\ \left(2,\ 1,\ +\frac{1}{2}\right)$$
$$\left(1,\ 2,\ -\frac{1}{2}\right),\ \left(1,\ 2,\ +\frac{1}{2}\right)$$

于是，这个能级也被占满了。接着，第 7 个电子要放入下一个更高的能级，也就是 $E_{2,2}$能级。我们设这个电子是自旋向下，$m_s=-\frac{1}{2}$。

图 40-12e 表示所有 7 个电子都画在一个电子的能级图上。现在围栏中有了 7 个电子，它们在满足泡利不相容原理的最低能量组态中。由此，这个系统的基态组态画在图 40-12e 中，并且列表在表 40-2 中。

(b) 这 7 个电子组成的系统的基态的总能量是 $h^2/(8mL^2)$的多少倍？

表 40-2 基态组态和能量

n_x	n_y	m_s	能量①
2	2	$-\frac{1}{2}$	8
2	1	$+\frac{1}{2}$	5
2	1	$-\frac{1}{2}$	5
1	2	$+\frac{1}{2}$	5
1	2	$-\frac{1}{2}$	5
1	1	$+\frac{1}{2}$	2
1	1	$-\frac{1}{2}$	2
			总数 32

① $h^2/(8mL^2)$ 的倍数。

【关键概念】

总能量 E_{gr}是系统的基态组态中各个电子的能量之和。

基态能量：每个电子的能量都可以从表 39-1 中得到，其中一部分重写在表 40-2 中，这也可以从图 40-12e 中看出。因为在第一个（最低的）能级上有两个电子，第二个能级上有四个电子，第三个能级上一个，我们有

$$E_{gr}=2\left(2\frac{h^2}{8mL^2}\right)+4\left(5\frac{h^2}{8mL^2}\right)+1\left(8\frac{h^2}{8mL^2}\right)$$
$$=32\frac{h^2}{8mL^2} \qquad \text{（答案）}$$

(c) 要使系统跃迁到第一激发态，需要给它传递多少能量？这个状态的能量是多少？

【关键概念】

1. 假如系统被激发，7 个电子中一定会有一个发生像图 40-12e 的能级图中那样的向上量子跃迁。

2. 如果这样的跃迁发生了，电子的能量变化 ΔE（也是系统的能量变化）一定是 $\Delta E=E_{high}-E_{low}$ ［式 (39-5)］，其中 E_{low}是跃迁开始的能级，E_{high}是跃迁到达的能级。

3. 泡利不相容原理必定仍要被用到；电子不能跃迁到已充满的能级。

第一激发态能量：我们考虑图 40-12f 中所表示的三种跃迁；因为它们都跃迁到空的或者部分被占据的能级，所以都为泡利不相容原理所允许。其中一个可能的跃迁是电子从 $E_{1,1}$ 能级跃迁到部分被占的 $E_{2,2}$ 能级。其中能量变化是

$$\Delta E = E_{2,2} - E_{1,1} = 8\frac{h^2}{8mL^2} - 2\frac{h^2}{8mL^2} = 6\frac{h^2}{mL^2}$$

（我们要假设跃迁的电子的自旋取向在需要的时候也会改变。）

图 40-12f 中另一个可能的跃迁是电子从简并能级 $E_{2,1}$ 和 $E_{1,2}$ 到部分占据的 $E_{2,2}$ 能级的跃迁。能量的改变是

$$\Delta E = E_{2,2} - E_{2,1} = 8\frac{h^2}{8mL^2} - 5\frac{h^2}{8mL^2} = 3\frac{h^2}{8mL^2}$$

图 40-12f 中第三个可能的跃迁是，$E_{2,2}$ 能级上的电子跃迁到未被占领的简并能级 $E_{1,3}$ 和 $E_{3,1}$。能量的变化是

$$\Delta E = E_{1,3} - E_{2,2} = 10\frac{h^2}{8mL^2} - 8\frac{h^2}{8mL^2} = 2\frac{h^2}{8mL^2}$$

在这三种可能的跃迁中，需要改变的能量 ΔE 最少的是最后一种跃迁。我们还可以考虑更多的可能跃迁，但没有一个会比这个需要更少的能量。因此，系统要从它的基态跃迁到第一激发态，即 $E_{2,2}$ 能级上的电子要跃迁到未被占据的简并态 $E_{1,3}$ 和 $E_{3,1}$，所需要的能量是

$$\Delta E = 2\frac{h^2}{8mL^2} \qquad \text{（答案）}$$

于是，系统第一激发态的能量 E_{fe} 是

$$E_{fe} = E_{gr} + \Delta E = 32\frac{h^2}{8mL^2} + 2\frac{h^2}{8mL^2} = 34\frac{h^2}{8mL^2} \qquad \text{（答案）}$$

我们可以把这个能量和系统的基态能量 E_{gr} 在系统的能级图上表示出来，如图 40-12g 所示。

WILEY PLUS 在 WileyPLUS 中可以找到附加的例题、视频和练习。

40-5　建立周期表

学习目标

学完这一单元后，你应当能够……

40.28　懂得支壳层中所有状态都有相同的能量，这个能量主要决定于主量子数 n，但在较小的程度上依赖于量子数 ℓ。

40.29　懂得轨道角动量量子数的记号系统。

40.30　懂得在电子-电子相互作用可以忽略的情况下，建立周期表过程中填充壳层和支壳层的步骤。

40.31　从化学相互作用，净角动量和电离能等角度将惰性气体和其他元素区别开来。

40.32　对于两个给定原子能级间的跃迁产生光的发射和吸收的情形，应用能量差、光的频率和波长之间的关系。

关键概念

- 在周期表中，元素按照原子序数 Z 增加的顺序列表，其中 Z 是原子核中质子的数目。对于中性原子，Z 也是电子的数目。
- 相同数值的量子数 n 组成壳层。
- 量子数 n 和 ℓ 数值相同的状态组成支壳层。
- 闭合的壳层和闭合的支壳层包含泡利不相容原理所允许的最大数目的电子。这种闭合结构的净角动量和净磁矩为零。

建立周期表

四个量子数 n、ℓ、m_ℓ 和 m_s 确定了多电子原子中各个电子的量子态。然而，这些量子态的波函数和氢原子的相应状态的波函数并不相同，因为在多电子原子中，和给定电子相联系的势能函

数不仅取决于原子核的电荷和位置并且也和原子中所有其他电子的电荷及位置有关。多电子原子的薛定谔方程的解可以利用计算机求出数值解——至少在原则上可以。

壳层和支壳层

如我们曾经在40-1单元中讨论过的那样，n 相同的所有状态组成*壳层*，n 和 ℓ 值相同的所有状态形成*支壳层*。对于给定的 ℓ，有 $2\ell+1$ 个量子数 m_ℓ 的可能数值，对每一个 m_ℓ，又有两个可能的量子数 m_s 数值（自旋向上和自旋向下）。于是，在一个支壳层中有 $2(2\ell+1)$ 个状态。如果我们计算量子数 n 的整个壳层内的全部状态数，就会得到这个壳层内的状态总数是 $2n^2$。给定支壳层中的所有状态大体上都具有相同的能量，这主要依赖于 n 的数值，但也在一定程度上依赖于 ℓ 的数值。

为了标记支壳层，用以下字母表示 ℓ 的数值：

$$\ell=0,\ 1,\ 2,\ 3,\ 4,\ 5,\ \cdots$$

$$s,\ p,\ d,\ f,\ g,\ h,\ \cdots$$

例如，$n=3$，$\ell=2$ 的支壳层标记为 $3d$ 支壳层。

把电子分配到多电子原子中的各个状态中时，我们必须以40-4单元中的泡利不相容原理为指导；即一个原子中没有两个电子可以有相同的一组量子数 n、ℓ、m_ℓ 和 m_s。假如这个重要的原理不成立，那么任何原子中的*所有*电子都会跃迁到原子的最低能级，这样一来就消除了原子和分子的化学性质，从而也就没有生物化学和我们本身。我们来考察一下几种元素的原子，看看泡利不相容原理在建立周期表中起到了怎样的作用。

氖

氖原子有10个电子。其中只有两个在能量最低的支壳层中，就是 $1s$ 支壳层。这两个电子都是 $n=1$，$\ell=0$ 和 $m_\ell=0$，但一个是 $m_s=+\frac{1}{2}$，另一个是 $m_s=-\frac{1}{2}$。$1s$ 支壳层包含 $2[2(0)+1]=2$ 个状态。因为这个支壳层包含了泡利原理所允许的全部电子，所以我们说它是**闭合的**。

剩下的8个电子中的两个填充在接下来的最低能量支壳层，$2s$ 支壳层。最后6个电子正好填充 $2p$ 支壳层，这个 $\ell=1$ 的支壳层有 $2[2(1)+1]=6$ 个状态。

在一个闭合的支壳层中，轨道角动量矢量 $\vec{L}$ 的所有允许的 z 投影全都存在，而且我们可以通过图40-5证明，以支壳层作为一个整体，则这些投影互相抵消；对于每一个正的投影就有一个相应的相同数值负的投影。同理，自旋角动量的 z 投影也会相互抵消。因此，闭合的支壳层既没有角动量也没有任何种类的磁矩。还有，它的概率密度是球对称的。有三个闭合的支壳层（$1s$、$2s$ 和 $2p$）的氖原子没有“松弛地依附着的电子”以支持和其他原子发生化学相互作用。氖和其他**惰性气体**组成周期表最右边的一族，它们的化学性质几乎都是不活泼的。

钠

周期表中氖的下一个元素是拥有11个电子的钠。其中10个电子组成像氖一般的闭合的原子实，我们刚才已经知道它的角动量是零。剩下的一个电子与这个惰性原子实相距很远，在 3s 支壳层上——下一个最低能量的支壳层。因为钠的**价电子**在 $\ell=0$ 的状态（用上面的字母系统记为 s 态），钠原子的角动量和磁偶极矩必定完全都是由这一个电子的自旋所产生的。

如果某些原子具有正好能被钠原子弱束缚的价电子填入的“空位”，那么钠原子就很容易和这些原子结合。钠和其他**碱金属**组成周期表中最左边的化学性质活泼的一族。

氯

有 17 个电子的氯原子有类似于氖原子的 10 个电子的闭合的壳层，但是还多出 7 个电子。其中两个填充 3s 支壳层，其余 5 个电子给 3p 支壳层，这是下一个最低能量的支壳层。这个支壳层的 $\ell=1$，可以容纳 $2[2(1)+1]=6$ 个电子，所以这里还有一个空位，或者说这个支壳层中有一个“空穴”。

氯能够和另一个具有可以填充这个空穴的价电子的原子相互作用。例如，氯化钠（NaCl）是非常稳定的化合物。氯和其他**卤素**组成周期表的ⅦA 族，它们的化学性质活泼。

铁

铁原子中的 26 个电子的排列可以表示为

$$\underbrace{1s^2\quad 2s^2\quad 2p^6\quad 3s^2\quad 3p^6}\quad 3d^6\quad 4s^2$$

按照习惯，支壳层按数字的次序排列，右上角的上标给出每一个支壳层中电子的数目。由表 40-1，我们可以看到，s 支壳层（$\ell=0$）有两个电子，p 支壳层（$\ell=1$）可以容纳 6 个电子，d 支壳层（$\ell=2$）可以容纳 10 个电子。于是，铁的前 18 个电子形成 5 个填满的支壳层，它们用方括号标记出来。其余的 8 个电子要考虑一下。8 个电子中的 6 个在 3d 支壳层中，剩下 2 个在 4s 支壳层中。

最后的两个电子没有进入 3d 支壳层（这里面可以容纳 10 个电子）的原因是，原子作为一个整体，$3d^64s^2$ 组态比之于 $3d^8$ 组态具有更低的能量状态。8 个电子都在 3d 支壳层（不是 6 个）会很快跃迁到 $3d^64s^2$ 组态，并在这个过程中发射电磁辐射。这使我们更深入地了解到，除了最简单的元素之外，状态的填充并不是完全按照我们所想象的“逻辑”顺序进行的。

40-6 X 射线与元素的排序

学习目标

学完这一单元后，你应当能够……

40.33 认明 X 射线在电磁波谱中的位置。

40.34 说明实验室或医疗设备中是怎样产生 X 射线的。

40.35 区别连续 X 射线谱和特征 X 射线光谱。

40.36 在连续 X 射线谱中，懂得截止波长 λ_{min} 的成因。

40.37 懂得在电子-原子碰撞中，能量和动量都守恒。

40.38 应用截止波长 λ_{min} 和入射电子的动能 K_0 之间的关系。

40.39 画出空穴的能级图并指明（用标记）产生 X 射线的跃迁。

40.40 对于给定的空穴跃迁，计算发射的 X 射线的波长。

40.41 说明莫塞莱的工作对周期表的重要性。

40.42 画出莫塞莱图。

40.43 描述多电子原子中的屏蔽效应。

40.44 应用发射的 K_αX 射线的频率和原子的原子序数 Z 之间的关系。

关键概念

- 高能电子束轰击靶，在被原子散射的过程中电子损失能量并发射连续 X 光谱。
- 光谱中最短的波长是截止波长 $\lambda_{\min}$，这时入射电子在一次碰撞中损失了全部动能 K_0，并且都转换为 X 射线光子发射

$$\lambda_{\min}=\frac{hc}{K_0}$$

- 特征 X 射线谱是入射电子逐出靶原子中低能级上的电子而形成空穴后，高能级中的电子向下跃迁落入此空穴所发射的 X 光谱。
- 莫塞莱图是特征发射频率的平方根$\sqrt{f}$对靶原子的原子序数 Z 的曲线图。直线揭示周期表中元素的位置取决于 Z 而不是原子量。

X 射线和原子的排序

用动能为千电子伏量级的电子轰击铜或钨一类的固体靶时，会发射出称为 **X 射线**的电磁辐射。我们这里所关心的是，这种射线可以告诉我们吸收或发射这种射线的原子的哪些性质。图 40-13 表示 35keV 的电子束轰击钼靶产生的 X 射线波长光谱。我们看到辐射的宽广连续光谱上叠加着尖锐的确定波长的两个峰。连续谱和峰以不同的方式出现，我们下面要分别讨论。

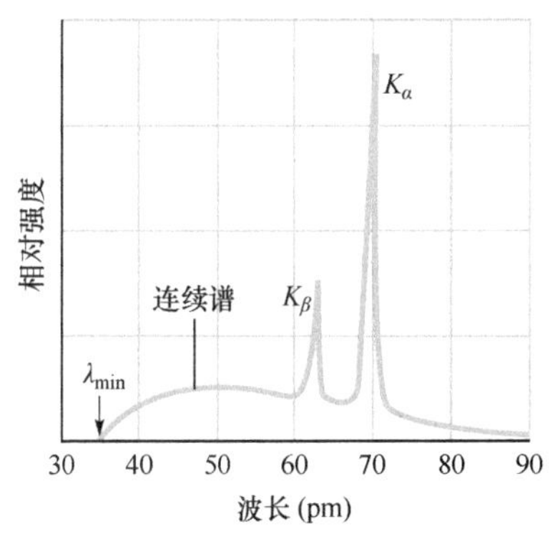

图 40-13 35keV 电子轰击钼靶产生的 X 射线的波长分布。尖锐的峰和连续谱产生的机理各不相同。

连续 X 射线谱

这里我们考察图 40-13 中的连续 X 射线谱，暂时忽略从连续谱上升起的两个突出的峰。考虑初始动能为 K_0 的电子，它和靶上的一个原子碰撞（相互作用），如图 40-14 所示。电子可能会失去一部分能量 ΔK，这部分能量成为 X 射线光子的能量，X 射线从碰撞的位置向外辐射。(非常小的一部分能量转换到反冲原子，这是因为原子质量相对很大；我们这里忽略这点能量的转换。)

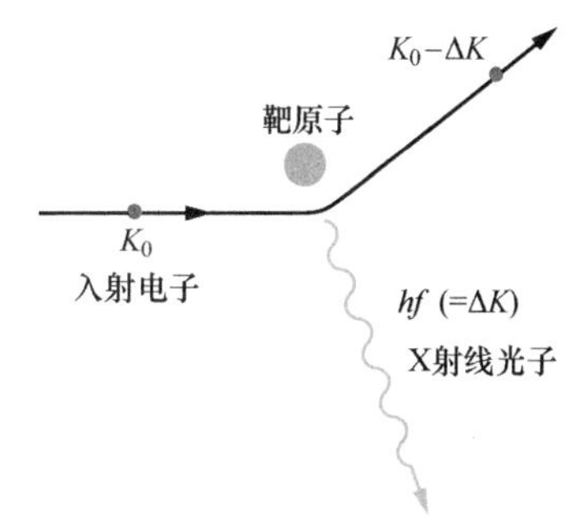

图 40-14 动能 K_0 的一个电子经过靶中一个原子附近会产生 X 射线光子，在这个过程中电子失去部分能量。连续 X 射线谱正是这样产生的。

对于图 40-14 中的散射电子，它的能量现在小于 K_0，可能和靶原子发生第二次碰撞，产生不同能量的第二个光子。这样的电子散射过程可能会继续下去直到电子近乎停止。这种碰撞产生的所有光子形成 X 射线谱的连续谱。

图 40-13 中光谱的显著特征是非常明确的**截止波长 $\lambda_{\min}$**，没有小于这个波长的连续 X 射线谱。这个最小波长对应于一次和靶原子的正碰撞中入射电子失去了它的全部初始动能 K_0。基本上，所有这些能量都转换为一个光子的能量，它的相应波长——X 射线可能的最短波长——满足

$$K_0=hf=\frac{hc}{\lambda_{\min}}$$

或

$$\lambda_{\min}=\frac{hc}{K_0}\quad（截止波长）\tag{40-23}$$

截止波长完全不依赖于靶的材料。例如，我们把钼靶改成铜靶，图 40-13 中的 X 射线谱的所有特征都要改变，除了截止波长不变。

检查点2

如果你(a)增大轰击X射线靶的电子的动能,(b)使电子轰击靶材料的薄片而不是厚的固体,(c)将靶改为原子序数更高的元素,连续X射线谱的截止波长λ_{min}将会变大,变小,还是不变。

特征X射线谱

现在把我们的注意力转到图40-13中标记为K_α和K_β的两个峰。这两个峰(和出现在图40-13显示的范围以外的波长的其他一些峰)组成了靶材料的**特征X射线谱**。

峰的出现是通过两个过程。(1)在高能电子轰击靶中的原子并被散射的过程中,入射电子撞击出原子深层(低的n值)的一个电子。如果这个深层电子在$n=1$的壳层中(由于历史的原因,这个壳层称作K层),于是在壳层中留下一个空位或空穴。(2)较高能量的一个壳层中的一个电子跃迁到K壳层,填充这个壳层中的空穴。在这个跃迁过程中,原子发射一个特征X射线光子。如果填充这个K壳层空位的电子是从$n=2$的壳层(称为L壳层)跃迁下来的,发射的辐射就是图40-13中的K_α线。如果它是从$n=3$的壳层(称作M壳层)跃迁而来,它就会产生K_β线,等等。L或M壳层中留下的空穴要被原子中更远的外层电子落下来填充。

在研究X射线时,更方便的方法是追踪在原子的"电子云"的深处什么地方会出现空穴,而不是记录跃迁下来填充空穴的电子的量子状态的变化。图40-15正是这样的图;这是图40-13中的元素钼的能级图。基线($E=0$)表示处在基态的中性原子。标记K的(在$E=20\text{keV}$)能级表示钼原子K壳层上一个空穴的能级,标记L的能级(在$E=2.7\text{keV}$)表示L壳层上一个空穴的原子能级,依此类推。

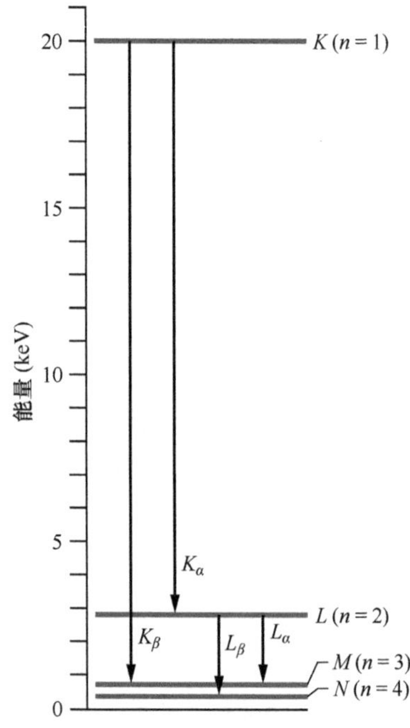

图40-15 钼原子的简化能级图,表示这个元素的几条特征X射线的跃迁(是空穴而不是电子的跃迁)。每条水平线代表在所标出的壳层中有一个空穴(缺少一个电子)的原子的能量。

图40-15中标记K_α和K_β的跃迁是产生图10-13中两个X射线特征峰的两个跃迁。例如,K_α谱线是来自L壳层的电子填充K壳层的空穴。要用图40-15中的箭头来说明这个跃迁,原来在K壳层中的一个空穴移动到L壳层中。

元素排序

1913年,英国物理学家莫塞莱(H. G. J. Moseley)把他所能找到的尽可能多的元素——他找到了38种元素——制成电子轰击的靶放在他自己设计的真空管中,从而得到了各种元素的X射线谱。莫塞莱利用一个由绳子操纵的滑轮,把各个靶依次移动到电子束经过的路径上。他用36-7单元中描述的晶体衍射方法测量了发射的X射线的波长。

然后莫塞莱对照周期表上的元素一个一个地寻找(并且发现了)各个元素X射线谱的规律性。特别是,他注意到,对于一定的谱线,如K_α线,每一个元素的K_α线的频率f的平方根对该元素在周期表上的位置作图,结果得到一条直线。图40-16表示出了莫塞莱的大量数据的一部分。莫塞莱的结论是:

我们证明了原子中有一个基本量,当我们从一个元素过渡到下一个元素时,这个数量有规律地一步一步增大。这个数量只可能是中心原子核的电荷。

作为莫塞莱研究工作的结论，特征X射线谱成为被普遍接受的元素的标记，这使得解出周期表中的许多迷惑有了可能。在此(1913年)之前，元素在周期表中的位置主要是由原子质量的顺序决定的，尽管由于非接受不可的化学上的证据不得不颠倒了几对元素的顺序；莫塞莱证明了，原子核的电荷（即原子序数Z）才是元素顺序的真正基础。

在1913年，周期表中还有一些空格，而且许多新元素被发现的要求也已经被提了出来。X射线光谱提供了对这些要求的决定性的检验。镧族元素，常称为稀土元素，原来的区分是很不完备的，因为它们相似的化学性质造成了它们难以被区分。莫塞莱的研究工作一经发表，这些元素就被明确地鉴别出来了。

不难看出，为什么特征X射线谱证明了元素到元素之间引人瞩目的规律性，而可见光区和可见光附近区域的光学光谱则不能：证明元素身份的关键是它的原子核的电荷。例如金之所以是元素金是因为它的原子核的电荷是$+79e$（即$Z=79$）。原子核中增加一个元电荷的原子是汞，减少一个就成了铂。在产生X射线谱中起如此大的作用的K电子非常靠近原子核，所以它是原子核电荷极其灵敏的探测器。另一方面，光学光谱是由最外层的电子跃迁产生的，它被原子中其余的电子严密地将原子核屏蔽起来，因此不是原子核电荷的灵敏探测器。

莫塞莱图的解释

莫塞莱的实验数据，部分地由图40-16的莫塞莱图表示，可以直接用来确定元素在周期表中特定的位置。即使对莫塞莱的结果还没有建立起理论基础，这也是可以做到的。不过，这样的基础还是有的。

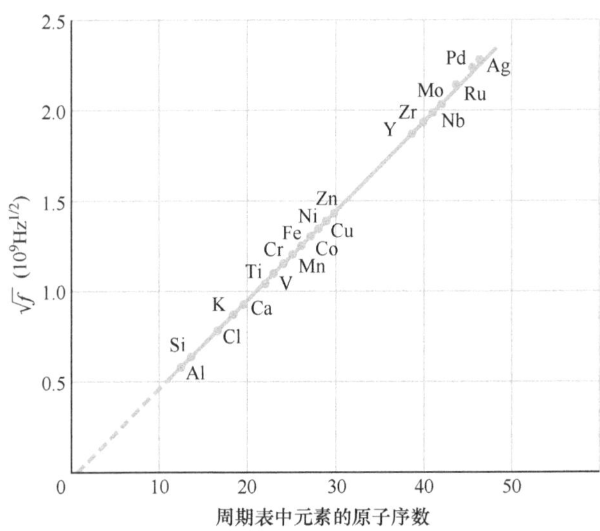

图40-16 21个元素的特征X射线谱的K_α线的莫塞莱图。频率由实验测得的波长算出。

按照式(39-33)，氢原子的能量是

$$E_n=-\frac{me^4}{8\varepsilon_0^2h^2}\frac{1}{n^2}=-\frac{13.60\mathrm{eV}}{n^2},\quad n=1,2,3,\cdots \tag{40-24}$$

现在考虑多电子原子最里面的K壳层中的两个电子之一。因

为另一个 K 壳层电子的存在，我们的电子“看到”电荷量近似等于 $(Z-1)e$ 的有效原子核，其中，e 是元电荷；Z 是元素的原子序数。式（40-24）中的因子 e^4 是 e^2——氢原子核电荷的平方——和 $(-e)^2$——电子电荷的平方——二者的乘积。对于多电子原子，我们可以将式（40-24）中的 e^4 用 $(Z-1)^2e^2\times(-e)^2$ 或 $e^4(Z-1)^2$ 代替，近似地计算原子的有效能量。由此得到

$$E_n=-\frac{(13.60\text{eV})(Z-1)^2}{n^2} \tag{40-25}$$

我们已经知道，K_αX 射线光子（能量 hf）是电子从 L 壳层（$n=2$，能量 E_2）跃迁到 K 壳层（$n=1$ 能量 E_1）时所产生的。于是，利用式（40-25），我们可以写出能量变化

$$\begin{aligned}\Delta E&=E_2-E_1\\&=\frac{-(13.06\text{eV})(Z-1)^2}{2^2}-\frac{-(13.06\text{eV})(Z-1)^2}{1^2}\\&=(10.2\text{eV})(Z-1)^2\end{aligned}$$

K_α 线的频率 f 是

$$\begin{aligned}f&=\frac{\Delta E}{h}=\frac{(10.2\text{eV})(Z-1)^2}{(4.14\times10^{-15}\text{eV}\cdot\text{s})}\\&=(2.46\times10^{15}\text{Hz})(Z-1)^2\end{aligned} \tag{40-26}$$

取两边的平方根，得到

$$\sqrt{f}=CZ-C \tag{40-27}$$

其中，C 是常量（$=4.96\times10^7\text{Hz}^{1/2}$）。式（40-27）是直线的方程式。它表明，如果我们将 X 射线的谱线 K_α 的频率的平方根对原子序数 Z 作图，我们应当得到一条直线。如图 40-16 所示，这正是莫塞莱发现的。

例题 40.03 X 射线的特征谱

电子束轰击钴（Co）靶，测量其特征 X 射线谱的波长。此外还有第二个较弱的特征谱，这是钴中的杂质产生的。K_α 线的波长分别是 178.9pm（钴）和 143.5pm（杂质）。钴的质子数是 $Z_{\text{Co}}=27$。试由这几个数据确定杂质是什么元素。

【关键概念】

钴（Co）和杂质（X）的 K_α 线的波长都落在 K_α 莫塞莱曲线图上，式（40-27）是这条曲线的方程式。

解： 将 c/λ 代替式（40-27）中的 f，我们分别得到

$$\sqrt{\frac{c}{\lambda_{\text{Co}}}}=CZ_{\text{Co}}-C \text{ 和 } \sqrt{\frac{c}{\lambda_{\text{X}}}}=CZ_{\text{X}}-C$$

将第二个方程式除以第一个方程式消去 C，得到

$$\sqrt{\frac{\lambda_{\text{Co}}}{\lambda_{\text{X}}}}=\frac{Z_{\text{X}}-1}{Z_{\text{Co}}-1}$$

代入已知的数据，得到

$$\sqrt{\frac{178.9\text{pm}}{143.5\text{pm}}}=\frac{Z_{\text{X}}-1}{27-1}$$

解出未知数，我们求出

$$Z_{\text{X}}=30.0 \quad \text{（答案）}$$

由此，杂质的原子核中的质子数是 30，查阅周期表可以确定这种杂质是锌。注意，锌的 Z 值比钴的更大，所以锌有较小的 K_α 线的波长数值。这意味着和这个跃迁相关的能量在锌中比钴的更大。

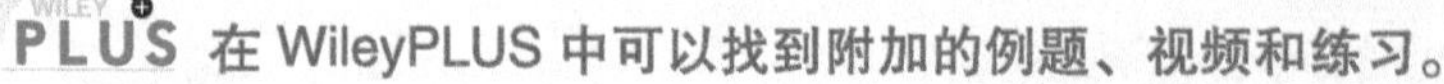

在 WileyPLUS 中可以找到附加的例题、视频和练习。

40-7 激光

学习目标

学完这一单元后，你应当能够……

40.45 区别激光器发射的光和普通灯泡发射的光。

40.46 画出光和物质（原子）相互作用的三种基本方式的能级图，并辨明哪一种是产生激光的基础。

40.47 懂得什么是亚稳态。

40.48 对于两个能量状态，应用由于热运动所产生的较高能态的相对原子数、能量差和温度之间的关系。

40.49 懂得粒子数布居反转，说明为什么激光中需要有粒子数布居反转，并将它和状态的寿命联系起来。

40.50 讨论氦-氖激光器如何运作，指出哪一种气体发射激光，并说明为什么还需要另一种气体。

40.51 对于受激发射，应用能量改变、频率和波长之间的关系。

40.52 对于受激发射，应用能量、功率、时间、光强、面积、光子能量和光子发射率之间的关系。

关键概念

- 在受激发射中，处在激发态的原子可以受到经过原子的外来光子的感应而退激发落到较低能量的状态并发射和入射光子完全相同的一个光子。
- 受激发射所发射的光与激发起这次发射的光同相位并沿同一方向传播。
- 如果激光器的原子处在粒子数布居反转的状态，那么激光器就可以通过受激发射发光。就是说，对于参与受激发射的两个能级而言，处于上能级的原子必须比下能级的原子多，这样受激发射才可能比吸收更多。

激光器和激光

在20世纪60年代初期，量子物理学做出了它对技术科学的许多贡献之一：**激光**。激光和普通电灯泡发出的光一样是原子从一个量子状态跃迁到较低的量子态时所发射的光。然而，在灯泡中发光的时间和方向都是随机的，而在激光中，发射都能协调到同一时刻和同一方向。其结果造成激光的以下特性。

1. **激光是高度单色的**。从普遍的白炽灯泡发射的光是连续地分布在一定波长范围内，并且显然不是单色的。氖霓虹灯的辐射确实是单色光，它的锐度可以达到大约（$1/10^6$），但是激光的定义锐度则可以大许多倍，达到（$1/10^{15}$）。

2. **激光是高度相干的**。激光单个的波列的长度可以达到几百千米。将激光束分成两列，沿各自的路径通过同样长的距离后再重新组合，它们仍旧“记得”它们共同的来源并能够形成干涉图样。灯泡发射的波列的相应的相干长度通常小于1m。

3. **激光有高度的方向性**。激光束的扩散非常小；激光束之所以会与严格平行的光束产生偏离，仅仅是因为激光通过激光器出射孔径时产生的衍射。例如，用来测量到月球距离的激光脉冲在月球表面会产生一个只有几公里直径的光斑。从普通灯泡发射的光可以利用透镜的折射成为近似平行的光束，但光束的发散角度比激光束大了许多。灯泡灯丝上的每一点会形成各自独立的光束，整个合成的光束的角发散取决于灯丝的尺寸。

4. **激光可以被精确地聚焦**。如果有携带相同能量的两束光，其中可以聚焦成较小的光斑的一束在光斑上得到较高的强度（单位面积的功率）。对于激光，会聚的斑点可以非常小，很容易获得 $10^{17}\mathrm{W/cm^2}$ 的强度。相反，用氧乙炔焰只能得到大约 $10^{13}\mathrm{W/cm^2}$ 的光强。

激光有许多用途

用来在光纤中传输声音和数据的最小激光器，装有针尖大小的半导体晶体作为它的激活介质。像这样小的激光器可以产生大约 200mW 的功率。用作核聚变研究以及用于天文学和军事用途的最大的激光器占满一座大楼。这种激光中最大的可以发射短暂的激光脉冲，一个脉冲的功率大约为 10^{14}W。这比整个美国的发电容量还要大出好几百倍。为避免国家电力网在一个脉冲时间内短时间停电，每一个脉冲所需的能量要在相对长的脉冲间隙时间间隔内以稳定的速率储存起来。

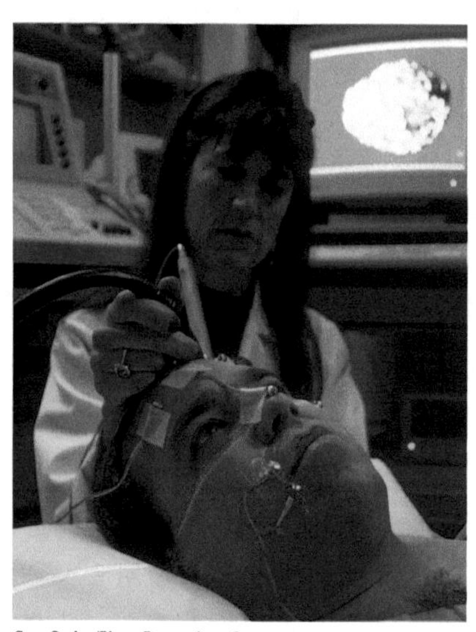

Sam Ogden/Photo Researchers, Inc.

图 40-17 在准备大脑手术时，患者的头部用（红色）激光扫描（图中通过病人的脸和鼻子的亮条纹）并制图。在手术过程中，激光绘制的头部图像叠加在显示器所显示的脑部模型图像上，引导手术团队进入屏幕上所显示的模型上的绿色区域（右下方）。

激光的应用还包括读出条形码，刻录和读取高密度光盘（CD）及数字化视频光盘（DVD），用于多种外科手术（包括图 40-17 中的手术辅助工具；以及切割和烧灼的工具），在服装业中打版和裁剪布料（一次可以裁剪几百层），焊接汽车车身，以及制作全息照相。

激光器是怎样运行的

因为“激光”（laser）这个词是英文词组“light amplification by the stimulated emission of radiation”（利用辐射的受激发射的光放大）中各主要词的第一字母组合而成的，所以你就不会对受激发射是激光器工作的关键而感到奇怪了。1917 年，爱因斯坦在一篇说明理想黑体辐射体的普朗克公式［式（38-14）］的论文中提出了这个概念。虽然整个世界要等到 1960 年，才能看见工作的激光。其实，激光研究的基础工作早在几十年前就已经奠定了。

考虑一个孤立的原子，它可以在能量是 E_0 的最低能量状态（基态）中，也可以在能量是 E_x 的较高能量状态（激发态）中。有三种能量从这两个状态中的一个跃迁到另一个的过程：

1. **吸收**。图 40-18a 表示原子起初在基态。如果把原子放在以频率 f 交变的电磁场中，原子就可以从电磁场吸收数量为 hf 的能量并跃迁到较高能量的状态。由能量守恒原理，我们有

$$hf = E_x - E_0 \tag{40-28}$$

我们称这种过程为**吸收**。

2. **自发发射**。在图 40-18b 中，原子处在激发态并且没有外来的辐射。经过一定时间后，原子会退激发到它的基态，并在这个过程中发射能量为 hf 的光子。我们称这个过程为**自发发射**——称为自发是因为这种事件是随机的，由偶然的机会决定。普通灯泡的灯丝或其他任何普通的光源都是以这种方式发光的。

正常情况下，激发态原子在发生自发发射前的平均寿命大约是 10^{-8}s。然而，对于某些激发态，平均寿命可能比这长 10^5 倍。我们把这种长寿命的状态称为**亚稳态**；它在激光的产生中起到了重要的作用。

3. **受激发射**。在图 40-18c 中，原子也处在激发态，但这一次有式（40-28）给出的频率的辐射出现。能量为 hf 的光子会激起原子跃迁并落到它的基态，在这个过程中，原子又另外发射一个光子，这个光子的能量也是 hf。我们把这个过程称为**受激发射**——称为受激是因为这个事件是外来光子所激起的。发射出的光子在各方面都和激发原子的光子完全相同。因此，和这两个光子相联系的波具有相同的能量，相位，偏振以及传播方向。

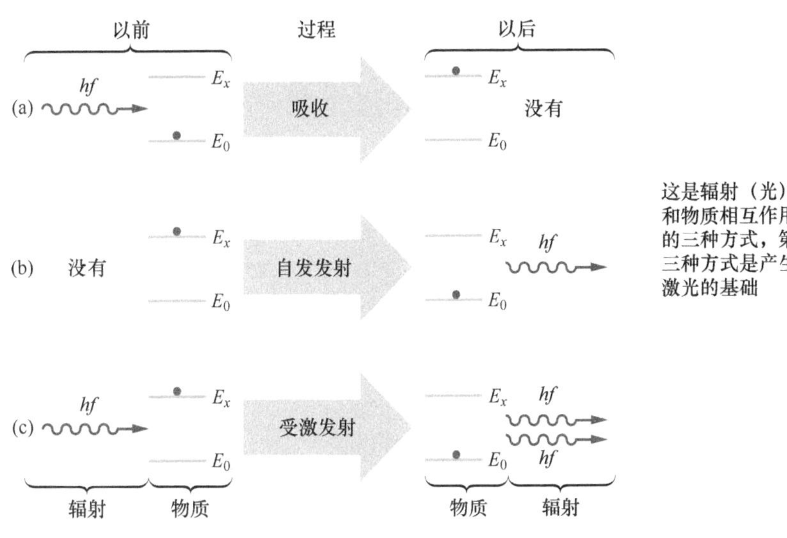

图 40-18 辐射和物质相互作用的三种过程：(a) 吸收，(b) 自发发射，(c) 受激发射。原子（物质）用红点表示；原子或者在较低能量 E_0 的量子态，或者在较高能量 E_x 的量子态。在(a) 中原子从经过的光波中吸收能量为 hf 的一个光子。在 (b) 中，它通过发射能量为 hf 的一个光子而发射光波。在(c) 中，光子能量是 hf 的光波经过从而引起原子发射相同能量的光子，增加了光波的能量。

图 40-18c 描述了一个原子的受激发射。现在假设样品包含大量温度为 T 的平衡态原子。在任何辐射射向样品之前，这些原子中有 N_0 个处在它们能量为 E_0 的基态，N_x 个原子处在较高的能量为 E_x 的状态。路德维希·玻尔兹曼证明了用 N_0 表示的 N_x 可用下式表示：

$$N_x = N_0 e^{-(E_x - E_0)/(kT)} \tag{40-29}$$

其中，k 是玻尔兹曼常量。这个方程式看上去是合理的。量 kT 的物理意义是温度为 T 时原子的平均动能。温度越高，就会有更多的原子——平均——因热运动而被“撞击到”（原子-原子碰撞）较高的能级 E_x。并且，因 $E_x > E_0$，所以式（40-29）要求 $N_x < N_0$；即激发态总是比基态上有更少的原子。如果能级的粒子数布居 N_0 和 N_x 只取决于热扰动的作用，那么这就是我们所预料的。图 40-19a 中画出了这种情形。

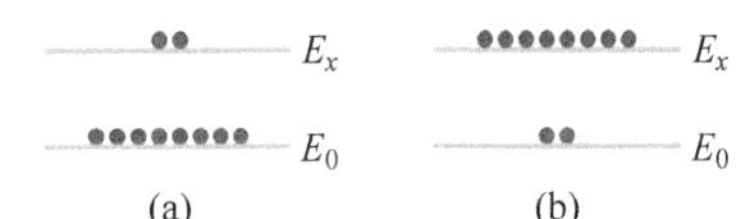

图 40-19 (a) 原子基态 E_0 和激发态 E_x 之间的平衡分布可以用热运动来解释。(b) 用特定方法获得的粒子数布居反转。这种粒子数布居反转是激光工作的基础。

如果现在有许多能量为 $E_x - E_0$ 的光子涌向图 40-19a 中的原子，则由于基态原子的吸收，光子数要减少；同时也会由于激发态原子的受激发射而产生一些光子。爱因斯坦证明了每个原子发生这两种过程的概率是完全相等的。于是，由于基态有较多的原子，所以净效应是光子被吸收。

要产生激光，我们必须使发射的光子比吸收的更多；就是

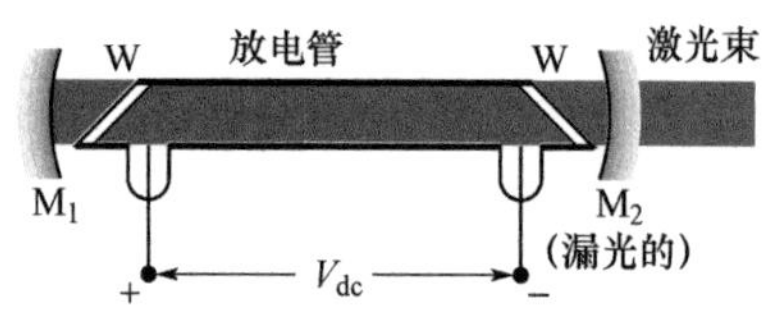

图 40-20 氦-氖激光器的各个组成部分。外加电压 V_{dc} 驱动电子通过包含氦和氖混合气体的放电管。电子撞击氦原子，然后氦原子撞击氖原子，氖原子发光，光沿管子的长度传播，然后通过透明窗 W，并在反射镜 M_1 和 M_2 上反射使光来回通过放电管，从而引起更多的氖原子发射。有少许光从反射镜 M_2 漏出形成激光束。

说，我们必须造成受激发射占优势的情况。因此，我们要使激发态比基态具有更多的原子，如图 40-19b 所示。然而，因为这种**粒子数布居反转**（简称粒子数反转）不再是热平衡状态，所以我们必须想出巧妙的方法来建立并保持这种粒子数反转状态的方法。

氦-氖气体激光器

图 40-20 表示一台 1961 年由阿里 · 贾范（Ali Javan）和他的同事们建造的常见类型的激光器。气体放电管中充以 20∶80 的氦和氖的混合气体，其中氖是发生激光作用的介质。

图 40-21 表示两种原子的简化能级图。电流通过氦与氖的混合气体时——通过电流中的电子和氦原子的碰撞——使许多氦原子激发到状态 E_3，这是平均寿命至少为 1μs 的亚稳态。[氖原子的质量太大因而难以被电子（质量很小）碰撞而激发]。

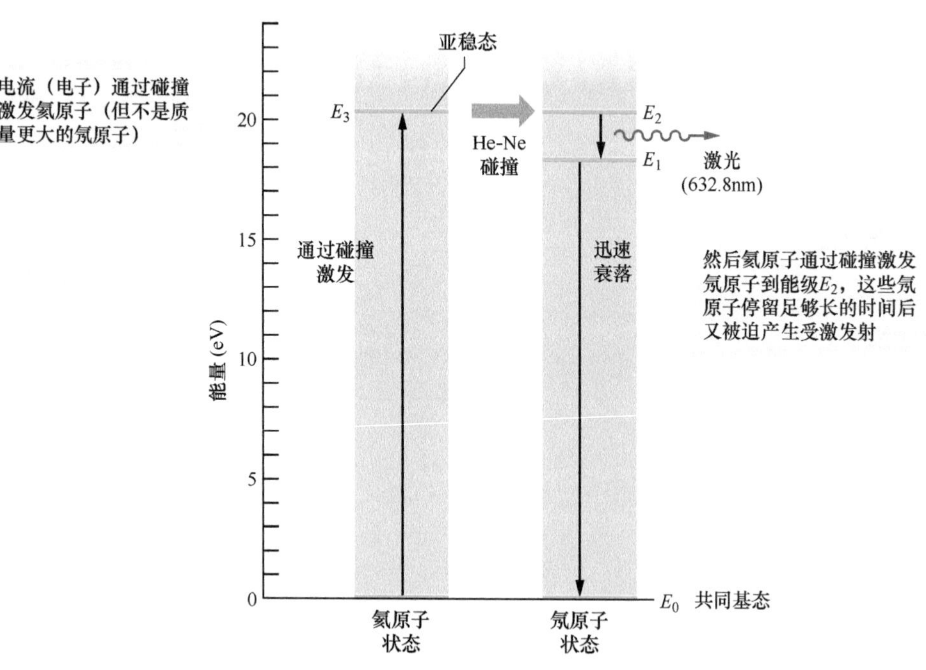

图 40-21 氦-氖气体激光中氦和氖原子的 5 个基本能级。当 E_2 能级上的原子比 E_1 能级上的原子更多时，E_2 和 E_1 能级间会发生激光作用。

氦的 E_3 状态的能量（20.61eV）非常接近于氖的 E_2 状态的能量（20.66eV）。因此，当处于亚稳态（E_3）的氦原子和处于基态（E_0）的氖原子发生碰撞时，氦原子的激发能量很容易转换给氖原子，使氖原子激发到 E_2 状态。用这种方法，氖的能级 E_2（平均寿命 170ns）变得比氖的能级 E_1（平均寿命只有 10ns，大多数时间几乎是空的）有大得多的粒子数。

这种粒子数布居反转是比较容易建立起来的，因为（1）起初基本上没有氖原子处在 E_1 状态，（2）氦能级 E_3 的长平均寿命意味着总是有很多机会通过碰撞将氖原子激发到 E_2 能级，（3）这些氖原子一旦经历受激发射并落到 E_1 能级，它们几乎立刻就会落到各自的基态（通过图上没有画出的中间能级）并且准备再次通过碰撞激发。

现在假设，当氖原子从 E_2 状态跃迁到 E_1 状态时自发发射了一个光子。这个光子可能激发起受激发射事件，而这又会接着激发另一起受激发射事件。通过这样的链式反应，平行于放电管轴线传播的相干激光束很快就会被建立起来。这些波长为 632.8nm 的光被反射镜 M_1 和 M_2 连续反射后多次反复经过放电管，如图 40-20 所示。每通过一次放电管就积累起越来越多的受激发射光子。反射镜 M_1 是全反射镜，M_2 略微有些“漏洞”，这样就有小部分激光逃逸出来形成有用的外部光束。

检查点 3

激光器 *A*（氦-氖气体激光器）发射激光的波长是 632.8nm；激光器 *B*（二氧化碳激光器）发射激光的波长是 10.6μm；激光器 *C*（砷化镓半导体激光器）发射激光的波长是 840nm。按照发射激光作用的两个量子态之间能量间隔的大小排列这些激光器，最大的排第一。

例题 40.04 激光中的粒子数布居反转

在图 40-20 所示的氦-氖激光器中，激光作用发生在氖的两个激发态之间。然而，在许多激光器中，激光作用（发射激光）是产生在基态和激发态之间的，如图 40-19b 中所画的那样。

（a）考虑发射波长为 $\lambda = 550$nm 的激光器。如果没有发生粒子数反转，状态 E_x 中的粒子数和基态 E_0 中的粒子数的比例是多少？设原子处在室温条件下。

【关键概念】

（1）由于气体原子的热扰动所引起的自然发生的粒子数布居的比例是［式（40-29）］：

$$N_x/N_0 = \mathrm{e}^{-(E_x-E_0)/(kT)} \qquad (40\text{-}30)$$

要从式（40-30）求 N_x/N_0，我们必须求出这两个状态的能量差 $E_x - E_0$。（2）我们可以从已知的波长 550nm 求出这两个发生激光作用的状态之间的能量差 $E_x - E_0$。

解： 由激发的波长，可知

$$\begin{aligned}E_x - E_0 &= hf = \frac{hc}{\lambda} \\ &= \frac{(6.63\times10^{-34}\mathrm{J\cdot s})\ (3.00\times10^{8}\mathrm{m/s})}{(550\times10^{-9}\mathrm{m})\ (1.60\times10^{-19}\mathrm{J/eV})} \\ &= 2.26\mathrm{eV}\end{aligned}$$

要求解式（40-30），我们还需要室温（假设是 300K）下原子热扰动的平均能量 kT，它是

$$kT = (8.62\times10^{-5}\mathrm{eV/K})(300\mathrm{K}) = 0.0259\mathrm{eV}$$

其中，k 是玻尔兹曼常量。

将这最后两个结果代入式（40-30），我们得到室温下粒子数布居的比例：

$$\begin{aligned}N_x/N_0 &= \mathrm{e}^{-(2.26\mathrm{eV})/(0.0259\mathrm{eV})} \\ &\approx 1.3\times10^{-38} \qquad \text{（答案）}\end{aligned}$$

这是极其微小的数字。不过，它是合理的。平均热扰动能量只有 0.0259eV 的原子不可能在一次碰撞中就把 2.26eV 的能量转移给其他的原子的。

（b）对于（a）小题中的条件，在什么温度下比例 N_x/N_0 可以达到 1/2？

解： 现在我们要把温度 T 提高到通过热扰动就能将足够多的氖原子撞击到高能量的状态，从而得到 $N_x/N_0 = 1/2$。把这个比值代入式（40-30），然后在式子两边取自然对数，解出 T，得到

$$\begin{aligned}T &= \frac{E_x - E_0}{k(\ln 2)} = \frac{2.26\mathrm{eV}}{(8.62\times10^{-5}\mathrm{eV/K})(\ln 2)} \\ &= 38000\mathrm{K} \qquad \text{（答案）}\end{aligned}$$

这比太阳表面还要热许多。由此，显然如果我们要使这两个能级的粒子数布居反转，就需要某种特殊的机制来达到这个目标——即，我们必须设法把原子“抽运”上去。无论多高的温度都不能通过热扰动自然地产生粒子数布居反转。

PLUS 在 WileyPLUS 中可以找到附加的例题、视频和练习。

复习和总结

原子的一些性质　原子具有量子化的能量并且在这些能量之间进行量子跃迁。如果在较高能量和较低能量的状态之间跃迁时伴随着光子的发射和吸收，则光的频率满足

$$hf = E_{high} - E_{low} \tag{40-1}$$

相同量子数 n 的状态组成壳层。相同量子数 n 和 ℓ 的状态组成支壳层。

轨道角动量和磁偶极矩　陷俘在原子中的电子的轨道角动量具有下式给出的量子化数值：

$$L = \sqrt{\ell(\ell+1)}\hbar, \quad \ell = 0, 1, 2, \cdots, (n-1) \tag{40-2}$$

其中，$\hbar = h/(2\pi)$；ℓ 是轨道角量子数；n 是电子的主量子数。轨道角动量在 z 轴上的分量 L_z 是量子化的，它的数值是

$$L_z = m_\ell \hbar, \ m_\ell = 0, \pm 1, \pm 2, \cdots, \pm \ell \tag{40-3}$$

其中，m_ℓ 是轨道磁量子数。电子的轨道磁矩的数值 μ_{orb} 是量子化的，它的数值是

$$\mu_{orb} = \frac{e}{2m}\sqrt{\ell(\ell+1)}\hbar \tag{40-6}$$

其中，m 是电子质量。它在 z 轴上的分量 $\mu_{orb,z}$ 也是量子化的，量子化公式是

$$\mu_{orb,z} = -\frac{e}{2m} m_\ell \hbar = -m_\ell \mu_B \tag{40-7}$$

其中，μ_B 是玻尔磁子：

$$\mu_B = \frac{eh}{4\pi m} = \frac{e\hbar}{2m} = 9.274 \times 10^{-24} \text{J/T} \tag{40-8}$$

自旋角动量和磁偶极矩　每一个电子，无论是被陷俘的还是自由的，都具有数值是量子化的内禀角动量 $\vec{S}$，它的数值是

$$S = \sqrt{s(s+1)}\hbar, \quad s = \frac{1}{2} \tag{40-9}$$

其中，s 是自旋量子数。电子是自旋 $\frac{1}{2}$ 粒子。自旋在 z 轴上的分量也是量子化的，量子化公式是

$$S_z = m_s \hbar, \quad m_s = \pm s = \pm \frac{1}{2} \tag{40-10}$$

其中，m_s 是自旋磁量子数。每一个电子，无论是被陷俘的还是自由的，都有内禀自旋磁偶极矩 $\vec{\mu}_s$，它的量子化数值是

$$\mu_s = \frac{e}{m}\sqrt{s(s+1)}\hbar, \quad s = \frac{1}{2} \tag{40-12}$$

它在 z 轴上的分量 $\mu_{s,z}$ 也是量子化的：

$$\mu_{s,z} = -2m_s \mu_B, \quad m_s = \pm \frac{1}{2} \tag{40-13}$$

施特恩-格拉赫实验　施特恩-格拉赫实验演示了银原子的磁矩是量子化的，实验证明了原子水平上的磁矩是量子化的。有磁偶极矩的原子在非均匀磁场中受到力的作用。如果磁场以变化率 $\mathrm{d}B/\mathrm{d}z$ 沿 z 轴变化，那么力 F_z 是沿着 z 轴的，并且它与偶极矩的分量 μ_z 的关系是

$$F_z = \mu_z \frac{\mathrm{d}B}{\mathrm{d}z} \tag{40-17}$$

质子具有内禀自旋角动量 $\vec{S}$ 和内禀磁偶极矩 $\vec{\mu}$，二者在同一方向上。

磁共振　在沿 z 轴的磁场 $\vec{B}$ 中，质子的磁偶极矩沿 z 轴有两个量子化的分量：自旋向上（μ_z 在 $\vec{B}$ 的方向上）和自旋向下（μ_z 在与 $\vec{B}$ 相反的方向上）。对电子来说情况相反，自旋向上是较低的能量取向，两种取向的能量差是 $2\mu_z B$。要使质子在两种取向之间自旋反转所需的光子能量是

$$hf = 2\mu_z B \tag{40-22}$$

磁场是装置产生的外磁场及围绕质子的原子和原子核产生的内磁场的矢量和。通过对自旋反转的检测可以得到核磁共振谱，这样就可以利用核磁共振谱鉴别特定的物质。

泡利不相容原理　原子和其他陷阱中的电子服从泡利不相容原理，该原理要求在陷阱中没有两个电子可以具有完全相同的一组量子数。

建立周期表　在周期表中，元素按原子序数 Z 增加的顺序排列成表，Z 是原子核中的质子数。Z 同时也是中性原子的电子数。量子数 n 数值相同的状态组成壳层，量子数 n 和 ℓ 数量相同的状态组成支壳层。闭合的壳层和闭合的支壳层包含泡利不相容原理所允许的最多数目的电子。这种闭合结构的净角动量和净磁矩都是零。

X 射线与元素的排序　高能电子束轰击靶并从靶原子上散射时，电子发射 X 射线而失去能量，发射的 X 射线波长分布在一定范围内，形成所谓的连续谱。X 射线连续谱中最短的波长是截止波长 λ_{min}，这个波长是入射电子在一次散射事件中完成一次 X 射线发射而失去全部动能 K_0 所发射的波长：

$$\lambda_{min} = \frac{hc}{K_0} \tag{40-23}$$

特征 X 射线谱的产生是由于入射电子击中靶原子的内层电子而形成空穴后较高能级的电子向下跃迁到这个空穴并发射光。莫塞莱图是特征发射频率的平方根 $\sqrt{f}$ 对靶原子的原子序数 Z 的直线图。这条直线揭示元素在周期表中的位置取决于 Z 而不是它的原子量。

激光　在受激发射中，激发态的原子可能受到经过原子的光子的感应，并通过发射一个光子而退激发落到较低的能量状态。受激发射所发射的光和引起发射的光同相位并沿同一方向传播。

当原子处在粒子数布居反转的状态中时，受激发射所发射的光是激光。也就是说，对于涉及受激发射的一对能

级，处在上能级的原子一定要比处在下能级的原子多，这样受激发射的光子才能比吸收的光子多。

习题

1. 7个电子被陷俘在宽度为L的一维无限深势阱中。这个系统的基态能量是$h^2/(8mL^2)$的几倍？设电子之间没有相互作用，并且不忽略自旋。

2. 证明：具有相同量子数n的状态数目是$2n^2$。

3. 对于习题1的情形，这7个电子系统的（a）第一激发态，（b）第二激发态，（c）第三激发态的能量各是$h^2/(8mL^2)$的多少倍？（d）画出系统的最低四个能级的能级图。

4. 下面是几种元素的K_α线波长：

元素	λ（pm）	元素	λ（pm）
Ti	275	Co	179
V	250	Ni	166
Cr	229	Cu	154
Mn	210	Zn	143
Fe	193	Ca	134

根据这些数据画出（图40-16中那样的）莫塞莱图并证明它的斜率和40-6单元中所给出的C值一致。

5. 铜原子中K壳层和L壳层电子的结合能分别是8.979keV和0.951keV。如果铜发射的K_αX射线入射到氯化钠晶体上，并在与钠原子的平行平面成74.1°角的方向上产生第一级布拉格反射，这些平行平面的间距有多大？

6. 一种假设的原子只有两个原子能级，且间隔为3.2eV。设在某个恒星大气中的一定高度处，有6.1×10^{13}个/cm^{3}的这种原子处在较高能量状态，有2.2×10^{15}个/cm^{3}的这种原子在较低能量状态。在该恒星的大气中处于这个高度上的温度是多少？

7. 在核磁共振实验中，射频电源以34MHz的频率振荡，被研究的样品中的氢原子的磁共振发生在外磁场$\vec{B}_{ext}$的数值是0.78T时。设$\vec{B}_{int}$和$\vec{B}_{ext}$的方向相同，取质子磁矩分量μ_z为1.41×10^{-26}J/T。$\vec{B}_{int}$数值是多少？

8. 设原子中两个电子的量子数分别是$n=2$和$\ell=1$。（a）这两个电子可能有多少状态？（记住，这两个电子是无法区分的。）（b）假如泡利不相容原理不能应用于电子，可能的状态有多少？

9. X射线管中的钨（$Z=74$）受到电子轰击。钨的K、L和M能级（比较图40-15）的能量分别是69.5keV，11.3keV和2.30keV。（a）加速电压的最小值必须多大才有可能产生钨的特征谱线K_α和K_β？（b）对同一加速电压，λ_{min}是多少？（c）K_α和（d）K_β的波长是多少？

10. 高功率激光束（$\lambda=600$nm）的光束直径为10cm，将它对准距离3.8×10^5km外的月球。光束只因衍射而扩散。中央衍射盘边缘的角位置（参见式36-12）由下式给出：

$$\sin\theta=\frac{1.22\lambda}{d}$$

其中，d是光束孔径的直径。月球表面上的中央衍射盘的直径是多少？

11. 考虑元素硒（$Z=34$）、溴（$Z=35$）和氪（$Z=36$）。在周期表上这几个元素所在的部分，电子状态的支壳层按以下顺序填充：

$$1s\quad 2s\quad 2p\quad 3s\quad 3p\quad 3d\quad 4s\quad 4p\cdots$$

（a）硒原子中电子占据的最高支壳层是哪个？（b）其中电子的数目是多少？（c）溴原子中被占据的最高支壳层是哪一个？（d）其中电子有多少？（e）氪原子中被占据的最高支壳层是哪一个？（f）其中电子有多少？

12. 将式（40-27）中的常量C保留到5位有效数字。先根据式（40-24）用基本常量来表示式（40-27）中的常量C。然后根据附录B代入这些常量的数值进行计算。在式（40-27）中代入这个计算数值C，由此求出下表中列出的低质量元素的K_α光子能量的理论值E_{theory}。表中列出了各个元素的K_α光子能量的测量值E_{exp}（用eV为单位）。E_{theory}和E_{exp}之间的百分偏差用下式计算：

$$百分偏差=\frac{E_{theory}-E_{exp}}{E_{exp}}100$$

求以下元素的百分偏差：（a）Li，（b）Be，（c）B，（d）C，（e）N，（f）O，（g）F，（h）Ne，（i）Na，（j）Mg。

Li	54.3	O	524.9
Be	108.5	F	676.8
B	183.3	Ne	848.6
C	277	Na	1041
N	392.4	Mg	1254

（实际上由于L能级的分裂有不止一条K_α线，但对于这里列出的元素这个效应可以忽略。）

13. 图40-13中所示的X射线是35.0keV的电子轰击钼（$Z=42$）靶时所产生的。如果加速电压保持在这个数值不变，但用银（$Z=47$）靶代替，则（a）λ_{min}，（b）K_α线的波长和（c）K_β线的波长各是多少？银原子X射线能级的K、L和M（比较图40-15）分别是25.51keV、3.56keV和0.53keV。

14. （a）由式（40-26），原子序数是Z和Z'的两种原子的K_α跃迁产生的光子的能量比例是多少？（b）铀和铝的这个比值是多少？（c）铀和锂的又是多少？

15. 证明运动的电子不能在自由空间中自发地变成X射线光子。必须有第三个物体（原子或原子核）参与进来。为什么它是必要的？（提示：考察能量和动量守恒。）

16. 两个能级间的粒子数布居反转常常通过给系统一个负的热力学温度来描述。用多少负温度来描述一个系统，其中上能级的粒子数布居超过下能级的粒子数布居10%？已知两个能级间的能量差是2.32eV。

17. 在锂原子的三个电子中，有两个电子的量子数（n、ℓ、m_ℓ、m_s）分别是$\left(1,0,0,+\frac{1}{2}\right)$和$\left(1,0,0,-\frac{1}{2}\right)$。如果原子处在（a）基态，（b）第一激发态，则原子中第三个电子的量子数有可能是什么？

18. 图40-22是包含一个电子的虚拟的无限深势阱的能级图。图上标出了能级的简并态的数目。其中“非”表示非简并态（电子的基态也是非简并态），“双重”的意见是两个状态，“三重”的意思是三个状态。我们把总共11个电子放在该阱里面。如果电子之间的静电力可以忽略不计，则这11个电子系统的第一激发态的能量是$h^2/(8mL^2)$的多少倍？

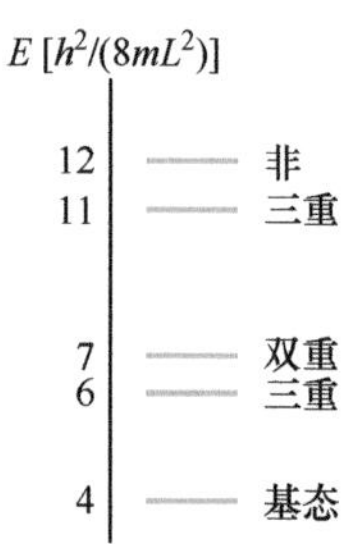

图40-22　习题18图

19. 脉冲激光器发射波长为694.4nm的激光。激光脉冲持续的时间是12ps，每个脉冲的能量是0.150J。（a）脉冲的长度是多少？（b）在一个脉冲里有多少光子？

20. 由图40-13，求钼的近似能量差E_L-E_M。把它和由图40-15得到的数值比较。

21. 功率为2.3mW的氦-氖激光器发射波长为632.8nm的激光。这个器件以什么速率发射光子？

22. 对于处在基态的氦原子，（a）自旋向上电子和（b）自旋向下电子的量子数（n，ℓ，m_ℓ，m_s）各是什么？

23. 一个假想的原子有两个能级，这两个能级间跃迁产生的波长是580nm。在300K的特定样品中，这种原子有4.0×10^{20}个处于较低的能量状态。（a）假设在热平衡条件下，有多少原子在较高的状态中？（b）假设有另一种情况，某种外来过程将3.0×10^{20}个这种原子“抽运”到更高的能级上，还有1.0×10^{20}个原子留在较低的能级。在一个激光脉冲中这些原子总共最多可以释放多少能量？假设在这两个能级之间只跃迁一次（通过吸收或通过受激发射）。

24. 一个15keV的电子经过和靶原子核的两次碰撞后停止。如图40-14中那样。（设原子核保持静止不动。）第二次碰撞中发射光子的波长更长，比第一次碰撞时发射光子的波长长了1.30pm。（a）第一次碰撞后电子的动能是多少？求第一个光子的（b）波长λ_1和（c）能量E_1。第二个光子的（d）波长λ_2和（e）E_2能量是多少？

25. 沿z轴测量轨道角动量$\vec{L}$得到分量数值L_z。证明：关于轨道角动量的其他两个分量满足

$$(L_x^2+L_y^2)^{1/2}=[\ell(\ell+1)-m_\ell^2]^{1/2}\hbar$$

26. 发射波长为424nm的激光的一个脉冲的持续时间是0.500μs。脉冲的功率是3.25MW。如果我们假设在0.500μs内对脉冲做出贡献的原子只经历了一次受激发射，那么有多少原子做出了贡献？

27. X射线是X射线管中的电子经过50.0kV电势差加速后轰击靶所产生的。令K_0是电子在加速终了时的动能。电子和靶原子核（假定原子核始终静止）碰撞后的动能是$K_1=0.500K_0$。（a）发射光子的波长是多少？电子再和另一个靶原子核碰撞（假设原子核也是始终静止）后动能$K_2=0.500K_1$。（b）发射光子的波长是多少？

28. 氩激光器发射的激光束（波长515nm）的直径d是3.00mm，连续输出功率为4.00W。用一个焦距为3.50cm的透镜将光束聚焦到漫反射表面，形成图36-10那样的衍射图样，中央圆盘的半径由下式给出：

$$R=\frac{1.22f\lambda}{d}$$

[参见式（36-12）和图36-14]。可以证明中央圆盘包含入射功率的84%。（a）中央圆盘半径多大？（b）入射光束的平均强度（单位面积的功率）是多少？（c）中央圆盘的平均强度是多少？

29. 设所得到的激光器的波长可以精确地“调谐”到可见光区——即$450\text{nm}<\lambda<650\text{nm}$范围——的任何位置，如果每个电视频道所占的带宽为10MHz，在可见光波长范围内可以容纳多少频道？

30. 某种激光器可以发射波长550nm的激光，它涉及基态和一个激发态之间的粒子数布居反转。在室温下，需要多少摩尔的氖通过热扰动才能使12个原子进入这个激发态？

31. 导致大小为0.200T的磁场中的电子从平行跃迁到反向平行的光子所对应的波长是多少？设$\ell=0$。

32. 在以下壳层中各有多少电子？（a）$n=4$，（b）$n=1$，（c）$n=3$，（d）$n=2$。

33. 半导体GaAlAs激光器的有效体积只有200μm³（比一粒沙子还小），可是这种激光器却可以连续发射波长为0.80μm的功率为5.0mW的激光。它以什么速率产生光子？

34. 在支壳层$\ell=4$中，（a）最大的（正的最大）m_ℓ值是多大？（b）由这个最大m_ℓ值可以得到几个状态？（c）在这个支壳层中总共有多少状态？

35. 求施特恩-格拉赫实验中电子自旋角动量矢量和磁场之间的半经典角度的（a）较小数值和（b）较大数值。记住，在银原子中价电子的轨道角动量矢量是零。

36. 铁的K_α线的波长是193pm。求这个跃迁的铁原

子的两个状态间的能量差。

37. 多电子原子中的一个电子的 $m_\ell = +4$。对于这个电子，(a) ℓ 值，(b) 最小可能的 n 值，(c) 可能的 m_s 值的数目各是多少？

38. 图 40-20 中的两面反射镜分开的距离是 6.0cm，它们形成了一个光学腔，在这个腔中建立激光驻波。在这个 6.0cm 长的腔中，每个驻波都有整数 n 个半波长，n 很大并且各驻波的波长略有差别，在 $\lambda = 533\text{nm}$ 附近，这些不同驻波的波长相差多少？

39. 假想的原子具有相距 1.2eV 的许多等间隔的能级。在 2000K 温度下，第 13 激发态和第 11 激发态中的原子数比例是多大？

40. 红宝石激光器发射激光的波长是 694nm。某个红宝石晶体包含 4.00×10^{19} 个 Cr 离子（这是产生激光的原子）。激光跃迁发生在第一激发态和基态之间，输出光脉冲的持续时间为 1.5μs。脉冲开始时，有 60% 的 Cr 离子处于第一激发态，其余的则处于基态。一个脉冲中的平均发射功率是多大？（提示：不要只忽略基态离子。）

41. 图 40-23 表示两种类型原子的能级。原子 A 在一根管子里面，原子 B 在另一根管子里面。图上标出了各能级的能量（相对于数值为零的基态能量）；原子在每个能级上的平均寿命也标注在图上。所有的原子起初都被抽运到高于图上画出的能级。原子然后经过这些能级下落，有一些原子“停留”在某些能级上，导致粒子数布居反转并发射激光。用 A 发射的光照亮 B 引起 B 的受激发射，则 B 受激发射的每个光子的能量是多少？

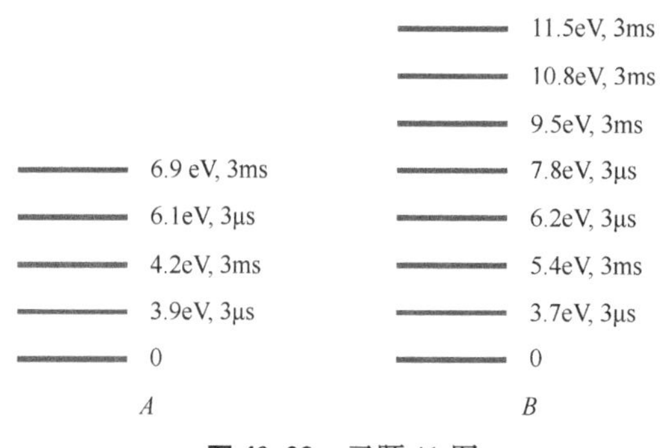

图 40-23 习题 41 图

42. 量子数 $n = 6$ 的壳层中有多少电子态？

43. 在图 40-8 所示的施特恩-格拉赫实验中，银原子通过偏转磁铁时的加速度有多大？设磁场梯度是 1.4T/mm。

44. 宽度 $L_x = L$，$L_y = 2L$ 的矩形围栏中包含 7 个电子。系统基态能量是 $h^2/(8mL^2)$ 的多少倍？设电子相互之间没有相互作用，但不能忽略自旋。

45. X 射线管中的电子加速到可以产生波长为 0.100nm 的 X 射线，电子必须通过最小的电势差是多大？

46. 在习题 44 中，$h^2/(8mL^2)$ 的多少倍可以得到这 7 个电子系统的 (a) 第一激发态，(b) 第二激发态和 (c) 第三激发态的能量？(d) 画出最低的四个能级的能级图。

47. 计算铌（Nb）和镓（Ga）的 K_α 线的波长比。需要的数据可从附录 G 的周期表中找到。

48. 在氢原子里面，因为电子处于质子（原子核）的磁场 $\vec{B}$ 中，所以它的基态实际上是两个可能的，靠得非常近的能级。相应地，有与电子磁矩 $\vec{\mu}$ 相对于 $\vec{B}$ 的取向相联系的能量，电子在磁场中或者自旋向上（有较高的能量）或自旋向下（能量较低）。如果电子被激发到这两个能级中较高的能级，它就可以通过自旋反转并发射光子来退激发。和这个光子相关的波长是 21cm。（这样的过程在银河系中普遍存在，通过射电望远镜接收到的 21cm 辐射可以揭露气体氢所在的星际位置。）氢原子基态的电子受到的有效磁场 $\vec{B}$ 是多大？

49. 一个电子处在 $\ell = 3$ 的状态中。(a) $\hbar$的多少倍数给出 $\vec{L}$ 的数值？(b) μ_B 的多少倍给出 $\vec{\mu}$ 的数值？(c) 最大可能的 m_ℓ 的数值是什么？(d) $\hbar$ 的多少倍数给出相应的 L_z 的数值；(e) μ_B 的多少倍数给出相应的 $\mu_{orb,z}$ 的数值？(f) L_z 和 $\vec{L}$ 的方向之间的半经典角度 θ 的数值是多少？以下情况中 θ 角的数值是多少？(g) 第二最大的可能 m_ℓ 值和 (h) 第二最小（即最负）的可能 m_ℓ 值。

50. 当电子轰击钼靶时，它们会产生图 40-13 中的连续 X 射线谱和特征 X 射线谱。这幅图中的入射电子的动能是 35.0keV。如果加速电势差增加到 55.0keV，(a) λ_{min}的数值是多少？(b) K_α 和 K_β 线的波长是增加，增小，还是不变？

51. 氢原子中的电子处在 $\ell = 5$ 的状态中。$\vec{L}$ 和 L_z 之间半经典角度的最小可能值是多大？

52. 一个电子在 $n = 4$ 的状态中。求：(a) l 的可能数值的数目，(b) m_ℓ 的可能数值的数目，(c) m_s 的可能数值的数目，(d) $n = 4$ 壳层中状态的数目，(e) $n = 4$ 壳层中支壳层的数目。

53. 宽度 $L_x = L_y = L_z = L$ 的立方形盒子中包含 8 个电子。这个系统基态的能量是 $h^2/(8mL^2)$ 的多少倍？设电子之间没有相互作用，但不能忽略自旋。

54. 习题 53 的情况中，这 8 个电子组成的系统的 (a) 第一激发态，(b) 第二激发态，(c) 第三激发态的能量各是 $h^2/(8mL^2)$ 的多少倍？(d) 画出该系统的最低的四个能级的能级图。

55. (a) 与 $n = 3$ 相关的 ℓ 数值有多少个？(b) 和 $\ell = 1$ 相联系的 m_ℓ 的数值有多少个？

56. 设在用中性银原子所做的施特恩-格拉赫实验中，磁场 $\vec{B}$ 的数值是 0.60T。(a) 在两分支射束中，不同磁矩取向的银原子的能量差是多少？(b) 在这两个状态间感应引起跃迁的辐射频率是多少？(c) 这个辐射的波长是多少？(d) 它属于电磁波谱的哪个波段？

57. 产生波长为 694nm 激光的某台激光器中的激活介

质的长度是 6.00cm，其直径为 1.00cm。（a）把这个介质当作类似于两端闭合的风琴管的光学共振腔。沿管轴有多少驻波波节？（b）波节的数目增加 1，光束的频率改变值 Δf 是多少？（c）证明 Δf 就是激光沿激光器轴线传播一个来回所用时间的倒数。（d）相应的频率移动的相对值 $\Delta f/f$ 是多少？设激光介质（红宝石晶体）的折射率是 1.75。

58. 磁场作用在自由漂浮着的、半径 $R = 1.50\text{mm}$ 的均匀铁球上。起初铁球没有净磁矩，但是在磁场作用下有 12% 的原子的磁矩排列整齐（即铁球中弱结合的电子的磁矩的 12%，每个原子有一个这样的电子）。这些排列整齐的电子是铁球的固有磁矩 $\vec{\mu}_s$。这个球由此得到的角速率 ω 是多少？

59. 最近命名的元素是鐽（Ds），它有 110 个电子。假设你能把这 110 个电子一个一个地放进原子壳层并且忽略电子-电子相互作用。当原子处在基态时，最后一个电子的量子数 ℓ 的光谱学记号是什么？

60. 在以下支壳层中有多少电子状态？（a）$n=4$，$\ell=3$；（b）$n=3$，$\ell=2$；（c）$n=4$，$\ell=1$；（d）$n=2$，$\ell=0$。

61. （a）在 $\ell=3$ 的状态中轨道角动量的数值是多少？（b）它在外加的 z 轴上的最大投影数值是多少？

62. 假设处在基态的氢原子移动了距离 18cm，垂直通过竖直方向的磁场，磁场梯度 $dB/dz = 1.6\times10^2\text{T/m}$。（a）求磁场梯度引起的对原子作用力的大小。设力来自场和原子中的电子的磁矩作用，我们取电子磁矩为 $1\mu_B$。（b）原子在这 80cm 的运动路程中产生的竖直方向的位移是多少？设电子的速率是 $2.5\times10^5\text{m/s}$。

CHAPTER 41

第41章 固体中电的传导

41-1 金属的电性质

学习目标

学完这一单元后，你应当能够……

41.01 懂得晶体的三种基本性质，并画出它们的单胞简图。

41.02 区别绝缘体、金属和半导体。

41.03 用简图说明从一个原子的能级图到多原子的能带图的过渡。

41.04 画出绝缘体的带隙图，指出满带和空带并说明什么原因阻止了电子参与导电。

41.05 画出金属的带隙图，说明与绝缘体不同的什么特点使电子可以参加到电流中。

41.06 懂得费米能级、费米能量和费米速率。

41.07 区分单价原子、二价原子和三价原子。

41.08 对于导电材料，应用传导电子数密度 n 以及材料的密度、体积 V 和摩尔质量 M 之间的关系。

41.09 知道在金属的部分满带中，热运动能够使一些传导电子跃迁到较高的能级。

41.10 对于给定的能带中的能级，计算态密度 $N(E)$，并且懂得这实际上是双重的密度(单位体积和单位能量)。

41.11 求能带中高度为 E 的 ΔE 范围中以及单位体积中的状态数，可以通过在这个范围内对 $N(E)$ 积分的方法，如果 ΔE 相对于 E 很小，则可以用求乘积 $N(E)\Delta E$ 的方法。

41.12 对于给定的能级，计算这个能级被电子占据的概率 $P(E)$。

41.13 懂得在费米能级上概率 $P(E)$ 是0.5。

41.14 对于给定的能级，计算占有态密度 $N_o(E)$。

41.15 对于能级的给定范围，计算状态数和占有态数。

41.16 画出态密度 $N(E)$、占有概率 $P(E)$ 及占有态密度 $N_o(E)$ 对能带中的高度的曲线图。

41.17 应用费米能量 E_F 和传导电子数密度之间的关系。

关键概念

- 晶状固体可以粗略地分为绝缘体、金属和半导体。
- 晶体的量子化能级形成能带，能带间被能隙分开。
- 在金属中，包含任意数目电子的最高能带只是部分被占，在0K温度下的最高被占能级称为费米能级 E_F。
- 位于部分被占能带中的电子是传导电子，其电子数密度（单位体积电子数）是

$$n=\frac{\text{材料的密度}}{M/N_A}$$

其中，M 是材料的摩尔质量；N_A 是阿伏伽德罗常量。

- 单位体积和单位能量间隔中允许的能级的态密度数是

$$N(E)=\frac{8\sqrt{2}\pi m^{3/2}}{h^3}E^{1/2}$$

其中，m 是电子质量；E 是用焦耳为单位。就是计算 $N(E)$ 的公式中的能量。

- 占有概率 $P(E)$ 是可以得到的给定状态被一个电子占据的概率：

$$P(E)=\frac{1}{e^{(E-E_F)/(kT)}+1}$$

- 占有态密度 $N_o(E)$ 是态密度函数和占有概率函数的乘积

$$N_o(E)=N(E)P(E)$$

- 金属的费米能级 E_F 可以通过对温度 $T=0\text{K}$

(绝对零度)时的 $N_0(E)$ 从 $E=0$ 到 $E=E_F$ 积分求得。得到的结果是

$$E_F=\left(\frac{3}{16\sqrt{2}\pi}\right)^{2/3}\frac{h^2}{m}n^{2/3}=\frac{0.121h^2}{m}n^{2/3}$$

什么是物理学?

作为固体电子器件基础的物理学中的一个重要问题是：材料导电或不导电的机理是什么？答案是很复杂的，并且还不能很好理解，主要是因为它们涉及将量子物理学应用到聚集在一起并相互作用着的巨大数量的粒子和原子。我们从显示出导电和不导电特征的材料开始讨论。

固体的宽性质

我们只考察**晶态固体**——就是固体的原子排列成称作**晶格**的、重复的三维结构。我们不考虑像木材、塑料、玻璃和橡皮这一类固体，这些材料中的原子不会排列成这种重复的图案。图 41-1 表示铜的晶格结构的基本重复单元（**单胞**）。我们把铜作为金属的典型，把硅和金刚石（碳）分别作为半导体和绝缘体的典型。

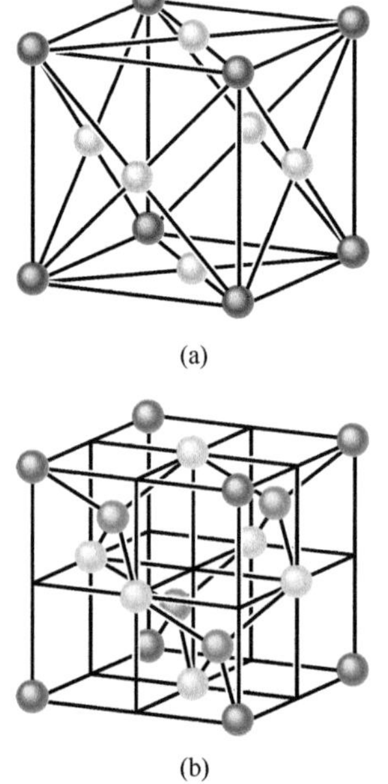

图 41-1 (a) 铜的单胞是立方体。在立方体的每一个角上都有一个铜原子（较暗），立方体每一个面的中心有一个铜原子（较淡）。这种排列称为*面心立方体*。(b) 硅和金刚石中的碳原子的单胞也是立方体。这些原子排列成所谓的*金刚石晶格*。在立方体的每一个角上都有一个原子（较暗），在立方体每个面的中心也都有一个原子（较淡）；此外，在立方体里面还有四个原子（中等颜色），每个原子通过两个电子的共价键键联到与它最近的四个相邻原子。（只有立方体里面的四个原子才会显示出所有四个最靠近的相邻原子）。

我们可以按照三种基本电学性质把固体分类：

1. 它们在室温下的**电阻率 $\boldsymbol{\rho}$**。电阻率的国际单位制单位是欧姆米（$\Omega\cdot$m）；电阻率在 26-3 单元已经定义过了。

2. **电阻率的温度系数 $\boldsymbol{\alpha}$**。在式（26-17）中，α 定义为 $\alpha=(1/\rho)(d\rho/dT)$，它的国际单位制单位是开尔文的倒数（$K^{-1}$）。对任何固体，我们可以通过测量在一定温度范围内的 ρ 来计算 α。

3. **载流子数密度 $\boldsymbol{n}$**。这个量是单位体积的载流子数，它可以按照 28-2 单元中讨论过的霍尔效应的测量求得，它的国际单位制单位是立方米的倒数（m^{-3}）。

根据电阻率的测量我们发现有些材料，如**绝缘体**，完会不导电。这些都是具有非常高的电阻率的材料。金刚石是最好的例子，它的电阻率大约是铜的电阻率的 10^{24} 倍。

然后我们可以根据测量到的 ρ、α 和 n 的数值将大多数非绝缘体，至少在低的温度下，分成两大类：**金属和半导体**。

比起金属来，半导体有相当大的电阻率 ρ。

半导体电阻率的温度系数 α 不仅很高，而且还是负的。即半导体的电阻率随温度增加而减小，而金属电阻率则随温度增高而增大。

半导体的载流子数密度 n 比金属小得多。

表 41-1 表示典型的金属铜和典型的半导体硅的上述三个物理量的数值。

表 41-1 **两种材料的一些电性质**①

性质	单位	材料	
		铜	硅
导体类型		金属	半导体
电阻率 ρ	$\Omega\cdot$m	2×10^{-8}	3×10^{3}
电阻率的温度系数 α	K^{-1}	$+4\times10^{-3}$	-70×10^{-3}
载流子数密度 n	m^{-3}	9×10^{28}	1×10^{16}

① 所有数值都在室温下。

现在，我们来讨论核心问题：什么特性造成了金刚石是绝缘体，铜是金属，而硅是半导体？

晶体中的能级

固体铜中相邻的铜原子之间的距离是260pm。图41-2a表示两个孤立的铜原子，它们分开的距离为r。当然图上的距离r比260pm大得多。图41-2b表示这两个孤立的中性原子的每一个把它的29个电子叠放在分立的支壳层阵列中，并按照下面的顺序排列：

$$1s^2 \quad 2s^2 \quad 2p^6 \quad 3s^2 \quad 3p^6 \quad 3d^{10} \quad 4s^1$$

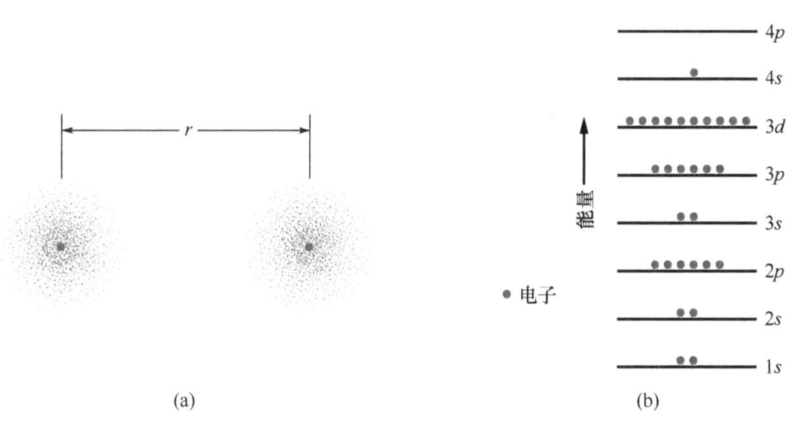

图41-2 (a) 两个铜原子分开很远的距离，它们的电子分布用点阵图表示。(b) 每个铜原子有29个电子，它们分布在7个支壳层中。处在基态的中性原子中，$3d$能级以下的支壳层全被填满，$4s$支壳层中只有一个电子。（这个支壳层可以有两个电子），更高的支壳层是空的。为简单起见，各支壳层的能级被画成等距离的。

这里我们用了40-5单元中的速记符号来标记这些支壳层。回忆一下，例如主量子数$n=3$和轨道量子数$\ell=1$的支壳层，它称为$3p$支壳层；它最多可以容纳$2(2\ell+1)=6$个电子；支壳层中实际的电子数用上标中的数字表示。从上面我们看到，铜的前面6个支壳层都已占满，但（最外面的）可以装填两个电子的$4s$支壳层，却只有一个电子。

如果我们使图41-2a中的两个原子靠近，它们的波函数就会开始重叠，重叠从这两个最外面的电子开始。于是我们就得到了一个总共有58个电子的双原子系统，而不是两个互相独立的原子。泡利不相容原理要求这58个电子中的每一个都占据一个不同的量子态。事实上，这58个量子态是可以得到的，因为孤立原子的每一个能级都会在这个双原子系统中分裂成两个能级。

如果我们把更多的原子聚集在一起逐步装配成固体铜的晶格。对于N个原子，孤立铜原子中的每一个能级在固体中必定要分裂成N个能级。于是，固体中的各个能级形成**能带**，相邻能带被**能隙**分开，能隙代表一个能量的区域，没有电子可以具有这些能量。典型的能带宽度只有几个电子伏特。因为N可以达到10^{24}的量级，所以能带中各个能级确实互相靠得非常近，能带中有极大数量的能级。

图41-3画出了一般的晶体能级的带-隙结构。注意，低的能带比高的能带更窄。之所以会出现这种现象是因为占据较低能带的电子大多数时间都停留在原子的深层电子云中。这些位于原子实里面的电子的波函数并不像外层电子的波函数那样有很多的交叠。因此低能级（原子实中的电子）的分裂小于高能级（外层电子）的分裂。

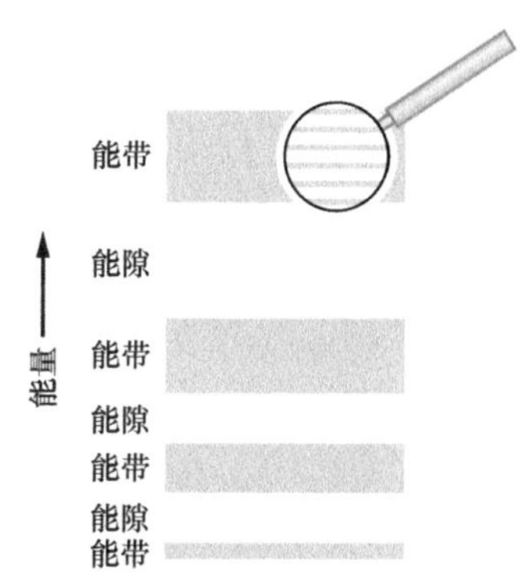

图41-3 理想晶体能级的能带-能隙图。正如放大的视图所表现的，每个能带都是由大量非常靠近的能级组成的。（在许多固体中相邻能带可能会重叠；为清楚起见，我们并没有画出这种情形。）

绝缘体

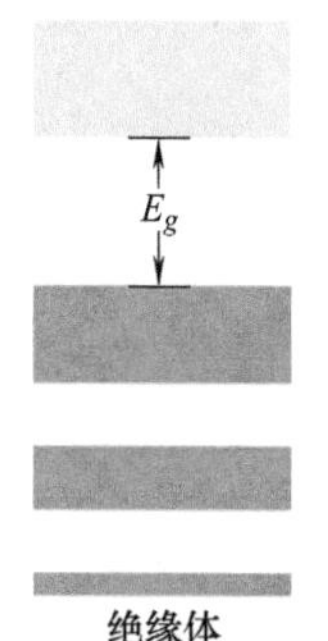

图 41-4 绝缘体的能带-能隙图。被占满的能级用红色画出，空的能级用蓝色画出。

如果我们在某固体两端加上电势差后其中没有电流流过，我们就说这种固体是电绝缘体。要想有电流出现，平均电子动能就必须增加。换言之，固体中一些电子必须移到较高的能级。然而，如图 41-4 所示，在绝缘体中，包含电子的最高能带被占满了。由于泡利不相容原理不允许更多的电子移动到已被占据的能级上，所以固体中没有电子可以运动。于是，绝缘体的满带中的电子没有地方可去；它们都堵塞着，就像站满了小孩的梯子上的那些孩子一样，进退两难。

在图 41-4 中，满带以上的能带中有许多未占能级（空级）。然而，如果有一个电子要去占据这些能级中的一个，它必须获得足够的能量才能跳过隔开两个能带的相当大的能隙 E_g。在金刚石中，这种能隙是如此宽（通过它所需的能量是 5.5eV，大约是室温下自由粒子平均热能的 140 倍）。所以实际上没有电子能够跃迁跳过这个能隙。因而金刚石是电绝缘体，并且是非常好的一种。

例题 41.01 绝缘体中电子激发的概率

在室温下（300K），金刚石（绝缘体）中位于最高满带顶部的一个电子跳过图 41-4 中的能隙 E_g 的近似概率有多大？设金刚石的 E_g 是 5.5eV。

【关键概念】

在第 40 章中，我们用式（40-29）

$$\frac{N_x}{N_0}=e^{-(E_x-E_0)/(kT)} \tag{41-1}$$

把位于能级 E_x 上原子的粒子数 N_x 和位于能级 E_0 上的粒子数 N_0 联系起来，这些原子是温度 T（开尔文）的系统的一部分；k 是玻尔兹曼常量（8.62×10^{-5}eV/K）。在这一章中我们用式（41-1）近似表示绝缘体中电子跳过图 41-4 中的能隙 E_g 的概率 P。

解： 我们首先设能量差 E_x-E_0 等于 E_g。跳过能隙的概率 P 近似等于正好在能隙以上的电子数和正好在能隙下面的电子数的比值 N_x/N_0。

对于金刚石，式（41-1）中的指数是

$$-\frac{E_g}{kT}=-\frac{5.5\text{eV}}{(8.62\times10^{-5}\text{eV/K})(300\text{K})}=-213$$

所求的概率是

$$P=\frac{N_x}{N_0}=e^{-E_g/(kT)}=e^{-213}\approx3\times10^{-93}\text{（答案）}$$

这个结果告诉我们，近似地 10^{93} 个电子中有 3 个电子会跳过能隙。因为任何金刚石中的电子数都少于 10^{93}，所以我们会看到跃迁的概率小到几乎就是零。金刚石是这样好的绝缘体就一点也不奇怪了。

在 WileyPLUS 中可以找到附加的例题、视频和练习。

金属

定义金属的特征是，如图 41-5 所示，最高的满能级落在靠近能带中央的某个位置。如果我们在一块金属两端加上电势差就会出现电流，因为在较高的能量附近有充足的空能级，电子（金属中的载流子）很容易跃迁进入这些能级。由此，金属可以导电是因为在它的最高的满带中的电子可以很容易地进入较高的能级。

在 26-4 单元中，我们讨论过金属的**自由电子模型**，其中**传导**

电子可以自由地在样品的整个体积中运动，就像气体分子能够在封闭的容器中运动一样。我们曾经利用这个模型推导出了金属中电阻率的表达式。这里我们用这个模型来说明图 41-5 的部分满带中传导电子的行为。然而，我们现在假设这些电子的能量是量子化的而且泡利不相容原理成立。

假设在整个晶格中传导电子的电势能 U 都是相同的，我们设 $U=0$，这样机械能 E 全部是动能。于是，图 41-5 的部分满带底部的能级相当于 $E=0$。在绝对零度（$T=0\text{K}$）下，这个能带中最高的被占能级称为**费米能级**，对应的能量称为**费米能量** $\boldsymbol{E_F}$；铜的费米能量 $E_F=7.0\text{eV}$。

对应于费米能量的电子速率称为**费米速率** v_F。铜的费米速率是 $1.6\times10^6\text{m/s}$。因此，在绝对零度下所有运动都不会停止；在这个温度下——只是由于泡利不相容原理——传导电子堆积在图 41-5 中的部分满带，这些电子的能量从零到费米能量。

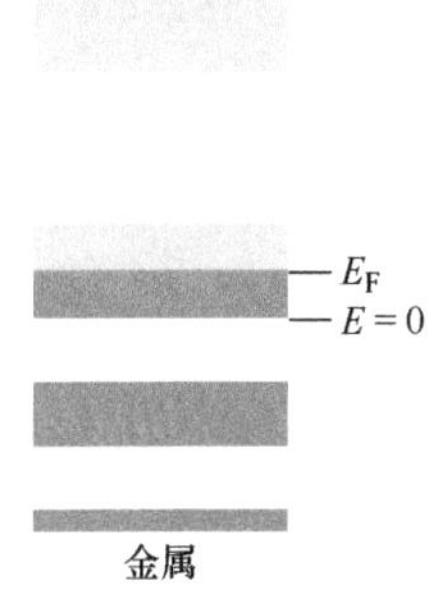

图 41-5 金属的能带-能隙图。最高的被占能级，称为费米能级，它靠近能带的中间。因为在这个能带中的空能级是很容易达到的，这个能带中的电子很容易通过改变能级而导电。

有多少传导电子？

假如我们可以把单个原子组合在一起形成金属的样品，我们就会发现金属中的传导电子都是这些原子的价电子（原子的被占壳层的最外一层中的电子）。单价原子贡献一个这种电子作为金属中的传导电子；二价原子贡献两个这种电子。由此，传导电子的总数是

$$\begin{pmatrix}\text{样品中传导}\\\text{电子的数目}\end{pmatrix}=(\text{样品中的原子数})(\text{每个原子的价电子数}) \tag{41-2}$$

（在这一章里我们大多把几个方程式用文字写出，这是因为我们以前用过的公式中的这些量的符号现在都用来表示其他的数量了。）样品中传导电子数密度 n 是样品中单位体积中传导电子的数目：

$$n=\frac{\text{样品中传导电子的数目}}{\text{样品体积 }V} \tag{41-3}$$

我们可以将样品中的原子数和样品以及由该样品做成的材料的各种其他性质用以下公式联系起来：

$$(\text{样品中的原子数})=\frac{\text{样品质量 }M_{\text{sam}}}{\text{原子质量}}=\frac{\text{样品质量 }M_{\text{sam}}}{(\text{摩尔质量 }M)/N_A}$$

$$=\frac{(\text{物质的密度})(\text{样品体积 }V)}{(\text{摩尔质量 }M)/N_A} \tag{41-4}$$

其中，摩尔质量 M 是样品中 1mol 物质的质量；N_A 是阿伏伽德罗常量（$6.02\times10^{23}\text{mol}^{-1}$）。

例题 41.02 金属中的传导电子数

体积为 $2.00\times10^{-6}\text{m}^3$ 的镁的立方体中有多少传导电子？

【关键概念】

1. 因为镁原子是二价的，每个镁原子贡献两个传导电子。

2. 立方体中传导电子数和镁原子数的关系由式（41-2）表示。

3. 我们可以利用式（41-4）和已知的关于立方体的体积及镁的性质的数据求原子数。

解：我们可以把式（41-4）写作

$$（样品中原子数）=\frac{（密度）（样品体积\ V）N_A}{摩尔质量\ M}$$

镁的密度是 $1.738g/cm^3$（$=1.738\times10^3kg/m^3$），摩尔质量是 $24.312g/mol$（$=24.312\times10^{-3}kg/mol$）（参见附录 F）。式（41-4）中的分子给我们

$$(1.738\times10^3kg/m^3)(2.00\times10^{-6}m^3)$$
$$(6.02\times10^{23}mol^{-1})$$
$$=2.0926\times10^{21}kg/mol$$

于是，

$$（样品中的原子数）=\frac{2.0926\times10^{21}kg/mol}{24.312\times10^{-3}kg/mol}=8.61\times10^{22}$$

利用这个结果和镁原子是二价的事实，由式（41-2）得出

$$（样品中传导电子数）=(8.61\times10^{22}原子)\left(2\,\frac{电子}{原子}\right)=1.72\times10^{23}电子 \quad （答案）$$

PLUS 在 WileyPLUS 中可以找到附加的例题、视频和练习。

高于绝对零度的导电性

我们对金属中的电传导实际上感兴趣的是在高于绝对零度时的情形。在这种较高的温度下，图 41-5 中的电子分布的情况是怎样的呢？正如我们将要看到的，改变惊人地小。对于图 41-5 的部分被填充的能带中的电子，只有靠近费米能级的那些可以找到高于它们的未占能级，并且只有这些电子会因它们的热运动提升到这些较高的能级而成为自由电子。甚至在 $T=1000K$ 的温度下（在黑暗的房间内，在这样高的温度下铜会灼热发光），在可占有的能级间电子的分布和 $T=0K$ 时没有很大的差别。

我们来看一看这是为什么。量 kT（k 是玻尔兹曼常量）是晶格的随机热运动可能传递给传导电子的能量的方便量度。在 $T=1000K$ 时，$kT=0.086eV$。不能期望电子仅仅因被热运动所改变的能量会比这一相对小的量更多好几倍。所以在最好的情况下，只有能量接近费米能量的那些少数传导电子才可能因热运动而跃迁到较高的能级。有诗意地表述：正常情况下热运动只在电子的费米海的表面引起微微的涟漪；费米海的深远处丝毫不会受到干扰。

有多少量子态？

金属的导电本领取决于它有多少量子态可提供给电子以及这些状态的能量是多少。因此，出现一个问题：在图 41-5 的部分满带中，各个状态的能量各是多少？这个问题太难回答了，因为我们不可能把这么多状态的能量一一列出。我们可以用另一个问题来代替。单位样品体积中具有能量在 E 到 $E+dE$ 范围内的状态有多少？我们把这个数值写作 $N(E)dE$，其中，$N(E)$ 称为能量 E 的**态密度**。$N(E)dE$ 的常用单位是每立方米的状态数（状态数/m^3 或简写为 m^{-3}），$N(E)$ 的常用单位是每立方米每电子伏特的状态数（$m^{-3}eV^{-1}$）。

我们可以通过计算适合我们考虑的金属样品的尺寸的盒子中电子物质波的驻波的数目来求出态密度的表达式。这和计算封闭的风琴管中可以存在的声波驻波的数目相似。这里的问题是三维（不是一维）空间，并且波是物质波（不是声波）。这种计算涉及固体物理学中更为高级的处理方法；结果是

$$N(E)=\frac{8\sqrt{2}\pi m^{3/2}}{h^3}E^{1/2}\quad（态密度，\mathrm{m^{-3}J^{-1}}）\qquad(41\text{-}5)$$

其中，m（$=9.109\times10^{-31}$kg）是电子的质量；h（$=6.626\times10^{34}$J·s）是普朗克常量；E 是用来计算 $N(E)$ 的、以焦耳为单位的能量；$N(E)$ 是每立方米每焦耳（$\mathrm{m^{-3}J^{-1}}$）的状态数。要把这个方程式改写为 E 用电子伏特为单位的数值及 $N(E)$ 是每立方米每电子伏特（$\mathrm{m^{-3}eV^{-1}}$）的状态数的数值，把方程式的右边乘以 $e^{3/2}$，其中 e 是元电荷 1.62×10^{-19}C。图 41-6 是式（41-5）的这种修改版本的曲线图。注意，图 41-6 和式（41-5）中完全没有涉及样品的形状、温度或成分。

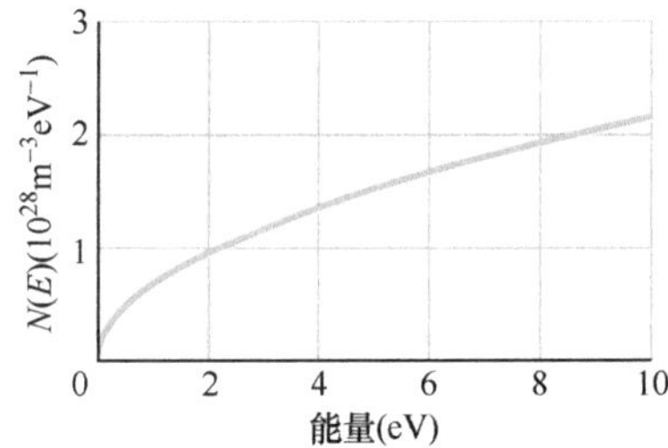

图 41-6 能态密度 $N(E)$——单位能量间隔单位体积中的电子能级数——作为电子能量的函数曲线图。态密度函数只涉及可得到的状态数，与这些状态是否被电子占据无关。

检查点 1

在铜里面 $E=4$eV 的相邻能级之间的间距是大于、等于，还是小于在 $E=6$eV 处的间距？

例题 41.03 金属中每电子伏特能量间隔中的状态数

（a）利用图 41-6 的数据，确定体积 V 为 $2\times10^{-9}\mathrm{m}^3$ 的金属样品中能量 7eV 处每电子伏特的状态数。

【关键概念】

我们可以利用某个能量和样品体积 V 的态密度 $N(E)$ 求出在该能量下的每电子伏特状态数。

解： 能量为 7eV，我们写出

（7eV 能量的每电子伏特状态数）=［7eV 的态密度 $N(E)$］（样品体积 V）。由图 41-6，我们看到能量 E 为 7eV 时的态密度大约是 $1.8\times10^{28}\ \mathrm{m^{-3}eV^{-1}}$。于是

$$\begin{pmatrix}\text{7eV 能量的每电}\\\text{子伏特状态数}\end{pmatrix}=(1.8\times10^{28}\mathrm{m^{-3}eV^{-1}})(2\times10^{-9}\mathrm{m^3})$$
$$=3.6\times10^{19}\mathrm{eV^{-1}}\approx4\times10^{19}\mathrm{eV^{-1}}\qquad（答案）$$

（b）下一步，确定样品中能量在 7eV 为中心的微小能量间隔 $\Delta E=0.003$eV（相对于能带中的能级，这个区间很小）内的状态数 N。

解： 由式（41-5）和图 41-6，我们知道态密度是能量 E 的函数。然而，对于相对于 E 很小的能量范围 ΔE，我们可以将态密度（因而也包括每单位电子伏特的状态数）近似为一个常量。由此，在能量为 7eV 时，我们求得 0.003eV 的能量范围 ΔE 中的状态数 N 是

$$\begin{pmatrix}\text{7eV 能量的 }\Delta E\\\text{范围内状态数 }N\end{pmatrix}=\begin{pmatrix}\text{7eV 能量每电}\\\text{子伏特中状态数}\end{pmatrix}（能量范围）$$

或 $$N=(3.6\times10^{19}\ \mathrm{eV^{-1}})(0.003\mathrm{eV})$$
$$=1.1\times10^{17}\approx1\times10^{17}\qquad（答案）$$

（当我们被要求计算某个能量范围内的状态数时，先要看看这个范围是不是足够小，小到可以应用这样的近似。）

WILEY PLUS 在 WileyPLUS 中可以找到附加的例题、视频和练习。

占有概率 $P(E)$

如果能量 E 的能级是可以占据的，那么它实际被电子占有的概率 $P(E)$ 是什么？在 $T=0$K 时，我们知道能量低于费米能量的所有能级肯定都已被占据了［$P(E)=1$］，而所有更高的能级肯定都没有被占据［$P(E)=0$］。图 41-7a 描绘了这种情形。要求高于绝对零度的 $P(E)$，我们必须利用称为**费米-狄立克统计**的一组量子计算规则，这个统计的名称取自提出它们的两位物理学家。利

用这些规则，**占有概率** $P(E)$ 是

$$P(E)=\frac{1}{e^{(E-E_F)/(kT)}+1}\quad(\text{占有概率})\qquad(41\text{-}6)$$

低于费米能级的占有概率高

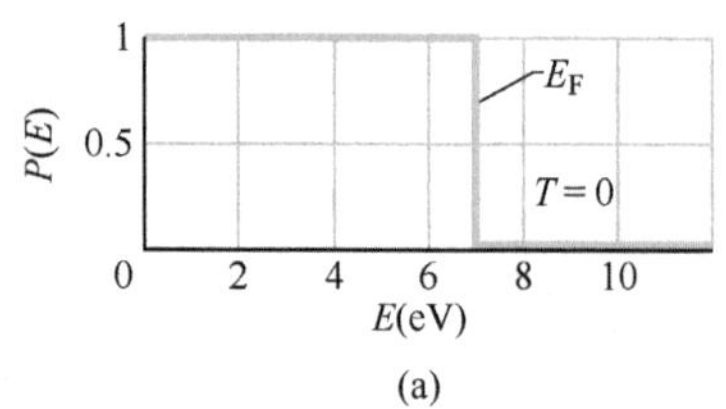

(a)

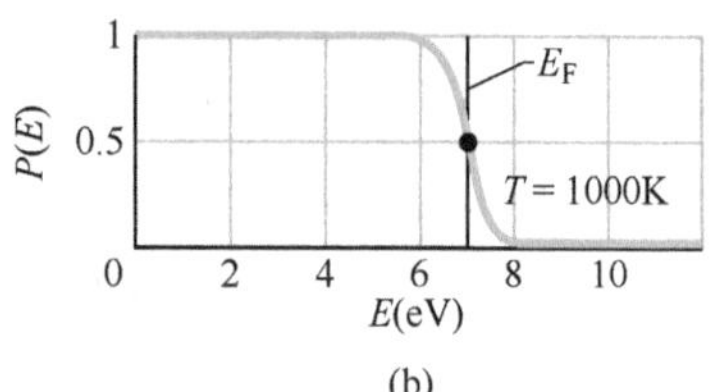

(b)

图 41-7　占有概率 $P(E)$ 是能级被电子占据的概率。(a) 在 $T=0$K 时，一直高到费米能量 E_F 的能量 E 的能级 $P(E)$ 都是 1，更高能量的能级 $P(E)$ 是零。(b) 在 $T=1000$K 时，$T=0$K 时能量略微小于费米能量的少数几个电子向上移动到能量略微大于费米能量的状态中，曲线上的点表示 $E=E_F$，$P(E)=0.5$。

其中，E_F 是费米能量。注意，$P(E)$ 并不依赖于能级的能量 E，而只依赖于能量差 $E-E_F$，它可以是正的，也可以是负的。

要看看式（41-6）是否描写图 41-7a，我们代入 $T=0$K。对 $E<E_F$，式（41-6）中的指数项是 $e^{-\infty}$ 或零；所以 $P(E)=1$。和图 41-7a 一致。对 $E>E_F$，指数项是 $e^{+\infty}$；所以 $P(E)=0$，也和图 41-7a 一致。

图 41-7b 是 $T=1000$K 条件下的 $P(E)$ 曲线。和图 41-7a 比较，它表示，对于上面所介绍的那样的电子，它在可占有的状态之间的分布的改变只涉及能量靠近费米能量 E_F 的能级。注意，在 $E=E_F$（无论温度 T 是多少）时，式（41-6）中的指数项 $e^0=1$，于是 $P(E)=0.5$。这导致我们提出费米能量更为有用的定义：

给定材料的费米能量是电子占据的概率为 0.5 的量子态的能量。

图 41-7a、b 是费米能量为 7.0eV 的铜的曲线。由此，对铜而言，在 $T=0$K 和 $T=1000$K 时，能量 $E=7.0$eV 的状态被占据的概率都是 0.5。

例题 41.04　金属中能态的占有概率

(a) 能量高于费米能量 0.10eV 的量子态被占有的概率是多少？设样品温度 800K。

【关键概念】

金属中任何状态的占有概率都可以通过式（41-6）的费米-狄拉克统计求得。

解： 我们从式（41-6）中的指数开始：

$$\frac{E-E_F}{kT}=\frac{0.10\text{eV}}{(8.62\times10^{-5}\text{eV/K})(800\text{K})}=1.45$$

把它代入式（41-6）的指数中，得到

$$P(E)=\frac{1}{e^{1.45}+1}=0.19\text{ 或 }19\%\qquad(\text{答案})$$

(b) 低于费米能级 0.10eV 的状态的占有概率是多大？

解： 上面（a）小题的关键概念也可应用在这里，只是现在状态的能量在费米能级以下。因此，式（41-6）的指数的数值和（a）小题中我们求出的数值相同，但是这是一个负数，这使得

分母变得更小一些。式（41-6）现在是

$$P(E)=\frac{1}{e^{-1.45}+1}=0.81 \text{ 或 } 81\%\text{（答案）}$$

对于费米能量以下的状态，我们更感兴趣的往往是状态没有被占据的概率。这个概率就是 $1-P(E)$ 或 19%。注意，这和（a）小题中的占有概率是相同的。

PLUS 在 WileyPLUS 中可以找到附加的例题、视频和练习。

有多少占有态

式（41-5）和式（41-6）告诉我们可以占有的状态是怎样按能量分布的。占有概率式（41-6）给我们任何给定状态下实际上被电子占有的概率。为求**占有态密度** $N_o(E)$，我们必须把每个可以占有的状态数密度用相应的占有概率数值乘；即

$$\begin{pmatrix}\text{能量 } E \text{ 的占}\\ \text{有态密度 } N_o(E)\end{pmatrix}=\begin{pmatrix}\text{能量 } E \text{ 的}\\ \text{态密度 } N(E)\end{pmatrix}\begin{pmatrix}\text{能量 } E \text{ 的}\\ \text{占有概率 } P(E)\end{pmatrix}$$

或

$$N_o(E)=N(E)P(E) \quad \text{（占有态密度）} \tag{41-7}$$

对于 $T=0\text{K}$ 的铜，式（41-7）告诉我们，对每一能量数值，用绝对零度的占有概率（见图 41-7a）的数值乘以态密度函数的数值。这个结果画在图 41-8a 中。图 41-8b 表示 $T=1000\text{K}$ 的占有态密度。

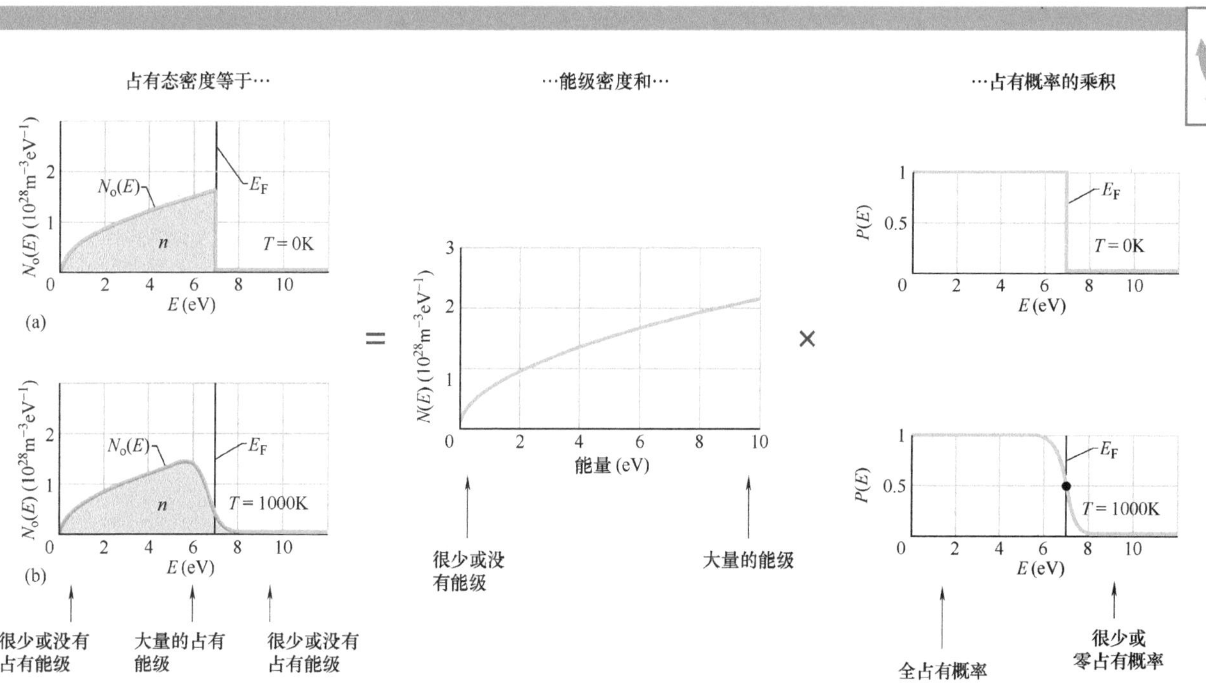

图 41-8 （a）铜在绝对零度下的占有态密度 $N_o(E)$。曲线下的面积是电子数密度 n。注意，在费米能量 $E_F=7\text{eV}$ 的所有状态都被占据前，能量高于费米能量的所有状态都是空的。（b）铜在 $T=1000\text{K}$ 下的同样的曲线。注意，只有能量接近费米能量的电子才会因为受到影响而重新分布。

例题 41.05 金属中某一能量范围内占有态的数目

一块铜（费米能量 = 7.0eV）的体积是 $2\times10^{-9}\text{m}^3$。在 7.0eV 周围很窄的能量范围内每电子伏特中有多少占有态?

【关键概念】

（1）首先，我们要求式（41-7）给出的占有态密度 $N_o(E)$，$[N_o(E)=N(E)P(E)]$。（2）因为我们要计算 7.0eV（铜的费米能量）周围很窄的能量范围内的数量，而它的占有概率 $P(E)$ 是 0.50。

解： 由图 41-6，我们看到 7eV 处的态密度大约是 $1.8\times10^{28}\text{m}^{-3}\text{eV}^{-1}$。于是式（41-7）告诉我们占有态密度是

$$N_o(E)=N(E)P(E)=(1.8\times10^{28}\text{m}^{-3}\text{eV}^{-1})(0.50)$$
$$=0.9\times10^{28}\text{m}^{-3}\text{eV}^{-1}。$$

下一步，我们写出

$$\begin{pmatrix}\text{7eV 处占有}\\\text{态的数目}\end{pmatrix}=\begin{pmatrix}\text{在 7eV 的占有}\\\text{态密度 }N_o(E)\end{pmatrix}\begin{pmatrix}\text{样品的}\\\text{体积 }V\end{pmatrix}$$

代入 $N_o(E)$ 和 V，我们有

$$\begin{pmatrix}\text{7eV 处每电子}\\\text{伏特占有态数}\end{pmatrix}=(0.9\times10^{28}\text{m}^{-3}\text{eV}^{-1})(2\times10^{-9}\text{m}^3)$$
$$=1.8\times10^{19}\text{eV}^{-1}\approx2\times10^{19}\text{eV}$$

（答案）

PLUS 在 WileyPLUS 中可以找到附加的例题、视频和练习。

计算费米能量

假设我们将图 41-8a（$T=0\text{K}$）中的从 $E=0$ 到 $E=E_F$ 的所有能量的单位体积占有态数目都加起来（用积分方法），结果必定等于金属的每单位体积中传导电子数 n，因为在这个温度下，高于费米能级的能态没有一个被占据。用公式的形式表示，我们有

$$n=\int_0^{E_F}N_o(E)\,dE \tag{41-8}$$

（用图表示，这个积分就是图 41-8a 的分布曲线下的面积。）因为对所有低于费米能量的能量而言，在 $T=0\text{K}$ 下，$P(E)=1$。式（41-7）告诉我们，可以在式（41-8）中用 $N(E)$ 代替 $N_o(E)$，然后用式（41-8）求费米能量 E_F。如果我们将式（41-5）代入式（41-8），就会得到

$$n=\frac{8\sqrt{2}\pi m^{3/2}}{h^3}\int_0^{E_F}E^{1/2}dE=\frac{8\sqrt{2}\pi m^{3/2}}{h^3}\frac{2E_F^{3/2}}{3}$$

其中，m 是电子质量。解 E_F，得到

$$E_F=\left(\frac{3}{16\sqrt{2}\pi}\right)^{2/3}\frac{h^2}{m}n^{2/3}=\frac{0.121h^2}{m}n^{2/3} \tag{41-9}$$

由此，如果知道金属的单位体积导电电子数 n，我们就可以求出这种金属的费米能量。

41-2 半导体和掺杂

学习目标

学完这一单元后，你应当能够……

41.18 画出半导体的带隙图，辨明导带和价带，传导电子、空穴和能隙。

41.19 比较半导体的和绝缘体的能隙。

41.20 应用半导体的能隙和跳过能隙的跃迁相联系的光的波长之间的关系。

41.21 画出纯硅和掺杂硅的晶格结构。

41.22 认清空穴，知道它们是怎样产生的，在外加电场中它们如何运动。

41.23 比较金属和半导体的电阻率 ρ 及电阻率的温度系数 α，说明电阻率如何随温度变化。

41.24 说明生成 n 型半导体和 p 型半导体的步骤。

41.25 应用在纯粹材料中传导电子数和掺杂材料中传导电子数之间的关系。

41.26 认清施主和受主并指出它们在能级图中的能级位置。

41.27 辨明多数载流子和少数载流子。

41.28 说明给半导体掺杂的优点。

关键概念

- 半导体的能带结构与绝缘体的很像，只是它有较小的带隙宽度 E_g，热激发的电子可以跳过这个宽度。
- 硅在室温下，热运动使少数电子进入到导带，并在价带中留下相同数目的空穴。把硅放在电势差中，电子和空穴都会起到载流子的作用。
- 硅的导带中的电子数可以通过用少量磷掺杂而大大增加，这样就形成了 n 型材料，我们说磷原子是施主原子。
- 硅价带中的空穴数可以通过用少量铝掺杂而大大增加，这就形成 p 型材料。我们说铝原子是受主原子。

半导体

如果比较一下图 41-9a 和图 41-4，你就可以看出半导体的能带结构很像绝缘体的能带结构。它们的主要差别是，半导体中最高的满带（称为**价带**）顶部和正好在它上面的空带（称为**导带**）底部之间的能隙 E_g 比绝缘体小得多。由此，硅无疑是半导体（E_g = 1.1eV），而金刚石（E_g = 5.5eV）是绝缘体。对于硅来说——但在金刚石中不是——存在室温下的热运动会引起电子从价带跃过能隙到导带的实际可能性。

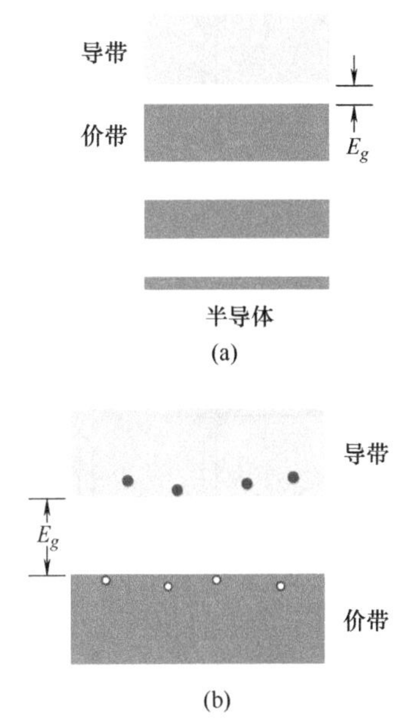

图 41-9 （a）半导体的带隙图。它和绝缘体的（图 41-4）相似，只是这里的能隙 E_g 小得多。因此，电子由于它们的热运动而有相当大的概率可以跳过能隙。（b）热运动使少数几个电子从价带跳过能隙到达导带，并在价带中留下相同数量的空穴。

在表 41-1 中，我们比较了典型的金属导体铜和典型的半导体硅的三种基本性质。我们再来看一看这张表，每一次看一行，看看半导体和金属还有怎样的差别。

载流子数密度 n

表 41-1 最下面一行表示出单位体积的铜比硅有多得多的载流子，多了大约 10^{13} 倍。对铜来说，每个原子贡献一个电子，就是它的单价电子贡献给传导过程。硅中的载流子只是来自热平衡条件下的热运动引起的一定（非常少的）数量的价带电子跃过能隙进入导带，在价带中留下相等数量的没有被电子占据的能量状态，称为**空穴**。图 41-9b 表示的正是这种情况。

导带中的电子和价带中的空穴都起载流子的作用。空穴之所以能起载流子的作用，是因为留在价带中的电子得到了一定的运动的自由，如果没有空穴存在，这些电子都会阻塞着不能自由运动。如果有电场 $\vec{E}$ 加在半导体上，价带中带负电荷的电子就要沿着与 $\vec{E}$ 相反的方向漂移。这就相对地造成了带正电的空穴沿 $\vec{E}$ 的方向漂移。其效果是空穴的行为像运动着的带 $+e$ 电荷的粒子。

举一个可能有助你想象的例子，一队很长的汽车一辆接着一辆停着，领头的汽车离开障碍物正好是一个车长的距离，这空着的一个车长的距离是正好可以停下一辆汽车的位置。如果领头的汽车向前朝着障碍物移动，在它后面就会留出一个停车的空间。第二辆汽车就向前移动填充了这个空间，于是第三辆车就可以开过来，如此继续下去。对许多汽车向着障碍物的移动的最简单的分析方法是把注意力放在单个“空穴”（停车空位）离开障碍物的移动。

在半导体中，空穴的导电和电子导电同样重要，想象空穴导电时，我们可以假设所有价带中的未占状态是被带 $+e$ 电荷的粒子所占据，并且想象价带中的所有电子都被取走，这样一来这些正电荷载流子可以自由地穿过能带运动。

电阻率 ρ

回忆起第 26 章中材料的电阻率 ρ 是 $m/(e^2n\tau)$，其中 m 是电子质量；e 是元电荷；n 是单位体积的载流子数；τ 是载流子连续两次碰撞间的平均时间。表 41-1 表示在室温下，硅的电阻率比铜的电阻率高了大约 10^{11} 的因子，这个巨大的差别可以用 n 的极大差异来解释。其中虽然还存在其他的一些因子，但它们对电阻率的影响被 n 的巨大差异所掩盖。

电阻率的温度系数 α

回忆一下，α［参见式（26-17）］是单位温度的改变所引起的电阻率的相对变化

$$\alpha = \frac{1}{\rho}\frac{\mathrm{d}\rho}{\mathrm{d}T} \tag{41-10}$$

铜的电阻率随温度增高而增大（即 $\mathrm{d}\rho/\mathrm{d}T>0$），因为在较高的温度下，铜的载流子会更频繁地发生碰撞。因此，铜的 α 是正的。

硅的载流子的碰撞频率也会随温度升高而增大。然而，硅的电阻率实际上却随温度上升而减小。（$\mathrm{d}\rho/\mathrm{d}T<0$），这是因为载流子数 n（导带中的电子，价带中的空穴）随温度升高而增加是如此之快。（有更多的电子从价带跃过能隙进入导带。）因此，对硅来说，α 是负的。

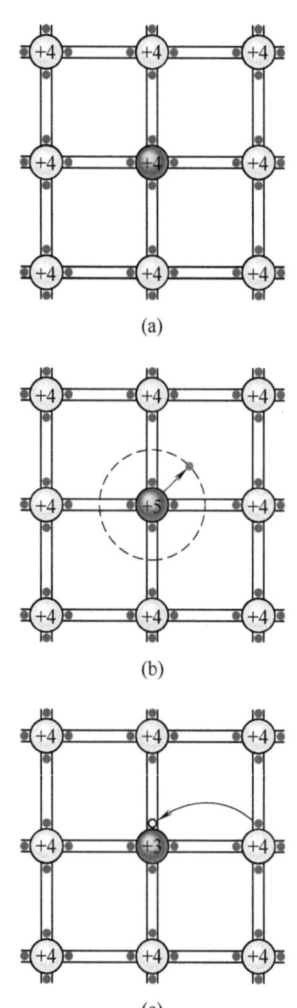

图 41-10　（a）纯硅晶格结构的平铺表示，每个硅离子借助于双电子共价键（用两条平行黑线之间的两个红点表示）耦合到四个最近的相邻离子。电子属于键（不属于单个原子）并形成样品的价带。（b）一个硅原子被磷原子代替（5 价）。这个“额外的”电子只是很弱地束缚在它的离子芯上。可以很容易提升到导带中，它在导带中可以自由地在晶格的体积中漫游。（c）一个硅原子被一个铝原子（3 价）取代。现在一个共价键中出现空穴，因而也就在样品价带中出现空穴。随着电子从邻近的键运动过来填充空穴，所以空穴很容易在晶格中迁移，这里图上的空穴向右迁移。

掺杂半导体

半导体在技术中的有用性可以通过在半导体晶格中引进少量合适的替代原子（称为杂质）而得到大大地改善——这个过程称为**掺杂**。通常情况下，在掺杂半导体中每 10^7 个原子中只有 1 个硅原子被掺入的杂质原子代替。实质上，所有近代半导体器件都基于掺杂材料，这种材料有两种，分别称为 **n 型**和 **p 型**，我们依次讨论这两种类型的材料。

n 型半导体

在孤立的硅原子中，支壳层中电子按照下面的组合安排：

$$1s^2\quad 2s^2\quad 2p^6\quad 3s^2\quad 3p^2$$

按常用的符号习惯，上标（相加的总和是硅的原子序数 14）表示特定支壳层的电子数。

图 41-10a 是纯硅晶格的一部分的平铺表示，这种图是把这部分晶格投影到一个平面上而成。把这张图和表示三维的晶格单胞的图 41-1b 比较。每个硅原子贡献出它的两个 3s 电子和两个 3p 电子并

分别与离它最近的四个相邻原子形成刚性的双电子共价键。(共价键是两个原子间的连接，这两个原子共享两个电子。) 图 41-1b 中的单胞中的四个原子显示了这四个共价键。

形成硅-硅键合的电子组成硅样品的共价键。如果有一个电子从这些键中的一个被扯下，于是它就成为自由电子而在晶格中漫游，我们说电子从价带提升到导带。完成这种提升所需的最小能量是隙能 E_g。

因为硅原子的四个电子进入共价键，所以每个硅“原子”实际上成了类似于惰性气体氖那样的电子云（包含 10 个电子），它包围着带电荷 $+14e$ 的原子核的离子，这里的 14 是硅的原子序数。于是，每个这种离子的净电荷是 $+4e$，这种离子被说成价数是 4。

在图 41-10b 中，中央的硅离子被磷原子（价数 = 5）所取代。磷的价电子中的四个和周围的四个硅离子形成键，第五个（额外的）电子只是很弱地连接着磷的离子芯。在能带图上，我们常常说这样的电子占据了能隙中间一个局域能量状态。它在导带底部以下平均能量间隔 E_d 的位置；这在图 41-11a 中画出。因为 $E_d \ll E_g$，所以将这些能级上的电子激发到导带所需的能量比将硅的价电子激发到导带所需的能量要小得多。

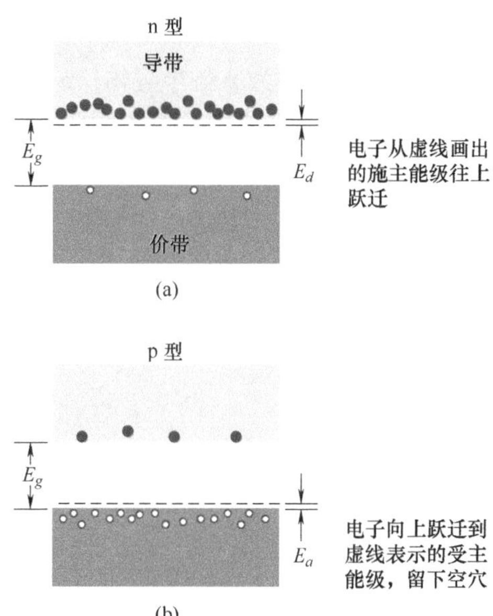

图 41-11 （a）在掺杂 n 型半导体中，施主能级上的电子位于导带底部、能量间隔 E_d 很小的能级。因为施主电子很容易激发到导带，现在导带中有很多的电子。价带中空穴数和杂质没有加入时一样少。（b）掺杂 p 型半导体中，受主能级高于价带顶很小的能量间隔 E_a。现在价带中有很多空穴，导带中有和杂质加入以前同样少的电子。（a）和（b）中的多数载流子和少数载流子的比例其实要比这些图上表示的大了许多倍。

磷原子称为**施主**，因为它很容易把一个电子*施于*导带。事实上，在室温下施主原子贡献的所有电子实际上都在导带中。把施主原子加在一起，就可能大大增加导带中电子的数目，增加的因子比图 41-11a 所暗示的大了许多倍。

用施主原子掺杂的半导体称为 **n 型半导体**；*n* 意味着负的 (negative)，暗示进入导带的负载流子在数量上大大超过正载流子，正载流子是价带中的空穴。在 n 型半导体中，电子称为**多数载流子**，空穴称为**少数载流子**。

p 型半导体

现在考虑图 41-10c，其中一个硅原子（4 价）被铝原子（3 价）取代。铝原子只能和三个硅原子形成共价键，所以现在在一个铝-硅键中“失去”一个电子（空穴）。只要用很小的能量就可以把一个电子从邻近的硅-硅键上扯下来填入这个空穴，这样就在另一个键上制造出一个空穴，同理，其他某一个键上的电子也可以移动过来填充这个新创造出来的空穴。空穴就以这样的方式在晶格中迁移。

铝原子称为**受主**原子，因为它很容易从邻近的键上接受电子——就是从硅的价带拿取一个电子。如图 41-11b 所示，这个电子占据了能隙中间一个局域的能态，能级在价带顶以上且平均能量间隔为 E_a。因为能量间隔 E_a 很小，所以价电子很容易上升到受主能级，从而在价带中留下空穴。因此，通过加入受主原子，就能大大增加价带中空穴的数目，增大的比例远远大于图 41-11b中所表示的。在室温下的硅中，实际上所有受主能级都被电子占据。

用受主原子掺杂的半导体称为 **p 型半导体**；p 代表正的 (positive)，暗示价带中引入空穴，它的行为像正载流子，它的数目大大超过导带中的电子。在 p 型半导体中，空穴是多数载流子，电子是少数载流子。

表 41-2 总结了 n 型和 p 型半导体的性质。特别要注意，施主和受主的离子芯虽然都是带电的，但都不是载流子，因为它们都固定在位置上不动。

表 41-2 **两种掺杂半导体的性质**

性质	半导体类型	
	n	p
基体材料	硅	硅
基体原子核电荷	+14e	+14e
基体能隙	1.2eV	1.2eV
掺质	磷	铝
掺质类型	施主	受主
多数载流子	电子	空穴
少数载流子	空穴	电子
掺质能隙	$E_d=0.045$eV	$E_a=0.067$eV
掺质价数	5	3
掺质原子核电荷	+15e	+13e
掺质净离子电荷	+e	−e

例题 41.06 用磷给硅掺杂

室温下纯硅中传导电子数密度 n_0 大约是 $10^{16}\mathrm{m}^{-3}$。设在硅晶体中用磷掺杂，我们要把这个数值增加一百万（10^6）倍。有多少比例的硅原子要用磷原子代替？（回忆一下在室温下的热运动是如此有效，事实上每一个磷原子都能把它的“多余的”电子施舍给导带。）

磷原子数：因为每个磷原子贡献一个传导电子，并且我们希望传导电子总数的密度达到 $10^6 n_0$，所以磷原子数密度 n_P 必须满足

$$10^6 n_0 = n_0 + n_P$$

于是
$$n_P = 10^6 n_0 - n_0 \approx 10^6 n_0 = (10^6)(10^{16}\mathrm{m}^{-3}) = 10^{22}\mathrm{m}^{-3}$$

这告诉我们，我们必须在每立方米硅中加入 10^{22} 个磷原子。

硅原子的比例：我们可以从式（41-4）求纯硅（掺杂以前）原子数密度 n_{Si}，我们把式（41-4）写成

$$(\text{样品中原子数}) = \frac{(\text{硅的密度})(\text{样品体积 } V)}{(\text{硅的摩尔质量 } M_{Si})/N_A}$$

上式两边都除以样品体积 V，等号左边得到硅原子数密度 n_{Si}，我们有

$$n_{Si} = \frac{(\text{硅的密度})N_A}{M_{Si}}$$

由附录 F 可知，硅的密度是 $2.33\mathrm{g/cm^3}(=2330\mathrm{kg/m^3})$，硅的摩尔质量是 $28.1\mathrm{g/mol}(=0.0281\mathrm{kg/mol})$。于是我们得到

$$n_{Si} = \frac{(2330\mathrm{kg/m^3})(6.02\times10^{23}\text{原子/mol})}{0.0281\mathrm{kg/mol}} = 5\times10^{28}\text{原子/m}^3 = 5\times10^{28}\mathrm{m}^{-3}$$

我们要求的比例近似等于

$$\frac{n_P}{n_{Si}} = \frac{10^{22}\mathrm{m}^{-3}}{5\times10^{28}\mathrm{m}^{-3}} = \frac{1}{5\times10^6} \quad \text{（答案）}$$

我们只要在五百万个硅原子中用磷原子取代一个硅原子，导带中电子的数目就能增加一百万倍。

添加这样少的磷怎么会造成如此巨大的效应？答案是，虽然这种效应是非常重要的，但却不是“巨大的”。传导电子数密度在掺杂前是 $10^{16}\mathrm{m}^{-3}$，在掺杂后是 $10^{22}\mathrm{m}^{-3}$。然而，对铜来说，传导电子数密度（表 41-1 中给出）大约是 $10^{29}\mathrm{m}^{-3}$。因此，即使在掺杂以后，硅里面的传导电子数密度仍旧比像铜之类的典型金属小了 10^7 的因子。

WILEY PLUS 在 WileyPLUS 中可以找到附加的例题、视频和练习。

41-3 p-n 结和晶体管

学习目标

学完这一单元后，你应当能够……

41.29 描述 p-n 结并略述它如何工作。

41.30 懂得什么是扩散电流、空间电荷、耗尽层接触电势差和漂移电流。

41.31 描述结整流器的作用。

41.32 区别正向偏压和反向偏压。

41.33 说明发光二极管、光电二极管、结型激光器和金属氧化物半导体场效应晶体管（MOSFET）的一般性质。

关键概念

- p-n 结是一端掺杂形成 p 型材料而另一端掺杂形成 n 型材料的半导体单晶。这两种类型的材料在结平面上相遇。
- 在热平衡条件下，结平面上发生以下过程：（1）多数载流子扩散穿过这个平面，并产生扩散电流 I_{diff}。（2）少数载流子越过该平面形成漂移电流 I_{drift}。（3）在结平面处形成耗尽层。（4）跨耗尽层建立接触电势 V_0。
- p-n 结对一个方向上的外加电势差的（正向偏压）的导电比相反方向上的电势差（反向偏压）的导电更好，因而这种器件可以用作结整流器。
- 用某种材料做成的 p-n 结在正向偏压下可以发光因而可以用作发光二极管（LED）。
- 发光 p-n 结也可以产生受激发射光，因而可以做成激光器。

p-n结

作为大多数半导体器件的核心的**p-n结**（见图41-12a）是一块已经有选择地掺杂的半导体单晶体，晶体的一个区域是n型材料，相邻的区域是p型材料。我们假设，用机械方法把一块n型半导体和一块p型半导体压挤到一起而形成结。于是，从一个区域到另一个区域的过渡是完全突然改变的，而且发生在一个**结平面**上。

我们讨论在把原来都是电中性的一块n型材料和一块p型材料压挤到一起形成p-n结以后所发生的电子和空穴的运动。我们先考察多数载流子，在n型材料中是电子，而在p型材料中是空穴。

多数载流子的运动

假如你弄破一只充满氦气的气球，氦原子就会向外扩散（散布）到周围大气中。之所以发生这种情形是因为在正常的大气中只有极少的氦原子。用更为规范的语言，在气球-大气交界面附近有氦的密度梯度（氦原子数密度在界面两边不相同）；氦原子的运动要减少这种梯度。

图41-12a中n型一侧的电子以同样的方式运动，靠近结平面的电子要通过结平面扩散（图上从右边到左边）并进入p型的一侧，而在这一侧自由电子很少。同样，p型一侧靠近结平面的空穴要通过结平面扩散（从左到右）并进入n型一侧，这一边空穴很少。电子和空穴二者的运动都对**扩散电流** I_{diff}做出了贡献，习惯上把它看作从左到右，如图41-12d中所画的那样。

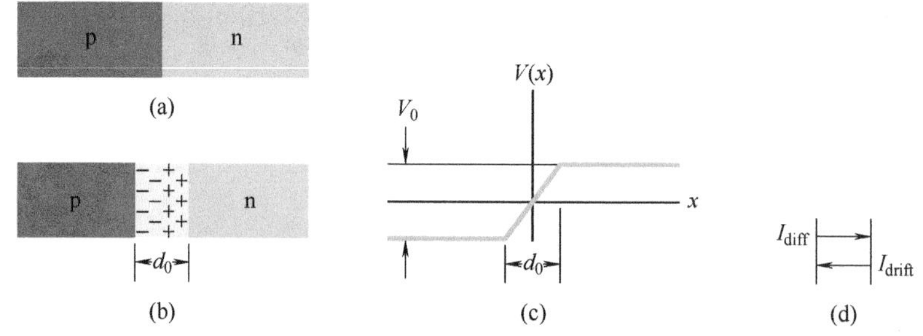

图41-12 （a）p-n结。（b）多数载流子会越过结平面移动，从而暴露出与未被抵消的施主离子（结平面的右边）和受主离子（结平面左边）相联系的空间电荷。（c）和空间电荷相联系的是d_0两端的接触电势差V_0。（d）多数载流子的扩散（包括电子和空穴）越过结平面产生扩散电流I_{diff}。（在实际的p-n结中，耗尽层的边界并不像图上所画的那样细锐，接触电势曲线（c）本来应该是光滑的，没有尖锐的拐角。）

回想到在n型一侧全都布满了带正电荷的施主离子，这些离子牢牢地固定在它们的格座上。正常情况下，每一个这样的离子的过剩正电荷都会被导带中的一个电子的负电荷相抵消。然而，当n型一侧的一个电子越过结平面扩散时，电子的扩散要曝露出一个施主离子，于是在结平面的n型一侧会出现一个固定的正电荷。当扩展的电子来到p型一侧时，它很快和一个受主离子（它缺少一个电子）复合，这样就在结平面的p型一侧产生一个固定的负电荷。

图41-12a中的电子就以这种方式越过结平面从右到左扩散，

结果在结平面两侧建立起**空间电荷**，正电荷在 n 型一侧，负电荷在 p 型一侧，如图 41-12b 所示。空穴从左到右越过结平面时的扩散效果与这完全一样。（现在花点时间来证明这个结论）。两种多数载流子——电子和空穴——的运动对两侧的空间电荷区的建立都做出了贡献，一侧是正的，另一侧是负的。这两个区域组成**耗尽层**，之所以取这个名称是因为它是可以相对自由迁移的载流子，它的宽度在图 41-12b 中用 d_0 表示。

由此建立起来的空间电荷会在耗尽层的两侧产生相应的**接触电势差** V_0，如图 41-12c 所示。这个电势差限制了电子和空穴通过结平面的进一步扩散。负电荷要避开低电势区域。于是，从图 41-12b 右边来到结平面的电子是向着低电势的区域运动，所以要转回到 n 型一侧。同理，从左边来到结平面的正电荷（空穴）是向着高电势区域运动，因此要返回到 p 型的一侧。

少数载流子的运动

如图 41-11a 所示，在 n 型材料中虽然多数载流子是电子，但也还有几个空穴。同理，在 p 型材料中（见图 41-11b），虽然多数载流子是空穴，但也还有几个电子。在相应的材料中，这几个空穴和电子是少数载流子。

虽然图 41-12c 中的电势差 V_0 的作用对多数载流子来说是一个势垒，可是对于 p 型一侧的电子和 n 型一侧的空穴这些少数载流子来说却是一段下坡的路程。正电荷（空穴）要向低电势的区域运动；负电荷（电子）要流向高电势区域。于是，两种类型的少数载流子在接触电势差的作用下掠过结平面形成**漂移电流** I_{drift} 从右到左通过结平面，如图 41-12d 所示的那样。

由此，孤立的 p-n 结是平衡态，它的两端之间有接触电势差 V_0。在平衡态中，从 p 型一侧到 n 型一侧越过结平面的平均扩散电流 I_{diff} 正好和相反方向流动的平均漂移电流 I_{drift} 平衡。这两种电流互相抵消，因为通过结平面的净电流必须是零；不然的话，电荷会无限制地从结的一端转移到另一边。

检查点 2

通过图 41-12a 中的结平面的以下五种电流中的哪一种必须为零？

(a) 空穴产生的净电流。包括多数载流子和少数载流子在内。

(b) 电子产生的净电流。包括多数载流子和少数载流子在内。

(c) 空穴和电子共同产生的净电流。包括多数载流子和少数载流子的空穴和电子在内。

(d) 包括空穴和电子的多数载流子共同产生的净电流。

(e) 包括空穴和电子的少数载流子共同产生的净电流。

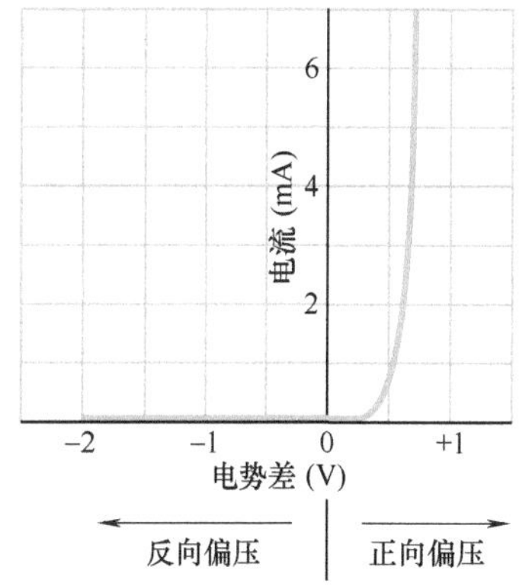

图 41-13 p-n 结的电流-电压曲线，图上表示出正向偏压时结是高度导电的，反向偏压时基本上不导电。

结整流器

现在来看看图 41-13。它表示如果我们在 p-n 结上沿一个方向

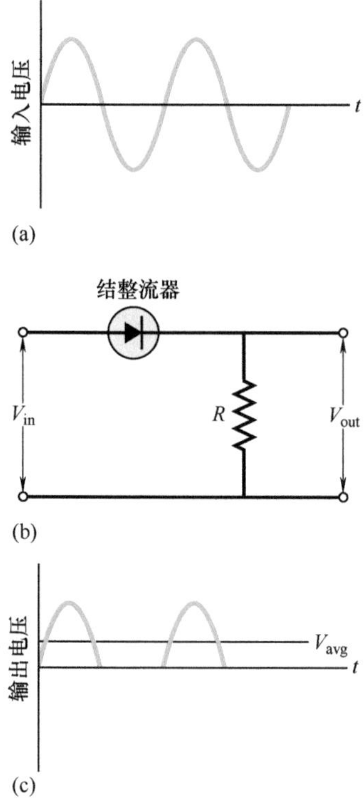

图 41-14 被连接成结整流器的 p-n 结。(b) 中电路的作用是允许 (a) 中输入的波形正的一半通过，阻止负的一半。输入波形的平均电压是零。(c) 中输出波形的平均电压是正的数值 V_{avg}。

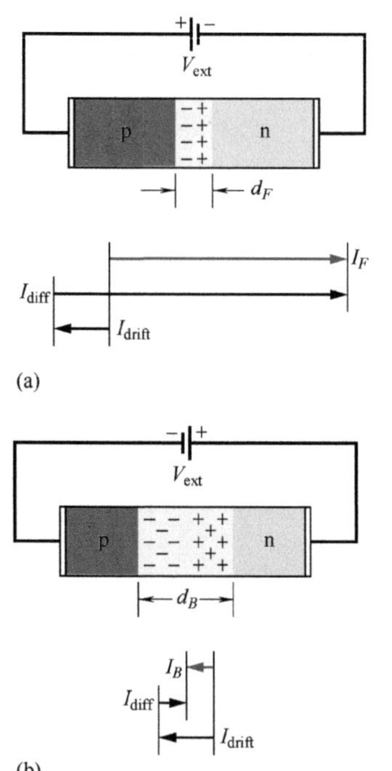

图 41-15 (a) p-n 结的正向偏压连接，表示很窄的耗尽层和很大的正向电流 I_F。(b) p-n 结的反向偏压连接，表示增宽的耗尽层和小的反向电流 I_B。

(这里我们用加号和“正向偏压”标记) 加上电压，就会有电流流过 p-n 结。然而，如果我们将电势差的方向反转，则通过结的电流就近似于零。

这种性质的一个应用是**结整流器**，它的符号表示在图 41-14b 中；图中箭头对应于器件的 p 型一端，指向所允许的、习惯规定的电流方向。输入正弦波形的电压 (见图 41-14a) 到器件，它会被结整流器转换成半波输出电压 (见图 41-14c)；也就是说，对一个方向的输入电压，整流器的作用实际上是一个接通的开关 (零电阻)，而对另一方向的电压，它实际上成了断开的开关 (无限大的电阻)。平均输入电压是零，但平均输出电压不再是零。于是，结整流器可以用作把交变电势差转变为恒定电势差的电源设备的一个部件。

图 41-15 说明了 p-n 结为什么可以用作结整流器。在图 41-15a 中，电池被连接到结的两端，电池正极连接在 p 型一侧。在这样的**正向偏压连接**中，p 型一侧变得更加正，n 型一侧变得更加负，这就减少了图 41-12c 中势垒 V_0 的高度。现在更多的多数载流子可以越过这个较低的势垒；因而扩散电流 I_{diff}会显著增大。

然而，形成漂移电流的少数载流子却觉察不到势垒，所以漂移电流 I_{drift}不会受到外加电池的影响。零偏压时精准的电流平衡 (见图 41-12d) 被打破了，如图 41-15a 所示，在电路中会出现很大的净正向电流 I_F。

正向偏压的另一个效应是使耗尽层变窄。比较图 41-12b 和图 41-15a 可以看出。耗尽层之所以会变窄是因为和正向偏压相关的势垒降低必定对应于较少的空间电荷。因为产生空间电荷的离子是固定在它们的格座上的，只有通过缩小耗尽层的宽度才能使它们的数目减少。

因为正常情况下耗尽层只包含非常少的几个载流子，所以通常这是一个高电阻率的区域。然而，当它的宽度因加上正向偏压而大大减小时，它的电阻也会大大减小，这和很大的正向电流一致。

图 41-15b 表示**反向偏压**连接，图上电池的负极连接到 p-n 结的 p 型端。现在，外加电动势增大了接触电势差，扩散电流大大减小，同时漂移电流保持不变，结果得到相对小的反向电流 I_B，耗尽层变宽，它和高电阻以及小的反向电流 I_B 一致。

发光二极管 (LED)

现今，我们的生活已经离不开发光的彩色“电子”数字，这些发光的数字在收款机、加油泵、微波炉和闹钟上面为我们显示数字，并且我们似乎也离不开那些控制电梯门以及遥控电视机的不可见的红外光束。几乎在所有情况中，这种光都是从作为**发光二极管** (Light Emitting Diode，LED) 运转的 p-n 结发出的，那么 p-n 结是怎样发光的呢?

首先，考虑简单的半导体。当一个电子从导带底部落到价带顶部的空穴中时，等于能隙宽度 E_g 的能量被释放出来。在硅、锗及其他许多半导体中，这些能量被大部分转换为晶格振动的热能，结果并没有光发出来。

不过，在某些半导体中，例如砷化镓（GaAs），这些能量可以以能量为 hf 的光子的形式发射出来，它的波长是

$$\lambda = \frac{c}{f} = \frac{c}{E_g/h} = \frac{hc}{E_g} \tag{41-11}$$

为了能产生像发光二极管那样的足以利用的光，材料中必须有相当数量的电子-空穴跃迁。纯半导体不能满足这个条件，因为它在室温下没有足够数量的电子-空穴对。如图 41-11 所示，掺杂并不会对此有所帮助。在掺杂 n 型材料中，虽然传导电子的数量大大增加，但是没有足够的空穴供它们复合；同理，在掺杂的 p 型材料中，虽然有丰富的空穴，但却没有足够的电子和它们复合。因此，无论是纯半导体，还是掺杂半导体，都不能提供足够的电子-空穴跃迁可以用作实用的发光二极管。

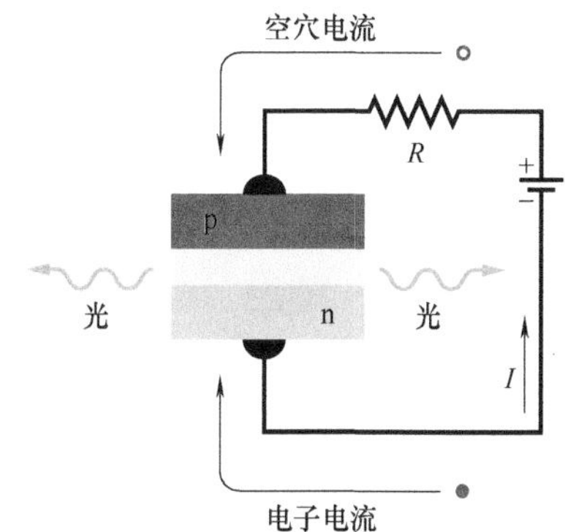

图 41-16 加上正向偏压的 p-n 结，表示电子被注入 n 型材料，空穴被注入 p 型材料。（按习惯，空穴沿电流 I 的方向运动，等效于电子在相反方向上运动。）每当一个电子穿过耗尽层和一个空穴复合时，光就会从狭窄的耗尽层发射出来。

我们需要的半导体材料是在导带中有非常多的数量的电子，以及在价带中有相应非常多的空穴。具有这样性质的器件可以通过将强的正向偏压加在大量掺杂的 p-n 结上制造出来，如图 41-16 所示。在这样的装置中，通过器件的电流 I 将电子注入 n 型材料，将空穴注入 p 型材料。如果掺杂足够多，并且电流足够大，则耗尽层可以变得非常窄，或许只有几个微米宽。结果在这很窄的耗尽层的两面，n 型材料中巨大的电子数密度将会面对 p 型材料中同样巨大的空穴数密度。互相如此靠近，又有这样大的数密度，就能发生许多的电子-空穴复合，从而造成耗尽层中光的发射。图 41-17 表示实际的发光二极管的构造。

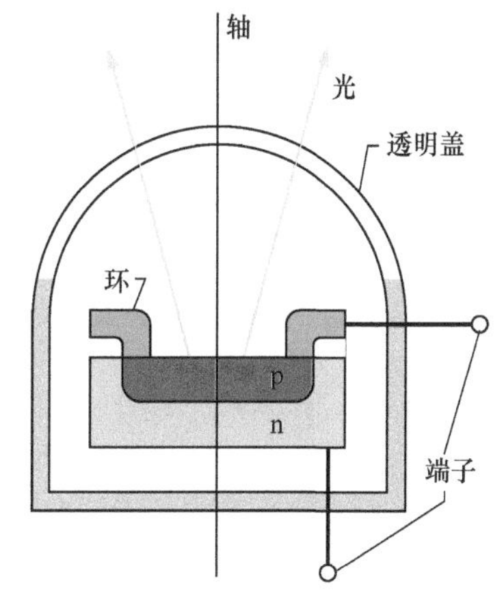

图 41-17 发光二极管的截面图（器件关于中心轴旋转对称）。薄到足以透光的 p 型材料做成圆盘形。用一个压在圆盘的周缘上的圆形金属环和 p 型材料连接。n 型材料和 p 型材料之间的耗尽层并没有在图中画出来。

用于可见光区的发光二极管产品通常是以镓为基底，掺入适量的砷原子和磷原子。在这种配比中，有 60% 的非镓格座被砷离子占据，有 40% 被磷离子占据，结果形成大约 1.8eV 的能隙宽度 E_g，相当于红光。利用其他的掺杂及跃迁能级的搭配制造出可以发射任何所需要的可见光和近可见光区的发光二极管理论上都是有可能的。

光电二极管

电流通过适当搭配的 p-n 结时会发出光。相反的过程也可以实现；即用光照射适当搭配的 p-n 结就可以在包含这个 p-n 结的电路中产生电流，这正是**光电二极管**的基础。

当你按下电视机遥控器时，遥控器中的发光二极管会发出一系列的红外光脉冲编码，电视机上的接收器是一个由简单的（两个电极）光电二极管制成的精巧器件，它不仅能检测红外信号，还能将信号放大并转换成电信号，利用这种信号就可以实现切换频道或调节音量，以及其他任务。

结型激光器

在图 41-16 的装置中，在 n 型材料的导带中有很多电子，在 p 型材料的价带中有很多空穴。因此，这里的电子发生**粒子数布居反转**，即较高的能级比较低的能级具有更多的电子。如我们在 40-7 单元中讨论过的，这可以产生激光。

当一个电子从导带移动到价带时，它可能以光子的形式释放能量。这个光子可能会激发第二个电子落到价带，并通过受激发射产生第二个光子。按这样的方式，如果通过结的电流足够大，那么受激发射事件的链式反应就会发生并且发射激光。要做到这些，p-n 结的晶体的相对两面必须非常平整并且平行，这样光就可以在晶体内来回反射。（回想一下，在图 40-20 的氦-氖激光器中，两面镜子就起到了这样的作用。）因此，p-n 结可以做成**结型激光器**，它发射的光具有高度相干性，并且光的波长比发光二极管发射的光波的波长更加确定，光谱线宽度也更加锐细。

Courtesy AT&T Archives and History Center, Warren,NJ

图 41-18　贝尔电话实验室研制的结型激光器。图中右边的立方体是一粒盐。

可以将结型激光器安装在光盘（CD）播放器中，它可以通过探测旋转的光盘上反射的激光，将光盘上微观的凹陷转换成声音。结型激光器也广泛用于以光导纤维为基础的光通信系统。图 41-18 显示它们的微小尺寸。结型激光器通常设计成在电磁波谱的红外光区工作，因为光导纤维在这个范围内有两个窗口（在 $\lambda = 1.31\mu m$ 和 $1.55\mu m$ 处），在这两个区域单位长度光导纤维的能量吸收最小。

例题 41.07　**发光二极管**（LED）

LED 是用某种 Ga-As-P 半导体材料为基底的 p-n 结制成，这种材料的能隙是 1.9eV。它所发射的光的波长是多少?

解：对于从导带底到价带顶的跃迁，由式 (41-11)，得

$$\lambda = \frac{hc}{E_g} = \frac{(6.63\times10^{-34}\mathrm{J\cdot s})(3.00\times10^{8}\mathrm{m/s})}{(1.9\mathrm{eV})(1.60\times10^{-19}\mathrm{J/eV})}$$

$$= 6.5\times10^{-7}\mathrm{m} = 650\mathrm{nm} \qquad \text{（答案）}$$

这个波长的光是红色的。

PLUS 在 WileyPLUS 中可以找到附加的例题、视频和练习。

晶体管

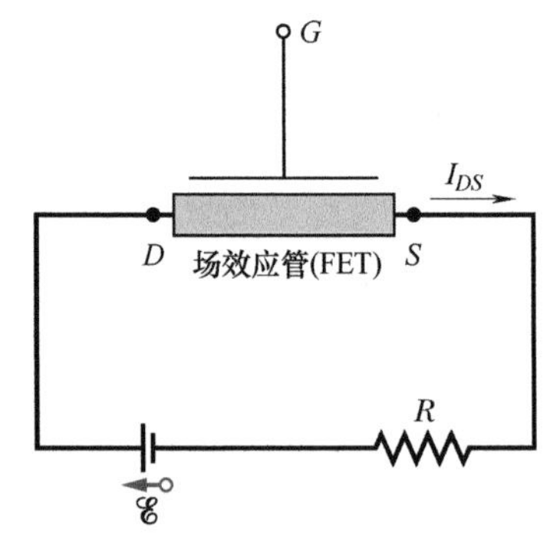

图 41-19　包含普通的场效应管的电路，场效应管中的电子流从源电极 S 流到漏电极 D。（习惯上的电流 I_{DS} 则是沿相反方向。）I_{DS} 的大小由加在栅极 G 上的电压在场效应管中建立起来的电场控制。

晶体管是有三个电极的半导体器件，它可以被用来放大输入信号。图 41-19 表示一个普通的场效应管（Field Effect Transistor，FET）；其中，从电极 S（源）向左运动，并经过画阴影的区域到达电极 D（漏）的电子流可以用器件中的电场控制（所以称为场效应），电场是通过加在电极 G（栅）上适当的电压所建立的。晶体管的类型有很多，我们只讨论特定的一种场效应管，称它为金属-氧化物-半导体场效应晶体管，或称 MOS 场效应管（Metal-Oxide-Semiconductor-Field-Effect Transistor，MOSFET），它被誉为近代电子工业的“主力军”。

在许多应用中，MOS 场效应管只在两种状态下工作：漏到源电流 I_{DS} 为 ON（门开）或漏到源电流为 OFF（门闭）。在作为数字逻辑基础的二进制算术中，前者表示 1，后者表示 0，所以 MOS 场效应管可以用在数字逻辑电路中。开启状态（ON）和关闭状态（OFF）的转换可以极高的速率发生，所以二进制逻辑数据可以非常迅速地通过以 MOS 场效应管为基础的电路。大约 500nm 长——

大致和黄色光波长相同——的 MOS 场效管已被大规模地生产出来，并用于各种电子器件中。

图 41-20 表示 MOS 场效应管的基本结构，硅或其他半导体的单晶被轻度掺杂形成 p 型材料后用作衬底。两个 n 型材料的“岛”埋设在衬底中形成漏 D 和源 S。这两个“岛”是用 n 型掺杂物大量“过度掺杂”而形成的，漏和源之间由很薄的 n 型材料相连接，称为 **n 型通道**。很薄的二氧化硅绝缘层（就是 MOSFET 中“O”的由来），积淀在晶体上并被在 D 和 S 处的两个金属电极穿透（就是“M”的由来），这样可以和漏及源形成电接触。薄的金属层——栅极 G——积淀覆盖在 n 型通道上面。注意，栅极和晶体管本身没有电接触，而是被绝缘的氧化层隔开。

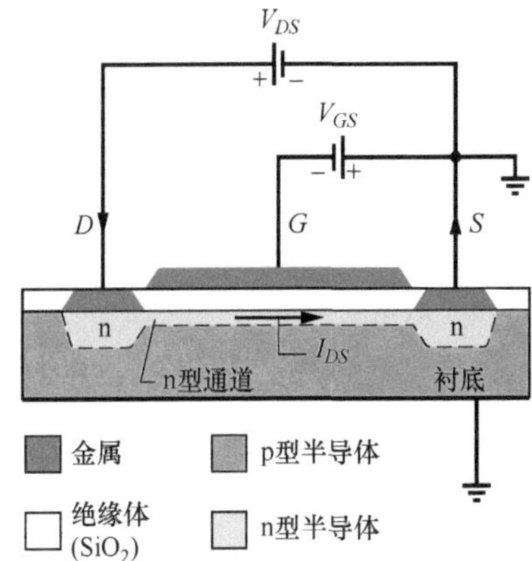

图 41-20 特殊类型的场效应管称为 MOSFET。通过 n 型通道的从漏到源的常规电流 I_{DS} 的大小受源 S 和栅极 G 之间的外加电势差 V_{GS} 控制。在 n 型材料和 p 型材料之间的耗尽层并没有画在图中。

先考虑源和 p 型衬底接地（零电势）以及栅极“浮动”；就是栅极不连接任何外电动势源的情形。在漏和源之间加上电压 V_{DS}，漏连在正极。电子就通过 n 型通道从源到漏流动，常规电流 I_{DS} 如图 41-20 所示就通过 n 型通道从漏到源流动。

现在在栅极上加电压 V_{GS}，使它相对于源为负。负的栅极在器件中建立起电场（这就是“场效应”），这个电场要把电子从 n 型通道向下推到衬底中去。电子的运动增宽了（自然发生）n 型通道和衬底之间的耗尽层因而损失了 n 型通道。n 型通道宽度的减小和通道中载流子数的减少结合在一起，增加了通道的电阻从而使电流 I_{DS} 减小。在 V_{GS} 达到特定的数值时，电流可能完全断绝；因此，通过控制 MOS 场效应管的 V_{GS} 可以在 ON 和 OFF 模式之间转换。

载流子并不流过衬底，因为（1）它是轻度掺杂的，（2）它不是良导件，（3）它被图 41-20 中没有专门表示出来的绝缘的耗尽层和 n 型通道及两个 n 型岛隔开。这种耗尽层总是存在于 n 型材料和 p 型材料的边界上，如图 41-12b 所示那样。

计算机和其他电子器件应用数千（如果不说几百万）个晶体管和其他电子元件，如电容器和电阻器。它们并不是作为单独的元件装配在一起的，而是精巧地组织在单个半导体**芯片**上，做成包含几百万个晶体管和其他电子元件的**集成电路**。

复习和总结

金属、半导体和绝缘体 可以用来区别不同的结晶固体的三种电性质分别是**电阻率** ρ、**电阻率的温度系数** α 和**载流子数密度** n。固体通常可以分成**绝缘体**（非常高的 ρ）、**金属**（很低的 ρ，正的及低的 α，很大的 n）以及**半导体**（很高的 ρ，负的并且很高的 α，小的 n）。

晶体中的能级和能隙 孤立的原子只有分立的能级。原子结合在一起形成固体时，各个原子的能级合并在一起形成固体的分立**能带**。这些能带被**能隙**分开，能隙是电子不可以占有的能量范围（能隙中不会有电子）。

任何一个能带都是由大量非常靠近的能级组成的。泡利不相容原理断言，每一个这种能级只能有一个电子占据着。

绝缘体 在绝缘体中，包含有电子的最高能带全被占满，并且该能带和它上面被能隙分开的空带之间的距离是如此之大，电子几乎不可能因热运动得到足够的能量而跃过这个能隙。

金属 在金属中，包含电子的最高能带只是部分地填充了电子。温度为 0K 时，最高的被占能级的能量称为金属的**费米能量** E_F。

部分填充能带中的电子是**传导电子**，它们的数目是

$$\begin{pmatrix}\text{样品中传导}\\\text{电子的数目}\end{pmatrix}=\begin{pmatrix}\text{样品中的}\\\text{原子数}\end{pmatrix}\times\begin{pmatrix}\text{每个原子}\\\text{的价电子数}\end{pmatrix}\tag{41-2}$$

样品中的原子数由下式给出：

$$
\begin{aligned}
(\text{样品中的原子数}) &= \frac{\text{样品质量 } M_{\text{sam}}}{\text{原子质量}} \\
&= \frac{\text{样品质量 } M_{\text{sam}}}{(\text{摩尔质量 } M)/N_{\text{A}}} \\
&= \frac{(\text{物质的密度})(\text{样品体积 } V)}{(\text{摩尔质量 } M)/N_{\text{A}}}
\end{aligned} \tag{41-4}
$$

导电电子数密度 n 是

$$n = \frac{\text{样品中传导电子的数目}}{\text{样品体积 } V} \tag{41-3}$$

态密度函数 $N(E)$ 是单位体积样品中的单位能量间隔中的可占能级数，由下式给出

$$N(E) = \frac{8\sqrt{2}\pi m^{3/2}}{h^3}E^{1/2} \quad (\text{态密度，m}^{-3}\text{J}^{-1}) \tag{41-5}$$

其中，m（$=9.109\times10^{-31}$kg）是电子质量；h（$=6.626\times10^{-34}$J·s）是普朗克常量；E 是以焦耳为单位的能量；$N(E)$ 就是对这个能量计算的数值。如要将这个方程式改成 E 用 eV 为单位，则 $N(E)$ 的单位为 $\text{m}^{-3}\text{eV}^{-1}$，在方程式右边乘以 $e^{3/2}$ 即可（其中 $e=1.602\times10^{-19}$C）。

占有概率 $P(E)$ 是给定可占状态被一个电子占有的概率

$$P(E) = \frac{1}{e^{(E-E_{\text{F}})/(kT)}+1} (\text{占有概率}) \tag{41-6}$$

占有态密度 $N_{\text{o}}(E)$ 是式（41-5）和式（41-6）表示的两个量的乘积

$$N_{\text{o}}(E) = N(E)P(E) \ (\text{占有态密度}) \tag{41-7}$$

金属的费米能量可以通过对 $T=0$ 时的 $N_{\text{o}}(E)$ 从 $E=0$ 到 $E=E_{\text{F}}$ 求积分得到。结果是

$$E_{\text{F}} = \left(\frac{3}{16\sqrt{2}\pi}\right)^{2/3}\frac{h^2}{m}n^{2/3} = \frac{0.121h^2}{m}n^{2/3} \tag{41-9}$$

半导体 半导体的能带结构很像绝缘体的能带结构，只是半导体中的能隙宽度 E_g 小得多。在室温下的硅（一种半导体）中，热运动使少量电子上升到**导带**，并在**价带**中留下相同数量的**空穴**。电子和空穴都可作为载流子。硅的导带中的电子的数量可以用掺杂少量磷的方法来大大提高，这样就形成了 **n 型材料**。价带中空穴的数量则可以通过用铝掺杂加以大大提高，这就形成了 **p 型材料**。

p-n 结 p-n 结是在半导体单晶的一端掺杂形成 p 型材料，另一端掺杂形成 n 型材料，两种类型的材料在**结平面**处相连接。热平衡时，在这个平面上有以下特征：

多数载流子（n 型一侧是电子，p 型一侧是空穴）通过结平面扩散，产生**扩散电流**。

少数载流子（n 型一侧是空穴，p 型一侧是电子）越过结平面形成**漂移电流** I_{drift}。这两种电流数值相等，净电流为零。

耗尽层 主要由带电的施主和受主离子组成，横跨结平面形成。

接触电势差 V_0 发生在跨耗尽层两端。

p-n 结的应用 当电势差作用在 p-n 结两端时，器件对外加电压的一种极性比对另一种极性更容易导电，所以 p-n 结可以用作**结整流器**。

给 p-n 结正向偏压，它会发光，因此可以用作**发光二极管**（LED）。发射光的波长是

$$\lambda = \frac{c}{f} = \frac{hc}{E_g} \tag{41-11}$$

强的正向偏压加在有平行端面的 p-n 结上可以作为**结型激光器**运行，并发射波长范围窄细的光。

习题

1. 银的费米能量是 5.5eV。在 $T=0$℃，以下能量的状态被占的概率分别是多少？（a）4.4eV，（b）5.4eV，（c）5.5eV，（d）5.6eV，（e）6.4eV。（f）在什么温度下能量为 $E=5.6$eV 的状态被占的概率是 0.16？

2. 证明具有能量 E 的能级未被占的概率 $P(E)$ 是

$$P(E) = \frac{1}{e^{-\Delta E/(kT)}+1}$$

其中，$\Delta E = E - E_{\text{F}}$。

3. 在 1.0g 的硅中需掺杂多少质量的磷才能使硅中传导电子数密度从纯硅的 10^{16}m^{-3} 增加至 10^{22}m^{-3}。

4. 假设金属样品的总体积是构成晶格的金属离子所占的体积以及传导电子（另外）占据的体积之和。钠（金属）的密度和摩尔质量分别是 971kg/m³ 和 23.0g/mol；设钠离子 Na^+ 的半径是 98.0pm。（a）金属钠样品的体积的百分之几被传导电子所占据？（b）对铜进行同样的计算，铜的密度、铜的摩尔质量和离子半径分别是 8960kg/m³、63.5g/mol 及 135pm。（c）你认为这两种金属中哪一种的传导电子的行为更像自由电子气？

5. 证明在 $T=0$K，金属中传导电子的平均能量 E_{avg} 等于 $\frac{3}{5}E_{\text{F}}$。（提示：平均能量定义为 $E_{\text{avg}} = (1/n)\int EN_{\text{o}}(E)\text{d}E$，其中，$n$ 是载流子数密度。）

6. 某种材料的摩尔质量是 20.0g/mol，费米能量是 6.00eV，每个原子有 2 个价电子。该材料密度（单位：g/cm³）为多少？

7. （a）利用习题 5 的结果和铜的费米能量 7.00eV，假定我们能够突然使泡利不相容原理失效，质量为 3.10g 的铜币中的传导电子可能释放出多少能量？（b）这些能量可以点亮 100W 的电灯多长时间？（注意：绝对没有任何方法可以使泡利不相容原理失效！）

8. 金的费米能量是多少？（金是一价金属，摩尔质量为197g/mol，密度19.3g/cm^3。)。

9. 利用习题5的结果计算：1.00cm^3 的铜在 $T=0$K 时传导电子总的平移动能。

10. 某个样品体积为 3.00×10^{-8} m^3，费米能级为5.00eV，温度是1500K，在价带中，中心能量高度在6.10eV附近的能量范围0.0300eV内，占有态的数量是多少?

11. 铝的费米能量是11.6eV；它的密度和摩尔质量分别是2.70g/cm^3 和27.0g/mol，请根据这些数据来确定每个原子的传导电子数。

12. $T=300$K时，传导电子占有概率是0.15的状态在费米能量以上多远的位置?

13. 银是一价金属。求它的（a）传导电子数密度，（b）费米能量，（c）费米速率和（d）对应于这个电子速率的德布罗意波长。所需的有关银的数据可参见附录F。

14. 化合物砷化镓是常用的半导体材料，它具有1.43eV的能隙，它的晶体结构与硅很像，只是一半硅原子被镓原子代替，另一半被砷原子代替。仿照图41-10a的图样画出砷化镓晶体的平铺示意图。（a）镓和(b）砷的离子芯中的净电荷分别是多少?（c）每个键有多少电子?（提示：参考附录G的周期表。)

15. 铜是一价金属，它的摩尔质量是63.54g/mol，密度是8.96g/cm^3。铜的传导电子数密度 n 为多少?

16. 氯化钾晶体在最高的满带以上有7.6eV的能带隙。晶体对波长为160nm的光是透明的还是不透明的?

17. 当光子进入p-n结的耗尽层时，光会从那里的价电子上散射并把一部分能量转移给电子，于是电子可以跃迁到导带。这样，光子就制造出了电子-空穴对。根据这个原理，p-n结常常被用作光探测器，特别是用在电磁波谱的X射线和γ射线的波段。假设有一662keV的γ射线光子在有1.1eV的能隙的半导体中和电子发生多次散射并把能量转移给电子，直到所有能量都被转换完。假设每个电子都从价带顶跃迁到导带底，求这个过程中生成的电子-空穴对的数目。

18. 某种金属每立方米有 1.70×10^{28} 个传导电子。这种金属样品的体积为 8.00×10^{-6} m^3，温度在200K。在能量范围 3.20×10^{-20} J内有多少占有态？设能量中心在 4.00×10^{-19} J。（注意：不要把指数舍入。)

19. 邮票大小（2.54cm×2.22cm）的一块计算机芯片中包含大约350万个晶体管。如果晶体管是正方形的，则它们的最大线度只能有多大?（注意：除了晶体管以外的其他器件也在计算机芯片上，并且还必须留出空间以便给电路元件之间安排连接线。现在常用的晶体管小于0.7μm，并且造价也很便宜。)

20. 理想的p-n结整流器两边的两种半导体之间有明确的边界，通过整流器的电流 I 和整流器两端电势差的关系是

$$I=I_0(e^{eV/(kT)}-1)$$

其中，I_0 取决于材料而与 I 或 V 无关，I_0 称为反向饱和电流。如整流器上加的是正向偏压，则电势差 V 是正的；如果它是反向偏压，则 V 是负的。(a）画出 I 对电势差 V 从 -0.12V到 $+0.12$V的曲线图以证明这个公式预言了结整流器的行为。取 $T=300$K，$I_0=8.0$nA。(b）对这同一温度，计算0.50V正向偏压下的电流和0.50V反向偏压下的电流的比值。

21. 掺杂改变半导体的费米能级。硅的价带顶和导带底之间的能隙是1.11eV。在300K时，纯硅材料的费米能级接近于能隙的中央。设硅用施主原子掺杂，每个施主原子有低于硅的导带底能量为0.15eV的状态。进一步假设，掺杂将费米能级提高到低于导带底部0.11eV的位置（见图41-21)。对于（a）纯的硅和（b）掺杂的硅，计算在硅的导带底部的状态被占的概率。(c）计算掺杂材料的状态（在施主能级）的占有概率。

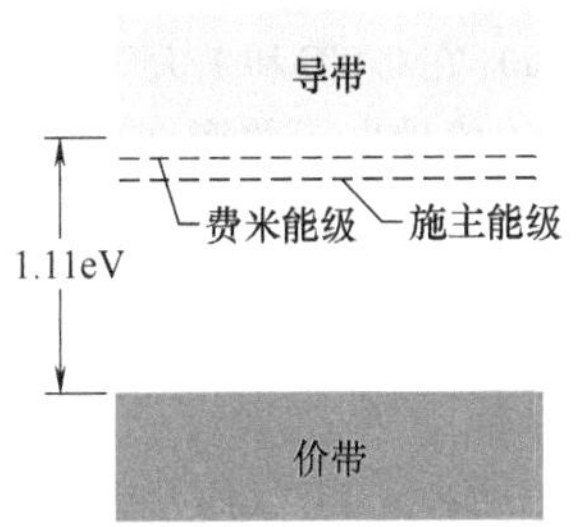

图41-21　习题21图

22. 在温度为 $T=278$K、质量等于地球质量的一块金刚石中，求电子跃迁跳过能隙 E_g（$=5.5$eV）的概率。利用附录F中的碳的摩尔质量；设金刚石中每个碳原子有一个一价电子。

23. (a）证明式（41-5）可以写成 $N(E)=CE^{1/2}$。(b）计算用米和电子伏特为单位的 C。(c）对 $E=5.00$eV求 $N(E)$。

24. 某种金属样品的体积是 6.0×10^{-5} m^3。这种金属的密度是9.0g/cm^3，摩尔质量是60g/mol。原子是二价的。样品中有多少传导电子（或价电子)?

25. 在（a）$T=0$K，(b）$T=320$K时位于费米能量上方0.0620eV的一个态被占有的概率是多少?

26. 硅基片的MOS场效应管边上有0.50μm的正方形栅极。分隔栅极和p型衬底的绝缘氧化硅层是0.18μm厚，介电常量为4.5。(a）栅-衬底的等效电容有多大（把栅极当作电容器的一个极板，衬底是另一极板)?（b）当栅-源电势差是1.0V时，在栅上出现多少元电荷 e?

27. 证明：式（41-9）可以写成 $E_F=An^{2/3}$，其中常量 A 的数值是 3.65×10^{-19} m$^2\cdot$eV。

28. 在未掺杂半导体的简化模型中，能量状态的实际分布可以用这样一个模型代替：价带中有 N_v 个状态，

所有这些状态都有相同的能量 E_v；有 N_c 个状态在导带中，所有这些状态都有相同的能量 E_c。导带中的电子数等于价带中的空穴数。(a) 证明：后一条件暗示

$$\frac{N_c}{\exp(\Delta E_c/kT)+1}=\frac{N_v}{\exp(\Delta E_v/kT)+1}$$

其中

$$\Delta E_c=E_c-E_F,\Delta E_v=-(E_v-E_F)$$

(b) 如果费米能级在两个带之间的能隙中，它到各个带的距离比 kT 大很多。因此，分母中的指数因子占支配地位。在这些条件下，证明：

$$E_F=\frac{(E_c+E_v)}{2}+\frac{kT\ln(N_v/N_c)}{2}$$

并且，如果 $N_v\approx N_c$，则未掺杂的半导体的费米能级接近能隙的中央。

29. $T=1000\text{K}$ 时，计算铜的占有态密度 $N_o(E)$，它的能量 E 分别为 (a) 4.00eV，(b) 6.75eV，(c) 7.00eV，(d) 7.25eV，(e) 9.00eV。把你的结果和图 41-8b 比较。铜的费米能级是 7.00eV。

30. 计算 (a) 在 0.0℃和 1 大气压下的氧气分子，和 (b) 铜里面的传导电子的密度（每单位体积的数目）。(c) 以上二者的比值是多少？(d) 氧气分子之间和 (e) 传导电子之间的平均距离是多少？设这个距离是每个粒子（分子或电子）所占有的体积相同的立方体的边缘的长度。

31. 在特定的晶体中，最高的占有能带是满的。晶体对波长大于 295nm 的光是透明的，但对更短的波长则是不透明的。求这种材料最高的满带和下一个较高的（空）带之间的能隙。用电子伏特为单位。

32. 金的传导电子数密度是多少？金是一价金属，利用附录 F 中提供的摩尔质量和密度。

33. 在 1000K 时，金属中能量大于费米能量的传导电子的比例等于图 41-8b 的曲线下面 E_F 后面部分的面积除以整个曲线下的面积。直接用积分的方法求这个面积是很难的。然而，在任何温度 T 下，这个分数值的近似公式是

$$frac=\frac{3kT}{2E_F}$$

注意，在 $T=0\text{K}$ 时，$frac=0$，这正是我们所期望的。铜在 (a) 300K 和 (b) 1000K 时这个分数是多少？取铜的 $E_F=7.0\text{eV}$。(c) 把你的答案和用式 (41-7) 得到的数值积分进行核对。

34. 在什么温度下锂（金属）的传导电子中有 1.5% 的能量大于它的费米能量 4.70eV？（参见习题 33。）

35. 在式 (41-6) 中，令 $E-E_F=\Delta E=1.00\text{eV}$。(a) 在什么温度下利用这个方程式得到的结果与利用经典的玻尔兹曼方程 $P(E)=e^{-\Delta E/(kT)}$［这就是式 (41-1)，这里改变了两个记号］得到的结果相差 1.0%？(b) 在什么温度下通过这两个方程式得到的结果相差 10%？

36. 利用式 (41-9) 证明铜的费米能量是 7.0eV。

37. (a) 将金刚石价带中的一个电子激发到导带中所用光的最大波长数值是多少？取能隙是 5.50eV。(b) 这个波长位于电磁波谱中的哪一部分？

38. 高于费米能级 68meV 的状态的占有概率是 0.090。低于费米能级 68meV 的状态的占有概率有多大？

39. 占有概率函数［式 (41-6)］可以用于半导体，也可用于金属。在半导体中，费米能量靠近价带和导带间能隙的中间位置。对锗而言，能隙宽度是 0.67eV。(a) 导带底部状态被占据的概率和 (b) 价带顶部状态没有被占据的概率各是多少？设 $T=290\text{K}$。（注意，在纯半导体中，费米能量对称地位于传导电子的粒子数和空穴的粒子数之间，因而在能隙中央。在费米能量的位置不需要有可以被占有的状态。）

40. 向硅的样品掺杂用的原子的施主态位于导带底部下方 0.110eV 处。（硅的能隙是 1.11eV。）如果这种施主态的每一个在 $T=275\text{K}$ 时的占有概率是 5.00×10^{-5}。(a) 费米能级高于还是低于价带顶部？(b) 高或低了多少？(c) 硅导带底部的状态被占的概率是多少？

41. 铜的费米能量是 7.00eV。对 1000K 的铜，求 (a) 被电子占据的概率是 0.900 的能级的能量。(b) 态密度 $N(E)$ 和 (c) 占有态密度 $N_o(E)$。

42. 求能量 $E=8.0\text{eV}$ 的金属的态密度 $N(E)$ 并证明你的结果和图 41-6 的曲线相符。

43. 锌是二价金属。求 (a) 传导电子数密度，(b) 费米能量，(c) 费米速率，(d) 对应于这个电子速率的德布罗意波长。所需的关于锌的数据参见附录 F。

44. 纯硅在室温下导带中的电子数密度大约是 $5\times10^{15}\text{m}^{-3}$，价带中还有与之相等的空穴数密度。假设每 10^7 个硅原子中有一个被磷原子取代。(a) 掺杂半导体是 n 型还是 p 型？(b) 磷加进来的载流子数密度是多少？(c) 掺杂硅和纯硅中载流子数密度（导带中的电子和价带中的空穴）的比例有多大？

CHAPTER 42

第 42 章　核物理学

42-1　发现原子核

学习目标

学完这一单元后，你应当能够……

42.01　说明卢瑟福散射的总体安排以及从这个实验中学到些什么。

42.02　在卢瑟福散射实验中，应用入射粒子的初始动能和它到达的离靶原子核的最近距离之间的关系。

关键概念

- 原子的正电荷都集中在中心的原子核上，而不是散布在原子的整个体积中。这个构造是 1910 年由英国的恩斯特·卢瑟福（*Ernest Rutherford*）在指导并完成我们现在称为卢瑟福散射的实验以后提出来的。这个实验是将 α 粒子（由两个质子和两个中子组成的带正电荷的粒子）射向金属箔并被其中的（带正电的）原子核散射。
- 由 α 粒子和靶原子核组成的系统的总能量（动能加上电势能）在 α 粒子被原子核散射前后守恒。

什么是物理学?

我们现在转向讨论原子中心的原子核。在过去的 90 年里，物理学的一个主要目标是研究原子核的量子物理学，而与此同时，人们也在一些工程学中将量子物理学的应用范围从对抗癌症的放射治疗拓展到地下室中的氡气检测。

在接触到这些应用和原子核的量子物理学之前，我们先来讨论物理学家是怎样发现原子有原子核的。就像今天这个事实是如此明显一样，起初它使人感到难以相信和惊奇。

原子核的发现

在 20 世纪初，关于原子的结构，人们除了知道它们包含电子这个事实以外，其他就很少知道了。电子是 1897 年发现的（J. J. 汤姆孙发现），在那个时候电子的质量还不知道。甚至那时人们还不可能说出一个原子中包含多少带负电荷的电子。科学家们根据推论知道，因为原子是电中性的，原子中必定包含正电荷，但没有人知道这些抵消（负电荷）的正电荷是以什么形式存在于原子中的。一个通俗的模型是正电荷及负电荷都均匀地分布在一个球中。

1911 年，恩斯特·卢瑟福提出，原子的正电荷紧密地聚集在原子的中心，形成**原子核**。并且，原子核拥有原子的绝大多数质

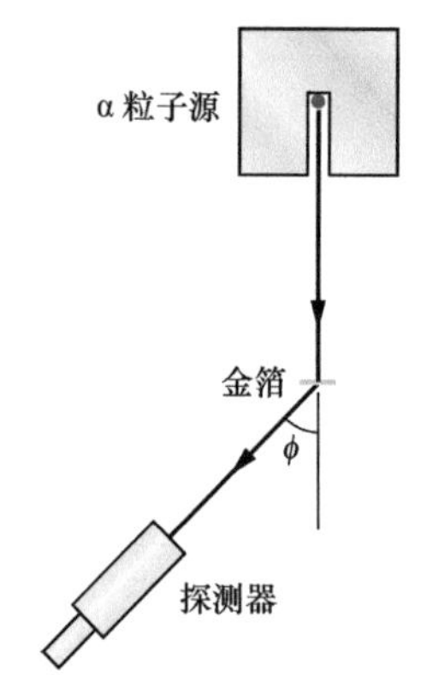

图42-1　1911—1913年，卢瑟福的实验室中用来研究α粒子在金属箔上散射的实验装置（俯视图）。探测器可以转到不同的散射角ϕ的位置，α源是镭衰变的产物。氡原子核就是用这个简单的“桌面”设备发现的。

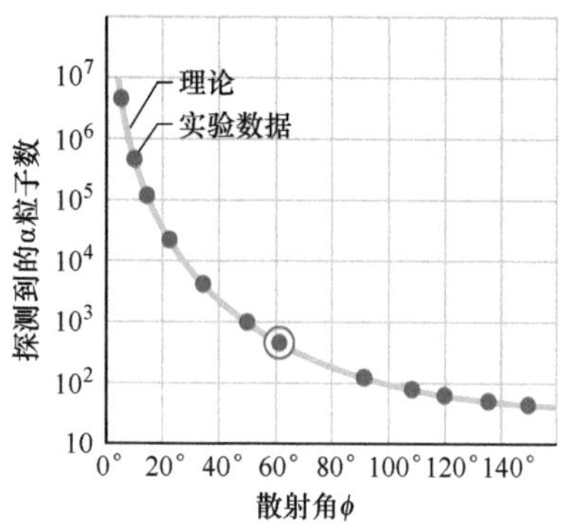

图42-2　图上的圆点是盖革和马斯顿用图42-1中的设备得到的α粒子在金箔上散射的数据。实线是基于原子具有体积很小但质量很大的、带正电荷的原子核的假设的理论预言。实验数据已被调节到使图上圆圈里面的实验点正好落在理论曲线上。

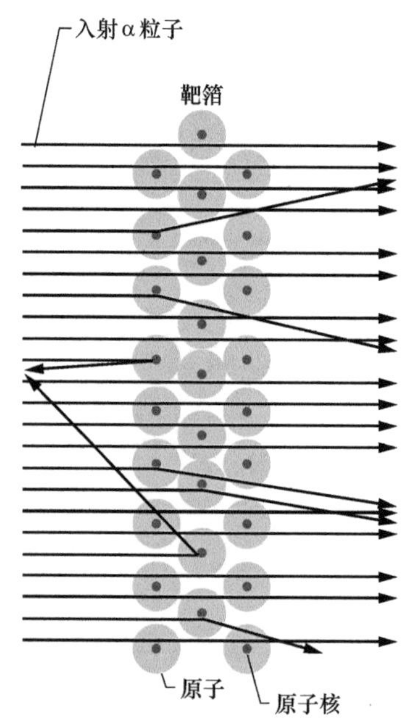

图42-3　入射的α粒子散射的角度取决于粒子的路径距原子核有多近。大的偏转只在α粒子路径非常靠近原子核的情况中才会发生。

量。卢瑟福的建议不仅仅是推测，而是牢牢地建立在他提出并由他的合作者汉斯·盖革（Hans Geiger，他因盖革计数器而闻名）以及当时还没有拿到学士学位的20岁的学生恩斯特·马斯顿（Ernst Marsden）完成的实验结果的基础上的。

在卢瑟福生活的时代，人们已经知道某些称作**放射性**的元素会自发地转变为其他元素，并在这个过程中发射一些粒子。这种元素中有一种是氡，它可以发射能量大约为5.5MeV的α粒子。我们现在知道这种粒子是氦原子核。

卢瑟福的思路是，将高能量的α粒子射向由金属箔制成的靶并测量粒子通过箔后被偏离的程度。α粒子的质量大约是电子的7300倍，带有$+2e$的电荷。

图42-1表示盖革和马斯顿的实验装置。他们的α粒子源是装有氡的薄壁玻璃管。实验中对偏转到各种散射角ϕ的α粒子计数。

图42-2表示他们的实验结果。特别要注意，纵轴标尺是对数。我们看到，大多数粒子散射到很小的角度，但——这是非常令人惊奇的——粒子中有非常少的一部分被散射到近于180°的非常大的角度上。用卢瑟福的话说：“这确实是我一生中遇到的最难以置信的事情。就像你对着一张薄纸发射15in（1in = 2.54cm）的炮弹，而它（炮弹）被弹回并击中你自己一样难以置信。”

卢瑟福为什么会如此惊讶呢？在做这些实验的年代，大多数物理学家相信J. J. 汤姆孙提出的原子的所谓梅子布丁模型。按照这种模型，原子的正电荷被认为是分布在原子的整个体积中。电子（“梅子”）被认为在正电荷的球（“布丁”）中绕固定点振动。

当α粒子穿过这样大的带正电的球时，作用在α粒子上的最大偏转力非常小，以至于要使α粒子偏转哪怕只有1°也是不大可能的。（这个所预期的偏转可以与你将一颗子弹射穿一个大雪球时所能看到的情景相比较。）原子中的电子对质量大并且能量高的α粒子几乎没有影响。事实上电子本身却被强烈地偏转，这场景很像一群飞蚊被穿过蚊群的石子扫过一边。

卢瑟福知道，要使α粒子向后弹回必须有很大的力；只有在正电荷不是分布在整个原子中，而是紧密地集中在原子中心才可以提供这样的力。于是，入射的α粒子可以非常靠近正电荷而不是穿透它；这样近的相遇，结果就会产生很强的偏转力。

图42-3表示典型的α粒子穿过位于金属箔的靶中的原子时可能的路径。正如我们所看到的，大多数α粒子或者没有偏转，或者只有很小的偏转，但是也有少数几个α粒子（它们入射的路径正好非常靠近原子核）被偏转到很大的角度上。通过数据上的分析，卢瑟福得出结论，原子核的半径必定比原子的半径小了大约10^4的因子。换言之，原子中绝大部分是空无一物的空间。

例题 42.01 **α粒子在金原子核上的卢瑟福散射**

动能为 $K_i=5.30\text{MeV}$ 的 α 粒子恰巧正对着中性金原子的原子核射来（见图 42-4a）。α 粒子能够达到的离原子核最近的距离 d（α 粒子中心到原子核中心的最小距离）是多少？设原子始终不动。

【关键概念】

（1）在整个运动过程中，α 粒子-原子系统的总机械能 E 守恒。（2）总能量中除动能外还包括式（24-46）$[U=q_1q_2/(4\pi\varepsilon_0 r)]$ 给出的电势能 U。

解： α 粒子包含两个质子，所以带有电荷 $+2e$。靶原子核包含 79 个质子，它带有电荷 $q_{\text{Au}}=+79e$。不过，原子核电荷被电荷为 $q_e=-79e$ 的电子"云"包围，所以 α 粒子起初"看到"的是净电荷 $q_{\text{atom}}=0$ 的一个中性原子。作用在 α 粒子上的电场力为零，所以起初粒子-原子系统上的电势能为零，即 $U_i=0$。

α 粒子一旦进入原子内部。我们说它穿入围绕原子核的电子云，而电子云的作用就像封闭的导电球壳，根据高斯定律，电子云对 α 粒子（现在是在电子云里面）没有影响。这时 α 粒子只能"看见"原子核的电荷 q_{Au}。因为 q_α 和 q_{Au} 都是正电荷，所以会有电场排斥力作用于 α 粒子上，使它减慢，α 粒子-原子系统具有势能

$$U=\frac{1}{4\pi\varepsilon_0}\frac{q_\alpha q_{\text{Au}}}{r}$$

势能依赖于入射粒子的中心到靶原子核到中心的距离 r（见图 42-4b）。

在排斥力使 α 粒子运动变慢的过程中，能量从动能转化为电势能。当 α 粒子到达距靶原子核最近的距离 d 时，α 粒子瞬时停止，能量转化完成（见图 42-4c）。在这一时刻动能 $K_f=0$，α 粒子-原子系统具有电势能

$$U_f=\frac{1}{4\pi\varepsilon_0}\frac{q_\alpha q_{\text{Au}}}{d}$$

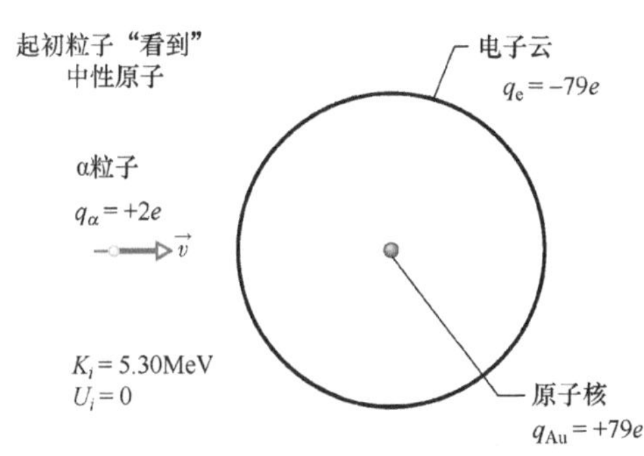

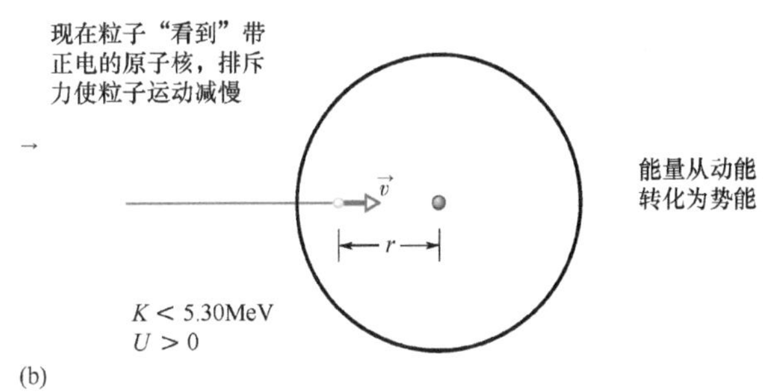

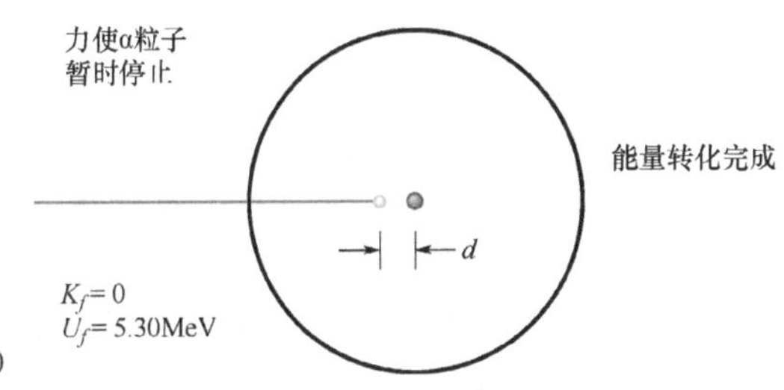

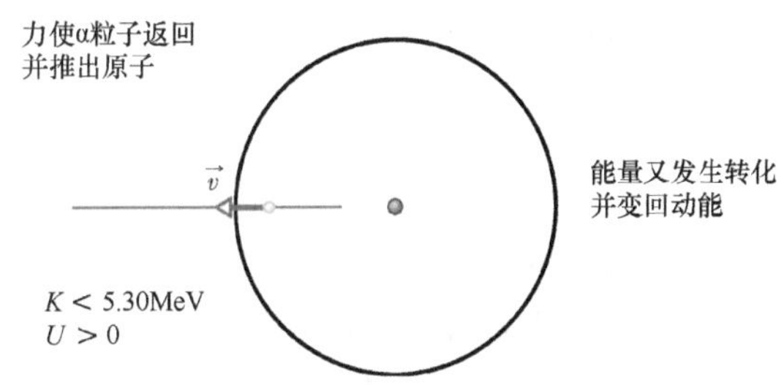

图 42-4 射向原子的 α 粒子（a）到达金原子，（b）进入金原子。正对原子核运动。这个 α 粒子（c）到达最靠近原子核的位置后暂时停止；（d）被排斥返回，并离开原子。

为求 d，我们令初始状态 i 和之后的状态 f 之间的总机械能守恒，写出

$$K_i + U_i = K_f + U_f$$

和
$$K_i + 0 = 0 + \frac{1}{4\pi\varepsilon_0}\frac{q_\alpha q_{Au}}{d}$$

（我们假设 α 粒子不受使原子核凝聚在一起的力的影响，这种原子核内的力只在非常短的距离上起作用。）解出 d，代入电荷及初始动能，得到

$$d = \frac{(2e)(79e)}{4\pi\varepsilon_0 K_\alpha} = \frac{(2\times 79)(1.6\times 10^{-19}\text{C})^2}{4\pi\varepsilon_0(5.30\text{MeV})(1.60\times 10^{-13}\text{J/MeV})} = 4.29\times 10^{-14}\text{m}$$（答案）

这个距离比之于金原子核半径及 α 粒子半径之和是相当大的。因此，α 粒子实际上还没有“接触到”金原子核就已经改变了运动方向（见图 42-4d）。

42-2 原子核的一些性质

学习目标

学完这一单元后，你应当能够……

42.03 懂得核素、原子序数（或质子数）、中子数、质量数、核子、同位素、蜕变、中子过剩、同量异位素、稳定核带以及稳定岛，并说明用于标记原子核的符号（譬如像 ^{197}Au）。

42.04 画出质子数对中子数的图并认明稳定核、丰质子核及丰中子核的大致位置。

42.05 对于球形原子核，应用半径和质量数之间的关系，并计算核密度。

42.06 用原子质量单位表示，把质量数和原子核的近似质量联系起来，并在质量单位和能量之间变换。

42.07 计算质量过剩。

42.08 对于给定的原子核，计算结合能 ΔE_{be} 和单个核子的结合能 ΔE_{ben}，并说明每一项的意义。

42.09 画出单个核子结合能关于质量数的曲线图，指出其中最紧密结合的原子核，可能发生裂变并释放能量的原子核，以及可能发生聚变并释放能量的原子核。

42.10 懂得将核子凝聚在一起的力。

关键概念

- 不同类型的原子核称为核素。每种核素的特征用原子序数 Z（质子的数目）、中子数 N 和质量数 A（核子——质子和中子——的总数）表征。由此，$A = Z + N$。核素用像 ^{197}Au 或 $^{197}_{79}$Au 这样的符号表示，其中的化学符号的上标是 A 的数值，下标（如果有的话）是 Z 的数值。
- 原子序数相同但中子数不同的核素彼此都是同位素。
- 原子核的平均半径 r 由下式给出

$$r = r_0 A^{1/3}$$

其中，$r_0 \approx 1.2\text{fm}$。

- 原子的质量常常用质量过剩来描述：

$$\Delta = M - A$$

其中，M 是用原子质量单位表示的原子实际的质量；A 是原子核的质量数。

- 原子核的结合能是以下差数

$$\Delta E_{be} = \sum(mc^2) - Mc^2$$

其中，$\sum(mc^2)$ 是各个独立的质子和中子的总质能。原子核的结合能是把原子核分解为组成它的各个部分所需能量的数值（它并不是原子核中存在的能量）。

- 单个核子的结合能是

$$\Delta E_{ben} = \frac{\Delta E_{be}}{A}$$

- 等效于一个原子质量单位（u）的能量是 931.494013MeV。
- 用单个核子的结合能 ΔE_{ben} 对质量数作图表示出中等质量的核素是最稳定的，也表明了高质量原子核的裂变和低质量原子核的聚变都要释放能量。

原子核的一些性质

表42-1列出几种原子核的一些性质，当我们主要关注作为特定种类的核（而不是当作原子的一部分）的性质时，我们把这种粒子称为**核素**。

表42-1 几种核素的一些性质

核素	Z	N	A	稳定性①	质量②(u)	自旋③	结合能（MeV/核子）
^{1}H	1	0	1	99.985%	1.007825	$\frac{1}{2}$	—
^{7}Li	3	4	7	92.50%	7.016004	$\frac{3}{2}$	5.60
^{31}P	15	16	31	100%	30.973762	$\frac{1}{2}$	8.48
^{84}Kr	36	48	84	57.0%	83.911507	0	8.72
^{120}Sn	50	70	120	32.4%	119.902197	0	8.51
^{157}Gd	64	93	157	15.7%	156.923957	$\frac{3}{2}$	8.21
^{197}Au	79	118	197	100%	196.966552	$\frac{3}{2}$	7.91
^{227}Ac	89	138	227	21.8y	227.027747	$\frac{3}{2}$	7.65
^{239}Pu	94	145	239	24100y	239.052157	$\frac{1}{2}$	7.56

① 对稳定的核素给出同位素丰度；这是在这种元素的典型样品中找到的这种类型原子的比例。对放射性核素则给出半衰期。

② 按标准惯例，列出的质量是中性原子的质量，不是纯粹的原子核的质量。

③ 自旋角动量用 $\hbar$ 为单位。

一些有关原子核的术语

原子核由质子和中子组成。一个原子核里面质子的数目（称为原子核的**原子序数**或**质子数**）用符号 Z 表示；中子的数目（**中子数**）用符号 N 表示。一个原子核中质子和中子的总数称为**质量数** A；由此，

$$A = Z + N \tag{42-1}$$

作为原子核组成部分的中子和质子统称为**核子**。

我们像表42-1中第一纵列写出的那样用符号代表核素。例如，^{197}Au。上标197是质量数 A。化学符号Au告诉我们这个元素是金，它的原子序数是79。有时原子序数用下标写明 $^{197}_{79}Au$。由式（42-1），这种核素的中子数是质量数和原子序数之差，即197－79，或118。

原子序数 Z 相同但中子数 N 不同的核素互称**同位素**。元素金有32种同位素，从 ^{173}Au 到 ^{204}Au，其中只有一种是稳定的（^{197}Au）；其余31种都是放射性的。这种**放射性核素**通过发射粒子而**衰变**（或**蜕变**），并转变为另一种核素。

核素的组成

一个元素的所有同位素的中性原子（都有相同的 Z）都有相同数目的电子和同样的化学性质，并且它们在元素周期表中的同一位置上。可是，同一元素不同的同位素的原子核的性质却有很

大的差异。所以，对于核物理学家、核化学家和核工程师来说，周期表用处有限。

我们把核素画在图42-5中那样的**核素图**中，核素图是核素的质子数对于中子数作图。图上稳定的核素用绿色表示，放射性核素用米黄色。你可以看到，放射性核素位于界线明确的稳定核素带的两边——还有些在这个带的顶端的上面。还要注意，轻的稳定核素靠近 $N=Z$ 的直线，这意味着它们大致有相同的质子数和中子数。不过，较重的核素倾向于有比质子更多的中子。作为例子，我们看到 ^{197}Au 有118个中子，但只有79个质子，有39个**过剩中子**。

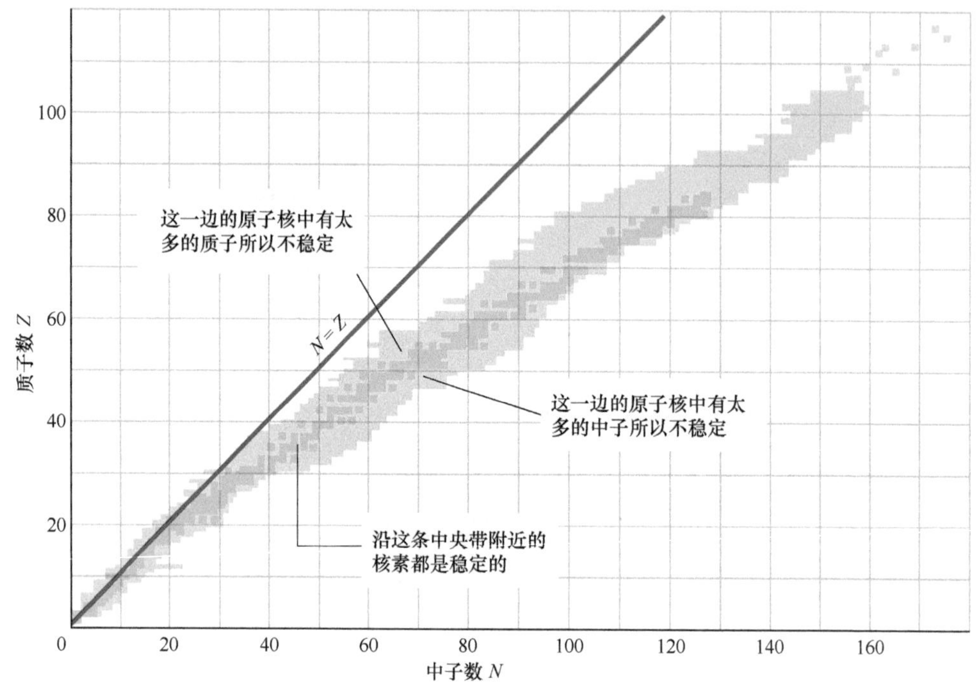

图42-5 已知核素的图。绿色区域表示稳定核素带的位置，米黄色区域是放射性核素。低质量稳定核素基本上有相等数量的中子和质子，但质量较大的核素中过剩中子的数目开始逐渐增大。图中表示出 $Z>83$（铋）没有稳定的核素。

可以做成挂在墙上的核素表，在表上的每一小格中填入一个核素和有关它的数据。图42-6表示这种核素表的一部分，这一部分的中央是 ^{197}Au。对稳定的核素，小方格中标出相对丰度（通常是地球上发现的），如果这是放射性核素，则标出半衰期（衰变速率的量度）。图上的斜线连接**同量异位素**——有相同质量数 A 的核素，这幅图上是 $A=198$。

最近几年，在实验室中发现了原子序数高到 $Z=118$（$A=294$）的核素（自然界中不存在 Z 大于92的元素）。虽然很大的核素通常都是极其不稳定的，只能存在很短的时间，但某些超大质量的核素反而相对较稳定，有比较长的寿命。这些稳定的超大质量的核素和其他已被预言的一些核素形成了图42-5中的核素表上高 Z 和 N 值位置处的稳定岛。

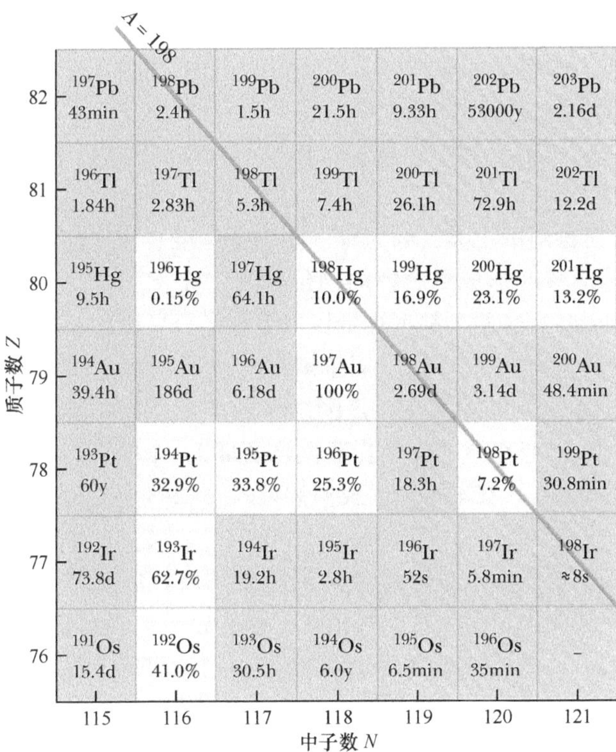

图 42-6 图 42-5 核素表放大细节的局部，中央是^{197}Au。绿色方块表示稳定核素，图上给出这种同位素的相对丰度。米黄色方块表示放射性核素，图中给出半衰期。图中还以 $A=198$ 的斜线为例表示出质量数都相同的同量异位素直线。

检查点 1

按照图 42-5，下面列出的核素中你认为哪一种可能探测不到：^{52}Fe($Z=36$)，^{90}As($Z=33$)，^{158}Nd($Z=60$)，^{175}Lu($Z=71$)，^{208}Pb($Z=82$)？

原子核半径

测量原子核尺度上的距离方便的单位是飞米（femtometer = 10^{-15}m）。这个单位也常常称为费米（fermi）；这两个名称共用一个相同的缩写，就是

$$1\text{femtometer}=1\text{fermi}=1\text{fm}=10^{-15}\text{m} \tag{42-2}$$

我们用高能电子束轰击原子核并观察原子核是怎样使入射电子偏转的就可以知道原子核的大小和结构。电子必须有足够高（至少 200MeV）的能量才能使它的德布罗意波长小于它们所要探测的原子核的结构。

原子核也像原子一样，是不具有明确表面的固态物体。还有，虽然大多数核素的原子核是球形，但也有一些是明显的椭球形。然而，电子散射实验（以及其他类型的实验）允许我们给每一种核素的原子核以下式给出的有效半径。

$$r=r_0A^{1/3} \tag{42-3}$$

其中，A 是质量数；$r_0\approx1.2$fm。我们看出正比于 r^3 的原子核体积

直接正比于质量数A，而不依赖于单独的Z和N的数值。就是说我们可以把大多数原子核看作其体积取决于核子数目而与它们的类型无关的球体。

式（42-3）不能用于*晕核*（halo nuclide），这是丰中子核素，最早是在20世纪80年代于实验室中产生。这些核素的原子核比式（42-3）所预料的更大，因为有一些中子围绕着质子和其余的中子组成的球形核芯形成晕。锂的同位素是一个例子。把一个中子加入^{8}Li形成^{9}Li，这两个都不是晕核，有效半径只增加4%。向^{9}Li中再加入两个中子形成丰中子同位素^{11}Li（锂的最大同位素），这两个中子并不进入原有的核而是围绕核形成晕，有效半径增加大约30%。显然，与在原子核的芯里包含全部11个中子，这种晕组态有较少的能量。[在本章中，我们假设式（42-3）适用。]

原子质量

现在原子质量可以被测量到很高的精度，但是原子核质量通常不能直接测量，因为要把所有电子都从原子中剥离成为“裸核”是很难的。正如我们在37-6单元中简单讨论过的，原子的质量常常用*原子质量单位*表示，在这个单位系统中^{12}C的原子的质量定义为准确的12u。

精确的原子质量可以在网上的列表中查到，并且在习题中也常常提供这些数值。然而，有时我们只需要单独的原子核或中性原子的质量的近似值。核素的质量数A给出原子质量单位的近似质量数值。例如，^{197}Au的中性原子和原子核的近似质量都是197u，这很接近于真实的原子质量196.966552u。

正如我们在37-6单元中看到的

$$1u = 1.66053886 \times 10^{-27} kg \qquad (42\text{-}4)$$

我们还知道，如果参与一次核反应的总质量改变了一个数量Δm，就有式（37-50）给出的能量被释放或被吸收（$Q = -\Delta mc^2$）。我们现在知道，核能常用1MeV的倍数来表示。于是，习惯上常常用到质量单位和能量单位之间方便的变换公式（37-46）：

$$c^2 = 931.494013 MeV/u \qquad (42\text{-}5)$$

科学家和工程师们用到原子质量的时候常常喜欢用原子的*质量过剩*Δ来表示原子的质量，质量过剩定义为

$$\Delta = M - A(\text{质量过剩}) \qquad (42\text{-}6)$$

其中，M是用原子质量单位表示的原子实际质量；A是这个原子的原子核的质量数。

原子核的结合能

原子核的质量M小于它所包含的个别质子和中子的总质量Σm。这意味着原子核的质能Mc^2小于它的各个质子和中子的总质能$\Sigma(mc^2)$。这两个能量的差称为**结合能**：

$$\Delta E_{be} = \Sigma(mc^2) - Mc^2(\text{结合能}) \qquad (42\text{-}7)$$

小心：结合能不是包含在原子核内的能量。相反，它是原子核和组成它的各个核子的总质能之*差*，如果我们能够把原子核分解成组成它的核子，那么在这个分解过程中，我们必须把等于

ΔE_{be}的总能量转交给这些粒子。虽然我们实际上不能把原子核以这种方式拆散，但原子核的结合能仍旧是对原子核结合紧密程度的方便量度，从这个意义上说，它用来量度把原子核拆散有多么困难。

更好的量度是**单个核子的结合能** ΔE_{ben}，它是原子核的结合能ΔE_{be}与该原子核中核子的数目 A 的比值：

$$\Delta E_{ben}=\frac{\Delta E_{be}}{A} \quad \text{（单个核子的结合能）} \qquad (42\text{-}8)$$

我们可以将单个核子的结合能当作把原子核分解成组成它的各独立核子所需的平均能量。较大的单个核子的结合能意味着一个结合更紧密的原子核。

图 42-7 是大量原子核的单个核子结合能 ΔE_{ben}对质量数 A 的曲线图。图上位置高的那些核素是结合非常紧密的；就是说要想把这些原子核中的任何一个分解开，要提供给每个核子大量的能量。曲线上左边和右边位置较低的原子核束缚不是那么紧，要想分解这些原子核，每个核子需要的能量较少。

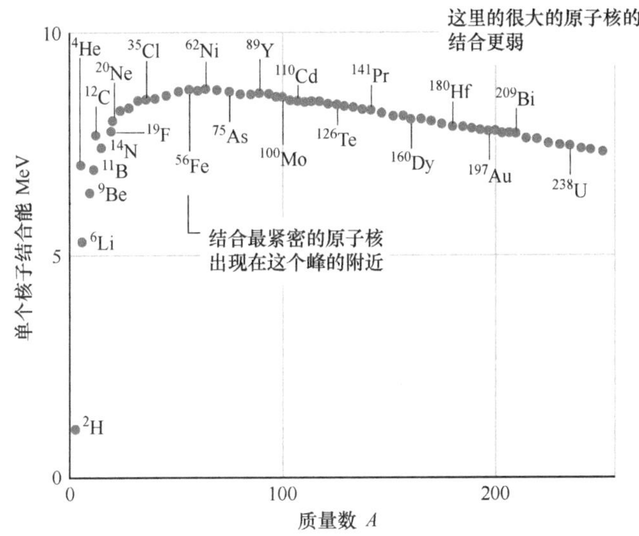

图 42-7 一些代表性的核素的单个核子结合能。核素镍^{62}Ni 有已知稳定的核素中最高的单个核子结合能（约 8.79460MeV/核子）。注意，α 粒子（^{4}He）比它在周期表中相邻的一些核素具有更高的单位核子结合能，因而它也是特别稳定的。

这些关于图 42-7 的简单说明具有深远的意义。曲线右边的原子核如果被分裂成曲线最高点附近的两个原子核，那么这些原子核中的各个核子就会结合得更加紧密。这样的过程称为**裂变**，像铀这样大的（有高的质量数 A）原子核会自然地发生裂变，或者说自发地裂变（没有外来因素或能源干预），这种过程也发生在核武器中，其中大量的铀或钚原子核会突然全都同时裂变，发生爆炸。

如果曲线左边任何两个原子核结合形成位于曲线顶部附近的单个原子核，它们中的核子会结合得更加紧密，这种过程称为**聚变**。这种过程在恒星中自然地发生，假如没有这种聚变，太阳就不会发光，因而地球上的生命也就不会存在。正如我们将在下一章中讨论的，聚变也是热核武器的基础（能量爆炸性释放），是人们期望的发电厂的基础（能量被持续可控地释放）。

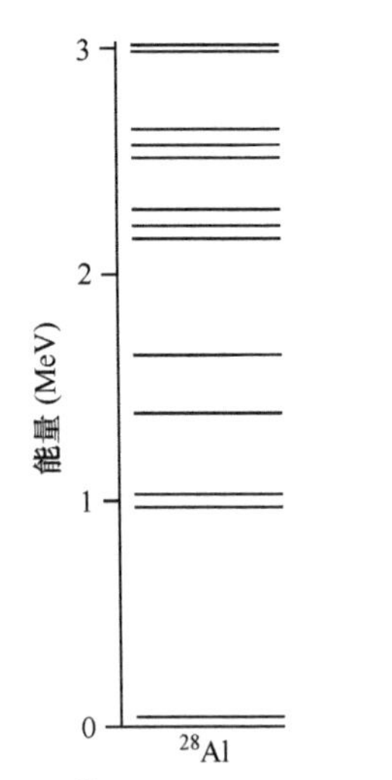

图42-8　核素^{28}Al的能级，根据核反应实验推出。

原子核的能级

原子核的能量就像原子的能量一样是量子化的。就是说原子核只能存在于分立的量子态中，每个状态都有十分确定的能量。图42-8表示一个典型的低质量核素^{28}Al的这种能级的一部分。注意，能量的标度是百万电子伏特，而不是用于原子的电子伏特，当原子核从一个能级跃迁到较低的另一能级时，发射的光子主要是在电磁波谱的γ射线区域。

原子核的自旋和磁性

许多核素具有内禀*核角动量*或自旋，并有相应的内禀*核磁矩*。虽然核角动量和原子的电子角动量大致有相同的数值，但核磁矩比典型的原子磁矩小得多。

核力

控制原子中电子运动的力是我们熟悉的电磁力。然而，使原子核结合在一起的力必定是另一种完全不同的强吸引的核力。这种力要强到足以克服原子核中（带正电的）质子间的排斥力并将质子和中子都束缚在极小的核体积内。核力也必定是短程力，因为它的作用不能延伸到原子核的"表面"以外很远的距离。

现在的看法是，在原子核中使中子和质子结合在一起的核力不是自然界中的基本力，而是将夸克结合在一起形成中子和质子的**强作用力**的次级或"溢出"效应。这和某些中性分子之间的吸引力是使各个分子结合在一起的库仑电场力的溢出效应相类似。

例题42.02　单个核子的结合能

^{120}Sn的单个核子结合能是多少？

【关键概念】

1. 如果我们首先求出结合能ΔE_{be}，然后按式(42-8)（$\Delta E_{ben}=\Delta E_{be}/A$）将$\Delta E_{be}$除以原子核中的核子数$A$，就可以求出单个核子结合能$\Delta E_{ben}$。

2. 我们可以根据式(42-7)［$\Delta E_{be}=\Sigma(mc^2)-Mc^2$］，求出原子核的质能$Mc^2$和组成原子核的各个核子的总质能$\Sigma(mc^2)$之差就可以得到$\Delta E_{be}$。

解： 由表42-1，我们知道^{120}Sn原子核包含50个质子（$Z=50$）和70个中子（$N=A-Z=120-50=70$）。由此，我们要想象把一个^{120}Sn原子核分解成50个质子和70个中子。

$$(^{120}\text{Sn 原子核})\to 50(\text{独立的质子})+70(\text{独立的中子}) \qquad (42\text{-}9)$$

然后求出结果的质量改变。

为了实现这个计算，我们需要知道^{120}Sn原子核、质子和中子的质量。然而，因为中性原子的质量（原子核加上电子）比纯粹的原子核的质量更容易测量，所以习惯上是用原子质量来计算结合能。因此，我们把式(42-9)左边改成中性^{120}Sn原子的质量。我们这样做就在这个式子左边加进了50个电子的质量（和^{120}Sn原子核中的50个质子相匹配）。我们在等号右边也必须加进50个电子以平衡式(42-9)。这50个电子可以和50个质子组合成50个氢原子。于是我们有

$$(^{120}\text{Sn 原子})\to 50(\text{独立的氢原子})+70(\text{独立的中子}) \qquad (42\text{-}10)$$

由表42-1中的质量纵列得出，^{120}Sn原子的质量M_{Sn}是119.902197u，一个氢原子的质量m_H是1.007825u，中子的质量m_n是1.008665u。于是，由

式（42-7）得到

$$\begin{aligned}\Delta E_{be} &= \Sigma(mc^2) - Mc^2\\ &= (50m_H c^2) + 70(m_n c^2) - M_{Sn}c^2\\ &= 50(1.007825u)c^2 + 70(1.008665u)c^2\\ &\quad - (119.902197u)c^2\\ &= (1.095603u)c^2\\ &= (1.095603u)(931.494013MeV/u)\\ &= 1020.5MeV\end{aligned}$$

在这里式（42-5）（$c^2 = 931.494013MeV/u$）提供了简易的单位变换。注意，用原子质量代替原子核质量并不影响计算结果，因为^{120}Sn中的50个电子的质量已经从50个氢原子中电子的质量减去了。

现在式（42-8）给出单个核子的结合能

$$\Delta E_{ben} = \frac{\Delta E_{be}}{A} = \frac{1020.5MeV}{120} = 8.50MeV/核子 \qquad (答案)$$

例题 42.03　**核物质的密度**

我们可以想象所有原子核都是由中子和质子组成的混合物构成，我们把这种混合物称为*核物质*。核物质的密度是多少？

【关键概念】

我们可以将核的总质量除以它的体积来求原子核的（平均）密度ρ。

解：令m是一个核子的质量（一个质子或一个中子，因为这两种粒子的质量大致相同）。包含A个核子的原子核的质量是Am。下一步，我们设核是半径为r的球体，因此它的体积是$\frac{4}{3}\pi r^3$，我们可以写出原子核的密度为

$$\rho = \frac{Am}{\frac{4}{3}\pi r^3}$$

半径r由式（42-3）（$r = r_0 A^{1/3}$）给出，其中r_0是1.2fm（$=1.2\times10^{-15}$m）。代入r，得到

$$\rho = \frac{Am}{\frac{4}{3}\pi r_0^3 A} = \frac{m}{\frac{4}{3}\pi r_0^3}$$

注意，A被消去了；这个密度ρ的公式可用于任何一个以式（42-3）给出的半径为球体的原子核。核子质量m为1.67×10^{-27}kg，我们有

$$\rho = \frac{1.67\times10^{-27}kg}{\frac{4}{3}\pi(1.2\times10^{-15}m)^3} \approx 2\times10^{17}kg/m^3 \qquad (答案)$$

这大约是水的密度的2×10^{14}倍。这是中子星的密度，中子星里只有中子。

WILEY PLUS 在 WileyPLUS 中可以找到附加的例题、视频和练习。

42-3 放射性衰变

学习目标

学完这一单元后，你应当能够……

42.11 说明放射性衰变的意义并懂得这是一个随机过程。

42.12 懂得蜕变常量（或衰变常量）λ。

42.13 懂得在任何给定时刻，放射性原子核的衰变速率dN/dt正比于当时还存在的放射性核的数目。

42.14 应用给出的放射性原子核的数目N作为时间的函数的关系。

42.15 应用给出放射性原子核的衰变率R作为时间的函数的关系。

42.16 对给定时刻，应用衰变率R和留存的放射性原子核数目N之间的关系。

42.17 懂得放射性活度。

42.18 分清贝可（Bq）、居里（Ci）和单位时间的计数。

42.19 区别半衰期$T_{1/2}$和平均寿命τ。

42.20 应用半衰期$T_{1/2}$、平均寿命τ和蜕变常量

λ 之间的关系。

42.21 懂得在包含放射性衰变在内的任何核反应过程中，电荷及核子数都守恒。

关键概念

- 大多数核素自发地以速率 $R = \mathrm{d}N/\mathrm{d}t$ 衰变，这个速率正比于现有的放射性原子的数目 N。比例常量是蜕变常量 λ。
- 放射性原子核的数目是下式给出的时间函数：

$$N = N_0 e^{-\lambda t}$$

其中，N_0 是 $t=0$ 时刻的原子核数目。

- 原子核的衰变率是下式给出的时间函数

$$R = R_0 e^{-\lambda t}$$

其中，R_0 是 $t=0$ 时刻的衰变率。

- 半衰期 $T_{1/2}$ 和平均寿命 τ 是表征放射性原子核衰变有多快的量度，它们的关系是

$$T_{1/2} = \frac{\ln 2}{\lambda} = \tau \ln 2$$

放射性衰变

如图 42-5 所示，大多数核素都是放射性的，它们各自自发地（随机地）发射粒子并转变成另一种核素。这些衰变揭示亚原子的过程服从统计规律。例如，在 1mg 的金属铀样品中有 2.5×10^{18} 个寿命非常长的放射性核素 ^{238}U 的原子核，在一秒钟内其中大约只有 12 个原子核通过发射一个 α 粒子而衰变，转变成 ^{234}Th 原子核。然而

> 绝对没有任何方法可以预料放射性样品中某个指定的原子核是否就是在任何指定的一秒钟内这少数几个衰变的原子核中的一个。所有的原子核都有同样的机会。

虽然我们不能预料样品中哪一个会衰变，但我们可以说，如果样品中有 N 个放射性原子核，那么原子核衰变的速率（$=-\mathrm{d}N/\mathrm{d}t$）正比于 N：

$$-\frac{\mathrm{d}N}{\mathrm{d}t} = \lambda N \tag{42-11}$$

其中，**蜕变常量**（或**衰变常量**）λ 对不同的放射性核素，都各有独特的数值。它的国际单位制单位是秒的倒数（s^{-1}）。

为求出作为时间 t 的函数的 N，我们先将式（42-11）重写成

$$\frac{\mathrm{d}N}{N} = -\lambda\,\mathrm{d}t \tag{42-12}$$

然后两边积分，得到

$$\int_{N_0}^{N} \frac{\mathrm{d}N}{N} = -\lambda \int_{t_0}^{t} \mathrm{d}t$$

或

$$\ln N - \ln N_0 = -\lambda(t - t_0) \tag{42-13}$$

其中，N_0 是样品中某个任意的初始时刻 t_0 放射性原子核的数目。令 $t_0=0$，重新整理式（42-13），给出

$$\ln \frac{N}{N_0} = -\lambda t \tag{42-14}$$

取等式两边的指数（指数函数是自然对数的反函数）得到：

$$\frac{N}{N_0} = e^{-\lambda t}$$

或

$$N = N_0 e^{-\lambda t} \quad (\text{放射性衰变}) \tag{42-15}$$

其中，N_0 是样品中 $t=0$ 时刻放射性原子核的数目；N 是在后来的某个任意时刻 t 余下的原子核数。注意，电灯泡（作为例子）不遵从这样的指数衰减定律。如果测试 1000 个灯泡的寿命，我预期它们会在差不多同样的时刻都“衰变”（即烧毁）。放射性核素遵循完全不同的规律。

比起 N 本身，我们常常会对衰变率 R（$=-\mathrm{d}N/\mathrm{d}t$）更感兴趣。对式（42-15）求微商，我们得到

$$R=-\frac{\mathrm{d}N}{\mathrm{d}t}=\lambda N_0 \mathrm{e}^{-\lambda t}$$

或

$$R=R_0 \mathrm{e}^{-\lambda t} \quad (\text{放射性衰变}) \tag{42-16}$$

这是放射性衰变定律［式（42-15）］的另一种形式。

其中，R_0 是 $t=0$ 时刻的衰变率；R 是以后任何时刻 t 的衰变律。我们现在可以用样品的衰变律 R 来重新表示式（42-11）为

$$R=\lambda N \tag{42-17}$$

其中，R 和还没有发生衰变的放射性原子核的数目 N 必须用同一时刻的数值来计算。

一种或多种放射性核素样品的总衰变率 R 称为样品的**放射性活度**。放射性活度的国际单位制单位是**贝可**（或贝可勒尔），名称来自放射性的发现者亨利·贝可勒尔（Henri Becquerel）：

$$1\ \text{贝可}=1\,\mathrm{Bq}=\text{每秒 1 次衰变}$$

一个更老的单位，居里（Curie），现在仍旧常用：

$$1\ \text{居里}=1\,\mathrm{Ci}=3.7\times 10^{10}\,\mathrm{Bq}$$

人们常常会把一个放射性样品放在靠近探测器的地方，但这样做并不能记录样品中发生的所有蜕变。在这种情况下，探测器的读数正比于（并且小于）真实的样品的放射性活度。这样的正比活度的测量不是用贝克为单位报告的，只是简单地用单位时间的计数报告。

寿命。对于任何给定的一种放射性核素能够存在多长时间，有两种常用的时间量度方法。一种量度是放射性核素的**半衰期** $T_{1/2}$，这是 N 和 R 都减小到它们原来数值的一半所用的时间。另一种量度是**平均寿命** τ，这是 N 和 R 都减小到它们初始值的 e^{-1} 的时间。

要将 $T_{1/2}$ 和蜕变常量 λ 联系起来，我们令式（42-16）中 $R=\frac{1}{2}R_0$，并用 $T_{1/2}$ 代替 t。我们得到

$$\frac{1}{2}R_0=R_0 \mathrm{e}^{-\lambda T_{1/2}}$$

等号两边都取自然对数并解出 $T_{1/2}$，得到

$$T_{1/2}=\frac{\ln 2}{\lambda}$$

同理，为将 τ 和 λ 联系起来，我们设式（42-16）中 $R=\mathrm{e}^{-1}R_0$，用 τ 代替 t，解出 τ，得到

$$\tau=\frac{1}{\lambda}$$

将以上结果整理如下

$$T_{1/2}=\frac{\ln 2}{\lambda}=\tau\ln 2 \qquad (42\text{-}18)$$

检查点 2

核素^{131}I 是放射性的，半衰期是 8.04d。在 1 月 1 日中午，某一样品的放射性活度是 600Bq。应用半衰期的概念，不写出计算公式，确定在 1 月 24 日中午放射性活度比 200Bq 略小还是比 200Bq 略大，比 75Bq 略小还是比 75Bq 略大？

例题 42.04　根据曲线图求蜕变常量和半衰期

所示的表格中列出样品^{128}I 的衰变率的一些测量结果。放射性核素^{128}I 在医学上常用作示踪剂，用来测定碘被甲状腺吸收的速率。求这种放射性核素的蜕变常量 λ 和半衰期 $T_{1/2}$。

时间 (min)	R (计数/s)	时间 (min)	R (计数/s)
4	392.2	132	10.9
36	161.4	164	4.56
68	65.5	196	1.86
100	26.8	218	1.00

【关键概念】

蜕变常量 λ 决定了衰变率 R 随时间 t 变化的指数速率［如式（42-16）所示的 $R=R_0e^{-\lambda t}$］。因此，我们可以通过画出 R 的测量结果对测量的时间 t 的曲线来确定 λ。然而，根据 R 对 t 的曲线求 λ 很难，因为 R 随 t 按式（42-16）指数式地减少。简洁的解法是把式（42-16）变换成 t 的线性函数，这样我们就很容易解出 λ。为此，我们对式（42-16）的两边取自然对数。

解： 我们得到

$$\ln R=\ln(R_0e^{-\lambda t})=\ln R_0+\ln(e^{-\lambda t})$$
$$=\ln R_0-\lambda t \qquad (42\text{-}19)$$

因为式（42-19）是 $y=b+mx$ 的形式，其中，b 和 m 都是常量。因此，上式给出的是量 $\ln R$ 作为 t 的函数的线性方程。如果将 $\ln R$（代替 R）对 t 作图，我们应当得到一条直线，还有，直线的斜率应当等于 $-\lambda$。

图 42-9 表示根据表中给出的测量数据画出的 $\ln R$ 对时间 t 曲线。拟合图上各点后得到的直线的斜率是

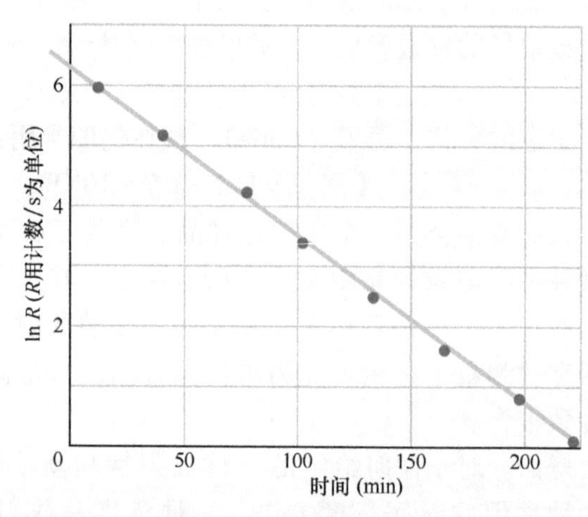

图 42-9　根据表中列出的数据画出的^{128}I 样品衰变的半对数曲线图。

$$\text{斜率}=\frac{0-6.2}{225\text{min}-0}=-0.0276\text{min}^{-1}$$

由此　　$-\lambda=-0.0276\text{min}^{-1}$

或　　$\lambda=0.0276\text{min}^{-1}\approx 1.7\text{h}^{-1}$　　（答案）

衰变率 R 减小到原来一半的时间和蜕变常量 λ 通过式（42-18）［$T_{1/2}=(\ln^2)/\lambda$］联系起来。由这个方程式求得

$$T_{1/2}=\frac{\ln 2}{\lambda}=\frac{\ln 2}{0.0276\text{min}^{-1}}\approx 25\text{min}$$

（答案）

WILEY PLUS 在 WileyPLUS 中可以找到附加的例题、视频和练习。

例题 42.05 **香蕉含有的钾的放射性**

一根大香蕉含有600mg钾，其中0.0117%是放射性^{40}K，它的半衰期$T_{1/2}$是1.25×10^9y。这根香蕉的放射性活度是多少？

【关键概念】

（1）我们可以把放射性活度R和蜕变常量λ用式（42-17）联系起来，我们把它写成$R=\lambda N_{40}$，其中的N_{40}是香蕉中^{40}K原子核的数目（也是原子的数目）。

（2）我们可以把蜕变常量和已知的半衰期用式（42-18）［$T_{1/2}=(\ln2)\lambda$］联系起来。

解：将式（42-18）和式（42-17）联立，得到

$$R=\frac{N_{40}\ln2}{T_{1/2}} \qquad (42\text{-}20)$$

我们已知香蕉里面钾原子总数N的0.0117%是N_{40}。我们可以把香蕉中关于钾的摩尔数n的两个式子联立起来求出N的表达式。由式（19-2），$n=N/N_A$，其中N_A是阿伏伽德罗常量（$6.02\times10^{23}\,\text{mol}^{-1}$）。由式（19-3），$n=M_{sam}/M$，其中$M_{sam}$是样品质量（这里是给出的钾的质量600mg），$M$是钾的摩尔质量。把这两个式子联立起来消去$n$，我们可以写出

$$N_{40}=(1.17\times10^{-4})\frac{M_{sam}N_A}{M} \qquad (42\text{-}21)$$

由附录下，我们得知钾的摩尔质量是39.102g/mol。然后方程式（42-21）写成

$$N_{40}=(1.17\times10^{-4})\frac{(600\times10^{-3}\,\text{g})(6.02\times10^{23}\,\text{mol}^{-1})}{39.102\,\text{g/mol}}$$

$$=1.081\times10^{18}$$

将这个N_{40}的数值及给出的半衰期$T_{1/2}$的数值1.25×10^9y代入式（42-20），得到

$$R=\frac{(1.081\times10^{18})(\ln2)}{(1.25\times10^9\,\text{y})(3.16\times10^7\,\text{s/y})}$$

$$=18.96\,\text{Bq}\approx19.0\,\text{Bq} \qquad \text{（答案）}$$

这大概是0.51nCi。你的身体内总是含有160g钾。如果重复我们在这里的计算，就会发现你每天受到^{40}K成分的5.06×10^3Bq（或0.14μCi）的放射性活度。所以吃进一根香蕉，你的身体每天从其中的放射性钾受到的辐射增加的数量还不到1%。

WileyPLUS 在WileyPLUS中可以找到附加的例题、视频和练习。

42-4 α衰变

学习目标

学完这一单元后，你应当能够……

42.22 知道α粒子和α衰变。

42.23 对于给定的α衰变，计算质量改变和反应的Q值。

42.24 确定经历α衰变后原子核的原子序数Z和质量数A的改变。

42.25 用势垒说明能量小于势垒高度的α粒子是怎样从原子核中逃逸出来的。

关键概念

- 某些核素通过发射α粒子（氦原子核^{4}He）衰变。这种衰变被势垒禁阻，必须通过势垒隧穿才能发生α衰变。

α衰变

当原子核发生**α衰变**后，它会发射一个α粒子（氦原子核）转变为另一种核素。例如，^{238}U（铀）经历α衰变后会转变为^{234}Th（钍）：

$$^{238}\text{U}\rightarrow{}^{234}\text{Th}+{}^4\text{He} \qquad (42\text{-}22)$$

^{238}U 的这种 α 衰变是自发地发生的（没有外部能源干预），因为衰变产物^{234}Th 和^{4}He 的总质量小于原来的^{238}U 的质量。因此，衰变产物的总质能小于原来的核素的总质能。按照式（37-50）的定义（$Q=-\Delta Mc^2$），这种过程中初始质能和最终总质能之差称为过程的 Q。

对于原子核衰变，我们说质能的差是衰变的蜕变能 Q。式（42-22）中的衰变能 Q 是 4.25MeV——就说这是^{238}U 的 α 衰变所释放的能量的数量，能量从质能转化为两个产物粒子的动能。

^{238}U 在这个衰变过程中的半衰期是 4.5×10^9y。为什么会这么长呢？如果^{238}U 以这种方式衰变，为什么^{238}U 原子样品中的每一个^{238}U 核素不是同时衰变的呢？要回答这些问题，我们必须研究 α 衰变的过程。

我们选择一种模型，想象 α 粒子在从原子核中逃逸出来以前已经存在（已经形成）于原子核内，图 42-10 表示包含 α 粒子和留下的^{234}Th 原子核的系统的近似势能 $U(r)$ 作为它们的距离 r 的函数。这个能量是（1）在原子核内部作用的与强（吸引）核力相关的势能和（2）衰变前及衰变后两个粒子间产生的与电场（排斥）力相关的库仑势能。

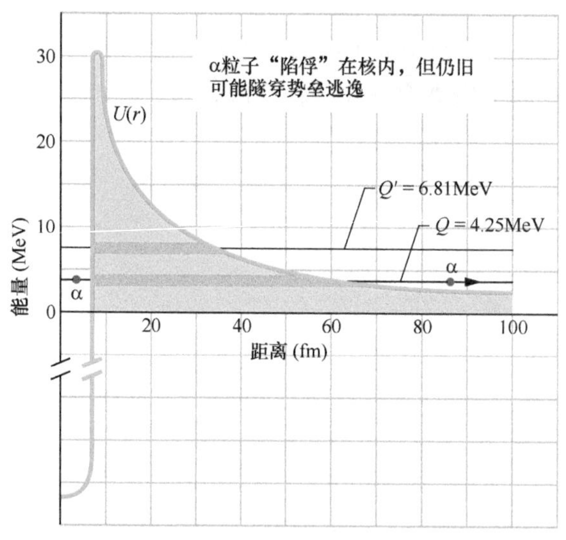

图 42-10　^{238}U 发射 α 粒子的势能函数。标出 $Q=4.25$MeV 的水平黑线表示这个过程中的蜕变能量。这条直线粗的灰色部分表示经典力学禁阻 α 粒子的区域的长度 r。α 粒子在势垒内（左边）和隧穿势垒后到达势垒外（右边）都用圆点代表。标出 $Q'=6.81$MeV 的水平黑线表示^{228}U 的 α 衰变的蜕变能量。（两种同位素有相同的势能函数，因为它们有相同的核电荷。）

标记 $Q=4.25$MeV 的水平黑线表示过程的蜕变能量。如果我们假设，这代表 α 粒子在衰变过程中的总能量，那么 $U(r)$ 曲线的高于这条线的部分就会构成像图 38-17 中那样的势垒。这个势垒是不能越过的。如果 α 粒子能够进到势垒里面某个距离 r，则它的势能 U 就要超过它的总能量 E。而这在经典力学中就意味着它的动能 K（等于 $E-U$）是负的，但这是不可能的情况。

隧穿。我们现在知道了 α 粒子不是直接从^{238}U 原子核发射出来。原子核被很高的势垒围绕，势垒占据——你要想象它在三维空间中——两个球壳（半径大约 8fm 和 60fm）之间的体积。这个论证是如此令人信服，我们现在把最后一个问题改为：既然 α 粒子好像被势垒永久陷俘在原子核中，那么^{238}U 原子核究竟是怎样发射 α 粒子的呢？答案是，如我们在 38-9 单元中所学到的，粒子具有一定的隧穿经典物理学中不可超越的势垒的概率。事实上，α 衰变的发生是势垒隧穿的结果。

^{238}U 很长的寿命告诉我们，势垒显然不是非常“容易漏过的”。我们想象一个已经形成的 α 粒子在原子核内快速地来回运动，在它成功地隧穿势垒前要撞击势垒内表面大约 10^{38}次。设每秒撞击 10^{21}次的话，大约需要 4×10^9y（地球的年龄）！当然，我们正等在外面，只能计算逃离原子核而发射出来的 α 粒子，所以无法知道原子核内部发生了什么样的事情。

我们可以通过考察其他的 α 粒子发射体来检验这个对 α 衰变的解释。作为极端的对照，考虑另一个铀的同位素^{228}U，它的蜕变能量 Q'是 6.81MeV，大约比^{238}U 的高了 60%。（Q'的数值也用水平黑线标在图 42-10 中。）回忆一下 38-9 单元中，势垒的透射系数对想要穿透这个势垒的粒子的总能量的微小变化非常敏感。因此，我们预料这个^{228}U 核素的 α 衰变比^{238}U 的 α 衰变更容易发生，确实如此。如表 42-2所示，它的半衰期是 9.1min！Q 只增大因子 1.6，但却导致半衰期减少（即势垒的有效性）因子 3×10^{14}。这确实是非常灵敏的。

表 42-2 **两个发射 α 粒子的核素的比较**

放射性核素	Q	半衰期
^{238}U	4.25MeV	4.5×10^9y
^{228}U	6.81MeV	9.1min

例题 42.06 α 衰变的 Q 值（利用质量）

已知以下原子质量

^{238}U：238.05079u　　^{4}He：4.00260u

^{234}Th：234.04363u　　^{1}H：1.00783u

^{237}Pa：237.05121u

其中，Pa 是元素镤（$Z=91$）的符号。

（a）求^{238}U 在 α 衰变过程中释放的能量。这个衰变过程是

$$^{238}\mathrm{U}\rightarrow{}^{234}\mathrm{Th}+{}^{4}\mathrm{He}$$

顺便注意，这个方程式中的原子核电荷是守恒的：钍的原子序数（$Z=90$）和氦的原子序数（$Z=2$）相加得到铀的原子序数（$Z=92$）。核子数也是守恒的，即 238 = 234 + 4。

【关键概念】

衰变中释放的能量是蜕变能量 Q，我们可以根据^{238}U 衰变所产生的质量改变 ΔM 来计算 Q。

解： 为此，我们利用式（37-50），有

$$Q=M_ic^2-M_fc^2 \qquad (42\text{-}23)$$

其中，初始质量 M_i 是^{238}U 的质量，最终质量 M_f 是^{234}Th 和^{4}He 的质量之和。利用题目给出的原子的质量，式（42-23）写成

$$\begin{aligned}Q&=(238.05079\mathrm{u})c^2-(234.04363\mathrm{u}+4.00260\mathrm{u})c^2\\&=(0.00456\mathrm{u})c^2=(0.00456\mathrm{u})(931.494013\mathrm{MeV/u})\\&=4.25\mathrm{MeV}\end{aligned}$$ （答案）

注意，用原子质量代替原子核质量不会影响结果，因为生成物中电子的总质量已经从原来的^{238}U 中原子核 + 电子的质量中减去了。

（b）证明^{238}U 不可能自发地发射质子；即质子不会因原子核内部质子-质子相互排斥而从原子核中渗漏出来。

解：假如这个过程会发生，衰变过程就是

$$^{238}U \rightarrow ^{237}Pa + ^{1}H$$

（你应当会证明这个过程中核电荷及核子数都各自守恒。）应用和（a）小题中同样的关键概念并按我们这里的步骤进行。我们求出两个衰变生成物的质量

$$237.05121u + 1.00783u$$

超过 ^{238}U 的质量为 $\Delta m = 0.00825u$，蜕变能量是

$$Q = -7.68MeV$$

负号表示我们必须在发射质子以前加入 7.68MeV 能量到 ^{238}U 原子核中。所以它肯定不会自发地发生这个过程。

在 WileyPLUS 中可以找到附加的例题、视频和练习。

42-5 β衰变

学习目标

学完这一单元后，你应当能够……

42.26 懂得两种类型的 β 粒子和两种类型的 β 衰变。

42.27 知道中微子。

42.28 说明为什么 β 衰变中发射的 β 粒子的能量是在一定的能量范围内。

42.29 对给定的 β 衰变，计算质量的改变及反应的 Q。

42-30 确定原子核经历 β 衰变后原子序数 Z 的改变，并确定质量数 A 不变。

关键概念

- 在 β 衰变中，原子核发射电子或正电子，另外还有一个中微子。
- 发射的粒子分享所得到的蜕变能量。有的时候中微子得到大多数能量，有些时候电子或正电子得到大多数能量。

β衰变

原子核会自发地发射电子或正电子（带正电荷的粒子，它的质量和电子的质量相同）而衰变，我们就说发生了 **β 衰变**。就像 α 衰变一样，这也是自发过程，具有确定的蜕变能量和半衰期，β 衰变也像 α 衰变一样是一个由式（42-15）和式（42-16）支配的统计过程。在 β 负（β^-）衰变中，原子核发射一个电子，如下面的衰变：

$$^{32}P \rightarrow ^{32}S + e^- + \nu \quad (T_{1/2} = 14.3d) \tag{42-24}$$

在 β 正（β^+）衰变中，原子核发射一个正电子，如下面的衰变

$$^{64}Cu \rightarrow ^{64}Ni + e^+ + \nu \quad (T_{1/2} = 12.7h) \tag{42-25}$$

符号 ν 代表**中微子**，是质量非常小的中性粒子，它在衰变过程中和电子或正电子一同从原子核发射出来。中微子和物质间的作用非常弱——因为这个原因——所以探测它们的存在是极其困难的，因而在很长的时间内未被注意到。[⊖]

⊖ β 衰变也包括电子俘获，这种原子核衰变是吸收原子中的一个电子，并在这个过程中同时发射一个中微子。这里我们不考虑这种过程。还有，式（42-24）的衰变过程中发射的中性粒子实际上是反中微子，在这里的介绍性的处理中我们并不打算讨论中微子和反中微子的区别。

在以上两个过程中，电荷和核子数都守恒。例如，在式（42-24）的衰变中，我们可以写出电荷守恒

$$(+15e)=(+16e)+(-e)+(0)$$

因为^{32}P有15个质子，^{32}S有16个质子，中微子电荷为零。同理，我们可以写出核子数守恒：

$$(32)=(32)+(0)+(0)$$

因为^{32}P和^{32}S各有32个核子，而电子和中微子都不是核子。

因为我们曾经说过原子核仅仅由中子和质子组成，所以令人感到惊奇的是原子核居然还会发射电子、正电子和中微子。然而，我们以前就已经知道原子会发射光子，我们肯定不会说原子“包含”光子。我们说光子是在发射过程中产生的。

原子核在β衰变过程中发射电子，正电子和中微子也是同样的情形。它们是在发射过程中产生出来的。对于β负衰变，原子核里面的中子转变成质子按照下面的公式进行：

$$\mathrm{n}\rightarrow\mathrm{p}+\mathrm{e}^{-}+\nu \tag{42-26}$$

对于β正衰变，质子按下式转变成中子：

$$\mathrm{p}\rightarrow\mathrm{n}+\mathrm{e}^{+}+\nu \tag{42-27}$$

这些过程表明经历β衰变后核素的质量数A不会改变；组成这个核素的一个核子只是按式（42-26）和式（42-27）改变它的性质。

在α衰变和β衰变中，每一特定的放射性核素的每一次独立的衰变都会释放出相同数量的能量。在特定核素的α衰变中，发射的每一个α粒子都有相同的完全确定的动能。然而，在式（42-26）的发射电子的β负衰变中，蜕变能量Q——以不同的比例——分配在发射的电子和中微子之间。有时电子几乎得到所有的能量，有时则是中微子得到几乎所有的能量。然而，在每一种情形中，电子能量与中微子能量之和给出相同的数值Q。能量总和等于Q的同样的能量分配也发生在β正衰变过程中［式（42-27）］。

因此，β衰变中发射的电子或正电子的能量范围可以从近于零增大到某个最大值K_{max}。图42-11表示^{64}Cu在β衰变中的正电子能量分布［见式（42-25）］。正电子最大能量必定等于蜕变能量Q，因为当正电子有最大能量K_{max}时，中微子的能量近似为零：

$$Q=K_{max} \tag{42-28}$$

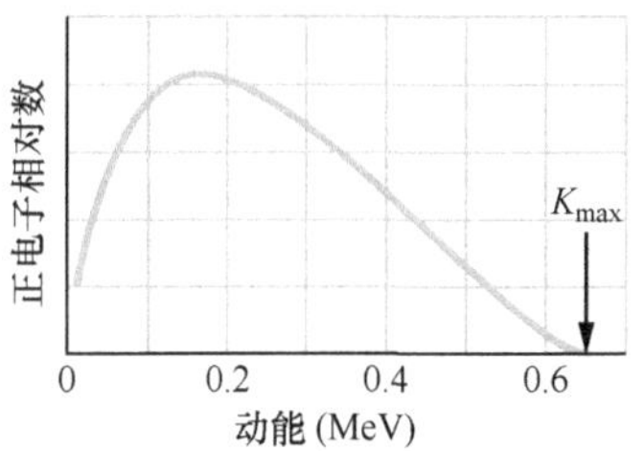

图42-11 ^{64}Cu的β衰变中发射的正电子动能分布。分布的最大动能（K_{max}）是0.653MeV。在所有^{64}Cu衰变事件中，这些能量以不同的比例在正电子和中微子之间分配。所发射的正电子的最可能的能量大约是0.15MeV。

中微子

沃尔夫冈·泡利于1930年首先假设中微子的存在。他的中微子假设不仅使β衰变中电子或正电子的能量分布成为可以理解的，并且还解决了另一个早期的涉及“失去的”角动量的β衰变的疑惑。

中微子的确是一种难以捉摸的粒子；计算得出高能中微子在水中的平均自由程不小于几千光年。同时，推测中的标志宇宙诞生的大爆炸留下的中微子是最丰富的物理粒子。每秒钟有几十亿个中微子穿过我们的身体而不留下任何痕迹。

虽然有难以捉摸的性质，但是中微子在实验室里还是被捕捉到了。这是在1953年首先被莱因斯（F. Reines）和考恩（C. L. Cowan）捕捉到的。他们捕捉到高功率核反应堆中产生的中微子。（1995年，莱因斯因这项工作获得诺贝尔奖。）虽然探测中微子非常困难，但实

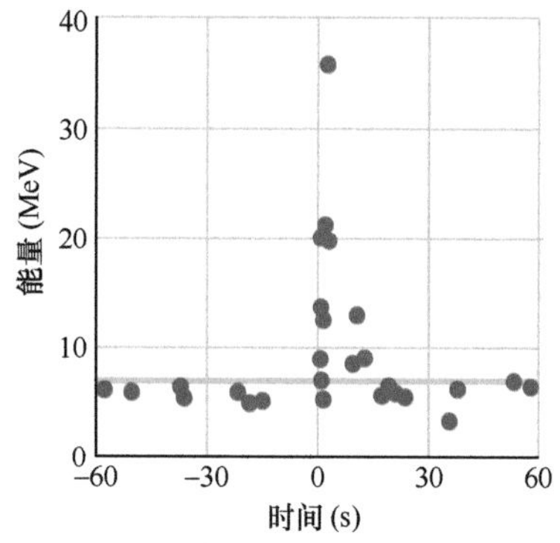

图 42-12　从超新星 SN 1987A 发射的中微子爆丛，发生在（相对）时间 0，从通常的中微子背景中冒出来。（对于中微子来说，10 就是一次"爆丛"。）粒子被放在日本很深的矿井中的灵敏探测器检测到。这颗超新星只能在南半球看到；所以中微子必须穿透地球（对中微子来说这是微不足道的障碍物）才能到达探测器。

验中微子物理学现在却是实验物理学中的一个发展得十分完善的分支，在全世界许多实验室中都有热衷的研究者。

太阳从它的核心中的核反应堆发射大量的中微子。晚上，这些从太阳中心来的信使穿过地球，从地下向上来到我们这里。地球对它们几乎完全透明。1987 年 2 月，大麦哲仑云（一个附近的星系）中星体爆炸发出的光经过 170000 年后才到达地球。在这次爆炸中产生了大量中微子，其中有 10 个被日本的灵敏中微子探测器检测到；图 42-12 表示它们通过时的记录。

放射性和核素表

我们可以在图 42-5 的核素表上增加一个以 MeV/c^2 为单位表示的质量过剩 Δ 的第三条坐标轴，这样就扩展了可得到的信息的数量。增加了这个坐标轴后就得到图 42-13，这幅图揭示了核素的原子核稳定性的程度。对于低质量的核素，我们发现了"核素的山谷"，图 42-5 的稳定带靠近它的底部。山谷中丰质子的一边通过发射正电子衰变到山谷中，丰中子一边的核素则通过发射电子衰变到山谷中。

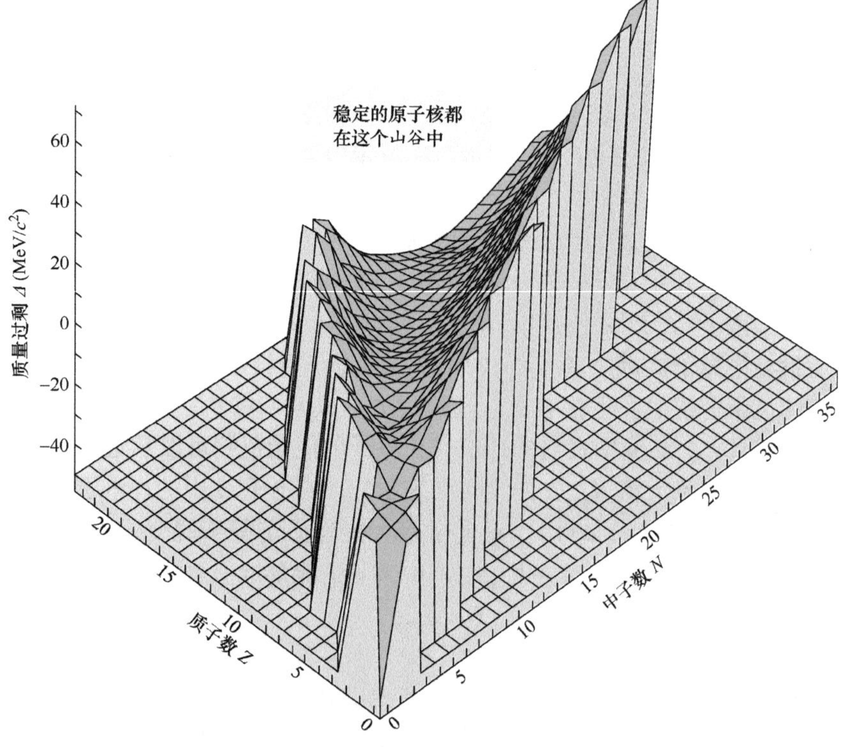

图 42-13　核素山谷的一部分，只画出低质量的核素。氘、氚和氦在图上近端点的位置。氦位于很高的一点。山谷从我们观察的方向向外延展，图上曲线终止在大约 $Z=22$，$N=35$ 的位置。对于那些 A 值很大的核素，它们可以通过多次 α 发射或裂变（核素的分裂）落入核素山谷，但要画在离山谷很远的位置。

检查点 3

^{238}U 通过发射一个 α 粒子衰变为 ^{234}Th。接下来是更多的链式放射性衰变，可能是 α 衰变，也可能是 β 衰变。最终得到一个稳定的核素，此后，再也不可能发生进一步的放射性衰变。下面的稳定核素中哪一种是 ^{238}U 放射性衰变链中最终的产物：^{206}Pb、^{207}Pb、^{208}Pb 或 ^{209}Pb？（提示：你可以考虑这两种类型衰变的质量数 A 的改变来确定答案。）

例题 42.07 **β 衰变的 Q 值**（利用质量）

求式（42-24）所描述的^{32}P 在 β 衰变过程中的蜕变能 Q。所需要的原子量分别是^{32}P：31.97391u 和^{32}S：31.97207u。

【关键概念】

β 衰变的蜕变能 Q 是衰变中质能的改变量。

解：Q 由式（37-50）（$Q=-\Delta Mc^2$）给出，但是，我们要小心区分原子核的质量（我们不知道）和原子的质量（我们知道的）。令加粗的正体字符 $\mathbf{m}_P$ 和 $\mathbf{m}_S$ 分别代表^{32}P 和^{32}S 的原子核质量，令斜体字符 m_P 和 m_S 分别代表它们的原子质量。于是我们可以写出式（42-24）的衰变过程中的质量改变为

$$\Delta m=(\mathbf{m}_S+m_e)-\mathbf{m}_P$$

其中，m_e 是电子的质量。如果我们在这个方程式的右边加上并减去 $15m_e$，会得到

$$\Delta m=(\mathbf{m}_S+16m_e)-(\mathbf{m}_P+15m_e)$$

括弧里的量是^{32}S 和^{32}P 的原子质量，所以

$$\Delta m=m_S-m_P$$

从这里我们看到，只要把原子量相减，发射的电子质量就会自动地考虑进去了。（这个方法不能用于正电子。）

^{32}P 衰变的蜕变能是

$$\begin{aligned}Q&=-\Delta mc^2\\&=-(31.97207\text{u}-31.97391\text{u})(931.494013\text{MeV/u})\\&=1.71\text{MeV}\end{aligned}$$ （答案）

实验证实了这个计算值等于发射的电子可以拥有的最大能量 K_{max}。虽然一个^{32}P 原子核每一次衰变都会释放出 1.71MeV，但实际上每一个电子带走的能量总比这个数值小。中微子带走了其余的所有能量，把它偷偷地带出了实验室。

WILEY PLUS 在 WileyPLUS 中可以找到附加的例题、视频和练习。

42-6 放射性鉴年法

学习目标

学完这一单元后，你应当能够……

42.31 应用放射性衰变的方程式确定岩石和考古学材料的年龄。

42.32 说明怎样用考古学鉴年法来确定生物样品的年龄。

关键概念

- 自然界中存在的放射性核素提供了估计历史上和史前事件的发生年代的方法。例如，有机材料的年龄常常可以通过测量它们的^{14}C 含量来测定。岩石样品的年代则可以利用放射性^{40}K来确定。

放射性鉴年法

如果知道了一种给定的放射性核素的半衰期，原则上你就可以利用这种放射性核素的衰变作为时钟来测定时间间隔。例如，每一种长寿命的核素的衰变都可以用来测量岩石的寿命——就是从岩石形成至今的时间。对地球、月球以及陨星上的岩石的这种测量，得到这些物质同样的最大年龄大约是 4.5×10^9y。

例如，^{40}K 衰变成稳定的惰性气体氩的同位素^{40}Ar。这个衰变

Top photo:George Rockwin/Bruce Coleman,Inc./Photoshot Holdings Ltd.Inset photo:www.BibleLandPictures.com/Alamy

《死海古卷》的碎片和发现死海古卷的洞穴。[《死海古卷》是 1947 年以来在死海西北岸洞穴内发现的约公元前 135—公元前 100 年间的卷轴古书。(译者注)]

的半衰期是 1.25×10^9y。测量出从所研究的岩石中找到的 ^{40}K 和 ^{40}Ar的比例，就可以用来推算这块岩石的年龄。其他长寿命的衰变，譬如 ^{235}U 到 ^{207}Pb（包括许多不稳定原子核的中间阶段）可以用来证实这个推算。

对于较短的时间间隔的测量，尤其是在人类史上具有历史意义的时间范围内，放射性鉴年法的价值已被证明是无法估量的。放射性核素 ^{14}C（$T_{1/2}=5730$y）是高层大气中的氮被宇宙射线轰击所产生的，并且它的产生速率是恒定的。放射性碳和大气中正常存在的碳（像在 CO_2 中）混合，大约每 10^{13} 个普通的稳定 ^{12}C 原子中会有一个 ^{14}C 原子。经过像光合作用和呼吸等生物活动后，大气中的碳原子会随机地和每一个活的物体中的碳原子交换位置，一次一个原子。这些生物包括西兰花、蘑菇、企鹅和人类等。交换最后达到平衡，每个活的生物体中都会包含一定比例的放射性核素 ^{14}C。这个比例很小，但它却是固定的。

这样的平衡在有机体活着的整个过程中都保持不变。生物死后，和大气的交换停止，陷俘在有机体内的放射性碳的数量也确定下来，此后不再补充，并以 5730y 的半衰期减少。通过测定每克有机物的放射性碳的数量就可以确定生物死后经过的时间。古代营火的木炭、《死海古卷》（实际上是根据塞住装有古卷的瓶子的织物）以及许多史前的人造器物都已经用这种方法鉴定出了年龄。

例题 42.08　月球岩石的放射性鉴年

在月球岩石样品中存在的（稳定的）^{40}Ar 原子数和（放射性的）^{40}K 原子数的比值是 10.3。设所有的氩原子都是由半衰期为 1.25×10^9y 的钾原子衰变所产生的。这块岩石的年龄有多大?

【关键概念】

（1）设在熔融状态下固化形成岩石的时候有 N_0 个钾原子存在，则在分析的时候还剩下的钾原子数是

$$N_K=N_0e^{-\lambda t} \tag{42-29}$$

其中，t 是岩石的寿命。（2）每一个钾原子衰变成一个氩原子。由此，在分析的时候存在的氩原子的数目是

$$N_{Ar}=N_0-N_K \tag{42-30}$$

解： 我们无法测量 N_0；所以根据式（42-29）和式（42-30）来计算。经过一些代数运算后我们得到

$$\lambda t=\ln\left(1+\frac{N_{Ar}}{N_K}\right) \tag{42-31}$$

其中，N_{Ar}/N_K 可以测量。解出 t 并利用式（42-18）用 $(\ln2)/T_{1/2}$ 代替 λ，得到

$$t=\frac{T_{1/2}\ln(1+N_{Ar}/N_K)}{\ln2}$$
$$=\frac{(1.25\times10^9\text{y})[\ln(1+10.3)]}{\ln2}$$
$$=4.37\times10^9\text{y} \quad \text{（答案）}$$

从其他的月球或地球岩石样品中得到的年龄较小，但数值相差却不是很大。由此，最古老的岩石是在太阳系刚形成后不久形成的，太阳系肯定有大约 40 亿年的年龄。

WILEY PLUS 在 WileyPLUS 中可以找到附加的例题、视频和练习。

42-7 测定辐射剂量

学习目标

学完这一单元后，你应当能够……

42.33 懂得吸收剂量、剂量当量以及相关的单位。

42.34 计算吸收剂量和剂量当量。

关键概念

- 贝可（1Bq = 1 次衰变每秒）量度放射源的放射性活度。
- 实际上被吸收的能量的数值用戈［瑞］为单位量度，1Gy 相当于 1J/kg。
- 评价吸收的能量的生物效应是剂量当量，用希［沃特］（符号为 Sv）为单位。

测定辐射剂量

像 γ 射线、电子和 α 粒子等一类辐射对生物活体组织（特别是对我们自己）的影响是公众关心的问题。这些辐射由自然界的宇宙射线（来自天体上的辐射源）以及地壳中的放射性元素所发射。与人类的某些活动相关的辐射，如医学和工业中使用的 X 射线和放射性核素也对人体和生物有所影响。

我们这里的任务不是探寻各种辐射源，而仅仅是描述表示这种辐射的性质和效应的单位。我们已经讨论过放射源的活度。此外，还有两个我们感兴趣的量。

1. 吸收剂量。这是被特定的对象，譬如像病人的手或胸部，实际上所吸收的辐射剂量（每单位质量的能量）的量度。它的国际单位制单位是**戈［瑞］**（符号为 Gy）。较老的单位用**拉德**（rad，**r**adiation **a**bsorbed **d**ose 的缩略词），这个单位现在还常常用到。这两个单位的定义和关系是

$$1\text{Gy} = 1\text{J/kg} = 100\text{rad} \tag{42-32}$$

典型的关于剂量的表述是：“全身短时间的 3Gy（ = 300rad）γ 射线剂量照射会使暴露在辐射中的 50% 的人口死亡”。感到庆幸的是，我们现在从自然界的和人工的放射性源受到的每年平均吸收剂量只有大约 2mGy（ = 0.2rad）。

2. 剂量当量。虽然不同类型的辐射（譬如说 γ 射线和中子）可能传送同样数量的能量给人体，但它们的生物效应并不相同。引进剂量当量使我们可以用吸收剂量（用戈瑞或拉德为单位）乘以数值因子 **RBE**（来自 **r**elative **b**iological **e**ffectiveness，相对生物效应）来表示生物效应。例如，对 X 射线和电子，RBE = 1；对慢中子，RBE = 5；对 α 粒子，RBE = 10；等等。个人监视仪器、像胶法计量计、记录的都是剂量当量。

剂量当量的国际单位制单位是**希［沃特］**（sievert，符号为 Sv）。早期使用的单位**雷姆**（rem）仍旧常常使用。它们的关系是

$$1\text{Sv} = 100\text{rem} \tag{42-33}$$

正确应用这些词的一个例子：“美国辐射保护委员会的建议是，任何暴露在辐射中的（非职业的）个体每年受到的剂量当量不能大

于5mSv（=0.5rem）。”这句话中包含了所有各种辐射；当然，对各种类型的辐射必须用适当的RBE因子。

42-8 原子核模型

学习目标

学完这一单元后，你应当能够……

42.35 区分集体模型和独立模型，并说明组合模型。

42.36 懂得复合核。

42.37 认明幻核。

关键概念

- 核结构的集体模型假设，核子不断地互相碰撞，当原子核俘获一个入射粒子后会形成相对长寿命的复合核。复合核从形成到最后衰变是各自完全独立的事件。
- 核构造的独立粒子模型假设各个核子在原子核内量子化的状态中运动，基本上没有碰撞。这种模型预言了核子的能级以及与核子的闭壳层相联系的幻核子数。
- 组合模型假设，额外的核子占据了闭壳层的中央核心外面的量子化状态。

原子核模型

原子核比原子更加复杂。对原子来说，基本的力的定律（库仑定律）形式上很简单，并且原子里面有一个天然的力的中心，就是原子核。对原子核来说，力的定律是很复杂的，并且事实上无法明确地写下全部细节。还有，原子核——混乱的一堆质子和中子——没有天然的力的中心可以用来简化计算。

由于缺乏一个全面的核理论，我们先着手建造原子核模型。核模型只是一种研究原子核的方法，它要对尽可能广的范围内的原子核性质给出物理学的解释。一种模型的有效性用它所提出的在实验室中可以通过实验来证明的预言能力予以检验。

两种原子核模型都被证明为很有用。虽然这两种模型基于看上去完全相互排斥的假设，但各自都能很好地说明挑选出来的一组原子核的性质。在分别描述它们以后，我们再来看看怎样把这两个模型结合起来组成一个原子核的统一图像。

集体模型

在尼尔斯·玻尔构想出的集体模型中，原子核内到处随机运动的核子被设想为有很强的相互作用，就好像液滴中的分子。一个核子频繁地和原子核中的其他核子碰撞，它来回运动的平均自由程大大地小于原子核半径。

集体模型使我们可以把许多关于核质量和结合能的事实联系起来；（如我们下面将会看到的）它在说明核裂变方面很有用处，它对理解各种核反应也很有用。

例如，考虑以下形式的一般性的核反应：

$$X+a \to C \to Y+b \qquad (42\text{-}34)$$

我们想象入射粒子 a 进入靶原子核 X，形成一个**复合原子核** C 并传递给它一定数量的激发能。有可能是一个中子的入射粒子被立即卷入表征原子核内部特性的随机运动。很快它就失去了自己的独特身份——可以这么说——它带到原子核中的激发能很快就被分散给 C 中的其他核子。

式（42-34）中用 C 表示的准稳定态原子核在衰变成 Y 和 b 之前可能有 10^{-16}s 的平均寿命。按照原子核的标准。这是非常长的时间，这大约比具有几百万电子伏特能量的一个核子穿过原子核所需的时间还要长一百万倍。

这个复合核概念的主要特征是，复合核的形成与它的最终衰变完全是各自独立的事件。在它衰变的时候，这个复合核已经“忘记了”它是怎样形成的。因此，它的衰变模式不受它的形成模式的影响。作为一个例子，图 42-14 表示复合核 ^{20}Ne 形成的三种可能的方式，以及三种可能的衰变方式。三种形成模式的任意一种都可能引起三种衰变方式的任一种。

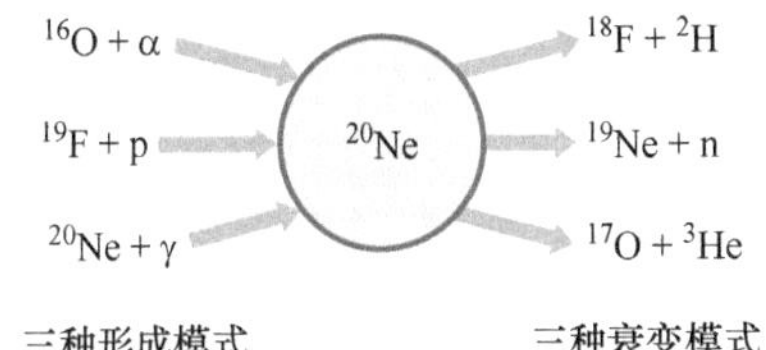

图 42-14 复合核 ^{20}Ne 的形成模式与衰变模式。

独立粒子模型

在集体模型中，我们假设核子随机地来回运动并频繁地相互碰撞。然而，*独立粒子模型*则是基于正好相反的假设——即，每个核子都停留在原子核中确定的量子态中，几乎一点也没有任何碰撞！和原子不同，原子核没有固定的电荷中心；在这个模型中，我们假设每个核子都在一个势阱中运动，势阱由所有其他核子的弥散（时间平均）运动所决定。

原子核中的核子像原子中的电子一样，有一组定义它们运动状态的量子数。还有核子也像电子一样，服从泡利不相容原理；即原子核中没有两个核子可以同时占据同一量子态。在这一方面，中子和质子要分开处理，每一种类型的粒子都有它自己的一组量子态。

核子服从泡利不相容原理这一事实，有助于我们理解核子状态的相对稳定性。如果在原子核里面有两个核子相互碰撞，则碰撞后它们每一个的能量必须各自对应于*未占*状态的能量。如果没有这样的状态可以占据，则碰撞就不可能发生。由此，不断地经历“无效碰撞的机会”的任一给定的核子就能够在足够长的时间内保持它的运动状态不变，这才使得它存在于确定能量的量子态中的表述有意义。

在原子的领域内，我们在周期表中可以看出物理和化学性质的周期性重复与原子的电子排列有关——即，电子组成多个壳层，这些壳层在完全占满时有特别稳定的性质。我们可以把惰性气体的原子序数

$$2, 10, 18, 36, 54, 86, \cdots$$

看作*幻电子数*，它们标志着壳层的完成（或闭合）。

原子核也能表现出这种闭壳层效应，和某些**幻核子数**相关：

$$2, 8, 20, 28, 50, 82, 126, \cdots$$

任何质子数 Z 或中子数 N 是这些数中的一个的核素都具有特殊的稳定性，这种稳定性在许多方面都表现得很明显。

“幻”核素的例子有 ^{18}O$(Z=8)$，^{40}Ca$(Z=20, N=20)$，^{92}Mo$(N=50)$，以及 ^{208}Pb$(Z=82, N=126)$。我们说 ^{40}Ca 和 ^{208}Pb 都是

"双幻数"，因为它们包含质子的满壳层和中子的满壳层。

幻数 2 在 α 粒子（^4He）的异常稳定性中表现出来，α 粒子是 $Z=N=2$ 的双幻数。例如，在图 42-7 的结合能曲线中，这个核素的单个核子结合能远远高于周期表中与它相邻的核素氢、锂和铍。组成 α 粒子的中子和质子如此紧密地互相结合在一起，事实上不可能再加进另外的质子或中子到它里面；因此，不会有 $A=5$ 的稳定核素。

闭壳层的中心思想是，闭壳层外面的单个粒子可以相对容易地除去，但要从壳层里面取出一个粒子必须用大得多的能量。例如钠原子，在闭合的电子壳层外有一个（价）电子。只需要 5eV 的能量就可以把价电子从钠原子中拉出来；然而，如果要取出第二个电子（必须把它从闭壳层中拽出来）就需要 22eV 的能量。在原子核的情形中，考虑 $^{121}Sb(Z=51)$，它有一个质子在含有 50 个质子的闭壳层外面。要取出这个孤独的质子需要 5.8MeV 的能量；然而，要取出第二个质子，却需要能量 11MeV。还有很多其他的实验证据表明原子核中的核子形成闭壳层，并且这些壳层显示出稳定的性质。

我们已经知道，量子理论可以完美地解释幻电子数——原子中电子组合的支壳层中的电子数。我们发现，经过了适当的假设以后，量子理论可以同样完美地解释幻核子数！事实上，1963 年的诺贝尔物理学奖被授予玛利亚 · 梅耶（Maria Mayer）和汉斯 · 詹森（Hans Jensen），"因他们关于原子核壳层结构的创见。"

组合模型

考虑在具有幻数中子或质子的闭壳层核芯外面有少数几个中子（或质子）的原子核。这些外面的核子占据了核芯建立的势阱中的量子化状态，由此保留了独立粒子模型的主要特征。外面的这些核子也和核芯相互作用，使核芯变形并在其中引起转动或振动的"潮汐波"运动。这样的核芯集体运动保留了集体模型的特征。这样的核结构模型把看上去好像不可调和的集体模型和独立粒子模型的观点成功地结合了起来。它在解释观察到的原子核的性质方面获得了显著的成功。

例题 42.09 通过中子俘获造成的复合原子核的寿命

考虑中子俘获反应

$$^{109}Ag + n \to {}^{110}Ag \to {}^{110}Ag + \gamma \qquad (42\text{-}35)$$

其中形成一个复合原子核（^{110}Ag）。图 42-15 表示这种事件发生的相对速率对入射中子的能量曲线图。利用以下形式的不确定性原理求这个复合核的平均寿命

$$\Delta E \cdot \Delta t \approx \hbar \qquad (42\text{-}36)$$

其中，ΔE 是定义状态能量的不确定程度的量度；量 Δt 是可供测量的对这个能量的时间的量度。事实上，这里的 Δt 就是 t_{avg}，它是复合核衰变到基态前的平均寿命。

推理：我们看到相对反应速率的尖锐峰在中子能量大约为 5.2eV 处。这意味着我们处理的是复合核 ^{110}Ag 的单个激发能级。当（入射中子）可得到的能量正好和这个高于 ^{110}Ag 基态的能级相匹配时，我们得到"共振"并且式（42-35）的反应

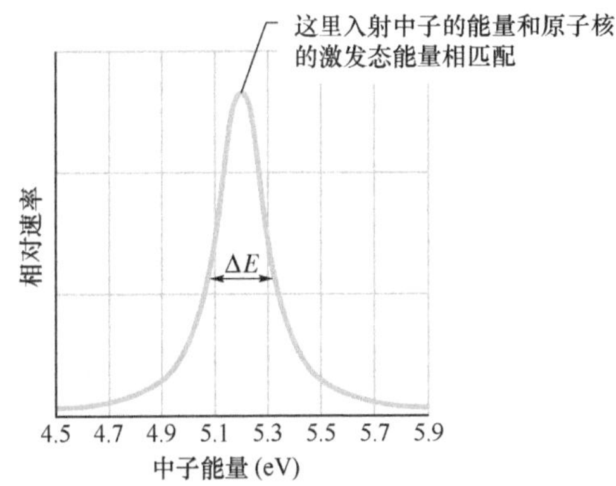

图 42-15 式（42-35）描述的反应类型的事件的相对速率作为入射中子能量的函数的曲线图。共振峰的半宽度 ΔE 大约为 0.20eV。

确实“发生了”。

然而，共振峰不是无限尖锐的，而是有大约 0.20eV 的近似半宽度（见图 42-15 中的 ΔE）。我们可以这样解释这个共振峰宽度：激发态能级的能量不是严格精确定义的，而是有大约 0.20eV 的能量不确定度 ΔE。

解： 把这 0.20eV 的不确定度代入式（42-36），给出

$$\Delta t = t_{avg} \approx \frac{\hbar}{\Delta E} \approx \frac{(4.14\times10^{-15}\text{eV}\cdot\text{s})/(2\pi)}{0.20\text{eV}}$$

$$\approx 3\times10^{-15}\text{s} \qquad \text{（答案）}$$

这比 5.2eV 的中子通过 ^{109}Ag 原子核的直径所用的时间大了几百倍。因此，在 3×10^{-15}s 的时间内这个中子是原子核的一个部分。

PLUS 在 WileyPLUS 中可以找到附加的例题、视频和练习。

复习和总结

核素 已经知道大约存在 2000 种**核素**，每种核素用**原子序数** Z（质子数）、**中子数** N 和**质量数** A（核子——质子和中子的总数）来表征。由此，$A = Z + N$。原子序数相同但不同中子数不同的核素互为**同位素**。原子核的平均半径是

$$r = r_0 A^{1/3} \qquad (42\text{-}3)$$

其中，$r_0 \approx 1.2\text{fm}$。

质量和结合能 原子的质量常常用质量过剩来描述。

$$\Delta = M - A \quad \text{（质量过剩）} \qquad (42\text{-}6)$$

其中，M 是用原子质量单位表示的原子的实际质量；A 是原子核的质量数。原子核的**结合能**是下面这个差数

$$\Delta E_{be} = \sum(mc^2) - Mc^2 \quad \text{（结合能）} \qquad (42\text{-}7)$$

其中，$\sum(mc^2)$ 是各个独立的质子和中子的总质能。

单个核子的结合能是

$$\Delta E_{ben} = \frac{\Delta E_{be}}{A} \quad \text{（单个核子的结合能）} \qquad (42\text{-}8)$$

质能互换 一个质量单位（u）的等价能量是 931.494013MeV。结合能曲线表明中等质量的核素是最稳定的，质量大的原子核裂变以及质量小的原子核聚变都会释放能量。

核力 原子核被作用于核子之间的吸引力聚合在一起，这种力是组成核子的夸克之间的**强作用力**的一部分。

放射性衰变 已知的大多数核素是放射性的；它们自发地以速率 $R(=-\mathrm{d}N/\mathrm{d}t)$ 衰变，R 正比于现存的放射性原子的数目 N，比例常量称为**蜕变常量** λ。由此得出指数衰减定律

$$N = N_0 e^{-\lambda t},\ R = \lambda N = R_0 e^{-\lambda t} \quad \text{（放射性衰变）}$$

（42-15，42-17，42-16）

放射性核素的**半衰期** $T_{1/2} = (\ln 2)/\lambda$ 是样品的衰变速率 R（或数目 N）减少到初始值一半时所需的时间。

α 衰变 某些核素通过发射 α 粒子（氦原子核，^{4}He）而衰变，按照经典物理学这种衰变是不能穿透势垒的禁阻的，但是按照量子物理学都可以发生隧穿。势垒的可穿透性，也就是 α 衰变的半衰期对发射的 α 粒子的能量非常敏感。

β 衰变 在 **β 衰变**中，原子核发射电子或正电子，还伴随中微子。发射的粒子分享所得到的蜕变能量。β 衰变中发射的电子或正电子具有从近于零到极限 $K_{max}(=Q=\Delta mc^2)$ 的连续能谱。

放射性鉴年法 自然界存在的放射性核素提供了估计历史或史前事件年代的方法。例如，有机材料的年龄常常可以通过测量 ^{14}C 成分来算出；岩石样品可以利用放射性同位素 ^{40}K 来鉴定年份。

辐射剂量 可以用三种单位描述暴露在电离辐射中的数量。**贝可**（1Bq = 每秒 1 次衰变）测量放射源的**放射性活度**。实际上被吸收的能量数量则用**戈［瑞］**表示，1Gy 相当于 1J/kg。估计被吸收能量的生物效应用**希［沃特］**量度；等效于 1Sv 的剂量引起相同的生物效应，这与所受到的辐射类型无关。

核模型 原子核结构的**集体**模型假设核子不断地互相碰撞，原子核俘获一个入射粒子后形成相对长寿命的**复合核**。复合核的形成和最后的衰变是各自完全独立的事件。

核结构的**独立粒子**模型假设，每个核子基本上不碰撞，都在核的一个量子态中运动。这种模型预言核子的能级以及与核子闭壳层相联系的**幻核子数**（2，8，20，28，50，82和126）；具有这些数目的中子或质子的核素是特别稳定的。

组合模型中，额外的核子占据了闭壳层的中央核芯外的量子态。这个模型在预言许多原子核的性质方面获得了很大的成功。

习题

1. ^{238}U原子核发射4.196MeV的α粒子。计算这个过程的蜕变能Q，必须计入余下的^{234}Th原子核的反冲能量。

2. 某个放射性同位素的半衰期为6.5h。如果起初有65×10^{19}个这种同位素原子，则26h末还剩下多少？

3. 考虑图42-14中表示的复合原子核^{20}Ne的三种形成过程。以下是一些原子和粒子的质量。

^{20}Ne：19.99244u　　α：4.00260u

^{19}F：18.99840u　　p：1.00783u

^{16}O：15.99491u

若想给复合原子核提供25.0MeV的激发能，（a）α粒子，（b）质子及（c）γ射线光子必须有多少能量？

4. 钚的同位素^{239}Pu在α衰变中的半衰期是24100y。初始质量为10.0g的纯^{239}Pu样品到20000y末能产生多少毫克的氦？（只考虑钚直接产生的氦，不考虑这个衰减过程中的任何衍生物产生的氦。）

5. 质量为4.00kg的有机物样品从慢中子辐射（RBE = 5）中吸收2.00mJ能量。等效剂量是多少（mSv）？

6. 计算^{20}K样品（起初是纯的）质量，它的初始衰变率是6.20×10^5次蜕变/s。已知这种同位素的半衰期是1.28×10^9y。

7. 半衰期是2.70d的核素^{198}Au用于癌症治疗。需要多少质量的这种核素才可以产生250Ci的放射性活度？

8. 质量为10ng的^{92}Kr样品的放射性活度是多少？已知它的半衰期是1.84s。

9. 一般说来，质量越大的核素就越不稳定，因而越容易发生α衰变。例如，最稳定的铀同位素^{238}U的α衰变半衰期是4.5×10^9y。最稳定的钚同位素^{244}Pu的半衰期是8.0×10^7y，锔^{248}Cm的半衰期是3.4×10^5y。当^{238}U原来的样品中的一半衰变后，（a）钚和（b）锔的原有样品还剩下多少比例？

10. 当一个^{238}U原子核发射（a）一个α粒子，（b）中子、质子、中子、质子序列时，它能释放出多少能量？（c）通过合理的推论以及通过计算这两个数的差正好等于α粒子的总结合能来证实你的计算结果。（d）求结合能。要用到的一些原子和粒子的质量如下。

^{238}U：238.05079u　　^{234}Th：234.04363u

^{237}U：237.04873u　　^{4}He：4.00260u

^{236}Pa：236.04891u　　^{1}H：1.00783u

^{235}Pa：235.04544u　　n：1.00866u

11. 1.00g的钐样品以120个粒子/s的速率发射α粒子。它的同位素^{147}Sm在整块钐中的自然丰度是15.0%。求半衰期。

12. 从古代灶坑中取出的一块6.00g炭样品中^{14}C的放射性活度为63.0次蜕变/min。每1.00g生长的树中有15.3次蜕变/min的^{14}C。^{14}C的半衰期是5730y。这些炭样品的年代有多远？

13. 中重核的能量E的测量必须在核的平均寿命期Δt内进行，并且还必须考虑到与不确定原理

$$\Delta E\cdot\Delta t=\hbar$$

对应的不确定度ΔE。（a）如果这个中重核的平均寿命是10^{-22}s，则它的能量的不确定度ΔE是多大？（b）这个原子核是复合核吗？

14. 可以将放射性核素^{99}Tc注射到病人的血流中来监视血流、测量血液体积或找出肿瘤以及其他目的。这种核素是在医院里制备的，用^{99}Mo作为“奶牛”，它是以半衰期67h衰变为^{99}Tc的放射性核素。这种“奶牛”每天“产奶”一次，产生^{99}Tc，这是^{99}Mo产生的激发态^{99}Tc。^{99}Tc退激发落到最低的能态并发射γ射线光子，γ射线由放在病人四周的探测器记录。退激发的半衰期是6.0h，（a）^{99}M衰变成^{99}Tc经过的是什么过程？（b）如果一位病人被注射8.6×10^7Bq的^{99}Tc样品，病人体内最初每秒钟会产生多少γ射线光子？（c）如果一个收集了^{99}Tc原子核的小肿瘤在某一时刻发射γ射线光子的速率是每秒38个，这时肿瘤中的激发态^{99}Tc有多少？

15. 自由中子按式（42-26）衰变。如果中子-氢原子质量差是840μu。在中子衰变中产生的电子最大可能的动能K_{max}是多少？

16. 在进行地面上的核试验时，爆炸将放射性尘埃射向高层大气。在尘埃落到地面和水中以前，全球范围的大气环流又使放射性尘埃散布到全世界。一次这种试验是在1976年10月进行的，爆炸中所产生的^{90}Sr到2006年10月还有多少比例残留？已知^{90}Sr的半衰期是29y。

17. 放射性核素^{11}C按以下规律衰变：

$$^{11}\mathrm{C}\rightarrow{}^{11}\mathrm{B}+e^{+}+\nu,\quad T_{1/2}=20.3\mathrm{min}$$

发射正电子的最大能量是0.960MeV。（a）证明这个过程的蜕变能Q由下式给出：

$$Q=(m_C-m_B-2m_e)c^2$$

其中，m_C和m_B分别是^{11}C和^{11}B的原子质量；m_e是正电子质量。（b）给出质量的数值：$m_C=11.011434$u，$m_B=11.009305$u。$m_e=0.0005486$u，计算Q并将它和上面给出

的发射的正电子的最大能量进行比较。（提示：令 m_C 和 m_B 是原子核质量，然后加上适当的电子，再利用原子质量。）

18. 从中等质量核素（譬如说 $A=150$）发射的动能为1.5MeV的电子。（a）它的德布罗意波长是多少？（b）计算发射的原子核半径。（c）这样的电子是不是能限制在这样大小的“盒子”中成为驻波？（d）你是不是能利用这些数据反驳（已被否定的）电子确实存在于原子核内这一论断？

19. 1902年，居里夫妇经过长期的努力，从铀矿中首先分离出相当数量的镭，一分克（1/10g）的纯 $RaCl_2$。镭是放射性同位素 ^{226}Ra，它的半衰期是1600y。（a）居里夫妇分离出多少镭原子核？（b）用每秒蜕变数表示，他们的样品的衰变率是多少？

20. 在中等质量原子核中，一个核子的典型能量可以取为4.00MeV。根据原子核结构的集体模型，这相当于多少等效原子核温度？

21. 初始质量为3.4g的纯的 ^{67}Ga 样品，它是半衰期为78h的同位素。（a）最初的衰变率是多少？（b）48h后它的衰变率又是多少？

22. 图42-16表示放射性样品中母核的衰变，轴的标度是 $N_s=2.00\times10^6$，$t_s=10.0$s。在 $t=27.0$s 时样品的放射性活度是多少？

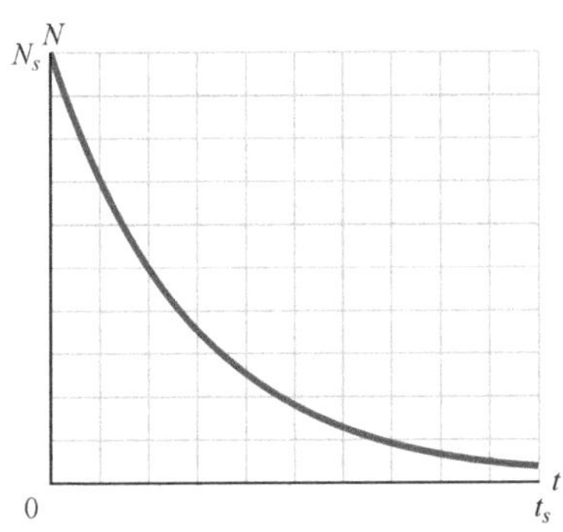

图42-16　习题22图

23. 同位素 ^{238}U 衰变到 ^{206}Pb 的半衰期为 4.47×10^9y。虽然衰变由许多独立的步骤组成，但第一步总是有最长的半衰期；因此，我们常常可以看作铀直接衰变成铅，即

$$^{238}U \to {}^{206}Pb + \text{各种衰变产物}$$

现发现有一块岩石包含4.20mg的 ^{238}U 和2.135mg的 ^{206}Pb。假设岩石在形成时不含铅，所以现在存在的所有铅都来自铀的衰变。这个岩石中现在包含多少（a）^{238}U 和（b）^{206}Pb 的原子？（c）在岩石形成时有多少 ^{238}U 原子？（d）岩石的年龄多大？

24. 在某些罕见的情况中，一个原子核可能会因为发射一个比α粒子质量更大的粒子而衰变。考虑以下衰变：

$$^{223}Ra \to {}^{209}Pb + {}^{14}C \text{ 及 } {}^{223}Ra \to {}^{219}Rn + {}^{4}He$$

计算（a）第一个和（b）第二个衰变的 Q 值。并确定二者在能量上都是可能的。（c）设发射α粒子的库仑势垒的高度是30.0MeV，则 ^{14}C 的发射势垒高度是多少？（注意原子核的半径）。需要用到的原子质量如下。

^{223}Ra：223.01850u　^{14}C：14.00324u

^{209}Pb：208.98107u　^{4}He：4.00260u

^{219}Rn：219.00948u

25. 增殖反应堆车间里一位85kg重的工人不小心吸入质量为2.5mg的 ^{239}Pu 灰尘。这种同位素α衰变的半衰期是24100y。发射的α粒子能量为5.2MeV，RBE因子为13。设钚滞留在工人体内12h（它自然地会被消化系统排出而不是被任何内脏吸收），发射的95%的α粒子停留在体内。求（a）咽下的钚原子数目。（b）经过12h衰变的数目，（c）身体吸收的能量，（d）结果产生的由戈［瑞］表示的物理剂量及（e）用希［沃特］为单位表示的剂量当量。

26. 某些放射性核素可以俘获自己原子的电子，譬如说 K 壳层的电子，发生β衰变。举一个例子：

$$^{49}V + e^- \to {}^{49}Ti + \nu,\ T_{1/2}=331\text{d}$$

证明这个过程的蜕变能量 Q 由下式给出

$$Q=(m_V-m_{Ti})c^2-E_K$$

其中，m_V 和 m_{Ti} 分别是 ^{49}V 和 ^{49}Ti 的原子质量；E_K 是钒（V）的 K 壳层电子的结合能。（提示：令 $\mathbf{m}_V$ 和 $\mathbf{m}_{Ti}$ 是相应的原子核质量，然后加上适当的电子，再利用原子质量。）

27. 在地下深处发现的岩石中包含0.86mg的 ^{238}U，0.15mg的 ^{206}Pb 和1.6mg的 ^{40}Ar。它可能含有多少 ^{40}K？设 ^{40}K 只可能衰变成 ^{40}Ar，半衰期为 1.25×10^9y。假设 ^{238}U 的半衰期是 4.47×10^9y。

28. 在以下核素列表中认出（a）满核子壳层的原子核，（b）有一个核子在满壳层外面的核，（c）离形成满壳层还缺一个空位的核：^{13}C，^{18}O，^{40}K，^{49}Ti，^{60}Ni，^{91}Zr，^{92}Mo，^{121}Sb，^{143}Nd，^{144}Sm，^{205}Tl 和 ^{207}Pb。

29. 用于医院里的病人辐照的放射性样品是在附近的实验室中制备的，样品的半衰期是83.61h。如果样品在24h后用来照顾病人时放射性活度必须达到 7.4×10^8Bq，则它最初的活度应为多少？

30. 大的放射性核素发射α粒子而不是其他核子的组合，这是因为α粒子有极其稳定和结合紧密的结构。为了证实这一论断，计算这些假设的衰变过程的蜕变能量并讨论你的发现的意义：

（a）$^{235}U \to {}^{232}Th + {}^{3}He$，（b）$^{235}U \to {}^{231}Th + {}^{4}He$

（c）$^{235}U \to {}^{230}Th + {}^{5}He$

所需的原子质量如下。

^{232}Th：232.0381u　^{3}He：3.0160u

^{231}Th：231.0363u　^{4}He：4.0026u

^{230}Th：230.0331u　^{5}He：5.0122u

^{235}U：235.0429u

31. 原子核的半径可以利用高能电子（高速率）从原子核上散射来测量。（a）200MeV电子的德布罗意波长是多少？(b) 这样的电子是否适合用作这个目的的探针？

32. 在没有多余的中子剩余的情况下，绝大多数大质量的核素永远也无法裂变为两个稳定的原子核。这个事实可以用来描述大质量原子核的强中子过剩（定义为 $A-Z$）。例如，考虑^{235}U 核自发裂变成原子序数是 39 和 53 的两个稳定的子核。由附录 F，确定 (a) 第一个和 (b) 第二个子核的名称。由图 42-5，近似地有多少中子在 (c) 第一个和 (d) 第二个子核中？ (c) 近似地会有多少中子剩下？

33. 周期表中列出的镁的平均原子质量是 24.312u，这是按照镁同位素在地球上的自然丰度将镁同位素的原子质量权衡的结果。镁的三种同位素和它们的质量分别是 ^{24}Mg(23.98504u)，^{25}Mg(24.98584u)，^{26}Mg(25.98259u)。按质量计算的^{24}Mg 的自然丰度是 78.99%（自然界的镁样品质量中的 78.99% 是^{24}Mg 的质量）。(a) ^{25}Mg 和 (b) ^{26}Mg 的丰度各是多少？

34. 同位素^{40}K 可以衰变为^{40}Ca 或^{40}Ar；设两种衰变的半衰期都是 1.26×10^{9}y。产生 Ca 和产生 Ar 的比例是 8.54∶1＝8.54。某一样品中原来只有^{40}K，现在样品中有相等数量的^{40}K 和^{40}Ar；即 K 和 Ar 的比例是 1∶1＝1。这种样品有多大年龄？（提示：用与其他放射性鉴年问题同样方法计算，但要考虑到这个衰变有两种产物。）

35. 1992 年，瑞士警察逮捕了两个人，他们企图从东欧向外走私锇 (Os) 并秘密交易。然而，这两个走私犯错误地拿了^{137}Cs。据称，每个走私犯在口袋里各携带了 1.0g 的^{137}Cs 样品！每个样品有多少放射性活度：分别用 (a) 贝可 (Bq) 和 (b) 居里 (Ci) 为单位表示。同位素^{137}Cs 的半衰期为 30.2y。（在医院里常用的放射性同位素的活度最多高到几个毫居里。）

36. 辐射探测器在 1.00min 内记录 9500 个计数。假设探测器记录了所有衰变，辐射源的活度是多大？分别用 (a) 贝可 (Bq) 和 (b) 居里 (Ci) 为单位。

37. 铯同位素^{137}Cs 存在于地上原子弹爆炸的放射性尘埃中。由于它衰变为^{137}Ba 的半衰期 (30.2y) 很长，并且在衰变过程中释放相当大的能量，所以会影响到环境。Cs 和 Ba 的原子质量分别是 136.9071u 和 136.9058u。计算这种衰变所释放的总能量。

38. 铕同位素$^{152}_{63}$Eu 单个核子的结合能有多大？以下列出了一些原子质量和中子质量。

$^{152}_{63}$Eu：151.921742u　　^{1}H：1.007825u

n：1.008665u

39. 放射性核素^{32}P 按式 (42-24) 描述的方式衰变到^{32}S。在一次特定的衰变事件中，发射最大可能值 1.71MeV 的电子。此事件中^{32}S 原子的反冲动能是多少？（提示：电子的动能和线动量必须用相对论表达式。^{32}S 原子是非相对论的。）

40. 求^{1}H（实际质量 1.007825u）的过剩质量 Δ_1。(a) 用原子质量单位；(b) 用 MeV/c^2 表示。求中子（实际质量为 1.008665u）的质量过剩 Δ_n。用 (c) 原子质量单位和 (d) MeV/c^2 表示。求^{120}Sn（实际质量为 119.902197u）的质量过剩 Δ_{120}。用 (e) 原子质量单位和 (f) MeV/c^2 表示。

41. 动能为 3.00MeV 的^{7}Li 原子核射向^{232}Th 核。两个原子核最近的中心到中心之间的距离是多少？假设（质量较大的）^{232}Th 原子核不动。

42. 一块岩石被认为已有 2800 万年寿命。如果它含有 3.70mg 的^{238}U，则岩石中应该含有多少^{206}Pb？参见习题 23。

43. 放射性核素的半衰期是 30.0y。原来是纯粹的这种核素样品经过 (a) 60.0y，(b) 90.0y 后还剩下尚未衰变的比例各是多少？

44. 镅同位素$^{244}_{95}$Am 的单个核子的结合能是多大？它的原子质量和中子质量分别为

$^{244}_{95}$Am：244.064279u　　^{1}H：1.007825u

n：1.008665u

45. 证明表 42-1 中给出的钚同位素^{239}Pu 的单个核子结合能。这个中性原子的质量是 239.05216u。

46. 一枚分币的质量是 2.8g。计算把这枚分币中的所有质子和中子各个分开所需的能量。为简单起见，设分币全都是用^{63}Cu（质量为 62.92960u）制成。质子加电子和中子的质量分别是 1.00783u 和 1.00866u。

47. 放射性核素^{56}Mn 的半衰期是 2.58h，它是在回旋加速器中用氘核轰击锰靶产生的。靶中只包含稳定的锰同位素^{55}Mn，锰-氘反应产生^{56}Mn 的方程式是

$$^{55}\mathrm{Mn}+\mathrm{d}\rightarrow{}^{56}\mathrm{Mn}+\mathrm{P}$$

如果轰击过程比^{56}Mn 的半衰期还长，靶中产生的^{56}Mn 的放射性活度将达到最后的数值 8.88×10^{10}Bq。(a) 制造出^{56}Mn 的速率是多少？(b) 靶中有多少^{56}Mn 原子核？(c) 它们的总质量是多少？

48. 均匀带电荷 q、半径为 r 的球体的电势能是

$$U=\frac{3q^2}{20\pi\varepsilon_0 r}$$

(a) 这个能量表示这个球有结合在一起还是分散开的倾向？核素^{239}Pu 是半径为 6.64fm 的球体。对这个核素，(b) 根据这个方程式求电势能 U，(c) 求每个质子的电势能。(d) 求每个核子的电势能，设每个核子的结合能是 7.56MeV。(e) 为什么 (c) 和 (d) 的答案都很大并且都是正的，而这个核素结合得却如此紧密？

49. 汞的放射性同位素^{197}Hg 衰变成金^{197}Au，蜕变常量为 $0.0108\mathrm{h}^{-1}$。(a) 求^{197}Hg 的半衰期。在 (b) 三个半衰期后，(c) 10.0d 结束时，还留下多少比例的样品？

50. 两种 α 衰变的材料^{238}U 和^{232}Th 以及一种 β 衰变的材料^{40}K 在花岗岩中含量足够丰富，它们在衰变过程中产生的能量对地球的变暖起到很大的作用。α 衰变同位素形成的反应链到产生稳定的铅同位素才结束。同位素^{40}K

是单次 β 衰变。（假设这是这种同位素唯一可能的衰变。）这些信息列在下表中：

母核	衰变方式	半衰期（y）	稳定的终点	Q（MeV）	f（ppm）
^{238}U	α	4.47×10^{9}	^{206}Pb	51.7	4
^{232}Th	α	1.41×10^{10}	^{208}Pb	42.7	13
^{40}K	β	1.28×10^{9}	^{40}Ca	1.31	4

表中，Q 是一个母核衰变成为最后的终点稳定核所产生的总能量；f 是用每千克花岗岩中同位素的千克数为单位的丰度；ppm 的意思是每百万中的一份。（a）证明每千克花岗岩中这些材料以热的形式产生能量的时率是 1.0×10^{-9}W。（b）设地球表面 20km 厚的球壳中有 2.7×10^{22}kg 花岗岩，估算整个地球上这种衰变过程的功率。把这个功率和地球截获的全部太阳功率 1.7×10^{17}W 比较。

51. （a）证明给定核素的总结合能是

$$E_{be}=Z\Delta_H+N\Delta_n-\Delta$$

其中，Δ_H 是^{1}H 的质量过剩；Δ_n 是中子的质量过剩；Δ 是所给核素的质量过剩。（b）利用这个方法计算^{197}Au 单个核子的结合能。比较你的结果和表 42-1 中列出的数值，舍入到三位有效数字需要用到的质量过剩的数值是：$\Delta_H=+7.29$MeV，$\Delta_n=+8.07$MeV，$\Delta_{197}=-31.2$MeV。注意用质量过剩代替实际的质量在计算这个结果时的简洁性。

52. （a）证明原子的质量 M 近似地由 $M_{app}=Am_p$ 表示，其中，A 是质量数；m_p 是质子的质量。（b）利用表 42-1 对（b）^{1}H，（c）^{31}P，（d）^{120}Sn，（e）^{197}Au，（f）^{239}Pu 求 M_{app} 和 M 之间的百分偏差：

$$百分偏差=\frac{M_{app}-M}{M}100$$

（g）M_{app} 的数值在计算原子核结合能时是否足够精确？

53. 放射性核素^{64}Cu 的半衰期是 12.7h。如有一样品最初 $t=0$ 时包含纯铜（^{64}Cu）5.50g，在 $t=14.0$h 和 $t=16.0$h 之间有多少铜要衰变？

54. 铲同位素$^{259}_{104}$Rf 的单个核子的结合能是多少？下面是一些有关的原子质量和中子质量：

$^{259}_{104}$Rf：259.10563u　^{1}H：1.007825u　n：1.008665u

55. 某种放射性核素在回旋加速器中以恒定的速率 R 制造出来。它也以蜕变常量 λ 衰变。设生产过程继续一段时间，这段时间比放射性核素的半衰期长得多。（a）证明经过这些时间后存在的放射性原子核的数目 N 保持不变，并由公式 $N=R/\lambda$ 给出。（b）现在证明，无论最初有多少放射性原子核这个结果都成立。我们说核素与它的源处在长期平衡中；在这种状态中，它的衰变率正好等于它的产生率。

56. 计算 4.60MeV 的 α 粒子和铜原子核发生正碰撞可以达到的最近距离。

57. 癌细胞比健康的细胞更易受 X 和 γ 辐射伤害。过去，放射疗法的标准放射源是放射性^{60}Co，它以半衰期 5.27y 衰变成^{60}Ni 的原子核激发态。这个镍同位素立即发射两个 γ 射线光子，每个光子近似能量为 1.2MeV。在医院中使用的活度为 6000Ci 的这种放射源中有多少放射性^{60}Co 原子核？（直线加速器中出射的高能粒子现在用于放射治疗。）

58. 一个体重 90kg 的人受到的全身辐射剂量为 2.4×10^{-4}Gy，辐射是从 RBE 因子为 12 的 α 粒子释放的。计算（a）以焦耳为单位的吸收能量，以（b）希沃特和（c）雷姆为单位的剂量当量。

59. 某些洞穴中的空气含有数量很大的氡，如果长时间吸入可能导致肺癌。在英国的洞穴中，含有最多数量的这种气体的洞穴中空气的单位体积放射性活度可达 1.55×10^{5}Bq/m^{3}。假设你用了两整天探索（还睡在里面过夜）这个洞穴。在你待在洞里的两天时间里，你的肺大约吸入和呼出多少^{222}Rn 原子。设氡中的放射性核素^{222}Rn 的半衰期是 3.82d。你要估计一下自己的肺活量和平均呼吸速率。

60. 放射源含有两种磷的放射性核素^{32}P（$T_{1/2}=14.3$d）和^{33}P（$T_{1/2}=25.3$d）。起初 10.0% 的衰变来自^{33}P。要等多长时间来自^{33}P 的衰变才能达到 95.0%？

61. 中子星是密度大约相当于原子核物质的密度 2×10^{17}kg/m^{3} 的星体。假设太阳坍缩成这样的星体并且太阳现有的质量丝毫没有损失。坍缩后它的半径大概是多少？

62. 钚同位素^{239}Pu 是作为核反应堆的衍生物产生的，因此积累在我们周围环境中。它是半衰期为 2.41×10^{4}y 的放射性同位素。（a）多少 Pu 的原子核才能组成化学上致命的剂量 2.5mg？（b）这个数量的钚的衰变率是多少？

63. 当一个 α 粒子和一个原子核弹性碰撞时，原子核反冲。设一个 5.00MeV 的 α 粒子和一个静止的金原子核发生正弹性碰撞。（a）反冲原子核和（b）反弹的 α 粒子的动能各是多少？

64. 按下面步骤将一个 α 粒子（^{4}He 原子核）拆散。给出每一步所需的能量（功）：（a）取出一个质子，（b）取出一个中子，（c）分开余下的质子和中子。对一个 α 粒子，（d）总结合能是多少？（e）单个核子的结合能是多少？（f）这是不是各自和（a）、（b）和（c）的答案相符合？以下是一些有关原子质量和中子质量。

^{4}He：4.00260u　^{2}H：2.01410u

^{3}H：3.01605u　^{1}H：1.00783u　n：1.00867u

65. （a）证明：与原子核中核子之间的强作用力相关的能量正比于所讨论的原子核质量数 A。（b）证明：和原子核内质子之间的库仑力相关的能量正比于 $Z(Z-1)$。（c）证明：当我们移向越来越大的原子核（参见图 42-5）时，库仑力的重要性比强力的重要性增加得更快。

66. 某一放射性同位素的半衰期是 120d。这种同位素样品的衰变率降到它的初始值的四分之一需要多少天?

67. 求以下原子核的质量密度ρ_m:(a)相当小的质量的核素^{55}Mn。(b)相当大的质量的核素^{209}Bi。(c)比较这两个答案并加以说明。求以下核电荷密度ρ_q:(d)^{55}Mn,(e)^{209}Bi。(f)比较这两个答案并加以说明。

68. 在卢瑟福散射实验中,假设入射α粒子(半径1.80fm)正对着作为靶的金原子核(半径6.23fm)。α粒子需要多大的能量才可以正好"接触"金原子核?

69. 因为中子不带电,所以它的质量不能用质谱仪测量,当中子和质子相遇时(假设二者几乎都是静止的),它们结合在一起形成氘核,并发射能量为2.2233MeV的γ射线。已知质子和氘的质量分别是1.007276467u和2.013553212u,试根据这些数据求中子质量。

70. 将8.20μCi剂量的放射性同位素注射到病人体中。同位素的半衰期是3.0h。注入了多少同位素母核?

71. 一个10.2MeV的Li原子核直接射向Ds原子核。中心到中心距离等于多少的时候Li暂时停止?假设Ds不动。

72. ^{262}Bh的单个核子结合能是多少?设该原子的质量是262.1231u。

73. 核素^{14}C中包含(a)多少质子和(b)多少中子?

CHAPTER 43

第 43 章　原子核产生的能量

43-1　核裂变

学习目标

学完这一单元后，你应当能够……

43.01　区别原子的燃烧和原子核的燃烧，注意在这两种过程中因质量减少所产生能量。

43.02　定义裂变过程。

43.03　描述热中子引起^{235}U 核发生裂变的过程，并说明中间复合核的作用。

43.04　对热中子的吸收，计算系统质量的改变以及进入中间复合核引起的振荡的能量。

43.05　对于给定的裂变过程，计算用单个核子结合能表示的 Q 值。

43.06　解释核裂变的能量势垒的玻尔- 惠勒模型。

43.07　解释热中子为什么不能引起^{238}U 发生裂变。

43.08　认明任何高质量原子核裂变成两个中等质量原子核过程中近似的能量数值(MeV)。

43.09　把核裂变的速率和释放能量的速率联系起来。

关键概念

- 在将质量转化为其他形式能量方面，对每单位质量而言，原子核的过程比化学过程大约更有效百万倍以上。
- 如果有一个热中子被^{235}U 原子核俘获，形成的^{236}U 就会发生裂变，产生两个中等质量的原子核以及一个或更多的中子。
- 这种裂变事件释放的能量是 $Q\approx 200\text{MeV}$。
- 裂变可以用集体模型解释，这种模型把原子核比作带电的，并有一定的激发能的液滴。
- 如果发生裂变，势垒必定被隧穿。裂变能力依赖于势垒高度 E_b 和所俘获的中子转交给原子核的激发能。

什么是物理学?

我们现在讨论物理学和某些工程学关注的焦点。我们是否能以原子核为能源得到可用的能量，就像几千年来人类一直在通过燃烧木料和煤炭一类的可燃物那样来利用原子能源？正如你已经知道的，答案是肯定的，但是这两种能源有很大的区别。我们通过燃烧从木料和煤炭中取得能量时，我们在改造碳和氧原子，把它们的外层电子重新排列成更加稳定的组合。当我们从原子核反应堆中的铀取得能量时，我们也是在燃烧燃料，但现在我们改造的却是铀原子核，把它们的核子重新排列成更加稳定的组合。

电子被电磁的库仑力约束在原子中，只需要几个电子伏特就可以把电子拉出原子。而核子是被很强的力约束在原子核中，需要几百万电子伏特才能把它们中的一个拉出原子核。这个几百万的因子反映在我们可以从 1kg 铀中提取出比 1kg 煤多几百万倍的能量这个事实中。

不论是原子还是原子核的燃烧，能量的释放都伴随着质量的减少，质量的减少满足方程式 $Q = -\Delta mc$。燃烧铀和燃烧煤炭的主要区别在于，前一种情况中消耗了很大比例的可用质量（也是几百万倍）。

利用原子或原子核燃烧的不同过程提供了不同级别的功率或者说释放能量的速率。在原子核的情况中，我们可以用爆炸的方式在原子弹中燃烧 1kg 的铀或者在反应堆中缓慢地燃烧 1kg 铀。而在原子的情况中，我们可以考虑使一支炸药爆炸或者消化一个果酱甜圈饼。

表 43-1 表示通过不同的处理，从 1kg 物质可以获得多少能量。表中不是直接列出能量的数值，而是表示获得的能量可以用来点亮 100W 的灯泡多长时间。只有表中前面三行的过程实际上已经实现了，其他三行表示理论极限，实际上不一定能达到。最后一行，物质和反物质完全相互湮没，这是最终的能量生产目标。在这个过程中，所有的质能全都转化为其他形式的能量。

表 43-1　**1kg 物质释放的能量**

物质形式	过程	时间①
水	50m 瀑布	5s
煤	燃烧	8h
浓缩 UO_2	反应堆中裂变	690y
^{235}U	完全裂变	3×10^4y
热氘气体	完全聚变	3×10^4y
物质和反物质	完全湮没	3×10^7y

①　这一纵列表示产生的能量可以点亮 100W 灯泡多长时间。

表 43-1 的比较是在单位质量基础上计算的千克对千克，你可以从铀得到比从煤或下落的水多几百万倍的能量。在另一方面，在地壳中有大量的煤，同时也很容易用大坝把水聚集起来。

原子核裂变：基本过程

1932 年，英国物理学家詹姆斯·查德威克（James Chadwick）发现了中子。几年后，罗马的恩里科·费米发现许多元素被中子轰击后会产生新的放射性元素。费米预言，不带电的中子是有用的轰击原子核的子弹；中子和质子及 α 粒子不同，它靠近原子核表面时不受库仑排斥力的作用。即便是运动很慢的、与周围室温下的物体处于热平衡状态的动能只有大约 0.04eV 的热中子，它在原子核的研究中也是有用的子弹。

20 世纪 30 年代后期，在柏林工作的物理学家莉丝·迈特纳（Lise Meitner）及化学家奥托·哈恩（Otto Hahn）和弗里茨·施特拉斯曼（Fritz Strassmann）跟进费米和他的同事的工作，用这种热中子轰击铀盐的溶液。他们发现在轰击以后，出现了一些新的放射性核素。在 1939 年，用这种方法产生的放射性核素中的一种，通过反复检验，被确认为钡。但是，哈恩和施特拉斯曼觉得奇怪，为什么这种中等质量的元素（$Z=56$）可以用中子轰击铀（$Z=92$）得到。

在几个星期内，这个谜团被迈特纳和她的外甥奥托·弗里希（Otto Frisch）解决了。他们假设，吸收一个热中子的铀原子核在释放能量的同时分裂成大体上相等的两部分，其中之一有可能就是钡。弗里希把这个过程称为**裂变**。

迈特纳在裂变发现中所起到的关键作用在当时并没有被充分认识到，直到最近的历史研究才揭示出来。她没有分享到1944年授予奥托·哈恩的诺贝尔化学奖，然而到1997年，迈特纳终于获得用她的姓氏命名的元素鿏（符号Mt，$Z=109$）的荣誉。

裂变的深入讨论

图43-1表示^{235}U被热中子轰击后所产生的碎片的质量数分布。最概然质量数出现在大约7%的事件中，而且集中在以$A\approx95$和$A\approx140$为中心的范围内。令人感到奇怪的是，图43-1的“双峰”特性仍旧不能解释。

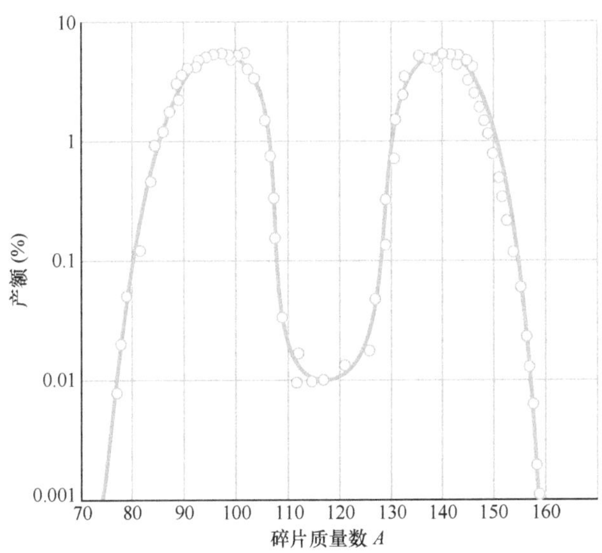

图43-1 许多^{235}U裂变事件中发现的碎片质量数分布，注意纵轴是对数标度。

在典型的^{235}U裂变事件中，一个^{235}U原子核吸收一个热中子，产生一个高激发态的^{236}U原子核。实际上发生裂变的是这个原子核，它分裂成两个碎片，这两个碎片——在它们之间——迅速发射两个中子，留下裂变碎片（在某个典型情况中）^{140}Xe（$Z=54$）和^{94}Sr（$Z=38$）。由此，这个事件的分步裂变方程式是

$$^{235}U+n\rightarrow{}^{236}U\rightarrow{}^{140}Xe+{}^{94}Sr+2n \tag{43-1}$$

注意，在这复合核的形成和裂变的过程中，满足质子数守恒和中子数守恒（因此它们的总数以及电荷都守恒）。

在式（43-1）中，碎片^{140}Xe和^{94}Sr都是高度不稳定的，要经历β衰变（一个中子转变为质子并发射一个电子和一个中微子）直到各自都到达稳定的最终产物。对于氙，衰变链是

$$^{140}Xe \rightarrow {}^{140}Cs \rightarrow {}^{140}Ba \rightarrow {}^{140}La \rightarrow {}^{140}Ce \qquad (43\text{-}2)$$

$T_{1/2}$	14s	64s	13d	40h	稳定
Z	54	55	56	57	58

对于锶，衰变链是

$$^{94}Sr \rightarrow {}^{94}Y \rightarrow {}^{94}Zr \qquad (43\text{-}3)$$

$T_{1/2}$	75s	19min	稳定
Z	38	39	40

从 42-5 单元我们应当预料到，碎片的质量数（140 和 94）在这些 β 衰变过程中保持不变，原子序数（起初分别是 54 和 38）每一步都增加一。

分析图 42-5 的核素表中的稳定带可以明白为什么裂变碎片是不稳定的。在式（43-1）的反应中，裂变的原子核^{236}U 有 92 个质子和 236 − 92 即 144 个中子，中子与质子之比大约为 1.6。裂变刚完成后形成的最初的碎片有大致上相同的这个中子与质子之比。然而，中等质量范围的稳定核素具有较小的中子与质子之比，大约 1.3 到 1.4 的范围。所以最初的碎片是富中子的（它们有过多的中子），因此要放出几个中子，在式（43-1）的反应的情况中是两个中子。剩下的这些碎片要保持稳定还会嫌中子太多。β 衰变提供了减少过多的中子的机制——在原子核里面把它们变为质子。

我们可以通过考察裂变前后单个核子的总结合能 ΔE_{ben} 来计算高质量核素在裂变时所释放的能量。这个概念是，裂变之所以能够发生是因为总质能会减少；即 ΔE_{ben} 会*增加*，因而裂变的产物结合得更加紧密。于是，裂变释放的能量 Q 是

$$Q = (\text{最终总结合能}) - (\text{起初的结合能}) \qquad (43\text{-}4)$$

在我们的计算中，假设裂变使最初高质量原子核转变成有同样核子数的两个中等质量的原子核。于是我们有

$$Q = (\text{最终的 }\Delta E_{ben})(\text{最终的核子数}) - (\text{最初的 }\Delta E_{ben})(\text{最初的核子数}) \qquad (43\text{-}5)$$

由图 42-7，我们看到高质量核素（$A \approx 240$）的单个核子结合能大约为 7.6MeV/核子。对于中等质量核素（$A \approx 120$），大约是 8.5MeV/核子。由此，一个高质量核素裂变成两个中等质量核素时所释放能量为

$$Q = (8.5\text{MeV/核子})(2\text{ 个原子核})(120\text{ 核子/原子核}) - (7.6\text{MeV/核子})(240\text{ 个核子}) \approx 200\text{MeV} \qquad (43\text{-}6)$$

检查点 1

一般的裂变事件是

$$^{235}U + n \rightarrow X + Y + 2n$$

以下的几对核素中哪些不能表示 X 和 Y：(a) ^{141}Xe 和 ^{93}Sr；(b) ^{139}Cs 和 ^{95}Rb；(c) ^{156}Nd 和 ^{79}Ge；(d) ^{121}In 和 ^{113}Ru?

原子核裂变的模型

发现裂变以后不久，尼尔斯·玻尔（Niels Bohr）和约翰·惠勒（John Wheller）利用原子核集体模型（见 42-8 单元）在原子核和带电液滴之间相似的基础上说明了主要的原子核的特征，图 43-2 根据这个观点描述了裂变过程是如何进行的。当一个高质量原子核——我们说^{235}U——吸收一个慢中子（热中子）时，如图 43-2a 所示，这个中子落入原子核内部强力作用的势阱中。这时中子的势能转化为原子核内部的激发能，如图 43-2b 所示。慢中子带到原子核内的激发能的数量等于原子核里面的中子的结合能 E_n，这个结合能是中子-原子核系统由于中子捕获而产生的质能的改变。

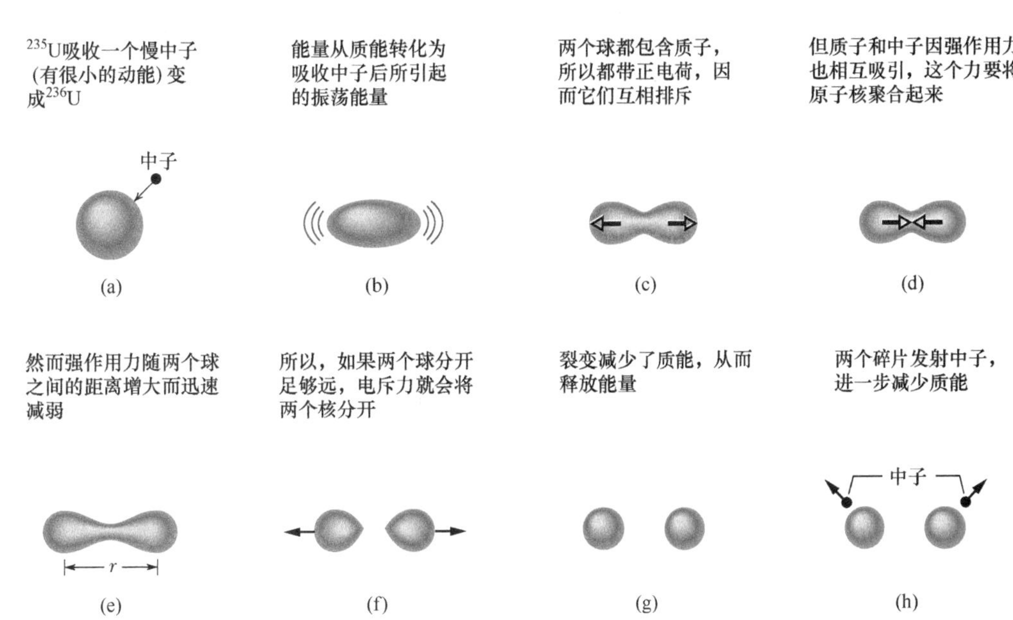

图 43-2 根据玻尔和惠勒的集体模型设想的典型裂变过程的几个阶段。

图 43-2c、d 表示这个行为像高能振荡的带电液滴的原子核迟早会发展出细短的“颈”，并开始分离成两个带电“球”。两个相互对抗的力分别作用在这两个球上：因为它们都带正电荷、电场力要使它们分开。因为它们由质子和中子组成，强作用力又倾向于把它们聚到一起。如果电斥力使它们分开足够远，从而扯断细颈部分、则各自仍旧带有一定剩余激发能的两块碎片就会飞开（见图 43-2e、f）。裂变就这样发生了。

这个模型对裂变过程给出了很好的定性图像。然而，还留下一个很难回答的问题要解决：为什么某些高质量的核素（譬如说^{235}U 和^{239}Pu）很容易被热中子激发产生裂变，而另一些同样质量很大的核素（^{238}U 和^{243}Am）却不能？

玻尔和惠勒能够解答这个问题。图 43-3 表示从他们的裂变过程模型推导出来的裂变原子核在各个阶段的势能曲线图。图中的

能量与畸变参量 r 相关，它是对振荡着的原子核偏离球形的程度的粗略度量。当两块碎片分开很远的时候，这个参量只是它们中心的距离（见图43-2e）。

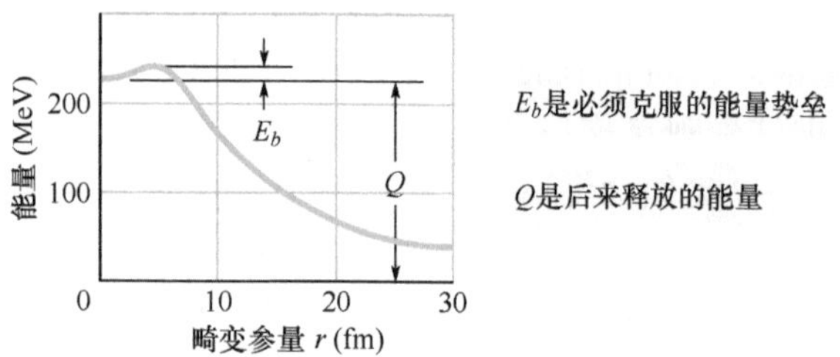

图43-3 玻尔和惠勒的集体模型预言的裂变过程中各个阶段的势能。反应的 Q（大约200MeV）和裂变势垒高度 E_b 都在图上标记出来。

裂变的原子核初始状态（$r=0$）和最终状态（$r=\infty$）之间的能量差——就是蜕变能量 Q——标记在图43-3中。然而，这幅图的重要特征是在某一数值 r 位置，势能曲线经过一个极大值。由此，有一个高度为 E_b 的势垒在裂变发生以前必须被克服（或隧穿）。这使我们想起 α 衰变（见图42-10），它也是一个被势垒禁阻的过程。

我们知道，裂变只有在吸收的中子提供的激发能 E_n 大到能克服势垒时才会发生。这个能量 E_n 并不需要完全和势垒高度 E_b 一样，因为还有量子物理学隧穿的概率。

表43-2表示四种高质量的核素俘获一个热中子能否引起裂变的试验。对每一种核素，表中列出了中子俘获形成的原子核的势垒高度 E_b 和由俘获的中子产生的激发能 E_n。E_b 的数值是从玻尔和惠勒的理论算得的。E_n 的数值则是从由中子俘获而引起的质能改变求出的。

作为计算 E_n 的例子，我们看看表中第一行，这一行表示中子俘获过程

$$^{235}\mathrm{U}+\mathrm{n}\rightarrow{}^{236}\mathrm{U}$$

其中涉及的质量如下。^{235}U：235.043922u，中子：1.008665u，^{236}U：236.045562。很容易证明由于中子俘获，质量减少了 7.025×10^{-3}u。由此可知，能量从质能转化为激发能 E_n。将这个质量的改变乘以 c^2（$=931.494013$MeV/u）得到 $E_n=6.5$MeV，这在第一行中列出。

表43-2中第一行和第三行的结果具有深远的历史意义，其原因是第二次世界大战期间使用过的两颗原子弹一个是用^{235}U（第一颗原子弹）另一个是用^{239}Pu（第二颗原子弹）制造的。就是说，^{235}U 和^{239}Pu 的 $E_n>E_b$。这意味着对这两种核素来说，可以发生所预言的热中子吸收引起裂变。对于表43-2中的其他两种核素（^{238}U 和^{243}Am），$E_n<E_b$；因此，由热中子不能获得足够的能量来激发原子核，使之有效地克服势垒或隧穿。这些原子核不是通过裂变，而是通过发射 γ 射线光子来释放出激发能量。

表 43-2 四种核素的可裂变性的试验

靶核素	裂变的核素	E_n(MeV)	E_b(MeV)	是否为热中子引起的裂变?
^{235}U	^{236}U	6.5	5.2	是
^{238}U	^{239}U	4.8	5.7	否
^{239}Pu	^{240}Pu	6.4	4.8	是
^{243}Am	^{244}Am	5.5	5.8	否

不过，也可以使核素^{238}U和^{243}Am裂变，前提是它们能吸收足够多能量的中子（而不是热中子）。例如，^{238}U原子核在所谓的快裂变过程（“快”是形容中子速率很快，也可称为快中子裂变）中正巧吸收至少1.3MeV的中子时也会发生裂变。

第二次世界大战中所用的两颗原子弹取决于热中子引起原子弹中许多高质量核素几乎都在同一时刻裂变。这种过程是由中子发射物，如铍，所引起。它发射的热中子引起第一批^{235}U裂变后，每一次裂变又会释放更多的热中子，这又引起更多的^{235}U裂变并释放热中子。这种**链式反应**很快扩展到原子弹中所有的^{235}U，结果发生爆炸并放出毁灭性的能量。研究人员知道^{235}U可以发挥作用，但他们从铀矿中只能提炼出制造一颗原子弹的^{235}U。铀矿中的主要成分是不能通过热中子发生裂变的^{238}U。当第一颗原子弹正在制造的时候，另一颗^{239}Pu原子弹已经在新墨西哥州试验成功了（见图43-4），所以第二颗制成的原子弹包含的是^{239}Pu而不是^{235}U。

Courtesy U.S. Department of Energy

图43-4 第二次世界大战以后这些照片震惊了全世界。当制造原子弹的科学团队负责人罗伯特·奥本海默目睹这第一颗原子弹爆炸时，他引用了印度教经文中的一名话：“现在我成了死神，万物的毁灭者”。

例题 43.01 铀-235 裂变中的 Q 值

求式（43-1）的裂变事件中的蜕变能 Q，考虑到裂变碎片有式（43-2）和式（43-3）描写的衰变。所需的核素和中子的质量如下。

^{235}U：235.0439u　　^{140}Ce：139.9054u

n：1.00866u　　^{94}Zr：93.9063u

【关键概念】

（1）蜕变能 Q 是从质能转化为衰变产物的动能的能量。（2）$Q=-\Delta mc^2$，其中 Δm 是质量的改变。

解： 因为我们把裂变碎片的衰变都包含在内，所以可以把式（43-1）~式（43-3）联立在一起，写出总的变换

$$^{235}\mathrm{U}\rightarrow{}^{140}\mathrm{Ce}+{}^{94}\mathrm{Zr}+\mathrm{n} \tag{43-7}$$

这里只出现一个中子，因为原来式（43-1）左边的中子和方程式右边两个中子的一个相互抵消了。式（43-7）的反应的质量差是

$$\begin{aligned}\Delta m &= (139.9054\mathrm{u}+93.9063\mathrm{u}+1.00866\mathrm{u})\\ &\quad -(235.0439\mathrm{u})\\ &= -0.22354\mathrm{u}\end{aligned}$$

相应的蜕变能是

$$\begin{aligned}Q &= -\Delta mc^2\\ &= -(-0.22354\mathrm{u})(931.494013\mathrm{MeV/u})\\ &= 208\mathrm{MeV}\end{aligned}$$ （答案）

这和我们由式（43-6）得到的估算很好地符合。

如果裂变事件发生在大块固体中，这些蜕变能量会首先成为衰变产物的动能，最终以该物体内能增加的形式出现，表现为它本身的温度增高。不过大约有5%或6%的蜕变能和原来的裂变碎片的β衰变过程中发射的中微子联系在一起。这些能量被带到系统外面而失去。

在 WileyPLUS 中可以找到附加的例题、视频和练习。

43-2 核反应堆

学习目标

学完这一单元后，你应当能够……

43.10 定义链式反应。

43.11 说明中子漏泄问题、中子能量问题以及中子俘获问题。

43.12 懂得增殖因子，并通过它将给定的循环次数后的中子数和功率输出与最初的中子数和功率输出联系起来。

43.13 区别次临界、临界和超临界。

43.14 描述如何控制响应时间。

43.15 给出完整的一级链式反应的一般描述。

关键概念

- 核反应堆利用可控制的裂变事件的链式反应生产电力。

核反应堆

要大规模释放裂变能量，一次裂变事件必须要激发其他裂变，这样这种过程就会扩展到整个核燃料，就像燃烧遍及整根木料。裂变中产生的中子比消耗掉的还多，这个事实提高了这种链式反应的概率，产生的每一个中子都可能激发起另一次裂变。这种反应可能非常快（像在原子弹里面）或者是可控制的（像在核反应堆中）。

假设我们打算设计一个基于^{235}U 俘获热中子产生裂变的反应

堆。自然界中的铀包含 0.7% 的这种同位素，其余 99.3% 是^{238}U，这种同位素不会发生热中子裂变，假如我们已经成功地用人工方法把^{235}U 浓缩到燃料的 3%。要制成一台工作的反应堆还有三个主要的困难。

1. 中子漏泄问题。裂变产生的一些中子会漏泄到反应堆外面因而不会激发链式反应。漏泄是一种表面效应；它的大小正比于典型反应堆线度的二次方（各边长度是 a 的立方体，其表面积是 $6a^2$）。然而，中子的产生过程是发生在燃料的整个体积内的，所以正比于典型线度的三次方（同样的立方体的体积是 a^3）我们可以使由于漏泄而损失的中子的比例小到所希望的水平，只要把反应堆的芯子做得足够大，就可以减小表面对体积的比值（对于立方体是 $6/a$）。

2. 中子能量问题。裂变产生的中子是很快的，动能大约是 2MeV。但是用热中子诱发裂变效果最好。快中子可以用铀和另一种物质——称为**减速剂**——混合来减速。减速剂有两种作用：它可以通过弹性碰撞有效地使中子减慢，它不会吸收中子使芯子中的中子减少而影响裂变的效果。北美洲的大多数动力反应堆用水作为减速剂；水中的氢原子核（质子）是有效的成分。我们曾经在第 9 章中知道，一个运动着的粒子和一个静止的粒子发生对头弹性碰撞，如果这两个粒子的质量相等，运动的粒子就会失去所有的动能。于是，质子成了有效的减速剂，因为质子和我们想使它的速率降低的快中子的质量近似相等。

3. 中子俘获问题。当裂变产生的快中子（2MeV）通过减速剂减慢到热运动所需的能量（大约 0.04eV）时，它们必须通过一个临界能区间（从 1～100eV），在这个区间中它们特别容易被^{238}U 俘获而无法发生裂变。这种共振俘获的结果是发射 γ 射线并从裂变链中除去了中子。要把这种无裂变俘获降低到最小，铀燃料和减速剂不是直接混合而是放在反应堆体积的不同区域。

在典型的反应堆中，铀燃料做成氧化铀靶丸，这些靶丸被装填到长的中空金属管中。液体减速剂围绕着许多束由这种**燃料棒**组成的反应**堆芯**。这样的几何排列增加了燃料棒内产生的快中子在通过临界能区间时正好处在减速剂中间的概率。一旦中子达到热运动所需的能量，它仍旧有可能被俘获而无法引起裂变（称为热俘获。然而，更大的可能性是这个热中子又漂移回燃料棒中并产生裂变事件。

图 43-5 表示典型的动力反应堆以恒定功率运行时的中子平衡。让我们跟踪 1000 个热中子样品是如何在反应堆芯中经历一个完整的循环，或一代。在^{235}U 燃料中裂变产生 1330 个中子以及在^{238}U 的快中子裂变中产生 40 个中子，总共比原来的 1000 个中子多了 370 个，这些都是快中子。当反应堆以恒定的功率水平运转时，有严格相同数目的中子（370）会因从反应堆芯中漏泄以及因无裂变俘获而失去，留下 1000 个热中子起动下一代。在这个循环中，当然，裂变事件产生的 370 个中子的每一个都表示反应堆芯中一次能量的积淀，使芯子加热。

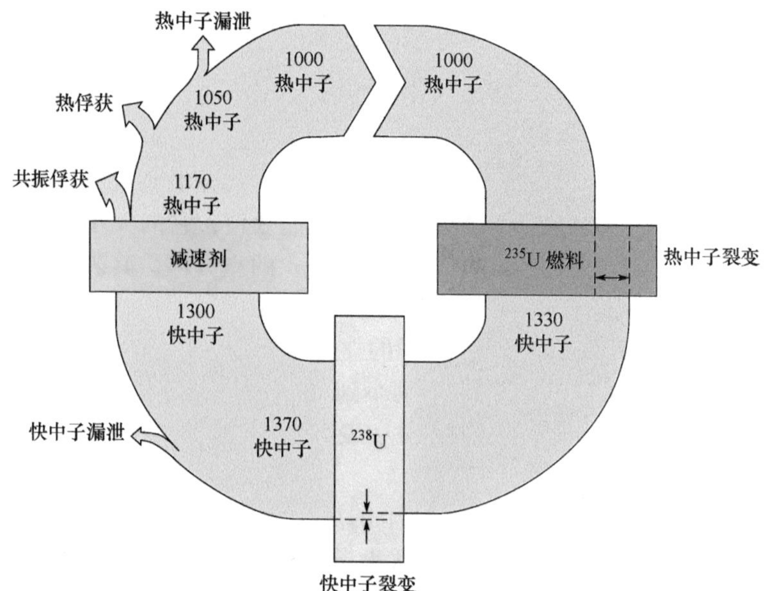

图 43-5 反应堆中的中子进出记录。产生的 1000 个热中子和 ^{235}U 燃料、^{238}U 基体及减速剂相互作用。它们裂变产生 1370 个快中子，但其中 370 个因无裂变俘获或因漏泄而失去，这意味着只能留下 1000 个热中子进入下一代循环。这幅图画出以稳定的功率水平运转的反应堆。

增殖因子 k——反应堆的重要参数——是特定一代结束时存在的中子数与这一代开始时出现的中子数的比值。在图 43-5 中，增殖因子是 1000/1000，或者准确地就是 1。对 $k=1$，我们说反应堆的运转严格地临界，这是稳定功率运行所希望达到的。反应堆实际上被设计成它们本质上是*超临界的*）（$k>1$）；通过在反应堆芯中插入**控制棒**可将增殖因子调节到临界运转（$k=1$）状态。这些控制棒由很容易吸收中子的材料（如镉）制成，将这些棒插进深一些就可以减少运转功率水平，将它抽出一些就可以增加功率水平或者用于补偿经过连续运行后反应堆芯中因裂变产物（吸收中子的）积累而变为*次临界状态*的倾向。

如果你迅速抽出一根控制棒，反应堆的功率水平增加得有多快呢？这种*响应时间*由有趣的情况控制，裂变产生的一小部分中子并不会立即从新形成的裂变碎片中逃逸，而是经过一段时间后才从这些碎片中发射出去，这是发生在这些碎片经过 β 发射的衰变以后。例如，图 43-5 中产生的 370 个“新的”中子里或许有 16 个推迟发射，也就是在半衰期为 0.2～55s 范围内的 β 衰变发生之后才从碎片中发射出去。这种延迟发射的中子数目虽然很少，但它们在减慢反应堆响应时间以匹配实际的机械反应时间方面却起到了重要的作用。

图 43-6 表示基于北美洲普遍使用的*加压水反应堆*（Pressurized-Water Reactor，PWR）发电厂的大致轮廓。这种反应堆中，水既用作减速剂也用作传热介质。在*第一级回路*中，水经过反应堆容器并将高热反应堆芯的高温高压（可能是 600K 和 150atm）下的能量传递给蒸汽发生器，蒸汽发生器是*第二级回路*的一部分。在蒸汽发生器中，水蒸发成为高压蒸汽使推动发电机的涡轮机转动。要完成第二级回路，从涡轮机流出的低压蒸汽将被冷却并冷凝成水然后用泵抽回蒸汽发生器。为给出一些形象化的尺度概念，典型的 1000MW 发电厂的反应堆容器大约 12m 高，重 4MN。流经第一回路的水的速率大约为 1ML/min。

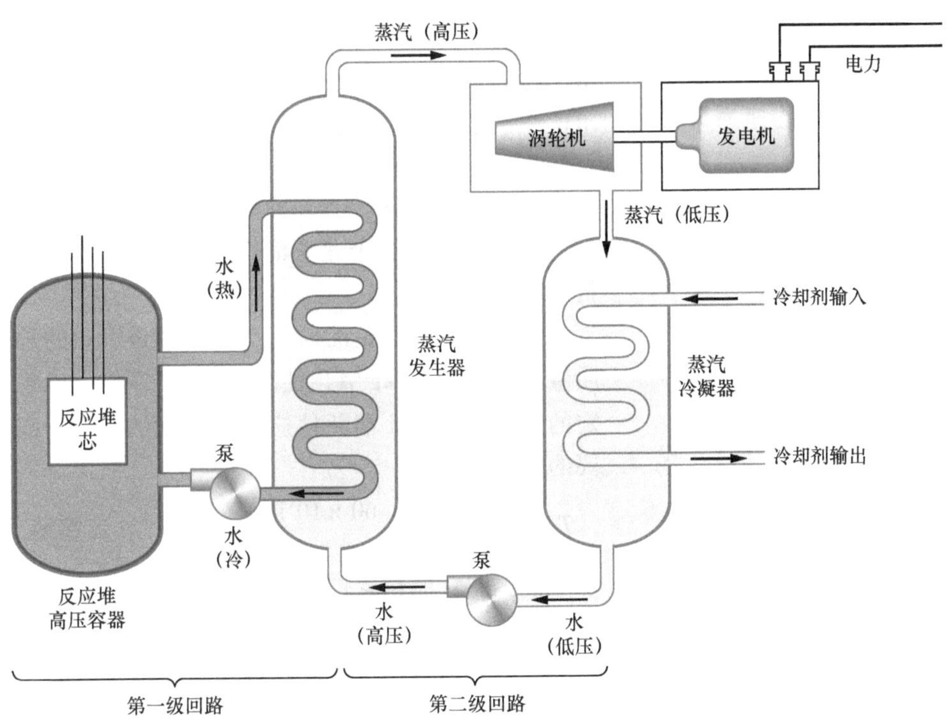

图 43-6 基于加压水反应堆的核能发电厂的简化布局图。许多特征都被略去了——其中包括发生紧急情况时用于冷却反应堆芯的装置。

反应堆运转的一个不可避免的特点是放射性废弃物的积累，包括裂变产物和重铀后核素（如钚和镅等）。它们的放射性的一个量度是它们以热的形式释放能量的速率。图 43-7 是典型的大型核发电厂运行一年的这种废弃物所产生的热功率。注意两个坐标都是对数标度。反应堆中"耗尽"的燃料棒原地储存，浸在水里面；反应堆废弃物永久性储存的安全设备还要加以完善。在第二次世界大战期间及以后年代所积累的许多核武器产生的放射性废弃物也还在原地储存。

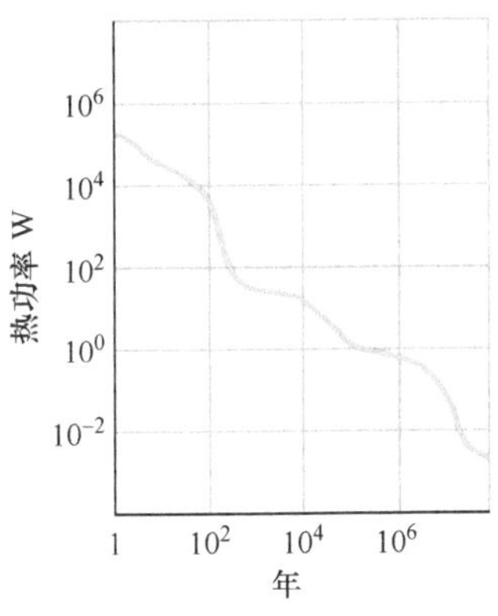

图 43-7 典型的大型核电厂运行一年产生的放射性废物所释放的热功率。图上显示热功率的时间函数。这条曲线是具有很大差别的半衰期的许多放射性核素的效应的叠加。注意两个坐标都是对数。

例题 43.02 核反应堆：效率、裂变速率、消耗速率

一座大型发电站用加压水核反应堆提供动力。反应堆芯产生的热功率是 3400MW，发电站能够产生 1100MW 的电能。所用燃料是 8.60×10^4kg 的氧化铀形式的铀，分别放置在 5.70×10^4 根燃料棒中。铀是浓缩到 3.0% 的 ^{235}U。

(a) 发电站的效率是多少？

【关键概念】

这种发电站或其他任何能量器件的效率都是这样定义的：效率是输出功率（提供有用的能量的速率）与输入功率（必须提供的能量的速率）的比值。

解： 这里的效率（eff）是

$$\text{eff}=\frac{\text{有用的输出}}{\text{能量输入}}=\frac{1100\text{MW（电能）}}{3400\text{MW（热能）}}$$

$$=0.32 \text{ 或 } 32\%$$

对所有发电厂来说，效率都是由热力学第二定律支配的，要使这个发电厂运行，必定有

3400MW - 1100MW 或 2300MW 功率的能量以热能的形式释放到环境中。

（b）在反应堆芯中发生裂变事件的速率 R 是多少？

【关键概念】

1. 裂变事件提供输入功率 3400MW（$=3.4\times10^9$ J/s）。

2. 由式（43-6），每次事件释放的能量 Q 大约是 200MeV。

解：对于稳定状态的运行（P 是常量），我们有

$$R=\frac{P}{Q}=\left(\frac{3.4\times10^9\,\mathrm{J/s}}{200\mathrm{MeV/裂变}}\right)\left(\frac{1\mathrm{MeV}}{1.60\times10^{-13}\mathrm{J}}\right)$$
$$=1.06\times10^{20}\text{次裂变/s}$$
$$\approx1.1\times10^{20}\text{次裂变/s}$$

（c）^{235}U 以什么速率消失（以 kg/天表示）？假设一直是在稳定的运行条件下。

【关键概念】

^{235}U 的消失是两种过程的结果：（1）以上面（b）小题中求出的速率裂变的过程，（2）大约是这个速率的四分之一的中子无裂变俘获。

解：^{235}U 原子数减少的总速率是

$$(1+0.25)(1.06\times10^{20}\text{原子/s})=1.33\times10^{20}\text{原子/s}$$

我们要求相应的^{235}U 燃料质量的减少。我们从每个^{235}U 原子的质量开始。我们不能用附录 F 中列出的铀的摩尔质量，因为这个摩尔质量是^{238}U 的，它是最普遍的铀同位素。我们必须另外考虑，假设以原子质量为单位的每个^{235}U 原子的质量等于质量数 A。于是，每个^{235}U 原子的质量是 235u（$=3.90\times10^{-25}$kg），然后求出^{235}U 燃料消耗的速率是

$$\frac{dM}{dt}=(1.33\times10^{20}\text{原子/s})(3.90\times10^{-25}\mathrm{kg/原子})$$
$$=5.19\times10^{-5}\mathrm{kg/s}\approx4.5\mathrm{kg/d}\qquad\text{（答案）}$$

（d）燃料以这个速率消耗，所供应的^{235}U 燃料可以用多长时间？

解：在运转开始的时候，我们知道^{235}U 的总质量是 8.60×10^4kg 氧化铀的 3.0%。所以，以稳定的速率 4.5kg/d 消耗掉这些总质量的^{235}U 所需要的时间 T 为

$$T=\frac{(0.030)\ (8.60\times10^4\mathrm{kg})}{4.5\mathrm{kg/d}}\approx570\mathrm{d}\qquad\text{（答案）}$$

实际上，燃料棒在它们的^{235}U 成分完全消耗完之前必须更换（成批更换）

（e）反应堆芯中^{235}U 的裂变引起的质量转化为其他形式能量的速率是多少？

【关键概念】

质能转换为其他形式的能量只和产生输入功率（3400MW）的裂变有关，而与中子的无裂变俘获无关（虽然这两个过程都影响^{235}U 消耗的速率）。

解：由爱因斯坦质能关系 $E=mc^2$，我们可以写出

$$\frac{dm}{dt}=\frac{dE/dt}{c^2}=\frac{3.4\times10^9\mathrm{W}}{(3.00\times10^8\mathrm{m/s})^2}\qquad(43\text{-}8)$$
$$=3.8\times10^{-8}\mathrm{kg/s}=3.3\mathrm{g/d}\qquad\text{（答案）}$$

我们看到，质量转化的速率大约是每天一枚普通的硬币，比（c）中求出的燃料消耗速率小得多（小了大约三个数量级）。

WILEY PLUS 在 WileyPLUS 中可以找到附加的例题、视频和练习。

43-3　自然界中的核反应堆

学习目标

学完这一单元后，你应当能够……

43.16　描述大约 20 亿年前在现在西非的加蓬运行的天然核反应堆。

43.17　说明为什么铀矿的沉积在过去能够达到临界状态而在今天却不能。

关键概念

- 自然界中的核反应堆发生在现在的非洲西部，大约 20 亿年之前。

自然界中的核反应堆

1942年12月2日，当费米和他的同事们第一次起动他们的反应堆的时候（见图43-8），他们有充分的理由认为自己已经将地球上前所未有的第一个裂变反应堆投入了运行。大约经过了30年人们才发现，如果他们当时实际上确实是这样想的话，那就是大错特错了。

Gary Sheehan, *Birth of the Atomic Age*, 1957.Reproduced courtesy Chicago Historical Society.

图43-8 描绘世界上第一台核反应堆的绘画作品。它是在第二次世界大战期间，由以恩里科·费米为首的团队在芝加哥大学的一个壁球场的位置组装成功的。这个反应堆由埋在石墨块中的铀块组成。

最近人们在非洲的加蓬开采的大约20亿年前的铀沉积物中发现了一个天然的裂变反应堆，它显然曾经运转过，只是在大约已经运行了几十万年之后才关闭。我们可以考虑以下两个问题来证实这实际上是否曾经发生过。

1. *有没有足够的燃料？*铀基裂变反应堆用的燃料必须是容易裂变的同位素^{235}U，我们在前面就注意到，它只占自然界中铀的0.72%。这个同位素比例是从地球上的样品、月球岩石和陨石中测得的；而在所有的这些情况中，丰度数值都相同。加蓬的发现提供的线索是沉积的铀矿中的^{235}U是匮乏的，一些样品中的丰度甚至低到0.44%。研究结果启发人们猜测：^{235}U的不足可以解释为在某个很早的年代，^{235}U被自然界自动运转的裂变反应堆消耗掉了一部分。

重要的问题还是没有解决，在丰度只有0.72%的情况下，只有经过周密的设计和对细节精心的考虑后才有可能组装出一台反应堆（如费米和他的团队所经历的）。由此看来核反应堆可以“自然地”达到临界状态的机会几乎是不可能有的。

但在遥远的古代，情况就不同了。^{235}U和^{238}U都是放射性的，半衰期分别是7.04×10^8y和44.7×10^8y。因此，容易裂变的^{235}U的半衰期大约是^{238}U的1/6。因为^{235}U衰变较快，所以在过去，它相对于^{238}U而言会比较多。20亿年前，实际上它的丰度不是现在的0.72%，而是3.8%。而这个丰度正好是用人工方法浓缩天然铀后用作近代动力反应堆的燃料。

得到了这些容易裂变的燃料，自然界中反应堆的出现（假设其他条件也适合）也就不那么奇怪了。燃料就是这样产生的。顺便说说，在 20 亿年前，当时地球上进化的最高级的生命形式是蓝绿藻。

2. 证据是什么？仅仅是矿床里面^{235}U 的消耗还不能作为自然裂变反应堆存在的证明。人们要寻找更令人信服的证据。

如果曾有过反应堆，现在必定有裂变产物。在反应堆中产生的 30 种左右的元素的稳定同位素必定会仍旧保留着。对它的同位素丰度的研究可能为我们提供所需要的证据。

在几种研究过的元素中，钕的情况是最具有说服力的。图 43-9a 表示通常在自然界中找到的 7 种稳定的钕同位素的丰度。图 43-9b 表示^{235}U 的裂变的最终稳定的裂变产物中出现的这些同位素的丰度。考虑到这两组同位素完全不同的来源，这样明显的差别并不会令人感到诧异。特别要注意^{142}Nd，自然界元素中主要的同位素在裂变产物中是没有的。

最大的问题在于，在加蓬的铀矿矿体中发现的钕同位素是什么样子的？如果曾经有天然的反应堆在这个地方运行过，我们可以预期从两个源中寻找同位素（即天然反应堆的同位素和裂变产生的同位素）。图 43-9c 表示对双源和其他校正后得出的数据。比较图 43-9b、c，可以看出，这里确实曾经有过天然的裂变反应堆在该地运行。

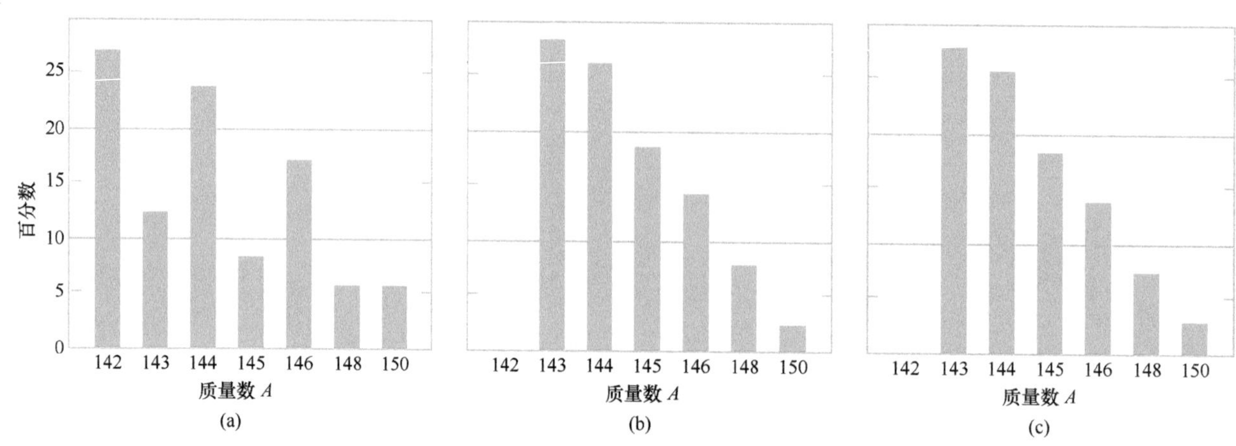

图 43-9　钕同位素按质量数的分布。出现在以下几种样品中（a）地球上这种元素天然的矿床。（b）动力反应堆的废料。（c）加蓬的铀矿中发现的钕的分布（多次校正后）。注意（b）和（c）实际上相同，而且都与（a）有很大的差别。

43-4　热核聚变：基本过程

学习目标

学完这一单元后，你应当能够……

43.18　定义热核聚变，说明为什么原子核一定要在高温下才会聚变。

43.19　对于原子核，应用它们的动能和它们的温度之间的关系。

43.20　用两个原因来解释，为什么两个原子核即使在与它们最概然速率相联系的动能不足以克服它们间能量势垒的情况下还是会发生聚变。

关键概念

- 两个轻原子核的聚变所释放出的能量被它们相互的库仑势垒禁阻（由于两个质子集合体之间的电斥力）。
- 只有在温度足够高（即，粒子能量足够高）的情况下，块状物体中才会发生聚变。这种情况下会发生可观的势垒隧穿。

热核聚变：基本过程

图 42-7 的结合能曲线表明，如果两个轻原子核结合形成一个较大的原子核就会释放能量，这种过程称为核**聚变**。这个过程受到库仑排斥力的阻碍，库仑力的作用是阻止这两个带正电荷的粒子靠得非常近从而进入它们相互吸引的核力范围而发生“熔合”。这种核力作用的距离非常短，不会超出原子核的“表面”，但是库仑斥力的距离很长并且会因此而形成能量势垒。库仑势垒的高度取决于电荷及两个相互作用的原子核的半径。对于两个质子（$Z=1$），势垒高度是 400keV。对电荷更多的粒子，势垒自然地相应更高。

要产生可供应用的数量的能量，核聚变必须在大块物质中进行。产生核聚变最有效的方法是将材料温度升高到能使粒子有足够的能量——仅仅由于它们的热运动——穿过库仑势垒。我们把这种过程称为**热核反应**。

在热核反应研究中，温度是用相互作用的粒子的动能 K 来表示的，它们的关系是

$$K=kT \tag{43-9}$$

其中，K 是对应于最概然速率的动能；k 是玻尔兹曼常量；温度 T 用开尔文为单位。按照这种表示法，我们通常不说“太阳中心的温度是 1.5×10^{7}K”，更常见的说法是说“太阳中心的温度是 1.3keV”。

室温相当于 $K\approx0.03$eV；能量只有这样小的数值的粒子是不可能克服高到，譬如说，400keV 的势垒的。即使在太阳中心，那里 $kT=1.3$keV，乍一看热核聚变好像也不可能发生。我们还知道热核聚变不仅发生在太阳的核心部分，并且也是太阳和所有其他恒星的主要特征。

当我们知道了两个事实，这个谜就会迎刃而解：(1) 用式 (43-9) 求出的能量是由 19-6 单元中定义的最概然速率算出的粒子的能量；但是还有高得多的速率或相应高得多的能量的粒子的长长尾巴。(2) 我们算出的势能高度是指势垒的峰值。对于能量比这些峰值低很多的粒子，也有可能发生势垒隧穿，如我们在 42-4 单元中讨论的 α 衰变的情形。

图 43-10 把问题做了总结。图中标记为 $n(K)$ 的曲线是太阳核心中质子的麦克斯韦分布曲线，它相当于根据太阳中心的温度画出的曲线。这条曲线与图 19-8 中给出的麦克斯韦分布曲线不同，

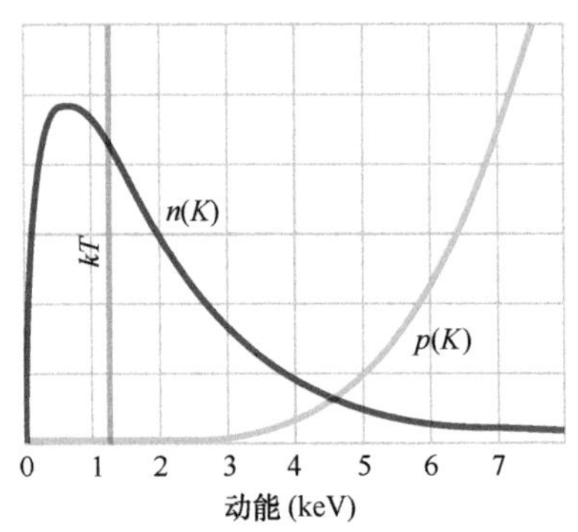

图 43-10 标记为 $n(K)$ 的曲线给出太阳中心的单位能量质子数密度。标记 $p(K)$ 的曲线给出在太阳核心温度下质子-质子碰撞引起势垒隧穿（因而发生聚变）的概率。竖线标记这个温度下 kT 的数值。注意两条曲线（分别）对任意的纵坐标标度画出。

这里的曲线是按能量分布，而不是按速率分布画出。特别是对于任何动能 K，表达式 $n(K)\,dK$ 给出质子具有动能在 K 和 $K+dK$ 之间的概率。太阳核心的 kT 数值在图上用一条竖直线标出；注意，在太阳核心中有许多质子具有大于这个数值的能量。

图 43-10 中标记 $p(K)$ 的曲线是两个碰撞的质子势垒隧穿的概率。图 43-10 中的这两条曲线暗示，存在一个特别的质子能量，当质子具有这个能量时，质子聚变事件以最大的速率发生。在比这高得多的能量范围内，势垒容易隧穿，但是具有这样的能量的质子太少，所以裂变反应不能持续。在能量比这些低得多的范围内，具有这些能量的质子有很多，但库仑势垒又太高。

检查点 2

以下有潜在可能性的聚变反应中，哪一种不释放净能量？(a) $^6Li+{}^6Li$，(b) $^4He+{}^4He$，(c) $^{12}C+{}^{12}C$，(d) $^{20}Ne+{}^{20}Ne$，(e) $^{35}Cl+{}^{35}Cl$，(f) $^{14}N+{}^{35}Cl$。（提示：参考图 42-7 中的曲线）。

例题 43.03 质子气中的聚变以及所需的温度

设质子是半径 $R\approx 1\text{fm}$ 的球。两个质子以相同的动能 K 互相对射。

(a) 如果在它们刚刚相互“接触”的时候，它们间的库仑斥力正好使它们停止，质子的 K 需要多大？假设可以用这个 K 值来表示库仑势垒的高度。

【关键概念】

在这两个质子相向运动并暂时停止的过程中，两个质子组成的系统的机械能 E 守恒。特别是，起初的机械能 E_i 等于它们停止时的机械能 E_f。初始机械能只有两个质子的动能 $2K$。两质子都停止时，能量 E_f 只包含系统的电势能 U，电势能由式 (24-46) $[U=q_1q_2/(4\pi\varepsilon_0 r)]$ 给出。

解： 两个质子都停止时，两质子间的距离 r 是它们中心到中心的距离 $2R$，它们的电荷 q_1 和 q_2 都是 e。然后我们可以写出能量守恒 $E_i=E_f$ 为

$$2K=\frac{1}{4\pi\varepsilon_0}\frac{e^2}{2R}$$

代入已知数据，得出

$$K=\frac{e^2}{16\pi\varepsilon_0 R}$$

$$=\frac{(1.60\times10^{-19}\text{C})^2}{(16\pi)(8.85\times10^{-12}\text{F/m})(1\times10^{-15}\text{m})}$$

$$=5.75\times10^{-14}\text{J}=360\text{keV}\approx400\text{keV}\quad（答案）$$

(b) 在多高的温度下质子气中的一个质子具有 (a) 小题中求出的平均动能，因而它的能量等于库仑势垒高度？

【关键概念】

假如我们将质子气当作理想气体，由式 (19-24)，质子的平均能量是 $K_{avg}=\frac{3}{2}kT$，其中，k 是玻尔兹曼常量。

解： 由式 (19-24) 解出 T 并利用 (a) 小题中得到的结果，有

$$T=\frac{2K_{avg}}{3k}=\frac{(2)(5.75\times10^{-14}\text{J})}{(3)(1.38\times10^{-23}\text{J/K})}$$

$$\approx3\times10^9\text{K}\quad（答案）$$

太阳核心的温度只有大约 1.5×10^7K；因此太阳核心中的聚变必定涉及能量**远远**大于平均能量的质子。

WILEY PLUS 在 WileyPLUS 中可以找到附加的例题、视频和练习。

43-5 太阳和其他恒星中的热核聚变

学习目标

学完这一单元后，你应当能够……

43.21 说明太阳里面的质子-质子循环。

43.22 说明太阳消耗完它的氢以后的各阶段。

43.23 说明比氢和氦的质量大得多的元素可能的来源。

关键概念

- 质子-质子循环是一种将氢燃烧成氦的热核反应，它是太阳能量的主要来源。
- 在恒星中氢燃料的供应枯竭之后，可以进一步通过其他的聚变过程逐步制造出大到 $A \approx 56$（结合能曲线的峰值）的元素。

太阳和其他恒星中的热核聚变

太阳以 3.9×10^{26}W 的功率辐射能量已经有几十亿年了。所有这些能量是从哪里来的呢？它不是来自化学燃烧。（即使太阳全部都是由煤炭组成并且还自己带有氧，烧完这一大块煤也只需要1000 年。）它也不是来自太阳的收缩而将引力势能转化为热能。（这样的话，它的寿命就应该更加短，至少会变为原来的 1/500。）剩下来，只可能是热核聚变。正像你马上就会知道的，太阳不是燃烧煤，而是燃烧氢，是在原子核的炉子里面，而不是原子或化学的炉子。

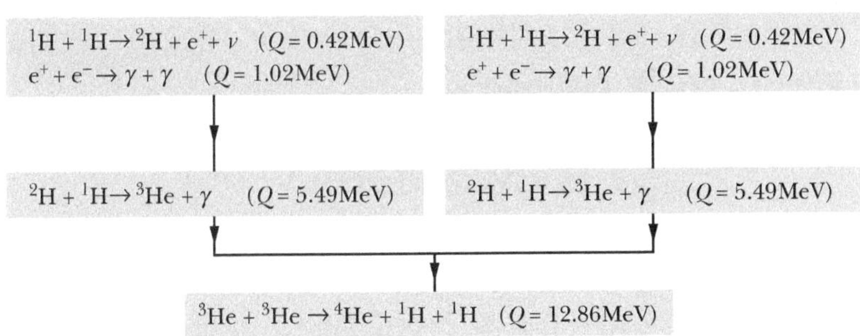

图 43-11 解释太阳里面能量产生的质子-质子循环的机理。在这个过程中，质子聚变形成 α 粒子（^{4}He），每一次事件释放总能量 26.7MeV。

太阳里面的聚变反应是个多阶段过程，其中氢燃烧形成氦，氢是“燃料”，氦是“灰烬”。图 43-11 表示这个过程中发生的**质子-质子（p-p）循环**。

p-p 循环从两个质子（^{1}H + ^{1}H）碰撞形成氘^{2}H 开始，同时产生一个正电子（e^+）和一个中微子（ν）。正电子立即和附近的电子（e^-）湮没，它们的质能以 21-3 单元中讨论过的两个 γ 光子（γ）的形式出现。

这两个事件表示在图 43-11 的最上面一行。这种事件实际上是极其罕见的。事实上，在大约 10^{26} 个质子-质子碰撞中只能有一次形成氘。在绝大多数情形中，两个质子只是互相发生弹性碰撞并弹开。正是这种“瓶颈”过程很慢的性质调节了能量产生的速率并使太阳不致爆炸。尽管这个过程非常之慢，但在太阳核心巨大的和高密度的体积中却有如此多的质子，以这种方式产生氘的速率是 10^{12}kg/s。

氘核一旦产生，就会很快地和另一个质子碰撞，形成^{3}He 原子核，如图 43-11 中间一行所表示的。终于两个这样的^{3}He 原子核相遇（在 10^5y 以内，时间是足够的），形成 α 粒子（^{4}He）和两个质子，如图上最末一行所示。

总之，我们从图 43-11 看到，p-p 循环合计起来就是把四个质子和两个电子组合成一个 α 粒子、两个中微子和 6 个 γ 射线光子。就是

$$4^1\text{H}+2\text{e}^-\rightarrow{}^4\text{He}+2\nu+6\gamma \tag{43-10}$$

现在我们把两个电子加到式（43-10）的两边，得到

$$(4^1\text{H}+4\text{e}^-)\rightarrow({}^4\text{He}+2\text{e}^-)+2\nu+6\gamma \tag{43-11}$$

两个括号里面的两组量分别代表氢原子和氦原子（不是纯粹的原子核）。于是我们可以计算出式（43-10）［和式（43-11）］的整个反应中释放的能量是

$$\begin{aligned} Q &= -\Delta mc^2 \\ &= -[4.002603\text{u}-(4)(1.007825\text{u})][931.5\text{MeV/u}] \\ &= 26.7\text{MeV} \end{aligned}$$

其中，4.002603u 是氦原子的质量；1.007825 是氢原子的质量；中微子的质量小到可以忽略不计；γ 射线光子没有质量；因此，它们不进入蜕变能的计算。

将图 43-11 中质子-质子循环的各个步骤的 Q 值相加也得到和这相同的 Q 的数值（必须如此）：

$$\begin{aligned} Q &= (2)(0.42\text{MeV})+(2)(1.02\text{MeV})+ \\ &\quad (2)(5.49\text{MeV})+12.86\text{MeV} \\ &= 26.7\text{MeV} \end{aligned}$$

这些能量中大约有 0.5MeV 被式（43-10）和式（43-11）中出现的两个中微子带出太阳；其余的（=26.2MeV）则以热能的形式储存在太阳的核心中。这些热能逐渐传递到太阳表面，以包括可见光在内的电磁波的形式从太阳表面向外辐射。

氢的燃烧在太阳中已经进行了大约 5×10^9y，计算表明，还留下足够的氢可以维持太阳继续燃烧到将来同样长的时间。不过，再经过 50 亿年，到那时太阳的核心大部分是氦，它就要开始冷却，太阳就要在它自身的引力作用下坍缩。这将会使核心的温度升高并造成外壳膨胀，结果太阳转变成所谓的*红巨星*。

如果太阳核心温度重新增加到 10^8K，它就可以再次通过聚变产生能量——这一次是燃烧氦变成碳。当恒星进一步演化并变得更热时，可以通过其他聚变反应形成其他元素。然而，比图 42-7 中结合能曲线的峰值附近的元素质量更大的元素是不可能通过进一步聚变过程产生的。

质量数在峰值后面的元素被认为是在称为*超新星*（见图 43-12）

的激变恒星爆炸过程中的中子俘获产生的。在这样的事件中，恒星的外壳向外喷射到空间中，这些物质和充满星际空间的稀薄介质混合。就是在这种介质中，它们被从星体爆炸产生的碎片不断地充实，并最终在引力作用下凝聚而形成新的星体。

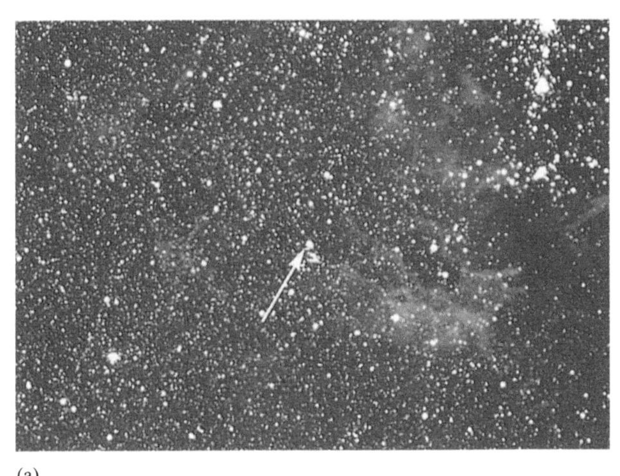
(a)

(b) Courtesy Anglo Australian Telescope Board

图 43-12 （a）这颗名为 Sanduleak 的星体直到 1987 年才被发现。（b）后来，我们开始接收到名为 SN1987a 的超新星发来的光，这次爆炸比我们的太阳还要亮 1 亿倍，虽然它位于我们的银河系以外，但用肉眼也能看见。

地球上的重元素比氢和氦更加丰富，这意味着我们的太阳系凝聚了包含这种爆炸残余物的星际物质。由此，我们周围所有的元素——包括我们自己的身体——都是由已经不存在的星体内部物质构造而成的。正如一位科学家所说的：“说实话，我们都是星星的孩子。”

例题 43.04 太阳中氢的消耗速率

在太阳核心中，图 43-11 表示的 p-p 循环中氢的消耗速率 dm/dt 是多少？

【关键概念】

太阳里面通过氢（质子）的消耗产生能量的速率 dE/dt 等于太阳辐射的功率 P：

$$P=\frac{dE}{dt}$$

解：要将质量消耗速率 dm/dt 引入功率方程式，我们重写这个方程式

$$P=\frac{dE}{dt}=\frac{dE}{dm}\frac{dm}{dt}\approx\frac{\Delta E}{\Delta m}\frac{dm}{dt} \qquad (43\text{-}12)$$

其中，ΔE 是质量 Δm 的质子被消耗掉所产生的能量。由我们在这一单元中的讨论可知，消耗 4 个质子能够产生热能 26.2MeV（$=4.20\times10^{-12}$J）。即，$\Delta E=4.20\times10^{-12}$ J 对应于质量损耗 $\Delta m=4(1.67\times10^{-27}\text{kg})$。把这些数据代入式（43-12）并利用附录 C 中给出的太阳的功率 P，我们得到

$$\frac{dm}{dt}=\frac{\Delta m}{\Delta E}P=\frac{4(1.67\times10^{-27}\text{kg})}{4.20\times10^{-12}\text{J}}(3.90\times10^{26}\text{W})$$

$$=6.2\times10^{11}\text{kg/s} \qquad \text{（答案）}$$

由此，太阳每一秒钟要消耗巨大数量的氢。然而，你不必太过担心太阳会用完它的氢，因为太阳的质量 2×10^{30} kg 足以保证它能够燃烧很长很长的时间。

WILEY PLUS 在 WileyPLUS 中可以找到附加的例题、视频和练习。

43-6 受控热核聚变

学习目标

学完这一单元后，你应当能够……

43.24 给出热核反应堆的三个要求。

43.25 定义劳森判据。

43.26 给出磁约束法和惯性约束法的一般描述。

关键概念

- 用作新一代能源的可控热核聚变还没有完成。d-d 和 d-t 反应是最有希望的机理。
- 成功的聚变反应堆必须满足劳森判据。

$$n\tau > 10^{20}\,\mathrm{s/m^3}$$

并且还要有适当高的等离子体温度 T。

- 在托卡马克中，等离子体受到磁场约束。
- 在激光聚变中，使用惯性约束。

受控热核聚变

地球上第一次热核反应发生在 1952 年 11 月 1 日，美国在埃尼威托克环礁引爆了一个聚变装置，释放出相当于 1 千万吨 TNT 炸药所产生的能量。引发反应所需的高温和高密度是利用作为触发器的裂变炸弹提供的。

持续并且可控的聚变动力源——譬如说聚变反应堆作为发电厂的一部分——非常难实现。尽管如此，世界上还是有许多国家在大力追求这个目标，因为许多人都把聚变反应堆看作未来的能源，至少可以用来发电。

图 43-11 中列出的 p-p 方案不适合于地球上的聚变反应堆，因为它太慢而不能指望它。这个过程之所以能在太阳里面有效进行，是因为太阳中心具有极高的质子密度。在地球上行之有效的反应似乎是双氘核（d-d）反应：

$$^{2}\mathrm{H} + {}^{2}\mathrm{H} \to {}^{3}\mathrm{He} + \mathrm{n} \quad (Q = +3.27\mathrm{MeV}) \tag{43-13}$$

$$^{2}\mathrm{H} + {}^{2}\mathrm{H} \to {}^{3}\mathrm{H} + {}^{1}\mathrm{H} \quad (Q = +4.03\mathrm{MeV}) \tag{43-14}$$

以及氘-氚（d-t）反应：

$$^{2}\mathrm{H} + {}^{3}\mathrm{H} \to {}^{4}\mathrm{He} + \mathrm{n} \quad (Q = +17.59\mathrm{MeV}) \tag{43-15}$$

[氢的同位素^{3}H（氚）的原子核称为氚核，它的半衰期是 12.3y。]这个反应中氘核的来源氘的同位素的丰度只有 1/6700，但作为海水的成分，它的提取数量却是无限的。原子核能的支持者这样描述我们最终的能源选择——在用完我们所有的矿物燃料以后——或者“烧石头”（通过矿石中提取出来的铀的裂变）或者“烧水”（通过水中提取的氘的聚变）。

成功的热核反应堆应满足下面三个要求：

1. 高粒子密度 n。相互作用粒子的数密度（例如单位体积氘核的数目）必须足够大以保证 d-d 碰撞率足够高。在所需的高温下，氘要完全电离，形成电中性的氘核和电子的**等离子体**（电离的气体）。

2. 高等离子体温度 T。等离子体必须很热，否则碰撞的氘核没有足够的能量来隧穿使它们保持远离的库仑势垒。35keV 的等离子体离子温度，相当于 4×10^{8}K，已经在实验室里达到。这大约是太阳中心温度的 30 倍。

3. 长的约束时间 τ。主要的问题是控制热等离子体在足够长时间内保持足够高的密度和温度，以保证足够多的燃料聚变。显然，没有一种固体容器能承受所需的高温，要找到巧妙的约束技术；我们很快就要讨论其中的两种。

可以证明，要想成功地运行利用 d-t 反应的热核反应堆必须满足

$$n\tau > 10^{20}\,\mathrm{s/m^3} \tag{43-16}$$

这个条件称为**劳森判据**，它告诉我们，我们可以做出选择：在短时间内约束大量粒子，还是在较长的时间内约束较少的粒子。还有，等离子体温度必须足够高。

当前普遍研究的有两种可控核聚变发电。虽然还没有哪一种方法已经获得成功，但两种方法都在研究中。这是因为它们都有希望，并且可控核聚变在解决世界能源问题上有潜在的重要性。

磁约束

受控核聚变的一条途径是设法将聚变材料保持在非常强的磁场中——因此得到**磁约束**的名称。这条途径的一种方法是用适当形状的磁场把热等离子体约束在甜甜圈形状的真空室中。它被称为**托卡马克**（Tokamak，这个名称是由三个俄语单词的一部分组成的缩略词）。作用在构成等离子体的带电粒子上的磁场力使等离子体不直接和真空室的壁接触。

等离子体通过其中的感生电流及通过在外部加速的粒子束轰击加热。这个方法的第一个目标是做到**得失相当**，它发生在达到或超过劳森判据的情况下。最终的目标是**点火**，这对应于自持热核反应以及能量的净产生。

惯性约束

第二种方法称为**惯性约束**，用强激光束从各个方向“挤压”固体燃料的靶丸，使一些物质从靶丸表面蒸发。这些沸腾的材料产生向内的冲击波压缩靶丸内芯，从而增加靶丸内芯的粒子密度和温度。这个过程之所以称为惯性约束，是因为（a）燃料被约束在靶丸中，（b）惯性（它们的质量）使粒子在非常短的挤压时间内不会从受热的靶丸中逃逸出去。

激光聚变。利用惯性约束方法的激光聚变在美国和其他国家的许多实验室中都在研究。例如，在劳伦斯利弗摩尔实验室中，每一个比沙粒还要小（见图 43-13）的氘-氚燃料靶丸被对称地围绕靶丸安置的 10 束同步高功率激光脉冲照射挤压。激光脉冲设计成可以在总共小于 1ns 时间内对每一颗燃料靶丸释放大约 200kJ 的能量。一个脉冲释放的功率大约是 2×10^{14}W。大致上是全世界已建成（运行的）的发电容量总数的 100 倍。

Courtesy Los Alamos National Laboratory, New Mexico

图 43-13 25 美分硬币上的小球是用在激光聚变室内的氘-氚燃料靶丸。

例题 43.05 激光聚变：粒子数和劳森判据

假设激光聚变装置中的燃料靶丸包含相等数量的氘原子和氚原子（没有其他物质）。靶丸的密度 $d = 200\text{kg/m}^3$ 在激光脉冲作用下增加了因子 10^3。

（a）在压缩状态下，靶丸的单位体积中包含了多少粒子（包括氘和氚）？氘原子的摩尔质量 M_d 是 $2.0\times10^3\text{kg/mol}$，氚原子的摩尔质量 M_t 是 $3.0\times10^{-3}\text{kg/mol}$。

【关键概念】

对于一个只包含两种粒子的系统，我们可以用粒子质量和粒子数密度（单位体积的粒子数）来表示系统的（质量）密度（单位体积的质量）：

$$(\text{密度 kg/m}^3) = (\text{粒子数密度 m}^{-3})(\text{粒子质量 kg}) \qquad (43\text{-}17)$$

令 n 是压缩靶丸中单位体积的粒子总数。因为我们知道靶丸中包含相等数量的氘原子和氚原子，所以单位体积的氘原子数和氚原子数都是 $n/2$。

解：我们可以把式（43-17）推广到包含两种粒子的系统，把压缩靶丸的密度 d^* 写成各个密度之和：

$$d^* = \frac{n}{2}m_d + \frac{n}{2}m_t \qquad (43\text{-}18)$$

其中，m_d 和 m_t 分别是氘原子和氚原子的质量。我们可以用摩尔质量代替这些质量，得到

$$m_d = \frac{M_d}{N_A} \text{和}\ m_t = \frac{M_t}{N_A}$$

其中，N_A 是阿伏伽德罗常量。完成这些代替以后，再用 $1000d$ 代替压缩密度 d^*，我们由式（43-18）解出粒子数密度为

$$n = \frac{2000dN_A}{M_d + M_t}$$

由这个公式，得

$$n = \frac{(2000)(200\text{kg/m}^3)(6.02\times10^{23}\text{mol}^{-1})}{2.0\times10^{-3}\text{kg/mol} + 3.0\times10^{-3}\text{kg/mol}}$$
$$= 4.8\times10^{31}\text{m}^{-3} \qquad \text{（答案）}$$

（b）按照劳森判据，在适当的高温下将会发生得失相当的运行，靶丸要保持这个粒子密度多长时间？

【关键概念】

如果发生得失相当的运行，压缩密度必须维持式（43-16）（$n\tau > 10^{20}\text{s/m}^3$）给出的时间 τ。

解：现在我们可以写出

$$\tau > \frac{10^{20}\text{s/m}^3}{4.8\times10^{31}\text{m}^{-3}} \approx 10^{-12}\text{s} \qquad \text{（答案）}$$

WILEY PLUS 在 WileyPLUS 中可以找到附加的例题、视频和练习。

复习和总结

原子核的能量 在把质量转化为其他形式能量方面，原子核的过程与化学过程相比，每单位质量转化的效率大了约一百万倍。

核裂变 式（43-1）表明，用热中子轰击 ^{235}U 得到的 ^{236}U 的**裂变**。式（43-2）和式（43-3）表明原裂变碎片的 β 衰变链。在这种裂变事件中释放的能量是 $Q \approx 200\text{MeV}$。

裂变可以用集体模型来说明，按照这个模型，原子核好像具有一定的激发能的带电液滴。如果要发生裂变必须隧穿势垒。原子核发生裂变的能力取决于势垒高度 E_b 和激发能 E_n 之间的关系。

裂变过程中的中子释放使裂变**链式反应**成为可能。图 43-5 表示典型的反应堆的一个循环中的中子平衡。图 43-6 表示整个核能发电厂的布局。

核聚变 两个轻原子核聚变释放能量的过程被它们相互间的库仑势垒所禁阻（由于两个质子之间的电斥力）。聚变只可能发生在聚集成块的物质中，并且温度要足够高（即粒子能量足够高），这样才会发生足够多的势垒隧穿。

太阳的能量主要来自图 43-11 中简略描述的**质子-质子循环**，即氢的热核聚变形成氦所释放的能量。一颗恒星的氢燃料用完之后，其他的聚变过程可以产生高到 $A\approx56$ 的元素（结合能曲线峰的位置）。质量更大的元素的聚变需要输入能量，因而不可能是星体输出的能量的来源。

受控聚变 用于产生能量的受控**热核聚变**至今还没有

成功。d-d 和 d-t 反应是最有希望的方法。成功的裂变反应堆必须满足**劳森判据**：

$$n\tau > 10^{20}\text{s/m}^3$$

还必须有足够高的等离子体温度 T。

在**托卡马克**中，等离子体受磁场的约束。在**激光聚变**中利用惯性约束。

习题

1. 43-3 单元中所讨论的天然裂变反应堆估计在它的生命中产生 15GW · y 的能量。(a) 假如这个反应堆持续工作 200000y，它将以多大的平均功率水平运转？(b) 在它的一生中消耗了多少千克的 ^{235}U？

2. 为了克服库仑势垒以发生聚变，除了加热聚变物质以外的其他方法也被提了出来。例如，如果你利用两台粒子加速器使两束氘核相向加速并产生正碰撞，(a) 为了使碰撞的氘核能克服库仑势垒，每台加速器需要多大的电压？(b) 你认为这种方法为什么现在不可行？

3. 煤炭燃烧的反应是 $C + O_2 \rightarrow CO_2$。碳原子消耗的燃烧热是 3.3×10^7J/kg。(a) 用每个碳原子的能量来表示这个量。(b) 用原来的反应物碳和氧的每千克能量数来表示这个量。(c) 假设太阳（质量 $=2.0\times10^{30}$kg）是按照可燃烧的比例的碳和氧组成的，并以现在的功率 3.9×10^{26}W 连续地辐射能量。太阳寿命多长？

4. 考虑 ^{238}U 的快中子裂变。在一个裂变事件中，不发射中子，在原裂变碎片的 β 衰变后最终的稳定产物是 ^{140}Ce 和 ^{99}Ru。(a) 在这两个 β 衰变链中全部的 β 衰变事件有哪些？(b) 计算这个裂变过程的 Q。相关的原子和粒子的质量如下。

^{238}U：238.05079u　^{140}Ce：139.90543u

n：1.00866u　^{99}Ru：98.90594u

5. 假设在一个由热质子组成的球中每个质子的动能都等于 kT，其中，k 是玻尔兹曼常量；T 是热力学温度。若 $T=1\times10^7$K，任意两个质子间可以（近似地）达到的最近距离是多少？

6. 一台功率为 250MW 的裂变反应堆在 3.00y 内消耗掉它的一半燃料。它开始时有多少 ^{235}U？假设所有产生的能量都来自 ^{235}U 的裂变并且这种核素只在裂变过程中被消耗掉。

7. 目前开采出的铀矿中只含 0.72% 的可裂变的 ^{235}U，这种 ^{235}U 的比例太小，因此无法用作热中子裂变的反应堆燃料。为此，必须将开采出的矿石中的 ^{235}U 浓缩。^{235}U($T_{1/2}=7.0\times10^8$y) 和 ^{238}U($T_{1/2}=4.5\times10^9$y) 都是放射性的。回到多少年以前，自然界铀矿中有可实用的反应堆燃料，其中比例 ^{235}U/^{238}U 达到 3%？

8. 以下聚变过程的 Q 值是多少？

$$^2H_1 + {}^1H_1 \rightarrow {}^3He_2 + \text{光子}$$

一些原子的质量如下。

$^2H_1$：2.014102u　$^1H_1$：1.007825u　$^3He_2$：3.016029u

9. (a) 质量为 m_n、动能为 K 的中子和质量为 m 的静止原子发生正弹性碰撞。证明：中子损失动能的比率由下式给出：

$$\frac{\Delta K}{K} = \frac{4m_n m}{(m+m_n)^2}$$

对于以下几种原子作为上述静止原子的情形求 $\Delta K/K$：(b) 氢，(c) 氘，(d) 碳，(e) 铅，(f) 假设起初 $K=1.00$MeV，如果与中子碰撞的静止原子是常用的减速剂氘，中子要经过多少次这种正碰撞它的动能才会减少到热中子的数值（0.025eV）？

10. 从 43-3 单元中描述的天然反应堆的位置找到的一些铀样品中发现，^{235}U 略显浓缩而不是被耗尽。试用丰同位素 ^{238}U 的中子俘获，以及随后它的产物发生 β 和 α 衰变来解释这个现象。

11. 计算两个 ^{7}Li 原子核以相同的初始动能 K 互相对射的库仑势垒高度［提示：利用式（42-3）计算原子核半径。］

12. 计算并比较释放的能量：(a) 太阳深处 1.0kg 的氢的聚变，(b) 裂变反应堆中 1.0kg 的 ^{235}U 裂变。

13. 计算有效半径为 2.1fm 的两个氘核发生正碰撞时的库仑势垒高度。

14. 在图 43-10 中，粒子的每单位能量粒子数密度 $n(K)$ 的方程式是

$$n(K) = 1.13n\frac{K^{1/2}}{(kT)^{3/2}}e^{-K/(kT)}$$

其中，n 是总粒子数密度；太阳中心的温度是 1.50×10^7K；平均质子能量 K_{avg} 是 1.94keV。求 4.00keV 能量下的质子数密度和平均质子能量的数密度的比值。

15. (a) 计算太阳产生中微子的速率。设能量的产生完全是来自质子-质子聚变循环。(b) 单位时间内到达地球的太阳中微子有多少？

16. 多少年以前自然界的铀矿中 ^{235}U/^{238}U 的比例是 0.12？

17. 大体上，普通水的质量的 0.0150% 是来自"重水"，重水中 H_2O 分子的两个氢中的一个被氘（^{2}H）取代。如果我们在 1.00d 中"燃烧"1.00L 水中的所有 ^{2}H，就是用某种方法使氘通过反应 $^2H + {}^2H \rightarrow {}^3He + n$ 聚变，能获得多大的聚变平均功率？

18. 证明 1.0kg 的氘的聚变反应

$$^2H + {}^2H \rightarrow {}^3He + n \quad (Q = +3.27\text{MeV})$$

能使 100W 的灯泡点亮 2.5×10^4y。

19. 证明：当三个 α 粒子聚变组成 ^{12}C 时会释放能量

7.27MeV。设^{4}He的原子质量是4.0026u，^{12}C的原子质量是12.0000u。

20. 设太阳的核心为太阳质量的1/8，并且被压缩在半径是太阳半径的1/4的球体中。进一步假设，核心的成分中有35%的质量是氢，基本上所有太阳能量都是在这里产生的。如果太阳继续以现在的速率6.2×10^{11}kg/s燃烧氢，氢被完全耗尽还需要多长时间？设太阳的质量是2.0×10^{30}kg。

21. 一颗恒星把它所有的氢都转化成氦，达到由100%的氦组成。下一步它要通过3-α过程把氦转化为碳：

$$^4He+^4He+^4He\rightarrow^{12}C+7.27MeV$$

恒星的质量是4.6×10^{32}kg，它产生能量的功率是5.3×10^{30}W。以这样的速率它需多长时间才能把所有氦都变成碳？

22. 钚同位素^{239}Pu的裂变性质非常像^{235}U。每次裂变释放的平均能量是180MeV，如果1.00kg纯^{239}Pu中所有原子都发生裂变，释放多少MeV的能量？

23. 太阳质量是2.0×10^{30}kg，它以功率3.9×10^{26}W辐射能量。（a）它的质量改变速率是多大？（b）自从大约4.5×10^9y以前开始燃烧氢，它最初的质量已经以这种方式损失了多大的比例？

24. 在原子弹中，能量的释放是由于不可控的钚^{239}Pu（或^{235}U）的裂变。原子弹的评级是按释放能量的数值，用相当于产生同样能量的TNT炸药的质量来表示。设一百万吨TNT炸药释放2.6×10^{28}MeV能量。（a）计算含有100.0kg的^{239}Pu的原子弹，其中实际上有2.5kg发生裂变，用TNT炸药的吨数评定它的级别（参见习题22）。（b）为什么需要不发生裂变的其余97.5kg ^{239}Pu？

25. 一颗66000t当量的原子弹用纯^{235}U（见图43-14）作为燃料，实际上其中只有4%参与裂变。（a）炸弹里的铀的质量是多少？（不是66000t，这个数字是用产生同样能量所需的TNT炸药的质量表示的释放的能量总数。）（b）产生多少原裂变碎片？（c）产生多少裂变中子释放到周围环境中？（平均每次裂变产生2.5个中子。）

Courtesy Martin Marietta Energy Systems/U.S. Department of Energy

图43-14 习题25图。一个含有^{235}U的“铀块”准备重铸并加工成弹头

26. 在某个星球中*碳循环*，在产生能量方面比质子-质子循环作用更大。碳循环是

$$^{12}C+^1H\rightarrow^{13}N+\gamma \qquad Q_1=1.95MeV$$
$$^{13}N\rightarrow^{13}C+e^++\nu \qquad Q_2=1.19MeV$$
$$^{13}C+^1H\rightarrow^{14}N+\gamma \qquad Q_3=7.55MeV$$
$$^{14}N+^1H\rightarrow^{15}O+\gamma \qquad Q_4=7.30MeV$$
$$^{15}O\rightarrow^{15}N+e^++\nu \qquad Q_5=1.73MeV$$
$$^{15}N+^1H\rightarrow^{12}C+^4He \qquad Q_6=4.97MeV$$

（a）证明这个循环完全等价于图43-11的整个质子-质子循环的效果。（b）证明，如所预料的那样，两个循环有相同的Q值。

27. 冷战时期，苏联领导人曾经用两百万吨的^{239}Pu核弹头威慑美国。（每个这样的核弹头可以产生相当于两百万吨TNT炸药爆炸的能量，一百万吨TNT炸药释放2.6×10^{28}MeV的能量。）如果实际上参与裂变的钚占弹头中钚的总质量的8.00%，则总的质量有多大？

28. 证明式（43-13）~式（43-15）中给出的Q值。所需的核素及中子的质量如下。

^{1}H：1.007825u　^{4}He：4.002603u

^{2}H：2.014102u　n：1.008665u

^{3}H：3.016049u

29. 图43-15表示早期氢弹的方案。聚变燃料是氘（^{2}H）。聚变所需要的高温和粒子密度用原子弹“激发”，就是将裂变燃料^{235}U或^{239}Pu安放在外围以产生向内的爆炸，对氘施加压缩冲击波。聚变反应是

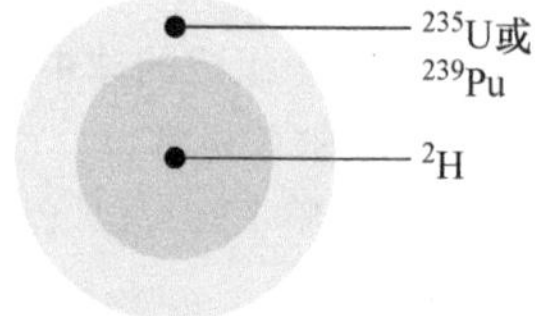

图43-15 习题29图

$$5\,^2H\rightarrow^3He+^4He+^1H+2n$$

（a）计算聚变反应的Q。所需的原子质量参见习题28。（b）如它包含500kg氘，其中30%发生聚变。计算炸弹聚变部分的功率（参见习题24）。

30. 验证图43-11中给出的三个反应的Q值。所需的原子量和粒子的质量如下。

^{1}H：1.007825u　^{4}He：4.002603u

^{2}H：2.014102u　$e^{\pm}$：0.0005486u

^{3}He：3.016029u

（提示：注意区别原子质量和原子核质量，适当考虑正电子。）

31. 要使^{235}U原子核以1.0W的功率产生能量，^{235}U原子核受中子轰击而裂变的速率必须多大？设$Q=200$MeV。

32. 以400MW功率级运转的反应堆的中子产生时间（见习题41）是30.0ms。如果它的功率以增殖因子1.0003增加并持续8min，在这8.00min末输出功率是多少？

33. 热中子（动能近似为零）被^{238}U原子核吸收，有多少能量从质能转化为原子核的振动能量？以下是一些原子质量和中子质量。

^{237}U：237.048723u　　^{238}U：238.050782u

^{239}U：239.054287u　　^{240}U：240.056585u

n：1.008664u

34. 在特定的反应堆中，中子产生时间t_{gen}（参见习题41）是1.0ms。如果反应堆以400MW的功率级运行，任意时刻反应堆中存在的自由中子有多少？

35. 计算^{52}Cr裂变成两块相等的碎片的蜕变能Q，你需要用到的质量如下。

^{52}Cr：51.94051u　　^{26}Mg：25.98259u

36. (a) 计算同位素钼^{98}Mo裂变成相等的两部分的蜕变能。你要用到的质量如下：^{98}Mo是97.90541u，^{49}Sc是48.95002u。(b) 如果发现Q是正的，讨论一下为什么这个过程不会自发发生。

37. 设按照式（43-1）发生的^{236}U的裂变所产生的^{140}Xe和^{94}Sr原子核的表面正好接触。(a) 设原子核是球形，计算与两个碎片之间的排斥力相联系的电势能。[提示：利用式（42-3）计算碎片的半径。] (b) 将这个能量与典型的裂变事件中释放的能量进行比较。

38. 核素^{238}Np发生裂变需要4.2MeV的能量。从该核素的原子核中取出一个中子需要花费能量5.0MeV。^{237}Np能用热中子产生裂变吗？

39. 在特定的裂变事件中，^{235}U吸收慢中子裂变，但不发射中子，并且有一个原裂变碎片是^{83}Ge。(a) 另一个碎片是什么？设蜕变能是$Q=170$MeV。这些能量中分别有多少交给了 (b) ^{83}Ge碎片和 (c) 另一个碎片？裂变刚完成时，(d) ^{83}Ge碎片和 (e) 另一个碎片的速率各是多少？

40. 一个^{236}U原子核发生裂变，分裂成两个中等质量的碎片^{140}Xe和^{96}Sr。(a) 裂变产物的表面积与原来的^{236}U原子核的表面积相差的百分比是多少？(b) 体积改变的百分比是多少？(c) 电势能变化的百分比是多少？设半径为r、电荷为Q的均匀带电球的电势能是

$$U=\frac{3}{5}\left(\frac{Q^2}{4\pi\varepsilon_0 r}\right)$$

41. 反应堆中中子产生时间t_{gen}是在一个裂变事件中发射的快中子被减速剂减慢到热能然后引发另一次裂变事件的平均时间。假设在$t=0$时反应堆的功率输出是P_0。证明：在时间t以后的功率输出$P(t)$为$P(t)=P_0k^{t/t_{gen}}$，其中k是增殖因子，对于恒定的功率输出$k=1$。

42. 计算以下裂变反应的能量释放：

$$^{235}\mathrm{U}+\mathrm{n}\rightarrow{}^{141}\mathrm{Cs}+{}^{93}\mathrm{Rb}+2\mathrm{n}$$

一些原子质量和中子质量如下。

^{235}U：235.04392u　　^{93}Rb：92.92157u

^{141}Cs：140.91963u　　n：1.00866u

43. 特定反应堆的中子产生时间（见习题41）是1.3ms。反应堆产生能量的功率是1200.0MW。为进行维修检查，功率水平暂时被降到350.00MW。转换到这样低的功率级需要2.6000s。要在这个时间内有效完成转换，增殖因子要定在怎样的（常量）数值？

44. (a) ~ (d) 完成下面的关于一般裂变反应：

$$^{235}\mathrm{U}+\mathrm{n}\rightarrow\mathrm{X}+\mathrm{Y}+b\mathrm{n}$$

的表格。

X	Y	b
^{140}Xe	(a)	1
^{139}I	(b)	2
(c)	^{100}Zr	2
^{141}Cs	^{92}Rb	(d)

45. 放射性核素的辐射被物质吸收以后所产生的热能可以作为小型动力源的基础，用于人造卫星、远程气象监测站和其他遥远偏僻地区。这种放射性核素是在核反应堆中大量产生的，可以用化学方法从用过的燃料中分离出来。一种适当的核素是^{238}Pu（$T_{1/2}=87.7$y），它放射α粒子，$Q=5.50$MeV。1.00kg这种材料产生的热能功率有多大？

46. （参考习题45。）用化学方法可以从用过的核反应堆的燃料中提炼出许多裂变产物，其中一种是^{90}Sr（$T_{1/2}=29$y）。这种同位素在典型的大型反应堆中以大约20kg/y的速率产生，它的放射性产生热能功率为0.93W/g。(a) 计算和^{90}Sr原子核衰变相联系的有效蜕变能Q_{eff}（这个能量Q_{eff}包括^{90}Sr衰变链中的子产物的衰变的贡献，但不包括从样品中完全逸出的中微子。）(b) 现要以它为电源产生150W的功率用于运转水下超声指向标的电气设备。如这个电源是基于^{90}Sr产生的热能，并且热-电转换过程的效率是5.0%，需要多少^{90}Sr？

47. (a) 1.0kg纯^{235}U中包含多少个原子？(b) 1.0kg的^{235}U全部裂变会释放多少焦耳能量？设$Q=200$MeV。(c) 这些能量可供100W灯泡点亮多长时间？

48. 我们已经知道整个质子-质子聚变的Q值是26.7MeV。你怎样把这个数值和图43-11中列出的组成这个循环反应的Q值联系起来？

49. 同位素^{235}U通过α发射而衰变，半衰期是7.0×10^8y。它也可以通过自发裂变（很少）而衰变，如果α衰变不发生，仅仅是自发裂变，它的半衰期是3.0×10^{17}y。(a) 1.0g的^{235}U中因发生自发裂变而衰变的速率有多大？(b) 每发生一次自发裂变事件，^{235}U的α衰变事件发生多少次？

CHAPTER 44

第 44 章 夸克、轻子和大爆炸

44-1 基本粒子的一般性质

学习目标

学完这一单元后，你应当能够……

44.01 懂得存在着或者可以创造出许多不同的基本粒子并且几乎所有的粒子都不稳定。

44.02 对于不稳定粒子的衰变，可应用原子核放射性衰变所用的同样衰变方程式。

44.03 懂得自旋是粒子的内禀角动量。

44.04 区别费米子和玻色子，知道哪一种必定服从泡利不相容原理。

44.05 区别轻子和强子并分清两种类型的强子。

44.06 区别粒子和反粒子，并且知道如果它们相遇就要发生湮没并转化为光子或其他基本粒子。

44.07 区别强相互作用力和弱相互作用力。

44.08 要知道，如果某个基本粒子的过程在物理上是可能的的话，应用电荷、线动量、自旋角动量和能量（包括质能）守恒定律。

关键概念

- 基本粒子一词指的是物质的基本构件。我们可以把粒子分成几大类。
- 粒子和反粒子这两个术语原来指普通的粒子（如你身体中的电子、质子和中子）以及同它们配对的反粒子（正电子、反质子和反中子），但对于大多数难以探测到的粒子来说，粒子和反粒子的区别主要是为了和实验结果一致。
- 费米子（像你身体中的粒子）服从泡利不相容原理；玻色子则不。

什么是物理学？

物理学家总是把相对论和量子物理学称为“近代物理学”，以区别于牛顿力学和麦克斯韦电磁学的理论，它们合称为“经典物理学”。随着时光的推移，看来“近代”一词对于早在 20 世纪初就打下基础的理论来说是越来越不合适了。毕竟，爱因斯坦在 1905 年发表他的关于光电效应的论文和第一篇关于相对论的论文，玻尔在 1913 年发表他的关于氢原子的量子模型，薛定谔在 1926 年提出他的物质波方程式。尽管如此，“近代物理学”的标签还在继续使用。

在这章——本书的最后一章里，我们将考虑两个研究方向，它们才是真正“近代的”，但它们同时又有最古老的根源。它们围绕着两个令人迷惑但又十分简单的问题：

宇宙是由什么东西构成的？

宇宙怎么会变成现在这个样子？

在最近几十年中，这两个问题的解答已经有了极大的进展。

许多新的观念是建立在大型粒子加速器所做的实验的基础上的。然而，物理学家有了越来越大的加速器，能用越来越高的能量轰击粒子，与此同时，他们也终于明白没有地球上可以想得出的加速器能够产生能量足够大的粒子来检验物理学的最终理论。它需要一个具有如此大能量的粒子源，这只能是宇宙诞生的第一个毫秒时间内的宇宙本身。

在这一章中，你将遇到大量的新名词以及名副其实的粒子洪水，你不要试图去记住它们的名字。如果你一时感到困惑，你就分享了经历这个发展过程的物理学家的困惑，除了会不时看到几乎没有希望理解的复杂性在与日俱增以外他们什么也不知道。然而，如果你坚持下去，你就会和物理学家们分享那种激动万分的感觉：例如，当奇迹般的新型加速器得到大量新的结果时，当理论物理学家提出一个比一个更大胆的思想时，当从黑暗中终于露出亮光时。这本书的主旨是，我们虽然知道了许多有关世界的物理学，但是还留下了更大的奥秘。

粒子、粒子、粒子

在 20 世纪 30 年代，许多科学家以为物质最终结构的问题正在顺利解决的路上。只要有三种粒子——电子、质子和中子——就可以说明原子；量子物理学很好地解释了原子的结构和放射性 α 衰变。中微子的假设已经提出，虽然还没有被观察到，但已被恩里科·费米结合到 β 衰变的成功理论中了。将量子理论用于质子和中子有希望很快就能说明原子核的结构。还剩下什么问题呢？

这种乐观的心情并没有保持下去，在那个十年的末了几年见证了新粒子发现时期的开始，这个时期一直延续到今天，新的粒子的名称和符号有 μ 子（μ）、π 介子（π）、K 介子（K）和 Σ 超子（Σ），所有这些新的粒子都是不稳定的；就是说，它们都按照适用于不稳定原子核同样的时间函数自发地转变成其他类型的粒子。由此，在时间 $t=0$，样品中有 N_0 个任何一种类型的粒子，在以后某个时刻 t，还存在的这种粒子数目 N 由式（42-15）给出：

$$N = N_0 e^{-\lambda t} \tag{44-1}$$

对于衰变速率 R，它的初始值是 R_0，由式（42-16）给出：

$$R = R_0 e^{-\lambda t} \tag{44-2}$$

半衰期 $T_{1/2}$、衰变常量 λ 和平均寿命 τ 由式（42-18）联系起来：

$$T_{1/2} = \frac{\ln 2}{\lambda} \tau \ln 2 \tag{44-3}$$

新的粒子的半衰期在 $10^{-23} \sim 10^{-6}$ s 的范围内。事实上，有些粒子的寿命如此之短，它们无法被直接探测到，只能从间接的证据来推断。

这些新粒子通常是在加速器中加速到极高能量的质子或电子之间的正碰撞中产生的。这些加速器有布鲁克海文国家实验室（在纽约的长岛）、费米实验室（靠近芝加哥）、欧洲核子研究中心

(CERN，靠近瑞士的日内瓦)、斯坦福直线加速器中心（SLAC，加利福尼亚州的斯坦福大学)，以及德国同步电子加速器研究所(DESY，靠近德国的汉堡)，等等。这些粒子的发现离不开只在近几十年来才发展起来的越来越精巧的，大小和复杂性都可以和整个加速器相比的粒子探测器。

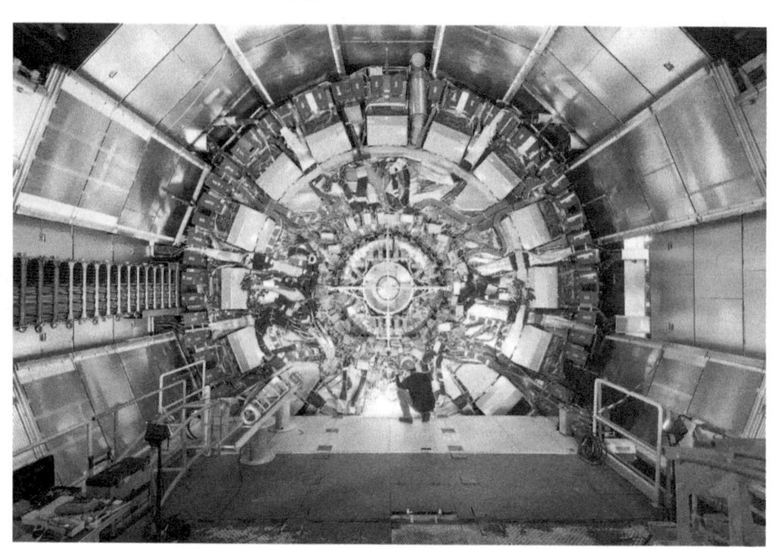

CERN 的大型强子对撞机的一个探测器，基本粒子的标准模型是在这里检验的。

今天人们已经知道了几百种粒子，用来给它们命名的希腊字母几乎已经用完了，大多数粒子只能按定期发布的汇编给以数字代码。为了对这一系列粒子有明确的概念，我们找出简单的物理判据，据此我们可以把各种粒子分类，其结果就是所谓的粒子的**标准模型**。虽然这个模型不断地受到理论物理学家的挑战，但它仍旧是理解迄今发现的所有粒子的最佳方案。

要进一步探究标准模型，我们对已知的粒子做了以下三种粗略的分类：费米子或玻色子，强子或轻子，粒子和反粒子。我们现在依次讨论这三类粒子。

费米子或玻色子

如我们在 32-5 单元中讨论电子、质子和中子的时候所知道的，所有粒子都有称为**自旋**的内禀角动量。把这一单元的概念推广，我们可以把自旋 $\vec{S}$ 在任意方向（假设这个方向沿 z 轴）上的分量写作

$$S_z = m_s\hbar,\ m_s = s,\ s-1,\ \cdots,\ -s \tag{44-4}$$

其中，$\hbar$是 $h/(2\pi)$；m_s 是自旋磁量子数；s 是自旋量子数。后者可以是正的半整数$\left(\frac{1}{2},\ \frac{3}{2},\ \cdots\right)$或者非负的整数（0，1，2，…)。例如，电子的 $s=\frac{1}{2}$。因此，电子的自旋（沿任何方向，例如 z 方向）可以具有的数值是

$$S_z = \frac{1}{2}\hbar \quad (\text{自旋向上})$$

或 $$S_z = -\frac{1}{2}\hbar \quad (\text{自旋向下})$$

容易造成混乱的是，自旋一词有两种用法：它本来的意思是指粒子的内禀角动量 $\vec{S}$，但也常用来表示粒子的自旋量子数 s。例如，在后一种情况中，我们说电子是自旋$\frac{1}{2}$粒子。

有半整数自旋量子数的粒子（如电子）称作**费米子**，名称来自费米，他（和保罗·狄拉克同时）发现了支配它们行为的统计定律。电子、质子和中子都有 $s=\frac{1}{2}$，都是费米子。

具有零或整数自旋量子数的粒子称为**玻色子**，名字来自印度物理学家玻色（Satyendra Nath Bose），他（和阿尔伯特·爱因斯坦同时）发现了支配这些粒子的统计定律。$s=1$ 的光子是玻色子；你很快就会遇到这一类的其他粒子。

这看上去是一种简单的粒子分类法，但它却是非常重要的，这是由于以下理由：

费米子服从泡利不相容原理，该原理断言只能有一个粒子可以分配给一个给定的量子态。玻色子不服从这个原理，任何数目的玻色子都可以占据同一给定的量子态。

我们在把电子$\left(\text{自旋}\frac{1}{2}\right)$分配给各个量子态"建立"原子的时候就已经知道泡利不相容原理是如何的重要。利用这个原理可以对不同类型的原子以及金属和半导体等固体的结构和性质给出完美的解释。

因为玻色子不服从泡利原理，这些粒子倾向于聚积在最低能量的量子态中。1995 年，科罗拉多州博尔德的一个物理学研究小组成功地在近于零能量的单个量子态中产生大约 2000 个铷-87 原子（它们是玻色子）的凝聚体。

为了得到这种状态，必须使铷成为蒸气，蒸气的温度要如此低但密度又如此之高，以至于各个原子的德布罗意波长大于原子间的平均距离。当这个条件达到时，各个原子的波函数会重叠，整个集合变成单一的量子系统（一个巨大的原子）称为玻色-爱因斯坦凝聚。图 44-1 表示，当铷蒸气温度低到大约 1.70×10^{-7}K 时，原子确实"坍缩"到对应于近似零速率的单个严格确定的状态中[⊖]。

强子和轻子

我们也可以根据作用于粒子上的四种基本力来将粒子分类，引力作用于所有粒子，但它在亚原子粒子级别的效应却如此之弱，所以我们不需要考虑这个力（至少在现今的研究中），电磁力作用于所有带电粒子，我们对它的影响都很熟悉。当需要的时候我们

⊖ 2001 年诺贝尔物理学奖授予康奈尔（Eric A. Cornell）、克特勒（Wolfgang Ketterle）和威曼（Carl E. Wieman），表彰他们在获得碱金属原子稀薄气体的玻色-爱因斯坦凝聚态及其物理性质的研究方面的成就。——译者注

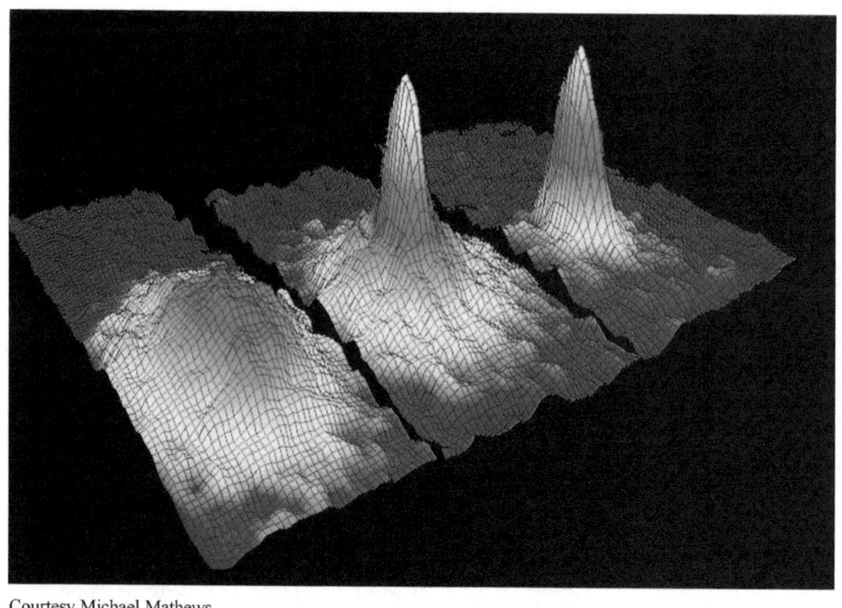

Courtesy Michael Mathews

(a)　(b)　(c)

图 44-1　在原子蒸气中粒子速率分布的三幅图。从图（a）到（c），蒸气温度依次降低。图（c）表示围绕着零速率并以它为中心有一个尖锐峰。即所有原子都在同一个量子态中。这样的玻色-爱因斯坦凝聚的成功实现常被称为原子物理学的圣杯。这幅图终于在 1995 年被记录下来。

就要考虑它们，但在这一章里我们大多会忽略这个力。

现在还剩下*强相互作用*（强力），它是把核子结合在一起的力，还有*弱相互作用*（弱力），它是在 β 衰变和类似的过程中出现的力。弱相互作用在所有粒子上，强相互作用只作用在某些粒子上。

于是，我们可以粗略地按照是否有强力作用在粒子上来对粒子进行分类。强力作用在其上的粒子称为**强子**。强力对它没有作用的，只有弱力和电磁力起主要作用的称为**轻子**。质子、中子和 π 介子是强子；电子和中微子是轻子。

我们可以进一步把强子区分开来，因为它们中有一些是玻色子（我们称为**介子**）；π 介子是它的一个例子。其他的强子是费米子（我们把它们称为**重子**）；质子是重子的一个例子。

粒子和反粒子

1928 年，狄拉克预言电子 e^- 应当有一个具有相同的质量和自旋的带正电的配对物。这个配对物就是*正电子* e^+，它于 1932 年被卡尔·安德森（Carl Anderson）在宇宙辐射中发现。此后，物理学家逐步领悟到每一种粒子都有与之对应的*反粒子*。这种组成一对的粒子具有相同的质量和自旋，但是却有相反符号的电荷（如果它们有电荷的话），并且还有我们目前还没有讨论过的相反符号的量子数。

首先，用*粒子*来表示像电子、质子和中子这些常见的粒子，*反粒子*是指它们的极少被探测到的配对物。后来，对于不常遇到的粒子，*粒子*和*反粒子*的规定是为了与某些守恒定律相一致，我们在这一章的后面将会讨论。（会让人搞混的是，有时当我们不需要区别粒子和反粒子时，常常都称为粒子。）我们经常（但不总是）会在表示粒子的符号上面加一小横线来表示反粒子。由此，p 是质子的符号，$\bar{p}$（读作“p 棒”）是反质子的符号。

湮没。当粒子遇到它的反粒子时，这两个粒子会互相湮没。就是说，粒子和反粒子消失，它们的能量以其他形式重新出现。对于一个电子和一个正电子的湮没，这些能量成为两个 γ 射线光子重新出现：

$$e^- + e^+ \longrightarrow \gamma + \gamma \tag{44-5}$$

如果电子和正电子在它们湮没时是静止的，它们的总能量就是它们的总质能，这些能量被两个光子均等地分享。为了使动量守恒，并且因为光子不是静止的，两个光子向相反的方向飞开。

反氢原子（反质子和正电子取代氢原子中的质子和电子）现在已经在 CERN 制造出来并且被研究。标准模型预言，反氢原子中的跃迁（譬如说第一激发态和基态之间）和氢原子中同样的跃迁完全相同。由此，跃迁中的任何差异就是标准模型错误的明确信号，不过至今还没有发现任何差别。

反粒子的组合，像反氢原子，常常称为*反物质*，以区别于普通粒子的组合（*物质*）。（当“物质”一词被用来描述任何具有质量的物体时，这个词常常容易混淆。）我们可以推测，未来的科学家和工程师可能会制造出由反物质构成的物体。然而，还没有证据表明，自然界已经在天文学的尺度上做到了这事。因为看上去所有的恒星和星系都主要是由物质构成而不是由反物质构成。这是令人费解的观察结果，因为这意味着当宇宙产生时有某种特别的原因使条件偏向于物质而避开反物质。（例如，电子普遍存在，而正电子却不是。）这种偏置仍旧令人无法理解。

插曲

在继续粒子的分类任务之前，让我们暂时离开一会儿并通过分析一个典型的粒子事件——即图 44-2a 所示的气泡室照片——来领会一下粒子研究的精神。

图中气泡形成的径迹表示在充满液氢的小室中运动的带电粒子的轨迹，我们可以通过测量气泡间的相对间距——加上用其他方法——来辨别形成这种特定径迹的粒子。气泡室放在均匀的磁场中，磁场使带正电荷的粒子的径迹逆时针偏转，使带负电的粒子径迹顺时针偏转，通过测量径迹的曲率半径，我们可以算出造成径迹的粒子的动量。表 44-1 表示参与图 44-2a 中的事件的粒子和反粒子的一些性质，表中还包括了没有产生径迹的粒子。按照习惯做法，我们在表 44-1 中列出的粒子质量——以及在这一章中的其他表格中——都用 MeV/c^2 为单位表示。其理由是用这种粒子静能的表示方法比用它的质量来表示更为常用。由此，表 44-1 中的质子质量是 $938.3MeV/c^2$，要想求质子的静能，把这个质量乘以 c^2，就得到 938.3MeV。

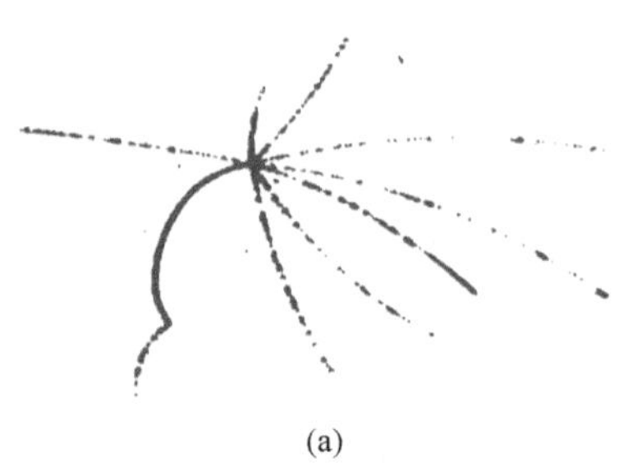

(a)

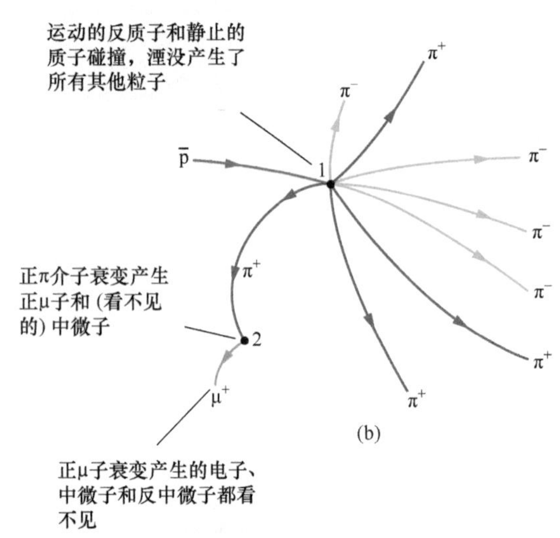

(b)

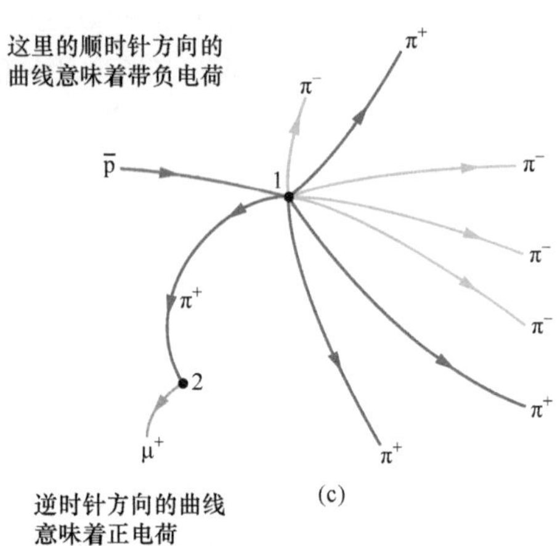

(c)

图a：承蒙劳伦斯伯克利实验室惠允

图 44-2 （a）一系列事件的气泡室照片。从左边进入气泡室的一个反质子开始。（b）为清楚起见重画的径迹并标上标记。（c）径迹是弯曲的，因为气泡室中的磁场使每一个运动的粒子都受到偏转力的作用。

表 44-1 涉及图 44-2 中的事件的粒子或反粒子

粒子	符号	电荷	质量（MeV/c^2）	自旋量子数	类别	平均寿命（s）	反粒子
中微子	ν	0	$\approx 1\times10^{-7}$	$\frac{1}{2}$	轻子	稳定	$\bar{\nu}$
电子	e^-	−1	0.511	$\frac{1}{2}$	轻子	稳定	e^+
μ 子	μ^-	−1	105.7	$\frac{1}{2}$	轻子	2.2×10^{-6}	μ^+
π 介子	π^+	+1	139.6	0	介子	2.6×10^{-8}	π^-
质子	p	+1	938.3	$\frac{1}{2}$	重子	稳定	$\bar{p}$

像对图 44-2a 的照片中的分析所根据的普遍原理是能量、线动量、角动量和电荷的守恒定律，以及其他我们还没有讨论过的守恒定律。图 44-2a 实际上是一对立体照片中的一幅，这些分析实际上是在三维空间中的图像。

图 44-2a 中的事件是在劳伦斯伯克利实验室的加速器中产生的高能反质子（$\bar{p}$）从左边进入气泡室时所激发的。有三个分开的次级事件，第一个事件发生在图 44-2b 中的点 1，第二个事件发生在

点2，第三个事件发生在图的框架以外，我们逐一考察这些事件：

1. *质子-反质子湮没*。在图44-2b中的点1处，原来的反质子（蓝色径迹）猛烈撞击气泡室中液体氢上的质子，其结果是互相湮没。我们可以说湮没发生在入射反质子的飞行途中，因为大多数在遭遇中产生的粒子的运动方向都向前方——即向图44-2的右方。由线动量守恒原理，入射的反质子在发生湮没时必定有向前的动量。还有，因为粒子是带电的并且在磁场中运动，路径的弯曲揭示粒子是带负电荷（和入射的反质子一样）还是带正电荷（见图44-2c）。

反质子和质子碰撞过程中的总能量是反质子的动能与这两个粒子的（完全相同的）静能（2×938.3MeV或1876.6MeV）的总和。这些能量足够创造多个较轻的粒子并给它们以动能。在这情况中，湮没产生了四个正π介子（见图44-2b中的红色径迹）以及四个负π介子（绿色径迹）。（为简单起见，我们假设没有γ射线光子产生，由于γ光子不带电所以不会留下径迹。）我们把这个湮没过程归纳如下：

$$p+\bar{p}\longrightarrow 4\pi^{+}+4\pi^{-} \tag{44-6}$$

我们从表44-1看到，正π介子（π^+）是*粒子*，负π介子（π^-）是*反粒子*。式（44-6）中的反应是*强相互作用*（它涉及强作用力），因为其中涉及所有粒子都是强子。

我们来验证一下这个反应中的电荷是否守恒。为此，我们可以把一个粒子的电荷写成qe，其中q是**电荷量子数**。要确定一个过程中的电荷是否守恒就相当于确定初始的净电荷量子数是否等于最后的净电荷量子数。在式（44-6）的过程中，最初的净电荷数是$1+(-1)$，是0，最终的净电荷数是$4(1)+4(-1)$，也是0。由此，电荷是守恒的。

为保证能量平衡，从上面知道，$p-\bar{p}$湮没过程可用的能量至少是质子和反质子静能的总和1876.6MeV。π介子的静能是139.6MeV，这意味着8个π介子的静能总数是8×139.6MeV或1116.8MeV。这里至少多出760MeV作为动能在8个π介子间分配。由此，能量守恒的要求很容易满足。

2. *π介子衰变*。π介子是不稳定的粒子，以半衰期2.6×10^{-8}s衰变。在图44-2b中的点2处，一个正π介子在气泡室中停下来并自发地衰变成一个反μ子μ^+（紫色径迹）和一个中微子ν：

$$\pi^{+}\longrightarrow\mu^{+}+\nu \tag{44-7}$$

不带电的中微子没有留下径迹。反μ子和中微子都是轻子，即强作用力对它们没有作用。因此，式（44-7）中的衰变过程受弱作用力的支配，称作*弱相互作用*。

我们来考虑一下这个衰变中的能量。由表44-1，反μ子的静能是105.7MeV，中微子的静能近于0。因为π介子在衰变的时候是静止的，所以它的能量就是它的静能139.6MeV。由此，139.6MeV−105.7MeV即33.9MeV的能量可以用来在反μ子和中微子间分配成为动能。

我们来验证一下式（44-7）的过程中自旋角动量是否守恒。

这相当于确定沿某个任意 z 轴的自旋角动量的净分量 S_z 在这个过程中是否守恒。对于这个过程中的粒子，π^+ 介子的自旋量子数 s 是0，反μ子 μ^+ 和中微子 ν 的自旋量子数都是 $\frac{1}{2}$。由此，π^+ 的分量 S_z 必定是 $0\hbar$，μ^+ 和 ν 其中一个是 $+\frac{1}{2}\hbar$，而另一个是 $-\frac{1}{2}\hbar$。

式（44-7）的过程中净分量 S_z 是守恒的，只要有某种方法，使得初始的 S_z（$=0\hbar$）等于最终的净 S_z。我们知道，如果有一个产物，μ^+ 或者 ν，具有 $S_z=+\frac{1}{2}\hbar$，而另一个是 $S_z=-\frac{1}{2}\hbar$，这样它们最终的净值就是 $0\hbar$。于是，因为 S_z 可以守恒，式（44-7）的衰变能够发生。

由式（44-7），我们还可以知道，过程中净电荷守恒：过程以前净电荷的量子数是 +1，过程以后净电荷是 +1 +0 = +1。

3. μ子衰变。μ子（不论 μ^- 还是 μ^+）也都是不稳定的，以平均寿命 2.2×10^{-6}s 衰变。虽然在图44-2中没有表示出衰变产物，但在式（44-7）的反应中产生的反μ子要停下来并自发地按下式衰变：

$$\mu^+ \longrightarrow e^+ + \nu + \bar{\nu} \tag{44-8}$$

反μ子的静能是105.7MeV，正电子的静能只有0.511MeV，其余的105.2MeV在式（44-8）的衰变过程中产生的三个粒子之间分配成为它们的动能。

你们会觉得奇怪，为什么在式（44-8）中会有两个中微子？而不是像式（44-7）中的介子衰变那样只有一个？一个答案是反μ子、正电子和中微子的自旋量子数都是 $\frac{1}{2}$；如果式（44-8）的反μ子衰变中只有一个中微子，那么自旋角动量的净分量 S_z 就无法守恒。在44-2单元中我们将讨论另一个理由。

例题 44.01 介子衰变中的动量和动能

静止的 π 介子按下式衰变

$$\pi^+ \longrightarrow \mu^+ + \nu$$

反μ子 μ^+ 的动能多大？中微子的动能是多少？

【关键概念】

π 介子衰变过程中总能量和总线动量都必须守恒。

能量守恒： 我们先写出衰变过程的总能量（静能 mc^2 加上动能 K）守恒为

$$m_\pi c^2 + K_\pi = m_\mu c^2 + K_\mu + m_\nu c^2 + K_\nu$$

因为 π 介子是静止的，它的动能 K_π 是零。然后，利用表44-1中列出的质量 m_π、m_μ 和 m_ν，我们有

$$\begin{aligned} K_\mu + K_\nu &= m_\pi c^2 - m_\mu c^2 - m_\nu c^2 \\ &= 139.6\text{MeV} - 105.7\text{MeV} - 0 \\ &= 33.9\text{MeV} \end{aligned} \tag{44-9}$$

其中，我们用到 m_ν 近似为零。

动量守恒： 我们无法从式（44-9）中分别解出 K_μ 或 K_ν。下一步我们把线动量守恒原理用到衰变过程中。因为 π 介子在衰变时是静止的，线动量守恒原理要求衰变后的μ子和中微子运动方向相反，设它们的运动沿着某一坐标轴。于是，对这个轴上的分量，我们可以写出衰变过程线动量守恒

$$p_\pi = p_\mu + p_\nu$$

由 $p_\pi=0$，得

$$p_\mu=-p_\nu \tag{44-10}$$

把 p 和 K 联系起来：我们要把这两个动量 p_μ 和 $-p_\nu$ 以及动能 K_μ 和 K_ν 联系起来，这样我们就可以解出动能。因为我们没有理由认为可以应用经典物理学，所以我们应用式（37-54），狭义相对论的动量-能量关系：

$$(pc)^2=K^2+2Kmc^2 \tag{44-11}$$

由式（44-10），我们知道

$$(p_\mu c)^2=(p_\nu c^2) \tag{44-12}$$

将式（44-11）代入式（44-12）的两边，得到

$$K_\mu^2+2K_\mu m_\mu c^2=K_\nu^2+2K_\nu m_\nu c^2$$

中微子质量近似为零即 $m_\nu=0$。由式（44-9），代入 $K_\nu=33.9\text{MeV}-K_\mu$ 然后解出 K_μ，我们得到

$$K_\mu=\frac{(33.9\text{MeV})^2}{(2)(33.9\text{MeV}+m_\mu c^2)}$$

$$=\frac{(33.9\text{MeV})^2}{(2)(33.9\text{MeV}+105.7\text{MeV})}$$

$$=4.12\text{MeV} \qquad \text{（答案）}$$

由式（44-9）可知，中微子的动能是

$$K_\nu=33.9\text{MeV}-K_\mu=33.9\text{MeV}-4.12\text{MeV}$$

$$=29.8\text{MeV} \qquad \text{（答案）}$$

我们看到，虽然两个反冲粒子的动量数值相等，但中微子分得较大份额的动能。

例题 44.02 质子-π介子反应中的 Q 值

充满气泡室的材料中的质子受到一束称为负π介子的高能反粒子的轰击。在碰撞点上，反应中一个质子和一个π介子转变成一个负K介子和一个正Σ超子：

$$\pi^-+p\longrightarrow K^-+\Sigma^+$$

这些粒子的静能是

π^-：139.6MeV　　K^-：493.7MeV

p：938.3MeV　　Σ^+：1189.4MeV

反应的 Q 值是什么？

【关键概念】

反应的 Q 值是

Q =（初始总质能）-（最后总质能）

解：对于所给的反应，我们有

$$Q=(m_\pi c^2+m_p c^2)-(m_K c^2+m_\Sigma c^2)$$

$$=(139.6\text{MeV}+938.3\text{MeV})$$

$$-(493.7\text{MeV}+1189.4\text{MeV})$$

$$=-605\text{MeV} \qquad \text{（答案）}$$

负号意味着这个反应是吸能反应；即只有当入射π介子（π^-）具有大于一定阈值的动能时反应才会发生。这个阈值能量实际上一定大于605MeV，因为线动量也必须守恒。（入射π介子具有动量。）这意味着不仅需要造出K介子（K^-）和Σ超子（Σ^+），还必须给予一定的动能。根据相对论的计算，这个反应的阈值能量是907MeV，它的计算已经超出了本书的范围。

WILEY PLUS 在 WileyPLUS 中可以找到附加的例题、视频和练习。

44-2 轻子、强子和奇异性

学习目标

学完这一单元后，你应当能够……

44.09 知道有六种轻子（各有其反粒子）分成三族，每一族中各有不同类型的中微子。

44.10 如果某一给定的基本粒子反应过程在物理上是可能的，确定它的轻子数是否守恒，它的各族的轻子数是否守恒。

44.11 知道有一个和重子相联系的称为重子数的量子数。

44.12 如果有一给定的基本粒子过程在物理上是可能的，确定这个过程中重子数是否守恒。

44.13 懂得有一个称为奇异数的和某些重子和介子相关的量子数。

44.14 懂得在包含强力的相互作用中奇异数必须守恒，但这个守恒定律可以因其他相互作用而被破坏。

44.15 描写八正法图案。

关键概念

- 我们可以将粒子和它们的反粒子分成两种主要类型：轻子和强子。后者包含介子和重子。
- 轻子有三种（电子、μ 子和 τ 轻子），都带有等于 $-1e$ 的电荷。还有三种不带电的中微子（也是轻子），每一种中微子对应于每一种带电轻子。带电轻子的反粒子带有正电荷。
- 为说明这些粒子的可能和不可能的反应，给每个粒子指定一个轻子量子数，这个量子数必须在反应中守恒。
- 轻子具有半整数的自旋量子数，因而是费米子，它们服从泡利不相容原理。
- 包括质子和中子在内的重子都是强子，它们具有半整数自旋量子数因而也是费米子。
- 介子是有整数自旋量子数的强子，因而是玻色子，它们不服从泡利不相容原理。
- 为了说明这些粒子的可能和不可能的反应，重子被给予重子量子数，这种量子数在反应中必须守恒。
- 重子还被给予奇异量子数，但它只在涉及强相互作用的反应中才守恒。

轻子

这一单元我们讨论一种分类系统中的某些粒子：轻子或强子。我们先从轻子开始，强作用力对这些粒子没有作用。迄今为止，我们已经遇到熟悉的电子以及在 β 衰变中伴随着电子的中微子。在式（44-8）中描述其衰变的 μ 子是这一族的另一个成员。物理学家逐步了解到，式（44-7）中出现的伴随着 μ 子一同产生的中微子和 β 衰变中与电子一同出现的中微子不是同一种粒子。我们把前面一种称为 μ 子中微子（符号 ν_μ），后者称为电子中微子（符号 ν_e）。在需要区别它们的情况下我们就会这样做。

我们现在知道，这两种类型的中微子是不同的粒子，因为如果用一束 μ 子中微子［由式（44-7）表示的 π 介子衰变产生］轰击固体靶，只有 μ 子——永远不会有电子——会产生。另一方面，如果用电子中微子（核反应堆中裂变产物的 β 衰变产生）轰击固体靶，只能产生电子——永远不会产生 μ 子。

另一个轻子，**τ 轻子**，是 1975 年在斯坦福直径加速器中心（SLAC）发现的：它的发现者马丁·佩尔（Martin Perl）分享了 1995 年的诺贝尔物理学奖。τ 轻子有与它自己相联系的中微子，和其他两种相区别，表 44-2 中列出了所有的轻子（粒子和反粒子）；所有轻子都有$\frac{1}{2}$的自旋量子数 s。

表 44-2 **轻子**①

族	粒子	符号	质量（MeV/c^2）	电荷 q	反粒子
电子	电子	e^-	0.511	−1	e^+
	电子中微子②	ν_e	$\approx 1\times10^{-7}$	0	$\bar{\nu}_e$
μ 子	μ 子	μ^-	105.7	−1	μ^+
	μ 子中微子②	ν_μ	$\approx 1\times10^{-7}$	0	$\bar{\nu}_\mu$
τ 轻子	τ 轻子	τ^-	1777	−1	τ^+
	τ 中微子②	ν_τ	$\approx 1\times10^{-7}$	0	$\bar{\nu}_\tau$

① 所有轻子都有自旋量子数$\frac{1}{2}$，因而都是费米子。

② 中微子质量还没有确定。另外，由于中微子振荡，我们无法将特定的质量和一个特定的中微子联系起来。

有充分的理由把轻子分成三族，每一族中都会包含粒子（电子、μ 子和 τ 轻子），相关的中微子以及对应的反粒子。还有，有理由相信，总共只有表 44-2 中列出的三族轻子。轻子没有内部结构，没有可测量的线度；当它们和其他粒子或者和电磁波相互作用时它们是真正的点状基本粒子。

轻子数守恒

根据实验，涉及轻子的相互作用服从称为**轻子数 L** 的量子数守恒定律。对表 44-2 中的每个（正常的）粒子规定 $L=+1$，每个反粒子 $L=-1$。所有其他不是轻子的粒子规定 $L=0$。根据实验得到：

在所有的粒子相互作用中，净轻子数守恒。

这个实验事实称为**轻子数守恒**定律。我们不知道这条定律为什么必须服从；只知道这条守恒定律是宇宙工作方式的一部分。

实际上有三种轻子数，每一族轻子有一种。电子轻子数 L_e、μ 子轻子数 L_μ 以及 τ 子轻子数 L_τ。在几乎所有观察到的相互作用中，这三种量子数是分别守恒的，一个重要的例外涉及中微子。由于这里我们没有谈到的原因，中微子是有质量的这个事实意味着它们在经过很长距离的运动过程中会在不同的类型间“振荡”。之所以要提出这种振荡是想要说明为什么太阳中质子-质子聚变产生的电子中微子（见图 43-11）只有预期数目的大约三分之一到达地球，其余的则在途中发生了改变[⊖]。这种振荡意味着各个族的轻子数对于中微子是不守恒的，在本书中我们不讨论这种守恒定律的破坏并且始终保留各族轻子数守恒的定律。

我们重新考虑式（44-8）中的反 μ 子衰变过程来说明这种守恒定律，现在我们把这个公式写得更完全些

$$\mu^{+}\longrightarrow e^{+}+\nu_{e}+\bar{\nu}_{\mu} \tag{44-13}$$

根据轻子的 μ 子族来考虑第一个粒子。μ^+ 是反粒子（参见表 44-2），因而有 μ 子轻子数 $L_\mu=-1$。两个粒子 e^+ 和 ν_e 不属于 μ 子族，因而 $L_\mu=0$。右边还剩下 $\bar{\nu}_\mu$，它是反粒子，μ 子轻子数 $L_\mu=-1$。式（44-13）的两边有相同的净 μ 子轻子数——即 $L_\mu=-1$；如果不是这样，μ^+ 就不会发生这个衰变过程。

在式（44-13）左边没有出现电子族的成员；所以左边的电子轻子数必定是 $L_e=0$。式（44-13）右边，正电子是反粒子（参考表 44-2），它的电子轻子数是 $L_e=-1$。电子中微子 ν_e 是粒子，它的电子轻子数是 $L_e=+1$。由此，式（44-13）右边的这两个粒子的净电子轻子数也是零，在这个过程中电子轻子数也守恒。

因为式（44-13）的两边不出现 τ 轻子族的成员，所以肯定有两边的 $L_\tau=0$。因此，在式（44-13）的衰变过程中，每一个轻子

⊖ 2015 年诺贝尔物理学奖授予日本物理学家梶田隆章和加拿大物理学家麦克唐纳（Arthur B. McDonald），表彰他们发现中微子振荡。——译者注

量子数 L_μ、L_e 和 L_τ 都保持不变，它们的常量数值分别是 -1、0 和 0。

检查点 1

(a) π^+介子通过过程 $\pi^+ \to \mu^+ + \nu$ 衰变。这个中微子 ν 属于哪个轻子族？(b) 它是粒子还是反粒子？(c) 它的轻子量子数是什么？

强子

我们现在可以考虑强子（重子和介子）了，这些粒子的相互作用受强相互作用力支配。我们从增加另一个守恒定律，重子数守恒开始。

为了说明这个守恒定律，我们考虑质子衰变过程：

$$p \to e^+ + \nu_e \tag{44-14}$$

这个过程从未发生过。我们应当庆幸它从未发生过，不然的话宇宙中所有的质子都要逐渐变成正电子，对我们来说这将会是灾难性的结果。可是这个衰变过程并不违反包括能量守恒、线动量守恒或轻子量子数守恒在内的各个守恒定律。

我们引进新的量子数——**重子数** B 和新的守恒定律——**重子数守恒**来解释质子的明显稳定性，以及不是这样的话其他许多的过程就有可能不会发生：

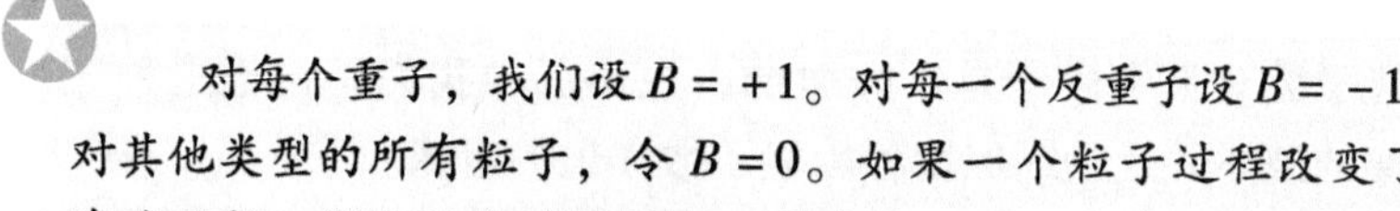

对每个重子，我们设 $B=+1$。对每一个反重子设 $B=-1$。对其他类型的所有粒子，令 $B=0$。如果一个粒子过程改变了净重子数，那么这个过程就不可能发生。

在式（44-14）的过程中，质子有 $B=+1$ 的重子数，正电子和中微子都有 $B=0$ 的重子数。因此，这个过程的重子数不守恒，所以它不会发生。

检查点 2

在以下中子衰变的模式中并没有观察到：

$$n \to p + e^-$$

这个过程违反了以下哪一条守恒定律？(a) 能量，(b) 角动量，(c) 线动量，(d) 电荷，(e) 轻子数，(f) 重子数。各粒子的质量是 $m_n = 939.6\text{MeV}/c^2$，$m_p = 938.3\text{MeV}/c^2$，$m_e = 0.511\text{MeV}/c^2$。

还有另一个守恒定律

除了迄今我们已经列出的一些内禀性质：质量、电荷、自旋、轻子数和重子数以外，粒子还具有另外一些内禀性质。这些另外的性质中的第一个是，在研究者观察某些新的粒子时，像 K 介子（K）和 Σ 超子（Σ），发现它们好像总是成对地产生，而且一次只产生一个这种粒子，而这看来好像是不可能的。因此，如果高能介子束和汽泡室中的质子相互作用时，以下反应会经常发生：

$$\pi^+ + p \rightarrow K^+ + \Sigma^+ \tag{44-15}$$

而反应

$$\pi^+ + p \rightarrow \pi^+ + \Sigma^+ \tag{44-16}$$

虽然并不违背早期粒子物理学中已知的任何守恒定律，但却永远也不会发生。

终于美国的默里·盖尔曼（Muarry Gell-Mann）以及日本人西岛和彦各自独立提出，某些粒子具有称为**奇异性**的新性质，这种性质有自己的量子数 S 和自己的守恒定律。（要小心，不要把这里的符号 S 和自旋的符号混淆。）奇异性的名称来自这一事实，在这些粒子的身份被确定之前，它们被称为“奇异粒子”，并有了这个符号。

质子、中子和介子具有 $S=0$，即它们不是“奇异的”。不过，人们建议 K^+粒子奇异数 $S=+1$，Σ^+的 $S=-1$。在式（44-15）的反应中，净奇异数起初是零，最终也是零；由此，这个反应的奇异数守恒。然而，在式（44-16）的反应中，最后的奇异数是 -1；由此，这一反应中的奇异数不守恒，所以不会发生。显然，我们必须在我们的表格中再加上一个守恒定律——**奇异数守恒**：

在涉及强相互作用力的反应中奇异数守恒。

奇异粒子只能通过强相互作用（快速地）产生，并且以净奇异数为零作为条件成对地产生。然后它们通过弱相互作用（很慢地）衰变，这时没有奇异数守恒。

用一种新的粒子性质来解释式（44-15）和式（44-16）所产生的小小的难题看来有些小题大作。然而，奇异性很快就解决了很多其他困惑。尽管如此，不要被这个古怪的名称误导。奇异性并不比粒子的电荷性质神秘多少，二者都是粒子可以有（或者可以没有）的性质，每一个都用适当的量子数描述。各个都服从自己的守恒定律。还有其他的粒子性质已经被发现并被赋予甚至更加古怪的名称，像粲（charm）和底（bottom），但所有的都是正当合理的性质。作为一个例子，我们来看一看，这个新的奇异的性质是怎样在引导我们发现粒子性质的重要的规律性中“站稳脚跟”的。

八正法

8 个重子——其中包括中子和质子——的自旋量子数都是$\frac{1}{2}$。表 44-3 表示重子的其他一些性质。图 44-3a 表示如果我们将这些重子的奇异性对它们的电荷量子数作图，用斜坐标轴表示电荷量子数，这样就会出现这个令人惊奇的图案。8 个重子中的 6 个连接形成一个六边形，其余两个在六边形中央。

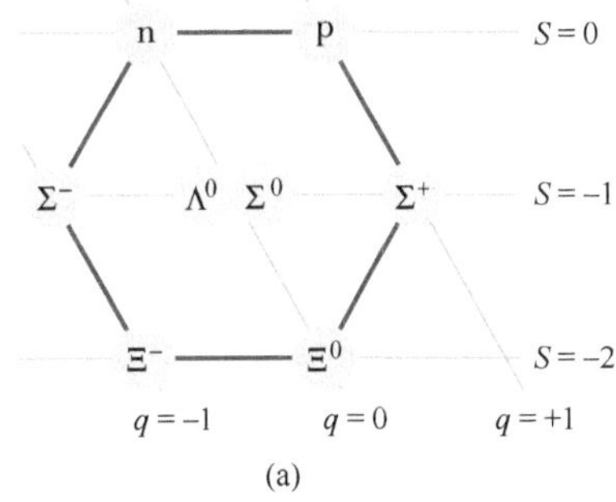

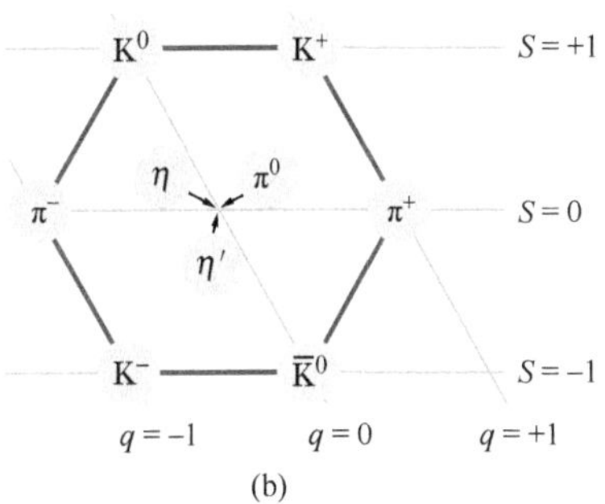

图 44-3 （a）表 44-3 中列出的 8 个自旋$\frac{1}{2}$的重子的八正法图案。粒子在奇异性-电荷坐标图上用圆盘表示，用斜坐标轴表示电荷量子数。（b）表 44-4 中列出的 9 个零自旋的介子的同样的图案。

表 44-3　8个自旋$\frac{1}{2}$的重子

粒子	符号	质量（MeV/c^2）	量子数	
			电荷 q	奇异数 S
质子	p	938.3	+1	0
中子	n	939.6	0	0
Λ超子	Λ^0	1115.6	0	−1
Σ超子	Σ^+	1189.4	+1	−1
Σ超子	Σ^0	1192.5	0	−1
Σ超子	Σ^-	1197.3	−1	−1
Ξ超子	Ξ^0	1314.9	0	−2
Ξ超子	Ξ^-	1321.3	−1	−2

我们现在从称为重子的强子转到称作介子的强子。9个零自旋的介子列在表44-4中。如果我们把它们画在像图44-3b中的斜轴奇异性-电荷图解上，同样会出现迷人的图案！这些图案和相关的图解称为**八正法**图案㊀，这是1961年由加州理工学院的默里·盖尔曼和伦敦皇家学院的尤互勒·内埃曼（Yuval Ne'eman）各自独立提出的。图44-3中的两幅图案是可以描绘出各组重子和介子的大量对称图案的代表。

表 44-4　9个零自旋的介子①

粒子	符号	质量（MeV/c^2）	量子数	
			电荷 q	奇异数 S
介子	π^0	135.0	0	0
介子	π^+	139.6	+1	0
介子	π^-	139.6	−1	0
K介子	K^+	493.7	+1	+1
K介子	K^-	493.7	−1	−1
K介子	K^0	497.7	0	+1
K介子	$\overline{K}^0$	497.7	0	−1
η介子	η	547.5	0	0
η'介子	η'	957.8	0	0

① 所有介子都是自旋为0，1，2，…，的玻色子。表上列出的都是0自旋。

自旋$\frac{3}{2}$重子的八正法对称性（这里没有画出）需要10个粒子被安排在像保龄球道上放的10只瓶那样的图案中。然而，当这个图案最早被提出来的时候。人们只知道9个这种粒子；独缺"1号瓶"。到1962年，在理论和图案的对称性指导下，盖尔曼做了一个预言，他着重指出：

存在着一个自旋$\frac{3}{2}$的重子，它的电荷是−1，奇异数为−3，静能大约为1680MeV。如果你去寻找这个Ω^-粒子（我建议给它这个名称）我相信你们一定会找到它。

㊀ 这个名称是从东方神秘主义借用的。"八"指8个量子数（其中只有几个我们在这里给出了定义），这涉及预言这种图案存在的对称基础理论。（八正法亦称八正道，源自佛教。八正道是：正见、正思维、正语、正业、正命、正精进、正念和正定。——译者注）

以尼古拉斯·萨莫斯（Nicholas Samios）为首的物理学小组在布鲁克海文国家实验室接受了这一挑战，并发现了“缺失”的粒子，证实了对它预言的所有性质。没有什么事物能比及时提供实验上的证实更能建立起人们对一个理论的信心！

八正法图案在粒子物理学中起到了周期表在化学中所起的同样的作用。在这两种情况中都有系统的图案，其中的空缺（缺少的粒子或缺少的元素）特别显眼并且十分突出，指引实验科学家去寻找。在周期表的情况中，空缺的存在强烈地暗示各元素的原子并不是基本粒子而是具有内部的基本结构。同理，八正法的图案也强烈暗示，介子和重子必定有其基本结构，根据这些基本结构它们的性质就可以理解了。这种结构可以用夸克模型来解释。我们下面就要讨论它。

例题 44.03 质子衰变：量子数、能量和动量守恒

确定静止的质子是否可以按照以下方案衰变

$$p \to \pi^0 + \pi^+$$

其中，质子和 π^+ 介子的性质列在表 44-1 中。π^0 介子为零电荷、零自旋，质能为 135.0MeV。

【关键概念】

我们要看看所提出的衰变是否违反我们已经讨论过的几条守恒定律。

电荷：我们看到净电荷量子数起初是 +1，最后是 0+1 或 +1。因此，衰变中电荷是守恒的。轻子数也守恒。因为这三个粒子都不是轻子，因而每种轻子数都守恒。

线动量：因为质子是静止的，线动量为零，所以两个介子只能以相等数值的线动量沿相反方向运动（这样它们的总线动量仍旧是零）以保证线动量守恒。线动量可以守恒这个事实意味着这个过程不违背线动量守恒。

能量：衰变有没有能量呢？因为质子是静止的，这个问题相当于问质子的质能是否足够产生这两个 π 介子的质能和动能。要回答这个问题，我们计算衰变的 Q 值

$$\begin{aligned} Q &= (\text{初始总质能}) - (\text{末了总质能}) \\ &= m_p c^2 - (m_0 c^2 + m_+ c^2) \\ &= 938.3\text{MeV} - (135.0\text{MeV} + 139.6\text{MeV}) \\ &= 663.7\text{MeV} \end{aligned}$$

Q 是正的这个事实表明初始质能超过末了的质能。由此可知，质子确实具有足够的质能来产生这一对介子。

自旋：衰变前后自旋角动量是否守恒？这相当于确定自旋角动量沿任意轴的净分量 S_z 在衰变中是否守恒。在这个过程中质子的自旋量子数是 $\frac{1}{2}$，两个 π 介子都是 0。对于质子 S_z 可以是 $+\frac{1}{2}\hbar$ 或者 $-\frac{1}{2}\hbar$，对于每个 π 介子都是 $0\hbar$。我们看出没有办法使 S_z 守恒。因此自旋角动量不守恒，所提出来的质子衰变不可能发生。

重子数：这个衰变也违背了重子数守恒，因为质子的重子数 $B=+1$，两个介子的重子数都是 $B=0$。由此，重子数不守恒是所提出的衰变不可能发生的另一个理由。

例题 44.04 Ξ 负超子衰变：量子数守恒

一种称为 Ξ 负超子并用符号 Ξ^- 表示的粒子按下式衰变：

$$\Xi^- \to \Lambda^0 + \pi^-$$

Λ^0 粒子（称为 lambda 零）和 π^- 粒子都是不稳定的。以下衰变过程级联式发生，直到留下相对稳定的产物为止：

$$\Lambda^0 \to p + \pi^-, \quad \pi^- \to \mu^- + \bar{\nu}_\mu$$

$$\mu^- \to e^- + \nu_\mu + \bar{\nu}_e$$

(a) Ξ^- 粒子是轻子还是强子？如果是后者，它是重子还是介子？

【关键概念】

（1）轻子只有三个族（见表44-2），其中没有一族包含Ξ粒子。因此，Ξ必定是强子。（2）要回答第二个问题，我们需要确定Ξ^-粒子的重子数。如它是+1或-1，则Ξ^-是重子。如果它是0，则Ξ^-是介子。

重子数：我们先写出整个衰变过程；从最初的Ξ^-到最后的相对稳定的产物：

$$\Xi^- \to p + 2(e^- + \bar{\nu}_e) + 2(\nu_\mu + \bar{\nu}_\mu) \quad (44\text{-}17)$$

式子右边，质子有重子数+1，每个电子和中微子的重子数都是0。由此，右边的净重子数是+1。这一定是左边唯一的Ξ^-粒子的重子数。我们得出结论，Ξ^-粒子是重子。

（b）这个衰变过程中三种轻子数守恒吗？

【关键概念】

任何过程必须要满足表44-2中的各个轻子族的净轻子数各自守恒。

轻子数：我们首先考虑电子轻子数L_e，电子e^-的L_e是+1，反电子中微子$\bar{\nu}_e$的是-1。在式（44-17）中的整个衰变中其他粒子的L_e都是0。我们看到衰变前L_e是0，衰变后是$2[1+(-1)]+2(0+0)=0$。由此，净电子轻子数是守恒的。你可以同样证明净μ轻子数和净τ轻子数也都守恒。

（c）关于Ξ^-粒子的自旋你可以说些什么？

【关键概念】

式（44-17）的整个衰变过程中净自旋分量S_z必定守恒。

自旋：我们可以通过考虑式（44-17）右边9个粒子的S_z分量来确定式（44-17）左边的Ξ^-粒子的自旋分量S_z。所有这9个粒子都是自旋$\frac{1}{2}$粒子，因而S_z是$+\frac{1}{2}\hbar$或$-\frac{1}{2}\hbar$。无论我们如何在这两个可能的S_z数值中间选择哪一个，这9个粒子的净S_z必定是半整数乘以$\hbar$。因此，Ξ^-粒子的S_z必定是半整数乘以$\hbar$，这意味着它的自旋量子数s必定是半整数$\left(\text{实际上它是}\frac{1}{2}\right)$。

PLUS 在WileyPLUS中可以找到附加的例题、视频和练习。

44-3 夸克和信使粒子

学习目标

学完这一单元后，你应当能够……

44.16 知道有6种夸克（以及它们各自的反粒子）。

44.17 知道重子由三个夸克（或反夸克）组成，介子由一个夸克和一个反夸克组成，并且这些重子中有许多是基本夸克组合的激发态。

44.18 对一个给定的重子，确定它所包含的夸克，以及相反的途径，由夸克确定重子。

44.19 懂得什么是虚粒子。

44.20 应用虚粒子对能量守恒的违反和允许这种违反的时间间隔（用能量表示的不确定性原理）之间的关系。

44.21 懂得电磁相互作用、弱相互作用和强相互作用的信使粒子。

关键概念

- 6个夸克（按质量的升序排列是：上、下、奇异、粲、底和顶）每个都有重子数$+\frac{1}{3}$，以及等于$+\frac{2}{3}$或者等于$-\frac{1}{3}$的电荷。奇异夸克的奇异数是-1，其他所有夸克的奇异数是0。反夸克的这四个代数符号反号。
- 轻子不是由夸克组成，并且没有内部结构。介子由一个夸克和一个反夸克组成。重子由三个夸克或反夸克组成。夸克和反夸克的量子数的规定要和介子和重子的量子数符合一致。

- 带电荷的粒子通过交换虚光子产生电磁力相互作用。
- 轻子可以相互间，也可以和夸克之间通过弱力相互作用，这种作用通过质量很大的 W 和 Z 粒子作为信使。
- 夸克主要通过色力，即通过胶子产生相互作用。
- 电磁力和弱力是某种称为电弱相互作用力的同一种力的不同表现。

夸克模型

1964 年，盖尔曼和乔治·茨威格（George Zweig）各自独立地提出，八正法图案可以用一个简单的方法理解，只要把重子和介子看作是由盖尔曼称之为**夸克**的亚单元构建起来的就容易说明了。我们先来处理其中的三个：上夸克（符号 u）、下夸克（符号 d）和奇异夸克（符号 s）。这些夸克的名称，以及下面我们将要讲到的另外三个夸克的名称除了作为方便的符号外并没有什么意义。总的说来，这些名称被称为夸克味。我们也可以把它们称为香草味、巧克力味和草莓味代替上、下和奇异。这些夸克的一些性质列在表 44-5 中。

表 44-5 **夸克**①

粒子	符号	质量（MeV/c^2）	量子数 电荷 q	奇异数 S	重子数 B	反粒子
上	u	5	$+\frac{2}{3}$	0	$+\frac{1}{3}$	$\bar{u}$
下	d	10	$-\frac{1}{3}$	0	$+\frac{1}{3}$	$\bar{d}$
粲	c	1500	$+\frac{2}{3}$	0	$+\frac{1}{3}$	$\bar{c}$
奇异	s	200	$-\frac{1}{3}$	-1	$+\frac{1}{3}$	$\bar{s}$
顶	t	175000	$+\frac{2}{3}$	0	$+\frac{1}{3}$	$\bar{t}$
底	b	4300	$-\frac{1}{3}$	0	$+\frac{1}{3}$	$\bar{b}$

① 所有夸克（包括反夸克）的自旋都是$\frac{1}{2}$；所以都是费米子。每个夸克的反粒子的量子数 q、S 和 B 是对应夸克的量子数的负数。

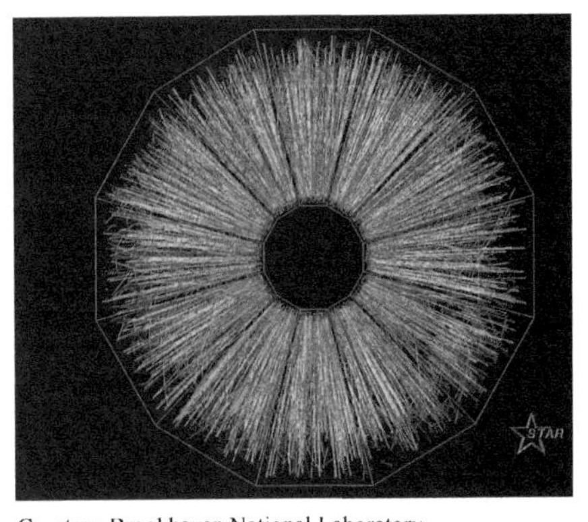

Courtesy Brookhaven National Laboratory

布鲁克海文国家实验室的 RHIC 加速器中两束 30GeV 金原子束发生猛烈的正碰撞，碰撞的一刹那产生独立夸克和胶子的气体。

夸克的分数电荷量子数可能使你感到有点吃惊。然而，在你知道这些分数电荷是如何巧妙地解释了观察到的介子和重子的整数电荷前，请先不要着急下结论。在所有正常的情况中，无论是在这里的地球上或是在其他天体的过程中，由于尚未知晓的原因，夸克总是两个或三个（或许还有更多的）结合在一起。这种要求是我们的夸克组合的正常规则。

打破常规的例外却发生在布鲁克海文国家实验室的重离子对撞机（RHIC particle collider）的实验中。在两束高能金原子核发生正碰撞的一点，粒子的动能如此之大，大到相当于宇宙刚开始不久所有的粒子的动能（如我们在 44-4 单元中讨论的）。金原子核的质子和中子都被撕开形成瞬时的独立夸克的气体。（这种气体中包含胶子，这是通常把夸克胶合在一起的粒子。）这些 RHIC 的实验可能是宇宙诞生以来第一次使夸克互相分离开来成为自由粒子。

夸克和重子

每个重子都是由三个夸克组成的；它们的一些组合在图 44-4a 中给出。关于重子数，我们看到任何三个夸克$\left(\text{每个都是 } B=+\frac{1}{3}\right)$组成一个合适的重子（$B=+1$）。

电荷也可以算出，我们可以从三个例子看到。质子的夸克组成是 uud，所以它的电荷量子数是

$$q(\mathrm{uud})=\frac{2}{3}+\frac{2}{3}+\left(-\frac{1}{3}\right)=+1$$

中子的夸克组成是 udd，所以它的电荷量子数

$$q(\mathrm{udd})=\frac{2}{3}+\left(-\frac{1}{3}\right)+\left(-\frac{1}{3}\right)=0$$

Σ^-（Σ 负）粒子的夸克组成是 dds，所以它的电荷量子数是

$$q(\mathrm{dds})=-\frac{1}{3}+\left(-\frac{1}{3}\right)+\left(-\frac{1}{3}\right)=-1$$

同样可以算出奇异量子数，你们可以利用表 44-3 中 Σ^- 的奇异数和表 44-5 中的 dds 夸克的奇异数进行验证。

不过要注意，质子、中子、Σ^- 或任何其他重子的质量不是组成它们的夸克的质量之和。例如，质子中三个夸克的总质量只有 $20\mathrm{MeV}/c^2$，远远小于质子的质量 $938.3\mathrm{MeV}/c^2$。几乎所有的质子质量都来自内部能量：（1）夸克的运动和（2）把夸克结合在一起的场。（回忆一下，质量通过爱因斯坦方程式和能量相关，我们可以把这个方程式写成 $m=E/c^2$。）由此，因为你的大部分质量都是来自你身体中的质子和中子，所以你的质量（即你在浴室里的一台体重秤上称出的重量）主要来自你身体中的夸克运动以及夸克结合场的能量。

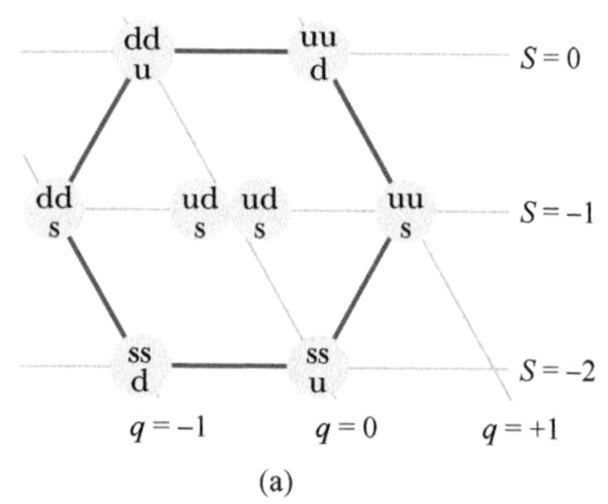

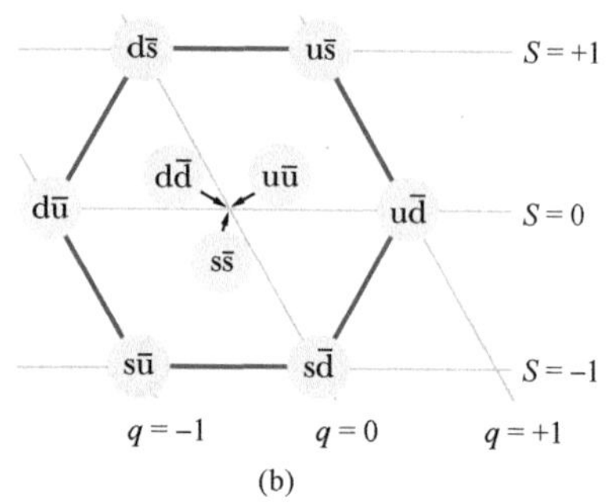

图 44-4 （a）画在图 44-3a 中的 8 个自旋$\frac{1}{2}$重子的夸克成份。（虽然两个中央的重子都有相同的夸克结构，但它们是不同的粒子。Σ 是 Λ 的激发态，通过发射 γ 射线光子衰变成 Λ。）（b）图 44-3b 中 9 个自旋零介子的夸克成份。

夸克和介子

介子是夸克-反夸克对；一些介子的组成在图 44-4b 中给出。夸克-反夸克模型和介子不是重子这个事实一致，就是说介子的重子数 $B=0$。夸克的重子数是 $+\frac{1}{3}$，而反夸克的重子数是 $-\frac{1}{3}$；由此，介子的重子数是零。

考虑介子 π^+，它由一个上夸克 u 和一个反下夸克（$\bar{\mathrm{d}}$）组成。我们从表 44-5 看到上夸克的电荷量子数是 $+\frac{2}{3}$，反下夸克的是 $+\frac{1}{3}$（这个符号和下夸克相反）。相加正好得到 π^+ 介子的电荷量子数 +1：即

$$q(\mathrm{u\bar{d}})=\frac{2}{3}+\frac{1}{3}=+1$$

图 44-4b 中的所有电荷及奇异量子数都和表 44-4 以及图 44-3b 中的这些量子数一致。你自己可以用所有可能的上、下和奇异夸

克-反夸克组合来证明一下，每一个都符合。

检查点 3

一个下夸克（d）和一个反上夸克（$\bar{u}$）组合称为（a）π^0介子，（b）质子，（c）π^-介子，（d）π^+介子，还是（e）中子?

β衰变的新观点

我们现在从夸克的观点来看β衰变是什么样的。在式（42-24）中我们给出这种过程的一个典型例子

$$^{32}P \rightarrow {}^{32}S + e^- + \nu$$

在中子被发现以后，费米提出了他的β衰变理论，物理学家们开始把基本的β衰变过程看作原子核内的中子变成质子，这个过程是

$$n \rightarrow p + e^- + \bar{\nu}_e$$

这里面，中微子的身份更完全地被确认。今天，我们观察得更深刻，并且看到中子（udd）可以通过把下夸克变成上夸克转变成质子（uud）。我们现在把基本β衰变过程表示成：

$$d \rightarrow u + e^- + \bar{\nu}_e$$

由此，关于物质的基本性质我们知道得越来越多，我们可以在越来越深刻的水平上考察原来熟悉的过程。我们还看到，夸克模型不仅帮助我们理解了粒子的结构，并且还搞清楚了它们的相互作用。

还有更多的夸克

还有其他的粒子和其他八正法图案我们没有讨论。要说明这些，我们发现还要假设另外三个夸克：*粲夸克* c、*顶夸克* t 和*底夸克* b。于是，总共有 6 个夸克，它们都列在表 44-5 中。

注意，有三个夸克的质量特别大，其中质量最大的（顶夸克）比质子质量大了几乎 190 倍。要产生包含这种夸克的有巨大质能的粒子，我们必须得到越来越高的能量。这就是这三种夸克在更早的时候没有被发现的缘故。

所发现的包含粲夸克的第一个粒子是 J/ψ 介子，它的夸克结构是 $c\bar{c}$，它在 1974 年分别被丁肇中领导的小组在布鲁克海文国家实验室以及斯坦福大学的伯顿·里克特（Burton Richter）同时并各自独立地发现[⊖]。

顶夸克抗拒在实验室中产生它的所有努力，直到 1995 年，它的存在才终于在费米实验室的大型粒子对撞机 Tevatron 中显现。在这个加速器中，使能量都是 0.9TeV（$=9\times10^{11}$eV）的质子和反质子在两个大型粒子探测器的中央碰撞。在非常少的几种情况中，碰撞粒子产生顶-反顶（$t\bar{t}$）夸克对，它会非常快地衰变成可以探测到的粒子，从而可以用来推断顶-反顶夸克对的存在。

回头看一看表 44-5（夸克家族）和表 44-2（轻子家族），并注意到这两组“六连包”粒子的优美对称性，每一组粒子可以自然地分成相应三族，每族两个粒子。按照我们今天所知，夸克和轻子看起来才是真正的基本粒子，再没有可细分的内部结构。

⊖ 他们同获 1976 年诺贝尔物理学奖。——译者注

例题 44.05 **Ξ⁻粒子的夸克组成**

Ξ⁻（Ξ 负）粒子是自旋量子数 s 为$\frac{1}{2}$，电荷量子数 q 是 -1，以及奇异量子数 S 为 -2 的重子。还有，它不包含底夸克。夸克怎样组合成为 Ξ⁻？

推理：因为 Ξ⁻是重子，它必定由三个夸克组成（而不是像介子那样由两个夸克组成）。

下面我们考虑 Ξ⁻的奇异数 $S=-2$。只有奇异夸克 s 和反奇异夸克 $\bar{s}$ 具有不为零的奇异数（参见表44-5）。还有，因为只有奇异夸克 s 有负值的奇异性，所以 Ξ⁻必定包含这种夸克。事实上，对于奇异数为 -2 的 Ξ⁻，它必须包含两个奇异夸克。

要确定这第三个夸克，我们称它为 x，我们可以考虑 Ξ⁻的其他已知的性质。它的电荷量子数 q 是 -1，每个奇异夸克的电荷量子数 q 是 $-\frac{1}{3}$。于是，这第三个夸克 x 必定有电荷量子数 $-\frac{1}{3}$。所以我们有

$$q(\Xi^-)=q(\mathrm{ssx})=-\frac{1}{3}+\left(-\frac{1}{3}\right)+\left(-\frac{1}{3}\right)=-1$$

除了奇异夸克以外，$q=-\frac{1}{3}$的夸克只有下夸克 d 和底夸克 b。因为在题目中已经说明排除了底夸克。这第三个夸克必定是下夸克。这个结论也和重子量子数一致

$$B(\Xi^-)=B(\mathrm{ssd})=\frac{1}{3}+\frac{1}{3}+\frac{1}{3}=+1$$

由此，Ξ⁻粒子的夸克组成是 ssd。

WILEY PLUS 在 WileyPLUS 中可以找到附加的例题、视频和练习。

基本力和信使粒子

我们现在从粒子的分类转到考虑粒子间的作用力。

电磁力

在原子的水平上，我们说两个电子之间有电磁力按照库仑定律相互间作用着，在更深的层次上，这个相互作用可以称为**量子电动力学**（Quantum Electrodynamics，QED）的非常成功的理论来描述。从这个观点看，我们说每个电子通过交换光子来感觉到另一个电子的存在。

我们不可能探测到这个光子，因为它们是由一个电子发射并在非常短暂的时间内就被另一个电子吸收。因为这种光子的存在是探测不到的，我们把它们称为**虚光子**。又因为它们在两个相互作用的带电粒子之间传达信息，所以我们有时也称这种光子为*信使粒子*。

如果一个静止粒子发射一个光子并且自身保持不变，能量就要不守恒。然而，能量守恒原理还是可以通过以下形式的不确定性原理保留下来：

$$\Delta E\cdot\Delta t\approx\hbar \tag{44-18}$$

这里我们把这个关系解释为：你可以“透支”一定数量的能量 ΔE，从而违反能量守恒，*只要*你在 $\hbar/\Delta E$ 给出的时间间隔 Δt 内“返还”给它，这样能量守恒的违反就探测不出来。虚光子就是起这作用。我们说，电子 A 发射一个虚光子而透支了能量，当这个电子 A 从另一个电子 B 接收到一个虚光子时，能量的透支立即被

补上了，能量守恒的破坏被内在的不确定性所掩盖。

弱作用力

作用在所有粒子上的弱作用力理论是通过比较与电磁力的相似性而发展起来的。不过，在粒子间传递弱力的信使粒子并不是（无质量的）光子，而是质量很大的粒子，用符号 W 和 Z 标记。这个理论是如此的成功，它揭示电磁力和弱力是单一的**电弱作用力**的不同方面。这个成就是对麦克斯韦的工作的合乎逻辑的推广，麦克斯韦揭示了电场力和磁场力是单一的电磁力的不同方面。

电弱理论明确预言了信使粒子的性质。除了充当电磁相互作用信使的无质量的光子之外，理论还给出三种弱相互作用的信使：

粒子	电荷	质量
W	$\pm e$	$80.4\mathrm{GeV}/c^2$
Z	0	$91.2\mathrm{GeV}/c^2$

想到质子质量只有 $0.938\mathrm{GeV}/c^2$；上面三种信使粒子都是质量非常大的粒子！1979 年的诺贝尔物理奖被授予谢尔顿·格拉肖（Sheldon Glashow）、史蒂文·温伯格（Steven Weinberg）和阿布杜斯·萨拉姆（Abdus Salam），因他们对电弱理论所做的贡献。1983 年，这个理论被 CERN 的卡罗·鲁比亚（Carlo Rubbia）和他的小组证实，1984 年诺贝尔物理奖被授予鲁比亚和西蒙·范德梅尔（Simon van der Meer），因他们出色的实验工作。

今日和历史上粒子物理学的复杂程度相比较的大致概念可以从考察早期的获得诺贝尔物理学奖的粒子物理学的实验——中子的发现——中找到。关键性的重要发现来自“桌面上的”实验，利用天然的放射性材料发射的粒子作为射弹。1932 年以“中子的可能存在”为题发表的论文的唯一作者是詹姆斯·查德威克（James Chadwick）。

相反，1983 年，W 和 Z 信使粒子的发现则是在大型的粒子加速器上进行的，加速器周长约 7km，在几千亿电子伏特的范围内运作。光是主要的粒子探测器重量就达 20MN。实验从 8 个国家的 12 个研究所聘请了 130 位物理学家以及大量的辅助人员。

强作用力

强相互作用的理论——就是使强子结合起来的夸克之间的作用力——也有所发展。在强力情况中的信使粒子称为**胶子**，像光子一样，它们被预言为无质量的。理论假设，夸克的每一“味”可分成三种，为方便起见，分别标作红、黄和蓝三色。由此，有三种上夸克，每一种是一个颜色，依此类推。反夸克也有三色，我们把它们称为反红、反黄和反蓝，你们不要以为夸克像小的软糖豆一样，真的有颜色。这些名称只是为了标记方便而定，但是（有一次）它们确实有正当的理由，你们马上就会看到。

夸克之间作用的力称为**色力**，和量子电动力学（QED）类似，它的基础理论称为**量子色动力学**（Quantum Chromodynamics，QCD）。显然，夸克只能集结成色中性的组合。

有两种方法可以组合成色中性。在真实的颜色理论中，红+黄+蓝得到白色，这就是色中性。我们用同样的方式来处理夸克。这样我们可以集结三个夸克组成一个重子，只要一个黄色夸克、一个红色夸克和一个蓝色夸克就可以了。反红+反黄+反蓝也是白色，所以我们可以集结（有特定反色的）三个反夸克组成反重子。最后，红+反红，或黄+反黄，或蓝+反蓝也成为白色。于是，我们可以集结夸克-反夸克组合成介子。色中性定则不允许任何其他的夸克组合，并且目前还没有观察到不满足这个定则的粒子。

色力不仅在结合夸克组成重子和介子中起作用，它也在那些传统上被认为有强作用力的粒子之间作用着。因此，色力不仅把夸克结合在一起形成质子和中子，它也把质子和中子结合在一起组成原子核。

希格斯场和粒子

基本粒子的标准模型包括电弱相互作用和强相互作用的理论。这个理论最重要的成就是揭示弱电相互作用中的四种信使粒子的存在：光子以及Z和W粒子。然而，主要的困难在于这些粒子的质量。为什么光子没有质量而Z和W粒子的质量却特别大?

20世纪60年代，彼得·希格斯（Peter Higgs）以及罗伯特·布劳特（Robert Brout）和弗朗索瓦·恩格勒特（François Englert）各自独立地提出，质量的差异来自一种场（现在称为*希格斯场*），这种场弥漫在所有空间中，所以它是一种真空的性质。如果没有这种场，四种信使粒子便都没有质量且是无差别的——并且它们是*对称的*。布劳特-恩格勒特-希格斯理论证明场如何打破了这种对称，产生电弱信使，并且其中一个没有质量。理论也解释了除了胶子的其他粒子为什么会有质量。这种场的量子是**希格斯玻色子**。正是因为它对所有粒子的关键作用，这项理论是否能成立才激起了人们很大的兴趣（甚至感到是美妙的），所以对希格斯玻色子的大力探寻在布鲁克海文实验室的Tevatron和CERN的大型强子碰撞机上不停地进行着。2012年，终于宣布得到了质量为125GeV/c^2的希格斯玻色子的令人兴奋的实验证据。⊖

爱因斯坦之梦

将自然界的基本作用力统一为一个力——这耗去了爱因斯坦晚年很大的精力——是近代研究的重要关注点。我们已经知道弱力已经成功地和电磁理论结合起来，这样它们可以被共同看作单一的*电弱力*的不同方面，企图把强作用力加入到这个组合中的理论——称为*大统一理论*（Grand Unification Theories，GUTs）——一直在积极地研究中。还要加入引力以完成这个任务的理论——有时称为*万有理论*（Theories of every thing，TOE）——今天还处在推测阶段。*弦理论*（认为粒子是微小的振荡回路）是一条出路。

⊖ 恩格勒特和希格斯同获2013年诺贝尔物理学奖（当时布劳特已逝世）。——译者注

44-4 宇宙学

学习目标

学完这一单元后，你应当能够……

44.22 懂得宇宙（包括全部时空）从大爆炸开始，并在此后一直在膨胀。

44.23 知道在所有方向上的所有远距离的星系（因而它们包含的恒星、黑洞，等等）都因这种膨胀而离开我们后退远去。

44.24 应用哈勃定律把远距离星系的退行速率 v、离开我们的距离 r 和哈勃常数 H 联系起来。

44.25 将光红移的多普勒方程式的波长移动 $\Delta\lambda$、退行速率 v 和发射光的固有波长 λ_0 联系起来。

44.26 利用哈勃常数计算宇宙的近似年龄。

44.27 懂得什么是宇宙背景辐射，并说明对它的检测的重要性。

44.28 说明暗物质的证据，这种暗物质明显地围绕着每一个星系。

44.29 讨论宇宙从大爆炸刚结束后开始直到原子开始形成中的各个阶段。

44.30 知道宇宙的膨胀是被称为暗能量的某种未知性质引起的加速所致。

44.31 知道重子物质（质子和中子）的总能量只是宇宙总能量的一小部分。

关键概念

- 宇宙正在膨胀中，这意味着在我们和任何遥远的星系之间不断出现空虚的空间。
- 到遥远星系间的距离增加的速率 v（表观上以速率 v 运动的星系）由哈勃定律给出：

$$v = Hr$$

其中，r 是到星系当前的距离；H 是哈勃常数；这个数值是

$$H = 71.0\mathrm{km/s \cdot Mpc} = 21.8\mathrm{mm/s \cdot ly}$$

- 宇宙的膨胀引起我们接收到的遥远星系发出的光的红移。我们可以假设，波长的移动 $\Delta\lambda$ 由 37-5 单元中光的多普勒频移方程式（近似地）给出

$$v = \frac{|\Delta\lambda|}{\lambda_0}c$$

其中，λ_0 是在光源的参考系（星系）内测量的固有波长。

- 哈勃定律描述的膨胀和无所不在的背景微波辐射的存在揭露了宇宙是在 137 亿年以前从一次“大爆炸”开始的。
- 膨胀速率的不断增加是由称为暗能量的真空的神秘性质所引起的。
- 宇宙中有许多能量隐藏在暗物质中，暗物质明显地和正常的（重子）物质通过引力相互作用。

停下来想一想

我们把刚才学到的知识回顾一下。如果我们感兴趣的所有事物只是周围世界的结构，那么只要搞懂电子、中微子、中子以及质子就足够了。正如某些人说的，我们只需要这些粒子就能够轻松地驾驭我们的“地球空间船”。我们可以在宇宙线中找到更多的奇特粒子中的几个；不过，要找到更多奇特的粒子，我们必须建造巨大的加速器，花费庞大的财力并付出巨大的努力来寻找它们。

我们必须做这些努力的理由是——用能量来表示——我们生活在温度非常低的世界中。即使在太阳的中心，kT 的数值只有大约 1keV。要产生这些奇特粒子，我们必须把质子或电子加速到 GeV 和 TeV 以及更高范围的能量。

以前曾经有一个时期，各处的温度都高到可以提供这种能量。极端高温发生在宇宙**大爆炸**开始的时候，这时宇宙（以及时间和

空间）开始存在。由此，科学家研究高能粒子的一个原因是要认识宇宙在刚开始的时候是什么样子的。

正如我们马上就要讨论到的，宇宙的整个空间最初的范围是非常小的，空间中粒子的温度是难以想象的高。然而，宇宙随时间流逝而膨胀并冷却到较低的温度，终于达到我们今天看到的大小和温度。

实际上，"我们今天看到的"这句话是很复杂的：当我们向天空望去，实际上我们是在时间上看过去，因为从星体和星系发出的光要经过很长的时间才能到达我们这里。我们可以探测到的最远的天体是**类星体**，这是星系的极亮的核心，离我们有 13×10^{9}ly 远。每个这种核心中有一个巨大的黑洞；物质（气体，甚至于恒星）都要被这种黑洞吸引进去，在此过程中物质被加热并辐射极大量的光，虽然离我们极其遥远，但这些光足以让我们探测到。所以我们所"看见"的一个类星体并不是它今天的样子，而是它以前曾经有过的模样，是几十亿年前光刚从它那里发射出来，到我们这里的旅程刚开始时的模样。

宇宙在膨胀

正如我们在 37-5 单元中介绍过的，可以通过测量星系发射的光的波长的移动来测量星系向着我们或背离我们运动的相对速率。如果只观察位于我们邻近星系之外的遥远星系，我们会发现一个惊人的事实：它们都在远离（退行）我们而去！1929 年，埃德温 · 哈勃（Edwin P. Hubble）把星系退行的速率 v 和它离我们的距离 r 联系起来——它们直接成正比：

$$v=Hr\quad\text{（哈勃定律）}\tag{44-19}$$

其中，H 称为**哈勃常数**。H 的数值通常用千米每秒 · 百万秒差距（km/s · Mpc）为单位表示。百万秒差距是长度单位，通常用在天体物理学和天文学中：

$$1\text{Mpc}=3.084\times10^{19}\text{km}=3.260\times10^{6}\text{ly}\tag{44-20}$$

哈勃常数从宇宙开始以来并不是一直有相同的数值。确定现在的数值是极其困难的。因为这会涉及测量非常远的星系。不过，现在知道的哈勃常数是

$$H=71.0\text{km/s}\cdot\text{Mpc}=21.8\text{mm/s}\cdot\text{ly}\tag{44-21}$$

我们对星系退行的解释是宇宙在膨胀，就好像一团做葡萄干面包的生面团发酵时那样，里面的葡萄干会随面团膨胀而相互分离。位于所有其他星系上的观察者也会发现遥远的星系按哈勃定律快速地离他们而去。为保持我们和其他星系的相似性，我们可以说，没有哪一颗葡萄干（星系）具有唯一的或优越的地位。

哈勃定律和宇宙从大爆炸开始并且从此以后一直在膨胀的假设符合一致。如果我们假设，膨胀的速率是一个常量（即 H 的数值始终不变），那么，我们可以利用式（44-19）估算宇宙的年龄 T。我们还假设，自从大爆炸以来，宇宙的任何一部分（譬如说，星系）就都一直从我们的位置，以式（44-19）给出的速率 v 离开我们退行。由此，其中的一部分退到距离 r 所需的时间是

$$T=\frac{r}{v}=\frac{r}{Hr}=\frac{1}{H}\quad（估算宇宙年龄）\tag{44-22}$$

对式（44-21）中的 H 值，求出 T 是 13.8×10^9y。对宇宙膨胀更加精确的研究给出 T 是 13.7×10^9y。

例题 44.06 利用哈勃定律把距离和退行速率联系起来

从一特定的类星体发射的光的波长移动表明，该类星体的退行速率是 2.8×10^8m/s（这是光速的93%）。这个类星体离我们大概有多远？

【关键概念】

我们假设距离和速率用哈勃定律联系起来。

解： 由式（44-19）和式（44-21），我们求得

$$r=\frac{v}{H}=\frac{2.8\times10^8\text{m/s}}{21.8\text{mm/s}\cdot\text{ly}}(1000\text{mm/m})$$

$$=12.8\times10^9\text{ly}\quad（答案）$$

这只是近似的，因为类星体并不总是以同样的速率 v 离开我们所在的位置退行；即在宇宙膨胀的所有时间中，H 并不一直都是现在的数值。

例题 44.07 利用哈勃定律将距离和多普勒频移联系起来

探测到从某个星系发射的光的特定发射光谱线的波长 $\lambda_{det}=1.1\lambda$。设 λ 是谱线的固有波长。星系离我们的距离是多少？

【关键概念】

(1) 我们假设哈勃定律（$v=Hr$）可以应用于星系的退行。(2) 我们还假设式（37-36）（$v=c|\Delta\lambda|/\lambda$，$v\ll c$）的多普勒频移公式也可以应用于天文学中星系退行产生的波长移动。

解： 我们可以将这两个式子的右边用等号联接起来

$$Hr=\frac{c|\Delta\lambda|}{\lambda}\tag{44-23}$$

由此得到

$$r=\frac{c|\Delta\lambda|}{H\lambda}\tag{44-24}$$

上式中

$$\Delta\lambda=\lambda_{det}-\lambda=1.1\lambda-\lambda=0.1\lambda$$

将它代入式（44-24），给出

$$r=\frac{c(0.1\lambda)}{H\lambda}=\frac{0.1c}{H}$$

$$=\frac{(0.1)(3.0\times10^8\text{m/s})}{21.8\text{mm/s}\cdot\text{ly}}(1000\text{mm/m})$$

$$=1.4\times10^9\text{ly}\quad（答案）$$

宇宙背景辐射

1965 年，当时在贝尔电话实验室工作的阿尔诺·彭齐亚斯（Arno Penzias）和罗伯特·威尔森（Robert Wilson）在测试一台用于通信研究的灵敏的微波接收器时发现了一种很弱的背景“嘶嘶声”，无论他们的天线指向哪一个方向，这种背景的强度都不会变化。彭齐亚斯和威尔森很快就搞清楚了，他们观察到了**宇宙背景辐射**，它是由早期宇宙所产生的并且几乎均匀地充满了所有空间。当前，这种辐射的极大强度在波长 1.1mm，在电磁辐射（简单地说也就是光波）的微波区域。这个辐射的波长分布和实验室中腔壁温度为 2.7K 的封闭空腔发射的光的波长分布相匹配。由此，对

于这种宇宙的背景辐射，我们说封闭的空腔是整个宇宙，宇宙处于（平均）温度 2.7K 中。由于宇宙背景辐射的发现，彭齐亚斯和威尔森被授予 1978 年的诺贝尔物理学奖。

现在知道，宇宙背景辐射是一百亿年前宇宙开始后不久的时候在宇宙中传播的光。在宇宙还很年轻的时候，光很难经过显著的一段距离而不被途中遇到的许多高速运动的粒子散射。如果光从（譬如说）A 点开始，它会被散射到如此多的方向上，即使你可以检测到它，也无法知道它原来是从 A 点发出的。不过，当这些粒子开始形成原子时，光被散射的机会就会大大减少。从 A 点发出的光线可能传播几十亿年也不会被散射。这些光就是宇宙背景辐射。

一旦这些辐射的性质被认识到，研究者就会想，“我们能不能利用这些接收到的辐射来分辨出它们最初发射的点？这样我们就可以得出早期宇宙的图像，回到原子刚刚形成并且光的散射大大减少的时候。”回答是“可以的”，这个图像马上就会出现。

暗物质

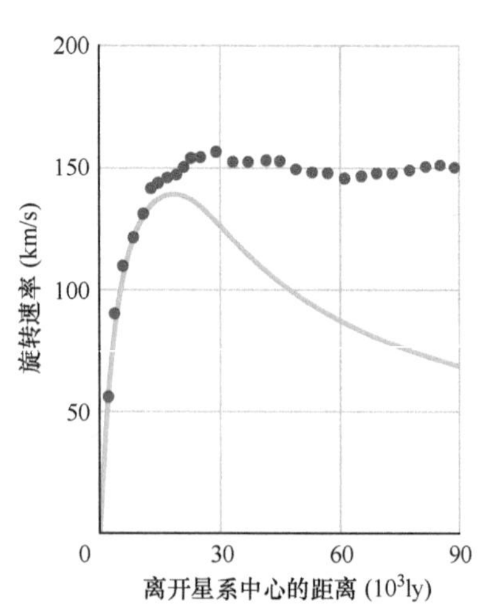

图 44-5　在典型的星系中，恒星的旋转速率作为它们离开星系中心距离的函数。理论的实曲线表示，如果星系只包含可见的质量，观察到的旋转速率在距离大的位置会随距离增大而减小。图中的许多点是实验数据，表示在大的距离上旋转速率近似于常量。

在亚利桑那州基特峰国家天文台工作的薇拉·鲁宾（Vera Rubin）和她的同事肯特·福特（Kent Ford）测量了一些远距离的星系的旋转速率。他们是通过测量各个星系内部离该星系中心不同距离的亮星团的多普勒位移来测量星系的旋转速率的。如图 44-5 所示，他们的结果是非常惊人的。星系可见的外缘附近的恒星的轨道速率大致上和靠近星系中央的恒星的轨道速率相同。

正如图 44-5 的实线所证实的，如果星系的所有质量都可用可以见到的物质来表示，这些实验得到的结果将不是我们原来所预料的。鲁宾和福特发现的模式也不是我们在太阳系中发现的模式。例如，冥王星（离太阳最远的行星）的轨道速率只有水星（最靠近太阳的行星）的大约十分之一。

鲁宾和福特的发现符合牛顿力学的唯一解释是，典型的星系中存在着比我们实际上看见的多得多的物质。事实上，星系中可以看见的部分只代表星系总质量的 5% ~10%。除了星系旋转的研究之外，许多其他方面的观察也导致宇宙充满了我们看不见的物质的结论。这种看不见的物质称为**暗物质**，因为它不发光，至少它发出的光因为太弱而无法被我们探测到。

正常的物质（像恒星、行星、尘埃和分子）常常被称为**重子物质**，因为它们的质量主要来自它所包含的质子和中子（重子）质量的总和。（电子的质量小得多，可以忽略不计。）某些正常物质，例如烧尽的恒星和暗淡的星际气体等也是星系中暗物质的一部分。

然而，根据各种不同的计算，这种暗的正常物质也只有暗物质总数的很小部分，其余的是所谓的**非重子暗物质**，因为它不是由质子和中子组成的。我们只知道这种类型的暗物质的一个成员——中微子，虽然中微子的质量相对于质子和中子非常之小，但星系里面中微子的数量却是非常多，因而这么多中微子的质量会非常大。然而，计算表明，即便是中微子的总质量也还不足以说明非重子暗物质的总质量。尽管人类探测和研究基本粒子已经有一百多年了，构成这种暗物质的其余部分的粒子仍未被检测到，它们的性质更是不得而知。因为我们毫无有关这些暗物质的经验，所以它们肯定和普通粒子只有引力的相互作用。

大爆炸

1985 年，一位物理学家在一次科学会议上评论：

可以肯定宇宙是从大约 150 亿年以前的一次大爆炸开始的，这就像地球是围绕太阳转一样肯定。

这个强烈的表述表达了对大爆炸理论的信心。这个理论是由比利时物理学家乔治·勒梅特（Georges Lemaître）首先提出的，并且得到了研究这些物质的科学家们的支持。不过，你可千万不要将大爆炸想象成一个巨大的烟花的爆炸，对此你至少在原则上可以站在一旁观看它的爆炸。但实际上没有“一边”的说法，因为大爆炸表示时间空间本身的开始。从我们现在的宇宙的观点看来，根本就没有空间的位置可以给你指出来并且说“大爆炸在那里发生”。因为它发生在每一个地方。

还有，根本就没有“大爆炸之前”的说法，因为时间就是从这次创造事件开始的。从这个意义上说，“之前”一词就没有意义。不过，我们可以想象大爆炸发生以后在各个时间阶段中发生了些什么事情（见图 44-6）。

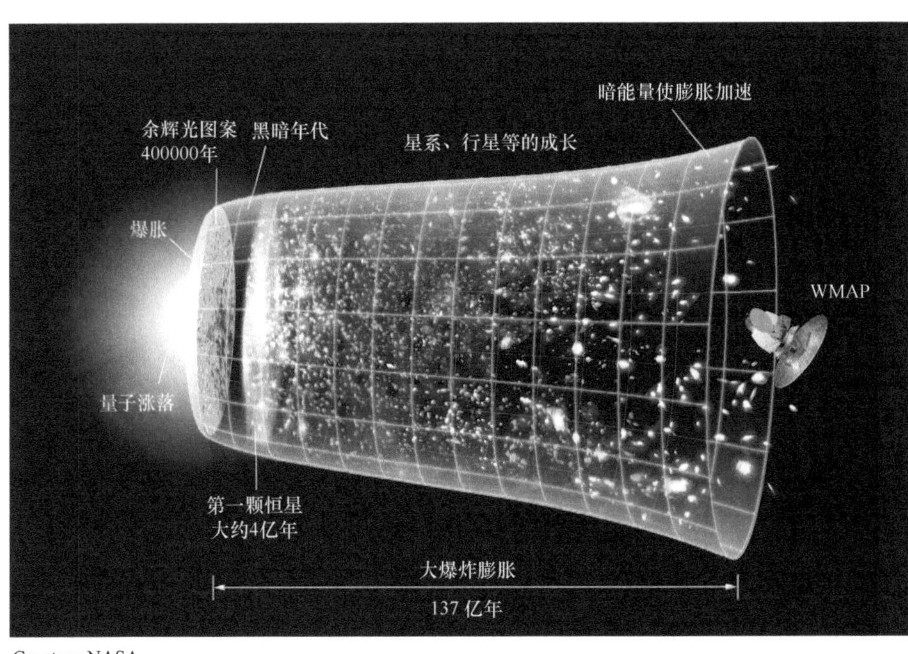

Courtesy NASA

图 44-6 宇宙的图解，从正好在 $t=0$（左端）以后最初的量子涨落开始，到当前的加速膨胀的 137 亿年后（右端）。不要从字面上理解这幅图。——其实宇宙的这种“外部的观察点”是不存在的，因为根本就没有宇宙外部。

$\boldsymbol{t\approx 10^{-43}}$ **s**。这是我们可以对宇宙的发展说些有意义的事情的最早时间。就在这一刹那，空间和时间的概念得到了它们现在的意义，并且物理定律（就像我们所知道的样子）可以应用了。在这个瞬间，整个宇宙（即宇宙的全部空间广延）比一个质子还要小得多，它的温度大约是 10^{32} K。这个时空结构中的量子涨落都将最终成为形成星系、星系团和超星系团的种子。

$t\approx 10^{-34}$s。在这一瞬间，宇宙经历一次极其快速的爆胀，其大小增加了大约 10^{30} 的因子，由初始量子涨落决定的分布过程导致了物质的形成。宇宙成为光子、夸克和轻子的热汤，温度大约 10^{27}K，这个温度还太热，不能形成质子和中子。

$t\approx 10^{-4}$s。现在夸克可以结合形成质子、中子和它们的反粒子。通过不断膨胀（但是，慢得多），宇宙现在已经冷却到这样的程度，以致光子已没有足够的能量来使这些新粒子分裂。物质的粒子和反粒子互相碰撞并湮没。有少量不能找到湮没对象的物质剩下来，这些剩下的物质形成我们今天知道的物质世界。

$t\approx$1min。宇宙现在足够冷，所以质子和中子可能在碰撞中结合在一起形成低质量的原子核 ^{2}H、^{3}He、^{4}He 和 ^{7}Li。所预料的这些核素的相对丰度正好是我们在今天的宇宙中观察到的。还有，在 $t\approx$ 1min 的时候，存在大量的辐射，但这些光在和原子核相互作用之前不可能传播很远。因此，这时的宇宙是不透明的。

$t\approx$379000y。现在温度降到了 2970K，电子和原子核碰撞时可能被赤裸的原子核抓住形成原子。因为不易和中性原子这样的（不带电的）粒子作用，现在光可以不受阻碍地传播很长的距离。这种辐射形成了我们前面讨论的宇宙背景辐射。在引力影响下，氢和氦原子开始聚集。终于，星系和恒星开始形成，但到那个时候宇宙还是相对暗的（见图 44-6）。

早期测量显示，宇宙背景辐射在各个方向上是均匀的，这意味着在大爆炸发生 379000y 后宇宙中的所有物质是均匀分布的。这一发现是最令人感到疑惑的，因为现在宇宙中的物质并不是均匀分布的，而是集合成星系、星系团和超星系团。宇宙中还有其中的物质相对少的广袤的虚空空间，有些区域中物质是如此密集，它们被称为墙。即使宇宙开始时的大爆炸理论只是近似正确，这些物质不均匀分布的种子也必定会在宇宙诞生的 379000y 之前就已经存在了，并且现在也应当作为微波背景辐射的不均匀分布表现出来。

1992 年，美国国家航空航天局（NASA）的宇宙背景探测器（Cosmic Background Explorer，COBE）揭露，背景辐射实际上并不是完全均匀的。2003 年，NASA 的威尔金森微波各向异性探测器（Wilkinson Microwave Anisotropy Probe，WMAP）所做的测量大大提高了我们的非均匀性测量的分辨率。所得到的图像（见图 44-7）实际上是只有 379000y 的宇宙彩色编码照片。你可以从颜色的不同看出物质的大尺度集结已经开始。看来，大爆炸理论和 $t\approx 10^{-34}$s 的爆胀理论是沿着正确的方向发展的。

宇宙的加速膨胀

回忆 13-8 单元中质量引起空间弯曲的表述，现在我们已经知道质量是能量的一种形式，它具有如爱因斯坦公式 $E=mc^2$ 所给出的样式。我们可以把这个表述推广：能量会引起空间弯曲。这在能量集中的黑洞的周围空间中肯定会发生，并且在任何其他天体周围的空间弯曲比较弱。但宇宙空间作为整体会被宇宙中包含的

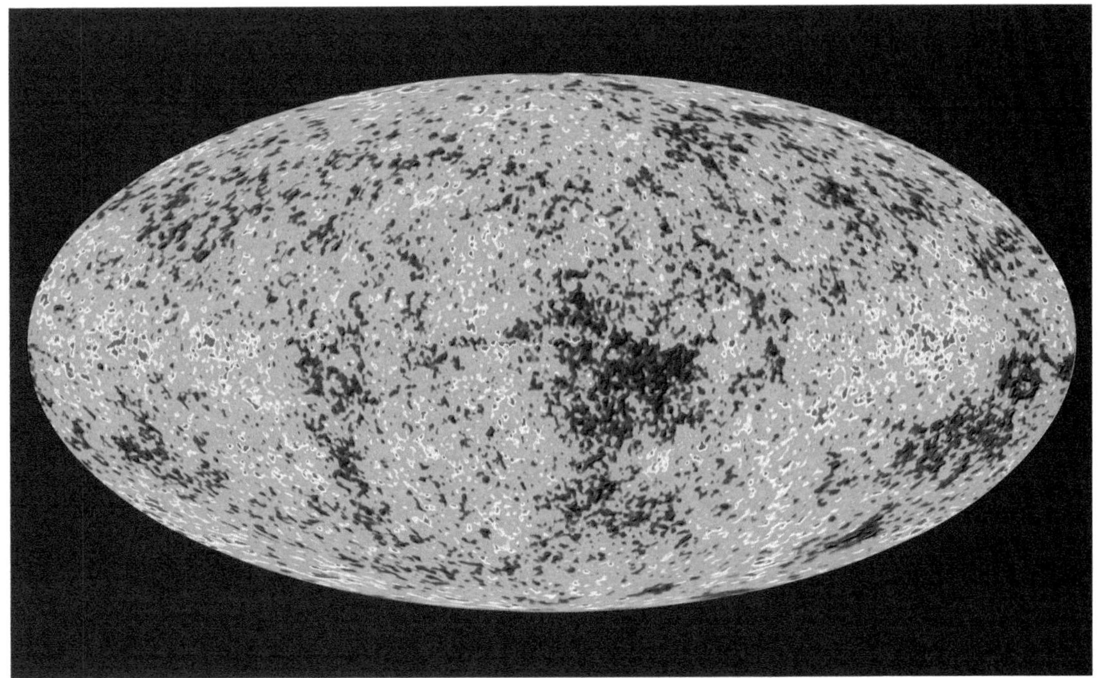

Courtesy WMAP Science Team/NASA

图 44-7 这张彩色编码的图实际上是宇宙只有 379000y 时的照片，这大约是在 13.7×10^9y 以前。这张图是假想你向各个方向观望时可能会看见的景像。（想象中见到的图景都浓缩到了这个椭圆形中。）从原子集合发出的光斑散布在“天空”各处，但星系、恒星和行星这时都还没有形成。

能量弯曲吗？

这个问题最早在 1992 年被宇宙背景辐射探测器（COBE）的测量给出了解答，然后它又更明确地被 2003 年威尔金森微波各向异性探测器（WMAP）测量得到的图 44-7 所解决。我们在图上看到的点是宇宙背景辐射最初的辐射源，光点的角分布揭露了到达我们的光所通过的那部分宇宙的曲率。如果从探测器（或我们）观察宇宙的视角来看，相邻点所张的角大于 1°（见图 44-8a）或小于 1°（见图 44-8b），那么宇宙就是弯曲的。但 WMAP 图中点分布的分析表明，这些点的张角大约是 1°（见图 44-8c），这意味着宇宙是平坦的（没有弯曲）。由此，推测中宇宙开始时最初的弯曲必定是被 $t\approx10^{-34}$s 时发生的高速爆胀所抹平。

宇宙的平坦给物理学家提出一个非常难解答的问题，因为这要求宇宙包含一定数量的能量（质量或其他形式）。困难在于宇宙中能量数量（已知的形式和未知类型的暗物质都包括在内）的所有估计都大大少于所需要的数值。

一种关于这些失去的能量的假设给它起了一个神秘的名称：**暗能量**，并预言它有引起宇宙加速膨胀的奇怪性质。直到 1998 年，确定宇宙膨胀事实上是否在加速仍是十分困难的，因为这需要测量可以表现出加速度的非常遥远的天体的距离。

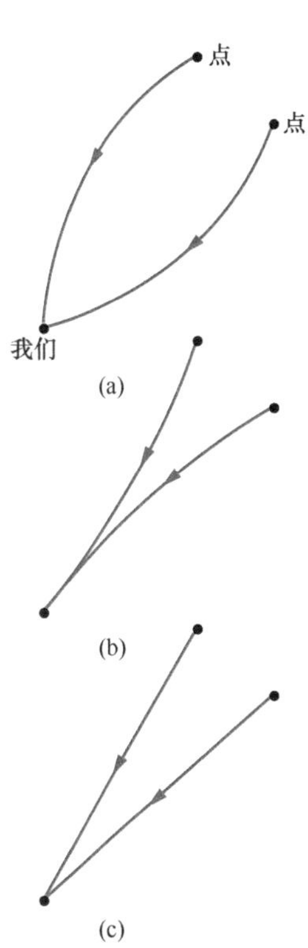

图 44-8 按宇宙背景辐射的观点，光线从两个相邻点以不同角度接近我们：假定光线经过的宇宙空间是弯曲的，(a) 大于 1°或 (b) 小于 1°，(c) 角度是 1°意味着空间不是弯曲的。

然而，到 1998 年，天文学技术的进步，使天文学家可以探测距离非常遥远的某种类型的超新星。更重要的是，天文学家可以测量出这种超新星爆发发光的持续时间。这个持续时间揭示了在超新星附近的观察者看到的超新星的亮度。通过测量出地球上看到的超新星的亮度，天文学家就可以确定到超新星的距离。根据包含这颗超新星的星系的光的红移，天文学家还可以确定星系离我们退行的速率有多快。把所有这些信息结合起来，他们就可以计算出宇宙膨胀的速率。结论是，宇宙的膨胀的确如暗能量理论所预言的那样在加速（见图 44-6）。然而，我们还没有这种暗能量是什么的线索。

图 44-9 描绘的是我们现在所能掌握到的宇宙中能量的当前状态。有大约 4% 和重子物质相联系，我们对这种物质了解很多。有大约 23% 和非重子的暗物质有关，我们对它得到的一些线索表明这里面可能有丰富的内容。余下庞大的数量 73% 和暗能量有关，这方面我们还没有任何线索。在物理学历史中曾有过一段时期，甚至到 20 世纪 90 年代还有，某些权威人士宣称物理学已接近完成，只留下一些细节需要完善。事实上，我们无论在哪个方面都远远没有接近终点。

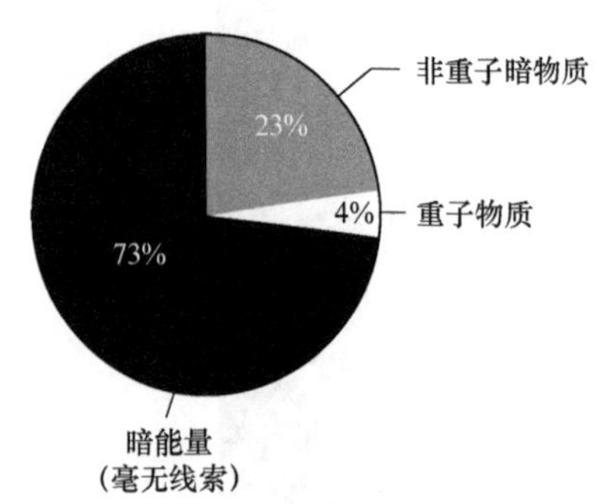

图 44-9　宇宙中能量（包括物质）的分布。

总结

在最后一个单元，我们来考虑一下当我们越来越快地积累关于宇宙的知识的时候，我们要向什么方向前进。我们的发现是了不起的和意义深远的，但它也是微不足道的，每一个新的发现都更加清楚地揭示出我们在这样伟大的体系中是何等渺小。现在，我们人类对宇宙的认识大体上按时间顺序编排如下：

我们的地球不是太阳系的中心。

我们的太阳只是我们的银河系中许许多多恒星中的一个。

我们的银河系是许许多多星系中的一个，我们的太阳是其中一个微不足道的恒星。

我们的地球所存在的时间大约只有宇宙年龄的三分之一，当我们的太阳烧完它的燃料并变成红巨星时地球肯定要消失。

我们这个物种在地球上生活还不到一百万年——相对于宇宙时间只是弹指一挥间。

虽然我们在宇宙中的地位是渺小的，我们已经发现（揭示）的物理定律看来在整个宇宙中都成立——据我们所知——从宇宙开始时就有效并且在整个未来时间中都将继续有效。最后，没有证据表明在宇宙的其他部分有其他的定律。因此，只要没有人提出异议，我们有权沿着“地球上发现的”物理学定律往前走，还有许多新事物有待发现。引用作家伊顿 · 菲尔波茨（Eden Phillpotts）的话：“*宇宙充满了神奇的事物，它们正耐心地等待我们变得更加睿智。*”这个宣言允许我们最后一次回答“什么是物理学”这个问题，这个问题是我们在这本书中反复探索的问题。物理学正是通向这些神奇事物的门户。

复习和总结

轻子和夸克　现代研究支持以下观点：即所有物质都由 6 种**轻子**（见表 44-2）、6 种**夸克**（见表 44-5）和 12 种**反粒子**组成，每种反粒子各对应于一种轻子或一种夸克。所有这些粒子的自旋量子数都等于$\frac{1}{2}$，因而都是**费米子**（具有半整数自旋的粒子）。

相互作用　带有电荷的粒子通过电磁力交换**虚光子**相互作用。轻子相互之间和夸克之间也可以通过**弱力**，以大质量的 W 和 Z 粒子作为信使相互作用。此外，夸克通过**色力**相互作用。电磁力和弱力是所谓的**电弱相互作用力**的同一种力的不同表现。

轻子　三种轻子（**电子、μ子**和**τ轻子**）的电荷等于 $-1e$。还有三种不带电的**中微子**（也是轻子），每一种对应于一种带电的轻子。带电的轻子的反粒子带正电荷。

夸克　6 种夸克（以质量增大排序：上、下、奇异、粲、底和顶）每种都有重子数 $+\frac{1}{3}$，以及等于 $+\frac{2}{3}e$ 或 $-\frac{1}{3}e$ 的电荷。奇异夸克有奇异数 -1，而其他夸克奇异数都是 0。对于反粒子，这 4 个代数符号都要反号。

强子：重子和介子　夸克组成强相互作用的粒子，称为**强子**。**重子**是强子，有半整数的自旋量子数$\left(\frac{1}{2}或\frac{3}{2}\right)$。**介子**是强子，有整数的自旋量子数（0 或 1），因而是**玻色子**。重子是费米子。介子的重子数等于零；重子的重子数等于 $+1$ 或 -1。**量子色动力学**预言夸克的可能组合是，一个夸克和一个反夸克，或者三个夸克，或者三个反夸克（这一预言和实验符合）。

宇宙的膨胀　当前的证据强烈暗示宇宙在膨胀。遥远的星系以**哈勃定律**给出的速率 v 离开我们

$$v = Hr \quad（哈勃定律） \tag{44-19}$$

我们取**哈勃常数** H 的数值是

$$H = 71.0\text{km/s} \cdot \text{Mpc} = 21.8\text{mm/s} \cdot \text{ly} \tag{44-21}$$

哈勃定律描述的膨胀以及无所不在的背景微波辐射的存在揭露了宇宙是从 137 亿年前的一次“大爆炸”开始的。

习题

1. 在实验室中，钠发射出一条波长为 590.0nm 的光谱线。不过，在某一星系的光中这条谱线的波长看上去是 602.0nm。求到该星系的距离，设哈勃定律成立，并应用式（37-36）的多普勒频移。

2. 在下面给出的反应中

$$\text{p} + \bar{\text{p}} \longrightarrow \Lambda^0 + \Sigma^+ + \text{e}^-$$

（a）电荷，（b）重子数，（c）电子轻子数，（d）自旋角动量，（e）奇异数和（f）μ子轻子数是否各自守恒？

3. 如哈勃定律可以外推到非常大的距离，则在多少距离处表观退行速率等于光速？

4. 有 10 个自旋 $\frac{3}{2}$ 的重子，它们的符号和电荷量子数 q 及奇异量子数 S 如下：

	q	S		q	S
Δ^-	-1	0	Σ^{*0}	0	-1
Δ^0	0	0	Σ^{*+}	$+1$	-1
Δ^+	$+1$	0	Ξ^{*-}	-1	-2
Δ^{++}	$+2$	0	Ξ^{*0}	0	-2
Σ^{*-}	-1	-1	Ω^-	-1	-3

对这些重子，利用图 44-3 的斜坐标系统，作电荷-奇异数图。把你的图和图 44-3 比较。

5. 在下面给出的几种反应和衰变中，各自违反了什么守恒定律？（设产物的轨道角动量为零）：（a）$\Lambda^0 \rightarrow \text{p} + \text{K}^-$；（b）$\Omega^- \rightarrow \Sigma^- + \pi^0\left(\Omega^-\text{的 } S = -3,\ q = -1,\ m = 1672\text{MeV}/c^2,\ m_s = \frac{3}{2}\right)$；（c）$\text{K}^- + \text{p} \rightarrow \Lambda^0 + \pi^+$。

6. 由表 44-3 和表 44-5 确定以下夸克组成的重子的身份：（a）ddu，（b）uus，（c）ssd。将你的结果和图 44-3a 中重子的八重态核对。

7. 表 44-3 和表 44-4 中哪一个强子对应于夸克组合（a）ssu 和（b）dds？

8. 设某个总质量为 M 的星系中的物质（恒星、气体和尘埃）均匀地分布在半径为 R 的球体内。一个质量为 m 的星体在半径 $r < R$ 的圆形轨道上绕星系中心旋转。（a）证明星体的轨道速率 v 是

$$v = r\sqrt{GM/R^3}$$

所以这个星体的旋转周期 T 是

$$T = 2\pi\sqrt{R^3/GM}$$

与 r 无关。假设忽略任何阻力。（b）下一步假设，星系的质量都集中在星系中心附近、半径小于 r 的球内。星体的轨道周期的表达式是什么？

9. 以下的衰变过程

$$\Xi^- \longrightarrow \pi^- + \text{n} + \text{K}^- + \text{p}$$

（a）电荷，（b）重子数，（c）自旋角动量，（d）奇异数。是否满足守恒定律？

10. 如果可能的话，只利用上、下和奇异夸克构成（a）$q = +1$ 及奇异数 $S = -2$ 和（b）$q = +2$ 和奇异数 $S = 0$ 的重子。

11. 在距离 2.40×10^8ly 处的星系发射的波长为 656.3nm 的氢原子光谱线（巴尔末线系的第一条谱线）被我们观察到的波长是多少？设式（37-36）的多普勒频移和哈勃定律都可以应用。

12. 250MeV 的 Σ^- 粒子发生衰变：$\Sigma^- \longrightarrow \pi^- + \text{n}$。计算衰变产生的总动能。

13. 遥远星系中氢原子的电子从 $n = 3$ 跃迁到 $n = 2$ 能

级而发光。如果我们探测到光的波长是 3.10mm，自从这光发出以后，它的波长，进而宇宙膨胀的倍数因子是多少？

14. 要形成（a）Λ^0 和（b）Ξ^0，夸克应怎样组合？

15. 组成质子和中子的夸克分别是 uud 和 udd。组成（a）反质子和（b）反中子的夸克是哪些？

16. 因为宇宙学的膨胀，从遥远星系发射出的特定光的波长是在实验室中发射出的同一光波长的 2.25 倍。假设哈勃定律成立并且我们可以用多普勒频移公式，计算光发射的时候该星系离开我们的距离。

17. $\bar{K}^0$ 的夸克组成是什么？

18. 自旋$\frac{3}{2}$的 Σ^{*0} 重子（见习题 4 的列表）具有静能量 1385MeV（固有的不确定在这里忽略）；自旋$\frac{1}{2}$的 Σ^0 重子的静能量 1192.5MeV。如果每个这种粒子的动能是 1500MeV，（a）哪一个粒子运动更快，（b）快了多少？

19. 利用守恒定律以及表 44-3 和表 44-4 确定下面反应中的各个粒子 x；这些反应是通过强相互作用进行的（a）$p+p \longrightarrow p+\Lambda^0+x$；（b）$p+\vec{p} \longrightarrow n+x$；（c）$\pi^-+p \longrightarrow \Xi^0+K^0+x$。

20. 因为远距离的星系和类星体的表观退行速率接近于光速，所以必须应用相对论性多普勒频移公式［式（37-31）］。频移用红移比 $z=\Delta\lambda/\lambda_0$ 表示。（a）证明：用 z 表示的退行速率参量 $\beta=v/c$ 由下式给出

$$\beta=\frac{z^2+2z}{z^2+2z+2}$$

（b）1987 年探测到的一个类星体 $z=4.43$，求它的速率参量。（c）求到这个类星体的距离。设哈勃定律在这距离上有效。

21. 人们根据超新星 SN1987a（见图 43-12b）发射的中微子的观察结果，给电子中微子的静能设定了一个上限 20eV。如果电子中微子的静能实际上就是 20eV，则光和 1.5MeV 的电子中微子之间的速率差是多少？

22. 求以下反应的蜕变能：（a）$\pi^++p \longrightarrow \Sigma^++K^+$，（b）$K^-+p \longrightarrow \Lambda^0+\pi^0$。

23. 设太阳半径增大到 5.90×10^{12}m（冥王星轨道的平均半径），并且这个膨胀的太阳的密度是均匀的，行星都在这个稀薄的物体中绕行。（a）计算地球在这个新的组态中的轨道速率。（b）在（a）小题中求出的地球轨道速率和现在的地球轨道速率 29.8km/s 的比值是多少？设地球轨道半径保持不变。（c）地球新的轨道运行周期是多少？（太阳的质量保持不变。）

24. 如果冥王星（在绝大多数时间内都是最外面的“行星”）具有和水星（最里面的行星）现在的轨道速率相同的数值，太阳的质量应该有多大？应用附录 C 的数据，把你的答案用太阳现在的质量 M_S 表示，并假设圆形轨道。

25. 反应 $\pi^++p \longrightarrow p+p+\bar{n}$ 通过强相互作用进行。应用守恒定律推导（a）电荷量子数，（b）重子数以及（c）反中子的奇异数。

26. A_2^+ 粒子和它的产物按照以下方案衰变：

$$A_2^+ \longrightarrow \rho^0+\pi^+ \qquad \mu^+ \longrightarrow e^++\nu+\bar{\nu}$$
$$\rho^0 \longrightarrow \pi^++\pi^- \qquad \pi^- \longrightarrow \mu^-+\bar{\nu}$$
$$\pi^+ \longrightarrow \mu^++\nu \qquad \mu^- \longrightarrow e^-+\nu+\bar{\nu}$$

（a）最后稳定的衰变产物是什么？由这个证据，（b）A_2^+ 是费米子还是玻色子？（c）它是介子还是重子？（d）重子数是什么？

27. 宇宙会继续永远膨胀下去吗？要回答这个问题，假设暗能量理论是错的，并且离我们距离 r 的星系的退行速率 v 只取决于以我们为中心、半径为 r 的球内物质的引力相互作用。如果这个球内的总质量为 M，从这个球逃逸的速率 v_e 是 $v_e=\sqrt{2GM/r}$［式（13-28）］。（a）证明：要阻止无限膨胀，球内的平均密度 ρ 必须至少等于

$$\rho=\frac{3H^2}{8\pi G}$$

（b）数值上估计这个“临界密度”；用每立方米氢原子数表示你的答案。由于暗物质的存在，实际密度的测量是困难并复杂的。

28. 正 τ 轻子（τ^+，静能 = 1777MeV）在垂直于均匀的 1.60T 的磁场的圆轨道上以 2200MeV 的动能运动。（a）计算以千克米每秒为单位的 τ 子动量。相对论效应必须考虑。（b）求圆轨道半径。

29. 温度为 T 的热辐射体辐射电磁波最强的波长由维恩定律 $\lambda_{max}=(2898\mu m\cdot K)/T$ 给出。（a）证明对应于这个波长的光子的能量 E 可以用下式计算：

$$E=(4.28\times10^{-10}\text{MeV/K})\ T$$

（b）在什么样的最低温度下，这个光子可以产生电子-正电子对（如 21-3 单元中讨论的）？

30. 利用维恩定律（参见习题 29）回答下面的问题：（a）宇宙背景辐射强度峰值在波长 1.1mm 处。这相当于多少温度？（b）大爆炸后大约 379000y，宇宙变得对电磁波透明，这时它的温度是 2970K。这时它的背景辐射最强的波长是多少？

31. 一个电子和一个正电子相距 r。求它们间的引力和电场力的比值。由这个结果，你对考虑气泡室中探测的粒子之间作用的力可以得出什么结论？（引力相互作用需要考虑吗？）

32. 某个理论预言，质子是不稳定的，半衰期是 10^{32}y。假定这是正确的。已知标准的奥运会游泳池中有 4.32×10^5L 的水，计算在一年里这些水中预期有多少个质子会发生衰变。

33. 以下给出的各个衰变都违背了什么守恒定律？设原来粒子是静止的，衰变产物的角动量为零。（a）$\mu^- \longrightarrow e^-+\nu_\mu$；（b）$\mu^- \longrightarrow e^++\nu_e+\bar{\nu}_\mu$；（c）$\mu^+ \longrightarrow \pi^++\nu_\mu$。

34. 由于宇宙背景辐射无处不在，星际或星系际空间气体可能的最低温度不是 0K 而是 2.7K。这意味着事实上空间的分子有相当的一部分可能处在低能级的激发态。随

后的退激发会引起可探测到的辐射的发射。考虑（假想的）分子只有一个可能的激发态。(a) 如有 25% 的分子处在激发态该激发态的激发能有多大？［提示：参见式(40-29)。］(b) 跃迁回到基态发射的光子的波长是多少？

35. 证明：如果我们不画图 44-3a 中自旋$\frac{1}{2}$的重子，以及图 44-3b 中零自旋的介子的奇异数 S 对电荷 q 的图案。代之以量 $Y=B+S$ 对量 $T_z=q-\frac{1}{2}(B+S)$ 的关系，我们可以得到不用斜轴的六边形图案。（量 Y 称为*超荷*，T_z 和称为*同位旋*的量有关。）

36. (a) 静止粒子 1 衰变成粒子 2 和 3，这两个粒子以相同大小但方向相反的动量分开。证明：粒子 2 的动能 K_2 是

$$K_2=\frac{1}{2E_1}[(E_1-E_2)^2-E_3^2]$$

其中，E_1、E_2 和 E_3 是各粒子的静能。(b) 一个静止的正 π 介子 π^+（静能 139.6MeV）可以衰变成一个反 μ 子 μ^+（静能 105.7MeV）和一个中微子 ν（静能近于 0）。这个反 μ 子的动能是多少？

37. 考虑衰变 $\Lambda^0\rightarrow p+\pi^-$，$\Lambda^0$ 静止。(a) 求蜕变能。(b) 质子和 (c) π 介子的动能各是多大？（提示：参见习题 36。）

38. 中性 π 介子的静能为 135MeV，平均寿命为 8.3×10^{-17}s。如果它产生时的初始动能为 85MeV，并在经过一个平均寿命时间后衰变，这个粒子在气泡室中留下的最长可能的径迹是多少？利用相对论时间延缓。

39. 一个电子和一个正电子发生粒子对湮没［式(44-5)］。如果它们在湮没前动能近似为零，则湮没产生的每个 γ 光子的波长是多少？

40. 距离我们 1.5×10^4ly 的天体除了因宇宙膨胀产生的运动外没有其他相对于我们的任何运动。如果我们和该天体之间的空间按哈勃定律膨胀，取 $H=21.8\text{mm/s}\cdot\text{ly}$。(a) 在下一年的时间里我们和这个天体之间将额外增加多少距离（单位：m）？(b) 该天体离开我们的速率是多大？

41. 带正电荷的 π 介子按式 (44-7) 衰变：$\pi^+\rightarrow\mu^++\nu$。带负电荷的 π 介子衰变的模式是怎样的？（提示：π^- 是 π^+ 的反粒子）。

42. 通过考察奇异数确定以下哪一个衰变或反应过程是强相互作用？(a) $K^0\rightarrow\pi^++\pi^-$；(b) $\Lambda^0+p\rightarrow\Sigma^++n$；(c) $\Lambda^0\rightarrow p+\pi^-$；(d) $K^-+p\rightarrow\Lambda^0+\pi^0$。

43. 许多短寿命粒子的静能不能直接测量，但可以从测量到的动量和已知的衰变产物的静能推断出来。考虑 ρ^0 介子，它通过反应 $\rho^0\rightarrow\pi^++\pi^-$ 衰变。已知产生的两个 π 介子的反方向的两个动量数值都是 358.3MeV/c，求 ρ^0 介子的静能。参见表 44-4 中 π 介子的静能。

44. 一个原来静止的中性 π 介子衰变成两个 γ 光子：$\pi^0\rightarrow\gamma+\gamma$。求 γ 射线的波长。为什么它们必须有相同的波长？

APPENDIX

附　　录

附录 A　国际单位制（SI）[㊀]

1. 国际单位制基本单位[㊁]

量	名称	符号	定　义
长度	米	m	“…在真空中光在 1/299 792 458 秒内传播路径的长度。”（1983）
质量	千克	kg	“…这个原型（一个铂铱圆柱体）从此被认为是质量的单位。”（1889）
时间	秒	s	“…和铯 – 133 原子基态的两个超精细能级之间的跃迁对应的辐射的 9 192 631 770 个周期的时间。”（1967）
电流	安［培］	A	“…保持在两根无限长、圆截面积可以忽略、在真空中相距 1 米放置的平行直导线中，在这两导线间产生每米长度 2×10^{-7} 牛顿的力的恒定电流。”（1946）
热力学温度	开［尔文］	K	“…水的三相点的热力学温度的 1/273.16。”（1967）
物质的量	摩尔	mol	“…包含和 0.012 千克碳 – 12 中的原子一样多的基本物质的一个系统的物质的量。”（1971）
发光强度	坎［德拉］	cd	“…发射频率为 540×10^{12} 赫兹的单色辐射的光源在给定方向上的发光强度，在这个方向上的辐射强度是 1/683 瓦每球面度。”（1979）

㊀ 采自“国际单位制（SI）”，美国国家标准局特刊 330，1972 年版。上述定义被当时的一个国际组织，General Conference of Weights and Measures 所采用。本书中不用坎［德拉］。

㊁ 2018 年 11 月 16 日第 26 届国际计量大会通过从 2019 年 5 月 20 日开始执行的国际单位制 7 个基本单位中的四个：千克、安培、开和摩尔重新定义。

质量：选定以焦耳・秒为单位的普朗克常量 $h=6.62607015\times10^{-34}$ 除以 6.62607015×10^{-34} 米$^{-2}$秒为 1 千克（米和秒的单位已经定义）。

电流：规定基本电荷 e 的数值为 $1.602176634\times10^{-19}$，由此定义安培为每秒通过截面一个基本电荷为 $1.602176634\times10^{-19}$ 安培。

热力学温度，以焦耳・开$^{-1}$为单位的玻尔兹曼常量的数值规定为 1.380649×10^{-23}，由此定义温度单位开；

物质的量的单位摩尔定义为物质的基本单元数目等于选定的阿伏伽德罗常量 $N_A=6.02214076\times10^{23}$ 为 1 摩尔。——译者注

2. 一些 SI 导出单位

量	单位名称	符号	
面积	平方米	m^2	
体积	立方米	m^3	
频率	赫［兹］	Hz	s^{-1}
质量密度（密度）	千克每立方米	kg/m^3	
速率，速度	米每秒	m/s	
角速度	弧度每秒	rad/s	
加速度	米每二次方秒	m/s^2	
角加速度	弧度每二次方秒	rad/s^2	
力	牛［顿］	N	$kg \cdot m/s^2$
压强	帕［斯卡］	Pa	N/m^2
功，能，热量	焦［耳］	J	N · m
功率	瓦［特］	W	J/s
电荷量	库［仑］	C	A · s
电势差，电动势	伏［特］	V	W/A
电场强度	伏［特］每米（或牛［顿］每库［仑］）	V/m	N/C
电阻	欧［姆］	Ω	V/A
电容	法［拉］	F	A · s/V
磁通量	韦［伯］	Wb	V · s
电感	亨［利］	H	V · s/A
磁通密度	特［斯拉］	T	Wb/m^2
磁场强度	安［培］每米	A/m	
熵	焦［耳］每开［尔文］	J/K	
比热容	焦［耳］每千克开［尔文］	J/(kg · K)	
热导率	瓦［特］每米开［尔文］	W/(m · K)	
辐射强度	瓦［特］每球面度	W/sr	

3. SI 辅助单位

量	单位名称	符号
平面角	弧度	rad
立体角	球面度	sr

附录 B 一些物理学基本常量[①]

常量	符号	计算用值	最佳（1998）值	
			值[②]	不确定度[③]
真空中光的速率	c	3.00×10^{8} m/s	2.997 924 58	精确
[基] 元电荷	e	1.60×10^{-19} C	1.602 176 487[⑥]	0.025
引力常量	G	6.67×10^{-11} $m^3/(kg \cdot s^2)$	6.67428	100
[普适] 气体常量	R	8.31J/(mol·K)	8.314 472	1.7
阿伏伽德罗常量	N_A	6.02×10^{23} mol^{-1}	6.022 141 79[⑥]	0.050
玻尔兹曼常量	k	1.38×10^{-23} J/K	1.380 650 4[⑥]	1.7
斯特潘-玻尔兹曼常量	σ	5.67×10^{-8} $W/(m^2 \cdot K^4)$	5.670 400	7.0
STP[⑤]下理想气体的摩尔体积	V_m	2.27×10^{-2} m^3/mol	2.271 098 1	1.7
电容率常量	ε_0	8.85×10^{-12} F/m	8.854 187 817 62	精确
磁导率常量	μ_0	1.26×10^{-6} H/m	1.256 637 061 43	精确
普朗克常量	h	6.63×10^{-34} J·s	6.626 068 96[⑥]	0.050
电子质量[④]	m_e	9.11×10^{-31} kg	9.109 382 15	0.050
		5.49×10^{-4} u	5.485 799 094 3	4.2×10^{-4}
质子质量[④]	m_p	1.67×10^{-27} kg	1.672 621 637	0.050
		1.0073u	1.007 276 466 77	1.0×10^{-4}
质子质量对电子质量的比	m_p/m_e	1840	1 836.152 672 47	4.3×10^{-4}
电子的荷质比	e/m_e	1.76×10^{11} C/kg	1.758 820 150	0.025
中子质量	m_n	1.68×10^{-27} kg	1.674 927 211	0.050
		1.0087u	1.008 664 915 97	4.3×10^{-4}
氢原子质量[④]	m_{1H}	1.0078u	1.007 825 031 6	0.0005
氘原子质量[④]	m_{2H}	2.0136u	2.013 553 212 724	3.9×10^{-5}
氦原子质量[④]	m_{4He}	4.0026u	4.002 603 2	0.067
μ 子质量	m_μ	1.88×10^{-28} kg	1.883 531 30	0.056
电子磁矩	μ_e	9.28×10^{-24} J/T	9.284 763 77	0.025
质子磁矩	μ_p	1.41×10^{-26} J/T	1.410 606 662	0.026
玻尔磁子	μ_B	9.27×10^{-24} J/T	9.274 009 15	0.025
核磁子	μ_N	5.05×10^{-27} J/T	5.050 783 24	0.025
玻尔半径	a	5.29×10^{-11} m	5.291 772 085 9	6.8×10^{-4}
里德伯常量	R	1.10×10^{7} m^{-1}	1.097 373 156 852 7	6.6×10^{-6}
电子康普顿波长	λ_C	2.43×10^{-12} m	2.426 310 217 5	0.001 4

① 本表数值选自 1998CODATA 推荐值（www.physics.nist.gov）。

② 此列的数值应以计算用值同样的单位和 10 的幂给出。

③ 百万分之几。

④ 以 u 给出的质量是用统一的原子质量单位，其中 $1u = 1.660\ 538\ 782 \times 10^{-27}$ kg。

⑤ STP 意思是标准温度和压强：0℃和 1.0atm（0.1MPa）。

⑥ 根据 2018 年 11 月 16 日第 26 届国际计量大会通过的决议，2019 年 5 月 20 日开始执行的国际单位制的基本单位新定义，选定以下四个常量的固定值精确值。

普朗克常量 $h = 6.62607015 \times 10^{-34}$ 焦耳·秒；元电荷 $e = 1.602176634 \times 10^{-19}$ 库仑；

玻尔兹曼常量 $k = 1.380649 \times 10^{-23}$ 焦耳·开$^{-1}$；阿伏伽德罗常量 $N_A = 6.02214076 \times 10^{23}$。——译者注

附录 C　一些天文数据

一些离地球的距离

到月球①	3.82×10^{8} m	到银河系中心	2.2×10^{20} m
到太阳①	1.50×10^{11} m	到仙女座星系	2.1×10^{22} m
到最近的恒星（半人马座比邻星）	4.04×10^{16} m	到可观测宇宙的边缘	$\sim10^{26}$ m

① 平均距离。

太阳、地球和月球

性质	单位	太阳	地球	月球
质量	kg	1.99×10^{30}	5.98×10^{24}	7.36×10^{22}
平均半径	m	6.96×10^{8}	6.37×10^{6}	1.74×10^{6}
平均密度	kg/m^3	1410	5520	3340
表面上自由下落加速度	m/s^2	274	9.81	1.67
逃逸速度	km/s	618	11.2	2.38
自转周期①	—	37d 在两极②，26d 在赤道②	23h56min	27.3d
辐射功率③	W	3.90×10^{26}		

① 相对于远方恒星测量。

② 太阳作为一个气体球，不像一个刚体那样转动。

③ 刚好在地球的大气层外接收的太阳能的功率，假设垂直入射，是 $1340W/m^2$。

行星的一些性质

	水星	金星	地球	火星	木星	土星	天王星	海王星	冥王星④
离太阳的平均距离（10^6km）	57.9	108	150	228	778	1430	2870	4500	5900
公转周期（y）	0.241	0.615	1.00	1.88	11.9	29.5	84.0	165	248
自转周期①（d）	58.7	−243②	0.997	1.03	0.409	0.426	−0.451②	0.658	6.39
轨道速率（km/s）	47.9	35.0	29.8	24.1	13.1	9.64	6.81	5.43	4.74
轴对轨道的倾角	<28°	≈3°	23.4°	25.0°	3.08°	26.7°	97.9°	29.6°	57.5°
轨道对地球轨道的倾角	7.00°	3.39°		1.85°	1.30°	2.49°	0.77°	1.77°	17.2°
轨道偏心率	0.206	0.0068	0.0167	0.0934	0.0485	0.0556	0.0472	0.0086	0.250
赤道半径（km）	4880	12100	12800	6790	143000	120000	51800	49500	2300
质量（地球＝1）	0.0558	0.815	1.000	0.107	318	95.1	14.5	17.2	0.002
密度（水＝1）	5.60	5.20	5.52	3.95	1.31	0.704	1.21	1.67	2.03
表面 g 值③（m/s^2）	3.78	8.60	9.78	3.72	22.9	9.05	7.77	11.0	0.5
逃逸速度③（km/s）	4.3	10.3	11.2	5.0	59.5	35.6	21.2	23.6	1.3
已知卫星	0	0	1	2	67＋环	62＋环	27＋环	13＋环	4

① 相对于远方恒星测量。

② 金星和天王星自转和公转方向相反。

③ 在行星赤道上测量的引力加速度。

④ 现在冥王星被归类为矮行星（dwarf planet）。

附录 D　换算因子

换算因子可以从这些表直接读出。例如，$1° = 2.778 \times 10^{-3}$ rev，因而 $16.7° = 16.7 \times 2.778 \times 10^{-3}$ rev。SI 单位用黑体。部分选自 G. Shortley and D. Williams，*Elements of Physics*，1971，Prentice-Hall，Englewood Cliffs，NJ.

平面角

°	′	″	**弧度**（rad）	周（rev）
1 度(°) = 1	60	3600	1.745×10^{-2}	2.778×10^{-3}
1 分(′) = 1.667×10^{-2}	1	60	2.909×10^{-4}	4.630×10^{-5}
1 秒(″) = 2.778×10^{-4}	1.667×10^{-2}	1	4.848×10^{-6}	7.716×10^{-7}
1 **弧度**(rad) = 57.30	3438	2.063×10^{5}	1	0.1592
1 周(rev) = 360	2.16×10^{4}	1.296×10^{6}	6.283	1

立体角

1 球面 = 4π 球面角 = 12.57 球面角

长度

cm	**米**（m）	km	in	ft	mile
1 厘米（cm）= 1	10^{-2}	10^{-5}	0.3937	3.281×10^{-2}	6.214×10^{-6}
1 **米**（m）= 100	1	10^{-3}	39.37	3.281	6.214×10^{-4}
1 千米（km）= 10^{5}	1000	1	3.937×10^{4}	3281	0.6214
1 英寸（in）= 2.540	2.540×10^{-2}	2.540×10^{-5}	1	8.333×10^{-2}	1.578×10^{-5}
1 英尺（ft）= 30.48	0.3048	3.048×10^{-4}	12	1	1.894×10^{-4}
1 英里（mile）= 1.609×10^{5}	1609	1.609	6.336×10^{4}	5280	1

1 埃（Å）= 10^{-10} m
1 海里（n mile）= 1852m
= 1.151mile
= 6076ft

1 飞米 = 10^{-15} m
1 光年（ly）= 9.461×10^{12} km
1 秒差距（Parsec）= 3.084×10^{13} km

1 㖊 = 6ft
1 玻尔半径 = 5.292×10^{-11} m
1 码（yd）= 3ft

1 杆 = 16.5ft
1 密耳（mil）= 10^{-3} in
1nm = 10^{-9} m

面积

米^2（m^2）	cm^2	ft^2	in^2
1 **平方米**（m^2）= 1	10^{4}	10.76	1550
1 平方厘米（cm^2）= 10^{-4}	1	1.076×10^{-3}	0.1550
1 平方英尺（ft^2）= 9.290×10^{-2}	929.0	1	144
1 平方英寸（in^2）= 6.452×10^{-4}	6.452	6.944×10^{-3}	1

1 平方英里 = 2.788×10^{7} ft^2 = 640 英亩
1 靶（barn）= 10^{-28} m^2

1 英亩（acre）= 43 560ft^2
1 公顷（hectare）= 10^{4} m^2 = 2.471 英亩

体积

立方米（m^3）	cm^3	L	ft^3	in^3
1 **立方米**（m^3）= 1	10^6	1000	35.31	6.102×10^4
1 立方厘米（cm^3）= 10^{-6}	1	1.000×10^{-3}	3.531×10^{-5}	6.102×10^{-2}
1 升（L）= 1.000×10^{-3}	1000	1	3.531×10^{-2}	61.02
1 立方英尺（ft^3）= 2.832×10^{-2}	2.832×10^4	28.32	1	1728
1 立方英寸（in^3）= 1.639×10^{-5}	16.39	1.639×10^{-2}	5.787×10^{-4}	1

1 美制液加仑 = 4 美制液夸脱 = 8 美制品脱 = 128 美制液盎斯 = 231in^3

1 英制加仑 = 277.4in^3 = 1.201 英制液加仑

质量

本表阴影内的量不是质量的单位，但常常这样用。例如，当我们写 1kg“=”2.205lb 时，它的意思是，1kg 的质量相当于它在 g 具有 $9.80665m/s^2$ 的标准值的地点时的重量 2.205lb。

克（g）	**千克**（kg）	slug	u	oz	lb	ton
1 克(g) = 1	0.001	6.852×10^{-5}	6.022×10^{23}	3.527×10^{-2}	2.205×10^{-3}	1.102×10^{-6}
1 **千克**(kg) = 1000	1	6.852×10^{-2}	6.022×10^{26}	35.27	2.205	1.102×10^{-3}
1 斯[勒格](slug) = 1.459×10^4	14.59	1	8.786×10^{27}	514.8	32.17	1.609×10^{-2}
1 原子质量单位(u) = 1.661×10^{-24}	1.661×10^{-27}	1.138×10^{-28}	1	5.857×10^{-26}	3.662×10^{-27}	1.830×10^{-30}
1 盎斯(oz) = 28.35	2.835×10^{-2}	1.943×10^{-3}	1.718×10^{25}	1	6.250×10^{-2}	3.125×10^{-5}
1 磅(lb) = 453.6	0.4536	3.108×10^{-2}	2.732×10^{26}	16	1	0.0005
1 吨(ton) = 9.072×10^5	907.2	62.16	5.463×10^{29}	3.2×10^4	2000	1

1 米制吨 = 1000kg

密度

本表阴影内的量是重量密度，因而和质量密度在量纲上不同。见质量表的说明。

$slug/ft^3$	**千克每立方米**（kg/m^3）	g/cm^3	lb/ft^3	lb/in^3
1 斯［勒格］每立方英尺（$slug/ft^3$）= 1	515.4	0.5154	32.17	1.862×10^{-2}
1 **千克每立方米**（kg/m^3）= 1.940×10^{-3}	1	0.001	6.243×10^{-2}	3.613×10^{-5}
1 克每立方厘米（g/cm^3）= 1.940	1000	1	62.43	3.613×10^{-2}
1 磅每立方英尺（lb/ft^3）= 3.108×10^{-2}	16.02	16.02×10^{-2}	1	5.787×10^{-4}
1 磅每立方英寸（lb/in^3）= 53.71	2.768×10^4	27.68	1728	1

时间

y	d	h	min	**秒**（s）
1 年（y）= 1	365.25	8.766×10^3	5.259×10^5	3.156×10^7
1 天（d）= 2.738×10^{-3}	1	24	1440	8.640×10^4
1 小时（h）= 1.141×10^{-4}	4.167×10^{-2}	1	60	3600
1 分钟（min）= 1.901×10^{-6}	6.944×10^{-4}	1.667×10^{-2}	1	60
1 **秒**（s）= 3.169×10^{-8}	1.157×10^{-5}	2.778×10^{-4}	1.667×10^{-2}	1

速率

ft/s	km/h	**米每秒**（m/s）	mile/h	cm/s
1 英尺每秒（ft/s）=1	1.097	0.3048	0.6818	30.48
1 千米每［小］时（km/h）=0.9113	1	0.2778	0.6214	27.78
1 **米每秒**（m/s）=3.281	3.6	1	2.237	100
1 英里每［小］时（mile/h）=1.467	1.609	0.4470	1	44.70
1 厘米每秒（cm/s）=3.281×10^{-2}	3.6×10^{-2}	0.01	2.237×10^{-2}	1

1 节（knot）=1 海里/时=1.688ft/s　　1 英里/分=88.00ft/s=60.00mile/h

力

本表阴影内的单位现在很少用。以例子说明：1 克力（=1gf）是在 g 具有标准值 9.80665m/s^2 的地点作用于质量为 1 克的物体上的重力。

dyn	**牛［顿］**（N）	lbf	pdl	gf	kgf
1 达因（dyn）=1	10^{-5}	2.248×10^{-6}	7.233×10^{-5}	1.020×10^{-3}	1.020×10^{-6}
1 **牛［顿］**（N）=10^5	1	0.2248	7.233	102.0	0.1020
1 磅力（lbf）=4.448×10^5	4.448	1	32.17	453.6	0.4536
1 磅达（pdl）=1.383×10^4	0.1383	3.108×10^{-2}	1	14.10	1.410×10^2
1 克力（gf）=980.7	9.807×10^{-3}	2.205×10^{-3}	7.093×10^{-2}	1	0.001
1 千克力（kgf）=9.807×10^5	9.807	2.205	70.93	1000	1

1 吨=2000lb

压强

atm	dyn/cm^2	英寸水柱	cmHg	**帕［斯卡］**（Pa）	lbf/in^2	lbf/ft^2
1 大气压（atm）=1	1.013×10^6	406.8	76	1.013×10^5	14.70	2116
1 达因每平方厘米（dyn/cm^2）=9.869×10^{-7}	1	4.015×10^{-4}	7.501×10^{-5}	0.1	1.405×10^{-5}	2.089×10^{-3}
1 英寸 4℃水柱① =2.458×10^{-3}	2491	1	0.1868	249.1	3.613×10^{-2}	5.202
1 厘米 0℃汞柱（cmHg）① =1.316×10^{-2}	1.333×10^4	5.353	1	1333	0.1934	27.85
1 **帕［斯卡］**（Pa）=9.869×10^{-6}	10	4.015×10^{-3}	7.501×10^{-4}	1	1.450×10^{-4}	2.089×10^{-2}
1 磅每平方英寸（lb/in^2）=6.805×10^{-2}	6.895×10^4	27.68	5.171	6.895×10^3	1	144
1 磅每平方英尺（lb/ft^2）=4.725×10^{-4}	478.8	0.1922	3.591×10^{-2}	47.88	6.944×10^{-3}	1

① 该处的重力加速度具有标准值 9.80665m/s^2。

1 巴（bar）=10^6dyn/cm^2=0.1MPa　　1 毫巴（millibar）=10^3dyn/cm^2=10^2Pa　　1 托（Torr）=1mmHg

能，功，热

本表阴影内的量不是能量单位，但为了方便也列在这里。它们是根据相对论质能等价公式 $E=mc^2$ 得出的并代表 1 千克或 1 原子质量单位（u）完全转化为能量时所释放出的能量（底下两行）或要完全转化为 1 单位能量的质量（最右两列）。

Btu	erg	ft · lb	hp · h	焦[耳](J)	cal	kW · h	eV	MeV	kg	u
1 英制热量单位(Btu) = 1	1.055×10^{10}	777.9	3.929×10^{-4}	1055	252.0	2.930×10^{-4}	6.585×10^{21}	6.585×10^{15}	1.174×10^{-14}	7.070×10^{12}
1 尔格(erg) = 9.481×10^{-11}	1	7.376×10^{-8}	3.725×10^{-14}	10^{-7}	2.389×10^{-8}	2.778×10^{-14}	6.242×10^{11}	6.242×10^{5}	1.113×10^{-24}	670.2
1 英尺磅(ft · lb) = 1.285×10^{-3}	1.356×10^{7}	1	5.051×10^{-7}	1.356	0.3238	3.766×10^{-7}	8.464×10^{18}	8.464×10^{12}	1.509×10^{-17}	9.037×10^{9}
1 马力小时(hp · h) = 2545	2.685×10^{13}	1.980×10^{6}	1	2.685×10^{6}	6.413×10^{5}	0.7457	1.676×10^{25}	1.676×10^{19}	2.988×10^{-11}	1.799×10^{16}
1 焦[耳](J) = 9.481×10^{-4}	10^{7}	0.7376	3.725×10^{-7}	1	0.2389	2.778×10^{-7}	6.242×10^{18}	6.242×10^{12}	1.113×10^{-17}	6.702×10^{9}
1 卡[路里](cal) = 3.968×10^{-3}	4.1868×10^{7}	3.088	1.560×10^{-6}	4.1868	1	1.163×10^{-6}	2.613×10^{19}	2.613×10^{13}	4.660×10^{-17}	2.806×10^{10}
1 千瓦时(kW · h) = 3413	3.600×10^{13}	2.655×10^{6}	1.341	3.600×10^{6}	8.600×10^{5}	1	2.247×10^{25}	2.247×10^{19}	4.007×10^{-11}	2.413×10^{16}
1 电子伏[特](eV) = 1.519×10^{-22}	1.602×10^{-12}	1.182×10^{-19}	5.967×10^{-26}	1.602×10^{-19}	3.827×10^{-20}	4.450×10^{-26}	1	10^{-6}	1.783×10^{-36}	1.074×10^{-9}
1 兆电子伏[特](MeV) = 1.519×10^{-16}	1.602×10^{-6}	1.182×10^{-13}	5.967×10^{-20}	1.602×10^{-13}	3.827×10^{-14}	4.450×10^{-20}	10^{-6}	1	1.783×10^{-30}	1.074×10^{-3}
1 千克(kg) = 8.521×10^{13}	8.987×10^{23}	6.629×10^{16}	3.348×10^{10}	8.987×10^{16}	2.146×10^{16}	2.497×10^{10}	5.610×10^{35}	5.610×10^{29}	1	6.022×10^{26}
1 原子质量单位(u) = 1.415×10^{-13}	1.492×10^{-3}	1.101×10^{-10}	5.559×10^{-17}	1.492×10^{-10}	3.564×10^{-11}	4.146×10^{-17}	9.320×10^{8}	932.0	1.661×10^{-27}	1

功率

Btu/h	ft · lbf/s	hp	cal/s	kW	瓦[特](W)
1 英制热量单位每(小)时(Btu/h) = 1	0.2161	3.929×10^{-4}	6.998×10^{-2}	2.930×10^{-4}	0.2930
1 英尺磅每秒(ft · lb/s) = 4.628	1	1.818×10^{-3}	0.3239	1.356×10^{-3}	1.356
1 马力(hp) = 2545	550	1	178.1	0.7457	745.7
1 卡[路里]每秒(cal/s) = 14.29	3.088	5.615×10^{-3}	1	4.186×10^{-3}	4.186
1 千瓦(kW) = 3413	737.6	1.341	238.9	1	1000
1 瓦[特](W) = 3.413	0.7376	1.341×10^{-3}	0.2389	0.001	1

磁场

高斯（gauss）	特［斯拉］（T）	毫高斯（milligauss）
1 高斯（gauss）= 1	10^{-4}	1000
1 特[斯拉](T) = 10^{4}	1	10^{7}
1 毫高斯(milligauss) = 0.001	10^{-7}	1

1 特［斯拉］= 1 韦伯/米^2

磁通量

麦［克斯韦］（maxwell）	韦伯（Wb）
1 麦[克斯韦](maxwell) = 1	10^{-8}
1 韦伯(Wb) = 10^{8}	1

附录 E　数学公式

几何

半径为 r 的圆：圆周 $=2\pi r$；面积 $=\pi r^2$。

半径为 r 的球：面积 $=4\pi r^2$；体积 $=\frac{4}{3}\pi r^3$。

半径为 r、高为 h 的正圆柱体：面积 $=2\pi r^2+2\pi rh$；体积 $=\pi r^2 h$。

底边为 a、高为 h 的三角形：面积 $=\frac{1}{2}ah$。

二次公式

如果 $ax^2+bx+c=0$，则 $x=\frac{-b\pm\sqrt{b^2-4ac}}{2a}$。

角 θ 的三角函数

$$\sin\theta=\frac{y}{r}\quad \cos\theta=\frac{x}{r}$$

$$\tan\theta=\frac{y}{x}\quad \cot\theta=\frac{x}{y}$$

$$\sec\theta=\frac{r}{x}\quad \csc\theta=\frac{r}{y}$$

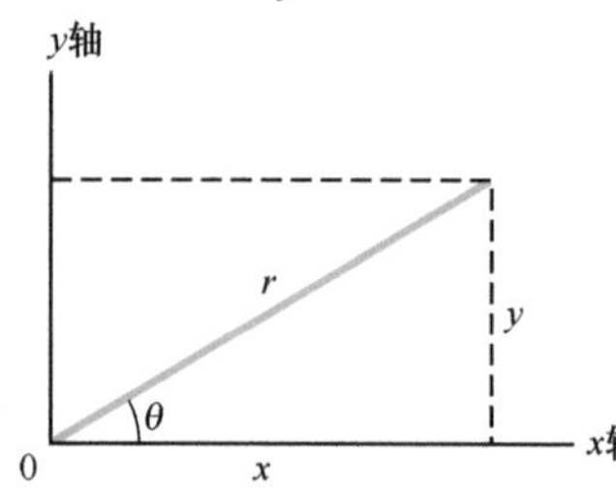

勾股定理

在此直角三角形中，有

$$a^2+b^2=c^2$$

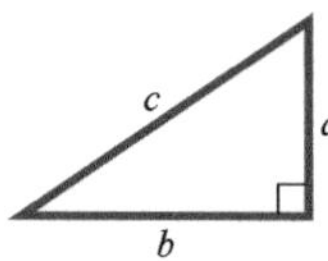

三角形

三个角是 A，B，C

对边是 a，b，c

$$A+B+C=180°$$

$$\frac{\sin A}{a}=\frac{\sin B}{b}=\frac{\sin C}{c}$$

$$c^2=a^2+b^2-2ab\cos C$$

外角 $D=A+C$

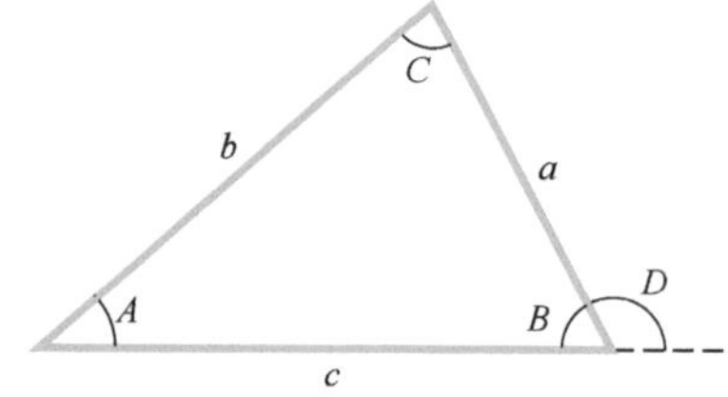

数学符号

=	相等
≈	近似相等
~	大小的数量级是
≠	不等于
≡	定义为，全等于
>	大于（ >> 远大于）
<	小于（ << 远小于）
⩾	大于或等于（或，不小于）
⩽	小于或等于（或，不大于）
±	加或减
∝	正比于
Σ	求和
x_{avg}	x 的平均值

三角恒等式

$$\sin(90°-\theta)=\cos\theta$$

$$\cos(90°-\theta)=\sin\theta$$

$$\sin\theta/\cos\theta=\tan\theta$$

$$\sin^2\theta+\cos^2\theta=1$$

$$\sec^2\theta-\tan^2\theta=1$$

$$\csc^2\theta-\cot^2\theta=1$$

$$\sin 2\theta=2\sin\theta\cos\theta$$

$$\cos 2\theta=\cos^2\theta-\sin^2\theta=2\cos^2\theta-1=1-2\sin^2\theta$$

$$\sin(\alpha\pm\beta)=\sin\alpha\cos\beta\pm\cos\alpha\sin\beta$$

$$\cos(\alpha\pm\beta)=\cos\alpha\cos\beta\mp\sin\alpha\sin\beta$$

$$\tan(\alpha\pm\beta)=\frac{\tan\alpha\pm\tan\beta}{1\mp\tan\alpha\tan\beta}$$

$$\sin\alpha\pm\sin\beta=2\sin\frac{1}{2}(\alpha\pm\beta)\cos\frac{1}{2}(\alpha\mp\beta)$$

$$\cos\alpha+\cos\beta=2\cos\frac{1}{2}(\alpha+\beta)\cos\frac{1}{2}(\alpha-\beta)$$

$$\cos\alpha-\cos\beta=-2\sin\frac{1}{2}(\alpha+\beta)\sin\frac{1}{2}(\alpha-\beta)$$

二项式定理

$$(1+x)^n=1+\frac{nx}{1!}+\frac{n(n-1)x^2}{2!}+\cdots(x^2<1)$$

指数展开

$$e^x = 1 + x + \frac{x^2}{2!} + \frac{x^3}{3!} + \cdots$$

对数展开

$$\ln(1+x) = x - \frac{1}{2}x^2 + \frac{1}{3}x^3 - \cdots \quad (|x| < 1)$$

三角展开（θ 用弧度作单位）

$$\sin\theta = \theta - \frac{\theta^3}{3!} + \frac{\theta^5}{5!} - \cdots$$

$$\cos\theta = 1 - \frac{\theta^2}{2!} + \frac{\theta^4}{4!} - \cdots$$

$$\tan\theta = \theta + \frac{\theta^3}{3} + \frac{2\theta^5}{15} + \cdots$$

克拉默法则（Cramer's rule）

未知量 x 和 y 的两个联立方程

$$a_1x + b_1y = c_1 \text{ 和 } a_2x + b_2y = c_2$$

具有解

$$x = \frac{\begin{vmatrix} c_1 & b_1 \\ c_2 & b_2 \end{vmatrix}}{\begin{vmatrix} a_1 & b_1 \\ a_2 & b_2 \end{vmatrix}} = \frac{c_1b_2 - c_2b_1}{a_1b_2 - a_2b_1}$$

和

$$y = \frac{\begin{vmatrix} a_1 & c_1 \\ a_2 & c_2 \end{vmatrix}}{\begin{vmatrix} a_1 & b_1 \\ a_2 & b_2 \end{vmatrix}} = \frac{a_1c_2 - a_2c_1}{a_1b_2 - a_2b_1}$$

矢量的乘积

令$\vec{i}$、$\vec{j}$和$\vec{k}$为沿 x、y 和 z 方向的单位矢量，则

$$\vec{i}\cdot\vec{i} = \vec{j}\cdot\vec{j} = \vec{k}\cdot\vec{k} = 1$$

$$\vec{i}\cdot\vec{j} = \vec{j}\cdot\vec{k} = \vec{k}\cdot\vec{i} = 0$$

$$\vec{i}\times\vec{i} = \vec{j}\times\vec{j} = \vec{k}\times\vec{k} = 0$$

$$\vec{i}\times\vec{j} = \vec{k}, \vec{j}\times\vec{k} = \vec{i}, \vec{k}\times\vec{i} = \vec{j}$$

任何具有沿 x、y 和 z 轴的分量 a_x、a_y 和 a_z 的矢量$\vec{a}$都可以写作

$$\vec{a} = a_x\vec{i} + a_y\vec{j} + a_z\vec{k}$$

令$\vec{a}$、$\vec{b}$和$\vec{c}$是数值为 a、b 和 c 的任意矢量，则

$$\vec{a}\times(\vec{b}+\vec{c}) = (\vec{a}\times\vec{b}) + (\vec{a}\times\vec{c})$$

$$(s\vec{a})\times\vec{b} = \vec{a}\times(s\vec{b}) = s(\vec{a}\times\vec{b})$$

（s 是一个标量）

令 θ 为$\vec{a}$和$\vec{b}$间两个角中较小的一个，则

$$\vec{a}\cdot\vec{b} = \vec{b}\cdot\vec{a} = a_xb_x + a_yb_y + a_zb_z = ab\cos\theta$$

$$\vec{a}\times\vec{b} = -\vec{b}\times\vec{a} = \begin{vmatrix} \vec{i} & \vec{j} & \vec{k} \\ a_x & a_y & a_z \\ b_x & b_y & b_z \end{vmatrix}$$

$$= \vec{i}\begin{vmatrix} a_y & a_z \\ b_y & b_z \end{vmatrix} - \vec{j}\begin{vmatrix} a_x & a_z \\ b_x & b_z \end{vmatrix} + \vec{k}\begin{vmatrix} a_x & a_y \\ b_x & b_y \end{vmatrix}$$

$$= (a_yb_z - b_ya_z)\vec{i} + (a_zb_x - b_za_x)\vec{j} + (a_xb_y - b_xa_y)\vec{k}$$

$$|\vec{a}\times\vec{b}| = ab\sin\theta$$

$$\vec{a}\cdot(\vec{b}\times\vec{c}) = \vec{b}\cdot(\vec{c}\times\vec{a}) = \vec{c}\cdot(\vec{a}\times\vec{b})$$

$$\vec{a}\times(\vec{b}\times\vec{c}) = (\vec{a}\cdot\vec{c})\vec{b} - (\vec{a}\cdot\vec{b})\vec{c}$$

导数和积分

在下列公式中，字母 u 和 v 代表 x 的任意函数，而 a 和 m 为常数。每个不定积分应加上一个任意的积分常数。《化学和物理学手册》（*CRC* Press Inc.）中给出了更详尽的表。

1. $\frac{dx}{dx} = 1$
2. $\frac{d}{dx}(au) = a\frac{du}{dx}$
3. $\frac{d}{dx}(u+v) = \frac{du}{dx} + \frac{dv}{dx}$
4. $\frac{d}{dx}x^m = mx^{m-1}$
5. $\frac{d}{dx}\ln x = \frac{1}{x}$
6. $\frac{d}{dx}(uv) = u\frac{dv}{dx} + v\frac{du}{dx}$
7. $\frac{d}{dx}e^x = e^x$
8. $\frac{d}{dx}\sin x = \cos x$
9. $\frac{d}{dx}\cos x = -\sin x$
10. $\frac{d}{dx}\tan x = \sec^2 x$
11. $\frac{d}{dx}\cot x = -\csc^2 x$
12. $\frac{d}{dx}\sec x = \tan x\sec x$
13. $\frac{d}{dx}\csc x = -\cot x\csc x$
14. $\frac{d}{dx}e^u = e^u\frac{du}{dx}$
15. $\frac{d}{dx}\sin u = \cos u\frac{du}{dx}$
16. $\frac{d}{dx}\cos u = -\sin u\frac{du}{dx}$

1. $\int \mathrm{d}x = x$

2. $\int au\mathrm{d}x = a\int u\mathrm{d}x$

3. $\int (u+v)\mathrm{d}x = \int u\mathrm{d}x + \int v\mathrm{d}x$

4. $\int x^m \mathrm{d}x = \frac{x^{m+1}}{m+1}\ (m \neq -1)$

5. $\int \frac{\mathrm{d}x}{x} = \ln|x|$

6. $\int u\frac{\mathrm{d}v}{\mathrm{d}x}\mathrm{d}x = uv - \int v\frac{\mathrm{d}u}{\mathrm{d}x}\mathrm{d}x$

7. $\int \mathrm{e}^x \mathrm{d}x = \mathrm{e}^x$

8. $\int \sin x\mathrm{d}x = -\cos x$

9. $\int \cos x\mathrm{d}x = \sin x$

10. $\int \tan x\mathrm{d}x = \ln|\sec x|$

11. $\int \sin^2 x\mathrm{d}x = \frac{1}{2}x - \frac{1}{4}\sin 2x$

12. $\int \mathrm{e}^{-ax}\mathrm{d}x = -\frac{1}{a}\mathrm{e}^{-ax}$

13. $\int x\mathrm{e}^{-ax}\mathrm{d}x = -\frac{1}{a^2}(ax+1)\mathrm{e}^{-ax}$

14. $\int x^2\mathrm{e}^{-ax}\mathrm{d}x = -\frac{1}{a^3}(a^2x^2+2ax+2)\mathrm{e}^{-ax}$

15. $\int_0^\infty x^n\mathrm{e}^{-ax}\mathrm{d}x = \frac{n!}{a^{n+1}}$

16. $\int_0^\infty x^{2n}\mathrm{e}^{-ax^2}\mathrm{d}x = \frac{1\cdot 3\cdot 5\cdot \cdots \cdot (2n-1)}{2^{n+1}a^n}\sqrt{\frac{\pi}{a}}$

17. $\int \frac{\mathrm{d}x}{\sqrt{x^2+a^2}} = \ln(x+\sqrt{x^2+a^2})$

18. $\int \frac{x\mathrm{d}x}{(x^2+a^2)^{3/2}} = -\frac{1}{(x^2+a^2)^{1/2}}$

19. $\int \frac{\mathrm{d}x}{(x^2+a^2)^{3/2}} = \frac{x}{a^2(x^2+a^2)^{1/2}}$

20. $\int_0^\infty x^{2n+1}\mathrm{e}^{-ax^2}\mathrm{d}x = \frac{n!}{2a^{n+1}}(a>0)$

21. $\int \frac{x\mathrm{d}x}{x+d} = x - d\ln(x+d)$

附录 F 元素的性质

除另有说明外，所有物理性质都是在 1 atm 压强下的。

元素	符号	原子序数 Z	摩尔质量 (g/mol)	密度 (g/cm^3, 20℃)	熔点 (℃)	沸点 (℃)	比热容 [J/(g·℃), 25℃]
锕 Actinium	Ac	89	(227)	10.06	1323	(3473)	0.092
铝 Aluminum	Al	13	26.9815	2.699	660	2450	0.900
镅 Americium	Am	95	(243)	13.67	1541	—	—
锑 Antimony	Sb	51	121.75	6.691	630.5	1380	0.205
氩 Argon	Ar	18	39.948	1.6626×10^{-3}	−189.4	−185.8	0.523
砷 Arsenic	As	33	74.9216	5.78	817(28atm)	613	0.331
砹 Astatine	At	85	(210)	—	(302)	—	—
钡 Barium	Ba	56	137.34	3.594	729	1640	0.205
锫 Berkelium	Bk	97	(247)	14.79	—	—	—
铍 Beryllium	Be	4	9.0122	1.848	1287	2770	1.83
铋 Bismuth	Bi	83	208.980	9.747	271.37	1560	0.122
铍 Bohrium	Bh	107	262.12	—	—	—	—
硼 Boron	B	5	10.811	2.34	2030	—	1.11
溴 Bromine	Br	35	79.909	3.12(液态)	−7.2	58	0.293
镉 Cadmium	Cd	48	112.40	8.65	321.03	765	0.226
钙 Calcium	Ca	20	40.08	1.55	838	1440	0.624
锎 Californium	Cf	98	(251)	—	—	—	—
碳 Carbon	C	6	12.01115	2.26	3727	4830	0.691
铈 Cerium	Ce	58	140.12	6.768	804	3470	0.188
铯 Cesium	Cs	55	132.905	1.873	28.40	690	0.243
氯 Chlorine	Cl	17	35.453	3.214×10^{-3}(0℃)	−101	−34.7	0.486
铬 Chromium	Cr	24	51.996	7.19	1857	2665	0.448
钴 Cobalt	Co	27	58.9332	8.85	1495	2900	0.423
鎶 Copernicium	Cn	112	(285)	—	—	—	—
铜 Copper	Cu	29	63.54	8.96	1083.40	2595	0.385
锔 Curium	Cm	96	(247)	13.3	—	—	—
鐽 Darmstadtium	Ds	110	(271)	—	—	—	—
𨧀 Dubnium	Db	105	262.114	—	—	—	—
镝 Dysprosium	Dy	66	162.50	8.55	1409	2330	0.172
锿 Einsteinium	Es	99	(254)	—	—	—	—
铒 Erbium	Er	68	167.26	9.15	1522	2630	0.167
铕 Europium	Eu	63	151.96	5.243	817	1490	0.163
镄 Fermium	Fm	100	(237)	—	—	—	—
铁 Flerovium[①]	Fl	114	(289)	—	—	—	—
氟 Fluorine	F	9	18.9984	1.696×10^{-3}(0℃)	−219.6	−188.2	0.753
钫 Francium	Fr	87	(223)	—	(27)	—	—
钆 Gadolinium	Gd	64	157.25	7.90	1312	2730	0.234
镓 Gallium	Ga	31	69.72	5.907	29.75	2237	0.377
锗 Germanium	Ge	32	72.59	5.323	937.25	2830	0.322

（续）

元素	符号	原子序数 Z	摩尔质量 (g/mol)	密度 (g/cm^3,20℃)	熔点 (℃)	沸点 (℃)	比热容 [J/(g·℃),25℃]
金 Gold	Au	79	196.967	19.32	1064.43	2970	0.131
铪 Hafnium	Hf	72	178.49	13.31	2227	5400	0.144
𬭶 Hassium	Hs	108	(265)	—	—	—	—
氦 Helium	He	2	4.0026	0.1664×10^{-3}	−269.7	−268.9	5.23
钬 Holmium	Ho	67	164.930	8.79	1470	2330	0.165
氢 Hydrogen	H	1	1.00797	0.08375×10^{-3}	−259.19	−252.7	14.4
铟 Indium	In	49	114.82	7.31	156.634	2000	0.233
碘 Iodine	I	53	126.9044	4.93	113.7	183	0.218
铱 Iridium	Ir	77	192.2	22.5	2447	(5300)	0.130
铁 Iron	Fe	26	55.847	7.874	1536.5	3000	0.447
氪 Krypton	Kr	36	83.80	3.488×10^{-3}	−157.37	−152	0.247
镧 Lanthanum	La	57	138.91	6.189	920	3470	0.195
铹 Lawrencium	Lr	103	(257)	—	—	—	—
铅 Lead	Pb	82	207.19	11.35	327.45	1725	0.129
锂 Lithium	Li	3	6.939	0.534	180.55	1300	3.58
𫟷 Livermorium①	Lv	116	(293)	—	—	—	—
镥 Lutetium	Lu	71	174.97	9.849	1663	1930	0.155
镁 Magnesium	Mg	12	24.312	1.738	650	1107	1.03
锰 Manganese	Mn	25	54.9380	7.44	1244	2150	0.481
鿏 Meitnerium	Mt	109	(266)	—	—	—	—
钔 Mendelevium	Md	101	(256)	—	—	—	—
汞 Mercury	Hg	80	200.59	13.55	−38.87	357	0.138
钼 Molybdenum	Mo	42	95.94	10.22	2617	5560	0.251
钕 Neodymium	Nd	60	144.24	7.007	1016	3180	0.188
氖 Neon	Ne	10	20.183	0.8387×10^{-3}	−248.597	−246.0	1.03
镎 Neptunium	Np	93	(237)	20.25	637	—	1.26
镍 Nickel	Ni	28	58.71	8.902	1453	2730	0.444
铌 Niobium	Nb	41	92.906	8.57	2468	4927	0.264
氮 Nitrogen	N	7	14.0067	1.1649×10^{-3}	−210	−195.8	1.03
锘 Nobelium	No	102	(255)	—	—	—	—
锇 Osmium	Os	76	190.2	22.59	3027	5500	0.130
氧 Oxygen	O	8	15.9994	1.3318×10^{-3}	−218.80	−183.0	0.913
钯 Palladium	Pd	46	106.4	12.02	1552	3980	0.243
磷 Phosphorus	P	15	30.9738	1.83	44.25	280	0.741
铂 Platinum	Pt	78	195.09	21.45	1769	4530	0.134
钚 Plutonium	Pu	94	(244)	19.8	640	3235	0.130
钋 Polonium	Po	84	(210)	9.32	254	—	—
钾 Potassium	K	19	39.102	0.862	63.20	760	0.758
镨 Praseodymium	Pr	59	140.907	6.773	931	3020	0.197
钷 Promethium	Pm	61	(145)	7.22	(1027)	—	—
镤 Protactinium	Pa	91	(231)	15.37(估计值)	(1230)	—	—
镭 Radium	Ra	88	(226)	5.0	700	—	—
氡 Radon	Rn	86	(222)	9.96×10^{-3}(0℃)	(−71)	−61.8	0.092

（续）

元素	符号	原子序数 Z	摩尔质量 (g/mol)	密度 (g/cm^3, 20℃)	熔点 (℃)	沸点 (℃)	比热容 [J/(g·℃), 25℃]
铼 Rhenium	Re	75	186.2	21.02	3180	5900	0.134
铑 Rhodium	Rh	45	102.905	12.41	1963	4500	0.243
轮 Roentgenium	Rg	111	(280)	—	—	—	—
铷 Rubidium	Rb	37	85.47	1.532	39.49	688	0.364
钌 Ruthenium	Ru	44	101.107	12.37	2250	4900	0.239
铲 Rutherfordium	Rf	104	261.11	—	—	—	—
钐 Samarium	Sm	62	150.35	7.52	1072	1630	0.197
钪 Scandium	Sc	21	44.956	2.99	1539	2730	0.569
𬭳 Seaborgium	Sg	106	263.118	—	—	—	—
硒 Selenium	Se	34	78.96	4.79	221	685	0.318
硅 Silicon	Si	14	28.086	2.33	1412	2680	0.712
银 Silver	Ag	47	107.870	10.49	960.8	2210	0.234
钠 Sodium	Na	11	22.9898	0.9712	97.85	892	1.23
锶 Strontium	Sr	38	87.62	2.54	768	1380	0.737
硫 Sulfur	S	16	32.064	2.07	119.0	444.6	0.707
钽 Tantalum	Ta	73	180.948	16.6	3014	5425	0.138
锝 Technetium	Tc	43	(99)	11.46	2200	—	0.209
碲 Tellurium	Te	52	127.60	6.24	449.5	990	0.201
铽 Terbium	Tb	65	158.924	8.229	1357	2530	0.180
铊 Thallium	Tl	81	204.37	11.85	304	1457	0.130
钍 Thorium	Th	90	(232)	11.72	1755	(3850)	0.117
铥 Thulium	Tm	69	168.934	9.32	1545	1720	0.159
锡 Tin	Sn	50	118.69	7.2984	231.868	2270	0.226
钛 Titanium	Ti	22	47.90	4.54	1670	3260	0.523
钨 Tungsten	W	74	183.85	19.3	3380	5930	0.134
未命名 Un-named	Uut	113	(284)	—	—	—	—
未命名 Un-named	Uup	115	(288)	—	—	—	—
未命名 Un-named	Uus	117	—	—	—	—	—
未命名 Un-named	Uuo	118	(294)	—	—	—	—
铀 Uranium	U	92	(238)	18.95	1132	3818	0.117
钒 Vanadium	V	23	50.942	6.11	1902	3400	0.490
氙 Xenon	Xe	54	131.30	5.495×10^{-3}	-111.79	-108	0.159
镱 Ytterbium	Yb	70	173.04	6.965	824	1530	0.155
钇 Yttrium	Y	39	88.905	4.469	1526	3030	0.297
锌 Zinc	Zn	30	65.37	7.133	419.58	906	0.389
锆 Zirconium	Zr	40	91.22	6.506	1852	3580	0.276

① 元素 114(Flerovium, Fl)和 116(Livermorium, Lv)的名称已经被提出，但还不是正式的名称。

在摩尔质量一列内括号内的数值是这些放射性元素中寿命最长的同位素的质量数。

括号中的熔点和沸点不肯定。

气体的数据只有当它们处于正常的分子状态时，如 H_2, He, O_2, Ne 等，才正确。气体的比热是定压下的值。

资料来源：取自 J. Emsley, *The Elements*, 3rd ed., 1998, Clarendon Press, Oxford. 关于最近的值和最新的元素也可参见 www.webelements.com。

附录 G 元素周期表

金属　类金属　非金属

水平周期	碱金属 I A	II A	III B	IV B	V B	VI B	VII B	VIII B	VIII B	VIII B	I B	II B	III A	IV A	V A	VI A	VII A	惰性气体 0
1	1 H																	2 He
2	3 Li	4 Be											5 B	6 C	7 N	8 O	9 F	10 Ne
3	11 Na	12 Mg											13 Al	14 Si	15 P	16 S	17 Cl	18 Ar
4	19 K	20 Ca	21 Sc	22 Ti	23 V	24 Cr	25 Mn	26 Fe	27 Co	28 Ni	29 Cu	30 Zn	31 Ga	32 Ge	33 As	34 Se	35 Br	36 Kr
5	37 Rb	38 Sr	39 Y	40 Zr	41 Nb	42 Mo	43 Tc	44 Ru	45 Rh	46 Pd	47 Ag	48 Cd	49 In	50 Sn	51 Sb	52 Te	53 I	54 Xe
6	55 Cs	56 Ba	57-71 *	72 Hf	73 Ta	74 W	75 Re	76 Os	77 Ir	78 Pt	79 Au	80 Hg	81 Tl	82 Pb	83 Bi	84 Po	85 At	86 Rn
7	87 Fr	88 Ra	89-103 †	104 Rf	105 Db	106 Sg	107 Bh	108 Hs	109 Mt	110 Ds	111 Rg	112 Cn	113	114 Fl	115	116 Lv	117	118

过渡金属：III B – II B

内过渡金属

镧系 *	57 La	58 Ce	59 Pr	60 Nd	61 Pm	62 Sm	63 Eu	64 Gd	65 Tb	66 Dy	67 Ho	68 Er	69 Tm	70 Yb	71 Lu
锕系 †	89 Ac	90 Th	91 Pa	92 U	93 Np	94 Pu	95 Am	96 Cm	97 Bk	98 Cf	99 Es	100 Fm	101 Md	102 No	103 Lr

元素 113 到 118 被发现的证据已见报导。最近的信息及最新的元素可参看 www. webelements. com。元素 114 和 116 的名称已被提出，但还没有正式确定。

A N S W E R S

检查点和奇数题号习题的答案

第 21 章

检查点 **1.** C 和 D 相吸引，B 和 D 相吸引 **2.** (a) 向左；(b) 向左；(c) 向左 **3.** (a) a, c, b; (b) 小于
4. $-15e$（$-30e$ 的净电荷等量均分）
习题 **1.** (a) ^{14}Si; (b) ^{30}Zn; (c) ^{12}C
3. (a) 0.26N; (b) $-32°$ **5.** (a) 24cm; (b) 0
7. (a) 2.00cm; (b) 0; (c) -0.563 **9.** 5.1×10^{12}
11. (a) 3.16; (b) 4.39m **13.** 1.7×10^{-8}C
15. (a) 6.39N; (b) 11.1N **17.** (a) 122mA; (b) 1.05×10^{4}C **19.** (a) 3.2×10^{-19}C; (b) 2; (c) 3.7×10^{-9}N
21. (a) -0.646μC; (b) 4.65μC
23. (a) 35N; (b) 170°; (c) +10cm; (d) -0.69cm
25. (a) -4.02cm; (b) 4.02cm
27. (a) 0; (b) 1.9×10^{-9}N **29.** 2.7×10^{7}C
31. (a) 0; (b) 12cm; (c) 0; (d) 2.0×10^{-25}N
33. (a) 2.81N; (b) 0.379m **35.** -9.00
37. (a) 0.500; (b) 1/4; (c) 3/4

第 22 章

检查点 **1.** (a) 向右；(b) 向左；(c) 向左；(d) 向右（p 和 e 有相同的电荷数值，p 较远）
2. (a) 向 Ey; (b) 向 Ex; (c) 向负 y
3. (a) 向左；(b) 向左；(c) 减少
4. (a) 都相同；(b) 1 和 3 相同，然后是 2 和 4 相同
习题 **1.** (a) -30cm; (b) 1.20m **3.** 0.680m
5. (a) 3.4×10^{-10}N; (b) 4.1×10^{-8}N; (c) 回到柱头上
7. 44μm **9.** 0.268 **11.** (a) 95.1N/C; (b) $-90°$
13. (a) -5.19×10^{-14}C/m; (b) 2.24×10^{-3}N/C; (c) $-180°$; (d) 1.52×10^{-8}N/C; (e) 1.52×10^{-8}N/C
17. 7.3% **19.** $(-1.53\times10^{5}\text{N/C})\vec{j}$ **21.** 7.3×10^{15}m/s^2
23. (a) 0.537N; (b) $-63.4°$; (c) 108m; (d) -216m; (e) 161m/s **25.** (a) 2.33×10^{21}N/C; (b) 向外
27. (a) 1.92×10^{12}m/s^2; (b) 1.96×10^{5}m/s; (c) 1.02×10^{-7}s **29.** (a) 3.0×10^{3}N/C; (b) 4.8×10^{-16}N; (c) 向上；(d) 1.6×10^{-26}N; (e) 2.9×10^{10}; (f) 2.9×10^{11}m/s^2
31. (a) 639N/C; (b) 45° **33.** (a) $-3e$; (b) 向上
35. (a) 9.30×10^{-15}C·m; (b) 2.79×10^{-12}J
37. (a) 3.51×10^{15}m/s^2; (b) 0.854ns
39. (a) 3.6×10^{-24}kg·m/s; (b) 7.3×10^{-18}J; (c) 1.5kN/C **41.** 2.56×10^{-23}J **43.** $(1/2\pi)(pE/I)^{0.5}$
45. 0.88N/C **47.** (b) 1.51×10^{3}N/C **49.** (a) 1.38×10^{-10}N/C; (b) 180°; (c) 2.77×10^{-11}N/C **51.** (a) 不存在；(b) 径向向外；(c) 径向向内 **53.** (a) $-90°$; (b) $+0.89\mu$C; (c) -0.71μC **55.** (a) $qd/4\pi\varepsilon_0 r^3$; (b) $-90°$ **57.** (a) 3.60×10^{-6}N/C; (b) 2.55×10^{-6}N/C; (c) 1.44×10^{-3}N/C; (d) 3.59×10^{-7}N/C; (e) 当质子靠近圆盘时，e_s 作用在它上面的力几乎都相互抵消
59. (a) 1.30×10^{7}N/C; (b) $-45°$ **61.** 1.57

第 23 章

检查点 **1.** (a) $+EA$; (b) $-EA$; (c) 0; (d) 0
2. (a) 2; (b) 3; (c) 1 **3.** (a) 相等；(b) 相等；(c) 相等 **4.** 3 和 4 相同，然后是 2，1
习题 **1.** 7.7×10^{4}N/C **3.** (a) -30nC; (b) -0.24μC/m^2 **5.** (a) $+4.0\mu$C; (b) $+6.0\mu$C
7. (a) 0; (b) 0; (c) $(-2.61\times10^{-11}\text{N/C})\vec{i}$
9. 5.30×10^{-11}C/m^2 **11.** (a) 19.5fC; (b) 0; (c) 6.22mN/C; (d) 56.0mN/C **13.** (a) 0; (b) -3.92N·m^2/C; (c) 0; (d) 0; (e) 0
15. (a) 527N·m^2/C; (b) 4.66nC; (c) 527N·m^2/C; (d) 4.66nC; **17.** 3.01nN·m^2/C **19.** 6.9×10^{-8}C/m^2
21. 37nC/m^2 **23.** -0.850nC **25.** (a) 4.68×10^{4}N/C; (b) 3.11×10^{4}N/C **27.** (a) 3.1×10^{6}N/C; (b) 向内；(c) 4.5×10^{5}N/C (d) 向外 **29.** (a) 0; (b) 22.5mN/C; (c) 45.0mN/C; (d) 20.0mN/C; (e) 0; (f) 0; (g) -2.00fC; (h) 0 **31.** $6K\varepsilon_0 r^3$ **33.** 1.5mm
35. 12.0μC **37.** (a) 0.15μC; (b) 51nC
39. (a) 6.4μC; (b) 7.3×10^{5}N·m^2/C; (c) 7.3×10^{5}N·m^2/C **41.** (a) 0; (b) 0.0417
43. (a) 7.1×10^{5}N·m^2/C; (b) 7.1×10^{5}N·m^2/C
45. (a) -0.068N·m^2/C; (b) 增加 **47.** (a) 0; (b) 0.427μN/C; (c) 1.00μN/C; (d) 1.00μN/C
49. -1.5 **51.** (a) 7.3×10^{-7}C/m^2; (b) 8.3×10^{4}N/C
53. (a) 7.8×10^{6}N/C; (b) 20N/C **55.** (a) 3.28×10^{-2}N/C; (b) 向外；(c) 0.131N/C; (d) 向内；(e) 5.22×10^{-13}C; (f) 5.22×10^{-13}C

第 24 章

检查点 **1.** (a) 负；(b) 正；(c) 增加；(d) 更高
2. (a) 向右；(b) 1、2、3、5：正；4：负；(c) 3，然后 1、2 和 5 相同，然后是 4 **3.** 都相同 **4.** a, c（零），b
5. (a) 2，然后 1 和 3 相同；(b) 3；(c) 向左加速
习题 **1.** (a) 3.0kV; (b) 0.48μC/m^2 **3.** 45.2mV

5. (a) 46.6mV; (b) 0; (c) 0; (d) 正 **7.** (a) 18cm; (b) 36cm **9.** (a) −3.88V; (b) −3.76V

11. $(-8.0\times10^{-16}\text{N})\vec{i}+(3.2\times10^{-16}\text{N})\vec{j}$

13. 3.9×10^{-2}kg · m/s **15.** 1.7×10^{11}J **17.** 78.4N/C

19. 0.22km/s **21.** (a) $+6.0\times10^{4}$V; (b) -7.8×10^{5}V; (c) −1.7J; (d) 减小; (e) 相同; (f) 相同

23. (a) 4.9J; (b) −7.2m **25.** (a) 1.0J; (b) 11J

27. (a) 质子; (b) 185km/s **29.** (a) 12; (b) 2

31. 2.11mV **33.** (a) −0.908pJ; (b) 0.908pJ; (c) −0.908pJ **35.** 0 **37.** (a) 74.9mJ; (b) A: 4.99m/s^2, B: 2.50m/s^2; (c) A 4.47m/s, B 2.24m/s **39.** (a) 5.0km/s; (b) 3.5×10^{-23}J

41. (a) 2.5×10^{5}C; (b) 6.3×10^{6}J

43. (a) 5.03×10^{-8}C/m^2; (b) 从较低到较高

45. (a) 3.0kN/C; (b) 0.90kV; (c) 38cm

47. 6.6×10^{-9}m **49.** (a) -6.3×10^{2}V; (b) 2.6kV; (c) −24kV **51.** 4.16μV

53. (a) 0.54mm; (b) 0.79kV; (c) 1.3

55. (a) −0.268mV; (b) −0.681mV; (c) +1.36mV

57. 5.8×10^{-8}C **59.** −85.3V

61. (a) 32.4mV; (b) 32.4mV

63. (a) 20.0V/m; (b) 143°

65. (a) 3.22×10^{-21}J; (b) −15.2mV **67.** 36.3μV

第 25 章

检查点 **1.** (a) 不变; (b) 不变 **2.** (a) 减小; (b) 增大; (c) 减小 **3.** (a) V, $q/2$; (b) $V/2$; q

习题 **1.** (a) 0; (b) 1.58μF

3. (a) 513μC; (b) 51.3V; (c) 20.1mJ **5.** 25F

7. (a) 59pF; (b) 80pF; (c) 7.1nC; (d) 7.1nC; (e) 10kV/m; (f) 2.1kV/m; (g) 88V; (h) −0.11μJ

9. (a) 1.5μF; (b) 2.0μF **11.** (a) 6.5; (b) 瓷

13. (a) 0.27J; (b) 4.5 **15.** (a) 9.16×10^{-18}J/m^3; (b) 9.16×10^{-6}J/m^3; (c) 9.16×10^{6}J/m^3; (d) 9.16×10^{18}J/m^3; (e) 9.16×10^{30}J/m^3; (f) ∞

17. (a) 6.00V; (b) 120pJ; (c) 45.1pJ; (d) −75.2pJ

19. (a) 175V; (b) 44mJ **21.** 0.14nF/m

23. (a) 45.8pF; (b) 5.49nC **25.** 14μJ

27. (a) 22kV/m; (b) 8.5nC; (c) 6.9nC **29.** 56.3mC

31. 8.87pF **33.** 1.36×10^{-3}F/m^2

35. (a) 4.00μF; (b) 40.0μC; (c) 6.67V; (d) 30.0μC; (e) 13.3V; (f) 26.7μC; (g) 6.67V; (h) 26.7μC **37.** 0.17m^2

39. (a) 100V; (b) 0.10mC; (c) 0.30mC

41. (a) 2.3×10^{14}; (b) 0.75×10^{14}; (c) 1.5×10^{14}; (d) 2.3×10^{14}; (e) 向上; (f) 向上

43. (a) 33mJ/m^3; (b) 增大 **45.** 0.420pF

47. (a) 18.0μC; (b) 32.0μC; (c) 18.0μC; (d) 32.0μC; (e) 16.8μC; (f) 33.6μC; (g) 21.6μC; (h) 28.8μC

49. (a) 31.4pF; (b) 2.29nC; (c) 1.96nC

51. (a) 2.0pF; (b) 2.0pF; (c) 1.0×10^{2}V

53. 129pF **55.** (a) 5.6pC; (b) 减小

第 26 章

检查点 **1.** 8A, 向右 **2.** (a) ~ (c) 向右 **3.** a 和 c 相同, 然后是 b **4.** 器件 2 **5.** (a) 和 (b) 相同, 然后是 (d), 然后是 (c)

习题 **1.** 7.07μA **3.** (a) 11.9mA; (b) 31.5nV; (c) 42.1nΩ **5.** 2.08MΩ **9.** 1.40μC

11. 8.2×10^{-8}Ω · m **13.** 1.2m

15. (a) 9.33×10^{-7}m^2; (b) 4.66m **17.** 11.3W

19. (a) 2.68 美元; (b) 240Ω; (c) 0.500A

21. (a) 1.2kW; (b) 0.42 美元

23. (a) 7.74A; (b) 14.9Ω; (c) 16.0MJ

25. (a) 1.3V; (b) 2.5V; (c) 2.5W; (d) 5.1W

27. (a) 38.3mA; (b) 142A/m^2; (c) 1.66cm/s; (d) 306V/m **29.** 283s **31.** 9.00A

33. (a) 5.1μC/m^2; (b) 3.2×10^{13}m^{-2} **35.** 3

37. (a) 9.60Ω; (b) 7.81×10^{19}s^{-1} **39.** 19Ω

41. 0.66mm **43.** 5.8min

45. (a) 0.821A; (b) 0.411A; (c) J_a **47.** 0.11Ω

49. 3.8 **51.** (3.0×10^{3})℃ **53.** (a) 43mA/m^2; (b) 向南; (c) 0.11μA

第 27 章

检查点 **1.** (a) 向右; (b) 都相同; (c) b, 然后 a 和 c 相同, (d) b, 然后是 a 和 c 相同

2. (a) 都相同; (b) R_1, R_2, R_3

3. (a) 小于; (b) 大于; (c) 相等

4. (a) $V/2$, i; (b) V, $i/2$

5. (a) 1, 2, 4, 3; (b) 4, 然后 1 和 2 相同, 然后 3

习题 **1.** (a) 2.03×10^{11}Ω; (b) 1.60mJ; (c) 4.43nJ/s

3. (a) 0.177W; (b) 0.670W; (c) 0.679W; (d) −0.211W; (e) 1.74W; (f) 吸收; (g) 提供

5. (a) 0.250Ω; (b) 144W; (c) 144W; (d) $r/2$; (e) $r/2$

7. (a) 82.8mA; (b) 7.29V; (c) 88.0Ω; (d) 减小

9. (a) 411μA; (b) 68.5mA/s; (c) 56.2μW/s

11. (a) −17V; (b) −13V; (c) 38W **13.** −3.0%

15. 2.21 **17.** 2.10Ω **19.** 96.6V **21.** 1.09ms **23.** 16

25. (a) 10.5V; (b) 3.00V; (c) 10.5V; (d) 13.5V

27. (a) 0.013Ω; (b) 1 **31.** (a) 7.6kJ; (b) 6.6kJ; (c) 0.93kJ **33.** (a) 25V; (b) 21V; (c) 负

35. 4d **37.** (a) 0.67A; (b) 向下; (c) 0.33A; (d) 向上; (e) 吸收; (f) 1.3W; (g) 3.3V

39. (a) 0.180μC/s; (b) 0.624μW; (c) 97.7nW; (d) 0.722μW

41. (a) 0.842A; (b) 1.16A; (c) 166m **43.** 2.14MΩ

45. 4.00A **47.** (a) 1.1mA; (b) 0.55mA; (c) 0.55mA; (d) 0.82mA; (e) 0.82mA; (f) 0;

(g) 4.0×10^2V; (h) 6.0×10^2V **49.** 2.9×10^3A
51. (a) 0.857A; (b) 向右; (c) 617J
53. (a) 13V; (b) 48W; (c) 4.8×10^2W; (d) 11V; (e) 48W **55.** (a) 4.4km; (b) 85Ω **57.** (a) 0.54A
59. (a) 20.0eV; (b) 16.5W
61. (a) 0.67A; (b) 1.8W; (c) 3.6W; (d) 8.0W; (e) 4.0W; (f) 供应; (g) 吸收
63. 3.0Ω **65.** (a) 7.50Ω; (b) 并联; (c) 22.5Ω
67. 31kJ **69.** (a) 0.10A; (b) 0.16A; (c) 14V

第28章

检查点 **1.** a, $+z$; b, $-x$; c, $\vec{F}_B=0$
2. (a) 2, 然后是1和3相同（零）; (b) 4
3. (a) 电子; (b) 顺时针 **4.** $-y$
5. (a) 都相同; (b) 1和4相同, 然后2和3相同

习题 **1.** (a) $(-800\text{mV/m})\vec{k}$; (b) 1.60V; (c) 上表面
3. 1.87ns **5.** $(-6.93\text{mN})\vec{j}+(1.49\text{mN})\vec{k}$ **7.** 0.615A
11. (a) 6.91A·m^2; (b) 4.15A·m^2
13. (a) 5.7mT; (b) 27°
15. (a) 1.96MHz; (b) 0.663m
17. (a) 0.45A·m^2; (b) 0.054N·m
19. $(-51\text{mN}\cdot\text{m})\vec{j}$ **21.** (a) 1.00A; (b) 向右
23. (a) 90°; (b) 1; (c) 16.5nN·m
25. (a) 350eV; (b) 35.0keV; (c) 0.499%
27. (a) 48.9ps; (b) 15.6μm; (c) 0.142mm
29. (a) 3.35A; (b) 66.5mN·m
31. (a) $-(0.211\text{mT})\vec{k}$; (b) 向上面的板
33. (a) 39.5N; (b) 水平向西
35. (a) $-(6.4\times10^{-4}\text{N}\cdot\text{m})\vec{i}-(4.8\times10^{-4}\text{N}\cdot\text{m})\vec{j}+(1.6\times10^{-3}\text{N}\cdot\text{m})\vec{k}$; (b) -1.2mJ
37. 0.40T **39.** (a) 14.8μT; (b) 2.42μs **41.** 238km/s
43. $(-11.4\text{V/m})\vec{i}+(4.50\text{V/m})\vec{j}+(3.60\text{V/m})\vec{k}$
45. 1.2×10^{-9}kg/C **47.** 36μV
49. (a) -0.166mJ; (b) $(0.221\vec{i}+0.166\vec{k})$ mN·m
51. (a) 42.0km/s; (b) 9.22eV; (c) 7.02×10^{-23}kg·m/s
53. (a) 1.45×10^7m/s; (b) 661μT; (c) 18.5MHz; (d) 54.1ns; (e) 600V **55.** 1.6×10^2m
57. (a) 0; (b) 0.277N; (c) 0.277N; (d) 0
59. (a) 664mT; (b) 22.7mA; (c) 14.7MJ
61. 1.1MV/m **63.** (a) $(-1.1\times10^{-13}\text{N})\vec{k}$; (b) $(1.1\times10^{-13}\text{N})\vec{k}$
65. (a) 2.60×10^6m/s; (b) 0.109μs; (c) 0.140MeV; (d) 70.0kV; (e) 4

第29章

检查点 **1.** b, c, a **2.** d, a和c相等, 然后是b
3. d, a, b和c相同（零）

习题 **1.** (a) 17.0nT; (b) 向图外; (c) 减小
3. (a) 94.9nT; (b) 增大 **5.** $(24\mu\text{T})\vec{j}$
7. $(41.7\mu\text{N/m})\vec{i}+(41.7\mu\text{N/m})\vec{j}$
9. (a) 55μT; (b) 向页面内 **11.** 1.00μN/m
13. (a) $(0.020\text{A}\cdot\text{m}^2)\vec{j}$; (b) $(32\text{pT})\vec{j}$ **15.** 41.5pN/m
17. (a) 194μT; (b) 153μT **19.** $(23.5\text{pT})\vec{j}$
21. $(2.13\text{mN})\vec{j}$
23. (a) 0; (b) 0.510mT; (c) 1.70mT; (d) 0.576mT
25. (a) -6.3μT·m; (b) 0
27. (a) 2.27cm; (b) 62.2μT **29.** 0.71mT **31.** 175nT
33. 89.9mA **35.** (a) 0; (b) 0.20μT; (c) 0.79μT
37. 1.1A·m^2 **39.** (a) 38μT; (b) 0.52μN·m
41. (a) 3.3μT; (b) 是 **43.** (a) 2.1A·m^2; (b) 44cm
45. (a) 3.0A; (b) 向外; (c) 32μT
47. (a) 0.13mT; (b) 向外; (c) 0.10mT; (d) 向外
49. (a) 3.8μT; (b) 向页面内; (c) 8.8μT; (d) 向页面内
51. 74.0mA **53.** $(-1.99\times10^{-22}\text{N})\vec{i}$
55. (a) 7.2μT; (b) 5.0μT **57.** (a) 0.215μT; (b) 向外
59. 2.00rad **61.** (a) 相反; (b) 90A
63. (a) 3.9A; (b) 向东

第30章

检查点 **1.** b, 然后是d和e相同, 然后a和c相同（零）
2. a和b相同, 然后是c（零）
3. c和d相同, 然后a和b相同
4. b, 指向页面外; c, 指向页面外; d, 指向页面内; e, 指向页面内 **5.** d和e **6.** (a) 2, 3, 1（零）; (b) 2, 3, 1 **7.** a和b相同, 然后是c

习题 **1.** (a) 11.9mV; (b) 0.660mA; (c) 7.83μW; (d) 20.6μN **3.** (a) 1.2V; (b) 向上; (c) 3.0A; (d) 顺时针; (e) 3.6W; (f) 0.72N; (g) 3.6W; (h) 0.72N **5.** 0.30mW **7.** (a) $\mu_0 iR^2\pi r^2/2x^3$; (b) $3\mu_0 i\pi R^2r^2v/2x^4$; (c) 逆时针
9. 0.60V/m **11.** (b) $L_{eq}=\sum L_j$, 从$j=1$到$j=N$求和
13. 21μH **15.** (a) 45.5H; (b) 91.1μJ
17. (a) 1.19mH; (b) 1.61mWb **19.** 2.37μH/m
21. 0 **23.** 2.6Ω
25. (a) 0.12J/m^3; (b) 5.9×10^{-16}J/m^3
27. (a) 4.13ns; (b) 4.59mA
29. (a) 55.5J/m^3; (b) 80.1mJ **31.** (b) 1.46m^2
33. (a) 1.74J; (b) 21.9mJ; (c) 1.72J
35. (a) $i\,[1-\exp(-Rt/L)]$; (b) $(L/R)\ \ln3$
37. 41.6ms **39.** (a) 31.4μT; (b) 0; (c) 31.4μT; (d) 有; (e) 12.6nV **41.** (a) 30Hz; (b) 1.2mV
43. (a) 0.34mV; (b) 顺时针 **45.** 6.00×10^6V/m
47. (a) 137μV/m; (b) 114μV/m

49. (b) 将两个线圈的绕组按相反方向绕成
51. 71.0μV **53.** (a) 14.5V; (b) 逆时针
55. (a) 322μV; (b) 0.805mA; (c) 0.259μW; (d) 51.8nN; (e) 0.259μW
57. (a) 减小; (b) 1.3mH **59.** 4.61
61. (a) 5.51mWb; (b) 1.97mH
63. 81.0mH **65.** (a) 7.8μWb/m; (b) 22%; (c) 0
67. 0.32mA **69.** 8.63kV **71.** 0 **73.** 64.0mC
75. (a) 4.5s **77.** (a) 16mV; (b) 向左

第31章

检查点 **1.** (a) $T/2$; (b) T; (c) $T/2$; (d) $T/4$
2. (a) 5V; (b) 150μJ **3.** (a) 保持不变; (b) 保持不变 **4.** (a) C, B, A; (b) 1, A; 2, B; 3, S; 4, C; (c) A **5.** (a) 保持不变; (b) 增大; (c) 保持不变; (d) 减小 **6.** (a) 1, 滞后; 2, 超前; 3, 同相; (b) 3 (当 $X_L = X_C$ 时 $\omega_d = \omega$) **7.** (a) 增加 (电路主要是电容性; 增大 C 则 X_C 减小, 接近于共振最大值 P_{avg}); (b) 更接近
8. (a) 大于; (b) 升压变压器

习题 **1.** (a) 0.88ms; (b) 2.6ms **3.** (a) 383Hz; (b) 不变; (c) 减小; (d) 增高; (e) 增高
5. (a) 412Ω; (b) 13.7°; (c) 175mA
7. (a) 158rad/s; (b) 6.00A; (c) 156rad/s; (d) 160rad/s; (e) 0.027
9. (a) 是的; (b) 2.0kV
11. (a) 10.3Ω; (b) 1.35kW
13. (a) 436Ω; (b) 23.4°; (c) 165mA **15.** 25Ω
17. (a) 8.73ms; (b) 14.5ms; (c) 电感器; (d) 149mH **19.** 5.53A
21. (a) 2.3V; (b) 8.4W; (c) 23V; (d) 8.4×10^2W; (e) 0.23kV; (f) 84kW **23.** (a) 0.743; (b) 超前; (c) 电容性的; (d) 不是; (e) 是; (f) 不是; (g) 是; (h) 21.2W **25.** (a) 534Ω; (b) −41.5°; (c) 135mA
27. (a) 19.4mA; (b) 0.971ms
29. (a) 117μF; (b) 0; (c) 37.5W; (d) 0°; (e) 1; (f) 0; (g) −90°; (h) 0
33. (a) 56.2mA; (b) 11.2mA
35. (a) 3.0V; (b) 2.7mA; (c) 0.11A
37. (a) 10.0μs; (b) 100kHz; (c) 5.00μs; (d) 两次
39. (a) 2.13A; (b) 53.2V; (c) 131V; (d) 184V; (e) 52.8V; (f) 75.0V; (g) 113W; (h) 0; (i) 0
41. (a) 6.4; (b) 42pF; (c) 0.19mH
43. (a) 3.56μJ; (b) 4.53μC; (c) 16.9mA; (d) −33.1°; (e) +33.1° **45.** 5.24A **47.** (b) 增大
49. (a) 123Hz; (b) 817mA **51.** (a) 0.189mC; (b) 85.0μs; (c) 42.5W
53. (a) 3.47μJ; (b) 9.62mA; (c) 3.27ms
55. (a) 217μs; (b) 0.930mH; (c) 1.19mJ
57. (a) 3.0nC; (b) 1.0mA; (c) 4.5nJ
59. (a) 2.50kg; (b) 372N/m; (c) 1.75×10^{-4}m; (d) 2.13mm/s **61.** 0.166Ω
65. (a) 0.46kHz; (b) 35Ω

第32章

检查点 **1.** d, b, c, a (零) **2.** a, c, b, d (零)
3. b、c 和 d 相同, 然后是 a **4.** (a) 2; (b) 1
5. (a) 背离; (b) 背离; (c) 小于
6. (a) 向着; (b) 向着; (c) 小于

习题 **1.** (a) 6.65×10^{-20}T; (b) 1.06×10^{-19}T; (c) 4.00cm
3. (a) 5.01×10^{-22}T; (b) 8.01×10^{-22}T; (c) 4.00cm
5. (a) 75.4nT; (b) 0.121μT
7. (a) 33.5nT; (b) 26.8nT; (c) 4.00cm **9.** 41μT
11. 有效 **13.** 7.49mJ/T
15. (a) 1.8×10^2km; (b) 2.3×10^{-5}
17. (a) 0; (b) 0; (c) 0; (d) $\pm4.8\times10^{-25}$J; (e) -3.2×10^{-34}J·s; (f) 2.8×10^{-23}J/T; (g) -1.4×10^{-24}J; (h) $\pm4.8\times10^{-25}$J
19. (b) $+x$; (c) 顺时针; (d) $+x$
23. a: 0.35A; b: 0; c: 1.4A
25. (a) -9.3×10^{-24}J/T; (b) 2.8×10^{-23}J/T
27. (a) 55mA; (b) 47μC **29.** 8.1×10^{12}V/m·s
31. (b) K_i/B; (c) $-z$; (d) 0.18kA/m
33. (a) 9.24μWb; (b) 向内 **35.** 5.15×10^{-24}A·m^2
39. (a) 3.0μT; (b) 5.6×10^{-10}eV
41. (a) 0.47μT; (b) 1.7×10^{12}V/m·s
43. 1.5×10^5V/s **45.** (a) 0.175V/m; (b) 2.87×10^{-16}A; (c) 5.31×10^{-18}
47. (a) 1.1pT **49.** (a) 3.80μA; (b) 429kV·m/s; (c) 6.78mm; (d) 2.58pT **51.** +6Wb **53.** (a) 3.0A; (b) 3.4×10^{11}V/m·s; (c) 0.75A; (d) 0.94μT·m

第33章

检查点 **1.** (a) (应用图33-5) 在矩形右边, $\vec{E}$ 沿 y 轴负方向; 在左边, $\vec{E}+\mathrm{d}\vec{E}$ 较大并在同一方向上。(b) $\vec{E}$ 向下。在右边, $\vec{B}$ 沿 z 轴负方向, 在左边, $\vec{B}+\mathrm{d}\vec{B}$ 较大并在同一方向上。 **2.** x 的正方向 **3.** (a) 相同; (b) 减小
4. a, d, b, c (零) **5.** a

习题 **1.** (a) 32°或58°; (b) 0%
3. (a) 8.5%; (b) 40°逆时针
5. (a) 4.4W/m^2; (b) 34W/m^2
7. (a) $(1+\sin^2\theta)^{0.5}$; (b) $2^{0.5}$; (c) 会; (d) 不会; (e) 56° **9.** 1.60 **11.** (a) 两块; (b) 6块
15. (a) 0.19μm; (b) 向着太阳 **17.** 0.60
19. 1.31m **21.** 1.92 **23.** (a) 56.9°; (b) 28.6°
25. (a) 56.5°; (b) 42.7°
27. (a) 57nT; (b) 0.38W/m^2; (c) 3.5kW
29. 180° **31.** (a) 23.6°; (b) 有 **33.** 2.74m

35. (a) 60MHz; (b) 3.8×10^{8}rad/s; (c) 1.3m^{-1}; (d) 0.72μT; (e) z; (f) 61W/m^2; (g) 0.41μN; (h) 0.20μPa **37.** 11MW/m^2 **39.** 37.2°
43. (a) 515nm; (b) 610nm; (c) 555nm; (d) 5.41×10^{14}Hz; (e) 1.85×10^{-15}s
45. (a) 1.03kV/m; (b) 3.43μT; (c) 726V/m; (d) 2.42μT **47.** 52.1°
49. (a) 1.51; (b) 17.8°; (c) 不会 **51.** 3.8×10^{7}Pa
53. 0.22m/s **55.** 1.9×10^{-21}H **57.** 1.1×10^{-8}Pa
59. (a) 0.15V/m; (b) 0.48nT; (c) 18kW
61. 3.75GHz **63.** (a) 1.87×10^{10}W; (b) 任何偶然的扰动都会使小球偏离光源的正上方——两个力矢量不会再沿同一条轴线 **65.** (a) 13nT; (b) y; (c) y轴的负方向; (d) x轴的正方向
67. (a) 1.6V/m; (b) 1.1×10^{-11}Pa **69.** 0.22MJ

第34章

检查点 **1.** $0.2d$, $1.8d$, $2.2d$ **2.** (a) 实像; (b) 倒像; (c) 同一侧 **3.** (a) 分图e; (b) 虚像; (c) 同一侧
4. (a) 虚像, (b) 和物方向相同; (c) 发散

习题 **1.** (a) +36cm; (b) −36cm; (c) +3.0; (d) V; (e) NI; (f) 异侧
3. (a) −20cm; (b) −4.4cm; (c) +0.56; (d) V; (e) NI; (f) 异侧
5. (a) −16cm; (b) −4.4cm; (c) +0.44; (d) V; (e) NI; (f) 异侧 **7.** (a) +24cm; (b) +36cm; (c) −2.0; (d) R; (e) I; (f) 同侧
9. (a) +40cm; (b) +76cm **11.** 4.18mm **13.** (a) 凹面镜; (c) +40cm; (e) +60cm; (f) −2.0; (g) R; (h) I; (i) 同侧 **15.** (a) 凸面镜; (b) 负; (c) −60cm; (d) +1.2m; (e) −24cm; (g) V; (h) NI; (i) 异侧 **17.** (a) 凸面镜; (b) −20cm; (d) +20cm; (f) +0.50; (g) V; (h) NI; (i) 异侧
19. (b) −20cm; (c) 负; (d) +5.0cm; (e) 负; (f) +0.80; (g) V; (h) NI; (i) 异侧
21. (a) 凸面镜; (c) −60cm; (d) +30cm; (f) +0.50; (g) V; (h) NI; (i) 异侧
23. (b) 正; (c) +40cm; (e) −20cm; (f) +2.0; (g) V; (h) NI; (i) 异侧
25. (a) 凹面镜; (b) +8.6cm; (c) +17cm; (e) +12cm; (f) 负; (g) R; (i) 同侧
27. (a) 2.7; (b) 1.7 **29.** (a) 14.0cm; (b) 3.64cm; (c) −4.67; (d) 3.13; (e) −14.6
31. (a) 50mm; (b) 75mm **33.** (a) D; (b) 负; (d) −3.3cm; (e) +0.67; (f) V; (g) NI
35. (a) C; (b) 正; (d) −13cm; (e) +1.7; (f) V; (g) NI; (h) 同侧 **37.** (a) C; (b) +80cm; (d) −20cm; (f) V; (g) NI; (h) 同侧 **39.** (a) C; (b) +3.3cm; (d) +5.0cm; (f) R; (g) I; (h) 异侧
41. (a) D; (b) −5.3cm; (d) −4.0cm; (f) V; (g) NI; (h) 同侧 **43.** (a) C; (d) −10cm; (e) +2.0; (f) V; (g) NI; (h) 同侧 **45.** 1.04
47. (a) 2.00; (b) 没有 **49.** 9.0mm
51. (c) +30cm; (e) V; (f) 同侧
53. (d) −26cm; (e) V; (f) same
55. (c) −33cm; (e) V; (f) 同侧 **57.** 4.00m
59. (a) −5.5cm; (b) +0.12; (c) V; (d) NI; (e) 同侧
61. (a) +24cm; (b) +6.0; (c) R; (d) NI; (e) 异侧
63. (a) +3.1cm; (b) −0.31; (c) R; (d) I; (e) 异侧 **65.** (a) −4.6cm; (b) +0.69; (c) V; (d) NI; (e) 同侧 **67.** (a) 2.40cm; (b) 减小
69. (b) 0.27cm/s; (c) 31m/s; (d) 6.7cm/s
71. (a) +55cm; (b) −0.74; (c) R; (d) I; (e) 异侧
73. (a) −18cm; (b) +0.76; (c) V; (d) NI; (e) 同侧
75. (a) −30cm; (b) +0.86; (c) V; (d) NI; (e) 同侧 **77.** (a) −7.5cm; (b) +0.75; (c) V; (d) NI; (e) 同侧
79. (a) +84cm; (b) −1.4; (c) R; (d) I; (e) 异侧
81. (a) +23cm; (b) −0.50; (c) R; (d) I; (e) 异侧
83. (a) −4.8cm; (b) +0.60; (c) V; (d) NI; (e) 同侧
85. (a) −8.6cm; (b) +0.39; (c) V; (d) NI; (e) 同侧
87. (a) −48cm; (b) +4.0; (c) V; (d) NI; (e) 同侧 **89.** 54cm或14cm
91. 11.0m **93.** 7.21cm

第35章

检查点 **1.** b (n最小), c, a **2.** (a) 上部; (b) 中等亮度 (相位差是2.1个波长) **3.** (a) 3λ, 3; (b) 2.5λ, 2.5
4. a和d相等 (合成波振幅是$4E_0$), 然后是b和c相等 (合成波振幅是$2E_0$) **5.** (a) 1和4; (b) 1和4

习题 **1.** 409nm **3.** 509nm **5.** 273nm **7.** 560nm
9. 478nm **11.** 161nm **13.** 329nm **15.** 455nm
17. 528nm **19.** 339nm **21.** 248nm **23.** 608nm
25. $[(m+1/2)\lambda R]^{0.5}$, 其中, $m=0, 1, 2, \cdots$
27. 1.30m **29.** 0.0063° **31.** 150
33. (a) 0.700; (b) 中等, 接近于完全相消干涉
35. 3.30 **37.** 624nm **39.** 1.85mm **41.** 0.13mm
43. (a) 5.26μm; (b) 中等, 接近于完全相长干涉
45. 62.5nm **47.** (a) 456nm; (b) 608nm
49. 1.66 **51.** $23\sin(\omega t+2.6°)$
53. (a) 87.5nm; (b) 175nm **55.** 1.00030 **57.** 1.11μm
59. 86.2nm **61.** (a) 0.858μm; (b) 2.58μm

63. (a) 79.7nm; (b) 239nm
65. (13.7μV/m) sin [(2.0×10^{14}rad/s) t]
67. 0.785rad **69.** 420nm
71. (a) 1.15; (b) 1.15; (c) 0.85; (d) 都相同
73. 4.74μm **75.** 450nm **77.** 1.02×10^{8}m/s
79. (a) 7.88μm; (b) 2.03μm **81.** (a) 14; (b) 16

第36章

检查点 **1.** (a) 向外扩展; (b) 向外扩展 **2.** (a) 第二侧极大; (b) 2.5 **3.** (a) 红色; (b) 紫色 **4.** 减小 **5.** (a) 左边; (b) 小于

习题 **1.** (a) 16.0°; (b) 31.0°; (c) 1.57°; (d) 30.5° **3.** 1.82×10^{3} **5.** 6 **7.** 758刻线/mm
9. 0.19nm **11.** 4 **13.** (a) 1.1×10^{4}km; (b) 11km
15. (a) 5.43μm; (b) 1.81mm
17. (a) 7.1μm; (b) 28μm
19. (a) 4.2μm; (b) 1.1μm; (c) 9; (d) 7; (e) 6
21. (a) 79.0°; (b) 59.2°; (c) 47.4° **23.** 9
25. (a) 49pm; (b) 75pm **27.** (a) 3.04×10^{-5}; (b) 在 $m=3$ 的极大(第三侧极大)和 $m=3$ 的极小(第四极小)之间,几乎在第四极小的位置上; (c) 在 $m=1$ 极小(第一极小)和 $m=2$ 极小(第二极小)之间
29. (a) 11; (b) 0.405 **31.** 4.9×10^{3}km
33. (a) 840nm; (b) 4; (c) 6 **35.** 50m **37.** 3.90mm
39. (a) 23cm; (b) 较大
41. (a) 1.5×10^{-4}rad; (b) 9.4km
43. (a) 0.025°/nm; (b) 4.0×10^{4}; (c) 0.055°/nm; (d) 8.0×10^{4}; (e) 0.11°/nm; (f) 1.2×10^{5}
45. 17° **47.** (a) 4.2°; (b) 12°; (c) 9
49. (d) 25.5°; (e) 7.24°; (f) 4.22°
51. (a) 1.3mm; (b) 3.1×10^{-4}rad
53. (a) 8.8×10^{-7}rad; (b) 1.5×10^{8}km; (c) 0.025mm
55. (a) 0.140°; (b) 0.56° **57.** 0.26nm
59. (a) $0.7071a_0$; (b) $0.4472a_0$; (c) $0.3162a_0$; (d) $0.2774a_0$; (e) $0.2425a_0$
61. (a) 424nm; (b) 560nm
63. (a) 70cm; (b) 0.49mm
65. (a) 6.41m; (b) 3.90×10^{-9}
67. (b) 0; (c) −0.500; (d) 4.493rad; (e) 0.930; (f) 7.725rad; (g) 1.96 **69.** 24.1μm
71. (a) 0.11nm; (b) 0.083nm
73. (a) 0.36°; (b) 2.4rad; (c) 0.091

第37章

检查点 **1.** (a) 相同(光速假设); (b) 不是(飞行的起点和终点在空间上是分离的); (c) 不是,因为他测量的不是固有时 **2.** (a) 式(2); (b) $+0.90c$; (c) 25ns; (d) −7.0m **3.** (a) 向右; (b) 大于 **4.** (a) 相等; (b) 小于

习题 **1.** (a) γ [1.00μs $-\beta$ (400m)/(2.998×10^{8}m/s)]; (d) 0.750; (e) $0<\beta<0.750$; (f) $0.750<\beta<1$; (g) 不能 **3.** (a) 0.334; (b) 负方向; (c) 大的闪光; (d) 4.71μs **5.** (a) 2.1keV; (b) 1.5MeV
7. (a) $0.137c$; (b) 468nm
9. (a) 588.084; (b) 0.999999
11. 0.94μs **13.** (a) 1.64y; (b) 1.93y; (c) 5.27y
15. (a) 636nm; (b) 红色
17. (a) 0.136cm; (b) 700ps; (c) 4.55ps
19. (a) 0.45; (b) 0.75
21. (a) γ ($2\pi m/|q|B$); (b) 不依赖; (c) 6.86mm; (d) 3.12cm; (e) 16.3ps; (f) 652ps
23. (a) 50.4μs; (b) 小的闪光
25. (a) 1.40; (b) 0.613μs **27.** 8485y **29.** 0.768m
31. (a) 0.999 998 49; (b) 40ly **33.** (a) 0.999 999 87 **35.** 1.41×10^{7}km **37.** 35smu/y
39. (a) 216m; (b) 1.2μs **41.** $3.87mc$
43. (a) 26.13y; (b) 52.13y; (c) 2.610y
45. (a) 2.08MeV; (b) −1.21MeV
47. (a) 132km; (b) −406μs
49. (a) 0.894; (b) 2.24; (c) 1.24 **51.** 0.993 93
53. 89.9km **55.** 28.5MHz **57.** $0.93c$ **59.** 0.364ps

第38章

检查点 **1.** b, a, d, c **2.** (a) 锂,钠,钾,铯; (b) 都相同 **3.** (a) 相同; (b) ~ (d) X射线 **4.** (a) 质子; (b) 相同; (c) 质子 **5.** 相同

习题 **1.** (a) 2.96×10^{20}光子/s; (b) 4.86×10^{7}m; (c) 5.89×10^{18}光子/m² · s **3.** 7.75pm
5. (a) 15keV; (b) 120keV **7.** 4.81mA
9. (a) 9.02×10^{-6}; (b) 3.0MeV; (c) 3.0MeV; (d) 7.33×10^{-8}; (e) 3.0MeV; (f) 3.0MeV
13. 2.1×10^{-24}kg · m/s **15.** (a) 1.45×10^{11}m^{-1}; (b) 7.25×10^{10}m^{-1}; (c) 0.111; (d) 5.56×10^{4}
19. (a) −20%; (b) −10%; (c) +15%
21. (a) 红外; (b) 1.4×10^{21}光子/s
23. (a) 41.8keV; (b) 8.2keV **25.** 4.3μeV
27. 中子 **29.** (a) 2.9×10^{-10}m; (b) X射线; (c) 2.9×10^{-8}m; (d) 紫外光
31. (a) -8.1×10^{-9}%; (b) -4.9×10^{-4}%; (c) −8.9%; (d) −66% **33.** 676km/s
35. (a) 2.43pm; (b) 4.11×10^{-6}; (c) -8.67×10^{-6}μeV; (d) 2.43pm; (e) 9.78×10^{-2}; (f) −4.45keV **37.** 1.1×10^{-10}W
39. (a) 3.96×10^{6}m/s; (b) 81.7kV
41. (a) 1.24μm; (b) 1.22nm; (c) 1.24fm; (d) 1.24fm **43.** 1.0×10^{45}光子/s
45. (a) 8.57×10^{18}Hz; (b) 3.55×10^{4}eV; (c) 35.4keV/c
47. (a) 2.73pm; (b) 6.05pm

49. (a) 2.43pm; (b) 1.32fm; (c) 0.511MeV; (d) 939MeV **51.** (a) 1.3V; (b) 6.8×10^2km/s

53. 4.7×10^{26}光子 **55.** (a) 382nm; (b) 1.82eV

61. 170nm **63.** 44° **65.** (a) 9.35μm; (b) 1.47×10^{-5}W; (c) 6.93×10^{14}光子/s; (d) 2.33×10^{-37}W; (e) 5.87×10^{-19}光子/s

67. (a) 1.9×10^{-21}kg·m/s; (b) 346fm **69.** 300%

71. (a) 2.1μm; (b) 红外光 **73.** (a) 2.00eV; (b) 0; (c) 2.00V; (d) 295nm **75.** 2.047eV

77. (a) 3.1keV; (b) 14keV

第 39 章

检查点 **1.** b, a, c **2.** (a) 都相同; (b) *a*, *b*, *c* **3.** a, b, c, d **4.** $E_{1,1}$ (n_x 和 n_y 都不是零) **5.** (a) 5; (b) 7

习题 **1.** 3.21eV **3.** (a) 0.020; (b) 20

5. 1.4×10^{-3} **7.** 4.0 **13.** (a) 0.0037; (b) 0.0054

15. (a) 13.6eV; (b) −27.2eV

17. (a) 13.6eV; (b) 3.40eV

19. (a) $(r^4/8a^5)[\exp(-r/a)]\cos^2\theta$; (b) $(r^4/16a^5)[\exp(-r/a)]\sin^2\theta$

21. 0.65eV **25.** (a) 291nm^{-3}; (b) 10.2nm^{-1}

27. (a) 12.1eV; (b) 6.45×10^{-27}kg·m/s; (c) 102nm

29. (a) 72.2eV; (b) 13.7nm; (c) 17.2nm; (d) 68.7nm; (e) 41.2nm; (g) 68.7nm; (h) 25.8nm

31. (a) 13; (b) 12 **35.** 0.68 **39.** 4.3×10^3

41. 56eV **43.** (a) 0.050; (b) 0.10; (c) 0.0095

45. 1.41 **47.** 1.9GeV

49. (a) 7; (b) 1.00; (c) 2.00; (d) 3.00; (e) 9.00; (f) 8.00; (g) 6.00 **51.** 109eV **53.** 0.85nm

55. (a) 8; (b) 0.75; (c) 1.00; (d) 1.25; (e) 3.75; (f) 3.00; (g) 2.25

第 40 章

检查点 **1.** 7 **2.** (a) 变小; (b) ~ (c) 保持不变 **3.** *A*, *C*, *B*

习题 **1.** 44 **3.** (a) 51; (b) 53; (c) 56 **5.** 80.3pm

7. 19mT **9.** (a) 69.5kV; (b) 17.8pm; (c) 21.3pm; (d) 18.5pm

11. (a) 4*p*; (b) 4; (c) 4*p*; (d) 5; (e) 4*p*; (f) 6

13. (a) 35.4pm; (b) 56.5pm; (c) 49.6pm

17. (a) (2, 0, 0, +½), (2, 0, 0, −½); (b) (2, 1, 1, +½), (2, 1, 1, −½), (2, 1, 0, ½), (2, 1, 0, −½), (2, 1, −1, +½), (2, 1, −1, −½)

19. (a) 3.60mm; (b) 5.24×10^{17}

21. $7.3\times10^{15}\text{s}^{-1}$ **23.** (a) 0; (b) 68J

27. (a) 49.6pm; (b) 99.2pm **29.** 2×10^7

31. 5.35cm **33.** $2.0\times10^{16}\text{s}^{-1}$ **35.** (a) 54.7°; (b) 125°

37. (a) 4; (b) 5; (c) 2 **39.** 9.0×10^{-7} **41.** 3.0eV

43. 72km/s² **45.** 12.4kV **47.** 0.563

49. (a) 3.46; (b) 3.46; (c) 3; (d) 3; (e) −3; (f) 30.0°; (g) 54.7°; (h) 150°

51. 24.1° **53.** 42 **55.** (a) 3; (b) 3

57. (a) 3.03×10^5; (b) 1.43GHz; (d) 3.31×10^{-6}

59. *g* **61.** (a) 3.65×10^{-34}J·s; (b) 3.16×10^{-34}J·s

第 41 章

检查点 **1.** 大于 **2.** a, b 和 c

习题 **1.** (a) 1.0; (b) 0.99; (c) 0.50; (d) 0.014; (e) 2.4×10^{-17}; (f) 7.0×10^2K **3.** 0.22μg

7. (a) 19.7kJ; (b) 197s **9.** 57.1kJ **11.** 3

13. (a) $5.86\times10^{28}\text{m}^{-3}$; (b) 5.49eV; (c) 1.39×10^3km/s; (d) 0.522nm **15.** $8.49\times10^{28}\text{m}^{-3}$

17. 6.0×10^5 **19.** 13μm

21. (a) 4.79×10^{-10}; (b) 0.0140; (c) 0.824

23. (b) $6.81\times10^{27}\text{m}^{-3}\text{eV}^{-3/2}$; (c) $1.52\times10^{28}\text{m}^{-3}\text{eV}^{-1}$

25. (a) 0; (b) 0.0955

29. (a) $1.36\times10^{28}\text{m}^{-3}\text{eV}^{-1}$; (b) $1.68\times10^{28}\text{m}^{-3}\text{eV}^{-1}$; (c) $9.01\times10^{27}\text{m}^{-3}\text{eV}^{-1}$; (d) $9.56\times10^{26}\text{m}^{-3}\text{eV}^{-1}$; (e) $1.71\times10^{18}\text{m}^{-3}\text{eV}^{-1}$

31. 4.20eV **33.** (a) 0.0055; (b) 0.018

35. (a) 2.50×10^3K; (b) 5.30×10^3K

37. (a) 226nm; (b) 紫外区

39. (a) 1.5×10^{-6}; (b) 1.5×10^{-6}

41. (a) 6.81eV; (b) $1.77\times10^{28}\text{m}^{-3}\text{eV}^{-1}$; (c) $1.59\times10^{28}\text{m}^{-3}\text{eV}^{-1}$

43. (a) $1.31\times10^{29}\text{m}^{-3}$; (b) 9.43eV; (c) 1.82×10^3km/s; (d) 0.40nm

第 42 章

检查点 **1.** ^{90}As 和 ^{158}Nd **2.** 稍大于 75Bq (经过的时间略小于三个半衰期) **3.** ^{206}Pb

习题 **1.** 4.269MeV **3.** (a) 25.4MeV; (b) 12.8MeV; (c) 25.0MeV **5.** 2.50mSv **7.** 1.02mg

9. (a) 1.2×10^{-17}; (b) 0 **11.** 1.12×10^{11}y

13. (a) 6.6MeV; (b) 不是 **15.** 0.783MeV

17. (b) 0.961MeV

19. (a) 2.0×10^{20}; (b) $2.8\times10^9\text{s}^{-1}$

21. (a) $7.5\times10^{16}\text{s}^{-1}$; (b) $4.9\times10^{16}\text{s}^{-1}$

23. (a) 1.06×10^{19}; (b) 0.624×10^{19}; (c) 1.68×10^{19}; (d) 2.97×10^9y

25. (a) 6.3×10^{18}; (b) 2.5×10^{11}; (c) 0.20J; (d) 2.3mGy; (e) 30mSv **27.** 1.7mg **29.** 9.0×10^8Bq

31. (a) 6.2fm; (b) 是

33. (a) 9.303%; (b) 11.71%

35. (a) 3.2×10^{12}Bq; (b) 86Ci **37.** 1.21MeV

39. 78.3eV **41.** 1.3×10^{-13}m

43. (a) 0.250; (b) 0.125

47. (a) $8.88\times10^{10}\text{s}^{-1}$; (b) 1.19×10^{15}; (c) 0.111μg

49. (a) 64.2h; (b) 0.125; (c) 0.0749

51. (b) 7.92MeV/核子 **53.** 265mg **57.** 5.3×10^{22}
59. 1×10^{13}原子 **61.** 13km
63. (a) 0.390MeV; (b) 4.61MeV
67. (a) 2.3×10^{17}kg/m^3; (b) 2.3×10^{17}kg/m^3; (d) 1.0×10^{25}C/m^3; (e) 8.8×10^{24}C/m^3
69. 1.0087u **71.** 46.6fm **73.** (a) 6; (b) 8

第43章

检查点 **1.** c和d **2.** e

习题 **1.** (a) 75kW; (b) 5.8×10^3kg
3. (a) 4.1eV/原子; (b) 9.0MJ/kg; (c) 1.5×10^3y
5. 10^{-12}m **7.** 1.7×10^9y
9. (b) 1.0; (c) 0.89; (d) 0.28; (e) 0.019; (f) 8
11. 1.41MeV **13.** 170keV
15. (a) 1.8×10^{38}s^{-1}; (b) 8.2×10^{28}s^{-1}
17. 14.4kW **21.** 1.6×10^8y
23. (a) 4.3×10^9kg/s; (b) 3.1×10^{-4}
25. (a) 84kg; (b) 1.7×10^{25}; (c) 1.3×10^{25}
27. 1.3×10^3kg **29.** (a) 24.9MeV; (b) 8.65 兆吨 TNT
31. 3.1×10^{10}s^{-1} **33.** 4.8MEV **35.** −23.0MeV
37. (a) 251MeV; (b) 典型的裂变能量是 200MeV
39. (a) ^{153}Nd; (b) 110MeV; (c) 60MeV; (d) 1.6×10^7m/s; (e) 8.7×10^6m/s
43. 0.99938 **45.** 557W
47. (a) 2.6×10^{24}; (b) 8.2×10^{13}J; (c) 2.6×10^4y
49. (a) 16d^{-1}; (b) 4.3×10^8

第44章

检查点 **1.** (a) μ子族; (b) 粒子; (c) $L_\mu=+1$
2. b和e **3.** c

习题 **1.** 2.77×10^8ly **3.** 1.4×10^{10}ly
5. (a) 能量; (b) 奇异性; (c) 电荷 **7.** (a) Ξ^0; (b) Σ^- **9.** (a) 是; (b) ~ (d) 不是
11. 668nm **13.** 4.73×10^3 **15.** (a) $\bar{u}\bar{u}\bar{d}$; (b) $\bar{u}\bar{d}\bar{d}$
17. $s\bar{d}$ **19.** (a) K^+; (b) $\bar{n}$; (c) K^0 **21.** 2.7cm/s
23. (a) 121m/s; (b) 0.00406; (c) 248y
25. (a) 0; (b) −1; (c) 0
27. (b) 5.7个氢原子/m^3 **29.** (a) 2.6K; (b) 976nm
31. 2.4×10^{-43}
33. (a) 角动量, L_e; (b) 电荷, L_μ; (c) 能量, L_μ
37. (a) 37.7MeV; (b) 5.35MeV; (c) 32.4MeV
39. 2.4pm **41.** $\pi^-\rightarrow\mu^-+\bar{\nu}$ **43.** 769MeV

一些物理常量①

光速	c	2.998×10^{8} m/s
引力常量	G	6.673×10^{11} N · m²/kg²
阿伏伽德罗常量	N_A	6.022×10^{23} mol⁻¹
普适气体常量	R	8.314J/(mol · K)
质能关系	c^2	8.988×10^{16} J/kg
		931.49MeV/u
电容率常量	ε_0	8.854×10^{-12} F/m
真空磁导率	μ_0	1.257×10^{-6} H/m
普朗克常量	h	6.626×10^{-34} J · s
		4.136×10^{-15} eV · s
玻尔兹曼常量	k	1.381×10^{-23} J/K
		8.617×10^{-5} eV/K
基元电荷	e	1.602×10^{-19} C
电子质量	m_e	9.109×10^{-31} kg
质子质量	m_p	1.673×10^{-27} kg
中子质量	m_n	1.675×10^{-27} kg
氘子质量	m_d	3.344×10^{-27} kg
玻尔半径	a	5.292×10^{-11} m
玻尔磁子	μ_B	9.274×10^{-24} J/T
		5.788×10^{-5} eV/T
里德伯常量	R	1.097373×10^{7} m⁻¹

① 更加完整地给出最佳实验结果的表，请参看附录 B。

希腊字母

Alpha	A	α	Iota	I	ι	Rho	P	ρ
Beta	B	β	Kappa	K	κ	Sigma	Σ	σ
Gamma	Γ	γ	Lambda	Λ	λ	Tau	T	τ
Delta	Δ	δ	Mu	M	μ	Upsilon	Υ	υ
Epsilon	E	ε	Nu	N	ν	Phi	Φ	ϕ, φ
Zeta	Z	ζ	Xi	Ξ	ξ	Chi	X	χ
Eta	H	η	Omicron	O	o	Psi	Ψ	ψ
Theta	Θ	θ	Pi	Π	π	Omega	Ω	ω